美国金属学会热处理手册

A卷　钢的热处理基础和工艺流程

ASM Handbook
Volume 4A Steel Heat Treating Fundamentals and Processes

美国金属学会手册编委会　组编

［美］乔恩 L. 多塞特（Jon L. Dossett）
乔治 E. 陶敦（George E. Totten）　主编

汪庆华　等译

机 械 工 业 出 版 社

本书主要介绍了钢的热处理基础知识和工艺流程，详细讲解了钢的热处理原理和淬火、渗碳、渗氮等热处理工艺。本书将热处理工艺作为整个产品生产过程中的一个环节加以综合考虑，为产品设计者和热处理工程师进行产品设计和工艺制订，提供了大量有权威性的、翔实的参考资料。本书由世界上钢铁材料热处理各研究领域的著名专家撰写而成，反映了当代热处理工艺的技术水平，具有先进性、全面性和实用性。

本书可供热处理工程技术人员参考，也可供产品设计人员和相关专业的在校师生及研究人员参考。

ASM Handbook Volume 4A Steel Heat Treating Fundamentals and Processes/ Edited by Jon L. Dossett and George E. Totten / ISBN: 978-1-62708-011-8

图书在版编目（CIP）数据

美国金属学会热处理手册. A 卷，钢的热处理基础和工艺流程/（美）乔恩 L. 多塞特（Jon L. Dossett），（美）乔治 E. 陶敦（George E. Totten）主编；汪庆华等译. —北京：机械工业出版社，2019.1（2024.4 重印）

书名原文：ASM Handbook, Volume 4A: Steel Heat Treating Fundamentals and Processes

ISBN 978-7-111-62059-4

Ⅰ. ①美…　Ⅱ. ①乔… ②乔… ③汪…　Ⅲ. ①钢-热处理-技术手册　Ⅳ. ①TG15-62

中国版本图书馆 CIP 数据核字（2019）第 032094 号

机械工业出版社（北京市百万庄大街 22 号　邮政编码 100037）

策划编辑：陈保华　　责任编辑：陈保华　王海霞　武　晋　程足芬

责任校对：刘志文　郑　婕　封面设计：马精明

责任印制：李　昂

北京捷迅佳彩印刷有限公司印刷

2024 年 4 月第 1 版第 3 次印刷

184mm×260mm · 52.75 印张 · 2 插页 · 1825 千字

标准书号：ISBN 978-7-111-62059-4

定价：279.00 元

译者序

自1923年美国金属学会发行小型的数据活页集和出版最早单卷《金属手册》（Metals Handbook）至今，已有90余年的历史。2014年前后，美国金属学会陆续出版了最新的《美国金属手册》（ASM Handbook），该手册共计23分册（34卷），热处理手册是其中的第4分册。一直以来，该套手册提供了完整、值得信赖的参考数据。通过查阅《美国金属手册》（ASM Handbook），可以深入了解各种工业产品最适合的选材、制造流程和详尽的工艺。

随着科学技术的发展，以前出版的各版本该套手册已难以完全容纳和满足当今热处理领域的数据更新和热处理技术发展的需要，出版更新和扩展日益增长的钢铁材料和非铁合金材料热处理数据手册显得尤为重要和刻不容缓。2014年由美国金属学会（ASM International）组织全面修订再版了《美国金属手册》（ASM Handbook）。在该套手册中，将1991年出版的仅1卷的热处理部分扩充为5卷。本书为其中的A卷《钢的热处理基础和工艺流程》，主要介绍了钢的热处理基础知识和工艺流程，详细讲解了钢的热处理原理和淬火、渗碳、渗氮等热处理工艺。

本书共8章，由世界上钢热处理各研究领域的著名专家撰写而成。本书主要内容包括钢的热处理基础、钢的淬火原理与工艺、钢的热处理工艺、钢的表面淬火、钢的外加能量表面淬火、钢的渗碳和碳氮共渗、钢的渗氮和氮碳共渗、扩散覆层。

本书中的参考文献最早可追溯到1913年的专利。全书内容不仅反映了现代金属热处理技术最新的发展水平与方向，且也包揽了经典的热处理知识，尤其是以20世纪三四十年代创立的淬透性内容为代表。书中还对在我国存在争议的盐浴热处理设备及技术单独设立一节进行了论述。这些内容的存在也许对我国热处理技术的远景发展规划具有借鉴作用。

全书大部分内容主要由汪庆华、鲍欣、孙保明翻译。罗新民、徐二红、方恺萍、耿晓明、严韶云、汪昊、薛元强也参与了部分翻译工作。全书中的图片由汪庆华、鲍欣、汪昊、徐二红翻译整理。感谢郑梦婕、陆从兴、曹辉亮（参考文献引用作者）、汪陈依的支持和帮助。译者所在单位无锡宏达热处理锻造有限公司对本书的翻译给予了大力支持，在此表示感谢。

本书内容不仅仅局限于热处理，还涉及物理、化学、电学、传热学、流体力学，甚至科技简史等诸多领域，因译者水平力所不及，译文不妥之处在所难免，恳请读者指正。

本书的引进与出版得到了好富顿国际公司的大力支持，在此表示感谢！

汪庆华
Email：188382262@qq.com

序

在美国金属学会成立一百周年之际，特别安排出版了《美国金属手册》的4A卷——《钢的热处理基础和工艺流程》。自1913年由底特律铁匠威廉·帕克·伍德赛德（William Park Woodside）组成钢的热处理俱乐部起，美国金属学会不断扩大其工作范围；然而，钢铁热处理仍然是学会工作的核心主体。伍德赛德（Woodside）对于热处理需要信息交流的观点和认识得到许多成功的出版物的进一步认可，包括著名的《金属手册》。

《美国金属手册》（原为《金属手册》）系列中的热处理内容扩展为5卷本。这反映了美国金属学会的根源所在，以及热处理学会（美国金属学会联盟学会）与不断成长的成员在热处理领域内的贡献。美国金属学会和热处理学会对本卷主编乔治E. 陶敦（George E. Totten）和乔恩L. 多塞特（Jon L. Dossett）表示特别感谢。他们的积极工作和贡献对本卷的编写出版起到了积极作用。感谢两位主编，以及本书的主题编辑、作者和审稿人。

热处理学会主席　Thomas E. Clements
美国金属学会主席　Gernant E. Maurer
美国金属学会常务董事　Thomas S. Passek

前 言

《美国金属手册》4A 卷——《钢的热处理基础和工艺流程》，是热处理分册中的第 1 卷。如书名所示，4A 卷集中介绍了钢的热处理基础知识和工艺流程。计划以后出版的 4B 卷，将涵盖多种类型钢与铸铁的热处理工艺及其性能。

编辑人员认为，与本卷的上一个版本一样，就使用 4A 卷的研究人员、工程师、技术人员和学生的理解水平而言，其需求有所不同。在基础知识方面，提供了与钢铁热处理相关的深入背景和科学原理的文章，关于各种热处理工艺流程的文章更加接近实际。编辑人员也试图提出一个全面的参考依据，以便供多种多样的热处理社会团体使用。

本卷的所有篇幅均经过审读，以确保其能够反映目前的技术现状。对许多篇幅进行了扩展，如钢的渗碳和渗氮的基础知识和工艺方法等部分。钢的淬透性范围也有所扩展，并添加了一些淬火基本原理和工艺流程方面的新内容。对许多资料做了适当的更新，并努力采用新的资料，包括图表、例子和来自学会及其前身（美国金属学会和美国钢铁协会）的实体档案文件的参考资料。在美国金属学会成立一百周年之际，特别适合出版这本书。

感谢我们的许多同事，他们担任了本书的编辑，也要感谢那些单篇文章的作者们。特别的是，编辑们也要深深感激热处理学会（美国金属学会联盟学会）及其成员，他们为本书的出版以及其他事件、会议和教育培训提供了资金。如果没有他们的努力，本卷的出版将是不可能实现的。

Jon L. Dossett
George E. Totten

使用计量单位说明

根据董事会决议，美国金属学会同时采用了出版界习惯的米制计量单位和英美习惯的美制计量单位。在手册的编写中，编辑们试图采用国际单位制（SI）的米制计量单位为主，辅以对应的美制计量单位来表示数据。采用 SI 单位为主的原因是基于美国金属学会董事会的决议和世界各国现已广泛使用米制计量单位。在大多数情况下，书中文字和表格中的工程数据以 SI 为基础的米制计量单位给出，并在相应的括号里给出美制计量单位的数据。例如，压力、应力和强度都是用 SI 单位中帕斯卡（Pa）前加上一个合适的词头，同时还以美制计量单位（磅力每平方英寸，psi）来表示。为了节省篇幅，较大的磅力每平方英寸（psi）数值用千磅力每平方英寸（ksi）来表示（1ksi = 1000psi），吨（$kg\times10^3$）有时转换为兆克（Mg）来表示，而一些严格的科学数据只采用 SI 单位来表示。

为保证插图整洁清晰，有些插图只采用一种计量单位表示。参考文献引用的插图采用国际单位制（SI）和美制计量单位两种计量单位表示。图表中 SI 单位通常标识在插图的左边和底部，相应的美制计量单位标识在插图的右边和顶部。

规范或标准出版物的数据可以根据数据的属性，只采用该规范或标准制定单位所使用的计量单位或采用两种计量单位表示。例如，在典型美制计量单位的美国薄钢板标准中，屈服强度通常以两种计量单位表示，而该标准中钢板厚度可能只用英寸（in）表示。

根据标准测试方法得到的数据，如标准中提出了推荐的特定计量单位体系，则采用该计量单位体系表示。在可行的情况下，也给出了另一种计量单位的等值数据。一些统计数据也只以进行原始数据分析时的计量单位给出。

不同计量单位的转换和舍入按照 IEEE/ASTM SI-10 标准，并结合原始数据的有效数字进行。例如，退火温度 1570°F 有三位有效数字，转换的等效温度为 855℃，而不是更精确的 854.44℃。对于一个发生在精确温度下的物理现象，如纯银的熔化，应采用资料给出的温度 961.93℃或 1763.5°F。在一些情况下（特别是在表格和数据汇编时），温度值是在国际单位制（℃）和美制计量单位（°F）间进行相互替代，而不是进行转换。

严格对照 IEEE/ASTM SI-10 标准，本手册使用的计量单位有几个例外，但每个例外都是为了尽可能提高手册的清晰程度。最值得注意的一个例外是密度（单位体积的质量）的计量单位使用了 g/cm^3，而不是 kg/m^3。为避免产生歧义，国际单位制的计量单位中不采用括号，而是仅在单位间或基本单位间采用一个斜杠（对角线）组合成计量单位，因此斜杠前为计量单位的分子，而斜杠后为计量单位的分母。

目录

第1章 钢的热处理基础

1.1 钢的热处理概论

1.1.1 引言

热处理可以大致定义为控制固体材料的加热和冷却过程，从而改变其显微组织，并获得预期性能的工艺。按照这个最广义的定义，几乎所有的金属和合金都可以进行某种形式的热处理，只是不同的金属和合金会有不同的热处理方式。在冷加工后几乎所有金属都可以通过退火软化，而较少的合金系列可以通过热处理强化或硬化。因为钢对热处理硬化和强化非常敏感，所以其热处理效果非常显著。

钢的热处理机制是基于铁元素的某些重要性能和碳在铁中的冶金反应。从根本上说，所有的钢都是混合物，或者更确切地说，钢是铁和少量的碳（同时含有不同数量的其他合金元素，如锰、铬、镍、钼）的合金。碳原子相对于铁原子的大小，是影响钢的热处理机制的一个重要因素。碳原子的尺寸只有铁原子的1/30，其尺寸足够小，可以适应较大的铁原子之间的空隙。其他可以适应铁原子间隙的小原子有氢、氮和硼。通常，间隙原子可以很容易地扩散——从一个间隙位置跳跃到另一个间隙位置，而较大的原子则只能通过置换进入晶格中的空位。由于以上原因以及温度对扩散的影响，使得碳原子在固态加热期间具有可移动性。

另一个重要的冶金现象是铁的同素异构体，即铁原子排列成一种以上的晶体结构或金相组织。例如，在室温下，铁原子排列成体心立方（bcc）的晶体结构，称为铁素体或α-铁；在更高的温度下，铁原子形成面心立方（fcc）的晶体结构，称为奥氏体或γ-铁。这两种相的存在，以及碳的合金化是钢的热处理的基础。

铁素体与奥氏体的一个重要区别是铁原子的间距不同，奥氏体中铁原子的间距比铁素体中的更大（图1-1）。因此，奥氏体的晶格间隙中能够容纳更多的碳原子。固体溶解度用来衡量基体晶格中可以溶解（或合并）多少溶质。温度影响固体溶解度的大小，因为在较高的温度下基体晶格将扩大，从而为溶质溶解在晶格间隙中提供了一个更有利的条件。然而，碳在α-铁中几乎不溶解——溶解度范围是从接近室温时的0.008%（质量分数）到727℃（1340°F）时的0.02%（极限溶解度），如图1-2所示。

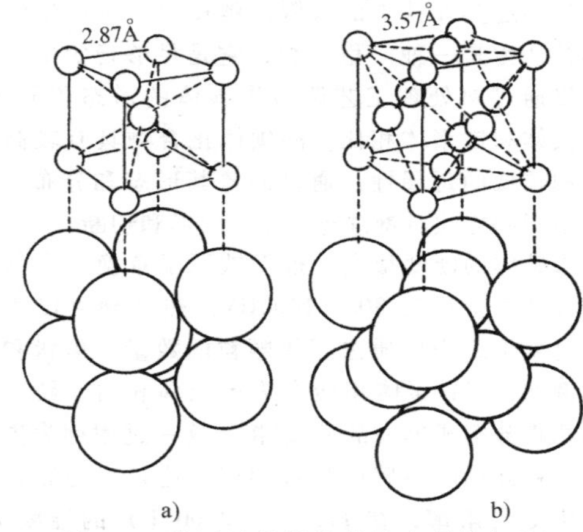

图1-1 铁原子的晶体结构和晶格间距

a）体心立方晶体结构（铁素体）

b）面心立方晶体结构（奥氏体）

注：1Å = 10^{-10}m。

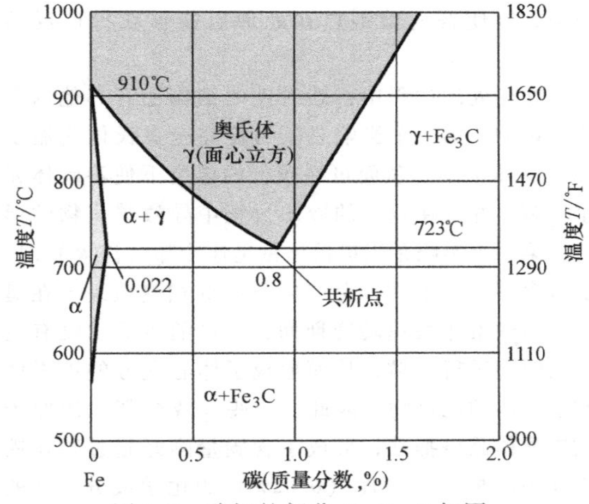

图1-2 碳钢的部分Fe-Fe_3C相图

（面心立方晶体结构）

当奥氏体或铁素体中的碳含量超过其极限溶解度时，有些碳原子将无法被容纳在铁原子之间的间隙位置，多余的碳原子将相互结合形成石墨，或者更典型的是，钢中的多余碳原子将形成被称为渗碳体（Fe_3C）或θ-碳化物的铁碳化合物。渗碳体具有斜方晶体结构，其中可以容纳更多的碳原子。在这种铁碳化合物中，每个碳原子对应3个铁原子，所以碳的摩尔分数是25%。相应地，渗碳体中碳的质量分数是6.7%。

与铁素体的体心立方（bcc）结构和奥氏体的面心立方（fcc）结构相比，渗碳体的斜方晶体结构要稍复杂一些。渗碳体也不是完全稳定的，因为随着时间的推移，它最终分解出的单质碳为石墨。但当碳含量超过其在铁中的极限溶解度时，所产生的渗碳体被认为是一种亚稳定相，它是足够稳定的，并且可以通过热处理工艺调整渗碳体的形态和分布。与奥氏体和铁素体相比，渗碳体化合物具有较高的强度和较低的延展性，通过调整其形态和分布，可以以不同的方式对钢进行强化、成形和切断。

渗碳体的硬度很高，根据铁原子置换元素的不同，其硬度范围为800~1400HV。热处理可以改变钢的显微组织中硬质渗碳体颗粒的数量、形状和分布。例如，当铁素体相转变为奥氏体相时，硬质渗碳体相将分解成单一的铁-碳相。这一过程称为奥氏体化，在此期间渗碳体将被溶解。这是因为碳在奥氏体中更易溶解，在1150℃（2100°F）的温度下，其极限溶解度约为2%，这比碳在α-Fe中的极限溶解度大2个数量级。因此，奥氏体化温度经常是生成一种单相固溶体的开始点。然后，通过在奥氏体区进行冷却，根据强度要求控制铁素体和渗碳体的形成，以使普通碳钢热在处理后能够获得广泛的性能。

在热处理过程中，碳对铁的结构还有其他两个重要影响。第一个影响是碳可使完全奥氏体化温度降低（图1-2），从而可在较低的温度下使渗碳体完全溶解，并且在随后的冷却过程中导致碳化物的形成。第二个影响是当奥氏体钢迅速冷却（淬火）时，随着含碳量的不同，会产生不同的相变机理。在奥氏体向铁素体快速转变期间，过量的碳原子没有足够的时间进行扩散，从而形成了体心立方的铁素体和渗碳体的混合物。因此，一些（或全部）碳原子被铁素体晶格捕获，形成了含碳量刚好超过碳在铁素体中的极限溶解度（0.02%）的化学成分。这就导致了晶格畸变，以至于变形的体心立方晶格迅速转变成一种称为马氏体的新亚稳相。马氏体在铁碳相图中不作为一个相出现，因为它是通过快速冷却产生的一个亚稳（非平衡）相。

马氏体的晶胞为体心四方（bct）的晶体结构，除了其中一条边（称为 *c* 轴）比其他两条边（轴）长以外，其结构类似于bcc晶胞（图1-3）。变形的体心四方（bct）结构处于一种过饱和状态，它容纳了过量的碳。体心四方结构占有的原子体积也比铁素体和奥氏体占有的原子体积大，表1-1中列出了不同显微组织的成分与含碳量的关系。因此，马氏体的密度比铁素体的密度小（奥氏体的密度比铁素体的密度大）。由此导致的体积膨胀使马氏体具有更高的硬度，这是通过热处理对钢进行强化的基础。

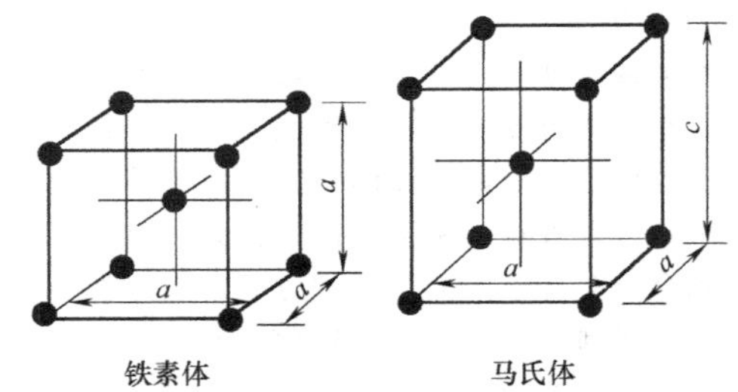

图1-3 铁素体（体心立方）和马氏体（体心四方）的结构

表1-1 铁基合金中显微组织的原子体积

相	表观原子体积/Å³
铁素体	11.789
渗碳体	12.769
铁素体+碳化物	11.786+0.163*w*(C)
珠光体	11.916
奥氏体	11.401+0.329 *w*(C)
马氏体	11.789+0.370 *w*(C)

1.1.2 铁的晶体结构

平衡条件下，固体中的原子通常排列成唯一的晶体结构，但有些元素和化合物具有多晶型性，即随着温度和压力的变化，它们会由一种晶体结构转变为另一种晶体结构，每种晶体结构都是一种独立的固态相。热激活了原子扩散运动，所以加热会使原子重新排列成不同类型的晶格结构。

晶体结构的固态转变称为同素异构转变（以另一种形式存在）。例如，铁和碳有许多同素异构体。碳可以以金刚石、碳烟、石墨的形式存在，以及以最近发现的富勒烯的形式存在。然而，碳的同素异构现象并不是导致铁碳合金具有不同结构的重要因素。相比之下，铁的同素异构性才是钢的热处理重要基础。铁是一种同素异构元素，这种元素的结构在转变温度（临界温度）下将发生改变（图1-4）。

在加热或冷却条件下，铁（或其他材料）从一种原子排列形式转变为另一种原子排列的过程称为相变。图 1-4 所示为在非常缓慢（近似平衡）地加热或冷却的过程中，纯铁的相变情况。铁在相变期间，加热（或冷却）温度保持不变，直至完全转变为止。这就是在熔化或凝固过程中纯金属的相变温度平台相同。铁发生相变时的临界温度用字母“*A*”表示，它来自法语单词 arrêt。字母“*A*”后接字母“*c*”或“*r*”，分别表示加热或冷却。加热使用的字母“*c*”是法语单词 chauffant 的首字母，意思是加热。如果是冷却状态，则临界温度用“*Ar*”表示，其中“*r*”是法语单词 refroidissant 的首字母，意思是冷却。

在熔点温度 1540℃（2800°F）以下，当固态铁发生相变时，有三个温度平台。首先分析液态铁从熔点温度 1540℃（2800°F）冷却凝固的过程。开始凝固时，温度没有进一步下降，直到液态铁完全转变成固态铁，这种形态的铁称为 δ-Fe 或 δ-铁素体。铁素体具有体心立方的晶体结构，δ-Fe 是铁的高温体心立方体相。在完全凝固之后，温度匀速下降，直到达到 1394℃（2541°F）。这个温度标志着体心立方的 δ-Fe 转变为面心立方晶体结构的开始，该面心立方晶体称为奥氏体或 γ-Fe。转变时温度保持不变，直到转变完成为止，即直到所有的铁都具有奥氏体（面心立方）结构为止。

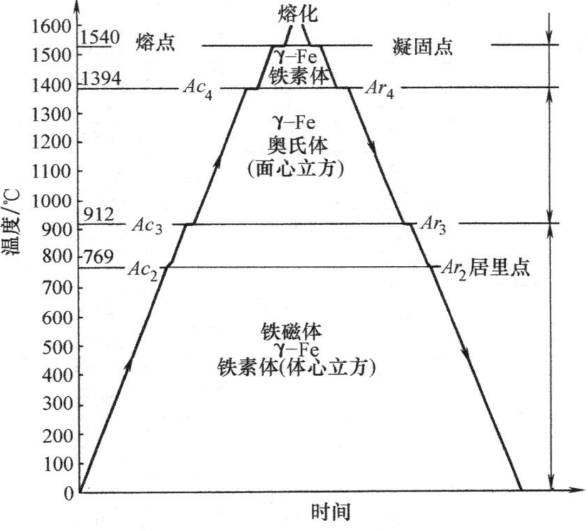

图 1-4 纯铁的平衡转变温度

γ-Fe（fcc）继续以匀速进一步冷却，直到温度达到 912℃（1674°F）。此时，γ-Fe 开始转换成一种非磁性体心立方的晶体结构，912℃ 就是本阶段的转变温度。在冷却过程中，温度保持稳定，直到所有的铁原子完全转换为体心立方的晶体结构。铁的这种低温体心立方晶体结构的相称为 α-Fe 或 α-铁素体。最后，在 769℃（1416°F）的温度处出现类似的冷却平台，这是非磁性的 α-Fe 变成一种磁性 α-Fe 的转变温度，即居里温度。在低于居里温度的铁磁材料中，相邻原子的磁矩是相互平行的，所有磁矩均沿一个方向排列。

这种可以进行得非常慢的相变称为平衡相变，这意味着在一个给定的相变过程中，金属要达到平衡状态需要足够长的时间。为完成一种平衡转变，必须添加或者释放足够的能量，这种能量称为潜热。纯铁转变温度下的相变潜热试验值见表 1-2。就居里温度（T_C）而言，使铁的磁偶极子失去方向性所需的额外能量用比热容急剧增加的图形（图 1-5）来表示。

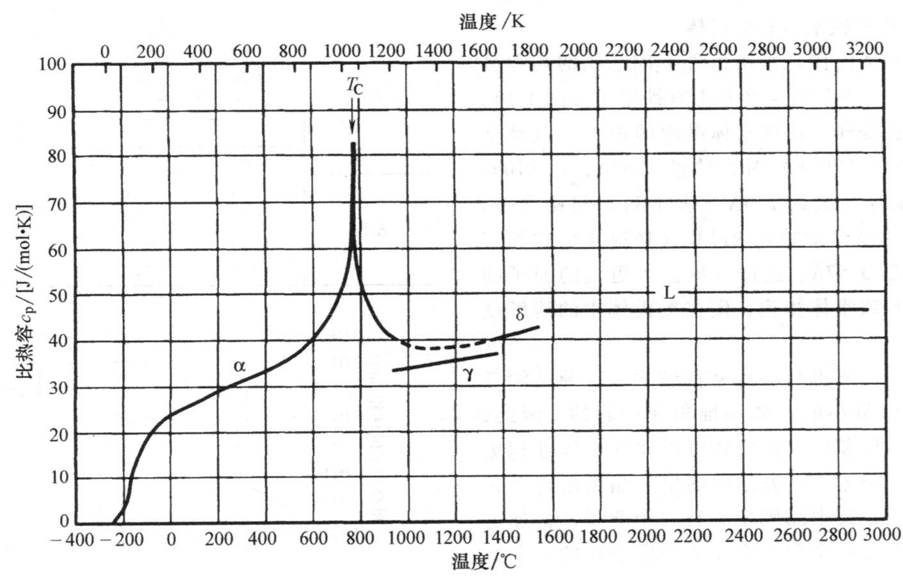

图 1-5 居里温度下铁的比热容（0~3200K）

表 1-2 纯铁的相变潜热

相变	温度/K	温度/℃	潜热/(kJ/kg)
α-铁素体→奥氏体(γ)	1185	912	16
奥氏体(γ)→δ-铁素体	1667	1394	15
混合物(液→固)	1881	1538	247±7

在平衡相变期间，温度保持不变，直到整个材料完成相变为止。这个温度平台用图 1-5 中相变温度处的小台阶近似表示。所有平衡相变都是基于原子的扩散运动，其转变是通过原子或分子的明显热运动而产生的。因此，平衡相变分为热转变或者扩散（重构）转变，因为相的生长或者分解是通过热（动能）激活固体中的原子的能量来实现的。在平衡状态下，缓慢相变也是可逆的，同样的相变将以相反的顺序发生。也就是说，铁或钢在室温下缓慢加热，α-Fe 首先变成非磁性 α-Fe，然后在进一步加热时变成 γ-Fe。

1. 加热和冷却时的滞后现象

在接近平衡温度并且加热或冷却速率非常缓慢的条件下，加热和冷却时的相变温度是相同的。但在工业实践中，加热速率通常会超过实验室试验控制条件下的速率，并且较高的加热或冷却速率可以改变相变温度。例如，当升温速率高时，*Ac* 将高于图 1-5 中相应的平衡温度。同样，在工业实践中，对于缓慢冷却的情况，将在图 1-5 所示 *Ar* 相变点以下几度的温度处发生相变。也就是说，加热或冷却速度越快，*Ac* 和 *Ar* 之间的差距就越大。更进一步地，在冷却过程中，快速冷却或骤冷（淬火）可以使相变温度降低几百摄氏度。在许多热处理过程中，冷却和加热的速度是影响热处理效果的一个关键因素。

2. 纯铁中的铁素体和奥氏体

铁素体和奥氏体是平衡条件下固态铁的两种晶体结构。在每个晶胞的 4 个角上有铁原子（图 1-1），中心有一个铁原子。α-铁素体晶胞的边长（或晶格常数）在 20℃（70°F）时大约是 2.87Å，在 910℃（1670°F）增加到大约 2.9Å（表 1-3）。相比之下，奥氏体晶胞的晶格常数在 912℃（1674°F）的相变温度下大约是 3.57Å。这样就提供了更大的原子间空间，所以与铁素体相比，碳在奥氏体中的溶解度更大。

面心立方晶体也是一种密排结构，这种结构意味着原子是以最小的总体积堆积在一起的。因此，在一个给定的体积内，奥氏体可以比铁素体堆积更多的原子。一个体心立方结构的单一晶胞由 2 个完整的原子组成，其中晶胞中心有一个原子，再加上晶胞 4 个角上（每个角上有 1/4 个原子）的一个原子，计算得出为 2 个完整的原子。和铁素体一样，奥氏体晶胞的 4 个角上也有原子。不同的是，面心立方晶格在晶胞的 6 个晶面的中心还有 6 个额外的原子（图 1-1），每个晶面中心的原子均有一半在晶胞内部。因此，面心立方结构的晶胞相当于含有 4 个完整的原子（6 个面上各有 1/2 个原子，4 个角上各有 1/4 个原子）。这种堆积导致了面心立方晶格的密度比体心立方晶格的密度大（表 1-4）。当 α-铁素体转变成奥氏体时，单个铁原子体积图（图 1-6）表明其体积有一个急剧缩小的阶段。

表 1-3 温度对纯铁中的铁素体和奥氏体晶格常数的影响

相	温度		晶格常数/nm
	℃	℉	
α-Fe	20	68	0.28665
	53	127	0.28676
	154	309	0.28708
	248	478	0.28750
	315	599	0.28775
	378	712	0.28806
	451	844	0.28840
	523	973	0.28879
	563	1045	0.28882
	588	1090	0.28890
	642	1188	0.28922
	660	1220	0.28920
	706	1303	0.28923
	730	1346	0.28935
	754	1389	0.28940
	764	1407	0.28940
	772	1422	0.28943
	799	1470	0.28946
	862	1584	0.28988
	898	1648	0.29012
	907	1665	0.29005
γ-Fe	950	1742	0.36508
	1003	1837	0.36535
	1076	1969	0.36599
	1167	2133	0.36660
	1249	2280	0.36720
	1361	2482	0.36810
δ-Fe	1390	2534	0.29315
	1439	2622	0.29346
	1480	2696	0.29378
	1508	2746	0.29396

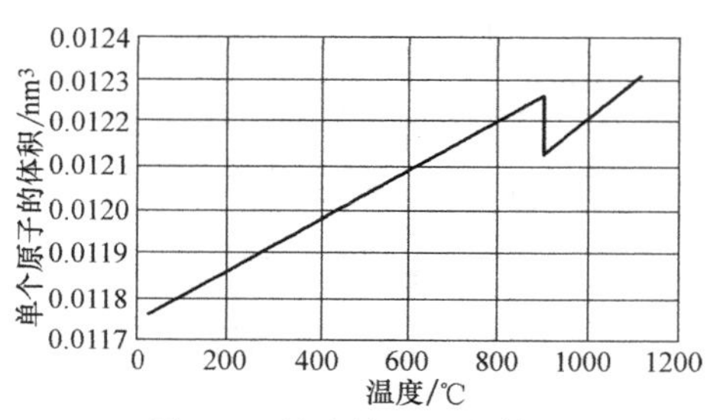

图 1-6 单个铁原子的体积

表 1-4 指定温度下奥氏体、α-铁素体和δ-铁素体的密度

相	温度		密度/(g/cm³)
	℃	°F	
α-铁素体	20	68	7.870
	910	1670	7.47①
奥氏体	912	1673	7.694
	1390	2534	7.66②
δ-铁素体	1394	2541	7.406

① α-Fe 按下式计算（912℃或 1673°F）；K（开尔文）×$\Delta\rho/\rho_0\times10^5=4.3$。

② γ-Fe 按下式计算（912~1394℃，或 1673~2541°F）；K（开尔文）×$\Delta\rho/\rho_0\times10^5=6.7$。

3. 碳在铁中的扩散系数

如上所述，碳作为间隙原子容易扩散。碳在铁中的扩散激活能很小（表 1-5），并且其扩散系数比常规置换元素的扩散系数大（图 1-7），根据阿伦尼乌斯（Arrhenius）方程，这里的扩散系数（D）是温度的一个函数，其公式为

$$D=D_0\exp\left(-\frac{Q}{RT}\right)$$

式中，D_0是频率因子（cm²/s）；Q 是激活能（kJ/mol）；T 是热力学温度（K）；R 是摩尔气体常数，$R=8.31\mathrm{J/(mol\cdot K)}$。

表 1-6 中列出了 D_0的典型值，而与温度相关的 D 值如图 1-8 所示。在 930℃（1700°F）的温度下，当碳含量发生变化时，碳的扩散系数的变化如图 1-9 所示。激活能 Q 反映了原子从一个晶格移动到另一个晶格所需要的克服障碍的能量，这个障碍与状态有关，也就是原子必须以足够的振幅振动来破坏最邻近的键，并移动到一个新的位置。

表 1-5 铁中某些元素的扩散激活能

扩散元素	扩散条件	扩散激活能(Q)/cal/mol	扩散系数(D_0)/(cm²/s)
碳	铁素体(α-铁)	18100	0.0079
	奥氏体(γ-铁)	33800	0.21
镍	奥氏体(γ-铁)	66000	0.5
锰	奥氏体(γ-铁)	67000	0.35
铬	铁素体(α-铁)	82000	30000
	奥氏体(γ-铁)	97000	18000

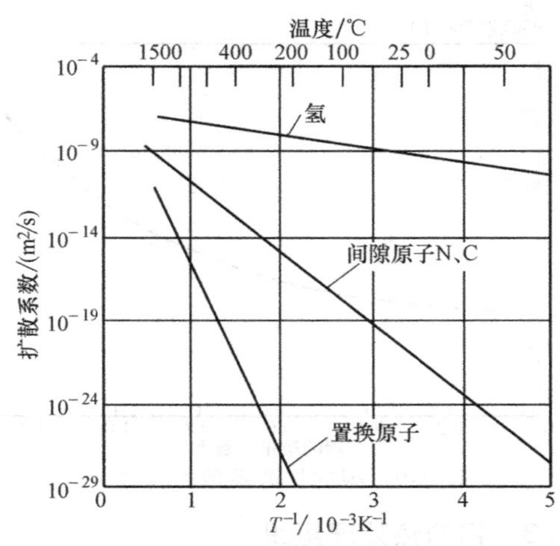

图 1-7 间隙元素与置换元素在 α-Fe 中的扩散系数（氢、碳、氮）

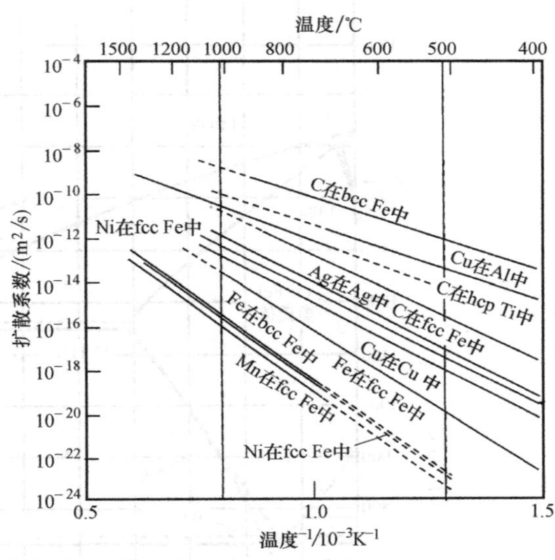

图 1-8 不同金属体系扩散系数的阿伦尼乌斯（Arrhenius）曲线

表 1-6 碳在铁素体和奥氏体中扩散的代表性数据

扩散原子	基体金属	D_0/(m²/s)	激活能/(kJ/mol)	计算值		
				温度		D/(m²/s)
				℃	℉	
Fe	α-Fe(体心立方)	2.8×10^{-4}	251	500	930	3.0×10^{-21}
				900	1650	1.8×10^{-15}
	γ-Fe(面心立方)	5.0×10^{-5}	284	900	1650	1.1×10^{-17}
				1100	2010	7.7×10^{-16}
C	α-Fe	6.2×10^{-7}	80	500	930	2.4×10^{-12}
				900	1650	1.7×10^{-10}
	γ-Fe	2.3×10^{-5}	148	900	1650	5.9×10^{-12}
				1100	2010	5.3×10^{-11}

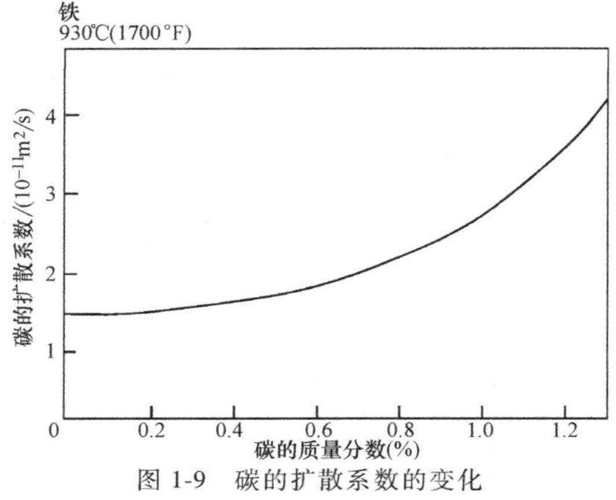

图 1-9 碳的扩散系数的变化

1.1.3 钢的热处理组织

钢的热处理是建立在与工艺、性能和组织相关的物理冶金原理的基础上的。在热处理过程中，工艺过程通常来说完全是热力学的，所以只改变组织结构。改变形状和组织结构的形变热处理与改变表面化学性质和结构的化学热处理，是热处理领域里的重要工艺方法。科学的方法是将加工工艺参数与组织和性能联系起来，并且越来越有必要正确选用可用于热处理过程控制的设备和仪器。直接支持热处理技术的科研工作，包括描述与获得热处理零件的所需组织和性能对应的相变机制；相变测定以及确定热处理工艺时间、温度和冷却速率的退火动力学的测定；评价热处理产生的组织变形和断裂机理。

由于组织结构对热处理的重要影响，本节的目的是描述钢中各种显微组织、钢的热处理过程中决定显微组织形成的各种因素，以及一些组织的特性。强度、塑性和韧性等组织结构敏感特性决定了材料制造、使用的难易程度，以及已经过热处理的钢的服役条件。这里仅简单介绍微观结构和原理。

1. 铁碳相图

钢的热处理显微组织由一种或多种相组成，这与钢中的铁原子、碳原子和其他元素有关。图 1-10 所示

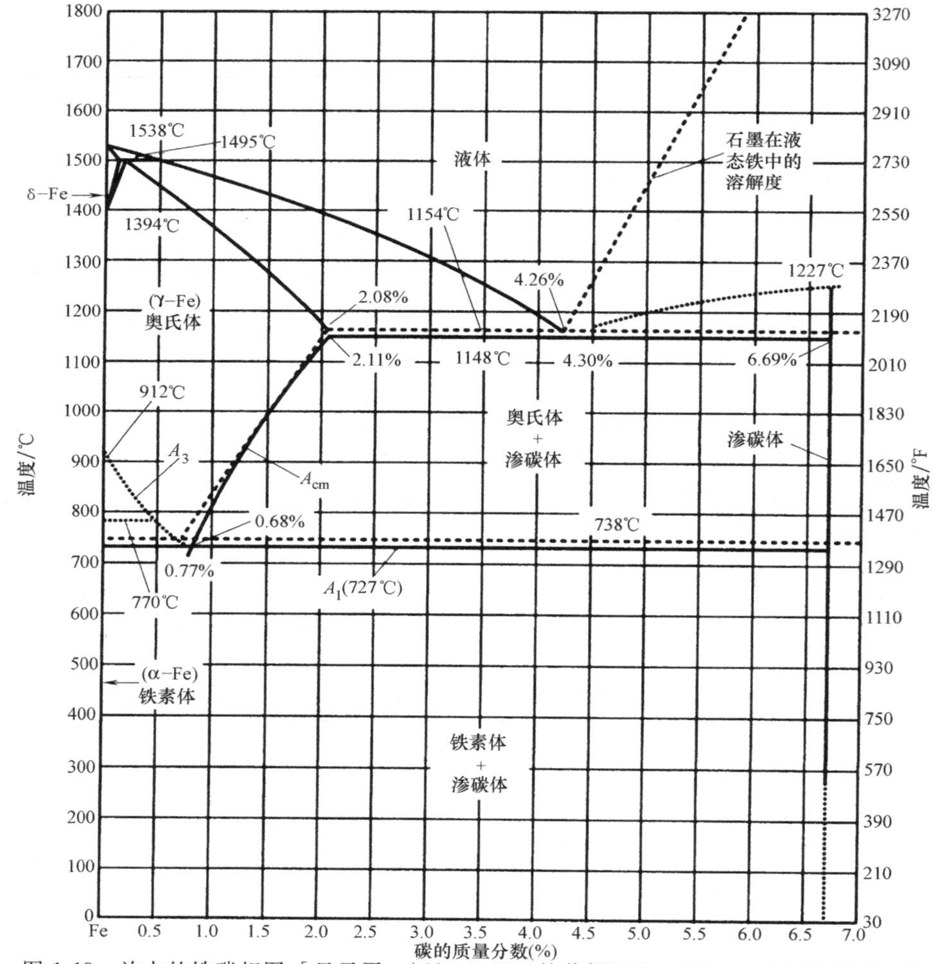

图 1-10 放大的铁碳相图［显示了 w(C)= 0.77%的共析区和 w(C)= 4.26%的共晶区］

注：虚线表示铁-石墨的平衡条件，实线表示铁-渗碳体的平衡条件。共晶区中的实线对白口铸铁很重要，虚线对灰铸铁很重要。

为铁碳相图的一部分（从纯铁到碳的质量分数为 6.67%的渗碳体），图中描述了各相存在的温度和组成范围。碳的质量分数小于 2%的合金为碳钢，大于 2%的合金为铸铁。图 1-10 中的实线表示当含碳量超过其在铁素体和奥氏体中的极限溶解度时，碳是以渗碳体的形式存在的。这在碳钢中是必然的情况。虚线表示的碳是石墨而不是渗碳体，这种情况在铸铁中比在钢中更为常见。

如前文所述，各相区的边界温度通常称为临界温度。临界温度一般用字母“A”表示。如果是平衡状态，则使用 Ae_1、Ae_3、Ae_{cm}，或简写为 A_1、A_3 和 A_{cm}，如图 1-10 所示。如果是加热状态（临界温度相对于平衡状态升高），则使用 Ac_1、Ac_2 和 Ac_{cm}，下角标“c”源自法语单词 chauffant（加热）。如果是冷却状态（临界温度相对于平衡状态降低）则使用 Ar_1、Ar_3 和 Ar_{cm}，下标“r”源于法语单词 refroidissant（冷却）。相变温度滞后是因为在连续加热和冷却时，没有足够的时间来完成实际平衡温度下受扩散控制的相变。

表 1-7 概括了不同的临界温度符号的含义。A_1 表示下临界温度（包括 Ae_1、Ac_1、Ar_1），A_3 表示上临界温度（包括 Ae_3、Ac_3、Ar_3）。如前文所述，碳降低了 A_3 转变温度，也降低了铁的凝固温度（对于铸铁是重要的）。除了铁、碳之外，碳钢和铸铁中还含有许多其他元素，这些元素改变了铁碳相图中相区边界。某些合金元素，如锰和镍是奥氏体稳定化元素，它们扩大了奥氏体稳定化的温度范围。又如，铬和钼是铁素体稳定化元素，它们限制了奥氏体稳定化的温度范围。因此，直接使用铁碳相图预测除了含有铁、碳元素之外，还含有其他元素的工业用钢的相关系时必须谨慎。然而，铁碳相图依然是理解钢的热处理及其显微组织，以及前面提到的各种限制因素之间关系的最重要的参考资料。本书使用铁碳相图来说明钢及铁碳合金的基本组织形式。

图 1-10 所示的相图是假定在平衡状态下得到的，即假定铁、碳在各个相区中有足够的时间自由分配。但有时很难获得平衡状态，尤其是在含有扩散缓慢的元素的钢中，事实上，某些热处理，如淬火，其目的是防止形成平衡组织。所以，无法达到平衡状态以及由合金元素导致的相区边界偏移现象这两个因素，限制了铁碳相图的直接使用。

奥氏体即 γ-Fe 是面心立方结构的晶体，它在高温下是 Fe 的稳定相。图 1-10 显示在铁碳合金中，溶解在奥氏体中的碳的质量分数仅略高于 2%，并且单相奥氏体占据了铁碳相图的高温区域。因此，在所有的低合金钢中，均有可能产生单相奥氏体组织。这个特性是钢最重要的特征之一，它使得能够对钢进行热加工或锻造。另外，从单相奥氏体区冷却使得各种基于奥氏体转变的热处理成为可能。

表 1-7　钢中临界转变温度的定义

Ae_1	在热平衡状态下（如恒温），部分奥氏体开始形成时的临界温度
Ac_1	在加热期间，部分奥氏体开始形成时的临界温度
Ar_1	在冷却期间，全部奥氏体已经分解为铁素体或铁素体-渗碳体混合物时的温度
Ae_3	在平衡条件下，所有铁素体相完全转变成奥氏体时的上临界温度
Ac_3	在加热期间，铁素体转变为奥氏体时的温度
Ar_3	在冷却期间，完全奥氏体化组织转变为铁素体时的上临界温度
Ae_{cm}	对于过共析钢，在平衡状态下，完全奥氏体-碳的固溶体相区和奥氏体+渗碳体（Fe_3C）的两相区之间的临界温度
Ac_{cm}	对于过共析钢，在加热时，渗碳体完全分解，并且所有碳都溶解到奥氏体晶格中时的温度
Ar_{cm}	对于过共析钢，在奥氏体固溶体冷却期间，渗碳体开始形成（析出）时的温度
Ar_r	在冷却期间，δ-铁素体转变为奥氏体时的温度
Ms	在冷却期间，奥氏体开始转变为马氏体时的温度
Mr	在冷却期间，马氏体转变完成时的温度

注：除了马氏体形成外，在冷却过程中比在加热过程中，所有这些转变在较低的温度下发生，并且与温度的变化率有关。

单相奥氏体在位错运动时没有第二相的阻碍物质，没有导致断裂发生的第二相粒子、畸变及容易再结晶的问题，因此可以通过热轧或锻造实现截面尺寸上的较大变化。习惯上说，热成形在奥氏体区上部温度范围内完成。在较低温度区，甚至是在铁素体-奥氏体两相区（控制轧制）对单相奥氏体钢进行热成形并添加少量合金元素（微合金化），如铌和钒，可在较低温下沉淀析出细化的含碳氮化物的合金，这是一种较新的钢的加工工艺。在热成形之后的冷却期间，低温形变和/或沉淀析出延迟或阻止了奥氏体再结晶和晶粒长大，从而细化了奥氏体晶粒，也就细化了奥氏体的转变产物。

铁素体即 α-Fe 是体心立方结构的晶体，它是低温稳定相。低碳钢的显微组织中含有大量的铁素体晶粒。这种铁素体晶粒在室温下的成形性能好，因为位错易于在面心立方多滑移系中移动。但在低温状态下，面心立方结构中的位错运动还是会受到严重阻碍的。低温状态下少许塑性变形的结果是铁素体晶粒发生脆性开裂。面心立方金属中的这种现象可用脆性转变温度来描述，它是指韧性下降，由韧性断裂转变为脆性断裂的温度区域（图 1-11）。

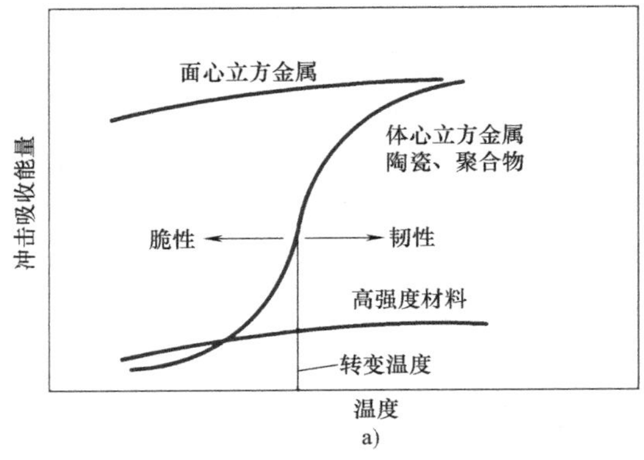

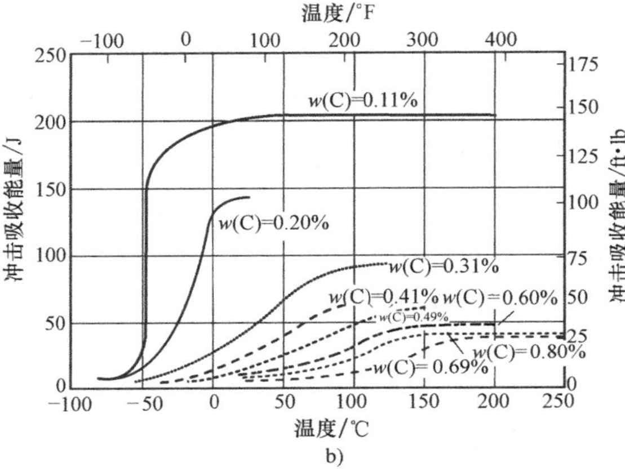

图 1-11 脆性转变温度

a）体心立方和面心立方金属的普遍行为

b）在铁素体-珠光体组织的钢中含碳量对夏比V型缺口冲击试验转变温度和能量变化的影响

注意：当含碳量达到其极限溶解度时，碳将溶解于铁素体和奥氏体中铁原子八面体的间隙位置，形成渗碳体。而铁素体中的间隙位置比奥氏体中的小，因此，铁素体中碳的溶解度明显比奥氏体中的低。图 1-12 所示为放大的铁碳相图中的富铁部分。铁素体中碳的极限溶解度仅约为 0.02%（质量分数），并且随着温度的降低，含碳量将降低至几乎可以忽略不计。由于随着温度的降低碳的固溶度减小，当缓慢冷却时，将在铁素体晶界处形成渗碳体。

如果由于某种原因，冷却速度过快而形成了渗碳体，那么，碳将被限制在间隙位置，这有助于各种特殊铁素体钢的时效处理。例如，弥散强化是与碳原子在位错、晶界处偏析有关的一种工艺；淬火时效则是与细小碳化物颗粒在位错或铁素体基体上析出有关的一种工艺。图 1-13 所示为对一种低碳合金钢进行淬火时效时，其铁素体位错中形成了细小的枝晶状渗碳体颗粒。弥散强化和淬火时效都有效地钉扎了位错，而且它们是导致含有大量铁素体组织的低碳钢发生不连续屈服的原因。

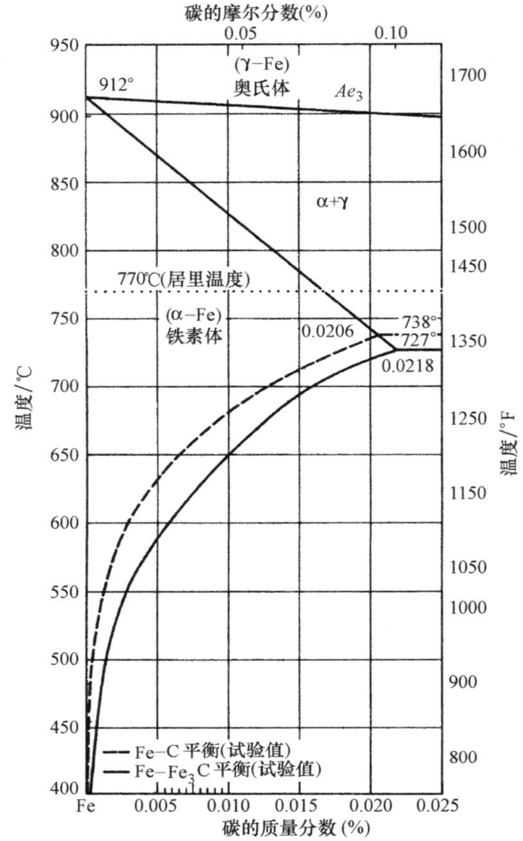

图 1-12 铁碳相图中的富铁部分（在铁素体相区，随着温度下降碳的溶解度降低）

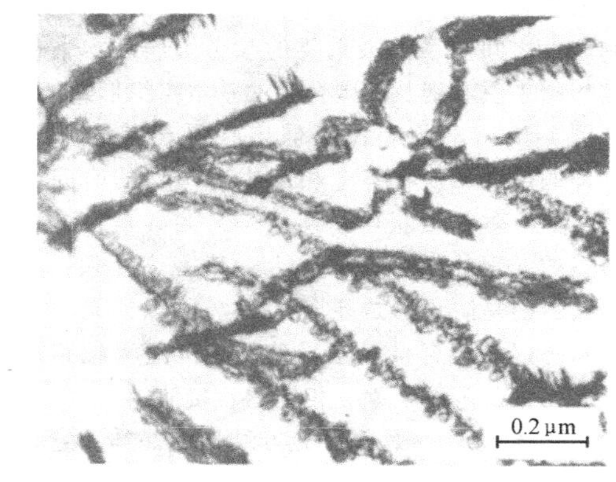

图 1-13 透射电子显微镜（TEM）显示的位错处的析出碳化物［0.08C-0.63Mn 钢，97℃（207°F）时效 115h］

2. 珠光体和贝氏体

碳的质量分数为 0.77%的铁碳合金是共析成分，在 727℃（1340°F）时，3 个平衡相（溶解碳的奥氏体、溶解碳的铁素体和渗碳体）可以共存。铁碳相图的共析区域如图 1-14 所示。碳的质量分数为 0.77%的铁碳合金在冷却到 727℃（1340°F）时，其中的奥氏体将全部转变为铁素体和渗碳体。这种由一种相转变为两种其他相的固态反应，称为共析转变。在铁碳合金和钢中，铁素体和渗碳体片层之间平行排列的特殊结构称为珠光体，它是共析转变的产物。图 1-15 所示为共析钢中形成的珠光体，其中黑色的是渗碳体，亮色的是铁素体。

共析钢中的珠光体在奥氏体晶界处形核，以球状形式聚集或以颗粒状向奥氏体中生长。碳必须通过扩散生长成为珠光体之间的片状渗碳体。对于在珠光体团生长的界面上铁素体晶体结构和渗碳体的排列，面心立方奥氏体中的铁原子自身也必须通过短程扩散进行重排。碳和铁的扩散速率与温度相关，并且随温度增长呈指数型增长。

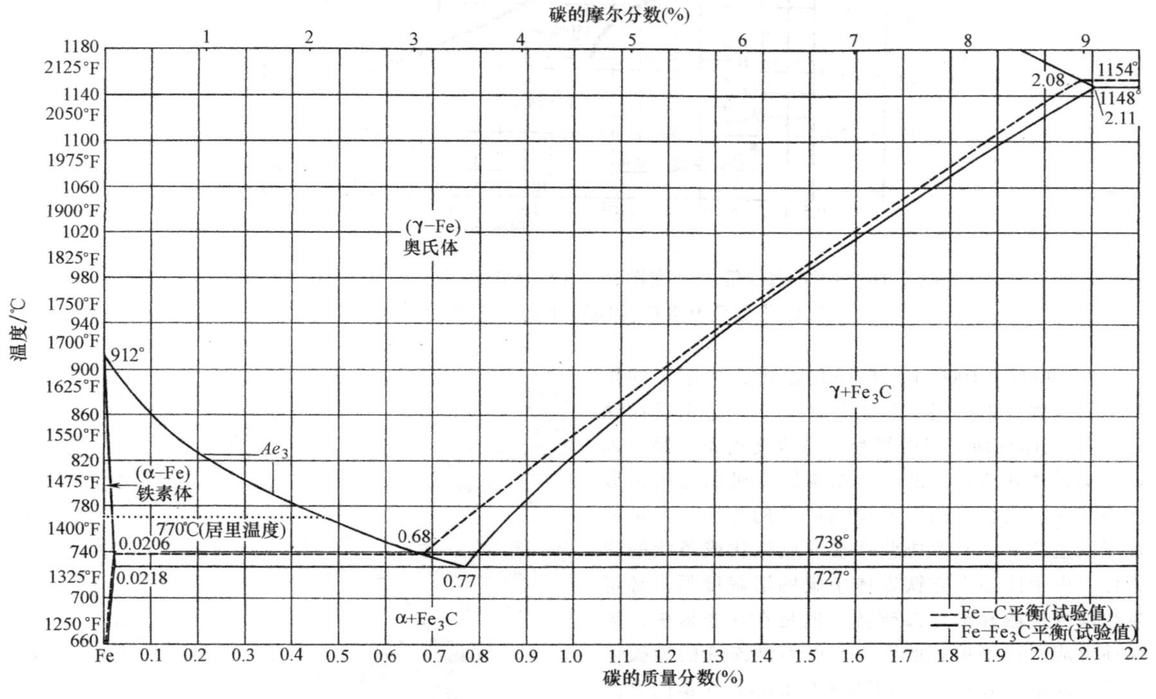

图 1-14 铁碳相图的共析区域

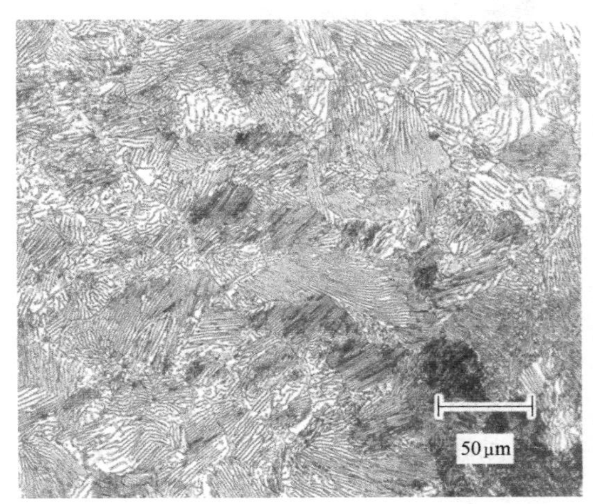

图 1-15 普通碳钢 UNS10800 的珠光体团（4%苦味酸浸蚀，原始放大倍数 200×）

在 727℃（1340° F）的共析温度以下（图 1-14），共析反应的热力学驱动力（当珠光体置换奥氏体时，单位体积的自由能减小）可用于抵消珠光体团/奥氏体增加的界面能，并且铁素体-渗碳体界面能是低的。由于这一原因，珠光体的形核率低，珠光体团内渗碳体的片间距就大，而粗大的片间距增加了碳的扩散距离，造成试图形核的珠光体团的生长速率降低。因此，在接近共析温度时珠光体转变是缓慢的，并且珠光体的显微组织比较粗大。随着过冷度的增加，热力学驱动力增大，珠光体形核率增加，层片间距减小，珠光体团的增长速率增加，随着温度的继续降低，奥氏体将加速转变为珠光体。

图 1-16 是共析钢的等温转变图，图中显示了奥氏体向珠光体共析转变的开始温度和终了温度，从单相奥氏体区开始冷却，在 A_1～540℃（1000°F）之间等温冷却。随着温度降低，转变速度明显加快。

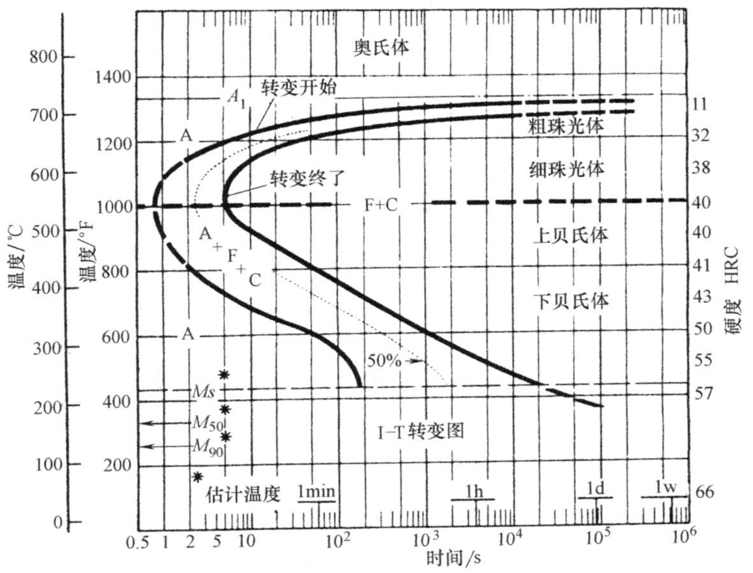

图 1-16　1080 钢的等温转变图，[w(C)=0.79%，w(Mn)=0.76%Mn；奥氏体化温度 900℃（1650°F）；ASTM 晶粒度 No.6]

在 540℃（1000°F）以下的温度，铁原子的扩散能力减弱，不再很容易地发生转变，甚至是在珠光体-奥氏体界面之间的短程扩散也变得不容易。因此，奥氏体到铁素体的晶体结构转变机制也由扩散变为切变。代替界面上原子到原子的传递，大量铁原子发生切变，或者协调移动形成板状或条状的铁素体。由于体心立方铁素体中碳的溶解度低，必定发生碳的扩散和形成渗碳体。但是在珠光体中，渗碳体形成了许多单独的颗粒，而不是连续的渗碳体层片。埃德加 C · 贝茵（Edgar C. Bain）在钢的奥氏体转变特性和淬透性方面做了大量的创造性工作，由切变和扩散形成的显微组织——贝氏体便是根据他的名字命名的。

钢中有两种贝氏体形式。一种称为上贝氏体，因为它在相对高的温度下形成，刚好在珠光体区域之下。上贝氏体形成含有许多平行板条铁素体的树丛块状形态。碳被铁素体排斥，并且在铁素体板条之间聚集形成相对粗大的渗碳体颗粒。图 1-17a、b 所示分别为两种钢中的上贝氏体光学显微组织。图 1-18 所示为 4150 钢在 460℃（860℉）奥氏体部分转变形成的上贝氏体树丛块状形态的显微组织。在 460℃（860℉）没有发生转变的那部分奥氏体到室温形成马氏体（白色背景的相）。普通的上贝氏体显微组织如图 1-18a 所示。但是，铁素体板条和渗碳体颗粒太精细，以至于在光学显微组织中分辨不出来。

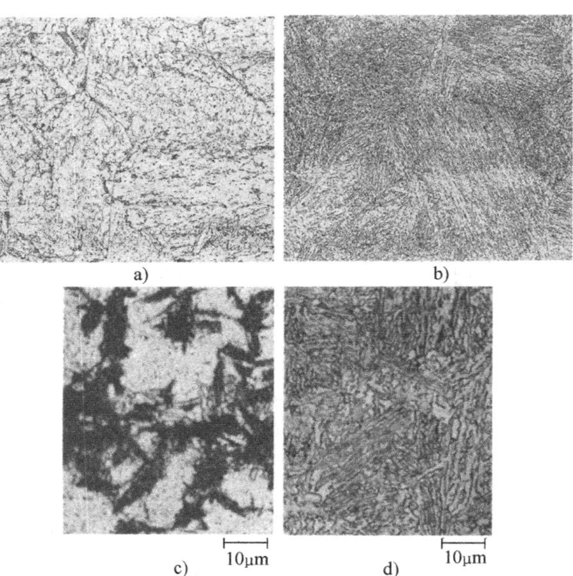

图 1-17　贝氏体的显微组织

a）上贝氏体（原图放大倍数 500×）　b）Cr-Mo-V 转子用钢中的下贝氏体（2%硝酸+4% 苦味酸浸蚀，原图放大倍数 500×）　c）S5 工具钢奥氏体化后的上贝氏体［540℃（1000°F）　保温 8h，等温转变（部分）后水淬形成上贝氏体（黑色），其余奥氏体形成马氏体，4%苦味酸+2% 硝酸浸蚀］　d）S5 工具钢奥氏体化后的下贝氏体［400℃（750°F）保温 1h，等温转变后空冷形成下贝氏体，37~38HRC，4%苦味酸+2%硝酸浸蚀］

另一种贝氏体称为下贝氏体，因为它的形成温度比上贝氏体低。其中铁素体呈板条状形态，渗碳体以很细小的颗粒分布在板条状铁素体上（图1-17b、d）。图 1-18 所示为 4150 钢中形成的下贝氏体。贝氏体板条之间成一定角度，图中给出的是针尖状或类似于针状形貌的显微组织（金相组织），而不是上贝氏体的块状或羽毛状的形貌。另外，贝氏体板条上十分细小的碳化物颗粒在光学显微照片上是分辨不出来的。

a)

b)

图 1-18　4150 钢中下贝氏体的光学显微镜组织

a）4150 钢在 460℃（860°F）下部分转变为上贝氏体　b）4150 钢中的下贝氏体（硝酸浸蚀）

3. 先共析铁素体和渗碳体

图 1-14 所示的合金钢，除共析成分之外，无论是含有少量的碳（亚共析钢）还是含有较多的碳（过共析钢），当从单相奥氏体区域慢速冷却时，要么先形成铁素体，要么先形成渗碳体。对于亚共析钢中，在共析转变之前形成的铁素体称为先共析铁素体（图 1-19a）；对于过共析钢中，共析转变之前形成的渗碳体称为先共析渗碳体（图 1-19b）。

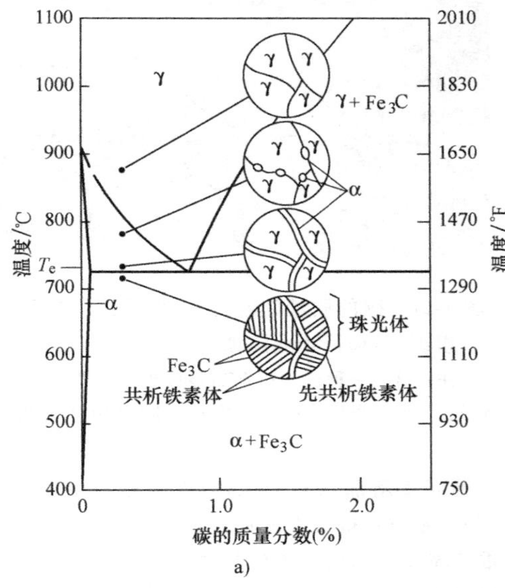

a)

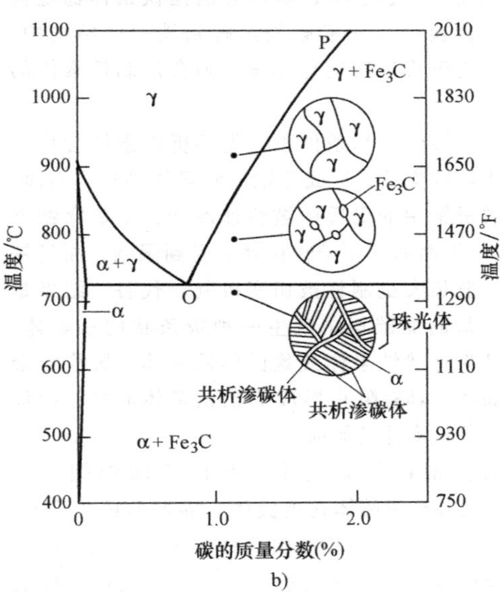

b)

图 1-19　先共析铁素体和渗碳体

a）亚共析钢中先共析铁素体的形成　b）过共析钢中先共析渗碳体的形成

对亚共析钢奥氏体化，然后缓慢冷却到临界温度 A_3以下，先共析铁素体将在奥氏体晶粒边界处形核。由于铁素体晶粒的生长，碳不再回到奥氏体晶粒内，最终碳聚集形成珠光体，平衡态的显微组织转变为珠光体。图 1-20 所示为两种亚共析钢的显微组织，它们是铁素体+珠光体组织，其中珠光体（黑色）的数量取决于含碳量。大部分珠光体形核呈均匀的黑色，这是由于在光学组织中，片状组织的间距太小，光线被片状组织散射的原因。实际应用中的大量结构件最常用的组织就是铁素体+珠光体。这种钢价格便宜，产量大，性能适应性广。在大部分铁素体+珠光体钢中，含碳量和晶粒度决定了显微组织并由此产生了相应的性能。

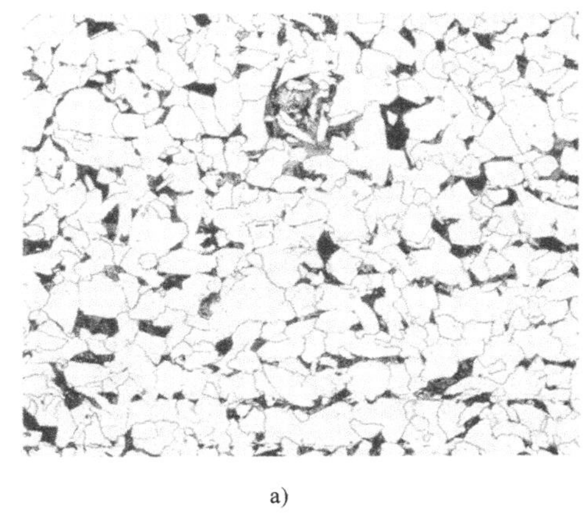

a)

b)

图 1-20 典型的铁素体+珠光体结构钢的显微组织

a) $w(C)=0.10\%$ b) $w(C)=0.25\%$ (2%硝酸+4%苦味酸浸蚀，原始放大倍数 200×)

先共析铁素体的生长取决于碳原子进入奥氏体受阻碍的程度，以及位于铁素体/奥氏体界面两侧的铁原子从面心立方结构到体心立方结构的迁移程度。之后的过程取决于界面上原子有序或者无序排列的程度。即在某种状态下，如果它们是铁素体稳定化元素，则置换合金元素必须溶解到铁素体结构中；如果它们是奥氏体稳定化元素，则会抑制铁素体的生成。

通常在缓慢冷却条件下，先共析铁素体会均匀地向奥氏体内生长，形成等轴的铁素体晶粒。然而，如果过共析钢中的奥氏体被快速冷却，则贯穿铁素体/奥氏体界面的铁原子转移就会受到限制，而且铁素体的扩散长大机制将被切变机制所代替。结果是在迅速冷却的低碳钢中产生一种板条状的铁素体，通常称其为针状铁素体或魏氏体铁素体。置换合金元素，如锰，具有阻止形成等轴铁素体晶粒，而促进形成针状铁素体的倾向。

过共析钢在从奥氏体单相区冷却期间（图 1-19b），先共析渗碳体在奥氏体晶界处形核、长大。图 1-21 所示为过共析钢中奥氏体晶界上形成的网状先共析渗碳体。初期先共析渗碳体的生长似乎仅取决于碳的扩散，因此其生长能迅速进行。在合金钢中，渗碳体生长的后期阶段要求分解出置换合金元素（如铬），所以生长速度变得缓慢。即使是在油淬过程中，先共析渗碳体的初期生长速度也十分迅速，在从 A_{cm} 以上温度淬火的高碳钢中，经常能观察到与先共析渗碳体初期生长迅速有关的晶间裂纹。

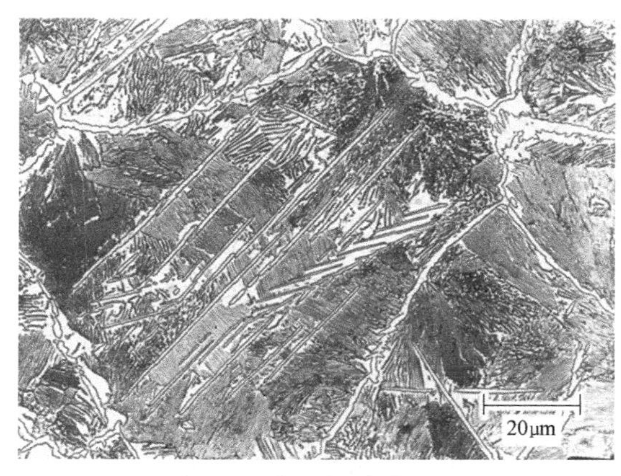

图 1-21 碳的质量分数为 1.2%的铁碳合金的显微组织（4%苦味酸浸蚀，原始放大倍数 200×）

注：这是一种过共析钢的显微组织，图中显示了渗碳体形状、原始奥氏体晶界以及珠光体晶粒中的针状渗碳体。

由于连续网状先共析渗碳体的脆性较大，过共析钢需重新加热到奥氏体/渗碳体两相中温区退火（如果希望获得最大的韧性和良好的切削性），或者重新淬火（如果希望获得耐磨性和疲劳强度）。在两相区加热过程中，网状先共析渗碳体以及珠光体中的片状渗碳体将部分溶解和球化。例如，将轧辊用钢 1095 钢 [$w(C)=0.95\%$] 加热到 760℃（1400°F），图 1-22 中带箭头的水平线经过的空心圆点表示温度-成分对应点。由于温度-成分点位于 γ+渗碳体（Cm）两相区内，这种钢一定是成分为 O [$w(C)=0.85\%$] 的奥氏体和成分为 P [$w(C)=$

0.67%］的渗碳体的混合物。该示意图用于说明相图中两相（临界）区内的显微组织的形态。渗碳体形态表现为在奥氏体晶粒上随机均匀分布的细小、球形颗粒。

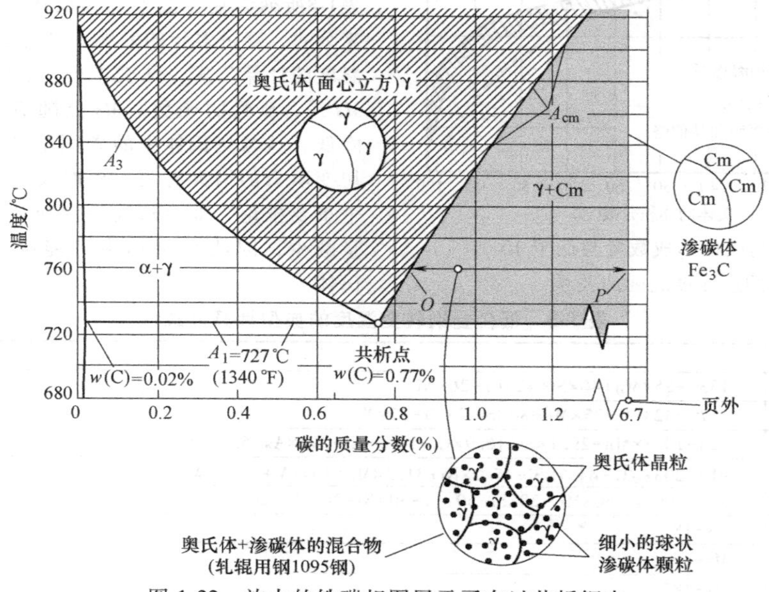

图 1-22　放大的铁碳相图展示了在过共析钢中获得球化渗碳体的临界加热温度

4. 马氏体

马氏体是钢中的奥氏体经切变（无扩散）转变形成的相，它是使钢铁硬化的基本组织。铁碳相图中不显示马氏体组织，这是由于在平衡状态下不能形成马氏体。通常需要将钢快速冷却到 A_1 温度以下以获得马氏体。正如铁碳相图所示，在 A_1 温度以下加热时，马氏体最终将分解成铁素体和渗碳体的混合物。

许多原子的切变、位移和协同运动已经被认为是贝氏体和针状先共析铁素体形成的机制。然而，后者的组织结构是碳在体心立方铁素体的结构中扩散的条件下形成的。事实上，当马氏体形成时，碳原子是不能扩散的，它们被钉扎在八面体的间隙位置，生成了具有体心四方晶格结构的过饱和铁素体。碳原子聚集得越多，结晶度越大。

图 1-23 为临近自由表面的奥氏体中形成的板条状马氏体示意图。马氏体表面由于切变变换而倾斜，沿着形成马氏体平面的奥氏体平面称为惯习面。为了适应这种形状上的改变，不仅面心立方的奥氏体晶格必须转变成马氏体的体心四方晶格，而且马氏体一旦形成，就必须调整自身去适应周围的块状奥氏体的约束，以及平行于惯习面的平面应变所强行产生的限制。板条状马氏体通过滑移或孪晶完成适应性调整，其结果是钢中的马氏体含有高的残留位错密度和/或细小的孪晶。

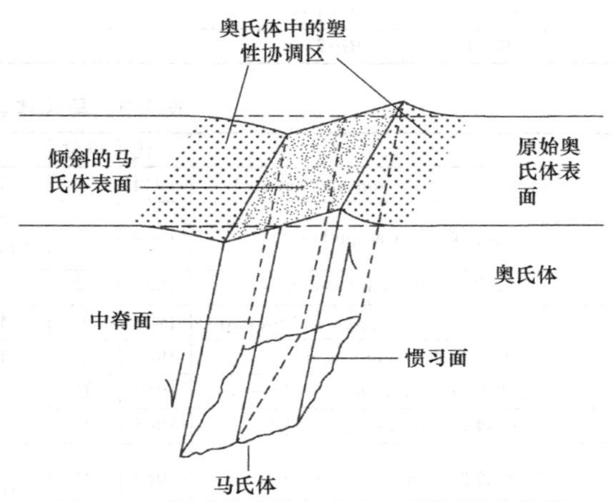

图 1-23　马氏体晶体切变或表面倾斜示意图

马氏体转变是非热动力学特征的，也就是说，所形成马氏体的数量与保温时间无关，它只是马氏体转变温度（*Ms*）以下过冷度的一个函数，对其进行马氏体转变温度是对钢进行冷却时马氏体开始形成的温度。当淬火温度为 T_q 时，所形成的马氏体体积分数 f 的计算公式为

$$f=1-\exp-[0.011-(Ms-T_q)] \quad (1\text{-}1)$$

由上式可知，如果已知钢的 *Ms*，则可以确定淬火到 *Ms* 以下某一温度时所形成的马氏体数量。马氏体形成数量与 *Ms* 以下过冷度之间的关系如图 1-24 所示。

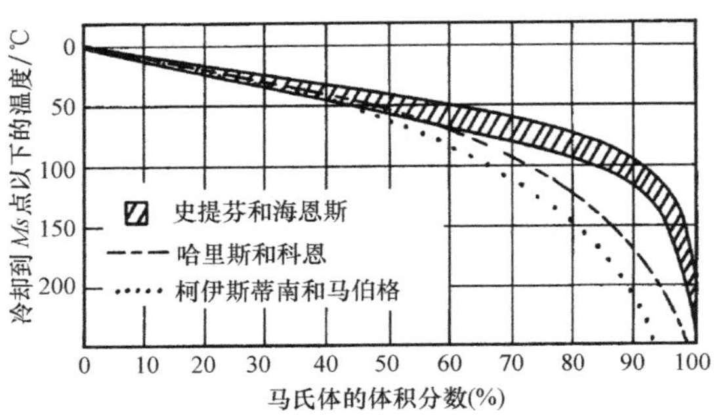

图 1-24 马氏体形成数量与低于 *Ms* 温度的过冷度之间的关系

Ms 温度是钢中碳和合金元素含量的函数，人们已经建立了很多 *Ms* 与不同成分之间的关系式。表1-8所列为临界温度和马氏体转变温度的典型计算公式，经过多年的发展，出现了多种马氏体转变温度的计算公式，见表 1-9。由图 1-25 可以看出，*Ms* 是含碳量的函数。*Ms* 点随着含碳量的增加而降低，这与奥氏体中的碳固溶体的增加所产生的切变阻力的增大有关。根据式（1-1）可以得到一个重要推论，即冷却到室温时所形成的马氏体数量减少，因此高碳钢中可能存在大量的残留奥氏体。

表 1-8 低合金钢转变温度的典型计算公式

序号	转变温度	公　式
1	Ae_1/℉ ≈	1333−25×Mn+40×Si+42×Cr−26×Ni
2	Ae_3/℉ ≈	1570−323×C−25×Mn+80×Si−3×Cr−32×Ni
3	Ac_1/℃ ≈	723−10.7×Mn+29.1×Si+16.9×Cr−16.9×Ni+290×As+6.38×W
4	Ac_3/℃ ≈	910−203×$\sqrt{C}$+44.7×Si−15.2×Ni+31.5×Mo+104×V+13.1×W
5	*Ms*/℉ ≈	930−600×C−60×Mn−20×Si−50×Cr−30×Ni−20×Mo−20×W
6	M_{10}/℉ ≈	*Ms*−18
7	M_{50}/℉ ≈	*Ms*−85
8	M_{90}/℉ ≈	*Ms*−185
9	*Mf*/℉ ≈	*Ms*−387
10	*Bs*/℉ ≈	1526−486×C−162×Mn−126×Cr−67×Ni−149×Mo
11	B_{50}/℉ ≈	*Bs*−108
12	*Bf*/℉ ≈	*Bs*−216

表 1-9 马氏体转变温度的计算公式

研究人员	年代	单位	公　式
佩森和萨维奇(Payson and Savage)	1944	℉	*Ms*=930−570℃−60Mn−50Cr−30Ni−20Si−20Mo−20W
卡拉佩拉(Carapella)	1944	℉	*Ms*=925×(1−0.620C)(1−0.092Mn)(1−0.033Si)(1−0.045Ni)(1−0.070Cr)(1−0.029Mo)(1−0.018W)(1+0.120Co)
罗兰和莱尔(Rowland and Lyle)	1946	℉	*Ms*=930−600C−60Mn−50Cr−30Ni−20Si−20Mo−20W
格兰奇和斯图尔特(Grange and Stewart)	1946	℉	*Ms*=1000−650C−70Mn−70Cr−35Ni−50Mo
内伦贝格(Nehrenberg)	1946	℉	*Ms*=930−540C−60Mn−40Cr−30Ni−20Si−20Mo
史蒂文和海恩斯(Steven and Haynes)	1956	℃	*Ms*=561−474C−53Mn−17Cr−17Ni−21Mo
安德鲁斯(Andrews)(线性)	1965	℃	*Ms*=539−423C−30.4Mn−12.1Cr−17.7Ni−7.5Mo
安德鲁斯(Andrews)(乘方)	1965	℃	*Ms*=512−453C−16.9Ni+15Cr−9.5Mo+217(C)^2−71.5(C)(Mn)−67.6(C)(Cr)

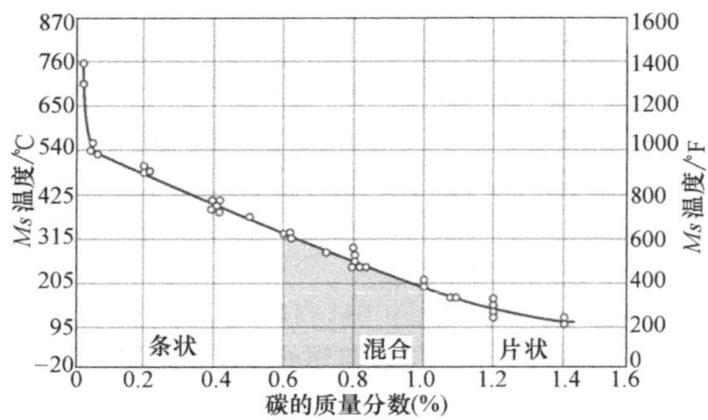

图 1-25 含碳量对马氏体转变温度的影响及碳钢中形成的两种马氏体类型

图 1-25 表明碳钢中可形成两种类型的马氏体。即马氏体根据组织形态和特征不同可分为两类。在中、低碳钢中形成板条状马氏体，它是由许多平行排列的细条状或板状晶体按区域或群组成的。这些板条状马氏体的惯习面接近于但不是完全符合{111}的形式。大部分马氏体板条的宽度小于0.5μm，低于光学显微镜的分辨率。因此，其显微组织显得均匀一致，因为仅可以分辨清楚宽度较大的马氏体板条。图 1-26a 所示为低碳合金钢中的板条状马氏体的光学显微组织。电子显微镜显示出条状马氏体的精细结构，是由高密度缠结位错组成，并

且看到在马氏体条状之间，以薄片形式存在的残留奥氏体。

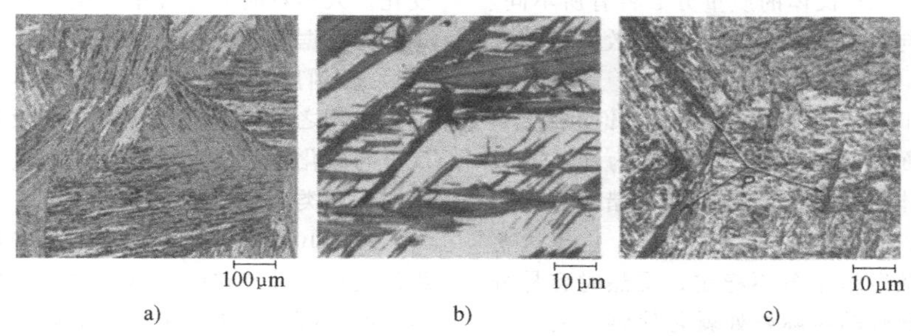

图 1-26 马氏体的光学显微组织照片（2%硝酸酒精溶液浸蚀）

a）低碳钢（0.03C-2.0Mn）中的板条状马氏体 b）高碳钢（1.2C）基体中的残留奥氏体+片状马氏体

c）中碳钢（0.57C）中的板条状马氏体+片状马氏体（P）混合组织

注：元素符号前的数字为其质量分数（%）。

在高碳钢中将形成片状马氏体（图 1-26b），马氏体片与惯习面之间的夹角为 $\{225\}_\gamma$ 或 $\{259\}_\gamma$。由于高碳钢的 *Ms* 温度较低，因此其中存在大量的残留奥氏体。片状马氏体的纤细结构是由大量厚度约为 10nm 的细薄孪晶和/或由低温塑性变形产生的位错组成的。在马氏体形成过程中，片层之间特有的碰撞有时会引起马氏体中微裂纹的形成，如图 1-27 所示。在细晶粒奥氏体中形成的马氏体减少了片状马氏体中的微观裂纹密度。对钢进行亚温淬火或回火处理，可降低奥氏体中的含碳量（形成一种更加平行的马氏体形态以减少碰撞）。

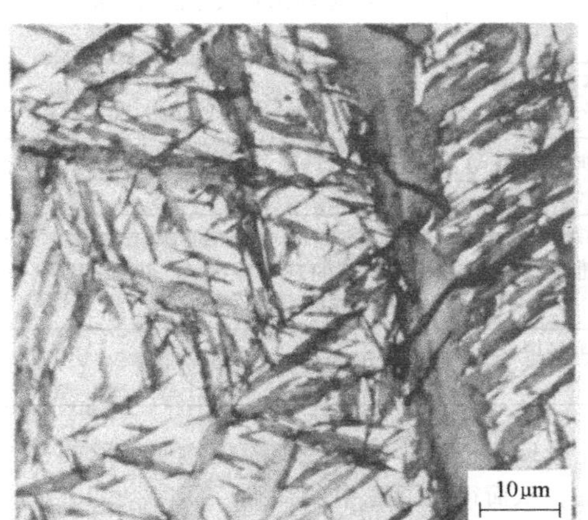

图 1-27 Fe-1.39C 合金钢中的片状马氏体+残留奥氏体的光学显微组织（10%硫氢化钠水溶液浸蚀）

在板条状和片状马氏体的混合组织中，含碳量的高低对合金含量较敏感，而这并非是众所周知的问题。即使含碳量处于板条状马氏体形成范围之内，板条的组织的数量也是随着含碳量的增加而逐渐减少的。

（1）马氏体的硬度与淬透性 马氏体很硬且脆，通常需要对其进行一定程度的回火处理。马氏体的硬度只取决于含碳量（图1-28），随着碳的质量分数增加到 0.7%，它的硬度单调增加。在含碳量达到较高值时，淬火之后，一些较软的奥氏体组织将变得稳定，从而减少了淬火对马氏体硬度的影响（图 1-28）。合金化没有改变马氏体的硬度，但它可以减缓珠光体形成的动力学行为，从而促进了在较低的冷却速率下马氏体的形成。如果能够在较低的冷却速率下形成马氏体，则淬硬深度就会相应增加。在淬火过程中，钢能够获得较高的淬火硬度的能力称为淬透性。

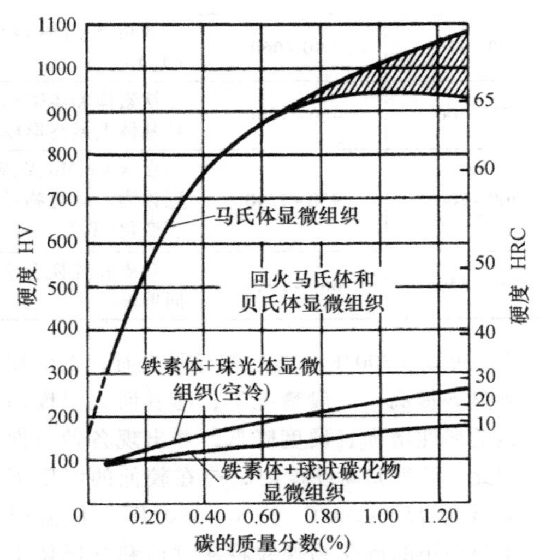

图 1-28 马氏体硬度与钢中不同显微组织的含碳量的关系（阴影区表示残留奥氏体的影响）

钢的淬透性通常是由乔米尼末端淬火试验测定的。取一段标准尺寸的圆棒在奥氏体化温度下加热，然后对其一端进行淬火。这将导致沿着棒的长度方向存在不同的冷却速率，因此冷却后的硬度不同，沿着棒的长度方向，马氏体的质量分数将有所不同。乔米尼棒的位置与其对应的冷却速率等效，也与棒的直径等效。

（2）回火马氏体　马氏体是碳的过饱和组织，其单位体积的界面自由能很高，这是因为细小的板条状和片状马氏体组织中含有高密度位错，它储藏了大量的应变能，同时存在残留奥氏体。由于这些特征，马氏体显微组织十分不稳定，受热时容易分解。马氏体组织分解的实际好处就是使钢的韧性增加，由于这一原因，几乎所有已淬火的钢都被加热到 Ac_1 以下某个温度，这一热处理过程称为回火。

马氏体回火后可以产生一个宽泛的显微组织。碳原子可以自由排列成不同结构，甚至可以在远低于100℃（212°F）温度的马氏体晶体结构内进行排列。在100℃和 Ac_1 之间的温度范围内回火将产生各种类型的弥散碳化物颗粒，以及马氏体基体的重大变化。人们对回火过程中产生碳化物的反应早有认识，并且据此分为几个回火阶段，即 T_1、T_2 等。直到最近人们才研究了淬火态马氏体中的碳原子在形成碳化物之间进行超短程重排的反应，并且把这些反应与碳化物的形成反应区分开来。已经有人建议，把它们归类为时效反应：A_1、A_2 等。

表1-10中列出了钢回火时的各种反应和显微组织的变化。时效和回火类型主要是按所形成的平衡组织的显微组织来区分的，最后的显微组织是球状碳化物颗粒散布在等轴铁素体晶粒基体上。许多反应和显微组织状态需要进一步描述，一些反应可能同时发生，还有一些可能尚待发现。这些反应由碳、铁和/或合金元素的扩散控制。因此，钢的成分、时间和温度决定了回火处理各阶段的结构变化顺序，见表1-10。

表1-10　钢的回火反应

温度范围		反应和符号	解释
℃	°F		
-40~100	-40~212	2~4个碳原子在马氏体（A_1）的八面体位置聚集（译注：弘津气团）；碳原子在位错和晶界处偏聚（译注：柯垂尔气团）	马氏体基体电子衍射斑点周围聚集并有漫射峰
20~100	70~212	在（102）马氏体面（A_2）上形成碳原子调幅集群	通过马氏体基体电子衍射斑点周围的卫星斑点识别
60~80	140~175	长程有序碳原子相（A_3）	通过电子衍射图谱中的结构斑点识别
100~200	212~390	直径为2nm的过渡碳化物颗粒（T_1）沉淀	近来的研究将其认定为η碳化物（斜方晶系的 Fe_2C）；较早的研究将其认定为ε碳化物（六角晶系的 $Fe_{2.4}C$）
200~350	390~660	残留奥氏体转变为铁素体和渗碳体（T_2）	在低、中碳钢中，与回火脆性有关
250~700	480~1290	铁素体和渗碳体形成；在等轴铁素体晶粒基体上最终形成球化良好的碳化物	在高碳铁碳合金中，初始阶段形成χ-碳化物
500~700	930~1290	在含Cr、Mo、V、W的合金钢中形成合金碳化物。碳化物的成分可能随时间而显著变化（T_4）	合金碳化物在回火或在约500℃（930°F）的环境下长时间工作后产生二次硬化或明显的延迟软化
350~550	660~1020	杂质和置换合金元素的各自偏聚和共同偏聚	是造成回火脆性的原因

在150℃（300°F）以上进行回火时，钢的韧性将得到显著提高。一般情况下，随着回火温度的升高，钢的韧性增加且硬度降低，并出现各种脆性现象。因此，要得到高硬度时，应在较低的温度下回火，通常为150~200℃（300~900°F）。低温回火时，十分细小的碳化物颗粒将从过饱和马氏体中沉淀出来。这些碳化物颗粒不是渗碳体，而是过渡碳化物。过渡碳化物包括通过X射线衍射标定的六角晶系的ε碳化物，以及由电子衍射标定的斜方晶系的η碳化物。ε碳化物和η碳化物的含碳量都比渗碳体的含碳量高得多。

由回火产生的细小过渡碳化物使钢的韧性明显增加，从而得到了适中的韧性。同时，由于极其细小的弥散碳化物和马氏体转变形成的大量位错亚结构，而保证了高硬度。

钢在200~350℃（390~660°F）范围内回火时，渗碳体或χ碳化物替换过渡碳化物，残留奥氏体转变为铁素体和渗碳体。χ碳化物是一种在高碳马氏体回火过程中形成的单斜晶系结构的复杂碳化物，其最终将被渗碳体所代替。χ碳化物比存在于片状马氏体界面上及片层之间的过渡碳化物粗大。在此温度区间内回火还将导致残留奥氏体转变。在过渡碳化物形成的整个回火温度范围内，残留奥氏体是稳定的，但在 200℃（390°F）以上的温度下它将开始转变。中碳钢回火时，其马氏体板条之间的残留奥氏体将保留下来并产生粗大的条间渗碳体片。

受由过渡碳化物替代和残留奥氏体转变产生的粗大碳化物，以及马氏体位错亚结构的有限回复的影响，冲击韧性有所降低。在 250～400℃（480～750°F）温度范围内回火所产生的冲击韧性的降低称为回火马氏体脆性。

在 400℃（750°F）以上回火时，将产生显微组织的大量粗化。不仅渗碳体颗粒粗化、球化，马氏体基体也显著改变。板条几乎无位错，并且由于碳已经完全沉淀析出为碳化物而成为新的铁素体。位错密度的减小是由应变能的降低驱动的，伴随着位错的消除，并通过各种回复机制完成。

当回火温度增加到 400℃（750°F）以上时，钢的硬度和强度迅速下降，韧性得到显著改善。在合金钢中，新的细小弥散碳化物的形成对伴随着位错亚结构改变、片状和渗碳体结构的粗化而产生的软化有补偿作用。事实上，如果合金钢中的弥散碳化物是足够精细和致密的，则可导致硬度的增加。这种在高温回火范围内，合金碳化物沉淀多而导致硬度提高的现象称为二次硬化。

如上所述，随着回火温度的增加，韧性将显著提高。钢中的磷、锑和锡等杂质会在晶界和/或碳化物基体界面上沉淀析出，这将大幅度地降低冲击韧性。这一现象出现在 350～550℃（660～1020°F）的回火温范围内或缓慢冷却期间。杂质元素的偏聚可能伴随着合金中置换合金元素的共同偏聚。

1.1.4 转变图

如前文所述，奥氏体的分解将产生多种显微组织，这些组织与钢的成分、转变温度和冷却速率等因素相关。一些因素决定了奥氏体分解为珠光体、贝氏体、先析出铁素体、先析出渗碳体或马氏体等的速率。其中影响较大的因素是温度和冷却速度，因为非平衡态条件对奥氏体分解期间所形成成分的形核和长大速率以及由此产生的微观组织有显著的影响。

为分析各种组织产生的条件，人们研究出了两种类型的转变图：根据在恒温下奥氏体分解做出的等温转变（IT）图，以及表示显微组织变化与冷却速率之间对应关系的连续冷却转变图。图 1-29 所示为近似共析成分的碳钢的等温转变图与连续冷却转变（CCT）图之间的比较。IT 图和 CCT 图的主要差异在于由于连续冷却的滞后，转变曲线边界发生了偏移（图 1-29）。大部分热处理工艺是按连续冷却转变图完成的，所以在生产实践中，经常遇到的是 CCT 图。

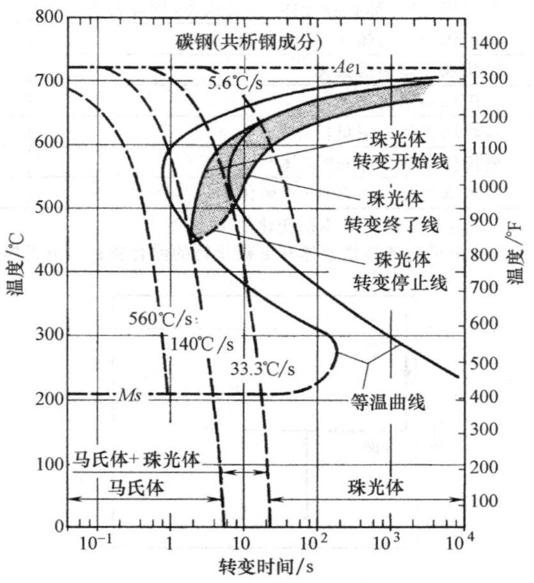

图 1-29 近似共析成分的碳钢的连续冷却转变图（阴影部分）和等温转变图

1. 等温转变图

等温转变图也称为时间-温度转变图，用于描述冷却过程中奥氏体的分解情况，或者等温加热过程中奥氏体的形成情况。后者经常称为等温加热转变（IHT）图。等温转变图可以从国际标准化组织（ISO）、美国机械工程师学会冶金学会、美国金属学会得到的标准图谱中见到。某著名德国文献（参考文献 61）中包含了大量的 IHT 曲线。

尽管 IHT 图在短时加热，如感应加热和激光淬火中有用，但是它没有等温冷却转变图常见。原始显微组织成分在加热过程中起着重要的作用。通常，均匀分布的组织如回火马氏体组织将比铁素体-珠光体组织更迅速地转变为奥氏体，特别是对于含有碳化物形成元素，如铬、钼的合金钢来说更是如此。为了得到真正的等温加热转变图，以很高的加热速率升温到保温温度是很重要的。

奥氏体等温分解是通过在规定的温度下，在铅浴或盐浴中对小试样进行淬火来实现的。将许多试样在一温度下保温不同的时间，然后淬火冷却到室温（图 1-30），显微组织中将形成许多相，然后通过金相分析法确定相的成分。另一种方法是使用单个试样和一种记录伸长量与时间关系的热膨胀仪。使用热膨胀仪的方法依据的原理是不同显微组织的体积变化不同（表 1-11）。热膨胀仪的完整技术说明参见参考文献 65。

表 1-11 不同组织转变的体积和尺寸变化

反　　应	体积变化(%)	尺寸变化①/(in/in)
粒状珠光体(球状珠光体)→奥氏体(收缩)	2.21 w(C)-4.64	0.0074 w(C)-0.0155
奥氏体→马氏体	4.64-0.53 w(C)	0.0155-0.00118 w(C)
球状珠光体→马氏体	1.68 w(C)	0.0056 w(C)
奥氏体→下贝氏体②	4.64-1.43 w(C)	0.0156-0.0048 w(C)
球状珠光体→下贝氏体②	0.78 w(C)	0.0026 w(C)
奥氏体→铁素体+渗碳体②	4.64-2.21 w(C)	0.0155-0.0074 w(C)
球状珠光体→铁素体+渗碳体	0	0

① 线性变化约为体积变化的 1/3。

② 下贝氏体是铁素体和 ε 碳化物的混合物；上贝氏体和珠光体是铁素体和渗碳体的混合物。

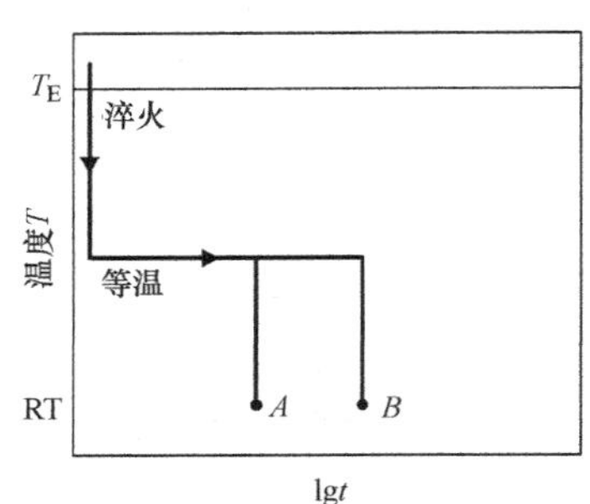

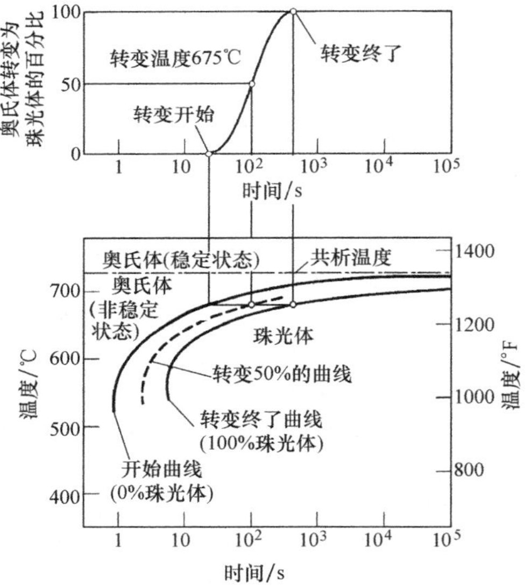

图 1-30 等温转变图的绘制

由此，可以绘制一系列曲线来表示相转变的体积分数。C 曲线就是一种典型的转变曲线。转变开始曲线显示了预计形核上限时间 τ(s)。形核时间 τ_x 与体积分数（x）之间的半经验关系式为

$$\tau_x=\frac{\exp(Q/RT)}{2^{N/8}\Delta T^3}fI(x) \tag{1-2}$$

式中，x 是转变相的体积分数；Q 是与合金元素晶界扩散激活能相关的一种激活能；N 是美国机械工程师学会制定的奥氏体晶粒度号；T 是温度（K）；ΔT 是铁素体形成的过冷度（A_3-T）、形成珠光体的过冷度（A_1-T）以及形成贝氏体的过冷度的经验值；f 是碳和合金元素体积分数的线性函数；I 是转变形成相的总体积分数。

式（1-2）中的因子 $I/\Delta T^3$ 随着过冷度的减少（即温度的升高）而增大，而因子 $\exp(Q/RT)$ 随着温度的降低而增大，它们的总影响是导致在高温和低温时形核（孕育）时间（τ_x）延长，而在中等温度时形核（孕育）时间短，从而得到了容易看懂的“C”形状的曲线。由因子 $2^{N/8}$ 可知，奥氏体晶粒度越小，转变速率越大。

（1）共析转变的时间-温度的影响　在恒定温度下，碳钢中珠光体核的生长是通过前沿的铁素体和渗碳体片以恒定的速率向前推进而进行的。然而，总的转变速率，即珠光体体积分数的增加速率并不是常数。在转变初期，仅有微量的小珠光体核形成。在转变过程中，新的珠光体核形成并生长，而且这一生长伴随着已经存在的珠光体核的持续生长。

总的转变速率与任意时刻存在的珠光体-奥氏体界面的面积成正比，这个比例最初时较低，之后随着珠光体形核的顺利进行而增加。然后在某一时间出现转折，这个时间取决于奥氏体晶粒的尺寸与珠光体核生长速率的比值。从这一时刻开始，总的转变速率下降，直到转变完成。

珠光体团的形核率和生长速率与温度变化有关，如图 1-31 所示。这些值是在典型的工业用钢中获得的，通常这些钢中锰的质量分数为 0.3%～1%，并含有少量其他合金元素。对于高纯铁碳合金（碳的质量分数为 0.78%，硫、锰、硅的总质量分数约为 0.01%），其珠光体核在 600℃（1110°F）时的生长速率是 6.5×10^{-2}mm/s，大约是图 1-31 中该温度下珠光体核生长速率的 7 倍。不同温度下的等温转变开始和终了时间如图 1-16 所示。

（2）层间距的影响　珠光体团之间层间距明显变化可以用层状板条排列方向相对于抛光表面的角度差异来解释。但对于一个给定的转变温度，珠光体团中的片间距是大致相同的。这个间距的变化从

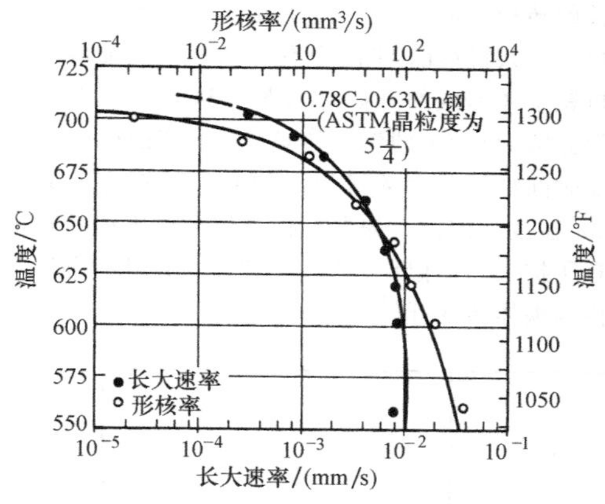

图 1-31 共析钢成分中珠光体团的形核和生长与温度的关系

700℃（1290°F）形成珠光体时的约为 0.7μm 变化为 600℃（1110°F）形成珠光体时的约为 0.15μm。

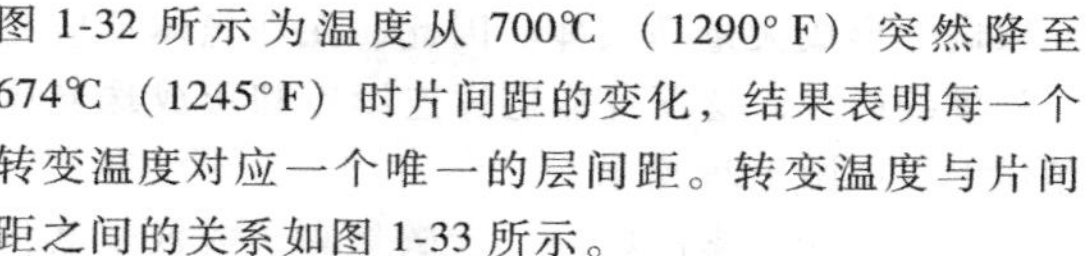
图 1-32 所示为温度从 700℃（1290°F）突然降至 674℃（1245°F）时片间距的变化，结果表明每一个转变温度对应一个唯一的层间距。转变温度与片间距之间的关系如图 1-33 所示。

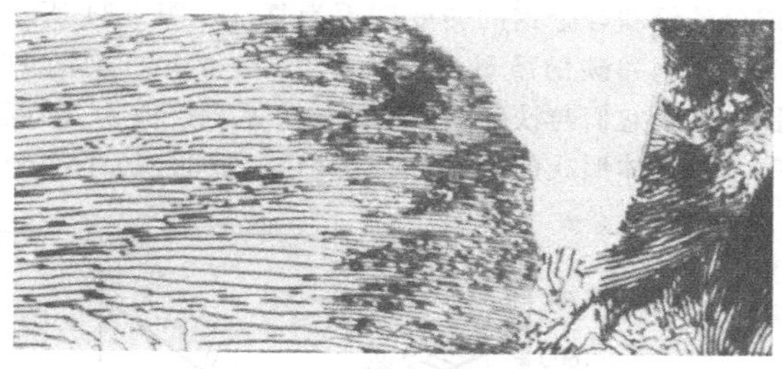

图 1-32 钢的等温转变形成的珠光体

注：在 700℃（1290°F）时部分转变，在 674℃（1245°F）时进一步转变。试样在较高温度下形成左边的珠光体，在较低温度下心部形成的珠光体粗大。钢的化学成分（质量分数）为 0.87%C、0.44%Mn、0.17%Si、0.21%Cr、0.39%Ni。

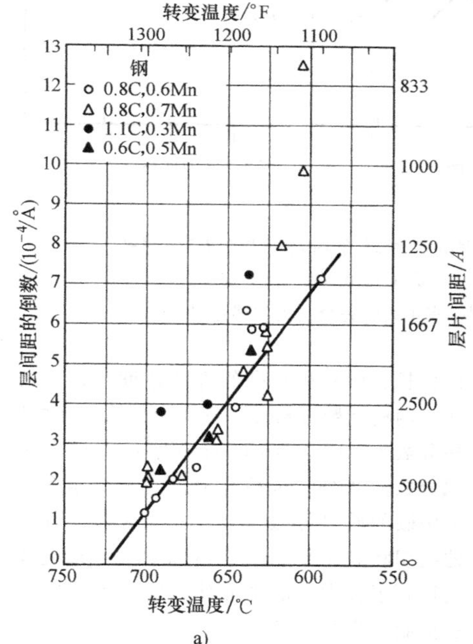

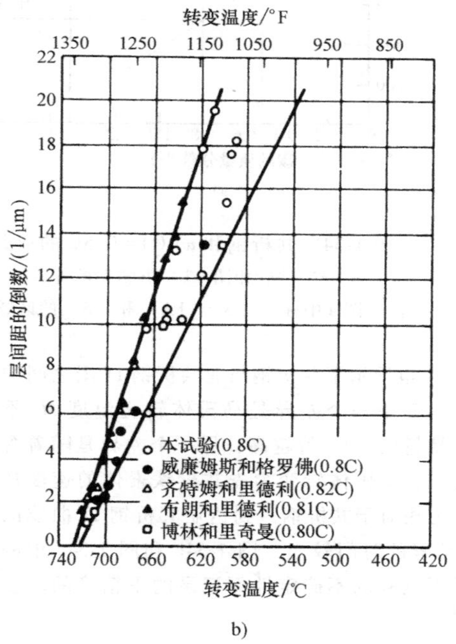

图 1-33 珠光体片间距与转变温度之间的关系

a）来源于参考文献 67 b）来源于参考文献 68

注：元素符号前的数字为质量分数。

使用光学显微镜检测片间距时，应注意接近光学分辨率极限（约为 0.3μm）时的结果，因为更小的片间距是分辨不出来的。所以应该使用具有更高分辨率的电子显微镜。由于层状板条取向的变化，复型技术受到测量不确定度的影响，但薄膜和扫描技术都允许使用复型技术。

（3）转变时间的影响 在以各种速率连续冷却的条件下，共析碳钢珠光体转变的开始时间和终了时间可从图 1-29 所示的 CCT 图中得出。CCT 图通常是由试验确定。在低的冷却速率下，等温和连续冷却的试样的显微组织通常没有很大差别，如图 1-29 所示，这是由于珠光体在一个很窄的温度范围 30℃（55°F）内发生反应。在高的冷却速率下，温度范围变大，并且移到较低的温度下，直到珠光体反应受到限制并形成大量马氏体。因此，在珠光体反应终了温度线以下，是不可能通过连续冷却形成珠光体组织的，如图 1-29 所示。

（4）合金元素的影响　含碳量高于或低于共析成分的钢和合金钢的转变图更为复杂。图 1-34 所示为共析钢和碳的质量分数为 0.5%的亚共析钢的 IT 图，以及它们与铁碳相图之间的关系。接近 Ae_1 温度时，珠光体形成的开始和终了曲线之间经历了一个很长的转变时间，随着转变温度的降低，转变时间缩短。亚共析钢的 IT 图中有一条额外的曲线表示先共析铁素体形成的开始。如图 1-34 所示，对于碳的质量分数为 0.5%的钢，接近 Ae_3 温度的转变曲线的转变时间增加。含碳量较低的亚共析钢应该有较高的 Ac_3 温度，因此，先共析铁素体和奥氏体共存的区间有所扩大。类似地，过共析钢的 IT 图上应该有先共析渗碳体转变开始曲线。

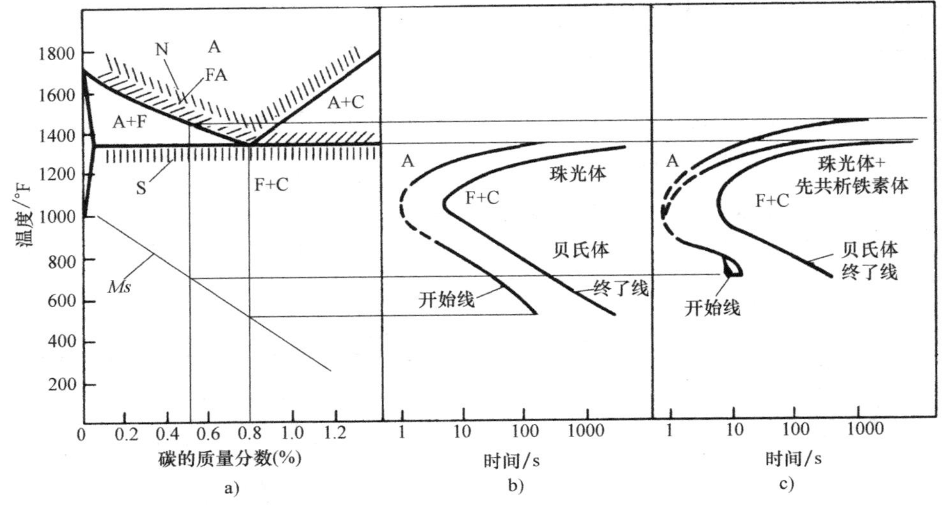

图 1-34　共析钢和 $w(C)=0.5\%$的亚共析钢的等温转变图及其与铁碳相图的关系

a）铁碳相图　b）共析钢的等温转变图　c）$w(C)=0.5\%$的钢的等温转变图

注：图 a 中标记"N""FA"和"S"的区域分别代表正火、完全退火和球化退火。

图 1-34 也展示了共析钢与亚共析钢 IT 图之间的其他差异。其中一个差异是马氏体转变温度 *Ms* 不同，含碳量越低，*Ms* 就越高；另一个差异是随着含碳量的降低，奥氏体转变为先共析铁素体的速度加快，表现为相对于共析钢，到达亚共析钢 IT 曲线的"鼻尖"位置的时间较短。图 1-34b 和图 1-34c 中的虚线表示因试验的不确定性而记录的不精确的转变开始位置。

一种碳的质量分数低于 0.8%的碳钢从相图上的奥氏体区缓慢冷却析出先共析相，其先共析相可能是铁素体也可能是渗碳体，直到 727℃（1341°F）。之后，共析碳钢将转变为珠光体。图 1-35a 所示为工业圆钢从 805℃（1480°F）开始在静止的空气中冷却后得到的铁素体与珠光体的混合组织，大部分铁素体已经成长为圆形或块状。图 1-35b 所示为相同的材料从 805℃风冷到 410℃（1480~770°F）时得到的组织，其先共析铁素体沿先前的奥氏体晶界形核，并在珠光体周围形成薄的网状。在两个试片中，魏氏体组织一侧的片状铁素体均向先前的奥氏体晶粒内生长，但是在较高的冷却速度下，生长程度更明显。网格计数分析显示图 1-35a 所示钢中珠光体的体积分数为 73%，而图 1-35b 所示试样中珠光体的体积分数为 83%。这种合金钢的平衡相图表明其共析钢中碳的质量分数是 0.67%。因此，可以预测最终的组织将是 40%的铁素体和 60%的珠光体。实际检测得到了较大量的珠光体，这是由于冷却速度的增加抑制了先共析反应。

置换合金元素在几个方面影响着共析反应，由此产生的共析转变温度和含碳量的变化分别如图 1-36a、b 所示。这些曲线没有表明铁素体和碳化物相中碳及合金的含量。合金元素对珠光体反应动力学的强烈影响是，与碳钢的淬透性相比，合金钢的淬透性有所增加。时间上的微量变化，很容易在金相组织上观察到。不同合金化元素在等温转变时间上的比较如图 1-37 所示。在连续冷却过程中，其他低温转变产物的出现主要是因为合金化的影响。高合金钢中已经观察到与普通珠光体转变差异很大的情形。

图 1-35 亚共析成分的工业圆钢淬火后得到的珠光体和先共析铁素体（白色区域）组织

a）在静止的空气中冷却，从805℃（1480°F）冷却到室温，导致大部分铁素体呈圆形和块状

b）从805℃风冷到410℃（1480~770°F），然后在静止的空气中冷却到室温

注：工业圆钢［从1050℃水冷到805℃（1920~1480℉）］的化学成分为0.40%C，1.44%Mn，0.22%Si；原始放大倍数500×。

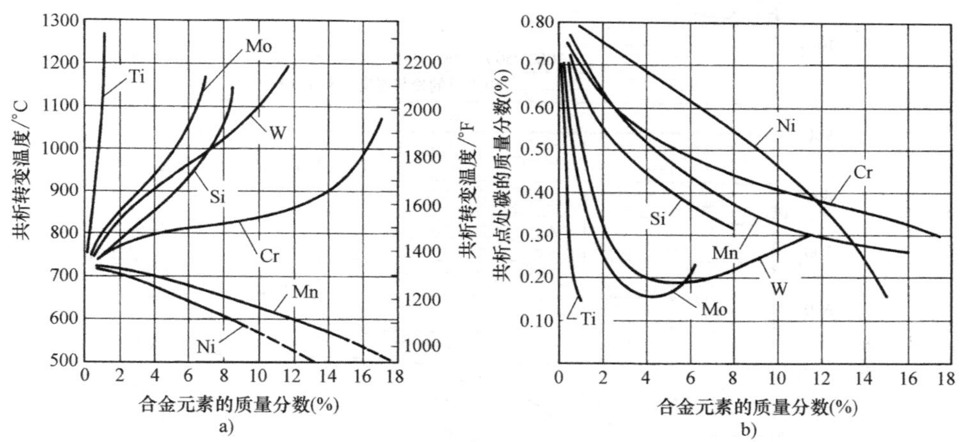

图 1-36 置换合金元素含量对共析转变温度和含碳量的影响

a）对共析转变温度的影响 b）对共析转变含碳量的影响

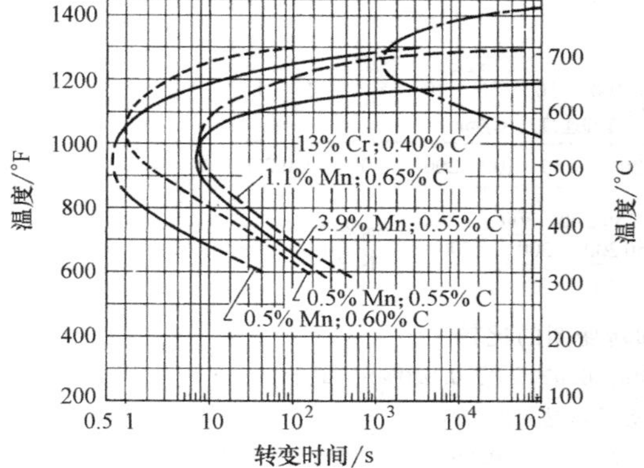

图 1-37 不同合金元素含量的钢中50%等温转变的时间间隔的比较

2. 连续冷却转变图

大部分热处理是在连续冷却的条件下完成的，因此，工业实践中常见的是CCT图。极少一部分热处理工艺是分段冷却的。如果冷却速度慢，则所得到的组织将更符合IT图的上部区域。更快的冷却速度对转变开始温度和进展有相当大的影响，因此需要绘制连续冷却曲线。

此外，如果已知最小淬硬深度（或者等效圆棒直径）所需要的冷却速度，那么，也可以使用CCT图作为评估淬透性的工具。阿特金斯（Atkins）和特尔宁（Thelning）绘制的CCT图特别适用。由阿特金斯绘制的两种图如图1-38所示。图中分别根据冷却速度和不同冷却介质的等效圆棒直径绘制了CCT

曲线。这为比较马氏体形成深度提供了依据。例如，图 1-38a 中的 1038 钢空冷后，在圆棒直径中形成 100%马氏体的深度小于 0.18mm（0.007in.）；而图 1-38b 中的合金钢空冷后，在圆棒直径中形成 100%马氏体的深度约为 1mm（0.04in.）。因此，从 CCT 图中可以明显地看出，淬透性与端淬试样的冷却速率相关（图 1-39）。端淬试样的部位等效于冷却速度，也可用等效圆棒直径来表示（见本书中有关钢的淬硬性和淬透性的）。

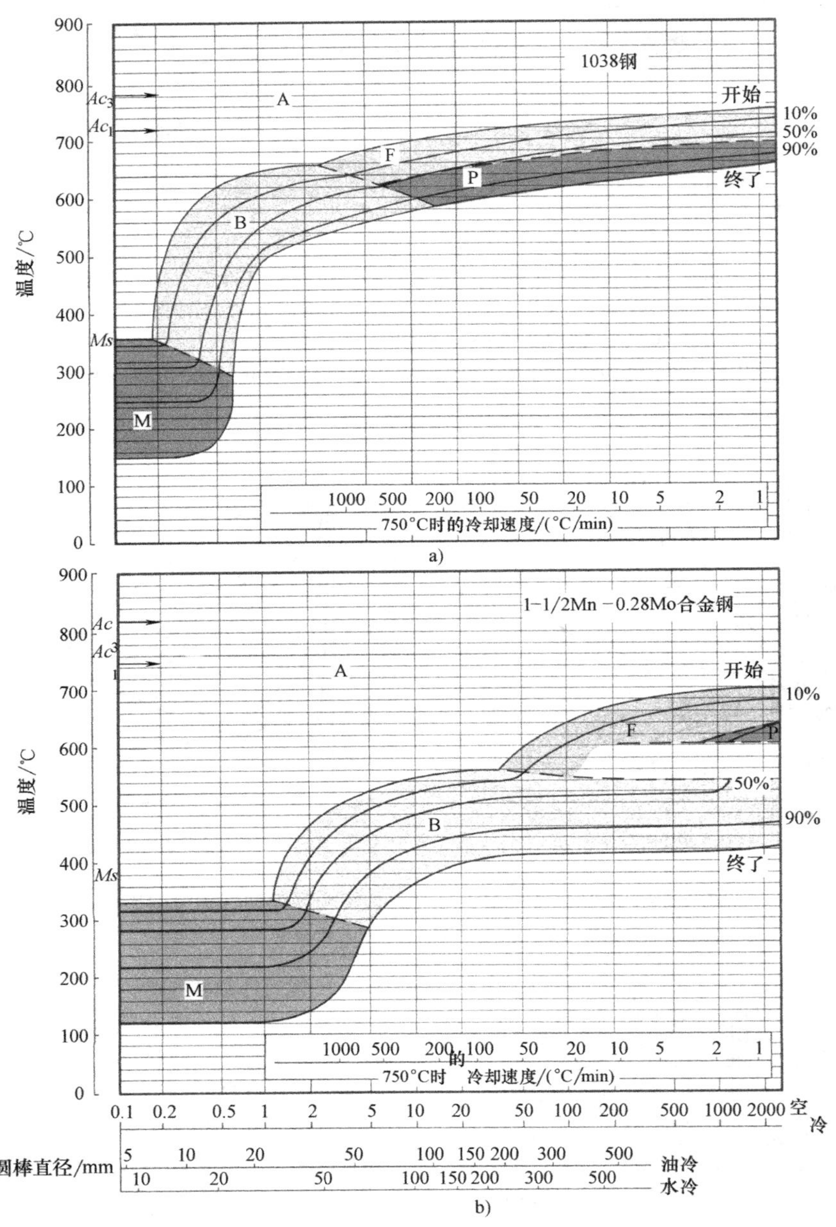

图 1-38　钢的连续冷却转变图的比较

a）1038 钢（0.38%C，0.20%Si，0.70%Mn，0.020%P，0.020%S）轧制，860℃（1580°F）奥氏体化，奥氏体晶粒度为 8~9

b）合金钢（0.35%C，0.28%Mo，1.55%Mn，0.20%Si，0.025%P，0.025%S）轧制，845℃（1555°F）奥氏体化，奥氏体晶粒度为 7~8。

注：元素符号前为质量分数。

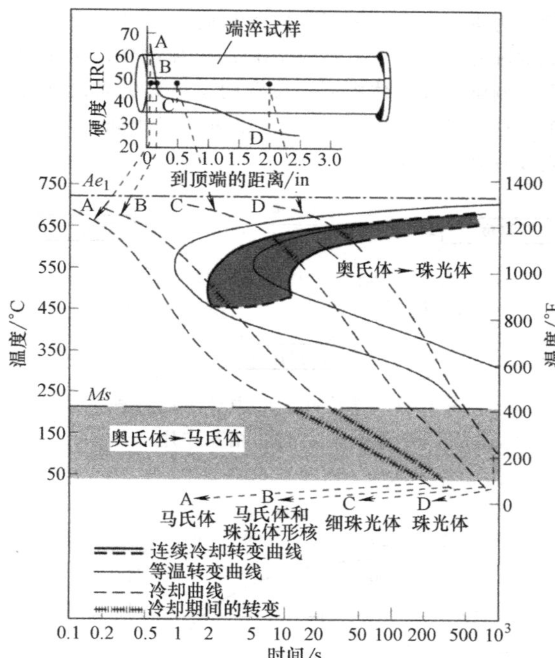

图 1-39　共析钢（0.8%C）的连续冷却转变（CCT）图（阴影区域）和等温转变（实线）图的关系（端淬试样不同位置处的四个冷却速度叠加在 CCT 图上）

使用 CCT 图的困难在于开发合金淬透性的加热分析时需要花费时间和进行研究。使用 CCT 图还应注意，奥氏体化温度和保温时间都会影响奥氏体的晶粒度，从而改变冷却过程中的相变特性。如果钢中含有强碳化物形成元素，那么，奥氏体化温度也会影响奥氏体的化学成分，可能导致未溶解碳化物的存在。因此，采用不同奥氏体化条件的 CCT 图时应谨慎，出于这些原因，对于感应淬火和火焰淬火引起的表面硬化不适合使用连续冷却转变图。这是由于加热迅速且热循环时间短，会对奥氏体的状态产生强烈影响。

CCT 图中不能表达的另一种主要因素，是对淬火冷却介质（无论是空气、油或水）搅拌的影响。搅拌依赖于实际情况，如浴槽的大小、零件尺寸和形状，而这些影响只能通过试验来检测。

然而，如果在一个特定的组合工况下可以得到实际冷却曲线，则可以利用冷却速度与等效直径的对应关系图表将它们转换成以相应圆棒直径为坐标的 CCT 图。

1.1.5　热应力和残余应力

由于马氏体相变会导致膨胀，因此钢的相变硬化通常伴随着较大的残余应力，即工件中不依赖于外部负载而产生的应力。引起这些应力的原因包括：

1）温度梯度场中材料均匀的热膨胀或收缩。

2）多相材料中不同相的热膨胀系数不同。

3）金属中由相变导致的密度变化。

4）在表面形成的反应产物或析出物（如外部氧化和内部氧化）的生长应力。

残余应力可分为三类。宏观残余应力是材料中大量相邻晶粒的平均残余应力。如果工件被切割或材料被移除，则宏观残余应力的存在会导致畸变。热处理或塑性变形造成的工件的宏观残余应力也可以引起零件畸变。伪宏观残余应力是在多相材料中的单一相组织中，大量晶粒的残余应力减去宏观残余应力所得差值的平均值。零件中的微观残余应力=总残余应力（宏观残余应力+伪宏观残余应力）。本节中涉及的是宏观残余应力。下文中还讨论了整个热处理工艺过程中存在的应力。

钢经过热处理后产生的残余应力是一个引起了人们广泛关注的问题，并且具有重要意义。这里仅简单介绍冷却时热应力产生的原理，如图 1-40 所示，直径为 100mm（4in）的圆棒在奥氏体化温度 850℃（1560°F）下水淬，表面（S）温度比心部（C）温度降低得更迅速，在 w 时间时表面温度和心部温度不同，最大约相差 550℃（1020°F），这意味着心部的比体积比表面大。通过心部较大的比体积来阻止表面体积收缩。热应力与温度差近似成正比，并在表面形成拉应力，心部形成压应力。热导率低，热

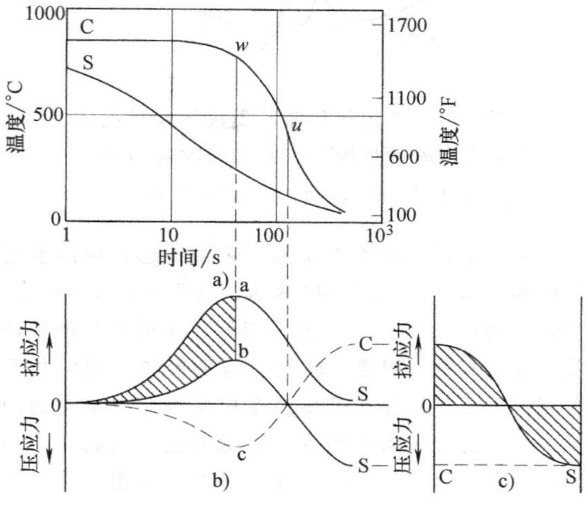

图 1-40　直径为 100mm（4in）的钢试样冷却时热应力的形成

a）表面温度和心部温度随时间的变化

b）假想热应力与表面和心部温差成正比

c）完全冷却后试样半径上残余应力的分布情况

C—心部　S—表面　u—应力反转的时刻，w—温度差最大的时刻。a—假想热应力　b—表面实际应力　c—心部实际应力

容量大，热膨胀系数大，导致热应力较大。厚大的尺寸和冷却介质高的冷却强度，也是导致温差增大和热应力的原因。在高温下，大的屈服应力会降低塑性流动程度，从而使残余应力减小。而在环境温度下，屈服应力会限制残余应力的上限值。

钢中奥氏体向马氏体转变的其他影响如图 1-41 所示。在温度达到 T_1 时，表面温度降到 *Ms* 点温度，并且表面开始发生相变。表面膨胀，热应力被抵消。应力反转比相变应力早些发生，此时考虑相变应力。在温度达到 T_2 时，心部发生相变，引起另外的应力反转。在冷却之后，由表面相变导致的拉应力对热致压应力起支配作用。

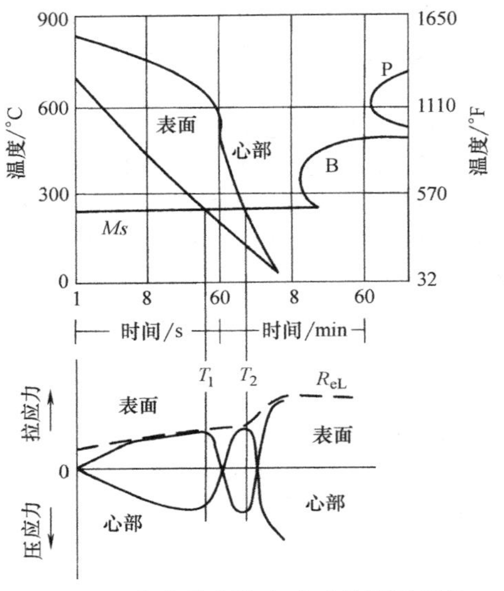

图 1-41 考虑热膨胀和奥氏体到马氏体相变影响的情况下，冷却时的应力形成（虚线表示表面的屈服强度 R_{eL}）

为了定量预测淬火应力，必须考虑各种因素之间的相互作用。如图 1-42 所示，这些因素包括相变、潜热、热应力、相变应力与塑性、变形热、机械诱发相变。其中，相变、热应力与变形热之间的相互作用最重要；另外，机械诱发相变也是很重要的因素。当讨论机械诱发相变时，至少应该提到三个不同的影响。第一个影响是 *Ms* 点温度由于静压力而降低，由于拉应力而上升（如图 1-43 所示，高碳钢约增加 15℃，即 27°F）。第二个影响是相变塑性，它是一种由相变导致的永久性应变（所施加应力低于屈服应力）。如图 1-43 所示，所施加应力为 18MPa（2.6ksi）时的伸长率约为 1%，所施加应力达到 285MPa（41ksi）时的伸长率约为 3%。第三个影响是非马氏体转变孕育期由于静压力的作用而延长，由于拉应力的作用而缩短，这一影响对于大尺寸零件尤为重要。它也表明，插入相同材质可淬硬钢制成的圆柱筒中（卡尼型试验）的单独试样，比在均质钢制整体圆柱体中同一位置的材料有更高的硬度值。这个插入的单独试样的加热过程相同，但是，它没有直接承受淬火应力。

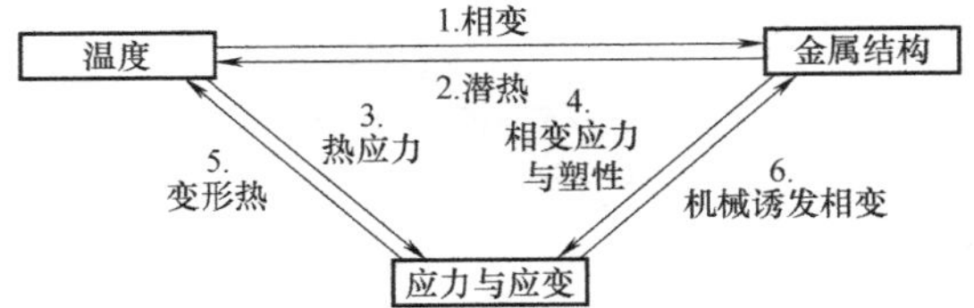

图 1-42 导致残余应力产生的各种重要因素之间的相互作用

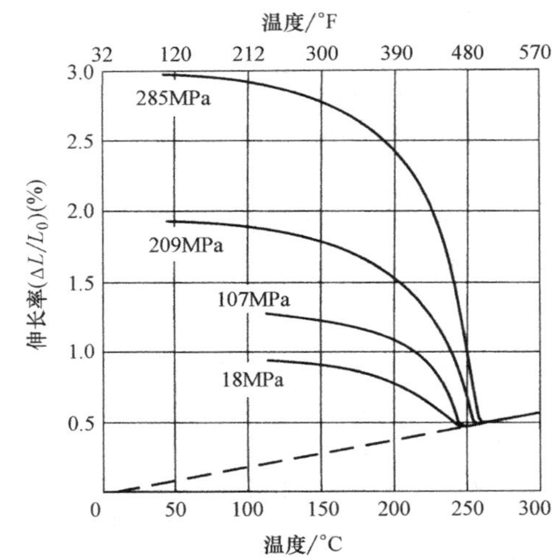

图 1-43 对碳的质量分数为 0.6%的钢施加不同拉力时的伸长曲线

淬火通常会使工件产生畸变，畸变的程度取决于残余应力的大小。最大限度地减少淬火过程中的非稳定状态，并使淬火残余应力最小，以及在淬火时使用夹具（模压淬火）都有利于减少畸变。在回火或者去应力退火期间由于残余应力的释放，以及回火期间发生的相变，也可能导致畸变。

如果大的拉应力、非稳定状态或残余应力与存在脆性组织（尤其是马氏体）几个因素相结合，则工件就有开裂的风险。淬火开裂是一个特例。冷却过程中的热应力随着工件尺寸的增加而增大。如前文所述，相变应力、几何尺寸、钢的淬透性以及淬冷烈度是以一种复杂的方式相互作用的，但普遍认为使用淬冷烈度高的淬火冷却介质（如水比油的淬冷烈度高），将会导致更大的残余应力，图 1-44~图 1-46 所示。由几何形状导致的应力集中将增加开裂的风险。

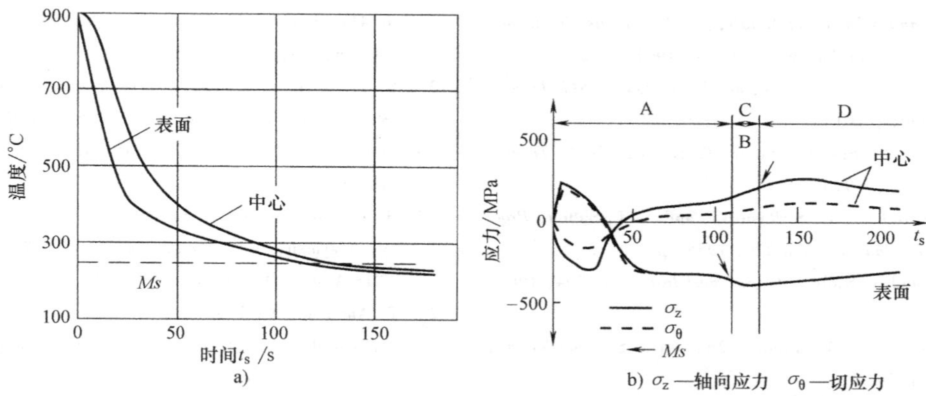

图 1-44 ϕ50mm 的低合金钢（碳的质量分数为 0.6%）圆柱试样在 20℃（70℉）下油淬时的温度和计算应力

a）温度 b）计算应力

注：在 A 区域，温度在马氏体转变开始温度 *Ms* 以上；在 D 区域，温度在 *Ms* 以下；在 B、C 区域，心部温度在 *Ms* 以上，表面温度在 *Ms* 以下。

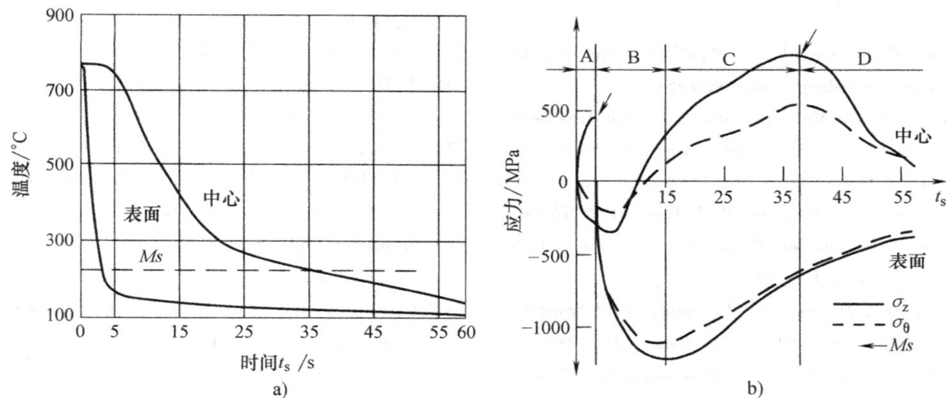

图 1-45 图 1-44 中的试样在 20℃（70°F）的水中淬火（显微组织是全马氏体）

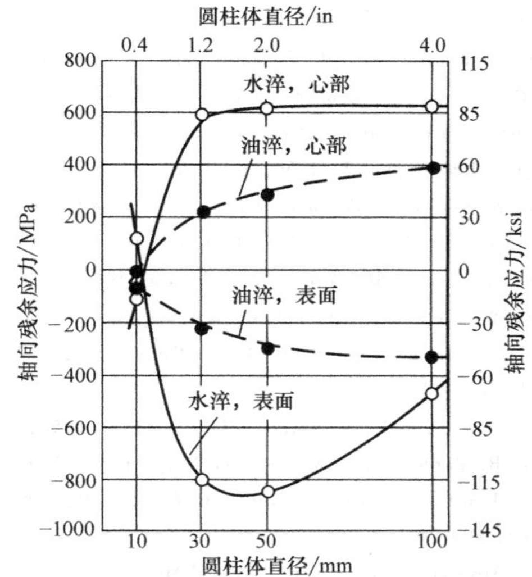

图 1-46 温度为 850℃（1560℉）的 AISI1045 钢圆柱体试样在 20℃（70°F）的水中淬火后的轴向残余应力分布情况

注：心部以外 10mm（0.4in）是马氏体，其余为铁素体+珠光体组织。

如图 1-41 所示，当表面马氏体转变完成时，表面存在拉应力，而心部的马氏体转变正在进行，因此表面有开裂风险。但如图 1-44 和图 1-45 所示，整体淬火时表面不一定产生拉应力。温度较低时心部大的拉应力也可能导致中心开裂，甚至会出现显微组织不是马氏体组织的情况。由图 1-46 可知，当圆柱体直径较大时会出现上述情况，表面为马氏体而心部为铁素体+珠光体。表面硬化时也可能导致心部开裂。

参考文献

1. K. Thelning, *Steel and Its Heat Treatment*, Butterworths, 1967

2. A. Bavaro, Heat Treatments and Deformation, *Trait. Therm.*, Vol 240, 1990, p 37-41

3. Y. S. Touloukian, *Thermodynamic Properties of High Temperature Solid Materials*, Vol 1, MacMillan, 1967, p 604

4. R. L. Orr and J. Chipman, *Trans. AIME*, Vol 239, 1967, p 630

5. *Properties and Selection of Metals*, Vol 1, *Metals Handbook*, 8th ed., American Society for Metals, 1961, p 1206
6. M. B. Peterson, J. J. Florek, and R. E. Lee, *ASLE Trans.*, Vol 3, 1960, p 101
7. L. Zwell, G. R. Speich, and W. C. Leslie, *Metall. Trans.*, Vol 4, 1973, p 1990
8. W. Hume-Rothery, Z. S. Basinski, and A. L. Sutton, *Proc. R. Soc.* (*London*) *A*, Vol 229, 1955, p 459
9. H. Stuart and N. Ridley, *J. Iron Steel Inst.*, Vol 204, 1966, p 711
10. E. Hornbogen, *Werkstoffe*, 2nd ed., Springer-Verlag, Berlin, 1979
11. E. A. Brandes and G. B. Brook, *Smithell's Metal Reference Book*, 7th ed., Butterworth Heinemann, 1992
12. L. H. Van Vlack, *Elements of Materials Science and Engineering*, 4th ed., Addison-Wesley Publishing Company, 1980
13. A. G. Guy, *Elements of Physical Metallurgy*, 2nd ed., Addison-Wesley Publishing Company, 1959
14. G. Krauss, Physical Metallurgy and Steel Heat Treatment, *Metals Handbook Desk Edition*, American Society for Metals, 1985, p 28-1 to 28-10
15. A. J. DeArdo, G. A. Ratz, and P. J. Wray, Ed., *Thermomechanical Processing of Microalloyed Austenite*, TMS-AIME, Warrendale, PA, 1982
16. G. Krauss, Ed., *Deformation, Processing, and Structure*, American Society for Metals, Metals Park, OH, 1984
17. J. P. Hirth and J. Lolli, *Theory of Dislocations*, McGraw-Hill, New York, 1968
18. W. C. Leslie, *The Physical Metallurgy of Steels*, McGraw-Hill, New York, 1981
19. M. Meshii, Ed., *Mechanical Properties of bcc Metals*, TMS-AIME, Warrendale, PA, 1982
20. W. C. Leslie, The Quench-Aging of Low Carbon Iron and Iron-Manganese Alloys: An Electron Transmission Study, *Acta Metall.*, Vol 9, 1961, p 1004-1022
21. J. E. Indacochea, "Dual Phase Behavior and Aging of a Renitrogenized Steel," M. S. thesis, Colorado School of Mines, Golden, CO, 1978
22. B. L. Bramfitt and S. J. Lawrence, Metallography and Microstructures of Carbon and Low-Alloy Steels, *Metallography and Microstructures*, Vol 9, *ASM Handbook*, ASM International, 2004, p 608-626
23. *Isothermal Transformation and Cooling Transformation Diagrams*, American Society for Metals, 1977, p 28
24. H. W. Paxton and J. B. Austin, Historical Account of the Contribution of E. C. Bain, *Metall. Trans.*, Vol 13, 1972, p 1035-1042
25. F. A. Jacobs, "The Combined Effects of Phosphorus and Carbon on Hardenability and Phase Transformation Kinetics in 41*xx* Steels," M. S. thesis, Colorado School of Mines, Golden, CO, 1982
26. B. L. Bramfitt, Effects of Composition, Processing, and Structure on Properties of Irons and Steels, *Materials Selection and Design*, Volume 20, *ASM Handbook*, ASM International, 1997
27. H. I. Aaronson, D. E. Laughlin, R. F. Sekerko, and C. M. Wayman, Ed., *Solid Solid Phase Transformations*, TMS-AIME, Warrendale, PA, 1982
28. T. Ando and G. Krauss, Development and Application of Growth Models for Grain Boundary Allotriomorphs of a Stoichiometric Compound in Ternary Systems, *Metall. Trans. A*, Vol 14, 1983, p 1261-1269
29. K. Nakazawa and G. Krauss, Microstructure and Fracture of 52100 Steel, *Metall. Trans. A*, Vol 9, 1978, p 681-689
30. T. Ando and G. Krauss, The Effect of Phosphorus Content on Grain Boundary Cementite Formation in AISI 52100 Steel, *Metall. Trans. A*, Vol 12, 1981, p 1283-1290
31. J. D. Verhoeven, *Steel Metallurgy for the Non-Metallurgist*, ASM International, 2007
32. G. Krauss, The Relationship of Microstructure to Fracture Morphology and Toughness of Hardened Hypereutectoid Steels, *Microstructure and Residual Stress Effects on the Properties of Case Hardened Steels*, TMS-AIME, Warrendale, PA, 1984
33. C. S. Roberts, Effect of Carbon on the Volume Fractions and Lattice Parameters of Retained Austenite and Martensite, *Trans. AIME*, Vol 197, 1953, p 203-204
34. B. A. Bibby and J. W. Christian, The Crystallography of Martensite Transformations, *JISI*, Vol 197, 1961, p 122-131
35. D. P. Koistinen and R. E. Marburger, A General Equation Prescribing the Extent of the Austenite-Martensite Transformation in Pure Iron-Carbon Alloys and Plain Carbon Steels, *Acta Metall.*, Vol 7, 1959, p 59-60
36. G. Krauss, *Principles of Heat Treatment of Steel*, American Society for Metals, Metals Park, OH, 1980
37. R. A. Grange, *Met. Prog.*, Vol 79, April 1961, p 73
38. K. W. Andrews, *JISI*, Vol 203, 1965, p 721
39. E. S. Rowland and S. R. Lyle, *Trans. ASM*, Vol 37, 1946, p 27
40. W. Steven and A. G. Haynes, *JISI*, Vol 183, 1956, p 349
41. A. R. Marder and G. Krauss, The Morphology of Martensite in Iron-Carbon Alloys, *Trans. ASM*, Vol 60, 1967, p 651-660
42. D. Aliya and S. Lampman, Physical Metallurgy Concepts in Interpretation of Microstructures, *Metallography and Microstructures*, Vol 9, *ASM Handbook*, ASM International, 2004, p 44-70
43. G. Thomas, Retained Austenite and Tempered Martensite

Embrittlement, *Metall. Trans. A*, Vol 9, 1978, p 439-450

44. A. R. Marder and A. O. Benscoter, Microcracking in Fe-C Acicular Martensite, *Trans. ASM*, Vol 61, 1968, p 293-299
45. A. R. Marder, A. O. Benscoter, and G. Krauss, Microcracking Sensitivity in Fe-C Plate Martensite, *Metall. Trans.*, Vol 1, 1970, p 1545-1549
46. T. Maki, K. Tsuzaki, and I. Tamura, The Morphology of Microstructure Composed of Lath Martensite in Steels, *Trans. Iron Steel Inst. Jpn.*, Vol 20, 1980, p 207-214
47. E. C. Bain and H. W. Paxton, *Alloying Elements in Steel*, 2nd ed., American Society for Metals, Metals Park, OH, 1961
48. Winchell Symposium on Tempering of Steel, *Metall. Trans. A*, Vol 14, 1983, p 985-1146
49. G. B. Olson and M. Cohen, Early Stages of Aging and Tempering of Ferrous Martensites, *Metall. Trans. A*, Vol 14, 1983, p 1057-1065
50. G. Krauss, Tempering and Structural Change in Ferrous Martensites, *Phase Transformations in Ferrous Alloys*, TMS-AIME, Warrendale, PA, 1984
51. D. L. Williamson, K. Nakazawa, and G. Krauss, A Study of the Early Stages of Tempering in an Fe-1.22% C Alloy, *Metall. Trans. A*, Vol 10, 1979, p 1351-1363
52. K. H. Jack, Structural Transformations in the Tempering of High Carbon Martensitic Steel, *ISIJ*, Vol 169, 1951, p 26-36
53. Y. Hirotsu and S. Nagakura, Crystal Structure and Morphology of the Carbide Precipitated for Martensitic High Carbon Steel during the First Stage of Tempering, *Acta Metall.*, Vol 20, 1972, p 645-655
54. C. -B. Ma, T. Ando, D. L. Williamson, and G. Krauss, Chi-Carbide in Tempered High Carbon Martensite, *Metall. Trans. A*, Vol 14, 1983, p 1033-1045
55. D. L. Williamson, R. G. Schupmann, J. P. Materkowski, and G. Krauss, Determination of Small Amounts of Austenite and Carbide in a Hardened Medium Carbon Steel by Mossbauer Spectroscopy, *Metall. Trans. A*, Vol 10, 1979, p 379-382
56. C. J. McMahon, Jr., Temper Brittleness-An Interpretive Review, *Temper Embrittlement in Steel*, STP 407, ASTM, 1968, p 127-167
57. M. Guttman, P. Dumonlin, and M. Wayman, The Thermodynamics of Interactive Co Segregation of Phosphorus and Alloying Elements in Iron and Temper-Brittle Steels, *Metall. Trans. A*, Vol 13, 1982, p 1693-1711
58. *ASM Trans.*, Vol 29, 1941, p 85
59. T. Ericsson, Principles of Heat Treating of Steels, *Heat Treating*, Vol 4, *ASM Handbook*, ASM International, 1991, p 3-19
60. *Atlas of Isothermal Transformation and Cooling Transformation Diagrams*, American Society for Metals, 1977
61. *Atlas zur Wärmebehandlung der Stähle*, Vol 1-4, Max Planck Institut für Eisenforschung, with the Verein Deutscher Eisenhütteleute, Verlag Stahleisen, Düsseldorf, 1954-1976
62. B. Hildenwall and T. Ericsson, Prediction of Residual Stresses in Case Hardening Steels, *Hardenability Concepts with Application to Steel*, TMS-AIME, 1978
63. F. Legat, Why Does Steel Crack during Quenching, *Kovine Zlitine Technol.*, Vol 32 (No. 3-4), 1998, p 273-276
64. W. Bohl, Difficulties and Imperfections Associated with Heat Treated Steel, Lesson 13, Heat Treatment of Steel, Materials Engineering Institute Course 10, ASM International, 1978
65. G. T. Eldis, A Critical Review of Data Sources for Isothermal Transformation, *Hardenability Concepts with Application to Steel*, D. V. Doane and J. S. Kirkaldy, Ed., TMS-AIME, 1978, p 126-157
66. J. S. Kirkaldy, Diffusion-Controlled Phase Transformations in Steels: Theory and Applications, *Scand. J. Metall.*, Vol 20 (No. 1), 1991
67. G. E. Pellissier et al., *ASM Trans.*, Vol 30, 1942, p 1049
68. A. R. Marder and B. L. Bramfitt, *Metall. Trans.* A, Vol 6, 1975, p 2009-2014
69. E. C. Bain, *Functions of the Alloying Elements in Steel*, American Society for Metals, 1939
70. M. Grossmann and E. Bain, Principles of Heat Treatment, American Society for Metals, 1964
71. M. Atkins, *Atlas of Continuous Transformation Diagrams for Engineering Steels*, British Steel Corporation, Sheffield, 1977; U. S. edition, American Society for Metals, 1980
72. K. -E. Thelning, *Steel and Its Heat Treatment*, 2nd ed., Butterworths, 1984
73. *Heat Treating of Irons and Steels*, Vol 4B, *ASM Handbook*, ASM International, to be published in 2014
74. A. Rose and H. P. Hougardy, Transformation Characteristics and Hardenability of Carburizing Steels, *Transformation and Hardenability in Steels*, Climax Molybdenum, 1967
75. R. Chatterjee-Fischer, Beispiele für durch Wärmebehandlung bedingte Eigenspannungen und ihre Auswirkungen, *Härt. -Tech. Mitt.*, Vol 28, 1973, p 276-288
76. A. M. Habraken, M. Bourdouxhe, S. Denis, and A. Simon, Generating of Internal and Residual Stresses in Steel Workpieces during Cooling, *International Conference on Residual Stress, ICRS 2*, Elsevier Applied Science, 1989
77. S. Denis, E. Gautier, A. Simon, and G. Beck, Stress-Phase Transformation Interactions-Basic Principles, Modelling and Calculation of Internal Stresses, *Mater. Sci. Technol.*, Vol 1, 1985, p 805-814

78. S. Denis, E. Gautier, S. Sjöström, and A. Simon, Influence of Stresses on the Kinetics of Pearlitic Transformation during Continuous Cooling, *Acta Metall.*, Vol 35, 1987, p 1621-1632

79. E. Gautier, A. Simon, and G. Beck, Plasticitéde Transformation durant la Perlitique d' un Acier Eutectoide, *Acta Metall.*, Vol 35, 1987, p 1367-1 375

80. S. Denis, "Influence du Comportement Plastique d' un Acier Pendant la Transformation Martensitique sur la Genèse des Contraintes au Cours de la Trempe," Thesis, Inst. Nat. Polytechnique de Lorraine, Nancy, 1980

81. H. J. Yu, U. Wolfstieg, and E. Macherauch, Zum durch Messereinfluss auf die Eigenspannungen in öl-und Wasserabgeschreckten Stahlzylindern, *Arch. Eisenhüttenwes.*, Vol 51, 1980, p 195

1.2 钢的硬度和淬透性

1.2.1 引言

淬透性是指在规定条件下冷却时，钢在某一深度上获得令人满意的硬度的能力。硬度是通过从奥氏体到马氏体的相变获得的，马氏体形成的程度取决于奥氏体化钢迅速冷却到马氏体开始转变温度以下的冷却速度，在此过程中没有明显的珠光体转变，或其他组织转变。因此，深层硬化（马氏体形成）的钢被认为具有高的淬透性，而那些表现出浅层马氏体硬化的钢具有低的淬透性。

淬透性是衡量淬火能力的一种以试验为依据的指标，不应该将其与硬度或淬火后马氏体的最高硬度相混淆。硬度取决于含碳量和马氏体转变程度，钢中不同的含碳量与马氏体含量对硬度的影响见图1-47和表1-12。

表 1-12 含碳量和马氏体含量对淬火钢硬度的影响

碳的质量分数(%)	不同马氏体(M)含量时的硬度 HRC				
	99% M	95% M	90% M	80% M	50% M
0.10	38.5	32.9	30.7	27.8	26.2
0.12	39.5	34.5	32.3	29.3	27.3
0.14	40.6	36.1	33.9	30.8	28.4
0.16	41.8	37.6	35.3	32.3	29.5
0.18	42.9	39.1	36.8	33.7	30.7
0.20	44.2	40.5	38.2	35.0	31.8
0.22	45.4	41.9	39.6	36.3	33.0
0.23	46	42	40.5	37.5	34
0.24	46.6	43.2	40.9	37.6	34.2
0.26	47.9	44.5	42.2	38.8	35.3
0.28	49.1	45.8	43.4	40.0	36.4
0.30	50.3	47.0	44.6	41.2	37.5
0.32	51.5	48.2	45.8	42.3	38.5
0.33	52	48.5	46.5	43	39
0.34	52.7	49.3	46.9	43.4	39.5
0.36	53.9	50.4	47.9	44.4	40.5
0.38	55.0	51.4	49.0	45.4	41.5
0.40	56.1	52.4	50.0	46.4	42.4
0.42	57.1	53.4	50.9	47.3	43.4
0.43	57.2	53.5	51	48	44
0.44	58.1	54.3	51.8	48.2	44.3
0.46	59.1	55.2	52.7	49.0	45.1
0.48	60.0	56.0	53.5	49.8	46.0
0.50	60.9	56.8	54.3	50.6	46.8
0.52	61.7	57.5	55.0	51.3	47.7
0.54	62.5	58.2	55.7	52.0	48.5
0.56	63.2	58.9	56.3	52.6	49.3
0.58	63.8	59.5	57.0	53.2	50.0
0.60	64.3	60.0	57.5	53.8	50.7

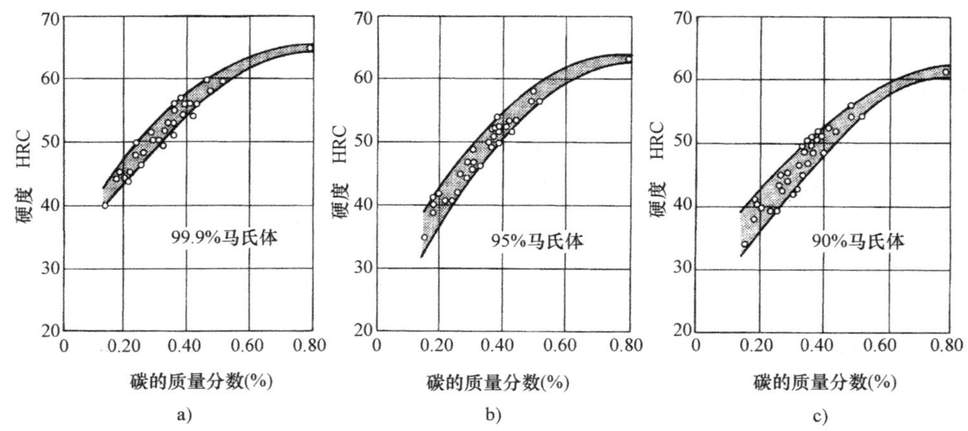

图 1-47 碳对马氏体组织硬度的影响

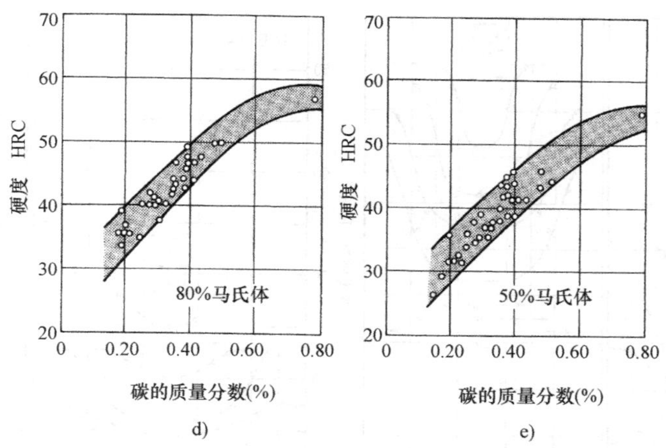

图 1-47 碳对马氏体组织硬度的影响（续）

对于一个给定的含碳量，当为 100%马氏体组织时可达到最大硬度，这种组织只能从表面或小型钢试样的薄截面上获得。大截面上无法达到足够大的冷却速度，从而无法完成 100%马氏体转变，因此零件的马氏体层深度和硬度会降低。

和碳对马氏体硬度的影响不同，其他合金化元素对淬火后钢的硬度没有影响（图 1-48），即马氏体的硬度仅仅取决于含碳量。但是，钢中的其他合金元素能够增加钢的淬透性。这是因为合金化能够使碳的扩散（珠光体形成所需的碳扩散）速度减慢，从而可以促进在较低的冷却速度下形成马氏体而增加了淬透性（从而加大了淬硬层深度）。例如，奥氏体化之后，碳的质量分数为 1%的钢迅速冷却后所得到的硬度比镍的质量分数为 3%、碳的质量分数为 1%的钢的硬度高得多，但镍钢的淬透性较大，因为在一个较大的截面上它被完全淬硬了。

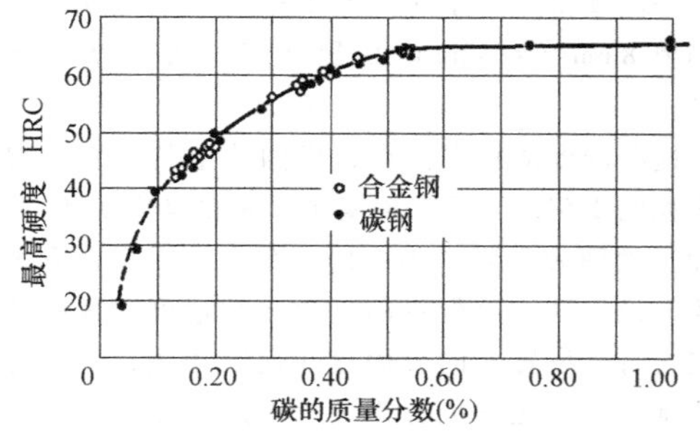

图 1-48 碳钢和合金钢的含碳量与其最大硬度的对应关系

图 1-49 和图 1-50 所示为两个实例。图 1-49 所示为一个定性的实例，A 钢的含碳量较低，但合金元素的含量比 B 钢高。假设取几种不同尺寸的 A、B 钢圆棒分别在相同条件下淬火，然后截取横向截面，按从表面到中心的方向测量硬度。以轴向距离为横坐标绘制每根圆棒的硬度曲线，便可以得到两种钢的横截面硬度曲线，如图 1-49 所示。图中表明：直径为 0.5in 和 1in 的 A 钢圆棒已经完全淬硬，而直径为 2in 的圆棒仅部分淬硬，直径为 3in 的圆棒没有淬硬。另一方面，直径为 0.5in 的 B 圆棒已经完全淬硬，直径为 1in 的 B 钢圆棒仅部分淬硬，直径为 2in 和 3in 的 B 钢圆棒都没有明显的淬硬迹象。也就是说，采用某种淬火冷却介质时，可将直径为 1in 的 A 钢圆棒完全淬硬的冷却速度并不适用于相同直径的 B 钢圆棒。虽然合金含量较高的 A 钢的最大硬度较低，但其淬透性比 B 钢高，因为在类似的淬火条件下，A 钢的淬硬直径更大，而 B 钢可以获得最大的硬度。

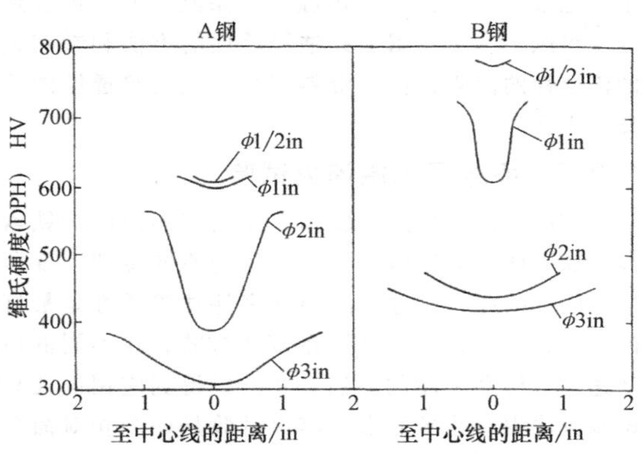

图 1-49 横截面硬度说明了淬透性和最大硬度之间的差异

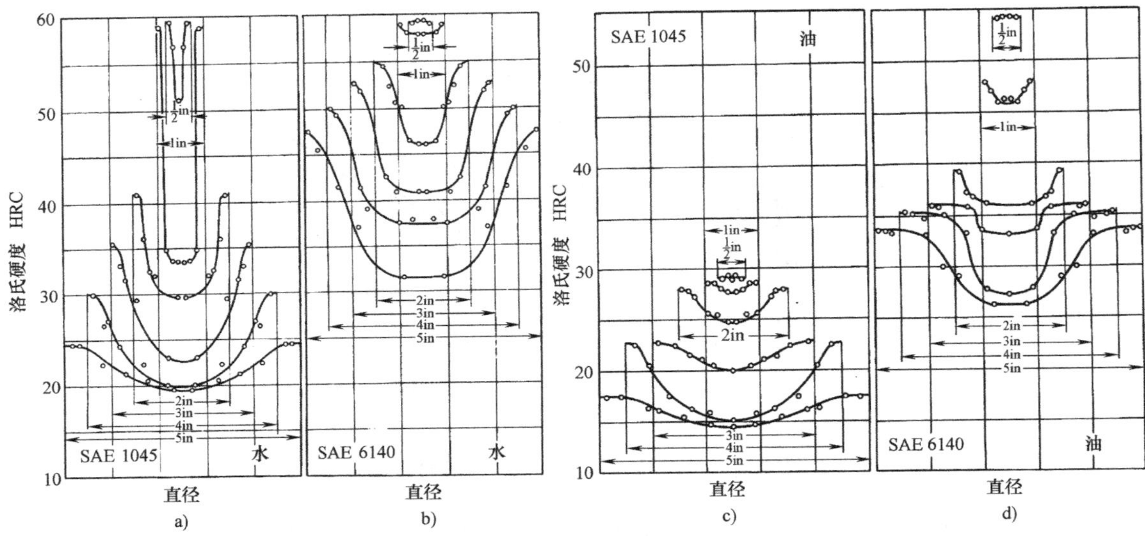

图 1-50 各种横截面尺寸的碳钢（1045）和合金钢（6140）水淬和油淬的硬度分布情况

a）SAE1045 水淬 b）SAE6140 水淬 c）SAE1045 油淬 d）SAE6140 油淬

图 1-50 所示为一个定量的实例。图中展示了碳钢（SAE1045）和铬钒合金钢（SAE6140）在水淬（图 1-50a、b）及油淬（图 1-50c、d）之后的横截面硬度。两者的含碳量相似，但是，合金钢经水淬和油淬后在直径为 13mm（1/2in）的横截面上均实现了整体淬硬。相比之下，碳钢经水淬和油淬之后只在直径为 25mm（1in）和 13mm（1/2in）的横截面处实现了表面淬硬，甚至在使用迅速冷却的水淬时，其内部也没有完全淬硬。这样，淬透性是反应钢的热处理的一种关键特性。

钢的淬透性几乎完全由其化学成分所决定（碳和合金的含量），而钢的化学成分与奥氏体化温度淬火时奥氏体中的碳和合金的含量以及奥氏体晶粒度有关。钢的硬度除了与其化学成分有关外，也取决于其他参数，如奥氏体化温度、保温时间、预备热处理组织。本文介绍了评估淬透性的方法和影响钢的淬透性的因素，许多资料都是以钢的淬透性的选择为主题的。

1.2.2 乔米尼末端淬火试验

钢的淬透性是由奥氏体在淬火期间分解为铁素体、珠光体、贝氏体以及马氏体的不同冷却速度所决定的。因此，通过检测硬度来评估淬透性是最好的方式，也就是以一种可重复的方式，在不同的冷却速度下检测硬度的方法。在已经得到应用的几种试验方法中，乔米尼末端淬火试验是一个相对简单的试验，在评估淬透性时已经普遍采用了这种试验。

乔米尼（Jominy）和伯格霍尔德（Boegehold）首先用渗碳钢做了乔米尼末端淬火试验，不久之后，乔米尼将该试验应用在了评估中碳钢的淬透性上。乔米尼末端淬火试验已经形成了标准，即 ISO 642、ASTM A255 和 SAE J406。试验圆棒的尺寸通常是直径 25mm（1in）、长 100mm（4in），一端带有法兰，用于在淬火时夹持到夹具上（图 1-51a）。有时根据需要，试验圆棒的尺寸会有所改变。试验过程为首先将试样加热到适当的奥氏体化温度，然后将其移到淬火夹具上。淬火夹具是一种专门设计的装置：试样垂直夹持在一个水柱喷水口之上 13mm（0.5in），水柱能垂直对着试样底部（图 1-51a）。当试样底部被水柱淬火时，另一端在空气中缓慢冷却，试样的中间部位则以中等速度冷却。在试样完成淬火之后，在圆柱体两相对表面磨去 0.38mm（0.015in）的深度形成平行面。对于合金钢，每间隔 1.6mm（1/16in）测量一次硬度（典型的洛氏硬度）；对于碳钢，则以间隔 0.8mm（1/32in）测量硬度，从水淬端开始测量。

这些硬度值和它们在试样圆棒上的位置的典型图表如图 1-51b 所示。事实上，钢的淬硬深度（淬透性）的图表是固定不变的。图中表明了在乔米尼试棒上设定的试验位置的大致冷却速度。这些位置直接与每个位置上的表面冷却速度相关，因为冷却速率基本上与化学成分无关。因此，乔米尼末端淬火位置上的硬度和带有某些限制条件的冷却速度之间保持一个对应关系。

乔米尼试样的近似冷却速度见表 1-13，它是末端淬火距离的函数。然而，作为末端淬火距离的一个函数，该冷却速度只是近似的，并且随着被淬火的合金的热传导性能和转变产物的不同而变化（图1-52）。由于随着合金元素的含量在不同等级之间的变化，临界温度范围将移到更高或更低的温度，因此在705℃（1300°F）时的冷却速度不能用来可靠地预测碳钢和低合金钢的硬度。冷却速度与末端淬火试样位置的关系将在“淬透性相关曲线”部分做更详细的讨论。

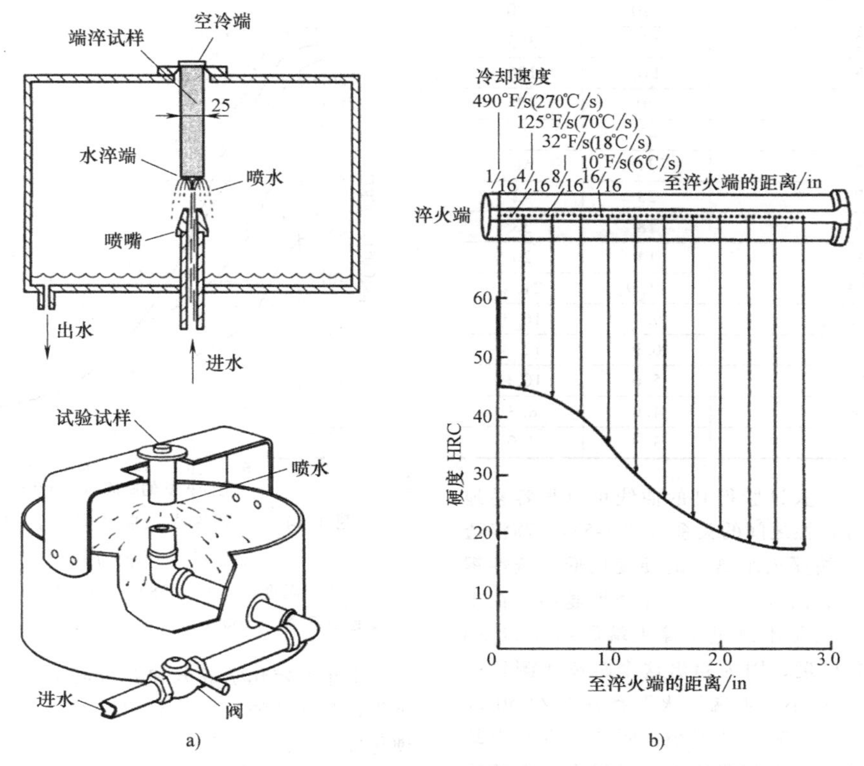

图 1-51 乔米尼末端淬火试验

a）标准末端淬火试验试样夹持在淬火夹具中 b）硬度图和与末端淬火距离对应的冷却速度

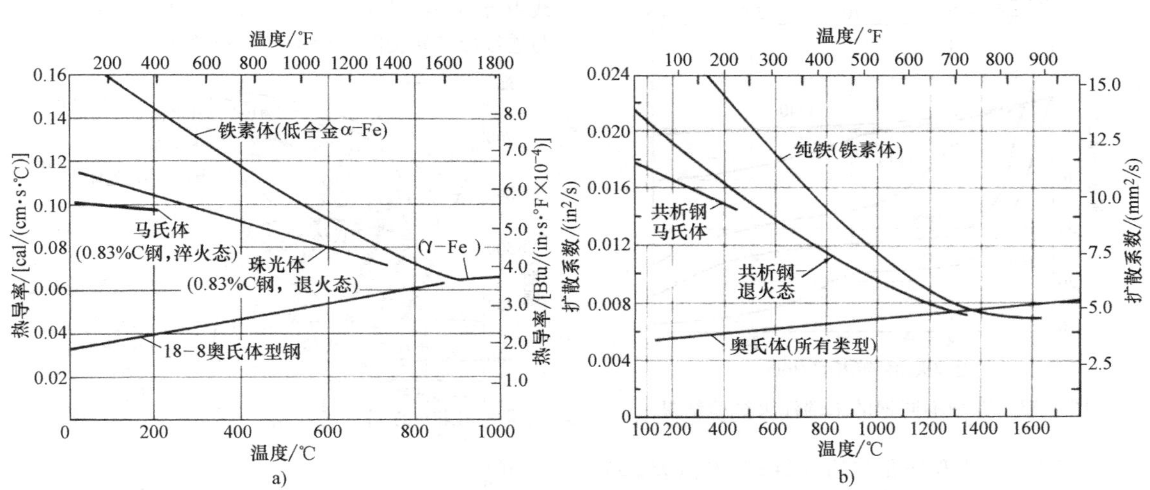

图 1-52 温度对热导率和钢中的相的扩散系数的影响

a）对热导率的影响 b）对相的扩散系数的影响

表 1-13 705℃（1300°F）时乔米尼末端淬火试样的典型冷却速度及其对应的末端淬火距离

至水冷端的距离/1.6mm(1/16in)	冷却速度	
	℃/s	°F/s
1	270	490
2	170	305
3	110	195
4	70	125
5	43	77
6	31	56
7	23	42
8	18	33
9	14	26
10	11.9	21.4
12	9.1	16.3
14	6.9	12.4
16	5.6	10.0
18	4.6	8.3
20	3.9	7.0

比较由末端淬火试验得到的曲线可以很容易地看出不同钢的淬透性之间的关系（图 1-53）。高淬透性的钢在某一末端淬火距离上的硬度比低淬透性钢的硬度高。因此，曲线越平直，淬透性越高。在末端淬火曲线上，通常不测量至淬火端距离在 50mm（2in）以上处的硬度，因为超出这个距离所测量的硬度的实际意义很小。末端淬火距离达到约 50mm（2in）时，水淬的影响已经很小，而周围空气冷却的影响变得显著。平直的曲线表明材料有很高的淬透性，这是空冷硬化钢的特征，如一些高合金钢。

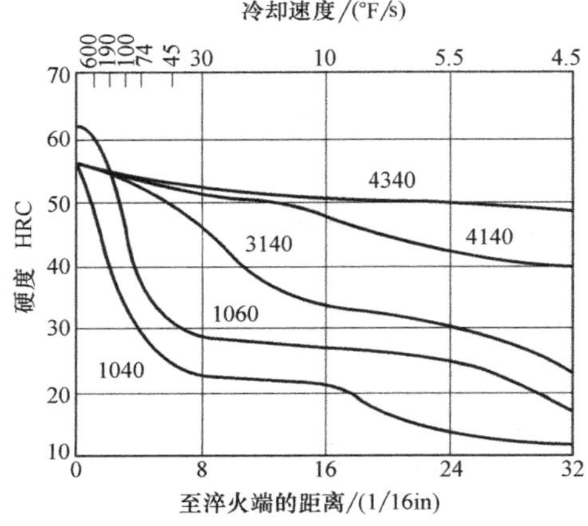

图 1-53 五种不同钢的末端淬火试验结果

标准末端淬火程序是使用（24±3)℃[(75±5)°F] 的水，水温达到 40℃（100℉）以上时，其影响将稍变大（图 1-54）。一些研究者使用油或聚合物来做末端淬火试验，然后比较使用这些淬火冷却介质所得到的结果和使用水所得到结果的不同。乔米尼末端淬火试验通常不能使用水溶性聚合物作为淬火冷却介质，因为试验过程中，试样端部的涌动淬火压力常常会破坏炽热金属界面的聚合物成膜性能。

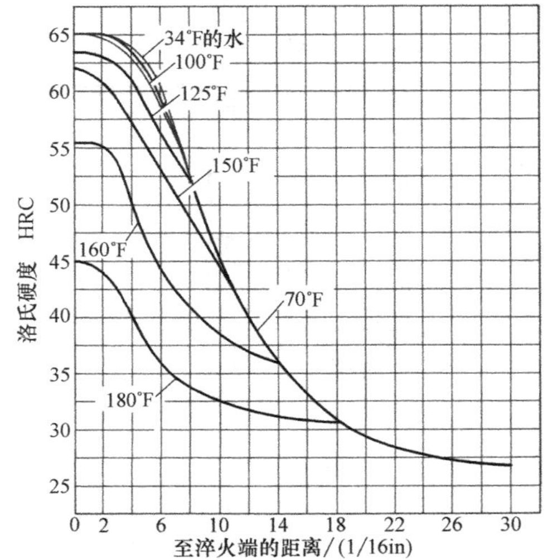

图 1-54 末端淬火试验中淬火冷却介质的温度对冷却能力的影响

注：温度略上升到 38℃（100°F）时的影响和温度超过 71℃（160°F）时大大削弱的影响

对于给定化学成分和乔米尼末端淬火曲线的合金钢，其端部的硬度值是固定的，因为它完全淬火硬化成了马氏体。不同马氏体组分的硬度取决于含碳量（表 1-12），确定不同含碳量的钢的淬透性技术规范时，可以选用表 1-12 中的数据作为参考。根据硬度与马氏体之间的关系，能够从钢的末端淬火曲线中得知一些结论。末端淬火曲线上的一些点可以与连续冷却转变图（图 1-55）相关联。

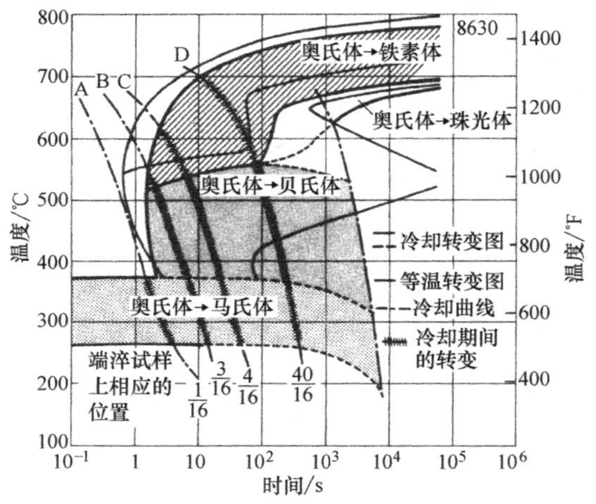

图 1-55 8630 钢的转变图和冷却曲线（表明奥氏体转变为其他成分与冷却速度的关系）

拐点（图 1-56）表示淬火相变产物马氏体的量发生了一个突变，它代表约 50% 的马氏体量的点。拐点处的乔米尼曲线陡峭，以及拐点或平均硬化深度都与内应力的大小和畸变相关。但实际上，在拐点处实际观察到或预测到的硬度值对质量控制人员或热处理工来说影响不大。相反地，它是表面（J1）和心部（J32）硬度的上限与下限之间的半硬化位置，硬度曲线在该位置处的斜率是有价值的信息。

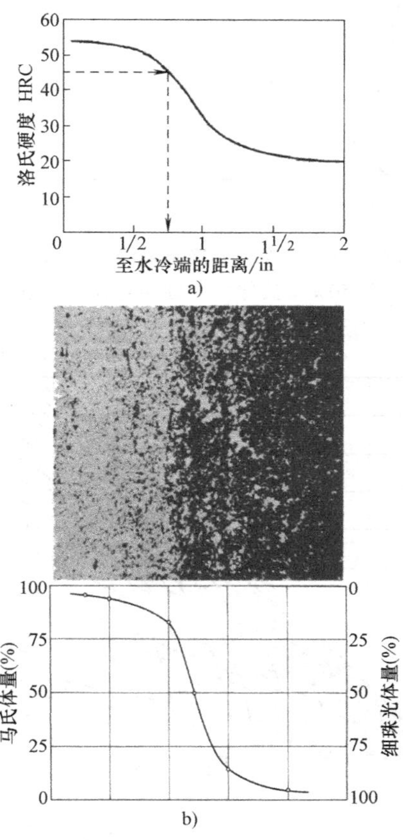

图 1-56　末端淬火曲线的拐点

a）约在末端淬火曲线的拐点处发生 50% 马氏体相变

b）马氏体到细珠光体的相变是突变的

如果要求不是特别严格，那么在受控条件下，末端淬火试验可重复进行，因为它可以提供大量丰富信息且是相对经济的。因此，末端淬火试验已经成为行业标准。然而，该试验的一个主要缺陷在于它的形状不切实际和激冷结构。能够迅速淬火的圆棒是目前为止最常用的试样。如果末端淬火试验数据与淬火强度的变化，以及不同圆棒尺寸、形状和位置所对应的冷却速度相关，则该试验是很有意义的。拉蒙特变换已经有效地完成了这项工作。对于罗素（Russel）和格罗斯曼（Grossmann）以及其他人研发的传热模型来说，拉蒙特转换是一个重要的工具，它将末端淬火淬透性数据与淬火烈度的实际变化和零件内部的冷却速度联系了起来。这种方法是以格罗斯曼依据理想临界直径表征钢的淬透性为基础的，将在下文中述及。

1.2.3　淬冷烈度

淬火深度不仅仅取决于钢的淬透性，还与淬火冷却介质的冷却能力（淬冷烈度）、被淬火零件的尺寸和形状有关。人们已经研究出将淬透性与淬冷烈度和零件内部的冷却速度联系起来的方法。淬冷烈度是指一种淬火冷却介质吸收炽热工件热量的能力。淬火过程中从工件中带走热量，可以使用牛顿冷却定律以对流换热系数（h）定量描述，计算公式为：

$$h=\frac{Q}{A(T_s-T_1)} \tag{1-3}$$

式中，Q 是从工件转移到淬火冷却介质的热流密度；A 是零件的表面积；T_s是钢的表面温度；T_1是淬火冷却介质的温度。因此，表面热导率的计算公式为

$$\left(\frac{\mathrm{d}Q}{\mathrm{d}t}\right)=h(T_s-T_1)$$

式中，T_s是时间的变量，当表面被淬火冷却介质瞬间冷却时，淬冷烈度最大。如果淬火不剧烈，则温度下降得慢。在钢制零件中，热流密度与温度梯度相关，即

$$\frac{\mathrm{d}Q}{\mathrm{d}t}=k\left(\frac{\mathrm{d}T}{\mathrm{d}x}\right)$$

式中，k 是钢的热导率。

表面温度梯度表示为

$$\frac{\mathrm{d}Q}{\mathrm{d}t}=k\left(\frac{\mathrm{d}T}{\mathrm{d}x}\right)_s$$

那么，在表面上有

$$\left(\frac{\mathrm{d}T}{\mathrm{d}x}\right)_s=\frac{h}{k}(T_s-T_1)$$

为了获得钢制零件随时间推移的温度分布和梯度，需要用到傅里叶导热第二定律，它的一维简化形式为

$$\frac{\mathrm{d}T}{\mathrm{d}t}=\alpha\left(\frac{\mathrm{d}^2T}{\mathrm{d}x^2}\right) \tag{1-4}$$

式中，α 是钢的热扩散系数，它与钢的密度（ρ）、比热容（C_p）和热导率有关（$k=\alpha\rho C_p$）。在适当的边界条件下（如表面温度、零件形状、零件尺寸），式（1-4）的求解需要对热导率的微分方程积分。罗素做了这项工作，可以此来估算圆棒、方钢、扁钢或平板在淬火期间任何部位冷却到给定温度所需的时间。罗素假设钢的热扩散系数是一个常数（$\alpha=$

0.009in²/s)。

除了可以根据冷却速度确定淬冷烈度，格罗斯曼等人还研发了另一种以测量不同直径的圆棒的淬火深度为基础的方法。在这种方法中，以圆棒未淬硬直径（D_U）与总直径（D）之比来衡量淬火深度。将未淬硬直径 D_U 定义为 50%马氏体组织深度处的直径，可以测量显微组织，或者更方便地以硬度来衡量。如果知道含碳量，则可以根据测得的硬度确定 50%马氏体的深度，如图 1-57 所示。对于 50%马氏体组织，另外 50%的硬度受其他合金化硬度效应的影响。

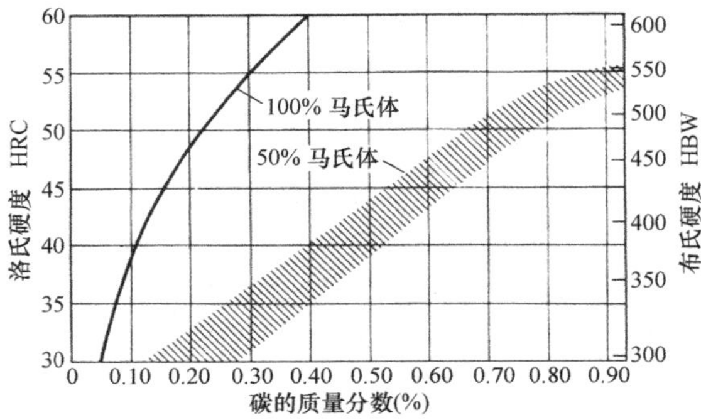

图 1-57 不同含碳量的碳钢中淬火后在 50%马氏体和 100%马氏体状态下的硬度值

注：对于 50%马氏体组织，硬度取决于剩余 50%组织或合金化组织。更多合金化钢的硬度位于阴影带宽的顶部。

在不同淬火条件下，以未淬硬直径（D_U）与圆棒直径（D）为坐标绘制关系图（图 1-58）。由图可见，淬火圆棒的直径越大，未淬硬直径就越大。对于图 1-58 中任意两个不同的淬火条件，当 $D_U=0$ 时，存在一个临界直径（D_0）。另外，格罗斯曼等人也得出结论：两种分别具有高、低淬透性的钢 A 和 B，有采用不同淬火方法时，可能存在相同的临界直径 D_0（$D_U=0$），但是在其他尺寸相等的条件下，它们的淬火深度不同，也就是说，它们的 D_U 与 D 的比值或者特性曲线总是存在差异。作者发现，在一种情况下，对于一系列淬火试样——从小尺寸低淬透性钢试样的高速淬火到淬硬深度大的大试样的轻微淬火，其特性曲线的形式是相同的。这种情况就是对流换热系数 H 和临界直径 D 的乘积是一个常数。只要 HD 是常数，如果绘图刻度选择正确，那么所有 D_U/D 的曲线均相同。因此，当用 HD 代替 HD_U 绘制关系图时，一条特性曲线便可代表一类物质的淬透性。这样，所有钢和淬火状态将被一组 HD 曲线族覆盖（详细特性曲线）如图 1-59 所示。D_U/D 的常量值用虚线表示。

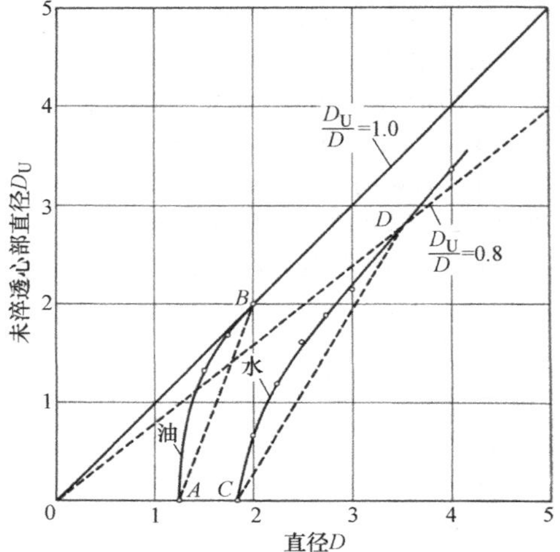

图 1-58 水淬和油淬时未淬透心部直径（<50%马氏体）与圆棒直径的关系

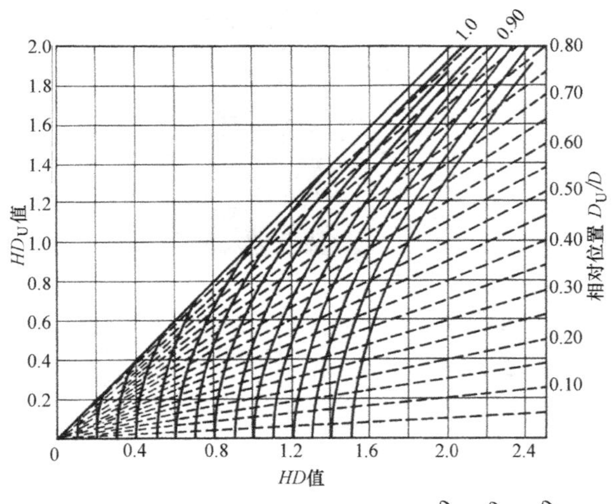

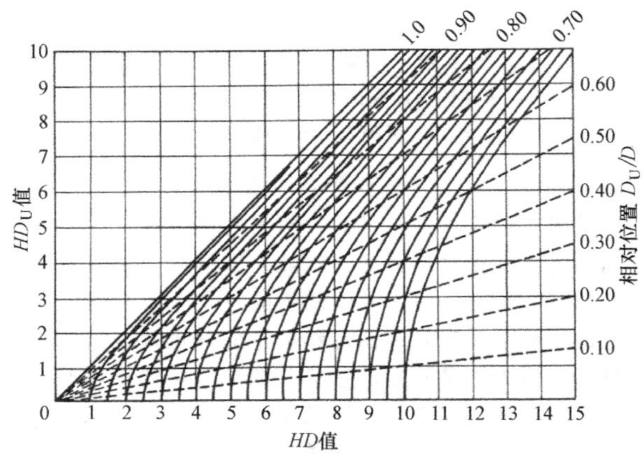

图 1-59 两种 HD 范围的 HD_U 与 HD 的特性曲线

因此，对于图 1-58 中的一条特性曲线，只需要

在图 1-59 中找到与其对应的曲线，便可得到 HD_0 的值，从而得到 H 的值。为此，引入两种简便方法，包括已确定的 D_U/D 的斜率，结果，用在两种适用的尺寸上获得淬火深度值，以独特的方式确定钢的淬透性（D_U/D）和淬冷烈度（传热系数 H）。另一种简便方法，是使用图 1-60 所示的对数图。

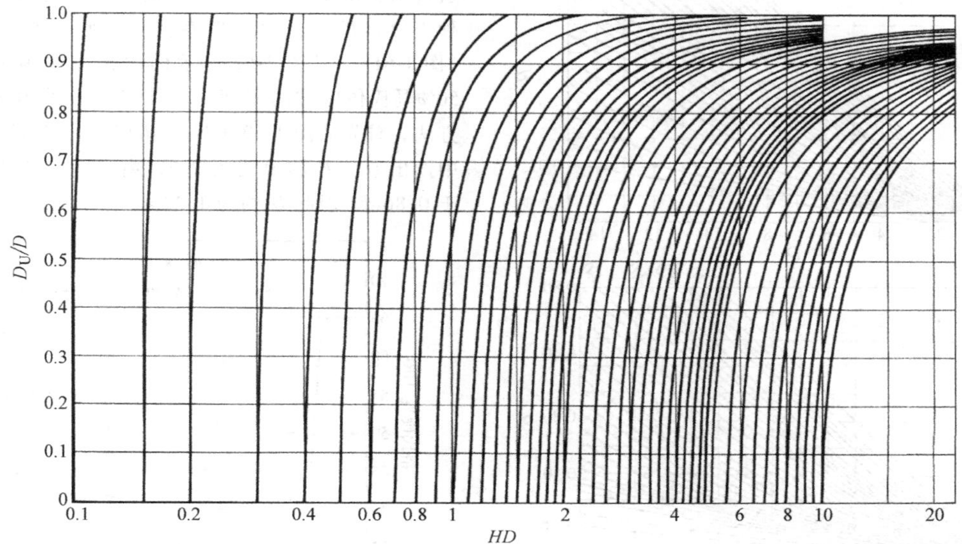

图 1-60 由未淬硬直径（D_U）和圆棒直径（D）的比值得到 HD 从而得到 H 的图

在传热方面，Gr 数（H）的计算公式是

$$H=h/2k \tag{1-5}$$

式中，k 是热导率；h 是对流换热系数（式 1-3）。许多变量影响淬火烈度和 Gr 数的值。格罗斯曼及其同事研发的图表和方法具有重要的实用价值，尽管他们假设 H 值在淬火期间是一个常数。虽然对于不同尺寸的不同钢种来说这种计算方法是不严密的，然而，对于普遍现象，它清楚地阐明了当淬火棒的尺寸增加时，用中等淬冷烈度比用更剧烈的淬冷烈度淬火心部未淬透比例迅速增加。它也阐明了其他情况，诸如在非常大的圆柱体上维持一个浅层淬硬层，即便是淬透性适度降低，当淬火十分剧烈时，随着直径的变化，淬透厚度（$D-D_U$）几乎没有变化。同样地，它阐明了在中等淬冷烈度的淬火冷却介质中淬火时，对于相当小的钢试样，淬火圆环边缘突然消失的原因。相应地，这些数据表明在某些条件下，软点几乎是不可避免的。H 系数包括影响钢的散热的表面状态（氧化皮厚度和结构），以及热扩散系数。此外，去除阻碍淬火的蒸汽膜中搅拌的影响，也体现在 H 值上。

注意：HD 与毕渥数（Biot number）相对应，毕渥数是一个众所周知的无量纲的传热系数。它是固体内部单位导热面积上的导热热阻与单位表面积上的换热热阻之比。毕渥数小，表明内部导热热阻和表面传热热阻相比是可以忽略不计的，这就意味着整个工件的温度是近似均匀的。因此，特别大的毕渥数表明在淬火期间，整个工件上的温度是不均匀分布的。

不同淬火方式对应的 H 值见表 1-4。

表 1-14 不同淬火方式对应的 H 值

淬火方式	H 值
在静止的空气中冷却	0.02
在油中适当搅拌	0.4~0.5
在水中不搅拌	1.0
高流速状态的油（激烈搅拌）	1.5
在热盐水中适当搅拌	2.0
在水中适当搅拌	3.0~4.0
高流速状态的水（激烈搅拌）	5.0 及以上

表 1-4 中的数值虽然没有准确地定义淬火冷却介质的冷却速度，但仍具有一定的实际指导意义。从图 1-61 中可以看出，$H=5$ 和理想淬火（$H=\infty$）之间几乎没有实际差别。

1.2.4 理想临界直径

格罗斯曼 H 系数提供了一种独立于淬火条件的钢的淬透性的量化方法。当将试验圆棒的表面立即冷却到环境温度时，通过数学上的临界直径（D_0）与理论上理想淬火时的临界直径的相关性来求解。

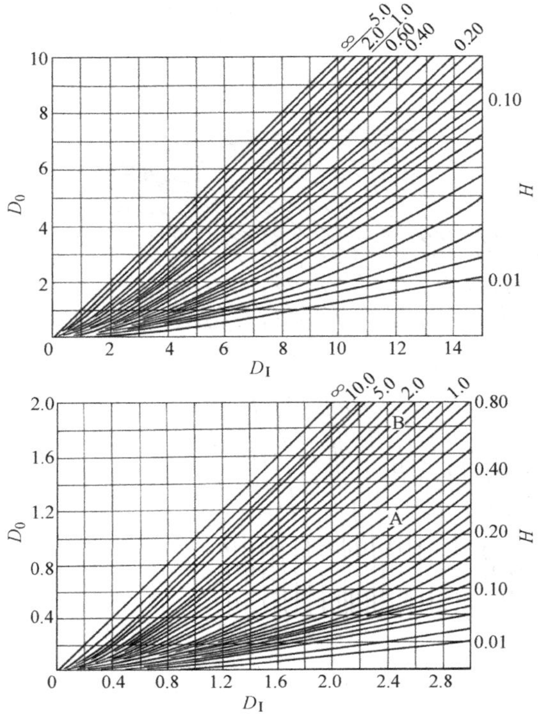

图 1-61 理想临界直径（D_I）与不同淬火烈度（H 值）时的临界直径（D_0）之间的关系

格罗斯曼理想临界直径是指当以一个理想的（无限大的）速度冷却表面时，圆棒的中心能淬火成50%马氏体的直径。尽管实际上不能实施理想冷却，但是可以用数学方法推断出理想的淬火（$H=\infty$）状态，即在心部冷却过程中，能够在接近零的时间内把钢的温度降低到淬火冷却介质的温度，并在这一温度下保温。实际上，理想的冷却是指当淬火足够剧烈时，散热速率受金属热扩散系数的控制，而非表面热导率的控制。

理想临界直径可以用来定量地衡量钢的淬透性。通过格罗斯曼及其同事制作的图表，也可得到在各种淬冷烈度下，理想临界直径和临界直径的关系（图 1-61）。以图 1-62 所示的两条曲线为例，图中50%马氏体区域的硬度约为 53HRC。采用格罗斯曼方法，首先从图 1-60 中确定 *HD* 和 *H*，然后从图1-61 中读出 D_I。H 的值约为 2.3，由于淬火临界直径等于 0.86in，因此 D_I约为 1.22in。

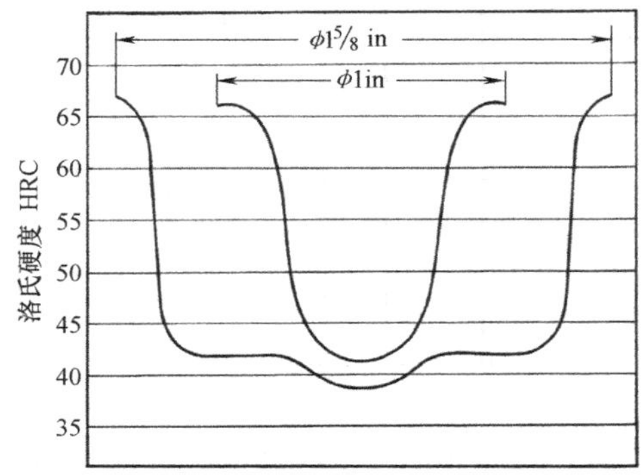

图 1-62 共析钢热盐水淬火平均硬度分布实例

这种方法有实际意义，因为 D_I和 H 值基本上代表了与末端淬火试样位置相关的冷却速度（图 1-63）。格罗斯曼 H 系数测量的是表面吸热能力，因此，它与沿着末端淬火圆棒上的位置相关。理想临界直径用于衡量圆棒在表面上实现理想冷却（$H=\infty$）而在中心获得 50%马氏体相变所需要的冷却速度。所以，D_I值也与末端淬火距离（J_d）有关（图 1-63c）。如上所述，卡尼（Carney）完善了格罗斯曼及其同事最初的相关技术。

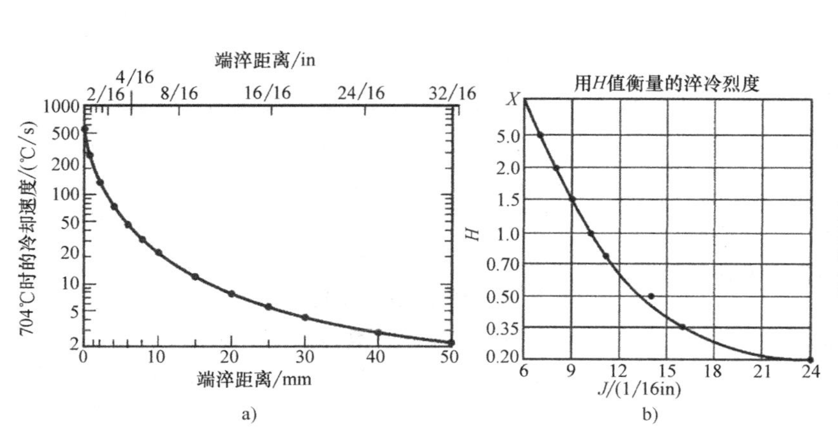

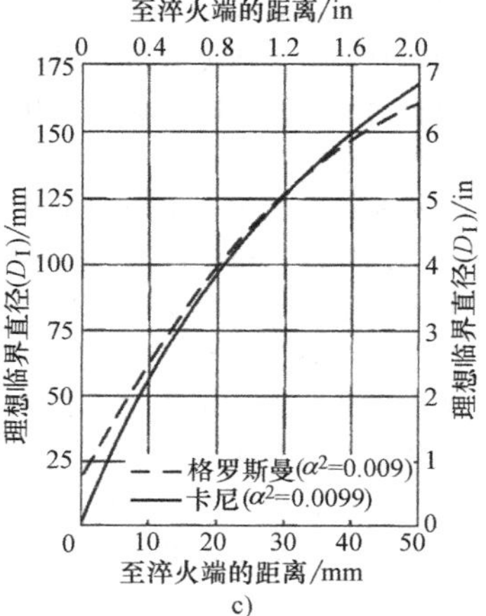

图 1-63 冷却速度与末端淬火位置的对应关系

1.2.5 淬透性相关曲线

由于末端淬火距离与冷却速度有唯一的对应关系，末端淬火试验和格罗斯曼淬透性测量的通用性得到了拓展。例如，末端淬火距离应该与 D_I 有关，因为两者都可用来测量产生规定组织（50%马氏体）的冷却速度。已知一种钢的 J_d 值和淬火冷却介质的 H 值，便可以预测任意规格的圆棒的淬硬深度。在许多情况下，测量冷却速度显然是不切实际的，或者是不可能的，此时便可以根据冷却速度与末端淬火距离的唯一对应关系，将末端淬火硬度值与等效冷却速度以及各种截面尺寸和形状条件下的淬硬深度联系起来。

基本假设是在一根钢制圆棒的两个部位上有相同的冷却速度时，将表现出相同的硬度。例如，图 1-64 所示为两种淬透性不同的钢在末端淬火曲线上的拐点（这里常常对应 50%马氏体）。淬透性较低（图 1-64a）的钢的端淬曲线在 45HRC 处有一个拐点，此拐点处的冷却速度与直径为 100mm（4in）的圆棒 1/2 半径位置（$D_U/D=0.5$）处的冷却速度相对应（图 1-64b）。淬透性较高的钢（图 1-64c）在 45HRC 处也有一个拐点，但是该拐点的末端淬火距离（J_d）较大（在 24/16in 的位置）。这相当于以较低的冷却速度淬火，且采用图 1-64d 中的淬火烈度（H 值）时，直径为 100mm（4in）的圆棒可以被淬透。

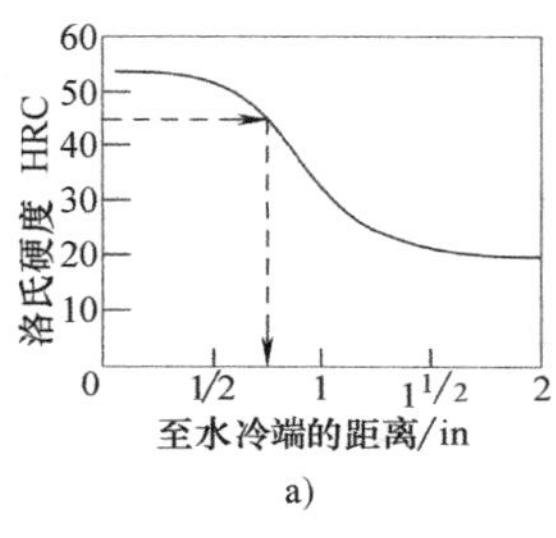

a)

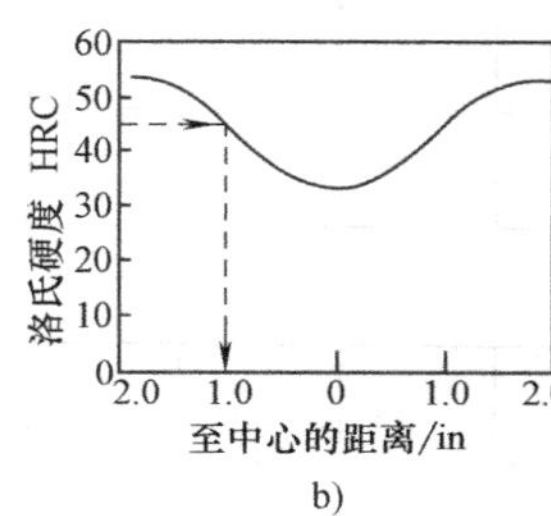

b)

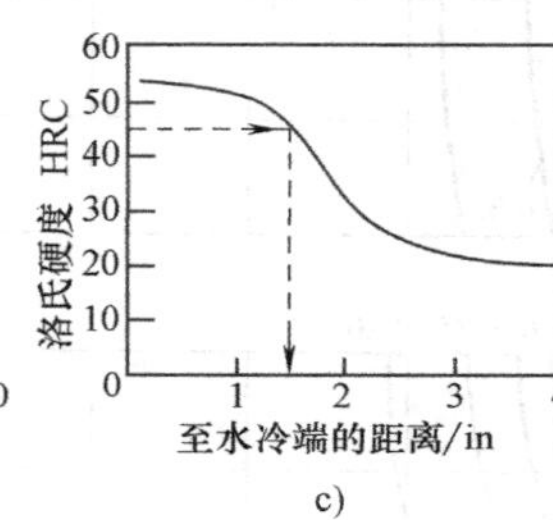

c)

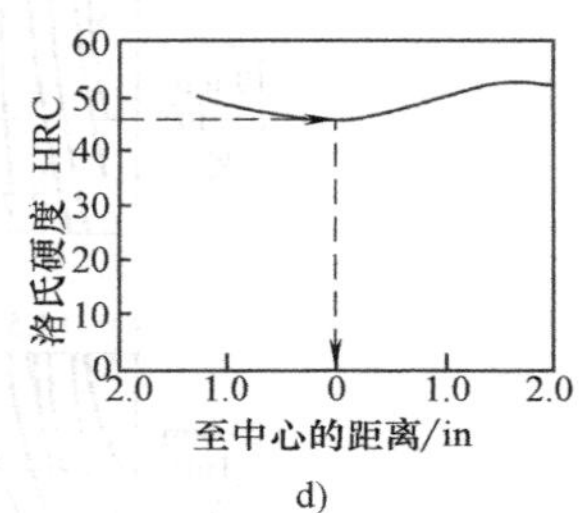

d)

图 1-64 两种不同淬透性的钢的末端淬火淬透性曲线和直径为 100mm（4in）的同种钢淬火圆棒的横截面硬度曲线

这一过程可以延伸到绘制末端淬火等效冷却速度（J_{ec}）图，如图 1-65 所示。该图的实际应用价值是：不同淬冷烈度（H 值）的各种规格的圆棒上的等效位置对应于圆棒末端淬火距离的硬度值。例如，可以利用图 1-65 来说明图 1-64 中两种不同钢的硬度。首先分析图 1-64a 所示的钢，要求将直径为 100mm（4in）的圆棒（图 1-64b）淬硬至 1/2 半径的深度。达到这一淬硬深度要求的淬冷烈度可根据图 1-65 与钢的末端淬火曲线（图 1-64a）来确定。末端淬火曲线的拐点位于末端淬火距离 12/16in 处。那么，在图 1-65g 中从 12/16in 的位置向上，要将这种钢淬硬至 1/2 半径的深度，需要的淬冷烈度约为 $H=1.5$。

以图 1-64a 中钢的淬透性，把直径为 100mm（4in）的圆棒全部淬硬（中心为 50%马氏体）是不可能的。重复上述步骤，要实现图 1-65 中的完全淬透，淬冷烈度将会超过表面理想冷却（$H=1$）的淬冷烈度。但对于淬透性较高的钢（图 1-64c），即使淬冷烈度比 $H=0.5$ 小一点，也可以将直径为 100mm（4in）的圆棒（图 1-64d）的中心淬透。淬透性较高的钢，其末端淬火曲线的拐点处于圆棒距淬火端 1.75in 的部位，这（常用图 1-65g）等效于直径为 100mm（4in）的圆棒的中心硬度，即 $H=0.5$ 以下一点。

图 1-65 和图 1-66（适用于横截面积更大的圆棒），提供了将末端淬火距离与不同规格圆棒内的等效硬度和淬冷烈度对应起来的一种实用方法。这样，对于给定的钢的末端淬火，如果已知横截面尺寸和淬冷烈度，就可以估算整个横截面上硬度的分布情况。这些图对估算整个横截面的强度特别有用，因为从一组不同直径圆棒的末端淬火数据可以预测将来选用钢材的整体硬度分布（在某种程度上也可以预测显微组织）。图 1-65 中给出了这种方法的步骤。

以格罗斯曼图（图 1-61 和图 1-63c）为基础，拉蒙特（Lamont）利用末端淬火距离（表 1-13）对应等效冷却速度的基本原理，绘制了各种横截面的淬硬深度比例对应不同 H 值的图。图 1-67 所示为将不同直径的圆棒全部淬硬和淬硬到 1/2 半径的实例。拉蒙特还绘制了其他淬硬深度的类似关系图，如图 1-68 和图 1-69 所示。需要注意的是，拉蒙特图是以格罗斯曼的 J_d 与 D_I（图 1-63c）的对应关系为基础的，且后来由卡尼（Carney）予以完善。

H值	淬火冷却介质	搅拌状态
0.20	油	无搅拌
0.35	油	适当搅拌
0.50	油	良好搅拌
0.70	油	强烈搅拌
1.0	水	无搅拌
1.5	水	强烈搅拌
2.0	盐水	无搅拌
5.0	盐水	强烈搅拌
∞	理想淬火	

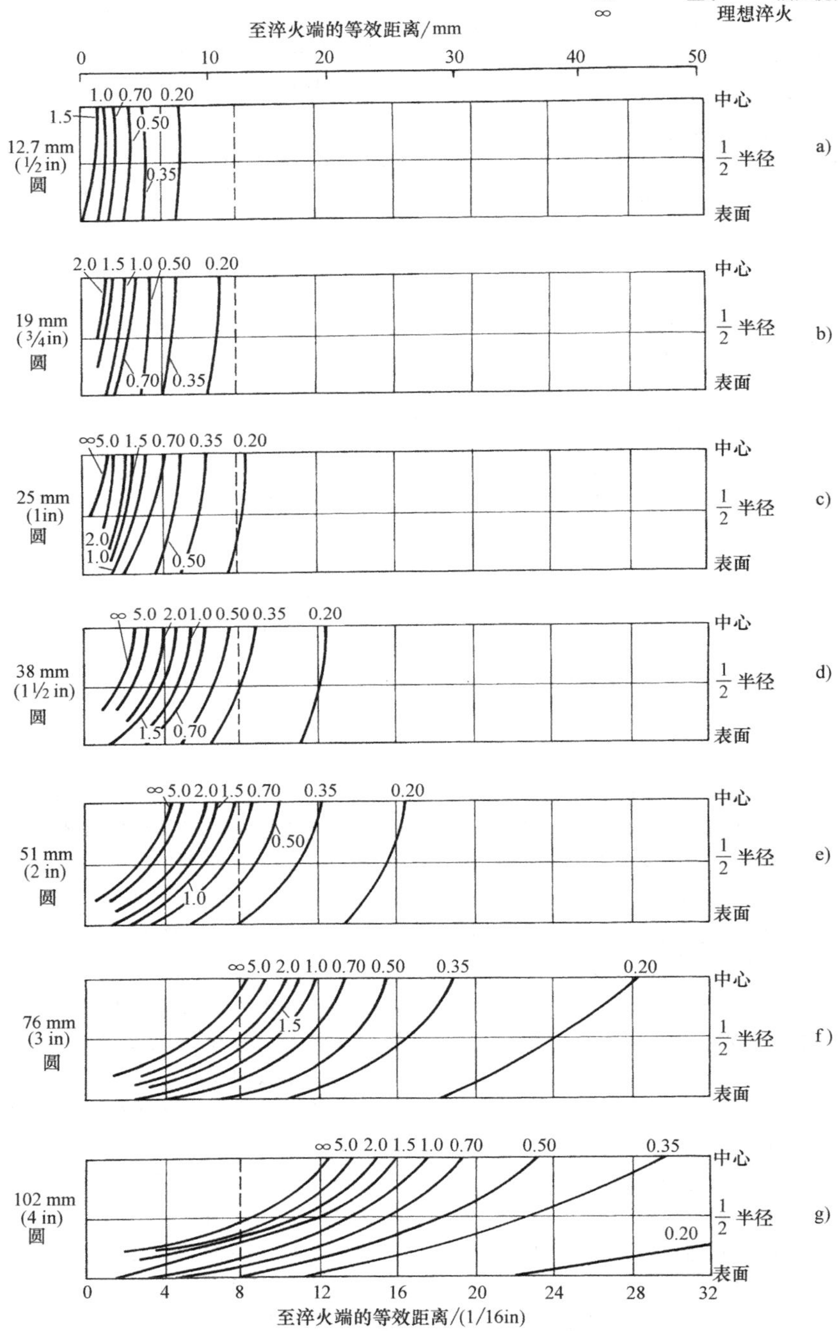

至淬火端的等效距离/mm

0 10 20 30 40 50

a) 12.7 mm (½ in) 圆 — 1.0 0.70 0.20 1.5 0.50 0.35 — 中心 $\frac{1}{2}$半径 表面

b) 19 mm (¾ in) 圆 — 2.0 1.5 1.0 0.50 0.20 0.70 0.35 — 中心 $\frac{1}{2}$半径 表面

c) 25 mm (1 in) 圆 — ∞ 5.0 1.5 0.70 0.35 0.20 2.0 1.0 0.50 — 中心 $\frac{1}{2}$半径 表面

d) 38 mm (1½ in) 圆 — ∞ 5.0 2.0 1.0 0.50 0.35 0.20 1.5 0.70 — 中心 $\frac{1}{2}$半径 表面

e) 51 mm (2 in) 圆 — ∞ 5.0 2.0 1.5 0.70 0.35 0.20 0.50 1.0 — 中心 $\frac{1}{2}$半径 表面

f) 76 mm (3 in) 圆 — ∞ 5.0 2.0 1.0 0.70 0.50 0.35 0.20 1.5 — 中心 $\frac{1}{2}$半径 表面

g) 102 mm (4 in) 圆 — ∞ 5.0 2.0 1.5 1.0 0.70 0.50 0.35 0.20 — 中心 $\frac{1}{2}$半径 表面

0 4 8 12 16 20 24 28 32

至淬火端的等效距离/(1/16in)

图 1-65 末端淬火试样上等效末端淬火硬度位置与在油、水和盐水中淬火的圆棒不同位置等效冷却速度的对应关系（虚线表示直径为 12.7~102mm（1/2~4in）的圆棒中的不同位置，与末端淬火圆棒 J8（8/16 in）位置等效）

注：为了从末端淬火试验结果中确定横截面硬度，在横坐标上选取适当位置处的末端淬火硬度，向上延伸到需要获得给定圆棒硬度的淬冷烈度的曲线上。

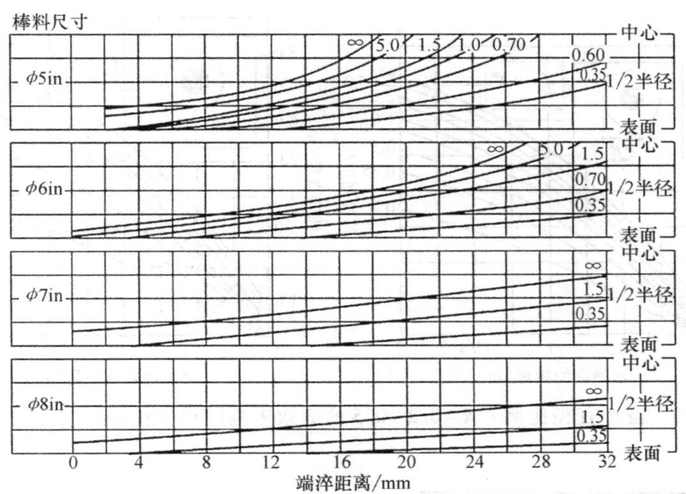

图 1-66 直径为 125~200mm（5~8in）的圆棒的等效末端淬火硬度（J_{eh}）与部位的对应关系

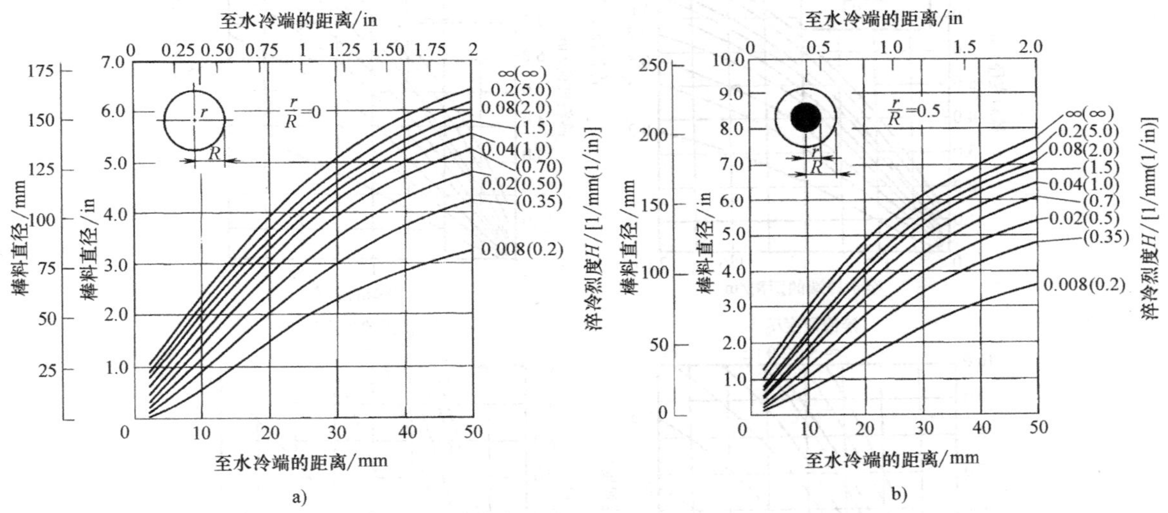

图 1-67 不同淬冷烈度的等效末端淬火部位和 50%马氏体淬硬的圆棒直径的拉蒙特图

a）圆棒中心位置 b）圆棒 1/2 半径位置

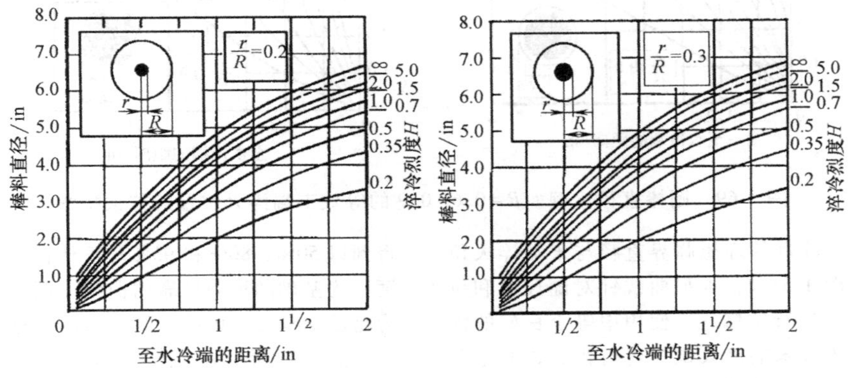

图 1-68 圆棒直径比例 $r/R=0.2\sim0.5$ 的等效末端淬火位置的拉蒙特图

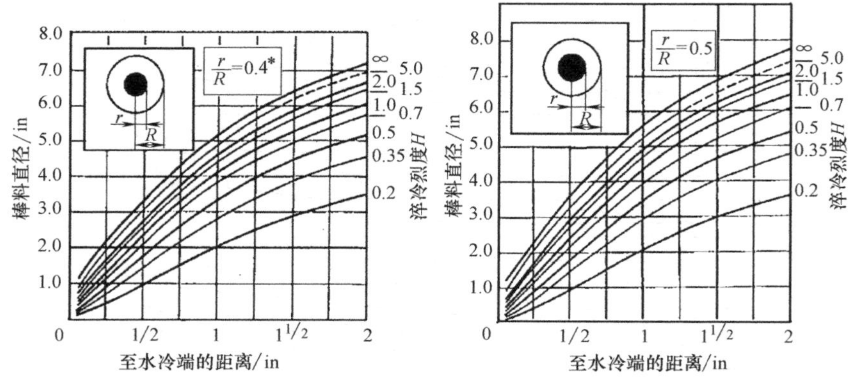

图 1-68 圆棒直径比例 r/R = 0.2～0.5 的等效末端淬火位置的拉蒙特图（续）

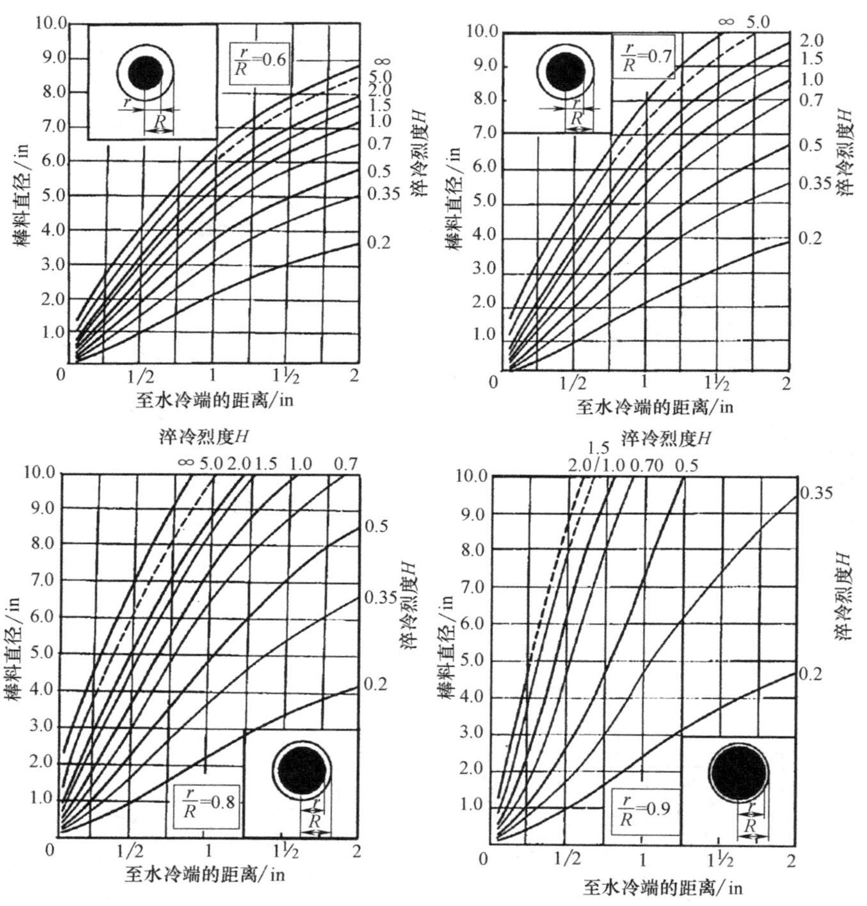

图 1-69 圆棒直径比例 r/R = 0.6～0.9 的等效末端淬火位置的拉蒙特图

卡尼绘制了改进的理想临界直径与末端淬火位置关系曲线（图 1-63c），卡尼曲线针对随尺寸和位置不同 H 的变化进行了修正。使用中等至良好的淬火油或水对圆棒或末端淬火试样进行淬火，通过分析冷却速度、圆棒淬火特性和末端淬火试样，可以得到以 50%、80% 和 95% 马氏体位置（替代冷却速度）为基础的更为可靠的曲线。例如，图 1-70 所示为超过 50% 马氏体部位的 H 值的变化。

图 1-71 所示为水淬和油淬各种圆棒和末端淬火试样在相等冷却时间下的对应曲线。这些曲线与拉

蒙特曲线不一致。拉蒙特曲线对应的淬透性是基于由格罗斯曼及其同事所做的 H 为常数的假设。得到的数据见表 1-14 和图 1-72 及图 1-73 由卡尼经验关系式。对于钢而言，大于 50% 马氏体的等效位置的冷却速度大致相同。对于大于 50% 马氏体的位置，令人满意的热扩散系数是 6.4mm²/s(9.9×10⁻³in²/s)。对于小于 50% 马氏体的位置，珠光体、铁素体、贝氏体和马氏体的不同扩散系数影响着冷却速度。

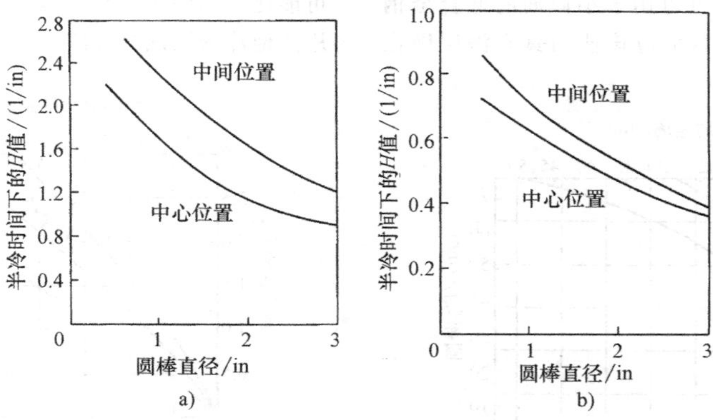

图 1-70 从 845℃ (1550°F) 淬火至半冷圆棒中 H 值的变化

a) 水淬 b) 油淬

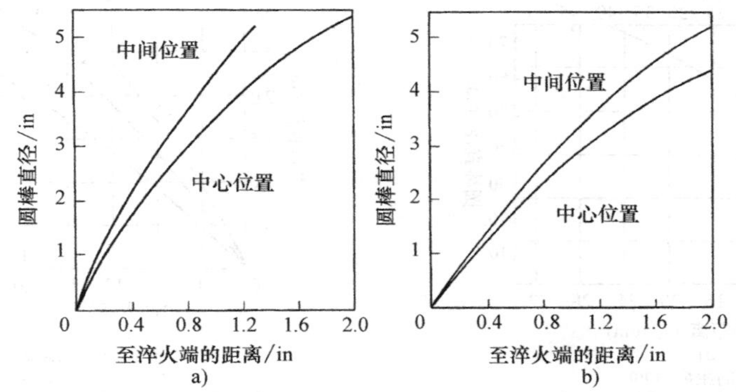

图 1-71 从 845℃ (1550℉) 淬火，末端淬火距离与相同半冷温度的圆棒位置的对应关系

a) 水淬 b) 油淬

表 1-15 末端淬火圆棒与各种油淬和水淬圆棒中心位置的对应关系

端淬距离/(1/16in)	理想直径/in	圆棒尺寸(相同的半冷时间)/in		圆棒尺寸(相同的显微组织)/in					
				95%马氏体		80%马氏体		50%马氏体	
		水	油	水	油	水	油	水	油
1	0.60	—	—	—	—	—	—	—	—
2	1.00	0.70	0.40	0.40	0.25	0.40	0.25	0.55	0.25
4	1.75	1.25	0.80	0.75	0.45	0.75	0.50	1.0	0.50
8	2.75	2.05	1.50	1.45	0.80	1.60	0.95	1.65	1.0
12	3.65	2.80	2.15	1.95	1.15	2.05	1.35	2.10	1.45
16	4.50	3.50	2.80	2.30	1.50	2.40	1.75	2.60	1.85
24	5.75	4.60	3.45	2.75	2.05	2.90	2.40	3.10	2.45
32	6.70	5.40	4.30	—	—	—	2.90	—	2.95

通常的做法是使用出版物中给出的淬火冷却介质的平均 H 值或淬火方法，如搅拌强烈、良好、中等和无搅拌，而不是实测 H 值。通过这种做法，对于一个给定的淬火过程，忽略了 H 值随零件尺寸和

部位的变化，很有可能造成在较小规格圆棒中预测的淬硬深度小于实际获得的淬硬深度，在较大规格圆棒中预测的淬硬深度远远大于实际获得的淬硬深度。当出现这些情况时，意味着使用给定淬火冷却介质的一些热处理工艺可以用于小截面的低合金钢的淬火，而对于较大的截面应该使用具有深层硬化能力的合金钢淬火。

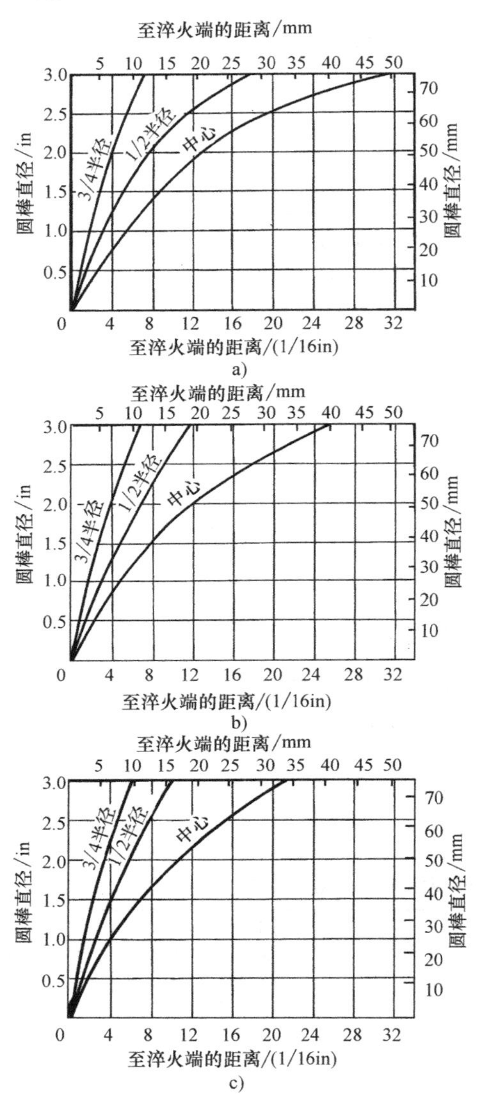

图 1-72　845℃（1550°F）水淬圆棒的等效端淬位置

a）95%马氏体　b）80%马氏体　c）50%马氏体

1.2.6　其他淬透性试验方法

末端淬火试验已经成为工业标准，因为它可以提供有价值的信息、相对经济，并且有良好的再现性（图 1-74）。末端淬火试验提供了 25～150mm（1～6in）范围内的钢材理想临界直径（D_I）的有效数据，理想临界直径 D_I 可能小于 25mm（1in），但是，通常要求靠近圆棒的淬火端使用维氏硬度值，可能比使用洛氏硬度测量设备更精密些。也可以采用其他淬透性试验方法。

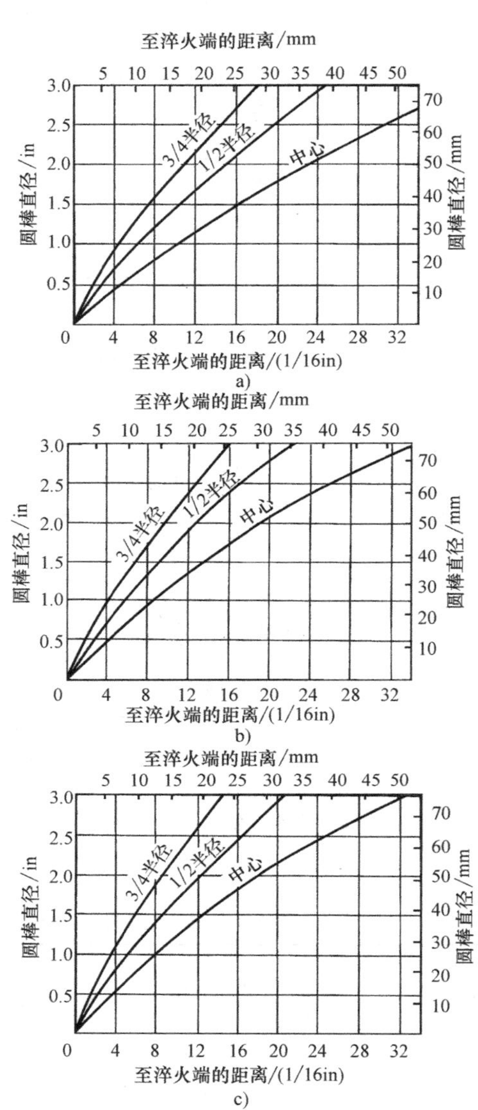

图 1-73　845℃（1550°F）油淬圆棒的等效端淬位置

a）95%马氏体　b）80%马氏体　c）50%马氏体

1. 渗碳淬透性试验

经常需要确定渗碳钢高碳层区域的淬透性。这对控制渗碳和淬火工艺很重要，并且决定了一种钢满足渗碳零件的显微组织和硬化深度技术条件的能力。参考文献 25 中给出了几种等级的渗碳钢的末端淬火曲线，如图 1-75 所示。

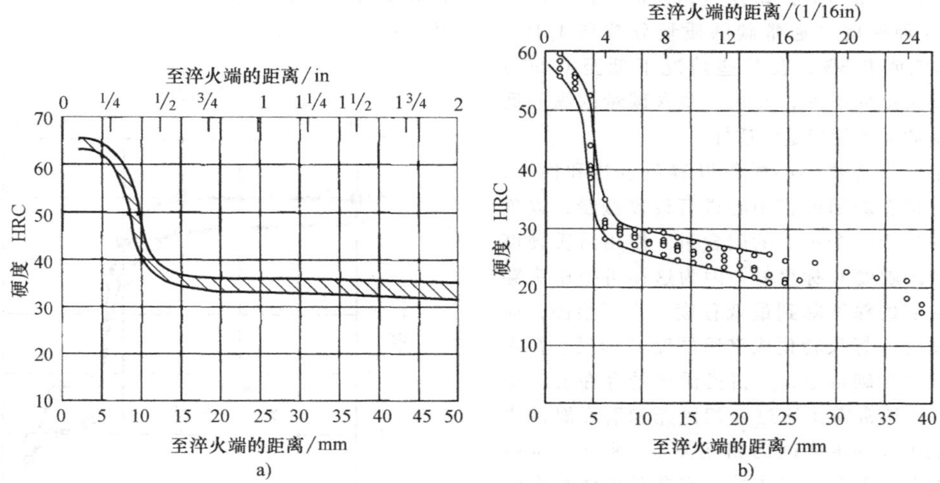

图 1-74 末端淬火试验的再现性

a）来自 9 个实验室的 4068 钢的末端淬火试验的再现性结果 b）使用标准末端淬火系统时不同组织的再现性

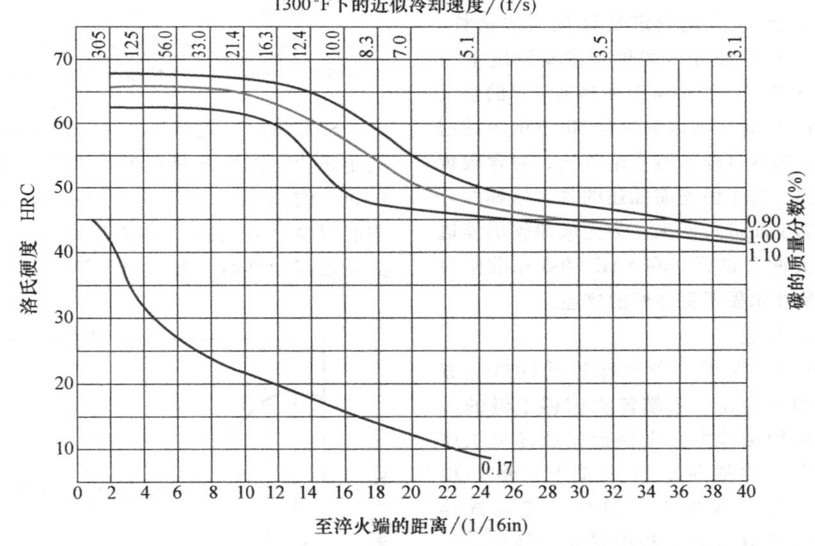

图 1-75 渗碳钢 5120（0. 17%C，0. 81%Mn，0. 29%Si，0. 18%Ni，0. 72%Cr，0. 05%Mo）的末端淬火曲线

注：正火后的圆棒在奥氏体化温度 925℃（1700°F）下保温时间 20min，在 925℃（1700°F）下固体渗碳 9h 后直接淬火，奥氏体晶粒度为 6~8。

一般来说，心部淬透性足够不能确保硬化层淬透性足够，尤其是当渗碳之后要求重新加热淬火时，不如直接在渗碳炉中淬火。导致这种结果的原因有两个：首先，相等的合金成分增量对不同含碳量的合金钢的淬透性具有不同的作用；其次，如前面提到的，淬火前高碳层区域中的合金和碳化物并不总是全部溶解，正如通常在低碳心部区域的奥氏体得到的那样。于是，当对于一个特定应用必须选择一种渗碳钢时，硬化层淬透性的直接测量就变得很重要。

硬化层淬透性的测量是按照以下方法完成的。将一根标准的末端淬火试棒在 925℃（1700°F）下固体渗碳 9h，并以常规方式末端淬火，将另一根对比试棒在相同的渗碳罐中同时渗碳用于确定渗碳深度。在试棒上做连续渗层剥层化学成分分析，以确定各深度上的含碳量。绘制渗碳层曲线后，便可确定末端淬火试棒上各种碳含量的深度。假设末端淬火试棒上含碳量的分布与对比试棒是相同的，在末端淬火试棒的各种深度（通常碳的质量分数是 1.1%、1.0%、0.9% 或 0.8%，在某些情况下低至 0.6%）上小心地磨出纵向平面，并在这些含碳量的纵向磨面上通过横截面硬度确定淬透性。

在磨削时，必须小心操作以避免过热和回火，并且必须保证在磨面的正中心进行硬度测量，以确保硬度值对应于一个单一的碳含量。使用洛氏硬度 A 标尺比洛氏硬度 C 标尺好，因为这样可把压头穿透到软表面层的深度降到最低程度。为了绘图，应再将洛氏硬度 A 标尺转化成洛氏硬度 C 标尺。在渗碳试样的较高含碳量层，残留奥氏体的存在会影响硬度。因此，通常需要通过金相抛光和磨面腐蚀来评价显微组织和深度之间的相互关系。那么，末端淬火距离可以用于测量淬透性选定非马氏体相变组织的某种等级作为末端淬火距离。

已经过渗碳处理，再在 925℃（1700°F）以下重新加热淬火的钢材，如 8620、4817 和 9310 钢，也可以采用这种技术的改进形式确定其硬化层淬透性。末端淬火渗碳试样和比较梯度圆棒在渗碳温度下一起油淬，然后在保护气氛炉中重新加热到要求的温度并保温 55~60min，同时应确保至少有 30~35min 的透烧时间。然后对淬透性试样进行末端淬火，对含碳量梯度圆棒进行油淬，为了做先前描述的含碳量梯度分析，以及便于机加工而进行回火。为完成渗碳层淬透性试验，至少需要两个试样。在 SAE J406 标准中对硬化层淬透性测量技术做了更详细的描述。

2. 气冷淬透性试验

参考文献 26 中介绍了一种气冷淬透性试验方法。当在钢中施加一个比在末端淬火试棒上慢的冷却速度时，采用这种试验方法来评价完成淬火工序或者具有很高淬透性的钢的淬火情况。将一根 ϕ25.4mm（ϕ1in）的试棒放在夹具中，使该试棒 100mm（4in）的长度在冷却过程中暴露于静止空气中。将试棒加热到合适的奥氏体化温度后，在静止的空气中冷却进行相变。这个冷却过程是很慢的，并且冷却速度会沿着试棒的长度方向降低。然后，沿着试棒按一定间隔测量硬度，在为解决此问题而专门设计的图表上从端淬端开始绘制曲线。

3. 低淬透性钢

在碳钢或低合金钢中，即使是在标准末端淬火试棒上 1.6mm（1/16in）的位置，冷却速度都不足够快以使其淬透。因此，对于这些钢，以上试验方法是无效的。适用于极低淬透性钢的试验方法包括热盐水试验法和 SAC（surface-area-center）试验法。

热盐水试验法是由格兰奇（Grange）提出的。它是将试样在一系列不同温度的盐水中淬火，如图 1-76 所示，由此得到的硬度提供了一种对淬透性非常敏感的试验方法。

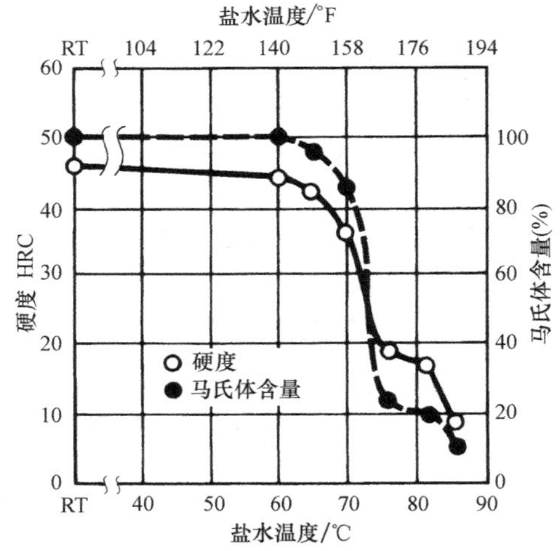

图 1-76 热盐水淬透性试验的典型结果

注：钢的化学成分（质量分数）：0.18% C，0.81% Mn，0.17% Si 和 1.08% Ni；奥氏体化温度 845℃（1550°F），晶粒度为 5~7，室温。

SAC 试验法是将 ϕ25.4mm（ϕ1in）的试棒在空气中正火，然后加热至奥氏体化并水淬。从 100mm（4in）的长度处切下一个试样测量硬度。在表面、中心以及从表面到中心以 1.6mm（1/16in）为间距测量硬度。然后，根据图 1-77 中的公式计算区域硬

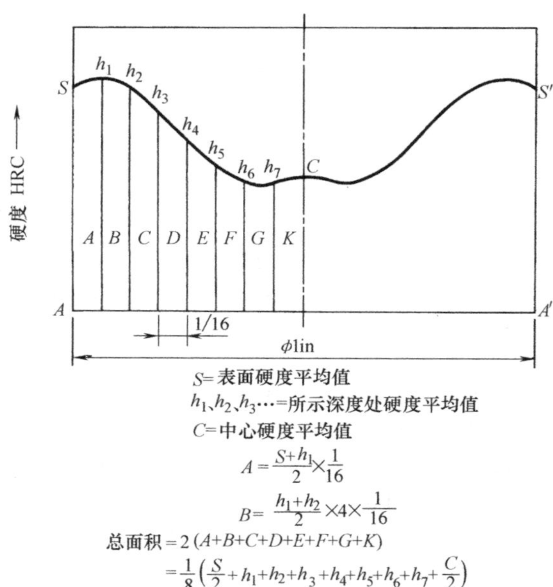

图 1-77 表面硬度-面积-中心硬度面积估算图

度。由此产生了三个位置的硬度数值，例如，SAC No. 63-52-42表示表面硬度为63HRC，区域硬度为52HRC，心部硬度为42HRC。在SAE J406标准中有详细的试验方法。

1.2.7 乔米尼末端淬火试验等效图表

一旦确定了末端淬火曲线，就必须估算淬火零件的临界区域冷却速度。对于要求进行热处理的零件，其任何一种钢材的适用性实际度量标准是它的淬透性与零件热处理时的临界截面之间的关系。术语临界截面定义为零件工作应力最高的截面，因此，要求该截面的力学性能最高。例如，如果这个零件是锻造毛坯，临界截面直径为64mm（2½in），后来加工到直径为50mm（2in），并且成品零件必须在3/4半径（即深度为6.4mm，或者1/4in）上淬火，那么，钢的淬透性必须保证锻造毛坯淬硬深度达到13mm（1/2in）的程度。

可用一些图表来确定给定尺寸和结构的零件内部的末端淬火等效冷却速度。拉蒙特曲线（图1-67~图1-69）以及图1-65和图1-66中的图表，是典型的用来确定试棒末端淬火等效冷却速度的图表。基本上，有两种确定末端淬火距离的方法：

方法1：根据末端淬火距离与各种末端淬火形状的等效硬度（J_{eh}）位置的关系来确定。

方法2：根据末端淬火冷却速度数据（J_{ec}）与各种末端淬火零件形状的等效冷却速度位置来确定。

方法1是更精确的和首选的方法，因为在实际生产中已经发现，当冷却速度相同时，在某种程度上，大横截面的硬度比小横截面的低些，包括末端淬火或气淬淬透性试棒。这种差异是由以下两个原因造成的：

1）大的零件中较大的收缩应力促进了奥氏体相变。

2）淬冷烈度H随着横截面尺寸的增加而降低。

而且采用冷却速度的方法（方法2）很难准确地确定冷却速度。然而，对于一个生产中的零件，当试图建立所需淬透性和/或者淬火条件之间的关系时，沿着末端淬火试棒（J_{ec}）的等效冷却条件与在不同淬火冷却介质中产生的形状之间的相互关系也是极其有用的。建立冷却速度的一种方法是确定末端淬火等效距离，如图1-78所示。

1. 末端淬火等效硬度法

确定末端淬火等效硬度（J_{eh}）的方法如图1-79所示。基本步骤如下：

1）选择淬火和淬火生产设备容易实现的淬火条件。

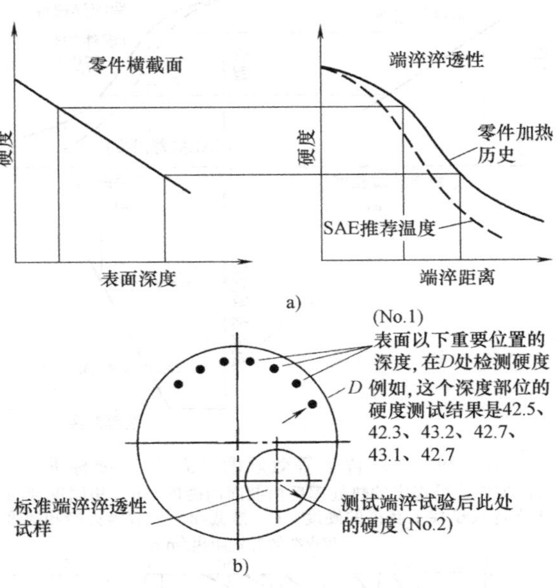

图1-78 末端淬火等效冷却条件（J_{eq}）的确定

注：确定零件上重要部位的淬火冷却速度的步骤：

1）用相同炉号的钢材制作至少两个试样件，并且尽可能地以接近推荐的生产方法制作。如果不能用模锻制作，则采用锻造。

2）将要淬火的加工零件样件，采用镀铜或者其他措施防止零件渗碳或脱碳。试件的整体热处理时间大约按照成品件的时间。淬火部位No.1采用这种方式，尽可能地接近实际生产条件（不回火）。

3）切削、磨削和抛光淬火部位No.1淬硬截面，硬度读数可以按照上图所示例子测试。

4）在距表面以下D处相对应的No.2位置取样加工末端淬火试样。末端淬火试样的淬火温度与部位No.1的相同。实例试验结果如下：

至末端淬火距离1/16in	1	2	3	4	5	6	8
硬度HRC	56	55	55	54	52	48	43

5）通过对第3）步参考位置（42.7HRC）的硬度与末端淬火的硬度结果（第4）步）进行比较，可以看到这个硬度在末端淬火曲线8/16in的位置上出现。参考点的淬火冷却速度大约等于末端淬火距离8/16in处的速度。

6）随后对大量不同炉号的生产零件进行试验，确认其冷却速度，然后调整材料或热处理，或者两者都调整，以便更精确地达到工程要求。

2）选择一种低淬透性钢，如8620、4023或1040钢；然后制成一定数量的零件，如齿轮、轴承、轴。

3）在非渗碳状态下，对这些零件进行批量淬火。

4）从表面到心部测量硬度，获得所有临界位置。

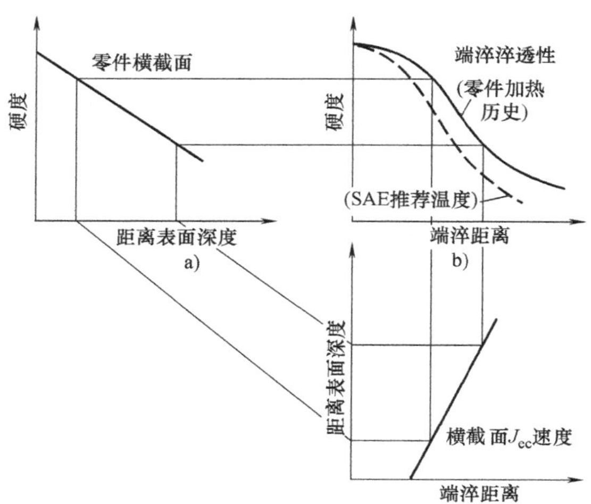

图 1-79 末端淬火等效硬度（J_{eh}）判断标准

a）零件接受规定的热处理后横截面的硬度 b）相同钢种的末端淬火试棒上获得的硬度 c）横截面的等效淬火冷却速度

5）比较这些位置上的测量硬度值与末端淬火试棒上某些末端淬火（J_{eh}）位置处获得的等效硬度值。末端淬火试棒应是由同炉号钢材，在同样淬火条件下制造获得的。

6）确定淬火生产的零件上每一个相等硬度冷却条件的部位，J_{eh}值是按照这种方式定义获得的。

7）最后，从可用的末端淬火数据中选择一种钢材，使得在成品零件上每一个临界J_{eh}部位都能得到所需的硬度。

图 1-65 中的图表是圆棒等效硬度标准的另一个例子，图中介绍了操作步骤。类似的图表也适用于其他产品形状。

（1）矩形或六边形棒或板　除了关键部位和边缘以外，圆棒的尺寸关系也可以用于矩形和六边形横截面。圆棒相关图表（图 1-65、图 1-66），以及图 1-80 和图 1-81 可以用于宽度与厚度之比（W/T）小

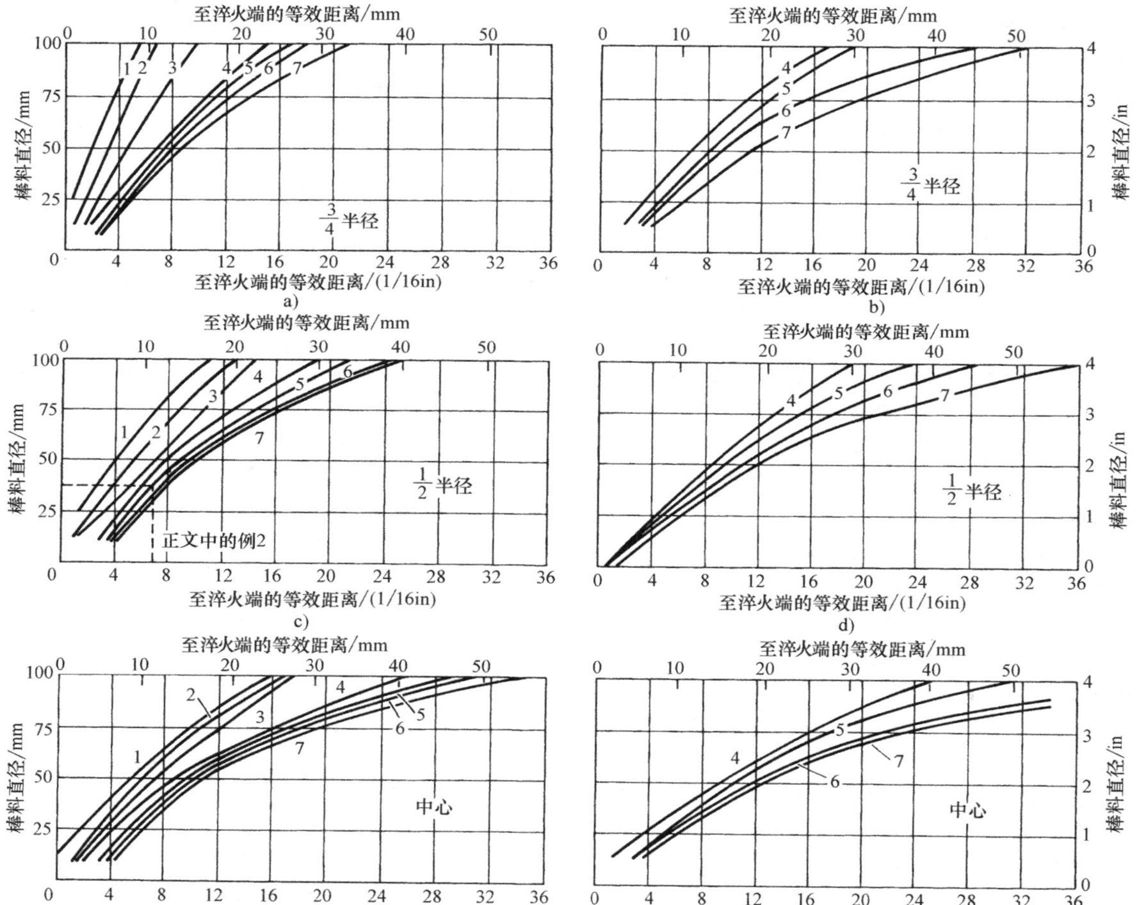

图 1-80 用油、水和盐水淬火的末端淬火试棒的等效冷却速度（J_{ec}）之间的关系

a）、c）、e）非氧化保护气氛中奥氏体化加热 b）、d）、f）在空气中奥氏体化加热

1—盐水，强烈搅拌 2—水，流速为 60m/min 3—静止水 4—油，流速为 230m/min 5—油，流速为 60m/min 6—油，流速为 15m/min 7—静止油

于 4 的矩形棒。但是，当宽度与厚度的比值为 1.4 时，则应视其为等效的圆棒。与棒状零件相比，较大平板零件的冷却速度很慢。图 1-82 和图 1-83 中冷却速度之间的关系适用于这些形状。

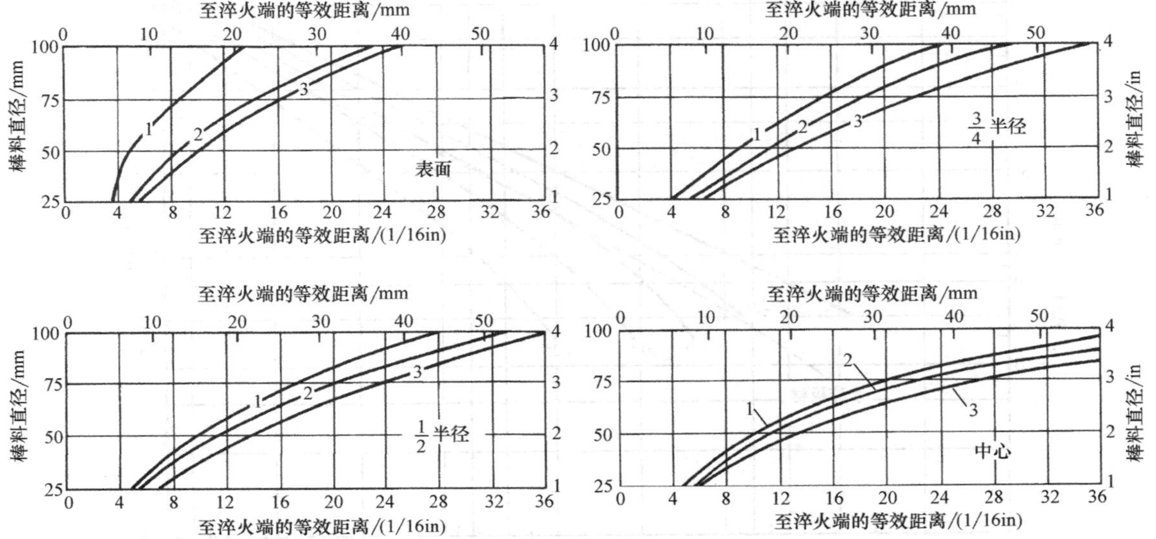

图 1-81 在 200℃（400°F）熔盐中淬火的末端淬火试棒的等效冷却速度（J_{ec}）之间的关系

1—盐水的流速为 41m/min 2—盐水的流速为 11m/min 3—盐水的流速为 1.5m/min

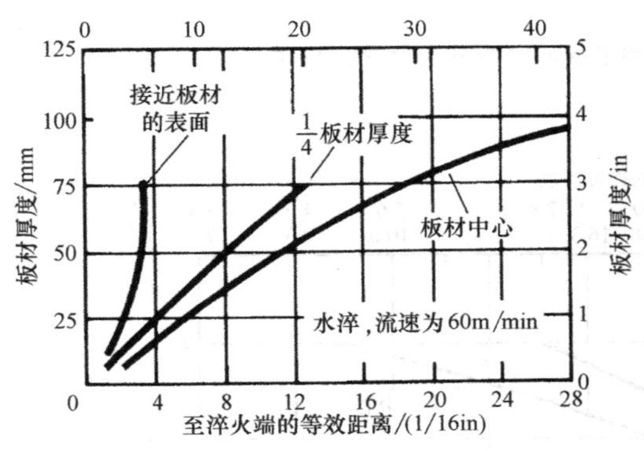

图 1-82 末端淬火试样和淬火平板等效冷却速度之间的关系

（2）管状零件 对空心圆柱截面使用末端淬火淬透性数据选择钢种，主要是根据类似零件的生产经验。在管状截面与圆棒等效上，以及长、空心圆柱体的无因次温度-时间图表开发上已经取得了一些进展。

霍洛蒙（Hollomon）和齐纳（Zener）通过计算实心圆柱体钢件的直径得出结论：在给定的淬火冷却介质中淬火时，可以预测实心圆柱体的心部硬度与在相同淬火冷却介质中淬火的空心圆柱体壁上的最低硬度相同。用双倍管壁厚度作为一个等效实心棒直径的经验法则是一个令人满意的初步近似值。

2. 等效冷却速度

根据淬火冷却介质和零件横截面可以确定冷却速度。图 1-84 所示为沿着末端淬火试样和 ϕ100mm（ϕ4in）的圆棒在水淬、油淬，搅拌速度为 60m/min 的条件下，4 个部位冷却速度之间的关系。图中示出了直径范围为 13 ~ 100mm（1/2 ~ 4in）时，表面、3/4 半径、1/2 半径和心部的冷却速度与末端淬火圆棒的等效距离之间的关系。因此，ϕ50mm（ϕ2in）圆棒水淬时心部的冷却速度大致等效于 6/16in 末端淬火距离处的数值；ϕ50mm（ϕ2in）圆棒油淬时心部的冷却速度大致等效于末端淬火距离 6/16in 处的冷却速度。圆棒与其他简单几何形状，如方形、板形零件之间的关系如图 1-85 所示。

1.2.8 淬透性要求的确定

确定具有合适淬透性的钢种需要的基本信息包括：

1）产生最佳抗力的显微组织的最终回火硬度之前要达到所要求的硬度。

2）这个硬度必须延伸到表面以下一定的深度。

3）应使用可获得淬硬深度的淬火冷却介质。

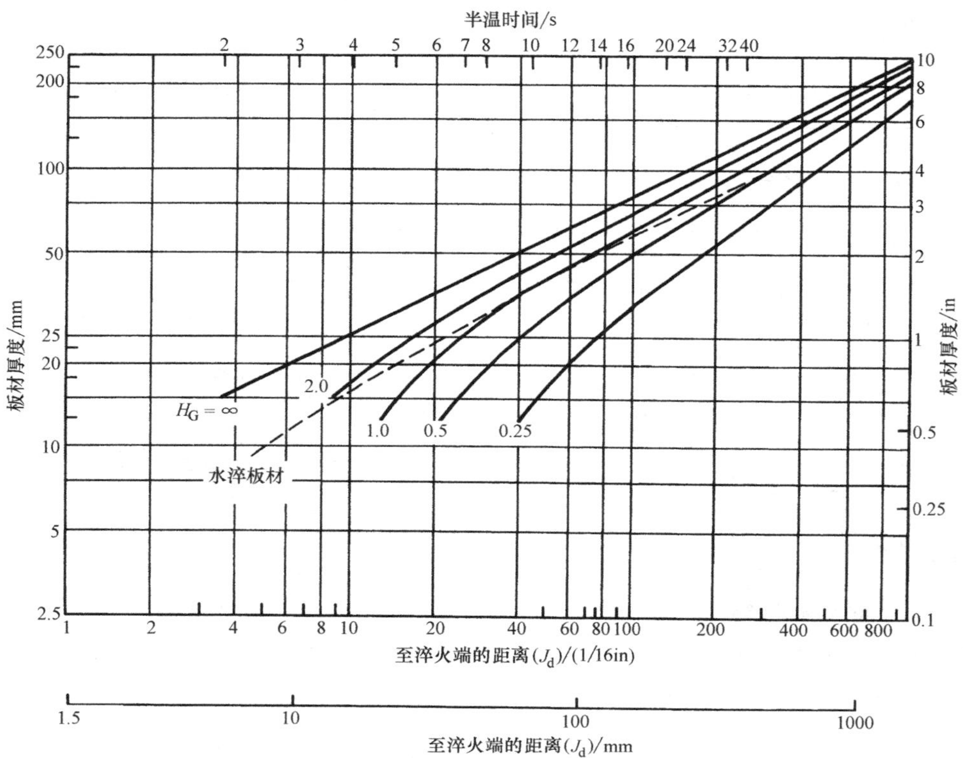

图 1-83 在各种淬冷烈度下淬火时 J_{ec} 和平板心部冷却速度之间的关系

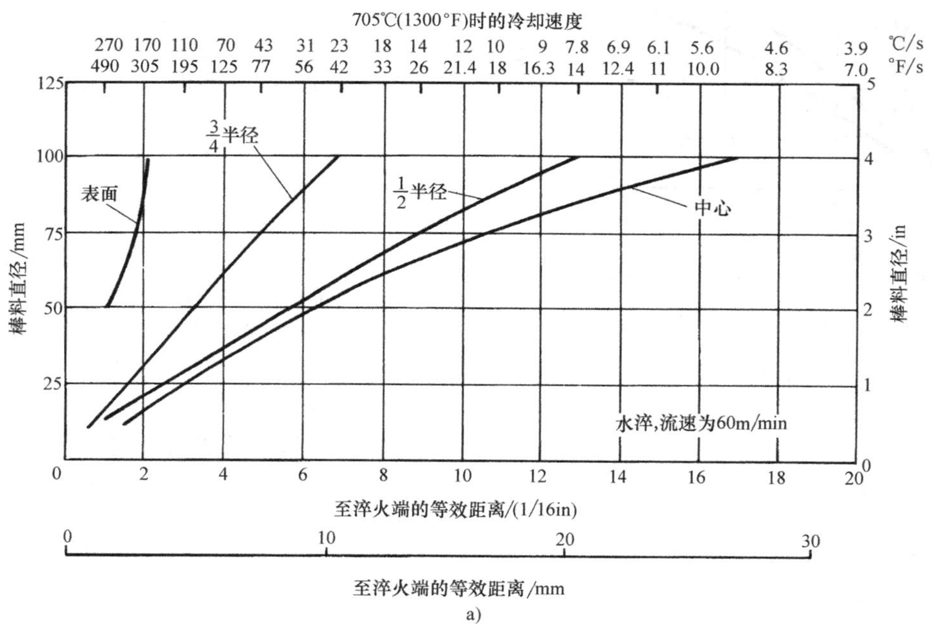

图 1-84 圆棒水淬和油淬时的等效冷却速度以及末端淬火试样和未氧化淬火圆棒中等效冷却速度之间的关系（轻微搅拌；流速为 60m/min）

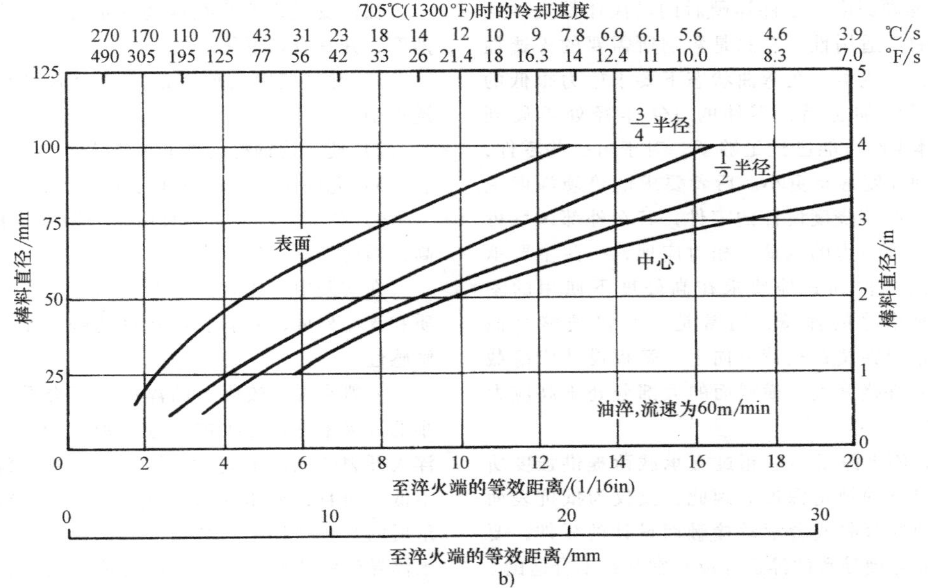

图 1-84　圆棒水淬和油淬时的等效冷却速度以及末端淬火试样和未氧化淬火圆棒中等效冷却速度之间的关系（轻微搅拌；流速为 60m/min）（续）

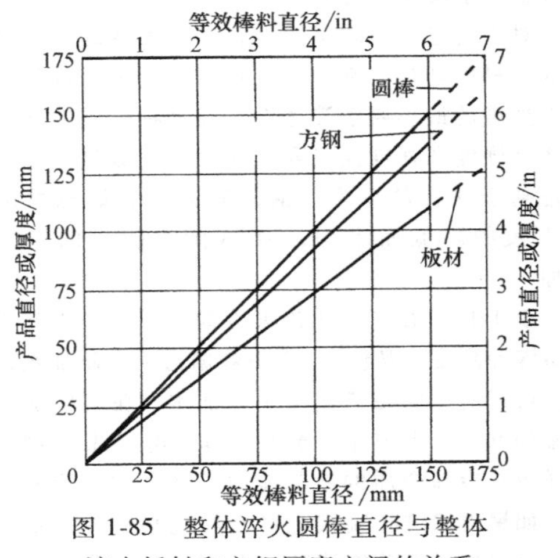

图 1-85　整体淬火圆棒直径与整体淬火板材和方钢厚度之间的关系

对于一个具体的应用，为了达到要求的硬度，首先需要确定含碳量。预期的淬火硬度是回火后所要求硬度的函数（图 1-86a）。如图 1-86b 所示，选择的钢种可能会产生小于 90% 马氏体含量的硬度。为了确保得到最佳性能，常规做法是选择含碳量最低的钢，使用合适的淬火冷却介质（或者配制适用的淬火冷却介质），将会得到所需要的淬火硬度。按照这个步骤，具有所需硬度的结构应该完全淬硬，即应该含有大于 90% 的马氏体，这是完全淬硬的常用定义，并且是 SAE（美国汽车工程师协会）所采用的定义。对于服役中承受弯曲载荷的零件，认为在 3/4 半径处应该达到 90% 马氏体组织。为了确保达到这个要求，规定了 1/2 半径处的硬度值。

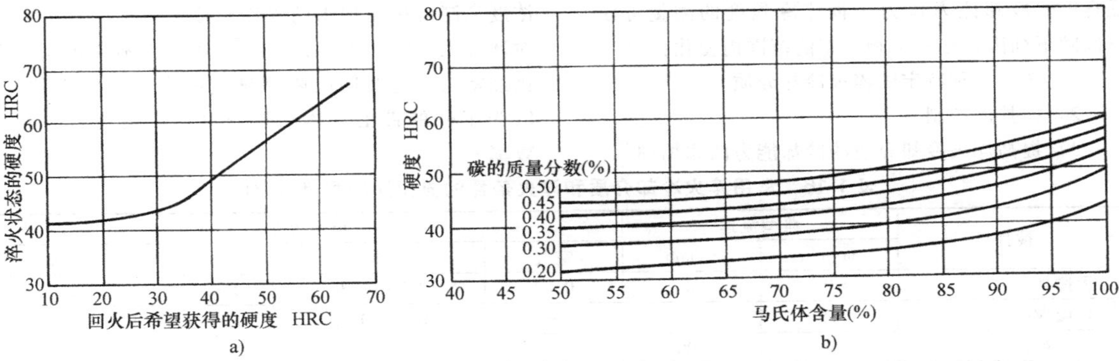

图 1-86　根据硬度选择钢种的曲线

a）最小淬火硬度对应各种回火后的最终硬度　b）淬火硬度取决于马氏体含量和含碳量

（1）淬硬深度　零件淬硬后的马氏体深度和含量可能影响其适用性，它总是影响所需要的淬透性并因此而影响成本。在弯曲状态下要求应力很低的零件，在最终加工后，零件的3/4半径处淬硬到80%马氏体组织可能已经足够了，对于另一些零件，所需的淬硬深度甚至更小。后者要求的淬硬深度主要包括为低载荷挠度设计的零件，其在外部区域可能仅承受中等应力的载荷。相对应地，一些主要承受拉应力的零件和其他要求在高硬度下使用的零件，如各种型号的弹簧，通常是几乎淬硬整个截面。汽车钢板弹簧在载荷方向上，簧板设计成薄截面系数，允许挠度大，横截面的大部分处于高应力状态。

通常，淬火深度不应超过支承载荷提供强度所需的表面以下的规定深度。因此，仅仅为抵抗表面磨损、单纯的弯曲或者滚动接触而设计的零件，要求整个截面淬硬导致的淬透性成本常常是不合适的。

当服役条件要求硬度必须大于80%马氏体组织时，由于要求的马氏体含量增加，能够淬硬到之前深度的截面尺寸迅速减小。例如，假设在8640H钢中，要求得到95%的马氏体（最小硬度为51HRC），那么，在油中淬火到心部淬透的最大截面尺寸将为16mm（5/8in），25mm（1in）的截面仅3/4半径能够淬透。再者，以95%马氏体为基准，标准4340H钢的最大淬透深度为51mm（2in）截面的心部；以80%马氏体（45HRC）为基准，在油中淬火时，92mm（3⅝in）的圆棒心部会淬透。

上述例子说明要求淬透很深或者马氏体含量很高时，需要在工艺上进行调整。当这些要求并不全部合理时，结果是超过技术条件的要求而导致成本升高，从而导致畸变和淬火开裂的可能性增加。

（2）淬火冷却介质　在热处理工艺中，淬火冷却介质的冷却能力是一个至关重要的因素，因为它的贡献，对热处理零件和截面淬透性要求可达到最低程度。冷却能力作为一种淬冷烈度的测量方法，可以随下列因素在一个相当宽的范围内变化：

1）选择一种特定的淬火冷却介质。

2）搅拌的控制。

3）提高淬火冷却介质的冷却能力的添加剂。

任何变量或者所有这些变量可以用来增加淬冷烈度，并具有以下优点：

1）允许使用较便宜的（合金含量较低）低淬透性钢。

2）使已选钢材的性能最优化。

3）允许使用比较便宜的淬火冷却介质。

4）提高生产率，并且由于周期缩短和生产率提高，因此降低了生产成本。

在实践中，还有其他两个可以改善淬火冷却介质和淬冷烈度的选择：所允许的畸变量和淬火开裂敏感性。

一般来说，较剧烈的淬火冷却介质和对称性较小的淬火零件，淬火的尺寸和形状变化越大，导致淬火开裂的风险就越大。因此，尽管水淬比油淬成本低，而且，要求水淬的钢比要求油淬的钢便宜，重要的是必须仔细审核被淬火的零件，以确定由于水淬导致的畸变量和开裂的可能性是否允许采取成本较低的水淬。油、盐浴和合成水性聚合物淬火冷却介质是替代产品，但是使用它们时，常常要求选择合金含量较高的钢来满足淬透性要求。

对于给定截面的零件而言，淬火冷却介质和钢种的选择原则是，钢种应该具有不超过所选择介质淬冷烈度的最小要求淬透性。该钢种也可能含有可以达到硬度和强度性能要求的最低含碳量。这个原则是基于这样的事实：钢的淬火开裂敏感性随着 *Ms* 温度的降低而增加，和/或随含碳量的增加而增加。

表1-16列出了常用淬火冷却介质和淬火条件的典型淬冷烈度（*H* 值）。表中数据为不含添加剂的介质。可以通过像在热盐浴中添加水、在油中加入专用添加剂、在水中加入聚亚烷基二醇（聚合物）等一样改善冷却介质的冷却能力。聚合物水溶液混合物，如聚丙烯酰胺凝胶、聚乙烯吡咯烷酮、聚乙烯醇等可以通过简单地调整水中乙二醇（聚合物）的浓度来制得从油到水的淬冷烈度范围。同时，它们对环境无污染和损害，对工作环境无不良影响。应该经常以一定时间间隔测试这些介质的淬冷烈度，因为工件的带出液体和热分解会影响它们的淬火效率。

表1-16　常用淬火冷却介质和淬火条件的典型淬冷烈度（*H*）

搅拌	典型流速		典型 *H* 值			
	m/min	ft/min	空气	矿物油	水	盐水
无搅拌	0	0	0.02	0.20~0.30	0.9~1.0	2.0
轻微搅拌	15	50	—	0.20~0.35	1.0~1.1	2.1
适当搅拌	30	100	—	0.35~0.40	1.2~1.3	—
良好搅拌	61	200	0.05	0.40~0.60	1.4~2.0	—
强烈搅拌	230	750	—	0.60~0.80	1.6~2.0	4.0

1.2.9 影响淬透性的因素

如前所述，钢的淬透性完全取决于奥氏体化温度下的化学成分（碳和合金含量）以及奥氏体晶粒度和其他参数，如奥氏体化温度、保温时间和预备热处理组织。含碳量影响硬度，并且会降低马氏体形成的临界冷却速度，从而也影响着淬透性（图 1-87）。碳钢的淬透性随奥氏体晶粒度的增加而提高，而随着含碳量的增加（图 1-88），奥氏体晶粒度对淬透性的影响将更加明显。由于钢的韧性随晶粒度的增加而降低，因此晶粒度的增加有一个极限。另外，晶粒度的增加也提高了淬火开裂的风险。当产生淬火裂纹的倾向很小（截面厚度没有突变），并且在工程上允许时，使用粗晶粒钢而不是细晶粒钢或更昂贵的合金钢来获得淬透性，有时更实际一些。然而，使用粗晶粒钢常常会造成缺口韧性上的一些牺牲。

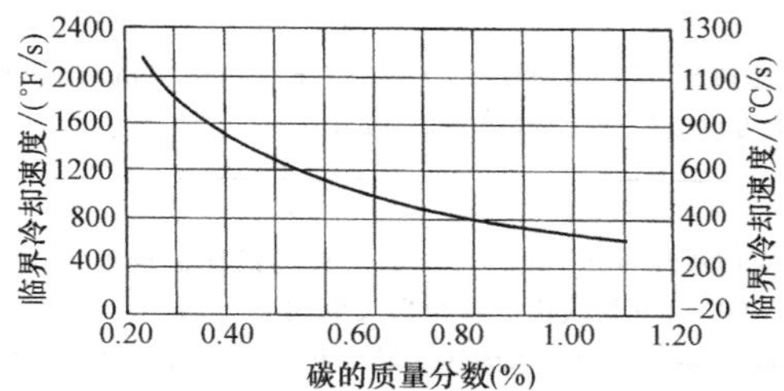

图 1-87 含碳量对纯铁临界冷却速度的影响

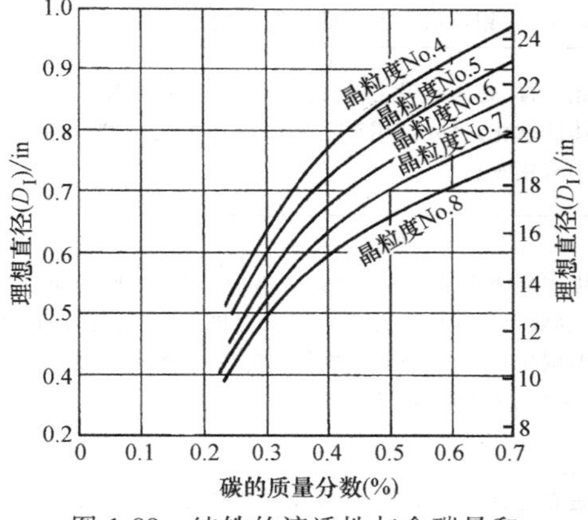

图 1-88 纯铁的淬透性与含碳量和奥氏体晶粒度的关系

在合金化方面，任何一种可在奥氏体中溶解的元素（除钴外），在奥氏体分解时，都延缓控制扩散产物的形核和长大，除了在淬火瞬间奥氏体的化学成分可能和化学分析所确定的成分结果不一样的情况以外。例如，如果在奥氏体化温度下碳化物没有完全溶解，则一些碳将仍保留在碳化物中，并且不可用于马氏体硬化。因此，未溶解碳化物将大幅降低淬透性。这在高碳钢（碳的质量分数为0.50%~1.10%）和合金渗碳钢中尤其重要，因为在奥氏体化温度下，这些钢中会含有过剩碳化物。对于同一炉号的钢，采用铸造和热轧时也可能产生局部的或周期性的不均匀，这也使淬透性的测量进一步复杂化。

通常，可以根据合金元素是奥氏体稳定化元素（如锰、镍和铜），或者铁素体稳定化（如沿 γ 晶界形成铁素体）元素（如钼、硅、钛、钒、锆、钨和铌）对其进行分类。为增加淬透性，要求添加的铁素体稳定化元素比奥氏体稳定化元素少得多。因为许多铁素体稳定化元素在奥氏体中碳化物析出的相互竞争过程中会消耗添加的碳和合金，从而使淬透性降低。析出物也会造成晶粒细化，从而进一步降低了淬透性。

在合金化方面，在给定的含碳量条件下，增加淬透性的成本最低的方式是增加锰的含量。铬和钼也能增加淬透性，并且也是增加淬透性的最经济的元素之一。镍是单位成本最高的元素，但是当韧性为首要考虑因素时，应使用镍。

硼可显著提高淬透性，且随着钢中含碳量的变化效果显著。硼对淬透性的最大影响是仅可在完全脱氧的（铝镇静的）钢中获得。硼对淬透性的影响在以下几个方面是特有的：

1）很少量的硼（质量分数约为 0.001%）对淬透性就有很大的影响。

2）硼对高碳钢淬透性的影响比低碳钢小得多。

3）氮、脱氧剂影响硼的有效性。

4）高温处理会降低硼对淬透性的影响。

在渗碳钢中，如果渗碳气氛中存在大量的氮，则硼对渗碳层淬透性的影响可能会完全丧失。硼的成本通常比其他有大致相同淬透性效果的合金化元素低得多。

淬透性也随着合金化元素之间的相互影响而变化。当合金化元素组合使用代替单一元素时，可能产生明显的相互促进作用。一些已知的增效组合的例子有镍+锰、钼+镍以及硅+锰。表 1-17 列出了合金元素对钢的淬透性和回火的影响（基于合金元素对回火的影响，因为大部分淬火钢需要回火）。

1.2.10 乔米尼末端淬火数据集的可变性

在受控条件下，如果没有要求达到理想状态，那么，末端淬火试验的再现性是可以接受的（图 1-74）。然而，即使具有展示试验再现性的受控条件，一个 H 型钢在靠近末端淬火拐点固定深度处的硬度，在受控条件下，通常会在±6HRC的范围内变化。无论如何，重要的是要认识到，即便是已为大家接受的试验数据（如末端淬火曲线）也存在本质上的局限性。例如，如图1-89所示，对于8620渗碳钢和淬硬层较深的4140汽车用钢，从一家大型的国际集团中选择几组末端淬火曲线，钢的名义化学成分和晶粒度分别几乎相同，导致这些差异的原因可以概括为：化学成分报告不正确，试验程序不细心，未报告过程可变因素或未控制过程变量。同样地，连续冷却转变曲线也隐含了类似的经验性错误。由于转变物质和冷却历史是不完全确定的，或者是模棱两可的，而且由于高达四个数量级的冷却曲线叠加时间刻度的不确定性，这些不足将自然地表现出来。

表1-17 合金元素对钢的淬透性和回火的影响

淬火时合金元素对淬透性影响	合金元素对回火的影响
锰是明显促进淬透性的元素，尤其是在其质量分数大于0.8%时。在低、高碳钢中锰的质量分数达到1.0%时比在中碳钢中的影响更强烈	锰通过延缓碳化物（这些碳化物阻碍了铁素体基体上的晶粒生长）的聚集，来增加回火马氏体的硬度。这种影响导致随着钢中含锰量的增加，回火马氏体的硬度大幅增加
在低合金状态下，镍的作用类似于锰，但在高合金水平下，其作用则较弱。含碳量也影响镍对淬透性的影响，对中碳钢影响最大。在较低的奥氏体化温度下，必须考虑锰和镍之间的相互作用	镍对回火马氏体硬度的影响相对小，在所有回火温度上其影响基本相同。由于镍不是碳化物形成元素，它产生的影响被认为是基于弱固溶强化
铜通常添加到合金钢中，用于提高耐蚀性和沉淀硬化水平。铜对淬透性的影响类似于镍，并且在计算淬透性上已经给出建议：铜加镍的总量被用作镍的淬透性系数	当钢加热到425~650℃（800~1200°F）时，铜将沉淀析出。因此，铜可以产生一定程度的沉淀硬化
在低合金水平上，硅比锰更有效，并且对低合金钢具有强化作用。然而，当质量分数大于1%时，其影响比锰小得多。硅的影响随含碳量和其他合金含量的不同也有很大的变化。在低碳钢中，硅的作用甚微，但在高碳钢中却很有效	在所有回火温度上，硅均可增加回火马氏体的硬度。硅对316℃（600°F）下的软化也有相当大的阻碍作用，并且人们一直认为硅对ε-碳化物向渗碳体的转变起到了抑制作用
钼在改善淬透性方面最有效，且在高碳钢中比在中碳钢中更有效。铬的存在减小了淬透性系数，而镍的存在强化了钼对淬透性的影响	钼在整个回火温度上，均可阻碍马氏体软化。在540℃（1000°F）以上时，钼分割了碳化物相，从而可保持碳化物颗粒小且多。另外，钼降低了钢对回火脆性的敏感度
铬的影响与钼很相似，在中碳钢中的影响最大。在低碳钢和渗碳钢中比在中碳钢中影响小，但是仍然重要。由于在较低奥氏体化温度下铬碳化物较稳定，铬变得没有什么作用	铬和钼一样，是强碳化物形成元素，在所有温度下，能够延缓马氏体的软化。同时，用铬代替渗碳体中的一些铁，可以使碳化物的聚集延迟
在调质（淬火+高温回火）结构钢（如ASTM A678，D级）中，钒通常不作为改善淬透性添加元素，添加它的目的是改善二次回火硬化。钒是强碳化物形成元素，钢必须在足够高的温度下奥氏体化，并保温足够长的时间，确保钒完全溶解，才能够提高淬透性。再者，如果仅添加少量的钒，则其可能溶解	钒是强碳化物形成元素，比钼和铬的影响强烈，因此，含量相同时，其效果更显著。在高的回火温度下，可能是由于代替渗碳体型碳化物的合金碳化物的形成，钒的影响强烈，并且一直到A_1温度保持精细分布状态
钨在高碳钢中比在低碳钢（碳的质量分数小于0.5%）中更有效。在含钨的钢中，合金元素之间相互作用很重要，Mn-Mo-Cr的淬透性系数比添加硅或镍大得多	钨也是碳化物形成元素，并且在一些成分简单的钢中，其行为与钼一样。在核应用上的低活化铁素体钢（RAFS）中，钨已被提议作为钼的替代品
钛、铌、锆都是强碳化物形成元素，和钒的原因相同，通常不用来提高淬透性。另外，钛、锆是强氮化物形成元素，这影响了它们在奥氏体中的溶解，从而减弱了它们对淬透性的影响	钛、铌、锆的表现类似于钒，因为它们都是强碳化物形成元素
硼能显著改善淬透性，值得注意的是，随钢中的含碳量的不同，其影响将发生变化	硼对马氏体的回火特性没有影响，但是，其对韧性有不利影响，可能会导致非马氏体组织发生相变

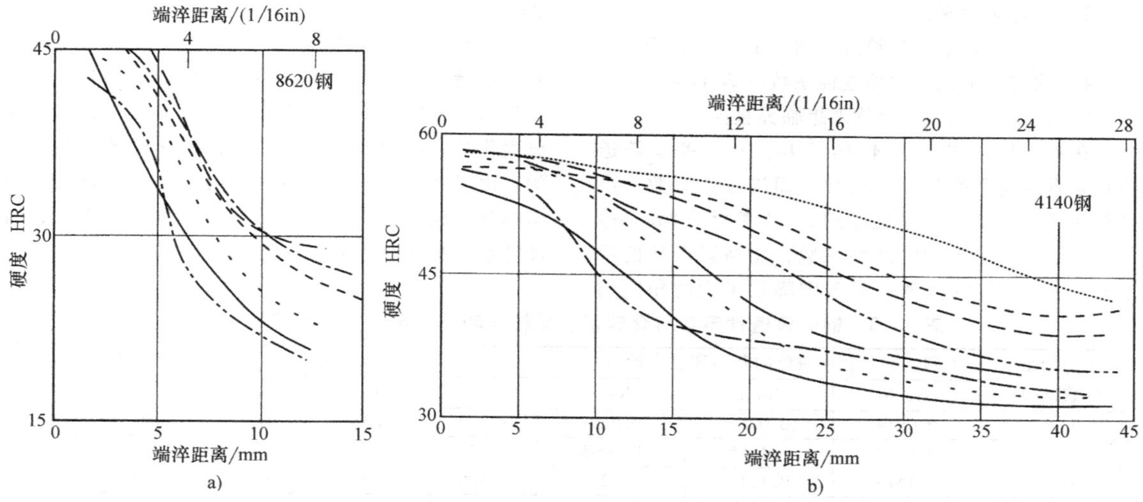

图 1-89　几个实验室对成分和晶粒度大致相同的 SAE8620 钢和 4140 钢的末端淬火试验记录

a）SAE8620 钢　b）4140 钢

上述解释主要是针对低中淬硬层钢。对于淬硬层更深的钢，如 4340（图 1-90），末端淬火深度的概念将变得很模糊。虽然从临界直径（D_0）试验数据中确定的 D_I 仍然是一个有效的概念。但是由于成本原因，对于深淬硬层钢不考虑这种试验手段。在这种情况下，规范和解释的问题不在于曲线的形状，而在于硬度对末端淬火试验实际上使用的奥氏体化温度和时间有极高的灵敏度。这在较低程度上，对低合金钢也同样适用。这个问题总是出现在含碳量较高的可淬硬的过共析成分钢中，所以，这种钢中含有体积分数很大的非常不稳定的轧制状态的未溶碳化物。因此，对于这种等级的淬透性规范和末端淬火试验曲线，质量控制人员和热处理工作人员的操作是关键的。从积极的方面看，热处理工作人员应该察觉到奥氏体化温度的微小变化所带来的灵活性。

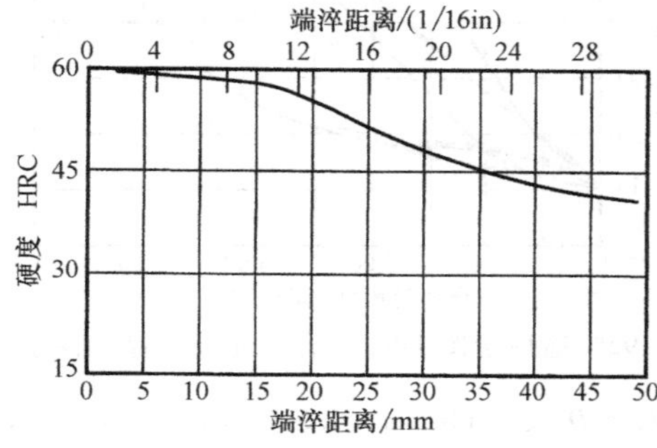

图 1-90　高淬透性钢（4340 钢）的典型末端淬火曲线

1.2.11　钢的淬透性计算

钢的淬透性主要受化学成分（碳、合金元素和冶金残留物）和淬火瞬间奥氏体晶粒度的影响。如果可以定量地确定它们的关系，则可以根据化学成分和晶粒度来计算钢的淬透性。格罗斯曼于 1942 年发表了这种方法，根据他的观察，淬透性可以表示为一系列与化学成分相关的淬透性系数的乘积。这个计算结果是对衡量钢的固有淬透性的格罗斯曼理想直径（D_I）的一个估算。这些方程式最常用的形式是以淬透性系数为因子。

每年六月发行的《金属进展》上都会列出一些格罗斯曼系数，已进行了很多年，这些格罗斯系数现被收录在 ASTM A255-89 和 SAE J406 的附录中。其他方法是根据回归方程以及热力学和动力学第一原理进行计算的。迄今为止，没有一种预测方法被证明广泛适用于所有类型的钢；也就是说，不同的预测方法适用于相应的合金系统、含碳量和淬透性水平。另外，通常需要根据钢铁生产商的特点（冶金残留物、熔融金属过程等）对预测值进行微调。

在格罗斯曼的方法中，用钢的化学成分和晶粒度计算理想临界直径（试样心部为 50% 马氏体，$H=\infty$）。理想临界直径的计算公式为

$$D_I = D_{Ibase} f_{Mn} f_{Si} f_{Cr} f_{Mo} f_V f_{Cu} \tag{1-6}$$

式中，f_x（x 代表合金元素）是部分合金元素的淬透性系数。表 1-18 中列出了部分 D_I 和合金元素的淬透性系数。这些合金元素的淬透性系数是在中等淬透性的中碳钢中得到的。根据化学成分计算钢的淬透性通常包括下列几个步骤：

1）确定 ASTM 标准晶粒度。

2）获得化学成分。

3）根据含碳量和晶粒度（表 1-18）确定 D_{Ibase}。

4）确定合金元素的淬透性系数（表 1-18）。

5）按照式（1-6）计算理想临界直径。

在式（1-6）中，基本 D_I（D_{Ibase}）（基本淬透性）是含碳量和晶粒度的函数，而淬透性系数（f）是相互独立的（不总是纯净的）。克莱默（Kramer）等人随后确定了碳的淬透性系数，比格罗斯曼的数据大三倍，而锰的淬透性系数则降低了大约相同的比例。

导致上述差异的原因，是格罗斯曼不得不用含有一定量锰的碳钢作为末端淬火试棒的材料，以便测量基本淬透性的再现性。因此在分析中，他必须分离化学成分中碳和锰的影响，而这样做是不精确的。由于克莱默和他的小组使用了纯铁碳合金作为基本化学成分，通过对一系列小圆棒进行淬火，因此能够很精确地测量低淬透性。

表 1-18 钢的淬透性系数与含碳量、晶粒度和选定合金元素之间的关系

碳的质量分数(%)	下列碳的晶粒度对应的基本理想直径(D_{Ibase})			合金元素的淬透性系数(f_x)(x 代表下列合金元素)				
	No. 6	No. 7	No. 8	Mn	Si	Ni	Cr	Mo
0.05	0.0814	0.0750	0.0697	1.167	1.035	1.018	1.1080	1.15
0.10	0.1153	0.1065	0.0995	1.333	1.070	1.036	1.2160	1.30
0.15	0.1413	0.1315	0.1212	1.500	1.105	1.055	1.3240	1.45
0.20	0.1623	0.1509	0.1400	1.667	1.140	1.073	1.4320	1.60
0.25	0.1820	0.1678	0.1560	1.833	1.175	1.091	1.54	1.75
0.30	0.1991	0.1849	0.1700	2.000	1.210	1.109	1.6480	1.90
0.35	0.2154	0.2000	0.1842	2.167	1.245	1.128	1.7560	2.05
0.40	0.2300	0.2130	0.1976	2.333	1.280	1.146	1.8640	2.20
0.45	0.2440	0.2259	0.2090	2.500	1.315	1.164	1.9720	2.35
0.50	0.2580	0.2380	0.2200	2.667	1.350	1.182	2.0800	2.50
0.55	0.273	0.251	0.231	2.833	1.385	1.201	2.1880	2.65
0.60	0.284	0.262	0.241	3.000	1.420	1.219	2.2960	2.80
0.65	0.295	0.273	0.251	3.167	1.455	1.237	2.4040	2.95
0.70	0.306	0.283	0.260	3.333	1.490	1.255	2.5120	3.10
0.75	0.316	0.293	0.270	3.500	1.525	1.273	2.62	3.25
0.80	0.326	0.303	0.278	3.667	1.560	1.291	2.7280	3.40
0.85	0.336	0.312	0.287	3.833	1.595	1.309	2.8360	3.55
0.90	0.346	0.321	0.296	4.000	1.630	1.321	2.9440	3.70
0.95	—	—	—	4.167	1.665	1.345	3.0520	—
1.00	—	—	—	4.333	1.700	1.364	3.1600	—

有趣的是，按格罗斯曼方法计算的 50%马氏体的理想临界直径，与克莱默等人根据大部分实际化学成分确定的这些系数有很好的一致性。对于可以完全溶解碳和合金元素的低、中碳钢，其淬透性很容易计算，故推荐使用克莱默系数，如图 1-91 和图 1-92 所示。当 D_I在 114mm（4.5in）以下时，这些系数的计算精度在±15%以内。

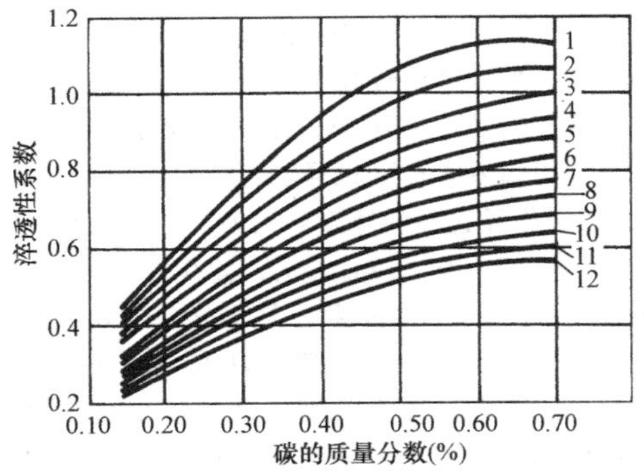

图 1-91 碳、ASTM 晶粒度号和图 1-92 一起使用来计算铝镇静的低、中碳钢的克莱默系数

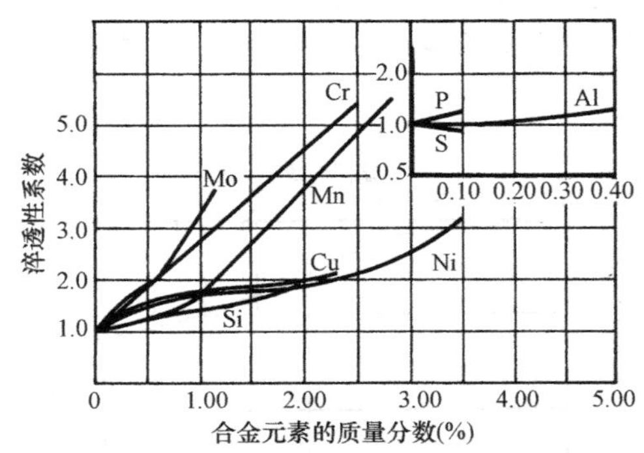

图 1-92 适用于图 1-91 的合金元素的淬透性系数

对于 D_I大于 114mm（4.5in）的钢，由于以下实际应用中的三个原因，克莱默系数以及其他系数都是不够精确的：

1）高淬透性的钢主要是贝氏体组织，当贝氏体为第一转变产物时，一些元素（如钼）对淬透性的影响有很大的不同。

2）当一些可溶解的碳化物形成元素（如镍和钼）一起使用时，它们将对彼此产生相互促进淬透性的影响；也就是说，每一种合金化元素的作用均大于其单独存在于化学成分中时的作用。

3）高淬透性的钢中通常含有大量的强碳化物形成元素，它们常常不能全部分解。

几种淬透性计算方法都是基于淬透性系数原理。一个早期的例子是在 20 世纪 70 年代出现的美国钢铁公司的淬透性计算器。Climax Molybdenum 公司的计算器对低、中碳钢的淬透性做出了更为准确的预测。利用根据合金的化学成分和晶粒度确定理想临界直径的方法，人们已经比较了大量钢材的淬透性。使用正确时，淬透性计算还可以作为设计更划算的替代钢种的一个有价值的工具，在轧制前确定轧机炉号的安排，甚至有可能代替昂贵和费时的淬透性测量。

1. 高碳钢

当按照常规加热参数淬火时，高碳（过共析）钢中常含有大量未分解的碳化物。如果不对这一情况进行严格控制，那么，由于合金元素和碳的溶解量会变化，将不可能得到一种合金元素对淬透性的单一影响。因此，给定数量的合金元素对淬透性的影响将受到先前组织，先前碳化物尺寸、形状和分布，以及奥氏体化时间和温度的影响。当存在过剩碳化物时，由于 ASTM 6~8 晶粒度变化不大，因此尽管晶粒度对淬透性也有影响，但是其影响不显著。

在高碳钢中，正火钢的原始组织为从 100% 马氏体到 100% 层状碳化物，两种显微组织在重新加热过程中，都很容易转变为奥氏体。然而，退火材料的显微组织中通常含有大量的球状碳化物，当钢重新加热淬火时，它们很难溶解。如果严格控制原始组织、晶粒度、奥氏体温度和时间，那么，给定数量的合金化元素对淬透性的具体影响将足以再现，从而可得到高碳水平上的许多元素的淬透性系数。

2. 末端淬火曲线的计算

人们已对硬度数据组与选用的末端淬火深度相对应的线性回归公式进行了广泛的研究。对于单一钢材牌号，这是相当有用的，提供的数据组密集覆盖了化学成分极限和硬度带。但是，这些公式不能在该单一牌号以外使用，所以，依据这一程序的综合信息或专家系统在本质上缺乏灵活性并且被夸大了。然而，钢材牌号数量有限的生产商或用户可能会发现这种程序适合作为牌号-格罗斯曼（Grossmann）系数的替代方法。

如果要求相对粗略，那么，贾斯特（Just）给出了末端淬火圆棒上 HRC 分布的一个完整系统，他建立了一条通用的末端淬火曲线形状，用以 1/16in 为单位的末端淬火距离“E”来表示，而且除碳以外，用所有成分的质量分数作为线性回归系数。在本卷的“碳钢和低中碳低合金钢的淬透性计算”中，“卡特皮勒淬透性计算器（IE0024）”一节是最近的一个例子。

1.2.12 根据淬透性选择钢种

为了选择合适的钢，应首先查看不同钢种可达到的最大硬度，即表 1-12 中 95% 或 99.9% 马氏体含量栏目中，表面硬度对应的碳的质量分数。回火后一般可接受的表面硬度降低值是 5HRC 和 40HBW［采用布氏硬度时，相应的压痕直径增量是 0.05mm（0.002in）］。

可达到的（淬火状态）最大表面硬度取决于钢的含碳量和淬透性。油中能整体淬透到表面最大硬度的最大横截面尺寸见表 1-19。

表 1-19 油中能淬透到表面最大硬度的最大横截面尺寸

钢种	最大横截面尺寸	
	mm	in
1045	6.35	0.250
5140	19.0	0.750
4140	38.1	1.5
4340	76.1	3.0

通过使用图 1-65 所示的末端淬火等效图表以及钢的淬透性带（如图 1-93 所示的 4140H 钢的淬透性带），可以确定预期的心部硬度范围。末端淬火等效图表显示一根 ϕ50mm（ϕ2in）圆棒使用高速油淬火后，将产生一个等效于末端淬火试棒 J_4（4/16in）部位的表面冷却速度；心部的等效冷却速度相对于末端淬火距离 $J_{8.5}$ 的部位。对于 4140H 钢，淬透性曲线（图 1-93）对应的表面硬度范围是 51~59HRC，对应心部硬度是 46~57HRC。给定炉号的钢的实际硬度严格取决于该炉号所指定的淬透性。为了减少硬化特性的变化，从而在热处理后，使表面和心部的硬度值范围变窄，应采用 H 型钢或使用限制淬透性规范的 H 型钢，以使所选择的钢的淬透性变窄。

大部分可以淬火的 1××× 系列碳钢中锰的质量分数为 0.60%~0.90%。锰对淬透性的影响显著，即使锰的质量分数仅存在 0.25% 的差异，也会使碳的质量分数为 0.50% 的碳钢的淬透性存在很大差别（图 1-94）。

硬度极限规范

距离/(1/16in)	硬度 HRC	
	Max	Min
1	60	53
2	60	53
3	60	52
4	59	51
5	59	51
6	58	50
7	58	48
8	57	47
9	57	44
10	56	42
11	56	40
12	55	39
13	55	38
14	54	37
15	54	36
16	53	35
18	52	34
20	51	33
22	49	33
24	48	32
26	47	32
28	46	31
30	45	31
32	44	30

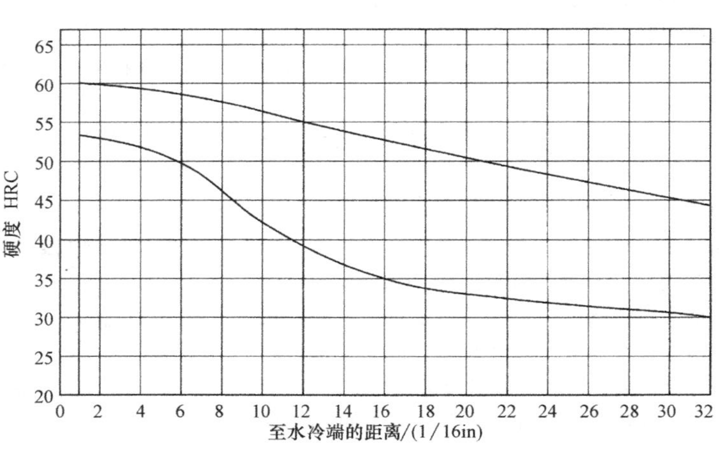

图 1-93 4140H（UNS H41400）钢的淬透性带

注：采用 SAE 推荐的热处理温度。正火（仅用于锻造或热轧试样）：870℃（1600°F）；淬火加热：845℃（1550°F）。

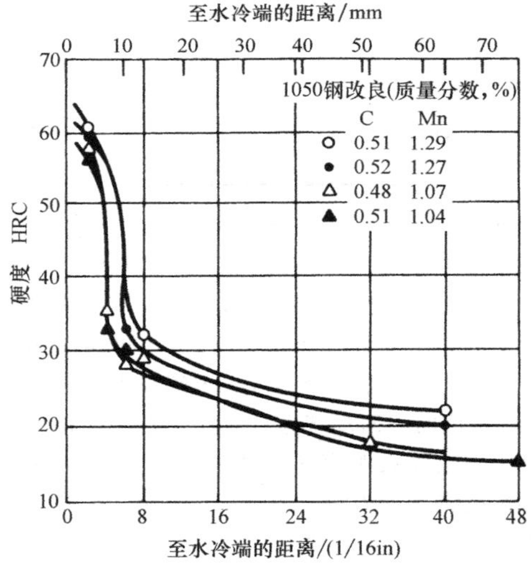

图 1-94 碳和锰对 1050 钢末端淬火淬透性的影响

考虑到在碳钢中可用的含锰量的范围，由此得出结论，可以存在一个宽范围的淬透性（图 1-95）。例如，1541H 钢频繁表现出末端淬火淬透性值比 1340H 钢淬透性带（图 1-96）的最小值大。因此，从碳钢牌号到合金钢牌号，有一个逐步过渡的淬透性。由于许多碳钢是用回收废料生产的，因此标准等级中的残留元素可能会有所变化。

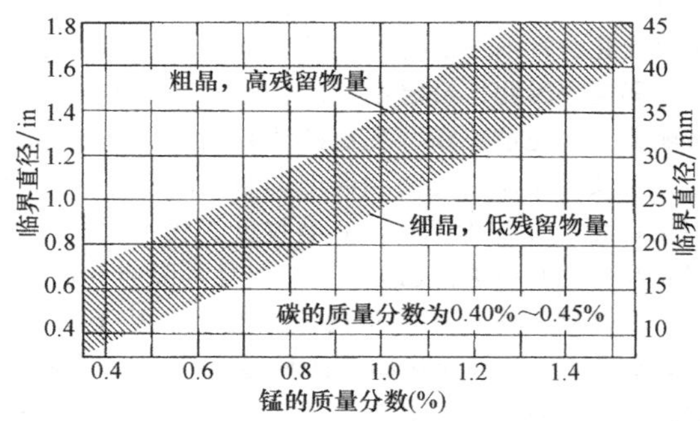

图 1-95 水淬（$H\approx5$）时临界直径（D_0，心部为 50%马氏体）随含锰量而变化（变化的带宽取决于残留元素和奥氏体晶粒度）

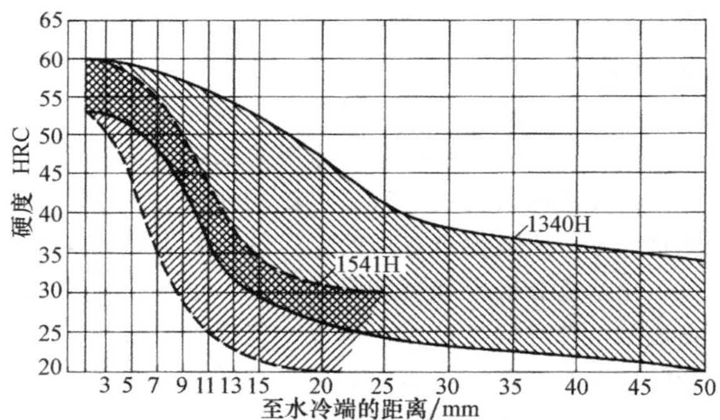

图 1-96 1340H 钢和 1541H 钢淬透性带的比较

也有许多情况需要应用最小的而不是最大的淬透性，在低锰钢牌号中就是这样。例如，通常希望在轴颈或凸轮轮廓上产生薄层的最大硬度，这可以通过感应淬火或火焰淬火来完成。然而，如果硬化区太深，则会建立一种不利的残余应力模式，可能导致淬火开裂或者早期服役失效。另一个实例是将用标准 1050 钢（锰的质量分数为 0.60%～0.90%）制造的一些凸轮感应淬火到 60HRC，深度大约到 1.6mm（1/16in）。如果淬硬区深度变为 3.2mm（1/8in），则会有显著数量的开裂零件。使用改良的 1050 钢（锰的质量分数为 0.30%～0.60% Mn）可以消除裂纹，在感应淬火之后，硬化区将变得较薄。

1. 合金钢

由于被处理的横截面常常很大，并且合金元素通常使马氏体形成温度范围向较低的方向变化，与横截面较小的普通碳钢件相比，合金钢零件在淬火过程产生的热应力和相变应力，有变大的倾向。通常，较大的应力有导致畸变和开裂风险。

然而，合金元素可以通过两种方式抵消这一缺点。首先，也是最重要的一点，是对于一个具体的应用，允许采用较低的含碳量。随着含碳量的减少，淬透性降低，但是这可能很容易被所添加合金元素对淬透性的影响所抵消。而且，含碳量较低的钢具有更低的淬火开裂敏感性。这种较低的敏感性是基于较大的低碳马氏体塑性，并且在低碳钢中，在较高的温度范围内将普遍形成马氏体。碳的质量分数等于或小于 0.25% 的钢中很少产生淬火裂纹，随着含碳量的增加，对裂纹的敏感性也逐渐增加。

合金元素在淬火时的另一个作用是对于给定的横截面允许采用较低的冷却速度，因为合金元素增加了淬透性，所以温度梯度通常会减小，冷却应力也就相应地减小了。但应该注意：这不是完全有利的，因为淬火之后存在的应力的方向及大小对裂纹有重要的影响。为了阻止裂纹扩展，淬火之后的表面应力应该是压应力，或者是相对低的拉伸应力。通常，对于这些钢的淬透性而言，应采用不剧烈的淬火来降低畸变，从而可在较大程度上避免开裂。

此外，这些合金钢的淬透性提高后，允许对其进行等温淬火和分级淬火热处理，因此，回火之前的有害残余应力水平应维持在最低程度上。在等温淬火中，工件迅速冷却到较低的贝氏体区温度，在这个温度上等温，直至完成部分贝氏体转变。由于转变在相对高温区发生，并且进展很慢，因此转变之后的应力水平相当低，而且畸变最小。

在分级淬火中，工件迅速冷却到 *Ms* 温度以上并保持，直到整个工件的温度均匀为止，然后在马氏体转变区缓慢冷却（通常是空冷）。这个过程会导致在整个横截面上几乎同时形成马氏体，所以转变应力保持在一个使畸变最小化、开裂风险最低的水平上。

2. 实例

例 1 采用淬透性图表判断 4140H 钢是否能满足一根 ϕ44.45mm（ϕ1.75in）轴的硬度要求。

（一台机械需要一根 ϕ44.45mm（ϕ1.75in）、长 1.1m（3½ft）的轴。工程分析表明，抗扭强度接近 170MPa（25ksi），抗弯强度则达到 550MPa（80ksi）。其他几个零件在同一家工厂生产，也是采用 4140H 钢制造，现在希望知道用 4140H 钢制造这根轴是否具有足够的淬透性。

由于扭转时的切应力大约是弯曲时的一半，应首先考虑弯曲的情况。在弯曲过程中，心部的应力接近于零，所以钢的心部不需要完全淬透。这是很有帮助的，因为淬火应力的分布将减少产生淬火裂纹的危险，而在回火后，能够在轴的外部部分存在压应力。

为了承受弯曲过程中 550MPa（80ksi）的疲劳载荷，要求最小硬度是 35HRC，对于这个例子，假设淬火状态组织至少含有 80% 的马氏体，通过对淬火状态进行回火应能获得 35HRC。根据类似零件的经验，可以知道 80% 马氏体组织应该出现在轴的 3/4 半径位置。

由于 4140H 钢中碳的最小质量分数是 0.37%，在图 1-97 中的 80% 马氏体组织上首先找到对应于 0.37%C 的淬火状态的硬度。如图 1-97 中顶部的图（和图 1-47d 相同）所示，这个淬火状态的硬度是 45HRC。

重新描述前面的问题（4140H 钢是否适用于这个零件?）：在一根 ϕ44.45mm（ϕ1.75in）的轴的3/4 半径处，淬火状态的 4140H 钢能否提供最低要求硬度 45HRC? 为了回答这个问题，进入图 1-97 中间的图表，在 ϕ44.45mm（ϕ1.75in）处做水平线与 3/4 半径对应的曲线相交于一点，这个交点位于试样末端淬火距离 6.5/16in 的位置。最后做垂直线到底部图表上，与 4140H 钢的最低淬透性曲线相交于一点，该交点处的硬度为 49HRC。由于 49HRC > 45HRC，因此用 4140H 钢制造该零件有足够大的淬透性。

1.2.13 淬透性极限和 H 钢

淬透性带是描述许多等级的碳和合金钢的淬透性范围的末端淬火曲线（根据许多历史数据绘制）。淬透性带也可以在 H 钢的技术规范中采用，H 钢是具有指定淬透性带的钢种。这些钢种是在化学成分符号之后，或者在统一编号系统（UNS）名称之前用一个字母“H”命名。

H型钢由供应商保证在规定的化学成分范围内满足淬透性要求。图1-98中比较了四种钢的淬透性带，H钢的淬透性带比较紧凑，化学成分类似的钢种的淬透性带则比较宽。表1-20中列出了H钢的末端淬火淬透性带。

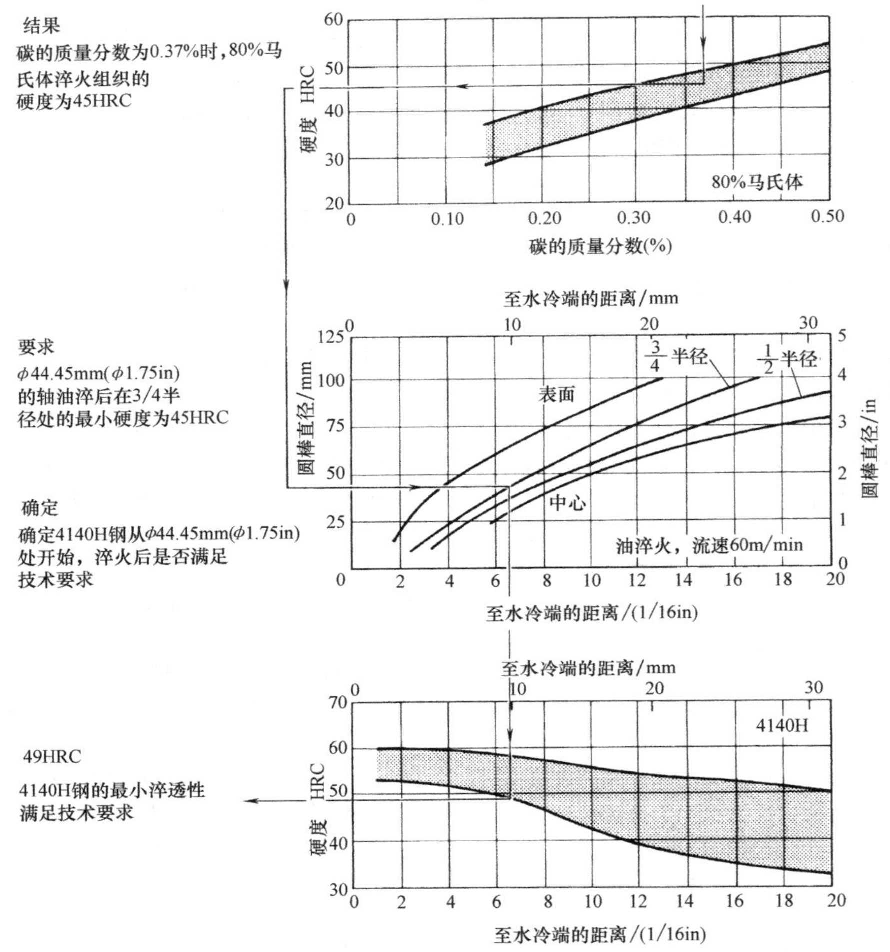

图1-97 在钢的横截面上使用淬透性数据的图例

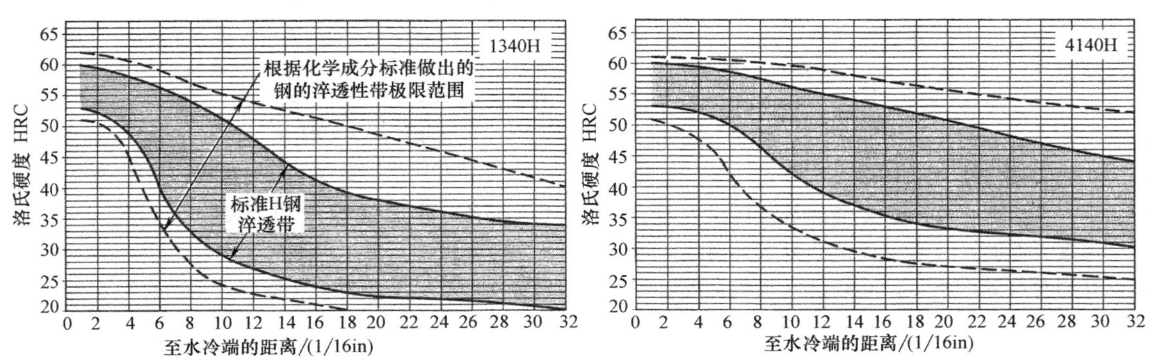

图1-98 H钢的淬透性带与化学成分类似的钢种的淬透性带的比较

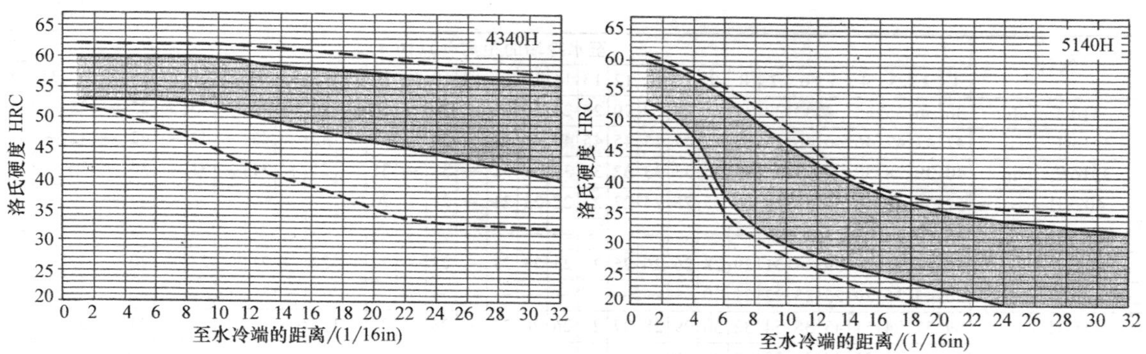

图 1-98　H 钢的淬透性带与化学成分类似的钢种的淬透性带的比较（续）

表 1-20　H 钢的末端淬火淬透性带

钢号	至水冷端的距离/(1/16in)																															
	1	2	3	4	5	6	7	8	9	10	11	12	13	14	15	16	17	18	19	20	21	22	23	24	25	26	27	28	29	30	31	32
1038H max	58	55	49	37	30	28	27	26	25	25	—	24	—	23	—	21	—	—	—	—	—	—	—	—	—	—	—	—	—	—	—	—
1038H min	51	34	26	23	22	21	—	—	—	—	—	—	—	—	—	—	—	—	—	—	—	—	—	—	—	—	—	—	—	—	—	—
1045H max	62	59	52	38	33	32	31	30	29	29	—	28	—	27	—	26	—	25	—	23	—	22	—	21	—	—	—	—	—	—	—	—
1045H min	55	42	31	28	26	25	25	24	23	22	—	21	—	20	—	—	—	—	—	—	—	—	—	—	—	—	—	—	—	—	—	—
1522H max	50	47	45	39	34	30	27	—	—	—	—	—	—	—	—	—	—	—	—	—	—	—	—	—	—	—	—	—	—	—	—	—
1522H min	41	32	22	20	—	—	—	—	—	—	—	—	—	—	—	—	—	—	—	—	—	—	—	—	—	—	—	—	—	—	—	—
1524H max	51	48	45	39	35	32	29	27	26	25	—	23	—	22	—	20	—	—	—	—	—	—	—	—	—	—	—	—	—	—	—	—
1524H min	42	38	29	22	—	—	—	—	—	—	—	—	—	—	—	—	—	—	—	—	—	—	—	—	—	—	—	—	—	—	—	—
1526H max	53	49	46	39	33	30	27	26	24	24	—	23	—	22	—	21	—	20	—	—	—	—	—	—	—	—	—	—	—	—	—	—
1526H min	44	38	26	21	—	—	—	—	—	—	—	—	—	—	—	—	—	—	—	—	—	—	—	—	—	—	—	—	—	—	—	—
1541H max	60	59	57	55	52	48	44	39	35	33	—	32	—	31	—	30	—	30	—	29	—	28	—	26	—	—	—	—	—	—	—	—
1541H min	53	50	44	38	32	27	25	23	23	22	—	21	—	20	—	—	—	—	—	—	—	—	—	—	—	—	—	—	—	—	—	—
15B21H max	48	47	46	44	40	35	27	20	—	—	—	—	—	—	—	—	—	—	—	—	—	—	—	—	—	—	—	—	—	—	—	—
15B21H min	41	40	38	30	20	—	—	—	—	—	—	—	—	—	—	—	—	—	—	—	—	—	—	—	—	—	—	—	—	—	—	—
15B28H max	53	53	52	51	51	50	49	48	46	43	40	37	34	31	30	29	—	27	—	25	—	25	—	24	—	23	—	22	—	21	—	20
15B28H min	47	47	46	45	42	32	25	21	20	—	—	—	—	—	—	—	—	—	—	—	—	—	—	—	—	—	—	—	—	—	—	—
15B30H max	55	53	52	51	50	48	43	38	33	29	27	26	25	24	23	22	—	20	—	—	—	—	—	—	—	—	—	—	—	—	—	—
15B30H min	48	47	46	44	32	22	20	—	—	—	—	—	—	—	—	—	—	—	—	—	—	—	—	—	—	—	—	—	—	—	—	—
15B35H max	58	56	55	54	53	51	47	41	—	30	—	27	—	26	—	25	—	—	—	24	—	—	—	22	—	—	—	20	—	—	—	—
15B35H min	51	50	49	48	39	28	24	22	—	20	—	—	—	—	—	—	—	—	—	—	—	—	—	—	—	—	—	—	—	—	—	—
15B37H max	58	56	55	54	53	52	51	50	—	45	—	40	—	33	—	29	—	—	—	27	—	—	—	25	—	—	—	23	—	—	—	21
15B37H min	50	50	49	48	43	37	33	26	—	22	—	21	—	20	—	—	—	—	—	—	—	—	—	—	—	—	—	—	—	—	—	—
15B41H max	60	59	59	58	58	57	57	56	55	55	54	53	52	51	50	49	—	46	—	42	—	39	—	36	—	34	—	33	—	31	—	31
15B41H min	53	52	52	51	51	50	49	48	44	37	32	28	26	25	25	24	—	23	—	22	—	21	—	21	—	20	—	—	—	—	—	—
15B48H max	63	62	62	61	60	59	58	57	56	55	53	51	48	45	41	38	—	34	—	32	—	31	—	30	—	29	—	29	—	28	—	28
15B48H min	56	56	55	54	53	52	42	34	31	30	29	28	27	27	26	26	—	25	—	24	—	23	—	22	—	21	—	20	—	—	—	—
15B62H max	—	—	—	—	65	65	64	64	64	63	63	63	62	62	61	60	—	58	—	54	—	48	—	43	—	40	—	37	—	35	—	34
15B62H min	60	60	60	60	59	58	57	52	43	39	37	35	35	34	33	33	—	32	—	31	—	30	—	30	—	29	—	28	—	27	—	26
1330H max	56	56	55	53	52	50	48	45	43	42	40	39	38	37	36	35	—	34	—	33	—	32	—	31	—	31	—	31	—	30	—	30
1330H min	49	47	44	40	35	31	28	26	25	23	22	21	20	—	—	—	—	—	—	—	—	—	—	—	—	—	—	—	—	—	—	—
1340H max	60	60	59	58	57	56	55	54	52	51	50	48	46	44	42	41	—	39	—	38	—	37	—	36	—	35	—	35	—	34	—	34
1340H min	53	52	51	49	46	40	35	33	31	29	28	27	26	25	25	24	—	23	—	23	—	22	—	22	—	21	—	21	—	20	—	20
1345H max	63	63	62	61	61	60	60	59	58	57	56	55	54	53	52	51	—	49	—	48	—	47	—	46	—	45	—	45	—	45	—	45
1345H min	56	56	55	54	51	44	38	35	33	32	31	30	29	29	28	28	—	27	—	27	—	26	—	26	—	25	—	25	—	24	—	24
3310H① max	43	43	42	42	42	42	41	41	41	40	40	40	39	39	38	38	—	37	—	37	—	37	—	36	—	36	—	36	—	35	—	35

（续）

钢号	至水冷端的距离/(1/16in)																															
	1	2	3	4	5	6	7	8	9	10	11	12	13	14	15	16	17	18	19	20	21	22	23	24	25	26	27	28	29	30	31	32
3310H① min	36	36	35	35	34	33	32	31	30	30	29	29	28	28	27	27	—	26	—	26	—	26	—	26	—	25	—	25	—	25	—	25
3316H① max	47	47	47	46	46	46	45	45	45	45	45	45	45	44	44	44	—	44	—	43	—	43	—	43	—	42	—	42	—	42	—	41
3316H① min	40	39	38	38	37	37	36	35	34	33	33	32	32	32	31	31	—	31	—	31	—	31	—	31	—	31	—	30	—	30	—	30
4028H max	52	50	46	40	34	30	28	26	25	25	24	23	23	22	22	21	—	21	—	20	—	—	—	—	—	—	—	—	—	—	—	—
4028H min	45	40	31	25	22	20	—	—	—	—	—	—	—	—	—	—	—	—	—	—	—	—	—	—	—	—	—	—	—	—	—	—
4032H max	57	54	51	46	39	34	31	29	28	26	26	25	24	24	23	23	—	23	—	22	—	22	—	21	—	21	—	20	—	—	—	—
4032H min	50	45	36	29	25	23	22	21	20	—	—	—	—	—	—	—	—	—	—	—	—	—	—	—	—	—	—	—	—	—	—	—
4037H max	59	57	54	51	45	38	34	32	30	29	28	27	26	26	26	25	—	25	—	25	—	25	—	24	—	24	—	24	—	23	—	23
4037H min	52	49	42	35	30	26	23	22	21	20	—	—	—	—	—	—	—	—	—	—	—	—	—	—	—	—	—	—	—	—	—	—
4042H max	62	60	58	55	50	45	39	36	34	33	32	31	30	30	29	29	—	28	—	28	—	28	—	27	—	27	—	27	—	26	—	26
4042H min	55	52	48	40	33	29	27	26	25	24	24	23	23	23	22	22	—	21	—	20	—	20	—	—	—	—	—	—	—	—	—	—
4047H max	64	62	60	58	55	52	47	43	40	38	37	35	34	33	33	32	—	31	—	30	—	30	—	30	—	30	—	29	—	29	—	29
4047H min	57	55	50	42	35	32	30	28	28	27	26	26	25	25	25	25	—	24	—	24	—	23	—	23	—	22	—	22	—	21	—	21
4118H max	48	46	41	35	31	28	27	25	24	23	22	21	21	20	—	—	—	—	—	—	—	—	—	—	—	—	—	—	—	—	—	—
4118H min	41	36	27	23	20	—	—	—	—	—	—	—	—	—	—	—	—	—	—	—	—	—	—	—	—	—	—	—	—	—	—	—
4120H max	48	47	44	41	37	34	32	30	29	28	27	26	25	25	24	24	—	23	—	23	—	23	—	23	—	23	—	22	—	22	—	22
4120H min	41	37	32	37	23	21	—	—	—	—	—	—	—	—	—	—	—	—	—	—	—	—	—	—	—	—	—	—	—	—	—	—
4130H max	56	55	53	51	49	47	44	42	40	38	36	35	34	34	33	33	—	32	—	32	—	32	—	31	—	31	—	30	—	30	—	29
4130H min	49	46	42	38	34	31	29	27	26	26	25	25	24	24	23	23	—	22	—	21	—	20	—	—	—	—	—	—	—	—	—	—
4135H max	58	58	57	56	56	55	54	53	52	51	50	49	48	47	46	45	—	44	—	42	—	41	—	40	—	39	—	38	—	38	—	37
4135H min	51	50	49	48	47	45	42	40	38	36	34	33	32	31	30	30	—	29	—	28	—	27	—	27	—	27	—	26	—	26	—	26
4137H max	59	59	58	58	57	57	56	55	55	54	53	52	51	50	49	48	—	46	—	45	—	44	—	43	—	42	—	42	—	41	—	41
4137H min	52	51	50	49	49	48	45	43	40	39	37	36	35	34	33	33	—	32	—	31	—	30	—	30	—	30	—	29	—	29	—	29
4140H max	60	60	60	59	59	58	58	57	57	56	56	55	55	54	54	53	—	52	—	51	—	49	—	48	—	47	—	46	—	45	—	44
4140H min	53	53	52	51	51	50	48	47	44	42	40	39	38	37	36	35	—	34	—	33	—	33	—	32	—	32	—	31	—	31	—	30
4142H max	62	62	62	61	61	61	60	60	60	59	59	58	58	57	57	56	—	55	—	54	—	53	—	53	—	52	—	51	—	51	—	50
4142H min	55	55	54	53	53	52	51	50	49	47	46	44	42	41	40	39	—	37	—	36	—	35	—	34	—	34	—	34	—	33	—	33
4145H max	63	63	62	62	62	61	61	61	60	60	60	59	59	59	58	58	—	57	—	57	—	56	—	55	—	55	—	55	—	55	—	54
4145H min	56	55	55	54	53	53	52	52	51	50	49	48	46	45	43	42	—	40	—	38	—	37	—	36	—	35	—	35	—	34	—	34
4147H max	64	64	64	64	63	63	63	63	63	62	62	62	61	61	60	60	—	59	—	59	—	58	—	57	—	57	—	57	—	56	—	56
4147H min	57	57	56	56	55	55	55	54	54	53	52	51	49	48	46	45	—	42	—	40	—	39	—	38	—	37	—	37	—	37	—	36
4150H max	65	65	65	65	65	65	65	64	64	64	64	63	63	62	62	62	—	61	—	60	—	59	—	59	—	58	—	58	—	58	—	58
4150H min	59	59	59	58	58	57	57	56	56	55	54	53	51	50	48	47	—	45	—	43	—	41	—	40	—	39	—	38	—	38	—	38
4161H max	65	65	65	65	65	65	65	65	65	65	65	64	64	64	64	64	—	64	—	63	—	63	—	63	—	63	—	63	—	63	—	63
4161H min	60	60	60	60	60	60	60	60	59	59	59	59	58	58	57	56	—	55	—	63	—	50	—	48	—	45	—	43	—	42	—	41
4320H max	48	47	45	43	41	38	36	34	33	31	30	29	28	27	27	26	—	25	—	25	—	24	—	24	—	24	—	24	—	24	—	24
4320H min	41	38	35	32	29	27	25	23	22	21	20	20	—	—	—	—	—	—	—	—	—	—	—	—	—	—	—	—	—	—	—	—
4340H max	60	60	60	60	60	60	60	60	60	60	59	59	59	58	58	58	—	58	—	57	—	57	—	57	—	57	—	56	—	56	—	56
4340H min	53	53	53	53	53	53	53	52	52	52	51	51	50	49	49	48	—	48	—	46	—	45	—	44	—	43	—	42	—	41	—	40
E4340H max	60	60	60	60	60	60	60	60	60	60	60	60	60	59	59	59	—	58	—	58	—	58	—	57	—	57	—	57	—	57	—	57
E4340H min	53	53	53	53	53	53	53	53	53	53	53	52	52	52	52	51	—	51	—	50	—	49	—	48	—	47	—	46	—	45	—	44
4620H max	48	45	42	39	34	31	29	27	26	25	24	23	22	22	22	21	—	21	—	20	—	—	—	—	—	—	—	—	—	—	—	—
4620H min	41	35	27	24	21	—	—	—	—	—	—	—	—	—	—	—	—	—	—	—	—	—	—	—	—	—	—	—	—	—	—	—
4626H① max	51	48	41	33	29	27	25	24	23	22	22	21	21	20	—	—	—	—	—	—	—	—	—	—	—	—	—	—	—	—	—	—
4626H① min	45	36	29	24	21	—	—	—	—	—	—	—	—	—	—	—	—	—	—	—	—	—	—	—	—	—	—	—	—	—	—	—
4718H max	47	47	45	43	40	37	35	33	32	31	30	29	29	28	27	27	—	27	—	26	—	26	—	25	—	25	—	24	—	24	—	24
4718H min	40	40	38	33	29	27	25	24	23	22	22	21	21	21	20	20	—	—	—	—	—	—	—	—	—	—	—	—	—	—	—	—
4720H max	48	47	43	39	35	32	29	28	27	26	25	24	24	23	23	22	—	21	—	21	—	21	—	20	—	—	—	—	—	—	—	—
4720H min	41	39	31	27	23	21	—	—	—	—	—	—	—	—	—	—	—	—	—	—	—	—	—	—	—	—	—	—	—	—	—	—

（续）

钢号	至水冷端的距离/（1/16in）																															
	1	2	3	4	5	6	7	8	9	10	11	12	13	14	15	16	17	18	19	20	21	22	23	24	25	26	27	28	29	30	31	32
4815H max	45	44	44	42	41	39	37	35	33	31	30	29	28	28	27	27	—	26	—	25	—	24	—	24	—	24	—	23	—	23	—	23
4815H min	38	37	34	30	27	24	22	21	20	—	—	—	—	—	—	—	—	—	—	—	—	—	—	—	—	—	—	—	—	—	—	—
4817H max	46	46	45	44	42	41	39	37	35	33	32	31	30	29	28	28	—	27	—	26	—	25	—	25	—	25	—	25	—	24	—	24
4817H min	39	38	35	32	29	27	25	23	22	21	20	20	—	—	—	—	—	—	—	—	—	—	—	—	—	—	—	—	—	—	—	—
4820H max	48	48	47	46	45	43	42	40	39	37	36	35	34	33	32	31	—	29	—	28	—	28	—	27	—	27	—	26	—	26	—	25
4820H min	41	40	39	38	34	31	29	27	26	25	24	23	22	22	21	21	—	20	—	20	—	—	—	—	—	—	—	—	—	—	—	—
50B40H max	60	60	59	59	58	58	57	57	56	55	53	51	49	47	44	41	—	38	—	36	—	35	—	34	—	33	—	32	—	30	—	29
50B40H min	53	53	52	51	50	48	44	39	34	31	29	28	27	26	25	25	—	23	—	21	—	—	—	—	—	—	—	—	—	—	—	—
50B44H max	63	63	62	62	61	61	60	60	59	58	57	56	54	52	50	48	—	44	—	40	—	38	—	37	—	36	—	35	—	34	—	33
50B44H min	56	56	55	55	54	52	48	43	38	34	31	30	29	29	28	27	—	26	—	24	—	23	—	21	—	20	—	—	—	—	—	—
5046H max	63	62	60	56	52	46	39	35	34	33	33	32	32	31	31	30	—	29	—	28	—	27	—	26	—	25	—	24	—	23	—	23
5046H min	56	55	45	32	28	27	26	25	24	24	23	23	22	22	21	21	—	20	—	—	—	—	—	—	—	—	—	—	—	—	—	—
50B46H max	63	62	61	60	59	58	57	56	54	51	47	43	40	38	37	36	—	35	—	34	—	33	—	32	—	31	—	30	—	29	—	28
50B46H min	56	54	52	50	41	32	31	30	29	28	27	26	26	25	25	24	—	23	—	22	—	21	—	20	—	—	—	—	—	—	—	—
50B50H max	65	65	64	64	63	63	62	62	61	60	60	59	58	57	56	54	—	50	—	47	—	44	—	41	—	39	—	38	—	37	—	36
50B50H min	59	59	58	57	56	55	52	47	42	37	35	33	32	31	30	29	—	28	—	27	—	26	—	25	—	24	—	22	—	21	—	20
50B60H max	—	—	—	—	—	—	—	65	65	64	64	64	63	63	63	62	—	60	—	58	—	55	—	53	—	51	—	49	—	47	—	44
50B60H min	60	60	60	60	60	59	57	53	47	42	39	37	36	35	34	34	—	33	—	31	—	30	—	29	—	28	—	27	—	26	—	25
5120H max	48	46	41	36	33	30	28	27	25	24	23	22	21	21	20	—	—	—	—	—	—	—	—	—	—	—	—	—	—	—	—	—
5120H min	40	34	28	23	20	—	—	—	—	—	—	—	—	—	—	—	—	—	—	—	—	—	—	—	—	—	—	—	—	—	—	—
5130H max	56	55	53	51	49	47	45	42	40	38	37	36	35	34	34	33	—	32	—	31	—	30	—	29	—	27	—	26	—	25	—	24
5130H min	49	46	42	39	35	32	30	28	26	25	23	22	21	20	—	—	—	—	—	—	—	—	—	—	—	—	—	—	—	—	—	—
5132H max	57	56	54	52	50	48	45	42	40	38	37	36	35	34	34	33	—	32	—	31	—	30	—	29	—	28	—	27	—	26	—	25
5132H min	50	47	43	40	35	32	29	27	25	24	23	22	21	20	—	—	—	—	—	—	—	—	—	—	—	—	—	—	—	—	—	—
5135H max	58	57	56	55	54	52	50	47	45	43	41	40	39	38	37	37	—	36	—	35	—	34	—	33	—	32	—	32	—	31	—	30
5135H min	51	49	47	43	38	35	32	30	28	27	25	24	23	22	21	21	—	20	—	—	—	—	—	—	—	—	—	—	—	—	—	—
5140H max	60	59	58	57	56	54	52	50	48	46	45	43	42	40	39	38	—	37	—	36	—	35	—	34	—	34	—	33	—	33	—	32
5140H min	53	52	50	48	43	38	35	33	31	30	29	28	27	27	26	25	—	24	—	23	—	21	—	20	—	—	—	—	—	—	—	—
5147H max	64	64	63	62	62	61	61	60	60	59	59	58	58	57	57	56	—	55	—	54	—	53	—	52	—	51	—	50	—	49	—	48
5147H min	57	56	55	54	53	52	49	45	40	37	35	34	33	32	32	31	—	30	—	29	—	27	—	26	—	25	—	24	—	22	—	21
5150H max	65	65	64	63	62	61	60	59	58	56	55	53	51	50	48	47	—	45	—	43	—	42	—	41	—	40	—	39	—	39	—	38
5150H min	59	58	57	56	53	49	42	38	36	34	33	32	31	31	30	30	—	29	—	28	—	27	—	26	—	25	—	24	—	23	—	22
5155H max	—	65	64	64	63	63	62	62	61	60	59	57	55	52	51	49	—	47	—	45	—	44	—	43	—	42	—	41	—	41	—	40
5155H min	60	59	58	57	55	52	47	41	37	36	35	34	34	33	33	32	—	31	—	31	—	30	—	29	—	28	—	27	—	26	—	25
5160H max	—	—	—	65	65	64	64	63	62	61	60	59	58	56	54	52	—	48	—	47	—	46	—	45	—	44	—	43	—	43	—	42
5160H min	60	60	60	59	58	56	52	47	42	39	37	36	35	35	34	34	—	33	—	32	—	31	—	30	—	29	—	28	—	28	—	27
51B60H max	—	—	—	—	—	—	—	—	—	—	—	65	65	64	64	63	—	61	—	59	—	57	—	55	—	53	—	51	—	49	—	47
51B60H min	60	60	60	60	60	59	58	57	54	50	44	41	40	39	38	37	—	36	—	34	—	33	—	31	—	30	—	28	—	27	—	25
6118H max	46	44	38	33	30	28	27	26	26	25	25	24	24	23	23	22	—	22	—	21	—	21	—	20	—	—	—	—	—	—	—	—
6118H min	39	36	28	24	22	20	—	—	—	—	—	—	—	—	—	—	—	—	—	—	—	—	—	—	—	—	—	—	—	—	—	—
6150H max	65	65	64	64	63	63	62	61	61	60	59	58	57	55	54	52	—	50	—	48	—	47	—	46	—	45	—	44	—	43	—	42
6150H min	59	58	57	56	55	53	50	47	43	41	39	38	37	36	35	35	—	34	—	32	—	31	—	30	—	29	—	27	—	26	—	25
81B45H max	63	63	63	63	63	63	62	62	61	60	60	59	58	57	57	56	—	55	—	53	—	52	—	50	—	49	—	47	—	45	—	43
81B45H min	56	56	56	56	55	54	53	51	48	44	41	39	38	37	36	35	—	34	—	32	—	31	—	30	—	29	—	28	—	28	—	27
8617H max	46	44	41	38	34	31	28	27	26	25	24	23	23	22	22	21	—	21	—	20	—	—	—	—	—	—	—	—	—	—	—	—
8617H min	39	33	27	24	20	—	—	—	—	—	—	—	—	—	—	—	—	—	—	—	—	—	—	—	—	—	—	—	—	—	—	—
8620H max	48	47	44	41	37	34	32	30	29	28	27	26	25	25	24	24	—	23	—	23	—	23	—	23	—	23	—	22	—	22	—	22
8620H min	41	37	32	27	23	21	—	—	—	—	—	—	—	—	—	—	—	—	—	—	—	—	—	—	—	—	—	—	—	—	—	—
8622H max	50	49	47	44	40	37	34	32	31	30	29	28	27	26	26	25	—	25	—	24	—	24	—	24	—	24	—	24	—	24	—	24

（续）

钢号	至水冷端的距离/(1/16in)																														
	1	2	3	4	5	6	7	8	9	10	11	12	13	14	15	16	17	18	19	20	21	22	23	24	25	26	27	28	29	30	31	32
8622H min	43	49	34	30	26	24	22	20	—	—	—	—	—	—	—	—	—	—	—	—	—	—	—	—	—	—	—	—	—	—	—	—
8625H max	52	51	48	46	43	40	37	35	33	32	31	30	29	28	28	27	—	27	—	26	—	26	—	26	—	26	—	25	—	25	—	25
258625H min	45	41	36	32	29	27	25	23	22	21	20	—	—	—	—	—	—	—	—	—	—	—	—	—	—	—	—	—	—	—	—	—
8627H max	54	52	50	48	45	43	40	38	36	34	33	32	31	30	30	29	—	28	—	28	—	28	—	27	—	27	—	27	—	27	—	27
8627H min	47	43	38	35	32	29	27	26	24	24	23	22	21	21	20	20	—	—	—	—	—	—	—	—	—	—	—	—	—	—	—	—
8630H max	56	55	54	52	50	47	44	41	39	37	35	34	33	33	32	31	—	30	—	30	—	29	—	29	—	29	—	29	—	29	—	29
8630H min	49	46	43	39	35	32	29	28	27	26	25	24	23	22	22	21	—	21	—	20	—	20	—	—	—	—	—	—	—	—	—	—
86B30H max	56	55	55	55	54	54	53	53	52	52	52	51	51	50	50	49	—	48	—	47	—	45	—	44	—	43	—	41	—	40	—	39
86B30H min	49	49	48	48	48	48	48	47	46	44	42	40	39	38	36	35	—	34	—	32	—	31	—	29	—	28	—	27	—	26	—	25
8637H max	59	58	58	57	56	55	54	53	51	49	47	46	44	43	41	40	—	39	—	37	—	36	—	36	—	35	—	35	—	35	—	35
8637H min	52	51	50	48	45	42	39	36	34	32	31	30	29	28	27	26	—	25	—	25	—	24	—	24	—	24	—	24	—	23	—	23
8640H max	60	60	60	59	59	58	57	55	54	52	50	49	47	45	44	42	—	41	—	39	—	38	—	38	—	37	—	37	—	37	—	37
8640H min	53	53	52	51	49	46	42	39	36	34	32	31	30	29	28	28	—	26	—	26	—	25	—	25	—	24	—	24	—	24	—	24
8642H max	62	62	62	61	61	60	59	58	57	55	54	52	50	49	48	46	—	44	—	42	—	41	—	40	—	40	—	39	—	39	—	39
8642H min	55	54	53	52	50	48	45	42	39	37	34	33	32	31	30	29	—	28	—	28	—	27	—	27	—	26	—	26	—	26	—	26
8645H max	63	63	63	63	62	61	61	60	59	58	56	55	54	52	51	49	—	47	—	45	—	43	—	42	—	42	—	41	—	41	—	41
8645H min	56	56	55	54	52	50	48	45	41	39	37	35	34	33	32	31	—	30	—	29	—	28	—	28	—	27	—	27	—	27	—	27
86B45H max	63	63	62	62	62	61	61	60	60	60	59	59	59	59	58	58	—	58	—	58	—	57	—	57	—	57	—	57	—	56	—	56
86B45H min	56	56	55	54	54	53	52	52	51	51	50	50	49	48	46	45	—	42	—	39	—	37	—	35	—	34	—	32	—	32	—	31
8650H max	65	65	65	64	64	63	63	62	61	60	60	59	58	58	57	56	—	55	—	53	—	52	—	50	—	49	—	47	—	46	—	45
8650H min	59	58	57	57	56	54	53	50	47	44	41	39	37	36	35	34	—	33	—	32	—	31	—	31	—	30	—	30	—	29	—	29
8655H max	—	—	—	—	—	—	—	—	—	65	65	64	64	63	63	62	—	61	—	60	—	59	—	58	—	57	—	56	—	55	—	53
8655H min	60	59	59	58	57	56	55	54	52	49	46	43	41	40	39	38	—	37	—	35	—	34	—	34	—	33	—	33	—	32	—	32
8660H max	—	—	—	—	—	—	—	—	—	—	—	—	—	—	—	65	—	64	—	64	—	63	—	62	—	62	—	61	—	60	—	60
8660H min	60	60	60	60	60	59	58	57	55	53	50	47	45	44	43	42	—	40	—	39	—	38	—	37	—	36	—	36	—	35	—	35
8720H max	48	47	45	42	38	35	33	31	30	29	28	27	26	26	25	25	—	24	—	24	—	23	—	23	—	23	—	23	—	22	—	22
8720H min	41	38	35	30	26	24	22	21	20	—	—	—	—	—	—	—	—	—	—	—	—	—	—	—	—	—	—	—	—	—	—	—
8740H max	60	60	60	60	59	58	57	56	55	53	52	50	49	48	46	45	—	43	—	42	—	41	—	40	—	39	—	39	—	38	—	38
8740H min	53	53	52	51	49	46	43	40	37	35	34	32	31	31	30	29	—	28	—	28	—	27	—	27	—	27	—	27	—	26	—	26
8822H max	50	49	48	46	43	40	37	35	34	33	32	31	31	30	30	29	—	29	—	28	—	27	—	27	—	27	—	27	—	27	—	27
8822H min	43	42	39	33	29	27	25	24	24	23	23	22	22	22	21	21	—	20	—	—	—	—	—	—	—	—	—	—	—	—	—	—
9260H max	—	—	65	64	63	62	60	58	55	52	49	47	45	43	42	40	—	38	—	37	—	36	—	36	—	35	—	35	—	35	—	34
9260H min	60	60	57	53	46	41	38	36	36	35	34	34	33	33	32	32	—	31	—	31	—	30	—	30	—	29	—	29	—	28	—	28
9310H max	43	43	43	42	42	42	42	41	40	40	39	38	37	36	36	35	—	35	—	35	—	34	—	34	—	34	—	34	—	33	—	33
9310H min	36	35	35	34	32	31	30	29	28	27	27	26	26	26	26	26	—	26	—	25	—	25	—	25	—	25	—	25	—	24	—	24
94B15H max	45	45	44	44	43	42	40	38	36	34	33	31	30	29	28	27	—	26	—	25	—	24	—	23	—	23	—	22	—	22	—	22
94B15H min	38	38	37	36	32	28	25	23	21	20	—	—	—	—	—	—	—	—	—	—	—	—	—	—	—	—	—	—	—	—	—	—
94B17H max	46	46	45	45	44	43	42	41	40	38	36	34	33	32	31	30	—	28	—	27	—	26	—	25	—	24	—	24	—	23	—	23
94B17H min	39	39	38	37	34	29	26	24	23	21	20	—	—	—	—	—	—	—	—	—	—	—	—	—	—	—	—	—	—	—	—	—
94B30H max	56	56	55	55	54	54	53	53	52	52	51	51	50	49	48	46	—	44	—	42	—	40	—	38	—	37	—	35	—	34	—	34
94B30H min	49	49	48	48	47	46	44	42	39	37	34	32	30	29	28	27	—	25	—	24	—	23	—	23	—	22	—	21	—	21	—	20
15B21RH max	47	46	44	42	37	30	24	22	20	—	—	—	—	—	—	—	—	—	—	—	—	—	—	—	—	—	—	—	—	—	—	—
15B21RH min	42	41	39	33	24	20	—	—	—	—	—	—	—	—	—	—	—	—	—	—	—	—	—	—	—	—	—	—	—	—	—	—
15B35RH max	57	55	54	53	50	46	42	36	32	28	—	25	—	24	—	23	—	—	—	22	—	—	—	20	—	—	—	—	—	—	—	—
15B35RH min	52	51	50	49	41	33	28	24	23	21	—	—	—	—	—	—	—	—	—	—	—	—	—	—	—	—	—	—	—	—	—	—
3310RH max	42	42	42	41	41	41	40	40	39	39	39	39	38	38	37	37	—	36	—	36	—	35	—	35	—	35	—	34	—	34	—	34
3310RH min	37	37	37	36	36	35	33	33	32	32	31	31	30	30	29	29	—	28	—	28	—	27	—	27	—	27	—	26	—	26	—	26
4027RH max	51	48	43	37	32	28	26	24	23	22	22	21	21	20	—	—	—	—	—	—	—	—	—	—	—	—	—	—	—	—	—	—
4027RH min	46	42	34	28	24	22	20	—	—	—	—	—	—	—	—	—	—	—	—	—	—	—	—	—	—	—	—	—	—	—	—	—

（续）

钢号	至水冷端的距离/(1/16in)																														
	1	2	3	4	5	6	7	8	9	10	11	12	13	14	15	16	17	18	19	20	21	22	23	24	25	26	27	28	29	30	31	32
4118RH max	47	44	38	33	29	27	25	24	23	22	21	20	—	—	—	—	—	—	—	—	—	—	—	—	—	—	—	—	—	—	—	—
4118RH min	42	38	30	25	22	20	—	—	—	—	—	—	—	—	—	—	—	—	—	—	—	—	—	—	—	—	—	—	—	—	—	—
4120RH max	47	45	41	38	34	31	29	28	26	25	24	23	23	22	22	21	—	20	—	—	—	—	—	—	—	—	—	—	—	—	—	—
4120RH min	42	39	35	30	26	24	22	21	20	—	—	—	—	—	—	—	—	—	—	—	—	—	—	—	—	—	—	—	—	—	—	—
4130RH max	55	54	52	49	46	44	41	39	37	35	33	32	32	31	31	31	—	30	—	30	—	30	—	29	—	29	—	28	—	28	—	27
4130RH min	50	48	44	40	36	34	32	30	28	27	26	26	26	25	25	25	—	24	—	23	—	23	—	22	—	22	—	21	—	21	—	20
4140RH max	59	59	59	59	58	57	56	55	54	53	52	52	51	50	50	49	—	48	—	47	—	46	—	45	—	44	—	43	—	42	—	41
4140RH min	54	54	54	53	52	51	50	49	48	46	44	43	42	41	40	39	—	38	—	37	—	37	—	36	—	35	—	35	—	34	—	33
4145RH max	62	62	61	61	60	60	59	59	58	58	58	57	57	56	56	55	—	54	—	53	—	52	—	51	—	51	—	50	—	50	—	49
4145RH min	57	57	56	56	55	55	54	53	52	52	51	50	49	48	47	46	—	44	—	43	—	42	—	40	—	40	—	39	—	38	—	37
4161RH max	65	65	65	65	65	65	65	65	65	65	65	64	64	64	63	63	—	62	—	62	—	61	—	60	—	59	—	58	—	57	—	57
4161RH min	60	60	60	60	60	60	60	60	60	60	60	59	59	59	58	57	—	56	—	54	—	53	—	51	—	49	—	47	—	46	—	45
4320RH max	47	46	44	41	39	36	34	32	31	29	28	26	25	24	24	23	—	22	—	22	—	21	—	21	—	21	—	21	—	21	—	21
4320RH min	42	40	37	34	31	29	27	25	24	23	22	21	20	—	—	—	—	—	—	—	—	—	—	—	—	—	—	—	—	—	—	—
4620RH max	47	44	40	37	32	29	27	25	24	23	22	21	20	—	—	—	—	—	—	—	—	—	—	—	—	—	—	—	—	—	—	—
4620RH min	42	37	30	27	24	21	20	—	—	—	—	—	—	—	—	—	—	—	—	—	—	—	—	—	—	—	—	—	—	—	—	—
4820RH max	47	47	46	45	43	41	40	38	36	35	34	33	32	31	30	29	—	28	—	27	—	26	—	25	—	25	—	25	—	24	—	23
4820RH min	42	42	41	40	36	33	32	30	28	27	26	25	24	24	23	23	—	22	—	22	—	21	—	20	—	20	—	—	—	—	—	—
50B40RH max	59	59	58	58	57	56	55	54	52	50	49	47	45	44	41	38	—	36	—	34	—	33	—	32	—	31	—	30	—	29	—	28
50B40RH min	54	54	53	53	52	50	47	43	38	35	33	32	31	30	29	28	—	26	—	24	—	23	—	22	—	21	—	20	—	—	—	—
5130RH max	55	53	51	49	46	44	42	39	37	35	34	33	32	31	30	29	—	28	—	27	—	26	—	25	—	24	—	23	—	22	—	21
5130RH min	50	47	44	41	37	35	33	31	29	27	26	25	24	23	22	21	—	20	—	—	—	—	—	—	—	—	—	—	—	—	—	—
5140RH max	59	58	57	55	53	51	48	46	44	43	41	40	39	37	36	35	—	34	—	33	—	32	—	31	—	30	—	30	—	29	—	29
5140RH min	54	53	51	49	45	41	38	36	34	33	32	31	30	29	28	27	—	26	—	25	—	24	—	23	—	22	—	21	—	20	—	—
5160RH max	65	65	65	65	64	63	62	60	58	56	55	53	51	50	48	47	—	44	—	43	—	42	—	41	—	40	—	39	—	39	—	38
5160RH min	60	60	60	59	58	57	54	50	45	42	40	39	38	37	36	36	—	35	—	34	—	33	—	32	—	31	—	30	—	29	—	29
8620RH max	47	45	41	38	34	31	29	28	26	25	24	23	23	22	22	21	—	20	—	—	—	—	—	—	—	—	—	—	—	—	—	—
8620RH min	42	39	35	30	26	24	22	21	20	—	—	—	—	—	—	—	—	—	—	—	—	—	—	—	—	—	—	—	—	—	—	—
8622RH max	49	47	45	41	38	35	32	30	29	28	27	26	25	24	24	23	—	23	—	22	—	22	—	22	—	22	—	22	—	22	—	22
8622RH min	44	41	37	32	29	27	24	22	21	20	—	—	—	—	—	—	—	—	—	—	—	—	—	—	—	—	—	—	—	—	—	—
8720RH max	47	45	43	40	36	33	31	29	28	27	26	25	25	24	24	23	—	23	—	22	—	22	—	21	—	20	—	—	—	—	—	—
8720RH min	42	39	37	32	28	26	24	23	22	21	20	—	—	—	—	—	—	—	—	—	—	—	—	—	—	—	—	—	—	—	—	—
8822RH max	49	48	47	43	40	37	35	33	32	31	30	30	29	28	28	27	—	27	—	26	—	26	—	26	—	26	—	25	—	25	—	25
8822RH min	44	43	40	35	31	29	27	26	25	25	24	23	23	23	22	22	—	21	—	20	—	—	—	—	—	—	—	—	—	—	—	—
9310RH max	42	42	42	41	41	40	40	39	38	37	37	36	35	34	34	33	—	33	—	32	—	32	—	32	—	32	—	32	—	31	—	31
9310RH min	37	36	36	35	34	33	32	31	30	29	29	28	28	28	28	27	—	27	—	26	—	26	—	26	—	26	—	26	—	25	—	25

① 旧钢号。

当规定为一种 H 钢时，钢铁制造商将在交货单上，或者通过其他方式给出包含炼钢炉号在内的淬透性特性。这个炉号的淬透性通过在末端淬火试样上规定的参考点硬度，或者在规定的末端淬火距离处的硬度来表示。20HRC 以下的读数不做记录。在铸造或者锻造的末端淬火圆棒上测定炉号淬透性。

图 1-99 所示为六个 H 钢系列最小淬透性曲线之间的差异，在每一个 H 钢系列中，合金含量基本不变，可以观察到碳的质量分数对淬透性的影响范围是 0.15%~0.60%。末端淬火试样上的任何曲线的垂直位置之间，也就是说，对于任何一个冷却速度，可以看出碳对硬度的影响。这种影响变化显著，取决于合金元素的类型和数量。例如，在图 1-99d~f 中，三个钢系列中碳的质量分数从 0.35% 增加到 0.50%，引起了四个不同末端淬火位置处硬度的增加（使用洛氏硬度 C 标尺），见表 1-21。

表 1-21 含碳量增加对硬度的影响

钢系列	至淬火表面的距离/in			
	1/16	4/16	8/16	12/16
41××H	8	10	17	20
51××H	8	13	9	8
86××H	8	12	18	12

在图 1-99 的水平坐标线上可以看到含碳量对淬透性的影响。如果用曲线的拐点来预估 50%马氏体转变的位置，则 8650 与 8630 钢含碳量对淬透性的影响可以表示为+4/16in，也就是说，拐点从 5/16in 位置转移到 9/16in 的位置。类似地，当名义碳的质量分数为 0.35%～0.50%时，在 51××系列钢中碳对淬透性的影响较小（2/16in），在 41××系列钢中较大（6/16in）。

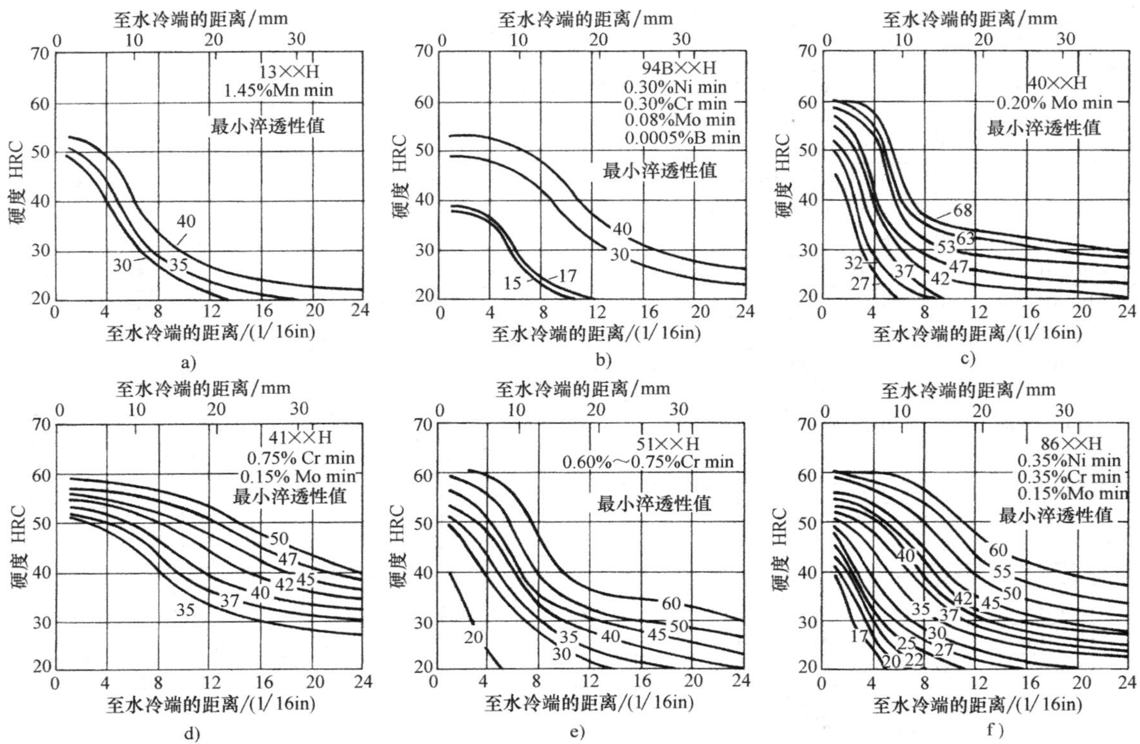

图 1-99 六个 H 钢系列含碳量对最小末端淬火淬透性带的影响（每条曲线上的数字表示钢的含碳量，牌号中插入替代××的数字）

在淬火速度方面，考虑到淬火和淬透性的联合影响，要求达到 45HRC 的冷却速度（或淬火速度）受质量分数为 0.15%的 C 与合金化元素组合的影响而不是受到其他组合的影响。例如，在 w(Cr)=0.75%和 w(Mo)=0.15%（以 41××H 系列钢为例）的钢中，w(C) 增加 0.15%，淬火速度要求就较低，或者获得 45HRC 的临界冷却速度可从 25℃/s 降低到 4.6℃/s（45°F/s 到 8.3°F/s）。同样，在 w(Cr)=0.75%和无钼元素（51××H 系列钢）的钢中增加相同的碳的质量分数，冷却速度可从 47℃/s 降低到 21℃/s（85°F/s 到 37°F/s）。

碳和合金元素含量对冷却速度影响的实际意义是值得考虑的。对一根 ϕ50mm（ϕ2in）的 4150H 钢圆棒进行油淬，无搅拌，在 1/2 半径处可以获得 45HRC 的硬度。在同样直径的 4135 钢圆棒中，为了在 1/2 半径处获得同样的硬度，则需要水淬并强烈搅拌。比较 ϕ32mm（$\phi1\frac{1}{4}$in）的 5135 钢和 5150 钢，在 5135 钢圆棒 1/2 半径处获得 45HRC 硬度需要水淬并搅拌；同样的要求在 5150 钢圆棒上使用油淬、中等搅拌，就可以实现。因此，增加或减少含碳量或添加某种合金化元素，如质量分数为 0.15%的 Mo，可以在要求的淬冷烈度和横截面尺寸下获得希望的结果。

图 1-100 所示为如何根据理想临界直径对钢种进

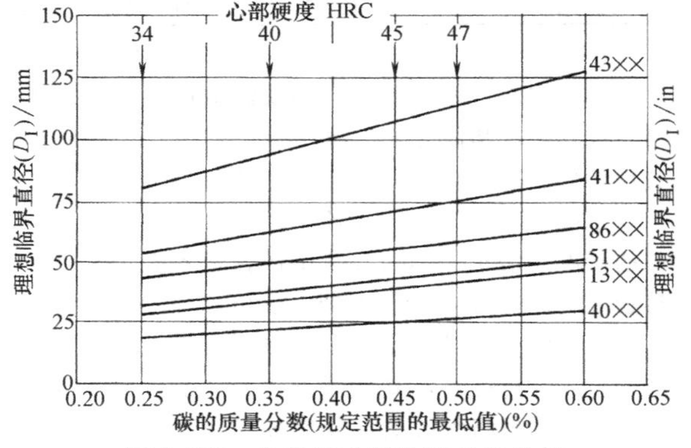

图 1-100 含碳量对每种牌号以最低化学成分计算的理想临界直径的影响

行评价：假设在理想淬火条件下，将横截面的心部淬硬到 50% 马氏体组织，通过碳和合金元素的含量对这一过程的影响进行评价。理想淬火是指热量从钢件表面释放出去的速度和它从内部被传递到表面的速度相同。通常，硬度和含碳量之间的关系在实际应用中是很重要的，但是，用于这种评定方法中却是模糊的，因为钢被认为具有恒定的微观结构。硬度是随着含碳量的降低而不断下降的。

1.2.14 根据末端淬火试验位置对 H 钢进行分类

由表 1-22 可见，位于 H 钢末端淬火试样硬度带的下限上，六个不同的硬度水平被指定为淬火态硬度：55HRC、50HRC、45HRC、40HRC、35HRC 和 30HRC。最后两个硬度水平主要用于渗碳零件的心部硬度。表中包含了已经建立 H 带的大部分钢，而且已被绘入图 1-80 和图 1-81，这样做减少了需要查阅的图表的数量，而在过去，为了选择一种钢，这些图表是必需的。在下面的例子中介绍了图 1-80 和表 1-22 的使用方法。

表 1-22 按照各种末端淬火距离的最小硬度对 H 钢进行分类

至水冷端的距离/(1/16in)		与淬透性试样至水冷端的距离指定的硬度处相交的具有最小淬透性曲线的 H 钢	在下列等效冷却速度上使用图 1-80 获得的典型直径数据[1]/in					
			3/4 半径处		1/2 半径处		心部	
			油淬，流速为 200ft/min；$H=0.5$	水淬，流速为 200ft/min；$H=1.5$	油淬，流速为 200ft/min；$H=0.5$	水淬，流速为 200ft/min；$H=1.5$	油淬，流速为 200ft/min；$H=0.5$	水淬，流速为 200ft/min；$H=1.5$
30HRC	2½	8617，4118，4620，5120，1038，1522，4419	0.4	1.5	—	1.1	—	0.8
	3	4812，4027，1042，1045，1146，1050，1524，1526，4028，6118	0.6	1.8	—	1.2	0.3	0.95
	3½	4720，6120，8620，4032	0.7	2.05	0.5	1.4	0.45	1.1
	4	4815，8720，4621，8622，1050[2]	0.9	2.35	0.7	1.5	0.6	1.3
	4½	46B12，4817，4320，8625，5046	1.05	2.6	0.8	1.6	0.7	1.45
	5	4037，1541，4718，8822	1.2	2.9	0.9	1.8	0.85	1.6
	5½	94B15，8627，4042，1541，15B35	1.4	3.2	1.1	1.9	1.0	1.7
	6	94B17	—	—	—	—	—	—
	6½	4820，1330，4130，8630，1141	1.7	3.8	1.4	2.2	1.25	2.0
	7	9130，5130，5132，4047	1.85	—	1.5	2.4	1.35	2.1
	7½	1335，50B46，15B37	2.0	—	1.7	2.5	1.5	2.2
	8	5135	2.1	—	1.8	2.7	1.6	2.35
	9½	1340	2.5	—	2.2	3.3	1.9	2.7
	10	8635，5140，4053，50B40	2.6	—	2.3	3.4	2.0	2.8
	11	4640	2.8	—	2.4	3.7	2.15	3.0
	12	8637，1345，50B44，5145，94B30	3.05	—	2.6	3.9	2.3	3.2
	14	50B50	—	—	—	—	—	—
	16	4135，5147，8645，8740	3.85	—	3.3	—	2.8	3.85
	20	4063	—	—	3.6	—	—	—
	22	4068，50B60，5155，86B30，9260	—	—	3.7	—	—	—
	24	4137，5160，6150，81B45，51B60，8650	—	—	3.85	—	—	—
	32	4140	—	—	—	—	—	—
35HRC	1½	8617	—	0.9	—	0.8	—	0.45
	2	4812，4118，4620，5120，1038，1522，4419，6118	—	1.2	—	0.9	—	0.65
	2½	4028，4720，8620，4027，1042，1045，1146，1050，1524，1526	0.4	1.5	—	1.1	—	0.8
	3	9310，46B12，4320，6120，8720，4621，8622，8625，4032，4815	0.6	1.8	—	1.2	0.3	0.95
	3½	4815，4817，94B17，5046，1050[2]，4781，8822	0.7	2.05	0.5	1.4	0.45	1.1
	4	8627，4037	0.9	2.35	0.7	1.5	0.6	1.3
	4½	94B15，4042，1541	1.05	2.6	0.8	1.6	0.7	1.45

（续）

至水冷端的距离/(1/16in)		与淬透性试样至水冷端的距离指定的硬度处相交的具有最小淬透性曲线的 H 钢	在下列等效冷却速度上使用图 1-80 获得的典型直径数据①/in					
			3/4 半径处		1/2 半径处		心部	
			油淬，流速为 200ft/min；$H=0.5$	水淬，流速为 200ft/min；$H=1.5$	油淬，流速为 200ft/min；$H=0.5$	水淬，流速为 200ft/min；$H=1.5$	油淬，流速为 200ft/min；$H=0.5$	水淬，流速为 200ft/min；$H=1.5$
35HRC	5	4820，1330，4130，5130，8630，5132，1141，50B46，4047，15B35，94B17	1.2	2.9	0.9	1.8	0.85	1.6
	5½	1335	1.4	3.2	1.1	1.9	1.0	1.7
	6	5135	1.55	3.5	1.2	2.1	1.1	1.85
	6½	15B37	—	—	—	—	—	—
	7	8635，1340，5140，4053	1.85	—	1.5	2.4	1.35	2.1
	8	4063，1345，5145	2.1	—	1.8	2.7	1.6	2.35
	8½	8637	2.2	—	1.9	2.9	1.7	2.45
	9	4640，4068，50B40	2.35	—	2.0	3.1	1.8	2.6
	9½	8640，50B44，5150	2.5	—	2.2	3.3	1.9	2.7
	10	8740，9260	—	—	—	—	—	—
	10½	4135，50B50	2.7	—	2.35	3.5	2.1	2.9
	13	4137	3.25	—	2.8	—	2.45	3.4
	16	4140，6150，81B45，86B30	3.85	—	3.3	—	2.8	3.85
40HRC	1	5120，6120	—	0.65	—	0.6	—	0.3
	1½	4118，4620，4320，4720，8620，8720，1038，1522，1526，4621	—	0.9	—	0.8	—	0.45
	2	8622，8625，4027，1045，1524，4028，4718	—	1.2	—	0.9	—	0.65
	2¼	1146	0.3	1.3	—	1.0	—	0.7
	2½	4820，8627，4032，1042，1050	0.4	1.5	—	1.1	—	0.8
	3	4037，8822	0.6	1.8	—	1.2	0.3	0.95
	3½	4130，5130，8630，5046，1050②，1541	0.7	2.05	0.5	1.4	0.45	1.1
	4	1330，5132，4042	0.9	2.35	0.7	1.5	0.6	1.3
	4½	5135，1141，4047	1.05	2.6	0.8	1.6	0.7	1.45
	5	1335，50B46，15B35	1.2	2.9	0.9	1.8	0.85	1.6
	5½	8635，5140，4053，15B37	1.4	3.2	1.1	1.9	1.0	1.7
	6	1340，9260，4063	1.55	3.5	1.2	2.1	1.1	1.85
	6½	8637，5145，1345	1.7	3.8	1.4	2.2	1.25	2.0
	7	4640，4068	1.85	—	1.5	2.4	1.35	2.1
	7½	8640，5150	2.0	—	1.7	2.5	1.5	2.2
	8	4135，8740，50B40	2.1	—	1.8	2.7	1.6	2.35
	8½	6145，9261，50B44，5155	2.2	—	1.9	2.9	1.7	2.45
	9	4137，8642，5147，50B50，94B30	2.35	—	2.0	3.1	1.8	2.6
	9½	8742，8645，5160，9262	2.5	—	2.2	3.3	1.9	2.7
	10½	6150，50B60	2.7	—	2.35	3.5	2.1	2.9
	11	4140	2.8	—	2.4	3.7	2.15	3.0
	11½	81B45，8650，5152	2.9	—	2.5	3.8	2.25	3.1
	12	86B30	—	—	—	—	—	—
	13	51B60	3.25	—	2.8	—	2.45	3.4
	14	8655	3.45	—	2.95	—	2.6	3.55
	15	4142	3.65	—	3.1	—	2.7	3.7
	15½	8750	3.75	—	3.2	—	2.75	3.8
	18	4145，8653，8660	—	—	3.45	—	—	—
	19	9840，86B45	—	—	3.45	—	—	—
	20	4147	—	—	3.6	—	—	—
	24	4337，4150	—	—	3.85	—	—	—
	32	4340	—	—	—	—	—	—
	36+	E4340，9850	—	—	—	—	—	—

（续）

至水冷端的距离/（1/16in）		与淬透性试样至水冷端的距离指定的硬度处相交的具有最小淬透性曲线的 H 钢	在下列等效冷却速度上使用图 1-80 获得的典型直径数据①/in					
			3/4 半径处		1/2 半径处		心部	
			油淬，流速为 200ft/min；$H=0.5$	水淬，流速为 200ft/min；$H=1.5$	油淬，流速为 200ft/min；$H=0.5$	水淬，流速为 200ft/min；$H=1.5$	油淬，流速为 200ft/min；$H=0.5$	水淬，流速为 200ft/min；$H=1.5$
45HRC	1	4027，4028，8625	—	—	—	—	—	—
	1½	8627，1038	—	0.9	—	0.8	—	0.45
	2	4032，1042，1146，1045	—	1.2	—	0.9	—	0.65
	2½	4130，5130，8630，4037，1050，5132	0.4	1.5	—	1.1	—	0.8
	3	1330，5046，1541	0.6	1.8	—	1.2	0.3	0.95
	3¼	1050②	0.65	1.9	—	1.3	0.4	1.05
	3½	1335，5135，4042，4047	0.7	2.05	0.5	1.4	0.45	1.1
	4	8635，1141	0.9	2.35	0.7	1.5	0.6	1.3
	5	8637，1340，5140，50B46，4053，9260，15B37	1.2	2.9	0.9	1.8	0.85	1.6
	5½	5145，4063	1.4	3.2	1.1	1.9	1.0	1.7
	6	4135，4640，4068，1345	1.55	3.5	1.2	2.1	1.1	1.85
	6½	8640，8740，5150，94B30	1.7	3.8	1.4	2.2	1.25	2.0
	7	4137，8642，6145，9261，50B40	1.85	—	1.5	2.4	1.35	2.1
	7½	8742，50B44，5155	2.0	—	1.7	2.5	1.5	2.2
	8	8645，5147	2.1	—	1.8	2.7	1.6	2.35
	8½	4140，6150，5160，9262，50B50	2.2	—	1.9	2.9	1.7	2.45
	9	50B60	2.35	—	2.0	3.1	1.8	2.6
	9½	81B45，8650，86B30	2.5	—	2.2	3.3	1.9	2.7
	10	5152	2.6	—	2.3	3.4	2.0	2.8
	11	51B60，8655	2.8	—	2.4	3.7	2.15	3.0
	11½	4142	2.9	—	2.5	3.8	2.25	3.1
	12	8750	3.05	—	2.6	3.9	2.3	3.2
	13	8653，8660	3.25	—	2.8	—	2.45	3.4
	14	9840，4145	3.45	—	2.95	—	2.6	3.55
	16	86B45，4147	3.85	—	3.3	—	2.8	3.85
	17	4337	—	—	3.35	—	—	—
	18	4150	—	—	3.45	—	—	—
	22	4340	—	—	3.7	—	—	—
	26	4161	—	—	—	—	—	—
	30	E4340	—	—	—	—	—	—
	36	9850	—	—	—	—	—	—
50HRC	1	4032，5132，1038	—	0.65	—	0.6	—	0.3
	1½	1335，5135，8635，4037，1042，1146，1045	—	0.9	—	0.8	—	0.45
	2	4135，1541，15B35，15B37	—	1.2	—	0.9	—	0.65
	2¼	1050②	0.3	1.3	—	1.0	—	0.7
	2½	4042	0.4	1.5	—	1.1	—	0.8
	3	8637，5140，5046，4047	0.6	1.8	—	1.2	0.3	0.95
	3½	4137，1141，1340	0.7	2.05	0.5	1.4	0.45	1.1
	4	4640，5145，50B46	0.9	2.35	0.7	1.5	0.6	1.3
	4½	8640，8740，4053，9260	1.05	2.6	0.8	1.6	0.7	1.45
	5	8642，4063，1345，50B40	1.2	2.9	0.9	1.8	0.85	1.6
	5½	8742，6145，5150，4068	1.4	3.2	1.1	1.9	1.0	1.7
	6	4140，8645	1.55	3.5	1.2	2.1	1.1	1.85
	6½	9261，50B44，5155	1.7	3.8	1.4	2.2	1.25	2.0

（续）

至水冷端的距离/(1/16in)		与淬透性试样至水冷端的距离指定的硬度处相交的具有最小淬透性曲线的H钢	在下列等效冷却速度上使用图1-80获得的典型直径数据①/in					
			3/4半径处		1/2半径处		心部	
			油淬，流速为200ft/min；$H=0.5$	水淬，流速为200ft/min；$H=1.5$	油淬，流速为200ft/min；$H=0.5$	水淬，流速为200ft/min；$H=1.5$	油淬，流速为200ft/min；$H=0.5$	水淬，流速为200ft/min；$H=1.5$
50HRC	7	5147，6150	1.85	—	1.5	2.4	1.35	2.1
	7½	5160，9262，50B50	2.0	—	1.7	2.5	1.5	2.2
	8	4142，81B45，8650	2.1	—	1.8	2.7	1.6	2.35
	8½	5152，50B60	2.2	—	1.9	2.9	1.7	2.45
	9½	4337，8750，8655	2.5	—	2.2	3.3	1.9	2.7
	10	4145，51B60	2.6	—	2.3	3.4	2.0	2.8
	10½	9840	2.7	—	2.35	3.5	2.1	2.9
	11	8653，8660	2.8	—	2.4	3.7	2.15	3.0
	11½	8645	2.9	—	2.5	3.8	2.25	3.1
	12	86B45	—	—	—	—	—	—
	13	4340，4147	3.25	—	2.8	—	2.45	3.4
	14	4150	3.45	—	2.95	—	2.6	3.55
	20	E4340	—	—	3.6	—	—	—
	22	9850，4161	—	—	3.7	—	—	—
55HRC	1	1141，1042，4042，4142，1045，1146，1050②，8642	—	0.65	—	0.6	—	0.3
	1½	50B46	—	0.9	—	0.8	—	0.45
	2	8742，5046，4047，5145	—	1.2	—	0.9	—	0.65
	2½	6145	0.4	1.5	—	1.1	—	0.8
	3	4145，8645，1345	0.6	1.8	—	1.2	0.3	0.95
	3½	86B45，5147，4053，9260	0.7	2.05	0.5	1.4	0.45	1.1
	4½	5150，4063	1.05	2.6	0.8	1.6	0.7	1.45
	5	81B45，6150，9261，5155	1.2	2.9	0.9	1.8	0.85	1.6
	5½	8650，5152，4068	1.4	3.2	1.1	1.9	1.0	1.7
	6	50B50	1.55	3.5	1.2	2.1	1.1	1.85
	6½	5160，9262	1.7	3.8	1.4	2.2	1.25	2.0
	7	4147，8750，8655	1.85	—	1.5	2.4	1.35	2.1
	7½	50B60	2.0	—	1.7	2.5	1.5	2.2
	9	8653，51B60，8660	2.35	—	2.0	3.1	1.8	2.6
	9½	4150	2.5	—	2.2	3.3	1.9	2.7
	17	9850	—	—	3.35	—	—	—

① 如果根据等效硬度，那么实际圆棒直径会变小。

② 残留合金元素多。

例2 选择一种在ϕ38mm（ϕ1½in）横截面的1/2半径处等效硬度是45HRC的钢。分析：需要选择一种钢，在用这种钢制成的零件的1/2半径处将淬硬到45HRC，这个零件有一个重要的横截面等效于ϕ38mm（ϕ1½in）圆棒。

1）为了防止畸变，假设在油中淬火，搅拌速度为60m/min（200ft/min）（$H=0.5$），并且在无氧化气氛中加热到奥氏体化温度。所以，图1-80c所示的1/2半径图表可用。

2）选择钢种。首先，在竖直轴上找到38mm并做水平线，与搅拌速度为60m/min（200ft/min）的油淬曲线（曲线5）相交于一点，通过该交点做水平轴的垂线，即可确定末端淬火圆棒上和ϕ38mm圆棒的1/2半径处冷却速度相同的位置，这个位置位于至圆棒淬火端的等效距离为6.5/16in处。然后，在表1-21中查找各种H钢末端淬火圆棒上45HRC的位置，发现8640、8740、5150和94B30钢的末端淬火距离在6.5/16in处将达到45HRC。如果其他的淬透性不能满足要求，那么在7/16in处达到45HRC的钢包括4137、8642、6145和50B40钢。9261钢也属于这类钢，但是不可以选用，因为它仅作为一种弹簧钢使用，淬火态时，其硬度必须高达50～

55HRC。因此有八种钢可用，它们能满足淬透性要求。选择者可根据这些钢的其他特性，如机械加工性、可锻性、气割性、畸变情况、可用性和成本等做出决定，并最终决定哪一种钢最适合作为所需制造工件的材料。

参考文献

1. *Metals Handbook*, American Society for Metals, 1948
2. G. Totten and C. Bates, *Heat Treating*, Vol 4, *ASM Handbook*, ASM International, 1991
3. J. L. Burns, T. L. Moore, and R. S. Archer, Quantitative Hardenability, *Trans. ASM*, Vol 26, 1938, p 1
4. M. A. Grossmann and E. C. Bain, *Principles of Heat Treatment*, 5th ed., American Society for Metals, 1964
5. *Hardenability of Steels*, American Society for Metals, 1939
6. W. Craft and J. L. Lamont, *Hardenability and Steel Selection*, Pitman Publishing, 1949
7. M. A. Grossmann, *Elements of Hardenability*, American Society for Metals, 1952
8. C. A. Siebert, D. V. Doane, and D. H. Breen, *The Hardenability of Steels: Concepts, Metallurgical Influences, and Industrial Applications*, American Society for Metals, 1977
9. D. V. Doane and J. S. Kirkaldy, Ed., *Hardenability Concepts with Applications to Steel*, American Institute of Mining, Metallurgical, and Petroleum Engineers, 1978
10. B. Liščić, Hardenability, *Steel Heat Treatment: Metallurgy and Technologies*, G. E. Totten, Ed., CRC Press, 2007, p 213-276
11. L. C. F. Canale, L. Albano, G. E. Totten, and L. Meekisho, Hardenability of Steel, *Comprehensive Materials Processing*, G. Krauss, Ed., Elsevier Ltd., Kidlington, U. K., 2013, p 1-63
12. W. E. Jominy and A. L. Boegehold, A Hardenability Test for Carburizing Steels, *Trans. ASM*, Vol 26, 1938, p 574-606
13. W. E. Jominy, Hardenability Tests, *Hardenability of Alloy Steels (Medium-and Low-Alloy Steels up to 5% Alloy)*, The American Society for Metals, 1939, p 66-94
14. J. L. Lamont, How to Estimate Hardening Depth in Bars, *Iron Age*, Vol 152, Oct 14, 1943, p 64-70
15. C. E. Bates, *J. Heat Treat.*, Vol 6, 1988, p 27-45
16. M. A. Grossmann et al., Hardenability of Steel, *Metals Handbook*, American Society for Metals, 1948, p 494
17. G. T. Brown and B. A. James, The Accurate Measurement, Calculation and Control of Steel Hardenability, *Metall. Trans.*, Vol 4, 1973, p 2245-2256
18. T. F. Russell, "Some Mathematical Considerations on the Heating and Cooling of Steels," Special Report 14, Iron and Steel Institute, U. K., 1936, p 149-187
19. M. A. Grossmann, M. A. Asimov, and S. F. Urban, Hardenability, Its Relationship to Quenching and Some Quantitative Data, *Hardenability of Alloy Steels*, American Society for Metals, 1939, p 237-249
20. H. W. Paxton and E. C. Bain, *Alloying Elements in Steel*, American Society for Metals, 1964
21. J. P. Holman, *Heat Transfer*, McGraw-Hill Kogakusha, Ltd., Tokyo, 1976, p 114-115
22. R. Kern, Distortion and Cracking, II: Distortion from Quenching, *Heat Treat.*, March 1985, p 41-45
23. D. J. Carney, Another Look at Quenchants, Cooling Rates and Hardenability, *Trans. ASM*, Vol 46, 1954, p 882-927
24. *Practical Data for Metallurgists*, 17th ed., Timken
25. *Atlas: Hardenability of Carburized Steels*, Climax Molybdenum, 1960
26. C. F. Jatczak, Effect of Microstructure and Cooling Rate on Secondary Hardening of Cr-Mo-V Steels, *Trans. ASM*, Vol 58, 1965, p 195
27. R. A. Grange, Estimating the Hardenability of Carbon Steels, *Metall. Trans.*, Vol 4, Oct 1973, p 2231
28. J. H. Hollomon and C. Zener, Quenching and Hardenability of Hollow Cylinders, *Trans. ASM*, Vol 33, 1944, p 1
29. I. R. Kramer, S. Siegel, and J. G. Brooks, Factors for the Calculation of Hardenability, *Trans. AIME*, Vol 167, 1946, p 670
30. A. R. Marder, Heat-Treated Alloy Steels, *Encyclopedia of Materials Science and Engineering*, Vol 3, M. B. Bever, Ed., Pergamon Press and MIT Press, 1986, p 2111-2116
31. R. W. K. Honeycombe, *Steels—Microstructure and Properties*, Edward Arnold, London, 1982
32. *Heat Treating of Irons and Steels*, Vol 4B, *ASM Handbook*, ASM International, to be published in 2014
33. J. S. Kirkaldy, Quantitative Prediction of Transformation Hardening in Steels, *Heat Treating*, Vol 4, *ASM Handbook*, ASM International, 1991, p 20-32
34. J. S. Kirkaldy and S. E. Feldman, Optimization of Steel Hardenability Control, *J. Heat Treat.*, Vol 1, 1989, p 57-64
35. G. T. Eldis, A Critical Review of Data Sources for Isothermal and Continuous Cooling Transformation Diagrams, *Hardenability Concepts with Applications to Steel*, D. V. Doane and J. S. Kirkaldy, Ed., Metallurgical Society of AIME, 1978, p 126-157
36. P. Maynier, J. Dollet, and P. Bastien, Prediction of Microstructure via Empirical Formulae Based on CCT Diagrams, *Hardenability Concepts with Applications to Steel*, D. V. Doane and J. S. Kirkaldy, Ed., Metallurgical Society of AIME, 1978, p 163-178
37. M. A. Grossmann, Hardenability Calculated from Chemical Composition, *Trans. AIME*, Vol 150, 1942, p 227
38. "Hardenability Slide Rule," U. S. Steel Corp., 1970

39. "Hardenability Index Slide Rule," Climax Molybdenum Company
40. C. F. Jatczak, Determining Hardenability from Composition, *Met. Prog.*, Vol 100 (No. 3), Sept 1971, p 60
41. E. Just, *Met. Prog.*, Nov 1969, p 87-88
42. J. L. Dossett, Make Sure Your Specified Heat Treatment Is Achievable, *Heat Treat. Prog.*, March/April 2007, p 23

1.3 碳钢和低中碳低合金钢淬透性的计算

1.3.1 引言

钢的淬透性是决定淬火后的硬化深度及硬度分布情况的一种特性。钢件的淬透程度和深度是非常重要的材料和工艺设计参数，因此，淬透性通常是选择热处理零件用钢的唯一的最重要因素。淬透性描述了钢件马氏体相变淬火硬化的能力，并且这种能力与奥氏体化温度、奥氏体化之后的冷却速度、零件尺寸和形状等参数相关。淬透性也经常称为所需淬冷烈度的逆向测量，该淬冷烈度能将在奥氏体化温度下加热的钢淬火形成马氏体组织，避免扩散相变组织（如珠光体和贝氏体）的产生。

淬透性是与钢的化学成分相关的一个特性，它取决于含碳量和其他合金元素以及奥氏体相的晶粒度。人们已经发现了根据钢的化学成分计算淬透性的方法。通过计算碳当量来确定各种合金元素的相对重要性和影响。计算淬透性的一个优点是，可以使用有限数量的试验测量数据（根据末端淬火试验程序以及晶粒度和化学成分数据）来预测各种钢的淬透性。计算淬透性的更实用的优势是在热处理工艺个性化方面具有潜力，为了适应特殊顾客要求的最终热处理的硬度分布横截面，可定制热处理工艺。

本节介绍了确定浅层硬度、低碳钢、普通碳钢、低合金中碳钢的淬透性的预测方法。渗碳钢淬透性的相关内容将在单独的章节中介绍。高碳钢（渗碳的）的淬透性具有一些独特特征，需要专门讨论（见本书“高碳钢淬透性的计算”）。

本节也介绍了淬透性的研究背景以及试验测量与量化的实践。给出了各种试验程序的概述，采用手工和计算机计算的方法确定和量化钢的淬透性，包括经典的断裂和腐蚀、格罗斯曼淬透性和末端淬火试验。然后，它以这些内容为背景，在各种淬透性计算的预测工具中使用淬透性的核心概念。

1.3.2 淬透性计算原则

L. L. 米其秀（L. L. Meekisho），波特兰州立大学

连续冷却转变（CCTs）是理解和量化钢的热处理的核心。淬透性是热处理实践的普遍目标之一。它被定义为钢铁材料奥氏体化之后淬火获得硬化的能力。大部分热处理过程包括把钢加热到奥氏体化温度范围，然后按照能够获得目标相变产物的预定路径进行冷却。相变产物及其力学性能和工艺性能取决于冷却速度。根据图 1-101，比较一种共析钢承受两种不同冷却速度时的情况。图中需要注意的是，时间刻度是以对数刻度为依据的，使用对数刻度可以描绘数小时内冷却时间的轨迹。也要注意接近 C 形状的虚线曲线，它代表在等温状态下，珠光体转变的开始和终了曲线。实线曲线表示连续冷却条件下转变开始和终了曲线。由 CCTs 可知，珠光体转变在较低的温度下发生，并且与等温转变相比其时间有所延迟。

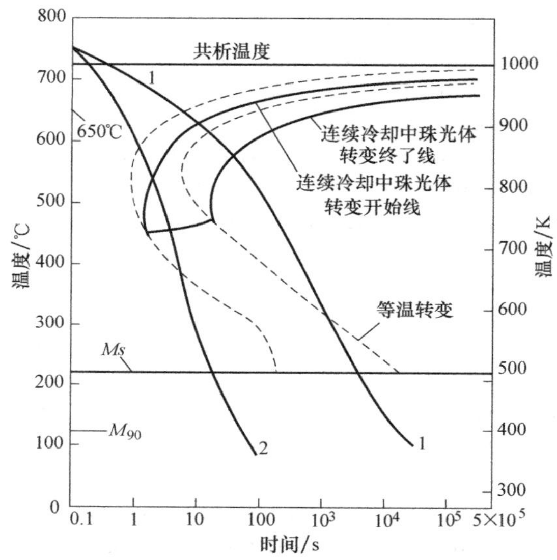

图 1-101 共析钢的连续冷却图和等温转变图之间的关系

一种材料达到某一硬度的能力是与该种材料能够达到的最高硬度相关联的，相应地，它取决于这种材料的含碳量。严格地说，这里的含碳量是指奥氏体化过程中分解在奥氏体相中的碳原子数量，因为这是在奥氏体向马氏体转变过程中发挥主导作用的碳。淬透性一词是由克劳斯（Krauss）定义的，它是当从上临界点温度（Ac_3），即奥氏体化温度下淬火时，铁基合金形成马氏体的相对能力。

在淬火期间，一定尺寸钢件的表面冷却速度预计将自然高于其心部冷却速度。这些冷却速度也和淬冷烈度成正比关系，或者说，与依次确定相变产物的冷却过程的速度成正比关系。图 1-102 所示为一种共析钢的不同的冷却速度与显微组织的对应关系。虚线描述了对应于临界冷却速度的冷却路径。比临界冷却速度快（如虚线的左边）时将产生马氏体组织，比临界冷却速度慢时则会产生含有一定量的珠光体的组织。

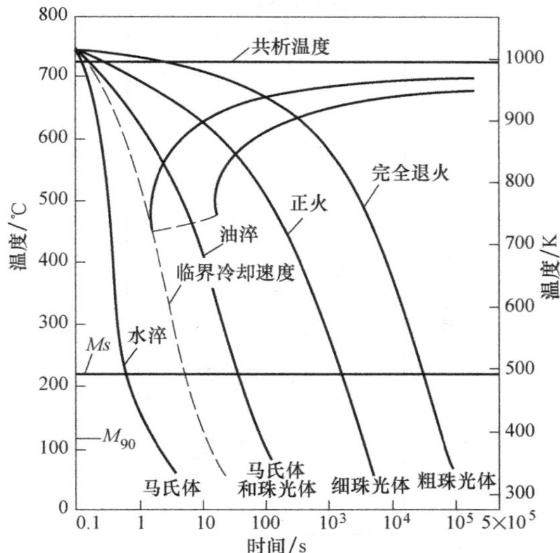

图 1-102　共析钢的冷却速度与显微组织的对应关系

临界冷却速度和圆棒临界直径的理论概念和实际含义已经经过大量试验研究并被广泛记载。这些都是复杂的交叉学科问题，这使得它们自然适合实施预测/建模的方法，后文中将进行讨论。例如，确定 50%马氏体和 50%珠光体组织分布深度的研究，这一组织分布受几个因素的影响，包括钢的化学成分、奥氏体晶粒度、淬冷烈度及圆棒直径等。如图 1-103 所示，一根 ϕ25mm（ϕ1in）圆棒的中间有一个独特的 50%马氏体和 50%珠光体组织分布，更高的马氏体含量趋向表面。这个直径称为临界直径。相同的淬火条件下，由同种钢材制成的圆棒，直径较小的将在整个横截面上得到高硬度的马氏体组织；当对较大直径的圆棒进行类似处理时，则会得到软的珠光体心部和硬的马氏体表面。可以推测，图 1-103中的钢有合适的淬透性，因为它的临界直径为 25mm（1in）。如果按要求添加合金元素则可以提高淬透性水平，并可相应地增加临界直径。

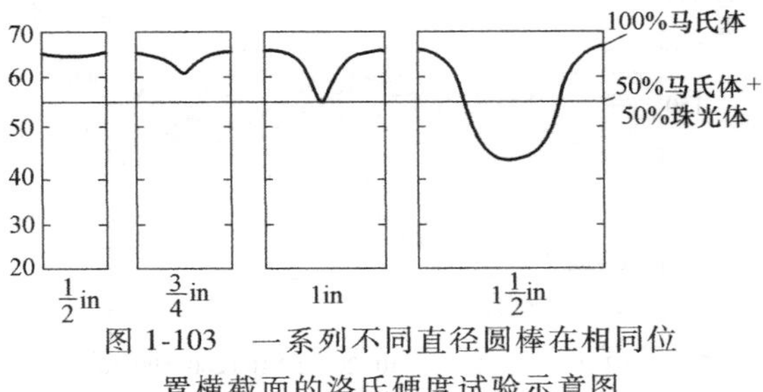

图 1-103　一系列不同直径圆棒在相同位置横截面的洛氏硬度试验示意图

可以根据钢的临界直径 D 来测量钢的淬透性，但该方法受热量排出速度的影响，这与所使用的淬火系统有关。为了建立统一的淬火参考基准，在淬透性测量方面，热处理实践普遍采用一种标准的冷却介质。这个标准通常称为理想淬火，它使用的是一种假想的淬火冷却介质，假设这种淬火冷却介质能够把钢的表面温度冷却到浴液的温度并保持该温度。理想淬火条件下钢的临界直径称为理想临界直径（记作 D_{I}或者 DI）。典型淬火状态的淬冷烈度（H）见表 1-23。几种淬冷烈度（H）的临界直径（D）与理想临界直径（D_{I}）与冷却速度（H）的关系如表 1-104 所示。图 1-104 所示为计算淬透性时建模的一个良好的共性基准。

表 1-23　典型淬火状态的淬冷烈度（H）

H	淬火状态
0.20	普通淬火油，无搅拌
0.35	提纯淬火油，适当搅拌
0.50	商品级淬火油，良好搅拌
0.70	高速淬火油，剧烈搅拌
1.00	普通水淬火，无搅拌
1.50	优质水淬火，强烈搅拌
2.00	盐水淬火，无搅拌
5.00	盐水淬火，剧烈搅拌
∞	理想淬火

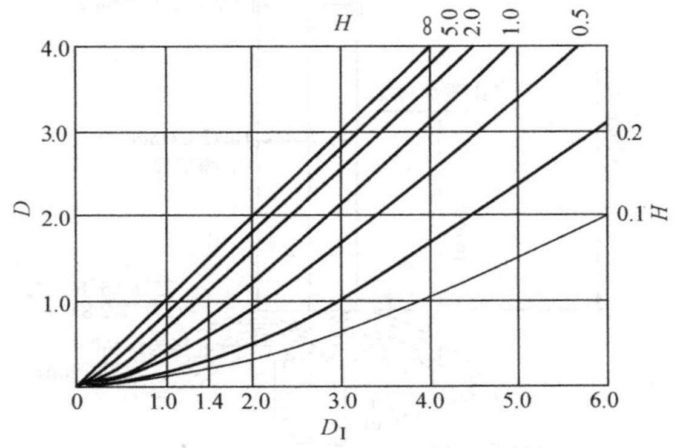

图 1-104　几种淬冷烈度（H）的临界直径（D）与理想临界直径（D_{I}）的关系

1.3.3　钢淬透性的建模方法

钢的淬透性是含碳量、其他合金元素以及奥氏体晶粒度的一个函数。各种合金元素的相对重要性和影响是通过确定钢的碳当量来计算的。通常，含碳量越高，淬透性越高。合金元素，如镍、锰、铬和钼趋向于增加淬硬深度。

如上所述，淬透性也常常被称为淬冷烈度的逆向测量。因此，淬透性（钢的化学成分）在确定产生马氏体组织的临界冷却速度中起关键作用。所使用的淬火冷却介质直接影响冷却速度，因为热传导和比热容取决于含碳量和其他合金元素。液体如盐水和水比空气和油有更高的冷却速度。另外，当流体受到搅拌时，它的冷却速度增加得十分显著。淬火零件的几何尺寸也影响冷却速度，例如，对于两个体积相同的试样，具有较大表面积的试样冷却得较快。这个概念可以延伸到同时淬火的一批零件上，可以推测：批量越小，实现均匀淬火的可能性越大。

铁基合金淬透性的测量通常采用末端淬火试验：将一根标准尺寸的金属圆棒（ASTM A255）放入炉中加热到100%奥氏体化，然后迅速将其转移到一个末端淬火槽中，使用室温的水对圆棒一端淬火。一种典型的末端淬火淬透性测量装置如图 1-105 所示。淬火端的冷却速度必定最高，越靠近暴露在室温空气中的另一端，其冷却速度越慢。沿着圆棒长度方向以 1.6mm（1/16in）为间隔测量硬度，然后确定淬透性，可以推测：可淬硬度部分距离淬火端越远，合金的淬透性越高。已有大量文献记载了通过试验以及计算机计算建模所做的淬透性研究。

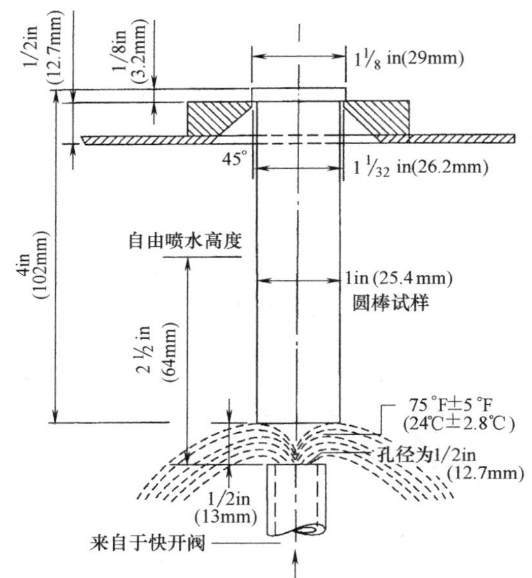

图 1-105 典型的试样末端淬火试验装置

进行淬透性的量化预测时必须注意：即使末端淬火试验程序和数据抽样是依据 ASTM 标准进行的，硬度和深度之间也有明显的差距。图 1-106 所示为相同晶粒度的 SAE 8620 钢在不同实验室得到的末端淬火淬透性结果。试验设备、环境不同，以及把试样转移到试验装置上的操作者的效率不同，都会对数据的分散性造成影响。

4140 钢也有类似趋势的记录。这种差异在文献中被广泛报道，可能是由于错误地报道了原本正确的钢的化学成分，粗心大意和试验步骤错误，或者过程控制错误。

从末端淬火曲线中提取的淬透性数据与 CCT 曲线和 IT 曲线密切相关。CCT 曲线和 IT 曲线是冶金学

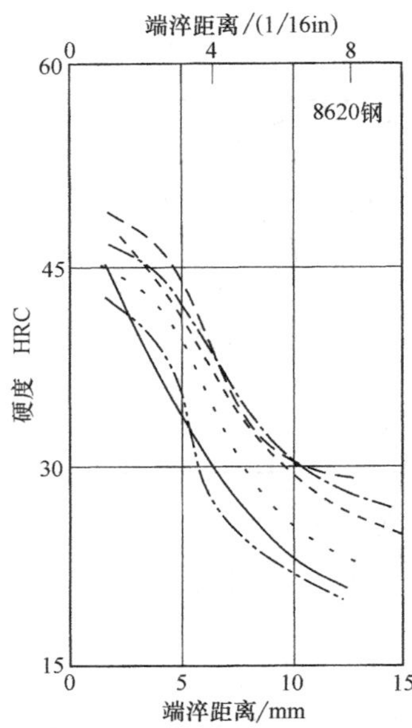

图 1-106 化学成分和晶粒度大致相同的 SAE 8620 钢在几个实验室的端淬试样报告总结

的核心知识。使用不同的冷却速度得到的显微组织确定末端淬火试样的硬度分布，这些显微组织可以从 CCT 曲线和 IT 曲线坐标轴的相同位置叠加得到，如图 1-107 所示。这种典型的结构形式对预测任意形状零件的力学性能的发展机制有很大的帮助。

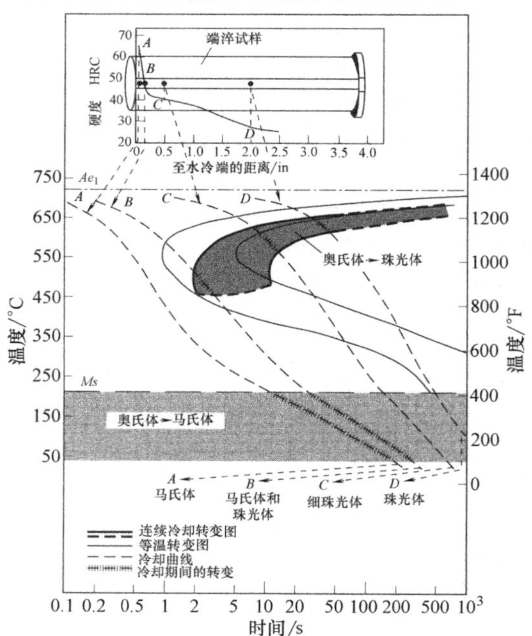

图 1-107 共析钢连续冷却转变曲线和等温转变曲线之间的关系（四种冷却路径 *A*、*B*、*C* 和 *D* 及其对应的转变产物）

预测钢的淬透性是一个复杂的过程。需要量化相当复杂的瞬态热温度场，涉及跨学科的方法，该温度场驱动了微观结构的发展、力学响应和相变行为，如图 1-108 所示。

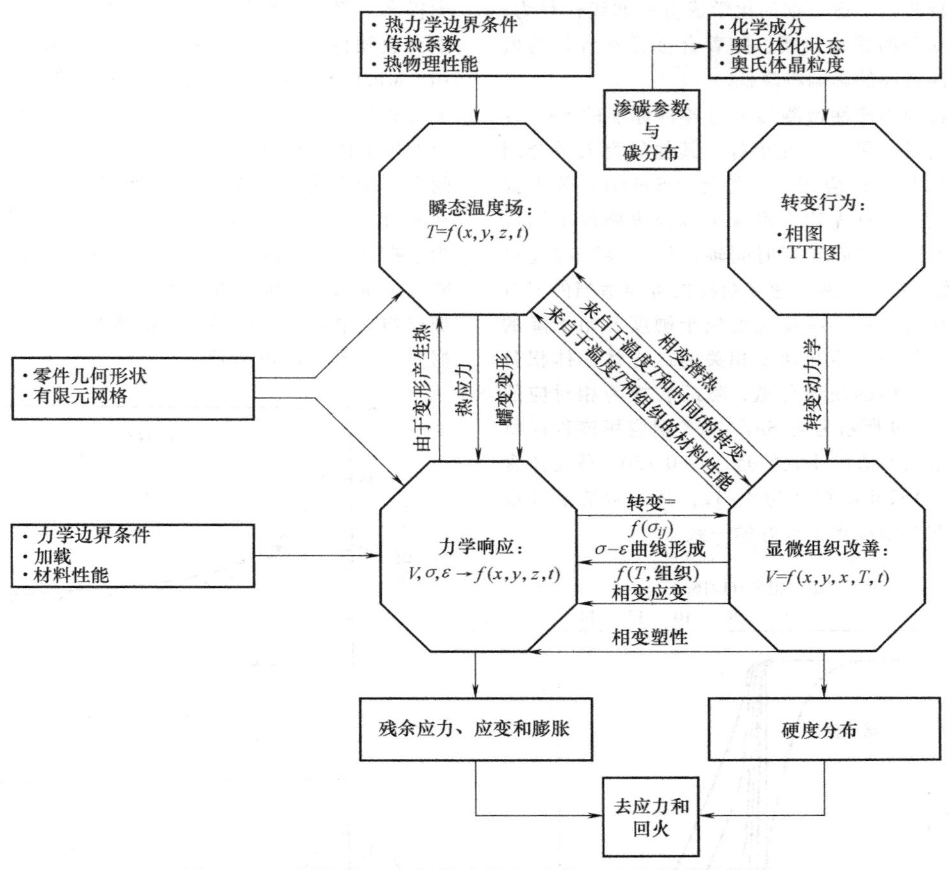

图 1-108 预测低合金钢热力学行为的一般程序系统简图

某些文献中介绍了一些在不同程度上成功预测了合金钢淬透性的实施模型。格罗斯曼的淬透性系数在很长一段时间内都是实际操作中的标准。随后，柯卡尔迪（Kirkaldy）消除了格罗斯曼模型的几个缺点，并且到目前为止，它仍作为对淬透性模型进行比较的基准。

为了解决合金钢的淬透性建模的困难，有限元分析（FEA）技术已经被许多研究者所接受，作为一种普遍工具。李（Li）等人开发了一种计算机模型来预测钢的淬透性。这个模型能够预测可进行热处理的钢的末端淬火圆棒的硬度分布，通过与一个热力学模型相结合来计算多组分 Fe-C-M 系统中的相平衡，模拟末端淬火圆棒的传热有限元模型，以及奥氏体分解反应动力学模型。该过程需要使用几个子程序，被纳入一个商业开发的有限元程序，即 ABAQUS。该研究得出结论，参考模型与柯卡尔迪（Kirkaldy）的研究工作相符，而且对其研究进行了一些改进，并提高了可靠性。

马利克泽迪（Malikizadi）依靠商业计算软件 MATLAB 应用有限元分析来模拟粉末冶金钢的冷却行为和组织转变。其工作的显著成就在于对预测的淬透性行为与完善的试验基准进行了比较。

贾斯特（Just）利用平均含碳量与合金钢成分之间的关系来开发计算淬透性曲线方程。为了完成这个预测建模工具，贾斯特采用多元回归分析确定在一段时间内单个合金元素变化的影响，同时内保持其他变量不变。但这种方法显然不能可靠地实现淬透性的精确预测。作者建议，这种方法的作用主要是协助合金设计人员选择一个特定应用的钢种，以及协助冶金学家用多种方法来微调熔体。通过这种方法预测硬度（HRC）的实例如下：

$$J_1 = 52(\%C) + 1.4(\%Cr) + 1.9(\%Mn) + 33HRC$$

$$J_6 = 89(\%C) + 23(\%Cr) + 7.4(\%Ni) + 24(\%Mn) + 34(\%Mo) + 4.5(\%Si) - 30HRC$$

$$J_{22} = 74(\%C) + 18(\%Cr) + 5.2(\%Ni) + 16(\%Mn) + 21(\%V) + 4.5(\%Si) - 29HRC$$

其中下标数字 1、6 和 22 在方程中表示 1/16in、6/16in 和 22/16in 的末端淬火距离。在后续的研究中，贾斯特改善了适应钢的化学成分的非线性行为，钢的化学成分的试验表明，随着合金元素含量的增加，其对淬透性的影响将降低。

贾斯特的淬透性预测结果与各种标准的 SAE 牌号的钢的测量结果一致性很好。其他研究人员介绍了多元回归算法的应用。西伯特（Siebert）等人提出了一个程序，首先建立沿着末端淬火圆棒不同位置的冷却速度，然后转变时间轴，如“零”时间对应 Ae_3温度。对应的冷却速度曲线便可与适当的 CCT 开始曲线相关。临界冷却速度位于硬度开始下降的这一点。把每一个冷却速度相关的珠光体的体积分数转化为马氏体的质量分数，然后转换为相对应的硬度。图 1-109 所示为对 SAE 4068 钢应用该程序所得的研究结果，值得注意的是，在 0~50% 马氏体含量范围内，ASTM 晶粒度为 4~12，其试验结果（虚线）与预测结果取得了很好的一致。

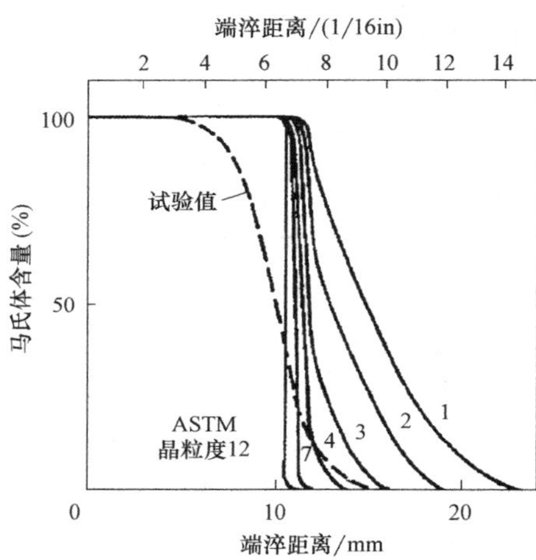

图 1-109 预测 SAE 4068 钢与晶粒度对应的末端淬火曲线

萨米恩托（Sarmiento）等人应用几种数据预测工具来改善 SAE J 406 钢淬透性的预测结果。为了完成对淬透性预测的改进，他们使用了 INC-PHATRAN 和 INDUCTER-B 程序，这些程序是为热处理工艺建模而研发的，充分改善钢的淬透性试样中硬度分布的预测结果。硬度预测结果起初没有其他已经建立的预测工具那么成功，如 CAT、STECAL、AMAX 和 Minitech（卡特、斯迪克、安迈信和市敏驰科技）。之后，他们对预测数据运用了最小二乘法拟合程序，结果是 SAE J 406 显著提高了淬透性的预测准确性。实际上，改进的 SAE J 406 的预测方法导致形成了 J 曲线。对于多种不同的钢材，J406 预测的结果和试验测定结果之间保持了正确的曲线轨迹。

利用计算机技术，如数据采集系统和软件，大大提高了钢淬透性预测计算的实用性和可靠性。一些商业软件，如 Minitech Predictor 可在公共领域使用。Minitech 的典型输入数据为末端淬火硬度、化学成分和估计的晶粒度，它预测的连结计算数据点所得的硬度曲线与典型的末端淬火距离的初始曲线之间有一定距离，如图 1-110a 所示。这清楚地表明，在测量结果和预测结果之间存在一个显著的差异。为了提高数字处理的可靠性，以迭代的方式调整有效含碳量和晶粒度，以最大限度地减小试验数据的加权均方根偏差。最终预测的数据点分布与试验数据曲线如图 1-110b 所示。

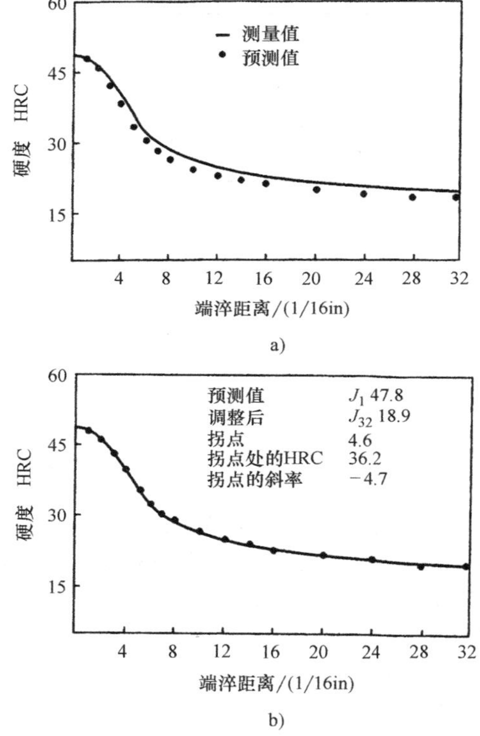

图 1-110 为更符合末端淬火测量数据，Minitech 预测器数据处理的输出

a）初始轨迹 b）最终轨迹

利用 Minitech 的计算机辅助计算技术，完全可以用计算末端淬火曲线来代替试验测量末端淬火曲线。对钢件进行热处理时，如果对它做试验很困难或者几乎不可能做试验，如 SAE 8620H 钢，则计算末端淬火曲线是一种极具潜力的工具。

在精炼冶炼过程中，对淬透性可靠预测的实际应用比比皆是。例如，用户希望钢的末端淬火硬度轨迹有三个特定的点在 SAE 8620H 钢的 H 淬透带内，如图 1-111a 所示。借助于 Minitech 计算，在最终加热时，用户的技术要求如图 1-111b 所示。

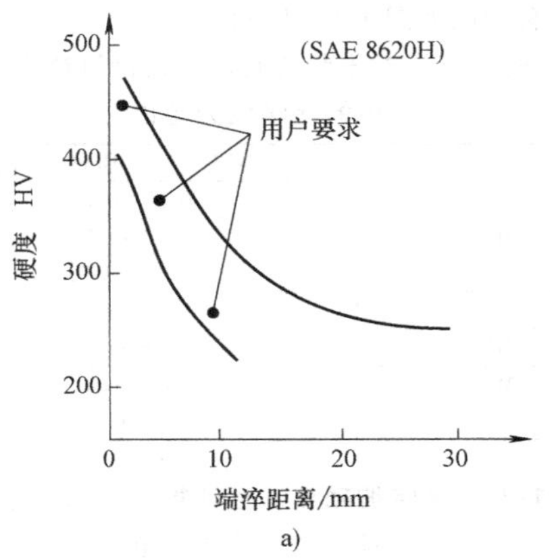

a)

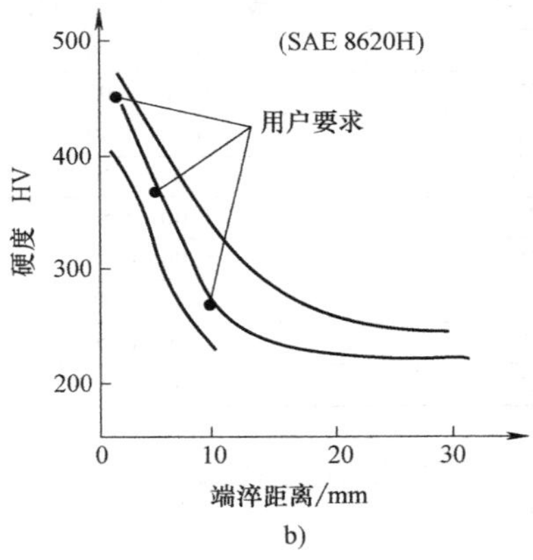

b)

图 1-111　Minitech 技术的实际应用
a）用户要求淬透性在 SAE 8620H 的 H 带之内　b）最终加热的末端淬火曲线

布鲁克斯（Brooks）介绍了一种类似于西伯特等人的分析方法，它相当于更为完善的贾斯特的原始回归分析。作为化学成分的函数的不同末端淬火距离处的硬度的布鲁克斯方程见表 1-24。元素符号旁的数字代表该元素的质量分数。晶粒度没有包括在布鲁克斯的回归分析中。但是，要求晶粒度的范围是 ASTM 8~12；化学成分范围见表 1-25。

利用神经网络模拟钢的淬透性是另一种建模工具，它在研究淬透性计算的文献中已经有一定数量的报道。多布兰斯基（Dobranski）等人依据钢的化学成分研发了预测钢的淬透性的一种建模技术。他们的工作是基于多层前馈神经网络，该网络的学习规则是基于误差传播算法。他们的技术包括 500 多个神经网络，具有不同数量的隐藏层和隐藏神经元。该技术使用大的迭代次数（100~10000），从而产生了一个强大的建模工具，可成功地预测多种钢的淬透性，以及各种渗碳钢的淬透性。

表 1-24　布鲁克斯的淬透性预测方程

端淬距离/(1/16in)	硬度 HRC
1	$204C+4.3Si+8.32Cu-241.3C^2B+11.03$
2	$207.9C+7.06Cu-246.3C^2+400MnB+9.94$
3	$226.3C+2.28Mn+6.15Cu-281.7C^2+7.43\times10^3C^3B+4.176$
4	$7.02Ni-13.07+23.9\times10^3CB-9.01\times10^8CB^2+47.76$
5	$17.88Ni-11.76Cr+33.8\times10^3CB-19\times10^6CB^2+5.29\times10^3MnB+39.8$
6	$41.73Ni-80.32MnS+23.5\times10^3CB-23.1\times10^6CB^2+10.27\times10^3MnB+32.9$
7	$8.46Mn-115.6S+64.4Ni+26.7Cr-17.4\times10^6CB^2+12.47\times10^3Mn^2B+18.1$
8	$14.34Mn-80.34S+68.77Ni+36.84Cr-16.13\times10^6CB^2+9.89\times10^3Mn^2B+7.7$
9	$27.15Mn+136.9P+69.06Ni+33.6Cr+1.715Mn^2B-9.329$
12	$14.01Mn+87.59P+31.33.Ni+21.17Cr+70.76Mo+5.49$
16	$22.93C+9.173Mn+50.54P+16.36Ni+13.29Cr+57.44+1.696$
20	$29.11C+10.41Mn+1.02Ni+12.71Cr+50.43Mo-2.93$

表 1-25　布鲁克斯方程的化学成分范围

元素	化学成分范围(质量分数,%)
C	0.28~0.46
Mn	0.8~1.4
Si	0.13~0.39
Ni	0.00~0.28
Cr	0.05~0.25
Mo	0.01~0.06
Cu	0.08~0.22
B	0.0001~0.0019

1.3.4　卡特彼勒淬透性计算器（1E0024）

穆罕默德·摩尼鲁斯扎曼（Mohammed Maniruzzaman）、马修 T·凯泽（Matthew T. Kiser），卡特皮勒有限公司

合金钢的淬透性是指奥氏体组织淬火时合金转变成马氏体的相对能力。它通常是对在给定钢的表面以下能够通过淬火获得规定硬度处进行测量所得的深度，如达到 50HRC 或者得到一种规定的显微组织，如 50% 马氏体和 50% 其他转变产物。淬透性受到奥氏体晶粒度、含碳量和合金元素含量的影响。

卡特皮勒淬透性计算器（1E0024）是一款个人计算机程序，它可以根据钢的化学成分计算末端淬火曲线。这种计算器的使用方法是基于钢的化学成分对应的理想临界直径（D_1）来进行估算，采用格

罗斯曼定义淬透性的方法。当进行理想淬火（如格罗斯曼淬冷烈度 $H=\infty$）时，D_I 代表心部淬火能达到 50%马氏体的钢棒直径。$H=\infty$ 是一个假设的淬冷烈度，在该 H 值下，淬火圆棒的表面温度瞬间降至淬火冷却介质的温度。

卡特皮勒改进了使用轧钢厂炉号数据的格罗斯曼碳淬透性系数。它使用硼系数，该系数是含碳量和合金含量的函数，提高了 D_I 的计算精度，用硼和非硼钢的分离系数来描述淬透性曲线的固有形状差别。这一精度上的提高是分析了成千上万炉号的硼钢和非硼钢的结果，如 AISI 15××、41××、50××和86××-系列钢。随着硼钢合金系数达到 26，当理想直径 D_I 为 25～177.5mm（1.0～7.0 in）时，计算结果是有效的，化学成分范围见表 1-26。

1E0024 的预测结果可以用在低、中碳钢中。假设奥氏体晶粒度是 ASTM 7，因为轧钢厂炉号中符合这个晶粒度的百分比高。出于设计目的，仅仅在 D_I、合金系数以及前述化学成分范围之内，计算的理想临界直径（D_I）和末端淬火淬透性曲线是有效的。为了估计高合金钢的淬透性，可使用淬透性乘积系数来计算表 1-27 所列化学成分范围内的理想临界直径（D_I）。

计算 D_I 的方法和卡特皮勒淬透性计算器的末端淬火曲线类似于 SAE J406 和 ASTM A 255-10 中描述的程序。卡特皮勒淬透性计算器也允许对两种成分钢的淬透性预测进行比较，并可显示和/或打印计算结果和末端淬火淬透性曲线的分布。程序输入和输出的屏幕截图如图 1-112 所示。

表 1-26 在卡特彼勒淬透性计算器中使用的化学成分范围

元素	化学成分范围(质量分数,%)
C	0.10～0.70
Mn	0.50～1.65
Si	0.15～0.60
Cr	1.35max
Ni	1.50max
Mo	0.55max
V	0.20max

表 1-27 卡特彼勒淬透性计算器（适用于熔炼过程）的化学成分范围

元素	化学成分范围(质量分数,%)
C	0.00～0.90
Mn	0.00～1.95
Si	0.00～2.40
Cr	0.00～2.50
Ni	0.00～3.50
Mo	0.00～0.55
Cu	0.00～0.55
V	0.00～0.20
Zr	0.00～0.25

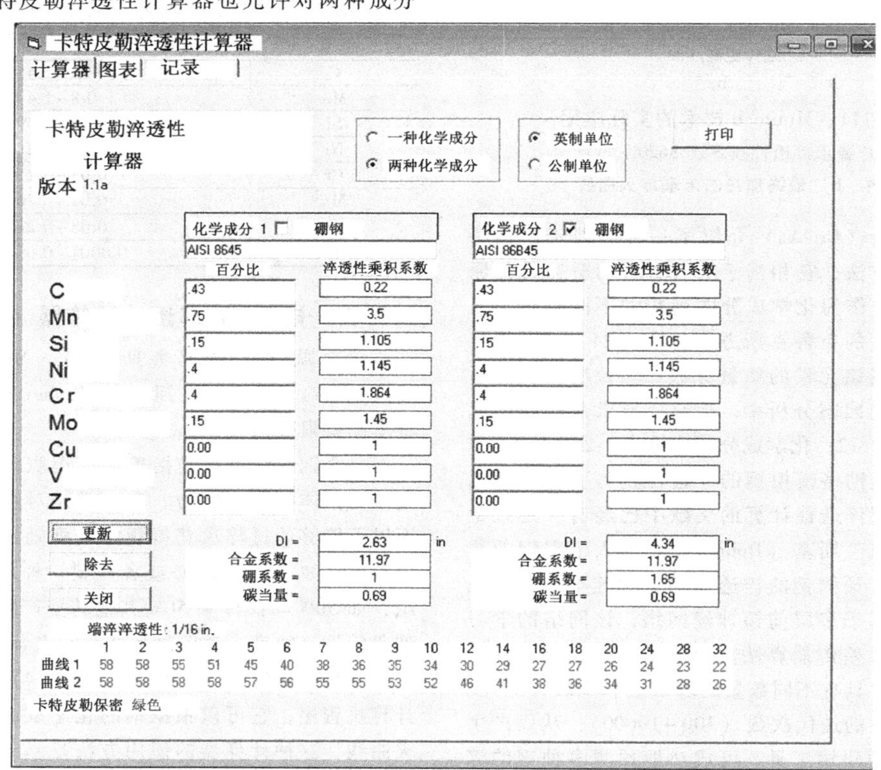

图 1-112 卡特皮勒淬透性计算器的屏幕截图（显示数据输入和一组典型的计算结果）

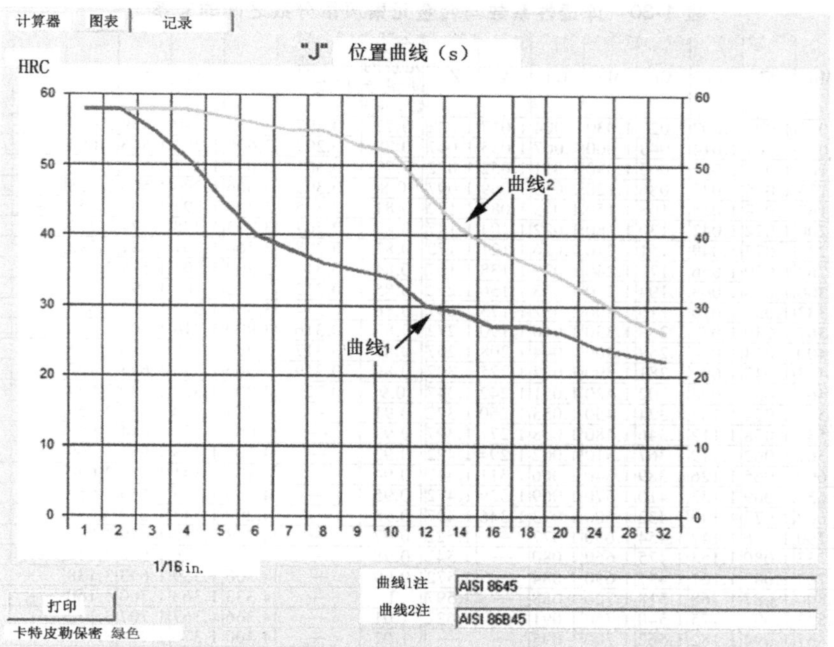

图 1-112　卡特皮勒淬透性计算器的屏幕截图（显示数据输入和一组典型的计算结果）（续）

下面以 8645 钢和 86B45 钢为例，介绍硼钢和非硼钢理想临界直径 D_I 的计算方法。除了 D_I、合金系数和硼钢系数之外，也通过下列方程计算碳当量（C_{eq}），它对于钢的焊接性是一个重要的影响因素。

$$C_{eq}=w(C)+\frac{w(Mn)}{6}+\frac{w(Cr)+w(Mo)+w(V)}{5}+\frac{w(Ni)+w(Cu)}{15}$$

式中，w_i 是合金元素 i 的质量分数。

1.3.5　非硼钢 D_I 的计算

格罗斯曼首先介绍了已知钢的化学成分和奥氏体晶粒度，考虑碳和其他合金元素的影响，计算 D_I 的详细方法。他确定了单个合金元素对淬透性的影响，并且表达了作为取决于合金元素含量的一个系数的影响。之后，用普通碳素钢的 D_I 与每个合金元素系数相乘来预测合金钢的 D_I。在参考文献 20 中详细地讨论了这种方法。

在卡特皮勒淬透性计算器中，除了碳，所有合金元素的系数合并为一个单一系数，定义为合金系数（AF）

$$AF=f_{Mn}f_{Si}f_{Ni}f_{Cr}f_{Mo}f_{Cu}f_{V}f_{Zr} \tag{1-7}$$

式中，f_x 是用下角标“x”表示的单个合金元素的系数。

合金钢 D_I（in）的计算公式为

$$D_I=f_C AF \tag{1-8}$$

式中，f_C 是与含碳量相关的系数。

表 1-28 中的方程用来估算合金钢中单个合金元素的淬透性系数，它是合金元素对应的质量分数的函数（其中，w_i 是合金元素 i 的质量分数）。

表 1-28　碳的淬透性系数

碳的质量分数(%)	碳淬透性系数
$w_C\leqslant 0.39$	$f_C=0.54w_C$
$0.39<w_C\leqslant 0.55$	$f_C=0.171+0.001w_C+0.265w_C^2$
$0.55<w_C\leqslant 0.65$	$f_C=0.115+0.268w_C-0.038w_C^2$
$0.65<w_C\leqslant 0.75$	$f_C=0.143+0.2w_C$
$0.75<w_C\leqslant 0.9$	$f_C=0.062+0.409w_C-0.135w_C^2$

合金元素的淬透性系数见表 1-29。

表 1-29　合金元素的淬透性系数

合金元素的质量分数(%)	合金淬透性系数(公式序号)
$w_{Mn}\leqslant 0.20$	$f_{Mn}=3.3333w_{Mn}+1.0$(1a)
$1.20<w_{Mn}\leqslant 1.95$	$f_{Mn}=5.1w_{Mn}-1.12$(1b)
$w_{Si}\leqslant 2.40$	$f_{Si}=0.7w_{Si}+1.0$(2)
$w_{Ni}\leqslant 1.50$	$f_{Ni}=0.363w_{Ni}+1.0$(3a)
$1.50<w_{Ni}\leqslant 3.50$	$f_{Ni}=0.32111+1.4501w_{Ni}-0.6119w_{Ni}^2+0.1253w_{Ni}^3$(3b)
$w_{Cr}\leqslant 2.50$	$f_{Cr}=2.16w_{Cr}+1.0$(4)
$w_{Mo}\leqslant 0.55$	$f_{Mo}=3.0w_{Mo}+1.0$(5)
$w_{Cu}\leqslant 0.55$	$f_{Cu}=0.365w_{Cu}+1.0$(6)
$w_V\leqslant 0.2$	$f_V=1.73w_V+1.0$(7)
$w_{Zr}\leqslant 0.25$	$f_{Zr}=2.53w_{Zr}+1.0$(8)

合金元素钒和锆的淬透性系数来自参考文献 22。由于钒碳化物的溶解度会发生变化，因此称其为不精确的钒。表 1-30 中合金元素的淬透性系数是合金元素质量分数的函数。

表 1-30 淬透性系数与合金元素质量分数之间的关系

合金元素的质量分数(%)	C(晶粒度 7)	Mn	Ni	Si	Cr	Mo	Cu	V	Zr	合金元素的质量分数(%)	C(晶粒度 7)	Mn	Ni	Si	Cr	Mo	Cu	V	Zr
0.01	0.005	1.033	1.004	1.007	1.022	1.030	1.004	1.017	1.022	0.77	0.297	3.566	1.280	1.539	2.663	—	—	—	—
0.02	0.011	1.067	1.007	1.014	1.043	1.060	1.007	1.035	1.047	0.78	0.299	3.600	1.283	1.546	2.685	—	—	—	—
0.03	0.016	1.100	1.011	1.021	1.065	1.090	1.011	1.052	1.072	0.79	0.301	3.633	1.287	1.553	2.706	—	—	—	—
0.04	0.022	1.133	1.015	1.028	1.086	1.120	1.015	1.069	1.097	0.8	0.303	3.666	1.290	1.560	2.728	—	—	—	—
0.05	0.027	1.167	1.018	1.035	1.108	1.150	1.018	1.087	1.122	0.81	0.305	3.700	1.294	1.567	2.750	—	—	—	—
0.06	0.032	1.200	1.022	1.042	1.130	1.180	1.022	1.104	1.147	0.82	0.307	3.733	1.298	1.574	2.771	—	—	—	—
0.07	0.038	1.233	1.025	1.049	1.151	1.210	1.026	1.121	1.172	0.83	0.308	3.766	1.301	1.581	2.793	—	—	—	—
0.08	0.043	1.267	1.029	1.056	1.173	1.240	1.029	1.138	1.197	0.84	0.310	3.800	1.305	1.588	2.814	—	—	—	—
0.09	0.049	1.300	1.033	1.063	1.194	1.270	1.033	1.156	1.222	0.85	0.312	3.833	1.309	1.595	2.836	—	—	—	—
0.1	0.054	1.333	1.036	1.070	1.216	1.300	1.037	1.173	1.247	0.86	0.314	3.866	1.312	1.602	2.858	—	—	—	—
0.11	0.059	1.367	1.040	1.077	1.238	1.330	1.040	1.190	1.272	0.87	0.316	3.900	1.316	1.609	2.879	—	—	—	—
0.12	0.065	1.400	1.044	1.084	1.259	1.360	1.044	1.208	1.297	0.88	0.317	3.933	1.319	1.616	2.901	—	—	—	—
0.13	0.070	1.433	1.047	1.091	1.281	1.390	1.047	1.225	1.322	0.89	0.319	3.966	1.323	1.623	2.922	—	—	—	—
0.14	0.076	1.467	1.051	1.098	1.302	1.420	1.051	1.242	1.347	0.9	0.321	4.000	1.327	1.630	2.944	—	—	—	—
0.15	0.081	1.500	1.054	1.105	1.324	1.450	1.055	1.260	1.372	0.91	—	4.033	1.330	1.637	2.966	—	—	—	—
0.16	0.086	1.533	1.058	1.112	1.346	1.480	1.058	1.277	1.397	0.92	—	4.066	1.334	1.644	2.987	—	—	—	—
0.17	0.092	1.567	1.062	1.119	1.367	1.510	1.062	1.294	1.422	0.93	—	4.100	1.338	1.651	3.009	—	—	—	—
0.18	0.097	1.600	1.065	1.126	1.389	1.540	1.066	1.311	1.447	0.94	—	4.133	1.341	1.658	3.030	—	—	—	—
0.19	0.103	1.633	1.069	1.133	1.410	1.570	1.069	1.329	1.472	0.95	—	4.166	1.345	1.665	3.052	—	—	—	—
0.2	0. 108	1.667	1.073	1.140	1.432	1.600	1.073	1.346	1.497	0.96	—	4.200	1.348	1.672	3.074	—	—	—	—
0.21	0.113	1.700	1.076	1.147	1.454	1.630	1.077	—	1.522	0.97	—	4.233	1.352	1.679	3.095	—	—	—	—
0.22	0.119	1.733	1.080	1.154	1.475	1.660	1.080	—	1.547	0.98	—	4.9.66	1.356	1.686	3.117	—	—	—	—
0.23	0.124	1.767	1.083	1.161	1.497	1.690	1.084	—	1.572	0.99	—	4.300	1.359	1.693	3.138	—	—	—	—
0.24	0.130	1.800	1.087	1.168	1.518	1.720	1.088	—	1.597	1	—	4.333	1.363	1.700	3.160	—	—	—	—
0.25	0.135	1.833	1.091	1.175	1.540	1.750	1.091	—	1.622	1.01	—	4.366	1.367	1.707	3.182	—	—	—	—
0.26	0.140	1.867	1.094	1.182	1.562	1.780	1.095	—	—	1.02	—	4.400	1.370	1.714	3.203	—	—	—	—
0.27	0.146	1.900	1.098	1.189	1.583	1.810	t.099	—	—	1.03	—	4.433	1.374	1.721	3.225	—	—	—	—
0.28	0.151	1.933	1.102	1.196	1.605	1.840	1.102	—	—	1.04	—	4.466	1.378	1.728	3.246	—	—	—	—
0.29	0.157	1.967	1.105	1.203	1.626	1.870	1.106	—	—	1.05	—	4.500	1.381	1.735	3.268	—	—	—	—
0.3	0.162	2.000	1.109	1.210	1.648	1.900	1.110	—	—	1.06	—	4.533	1.385	1.742	3.290	—	—	—	—
0.31	0.167	2.033	1.113	1.217	1.670	1.930	1.113	—	—	1.07	—	4.566	1.388	1.749	3.311	—	—	—	—
0.32	0.173	2.067	1.116	1.224	1.691	1.960	1.117	—	—	1.08	—	4.600	1.392	1.756	3.333	—	—	—	—
0.33	0.178	2.100	1.120	1.231	1.713	1.990	1.120	—	—	1.09	—	4.633	1.396	1.763	3.354	—	—	—	—
0.34	0.184	2.133	1.123	1.238	1.734	2.020	1.124	—	—	1.1	—	4.666	1.399	1.770	3.376	—	—	—	—
0.35	0.189	2.167	1.127	1.245	1.756	2.050	1.128	—	—	1.11	—	4.700	1.403	1.777	3.398	—	—	—	—
0.36	0.194	2.200	1.131	1.252	1.778	2.080	1.131	—	—	1.12	—	4.733	1.407	1.784	3.419	—	—	—	—
0.37	0.200	2.233	1.134	1.259	1.799	2.110	1.135	—	—	1.13	—	4.766	1.410	1.791	3.441	—	—	—	—
0.38	0.205	2.267	1.138	1.266	1.821	2.140	1.139	—	—	1.14	—	4.800	1.414	1.798	3.462	—	—	—	—
0.39	0.211	2.300	1.142	1.273	1.842	2.170	1.142	—	—	1.15	—	4.833	1.417	1.805	3.484	—	—	—	—
0.4	0.214	2.333	1.145	1.280	1.864	2.200	1.146	—	—	1.16	—	4.866	1.421	1.812	3.506	—	—	—	—
0.41	0.216	2.367	1.149	1.287	1.886	2.230	1.150	—	—	1.17	—	4.900	1.425	1.819	3.527	—	—	—	—
0.42	0.218	2.400	1.152	1.294	1.907	2.260	1.153	—	—	1.18	—	4.933	1.428	1.826	3.549	—	—	—	—
0.43	0.220	2.433	1.156	1.301	1.929	2.290	1.157	—	—	1.19	—	4.966	1.432	1.833	3.570	—	—	—	—
0.44	0.223	2.467	1.160	1.308	1.950	2.320	1.161	—	—	1.2	—	5.000	1.436	1.840	3.592	—	—	—	—
0.45	0.225	2.500	1.163	1.315	1.972	2.350	1.164	—	—	1.21	—	5.051	1.439	1.847	3.614	—	—	—	—
0.46	0.228	2.533	1.167	1.322	1.994	2.380	1.168	—	—	1.22	—	5.102	1.443	1.854	3.635	—	—	—	—
0.47	0.230	2.567	1.171	1.329	2.015	2.410	1.172	—	—	1.23	—	5.153	1.446	1.861	3.657	—	—	—	—
0.48	0.233	2.600	1.174	1.336	2.037	2.440	1.175	—	—	1.24	—	5.204	1.450	1.868	3.678	—	—	—	—
0.49	0.235	2.633	1.178	1.343	2.058	2.470	1.179	—	—	1.25	—	5.255	1.454	1.875	3.700	—	—	—	—
0.5	0.238	2.667	1.182	1.350	2.080	2.500	1.183	—	—	1.26	—	5.306	1.457	1.882	3.722	—	—	—	—
0.51	0.240	2.700	1.185	1.357	2.102	2.530	1.186	—	—	1.27	—	5.357	1.461	1.889	3.743	—	—	—	—
0.52	0.243	2.733	1.189	1.364	2.123	2.560	1.190	—	—	1.28	—	5.408	1.465	1.896	3.765	—	—	—	—
0.53	0.246	2.766	1.192	1.371	2.145	2.590	1.193	—	—	1.29	—	5.459	1.468	1.903	3.786	—	—	—	—
0.54	0.249	2.800	1.196	1.378	2.166	2.620	1.197	—	—	1.3	—	5.510	1.472	1.910	3.808	—	—	—	—
0.55	0.252	2.833	1.200	1.385	2.188	2.650	1.201	—	—	1.31	—	5.561	1.476	1.917	3.830	—	—	—	—
0.56	0.253	2.866	1.203	1.392	2.210	—	—	—	—	1.32	—	5.612	1.479	1.924	3.851	—	—	—	—
0.57	0.255	2.900	1.207	1.399	2.231	—	—	—	—	1.33	—	5.663	1.483	1.931	3.873	—	—	—	—
0.58	0.258	2.933	1.211	1.406	2.253	—	—	—	—	1.34	—	5.714	1.486	1.938	3.894	—	—	—	—
0.59	0.260	2.966	1.214	1.413	2.274	—	—	—	—	1.35	—	5.765	1.490	1.945	3.916	—	—	—	—
0.6	0.262	3.000	1.218	1.420	2.296	—	—	—	—	1.36	—	5.816	1.494	1.952	3.938	—	—	—	—
0.61	0.264	3.033	1.221	1.427	2.318	—	—	—	—	1.37	—	5.867	1.497	1.959	3.959	—	—	—	—
0.62	0.267	3.066	1.225	1.434	2.339	—	—	—	—	1.38	—	5.918	1.501	1.966	3.981	—	—	—	—
0.63	0.269	3.100	1.229	1.441	2.361	—	—	—	—	1.39	—	5.969	1.505	1.973	4.002	—	—	—	—
0.64	0.271	3.133	1.232	1.448	2.382	—	—	—	—	1.4	—	6.020	1.508	1.980	4.024	—	—	—	—
0.65	0.273	3.166	1.236	1.455	2.404	—	—	—	—	1.41	—	6.071	1.512	1.987	4.046	—	—	—	—
0.66	0.275	3.200	1.240	1.462	2.426	—	—	—	—	1.42	—	6.122	1.515	1.994	4.067	—	—	—	—
0.67	0.277	3.233	1.243	1.469	2.447	—	—	—	—	1.43	—	6.173	1.519	2.001	4.089	—	—	—	—
0.68	0.279	3.266	1.247	1.476	2.469	—	—	—	—	1.44	—	6.224	1.523	2.008	4.110	—	—	—	—
0.69	0.281	3.300	1.250	1.483	2.490	—	—	—	—	1.45	—	6.275	1.526	2.015	4.132	—	—	—	—
0.7	0.283	3.333	1.254	1.490	2.512	—	—	—	—	1.46	—	6.326	1.530	2.022	4.154	—	—	—	—
0.71	0.285	3.366	1.258	1.497	2.534	—	—	—	—	1.47	—	6.377	1.534	2.029	4.175	—	—	—	—
0.72	0.287	3.400	1.261	1.504	2.555	—	—	—	—	1.48	—	6.428	1.537	2.036	4.197	—	—	—	—
0.73	0.289	3.433	1.265	1.511	2.577	—	—	—	—	1.49	—	6.479	1.541	2.043	4.218	—	—	—	—
0.74	0.291	3.466	1.269	1.518	2.598	—	—	—	—	1.5	—	6.530	1.545	2.050	4.240	—	—	—	—
0.75	0.293	3.500	1.272	1.525	2.620	—	—	—	—	1.51	—	6.581	1.547	2.057	4.262	—	—	—	—

（续）

合金元素的质量分数(%)	C(晶粒度 7)	Mn	Ni	Si	Cr	Mo	Cu	V	Zr
0.76	0.295	3.533	1.276	1.532	2.642	—	—	—	—
1.53	—	6.683	1.556	2.071	4.305	—	—	—	—
1.54	—	6.734	1.561	2.078	4.326	—	—	—	—
1.55	—	6.785	1.565	2.085	4.348	—	—	—	—
1.56	—	6.836	1.570	2.092	4.370	—	—	—	—
1.57	—	6.887	1.574	2.099	4.391	—	—	—	—
1.58	—	6.938	1.579	2.106	4.413	—	—	—	—
1.59	—	6.989	1.583	2.113	4.434	—	—	—	—
1.6	—	7.040	1.588	2.120	4.456	—	—	—	—
1.61	—	7.091	1.593	2.127	4.478	—	—	—	—
1.62	—	7.142	1.597	2.134	4.499	—	—	—	—
1.63	—	7.193	1.602	2.141	4.521	—	—	—	—
1.64	—	7.244	1.606	2.148	4.542	—	—	—	—
1.65	—	7.295	1.611	2.155	4.564	—	—	—	—
1.66	—	7.346	1.615	2.162	4.586	—	—	—	—
1.67	—	7.397	1.620	2.169	4.607	—	—	—	—
1.68	—	7.448	1.624	2.176	4.629	—	—	—	—
1.69	—	7.499	1.629	2.183	4.650	—	—	—	—
1.7	—	7.550	1.633	2.190	4.672	—	—	—	—
1.71	—	7.601	1.638	2.197	4.694	—	—	—	—
1.72	—	7.652	1.643	2.204	4.715	—	—	—	—
1.73	—	7.703	1.647	2.211	4.737	—	—	—	—
1.74	—	7.754	1.652	2.218	4.758	—	—	—	—
1.75	—	7.805	1.656	2.225	4.780	—	—	—	—
1.76	—	7.856	1.661	2.232	4.802	—	—	—	—
1.77	—	7.907	1.666	2.239	4.823	—	…	—	—
1.78	—	7.958	1.670	2.246	4.845	—	—	—	—
1.79	—	8.009	1.675	2.253	4.866	—	—	—	—
1.8	—	8.060	1.679	2.260	4.888	—	—	—	—
1.81	—	8.111	1.684	2.267	4.910	—	—	—	—
1.82	—	8.162	1.689	2.274	4.931	—	—	—	—
1.83	—	8.213	1.693	2.281	4.953	—	—	—	—
1.84	—	8.264	1.698	2.288	4.974	—	—	—	—
1.85	—	8.315	1.703	2.295	4.996	—	—	—	—
1.86	—	8.366	1.708	2.302	5.018	—	—	—	—
1.87	—	8.417	1.712	2.309	5.039	—	—	—	—
1.88	—	8.468	1.717	2.316	5.061	—	—	—	—
1.89	—	8.519	1.722	2.323	5.082	—	—	—	—
1.9	—	8.570	1.727	2.330	5.104	—	—	—	—
1.91	—	8.621	1.732	2.337	5.126	—	—	—	—
1.92	—	8.672	1.736	2.344	5.147	—	—	—	—
1.93	—	8.723	1.741	2.351	5.169	—	—	—	—
1.94	—	8.774	1.746	2.358	5.190	—	—	—	—
1.95	—	8.825	1.751	2.365	5.212	—	—	—	—
1.96	—	—	1.756	2.372	5.234	—	—	—	—
1.97	—	—	1.761	2.379	5.255	—	—	—	—
1.98	—	—	1.766	2.386	5.277	—	—	—	—
1.99	—	—	1.771	2.393	5.298	—	—	—	—
2	—	—	1.776	2.400	5.320	—	—	—	—
2.01	—	—	1.781	2.407	5.342	—	—	—	—
2.02	—	—	1.786	2.414	5.363	—	—	—	—
2.03	—	—	1.791	2.421	5.385	—	—	—	—
2.04	—	—	1.797	2.428	5.406	—	—	—	—
2.05	—	—	1.802	2.435	5.428	—	—	—	—
2.06	—	—	1.807	2.442	5.450	—	—	—	—
2.07	—	—	1.812	2.449	5.471	—	—	—	—
2.08	—	—	1.818	2.456	5.493	—	—	—	—
2.09	—	—	1.823	2.463	5.514	—	—	—	—
2.1	—	—	1.828	2.470	5.536	—	—	—	—
2.11	—	—	1.834	2.477	5.558	—	—	—	—
2.12	—	—	1.839	2.484	5.579	—	—	—	—
2.13	—	—	1.845	2.491	5.601	—	—	—	—
2.14	—	—	1.850	2.498	5.622	—	—	—	—
2.15	—	—	1.856	2.505	5.644	—	…	—	—
2.16	—	—	1.861	2.512	5.666	—	—	—	—
2.17	—	—	1.867	2.519	5.687	—	—	—	—
2.18	—	—	1.872	2.526	5.709	—	—	—	—
2.19	—	—	1.878	2.533	5.730	—	—	—	—
2.2	—	—	1.884	2.540	5.752	—	—	—	—
2.21	—	—	1.890	2.547	5.774	—	…	—	—
2.22	—	—	1.896	2.554	5.795	—	—	—	—
2.23	—	—	1.901	2.561	5.817	—	—	—	—
2.24	—	—	1.907	2.568	5.838	—	—	—	—
2.25	—	—	1.913	2.575	5.860	—	—	—	—
2.26	—	—	1.919	2.582	5.882	—	—	—	—
2.27	—	—	1.925	2.589	5.903	—	—	—	—
2.28	—	—	1.932	2.596	5.925	—	—	—	—
1.52	—	6.632	1.552	2.064	4.283	—	—	—	—
2.29	—	—	1.938	2.603	5.946	—	—	—	—
2.3	—	—	1.944	2.610	5.968	—	—	—	—
2.31	—	—	1.950	2.617	5.990	—	—	—	—
2.32	—	—	1.956	2.624	6.011	—	—	—	—
2.33	—	—	1.963	2.631	6.033	—	—	—	—
2.34	—	—	1.969	2.638	6.054	—	—	—	—
2.35	—	—	1.976	2.645	6.076	—	—	—	—
2.36	—	—	1.982	2.652	6.098	—	—	—	—
2.37	—	—	1.989	2.659	6.119	—	—	—	—
2.38	—	—	1.995	2.666	6.141	—	—	—	—
2.39	—	—	2.002	2.673	6.162	—	—	—	—
2.4	—	—	2.009	2.680	6.184	—	—	—	—
2.41	—	—	2.016	—	6.206	—	—	—	—
2.42	—	—	2.023	—	6.227	—	—	—	—
2.43	—	—	2.030	—	6.249	—	—	—	—
2.44	—	—	2.037	—	6.270	—	—	—	—
2.45	—	—	2.044	—	6.292	—	—	—	—
2.46	—	—	2.051	—	6.314	—	—	—	—
2.47	—	—	2.058	—	6.335	—	—	—	—
2.48	—	—	2.065	—	6.357	—	—	—	—
2.49	—	—	2.072	—	6.378	—	—	—	—
2.5	—	—	2.080	—	6.400	—	—	—	—
2.51	—	—	2.087	—	—	—	—	—	—
2.52	—	—	2.095	—	—	—	—	—	—
2.53	—	—	2.102	—	—	—	—	—	—
2.54	—	—	2.110	—	—	—	—	—	—
2.55	—	—	2.118	—	—	—	—	—	—
2.56	—	—	2.125	—	—	—	—	—	—
2.57	—	—	2.133	—	—	—	—	—	—
2.58	—	—	2.141	—	—	—	—	—	—
2.59	—	—	2.149	—	—	—	—	—	—
2.6	—	—	2.157	—	—	—	—	—	—
2.61	—	—	2.165	—	—	—	—	—	—
2.62	—	—	2.174	—	—	—	—	—	—
2.63	—	—	2.182	—	—	—	—	—	—
2.64	—	—	2.190	—	—	—	—	—	—
2.65	—	—	2.199	—	—	—	—	—	—
2.66	—	—	2.207	—	—	—	—	—	—
2.67	—	—	2.216	—	—	—	—	—	—
2.68	—	—	2.224	—	—	—	—	—	—
2.69	—	—	2.233	—	—	—	—	—	—
2.7	—	—	2.242	—	—	—	—	—	—
2.71	—	—	2.251	—	—	—	—	—	—
2.72	—	—	2.260	—	—	—	—	—	—
2.73	—	—	2.269	—	—	—	—	—	—
2.74	—	—	2.278	—	—	—	—	—	—
2.75	—	—	2.287	—	—	—	—	—	—
2.76	—	—	2.297	—	—	—	—	—	—
2.77	—	—	2.306	—	—	—	—	—	—
2.78	—	—	2.315	—	—	—	—	—	—
2.79	—	—	2.325	—	—	—	—	—	—
2.8	—	—	2.335	—	—	—	—	—	—
2.81	—	—	2.344	—	—	—	—	—	—
2.82	—	—	2.354	—	—	—	—	—	—
2.83	—	—	2.364	—	—	—	—	—	—
2.84	—	—	2.374	—	—	—	—	—	—
2.85	—	—	2.384	—	—	—	—	—	—
2.86	—	—	2.395	—	—	—	—	—	—
2.87	—	—	2.405	—	—	—	—	—	—
2.88	—	—	2.415	—	—	—	—	—	—
2.89	—	—	2.426	—	—	—	—	—	—
2.9	—	—	2.436	—	—	—	—	—	—
2.91	—	—	2.447	—	—	—	—	—	—
2.92	—	—	2.458	—	—	—	—	—	—
2.93	—	—	2.469	—	—	—	—	—	—
2.94	—	—	2.480	—	—	—	—	—	—
2.95	—	—	2.491	—	—	—	—	—	—
2.96	—	—	2.502	—	—	—	—	—	—
2.97	—	—	2.513	—	—	—	—	—	—
2.98	—	—	2.524	—	—	—	—	—	—
2.99	—	—	2.536	—	—	—	—	—	—
3	—	—	2.547	—	—	—	—	—	—
3.01	—	—	2.559	—	—	—	—	—	—
3.02	—	—	2.571	—	—	—	—	—	—
3.03	—	—	2.583	—	—	—	—	—	—
3.04	—	—	2.595	—	—	—	—	—	—

（续）

合金元素的质量分数(%)	C(晶粒度7)	Mn	Ni	Si	Cr	Mo	Cu	V	Zr	合金元素的质量分数(%)	C(晶粒度7)	Mn	Ni	Si	Cr	Mo	Cu	V	Zr
3.05	—	—	2.607	—	—	—	—	—	—	3.28	—	—	2.916	—	—	—	—	—	—
3.06	—	—	2.619	—	—	—	—	—	—	3.29	—	—	2.931	—	—	—	—	—	—
3.07	—	—	2.631	—	—	—	—	—	—	3.3	—	—	2.946	—	—	—	—	—	—
3.08	—	—	2.644	—	—	—	—	—	—	3.31	—	—	2.961	—	—	—	—	—	—
3.09	—	—	2.656	—	—	—	—	—	—	3.32	—	—	2.976	—	—	—	—	—	—
3.1	—	—	2.669	—	—	—	—	—	—	3.33	—	—	2.991	—	—	—	—	—	—
3.11	—	—	2.682	—	—	—	—	—	—	3.34	—	—	3.007	—	—	—	—	—	—
3.12	—	—	2.694	—	—	—	—	—	—	3.35	—	—	3.023	—	—	—	—	—	—
3.13	—	—	2.707	—	—	—	—	—	—	3.36	—	—	3.038	—	—	—	—	—	—
3.14	—	—	2.721	—	—	—	—	—	—	3.37	—	—	3;054	—	—	—	—	—	—
3.15	—	—	2.734	—	—	—	—	—	—	3.38	—	—	3.070	—	—	—	—	—	—
3.16	—	—	2.747	—	—	—	—	—	—	3.39	—	—	3.086	—	—	—	—	—	—
3.17	—	—	2.760	—	—	—	—	—	—	3.4	—	—	3.103	—	—	—	—	—	—
3.18	—	—	2.774	—	—	—	—	—	—	3.41	—	—	3.119	—	—	—	—	—	—
3.19	—	—	2.788	—	—	—	—	—	—	3.42	—	—	3.136	—	—	—	—	—	—
3.2	—	—	2.801	—	—	—	—	—	—	3.43	—	—	3.152	—	—	—	—	—	—
3.21	—	—	2.815	—	—	—	—	—	—	3.44	—	—	3.169	—	—	—	—	—	—
3.22	—	—	2.829	—	—	—	—	—	—	3.45	—	—	3.186	—	—	—	—	—	—
3.23	—	—	2.843	—	—	—	—	—	—	3.46	—	—	3.203	—	—	—	—	—	—
3.24	—	—	2.858	—	—	—	—	—	—	3.47	—	—	3.220	—	—	—	—	—	—
3.25	—	—	2.872	—	—	—	—	—	—	3.48	—	—	3.238	—	—	—	—	—	—
3.26	—	—	2.887	—	—	—	—	—	—	3.49	—	—	3.255	—	—	—	—	—	—
3.27	—	—	2.901	—	—	—	—	—	—	3.5	—	—	3.273	—	—	—	—	—	—

1.3.6 硼钢 D_I 的计算

低合金钢中，即使存在质量分数很小（如 0.001%）的硼，也会阻碍先析出铁素体和珠光体的形成，从而影响钢的淬透性。含碳量和合金元素的含量影响硼的作用，随着碳和合金元素含量的增加，硼的效果减弱。

硼系数通常定义为

$$f_B = \frac{D_{I按端淬数据和含碳量测量}}{D_{I按不含硼计算}} \quad (1\text{-}9)$$

在 1E0024 中，硼系数被定义为合金系数和含碳量的函数。合金系数定义为钢中所有合金元素，包括硼等的淬透性系数的综合结果，见式（1-7）。从众多的硼钢和类似成分的非硼钢末端淬火数据的非线性回归分析中，开发了一组五次多项式方程，见表 1-31。当给定合金成分的估计合金系数落在两个列出的合金系数之间时，用线性插值来计算硼系数。硼钢临界理想直径 D_{Ibase} 的计算公式为

$$D_{Ibase} = D_{I按不含硼计算} f_B \quad (1\text{-}10)$$

碳的质量分数和合金系数对应的硼系数见表 1-32。

表 1-31 硼系数计算公式

合金系数	碳的质量分数(%)	公式
5	$w(C)>0.85$	$f_B=1$
	$w(C)\leqslant 0.85$	$f_B=13.121-101.16w(C)+383.76w(C)^2-729.9w(C)^3+675.13w(C)^4-242.44w(C)^5$
7	$w(C)>0.81$	$f_B=1$
	$w(C)\leqslant 0.81$	$f_B=10.318-70.135w(C)+248.92w(C)^2-454.75w(C)^3+411.02w(C)^4-146.47w(C)^5$
9	$w(C)>0.77$	$f_B=1$
	$w(C)\leqslant 0.77$	$f_B=10.542-80.631w(C)+320.36w(C)^2-653.01w(C)^3+655.52w(C)^4-257.51w(C)^5$
11	$w(C)>0.73$	$f_B=1$
	$w(C)\leqslant 0.73$	$f_B=9.034-64.879w(C)+252.92w(C)^2-515.53w(C)^3+522.33w(C)^4-208.46w(C)^5$
13	$w(C)>0.67$	$f_B=1$
	$w(C)\leqslant 0.67$	$f_B=8.0941-55.906w(C)+219.38w(C)^2-446.23w(C)^3+504.97w(C)^4-219.45w(C)^5$
15	$w(C)>0.63$	$f_B=1$
	$w(C)\leqslant 0.63$	$f_B=9.0484-77.438w(C)+362.81w(C)^2-895.73w(C)^3+1101.9w(C)^4-532.49w(C)^5$
18	$w(C)>0.59$	$f_B=1$
	$w(C)\leqslant 0.59$	$f_B=6.9212-48.238w(C)+207.29w(C)^2-507.17w(C)^3+644.04w(C)^4-328.39w(C)^5$
22	$w(C)>0.55$	$f_B=1$
	$w(C)\leqslant 0.55$	$f_B=7.24-55.334w(C)+254.54w(C)^2-655.33w(C)^3+867.43w(C)^4-459.59w(C)^5$
26	$w(C)>0.53$	$f_B=1$
	$w(C)\leqslant 0.53$	$f_B=7.1116-56.58w(C)+273.26w(C)^2-740.01w(C)^3+1021.5w(C)^4-559.45w(C)^5$

表 1-32 与碳的质量分数和合金系数对应的硼系数

碳的质量分数（%）	合金系数									碳的质量分数（%）	合金系数								
	5	7	9	11	13	15	18	22	26		5	7	9	11	13	15	18	22	26
0.10	6.18	5.38	5.09	4.61	4.28	4.14	3.72	3.68	3.54	0.51	1.83	1.72	1.59	1.49	1.39	1.28	1.2	1.12	1
0.11	5.76	5.07	4.77	4.34	4.05	3.88	3.54	3.48	3.35	0.52	1.8	1.7	1.56	1.46	1.37	1.26	1.18	1.1	1
0.12	5.38	4.78	4.48	4.1	3.84	3.65	3.37	3.3	3.18	0.53	1.77	1.67	1.53	1.44	1.34	1.24	1.16	1.07	1
0.13	5.04	4.52	4.22	3.88	3.65	3.44	3.21	3.14	3.02	0.54	1.74	1.65	1.51	1.42	1.32	1.23	1.14	1.05	1
0.14	4.72	4.28	3.98	3.68	3.47	3.25	3.07	2.99	2.88	0.55	1.71	1.62	1.48	1.39	1.3	1.21	1.12	1.02	1
0.15	4.44	4.06	3.76	3.5	3.31	3.09	2.94	2.86	2.75	0.56	1.68	1.6	1.46	1.37	1.28	1.2	1.1	1	1
0.16	4.19	3.86	3.57	3.34	3.16	2.94	2.82	2.74	2.63	0.57	1.65	1.57	1.44	1.35	1.26	1.18	1.08	1	1
0.17	3.96	3.68	3.4	3.19	3.03	2.81	2.71	2.63	2.53	0.58	1.62	1.55	1.42	1.33	1.24	1.16	1.05	1	1
0.18	3.75	3.51	3.24	3.05	2.91	2.7	2.61	2.53	2.43	0.59	1.59	1.52	1.39	1.31	1.22	1.14	1.02	1	1
0.19	3.57	3.36	3.1	2.93	2.8	2.59	2.52	2.44	2.34	0.60	1.56	1.5	1.37	1.29	1.2	1.12	1	1	1
0.20	3.4	3.22	2.97	2.82	2.7	2.5	2.43	2.35	2.26	0.61	1.54	1.48	1.36	1.27	1.18	1.09	1	1	1
0.21	3.26	3.1	2.86	2.72	2.6	2.42	2.35	2.28	2.19	0.62	1.51	1.45	1.34	1.25	1.16	1.06	1	1	1
0.22	3.12	2.98	2.76	2.63	2.52	2.34	2.28	2.2	2.11	0.63	1.49	1.43	1.32	1.23	1.13	1.02	1	1	1
0.23	3.01	2.88	2.67	2.55	2.44	2.27	2.21	2.14	2.05	0.64	1.46	1.41	1.3	1.21	1.11	1	1	1	1
0.24	2.9	2.78	2.59	2.47	2.37	2.21	2.15	2.07	1.99	0.65	1.44	1.39	1.29	1.2	1.08	1	1	1	1
0.25	2.81	2.7	2.51	2.4	2.3	2.15	2.09	2.02	1.93	0.66	1.42	1.37	1.27	1.18	1.05	1	1	1	1
0.26	2.73	2.62	2.45	2.34	2.24	2.1	2.03	1.96	1.87	0.67	1.4	1.35	1.26	1.16	1.02	1	1	1	1
0.27	2.66	2.55	2.39	2.28	2.18	2.05	1.98	1.91	1.82	0.68	1.38	1.32	1.24	1.14	1	1	1	1	1
0.28	2.59	2.49	2.33	2.23	2.13	2	1.93	1.86	1.76	0.69	1.36	1.3	1.22	1.12	1	1	1	1	1
0.29	2.54	2.43	2.28	2.18	2.08	1.96	1.88	1.81	1.71	0.70	1.35	1.28	1.2	1.1	1	1	1	1	1
0.30	2.48	2.38	2.24	2.14	2.04	1.92	1.83	1.76	1.67	0.71	1.33	1.26	1.19	1.07	1	1	1	1	1
0.31	2.44	2.33	2.2	2.1	1.99	1.88	1.79	1.72	1.62	0.72	1.32	1.24	1.17	1.05	1	1	1	1	1
0.32	2.4	2.28	2.16	2.06	1.95	1.84	1.74	1.68	1.57	0.73	1.3	1.22	1.14	1.02	1	1	1	1	1
0.33	2.36	2.24	2.12	2.02	1.91	1.8	1.7	1.64	1.53	0.74	1.29	1.2	1.12	1	1	1	1	1	1
0.34	2.32	2.2	2.09	1.98	1.87	1.76	1.66	1.6	1.49	0.75	1.27	1.18	1.08	1	1	1	1	1	1
0.35	2.29	2.16	2.05	1.95	1.84	1.72	1.63	1.56	1.45	0.76	1.26	1.15	1.05	1	1	1	1	1	1
0.36	2.26	2.13	2.02	1.92	1.8	1.69	1.59	1.52	1.41	0.77	1.24	1.13	1.01	1	1	1	1	1	1
0.37	2.23	2.1	1.99	1.88	1.77	1.65	1.55	1.49	1.37	0.78	1.22	1.1	1	1	1	1	1	1	1
0.38	2.2	2.07	1.96	1.85	1.74	1.62	1.52	1.45	1.33	0.79	1.2	1.08	1	1	1	1	1	1	1
0.39	2.17	2.04	1.93	1.82	1.7	1.58	1.49	1.42	1.3	0.80	1.18	1.05	1	1	1	1	1	1	1
0.40	2.15	2.01	1.9	1.79	1.67	1.55	1.46	1.39	1.26	0.81	1.16	1.01	1	1	1	1	1	1	1
0.41	2.12	1.98	1.87	1.76	1.64	1.52	1.43	1.36	1.23	0.82	1.13	1	1	1	1	1	1	1	1
0.42	2.09	1.95	1.84	1.73	1.62	1.49	1.4	1.33	1.2	0.83	1.09	1	1	1	1	1	1	1	1
0.43	2.06	1.93	1.81	1.71	1.59	1.46	1.37	1.31	1.17	0.84	1.05	1	1	1	1	1	1	1	1
0.44	2.04	1.9	1.78	1.68	1.56	1.43	1.35	1.28	1.14	0.85	1	1	1	1	1	1	1	1	1
0.45	2.01	1.88	1.75	1.65	1.53	1.41	1.32	1.26	1.12	—	—	—	—	—	—	—	—	—	—
0.46	1.98	1.85	1.73	1.62	1.51	1.38	1.3	1.23	1.09	—	—	—	—	—	—	—	—	—	—
0.47	1.95	1.82	1.7	1.59	1.48	1.36	1.28	1.21	1.07	—	—	—	—	—	—	—	—	—	—
0.48	1.92	1.8	1.67	1.57	1.46	1.33	1.26	1.19	1.04	—	—	—	—	—	—	—	—	—	—
0.49	1.89	1.77	1.64	1.54	1.43	1.31	1.24	1.17	1.02	—	—	—	—	—	—	—	—	—	—
0.50	1.86	1.75	1.61	1.51	1.41	1.29	1.22	1.14	1	—	—	—	—	—	—	—	—	—	—

1.3.7 根据成分估计末端淬火曲线

可以根据 D_I 计算合金钢的末端淬火曲线。依据试验确定的末端淬火曲线，已经建立了初始硬度（*IH*），末端淬火试样上不同端淬距离处的硬度（表示为距离硬度 *DH*）和理想临界直径（D_I）之间的相互关系。

初始硬度 *IH* 对应于末端淬火试样距离淬火端 1.6mm（1/16in）的位置，假设这里的显微组织是 100% 马氏体，并且 *IH*（HRC）是含碳量的函数，其计算公式为

$$IH=33.087+50.723w(\mathrm{C})+33.662w(\mathrm{C})^2-2.7048w(\mathrm{C})^3-107.02w(\mathrm{C})^4+43.523w(\mathrm{C})^5 \tag{1-11}$$

对应于50%马氏体的硬度 *MH*（HRC）的计算公式为

$$MH=21.93+27.153w(\mathrm{C})+226.89w(\mathrm{C})^2-717.17w(\mathrm{C})^3+958.62w(\mathrm{C})^4-491.25w(\mathrm{C})^5 \tag{1-12}$$

碳的质量分数对应的 *IH*（100%马氏体）和 *MH*（50%马氏体）见表1-33。

表1-33 碳的质量分数对应的初始硬度 *IH* 和50%马氏体硬度 *MH*

碳的质量分数(%)	初始硬度 *IH*	50%马氏体硬度 *MH*	碳的质量分数(%)	初始硬度 *IH*	50%马氏体硬度 *MH*
	HRC			HRC	
0.1	38	26	0.51	62	48
0.11	39	27	0.52	62	48
0.12	40	27	0.53	62	48
0.13	40	28	0.54	63	49
0.14	41	29	0.55	63	49
0.15	41	29	0.56	63	50
0.16	42	30	0.57	64	50
0.17	43	30	0.58	64	50
0.18	43	31	0.59	64	51
0.19	44	31	0.6	65	51
0.2	44	32	0.61	65	51
0.21	45	33	0.62	65	52
0.22	46	33	0.63	65	52
0.23	46	34	0.64	65	52
0.24	47	34	0.65	65	53
0.25	47	35	0.66	66	53
0.26	48	36	0.67	66	53
0.27	49	36	0.68	66	53
0.28	49	37	0.69	66	54
0.29	50	37	0.7	66	54
0.3	50	38	0.71	66	54
0.31	51	38	0.72	66	54
0.32	52	39	0.73	66	54
0.33	52	39	0.74	66	54
0.34	53	40	0.75	65	54
0.35	53	40	0.76	65	54
0.36	54	41	0.77	65	54
0.37	55	41	0.78	65	54
0.38	55	42	0.79	65	54
0.39	56	42	0.8	64	53
0.4	56	43	0.81	64	53
0.41	57	43	0.82	64	53
0.42	57	44	0.83	63	52
0.43	58	44	0.84	63	52
0.44	58	45	0.85	62	51
0.45	59	45	0.86	62	50
0.46	59	45	0.87	61	49
0.47	60	46	0.88	61	48
0.48	60	46	0.89	60	47
0.49	61	47	0.9	60	46
0.5	61	47	—	—	—

50%马氏体的末端淬火距离和 D_I 之间的关系为

$$D_I=0.0156+0.54358x-0.0292133x^2+0.001186x^3-2.696E-0.5x^4+2.49E-0.7x^5 \tag{1-13}$$

或者

$$D_I=0.5203+8.7522x-0.3003x^2+0.00778x^3-0.0001123x^4+6.5978E-0.7x^5 \tag{1-14}$$

式中，x 是1/16in的 J 位置，式（1-13）采用英制单位（in），式（1-14）采用国际公制单位（mm）。式（1-9）和式（1-13）［或者式（1-14）］可以借助测量的末端淬火数据来估算实际生产中的硼系数。在ASTM A255-10中给出了具体的估算程序。

端淬距离硬度 *DH* 的计算公式为

$$DH_{J_x}=\frac{IH}{DF_{J_x}} \tag{1-15}$$

式中，*DF* 是比例系数，是理想临界直径 D_I 的函数；下标 J_x 是末端淬火位置。在英制单位中，“x”表示 x/16in，如 J_2 表示2/16in。定义硼钢和非硼钢之间关系的多项式方程见表1-34～表1-37。在表1-38～表1-41中列出了一系列计算数据。

1.3.8 非硼钢（8645钢）计算实例

这里给出了非硼钢SAE 8645钢的 D_I 和淬透性曲线的计算，来说明一些表格和公式的使用方法。计算 D_I 时需要用到的淬透性系数见表1-42。

理想临界直径的计算公式为

$$D_I=0.22\times3.5\times1.105\times1.145\times1.864\times1.45\text{in}=2.639\text{in}\ (67.03\text{mm})$$

估算淬透性曲线，表1-33中碳的质量分数为0.34%的钢，J = 1/16in（1.6mm）处的初始硬度（*IH*）是58HRC。其他末端淬火距离的硬度（或者距离硬度 *DH*）是用 *IH* 除以相应的 *DH*（*IH*/*DH*），或者表1-38（in）或表1-39（mm）中的非硼钢比例系数确定的，见表1-43和表1-44。注意：使用这些表格中的数据时，D_I 应该精确到0.1in（2.5mm），对于 D_I = 2.6in（67.5mm），*IH* = 58HRC。

1.3.9 硼钢（86B45钢）计算实例

对于硼钢86B45，D_I 和淬透性曲线的计算与SAE 8645钢实例不同。对于86B45钢 D_I 的计算，来自表1-30中的淬透性系数，见表1-45。

因此

$$D_{I无硼}=0.22\times3.5\times1.105\times1.145\times1.865\times1.45\text{in}=2.639\text{in}(67.03\text{mm})$$

合金系数（AF）是

$$\text{AF}=3.5\times1.105\times1.145\times1.3864\times1.45=12$$

在表1-32中，对应于碳的质量分数为0.43%，

表 1-34　非硼钢距离硬度的比例系数（DF）

末端淬火距离/（1/6in）	理想临界直径（D_I）/in	DF 或者初始硬度/距离硬度（IH/DH）
2	$D_I>2.1$	1
	$D_I\leqslant 2.1$	$4.68956-11.0081D_I+13.8329D_I^2-8.80266D_I^3+2.78692D_I^4-0.348793D_I^5$
3	$D_I>3.1$	1
	$D_I\leqslant 3.1$	$2.34904-0.282541D_I-1.42995D_I^2+1.16697D_I^3-0.33813D_I^4+0.0340258D_I^5$
4	$D_I>4.1$	1
	$D_I\leqslant 4.1$	$5.66795-6.14648D_I+3.52874D_I^2-1.06026D_I^3+0.163013D_I^4-0.0101538D_I^5$
5	$D_I>4.4$	1
	$D_I\leqslant 4.4$	$4.52902-2.90739D_I+0.986608D_I^2-0.163588D_I^3+0.012095D_I^4-0.000257202D_I^5$
6	$D_I>5.0$	1
	$D_I\leqslant 5.0$	$4.39435-2.16072D_I+0.560273D_I^2-0.0814472D_I^3+0.00840098D_I^4-0.000530827D_I^5$
7	$D_I>5.3$	1
	$D_I\leqslant 5.3$	$4.15002-1.43154D_I+0.00235893D_I^2+0.112947D_I^3-0.0237546D_I^4+0.00150903D_I^5$
8	$D_I>5.6$	1
	$D_I\leqslant 5.6$	$4.44473-1.79085D_I+0.246168D_I^2+0.0337785D_I^3-0.0118874D_I^4+0.000841843D_I^5$
9	$D_I>5.6$	1
	$D_I\leqslant 5.6$	$4.95421-2.43521D_I+0.629832D_I^2-0.0791415D_I^3+0.00399154D_I^4-0.0000120363D_I^5$
10	$D_I>6.1$	1
	$D_I\leqslant 6.1$	$5.3161-2.80977D_I+0.841834D_I^2-0.141781D_I^3+0.0130138D_I^4-0.000512388D_I^5$
12	$D_I>6.6$	1
	$D_I\leqslant 6.6$	$5.63649-2.89264D_I+0.903086D_I^2-0.17297D_I^3+0.0188104D_I^4-0.00086593D_I^5$
14	—	$5.83176-2.99646D_I+0.940882D_I^2-0.17734D_I^3+0.0183885D_I^4-0.0007900148D_I^5$
16	—	$6.06952-3.15198D_I+0.992968D_I^2-0.180096D_I^3+0.0172029D_I^4-0.000664079D_I^5$
18	—	$7.32018-4.60605D_I+1.68442D_I^2-0.338443D_I^3+0.0345114D_I^4-0.00138927D_I^5$
20	—	$7.81382-5.10022D_I+1.92141D_I^2-0.394591D_I^3+0.040784D_I^4-0.00165327D_I^5$
24	—	$9.18138-6.69048D_I+2.75891D_I^2-0.611613D_I^3+0.0677165D_I^4-0.00293074D_I^5$
28	—	$9.27904-6.21461D_I+2.33158D_I^2-0.469723D_I^3+0.0472664D_I^4-0.00186035D_I^5$
32	—	$8.62857-5.16125D_I+1.81214D_I^2-0.35489D_I^3+0.035687D_I^4-0.001434D_I^5$

表 1-35　硼钢距离硬度的比例系数（DF_B）

末端淬火距离/（1/16in）	理想临界直径（D_{I_B}）/in	DF_B 或者初始硬度/距离硬度（IH/DH）
2	$D_{I_B}>2.5$	1
	$D_{I_B}\leqslant 2.5$	$26.3659-63.9376D_{I_B}+64.5141D_{I_B}^2-32.4046D_{I_B}^3+8.08566D_{I_B}^4-0.801282D_{I_B}^5$
3	$D_{I_B}>2.9$	1
	$D_{I_B}\leqslant 2.9$	$11.1118-23.185D_{I_B}+21.5865D_{I_B}^2-10.0461D_{I_B}^3+2.32282D_{I_B}^4-0.212967D_{I_B}^5$
4	$D_{I_B}>3.5$	1
	$D_{I_B}\leqslant 3.5$	$28.5063-46.7047D_{I_B}+31.9047D_{I_B}^2-10.9128D_{I_B}^3+1.86573D_{I_B}^4-0.127476D_{I_B}^5$
5	$D_{I_B}>4.4$	1
	$D_{I_B}\leqslant 4.4$	$24.5637-33.7061D_{I_B}+19.3462D_{I_B}^2-5.52133D_{I_B}^3+0.780889D_{I_B}^4-0.0437473D_{I_B}^5$
6	$D_{I_B}>4.9$	1
	$D_{I_B}\leqslant 4.9$	$5.32872+1.00334D_{I_B}-3.67571D_{I_B}^2+1.70752D_{I_B}^3-0.310244D_{I_B}^4+0.0201755D_{I_B}^5$
7	$D_{I_B}>5.2$	1
	$D_{I_B}\leqslant 5.2$	$5.34598+0.988092D_{I_B}-3.15067D_{I_B}^2+1.33727D_{I_B}^3-0.222853D_{I_B}^4+0.0133182D_{I_B}^5$

（续）

末端淬火距离/(1/16in)	理想临界直径(D_{I_B})/in	DF_B 或者初始硬度/距离硬度(IH/DH)
8	$D_{I_B}>5.6$	1
	$D_{I_B}\leqslant 5.6$	$2.61398+4.69071D_{I_B}-4.71552D_{I_B}^2+1.58031D_{I_B}^3-0.228445D_{I_B}^4+0.012192D_{I_B}^5$
9	$D_{I_B}>5.8$	1
	$D_{I_B}\leqslant 5.8$	$3.8094+2.96446D_{I_B}-3.58846D_{I_B}^2+1.22906D_{I_B}^3-0.177306D_{I_B}^4+0.00938121D_{I_B}^5$
10	$D_{I_B}>6.1$	1
	$D_{I_B}\leqslant 6.1$	$11.7514-8.15904D_{I_B}+2.57305D_{I_B}^2-0.42384D_{I_B}^3+0.0367906D_{I_B}^4-0.00135613D_{I_B}^5$
12	$D_{I_B}>6.6$	1
	$D_{I_B}\leqslant 6.6$	$10.9458-6.42904D_{I_B}+1.729D_{I_B}^2-0.241867D_{I_B}^3+0.0176917D_{I_B}^4-0.000547832D_{I_B}^5$
14	$D_{I_B}>6.9$	1
	$D_{I_B}\leqslant 6.9$	$14.8683-10.1637D_{I_B}^2+3.327D_{I_B}^2-0.594795D_{I_B}^3+0.0563926D_{I_B}^4-0.00221015D_{I_B}^5$
16	—	$14.1027-7.94906D_{I_B}+1.93841D_{I_B}^2-0.223573D_{I_B}^3+0.0108383D_{I_B}^4-0.00010342D_{I_B}^5$
18	—	$11.2953-4.46248D_{I_B}+0.412863D_{I_B}^2+0.0909664D_{I_B}^3-0.020345D_{I_B}^4+0.00109529D_{I_B}^5$
20	—	$7.14753+0.354995D_{I_B}-1.61359D_{I_B}^2+0.49403D_{I_B}^3-0.0587857D_{I_B}^4+0.00250946D_{I_B}^5$
24	—	$12.4479-4.7358D_{I_B}+0.442135D_{I_B}^2+0.0815263D_{I_B}^3-0.018158D_{I_B}^4+0.000938336D_{I_B}^5$
28	—	$27.5099-20.4594D_{I_B}+6.97578D_{I_B}^2-1.251842D_{I_B}^3+0.115427D_{I_B}^4-0.00432751D_{I_B}^5$
32	—	$43.3562-35.5425D_{I_B}+12.5823D_{I_B}^2-2.2982D_{I_B}^3+0.211959D_{I_B}^4-0.00785122D_{I_B}^5$

表 1-36 非硼钢距离硬度的比例系数（DF）

末端淬火距离/mm	理想临界直径(D_I)/mm	DF 或者初始硬度/距离硬度(TH/DH)
3	$D_I>52.5$	1
	$D_I\leqslant 52.5$	$0.170547+0.173925D_I-0.0109291D_I^2+0.000313863D_I^3-0.00000432086D_I^4+0.0000000231674D_I^5$
5	$D_I>105$	1
	$D_I\leqslant 105$	$3.03987-0.0855161D_I-0.00138048D_I^2-0.00000998717D_I^3+0.0000000264963D_I^4+5.46044\times10^{-12}D_I^5$
7	$D_I>125$	1
	$D_I\leqslant 125$	$4.32366-0.134451D_I+0.00228151D_I^2-0.000019625D_I^3+0.0000000835338D_I^4-0.000000000138456D_I^5$
9	$D_I>135$	1
	$D_I\leqslant 135$	$4.46324-0.0992003D_I+0.00119387D_I^2-0.00000740686D_I^3+0.0000000226087D_I^4-2.46815\times10^{-11}D_I^5$
11	$D_I>140$	1
	$D_I\leqslant 140$	$4.40915-0.0792024D_I+0.000674319D_I^2-0.00000197223D_I^3-0.00000000321758D_I^4+2.08025\times10^{-11}D_I^5$
13	$D_I>150$	1
	$D_I\leqslant 150$	$4.60261-0.0820023D_I+0.000718416D_I^2-0.000002528D_I^3+0.00000000230089D_I^4+1.25368\times10^{-11}D_I^5$
15	$D_I>155$	1
	$D_I\leqslant 155$	$5.01595-0.0957695D_I+0.00095624D_I^2-0.00000462213D_I^3+0.00000000892787D_I^4-8.74859\times10^{-13}D_I^5$
20	—	$5.51133-0.10431D_I+0.00115299D_I^2-0.00000751801D_I^3+0.0000000275126D_I^4-4.31101\times10^{-11}D_I^5$
25	—	$6.15369-0.127486D_I+0.00157885D_I^2-0.0000112233D_I^3+0.0000000421359D_I^4-0.000000000064246D_I^5$
30	—	$7.16001-0.171328D_I+0.0024282D_I^2-0.0000191259D_I^3+0.000000076732D_I^4-0.000000000121571D_I^5$
35	—	$8.46964-0.229424D_I+0.00354915D_I^2-0.0000297166D_I^3+0.000000124831D_I^4-0.000000000205434D_I^5$
40	—	$9.13657-0.252296D_I+0.00394419D_I^2-0.0000333383D_I^3+0.000000141462D_I^4-0.000000000235541D_I^5$
45	—	$8.84696-0.223317D_I+0.00325787D_I^2-0.000026293D_I^3+0.00000010819D_I^4-0.000000000176244D_I^5$
50	—	$8.10202-0.171039D_I+0.00212643D_I^2-0.0000152754D_I^3+0.0000000578179D_I^4-0.000000000087989D_I^5$

表 1-37　硼钢距离硬度的比例系数（DF_B）

末端淬火距离/mm	硼钢理想临界直径(D_{I_B})/mm	DF_B 或者初始硬度/距离硬度(IH/DH)
3	$D_{I_B}>70$	1
	$D_{I_B}\leqslant 70$	$-7.44914+0.865852D_{I_B}-0.0344068D_{I_B}^2+0.000671203D_{I_B}^3-0.00000646154D_{I_B}^4+0.0000000246154D_{I_B}^5$
5	$D_{I_B}>80$	1
	$D_{I_B}\leqslant 80$	$-0.0786286+0.192924D_{I_B}-0.00833546D_{I_B}^2+0.000155518D_{I_B}^3-0.00000135556D_{I_B}^4+0.00000000454711D_{I_B}^5$
7	$D_{I_B}>100$	1
	$D_{I_B}\leqslant 100$	$17.3759-0.917265D_{I_B}+0.0207515D_{I_B}^2-0.00023599D_{I_B}^3+0.00000134895D_{I_B}^4-0.00000000310646D_{I_B}^5$
9	$D_{I_B}>135$	1
	$D_{I_B}\leqslant 135$	$12.401-0.468682D_{I_B}+0.00767674D_{I_B}^2-0.0000619712D_{I_B}^3+0.000000245123D_{I_B}^4-0.000000000378588D_{I_B}^5$
11	$D_{I_B}>150$	1
	$D_{I_B}\leqslant 150$	$11.6875-0.36703D_{I_B}+0.00494941D_{I_B}^2-0.0000323202D_{I_B}^3+0.000000100462D_{I_B}^4-0.000000000115393D_{I_B}^5$
13	$D_{I_B}>160$	1
	$D_{I_B}\leqslant 160$	$10.509-0.275509D_{I_B}+0.00296424D_{I_B}^2-0.0000136307D_{I_B}^3+0.0000000197461D_{I_B}^4+0.00000000014985D_{I_B}^5$
15	$D_{I_B}>165$	1
	$D_{I_B}\leqslant 165$	$10.227-0.238757D_{I_B}+0.00217091D_{I_B}^2-0.00000649911D_{I_B}^3-0.0000000102394D_{I_B}^4+6.42594\times10^{-11}D_{I_B}^5$
20	$D_{I_B}>170$	1
	$D_{I_B}\leqslant 170$	$12.0019-0.289503D_{I_B}+0.00321898D_{I_B}^2-0.0000187998D_{I_B}^3+0.0000000573608D_{I_B}^4-7.29343\times10^{-11}D_{I_B}^5$
25	—	$12.7759-0.267261D_{I_B}+0.00240278D_{I_B}^2-0.0000100713D_{I_B}^3+0.0000000172914D_{I_B}^4-4.94824\times10^{-12}D_{I_B}^5$
30	—	$11.4394-0.175773D_{I_B}+0.000641712D_{I_B}^2+0.00000514585D_{I_B}^3-0.000000044737D_{I_B}^4+9.20061\times10^{-11}D_{I_B}^5$
35	—	$10.0009-0.099856D_{I_B}-0.000621697D_{I_B}^2+0.000014892D_{I_B}^3-0.0000000807801D_{I_B}^4+0.00000000014357D_{I_B}^5$
40	—	$21.5687-0.57096D_{I_B}+0.00707779D_{I_B}^2-0.0000471456D_{I_B}^3+0.000000164959D_{I_B}^4-0.000000000239499D_{I_B}^5$
45	—	$43.7678-1.47943D_{I_B}+0.0218008D_{I_B}^2-0.000164441D_{I_B}^3+0.000000624269D_{I_B}^4-0.000000000947543D_{I_B}^5$
50	—	$47.0305-1.565D_{I_B}+0.0226057D_{I_B}^2-0.00016697D_{I_B}^3+0.000000621257D_{I_B}^4-0.000000003926214D_{I_B}^5$

表 1-38　非硼钢中理想临界直径（D_I）（in）对应的初始硬度/距离硬度（IH/DH）

D_I/in	末端淬火距离/(1/16in)																
	2	3	4	5	6	7	8	9	10	12	14	16	18	20	24	28	32
1.0	1.15	1.5	2.14	2.46	2.72	2.81	2.92	3.07	3.22	3.49	—	—	—	—	—	—	
1.1	1.12	1.42	1.99	2.32	2.6	2.7	2.8	2.94	3.07	3.34	—	—	—	—	—	—	
1.2	1.1	1.35	1.85	2.2	2.48	2.59	2.69	2.81	2.94	3.2	3.32	3.44	—	—	—	—	
1.3	1.08	1.29	1.74	2.09	2.38	2.48	2.58	2.69	2.81	3.07	3.19	3.3	3.53	—	—	—	
1.4	1.07	1.24	1.64	1.99	2.27	2.38	2.47	2.58	2.69	2.95	3.06	3.17	3.37	3.5	3.79	—	
1.5	1.05	1.19	1.56	1.89	2.18	2.28	2.37	2.47	2.58	2.83	2.94	3.05	3.22	3.35	3.61	—	
1.6	1.04	1.16	1.49	1.81	2.09	2.19	2.28	2.37	2.47	2.73	2.83	2.94	3.09	3.21	3.45	3.67	3.77
1.7	1.03	1.13	1.43	1.73	2	2.1	2.19	2.28	2.38	2.62	2.73	2.83	2.96	3.07	3.3	3.51	3.63
1.8	1.02	1.11	1.37	1.66	1.92	2.02	2.11	2.19	2.29	2.53	2.63	2.73	2.85	2.95	3.17	3.37	3.49
1.9	1.02	1.09	1.33	1.6	1.85	1.94	2.03	2.11	2.2	2.44	2.54	2.64	2.74	2.84	3.04	3.24	3.36
2.0	1.01	1.08	1.29	1.54	1.78	1.87	1.95	2.03	2.12	2.35	2.45	2.55	2.65	2.74	2.93	3.12	3.24
2.1	1.01	1.07	1.26	1.48	1.72	1.8	1.89	1.96	2.05	2.27	2.37	2.47	2.56	2.65	2.83	3	3.13
2.2	1	1.07	1.23	1.44	1.65	1.74	1.82	1.9	1.98	2.2	2.3	2.39	2.47	2.56	2.74	2.9	3.03
2.3	1	1.06	1.21	1.39	1.6	1.68	1.76	1.83	1.91	2.13	2.22	2.32	2.4	2.48	2.65	2.81	2.93
2.4	1	1.06	1.18	1.35	1.55	1.62	1.7	1.77	1.85	2.06	2.16	2.25	2.32	2.41	2.57	2.72	2.84
2.5	1	1.05	1.17	1.32	1.5	1.57	1.65	1.72	1.8	2	2.09	2.19	2.26	2.34	2.5	2.64	2.76
2.6	1	1.05	1.15	1.29	1.45	1.52	1.6	1.67	1.74	1.94	2.03	2.13	2.19	2.27	2.43	2.57	2.68
2.7	1	1.04	1.13	1.26	1.41	1.48	1.56	1.62	1.69	1.88	1.97	2.07	2.14	2.21	2.37	2.5	2.61
2.8	1	1.04	1.12	1.23	1.37	1.44	1.52	1.58	1.65	1.83	1.92	2.02	2.08	2.16	2.31	2.43	2.54
2.9	1	1.03	1.11	1.21	1.34	1.4	1.48	1.54	1.61	1.78	1.87	1.97	2.03	2.1	2.25	2.37	2.48
3.0	1	1.02	1.1	1.19	1.31	1.37	1.44	1.5	1.56	1.73	1.82	1.92	1.98	2.05	2.2	2.31	2.41
3.1	1	1.01	1.09	1.17	1.28	1.34	1.41	1.47	1.53	1.68	1.77	1.87	1.94	2.01	2.15	2.26	2.36

（续）

D_I/in	末端淬火距离/(1/16in)																
	2	3	4	5	6	7	8	9	10	12	14	16	18	20	24	28	32
3.2	1	1	1.08	1.15	1.25	1.31	1.38	1.43	1.49	1.64	1.73	1.83	1.89	1.96	2.1	2.21	2.3
3.3	1	1	1.07	1.13	1.23	1.28	1.35	1.4	1.46	1.6	1.69	1.79	1.85	1.92	2.05	2.16	2.25
3.4	1	1	1.06	1.12	1.2	1.26	1.32	1.37	1.43	1.56	1.65	1.75	1.81	1.87	2.01	2.11	2.2
3.5	1	1	1.05	1.11	1.18	1.24	1.3	1.35	1.4	1.53	1.61	1.71	1.77	1.83	1.96	2.07	2.15
3.6	1	1	1.05	1.09	1.17	1.22	1.28	1.32	1.37	1.49	1.58	1.68	1.73	1.79	1.92	2.02	2.1
3.7	1	1	1.04	1.08	1.15	1.2	1.26	1.3	1.35	1.46	1.54	1.64	1.7	1.76	1.87	1.98	2.06
3.8	1	1	1.03	1.07	1.14	1.18	1.24	1.28	1.32	1.43	1.51	1.61	1.66	1.72	1.83	1.94	2.01
3.9	1	1	1.03	1.06	1.12	1.17	1.22	1.25	1.3	1.4	1.48	1.58	1.63	1.68	1.79	1.9	1.97
4.0	1	1	1.02	1.05	1.11	1.15	1.2	1.24	1.28	1.37	1.45	1.55	1.6	1.65	1.75	1.86	1.93
4.1	1	1	1.01	1.04	1.1	1.14	1.18	1.22	1.26	1.35	1.42	1.52	1.57	1.62	1.71	1.82	1.89
4.2	1	1	1	1.03	1.09	1.13	1.17	1.2	1.24	1.32	1.39	1.49	1.54	1.58	1.68	1.78	1.85
4.3	1	1	1	1.02	1.08	1.12	1.15	1.18	1.22	1.3	1.37	1.46	1.51	1.55	1.64	1.75	1.82
4.4	1	1	1	1.01	1.07	1.1	1.14	1.17	1.21	1.28	1.35	1.44	1.48	1.52	1.6	1.71	1.78
4.5	1	1	1	1	1.06	1.09	1.13	1.15	1.19	1.26	1.32	1.41	1.45	1.49	1.57	1.67	1.75
4.6	1	1	1	1	1.05	1.08	1.11	1.14	1.18	1.24	1.3	1.39	1.42	1.46	1.54	1.64	1.71
4.7	1	1	1	1	1.04	1.07	1.1	1.13	1.16	1.22	1.28	1.36	1.4	1.43	1.5	1.6	1.68
4.8	1	1	1	1	1.03	1.06	1.09	1.11	1.15	1.21	1.26	1.34	1.37	1.4	1.47	1.57	1.65
4.9	1	1	1	1	1.02	1.05	1.08	1.1	1.14	1.19	1.24	1.32	1.35	1.37	1.44	1.54	1.62
5.0	1	1	1	1	1.01	1.04	1.07	1.09	1.12	1.18	1.23	1.3	1.32	1.35	1.41	1.51	1.59
5.1	1	1	1	1	1	1.03	1.06	1.08	1.11	1.17	1.21	1.28	1.3	1.32	1.39	1.48	1.56
5.2	1	1	1	1	1	1.02	1.05	1.07	1.1	1.15	1.2	1.26	1.28	1.3	1.36	1.45	1.53
5.3	1	1	1	1	1	1.01	1.04	1.06	1.09	1.14	1.18	1.24	1.26	1.28	1.34	1.42	1.5
5.4	1	1	1	1	1	1	1.03	1.05	1.08	1.13	1.17	1.22	1.24	1.25	1.32	1.39	1.48
5.5	1	1	1	1	1	1	1.02	1.04	1.07	1.12	1.16	1.21	1.22	1.23	1.3	1.37	1.45
5.6	1	1	1	1	1	1	1	1.03	1.06	1.11	1.15	1.19	1.2	1.22	1.28	1.34	1.43
5.7	1	1	1	1	1	1	1	1.02	1.05	1.1	1.14	1.18	1.19	1.2	1.26	1.32	1.41
5.8	1	1	1	1	1	1	1	1	1.04	1.09	1.13	1.16	1.17	1.18	1.25	1.3	1.38
5.9	1	1	1	1	1	1	1	1	1.03	1.08	1.12	1.15	1.16	1.17	1.23	1.28	1.36
6.0	1	1	1	1	1	1	1	1	1.02	1.08	1.11	1.13	1.14	1.15	1.22	1.26	1.34
6.1	1	1	1	1	1	1	1	1	1	1.07	1.1	1.12	1.13	1.14	1.21	1.24	1.32
6.2	1	1	1	1	1	1	1	1	1	1.05	1.09	1.11	1.12	1.13	1.2	1.23	1.3
6.3	1	1	1	1	1	1	1	1	1	1.04	1.08	1.1	1.11	1.12	1.19	1.21	1.28
6.4	1	1	1	1	1	1	1	1	1	1.03	1.07	1.09	1.1	1.11	1.18	1.2	1.26
6.5	1	1	1	1	1	1	1	1	1	1.02	1.06	1.08	1.09	1.1	1.17	1.18	1.25
6.6	1	1	1	1	1	1	1	1	1	1	1.05	1.07	1.08	1.09	1.15	1.17	1.23
6.7	1	1	1	1	1	1	1	1	1	1	1.04	1.06	1.07	1.08	1.14	1.16	1.21
6.8	1	1	1	1	1	1	1	1	1	1	1.03	1.05	1.06	1.07	1.12	1.15	1.19
6.9	1	1	1	1	1	1	1	1	1	1	1.02	1.04	1.05	1.06	1.1	1.14	1.17
7.0	1	1	1	1	1	1	1	1	1	1	1.01	1.03	1.04	1.05	1.08	1.13	1.15

表 1-39 非硼钢中理想临界直径（D_I）（mm）对应的初始硬度/距离硬度（IH/DH）

D_I/mm	末端淬火距离/mm													
	3	5	7	9	11	13	15	20	25	30	35	40	45	50
25.0	1.13	1.62	2.11	2.62	2.82	2.96	3.15	—	—	—	—	—	—	—
27.5	1.11	1.54	1.99	2.5	2.7	2.84	3.01	—	—	—	—	—	—	—
30.0	1.09	1.47	1.88	2.38	2.58	2.72	2.89	—	—	—	—	—	—	—
32.5	1.07	1.41	1.78	2.27	2.48	2.61	2.76	3.11	—	—	—	—	—	—
35.0	1.06	1.35	1.69	2.17	2.37	2.51	2.65	2.99	3.2	—	—	—	—	—
37.5	1.05	1.3	1.61	2.07	2.28	2.41	2.54	2.88	3.08	3.28	3.52	—	—	—

（续）

D_1/mm	末端淬火距离/mm													
	3	5	7	9	11	13	15	20	25	30	35	40	45	50
40.0	1.04	1.26	1.54	1.99	2.19	2.31	2.44	2.77	2.96	3.15	3.37	—	—	—
42.5	1.03	1.22	1.48	1.91	2.1	2.22	2.35	2.67	2.85	3.03	3.23	3.41	3.55	3.68
45.0	1.02	1.19	1.42	1.83	2.02	2.14	2.26	2.57	2.75	2.92	3.1	3.27	3.41	3.54
47.5	1.02	1.16	1.37	1.76	1.95	2.06	2.17	2.48	2.66	2.81	2.98	3.14	3.28	3.41
50.0	1.01	1.13	1.33	1.7	1.87	1.99	2.1	2.4	2.57	2.71	2.87	3.03	3.16	3.29
52.5	1.01	1.11	1.29	1.64	1.81	1.92	2.02	2.32	2.48	2.62	2.77	2.92	3.05	3.18
55.0	1	1.1	1.26	1.58	1.75	1.85	1.95	2.24	2.4	2.54	2.68	2.82	2.95	3.07
57.5	1	1.08	1.23	1.53	1.69	1.79	1.89	2.17	2.33	2.46	2.6	2.73	2.85	2.97
60.0	1	1.07	1.21	1.48	1.63	1.74	1.83	2.1	2.26	2.39	2.52	2.65	2.76	2.88
62.5	1	1.06	1.18	1.44	1.58	1.68	1.77	2.04	2.19	2.32	2.45	2.57	2.68	2.79
65.0	1	1.05	1.16	1.4	1.54	1.63	1.72	1.98	2.13	2.26	2.38	2.5	2.6	2.7
67.5	1	1.04	1.15	1.36	1.49	1.59	1.67	1.92	2.08	2.2	2.32	2.43	2.53	2.62
70.0	1	1.04	1.13	1.33	1.45	1.54	1.63	1.87	2.02	2.14	2.26	2.37	2.46	2.55
72.5	1	1.03	1.12	1.3	1.41	1.5	1.58	1.82	1.97	2.09	2.2	2.31	2.4	2.48
75.0	1	1.03	1.11	1.27	1.38	1.46	1.54	1.77	1.92	2.04	2.15	2.25	2.34	2.41
77.5	1	1.03	1.1	1.24	1.35	1.43	1.51	1.72	1.87	1.99	2.1	2.2	2.28	2.35
80.0	1	1.02	1.09	1.22	1.32	1.4	1.47	1.68	1.83	1.95	2.06	2.15	2.22	2.29
82.5	1	1.02	1.08	1.2	1.29	1.37	1.44	1.64	1.79	1.9	2.01	2.1	2.17	2.23
85.0	1	1.02	1.07	1.18	1.26	1.34	1.41	1.6	1.75	1.86	1.97	2.05	2.12	2.17
87.5	1	1.02	1.07	1.16	1.24	1.31	1.38	1.57	1.71	1.82	1.92	2.01	2.07	2.12
90.0	1	1.02	1.06	1.14	1.22	1.29	1.35	1.53	1.67	1.78	1.88	1.96	2.03	2.07
92.5	1	1.01	1.05	1.13	1.2	1.27	1.33	1.5	1.64	1.75	1.84	1.92	1.98	2.02
95.0	1	1.01	1.05	1.11	1.18	1.24	1.31	1.47	1.6	1.71	1.81	1.88	1.94	1.98
97.5	1	1.01	1.04	1.1	1.16	1.22	1.28	1.44	1.57	1.67	1.77	1.84	1.9	1.93
100.0	1	1.01	1.04	1.09	1.15	1.21	1.26	1.41	1.54	1.64	1.73	1.8	1.86	1.89
102.5	1	1.01	1.03	1.08	1.13	1.19	1.24	1.39	1.51	1.61	1.7	1.76	1.82	1.85
105.0	1	1.01	1.03	1.07	1.12	1.17	1.23	1.36	1.48	1.58	1.66	1.73	1.78	1.81
107.5	1	1	1.02	1.06	1.11	1.16	1.21	1.34	1.46	1.55	1.63	1.69	1.74	1.77
110.0	1	1	1.02	1.05	1.1	1.15	1.19	1.32	1.43	1.51	1.59	1.65	1.71	1.73
112.5	1	1.	1.02	1.04	1.08	1.13	1.18	1.29	1.41	1.49	1.56	1.62	1.67	1.7
115.0	1	1	1.01	1.04	1.07	1.12	1.16	1.27	1.38	1.46	1.53	1.59	1.64	1.67
117.5	1	1	1.01	1.03	1.07	1.11	1.15	1.26	1.36	1.43	1.5	1.55	1.61	1.63
120.0	1	1	1.01	1.03	1.06	1.1	1.14	1.24	1.34	1.4	1.47	1.52	1.58	1.6
122.5	1	1	1.01	1.02	1.05	1.09	1.12	1.22	1.31	1.38	1.44	1.49	1.55	1.57
125.0	1	1	1	1.02	1.04	1.08	1.11	1.21	1.29	1.35	1.41	1.46	1.52	1.54
127.5	1	1	1	1.01	1.04	1.07	1.1	1.19	1.27	1.33	1.39	1.43	1.49	1.52
130.0	1	1	1	1.01	1.03	1.06	1.09	1.18	1.25	1.31	1.36	1.41	1.46	1.49
132.5	1	1	1	1.01	1.02	1.05	1.08	1.16	1.24	1.28	1.34	1.38	1.44	1.47
135.0	1	1.	1	1.01	1.02	1.04	1.07	1.15	1.22	1.26	1.32	1.36	1.42	1.44
137.5	1	1	1	1	1.01	1.04	1.06	1.14	1.2	1.24	1.3	1.34	1.39	1.42
140.0	1	1	1	1	1.01	1.03	1.05	1.13	1.19	1.22	1.28	1.32	1.37	1.4
142.5	1	1	1	1	1	1.02	1.04	1.12	1.17	1.21	1.26	1.3	1.35	1.38
145.0	1	1	1	1	1	1.02	1.03	1.11	1.16	1.19	1.24	1.28	1.33	1.36
147.5	1	1	1	1	1	1.01	1.03	1.1	1.14	1.17	1.23	1.26	1.32	1.34
150.0	1	1	1	1	1	1	1.02	1.09	1.13	1.16	1.21	1.25	1.3	1.33
152.5	1	1	1	1	1	1	1.01	1.08	1.12	1.15	1.2	1.23	1.29	1.31
155.0	1	1	1	1	1	1	1.01	1.07	1.1	1.13	1.19	1.22	1.27	1.3
157.5	1	1.	1	1	1	1.	1	1.06	1.09	1.12	1.18	1.21	1.26	1.28
160.0	1	1	1	1	1	1	1	1.05	1.08	1.11	1.17	1.2	1.24	1.27

（续）

D_1/mm	末端淬火距离/mm													
	3	5	7	9	11	13	15	20	25	30	35	40	45	50
162.5	1	1	1	1	1	1	1	1.05	1.07	1.1	1.16	1.19	1.23	1.26
165.0	1	1	1	1	1	1	1	1.04	1.06	1.09	1.15	1.17	1.22	1.25
167.5	1	1	1	1	1	1.	1	1.03	1.05	1.08	1.14	1.16	1.21	1.24
170.0	1	1	1	1	1	1	1	1.02	1.04	1.07	1.13	1.15	1.2	1.23
172.5	1	1	1	1	1	1	1	1.01	1.03	1.06	1.12	1.14	1.18	1.22
175.0	1	1	1	1	1	1	1	1	1.02	1.05	1.11	1.12	1.17	1.21
177.5	1	1	1	1	1	1	1	1	1.01	1.04	1.1	1.1	1.15	1.2

表 1-40 硼钢中理想临界直径（D_1）（in）对应的初始硬度/距离硬度（IH/DH）

D_1/in	末端淬火距离/(1/16in)																
	2	3	4	5	6	7	8	9	10	12	14	16	18	20	24	28	32
1.5	1.1	1.14	1.88	2.52	2.91	3.23	—	—	—	—	—	—	—	—	—	—	—
1.6	1.08	1.12	1.65	2.2	2.7	3.02	—	—	—	—	—	—	—	—	—	—	—
1.7	1.07	1.1	1.47	1.95	2.5	2.82	2.99	—	—	—	—	—	—	—	—	—	—
1.8	1.06	1.09	1.34	1.74	2.31	2.63	2.83	3	—	—	—	—	—	—	—	—	—
1.9	1.05	1.08	1.25	1.58	2.13	2.45	2.67	2.84	3.08	—	—	—	—	—	—	—	—
2.0	1.04	1.07	1.19	1.46	1.97	2.28	2.51	2.68	2.88	3.33	—	—	—	—	—	—	—
2.1	1.03	1.06	1.14	1.36	1.83	2.12	2.36	2.53	2.7	3.15	3.69	—	—	—	—	—	—
2.2	1.02	1.05	1.11	1.29	1.7	1.98	2.21	2.38	2.53	2.98	3.48	3.86	—	—	—	—	—
2.3	1.02	1.04	1.09	1.24	1.58	1.84	2.08	2.24	2.38	2.82	3.29	3.65	—	—	—	—	—
2.4	1.02	1.04	1.08	1.2	1.48	1.72	1.95	2.11	2.24	2.67	3.11	3.45	3.63	—	—	—	—
2.5	1.01	1.03	1.07	1.17	1.4	1.61	1.83	1.99	2.12	2.54	2.95	3.27	3.45	3.62	4.03	—	—
2.6	1	1.03	1.06	1.15	1.32	1.52	1.72	1.87	2	2.41	2.79	3.09	3.28	3.46	3.84	4.23	—
2.7	1	1.03	1.05	1.14	1.26	1.43	1.62	1.77	1.9	2.29	2.65	2.93	3.12	3.3	3.66	4	—
2.8	1	1.02	1.05	1.13	1.21	1.36	1.53	1.67	1.8	2.18	2.52	2.78	2.97	3.15	3.49	3.78	4.27
2.9	1	1	1.04	1.12	1.17	1.3	1.44	1.59	1.72	2.08	2.4	2.65	2.83	3.01	3.33	3.59	4.01
3.0	1	1	1.04	1.11	1.13	1.25	1.37	1.51	1.64	1.99	2.29	2.52	2.7	2.88	3.18	3.41	3.78
3.1	1	1	1.03	1.1	1.11	1.2	1.31	1.44	1.57	1.9	2.19	2.4	2.57	2.75	3.04	3.25	3.57
3.2	1	1	1.03	1.09	1.09	1.17	1.26	1.38	1.5	1.82	2.09	2.29	2.46	2.63	2.9	3.1	3.39
3.3	1	1	1.02	1.08	1.08	1.14	1.21	1.33	1.45	1.75	2.01	2.19	2.35	2.51	2.78	2.97	3.22
3.4	1	1	1.02	1.07	1.07	1.11	1.18	1.28	1.4	1.68	1.93	2.1	2.25	2.4	2.66	2.84	3.07
3.5	1	1	1.01	1.06	1.06	1.1	1.14	1.24	1.35	1.62	1.85	2.01	2.16	2.3	2.55	2.73	2.94
3.6	1	1	1	1.05	1.06	1.08	1.12	1.21	1.31	1.56	1.78	1.93	2.07	2.21	2.45	2.63	2.82
3.7	1	1	1	1.04	1.06	1.08	1.1	1.18	1.27	1.51	1.72	1.86	1.99	2.12	2.36	2.53	2.71
3.8	1	1	1	1.04	1.06	1.07	1.09	1.16	1.24	1.47	1.66	1.8	1.92	2.04	2.27	2.44	2.61
3.9	1	1	1	1.03	1.05	1.06	1.08	1.14	1.21	1.42	1.6	1.74	1.85	1.96	2.19	2.36	2.52
4.0	1	1	1	1.02	1.05	1.06	1.07	1.13	1.19	1.38	1.55	1.68	1.79	1.89	2.11	2.28	2.44
4.1	1	1	1	1.02	1.04	1.06	1.07	1.12	1.17	1.35	1.5	1.63	1.73	1.82	2.04	2.21	2.36
4.2	1	1	1	1.02	1.04	1.05	1.06	1.11	1.15	1.31	1.46	1.58	1.68	1.76	1.97	2.15	2.29
4.3	1	1	1	1.01	1.03	1.05	1.06	1.1	1.13	1.28	1.42	1.54	1.63	1.71	1.91	2.09	2.23
4.4	1	1	1	1.01	1.03	1.05	1.06	1.09	1.11	1.26	1.38	1.5	1.58	1.66	1.86	2.03	2.17
4.5	1	1	1	1	1.02	1.04	1.06	1.09	1.1	1.23	1.35	1.47	1.54	1.61	1.8	1.98	2.11
4.6	1	1	1	1	1.01	1.04	1.06	1.08	1.09	1.21	1.32	1.43	1.5	1.57	1.76	1.92	2.06
4.7	1	1	1	1	1.01	1.03	1.05	1.07	1.08	1.19	1.29	1.4	1.47	1.53	1.71	1.88	2.01
4.8	1	1	1	1	1.01	1.02	1.05	1.07	1.07	1.17	1.26	1.37	1.44	1.5	1.67	1.83	1.96
4.9	1	1	1	1	1.02	1.02	1.05	1.06	1.06	1.15	1.24	1.35	1.41	1.47	1.63	1.79	1.91
5.0	1	1	1	1	1	1.01	1.04	1.05	1.06	1.14	1.21	1.32	1.38	1.44	1.6	1.75	1.87
5.1	1	1	1	1	1	1.01	1.03	1.04	1.05	1.12	1.19	1.3	1.36	1.41	1.56	1.71	1.82
5.2	1	1	1	1	1	1.02	1.03	1.04	1.05	1.11	1.18	1.28	1.33	1.39	1.53	1.67	1.78

（续）

D_I/mm	末端淬火距离/(1/16in)															
	2	3	4	5	6	7	8	9	10	12	14	16	18	20	24	28	32
5.3	1	1	1	1	1	1	1.02	1.03	1.04	1.1	1 16	1.26	1.31	1.36	1.5	1.63	1.74
5.4	1	1	1	1	1	1	1.01	1.02	1.04	1.09	1 14	1.24	1.29	1.34	1.47	1.6	1.7
5.5	1	1	1	1	1	1	1.01	1.02	1.04	1.08	1 13	1.22	1.27	1.32	1.45	1.57	1.67
5.6	1	1	1	1	1	1	1	1.01	1.03	1.07	1 12	1.2	1.25	1.3	1.42	1.54	1.63
5.7	1	1	1	1	1	1	1	1.01	1.03	1.06	1 11	1.19	1.23	1.28	1.4	1.51	1.6
5.8	1	1	1	1	1	1	1	1.02	1.02	1.05	11	1.17	1.22	1.26	1.37	1.48	1.56
5.9	1	1	1	1	1	1	1	1	1.02	1.05	1.09	1.16	1.2	1.24	1.35	1.45	1.53
6.0	1	1	1	1	1	1	1	1	1.01	1.04	1.08	1.14	1.18	1.23	1.32	1.43	1.5
6.1	1	1	1	1	1	1	1	1	1	1.03	1.07	1.13	1.17	1.21	1.3	1.4	1.47
6.2	1	1	1	1	1	1	1	1	1	1.03	1.07	1.11	1.15	1.19	1.28	1.38	1.44
6.3	1	1	1	1	1	1	1	1	1	1 .02	1.06	1.1	1.13	1.17	1.25	1.35	1.41
6.4	1	1	1	1	1	1	1	1	1	1.02	1.05	1.09	1.12	1.15	1.23	1.32	1.38
6.5	1	1	1	1	1	1	1	t	1	1.01	1.04	1.08	1.11	1.13	1.21	1.3	1.35
6.6	1	1	1	1	1	1	1	1	1	1	1.04	1.07	1.09	1.12	1.19	1.27	1.32
6.7	1	1	1	1	1	1	1	1	1	1	1.03	1.06	1.08	1.1	1.16	1.24	1.29
6.8	1	1	1	1	1	1	1	1	1	1	1.01	1.05	1.07	1.08	1.14	1.21	1.25
6.9	1	1	1	1	1	1	1	1	1	1	1	1.05	1.06	1.07	1.12	1.17	1.21
7.0	1	1	1	1	1	1	1	1	1	1	1	1.04	1.05	1.05	1.1	1.13	1.17

表 1-41　硼钢中理想临界直径（D_I）(mm) 对应的初始硬度/距离硬度（IH/DH）

D_I/mm	末端淬火距离/mm													
	3	5	7	9	11	13	15	20	25	30	35	40	45	50
40.0	1.07	1.25	1.92	2.56	—	—	—	—	—	—	—	—	—	—
42.5	1.06	1.21	1.73	2.34	—	—	—	—	—	—	—	—	—	—
45.0	1.05	1.18	1.57	2.14	2.64	2.96	—	—	—	—	—	—	—	—
47.5	1.04	1.14	1.45	1.97	2.44	2.75	—	—	—	—	—	—	—	—
50.0	1.03	1.12	1.35	1.83	2.26	2.57	—	—	—	—	—	—	—	—
52.5	1.03	1.09	1.28	1.7	2.1	2.4	2.68	—	—	—	—	—	—	—
55.0	1.02	1.08	1.22	1.59	1.96	2.24	2.52	3.18	—	—	—	—	—	—
57.5	1.02	1.06	1.17	1.49	1.83	2.1	2.37	3.01	—	—	—	—	—	—
60.0	1.02	1.05	1.14	1.41	1.71	1.97	2.23	2.85	—	—	—	—	—	—
62.5	1.01	1.04	1.11	1.35	1.61	1.86	2.1	2.7	3.26	—	—	—	—	—
65.0	1.01	1.03	1.09	1.29	1.53	1.75	1.99	2.56	3.09	3.45	3.7	—	—	—
67.5	1.01	1.03	1.08	1.24	1.45	1.66	1.88	2.43	2.94	3.28	3.53	3.87	4.29	—
70.0	1.02	1.02	1.07	1.2	1.38	1.57	1.78	2.32	2.79	3.13	3.37	3.67	4.02	—
72.5	1	1.02	1.06	1.17	1.32	1.5	1.7	2.21	2.66	2.98	3.22	3.49	3.78	4.07
75.0	1	1.01	1.06	1.14	1.27	1.43	1.62	2.11	2.53	2.84	3.08	3.32	3.57	3.83
77.5	1	1.01	1.05	1.12	1.23	1.37	1.55	2.01	2.42	2.71	2.95	3.17	3.38	3.62
80.0	1	1.01	1.05	1.11	1.19	1.32	1.48	1.93	2.31	2.59	2.82	3.02	3.21	3.43
82.5	1	1	1.05	1.1	1.16	1.27	1.43	1.85	2.21	2.47	2.7	2.89	3.06	3.26
85.0	1	1	1.04	1.09	1.13	1.23	1.38	1.78	2.11	2.37	2.59	2.77	2.92	3.11
87.5	1	1	1.04	1.08	1.11	1.2	1.33	1.71	2.03	2.27	2.48	2.66	2.8	2.98
90.0	1	1	1.03	1.07	1.09	1.17	1.29	1.65	1.95	2.18	2.38	2.55	2.69	2.86
92.5	1	1	1.03	1.07	1.08	1.15	1.26	1.59	1.87	2.09	2.29	2.46	2.59	2.75
95.0	1	1	1.02	1.06	1.07	1.13	1.23	1.54	1.81	2.01	2.2	2.37	2.5	2.65
97.5	1	1	1.01	1.06	1.06	1.11	1.2	1.49	1.74	1.94	2.12	2.28	2.42	2.56
100.0	1	1	1	1.06	1.05	1.09	1.18	1.45	1.69	1.87	2.05	2.21	2.34	2.48
102.5	1	1	1	1.05	1.04	1.08	1.16	1.41	1.63	1.81	1.98	2.13	2.27	2.41
105.0	1	1	1	1.05	1.04	1.07	1.14	1.37	1.58	1.75	1.91	2.07	2.21	2.34

（续）

D_I/mm	末端淬火距离/mm													
	3	5	7	9	11	13	15	20	25	30	35	40	45	50
107.5	1	1	1	1.05	1.04	1.07	1.13	1.34	1.54	1.7	1.86	2.01	2.15	2.27
110.0	1	1	1	1.04	1.03	1.06	1.12	1.31	1.5	1.65	1.8	1.95	2.09	2.21
112.5	1	1	1	1.04	1.03	1.06	1.11	1.28	1.46	1.61	1.75	1.89	2.03	2.16
115.0	1	1	1	1.03	1.03	1.05	1.1	1.25	1.43	1.56	1.7	1.84	1.98	2.1
117.5	1	1	1	1.03	1.03	1.05	1.09	1.23	1.39	1.53	1.66	1.8	1.93	2.05
120.0	1	1	1	1.03	1.03	1.05	1.08	1.21	1.36	1.49	1.62	1.75	1.88	2.01
122.5	1	1	1	1.02	1.02	1.04	1.08	1.19	1.34	1.46	1.58	1.71	1.84	1.96
125.0	1	1	1	1.02	1.02	1.04	1.07	1.17	1.31	1.43	1.55	1.67	1.8	1.91
127.5	1	1	1	1.01	1.02	1.04	1.07	1.15	1.29	1.4	1.52	1.64	1.75	1.87
130.0	1	1	1	1.01	1.02	1.04	1.06	1.14	1.27	1.38	1.49	1.6	1.71	1.83
132.5	1	1	1	1.01	1.02	1.04	1.05	1.13	1.25	1.35	1.46	1.57	1.68	1.79
135.0	1	1	1	1.01	1.02	1.03	1.05	1.11	1.23	1.33	1.44	1.54	1.64	1.75
137.5	1	1	1	1	1.01	1.03	1.04	1.1	1.21	1.31	1.41	1.51	1.61	1.72
140.0	1	1	1	1	1.01	1.03	1.04	1.09	1.19	1.29	1.39	1.48	1.58	1.68
142.5	1	1	1	1	1.01	1.02	1.03	1.08	1.18	1.27	1.37	1.45	1.55	1.65
145.0	1	1	1	1	1.01	1.02	1.03	1.07	1.16	1.25	1.34	1.43	1.52	1.62
147.5	1	1	1	1	1.01	1.01	1.02	1.06	1.15	1.24	1.32	1.41	1.49	1.59
150.0	1	1	1	1	1.01	1.01	1.02	1.05	1.14	1.22	1.3	1.38	1.47	1.56
152.5	1	1	1	1	1	1	1.02	1.05	1.12	1.2	1.28	1.36	1.44	1.53
155.0	1	1	1	1	1	1	1.01	1.04	1.11	1.18	1.26	1.34	1.42	1.51
157.5	1	1	1	1	1	1	1.01	1.03	1.1	1.17	1.24	1.31	1.4	1.48
160.0	1	1	1	1	1	1	1.01	1.03	1.09	1.15	1.22	1.29	1.37	1.45
162.5	1	1	1	1	1	1	1.01	1.02	1.07	1.13	1.2	1.27	1.35	1.43
165.0	1	1	1	1	1	1	1.01	1.02	1.06	1.12	1.18	1.25	1.32	1.4
167.5	1	1	1	1	1	1	1	1.01	1.05	1.1	1.16	1.22	1.3	1.37
170.0	1	1	1	1	1	1	1	1	1.04	1.08	1.14	1.2	1.27	1.33
172.5	1	1	1	1	1	1	1	1	1.03	1.07	1.12	1.17	1.23	1.29
175.0	1	1	1	1	1	1	1	1	1.02	1.05	1.1	1.14	1.19	1.25
177.5	1	1	1	1	1	1	1	1	1.01	1.04	1.08	1.11	1.14	1.2

表 1-42 计算 D_I 时用到的淬透性系数

元系	质量分数(%)	淬透性系数(来自表 1-30)
C	0.43	0.22
Mn	0.75	3.5
Si	0.15	1.105
Ni	0.40	1.145
Cr	0.40	1.864
Mo	0.15	1.45
Cu	0	—
V	0	—
Zr	0	—

表 1-43 末端淬火距离的硬度之一

J距离/1/16in	IH/DH 比例或 D_I 为 2.6in 的比例系数	距离硬度(DH) HRC
1	—	58
2	1	58
3	1.05	55
4	1.15	50
5	1.29	45
12	1.94	30
32	2.68	22

表 1-44 末端淬火距离的硬度之二

J距离/mm	IH/DH 比例或者 D_I 为 67.5mm 的比例系数	距离硬度(DH) HRC
1.5	—	58
3	1	58
5	1.04	56
7	1.15	50
9	1.36	43
20	1.92	30
50	2.62	22

表 1-45 淬透性系数

元素	质量分数(%)	淬透性系数
C	0.43	0.22
Mn	0.75	3.5
Si	0.15	1.105
Ni	0.40	1.145
Cr	0.40	1.864
Mo	0.15	1.45
Cu	0	—
V	0	—
Zr	0	—
B	有	—

合金系数为 12，待定硼系数（f_B）在对应于 AF=11 和 AF=13 的硼系数为 1.71~1.59，采用线性内插法确定为 1.65，即

$$f_B[AF=12, w(C)=0.43]=1.59+\frac{(1.71-1.59)}{2}=1.65$$

因此，理想的临界直径是

$$D_{I_B}=D_I f_B=2.639\times1.65$$

$$D_{I_B}=4.35\text{in}(110.5\text{mm})\approx4.4\text{in}(110\text{mm})$$

为了估算淬透性曲线，表 1-33 中碳的质量分数为 0.43% 钢，在 $J=1/16$in（1.6mm）处的初始硬度（IH）是 58HRC（类似于 8645 钢）。其他末端淬火部位的硬度（或者距离硬度 DH）由 IH 除以 IH/DH 或者表 1-40（in）、表 1-41（mm）中的硼钢比例系数确定，见表 1-46 和表 1-47。注意：使用表格中的数据时，D_I 应该精确到 0.1in（2.5mm）。对于 D_I=4.4in（110.0mm），IH=58HRC。

表 1-46　硼钢的距离硬度之一

J 距离/1/16in	IH/DH 比例或者 D_I 为 4.4in 的比例系数	距离硬度（DH）HRC
1	—	58
2	1	58
3	1	58
4	1	58
5	1.01	57
12	1.26	46
32	2.17	27

表 1-47　硼钢的距离硬度之二

J 距离/mm	IH/DH 比例或者 D_I 为 110.0mm 的比例系数	距离硬度（DH）HRC
1.5	—	58
3	1	58
5	1	58
7	1	58
9	1.06	55
20	1.45	40
50	2.48	23

1.3.10　欧洲地区的淬透性回归分析（报告）

沃尔克·布洛克（Volker Block），撒斯特钢材集团（Saarstahl AG），弗尔克林根（Völklingen），德国

如前所述，在淬透性预测中，计算来自同一炉号的钢的淬透性可以节省时间和费用。淬透性计算还有助于减小淬透性测量结果的分布带宽（图 1-113）。各种试验参数均对末端淬火试样试验结果的离散分布有影响，因而，调整（或补充）基于化学成分计算的淬透性硬度测量值，可以减小因试验条件导致的偏差。

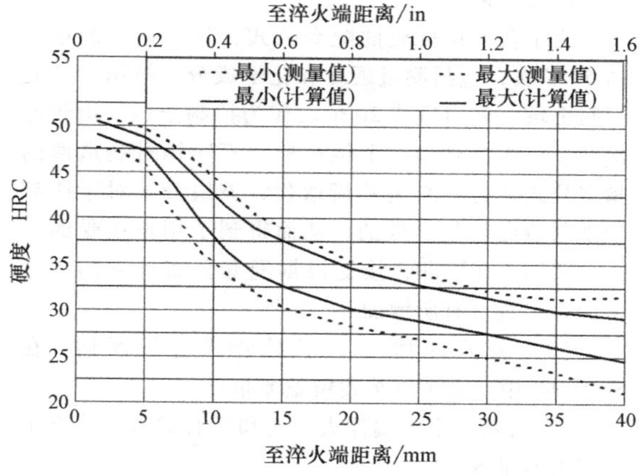

图 1-113　Mn-Cr 表面硬化钢的计算和测量硬度值的分布带宽

早在 20 世纪 80 年代，在欧洲存在许多淬透性的计算方法和公式。所有钢铁生产商有其自己的公式，以至于客户接受的计算值很少。1986 年，在德国钢铁联合会钢铁研究所，建立了一个由四家德国厂商组成的工作小组，来研究基于化学成分计算淬透性的方法。工作小组试验了几种计算淬透性的方法，在这些方法当中，多元线性回归法最具潜力。虽然这是一种非常简单的方法，但是，其计算结果显示出重要意义。这个导出方程可以在任何计算软件或计算器中使用。

（1）公式推导　为了确保公式推导程序的统一性，工作小组定义了几项指导原则［参见 SEP1664（06/2004），它已经接近于德国技术标准（DIN）的地位］。为了获得使用多元线性回归分析的最佳效果，把钢材等级分为钢材族类，如 Mi-Cr 合金硬化层钢或者 Ni-Cr-Mo 合金硬化层钢。回归分析的大量数据由末端淬火试验（按照 ISO 642）的硬度测量值（HRC）和炉号的化学成分的数据库组成。

末端淬火试样中给定淬火端距离（d/mm）处的硬度是多元线性回归模型的计算目标值。末端淬火距离 J_d［HRC］硬度的计算公式为

$$J_d=\text{函数(化学成分)}=\text{常数}+a_1x[w(\text{C})]+a_2x[w(\text{Si})]+\cdots$$

为填充回归分析数据库，SEP1664 给出了下列建议：

1）必须考虑元素 C、Si、Mn、P、S、Cr、Mo、Ni、Al 和 N。

2）必须考虑其他影响淬透性的元素。

3）对导出公式具有有效指导意义的炉号数的最小值应该等于回归分析中元素数量的平方。

试验表明，为保证对计算结果有良好的指导意义，200 炉次已经足够。通常，更多的炉号数不会给

计算结果带来显著改善。

为了获得钢材族的配套公式，每个钢铁制造商的50炉次，包括测量硬度和化学成分，被用于填充回归全域。采用另外20炉次作为控制全域。由于导出配套公式，对于一个钢材族，不同钢材制造商的指定公式被另一组公式所取代，该组公式对于所有钢铁制造商都是有效的，从而得到了用户接受的公式。所以，在欧洲，接受根据配套公式计算的硬度值的客户数量有所增加。

（2）公式评估　为了对公式进行评估，在SEP1664中定义了三个残留偏差量：

1）对每一个末端淬火距离和所有炉号，建立了残留偏差量 S_A。

2）对每一个炉号建立了残留偏差量 S_S。

3）对所有末端淬火距离和所有炉号建立了 S_G。

偏差量 S_A 揭示了每个末端淬火距离公式的质量，偏差量有助于发现硬度值测量异常的炉号，S_G 允许评估一组完整的公式。

为了保证硬度值计算结果的可靠性，这些偏差量必须满足下列要求：

1）S_A 应该更小，或者可以与测量的标准偏差相比较。

2）S_S>4HRC的炉次百分比应该小于5%。

3）硬度没有急剧下降的钢，S_G 应该小于2HRC。

对于回归分析，计算这些偏差量，并控制这些数据。应在冶炼时建立这些控制数据，而不是在回归分析时进行。如果这些数据之一违背了三个残留偏差的要求，那么，所涉及的钢材族的公式推导必须重新使用一组新排列的回归全域。

为了描述这些评估方法，以一组Cr-Ni-Mo硬化钢的公式为例。图1-114所示为三个偏差量的结果。对于所有末端淬火距离，回归全域和控制全域的残留偏差量 S_A 都低于2HRC，也就是说，小于测量偏差。控制全域的偏差量 S_A 与回归全域的偏差量 S_A 是相当的，甚至低于回归全域的偏差量 S_A。回归全域的炉次中仅有1.39%的 S_S>4HRC，并且，控制全域的炉次中没有超过4HRC的值。对于回归全域和控制全域，偏差量 S_G 明显低于要求的2HRC。因此，所有要求都满足，这组公式（回归分析系数表1-48）能被接受。进一步地，钢铁材料制造商工作组对一组新公式进行了数月的试验。如果试验阶段没有问题，则该组公式就可出版发行。

	至水冷端距离/mm											
回归全域	1.5	3	5	7	9	11	13	15	20	25	30	40
S_A HRC	0.83	0.75	0.89	1.35	1.60	1.67	1.66	1.69	1.55	1.49	1.43	1.38
S_G HRC	1.39											
max S_s HRC	5.02	S_s>4 HRC:1.4%										
	至水冷端距离/mm											
控制全域	1.5	3	5	7	9	11	13	15	20	25	30	40
S_A HRC	0.90	0.78	0.77	1.28	1.65	1.70	1.66	1.52	1.25	1.10	1.43	0.99
S_G HRC	1.25											
max S_s HRC	3.34	S_s>4 HRC:0%										

图1-114　Cr-Ni-Mo表面硬化钢的回归全域和控制全域的残留偏差量

表1-48　Cr-Ni-Mo表面硬化钢的回归分析系数

J/mm	常数	合金元素系数										
		C	Si	Mn	P	S	Cr	Mo	Ni	Al	Cu	N
1.5	31.326	65.799	0.000	0.000	0.000	0.000	0.988	0.000	0.000	0.000	0.000	0.000
3	30.373	60.416	2.484	0.000	0.000	0.000	0.843	0.000	0.655	0.000	2.451	0.000
5	20.405	67.366	2.121	1.713	0. 000	26.459	2.268	0.000	3.939	0.000	1.778	0.000
7	2.542	91.732	0.000	4.445	0.000	52.466	5.644	0.000	8.286	0.000	0.000	0.000
9	-12.350	113.634	2.742	5.996	0. 000	44.306	8.558	0.000	11.000	0.000	3.794	0.000
11	-20.891	123.811	5.381	7.346	0.000	26.830	10.670	0.000	11.837	0.000	6.370	0.000
13	-24.844	130.575	5.046	7.350	0.000	0.000	11.832	0.000	12.159	0.000	6.947	0.000

（续）

J/mm	常数	合金元素系数										
		C	Si	Mn	P	S	Cr	Mo	Ni	Al	Cu	N
15	−26.523	122.742	6.361	9.120	0.000	0.000	12.838	8.416	9.861	0.000	8.454	0.000
20	−26.257	105.032	6.550	9.953	61.729	0.000	13.378	16.103	7.311	0.000	9.540	0.000
25	−23.850	92.430	6.809	9.575	55.798	0.000	13.253	16.460	6.278	0.000	10. 173	0.000
30	−22.970	82.291	6.691	10.027	51.676	0.000	13.081	15.763	6.358	0.000	9.623	0.000
40	−21.156	74.165	6.587	9.909	0.000	0.000	12.621	10.106	7.345	0.000	7.956	0.000

（3）公式使用　回归模型有如下限制。

1）公式仅仅在回归全域的化学范围（表 1-49）内是有效的。

2）公式系数是根据经验推导出来的，在材料学上并没有理论基础。

3）多项线性回归模型假设化学成分之间没有内部反应。多元线性回归分析仅可建立对目标变量有显著影响的元素的公式系数。系数等于零的元素对硬度的贡献可以考虑为常数，也可以考虑为与它相互配合的元素的系数。

4）在回归全域中代表性不足的化学成分，会导致不良的计算结果。

表 1-49　SEP1664 中钢的淬透性回归分析化学成分的极限值

钢	类型		C	Si	Mn	P	S	Cr	Ni	Mo	Cu	Al	N	Ti	B	V
Cr 合金钢	调质状态	min	0.220	0.02	0.59	0.005	0.003	0.800	0.010	0.005	0.0170	0.012	0.0060	—	—	—
		max	0.468	0.36	0.97	0.037	0.038	1.240	0.280	0.090	0.3200	0.062	0.0148	—	—	—
Cr-Mo 合金钢	调质状态	min	0.160	0.100	0.580	0.0050	0.0030	0.809	0.050	0.120	0.0500	0.006	0.0050	—	—	—
		max	0.457	0.350	0.920	0.0280	0.0590	1.222	0.340	0.284	0.4900	0.052	0.0208	—	—	—
碳钢	调质状态	min	0.320	0.11	0.50	0.004	0.005	0.030	0.030	0.005	0.0290	0.015	0.0050	—	—	—
		max	0.560	0.32	0.90	0.033	0.042	0.290	0.200	0.090	0.3400	0.052	0.0156	—	—	—
M-Cr-B 合金钢	调质状态	min	0.277	0.18	1.02	0.008	0.003	0.260	0.020	0.006	0.0100	0.021	0.0025	0.010	0.0016	—
		max	0.420	0.44	1.66	0.037	0.038	0.620	0.220	0.080	0.2500	0.080	0.0108	0.060	0.0044	—
合金链钢	调质状态	min	0.168	0.14	0.80	0.006	0.001	0.480	0.450	0.170	0.0110	0.021	0.0046	—	—	—
		max	0.280	0.26	1.40	0.017	0.016	0.870	1.110	0.605	0.2100	0.045	0.0147	—	—	—
Cr-V 合金钢	调质状态	min	0.480	0.147	0.818	0.0038	0.0010	0.950	0.018	0.002	0.0100	0.001	0.0035	—	—	0.085
		max	0.564	0.350	1.065	0.0220	0.0320	1.140	0.242	0.093	0.2400	0.042	0.0140	—	—	0. 159
Mn-Cr 合金钢	表面硬化	min	0.130	0.02	1.02	0.006	0.002	0.820	0.020	0.010	0.0400	0.012	0.0060	—	—	—
		max	0.231	0.38	1.48	0.033	0.044	1.290	0.300	0.090	0.3500	0.063	0.0180	—	—	—
Cr-Ni 合金钢	表面硬化	min	0.100	0.15	0.41	0.004	0.001	0.740	0.800	0.004	0.0100	0.018	0.0049	—	—	—
		max	0.230	0.35	1.09	0.025	0.060	2.030	2.010	0.100	0.4000	0.058	0.0160	—	—	—
Cr-Ni-Mo 合金钢	表面硬化	min	0.110	0.030	0.450	0.0050	0.0010	0.460	0.800	0.070	0.0070	0.009	0.0060	—	—	—
		max	0.240	0.579	1.100	0.0340	0.0520	1.920	1.790	0.440	0.2700	0.051	0.0170	—	—	—
Mo-Cr 合金钢	表面硬化	min	0.170	0.06	0.68	0.005	0.002	0.400	0.015	0.160	0.0075	0.013	0.0040	—	—	—
		max	0.263	0.40	0.97	0.023	0.039	1.010	0.648	0.467	0.3200	0.054	0.0161	—	—	—
Mn-Cr 合金钢（高淬透性）	表面硬化	min	0.197	0.14	1.07	0.006	0.010	1.005	0.020	0.004	0.0110	0.014	0.0071	—	—	—
		max	0.280	0.37	1.40	0.028	0.042	1.400	0.265	0.097	0.3170	0.040	0.0172	—	—	—
Mn-Cr-B 合金钢	表面硬化	min	0.120	0.15	1.01	0.005	0.014	0.929	0.020	0.000	0.100	0.012	0.0036	—	0.0010	—
		max	0.200	0.39	1.30	0.033	0.037	1.291	0.300	0.120	0.3100	0.059	0.0246	0.005	0.005	—

到目前为止，有 13 组计算下列钢材的公式：

表面硬化钢：Mn-Cr 合金、Mn-Cr 合金（高淬透性）、Mo-Cr 合金、Cr-Ni-Mo 合金、Cr-Ni 合金、Mn-Cr-B 合金。

淬火+回火（调质）钢：Cr 合金、Cr-Mo 合金、非合金碳钢、Mn-Cr-B 合金、合金钢、Cr-V 合金钢。

参考文献

1. R. E. Reed-Hill and R. Abbaschian, *Physical Metallurgy Principles*, 3rd ed., Cengage Learning, 1994

2. G. Krauss, *Steels*: *Heat Treatment and Processing Principles*, ASM International, 1990

3. G. E. Totten, Ed., *Steel Heat Treatment*: *Metallurgy and*

Technologies, *Steel Heat Treatment Handbook*, 2nd ed., CRC Press Taylor & Francis, 2007

4. M. A. Grossman, *Elements of Hardenability*, American Society for Metals, 1952
5. T. Ericsson, Principles of Heat Treating of Steels, *Heat Treating*, Vol 4, *ASM Handbook*, ASM International, 1991, p1-19
6. R. G. Bruce, W. Dalton, and R. Kibbe, *Modern Materials and Manufacturing Processes*, 3rd ed., Pearson, 2004
7. J. S. Kirkaldy and S. E. Feldman, Optimization of Steel Hardenability Control, *J. Heat Treat.*, Vol 7, 1989 p 57-64
8. T. Tanaka, in *High Strength Low Alloy Steels*, D. P. Dunne and T. Chandra, Ed., South Coast Printers, Port Kembla, Australia, 1985, p7
9. B. Buchmayr and J. S. Kirkaldy, Modeling of the Temperature Field, Transformation Behavior Hardness, and Mechanical Response of Low Alloy Steels during Cooling from the Austenite Region, *J. Heat Treat.*, 1990
10. G. Krauss, *Steels: Heat Treatment and Processing Principles*, ASM International, 1990, p94
11. M. A. Grossman and E. C. Bain, *Principles of Heat Treatment*, 5th ed., American Society for Metals, 1964
12. J. S. Kirkaldy, Prediction of Alloy Hardenability from Thermodynamic and Kinetic Data, *Metall. Trans.*, Vol 4, 1973, p 2333
13. M. V. Li, D. V. Niebuhr, L. L. Meekisho, and D. G. Atteridge, A Computational Model for the Prediction of Steel Hardenability, *Metall. Mater. Trans. B*, Vol 29, 1998, p 627
14. A. Malikizadi, "Simulation of Cooling Behavior and Microstructure Development of Powder Metallurgy Steels," M. S. Diploma, Department of Materials and Manufacturing, Chalmers University of Technology, Gothenburg, Sweden, 2010
15. E. Just, New Formulas for Calculating Hardenability Curves, *Met. Prog.*, Nov 1969
16. C. A. Siebert, D. V. Doane, and D. H. Breen, Recent Contributions to Hardenability Predictions, *The Hardenability of Steels—Concepts, Metallurgical Influences and Industrial Applications*, American Society for Metals, 1977
17. G. Sanchez Sarmiento, M. A. Morelli, and J. Vega, Improvements to the SAE J406 Hardenability Predictor, *First International Automotive Heat Treating Conference*, R. Colas, K. Funatani, and C. A. Stickels, Ed., ASM International, 1998, p 401-414
18. SAE Iron and Steel Division, "Methods of Determining Hardenability of Steels," SAE J 406, revised by the Iron and Steel Technical Committee, Division 8, Hardenability of Carbon and Alloy Steels, last rev., June 1993, p 1.23-1.48
19. T. Lund, "Carburizing Steels: Hardenability Prediction and Hardenability Control in Steel Making," SKF Steel Technical Report 3, 1984
20. C. R. Brooks, *Principles of the Heat Treatment of Plain Carbon and Low-Alloy Steels*, ASM International, 1996
21. L. A. Dobranski and W. Sitek, "Computer Simulation of Heat Treatable Steel," International Conference on Heat Treatment and Surface Engineering (IFHTSE) of Tools and Dies, June 8-11, 2005 (Pula Croatia)
22. W. Crafts and J. Lamont, The Effects of Some Elements on Hardenability, *Trans. AIME*, Vol 158, 1944, p 162
23. C. T. Kunze and G. Keil, "A New Look at Boron Effectiveness in Heat Treated Steels," Symposium on Boron Steels, Sept 18, 1979 (Milwaukee, WI), TMS-AIME
24. "Derivation of Equations by Multiple Regression for the Calculation of Hardenability in the Jominy End Quench Test on the Basis of the Chemical Composition of Steels," SEP1664 and supplementary sheet to SEP1664, June 2004, Verlag Stahleisen
25. P. G. Dressel, S. J. Engineer, A. Lübben, and H. Rohloff, *Streuungen der Härtbarkeit im Stirnabschreckversuch bedingt durch Prüflabors und Vorbehandlungszustände*, Proceedings, VDEh, 1986-1987 (in German)
26. H. Gulden and P. Schüler, *Härtbarkeitsrechnung*, Proceedings, VDEh, March 1990 (in German)
27. H. Stelzenmüller, *Einflüsse auf die Streuungen der Härtbarkeit im Stirnabschreckversuch*, FB6. 012, VDEh, March 1990
28. H. Gulden, K. Krieger, D. Lepper, A. Lübben, H. Rohloff, P. Schüler, V. Schuler, and H. J. Wieland, Errechnung der Härtbarkeit im Stirnabschreckversuch bei Einsatz und Vergütungsstählen, *Stahl Eisen*, Vol 111 (No. 7), 1991, p 103-110 (in German)
29. P. Schüler, Calculation of Hardenability in the Jominy End Quench Test on the Basis of the Chemical Composition of Steels, *Rev. Métall.*, Jan 1992
30. R. Caspari, H. Gulden, K. Krieger, D. Lepper, A. Lübben, H. Rohloff, P. Schüler, V. Schüler, and H. J. Wieland, Errechnung der Härtbarkeit bei Einsatz und Vergütungsstählen, *HTM*, Vol 47 (No. 3), 1992, p 183-188 (in German)
31. S. J. Engineer, H. Rohloff, and H. -J. Wieland, Härtbarkeit von borlegierten Edelbaustählen, *Stahl Eisen*, Vol 114 (No. 11), 1994, p 121-124 (in German)
32. R. Caspari, H. Gulden, B. Kontiokari, K. Krieger, A. Lübben, H. Rohloff, P. Schüler, H. -J. Wieland, Berechnung der Härtbarkeit aus der chemischen Zusammensetzung bei Einsatz und Vergütungsstählen, *Stahl Eisen*, Vol 115 (No. 9), 1995, p 101- 108 (in German)
33. K. Krieger, R. Caspari, H. Gulden, Jung, B. Kontiokari, H.

Rohloff, Schmitz, and H. -J. Wieland, *Neuere Ergebnisse der Ermittlung von Rechenformeln für die Berechnung der Härtbarkeit im Stirnabschreckversuch aus der chemischen Zusammensetzung von Stählen*, Conference proceedings, Nov 7, 1996 (Düsseldorf), VDEh (in German)

34. K. Krieger, Stand der Entwicklung der Härtbarkeitsrechnung, *HTM*, Vol 54 (No. 5), 1999, p 301-306 (in German)
35. V. Block, Neuer Formelsatz zur Berechnung der Stirnabschreckhärtekurve für CrNiMo-Einsatzstähle, *Stahl Eisen*, Vol 124 (No. 9), 2004, p 85-87 (in German)
36. *Errechnung der Härtbarkeit aus der chemischen Zusammensetzung von Edelbaustählen*, Conference proceedings, April 30, 2004 (Düsseldorf), Stahl Eisen Verlag (in German)

1.4 高碳钢淬透性的计算

改编自 C. F. 贾查克（C. F. Jatczak）的研究工作。

钢的淬透性取决于含碳量、其他合金元素的含量以及奥氏体的晶粒度。人们已经研究了根据钢的化学成分计算淬透性的方法。淬透性计算用理想临界直径（D_I）表达，对于一种给定的零件，或者给定的建议牌号的钢和/或者炉号的热处理，淬透性计算是非常可靠的。

本节描述了高碳（渗碳）钢淬透性的计算方法。该方法是基于 C. F. 贾查克（Jatczak）对高碳钢研究工作。贾查克对高碳钢淬透性的研究工作使用了一个基于 10%非马氏体转变的 D_I值，即在“理想”介质中淬火（例如，能够把圆棒的表面温度瞬间冷却到介质温度的一种介质）时，D_I值等同于能够在心部获得 90%马氏体的圆棒的直径。确定高碳钢淬透性的 D_I值的标准（判定）与确定低中碳钢的 D_I值的标准是不同的（低中碳钢的 D_I值是基于在圆棒中心 50%的马氏体转变的标准）。因此，有时应注意 D_I的标准是 50%还是 90%。

系统使用下列格罗斯曼经验公式预测化学成分的淬透性

$$D_I = \text{基本 } D_I f_{Mn} f_{Si} f_{Cr} f_{Ni} \cdots \quad (1\text{-}16)$$

高碳钢中的锰、硅、铬、镍、钼、铝和硼对淬透性产生影响的淬透性系数（*MF*），是对纯铁或无合金基体在 800～925℃（1475～1700°F）的奥氏体化范围冷却过程中获得的。在碳的质量分数为 0.60%～1.10% 的范围内，确定了碳的基本淬透性系数。

表 1-50～表 1-52 中的淬透性系数 *MF* 可以用来预测成分均匀的高碳钢的淬透性，以及渗碳钢的高碳区渗碳层的淬透性。也可以计算直接淬火和一次淬火的表面硬化层的淬透性，直接淬火是渗碳后直接淬火，或者从渗碳温度开始降温淬火；一次淬火是指在渗碳处理后空冷（正火处理），或者直接淬火后将钢件重新加热到较低的温度后淬火。使用这些系数已经被建立了精确的淬透性预测值，在理想临界直径为 660mm（26in）时，其测量淬透性误差在 ±10%之内。

表 1-50　渗碳钢渗碳层的淬透性系数以及经正火或淬火预备热处理的高碳钢的淬透性系数之一

质量分数(%)	Mn*①				Si*①				Cr*①				渗碳铬钢②
	800℃(1475°F)	830℃(1525°F)	855℃(1575°F)	925℃(1700°F)	800℃(1475°F)	830℃(1525°F)	855℃(1575°F)	925℃(1700°F)	800℃(1475°F)	830℃(1525°F)	855℃(1575°F)	925℃(1700°F)	925℃(1700°F)
0.05	1.02	1.04	1.04	1.04	1.02	1.04	1.04	1.04	1.02	1.04	1.04	1.04	1.04
0.10	1.06	1.06	1.06	1.06	1.06	1.06	1.06	1.06	1.06	1.06	1.06	1.06	1.06
0.15	1.10	1.10	1.10	1.10	1.10	1.10	1.10	1.10	1.10	1.10	1.10	1.10	1.10
0.20	1.14	1.14	1.14	1.14	1.14	1.14	1.14	1.14	1.14	1.14	1.14	1.14	1.14
0.25	1.18	1.18	1.18	1.18	1.18	1.18	1.18	1.18	1.18	1.18	1.18	1.18	1.18
030	1.26	1.26	1.27	1.26	1.19	1.19	1.20	1.24	1.22	1.22	1.24	1.23	130
0.35	1.31	1.32	1.33	1.33	1.20	1.20	1.21	1.33	1.26	1.27	1.28	1.31	1.41
0.40	1.35	1.38	1.39	1.39	1.21	1.21	1.21	1.40	1.28	1.32	1.33	1.39	1.49
0.45	1.41	1.44	1.45	1.44	1.22	1.22	1.22	1.48	1.31	1.35	1.36	1.44	1.59
0.50	1.45	1.47	1.48	1.47	1.23	1.23	1.24	1.54	1.33	138	1.39	1.47	1.67
0.55	1.48	1.53	1.53	1.53	1.24	1.24	1.25	1.61	1.34	1.41	1.41	1.52	1.75
0.60	1.52	1.58	1.58	1.56	1.25	1.25	1.26	1.67	1.35	1.43	1.44	1.56	1.84
0.65	1.55	1.61	1.62	1.59	1.26	1.26	1.27	1.72	1.36	1.46	1.46	1.61	1.89
0.70	1.59	1.65	1.67	1.61	1.27	1.27	1.28	1.78	1.38	1.47	1.47	1.66	1.95
0.75	1.62	1.69	1.72	1.66	1.28	1.28	1.29	1.84	1.39	1.49	1.48	1.73	2.00
0.80	1.65	1.73	1.76	1.71	1.29	1.29	130	1.88	1.39	1.51	1.50	1.76	2.05
0.85	1.67	1.76	1.81	1.75	1.31	1.31	1.31	1.93	1.40	1.51	1.51	1.81	2.09

（续）

质量分数(%)	Mn*① 800℃(1475°F)	830℃(1525°F)	855℃(1575°F)	925℃(1700°F)	Si*① 800℃(1475°F)	830℃(1525°F)	855℃(1575°F)	925℃(1700°F)	Cr*① 800℃(1475°F)	830℃(1525°F)	855℃(1575°F)	925℃(1700°F)	渗碳铬钢② 925℃(1700°F)
0.90	1.69	1.81	1.86	1.81	1.32	1.32	1.32	1.96	1.41	1.52	1.52	1.86	2.12
0.95	1.73	1.85	1.89	1.91	1.33	1.33	1.32	1.99	1.41	1.53	1.53	1.92	2.15
1.00	1.75	1.88	1.93	2.00	1.34	1.34	1.33	2.00	1.41	1.54	1.54	1.96	2.18
1.05	1.78	1.92	1.98	2.09	1.35	1.34	1.34	2.01	1.41	1.55	1.54	2.00	2.21
1.10	1.80	1.36	2.00	2.19	1.35	135	134	2.01	1.41	1.56	1.55	2.06	2.24
1.15	1.82	2.02	2.04	2.28	1.36	1.36	1.35	2.04	1.41	1.56	1.56	2.08	2.27
1.20	—	2.07	2.09	2.33	1.36	1.37	1.35	2.05	1.41	1.58	1.57	2.12	2.29
1.25	—	2.14	2.16	2.40	1.38	1.38	1.36	2.06	1.41	1.59	1.58	2.15	2.32
1.30	—	2.21	2.23	2.45	1.39	1.39	1.38	2.07	1.41	1.59	1.58	2.18	2.35
135	—	2.29	2. 33	2.49	1.40	1.40	139	2.08	1.41	1.59	1.59	2.21	2.39
1.40	—	2.37	2.42	2.55	1.41	1.41	1.40	2.09	1.42	1.61	1.59	2.23	2.44
1.45	—	2.50	2.54	2.59	1.42	1.43	1.41	2.10	1.43	1.61	1.59	2.24	2.47
1.50	—	2.58	2.62	2.62	1.43	1.45	1.43	2.11	1.44	1.61	1.59	2.25	2.50
1.55	—	—	—	2.66	1.45	1.46	1.45	—	1.45	1.62	1.60	2.26	2.53
1.60	—	—	—	2.69	1.47	1.47	1.46	—	1.45	1.62	1.61	2.27	2.55
1.65	—	—	—	2.72	1.48	1.49	1.48	—	1.46	1.63	1.62	—	2.57
1.70	—	—	—	2.75	1.50	1.51	1.51	—	1.47	1.64	1.64	—	2.60
1.75	—	—	—	2.79	1.52	1.53	1.53	—	1.47	1.65	1.65	—	—
1.80	—	—	—	2.82	1.54	1.55	1.55	—	1.48	1.67	1.67	—	—
1.85	—	—	—	2.86	1.57	1.58	1.58	—	1.49	1.68	1.69	—	—
1.90	—	—	—	2.89	1.60	1.60	1.60	—	1.52	1.69	1.70	—	—
1.95	—	—	—	2.93	1.62	1.62	1.62	—	1.54	1.72	1.72	—	—
2.00	—	—	—	2.95	1.66	1.66	1.65	—	1.56	1.74	1.74	—	—

① 当从 925℃（1700°F）淬火时，这些都是适用于单一合金成分和多个合金成分的钢的元素；然而，当在 800~855℃（1475~1575°F）进行热处理时，仅仅使用 w(Ni)≤1.0%和 w(Mo)≤0.15%的合金成分组合。例如，w(Mn)=1.5%、w(Ni)=2.0%且不含 Mo 的钢符合这一规定。

② 当渗碳后直接淬火硬化时，使用渗碳铬钢系数代替 Cr* 系数。

表 1-51 渗碳钢渗碳层的淬透性系数以及经正火或淬火预备热处理的高碳钢的淬透性系数之二

质量分数(%)	Ni*① 800℃(1475°F)	830℃(1525°F)	855℃(1575°F)	925℃(1700°F)	Mo*① 800℃(1475°F)	830℃(1525°F)	855℃(1575°F)	925℃(1700°F)	Al 800→925℃(1475→1700°F)	合金系数 Si② 800℃(1475°F)	830℃(1525°F)	855℃(1575°F)	925℃(1700°F)
0.05	1.00	1.00	1.00	1.00	1.05	1.05	1.05	1.13	1.02	1.01	1.04	1.04	1.04
0.10	1.01	1.01	1.01	1.01	1.10	1.10	1.10	1.27	1.05	1.06	1.06	1.06	1.06
0.15	1.03	1.03	1.02	1.03	1.15	1.15	1.17	1.42	1.08	1.10	1.10	1.10	1.10
0.20	1.04	1.04	1.04	1.04	1.20	1.20	1.26	1.56	1.12	1.14	1.14	1.14	1.14
0.25	1.05	1.05	1.05	1.05	1.24	1.24	1.35	1.73	1.15	1.18	1.18	1.18	1.18
0.30	1.07	1.07	1.07	1.07	1.29	1.29	1.45	1.90	1.18	1.26	1.26	1.27	1.27
0.35	1.09	1.09	1.09	1.11	1.34	1.34	1.55	2.09	1.22	1.31	1.32	1.33	1.36
0.40	1.11	1.11	1.11	1.14	1.39	1.39	1.65	2.27	1.27	1.35	1.36	1.36	1.46
0.45	1.12	1.13	1.12	1.16	1.44	1.44	1.75	2.45	1.31	1.41	1.40	1.40	1.54
0.50	1.13	1.14	1.13	1.18	1.49	1.49	1.86	2.64	1.35	1.45	1.45	1.45	1.67
0.55	1.14	1.15	1.14	1.20	1.54	1.54	1.97	2.82	1.40	1.47	1.48	1.47	1.80
0.60	1.15	1.16	1.15	1.22	1.60	1.60	2.09	3.03	1.45	1.49	1.50	1.49	1.92
0.65	1.16	1.17	1.16	1.24	1.66	1.66	2.21	3.26	1.48	1.52	1.53	1.52	2.06
0.70	1.16	1.18	1.17	1.25	1.72	1.72	2.32	3.52	1.53	1.54	1.55	1.54	2.21
0.75	1.17	1.18	1.18	1.26	1.80	1.80	2.44	3.80	1.57	1.56	1.56	1.56	2.35

（续）

质量分数(%)	Ni*①				Mo*①				Al	合金系数 Si②			
	800℃(1475°F)	830℃(1525°F)	855℃(1575°F)	925℃(1700°F)	800℃(1475°F)	830℃(1525°F)	855℃(1575°F)	925℃(1700°F)	800→925℃(1475→1700°F)	800℃(1475°F)	830℃(1525°F)	855℃(1575°F)	925℃(1700°F)
0.80	1.18	1.19	1.19	1.27	1.87	1.87	2.55	4.08	1.61	1.58	1.58	1.58	2.51
0.85	1.19	1.19	1.20	1.29	1.92	1.92	2.67	4.40	1.65	1.59	1.59	1.59	2.68
0.90	1.20	1.20	1.21	1.31	2.07	2.07	2.78	4.80	1.70	—	—	—	—
0.95	1.21	1.21	1.22	1.34	2.18	2.18	2.91	5.20	1.73	—	—	—	—
1.00	1.22	1.23	1.23	1.35	2.33	2.33	3.03	5.50	1.77	—	—	—	—
1.05	1.22	1.24	1.23	1.36	—	—	—	—	1.80	—	—	—	—
1.10	1.23	1.24	1.24	1.37	—	—	—	—	1.84	—	—	—	—
1.15	1.24	1.25	1.25	1.39	—	—	—	—	1.87	—	—	—	—
1.20	1.25	1.26	1.25	1.41	—	—	—	—	1.90	—	—	—	—
1.25	1.26	1.27	1.26	1.43	—	—	—	—	1.93	—	—	—	—
1.30	1.26	1.28	1.26	1.45	—	—	—	—	1.95	—	—	—	—
1.35	1.27	1.29	1.27	1.48	—	—	—	—	1.97	—	—	—	—
1.40	1.28	1.30	1.28	1.52	—	—	—	—	1.99	—	—	—	—
1.45	1.29	1.31	1.29	1.56	—	—	—	—	2.00	—	—	—	—
1.50	1.31	1.32	1.31	1.58	—	—	—	—	2.00	—	—	—	—
1.55	1.32	1.33	1.32	1.62	—	—	—	—	—	—	—	—	—
1.60	1.33	1.34	1.33	1.66	—	—	—	—	—	—	—	—	—
1.65	1.34	1.35	1.35	—	—	—	—	—	—	—	—	—	—
1.70	1.35	1.36	1.36	—	—	—	—	—	—	—	—	—	—
1.75	1.37	1.37	1.37	—	—	—	—	—	—	—	—	—	—
1.80	1.38	1.39	—	—	—	—	—	—	—	—	—	—	—
1.85	—	1.41	—	—	—	—	—	—	—	—	—	—	—
1.90	—	1.43	—	—	—	—	—	—	—	—	—	—	—
1.95	—	1.45	—	—	—	—	—	—	—	—	—	—	—
2.00	—	1.49	—	—	—	—	—	—	—	—	—	—	—

① 当从 925℃（1700°F）淬火时，这些都是适用于单一合金成分和多个合金成分的钢的元素；然而，当在 800~855℃（1475~1575°F）进行热处理时，仅使用 $w(\mathrm{Ni}) \leq 1.0\%$ 和 $w(\mathrm{Mo}) \leq 0.15\%$ 的合金元素组合。例如 $w(\mathrm{Mn}) = 1.5\%$、$w(\mathrm{Ni}) = 2.0\%$ 且不含 Mo 的种钢符合这一规定。

② 当 $w(\mathrm{Ni}) > 1.0\%$ 且 $w(\mathrm{Mo}) > 0.15\%$ 时，使用 Ni、Mn、Si 与 Cr*、Mo、Al 的淬透性系数。

表 1-52 碳钢的淬透性系数（ASTM 晶粒度 5~9）

质量分数(%)	800℃(1475°F)	830℃(1525°F)	855℃(1575°F)	925℃(1700°F)
0.60	0.77	0.79	0.79	0.79
0.65	0.795	0.81	0.82	0.82
0.70	0.82	0.83	0.85	0.85
0.75	0.83	0.845	0.875	0.875
0.80	0.83	0.86	0.90	0.90
0.85	0.80	0.85	0.91	0.93
0.90	0.73	0.81	0.90	0.935
0.91	0.715	0.785	0.89	0.935
0.92	0.70	0.765	0.88	0.93
0.93	0.685	0.745	0.87	0.92
0.94	0.675	0.73	0.86	0.91
0.95	0.66	0.71	0.85	0.90
0.96	0.65	0.70	0.835	0.89
0.97	0.64	0.69	0.825	0.875
0.98	0.625	0.675	0.81	0.86
0.99	0.62	0.665	0.795	0.845

（续）

质量分数(%)	800℃(1475°F)	830℃(1525°F)	855℃(1575°F)	925℃(1700°F)
1.00	0.61	0.655	0.78	0.83
1.01	0.60	0.645	0.76	0.815
1.02	0.595	0.64	0.74	0.80
1.03	0.59	0.63	0.725	0.79
1.04	0.58	0.625	0.71	0.78
1.05	0.575	0.62	0.695	0.77
1.06	0.57	0.61	0.68	0.76
1.07	0.565	0.605	0.67	0.75
1.08	0.56	0.60	0.655	0.74
1.09	0.557	0.595	0.645	0.735
1.10	0.555	0.59	0.64	0.73
平均晶粒度	8~9	7~8	6~7	5~7

1.4.1 背景

本部分是根据参考文献 1~5 中 C.F. 贾查克的研究内容改写的。这些参考文献针对的是对高碳钢淬透性的计算和控制。在所有实例中，D_1的特征淬透性的格罗斯曼体系，是用来建立，碳的质量分数为0.75%~1.10%的单个或多个合金成分（如碳、锰、硅、铬、镍、钼和硼），在 800℃、830℃、855℃ 和 925℃（1475°F、1525°F、1575°F 和 1700°F）时淬火得到的特定淬透性结果。这些奥氏体化温度围绕淬火工艺范围选择。

在这些温度下淬火时，所有这些材料通常含有过剩的或未溶解的碳化物颗粒，这就意味着溶解的碳和合金的量可能随着原始组织和处理条件而变化。因此，原始的碳化物尺寸、形状和分布以及奥氏体化时间和温度有可能影响给定的合金和碳含量的淬透性结果。晶粒度也可能对其产生影响，但是影响较小。因为当过剩碳化物出现时，在 ASTM 6~9 之间其变化不大，影响通常很小，尤其是对于贝氏体而非珠光体，限制了淬透性的提高。

作为一个准则，对于均匀的高碳合金钢，为了有利于淬火前的机械加工通常采用球化退火；对于渗碳钢，在重新加热淬火前，则需进行正火处理（如空冷），或者在渗碳温度下直接进行油淬。在渗碳介质中进行初始淬火也可以作为其最终硬化处理。后面的三个状态会影响渗层组织，在渗层组织中，奥氏体转变产物可能是 100%马氏体（含有过剩碳化物和残留奥氏体）到 100%可变层间距的片状碳化物。之前的所有转变产物在重新加热淬火期间很容易转变成奥氏体。然而，在冷却期间，未溶碳化物将过早地促使珠光体形核，并且降低淬透性，但不会显著影响贝氏体转变（形成）。

相比之下，球化退火的预备热处理组织中也含有碳化物，但是，它们是大的球状体，在重新加热淬火时很难溶解。因此很明显，球化组织开始奥氏体化时，不像正火态组织或者淬火态组织，对于任何固定的奥氏体温度和时间（加上晶粒度），溶解的合金和碳化物的量将很少。然而，人们已证明，尽管有这一不利条件，当奥氏体化温度在 855℃（1575°F）以上时，原始的球化组织实际上将获得比正火组织更高的淬透性。其原因如下：

1）冷却时，较大的碳化物对早期珠光体形成没有有效的晶核，因为晶核是精细和片状碳化物。

2）在较低的数值浓度中出现。

这样看来，对于给定的合金和碳含量，在某一温度下非均匀溶解的条件下，和/或者在冷却后存在不规则的形核现象，需要开发各种形式的淬透性系数。

幸运的是，随着对奥氏体化温度和时间的严格控制，再现碳和合金的溶解可以有足够的一致性，对任何原始的组织状态，使得导出的淬透性系数具有令人满意的精度。

在 800℃、830℃、855℃ 和 925℃（1475°F、1525°F、1575°F 和 1700°F）奥氏体化温度保温 40min 的条件下，研究了锰、硅、铬、镍、钼、硼对碳的质量分数为 1.0%的合金钢淬透性的影响。由原始的组织状态（球化退火和正火）导出淬透性系数。在这个过程中，准备了许多低碳钢和同类的碳的质量分数为 1.0%的分析钢种，将渗碳零件在 925℃（1700°F）下保温 8h 后油淬，并在上述条件下重新加热，对碳的质量分数为 1%的钢种的淬透性进行评估。对预备热处理组织为正火组织的钢淬火时，渗碳钢中渗碳层的淬透性与碳的质量分数为 1.0%的钢的基本淬透性相当吻合。从而证实了由正火组织（碳的质量分数为 1.0%）的钢获得的淬透性系数可以用来计算所有等级的钢在渗碳后重新加热淬火硬化的淬透性。

为了研究从渗碳状态直接淬火硬化的钢（由于渗碳或保温时间较长，这些钢中的合金和碳较易溶解），将随炉附带的低合金钢试样在 925℃（1700°F）

下渗碳 16h，然后直接进行末端淬火，再与 925℃（1700°F）奥氏体化之后的同类对比试样（碳的质量分数为 1.0%）进行比较。在所有单合金和多合金系列中，除了含铬量较高的钢，其他钢种的符合程度相当令人满意。后经观察发现，直接在渗碳介质中淬火的钢中铬和碳的溶解度比类似钢种在 925℃（1700°F）保温 40min 后重新加热的大，因而，开发了用于直接淬火的渗碳钢中铬的系数。

也可以通过淬火前经球化退火的钢来确定淬透性系数。这种方法是使用在正火预备热处理条件下导出的淬透性系数，并进一步地使用一条统计确定的转换曲线，将正火的 D_I 值转换为退火的 D_I 值（图 1-115）。

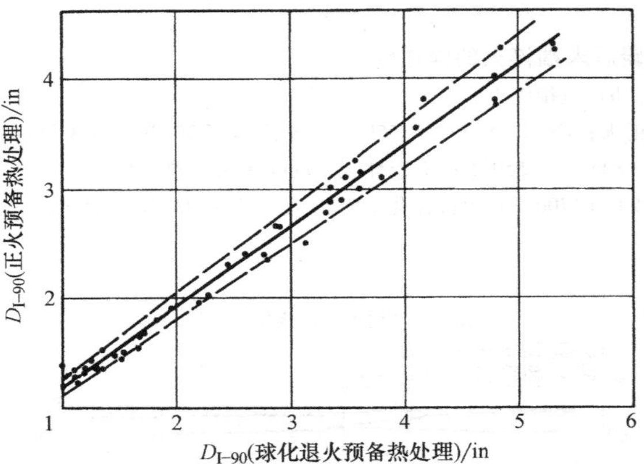

图 1-115　碳的质量分数为 1.0% 的合金钢中基于正火和球化退火的预处理组织的淬透性之间的关系

计算方法是使用格罗斯曼基本 D_I 的计算公式（1-14）。如上所述，贾查克的试验工作描述了元素淬透性系数的计算方法，使用的是 10% 非马氏体转变的 D_I 标准（例如，在理想介质中淬火时，假设瞬间把圆棒的表面温度降低到介质的温度，在圆棒心部能够获得 90% 的马氏体的对应圆棒直径），用 D_{I-90} 表示。相比之下，在低中碳钢中，采用 50% 的转变标准，即 D_{I-50}。

端淬距离和理想临界直径 D_I 之间的关系如图 1-116 所示。这条曲线是卡尼（Carney）设计的，并由贾查克稍作修改，它更好地代表了 90% 马氏体组织带有 10% 非马氏体产物的热传导参数。作为参考，一些渗碳钢的末端淬火试验曲线如图 1-117~图 1-120 所示。

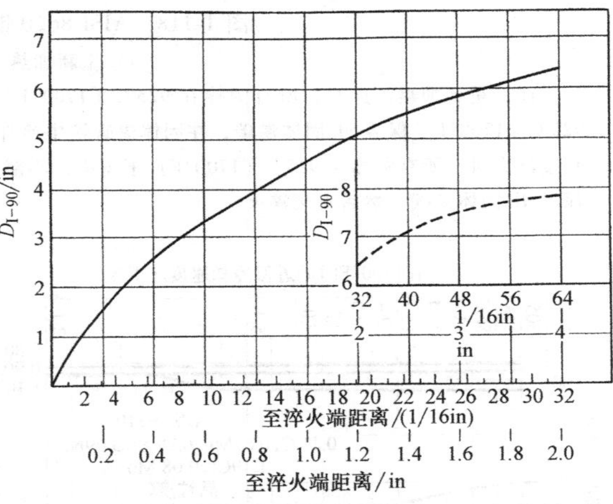

图 1-116　端淬距离和理想临界直径 D_I 之间的关系

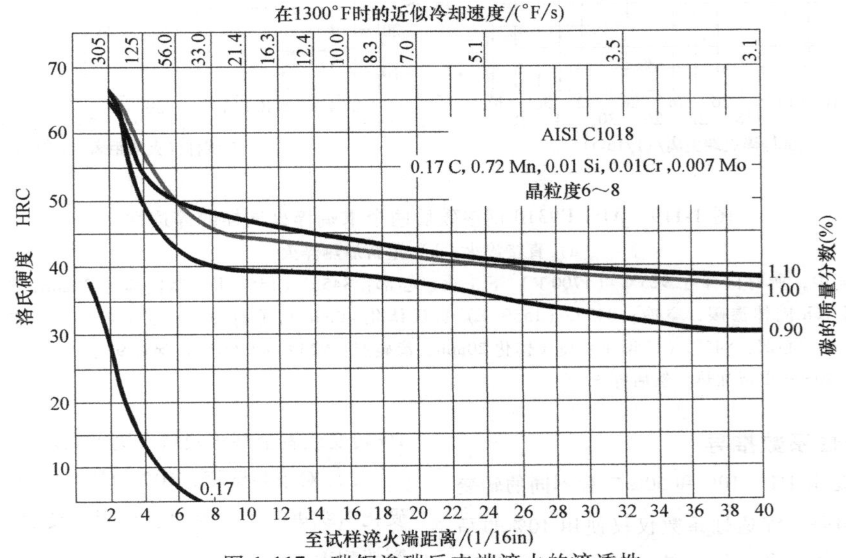

图 1-117　碳钢渗碳后末端淬火的淬透性

注：所有圆棒均在 925℃（1700°F）下正火，心部：925℃（1700°F）保温 20min，渗碳层：925℃（1700°F）渗碳 9h，直接淬火。

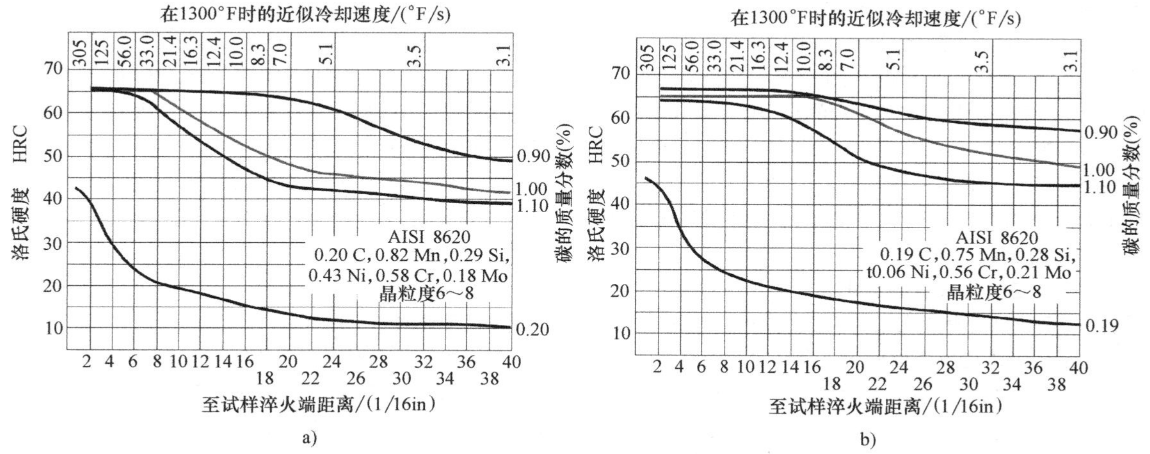

图 1-118 AISI 8620 钢渗碳后末端淬火的淬透性

a）重新加热淬火 b）直接淬火

注：重新加热淬火时，所有圆棒在 925℃（1700°F）下正火；心部：845℃（1550°F）奥氏体化 20min，渗碳层：925℃（1700°F）保温 9h 固体渗碳，在固体渗碳箱中冷却；在 845℃（1550°F）奥氏体化 20min 重新加热，然后淬火。直接淬火时，所有圆棒在 925℃（1700°F）下正火；心部：925℃（1700°F）奥氏体化 20min，渗碳层：925℃（1700°F）保温 9h 固体渗碳，然后直接淬火。

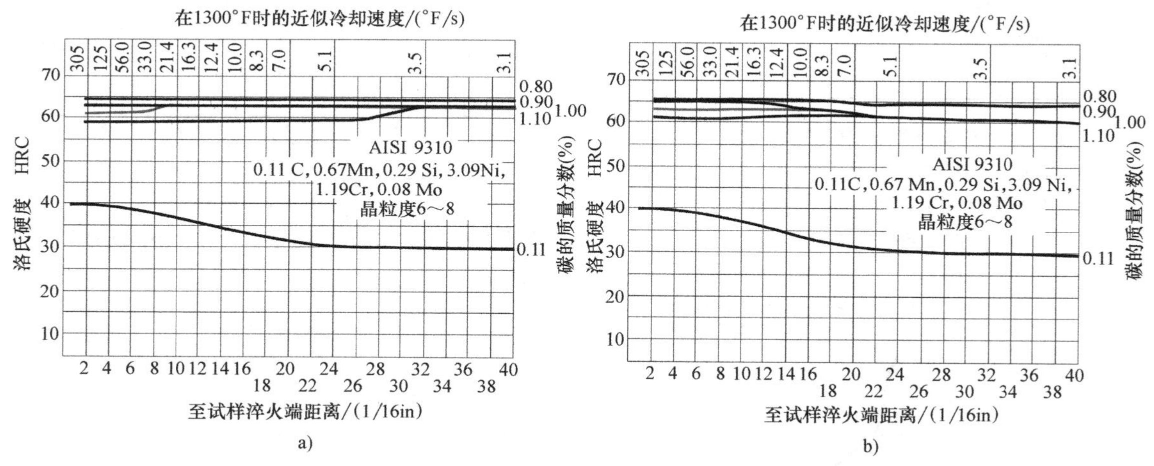

图 1-119 AISI E9310 钢渗碳后两个末端淬火试样的淬透性

a）直接淬火 b）重新加热淬火

注：在图 a 中，所有圆棒在 925℃（1700℉）下正火，心部：845℃（1550°F）奥氏体化 20min，渗碳层：925℃（1700°F）保温 16h 固体渗碳，空冷；845℃（1550°F）奥氏体化 40min 后重新加热。在图 b 中，所有圆棒在 925℃（1700°F）下正火；心部：845℃（1550°F）奥氏体化 20min，渗碳层：925℃（1700°F）保温 9h 固体渗碳，空冷；800℃（1475°F）保温 40min 重新加热，然后淬火。

1.4.2 淬透性系数推导

虽然 D_I 值是由 1%、10%和 50%三种不同的转变产物得出的，但是，淬透性系数仅仅使用 10%非马氏体（90%马氏体和奥氏体）转变标准来确定。采用该标准，而不是另外两个组织标准的原因如下：

1）10%转变可以更精确地测量，比难以衡量的1%转变或者全部淬硬状态更可取。

2）对于高碳钢，10%的转变标准比 50%或者半硬化组织更实用，因为它与所需硬度（60~62HRC）密切相关。

3）它可以确定是珠光体还是贝氏体限制了淬透性。

4）多元合金钢中的元素之间应该产生协同效应，由于原因 3）更容易分析其产生的具体原因。

如果选择 50%转变作为判定标准，当没有珠光体和贝氏体的混合物时，后面一项将不容易完成。虽然只使用 10%标准，但是，这三个标准之间存在一个经验关系，如图 1-121 所示。霍洛蒙（Hollomon）认识到，当贝氏体而不是珠光体限制了淬透性时，应该注意应用不同的关系。

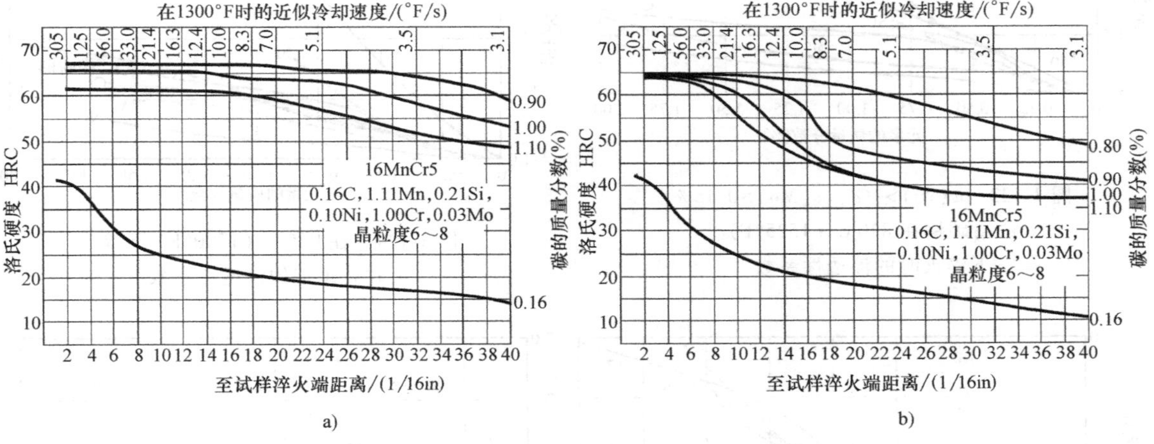

图 1-120 德国钢材 16MnCr5 渗碳后末端淬火的淬透性

a）直接淬火 b）重新加热淬火

注：在图 a 中，所有圆棒在 925℃（1700°F）下正火；心部：920℃（1690°F）奥氏体化保温 20min，渗碳层：920℃（1690°F）保温 9h 固体渗碳，直接淬火。在图 b 中，所有圆棒在 925℃（1700°F）下正火；心部：860℃（1580°F）奥氏体化 20min，渗碳层：900℃（1850°F）保温 9h 固体渗碳，在固体渗碳箱中冷却；重新加热到 860℃（1580°F），然后淬火。

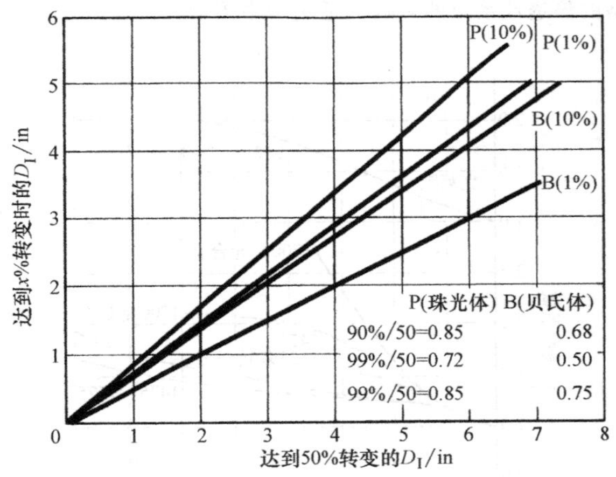

图 1-121 理想临界直径（D_I）在 1%、10%和 50%组织判别标准之间的关系

1.4.3 淬透性系数

锰、硅、铬、镍、钼和铝的淬透性系数见表 1-50和表 1-51，碳的淬透性系数（见表 1-52）。高碳钢中的硼的淬透性系数如图 1-122 所示。

在 830℃（1525°F）和 925℃（1700°F）下淬火时，锰、硅、铬、镍、钼和铝的淬透性系数如图 1-123和图 1-124 所示。在 800℃（1475°F）和 855℃（1575°F）下淬火的相关数据如图 1-125～图 1-127 所示，图中分别画出了各种元素的淬透性系数，可以看到奥氏体化温度对淬透性的影响。此外，所有淬火状态的碳的淬透性系数如图 1-128 所示。该图是以克莱玛（Kramer）由中碳钢导出的类似数据为背景绘制的。同样，其他元素的克莱玛（Kramer）数据也绘制在图 1-125～图 1-127 中。

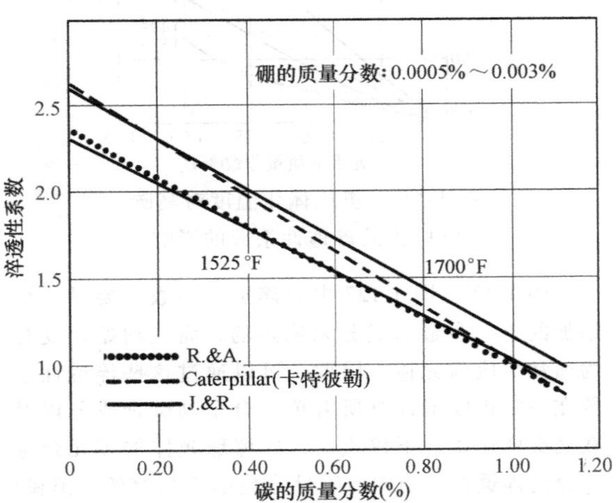

图 1-122 在 830℃和 925℃（1525°F 和 1700°F）下加热，淬透性标准是 10%转变时，硼钢的淬透性系数

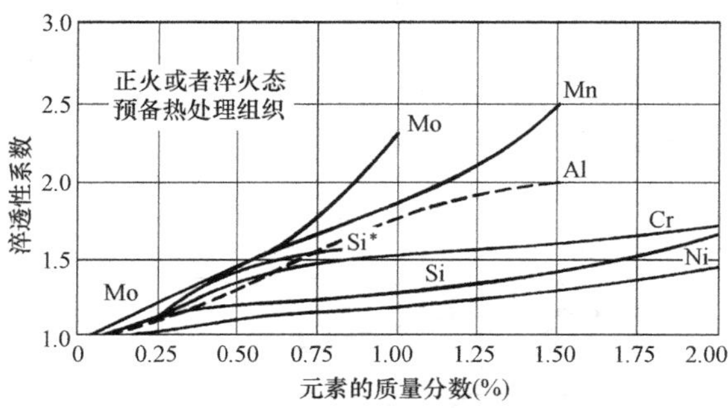

图 1-123 $w(Ni)>1\%$、$w(Mo)>0.15\%$ 的高碳钢在 830℃（1525°F）下淬火时的淬透性系数

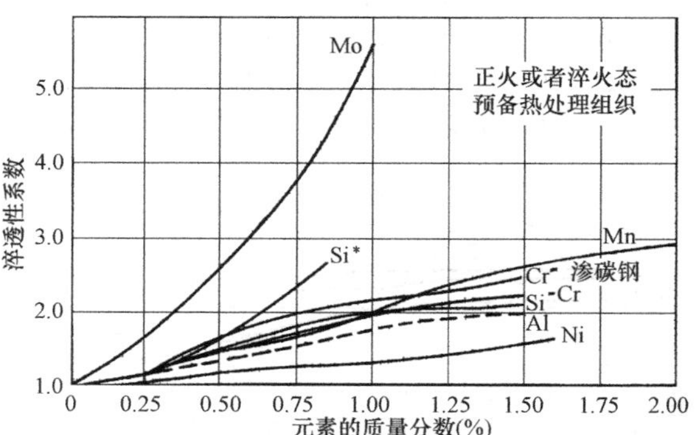

图 1-124 在 925℃（1700°F）下淬火时高碳钢的淬透性系数

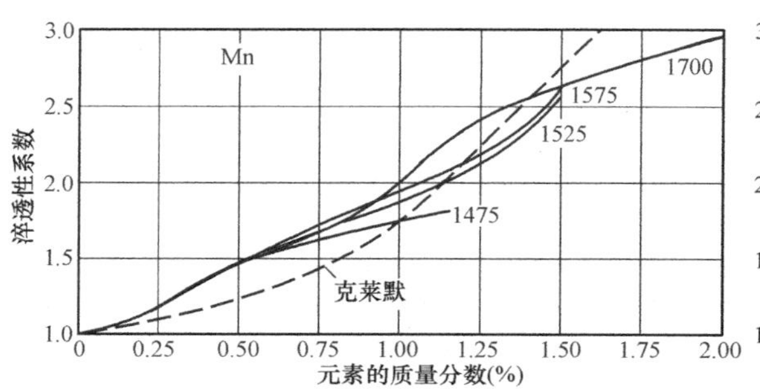

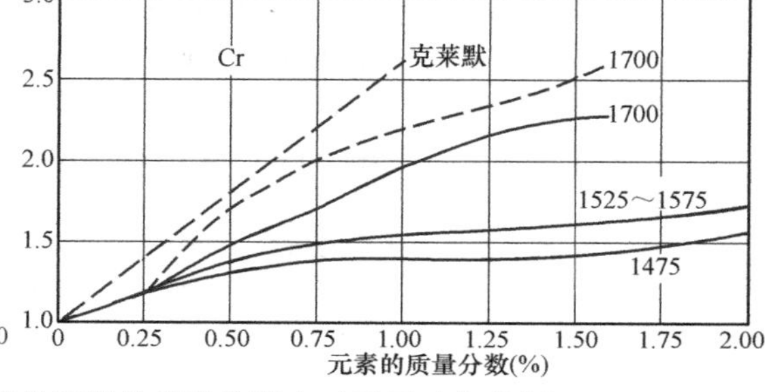

图 1-125 奥氏体化温度对高碳钢中锰和铬的淬透性系数的影响（适用于中碳钢）

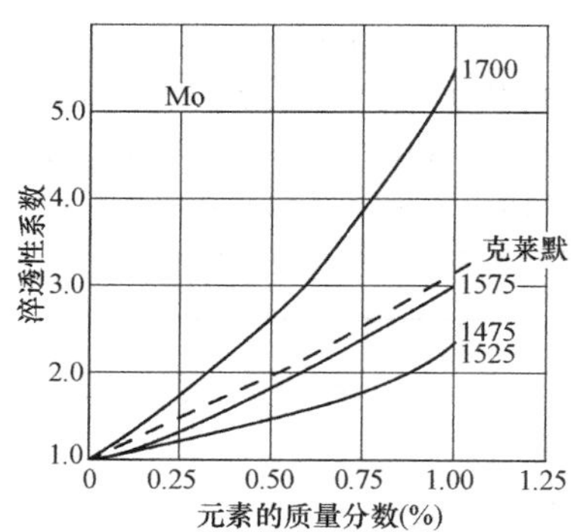

图 1-126 奥氏体化温度对高碳钢中钼的淬透性系数的影响

图 1-123～图 1-127 中的淬透性系数主要是以所添加的单一合金的成分来确定的，而且初始相变行为通常生成珠光体。因此，可以通过这些淬透性系数在一定程度上计算所有单一合金高碳钢成分以及在奥氏体化条件下淬火时，残留珠光体的多元合金成分的淬透性。当钼的质量分数小于 0.15%，钼和/或者镍和锰的总质量分数小于 2%，以及锰、铬或镍单个元素的质量分数小 2%时，可以得到令人满意的效果。图 1-123～图 1-127、表 1-50～表 1-52 也可以用于计算类似渗碳成分的表面淬透性，渗碳成分在这些温度下空冷或者在渗碳剂中淬火，重新加热硬化。

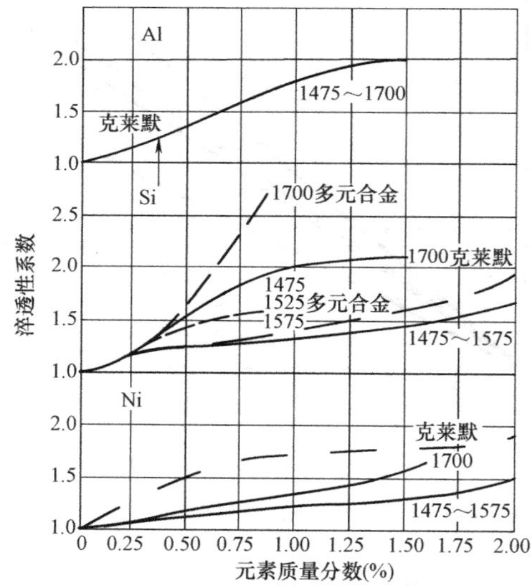

图 1-127 奥氏体化温度对高碳钢中铝、硅和镍的淬透性系数的影响

注：铝曲线上的箭头表示克莱默研究过的最大质量分数。

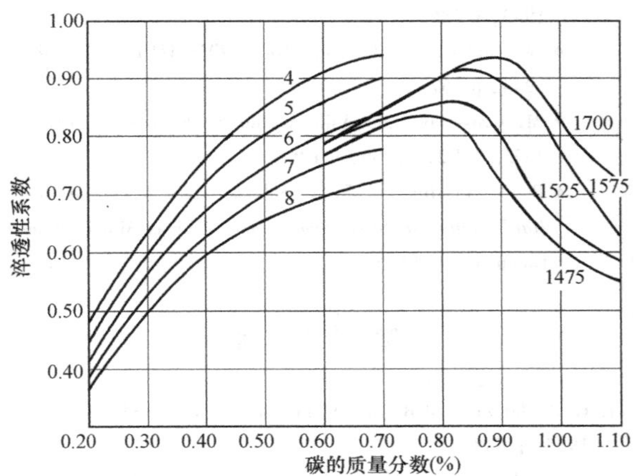

图 1-128 不同奥氏体化状态下碳的淬透性系数

注：以晶粒度为 ASTM 4~8 的中碳钢原始克莱默数据为背景资料绘制高碳钢碳的淬透性系数图形。

对于钼、镍、锰和铬的含量高于上述数值的钢，测得的淬透性通常比使用单一合金淬透性系数计算得到的值高［除了在 925℃（1700°F）时］，这是由于以下两个原因：

1）这种钢转变为贝氏体而不是珠光体。

2）当某些元素同时出现时，在它们之间会发生淬透性协同效应。

其次，应特别注意在 800~855℃（1475~1575°F）之间淬火时镍和锰的作用，并且，尤其是在钼的质量分数等于或大于 0.15%，并且所含镍的质量分数大于 1.0%的贝氏体钢中。

镍可增加碳的活性，它倾向使碳的溶解度增大，并且当过剩碳化物出现时，镍是碳化物形成元素。后来，人们指出在钼（贝氏体）钢中也有类似的效果。这些相互作用的总和是，锰和镍的综合影响总是远远大于其个体的影响。

协同效应的存在妨碍了锰和镍的单个淬透性系数的使用，因为在格罗斯曼淬透性系数方法中，合金元素的影响是独立的。然而，为了与其他单个淬透性系数一起使用，通过计算镍和锰的综合淬透性系数，成功地克服了这个困难。镍和锰淬透性系数的修正值用于镍的质量分数大于 1.0%和钼的质量分数大于 0.15%，并且在 800~855℃（1475~1575°F）之间淬火的钢，如图 1-129 所示。

通过对比可知，当从渗碳态直接淬火，或者从 925℃（1700°F）二次淬火时，许多单一合金和几乎所有多元合金的高碳钢成分最初都是贝氏体（转变率为 10%）。它们中也含有更少的未溶碳化物。之后，协同效应就不那么容易显现了。相反，每种单一元素都显示出更高的淬透性（除了铝元素），比之前提到的在较低温度下给定数量的任何合金具有更高的淬透性，特别是在图 1-127 中的硅。因此，表 1-50~表 1-52 以及图 1-124 中列出的 925℃（1700°F）下的淬透性系数均可应用到所有在所示合金含量极限范围之内的单个和多元合金的高碳钢。另外，它们也可应用于从 925℃（1700°F）淬火的渗碳钢的表层淬透性的计算。需要注意的是，当从渗碳态直接淬火时，应使用标注“渗碳钢”的铬淬透性系数。

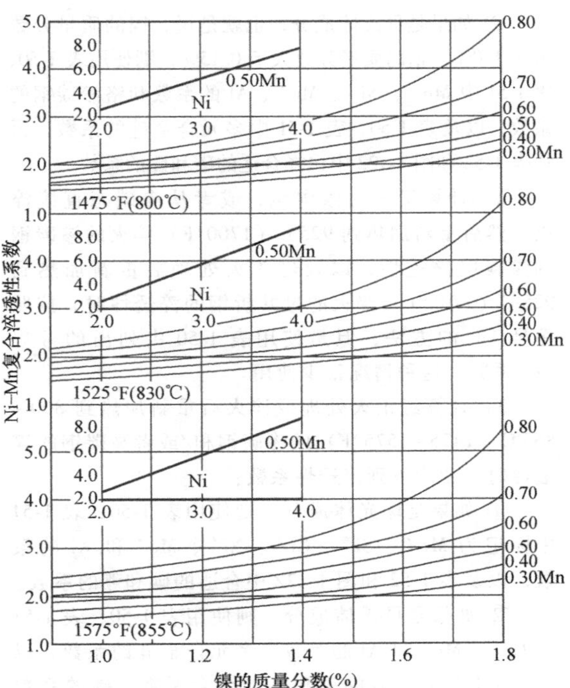

图 1-129 贝氏体高碳钢在 800~855℃（1475~1575°F）范围内淬火时，镍和锰的综合淬透性系数

表 1-50~表 1-52 以及图 1-122~图 1-129 中的淬透性系数也能用于淬火之前球化退火的高碳钢。然而，计算的 D_I值应使用图 1-115 转变为退火的 D_I值。

1.4.4 淬透性系数的使用

1）计算渗碳钢直接从渗碳介质中淬火（925℃或 1700°F）的渗碳层淬透性时，使用表 1-50~表 1-52中的淬透性系数：

① 如果是珠光体成分，也就是说，镍的质量分数小于 1.0%，钼的质量分数小于 0.15%，则使用表 1-50、表 1-51 中 Mn*、Si*、Ni*、Mo* 和 Al 的系数，以及铬渗碳钢的系数。再从表 1-52 和图 1-122 中选择合适的碳和硼的系数，与这些系数相乘。

② 如果是贝氏体成分，也就是说，镍的质量分数大于1.0%，钼的质量分数大于0.15%，则使用表1-50、表1-51中Mn*、Ni*、Mo*、Al的系数和铬渗碳钢的系数，以及表1-50、表1-51中多元合金硅的系数，再从表1-52和图1-122中选择合适的碳和硼的系数。

2）计算正火的渗碳钢，或者从渗碳态直接淬火，然后重新加热到925℃（1700°F）淬火的渗碳钢的渗碳层淬透性，以及经正火处理后重新加热到925℃（1700°F）淬火的过共析钢的淬透性时，按照序号1）的方法，但是使用表1-50中列出的常规Cr*系数。这种情况很少使用。

3）计算经正火处理或淬火后重新加热到800~855℃（1475~1575°F）的渗碳钢和/或者高碳钢的淬透性时，使用下列淬透性系数：

① 如果是珠光体成分，则使用表1-50、表1-51中标记为Mn*、Si*、Cr*、Ni*、Mo*和Al的系数，以及表1-52和图1-122中合适的碳和硼的系数。

② 如果是贝氏体成分，则使用表1-50、表1-51中Cr*、Mo*和Al的系数，多元合金硅的系数，以及图1-129中合适的镍和锰的综合系数、碳的系数（表1-52）和硼的系数（图1-122）。

4）计算预先球化退火组织的高碳钢的淬透性时，按照序号3）的方法，并且使用图1-115将D_1值转换为退火后的D_1值。

1.4.5 淬透性系数的局限性

淬透性系数的局限性包括：

1）经正火处理的或者球化退火的高碳钢和渗碳钢在重新加热期间，奥氏体化温度状态的加热时间应为35~40min。

2）尽管对于这些系数，不需要考虑晶粒度的变化，但是应该认识到，晶粒度的变化会导致淬透性的轻微变化，特别是在珠光体钢中。

3）图1-122中硼的淬透性系数适用于用钛、铝和锆保护添加的硼。如果使用其他硼合金，则可能导致硼的影响较小。

致　　谢

The information in this article is largely adapted from:

- C. F. Jatczak and R. W. Devine, Jr., *Trans. ASM*, Vol 47, 1955, p 748
- C. F. Jatczak and E. S. Rowland, *Trans. ASM*, Vol 45, 1953, p 771
- C. F. Jatczak and D. J. Girardi, *Trans. ASM*, Vol 51, 1959, p 335
- C. F. Jatczak, *Met. Prog.*, Sept 1971, p 60
- C. F. Jatczak, *Met. Trans.*, Vol 4, Oct 1973, p 2267
- W. Crafts and J. Lamont, *Trans. TMS-AIME*, Vol 154, 1943, p 386
- W. Crafts and J. Lamont, *Trans. TMS-AIME*, Vol 158, 1944, p 157
- M. Grossman, M. Asimow and S. F. Urban, *Trans. ASM*, Vol 27, 1939, p 125
- R. V. Fostini and F. J. Schoen, *Transformation and Hardenability in Steels Symposium*, Climax Molybdenum Company, 1967, p 195

参考文献

1. C. F. Jatczak and R. W. Devine, Jr., *Trans. ASM*, Vol 47, 1955, p 748
2. C. F. Jatczak and E. S. Rowland, *Trans. ASM*, Vol 45, 1953, p 771
3. C. F. Jatczak and D. J. Girardi, *Trans. ASM*, Vol 51, 1959, p 335
4. C. F. Jatczak, *Met. Prog.*, Sept 1971, p 60
5. C. F. Jatczak, *Met. Trans.*, Vol 4, Oct 1973, p 2267
6. M. A. Grossmann, *Trans. TMS-AIME*, Vol 150, 1942, p 227
7. J. H. Hollomon and L. D. Jaffee, *Trans. TMS-AIME*, Vol 167, 1946, p 643
8. E. S. Rowland, J. Welchner, and R. H. Marshall, *Trans. TMS-AIME*, Vol 158, 1944, p 168
9. D. J. Carney, *Trans. ASM*, Vol 46, 1954, p 882
10. *Atlas: Hardenability of Carburized Steels*, Climax Molybdenum Co., 1960
11. E. J. Whittenberger, R. R. Burt, and D. J. Carney, *Trans. TMS-AIME*, Vol 206, 1957, p 1008
12. G. O. Rahrer and C. D. Armstrong, *Trans. ASM*, Vol 40, 1948, p 1099
13. J. R. Sloan, Caterpillar Tractor Co., Peoria, IL, personal communication
14. I. R. Kramer, S. Siegel, and J. G. Brooks, *Trans. TMS-AIME*, Vol 67, 1946, p 670
15. G. Melloy and J. R. Russ, *Met. Prog.*, Nov 1966, p 83

引用文献

- W. Crafts and J. Lamont, *Trans. TMS-AIME*, Vol 154, 1943, p 386
- W. Crafts and J. Lamont, *Trans. TMS-AIME*, Vol 158, 1944, p 157
- M. Grossman, M. Asimow and S. F. Urban, *Trans. ASM*, Vol 27, 1939, p 125
- R. V. Fostini and F. J. Schoen, *Transformation and Hardenability in Steels Symposium* Climax Molybdenum Company, 1967, p 195

第2章 钢的淬火原理与工艺

2.1 钢的淬火

G. E. Totten, Portland State University

J. L. Dossett, Consultant

N. I. Kobasko IQ Technologies, Inc.

钢的淬火是把钢从一个合适的高温迅速冷却下来的过程。通常是将热钢件浸没到一种可蒸发的液体，如水，矿物油、植物油或动物油，水基聚合物溶液或水（盐）溶液中。其他淬火冷却介质包括熔融盐、流化床或气体，有时用压缩空气。经过淬火，零件应得到合适的淬火组织，更关键的是在回火后要得到满足最低技术要求的力学性能。

淬火的效果取决于淬火冷却介质的冷却特性以及钢的淬透性。因此，淬火的结果可能随钢的化学成分、淬火冷却介质的种类、淬火冷却介质的温度及搅拌程度的不同而不同。淬火系统设计和精心维护有助于保证淬火过程的成功。在特定的淬火冷却介质和工艺下，零件设计也影响到其力学性能与变形。

淬火冷却介质吸收热量的速率随该介质的使用方式或条件的改变而有很大变化。这些改变使得不同淬火方式被冠以专有名称，如直接淬火、定时淬火、局部淬火、喷液淬火、喷雾淬火和分级淬火等。

（1）直接淬火　直接淬火是钢件应用最广泛的淬火方式。当渗碳工件在渗碳温度或稍低于渗碳温度下淬火时，使用“直接淬火”这一名词，以区别于另一种更间接的淬火方式：渗碳→缓冷→重新加热→淬火。直接淬火工艺相对简单、经济，而且渗碳零件的变形通常也比重新加热淬火来得小，较小的零件尤其如此。

（2）定时淬火（双液淬火）　采用这种淬火方式时，淬火零件在冷却过程中的冷却速率必须发生突然改变。这种突然改变可以是冷却速度加快，也可以是冷却速度减慢，取决于哪种方式能得到想要的结果。常用的方法是先将零件淬入一种淬火冷却介质中降温（如水），持续一段较短的时间，直至零件降温到时间-温度转变曲线的“鼻尖”温度以下，然后将零件转移到另一种介质中（如油）以较慢的冷却速率通过马氏体转变区。在许多实际应用中，第二种淬火冷却介质采用静止空气。定时淬火最常用来得到最小化程度的变形、裂纹和尺寸变化。由于这种工艺的成功与否在很大程度上依赖于操作者的技能，因此要谨慎采用。

（3）局部淬火　局部淬火用于零件只有一部分需要淬火，而另一部分不希望被淬火的情况。要实现这种工艺，可以将零件的某一部分保护起来，与淬火冷却介质隔开，或者仅让要求淬火的部分接触到淬火冷却介质。

（4）喷液淬火　喷液淬火将高压的淬火液流直接喷到工件的局部，液流压力可达 825kPa (120psi)。由于淬火液的用量很大且直接喷射到淬火区域表面，因此整个淬火过程中的冷却速率都快且均匀。快速的液流可以冲走所有气泡，并产生很多雾状液滴，这对传热很有利。然而，低压喷液实际上是一种大流量流动，最好采用某种聚合物淬火冷却介质。

（5）喷雾淬火　这种工艺通过载气携带薄雾或雾状液滴作为淬火冷却介质。虽然与喷液淬火相似，但是喷雾淬火的冷却效果要差一些。这是因为与淬火零件接触而被加热的薄雾或液滴并不能迅速地被较冷的薄雾或液滴取代或带走。

淬火系统由两部分组成：淬火冷却介质和实现淬火操作的设备。这里将简要介绍在热处理厂中常见的淬火冷却介质和工艺变量，也包括淬火冷却介质的评价、分类、选择和维护。

2.1.1 淬火机理

淬火机理包含以下几个因素：

1）工件的内部条件，它影响热量扩散到表面。

2）工件的表面和外部条件，它影响热量的消散。

3）在通常的温度和压力下，淬火冷却介质吸取热量的能力。

4）随搅拌、温度或压力的变化，液体吸取热量能力的变化情况。

即使是没有被搅拌的淬火冷却介质也会经历不

可避免的翻动（在热的工件浸入其中时），从而在零件表面引起湍流（由于液体的核沸腾）和对流现象。虽然这种程度相当小的液体搅拌最终会将积累的热量消散到周围的液体中，但液体局部仍然可能加热过度甚至蒸发，从而可能影响淬火过程的一致性。

将热钢件淬入水中来代表零件淬入未加添加剂的可蒸发液体中的情况，结果显示，零件表面再润湿过程存在固有的不一致性。如图 2-1 所示，在淬火过程中，水不能有效地润湿淬火件表面。事实上，零件表面上至少同时存在三种明显不同的冷却机制，它们具有显著不同的传热特点，这将产生足以增加变形的热梯度。

图 2-1 一个 ϕ25mm×100mm（ϕ1.0in×4in）的 Cr-Ni 钢圆柱体淬入搅拌速度为 0.3m/s（1ft/s）的 30℃（85°F）的水中（由慕尼黑工业大学的 H. M. Tensi 提供）

1. 冷却曲线

准确描述淬火的复杂机制的最有效的方法是在受控条件下，获得淬火冷却介质的时间-温度冷却曲线。冷却曲线是令人满意的，因为它对许多可能影响淬火冷却介质冷却能力的影响因素都很敏感。

可以通过将与零件具有相同材料的试样在同样的淬火冷却介质中进行淬火，来得到图 2-2 所示的时间-温度冷却曲线。有时候用奥氏体型不锈钢或镍基合金做试样，以避免氧化，否则应采用必要的保护气氛。试样通常是一根圆棒，其长度至少是直径的 4 倍（即所谓的无限长圆柱，目的是使端部的冷却效应最小）。冷却曲线是通过将热电偶镶嵌在试样要求的位置测量来得到的。有两种常见的热电偶装置：一种是将与探头相连的热电偶嵌入探头的几何中心；另一种是将热电偶嵌入探头一半长度的中心和表面［或表面下 1~2mm（0.04~0.08in）］。冷却过程中的时间-温度行为由一台高速记录仪（数据采集器）或者一台装有模拟/数字板的计算机来测定。由此产生的时间-温度曲线能显示出淬火冷却介质的传热特性。

对钢件淬火时，需要先将其加热到相应的奥氏体化温度，范围为 750~1100℃（1380~2010°F），钢在这一温度范围内以确定的方式淬火，从而得到需要的力学性能，如硬度和抗拉强度。大多数用于此过程的可蒸发的淬火冷却介质在正常大气压下的沸点一般为 100~300℃（212~570°F）。淬火钢件在此温度下时，其表面再润湿行为通常是随时间变化的，从而影响冷却过程和得到的硬度。

G. J. 莱登弗罗斯特（Leidenfrost）在约 250 年前描述了再润湿过程。莱登弗罗斯特温度定义为蒸汽膜（全膜沸腾）破溃并被液体润湿（核沸腾）处的表面温度。相关文献报道，这一温度对于水而言是 150~300℃（300~570°F）。显然，莱登弗罗斯特温度受多种因素影响，有些因素甚至到现在也没有得到量化。

图 2-2 所示为一种淬火冷却介质典型的表面和中心冷却曲线。在图中，从热探头表面到更冷的可蒸发液体的传热的四个阶段清晰可见。

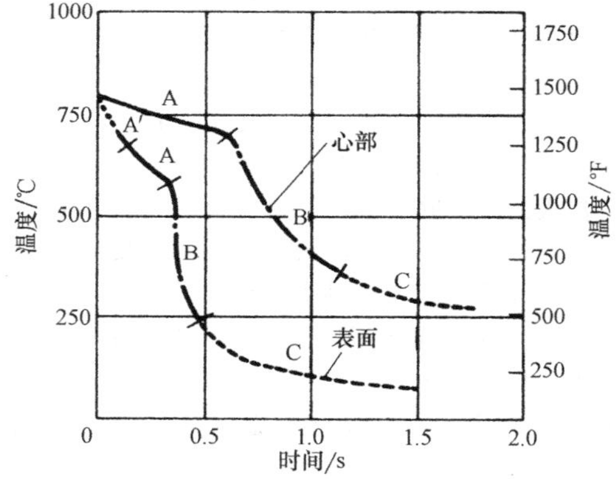

图 2-2 典型的表面和中心冷却曲线

图 2-2 中的 A′阶段显示了浸入后的第一种效应。这一阶段也称为液体初始接触阶段，其特征是爆炸或者气泡突然形成（冲击膜沸腾），成因是热金属表面与冷得多的淬火冷却介质之间存在巨大的温差。小气泡从形成后逐渐长大，直到脱离金属表面从而形成一层包覆热金属表面的蒸汽膜（全膜沸腾）。A′阶段一般持续 0.1s，它对评价传热特性并不重要，因为大量的热量都在这一极短的时间内被释放了。只有使用极灵敏的设备，才能检测到冲击膜沸腾。而且如果淬火冷却介质是黏性的，或者含有夹带进的气体，或者浴温接近液体沸点，都不能检测到冲击膜沸腾。因此，这个重要的冷却过程在大多数冷却曲线分析中通常是观察不到的。

图 2-2 中的 A 阶段称为蒸汽膜冷却阶段。它的特征是莱登弗罗斯特现象，即在试件周围形成一个完整的蒸汽膜。当试件表面供给的热量大于在单位面积上形成最多气泡所需的热量时，就会出现该现

象。这一阶段是缓慢冷却的阶段之一，因为蒸汽膜像一层绝热层一样，而冷却主要是通过蒸汽膜的热辐射来完成的。然而如图 2-1 所示，对于一个处于不稳定状态的冷却过程来说，零件各部分的表面温度与莱登弗罗斯特温度并不相等。当蒸汽膜破溃时，由于相对表面横向热传导的影响，伴随核沸腾，润湿开始了。这归因于蒸汽膜冷却（或称膜沸腾，FB）、核沸腾冷却（NB）以及对流冷却（conv）这些具有明显不同传热系数的不同传热条件的同时存在。它们的传热系数分别是：$\alpha_{FB}=100\sim250W/(m^2\cdot K)$；$\alpha_{NB}=10\sim20W/(m^2\cdot K)$；$\alpha_{conv}\approx700W/(m^2\cdot K)$。

对于淬火冷却介质，如普通的水或慢速搅动的常规矿物油（慢油），膜沸腾（蒸汽膜冷却）阶段可能被延长。延长多少随淬火零件的复杂性对促使蒸汽“捕获”的程度和淬火水的温度而变化，并导致不均匀的硬度和不利的应力分布。这可能引起变形、开裂或者软点等缺陷。为获得可重复的结果，特别是水淬时，必须对温度、搅拌和污染加以控制。水在 15～25℃（55～75°F）的温度下可提供均匀的淬火速率及可重复的结果。然而如图 2-3 所示，随着水温升高，水的表面冷却能力迅速降低（图 2-4 也说明了这一行为）。

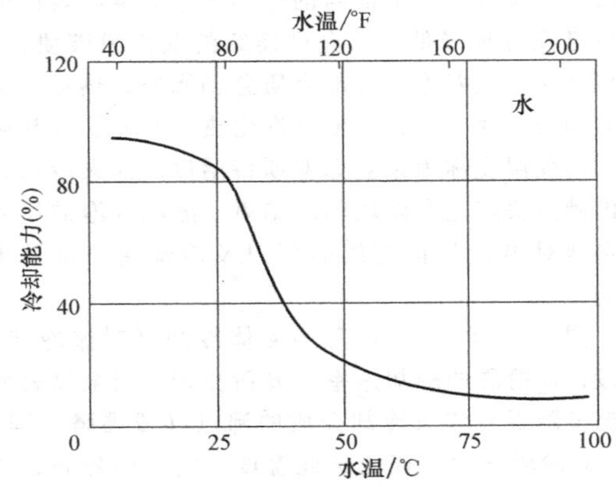

图 2-3　轻微搅拌的水的表面冷却能力与水温之间的关系

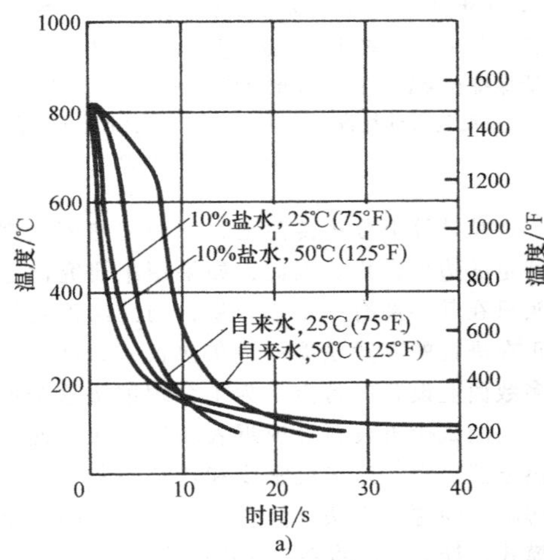

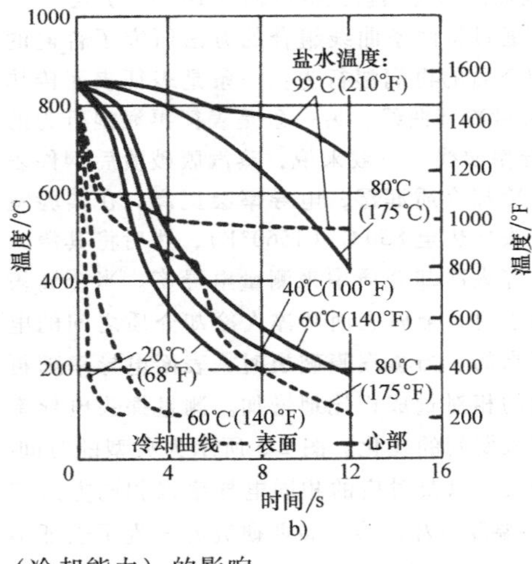

图 2-4　温度对淬火烈度（冷却能力）的影响

可以使用热水作为淬火冷却介质，这是因为一般认为淬火烈度低所引起的变形程度也低。但也可能得到相反的效果，因为接近沸点时水的冷却能力降低，特别是在形成相对不稳定的蒸汽膜而促进变形的临界区域中，温度范围大致为 30～60℃（85～140°F）。随着温度进一步升高，蒸汽膜变得更稳定，并且表面冷却类似于蒸汽的冷却。另外，由于膜沸腾是稳定的，可以在金属表面上间断分布，导致热梯度和变形与开裂倾向大幅增加。出于这个原因，搅拌在水淬过程中尤其重要，因为它打破了所形成的蒸汽膜，驱散了零件表面上的蒸汽气泡，并使相对较冷的水流向工件。已有研究表明，钢件表面的强烈冷却将使蒸汽膜不再形成，从而增加钢件硬度，提高抗疲劳性，并大幅减少变形。

在非挥发性溶质，如氯化钾、氯化锂、氢氧化钠、硫酸等的水溶液（浓度为 5%）中，A 阶段是观测不到的。这些溶液的冷却曲线一开始就是 B 阶段。使用氢氧化钡、氢氧化钙或其他微溶物质的饱和溶液，含有弥散固体的溶液，胶体溶液等作为淬火冷却介质时，在 A 阶段薄膜附着在试件上，通常会造成 A 和 C 两个阶段都延长。这种情况通常对 B 阶段有更强烈的作用。一些胶体或凝胶的溶液，包括水溶性聚合物（如聚乙烯醇、明胶、肥皂和淀粉）的溶液，会在A阶段形成的蒸汽膜的外面再沉淀成一层凝胶覆盖层。这种凝胶覆盖层的存在延长了A阶段和之后的各阶段。

图2-2中的B阶段称为蒸汽传输冷却（核沸腾）阶段，本阶段呈现出最高的传热速率。金属表面的温度已充分地降低，以允许连续的蒸汽膜破溃，B阶段开始。接着淬火冷却介质急剧沸腾，热量从金属表面被迅速带走，主要是汽化热。A阶段与B阶段的转变温度称为莱登弗罗斯特温度。淬火冷却介质的沸点决定这个阶段何时结束。蒸汽气泡的尺寸和形状对B阶段的持续时间以及冷却速率都是重要的。

图2-2中的C阶段称为液体冷却（对流冷却）阶段，此阶段的冷却速率比B阶段慢。当金属表面的温度降低到淬火冷却介质的沸点（或沸腾范围）时，C阶段开始。若低于此温度，则沸腾停止，通过热传导和热对流进行缓慢冷却。液体的沸点和浴温之间的温差是影响传热速率的主要因素。淬火液的黏度也会影响C阶段的冷却速率。

2. 表面冷却传热模式的腾西（Tensi）分类

腾西通过将两条曲线组合的方法研究了普遍的淬火冷却介质的再润湿行为：一条是表征表面传热的时间-温度冷却曲线；另一条是表征再润湿行为的时间-电导率曲线。一般来说，蒸汽膜破溃后钢件表面被淬火冷却介质润湿，电导率会提高。在实验室中，将探头加热至850℃（1560°F），然后将其浸入所研究的淬火冷却介质中来测量电导率。当金属被蒸汽膜覆盖时，金属表面和淬火冷却介质之间的电阻率是很高的。当蒸汽膜破裂时，表面电导率随再润湿表面的相对量成正比地增加。测量探头电导率在整个浸入期间的变化。图2-5所示为典型的时间-电导率曲线，以及对应的相同电导率以相同方式淬火的时间-温度冷却曲线。滕西研究并发现了表征不同淬火冷却介质的四种传热模式，如图2-5所示。

1）第一传热模式。全膜沸腾和核沸腾同时存在于探头表面上（图2-5a）；再润湿锋伴随着全膜沸腾（蒸汽膜沸腾）冷却过程中发生的转变，通常在冷却时沿着金属表面轴向移动。

2）第二传热模式。第一阶段的特征是在整个金属表面发生膜沸腾（图2-5b）；在某一时刻，核沸腾瞬时取代薄膜沸腾；当沸腾结束时，发生对流传热。

3）第三传热模式。如图2-5c所示，金属表面的某些局部区域被蒸汽膜（覆盖层）覆盖，而在同一时间其他区域处于核沸腾状态。

4）第四传热模式。钢件在液体介质中淬火时，膜沸腾和核沸腾周期性地互相替换，如图2-5d所示。

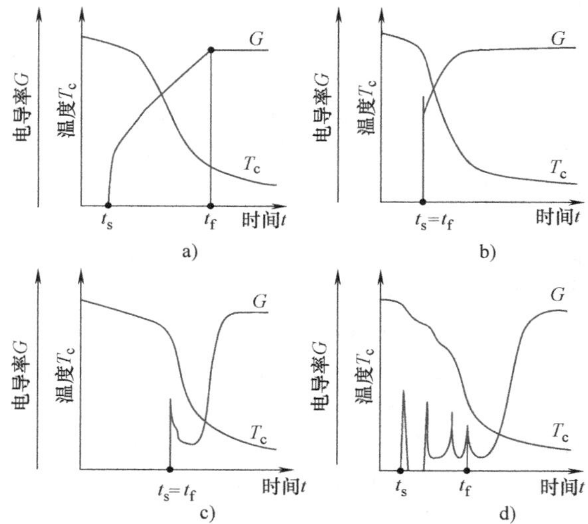

图2-5 钢在奥氏体化温度淬火时四种常见的再润湿类型

a）缓慢润湿，通常发生在水淬时 b）伴有迅速上升气泡的爆炸性润湿，金属表面被液体（聚合物淬火冷却介质1）长久润湿 c）爆炸性润湿，大气泡留在表面上，聚合物沉淀保持在金属表面上（聚合物淬火冷却介质2，浓度较低） d）反复爆炸性润湿，大气泡留在表面上（聚合物淬火冷却介质2，浓度较高）

从计算上分析传热时，每种传热模式都有一个特定的边界条件。因此，如果用来研究此过程的探头只在其心部有一个热电偶，则无法确定探头表面正在进行的究竟是哪一种传热模式，这也是目前大多数商业设备的特点。为了合理解决这个问题，应该在测试探头表面（或近表面）和次表面安装多个热电偶。为计算热流密度和传热系数，开发了许多解决反问题的方法，但它们主要针对的是第二传热模式。计算方法将在下文中讨论。

2.1.2 淬火过程变量

前面讨论了淬火冷却机制。然而，淬火过程受若干变量的影响，包括淬火冷却介质、搅拌、浴温和工件温度等。更多关于淬火冷却介质和冷却系统设计的内容将在《美国金属手册》4B卷《钢和铁的热处理》中介绍。这里简要讨论一下其他几个影响较大的变量。

（1）搅拌 搅拌是通过外力使淬火冷却介质相对于工件产生运动。可以通过螺旋桨、泵、振动等来搅拌液体，也可以移动工件实现搅拌，或者两者同时进行。搅拌对淬火冷却介质的传热特性有极其重要的影响。它会导致A阶段的蒸汽膜尽早地发生机械性破裂，并导致在蒸汽传输冷却阶段（B阶段）

产生更小、更分散的蒸汽气泡。搅拌能机械性地打碎或除去存在于试件表面或悬浮于蒸汽膜边缘的凝胶和固体，从而加快液体冷却阶段（C 阶段）的传热。除了上述效果，搅拌还能使冷的液体替换已经很热的液体。

（2）淬火冷却介质的温度（浴温）　液体温度可以显著影响其冷却能力。例如，水温是很重要的，因为当水温升高到沸点时，水就失去了冷却能力。但对于油来说，温度的影响则不明显。因为油的温度升高会造成其黏度降低，从而弥补了温度上升造成的“可能的”冷却能力的下降。

（3）工件温度　相比较而言，提高工件温度对工件与淬火冷却介质之间传热的影响极小。通常，增加温度差可以提高传热速率。在更高的温度下，钢件更快速地氧化可能会影响到传热速率，尤其是对于碳钢和合金钢在空气中加热的情况。最初，由于表面粗糙度值增大带来表面积的增加，可以观察到传热速率增加。增加的表面积为气泡形成创造了更多的成核位点，从而促进核沸腾和更迅速的传热，如图 2-6 所示。但图 2-6 还表明，由于奥氏体化温度提高或保温时间增加或者两者兼有，从而导致氧化层厚度增加，产生的氧化层足够厚以至于产生了隔热作用，从而使传热性能变差，钢件表面总的传热速率降低。

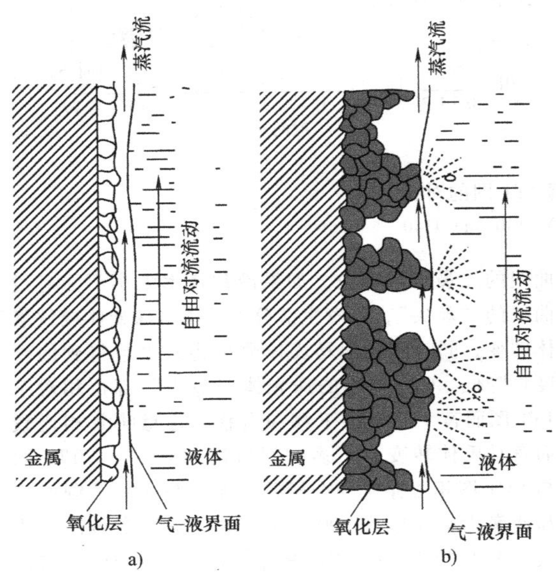

图 2-6　钢件表面的氧化层

a）钢件表面形成的氧化皮较少，可加速冷却

b）隔热氧化层足够厚，导致冷却速率降低

2.1.3　冶金学特性

淬火冷却介质的检测可以分为两种：硬化能力（冶金反应）检测和冷却能力（热响应）检测。这两种检测是不同的，因为硬化能力还与淬火工件的尺寸、显微组织以及化学成分有关。冶金反应检测用来判断淬火冷却介质是否具有得到期望的淬火组织的能力，本节将对其进行选择性概述。

钢的淬火在于控制奥氏体转变成期望的显微组织。通常有两种转变图用于说明冷却时所形成的转变产物。一种是时间-温度转变（TTT）图，也称等温转变图。它是将钢制小试样加热到奥氏体化温度，然后迅速冷却到介于奥氏体化温度和马氏体转变开始（*Ms*）温度之间的温度，随后保持一段时间（保温时间），直到转化结束，此时转变产物已经确定，可能是铁素体、珠光体、贝氏体或马氏体（也可参见本卷文章“钢的热处理简介”）。反复进行该操作直到完成 TTT 图。TTT 图只能沿画出的等温线读取，并且严格地讲这些图只适用于那些在恒定温度下发生的转变。TTT 图上极其重要的参数之一是确定钢件完全透淬所需的冷却速率。此外，TTT 图也反映了合金元素对淬火相变的某些影响。这可以通过比较 AISI 1045 碳钢与 AISI 5140、4140 及 4340 低/中合金钢的 TTT 图来说明，如图 2-7 所示。根据珠光体转变的位置可知，图中各种钢的淬透性按由小到大的顺序排列为：1045 钢<5140 钢<4140 钢<4340 钢。

如果热处理冷却过程不是在等温条件下进行的，则需绘制第二种转变图，包括将钢试样加热到研究材料的奥氏体化温度，然后使合金在淬火冷却介质中连续冷却，淬火冷却介质温度和冷却速率都应适应试样成分及横截面尺寸。钢试样可以不同的指定速率冷却，然后测定冷却到奥氏体化与 *Ms* 温度之间的不同温度后所形成的转化产物的比例，最后绘制连续冷却转变（CCT）图。注意：贝氏体转变并不显示在 CCT 图中。CCT 图显示了每种相变所需的温度，每个冷却速率相对于时间获得的相变产物的量，以及获得马氏体所必需的冷却速率。CCT 图只能沿不同冷却速率的等值线读取。CCT 图可以用来预测淬火后得到的转变产物显微组织，它还能提供淬火零件横截面上表面和心部冷却速率的信息。CCT 图可以通过多种方法获得，包括末端淬火（Jominy）淬透性数据，即在端淬试棒上装表面热电偶，相应的淬火组织就可与通过热电偶的数据计算出的冷却速率关联起来。这是用钢的淬透性和 CCT 图预测不同淬火冷却介质中钢的组织转变情况的一个例子。如图 2-8 所示，钢的化学成分对其淬透性的影响可以从 CCT 图上直接观察到。例如，像 AISI 1045 这样的低淬透性钢（从奥氏体）转变成铁素体、珠光体或者贝氏体的速率很快。随着淬透性提高，如从 AISI 5140 到 4140 再到 4340，转变曲线逐渐下移，并随淬透性的增加向右移动。一般来说，对于高淬透性钢，可以在零件较大的厚度范围内和较宽的冷却速率范围内得到以马氏体为主的组织。

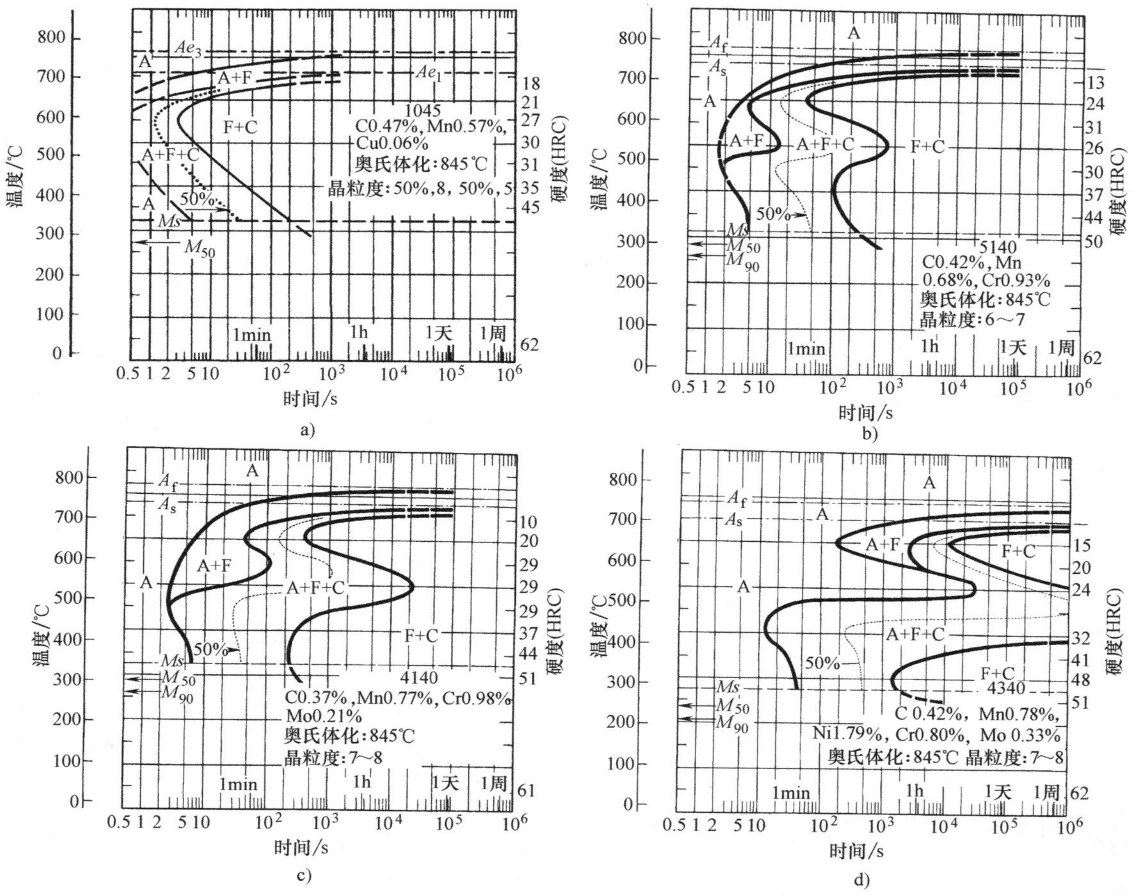

图 2-7 几种 AISI 钢 TTT 图的对比

a) 1045 b) 5140 c) 4140 d) 4340

如前文所述，CCT 图与 TTT 图的区别在于开始转变需要更长的时间。这种延迟反映在 CCT 图中，经常取代了贝氏体转变区，即相对于 TTT 图而言贝氏体转变更难以观察到。同样需要注意的是，CCT 图和 TTT 图是不同的表达方式。转变产物显示在 CCT 图的底部，而在 TTT 图中则位于右侧。CCT 图显示了相的转变（过程），而 TTT 图则说明了实际的转变相（结果）。

TTT 图和 CCT 图都是有"鼻尖"表征的，它代表珠光体最先开始形成的点。转变曲线"鼻尖"部位的冷却速率被定义为钢的临界冷却速率，即钢在冷却后能够完全硬化的最小冷却速率，或者说是得到 100%马氏体的最小冷却速率。马氏体通常是淬火所期望得到的组织，为了得到最多的马氏体，冷却速率需要足够大以避开钢件淬火的 TTT 曲线或 CCT 曲线的"鼻尖"部位。如果冷却速率太小不能避过曲线的"鼻尖"，将发生部分贝氏体、珠光体或铁素体转变，同时形成的马氏体数量将减少且得到的硬度将降低。CCT 图中的珠光体"鼻尖"部位相对于 TTT 图而言，通常会下移和右移，这意味着相比较而言马氏体转变有更多时间可用。实际上，TTT 图与 CCT 图相比存在一个误差，那就是通常绘制的冷却速率比实际形成 100%马氏体所需的冷却速率要大。由于 TTT 图和 CCT 图代表了非常不同的冷却过程，相应的临界冷却速率也不相同，因此需要说明临界冷却速率的计算步骤。

图 2-9 所示的四条曲线说明了能得到的典型显微组织。曲线 1（水淬）提供了一个相对快的冷却速率。珠光体转变曲线的"鼻尖"大部分被避开了，得到的基本上是 100%马氏体。曲线 2（油淬）提供

了一个相对中等的冷却速率，冷却过程部分经过珠光体转变区，导致生成了混合组织，这种情况下大约有 50%的马氏体和 50%的珠光体。这种过程通常被称为“分离转变”。曲线 3（正火）所描绘的是相对更慢的冷却速率，生成细片状珠光体。速率更慢的曲线 4（完全退火）则生成粗片状珠光体。

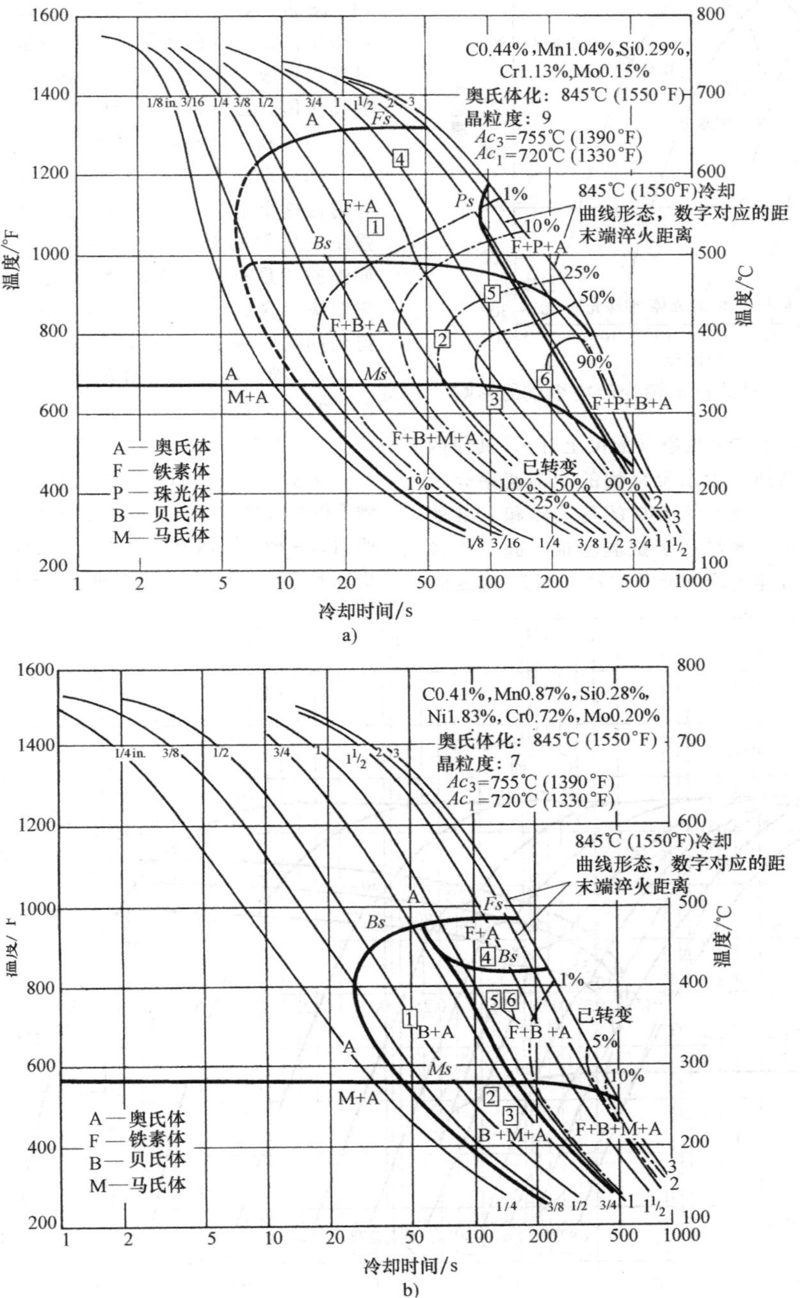

图 2-8　两种钢的连续冷却转变图

a）AISI 4140　b）AISI 4340

图 2-10 所示为将 CCT 图与水、矿物油和含水聚合物淬火冷却介质的冷却曲线结合起来在低淬透性的 AISI 1045 钢淬火中的应用。这些数据显示，在水中淬火的过程足够快，以至于不发生扩散转变，只生成马氏体。但矿物油中的淬火冷却速率则不够快，不足以生成马氏体，奥氏体转变成了铁素体和珠光

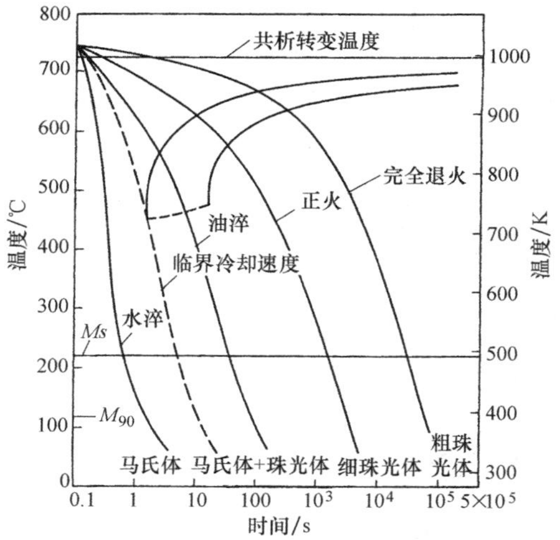

图 2-9 冷却时间对共析钢转变产物组成的影响

体。油淬时观察到了放热现象（温度上升），其原因是相变时释放了潜热。含水聚合物的冷却速率介于水和矿物油之间，得到大约 85% 的马氏体和 15% 的残留奥氏体。这些预测经过了试验验证，此工作说明了钢的转变图与淬火冷却介质的冷却时间-温度曲线相结合的应用价值。

1. 含碳量与淬透性

钢件淬火时，如果冷却速率足够大而避开了 TTT 图的“鼻尖”，则所能得到的最大硬度仅取决于含碳量。钢中碳的质量分数必须超过约 0.3% 才能通过淬火形成马氏体组织来得到硬化。含碳量和形成的马氏体含量及钢淬火后硬度的关系见表 2-1。

为得到完全马氏体组织所必需的冷却速率（淬火效率）取决于钢的淬透性、零件的厚度和形状等。淬透性这个术语不可与硬度相混淆，硬度是与材料强度成比例的材料性能，它仅取决于钢的含碳量；而淬透性是指在一定深度处达到一定硬度的能力，它取决于含碳量、所含合金元素及其含量等。实际得到的某一深度处的硬度取决于以下因素：

1）横截面的尺寸和形状。

2）材料的淬透性。

3）淬火条件。

多塞特（Dossett）已经论证了能透淬到最大表面硬度的最大横截面尺寸取决于含碳量和淬透性。表 2-2 所列为 4 种不同钢透淬的最大横截面尺寸，按淬透性由小到大的顺序为 1045 钢<5140 钢<4140 钢<4340 钢。

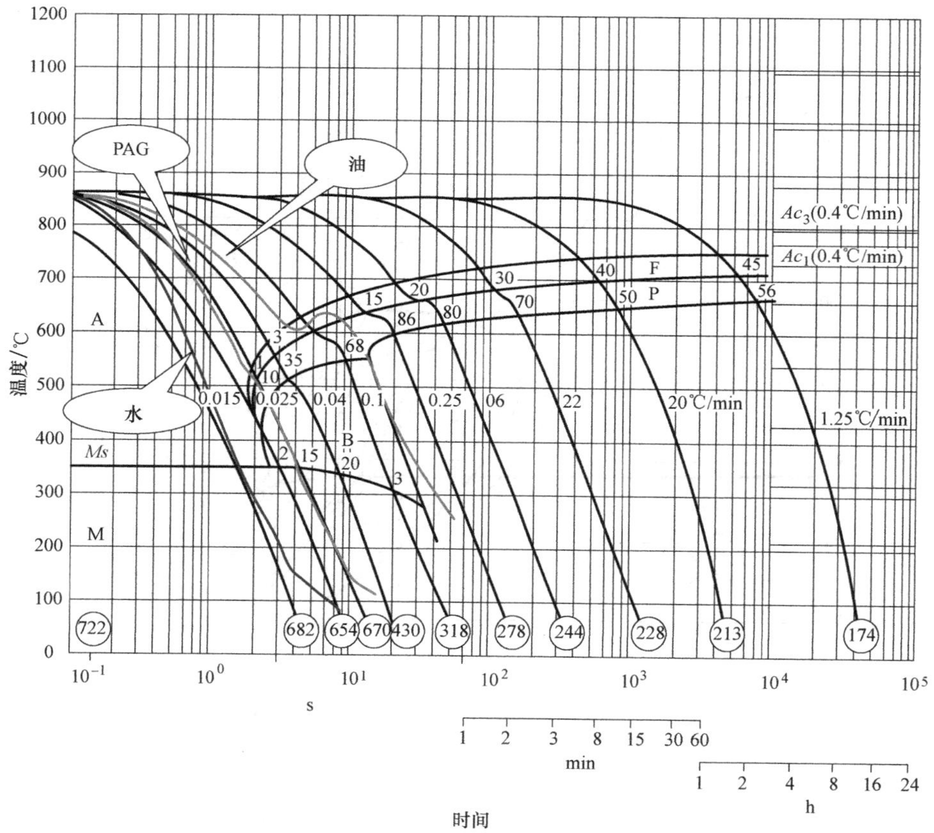

图 2-10 水、矿物油及含水聚合物（聚乙烯醇，PAG）淬火冷却介质的冷却时间-温度曲线叠加在 AISI 1045 钢的连续冷却转变曲线上

表 2-1 含碳量和形成的马氏体含量及钢淬火后硬度的关系

碳的质量分数(%)	硬度 HRC				
	99%马氏体	95%马氏体	90%马氏体	80%马氏体	50%马氏体
0.10	38.5	32.9	30.7	27.8	26.2
0.12	39.5	34.5	32.3	29.3	27.3
0.14	40.6	36.1	33.9	30.8	28.4
0.16	41.8	37.6	35.3	32.3	29.5
0.18	42.9	39.1	36.8	33.7	30.7
0.20	44.2	40.5	38.2	35.0	31.8
0.22	45.4	41.9	39.6	36.3	33.0
0.24	46.6	43.2	40.9	37.6	34.2
0.26	47.9	44.5	42.2	38.8	35.3
0.28	49.1	44.8	43.4	40.0	36.4
0.30	50.3	47.0	44.6	41.2	37.5
0.32	51.5	48.2	45.8	42.3	38.5
0.34	52.7	49.3	46.9	43.4	39.5
0.36	53.9	50.4	47.9	44.4	40.5
0.38	55.0	51.4	49.0	45.4	41.5
0.40	56.1	52.4	50.0	46.4	42.4
0.42	57.1	53.4	50.9	47.3	43.4
0.44	58.1	54.3	51.8	48.2	44.3
0.46	59.1	55.2	52.7	49.0	45.1
0.48	60.0	56.0	53.5	49.8	46.0
0.50	60.9	56.8	54.3	50.6	46.8
0.52	61.7	57.5	55.0	51.3	47.7
0.54	62.5	58.2	55.7	52.0	48.5
0.56	63.2	58.9	56.3	52.6	49.3
0.58	63.8	59.5	57.0	53.2	50.0
0.60	64.3	60.0	57.5	53.8	50.7

根据钢的碳含量和淬透性，冷却速率应该足够快，以使零件的关键受力部位得到比例尽可能高的马氏体。而对于服役时受力较小的部位，马氏体含量低一些也是允许的。淬火组织中马氏体的比例越高，回火后的抗疲劳和抗冲击性能也越高。

表 2-2 淬透性对透淬到最大表面硬度的最大横截面尺寸的影响

AISI 牌号	最大横截面尺寸	
	mm	in
1045	6.35	0.25
5140	19.0	0.75
4140	38.1	1.5
4340	76.1	3.0

淬火条件对淬硬深度的影响不仅取决于淬火冷却介质及其物理和化学性能，还取决于过程参数，如浴温和搅拌等，这在前文中讨论过。表 2-3 所列为一些透淬齿轮钢的淬透性数据，采用最小的成分波动范围。为了便于对照，此处选取 705℃（1300°F）时的冷却速率作为临界冷却速率。另外，表 2-3 还对这些钢含 60%马氏体时的硬度和中等淬火条件下透淬的最大直径做了总结。如前所述，此处的临界冷却速率是使所研究的合金成分的钢恰好得到 100%马氏体时的冷却速率。

淬火后的硬度不仅取决于零件的尺寸，还取决于零件的形状。圆棒、方棒及板材具有不同的淬硬深度，原因是它们接触淬火冷却介质的总表面积不同。总表面积显著影响淬火时的传热和所得到的硬化层深度。这就是相同横截面尺寸的方棒比圆棒得

表 2-3 典型齿轮钢淬透性数据①

AISI 牌号	60%马氏体的硬度 HRC	705℃(1300°F)时的临界冷却速率		最大透淬棒材直径		中等搅拌淬火冷却介质②
		℃/s	°F/s	mm	in	
1045	50.5	220③	400③	13④	0.5④	水
1060	54	70③	125③	30④	1.2④	水
1335	46	110	195	25	1.0	水
2340	49	70	125	15	0.6	油
3140	49	70	125	15	0.6	油
4047	52	110	195	25	1.0	水
				10	0.4	油
4130	44	170	305	18	0.7	水
4140	49	31	56	25	1.0	油
4340	49	5.5	10	71	2.8	油
5145	51	70	125	15	0.6	油
5210	60	17	30	33	1.3	油
6150	53	43	77	20	0.8	油

① 每种钢都选取最小的成分波动范围。

② “中等搅拌”通常用格罗斯曼淬火烈度（H 值）来定义：油中等搅拌的 H 值为 0.30~0.35；水中等搅拌的 H 值为 1.0~1.1；30℃（85°F）静水淬火烈度定义为 1.0。

③ 估计值。

④ 用名义成分代替最小要求范围得到的数据。

到的硬化层深度小的原因。可利用图 2-11 将方棒和板材的直径或厚度转换成圆棒的当量直径，然后将研究部位的等效直径看作圆棒的直径。

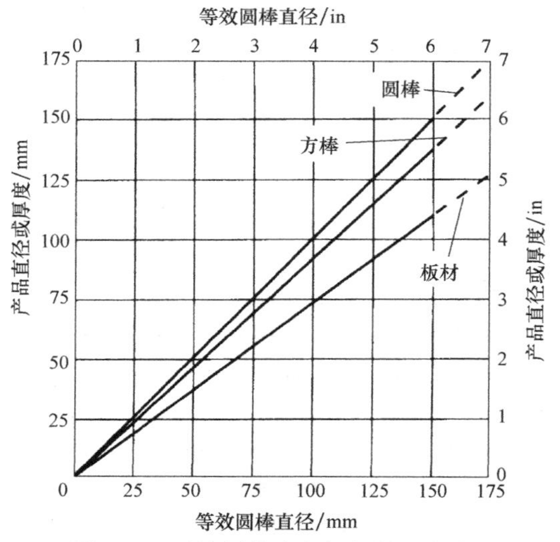

图 2-11　透淬圆棒直径与板材和方棒透淬厚度之间的关系

也可以利用航空标准 AS 1260 将方棒的直径和板材的厚度转化成圆棒的等效直径。需要着重指出的是，虽然可以用这些图表近似获知其他形状淬火得到等效硬度的横截面尺寸，但当淬入淬火烈度已知的介质中时，随着淬火烈度的增加，这种由形状带来的区别将逐渐减少。因此，通过试验验证这些近似值是重要的。验证本身也是重要的，因为实际 H 值可能随着钢棒尺寸不同、钢的化学成分不同而发生变化。假如预期的硬化层深度很小，但是如果棒上有刻度或者由合金成分引起热扩散系数发生明显变化，则结果会不同。

第三种方法是用孔德拉特耶夫（Kondratjev）形状因子来转换，这将在之后进行讨论。

钢的淬透性取决于晶粒大小和钢的化学成分，并且可以用理想临界直径（D_I）来定义，它是在理想条件（无限大的淬火烈度）下，淬火后心部得到50%马氏体的最大钢棒直径。它是用显微组织来定义的，与硬度无关。理想淬火是指可以在瞬间将奥氏体化的钢表面温度降低到淬火冷却介质的温度。在这种情况下，圆棒心部的冷却速率仅取决于钢的热扩散系数。但需要着重注意，利用硬度确定 50%马氏体位置是有局限性的。因为没有考虑可能形成的非马氏体组织，如珠光体或贝氏体，它们对淬火整体硬度的贡献是不同的。

当马氏体体积分数接近 100%时，用显微镜是难以确定其含量的。但通常认为，通过适当的精细腐蚀来确定 50%马氏体（也称为半硬化）是可能的。因为硬度梯度曲线在这个区域突然变得陡峭，所以它可与深色马氏体显微组织开始的位置很好地关联起来。格罗斯曼等人通过在无限烈度下淬火验证了得到 50%马氏体的参考点，从而进一步精确了这一准则。

知道要进行热处理和淬火的钢的实际 D_I 是重要的，因为它是重要的工艺极限。无论使用何种淬火冷却介质，都不可能得到比 D_I 还高的硬度。许多钢的 D_I 值可以用不同规格的几个圆柱棒通过试验来获得。圆柱棒的长度通常是直径的 4~5 倍，以使末端冷却效应最小。目标是确定心部得到 50%马氏体的钢棒直径，即临界直径（$D_{临界}$）。然而，$D_{临界}$ 值对淬火冷却介质具有依赖性，并且随着淬火烈度的变化而变化。因此要利用格罗斯曼淬火烈度值（H）。通常采用的 H 值见表 2-4。按照惯例，用室温静水淬火烈度值 $H=1.0\text{in}^{-1}$ 作为参考。对于最常用的传统商业淬火系统，H 值的范围为 $0.2\sim5.0\text{in}^{-1}$（除了强烈淬火，其值大得多，为 $7\sim8\text{in}^{-1}$）。

使用表 2-4 和图 2-12 给出的 H 值，可以确定理想临界直径（D_I），即在理想淬火后心部得到50%马氏体的钢棒直径。理想淬火是指钢的表面以无限快的速率冷却，即假定 $H=\infty$，$D_{临界}=D_I$。参见图 2-12 中的 $H=\infty$ 线。假设淬火系统的 H 值可以从表 2-4 中选择一个，并且 D_0 已经测得，则可利用图 2-12 得到钢的 D_I，而与所用的淬火冷却介质无关。许多钢的 D_I 值也可以手工计算或用钢材厂商提供的简单易用的软件计算。普通钢 D_I 值的范围见表 2-5。

表 2-4　不同淬火冷却介质的格罗斯曼 H 值

（单位：in^{-1}）

淬火条件	空气	油	水	盐水
无循环	0.02	0.25~0.30	0.9~1.0	2
弱循环	—	0.30~0.35	1.0~1.1	2~2.2
中等循环	—	0.35~0.40	1.2~1.3	—
良好循环	—	0.40~0.50	1.4~1.5	—
强循环	0.05	0.5~0.8	1.6~2.0	—
强烈循环	—	0.8~1.1	4	5

2. 淬透性带（H 钢）

如前文所述，钢的淬透性由其化学成分决定。对于每一个钢牌号，其化学成分都只在限定范围内变化。然而，每种钢的淬透性都可能有一个正常的波动。在某些情况下，对于某些应用场合，收紧控制化学成分是有必要的。为了减少硬化反应的变化，从而减小热处理后表面和心部硬度的差距，可以通过采用 H 钢或采用限制淬透性的 H 钢（R 钢）来收窄钢的淬透性范围。许多钢可以作为 H 钢使用，它们对化学成分进行了加严控制，这种控制提出了允

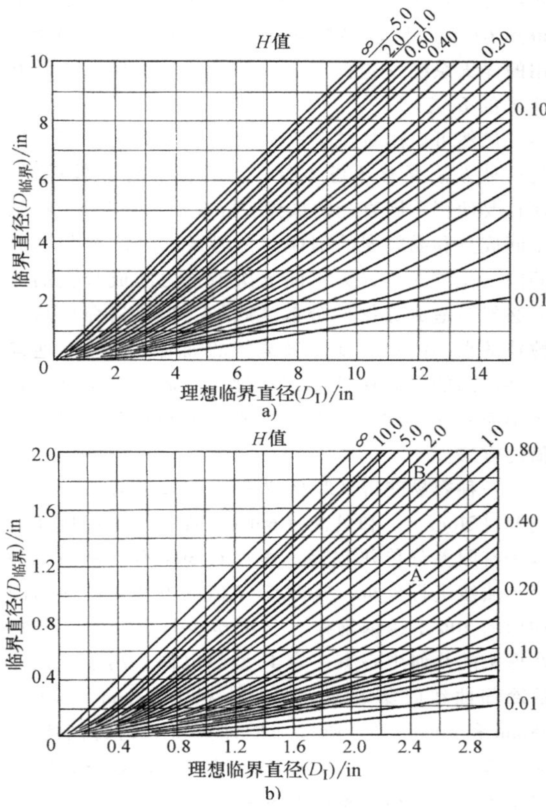

图 2-12　已知格罗斯曼 H 值的情况下临界直径与理想临界直径的换算关系

a）适用于小直径圆棒　b）适用于大直径圆棒

许的最大和最小淬透性（H 钢的更多内容可参考本卷的“钢的硬度和淬透性”）。确定每种钢允许的淬透性范围的方法之一是提出其最小和最大 D_I 值，见表 2-5。对于一系列钢而言，其允许淬透性范围通常是根据末端淬火端淬曲线数据来确定的。对于每种 H 钢的成分，存在一个最大和最小末端淬火曲线。例如，SAE J1268 标准就对照钢的化学成分的限制给出了其最大和最小末端淬火曲线。因此，对于每个等级的钢，都存在一个可接受的淬透性范围，即所谓的淬透性（H）带。通常，H 带随着钢淬透性的提高而变宽。

需要着重指出的是，对于相同成分的钢，末端淬火 H 带对于铸态和锻态是一样的。但残留元素的存在对淬透性具有显著的影响，如 Cr 可能导致 H 带明显变宽。因此，应仔细检测这些残留元素是否存在。

当淬透性控制要求比 H 级更高，以满足更可控的热处理措施和尺寸控制要求时，一种特别等级的钢，即有更严格淬透性（RH 级）要求的钢就应运而生了。通常来说，RH 钢的硬度范围不会超过端淬试棒初始点（$J=0$）5HRC，也不会超出 SAE J1268 标准中钢的 H 带拐点区域硬度范围的 65%。RH 淬透性带通常位于相应标准 H 带的中间位置。

表 2-5　各种钢的理想临界直径（D_I）的范围

（单位：in^{-1}）

牌号	D_I范围	牌号	D_I范围	牌号	D_I范围
1045	0.9～1.3	4135H	2.5～3.3	8625H	1.6～2.4
1090	1.2～1.6	4140H	3.1～4.7	8627H	1.7～2.7
1320H	1.4～2.5	4317H	1.7～2.4	8630H	2.1～2.8
1330H	1.9～2.7	4320H	1.8～2.6	9632H	2.2～2.9
1335H	2.0～2.8	4340H	4.6～6.0	8635H	2.4～3.4
1340H	2.3～3.2	X4620H	1.4～2.2	8637H	2.6～3.6
2330H	2.3～3.2	4620H	1.5～2.2	8640H	2.7～3.7
2345	2.5～3.2	4621H	1.9～2.6	8641H	2.7～3.7
2512H	1.5～2.5	4640H	2.6～3.4	8642H	2.8～3.9
2515H	1.8～2.9	4812H	1.7～2.7	8645H	3.1～4.1
2517H	2.0～3.0	4815H	1.8～2.8	8647H	3.0～4.1
3120H	1.5～2.3	4817H	2.2～2.9	8650H	3.3～4.5
3130H	2.0～2.8	4820H	2.2～3.2	8720H	1.8～2.4
3135H	2.2～3.1	5120H	1.2～1.9	8735H	2.7～3.6
3140H	2.6～3.4	5130H	2.1～2.9	8740H	2.7～3.7
3340	8.0～10.0	5132H	2.2～2.9	8742H	3.0～4.0
4032H	1.6～2.2	5135H	2.2～2.9	8745H	3.2～4.3
4037H	1.7～2.4	5140H	2.2～3.1	8747H	3.5～4.6
4042H	1.7～2.4	5145H	2.3～3.5	8750H	3.8～4.9
4047H	1.8～2.7	5150H	2.5～3.7	9260H	2.0～3.3
4047H	1.7～2.4	5152H	3.3～4.7	9261H	2.6～3.7
4053H	1.7～2.4	5160H	2.8～4.0	9262H	2.8～4.2
4063H	1.8～2.7	6150H	2.8～3.9	9437H	2.4～3.7
4068H	1.7～2.4	8617H	1.3～2.3	9440H	2.4～3.8
4130H	1.8～2.6	8620H	1.6～2.3	9442H	2.8～4.2
4132H	1.8～2.5	8622H	1.6～2.3	9445H	2.8～4.4

2.1.4　淬冷烈度

淬冷烈度是指将热量从钢件上带走的能力，通常用无因次的格罗斯曼值（HD）表示。格罗斯曼提出的术语 HD 是淬火烈度的定量表示方法，并通过下列参数与传热相关联

$$HD=hR=Bi=\frac{\alpha}{\lambda}R$$

式中，H 是传热当量（格罗斯曼 H 值），它等于传热系数（$h/2$）与热导率的比值，表示热量从热钢到淬火冷却介质的散热速率（in^{-1}）；D 是试棒直径（in）；R 是试棒上任一点所在的横截面的半径（in）；Bi 是毕渥（Biot）数，它是无因次数字，表示内部导热热阻与表面换热热阻之比。

为简便起见，通常假设热导率（λ）与温度无关。这样，H 值仅取决于工件表面的传热系数（h），

因此也就仅取决于淬火冷却介质的冷却性能。格罗斯曼等人用术语 *HD* 取代了毕渥（Biot）数（一个表示淬火烈度的无因次数），*H* 作为一个传热因子。组合这些参数，这个公式的简单形式通常写成

$$H=\frac{h}{2\lambda}$$

这些计算假定传热系数在整个冷却过程中是不变的，但事实上却并非如此，尤其是可蒸发淬火冷却介质，如水和油，它们的冷却机制随着钢从全膜沸腾（蒸汽膜冷却）到核沸腾再到对流冷却都在改变，每个过程都有明显不同的传热系数。然而，淬火的格罗斯曼概念一直沿用至今（2013），大约有75年了。表2-4列出了格罗斯曼之前发表的不同淬火冷却介质和不同搅拌程度对应的 *H* 值。阿洛诺夫（Aronov）等人得出结论：格罗斯曼因子 *H* 是广义的毕渥（Biot）数 Bi_v。

在热处理车间确定淬冷烈度的一种实用方法，是对所谓的“*H* 棒”淬火。这个方法是由格罗斯曼提出的，由观察到的现象可知：当试棒的直径（*D*）增加时，未硬化核心的直径（D_U）随着淬冷烈度的增加而更为迅速地增加。采用这种方法研究 *H* 棒时，建议同时对至少两根（或更多）直径更大的试棒淬火。就像之前提到的，试棒的长度至少应是直径的4~5倍。

H 棒经过奥氏体化、淬火和切样检查硬度或显微组织来确定未硬化核心的直径（D_U）。未硬化核心包含50%马氏体（或更少），这个直径是临界直径 D_U。一幅 D_U/D 图可适用于一系列棒料直径。D_U/D 曲线叠加在图2-13上可确定最佳配合。可以从图上得到 *HD* 值，除以棒料直径（in），就可以得到所采用的淬火系统（包括淬火冷却介质、搅拌系统及其他）的 *H* 值。

虽然可以用对试棒淬火的方法来确定 *H* 值，但是这种方法通常不够方便，因为该过程比较耗时，而且要使用不同直径的试棒。除非有大量不同直径、不同成分和晶粒度的钢棒，否则很难比较 *H* 值随时间的变化情况，因为不同批次钢材之间成分上的差异必然会造成数据的分散。此外，当评估介质从强搅拌的水和盐水转变为轻搅拌的油时，需要一些淬透性不同的钢以保证测试精度。因此，希望有一种既不需要损坏试样，也不需要做金相检测的测定 *H* 值的方法。

一种容易获得试验格罗斯曼 *H* 值的方法最初由门罗（Monroe）和贝茨（Bates）提出，他们描述了基于有限差分传热程序，通过对304不锈钢探头的冷却曲线进行分析，来测算 *H* 值的方法。试棒为圆柱形的304不锈钢钢棒（长度至少是直径的4倍），在探头的几何中心有一个K型热电偶，用于将试棒的冷却曲线收集起来。探头直径为13mm、25mm、38mm和50mm等。通过分析计算得到的时间-温度曲线来确定705℃（1300°F）时的冷却速率，它是关于淬冷烈度和试棒直径的函数。

对这些数据进行统计分析，从而将不同的冷却速率数据与探头直径相吻合，并得到了以下计算公式

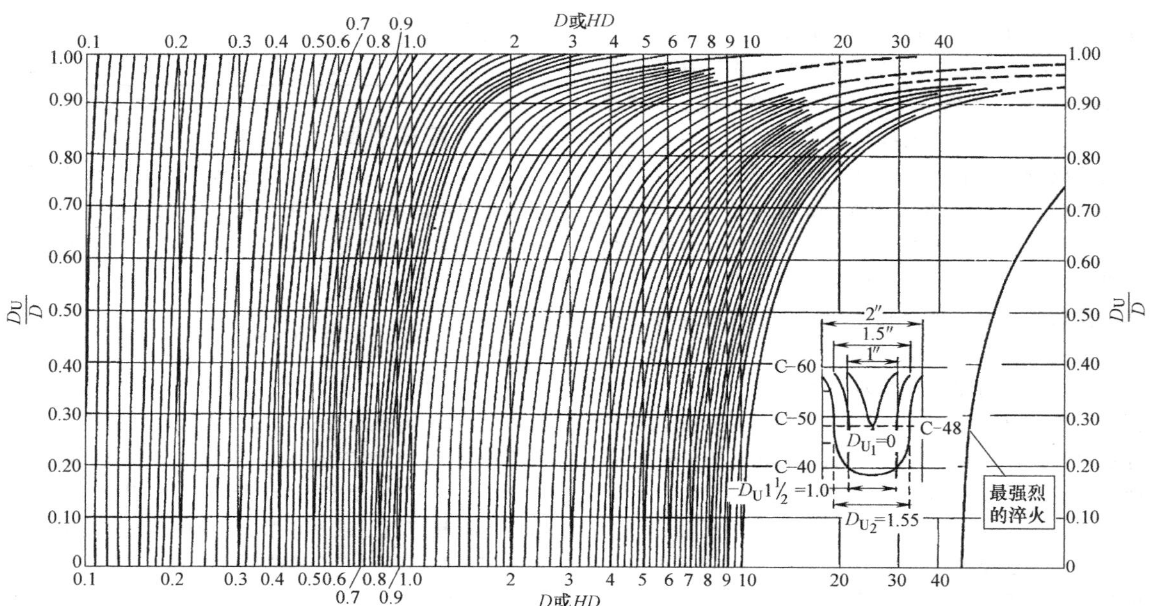

图2-13 淬火烈度（*HD*）、试棒直径（*D*）和硬化层深度（D_U/D）之间的格罗斯曼关系

$$H = AX^C \exp(BX^D)$$

式中，*H* 是格罗斯曼 *H* 值（之前定义的传热当量）；*X* 是 705℃时的冷却速率（℃/s）；*A*、*B*、*C* 和 *D* 是表 2-6 中列出的统计建模参数。

采用这种模型和 304 不锈钢探头以及从时间-温度的试验冷却曲线数据得到的冷却速率曲线，可以得到一种无损、可重复利用的、测定不同淬火冷却介质 *H* 值的方法。

表 2-6 用仪表化的 304 不锈钢探头①测定格罗斯曼 *H* 值的统计建模参数

圆柱探头直径②		曲线吻合参数			
mm	in	*A*	*B*	*C*	*D*
13	0.5	0.002802	0.1857×10^{-7}	1.201	2.846
25	1.0	0.002348	0.2564×10^{-9}	1.508	4.448
38	1.5	0.002309	0.5742×10^{-9}	1.749	5.076
50	2.0	0.003706	0.03456×10^{-10}	1.847	6.631

① 一个 K 型热电偶压装或焊接在探头的几何中心。

② 无限长探头的直径，长度至少是直径的 4 倍，以减小端部冷却效应。

除了用试验方法测定 *H* 值之外，还可以根据多种形式的热传导性能来计算 *H* 值，如参考文献 50、54、56 中所描述的那些方法。

1. 末端淬火（Jominy）试验（ASTM A255）

末端淬火试验是由乔米尼（Jominy）和伯格霍尔德（Boegehold）于 1938 年首次提出的，至今（2013）仍然被广泛采用。它是很多国家标准的基础，包括 ASTM A255、SAE J406、JIS G 0561、DIN 50191 以及 ISO 642：1999。

末端淬火试验的步骤：将一根 ϕ25mm×100mm（ϕ1in×4in）的试棒加热到淬火所需温度，对其一端以喷水淬火的方式进行冷却；然后把试棒沿长度方向打磨到表面下 0.4mm（0.015in），再每隔 1.6mm（1/16in）的距离检测硬度。大多数碳钢和低合金钢的加热范围为 870～900℃（1600～1650°F）。有一点很重要，应采取措施防止试棒在加热时发生脱碳和产生氧化皮。从淬火端到规定硬度处的距离就表示淬透性。更多关于末端淬火试验的发展和不同应用的内容参见本卷“钢的硬度与淬透性”章节。对那些理想直径（D_I）为 25～160mm（1～6in）的钢来说，末端淬火试验给出的数据是有效的。D_I 也可以小于 25mm，但是这时需要用维氏硬度来检测，与洛氏硬度检测相比，此时离淬火端更近，检测点也更集中。温曼（Weinman）等人也提出，末端淬火冷却曲线与油淬试棒的结果并不十分相符，这是因为生成了相当数量的珠光体和铁素体。

从每条末端淬火曲线中，可以得到末端淬火等价冷却速率，即各个末端淬火位置在 704℃时的冷却速率。之所以采用 704℃这一温度，是因为在该温度下末端淬火等价冷却速率几乎不受钢的成分的影响，因为在该温度下碳钢和低合金钢的热物理性能非常接近（即使并不完全相同）。虽然一直以来采用的都是 704℃时的冷却速率，但也有人提出 500～700℃（930～1290°F）的温度范围更加合适。末端淬火等价冷却速率经常显示出与硬度及末端淬火位置相关，换言之，如果已知硬度和末端淬火位置，就可以根据图 2-14 确定相应的末端淬火等价冷却速率。然而，末端淬火等价冷却速率在表面对应于与淬火端之间的距离，而试棒心部的冷却速率则取决于试棒的直径。不过，所形成的马氏体的数量决定了钢的硬度，而硬度是冷却速率的函数。因此，如果已知任一位置处的硬度，就可以确定末端淬火等价冷却速率。

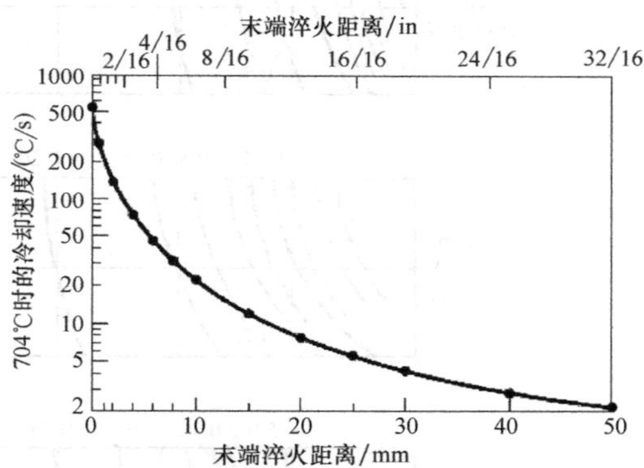

图 2-14 末端淬火等价冷却速率与末端淬火距离之间的关系

注：冷却速率是指试棒上测量硬度的那些点的表面冷却速率，因为冷却速率基本上与化学成分无关，所以这条曲线适用于任何碳钢或低合金钢。

伯格霍尔德（Boegehold）用末端淬火试验数据和一系列曲线构造了末端淬火等价冷却速率图，如图 2-15 所示。将试棒直径与格罗斯曼 *H* 值结合起来以预测试棒表面、1/2 半径处及心部的硬度，方法是使用图 2-15 及下列步骤：

1）根据待淬火试棒尺寸选择合适的曲线族。

2）根据所使用淬火冷却介质的 *H* 值，选择最具代表性的曲线。

3）这些数据确定后，可以从选定试棒尺寸的研究部位的曲线上确定末端淬火距离。

4）根据末端淬火距离，在末端淬火曲线上确定硬度。

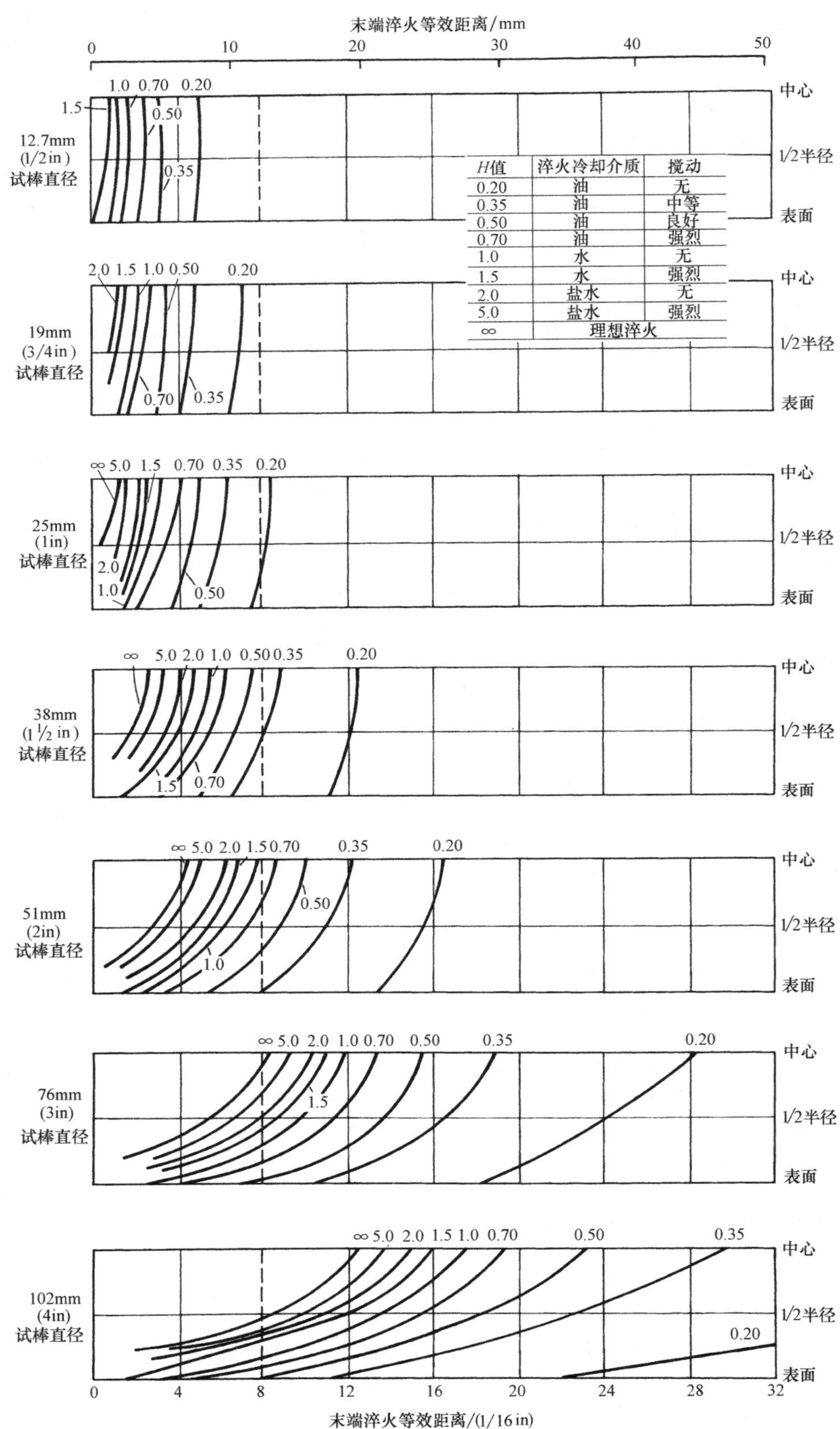

H值	淬火冷却介质	搅动
0.20	油	无
0.35	油	中等
0.50	油	良好
0.70	油	强烈
1.0	水	无
1.5	水	强烈
2.0	盐水	无
5.0	盐水	强烈
∞	理想淬火	

图 2-15 末端淬火等效冷却速率与圆棒直径及淬火烈度的关系

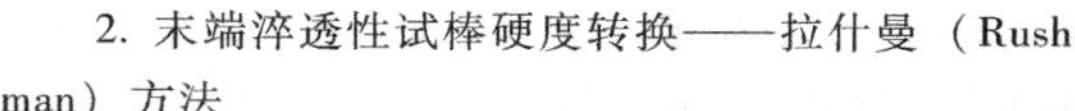

2. 末端淬透性试棒硬度转换——拉什曼（Rushman）方法

拉什曼提出了一种利用要研究的钢材双直径钢棒的末端淬火图（图 2-16）和一幅改良的格罗斯曼图（图 2-17），来预测已知淬透性的钢棒淬火硬度的方法。双直径试棒是用来评估实际生产条件下的淬火冷却介质的。试棒连同所生产零件一起装载和奥氏体化，通常与热处理零件一起淬火。虽然试棒有可能采用与零件相同的材料加工而成，但更典型的情况是尺寸相同，但是由一种低淬透性的钢加工而成的。应选择最大直径的试棒，以便淬火硬度落在该钢材末端淬火曲线的斜坡部位。奥氏体化和淬火后，将双直径试棒切片，心部硬度由以下三点确定：每个直径段中间中心点上。这些硬度值结合图 2-17 使用。

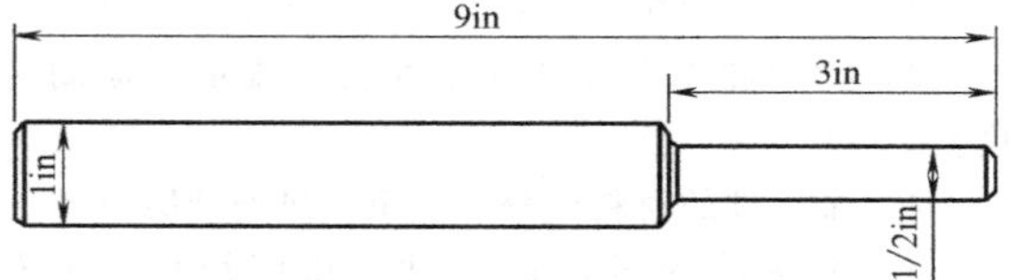

图 2-16 拉什曼（Rusman）推荐的双直径试棒

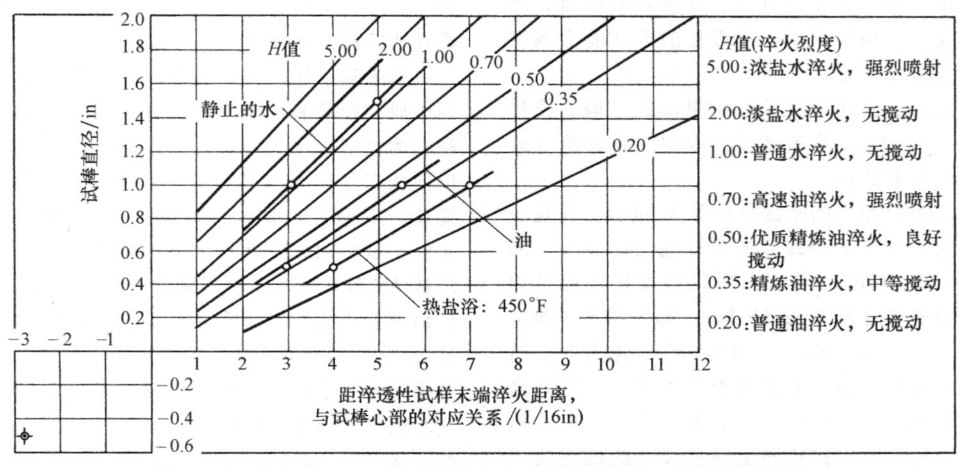

图 2-17 结合图 2-16 所示拉什曼双直径试棒修正的格罗斯曼图

格罗斯曼图将 D_I值与末端淬火距离联系了起来。可以通过延长淬冷烈度（*H* 值）曲线至一个共同的交点来修改格罗斯曼图，如图 2-17 所示。这个交点可以用来定义热处理车间某个槽里的淬火冷却介质的具体淬冷烈度，这种估计淬冷烈度的方法已被证实可用。

对于拉什曼方法，钢的末端淬火曲线（淬透性）和钢棒直径是已知的。例如，假设距末端淬火试棒淬火端 5/16in 处的硬度是 45HRC，如果一根长 25mm（1in）的钢棒被淬入液槽，得到的硬度是 45HRC，那么 $H=0.5$。因为所有的 *H* 值线在格罗斯曼图上都汇集到一个公共点，测得的硬度和这个公共点确定了修改后的格罗斯曼图上的线。图 2-17 所示为采用这种方法来确定三种商业淬火系统的淬冷烈度，淬火冷却介质分别是静水、油、232℃（450°F）的熔融盐。

实际上可以发现，对于一些钢合金，拉什曼推荐的台阶棒（双直径棒）因为太长而不好用。因此，有人提出一种不同的试验，采用两根长径比为 6 的试棒，如果材料采用 AISI 1141，则可以发现“中心偏析”，但将材料换成 AISI 1040 后，便没有遇到任何问题。

H 值的确定对新的或未知的淬火系统最有用。更常见的不是用拉什曼棒，而是用测针来确定淬火系统是否得到了正确控制（测针的使用可参考本章“淬火装置的维护”一节）。在热处理车间，各种在实验室测试中可用的东西会变得不可用，因此在很多情况下，描述淬火冷却介质和淬火系统是必要的。在这些情况下，拉什曼试验或其变体提供了令人满意的选择。最近，吉斯韦特（Guisbert）表示成功地将拉什曼试验应用于齿轮生产的淬火系统的控制。

2.1.5 淬火冷却介质的检测和评估

在之前的章节里提过，已经有多种测试被成功应用于淬火冷却介质上，并讨论了淬火冷却介质系统的表征方法。本节主要对用冷却能力（热响应）测试来表征淬火冷却介质做一概述。测试可以分为硬化能力测试和冷却能力测试。

1. 硬化能力测试

选择淬火冷却介质的最终标准是其硬化能力，换言之，是在特定淬火冷却介质、搅动及浴温条件下，使给定材料、尺寸的钢件达到规定硬度的能力。影响淬火后硬度的主要因素包括：

1）淬火冷却介质的类型（水、盐溶液、油、聚合物、可用的浓缩液）。

2）淬火冷却介质的浴温。

3）搅动和淬火冷却介质的质量流量（流动速度）。

4）金属件的材料成分、组织、热处理历史。

5）金属件的横截面尺寸、几何结构、表面状况。

2. 冷却能力测试

因为硬化能力测试太耗时，完成相对困难，热处理行业通常采用简单的、可重复的冷却能力测试来评估淬火冷却介质。

用于此目的的四个试验分别是间断试验，或称5s试验；磁性试验；热丝试验；冷却曲线试验（或称基础热电偶测试）。

（1）间断试验　间断试验也称5s试验，它是一种能够迅速比较淬火冷却介质冷却能力的方法。测试时，将一份2L的油样放在隔热容器里并记录油温。将一根质量约为250g（8.8oz）的金属棒（通常是不锈钢棒）加热到815℃（1500°F），淬火5s。然后搅动油样以确保整个容器内温度均匀，并把升高的温度（精确到0.1℃）记录下来。用一系列试棒重复这个过程，最后将相同金属和尺寸的试棒放入第二种2L油样中完全淬火并记录温升。油样的淬火能力可以通过以下公式计算得到

$$\frac{A}{B}\times 100\% = 淬火速率$$

式中，A是试棒淬火5s时的油样温升平均值；B是试棒完全淬火时的油样温升最大值。

5s试验常用来确定淬火油的总变化，因为其方便且不需要特殊设备。但5s的淬火持续时间，仅是对淬火的较高温度范围进行对比。这有可能造成误导，因为其只包含冷却曲线的一部分，也就是蒸汽膜冷却阶段和蒸汽传输冷却阶段。

（2）磁性试验（也称为GM冷却速率试验器试验，简称GM淬火表试验）　这个试验利用了金属在加热到居里温度（原称磁性界限）以上时会失去磁性，而在冷却到这一温度以下时磁性恢复的特点。磁性试验的目的在于给出一种对比油、熔融盐、水或其他淬火冷却介质散热速率的方法。试验步骤为：在空气或者可控气氛中将一个质量约为50g（1.8oz）的ϕ22mm（ϕ7/8in）的纯镍球加热到835℃（1625°F）。镍的居里温度是354℃（670°F）。这个试验被纳入了ASTM D3520中，其中特别要求使用渗铬的镍球，从而不需要保护气氛，也能避免氧化对表面抛光效果的影响。但也有人在相似的试验中改用了各种Fe-Ni合金球。在温度一致后，将被加热的球淬入磁场中一份200mL的淬火冷却介质样本中。镍球冷却至居里温度后将变得有磁性，并被磁场吸引。镍球从835℃（1625°F）冷却到居里温度354℃（670°F）所需要的时间，可以用来度量淬火冷却介质冷却能力。镍的居里温度在大多数钢等温转变图的“鼻尖”以下。因此，对于不同的钢，可以采用这种方法比较淬火冷却介质的冷却能力，对于其他金属也可以采用这种方法比较淬火冷却介质的冷却能力。淬火冷却介质的冷却能力越好，镍重新获得磁性所需的时间越短。

有人对磁性淬火试验做了一些修改，从而可以用来研究循环和加热对淬火油冷却能力的影响。一种名为电子淬火表的装置被直接安装在冷却系统中，以便从实际淬火工艺条件（淬火冷却介质、浴温及搅动）下得到结果。图2-18所示为GM淬火表用于实验室试验的典型实例。美国的热处理行业一直使用按ASTM D3520试验得到的GM淬火表时间，并将矿物油基淬火冷却介质分为慢速、中速、快速三类，见表2-7。虽然GM淬火表试验已经是淬火油评估和分类的常用手段，但是偶尔还是难以得到可重复的试验结果。另外，GM淬火表时间只是整个时间-温度冷却过程中相对有限的一部分，经常不能与淬火硬度或开裂相关联。这个试验只局限于定义时间-温度冷却曲线上高温阶段的散热速率。

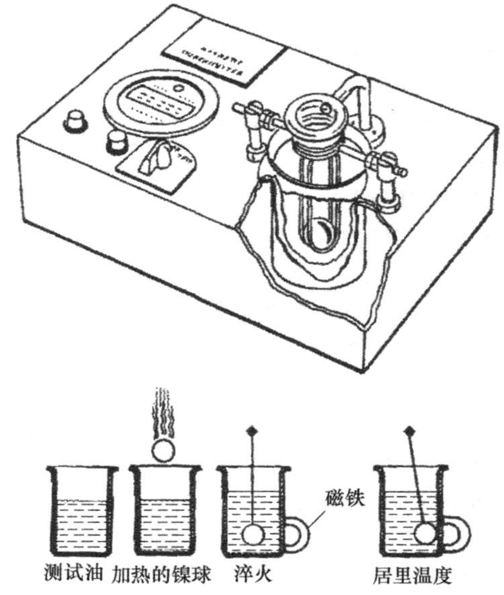

图2-18　GM淬火表在淬火油测试中的典型应用

表 2-7 用 GM 淬火表时间对淬火冷却介质分类

淬火冷却介质	GM 淬火表时间/s
快速油	8~10
中速油	11~14
慢速油	15~20
分级淬火油	18~25
去离子水	2.0
9%的 NaCl 水溶液	1.5

一项分析三种 10s 矿物油淬火冷却介质的研究证实了使用 GM 淬火表数据的不足之处。为了使这些冷却时间与冷却曲线分析数据相关联，有人提出一种尝试：将一个 K 型热电偶插入一个 ϕ13mm (ϕ0.5in)×127mm (5.0in) 的圆柱形 304 不锈钢探头的几何中心，插入深度为 76mm (3.0in)。研究时采用一种专门的搅拌系统，当流过探头时能够提供 38 m/min (125ft/min) 和 61m/min (200ft/min) 两种直线型流速。加热探头到 845℃ (1550°F)，浸入由冷却管冷却的 65℃ (150°F) 的淬火油槽中。冷却速率数据见表 2-8。

表 2-8 GM 淬火表值约为 10s 的三种快油的淬火冷却速率对比

淬火油试样编号	搅拌速率		在下列特定温度下的冷却速率/(°F/s)		
	m/min	ft/min	705℃ (1300°F)	345℃ (650°F)	205℃ (400°F)
1	38	125	207	44.2	18.4
2	38	125	129.8	55.8	19.2
3	38	125	175.5	75.2	20.6
4	38	125	195.5	85.3	22.6
1	61	200	230	58.9	24.6
2	61	200	155.8	64.9	24.6
3	61	200	217	74.5	20.6
4	61	200	231.3	78	17.3

这些数据表明，整个冷却过程中冷却速率的变化是很大的，特别是探头处于较高温度 [705℃ (1300°F) 和 345℃ (650°F)] 时。这表明尽管 GM 淬火表时间近似相同，但是整体上看，这三类淬火油冷却性能的差别又很大。其他研究也得到了类似的结果，说明 GM 淬火表时间与冷却曲线特性之间的联系很少或基本上没有关联。这表明冷却曲线提供的数据更加可靠和深入。

(3) 热丝试验 热丝试验的步骤为：用电流将镍-铬丝或铜丝（有标准的尺寸和电阻要求）在少量 (100~200mL) 淬火冷却介质中加热，被测试的淬火冷却介质通常处于淬火温度，而金属丝由两根铜或黄铜电极支承；通过可变电阻器稳步增大电流，完成对金属丝的加热，淬火冷却介质的冷却能力由电流表测得的最大电流值表示。淬火冷却介质吸取热量的能力越强，允许通过金属丝的电流越大，因而测得的电流值越大。热丝试验和 GM 淬火表试验结果的相关性如图 2-19 所示。

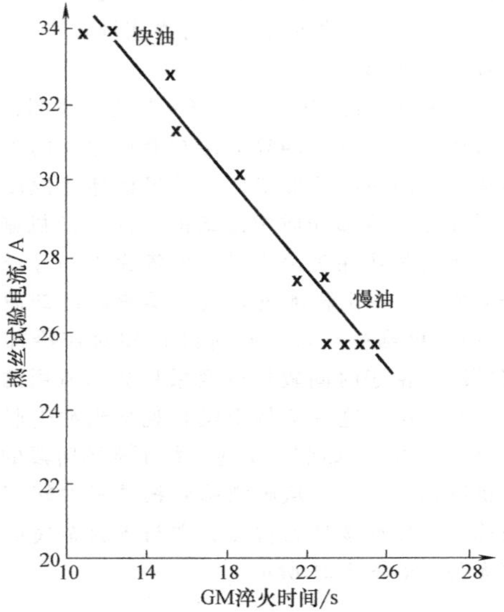

图 2-19 不同石油基淬火油的热丝试验电流与 GM 淬火表时间的关系

2.1.6 冷却曲线试验

目前已经证明，淬火冷却介质的基本功能是控制淬火过程中零件向淬火冷却介质传热的速率，得到想要的显微组织和力学性能，包括硬度、抗拉强度和疲劳强度、韧性等。同时，淬火过程应控制残余应力和产生尽可能小的变形及开裂倾向。随着热处理行业竞争的加剧，对淬火过程的监控变得越发重要。一致性检查对于确定淬火烈度的变化和验证新的淬火冷却介质和淬火工艺是否合适极其重要。淬火烈度可以通过硬化能力试验来量化，例如横截面硬度检测（U 形曲线）或者采用诸如拉什曼试验步骤的末端淬火试验及其他变体试验。然而，这些传统的试验方法都耗时且相对昂贵。另外，冶金反应也随着钢试样化学成分的变化而变化。因此，新的替代试验方案正在被研究，而且将一直值得研究。

除了直接在试样或零件上检测硬度外，还可以通过其他方法来表征淬火冷却介质的性能。一种常用的替代方案是检测淬火冷却介质的冷却能力。虽然人们已经提出多种方案并在继续使用，如热丝试验和 GM 淬火表试验等，但总体来讲，这些方法是有局限性的，对其数据的解读也要非常小心。从各种试验方案的提出到现在，冷却曲线分析已经被普遍接受，并成为最有用的淬火冷却介质性能检测手段。冷却曲线对影响淬火冷却介质吸热能力的因素很敏感，包括浴温、搅拌、浓度等。

下面将介绍具体方法，包括如何得到冷却曲线、目前采用的标准试验方案以及冷却曲线数据解读新方案的使用（它能更确切地反映淬火过程）。在后者的案例中，将展示各种不同的计算实例。

1. 冷却曲线

冷却曲线是冷却过程的时间-温度关系图，包括从热金属表面到较冷的淬火冷却介质之间的界面传热过程。冷却曲线的形状代表了奥氏体化温度的金属试样在淬火冷却介质中冷却的不同冷却机制。图2-20所示为将热探头浸入可蒸发淬火冷却介质后的三个阶段，包括全膜沸腾阶段（蒸汽膜冷却阶段或A阶段）、核沸腾阶段（B阶段）和对流冷却阶段（C阶段）。由于时间较短以及采集数据所用的探头相对不够灵敏，这一案例中没有观察到冲击膜沸腾阶段（A′阶段）。如前文所述，每个沸腾阶段的整体冷却机制都很不同。从膜沸腾到核沸腾的转变温度曾被称为莱登弗罗斯特温度，它与淬火金属的初始温度无关，如图2-21所示。

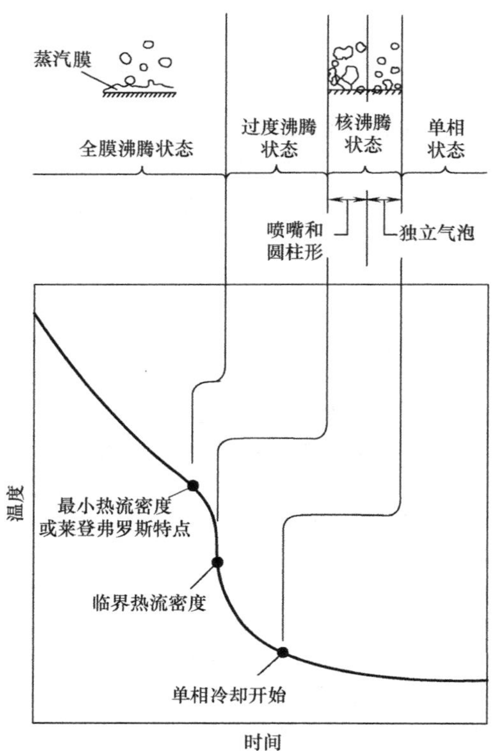

图 2-20 淬入可蒸发淬火冷却介质中的三种冷却机制的冷却曲线

根据测得的冷却曲线，将冷却速率曲线视作时间或温度的函数来计算是可能的。试样从任一温度冷却下来所需的时间、任一时刻的温度、冷却至任一温度范围所需的时间，都可以很容易地通过计算得到。这些计算通常是由现成的电子数据处理软件完成的，从这一分析中得到初始的时间-温度数据。图2-22所示为冷却曲线数据的各种常用表示方法。

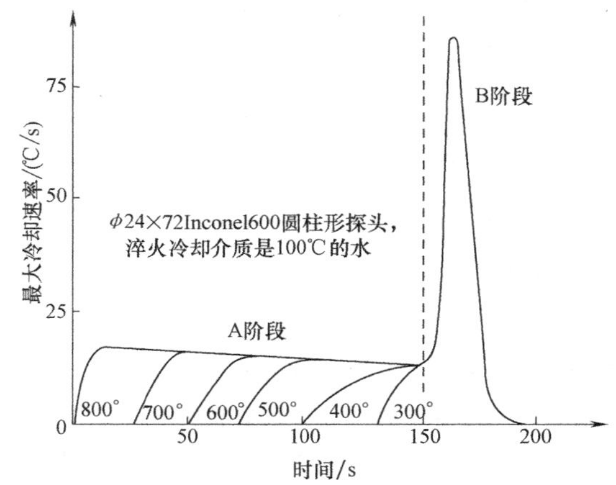

图 2-21 英科镍（Inconel）600 探头在水中淬火时冷却速率与时间的关系（竖直的虚线代表了莱登弗罗斯特温度）

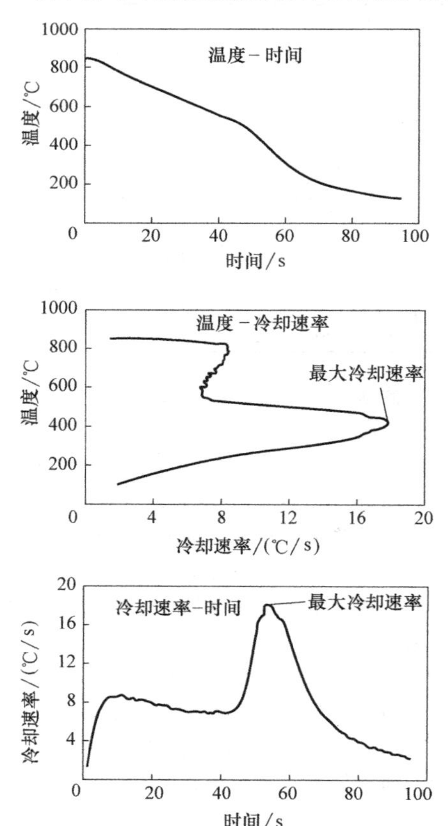

图 2-22 各种常见的冷却曲线表示方法

2. 冷却曲线数据采集

传统上，采用高速记录仪来采集时间-温度数据。最近，已经使用数据记录器或台式/便携式计算机来采集数据，计算机上带有模拟/数字装置，能将热电偶的模拟信号转换为数字信号以便于处理。对于大多数冷却曲线分析工作，一般数据采集频率为 5~20Hz（数据点/s）。选择该频率范围内的采集数据描绘成平滑、完整的冷却速率曲线（图 2-23）。多余的数据采集频率将被当成没必要的干扰数据处理掉。

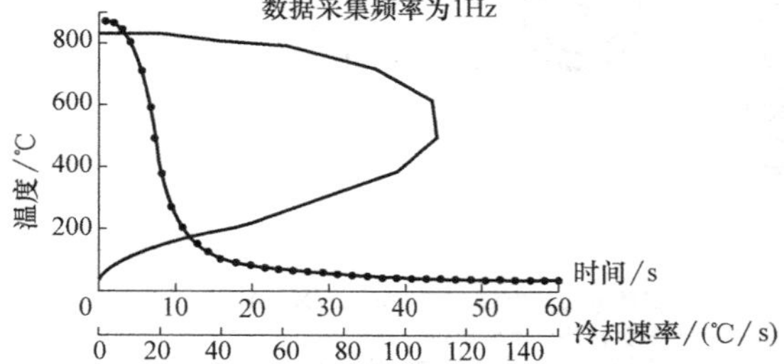

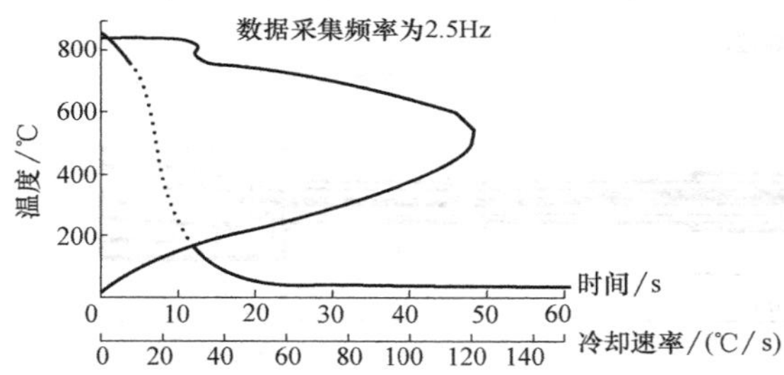

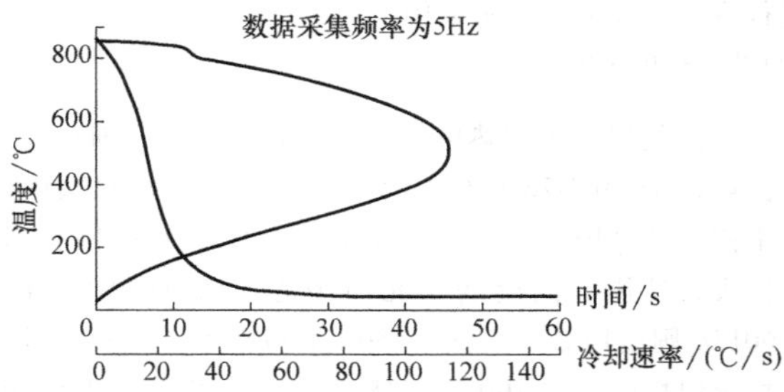

图 2-23 数据采集频率对冷速曲线平滑度的影响

3. 探头

利用冷却曲线对淬火冷却介质进行冷却行为分析最早是由勒·夏特利埃（Le Chatelier）在 1904 年报道的。同年，希戴克（Haedicke）也做了相关分析。在他们之后，许多种冷却曲线分析（其中大部分包括各种各样的探头尺寸和设计）已经成功地得到应用。勒·夏特利埃采用的是几何中心嵌入一个热电偶的 18mm×18mm（0.7in×0.7in）的方铁棒。自此之后，人们采用了范围更广的探头形状，包括球形、板材、环状、线圈状、圆盘状及产品零件形状等。探头的制造也采用了各种材料，如合金钢、不锈钢、Inconel 600、银等。目前，标准冷却曲线分析试验中最常用的探头材料是 Inconel 600 和银，304 不锈钢则用得较少。合金钢探头实际上并不用于日常的冷却曲线分析，因为由于表面氧化、腐蚀或者开裂，它们不能重复利用。表 2-9 列出了室温下各种材料的热导率和热扩散系数的对比。这些数据在计算传热系数时是不可或缺的。

表 2-9 不同材料在室温下的近似热导率和热扩散系数

材料	热导率① /[J/(s·cm·K)]	热扩散系数② /(×10^{6}m^2/s)
银	407	165
Inconel 600	14.9	3.4
奥氏体型钢	15	3.8
铁素体型钢	19	5.1
AISI 1040 钢	55	14.3
纯铁	75	21

① 热导率是材料传导热的能力的量度。

② 热扩散系数是材料的热导率除以密度和常压下的比热容得到的结果，是一种热惯性的量度（表示热量传导通过材料的速率）。

目前，国际上最常用的探头是沃尔夫森（Wolfson）探头，它是 ϕ12.5mm×60mm（ϕ0.5in×2.4in）的圆柱形 Inconel 600 探头，其几何中心嵌有一个 K 型热电偶，如图 2-24 所示。这种探头是一些标准的基础，包括 ISO 9950、ASTM D6200、ASTM D6482、ASTM D6549、JB/T 7951—2004 等。Inconel 600 与温度有关的热物理性质见表 2-10。这些国际和国家标准选择 Inconel 600 作为探头材料的原因如下：

1）它的热导率比银更接近于钢。

2）小的探头尺寸更适用于少量（大约为 2L 或者更少）淬火液的质量管理监控的日常使用。

3）淬火过程中铬镍铁合金不发生相变。

4）Inconel 600 探头虽然没有银探头对冷却曲线过渡阶段敏感，但是其提供的热电偶信号更为稳定，干扰也更少。

不管怎样，有些业内人士强烈支持用银作为探头材料。一种标准的 ϕ10mm×30mm（ϕ0.4in×1.2in）的圆柱形银探头，在离端部 15mm（0.6in）的地方嵌有一个表面热电偶，被用于标准 JIS K 2242：1980。但是最近，应用此银探头的标准被 JIS 2242：2012 取代了，其中的表面热电偶设计也被心部热电偶所取代，如图 2-25 所示。它与 ASTM D7646 用的是同一种热电偶。

注意以下改变：

1）新标准 JIS K 2242：2012 的标题由“热处理油”改成了“热处理剂”，从而对矿物油和水溶液聚合物淬火冷却介质都适用。

2）新标准 JIS K 2242：2012 中的参考油包括传统的邻苯二甲酸二辛酯和一种矿物油。JIS K 2242：2012 对这种新的参考油的技术参数的描述是：40℃（105°F）时的运动黏度为 19.8~24.2mm^2/s（0.031~0.038in^2/s）；黏度指数为 95~105；克利夫兰开口杯法闪点为 211~219℃（412~426°F）。JIS K 2242：2012 中参考油要求的冷却曲线参数：特征温度为（500±10）℃[（930±18）℉]；从 800℃（1470℉）下降到 400℃（750℉）的冷却时间为（5.2±0.3）s。

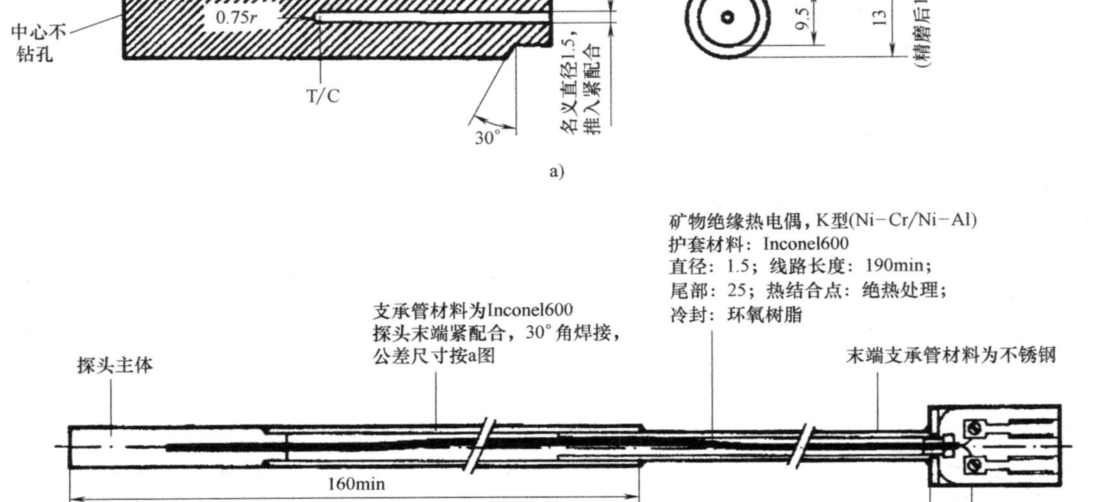

图 2-24 最初报道的用探头进行冷却曲线分析的示意图
（用于 ISO 9950、ASTM D6200 及一些其他国家标准）

表 2-10 Inconel 600 材料随温度变化的热物理性质

热导率		比热容		密度	
温度/℃	K/[W/(m·K)]	温度/℃	C/[J/(kg·K)]	温度/℃	ρ/(kg/m³)
50	13.4	50	451	20	8400
100	14.2	100	467	100	8370
150	15.1	200	491	200	8340
200	16.0	300	509	300	8300
250	16.9	400	522	400	8270
300	17.8	500	533	500	8230
350	18.7	600	591	600	8190
400	19.7	700	597	700	8150
450	20.7	800	602	800	8100
500	21.7	900	611	900	8060
700	25.9	—	—	—	—
900	30.1	—	—	—	—

其他银探头配热电偶时都放在探头的几何中心。例如，ASTM D7646 及中国的 SH/T 0220—1992 标准中使用的 ϕ10mm×30mm（ϕ0.4in×1.2in）的圆柱形探头，其热电偶镶嵌于几何中心；而 AFNOR NFT 60178 则使用 ϕ12.5mm × 50mm（ϕ0.5in×2in）的圆柱形银探头。在 100~1234K 温度范围内，与温度相关的银的热导率（W/m·K）可以用下列多元线性回归方程计算

$$K = aT^b e^{ct} e^{d/t}$$

式中，$a = 230.9532$；$b = 0.113561$；$c \times 10^4 = -3.19146$；$d = 17.17667$；T 是温度（K）。

银的比热容作为温度的函数，可以由相同形式的多元线性回归方程计算，其中 $a = 0.475069$，$b = -0.35933$，$c = 0.000571$，$d = -77.0249$。据报道，22℃（72°F）下金属银的热扩散系数是 1.61cm^2/s（0.25in^2/s）。酋崎正刚（Narazaki）等人以表格形式报道了银的与温度相关的热物理性质，见表 2-11。

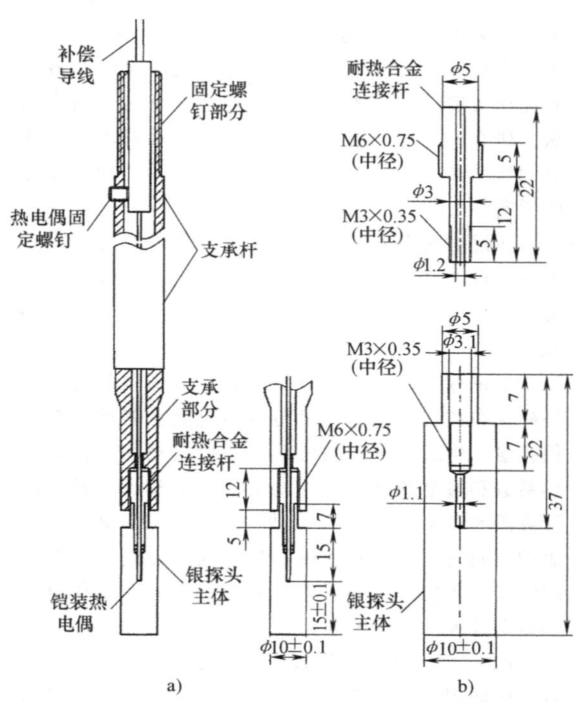

图 2-25　用于 ASTM D7646 的银探头示意图

a）总成　b）探头细节（所有尺寸单位都是 mm）

表 2-11　酉崎正刚（Narazaki）报道的银的热物理性质

温度/K	热导率/[W/(m·K)]	比热容/[kJ/(kg·K)]	密度/(kg/m³)	热容量/[kJ/(m³·K)]	热扩散系数/(mm²/s)
150	432	0. 214	10570	2261	192
250	428	0. 232	10510	2438	176
300	427	0. 237	10490	2486	174
600	405	0. 248	10300	2554	161
800	389	0. 258	10160	2621	149
1000	374	0. 272	10010	2722	137
1200	358	—	—	—	124

图 2-24 所示的尺寸相对较小的 Inconel 600 探头及图 2-25 所示的银探头遇到的问题之一，是在多个实验室很难得到好的可重复性和再现性。导致这个问题的原因之一，是蒸汽可能在探头浸入底部时被捕获，而不会在探头其他表面已经过渡到核沸腾阶段的同时过渡，特别是在淬入可蒸发淬火冷却介质中时。另一个观察到的潜在难点，是探头底部的锐边也可能造成蒸汽膜破裂时间的不一致，也就是酉崎正刚所说的边缘效应，这在水淬时最为显著。这个问题已经被详细研究过。例如，酉崎正刚等人研究了探头形状对全膜沸腾和过渡沸腾的影响，包括尖端是半球状的和球状的情况。这两种替代平头探头的设计都不会造成与平头探头一样的蒸汽捕获问题。Zhang 完成了更广泛的基础研究，他除了确认酉崎正刚所说的边缘对蒸汽膜破裂的影响外，也证实了淬火过程中在平整表面的底部发生的蒸汽捕获问题。吕本（Luebben）等人和埃尔南德斯·莫拉莱斯（Hernández-Morales）等人也证实了这个问题，并且推荐了替代设计，能大体上减轻或消除这一能导致冷却曲线结果不同的问题。此项研究的一部分结果是，弗雷里希（Frerich）和吕本（Luebben）推荐采用一种带倒角的探头尖端，以使淬火时探头尖端捕获的气泡最小化。

现在，人们更加注重传热系数和热流密度的计算，以便更好、更全面地表征淬火的全部传热过程。这增加了嵌有近表面热电偶的小探头的使用次数，如图 2-26 所示。由图 2-1 可见，当淬入可蒸发液体时，随着钢的冷却，表面的再润湿锋有一个运动过程。沿着探头来定位热电偶，再润湿锋的运动可以通过测定再润湿时间来检测，而再润湿时间可以通过使用多重热电偶探头来测定，它是一个对表征硬度、变形和开裂倾向都很重要的参数。此外，采集到的时间-温度数据可以用来计算表面传热系数和临界热流密度。最近，一种由腾西设计的 Inconel 600 探头（图 2-27）被用来计算植物油和矿物油的传热和临界热流密度，并得到了极好的结果。需要注意的是，与矿物油相比，植物油通常很少表现出膜沸腾或者没有膜沸腾。

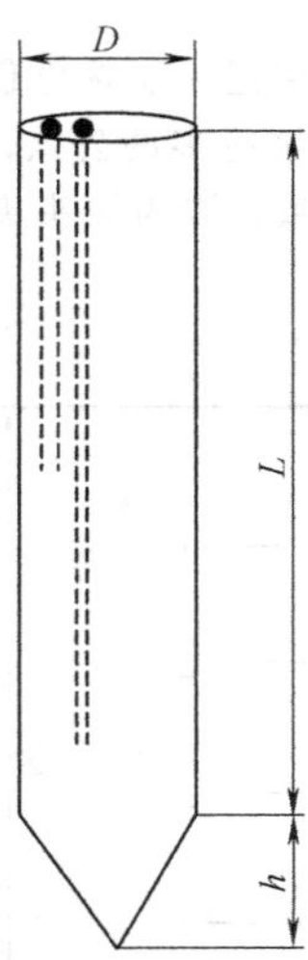

图 2-26　ϕ13mm（ϕ0.5in）、长度 L 为 57mm（2.3in）、锥高 h 为 10mm（0.4in）的圆柱形 304 不锈钢探头（一端是圆锥形的）（由 Hernández-Morales 和 López-Valdéz 报道）

注：一个热电偶插入深度 40mm（1.6in）处，另一个热电偶插入深度 50mm（2.0in）处；热电偶孔直径为 1.58mm（0.06in），位于探头表面下 2.38mm（0.094in）。

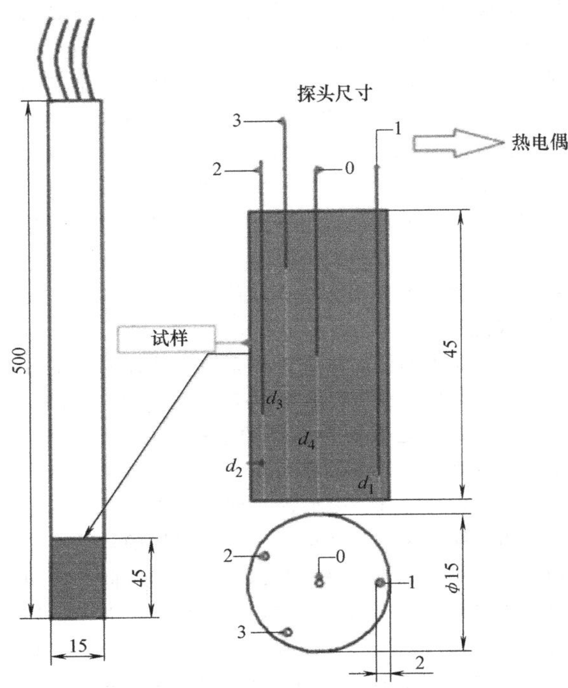

图 2-27 腾西设计的 Inconel 600 多电偶探头

虽然淬火时使用近表层热电偶来指示表面温度的重要性得到了越来越多的公认，但在探头尖端设计上并没有达成一致，因为探头尖端的形状能够影响初始表面蒸汽膜的稳定性。为了解决这个问题，埃尔南德斯·莫拉莱斯等人就探头尖端设计对液流和在探头表面所形成蒸汽膜的稳定性及破裂的影响做了研究，并得出结论，圆锥形的尖端对淬火时液流的扰动最小。图 2-28 所示为对这种最佳探头设计的说明。

通过对探头表面淬火过程的视频进行分析，吕本等人也注意到了探头尖端平整表面的问题，他们提出了一种具有倒角尖端的探头设计，如图 2-29 所示。

无论探头采用哪种材料制造，最基本的要求都是确保在数据采集的温度范围内自始至终地与热电偶接触。生成的冷却曲线派生的数据被用于计算传热系数和整个淬火过程中的温度分布情况。精确的计算需要精确的时间-温度数据，这意味着必须以很短的时间间隔记录真实的温度。测温过程中对时间间隔延迟影响最大的因素是热电偶尺寸、制作材料和整个淬火过程中热电偶与探头的接触情况。

截至 2013 年，使用最广泛的是铠装热电偶，它有一层保护热电偶线的金属套。铠装热电偶的参数包括尺寸、测量接点设计、外套和绝缘材料。大多数用于钢热处理的热电偶可以在 - 200 ~ 1200℃（-330~2190°F）的温度范围内使用。通常将测量接点焊接到探头材料上以得到最好的热电偶响应。腾西等人报道，采取下列措施可以得到最小的时间延迟和温度失真：

1）确保探头与热电偶之间有最佳的连接。

2）热电偶孔的尺寸最小化，孔越小，热电偶连接得越好。

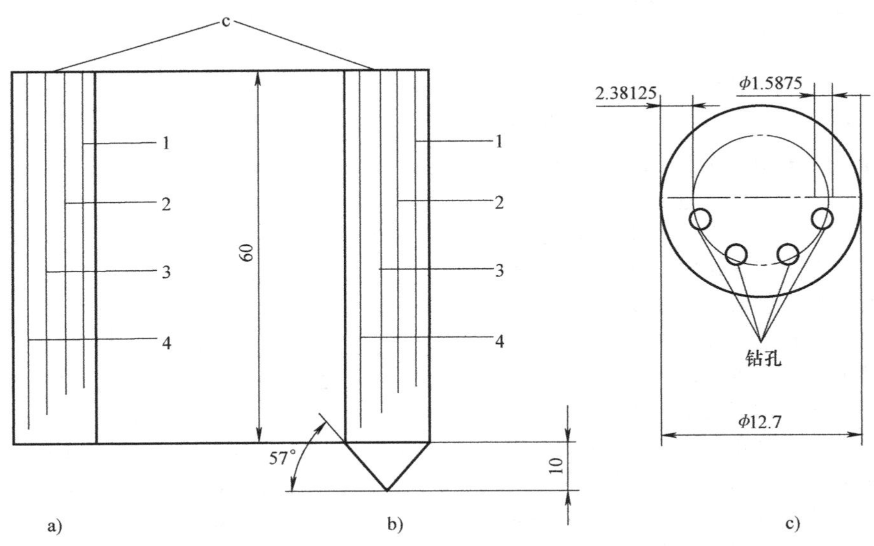

图 2-28 埃尔南德斯·莫拉莱斯等人提出的多电偶圆柱形 304 不锈钢测试探头

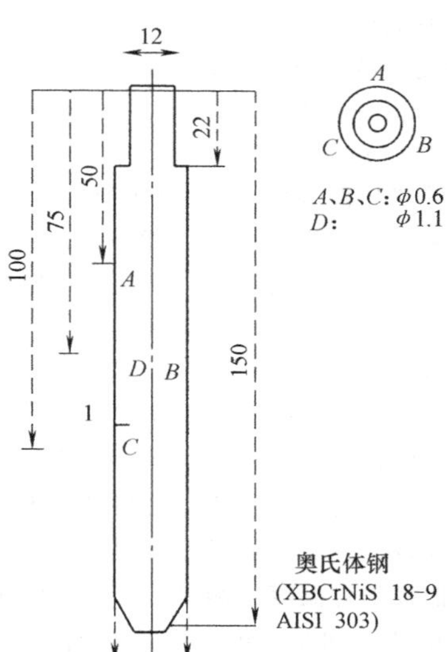

图 2-29 吕本等人提出的 303 型奥氏体型不锈钢探头（尖端倒棱）

3）探头材料和用来连接热电偶的材料应具有类似的热力学性能。

4）通过将热电偶线焊接到探头上来确保温度延迟最小。

5）推荐使用外径为 0.5mm（0.02in）的铠装热电偶。

6）在焊接到外套上的测量接点处使用导热胶并不能提高灵敏度。

选定了数据采集系统和探头设计与材料之后，将探头加热到合适的温度并浸入要研究的淬火冷却介质中。收集温度-时间数据，可以得到一条时间-温度冷却曲线，能说明在表面发生的不同冷却机制。下面将对冷却曲线进行分析。

4. 冷却曲线分析

冷却曲线分析的第一步，是对相同试验条件下得到的时间-温度冷却曲线进行目测比较分析。这种目测分析的目的，主要是得到不同特征的冷却过渡所需要的时间和发生时的温度。对于不同的淬火冷却介质和淬火条件，可以将感兴趣的冷却曲线叠加起来进行比较评估。比较分析冷却曲线数据有很多方法，目前最常用的方法有两种。第一种方法是冷却曲线参数化，腾西建议的参数包括：

1）膜沸腾转变到核沸腾的时间 t_{A-B}（s）。

2）膜沸腾转变到核沸腾的温度 T_{A-B}（℃）。

3）膜沸腾转变到核沸腾的冷却速率 CR_{DHmin}（℃/s）。

4）700℃时的冷却速率 CR_{700}（℃/s）。

5）最大冷却速率 CR_{max}（℃/s）。

6）最大冷却速率时的温度 T_{CRmax}（℃）。

7）300℃时的冷却速率 CR_{300}（℃/s）。

8）冷却到 300℃所需的时间 t_{300}（s）。

9）200℃时的冷却速率 CR_{200}（℃/s）。

10）冷却到 200℃所需的时间 t_{200}（s）。

参数 1~3 与全膜沸腾（蒸汽膜沸腾）向核沸腾转变的时间和温度及临界温度下的冷却速率有关。

之所以要测量 700℃时的冷却速率（参数 4），是因为通常人们都希望尽可能提高这一冷却速率以避开钢的珠光体转变区域。参数 5 和 6 分别是最大冷却速率及其发生的温度。一般来说，人们希望 CR_{max} 越大越好，而 T_{CRmax} 越低越好。某些温度时的冷却速率以及冷却到这些温度所需的时间的冷却速率，如 300℃和 200℃（参数 7~10），也经常被测定，因为它们关系到钢的开裂和变形倾向。为减少变形和开裂，人们希望这个区域的冷却速率越小越好。参数 7~10 与马氏体转变区域有关，一般希望这越小越好。这些在图 2-30 中有所阐明，并经常用于钢、不锈钢及 Inconel 600 探头上。标准 ASTM D6200、D6482 和 D6549 引用了这些参数。

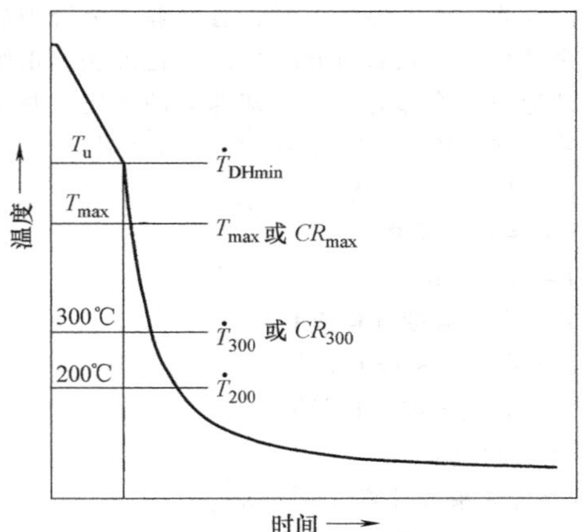

图 2-30 常用冷却曲线的特征参数

对于使用银探头得到的冷却曲线，也有各种不同的冷却参数，但是通常包含以下参数中的两个或更多个：

1）莱登弗罗斯特温度和冷却速率。

2）从核沸腾向对流冷却转变的温度。

3）冷却到 600℃（1110°F）、400℃（750°F）和 300℃（570°F）分别需要的时间。

4）最大冷却速率和 300℃（570°F）时的冷却速率。

5）临界热流密度，可以从冷却曲线中估算出来。

知道冷却曲线分析数据的固有变异性是很重要的。当无法得到具体的统计数据时，相关报道称有用的数据精度限制是±（8%～10%）。而通常无法得到完整的统计分析结果，但对于 ASTM D6200，使用图 2-24 所示的 Inconel 600 探头来试验无搅拌矿物油淬火冷却介质的试验方案，其精度结果是可以得到的。这种变异性的产生有许多原因，其中包括热电偶尺寸、接触情况和反应时间、热电偶孔在探头体中的位置、触发机制以及时间-温度数据采集的开始温度、数据采集速率、探头表面状况、清洁方法、探头在淬火冷却介质中的布置、淬火冷却介质的体积和其他一些因素。再考虑到报告冷却曲线数据的实验室的数量、探头及试验设备供应商的区别等，令人惊讶的是，这种可变性也不算非常大。

2.1.7 传热系数计算

本节将概述淬火过程中传热系数和热流密度的基本知识。后面将介绍简化方程方法的各种应用实例。例如，将简单形状的钢件淬入可蒸发液体型淬火冷却介质中，分析这一过程中发生的传热，就可以考虑用简化方法来计算冷却时间和冷却速率。并将讨论利用试验得到了准确的淬火过程数学模型、表面温度或表面下温度之后，通过解一个恰当的反问题来计算传热系数（HTC）的简化方法。正则热条件理论用于冷却时间和冷却速率的测定，基于它来计算平均传热系数的方法也将得到介绍。

需要用到以下符号：

HTC=传热系数

T=温度（K 或℃）

T_m=介质温度（K 或℃）

T_S=沸点（K 或℃）

T_{Sf}=表面温度（K 或℃）

τ=时间（s）

α=传热系数 [W/(m^2·K)]

λ=热导率 [W/(m·K)]

v=冷却速率（K/s 或℃/s）

a=热扩散系数（m^2/s）

ρ=材料密度（kg/m^3）

C_p=比热容 [kJ/(kg·K)]

q=热流密度（MW/m^2）

σ=表面张力（N/m）

r^*=汽化潜热（J/kg）

ρ''=蒸汽密度（kg/m^3）

$\Delta T=T_{Sf}-T_S$=过热度（K）

q_{cr1}=第一临界热流密度（MW/m^2）

q_{cr2}=第二临界热流密度（MW/m^2）

R=半径（m）

Z=圆柱高度（m）

K=孔德拉特耶夫（Kondratjev）形状因子（m^2）

S=表面积（m^2）

V=体积（m^3）

Bi_V=广义毕渥（Biot）数（无量纲）

Kn=孔德拉特耶夫数（无量纲）

Ω= 0.24k（对于板状、圆柱体、球体，k=1，2，3）

1. 反问题

反问题领域是由物理学家维克托·安巴尔楚米扬（Viktor Ambartsumian）首先发现并介绍的。传热的逆向建模包括使用试验获得的热导体内的热数据来估计边界条件，如特定温度或热流密度。热传导的反问题依赖于对温度的测量，以估算物理问题中数学公式里的未知量，包括边界热流密度、热源、热力学性质、边缘的形状和尺寸等。干扰因素存在于任何一次对温度的测量中，将造成热流密度预测的不稳定性。但是，通过在两个位置测量温度可以较好地改善这一（对热流密度）预测的稳定性。因为解法对试验测得数据中的随机误差很敏感，所以“不适定问题”的求解需要用到“正则化技术”(regularization technique)。

（1）吉洪诺夫（Tikhonov）正则化方法　热传导反问题的成功求解方案通常需要（将其）重置成“近似适定问题”，经常采用最小二乘法。正则化方法有很多种，其中就包括吉洪诺夫正则化方法，这种方法是将一些平滑项加入最小二乘方程来减少由测量误差造成的不稳定性。吉洪诺夫从理论上证明，使用这种方法可以将反问题正确地解出。由于淬火过程中的传热非常复杂，需要做一些附加的调查研究以进一步改进热传导反问题的求解。

（2）求解反问题的格林（Green）函数方法　古塞伊诺夫（Guseynov）也用格林（Green）函数方法解决线性和非线性反问题。这种方法被用来求解热传导双曲线方程之类的非线性反问题，在这种问题里，数学模型中的一些参数不能由试验得到，但能够通过精确计算得到。

（3）统计学正则化方法　克里沃希（Krivoshey）求解反问题时使用的是一种随机方法，假定数学模型中的所有参数都有一种随机性。它用于求解第四种传热模式的反问题。

（4）求解热传导和质量传递反问题的一般方法　科瑞考斯基（Krukovskyi）使用了牛顿-高斯(Newton-Gauss）和吉洪诺夫方法。在美国广泛使用一种由贝克（Beck）等人所推荐的求解反问题的新方法，而吉洪诺夫方法在欧洲则广为人知。求解第二种传热模式的反问题的结果，通常以传热系数（HTC）与表面温度的关系的形式呈现，如图 2-31 所示。这些传热系数（HTC）被用在计算淬火过程中，包括决定钢相变的冷却时间和冷却速率值。

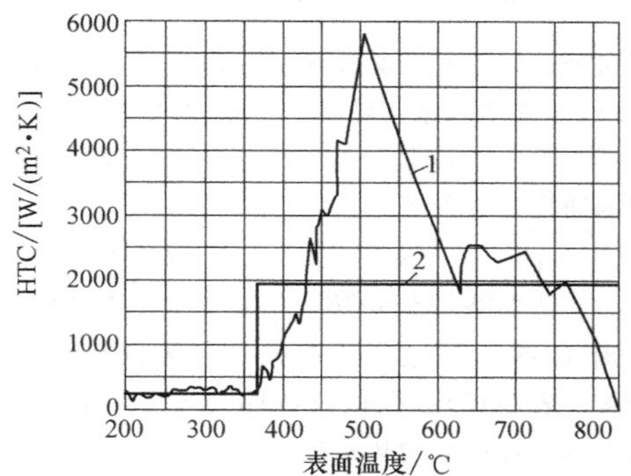

图 2-31 传热系数与表面温度的关系

[MZM-16 油，油温 61℃（142 ℉）；ϕ19.9mm（ϕ0.78in）圆柱形试样，高度为 80mm（3.2in）]

1—求解反问题 2—正则热条件理论

（5）正则热条件理论 正则热条件理论被用来计算平均传热系数、任何形状钢件的冷却时间和冷却速率。图 2-31 所示为用孔德拉特耶夫（Kondratjev）正则热条件理论计算的平均传热系数。孔德拉特耶夫理论已经被用来计算核沸腾过程中的平均有效传热系数。在这种情况下，传热系数仅可用于计算钢件中心部位的冷却时间和冷却速率。随后将讨论核沸腾期间的简化计算方法，以及冷却时间和冷却速率的计算方法。

2. 简化计算方法

（1）第二种传热模式的数学模型 非稳态热导率由方程给出，即

$$C\rho\frac{\partial T}{\partial \tau}-\operatorname{div}(\lambda \operatorname{grad} T)=0 \tag{2-1}$$

它具有类似膜沸腾阶段的边界条件，即

$$\left[\frac{\partial T}{\partial r}+\frac{\alpha_f}{\lambda}(T-T_S)\right]_{r=R}=0 \tag{2-2}$$

初始条件为

$$T(r,0)=T_0 \tag{2-3}$$

从膜沸腾到核沸腾的转变发生在

$$q_{cr2}=\alpha_f(T_{Sf}-T_S) \tag{2-4}$$

第二临界热流密度 q_{cr2} 的计算公式为

$$\frac{q_{cr2}}{q_{cr1}}=0.2 \tag{2-5}$$

为使钢件淬火后变形最小，应完全消除局部膜沸腾。如果 q_{cr1} 最大化，则膜沸腾就可以被消除。已经确定的是，盐水溶液存在一个最适合的浓度，淬火油存在一个最适合的温度，此时第一临界热流密度（q_{cr1}）最大化，如图 2-32 和图 2-33 所示。因此，可以通过优化临界热流密度来优化淬火工艺，而临界热流密度越大越好，以消除局部膜沸腾，消除局部膜沸腾又可以显著减少变形。

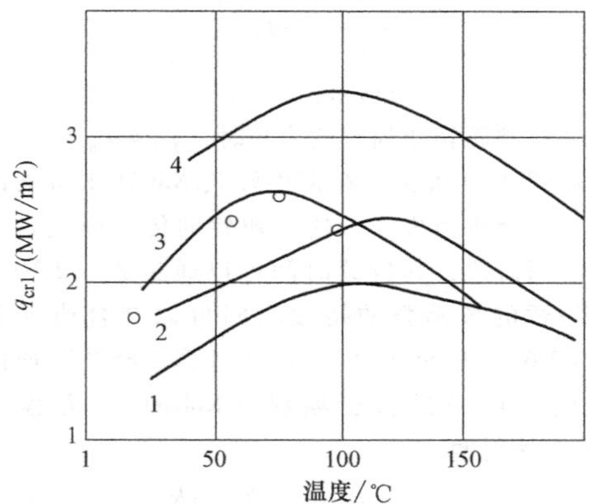

图 2-32 第一临界热流密度（q_{cr1}）与矿物油温度（T）的关系

1—MZM-120 2—MS-20 3—Effectol 矿物淬火油 4—MZM-16

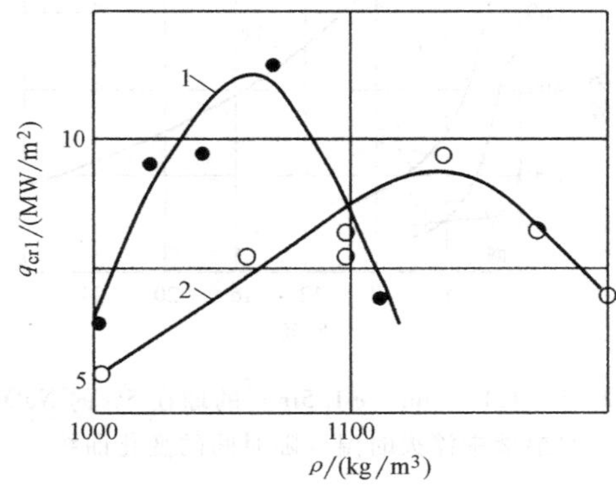

图 2-33 第一临界热流密度（q_{cr1}）与盐水溶液密度（ρ）的关系

1—NaCl 水溶液 2—LiCl 水溶液

当全膜沸腾结束且没有局部膜沸腾时，核沸腾的边界条件可以写成

$$\left[\frac{\partial T}{\partial r}+\frac{\beta_m}{\lambda}(T-T_S)^m\right]_{r=R}=0 \tag{2-6}$$

注意：在沸腾阶段必须考虑到 $\Delta T=T_{Sf}-T_S$，而不是 $\Delta T=T_{Sf}-T_m$，因为临界形核半径 R_{cr} 仅取决于边界层的过热度，其计算公式为

$$R_{cr}\approx\frac{2\sigma T_S}{r^*\rho''\Delta T} \tag{2-7}$$

式中，R_{cr} 是气泡能够长大和聚集的临界尺寸。

活跃的核心是热量的基本载体，它们将热量从表面转移到冷的液体里。

在对流冷却阶段中，边界条件类似于膜沸腾阶段的边界条件：

$$\left[\frac{\partial T}{\partial r}+\frac{\alpha_{\mathrm{conv}}}{\lambda}(T-T_{\mathrm{m}})\right]_{r=R}=0 \tag{2-8}$$

$$T(r,\tau_{\mathrm{nb}})=\psi(r) \tag{2-9}$$

从核沸腾转变到对流冷却时，$q_{\mathrm{nb}}=q_{\mathrm{conv}}$。

由图 2-34 可见，在钢件淬入 NaOH 水溶液的过程中，膜沸腾消失了。这里初始的传热模式是短暂的核沸腾阶段，其持续时间可以通过式（2-10）计算。短暂的核沸腾的持续时间可以结合边界条件［式（2-6）］解出式（2-1）来计算。沸腾阶段的持续时间可以通过科巴斯科（Kobasko）方程［式（2-5）］来计算

$$\tau_{\mathrm{nb}}=\left(\Omega+b\ln\frac{\vartheta_{\mathrm{I}}}{\vartheta_{\mathrm{II}}}\right)\frac{K}{a} \tag{2-10}$$

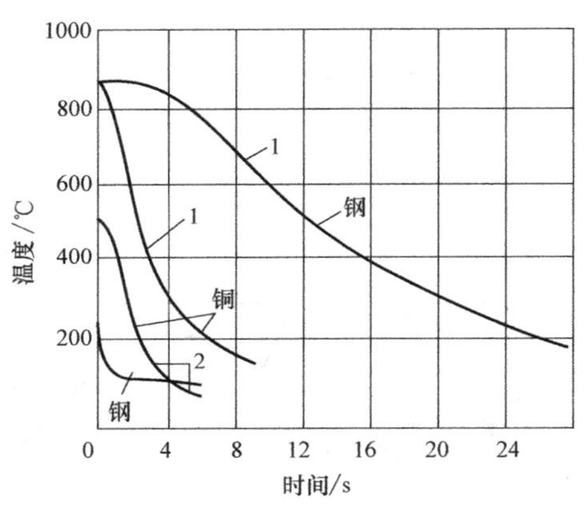

图 2-34　ϕ38.1mm（ϕ1.5in）的球在 5%的 NaOH 水溶液中淬火时温度随时间的变化曲线

式中，$b=3.21$；

$$\vartheta_{\mathrm{I}}=\frac{1}{\beta}\left[\frac{2\lambda(\vartheta_0-\vartheta_{\mathrm{I}})}{R}\right]^{0.3} \tag{2-11}$$

$$\vartheta_{\mathrm{II}}=\frac{1}{\beta}[\alpha_{\mathrm{conv}}(\vartheta_{\mathrm{II}}+\vartheta_{\mathrm{uh}})]^{0.3} \tag{2-12}$$

为了保证计算正确，必须知道 β 值［式（2-11）、式（2-12）］。对水和水溶液而言，可以认为 $\beta=3.45$。

（2）冷却时间的计算　计算任何形状钢件冷却时间的通用方程如下

$$\tau=\left[\frac{kBi_{\mathrm{V}}}{2.095+3.867Bi_{\mathrm{V}}}+\ln\left(\frac{T_0-T_{\mathrm{m}}}{T-T_{\mathrm{m}}}\right)\right]\frac{K}{aKn} \tag{2-13}$$

式（2-13）中的主要参数是孔德拉特耶夫形状因子 K（表 2-12）、孔德拉特耶夫数 Kn 和广义毕渥（Biot）数 Bi_{V}；平均热扩散系数 a 是一种材料特性。

式（2-13）中的孔德拉特耶夫数 Kn 是广义毕渥（Biot）数 Bi_{V} 的函数，即

$$Kn=\frac{Bi_{\mathrm{V}}}{\sqrt{Bi_{\mathrm{V}}^2+1.437Bi_{\mathrm{V}}+1}} \tag{2-14}$$

$$Bi_{\mathrm{V}}=\frac{\alpha}{\lambda}K\frac{S}{V} \tag{2-15}$$

（3）冷却速率的计算　任何形状钢件心部的冷却速率可以由下式计算

$$v=\frac{aKn}{K}(T-T_{\mathrm{m}}) \tag{2-16}$$

式中，v 是冷却速率（℃/s）；a 是热扩散系数；Kn 是孔德拉特耶夫数（无量纲）；T 是温度（℃）；T_{m} 是浴温（℃）；K 是孔德拉特耶夫形状因子，对于无限长圆柱体，$K=R^2/5.784$。

一些对钢件冷却时间的计算有用的数据见表 2-12。Inconel600 和 304 奥氏体型不锈钢的热力学性能见表 2-13。

表 2-12　不同形状钢件的孔德拉特耶夫形状因子 K、$\frac{S}{V}$和 $K\frac{S}{V}$

形状	K/m^2	$\frac{S}{V}/\mathrm{m}^{-1}$	$K\frac{S}{V}/\mathrm{m}$
厚度为 L 的平板	$\frac{L^2}{\pi^2}$	$\frac{2}{L}$	$\frac{2L}{\pi^2}$
半径为 R 的圆柱	$\frac{R^2}{5.784}$	$\frac{2}{R}$	$0.346R$
半径为 R、高度为 Z 的圆柱	$\frac{1}{\frac{5.784}{R^2}+\frac{\pi^2}{Z^2}}$	$\frac{2}{R}+\frac{2}{Z}$	$\frac{2RZ(R+Z)}{5.784Z^2+\pi^2R^2}$
边长为 L 的立方体	$\frac{L^2}{3\pi^2}$	$\frac{6}{L}$	$0.203L$
半径为 R 的球	$\frac{R^2}{\pi^2}$	$\frac{3}{R}$	$0.304R$

表 2-13　Inconel600 和 304 不锈钢（一种经常用来制造探头的材料）随温度变化的热导率和热扩散系数

温度		Inconel600		304 不锈钢	
℃	℉	$a\times10^{-6}/(m^2/s)$	$\lambda/[W/(m\cdot K)]$	$a\times10^{-6}/(m^2/s)$	$\lambda/[W/(m\cdot K)]$
100	21	3.7	14.2	4.55	17.5
150	300	3.9	15.1	4.59	17.75
200	390	4.1	16.0	4.63	18
250	480	4.3	16.9	4.66	18.8
300	570	4.5	17.8	4.70	19.6
400	750	4.8	19.7	4.95	21
500	930	5.1	21.7	5.34	23
600	1110	5.4	23.7	5.65	24.8
700	1290	5.6	25.9	5.83	26.3
800	1470	5.8	26.8	6.19	27.8
900	1650	6.0	28.4	6.55	29.3

3. 传热计算实例

下面将通过几个实例来演示冷却时间、冷却速率和传热系数的简化计算方法。这些案例说明了是如何用这些简化方法来优化淬火过程的。

例 2-1　在一个没有膜沸腾，仅发生核沸腾的水槽中进行淬火。钢件浸入淬火冷却介质后，其表面温度几乎立刻降低到沸点，然后保持在沸点，沸点在不同沸腾阶段轻微降低。在这种情况下，可以用式（2-10）来计算沸腾的持续时间。例如，一种 ϕ20mm（ϕ0.8in）×120mm（4.7in）的紧固件，用 AISI 5140 钢制造，在搅拌的水中冷却，其对流冷却阶段的传热系数（HTC）是 1200 W/(m²·K)。如果紧固件的初始温度是 850℃（1560℉），搅拌水温为 20℃（70℉），估算短暂的核沸腾持续时间。

为了估算短暂核沸腾持续时间，应使用用式（2-11）和式（2-12）计算得到 ϑ_{I} 和 ϑ_{II} 的值

$$\vartheta_{\text{I}}=\frac{1}{\beta}\left[\frac{2\lambda(\vartheta_0-\vartheta_{\text{I}})}{R}\right]^{0.3}=$$

$$\frac{1}{3.45}\left[\frac{2\times22(750-25.9)}{0.01}\right]^{0.3}℃=25.9℃$$

$$\vartheta_{\text{II}}=\frac{1}{\beta}[\alpha_{\text{conv}}(\vartheta_{\text{II}}+\vartheta_{\text{uh}})]^{0.3}=$$

$$\frac{1}{3.45}[1200\times(9.35+80)]^{0.3}℃=9.35℃$$

有了这些数据，核沸腾的持续时间便可以由式（2-10）计算得出

$$\tau=\left[\Omega+b\ln\frac{\vartheta_{\text{I}}}{\vartheta_{\text{II}}}\right]\frac{K}{a}=\left[0.48+3.21\ln\frac{25.9}{9.35}\right]\frac{17.2\times10^{-6}}{5.4\times10^{-6}}\text{s}$$

$$=11.95\text{s}\approx12\text{s}$$

例 2-2　计算一个紧固件连续淬火线的传送带速度：已知淬火液下的传送带长度 L 是 1.5m（4.9ft），核沸腾的持续时间是 12s（见例 2-1）。在核沸腾结束时，紧固件应该离开淬火液以防止产生裂纹，允许自回火。传送带速度 w 的计算公式为

$$w=\frac{L}{\tau}=\frac{1.5\text{m}}{12\text{s}}=0.125\text{m/s 或 }450\text{m/h}$$

例 2-3　卡车半轴由 AISI 1045 钢制造，半轴的厚度为 60mm 或 0.06m（2.4in 或 0.2ft）。初始温度为 860℃（1580℉），淬入流速为 10m/s（33ft/s）的水中，计算此轴心部冷却到马氏体转化开始温度 350℃（660℉）的时间。已知 10m/s（33ft/s）水流的广义毕渥（Biot）数 $Bi_{\text{V}}=7$，格罗斯曼因子 $H=7$。因为轴相当长（$L>>D$），计算孔德拉特耶夫形状因子。

$$K=R^2/5.784=(0.03\text{m})^2/5.784=155.6\times10^{-6}\text{m}^2$$

孔德拉特耶夫数 Kn，由式（2-14）计算，即

$$Kn=\frac{Bi_{\text{V}}}{\sqrt{Bi_{\text{V}}^2+1.437Bi_{\text{V}}+1}}=\frac{7}{\sqrt{49+1.437\times7+1}}=0.903$$

AISI 1045 钢的平均热扩散系数 $a=5.5\times10^{-6}\text{m}^2/\text{s}$。将这些数据代入式（2-13）计算轴的冷却时间

$$\tau=\left[\frac{kBi_{\text{V}}}{2.095+3.867Bi_{\text{V}}}+\ln\left(\frac{T_0-T_{\text{m}}}{T-T_{\text{m}}}\right)\right]\frac{K}{aKn}$$

$$=\left[\frac{2\times7}{2.095+3.867\times7}+\ln\left(\frac{860-20}{350-20}\right)\right]\frac{155.6\times10^{-6}}{5.5\times10^{-6}\times0.903}\text{s}$$

$$=44.2\text{s}$$

半轴在流速 10m/s（33ft/s）水中的强烈冷却应该在 44s 时终止，以实现自回火和得到更高的表面残余应力。

例 2-4　计算 100℃（212℉）热油的平均传热系数。已知标准探头（图 2-24）的心部在 600℃（1110℉）时的冷却速率为 75℃/s（135℉/s）。标准探头是由 Inconel600 制造的，直径为 12.5mm（0.5in）。可以用式（2-15）计算这个传热系数。

根据式（2-16），如果已知冷却速率，则可以计算孔德拉特耶夫数 Kn

$$Kn=\frac{Kv}{a(T-T_m)}=\frac{6.7\times10^{-6}m^2\times75℃/s}{5.1\times\frac{10^{-6}m^2}{s}\times(600℃-100℃)}=0.197$$

式中，$K=(0.00625)^2/5.784=6.7\times10^{-6}m^2$；$a=5.1\times10^{-6}m^2/s$。

根据式（2-14）可以得出，$Kn=0.197$ 时 $Bi_V=0.23$。由式（2-15）可得平均传热系数为

$$\alpha=\frac{\lambda Bi_V V}{KS}=\frac{20[W/(m\cdot K)]\times0.23\times0.00625m}{6.7\times10^{-6}m^2\times2}$$

$$=2145W/(m^2\cdot K)$$

式中，$V/S=R/2=0.00625m/2$。

例 2-5 将用 AISI 52100 钢制造的轴承套圈淬入 100℃（212℉）的热油中，以增加其硬度和减少变形。套圈厚度为 8mm（0.3in），高度为 20mm（0.8in），外径为 200mm（8in）。套圈可以看成是一个两边分别是 8mm（0.3in）和 20mm（0.8in）的棱柱。加热套圈到 860℃（1580℉），淬入热油后，进行低温处理。计算套圈心部从 860℃（1580℉）冷却到 250℃（480℉）所需的冷却时间。已知热油的传热系数（HTC）是 2145 W/(m²·K)（见例2-4）。AISI 52100 钢的平均热扩散系数是 $5.3\times10^{-6}m^2/s$，热导率是 22W/(m·K)。孔德拉特耶夫形状因子 K 为

$$K=\frac{1}{\frac{9.87}{L_1^2}+\frac{9.87}{L_2^2}}=\frac{1}{\frac{9.87}{(0.008m)^2}+\frac{9.87}{(0.02m)^2}}$$

$$=5.5\times10^{-6}m^2$$

对长棱柱：$S/V=\frac{(0.016+0.04)m\times Z}{0.008m\times0.02m\times Z}=350m^{-1}$

广义毕渥（Biot）数可以由式（2-15）计算

$$Bi_V=\frac{\alpha}{\lambda}K\frac{S}{V}=\frac{2145}{22}\times5.5\times10^{-6}\times350=0.188$$

$$Kn=\frac{Bi_V}{\sqrt{Bi_V^2+1.437Bi_V+1}}=\frac{0.188}{\sqrt{0.0353+0.27+1}}=0.165$$

套圈的冷却时间是

$$\tau=\left[\frac{kBi_V}{2.095+3.867Bi_V}+\ln\left(\frac{T_0-T_m}{T-T_m}\right)\right]\frac{K}{aKn}$$

$$=\left[\frac{1\times0.188}{2.095+3.867\times0.188}+\ln\left(\frac{860-100}{250-100}\right)\right]$$

$$\frac{5.5\times10^{-6}}{5.3\times10^{-6}\times0.165}=10.63s$$

套圈淬入热油需要冷却 11s 才能使心部温度达到 250℃（480℉）。

2.1.8 普通淬火工艺参数

对钢在不同冷却介质中冷却速率影响最大的因素为工件表面状况、工件的质量和横截面尺寸、淬火冷却介质的搅拌情况（流速）。

1. 工件表面状况的影响

表面氧化、纹路、表面粗糙度对淬火过程有很大影响，因此也就有可能对残余应力和变形有较大的影响。这甚至对耐热和耐蚀材料也是一个潜在的问题，例如用于冷却曲线分析的探头所用的材料。这些因素对下列情况下的淬火开裂也是很重要的：

1）如果表面粗糙度值（不整齐表面的最大高度）大于 1μm，将会增加钢淬火后的开裂倾向。

2）与磨削或金刚砂抛光相比，打磨的表面纹路更容易导致淬火开裂发生。这种现象主要是由钢件表面的应力集中引起的。表面的几何形态，如抛光、打磨、磨削痕，刀具切削痕迹，微小缺口等，均会造成应力集中，从而诱发了淬火开裂。

3）探头的表面纹路对冷却过程中蒸汽膜阶段（全膜沸腾）的冷却特性没有影响。

4）但是，表面粗糙度值的增大会提高莱登弗罗斯特温度（膜沸腾的温度下限）。

图 2-35 和图 2-36 所示为表面氧化对银、Inconel 合金、不锈钢及纯铁在室温静水中淬火时冷却过程的影响。这些图表明，表面氧化对蒸汽膜阶段（全膜沸腾）的冷却特性没有影响。但是，表面氧化提高了莱登弗罗斯特温度，并且随着淬火水温的降低，这种影响将更显著。这是由于氧化皮存在多孔表面，其热导率较小，并增加了表面粗糙度值。图 2-35 所示为表面氧化皮厚度对传热系数的影响。如图 2-36 所示，表面氧化会导致冷却不稳定。穆拉塔（Murata）和西尾（Nishio）报道，冷却性能的变化归因于在冷却时氧化的钢表面同时存在膜沸腾和沸腾转变过程。膜沸腾开始的不稳定性取决于钢表面的孔洞（表面粗糙度），空气可能会在孔洞处被捕获。这种不稳定性也可能是由空腔壁的几何形状及润湿性引起的。表面存在氧化的情况下引起蒸汽膜

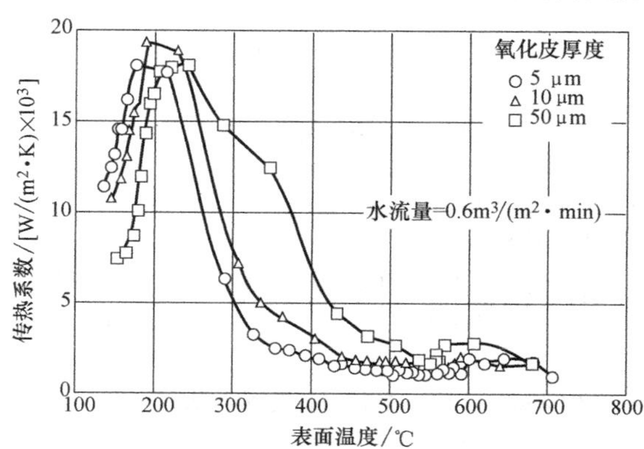

图 2-35 热钢板喷液冷却过程中表面氧化皮厚度对传热系数的影响

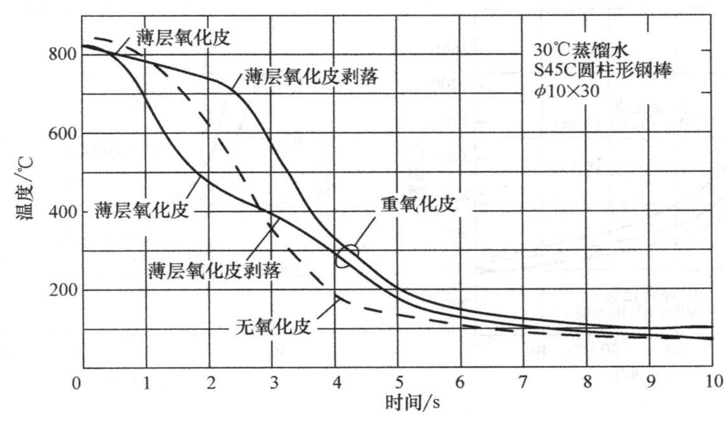

图 2-36 S45C 碳钢在水中淬火时，不稳定冷却归因于表面氧化皮

注：水温为 30℃（85℉），试样是实心圆柱体，ϕ10mm×30mm（ϕ0.4in×1.2in）。

不稳定的原因之一，是淬火过程中氧化皮从表面剥落下来，如图 2-37 所示。氧化皮剥落的程度取决于次表层的性质，它也决定了蒸汽膜阶段和整个淬火过程的性质。

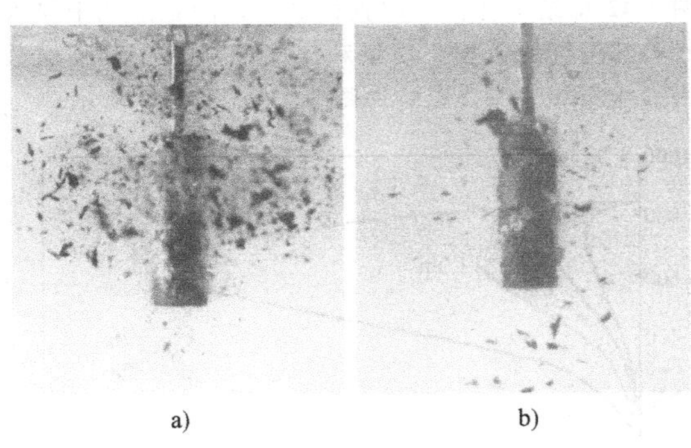

a) b)

图 2-37 S45C 碳钢水淬时的薄层氧化皮

（由日本宇都宫市宇都宫大学的 M. Narazaki 提供）

a）860℃（1580℉）下在空气中加热 3min，氧化皮较轻

b）860℃（1580℉）下在空气中加热 20min，氧化皮较重

注：水温为 30℃（85℉），试样是 ϕ10mm×30mm（ϕ0.4in×1.2in）的实心圆柱体。这些图说明，一浸入水中，氧化皮就剥落成碎小片状，如图 a 所示。氧化皮剥落时，较厚较大的在冷却过程中剥落下来，一些薄层仍然留在金属表面。在这种情况下，金属表面和氧化薄层之间的蒸汽对冷却有抑制作用。在薄层掉落之后，冷却速度将增加。

但是，表面氧化皮较薄可以促进传热速率，而且可以得到更一致的传热效果。据 Ma 报道，AISI 4140 钢在 850℃（1560℉）下加热 1h，氧化皮厚度大约为 78μm；加热 4h，氧化皮厚度增加到 104μm，仍然小于临界隔热厚度 200μm。在这种情况下，表面粗糙度值的增加，有望使淬火初始阶段表面上形成的蒸汽膜稳定性降低而增加传热速率。表 2-14 所列为 S45C 和 SK4 在水中淬火时表面氧化对淬火开裂的影响。

表 2-14 表面氧化对钢盘淬火开裂的影响

表面状况（加热状况）	淬火开裂发生频率（%）
S45C（0.45%C，0.67%Mn）	
无氧化皮，在 Ar 中加热	30
轻度氧化皮，在空气中加热 30min	0
重度氧化皮，在空气中加热 20min	0
SK4（0.98%C，0.77Mn）	
表面状况（加热状况）	淬火开裂发生频率（%）
无氧化皮，在 Ar 中加热	平整表面 20，带孔表面 80
轻度氧化皮，在空气中加热 30min	平整表面 80，带孔表面 20
重度氧化皮，在空气中加热 20min	0

注：在 30℃（85℉）的水中淬火；向上喷嘴喷射搅拌。钢盘尺寸为 ϕ20mm×60mm（ϕ0.8in×2.4in）。

一项不同的研究验证了氧化皮的存在对淬火特性的影响。图 2-38 所示为氧化皮对在静态快速淬火油中淬火得到的冷却曲线的影响。与无氧化皮的试样对比，厚度小于 0.08mm（0.003in）的氧化皮增加了 1095 钢的冷却速率。但是，厚度为 0.13mm（0.005in）的氧化皮则减缓了冷却速率。对于 18-8 不锈钢，与无氧化皮的试样对比很薄的氧化皮，如厚度为 0.013 mm（0.0005in），也同样增加了冷却速率。在上文提到的 AISI 4140 钢表面氧化的影响的研究中报道，需要达到大约 200μm 的临界隔热厚度，才能观察到淬入矿物油时冷却速率下降了 10%。如果这个临界隔热厚度低于 200μm，由于氧化皮的形成增加了表面粗糙度值，将导致冷却速率增加。

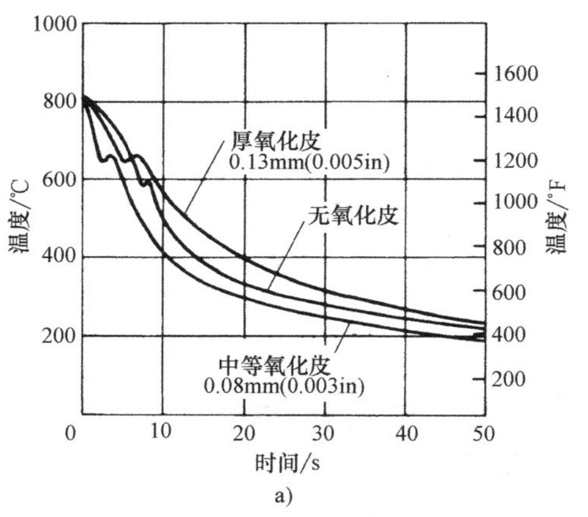

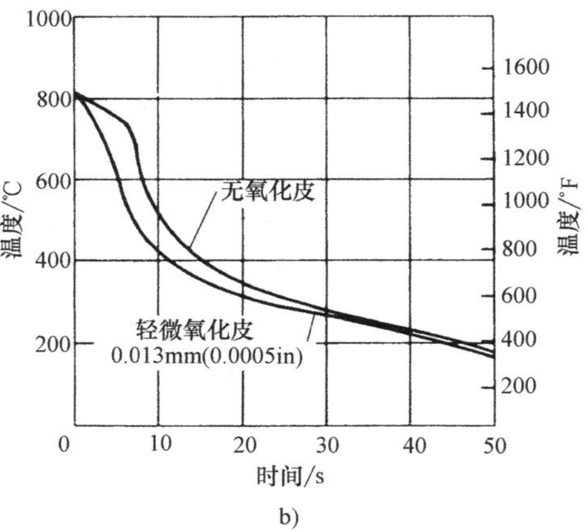

图 2-38 氧化皮对 1095 碳钢和 18-8 不锈钢在无搅拌快油中淬火的冷却曲线的影响

a）1095 钢［油温为 50℃（125℉）］ b）18-8 不锈钢［油温为 25℃（75℉）］

注：试样尺寸是 ϕ13mm×64mm（ϕ0. 5in×2. 5in）。

2. 工件的质量和横截面尺寸的影响

横截面尺寸对冷却时间-温度和冷却速率的影响如图 2-39 所示，该图表明，淬火灵敏度随着横截面尺寸的减小而提高。这就是用相当小直径（10~12. 5mm 或者 0. 4~0. 5in）的探头来研究淬火冷却介质和淬火过程的原因之一。但是没有采用更小的直径，这是因为从炉子移到淬火冷却介质中时温度控制较为困难。图 2-40 和图 2-41 所示分别为质量和横截面尺寸对碳钢淬入水中和油中的冷却曲线的影响。图 2-42 总结了各种不同直径试棒在静止空气中淬火时心部位置的数据。质量和淬火冷却介质对小横截面试棒冷却的综合影响如图 2-43 和图 2-44 所示。

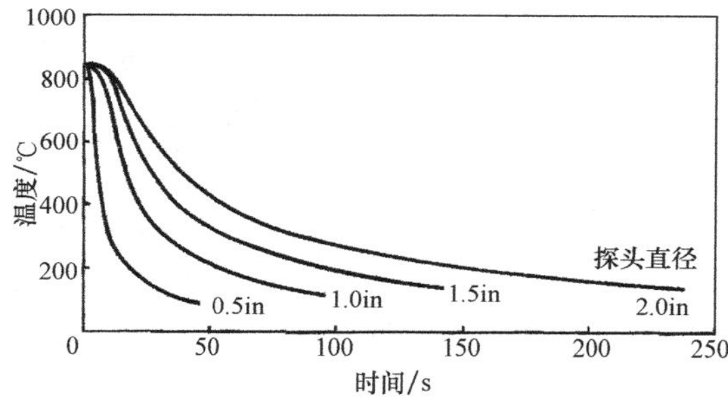

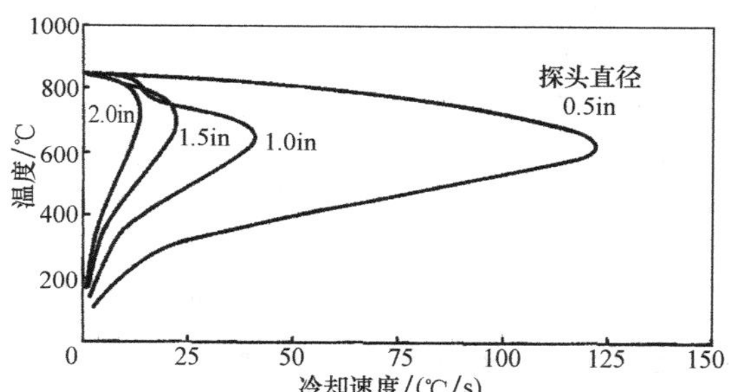

图 2-39 典型加速淬火油的冷却曲线与探头尺寸的关系

注：探头材料为 304 不锈钢，几何中心嵌

有一个 K 型热电偶；浴温为 65. 5℃（149. 9℉）；

探头表面流速为 15m/min（50ft/min）。

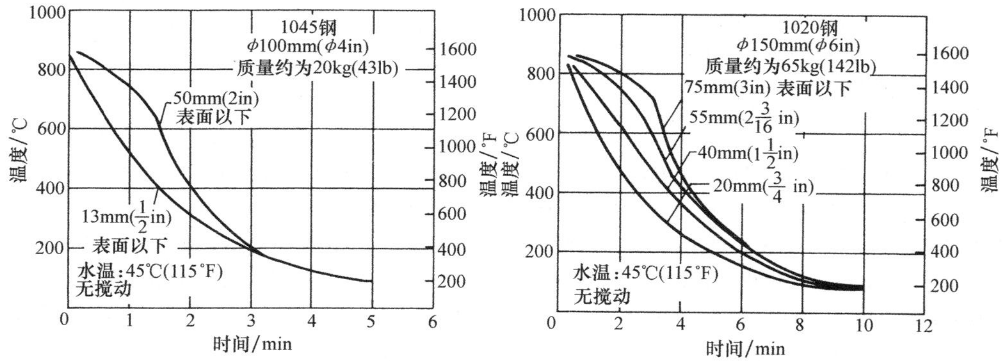

图 2-40 水淬时零件质量和横截面尺寸对冷却曲线的影响

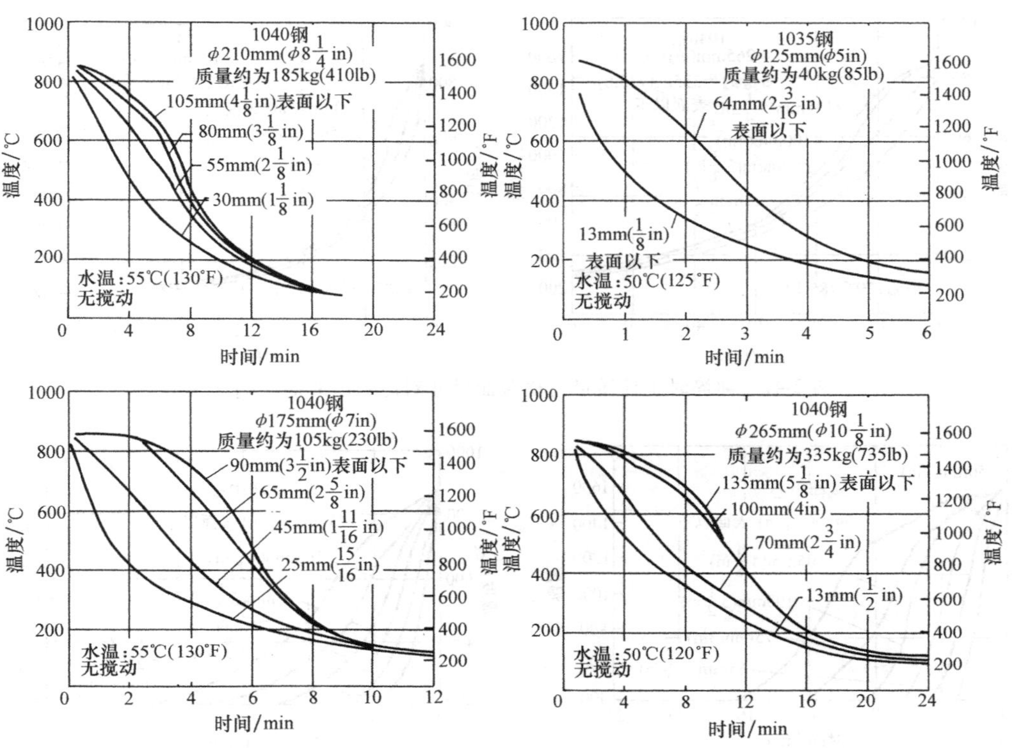

图 2-40 水淬时零件质量和横截面尺寸对冷却曲线的影响（续）

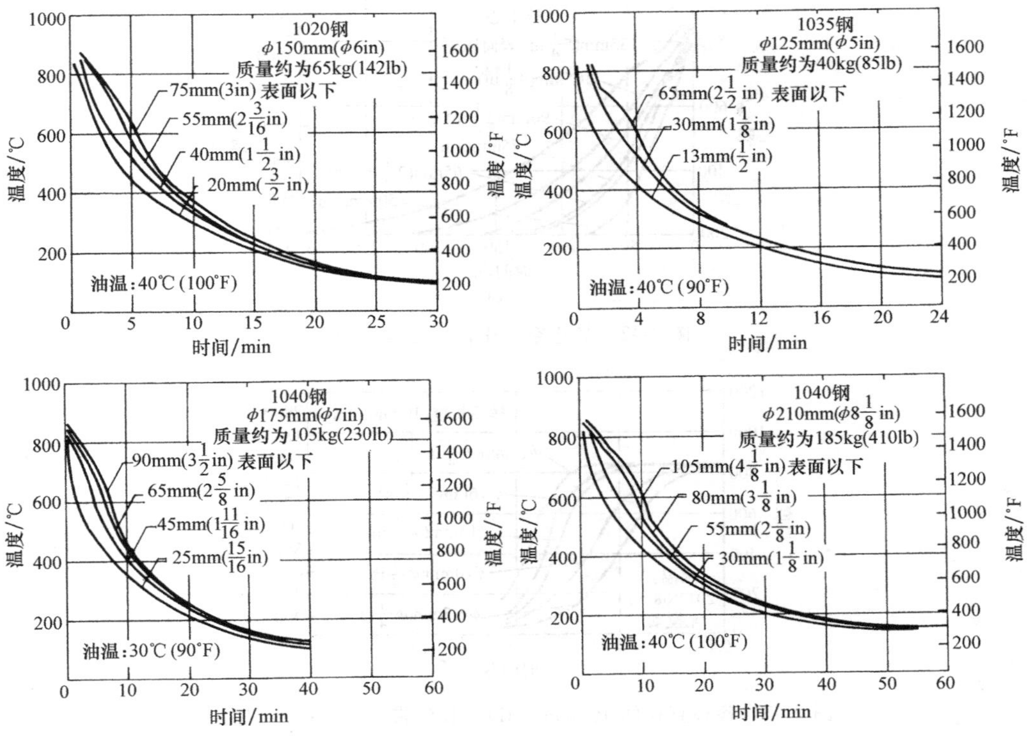

图 2-41 油淬时工件质量与横截面尺寸对冷却曲线的影响

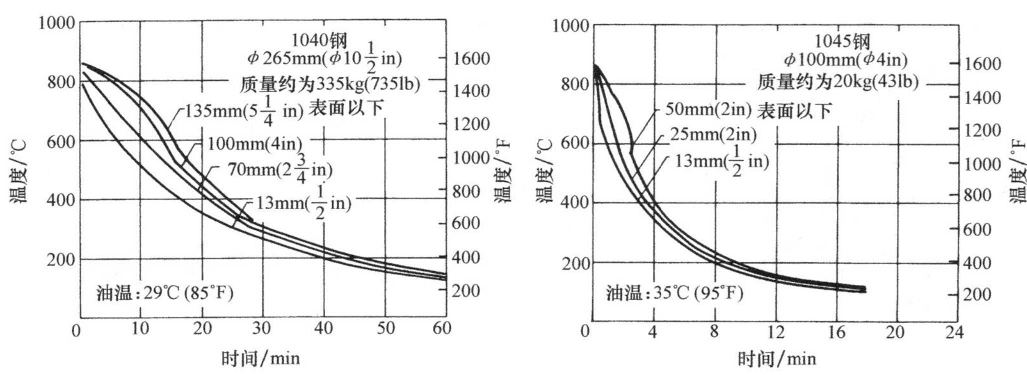

图 2-41 油淬时工件质量与横截面尺寸对冷却曲线的影响（续）

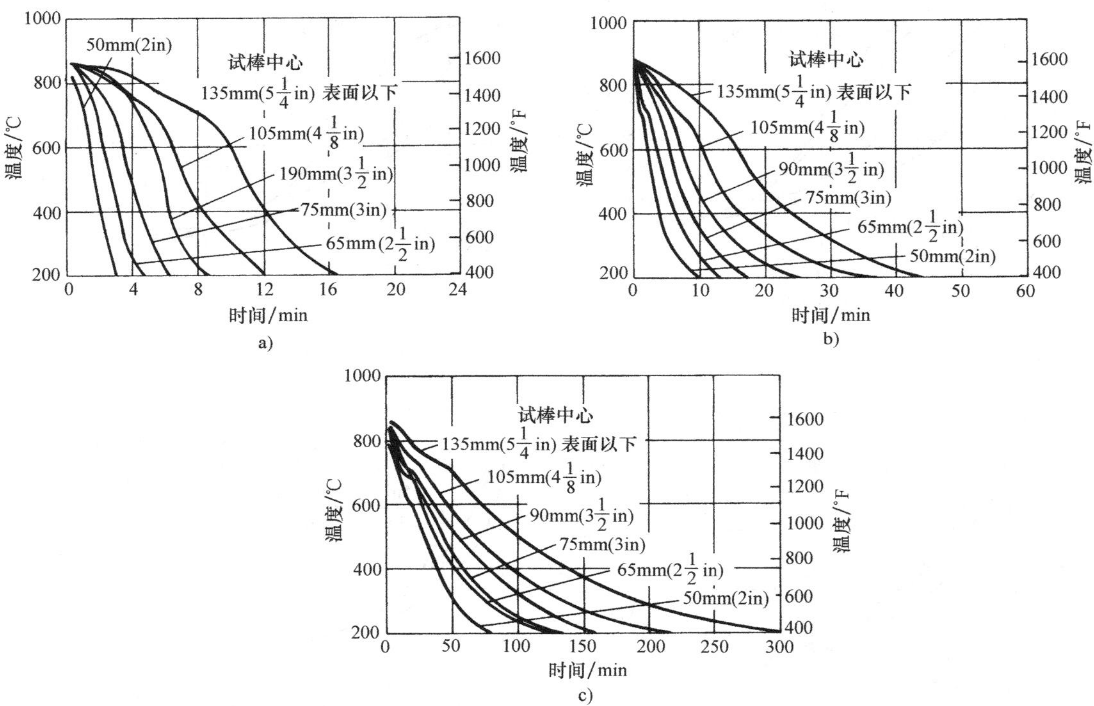

图 2-42 静止空气中淬火数据汇总

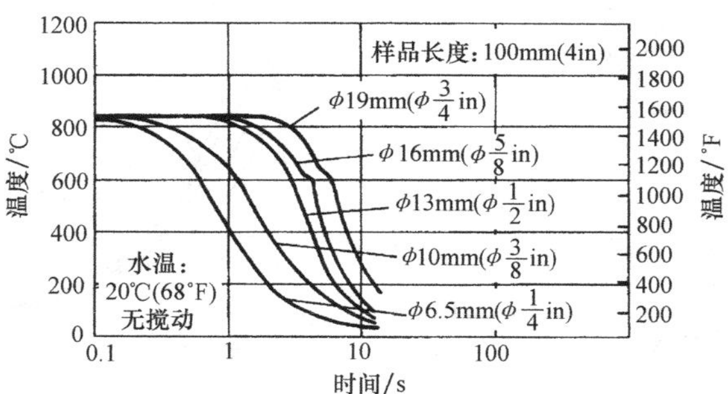

图 2-43 各种直径的 100mm（4in）长的带孔圆棒的冷却曲线

a）水 b）普通油 c）静止空气

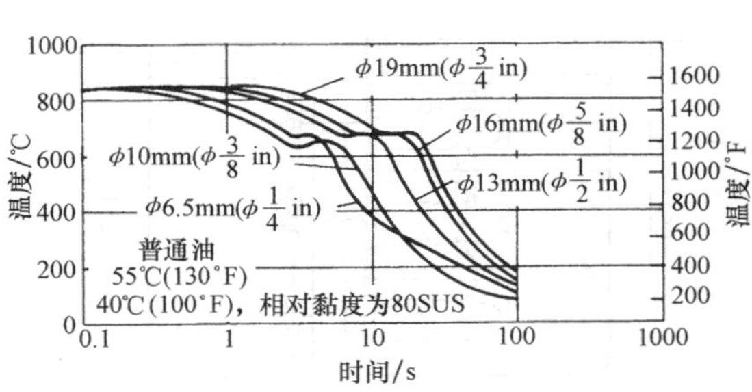

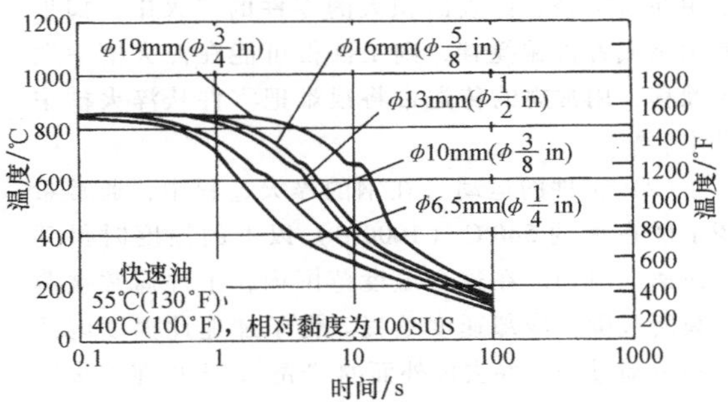

图 2-44 各种直径的 100mm（4in）长的带孔圆棒在静止油中淬火时，质量和横截面尺寸对中心冷却曲线的影响

3. 搅拌的影响

热处理操作者可以采取多种影响淬冷烈度的方法，其中许多具有显著效果，但唯一一个在热钢淬入淬火冷却介质中后可以有效改变淬冷烈度的因素，就是搅拌。当淬入可蒸发淬火冷却介质，如水、盐水、石油及水溶性聚合物溶液中时，了解这些影响因素尤其重要。对于这些淬火冷却介质，钢件一经淬入，蒸汽膜就在热钢件表面形成了。这是很重要的，因为蒸汽膜的厚度过大及其不稳定性最常见的造成淬火不一致的因素之一，并将导致变形和开裂倾向增加（图 2-45）。但是，有效地增加流经热钢件液体的均匀性和流速，如将流速增加到 50~60m/min（160~200ft/min），理论上可使蒸汽膜破裂，从而得到期望的更均匀的传热效果。本节将概述淬火过程中影响搅拌的因素。

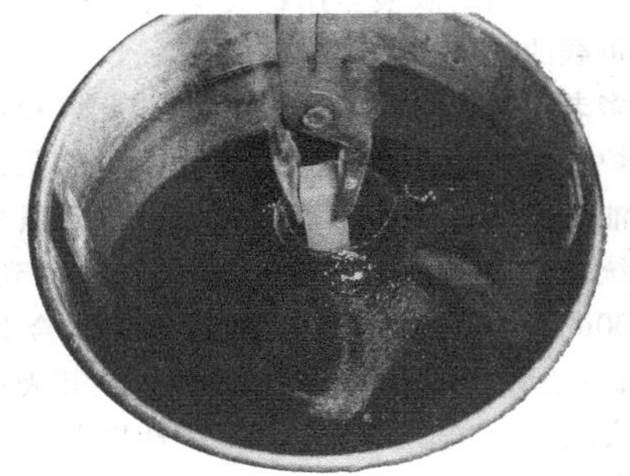

图 2-45 将一根 25mm（1in）的奥氏体型钢方棒淬入室温的水中。清楚地说明了蒸汽膜层立即形成。这张照片拍摄于浸入后仅 0.0001s

在所有带搅拌的淬火槽中，槽中各点的搅拌程度和特点都是有区别的。这些区别在喷液淬火中更加显著。虽然很难准确地描述和测量搅拌，但是控制搅拌的主要因素还是广为人知，包括液槽的大体外形、工件所处的位置、液流流向、搅拌器类型、液流速度及功率消耗等。在喷雾或喷射淬火中，还包括其他因素，如喷头的形状、排列及相对于工件的位置布局等；喷射的压力、速度及尺寸；单位时间内所用淬火冷却介质的总体积等。

淬火（液流）速度主要取决于搅拌模式。对于不超过 0.9m/s（3ft/s）的低速，在重力作用下浸入就能达到。而要达到 1.1~1.8m/s（3.5~6.0ft/s）的速度，则需要用手工上下循环操作，或者按 8 字形运动，行程要超过 510mm（20in）。“套圈”喷雾淬火的速度通常为 4.6~30m/s（15~100ft/s）；有些特殊的应用要求速度达到 150m/s（500ft/s）。

淬火槽中的剧烈搅拌会产生大量的涡流。这种情况通常伴随着由螺旋桨或搅拌喷嘴的位置及液槽的形状造成的系统性的大幅度运动。对于那些由于外形原因而无法得到细流或缓流完全覆盖的零件来说，剧烈搅拌能很好地满足均匀冷却的需要。大量的湍流涡流能够给不规则形状的工件全部表面带来均匀一致的充足液流，从而使工件得到充分的淬火。

4. 搅拌设备

实现淬火冷却介质的搅拌有几种途径。在常见的淬火槽中，淬火冷却介质的循环通常通过以下设备或方式实现：泵；工件在淬火冷却介质中运动（依靠重力落入）；靠人工或机械使工件运动；机械螺旋桨。

选择哪种搅拌方式，取决于液槽的设计、淬火冷却介质的类型和体积、零件设计以及淬火需要的烈度。

（1）泵 泵是很常用的设备，因为它提供了引导淬火冷却介质的可控方法。而且，淬火冷却介质液流也很容易在槽里循环，而不是固定在一个位置。将油作为淬火冷却介质而且采用冷却系统时，泵用来使油在冷却系统中循环，同时也用于搅拌。对于喷射淬火这种能快速带走工件内腔中热量的方式来说，循环泵是首选。

热工件依靠重力落入淬火冷却介质的方案，经

常用在重量轻、比表面积大的零件的淬火中。如果使用泵或者机械搅拌，则工件很可能在淬火槽中发生漂移，用常规的传送带将很难把零件从淬火槽中带出。

（2）工件的运动　在钢的淬火过程中，通常希望工件在大约540℃（1000℉）以上的温度时得到最快速的冷却。在这个温度范围内，工件通常被蒸汽膜所包围，冷却速度最慢。为了加速此温度区间内的冷却过程，并去掉外面的“壳”，零件在淬火冷却介质中迅速地相对运动是必要的。对于小型零件且产量较低的情况，可以通过用手使工件、料筐或者托盘在淬火冷却介质中以8字形移动来实现。工件也可以相对于淬火冷却介质做（单纯的）机械运动。例如，有时候使轴在淬火冷却介质中旋转以达到搅拌的效果。

（3）螺旋桨　当需要淬火的零件的形状和尺寸多种多样时，用螺旋桨搅拌是最令人满意的方法，因为它能产生剧烈的运动。除了可以提供有效的搅拌，螺旋桨作为一种独立的机械式搅拌器，其结构紧凑，不需要管道系统，拆卸和维护也很容易。螺旋桨必须被合适地安装在淬火槽中，以保证其有效运行。

螺旋桨通常安装在靠近淬火液槽底部的地方，以产生最理想的搅拌效果。被螺旋桨加速的液体将做螺旋运动，方向与螺旋桨叶片的旋转方向一致。高速液流从螺旋桨上离开后，在液槽底部流过并四散铺开，一碰到对面的壁上，液流便改道向上并保持与螺旋桨的旋转方向一致。这造成了在液体的总体旋转中，有一部分被循环回螺旋桨的液体所打断。因此，槽中淬火冷却介质的总体运动包括一个漩涡样的旋转运动和一个上下运动。螺旋桨搅拌器可以是顶入式或侧入式的，如图2-46和图2-47所示。侧入式螺旋桨搅拌器一般安装在地面以下，以减小占地面积；顶入式螺旋桨搅拌器需要更大的占地面积，但安装时少了一些挖掘工程。对整体淬火炉来说，这里讨论一种用密歇根船用螺旋桨（$P/D=1$）来测定流经负载的淬火油流速的替代方法。

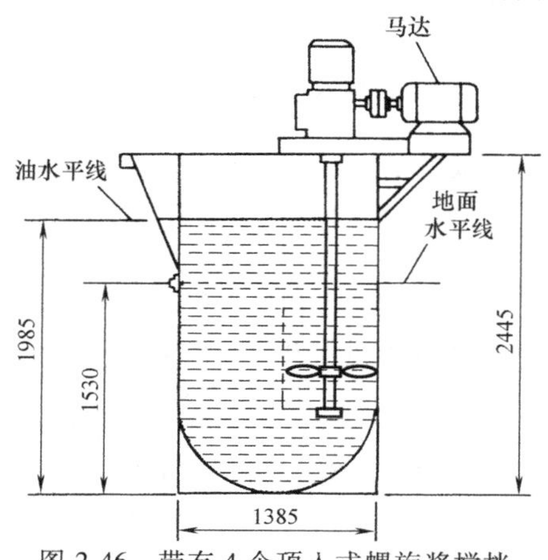

图2-46　带有4个顶入式螺旋桨搅拌器的油淬火槽（用于棒料淬火）

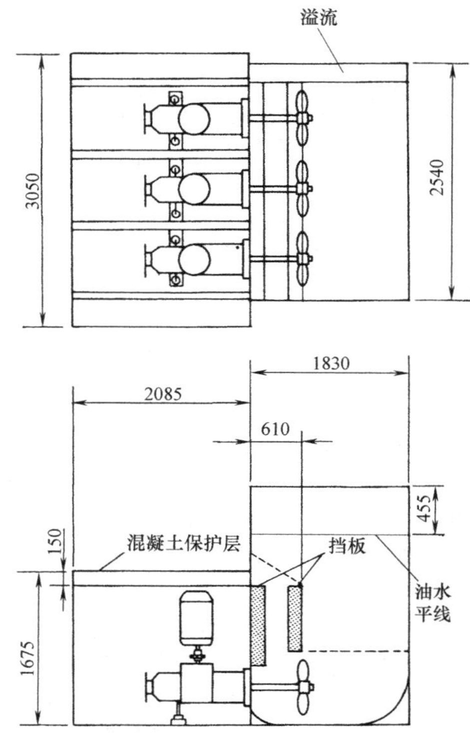

图2-47　容积为10m³（2600gal）的带有3个侧入式螺旋桨搅拌器的淬火槽

许多老式油淬系统，包括整体淬火炉和连续推进渗碳炉，为了搅拌油，都装有船用螺旋桨，用围栏引导油流从底部向上通过工件，以得到强烈搅拌淬火系统。已证明通过工件的油的流速达到60m/min（200ft/min）时，有利于得到理想的金相组织（通过机械地破坏热钢件一浸入就覆盖在其表面的蒸汽膜，实现表面和心部硬度的一致性以及预期的零件变形和尺寸变化的一致性）。

图2-48所示的计算图表能用来测量现有系统的流速，以及要达到期望的流速应对系统所做的调整。下面以一个实例介绍这个计算图表的使用方法。

测量油的流速时需要已知以下参数：

1）搅拌系统。需要知道船用螺旋桨搅拌器（一般为1~2个）的转速（r/min）。这可以用转速表在螺旋桨轴上进行测量，或者用驱动电动机的额定转速乘以电动机带轮直径再除以螺旋桨带轮直径来计算。

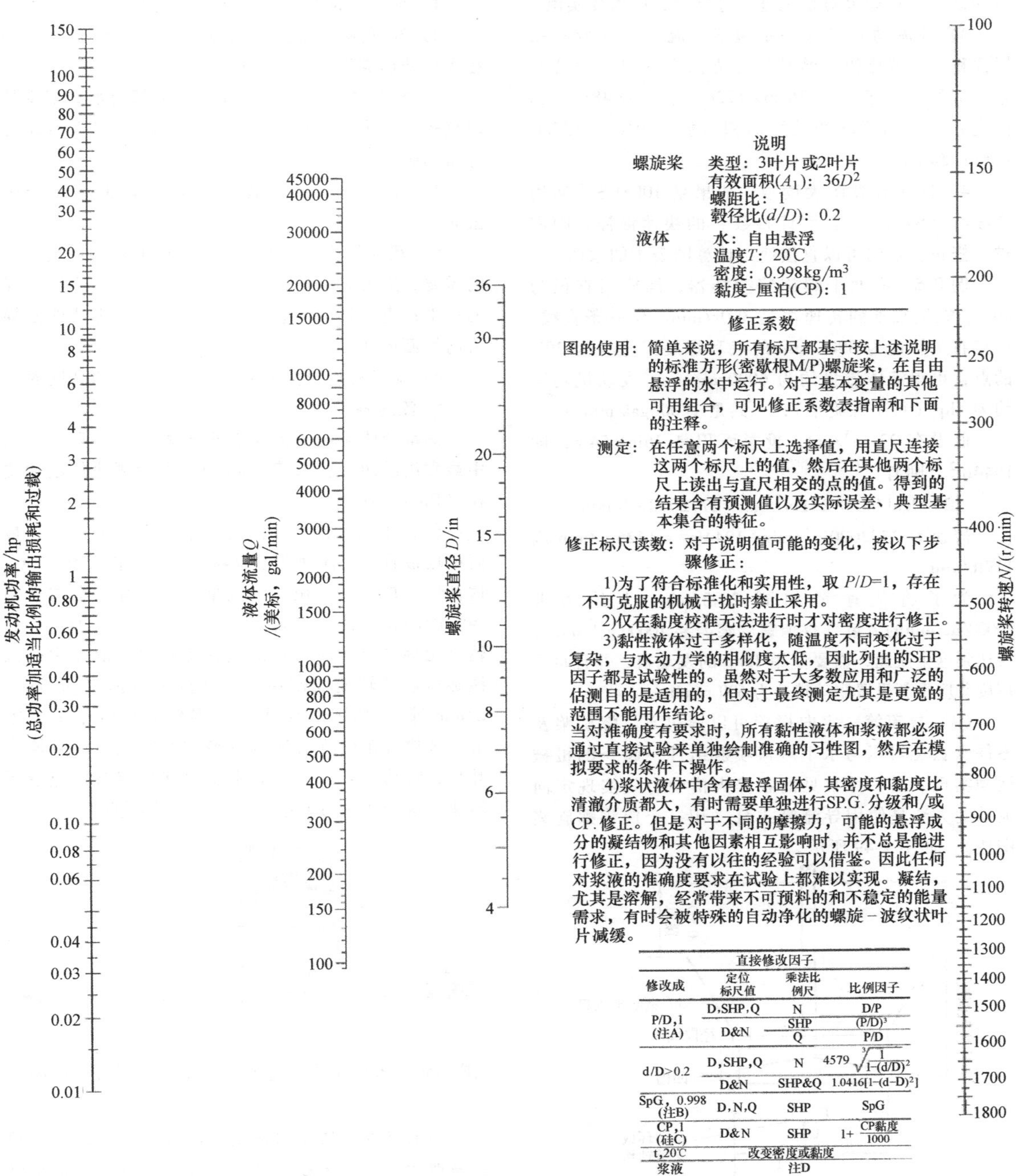

直接修改因子

修改成	定位标尺值	乘法比例尺	比例因子
P/D,1 (注A)	D,SHP,Q	N	D/P
	D&N	SHP	$(P/D)^3$
		Q	P/D
d/D>0.2	D,SHP,Q	N	$4579\sqrt[3]{\frac{1}{1-(d/D)^2}}$
	D&N	SHP&Q	$1.0416[1-(d-D)^2]$
SpG，0.998 (注B)	D,N,Q	SHP	SpG
CP,1 (硅C)	D&N	SHP	$1+\frac{CP黏度}{1000}$
t,20℃	改变密度或黏度		
浆液	注D		

图 2-48　标准方形工业螺旋桨（2~3 叶片密歇根机器螺距式（M/P）螺旋桨），当用于水中搅动时，近似液体运动的诺模图（Q）（详见诺模图）

注：图中解的范围比具体用到的更多。液体运动（Q）尤其如此，在实际中，它可能用到全部刻度值的−30%~+20%（对所指的 SHP 或 N 数据可能有用，也可能无用）。然而，当仅限于用在单个容器内搅拌或搅动时，它们的数据是这种螺旋桨的动力和额定值的可靠指标（不包括异常状态）。它不能扩大应用于经过管道、过滤器等定向运动的液体，或者要求一定压力或压头的其他特定阻力状态下的定向运动液体，经密歇根车轮公司许可使用。

2）螺旋桨直径。通常可以在原始淬火槽图样上找到该尺寸；如果对系统进行过修改，则需要实测。

3）油流动必经（一定覆盖、流过）区域的投影面积。一般比淬火装载区各方向上的尺寸大几厘米。例如，对于一个 76cm×122cm（30in×48in）的固定托盘，油流动的投影面积可能是 91cm×137cm（36in×54in）。

4）修正计算图表读数。如果是 100SUS［通用赛波特（Saybolt）黏度计秒数］的快速油淬，则需进行修正，否则可以直接使用计算图表中的数值。

例 2-6 有两个螺旋桨搅拌器，螺旋桨直径为 20in。螺旋桨轴的转速都是 390r/min。作一条直线，连接右边转速为 390r/min 的点和螺旋桨直径为 20in 的点，可得液体流量约为 6000gal/min，发动机功率约为 5hp（每个螺旋桨），一共是 12000gal/min。

假设有 $231\text{in}^3/\text{gal}$，投影面积是 36in×54in，即 1944in^2，则有

$$12000\text{gal/min}\times231\text{in}^3/\text{gal}=2772000\text{in}^3/\text{min}$$

流速为 $2772000\text{in}^3/\text{min}\div1944\text{in}^2=1426\text{in/min}$ 或 119ft/min

为了将流速增加到 200ft/min，大约需要 20000gal/min的流量（每个螺旋桨需要 10000 gal/min）。要达到这个流速，需要使用 15hp 的发动机，并且每个螺旋桨应重新设置驱动转速为 600 r/min。

（4）导流筒　定向搅拌可以通过泵、螺旋桨及零件（甚至可以与水下敞口喷射组件一起）的机械运动实现。另一种常见的在淬火槽中有效实现定向流动的方法是使用导流筒式泵（用一个筒将螺旋桨围住），如图 2-49 所示。

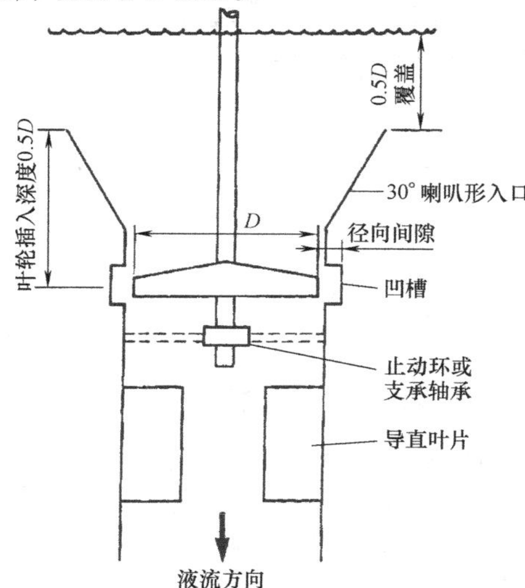

图 2-49　导流筒式螺旋桨泵的特点

注：设计这样的导流筒系统是为了统一控制液流的方向，例如从槽底部到顶部向上流经工件。

以下特点可使导流筒发挥其最大的作用：

1）液槽底部有一个向下的泵流通道。

2）30°的喇叭形入口可使水压头损失最小，并在入口处形成等速水流分布。

3）液体覆盖范围高出导流筒顶部的距离至少是筒直径的一半，以避免出现流量限制及对入口速度分布的破坏。

4）用防气穴或内置整流叶片防止液体产生漩涡。

5）螺旋桨插入点定位恰当，根据入口速度分布的需要，进入导流筒的深度应至少等于导流筒直径的一半；直径处的配合应足够紧，以防止液体沿导流筒侧面流动。

6）应具有抗挠曲能力，以抵抗偶然的高挠度。

5. 流速测量

测量液体流速的方法有很多种。这里只讨论其中最常用的两种：米德（Mead）涡轮测速仪法和皮托（Pitot）管法。

（1）米德涡轮测速仪法　米德涡轮测速仪是最简单也最直接的流速测量仪器之一，如图 2-50 所示。这种仪器是一种机械式的流量装置，有一个与手柄相连的涡轮叶片，将其简单地浸入待测点即可。涡轮（也称轴流式涡轮）流量计将涡轮在液体中的机械旋转运动转变成使用者可读的流量值（gal/min、L/min 等）。如图 2-50 所示，涡轮叶片位于手柄末端，被放置在待测液流将流经的路径上，液流撞击叶片，转动转子。当转子速度达到稳定时，记录下转速，这个转速与流速存在一定的比例关系。

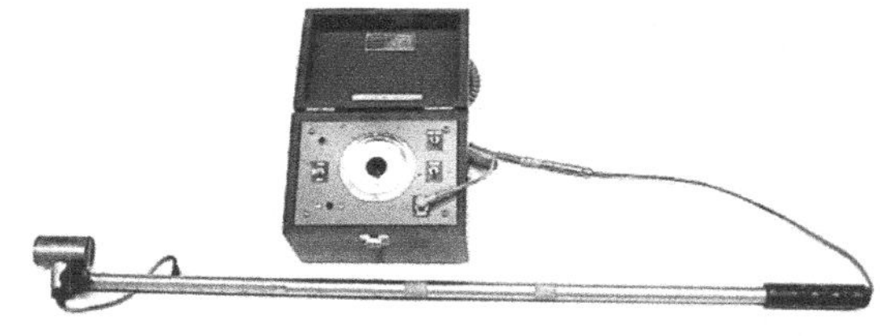

图 2-50　米德涡轮测速仪（由米德仪器公司提供）

如果流体的黏度和密度是已知的，那么可以很容易地计算出雷诺数，因为测量头的横截面积是已知的。线性流动速度可以从测量装置上直接得出。

雷诺（Re）数是一个无量纲量，用来定量地表征不同的流动状态，如层流或紊流。层流发生在低雷诺数时（$Re<2300$），它是具有平稳、恒定特征的流体运动。紊流发生在高雷诺数时（$Re>4000$），其流动紊乱。雷诺数为 2300～4000 时被认为是过渡流动。雷诺数的计算公式如下

$$Re=\frac{\rho vL}{\mu}=\frac{vL}{\nu}$$

式中，v 是液体的平均流速（m/s）；L 是液体行程（m）；μ 是液体的动力黏度［Pa·s 或 N·s/m^2 或 kg/(m·s)］；ν 是运动黏度（m^2/s），($\nu=\mu/\rho$)；ρ 是液体的密度（kg/m^3）。

（2）皮托管法　皮托管虽然不适合测量涡流速度（因为它是多方向的），但其在测量单向速度时是有用的，如层状流或喷射流的速度。皮托管流速计的原理如图2-51所示。制作这种管子时，可以将 ϕ6.5mm（ϕ1/4in）的玻璃管拔成内径大约为0.4mm（1/64in.），然后将拔出端磨平并与管的轴线成直角。也可以用金属制作，只要保证开口如刀削一样平并与管的轴线成直角即可。将一个合适的布尔登压力计或流体测压计用橡胶或透明塑料软管连接到皮托管上。如果需要进行精密测量，则必须对任一淬火冷却介质超出皮托管上开口水平线的柱高做一下修正。皮托管的轴线必须与所测液流精确平行，而且要位于其中心线上。管与液流对正后，记录最高的压力读数。当液流冲击管子时，液体流速被转化为水压头（压力差），进而被压力计测得。按下式将水压头 h（m）转化为流速 v（m/s）

$$v=K\sqrt{2gh}$$

式中，K 是皮托管常数（通常取1.0，或接近1.0）；g 是重力加速度（9.8m/s^2 或 32.2ft/s^2）。图2-52所示为皮托管的校准图。

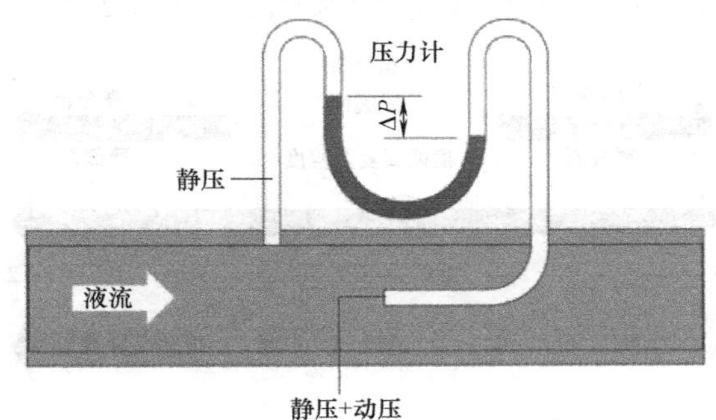

图2-51　皮托管流速计的原理

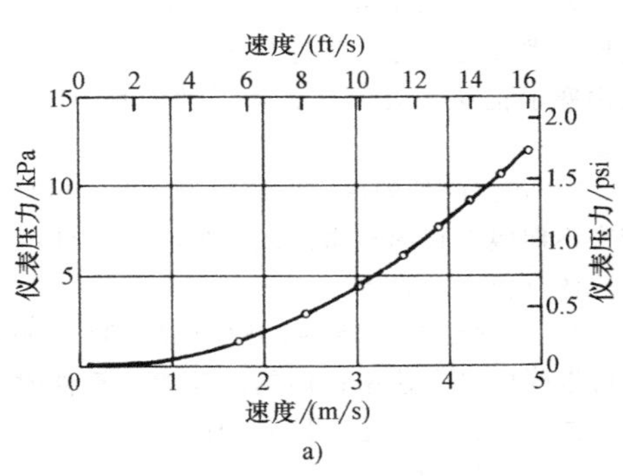

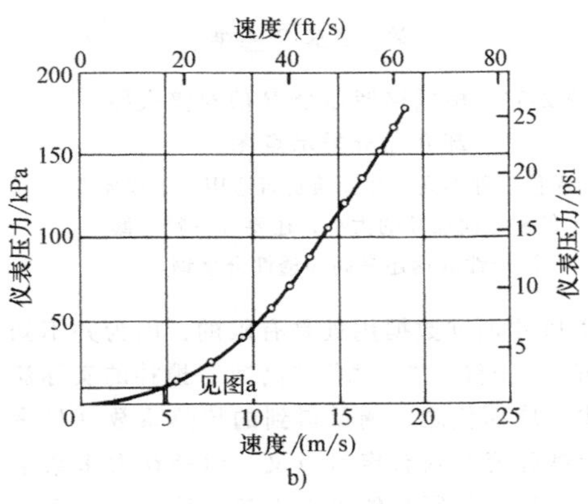

图2-52　皮托管的校准图（假设皮托管常数 K 为1.0，则 $v=K\sqrt{64.4h}$）

a）低速区域　b）全范围

2.1.9　淬火系统

淬火系统有两个组成部分：淬火冷却介质和用来完成淬火操作的设备。本节将概述淬火冷却介质的选择，下一节将介绍热处理现场常用的淬火冷却介质，并讨论淬火冷却介质的分类、选择和保养。

在设备方面，不同淬火操作的要求可能区别很大。一个生产机械零件的小车间，每天可能只需要淬几个简单的碳钢零件，每个零件的质量大概只有1.4kg（3lb）。对于这样的用途，淬火系统包括一桶水、一根连接水源的管子，以及一根通往下水道的排水管。操作装备也简单，只需要一把钳子（夹具）。随着淬火工作量和工件复杂性的增加，淬火系统也就理所当然地需要其他各种设备了。

对于一个完整的淬火系统，通常需要配备和安装以下功能设备：淬火槽或机器、用于搬运完成淬火的零件的工具或设备、淬火冷却介质、搅拌设备、冷却器、加热器、泵和滤网或过滤器、淬火冷却介质供应槽（给水箱）、通风及安全防护设备、将槽内的水垢或沉淀物自动除去的设备。

1. 淬火冷却介质的选择和淬冷烈度

淬火冷却介质的分类依据是冷却过程中将热量从钢件上带走的相对能力，这对于确定某种淬火冷却介质是否适用于特定的淬火场合是很关键的。多年来，用来表征淬火冷却介质散热效率的方法有很多种，包括末端淬火（端淬）试验、横截面硬度测量、冷却曲线分析、格罗斯曼淬冷烈度值（*H*）等。在这些方法里，格罗斯曼 *H* 值仍旧是量化淬火冷却介质烈度的应用最广泛的方法之一。图 2-53 所示为不同淬火冷却介质特有的 *H* 值范围。

图 2-53 给出了一种按格罗斯曼 *H* 值选择淬火冷却介质的方法。也可以采用表格形式将感兴趣的淬火冷却介质的格罗斯曼 *H* 值列举出来，见表 2-15。

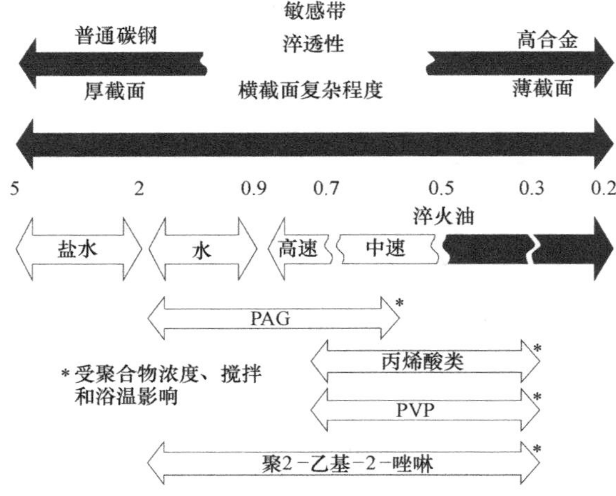

图 2-53 根据格罗斯曼 *H* 值对淬火冷却介质分类示意图

注：评估一种淬火冷却介质是否适用，不仅要看工件横截面尺寸的大小，还要看材料是低淬透性碳钢还是高淬透性合金钢。

表 2-15 中所列数据用处是有限的，因为并不知道“良好”“中等”“强力”“高速”搅拌的实际流速是多少。取而代之，测量得到的传热系数（见表 2-16）和热流密度则有定量意义。但是在大多数情况下，必须得到所研究的淬火冷却介质和淬火系统的具体数据，而这些数据经常是用户所特有的。一般来说，除了强烈淬火以外，淬冷烈度越大，由淬火冷却介质造成的工件变形和开裂倾向增加得就越多。这通常是热应力增大的结果，而不是相变应力（组织应力）所致。在各种国内、国际标准以及行业和公司标准中，都提出了选择淬火冷却介质的特定或有要求的方法。

表 2-15 典型淬火条件及其对应的格罗斯曼 *H* 值

淬火冷却介质	格罗斯曼 *H* 值/in^{-1}
普通油(慢速油)淬火,无搅拌	0.2
精炼油淬火,中等搅拌	0.35
优质精炼油淬火,良好搅拌	0.5
高速油淬火,高速搅拌	0.7
普通水淬火,无搅拌	1.0
优质水淬火,强力搅拌	1.5
盐水淬火,无搅拌	2.0
盐水淬火,高速搅拌	5

注：尤其是用高压冲击时，*H*>5.0 是有可能的。

表 2-16 各种淬火冷却介质的典型传热系数

淬火冷却介质	传热速率/[W/(m^2·K)]
静止空气	50~80
氮气(1bar)	100~150
盐浴或流化床	350~500
氮气(10bar)	400~500
氦气(10bar)	550~600
氦气(20bar)	900~1000
静油(无搅拌矿物油)	1000~1500
氢气(20bar)	1250~1350
循环的矿物油	1800~2200
氢气(40bar)	2100~2300
循环的水	3000~3500

其他关于淬火冷却介质选择的普遍观点包括：

1）大多数合金钢零件应采用油淬，以使变形最小。

2）大多数小型零件，或者大一些的需要进行磨削加工的零件，可以采用自由淬火。较大的齿轮（一般是指大于 205mm），需要采用压模淬火来控制变形。类似的齿轮以及衬套之类的零件在淬火时一般用塞子把花键处塞住，塞子通常用 AISI 8620 钢制造。

3）虽然降低淬冷烈度能减小变形，但是也可能带来不期望得到的显微组织，如渗碳零件中形成上贝氏体（淬火珠光体）。

4）在热油中（150~205℃或者 300~400℉）淬火可以降低淬火速率；用热油淬渗碳钢件时，会形成性能与马氏体相近的下贝氏体。

5）一般来说，等温淬火可以获得良好的变形，方法是将零件淬入稍高于 *Ms* 点温度的淬火冷却介质中。残留奥氏体的形成是一个很显著的问题，尤其是在锰和镍作为主要合金成分的钢中。最适合采用等温淬火的钢是普通的碳铬钼合金钢。

6）水基聚合物淬火冷却介质经常用来代替矿物油，但是淬冷烈度仍然是需要首要考虑的问题。

7）气体或空气淬火变形最小，如果钢的淬透性足够，能得到理想的性能，则可以采用。

8）低淬透性钢一般淬入盐水或强力搅拌的油。但是，即使是如此激烈的淬火，仍然会形成不良的显微组织，如铁素体、珠光体或贝氏体等。

2. 淬火装置的维护保养

因为淬火槽在设计、外形、尺寸及操作方式上千差万别，所以无法指定维护保养的标准流程。大型淬火设施维护保养的典型流程如下所述。

(1) 油淬

1) 每天：检查淬火槽油位；检查油温；检查油过滤器压力；检查油泵和油液流量；在每个油淬系统中，用测针检查确认淬火效果（见本章“油淬系统监测”一节）。

2) 每周：检查生产系统中油的淬火速度；如果系统中不含油过滤器，则检查油中的沉淀物；检查油温控制仪和控制设定。

3) 每月：抽空淬火槽，除去沉淀物（污泥）（如果底部沉淀物抽样检测结果显示有必要）。

4) 每半年：检查热交换器蛇管、管道和泵；必要时更换油过滤器；检查过滤器前面的滤网；检查储油槽中的沉淀物、渗水情况；校准油温表；至少每半年检查一次黏度［以下实例可说明这一点很关键：快速淬火油在 38℃（100℉）下的黏度由 95SUS 变成 110SUS，导致螺旋齿轮渗碳后淬火工艺不受控制，最后只好用内部锅炉烧掉了 19000L（5000gal）淬火用过的油，然后换上新油］；

检查油的污染情况。

(2) 水淬

1) 每天：检查水温；检查水压；检查水循环。

2) 每周：抽干水槽，清理污泥；如果水是再循环使用的，则应采取必要的化学措施，以防止钙化合物在管道内积聚。

(3) 盐水淬火

1) 每天：检查盐水温度；检查盐水浓度，需要时调整。

2) 每周：抽干盐水槽，清理污泥；检查泵和水槽情况；检查淬火装置有无恶化的迹象。

2.1.10　空气和水淬火冷却介质

(1) 空气　空气是最古老、最普通，当然也是最便宜的淬火冷却介质。空气作为一种气体，通过膜沸腾机制来冷却热钢件。与其他淬火冷却介质相比，静止空气的相对烈度见表 2-16。如其他淬火冷却介质一样，空气的冷却速度取决于流经钢件表面的空气的流速（图 2-54）。虽然空气是普遍可获得的且很廉价，但是空气淬火一般无法提供足够的淬冷烈度来使大多数钢硬化。

(2) 水　除了空气，最古老也最常见的淬火冷却介质就是水了。冷水是最激烈的淬火冷却介质之一。但是，水的淬冷烈度变化范围很大。例如，蒸馏水（软水）相对于非蒸馏水或硬水（可能包含不定量的硬金属盐）而言，其膜沸腾行为会大幅增加。硬水中存在的硬金属盐会吸附到钢的表面上，成为形核点，从而促进气泡的形成和核沸腾，从而减少了膜沸腾阶段的持续时间。硬水的金属成分包括钙和镁的

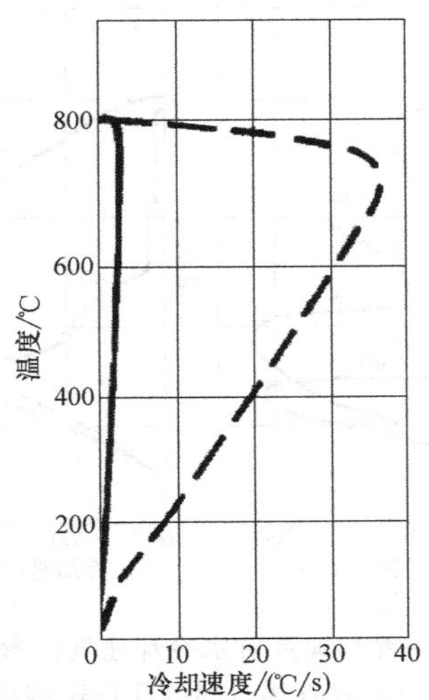

图 2-54　标准大气压下静止空气（实线）及 $10kg/cm^2$ 的压缩空气（虚线）对钢的冷却能力的对比

（传热的测量是用一个 ϕ20mm 的银球，中心嵌有一个热电偶）

碳酸盐和碳酸氢盐，还有一些其他多价金属盐。蒸馏水和非蒸馏水冷却性能的区别如图 2-55 所示。淬火浴温和搅拌对水冷却速度的影响如图 2-56 所示。

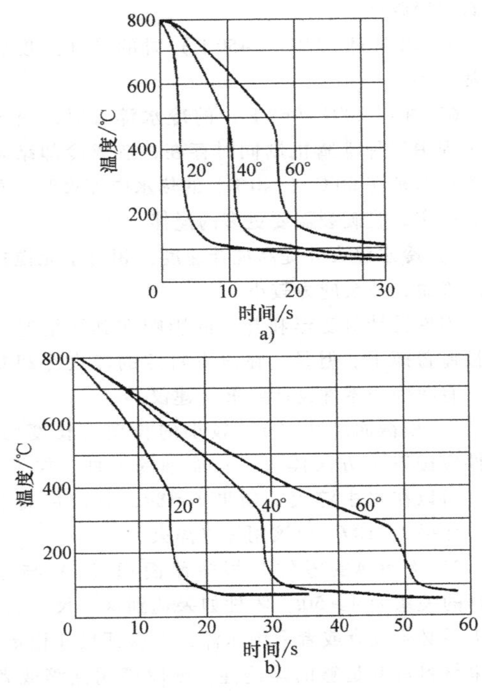

图 2-55　硬金属离子对水冷却速度的影响（冷却曲线是用中心嵌有热电偶的球形银探头测得的）

a）硬水　b）蒸馏水

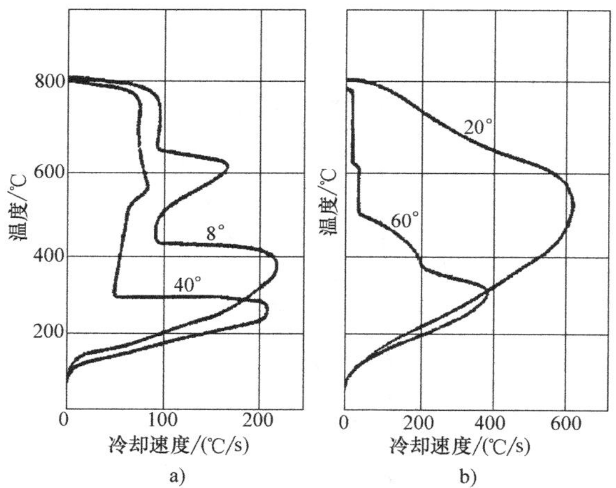

图 2-56　浴温和搅拌对水冷却速度的影响（冷却曲线是用中心嵌有热电偶的球形银探头测得的）

a）流速为 10cm/s　b）流速为 25cm/s

关于浴温和搅拌对水淬的影响，有以下几个重要结论：

1）水温升高，冷却时间增加。

2）最大冷却速度随水温升高而减小。

3）最大冷却速度发生的温度随水温升高而降低。

4）随水温升高，343℃（649℉）时的冷却速度只有轻微降低。

5）水温对 232℃（450℉）时的冷却速度影响非常小。

6）在用 20℃（68℉）的冷水淬火时，由于淬火过程中三种沸腾机制同时存在，造成冷却结果不一致；但是在 60℃（140℉）的热水中淬火时，蒸汽膜更稳定，膜破裂需要更多的搅拌。

7）冷水淬火并提高搅拌速度，相对于无搅拌的热水来说，残余应力较小。

零件设计对变形和开裂的影响在其他情况下可能被掩盖掉了。但是，在以下特定的淬火冷却介质中，有明确的零件设计要求（建议）：

1）横截面尺寸（d）较小的长型（长度为 L）零件应按以下方法淬火：长而细的零件，如果 $L=5d$，可以在水中淬火；如果 $L=8d$，应该在油中淬火；如果 $L=10d$，应该用等温淬火。

2）大而薄的零件是指横截面积（A）与厚度（t）的关系为 $A \geqslant 50t$。零件如果达到这个尺寸关系，淬火后必须校直或者采用压淬，以保证尺寸稳定性。如果材料具有足够的淬透性，则应该用油淬或者熔盐淬火。

2.1.11　盐水（浓盐水）溶液

盐水是指各种不同浓度的盐的水溶液，如氯化钠或氯化钙的水溶液。在同样的搅拌条件下，盐水的冷却速度要高于蒸馏水。盐的存在还会降低蒸汽膜形成倾向，而蒸汽膜会导致不均匀冷却、变形增加、开裂和软点的形成。虽然有很多种盐溶液可以使用，但是热处理行业中最常用的是以下两种：

1）氯化钠：具有代表性的是浓度约为 10%的溶液。

2）氢氧化钠（也称为苛性钠）：具有代表性的是浓度约为 3%的溶液。

彼得拉什（Petrash）研究了 NaCl 和 NaOH 的加入对水的蒸汽膜稳定性的影响。仅仅添加 5%的 NaCl 几乎就可使蒸汽膜冷却阶段完全消除，如图 2-57a 所

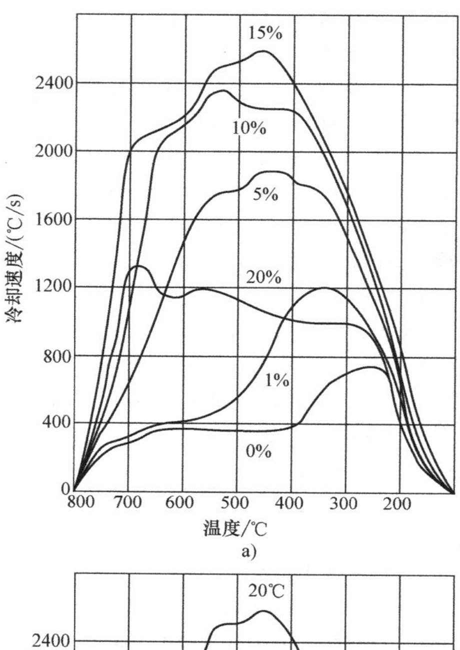

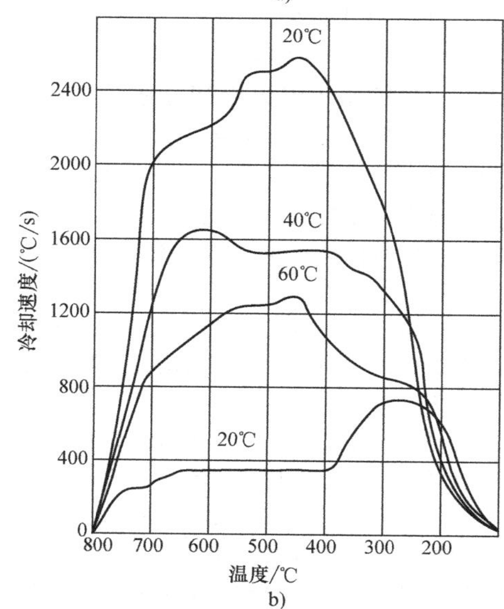

图 2-57　NaCl 浓度和浴温对冷却速度的影响

a）NaCl 浓度对冷却速度的影响

b）NaCl 溶液浴温对冷却速度的影响

示。在水中加入15%的NaCl可以得到最理想的冷却速度。虽然提高盐水温度会使淬冷烈度产生期望的降低，如图2-57b所示，但是水的蒸汽膜冷却阶段并不伴随着这种降低而延长。

NaCl水溶液最常见的替代物是NaOH水溶液。加入NaOH对冷却速度增加的影响类似于NaCl在更高温度下的效果。但是，在大多数钢的马氏体转变区域［温度低于350℃（660℉）］的冷却速度比NaCl慢，这有望降低开裂敏感性。图2-58所示为NaOH浓度对冷却速度的影响。

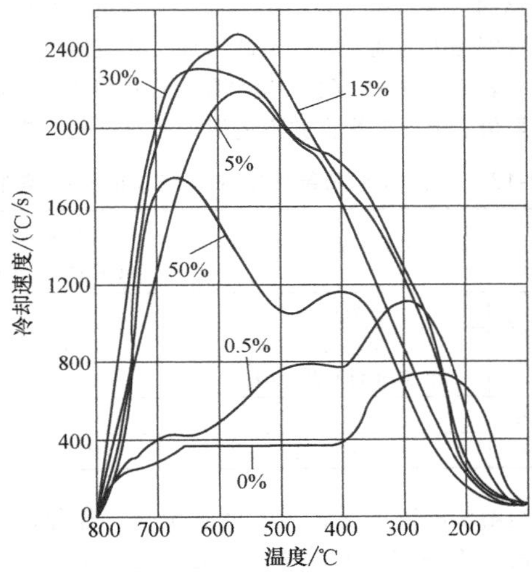

图2-58 NaOH浓度对冷却速度的影响［浴温为20℃（70℉）］

崔（Cui）等人研究了在水中分别加入0.06mol/L的NaCl、Na_2SO_4和$MgSO_4$对喷雾冷却过程中传热的影响。他们报道称，添加NaCl和Na_2SO_4加速了核沸腾过程的传热，但对过渡沸腾都没有显著的影响。在这些盐中，NaCl在该浓度值下表现出的影响最小，而$MgSO_4$最大。随着$MgSO_4$浓度的增加，其对冷却速度的影响也随之增加，直到浓度增加到0.2mol/L，在过渡沸腾和核沸腾两个阶段，热流密度的增加都达到最大。另外，该报道还称，在过渡沸腾阶段$MgSO_4$粘附到了金属表面上，并使表面粗糙度值和传热量都得到增加。

最近，新井（Arai）和古屋（Furuya）研究了膜沸腾过程，他们使用的是一个ϕ30mm（ϕ1.2in）的球形304不锈钢探头，球体内嵌一个K型热电偶，并用钨惰性气体保护焊焊在距离底部2mm（0.08in）的位置。奥氏体化之后，探头一半直径［15mm（0.6in）］被浸入淬火冷却介质中（纯水或$CaCl_2$的水溶液）。淬火冷却介质的温度为80℃（175℉）。当近表面温度冷到800℃（1470℉）时开始计时。每次实验都用一根新探头。用数码摄像机观察沸腾行为，帧速为30帧/s，快门速率为1/8000s。最终得到了试验的冷却时间-温度曲线和冷却过程的视频。图2-59所示为得到的冷却曲线；图2-60所示为挑选的高速率照片，用来说明$CaCl_2$对冷却过程的影响。

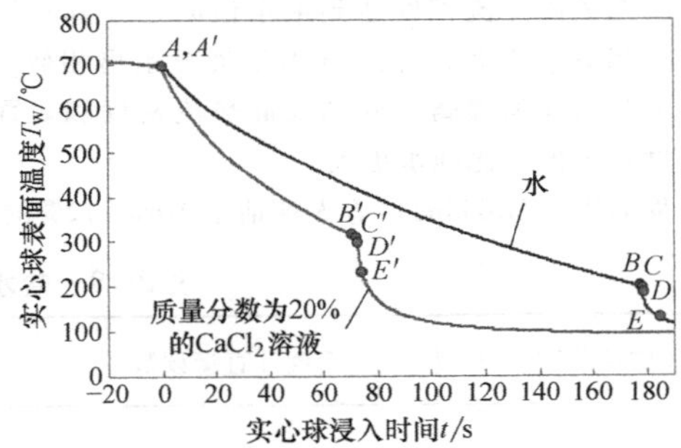

图2-59 水中加盐对冷却曲线的影响

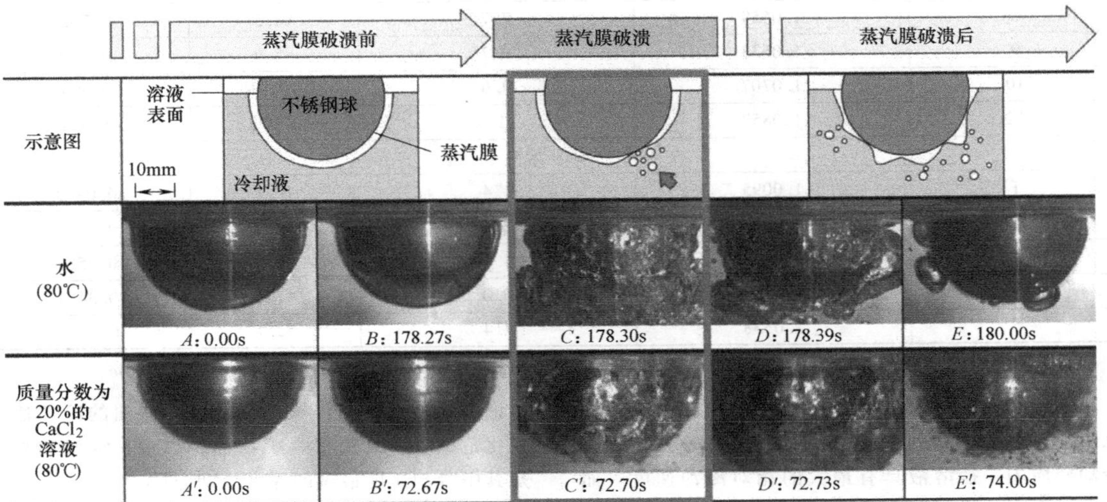

图2-60 浓度为20%的$CaCl_2$对蒸汽膜破溃的影响

图 2-59 中在纯水冷却曲线上标记为 A、B、C、D 和 E 的点表示：

1）点 *A* 拍摄于 0.0s，表示稳定蒸汽膜的形成。

2）点 *B* 处蒸汽膜仍然存在，且是稳定的。

3）*C* 点处蒸汽膜开始破裂。

4）*D* 点处整个球的蒸汽膜破溃，有很多气泡形成。

5）*E* 点处在球的周围有核沸腾。

质量分数为 20%的 $CaCl_2$溶液对应的冷却过程如图 2-59 所示。与纯水相比，其在界面冷却行为上有一些不同。例如，比纯水的蒸汽膜更薄，破溃得更快。当膜沸腾转变到核沸腾时，在点 *D* 处，小的气泡与表面分离，$CaCl_2$溶液变得浑浊。

合起来看，这些数据表明，$CaCl_2$的存在提高了膜沸腾的传热速率并有效动摇了蒸汽膜（使之不稳定）。在纯水中，蒸汽膜厚度大约为 0.5mm (0.02in)，其最大值出现在点 *A* 处，蒸汽膜向水面传播。在 $CaCl_2$溶液中，蒸汽膜厚度将大幅减小。在以上两种情况下，膜沸腾都发生在过热度为 500K 及其以上的范围。表面热流密度随着过热度的减小而减少。在表面热流密度达到最小值时过渡到核沸腾发生。相对于纯水而言，$CaCl_2$溶液显示出相似的趋势，但是其在膜沸腾期间的表面热流密度和表面热流密度最大值要比纯水更大。

穆欣娜（Mukhina）等人评估了 10%～12%的 $CaCl_2$ 和 14%的 $MgCl_2$（也叫水氯镁石）浓溶液的应用。他们发现，结合强烈搅拌，中碳钢形成了高的表面压应力，能避免淬火时在钢表面膜沸腾结束时形成的开裂。另外，在力学性能方面比油淬要好 20%～30%。在一项较新的研究中，科巴斯科（Kobasko）等人拓展了穆欣娜之前的工作，评估了更多盐溶液的应用，包括 $NaNO_3$、Na_2CO_3、NaCl、$CaCl_2$、$Ca(OH)_2$。然而，在所有情况下，最佳浓度不仅要被用到，还要结合强烈搅拌的水来使用（注：最佳浓度是指产生最少量膜沸腾的盐浓度）。

钢的含碳量是选择淬火冷却介质的决定性因素之一，特别是因为随着含碳量的增加，开裂倾向也随之增加。表 2-17 所列为水、盐水和苛性钠淬火建议的含碳量限值。但这些数据并不适用于强烈淬火工艺。

表 2-17 水、盐水和苛性钠淬火建议的含碳量限值

淬火手段/外形		最大含碳量（质量分数,%）
加热炉淬火	一般应用	0.30
	简单形状	0.35
	很简单的形状,如棒	0.40
感应淬火	简单形状	0.50
	复杂形状	0.33

盐溶液的浓度通常用密度来量化。各种代表性浓度的 NaCl 和 NaOH 溶液的密度见表 2-18。

表 2-18 盐水浓度和密度之间的关系

盐(质量分数,%)	密度计直接读数	°Be①	盐水浓度	
			g/L	lb/gal
NaCl 溶液				
4	1.0268	3.8	41.1	0.343
6	1.0413	5.8	62.4	0.521
8	1.0559	7.7	84.5	0.705
9	1.0633	8.7	95.9	0.800
10	1.0707	9.6	107.1	0.894
12	1.0857	11.5	130.3	1.087
NaOH 溶液				
1	1.0095	1.4	10.1	0.0842
2	1.0207	2.9	20.4	0.1704
3	1.0318	4.5	31.0	0.2583
4	1.0428	6.0	41.7	0.3481
5	1.0538	7.4	52.7	0.4397

① Be=Baume，波美计，密度比水大的液体的密度=145/(145-*n*)，其中 *n* 就是在波美计标尺上的读数°Be。

水和不同的盐溶液与其他介质的相对冷却速度见表 2-19。如设想的一样，在表中所列的各种淬火冷却介质中，盐溶液具有最大的相对冷却速度。而且水温升高将导致相对冷却速度逐渐减慢。后面将讨论的一种重要的淬火冷却介质——油的冷却速度变化范围很广，尤其是矿物油。热水、空气和真空是其中冷却速度最慢的淬火冷却介质。

表 2-19　不同淬火冷却介质的相对冷却速度

淬火冷却介质	550~717℃(1022~1323℉)之间相对于 18℃(65℉)水的冷却速度	淬火冷却介质	550~717℃(1022~1323℉)之间相对于 18℃(65℉)水的冷却速度①
10%LiCl 水溶液	2.07	20204 油	0.20
10%NaOH 水溶液	2.06	Lupex 轻油	0.18
10%NaCl 水溶液	1.96	50℃(122℉)水	0.17
10%Na_2CO_3水溶液	1.38	25441 油	0.16
10%H_2SO_4水溶液	1.22	14530 油	0.14
0℃(32℉)水	1.06	水中含 10%油的乳化液	0.11
18℃(65℉)水	1.00	铜板	0.10
10%H_3PO_4水溶液	0.99	肥皂水	0.077
汞	0.78	铁板	0.061
180℃(356℉) $Sn_{30}Cd_{70}$	0.77	四氯化碳	0.055
25℃(77℉)水	0.72	氢气	0.050
菜籽油	0.30	75℃(166℉)水	0.047
6 号试验油	0.27	100℃(212℉)水	0.044
P20 油	0.23	液化空气	0.039
12455 油	0.22	空气	0.028
甘油	0.20	真空	0.011

① 检测是用 ϕ4mm（ϕ0.16in）的镍铬合金球从 860℃（1580℉）淬入 18℃（65℉）的水中，在 550~717℃（1022~1323℉）范围内的冷却速度为 1810℃/s（3260℉/s）。这个冷却速度在表中当作 1.00，其他介质中的冷却速度与之相比。

2.1.12　熔融金属淬火冷却介质

铅是历来最常用来做淬火冷却介质的金属之一。铅的熔点是 327℃（621℉），使用范围一般为 343~927℃（649~1701℉）。低于 343℃（649℉）时，铅太黏糊，不能有效地用作淬火冷却介质。熔融铅的热物理性能见表 2-20。尽管铅是有毒物质，并且存在清理问题，但它仍然被用于钢丝的派登脱处理和一些等温淬火操作中。因为熔融铅具有高的热导率，并且没有膜沸腾冷却阶段，所以在高温阶段具有相当快的冷却速度，是其他淬火冷却介质难以企及的。

表 2-20　熔融铅的热物理性质

热物理性质		数值
熔点		327.2℃(621℉)
从 15.6℃(60℉)加热到熔点所需的热量		41.9kJ/kg(18Btu/lb)
工作温度范围		343.3~926.7℃(650~1700℉)
熔化潜热		26.3kJ/kg(11.3Btu/lb)
液态时平均比热容①		0.1424 kJ/(kg·K)[0.034Btu/(lb·℉)]
热导率②/[W/(m·K)]	347.1℃	16.2
	404.9℃	17.0
	456.3℃	17.6
电阻率/(μΩ·cm)	600.4K	94.6
	1295K	129.6
	1373K	133
	1534K	142.7
沸点		1726.7℃(3140℉)
固态密度		11.35g/cm^3(0.41lb/in^3)
液态密度③		10.24 g/cm^3(0.37lb/in^3)

注：计算熔融铅从熔点到 1470K（1197℃）的动力黏度（Pa·s）的回归公式：$\eta_{Pb}=4.55\times10^{-4}\cdot\exp(1069/T)$，$T$ 为开氏温度。

① 计算熔融铅从熔点到 1300K（1027℃）的比热容［J/（kg/K）］的回归公式：$C_{pPb}=175.1-4.961\times10^{-2}T+1.985\times10^{-5}T^2-2.099\times10^{-9}T^3-1.524\times10^6T^2$，$T$ 为开氏温度。

② 计算熔融铅从熔点到 1300K（1027℃）的热导率［W/(m·K)］的经验公式：$\lambda_{Pb}=9.2+0.011T$，T 为开氏温度。

③ 计算熔融铅密度（kg/m^3）的经验公式：$\rho_{Pb}=11367-1.1944T$，T 为开氏温度。

铅浴派登脱（索氏体化）处理的冷却过程受熔融铅热物理性质的影响，包括黏度、比热容、热导率及钢丝表面和熔融铅之间的边界层厚度。图 2-61 所示为随浴温从 475℃（885℉）增加到 550℃（1020℉）其冷却速度逐渐增加。这在一定程度上是因为随着温度升高黏度在降低。但是，随着浴温进一步升高到 690℃（1275℉），冷却速度又下降了。这在一定程度上是因为钢丝与铅浴之间的温度差在减小。此外，需要着重指出的是，在所示的三个（温度）冷却过程中，都没有发生膜沸腾。

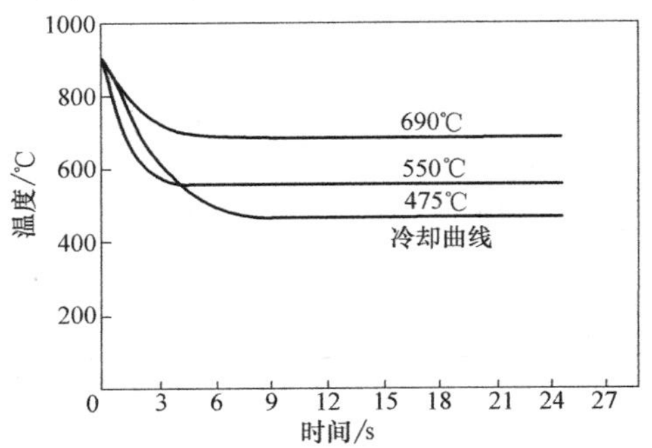

图 2-61 ϕ5mm（ϕ0.2in）×10mm（0.4in）的 AISI 321 不锈钢丝探头测得的冷却曲线（中心嵌有热电偶，测了三个熔融铅浴温度）

因为铅的毒性和废料处理问题，有人研究了其替代淬火冷却介质。酋崎正刚研究的一种可能的替代物是用熔融钠去淬淬透性更低的钢，它们要达到需要的淬火深度需要很快的冷却速度。熔融钠的物理性质见表 2-21。在此项研究中，熔融钠浴的温度范围为 150～300℃（300～570℉）。图 2-62 所示为水、矿物油、聚合物水溶液、熔融盐和熔融钠［浴温为 115℃（240℉）、200℃（390℉）和 300℃（570℉）］的冷却曲线对比。相对于其他一起进行评价的淬火冷却介质，熔融钠在冷却曲线高温阶段的冷却速度是最快的。采用这些数据进行计算的结果显示，熔融钠在冷却曲线的高温阶段具有很高的传热系数［30000W/(m^2/K)］。而且随着熔融钠浴温的增加，在低温阶段冷却速度逐渐降低。

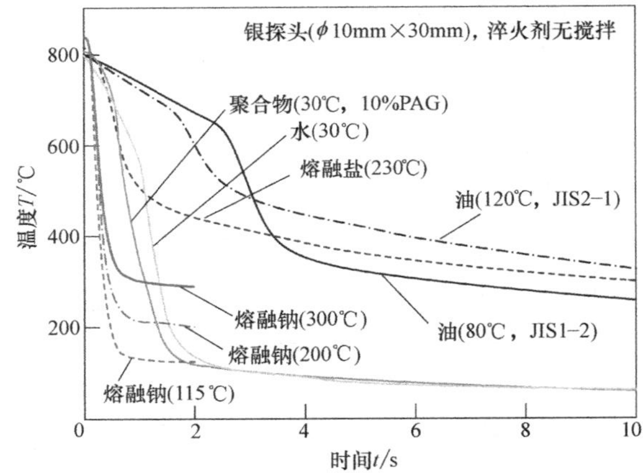

图 2-62 ϕ10mm（ϕ0.4in）×30mm（1.2in）的圆柱形银探头（心部嵌有热电偶）在水、矿物油、聚合物水溶液、熔融盐、熔融钠［115℃（240℉）、200℃（390℉）、300℃（570℉）］中淬火时的冷却曲线

因为无毒、物理性能与熔融铅类似，有人研究了将铋作为一种替代铅的淬火冷却介质的可能性。熔融铋的热物理性质见表 2-22 所示。Ru 和 Wang 对使用熔融铋淬 AISI 1025 碳钢做了研究。钢试样在 900℃（1650℉）下奥氏体化，然后淬入熔融铅或熔融铋，浴温分别为 400℃（750℉）、430℃（800℉）和 460℃（860℉）。淬入铋或铅所得的显微组织和硬度值基本相同。而且淬火后在熔融铋浴里没有发现明显的腐蚀或铋与钢的反应。基于此研究可得出结论：在目前使用熔融铅的场合，熔融铋是一种可行的替代物。

表 2-21 熔融钠的物理性质

物理性质(500K 熔融钠)	数值或公式
液态温度范围	98～881℃(371～1154K)
热导率 λ_{Na}/[W/(m·K)]	$\lambda_{Na}=104-0.047T$(T 为开氏温度,适用于熔点到沸点之间)
密度 ρ_{Na}/(kg/m^3)	$\rho_{Na}=1014-0.235T$(T 为开氏温度,适用于液态钠即熔点到沸点之间)
比热容 C_{pNa}/[J/(kg/K)]	$C_{pNa}=-3.001\times10^6T^{-2}+1658-0.8479T+4.454\times10^{-4}T^2$($T$ 为开氏温度)
动力黏度 η_{Na}/(Pa·s)	$\ln\eta_{Na}=556.835/T-0.3958\ln T-6.4406$($T$ 为开氏温度,371～1155K)

表 2-22 熔融铋的热物理性质

热物理性质	数值或公式
液态温度范围	271.44～1748℃(544.59～2021K)
热导率 λ_{Bi}/[W/(m·K)]	$\lambda_{Bi}=12+0.01T$(T 为开氏温度,适用于熔点到 1000K(727℃)之间)
密度 ρ_{Bi}/(kg/m^3)	$\rho_{Bi}=10726-1.2208T$(T 为开氏温度,适用于液态钠即熔点到沸点之间)
比热容 C_{pBi}/[J/(kg·K)]	$C_{pBi}=118.2+5.934\times10^{-3}T+71.83\times10^5T^{-2}$($T$ 为开氏温度,适用于从熔点到 1300K)
动力黏度 η_{Bi}/(Pa·s)	$\eta_{Bi}=4.456\times10^{-4}\exp(780/T)$($T$ 为开氏温度,适用于从熔点到 1300K)

2.1.13　熔融盐和热油淬火冷却介质

分级淬火和等温淬火都要求淬火冷却介质的温度相对较高。分级淬火要求钢件迅速冷却到比 *Ms* 转变温度稍高一点的温度，稳定化，然后冷却到室温。这种工艺旨在使开裂倾向最小。淬火油典型的黏度和使用温度见表 2-23。

表 2-23　淬火油典型的黏度和使用温度

40℃（105℉）时黏度/SUS	最低闪点		使用温度			
			敞开式		保护气氛	
	℃	℉	℃	℉	℃	℉
200～500	220	430	95～150	200～300	95～175	200～350
700～1500	250	480	120～175	250～350	120～205	250～400
2000～2800	290	550	150～205	300～400	150～230	300～450

等温淬火是将钢件冷却到稍高于 *Ms* 温度然后保温足够长的时间，使奥氏体转变成贝氏体。由于等温淬火可能要为在这种相对较高温度下使用而专门配制矿物油，所以通常用熔融盐。分级淬火和等温淬火可能都不使用普通淬火和回火的油。图 2-63 所示为等温淬火和分级淬火原理的对比。

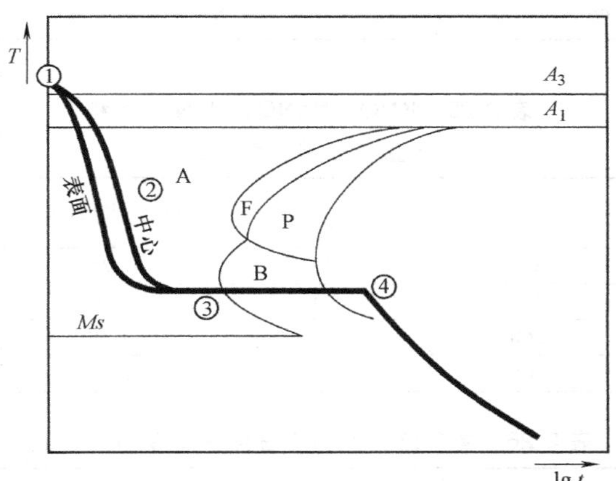

a)

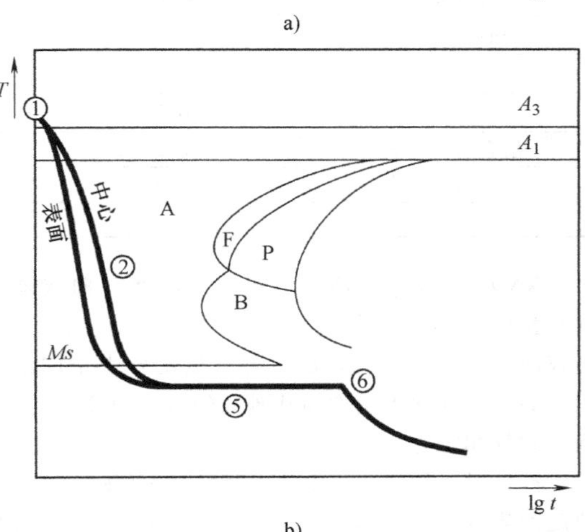

b)

图 2-63　等温淬火和分级淬火原理的对比
a）等温淬火　b）分级淬火
①—奥氏体化　②—淬火　③—稍高于 *Ms* 的温度下保温　④—结果为贝氏体　⑤—在 *Ms* 下保温　⑥—结果为马氏体

高温淬火冷却介质通常选择熔融盐。盐淬的优点如下：

1）速率可控的冷却可以在表 2-28 中所列的那些高合金钢中得到完全退火的组织（等温退火）。

2）冷过转变曲线珠光体“鼻尖”之后到马氏体转变之前的一个合适温度下等温（均温），将降低不希望出现的变形和开裂风险（分级淬火）。

3）在可控速度下冷却到合适的温度，可以使高速工具钢的氧化皮、变形及开裂降至最小（双介质淬火/分级淬火）。加热时与空气隔绝有利于表面保护。

4）马氏体形成阶段的开裂风险被降低了，如弹簧钢丝。

5）以可控速度冷却可以等温转变成贝氏体（等温淬火）。

6）浴温是一致的，并且可以将误差精确控制在 ±2℃（4℉）。

大多数淬火用盐是硝酸钾（KNO_3）、亚硝酸钠（$NaNO_2$）和硝酸钠（$NaNO_3$）中的两种或三种的混合物。最低淬火温度取决于盐混合物的熔点。各组分的比例将影响熔融混合物的黏度，而黏度会影响冷却速度。这些熔融盐的淬火温度范围为 140～600℃（285～1110℉）。熔融盐浴温度在 600℃（1110℉）时容易爆炸降解。表 2-24 所列为三元混合盐浴与一种常用矿物油物理性质的对比。虽然矿物油的比热容相对大一些，但是熔融盐的热导率大约是同等质量矿物油的 5 倍，是同等体积矿物油的 10 倍。而且熔融盐淬火时不产生膜沸腾现象。

含水量对 $KNO_3/NaNO_2/NaNO_3$ 三元混合盐沸点和凝固点的影响如图 2-64 所示。图 2-64 也表明，随着水的加入，沸点降低得更迅速。据报道，只要盐浴温度保持在含水混合物（即盐浴）最终的沸点以下，含水量可以长时间保持。但是，当热钢件浸入含水混合物中后，温度可能暂时超过沸点，一部分水将被汽化，要维持这个组分则要添加新水。因此，为减少淬火过程中水分的流失，较好的办法是使淬入的盐混合物温度更靠近凝固点而不是沸点。迪拜铝业（Dubal）报道称，加入1%的水将使干盐（无水的盐）的熔点降低11℃（20℉），而加入2%的水则降低19℃（35℉）。虽然三元混合盐淬火的温度范围为150~600℃（300~1110℉），但是加入10%的水便可以在80℃（175℉）的低温下进行盐浴淬火。更具代表性的含水量是0.5%~2%，以满足更常规的操作温度范围150~290℃（300~550℉）。

表2-24 三元混合盐浴与一种常用矿物油物理性质的对比

性质		三元混合盐	矿物油
成分		$KNO_3/NaNO_2/NaNO_3$	烃类混合物
使用温度范围		150~400℃(300~750℉)	130~220℃(265~430℉)
200℃(390℉)时的密度/(g/cm^3)		1.92	0.82
动力黏度/cP	200℃(390℉)时	7.5	2.9
	315℃(600℉)时	2.9	—
比热容(Btu)/(lb·°F)		0.37	0.5
热导率/(Btu)/(lb·ft^2)		0.32	0.07
热稳定温度/℃(℉)		540(1000)	230(450)
传热系数/[kW/(m^2·K)]		4.5~16.5	NA
带出率/(g/m^2)		50~100	NA

注：NA—不适用。

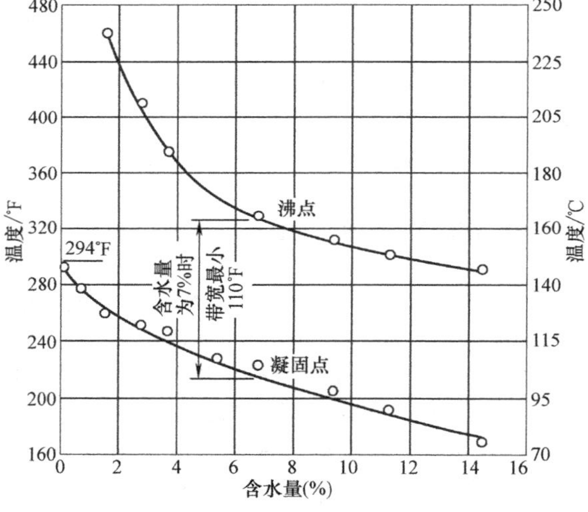

图2-64 含水量对$KNO_3/NaNO_2/NaNO_3$三元混合盐沸点和凝固点的影响

添加的不是淡水，而是清洗槽里的盐溶液。也有人用低压蒸汽代替水的。水在盐浴中的饱和含水量与盐浴温度的函数关系见表2-25。出于安全操作的考虑，要求将水加入良好搅拌的盐浴中而不能加入无搅拌的盐浴中。熔融盐的淬冷烈度与矿物油大致相同，两者的格罗斯曼H值对比见表2-26。两者的冷却速度都慢于水、盐水溶液以及聚合物水溶液。随着聚合物水溶液组成、浓度及搅拌方式的改变，淬冷烈度的变化范围可以涵盖从熔融盐和矿物油到盐水溶液的淬冷烈度。

表2-25 $KNO_3/NaNO_2/NaNO_3$饱和含水量与盐浴温度的关系

盐浴温度		饱和含水量(%)
℃	℉	
370	700	0.25
315	600	0.5
260	500	1.0
205	400	2.0

表2-26 常用淬火冷却介质格罗斯曼H值对比

淬火冷却介质	格罗斯曼H值/in^{-1}
静止空气	<0.1
油	0.2~0.4
熔融盐	0.2~0.5
聚合物水溶液	0.2~1.0
室温无搅拌水	1.0
盐水	5.0

$KNO_3/NaNO_2/NaNO_3$三元盐浴的冷却曲线随着含水量的增加而上升，如图2-65所示。有趣的是，不仅冷却曲线高温区域的冷却速度随含水量的增加而提高，直到含水量增加到研究的最大值2.7%也观察不到气相行为。

搅拌对一种低熔点盐在175℃（350℉）时冷却速度的影响如图2-66所示。研究中的冷却速度是650℃（1200℉）和260℃（500℉）之间的平均值。数据显示，随着搅拌速度加快，冷却速度大幅提高。如之前讨论的，含水量从0.5%增加到5%会使冷却速度提高，如图2-67所示。水的加入和搅拌结合起

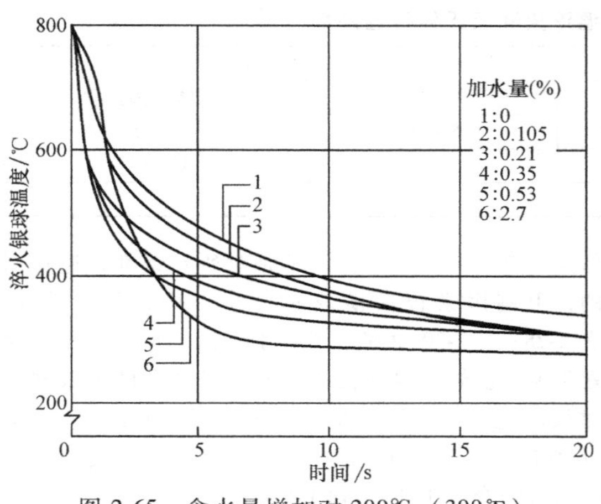

图 2-65　含水量增加对 200℃（390℉）盐浴分级淬火的影响

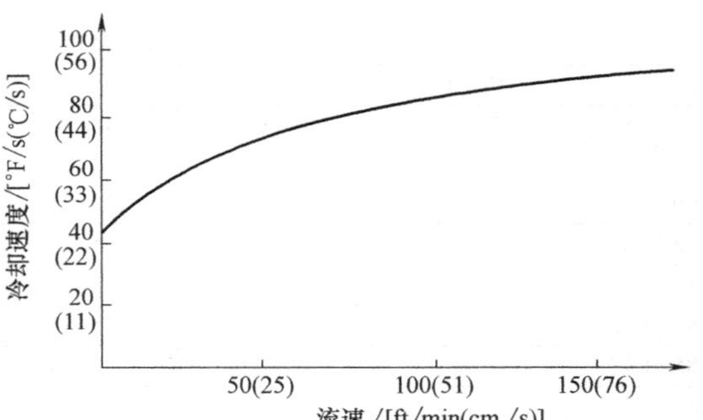

图 2-66　搅拌对一种低熔点盐在 175℃（350℉）时冷却速度的影响

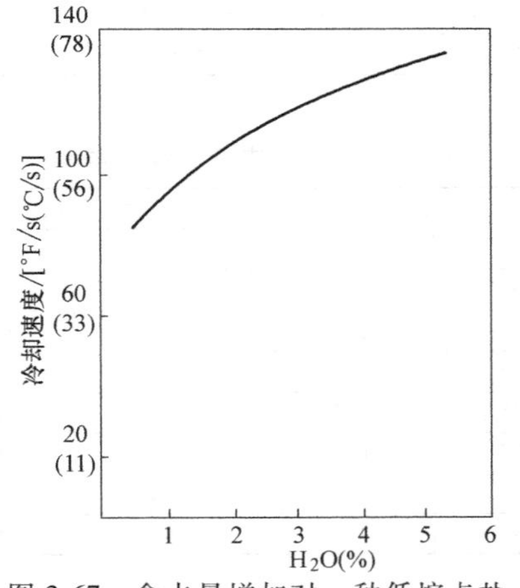

图 2-67　含水量增加对一种低熔点盐在 175℃（350℉）时冷却速度的影响

来，据称可以使冷却速度（淬冷烈度）增加 3 倍。Liščić，通过淬用 AISI 4140 钢制造的 ϕ50mm（ϕ2in）×200mm（8in）的圆棒并在横截面上检测洛氏硬度分布情况，证明了搅拌速度和水的添加对 200℃（390℉）热盐浴［德固萨（Degussa）AS-140］的影响。图 2-68 表明，搅拌比不搅拌带来的硬度增加更大。但是，加入 2%的水之后，硬度和淬硬深度又得到了进一步的增加。对比 3/4*R* 处的硬度值可以发现，良好搅拌并添加 2%的水，比无搅拌也不添加水时硬度提高了 19HRC。对于 47HRC 的硬化深度，加 2%水的比不加水时增加了 4 倍。

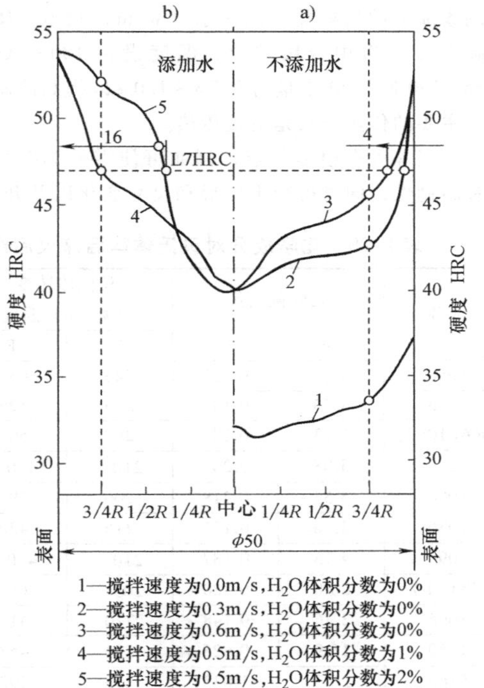

图 2-68　在 200℃（390℉）热盐浴［德固赛（Degussa）AS-140］中搅拌和添加水对用 AISI 4140 钢制造的 ϕ50mm（ϕ2in）×200mm（8in）圆棒淬火后横截面上洛氏硬度分布情况的影响

选择分级淬火还是等温淬火工艺还取决于要淬火的钢的材料。表 2-27 中列出了普通碳钢、合金钢及铸铁采用不同工艺时能够达到的洛氏硬度。盐浴温度在 195～350℃（385～660℉）范围内变化对格罗斯曼 *H* 值的影响很小。一般来说，合金钢比碳钢更常采用分级淬火。但是，如果是强烈搅拌分级淬火油，则一些本来用水淬的壁厚小于 5 mm 的碳钢也可以在 205℃（400℉）下分级淬火。但不管怎样，分级淬火都不能省略回火处理。最常采用分级淬火的钢牌号包括 AISI 1090、4130、4140、4150、4340、300M、4640、5140、6150、8630、8640、8740、8745，SAE 1141 和 SAE 5100 等。渗碳后分级淬火的渗碳钢牌号包括 AISI 3312、4620、5120、8620 和 9310。灰铸铁零件通常也做分级淬火。尽管通常用

表 2-27 不同钢材的马氏体等温淬火和贝氏体等温淬火

钢类	横截面尺寸		硬度 HRC	
	mm	in	马氏体等温淬火	贝氏体等温淬火
碳钢	<13	<0.5	35~65	35~55
合金钢	<100	<4.0	35~65	35~55
铸铁	<13	<0.5	63	—

热油进行分级淬火［175℃（350℉）］，但是也可以使用添加水的熔融盐。据沃尔（Wahl）报道，碳钢渗碳后在盐浴中分级淬火，温度设在 180~200℃（355~390℉），含水量为 0.5%~1.0%以提高冷却速度，主要的传热方式是对流传热。

等温淬火有很多优点，例如可使零件具有高硬度和高韧性，同时可减少变形和尺寸变化以及开裂。但是，等温淬火冷却介质不是对所有钢都普遍适用的，限制因素包括横截面尺寸、钢中含碳量等。表 2-28~表 2-30 中列出了对于不同钢成分、合金元素类型，能做等温淬火的横截面尺寸及厚度限制的建议。这些建议中的最大直径相当于在 315℃（600℉）的盐浴中保温时，其心部冷却速度刚好能够错过钢合金 TTT 曲线的“鼻尖”。

表 2-28 化学成分对贝氏体等温淬火后能达到基本贝氏体显微组织的最大横截面尺寸的影响

钢种	最大横截面尺寸		马氏体转变开始(M_s)温度		化学成分(质量分数,%)			最大硬度 HRC
	mm	in	℃	℉	C	Cr/Mo	Mn	
1050	3.17	0.125	345	655	0.48/0.55	—	0.60/0.90	48/50
1065	4.75	0.187	275	525	0.50/0.70	—	0.60/0.90	50/54
1066(1062)	7.13	0.281	260	500	0.60/0.71	—	0.85/1.15	51/54
1080	5.08	0.200	210①	410①	0.75/0.88	—	0.60/0.90	55/57
1084	5.53	0.218	200	395	0.80/0.93	—	0.60/0.90	55/57
1086	3.96	0.156	215	420	0.80/0.93	—	0.35/0.50	55/57
1090	4.75	0.187	210①	410①	0.85/0.98	—	0.60/0.90	57/60
1090(b)	20.8	0.820	205①	400①	0.85/0.98	—	0.60/0.90	平均 44.5
1095	3.76	0.148	210	410	0.90/1.05	—	0.35/0.50	57/60
1350	15.9	0.625	234	453	0.48/0.53	—	1.60/1.90	53/56
5160	26.3	1.035	256	492	0.56/0.64	Cr0.60/1.00	0.75/1.00	47
4063	15.9	0.625	245	473	0.58/0.67	Mo0.20/0.30	0.70/0.90	53/56
50100	7.92	0.312	205	400	0.98/1.10	Cr0.4/0.6	0.25/0.45	57/60

① M_s 温度为估计值。

表 2-29 福特（Ford）制造标准中对等温淬火横截面尺寸的限制

SAE 钢号	最大横截面尺寸	
	mm	in
1045	3.81	0.150
1062	6.35	0.250
1095	5.08	0.200
1340	7.61	0.300
4063	15.2	0.600
4150	20.3	0.800
4340	25.4	1.000
5140	25.4	1.000
8620	6.35	0.250
8630	7.61	0.300
52100	12.7	0.500

注：表中数据采用福特制造标准 P HT 207（1974）。

表 2-30 不同成分的尺寸限制

质量分数(%)		最大直径(约为)	
C	Mn	mm	in
1.00	0.40	3.8	0.15
1.00	0.75	4.8	0.19
0.85	0.40	3.93	0.155
0.85	0.75	5.6	0.22
0.65	0.75	4.8	0.19
0.65	1.10	7.1	0.28
0.65	1.80	16	0.63

一般来说，随着转变温度的升高，等温淬火的浸入时间（等温时间）减少。随着钢中含碳量的增加，在相同转变温度下转变时间也增加。同时，在奥氏体化钢刚浸入时传热速度最快，传热也是最关键的。液流长距离的自由落体或者搅拌可以加快传热速度。增加搅拌是最有效的。如前面讨论过的，

当钢的淬透性处于临界值时，或者要淬火的零件横截面尺寸很大时，可以采用添加水的办法。关键问题是最小变形时，零件应该在尽可能低的温度下奥氏体化，然后淬入温度尽可能高的盐浴中。如果零件长而细，则需要将其竖直悬挂，以使周围液流更为一致，从而保证变形最小。

2.1.14 淬火油

用于钢淬火的油主要有两类：植物/动物油、矿物油（石油派生油）。在这些油里，矿物油从约1900年之后才得到应用，而植物油和动物油可能已经用了几千年。之前回顾了植物油的应用历史，这里不做进一步讨论。目前对动物油的使用相当有限，但使用植物油作为钢的淬火冷却介质则大有复兴的可能，如达·苏扎（de Souza）做的工作，其研究指出，植物油是一种几乎不表现出膜沸腾行为的液体，这归因于植物油相对高的沸点。

在这些早期研究中，与植物油和动物油应用最相关的研究之一是由田谷（Tagaya）和田村（Tamura）报道的。田村（Tamura）测量了许多植物油和动物油的格罗斯曼 H 值，将它们的性能与一种常见的矿物油淬火冷却介质做了对比。此项研究的结果见表 2-31。除了硬化鱼油，所对比的各种不同的动物油和植物油的 H 值相近，都稍微高于常见矿物油（作为对比的那种）和硬化鱼油。脂肪是从各种鱼和动物体内提取出来的甘油三酯类物质，表现出优于矿物油的淬火性能。

表 2-31 不同植物油和动物油的冷却时间和格罗斯曼 H 值

油	（300~700℃/570~1290℉）时的冷却时间/s	格罗斯曼 H 值/cm^{-1}
大豆油	1.42	0.200
鲸鱼油	1.35	0.198
鲸蜡油	1.45	0.200
菜籽油	1.63	0.199
蓖麻油	1.80	0.199
硬化鱼油	3.30	0.125
石油	3.87	0.142

注：冷却数据是采用带表面热电偶的老式 JIS K2242 银探头测得的；从 800℃（1470℉）淬入 80℃（175℉）油中。

脂肪油在高温时比矿物油具有更高的冷却速度，不伴随膜沸腾，这是一个重要的性能，可以使淬火过程中珠光体转变量最少而且得到的变形最小。注：虽然直到20世纪早期，鲸鱼油和鲸蜡油都作为主流淬火冷却介质使用，但在2013年已不再使用。

像水一样（图 2-1），用矿物油淬火过程中，在钢表面上经常同时表现出三种主要的冷却机制：膜沸腾、核沸腾和对流，如图 2-69 所示。同时，像水淬一样，膜沸腾的存在及其稳定性对淬火不一致性具有关键性影响，这可能导致变形控制和开裂方面的问题。

图 2-69 ϕ25mm（ϕ1.0in）×100mm（4.0in）的 CrNi 钢试棒在 60℃（140℉）矿物油中淬火，[搅拌速度为 0.3m/s（1.0ft/s）。由慕尼黑工业大学 H. M. Tensi 提供]

这些冷却阶段的存在和持续时间取决于许多因素，如淬火冷却介质的温度和搅拌等。但是，单一因素中影响最大的是用来调配淬火冷却介质的油的成分变化。如图 2-70 所示，许多常用的按配方生产的淬火冷却介质，其冷却速度特性表现出很宽的变化范围。考虑到矿物油淬冷烈度的固有变异性，对照表 2-32，随之而来的问题是“哪种油”？这种变化的自由度很可能会导致一种钢合金淬火后硬度具有戏剧性的不同。这种冷却的复杂性是由于冷却特性在使用中随时间变化造成的。并且车间里可能混用各种油，所以所使用的淬火油的实际成分经常是未知的。

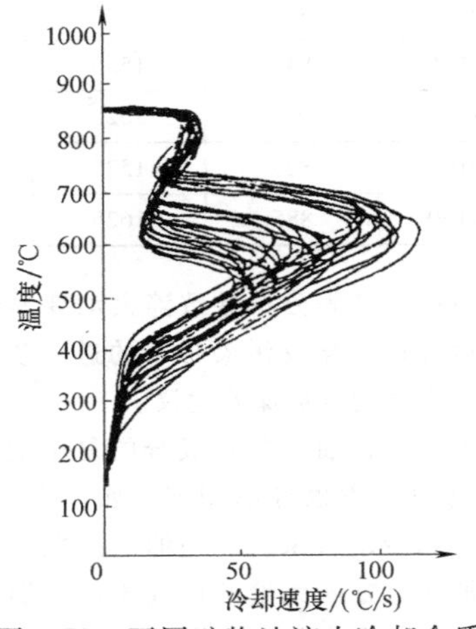

图 2-70 不同矿物油淬火冷却介质体现出不同的冷却速度

表 2-32 普通碳钢和合金钢的奥氏体化、退火和正火温度及允许使用的淬火冷却介质

钢种	奥氏体化温度		正火温度		退火温度		淬火冷却介质
	℃	℉	℃	℉	℃	℉	
1025	871	1600	899	1650	885	1625	水、聚合物
1035	843	1550	899	1650	871	1600	油、水、聚合物
1045	829	1525	899	1650	857	1575	油、水、聚合物
1095	802	1475	843	1550	816	1500	油、聚合物
1137	843	1550	899	1650	788	1450	油、水、聚合物
3140	816	1500	899	1650	816	1500	油、聚合物
4037	843	1550	899	1650	843	1550	油、水、聚合物
4130	857	1575	899	1650	843	1550	油、水、聚合物
4135	857	1575	899	1650	843	1550	油、聚合物
4140	843	1550	899	1650	843	1550	油、聚合物
4150	829	1525	871	1600	829	1525	油、聚合物
4330V	871	1600	899	1650	857	1575	油、聚合物
4335V	871	1600	899	1650	843	1550	油、聚合物
4340	816	1500	899	1650	843	1550	油、聚合物
4340 改性	871	1600	927	1700	843	1550	油、聚合物
4640	829	1525	899	1650	843	1550	油、聚合物
6150	871	1600	899	1650	843	1550	油、聚合物
8630	857	1575	899	1650	843	1550	油、水、聚合物
8735	843	1550	899	1650	843	1550	油、聚合物
8740	843	1550	899	1650	843	1550	油、聚合物
Hy-Tuf	871	1600	941	1725	760	1400	油、聚合物
300M	871	1600	927	1700	843	1550	油、聚合物
H-11	1010	1850	—	—	871	1600	空气、油、聚合物
98BV40	843	1550	871	1600	843	1550	油、聚合物
D6AC	885	1625	941	1725	843	1550	油、聚合物
52100	843	1550	899	1650	—	—	油、聚合物
9Ni-4Co-0.20C	829	1525	899	1650	—	—	油、水、聚合物
9Ni-4Co-0.30C	843	1550	927	1700	—	—	油、聚合物
M-50	1107	2025	—	—	—	—	盐
AFl410	829	1525	899	1650	899	1650	油、聚合物
Aeromet100	885	1625	899	1650	—	—	空气、油、聚合物

在本节中，首先分析导致淬火油变异性的各种原因。之后分析老化及污染带来的进一步问题，再简要介绍淬火槽的维护保养建议。

矿物油基淬火油是各种成分的复杂混合物，不同成分的物理性质也各不相同，如挥发性和黏度，这些都将影响冷却效果。矿物油的挥发性与其闪点成反比，油样上方（无论开口或闭口）温度最低的蒸汽遇到明火也会点燃。组分的挥发性越好，其闪点越低。图 2-71 所示为几种矿物油组分的相对挥发性。

淬火油通常含有大量挥发性更好的环烷衍生物，从而表现出较差的特性，例如，与石蜡油相比，其形成的沉淀物更大，闪点更低。在热处理实际使用时，油遇到各种高温条件，尤其是钢和油之间的界面温度很高，较低燃点的油更易表现出毒性。虽然链烷的基础油是最优选的基础油，但还有其他用于配制淬火油的基础油，包括：

1）双氢化矿物油。这些油被除去了芳香族和链

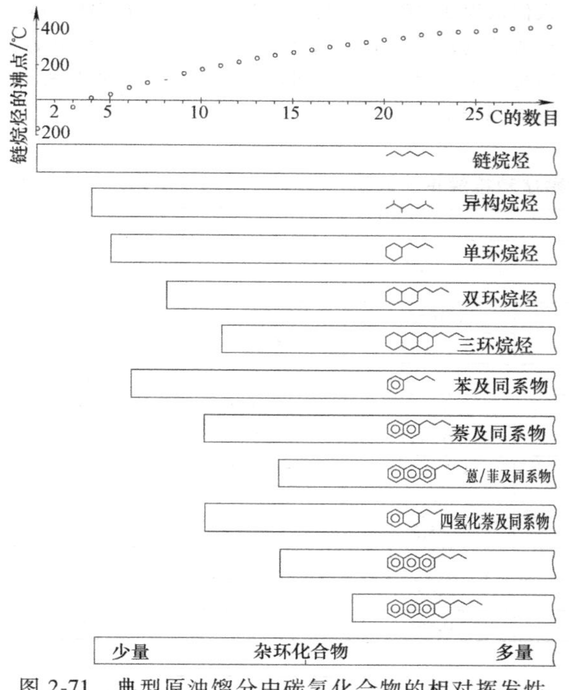

图 2-71　典型原油馏分中碳氢化合物的相对挥发性

烷结构里的碳碳双键，使其在氧化稳定性方面得到明显改善，闪点稍有提高，黏度没有改变，但是冷却特性更好些。

2）精炼的链烷矿物油。这是配制淬火油最常用的基础油。这类油表现出相当高的闪点、极好的热稳定性和抗氧化性，以及较好的冷却特性。

3）精炼的环烷矿物油。与链烷基础油相比，它们具有更低的闪点、较差的热和氧化稳定性，更难靠水洗来分离。

4）二次精炼链烷基础油。对基础油进行裂解和蒸馏后重新获得，可以使其沸点范围变得非常狭窄。它们的黏度极限为 100SUS，对环境友好。

波特斯迪姆（Protsidim）等人报道，淬火油基础油的组成稍微改变一下，就会导致淬火性能方面的明显改变。表 2-33 中列出了四种不同的潜在淬火油成分及其物理性质，图 2-72 所示为这些组分变化对相应的冷却速度的显著影响。

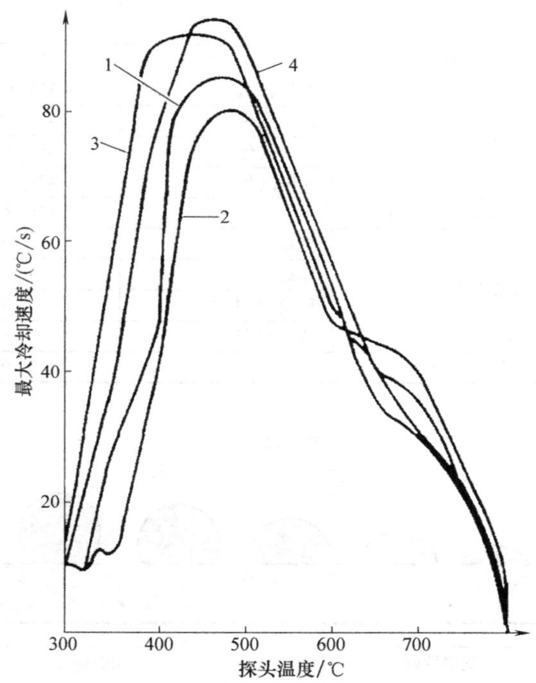

图 2-72　球形铜探头在不同矿物油成分中淬火的冷却速度（油的成分见表 2-33）

1—MZM-16　2—I-20A　3—I-20AR1　4—I-20AR2

表 2-33　淬火油成分对物理性质的影响

性　质		油			
		MZM-16	I-20A	I-20AR1	I-20AR2
烃的成分（质量分数，%）					
链烷/环烷		73.7	71.48	67.04	62.65
芳香烃	Ⅰ	11.30	11.96	11.06	16.00
	Ⅱ	6.70	7.80	3.16	10.58
	Ⅲ	3.80	4.00	3.16	10.58
	Ⅳ	3.60	2.00	3.84	1.40
树脂		0.50	2.10	4.00	4.10
损耗		0.40	0.66	2.96	1.48
50℃（120℉）时的运动黏度/(m^2/s)		17.5(188)	18.3(197)	24.8(267)	25.6(276)
(ft^2/s)　闪点/℃（℉）					
开口杯法		182(360)	180(350)	160(320)	167(333)
闭口杯法		188(370)	186(367)	180(356)	188(370)
氧化测试，质量分数减少（%）		1.54	1.8	2.2	3.0
闭口杯法闪点改变/℃（℉）		无	无	+2.2(+4.0)	+3.0(+5.4)

淬火油差异的另一种量化方法是检测其润湿钢表面的相对能力。特卡丘克（Tkachuk）等人通过测量四种淬火油成分的接触角，研究了黏度与可润湿性对淬火特性的影响，见表 2-34。黏度是由油的分子结构决定的，并且其在对流阶段对传热影响最大。人们认为油的表面活性（可润湿性）对核沸腾阶段形成的气泡的起源、长大和从钢表面脱离有影响。通过测量接触角对可润湿性进行评估的方法如图 2-73所示。

表 2-34 淬火油成分对黏度和接触角的影响

性质		成分			
		链烷/环烷	芳香烃		
			Ⅰ	Ⅱ	Ⅲ
50℃（120℉）时的运动黏度/(m^2/s)(ft^2/s)		32.7(352)	51.3(552)	66.8(719)	172.1(1853)
馏分组成/℃（℉）	开始沸腾	337(639)	340(644)	335(635)	334(633)
	10%汽化	437(783)	415(779)	416(781)	420(788)
	50%汽化	458(856)	456(853)	454(849)	462(864)
	90%汽化	498(928)	500(932)	503(937)	504(939)
平均沸点/℃（℉）		456(853)	457(855)	456(853)	460(860)
烃成分(%)	链烷	35.6	—	—	—
	环烷	62.6	25.2	27.1	37.3
	环烷-芳香族	1.8	74.6	72.7	62.5
	芳香树脂	—	0.2	0.2	0.2
接触角余弦值 $\cos\theta$		0.908	0.898	0.896	0.889

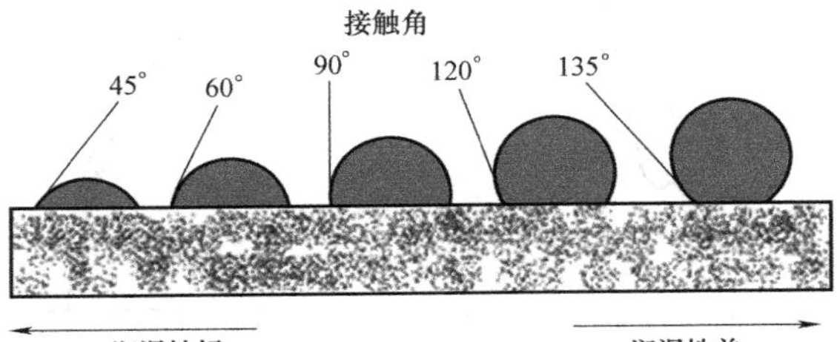

图 2-73 液体在固体表面的可润湿性
（接触角是衡量可润湿性的指标，
随着接触角减小，可润湿性变好）

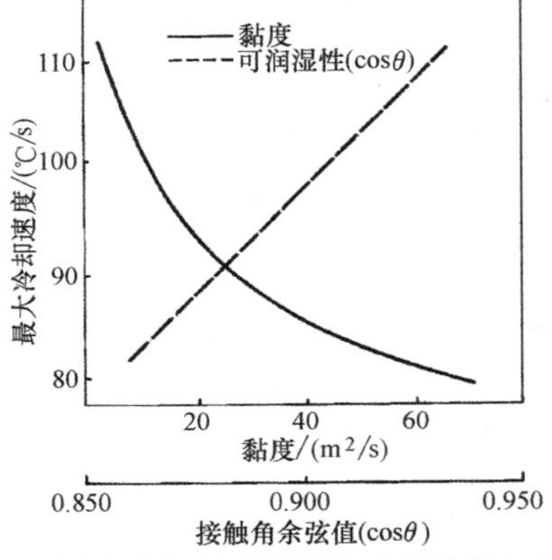

图 2-74 用球形银探头测得的冷却速度与油黏度和接触角的关系（油成分见表 2-34）

注：黏度数据来源于 3 家炼油厂的 18 种油。

特卡丘克用一个球形银探头测量矿物油馏分的冷却速度特性。图 2-74 所示为测试油品的冷却速度与黏度和可润湿性（接触角）之间的关系。这些数据表明，随着黏度的减小和接触角余弦值的增加（油在钢表面的可润湿性），冷却速度增加。总体来看，这些数据表明，随着黏度增加、可润湿性降低，冷却能力及核沸腾的持续时间也相应减少。特卡丘克的解释是，随着黏度的增加，挨着热钢表面的气泡的脱离时间减少，从而抑制了气泡带走热量的能力。而可润湿性降低，将导致气泡在脱离之前长大，从而使热钢界面的蒸汽馏分增加，降低了传热效率。

表 2-34 中的四种测试油品的冷却速度曲线如图 2-75 所示。虽然这些油的沸点相差不大，但它们的黏度和可润湿性有很大区别。另外，图 2-75 所示的冷却速度曲线显示，它们的莱登弗罗斯特温度（从膜沸腾到核沸腾的转变温度）也很接近。但是，第

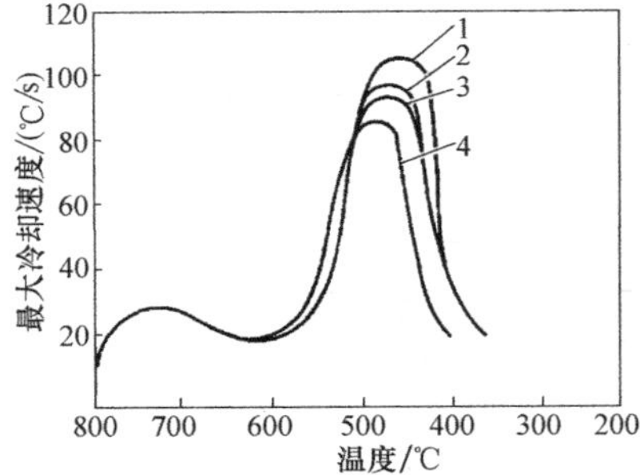

图 2-75 在从单一的油中分离出来的不同的碳氢化合物中淬火时球形银探头的冷却速度（油成分见表 2-34）

1—链烷/环烷 2、3、4—芳香烃Ⅰ、Ⅱ、Ⅲ

Ⅲ组芳香烃馏分（表 2-34）的冷却速度比链烷/环烷馏分的低。这项研究表明，以低黏度、高可润湿性为指标进行考察，最高品质的淬火油以链烷或链烷/环烷为基础油进行配制更适宜。

横田（Yokota）等人通过评估相同黏度［40℃，（105℉）时为 $17mm^2/s$］的 21 种淬火油的淬火特性，研究了矿物油基础油的沸点和挥发性。这些油含有相同的添加剂，仅仅是基础油成分不同。冷却曲线分析是按照 JIS 2242：1980 完成的。冷却曲线的指标是莱登弗罗斯特温度和从 800℃（1470℉）冷到 400℃（750℉）所用的时间。总体上看，碳的质量分数为 0.45%的钢在莱登弗罗斯特温度高、冷却时间短的淬火油中淬火得到的硬度最高。淬火硬度结果如图 2-76 所示。因为所有这些油的黏度相同，所以得到的硬度方面的变化只能归因于基础油沸点的变化，而沸点是由成分决定的。研究发现，350℃（660℉）冷至 300℃（570℉）的冷却速度是最关键的冷却曲线参数。

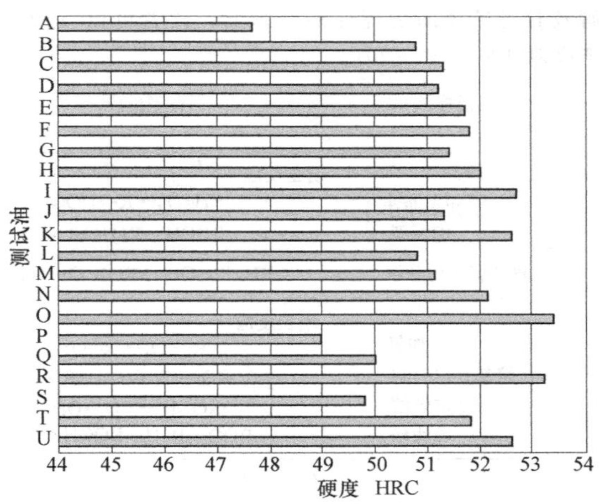

图 2-76　碳的质量分数为 0.45%的钢在一系列黏度相同但沸点不同的矿物油中淬火硬度的变化情况

特卡丘克等人详细研究了温度再增加 50℃（90℉）的馏分成分对淬火油冷却特性的影响。这项研究的结论是：

1）矿物油馏分的成分对冷却特性有很大影响。

2）低沸点油馏分（300～400℃或者 570～750℉）在高温区域的冷却能力不足，原因是冷却初始阶段形成的蒸汽更多。

3）高沸点油馏分（400～500℃或者 750～930℉）在高温区域的冷却能力强，但是在 500℃（930℉）以下的冷却能力较弱，这归因于核沸腾持续时间的减少。

4）低沸点馏分与高沸点馏分的混合物使整个冷却过程都有更好的冷却特性。

总的来说，应当混合各种矿物油馏分以得到最想要的综合冷却特性。横田研究基础油时是如何混合的，前文已经讨论过。

1. 淬火油分类

淬火油的选择是基于它们在淬火过程中“调节”传热的能力，其销售则是基于相对淬火速度和使用温度范围。淬火油分为常规淬火油（慢油或冷油）、加速淬火油（快速淬火油）、分级淬火油（高温淬火油）等。虽然还有其他种类，如超快淬火油和水乳化淬火油等，但这三大类是最常见的。

分级淬火油（高温淬火油）用于 95～230℃（200～450℉）的温度范围。它们通常是由溶剂精制的矿物油调制而成的，具有高的链烷馏分以改善热稳定性和抗氧化性，其热稳定性也可以通过添加抗氧化剂来加强。市场上分级淬火油的典型使用温度范围见表 2-23。因为分级淬火油用于相对高的温度下，所以保护气氛、无氧化气氛是经常用到的，如放热型气体或者氮气可以减少氧化的敏感性，使允许的使用温度比敞开式环境下更接近闪点。这种方法对无加速的和加速的分级淬火油都适用。

常规淬火油（也称冷油、普通油或者慢油）是典型的矿物油，其中可能包含抗氧化剂以降低氧化和热降解速率。它们通常是由高精炼链烷油调制而成的，这些油中的大部分在 40℃（100℉）时的黏度范围为 200～110SUS。常规淬火油不含增加冷却速度的添加剂，但是一般含有缓蚀剂和抗氧化剂之类的添加剂。这些油用于高合金钢（如 AISI 4340）和工具钢的淬火。中速淬火油也有使用，常用来淬中高淬透性钢。

加速（快速）淬火油通常由一种矿物油配制而成，并包含一种或多种增速添加剂。这些油在高温冷却阶段表现出更高的冷却速度，而在低温冷却阶段的冷却速度更慢。其 40℃（100℉）时的黏度范围为50～100SUS。加速淬火油可用来淬低淬透性钢、渗碳或碳氮共渗零件，或者是大横截面尺寸的中淬透性钢。

Wang 等人研制出超快速淬火油（超速油），用来淬像 40Cr、40MnB、20CrMnTi 及 GCr15 这样的钢，以得到更高的硬度和更大的硬化层深。通常，配制超速油的基础油是相当纯净的、低沸点、严密细分。另外，它们包含一些添加剂，如高灰分的石油磷酸酯、油溶性聚合物、表面活性剂、清洁剂和抗氧化剂等。在这些专门的超速油研制出来之前，用的是柴油、变压器油及机油。

一般类型的水乳化淬火油，是为在零件水洗阶段强行将油去除而专门配制的，这样有利于省去蒸汽脱脂操作。但是，因为其可乳化的特点，它们易受水污染的影响，可能导致零件上变形和软点的增多。

2. 表面压力的影响

虽然真空炉用高压气体淬火是最常见的，但是仍然有一些情况需要更大的淬冷烈度。这些情况下，如大壁厚或较重的零件，可能需要用专门配制的矿物油作为淬火冷却介质以得到期望的硬度和变形控制。

浅田（Asada）和奥吉诺（Ogino）研究了矿物油表面压力对冷却特性的影响，发现随着表面压力减小，膜沸腾阶段的持续时间增加，莱登弗罗斯特温度降低，对流冷却开始温度降低。图 2-77 所示的冷却曲线证实了这种影响。因此，通过改变表面压力，可以使一种成分的油的冷却特性在很大范围内发生变化。

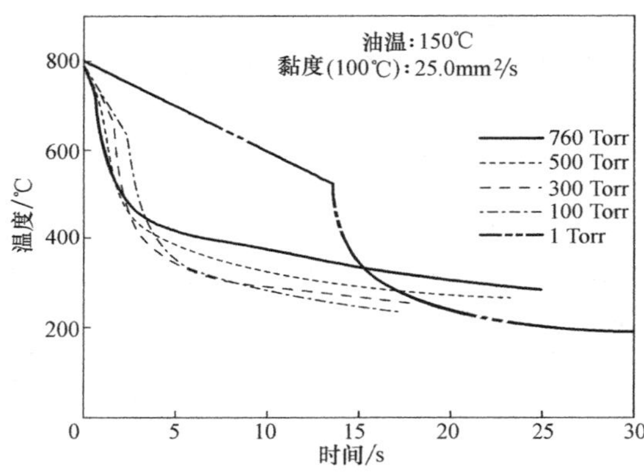

图 2-77 减压情况下的分级淬火油的冷却曲线（由 JIS K2242：1980 银探头测得）

3. 抗氧化性

在一个加速老化试验中，通过监测酸值、黏度变化以及在整个试验过程定期检查积碳，研究了石油氧化对冷却特性的影响。起初，可以发现这些参数有大幅度增加，冷却能力的增长归因于含氧的表面活性化合物的形成，相比于未氧化油，它（化合物）能促进界面润湿过程。在一段较短的时间之后，酸值、黏度和积碳量稳定下来。在某个关键时期，这些参数呈指数增长，而冷却能力则相应降低。同时在此阶段，残留碳氢化合物的聚合形成了大量的沉淀物。这些结果与契关西（Chekanskii）和沙因德林（Sheindlin）报道的油氧化过程四阶段吻合：

1）第一阶段包括不饱和的和不稳定的链烷或环烷碳氢化合物的热解，其结果是炭黑沉淀（碳氢化合物分解的最终产物），表面光亮度轻微提高。这种在淬火后光亮度的提高，有报道认为是由于脱氧和水溶入油中的原因。这是链萌生阶段。

2）第二阶段包含碳氢化合物的进一步分解以及过氧化物的形成，这是由保护气氛里存在的水分促进形成的，或是由接触的空气里的氧气促进形成的。这被称为链增长阶段。

3）最后阶段是链终止阶段，其中包括各种过氧化物和反应性碳氢化合物中间体的反应。这些反应导致液体黏度呈指数增长，除了形成羧酸，还有醇类、酮类、醛类，导致酸值增加；尤其是形成了不希望得到的沉淀物、污泥和漆类。研究已经表明，分子质量为 50~1000 的氧化产物在油中是不能溶解的。

矿物油氧化机制示意图如图 2-78 所示。这些机制阐明了最初氧化时羧酸是如何形成的，重点是要知道这些副产品的表面活性比未氧化油好，这是初期冷却速度加快的原因。例如在链终止阶段，通过重组解释了淬火油使用寿命末期可以观察到黏度呈指数增长的现象。如果想进一步深入了解热氧化降解及其对矿物油物理性能的影响，读者可以参阅参考文献 194、197~201。

反应族	典型反应
萌生反应	
初步萌生	$RH+O_2 \rightarrow R\cdot+HOO\cdot$
键断裂	$ROOH \rightarrow RO\cdot+HO\cdot$
氢过氧化物分解	$RH+R'OOH \rightarrow R\cdot+R'O\cdot+H_2O$
增长反应	
加氧	$R\cdot+O_2 \rightarrow ROO\cdot$
烷基 β 位裂解	$RO\cdot \rightarrow R'C(O)H+R''\cdot$
β 位裂解	$\cdot ROOH \rightarrow RO+\cdot OH$
氢转移	$ROO\cdot+R'H \rightarrow ROOH+R'\cdot$
终止反应	
歧化	A. $2ROO\cdot \rightarrow RO+ROH+O_2$
重组	B. $2ROO\cdot \rightarrow 2RO\cdot+O_2$
	$2R\cdot \rightarrow RR$
其他反应	
Baeyer-Villiger反应	$RCOH+RCOOOH \rightarrow 2RCOOH$

图 2-78 矿物油热氧化降解时的普通自由基降解机理

配制矿物油时会添加抗氧化剂以适当提高氧化稳定性。基于此目的的抗氧化剂的实例已经被报道过，包括酚类抗氧化剂，如亚诺抗氧化剂（紫罗兰醇）、甲酚、二丁基羟基甲苯；含胺抗氧化剂，如苯基-α 萘胺和胺/酚醛树脂混合物。图 2-79 所示为一种淬火油在 200℃（390℉）的温度-时间冷却曲线叠加在轴承钢的 TTT 图上。在这个例子中，冷却曲线的对比显示，随着使用过程中淬火油的氧化，由于缩短了膜沸腾持续时间，在高温冷却区域冷却速度得到了提高，意味着随着油的老化，越来越不太可能形成珠光体。但与此同时，此钢的贝氏体形成倾向在增加。矿物油随时间氧化会导致其使用寿命的减少，至少有以下四种可能的原因：

1）使用温度低于 57℃（135℉）时，抗氧化矿物油的氧化速率是相当慢的。但是，当温度约高于 63℃（145℉）时，油的氧化速率将增加。按照阿伦尼乌斯（Arrhenius）速率公式，普遍认为浴温每增加 10℃（18℉），油的氧化速率就会增加。

2）零件从淬火冷却介质中移出时，抗氧化剂可能也一并被带出来了。通过在适当的时间间隔地重新添加抗氧化剂，可以解决这个问题。但是，此项工作只能与淬火油供应商一起完成。

3）抗氧化剂可能被链式迁移反应消耗掉，作为油稳定化过程的一部分。在这种情况下，最好的办法就是换油。

4）过渡金属离子或水的污染会催化油的氧化过程，见表 2-35，表中是一种氧化抑制类矿物油，其配制与淬火冷却介质相仿。但是，当水和过渡金属同时存在时，有铁时油的降解速率将加快 10 倍，有铜时则加快 30 倍。

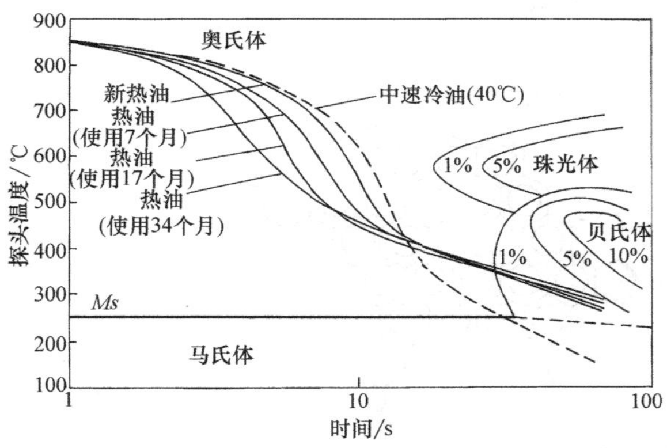

图 2-79　随着使用时间的延长，一种淬火油在 200℃（390℉）时的温度-时间冷却曲线叠加在一种轴承钢的 TTT 曲线上

表 2-35　水和催化剂对油氧化的影响

催化剂	水	运行时间/h	最终酸值/(mg KOH/g)①
无	否	3500	0.17
无	是	3500	0.9
铁	否	3500	0.65
铁	是	400	8.1
铜	否	3000	0.89
铜	是	100	11.2

注：试验是用 150SUS 涡轮级油在 95℃（200℉）下按 ASTM D943 进行的。

① 酸值定义为中和 1g 油中的自由脂肪酸所需要的 KOH 的毫克（mg）数。

热油浴最佳使用温度的确定，需要同时考虑达到期望硬度的能力、对变形的控制和避免开裂，同时还要考虑到浴温越高，油的使用寿命越短。图 2-80阐明了这一点，在浴温超过 175℃（350℉）时得不到要求的硬度，但是在 150℃（300℉）时可以得到能接受的变形和残余应力，增量如标记 *AB* 所示。浴温的控制对淬火操作的成功与否是很关键的。为了得到最佳的结果，实际操作时通常要求将浴温误差控制在±2.8℃（5℉）以内。这可以通过机械搅拌和采用有效的冷却系统来实现。

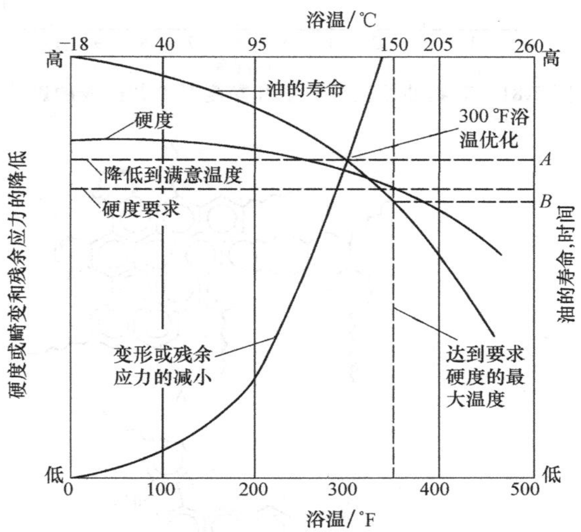

图 2-80　热油最佳优化淬火温度的确定

AB—用 300℉代替 350℉浴温淬火延长油的服役寿命

4. 冷却速度加快

如前文讨论的，矿物油的黏度取决于其成分，而冷却速度随着黏度的降低而增加。同时，矿物油的成分一般随着精炼而变化，精炼时间、不同的精炼工艺以及原料的变化都将导致矿物油成分改变。但是，配制淬火油的首选基础油是溶剂精制的矿物油，配制加速淬火油时，通常使用一种黏度范围为 17~24cSt［40℃（100℉）］的基础油。对于溶剂精制的矿物油，这个黏度范围应在低黏度和所接受的闪点之间找到最佳的契合点（综合效果）。更低黏度的基础油（意味着更小的分子量、更具有挥发性），随着基础油黏度（分子量）的降低，膜沸腾冷却阶段的时间增加，如图 2-81 所示。

应当知道的是，虽然传热速度及冷却速度随着黏度的减小而增加，但是闪点也随之降低。油的闪点至少需要比淬火系统的工作温度高 50℃（90℉）。因此，做出折中优化是有必要的，为了保证消防安

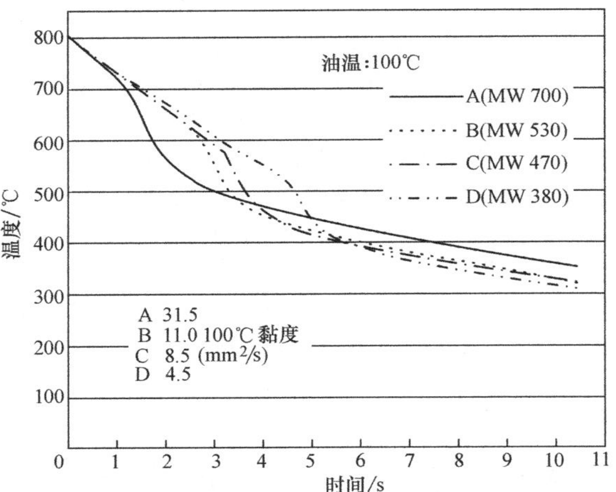

图 2-81 矿物油原油分子量和黏度对冷却曲线的影响

全，应放弃可能的最快冷却速度。

用于配制加速淬火油的一类添加剂是沥青。沥青是一个地质学术语，是指天然沉积的固体或半固体形态的石油，并规定了其在标准温度［通常是60℃（140℉）］下的黏度。有些沥青来自于石油加工过程，含有很高分子量的极性成分——沥青质。沥青质是高度易变的复杂结构，由脂肪族和芳香族基团组成，并含有杂原子（N、S、O)。一种推荐的结构如图 2-82 所示。液态沥青可以作为相对无挥发性矿物油或者植物油的添加剂。通常认为，沥青添加到淬火油中会吸附到热钢表面，从而提供促进气泡形成和核沸腾传热的核心，进而加速冷却。不幸的是，最初阶段沥青添加剂的热稳定性不够，而且会使淬火（过程）显得很脏。

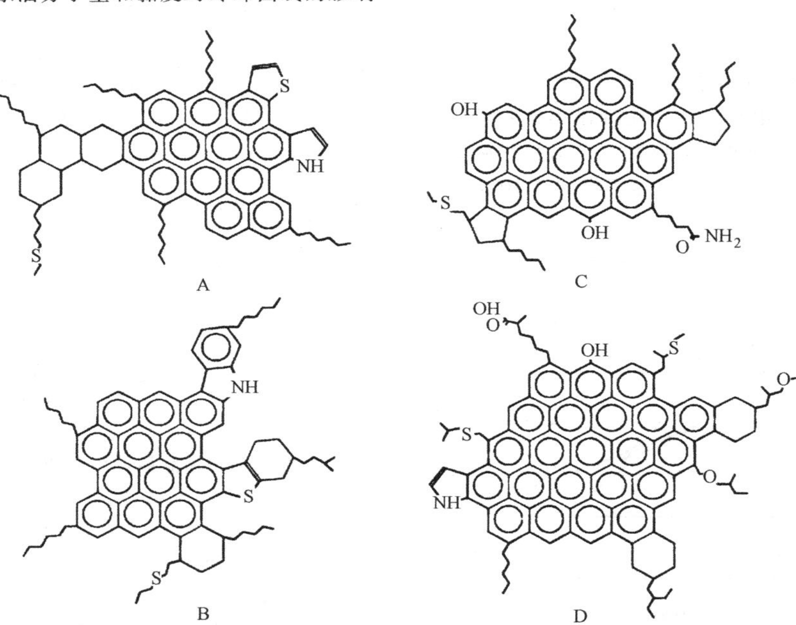

图 2-82 假想的沥青质分子结构（沥青质结构根据来源和位置可能差别很大）

特卡丘克（Tkachuk）等人报道，除了用来配制淬火油的基础油之外，还可以添加一些添加剂来得到更快的冷却速度，包括石油中的磺酸钙（PMS-A)、磺酸钠（ns-480)，以及环烷酸钙、烯基琥珀酰亚胺等。在这些添加剂中，最有效的是分子量最高的烯基琥珀酰亚胺，效果差一些的是磺酸钙和磺酸钠，分子量相对低的环烷酸钙实际上增加了冷却过程中的膜沸腾阶段。这项研究的一项成果是证明了黏度与可润湿性对于优化淬火油的配制，以得到最大化的传热来说都是重要的，并得出了以下结论：

1）对各种添加剂选择和浓度的最优化，可使淬火油的冷却能力得到显著提高。

2）高分子量、油溶性、具有表面活性的化合物是有效的添加剂，可以加速石油基淬火油的冷却速度。

3）含有添加剂的石油基淬火油的冷却速度与接触角（可润湿性）之间存在相关性，如图 2-83 所示。

艾伦（Allen）等人用一个 120mm×120mm×20mm (5in×5in×0.8in) 的奥氏体型不锈钢探头（几何中心配有一个热电偶）研究了用磺酸钠与另一种成分不明的无灰添加剂作为某种基础油的冷却速度加速剂的效果。他们利用四个参数来检测这两种添加剂的浓度分别为 1.5%和 3%时的效果：蒸汽膜阶段的持续时间、蒸汽膜破裂时的温度、最大的表面传热系数（核沸腾)、最大传热系数出现时的温度。

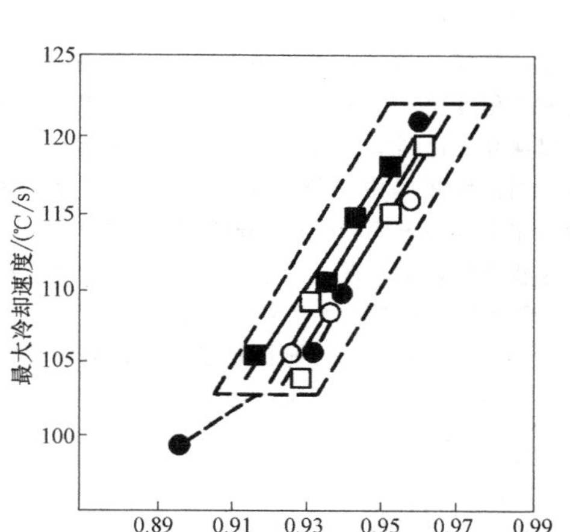

图 2-83 含添加剂的矿物油基淬火油的可润湿性与冷却速度之间的关系

这个板状的探头被加热到 850℃ (1560℉), 然后淬入 (20±1)℃ (70±2℉) 的试验油浴中。此项研究的结果列于表 2-36 中, 它表明: 将磺酸钠添加到基础油中比无灰添加剂得到了更高的表面传热系数; 无灰添加剂提高了最大冷却速度发生时的温度, 磺酸钠则使其降低; 两种添加剂都增加了核沸腾阶段油气泡的数量; 无灰添加剂增加了油的黏度, 磺酸钠则对油的黏度没有影响; 两种添加剂都降低了蒸汽膜阶段的持续时间, 意味着这些油可淬横截面尺寸更大的零件。

虽然石油磺酸盐已经是最常见的加速冷却的添加剂, 但它们仍存在两个严重的问题: 热稳定性较差, 以及含水量可以高至 5%。目前, 添加剂公司开发了专门的磺酸盐, 具有改善了的热稳定性和可接受的残余含水量。

马提杰维克 (Matijević) 等人最近一项研究的目的类似于特卡丘克, 即评估黏度相似的不同基础油, 包括那些被指定为基础油的链烷基的 (石蜡基的) 基础油、环烷基的基础油以及含有两种添加剂 [烯基苯酚硫化钙 (Hitec 579) 和磺酸钙、磺酸钠 (Lz 5941S)] 的链烷基的基础油。他们的研究结果还表明, 冷却特性取决于基础油的组成和类型, 以及加速冷却添加剂的适当选择及其浓度。

表 2-36 磺酸钠和无灰添加剂作为基础油的冷却速度加速剂的效果

参数		油成分(基础油+冷却速度加速剂)				
		无	无灰分添加剂		磺酸钠	
		—	1.5%	3%	1.5%	3%
40℃(100℉)时的黏度/cSt		32	33	34	36	36
表面张力/(N/m)		0.0388	0.0334	0.0326	0.0355	0.0319
无搅拌	蒸汽膜阶段持续时间/s	36.5	17	16.5	21.5	16.5
	蒸汽膜阶段结束时的平均温度/℃(℉)	600(1110)	700(1290)	700(1290)	650(1200)	650(1200)
	核沸腾和过渡阶段的平均冷却速度/(℃/s)(℉/s)	10.4(18.7)	10.7(19.3)	14.7(26.5)	14.2(25.6)	20.5(36.9)
	最大表面传热系数/[W/(m^2·K)]	921	1286	1988	1799	2592
	最大传热系数出现时的温度/℃(℉)	476(889)	500(932)	526(979)	425(797)	400(752)
中等搅拌	蒸汽膜阶段持续时间/s	36	18.6	17.1	22.6	13.7
	最大表面传热系数/[W/(m^2·K)]	1125	1494	2058	1876	2310
	最大传热系数出现时的温度/℃(℉)	450(842)	500(932)	524(975)	425(797)	400(752)

另一类最近使用的加速冷却添加剂是低分子量的烃类聚合物, 如聚异丁烯。通常情况下, 冷却速度增加程度和蒸汽膜阶段持续时间的缩短量, 随着添加剂的浓度和分子量的增加而增加。这已被浅田和福原爱所证实。

5. 光亮淬火油

油淬后钢表面的外观经常会发生改变, 特别是经过化学热处理之后, 并且这种改变随着矿物淬火油的氧化和水污染而改变。零件正常光亮表面的斑点状染色可能是由油中存在的 0.2%或更少的污泥导致的。兰迪斯 (Landis) 和墨菲 (Murphy) 研究了导致零件表面出现斑点状染色的这些彩色物质是如何产生的。此项研究结果表明, 这些彩色物质是由碳氢化合物的氧化产物、芳香族化合物及含硫的杂环化合物带来的。尽管所有这些潜在的成分对彩色物质的产生都有重要贡献, 但是最强的影响因素之一是芳香族硫化物的存在。

机械地看, 这些彩色物质是通过一个芳香族硫化物的酸催化齐聚反应和一个包含碳氢化合物氧化产物 (芳香碳很高) 的酸催化缩合反应形成的。因此, 根据兰迪斯和墨菲提出的机制, 硫化物有两个功能: 它们氧化产生强酸, 催化齐聚反应和缩合反应; 由于强酸的存在, 芳香族的硫化物形成低聚物——具有强烈发色团的分子结构。彩色物质的一个实例如图 2-84 所示。

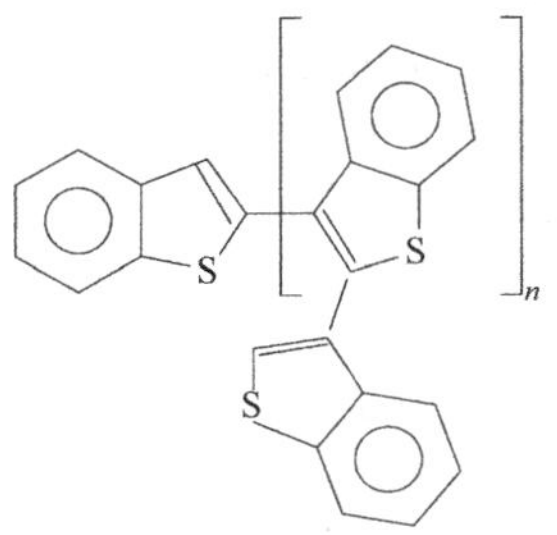

图 2-84 矿物油氧化过程中形成的彩色物质实例 [这种结构是低分子量聚苯并噻吩（低聚）]

各种专门让零件淬火后保持表面光亮的添加剂被用来配制光亮淬火油。卢妲卡娃（Rudakova）等人报道，添加 C_{20} 及分子量更高的合成脂肪族羧酸对淬火后保持表面光亮是有效的。据报道，用含有合成脂肪酸“锅底”残留物的矿物油淬火冷却介质淬轴承零件时，在提高冷却速度的同时，也表现出了更好的光亮淬火性能。

卢（Lu）研究了使用时间对光亮淬火油的影响。研究发现，随着时间的延长，由于钢零件出液槽时表面带走添加剂的原因，促进表面光亮的添加剂最终将被耗尽。周期性地在液槽里重新加油，是一种使钢表面继续保持光亮的有效手段。

6. 浴温和搅拌的影响

下面将重点介绍淬火槽中均匀液流的重要性，以得到均匀的硬度和较小的变形。原因之一是均匀液流可以使金属表面的膜沸腾稳定的“口袋”最小。因为不均匀的膜沸腾是导致淬火零件热应力增加的首要原因。这个问题已经被人们再三证实，例如在浅田的研究里提过，如图 2-85 所示。该图显示，随着搅拌的增加，膜沸腾区域的稳定性将大大降低。

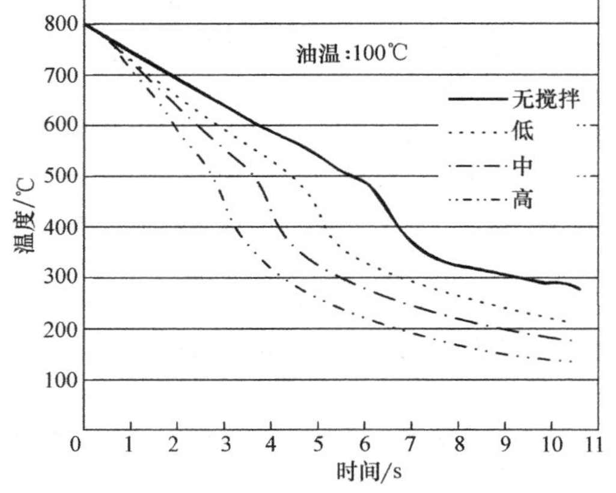

图 2-85 搅拌对矿物油冷却特性的影响

注：冷却曲线是由 JIS K2242：1980 银探头（表面有热电偶）测得的；油温为 100℃（212℉）。

在另一项研究中，塔拉巴（Taraba）阐述了搅拌对商用快速淬火油冷却特性的影响。在这项研究中，所用搅拌程度由转矩来量化表示。虽然搅拌器的转矩值可以从 0 变化到 4.8J/(s · kg)，但是图 2-86 所示案例中使用的转矩是中间值 2.59J/(s · kg)。冷却速度的检测采用 ISO 9950 Inconel 600 探头，如图 2-24 所示。这些数据显示，在这个系统中，相较于无搅拌而言，中等程度的搅拌几乎可以完全消除蒸汽覆盖层的形成。这个例子并不是说搅拌是必需的，但它表明淬火过程中零件周围的冷却应尽可能均匀。

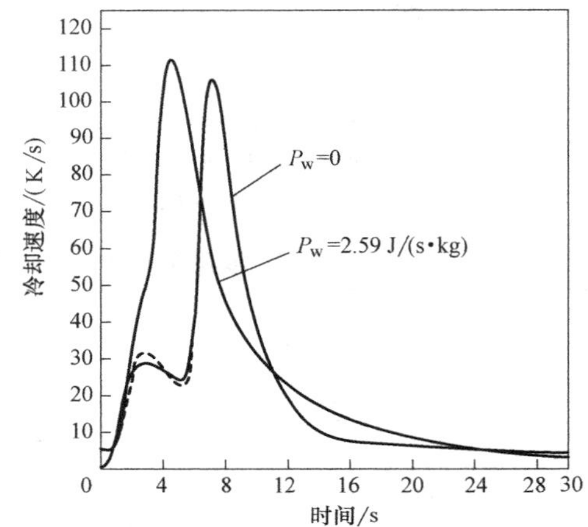

图 2-86 同一种矿物油淬火冷却介质在不同搅拌条件下的冷却速度对比

浴温和搅拌都会影响矿物油的淬冷烈度。为了评估搅拌对浴温的影响以及搅拌作为共同变量的影响，采用一种三水平统计方法来设计冷却曲线分析试验。试验变量是淬火冷却介质浴温（43℃、65℃、88℃，即 110℉、150℉、190℉）；线型或紊流速度（0m/min、15m/min、30m/min，即 0ft/min、50ft/min、100ft/min）；圆柱形不锈钢探头（几何中心嵌有一个 K 型热电偶）直径（12.5mm、25mm、37.5mm、50mm，即 0.5in、1.0in、1.5in、2.0in），探头长度均为直径的 4 倍。评估了两种矿物油：一种常规淬火油（慢油）和一种加速淬火油（快油）。每种油做 10 个试验，进行统计分析之后，绘制一系列等值线图，这些图阐明了这些变量对最大冷却速度、345℃（650℉）时的冷却速度、格罗斯曼 H 值以及 AISI 1045 和 AISI 4140 两种钢预期硬度的影响。慢油的等值线图如图 2-87 所示，快油的等值线图如图 2-88 所示。根据这些数据可以得出以下几个结论：

1）最大冷却速度（CR_{max}）和 345℃（650℉）时的冷却速度（CR_{345}）基本上与浴温无关，但是取决于搅拌速率。搅拌速率对常规淬火油（慢油）的 CR_{max} 和 CR_{345} 的影响更大些。

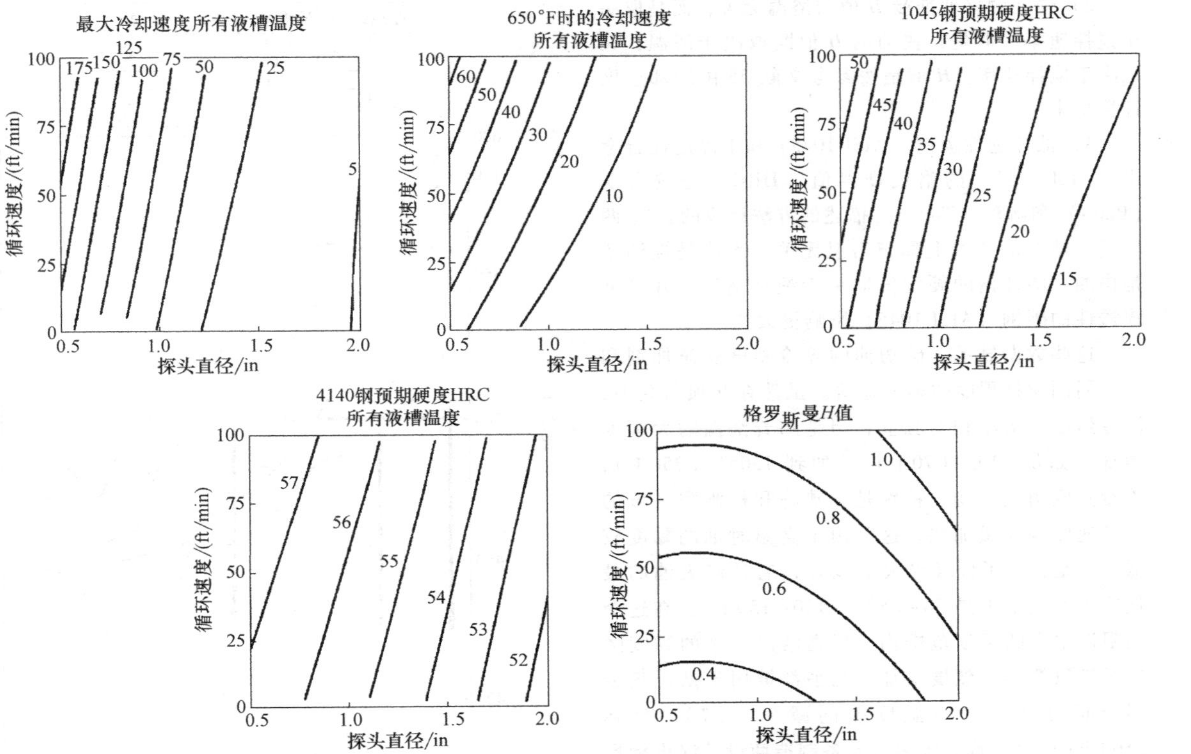

最大冷却速度所有液槽温度
650°F时的冷却速度
所有液槽温度
1045钢预期硬度HRC
所有液槽温度
4140钢预期硬度HRC
所有液槽温度
格罗斯曼H值
循环速度/(ft/min)
探头直径/in

图 2-87 由常规淬火油（慢油）统计分析得到的冷却曲线结果的等值线图

注：所有冷却曲线数据均采用 304 不锈钢探头获得，在零件几何中心插入 K 型热电偶。

最大冷却速度
所有液槽温度
650°F时的冷却速度
所有液槽温度
1045钢预期硬度HRC
所有液槽温度
4140钢预期硬度HRC
所有液槽温度
格罗斯曼H值
液槽温度
110°F
150°F
190°F
循环速度/(ft/min)
探头直径/in

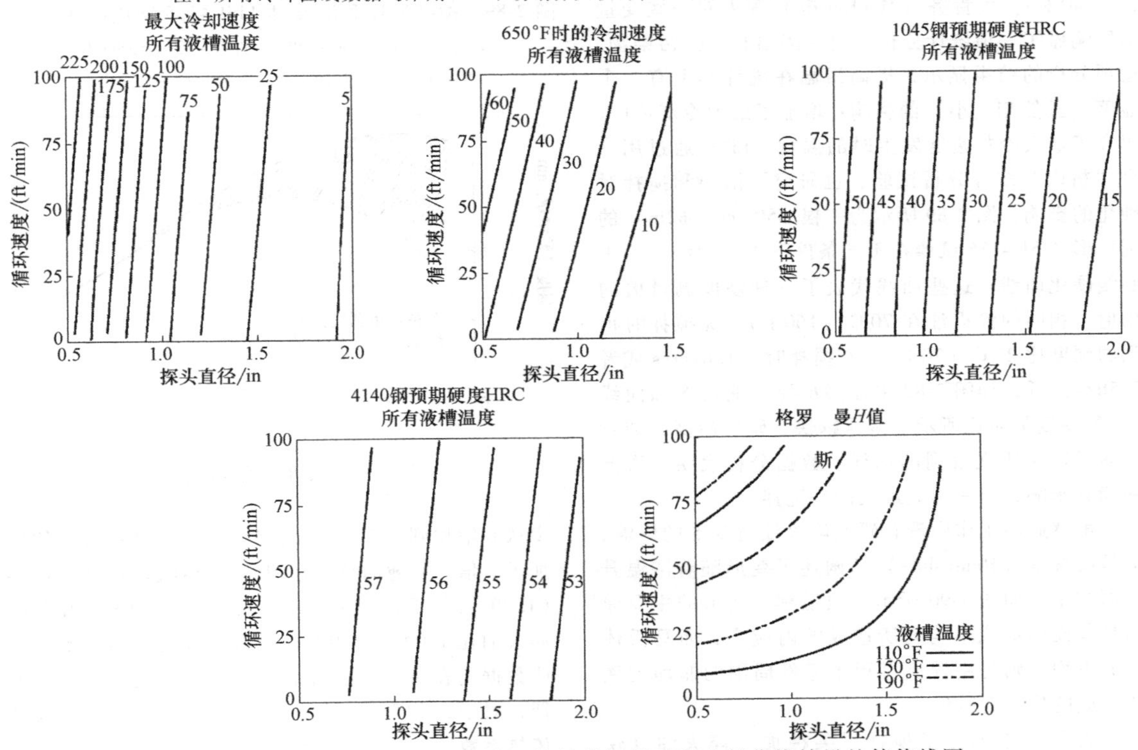

图 2-88 由加速淬火油（快油）统计分析得到的冷却曲线结果的等值线图

注：所有冷却曲线数据均采用 304 不锈钢探头获得，在零件几何中心插入 K 型热电偶。

2）慢油的格罗斯曼 H 值与浴温无关，而是取决于搅拌速率。但是，快油的 H 值既取决于浴温，又取决于搅拌速率。H 值是按参考文献 55 由冷却速度计算出来的。

3）低淬透性碳钢（AISI 1045）和中淬透性合金钢（AISI 4140）的洛氏硬度值（HRC）是按贝茨（Bates）和陶敦（Totten）描述的方法计算的。这两种钢的硬度值基本上都与浴温无关，无论是慢油还是快油。两种钢的硬度值取决于搅拌速率，并且低淬透性的碳钢（AISI 1045）影响更大些。

这些数据显示，矿物油的淬冷烈度受添加剂和零件周围搅拌程度的影响显著。虽然在此项研究中，淬冷烈度与浴温相对独立，但是随着浴温的大幅度增加，如从 21℃（70℉）增加到 120℃（250℉），淬冷烈度明显改变，特别是膜沸腾和核沸腾区域的冷却速度有轻微加快，这归因于高温时油的黏度较低。但是，除了分级淬火油以外，通常淬火油的最佳使用温度范围是 50～65℃（120～150℉）。在这个局限性很大的温度范围内，提高浴温带来的黏度降低所导致的淬冷烈度增加，几乎都被用于抵消热金属表面与油温之间温度差的减少（ΔT）。赫林（Herring）报道称，大多数设备制造商设计淬火槽尺寸时，将浴温瞬间增加的幅度限制在 11～22℃（20～40℉）。麦肯齐（MacKenzie）等人对一些变量的影响做了一项统计分析，包括浴温和一些污染物。这项分析的结果显示，提高浴温在统计学上有一个显著（虽然相当小）的影响：增加了最大冷却速度，提高了最大冷却速度发生时的温度。Liščić通过用一个“析因”统计分析试验，也研究了浴温和搅拌对硬化的影响。图 2-89 所示为一根 ϕ50mm（ϕ2in）的圆柱形 AISI 4135 试棒在不同条件下淬火后测得的中心线硬化曲线。这些曲线代表了三种硬度测量值的均值。相同的淬火油在 70℃（160℉）、无搅拌时得到的硬度比 20℃（70℉）、有搅拌时（1.67m/s 或者 5.5ft/s）低，如图 2-89 中在 ½R 处（曲线 5 和曲线 1）的硬度值对比所示。流速越快，硬度越高，如对比曲线1～4 所观察到的那样。数据分析表明，浴温的确有影响，但是影响最大的是搅拌。

虽然此项工作中没有研究淬火油对变形的影响，但是汉普夏（Hampshire）已阐述了变形随着浴温升高而减小，如图 2-90 所示。报道称，变形的主要原因是马氏体形成不均匀所造成的内应力，而马氏体形成不均匀则是由淬火过程中零件周围的非均匀液流形成的热梯度所致。

表 2-37 中列出了搅拌对某种加速淬火油（快油）传热系数的影响。这些数据显示，随着搅拌速率从 0 增加到 0.76m/s（2.5ft/s），传热系数大约增加了 2 倍。有趣的是，在相同的搅拌速率［0.51m/s（1.7ft/s）］下，加速淬火油在 60°（140℉）和分级淬火油在 150℃（300℉）时有相等的传热系数。这些数据还表明，无论槽里液流如何变化，甚至是搅拌，对于大零件或大量小零件而言也只能影响局部传热系数的大小。这说明在槽中使用合适的挡板及正确设置搅拌器的安装位置很关键。

曲线编号	油流速/(m/s)	油温/℃
1	0	20
2	0.69	20
3	1.1	20
4	1.67	20
5	0	70

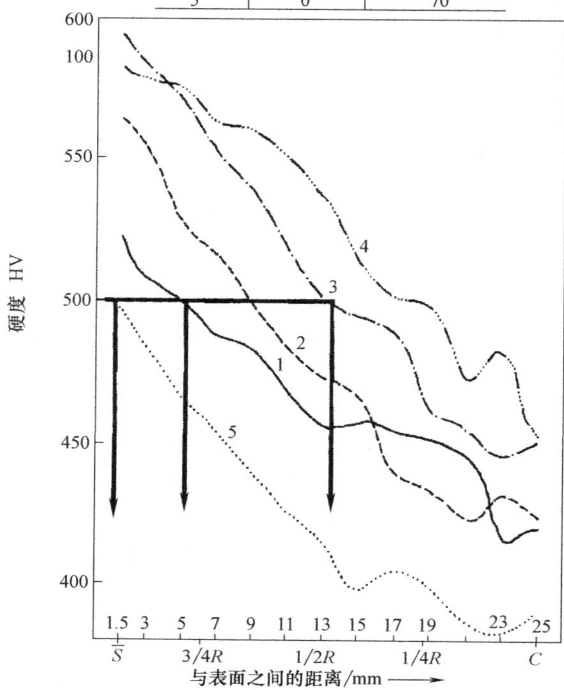

图 2-89　搅拌速度和浴温对 AISI 4135 钢透淬性的影响（淬火油：普通矿物油；黏度：36.5cSt/20℃）

S—表面下 1.5mm　R—半径　C—圆柱中心

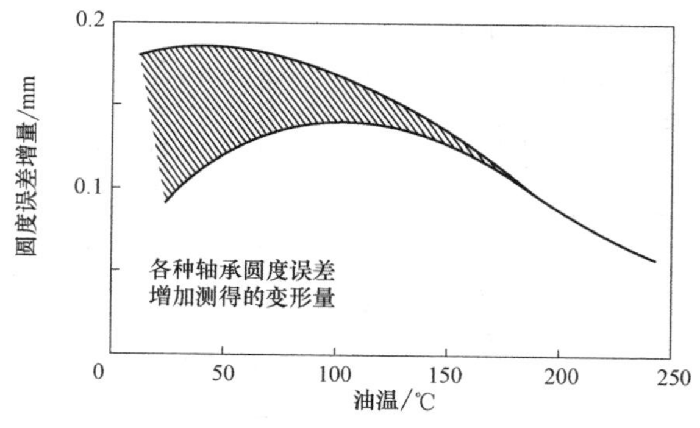

图 2-90　变形与油温的关系

表 2-37 搅拌对加速淬火油传热系数的影响

淬火油	搅拌速率		传热系数/[W/(m^2·K)]
	m/s	ft/s	
65℃(150℉)常规油	0.51	1.7	3000
60℃(140℉)快油	静止	静止	2000
60℃(140℉)快油	0.25	0.82	4500
60℃(140℉)快油	0.51	1.7	5000
60℃(140℉)快油	0.76	2.5	6500
在 150℃(300℉)时,马氏体分级淬火油	0.51	1.7	5000

2.1.15 淬火槽的维护保养

为了确保获得最佳性能，对淬火油定期进行分析是必不可少的。这里给出了一种淬火油检测方案，其中包括各种建议步骤和可选步骤。这些基于 ASTM D6710 的建议，为热处理操作者提供了更多如何得到一致的硬化效果、减少变形和开裂以及保证操作安全方面的建议。对所用淬火油的常规分析大约每三个月做一次，如果遇到问题，则需要更频繁一些。ASTM D6710 给出了建议的检测概要。但是，不是每一项 ASTM D6710 列出的检测都要在每次试验间隔期间做一次。作为最低限度，以下检测至少每三个月做一次，并按照之前讲过的适用的 ASTM 国际检测方法，或者其国标等同标准实施：

1）湿度检测（水，定性）。

2）含水量检测（仅当湿度检测是正数值时，做定量检测）。

3）40℃（100℉）黏度检测，按 ASTM 国际检测方法 D445。

4）油泥检测，按适用的 ASTM 国际检测方法。

5）虽然过去推荐按 ASTM D3520，采用简单的 Ni 球，常规油和快油的浴温为 25℃（80℉），分级淬火油的浴温为 120℃（250℉），但是这不是目前的首选操作。作为替代，现在推荐按 ASTM D6200 做冷却曲线分析，原因在之前已讲过。

1. 物理特性描述

有许多特定的物理特性描述程序可用。这里的目标，是提供可能用到的检测程序的具体实例，并给出对所得结果的深刻理解。物理特性描述对识别淬火油使用中的变化是极其重要的。但是，物理特性描述的方法并不直接指示液体化学成分改变导致的淬冷烈度的变化。因此，人们开发了各种实验室检测来量化淬冷烈度（见本章“冷却曲线描述”一节），并与物理化学特性描述一起使用。

（1）取样 淬火槽中存在搅拌时液流永远不会一致。因此，粒状污染物，包括油氧化和金属剥落的残渣都可能存在。因此，推荐采用下面的取样步骤：

1）确保样品尽可能一致，直接取样之前淬火冷却介质应该搅拌至少 1h。

2）对于每一个系统，应从相同的位置取样，这个位置应该是最大紊流发生的地方，并记录下这个位置。

3）如果用取样阀取样，在取样前应对阀和相应的管进行清洗。

4）如果淬火槽或者海量存储槽（桶）没有搅拌器，则应该从槽的顶部和底部取样。

5）确定和报告新添加淬火液（补给）的频率和量是重要的，因为大量添加新淬火液将影响检测结果。

6）样品应该收集在干净的新容器里。不能用食物或饮料瓶，因为有污染和泄漏的风险。

（2）培根（Bacon）高压储罐液体取样器（简称 Bacon 取样器） 需要从淬火槽的特定位置对淬火冷却介质进行取样，尤其是对于水和残渣的定期检测必须从底部取样。得到这种的样品的常用方法之一是使用 Bacon 取样器，它是两头带锥形的圆柱形金属筒，内部有一个活塞式阀。当取样器放入槽的底部时，阀会自动打开；撤出取样器时，阀又自动闭合，形成一个很紧的密封。Bacon 取样器可以配置延长杆，以将采样器降入槽内；或者可以系一根优质钢链（触发线）来将其降到底部，触发底阀灌满液体。如果想在中间深度取样，可以调节触发线的长度以在任意想要的深度打开圆筒（取样）。在灌满液体之后，将取样器从槽里撤出。底部的灌满阀被打开，将样品倒进瓶子或烧杯中用于检测。Bacon 取样器简图如图 2-91 所示。

（3）黏度 前面讨论过，淬火油的淬火性能取决于其黏度，而黏度随浴温和使用过程中油的老化而变化。运动黏度最普遍是在 40℃（100℉）下测量。最常用的黏度测量方法是 ASTM D445。

分级淬火油的使用温度通常更高。虽然经过一段时间后黏度只会稍稍改变，但是淬火油在冷却后将变成几乎凝固的状态。因此，对于可泵性、流速以及淬冷烈度而言，黏度-温度的关系（黏度指数）

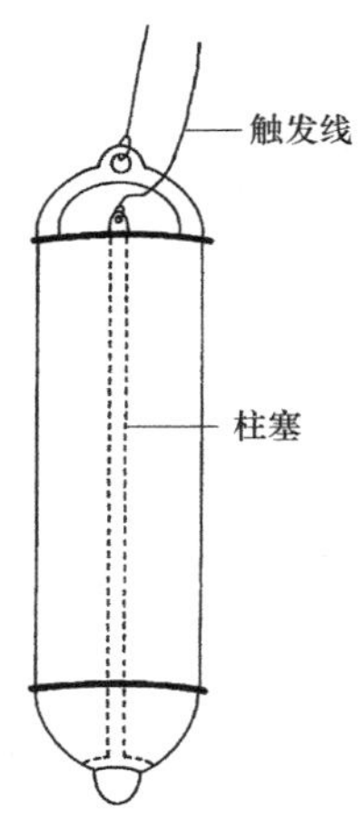

图 2-91 培根（Bacon）取样器简图

是极其重要的。黏度指数的确定依据是运动黏度的测量结果，测量方法按 ASTM D2270，分级淬火油的运动黏度在 40℃（100℉）和 100℃（212℉）下测量（注：如果认为 SUS 黏度比较好，可以按 ASTM D2161，将运动黏度或者 cSt 转换为 SUS）。

为了过程监控和潜在故障排查的需要，必须记录每个槽的黏度变化历史，如图 2-92 所示。

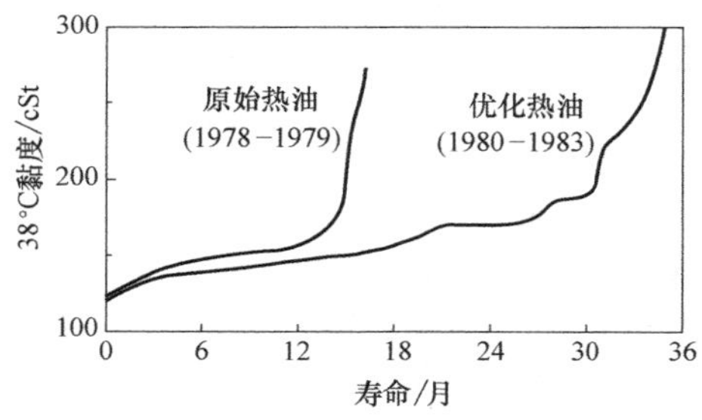

图 2-92 两种分级淬火油的黏度与使用时间的关系（这种变化可以从油与油之间或槽与槽之间比较得到）

（4）含水量 淬火油中水污染的来源可能包括热交换器的渗漏、水冷式轴承、风扇、液压油、潮湿的环境或者油的污染或降解。含水量低至 0.1%或更少就可能造成软点、硬度不均匀或能导致淬火槽出现严重的泡沫现象，增加油的着火倾向。水污染引起泡沫的原理如图 2-93 所示。如果水在热的淬火油中积聚足够的量，可能会发生由蒸发引起的爆炸。另外，水的存在还能使原本干净的零件变暗或染色。博耶（Boyer）和卡里（Cary）已经报道过，油淬火系统被报道的问题中有一半以上与油的水污染有关。

如果对被水污染的油进行加热，可能听到脆裂声或油炸声。这是一个定性现场试验依据的原理，试验探测极限大约是 500ppm（含水量 0.05%），称为油湿度检查（脆裂声试验），用来证明油中有水存

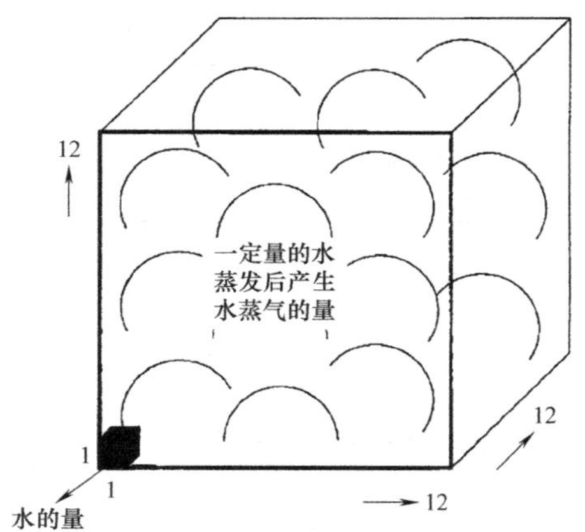

图 2-93 1mL 的液态水体积膨胀成 1700mL 的水蒸气（这个图说明了油淬火系统中少量的水污染是如何造成潜在的很危险的泡沫的。由德国希尔德斯海姆县德润宝公司的 H. Beitz 提供）

在。在这个试验中，将少量的油加热到水的沸点以上的温度（>100℃，或者>212℉）。如果油中含水，将能观察到冒泡现象或者听到脆裂声。但是，如果水含量超过饱和度很多，则只能听到脆裂声，此时再说淬火系统的安全问题已经太迟了。

除了仅仅能够定性外，油湿度检查还可能因为挥发性溶剂和气体的存在而有误报的倾向，并且这种方法不能测量化学溶解水。虽然如此，这个试验作为一种快速筛选自由水和乳化水的手段还是有一定用处的。下面是油湿度检查的试验步骤（图 2-94）：

1）将一个电热板加热到 160℃（320℉）。

2）完全混合（猛烈搅拌）样品以确保水在油中均匀悬浮。

3）用一根干净的滴管，吸一滴混合液滴到已加热的电热板上并观察。

① 如果没有脆裂声或气泡形成，则说明没有游离水或乳化水存在。

② 如果有很小的气泡［0.5mm（0.02in）］产生但是气泡很快消失，则说明有 0.05%～0.10% 的水存在。

③ 如果气泡尺寸约为 2mm（0.08in）并且气泡浓缩到油点的中心然后消失，则说明有 0.1%～0.2% 的水存在。

④ 如果水含量超过 0.2%，那么开始时气泡的尺寸可能为 2～3mm（0.08～0.12in），然后随着这个过程重复一两次，气泡将长大到 4mm（0.16in）。更高的含水量可能会导致猛烈的气泡现象，能听到脆裂声。

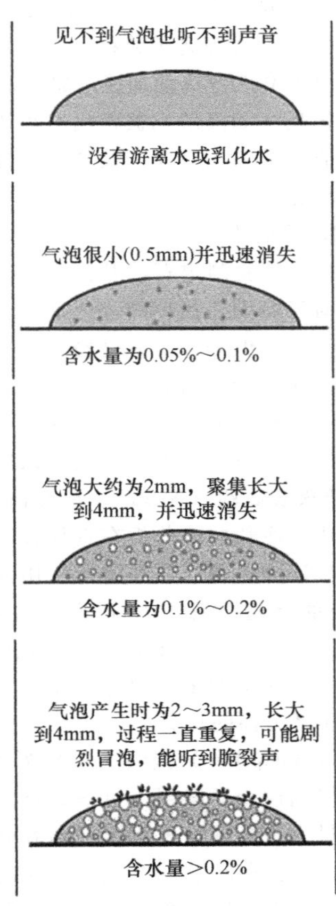

图 2-94　脆裂声试验时含水量对视觉现象的影响（由 Noria 公司提供）

一种更简单但是更难定量的替代办法，是加热一个装有 1/3 待检测淬火油的试管。如果在油冒烟前听到一声脆裂声，则说明油中含水。

淬火油中的水污染在 1000 mg/kg（0.1%）以下时，最常用的实验室试验是卡尔·费舍尔（Karl Fisher）分析（ASTM D6304）。这个试验的原理是利用水与卡尔·费舍尔化学试剂的反应，衡量指标是电量端点。更高的含水量可以用蒸馏试验方法来定量检测（ASTM D95）。

（5）闪点　闪点是这样一个温度，当达到这个温度的时候，油（含饱和油蒸汽）产生的气体如果暴露于火花或火源中，则可以点燃但不会继续燃烧。常测定的闪点值有两类：闭口杯法闪点和开口杯法闪点。在闭口杯法测量中，液体和蒸汽在一个封闭系统里被加热，微量的低沸点污染物可能集中在气相里，导致测得值相对较低。当实施开口杯法闪点试验时，沸点相对低的物质在加热过程中挥发掉了，对最终结果（闪点值）影响很小。最常用的开口杯法闪点试验步骤是克利夫兰（Cleveland）开口杯法程序，如 ASTM D92 所述。在开放系统中没有保护气氛，油最小的开口杯法闪点至少要比使用温度高 90℃（160℉）。在封闭系统里，可以用保护气氛，最低的开口杯法闪点应至少比实际使用温度高 35℃（65℉）。

（6）酸值　随着淬火油的老化，形成了羧酸和酯类产物。这些副产物可能显著影响淬火油的黏度和黏度-温度特性，从而影响淬冷烈度。羧酸还可以作为润湿剂，通过增加淬火油在金属表面的润湿性来提高冷却速度。

这些副产物的量由化学分析测定，最常见的方法是用酸值测定。因为新油可能是碱性的或酸性的（取决于所含的添加剂），所以酸值本身的绝对值大小并不是质量指标。但是，相较新油的初始酸值的改变可以反映出已经氧化的程度，随着时间推移，酸值的增加可以表示形成副产物量的增长水平和因此而带来的老化程度。

做酸值检测（ASTM D664 或 D974）时，首先将淬火油溶入甲苯和异丙醇的混合溶剂中，再滴入少量氢氧化钾（KOH）标准水溶液。这被称为酸值（AN），结果以每克样品中含有多少毫克 KOH（mg/g）的形式给出。淬火油供应商会推荐一个淬火油使用（可用）酸值的最大值。如果没有提供最大酸值，对于已使用的淬火油，ASTM D6710 建议 AN 不超过 2.00 mgKOH/g。

即使含有添加剂，油的氧化情况也可以通过红外线光谱（IR）的手段监测和量化。图 2-95 所示为用 IR 分析来监测油降解之后所发生的改变。莽（Mang）和贾尼曼（Jünemann）监测了氧化的矿物油里所含的羧酸 C=O 在波长为 $1710cm^{-1}$ 的 IR 中的弹性振动。

IR 分析还可用来确定和量化其他含羰基的化合物，包括金属羧酸盐（$1600cm^{-1}$ 和 $1400\ cm^{-1}$）、羧酸（$1710cm^{-1}$）、金属硫酸盐（$1100cm^{-1}$ 和 $1600cm^{-1}$）、酯类（$1270cm^{-1}$ 和 $1735cm^{-1}$）。

（7）皂化　淬火油降解可能生成羧酸和酯类副产物。酸值是酸类副产物的量度，而皂化值则是氧化生成的或是淬火油里作为添加剂使用的脂肪酸酯等酯类副产物的量度。皂化值检测方法按 ASTM D94。检测步骤包括将一份含有已知量的基本试剂的油样品加热，之后检测试剂消耗量。因为有些淬火油的配制组分里也有皂化值，所以重要的是，要检测的不是绝对值，而是随时间推移的改变值。酸值和皂化值都增加的话，表示油泥形成倾向增加。如果油检测的其他结果令人满意，而皂化值低于 3mg KOH/g，则是可以接受的。

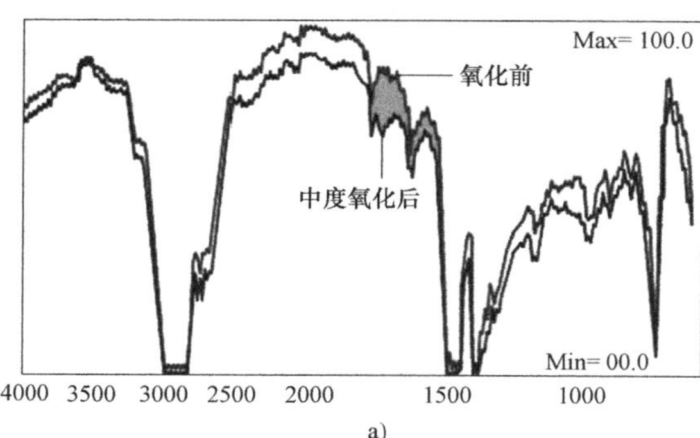

a)

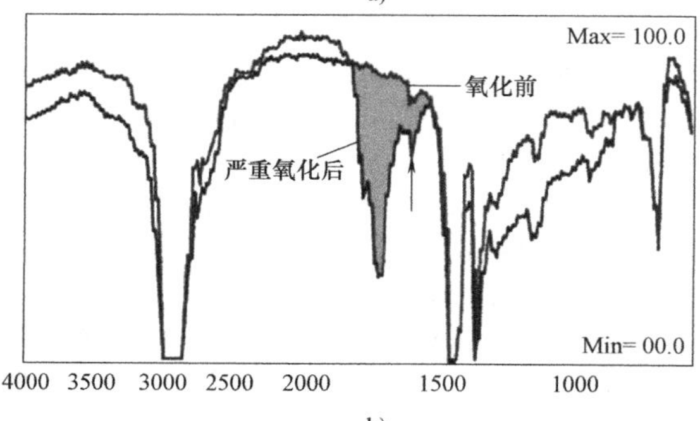

b)

图 2-95 使用红外线光谱定量评估淬火油的氧化降解

a）新油与中度老化的油的对比

b）新油与严重老化的油的对比

（8）油泥的形成 淬火油使用中最大的问题之一就是会形成油泥。虽然之前提到的各种分析可能显示淬火油可用，但是油泥的存在仍然可能足以导致传热不均匀，热梯度增加，开裂和变形增加。油泥还可能塞住过滤器，弄脏热交换器表面，而热交换器效率降低可能会导致过热、过多的泡沫，还有可能引发起火。

油泥的形成是淬火油的氧化导致的。氧化反应形成聚合的和交联的分子，它们不溶于油。淬火油中油泥的相对含量可以用沉淀值来量化（ASTM D91），其测定是将石脑油加入淬火油中，在离心后测定沉淀物体积。一个可用的替代试验是 ASTM D2273。除了油氧化物，其他对油泥形成有贡献的因素，包括污垢、形成的炭渣、从热处理炉里带来的煤灰（特别是在采用高碳势或者气氛不受控制时）。将淬火油里的颗粒尺寸维持在 1μm 以下对优化淬火性能是很重要的。

可以对比新油和使用过的油的油泥形成倾向，来对剩余寿命做出评估。可用的试验程序包括康拉特逊（Conradson）碳数值（ASTM D189）、成漆板焦化试验、旋转弹氧化试验（ASTM D943）。据库克如艾克（Cochrac）和里兹维（Rizvi）报道，一般淬火油的成漆板焦化试验值：稳定的氧化物形成的沉淀为 1~2mg，相对不稳定的淬火油沉淀为 20~25mg。

（9）感应耦合式等离子分析 当金属有机化合物（如金属盐）作为淬火油加速添加剂添加的时候，它们潜在的损耗（如降解或被带出）可以通过对该金属元素的直接分析来量化。最常用的方法是感应耦合式等离子光谱。

2. 冷却曲线描述

如上所述，试验测定石油基淬火冷却介质的物理化学特性对于鉴别使用期间淬火油发生了哪些变化是极为重要的。但是，因为这些方法并不能直接表示出由液体化学变化引起的淬冷烈度的改变，所以人们开发了各种实验室试验来量化淬冷烈度，并与物理化学特性描述一起使用。这些试验包括热丝试验、GM 淬火表试验（Ni 球）、冷却曲线分析等。在这些试验中，冷却曲线分析在世界各地被普遍采用，作为选择淬火冷却介质和监测已用淬火冷却介质性能改变的首选方法。对于矿物油基淬火剂，ASTM D6710 推荐按 ASTM D6200 进行试验。在这一节中，将给出一些案例来说明冷却曲线分析对已使用的淬火油描述方面的功用。

汉普夏（Hampshire）提供了一个淬火油使用中冷却速度随时间改变的案例。如图 2-96 所示，最大冷却速度和最大冷却速度发生温度随着老化时间的增加而提高。而且在使用 34 个月后，试验结束时膜沸腾减少到看不见。这些数据显示，尽管油的黏度

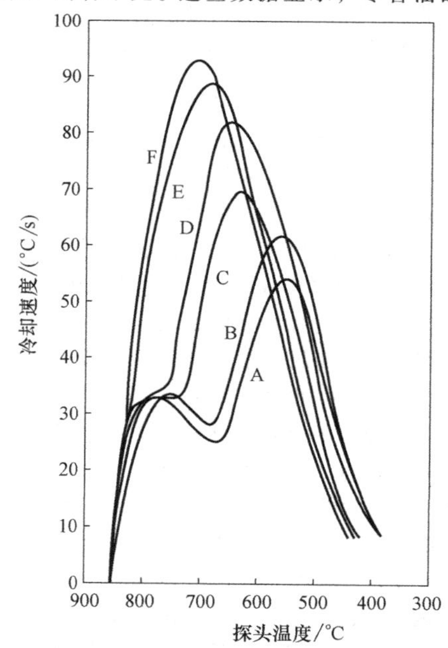

图 2-96 分级淬火油的冷却速度随使用时间变化的情况

A—新油 B—使用 3 个月 C—使用 7 个月 D—使用 15 个月 E—使用 25 个月 F—使用 34 个月

在试验结束时开始增加，足够量的相对挥发性副产物仍将导致冷却速度增加和膜沸腾行为消失。另外，形成的极性羧酸作为润湿剂加强了油的表面润湿性，这也增加了冷却速度并有助于减少膜沸腾行为。

休伊特（Hewitt）就使用时间对冷却性能的影响做了一个类似的研究（图 2-97）。在这个研究中，冷却速度随时间逐步减小，这与使用时冷却速度加速剂被带出具有相同效果。虽然油很可能被氧化了，应该得到更快的冷却速度，但是本例中加速剂损耗带来的影响更大。常规淬火油中含水量的影响如图 2-98 所示。随着含水量增加，最大冷却速度增加，最大冷却速度发生温度相应地稍稍改变，在含水量超过 0.01%时最为明显。但是，在快油中得到了相反的结果，随着含水量增加，冷却速度降低，如图 2-99 所示。

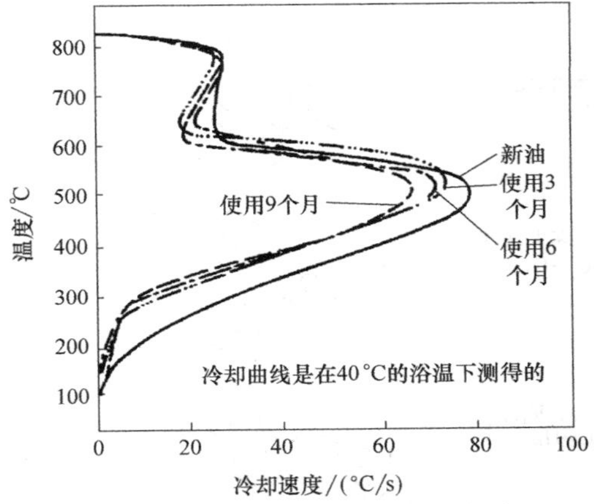

图 2-97 加速淬火油的冷却速度随使用时间的变化情况

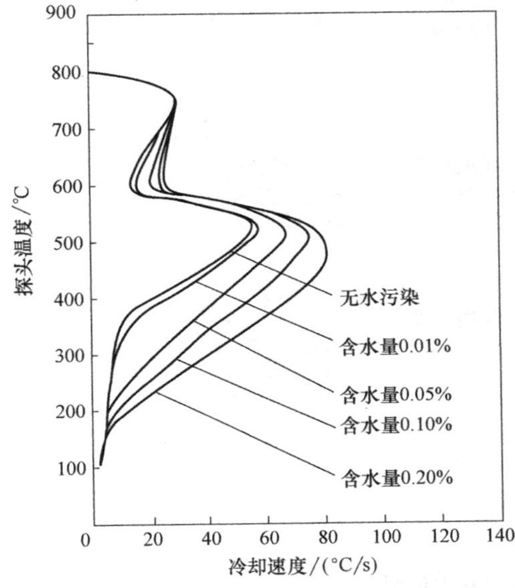

图 2-98 水污染增加对常规淬火油的影响

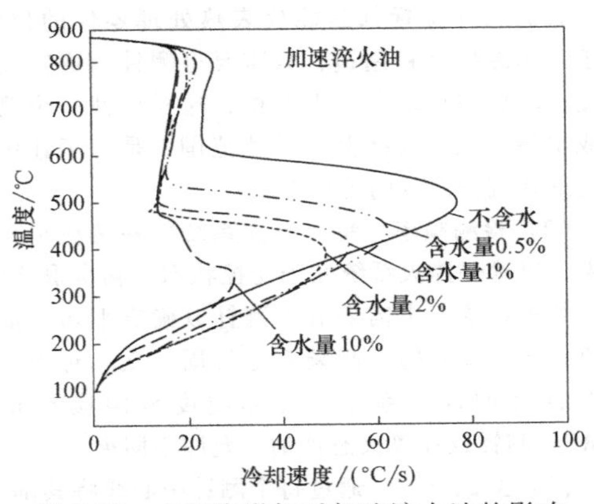

图 2-99 水污染增加对加速淬火油的影响

麦肯齐（MacKenzie）等人评估了各种污染物对冷却曲线性能的影响，并得出以下结论：

1）液压油、煤灰（炭黑）、盐以及水等污染物的存在，增加了常规淬火油的最大冷却速度。

2）氧化降低了最大冷却速度和最大冷却速度发生温度，这归因于淬火油黏度的增加。

3）盐（来自于盐浴炉）和液压油的存在增加了最大冷却速度，但机理不同。盐沉淀在冷却金属表面，增加了形核点的总数量，因此减小了核沸腾阶段释放的气泡的平均尺寸，从而增加了传热量。而低分子量矿物油基液压油，则是降低了淬火油的黏度，降低了油的沸点（虽然作者并不认同，但还有另一种机制，即液压油里的耐磨添加剂具有表面活性，因此扮演了冷却速度加速剂的角色）。

4）水的存在增加了冷却速度，可能引起变形的增加。另外，水的存在造成金属表面热传递不均匀，这也是变形和开裂增加的主要原因。

2.1.16 油淬火系统的监测

选择了淬火油并建立了淬火系统之后，还需要按之前章节所述的拉什曼（Rushman）方法建立系统的 H 值。然后还需要监测系统以检测其所有变化。

1. 检测系统淬冷烈度的变化

之前已经提到，使用测针来检测炉子淬火系统是有效的控制工具。以下测针已经被成功用于监测 65℃（150℉）快油淬火系统，其 H 值为 0.35~0.50。

（1）测针 测针的最低需求量是要满足所有炉子被监控一年的要求。所有测针都应该具有相同尺寸，并且是同一炉钢制造的。以往的经验表明，对于渗碳用整体淬火连续炉和周期炉，8620H 材料制成的测针使用得很成功。测针是用直径范围为15.8~19.1mm（取决于用途）的冷拉钢筋做成的，长度是直径的 6 倍。每个测针的末端都加工了一个浅槽，以使用导线将测针与负载连接起来。测针在所有炉子负载的悬挂位置都是能代表热处理零件的位置。由于采用冷拉材料制造，只需要将测针切成需要的长度，然后在自动车床上开槽，这样可使每个测针的成本最小化。选择上述尺寸范围，是为了让中心硬度落在端淬曲线的陡坡上。

（2）检测频率　每个淬火系统的检测应尽可能频繁，以确保淬火系统处于受控状态。初次取样时，每个炉子系统至少需要五个测针以确定平均心部硬度值，之后最低的检测频率是每周一次。对于一个受控良好的淬火系统，心部硬度范围应不超过3HRC。测针仅在淬火态评估，允许不回火。

（3）测试方法　通过每个测针中心线将其剖开，检测心部洛氏硬度，结果以每炉记录。同时，如果用于渗碳或碳氮共渗工艺，则同一个测针还可以用于检测表面硬度和/或有效硬化层深度。

2. 检测淬火油的毒性

淬火油最令人关注的问题之一是它们的毒性，尤其是它们的致癌行为。这可能是由于（至少部分是由于）多环芳烃（PAH）的存在。例如，虽然不是所有PAH结构都是致癌的，但是有一些则强烈致癌。图2-100所示为在矿物油基础油中发现的一些已知的具有致癌作用的多环芳烃。丹尼斯（Denis）等人报道，相较于未使用的油，已使用的淬火油中含有一种相当浓度的多环芳烃——苯并芘。表2-38列出的结果显示，已使用过的油中PAH的含量相对于新的未使用的油有了大幅增加。报道称这归因于淬火油在热钢淬火时的重复加热，导致油中形成了PAH结构。

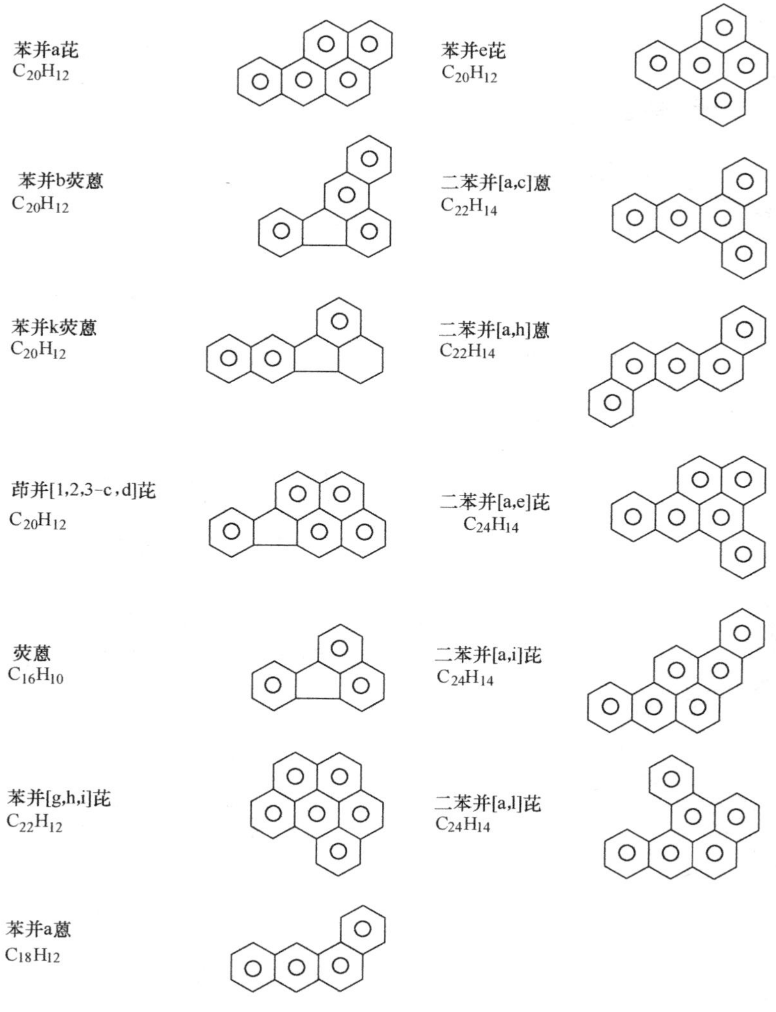

图2-100　有毒多环芳烃的分子结构

表 2-38 几种新油和使用过的淬火油中多环芳烃（PAH）的含量

PAH	淬火油中的含量/ppm	
	新油	使用过的
苯并[a]芘	0.06	34.8
	0.01	13.2
	0.25	1.2
PAH 总含量	0.36	126
	0.06	43.6
	1.55	5.4

辛普森（Simpson）和埃尔伍德（Ellwood）报道了旨在监测淬火油中 PAH 随时间积聚的过程的试验结果。他们对 3 家不同热处理公司的 4 种不同油槽中的淬火油检测了 6~18 个月。在这项工作中，虽然观察到了 PAH 的存在，但是没有观察到预期的 PAH 含量随时间的增长。

2.1.17 矿物油淬火冷却介质的安全使用

对于设备、建筑和人来说，使用矿物油基液体这种可燃物，并和大量热钢接触［温度约为 850℃（1560℉）］，最大的危险明显就是火灾危险。导致设备毁坏和人员伤亡的爆炸案例已有报道。因此，涉及油淬火的热处理操作，应当包括仔细深入的预先计划、适当的系统设计、对人员就设备和工艺流程及安全进行培训。而且必须考虑到，即使所有这些步骤都做了，仍然会有一个或多个极其重要的环节存在失败的可能。在热处理生产中明白这一点极为重要，本节介绍了矿物油淬火槽方面的安全问题。赫林（Herring）总结了一些淬火生产系统中最常见的爆炸源和火源。图 2-101 所示是一张热铸钢件即将淬火的照片。

图 2-101 奥氏体化的钢铸件即将浸入淬火油的照片

1. 爆炸源或火源

（1）水污染 水含量只要达到 0.1%就已经不安全了。

（2）油被带出 只要允许炉子里的工件在油除尽之前出油槽，就存在不完全排油的潜在危险。如果带出的残油足够多，穿过火帘的时候就可能被点燃。同时，如果工件温度高于油的着火点，则残油从工件一离开炉子就会燃烧。

（3）工件搁置 如果热钢工件在传送过程中局部卡在液面以下，可能会引起非常严重的火灾。如果淬火升降门卡住的话，则在整体淬火炉中也会发生严重的火灾。一些有助于防止这类火灾的措施：精心设计用于将工件转入淬火油里的升降电梯或传送带，定期检查链、链齿轮及其他可能失效的零部件，如果淬火周期内发生停电故障要求备用电源可用。

（4）淬火时里面的门处于打开状态 如果为了减少传送时间，让里面用于隔断炉膛与淬火槽的门保持打开状态，则可能发生火灾。

（5）大表面积装载 虽然装载的是小零件，但总表面积很大，如紧固件，则有带走大量淬火油的倾向。释放的油烟的体积和温度足以导致火灾发生。

（6）油溢出 从槽里溢出的油着火后可以造成最具破坏性的火灾。当淬火槽的位置靠近炉子或其他任何火源时，需要采取特别的预防措施，例如在里面做一个溢流装置，防止油满时外溢，在外部做好排水，防止燃烧的油四处铺开。制作一个系统监测油中水的存在（市面上有售，只需几个探测器）。如果油温接近 120 ℃（250℉）并含有水，则形成的泡沫能导致超过消耗而溢出。

（7）超过闪点 当油被工件加热到超过闪点温度时，会出现另一个危险。低于闪点 10℃（50℉）的温度就被认为是危险的。为了使温升最小化，可以采取几个措施，包括槽内使用冷却旋管、外部热交换器，进行更多搅拌，使用更大的油槽或者闪点更高的油。

2. 淬火槽的种类

据伍德海德（Woolhead）报道，常用的油淬火槽有三种基本类型。

1）完全开口淬火槽：槽体与加热炉分离开。

2）开口淬火槽：通过出料槽与加热炉连接。

3）完全封闭淬火槽：在一个封闭类型的淬火炉内部（整体淬火），里面的油通常被气体封闭。

前两类淬火槽的火灾倾向最大，因为其暴露于空气中的表面积最大。如果第二类淬火槽在出料斜槽的位置发生火灾，用特殊设计的 CO_2 灭火器都特别难以控制。而且第二类淬火系统经常（如渗碳时）连接到一个可控气氛系统（指加热炉）上，如果油位足够低，空气可能会侵入炉膛，进而可能发生爆炸。最后一类淬火槽具有更大的爆炸危险，因为淬火槽是完全封闭的，并且仅靠一扇内门与加热炉炉膛分隔。为了提高防火安全，伍德海德提出了以下淬火槽设计建议：

1）所有淬火槽都应配有警报器以防过热。指示器应该包括高油位、低油位、高的淬火油温度、不充分的冷却及搅拌等。那些容量很小（<1000L 或者 265gal）或表面积很小（$1m^2$或者 $11ft^2$）的油槽可以例外。

2）所有淬火系统都应做水污染监测，无论大小。

3）自动淬火系统应具有自锁装置。当油浴温度达到实验室测得的闭口杯法闪点温度以下 25～28℃（45～50℉）时，应停止继续淬火。

4）应对从冷却系统返回的油流进行监测，以确定是否存在不充分冷却现象。冷却可以通过外置的压缩空气散热器、水冷壳管式热交换器或者槽内的水管或水套来实现。如果采用水冷式热交换器，则淬火油压力必须大于水压，以使在发生泄漏时水进入油中的风险最小化。

5）应有防止热钢件局部进入淬火油的内置防护措施。局部入油问题归因于控制器失灵，包括起重机或电梯。具有重力斜坡的吊运装置更适用于开口淬火槽周期炉系统。

图 2-102 是开口淬火槽周期炉示意图，体现了伍德海德的安全建议。

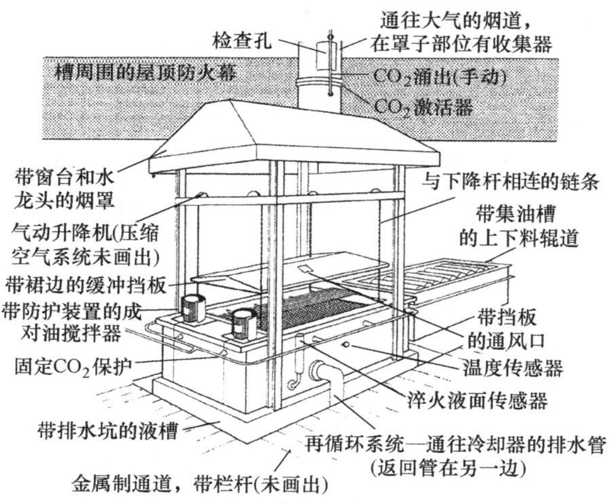

图 2-102 体现伍德海德安全建议的开口淬火槽周期炉示意图

3. 油着火的扑灭

淬火油着火扑灭的计划项目应包括：

1）对油无污染的快速灭火手段。例如，用一个槽盖把火盖住以隔绝氧气，或者用二氧化碳灭火。

2）给予持久保护的辅助手段。例如，使用泡沫、干粉灭火剂或者排空油槽。

3）对人员周期性地做防火灭火培训。

用设备将油从油槽排到安全区域，是一种防止严重火灾的手段。对于小淬火槽，槽盖可以有效地隔绝氧气。可以利用热能驱动槽盖，或者在安全距离之外手动操作。

二氧化碳灭火器一般有两大类：高压系统，气体在室温下被储存；低压系统，气体在－20℃（0℉）下冷冻储存。

二氧化碳的主要功效在于它能减少油表面的氧气供应，而且它本身不助燃。在一些情况下，二氧化碳从固态升华到气态的过程具有冷却效果。

二氧化碳的优点是不污染淬火油也不需要清理。其缺点是给予保护的持续时间短，而且储量大时所需的仓储费用也大。

消防用的泡沫是大量细小的耐热气泡。它们漂在油的表面，形成一个稳定、持久的覆盖层，使油与氧气隔绝。泡沫灭火器分两大类：化学的和机械的（或空气的），两者的效用相当。

泡沫的一个优点是可提供持久保护。当淬火件仅有部分在液面下，或者当火焰在金属周围加热（金属被加热）时，保护措施必须持续到这些重燃源被消除掉。泡沫的缺点是使用后的清理问题，它能使油在 120℃（250℉）时开始沸腾或起泡，除非从油槽表面清除掉几英尺厚的泡沫。

干粉灭火器主要通过高压氮气的作用从头部释放碳酸氢钠干粉来灭火。其优缺点与泡沫灭火器相似。干粉灭火剂也会污染淬火油。

2.1.18 聚合物淬火冷却介质

解决开裂问题的传统办法是把水淬改成油淬来降低淬冷烈度。但是这样做可能会导致淬透不充分，这取决于淬火钢的成分。聚合物淬火冷却介质具有介于油和水之间的淬火速率。至少在最初阶段，使用聚合物淬火冷却介质的主要目的是减少或消除使用淬火油时潜在的火灾风险和周围的清理问题。水溶性聚合物溶液在热处理行业中已经使用超过 50 年了，但其被接受和大量使用则在近些年。聚合物淬火冷却介质是基于水溶性聚合物的，美国现在（2013）最常见的例子包括纤维素衍生物、聚乙烯醇、聚丙烯酸钠、聚丙烯酰胺、聚乙烯吡咯烷酮、聚乙基恶唑啉、聚氧化烯等。表 2-39 所列为主要聚合物类型的专利。

表 2-39 用于配制淬火冷却介质的聚合物摘要

聚合物	发明者	专利号	日期
聚乙烯醇	E. R. Cornell	美国 2 600 920	1952-6-10
纤维素衍生物	M. Gordon	美国 2 770 564	1956-11-13
聚烷撑乙二醇	R. R. Blackwood 和 W. D. Cheesman	美国 3 220 893	1965-11-30
聚丙烯酰胺	…	英国 1 163 345	1967-6-1
聚乙烯吡咯烷酮	A. G. Meszaros	美国 3 902 929	1975-9-2
聚丙烯酸钠	K. H. Kopietz	美国 4 087 290	1978-5-2
聚乙基恶唑啉	J. F. Warchol	美国 4 486 246	1984-12-4

聚合物家族成员之间虽然在一些方面相似，但在其他方面会显著不同。而这些不同之处会显著影响淬火性能。因此，考虑到热处理应用工况，为了更好地选择最合适的淬火冷却介质，了解这些不同聚合物的区别是很重要的。本节将对聚合物进行简要介绍；接下来会概述最常用的水溶性聚合物的成分，以及它们影响淬火冷却介质的配制和影响淬火过程中金属界面传热的物理特性；然后列举了为确保淬火工艺设计成功而必须考虑的重要参数；最后，为了确保持续的淬火效果，总结了淬火冷却介质的分析方法（想要了解用于铁基合金淬火冷却介质的更多信息，可参见参考文献 16）。

1. 聚合物常识

聚合物是由称为单体的小化学单位重复建立起来的大分子。例如，聚丙烯酸钠是由单体丙烯酸钠聚合而成的。类似的，聚乙烯吡咯烷酮是由单体乙烯吡咯烷酮聚合而成的。图 2-103 所示为各种用于淬火冷却介质配制的水溶性聚合物从各自的单体合成的过程（方程式）。有些聚合物是可电离的，如聚丙烯酸钠，但是大部分用于淬火冷却介质配制的聚合物是不可电离的。

聚丙烯酸钠(PSA)

$$n\,CH_2{=}CH(C{=}O)(ONa) \longrightarrow -[CH_2CH(C{=}O)(ONa)]_n-$$

丙烯酸钠　　PSA

聚乙烯吡咯烷酮(PVP)

$$n\,CH_2{=}CH(N\text{-吡咯烷酮环}) \longrightarrow -[CH_2CH(N\text{-吡咯烷酮环})]_n-$$

乙烯吡咯烷酮　　PVP

聚乙基恶唑啉(PEOX)

$$n\,C_2H_5C(\text{恶唑啉环}) \longrightarrow [NCH_2CH_2]_n-\ (N{-}C{=}O{-}C_2H_5)$$

乙基恶唑啉　　PEOX

聚氧化乙烯(PAG)

$$n\,CH_2\overset{O}{—}CH_2 + m\,CH_2\overset{O}{—}CH(CH_3) \longrightarrow [(CH_2CH_2O)_n(CH_2CHO)_m]-\ (CH_3)$$

氧化乙烯　　氧化丙烯　　PAG

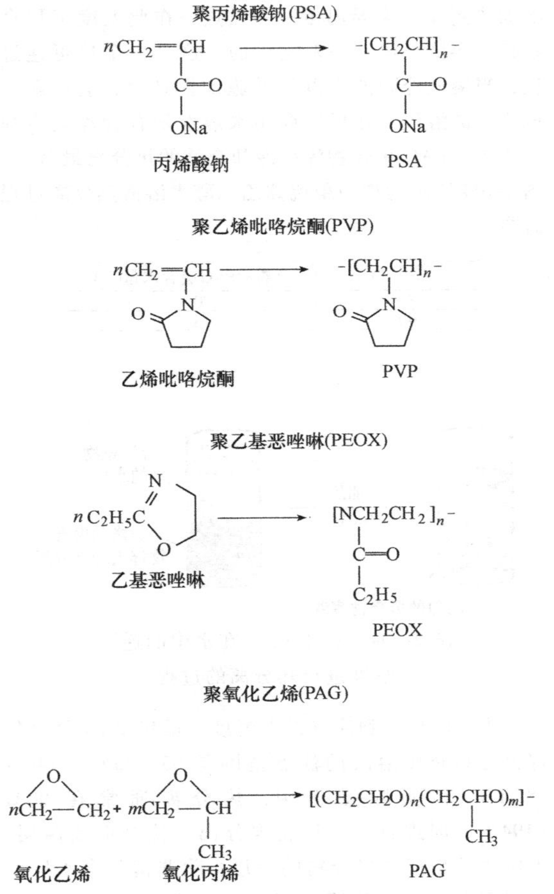

图 2-103 目前常用水溶性聚合物对应单体的聚合过程

图 2-103 中聚合物的大小，或者说分子量，取决于“n”的大小。聚合物的分子量相当于单体分子量的 n 倍。用作淬火冷却介质的聚合物的 n 的平均值从大约 100 到 10000 以上。之所以用 n 的平均值这一术语，是因为用于淬火冷却介质配制的水溶性聚合物不是只有一个分子量的单独聚合物链，而是高分子链在 n 值周围平均分布。需要着重指出的是，聚合物的稳定性随着分子量的增大而降低。因此，大部分（不是全部）用于淬火冷却介质配制的聚合物的分子量为 10000~50000。另外，事实上，在相同浓度、浴温和搅拌条件下，聚合物越小，冷却速度越快。

许多热处理工作者错误地认为所有聚合物都是相同的，因此会得到相同的淬火结果。例如，比较一下聚丙烯酸钠（PSA）和聚烷撑乙二醇（PAG）。一般人会认为 PSA 的分子量更大，而且由于其可电离，因此不表现出浊点（浊点是聚合物与水发生相位分离的温度，在大气条件下测量时，浊点不超过水的沸点）。PAG 由两个共聚单体合成，表现出浊点，其浊点取决于共聚单体的比值。

因此，PSA 和 PAG 两种聚合物的分离与提纯，存在两种截然不同的问题。此外，这两种聚合物的水溶液与大多数成分迥异的聚合物溶液不是相互兼容的，不能混合。

另一个问题已经出现了很多年，用乙二醇去代指 PAG 淬火冷却介质是完全错误的。这个名称用错导致在一些情况下人们用乙二醇来配制聚合物淬火冷却介质。乙二醇是防冻剂的一种组分，会给淬火结果和人身安全带来灾难性的后果。因此，明智的做法是停止使用错误的名称乙二醇，而是用完整的名称——PAG 聚合物基水溶性淬火冷却介质。

聚合物水溶液的热分离，其原理是聚合物淬火冷却介质随着水溶液温度的升高，溶解度变得有限（减小）。实际操作时，热分离是通过将聚合物水溶液加热到高于临界温度——浊点，在此温度下聚合物将与溶液分离——来完成的。这是一个热可逆过程，当溶液冷到浊点以下并施加搅拌时，会重新形成均一的溶液。在目前商用水溶性聚合物淬火冷却介质中，PAG 聚合物淬火冷却介质的热分离最常见。图 2-104 所示为均匀聚烷撑乙二醇水溶液热分离过程简图。

分离温度/℃	分离后PAG层含水量(%)
80	70
90	46

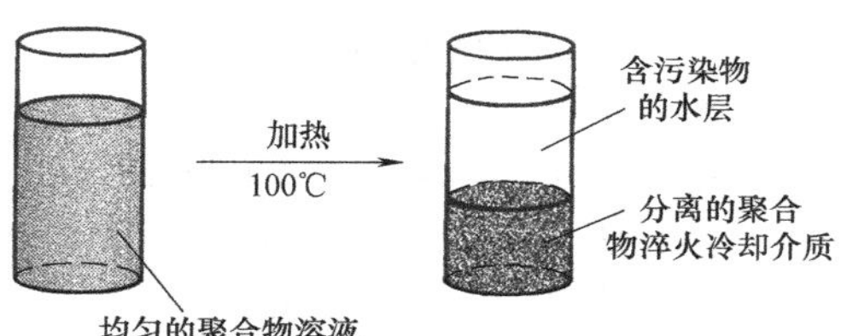

图 2-104 利用 PAG 在水中的逆溶解度进行热分离的过程

将溶液加热到浊点以上温度。虽然 PAG 聚合物淬火冷却介质溶液的浊点范围是 65～85℃（149～185℉），但实际操作中，热分离通常在 90℃（194℉）时进行。一旦实现分离，就会形成两层。下层通常是富含聚合物的一层，除非富盐含水层的密度更大。在这种情况下，上下层会颠倒。因此，盐污染很容易从聚合物中分离出去。

2. 聚乙烯醇

第一次提到使用聚乙烯醇（PVA）水溶液作为淬火冷却介质，是美国 2 600 290 号专利，授予时间是 1952 年。聚乙烯醇是德国人发现的，然后在 1939 年引入美国。PVA 的化学式如下：

$$CH_3-\underset{\displaystyle OH}{\overset{}{CH}}-(CH_2-\underset{\displaystyle OH}{CH})_n$$

虽然可以认为 PVA 是乙烯醇的聚合物，但实际上所有 PVA 树脂都是由聚醋酸乙烯树脂水解制得的。水解的程度决定商业应用，变化范围可以从部分水解（87%～89%）到充分水解（95%）再到超级水解（99.7%）。另外，PVA 树脂（全是固态的）的水溶液和淬火特性将随聚合物分子量的改变而改变。

聚乙烯醇在 20 世纪 50 年代中期是作为一种改善水的冷却速度的添加剂推出的。如图 2-105 中的曲线所示，只要水溶液浓度发生轻微变化，就能改变 PVA 溶液的冷却特性。浓度低于 0.01%时，其室温冷却特性与纯水相差无几。如此小的浓度变化（范围），对 PVA 溶液采取精密控制是很有必要的。控制是复杂的，因为要考虑到淬火零件可能被一层不溶性树脂所覆盖，从而降低了液槽里的浓度。要维持有效浓度，需要采取专门的控制措施。

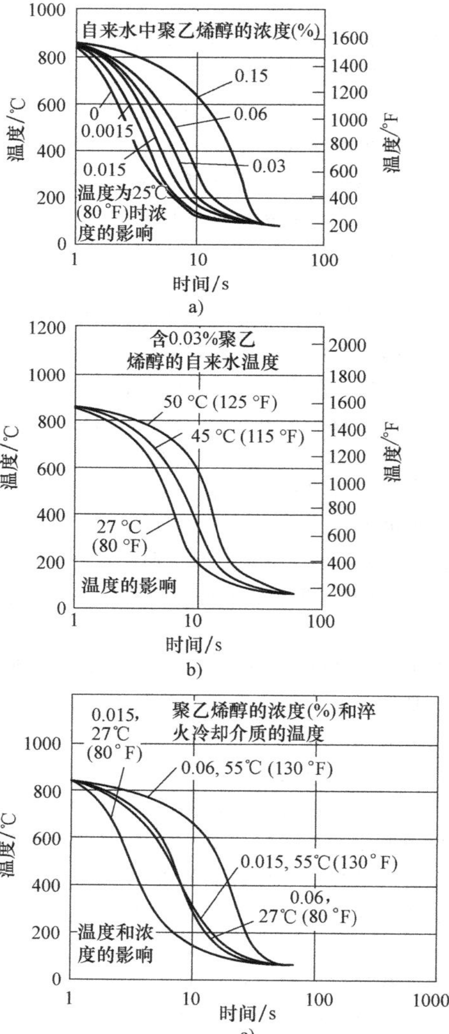

图 2-105 聚乙烯醇的冷却曲线

3. 聚烷撑乙二醇

聚烷撑乙二醇或者聚烷撑乙二醇醚，在 20 世纪 40 年代早期是作为一个商业产品家族被推出的。如下图所示，这些材料是由氧化乙烯（即环氧乙烷）和氧化丙烯（即环氧丙烷，更高的烯的氧化物或芳基氧化物也能用）随机聚合而成的。虽然可以阻止这些相同氧化物的聚合作用，但是相比较而言，这些衍生物（指氧化物）作为淬火冷却介质的吸引力小了些。

$$HO—(CH_2—CH_2—O)_n—(CH_2—\underset{\displaystyle CH_3}{\underset{|}{CH}}—O)_m—H$$

通过改变分子量和氧化物的比例，能制造出适用范围很宽的聚合物。某些高分子量产品的水溶液表现出了相当于金属淬火冷却介质的效果（美国 3 230 893 号专利）。正确选择聚合物组成物及分子量，可以得到一种在室温下完全溶于水的 PAG 产品。但是，选择的 PAG 分子在水中表现出独特的逆溶解行为，即在高温下不溶于水。这一现象为冷却热金属提供了独一无二的机制：金属工件表面被一个聚合物富含层包裹，从而控制了周围水溶液的吸热速率。当金属零件的温度接近淬火冷却介质自身的温度时（图 2-2 中的阶段 C），这个 PAG 聚合物层发生溶解，使淬火剂的浓度恢复一致状态（原本浓度）。

在描述水的冷却特性的一节里曾指出，纯水的缺点之一就是蒸汽膜冷却阶段被延长（图 2-2 中的阶段 A）。这种延长促进了蒸汽捕捉，可能导致不均匀的硬度和不利的应力分布，进而可能导致开裂和/或变形。通过使用聚乙二醇淬火冷却介质，使金属表面润湿一致，从而避免了这种硬度的不均匀及伴随而来的软点。事实上，选择合适的 PAG 淬火冷却介质能加速润湿，从而使达到的冷却速度比水更快，接近盐水。因此，达到盐水淬火的效果，而没有用盐和苛性钠带来的危险和腐蚀性是可能的。

美国 3 475 232 号专利表明，添加含 2~7 个 C 原子的水溶性醇、乙二醇、乙二醇醚也能提高 PAG 淬火冷却介质的润湿能力。多组分系统的控制将变得更加复杂。但生锈可能是水淬的一个缺点，尤其是在处理过的水不能再循环使用时，聚乙二醇淬火冷却介质溶液可以给淬火系统中的零件提供一定程度的腐蚀防护。淬火零件的腐蚀抑制持续时间较短，因此专门的防护应在回火后安排。

（1）冷却特性　PAG 淬火冷却介质的应用中，公认的控制冷却速度的三个主要参数是淬火冷却介质浓度、淬火冷却介质温度和淬火冷却介质的搅拌。

聚合物浓度对冷却速度的影响可以通过图 2-106 所示的冷却曲线来阐明。图中没有列出具体的浓度是因为冷却曲线的形状将随 PAG 淬火冷却介质的选择而改变，同时冷却速度会随浓度而变化。浓度越高，淬火时热钢件表面的聚合物层厚度越大，冷却速度也就越慢。聚乙二醇淬火冷却介质对聚合物浓度的较小改变不那么敏感，这是聚乙烯醇及其他成膜聚合物淬火冷却介质公认的缺点。就像随着温度升高，水的冷却速度会明显下降一样（图 2-107），PAG 淬火冷却介质的水溶液也有相同的变化。图 2-108所示的曲线说明了随着浴温改变所发生的大体趋势，更详细的数据见具体所用的 PAG 淬火冷却介质的专门说明。聚乙二醇淬火冷却介质使用时不用搅拌是不正常的。一般来说，低到中度的搅拌是必需的，以确保有充足的聚合物补给到热金属表面，使从热零件到周围温度相对较低的淬火槽里的传热

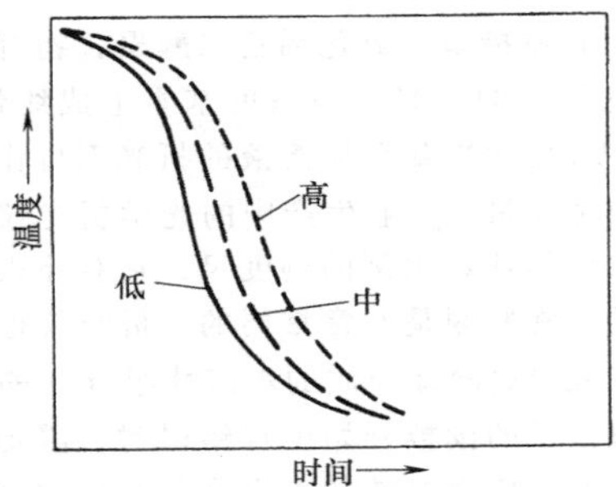

图 2-106　浓度对冷却速度的影响

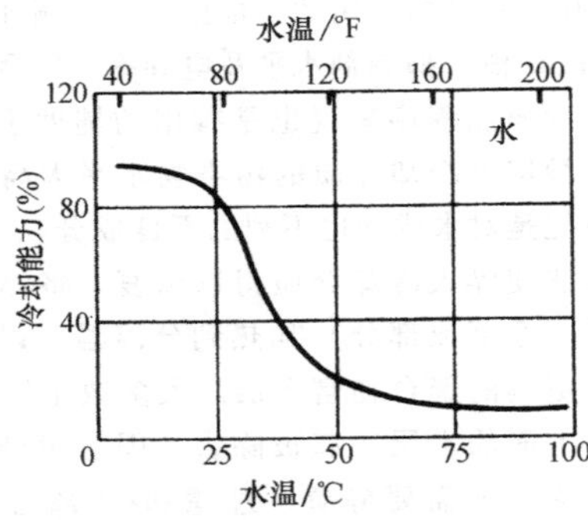

图 2-107　中等搅拌的水的冷却能力与水温的关系

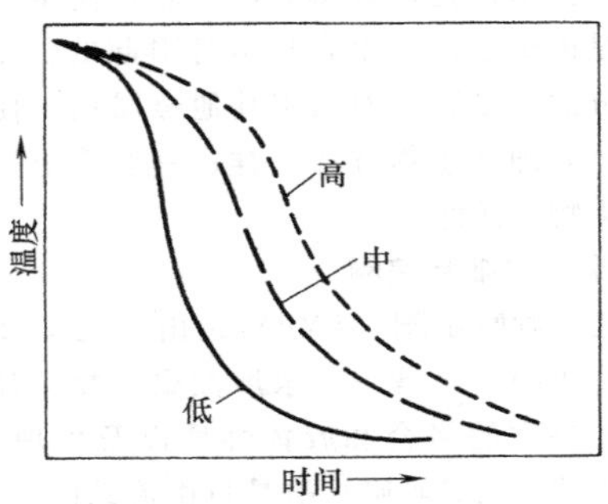

图 2-108　温度对冷却速度的影响

均匀。要得到快速冷却则需要大力搅拌（如对于低淬透性钢），以避免出现不想要的组织转变。图 2-109清楚地说明了随着搅拌增加，冷却曲线转向更快的冷却速度。

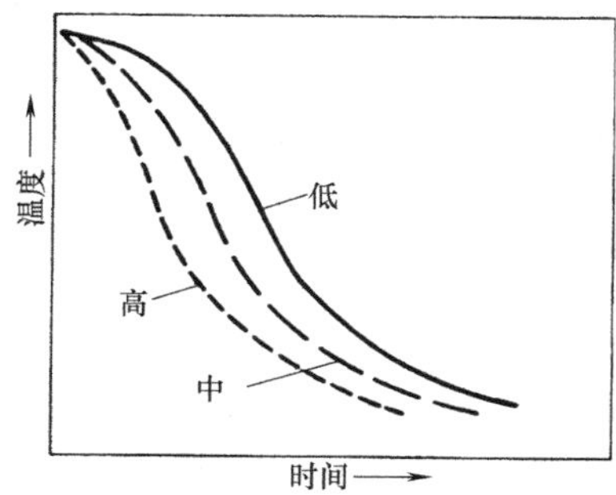

图 2-109　搅拌对冷却速度的影响

（2）控制措施　氧化烯乙二醇聚合物溶液（淬火用的范围）的折光率与浓度基本上成线性关系。因此，PAG 淬火冷却介质溶液的折光率可作为产品浓度的一种度量。工业生产中的光学折光仪上带有一个可校准的任意比例的刻度尺，它对淬火冷却介质浓度的日常监测是非常重要的。折光仪也可以读取其他加入淬火冷却介质的水溶性组分（的浓度）。当折光仪指示的读数开始出现错误时，需要用其他分析测试方法确定有效的淬火冷却介质浓度。对于聚乙二醇淬火冷却介质，已经证明运动黏度测量（与浓度有关）是最有用的。根据需要，额外的分析测试，如 pH 值、抑制剂水平及电导率等的测试，对一个成功的监测程序来说也是有用的辅助手段。如果聚乙二醇淬火冷却介质的污染物水平太高（部分污染物可能是对水或油也不利的不良成分），可以用加热的办法使淬火冷却介质得以恢复。将淬火冷却介质溶液（全部或部分）加热到分离温度以上，可得到一个更稠的聚合物富含层。大多数水溶性污染物能随着上面的水层一起被除去；固态污染物，如氧化皮或炭，则需要静置、过滤和/或离心加以分离。由于 PAG 淬火冷却介质是高度抗生物降解的，因此添加抗菌剂是没有必要的。而且使用中的生物活性不是由聚乙二醇聚合物本身引起的，而是来源于有养分的污染物。如采用其他金属加工使用的水溶性液体处理微生物方法一样，一般希望控制这种外来微生物的活性。

4. 聚乙烯吡咯烷酮

聚乙烯吡咯烷酮（PVP）是由 *n*-乙烯-2-吡咯烷酮聚合而成的。它是一种水溶性聚合物，其特征是具有不同寻常的络合和胶体性质以及生理学惰性。美国市售的聚乙烯吡咯烷酮是自由流动的白色粉末，有四种分子量级别。其结构如下图所示：

```
┌  CH₂——CH₂        ┐
│   |     |         │
│  CH₂   C=O        │
│    \   /          │
│     N             │
│     |             │
│  —CH—CH₂—         ┘n
```

PVP 的水溶液第一次被当作淬火冷却介质介绍是在 1975 年，与美国 3 902 929 号专利发布的时间一致。这个专利定义了吡咯烷酮聚合物的分子量范围，推荐了作为溶液溶质的聚合物的量（一般约为 10%聚合物固体），首选的用途是作为抑制剂（防锈）和杀菌防腐剂。

与其他聚合物类淬火冷却介质一样，浓度、浴温、搅拌都决定着冷却特性。通过对比，使用 PVP 作为淬火冷却介质时，在稳定膜沸腾和核沸腾阶段的淬火速率显得更快，但是在对流阶段要慢。因为 PVP 在水中没有逆溶解性，从 30℃（85℉）到接近沸点，只有很少量的聚合物膜留在淬火零件上。因此，PVP 可以用于更宽的淬火工作温度范围。虽然光学折射仪读数能对浓度进行初期控制，但是强烈推荐用黏度测量作为支持。用超滤手段过滤杂质的方法最近被申请了专利（美国 4 251 292 号专利），这种方法在不打断淬火过程的情况下就可以完成过滤。

5. 聚丙烯酸盐

美国市场上最近刚加入的聚合物淬火冷却介质是一种聚丙烯酸钠水溶性产品。1977 年 5 月，在一次 ASM 国际热处理会议/研讨会上曾对其做过介绍。下式说明了这种聚合物可能直接由丙烯酸钠聚合而成，或者由某种聚丙烯酸酯碱性水解得到：

```
┌ —CH₂—CH— ┐
│       |   │
│      C=O  │
│       |   │
└      O Na ┘n
```

通过使用碱金属盐（这里是钠），来使聚合物溶于水。

聚丙烯酸盐聚合物代表了一类与 PVA、PAG 或 PVP 完全不同的淬火冷却介质。后面这些聚合物可统一归类为非离子物质，就是说它们不可电离，是中性的。而聚丙烯酸盐淬火冷却介质是阴离子，带负电。这种聚合物的带电特性给淬火冷却介质带来了另一个维度：强极性。强极性提供了水溶性，但是也有人怀疑强极性会使聚合物具有不同的传热机制。与其他聚合物淬火冷却介质不同，聚丙烯酸盐溶液加热时不会分离，也不会在热工件表面形成塑料膜。它们的冷却速度较慢，这归因于聚丙烯酸盐的分子量及溶液的黏度。通过改变聚合物的分子量，可以设计出一个完整家族的淬火冷却介质，冷却速度可以从水那么快到油那么慢。

聚丙烯酸盐淬火冷却介质的淬火效果取决于三个基本参数：聚合物浓度、浴温和搅拌情况。聚合物浓度和浴温对某种市售聚丙烯酸盐淬火冷却介质的影响如图 2-110 所示。

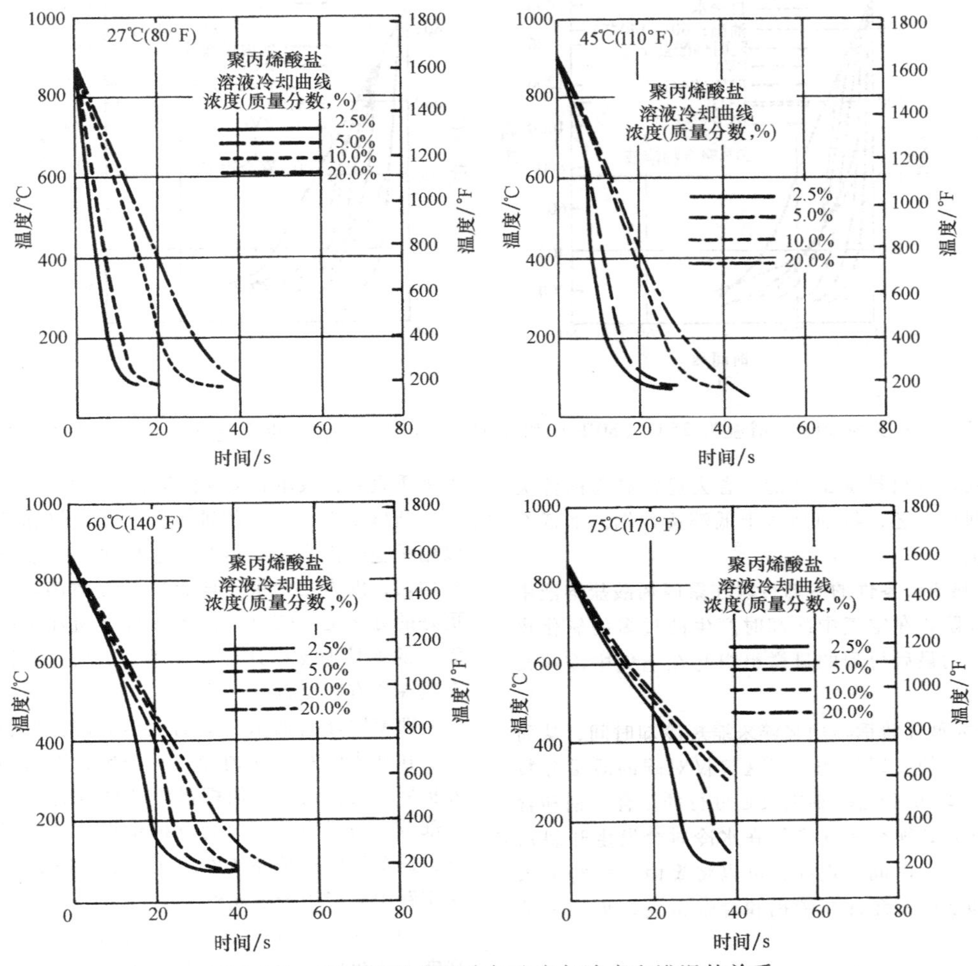

图 2-110　聚丙烯酸盐的冷却速度与浓度和浴温的关系

聚丙烯酸盐溶液的冷却曲线可以近乎一条直线，这是气相扩展和沸腾阶段传热减少的结果。聚丙烯酸盐淬火冷却介质的这种特质允许它们淬高淬透性钢制作的易开裂的零件。

这种应用对于其他聚合物淬火冷却介质通常是不可能的，或者需要更高的聚合物浓度。聚丙烯酸盐的冷却曲线与其他淬火冷却介质（如水、常规淬火油和一些典型的聚合物介质）的对比如图 2-111 所示。

从图 2-111 可以看出，聚丙烯酸盐溶液的冷却速度明显慢于其他聚合物淬火冷却介质。这说明了其作为淬火冷却介质的优点，特别是对于需要慢淬火效果（冷却速度）的应用场合。

随着聚合物浓度和浴温的增加，溶液的冷却速度可以减慢到铁基金属根本不发生马氏体转变而是形成贝氏体或珠光体的程度。这种非马氏体淬火可以用作新的独特的热处理工艺，其在许多方面都是有益的，如成本、能源、安全及环境控制。聚丙烯酸盐溶液用于非马氏体淬火的一些应用如下：

1）深层渗碳零件，如轴承套圈、钢球和滚子，通常需要两次油淬以获得晶粒细化。第一次淬火可以用聚丙烯酸盐溶液。

2）普通高碳钢的直接淬火可以用聚丙烯酸盐溶液，以得到与淬火加回火或等温淬火类似的力学性能。例如汽车平衡杆（活动连接杆）或 SAE 1070～1090 材料制造的铁轨。

3）棒材或线材的派登脱处理可以在聚丙烯酸盐溶液中完成，取代常用的 510～565℃（950～1050℉）下的铅浴淬火或盐浴淬火。

4）热成形零件可以在聚丙烯酸盐溶液中直接淬

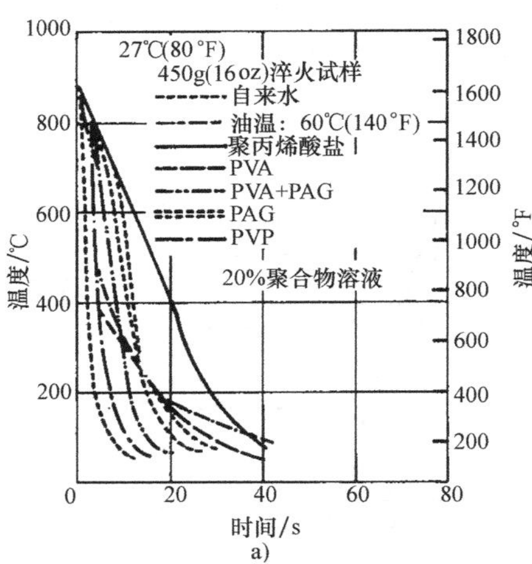

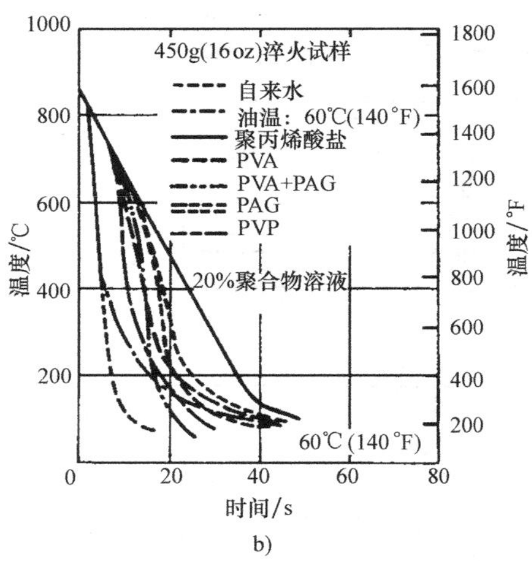

图 2-111 浓度为 20%、浴温为 25℃（80℉）和 60℃（140℉）的各种聚合物淬火冷却介质的冷却速度

火以得到好的机械加工性能，省去通常必需的淬火之后的回火工艺，特别是对于低淬透性钢，如低合金渗碳钢。

5）热成形零件的冷却可以在聚丙烯酸盐溶液中完成，以防止在空气中冷却时产生的过多的氧化皮和脱碳，而最后得到的显微组织与在空气中冷却几乎相同。

6）大型连铸钢板用水淬来缩短冷却时间，从而在铸后不久便可以探伤。但这仅仅对碳的质量分数不超过 0.2%的普通碳钢钢板是可行的。合金钢和含碳量高的钢必须空冷（它们在水冷时会发生开裂），这就需要几天时间。现在，可以将聚丙烯酸盐加入钢板冷却水中，允许高碳钢和合金钢钢板更快速地冷却。

聚丙烯酸盐淬火冷却介质配成成溶液后也能用来淬铝合金，以使变形和翘曲最小化。

与其他聚合物淬火冷却介质一样，聚丙烯酸盐溶液需要搅拌，搅拌的程度取决于具体的应用情况。一般来说，淬火操作推荐用程度高的搅拌（强烈搅拌）；而对于非马氏体淬火，程度最低的搅拌通常就足够了。

对聚丙烯酸酯淬火冷却介质浓度的控制是基于其运动黏度。考虑到污染物的影响，也应当用实验室方法定期对其进行检查，包括冷却曲线分析等。这通常是由淬火冷却介质供应商提供的服务。

2.1.19 夹具

夹具是用来提供支持或约束的。支持类夹具广泛用来减小淬火中的变形。它们在设计上可能有所不同，从一个简单的托盘或机架，到复杂的分隔篮和特制的支撑等。例如轴类零件，在加热和淬火时如果垂直悬挂或垂直支撑的话，可以减少变形。

圆形零件，如大的轴承圈，在加热和淬火时可以用平整表面支撑。但是，这样操作可能导致硬度不均匀，因为它约束了淬火冷却介质的流动。一种更好的方法是用带有径向支撑杆（机加工或研磨平面）的夹具来支撑这样的零件，从而允许淬火冷却介质在所有区域自由流动。

薄壁圆环类轴承套圈的变形有时需要校正，方法是在回火前在套圈内加入一个销，强迫小直径向外扩展。这种销是套筒螺母组装件（允许调节）的一部分。为了确保回火后拿掉销组装件之后圆度合格，通常需要过校正 50%。但是，这样的校正方法在实践中只能用于小规模生产。

（1）限形夹具　限形夹具价格昂贵，主要用于高度专业化应用中。需要在加热和淬火时采用零件限形的著名案例是火箭和导弹的外壳，以及其他具有薄壁结构的大型组件。对于这样的组件，可能要用两个或更多的外部约束带。可能也需要铰链式内部夹具，它是由众多铸件或冲压件用销连接成的，以提供多点支撑及在工件内表面淬火冷却介质的自由流动。铰链式夹具可以用于不同直径和长度的工件。所有这些组合吊挂在炉子里，然后降到淬火槽里。

（2）冷态模压淬火　薄盘、细长杆，以及其他“纤细”的零件，即在常用液体介质中淬火时畸变极大的零件，可以夹在冷态模具中间淬火，淬火后几乎没有变形。

例如又大又薄的止推垫圈由冷轧钢冲裁成形，机加工油槽，由于冲裁和机加工应力，零件具有相当大的变形。尺寸跳动 1.3mm（0.050in）很常见，有时甚至有更大的跳动。然而，这些垫圈在淬火后需要整平到 0.13mm（0.005in）以内。为了确保达到要求的平面度，这种垫圈一离开淬火炉就被塞入一副水冷模具块之间。模具块提供了必要的淬火操作，又保持了平面度。这种工况下采用水冷铍铜模具块时，冷却速度接近水淬。

冷态模压淬火限于那些表面积很大而质量又相当小的零件，如垫圈、小直径杆类以及薄刀片等。

参 考 文 献

1. H. M. Tensi, A. Stich, and G. E. Totten, Fundamentals of Quenching, *Met. Heat Treat.*, March/April 1995, p 20-28
2. G. J. Leidenfrost, De Aqua Communis Nonnullus Tractus, translation of 1756 paper by C. Waves, *Int. J. Mass Transf.*, Vol 9, 1966, p 1153-1166
3. R. B. Duffy and D. T. C. Porthouse, The Physics of Rewetting in Water Reactor Engineering Core Cooling, *Nucl. Eng. and Des.*, Vol 31, 1973, p 234-245
4. A. Yamanouchi, Effect of Core Spray Cooling in Transient State after Loss of Cooling Accident, *J. Nucl. Sci. Technol.*, No. 5, 1968, p 547-558
5. T. Künzel, "Einfluss der Wiederbenetzung auf die Allotrope Modifikation Sänderung tauchgekühlter Metallkörper," Ph. D. thesis, Faculty for Mechanical Engineering of the Technical University of Munich, Munich, Germany, 1986
6. D. Hein, "Modellvorstellung zur Wiederbenetzung durch Fluten," Ph. D. thesis, Technical University of Hannover, Hannover, Germany, 1980
7. H. Thimbleby, The Leidenfrost Phenomenon, *Phys. Educ.*, Vol 24, 1989, p 300-303
8. N. I. Kobasko, Chap. 2, Transient Nucleate Boiling and Self-Regulated Thermal Processes, *Intensive Quenching Systems: Engineering and Design*, N. I. Kobasko, M. A. Aronov, J. Powell, and G. E. Totten, Ed., ASTM International, 2010, p 24-44
9. H. M. Tensi and A. Stich, Characterization of Polymer Quenchants, *Heat Treat.*, May 1993, p 25-29
10. G. E. Totten and H. M. Tensi, Using Conductance to Characterize Quenchants, *Heat Treat. Prog.*, July/Aug 2002, p 39-42
11. G. E. Totten, C. E. Bates, and N. A. Clinton, Chap. 8, Other Quenching Processes, *Handbook of Quenchants and Quenching Technology*, ASM International, 1993, p 291-338
12. B. Liščić, H. M. Tensi, L. C. F. Canale, and G. E. Totten, *Quenching Theory and Technology*, 2nd ed., CRC Press, London, New York, 2010
13. N. I. Kobasko and F. A. Krivoshey, On the Mechanism of Temperature and Heat Flux Oscillations in Cooling Metallic Specimen in Aqueous Solutions of Polymers, *Rep. Acad. Ukraine*, No. 11, 1994, p 90-94
14. N. I. Kobasko, *Steel Quenching in Liquid Media under Pressure*, Naukova Dumka, Kyiv, 1980
15. H. J. Vergana-Hernandez and B. Hernandez-Morales, A Novel Probe Design to Study Wetting Kinematics during Forced Convective Quenching, *Exp. Therm. Fluid Sci.*, Vol 33 (No. 5), 2009, p 797-807
16. D. S. MacKenzie, Quenchants Used for Heat Treatment of Ferrous Alloys, *Heat Treating of Irons and Steels*, Vol 4B, *ASM Handbook*, ASM International, to be published
17. B. Taraba, S. Duehring, J. Španielka, and Š. Hadju, Effect of Agitation Work on Heat Transfer during Cooling in Oil ISORAPID 277 HM, *Strojniški vestnik—J. Mech. Eng.*, Vol 58 (No. 2), 2012
18. H. R. Bergman, Importance of Agitation for Optimum Quenching, *Met. Eng. Q.*, May 1971, p 17-19
19. R. T. von Bergen, The Effects of Quenching Media Selection and Control on the Distortion of Engineered Steel Parts, *Conf. Proc. Quenching and Distortion Control*, G. E. Totten, Ed., ASM International, 1992, p 275-282
20. L. V. Petrash, Cooling Power of Quenching Oils, *Met. Sci. Heat Treat.*, No. 7, July 1959, p 57-60
21. M. Narazaki, G. E. Totten, and G. M. Webster, Hardening by Reheating and Quenching, *Handbook of Residual Stress and Deformation of Steel*, G. E. Totten, M. A. H. Howes, and T. Inoue, Ed., ASM International, 2002, p 248-295
22. S. Ma, "Characterization of the Performance of Mineral Oil Based Quenchants Using the CHTE Quench Probe System," M. S. thesis, Worcester Polytechnic Institute, Department of Materials Science and Engineering, Worcester, MA, 2002
23. M. Narazaki, S. Fuchizawa, M. Kogawara, and M. Inaba, Effects of Surface Oxidation on Cooling Characteristics during Quenching of Heated Metals in Subcooled Water, *Tetsu-to-Hagane*, Vol 79 (No. 5), May 1993, p 583-589
24. E. S. Davenport, Isothermal Transformation in Steels, *Trans. ASM*, Vol 27, 1939, p 837-886
25. E. S. Davenport and E. C. Bain, Transformation of Austenite at Constant Subcritical Temperatures, *Trans. AIME*, Vol 90, 1930, p 117-154
26. D. H. Herring, What Happens to Steel during Heat Treatment, Part Two: Cooling Transformations, *Ind. Heat.*, June 2007, p 12-14
27. T. G. Diggs, S. J. Rosenberg, and G. W. Geil, "Heat Treatment and Properties of Steel," National Bureau of Standards Monograph 88, Library of Congress Catalog Card 66-61523, Nov 1, 1966
28. M. Eshraghi-Kakhki, M. A. Golozar, and A. Kurmanpur, Application of Polymer Quenchant in Heat Treatment of Crack-Sensitive Steel Mechanical Parts: Modeling and Experiments, *Mater. Des.*, Vol 32 (No. 5), May 2011, p

2870-2877

29. G. E. Totten, C. E. Bates, and N. A. Clinton, Chap. 2, Measuring Hardenability and Quench Severity, *Quenchants and Quenching Technology*, ASM International, 1993, p 35-68
30. J. L. Dossett, Make Sure Your Specified Heat Treatment Is Achievable, *Heat Treat. Prog.*, March/April 2007, p 23-30
31. S. P. Radzevich, Chap. 6, Gear Materials, *Dudley's Handbook of Practical Gear Design and Manufacture*, 2nd ed., CRC Press, Boca Raton, FL, 2012, p 371-419
32. M. A. Grossmann, Chap. 3, The Nature of the Quenching Process, *Elements of Hardenability*, American Society for Metals, 1952, p 61-91
33. C. R. Jackson and A. L. Christenson, The Effect of Quenching Temperature on the Results of the End-Quench Hardenability Test, *Trans. Am. Inst. Min. Met. Eng.*, Vol 158, 1944, p 125-137
34. "Equivalent Sections of Certain Shapes to Round Bars," Aerospace Standard AS 1260, SAE International, 1972
35. J. L. Lamont, How to Estimate Hardening Depth in Bars, *Iron Age*, Vol 152, Oct 14, 1943, p 64-70
36. N. I. Kobasko, Chap. 6, Regular Thermal Process and Kondratjev Form Factors, *Intensive Quenching Systems: Engineering and Design*, N. I. Kobasko, M. A. Aronov, J. Powell, and G. E. Totten, Ed., ASTM International, 2010, p 91-106
37. D. V. Doane, Applicability of Hardenability Concepts in Heat Treatment of Steel, *J. Heat Treat.*, Vol 1 (No. 1), 1979, p 5-30
38. M. A. Grossmann, Hardenability Calculated from Chemical Composition, *AIME Trans.*, Vol 150, 1942, p 227-259
39. J. H. Holloman and L. D. Jaffe, Chap. 6, Hardenability, *Ferrous Metallurgical Design: Design Principles for Fully Hardened Steel*, John Wiley & Sons, New York, NY, 1947, p 196-214
40. W. Crafts and J. L. Lamont, Chap. 5, Hardness and Hardenability, *Hardenability and Steel Selection*, Pittman Publishing, New York, NY, 1949, p 84-110
41. B. Liščić, Chap. 5, Hardenability, *Steel Heat Treatment Handbook*, 2nd ed., *Steel Heat Treatment: Metallurgy and Technologies*, G. E. Totten, Ed., CRC Press Taylor & Francis Group, Boca Raton, FL, 2007, p 213-276
42. H. K. D. H. Bhadeshia and R. Honeycombe, Chap. 8, *Steels: Microstructure and Properties*, 3rd ed., Elsevier Inc., New York, NY, 2006, p 167-182
43. M. A. Grossmann and E. C. Bain, Quantitative Hardenability, *Principles of Heat Treatment*, 5th ed., American Society for Metals, 1964, p 92-112
44. M. A. Grossmann, Chap. 3, The Nature of the Quenching Process, *Elements of Hardenability*, American Society for Metals, 1952, p 61-91
45. G. Krauss, Chap. 6, Hardness and Hardenability, *Steels: Heat Treatment and Processing Principles*, ASM International, 1990, p 145-178
46. T. Lund, "Carburizing Steels: Hardenability Prediction and Hardenability Control in Steel Making," Technical Report RD 33 US 03. 84, available from SKF Steel Technology, P. O. Box 133, S-182 12 Daneryd, Sweden, 1984
47. "Hardenability Bands for Carbon and Alloy H-Steels," J1268, SAE International, May 2010
48. "Restricted Hardenability Bands for Selected Alloy Steels," J1868, SAE International, Feb 2010
49. M. A. Grossmann, M. Asimov, and S. F. Urban, Hardenability, Its Relation to Quenching and Some Quantitative Data, *Hardenability of Alloy Steels*, American Society for Metals, 1939, p 124-190
50. M. A. Aronov, N. I. Kobasko, J. A. Powell, and J. B. Hernandez-Morales, Correlation between Grossmann *H*-Factor and Generalized Biot Number Bi_V, *Fifth WSEAS Int. Conf. on Heat and Mass Transfer (HMT '08)*, Jan 25-27, 2008 (Acapulco, Mexico), p 122-126
51. M. A. Grossmann and S. Asimow, Hardenability and Quenching, *Iron Age*, April 25, 1940, p 25-29
52. M. A. Grossmann and S. Asimow, Hardenability and Quenching, *Iron Age*, May 2, 1940, p 39-45
53. W. Crafts and J. L. Lamont, Chap. 4, Quenching, *Hardenability and Steel Selection*, Pittman Publishing, New York, NY, 1949, p 53-83
54. R. W. Monroe and C. E. Bates, Evaluating Quenchants and Facilities for Hardening Steel, *J. Heat Treat.*, Vol 3 (No. 2), Dec 1983, p 83-89
55. M. E. Dakins, C. E. Bates, and G. E. Totten, Estimating Quench Severity with Cooling Curves, *Heat Treat.*, April 1992, p 24-26
56. K. Narayan Prabhu and A. Prasad, Metal/Quenchant Interfacial Heat Flux Transients during Quenching in Conventional Quench Media and Vegetable Oils, *J. Mater. Eng. Perform.*, Vol 12, 2003, p 48-55
57. W. E. Jominy and A. L. Boegehold, A Hardenability Test for Carburizing Steel, *Trans. ASM*, Vol 26, 1938, p 575-606
58. "Standard Test Methods for Determining *Hardenability of Steel*," *A255-10*, *ASTM International*
59. "Methods of Determining Hardenability of Steels," J406-2009, SAE International
60. "Method of Hardenability Test for Steel (End-Quenching Method)," JIS G 0561-2006, Japanese Standards Association
61. "Hardenability Test by End Quenching," DIN 50191 (1987-09), VDE Verlag, Germany
62. "Steel—Hardenability Test by End Quenching (Jominy

Test)," ISO 642: 1999, International Organization for Standardization, Switzerland

63. A. L. Boegehold, Hardenability Control for Alloy Steel Parts, *Met. Prog.*, Vol 53, May 1948, p 697-709
64. W. Crafts and J. L. Lamont, Chap. 6, Hardenability Test Methods, *Hardenability and Steel Selection*, Pittman Publishing, New York, NY, 1949, p 111-127
65. E. W. Weinman, R. F. Thomson, and A. L. Boegehold, A Correlation of End-Quenched Test Bars and Rounds in Terms of Hardness and Cooling Characteristics, *Trans. ASM*, Vol 44, 1952, p 803-844
66. G. F. Vander Voort, Hardenability, *Atlas of Time-Temperature Diagrams for Irons and Steels*, ASM International, 1991, p 73-77
67. T. F. Russell and J. G. Williamson, Section Ⅳ B, "Surface Temperature Measurements during the Cooling of a Jominy Test Piece," Special Report 36, Iron and Steel Institute, 1946, p 34-46
68. C. R. Brooks, Chap. 3, Hardenability, *Principles of the Heat Treatment of Plain Carbon and Low-Alloy Steels*, ASM International, 1996, p 43-86
69. C. A. Siebert, D. V. Doane, and D. H. Breen, Utilization of Hardenability Concepts and Information, *The Hardenability of Steels—Concepts, Metallurgical Influences and Industrial Applications*, American Society for Metals, 1977, p 139-202
70. M. Asimow, W. F. Craig, and M. A. Grossmann, Correlation between Jominy Test and Round Bars, *SAE Trans.*, Vol 41 (No. 1), 1941, p 283-292
71. W. F. Rushman, How to Determine Quench Severity of Oil and Salt Baths, *Met. Prog.*, Vol 84 (No. 6), Dec 1963, p 91-92
72. D. A. Guisbert, Control of Quenching Systems in the Heat Treatment of Gear Products, *17th Heat Treating Society Conference Proceedings, Including the First International Induction Heat Treating Symposium*, D. Milam, D. Poteet, G. Pfaffmann, W. Albert, A. Muhlbauer, and V. Rudnev, Ed., ASM International, 1997, p 369-372
73. E. A. Bender and H. J. Gilliland, New Way to Measure Quenching Speed, *Steel*, Dec 30, 1957, p 58-60
74. E. A. Bender and H. J. Gilliland, Magnetic Test Accurately Compares Heat Extraction Properties of Quenching Media, *Tool. Prod.*, Sept 1958, p 55-58
75. "Standard Test Method for Quenching Time of Heat-Treating Fluids (Magnetic Quenchometer Method)," D 3520, ASTM International, withdrawn 2008
76. H. J. Gilliland, Measuring Quenching Rates with the Electronic Quenchometer, *Met. Prog.*, Oct 1960, p 111-113
77. T. W. Mohr, A Better Way to Evaluate Quenchants, *Met. Prog.*, May 1974, p 85-88
78. G. E. Totten, C. E. Bates, and N. A. Clinton, Chap. 4, Quenching Oils, *Handbook of Quenchants and Quenching Technology*, ASM International, 1993, p 129-160
79. C. E. Bates and G. E. Totten, Quantifying Quench-Oil Cooling Characteristics, *Adv. Mater. Process.*, March 1991, p 25-28
80. D. A. Guisbert and D. L. Moore, Correlation of Magnetic Quenchometer to Cooling Curve Analysis Techniques, *Heat Treating: Proceedings of the 16th Conference*, J. L. Dossett and R. E. Luetje, Ed., ASM International, 1996, p 451-458
81. C. E. Bates, Research Report SORI-EAS-86-149, Southern Research Institute, Birmingham, AL, 1986
82. "Quenchability of Oils—Hot Wire Method," Aerospace Material Specification ARP 4206, Sept 28, 1990
83. R. W. Foreman, Paper presented at ASM Short Course on Quenching Media, American Society for Metals, Nov 1985
84. D. A. Guisbert and L. M. Jarvis, Influence of Test Conditions on the Cooling Curve Response of Polymer Quenchants (Tensi Agitation Device), *Heat Treating 2003: Proceedings of the 22nd Heat Treating Society Conference and the Second International Surface Engineering Congress (ASM International)*, N. B. Dahotre, R. J. Gaster, R. A. Hill, and O. O. Popoola, Ed., Sept 15-17, 2003 (Indianapolis, IN), ASM International, p 218-227
85. D. A. Guisbert and D. L. Moore, Investigation of Agitation Chamber Design for Off-Line Cooling Curve Analysis, *17th Heat Treating Society Conference Proceedings, Including the First International Induction Heat Treating Symposium*, D. Milam, D. Poteet, G. Pfaffmann, W. Albert, A. Muhlbauer, and V. Rudnev, Ed., ASM International, 1997, p 399-401
86. D. A. Guisbert, Precision and Accuracy of the Continuous Cooling Curve Test Method, *Heat Treating: Proceedings of the 16th Conference*, J. L. Dossett and R. E. Luetje, Ed., ASM International, 1996, p 435-437
87. D. A. Guisbert and D. L. Moore, Influence of Test Conditions on the Cooling Curve Response of Polymer Quenchants, *19th Heat Treating Society Conference Proceedings*, S. Midea and G. Pfaffmann, Ed., ASM International, 1999, p 264-267
88. J. D. Bernardin and I. Mudawar, Validation of the Quench Factor Technique in Predicting Hardness in Heat Treatable Aluminum Alloys, *Int. J. Heat Mass Transf.*, Vol 38 (No. 5), 1995, p 869-873
89. G. E. Totten, C. E. Bates, and N. A. Clinton, Chap. 3, Cooling Curve Analysis, *Handbook of Quenchants and Quenching Technology*, ASM International, 1993, p 69-128
90. G. M. Webster and G. E. Totten, Cooling Curve Analysis—Data Acquisition, *Heat Treating: Proceedings of the 16th Conference*, J. L. Dossett and R. E. Luetje, Ed., ASM In-

ternational, 1996, p 427-434

91. M. H. Le Chatelier, Les Aciers Rapidesa Outils, *Rev. Mètall.*, No. 9, 1904, p 334-347
92. S. Haedicke, Le Chateliers Härteversuche, *Stahl Eisen*, Vol 24 (No. 21), 1904, p 1239-1244
93. R. L. S. Otero, L. C. F. Canale, and G. E. Totten, Use of Vegetable Oils and Animal Oils as Quenchants: A Historical Review 1850-2010, *J. ASTM Int.*, Vol 9 (No. 1), 2011, JAI103534
94. H. M. Tensi, A. Stich, and G. E. Totten, Chap. 9, Quenching and Quenching Technology, *Steel Heat Treatment Handbook*, 2nd ed., *Steel Heat Treatment: Metallurgy and Technologies*, G. E. Totten, Ed., CRC Press Taylor & Francis Group, Boca Raton, FL, 2007, p 607-650
95. "Industrial Quenching Oils—Determination of Cooling Characteristics—Nickel-Alloy Probe Test Method," ISO 9950-1995, International Organization for Standardization, Switzerland
96. "Standard Test Method for Determination of Cooling Characteristics of Quench Oils by Cooling Curve Analysis," D6200-01, ASTM International, 2012
97. "Standard Test Method for Determination of Cooling Characteristics of Aqueous Polymer Quenchants by Cooling Curve Analysis with Agitation (Tensi Method), D6482-06, ASTM International, 2011
98. "Standard Test Method for Determination of Cooling Characteristics of Quenchants by Cooling Curve Analysis with Agitation (Drayton Unit)," D6549-06, ASTM International, 2011
99. "Industrial Quenching Oil—Determination of Cooling Characteristics—Nickel-Alloy Probe Test Method," Chinese National Standard GB/T 7951—2004, China Association for Standardization, Beijing, China, http: //www. chinacsrmap. org/
100. J. Clark and R. Tye, Thermophysical Properties Reference Data for Some Key Engineering Alloys, *High Temp. —High Press.*, Vol 35/36, 2003/2004, p 1-14
101. "Heat Treating Oils," JIS K 2242, Japanese Standards Association, 1980
102. "Heat Treating Fluids," JIS K 2242, Japanese Standards Association, 2012
103. "Standard Test Method for Determination of Cooling Characteristics of Aqueous Polymer Quenchants for Aluminum Alloys by Cooling Curve Analysis," D7646-10, ASTM International
104. "Cooling Performance Measuring Method for Heat Treatment Oils," Chinese National Standard SH/T0220-92, China Association for Standardization, Beijing, China, http: // www. chinacsrmap. org/
105. AFNOR NFT 60178, Association Technique de Traitement Thermique, Paris, France
106. S. I. Abu-Eishah, Correlations for the Thermoconductivity of Metals as a Function of Temperature, *Int. J. Thermophys.*, Vol 22 (No. 6), Nov 2001, p 1855-1868
107. S. I. Abu-Eishah, Y. Haddad, A. Solieman, and A. Bajbouj, A New Correlation for the Specific Heat of Metals, Metal Oxides and Metal Fluorides as a Function of Temperature, *Lat. Am. Appl. Res.*, Vol 34, 2004, p 257-265
108. W. J. Parker, R. J. Jenkins, C. P. Butler, and G. L. Abbott, Flash Method of Determining Thermal Diffusivity, Heat Capacity and Thermal Conductivity, *J. Appl. Phys.*, Vol 32, 1961, p 1679-1684
109. M. Narazaki, M. Kogawara, A. Shirayori, S. Fuchizawa, and G. E. Totten, Experimental and Numerical Analysis of Cooling Curves during Quenching of Small Probes, *Heat Treating—Proc. of the 20th Conference*, Vol 2, K. Funatani and G. E. Totten, Ed., Oct 9-12 2000, ASM International, p 666-673
110. M. Narazaki, S. Asada, and K. Fukahara, Recent Research on Cooling Power of Liquid Quenchants in Japan, *Conf. Proc. Second International Conference on Quenching and Control of Distortion*, G. E. Totten, K. Funatani, M. A. H. Howes, and S. Sjostrom, Ed., ASM International, 1996, p 37-46
111. M. Narazaki, M. Kogawara, A. Shirayori, and S. Fuchizawa, Laboratory Test of Cooling Power of Polymer Quenchants, *Conf. Proc. Second International Conference on Quenching and Control of Distortion*, G. E. Totten, K. Funatani, M. A. H. Howes, and S. Sjostrom, Ed., ASM International, 1996, p 101-109
112. K. -J. Zhang, Factors Determining the Cooling Rate of Workpiece Surface during Quenching, *20th Congress for Heat Treatment and Surface Engineering*, G. Zhi and H. Chong, Ed., Oct 23-25, 2012 (Beijing, China), Chinese Heat Treatment Society, p 433-443
113. K. -J. Zhang, Characteristic Parameters of Surface Cooling Process and Boiling Curves for Quenching Process, *20th Congress for Heat Treatment and Surface Engineering*, G. Zhi and H. Chong, Ed., Oct 23-25, 2012 (Beijing, China), Chinese Heat Treatment Society, p 405-416
114. T. Lübben, F. Frerichs, and H. -W. Zoch, Rewetting Behavior during Immersion Quenching, *Strojarstvo* (*J. Theory Appl. Mech. Eng.*), Vol 53, 2011, p 45-52
115. T. Lübben and F. Frerichs, Quenching of Bearing Races—Influence of Rewetting Behavior on Distortion, *Conf. Proc. Sixth International Conference on Quenching and Control of Distortion*, D. S. MacKenzie, Ed., Sept 9-13, 2012 (Chicago, IL), ASM International, 2012, p 349-360
116. B. Hernández-Morales and A. López-Valdéz, Experimental Determination of the Temperature Evolution within the Quenchant during Immersion Quenching in Still Water, *Int. J. Microstruct. Mater. Prop.*, Vol 6 (No. 6), 2011, p

444-454

117. B. Hernández-Morales, H. J. Vergara-Hernández, G. Solorio-Dîaz, and G. E. Totten, Experimental and Computational Study of Heat Transfer during Quenching of Metallic Probes, *Evaporation, Condensation and Heat Transfer*, A. Ahsan, Ed., In-Tech Europe, Rejika, Croatia, 2011, p 49-72, http://www.intechopen.com/books/evaporation-condensation-andheat-transfer/experimental-and-computational-study-of-heat-transfer-duringquenching-of-metallic-probes
118. F. Frerichs and T. Lübben, The Influence of Surface Temperature on Rewetting Behavior of Hollow and Solid Cylinders, *J. ASTM Int.*, Vol 6 (No. 1), 2009, Paper ID JAI101852
119. H. M. Tensi and A. Stich, Characterization of Polymer Quenchants, *Heat Treat.*, May 1993, p 25-29
120. H. Tensi, P. Stitzelberger-Jacob, and T. Künzel, Monitoring and Controlling the Kinematics of Wetting to Prevent Hardening Defects, *Maschinenmarkt*, Vol 94 (No. 15), 1988, p 70-72, 74, 76
121. M. Narazaki, M. Kogawara, A. Shirayori, and S. Fuchizawa, Influence of Wetting Behavior on Cooling Characteristics during Quenching of Hot Metal, *Proc. of the Third International Conference on Quenching and Control of Distortion* (Prague, Czech Republic), ASM International, 1999, p 405-415
122. N. I. Kobasko, A. A. Batista, Jr., L. C. F. Canale, G. E. Totten, and V. V. Dobryvecher, Investigation of the Cooling Capacity of Coconut, Palm and Commercial Petroleum Oil by Solving the Heat Conductivity Inverse Problem, *Mater. Perform. Charact.*, accepted for publication, in production
123. T. Lübben, J. Rath, F. Krause, F. Hoffmann, U. Fritsching, and H. -W. Zoch, Determination of Heat Transfer Coefficient during High-Speed Water Quenching, *Conf. Proc. of 15th International Metallurgy and Materials Congress (IMMC 2010)*, Nov 11-13, 2010 (Istanbul, Turkey), UCTEA Chamber of Metallurgical Engineers, p 1616-1625
124. G. E. Totten, H. M. Tensi, and A. Stich, Temperature Measurement Accuracy in Cooling Curve Analysis, *Heat Treat. Prog.*, Vol 2 (No. 4), 2002, p 45-49
125. N. I. Kobasko, Effect of Accuracy of Temperature Measurements on Determination of Heat Transfer Coefficient during Quenching in Liquid Media, *J. ASTM Int.*, Vol 9 (No. 2), 2012, Paper ID 104173
126. L. C. F. Canale, X. Luo, X. Yao, and G. E. Totten, Quenchant Characterization by Cooling Curve Analysis, *J. ASTM Int.*, Vol 6 (No. 2, 2009), JAI101981
127. G. E. Totten, M. E. Dakins, and R. W. Heins, Cooling Curve Analysis—A Historical Perspective, *J. Heat Treat.*, Vol 6 (No. 2), 1988, p 87-95
128. H. M. Tensi and E. Steffen, Measuring of the Quenching Effect of Liquid Hardening Agents on the Basis of Synthetics, *Steel Res.*, Vol 56, 1985, p 489-496
129. P. Damay and M. Deck, "Castrol Index—Method of Classifying Quenching Oils," paper presented at the Int. Heat Treating Association Meeting, Sept 1990 (Lamans, France)
130. M. Necati Özisik and H. R. B. Orlande, *Inverse Heat Transfer: Fundamentals and Applications*, Taylor and Francis, New York, NY, 2000, p 330
131. A. N. Tikhonov and V. Y. Arsenin, *Solutions of Ill-Posed Problems*, Wiley Publishing House, New York, 1977
132. S. E. Guseynov, "Methods of the Solution of Some Linear and Nonlinear Mathematical Physics Inverse Problem," Doctoral thesis, University of Latvia, Riga, Latvia, 2003
133. S. E. Guseynov, N. I. Kobasko, S. A. Andreyev, J. S. Rimshans, J. Kaupuzs, P. Morev, and N. Zaiceva, Stable Measurement of Temperature Errors during Testing of Quenchants by Methods of the Theory of Ill-Posed Problems, *Proceedings from the Sixth International Quenching and Control of Distortion Conference, Including the Fourth International Distortion Engineering Conference*, Sept 9-13, 2012 (Chicago, IL), 2012, p 646-666
134. L. A. Kozdoba and P. G. Krukovskyi, *Methods of Solving Inverse Heat Conduction Problems*, Kyiv, Naukova Dumka, 1982
135. P. G. Krukovskyi, *Inverse Heat and Mass Transfer Problems (General Engineering Approach)*, Kyiv, Engineering Thermal-Science Institute, 1998
136. J. V. Beck, B. Blackwell, and C. R. St. Clair, Jr., *Inverse Heat Conduction: Ill-Posed Problems*, Wiley-Interscience, New York, 1985
137. N. I. Kobasko, M. A. Aronov, J. Powell, and G. E. Totten, Ed., *Intensive Quenching Systems: Engineering and Design*, ASTM International, 2010
138. G. M. Kondratjev, *Regular Thermal Mode*, GITL, Moscow, 1952
139. N. I. Kobasko, A. A. Moskalenko, G. E. Totten, and G. M. Webster, Experimental Determination of the First and Second Critical Heat Flux Densities and Quench Process Characterization, *J. Mater. Eng. Perform.*, Vol 6 (No. 1), 1997, p 93-101
140. N. I. Kobasko, M. A. Aronov, B. L. Ferguson, and Z. Li, Local Film Boiling and Its Impact on Distortion of Spur Gears during Batch Quenching, *Mater. Perform. Charact.*, Vol 1 (No. 1), 2012, p 1-15
141. N. I. Kobasko, A. A. Moskalenko, V. V. Dobryvecher, and L. M. Protsenko, Intensive Quenching of Steel Parts and Tools in Water Salt Solutions of Optimal Concentration,

J. ASTM Int., Vol 9 (No. 2), 2012, Paper ID JAI104072

142. H. J. French, *The Quenching of Steels*, American Society for Heat Treating, Cleveland, OH, 1930
143. V. I. Tolubinsky, *Heat Transfer at Boiling*, Naukova Dumka, 1980
144. S. S. Kutateladze, *Heat Transfer at Condensation and Boiling*, Mashgiz, Moscow, 1952
145. S. Segerberg and J. Bodin, Experimental Difficulties in Achieving Reliable Cooling Curve Data, *Heat Treating: Proceedings of the 16th Conference*, J. L. Dossett and R. E. Luetje, Ed., ASM International, 1996, p 421-426
146. M. Narazaki, G. E. Totten, and G. M. Webster, Hardening by Reheating and Quenching, *Handbook of Residual Stress and Deformation of Steel*, G. E. Totten, T. Inoue, and M. A. H. Howes, Ed., ASM International, 2002, p 248-295
147. K. Murata and S. Nishio, Mechanism of Film-Boiling Onset in Transient Cooling Process with Highly Subcooled Water and Unstable Boiling-Cooling Phenomena, *Tetsu-to-Hagane*, Vol 79 (No. 1), 1993, p 55-61
148. O. A. Bannykh, G. T. Bozhko, M. N. Tropkina, and P. I. Mannikhin, Oxidation of Steel during Quenching in Aqueous Solutions of Electrolytes, *Met. Sci. Heat Treat.*, Vol 26 (No. 12), Dec 1984, p 867-869
149. G. E. Totten and K. S. Lally, Proper Agitation Dictates Quench Success—Part 1, *Heat Treat.*, Sept 1992, p 12-17
150. G. E. Totten and K. S. Lally, Proper Agitation Dictates Quench Success—Part 2, *Heat Treat.*, Oct 1992, p 28-31
151. The Mead velocimeter, in particular the HP-302 open-stream velocity probe, is used most often for the measurement of flow rates in water streams for pollution control. This instrument is available from Mead Instruments Corporation, P. O. Box 367, Sussex, NJ, 07461.
152. G. E. Totten, M. E. Dakins, and L. M. Jarvis, How H-Factors Can Be Used to Characterize Polymers, *Heat Treat.*, Dec 1989, p 28-29
153. "Houghton on Quenching," Houghton International, Inc., Valley Forge, PA, 2012
154. G. E. Totten, C. E. Bates, and N. A. Clinton, Chap. 8, Other Quenching Processes, *Handbook of Quenchants and Quenching Technology*, ASM International, 1993, p 291-338
155. L. V. Petrash, Some Physical Phenomena during Quenching, *Met. Sci. Heat Treat.*, Vol 15 (No. 6), June 1973, p 523-526
156. Q. Cui, S. Chandra, and S. McCahan, The Effect of Dissolving Salts in Water Sprays Used for Quenching a Hot Surface, Part 2: Spray Cooling, *J. Heat Transf.*, Vol 125, April 2003, p 333-338
157. T. Arai and M. Furuya, Effect of Hydrated Salt Additives on Film Boiling Behavior at Vapor Film Collapse, *J. Eng. Gas Turbines Power*, Vol 131, Jan 2009, Paper ID 012902-1
158. M. P. Mukhina, N. I. Kobasko, and L. V. Gordeeva, Hardening of Structural Steels in Cooling Media Based on Chlorides, *Met. Sci. Heat Treat.*, Vol 31 (No. 9), Sept 1989, p 677-682
159. R. F. Kern, Distortion and Cracking II: Distortion from Quenching, *Heat Treat.*, March 1985, p 41-45
160. R. W. Foreman, Salt Quench Rivals Oil, Synthetics in Neutral Hardening Applications, *Heat Treat.*, Oct 1980, p 26-29
161. X. Luo, K. Chen, and G. E. Totten, Fast Primary Cooling: Alternative to Lead Baths for High-Carbon Steel Wire Patenting, *Mater. Perform. Charact.*, Vol 1 (No. 1), 2012, Paper ID MPC20120006
162. C. Fazio, Chairperson, OECD/NEA Nuclear Science Committee Working Party on Scientific Issues of the Fuel Cycle Working Group on Lead-Bismuth Eutectic, Chap. 2, Thermophysical and Electrical Properties, *Handbook on Lead-Bismuth Eutectic Alloy and Lead Properties*, *Materials Compatibility*, *Thermal Hydraulics and Technologies*, 2007 ed., p 25-100
163. J. A. Cahill, G. M. Krieg, and A. V. Grosse, Electrical Conductivity of Tin, Lead, and Bismuth Near Their Boiling Points with Estimates to Their Critical Temperatures, *J. Chem. Eng. Data*, Vol 13 (No. 4), 1968, p 504-507
164. V. Sobolev, "Database of Thermophysical Properties of Liquid Metal Coolants for GEN-IV—Sodium, Lead, Lead-Bismuth Eutectic (and Bismuth)," Scientific Report SCKCEN-BLG-1069, SCKCEN, Belgium, Nov 2010
165. M. Narazaki and S. Ninomiya, Molten Sodium Quenching of Steel Parts, *IFHTSE 2002 Congress* (Columbus, OH), ASM International, 2003, p 464-470
166. J. Ru and Z. Wang, A Feasibility Study on the Use of Bismuth Bath to Replace Lead as the Quenching Media for Steel Heat Treating, *J. ASTM Int.*, Vol 5 (No. 9), 2008, Paper ID JAI101871
167. G. T. Dubal, M. T. Ives, A. G. Meszaros, and J. Recker, Modern Applications for Salt Bath Heat Treating of Automotive Components, *The First International Automotive Heat Treating Conference*, R. Colas, K. Funatani, and C. A. Stickels, Ed., ASM International, 1998, p 90-95
168. C. Skidmore, Salt Bath Quenching—A Review, *Heat Treat. Met.*, No. 2, 1986, p 34-38
169. R. W. Foreman, Salt Bath Quenching, *Conf. Proc. Quenching and Distortion Control*, G. E. Totten, Ed., ASM International, 1992, p 87-94
170. G. P. Dubal, Salt Bath Quenching, *Adv. Mater. Process.*, Vol 156 (No. 6), Nov 1999, p H23-H28
171. E. N. Case and A. M. White, "Water in Molten Salt—In-

creases Quenching Power, Lowers Operating Temperatures," white paper by American Cyanamide, Industrial Chemicals Division, New York, NY

172. B. Liščić, State of the Art in Quenching, *Quenching and Carburizing—Third International Seminar of IFHT* (Melbourne, Australia), Institute of Materials, London, U. K., 1993, p 1-32

173. J. L. Dossett and H. L. Boyer, Chap. 7, Heat Treating of Alloy Steels, *Practical Heat Treating*, 2nd ed., ASM International, 2006, p 125-139

174. H. M. R. Habarakada, "Martempering and Austempering of Steel," Sept 13, 2007, http://austemperingandmatempering.blogspot.com/2007/11/martempering-and-austempering-of-steel.html

175. G. Wahl, Development and Application of Salt Baths in the Heat Treatment of Case Hardening Steels, *Proceedings of ASM Heat Treating Conference: Carburizing, Processing and Performance*, G. Krauss, Ed., July 12-14, 1989 (Lakewood, CO), ASM International, p 41-56

176. R. L. Suffredini, Factors Influencing Austempering, *Heat Treat.*, Jan. 1980, p 14-19

177. *Heat Treating, Cleaning and Finishing*, Vol 2, *Metals Handbook*, 8th ed., American Society for Metals, 1964

178. E. C. de Souza, M. R. Fernandes, S. C. M. Augustinho, L. C. F. Canale, and G. E. Totten, Comparison of Structure and Quenching Performance of Vegetable Oils, *J. ASTM Int.*, Vol 6 (No. 9), 2009, Paper JAI 102188

179. M. Tagaya and I. Tamura, No. 123—Studies on the Quenching Media, Third Report: The Cooling Ability of Oils, *Technol. Rep. Osaka Univ.*, Vol 4, 1954, p 305-309

180. M. Tagaya and I. Tamura, On the Deterioration of Quenching Oils, *Technol. Rep. Osaka Univ.*, Vol 7, 1957, p 403-424

181. G. E. Totten, C. E. Bates, and N. A. Clinton, Chap. 8, Other Quenching Processes, *Handbook of Quenchants and Quenching Technology*, ASM International, 1993, p 291-338

182. D. S. MacKenzie, The Chemistry of Oil Quenchants, *Heat Treat. Prog.*, Oct 2009, p 28-32

183. P. S. Protsidim, N. Y. Rudakova, and B. K. Sheremeta, Regenerated Oils as Base of Quenching Media, *Met. Sci. Heat Treat.*, Vol 30 (No. 2), Feb 1988, p 86-88

184. T. I. Tkachuk, N. Y. Rudakova, B. K. Sheremeta, and M. A. Altshuler, The Influence of Component Composition of Quenching Oils on the Cooling Intensity in the Bubble Boiling Period, *Met. Sci. Heat Treat.*, Vol 28 (No. 10), Oct 1986, p 755-758

185. Y. Yokota, H. Hoshino, S. Satoh, and R. Kanai, Effect of Boiling Range of Mineral Base Stocks on Quenching of 0.45%C Carbon Steel, *Heat Treating—Proceedings of the 20th Conference*, Vol 2, K. Funatani and G. E. Totten, Ed., Oct 9-12, 2000, ASM International, p 827-832

186. T. I. Tkachuk, N. Y. Rudakova, and M. R. Orazova, Effect of Fractional Composition of Quenching Oils in Their Cooling Capacity, *Met. Sci. Heat Treat.*, Vol 25 (No. 1), Jan 1983, p 21-22

187. D. -H. Wang, L. -F. Su, and X. -X. Gao, Production of CS Superfast Quenching Oils, *Heat Treat. Met. (China)*, No. 10, 1991, p 44-50

188. J. M. Hampshire, User Experience of Hot Oil Quenching, *Heat Treat. Met.*, No. 1, 1984, p 15-20

189. T. W. Dicken, Modern Quenching Oils: An Overview, *Heat Treat. Met.*, No. 1, 1986, p 6-8

190. D. H. Herring and S. D. Balme, Oil Quenching Technologies for Gears, *Gear Solutions*, July 2007, p 22-30, 50

191. S. Asada and M. Ogino, Reduced Pressure Quenching Oil and Distortion, *Conf. Proc. Second International Conference on Quenching and Control of Distortion*, G. E. Totten, K. Funatani, M. A. H. Howes, and S. Sjostrom, Ed., ASM International, 1996, p 585-593

192. T. I. Tkachuk, N. Y. Rudakova, B. K. Sheremeta, and M. R. Orazova, Effect of Oxidation on the Functional Properties of Quenching Oils, *Met. Sci. Heat Treat.*, Vol 27 (No. 9), Sept 1985, p 644-646

193. V. V. Chekanskii and B. E. Sheindlin, Bright-Quenching Properties of Mineral Oils, *Met. Sci. Heat Treat.*, Vol 10 (No. 3), March 1968, p 177-181

194. C. Chen, J. Yao, and S. Chen, Investigation on Oxidation of Quenching Oil, *20th Congress for Heat Treatment and Surface Engineering*, G. Zhi and H. Chong, Ed., Oct 23-25, 2012 (Beijing, China), Chinese Heat Treatment Society, p 417-422

195. A. Sasaki, T. Tobisu, S. Ushiyama, T. Sakai, and M. Kawasaki, Evaluation of Molecular Weight and Solubility in Oil of the Oxidation Products of Two Different Types of Oil, *Lubr. Eng.*, Vol 47 (No. 10), 1991, p 809-813

196. A. Sasaki, T. Tobisu, S. Uchiyama, and M. Kawasaki, GPC Analysis of Oil Insoluble Oxidation Products of Mineral Oil, *Lubr. Eng.*, Vol 47, 1991, p 525-527

197. J. Pfaendtner and J. J. Broadbelt, Mechanistic Modeling of Lubrication Degradation, Part 1: Structure-Reactivity Relationships for Free Radical Oxidation, *Ind. Eng. Chem. Res.*, Vol 47, 2008, p 2886-2896

198. V. J. Gatto, W. E. Moehle, T. W. Cobb, and E. R. Schneller, Oxidation Fundamentals and Its Application to Turbine Oil Testing, *J. ASTM Int.*, Vol. 3 (No. 4), 2006, Paper ID JAI13498

199. J. Igarashi, Oxidative Degradation of Engine Oils, *Jpn. J. Tribol.*, Vol 35 (No. 10), 1990, p 1095-1104

200. D. Wooton, The Lubricant's Nemesis—Oxidation, *Pract.*

Oil Anal., Vol 10 (No. 3), March 2007, p 26, http: //www. machinerylubrication. com/Read/999/lubricants-oxidation

201. D. Wooton, The Lubricant's Nemesis—Oxidation, Part II: Testing Methods, *Pract. Oil Anal.*, Vol 10 (No. 5), May 2007, p 34, http: //www. machinerylubrication. com/Read/1028/oxidation-lubricant
202. B. K. Sheremeta, G. I. Cherednichenko, N. Y. Rudakova, Z. N. Stanitskaya, and Z. N. Drimalik, Investigation and Selection of Additives to Regulate the Basic Properties of Quenching Oils, *Met. Sci. Heat Treat.*, Vol 14 (No. 11), Nov 1978, p 832-834
203. Z. N. Ostrovskaya, N. Y. Rudakova, B. K. Sheremeta, and Z. N. Drimalik, Oils for Quenching, *Met. Sci. Heat Treat.*, Vol 17 (No. 1), Jan 1975, p 66-67
204. D. Paddle, Development Accelerated Mineral Oil Quenchants, *Ind. Heat.*, Jan 1998, p 40-42
205. W. H. Naylor, Selecting and Handling Quenching Fluids, *Met. Prog.*, Dec 1967, p 70-73
206. J. Lu, Differences in the Cooling Characteristics of Rapid Quenching Oil and Bright Rapid Quenching Oil during the Working Process, *Heat Treat. Met. (China)*, Vol 12, Dec 1990, p 48-50
207. N. M. Emanuel, Z. K. Maizus, and I. P. Skibida, The Catalytic Activity of Transition Metal Compounds in the Liquid Phase Oxidation of Hydrocarbons, *Angew. Chem. Int. Ed.*, Vol 8 (No. 2), 1969, p 97-107
208. J. A. Farris, "Extending Hydraulic Fluid Life by Water and Silt Removal," Field Service Report 52, Industrial Hydraulics Division, Pall Corporation, Glenn Cove, NY
209. The Hardening and Tempering of Steel: Conventional and Hot Oil Quenching, *Lubrication*, Vol 37 (No. 9), 1951, p 97-112
210. S. Asada and K. Fukuhara, The Influence of Additives on Cooling Process of Mineral Quench Oil, *Heat Treating—Proceedings of the 20th Conference*, Vol 2, K. Funatani and G. E. Totten, Ed., Oct9-12, 2000, ASM International, p 833-838
211. E. Chrisman, V. Lima, and P. Menechini, Chap. 1, Asphaltenes—Problems and Solutions in E&P of Brazilian Crude Oils, *Crude Oil Emulsions—Composition, Stability and Characterization*, M. El-Sayed Abdul-Raouf, Ed., Intech, 2012, p 3-26, http: //cdn. intechopen. com/pdfs/29875/InTech-Asphaltenes _ problems _ and _ -solutions_ in_ e_ p_ of_ brazilian_ crude_ oils. pdf
212. T. I. Tkachuk, N. Y. Rudakova, B. K. Sheremeta, and R. D. Novoded, Possible Means of Reducing the Film Period of Boiling in Hardening in Petroleum Oils, *Met. Sci. Heat Treat.*, Vol 28 (No. 10), Oct 1986, p 752-755
213. F. S. Allen, A. F. Fletcher, and A. Mills, The Characteristics of Certain Experimental Quenching Oils, *Steel Res.*, Vol 60, 1989, p 522-530
214. V. Matijević, J. Župan, and L. Pedišić, Effect of Composition on Oil Quenching Performance, *Int. Heat Treat. Surf. Eng.*, Vol 6 (No. 1), 2012, p 15-18
215. J. A. Hasson, Preventative Maintenance for Quenching Oils, *Ind. Heat.*, Sept1980, p 21-23
216. M. E. Landis and W. R. Murphy, Analysis of Lubricant Components Associated with Oxidative Color Degradation, *Lubr. Eng.*, Vol 47 (No. 7), 1991, p 595-598
217. N. Y. Rudakova, B. K. Sheremeta, and T. I. Tkachuk, The Development and Use of Special Quenching Oils, *Met. Sci. Heat Treat.*, Vol 28 (No. 10), Oct 1986, p 750-752
218. K. J. Mason and I. Capewell, The Effect of Agitation on the Quenching Characteristics of Oil and Polymer Quenchants, *Heat Treat. Met.*, No. 4, 1986, p 99-103
219. B. Taraba, S. Duehring, J. Španielka, and Š. Hajdu, Effect of Agitation Work on Heat Transfer during Cooling in Oil ISORAPID 277HM, *Strojniški Vestn. (J. Mech. Eng.)*, Vol 58 (No. 2), 2012, p 102-106
220. C. E. Bates and G. E. Totten, Quench Severity Effects on the As-Quenched Hardness of Selected Alloy Steels, *Heat Treat. Met.*, No. 2, 1992, p 45-48
221. D. S. MacKenzie, G. Graham, and J. Jankowski, Effect of Contamination on the Cooling Rate of Quenching Oils, *Conf. Proc. Sixth International Conference on Quenching and Control of Distortion*, D. S. MacKenzie, Ed., Sept 9-13, 2012 (Chicago, IL), ASM International, 2012, p 746-754
222. B. Liščić, The Temperature Gradient on the Surface as a Characteristic of the Actual Quenching Intensity during Hardening (Der Temperaturgradient auf der Oberfläche als Kenngrösse für die Reale Abschreckenintensität beim Härten), *Härt. -Tech. Mitt.*, Vol 33 (No. 4), 1978, p 179-191
223. B. L. Ferguson and D. S. MacKenzie, Effect of Oil Condition on Pinion Gear Distortion, *Conf. Proc. Sixth International Conference on Quenching and Control of Distortion*, D. S. MacKenzie, Ed., Sept 9-13, 2012 (Chicago, IL), ASM International, 2012, p 319-328
224. "Standard Guide for Evaluation of Hydrocarbon-Based Quench Oil," D6710-02 (2012), ASTM International
225. M. Johnson, "Selection and Use of Equipment for the Sampling of Liquids," Report EML-574, Environmental Measurements Laboratory, U. S. Department of Energy, New York, NY, Nov 1995, www. osti. gov/bridge/servlets/purl/184043-QMdPIJ/. . . /184043. pdf
226. "Tank Sampling," United States Environmental Protection Agency SOP 2010, Nov 16, 1994, http: //www. dem. ri. gov/pubs/sops/wmsr2010. pdf

227. "Standard Test Method for Kinematic Viscosity of Transparent and Opaque Liquids (and Calculation of Dynamic Viscosity)," D445-12, ASTM International
228. "Standard Practice for Calculating Viscosity Index from Kinematic Viscosity at 40 and 100℃," D2270-10e1, ASTM International
229. "Standard Practice for Conversion of Kinematic Viscosity to Saybolt Universal Viscosity or to Saybolt Furol Viscosity," D 2161-10, ASTM International
230. D. A. Wachter, G. E. Totten, and G. M. Webster, Quenching Fundamentals: Maintaining Quench Oils, *Adv. Mater. Proc.*, No. 2, 1997, p 48AA-48CC
231. G. Furman, Quenching, Part II, *Lubrication*, Vol 57 (No. 3), 1971, p 25-36
232. H. E. Boyer and P. R. Cary, Ed., *Quenching and Control of Distortion*, ASM International, 1988, p 44-45
233. Monitor Water-in-Oil with a Visual Crackle Test, *Prac. Oil Anal.*, March 2002, http://www. machinerylubrication. com/Magazine/Issue/Practicing% 20Oil% 20Analysis/3/2002
234. "Standard Test Method for Determination of Water in Petroleum Products, Lubricating Oils, and Additives by Coulometric Karl Fischer Titration," D6304-07, ASTM International
235. "Standard Test Method for Water in Petroleum Products and Bituminous Materials by Distillation," D95-05 (2010), ASTM International
236. "Standard Test Method for Flash and Fire Points by Cleveland Open Cup Tester," D92-12b, ASTM International
237. "Standard Test Method for Acid Number of Petroleum Products by Potentiometric Titration," D 664-11a, ASTM International
238. "Standard Test Method for Acid and Base Number by Color-Indicator Titration," D974-12, ASTM International
239. T. Mang and H. Jünemann, Evaluation of the Performance Characteristics of Mineral Oil-Based Hydraulic Fluids, *Erdöl Kohle, Erdgas, Petrochem. Brennstoff-Chem.*, Vol 25 (No. 8), 1972, p 459-464
240. "Standard Test Methods for Saponification Number of Petroleum Products," D94-07 (2012), ASTM International
241. "Standard Test Method for Precipitation Number of Lubricating Oils," D91-02 (2012), ASTM International
242. "Standard Test Method for Trace Sediment in Lubricating Oils," D2273-08 (2012), ASTM International
243. V. Srimongkokul, Is There a Need for Really Clean Oil in Quenching Operations? *Heat Treat.*, Dec 1990, p 27-28
244. "Standard Test Method for Conradson Carbon Residue of Petroleum Products," D189-06 (2010) e1, ASTM International
245. G. J. Cochrac and S. Q. A. Rizvi, Chap. 30, Oxidation of Lubricants and Fuels, *Fuels and Lubricants Handbook: Technology, Properties, Performance and Testing*, G. E. Totten, S. Westbrook, and R. Shah, Ed., ASTM International, 2003, p 787-824
246. "Standard Test Method for Oxidation Characteristics of Inhibited Mineral Oils," D943-04a (2010)e1, ASTM International
247. G. E. Totten, C. E. Bates, and N. A. Clinton, Chap. 6, Quench Bath Maintenance, *Handbook of Quenchants and Quenching Technology*, ASM International, 1993, p 181-238
248. W. Hewitt, Monitoring Quench Media in the Production Heat Treatment Shop, *Heat Treat. Met.*, No. 1, 1986, p 9-14
249. R. T. von Bergen, The Effects of Quenchant Media Selection and Control on the Distortion of Engineered Steel Parts, *Conf. Proc. Quenching and Distortion Control*, G. E. Totten, Ed., ASM International, 1992, p 275-282
250. K. Funatani, "Smart Distortion Control by Quench Oil Character, *Conf. Proc. Sixth International Conference on Quenching and Control of Distortion*, D. S. MacKenzie, Ed., Sept 9-13, 2012 (Chicago, IL), ASM International, 2012, p 373-382
251. J. Denis, J. Briant, and J. C. Hipeaux, Chap. 1, Analysis of Oil Constituents, *Lubricating Properties, Analysis and Testing*, Editions Technip, Paris, France, 2000, p 1-106
252. A. T. Simpson and P. A. Ellwood, Polycyclic Aromatic Hydrocarbons in Quench Oils, *Ann. Occup. Hyg.*, Vol 40 (No. 5), 1996, p 531-537
253. F. E. Woolhead, Controlling the Quench Oil Fire Hazzard, *Heat Treat. Met.*, No. 2, 1984, p 29-32
254. D. H. Herring, Identifying Sources of Oil Quench Fires, *Ind. Heat.*, Nov 2004, http://www. heat-treat-doctor. com/documents/Quench%20Oil%20Fires. pdf
255. G. E. Totten, Polymer Quenchants: The Basics, *Adv. Mater. Proc.*, Vol 137 (No. 3), 1990, p 51-53
256. G. E. Totten and G. M. Webster, Quenching Fundamentals: Maintaining Polymer Quenchants, *Adv. Mater. Process.*, June 1996, p 64AA-64DD
257. "Standard Guide for Evaluation of Aqueous Polymer Quenchants," D6666-04 (2009), ASTM International
258. L. M. Jarvis, R. R. Blackwood, and G. E. Totten, Thermal Separation of Polymer Quenchants for More Efficient Heat Treatments, *Ind. Heat.*, Nov 1989, p 23-24
259. "UCON Quenchants User's Manual," Form 118-01567-605AMS, The Dow Chemical Company
260. E. R. Mueller, Polyglycol Quenchant Cleanliness: Are There Benefits? *Heat Treat.*, Oct 1983, p 24-27
261. E. Troell and H. Kristofferson, Influence of Cooling Characteristics on Aging and Contamination of Polymer Quenchants, *Conf. Proc. New Challenges in Heat Treating*

and Surface Engineering—Conference in Honor of Božidar Liščić, June 9-12, 2009 (Cavtat Croatia), Croatian Society for Heat Treatment and Surface Engineering, Zagreb, Croatia, p 53-60

262. C. H. Chen, Investigation of Influence Factors on Cooling Rate of PVP Quenchant, Proc. *of Fourth International Conference on Quenching and the Control of Distortion*, Nov 23-24, 2003 (Beijing, China), Chinese Heat Treatment Society, Beijing, China, p 253-256

263. C. H. Chen and J. E. Zhou, The Orthogonal-Regression Analysis on Cooling Rate of PVP Quenchant, *J. Mater. Eng. Perform.*, Vol 11, 2002, p 527-529

2.2 淬火过程中的传热特性

B. Hernández-Morales, Universidad Nacional Autónoma de México. México

2012 年全球粗钢产量记录为 15.48 亿 t，这意味着钢以具有竞争力的加工成本生产之后，在获得各种力学性能方面能够持续取得成功。尽管凝固过程的作用很重要，但是给定零件的最终性能却是通过在固体状态下对显微组织进行控制来满足各自要求的。尤其是钢制零件所欠缺的力学性能可以通过热处理来得到，这基于可控的加热和冷却过程。淬火是一种热处理工艺，在淬火过程中，将零件加热到奥氏体化温度（使显微组织转变为奥氏体），在此温度下保温一段时间（以得到期望的原始奥氏体晶粒度，如果必要的话，将碳完全溶解），然后迅速冷却到室温（促使奥氏体向马氏体转变）。淬火马氏体虽然硬度高，但是太脆，不能应用到实际工况中。因此，淬火后通常会紧跟着一个回火过程，回火是将零件在相图中“铁素体+铁碳化合物”的区域加热并保温一定的时间，然后冷却到室温。生成的回火马氏体（它不是马氏体，更确切地说，是铁素体基体上分散着细小的碳化物颗粒）具有相当高的硬度和韧性。

因为零件的淬火和回火处于生产路线的末端或接近末端，所以控制这些热处理操作是非常关键的。然而，在淬火过程中有许多现象相互作用，而且发生的程度各不相同，使得这个过程非常复杂。图 2-112所示为相互关联的现象。有三个人们感兴趣的基本领域：

1）热领域（随时间变化，归因于零件/淬火冷却介质界面的热交换）。

2）冶金领域（随时间变化，发生各种相变）。

3）机械领域（随时间变化，零件内部原子迁移）。

因为淬火冷却介质是液体或气体，所以淬火冷却介质的流体动力学对于定义工艺过程中的吸热很重要。图 2-112 中给出了造成不同领域相互影响的原因。例如，冶金领域的变化（每种显微组织容积率的变化）会带来两个改变热领域的影响：相变潜热的释放速率和热物性参数值（取决于温度和相分布）。

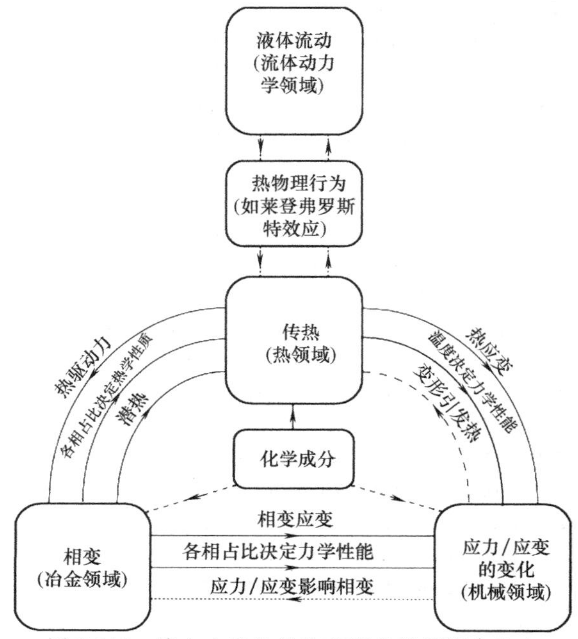

图 2-112 淬火中发生的物理现象及其耦合效应

每一个基本领域的初始状态都要尽可能精确。就这一点而言，习惯做法是假定淬火的开始温度场是均一的，初始的冶金领域状态可能包括预先形成的渗碳层、原奥氏体晶粒度、碳化物形成元素全部或部分溶解。初始的机械领域状态是奥氏体化之后的残余应力场。

给定的淬火操作能得到的力学性能和变形，是以上各领域在淬火过程中所遵循路径的综合结果。钢淬火的目的是在将奥氏体转变为马氏体的同时，保证变形尽可能小。设计、控制和优化一个工业过程，像淬火这样有三种不同的方法：经验法、实验室测试和工艺工程。分析和所需要的专业技术的复杂程度按经验法、实验室测试和工艺工程依次增加。同时，产生知识的量也是增长的。对于一个给定问题，这三种方法中的任何一种（或者任何组合）都可能是合适的。

经验法主要通过试验来定义操作窗口，在试验中，若干过程参数值有序地变化，再将在最终产品中得到的结果与特定目标进行比较。一个案例中，利姆（Lim）曾用经验法优化生产中的热处理参数（奥氏体化温度和保温时间）来使齿轮淬火后的平面度满足技术要求。为了减少试验数量，他采用因子设计方法来设计试验矩阵。

经验法对过程中发生的现象的深入理解很少，因为它通常只考虑初始状态和最终状态；另一方面，在原位测量变化的系统是不可能实现的。相反地，人们必须依靠实验室测量，通常只关注过程的一个方面。这些试验主要用于对比，因此，重要的是将它们标准化。虽然试验设计使所涉及的现象减少和简化了，但是仍然可能得到有用的过程设计和控制数据。例如，给定钢的淬透性是依据端淬试验来表征的，在端淬试验中，用水淬一根钢制试棒的一端，得到沿其长度方向的硬度结果（这与冷却速度分布的变化直接相关）。

工艺工程是建立在过程中发生的现象的数学和物理模型基础上的，并辅以厂内和试验工厂的测量以及实验室测量（以评估传送和/或热学性能）。居尔（Gür）和辛塞尔（Şimşir）全面地建立了淬火过程的数学模型。淬火过程的物理模型关注的是淬火槽中流体的流动。

2.2.1 传热基础

温度高于 0K 的所有物体都包含一定量的热能（内能和动能之和），与其温度直接相关，由于温度更容易测量，所以系统的热能状态通常用温度来表征。热电偶是记录材料加工过程中温度变化最常用的工具。热电偶要么放置在零件内部（在内部钻孔），要么直接与零件表面接触。第一种情况下，用各种高温粘结剂将热电偶固定到零件上。在有些研究中，会采取措施来（防护）改善热电偶护套和零件之间的热触点。保持热电偶与零件表面接触的方法有两种：内在的（材料组成了热电偶环路的一部分）和外在的（先将两个热电偶导线焊接起来，然后将连接点点焊到零件表面）。茨曾（Tszeng）和萨拉夫（Saraf）阐明，在表面安装热电偶带来的鳍效应会影响测量的温度，因此，他们建立了数学模型来校正它。这个模型能被嵌入一个更一般的零件热有限元模型中。Liščić-NANMAC（南马可）探头（图 2-113）是在探头表面钻垂直于表面的孔来放置自更新热电偶的尖端的。

与温度一样，冷却速度是热处理中很重要的一个参数。它不能直接测量，作为替代，是通过测量冷却曲线将其计算出来的（温度-时间数据）。通常假设冷却曲线在一个较短的时间间隔内为线性变化。根据这个假设，可得近似导数的两点公式

$$冷却速度 \equiv \frac{\partial T}{\partial t} \approx \frac{\Delta T}{\Delta t} \qquad (2\text{-}17)$$

式中，T 是温度；t 是时间；ΔT 是在一小段时间（Δt）内的温度变化。

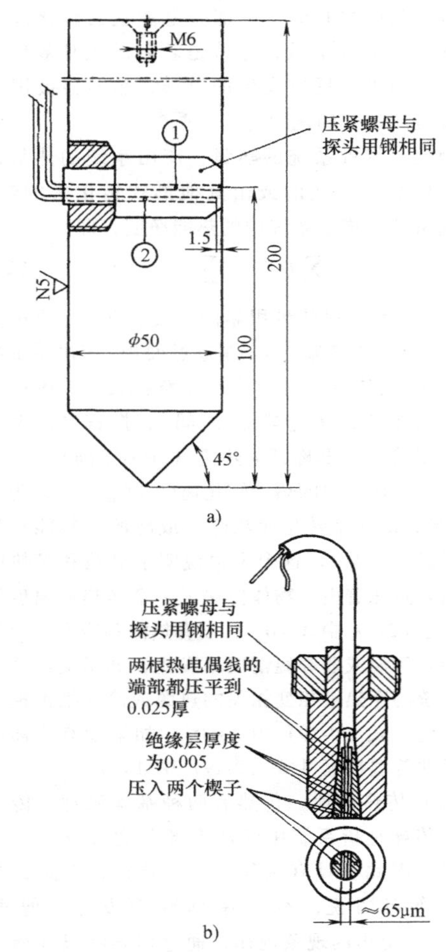

图 2-113 Liščić-NANMAC 探头

a）探头示意图 b）热电偶细节

考虑到研究的是热响应的量，因此选择合适的数据采集频率是很重要的。Totten 等人阐明了频率增加（从 1Hz 增加到 5Hz）对一个英科镍 600 圆柱形探头［ϕ13 mm（ϕ0. 5in）×100mm（4. 0in），几何中心焊接了一个热电偶）冷却速度-时间曲线的影响。他们发现，为得到足够圆滑的曲线需要用最大的频率。数值导数（如用来计算冷却速度的）趋向于形成粗糙的曲线，特别是当采用两点公式的时候。传热过程会让物体里的温度分布得到改善。无论物体内部还是物体之间只要存在温度差（驱动力），就会发生传热。传热速度是用热流量化的，它与热流密度和传热面积有关，即

$$Q = qA_{\perp} \qquad (2\text{-}18)$$

式中，Q 是热流；q 是热流密度；$A_{\perp}$ 是垂直于热流的面积。

改善系统热平衡的另一种方法是将热能转化为另一种形式的能量，反之亦然。例如，当电流流经

一个有电阻的材料时，一部分电能就会转化成热能并以热量的形式消散，这就是著名的焦耳效应。另一方面，当吸热反应发生的时候，热能会被用来转化成反应所需要的化学能。

因此，流进系统的热量，流出系统的热量，以及转化成其他形式的或由其他形式转化来的热能，结合起来就组成了系统中的热能净变，即

$$A = \sum_i Q_{E,i} - \sum_j Q_{S,j} + Q_G \qquad (2\text{-}19)$$

式中，A 是系统里热量积累的速度；$Q_{E,i}$是通过面积 i 流进系统的热能流；$Q_{S,j}$是通过面积 j 流出系统的热能流；Q_G 是热能转换速度。注意：式（2-19）中所有术语的单位都是［热能/时间］，换言之，表示热能流，尽管通常都称其为热流（并不正确）。

式（2-19）中的热能转化速度（Q_G）也称为热源（一种形式的能量转化成热能）或冷源（热能转化成其他形式的能量）。这个术语说明了显热和潜热的区别：前者意味着由于物体传递了一个净热使温度发生变化［式（2-19）中 $A\neq0$］，没有热源和冷源；而后者则可能在等温或非等温情况下发生，如果流进系统或流出系统的净热被相变相关的热源或冷源抵消掉则是等温情况［式（2-19）中 $A=0$］，如果没有这样的平衡则是非等温情况［式（2-19）中 $A\neq0$］。

（1）传热机理　传热有两种基本机理：传导和辐射。传导是指系统中的两个部分通过分子运动进行传热，因此它具有短程作用的特征，需要媒介的存在，换句话说，不能在真空中发生。傅里叶（Fourier）提出的现象规律，通过传导将温度梯度与热流密度联系起来。他发现，热流密度与温度梯度成正比关系，比例常数取决于热量流过的材料。傅里叶定律如下（例如对于 x 轴方向上的热流）

$$q_{k,x} = -k\frac{\partial T}{\partial x} \qquad (2\text{-}20)$$

式中，$q_{k,x}$是 x 轴方向上传导的热流密度；k 是材料热导率；T 是温度。温度是标量（只有大小），而热流密度是矢量（有大小也有方向），有 1～3 个非零分量。式（2-20）中的负号不可省略，因为热量总是从热的区域流向冷的区域，换言之，与温度梯度方向相反。

通过辐射进行的热交换，发生在两个温度不同的表面。对辐射来说，两表面之间的空间可以是透明（计算中不用考虑）的或不透明的。热辐射的本质是电磁波，与光类似。表面射出能量的总量可以通过斯蒂芬-玻耳兹曼（Stefan-Boltzmann）公式量化

$$q_{rad} = \sigma T^4 \qquad (2\text{-}21)$$

式中，q_{rad}是辐射的热流密度；σ 是一个常数［5.669×10^8W/($m^2\cdot K^4$)］；T 是表面温度（用 Kelvin 温度表示）。

斯蒂芬-玻耳兹曼公式是由黑体表面公式（黑体辐射定律）推导而来的，黑体表面是一种假定可以吸收所有入射辐射的表面。总之，真实表面放射的辐射能要小于式（2-21）所预测的值。真实表面辐射热能 $q_{rad,real}$的计算公式为

$$q_{rad,real} = \varepsilon\sigma T^4 \qquad (2\text{-}22)$$

式中，ε 是表面辐射系数，对于钢来说，ε 为 0.1～0.3（对于抛光表面）或 0.1～0.8（对于氧化表面）。

在许多教科书里，还有第三种传热机制：对流。它的发生是基于表面和流动液体之间的相互作用。当液体在外力作用下流过外表面时，称为强制对流；而自由对流则是由密度差造成的液体流动。不论是哪种形式，表面与液体之间的传热实际上都是通过传导和辐射发生的。因此，一些作者认为不应把对流划分为一种传热机制。更确切地说，在这种传热模式下，传热的同时伴随对流。由于同时解决速率和温度场（在自由对流时是耦合的，强制对流时是非耦合的）的问题很复杂，通常用牛顿冷却定律来量化表面和液体之间的传热，即

$$q_{int} = -\bar{h}\Delta T = -\bar{h}(T_f - T_{surf}) \qquad (2\text{-}23)$$

式中，q_{int}是通过界面的热流密度；$\bar{h}$是传热系数；T_{surf}是表面温度；T_f是液体整体温度，它是热界面层（这里的温度梯度较大）以外的液体温度，被假定为常数。注：许多课本和论文在提到淬火热处理时，用字母 α 表示传热系数。

（2）沸腾传热　可蒸发液体被加热到饱和温度（给定气压下）以上时发生沸腾，导致从液体到气体的相变发生；尽管沸腾通常会伴随着气泡的形成，但是当表面温度足够高时，可能形成蒸汽膜。沸腾的不同模式是按液流的流体动力学和液体相对于饱和点的工作温度来分类的。如果液体是静止的，则称为池内沸腾；如果是由外力造成的液体运动，则称为强制对流沸腾。注意：气泡动力学导致工件表面附近为两种模式的组合。当液体工作温度保持在饱和点以下时，发生欠热沸腾。另一方面，当液体保持在略高于饱和点的温度时，发生饱和沸腾。至于试验研究中或工厂操作中的热力学条件，可能是稳态的（用电力控制或用表面温度控制）或瞬态的。

1）池内沸腾。对沸腾的研究大部分都集中在饱和池内沸腾上。在一项开创性研究中，拔山（Nukiyama）设计了一种电力控制设备，用于描述大气压下静水的沸腾行为。他将一根 ϕ0.14mm（ϕ0.006in）的镍铬合金丝在 100℃（212℉）的静水中加热，然后将表面热流密度（q_s）作为相应壁面过热度（ΔT_{sat}，也就是表面温度和液体饱和温度之差）对数的函数绘制成图。这个图称为沸腾曲线。他观察到，

表面热流密度随着壁面过热度的增加而增加，直到达到一个最大值，沸腾曲线有局部极小值，并且在很高的壁面过热度下将发生熔断效应。从他的观察来看，可以在沸腾曲线上定义核沸腾与膜沸腾区域。核沸腾区域涉及形核、长大和气泡分离，它在沸腾曲线的上限处，由表面热流密度极大值定义，又称临界热流密度。另一方面，在膜沸腾阶段，蒸汽膜覆盖表面。临界热流密度在核反应堆设计中至关重要。

拔山的试验是在稳态条件下进行的，控制流经镍铬合金丝的电功率，也就控制了表面热流密度。在这种试验条件下，是不可能观察到核沸腾与膜沸腾之间的区域的。池内沸腾条件下的完整沸腾曲线如图 2-114 所示。由于动力学因素限制了气泡形核，因此需要少量的过热度（区域Ⅰ）来促使气泡形成。气泡存在的区域包括两个不同的子区域：在区域Ⅱ，小气泡仅在沿表面的一些点处形成；而在区域Ⅲ（核沸腾），气泡更大而且覆盖整个表面。由于尺寸小，区域Ⅱ中的气泡浓缩在相接触的液体里。相比之下，区域Ⅲ中更大的气泡从表面分离，留下一个空的区域，并很快被新的液体填满。如之前提到的，核沸腾区域的上界是临界热流密度。在更高温度下，界面接触越来越多的蒸汽（阻碍传热），因此在沸腾曲线区域Ⅳ出现了负的斜率，也称为过渡沸腾。稳定的膜沸腾（区域Ⅴ）的特点是蒸汽膜接触整个表面。蒸汽膜起阻碍热传递的作用，此时的热传递是通过蒸汽膜的传导和辐射的结合。如果向表面的热流密度进一步增加，当壁面过热度增加到一个值时，辐射变成了主导的传热模式，表面热流密度将又一次增加。

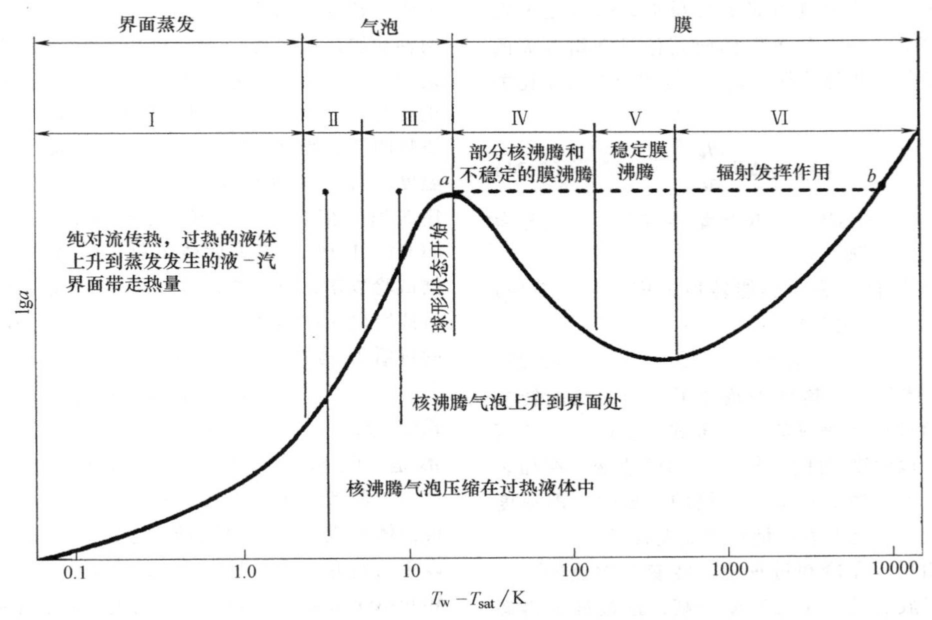

图 2-114 典型的饱和液体池内沸腾曲线

2）强制对流沸腾。池内沸腾的液流主要受气泡的运动所驱动，而在强制对流沸腾中，整体运动连同浮力效应是造成液体流动的主要原因。对于给定的欠热沸腾，当液体流速增加时，吸热也在增加，如图 2-115 所示。接近临界热流密度时，不同流速的强制对流沸腾曲线与欠热沸腾都并入一条单独的曲线，称为完全发育沸腾曲线。在有些系统中，这条曲线位于池内沸腾相应的核沸腾曲线的延长线上。

比池内沸腾所能提供的冷却速度更高的需求，促进了基于强制对流沸腾的效率更高的冷却方案的发展。在冶金工业中，喷液冷却用在铝合金的压力淬火上，是因为它加快了沸腾曲线所有区域的传热速率。喷液冷却被用在输出辊道（轧后冷却）上，以得到高吸热速率，使铁素体晶粒细化，从而使所生产的钢具有更高的强度。在钢的连铸过程中，铜模与冷却水之间通过强制对流发生热交换，这加强了向冷却液体的传热，避免了模温过高，否则会导致浇注缺陷。强烈淬火过程是基于高搅拌淬火冷却介质的，完全抑制了膜沸腾。其中，射流冲击是一种非常高效的强制对流工艺。

2.2.2 显微组织转变生成热

淬火时，显微组织的转变得到最终的显微组织分布，但是也改变了探头内的热平衡状态。在淬火

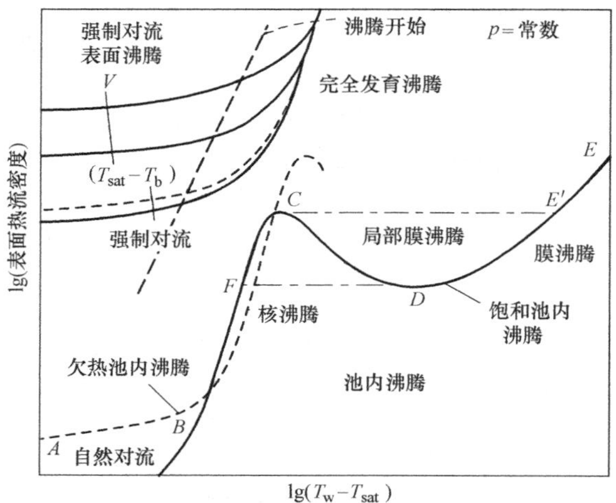

图 2-115 强制对流沸腾与池内沸腾的对比

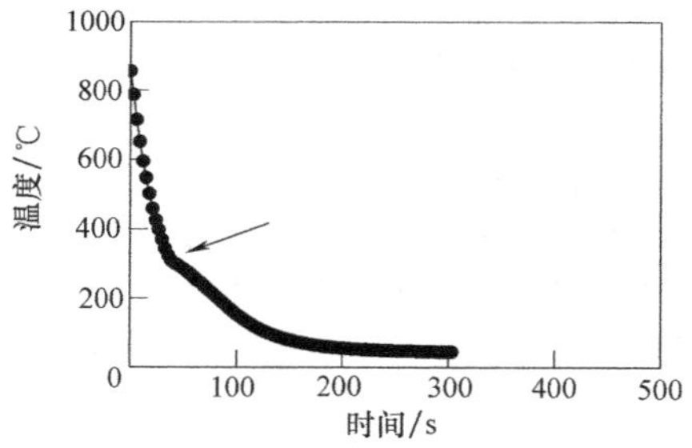

图 2-116 AISI 4140 圆柱形探头在流态床（氧化铝+空气，室温，流化数为 1.4）上淬火时在其中心线上测得的冷却曲线

时，钢中所有固态转变都是放热反应，也就是说发生相变时都会放热。从奥氏体向其他显微组分 k 的相变，其单位体积释放热（$q_{G,k}$）与相变率成正比关系，即

$$q_{G,k}=\rho\Delta H\frac{\partial f_k}{\partial t} \tag{2-24}$$

式中，ρ 是密度；ΔH 是单位质量转变焓；f_k 是显微组分 k 转变的比例。

单位体积释放热与热能转换速度［式（2-19）中的 Q_G］之间的关系是

$$q_G=q_GV \tag{2-25}$$

式中，V 是体积。在热处理条件下，局部热能转换速度通常超过局部净热流［参考式（2-19）］，从而导致相变阶段温度-时间曲线上斜率的改变。在加热的时候，向奥氏体的转变是吸热的，导致升温速度有轻微降低，这是因为热量被转变吸收了。

与此相反，在冷却过程中，转变是放热的，也就是说，释放热量，导致温度升高，这被称为再辉现象。例如，图 2-116 构造了一条冷却曲线，是将 ϕ1.6mm（ϕ1/16in）的 K 型热电偶安装在一个 ϕ12.7mm（ϕ0.5in）× 50.4 mm（2.0in）的 AISI 4140 钢制圆柱形探头中心线上，并将探头在室温氧化铝和空气的流态床中淬火。

通常用流化数（实际气流速度与最小流化速度的比值）来表征流化床反应器的流化程度。图 2-116 里的最终流化数是 1.4，表明通过流化床的实际气流速度是实现流化所需的最小速度的 1.4 倍。在淬火初期，温度单调降低。大约在 320℃（610℉）左右，斜率有了明显的改变。这是因为奥氏体向马氏体转变释放的热量超过了淬火冷却介质的吸热能力。如前所述，冷却曲线上的这种改变称为再辉现象。到转变末期，放热速度被吸热速度补偿掉，局部温度单调降低，直到达到流化床的工作温度。新相生成率由固态相变动力学类型定义。淬火的目的是将奥氏体转变成马氏体，而奥氏体向马氏体的转变是两种非扩散型转变（转变过程中原子只需要做短程运动）中的一种。这种相变具有确定的位向关系，也就是说，原子需要以协调的方式运动。因为不需要热激活，所以马氏体转变的量只取决于局部瞬时温度。科斯丁（Koistinen）和马伯格（Marburger）用 X 射线衍射的方法测量了纯铁碳合金（$0.37\%<w(\mathrm{C})<1.1\%$）淬火后残留奥氏体的体积分数。根据试验数据，他们提出一个经验公式，来预测淬火后残留奥氏体的体积分数。以马氏体体积分数表示的科斯丁-马伯格（Koistinen-Marburger）公式为

$$f_{\alpha'}=1-\exp[-\beta(Ms-T)] \tag{2-26}$$

式中，$f_{\alpha'}$是马氏体的体积分数；T 是局部当前温度；Ms 是马氏体转变开始温度；$\beta=0.011℃^{-1}$。

扩散型转变（奥氏体转变为铁素体、珠光体或贝氏体）发生在高温区域，考虑等温转变情况，可以用约翰逊-梅尔-阿弗拉密-柯洛姆戈洛夫（Johnson-Mehl-Avrami-Kolomgorov）公式进行数学计算

$$f_k=1-\exp[-bt^n] \tag{2-27}$$

式中，f_k 是体积分数（k：铁素体、珠光体或贝氏体）；b 和 n 是试验确定的参数。

根据式（2-25）、式（2-26）和式（2-27），显而易见，奥氏体在淬火过程中分解的热能释放速度取决于相变速度，实际上取决于当前温度。因此，热和显微结构是强耦合的（图 2-112）。相变动力学与温度和时间之间的关系已由 TTT 图给出，如图 2-117所示。标志性的“鼻尖”是高温转变中形核和长大竞争的结果。奥氏体向马氏体转变开始和结束的温度称为马氏体转变开始和结束温度（分别用 Ms 和 Mf 表示）。这类图是在等温条件下进行试验所得到的图，故也称为等温转变图。然而淬火是一个非

等温过程，因此常在连续冷却转变图（CCT）而不是 TTT 图上叠加一条测得的冷却曲线来大概地预测最终显微组织。CCT 图是根据气体冷却试验得到的数据来绘制的。然而，通常淬火时的冷却条件与气冷的条件有很大不同，因此，如果用 CCT 图来做定量预测的话必须谨慎。

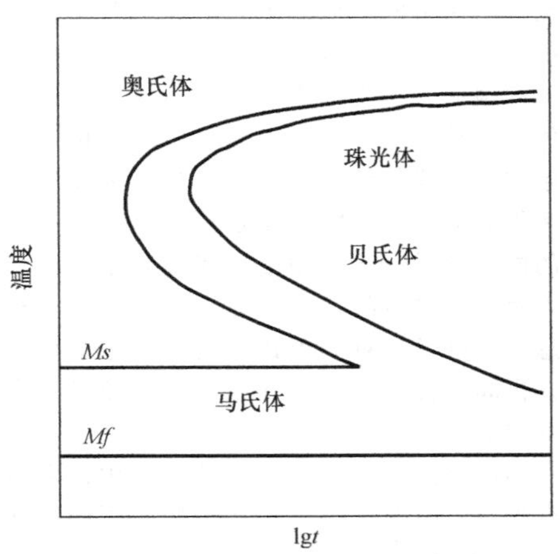

图 2-117　TTT 示意图

2.2.3　液体淬火传热

为了优化淬火过程，充分认识热零件与淬火冷却介质之间相互影响的动力学是有必要的。虽然有些钢可以在空气或其他气体，如氮气、氢气和氦气中淬火，但是大多数淬火操作是用液体淬火冷却介质完成的。因此，除了淬熔盐或熔融金属以外（并不常见），零件表面的散热通常伴随着沸腾现象。考虑到工厂淬火零件的尺寸和几何形状，用热电偶对其进行测量是很困难的。通常的做法是，通过研究小尺寸探头在实验室条件下对淬火的热响应，来比较淬火冷却介质的吸热特点，其中一种研究方法就是冷却曲线分析。在有些研究中，研究结果被反推用来预测实际零件的冶金反应结果。

图 2-118 所示为一个实验室测得的冷却曲线实例。用电阻炉在空气中加热一个圆柱形 AISI 304 不锈钢探头（末端是圆锥形）（图 2-118a），然后在水中淬火，水温为 60℃（140℉），流速为 0.2m/s（0.7ft/s），水流方向与探头长度方向平行。图 2-118b中的冷却曲线对应于热电偶 T/C 3 的位置［离探头顶端 42.67mm（1.68in）］。最初，热响应是恒定的，这表示探头还在炉内；大约 29.1s 时（与和冷却曲线同步拍摄的视频确定的一致），探头已经到达它在淬火槽里的最终位置。淬火开始之后，探头周围就形成了蒸汽膜。蒸汽膜扮演了一个热阻的角色，减少了散热。随着表面温度降低，蒸汽膜变得不稳定，导致了离散气泡的形成。由于气泡形核和长大是非常高效的散热形式，因此冷却曲线表现出斜率的突然改变。

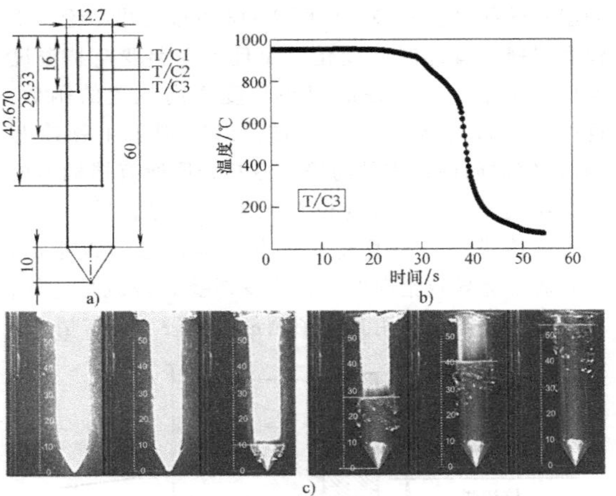

图 2-118　实验试测得的冷却曲线实例

a）圆锥形末端探头示意图　b）在流速为 0.2m/s 的 60℃水中淬火时 T/C3 处热电偶测得的热响应　c）视频里得到的照片（照片上标尺的单位是 mm）

在更低的温度下，沸腾将无法持续下去，表面进入纯对流冷却（这种情况是强制对流）。因为探头材料是一种奥氏体型不锈钢，冷却过程中没有相变，冷却曲线不表现出再辉现象。皮林（Pilling）和林奇（Lynch）最先发现了这种现象。当时他们将 ϕ6.4mm（ϕ0.25in）×50mm（2in）的圆柱形碳钢探头从 850℃（1560℉）淬入可蒸发液体，测量其中心的温度，并绘制冷却曲线。他们将冷却曲线划分为三个区域，分别为 A 阶段、B 阶段和 C 阶段，并作为专业术语沿用至今（2013）。

田谷（Tagaya）和田村（Tamura）在对一个 ϕ10mm（ϕ0.4in）×300mm（12in）的圆柱形银探头淬火时，拍摄下了探头表面在淬火时的视频，同时记录了冷却曲线。他们还发现了第四个阶段（发生在淬火开始时）：冲击膜沸腾。图 2-118 所示的各不同的阶段导致了淬火冷却介质吸热大小的不同，如图2-119 所示，每个阶段的传热系数也显示在了图中。图中的浸入冷却是指将零件浸入液体里冷却的过程，当液膜沿着零件表面下降时，就发生薄膜冷却。

1. 再润湿

再润湿是一种复杂的现象，它在表征液态淬火冷却介质吸热特性时起关键作用。再润湿过程标志着蒸汽膜阶段的结束和核沸腾阶段的开始。这种转变发生位置的轨迹被称为润湿锋。一个与之相关的量是莱登弗罗斯特温度。在金属淬火时，这个量就是膜沸腾结束、过渡沸腾开始的温度。另一种描述再润湿的形式是再润湿时间，就是从蒸汽膜开始转变到核沸腾的时间。

在油、水和一些聚合物淬火冷却介质中淬火时，润湿锋的前进会较慢。由图 2-118 可以得出结论，不仅润湿锋位置随时间变化，而且莱登弗罗斯特温度的值也不唯一，它是沿探头长度方向位置的函数。这种现象被称为非牛顿冷却，以区别于牛顿冷却[在给定时间内，零件与淬火冷却介质所有接触面的热交换模式都一样（与位置无关）]。尽管后一个假设可以使进一步计算得到简化，但是已有人指出，这样通常会导致错误发生，格罗斯曼 H 数就是这样，尽管如此，还是会用其来预测最终的硬度分布情况。

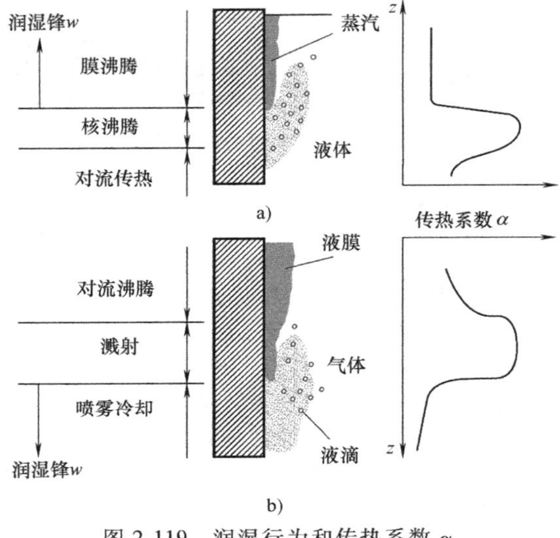

图 2-119 润湿行为和传热系数 α 沿金属探头表面的变化

a）浸入冷却 b）薄膜冷却

根据时间确定了润湿锋的位置之后，通过拟合曲线就可以估计润湿锋的速度。例如，将末端为圆锥形的圆柱形探头淬入流速为 0.2m/s（0.7ft/s）的水中（水流与探头长度方向平行）并进行拍摄，根据从拍摄记录里提取的照片可以知道润湿锋的位置，埃尔南德斯-莫拉莱斯（Hernández-Morales）等人拟合了一条回归线，如图 2-120a 所示。一种衡量线性回归优度的办法是使用判定系数（R^2）。如果它的值接近 1，则说明因变量与自变量之间有很强的线性关系。图 2-120a 中 R^2 的值为 0.994，这说明润湿锋位置与时间之间的关系可以假定为线性的，因此，润湿锋速度在此例中是不变的。采用同样的方法，润湿锋速度可以计算成浴温的函数（图 2-120b）。润湿锋速度与浴温之间的关系是非线性的，润湿锋速度随着浴温的升高而下降，因为这种情况下蒸汽膜更稳定，所以需要更长的局部再润湿时间。由于相同的原因，局部莱登弗罗斯特温度随着水温的增加而降低（意味着蒸汽膜更稳定）。

除了摄影的办法，还有替代的办法来描述润湿锋的运动。坤策尔（Künzel）等人注意到，零件表面与一个反电极之间的电导率和蒸汽膜破裂直接相关。他们在一个 ϕ15mm（ϕ0.6in）×45mm（1.8in）的圆柱形铬镍合金探头的中心安装了一个热电偶，然后测量与探头同心的圆形背板电极与探头之间电导率的变化。在对沸水进行试验的初期，他们测得的电导率很低，这是因为蒸汽膜不仅是一种好的热绝缘体，也是一种好的电绝缘体。随着再润湿过程的开始和润湿锋的移动，摆脱水膜的表面积逐渐增加，测得的电导率也随之增加。因而，对温度与电导率的同步测量，允许测量再润湿开始的时间和温度，以及在给定时间探头表面润湿的比例。根据这些信息，就可以计算润湿锋速度。在这个特别的试验里，再润湿首先从底部开始，润湿锋以一个恒定的速度向上前进。

有趣的是要注意，在他们的试验中，采用了一个具有光滑表面的探头（图 2-121），再润湿开始的时间（t_s，由测量的电导率来确定的）比心部测得的冷却曲线斜率发生变化的时间（t_u）早。这是探头表面与其心部之间热阻导致的直接结果。这个热阻延迟和抑制了对探头表面发生的状况的热响应。当表面光滑度降低之后（如在表面加工一些螺纹），试验时蒸汽膜破裂早得多。但润湿的表面只有螺纹的顶部部分。因此，测得的电导率增加得很慢，直到没有气泡被螺纹捕获。他们还研究了液槽搅拌和欠温的影响，发现当任一变量增大时润湿持续时间都会减少。此外，他们还测量了将 Ck45 钢从 880℃（1615℉）在 50℃（120℉）水中淬火的最终硬度。他们观察到沿探头试样的硬度分布与润湿锋运动一致。

测定润湿锋运动的另一种方法是基于从热钢表面形成气泡和气泡离开所带来的噪声。科巴斯科（Kobasko）等人将一个 ϕ200mm（ϕ8in）的球形银探头（探头中心安有一个 K 型热电偶）淬入含有 15kg（33lb）淬火冷却介质的淬火槽中。用一个频率为 30Hz 的数据采集器记录冷却曲线。在淬火槽中安装了一个麦克风来监测淬火过程中发出的噪声。全部的信号宽度被划分成 100 个 Hz 带，超过 200 个通道。图 2-122 所示为冷却速度历史曲线和两张谱图（从声音信号中提取出的频谱分析曲线）。宽频带的谱图（图 2-122b）与冷却速度历史曲线相似，这是一个说明声学方法有效的好迹象。此外，即使银探头的灵敏度很高（因为热导率高，大幅减少了绝缘和阻尼效果），在使用冷却曲线数据时也不可能探测到膜沸腾阶段之前的冲击沸腾阶段。相比之下，声学方法得到了冲击沸腾的证据：图 2-122c 中的谱图显示，在不到 1s 的时间内就出现了高振幅峰值。

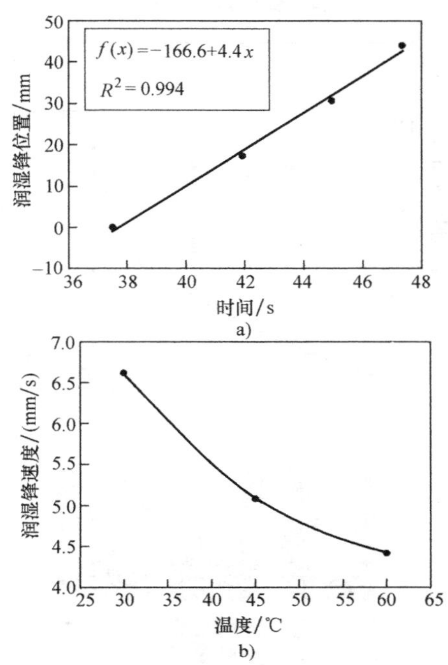

图 2-120 一个圆锥末端 AISI304 不锈钢探头在流速为 0.2m/s（0.7ft/s）的水中淬火（水流与探头长度方向平行）时润湿锋的运动

a）润湿锋位置与时间的关系［水温为 60℃（140℉）］ b）润湿锋速度与水温的关系

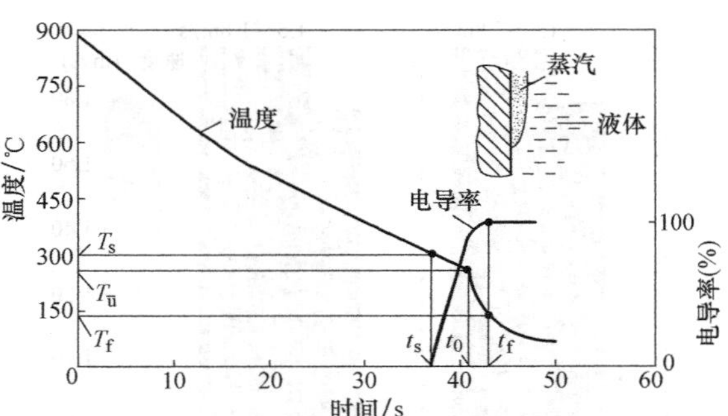

图 2-121 一个表面光滑的圆柱形铬镍合金探头在无搅拌沸水中淬火时测得的冷却曲线（探头中心）和电导率

T_f—结束温度 t_f—结束时间

在他们的研究中，坤策尔等人还发现探头的几何形状对其在淬火过程中的散热具有显著影响。最近，埃尔南德斯-莫拉莱斯等人已经用计算流体动力学的方法证实，这种影响与探头附近的流体动力学状况直接相关。特别地，图 2-123 所示的计算流线证明，当使用圆锥形末端探头而不是更普遍使用的平端探头时，流场均匀得多。而且，液体与平端探头基体之间的相互作用造成了边界层分离现象和一个再循环区域。作为流体动力学状况的结果，探头周围的压力分布情况也与这两种探头的几何形状明显不同。这直接影响了蒸汽膜的演变，以及此后所得的冷却曲线，尤其是润湿行为。

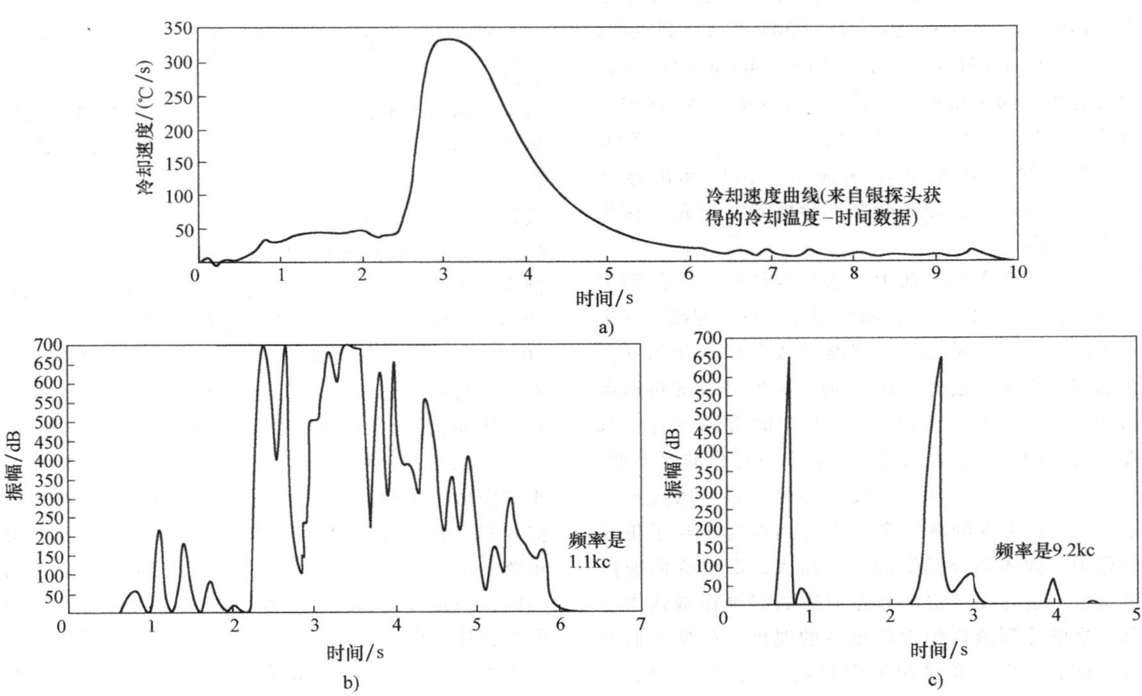

图 2-122 银球淬火

a）冷却速度随时间的变化 b）宽波段声音数据 c）窄波段声音数据

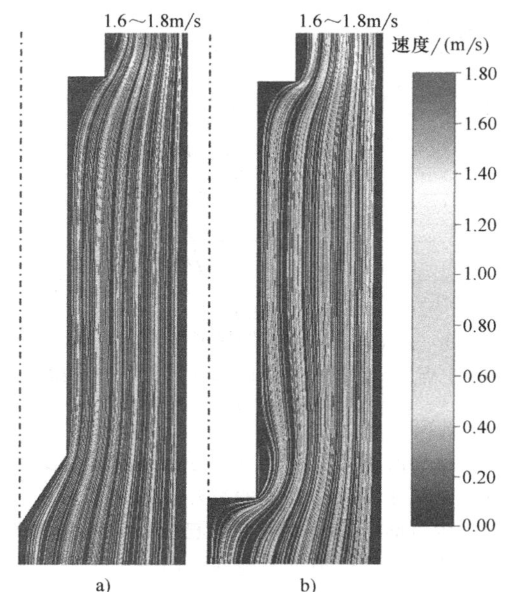

图 2-123 探头附近的计算流线［60℃（140℉）的水与探头接触部位的水流速度为 0.6m/s（2ft/s）］

a）平端探头 b）圆锥形末探头

通过摄像记录（30 帧/s）和冷却曲线测量［将 ϕ0.5mm（ϕ0.02in）的铠装热电偶安装在探头表面以下大约 1mm（0.04in）处］的方法，弗雷里希斯（Frerichs）和吕本（Lübben）研究了中空和非中空圆柱体的再润湿行为。探头是用 303 不锈钢制成的，直径为 50mm（2in），长度为 100～200mm（4～8in）。探头有中空部分和非中空部分。将探头在 N_2 保护气氛下加热到 850℃（1560℉），然后淬入 80℃（175℉）的 130L 静止高速油中（国际标准速率 277），并确保淬火冷却介质不会填满（填充）探头的中空部分。

一个底部实心上部中空的复合结构探头的润湿锋运动如图 2-124 所示，两个部分都没有螺纹。探头浸入淬火冷却介质之后，润湿锋从底部向顶部（探头的实心区域）前进。在 8s 时，中空部分的再润湿瞬间发生。在大约 10.8s 时，两个润滑锋会合于长度方向上的一点，这正是实心和中空部分的交界处。从这个结果看，很明显，实心部分的量（因为是实心的，所以储存的热量多）在再润湿时起到了重要的作用。固体部分提供的热量越大，润湿锋的速度就越慢，这允许中空部分在前进的润湿锋抵达中空部分之前冷到蒸汽膜无法维持的温度。根据他们所有的试验，作者总结出润湿锋的形成需要形核点，如边缘或表面奇异点。对于实心部分，作者通过二阶多项式，将润湿锋的位置拟合成一个时间的函数，这表明实心部分润湿锋的速度并不恒定。

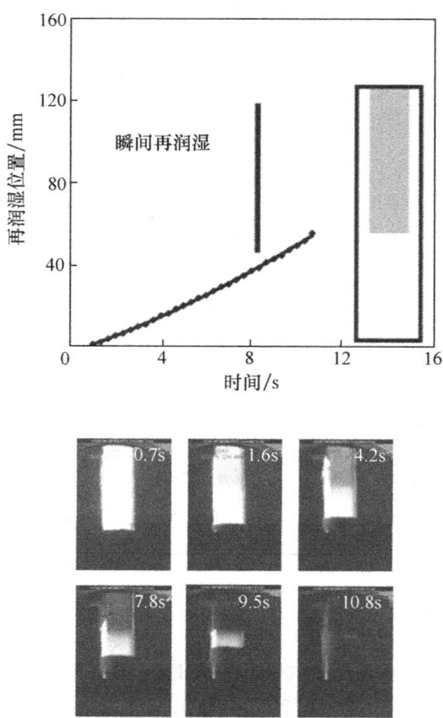

图 2-124 复合结构探头在 80℃（175℉）无搅拌高速油中淬火的润湿锋运动（探头底部实心，上部中空，没有螺纹）

非牛顿冷却造成的不均匀散热，即不均匀的再润湿，影响了热响应以及最终的力学性能和变形。吕本和弗雷里希斯记录了 SAE304 钢轴承套圈［内径为 133mm（5.2in）、外径为 145mm（5.7in）、高度为 26mm（1.0in）］淬火过程中的再润湿行为，如果散热不均匀，尺寸就会有变化。将套圈在空气中加热到 860℃（1580℉），然后手动转移到搅拌的淬火槽中。淬火冷却介质是高速淬火油（Thermisol QH 10MC），采用螺旋桨搅拌，油的流速约为 0.2m/s（0.7ft/s）。有的试验是在静油中完成的。淬火槽上有一个视窗，允许采用电荷耦合装置的摄影机记录套圈表面状况。所用淬火油是透明的，有助于摄像。他们在水平方向和竖直方向都做了试验，并且在水平方向做了两种不同的试验。图 2-125 所示为水平方向和竖直方向再润湿行为的对比。很明显，方向很重要：水平的套圈的润湿锋在一个角度方向上是均匀的，但是在轴向上不对称（从底部开始，当再润湿过程快结束的时候第二个润湿锋开始于顶部）；另一方面，竖直浸入的套圈在轴向上显示出对称的润湿行为，有两个润湿锋开始于两边，并以相同的速度向中心移动，在角度方向上则不对称。根据录像截取的图片看，可以确定润湿锋的位置是时间的函数（图 2-126）。因为竖直方向的套圈显示出两个对称锋移向中心，轴向的再润湿时间（3.5s）就比水平浸入的套圈短了（接近 5s）。

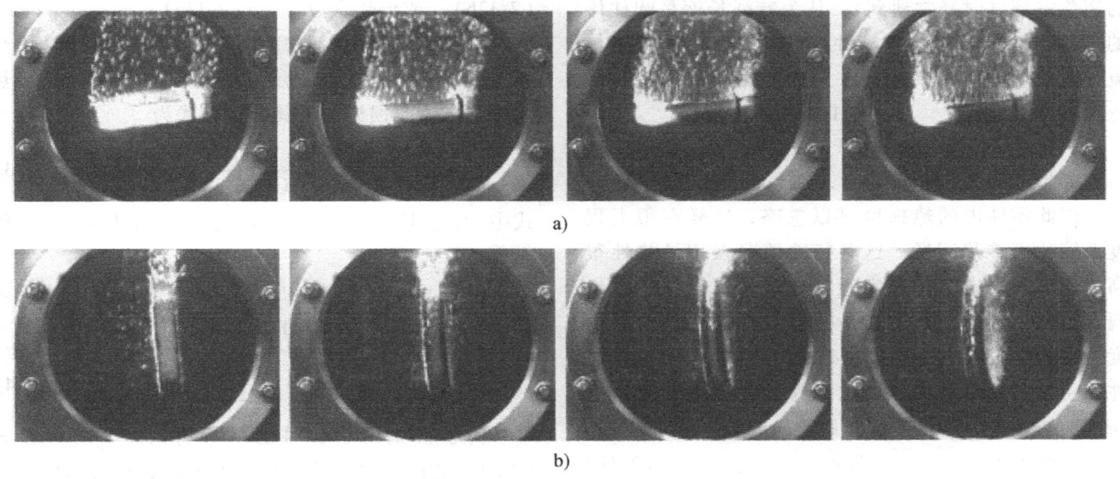

图 2-125 套圈以水平方向（上面一排）和竖直方向（下面一排）浸入的不同时间的再润湿行为

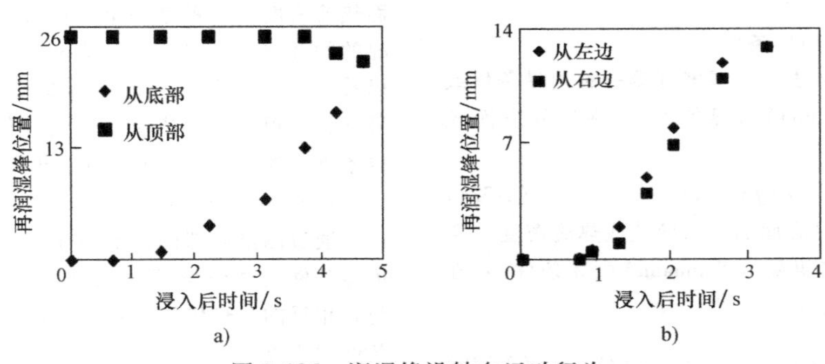

图 2-126 润湿锋沿轴向运动行为

a）水平方向的套圈 b）竖直方向的套圈

改变水平放置的套圈的淬火条件，例如采用不同的夹持模式（悬挂或支撑）、液槽搅拌程度和支撑的初始温度（与套圈一起加热或不一起加热），在再润湿行为上并没有显著不同。

强烈淬火是一种基于彻底抑制膜沸腾的工艺。科巴斯科（Kobasko）阐明，膜沸腾的条件是初始热流密度高于第一临界热流密度（$q_{in}>q_{cr_1}$）。后者是局部最大热流密度，大约发生在热工件浸入液浴后 0.1s 以内。当 $q_{cr_1}>q_{in}$时，核沸腾紧接着冲击沸腾发生。因为核沸腾模式的传热效率高，表面温度很快下降到饱和温度，然后在科巴斯科认为的热量自行调整过程中保持相当长的时间。如果存在膜沸腾，就会观察到局部最小热流密度——第二临界热流密度（q_{cr2}）。

2. 热温度场

淬火时，零件内温度场的变化会直接影响到显微组织及其尺寸的改变。零件内部的热量是以传导的方式传递的。因此，热方面可以通过求解热平衡方程来计算［式（2-19）］，热流密度按傅里叶定律［式（2-20）］的定义。当式（2-18）应用于一个无穷小的控制体积上并用傅里叶定律来代替热流密度时，可得到热传导方程的一般形式

$$-\nabla(-k\nabla T)+q_G=\rho C_p\frac{\partial T}{\partial t} \tag{2-28}$$

式中，q_G 是单位体积的生成热；ρ 是零件密度；C_p 是常压下零件的比热容；t 是时间；∇是微分算子。

注意：这里每个项的量纲都是热能/(体积×时间)。零件内传导的热量在零件与液体的界面上从零件传递到淬火槽。传导及后续的界面传热的相互关系，可以用 Biot 系数（Bi 数）来数值化，Bi 数是一个无量纲量，其定义是固体内部的热阻与界面传热的热阻之比（后者用牛顿冷却定律计算），即

$$Bi=\frac{传导热阻}{界面热阻}=\frac{\overline{h}L_C}{k} \tag{2-29}$$

式中，L_C 是与热传导有关的特征长度。

对于长圆柱体径向热流条件（在淬火冷却介质的实验室测试时经常遇到），认为特征长度是圆柱体的半径。有些作者根据零件体积（V）和垂直于热流方向的整体表面积（$A_{\perp}$）计算特征长度，即

$$L_C=\frac{V}{A_{\perp}} \tag{2-30}$$

如果毕奥系数小于 0.1，则界面热阻起主导作用，因此零件内的热梯度可以忽略，这样在很大程度上简化了传热问题。这种特殊情况在用导热性很高的小探头淬火时（做实验室冷却曲线分析）会出现，但是一般情况下，还是需要考虑零件内的热梯度。在给定工况下要解式（2-28），必须定义边界条件和初始条件。这种形式被称为混合型边界和初值问题。初始条件是已知的开始阶段的温度分布：

区域 Ω 内 $T=f_i(x_i)$ (2-31)

习惯上假定初始温度场是均匀的，因此在区域 Ω 内 T 为常数。

有三种类型的边界条件：

1）规定沿边界表面的温度［第一种边界条件或狄利克雷德（Dirichlet）边界条件］：在边界表面 S_i 上有

$$T=f_i(x_i,t) \tag{2-32a}$$

2）规定沿边界表面的法向导数或热流密度［第二种边界条件或诺伊曼（Neumann）边界条件］：在边界表面 S_i 上，有

$$\frac{\partial T}{\partial \hat{n}}=f_i(x_i,t) \text{ 或 } q=f_i(x_i,t) \tag{2-32b}$$

3）规定周边的能量交换（第三种边界条件）：在边界表面 S_i 上，有

$$k_i\frac{\partial T}{\partial \hat{n}}+\overline{h}_iT=f_i(x_i,t) \tag{2-32c}$$

式中，$\hat{n}$是边界表面向外的法向。如果式(2-32)的右侧等于零，则称为齐次边界条件，简化了控制方程的解析解。从实用的角度，齐次边界条件只发生在对称平面，在这种情况下，诺伊曼（Neumann）类边界条件总是齐次的。

2.2.4 活跃的传热边界条件

对于给定合金及其性能要求，零件表面的散热历史是淬火操作的关键部分，因为它与淬火零件内温度领域的响应直接相关。因此，正确定义活跃的传热边界条件，也就是零件表面的传热边界条件很重要。考虑到瞬时表面温度的测量是很困难的，狄利克雷德（Dirichlet）类边界条件［式（2-32a）］对于淬火操作的建模通常不适用。相反，习惯的做法是将热电偶插入一个实际零件或者实验室探头中，在热电偶热结点处测量局部热响应。根据这些数据可以估测传热边界条件，包括表面热流密度［式（2-32b）］或传热系数［式（2-32c）］。

在许多研究中，是用牛顿冷却定律来计算传热系数的［式（2-22）］。用液体欠温冷却来计算传热系数已成为习惯做法，其计算公式为

$$\overline{h}=-\frac{q_s}{(T_f-T_{surf})} \tag{2-33}$$

式中，T_{surf} 是表面温度；T_f 是淬火冷却介质整体温度。

但是，科巴斯科提出了异议，他认为应该用表面温度与淬火冷却介质的饱和温度之差来计算，即

$$\overline{h}=-\frac{q_s}{(T_{sat}-T_{surf})} \tag{2-34}$$

为了区别二者，科巴斯科将式（2-33）和式（2-34）的值分别定义为有效传热系数和实际传热系数。笔者认为，应该放弃使用传热系数，而使用表面热流密度。后者是一个直接表征零件表面散热情况的物理量。并且由式（2-33）或式（2-34）也可以看出，传热系数的计算需要已知表面热流密度。另外，要想用表面热流密度代替传热系数来作为边界条件，淬火过程建模的计算机代码也很容易更改。

1. 热传导反问题

通过测量局部的热响应来估计一个活跃的传热边界条件的数学问题称为热传导反问题（IHCP），与之相反的是热传导正问题（DHCP）（在给定初始条件和边界条件的情况下计算热领域演绎）。在几种情况下淬火时需要解决 IHCP 问题。观念上，人们对估算热处理车间实际淬火的活跃传热边界条件感兴趣。但是，对于实际几何形状复杂、尺寸大的零件，会导致零件表面的传热边界条件的空间分布随时间而变化，这时可能就需要求解三维（即三个方向的热流）的 IHCP 了。另外，相变的发生，如奥氏体向马氏体的转变，使 IHCP 的求解变得更加复杂化。许多研究人员并不去检测实际零件，而是集中精力研究几何形状简单的相对小的零件或探头在实验室级设备里的散热，此时只有二维热流甚至是一维热流的 IHCP 问题。在许多情况下，材料在淬火时不发生相变。而且在特定条件下，探头内的温度梯度甚至可以忽略。

2. 可以忽略温度梯度的物体

如前所述，当毕奥数很小的时候（$Bi<0.1$），界面传热的热阻，即从冷却介质方面考虑，远大于固体内部的热阻。在这种情况下，探头内的温度梯度可以忽略，因此固体内的温度只是时间的函数。从而，可以根据式（2-19）建立宏观的热能平衡，如

果没有热能输入/输出，则可以认为探头内的热能变化率等于向液浴传递热能的速度。这种方法称为集中热容或集中参数分析。根据表面热流密度，宏观热平衡可写成

$$\rho C_p V\frac{dT(t)}{dt}=q(t)A_{\perp} \tag{2-35}$$

式中，$q(t)$ 是随时间变化的表面热流密度；$A_{\perp}$ 是法向面积。

在式（2-35）中，假设整个零件表面的表面热流密度在某一时刻只有一个值。或者也可以将探头的一部分作为计算区域来研究。根据牛顿冷却定律［式（2-23）］，式（2-35）可以改写成

$$\rho C_p V\frac{dT(t)}{dt}=-\bar{h}(t)\left[T_f-T(t)\right]A_{\perp} \tag{2-36}$$

式中，$\bar{h}(t)$ 是随时间变化的传热系数。注意：由于假设了固体中的温度梯度可以忽略，通常在式(2-36)右边方括号内出现的表面温度就用 $T(t)$ 代替了。式（2-35）和式（2-36）需要定义初始条件，例如

$$T(t)=T_0, t=0 \tag{2-37}$$

式中，T_0 是初始温度。

可以用任何一种求解常微分方程的标准计算方法，如欧拉（Euler）法、龙格-库塔（Runge-Kutta）法等，来估算随时间变化的传热边界条件，根据时间坐标以分段形式求解控制方程［式（2-35）或式（2-36）加初始条件］。如果热物理性能对温度具有依赖性，那么在给定时间段内可以假定其为恒定的，从而避免迭代解法。在用日本工业标准（JIS）K2242 银探头描述淬火冷却介质的冷却效果时，假设内部温度梯度可以忽略是有效的。探头是一个圆柱体，直径为 10mm（0.4in），长度为 30mm（1.2in），银制空心，在靠近探头表面的中间高度处安装有热电偶（图 2-127）。酉崎正刚等人用他们的 LUMPPROB 计算编码（基于集中参数分析）来估算 JIS 银探头在淬火过程中的传热系数，条件分别是 30℃（85℉）的聚合物溶液（浓度为 15%）中无搅拌、30℃（85℉）的水中无搅拌、80℃（175℉）的油（JIS 1-2）中无搅拌。他们通过对数值计算方程右边求导，而不是积分常微分方程的方法求解式(2-36)。他们的方法包括用一种平滑技术（一种结合最小二乘法的多项式曲线拟合方法）来减少测得的热响应中的不良干扰，而热响应在数值计算求导时得到加强。哈桑（Hasan）等人用相似的办法，通过采用 11 点滚动平均数的方法使数据平滑化。

酉崎正刚等人在他们的计算中测试了两种情况（恒定的和温度依赖性的）下的热物理性能。如图 2-128a所示，对于所研究的三种淬火冷却介质，估算

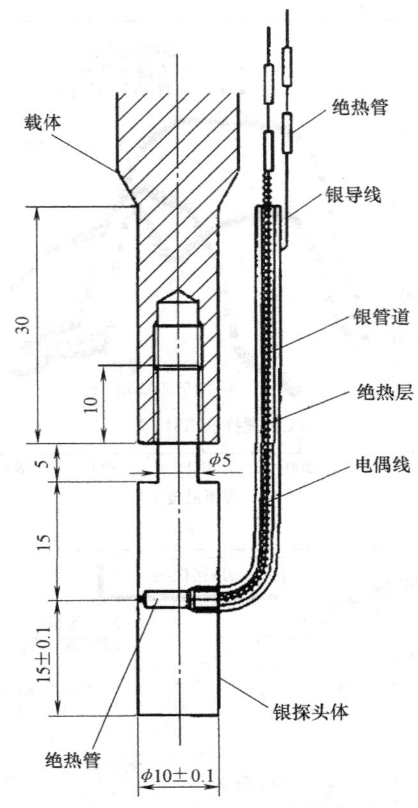

图 2-127 日本工业标准银探头

的传热系数可以看成表面温度的函数（在忽略了温度梯度的情况下，与中心温度相同）。传热系数的最大值的排列顺序：水［30℃（85℉），静止］>油［80℃（175℉），静止］>15%聚合物［30℃（85℉），静止］。虽然使用恒定的或温度依赖性的热物理性能时，传热系数曲线没有表现出明显的区别，但是当在计算中使用温度依赖性热物理性能时，测得的冷却曲线与计算得到的冷却曲线的一致性要好得多（图 2-128b）。

在另一篇论文中，酉崎正刚等人报道，他们将圆柱形 S45C 钢探头［直径为 20mm（0.8in），长 60mm（2.4in）］在 30℃（85℉）的静水和 10%聚二醇静止水溶液中淬火，并修正传热系数的初估值，从而对计算冷却曲线与测量冷却曲线进行对比。他们先用 JIS 银探头和 ISO 9950 铬镍铁合金探头得到传热系数的初估值，这是经他们验证过的由冷却曲线估算传热系数的方法。

3. 有温度梯度的物体

真实零件的尺寸和相对低的热导率（甚至是一些实验室级别的小探头）将导致毕奥数比 0.1 大得多。因此，不能忽略固体的温度梯度。在这种情况下，温度是时间和至少一维空间的函数。因此，必

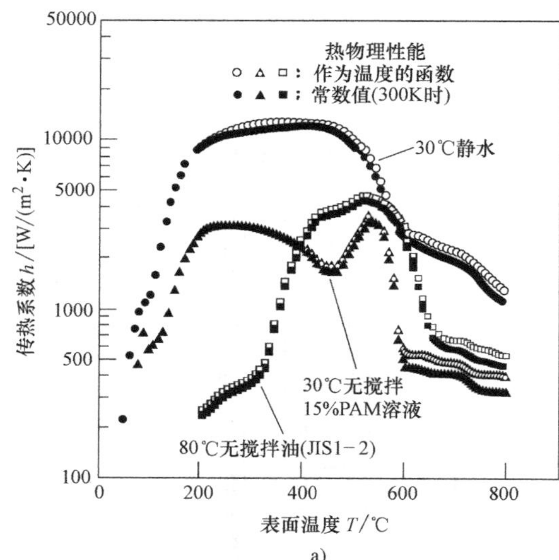

a)

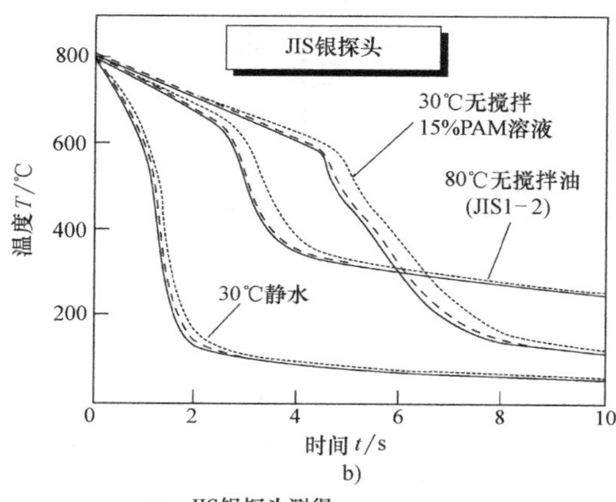

b)

—— JIS银探头测得
- - - 计算得到(h是将热物理性能看作温度的函数估算得到的)
······ 计算得到(h是将热物理性能看作常数估算得到的)

图 2-128 采用不同方法得到的传热系数的冷却曲线对比

a）作为表面温度的函数估算的传热系数 b）测得的与估算的 h 条件下计算得到的冷却曲线对比

须考虑微观（与宏观相反）热平衡。

大多数用于描述淬火过程散热情况的探头都是圆柱形的，其长径比应大于 4，从而确保没有边缘效应。基本上，传热可以假定为一维的。如果润湿锋出现，且有一定的速度，则说明零件在轴向上有明显的温度梯度，此时必须考虑二维热流。但是，为了保持后面的方程式尽量简单，缓慢移动润湿锋的情况将不做分析。按一维热流假设，探头的控制方程如下

$$\rho C_{\mathrm{p}} \frac{\partial T(r,t)}{\partial t}=\frac{1}{\alpha} \frac{\partial}{\partial r}\left[rk \frac{\partial T(r,t)}{\partial r}\right] \tag{2-38}$$

式中，$\alpha=k/(\rho C_{\mathrm{p}})$ 是热扩散系数。在中心线上，温度曲线是均匀的，这意味着温度的空间导数等于 0，即

$$\frac{\partial T}{\partial r}=0 \qquad t>0, r=0 \tag{2-39}$$

在固-液界面，液体的吸热用表面热流密度或者传热系数表征，即

$$-k \frac{\partial T}{\partial r}=q_{\mathrm{s}}(t) \qquad t>0, r=R \tag{2-40}$$

或

$$-k \frac{\partial T}{\partial r}=-\bar{h}(t)\left[T_{\mathrm{f}}-T_{\mathrm{s}}(t)\right] \quad t>0, r=R \tag{2-41}$$

初始条件认为是均一的初始温度分布，即

$$T(r,t)=T_{0} \qquad t=0, 0 \leqslant r \leqslant R \tag{2-42}$$

IHCP 数学方程包括相同的控制方程和中心线边界条件，但是表面热流密度或者传热系数是未知的，这分别使式（2-40）和式（2-41）变得不确定。固体某一未知的热响应（冷却曲线）反而可以由测量得到

$$T(r_{1},t)=Y_{1}(t) \qquad t>0, r=r_{1} \tag{2-43}$$

式中，$Y_1(t)$ 是测得的热响应。从数学的角度看，IHCP 是一个不适定问题，换句话讲，它的解法不具有条件的存在性、唯一性和稳定性。而且 IHCP 的解法对测量误差很敏感。因为这些特点，大多数具有技术重要性的 IHCP 需要专门的技巧来稳定解法，以得到物理上可信的结果。需要指出的是，所有这些技巧都是将相应的 DHCP 看作 IHCP 算法的一部分。因为活跃传热边界条件通常是高度非线性的，DHCP 不能得到解析解，人们必须求助于数值解法，如有限差分法或有限元法。IHCP 的数值解法可以按顺序估算传热边界条件，也就是说，针对每一时间步长估算一个单独的值，同时估算出全域的传热边界条件的所有值。必须强调的是，IHCP 的解只能给出一个估计值，不可能计算出精确的数字。解决 IHCP 有三种基本方法：函数设定、正则化和迭代正则化。

函数设定方法是首先假设一个函数形式（有几个未知常数）的活跃传热边界条件，然后通过最小二乘法用试验数据估算这些常数。最小二乘法函数（一维热流）是若干时间步长内（包括当前时间步长和一些将来的时间步长）所有热电偶的测量温度与估算温度差的平方和。

$$S=\sum_{j=1}^{J} \sum_{i=1}^{r}\left(Y_{ji}-T_{ji}\right)^{2} \tag{2-44}$$

式中，Y 是测量温度；T 是相应的计算温度；J 是热电偶数量；r 是将来时间步长数；下标 j 和 i 分别代表热电偶和局部将来时间步长。

对于单独的热电偶（$J=1$），式（2-44）可简

化为

$$S = \sum_{i=1}^{r} (Y_i - T_i)^2 \tag{2-45}$$

因为试验数据跨越几个时间步长（当前值到r），IHCP的解变得稳定，这对淬火过程尤为关键。因为淬火过程的冷却速度很快，意味着时间步长很短（数据采集频率高），很小的测量误差就会导致很不稳定的解。最小二乘法的基础，是对关于传热边界条件的最小二乘函数（S）求最小值，这可以通过对S求导并令导数为0来得到

$$\frac{\partial S}{\partial \hat{q}^M}=0 \tag{2-46}$$

或者

$$\frac{\partial S}{\partial \hat{h}^M}=0 \tag{2-47}$$

具体采用哪一公式取决于活跃传热边界条件是以估算的表面热流密度来表达或以传热系数来表达。在式（2-46）和式（2-47）中，指数说明量值是在时间t^M时估算的。

淬火中最常用的连续函数设定算法之一是由贝克（Beck）等人提出的。在他们的算法中，在固体的特定位置和给定的时间步长内估算传热边界条件时，热物理性能被假定为常数（并评估之前的时间步长），对于小的计算时间步长这是非常合理的假设。利用这种假设，IHCP在特定的计算时间步长内变成了线性的，这导致其成为非常有效的算法，因为估算$\hat{q}^M$或$\hat{h}$时不必去迭代。同时，一个在t^{M-1}和t^M之间的恒定表面热流密度被用来估算$\hat{q}^M$。这个算法的核心是下面的显式方程，用它来估算只用一个热电偶的情况下，t^M时间的表面热流密度的值

$$\hat{q}^M = \hat{q}^{M-1} + \frac{1}{\Delta_M}\sum_{i=1}^{r}(Y_{M+i-1} - T_{M+i-1})X_{M+i-1} \tag{2-48}$$

其中

$$\Delta_M = \sum_{i=1}^{r}(X_{M+i-1})^2 \tag{2-49}$$

式中，X_{M+i-1}是灵敏度系数，其公式为

$$X_{M+i-1} = \frac{\partial T_{M+i-1}}{\partial \hat{q}^M} \tag{2-50}$$

$\hat{q}^M$一旦被计算出来，就成为下一时间步长的基准点，也就可以估算出暂定值$\hat{q}^{M+1}\cdots\hat{q}^{M+r-1}$。重复这个步骤，直到达到总过程时间。为了提高精确度，可以采用小于试验的计算时间步长。

可能会发现，灵敏度系数的定义导致一个控制方程（有相关的初始和边界条件）的结构与DHCP非常相似。因此，用相同的数值方法，如有限差分法或有限元法，可以将DHCP和与连续函数设定算法有关的灵敏度问题适时协调起来。

正则化方法的原理是将正则化矩阵加入最小二乘函数中。这个正则化矩阵包括一个参数（α），它是基于已知的测量误差来选择的。例如，在零次吉洪诺夫（Tikhonov）正则化方法中，估算单一热电偶排布的表面热流密度的最小二乘函数如下

$$S = \sum_{i=1}^{I}(Y_i - T_i)^2 + \sum_{i=1}^{I}\alpha(q_i)^2 \tag{2-51}$$

式中，q_i是在时间t_i时估算的表面热流密度；I是时间步长总数，即总时间域。不用最小二乘法，通常用伴随共轭梯度法来使S最小化。

迭代正则法也是一种采用共轭梯度法的全域技术。最小化函数的形式是

$$S = \sum_{i=1}^{I}(Y_i - T_i)^2 \tag{2-52}$$

贝克等人用试验数据对比了前面提到的三种方法。试验装置包括一个0.86mm（0.034in）厚的云母加热器（其中心有一个非常薄的平面电加热器），加热器与一个复合材料试样接触，试样另一端是绝缘的。将在云母/试样界面上测得的试验热响应作为输入，对比了求解IHCP的三种方法，下面的均方根（rms）表达式可以估算算法中采用的近似值产生的误差

$$\hat{\sigma}_{q_{\mathrm{rms}}} = \left[\frac{1}{I-1}\sum_{i=1}^{I}(q_i - \hat{q}_i)\right]^{1/2} \tag{2-53}$$

应该指出的是，一般情况下，表面热流密度的真实值是未知的。但是，在这种特别的试验装置中，通往云母加热器的电流可以控制，因此进入试样的热流密度（q_i）是已知的，具有很高的精确度。很显然，这不是普遍情况。虽然三种方法的结果相似，但笔者认为，顺序向前选择算法从概念上讲更简单，也更容易延伸到其他感兴趣的问题上。

也有其他方法用来解决IHCP。桑切斯-萨缅托（Sánchez-Sarmiento）等人假定传热系数与时间成线性或多项式关系，用最优化技术估算传热系数历史。科巴斯科等人根据孔德拉特耶夫理论、广义毕奥数及测得的给定温度下的心部冷却速度，来估算在植物油里淬火时的有效传热系数。

六林男（Murio）提出了一种很缓和的方法。费尔德（Felde）和陶敦（Totten）用理论传热系数的两种情况（时间依赖、时间-位置依赖）估算的热响应，对比了共轭梯度法、利文贝格-马夸特（Levenberg-Marquardt）算法、单纯形法和非支配排序遗传算法（NSGA II）等方法的效果。第一种情况下，所有方法都给出了对比结果，其中共轭梯度法收敛得最快。对

于第二种情况，NSGA Ⅱ得到了最好的估值。

简单起见，将前面提及的方程都按一个系统写下来，并假定这个系统里的热流是一维的。如果零件的几何形状复杂或者再润湿速度慢，则在某一时间不同横截面的活跃热传递边界条件可能有不同的值。这种情况将导致热流多于一维，也就变成了二维甚至是三维 IHCP。虽然之前解释过的相同原则可以推广到此类问题，但是涉及的解多得多。一些多维 IHCP 解的案例可以参见参考文献 70~75。

关于热电偶在探头或零件中布置的设计，也可以采用两点法。通过灵敏度系数的概念，可以发现放置热电偶的最好位置是尽可能接近活跃边界条件。这与热电偶和零件表面之间的热阻较低的推论一致。热阻较低则减轻了信号的迟滞和阻尼效应，而信号的迟滞和阻尼效应会严重影响 IHCP 算法的效果。

探头在测试区域里总会对该区域造成影响。李（Li）和韦尔斯（Wells）发现热电偶相对于活跃表面的方向对估算的表面热流密度有显著影响。热电偶以与活跃表面成 90°角的方向插入会对估算表面热流密度造成很大的误差，而与活跃表面平行插入时就不会这样。他们还推断，当毕奥数很大时，应该将孔（放热电偶的孔）考虑成相反的热导模型。在之后的论文中，卡伦（Caron）等人证明，当把热电偶以与活跃表面成 90°角的方向插入时，通过定义等效热电偶孔深的方法可以对之前提到的问题进行修正。这个等效深度是一个假想深度，在这个深度下，如果热场未被干扰，则可以得到相同的热响应。图 2-129 显示，表面热流密度是表面温度的函数，这里的表面温度是由一个 AISI 316 不锈钢圆盘迅速冷却过程的试验数据估算得到的。从图中可以看出，当用于记录热响应的热电偶以 90°角方向插入时，等效深度概念的应用（图例说明中的“ED”）修正了估算的表面热流密度。

4. 有内发热的物体

大多数通过冷却曲线分析来描述给定淬火冷却介质散热特点的研究，都是基于用淬火时不发生相变的材料来进行的。虽然这种考虑简化了 IHCP 的解决，但是也有争论指出，这种方法无助于揭露相变对活跃传热边界条件的影响。

普拉桑纳·库马尔（Prasanna Kumar）做了一系列将仪表化的中碳钢（AISI 1050）探头在聚二醇水溶液中淬火的试验。探头直径为 25mm（1.0in）、长度为 100mm（4.0in），在中间高度、表面以下 4mm（0.16in）的位置安装了一个热电偶。通过求解 IHCP 来估算表面热流密度和表面温度，问题包括一个与淬火时相变有关的源项。考虑到在探头中间 10mm（0.4in）位置有一个绝缘横截面，固体内部

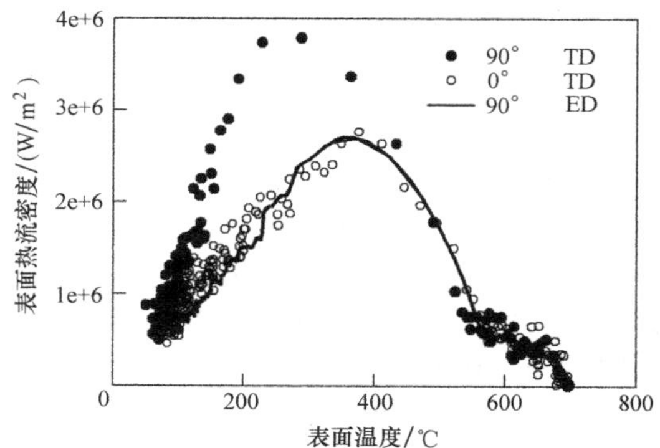

图 2-129 估算的表面热流密度作为估算的表面温度的函数

注：在求解热电偶平行插入或垂直插入活跃传热表面热传导反问题时，分别用实际热电偶深度（TD）和等价热电偶深度（ED）。

传热的控制方程可写成

$$\frac{1}{r}\frac{\partial}{\partial r}\left[kr\frac{\partial T(r,z,t)}{\partial r}\right]+\frac{\partial}{\partial z}\left[k\frac{\partial T(r,z,t)}{\partial z}\right]+q_G=\rho C_p\frac{\partial T(r,z,t)}{\partial t} \tag{2-54}$$

以及与其相应的初始和边界条件。因为数学公式将传热与相变动力联系了起来，估算的表面热流密度就限定于所研究的钢种及淬火冷却介质了。求解 IHCP 的方法是在贝克等人提出的连续函数设定法的基础上进行拓展，拓展后包括相变。淬火过程中测得的冷却曲线如图 2-130 所示，图中包括计算得到的探头中间高度处的心部和表面的冷却曲线。不出所料，测量得到的曲线介于其他两条曲线之间。表面冷却曲线的一个值得注意的特点是，在大约 600℃（1110℉）时观察到了再辉现象。

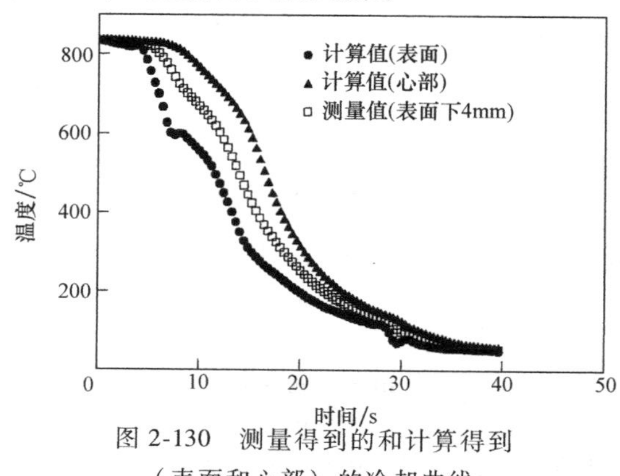

图 2-130 测量得到的和计算得到（表面和心部）的冷却曲线

估算的表面冷却曲线和计算的表面铁素体和贝氏体的体积分数与时间的关系如图 2-131 所示。很显然，在估算的表面冷却曲线上观察到的再辉现象归

因于奥氏体向铁素体以及（尤其是）奥氏体向贝氏体的转变。研究的主要目标是估算表面热流密度并解释其行为。估算的表面热流密度与估算的表面温度的关系，以及估算的 AISI 1050 钢探头淬火过程冷却曲线如图 2-132 所示。图中最需要注意的是表面热流密度曲线出现了两个峰值。第一个峰值为 $1.6MW/m^2$，出现在大约 650℃（1200℉）时。对照探头表面上体积分数的转变（图 2-131），很明显，这个局部极大值是由奥氏体向铁素体转变开始导致的，而之后的奥氏体向贝氏体的转变阻碍了估算的表面热流密度的增加，导致表面热流密度曲线上的冷却速度局部降低。转变一旦结束［大约在 550℃（1020℉）时］，热流密度曲线再次上升，直到达到第二个极大值（$1.8MW/m^2$），这发生在 350℃（660℉）时。因为在这一温度下表面没有相变发生，所有第二个极大值只与淬火冷却介质自身的吸热特点有关。在 100℃（212℉）时可以观察到一个小得多的局部极大值（$0.6MW/m^2$），大概对应于水的沸点。从这些结果来看（以及在心部得到的结果，简便起见这里省去），很明显，淬火过程的吸热是传热和相变动力学之间错综复杂的相互影响的结果。

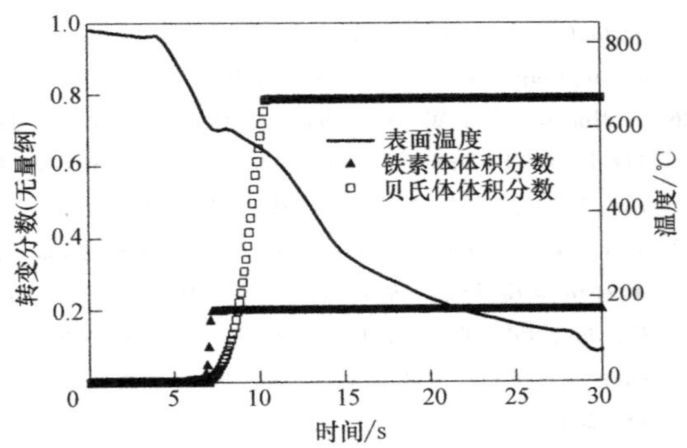

图 2-131 AISI 1050 钢探头淬火过程中计算得到的表面温度（右侧纵轴）和体积分数（左侧纵轴）与时间的关系

哈桑（Hasan）等人将由 6 种不同钢种制造的探头在水中淬火。探头尺寸是直径为 2mm（0.06in），长度为 10mm（0.4in），几何中心装有一个 ϕ1mm（ϕ0.04in）的热电偶。选择这样的探头尺寸，是为了确保淬火过程中不存在热梯度（$Bi<0.1$）。由于后面的条件，集中参数分析的方法被用来估算传热系数。他们的研究结果在淬透性对相变动力学的影响方面与普拉桑纳•库马尔报道的相似，因而潜热的释放改变了温度-冷却速率曲线和传热系数曲线的形状。

考虑到许多 IHCP 算法包含了相关的 DHCP 的求

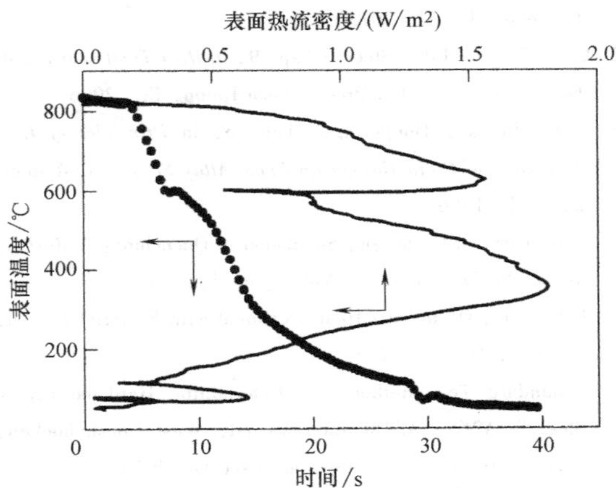

图 2-132 AISI 1050 钢探头淬火过程中估算的表面热流密度与估算的表面温度和估算的表面冷却曲线之间的关系

解，计算中包括生成热项，可能导致计算时间过长。为了缓解这一问题，阿里（Ali）等人用完全非线性形式的热传导方程来避免迭代，从而减少 IHCP 求解（对于一个无限长圆柱体在每个时间步长的末端明确计算相变生成热容积率）的计算时间。通过模拟 ϕ38.1mm（ϕ1.5in）的 AISI 1080 碳钢圆柱体在 22.5℃（72.5℉）水中淬火的冷却曲线对该算法进行了测试。

另一方面，埃尔南德斯-莫拉莱斯等人已经指出，传热是一种取决于驱动力的现象。因此，对于一种给定的淬火冷却介质，传热边界条件一定被零件表面温度唯一确定了。他们将圆柱形 AISI 4140 钢探头［ϕ12.7mm（ϕ0.5in）×50.8mm（2.0in）］分别在低于和高于奥氏体化温度下淬火以得到综合的热流密度历史曲线。通过仔细选择用于 IHCP 的冷却曲线片段，能够解决不包括相变的问题。

5. 检验

不管热流的维度和解决 IHCP 的方法如何，均应检验估算的质量。为此，建议通过求解一个具有与感兴趣的实际问题特征类似的 DHCP 以生成虚拟热响应，并比较估算的活跃传热边界条件与 DHCP 解算器的输入值。已经在许多场合使用的一个函数是表面热流密度，它急剧增加到最大峰值，然后又迅速减小，形成类似三角形的形状。另一种可能性是使用一个 DHCP 的解析解生成虚拟热响应。

参考文献

1. "World Crude Steel Output increases by 1.2% in 2012," Worldsteel Association, http://www.worldsteel.org/

media-centre/press releases/2012/12-2012-crude steel. hmfi (accessed Jan 31, 2013)

2. G. E. Totten, Ed., Steel, Chap. 9, in *Heat Treatment Handbook*, 2nd ed., CRC Press, Boca Raton, FL, 2006
3. C. R. Brooks, Tempering, Chap. 5, in *Principles of Heat Treatment of Plain Carbon and Low Alloy Steels*, ASM international, 1996
4. C. H. Gür and C. Şimşir, Simulation of Quenching: A Review, *Mater. Perform. Charact.*, Vol 1 (No. 1), Sept 2012
5. T. E. Lim, Optimizing Heat Treatment with Factorial Design, *J. Met.*, 1989, p 52-53
6. "Standard Test Methods for Determining Hardenability of Steel," A255, ASTM International, West Conshohocken, PA, 2010, www. astm. org (accessed Oct 2012)
7. J. Szekely, J. W. Evans, and J. K. Brimacombe, *The Mathematical and Physical Modeling of Primary Metals Processing Operations*, John Wiley & Sons, New York, 1988
8. L. C. F. Canale and G. E. Totten, Quenching Technology: A Selected Overview of the Current State-of-the-Art, *Mater. Res.*, Vo l8 (No. 4), 2005, p 461-467 (online)
9. J. B. Hernández-Morales, H. J. Vergara Hernández, J. A. Barrera-Godínez, B. Bel trán Fragoso, and C. Álamo-Valdéz, The Influence of Flowrate and Deflector Arrangement on Distoriion in Agitated Quench Tanks, *Proc. of the 23rd ASM Heat Treating Society Conference*, D. Henrring and R. Hill, Ed., Sept 25-28, 2005 (Pittsburgh, PA), ASM International, 2006, p 314-319
10. T. C. Tszeng and V. Saraf, A Study of Fin Effects in the Measurement of Temperature Using Surface-Mounted Thermoconple, *Trans. ASME*, Vol 125, 2003, p 926-935
11. B. Liščič and T. Filetin, Computer-Aided Evaluation of Quenching Intensity and Prediction of Hardness Distribution, *J. Heat Treat.*, Vol 5 (No. 2), 1988, p 115-124
12. B. Carnahan, H. A. Luther, and J. O. Wilkes, *Applied Numerical Methods*, John Wiley & Sons, New York, 1969, p 128-130
13. G. E. Totten, C. E. Bates, and N. A. Clinton, *Handbook of Quenchants and Quenching Technology*, ASM International, 1993, p 83-86
14. G. H. Geiger and D. R. Poirier, *Transport Phenomena in Materials Processing*, The Minerals, Metals and Materials Society, Warrendale, PA, 1994, p 185, 372
15. J. B. Fourier, *Theorie Analytique de la Chaleur*, Paris, 1822; English translation by A. Freeman, Dover Publications, Inc., New York, 1955
16. J. P. Holman, *Heat Transfer*, 10th ed., McGraw Hill, Boston, 2010, p 10
17. V. K. Dhir, Boiling Heat Transfer, *Ann. Rev. Fluid Mech.*, Vol 30, 1998, p 365-401
18. S. Nukiyama, The Maximum and Minimum Values of the Heat Q Transmitted from Metal to Boiling Water under Atmospheric Pressure, *Int. J. Heat Mass Transf.*, Vol 9 (No. 12), 1966, p 1419-1433
19. R. B. Duffey and D. T. C. Porthouse, The Physics of Rewetting in Water Reactor Emergency Core Cooling, *Nucl. Eng. Des.*, Vol 25, 1973, p 379-394
20. M. Belhadj, T. Aldemir, and R. N. Christensen, Determining Wall Superheat under Fully Developed Nucleate Boiling in Plate-Type Research Reactor Cores with Low-Velocity Upward Flows, *Nucl. Technol.*, Vol 95, 1991, p 95-102
21. G. Yadigaroglu, The Reflooding Phase of the LOCA in PWRs, Part I: Core Heat Transfer and Fluid Flow, *Nucl. Safety*, Vol 19 (No. 1), 1978, p 20-36
22. E. Elias and G. Yadigaroglu, The Reflooding Phase of the LOCA in PWRs, Part Ⅱ: Rewetting and Liquid Entrainment, *Nucl. Safety*, Vol 19 (No. 2), 1978, p 160-175
23. W. M. Rohsenow and H. Y. Choi, Chap. 9, in *Heat, Mass and Momentum Transfer*, Prentice-Hall, Englewood Cliffs, NJ, 1961
24. D. P. Incropera and F. P. De Witt, Chap. 10, in *Fundamentals of Heat and Mass Transfer*, 3rd ed., Wesley & Sons, New York, 1990
25. W. M. Rohsenow, General Boiling, *Hand-book of Multiphase Systems*, G. Hestroni, Ed., Hemisphere Publishing Corp., Washington, D. C., 1982, p 6. 25-6. 26
26. I. Mudawar and W. S. Valentine, Determi-nation of the Local Quench Curve for Spray-Cooled Metallic Surfaces, *J. Heat Treat.*, Vol 7 (No. 2), 1989, p 107-121
27. T. Tanaka, Overview of Accelerated Cooling of Steel Plates, *Accelerated Cooling of Rod Steel*, G. E. Ruddle and A. F. Crawley, Ed., The Metallurgical Society of the Canadian Institute of Mining, Metallurgy and Petroleum, 1987, p 187-208
28. I. V. Samarasekera and J. K. Brimacombe, Thermal and Mechanical Behavior of Continuous-Casting Billet Moulds, *Iron-making Steelmaking*, Vol 9 (No. 1), 1982, p 1-15
29. G. E. Totten, N. I. Kobasko, M. A. Aronov, and J. Powell, Overview of Intensive-Quenching Processes, *Ind. Heat.*, Vol 69 (No. 4), 2002, p 31-33
30. K. Jambunathan, E. Lai, M. A. Moss, and B. L. Button, A Review of Heat Transfer Data for Single Circular Jet, *Int. J. Heat Fluid Flow*, Vol 13 (No. 2), 1992, p 106-115
31. B. Hernández-Morales, F. López-Sosa, and L. Cabrera-Herrera, A New Methodology for Estimating Heat Transfer Boundary Conditions during Quenching of Steel Probes, *Quenching Control and Distortion*, D. S. MacKenzie, Ed., Proc. of the Sixth International Quenching and Control of Distortion Conference, Sept 9-13, 2012 (Chicago, IL), ASM International, 2012, p 81-92

32. D. A. Porter, K. E. Easterling, and M. Y. Sherif, Chap. 6, in *Phase Transformationsin Metals and Alloys*, 3rd ed., CRC Press, Boca Raton, FL, 2009

33. D. P. Koistinen and R. E. Marburger, A General Equation Prescribing the Extent of the Austenite Transformation in Pure Iron-Carbon Alloys and Plain Carbon Steels, *Acta Metall.*, Vol 7, 1959, p 59-60

34. M. Avrami, Kinetics of Phase Change, PartI: General Theory, J. *Chem. Phys.*, Vol 7, 1939, p 1103-1112

35. M. Avrami, Kinetics of Phase Change, Part Ⅱ: Transformation-Time Relations for Ran-dom Distribution of Nuclei, *J. Chem. Phys.*, Vol 8, 1940, p 212-224

36. B. Hernάndez-Morales, J. R. Gonzάlez-Lόpez, G. Solorio-Dίaz, and H. J. Vergara-Herngndez, Effect of Water Temperature on Wetting Front Kinematics during Forced Convective Quenching, *Mater. Sci. Forum*, Vol 706-709, 2012, p 1415-1420

37. N. B. Pilling and T. D. Lynch, Cooling Properties of Technical Quenching Liquids, *Trans. AIME*, Vol 62, 1920, p 665-688

38. M. Tagaya, M. Tamura, and I. Tamura, Studies on the Quenching Media (First Report)—An Analysis of Cooling Process during Quenching, *Mem. Inst. Sci. Ind. Res.*, Osaka Univ., Vol 9, 1952, p 85-102

39. B. Liscic, H. M. Tensi, G. E. Totten, and G. M. Webster, Non-Lubricating Process Fluids: Steel Quenching Technology, *Fuels and Lubricants Handbook: Technology, Properties, Performance and Testing*, G. E. Totten, S. R. Westbrook, and R. J. Shah, Ed., ASTM International, West Consho-hocken, PA, 2003, p 587-634

40. P. Stitzelberger-Jakob, "Hartevorherbes-timmung mit Hilfe des Benetzungs-ablaufes beim Tauchkiihlen von Stahlen," Dissertation, Faculty for Mechanical Engi-neering of the Technical University Munich, 1991

41. G. J. Leidenfrost, "De Aqua Communis Nonnullis Tractus," original from 1756, in C. Waves, Int. *J. Mass Transf.*, Vol 9, 1966, p 1153-1166 (translated)

42. G. E. Totten, Ed., *Heat Treatment Hand-book*, 2nd ed., CRC Press, Boca Raton, FL, 2006, p 566

43. T. Küinzel, H. M. Tensi, and G. Welzel, Rewetting Rate—The Decisive Character-istic of a Quenchant, *Proc. of the Fifth International Congress on Heat Treatment of Materials*, Vol 3 (Budapest, Hungary), 1986, p 1806-1813

44. N. I. Kobasko, A. A. Moskalenko, L. N. Deyneko, and V. V. Dobryvechir, Electrical and Noise Control Systems for Analyzing Film and Transient Nucleate Boiling Processes, *Recent Advances in Heat Transfer, Thermal Energy and Environment*, Aug 20-22, 2009 (Moscow, Russia), WSEAS, 2009, p 101-105

45. H. J. Vergara-Hernάndez and B. Hernάndez-Morales, A Novel Probe Design to Study Wetting Front Kinematics during Forced Convective Quenching, *Exp. Therm. Fluid Sci.*, Vol 33, 2009, p 797-807

46. B. Hernάndez-Morales, H. J. Vergara-Hernάndez, and G. Solorio-Dίaz, Fluid Dynamics during Forced Convective Quenching of Flat-End Cylindrical Probes, *Recent Advances in Fluid Mechanics, Heat and Mass Transfer and Biology*, A. Zem-liak and N. Mastorakis, Ed., Proc. of the Eighth WSEAS International Conference on Fluid Mechanics, Eighth WSEAS International Conference on Heat and Mass Transfer, Eighth WSEAS International Conference on Mathematical Biology and Ecology, Jan 29-31, 2011 (Puerto Morelos, Mexico), WSEAS Press, 2011, p 135-141

47. B. Hernάndez-Morales, H. J. Vergara-Hernάndez, G. Solorio-Dίaz, and G. E. Totten, Experimental and Computational Study of Heat Transfer during Quenching of Metallic Probes, *Evaporation, Condensation and Heat Transfer*, A. Ahsan, Ed., InTech—Open Access Publisher, Rijeka, Croatia, 2011, p 49-72, http://www.intechopen.com/articles/show/title/experimental-and-computational-study-of-heat-transfer-during-quenching-of-metallic-probes

48. B. Hernάndez-Morales, R. Cruces-Reséndez, H. J. Vergara-Hernάndez, and G. Solorio-Diaz, Hydrodynamic Behavior of Liquid Quenchants in the Vicinity Quench Probes, *Quenching Control and Distortion*, D. S. MacKenzie, Ed., Proc. of the Sixth International Quenching and Control of Distortion Conference, Sept 9-13, 2012 (Chicago, IL), ASM International, 2012, p 361-372

49. F. Frerichs and T. Lfibben, The Influence of Surface Temperature on Rewetting Behavior during Immersion Quenching of Hollow and Solid Cylinders, *J. ASTM Int.*, Vol 6 (No. 1), 2009

50. T. Lüibben and F. Frerichs, Quenching of Bearing Races—Influence of Rewetting Behavior on Distortion, *Quenching Control and Distortion*, D. S. MacKenzie, Ed., Proc. of the Sixth International Quenching and Control of Distortion Conference, Sept 9-13, 2012 (Chicago, IL), ASM Intemational, 2012, p 349-360

51. N. I. Kobasko, Duration of the Transient Nucleate Boiling Process and Its Use for the Development of New Technologies, *J. ASTM Int.*, Vol 8 (No. 7), 2011

52. J. P. Holman, *Heat Transfer*, 10th ed., McGraw Hill, Boston, 2010, p 141-143

53. M. N. Özişik, *Heat Conduction*, John Wiley and Sons, New York, 1980, p 13

54. N. I. Kobasko, Real and Effective Heat Transfer Coefficients (HTCs) Used for Computer Simulation of Transient Nucleate Boiling Processes during Quenching, Mater. *Perform. Charact.*, Vol 1 (No. 1), 2012

55. B. Carnahan, H. A. Luther, and J. O. Wilkes, Chap. 6,

in *Applied Numerical Methods*, John Wiley & Sons, New York, 1969

56. "Heat Treating Oils," JIS K2242-1991, Japanese Standards Association, Tokyo, Japan
57. M. Narazaki, M. Kogawara, A. Shirayori, and S. Fuchizawa, Accuracy of Evaluation Methods for Heat Transfer Coefficients in Quenching, *Heat Treating Including the Liu Dai Memorial Symposium*, R. A. Wallis and H. W. Walton, Ed., Proc. of the 18th Heat Treating Conference, Oct 12-15, 1998 (Chicago, IL), ASM International, 1999, p 509-517
58. H. S. Hasan, M. J. Peet, J. M. Jalil, and H. K. D. H. Bhadeshia, Heat Transfer Coefficients during Quenching of Steels, *Heat Mass Transf.*, Vol 47, 2011, p 315-321
59. M. Narazaki, K. Osawa, A. Shirayori, and S. Fuchizawa, Influence of Validity of Heat Transfer Coefficients on Simulation of Quenching Process of Steel, *Heat Treating Including Steel Heat Treating in the New Millennium*, S. J. Midea and G. D. Pfaff-mann, Ed., Proc. of the 19th Heat Treating Conference, Nov 1-4, 1999 (Cincinnati, OH), ASM International, 2000, p 600-607
60. A. N. Tikhonov and V. Y. Arsenin, *Solution of Ill-Posed Problems*, Winston & Sons, Washington, 1977
61. J. V. Beck, B. Blackwell, and C. R. St. Clair, Jr., *Inverse Heat Conduction: Ill-Posed Problems*, Wiley-Interscience, New York, 1985
62. K. A. Woodbury, Ed., *Inverse Engineering Handbook*, CRC Press, Boca Raton, FL, 2003
63. M. N. Özisik and H. R. B. Orlande, *Inverse Heat Transfer: Fundamentals and Applications*, Taylor & Francis, New York, 2000
64. J. V. Beck, B. Blackwell, and A. Haji-Sheikh, Comparison of Some Inverse Heat Conduction Methods Using Experimental Data, *Int. J. Heat Mass Transf.*, Vol 39 (No. 17), 1996, p 3649-3657
65. J. V. Beck, B. Litkouhi, and C. R. St. Clair, Jr., Efficient Solution of the Nonlinear Inverse Heat Conduction Problem, *Numer. Heat Transf.*, Vol 5, 1982, p 275-286
66. G. Sánchez Sarmiento, A. Gastón, and G. Totten, Computational Modelling of Heat Treating Processes by Use of HT-MOD and Abaqus, *Latin Am. Appl. Res.*, Vol 41, 2011, p 217-224
67. G. Sánchez-Sarmiento, A. Gastón, and J. Vega, Inverse Heat Conduction Coupled with Phase Transformation Problems in Heat Treating Process, *Computational Mechanics—New Trends and Applications*, CD-Book, Part Ⅵ, Section 1, Paper 16 (Barcelona, Spain), 1998
68. N. I. Kobasko, E. C. de Souza, L. C. F. Canale, and G. E. Totten, Vegetable Oil Quenchants: Calculation and Comparison of the Cooling Properties of a Series of Vegetable Oils, *J. Mech. Eng.*, Vol 56 (No. 2), 2010, p 131-142
69. D. A. Murio, *The Mollification Method and the Numerical Solution of Ill-Posed Problems*, Wiley-Interscience, New York, 1993
70. I. Felde and G. E. Totten, Estimation of Heat Transfer Coefficient Obtained during Immersion Quenching, *Quenching Control and Distortion*, D. S. MacKenzie, Ed., Proc. of the Sixth International Quenching and Control of Distortion Conference, Sept9-13, 2012 (Chicago, IL), ASM International, 2012, p 447-456
71. K. J. Dowding, Multi-Dimensional Analysis of Quenching: Comparison of Inverse Techniques, *Proc. of the 18th Heat-Treating Conference*, R. A. Wallis and H. W. Walton, Ed., Oct 12-15, 1998 (Chicago, IL), ASM Intemational, 1999, p 525-534
72. D. M. Trujillo and R. A. Wallis, Determina-tion of Heat Transfer from Components during Quenching, *Ind. Heat.*, Vol 56 (No. 7), 1989, p 22-24
73. R. I. Ramakrishnan, Quench Analysis of Aerospace Components Using FEM, *Proc. of the First International Conference on Quenching and Control of Distortion*, G. E. Totten, Ed., Sept 22-25, 1992 (Lincolnshire, IL), ASM International, 1992, p 155-164
74. A. Sugianto, M. Narazaki, M. Kogawara, and A. Shirayori, A Comparative Study on Determination Method of Heat Transfer Coefficient Using Inverse Heat Transfer and Iterative Modification, *J. Mater. Process. Technol.*, Vol 209, 2009, p 4627-4632
75. Y. Heng, A. Mhamdi, E. Wagner, P. Stephan, and W. Marquardt, Estimation of Local Nucleate Boiling Heat Flux Using a Three-Dimensional Transient Heat Conduction Model, *Inv. Prob. Sci. Eng.*, Vol 18, 2010, p 279-294
76. B. Hernández-Morales, J. K. Brimacombe, and E. B. Hawbolt, Application of Inverse Techniques to Determine Heat-Transfer Coefficients in Heat-Treating Operations, *J. Mater. Eng. Perform.*, Vol 1 (No. 6), 1992, p 763-772
77. D. Li and M. A. Wells, A Compensation Method for the Disturbance in the Temper-ature Field Caused by Subsurface Thermo-couples, *Metall. Mater. Trans. B*, Vol 36, 2005, p 343-354
78. E. Caron, M. A. Wells, and D. Li, A Compensation Method for the Disturbance in the Temperature Field Caused by Sub- surface Thermocouples, *Metall. Mater. Trans. B*, Vol 37, 2006, p 475-483
79. T. S. Prasanna Kumar, Coupled Analysis of Surface Heat Flux, Microstructure Evolution and Hardness during Immersion Quenching of a Medium Carbon Steel in Plant Conditions, *Mater. Perform. Charact.*, Vol 1 (No. 1), 2012
80. S. K. Ali, M. S. Hamed, and M. F. Lightstone, An Efficient Numerical Algorithm for the Prediction of Thermal and

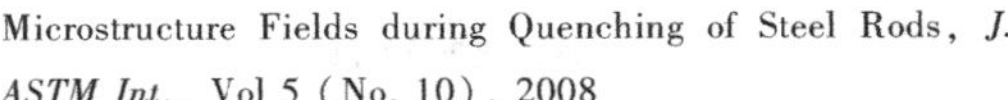

Microstructure Fields during Quenching of Steel Rods, *J. ASTM Int.*, Vol 5 (No. 10), 2008

81. S. K. Ali, M. S. Hamed, and M. F. Lightstone, A Modified Online Input Algorithm for Inverse Modeling of Steel Quenching, *Numer. Heat Transf.* B, Vol 57, 2010, p 1-29
82. A. Majorek, B. Scholtes, H. Müiller, and E. Macherauch, The Influence of Heat Transfer on the Development of Stresses, Residual Stresses and Distortionsin Martensitically Hardened SAE 1045 and SAE 4140, *Proc. of the First Confer-ence on Quenching and Distortion Control*, G. E. Totten, Ed., Sept 22-25, 1992 (Chicago, IL), ASM International, 1992, p 171-179

2.3 描述工业淬火过程的大型探头

Božidar Liščić and Saša Singer, University of Zagreb

2.3.1 评估液态淬火冷却介质冷却强度的实验室测试

本节讨论实验室测试及合成曲线用探头、实验室测试的范围和基于实验室测试计算传热系数的方法。

1. 实验室测试及合成曲线用探头

多年来，对于液态冷却介质（油、水、聚合物溶液及其他水基溶液）冷却强度的测量和记录，冷却曲线测试是最有效的方法，但是并没有标准程序。各类材质、各种尺寸的小探头都被采用过，因此，要对各种测量值进行对比是不可能的。1982 年，英国伯明翰的 Wolfson 热处理中心工程集团发布了《评估工业淬火冷却介质冷却特征的实验室测试》，这成为之后该领域第一份国际标准 ISO 9950—1995（《工业淬火油　冷却特征的测定　Ni 合金探头测试方法》）的基础。根据这个标准，探头直径为 12.5mm (0.49in)，长度为 60mm (2.4in)，由一种奥氏体型镍铬高温合金制造，这种合金不经历相变（不涉及潜热释放问题）且抗氧化。K 型热电偶（NiCr/NiAl）外径为 1.5mm (0.06in)，安装时尖端位于探头几何中心。探头（与热电偶）总成如图 2-133 所示。

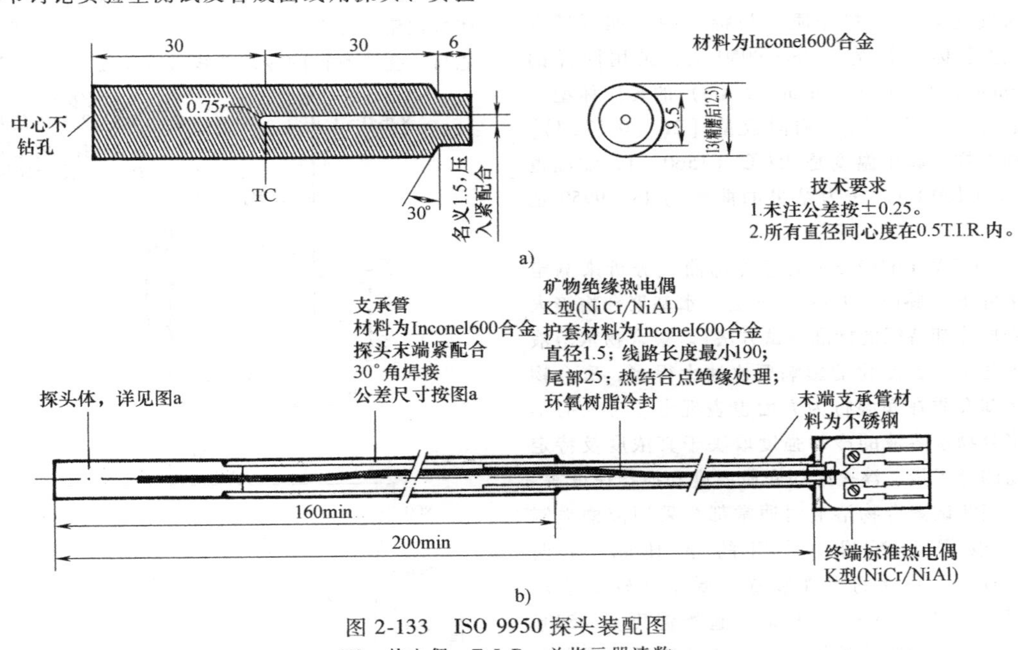

图 2-133　ISO 9950 探头装配图
TC—热电偶　T. I. R—总指示器读数
a）探头详图　b）总成

探头表面必须在无保护气氛的炉内经过加热钝化。对于初次校准和常规检修，要使用一种参考流体。这种参考流体应是一种未混合的高黏度链烷矿物油，无任何添加剂，具有规定的物理特征。用以测试的淬火冷却介质的量是 2L (0.53gal)。探头初始温度为 850℃ (1560℉)，测试油的温度可以根据具体需要选择，但是为了对比，一般用 40℃ (100℉)。测试结果应以冷却曲线形式出具，温度作为时间的函数，冷却速度作为表面温度的函数，如图 2-134 所示。

从温度-时间曲线来看，可以得出以下特征数据：探头从初始温度冷却到 600℃ (1110℉)、400℃ (750℉) 及 200℃ (390℉) 所需要的时间。从冷却速度-表面温度曲线可以看出，特征数据是最大冷却

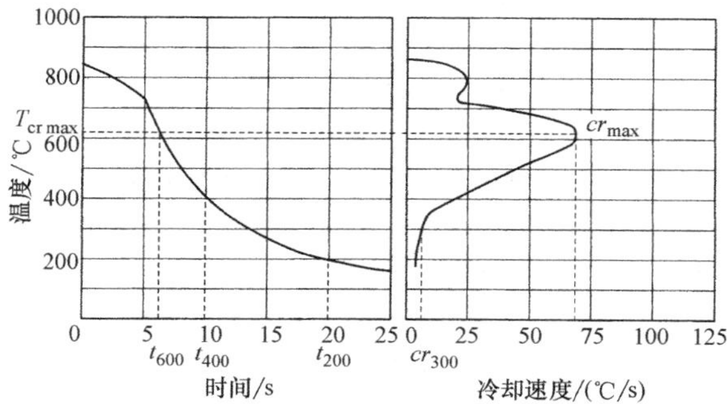

图 2-134 ISO 9950 探头在油中淬火的典型温度-时间曲线和温度-冷却速度曲线

速度、最大冷却速度发生温度以及 300℃（570℉）时的冷却速度。图 2-135 所示为一种中等黏度矿物油在 50℃（120℉）、75℃（170℉）和 100℃（210℉）下的真实冷却曲线和冷却速度曲线，测量方法是按照 ISO 9950，即没有搅拌。温度的数据采集频率应大于 20 次/s。在美国，ASTM 协会发布了以下测试标准：

1）ASTM D6200（2007 修订版）《通过冷却曲线分析来测定淬火冷却介质冷却特征的标准测试方法》。这个标准是基于 ISO 9950 的，采用同样的 ϕ12.5mm（ϕ0.49in）×60mm（2.4in）的奥氏体型镍铬高温合金探头，以及相同数量［2L（0.53gal）］的静油试样。起始温度是 850℃（1560℉），油温也是 40℃（100℉）。作为结果的曲线与 ISO 9950 也相同。

2）ASTM D6482-6《通过冷却曲线分析来测定搅拌条件下［滕西（Tensi）方法］水基聚合物淬火冷却介质冷却特征的标准测试方法》。聚合物水溶液受物理化学参数变化的影响要比油大得多。聚合物淬火冷却介质在润湿行为方面也表现出非常大的不同。聚合物水溶液的冷却强度取决于其浓度及特定聚合物的分子量、淬火冷却介质温度和搅拌速度等。因此，当测试聚合物溶液时通常都会采用液槽强制对流。根据此标准，采用的是 H.M. 滕西（H.M.Tensi）设计的搅拌装置（受小叶轮驱动）。探头及总成与 ISO 9950 相同。起始温度是 850℃（1560℉），聚合物溶液被加热到产品测试的要求温度，或者为了对比加热到 40℃（100℉）。结果的分析与 ISO 9950 基本相同。

3）ASTM D6549-06《通过冷却曲线分析来测定搅拌条件下［德雷顿（Drayton）装置］淬火冷却介质冷却特征的标准测试方法》。这个标准与 ASTM D6482-6 相同，用的是另一种搅拌装置。取代带有回转叶轮的滕西（Tensi）搅拌装置，德雷顿（Drayton）搅拌装置用的是泵。

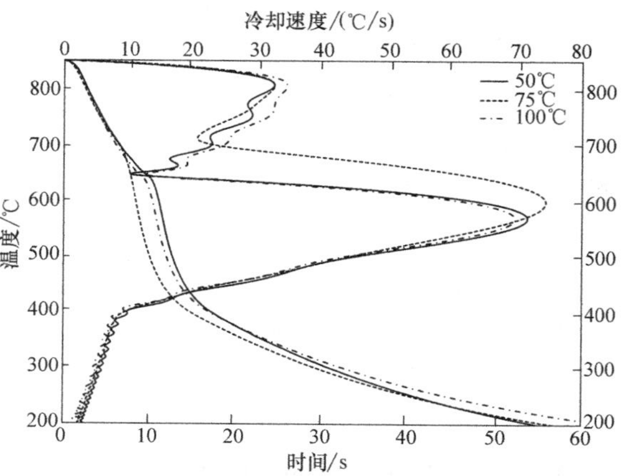

图 2-135 中等黏度矿物油分别在 50℃（120℉）、75℃（170℉）和 100℃（210℉）的温度下无搅拌淬火时的冷却曲线和冷却速度曲线的合成（由萨格勒布市机械工程与海事工程学院淬火研究中心提供）

它们用不同尺寸的银探头。因为银的热导率比奥氏体型镍铬高温合金或不锈钢高 16 倍，所以奥氏体型镍铬高温合金或不锈钢探头测得的冷却曲线不能与银探头测得的冷却曲线进行比较。图 2-136 所示

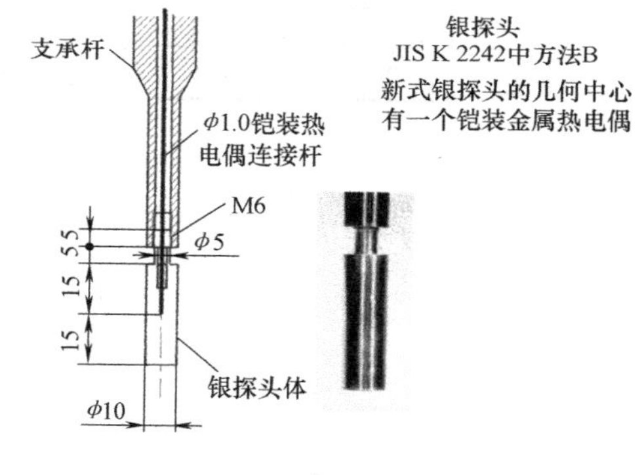

a)

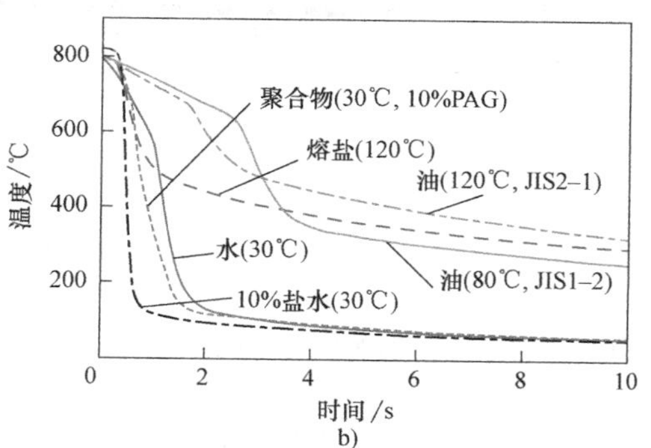

b)

图 2-136 JIS K 2242 中的新式银探头及其测得的冷却曲线示例

a）JIS K 2242 中方法 B 采用的新式银探头

b）冷却曲线示例（由 M. Narazaki 提供）

为日本 JIS K 2242 中方法 B 采用的新式银探头以及由这种探头测得的冷却曲线示例。由于探头的尺寸小、银的热导率很高，当在油中淬火时，这种探头在 20~30s 的时间内就冷却到 200℃（390℉）；而在水、盐水或低浓度聚合物溶液中淬火时，冷却时间少于 2s。这种探头很适合用于临界热流密度的评估。

除了国际标准 ISO 9950 之外，有些国家还发布了国家标准，如法国、日本和中国，见表 2-40。

表 2-40　各国冷却曲线标准对比

变量	ISO 9950:1995(E)(国际)	AFNOR NFT-60778(法国)	JIS K 2242(日本)	ZB E45003-88（中国）
探头材料	合金 600	银(纯度为 99.999%)	银(纯度为 99.999%)	银(纯度为 99.999%)
探头尺寸/mm(in)	ϕ12.5×60(ϕ0.49×2.4)	ϕ16×48(ϕ0.63×1.9)	ϕ10×30(ϕ0.4×1.2)	ϕ10×30(ϕ0.4×1.2)
标准参考用油	矿物油淬火冷却介质	矿物油淬火冷却介质	矿物油淬火冷却介质	矿物油淬火冷却介质
容器尺寸/mm(in)	ϕ115±5(ϕ4.5±0.2)	ϕ99×138(ϕ3.9×5.4)	300mL(10oz)广口烧杯	300mL(10oz)广口烧杯
油体积/mL(oz)	2000(70)	800(30)	250(9)	250(9)
油温/℃(℉)	40±2(100±4)	50±2(120±4)	80,120,160(180,250,320)	80±2(180±4)
探头温度/℃(℉)	850±5(1560±9)	800±5(1470±9)	810±5(1490±9)	810±5(1490±9)

2. 实验室测试的范围

液态淬火冷却介质冷却强度的实验室测试可用于以下方面：

1）为了选择最佳淬火冷却介质及其使用条件，对不同种类的油、不同的聚合物溶液或其他水基溶液在不同条件下（淬火冷却介质温度和搅拌速度）的冷却强度进行比较。

2）检验当前使用的淬火冷却介质的效果，或者加一些添加剂，开发新型淬火冷却介质。

3）定期检测淬火槽的情况，防止条件恶化。

4）小型圆柱工件传热系数（HTC）的计算机辅助计算。

3. 基于实验室测试的传热系数的计算

（1）逆向热传导法　对于小型实验室探头，HTC 计算的一种可能性是求解热传导反问题。探头内某点 x 在时刻 $t(t\geqslant 0)$ 的温度分布 $T(x,\ t)$ 由热传导方程确定，即

$$C\rho\frac{\partial T}{\partial t}=\mathrm{div}(\lambda\,\mathrm{grad}T) \tag{2-55}$$

式中，C、ρ 和 λ 是探头的物理性能，与温度相关。初始条件 $T(x,\ 0)$ 是已知的，边界条件如下

$$q=\lambda\frac{\partial T}{\partial\vec{n}}=-\alpha(T-T_x) \tag{2-56}$$

式中，q 是表面热流密度；α 是表面 HTC；T_x 是淬火冷却介质外部温度。

反问题是确定这个边界条件中的 α，其计算公式为

$$\alpha=\frac{q}{T-T_x} \tag{2-57}$$

小探头心部只装有一个热电偶，淬火冷却介质温度也需测定，因为式（2-57）中包含这一参数。测得的适时温度曲线是唯一的输入数据。出于效率的原因，探头被视为无限长圆柱体，温度呈径向对称分布。这使式（2-55）成为一维热传导模型，且式（2-56）和式（2-57）中的 q 和 α 仅取决于时间。很普遍地，HTC 可以通过迭代正则化算法计算。函数 $q(t)$ 或 $\alpha(t)$ 的一般形式是既成的，有一定数量的“自由”参数。根据式（2-56）的边界条件，重复求解热传导方程式（2-55），通过迭代法计算这些参数，直到与一组选定的测量温度数据较好地吻合。在整个淬火过程中，这个步骤在全球范围内得到了应用。因为小探头冷却得相当快，整个 HTC 计算过程是相当高效的。

（2）集中热容量法　这种方法的基本概念是，如果淬火过程中探头温度是均匀的，则探头的热损耗 Q 应该等于探头内能的减少，即

$$Q=hA(T_p-T_L)=C\rho V\frac{\mathrm{d}T_p}{\mathrm{d}t} \tag{2-58}$$

式中，Q 是热流（W）；h 是探头表面的 HTC（$W/m^2\cdot K$）；A 是探头表面积（m^2）；T_p 是探头温度（K）；T_L 是淬火冷却介质温度（K）；C 是探头材料的比热容（J/kg·K）；ρ 是探头材料的密度（kg/m^3）；V 是探头体积（m^3）；t 是时间（s）；$\mathrm{d}T_p/\mathrm{d}t$ 是探头的冷却速度（K/s）。

如果探头附近的淬火冷却介质 T_L 是均匀的，则可以从式（2-58）推导出以下关系

$$q=h(T_p-T_L)=C\rho\frac{V}{A}\frac{\mathrm{d}T_p}{\mathrm{d}t} \tag{2-59}$$

式中，q 是热流密度（W/m^2）。根据式（2-59），HTC 可以直接由冷却速度 $\mathrm{d}T_p/\mathrm{d}t$ 计算出来

$$h=C\rho\frac{V}{A}\frac{\dfrac{\mathrm{d}T_p}{\mathrm{d}t}}{T_p-T_L} \tag{2-60}$$

q 和 H 值的准确度取决于根据测量冷却曲线数据计算得到的冷却速度的精确度。集中热容量法仅可在淬火过程中探头温度均匀这一假设是合理的情况下使用。

探头的温度分布取决于探头材料的热导率和从探头表面向淬火冷却介质的传热情况。探头的尺寸越小，探头材料的热导率越高，那么探头温度均匀的假设越真实。根据科巴斯科的说法，如果 $Bi=hR/\lambda<0.2$，则假定银探头横截面的温度场是均匀的。这里 R 是探头半径，λ 是热导率。图 2-137 所示为根据图 2-136b 中的冷却曲线用集中热容量法计算得到的传热系数示例。

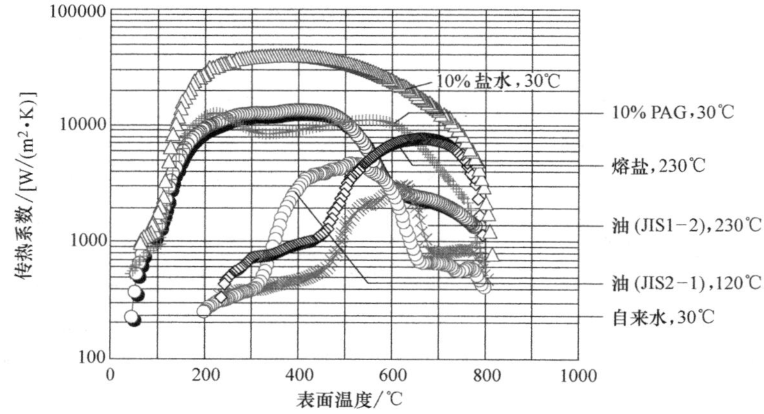

图 2-137　按图 2-136b 中的冷却曲线计算得到的传热系数示例（由 M. Narazaki 提供）

2.3.2　实验室测试与工业淬火过程表征的区别

当将实验室测试中小探头的冷却情况与批量生产的具有更多数量和更大尺寸的真实工件的冷却情况进行对比时，可以看到以下区别：

1）冷却时间上有很大区别。将 ϕ12.5mm（ϕ0.49in）的实验室用小探头淬入静油时，冷到 200℃（390℉）需要 30~50s；而 ϕ50mm（ϕ2in）的圆柱形工件在同等条件下需要 300~350s。

2）核沸腾过程的 HTC 取决于探头直径，如图 2-138 所示。探头直径越小，HTC 值越大。探头直径在 50 mm（2in）以下时，两者呈指数关系。

3）初始热流密度（q_{in}）在同等条件下取决于体积与表面积的比（V/A）。实验室测试用的小探头，其体积小而表面积相对较大。它们的冷却速度从一开始就比体积大而表面积相对较小的真实工件快得多。因此，小探头的初始热流密度通常也比第一临界热流密度大（q_{cr1}），这将产生蒸汽膜。但体积大而表面积相对较小的真实工件常常并不如此，因为它们的 q_{in} 可能小于 q_{cr_1}。

4）车间现场的工艺条件（浴温、搅拌速度和方向，一批的装载排列）与实验室测试有很大区别。

这些就是实验室用小探头测试得到的结果不能直接用于真实工件上的原因。

用于车间环境的表征工业淬火过程的大探头必须满足以下要求：

1）探头本身应与淬火工件具有相同的基本外形。也就是说，对于圆柱形工件用圆柱形探头；对于板状工件用板状探头；对于环状工件则用环状探头。这是很重要的，因为热流密度通常与物体主表面垂直。当使用一维传热计算时，假定的热流密度方向如下：对于圆柱形工件是径向；对于板状工件为垂直于板的主表面；对于环状工件为两个相反的径向，即一个朝外径方向，一个朝内径方向。热电偶应装在平行于主要热流密度方向的横截面上。

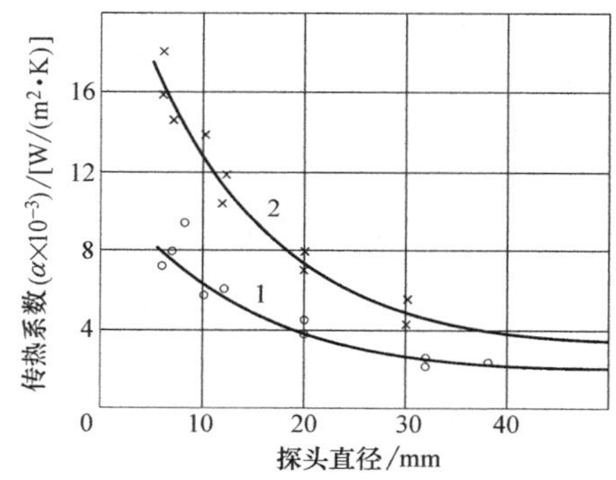

图 2-138　探头直径对核沸腾阶段传热系数的影响
1—在 25~40℃（80~100℉）的水中淬火　2—在 20~30℃（70~90℉）、浓度为 12%的 NaOH 水溶液中淬火

2）探头应该适用于在所有可能的情况下的所有液体淬火冷却介质（油、水、盐水、聚合物溶液，盐浴和流态床）和所有淬火技术。用大探头来表征工业淬火过程的主要目的是对比不同条件、不同淬火冷却介质。大探头本身及其测试程序都没有标准规定。应根据实际工况选择最佳的淬火冷却介质和淬火条件，例如，是选择 60℃（140℉）的静态矿物油，40℃（100℉）、浓度为 20%、搅拌速度为 0.5m/s（1.6ft/s）的聚合物（PAG）溶液，还是

200℃（390℉）的盐浴。只有在用大探头测量和记录了冷却曲线并分别将 HTC 作为时间和表面温度的函数计算出来之后，才能得到答案。

每个测试的记录结果都应保存在数据库中。一旦数据库中有了数量充足的测试结果，就可以在不重复测试的情况下，根据计算得到的 HTCs，将不同淬火冷却介质和淬火条件进行虚拟比较。数据库的其他作用将在本章的“液体淬火冷却介质冷却强度数据库”一节中加以描述。

2.3.3 液态淬火冷却介质的临界热流密度

本节讨论初始热流密度和第一临界热流密度的重要性。

1. 初始热流密度

每个淬火过程都有一个初始热流密度（q_{in}），它取决于体积（热容量）与工件表面积之比。热流密度取决于表面温度梯度。体积相对较小而表面积大的物体与体积较大而表面积较小的物体相比，其温度梯度和初始热流密度都更大，如图 2-139 所示。前者的冷却速度要比后者快得多。当淬入可蒸发液体中时，在热工件和淬火冷却介质的界面处会发生四种模式的热传递，按发生顺序依次是：冲击沸腾、全膜沸腾、核沸腾和对流。

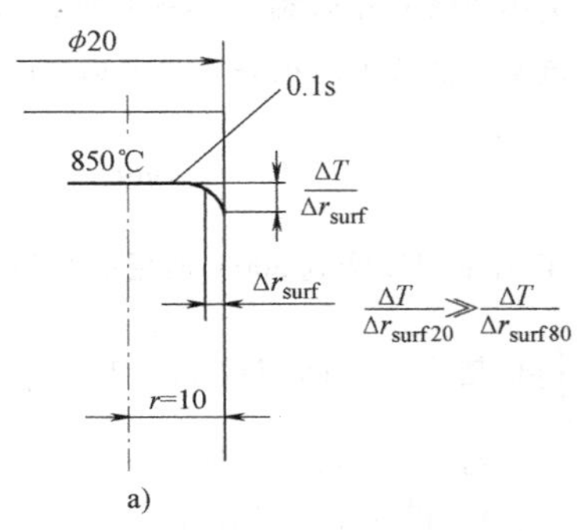

图 2-139 冷却最开始时圆柱表面的温度梯度

a）φ20mm×80mm（φ0.8×3.2in） b）φ80mm×320mm（φ3.2×12.6in）

评估淬火过程各阶段时，基本上不考虑冲击沸腾。因为它只在很短的一段时间内发生，大约为 1/10s，很难对其进行测量和记录。通常，如果需要检测冲击沸腾模式，则使用噪声感测系统。

2. 第一临界热流密度的重要性

每种可蒸发淬火冷却介质都有两个临界热流密度：第一临界热流密度 q_{cr_1} 和第二临界热流密度 q_{cr_2}。这两个临界热流密度都是可蒸发液体的固有特性，它们不随工件的数量、形状及材料的不同而改变。第一临界热流密度是引起膜沸腾的最大热流密度。典型地，它发生在热金属浸入之后大约 0.1s 的时候。第二临界热流密度是维持膜沸腾所需的最小热流密度。这是热工件表面充分冷却后允许蒸汽膜瓦解的点，也就是说，是膜沸腾的结束和核沸腾的开始，如图 2-140 所示。

q_{cr_1} 与 q_{cr_2} 之间存在一种关系，这种关系适用于所有可蒸发液体，即

$$\frac{q_{cr_2}}{q_{cr_1}}=0.2 \tag{2-61}$$

因为难以直接测量 q_{cr_1}，所以推荐的做法是用银探头先测量 q_{cr_2}，然后用式（2-61）计算出 q_{cr_1}。根据式（2-61），工件浸入淬火冷却介质之后，初始热流密度 q_{in} 可能为

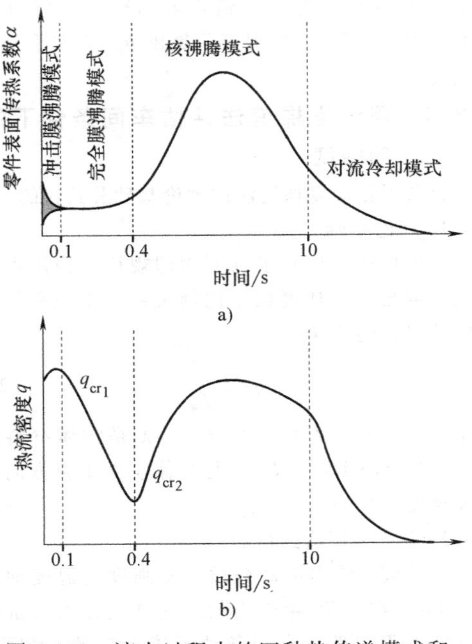

图 2-140 淬火过程中的四种热传递模式和临界热流密度（由 N. I. Kobasko 提供）

a）淬火过程中的四种热传递模式 b）临界热流密度

$$q_{in} \gg q_{cr_1};q_{in} \approx q_{cr_1};q_{in} \ll q_{cr_1} \tag{2-62}$$

当 $q_{in} \gg q_{cr_1}$ 时，将发生全膜沸腾（蒸汽膜）；当 $q_{in} \approx q_{cr_1}$ 时，可以观察到过渡沸腾；当 $q_{in} \ll q_{cr_1}$ 时，膜沸腾阶段消失，核沸腾紧接着振动沸腾就开始。每种情况都有不同的 HTC 值。

膜沸腾阶段的不均匀性导致了工件淬火时会产生许多变形。

第一临界热流密度 q_{cr_1} 对工件的冷却速度和变形有很大影响。它取决于液体的饱和温度及饱和温度与液体实际温度之差。热工件表面与淬火冷却介质温度之间的差距越大，工件表面的有效冷却速度越快。当用水做淬火冷却介质时，q_{cr_1} 取决于水流速度和水温。可以通过增加搅拌速度来增大 q_{cr_1}。q_{cr_1} 越大，液体沸腾（需要热量）的阻力越大。因此，主要目的是在具体工况下找到最大的 q_{cr_1}。一旦找到了最大的 q_{cr_1}，也就找到了液体的使用温度，此时膜沸腾的阻力最大。这可以通过在不同淬火槽温度和能实现的搅拌速度下重复测试来实现。此外，少量的（如 0.1%）化学添加剂可以使 q_{cr_1} 的值增加 2~3 倍。添加剂公司有关于添加剂的种类、浓度、水流速度以及最佳浴温的信息，这些是它们的“工艺知识”。找到给定的淬火冷却介质的最高临界热流密度 q_{cr_1}，保持淬火浴温处于最佳温度，对于所有在这个淬火系统中淬火的工件来说，将使这个系统最优化，得到最小的变形。为了得到均匀的冷却（没有膜沸腾），即消除畸变，临界热流密度 q_{cr_1} 应大于初始热流密度 q_{in}。

2.3.4 用温度梯度法评估车间条件下的冷却强度

这节讨论温度梯度法的理论基础及其目的。

1. 理论基础

温度梯度法是基于以下物理规律：物体表面的热流密度与温度梯度成正比例关系，比例系数为冷却物体材料的热导率，即

$$q = \lambda \frac{\partial T}{\partial x} \tag{2-63}$$

式中，q 是热流密度（W/m^2）；λ 是物体材料的热导率（W/m · K）；$\partial T/\partial x$ 是物体表面垂直方向上的温度梯度（K/m）。

2. 温度梯度法的目的

评估液态淬火冷却介质冷却强度的温度梯度法是由 Liščić 在 1978 年提出的。它被设计来测量和记录真实工程零件在车间条件下淬火时的冷却强度。这个方法应与格罗斯曼 H 值的概念进行对照，后者是用一个数值来表示淬火冷却介质的烈度。温度梯度法是基于热流密度的，通过整个淬火过程中相关热力学方程的连续变化来表达冷却强度。这个方法适用于所有液态淬火冷却介质（油、水、盐水、聚合物水溶液、盐浴和流化床）、不同的淬火条件（浴温、搅拌速度、液体压力以及装载排列等）、所有淬火工艺（直接浸入式淬火、双液淬火、马氏体分级淬火、等温淬火等）。

该方法的主要目标是：

1）使不同淬火冷却介质、淬火条件和淬火工艺之间的对比成为可能。

2）得到评估的冷却强度（I）与最终的淬火深度之间的明确关系。就这一点而言，可能用到以下四个条件：①最大热流密度 q_{max}（MW/m^2）；②从浸入淬火冷却介质到 q_{max} 发生的时间 t_{qmax}（s）；③热流密度曲线下的积分（与吸热量成比例）（MJ/m^2）

$$\int_{t_0}^{t_x} q\mathrm{d}t$$

④ 心部温度降到 300℃ 所用的时间 t_{Tc300}（s）。q_{max} 和 $\int_{t_0}^{t_x} q\mathrm{d}t$ 越大，时间间隔 t_{qmax} 和 t_{Tc300} 越短，冷却强度（I）越高，淬硬深度越大。

3）得到热应力的信息。就这一点而言，需要用一个简图，显示横截面中心和其他热电偶位置的温度区别。

为了在工业实践中用温度梯度法完成测试，需要使用 Liščić/Petrofer 探头。

2.3.5 Liščić/Petrofer 探头

这一节讨论 Liščić/Petrofer 探头的设计、散热动力和润湿运动的影响。

1. 探头的设计

Liščić/Petrofer 探头是一种大探头，其设计旨在测量和记录车间环境中所有种类的液态淬火冷却介质的冷却强度，即表征工业实际中的淬火过程。由于其自身的形状，这种探头适用于任何形状的轴对称零件，零件直径范围为 25~100mm（1~4in）。

这种探头是圆柱体形状，直径为 50mm（2in），长度为 200mm（8.0in）。图 2-141 所示为一种带柄 Liščić/Petrofer 探头的草图，图 2-142 所示为探头的照片。

探头长径比 $L/D = 4:1$，以确保通过两端的散热可以忽略，从而使一半长度位置的横截面上只有径向热流存在，这里是安装热电偶的位置。这是计算一维传热的首要条件。探头是用奥氏体型镍铬高温合金制造的，不会发生组织结构转变，能抗氧化。连接三个热电偶（TCs）使探头仪表化。一个外径为 1mm（0.04in）的铠装热电偶被安装在表面下 1mm（0.04in）的位置，第二个安装在表面下 4.5mm（0.18in）处，第三个安装在横截面中心，都在探头

一半长度处。所有热电偶沿相同的半径安装。

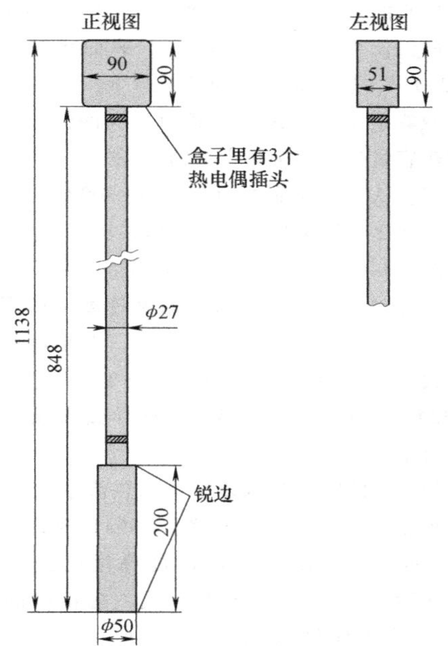

图 2-141　带柄 Liščić/Petrofer 探头草图
[由 Petrofer（德润）股份有限公司提供]

图 2-142　Liščić/Petrofer 探头的照片
[由 Petrofer（德润）股份有限公司提供]

测试的时候，将探头加热到 850℃（1560℉），直到心部热电偶达到这一温度，然后迅速转移到淬火槽上方并垂直浸入。至关重要的是，探头从炉中转移到淬火槽中通常需要在相同的短时间内完成，探头应以相同的速度严格地垂直浸入，从而保证其周围冷却条件相等。将探头连接到一个温度数据采集系统上，该系统包括三个模拟-数字信号转换器和放大器以及一台计算机。数据读取软件能够在整个淬火过程中以 0.02s/次的频率（50 次/s 读数）记录三个热电偶的输出信号，并实时同步绘制出三条冷却曲线，如图 2-143 所示。

2. 散热动力的影响

Liščić/Petrofer 探头被应用在“任何形状的轴对称工件淬火硬度预测的温度梯度系统（TGS）”程序中。为了计算 HTC，将表面下 1mm（0.04in）处测得的温度作为一维逆向热传导方法的输入。稍后将介绍 HTC 的计算步骤。HTC 计算出来之后，TGS 程序可以通过以下热力学函数对淬火过程进行整体

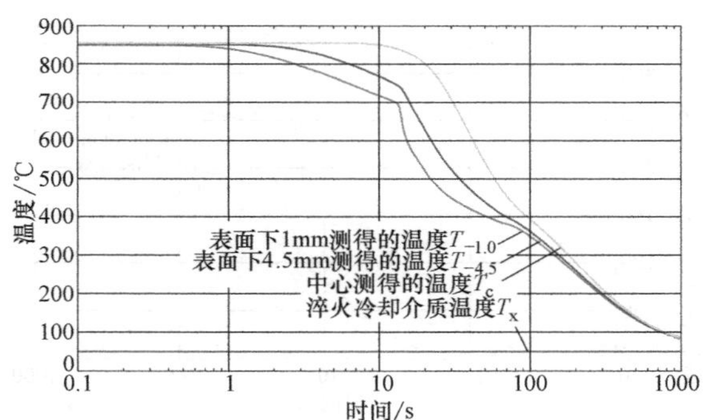

图 2-143　Liščić/Petrofer 探头在 50℃（120℉）中等黏度的加速淬火油中测得的冷却曲线［由 Petrofer（德润）股份有限公司提供］

分析：

1）计算的表面温度（T_s）和表面下 1mm（0.04in）、4.5mm（0.18in）处及心部测得的温度（图 2-144）。

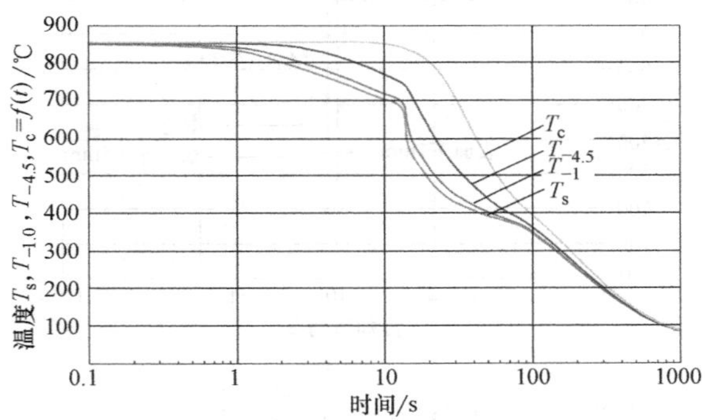

图 2-144　计算的表面温度（T_s）与表面下 1mm（0.04in）、4.5mm（0.18in）处和心部测得的温度［由 Petrofer（德润）股份有限公司提供］

2）随时间变化的心部与表面的温度差，心部与表面下 1mm（0.04in）处的温度差，心部与表面下 4.5mm（0.18in）处的温度差（图 2-145）。这些图在计算热应力的时候会用到。

3）冷却速度曲线与表面［表面下 1mm（0.04in）、4.5mm（0.18in）］温度，以及心部温度之间的函数关系。

温度梯度法也可以用在设计相同但直径不同的探头上。图 2-146 所示为使用这些探头得到的结果：ϕ20mm×80mm（ϕ0.8in×3.2in）、ϕ80mm×320mm（ϕ3.2in×12.6in）的探头在 50℃（120℉）低黏度加速淬火油中淬火，配以中等搅拌。不考虑探头直径和探头数量，温度梯度法表现出两个非常重要的特征：

1）它清晰地显示了整个淬火过程中的散热动

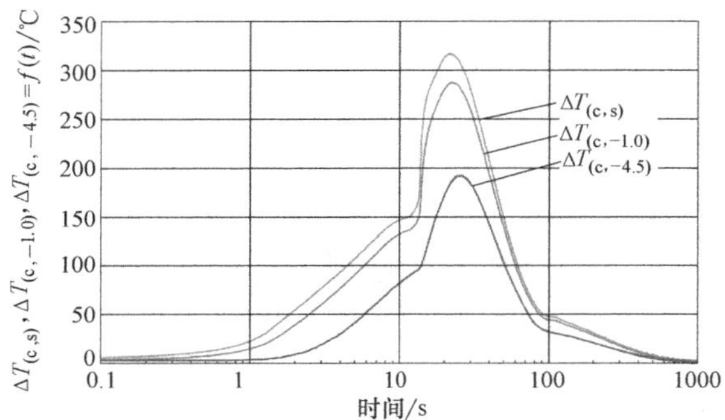

图 2-145 计算的心部与表面、心部与表面下 1mm (0.04in)、心部与表面下 4.5mm (0.18in) 处的温度差和时间的关系 [由 Petrofer (德润) 股份有限公司提供]

力学。

2) 它表明了冷却开始时的初始热流密度 (q_{in})。

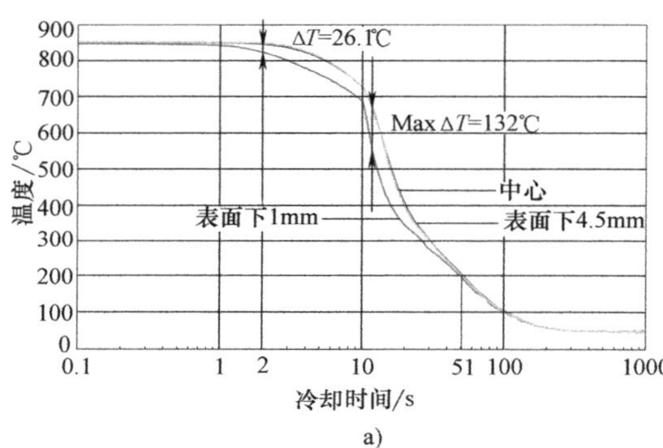

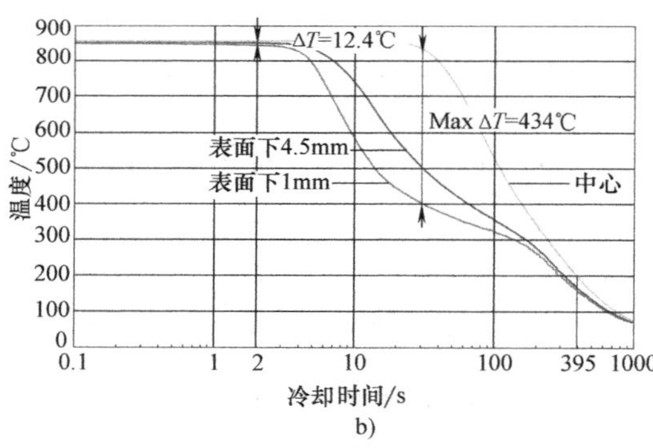

图 2-146 与 Liščić/Petrofer 具有相同设计的探头在 50℃ (120℉) 中等搅拌低黏度加速油中淬火测得的冷却曲线

a) ϕ20mm×80mm (ϕ0.8in×3.2in)

b) ϕ80mm×320mm (ϕ3.2in×12.6in)

为了解释淬火过程的散热动力学，首先讨论一下图 2-146a、b 的特征。在图 2-146 中，ϕ80mm×320mm (ϕ3.2in×12.6in) 的探头质量为 13.6kg (30.0lb)，表面积与体积之比仅为 $56m^{-1}$，热容量为 6045J/kg·K，代表了体积大（及热容量大）而表面积相对较小的情况。ϕ20mm×80mm (ϕ0.8in×3.2in) 的探头质量仅为 0.2kg (0.44lb)，表面积与体积之比为 $225m^{-1}$，热容量仅为 94J/kg·K，代表了体积小（及热容量小）而表面积相对较大的情况。较大探头的热容量是小探头热容量的 64 倍。

人们会认为较大的探头冷却到 200℃ (390℉) 所用的时间比小探头长几十倍，但事实上却只有 7.7 倍，如图 2-146a、b 所示，分别是 395s 和 51s。其原因可以通过对比二者淬火时的温度梯度来解释。小探头从开始一直比大探头冷却得快，但是后来大探头中最大的温度梯度 [434℃ (813℉)] 比小探头的 [132℃ (269℉)] 大得多，这导致大探头有较大的热流密度。

冷却开始的时候可以比较初始热流密度 (q_{in})。例如，小探头浸入之后 2s (图 2-146a) 时，心部与表面下 1mm (0.04in) 处的温度梯度已经达到了 26.1℃ (79.0℉)。而对于大探头，在相同的时间内，这一温度梯度仅为 12.4℃ (54.3℉)，如图 2-146b所示，造成了初始热流密度存在很大区别。

上述分析阐明了 Liščić/Petrofer 探头是如何基于温度梯度法精确表述整个淬火过程中的散热动力学，并测定真实初始热流密度 [取决于工件的体积 (质量)] 的。

3. 润湿运动的影响

在探头一半长度的横截面上，应该只有径向热流密度存在（因为两端散热可忽略不计），但是润湿运动的影响却不能忽略。这是每个在可蒸发液体中淬火的过程都会伴随的现象，它将导致一部分轴向热流的产生，具体取决于再润湿的时间。如图 2-147 所示，再润湿开始于工件表面上那些膜沸腾（蒸汽膜）崩溃而核沸腾开始的地方。

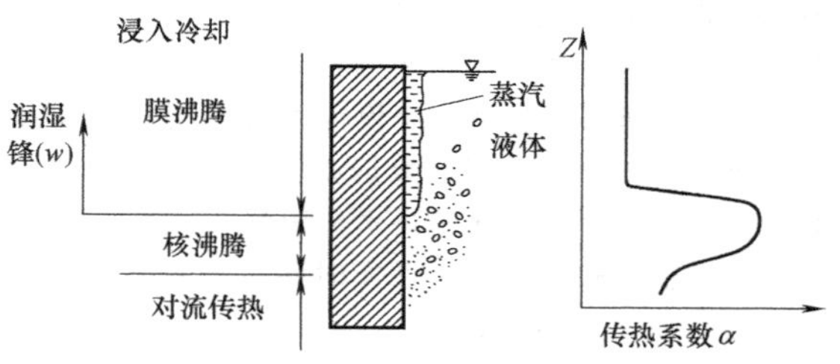

图 2-147 由于润湿运动，浸入冷却过程中局部传热系数的改变

在每个这样的地方，再润湿开始的那一刻 HTC 会突然增加。再润湿通常开始于下端，然后润湿锋朝圆柱的上端逐步移动，如图 2-148 中左图所示。润

湿锋的移动速度由物体和液体的物理性质及许多其他因素决定。再润湿期间，圆柱体内部的温度不仅沿径向变化，沿轴向也有变化（Z），如图 2-148 中右图所示。

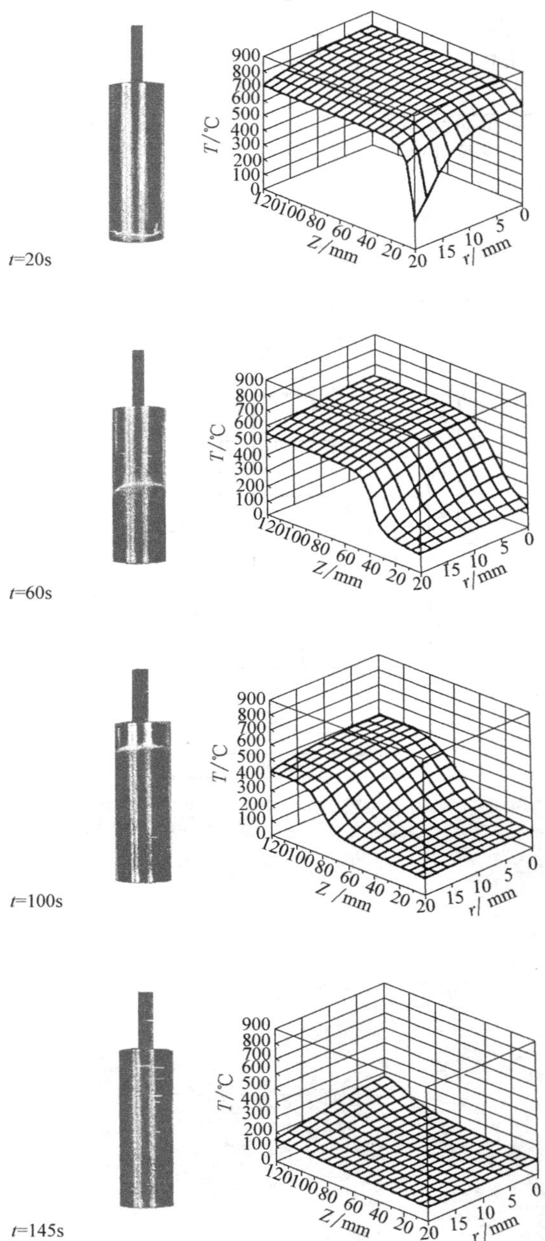

图 2-148　将 ϕ40mm（ϕ1.6in）×120mm（4.7in）的 AISI 4140 钢圆柱体浸入 80℃（180℉）的水中冷却时观察到的润湿锋前进（左图）和用局部传热系数计算得到的温度分布情况（右图）

将一个 ϕ40mm（ϕ1.6in）×120mm（4.7in）的 AISI 4140 钢圆柱体浸入 80℃（180℉）的水中冷却，就属于这种情况。在实际操作时并不会采用这样的条件，但可用于清晰地显示润湿锋的发展。再润湿过程有不同的形式和持续时间，从慢速移动的润湿锋（如在高温淬火油中）到突然爆发的润湿锋（在某些聚合物溶液中）。因此，它对局部 HTC 或多或少都有些影响。当使用 Liščić/Petrofer 探头时，计算得到的一半长度横截面处的 HTC［取决于在表面下 1mm（0.04in）处测得的冷却曲线］包括了润湿锋抵达这一点的时间以及那一刻 HTC 的局部变化。对此不同淬火冷却介质和淬火条件的测试结果来看，总会包含润湿运动的影响。因为这种影响取决于探头本身，所以对于精确的对比，应该用相同特征的探头。

2.3.6　任意形状的轴对称工件淬火硬度分布预测

斯莫连（Smoljan）基于有限体积法开发了一个二维计算程序，来预测任意形状的轴对称工件的淬火硬度分布情况。该程序还包含一个子程序，用于绘制每个轴对称工件的二维轮廓线，并自动生成半个工件的有限元网络。

用由 Liščić/Petrofer 探头具体测试并计算出来的 HTC，可以计算出工件轴向横截面上每个特殊点的冷却曲线，并测定和保存了从 800℃（1470℉）冷至 500℃（930℉）（$t_{8/5}$）的冷却时间。按罗斯（Rose）所说，$t_{8/5}$是一个对大多数结构钢的相变都具有重要意义的参数，因此也是最终淬火硬度的一个决定性参数。因为冷却时间 $t_{8/5}$和到端淬试样淬火端的距离之间有固定的关系，对于每一个 $t_{8/5}$，都能读取相应的端淬距离，如图 2-149 所示。

然后从问题中具体钢种的端淬曲线上读取相应位置处的硬度。从冷却时间 $t_{8/5}$到工件横截面上特殊点硬度的转换步骤如图 2-150 所示。硬度预测的精确度首先取决于端淬曲线，进而取决于每种钢材具体批次的化学成分。因此，在已知具体批次钢材的端淬曲线的情况下，预测的硬度是最精确的。

将用 AISI 5140 钢制造的复杂轴对称零件淬入中等搅拌的油中，图 2-151 所示为对这种工件轴向半剖面的硬度分布预测结果。图 2-151a 所示为无中心孔工件；图 2-151b 所示为其他部分相同，只是多了一个 ϕ20mm（ϕ0.8in）中心孔的工件。对于淬火硬度的预测，用颜色表示淬火硬度（HRC）高低，清晰地显示了截面薄和厚的地方的硬度差别，尤其是尖角处以及硬度不足的区域。注意：对于有中心孔的工件，这个硬度不足的区域要小得多，因为已经考虑了内孔的冷却。

确定长度方向（Z）和径向（r）的坐标后，就可以读取每个轴向横截面上任意点的具体硬度值。

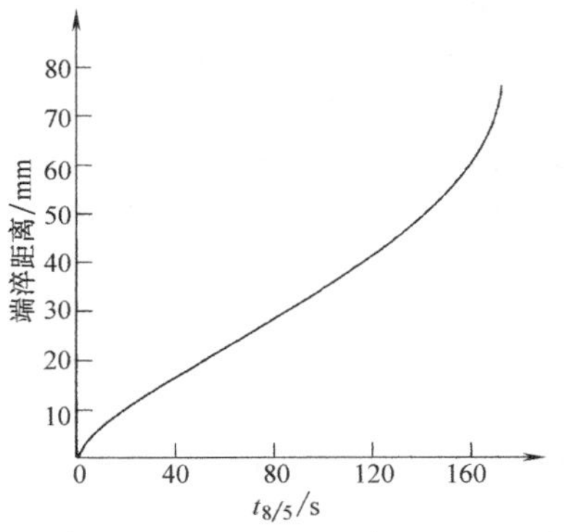

图 2-149 从 800℃（1470℉）冷至 500℃（930℉）所用时间（$t_{8/5}$）与端淬距离的关系

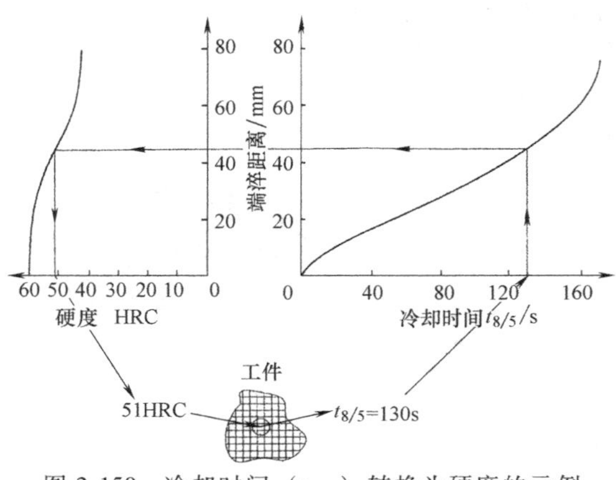

图 2-150 冷却时间（$t_{8/5}$）转换为硬度的示例

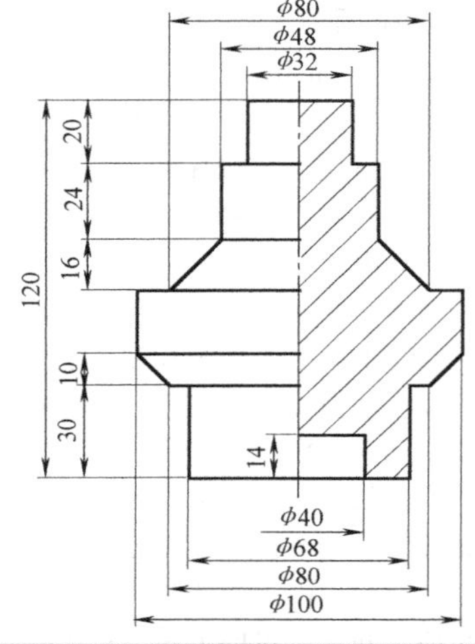
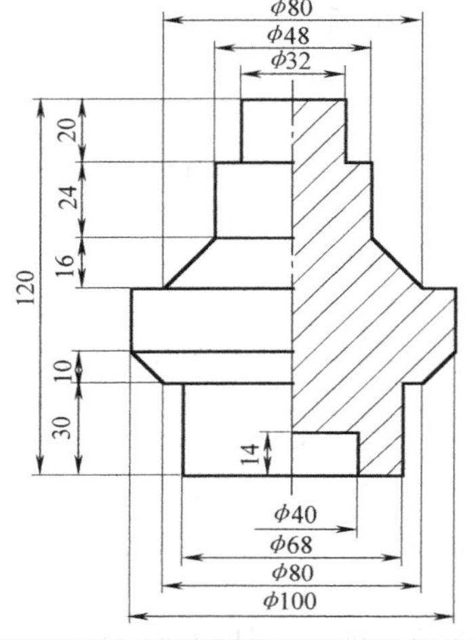
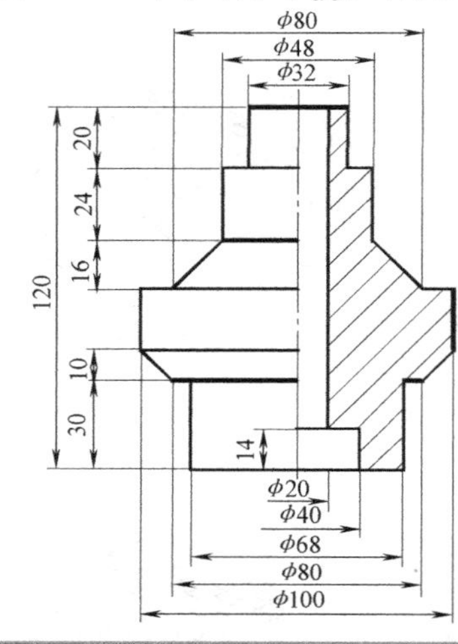

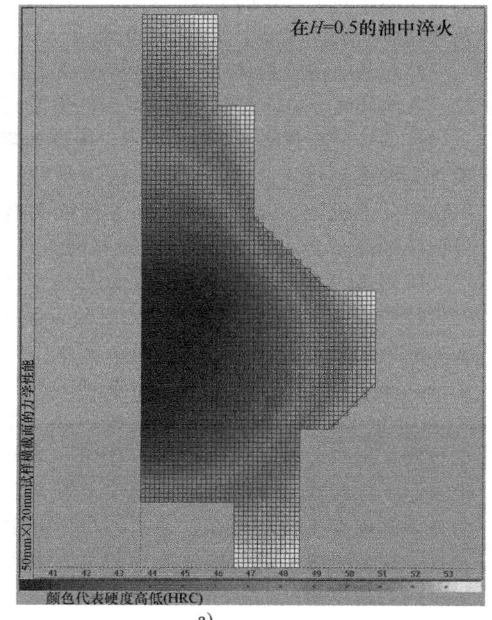

a）

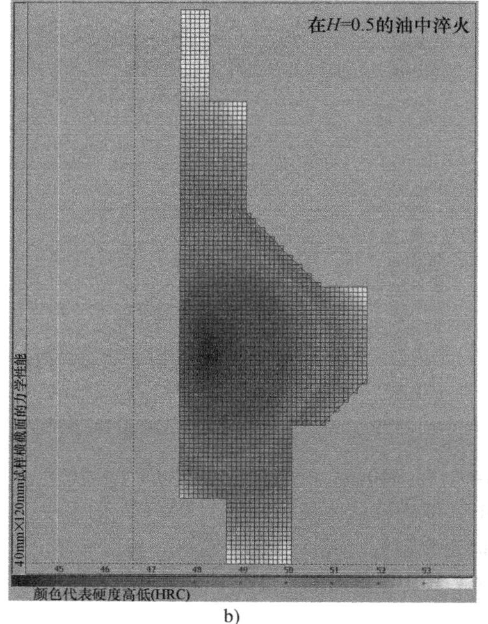

b）

图 2-151 AISI 5140 钢制造的复杂轴对称零件在油中淬火的轴向半剖面硬度分布预测结果

a）无中心孔 b）有一个 ϕ20mm（ϕ0.8in）的中心孔

TGS 计算机程序包含两类数据文件：

1）大量结构钢及其对应的末端淬火曲线数据文件。

2）根据 Liščić/Petrofer 探头试验记录的冷却曲线计算得到的 HTC 数据文件。例如，图 2-153 和图 2-154 显示出在 50℃ 中等黏度的快速淬火油中使用这种探头计算出的传热系数（HTC），分别是时间和表面温度的函数。

两种数据文件都是开放式结构，以便每个用户都可以将新钢号或在其他特定淬火条件下计算得到的新 HTC 输入系统中。使用 TGS 程序预测淬火硬度时，须按以下步骤进行：

1）将工件一半的轮廓线画在计算机屏幕上。

2）选定钢号，自然就由末端淬火曲线确定了其淬透性。

3）对于 Liščić/Petrofer 探头完成的具体淬火测试，必须选定 HTC。

一旦数据库中有了足够数量的试验测量结果和不同淬火冷却介质及淬火条件下计算得到的 HTC，那么 TGS 就可以：

1）对于所有储存的淬火冷却介质和具体淬火条件，通过之前提到的热力学函数和计算得到的 HTC，比较真实的冷却强度。

2）预测每一个轴对称零件的硬度分布情况。

预测硬度分布的一个目的，是就具体工件来虚拟地选择最佳冷却强度和钢种的组合。这可以利用数据库存储的不同钢种和/或不同淬火条件来完成，而不需要对工件进行试验。在这种情况下存储的末端淬火曲线对应于平均化学成分，从相关文献中的奥氏体化温度开始。

预测硬度分布的另一个目的是用探头完成对工件的试验，根据在具体淬火设备和条件下记录的冷却曲线计算 HTC。在这种情况下，末端淬火曲线对应于相应钢种的具体批次，在与具体工件淬火时一样的奥氏体化温度下通过末端淬火试验得到。这时有望得到更精确的硬度预测。

2.3.7 热传导反问题的数值解法

这一节讨论简化的一维温度分布模型、HTC 的计算和计算热传导方程（HCE）的有限体积法。

1. 简化的一维温度分布模型

标准探头被视为一个径向对称的长圆柱体，限定其半径 $R=25\text{mm}$（1.0in）。这里不讨论那些非对称的和其他材料的热电偶。假定淬火过程中的热量仅通过圆柱体的圆弧面释放，忽略上下端面，视其为无限长圆柱体。忽略的表面积仅为实际表面积的 1/8，这在实践中精确度足够。最后，在简化的一维模型中，假设圆柱体内的温度（T）对于所有时间（t）仅取决于到中心的径向距离 r（$r\in[0,\ R]$），因此可写作 $T=T(r,\ t)$。

实际应用中对这一假设的限制非常严格，使用探头时应十分注意以确保符合这一假设。例如，探头应垂直浸入淬火冷却介质中，最终淬火冷却介质的搅拌也必须是垂直的。有了所有这些假设，圆柱体内的温度便可由一维热传导方程［式（2-55）］确定，用极坐标形式（没有角参数）表示为

$$c\rho\frac{\partial T}{\partial t}=\frac{1}{r}\frac{\partial}{\partial r}\left(r\lambda\frac{\partial T}{\partial r}\right) \tag{2-64}$$

必须认为材料的所有物理/热力学性能 c、ρ 及 λ 都是温度相关的，因为温度范围涉及淬火过程。因此，热传导问题［式（2-64）］变成了一个非线性问题（或者更确切地说是准线性的）。

因为奥氏体型镍铬高温合金不涉及相变潜热，所以这些性能基本上都是 T 的线性函数。仅以表格形式列出少量温度值。对于热传导问题的数值解法，必须首先把这些表格转化成函数的形式，具体方法是对每种性能在全部温度范围内进行合适的近似计算。表中简单的分段线性插值对大多数场合来说是足够的。为了得到更平滑的函数，可以采用三次或二次样条函数。

对于 Liščić/Petrofer 探头，参考文献 15 原始表中的所有给定温度下的热学性能都由阿克玛（Akima）分段三次插值法计算出来。这种方法得出了一个比普通分段线性插值法更平滑的函数，其一阶导数连续，同时避免了抖动。

最初探头被加热到一定温度，已知淬火过程开始时的初始条件 $T(r,\ 0)=T_0(r)$。通常假设探头被均匀加热，所以 T_0 是常数，大约为 850℃（1560℉）。

由于对称的关系，圆柱体中心（$r=0$）的边界条件肯定是

$$\frac{\partial T}{\partial r}=0 \tag{2-65}$$

基于无限长圆柱体的假设，探头只有一个冷却表面，径向对称意味着表面温度 HTC（α）仅取决于时间（t）。在 $r=R$ 时，边界条件［式（2-56）］可写成

$$q_s=\lambda\frac{\partial T}{\partial r}=\alpha(T_s-T_x) \tag{2-66}$$

式中，$T_s(t)=T(R,\ t)$ 是圆柱体表面的温度；$T_x(t)$ 是测得的外部温度，即淬火冷却介质的温度。因为探头在冷却，认为这里的表面热流密度 $q_s(t)$ 是正数，这在工业应用中是很常见的。

为了测定式（2-66）中时间的函数 α，将热电偶安装在接近圆柱体表面的一个点（$r=r_n$）处，并测

得温度曲线 $T_n(t)$。对于 Liščić/Petrofer 探头，T_n 的测量位置是在深度 $d=1mm$（0.04in）处，所以其 $r_n=24mm$（1.0in）。需要注意的是，整个计算过程中所用的单位要一致，空间坐标的单位是米（m），也就是说，$R=0.025m$，$r_n=0.024m$。

下面述及的 HTC 计算实例建立在一个简化模型上，仅需要两条测量温度-时间曲线，即 $T_n(t)$ 和 $T_x(t)$，不需要其他输入，这使其在实际操作中简单而快捷。在这个模型中，所有特别的淬火条件都被反映在这两个仅有的测量温度上。探头配有两个外加的热电偶：一个热电偶安装在 $r=0$ 处，用于测量心部温度 T_c；另一个安装在 4.5mm（0.18in）深度处，用来测量中间温度 T_i。有时会用这些测量温度来计算近似的初始温度分布 $T_0(r)$。除此之外，它们仅用来核实结果。

2. 传热系数的计算

作为输入的温度 T_n 和 T_x 由数据采集器在离散时间进行测量，直到某个结束时间 t_{final}。记录值保留少量小数位数（不超过两位），并且会受测量误差的影响。由于传热系数（HTC）（α）是通过靠近表面的温度值求导得到的，而且温度测量的微小波动都会大大地放大计算得出的 α。因此，使用任意温度之前，在整个时间范围内，两个测量的温度变化必须在整个时间范围内修正为平滑过渡。

平滑化的主要目标是消除随机测量误差，并对所有值 $t\in[0, t_{final}]$，将离散数据表转换成时间的函数。根据实际应用情况，对平滑化可能有附加约束，如平滑后温度函数的单调性。后面将详细介绍平滑化步骤，目前先假定原始的离散值已经被时间的平滑化函数所代替，并分别用 $T_n(t)$ 和 $T_x(t)$ 表示。

从原理上，HTC 可以由以下求解热传导反问题的全域数值程序计算出来：

1）将平滑后的温度 $T_n(t)$ 视为固定值或者热传导方程［式（2-64）］在［0，r_n］上的狄利克雷德（Dirichlet）边界条件。要求解这个问题，可以使用隐式有限差分法。在每个时间步长上，简单的迭代即可以用来调整所有热学性能以适合新温度。

2）将［0，r_n］区间内得到的计算解扩展到全区间［0，R］，以得到表面温度 $T_s(t)$。如果深度 d（$d=R-r_n$）与探头的半径相比很小，则这种扩展可以采用莱德斯（Lattès）和纳音斯（Lions）的准可逆性方法，或者用计算解的简单外推法实现。数值测试显示，对于 10%半径以内的深度，简单外推法是完全足够的。

3）根据式（2-66），用平滑后的外部温度 $T_x(t)$ 和探头表面计算解的数值微分来计算 α。但是，对于标准液态淬火冷却介质，表面温度梯度和式（2-66）中的 HTC 通常是很大的。为了将数值微分带来的误差控制在合理范围内，整个问题必须在极细的空间网格中解决。因此，完成上述步骤的时间会变得相当长。

为了解决这一问题，用一种替代方法计算 HTC，这种方法避免了计算温度导致的明显数值差别。对于这个圆柱体，如同热量守恒定律一样，根据表面热流密度 q_s，将热传导方程写成空间积分形式：

$$\int_0^R \left(c\rho \frac{\partial T}{\partial t}\right)(r,t)\ r\mathrm{d}r = R\left(\lambda \frac{\partial T}{\partial r}\right)(R,t) = -Rq_s(t) \tag{2-67}$$

式（2-67）对所有时间 t 都是有效的，并且包括了对称性边界条件［式（2-65）］。式（2-67）的右侧代表表面边界条件［式（2-66）］，时间的函数 q_s 是未知的。按照式（2-67），反问题的数值解是基于有限体积法的，包含以下主要步骤：

1）在全区间［0，R］上求解热量守恒定律［式（2-67）］以计算表面热流密度 $q_s(t)$ 和表面温度 $T_s(t)$。

2）作为时间 t 的函数，直接由式（2-66）计算 HTC（α）

$$\alpha=\frac{q_s}{T_s-T_x} \tag{2-68}$$

式中，$T_x(t)$ 是平滑后的外部温度。

在一系列离散时间水平 t_i 中执行第一步的计算，直到达到最终时间。通过一个时间水平在全局时间步长以循环方式推进：

① 在每个时间水平 t_i，迭代计算表面热流密度 $q_s(t_i)$，直到得到的温度（位置 r_n 处）精确等于平滑后的近表面温度 $T_n(t_i)$。用布伦特-德克尔（Brent-Dekker）方法求出这个方程的数值解 $T(r_n, t_i)=T_n(t_i)$，因为不需要求导，所以求解速度快。

② 在所有迭代中，对于每个表面热流密度的试验值，用非线性隐式有限体积法及简单的迭代来调整热学性能以适应新温度，在［0，R］区间上求解热量守恒定律。下一节将给出这种算法的概要。

在 TGS 软件中，计算得到的 HTCs 被用来预测给定零件在不同淬火条件下的硬度分布情况。因为模拟的工件可以具有各种形状和尺寸，如果 α 被处理成表面温度 T_s 的函数，则得到的结果会好得多。自变量的这种改变（从 t 到 T），只有在计算得到的 $T_s(t)$ 随时间单调递减的情况下才会出现。否则，可能会导致在两个不同时间有不同的 α 值，这相当于表面温度在这些不同的时间有相同的值。

另一方面，实际上探头的表面温度偶尔会增加，这是由接近表面的淬火冷却介质的局部无序行为引起的。这种现象在上一节的聚合物淬火实例中已被证实。在该例中，测得的近表面温度 T_n 在某些时间段也有上升现象，不论阻尼的影响如何。如预期的那样，计算得到的 T_s 增加得更多。所以，为了将 α 转换成 T_s 的函数，必须首先计算一个在整个时间区间［0，t_{final}］上单调递减的近似的 T_s（t）。

需要注意的是，温度上（不管 T_n 还是 T_s）的这种增加，通常发生在相当短的时间段内。因为探头在整个时间内都是在冷却的，温度近似单调递减可以理解成探头表面冷却情况的局部平均（对时间）。

在之前的算法里，T_s 是根据 T_n 计算的。为了避免 T_s 增加得过多，这种平均按阶段执行：

1）在最开始，用一个单调递减函数平滑化所测得的近表面温度 T_n。这样做的目的是初步减少表面温度的局部混乱，包括跳动最激烈的 q_s 和 α。

2）如果算得的表面温度 $T_s(t)$ 在整个时间区间上不随时间降低（单调降低），则用同样的算法计算一个单调递减的近似值，就像 T_n 的初始单调平滑化一样。

3）最后，将单调递减的函数 $T_s(t)$ 代入式（2-68）中计算 $\alpha(t)$ 和 $\alpha(T_s)$。

更保守的方法，是用单调的表面温度 $T_s(t)$ 代替最后一步，作为计算 HTC 的第二个边界条件，然后将这个更加保守的 α 用于后面的计算中。

3. 时间和空间离散的有限体积法

（1）时间和空间离散　在热传导问题的数值解中，时间和空间坐标都被有限网格离散了。整个时间区间［0，t_{final}］被划分成一个递增的时间序列

$$0=t_0<t_1<\cdots<t_{n_t-1}<t_{n_t}=t_{final} \tag{2-69}$$

其时间步长为

$$\tau_i=t_i-t_{i-1} \qquad i=1,\cdots,n_t \tag{2-70}$$

时间步长的选择必须符合探头在具体淬火冷却介质中的热行为，以免在单个时间步长内有极高的温度梯度而导致准确度降低。对于 Liščić/Petrofer 探头，温度测量的最佳时间步长取 $\Delta t=0.02$s，贯穿整个淬火过程，结束时间 $t_{final}\approx1000$s。如此小的时间步长在淬火过程开始的激烈部分提供了非常精确的数据，但在温度下降以后则没有必要了。因此，在式（3-70）中应用三个不同的时间步长，以加快计算速度。

1）开始的 100s 取 $t_i=0.02$s。

2）100～200s 时，取 $t_i=0.1$s。

3）200s 至结束取 $t_i=1$s。

这样得出的时间级约为 6800 个，而不是之前的 50000。在探头的一维模型中，只有径向空间坐标必须离散化。对于规定数量的子区间 n_r，均匀网格的空间步长为

$$h=R/n_r \tag{2-71}$$

它产生于［0，R］区间。网格点 r_j（图 2-152）由式（2-72）给出

$$r_j=jh \qquad j=0,\cdots,n_r \tag{2-72}$$

这里，n_r 必须足够大，换句话说，式（2-71）中的空间步长 h 必须足够小，以得到问题的精确解。对于 Liščić/Petrofer 探头，标准值是 $n_r=200$，或者 $h=0.125$mm（0.005in）。

非常普遍地，在这个问题选定的公式里，对于选定的网格点，所有时间和空间的导数都是由有限差分（更确切地说是划分）近似得到的。然后由数值方法求解网格点处由未知值构成的方程组。算法中，在全时间步长循环中每步向前进一个时间级。所以，在第 i 步，温度在该时间级的近似值 t_i 是在所有网格点 r_j 上计算的。这些近似值用 T_{ji} 表示，以区别于位置的真实值 $T(r_j, t_i)$。有限差分法（FDM）与有限体积法（FVM）的唯一区别就是，热传导问题的原始公式彼此是独立的。在 FDM 中，原始公式是偏微分方程［式（2-64）］，以及适当的边界条件［式（2-65）和式（2-66）］。在 FVM 中，问题写成了它的积分形式，与式（2-67）相似，有限差分近似值被用于热流密度（或一维热流密度）计算。

（2）有限体积法的控制体积　用式（2-71）和式（2-72）给出的网格点 r_j，将探头划分成放射状的 n_r+1 个环形有限控制体积，如图 2-152 所示。在简化的探头一维模型中，这些体积坍塌到普通的区间 V_j 中，如图 2-152 下部所示。内部体积 V_j（$j=1,\cdots,n_r-1$）在网格点 r_j 中心差分

$$V_j=\left[r_j-\frac{h}{2},r_j+\frac{h}{2}\right] \qquad j=1,\cdots,n_r-1 \tag{2-73}$$

并且，它们的长度与空间步长 h 相等。它的两个边界体积为

$$V_0=\left[0,\frac{h}{2}\right],V_{n_r}=\left[R-\frac{h}{2},R\right] \tag{2-74}$$

它们既不是顶点圆心，也不是中心差分，其长度只有一半。非正常情况下的控制体积选择尤其适合于这个问题，因为很容易将方程高精度离散化。问题现在写成控制体积 V_j 下的热量守恒定律，以得到所谓的半离散方程组。热传导方程［式（2-64）］在控制体积 V_j 上的空间综合，连同内径 r_- 和外径 r_+ 给出

$$\int_{r_-}^{r_+}\left(c\rho\frac{\partial T}{\partial t}\right)(r,t)r\mathrm{d}r = r_+\left(\lambda\frac{\partial T}{\partial r}\right)$$

$$(r_+,t) - r_-\left(\lambda\frac{\partial T}{\partial r}\right)(r_-,t) \qquad (2\text{-}75)$$

右边代表通过边界 r_- 和 r_+ 的热流，用两个表面的热流密度表示。这里很容易以热流密度形式将两个边界条件合并［式（2-65）和式（2-66）］，所以不需要温度的显式数值微分。

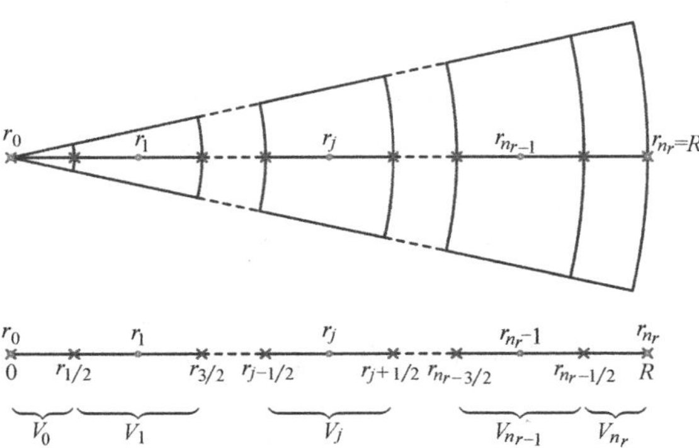

图 2-152　一维热传导问题的有限控制体积

（3）隐式有限体积法　半离散方程组［式（2-75）］对所有时间 t 仍然是有效的，需要在时间和空间上进一步离散。为了确保整个算法的数值稳定，用所谓的隐式方法进行离散［式（2-73）和式（2-74）］。

最后的空间离散化总是在新的时间级 t_i 处完成，那里的近似解还没有计算出来，所有时间的导数都是根据已知的近似解前一个时间级 t_{i-1} 通过后向差分估计的。第一步（$i=1$）之前的时间级 $t_0=0$，相当于热传导问题的初始条件 T_0。

在隐式 FVM 中，式（2-75）在当前时间级 t_i 处被进一步离散。因为控制体积的选择，式（2-75）右侧很容易以温度 T_{ji} 在网格点 r_j 处用中心差分离散。左侧的积分由中点求积公式近似得到［式（2-78）］。如有必要，这个近似法可以与网格点的值的线性插值结合起来。所有这些近似方法的精确度都是 h 的二阶形式。尽管时间导数的后向差分近似值仅是 t_i 处的一阶精度，但是这种更低的精度也比该方法的数值稳定性要求的高。在每个时间级 t_i，表面热流密度都被迭代计算，直到生成该时间级的平滑的近表面温度曲线。$q_s(t_i)$ 的近似值由该方程迭代计算的布伦特-德克尔算法生成。在每次迭代中，这个近似值在式（2-75）中用作外边界体积的边界条件。

（4）温度的隐式迭代计算　离散化步骤给出了一个有 n_r+1 个方程的方程组，其中在所有网格点 r_j（$j=0$，…，n_r）上有 n_r+1 个未知温度 T_{ji}。事实上，这个方程组中有更多未知数，其中还包含热学性能（取决于同一时间级的未知温度）。

但是，因为所有热学性能随着温度变化得相当慢，所以整个方程组的求解是通过热学性能的一个简单的迭代调整以适应新计算的温度：

1）热学性能在时间级 t_i 时的初始近似，是根据前一个时间级 t_{i-1} 中已算得的温度计算得到的。如果时间步长 t_i 不是太大的话，这就给出了一个所有热学性能的有效近似方法。

2）然后将热学性能当作已知的，即假设它们在相应的空间点上是恒定的。方程组现在变成了一个在时间 t_i 处温度未知的三角线性矩阵，可以很快很准确地将其解出。

3）用新算得的温度计算热学性能得到更好的近似值后再解方程组。

当在所有网格点算得的温度都已经稳定，几乎完全达到机器的精度时，终止简单迭代。

2.3.8　测量温度的平滑化

在任何处理之前，测量温度必须相对于时间做平滑处理，从而消除由随机测量误差造成的数据中的噪声。如果计算的 HTC 仅作为时间的函数使用来计算探头自身的温度分布，则这种没有附加约束的普通平滑化是足够的。换句话说，如果 HTC 被用于其他几何体，那么它会被看成表面温度的函数。这里，平滑步骤包括一个附加任务：它必须生成一个随时间单调递减的函数，以最终确保表面温度的单调性。

1. 无约束的普通平滑化

对于淬火中测得的温度，由随机测量误差造成的噪声仅包含高频振动，通常振幅较小。平滑化的主要目标是过滤这类噪声，但是数据的整体形式应该保持不变。这样的数据平滑化可以通过几种标准算法在局部或全局上完成。

进行局部平滑化时，给定时间点上平滑后的值是将少量附近测量值加权平均计算得到的。通常它是由一个低级多项式通过最小二乘近似法算得的。当在整个数据集中应用时，这给出了迅速而简单的得到局部平滑化数据的方法。这对算得的 $q_s(t)$ 或 $\alpha(t)$ 值的局部平滑化是相当合适的，可以消除反问题数值解法带来的人为振荡。

但是对测得的温度来说，局部平滑化并不适合。为了能够在 HCE 求解算法中自由选择时间级，平滑化的输出必须是一个平滑函数 f，以便在相应范围内的任意时间点上求值。这个函数 f 还必须足够平滑，至少连续可导（称为 C^1 平滑度），以避免计算的 α 突然跳动或不连续。

平滑函数 f 是通过寻找测量数据的合适近似解

的方法得到的，也就是说，通过解一个近似优化问题来得到。通常假设函数 $f(t)$ 有规定形式，有若干自由参数。因为统计学上的原因能解释从原始数据中剔除的噪声，这些未知的参数可以通过求解相应的最小二乘（LSQ）近似问题来计算。根据笔者的经验来看，当对平滑函数没有附加形状约束时，测得温度全局平滑化的最好方法是将 α 视为一个低级多项式样条。多项式样条全局平滑化的算法由参考文献 16 和 17 给出。相关的软件是可以公开获得的并且可以免费使用。

2. 单调平滑化

在 TGS 软件里，平滑函数 f 必须是随着时间单调递减的。因此，找到 f 的全局计算程序是计算测量数据的一个 LSQ 近似值，只是 f 仅限于单调函数。例如，单调平滑可以通过三次样条函数得到。这会导致一个有限制条件的最优化问题，其求解比相应的无约束问题更困难。此外，三次样条函数对于液态淬火冷却介质中测得的温度过于平滑。由于这些原因，不是用多项式样条，而是用连续可导（C^1）的指数样条进行单调平滑化。这种样条计算起来更困难，但在最后可以得到无限制条件的 LSQ 最优化问题，然后就容易解决了。此外，对于温度平滑化，这种形式的平滑方程具有以下额外的优势。

（1）指数 C^1 样条　通俗地讲，指数 C^1 样条 f 是一个由普通指数函数组成的分段函数。这些分段函数以这种方式结合起来以得到函数的全局 C^1 平滑度。更确切地说，f 的构建是从样条网络开始的。它以一个有 $m+1$ 个结点的递升序列形式给出

$$\xi_0<\cdots<\xi_m \tag{2-76}$$

并将全区间 $[\xi_0,\xi_m]$ 划分成 m 个子区间 $[\xi_{j-1},\xi_j]$，其中 $j=1,\cdots,m$。在每个子区间 $[\xi_{j-1},\xi_j]$ 上约束 f 等于某个指数函数 p_j，即

$$f(t)=p_j(t),t\in[\xi_{j-1},\xi_j]\qquad j=1,\cdots,m \tag{2-77}$$

式中，指数段 p_j 的定义为

$$p_j(t)=\begin{cases}a_j+b_je^{d_jt} & d_j\neq0\\ a_j+b_jt & d_j=0\end{cases} \tag{2-78}$$

最后，要使 f 在区间 $[\xi_0,\xi_m]$ 上连续可导，分段 p_j 在样条网络的所有内部结点 $\xi_1,\cdots,\xi_{m-1}$ 都必须满足以下连续性条件

$$\begin{aligned}f(\xi_j)&=p_j(\xi_j)=p_{j+1}(\xi_j)\\ f'(\xi_j)&=p'_j(\xi_j)=p'_{j+1}(\xi_j)\qquad j=1,\cdots,m-1\end{aligned} \tag{2-79}$$

内部结点也被称为 f 的间断点，因为这些点处的二次导数存在跳跃。需要注意的是，每个分段 p_j 都由三个参数确定：a_j、b_j 和 d_j。最初有 $3m$ 个自由度，但是 $2m-2$ 个连续性条件［式（2-79）］意味着 f 只有 $m+2$ 的自由度。事实上，指数 C^1 样条函数 f 被以下 $m+2$ 个参数唯一确定了：

1）两个全局端点值，即 $f_0=f(\xi_0)$ 和 $f_m=f(\xi_m)$，这可以看作 f 的边界条件。

2）m 个局部形状参数值 $d_1,\cdots,d_m$，即样条网络每个子区间对应一个值。它们控制 f 的二阶导数，换句话说，决定每个分段的局部凹凸情况。

这样的函数在区间 $[\xi_0,\xi_m]$ 上总是单调的。f 的趋势被边界条件唯一确定，并且 $f_0>f_m$ 使 f 单调增加。因此，单调平滑化不需要附加的单调性约束。对于一组给定的参数值，连续方程［式（2-79）］变成了一个所有分段中剩余局部参数的线性方程组。这个方程组很容易求解，用数值法甚至是解析法即可求解，会得到每个分段的局部形式［式（2-78）］。然后，便可求得 p_j 在每个子区间的点 t 的值。

（2）测量温度的单调平滑化　假设测量数据集包括 n_d+1 个点（t_k，T_k），其中 $k=0,\cdots,n_d$，这里 t_k 表示测量温度的时间（不是之前的时间级），$T_k=T_n(t_k)$ 是测得的近表面温度。另外，假设整个集合按时间递增顺序排列

$$0=t_0<t_1<\cdots<t_{n_d-1}<t_{n_d} \tag{2-80}$$

并且假设第一个测量时间是 $t_0=0$。

简单起见，采用样条网络作为所有测量时间的合适子集，换句话说，样条的结点与某些数据点 t_k 一致。不管网络中结点的数量（可以变化）如何，边界结点总是位于

$$\xi_0=t_0=0;\xi_m=t_{n_d} \tag{2-81}$$

以便 f 总是覆盖整个时间范围。

计算分几个阶段，以实现样条网络的迭代优化，从而得到越来越好的近似。在每个阶段，样条网络被固定，计算相应的与数据相符的指数 C^1 样条函数 f。在一个特定的阶段，$m+2$ 个参数（f_0，f_m，d_1，$\cdots$，d_m）中的一部分可能会有吻合值（主要是为了加快过程），剩余的自由参数通过解 LSQ 问题来计算

$$\sum_{k=0}^{n_d}[T_k-f(t_k)]^2\rightarrow\min \tag{2-82}$$

以得到尽可能合适的解并去除数据中的干扰。

这是一个非线性无约束优化问题，可以用多种迭代法求解。但是，f 对自由参数的导数在这里是相当难计算的。为了避免这一问题，式（2-82）实际上是通过尼尔德-米德（Nelder-Mead）单纯形搜索算法［式（2-81）］来求解的，因为它只用 f 的函数值。

指数 C^1 样条的单调平滑化也能用于提供淬火过程的附加信息。如果一直测量到探头冷却到合适温度，并且终了温度可以由指数函数近似，那么近似

的时间极限 $t\to\infty$ 可为整个系统的最终恒定温度 T_∞ 提供一个非常逼近的值。当淬火冷却介质温度 T_x 只作为一个常数值（通常是液槽的最初温度）给出时，这一近似在实践中是非常有用的。

2.3.9 工业实例

有多种多样的液态淬火冷却介质可以用于工业淬火，其选择是一个难题，因为不同的淬火冷却介质可能产生非常不同的效果，特别是在接近工件表面处。这一点已经被两个案例所证实，案例中的Liščić/Petrofer 探头被用在两种不同的淬火冷却介质中：矿物油和聚合物溶液。

从现在开始，为表示热电偶的深度，近表面温度 T_n 和中间温度 T_i 分别用 $T_{-1.0}$ 和 $T_{-4.5}$ 表示。三个温度都以不均匀的时间步长测量到结束时间 $t_{final}=981s$。在最开始，时间步长 $\Delta t=0.1s$；而在最后，则取大得多的 $\Delta t=1s$。每个数据集包含 1461 个点。

没有适时测量外部温度 T_x，相反，它被视为淬火槽的初始温度给出，并且在两个案例中，T_x 均为 50℃（120℉）。这当然是不准确的，并且使用了最终稳态温度 T_∞，它是用表面附近温度 $T_{-1.0}$ 最终为 25℃（77℉）的指数近似值估算的。

1. 油淬火

在第一个实例中，探头被淬入一种中等黏度的加速淬火油中，探头的初始温度 $T_0=854$℃（1569℉）。

原始不平滑的测量温度 T_C、$T_{-4.5}$，$T_{-1.0}$ 和 T_x 在图 2-143 中就已给出（从图的顶部向下按顺序排列）。

需要注意的是，近表面温度在大约 $t=14s$ 的时候有一个非常急剧的改变（跌落），此时核沸腾开始。因为阻尼的作用，这个改变在中间温度上不太明显。

除此之外，所有温度看上去都很平滑，甚至不需要平滑化，因为噪声很小。淬火条件下没有其他突然的改变，算得的表面温度 T_s 也随时间降低。因此，这里并不需要附加的单调约束来使 α 成为 T_s 的函数。

如图 2-153 所示，算得的传热系数 α 为时间的函数，在图 2-154 中则作为算得的表面温度 T_s 的函数。

因为是在油中淬火，探头表面没有无序现象，两条 HTC 曲线在外形上也相当规则。事实上，热交换的三个阶段都清晰可见。

图 2-155 所示为测量温度和计算温度在参考点处的差值。两者之差在数值模拟中与原始测量温度有关，所以它们来源于近表面测量温度的初始平滑化、热传导问题的数值解［式（2-76）］和算得的表面热流密度 $q_s(t)$ 的最终局部平滑化。

需要注意的是，所有 $T_{-1.0}$ 的误差完全是由初始单调平滑化造成的，因为 HTC 的计算恰好使用了平滑化之后的近表面温度。这些误差的大部分来自于数据的随机噪声，只有小部分规则的数据反映了单调近似误差。

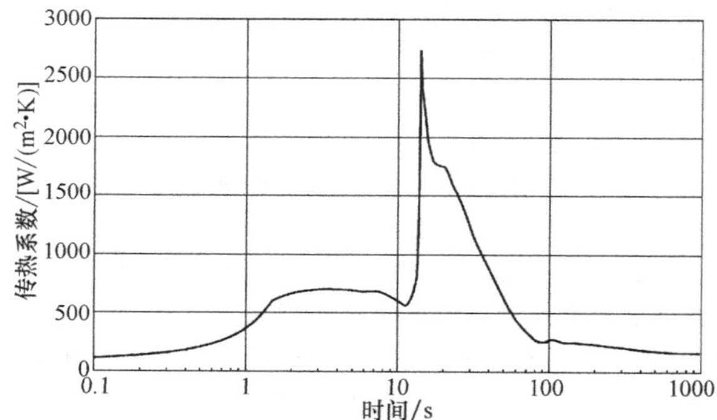

图 2-153 油淬：计算的传热系数 α 为时间的函数［由 Petrofer（德润）股份有限公司提供］

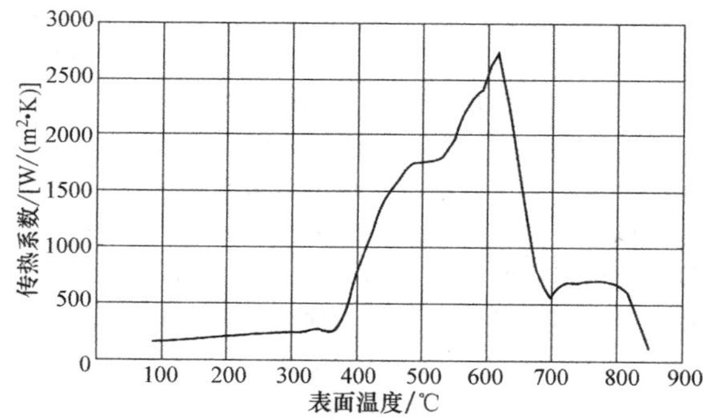

图 2-154 油淬：计算的传热系数 α 为表面温度的函数

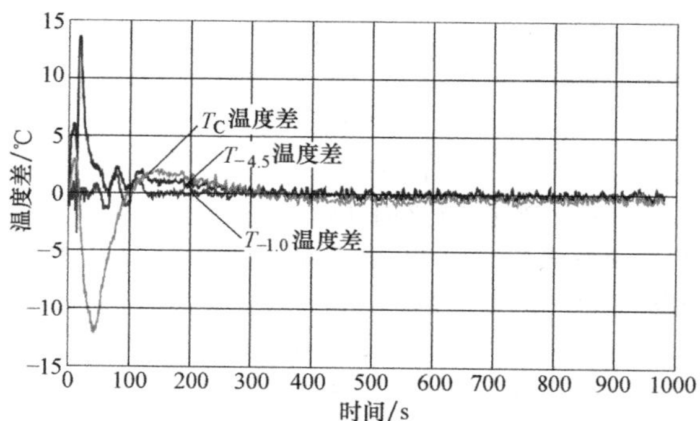

图 2-155 油淬：心部、中间以及近表面测得的温度与计算温度之差

心部与中间温度的误差较大，这是因为这里的温度梯度很大。另外，探头中严格的径向对称在实

际中几乎是不可能的。这些误差可能是由探头浸入淬火冷却介质时的轻微倾斜或探头周围液流的小幅改变造成的。

2. 聚合物淬火

众所周知，聚合物淬火可能会在表面上的特殊点附近造成局部淬火条件的剧烈改变。因此，对称性假设在这种情况下几乎是无效的。但是，在大多数情况下，无论是从时间上还是从空间上看，这些不规则都只是局部行为，一维径向对称模型在计算探头温度分布时一般来说仍然足够准确。

为了说明这一点，在第二个实例中，将探头淬入 10%的聚合物溶液中，探头的初始温度 $T_0=855℃$（1570℉）。

原始的非平滑测量温度 T_c、$T_{-4.5}$、$T_{-1.0}$ 和 T_x 如图 2-156 所示（顺序为从上到下）。

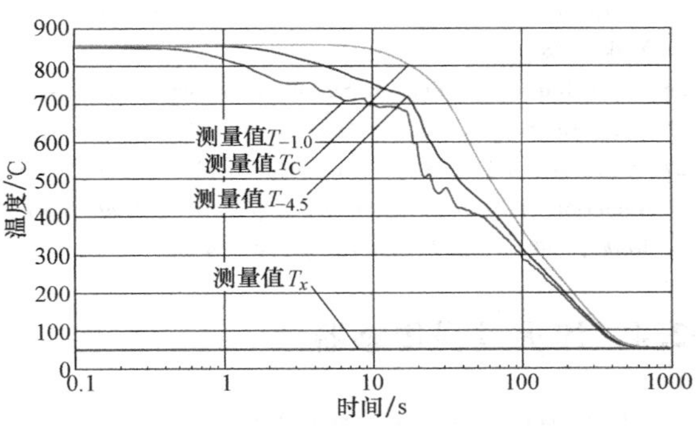

图 2-156 聚合物淬火：心部、中间、近表面及外部的测量温度

近表面测量温度曲线在前 35s 是非常不平滑的，而且有几段时间表现为明显增加，这表明在表面有剧烈的情况。事实上，这些情况是如此不规则，以至于 $T_{-1.0}$ 的单调平滑化没有作用。计算的表面温度 T_s 并不严格随时间降低。因此，T_s 的附加平滑近似就有必要将 α 表述成 T_s 的函数了。

算得的传热系数 α 在图 2-157 中为时间的函数，在图 2-158 中为单调表面温度 T_s 的函数。

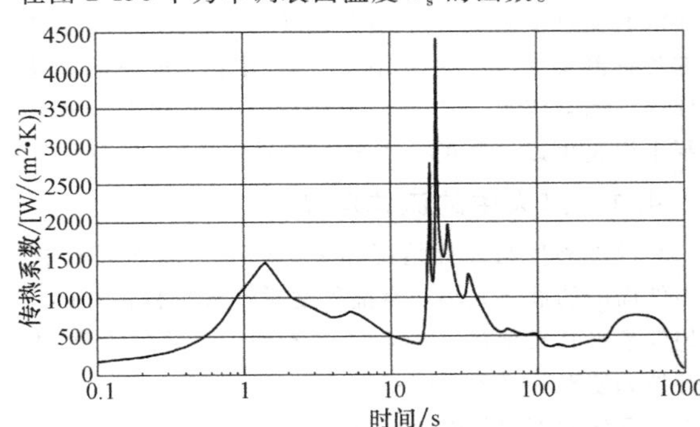

图 2-157 聚合物淬火：计算的传热系数 α 为时间的函数

与前面的实例对比，两条 HTC 曲线都非常不规则。因此，虽然单调平滑化花费了很多时间，但其仅能反映出表面的淬火情况。图 2-159 所示为测量温度与计算温度在参考点处的差值。

$T_{-1.0}$ 在前 35s 的较大误差，是由 $T_{-1.0}$ 的单调近似引起的，反映了原始数据的非单调性。

最后，虽然表面存在无序现象，但心部和中间的温度误差并不比油淬时大多少。

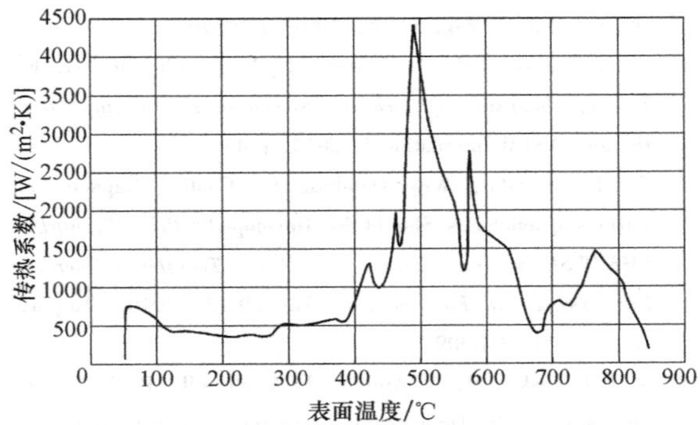

图 2-158 聚合物淬火：计算的传热系数 α 为表面温度的函数

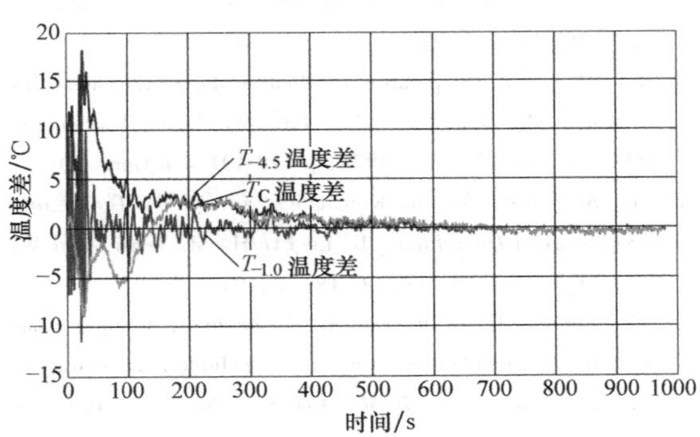

图 2-159 聚合物淬火：心部、中间及近表面测得的温度与计算的温度之差

参考文献

1. G. E. Totten, G. M. Webster, H. M. Tensi, and B. Liscic, Standards for Cooling Curve Analysis of Quenchants, *Heat Treat. Met.*, No. 4, 1997, p 92-94
2. I. Felde, T. Reti, G. Sarmiento, M. Guerrero, and J. Grum, Comparison Study of Numerical Methods Applied for Estimation of Heat Transfer Coefficient during Quenching, *Proc. Conf. New Challenges in Heat Treatment and Surface Engineering*, June 9-12, 2009 (Dubrovnik-Cavtat, Croatia), p 303-308
3. M. Narazaki, M. Kogawara, A. Shirayori, and S. Fuchizawa,

Analysis of Quenching Processes Using Lumped-Heat-Capacity Method, *Proc. Sixth Int. Seminar of IFHTSE* (Kyongju, Korea), 1997, p 428-435
4. N. I. Kobasko, Thermal Processes in Quenching of Steel, *Metalloved. Term. Obrab. Met.*, Vol 3, 1968, p 2-6 (in Russian)
5. N. I. Kobasko, A. A. Moskalenko, G. E. Totten, and G. M. Webster, Experimental Determination of the First and Second Critical Heat Flux Densities and Quench Process Characterization, *JMEPEG*, Vol 6, 1997, p 93-101
6. N. I. Kobasko, M. A. Aronov, J. A. Powell, and G. E. Totten, *Intensive Quenching Systems: Engineering and Design*, ASTM International, 2010, p 47
7. N. I. Kobasko, Why Database for Cooling Capacity of Various Quenchants Should Be Developed? *Proc. EighthIA-SME/WSEAS Int. Conf. on Heat Transfer, Thermal Engineering and Environment*, Aug 20-22, 2010 (Taipei, Taiwan), p 304-309
8. N. I. Kobasko, M. A. Aronov, J. A. Powell, B. L. Ferguson, and V. V. Dobryvechir, Critical Heat Flux Densities and Their Impact on Distortion of Steel Parts during Quenching, *Proc. Eighth IASME/WSEAS Int. Conf. on Heat Transfer, Thermal Engineering and Environment*, Aug 20-22, 2010 (Taipei, Taiwan), p 338-344
9. B. Liš číć, The Temperature Gradient at the Surface as an Indicator of the Real Quenching Intensity during Hardening, *HTM*, Vol 33 (No. 4), 1978, p 179-191 (in German)
10. H. M. Tensi, Wetting Kinematics, Chapt. 5, *Theory and Technology of Quenching*, B. Liš číć H. M. Tensi, and W. Luty, Ed., Springer Verlag, 1992, p 91
11. A. Majorek, H. Müller, and E. Macherauch, Computersimulation des Tauchkühlens von Stahl—Zylindern in Verdampfenden Flüssigkeiten, *HTM*, Vol 51 (No. 1), 1996, p 11-18
12. B. Smoljan, Numerical Simulation of As-Quenched Hardness in a Steel Specimen of Complex Form, *Commun. Numer. Meth. Eng.*, Vol 14, 1998, p 277-285
13. B. Smoljan, Numerical Simulation of Steel Quenching, *J. Mater. Eng. Perform.*, Vol 11 (No. 1), 2002, p 75-80
14. A. Rose et al., *Atlas zur Wärmebehandlungder Stähle I*, Verlag Stahleisen, Düsseldorf, 1958
15. "Inconel Alloy 600," Publication SMC-027, Special Metals Corporation, 2008
16. C. de Boor, A *Practical Guide to Splines* (rev. ed.), Springer, New York, 2001
17. P. Dierckx, *Curve and Surface Fitting with Splines*, Clarendon Press, Oxford, 1993
18. H. Akima, A New Method of Interpolation and Smooth Curve Fitting Based on Local Procedures, *J. Assoc. Comput. Mach.*, Vol 17 (No. 4), 1970, p 589-602
19. A. R. Mitchell and D. F. Griffiths, *The Finite Difference Method in Partial Differential Equations*, John Wiley & Sons Ltd., Chichester, 1980
20. R. M. M. Mattheij, S. W. Rienstra, and J. H. M. ten Thije Boonkkamp, *Partial Differential Equations: Modeling, Analysis, Computation*, SIAM, Philadelphia, PA, 2005
21. R. Lattès and J. -L. Lions, *Mèthode de Quasi-Reversibilitè et Applications*, Dunod, Paris, 1967
22. A. Jeffrey, *Applied Partial Differential Equations, An Introduction*, Academic Press, an imprint of Elsevier Science, San Diego, 2003
23. R. P. Brent, *Algorithms for Minimization without Derivatives*, Prentice-Hall, Engle-wood Cliffs, NJ, 1973
24. W. Gautschi, *Numerical Analysis*, 2nd ed., Birkhäuser, New York, 2012
25. F. J. Scheid, *Schaum' s Outline of Theory and Problems of Numerical Analysis*, 2nd ed., McGraw-Hill, New York, 1989
26. J. O. Ramsey, Estimating Smooth Mono tone Functions, *J. R. Statist. Soc. B*, Vol 60, 1998, p 365-375
27. S. Singer and S. Singer, Efficient Implementation of the Nelder-Mead Search Algorithm, *Appl. Num. Anal. Comp. Math.*, Vol 1 (No. 3), 2004, p 524-534

2.4 淬火过程传感器*

G. E. Totten, portland State University

淬火过程中液流的流动对于淬冷烈度的控制是很关键的。淬火后钢件中的残余应力取决于淬火过程中对液流的搅拌，其变形控制也常取决于此。淬火槽中，通过淬火区域的不均匀液流是导致硬度不均匀、热应力增加、开裂和变形的最主要的因素之一。因此，淬火过程中流动特性的测量是很重要的。

虽然众所周知液流在槽中不同位置处的变化非常大，但实际上很少监测工业淬火槽中的液流。其原因之一是，即使是到现在，设计得当的具有足够灵敏度和耐用性的用于热处理车间的流量测定装置还没有实现商业化。本节介绍了不同类型流量装置的各种测量原理，并介绍了一些用于淬火槽的先进仪器。商业淬火槽中测定流量的各种方法对合理控制来说是可以接受的，以确保高质量的生产过程。

2.4.1 淬火中的流体流动

淬冷烈度与搅拌情况相关。因此，淬火区域中，零件周围的液流大小和紊乱程度对淬火过程传热的均匀性是极其重要的。导致硬度不均匀、热应力增加、开裂和变形的最主要因素之一，就是淬火过程中经过淬火区域的不均匀液流。不均匀液流对变形和开裂的影响在之前已经讨论过。这些内容以及其他参考文献已经清楚地阐述了为实现变形的优化控制及使开裂最小化，优化淬火区域液流均匀性的必要性。

实验室中和商业上一些测量液流的经典方法包括涡轮测速计法、条纹高速摄影法、皮托静压管、电磁流速仪法、热膜流速计法以及激光多普勒测速技术等。虽然这些方法都不适合在热处理过程中持续监测淬火槽液流，但是它们为淬火过程中的流体力学提供了非常宝贵的参考。例如，条纹高速摄影法在整体淬火炉淬火槽模型上的应用。

计算流体动力学（CFD）建模被越来越多地用于检查淬火槽中液流的均匀性。陶敦（Totten）和拉里（Lally）报道了最早应用这种方法来说明淬火槽中液流均匀性的案例之一。紧随其后，Garwood 等人就这项工作发表了研究报告。巴格（Bogh）用 CFD 分析检查了水下喷雾喷射器装在铝板齿条周围不同位置对淬火不均匀性的影响。更近一些，哈尔瓦（Halva）和 Volný用 CFD 分析来检查液流的均匀性（将其视为搅拌器位置的函数）。伊利诺伊理工学院（IIT）的弗吕格（Flyg）最近报道了一个用 CFD 建模来设计具有改良的流动均匀性的淬火系统的案例。汽车工程师学会-航空航天金属工程委员会赞助了一项研究，其目的是评估 I 类淬火冷却介质在铝的热处理中的浓度极限，以满足军事手册中的 5 项设计下限。不幸的是，其结果太分散，未能达到预期目标。采用计算流体动力学进行分析，阐明了物理性能数值的变化很可能是由淬火槽中液流流动速度的变化造成的。CFD 建模的最新报道案例，是用在一个用来做冷却曲线分析的经典实验室仪器上。这项工作的结果显示，这套系统对淬火区域中明显的液流变化敏感。

这些 CFD 研究清晰地显示，大多数情况下，在淬火区域想得到完美、均匀的液流是不可能的。此外，泰特斯（Titus）报道的实验室研究显示了周期式淬火炉中淬火区域液流的实质性变化。因此，从这些研究以及其他研究看，车间淬火过程中对液流速度的测量显然是很重要的。这里综述一下报道过的各种测量淬冷烈度和液流的方法。

2.4.2　流体流动的测量

这里简单介绍一下用于液流测量的最重要的装置，即文献中频繁涉及的名为体积流量计的装置。流量是流动介质数量与这个数量流过管道横截面的时间的比值，流量随时间变化而变化。流量可以用体积单位表示，也可以用质量单位表示。因此，可以用实测体积流量除以管道横截面积来确定流体的流速。

（1）体积测量法　在体积测量法中，流体的流动速度表示为由其引起的传感器测量叶片的转速的函数，或者直接由对小体积液流的持续测量或由流率值的集成来显示。可以根据测量方法中有无固定的测量室壁对其进行区分。

叶片式传感器是常用的无测量室壁的测量装置。单喷口测量仪的特点是有一条平滑的直水道。液流作用于转子，使其如图 2-160 所示那样旋转。叶片式传感器的优势是其测量范围的下限比其他体积测量技术更有利。但不管怎样，避免过多的压力损耗总是很有必要的。虽然在实验室能看到这类测量装置，但是它很少用作商业淬火槽的流量测量装置。

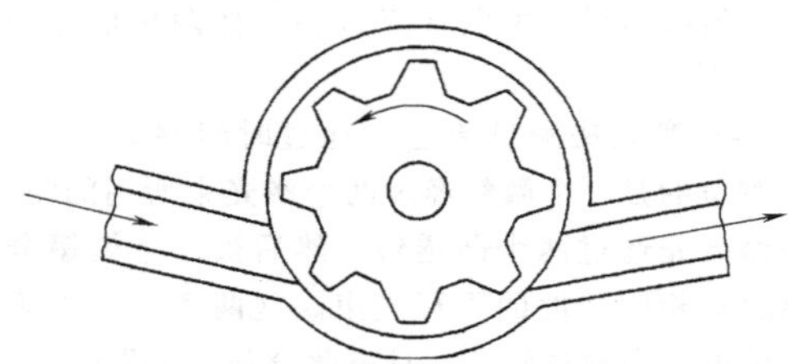

图 2-160　叶片式传感器（单喷口测量仪）

一些商业淬火槽中应用的是螺旋桨驱动流量计。螺旋桨可以安装在夹具上或者固定在液槽里；还可以采用便携装置，如 Meade 速度计。但这些仪器存在各种各样的问题。例如，它们对空穴现象敏感，螺旋桨叶片可能因此而磨损失效。另外，它们只能测量一个方向的流量，对液流变向不灵敏。因此，它们不是合适的搅拌质量指示器，而零件在淬火过程中受搅拌质量的制约。而且当采用手提的便携装置时，如果需要得到可对比的数据，每次使用时都必须将其放在完全相同的位置。因此，虽然这类测量装置简单而易得，但其在生产环境下并没有得到广泛使用。

（2）有效压力法　有效压力法源自于能量方程。动能是流动状态的表现，因此流动速度也包括在能量方程中。这类测量方法的基础是伯努利（Bernoulli）方程，即在一个无摩擦、稳态流中，流线的动能、势能和静压能之和是恒定的。如果忽略局部高度的变化，液压和液体速度之间存在一种特殊关系。

在管道中流动时，液体流动得快慢受管内装置制约。压力能和动能因此而相互转化，动能可以由压力差计算出来。喷嘴、膜片以及文丘里管被用来减小管道的横截面。

（3）相关分析法测量流速　相关分析法测量流速的基础是所测材料中随机干扰的假设。在流体介质中，如流体的压力、温度、电导率、静电电荷、速度或光传输容量等局部、随机地变化，则这些现象将导致湍流，或者在多相混合的情况下，将导致特殊类型的流动。在液流流过的截面上一前一后放置两种测量传感器，记录随机波动信号，关联的计算机根据这些信号确定通过时间。根据通过时间和所测量截面的几何形状，就可以计算出液体的流动速度。

在理想情况下，流动方向上连续放置的两个测量传感器将生成两个相同形式的信号，但是彼此通过时间（t_1）不同。这种测量方法是基于第一个测量传感器的信号被人为延迟了时间 t_2 的原理。关联计算机的任务就是调整模拟通过时间 t_2，使 $t_2=t_1$。因此，测量截面延迟的信号与人为延迟的信号是相同的。笼统地讲，关联计算机必须使两种信号的标准差最小。

（4）激光法测量流速（通过时间测量） 这种方法测量的是一个微粒经过两个激光束所用的时间。一束激光先通过两个凸透镜，然后被一个棱镜分成两条具有相同强度的平行光束。这两条光束以垂直于液流的方向通过管道，且彼此分开一个距离 d。激光束被两个透镜聚焦在管道的中心。膜片打断了光束的直线方向，如图 2-161 所示。当一个尘埃粒子接连通过管道中心的两个焦点时，光被这个粒子散射。散射光被一个透镜系统收集，感光器收到散射光后将其转化成电信号。根据接连两个脉冲的时间差，来测定粒子的速度及液流的速度。

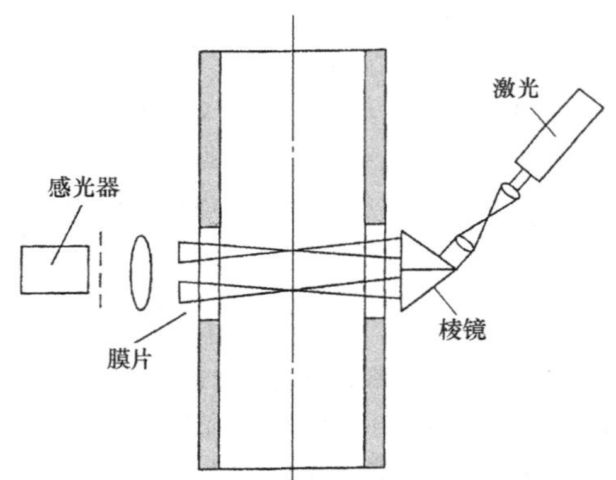

图 2-161 通过测量通过时间来测量流动速度的方法

当静止源发出频率为 f_o 的波时，静止的观察者将观察到同样的频率 f_o。但是，如果观察者相对于静止源是移动的，则当它朝源移动时，在单位时间内会感觉到更多的振动；反之，则会感觉到更少的振动。这就是所谓的多普勒（Doppler）效应，可以根据它来测量流速，如图 2-162 所示。

当一条光束经过流动的介质时，一些光将被液体中的小颗粒散射出光束之外。在这个散射过程中，多普勒效应发生了两次：第一次，是将激光视为静止光源时，粒子相当于一个移动的观察者；第二次，是粒子作为运动光源重新释放出了光。光电流由一

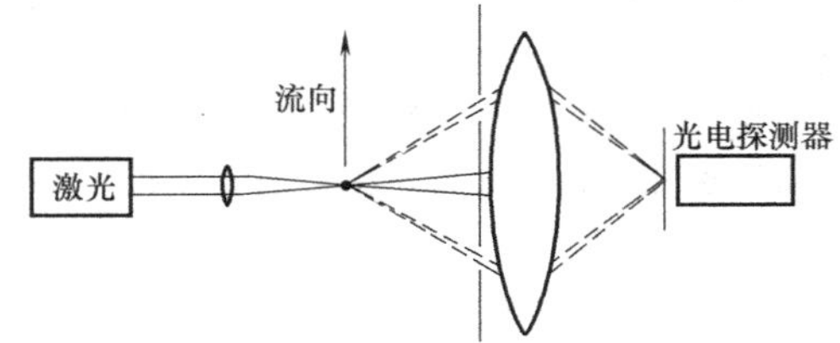

图 2-162 利用多普勒效应来测量流动介质的流速

个不变的成分和一个频率为 Δf 的变化的成分组成。光电流经历一个频率变化 Δf，它与液流速度成正比。

（5）基于热量的流量测定 这种方法是基于流场里测得的温度差。一种基于热量的流量测定方法是加热导线法（图 2-163），其中一根为电加热的金属导线，其电阻是温度的函数，将其放入液流中并冷却。这种情况下，热量的损耗取决于所经过液体的速度、导线材料本身的物理性能（热导率、比热容及密度）以及液体和导线之间的温度差。热敏电阻传感器的使用曾有报道，但是没有用在商业淬火液淬冷烈度的连续监测上。

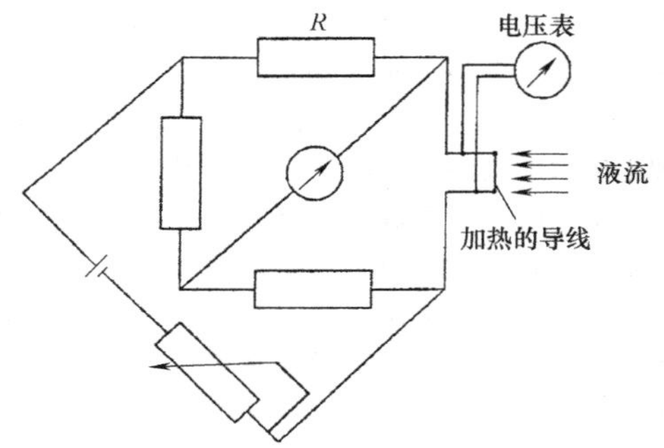

图 2-163 加热导线法示意图

科西瓦尔（Kocevar）等人给出了用加热导线法检查商业淬火槽中流动均匀性的图解。在这项研究中，通过检查一根加热的［850℃（1560℉）］ϕ0.2mm（ϕ0.008in）×20mm（0.8in）铂丝的冷却剖面，测量了淬火冷却介质的冷却能力。用电流以恒速 20℃/s（36℉/s）对铂丝进行加热，而冷却能力与保持铂丝温升恒定所需要的电能有关（用铂丝是因为其温升与电阻成比例）。图 2-164 所示为一种淬火油在不同温度下冷却能力与搅拌之间的关系。

通过将一根铂丝连接到淬火区域中的不同空料筐里，来说明周期炉中由搅拌引起的变化。图 2-165 中的数据显示，顶部料筐和底部料筐的冷却能力变化显著，并且在底部料筐中具有最大冷却差异。

加热导线法表现出其在生产条件下的重复性和通用性，Keil 等人讨论了它的两个缺点。第一个缺点是铂丝传感器由于重复加热和冷却，循环寿命有限；第二个缺点是仅有一个铂丝传感器，因此，不

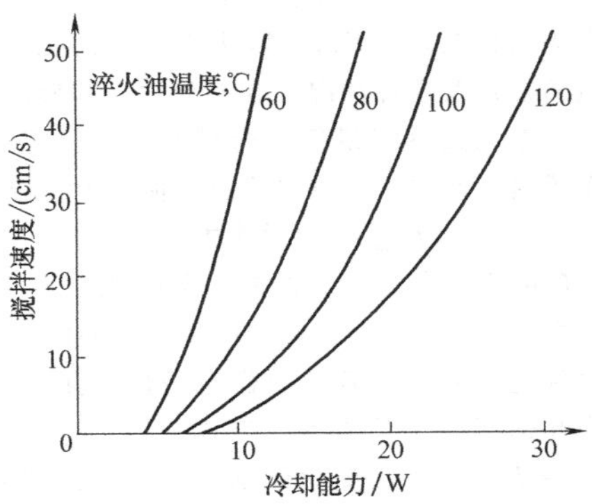

图 2-164 淬火油在 60℃（140℉）、80℃（175℉）、100℃（210℉）和 120℃（250℉）下冷却能力与搅拌之间的关系

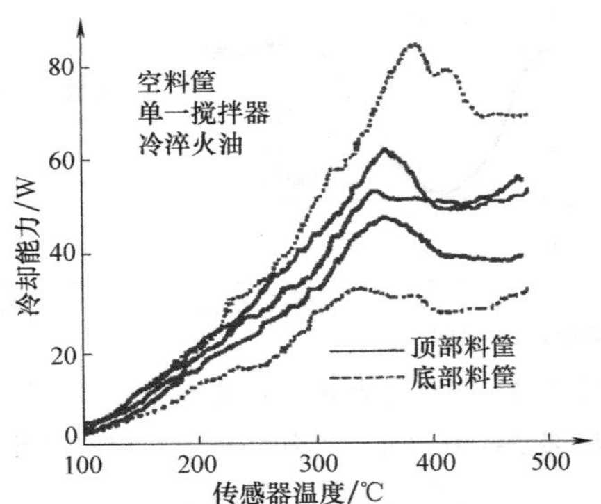

图 2-165 周期式整体淬火炉中顶部料筐和底部料筐冷却能力的变化

能同时测量环境温度和热丝温度，因为没有测量环境温度，该装置就不能用于实时监控（见之后的讨论）。凯尔（Keil）等人描述了一种代替性装置的构造，可以用于商业淬火槽中淬火冷却介质搅拌的连续监控。这种装置如图 2-166 所示，它有两个包含传感器的导热保护套，它们之间彼此绝热。将一个微处理器连接到传感器上，通入已知电流到传感器，以计算冷却效果。图 2-167 为这种传感器的示意图。对流传热系数 h 的计算公式为

$$h=\frac{1/A}{\dfrac{T_{\mathrm{HTR}}-T_{\mathrm{AMB}}-1.4932}{q}} \tag{2-83}$$

式中，A 是第一个保护套的表面积；T_{HTR} 是第一个传感器的温度；T_{AMB} 是液槽中淬火冷却介质的温度；q 是消耗的电能，$q=K/V_1$，其中 K 是从稳压器输入的恒定电流，V_1 是测得的通过电阻的电压降；1.4932 是第一个感应器与第一个保护套之间热损耗的传导系数。图 2-168 所示为这种传感器总成。

图 2-166 卡特彼勒淬火评估传感器

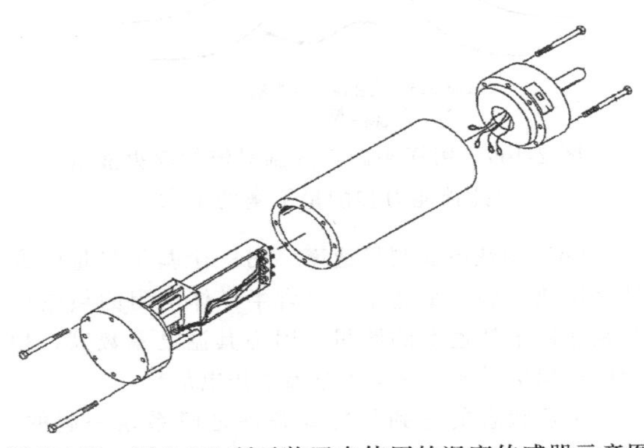

图 2-167 图 2-166 所示装置中使用的温度传感器示意图

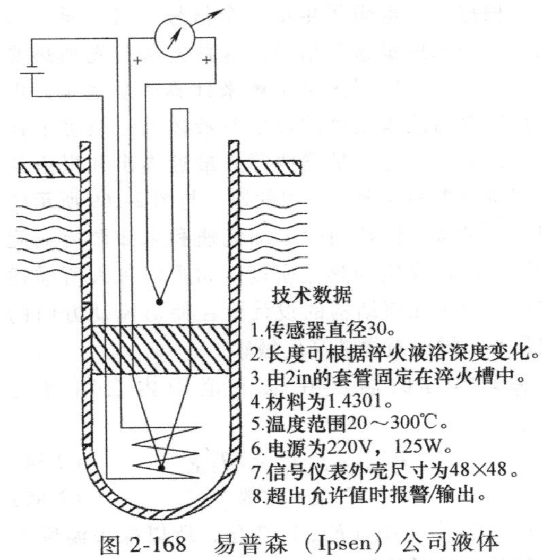

图 2-168 易普森（Ipsen）公司液体淬火传感器装置示意图

在图 2-168 中，当淬火过程中搅拌器发生故障时，就会出现液流变化的有趣现象。易普森公司的参考文献中给出了这样的例子（图 2-169），搅拌器故障导致传感器测定的温度差超过允许的设定值，

从而触发了警报。

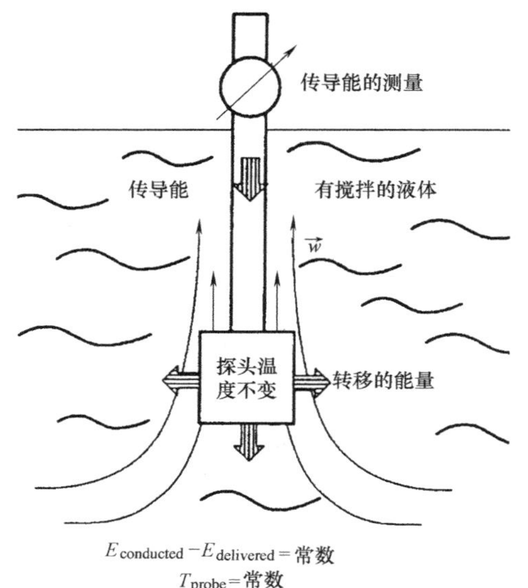

图 2-169 用探头确定强制对流的淬火液浴中搅拌能力和能量平衡的示意图

（6）用热电偶测量速率 另一个基于热量的方法是用热电偶测量速率。包含半导体电阻的热电偶特别适用于低速率的测量，因为其温度系数高，相应的输出信号强。测量传感器采用电加热。

平衡状态的达到与冷却条件是联系在一起的。平衡状态下测量传感器的温度决定了其电阻。合适的电路根据这个电阻派生出一个信号，然后通过适当的测量技术度量这个信号。这种方法首先加热要测量的介质，然后用热量平衡来计算质量通量，再根据用以提高液体温度的热能及液体的比热容来计算介质的流速。这就是腾西等人最近提出和报道的流量测量装置的原理。所用的探头与图 2-169 所示的相似，测量从零件到周围未知流速和未知湍流或旋动的淬火冷却介质的热流密度。如腾西等人所描述的那样，探头几何结构的设计旨在使对流动方向的依赖最小，同时对搅拌高度敏感。

探头本身的温度在以下范围内自由界定（T_{probe}）

$$T_{Leidenfrost}>T_{probe}>T_{bath} \tag{2-84}$$

$$T_{probe}=常数 \tag{2-85}$$

T_{probe}随传导能（E_{con}）变化，所以探头温度恒定。莱登弗罗斯特温度（$T_{Leidenfrost}$）是指蒸汽膜冷却温度，其特征是莱登弗罗斯特现象，即在试样周围形成均匀的蒸汽膜。蒸汽膜的产生和维持条件是，零件内部向表面的热量供应超过了淬火冷却介质蒸发并保持气相所需要的热量。探头转移能量（E_{del}）的计算公式为

$$E_{con}-E_{del}=常数 \tag{2-86}$$

因为转移能量（E_{del}）取决于液浴的化学特性、温度（T_{bath}）及搅拌情况（包括流速 v 和旋动），所以给出一个无量纲流量值以衡量搅拌质量或冷却能力。有了这个参数，便可以确定其他两个参数

$$E_{con}=C\times 搅拌质量 \tag{2-87}$$

式中，C 包括探头的热学性能、温度 T_{probe}、液浴的化学特性 T_{bath}和 E_{del}。探头的温度变化如图 2-170 所示，直到达到式（2-87）的稳定条件。探头在浸入淬火浴并达到确定位置后，其温度（T_{probe}）降低，然后随着 E_{con}的自动变化而增加，直到达到探头的初始温度（T_{probe}）。一旦探头的参数确定，E_{con}、T_{bath}和搅拌质量之间的关系也就确定了。测量准确度随着 T_{probe}的增加而提高。

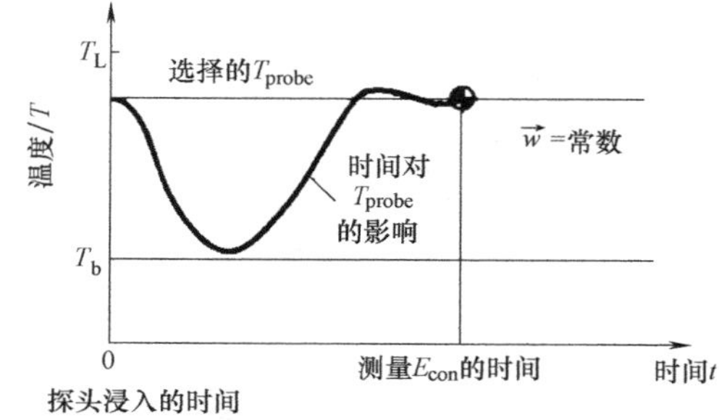

图 2-170 在特定成分、浴温（T_{bath}）和未知局部搅拌力的淬火冷却介质中，探头温度（T_{probe}）随时间的变化

T_L—莱登弗罗斯特温度 w—液体速度

麦科迪（McCurdy）和科格林（Coughlin）报道了使用固态传感探头（没有提出构造细节）、测量室、基于微处理器的控制器和管道系统来连续监测淬火槽中传热系数的方法。微处理器的作用是将热能直接转换成电能。在这套系统中，淬火冷却介质以恒定速度被泵送通过传感器，并且有电流通过传感器。传热系数（h）的计算公式为

$$h=\frac{kP}{\Delta T} \tag{2-88}$$

式中，P 是损耗功率；k 是常数；ΔT 是探头表面和周围淬火冷却介质之间的温度差。

尽管人们公认得到的数据是与搅拌相关的，但是这个装置仅用于监测探头测量室中一个恒定流速传热系数的变化。但推测起来，可以重新设计这种装置以得到与搅拌速度相关的数据。易普森公司的液体淬火传感器（图 2-168）已经实现商品化，据报道这种仪器能连续监测油和水基聚合物淬火冷却介质，以确定不同淬火冷却介质温度和液体成分条件下流速的变化。像凯尔（Keil）等人报道的那样，

这种仪器可以测量淬火冷却介质和独立热源之间更大的温度差。这一温度差是由所施加热量和向淬火冷却介质的传热之间的热流密度造成的。应当注意的是，传感器周围的流动状态取决于其余搅拌器的相对位置，传感器必须不受淬火过程中负载传热的影响。而且必须能够在淬火槽不排水的情况下安装传感器。在淬火过程中，搅拌器停止工作时的流量变化图示十分有趣，如图 2-171 所示（由易普森公司提供）。搅拌器停止工作导致传感器温度差的增加超过允许设定值，从而触发了警报。

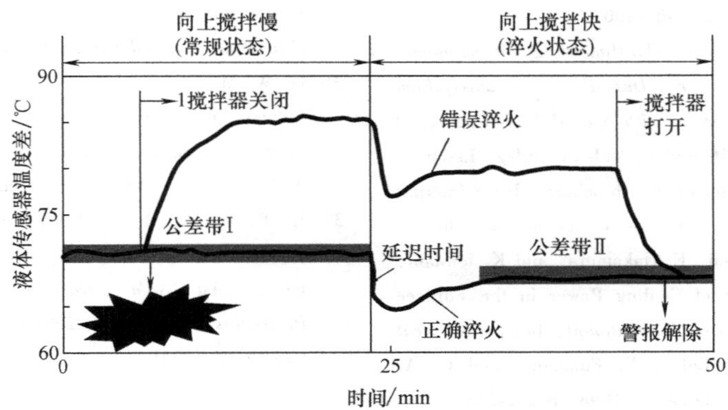

图 2-171 正确淬火和由搅拌器故障导致的错误淬火的温度差图示

参考文献

1. G. E. Totten, G. M. Webster, and N. Gopinath, Quenching Fundamentals: Effect of Agitation, *Adv. Mater. Process.*, Vol 2, 1996, p 73-76
2. J. Olivier, B. Clément, J. J. Debrie, and F. Moreaux, Stirring of Quenchants: Concept and Metallurgical Results, *Trait. Therm.*, Vol 206, 1986, p 29-42 (in French)
3. Function of Proper Agitation in Quenching to Assure Uniform Physical Properties, *Ind. Heat.*, Jan 1979, p 14-17
4. H. R. Bergmann, Importance of Agitation for Optimum Quenching, *Met. Eng. Q.*, Vol 11 (No. 2), 1971, p 17-19
5. Tensiles and Yields Are Closer with Fast Circulation of Quench Oil, *Met. Treat.*, Dec-Jan 1964-1965, p 18-19
6. "Improved Quenching of Steel by Propeller Agitation," U. S. Steel, 1954
7. R. T. Von Bergen, in *Quenching and Control of Distortion*, G. E. Totten, Ed., ASM International, 1992, p 275-292
8. R. Kern, *Heat Treat.*, April 1985, p 38-42
9. R. Kern, *Heat Treat.*, Feb 1971, p 1-4
10. R. Kern, *Heat Treat.*, March 1985, p 41-45
11. G. E. Totten, C. E. Bates, and N. A. Clinton, *Handbook of Quenchants and Quenching Technology*, ASM International, 1993, p 339-411
12. J. Y. Oldshue, *Fluid Mixing Technology*, McGraw-Hill, New York, NY, 1983, p 162-168
13. S. Segerberg, *Heat Treat.*, May 1988, p 26-28
14. C. E. Bates, G. E. Totten, and R. L. Brennan, *Heat Treating*, Vol 4, *ASM Handbook*, ASM International, 1991, p 67-120
15. D. R. Garwood, J. D. Lucas, R. A. Wallis, and J. Ward, Modeling of Flow Distribution in Oil Quench Tank, *J. Mater. Eng. Perform.*, Vol 1 (No. 6), 1992, p 781
16. R. A. Wallis, D. R. Garwood, and J. Ward, The Use of Modeling Techniques to Improve the Quenching of Components, *Heat Treating*: *Equipment* and *Processes—1994 Conference Proceedings*, G. E. Totten and R. A. Wallis, Ed., ASM International, 1994, p 105-116
17. N. Bogh, Quench Tank Agitation Design Using Flow Modeling, *Heat Treating*: *Equipment and Processes—1994 Conference Proceedings*, G. E. Totten and R. A. Wallis, Ed., ASM International, 1994, p 51-54
18. J. Halva and J. Volný, Modeling the Flow in a Quench Bath, *Hutn. Listy*, No. 10, 1993, p 30-34
19. L' Agitation Submersible au Coeur des Bacs de Trempe, *Trait. Therm.*, Vol 278, 1994, p 73-75
20. D. S. MacKenzie, G. E. Totten, and N. Gopinath, CFD Modelling of Quench Tank Agitation, *Proc. of the Tenth Congress of the IFHT*, T. Bell and E. J. Mittemeijer, Ed., IOM Communications Ltd., London, England, 1999, p 655-669
21. A. J. Baker, P. D. Manhardt, and J. A. Orzechowski, On a FEM Platform for Simulation/Heat Treating Operations, *Proc. of the Second Int. Conf. on Quenching and the Control of Distortion*, G. E. Totten, M. A. H. Howes, S. J. Sjöstrom, and K. Funatani, Ed., ASM International, 1996, p 283-290
22. W. Titus, Understanding and Optimizing Flow Uniformity in Propeller and Impeller Agitated Quench Tanks, *Proc. of the First International Automotive Heat Treating Conference*, R.

Colas, K. Funatani, and C. A. Stickels, Ed., ASM International, 1998, p 251-263

23. W. Titus, Understanding and Optimizing Flow Uniformity in Propeller and Impeller Agitated Quench Tanks, *Proc. Heat Treating Including Steel Heat Treating in the New Millennium—An Int. Symposium in Honor of Prof. George Krauss*, ASM International, 1999, p 461-466
24. K. W. Bonfig, *Technische DurchtluBmessung mit besonderer Berucksichtigung neuartiger Durchilu ~ meiverfahren (Technical Flow Measurement with Special Consideration of New Flow Measurement Methods)*, Vulkan Verlag, Essen
25. Ipsen Fluid-Quench Sensor product brochure, Ipsen International GmbH, Germany, www. ipsen. de/en/home. html
26. M. P. Kocevar, M. Kasai, E. Nakamura, and K. Ichitani, Real Time Measurement of Cooling Power in the Furnace Tank, *Proc. of the First International Automotive Heat Treating Conference*, R. Colas, K. Funatani, and C. A. Stickels, Ed., ASM International, 1998, p 231-236
27. T. Katafuchi, Method of Evaluating Cooling Performance of Heat Treatment and Apparatus Therefore, U. S. Patent 4, 563, 097, Jan 7, 1986
28. G. D. Keil, W. A. Supak, and S. A. Tipton, Quench System Cooling Effectiveness Meter and Method of Operating the Same, U. S. Patent 5, 601, 363, Feb 11, 1997
29. G. D. Keil, S. Tipton, and W. Supak, Characterization of Cooling Uniformity in an Integral Batch Oil Quench, *Conf. Proc. Third International Conference on Quenching and Control of Distortion*, G. E. Totten, B. Liscic, and H. M. Tensi, Ed., ASM International, 1999, p 240-242
30. G. D. Keil, W. A. Supak, and S. A. Tipton, Quench Cooling Effectiveness Apparatus for Continuous Monitoring, U. S. Patent 5, 722, 772, March 3, 1998
31. W. Beitz and K. -H. Kuttner, *Dubbel*: *Taschenbuch fur den Maschinenbau (Dubber' s Manual of Mechanical Engineering)*, Springer-Verlag, Berlin, Heidelberg, and New York
32. H. M. Tensi, A. Haas, K. Lainer, G. E. Totten, and G. M. Webster, Sensor Tip Optimization for a Thermal Anemometer for Determining Convection Intensity in Quench Baths, *21st ASM Heat Treating Society Conference Proceedings*, Nov 5—8 2001 (Indianapolis, IN), ASM International, 2001
33. G. E. Totten, G. M. Webster, M. Meindl, H. Tensi, and K. Lainer, Development of a Device for Measuring the Heat-Based Flow Profiles of Fluids, *Proc. Heat Treating Including Steel Heat Treating in the New Millennium—An Int. Symposium in Honor of Prof. George Krauss*, ASM International, 1999, p 343-354
34. H. M. Tensi, G. E. Totten, and G. M. Webster, A Proposal to Monitor Agitation of Production Quench Tanks, *Heat Treating—Including the 1997 International Induction Heat Treating Symposium*, D. Milam, D. Poteet, G. Pfaffmann, W. Albert, A. Muhlbauer, and V. Rudnev, Ed., ASM International, 1997, p 423-431
35. H. M. Tensi, G. E. Totten, G. M. Webster, M. Meindl, and K. Lainer, Development and Technology Overview of a Fluid Flow Sensor (Sonde) for Commercial Quench Tanks, *Proc. of the Eighth Seminar of the International Federation for Heat Treatment and Surface Engineering/Croatian Society for Heat Treatment and Surface Engineering*, 2001, p 35-43
36. D. W. McCurdy and T. H. Coughlin, Automatic Control of Polymer Quench Concentration, *Proc. of Int. Heat Treating Conference: Equipment and Processes*, G. E. Totten and R. A. Wallis, Ed., ASM International, 1994, p 347-351
37. G. E. Totten, H. M. Tensi, and G. M. Webster, Fluid Flow Sensors for Industrial Quench Baths: A Literature Review, *21st ASM Heat Treating Society Conference Proceedings*, Nov 5—8, 2001 (Indianapolis, IN), ASM International, 2001

2.5 钢件的强烈淬火

Michael A. Aronov, Nikolai I. Kobasko, and Joseph A. Powell, IQ Technologies, Inc. George E. Totten, Portland State University

强烈淬火是一种特别的钢件硬化方法。它在马氏体转变温度范围内提供了极高的冷却速率。这与传统的在油、聚合物或水中淬火限制马氏体转变温度范围的冷却速率形成了对比。限制冷却速度的基础，是相信更慢的冷却速率可以避免由大的残余应力、变形和裂纹引起的开裂。20 世纪 60 年代早期，科巴斯科博士所做的大量研究证实，避免材料在马氏体阶段高速冷却的做法，对于得到最佳的材料性能并不总是必要的或有利的。他的研究显示，如果操作得当，在马氏体温度范围内的很高的冷却速度实际上可以防止淬火开裂。

强烈淬火（IQ）是一种在强烈搅拌的水中分级淬火的方法。与在普通的油、聚合物及水中淬火的区别在于，它提供的淬火零件的散热速率快得多。这个现象首先在实验室设备中被发现。图 2-172 所示为 ϕ6mm（ϕ0. 24in）圆柱形低合金钢试样的试验数据。钟形曲线清楚地说明了马氏体阶段冷却速率对裂纹形成几率的大体影响：在常规淬火的冷却速度非常慢或采用非常快而一致的冷却速度（IQ 工艺）时，淬火开裂的几率都很低。后来，IQ 现象被计算机模拟结果和大量的针对各种实际钢件的现场试验所证实。

目前，热处理实践中有两种 IQ 方法：IQ-2 和 IQ-3。IQ-2 工艺分三个步骤（称为 IQ-2 技术）：在零件表面淬火冷却介质核沸腾传热条件下快速冷却、

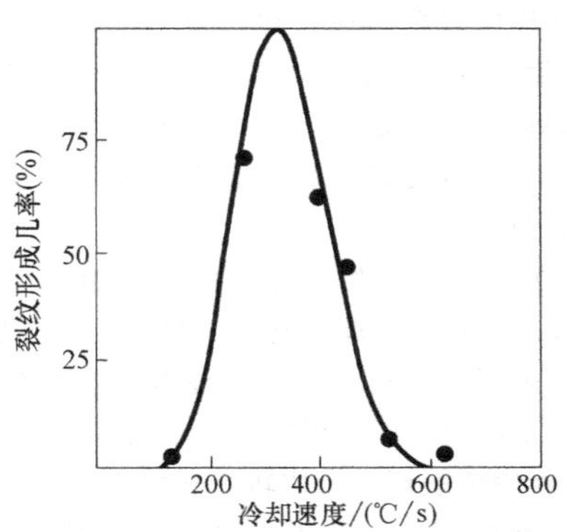

图 2-172　零件冷却速度与裂纹形成几率的关系

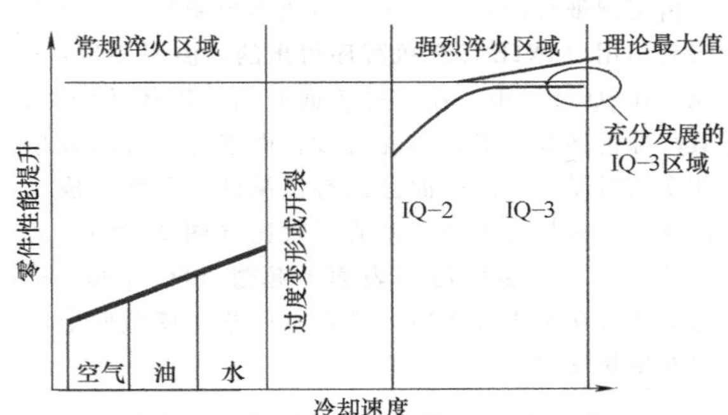

图 2-173　钢件淬火过程的冷却速度与力学性能的一般关系

空气中慢冷和淬火槽中对流冷却。IQ-2 工艺通常适用于批量淬火。IQ-3 工艺是一步式强烈淬火方法（称为 IQ-3 技术），零件表面冷却速度太快以至于完全避免了膜沸腾和核沸腾，零件表面基本的传热模式就是简单的对流。直接对流冷却是 IQ-3 工艺的关键要素，通常应用于单个零件的淬火操作。

本节介绍了这些方法及其应用。钢件 IQ 处理的基本原理、冶金学和实际应用在许多技术论文、会议记录和书籍中也有述及。IQ 技术的详细描述、相关设备和应用参见专著《强烈淬火系统：工程与设计》。

2.5.1　力学性能与淬火冷却速率

图 2-173 所示为采用常规淬火工艺与 IQ 工艺时钢的力学性能与零件冷却速率之间的一般关系。材料的力学性能随着淬火过程中冷却速度的提高而提高，因为冷却速度越快，硬化层越深，钢件中发生的相变越完全。曲线在常规淬火区域与 IQ 区域之间断开了，这说明在常规淬火中，当超过一定的冷却速度时，零件很可能发生开裂。在那个阶段，不采用快速淬火，而是试图改善易于畸变或开裂的零件的力学性能。图 2-173 还显示，在 IQ 区域，零件的力学性能与常规淬火时相比不仅更高，而且它们将持续提高直到达到给定钢种的极限水平。在 IQ 区域，零件表面冷却速率更快并不能提高零件性能。这是因为在 IQ 工艺的开始阶段，零件表面温度几乎立刻就达到了与淬火冷却介质相同的温度。也就是说，在一定的淬冷烈度之后（淬火冷却介质的吸热速率很高），零件放热无法比零件自身热传导的速率更快。这就是在强烈淬火区域冷却速度无法太快的原因。当零件表面层已经达到淬火冷却介质的温度时，零件内的热传导自然就限制了在零件表面层与心部的冷却速率。因为热传导的速率也非常快，而且很均匀，所以强烈淬火能达到淬火的最终目标。

2.5.2　强烈淬火与其他淬火方法

如上所述，IQ 工艺是一种在强烈搅拌的水中分级淬火的方法。与在常规油、聚合物和水中淬火不同的是，其中淬火零件的散热速度快得多。强烈淬火中零件表面的热流密度（及冷却速率）是常规淬火的几倍。极快的散热速率导致零件横截面上的温度梯度大得多。如后文所述，温度梯度是影响表面形成瞬时很大的压应力的主要因素，从而避免了零件在强烈淬火过程中发生开裂。表面残余应力在 IQ 过程完成后仍然是压应力。这与常规淬火相反，常规淬火的零件表面残余应力通常是拉应力或者是中性的。

图 2-174～图 2-176 所示为一根经 IQ 处理的 ϕ25mm（ϕ1in）圆柱形 AISI 1045 普通碳钢钢棒在热、结构和受力方面与常规油淬的区别。这些数据

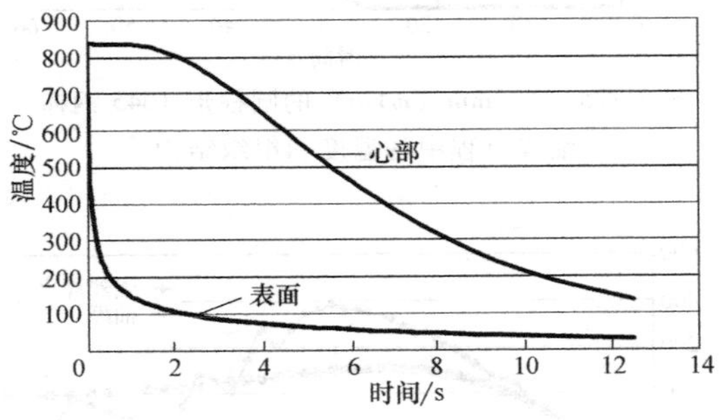

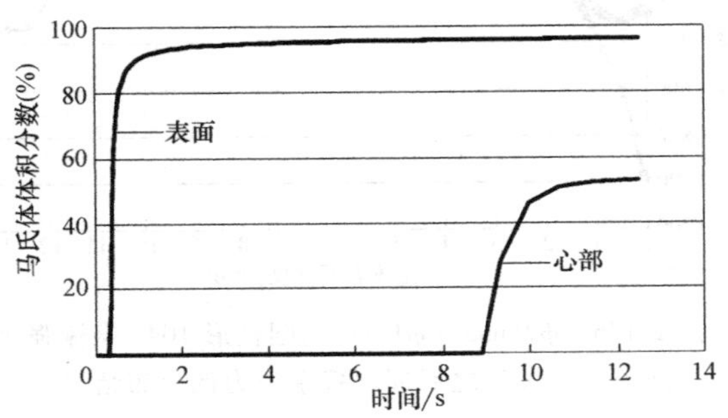

图 2-174　ϕ25mm（ϕ1in）的圆柱形 AISI 1045 钢棒强烈淬火过程中的温度和组织结构

是由美国俄亥俄州克利夫兰的变形控制技术股份有限公司用DANTE计算机程序得出的。由图2-174可见，在IQ过程中，在零件表面开始马氏体转变时，其心部仍然处于奥氏体化温度；而当心部开始发生相变的时候，零件表面已经有很深的一层转变成马氏体了。这与常规油淬形成了对比（图2-175），后者的零件心部温度滞后表面不超过50℃（90℉）。这意味着在油中淬火时，是在零件整个横截面上同时发生相变的。

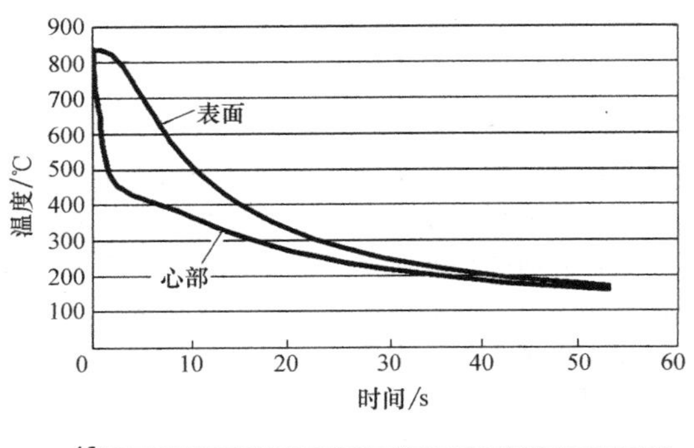

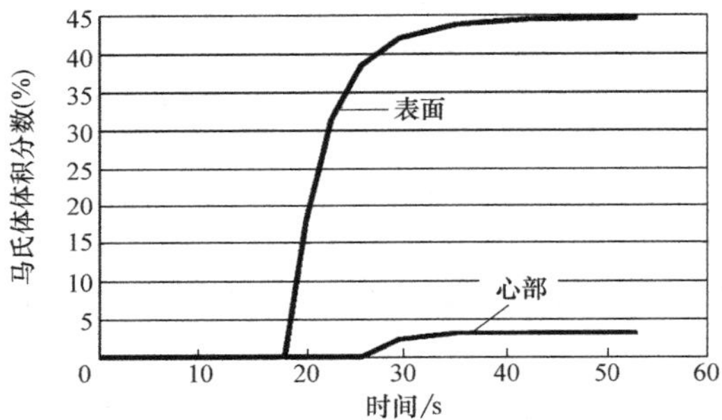

图2-175 ϕ25mm（ϕ1in）的圆柱形1045钢棒油淬过程中的温度和组织结构

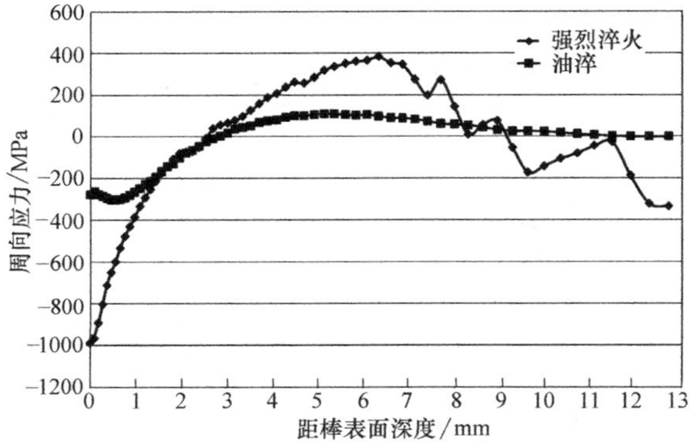

图2-176 ϕ25mm（ϕ1in）的圆柱形1045钢棒强烈淬火和油淬之后周向残余应力的分布情况

图2-176所示为IQ和油淬之后，钢棒上的周向残余应力的分布情况。从图中可以看出，IQ处理之后的表面周向残余压应力比常规油淬时大得多。IQ处理之后表面周向残余压应力为-1000MPa（-144.7ksi），而油淬之后其值仅为-294MPa（-42.5ksi）。IQ处理之后表面周向残余压应力值如此之高有两个原因：

1）在淬火一开始，心部尚未开始发生相变之前，表面就形成了很厚的马氏体层。马氏体层越厚，或者零件表层膨胀得越多，围绕着仍然是热塑性的奥氏体心部的表面周向压应力就越大。

2）在钢棒表面马氏体转变开始之后，零件心部有较大的热收缩，导致零件马氏体层被拉向心部，从而产生了更大的周向压应力。

之后零件心部转变成马氏体，最终导致心部膨胀，使表面周向压应力有所减小。然而，由图2-176可见，IQ之后，表面周向残余应力仍然是压应力，而且比油淬时的应力大得多。虽然IQ之后心部还是形成了马氏体（因此强度更高），但这样的结果还是出现了，而油淬后心部则是混合组织。之前由计算机模拟证实的透淬零件在IQ之后会形成大的表面残余压应力的现象，现已经被许多试验数据所证实。在零件表面均匀、快速冷却的前提下，IQ工艺的关键要素是在适当的时候中断。IQ中断的计算时间取决于零件外形、尺寸、钢种及零件技术要求最终想要得到的物理性能。例如，对于中、高合金钢制零件，通常会在表面压应力达到最大值而淬硬层处于最佳深度时中断淬火。计算IQ过程中最佳中断时间的方法如下。

在水中强烈淬火中断之后，继续在空气中冷却。从仍然很热的零件心部散发出的热量对表层马氏体起到了回火作用，使其韧性更好，从而防止了可能的开裂。另一方面，对于淬透性较低的普通低、中碳钢制零件或者渗碳钢制零件，计算中断时机的原则通常是得到硬化壳或者越深越好。

关于IQ工艺的一个常见问题是它与表面感应淬火（或者表面硬化）的区别。与IQ工艺很像，表面感应淬火可使零件得到表面残余压应力和耐磨的马氏体表面。但是与IQ工艺不同的是，表面感应淬火只强化零件表层，零件心部未发生任何相变。如果需要心部调节性能，在表面感应淬火之前，必须对零件进行完全加热、淬火和回火。这就有别于IQ处理了，IQ处理零件可以得到高的表面压应力，同时也强化了心部。其次，表面感应淬火零件只有相当薄的表层被感应加热达到奥氏体化，所以得到的硬度和残余应力分布（表面受压，次表面受拉）比IQ时陡峭得多。最后，IQ工艺的中断是在残余表面压应力达到最大值时，使零件获得最佳淬硬深度。IQ

后更平滑的硬度分布、高的残余应力、适当的心部强韧化、最佳的硬化层深度，导致零件性能更好（对具体某个工况而言）。

总的来说，IQ 工艺是包含在强烈搅拌水中分级淬火的穿透淬火。冷却强度（吸热效率）和冷却时间都是需要严格定义的，取决于零件形状、尺寸、钢种等，由计算机模拟确定。由于其冷却速度比常规淬火更快，IQ 工艺得到了更好的材料显微组织、更大的硬化层深度、高的表面残余压应力，使零件具有更长的疲劳寿命和淬火中的能源消耗更少。因为 IQ 的环境效益（淬火冷却介质只需要水），IQ 工艺促进了零件在生产单元中逐个进行热处理的操作。

2.5.3 淬火过程中的传热

如前所述，生产中有两种 IQ 方法。一种方法是三步式工艺（IQ-2），其基础是淬火剂核沸腾时快冷，之后在空气中慢冷，然后在淬火槽中对流冷却。另一种方法是一步式强烈冷却法（IQ-3），它是基于零件表面的直接对流冷却。为了更好地理解 IQ 的基本原理，简要回顾一下钢件在液态淬火冷却介质中的几种传热模式是有帮助的。

（1）常规淬火过程中的传热　把零件淬入油、聚合物溶液或水中之后，会连续发生四种模式的热传递：冲击核沸腾、膜沸腾、核沸腾及对流。图 2-177定性地展示了淬火过程中零件表面热流密度的改变。冲击核沸腾过程开始于零件浸入淬火槽的最开始时间。这个时间段零件表面的热流密度是很高的，导致沸腾几乎立刻开始。因为振动沸腾阶段高的热流密度，气泡形成率很高，以至于在很短的时间段内（通常大约为淬火开始后 0.1s）气泡彼此结合，在零件表面上形成了蒸汽覆盖层或蒸汽膜。

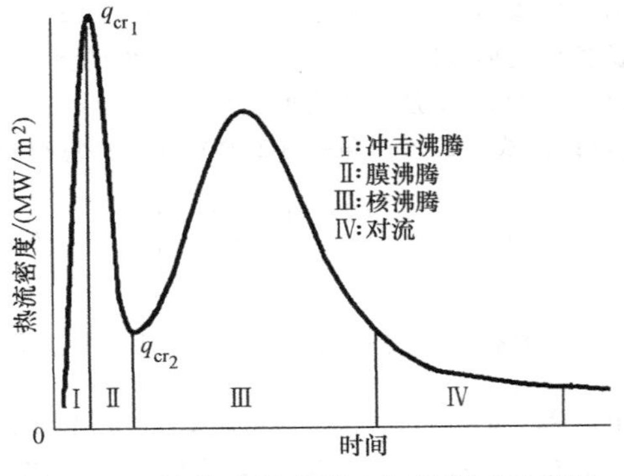

图 2-177　液体介质中淬火传热模式示意图

引发膜沸腾模式的传热所需要的热流密度（零件表面）被称为第一临界热流密度 q_{cr_1}（图 2-177）。蒸汽覆盖层的形成是一个很不稳定的过程，难以控制。在形成一个遍及整个零件表面的蒸汽覆盖层之前，膜沸腾区域零散地沿着零件表面移动，导致冷却很不均匀。另外，因为蒸汽覆盖层的热导率较低，给从热零件表面到淬火冷却介质的传热设置了一个障碍，导致零件表面的热流密度急剧降低（图 2-177），从而降低了零件的冷却速度。冷却的不均匀和延迟，转而导致零件过多的变形和表面软点，经常被称为欠冷淬火。

由于零件冷却速度的逐渐降低，零件横截面上的温度梯度减少，导致零件表面的热流密度减小。在某一时刻，零件表面的热流密度达到了一个无法继续支持膜沸腾过程的水平。蒸汽覆盖层迅速崩溃，传热由膜沸腾模式转向核沸腾模式。核沸腾过程开始的表面热流密度称为第二临界热流密度 q_{cr_2}（图 2-177）。由于核沸腾传热模式下零件表面蒸汽覆盖层的消失（传热障碍），零件表面的热流密度开始从 q_{cr_2}升高到其最大值。核沸腾过程是一个非常稳定而又很强力的传热模式。核沸腾过程中，零件表面平均传热系数比在不均匀的膜沸腾过程中大得多。在常规淬火的最后阶段，随着零件表面的热流密度进一步减小，核沸腾过程被从零件表面向液态淬火冷却介质的对流传热所代替。

（2）批量强烈淬火（IQ-2 工艺）中的传热　与常规淬火类似，IQ-2 淬火的一开始就发生了冲击沸腾。但是，与常规淬火不同的是，冲击核沸腾过程不会转变成膜沸腾过程。因此，IQ-2 工艺中只有两种模式的热传递：核沸腾和之后的对流冷却。膜沸腾在 IQ 水槽里完全消失，归因于以下措施为：淬火槽提供了有力的（加强的）搅拌、保持水温与环境温度接近、使用少量的水溶性添加剂（通常用矿物盐），以影响零件表面上薄的淬火冷却介质层的静电特性，导致淬火冷却介质表面张力的增加。所有这些因素增加了水的第一临界热流密度 q_{cr_1}。换句话说，需要更大的零件表面热流密度来促使 IQ-2 时水达到触发零件表面膜沸腾过程所需要的饱和温度。

消除膜沸腾的另一种方法是给淬火浴表面施加多余的压力。将淬火室的压力提高到环境压力之上，会导致水的饱和温度升高。这也就造成了第一临界热流密度 q_{cr_1}增加，从而使膜沸腾过程的触发变得更困难。例如，淬火浴压力从环境压力 0.1MPa（1bar）增加到 0.2 MPa（2bar），导致水的沸腾温度从 100℃（212℉）增加到 120℃（248℉），q_{cr_1} 从 5.8MW/m^2 增加到大约 7.5MW/m^2。

由于核沸腾过程中水的传热系数很高，零件表面温度达到沸腾温度的速度很快。零件表面温度在淬火冷却介质的沸腾温度上仅稳定一定的时间段（图 2-178）。需要注意的是，这个冷却时间段（特征是表面温度稳定）在零件进行油淬时不存在，因为油的核沸腾过程中传热系数与 IQ 水槽相比小得多。

当零件的表面热流密度进一步下降时，水中的核沸腾过程将被最终的传热模式——对流冷却代替（与油或聚合物/水淬火的最终冷却模式相同）。

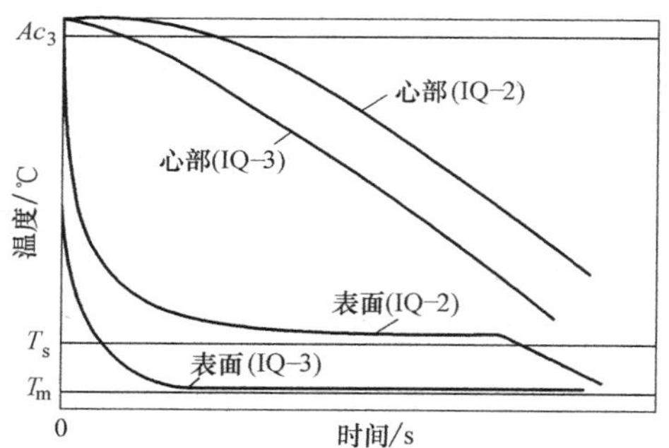

图 2-178 强烈淬火过程中（IQ-2 和 IQ-3）表面和心部的典型冷却曲线

Ac_3—奥氏体化温度 T_s—淬火冷却介质饱和温度［100℃（212℉）］ T_m—水或盐的水溶液的温度［通常为 20℃（68℉）］

（3）单个零件强烈淬火（IQ-3 工艺）中的传热 当在高速 IQ 系统中执行 IQ-3 工艺时，水沿着零件表面流动得很快，以致没有机会达到沸腾温度。也就是说，IQ-3 过程中发生了直接对流冷却。在这种情况下，零件表面温度几乎立刻冷却到了水温（图 2-178）。IQ-3 提供了钢在淬火过程中的最快的冷却速度，可以得到最高的淬火硬度和最深的淬火层（与常规油或聚合物/水淬火相比）。IQ-3 工艺因此可使给定几何尺寸的给定钢合金得到可能的最佳材料力学性能。

2.5.4 批量强烈淬火（IQ-2）

三步式 IQ 方法（IQ-2）通常用于批量淬火。如前所述，IQ-2 技术有以下三个步骤：

1）零件表面淬火剂核沸腾传热条件下的快速冷却。

2）空气中慢冷。

3）淬火槽中对流冷却。

在冷却的第一阶段，在零件表面层马氏体迅速形成，产生了表面压应力。快速冷却在最佳时间被中断，其时表面压应力达到最大值。此时，将钢件从水中取出。本阶段通常发生在冷却的核沸腾阶段的末尾（图 2-178）。在一些情况下（如零件相当厚），最佳冷却时间比核沸腾持续时间长，在零件表面已经有对流传热时才中断淬火。计算 IQ-2 过程中最佳冷却时间的方法及其案例将在下文详细讨论。

在强烈冷却阶段中断之后，零件在空气中继续冷却，这是 IQ-2 的第二阶段。这一阶段中，零件表层在来自心部的热量的作用下发生自回火。零件表面温度增加而心部温度降低，导致横截面温度均衡化。同时，在第二阶段，零件表面压应力（冷却第一阶段产生的压应力）是固定的。自回火过程的结果，是表面马氏体层得到加强（坚韧的回火马氏体），消除了 IQ-2 最后冷却阶段可能发生的开裂。

在 IQ-2 的第三阶段，将零件放回强烈淬火槽中进行进一步对流冷却，以完成零件表层所需要的相变。这一阶段对于获得最佳材料力学性能是很有必要的。因为第一阶段的冷却主要是以核沸腾模式传热，甚至在空气中冷却之后，零件表层的温度仍然比淬火冷却介质的沸点高，这一温度高于大多数钢的马氏体转变结束温度。

有人设计了一个核沸腾阶段的解析数学模型，来确定 IQ 中这一阶段的持续时间。这个模型的组成包括一个一维线性差分传热方程及一个核沸腾阶段的非线性边界条件。上述数学模型对于无限大平板、无限长圆柱体和球的分析解法见参考文献 5。该解法可用于钢件淬火过程中的不规则和规则的热力工况。假定在核沸腾向对流冷却过渡的时候，这两种传热模式的热流密度相等。换句话说，核沸腾结束时零件表面的热流密度与对流冷却开始时的对流热流密度相等。则核沸腾过程持续时间的计算公式为

$$\tau = \left(\Omega + f\ln\frac{\vartheta_{\mathrm{I}}}{\vartheta_{\mathrm{II}}}\right)\frac{K}{a} \qquad (2\text{-}89)$$

式中，$\Omega=0.48$，它是决定传热过程中不规则部分持续时间的参数（Ω 与 τ 相比很小）；$f=3.21$；K 是孔德拉耶夫形状因子（m^2）取决于零件的形状和尺寸（表 2-41）；a 是钢的热扩散系数（m^2/s）；ϑ_{I} 和 ϑ_{II} 可以由式（2-90）和式（2-91）迭代计算得到

$$\vartheta_{\mathrm{I}} = \frac{1}{\beta}\left[\frac{2\lambda(\vartheta_0 - \vartheta_{\mathrm{I}})}{R}\right]^{0.3} \qquad (2\text{-}90)$$

$$\vartheta_{\mathrm{II}} = \frac{1}{\beta}\left[\alpha_{\mathrm{conv}}(\vartheta_{\mathrm{II}} + \vartheta_{\mathrm{uh}})\right]^{0.3} \qquad (2\text{-}91)$$

式中，$\vartheta_0 = T_0 - T_s$；$\vartheta_{uh} = T_s - T_m$；$T_s$ 是零件温度（℃）；T_m 是淬火冷却介质温度（℃）；λ 是钢的热导率［W/(m·K)］；R 是零件特征尺寸（m）；α_{conv} 是淬火槽中的对流传热系数［W/(m^2·K)］；β 是取决于淬火冷却介质和蒸汽特性的参数。

简单形状零件的 K 值见表 2-41，钢的热导率和热扩散系数数据见表 2-42。

表 2-41 简单形状零件的 K 值（分析计算结果）

序号	零件形状	K/m^2	$\frac{S}{V}/m^{-1}$	$K\frac{S}{V}/m$
1	厚度为 L 的无限大平板	$\frac{L^2}{\pi^2}$	$\frac{2}{L}$	$\frac{2L}{\pi^2}$
2	半径为 R 的无限长圆柱	$\frac{R^2}{5.784}$	$\frac{2}{R}$	$0.346R$
3	边长为 L 的无限长四方棱柱	$\frac{L^2}{2\pi^2}$	$\frac{4}{L}$	$\frac{2L}{\pi^2}$
4	半径为 R、高度为 Z 的圆柱	$\frac{1}{\frac{5.784}{R^2}+\frac{\pi^2}{Z^2}}$	$\frac{2}{R}+\frac{2}{Z}$	$\frac{2RZ(R+Z)}{5.784Z^2+\pi^2R^2}$
5	$R=Z$ 的有限圆柱	$\frac{R^2}{15.65}$	$\frac{4}{R}$	$0.256R$
6	$2R=Z$ 的有限圆柱	$\frac{R^2}{8.252}$	$\frac{3}{R}$	$0.364R$
7	边长为 L 的立方体	$\frac{L^2}{3\pi^2}$	$\frac{6}{L}$	$0.203L$
8	边长为 L_1、L_2 和 L_3 的有限平板	$\frac{1}{\pi^2\left(\frac{1}{L_1^2}+\frac{1}{L_2^2}+\frac{1}{L_3^2}\right)}$	$\frac{2(L_1L_2+L_1L_3+L_2L_3)}{L_1L_2L_3}$	$\frac{2(L_1L_2+L_1L_3+L_2L_3)L_1L_2L_3}{\pi^2(L_1^2L_2^2+L_1^2L_3^2+L_2^2L_3^2)}$
9	半径为 R 的球	$\frac{R^2}{\pi^2}$	$\frac{3}{R}$	$0.304R$

表 2-42 过冷奥氏体的热导率和热扩散系数与温度的关系

温度/℃(℉)	λ/[W/(m·K)]	$\bar{\lambda}$/[W/(m·K)]	$a/(10^{-6}m/s^2)$	$\bar{a}/(10^{-6}m/s^2)$
100(212)	17.5	17.5	4.55	4.55
200(390)	18	17.75	4.63	4.59
300(570)	19.6	18.55	4.7	4.625
400(750)	21	19.25	4.95	4.75
500(930)	23	20.25	5.34	4.95
600(1110)	24.8	21.15	5.65	5.1
700(1290)	26.3	21.9	5.83	5.19
800(1470)	27.8	22.65	6.19	5.37
900(1650)	29.3	23.4	6.55	5.55

注：某个温度的 $\bar{\lambda}$ 和 $\bar{a}$ 是指从 100℃（212 ℉）到这一温度范围的平均值。例如对于 500℃（930 ℉），是指 100~500℃（212-930 ℉）这一温度范围的平均值。

当表面液流为湍流时，淬火槽中的对流热传递系数 α_{conv} 可以通过无量纲的努塞尔（Nusselt）数 Nu 和雷诺（Reynolds）数 Re 之间已知的试验相关性近似地计算出来；或者对于特殊的淬火槽，可以用特殊的探头试验方法确定。不同钢件核沸腾阶段持续时间的计算结果，是由许多试验数据核定的。下面的实例说明了一个 ϕ80mm（ϕ3.15in）×320mm（ϕ12.6in）的圆柱形中合金钢零件核沸腾持续时间的计算过程。零件从初始温度 860℃（1580 ℉）淬入 IQ 槽中，其中水流速度为 1.5m/s（5.0ft/s）。首先，对于有限长圆柱体，可以按表 2-41 所列公式计算其 K 值

$$K=\frac{1}{\frac{5.784}{R^2}+\frac{9.87}{Z^2}}=\frac{1}{\frac{5.784}{0.04^2}+\frac{9.87}{0.32^2}}m^2=269.4\times10^{-6}m^2$$

其次，计算 ϑ_{I} 和 ϑ_{II} 的值。根据式（2-90）确

定了参数 ϑ_{I} 后，钢的热扩散系数和热导率采用温度范围 100～860℃（212～1580℉）的平均值：$\alpha = 5.36\times10^{-6}\mathrm{m^2/s}$，$\lambda = 22\mathrm{W/(m \cdot K)}$（表 2-42）。注意：过冷奥氏体的热力学特性值适用于大多数钢。

对于 20℃（70℉）的水，$\beta = 3.45$；$\vartheta_0 = T_0 - T_s = 860℃ - 100℃ = 760℃$（1580℉－210℉＝1370℉）。因此有

$$\vartheta_{\mathrm{I}} = \frac{1}{\beta}\left[\frac{2\lambda(\vartheta_0-\vartheta_{\mathrm{I}})}{R}\right]^{0.3} = \frac{1}{3.45}\left[\frac{2\times22(760-\vartheta_{\mathrm{I}})}{0.04}\right]^{0.3}$$

解得 $\vartheta_{\mathrm{I}} = 17.2℃$（63.0℉）。根据式（2-91）确定参数 ϑ_{II}，$\alpha_{\mathrm{conv}} = 5000\mathrm{W/(m^2 \cdot ℃)}$；$\vartheta_{\mathrm{uh}} = T_s - T_m = 100℃ - 20℃ = 80℃$（210℉－70℉＝140℉）。则有

$$\vartheta_{\mathrm{II}} = \frac{1}{\beta}[\alpha_{\mathrm{conv}}(\vartheta_{\mathrm{II}}+\vartheta_{\mathrm{uh}})]^{0.3} = \frac{1}{3.45}[5000\times(\vartheta_{\mathrm{II}}+80)]^{0.3}$$

解得 $\vartheta_{\mathrm{II}} = 14.6℃$（58.3℉）。根据式（2-89），所研究零件的核沸腾阶段持续时间为

$$\tau = \left(\Omega + f\ln\frac{\vartheta_{\mathrm{I}}}{\vartheta_{\mathrm{II}}}\right)\frac{K}{a} = \left(0.48+3.21\ln\frac{17.2℃}{14.6℃}\right)\frac{269.4\times10^{-6}\mathrm{m^2}}{5.36\times10^{-6}\mathrm{m^2/s}} \approx 51\mathrm{s}$$

2.5.5 单个零件的强烈淬火（IQ-3）

一步式 IQ 法（IQ-3）通常用于单个零件的淬火操作。与多步冷却速度的 IQ-2 过程不同，IQ-3 的强烈冷却只有一步，零件表面的传热是简单对流（直接对流冷却）。注意：当实施 IQ-3 时，零件表面冷却得很快，以至于膜沸腾与核沸腾都被避开，零件表面基本的传热模式就是简单对流。零件表面温度几乎瞬间冷却到水温，通常接近于环境温度或大约为 20℃（68℉）（图 2-178）。因为水温低于大多数钢的马氏体转变结束温度（M_f），IQ-3 过程创造的条件可使淬火零件达到可能的最大温度梯度，从而使零件表层形成 100% 的马氏体组织。因此，对于 IQ-3 过程，零件得到了可能达到的最大表面压应力和最高物理性能（对于给定钢合金的淬透性、给定的零件几何尺寸）。这就是 IQ-3 通常允许用较便宜的低合金钢而又能得到相当的或更好的性能（例如，用 AISI 1045 代替 AISI 4140 合金，或用 AISI 1020 代替渗碳钢 AISI 8620）的原因。

在 IQ-3 中，整个零件表面都经历了连续而均匀的强烈冷却，直到零件表面的压应力达到最大值。最佳硬化层深度取决于零件的几何尺寸和钢种，但是最佳淬硬层深度对应于最大表面压应力。如果零件心部进一步冷却，如冷到淬火冷却介质温度，则最大表面压应力会减小。因此，IQ-3 过程的第二个关键要素是在合适的时间——表面压应力达到最大值时中断强烈冷却，也就达到了最佳深度。当设计 IQ-3 过程时，必须解决两个问题：对于均匀直接对流冷却，为消除任意形式的沸腾，零件表面对流传热系数（HTC）应是多少；应在何时中断强烈冷却以得到最大表面压应力。所需的 HTC 可以用式（2-89）～式（2-91）来确定，假设核沸腾过程的持续时间 $\tau = 0$，则式（2-89）中的 Ω 也等于 0。基于这个假设，所需的对流 HTC 可以用式（2-92）计算得到

$$\alpha_{\mathrm{conv}} \geqslant \frac{2\lambda(\vartheta_0-\vartheta_{\mathrm{I}})}{R(\vartheta_{\mathrm{I}}+\vartheta_{\mathrm{uh}})} \tag{2-92}$$

为得到最大表面残余压应力，IQ-3 的最佳持续时间由式（2-93）确定

$$\tau = \left[\frac{kBi_{\mathrm{V}}}{2.095+3.867Bi_{\mathrm{V}}} + \ln\left(\frac{T_0-T_m}{T-T_m}\right)\right]\frac{K}{aKn} \tag{2-93}$$

式中，k 是一个参数，对于无限大平板等于 1，对于无限长圆柱等于 2，对于球等于 3；T_0 是淬火前的零件初始温度（℃）；T_m 是水温（℃）；T 是零件表面压应力达到最大值时的心部温度（℃），取决于零件形状，许多计算结果表明，T 通常在 350～450℃（660～840℉）范围内；K 是孔德拉耶夫形状因子（表 2-41）；Kn 是无量纲参数（称为孔德拉耶夫数）；Bi_{V} 是广义毕奥（Biot）数，其计算公式为

$$Bi_{\mathrm{V}} = \frac{\alpha_{\mathrm{conv}}}{\lambda}K\frac{S}{V} \tag{2-94}$$

式中，S 是零件表面积（$\mathrm{m^2}$）；V 是零件体积（$\mathrm{m^3}$）；Bi_{V} 是广义毕奥数，它是一个无量纲参数，类似于用于分析传热问题的传统 Bi 数。两者的区别是传统 Bi 数用于简单形状的物体（无限大平板、无限长圆柱和球），而广义 Bi 数用于复杂几何形状的零件。式（2-94）中的表达式 $K\frac{S}{V}$ 代表复杂几何形状零件的特征尺寸。用来计算常规 Bi 数的零件特征尺寸，对于无限长圆柱或球来说是半径，对于无限大平板来说是厚度的一半。

Kn 数的计算公式为

$$Kn = \frac{Bi_{\mathrm{V}}}{(Bi_{\mathrm{V}}^2+1.437Bi_{\mathrm{V}}+1)^{0.5}} \tag{2-95}$$

无量纲参数 Kn 具有冷却强度的特征，其取值范围为 0～1（对于 IQ 过程，$Kn>0.8$）。下面的实例说明了计算实施 IQ-3 所需的最小对流 HTC 的步骤，以及 ϕ80mm×320mm（ϕ3.15in×12.6in）圆柱形中合金钢零件的最佳冷却时间。

首先，用式（2-92）计算 IQ-3 实现直接对流冷却所需的最小 HTC

$$\alpha_{\mathrm{conv}} \geqslant \frac{2\lambda(\vartheta_0-\vartheta_{\mathrm{I}})}{R(\vartheta_{\mathrm{I}}+\vartheta_{\mathrm{uh}})} = \frac{2\times22(760-17.2)}{0.04(17.2+80)}\mathrm{W/(m^2 \cdot K)} = 8406\mathrm{W/(m^2 \cdot K)}$$

然后，用式（2-94）和式（2-95）计算 Bi_V 和 Kn

$$Bi_V=\frac{8406\text{W}/(\text{m}^2\text{K})}{22\text{W}/(\text{m}\cdot\text{K})}\times 269.4\times10^{-6}\text{m}^2\times$$

$$\frac{2\times3.14\times0.04\times0.32\text{m}^2+2\times3.14\times0.04^2\text{m}^2}{3.14\times0.04^2\times0.32\text{m}^3}=5.79$$

$$Kn=\frac{5.79}{(5.79^2+1.437\times5.79+1)^{0.5}}=0.885$$

最后，用式（2-93）计算最佳冷却时间。对于圆柱体零件，当心部温度为450℃（840℉）时，表面残余压应力达到最大值，即

$$\tau=\left[\frac{2\times5.79}{2.095+3.867\times5.79}+\ln\left(\frac{860-20}{450-20}\right)\right]$$

$$\frac{269.4\times10^{-6}\text{m}^2}{5.36\times10^{-6}\text{m}^2\times0.885}\approx65\text{s}$$

2.5.6 钢的显微组织、力学性能及应力状态的改善

相比于常规淬火方式，IQ过程中采用的明显快得多的淬火冷却速度，导致了强烈淬火后零件的显微组织与油淬之后的不同。与相同合金成分零件的常规淬火相比，经过IQ淬火后的钢件更硬、淬硬层深度更大、组织更细，具体取决于材料的淬透性。多年以来，人们做了许多强烈淬火试样和实际零件的力学性能方面的比较研究，下文中将列举所参考研究资料中的一些数据。IQ数据是与相同试样或零件在油中淬火进行对比的。在所有情况下，油淬零件和IQ零件用相同的钢制成并被回火到相同的表面硬度。结果是IQ零件显示出优秀的力学性能。数据清楚地说明，与传统油淬相比，IQ工艺显著提高了钢的力学性能和零件的使用性能。

（1）透淬钢 表2-43所列为一些普通碳钢和透淬合金钢的力学性能数据。使用的是直径范围为6~50mm（0.25~2.0in）的大小不一的圆柱形试样。所有试样都根据钢种被加热到其标准奥氏体化温度，淬火后在370~500℃（700~925℉）范围内回火。然后测量下列性能：抗拉强度、屈服强度、伸长率、断面收缩率、冲击强度。详细试验步骤参见参考文献9和16。

表2-43 透淬普通碳钢和合金钢力学性能的提高

钢种	试样直径		淬火方式	心部硬度HRC	材料强度					
					极限强度		屈服强度		22℃(72℉)时的冲击功	
	mm	in			MPa	ksi	MPa	ksi	J	ft·lbf
1038	30	1.2	IQ	26	842	123	622	90	84	62
			油淬	23	807	117	532	77	38	28
1045	19	0.75	IQ	37	1191	173	1125	163	54	40
			油淬	32	980	142	766	111	53	39
1045	50	2.0	IQ	28	891	129	704	102	34	25
			油淬	27	880	128	626	91	31	23
1060	19	0.75	IQ	44	1465	212	1377	200	26	19
			油淬	40	1227	178	966	140	27	20
5160	19	0.75	IQ	48	1728	251	1584	230	22	16
			油淬	47	1592	231	1472	213	22	16
5160	38	1.5	IQ	48	1886	273	1499	217	9	7
			油淬	48	1623	235	1292	187	9	7
4140	19	0.75	IQ	48	1506	218	1181	171	40	30
			油淬	45	1350	196	1125	163	22	16
4140	50	2.0	IQ	44	1447	210	1072	155	20	15
			油淬	42	1329	193	1004	146	19	14
4130	22	0.87	IQ	35	1084	157	984	143	95	70
			油淬	30	925	134	809	117	125	92
40X(5140)①	50	2.0	IQ	28	860	125	685	101	168	124
			油淬	20	780	113	575	83	113	83
35XM(4130)①	50	2.0	IQ	30	970	141	820	119	150	111
			油淬	30	960	139	775	112	54	40
25X1M(4118)①	50	2.0	IQ	30	920	133	820	119	170	125
			油淬	20	755	109	630	91	70	52

① 俄国标准，等价于括号内的AISI标准牌号。

例如，图 2-179 所示为 ϕ19mm（ϕ0.75in）AISI 1045 钢试棒在 IQ 和油淬后显微组织的显著区别。与油淬相比，IQ 后的显微组织明显更细，因此力学性能更好。由图可见，更高的 IQ 硬度，并不是以牺牲延展性为代价的。事实上，IQ 之后材料的延展性通常会更好一些。这意味着与油淬试样相比，大多数 IQ 试样强度更高，同时塑性也更好。

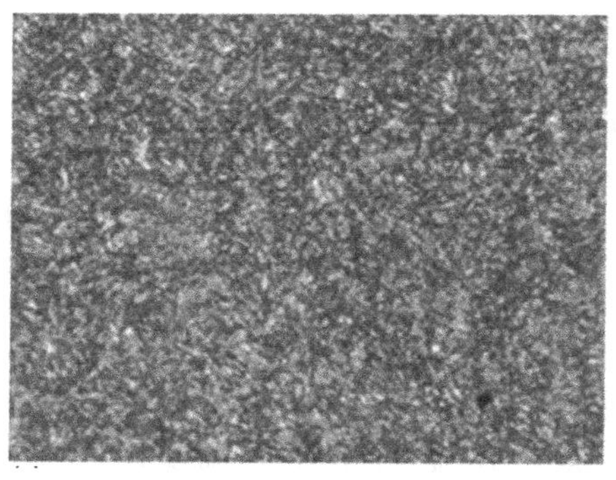

a)

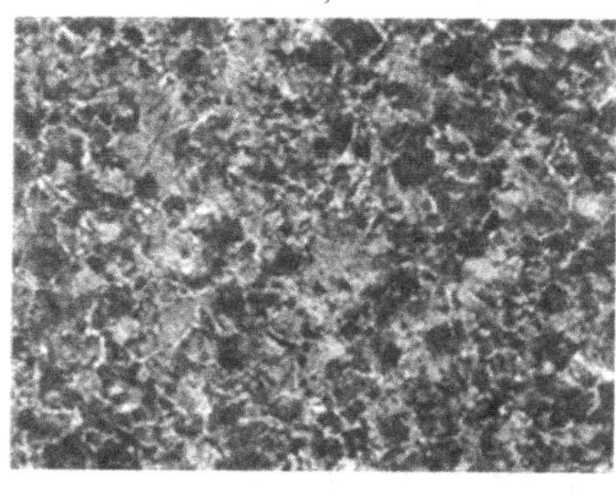

b)

图 2-179　ϕ19mm（ϕ0.75in）AISI 1045 钢试棒在强烈淬火和油淬后的显微组织（原始放大倍数 250×）
a）强烈淬火　b）油淬

通常，与油淬钢相比，IQ 钢在更大的深度处有更高的硬度，且这一规律与试样的横截面尺寸无关。IQ 的迅速冷却得到了更高的强度水平，同时得到了更好的抗冲击性（即使强度已经更高）。

（2）强度和延展性的提高　强烈淬火能使材料强度和延展性同时提高，这种效果有时被称为超级强化。强度提高的机理可以按如下解释。当承受奥氏体中出现的坚硬的板条状马氏体的高压时，零件表面残余的过冷奥氏体发生了塑性变形，导致在奥氏体中形成了极高密度的位错，淬火后提高了材料的力学性能。马氏体转变温度范围内冷却速度越快，板条状马氏体带来的压力越大，位错密度也就越大。在很快速的冷却中，位错没有足够的时间在晶界上聚集和形成裂纹源，位错被冻结在材料中。因此，迅速形成的板条状马氏体扮演了微观的“铁匠”角色。在强烈淬火冷却过程中即时压力很高的情况下，板条状马氏体发生爆发性膨胀，使奥氏体产生变形，从而导致了极高的位错密度。超级强化的效果类似于低温形变热处理中发生的加工硬化。关于材料超级强化效果的详细描述可参见参考文献 3。

（3）渗碳钢　以下评估的是渗碳钢试样的参数：有效硬化层深度（ECD）、从表面到心部的显微硬度分布情况、材料显微组织、表面残余压应力。采用 ϕ30mm（ϕ1.18in）的 AISI 1018 普通碳钢和 AISI 4320、5120、8620 合金钢试样。所有试样都在相同条件下渗碳：927℃（1700℉）×5h，碳势为 0.9%。渗碳周期完成后，试样在保护气氛下炉冷。所有合金钢试样在之后被重新加热到 843℃（1550℉）并油淬。而 AISI 1018 钢试样则被重新加热到 860℃（1580℉），然后在 IQ 水槽或单个零件高速 IQ 系统中淬火。所有试样都在 204℃（400℉）下回火 2h。

图 2-180 所示为经上述处理后的试样在整个直径和距表层 2.5mm（0.1in）处的硬度分布情况。从图中可以看出，在完全相同的 5h 渗碳周期后，与油淬合金钢相比，IQ 试样 50HRC 时的 ECD 相同或更深。这是因为 IQ 处理达到 50HRC 的硬度所需要的碳更少。

（4）残余应力状况　对于透淬钢件，IQ 工艺将得到高的表面残余压应力。这与这些材料在常规淬火后得到中性或残余拉应力不同。如前面提到的，IQ 后高的残余表面压应力要归因于在零件表面开始形成马氏体时，横截面上高的温度梯度（图 2-174）并产生了高的瞬时压应力。例如，图 2-181 和图 2-182 所示为表面残余压应力分布状况的试验数据，图 2-181 所示为用抗冲击 S5 钢制造的冷作冲头，图 2-182 所示为用 AISI 52100 钢制造的轴承滚动体。在这两种情况下，残余应力都是用 X 射线衍射法测得的。从图 2-181 中可以看出，油淬后冲头的表面残余应力为大约 200MPa（29ksi）的拉应力，而在 IQ 之后则是压应力。冲头表面残余压应力范围为 -500 ~ -950MPa（-72 ~ -138ksi）。在冲头表面超过 0.5mm（0.02in）深度以下的表面应力仍然是压应力。需要注意的是，对于 IQ 冲头，表面残余压应力的存在改变了失效模式，从油淬时的剥落变成了磨损。冲头的使用寿命至少提高了 100%。这意味着与相同材料的油淬冲头相比，使用者可以冲两倍多的孔。

水槽 IQ 淬火之后，轴承滚动体表面残余压应力（图 2-182）的最大值达到了 -230MPa（-33.3ksi），而用单个零件 IQ 系统淬火，最大值则为 -900MPa（-130ksi）。这种残余应力延伸到表面下 2.5 ~ 2.9mm（0.10 ~ 0.11in）深。与水槽 IQ 相比，单个零件 IQ 得到了更高的表面残余应力。这是因为与水槽 IQ 相比，单个零件 IQ 方法提供了更大的冷却速度。

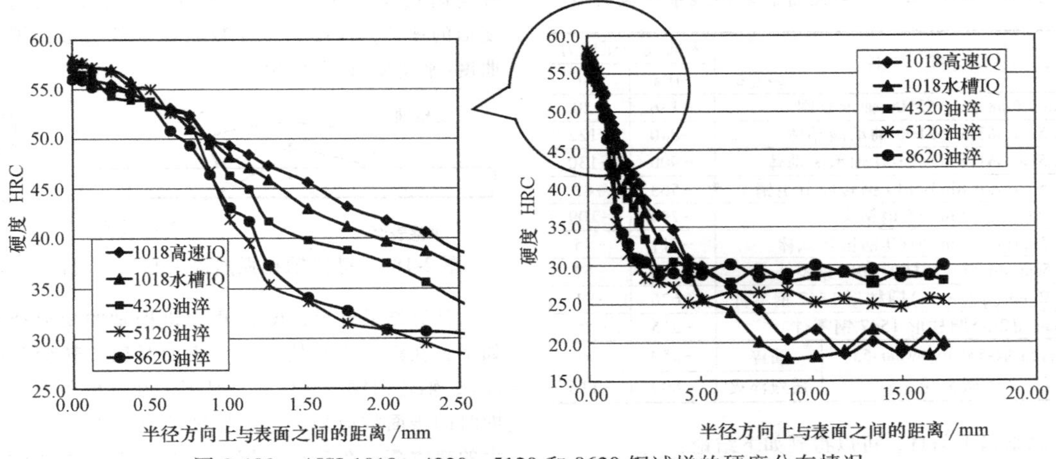

图 2-180 AISI 1018、4320、5120 和 8620 钢试样的硬度分布情况

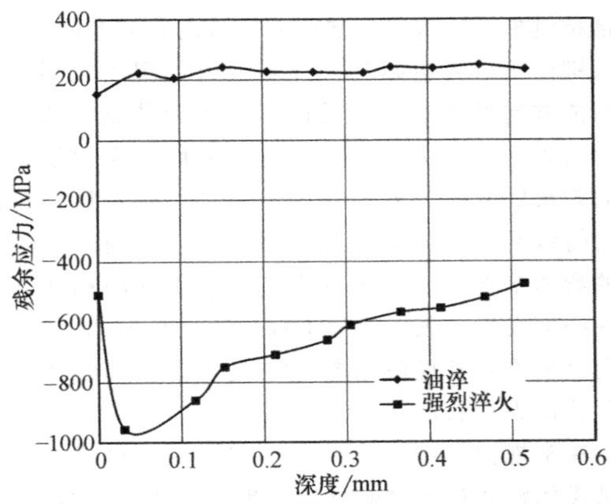

图 2-181 S5 钢冲头表面残余应力的分布情况

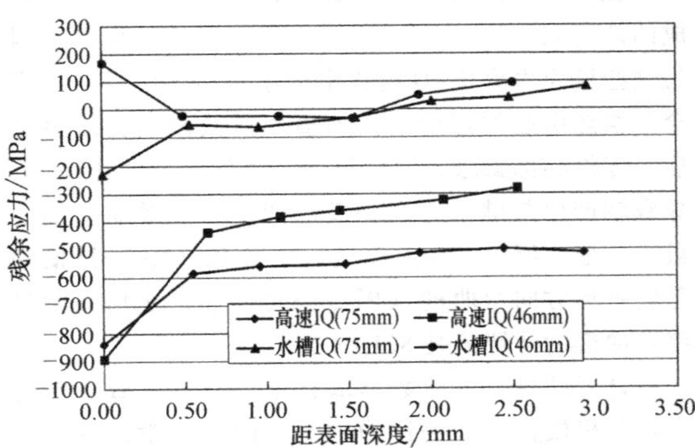

图 2-182 52100 钢轴承滚动体表面残余应力的分布情况

图 2-183 所示为用 AISI 1018 和 AISI 8620 渗碳钢制造的试样的表面残余压应力分布状况。AISI 1018 钢制造的试样分别在 IQ 水槽和单个零件 IQ 系统中淬火，结果显示，与油淬试样相比，这两种 IQ 试样的表面残余应力状况都有明显改善。图 2-184 所示为 AISI 8620 渗碳钢制造的汽车齿轮经水槽 IQ 和常规油淬之后的表面残余应力分布情况。两种淬火工艺后的残余应力都是压应力。但是，从图中可以看出，采用 IQ 处理时，表面残余压应力大约是常规油淬的两倍。

表 2-44 所列为各种真实零件和试样的表面残余压应力值。从这些图和表 2-44 中可以看出，当在水中或盐水溶液中强烈淬火时，零件表面残余应力值可以高达−900MPa（−130ksi）。

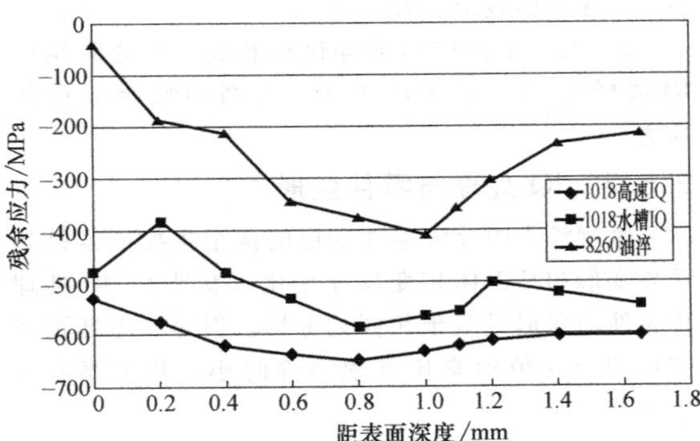

图 2-183 ϕ32mm（ϕ1.3in）AISI 1080 和 AISI 8620 钢棒表面残余应力分布情况

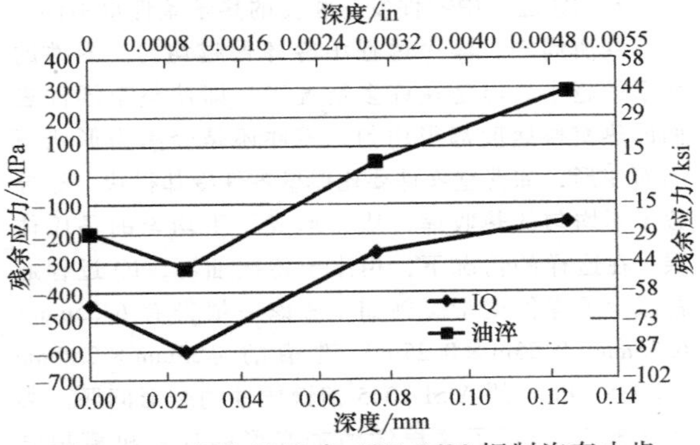

图 2-184 AISI 1018 和 AISI 8620 钢制汽车小齿轮表面残余应力分布情况

表 2-44 强烈淬火和回火后的表面残余压应力值

零件		表面残余压应力	
		MPa	psi
φ22cm(φ8.5in)52100 轴承套圈		-136	-20
φ7.5cm(φ3in)52100 轴承滚动体		-840	-122
φ4.5cm(φ1.8in)52100 轴承滚动体		-900	-130
φ4.5cm(φ1.8in)4140 钢转向节主销		-563	-82
φ4.0cm(φ1.5in)S5 钢钻头		-750	-109
φ3.5cm(φ1.4in)5160 钢扭转试棒		-311	-45
φ3.5cm(φ1.5in)圆柱形 1045 钢零件		-430	-62
φ7.29cm(φ2.87in)圆柱形 1547 钢零件		-626	-91
φ5cm(φ2in)圆柱形 1547 钢零件		-515	-75
帕若维尔-53(Pyrowear-53)渗碳齿轮	油淬	-350	-51
	强烈淬火	-800	-116

总结以上信息，可以得到如下结论：

1）对于相同横截面尺寸的给定钢种，与油淬试样相比，IQ 试样基本上能得到更高的强度，同时具有更好的延展性。IQ 过程中材料发生了超级强化。

2）IQ 钢的冲击性能基本都上都优于油淬钢。

3）透淬钢件经 IQ 处理得到了高的表面残余应力，即使是在心部完全淬硬的情况下。

4）对于渗碳钢，IQ 处理得到了更大的 ECD 及更大、更深的残余表面压应力。

5）与合金渗碳钢油淬试样相比，普通碳钢的 IQ 试样得到了更大的 ECD，更高的残余表面压应力。

2.5.7 IQ 处理与零件变形

常规淬火中导致零件变形的两个主要因素是热诱导变形和马氏体相变尺寸变化（膨胀）。IQ 处理中零件的变形是基于相同的原因。但是，零件预期变形的绝对值通常比常规油淬时小。其主要原因包括：

1）IQ 过程中冷却更均匀，原因是不存在膜沸腾过程，并且从零件表面向淬火浴中的热交换速度更均匀，减少了不可预期的变形。

2）IQ 过程中零件发生相变的热学条件也不同。

众所周知，淬火过程中冷却得越均匀，零件的变形就越小。但是在许多情况下，即使整个零件表面的热交换速度都很均匀，零件还是会因为形状原因而变形，如薄壁零件要比厚壁零件冷却得快。这导致了不均匀的热收缩，从而形成了不均匀的马氏体层。在这样的情况下，相比于传统油淬，IQ 过程通常减少了零件变形。例如，考虑一根带有 6.35mm×6.35mm（0.25in×0.25in）键槽的 φ25mm×250mm（φ1in×10in）的 AISI 1045 钢键槽轴的变形问题。参考文献 22 介绍了这根键槽轴变形的计算机模拟结果，以及用真实轴在油中淬火和在 IQ 水槽或单个零件高速 IQ 系统中淬火后变形的测量结果。为简化轴变形的评估，仅用一个参数表征零件变形：轴的弯曲度/平整度（图 2-185）。

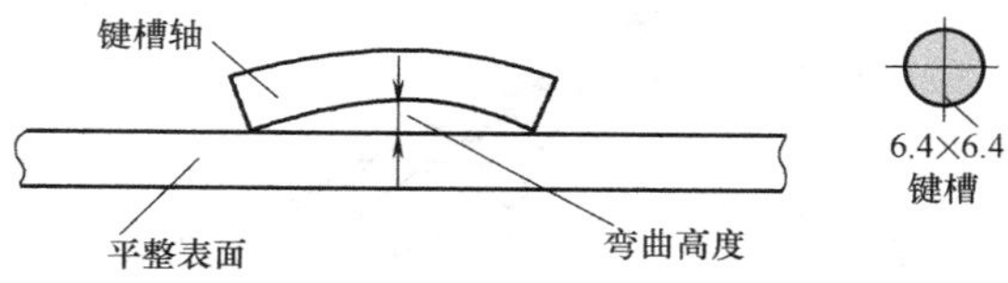

图 2-185 键槽轴在强烈淬火和油淬时的变形

计算结果显示，IQ 过程中键槽轴的变形动力学如下：在淬火最开始（零件表面马氏体转变开始之前），轴弯向键槽一侧，这是因为在键槽角上产生了即时的表面拉应力，这里比轴的其他部位经受了更大的热收缩。在淬火初期，热的轴心仍然是在奥氏体化温度，强度很低。因此，轴心的材料是可塑的，不抵抗键槽角位置表面热收缩导致的轴的弯曲。

键槽角材料达到马氏体转变开始温度之后，轴的弯曲方向发生改变。马氏体的形成使钢膨胀，导致即时表面压应力的产生。这些表面压应力使轴开始向相反的方向（背向键槽）弯曲。这种反向弯曲一直持续到表面压应力达到最大值。此时，由热引起的弯曲基本上已经不存在了。轴后续的相变导致零件心部发生膨胀，抵消了部分表面压应力。因此，轴向键槽方向有轻微回弯。IQ 处理后轴最终弯曲度的计算值为 98μm。

在常规油淬中，键槽轴也首先弯向键槽，原因是马氏体转变开始之前材料发生了热收缩。与 IQ 相似，在零件表面马氏体开始形成之后，材料膨胀造成的即时表面压应力开始使轴反向弯曲。但是，因为这些压应力要比 IQ 过程中的小得多，所以不能完全补偿热引起的弯曲。在轴整个横截面相变结束之后，零件心部膨胀，完全消除了零件表面的压应力，导致轴产生与键槽方向相反的弯曲，并增加了轴的最终变形。所以，在油淬最后，与 IQ 相比，键槽轴是向键槽方向弯曲的（图 2-185）。油淬之后，轴最终弯曲度的计算值是 871μm。

计算结果与试验数据取得了很好的一致，支持了计算机模拟预测的键槽轴变形的动力学，说明之前在真实零件中描述的动力学是正确的。表 2-45 列出了键槽轴在 IQ 处理和常规油淬之后最终变形的试验数据。从表中可以看出，IQ 方法中键槽轴最终的变形均比常规油淬小得多。表 2-45 中的数据还说明，单个零件淬火 IQ-3 过程比 IQ-2 产生的变形要小，对于匀称零件，变形可以低至 50μm。例如，φ40mm×385mm（φ1.6in×15.2in）的合金渗碳钢驱动轴在经单个零件 IQ 系统淬火后，其变形仅为50~70μm。

表 2-45　键槽轴变形

单个零件油淬		批量油淬		单个零件强烈淬火	
mm	in	mm	in	mm	in
0.20~0.36	0.008~0.014	0.25~0.51	0.010~0.020	0.08~0.12	0.003~0.005

需要着重指出的是，在淬火结束时，IQ 零件的尺寸通常比相同零件油淬之后的大。例如，一个齿数为 40、模数为 2.54mm、齿面宽 6.35mm（0.25in）的齿轮的计算机模拟显示，强烈淬火（IQ）的齿轮与油淬的齿轮相比，在半径方向上，大约增加了 0.05mm(0.002in)（分别增加了 0.18mm 和 0.13mm，即 0.007in 和 0.005in）。其主要原因是 IQ 处理和常规油淬的应力状态及其分布情况不同。计算机模拟与实际 X 射线测量结果一致，IQ 之后表面残余周向应力的大小大约是油淬的两倍。而零件 IQ 之后可能膨胀得更多，这种零件直径方向尺寸的增加是可预测和可重复的，可以通过调整零件加热前的尺寸来管理。IQ 处理之所以能得到可重复的变形，是因为更均匀的冷却完全消除了不可预测的且不均匀的膜沸腾过程。与随机的不均匀变形不同，可预测的变形实际上是可预料的尺寸改变，对零件制造者来说通常是可管理的。因此，调整一下零件加工前的尺寸就可以补偿 IQ 过程造成的可预测的尺寸改变。

2.5.8　强烈淬火生产系统设计

强烈淬火（IQ）设备通常分为两大类。第一类是为实施 IQ-2 淬火工艺而设计的（批量操作和连续操作都可以）。这些批量 IQ 系统与用于常规油淬和批量聚合物水溶液淬火的系统相似。第二类 IQ 系统是为实施单个零件高速 IQ-3 过程设计的。IQ 设备的设计取决于 IQ 过程的以下三个关键要素：

1）强烈淬火的淬火冷却介质是强烈搅拌的自来水还是低浓度无机盐水溶液。

2）对于任何形式的 IQ，为整个零件表面积提供均匀、适当的高散热速度都是必需的，以得到均匀的高强度马氏体表层和表面残余压应力。

3）实施一定时间后必须中断 IQ，具体时间是零件瞬时表面残余压应力达到最大值和淬硬层达到最佳深度。

1. 间歇型 IQ 系统

将多个零件一起加热到奥氏体化温度时，典型的方法是用料筐装在炉子里加热。对于 IQ，需将料筐从炉子加热区转移到 IQ 淬火水槽中。实施 IQ-2 工艺时可以用任意类型的周期炉（气氛，流态床或盐浴）。IQ 水槽可以与炉子分开，也可以作为整体淬火炉的一部分。下文将涉及这两种设计。

图 2-186 所示为带有独立 IQ 水槽的生产系统实例。IQ 系统的组成部分包括一个空气炉（左侧），工作区为 91cm×91cm×122cm(36in×36in×48in)，以及一个 22.7m^3（6000gal）的水槽（右侧）。用一辆标准转运车将工件从炉子转移到淬火槽中。转运时间的确定与良好的常规淬火操作相同。零件淬火前经均匀奥氏体化。低碳钢 IQ 水槽中装有 4 个螺旋桨，由 4 台 10hp 的电动机驱动旋转。而相似的油淬火槽仅配备由 2 台 5hp 电动机驱动的螺旋桨。

图 2-186　带有独立 IQ 水槽的间歇型强烈淬火（IQ）系统

IQ 水槽用低浓度亚硝酸钠的水溶液作为淬火冷却介质。水槽中淬火液流经零件表面时的流速为 1.5~1.6m/s(5~5.2ft/s)。通过一个空气冷却系统维持淬火水温在需要范围内。每次加热的最大装载量约为 900kg(2000lb)。

图 2-187 所示为 91cm×91cm×183cm(36in×36in×72in）的生产整体淬火炉的照片，它配有一个 39.7m^3（10500gal）的 IQ 水槽，由美国密歇根州威克瑟姆（Wixom）的 AFC 霍尔克罗夫特（AFC Holcroft）公司制造，安装在美国俄亥俄州克利夫兰市的欧几里得（Euclid）热处理公司内。这个 IQ 水槽配有 4 个螺旋桨，由 4 个电动机驱动，整体再循环能力为 5.67m^3/s(90000gal/min)。水槽中淬火冷却介质经过零件时的流速大约为 2m/s(7ft/s)。内部定向叶片和挡板使通过工作负载的淬火冷却介质流速均匀。淬火室配有一个独特的提升机构，可以使负载快速垂直地进出淬火槽。这种运动时间的最小化对于准确执行强烈淬火法中的停留时间是很重要的。

图 2-187 配有强烈淬火水槽的整体淬火气氛炉

设计批量 IQ 系统时要处理以下主要问题：

1）通过在淬火槽底部安装合适的挡板以及在螺旋桨引流管上安装整流叶片，从而使整个淬火槽工作区域的横截面上有均匀的流速分布，流速变化范围应在 10%以内。

2）流速不低于 1.5m/s(5ft/s)。

3）为了维持 IQ 水槽内的水温不超过 25℃(77℉)，IQ 水槽中应配有一个空气冷却系统或者冷冻机，或者包括一台空冷装置和一台冷冻机的组合系统。

4）螺旋桨总成应使浸入淬火槽的空气量最小化。因为水中存在空气气泡，会降低淬火零件的吸热速度，从而影响冷却均匀性。

5）螺旋桨尺寸和安装位置（水下深度和到槽壁的距离）以及引流管参数的选择，应使整个系统正面阻力最小化。

2. 连续型 IQ 系统

图 2-188 所示为一种工业用 IQ-2 淬火工艺的连续热处理线示意图。热处理线包括以下主要组成部分：连续炉、带斜槽的淬火槽、泵、淬火冷却介质冷却系统、可调速传送带、清洗装置、使零件移动穿过清洗装置的传送带、带独立传送带的连续回火炉。

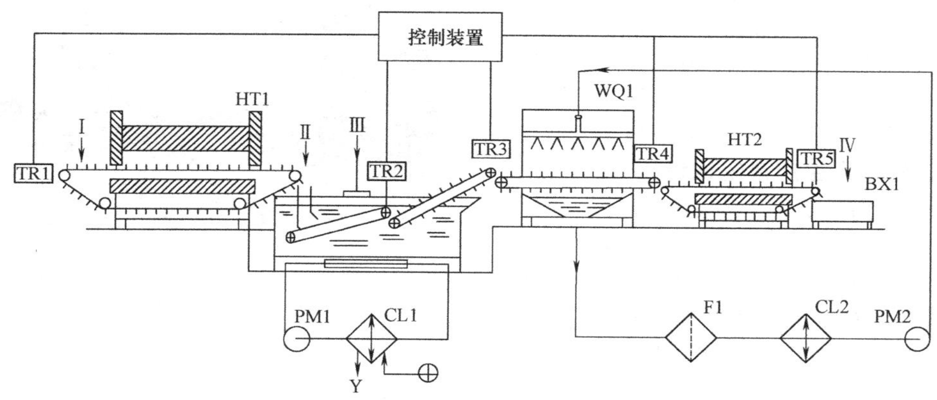

图 2-188 连续型 IQ 系统示意图

Ⅰ—将钢件送入炉 HT1 中加热的传送带的装载点 Ⅱ—配有强烈冷却装置的斜槽 Ⅲ—有两条传送带的淬火槽
Ⅳ—将钢件从炉 HT2 取出的卸载点 TR1～TR5—传送带 1～5 的速度控制单元，由控制装置操纵
HT1、HT2—加热炉 WQ1—清洗和淬火装置 PM1、PM2—泵 CL1、CL2—冷却装置
F1—过滤器 BX1—盛放完成热处理的零件的容器

在淬火的第一步，在零件下落通过斜槽然后落在淬火槽传送带上时，零件被强烈冷却。淬火槽传送带的速度可调，移动零件通过 IQ 水槽到第二个传送带（安装在水槽上方）。在之后的空冷阶段（零件移向清洗装置时），零件横截面的温度均衡化，发生自回火过程，使零件的马氏体表层回火。然后，零件在不加热的清洗室中再一次被强烈冷却，直到达到环境温度。因此，不加热的清洗室为零件提供了清洗（未脱脂）和 IQ-2 过程的最后一个环节。清洗后，零件被转运到回火炉。淬火槽传送带和清洗装置传送带的传送速度是变化的，并且按零件指定的菜单程序进行控制。

3. 单个零件 IQ 系统

执行 IQ-3 工艺时，零件通常是在很高速度的水流或喷射冲击下逐个淬火的。图 2-189 所示为典型的单个零件 IQ 系统的布局。

在实际操作中，可以采用任意穿透加热方法，如感应加热、空气炉加热等。IQ-3 淬火工艺如下：奥氏体化的零件处于淬火室的下段，泵和三通阀则处于旁路位置；当淬火室锁定并在适当位置封闭时，空气气缸移动下段到固定的上半部分，三通阀从旁路转向淬火位置，高速水开始经淬火室流到奥氏体化零件上。IQ 完成后，三通阀转回到旁路位置。水停止流经淬火室，重新再循环流过旁路。空气气缸通过向下移动下半部分打开淬火室，零件从淬火室下半部分被移走。

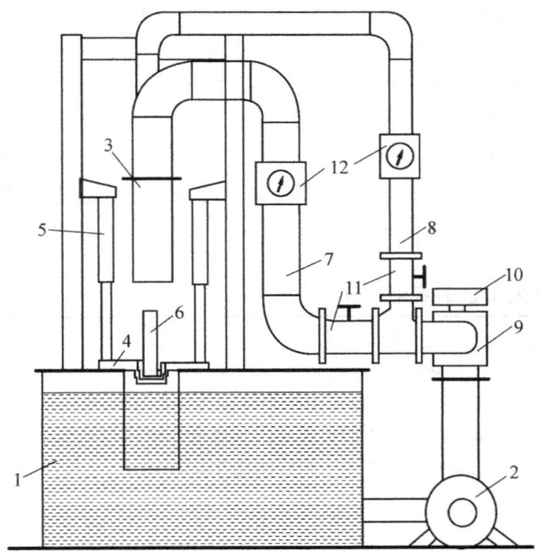

图 2-189 典型的单个零件 IQ 系统的布局

1—水槽 2—水泵 3—垂直淬火室固定的上半部分 4—淬火室可移动装载的下半部分 5—移动淬火室下半部分可上下运动的气缸 6—待淬火零件 7、8—三条水线中，有两条提供通过淬火室的水流，第三条旁路水线（未画出）在零件强烈淬火停留时间之前或之后处于空闲状态 9—从泵里向淬火室或支路提供水流的三通阀 10—三通阀开关 11—控制流向淬火室水流的阀门 12—水线上的流量计

设计单个零件 IQ-3 系统时要处理的主要问题，是在整个零件表面提供均匀的高速水流。当处理复杂几何形状的零件时，这是特别困难的，因为在零件某些部位可能存在停滞区域。这种停滞区域转而可能造成局部膜沸腾，导致发生过多的零件变形。在处理复杂形状零件时，为了设计最佳淬火室结构，通常需要建立计算的液体动力模型。

图 2-190 所示为实际生产中处理直升机齿轮的高速 IQ 系统的照片。这个 IQ 系统也能淬轴类、轴承套圈、滚动体及其他零件，最大零件尺寸为 ϕ200mm×500mm（ϕ8in×20in）。这个 IQ 系统配有一台水深冷器，用于维持合适的水温；以及一台空气箱式炉，用于完成零件奥氏体化。系统安装在欧几里得（Euclid）热处理公司。有人开发了一个相似的产品 IQ 系统来处理枪管和最大尺寸为 ϕ50mm×910mm（ϕ2in×36in）的长轴（图 2-191）。这个系统在 IQ 之前配有一台感应加热装置使零件奥氏体化。

图 2-190 用来处理尺寸不超过 ϕ200mm×480mm（ϕ8in×19in）直升机齿轮的单个零件 IQ 系统

图 2-191 用来处理尺寸不超过 ϕ50mm×915mm（ϕ2in×36in）长轴的单个零件 IQ 系统

4. 控制和自动化要求

为了成功执行 IQ 工艺，使工艺可重复，需要控制以下参数：

1）水或盐溶液的流速和温度。

2）盐溶液的浓度。

3）停留时间，即 IQ 过程每个阶段的持续时间。

在配有高容量螺旋桨的 IQ-2 系统中，需要测量每分钟转数和每个螺旋桨的驱动电流，以保证通过工件的液流均匀且可重复。在 IQ-3 系统中，通过使用控制阀、流量计及适当设计的零件夹持装置，来调节和控制淬火零件表面周围的水流均匀性与速度。IQ 过程中最重要的控制要素之一是淬火步骤的持续时间或中断淬火的时机。这个参数控制的准确性取决于 IQ 过程中传送带速度或提升机构速度的可重复性。同时，对于批量 IQ 处理，适当的零件间隔对于防止负载内零件之间的膜沸腾是很有必要的。对于IQ-3系统，IQ工艺实施得成功与否取决于三通阀从旁路转向高速流动位置及转回去所需要的时间，也取决于关闭和打开淬火室所需要的时间。因为淬火步骤的持续时间和淬火中断时间通常是按秒测量的，所以淬火工艺的各方面都应该是自动化的。

2.5.9 强烈淬火工艺的实际应用

多年来，IQ工艺被许多不同钢铁产品（汽车零件、锻件、铸件、铁路设备零件、工具产品、紧固件等）所采用。表2-46和表2-47列出了批量IQ和单个零件IQ工艺实例及其取得的实际成果。应用IQ工艺的一个主要限制是零件的尺寸和形状。零件厚度应适合于获得零件整体的温度梯度，这对形成高的瞬时和残余表面压应力是必要的。允许零件厚度的最小值取决于零件形状及钢种。低淬透钢和渗碳钢的允许零件厚度更小些。基于许多IQ工艺研究的结果，对于厚度小于10mm(0.4in)的零件，基本上不推荐采用IQ工艺。IQ工艺也不适用于壁厚跳动大的零件，因为这种情况下对所有零件横截面指定一个合适的冷却时间几乎是不可能的（零件上薄的部分在淬火中断之前可能已经完全冷却了，这将导致过大的零件变形甚至开裂）。

表2-46 单个零件强烈淬火工艺的实际应用

零件		改善
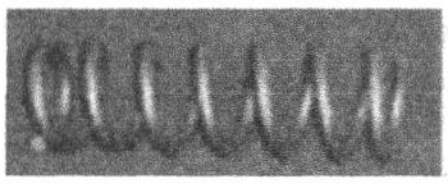	汽车螺旋弹簧	用9259钢和9254钢制造的汽车螺旋弹簧经强烈淬火后，其疲劳寿命比常规油淬提高了15%~27%。而经强烈淬火的更轻的汽车螺旋弹簧可以达到与采用油淬的标准弹簧相同的疲劳寿命
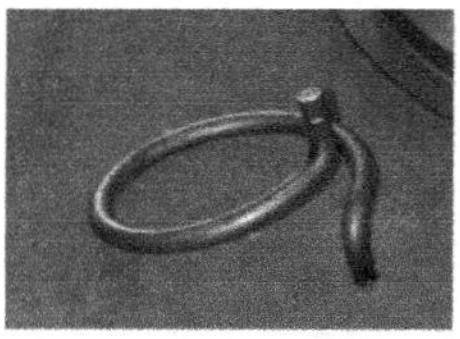	粉碎机螺旋弹簧	与采用油淬的相同弹簧相比，通过强烈淬火可将服役寿命提高40%
	从动轴	采用1040普通碳钢制造的重型卡车从动轴在强烈淬火后比用5140合金钢制造并油淬的标准从动轴还好，而且应用普通碳钢还降低了材料成本
	直升机测试齿轮	帕若维尔-53(Pyrowear-53)渗碳钢制造的直升机测试齿轮经强烈淬火后，与油淬的标准齿轮相比，在相同的疲劳寿命下可以多承受14%的载荷
	汽车侧面小齿轮	采用优化淬透性钢制造的汽车侧面小齿轮经强烈淬火后，与用8620渗碳钢制作并油淬的标准侧面小齿轮相比，疲劳性能更高
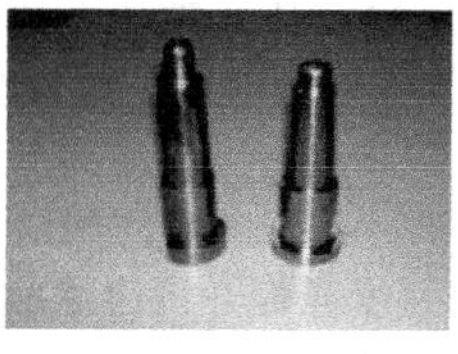	铝挤压模	用热作模具钢H13制造的铝挤压模经强烈淬火后，其服役寿命提高了至少40%

表 2-47　间歇型强烈淬火工艺的实际应用

零　件		改　善
	汽车球螺柱	用 1040 和 1045 普通碳钢制造的球螺柱在强烈淬火后能达到与用 4140 合金钢并油淬的标准球螺柱一样的疲劳寿命
	汽车通用十字万向节	用 1018 普通碳钢制造的通用十字万向节在强烈淬火后的工作特性与用 5120 合金钢制造并油淬的标准十字万向节相同或更好。而且强烈淬火十字万向节的渗碳周期比标准周期缩短了 15%，从而带来了过程成本的降低
	冷作冲头	用 S5 钢制造的冷作冲头经强烈淬火后，其服役寿命提高了至少 2 倍
	铸件	用 8630 钢制造的铸件经强烈淬火后，其力学性能与锻造并油淬的同样的零件相同或更好
	轧钢辊	用球墨铸铁制造的轧钢辊经强烈淬火后，其服役寿命比相同辊油淬后更长
	锻环	1045 钢制锻环强烈淬火后与油淬相比变形更小

总之，人们已经被证明，对于多种典型钢件，与常规淬火方法相比，IQ 工艺能够提高零件的硬度和强度，同时得到相同或更好的材料韧性。采用 IQ 工艺，钢件生产者可以提高其产品质量，降低成本。强烈水淬的一些已被证明的优点包括：

1）对于渗碳钢或非渗碳钢零件，可以得到高的表面硬度和心部韧性，以及更大的淬硬层深度。

2）得到相同 ECD（与油淬相比）所需要的渗碳周期缩短，使热处理成本明显降低，热处理设备生产率得到提高。

3）零件显微组织改善（更细的晶粒，超级强化的马氏体）。

4）更大、更深的表面残余压应力。

5）材料的强度和韧性均得到改善（钢的超级强化）。

6）替换成低合金钢减少了零件成本，而无损于零件的强度或性能。

7）为制造高能量密度（更轻的零件拥有同样或更好的运行特性和疲劳寿命）零件提供了可能性，与油淬零件相比，IQ 可实现材料的强化和得到高的残余表面压应力。

8）零件变形更小，不会发生开裂。

9）淬火油及相关成本（淬火油、零件清洗成本等）完全不存在，明显地降低了热处理成本，改善了环境。

10）使迅速地将逐个零件的热处理操作移进生产单元成为可能，因为强烈水淬方法是环境友好的过程。

参考文献

1. N. I. Kobasko and N. I. Prokhorenko, Quenching Cooling Rate Effect on Crack Formation of 45 Steel, *Metalloved. Term. Obrab. Met.*, No. 2, 1964, p 53-54 (in Russian)
2. M. A. Aronov, N. I. Kobasko, J. A. Powell, et al., "Practical Application of Intensive Quenching Technology for Steel Parts and Real Time Quench Tank Mapping," Proceedings of 19th ASM Heat Treating Society Conference (Cincinnati, OH), 1999
3. N. I. Kobasko, M. A. Aronov, J. A. Powell, and G. E. Totten, *Intensive Quenching Systems: Engineering and Design*, ASTM International, 2010
4. M. A. Aronov, N. I. Kobasko, and J. A. Powell, "Application of Intensive Quenching Methods for Steel Parts," Proceedings of the 21st ASM Heat Treating Conference (Indianapolis, IN), 2001
5. N. I. Kobasko, *Steel Quenching in Liquid Media under Pressure*, Naukova Dumka, Kiev, 1980 (in Russian)
6. L. L. Ferguson, private communication, Aug 2012
7. "Predictive Model and Methodology for Heat Treatment Distortion," NCMS Report 0383RE97, National Center for Manufacturing Sciences, Ann Arbor, MI, Sept 30, 1997
8. W. M. Rohsenow, J. P. Harnett, and Y. C. Cho, *Handbook of Heat Transfer*, 3rd ed., McGraw-Hill Handbooks, 1998
9. M. P. Muhina, N. I. Kobasko, and L. V. Gordejeva, Hardening of Structural Steels in Chloride Quench Media, *Metaloved. Term. Obrab. Met.*, Sept 1989, p 32-36 (in Russian)
10. M. A. Aronov, N. I. Kobasko, J. F. Wallace, and D. Schwam," Experimental Validation of the Intensive Quenching Technology for Steel Parts," Proceedings of the 18th ASM Heat Treating Conference (Chicago, IL), 1998
11. M. A. Aronov, N. I. Kobasko, J. A. Powell, J. F. Wallace, and D. Schwam," Experimental Study of Intensive Quenching of Punches, "Proceedings of 19th ASM Heat Treating Society Conference (Cincinnati, OH), 1999
12. M. A. Aronov, N. I. Kobasko, and J. A. Powell, "Practical Application of Intensive Quenching Process for Steel Parts," Proceedings of the 20th ASM Heat Treating Conference (St. Louis, MO), 2000
13. M. A. Aronov, N. I. Kobasko, and J. A. Powell, "Basic Principles and Metallurgy of Intensive Quenching Methods," Proceedings of the 13th IFHTSE Congress (Columbus, OH), 2002
14. M. A. Aronov, N. I. Kobasko, and J. A. Powell, "Intensive Quenching Technol ogy for Tool Steels," Proceedings of the 13th IFHTSE Congress (Columbus, OH), 2002
15. M. A. Aronov, N. I. Kobasko, J. A. Powell, P. Ghorpade, and D. Gopal, "Application of Intensive Quenching Processes for Carburized Parts," Proceedings of 22nd ASM Heat Treating Conference (Indianapolis, IN), 2003
16. M. A. Aronov, N. I. Kobasko, J. A. Powell, J. F. Wallace, and Y. Zhu, "Effect of Intensive Quenching on Mechanical Properties of Carbon and Alloy Steels," Proceedings of the 23rd ASM Heat Treating Conference (Pittsburgh, PA), 2005
17. A. M. Freborg, Z. Li, B. L. Ferguson, and D. Schwam, "Bending Fatigue Strength Improvement of Carburized Aerospace Gears," Proceedings of the 23rd ASM Heat Treating Conference (Pittsburgh, PA), 2005
18. C. R. Hubbard, F. Tang, M. A. Aronov, N. I. Kobasko, et al., "Effect of Intensive Quenching on Residual Stress," Proceedings of 23rd ASM Heat Treating Conference (Pittsburgh, PA), 2005
19. M. A. Aronov, N. I. Kobasko, J. A. Powell, and P. Ghorpade, "Demonstrations of Intensive Quenching Methods for Steel Parts," Proceedings of 24th ASM Heat Treating Conference (Detroit, MI), 2007
20. B. L. Ferguson, A. M. Freborg, and Z. Li, "Improving Gear Performance by Intensive Quenching," Proceedings of 24th ASM Heat Treating Conference (Detroit, MI), 2007
21. N. I. Kobasko, "Effect of Structural and Thermal Stresses on Crack Formation during Steel Quenching," Proceedings of All-Union Conference on Increase of Productivity and Profitability of Heating Furnaces (Dnepropetrovsk, Ukraine), 1967
22. B. L. Ferguson and A. M. Freborg, "Use of Computer Simulation in Optimizing Intensive Quenching Process," Proceedings of the 2002 IFHTSE Congress (Columbus, OH), 2002
23. B. L. Ferguson, A. M. Freborg, and Z. Li, "Residual Stress and Heat Treatment—Process Design for Bending Fatigue Strength Improvement of Carburized Aerospace Gears," European Conference on Heat Treatment (Berlin), 2007
24. A. Banka, J. Franklin, B. L. Ferguson, Z. Li, and M. Aronov, "Applying CFD to Characterize Gear Response during Intensive Quenching Process," Proceedings of 24th ASM Heat Treating Conference (Detroit, MI), 2007
25. M. A. Aronov, N. I. Kobasko, J. A. Powell, and P. Sampson, Intensive Quenching Process Commercialization, *Ind. Heat. J.*, Oct 2012

2.6　逆淬火

B. Li šcić, University of Zagreb
George E. Totten, Portland State University

逆淬火是清水（Shimizu）和塔穆拉（Tamura）在研究圆棒硬度分布后于 1978 年首先创造的一个术语，他们发现预冷淬火产生的横截面硬度在棒的中心比其表面更高。在 1977 年，洛里亚（Loria）证明在一些情况下，预冷淬火能增加硬化层的深度。随后，在同一年，清水和塔穆拉解释，这一现象是由淬火过程中冷却速度的不连续变化导致的，这一效应取决于冷却速度突变之前孕育期的持续时间。在那以后，Li šcić 和陶敦（Totten）的试验工作以及陈明伟（Chen）和周禾丰（Zhou）的数值模拟表明，预冷淬火期间的平均冷却速度在工件表面的下方比在表面更高。

这些研究结果清楚地表明，淬火期间的吸热动力学——而不仅仅是冷却时间——对淬火部位中的硬度分布有重要影响。与常规的硬度分布不同，由预冷淬火产生的横截面硬度在棒的中心比其表面更高。在常规淬火中，没有冷却速度的不连续变化，从工件的表面到中心部位，冷却速度不断下降。在预冷淬火中，由于淬火起始时的冷却速度相对较慢或温和，表面的冷却速度较慢，随后由于工件表面传热的突然不连续改变，在工件表面以下直至中心的冷却速度变得更大。

2.6.1　散热动力学

为了实现逆淬火，需要淬透性适当的钢、横截面足够大的工件、合适的冷却介质以及正确的冷却条件。如果这些条件都达到了，与常规淬火相比，这种可控性的预冷淬火很可能会增加硬化层深度。陈伟明和周禾丰也表明预冷淬火能减小残余应力和变形。Liščić、格鲁比斯克（Grubisic）和陶敦已经阐明，这一技术可以用于增强弯曲疲劳强度和抗冲击能力。

在液态淬火冷却介质中，只有 PAG 溶液可被调整或预设成可控性的预冷淬火。因为 PAG 溶液的浓度足够高，能够实现对传热的最优控制，所以聚合物的浓度被提高到高于正常值的水平。这也在工件表面形成了一层较厚的膜，使蒸气膜冷却阶段延长，造成了预冷淬火。其他需要恰当控制的变量是浴温和搅拌速度。在使用气淬时，传热动力学也是可控的（尤其是在使用加压高速气体的真空炉中）。与液淬相比，气淬在冷却过程中可以获得更多的时间用以调整主要的冷却变量——气体压力和速度。

自从 20 世纪 70 年代被发现后，预冷淬火现象仅在近期被考虑用于实际生产中，这有两方面原因：

1）直到最近，一直没有适当的方法来测试和记录淬冷烈度信息，而它对描述实际淬火过程的传热动力学来说是必需的。磁性淬火机法或小直径（ϕ12.5mm×60mm）镍合金或银试样的冷却曲线分析均不能用于这一目的。

2）近年来人们发现，更高浓度的 PAG 溶液能够用于预设的可控预冷淬火。

首先需要利用计算机软件分析具有某一横截面尺寸、由某一淬透性钢制成的工件是否适合使用可控的传热动力学来进行淬火，如果适合，则需要进一步优化相关淬火参数。同时需要一种方法来测量和记录不同淬火冷却介质在生产环境中的吸热动力学，以获得相关传热系数值。

1. 淬火分析

最新研发的温度梯度淬火分析系统（TGQAS）满足了测量淬冷烈度的需求。它可以测量、记录和评估所有通常使用的淬火过程，通过相应的热力学函数描述它们的传热动力学。该系统使用 Li šcić/Nanmac（南马可）探头，测量和记录真实零件不同位置的冷却情况。这种探头长 200mm、直径为 50mm，由 AISI 304 型不锈钢制成。在其一半长度的横截面处安装了三个热电偶，用于测量工件表面、表面下 1.5mm 及中心的温度。

20℃无搅拌矿物油和 40℃、搅拌速度为0.8m/s、浓度为 25%的 PAG（UCON 淬火冷却介质 E，美国联合碳化物公司）溶液的典型 TGQAS 检测数据如图 2-192 所示。冷却曲线如图 2-192a 所示，而热电偶不同位置处计算的热流密度（Q，W/m^2）-时间曲线如图 2-192b 所示。

对于传热动力学，热流密度数据的最重要特性是从探头浸入到达到最大热流密度（$t_{Q\max}$）所用的时间。矿物油的 $t_{Q\max}$ 值是 14s，而 PAG 溶液的是 72s。PAG 测试提供了一个预冷淬火的例子。

由于热流密度是对真实传热的测量，两种淬火冷却介质“表面下 1.5mm 和表面”的曲线（图 2-192b 部）的对比就显得令人关注。对于油淬，Q 从 200kW/m^{2}增加到其最大值 2600kW/m^{2}只需要 12.5s，而 Q 降回 200kW/m^{2}需要 35s。对于聚合物溶液淬火，Q 从 200kW/m^{2}增加到其最大值 2250kW/m^{2}所需时间增加至 67s~5.4min，但 Q 降回 200kW/m^{2}仅需 23s~1.5min。

这些数据清楚地显示了这两种淬火过程之间传热动力学的明显差异。油淬的特点是从一开始就迅速冷却，而聚合物溶液淬火的特点是吸热过程中长

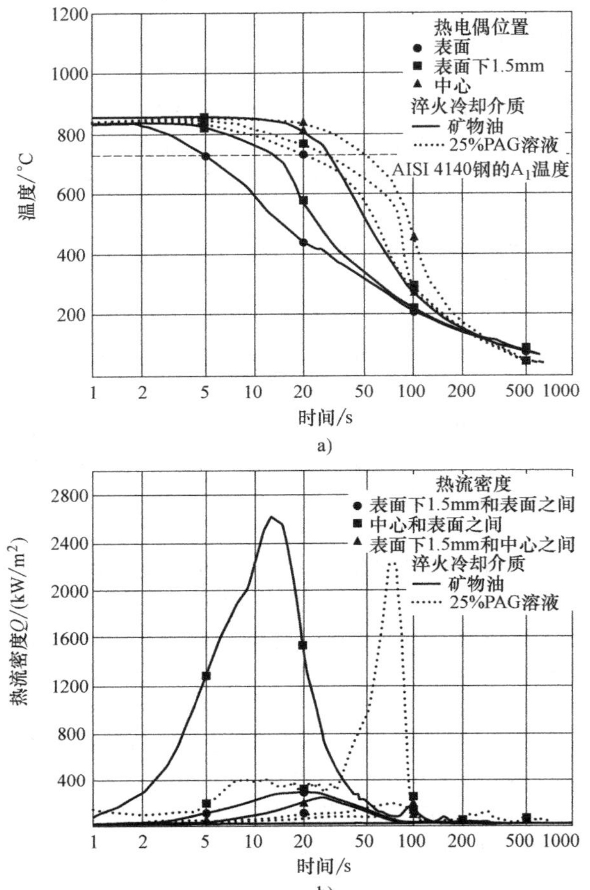

图 2-192 采用温度梯度淬火分析系统和 Li ščić/南马可探头得到的淬火测试结果（淬火冷却介质是 20℃ 无搅拌矿物油和 40℃、搅拌速度为 0.8m/s、浓度为 25% 的 PAG 溶液

a）冷却曲线 b）热流密度 Q-时间曲线。

注：聚合物溶液得到了延迟淬火（比较达到最大 Q 值所用的时间）。

时间的相对缓慢冷却，以及随后在聚合物膜破裂后出现的温度骤然升高。这反映了冷却速度显著的不连续改变，对淬火中钢制品行为转变的有特定影响。

探头的三个热电偶的冷却速度随表面温度变化的曲线如图 2-193 所示，图 2-193a 所示为在矿物油中冷却，图 2-193b 所示为在 25% 的 PAG 溶液中冷却。注意：聚合物溶液淬火的最大冷却速度出现在探头表面以下 1.5mm 处。观察在表面下 1.5mm 处用热电偶测得的 PAG 溶液的冷却曲线（图 2-192a），该曲线在 570℃ 处的斜率有明显改变，反映了冷却速度的不连续改变。

2. 可展示的温度场

用在 Li ščić/南马可探头一半长度的横截面处测

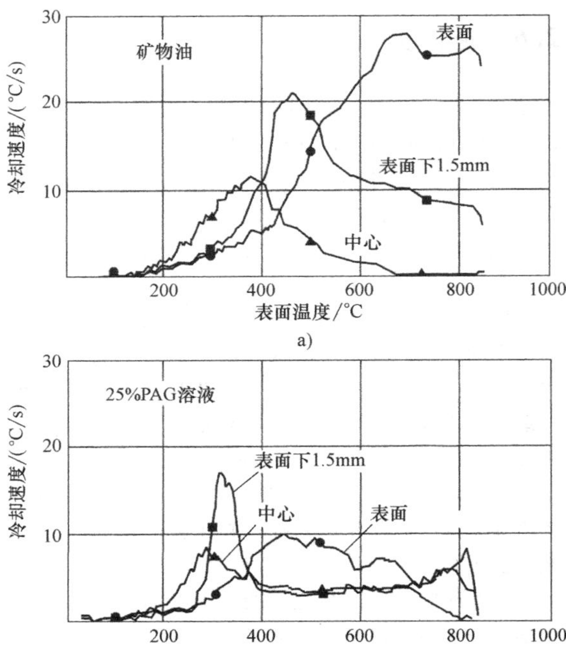

图 2-193 Li ščić/南马可探头分别在 20℃ 无搅拌矿物油中和 40℃、搅拌速度为 0.8m/s、浓度为 25% 的 PAG 溶液中淬火的冷却速度-表面温度曲线

a）矿物油中 b）PAG 溶液中

量的温度计算随时间变化的传热系数值，开发了一个二维传热计算机程序，来计算淬火期间的温度场。这一程序可用来产生淬火过程中传热动力学的图形显示。以一个不锈钢试样（直径为 50mm，长度为 200mm）为例，将其分别浸入矿物油和 25% 的 PAG 溶液中后 16s、42s、88s 和 120s 的图形如图 2-194 所示。这些图形更加清楚地显示了两种淬火间传热动力学的显著差异。

需要强调的是，对于相变动力学，关键的是 A_1 温度以下的冷却速度，而不是从奥氏体化温度到 A_1 的冷却速度。例如，对于 AISI 4140 钢，A_1 温度是 730℃。根据图 2-194 分析一半长度横截面的中心与表面之间的平均径向温度梯度，结果见表 2-48。

表 2-48 试样中心与表面之间的平均温度梯度

浸入时间/s	平均温度梯度①/(℃/mm)	
	矿物油	25%的 PAG 溶液②
16	10	2
42	12	4
88	6	10
120	4	6

① R25mm 试样一半长度处的横截面，奥氏体化温度为 850℃。

② PAG—聚烷撑乙二醇。

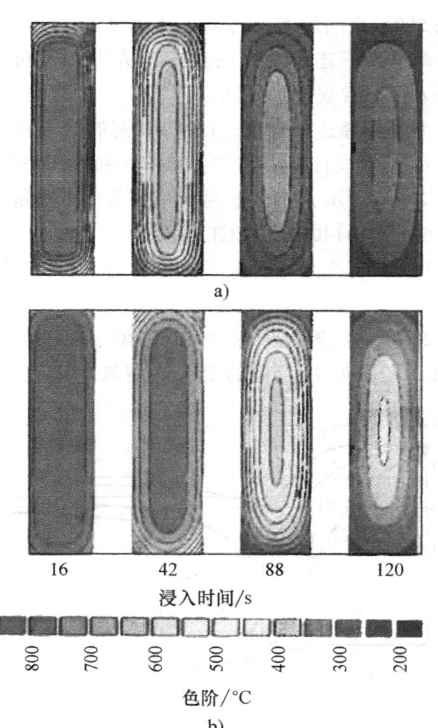

图 2-194　用不锈钢试样淬火时温度场的计算机模拟来表征散热动态

a）矿物油中　b）25%的 PAG 溶液中

注：双直径模拟依据是用 Li ščić/南马可探头得到的传热系数［计算程序由 B. 斯莫连（B. Smoljan）完成；图释程序由 J. 葛冷耐克（J. Galinec）完成］。

可从这些值和计算的温度场（图 2-194）得出以下信息：

1）对于具有连续冷却速度的常规淬火（矿物油测试），试样中心在关键温度范围（700℃降至 400℃），即 42～88s 之间的冷却过程中出现了一个下降的温度梯度，也就是说，出现一个从中心到表面不断下降的热流密度。一旦表面温度下降至一个低值（约 200℃，88s 后），由于工件表面和周围淬火液之间的温差很小，传热基本上停止了。这种传热动力学造成了一个常规的硬度分布：中心的硬度大幅低于表面的硬度。

2）对于冷却速度不连续变化的预冷淬火（25%的 PAG 溶液测试），试样中心在关键温度范围（750℃降至 600℃），即 42～88s 之间的冷却过程中出现了一个增长的温度梯度，也就是说，从中心到表面热流密度逐渐增加。结果是中心硬度增加至高于表面硬度，或者称为逆淬火。

2.6.2　冶金方面

将奥氏体化的工件浸入淬火冷却介质时，开始了两个不同的过程：放热（热力学过程）和微观结构转变（冶金过程）。实际上，沿横截面半径的每个点的微观结构转变发生的时间点并不同，当各点处温度降至 A_1 时开始转变。开始转变的时间取决于横截面的尺寸和淬火冷却介质的冷却强度。在每个特定点处得到的硬度取决于转变后显微组织的成分，转变后显微组织的成分又在很大程度上取决于钢材的淬透性，也就是在每条等温线处孕育期的长短。因为在横截面的每个点上，只有当温度低于 A_1 时孕育期才会被记录，在关键温度范围（A_1 到 Ms）内的冷却时间是最重要的。

清水和塔穆拉发现，在冷却速度不连续变化的淬火中，珠光体转变不同于常规连续冷却转变图（CCT）的预测，这个转变与冷却速度变化之前孕育期的长短有关。在预冷淬火中，有些孕育期全都耗费在了工件的表面上，而没有耗费在中心部位。

预冷淬火原理图如图 2-195a 所示。z 是在任意一条等温线上给定的总孕育时间，是直至转变开始的时间，而 x 是冷却速度不连续变化前的孕育时间。

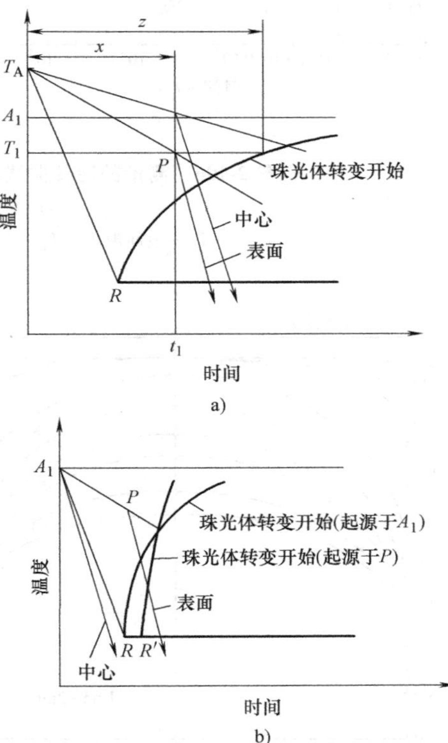

图 2-195　预冷淬火导致逆淬火的原理图

冷却速度的不连续变化出现在点 P 处，此时时间为 t_1、温度为 T_1。直到此时，工件表面已消耗了总孕育时间（z）的一部分（x），但是中心部位没有，因为在 t_1 时，中心部位的温度仍高于 A_1。

在点 P 以下进一步冷却，将出现一个大幅升高的冷却速度，转变开始曲线发生改变，如图 2-195b 所示。因为没有孕育时间被消耗在中心部位，中心部位的冷却曲线起始于 A_1 温度处（时间为 0）。此时中心部位的冷却曲线没有横穿珠光体相区，结果是中心部位的硬度高于表面的硬度。

从淬火期间放热的动力学和横截面不同点处形成的硬度可以得出一个结论：在与表面不同距离处，A_1 到 500℃之间的实际冷却速度有着最重要的影响。在冷却速度不连续变化的预冷淬火中，不同点的放热动力学与常规淬火不同。

为了解释这一现象，以 4140 钢的常规淬火和预冷淬火为例进行研究，如图 2-196 和图 2-197 所示。如图 2-196 所示，将以下两种淬火条件下测量的冷却曲线叠加在 4140 钢的 CCT 图上：

1）常规淬火：探头在 20℃、无搅拌矿物油中淬火。

2）预冷淬火：探头在 40℃、搅拌速度为 0.8m/s、浓度为 15%的聚合物溶液中淬火。

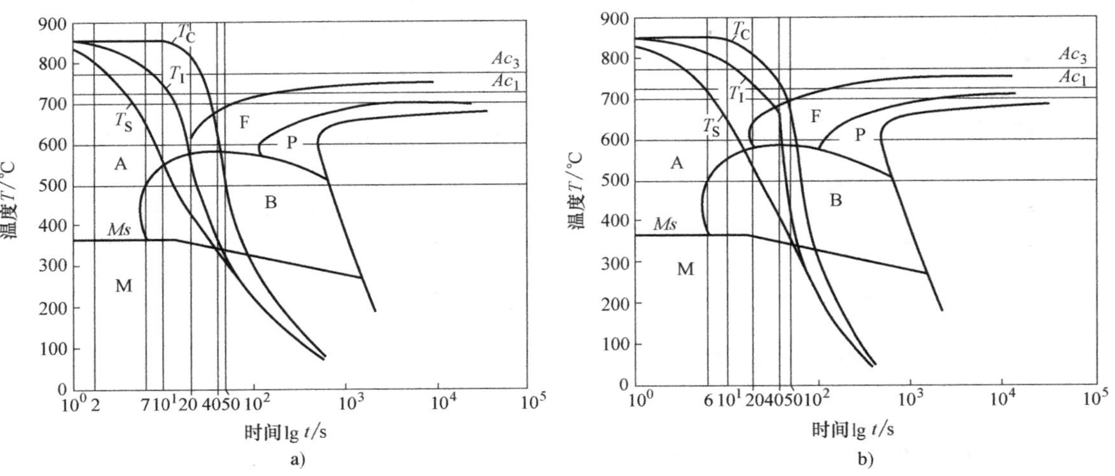

图 2-196 测量的冷却曲线叠加在 AISI 4140 钢的连续冷却转变图上

a）常规淬火 b）预冷淬火

T_S—表面温度 T_I—表面下 1.5mm 处的温度 T_C—中心温度

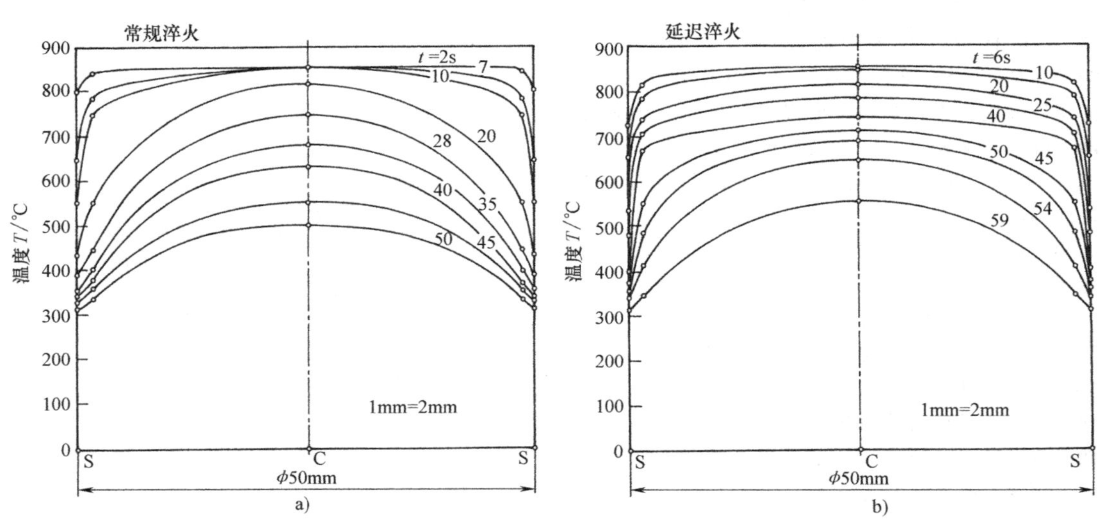

图 2-197 50mm 圆柱体中的温度分布曲线和圆柱体表面下不同点处的时间-温度的关系

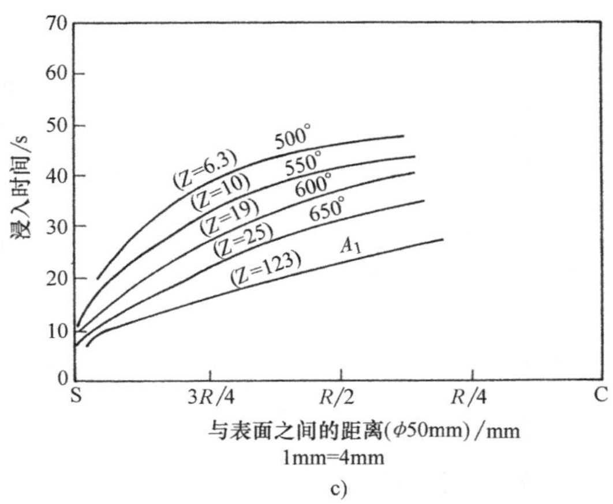

c)

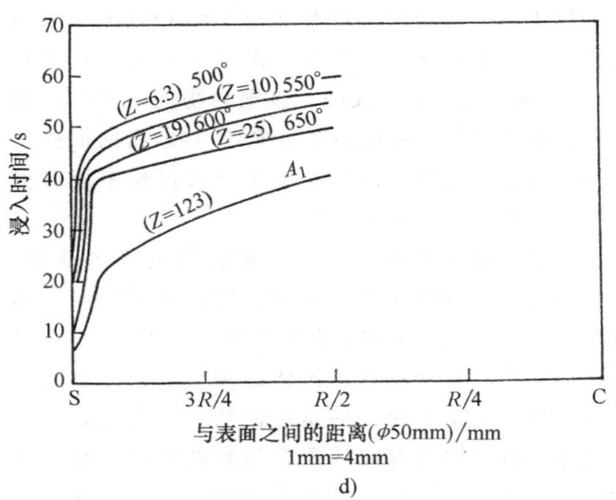

d)

图 2-197　50mm 圆柱体中的温度分布曲线和圆柱体表面下不同点处的时间-温度的关系（续）

a）、c）常规淬火　b）、d）延迟淬火

Z—孕育时间（s）

在图 2-196 中，由 ϕ50mm 的探头测得的冷却曲线中，T_S代表表面温度，T_1代表表面下 1.5mm 处温度，T_C代表中心部位温度，并叠加在 AISI 4140 钢的 CCT 图上。分别将常规淬火和预冷淬火中上述三个点处的测量值映射到探头纵截面上，得到淬火过程中不同时间点的相关温度场，如图 2-197a 和 2-197b 所示。用距离表面不同高度的垂线与图中曲线相交，可以导出各自的图表，如图 2-197c、d 所示。图 2-197c、d 将表面下方不同距离处的浸入时间与等温线关联了起来。例如，从图 2-197c 中可知，3/4 半径处在 16s 时冷却到 A_1，另外还需要 23s 才冷却至 500℃，也就是浸入后 39s 达到 500℃。图中还给出了每条等温线的孕育时间（z）。

对比图 2-197 中的各图，可以发现温度场的区别，以及表面下不同距离处从浸入到冷却至等温线所需时间的差异。以图 2-197c、d 中 A_1 = 727℃ 和 A_1 = 500℃两条等温线为例，可计算出从表面至 1/2 半径之间不同的点在这一温度范围（A_1 − 500℃ = 227℃）内的平均冷却速度。图 2-198 所示为其计算结果。该图给出了最让人感兴趣的常规淬火和预冷淬火之间放热动力学的对比。

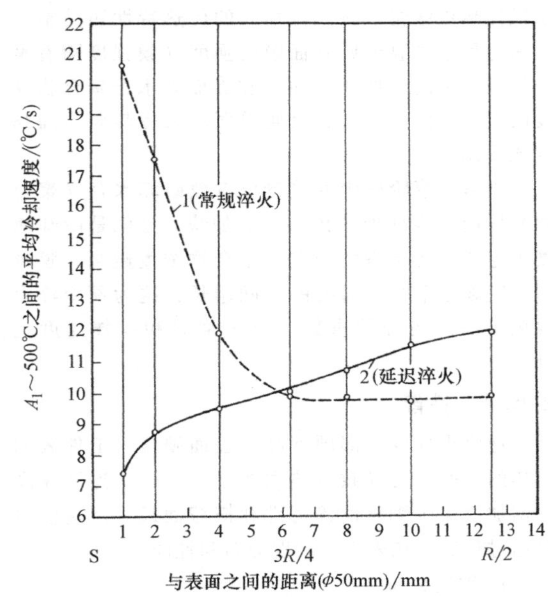

图 2-198　A_1 降至 500℃期间的平均冷却速度与 ϕ50mm 圆柱体表面以下距离的关系

1—20℃无搅拌油　2—浓度为 15%、搅拌速度为 0.8m/s、浴温为 40℃的 UCON-E 溶液

在上述无搅拌油常规淬火情况中，A_1降至 500℃这一关键温度范围的平均冷却速度在表面处很高，到 3/4 半径处下降了约 50%；而在预冷淬火的情况下，平均冷却速度在表面处是较低的，直至 1/2 半径处逐渐增加。这些通过试验获得的结果有助于理解预冷淬火后出现相反的硬度分布的原因。

很明显，淬火中的可控延迟能显著增加硬化层深度。在这方面，可控预冷淬火技术有可能作为替代方法，来实现较低淬透性钢材的更深度的硬化。在任何情况下，预冷淬火在硬度分布上的影响都与钢材的淬透性和工件的横截面尺寸密切相关。

2.6.3　可控预冷淬火的淬火冷却介质

对于单个工件的淬火，喷雾淬火技术自身就能够实现可控预冷淬火，因为能够对喷雾的起始进行预设。对于成批工件的浸入淬火，高浓度的 PAG 溶液是仅有的淬火冷却介质，通过改变溶液中聚合物的浓度，可实现淬火的预先设定和可控延迟。

使用的淬火冷却介质是尤康-E(UCON-E) 水溶液，它是用由环氧乙烷和环氧丙烷聚合成的一种专用 PAG 聚合物配制而成的。该聚合物是一种嵌段聚合物，它不但具有常用的随机 PAG 共聚物的那些众所周知的工艺优势，而且在整个淬火过程中能够更加均匀地覆盖工件表面。

不管高温金属被浸入何种聚合物的水溶液中，由于高温金属界面上水的即刻蒸发，将形成一层蒸汽膜。这个蒸汽膜又被聚合物膜包住。对于 PAG 淬火冷却介质，聚合物膜是流体的和可变的。在这一阶段，从热金属上的传热是缓慢的，因为它必须通过气体，且必须具有破坏聚合物膜的能量。经过持续冷却，被包住的蒸汽突破流体膜，水分逃逸，传热开始以核沸腾形式进行。

聚合物溶液的浓度越高，产生的膜也越厚。随着膜厚度的增加，膜变得更加隔热，导致淬火第一阶段传热更缓慢。该聚合物膜的传热特性还受整个淬火过程中高温金属界面膜的强度（膜强度随着聚合物分子量的增加而增加）和界面处水合聚合物黏度的影响。传热与高温金属界面淬火冷却介质的黏度成反比。

当蒸汽膜阶段中的热量可有效破坏水合（聚合物）膜时，表面处的传热突然加快。这就是冷却速度不连续变化出现的时刻。聚合物浓度越高，膜越厚，突破这个膜所需要的时间越长，这为预冷淬火提供了一个可控性参数（除了浴温和搅拌速度之外）。

2.6.4 性能

逆淬火导致心部硬度高于表面硬度，工件表面传热的预期改变导致放热主要来自心部。淬硬深度的增加取决于钢材的淬透性和横截面尺寸。这使得可通过控制传热来影响硬度分布和性能。

1. 硬度分布

图 2-199 中左侧的曲线是 ϕ50mm 的 AISI 4140 钢棒在 20℃ 无搅拌的矿物油中淬火后横截面上常规的硬度分布情况；右侧的曲线是同样材质的钢棒在浴温为 40℃、搅拌速度为 0.8m/s、浓度为 25%的 PAG 溶液中淬火后，测得的相反的硬度分布情况。从图中可见预冷淬火是如何显著增加硬化深度的。

像 4140 钢这样的低合金钢一般在淬火和回火条件下使用。ϕ50mm 的 4140 钢棒在 480℃ 回火 2h 后，常规硬度分布和相反硬度分布曲线如图 2-200 所示。回火并不影响常规硬度分布曲线的形状；而此时逆淬火的曲线在整个横截面上基本是均一的（平的）。根据经验，在回火期间，较高的硬度值比较低的硬度值降低得多。逆淬火+回火的钢件的心部硬度相比

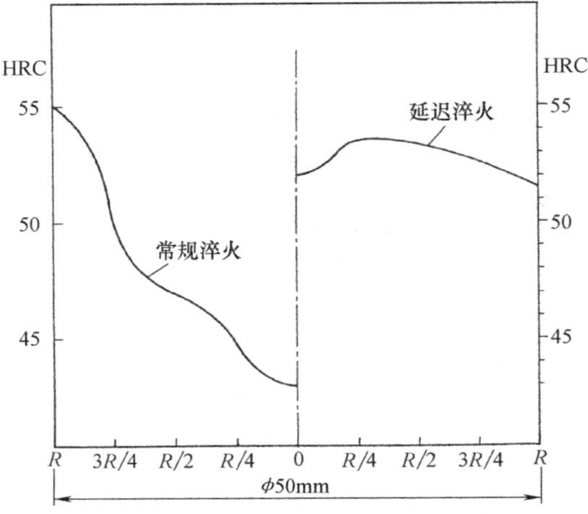

图 2-199 常规硬度分布和相反的硬度分布

a）在 20℃ 无搅拌油中淬火后的常规硬度分布

b）在浓度为 25%、搅拌速度为 0.8m/s、浴温为 40℃ 的 UCON-E 溶液中淬火后的相反硬度分布

而言高出 6HRC，这提供了一个“保证”：显微组织基本都是由回火马氏体组成的。在常规热处理的钢中，也存在较软的成分。就力学性能而言，众所周知，回火的细晶马氏体具有最高的韧性，尤其是在强度水平高的情况下。

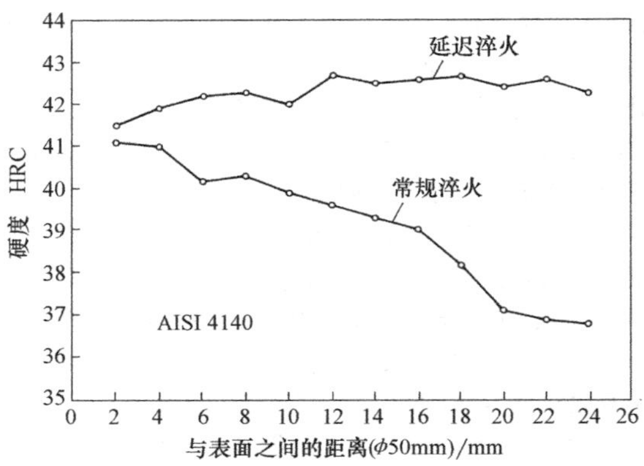

图 2-200 480℃ 回火 2h 后的硬度分布

2. 对疲劳强度的影响

用 ϕ50mm×300mm 的 AISI 4140 钢试样做弯曲疲劳测试。所有的试样来自同一炉钢材，且在保护气氛中经 860℃ 奥氏体化。

试样在 20℃、无搅拌的矿物油中淬火热处理，获得常规硬度分布。在 40℃、搅拌速度为 0.8m/s、浓度为 25%的 PAG 溶液中淬火热处理，获得相反硬度分布。淬火之后，试样在真空炉中以 500℃ 回火 2h。

裂纹扩展速度由总测试周期中裂纹的生长比例

（百分比）表征：$(N_f-N_c)/N_f$。其中 N_f 是测试结束时的循环次数，N_c 是第一道裂纹出现时的循环次数（N_c 是试样的刚度开始下降时的循环次数）。

疲劳测试是在频率为 16Hz、应力比 R 为 0 的不同正弦脉冲荷载条件下进行的。将测试结果绘成 S-N 曲线（图 2-201），也就是名义应力振幅与到初始开裂时的疲劳寿命（循环次数）的关系曲线。尽管测试数量不多，仍能看出具有相反硬度分布的试样的疲劳寿命比具有常规硬度分布的试样的长。例如，在大部分测试所用的 270MPa 应力条件下，疲劳寿命增加了约 7 倍。同样可观察到，对具有相反硬度分布的试样的测试，裂纹扩展部分更加均衡，总计达总疲劳寿命的 13%～20%，总疲劳寿命取决于应力大小。

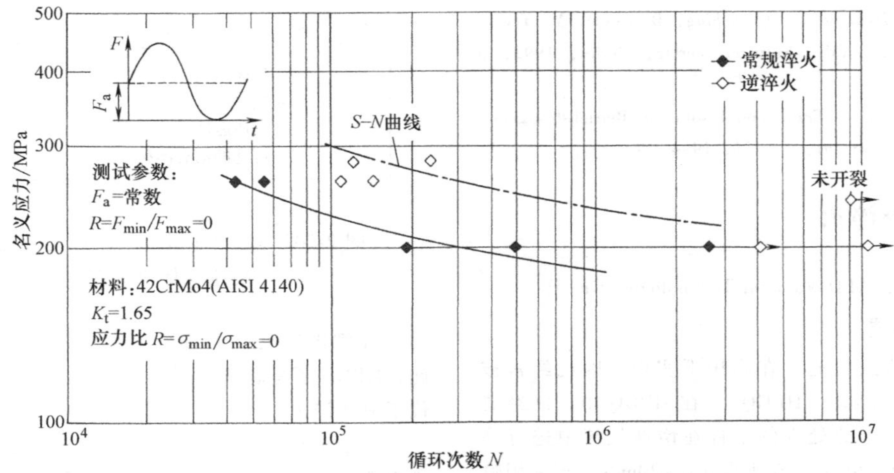

图 2-201 分别具有普通淬火硬度分布和逆淬火硬度分布的 AISI 4140 钢试样的弯曲疲劳 S-N 曲线（所有试样都在 200℃ 下回火了 2h）

2.6.5 总结

可控预冷淬火技术基于冷却速度的不连续变化，与每次预冷淬火有关。如理论所解释的那样，淬火过程中冷却速度的不连续变化，与常规淬火实践相比，很有可能会增加硬化深度。对于常规淬火，A_1 到 500℃ 的关键温度范围内的平均冷却速度从表面到中心是降低的；而在预冷淬火中，它是增加的。预冷淬火对硬度分布的影响总是取决于钢材的淬透性和工件的横截面尺寸。预冷淬火可以使低淬透性钢材获得更大的硬化深度。对于批量工件的浸入淬火，高浓度的聚合物（PAG）溶液是仅有的适用于可控预冷淬火的淬火冷却介质。除了浴温和搅拌速度，能够进行控制的主要参数是聚合物浓度，聚合物膜厚度便取决于此，因此预冷淬火也取决于聚合物浓度。

参考文献

1. N. Shimizu and I. Tamura, An Examination of the Relation between Quench-Hardening Behavior of Steel and Cooling Curve in Oil, *Trans. ISIJ*, Vol 18, 1978, p 445-450
2. E. A. Loria, Transformation Behavior on Air Cooling Steel in A_3-A_1 Temperature Range, *Met. Technol.*, Oct 1977, p 490-492
3. N. Shimizu and I. Tamura, Effect of Discontinuous Change in Cooling Rate during Continuous Cooling on Pearlite Transformation Behavior of Steel, *Trans. ISIJ*, Vol 17, 1977, p 469-476
4. B. Liščić and G. E. Totten, Controllable Delayed Quenching, *Heat Treating: Equipment and Processes—1994 Confer ence Proceedings*, G. E. Totten and R. A. Wallis, Ed., ASM International, 1994, p 253-262
5. M. Chen and H. Zhou, Numerical Heat Transfer Analysis on the Effect of Enhancing the Thickness of the Hardened Layer by Delayed Quenching, *Jinshu Rechuli Xuebao* (*Trans. Met. Heat Treat.*), Vol 14 (No. 4), Dec 1993, p 1-6 (in Chinese)
6. B. Liščić, V. Grubisic, and G. E. Totten, Inverse Hardness Distribution and Its Influence on Mechanical Properties, *Proc. Second International Conference on Quenching and the Control of Distortion*, ASM International, 1996, p 47-54
7. B. Liščić, "Investigation of the Correlation between Polymer-Solution (PAG) Concentration and Inverse Hardening Distribution Curves," Intemal Report 11/92, Laboratory for Heat Treatmem, Faculty of Mechanical Engineering and Naval Architecture, University of Zagreb, Zagreb, Croatia, March 1992
8. B. Liščić, S. Svaic, and T. Filetin, Workshop Designed System for Quenching Intensity Evaluation and Calculation of

Heat Transfer Data, *Proc. First International Conference on Quenching and the Control of Distortion*, ASM International, 1992, p 17-26

9. R. H. Harding and P. L. Matlock, U. S. Patent 33, 445, reissued 1990
10. R. R. Blackwood and W. D. Cheesman, U. S. Patent 3, 220, 893, 1965
11. W. Luty, Types of Cooling Media and Their Properties, *Theory and Technology of Quenching*, B. Liščić, M. Tensi, and W. Luty, Ed., Springer Verlag, Berlin, 1992, p 248-340
12. Test Report 7710, Fraunhofer Institut fur Betriebsfestigkeit, Darmstadt, Germany, Nov 24, 1994

2.7 气冷淬火

Volker Heuer, ALD Vacuum Technologies GmbH

2.7.1 概述

气体淬火过程通常在高压下实现，因此经常被称为高压气体淬火（HPGQ）。在 HPGQ 中，已经奥氏体化或经化学热处理的工件在惰性气流中进行淬火，压力为 1~20bar，流速为 0.5~20m/s。当采用喷管时，速度更高，可以达到 80~160m/s。在少数情况下，采用高达 25bar 的压力。在大部分情况下，HPGQ 与真空热处理相结合，如低压渗碳（LPC）；在少数应用中，HPGQ 则被用于常规气体渗碳之后。HPGQ 之后通常紧跟着回火。

在多数情况下，气体淬火工艺的目的是提高工件硬度。在奥氏体化完成后，对工件进行 HPGQ，使显微组织从奥氏体转变成马氏体，由此获得期望的硬度的增加。

与液体淬火，如油、聚合物溶液或水淬火相比，高压气体淬火是环境友好型的且变形小的淬火工艺。与液体淬火相比，干燥的气体淬火有以下优点：

1）热处理后工件表面清洁，不需要清洗。

2）环境友好型工艺（不需要清理油，没有盐浴残留物，也没有清洁剂残留物）。

3）淬火强度的控制十分灵活。

4）能减少热处理变形（热处理过程中工件几何外形和尺寸上不希望发生的改变）。

5）有可能将热处理工艺整合到生产线中。

影响显微组织、硬度和变形的工艺参数如图 2-202中所示。

HPGQ 的缺点是其淬火强度与液体（如油、水或聚合物溶液）淬火相比有所限制。虽然近来 HPGQ 技术有所改进，但非常大的零件采用气体淬火仍不成功，除非它们是由淬透性极好的钢种制成的（详细内容见“心部硬度预测”一节）。尽管如此，HPGQ 还是越来越受欢迎，且在很多应用中取代了液体淬火。

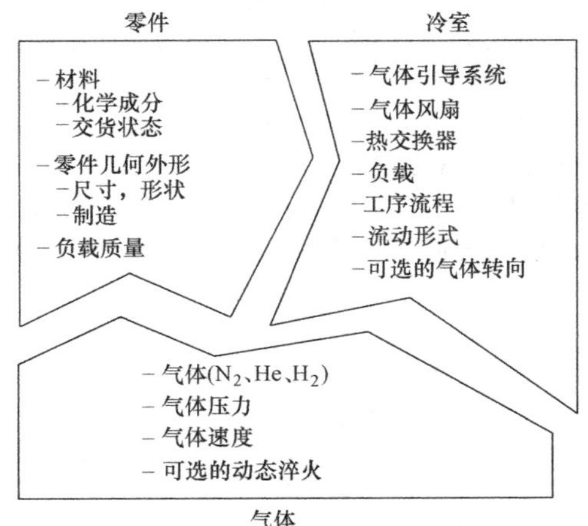

图 2-202 影响显微组织、硬度及变形的高压气体淬火变量

对于工具钢和高速工具钢的热处理，HPGQ 被优先选择，并几乎已经完全取代了以前常用的液体淬火。通过提高气体压力和气流速度，以及采用独立 HPGQ 淬火室——冷室的设计，气淬热处理也建立起了针对低合金表面硬化钢和调质钢的淬火工艺。迄今为止，HPGQ 在冷室上的初步应用有齿轮组件（齿轮、轴、同步装置）、轴承套圈以及燃油喷射系统组件（喷嘴、泵压头等）。在过去的几年里，LPC 技术与 HPGQ 相结合已成为乘用车手动和自动变速器中齿轮组件处理的优先选择。

2.7.2 物理学原理

在 HPGQ 过程开始时，淬火室中涌入大量淬火气体。根据气体类型和安装的设备，达到预期的压力水平需要 4~20s 的时间。随后，气流循环通过负载并从工件中带走热量，同时气体吸收的热量被释放到一个集成式热交换器中。

带走的总热量可用热流密度（q）来描述。根据式（2-96），热流密度与传热系数 α 成正比。传热系数是淬火中重要的物理参数，且零件表面上局部 α 值的分布对淬火后的零件质量有很重要的影响

$$\dot{q}=\alpha(T_S-T_{Gas}) \tag{2-96}$$

式中，T_S是零件表面温度。

图 2-203 所示为不同淬火冷却介质的平均传热系数。用 HPGQ 获得的冷却速度与用温和油淬获得的冷却速度相似。HPGQ 不能达到用强烈搅拌的油淬火所获得的冷却速度。

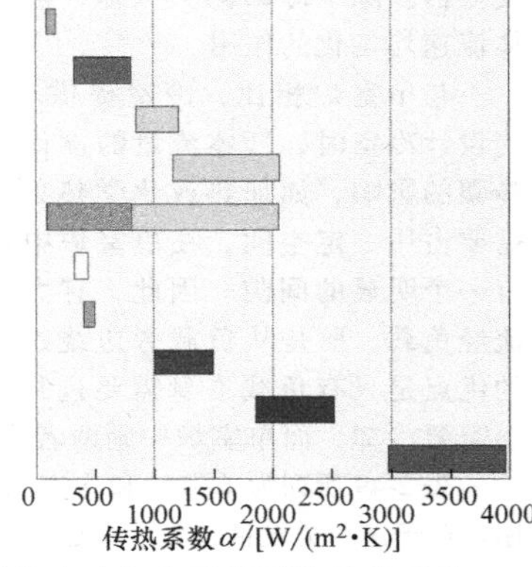

图 2-203 不同淬火冷却介质的平均传热系数

传热系数 α 和工艺参数之间的理论关联见式

$$\alpha = Cw^{0.7}\rho^{0.7}d^{-0.3}\eta^{-0.39}c_p^{0.31}\lambda^{0.69} \tag{2-97}$$

式中，C 是常数；w 是气流速度；ρ 是气体密度；d 是零件比直径；η 是气体动力黏度；c_p 是气体的比热容；λ 是气体的热导率。

常数 C 包含了其他所有影响因素，如淬火室具体的空气动力学条件、气流紊乱程度等。一旦选定了淬火室类型和淬火气体类型，气体压力和流速是能够进行调整以达到预期淬火强度的两个重要工艺参数。

在 HPGQ 工艺过程中，传热系数几乎保持恒定。

当对气淬和液淬（油、水、聚合物溶液）的传热机制进行比较时，可以看出一个基本的差异。液淬中有三种不同的传热机制：膜沸腾、核沸腾和对流。这三种传热机制导致零件表面局部传热系数的分布很不均一（图 2-204）。这种不均一的冷却条件导致组件中产生了极大的热应力和组织应力，随之便可能引起变形。在 HPGQ 中只发生对流，所以具有更加均一的冷却条件。由于气态淬火冷却介质不发生相变，与液淬相比，HPGQ 在很多应用中产生的变形较小。

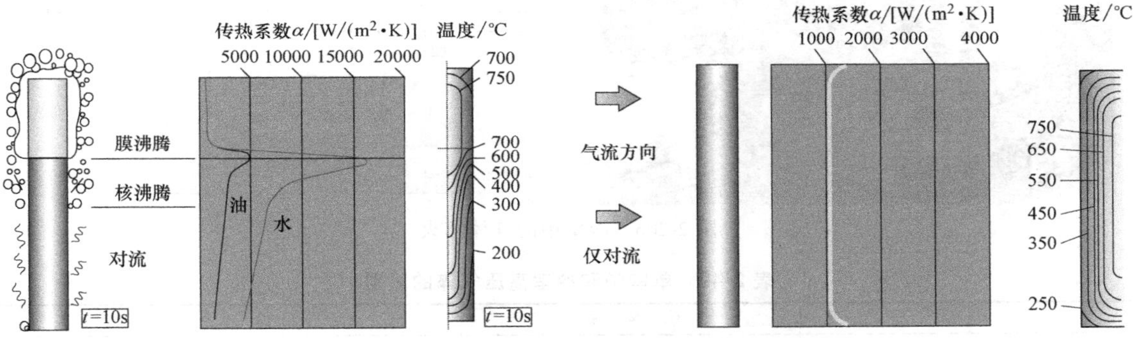

图 2-204 液体淬火和气体淬火中的传热系数及温度分布

气淬的另一个优点是通过改变气体压力和气流速度，可以精确地调整淬冷烈度的灵活性。淬冷烈度可根据零件硬度和显微组织调节到特定的目标值。对于液淬，由于只有淬火冷却介质的搅拌和温度是可变的，因此灵活性较低。这就导致与 HPGQ 相比，液淬的工艺空间小得多。

液态淬火冷却介质长期使用时，由于淬火冷却介质的污染，传热系数会变差。但是采用 HPGQ 不会出现这种情况，而且随着时间的增加，冷却速度能保持良好的重现性。

2.7.3 气冷淬火设备

气淬设备主要有两类：在单室炉中，所有工艺步骤，如加热、奥氏体化、可选择的化学热处理和 HPGQ 都在同一个室中进行；另一类是多室系统，其中包含仅用于淬火的冷室，它是多室系统的一部分，在多室系统中，加热、奥氏体化和可选择的化学热处理在不同的室中进行。

在两种类型的气淬设备中，都配有一台集成的高性能风机用于循环气体，使气体通过适当的气体引导系统经过热工件。为气体风机配置的电动机的功率要根据气体的目标速度、目标压力和气体类型来选择。典型的风机电动机功率在 80～250kW 范围内，有时高达 400kW。气体从负载吸收热量并释放到集成气体/水热交换器中。

图 2-205 所示为单室炉中的气流。加热和淬火在同一个室内进行，因此室的设计是两种功能之间的优化折中。气体被一个风机加速，并被引导经过负载和热交换器。通过改变翻板和导流板的位置，可以改变气流的方向。单室炉的设计是可变的，如方形室或圆形室、用气体喷嘴淬火及单向、双向或四向定向冷室。

图 2-206 所示为气淬冷室的设计实例。在 HPGQ 工艺开始之前，将热负载运输进冷室中。关闭密闭门后，室中涌入淬火气体。用两台风机来加速气体通过负载和分别位于负载上方和下方的两个水冷热

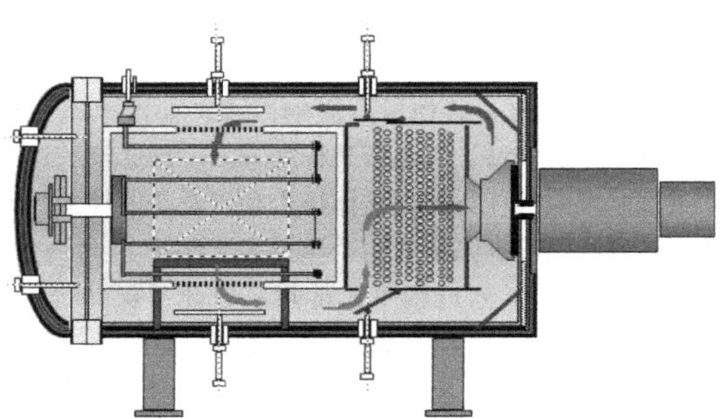

图 2-205 单室炉气体淬火（奥氏体化、化学热处理和淬火在一个室中进行）

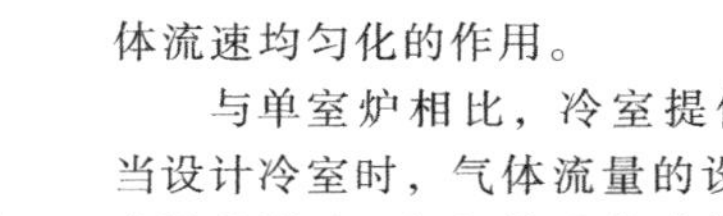

交换器。除了冷却淬火气体，热交换器还起到使气体流速均匀化的作用。

与单室炉相比，冷室提供了更强的淬冷烈度。当设计冷室时，气体流量的设计不会受到其他工艺步骤的影响，如加热或化学热处理。由于加热元件需要占用一定空间，在单室炉中负载和炉内壁之间有一个明显的间隙。因此，有大量气体并未被引导流经负载，而是从负载旁边绕过。冷室的一个更大的优点是只有负载本身需要进行冷却，热的炉内壁不需要冷却，而单室炉中则两者都会被冷却。

表 2-49 所列为单室炉和冷室的优缺点以及典型应用。对于这两类设备，为了满足零件的硬度和变形均匀性的要求，提供均匀的气体流速都是很重要的。

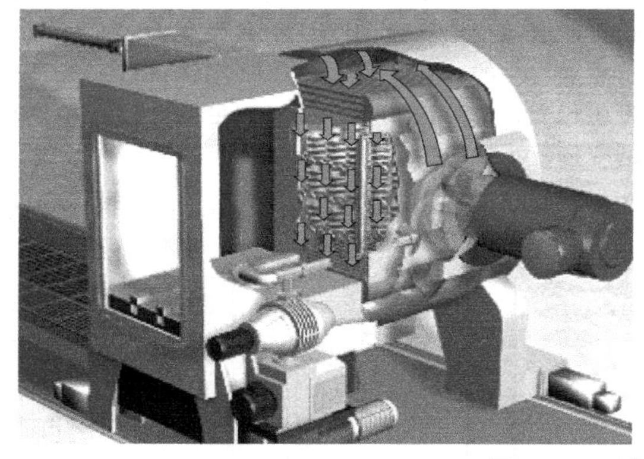

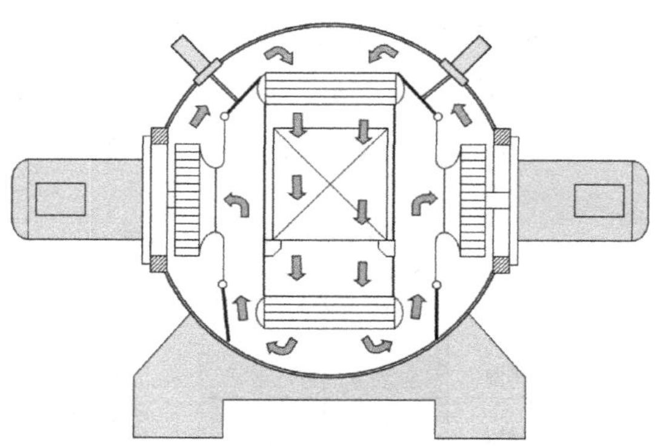

图 2-206 冷室中的气体淬火

表 2-49 单室炉和冷室高压气淬的区别

	单室炉	冷室
产量	小批量	大批量
主要应用场合	工具、模具、航空零件、齿轮零件、轴承套圈（有尺寸限制）、燃油喷射零件	齿轮零件、机器零件、轴承套圈、燃油喷射零件
处理的典型钢种	M2、M3、M42、T1、H10、H11、H13、D2、D3、A2、440C、4XX 不锈钢、3XX 不锈钢、表面硬化钢（小零件）	4120、4320、5120、5130、52100、8625、9310、100Cr6、20MnCr5、27MnCr5、18CrNiMo7-6、8620（小零件）、16MnCr5（小零件）
中、高淬火速度	不可能（或仅对于特殊炉型）	有可能
很低的淬火速度	可能（通过采用整体加热系统）	不可能
淬火过程中测量零件内部温度	可能	不可能（除非使用移动电子数据记录装置）
气流一致性	经常受到限制	最佳化

冷却速度的均一性通常是通过在不同位置的淬火零件处放置热电偶来测定的。建议在装炉零件的极限位置处测量冷却曲线，如装炉零件的转角、顶部中间、中心和底部中间处。当在冷室中测量冷却曲线时，必须使用能在整个过程中跟随负载移动的移动电子数据记录装置。这种装置的缺点是对测量的冷却曲线有影响，因为其尺寸相对较大而改变了淬火性能。

2.7.4 气体类型

HPGQ 主要使用三种气体：氮气、氦气和氩气。出于安全考虑，氢气还未用于工业生产。氢气是仅有的可燃性淬火气体，因此在这类工厂的技术设计和后续操作中都需要采取大量的安全保护措施。由于淬火气体热物理性质的不同，其淬火能力也有明显不同，见表 2-50。

表 2-50　标准条件下（25℃、1bar）气体的热物理性质

性　　质	氩气	氮气	氦气	氢气
分子式	Ar	N_2	He	H_2
15℃、1bar 条件下的密度/(kg/m^3)	1.6687	1.170	0.167	0.0841
密度与空气密度的比值	1.3797	0.967	0.138	0.0695
分子量/(kg/kmol)	39.9	28.0	4.0	2.01
比热容(c_p)/[kJ/(kg·K)]	0.5024	1.041	5.1931	14.3
热导率(λ)/[W/(m·K)]	177×10^{-4}	259×10^{-4}	1500×10^{-4}	1869×10^{-4}
动力黏度(η)/($N\cdot s/m^2$)	22.6×10^{-6}	17.74×10^{-6}	19.68×10^{-6}	8.92×10^{-6}

氦气在工业上应用广泛。氦气应用于一些需要更高淬火冷却速度的场合。因为氦气比氮气更轻，所以安装一个更大的叶轮就可以提供更高的气流速度，而不用增加风扇功率。然而，氦气的成本较高，在每次淬火周期后需对其进行重复利用。氩气通常用于航空件的淬火。

除了使用单一气体，也可以将气体混合使用。理论计算证明，混合气体的传热系数（如 He/CO_2 以 60%/40%的比例混合时）大于单一氦气的传热系数。然而到目前为止，用混合气体淬火并没有在实践中得到应用，因为提供和维持混合气体成分所需要的技术要求很高。此外，二氧化碳作为淬火气体使用可能会导致零件表面发生氧化和变色。

除了使用表 2-50 中的工业气体外，也可以使用干燥的空气作为淬火气体。但使用空气不可避免地会导致淬火过程中零件表面的氧化。然而，在典型低合金表面硬化钢上形成的约 5μm 厚的氧化层，可在随后的生产工序中通过喷丸加工完全除去。关于零件表面硬化和耐磨性的问题尚未有报道。如果淬火后氧化层可通过喷丸加工或精加工除去，那么使用空气进行淬火将成为可能。

2.7.5　冷却曲线

淬火冷却速度在很大程度上取决于工件的形状和尺寸、淬火室的设计以及负载的结构和重量。如果淬火室的类型和淬火气体已经选定，且负载形状已确定，那么气体压力和气体流速便是能够进行调整以达到预期淬冷烈度的两个重要工艺参数。为了确定某个淬火室的设计气体流速，可用热线风速计测量局部的速度分布情况。该测量是在淬火室空载的装料平台上进行的。随后将此次测量的平均值视为淬火室的气体流速。根据式（2-97），气体流速和气体密度对式中指数为 0.7 的传热系数 α 有影响，而气体密度与气体压力成正比。因此，气体压力和气体流速对传热系数有相同的影响。

正如“气体淬火设备”一节中所描述的，当分析冷却曲线时，必须区分单室炉和冷室。图 2-207 和图 2-208 所示为单室炉的冷却特性。ϕ25mm 的圆柱体用气流速度为 7m/s 的氮气进行淬火时不同气体压力的冷却曲线如图 2-207 所示。在图 2-208 中，显示了 ϕ100mm 的圆柱体在压力为 6bar、气流速度为 7m/s 的氮气中淬火时，工件表面和心部的冷却曲线。在这种情况下，采用气流换向可以获得更好的冷却均匀性（见“气流换向”一节）。

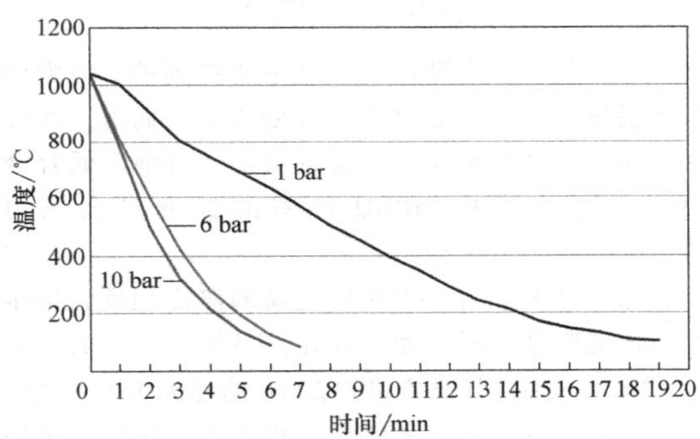

图 2-207　ϕ25mm 圆柱体在单室炉中淬火（区域：60/60/90；毛重 540kg；淬火气体：氮气；气流速度：7m/s）的冷却曲线与气体压力的关系

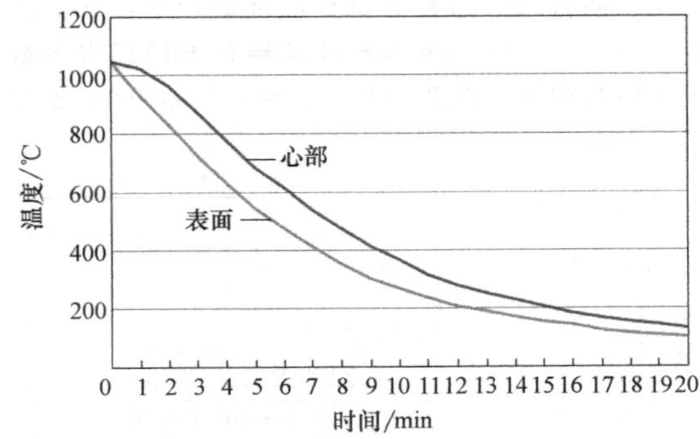

图 2-208　ϕ100mm 圆柱体在单室炉中淬火（区域 60/60/90；螺栓固定；负载的中-中位置；淬火气体：6bar 氮气；气体流速：7m/s；采用气流换向）时表面和心部的冷却曲线

目前，已发展出具有更高淬冷烈度、可用于特殊场合的单室炉。

在单室炉中，由中合金钢制造的较小零件通常直接冷却到室温，由高合金钢制造的、结构复杂的大型组件则通常要经过几个步骤的淬火。该工艺被称为分级淬火，用于避免淬火过程中的开裂和减少零件变形（图 2-209）。

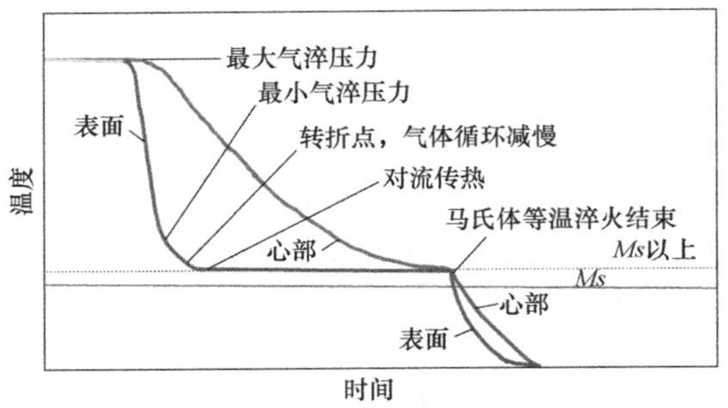

图 2-209 真空淬火中应用马氏体等温淬火来减少变形

如“气体淬火设备”一节中所提到的，冷室的发展引导了提供更高淬冷烈度的方法。同时，在过去几年里，最大淬火压力持续增加。目前，低合金钢材大量生产中 HPGQ 冷室的标准最大压力为 20bar。

除了淬火压力，为获得更高的淬冷烈度，历年来气体流速也有所增加。现在，当使用氮气时，采用 12m/s 的平均气体流速和 20bar 的淬火压力。当使用氦气时，由于它的密度低，其气体流速可显著提高而不需增加电动机功率。氦气淬火的平均流速最高可达 20m/s。

很多研究中都已测定了 HPGQ 在冷室中获得的淬冷烈度。例如，在 HPGQ 冷室中用试验方法测定不同直径的圆柱形试样心部的冷却曲线。图 2-210 所示为 ϕ10mm 圆柱体试样在不同淬火参数下的冷却曲线，图 2-211 所示为一个 ϕ50mm 工件的冷却曲线。

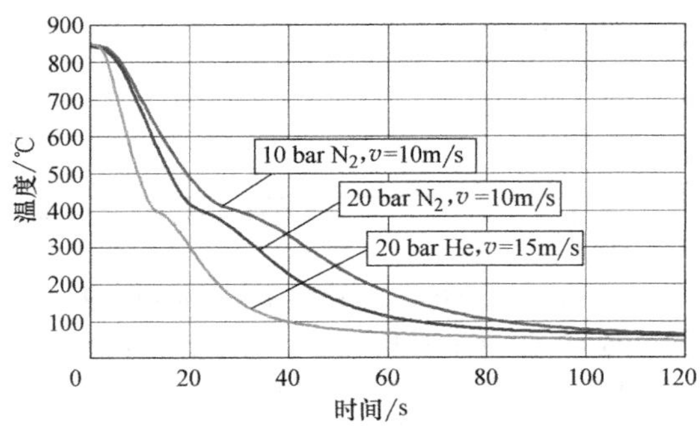

图 2-210 ϕ10mm 圆柱体试样在（Modul Therm）冷室中采用不同淬火参数淬火得到的冷却曲线

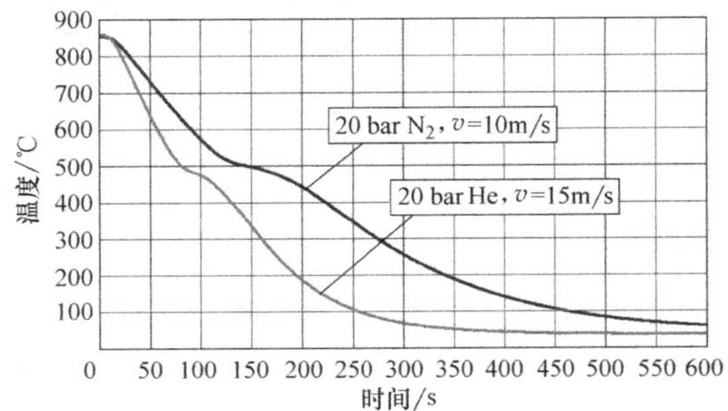

图 2-211 ϕ50mm 圆柱体试样在（Modul Therm）冷室中采用不同淬火参数淬火得到的冷却曲线

淬火参数 $\lambda_{800\sim500}$ 经常被用作冷却曲线的特征参数。其值可以通过从冷却曲线上读取的信息来确定，即从 800℃ 冷却到 500℃ 所需的时间。然后，用以 s 为单位的该数值乘以因子 1/100 就可以得到淬火参数 $\lambda_{800\sim500}$。图 2-212 所示为冷室中三种不同淬火条件下的 $\lambda_{800\sim500}$。

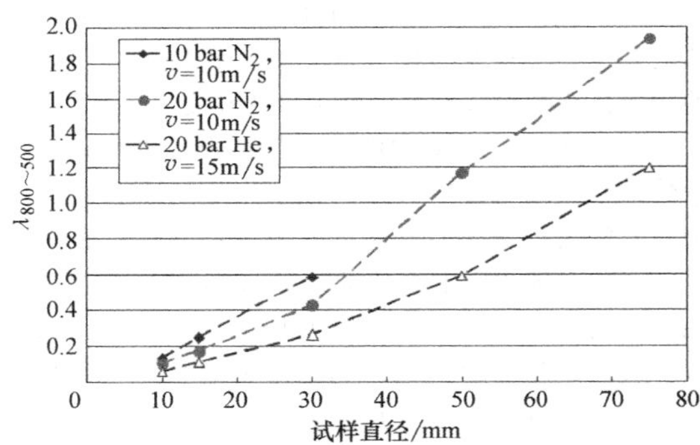

图 2-212 淬火参数 $\lambda_{800\sim500}$ 与圆柱体试样直径和（Modul Therm）冷室淬火参数之间的关系

当预测形状复杂工件的冷却曲线时，必须知道不同淬火条件下传热系数。表 2-51 中列出了在冷室中用 Q 型探头进行试验测定的传热系数，通过测量 Q 型探头表面和心部的冷却曲线来获得这些数据。表 2-51 中还列出了由式（2-97）算得的 α 值。可见，计算的与测量的值吻合得较好。但需要注意的是，常数 $C=0.10535$ 仅适用于该测试中的淬火室类型。如果用式（2-97）计算不同类型淬火室的 α 值，则须采用不同的 C 值。

如前所述，α 值可通过试验方法（即测量 HPGQ 过程中的冷却曲线）来确定。这是传统的用来确定工件表面平均 α 值的方法。然而，如果需要的不是平均值，而是在工件不同表面区域的局部和装料区内不同部位的 α 值，那么这种方法是不适用的。有另一种试验方法可用于确定装载内的局部 α 值。

表 2-51 计算的与测量的（Modul Therm）冷室中的传热系数（α）

气体类型	气压/bar	气体流速/(m/s)	传热系数 α 计算值[①] /[W/(m^2·K)]	传热系数 α 试验值 /[W/(m^2·K)]
氮气	1.5	3	43	58
氮气	1.5	4.8	60	75
氮气	1.5	8.8	91	98
氮气	10	10.1	380	380
氮气	19	10.1	596	590
氮气	19	14.7	1038	990

① 由式（2-97）计算得到，取 $C=0.10535$；计算值是纵向淬火的 ϕ28mm 圆柱体 Q 型探头外侧表面的值。

该方法是基于能量和质量传递之间的类似关系。但此方法需要大量的试验工作。另一种可能的方法是通过计算机流体力学模拟计算 α 值，采用此方法时，必须通过试验验证计算结果。

2.7.6 心部硬度预测

淬冷烈度及其决定的 HPGQ 后的心部硬度值并不仅仅取决于气体压力和气体流速这两个淬火参数。心部硬度值更多地取决于工件材料的淬透性、淬火室的设计以及负载的结构和重量。因此，所有心部硬度的预测值对每种类型的设备和每种负载结构都是不同的。

以下传动零件热处理的例子阐述了在工业实践中是如何预测心部硬度值的。当为齿轮或齿轮轴设计 HPGQ 工艺时，必须预测使用不同钢种作为零件材料时，齿根心部硬度能达到的值。一旦选定某种钢，必须明确在成批生产中应采用的淬火参数，以确保齿根心部硬度达到目标值。这些问题可通过预测基于钢材的末端淬火的淬透性曲线的方法来解答。

末端淬火淬透性曲线是一个标准化测试，如 DIN EN ISO 642 中所述，使用 ϕ25mm×100mm 的圆柱形试样作为测试探头，探头在奥氏体化后垂直悬挂，并用已知淬冷烈度的喷水管对探头进行淬火。水柱直接朝向圆柱形试样的下表面，这意味着随着与该表面距离的增加，探头内部的冷却速度逐渐下降。

淬火完成后，在表面以下 0.4mm 沿与轴线平行的方向测量硬度分布，得到的曲线就是末端淬火曲线。该曲线描述了与探头下端面之间的距离（即末端淬火值，以 mm 为单位）和得到的硬度（HRC）之间的关系。除了之前介绍的试验方法外，也可以根据钢种的化学成分来计算出曲线。

末端淬火值用 mm 表示，因此具有距离单位，但是本质上末端淬火值描述的是末端淬火探头内部的局部冷却曲线，因为末端淬火测试是一个标准化的淬火测试。当对一个试样进行淬火时，其内部的每个零件都有一条特定的冷却曲线，可用相应的末端淬火值来描述。

采用预测的方法时，首先确定的就是负载内不同位置的末端淬火值。如前所述，冷却曲线取决于淬火工件的尺寸和形状、淬火工艺参数、淬火室类型以及负载的结构和重量，这也是测定的末端淬火值仅适用于特定淬火场合的原因：特定的零件形状及组合、淬火室、工艺参数和负载结构。

预测方法的基本步骤如图 2-213 所示。目的是对于一种给定类型的淬火室和给定的工艺参数（特定的零件几何结构和负载结构），预测使用不同钢种时的齿根心部所能达到的硬度。为了实现这样的预测，必须知道零件材料的精确末端淬火淬透性曲线。热处理循环完成后，确定负载内特定部位的齿根心部硬度值（如从负载中部到底层的零件中的齿根心部硬度）。有了这一硬度值，便可从所用钢材的末端淬火曲线中读取相应的末端淬火值。该末端淬火值表征了给定淬火条件下，零件齿根中的局部冷却速度特性。在的齿根中，低的末端淬火值对应于高冷却速度，高末端淬火值则对应于低冷却速率。

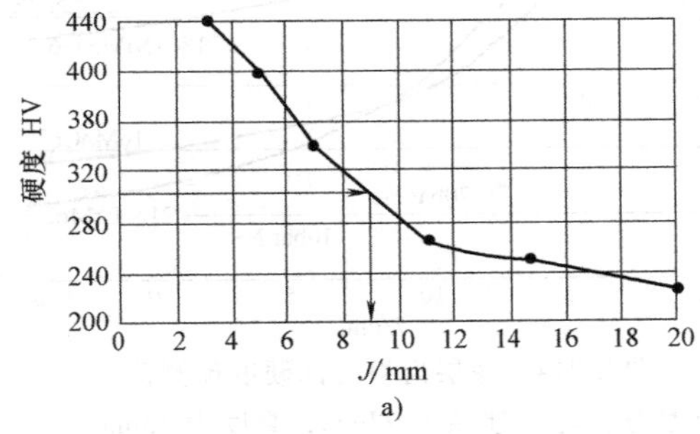

a)

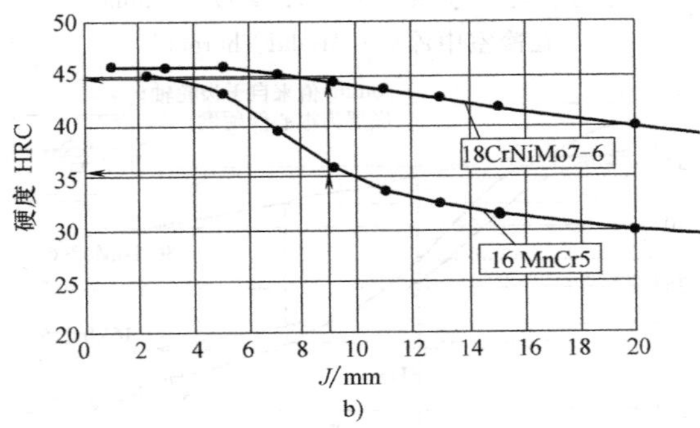

b)

图 2-213 预测齿根心部硬度的步骤

a）通过确定负载内局部末端淬火值来预测齿根心部硬度值

b）在给定类型的淬火室、零件几何形状、负载结构和重量、过程参数（气压、气体流速等）的情况下，预测不同钢种齿根的心部硬度的步骤确定零件的局部末端淬火值后，便可预测选择不同钢种时所能获得的齿根硬度值。如果已知钢种的末端淬火曲线，则可从末端淬火曲线上读取所能获得的硬度值。

图 2-214 所示为齿轮的齿根中确定的末端淬火值。图中展示了分别用 20bar 氦气和 10bar 氮气淬火时，底层的末端淬火值。此外，图中还加入了 16MnCr5、21NiCrMo2 和 18CrNiMo7-6 钢的末端淬火曲线。给出了典型的 HH 级钢的淬透性曲线。从而可预测使用这些钢种时齿根心部的硬度值。

图 2-215 所示分别用 20 bar 氦气和 10 bar 氮气淬火时，测定的齿轮轴齿根中的末端淬火值，并再次给出了典型的 HH 级钢的淬透性曲线。

图 2-216 对比了经常用于冷室 HPGQ 处理的不同表面硬化钢材的末端淬火曲线。一般而言，所有的钢种都有一个特定的合金元素含量范围。因此，每种材料都有一个由上、下限曲线界定的淬透性分布带，由材料技术要求定义。图 2-216 中的淬透性曲线代表最大末端淬火曲线下 1/3 的散布带。当为一个新应用选择钢种时，必须考虑淬透性分布带。

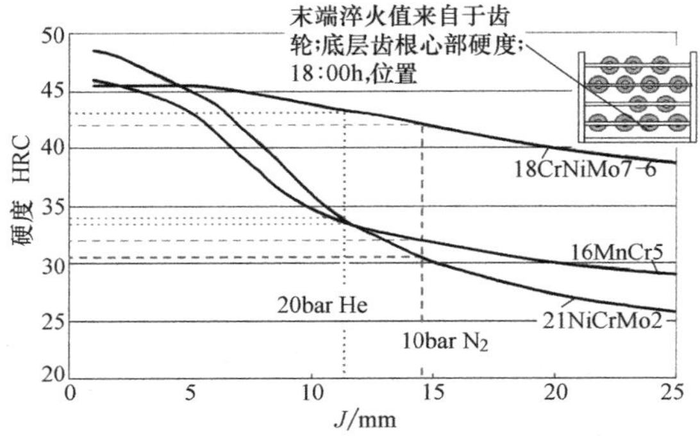

图 2-214 底层齿根心部硬度预测值

（悬挂齿轮；外径为 97mm，高度为 35mm；在冷室中淬火；Modul Therm）

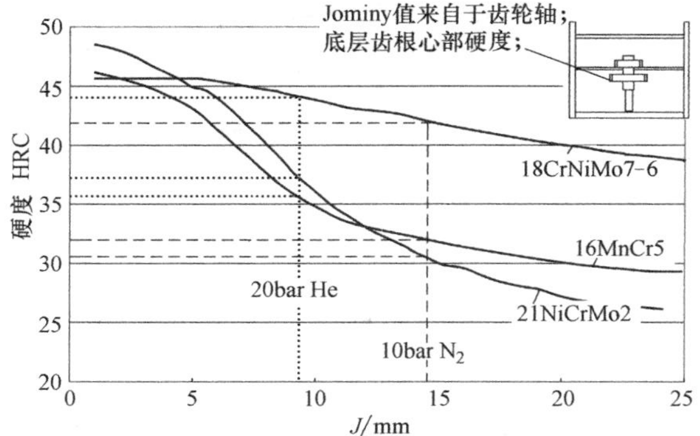

图 2-215 负载底层齿轮轴齿根心部硬度预测值：

（齿轮轴外径为 97mm，高度为 340mm；在冷室中淬火；Modul Therm）

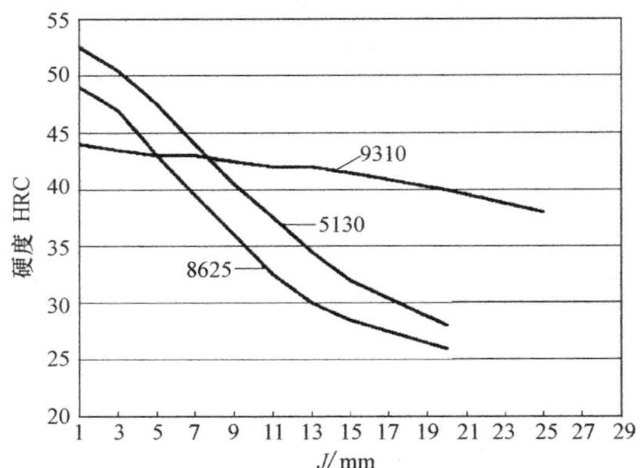

图 2-216 表面硬化钢的典型末端淬火曲线（在冷室中高压气淬）

注：曲线表明，分散带的 1/3 处于最大末端淬火曲线下方。

2.7.7 气流转向

高压气淬的气流方向通常为从顶部穿过负载到底部。但这种单向淬火会导致硬化结果的波动，这种波动是由淬火气体的温度升高和空气动力学流动状态造成的（由于层与层之间的“尾流效应”，引起层与层之间的流动状态不同）。现在的气淬室为淬火过程中的气流转向提供了可能。气流转向意味着气体的流动是从顶部到底部和从底部到顶部来回交替。通过交替转变气流方向，减少了放在不同层的零件的冷却曲线间的差异，从而减少了负载内变形散差。

图 2-217 所示为采用气流转向技术的淬火室示意图。为了达到交替转变气流方向的目的，淬火室内

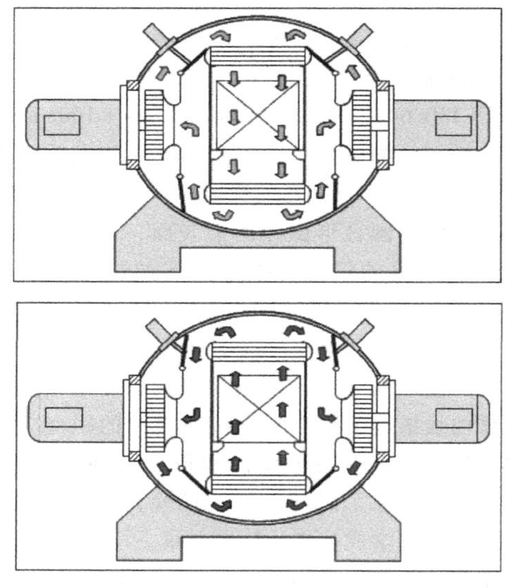

图 2-217 采用气流转向技术的淬火室示意图

配有气动式翻板。气流方向是从顶部到底部还是从底部到顶部，取决于阀门的设置。气流方向的交替转变是时控的。

如图 2-218 所示，当采用气流转向技术时，顶层和底层中的冷却曲线十分靠近。结果是负载内部的心部硬度值散差显著减小。在图 2-218 所示的应用中，齿根心部硬度极差从 90HV 减小至 40HV。

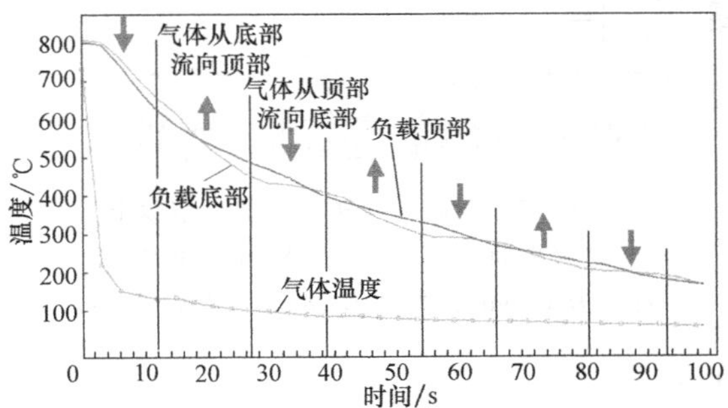

图 2-218 采用气流转向高压气淬时，卡车上的齿轮齿根心部冷却曲线（冷却曲线来自于负载的顶层和底层；图中标出了气流方向）

气流转向技术不仅可用来减小心部硬度散差，也可以减小负载内部变形散差。例如，将气流转向工艺应用于六档自动变速器中的最终传动小行星齿轮上。该齿轮由 5120 钢制成，外径为 31mm，高度为 32mm，外齿数为 24 个。一次装炉量为 9 层共 1056 个零件（图 2-219）。

图 2-219 最终传动行星小齿轮（ϕ31mm，24 个齿）和装炉量（9 层共 1056 件）

图 2-220 所示为采用气流转向工艺后取得的改善。当采用单向气流时，气体仅从顶部穿过负载流向底部。有了转向气流，气体流动能够在从顶部到底部和从底部到顶部之间来回交替，如图 2-217 所示。在图 2-220 中，使用单向气流时，位于负载中部和顶部的零件出现了变形超差。采用转向气流后，螺旋角的变化显著减少。例如，对于来自顶部的齿轮，其右侧最大螺旋角变化减少了 61%。

有了优化的气流转向工艺，热处理后不需要加工最终传动小行星齿轮的齿，只需要加工齿轮的孔和表面。这个例子显示了应用气流转向工艺来减少变形的显著潜力。

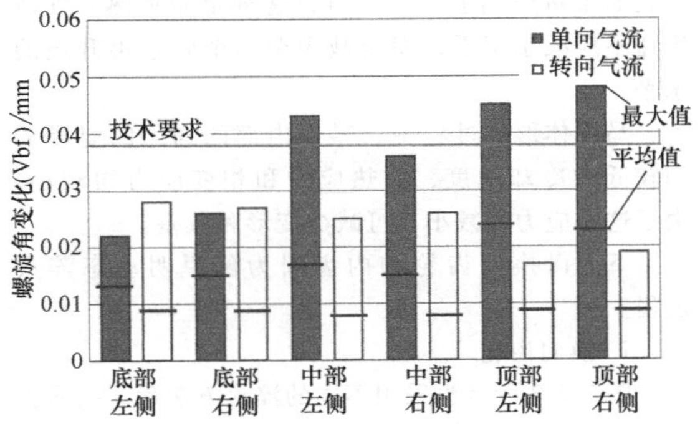

图 2-220 应用气流转向工艺后变形减少

注：单向和转向气流的比较（最终传动小齿轮在热处理后上部、中部、下部的螺旋角变化；热处理后最大值为 38μm）

2.7.8 气冷淬火动力学

除了有可能精确调整淬冷烈度达到预期水平和交替转变气流方向，HPGQ 还提供了在淬火过程中改变淬冷烈度的可能。当在冷室中采用该工艺时，称为动态淬火或分级淬火。动态淬火的目的是减少变形。淬冷烈度的变化通常是时控的。通过降低冷却速度，可减小热应力和相变应力，从而减少变形。

建议在达到马氏体转变起始温度（*Ms*）之前，通过降低气流速度来减小零件任意部位的淬冷烈度，由此热梯度及其带来的零件中的热应力都会相应减小。而且温度差的减小可使工件表面和心部更同步地转变为马氏体，从而导致相变应力的减小。通过减小热应力和相变应力，产生较低的塑性应变，由此减少零件变形。

图 2-221 为动态淬火过程中的冷却曲线示意图。图中显示了当气体流速在某一时刻减小至零时，不

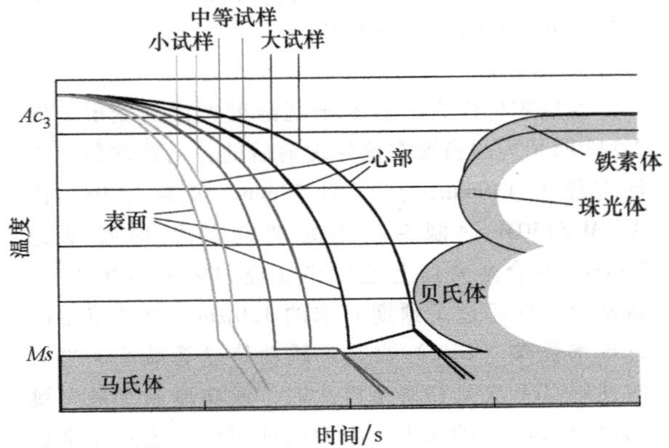

图 2-221 不同尺寸试样的淬火动力学示意图

同尺寸零件的表面和心部的温度。对于大试样，气体流速为零后其表面温度会上升，原因是热的心部将表面重新加热了。为了防止这种重新加热，气体流速不应减小至零，而应减小至一个防止再升温的水平。

马氏体形成过程中，零件内部的均匀的温度场和较低的冷却速度，使热应力和相变应力均较小。由于这些应力的减小，可减少变形和散差。

下面以换向齿轮和内齿圈为例说明动态淬火过程。

1. 换向齿轮

图 2-222 所示为采用不同的淬火方法后，换向齿轮螺旋角的变化（$f_{h\beta}$）。换向齿轮外径为 179mm，高 19mm，齿数为 67，由 16MnCr5 钢制成。与油淬相比，非动态 HPGQ 后 $f_{h\beta}$ 的变化轻微减少；采用动态 HPGQ 后，$f_{h\beta}$ 的变化显著减少。

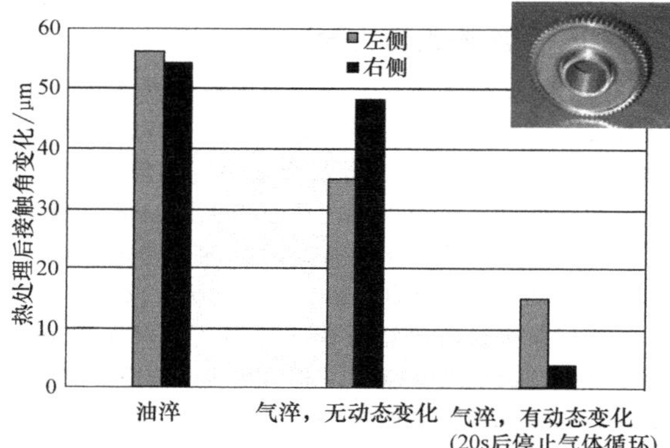

图 2-222 ϕ179mm 的 16MnCr5 换向齿轮在不同热处理方式后螺旋角变化（$f_{h\beta max}$-$f_{h\beta min}$）

除了测量热处理后 $f_{h\beta}$ 的绝对值外，还需测量热处理过程中 $f_{h\beta}$ 的变化。这里，热处理过程中 $f_{h\beta}$ 的变化是指热处理前后 $f_{h\beta}$ 值的差异。与油淬相比，当采用动态 HPGQ 时，齿轮左侧 $f_{h\beta}$ 的变化平均减少了 37%，齿轮右侧则减少了 17%。

2. 内齿圈

薄壁零件淬火后容易出现圆度方面的变形。图 2-223 所示为内齿圈在热处理前后的径向跳动值。齿圈直径为 140mm，高度为 28mm，齿数为 98，由 ASTM-5130M 钢制造。热处理前的平均圆度是 30μm，在合金夹具上进行热处理和标准 HPGQ 后，跳动值远远超过了预期要求的 150μm。通过使用碳纤维增强碳（CFC）夹具，跳动值显著减小。当同时使用 CFC 夹具和动态淬火时，成功地满足最大跳动值为 150μm 的要求。因为已证明该工艺是非常稳定的，所以齿轮制造商可以完全取消所有的硬车

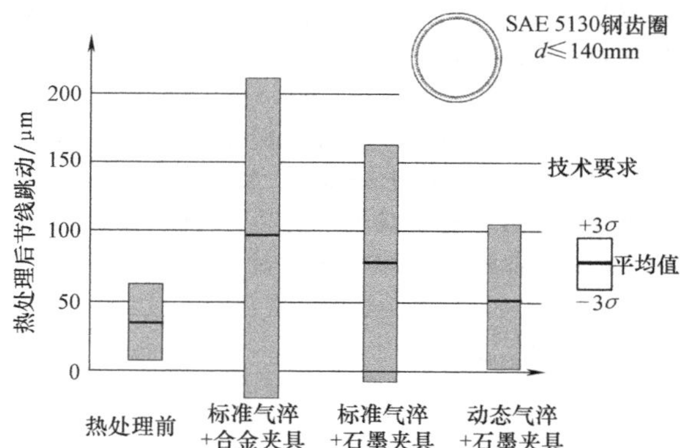

图 2-223 内齿圈在热处理前后节线上的径向跳动（材料为 ASTM-5130M；直径为 140mm；高度为 28mm；齿数为 98）

加工。

在另一个由 5130M 钢制造的内齿圈的应用中，热处理过程中的平均跳动量减少至 7μm，通过采用动态淬火，最大跳动量减少至 41μm。

总之，采用 HPGQ 和动态淬火能显著减少热处理变形，尤其能显著减少变形散差。因为硬能够大幅度减少甚至完全取消硬车加工，所以大大节约了成本。

2.7.9 气冷淬火夹具

当设计负载结构时，考虑到经济原因，须尽可能多地向负载中添加零件，同时保证处理后的质量合格。负载中零件之间的常用距离是 10~20mm，零件间的最小距离为 5mm。

当设计夹具时，需要特别注意以下几点：

1）应具有足够的透气性以使气流能流过负载。

2）设备的蓄热量应尽可能低。

3）采用卧式支座，以减少零件变形。

4）应确保夹具易于操作。

理想情况下，零件和夹具之间应为三点式接触。齿轮在夹具中能以水平放置或垂直悬挂的方式装夹，轴件则必须垂直悬挂以减少变形。

有两类夹具材料可用于 HPGQ：高镍合金和 CFC 材料。高镍合金如 DIN 1.4818 也可用于油淬。CFC 材料是由嵌合了纤维的碳基材料制成的，其中含有体积分数为 50%~60%的纤维。CFC 是耐热材料，在采用保护气体或真空时，其使用温度高达 2000℃。CFC 的强度甚至会随着温度升高而增加。与室温相比，1000℃时的热弯曲强度增加了 15%。

CFC 制成的夹具具有轻型化的特点，且在高温下使用时不会发生蠕变。与由合金制成的夹具不同，即使在使用多年后，夹具也不会发生弯曲或破裂。

当在 CFC 夹具上处理零件时，保证了夹具中所有零件都能被水平装夹，这使得在很多应用中零件变形有所减少。与钢材的密度 7900kg/m^3 相比，CFC 的密度只有（1400~1650）kg/m^3，这也是 CFC 夹具比合金夹具更轻并能更快地被加热的原因。然而，由于 CFC 的比热容［1~2 kJ/(kg·K)］比钢材［0.5kJ/(kg·K)］的高，在一定程度上削减了 CFC 的这一优势。典型的 CFC 夹具如图 2-224 所示。

图 2-224 典型的 CFC 夹具

在含氧的空气环境中，最大使用温度不应超过 350℃，因此 CFC 不能用于空气渗碳，因为工艺气体中含氧。CFC 的应用仅限于真空处理，如低压渗碳（LPC）。真空处理通常与 HPGQ 相结合。

CFC 夹具通常比合金夹具昂贵，但是它们的工作寿命更长，在工业应用中已证实了其寿命可达 11 年甚至更长。当在 CFC 夹具中进行熔模铸造时，其预计工作寿命通常为 5 年，而合金设备的预计工作寿命通常为 1.5~2 年。

2.7.10 高压气淬（HPGQ）变形控制

正如所有热处理工艺一样，只有当热处理之前的生产工艺链，包括熔化、铸造、切割和软加工等是最优化的且稳定的时，才能实现变形少的要求。在热处理之前，零件中存在的残余应力水平很低是很重要的。当使用的坯料有最佳的材料均质性和低水平的残余应力时，HPGQ 过程可实现小变形。

由于气体介质没有相变，与液体淬火相比，HPGQ 在很多应用中可减少变形。有许多场合，导致生产问题的并不是变形的绝对大小，而是变形的散差。当变形散差程度低时，可在软加工中进行预补偿，所以对于很多场合来说，难点在于通过热处理过程，使其负载内部和随着时间推移负载与负载之间的变形散差很小，来优化 HPGQ。很多应用已经证明，HPGQ 造成的变形散差显著减少。图 2-225 所示为 LPC+HPGQ 之后以及气体渗碳+油淬之后，斜齿轮径向跳动的对比。斜齿轮由 ASTM 8625 钢制造，高 280mm，头部直径为 85mm。通过采用气流转向和动态气淬工艺可实现变形的进一步减小。

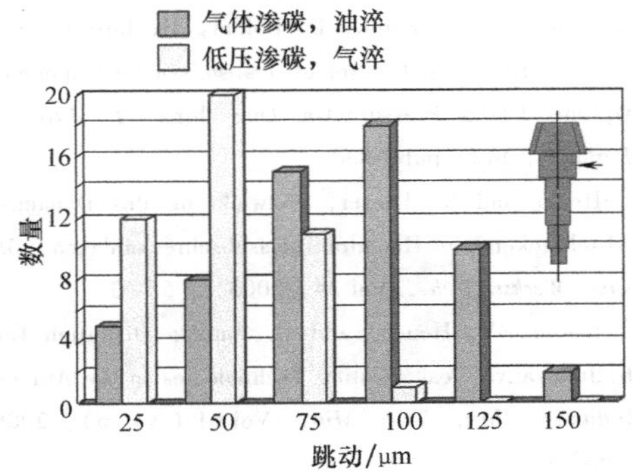

图 2-225 低压渗碳+高压气淬与气体渗碳+油淬后斜齿轮径向跳动的对比

参考文献

1. K. Loeser, V. Heuer, and G. Schmitt, Auswahl Geeigneter Abschreckparameter für die Gasabschreckung von Bauteilen aus Verschiedenen Einsatzstählen, *Härt. -Tech. Mitt.*, Vol 60 (No. 4), 2005, p 248-254

2. A. Stich and H. M. Tensi, *Härt. -Tech. Mitt.*, Vol 50, 1995

3. D. S. MacKenzie, G. Graham, and J. Jankowski, "Effect of Contamination on the Heat Transfer of Quench Oils," Sixth International Quenching and Control of Distortion Conference, Sept 9-13, 2012 (Chicago, IL)

4. D. Zimmermann, Anwen dung von Hochdruckluft-Abschreck-technik an einer Durchsto βanlage zur Einsatzhärtung von PKW Getriebeteilen, *Gaswärme Int.*, Vol 54 (No. 7), 2005

5. M. Korecki et al., Single-Chamber HPGQ Vacuum Furnace with Quenching Efficiency Conparable to Oil, *Ind. Heat.*, Sept 2009, p 73-77

6. *Handbuch der Kunstoffformenstähle*, 1st ed., Edelstahlwerke Buderus AG, Auflage, 2002

7. M. Lohrmann, "Experimentelle und Theoretische Untersuchungen zur Voraus-bestimmung des Wärmebehandlung sergebnisses beim Hochdruckgasabschrecken," Dissertation, Universität Bremen, 1996

8. T. Lübben, "Zahlenmäβige Beschreibung des Wärmeübergangs flüssiger Abschreckmedien am Beispiel zweier Hartöle als Wesentliche Randbedingung für die Numerische Simulation von Wärmebehandlungsprozessen," Dissertation, Universität Bremen, 1994

9. V. Heuer and K. Loeser, Experimentelles Verfahren zur Ermittlung von Wärmeübergangskoeffizienten bei der Hochdruck-Gasabschreckung, *Härt. -Tech. Mitt.*, Vol 59 (No. 6), 2004, p 432-438

10. "Stirnabschreckversuch," DIN EN ISO 64, Jan 2000

11. VDEh calculation sheets for Jominy hardenability curve

12. V. Heuer, D. R. Faron, D. Bolton, M. Lifshits, and K. Loeser, Distortion Control of Transmission Components by Optimized High Pressure Gas Quenching, *J. Mater. Eng. Perform.*, to be published

13. V. Heuer and K. Loeser, Entwicklung des Dynamischen Abschreckens in Hochdruck-Gasabschreckanlagen, *Mater. wiss. Werkst. tech.*, Vol 34, 2003, p 56-63

14. K. Loeser, V. Heuer, and D. Faron, Distortion Control by Innovative Heat Treating Technologies in the Automotive Industry, *Härt. -Tech. Mitt.*, Vol 61 (No. 6), 2006, p 326-329

15. V. Heuer, D. R. Faron, D. Bolton, and K. Loeser, "Low Distortion Heat Treatment of Transmission Components," AGMA Technical Paper 2010, ISBN 978-1-55589-979-0

16. H. Altena, F. Schrank, and W. Jasienski, Reduzierung der Formänderung von Getriebeteilen in Gasaufkohlungs-Durch-stoβanlagen durch Hochdruck-Gasabs-chreckung, *Härt. -Tech. Mitt.*, Vol 60 (No. 1), 2005, p 43-50

2.8 盐浴淬火

J. R. Keough, Applied Process Inc.

本章介绍熔融盐在铁基材料淬火中的应用。盐类也可用于除锈、有色金属材料的加工、渗氮和去除涂料和陶瓷等表面材料。熔融盐通常被选做高温淬火时的淬火冷却介质，例如：

1）高合金钢的等温退火。

2）使高速工具钢的氧化、变形和开裂最小化。

3）减少马氏体形成过程中的开裂风险（如弹簧钢丝）。

4）高温转变产物的形成。

熔融盐是铁基材料等温淬火和分级淬火中最常用的淬火冷却介质，原因如下：

1）它能迅速传热。

2）它几乎消除了淬火起始阶段气相阻热的问题。

3）它的黏度在很宽的温度范围内是一定的。

4）在等温淬火温度下，它的黏度很低（与室温中水的黏度相似），因此可使带出损失最小化。

5）可在操作温度下保持稳定且在水中完全可溶，有利于随后的清洗工作。

6）通过蒸发的方法易于从清洗液中除去盐分并循环使用。

淬火最常使用的盐是亚硝酸盐/硝酸盐：亚硝酸钠（$NaNO_2$）、硝酸钾（KNO_3）和硝酸钠（$NaNO_3$）的各种混合物。图 2-226 所示为这些盐的三元系状态，表明混合盐的熔点取决于其比例。混合盐的比例也会影响介质的黏度，而介质的黏度会影响冷却速度。

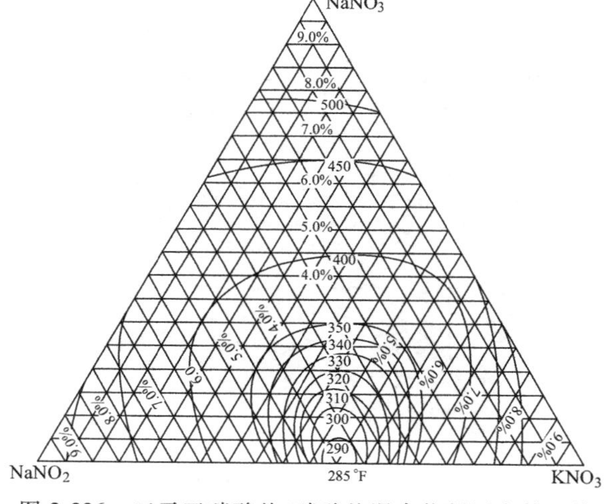

图 2-226 三元亚硝酸盐/硝酸盐混合物凝固点等温线

图 2-226 中的三种盐是盐淬中最常使用的盐。亚硝酸钠的价格通常比钾盐更贵，但它的溶解度较低，而且它能更有效地从淬火零件中排出，从而减少盐分带出损失。用于低淬火温度的系统主要采用 50：50的亚硝酸钠和硝酸钾混合物。使用这些亚硝酸盐/硝酸盐的混合物时，可通过添加水来增加淬冷烈度。在较高温度下工作的系统可采用两种硝酸盐（50：50）的混合物。鉴于合成酸反应会使碳钢零件以及淬火槽的零件和机械装置发生脆化，完全硝酸盐系统中禁止添加水。此外，所有这些盐都可从清洗水中回收利用，这在后面会提到。

低温盐的使用范围大致为：

1）等量的硝酸钾和亚硝酸钠的二元混合物为 150～500℃（300～930℉）。

2）硝酸钾和硝酸钠的二元混合物为 260～620℃（500～1150℉）。

最低温度的盐混合物的工作温度可低至 175℃（350℉），且带出损失很小。然而，通过添加水至 10% H_2O 可使熔点低至 80℃（175℉）。盐浴在温度高于 600℃（1110℉）时有可能突然降解。

新盐的熔化需要将淬火盐以合适的比例加入热水浴中，加入盐的体积大致与水相等。注意：如果盐不是以目标比例加入的，则可能不会溶解；须持续加热；当固体溶解后，加入其他颗粒盐，水的百分比将降低。该过程以适合系统加热能力的速度重复进行，直至新浴温超过目标亚硝酸盐/硝酸盐混合物的熔点。随后开始搅拌并加入干燥的颗粒盐（以一定比例），直至获得足够体积的期望的熔融盐淬火冷却介质。

2.8.1　盐浴淬火设备

1. 淬火规模

淬火规模应根据要淬火的炉子负荷合理设计。必须有足够体积的“冷盐”进行循环，以便将淬火零件的热量带出。作为“冷源”的淬火盐的量要足够，以保持盐浴温升在一个可接受的低水平。淬火盐与负载采用 20∶1 的质量比会产生一个最大的温度尖峰，即 8℃（15℉）。更小的盐与负载比会导致淬火过程中更大的温度变化，并可能造成过多的局部盐降解。

2. 连续操作

在连续操作中，系统的尺寸要使装有传送带的搬运系统能有效地抓住零件并传送其通过和出淬火槽。传送带的尺寸和速度取决于炉子的容量以及在盐中传送所需的时间。

如果淬火是与气氛炉搭配的，须采取特别的防护措施来防止炭黑与硝酸盐接触，否则会引起爆炸事故，这将在后面讨论。

连续系统的淬火槽要达到一定的尺寸，以保证在所采用系统的冷却能力下，达到最大生产能力时温度保持恒定。一些系统使用超大淬火槽并依靠对流冷却，其他系统，取决于系统制造商或者设计，具有压缩空气冷却套管、表面固定的水冷却板，或者浸没式冷却器，以维持装载量最大时的期望温度。

连续系统中的搅拌通常由一个泵系统实现，能够在零件进入盐浴时产生淬火冷却介质的上升流。对于最大冷却，理想的流速是就所使用的温度和淬火配置而言最大的层流流速。而该流速可能并不适用于很小的或很轻的零件，因为这些零件可能会漂浮起来而变得散乱或者脱离传送带。

淬火时间是零件冷却所需时间的函数，而在等温热处理中，它是零件完全转变成预期显微组织所需时间的函数。例如，中碳钢回形针的显微组织从奥氏体完全转型为贝氏体，根据使用的淬火温度，所需时间可少至 5min 或长至 20min。实际方法是设置传送带 30min 内的速度，以涵盖这一时间范围并确保所加工零件完全发生转变。反过来，淬火传送带的尺寸要求，是使得在设定速度的 30min 内和最大生产能力时，传送带不超载。

3. 间歇操作

分批淬火操作的系统必须能在淬火过程中快速吸收热量。连续淬火系统需要不断加入少量的淬火零件；而分批淬火在最大装炉量下进行淬火时，必须处理大量需要被移除的热量。这一要求由超大淬火槽、特殊冷却系统和能通过固定或可变的挡板系统引导液流的搅拌一起实现。分批淬火系统采用不定向螺旋桨或定向泵以及引导淬火液上升并穿过负载的挡板系统。

对于最大放热速度，淬火冷却介质的流速应等于就所采用的盐浴温度和淬火配置而言最大的层流速度。流速是淬火系统尺寸和所采用的搅拌设计容量的函数，它决定了能获得的最大层流（非湍流）速度。有效的搅拌是每小时至少应旋转淬火槽中所有淬火冷却介质 100 次，很多淬火工艺允许的旋转率最大可达 400 次/h。分批淬火操作比连续系统更加灵活，这对于那些需要几个小时的等温转变时间的钢材（如 52100 钢）或铸铁来说是很需要的。事实上，一些高碳合金轴承钢需等温淬火长达 24h，以获得最大性能。奥贝球铁（ADI）淬火过程中从奥氏体转变为针状铁素体需要 30min 到超过 4h 不等的时间，碳稳定的奥氏体结构被称为奥铁体。

4. 分段淬火

分段淬火通常只用于贝氏体或马氏体等温淬火（分级淬火）的分批型系统。它是通过开始将零件在仅稍高于 *Ms* 点的温度下淬火并保持此温度下零件稳定所需的最短时间来完成的。随后零件被转移到“终浴”中。对分级淬火，“终浴”通常在低于 *Ms* 点的温度下产生马氏体。对于等温淬火，首浴温度高于 *Ms* 以快速降低零件的温度，终浴在一个更高的温度下进行，以在更短的时间内产生预期硬度的奥氏体组织。分段淬火一般用于增加首浴的淬冷烈度。有人已经进行了试验，在高温盐浴中首次淬火，随后转移到较低温度的盐浴中以在较短的时间内产生较高的贝氏体硬度。

2.8.2　时间和温度的选择

淬火温度范围将决定盐的选择，也会影响在浴液中所需的时间。对于马氏体等温淬火（分级淬火），淬火温度一般接近或低于 *Ms*。对于贝氏体等温淬火，浴温应保持在 *Ms* 以上，且转变后零件的硬度是淬火温度的函数。淬火温度越高，产生的显微组织硬度越低；淬火温度越低，产生的显微组织硬度越高。如上所述，盐混合物可用的最低温度低至 175℃（350℉）。195～350℃（385～660℉）范围内的盐浴温度对格罗斯曼因子的影响极小（表 2-52）。

表 2-52 盐温对淬冷烈度的影响

盐温/℃(℉)	格罗斯曼 H 因子/in^{-1}	
	中心	表面
195(385)	0.46	0.63
200(390)	0.45	0.65
230(450)	0.40	0.65
270(515)	0.45	0.64
295(560)	0.41	0.57
350(660)	0.43	0.58

注：使用的是熔融温度为 135℃（275℉）的 KNO_3/$NaNO_2$ 盐，无搅拌。

通常亚硝酸盐/硝酸盐淬火槽由普通碳钢制造，但在较高的温度下须多加注意，因为普通碳钢在约高于 400℃(750℉) 时会显著变软。另外，硝酸盐的局部温度在超过约 540℃(1000℉) 时会迅速分解，产生的游离氧会使零件生锈。可观察到这一效应，如在连续加热炉中零件上棕色的“水污点”和在分批淬火中零件之间或与设备接触点处的棕色触痕。

须考虑到转变时间范围对淬火系统设计的影响。淬火时间可从普通碳钢的马氏体等温淬火或贝氏体等温淬火的几分钟，到高碳合金钢的低温贝氏体等温淬火或铸铁等温淬火的数小时范围内波动。分批型系统可采用多重淬火。连续或半连续系统必须有足够长的停顿时间，以获得最大转变时间。在这些系统中，必须调整传送带速度和推进时间，这对负载速率或奥氏体化炉的推进时间可能有影响也可能没有影响。

2.8.3 盐浴淬火系统的操作要点

1. 淬火冷却介质的组成（化学成分、熔点）

如前所述，所选用的盐在很大程度上取决于它将使用的温度范围。如果较高熔点的盐用于较低的工艺温度，则经过淬火后它们会凝固在零件表面并进入清洗液中；较低熔点的盐混合物能更容易地从零件上清洗掉，且在相同的应用温度范围内有较低的黏度，但通常价格较高。

2. 污染物

对于任何淬火系统，都必须正确保养淬火冷却介质。淬火槽的日常清洗要求能清除槽壁和底部的锈蚀和杂物。如果从清洗液中回收利用盐，可使用沉析槽、磁分选和离心技术除去水中的杂质颗粒。盐是完全溶于水的，其在浓度低于 10%时不会析出。

当扩大盐的回收和再利用后，浴中可能会形成碳酸盐，由此形成的坚硬颗粒会沉积在冷却器表面。在回收之前，可通过酸处理控制清洗液的 pH 值来减少碳酸盐。盐供应商应能给出控制碳酸盐所需的工艺。

在一些商业预混合盐中含有抗结块剂。尽管这些添加剂能使盐的结块最小化，但在最初的熔化过程中它们也会导致有害的起泡和脱气现象。因此，除非要求盐自由流动，否则不建议使用这些添加剂。

在盐-盐系统中，淬火冷却介质很难回收利用。零件从奥氏体化盐中移出并转至淬火时，高温盐会在零件表面形成薄层。尽管该薄层避免了零件与环境空气的接触，但它也会在淬火盐中形成沉淀，而必须将这种沉淀从盐浴中除去。如果不能成功除去高温盐沉淀物，将增加淬火盐浴的黏度并降低淬冷烈度。

3. 温度控制

盐淬中盐浴温度的控制非常重要［取决于工艺，要求控制范围为±11℃(±20℉)］。大部分盐淬过程要求一个狭窄的温度范围以得到理想的结果。如果温度太低，盐会变厚并凝固；如果温度太高，盐会发生化学裂解，释放游离氧，导致零件损坏及盐化学成分的改变。

淬火系统需要一个加热系统，在没有工件的情况下，能有效提升温度至最高工艺淬火温度。同时需要一个冷却系统，以保证在对最大体积工件进行加工时能有效维持温度的均一性。

在存在淬火负载的情况下，盐的温度从负载底部到顶部会有所不同。淬火中热电偶的放置，应使其接近最大量负载中盐的平均温度。需要提供第二个监测热电偶，以确保盐的温度不超过系统最低和最高盐温。热电偶保护管可由低碳钢制造。如果淬火槽使用煤气加热，可用低碳钢制作加热管。当火焰温度超过 1090℃(2000℉) 时，管子完全浸入盐中，且温度上升不超过 540℃(1000℉)。

4. 搅拌和水的添加

熔盐槽的搅拌对系统的质量和安全性来说都很重要。搅拌可提高淬火效率，促进温度均匀性，有利于水的添加，并消除由液体沸腾膨胀导致蒸汽爆炸（BLEVE）的可能性。如之前提到的，有效的搅拌速度为 100 次淬火槽体积/h，很多淬火工艺允许搅拌速度达到 400 个淬火槽体积/h。

静止的（无搅拌的）盐是热的不良导体。尽管它不受水或油中形成的蒸汽屏障的影响，但无搅拌的盐浴不适合作为热处理中的冷却介质。图 2-227 所示为一些淬火冷却介质、淬火条件下的近似格罗斯曼 H 值，其中熔融盐的相对淬冷烈度最大。可以看出，搅拌干盐的淬冷烈度超过了静止矿物油。当向一个开放的、搅拌的盐浴中添加少量水（2%）时，淬冷烈度接近搅拌的含添加剂的油。在特殊设计的密封批量淬火系统中，可添加高达 12%的水，能在

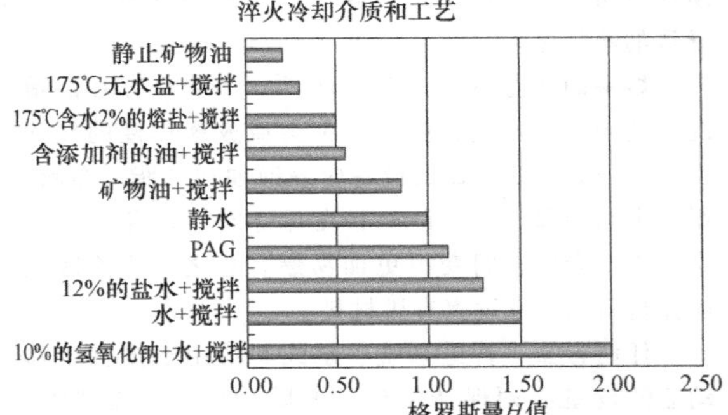

图 2-227 用格罗斯曼 H 值比较各种淬火系统淬火烈度的相对极大值

很大程度上增加淬冷烈度。

当期望达到最大淬火强度时，淬火冷却介质的流速应是系统可达到的最大层流（非湍流）速度，它受搅拌速度、盐温、浴槽深度和其他因素的影响。有效的方法是使用变速搅拌系统，且试验时速度先增加至湍流，然后降至最终速度。螺旋桨叶片的设计也会影响能达到的最大层流速度。叶片应有合适的尺寸，以平稳地推进盐使其保持在合适的流速，尺寸过小或不适当的螺旋桨设计会“剪切”盐的流动，使其速度远低于充足流动所必需的流速。

适量添加水可显著增加亚硝酸盐/硝酸盐的淬冷烈度。为了使水均匀地分散到溶液中，必须搅拌盐浴。水分不断从液浴表面蒸发，且在热工件的淬火过程中水的蒸发速度将加快。因此，需要补加水以维持水的浓度和淬冷烈度的一致性。

按以下操作安全地添加水：

1）水以规定的速度雾化进入熔融盐的强烈搅拌区。

2）在盐的泵循环装置中，盐被级联式地返回淬火区，精细调控的添加水可注入到盐的级联式管返回路中。

3）等温淬火浴可通过直接将蒸汽引入浴中来保持水分饱和，蒸汽管路应被固定并配有排气管，以避免将冷凝液直接注入浴槽中。

4）向 ADI 浴中添加水蒸气时的操作温度应高于 260℃（500℉）。

通过添加水来增加盐的淬冷烈度时，补加水的方法通常是将连续的水流从搅拌器漩涡引入熔融盐浴中。在喷水口周围设置保护性护罩以防止水飞溅。盐的湍流携带水分进入液槽中时，不会产生飞溅或危害操作者。不能手工补水、舀水或大量地向盐中补加水。

在暴露于大气压之下的盐浴中，添加水的近似质量分数见表 2-53。盐中水的质量分数可通过取少量盐并加热至 370～425℃（700～800℉），脱水前后对其精确称重来测得。添加水还能降低亚硝酸盐/硝酸盐盐浴的熔点，如图 2-228 所示。

表 2-53 在适当搅拌和暴露于大气压下的熔融盐浴可以加入水的量

温度/℃（℉）	水的质量分数（%）
205（400）	1/2～2
360（500）	1/2～1
315（600）	1/4～1/2
370（700）	1/4

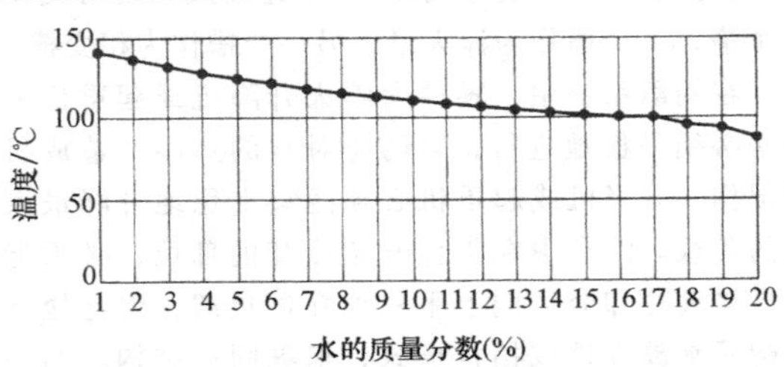

图 2-228 含水量对亚硝酸盐/硝酸盐盐浴熔点的影响

添加水时须特别注意：正确地向亚硝酸盐/硝酸盐混合物中添加水，可有效地增加淬冷烈度，但是，禁止向硝酸盐盐浴中添加水，否则会发生酸反应而使零件以及低碳钢结构、槽和输送带脆化。100%硝酸盐混合物可在没有添加水的情况下安全有效地使用，只是淬冷烈度会有所限制。

拉什曼（Rushman）方法是测定淬冷烈度的有效方法，除此之外，还有另外一种测试淬冷烈度的方法。一些供应商也会出售批量检测装置，用于量化淬冷烈度，这些装置称为淬火探头，可测量冷却速度。该装置使用电势——同步探头冷却速率，或对液浴中的探头进行加热需要的相对功率。可以利用从该装置得到的数据或反馈来调节搅拌和/或添加水，以获得一个特定的淬冷烈度。一般不建议使用性能不稳定的探头，可从供应商处购买一些品牌，如色迈特（Thermet）（印度）、德固赛（Degussa）（德国）、好富顿（Houghton）（美国）、IVF（瑞典）及柯惠（Ke Hui）（中国）。

5. 装载和输送系统

淬火装载和输送系统必须与用途相符，它们的尺寸必须能与热处理系统的最大生产能力相适应。

在连续带式系统中，零件必须能从带上直接落入淬火槽（而不撞到挡板或斜槽），通过盐浴，并落在传送带上。传送带的设计必须能捕获并容纳需加工的所有尺寸的零件；允许淬火冷却介质在零件周围区域自由流动，且不会将小零件从传送带上推落；有足够大的尺寸，能处理设计中淬火时间最长时的最大装炉量。大部分此类传送带是由低碳钢制成的，带有侧板和台阶，在传送带斜向上时能固定住零件，并将其传送到清洗传送带上。

在半连续式系统（如推进式系统）中，零件向淬火升降机或起重机的运输必须平稳地进行，以防止零件在软的奥氏体状态下产生机械损伤。用于将零件降至淬火槽中的升降机或起重机必须能适应最大负载。在盐里推动需要的时间累积起来应满足设计允许的最大淬火时间（对于需要较短淬火时间的工艺，推动时间可能会缩短）。半连续式系统可使用两个槽，一个槽作为淬火槽，另一个槽作为相变槽。

在间歇系统中，零件向淬火升降机或起重机的传送必须平稳地进行，以防止对软的热零件造成机械损伤。升降机或起重机必须能够平稳地升降最大量的负载。淬火中在零件开始冷却的部位，必须能引导淬火冷却介质向上平稳地穿过负载，因此盐下结构通常被设计成挡板形式，来巩固该结构。如果需要长时间淬火且炉的生产能力超过单槽淬火的生产能力，则间歇系统也可使用二级（相变）槽。

6. 预防性维护

与其他热处理系统一样，需要对盐淬系统进行严格的预防性维护以确保其性能可靠。应制定维护计划，按照计划执行、检查并做好操作记录。

每个盐淬系统都有不同的设计、制造商和功能，所以对于特定的设备类型，检测项目是有所不同的。一些关键的检测项目包括：

- 热电偶、电子测量和记录设备。
- 搅拌装置（轴承、叶片、速率）。
- 斜槽和通道。
- 门和门机械装置。
- 升降机和升降机机械装置。
- 槽壁和槽底。
- 水添加系统。
- 零件、氧化皮或碳酸盐析出物的沉积。
- 时控装置。

维护良好的盐淬槽能在数十年内保持具有可靠的性能，而在淬火温度范围很宽的环境中，钢结构的热疲劳最终会导致钢材中出现需要进行焊接修复的裂纹。

2.8.4 盐浴淬火中环境和安全注意事项

（1）熔融盐的接触和储存　熔融淬火盐不应在无搅拌的情况下使用或储存，尤其是在加水的情况下。在静止盐的极端情况中，会在盐浴表面形成一层膜或半固体层。如果在该层下方存在一个局部热点且层中有缺口，尽管规模很小，其产生的压力下降仍会使下面的盐瞬时气化，并导致爆炸性膨胀。搅拌可防止在表面上形成膜，以及由沸腾液体膨胀导致的蒸气爆炸。

熔融硝酸盐不应在碳基材料（如油）存在的情况下使用。硝酸盐暴露于油中会造成爆炸性的氧化反应，因此，使用盐的设备应隔绝油和油脂。布料、纸、木制品和其他含碳材料在保存时应避免被盐污染，否则会使它们变得更加易燃。总之，盐淬区域应保持清洁，并远离有机材料。

任何容器、管道系统、泵或其他用于接触或移动盐的设备必须保持清洁、干燥并隔绝油漆或油。在处理熔融盐之前，必须在高于 400℃（750℉）的温度下对容器和器具进行烘烤。新管道通常用有机面漆涂覆，如果该面漆没有被完全燃尽，它将与熔融硝酸盐相互作用，导致爆炸性的氧化反应。对管道、容器、工具和此类物品进行烘烤和使用后，应将其保存在清洁、干燥的区域，随后可安全地专用于与熔融盐接触而不需要再次烘烤。

（2）零件的清洗、盐的清除和再利用　淬火后，零件表面有一层由淬火盐形成的薄膜，必须用水清洗将该膜除去。如果没有恰当地清洗零件，则会导致零件的腐蚀，盐与加工液混合会生成危险的化学品，而且涂装或电镀涂覆也会出现问题。这会导致在一定量的水中含盐量增加，必须在规定范围内安全地进行处理。虽然亚硝酸盐可用作肉类处理，而硝酸银可用作肥料，但是它们都被认为是低级的危险材料，要按照国家或地方法规进行处理。在许多情况下，如果处理后的盐淬清洗液中含有大量的盐，但不含氯化物或氰酸盐，且在规定的 pH 值范围内，则可将其排入下水管道。加工者必须核实这种做法是否符合本地法规。

不回收的热处理系统中盐的成本可占热处理总成本的 5%～15%。而在一个有充分再利用系统的设备中，盐的成本可减少至热处理总成本的 2%（包括设备折旧、能源成本、pH 平衡和处理等）。

盐-盐处理设备必须能够分离淬火盐中的高温（硬化）盐污染物，这使盐的再利用成本更加昂贵。硬化盐的熔点较高且含有危险材料，这些危险材料只能在许可的有害垃圾场中清理。图 2-229 所示为亚硝酸盐-硝酸盐中硬化盐的溶解度与淬火温度的关系。

硬化盐可通过降低盐浴温度至接近其熔点，然后从表面除去固体硬化盐浮层来分离。有用于达到这一目的的除油装置。气氛-盐生产商能直接并经济地从清洗液中回收盐。使用盐-盐处理设备时，必须保证在再利用前开始进行上述分离过程。

盐的再利用可通过对清洗液进行酸化处理使其

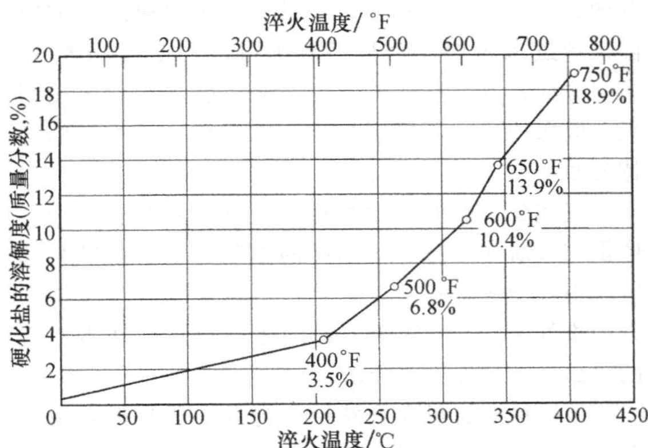

图2-229 硬化盐在淬火盐浴中的溶解度与淬火温度的关系

达到合适（接近中性）的pH值，然后过滤/分离除去固体并将清洗液蒸馏来分离盐。可通过使用具有独立的外部加热回收装置或将加热功能集成到淬火装置，使用外部动力或来自热处理过程的余热的设备来完成蒸馏。这种系统可以从热处理设备供应商处购买，或者作为非标设备进行定制。

随着时间的推移，由于淬火过程的热化学动力学，回收的盐中的亚硝酸盐的质量分数会增加。定期进行熔点和化学分析，为用户添加盐提供指导，以将淬火浴的化学性质维持在可控范围内。通常情况下，向回收浴中补加的盐是质量分数更高的亚硝酸盐。

参考文献

1 R. W Foreman, ASM National Heat Treating Conference, Sept 1988, as noted in *Handbook of Quenchants and Quenching Technology*, ASM International, 1993, p 310

2. A. K. Sinha, Hardening and Hardenability, *Ferrous Physical Metallurgy*, 1989, Butter-worths, Boston, MA, p 441-522

3. C. Skidmore, Salt Bath Quenching—A Review, *Heat Treatment of Metals*, Vol 2, 1986, p 34-38

4. M. A. H Howes, "The Cooling of Steel Shapes in Molten Salt and Hot Oil," Ph. D. thesis, London University, 1959

5. R. W. Foreman, *Heat Treat.*, Oct 1980, p 26-29

6. M. J. Sinnott and J. C. Shyne, *Trans. ASM*, Vol. 44, 1952, p 758-774

7. W. F Rushman, How to Determine the Quench Severity of Oil and Salt Baths, *Met. Prog. Mag.*, Vol 84 (No. 6), Dec 1963, p 91-92

8. "Project A4001, Austempered Ductile Iron Data Base," 1989, ASME Gear Research Institute, Naperville, IL (now Pennsylvania State University, State College, PA)

引用文献

- E. H. Burgdorf, Use and Disposal of Quenching Media—Recent Developments with Respect to Environmental Regulations, *Quenching and Carburizing*, 3rd Int. IFHT Seminar (Melbourne, Australia), Sept 1991, p 66-77
- D. R. Chenoweth, "Mixed-Convective, Conjugate Heat Transfer During Molten Salt Quenching of Small Parts," US Sandia Report SAND97-8234. UC-406, Feb 1997
- P. J. Cote, R. Farrara, T. Hickey, and S. K. Pan, "Isothermal Bainite Processing of ASTM A723 Components," US ARDEC Report ARCCB-TR-93035
- G. P. Dubal, The Basics Of Molten Salt Quenchants, *Heat Treat. Prog.*, Aug 2003, p81
- R. W. Foreman, Salt Bath Quenching, *Proc. of the First International Conference on Quenching & Control of Distortion*, 22-25 Sept 1992 (Chicago, IL), p 8
- R. W. Foreman, Salt Quench Rivals Oil, Synthetics in Neutral Hardening Applications, *Heat Treat. Mag.*, Oct 1980
- J. R. Keough, "Austempering—A Small, Niche Heat Treatment with Large Powertrain Implications," American Gear Manufacturers Association meeting 2004
- J. R. Keough and V. Popovski, "Large Austempered Parts—Monster Opportunities," American Foundry Society Congress 2012
- W. R. Keough, Equipment, Process and Properties of Modern Day Austempering, *Proc. Int. Heat Treating Conference: Equipment and Processes*, April 1994
- J. Lefevre and K. L. Hayrynen, Austempered Materials for Powertrain Applications, *Proc. 26th ASM International Heat Treating Society*, 2011
- Molten Salts, *Handbook of Quenchants and Quenching Technology*, ASM International, 1992, p 309-316
- J. Rassizadehghani, Sh. Raygan, and M. Askari, Comparison of the Quenching Capacities of Hot Salt and Oil Baths, trans lated from *Metallovederiie I Termicheskaya brabotka Metallov*, (No. 5), May 2006, p 8-11
- J. Shi, S. Zou, J. J. M. Too, and R. W. Smith, On the Quenchability of Austempered Ductile Iron, *Cast Met.*, Vol 5 (No. 2), 1992
- D. E Smith, Optimization-Based Inverse Heat Transfer Analysis for Salt Quenching of Automotive Components, *Int. J. Vehicle Des.*, Vol 25 (No. 1/2), Special Issue, 2001
- L. Shu-Zhong, Problems Related to Salt Bath Quenching, *Jinshu Rechuli* (*Heat Treatment of Metals*), (No. 5), Qishuyan Institute of Locomotive and Railway-Car Technology, 1991, p 59-61

2.9 流态床淬火

Weimin Gao, Lingxue Kong, and Peter Hodgson, Institute for Frontier Materials, Deakin University

将小颗粒的材料（如石英砂）填充进底部透气的槽中，如果气体（如空气）穿过槽底部时的速度足够快，以致其产生的阻力能够完全支承颗粒的重量，这时便会产生流态作用，颗粒随后将能够彼此相对运动。在流态作用中，流态床的外观和很多性质与真实流体类似。流态床为金属零件、固体颗粒和流态气体之间的热交换提供了途径，可用于淬火。

利用流态（颗粒）床的性质对金属进行淬火的设想首次提出于20世纪50年代。之后，人们研究了流态床在不同淬火工艺上的应用，从铸铁和工具钢到铝合金，流态床在工业生产中的应用仍在发展（参考文献1~3）。

2.9.1 淬火流态床设计

图2-230为淬火流态床的基本设计结构示意图。

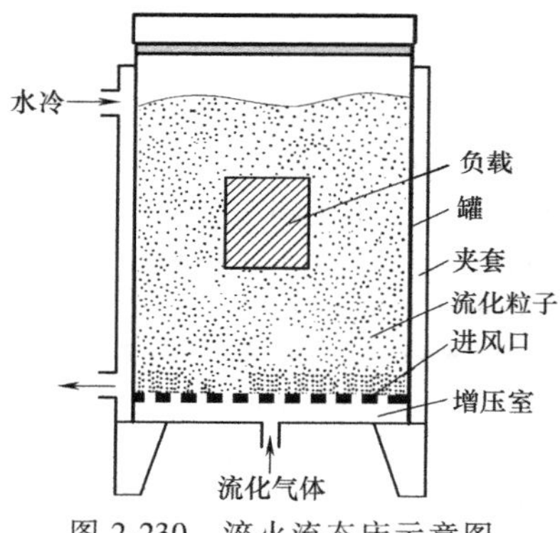

图2-230 淬火流态床示意图

流态床是一个具有侧壁和可透气的底部（即气体分布器）的容器或罐，精磨过的材料（通常是氧化铝颗粒）被通过分布器进入流态床的气体所流化。待热处理的零件单独或一起装在篮子中浸入流态床。用外部冷却管或内部管道对流态床进行冷却，维持流态床的温度，从而使流态床能从淬火负载中移除热量。本节简要讨论设备设计的一些重要方面。

1. 气体分布器

气体分布器（也称网栅）在整个流态床的横截面上产生均匀且稳定的流态作用。为了确保流态气体的均匀分布，有必要使用带有密集气体入口的分布器，如孔数目足够多的冲孔金属平板分布器，以保证气体通过后有足够的压降。随着通过沟槽进风和颗粒球间的撞击，炉床层密度将产生波动，这点对浅床更加重要，如线材派登脱处理床，因为一旦开槽，就可能持续存在，所以气体主要通过床的空隙区域进入床中，而非流态作用将占据其他区域。另一方面，由于过多的压力下降将引起大量能量消耗，应保持压力下降得最小，以获得接近均匀的气体分布。

气体分布器的其他最重要设计参数包括：当气体供应被断开时仍能支承床的重量，不会被颗粒和空气中的尘埃阻塞，不会导致固体泄漏至分布器下方的集气室内，而且注入的气体不会直接冲击固定的表面（如容器壁或冷却管）。

采用粗糙的耐火颗粒层作为分布器是很实用的办法。该层位于细颗粒层的下方，且其构成颗粒的尺寸足够大，可在床运行时保持非流态。

2. 集气室

集气室或风箱，是位于分布器正下方的室。设计合理的集气室及与其连接的气体供给管道应能够提供均匀分布的气体，而不单独依赖于通过气体分布器时的压力降。然而在通过分布器的压力降与床的压力降相比足够大的情况下，集气室的设计可能不是那么重要。

3. 容器

容器的设计是为了填充特定高度的颗粒以形成流态床。耐火材料容器一般用于没有外部冷却套管的流态床，而高熔点金属焊接的罐更适用于带有环绕冷却管道的流态床，以从流态床中移除热量。

与对流淬火槽（如油或水）一样，流态床在淬火循环中的最大温升不得超过20~40℃（40~70℉）。确定容器尺寸的基本计算方法在原理上与其他淬火系统相同，因此需计算热负载，它与床的物理特性相关。对于连续式工艺，宜使用深度尽可能小的床，因为其产生相同压力降的能量消耗最小。太深的床会导致穿过颗粒层和气体分布平板的压力降增加。

4. 床的冷却和温度控制

从热的零件转移至床中的热量必须除去。对于连续式淬火流态床，热移除速率必须与热释放速率相同，以维持恒定的淬火温度。这可以通过通入温度较低的流态气体将热量从颗粒中带走，然后以较高的温度离开流态床来实现。通过调节流态气体通入时的温度和流速，可使流态床的温度保持为恒定值。然而，主要通过流态气体进行冷却的效果是有限的，因为通过床的流态气体速率不能超过颗粒的自由沉降速率，并且通常由接近零件热处理过程中所需的冷却速率决定。这样的流态床也会受每平方米床表面积的生产能力的限制，因此必须设计一个大的流态床以维持淬火温度。

当从热处理零件中释放的热量大大超过仅使用流态气体的淬火流态床的热移除能力时，就需要采用额外的冷却系统和床温控制手段，包括冷却器（图 2-230）、浸入床中的冷却管道、定期喷水和床表面的空气冷却等（图 2-231）。

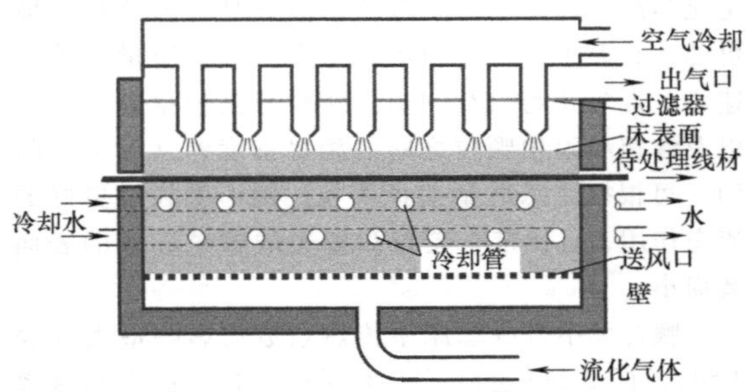

图 2-231 带浸入式冷却管道和表面喷气冷却的连续冷却流态床示意图

5. 冷却罐

冷却罐在传热原理上类似于使用外部电阻加热的流态床，代替一系列电气元件的，是包围着液体（通常是水）冷却夹套。冷却夹套能够移除的热量受限于罐表面积与床体积之比。因此，对于宽且浅的床，冷却罐可能会无效。水夹套最好设计成从罐到冷却液体的传热速率比从流态床到罐的要高。可以使用各种类型的夹套，如带或不带螺旋挡板的常规夹套、蜂窝夹套、半管夹套（通常称为帽端夹套）等。

6. 浸没式冷却管道

床的热量可通过浸入流态床的冷却管道移除。采用这种方法可以得到一个范围很广的冷却速率，取决于管道总长、流态床中管道的结构、冷却流体的特性和冷却流体的流速。这种冷却速率可控的冷却系统提供了一种调节和维持流态床内部恒温的方法以便进行持续操作。

流态床中的冷却管道可以具有各种形状和结构。传热表面或其他浸入流态床中的固定表面应是垂直或水平的，不能是倾斜的，因为倾斜的表面可能会导致气体和颗粒向导管更高的一端流动。

当冷却管道沿着容器内壁排列时，管子表面应充分隔开，以避免在间隙中形成向上的通道，导致该区域的反流态化和局部气体分流。对于水平穿过流态床的冷却管道，应控制每平方米床表面积上的管道密度，而不至于使流态床坍塌且不能干扰流态。

浸没的冷却管道系统的除热速率是由流态床的传热特性和通过管道的强制对流决定的。当温度为 T_{bed} 的流态床被直径为 D 的浸没薄管冷却，且管内冷却剂的温度为 T_{cf} 时，每米长管子移除热的速率近似等于

$$q=\pi D\frac{h_{bed}h_{cf}}{h_{bed}+h_{cf}}(T_{bed}-T_{cf}) \tag{2-98}$$

式中，h_{bed} 为冷却管道和流态床之间的对流传热系数，通常取 300~500W/(m^2·K)；h_{cf} 为对于在长为 L 的冷却管道中的层流，冷却剂边缘的传热系数，h_{cf} 可由下式确定

$$Nu_D=3.66+\frac{0.065Re_D Pr\dfrac{D}{L}}{1+0.04\left(Re_D Pr\dfrac{D}{L}\right)^{2/3}} \tag{2-99}$$

或

$$Nu_D=0.023Re_D^{0.8}Pr^{0.4} \tag{2-100}$$

对于湍流，$Nu_D=Dh_{cf}/k$；$Re_D=\rho vD/\mu$；$Pr=C_P\mu/k$；ρ、C_P、k、μ 和 v 分别是密度、比热容、热导率、动态黏度系数和冷却流体的黏度。当 Re_D 数近 2300 时，冷却流体出现层流向湍流的转变。

通常使用水做冷却剂。然而，由于流态气体中的残余湿度，气体在冰冷的冷凝管表面会发生冷凝，所以在管道表面会出现颗粒凝聚，导致管道周围形成颗粒结块，减少了向管道的传热，并可能导致流态床迅速堵塞或崩溃。因此，为了保持冷凝区中床的温度高于流态气体的温度，通过调节水流速度来控制冷凝速率是更好的方式。一种替代方法是使用环境空气作为冷却流体，尽管空气的冷却能力比水小，或者使用干燥的流态气体以避免产生冷凝。

7. 床表面喷雾冷却

当环境中的空气吹尽流态床上方的表面颗粒层时，会产生喷雾冷凝现象。空气与床表面突出的颗粒和构成床上表面的颗粒接触，通过颗粒-空气的对流传热效应除去颗粒的部分能量。被冷却的颗粒返回床中，热颗粒被流态气体带到床表面并进行冷却，因此通过床-表面空气喷雾可实现连续除热。该冷却系统通常由通风设备、调节器和将空气传送到空气喷射器中的管道组成。

该方法的优点是流态床中无干扰，设备简单，冷却剂成本低。主要缺点是对较深的床除热能力小，这是因为当空气用于床上方时，相对整个床的颗粒，只有很少一部分表面颗粒被冷却。当空气与雾化水混合时，除了固有的单相对流，还有蒸发产生的潜热，因此冷却能力增强。但须注意避免床上表面中颗粒凝聚。

2.9.2 淬火能力

1. 传热特性

(1) 冷却速率　流态床的冷却速率比空气的冷却速率高，比熔盐淬火约低 10%。但流态床可在更低的温度下进行操作，而不会发生凝固的问题。图

2-232所示为流态床与其他常用类型淬火冷却介质的冷却曲线的对比。显然，流态床淬火比水和油淬火慢。流态床中获得的冷却速率［℃（℉）/s］约为相同情况下油浴的65%。然而在高温冷却阶段，流态床的冷却速率高于油或水中的冷却速率，因为在流态床中没有发生沸腾。

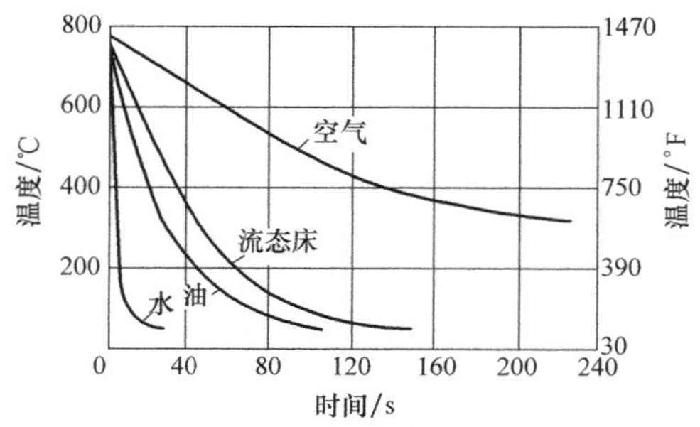

图 2-232 直径为16mm（0.6in）的钢棒在不同淬火冷却介质中从大约780℃冷却到水温的冷却曲线对比

（2）传热系数 评估一种介质的淬火能力时，传热系数是一个有用的且可用来进行定量比较的参数。借助计算机建模技术，可通过传热系数合理预测，淬火冷却介质中某一零件任意位置（如表面和中心）处的冷却速率和温度，以确定该淬火冷却介质是否适用于该零件，而不需要获得试验数据或对将被处理零件进行实际淬火检测。

流态床传热系数的值取决于许多技术因素，会有很大不同。图2-233所示为一些流态床的传热系数值，并与其他淬火冷却介质进行了对比。

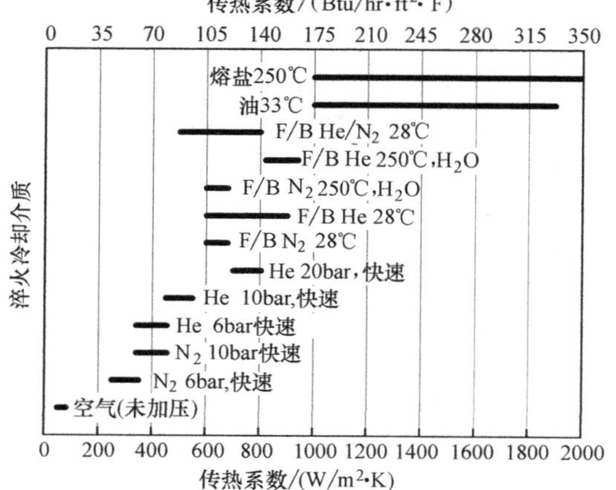

图 2-233 流态床淬火中各种淬火冷却介质的传热系数范围

2. 影响淬火能力的基本因素

流态床的淬火能力主要取决于颗粒尺寸、颗粒材料、流态气体成分、流态气体流速、床温度和淬火零件之间及其相对于床的排列。

（1）流态颗粒 用于流态床的颗粒，其期望性质包括合适的颗粒大小、密度和形状，耐磨性好，硬度合适，无表面黏性，对1500℃（2730℉）及其以上的高温呈惰性，耐热冲击性好，与流态气体不发生化学反应且无毒。液态颗粒应该是容易获得且廉价的，其大小、密度和形状决定了流态质量和冷却速率。吉尔达特（Geldart）颗粒分类依据颗粒直径以及液相和固相颗粒之间的相对密度差（参考文献5），可根据流态质量选择颗粒。圆形颗粒有更好的流态作用，且比带有尖角和棱边的颗粒导致的表面磨损小。

颗粒大小对流态床中传热系数的影响最大（表2-54）。图2-234也显示了不同尺寸颗粒的冷却速率的变化。最佳颗粒尺寸范围是100～150μm（4～6mils）。流态床中的小颗粒将表现出凝聚倾向、不规则流态作用和灰尘过多的问题。传热也会受床密度的影响，而床密度取决于颗粒本身的密度和它们的松散程度。使用最普遍的材料是氧化铝（Al_2O_3）和碳化硅（SiC）颗粒，工作时的床密度大约为1761kg/cm³（110lb/ft³）。颗粒的热导率对传热的影响很小或无影响。

表 2-54 流态床（石英砂）颗粒直径和密度对传热系数的影响

［单位：W/(m²·K)］

密度		直径/μm(mils)			
kg/m³	lb/ft³	50(2.0)	100(4.0)	200(8.0)	400(16.0)
1300	80	700(125)	570(100)	400(70)	240(40)
650	40	540(95)	390(70)	260(45)	160(30)
325	20	410(70)	280(50)	200(35)	100(20)

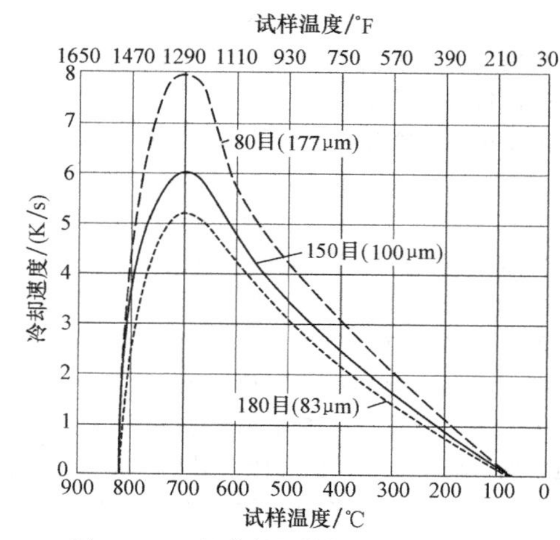

图 2-234 氧化铝颗粒尺寸对 ϕ50mm（2in.）×100mm（4in.）钢试样在室温流态床中淬火冷却速率的影响

（2）流态气体　流态气体类型对淬火能力的影响主要体现在其热导率的影响。热导率越高，能提供的冷却速率也越高，如图 2-235 所示。氢气和氦气在室温下的热导率分别是 0.168W/(m·K) 和 0.139W/(m·K)(0.0975Btu/h·ft²·℉和0.0805Btu/h·ft²·℉)，是热导率较高的气体，而相比之下，氮气和空气是低热导率气体，其热导率约为 0.024W/(m·K)（0.014Btu/h·ft²·℉）。氩气的热导率是 0.0177W/(m·K)（0.010Btu/h·ft²·℉），蒸气的热导率是 0.045W/(m·K)（0.026 Btu/h·ft²·℉）。低热导率和高热导率的气体可以混合使用。图 2-233 中给出了这些气体的传热系数。选择流态气体时需要考虑的其他因素包括使用成本及其与零件的反应（氧化）。

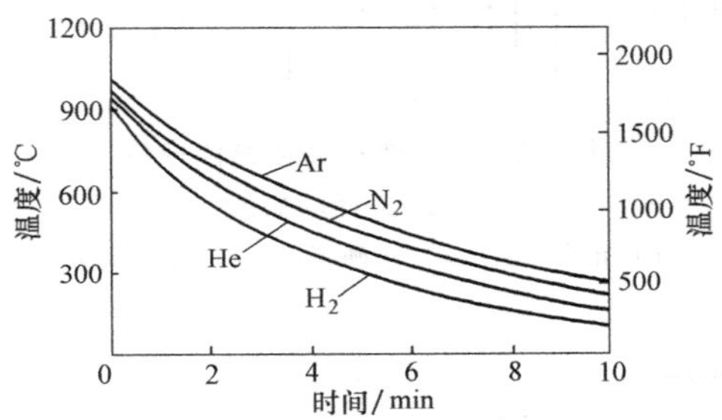

图 2-235　气体成分对 ϕ50mm（2in.）圆柱体冷速的影响

在可接受的较低传热系数的情况下，通常采用空气和氮气作为载气。由于氢气存在安全问题，为获得高的冷却速率首选采用氦气作为流态气体。在使用氦气时，其高成本是主要问题，每立方米氦气的成本为氮气的 20~30 倍。使用蒸气或水喷雾作为流态床添加剂的必要条件是流态床在远高于水的汽化温度的条件下工作。一种廉价且简单的制造非氧化流态床气氛的方法是使用燃烧炉冷却后的废气。

（3）流态速率　随着流态气体的流速从最小流态速率逐渐增加，传热系数开始增加，并在达到最大值后开始下降。冷却（而不是加热）需要速率增加。当流态速率是最小流态速率的 3~4.5 倍时，可实现最佳冷却传热系数。例如，对于 100μm（0.004in.）的刚玉颗粒，一般流速范围为 0.05~0.08m/s(0.16~0.26ft/s)。流态速率的变化可比作油和水淬火槽中搅拌的效应。

（4）炉床温度　炉床温度影响流态床的淬火能力，因为它影响冷却零件的传热系数以及零件和冷却介质之间的温度差异。传热系数随温度增加，主要是因为零件周围流态气体的热导率增加了。较大的温度差异会导致高的热流密度。图 2-236 所示为在流态床作用下，试样在 700℃ 和 550℃（1290℉ 和 1020℉）时的冷却速率与炉床温度的关系。

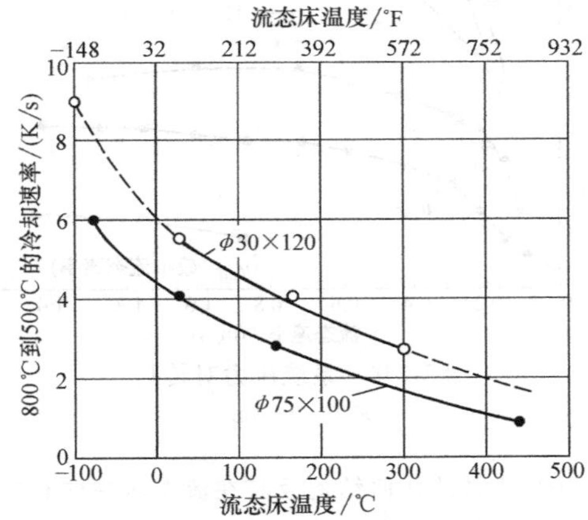

图 2-236　流态床温度对尺寸为 ϕ30mm×120mm（ϕ1.2in×4.7in.）和 ϕ75mm×100mm（ϕ3in×4in.）钢试样心部冷速的影响［500~800℃（930~1470℉）］

（5）炉床压力　由于系统压力会影响流态气体的热力学性质和传输能力，加压操作会造成更低的最小流态速率并加强传热。在高压作用下，由于气体密度更大，气相和稠密的气-固相的热导率将增加，导致高压作用下的对流传热比常压下的更高。系统压力对流态和传热的影响在很大程度上取决于颗粒大小。对于大于 100μm（4mils）的颗粒，压力效应是显著的（图 2-237 和图 2-238）。这样大小的材料基本上是用于淬火流态床的颗粒和其他吉尔达特（Geldart）B 组和 D 组的粉末。对于小于 100μm（Geldart A 组粉末）的颗粒，压力的改变对最小流态速率没有影响（图 2-237）。流态床中高压密封淬火能产生与油淬相当的冷却速率。

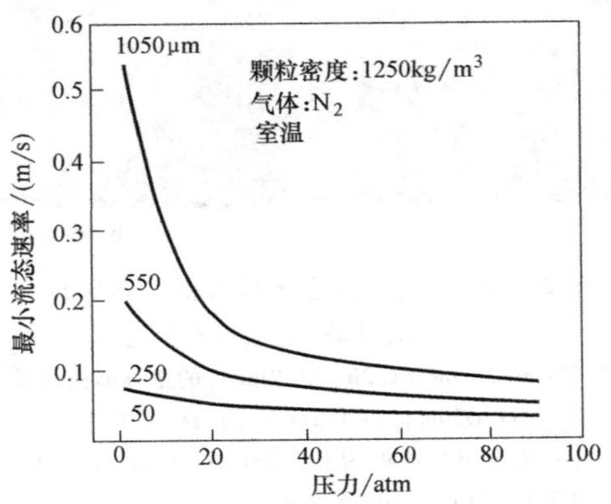

图 2-237　压力对最小流态速率的影响

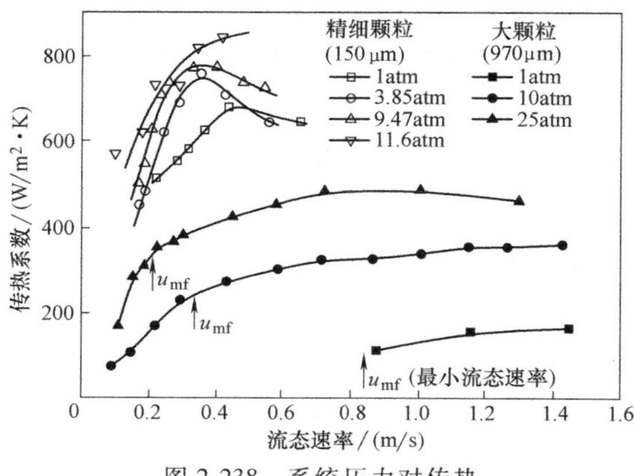

图 2-238 系统压力对传热系数的影响

（6）零件的几何结构及其在流态床中的布置 冷却速率对流态床中待处理零件形状的影响与在其他淬火冷却介质中的相同。在流态床中处理单个零件时，其横截面积大小和表面积与体积之比至关重要；而在集中处理多个零件时，零件的布置方式则有重要影响，如图 2-239 所示。此外，淬火流态床中存在一个特殊现象——“屏蔽”效应，它是由床层材料在零件上表面和空洞以及孔中的沉积造成的（图 2-239 和图 2-240），它对冷却的均一性和所得硬度的均一性均有不利影响。颗粒的屏蔽作用类似于绝热板，即阻碍传热。图 2-241 所示为在流态床中传热系数与气体流线和颗粒与被处理表面取向之间的关系。为了使横截面的侧面和顶面之间的传热均匀，在冷却过程中应不断移动、旋转或水平振动工作负载。

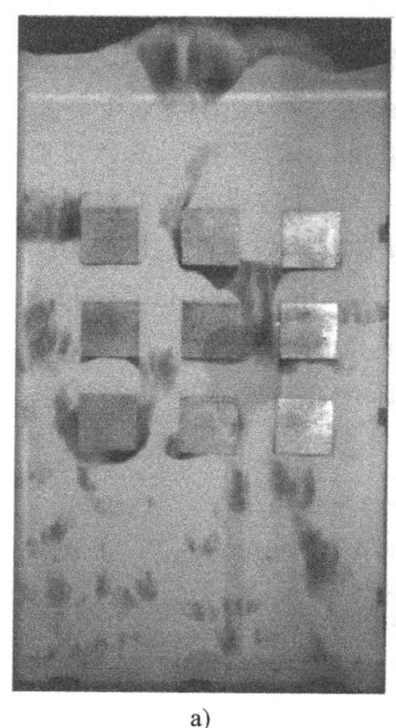
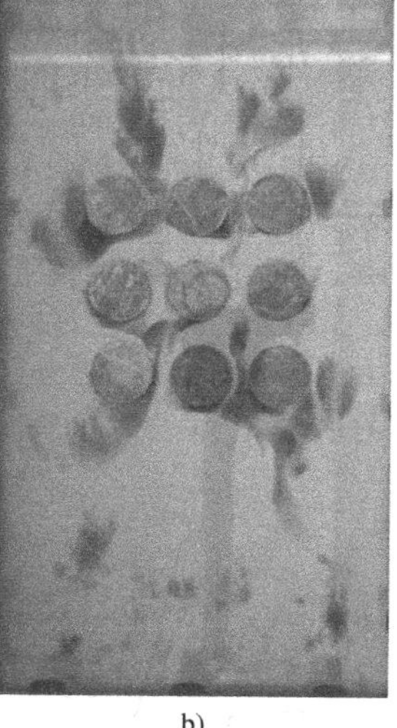

a)　　b)

图 2-239 氧化铝流态床致密相（亮区）和气泡（暗区）的图片

a）30mm×30mm（1.2in.×1.2in.）的正方形截面零件

b）ϕ30mm（ϕ1.2in.）的圆柱体零件

注：流态空气速度为 0.055m/s（0.18ft/s），最小流态速率为 0.021m/s（0.069ft/s）。

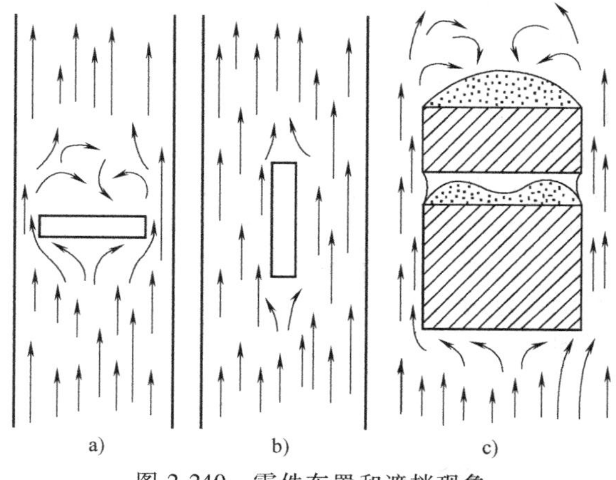

a)　　b)　　c)

图 2-240 零件布置和遮挡现象对冷却条件件的影响

a）错误布置 b）正确布置 c）遮挡现象

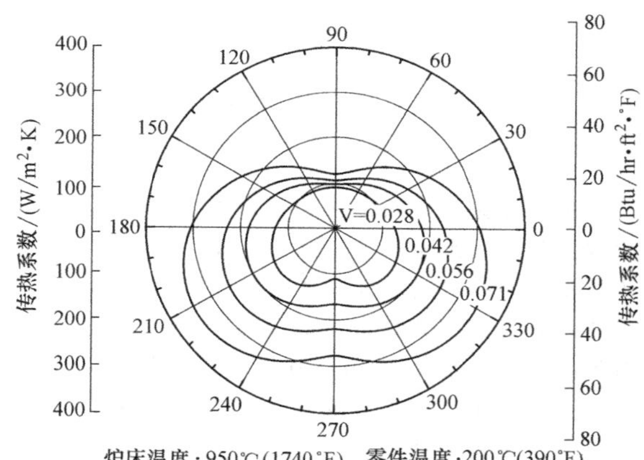

图 2-241 ϕ80mm（ϕ3.2in.）×30mm（1.2in.）圆柱体零件的传热系数与表面定向之间的关系

2.9.3 流态床淬火的应用

与熔融金属、熔融盐浴淬火和油淬相比，流态床淬火具有很多优势：

1）与盐浴相比无毒性蒸气和气体，且没有油淬时的火和烟。

2）零件上没有盐残留，不需进行盐浴中的后处理。

3）不需要进行类似于盐浴中的熔融操作，因此流态床可持续使用，且可减少能量消耗。

4）不存在使用可蒸发的液态淬火冷却介质（如

油和水）时沸腾限制了冷却速率，且对淬火均匀性产生不利影响并导致变形的问题，流态床淬火在整个淬火过程中的冷却速率和均匀性不会发生改变。

在淬火时采用流态床的主要障碍是它们的淬火能力比盐浴低。这使得流态床淬火对于一些场合（由于零件几何结构或合金淬火敏感性等原因）不适用。当使用大量流态气体（如氦气）且不能重复利用时，成本高是流态床淬火的另一个主要劣势。

除了之前提到的优势外，流态床淬火过程还有两个重要特点。由于流态床内气体和气体流速的迅速变化，传热系数可在大范围内进行调节。流态床可在任意低温下运行，且不同温度的淬火过程可一同工作，因此，在流态床淬火的硬度值略低于其他淬火冷却介质中的硬度值的情况下，可通过轻微降低流态床温度来获得较高的硬度。这些措施在某种程度上弥补了流态床与盐浴相比冷却速率较低的主要缺点。

流态床可用于多种工具钢和合金钢的淬火，并且在其他领域中的应用潜力也在持续增长。在大量应用中，可以使用氢气或氦气流态床淬火取代油淬。在加热操作以及分级淬火和马氏体等温淬火中，在一些情况下，氦气和氢气流态床是盐淬的良好替代品。如果得到正确控制，则流态床淬火可取代真空炉中的高压淬火。流态床淬火也可以用于回火后的加速冷却或铝合金的热处理。

在一般的淬火应用中，流态床可用于间歇淬火模式；对各种类型的线材、管材和带钢的淬火，流态床可用于连续淬火模式。

（1）常规间歇淬火　流态床在常规方式下运行时，使用一种载流气体且在整个冷却循环中零件停留在流态床中。例如，气淬工具钢的低温淬火是一种典型应用。该工艺要求淬火速率足够剧烈，以使得厚截面产生完全金相转变，且不导致严重的变形或开裂。就载流气体而言，不同流态床的淬火能力如图 2-233 所示。使用氢气或氦气时，流态床的冷却速率与未搅拌的盐浴相似。例如，采用 28℃（82℉）的氦气，传热系数范围为 820～870W/m·K（144～153Btu/h·ft^2·℉），最大冷却速率是 22℃/s（40℉/s）。这一冷却速率足够大，可使钢材（如 SAE 8620）获得符合要求的冶金性能（参考文献 2）。对于进行奥氏体等温淬火的低合金钢，可使用以水为添加剂的流态床取代盐浴（参考文献 3）。

（2）两步式间歇淬火　传统流态床用于中低合金钢淬火时，传热系数不足，因为这些钢冷却循环的关键阶段是开始的 10s，而此处需要高的冷却速率以避免先共析碳化物在晶粒边缘析出。该局限性可通过两步法工艺克服。第一步，在循环的关键部分使用氦气（等温变形曲线的突出部分）；第二步，在余下的循环中使用氮气代替氦气。以下是一些应用案例。

案例一：在中碳工具钢 4340 钢的等温淬火中，使用两步流态床淬火工艺取代盐浴工艺，即零件在 920℃（1690℉）下奥氏体化，在 315℃（600℉）的盐浴中淬火，随后在这一温度下保温 30min。在流态床淬火中，在最初的 30～60s 使用氦气，随后载流气体由氦气切换成氮气，淬火温度从 330℃（625℉）降低至 295℃（565℉）。这样所得零件的硬度比在盐浴中处理的低。流态床温度再低些可以得到期望的结果。

案例二：在热作模具钢 H13 的马氏体等温淬火中，在初始关键期，使用约 320℃（610℉）的流态床 5～7min。床从热模具中吸收热量，当床温升高到 500～520℃（930～970℉）时，移走模具，最后在运行温度为 40℃（105℉）的冷淬流态床中淬火。图 2-242所示为典型冷却过程的结果。H13 工具钢零件的马氏体等温淬火同样在冷的或室温淬火流态床中起始淬火 7min，随后将它们转移至温度为 350℃（660℉）的第二张床中，最后在室温流态床中冷却。

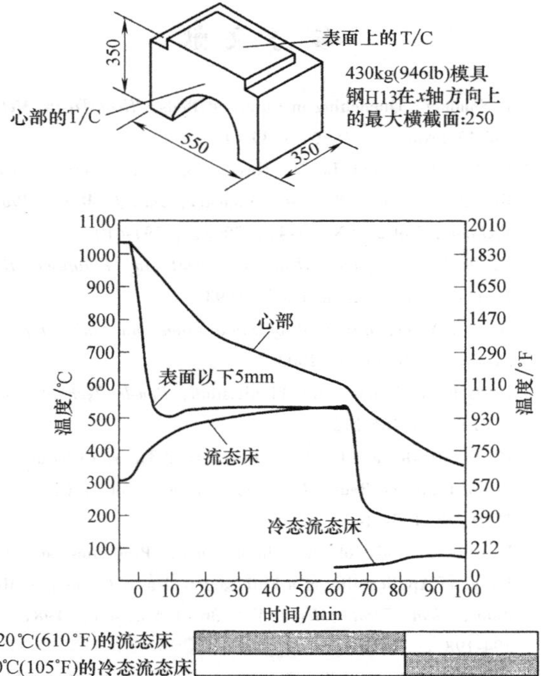

图 2-242　质量为 430kg（946lb）的热作模具钢 H13 压铸工具的流态床淬火冷却曲线

（T/C—热电偶）

（3）连续淬火　连续式流态床淬火具有高的灵活性和改良的过程控制，尤其是在对流态床进行加热时。流态床用于加热和冷却操作的最典型的例子是进行线材派登脱处理，如图 2-243 所示。在奥氏体化等温淬火和 500℃（930℉）等温淬火的两个槽之间安装一个短的水冷槽，用于温度约为 100℃（210℉）的流态床淬火。将进行派登脱处理的金属线材置于该槽中一个较短的时间，使其温度仅降低至 500℃（930℉）。加热炉和淬火流态床之间使用惰性气体（氮气）防护流动的密封淬火，也是一个典型例子。

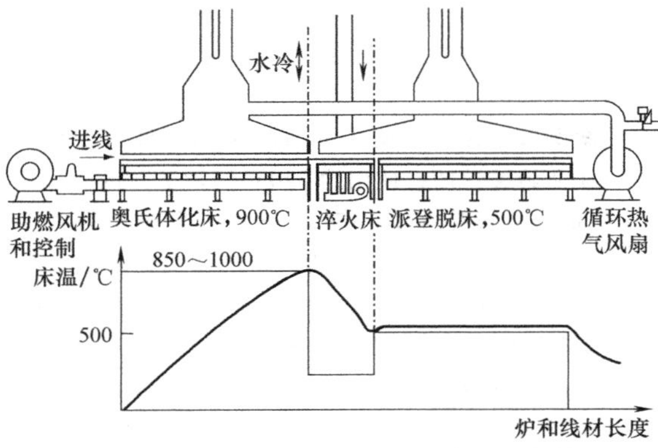

图 2-243　三区流态床的布置和淬火温度范围

参考文献

1. P. Sommer, Quenching in Fluidised Beds, *Heat Treat. Met.*, Vol 13 (No. 2), 1986, p 39-44
2. R. Reynoldson and L. M. Huynh, Quenching in Fluidised Beds for the Heat Treatment Industry, *Int. J. Mater. Prod. Technol.*, Vol 24 (No. 1-4), 2005, p 397-410
3. R. W. Reynoldson, *Heat Treatment in Fluidized Bed Furnaces*, ASM International, 1993
4. W. -C. Yang, *Handbook of Fluidization and Fluid-Particle Systems*, CRC Press, 2003
5. D. Geldart, Types of Gas Fluidization, *Powder Technol.*, Vol 7, 1973, p 285-292
6. H. S. Mickley and C. A. Trilling, Heat Transfer Characteristics of Fluidized Beds, *Ind. Eng. Chem.*, Vol 41 (No. 6), 1949, p 1135-1147
7. W. Luty, Study of the Thermokinetic Properties and the Range of Applicability of a Fluidized Bed as a Quenching Medium, *Heat Treat. Met.*, Vol 36 (No. 4), 1981, p 194-198
8. W. Luty, Effect of Temperature Gradient on the Quenching Power in Fluidized Beds, *J. Heat Treat.*, Vol 3 (No. 2), 1983, p 108-113
9. P. Rowe, The Effect of Pressure on Minimum Fluidisation Velocity, *Chem. Eng. Sci.*, Vol 39 (No. 1), 1984, p 173-174
10. H. J. Bock and J. -M. Schweitzer, Heat Transfer to Horizontal Tube Banks in a Pressure Gas/Solid Fluidized Bed, *German Chem. Eng.*, Vol 9 (No. 1), 1986, p 16-23
11. J. S. M. Botterill and M. Desai, Limiting Factors in Gas-Fluidized Bed Heat Transfer, *Powder Technol.*, Vol 6 (No. 4), 1972, p 231-238
12. L. Wackaw, Cooling Media and Their Properties, *Quenching Theory and Technology*, 2nd ed., CRC Press, 2010
13. W. M. Gao, P. D. Hodgson, and L. X. Kong, Experimental Investigation and Numerical Simulation of Heat Transfer in Quenching Fluidised Beds, *Int. J. Mater. Prod. Technol.*, Vol 24 (No. 1-4), 2005, p 325-344

2.10　喷射淬火

2.10.1　概述

喷射淬火是指各种利用淬火冷却介质在热金属表面的冲击来促使散热的淬火工艺。有些工艺有明显的差异，而其他工艺则相似，或者仅在很小程度上存在差异。例如，向雾淬中的气体淬火蒸气添加水滴（或其他挥发性液体）（参考文献 1）；用水蒸气或水/空气蒸气淬火；除水之外的挥发性液体淬火冷却介质的喷雾；在浴槽液面以下的油、水或高聚物水溶液的高压喷射。

与其他淬火方法相比，喷射淬火的一个优势是可以通过简单地改变流速和压力，获得大范围、可调节的冷却速率。使用喷雾可能实现的高速除热，对获得良好的硬化深度是至关重要的。赛格伯格（Segerberg）（参考文献 5）对此进行了验证，并用图 2-244 所示的冷却曲线说明了试验结果。他使用油和聚合物溶液进行浸入式淬火，喷射淬火冷却介质选择水流，以使冷却曲线具有与油浸淬火持续时间相同的蒸气膜的冷却曲线。用 ϕ35mm×100mm（ϕ1.4in.×4.0in.）的圆柱体 SAE 52100 轴承钢试样检测喷雾系统在更高冷却速率下的定量影响。将这些圆柱体试样加热至 850℃（1560℉），并在 50℃（120℉）快速油或 25℃（77℉）、15%的 PAG 水溶液中，以及水喷射淬火系统中淬火。沿着圆柱体直径的硬度分布如图 2-245 所示。PAG 溶液中浸入式淬火和水喷射淬火可取得较高的冷却速率，是获得图 2-245 中更大的硬化深度的原因。

喷射淬火可优化淬火的传热效果，同时可改善期望的应力分布和水平。在喷射淬火中，从零件到淬火冷却介质的传热系数与流速、湍流和淬火冷却介质在热表面的冲击力直接相关。淬火时可通过调

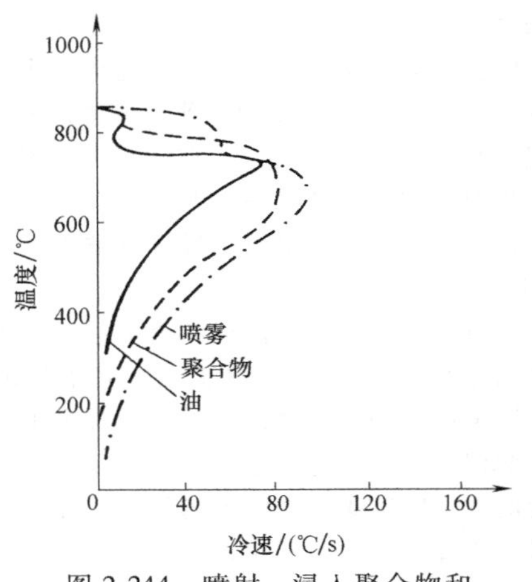

图 2-244　喷射、浸入聚合物和浸入油淬火的冷速

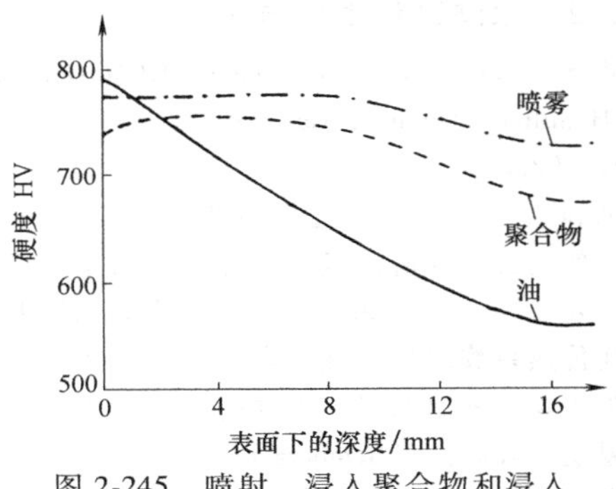

图 2-245　喷射、浸入聚合物和浸入油淬火的硬度分布

节这些参数来获得其他方式不能获得的冷却截面。同时，人们对淬火过程中这些变量的计算机调节进行了大量探索。这种控制并改变淬火过程中传热系数的功能，可能得到在其他淬火方式中使用更贵的合金材料才能得到的属性。

本章下一节综述了浸入式淬火和水喷射淬火的传热特性。液体淬火可实现钢材硬化过程所需的高冷却速率。淬火时使用最多的液体是水，因为水随时可得、容易泵出、无毒且不可燃。可通过直接将零件浸入淬火浴、底部再淹没、降落液膜、喷雾和冲击射流的方式施行淬火。冲击射流用来移除的局部大量的热量，而喷雾可移除的热量较少，但能得到更加均匀的冷却速率。

在水浴中对一个热的金属零件进行淬火时，不同区域的冷却机制不同，图 2-246 所示为零件散热与其表面温度的关系。图 2-246 也将表面温度和传热系数与散热机制联系了起来。零件一经浸入，首先会被蒸气膜包围，当零件冷却后膜会破裂。通过这种蒸气膜的传热效果很差，零件在此区域冷却缓慢。

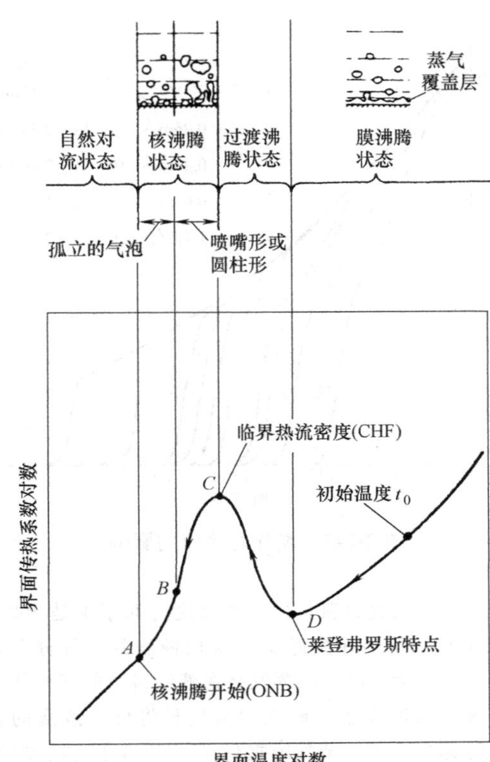

图 2-246　传热系数与表面温度的关系

冷却曲线的第二个区域被称为核沸腾区，零件与水直接接触，导致传热迅速。在该区中，零件的温度仍然很高，水沸腾剧烈。高温水的蒸发是导致传热迅速的原因。在第三（或对流）个冷却区，零件表面温度降至水的沸点之下，在该区中只发生对流传热。

可通过搅拌来降低淬火早期零件周围蒸气膜的稳定性，从而增加淬火零件的散热速率。图 2-247 所示为搅拌对银探头在 60℃（140℉）水浴中浸入淬火的冷却机制的影响。速度为 v_i 的水流注入浴表面下方，并指向探头。流速越大（搅拌得越剧烈），蒸气膜被更加有效的核沸腾取代时的温度越高。

图 2-246 也显示了喷射淬火中液滴流或液流对冷却的影响。流体流动被用来破坏蒸气膜，以加速淬火。喷射淬火固有的高搅拌速率同样可以加速淬火的核沸腾和对流传热部分的冷却。基于描述喷射系统所需的数学运算，有作者曾提出：喷雾冷却在冷却曲线的三个区域属于某种湍流冷却。事实上，使用相同的术语来描述喷射淬火和浸入式淬火的传热机制是有用的。

考虑一连串水滴向热金属平板表面移动的情况。第一滴液滴与平板接触时，液滴在接触点的表面温度会立刻上升。如果平板足够热，则接触区中液滴

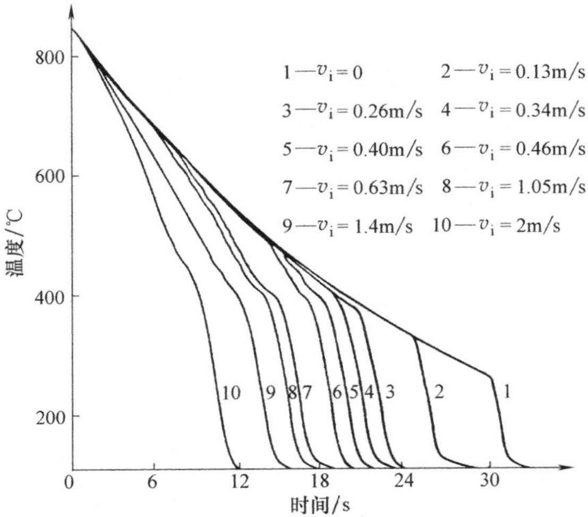

图 2-247 搅拌对冷速的影响

的温度将上升超过其极限过热温度［对于水是 260℃（500℉）］，随后在接近 0.001s 内液滴的一部分会蒸发（参考文献 11）。该蒸发会在液滴最初的球形状态显著变形之前发生，形成的蒸气膜将推动液滴的其他部分远离平板。蒸气膜提供了一个局部绝热屏障，抑制加入的液滴发生碰撞。只有具有足够动能（动量）的液滴能突破蒸气膜并撞击平板。其结果是蒸气层从平板上分离出一层液膜，称为膜沸腾或无润湿阶段。

这种状态的传热过程如图 2-248 所示（参考文献 2，26）。通过蒸气膜的传热速度相对很慢，因此，

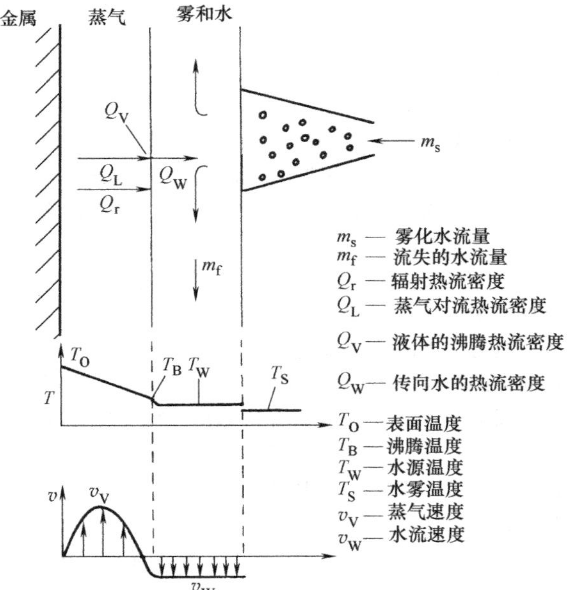

图 2-248 喷射淬火中蒸气膜部分的传热

平板的温度下降得相对较慢。随着温度降低，蒸气膜的厚度会减小（参考文献 5）。在达到一个特征温度时（取决于淬火条件），高于平均动能的液滴会突破蒸气膜与平板接触，并开始在平板上铺展。这一现象发生时的温度称为莱登弗罗斯特（Leidenfrost）点。在该温度时，会观察到平板区域被淬火冷却介质“润湿”。

液滴与金属表面接触面积的增加会导致平板上传热的相应增加，从而导致平板温度下降得更迅速。大量液滴突破液膜，传热加剧，直至整个平板被沸腾液体润湿。此时，传热过程的特征是核沸腾。平板温度的进一步降低将导致沸腾终止，传热机制变为以对流冷却为主。实际中，莱登弗罗斯特温度是表面物理性质（参考文献 6，11，27，28）及其温度（参考文献 29，30）的函数。

2.10.2 水淬过程中的传热

M. S. Hamed and A. B. Ahmed, MCMaster University, Hamilton, Ontario, Canada

1. 浸入淬火

油和水是钢材淬火过程中使用最广泛的液体。虽然水使用得最普遍，但它会导致淬火零件开裂和变形。要减轻这些问题，就要求提高膜沸腾和核沸腾期间传热系数的均一性。水浸入淬火中的传热系数取决于零件表面温度、零件的热力学性质和初始水浴温度。班贝格（Bamberger）得到了浸入淬火中传热系数的计算公式

$$h_{\text{imm}}=\sqrt{K\rho C\exp\left(0.32\frac{\theta_e-\theta_s}{\theta_b-\theta_e}\right)}+h_v+h_{\text{rad}} \tag{2-101}$$

其中 $$h_{\text{rad}}=\sigma\varepsilon\frac{\theta_e^4-\theta_a^4}{\theta_e-\theta_a}$$

式中，h_v是稳定蒸气膜的传热系数。

用实验方法研究淬火过程中的传热有很多与其相关的难点：淬火零件表面温度的测量、冷却速率的确定、传热系数量化，尤其是液流两相特性的测量。近年来，考虑到沸腾相变，对水浸入淬火中传热系数的建模受到广泛关注。斯里尼瓦桑（Srinivasan）等人（参考文献 33，34）开发了浸入淬火过程的数字代码。他们采用应用最广泛、最普遍的关系评估传热系数：薄膜冷凝的努塞尔（Nusselt）方法为膜沸腾状态建模，临界热流密度的尤伯（Zuber）关系，以及核沸腾的罗斯瑙（Rohsenow）关系。除了在复杂形状零件淬火中的过渡沸腾时存在一些偏差，他们的结果与实验数据相吻合。

当零件开始浸入水中时，邻近的水层迅速蒸发，形成低传热系数的蒸气膜。此时以膜沸腾为主，直

到表面温度下降至莱登弗罗斯特点或蒸气膜在更高的温度下破裂。搅拌有助于破坏蒸气膜。增加传热系数并增大冷却速率，蒸气膜将从零件边角处向中心开始瓦解。淬火冷却介质搅拌、淬火冷却介质循环和水下射流/喷射混合是淬火槽搅拌中应用最普遍的技术（参考文献 35）。埃尔南德斯-莫拉莱斯（Hernandes-Morales）等人（参考文献 36）对比了钢盘在静止的水中和搅拌的水中淬火时的传热速率。对水进行搅拌严重影响蒸气层的稳定性，与静止的水相比，膜沸腾状态下的传热系数增加了 65%。塞迪基（Sedighi）等人（参考文献 37）对淬火槽中流动的油进行了试验研究，以量化搅拌的影响。他们发现，当油以 4 倍的速度穿过横向放置的圆柱体试件时，该圆柱体试件从 860℃（1580℉）冷却至 100℃（212℉）所需的时间减少了一半。

2. 喷射淬火

喷射淬火与浸入淬火相比的优越性主要体现在可通过改变流速和液压来调节冷却速率范围。可以使用不同的喷雾和喷射类型，如图 2-249 所示。沸腾完成后开始喷射淬火。水滴通过破坏蒸气层来加速淬火进程。喷雾水滴在接触热表面时会形成蒸气层，与平板接触的液体蒸发，使得水滴以圆形状态与平板微观接触。麦克吉尼斯（McGinins）和霍尔曼（Holman）量化了加热表面上单个水滴的最大热流密度。最大热流密度的存在是由于两个相反的影响：温度梯度增加，表面及水滴之间的接触随着时间的增加而减弱。蒸气层可显著减少零件表面的散热。因为喷雾液滴的动量高，所以能破坏蒸气层并润湿表面。

图 2-249 输出辊道上三种主要的水冷结构（从左到右依次为雾状、层状和水帘状）

索兹博尔（Sozbir）等人（参考文献 40）对比了低质量流量喷雾射流和空气射流，发现对喷雾来说，传热系数随着水质量流量（在 0~7.67kg/m²·s 范围内）的增加而增加，如图 2-250 所示。他们指出，热流密度的增加是由于液滴撞击的是零件表面的同一个地方。他们表示，液滴流速对传热系数增加的影响较小。水的流速较高，当它撞击零件表面时，会导致液滴变形。

森古普塔（Sengupta）等人发现，在钢材连铸中蒸气膜沸腾是主要的传热模式，这是因为其散热速

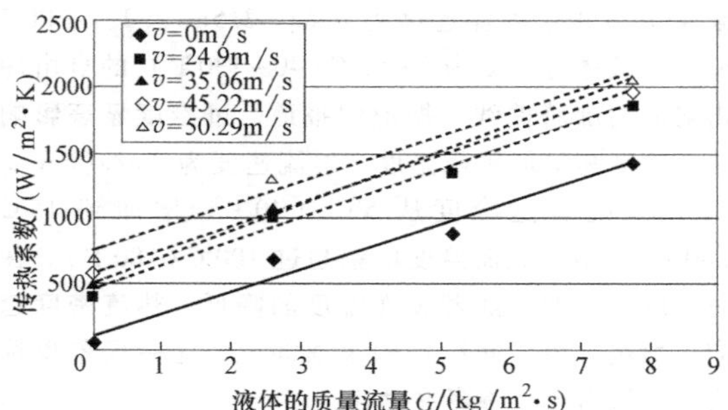

图 2-250 水的质量流量对传热系数的影响

率与质量流量有关。他们在水的传热系数和以下喷嘴特征之间建立了一种经验关系：类型、管口间隔、管口与表面的距离和水的质量流量。乔法洛（Ciofalo）等人（参考文献 42）就不同管口对漩涡喷雾冷却的影响进行了瞬态研究。他们的结果受限于他们所使用的装置。对于相同的水的质量流量，他们得到的热流密度比其他研究的高。大部分为冷却钢材平板设计的经验模型不能用于其他条件，除了那些他们已经研究出的条件。班贝格（Bamberger）和普林茨（Prinz）（参考文献 32）对水压为 0.12~0.5MPa（0.017~0.07ksi）的喷雾冷却进行了试验，并将喷雾传热系数与式（2-101）给出的浸入传热系数联系了起来

$$h_{\text{sqr}} = 0.69\log\frac{\dot{v}_{\text{W}}}{6\times10^{-4}}(h_{\text{imm}}-h_{\text{rad}})+h_{\text{rad}} \tag{2-102}$$

梅德瓦（Mudawar）和瓦伦丁（Valentine）（参考文献 13）进行了 400℃（750℉）下的稳态试验，并将局部传热系数与喷雾的流体动力学性质［液滴流速 10.6~26.5m/s（34.8~869ft/s）］、液滴直径［0.434~2.005mm（0.017~0.079in）］和体积流量（0.6×10^{-3}~$9.96\times10^{-3}\text{m}^3/\text{s}$）联系了起来。单相区域的 Nu 数相关性［式（2-103）］基于 Re 数和 Pr 数，而 Re 数基于体积流量的特征流速和随着特征长度变化的平均液滴直径。核沸腾机制中的传热系数［式（2-104）］不依赖于流体的动力学性质，而只取决于表面和膜温度

$$Nu_{0.5}=2.569Re_{0.5}^{0.78}Pr_{\text{f}}^{0.56} \tag{2-103}$$

$$q''=1.87\times10^{-5}(T_{\text{w}}-T_{\text{f}})^{5.55} \tag{2-104}$$

3. 射流淬火

因为水射流在零件表面覆盖得并不均匀，且易集中在一片狭窄的区域内，在流动中存在流体力学的变化，从而导致了不均匀的冷却模式。然而，冲击射流可产生非常高的冷却速率。人们已对使用冲击射流的淬火过程进行了一些研究。

（1）瞬态研究 石井（Ishigai）等人（参考文

献 43）获得了射流速度为 0.65～3.5m/s（2.1～11.5 ft/s）、液体过冷度为 5～55℃（40～130℉）的自由冲击射流的沸腾曲线。据他们报道，过冷度显著影响热流密度和最低表面温度。射流速度为 2m/s（6.6ft/s）时，随着过冷度从 5℃（40℉）增加到 15℃（60℉），最低表面温度增幅超过 100℃（180℉）。在过冷度更大时，随着表面温度的降低，热流密度趋向于恒定。由于间歇性的表面润湿，这一现象也称为肩热流密度（参考文献 44）。

霍尔（Hall）等人（参考文献 45）用 2～4m/s（6.6～13.1ft/s）范围内的水射流速度对 650℃（1200℉）的铜制圆盘进行淬火。他们注意到与径向流区相比，静止区中的临界热流密度出现了急剧的下降。他们了将此归因于径向流动的减速和边界层中泡沫上剪切力的减小，导致了边界层厚度的显著增加。他们发现，最小热流密度同样随着径向位置增加，最低温度取决于液膜流体力学。穆扎穆德（Mozumder）等人（参考文献 46）报道了相似的趋势。他们同样注意到最大热流密度的位置随着润湿锋做圆周向外运动。喀尔瓦（Karwa）等人（参考文献 47）研究了润湿锋移动和平板上的流体动力效应。阿克马尔（Akmal）等人（参考文献 48）研究了圆柱形表面的润湿锋。

伊斯兰（Islam）等人（参考文献 49）使用过冷度为 5～80℃（40～175℉）、宽度为 2mm（0.08in.）的上升水射流，以 3～15m/s（9.8～49.2ft/s）的速度冲击表面，对 500～600℃（930～1110℉）的表面进行淬火，在此过程中他们得到了不同的流动模式。根据表面的热力学性质，包括材料类型、表面粗糙度和老化度以及表面温度，得到了六种不同的流动模式。同时，他们研究了不同沸腾机制下冷却速率的变化。

（2）射流冷却的稳态研究　沃尔夫（Wolf）等人（参考文献 50）使用宽度为 10mm（0.4in.）、过冷度为 50℃（120℉）的水射流撞击水平平面，进行了稳态研究试验。表面热流密度通过使用直流电源直接加热的方法进行控制。该试验量化了单相对流、局部和完全核沸腾机制下的传热系数。已经清楚 2～5m/s（6.6～16.4 ft/s）范围内的射流速度对单相对流和局部核沸腾机制中传热系数的影响，单相对流和局部核沸腾中的流体动力学主要是气泡动力学。在完全核沸腾机制中，射流速度对传热系数没有明显的影响，热流密度不是射流速度的函数，而仅是表面过热度的结果

$$q''=63.7(T_w-T_{sat})^{2.95} \tag{2-105}$$

罗比杜（Robidou）等人（参考文献 44，51）研究了射流停驻点一直到射流宽度［10mm（0.4in.）］55 倍位置的全部沸腾曲线。最大过冷度是 20℃（70℉），最大射流速度是 1m/s（3.3ft/s）。射流冲击平板水平面，平板使用 10 个加热器间接加热，以获得恒定的表面温度。他们研究了过冷度、射流速度、浸入深度以及射流至加热器的间隔对不同沸腾机制的影响。在强制对流机制中，随着过冷度和射流速度的增加，沸腾曲线向上偏移。而在核沸腾机制中，没有发现对热流密度和沸腾曲线有影响的参数。他们还发现，临界热流密度随着射流速度的增加而增加，随着与停驻点之间距离的增加而减小。

（3）射流冷却建模　射流冷却建模包括全局建模和机理建模。

1）全局建模。前两节引用的研究中，大部分涉及热流密度与射流参数和表面过热度经验关系式的发展。尽管这些关系能够容易且快速地应用，但它们都局限于各自的研究条件下。奥马尔（Omar）等人（参考文献 52）建立了一个经验/分析模型来预测冲击平板平面的自由平面射流的停驻点的热流密度。假设气泡层中气泡周围充足液体的过热度为饱和温度点，气泡离开表面随后在气泡层上方破裂。由于气泡动力学引入了额外的干扰，导致传热加强。这一加强由动量和能量等式中附加的扩散项表示。假定动量和能量等式［式（2-106）和式（2-107）］中的总扩散项是分子和气泡引起的扩散的总和，则

$$u\frac{\partial u}{\partial x}+v\frac{\partial u}{\partial y}=-\frac{1}{\rho_1}\frac{\mathrm{d}P}{\mathrm{d}x}+\frac{\partial}{\partial y}\left[(\varepsilon_m+v)\frac{\partial u}{\partial y}\right] \tag{2-106}$$

$$u\frac{\partial T}{\partial x}+v\frac{\partial T}{\partial y}=-\frac{\partial}{\partial y}\left[(\varepsilon_h+\alpha)\frac{\partial T}{\partial y}\right] \tag{2-107}$$

以无因次形式解此等式，推导出计算表面上的核沸腾热流密度的公式为

$$q''_{nb}=\varepsilon^{+0.5}\rho_1 C_{p'}(T_{sat}-T_{\infty})\sqrt{\frac{CV_j v}{w}}\frac{\mathrm{d}\theta}{\mathrm{d}\eta}\bigg|_{\eta=0} \tag{2-108}$$

解式（2-108）需要扩散系数 ε 的值。他们成功地将扩散系数与代表流动的非无因次量联系了起来

$$\varepsilon^+=\frac{Re_b^{x_1}Ja_{sup}^{x_4}Ja_{sup}^{x_5}}{We_b^{x_2}+x_3} \tag{2-109}$$

式中，x_1、x_2、x_3、x_4 和 x_5 是常数，代表不同的力对气泡扩散率的影响。该模型已得到验证。它给出的热流密度预测值与试验数据相差-15%～+30%。

2）机理建模。与全局建模相反，机理建模能够基于气泡最大直径、释放频率和形核点密度的模式或试验观测量化总热流密度，以及独立地量化每个热流密度。最古老的壁热流密度分区模型之一是由格里菲斯（Griffth）（参考文献 53）提出的，他注意

到过冷沸腾区空隙率低而过冷较少的沸腾区空隙率高。在第一区中，分散的静态气泡起到表面扰动作用，热流密度归因于单相流动和沸腾；而在第二区中，假设热量通过气泡的冷凝转移至液体中。

基于早期巴苏（Basu）等人（参考文献 54）在流动沸腾传热方面的工作，奥马尔（Omar）（参考文献 55）最近将壁热流密度分区的概念应用到停驻区由冲击射流产生的热流密度上。他假定总热流密度是三个分区，即强制对流、蒸发和瞬时传导的热流密度的总和，如图 2-251 所示。

$$q''_w = q''_{FC} + q''_{TC} + q''_{eV} \tag{2-110}$$

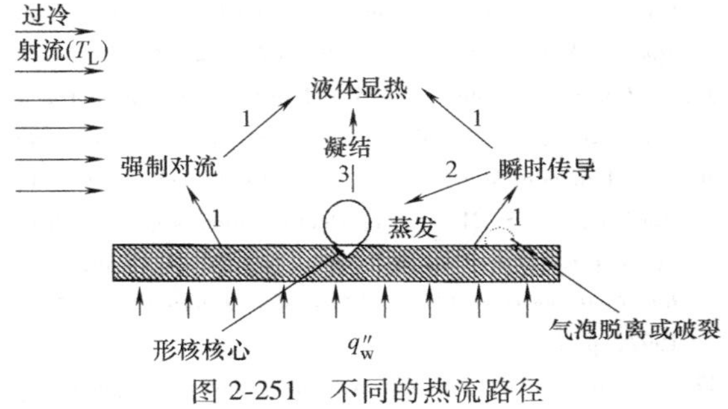

图 2-251 不同的热流路径

奥马尔通过建立气泡生长直径和气泡生长末端情况子模型，发现了其机理模型的一个终止条件。他假定气泡生长之后，可能在适当的位置滑动或崩溃，取决于首先达到的是动力学等式还是热力学等式条件（图 2-252）。通过采用这些等式条件，奥马尔计算了最大气泡直径。他使用高速成像和侵入式光学探头来收集关于气泡动力学的信息（直径、频率和数目）。

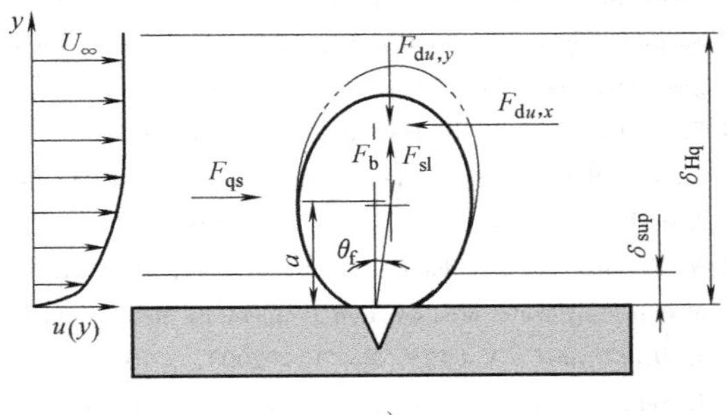

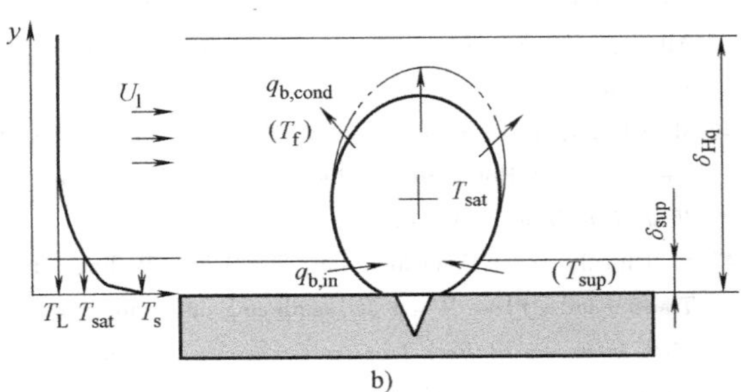

图 2-252 两种气泡增长终止的情形

a）动力学平衡 b）热力学平衡

为了为其模型找到闭合条件，奥马尔同时为核沸腾初始、气泡频率和形核点建模。核沸腾初始可看作膜速率的函数，而膜速率是射流速度的函数。通过使用光学探头，奥马尔根据无因次流动参数测量了气泡频率。该模型已得到试验数据验证且精确度为±30%。

4. 总结

水淬是钢材热处理中获得理想硬度的最普遍的方式之一。除了利用水的诸多优点外，它同时提供了宽范围的淬火冷却速率。每种配置在评估热流密度和淬火零件温度时都有各自的困难，对这些工艺的预测性和预期性需要进行更多的研究。

喷射淬火在不产生开裂和变形的情况下获得了更加均匀的表面冷却效果，而浸入淬火对复杂的大型零件比较适用。不同的搅拌技术已被用于得到淬火零件的均匀性。射流冷却具有局部冷却能力，与喷射淬火一起使用，成为在输出辊道上对零件进行淬火的好方法。

参考文献

1. G. Totten, C. Bates, and N. Clinton, *Handbook of Quenchants and Quenching Technology*, ASM International, 1993, p 239-289
2. B. Liscic, *Quenching and Carburising*, Third International Seminar, Sept 1991 (Melbourne), IFHT, p 1-27
3. N. V. Zimin, *Metalloved. Term. Obrab. Met.*, Nov 1967, p 62-68
4. F. K. Kern, *Heat Treat.*, Sept 1986, p 19-23
5. S. Segerberg, *Heat Treatment and Surface Engineering: New Technology and Practical Applications*, Sept 28-30, 1988 (Chicago, IL), ASM International, p 177-181
6. F. Moreaux and G. Beck, *Heat and Mass Transfer in Metallurgical Systems*, D. B. Spalding and N. H. Afgan, Ed., Hemisphere Publishing, 1981, p 553-561
7. L. N. Bokanova, V. V. Lebedev, and L. N. Markova, *Met. Sci. Heat Treat.*, Vol 31 (No. 3-4), 1989, p 159-161
8. R. R. Blackwood, *Ind. Heat.*, May 1991, p 46-51
9. G. Beck, *Heat and Mass Transfer in Metallurgical Systems*, D. B. Spalding and N. H. Afgan, Ed., Hemisphere Publishing, 1981, p 509-525
10. G. Li, *Proc. Fourth Ann. Conf. Heat Treat.*, May 25-31, 1987 (Nanjing), Chinese Mechanical Engineering Society, p 171-175

11. V. G. Labeish, *Steel USSR*, Vol 19 (No. 3), March 1989, p 134-136
12. N. Hatta and H. Osakabe, *ISIJ Int.*, Vol 29 (No. 11), 1989, p 919-925
13. I. Mudawar and W. S. Valentine, Determination of Local Quench Curve for Spray-Cooled Metallic Surfaces, *J. Heat Treat.*, Vol 7 (No. 2), 1989, p 107-121
14. F. Moreaux and P. Archambault, *Quenching and Carburising*, Third International Seminar, Sept 1991 (Melbourne), IFHT, p 170-176
15. T. A. Deiters and I. Mudawar, *J. Heat Treat.*, Vol 8 (No. 2), 1990, p 81-91
16. M. A. Geller and M. S. Zheludkevich, *Metalloved. Term. Obrab. Met.*, Sept 1989, p 29-30
17. F. Moreaux and P. Archambault, *Prom. Teplotekh.*, Vol 11 (No. 3), 1989, p 48-55
18. P. Archambault, G. Didier, F. Moreaux, and G. Beck, *Met. Prog.*, Oct 1984, p 67-72
19. T. Fukuda, T. Takayama, N. Hamasaka, K. Ohkawa, K. Tsuda, and H. Ikeda, *Netsu Shori*, Vol 29 (No. 5), 1989, p 296-301
20. B. I. Medovar, A. I. Us, A. I. Krendeleva, N. B. Pivovarskii, N. A. Astaf' ev, and N. M. Shelestiuk, *Probl. Spets. Elektrometall.*, Vol 59 (No. 2), 1987, p 37-40
21. N. I. Kobosko, *Metalloved. Term. Obrab. Met.*, Sept 1989, p 7-14
22. H. E. Boyer and P. D. Harvey, Ed., *Surface Hardening*, American Society for Metals, 1979
23. V. S. Yesaulov, A. I. Sopochkin, V. F. Polyakov, A. V. Nogovitsyn, and V. I. Semen' kov, *Izv. V. U. Z. Chernaya Metall.*, No. 8, 1990, p 82-85
24. M. A. Brich, V. T. Borukhov, M. A. Geller, and M. S. Zheludkevich, *Prom. Teplotekh.*, Vol 12 (No. 6), 1990, p 58-62
25. M. Mitsutsuka, *Tetsu Hagane*, Vol 54 (No. 14), 1968, p 1457-1471
26. R. Jeschar, R. Maass, and C. Kohler, *Proc. AWT-Tagung Inductives Randschichtharten*, March 23-25, 1988, p 69-81
27. M. Mitsutsuka, *Tetsu Hagane*, Vol 69 (No. 2), 1983, p 268-274
28. M. Mitsutsuka and K. Fukuda, *Tetsu Hagane*, Vol 69 (No. 2), 1983 p 262-267
29. R. G. Owen and D. J. Pulling, Multiphase Transport: Fundamentals, Reactions, Safety, Applications, *Proc. Multi-Phase Flow Heat Transfer Symp. Workshop*, 1979
30. K. J. Baumeister, F. F. Simon, and R. E. Henry, paper presented at Winter Meeting of the American Society of Mechanical Engineers, 1970
31. L. Canale and G. E. Totten, Quenching Technology: A Selected Overview of the Current State-of-the-Art, *Mater. Res.*, Vol 8 (No. 4), 2005, p 461-467
32. M. Bamberger and B. Prinz, Determination of Heat Transfer Coefficients during Water Cooling of Metals, *Mater. Sci. Technol.*, Vol 2 (No. 4), 1986
33. V. Srinivasan, K. -M. Moon, D. Greif, D. M. Wang, and M. -H. Kim, Numerical Simulationof Immersion QuenchCooling Process Using an Eulerian Multi-Fluid Approach, *Appl. Therm. Eng.*, Vol 30 (No. 5), 2010, p 499-509
34. V. Srinivasan, K. -M. Moon, D. Greif, D. M. Wang, and M. -H. Kim, Numerical Simulation of Immersion Quenching Process of an Engine Cylinder Head, *Appl. Math. Model.*, Vol 34 (No. 8), 2010, p 2111-2128
35. G. Totten, C. Bates, and N. Clinton, *Handbook of Quenchants and Quenching Technology*, ASM International, 1993
36. B. Hernandes-Morales, J. K. Brimacombe, E. B. Hawbolt, and S. M. Gupta, Determination of Quench Heat-Transfer Coefficient Using Inverse Techniques, *Proc. First Int. Conf. on Quenching and Control of Distortion*, Vol 214, 1992, p 155-164
37. M. Sedighi and C. McMahon, The Influence of Quenchant Agitation on the Heat Transfer Coefficient and Residual Stress Development in the Quenching of Steels, *Proc. Inst. Mech. Eng. B, J. Eng. Manuf.*, Vol 214, 2000, p 555-567
38. G. Tacke, H. Litzke, and E. Raquet, Investigation into the Efficiency of Cooling Systems for Wide-Strip Hot Rolling Mills and Computer-Aided Control of Strip Cooling, *Accelerated Cooling of Steel: Proceedings of a Symposium Sponsored by the Ferrous Metallurgy Committee of the Metallurgical Society of AIME*, Aug 1985, p 35-54
39. F. McGinnis and J. Holman, Individual Droplet Heat-Transfer Rates for Splattering on Hot Surfaces, *Int. J. Heat Mass Transf.*, Vol 12, Jan 1969, p 95-108
40. N. Sozbir, Y. W. Chang, and S. C. Yao, Heat Transfer of Impacting Water Mist on High Temperature Metal Surfaces, *J. Heat Transf.*, Vol 125 (No. 1), 2003, p 70
41. J. Sengupta, B. Thomas, and M. Wells, The Use of Water Cooling during the Continuous Casting of Steel and Aluminum Alloys, *Metall. Mater. Trans. A*, Vol 36, 2005, p 187-204
42. M. Ciofalo, I. D. Piazza, and V. Brucato, Investigation of the Cooling of Hot Walls by Liquid Water Sprays, *Int. J. Heat Mass Transf.*, Vol 42, April 1999, p 1157-1175
43. S. Ishigai, S. Nakanishi, and T. Ochi, Boiling Heat Transfer for a Plane Water Jet Impinging on a Hot Surface, *Sixth International Heat Transfer Conference* (Toronto, ON, Canada), 1987, p 445-450
44. H. Robidou, H. Auracher, P. Gardin, and M. Lebouche, Controlled Cooling of a Hot Plate with a Water

Jet, *Exp. Therm. Fluid Sci.*, Vol 26, 2002, p 123-129

45. D. Hall, F. Incropera, and R. Viskanta, Jet Impingement Boiling from a Circular Free-Surface Jet during Quenching, Part 1: Single-Phase Jet, *Trans. ASME J. Heat Transf.*, Vol 123 (No. 5), 2001, p 901-910
46. A. K. Mozumder, P. L. Woodfield, M. A. Islam, and M. Monde, Maximum Heat Flux Propagation Velocity during Quenching by Water Jet Impingement, *Int. J. Heat Mass Transf.*, Vol 50, 2007, p 1559-1568
47. N. Karwa, L. Schmidt, and P. Stephan, Hydrodynamics of Quenching with Impinging Free-Surface Jet, *Int. J. Heat Mass Transf.*, Vol 55, 2012, p 3677-3685
48. M. Akmal, A. Omar, and M. Hamed, Experimental Investigation of Propagation of Wetting Front on Curved Surfaces Exposed to an Impinging Water Jet, *Int. J. Microstruct. Mater. Prop.*, 2008
49. M. Islam, M. Monde, P. Woodfield, and Y. Mitsutake, Jet Impingement Quenching Phenomena for Hot Surfaces Well Above the Limiting Temperature for Solid-Liquid Contact, *Int. J. Heat Mass Transf.*, Vol 51 (No. 5-6), 2008, p 1226-1237
50. D. D. Wolf, F. F. Incropera, and R. Viskanta, Local Jet Impingement Boiling Heat Transfer, *Int. J. Heat Mass Transf.*, Vol 39, May 1996, p 1395-1406
51. H. Robidou, H. Auracher, P. Gardin, M. Lebouche, and L. Bogdanic, Local Heat Transfer from a Hot Plate to a Water Jet, *Int. J. Heat Mass Transf.*, Vol 39, Nov 2003, p 861-867
52. A. Omar, M. Hamed, and M. Shoukri, Modeling of Nucleate Boiling Heat Transfer under an Impinging Free Jet, *Int. J. Heat Mass Transf.*, Nov 2009, Vol 52, p 5557-5566
53. P. Griffith, J. A. Clark, and W. M. Rohsenow, Void Volumes in Subcooled Boiling, *U. S. National Heat Transfer Conference* (Chicago), 1985
54. N. Basu, G. R. Warrier, and V. K. Dhir, Wall Heat Flux Partitioning during Subcooled Flow Boiling, Part 1: Model Development, *J. Heat Transf.*, Vol 127 (No. 2), 2005, p 131-140
55. A. Omar, "Experimental Study and Modeling of Nucleate Boiling during Free Planar Liquid Jet Impingement," Ph. D. thesis, McMaster University, 2010

2.11 加压淬火

Arthur Reardon, The Gleason Works

压力淬火是一种专门在热处理时用于减少复杂形状工件变形的淬火工艺。工业热处理操作中出现的变形是由很多的独立因素引起的。其中一些因素包括：制造工件的材料的质量和之前的加工历史；工件残余应力分布和先前的热处理历史；淬火操作本身引起的非平衡的热应力和相变应力。由于这些因素，高精密工件（如工业轴承套圈和汽车螺旋锥齿轮）在无约束或自由油淬时经常会出现不可预见的变形。

压力淬火是以一种精心控制的方式，使用专门的工具，产生束缚工件运动的集中力，有助于使这些工件的变形最小化。如果操作得当，这种淬火方法通常可以实现工业制造规范中所规定的相对严格的尺寸要求。它通常用在由铁基合金和非铁基合金制造的各种复杂工件中。使用压力淬火的普通钢合金通常包括高碳透淬钢（如 AISI 52100 和 A2 工具钢）和低碳渗碳钢（如 AISI 3310，8620 和 9310）。

渗碳钢尤其可以从压力淬火的过程中受益，原因是其加工性质及其在汽车行业以及工业及消费产品的齿轮传动装置中的普及性。理想的情况是，淬火期间，工件整个横截面上的转变温度是一致的，以便能够均匀地发生转变。然而在渗碳工件中，马氏体转变温度在整个横截面上并不一致。在渗碳过程中，扩散到零件表面的碳产生了一种成分梯度，导致表面附近的转变温度也呈梯度形式分布。在淬火期间，这一梯度将会促进或恶化这类工件的变形问题。基体材料显微组织的非均匀性（如严重偏析材料）也会导致这种类型的变形。一般情况下，与厚且重的几何结构紧凑的零件相比，大孔径轴承套圈之类的大型薄壁零件更容易受到这些变形问题相关因素的影响。虽然压力淬火不能消除这些影响，但它的使用有助于使这类变形问题最小化。

热处理过程中所产生变形的严重程度强烈依赖于工件所采用的热处理过程的本质。为了使淬火过程的变形最小化，零件的散热应该尽可能均匀。在几何形状有突然变化的情况下，这一点将很难实现。例如，在同一个零件中，薄断面与厚断面相邻。一个很好的例子是大齿轮或小齿轮上的齿。与大齿轮和小齿轮体相比，齿的表面积与体积比更大，在淬火期间，它们通过“展成”有变形的倾向。虽然这类零件在自由淬火或无约束淬火时会产生不可预期的变形，但是轮齿这种特有的运动在压力淬火操作中重复性很好，从而可以在齿轮设计时加以考虑，以使淬火后的磨削量最小化。随着工件浸入淬火冷却介质中，轮齿将比邻近的较厚部分更快速地冷却和收缩。这种冷却速率不同造成的结果是，当工件的其余部分仍处在胀大状态时，较薄较轻的部分趋向于迅速硬化和收缩。因为较厚的部分以一个相对缓慢的速率冷却和收缩，在薄厚相连的地方，其相对运动会受到阻碍。结果就是薄截面比厚截面转变得更加快速，导致出现了温度梯度和不均匀的组织应力。在压力淬火时，通过选择性地引导淬火冷却介质流向较厚的部分，同时远离较薄的部分，以促进淬火更均匀来解决这一问题。这一措施主要是通过使用专门的工具来实现的。通过采用这一重要的措施，可以使由转变引起的变形很小。

2.11.1 设备

在20世纪30年代初，淬火机床开始广泛应用于美国的工业生产，主要用于汽车（包括轿车和卡车）环齿轮的加工（图2-253）。这些机器可以由液压或气动（取决于具体设计）系统驱动，能够使用各种各样的淬火冷却介质，最常见的是油。自最初发明以来，虽然这些机器的几何设计和可选特性在过去几十年里有了显著的变化，但它们的基本功能保持不变。现代淬火机床的一种具有代表性的形式如图2-254所示。总体设计由一些基础组件构成，包括立式机床部分、一个控制面板、一个下模台、工装和底座。冷却装置用于使淬火冷却介质的温度维持在一个特定的狭窄范围内，它可能属于一个独立的机械系统的一部分，或应用于能同时连接多个淬火机床的中央容器中。机床竖立的部分包括上模顶杆、液压系统分路阀箱、液压管路、电磁阀和阀门、电气面板控制箱。控制屏显示了在淬火周期中可能需要调整的各种性能参数，如图2-255所示。底座既可作为淬火冷却介质的蓄油池，也可支承下模总成，其原理图如图2-256所示。立式机身是从机器底座的前面镶嵌进去的，允许在下模中完全存取工件，包括将工件放置在工装上淬火，以及淬火完成后在机器处于“取件”状态时取出工件。

图2-253 一台64cm（25in.）的自动淬火机床

注：由纽约罗彻斯特格利森（Gleason）工厂于1930年代早期制造。操作人员正在将一个完成淬火操作的大型螺旋锥齿轮从下模总成上取下。图片由纽约罗彻斯特格利森（Gleason）工厂提供。

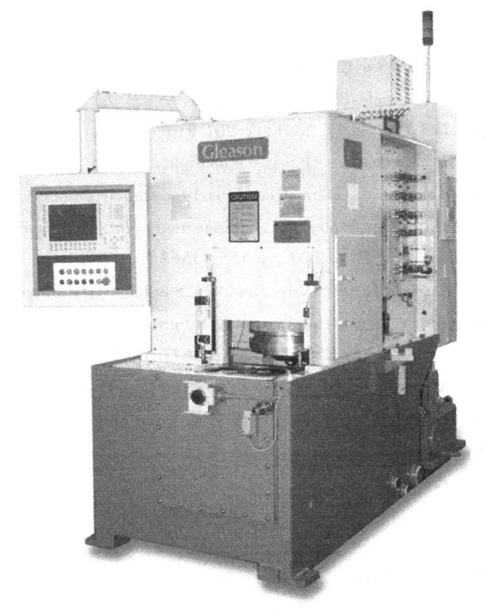

图2-254 Gleason529淬火机床的现代形式（图片由纽约罗彻斯特格利森工厂提供）

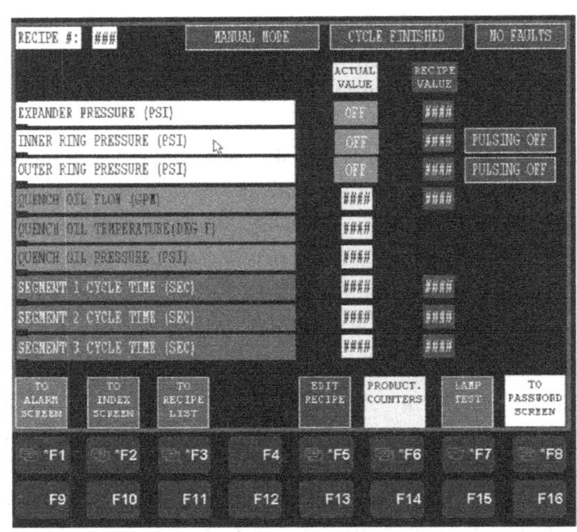

图2-255 控制屏显示了典型淬火循环过程中需要调整的各种参数（图片由纽约罗彻斯特格利森工厂提供）

操作时，手动或自动地从一台独立的加热炉（通常是箱体炉、连续转体式炉或推杆炉）中移出淬火工件，放置到下模总成的工装上。下模总成的全貌如图2-257所示。需要注意的是，从加热炉到淬火机床的运输设备的效率通常是压力淬火时的关键参数。转移时间应保持最小值，以使热量损失最少。如果这一步需要的时间太长，那么延迟淬火的结果

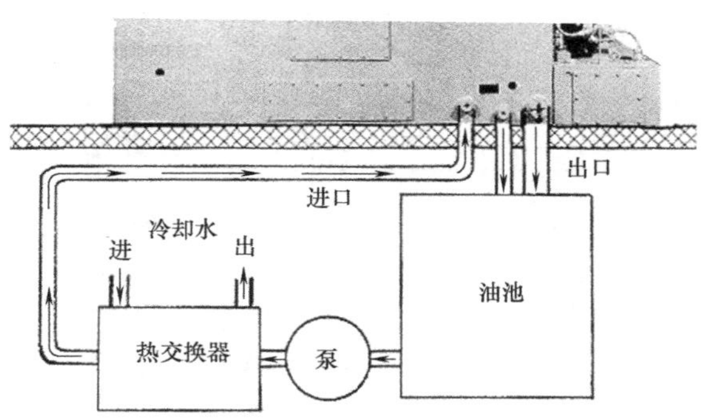

图 2-256　油流从油池到冷却装置然后返回淬火机床
（图片由纽约罗彻斯特格利森工厂提供）

可能会产生与硬度相关的问题和不希望出现的转变产物。工件成功放置在下模总成上后，机床开始运转，零件缩回上部液压顶杆总成下面的中心位置。机床外部的防护装置随着总成的下降而降低，中间顶杆驱动一个（或多个）内扩张器在指定的压力点与工件内径接触，以保持这些位置的圆度（图 2-258）。顶杆总成的每个组件（中心扩张器、内外模）由三个独立的比例阀分别进行控制，且都是通过压力传感器进行监测控制的。在整个淬火周期中，预设的压力水平通常是由扩张器保持的，在某些具有编程功能的机床中，这个压力水平在淬火周期的进程中可以发生变化。在淬火过程中可以降低内外模，使其与淬火工件的上表面相接触，以控制定位、碟形和零件平面度。淬火油的流动是可以预设和预编的，然后在工件淬火时进行激活。

图 2-257　“取件”状态下淬火机床的下模总成
（注意弹簧加压的中心扩张器锥体和独立的开槽环。
图片由纽约罗彻斯特格利森工厂提供）

图 2-259 所示为在淬火室中建立的淬火油循环路径的例子。淬火油通过下模外径周围的开口泵送到淬火室中。随着工件周围的腔室被填满，淬火油流

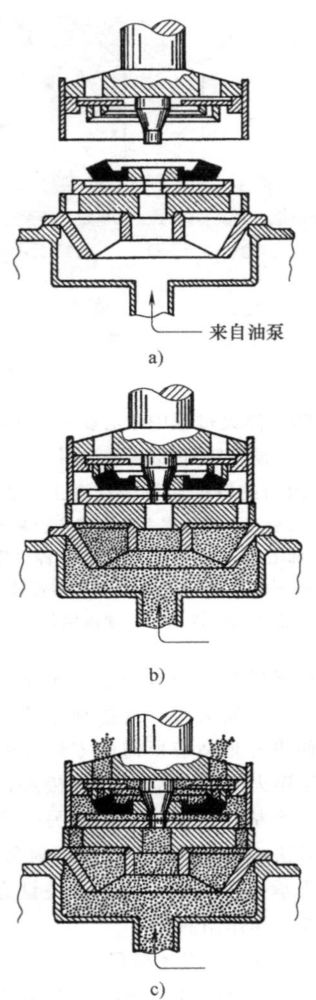

图 2-258　压力淬火过程
a）一个热齿轮被放在下模总成上准备加压淬火　b）中心顶杆和上部内外模下降与零件接触　c）开始定时周期，油流开始进入淬火室和零件周围

出顶部。如果工装设计合适，则可以通过调整淬火油溢出工件的方向来获得最好的整体效果。可以调整出口处延伸的开口来约束淬火油的流动，或者完全打开以获得最大流量，这取决于零件的需求。下模是由一些不同的带槽的同心圆环构成的，可以通过旋转获得最大流量，或者约束流向零件底部的淬火油。在淬火过程中，精确地调整这些特性有助于使由散热不均匀引起的畸变最小化。在淬火周期中，也可以通过定时分段来改变淬火油的流速和持续时间，以便为具体的零件建立定义明确的淬火工艺。

下模台通常装在杆的横截面上，由液压或气动

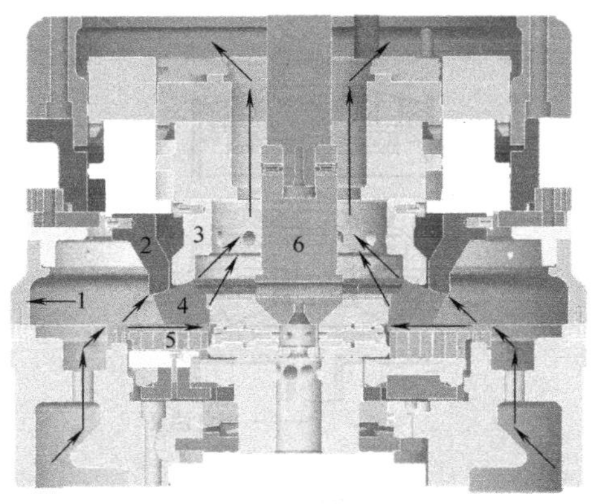

图 2-259 淬火过程中中心扩张器和内外模与零件接触示意图
（图片由纽约罗彻斯特格利森工厂提供）
1—安装在上模总成上的机械防护装置
2—外部上模 3—内部上模 4—淬火零件
5—下模总成 6—中心扩张器锥体
箭头线—淬火时的油流路径

活塞驱动。在下模总成中有一个用于调整独立环的凸轮。通过驱动凸轮装置，这些独立环将会呈现碟形或锥形以便更好地适应所需的零件几何结构（图 2-260）。为与淬火工件建立合适的接触，每个环的下面需要有一个垫片，这种结构的另一个好处是可以以一种相对快速和简单的方法来切割和安装垫片。零件的合适支承是压力淬火的一个关键方面，模具设计在其中起关键作用。

油淬过程包含三个基本阶段：

1）最初的蒸气膜阶段，油一接触到零件就立即气化，形成一层环绕零件的蒸气屏障，充当一个有效的隔热层。

2）蒸气传输阶段，淬火油穿过蒸气层，传热速度更快。

3）对流阶段，主要通过对流传热来散热。

为了保证在淬火的初始阶段均匀地散热，淬火冷却介质的流动速度必须足以防止蒸气膜形成。如果在工件表面的周围区域形成气泡，则散热的不均匀性将导致不能接受的硬度变化和变形。当初始淬火阶段成功消除之后，就可以降低淬火冷却介质的流动速度。必须仔细地选择为零件制定的淬火冷却介质的最终流动速度分布，以便满足硬度和几何形状的需求。淬火冷却速率过慢会导致延迟淬火、硬度变化和不希望出现的转变产物；淬火冷却速率过快，则会造成零件变形和/或开裂。制定合适的淬火冷却介质流动速度和选择淬火冷却介质在零件周围的流动路径通常需要经过反复的试验。淬火的成功

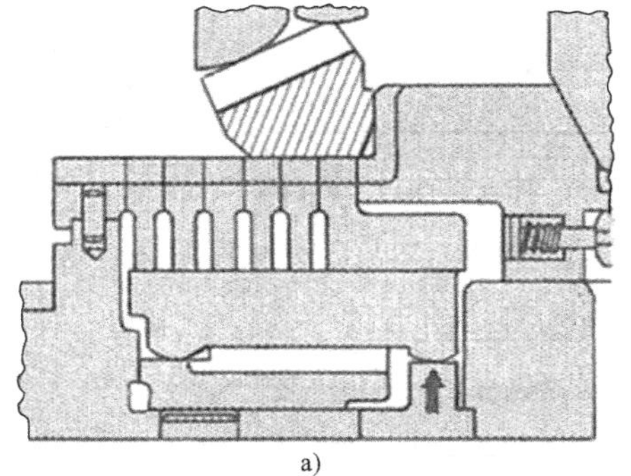

a)

b)

图 2-260
a）控制碟形所用机械装置示意图（这种机械装置允许下模内圈被升高或降低（收紧）来补偿碟形误差，见参考文献 3） b）下模总成实物（显示了控制这种机械装置升高或降低的独立的带槽环的转盘，图片由纽约罗彻斯特格利森工厂提供）

通常依赖于机器操作者的经验、知识和技术。

压力淬火的平均油温大多为 25～75℃（75～165℉），这取决于淬火操作的本质、使用的淬火冷却介质的类型、零件材料、热处理后的性能要求等。避免损坏盛放淬火冷却介质的机器的密封圈的一项措施是，一般应避免淬火冷却介质的平均温度超过 60℃（140℉）。对淬火油浴进行适当的日常维护很重要，但这在压力淬火过程中经常被忽视，从而导致在这类系统中处理的材料的硬化产生不可预料的变化。随着淬火冷却介质的持续使用，油添加剂逐渐分解，即使连续不断地过滤淬火冷却介质，细小的微粒仍会随着时间的延长而积累。如果未被发现，这将导致淬火冷却速率加快，进而危害油淬过程的完整性。应根据使用情况定期监测淬火槽中淬火冷却介质的黏度、闪点、含水量、沉淀物和沉淀值。淬火冷却介质的测试至少应每季度进行一次。

2.11.2 变形控制因素

总的来说，在压力淬火操作时，影响工件变形的基本关键因素有：

- 制造淬火工件的材料的质量和之前的加工过程。
- 工件的残余应力分布和预备热处理过程。
- 淬火操作引起的不平衡热应力和相变应力。
- 使用的钢种和奥氏体化温度分布。
- 奥氏体化炉和淬火机床之间的转移时间。
- 所用淬火冷却介质的类型、质量、条件、温度。
- 淬火冷却介质流过工件时的方向和选择性计量。
- 不同流速的淬火持续时间。
- 适当的淬火模具工装的设计、安装和维护。
- 工件上加压点的位置。
- 为保持工件几何结构所施加压力的大小。
- 脉冲。

上述最后一项是只有压力淬火才有的特性。在淬火时，为了使变形最小化，内外模通常受到脉冲以保持零件的几何结构。脉冲特性周期性地缓和由内外模所施加的压力，在仍保持要求的零件几何形状的前提下，允许组件随着冷却而正常收缩。没有这个特性，模具之间的摩擦接触将会产生应力，零件将不允许组件随着冷却而收缩。脉冲方式有效地减少了这种摩擦接触，避免了由偏心和不平整造成的变形问题。正确实施脉冲技术时，在整个淬火周期中，在保持模具与零件接触的同时释放压力，然后每隔约2s再实施一次。尽管这种方法中内外模是循环的，但扩张器的压力一般并不作脉冲。如今（2013）工业中使用的大多数压力淬火机床都采用这种设计特性，然而它并不是最新发展出来的。几十年来，脉冲技术已经成为专为高生产率而设计的半自动压力淬火机床的一个组成要素。这些半自动机床中的一个示例如图2-261所示。

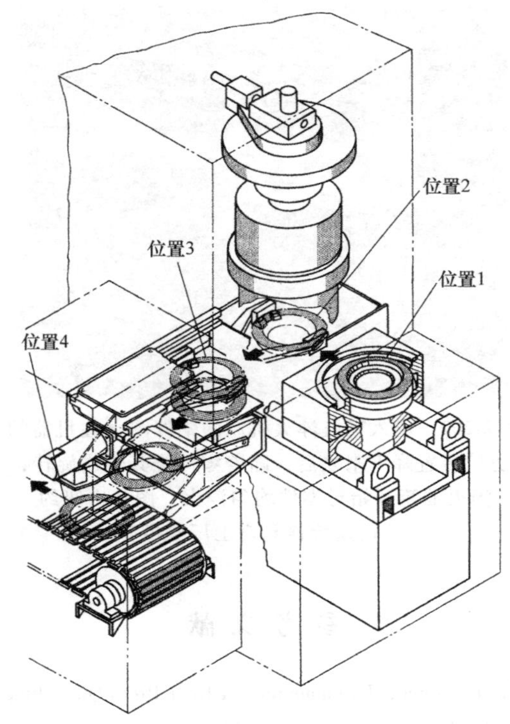

图2-261 采用脉冲原理的半自动压力淬火机床的四个位置示意图

每个压力淬火工件都要求对应一个特定的模具工装设计结构和机床设置。在轴承套圈和齿轮中，经常通过扩张分段模具来保持孔径尺寸和圆度。如果工件的孔径非常小而不能承受这些分段模具的话，可以使用一个固体塞作为替代来控制孔的直径和锥度。这个塞子会在淬火之后被压出。重要的是，当下模总成中有不同的定位面时，这些定位面之间的尺寸需要维持在一个小的公差。如果不遵循这一规则，则会产生相悖的结果和不希望出现的变形。除了扩大模具外，收缩模具也可以有效地保持外径的几何公差，这是一个关键因素。齿轮就是一个很好的例子，其薄的辐板部分与相对较厚的轮齿、凸台和轴承直径相连。航天应用中的齿轮经常包含几种这样的特性，可能会造成淬火中的不均衡收缩。可以通过在组件的外表面施加压缩负荷来有效地解决这个问题。

压力淬火时的误差可能是很大的。例如，ϕ230mm（ϕ9in.）齿轮上的孔径在未淬硬状态下的圆度误差为0.025mm（0.001in.），压力淬火后通常可达到0.064mm（0.0025in.）。同样的齿轮，当放置在平板上时，在平板与齿轮表面之间的任意位置均不允许出现0.05mm（0.002in.）塞尺可以通过的间隙。对ϕ460mm（ϕ18in.）的齿轮，这一间隙应小于0.075mm（0.003in.）。如果上述所列因素均得到妥善处理（即使用高质量的锻件，加工前正确地进行正火，使用锋利的刀具，遵循良好的加工操作等），通过压力淬火通常可以达到这种严格的误差要求。压力淬火的一个延伸是使用辊式淬火法控制长1020mm（40in.）的ϕ200mm（ϕ8in.）的长圆柱形零件、轴、曲轴的变形。这种技术是使用滚轴在热工件上小心地施加可控载荷，此时热工件绕其轴线旋转，而淬火室内充满了流动的淬火冷却介质。图2-262所示为这种高度专业化的淬火机床的一个典型图片。

图 2-262 压入辊模淬火机床的蜗杆图（在机器的防护装置降下来之后，随着零件绕其轴线旋转，淬火油流开始对零件均匀淬火。图片由纽约罗彻斯特格利森工厂提供）

参 考 文 献

1. L. E. Jones, Fundamentals of Gear Press Quenching, *Ind. Heat.*, April 1995, p 54

2. *Metals Handbook*, American Society for Metals, 1948, p 624

3. *Quenching and Martempering*, American Society for Metals, 1964

4. B. L. Ferguson and D. S. MacKenzie, Effect of Oil Condition on Pinion Gear Distortion, Quenching Control and Distortion, *Proc. Sixth International Quenching and Control of Distortion Conference*, Sept 9-13, 2012 (Chicago, IL), p 319-328

5. P. Cary, *Quenching and Control of Distortion*, ASM International, 1988

2.12 线材索氏体化淬火

Xinmin Luo, Jiangsu University

George E. Totten, Portland State University

2.12.1 线材索氏体化处理工艺

线材是钢铁产品中最重要的标准产品之一，在许多行业中具有多种用途，如机械与动力工程、矿山和港口运输、捕鱼等海洋应用、桥梁建筑和土木工程等。拉拔是线材的主要制造工艺，在很多情况下，加工线材时由于加工硬化的影响，需要多道退火工序。此外，线材最终的力学性能依赖于一个独特的热处理过程：索氏体化处理。

（1）铅浴 自从一个世纪之前发明铅浴索氏体化处理以来，几乎在每个生产高碳钢丝的线材轧机上都会进行铅浴。这是由于熔融铅介质具有许多优势，具有良好的传热特性，可以得到合适的组织和强度与延展性的组合，促进了更优越的拉拔。然而，熔融铅浴也有两个主要的缺点：由昂贵的纯净铅、带出液损失、设备及其维护成本所带来的高成本；由很难处理和回收的铅烟、铅尘所造成的毒性。铅污染的问题是众所周知的，并且受健康和安全监管机构的严格审查和控制。随着人们环境保护意识的增强，可以肯定的是，在全球范围内，这种健康和安全法规将会变得更加严格。关于熔融铅的使用是否能满足未来环保产品需求的问题应该由冶金学者和环保主义者来定位。鉴于上述缺点和局限性，用无毒的介质或技术来代替熔融铅的可能性日益重要。

（2）羧甲基纤维素水溶液作为铅浴的替代品 已经有多种线材索氏体化处理开发出可接受的替代品替代铅浴使用，包括空气、雾、熔融盐、水、流态床处理、聚合物水溶液（如聚丙烯酸钠水溶液）等。一种已经被广泛研究以用于线材索氏体化处理，而且作为一种替代熔融铅浴具有相当大的商业化潜力的聚合物水溶液是羧甲基纤维素水溶液（CMC）。CMC 水溶液已经被证实可进行生物降解而且无毒，这将为线材索氏体化处理后的性能带来潜在的优势。

喷雾淬火是一种热处理时的冷却方法，具有良好的灵活性。一个独特且重要的方面是它可以根据工件的冷却要求在一定的温度范围内通过改变压缩空气的气压或淬火冷却介质的流量来改变淬火过程中的冷却速率。一些聚合物水溶液可用作喷雾淬火时的缓和剂，以便更进一步地扩大喷雾淬火的优势，从而扩大其应用范围。

2.12.2 试验材料冷却行为和程序

线材制成的商业量规常被用于比较测量。一类是 $\phi 3.9 \sim \phi 6.5$mm（$\phi 0.15 \sim \phi 0.25$in.）的碳的质量分数为 0.70% 的钢丝，另一类是符合美国钢铁协会牌号的 321 奥氏体型不锈钢丝（相同的直径），其在加热和/或冷却后不发生相变。为研究钢的冷却特征和转变行为进行测试，设计了一个在几何中心位置有一个热电偶的钢丝探头（参考文献 13），如图 2-263 所示。当探头在奥氏体温度淬入熔融铅浴或聚合物水溶液中时，记录冷却时间-温度曲线，随后使用计算机对冷却时间-温度数据进行处理，以获得冷却速率曲线。这个系统如图 2-264 所示。一种喷雾冷却试验装置的示意图如图 2-265 所示，它主要由具有相反设置的喷嘴的喷射雾化系统、压缩空气和淬火冷却介质供应端组成。使用尼康 Epiphot 300 光学显微镜和 JEOL JSM-7001F 场发射扫描电子显微镜（SEM）观察其微观结构特征。

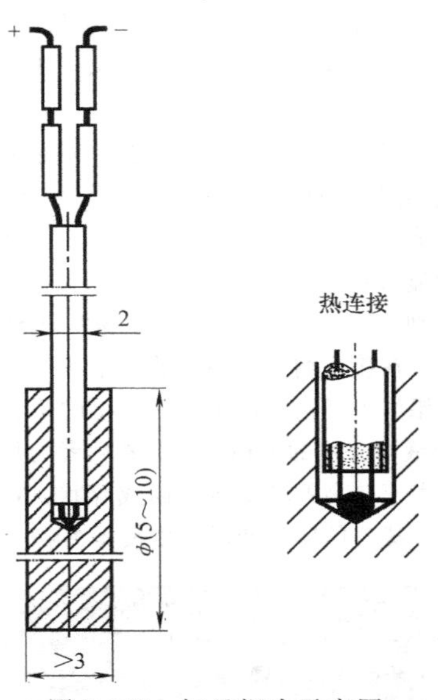

图 2-263 钢丝探头示意图

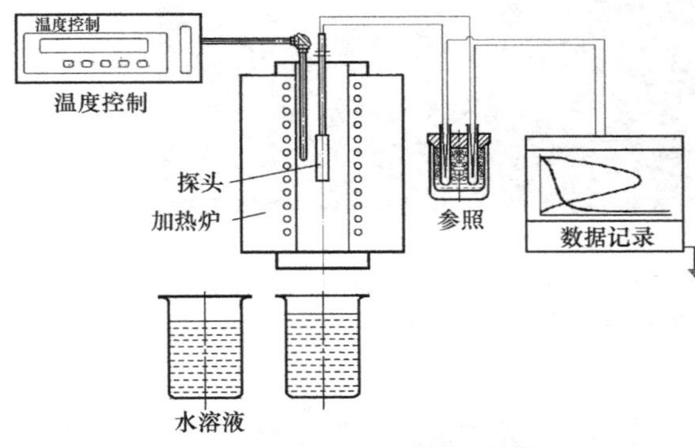

图 2-264 冷却曲线测量系统

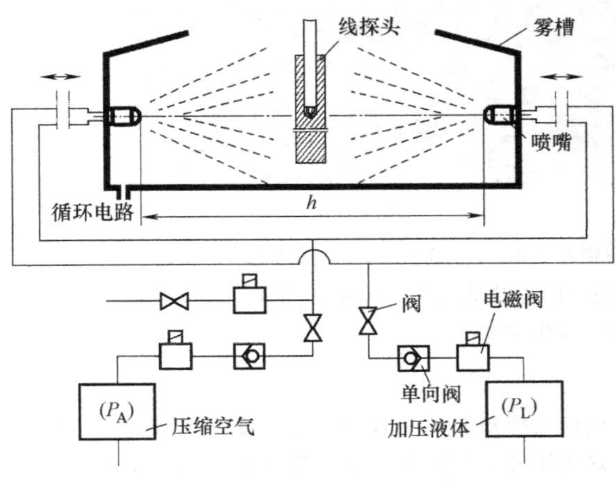

图 2-265 雾冷试验系统示意图

比较两种类型的聚合物水溶液。一种是聚乙烯醇（PAV），它通常被用作表面感应热处理的喷雾冷却介质。在这个试验中，所使用浓度是 0.05%～0.4%。另一种水溶性聚合物是 CMC，它的分子式是 $(C_6H_7O_2(OH)_2OCH_2COONa)_n$，因为它的黏度-浓度变化特性，其使用浓度低于 0.05%。

2.12.3 冷却曲线和冷却速率曲线结果与分析

（1）CMC 溶液的测量 图 2-266 所示为 ϕ5mm（ϕ0.2in.）钢丝在浓度为 0.10% 和 0.25% 的 CMC 水溶液中淬火时的冷却曲线和冷却速率曲线。硬度试验表明，钢丝在浸入 0.1% 的 CMC 水溶液中淬火时会完全硬化，这意味着产生了不符合需要的马氏体转变。然而，在 0.25% 的 CMC 水溶液中淬火时则获得了理想的珠光体组织。有趣的是在高浓度 CMC 水溶液中冷却期间测量得到的冷却曲线展现出相同的放热“驼峰”现象，就如在铅浴中淬火时观察到的一样，尽管冷却速率近似于 40℃/s（72℉/s）。图 2-266b所示的“零冷却速率”是珠光体转变的一个特征，因为随着聚合物浓度的升高，蒸汽膜（膜沸

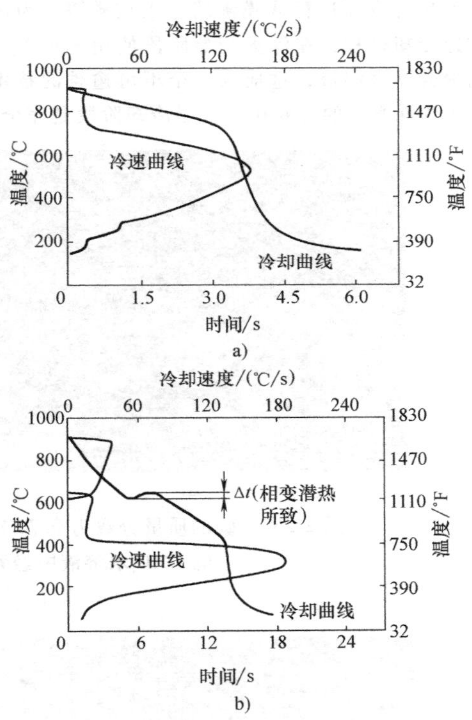

图 2-266 ϕ5mm（ϕ0.2in.）钢丝的冷却曲线和冷却速率曲线

a）0.10%的 CMC b）0.25%的 CMC

注：两幅图的时间标尺不同，这是因为较高浓度的 CMC 水溶液中冷速将大幅减慢

腾）阶段将会足够长，从而使奥氏体转变为珠光体。不幸的是，初始冷却速率依然较慢，这可能会导致粗珠光体甚至是先析铁素体在冷却期间从过冷的奥氏体中分离。当线材冷却进入核沸腾阶段时，尽管冷却速率在低温范围内较高，珠光体的转变也能完成。

众所周知，随着一种聚合物淬火冷却介质浓度的增加，冷却曲线会发生明显的变化。典型地，随着聚合物淬火冷却介质浓度的增加，蒸汽膜冷却阶段延长、冷却速率下降。当钢材冷却到特征点（对于CMC水溶液这种可蒸发的淬火冷却介质而言）时，意味着冷却过程从膜沸腾进入核沸腾，为进一步加速冷却过程，在淬火初始阶段使用一种单一浓度的聚合物水溶液，这成为一个不可逾越的技术障碍。因为珠光体的转变在蒸气层冷却阶段是完全的，当钢丝通过低温转变阶段时，将没有额外的相变潜热被释放。事实上，只有当冷却介质的冷却能力不能与钢丝的潜热平衡时，先共析铁素体才有可能分离，这取决于钢丝的尺寸和CMC水溶液的浓度。

（2）微观结构比较　淬火之后的高碳钢丝微观结构的光学显微镜照片如图2-267所示。微观结构显示出细珠光体组织形态。因为分辨率有限，不可能使用光学显微镜清晰地区分出这两种试样在微观结构上的差别。图2-268所示为使用场发射SEM获得的微观结构。在接近纳米级的高放大倍率下，可以清楚地看出在铅浴中经索氏体化处理获得的层状组织比在CMC水溶液中获得的更精细。尽管后者的片状渗碳体略厚，但由于较高的转变压力而成碎状，它不大可能对线材在拉拔时的体积变形产生负面影响。

a)

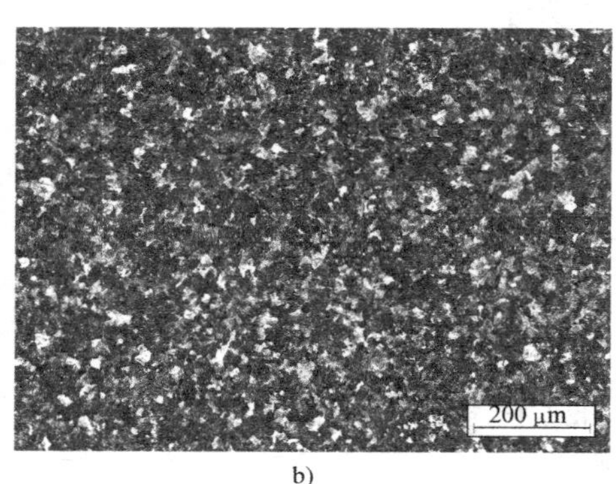

b)

图2-267　碳的质量分数为0.70%的钢丝在550℃（1020℉）的铅浴和0.25%的CMC水溶液中经索氏体化处理后的光镜金相照片

a）铅浴　b）0.25%的CMC水溶液

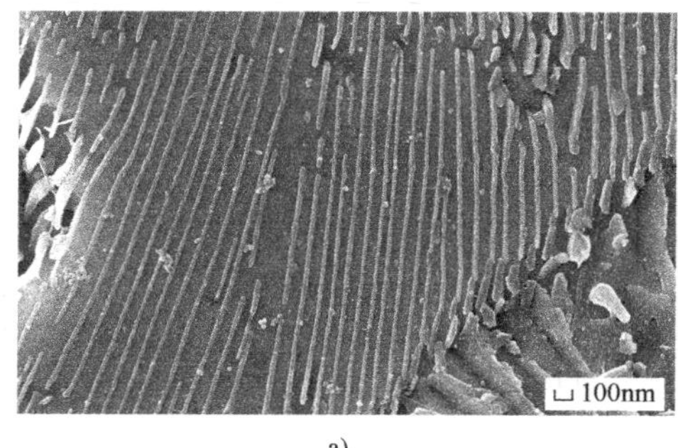

a)

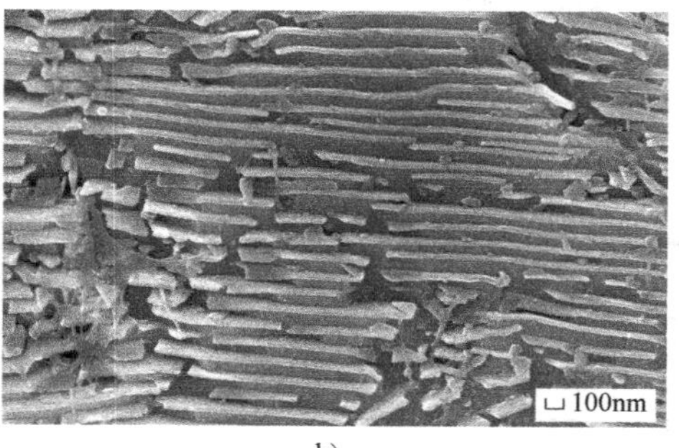

b)

图2-268　ϕ5mm（ϕ0.2in.）的钢丝分别在550℃（1020℉）的铅浴和0.25%的CMC水溶液中经派登脱处理后的片状珠光体组织金相照片

a）铅浴　b）0.25%的CMC水溶液

1. 典型的雾冷冷却曲线

图2-269所示为ϕ5mm钢丝探头在喷雾冷却时测得的典型的冷却曲线和冷却速率曲线。图中显示了两个主要特征：明显的珠光体转变；在浸入可蒸发的淬火冷却介质中淬火时包含的典型的三个阶段。珠光体转变开始于A点，结束于B点，显示了所涉及的温度和时刻。C点为从动态蒸气覆盖层阶段到

动态沸腾阶段的转变点。从冷却速率曲线中可以看出，可以将最大冷却速率（v_{max}）和从 900℃（1650℉）下降到 600℃（1110℉）时的平均冷却速率（$v_{900-600}$），作为比较的研究指标。

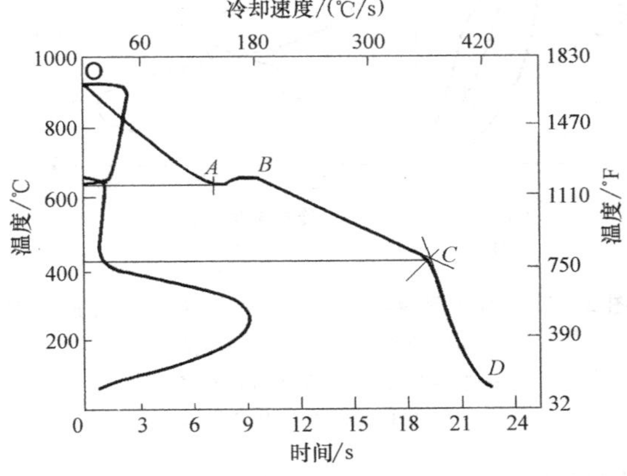

图 2-269　ϕ5mm（ϕ0.2in.）的钢丝探头雾冷时测得的冷却曲线和冷速曲线

2. 引入聚合物添加剂时喷雾参数的影响顺序

当对钢丝采用喷雾淬火时，由于相变热与许多喷雾参数存在相互作用，冷却过程将变得复杂，引入一种聚合物添加剂后会变得更加复杂。为了确定喷雾参数的影响，将流体压力（P_L）、空气压力（P_A）和液体浓度作为主要参数进行正交试验。在测试中，CMC 被选作聚合物添加剂（影响冷却能力的唯一线性因子），其与喷嘴之间的距离设定为 1000mm（40in.）。正交试验中的水平在有利于比较和应用的范围内选择；研究目标包括最大冷却速率（v_{max}）、高温范围中的平均冷却速率（$v_{900-600}$）和珠光体开始转变时间（τ_s）。所有参数和正交试验结果见表 2-55～表 2-57。因为动态蒸汽膜阶段的冷却能力对淬火来说是很重要的，从测得的冷却曲线中得到的 v_{max}、$v_{900-600}$和 τ_s 被当作研究指标。

表 2-55　正交试验的水平

等级	液体介质压力（P_L）		压缩空气的压力（P_A）		水溶液浓度（%）
	MPa	ksi	MPa	ksi	
Ⅰ	0.30	0.04	0.20	0.03	0.5
Ⅱ	0.20	0.03	0.15	0.02	0.1
Ⅲ	0.10	0.015	0.10	0.015	0.05

表 2-56　正交试验结果

因素	液体介质压力（P_L）/MPa	压缩空气压力（P_A）/MPa	水溶液浓度（%）	研究指标				
				冷却曲线动态蒸气覆盖层阶段的最大冷却速率（v_{max}）		900～600℃（1650～1110℉）时的平均冷却速率（$v_{900-600}$）		珠光体转变开始时间（τ_s）/s
				℃/s	℉/s	℃/s	℉/s	
1	Ⅰ	Ⅰ	Ⅰ	60.5	108.9	38	68	6.1
2	Ⅰ	Ⅱ	Ⅱ	93.5	168.3	59	106	4.05
3	Ⅰ	Ⅲ	Ⅲ	87.9	158.2	57	103	4.2
4	Ⅱ	Ⅰ	Ⅱ	88.1	158.6	44	79	5.35
5	Ⅱ	Ⅱ	Ⅲ	86.8	156.2	58	104	4.4
6	Ⅱ	Ⅲ	Ⅰ	44.9	80.8	30	54	8.0
7	Ⅲ	Ⅰ	Ⅲ	50.1	90.2	35	63	6.2
8	Ⅲ	Ⅱ	Ⅰ	40.0	72	27	49	7.6
9	Ⅲ	Ⅲ	Ⅱ	74.0	133.2	53	95	5.9

表 2-57　正交试验结果分析

项目①	液体介质压力（P_L）			压缩空气压力（P_A）			水溶液浓度		
	v_{max}	$v_{900-600}$	τ_s	v_{max}	$v_{900-600}$	τ_s	v_{max}	$v_{900-600}$	τ_s
$K_Ⅰ$	241.9	154	14.35	198.7	117	17.65	145.4	95	21.7
$K_Ⅱ$	219.8	132	17.75	220.3	144	16.05	255.6	156	15.3
$K_Ⅲ$	164.1	115	19.7	206.8	140	18.1	224.8	150	14.8
$k_Ⅰ$	80.6	51.3	4.78	66.2	39	5.9	48.5	31.7	7.2
$k_Ⅱ$	73.3	44	5.92	73.4	48	5.35	85.3	52	5.1
$k_Ⅲ$	54.7	38.3	6.57	68.9	46.7	6	74.9	50	4.9
R	25.9	13	1.79	7.2	9	0.7	36.8	20.3	2.7

① $K_i=\Sigma$（某水平的总和）；$k_i=\Sigma/3$（K_i 的平均值）；$R=k_{i\max}-k_{i\min}$。

在建议的测试水平中，R 值代表喷雾参数影响因素的大小。正交试验结果总结在图 2-270 中，从中可以看出研究对象有规律地由三个主要的喷雾参数所控制。影响顺序是聚合物浓度（conc.）、流体压力（P_L）和空气压力（P_A），表现出规律性的顺序。

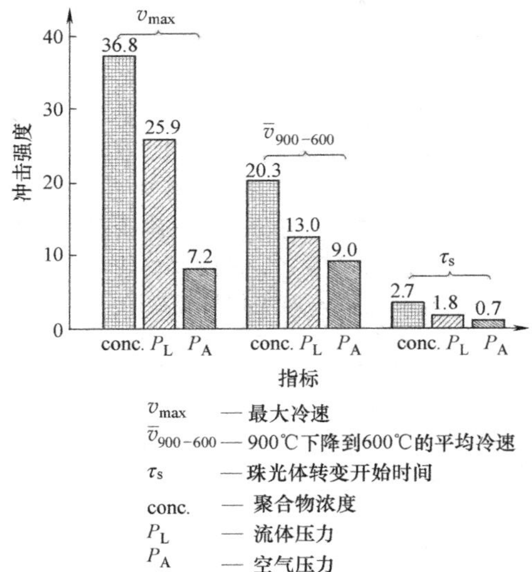

图 2-270 正交试验结果对比

下面介绍含有聚合物添加剂的喷雾的冷却曲线和冷却速率曲线。使用 φ5mm（φ0.2in.）的钢丝探头、非蒸馏水、0.05%的 PVA 和 0.05%的 CMC 在相同喷雾参数下测得的冷却曲线和冷却速率曲线如图 2-271 所示。结果表明，使用含有聚合物添加剂的喷雾淬火可以显著地提高在 600℃（1110℉）以上，也就是动态蒸汽膜阶段的冷却速率，但是在低温范围内规律并不相同。另外，根据这些冷却曲线，从三个冷却阶段的特征点可以看出使用聚合物淬火冷却介质的喷雾冷却是一个比浸入淬火更加复杂的传热过程，这可能是由探头的体积效应或动态喷雾过程造成的。当钢丝探头在喷雾中淬火时，许多很小的液滴连续不断地与热表面碰撞而迅速蒸发，形成一个动态蒸汽膜。这个蒸汽膜随着探头温度的降低而不断减少，最后消失，所以整个冷却过程中三个阶段之间适度转换，与浸入淬火时工件表面沉积有机聚合物膜的散热过程完全不同。

这些数据表明，聚合物添加剂不仅会在高温范围内一经喷雾淬火就在热工件表面形成厚的聚合物膜，而且会改变喷雾介质的物理性质，如表面张力（σ）、蒸气压力和沸点，以改善喷雾环境。包含聚合物添加剂的喷雾介质在雾化之前会形成均匀的单相溶液，但是在空气雾化中，液滴和空气的双相流

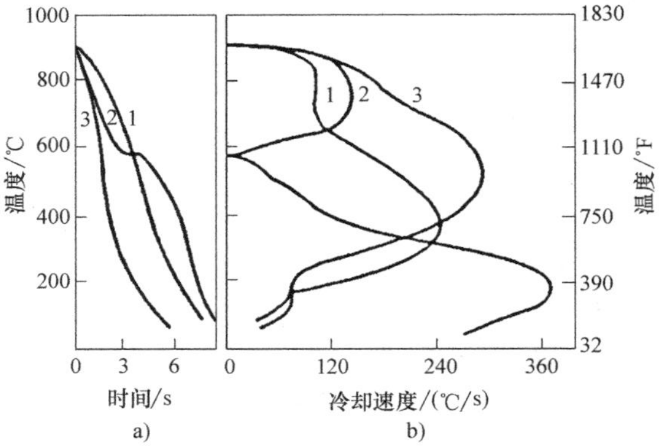

图 2-271 不同溶液喷雾冷却的冷却曲线和冷速曲线
a）冷却曲线 b）冷速曲线
1—非蒸馏水 2—0.05%的聚乙烯醇
3—0.05%的羧甲基纤维素

会影响喷雾时的表面冷却过程，这是不容忽视的。形成许多新液滴表面所需的功（W）、溶液的表面张力（σ，单位为 N/m）和新形成的液滴的表面积（ΔS）之间的关系可以表示为

$$\sigma = W/\Delta S$$

在喷雾系统中，新形成的液滴的表面积（ΔS）可以用来表示喷雾状态。当为雾化提供的功确定时，溶液的表面张力（σ）会直接影响雾化过程。大多数聚合物添加剂相当于高分子量的表面活性剂。当喷雾介质的浓度很低时，溶液中分子之间的结合力主要是范德华力，这远小于纯净水中分子间的结合力，有利于聚合物溶液的雾化。液滴越小，发生在工件表面的蒸发越容易。所有这些因素有助于加速探头在动态蒸气覆盖层阶段的冷却。

2.12.4 浓度-雾流量效应

这项工作表明，为获得最大冷却速率，存在聚合物浓度和喷雾参数之间的最优组合，称为浓度-雾流量效应。图 2-272 所示为使用固定的喷雾参数，在不同浓度的 CMC 溶液中进行喷雾淬火时所获得的冷却曲线和冷却速率曲线。当浓度为 0.25%时，在高温范围内冷却速率将达到最大值。在相同的环境下，在一个较低的温度范围内存在另一个最大冷却速率。然而，这发生在浓度为 0.05%的时候。相反，当淬火时的溶液浓度是固定的，只有一个喷雾参数可变时，除了冷却能力和喷雾参数，还存在另一个重要的参数。

图 2-273 所示为仅改变一个雾化参数所获得的冷却曲线和冷却速率曲线。这些现象证实，当表面温度、冷却区域和探头的热容量给定时，在探头的冷却区域内气化的总液量与雾流量（mL/cm² · s）密

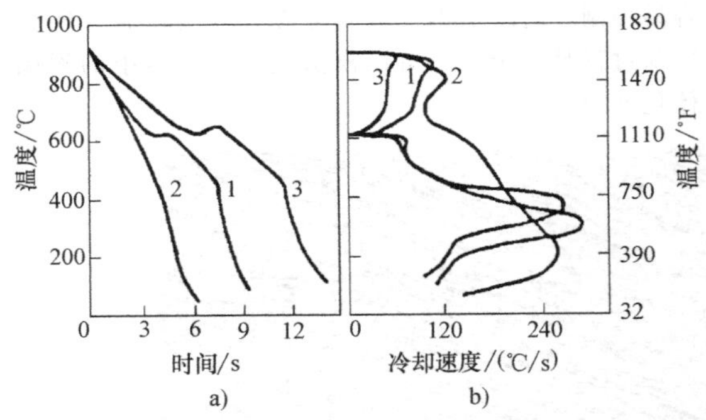

图 2-272 聚合物浓度对冷却特征的影响

a）冷却曲线 b）冷速曲线

1—0.05%的羧甲基纤维素（CMC） 2—0.25%的 CMC 3—0.5%的 CMC

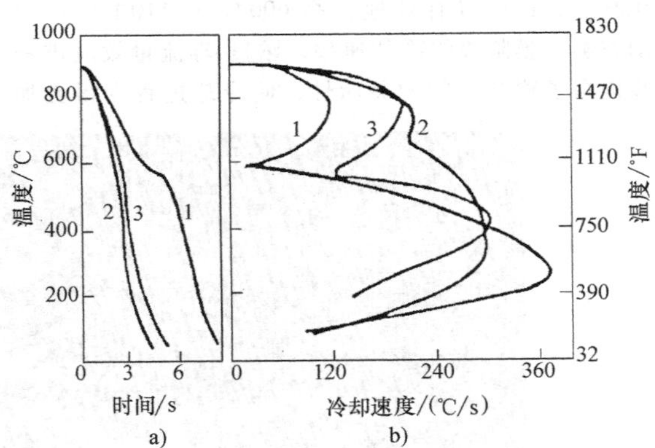

图 2-273 雾化参数对雾冷特征曲线的影响

$P_L = 0.35\text{MPa}$ 1—$P_A = 0.1\text{MPa}$ 2—$P_A = 0.2\text{MPa}$ 3—$P_A = 0.25\text{MPa}$

切相关。浓度、液体压力、空气压力或者喷嘴之间的距离发生任何微小的改变都会导致流量产生大的变化，从而引起在探头表面气化的液体量的变化。为了获得最大冷却速率，需要优化三个主要因素，即冷却表面气化的总液量、溶液浓度和喷雾参数。

随着探头表面温度的降低，喷射到探头表面上的溶液不能立即蒸发，而是会形成一层有机聚合物膜。虽然这层膜是动态存在的，但这三个主要因素之间的关系遵循一种不同的冷却机理。在低温范围内，获得最大冷却速率的条件不同于在高温范围时的条件，它与索氏体化处理无关。

2.12.5 加入 CMC 添加剂的可控雾冷索氏体化处理

铅浴索氏体化处理期间的冷却过程与含有低浓度聚合物添加剂的灵活可控的喷雾淬火类似。图2-274所示为在使用0.05%的 CMC 聚合物进行可控喷雾冷却索氏体化处理期间，ϕ5mm(ϕ0.2in.) 高碳钢钢丝的冷却曲线和冷却速率曲线。可以看出，含有聚合物添加剂的喷雾冷却的冷却状态与铅浴中的冷却过程类似。当珠光体转变开始时，由相变潜热引起的冷却速率曲线中的“驼峰”，远低于使用非蒸馏水喷雾时所获得的“驼峰”，这表明转变会在较窄的温度范围内发生，而且细珠光体团的尺寸会变得更加精细。不同直径的钢丝在含有聚合物添加剂的喷雾冷却索氏体化处理后的典型显微组织如图2-275所示。这些钢丝的力学性能见表 2-58。

2.12.6 结论

根据使用不同探头所测得的冷却曲线和冷却速率曲线以及显微组织，在铅浴、聚合物水溶液和可控喷雾冷却的条件下，碳的质量分数为0.70%的钢丝能完成珠光体转变。

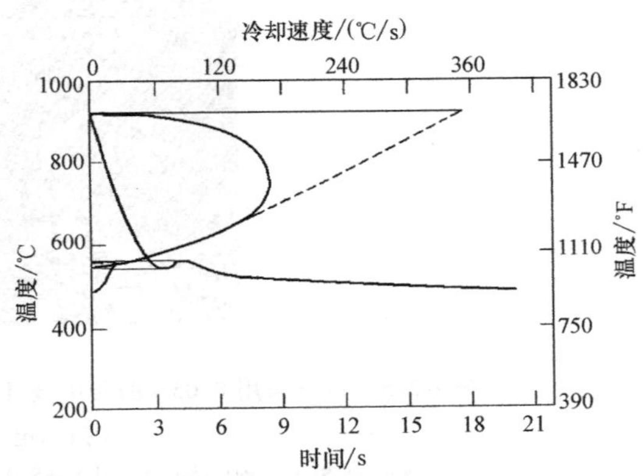

图 2-274 ϕ5mm(ϕ0.2in.) 钢丝在0.05%的羧甲基纤维素水溶液中经可控雾冷的冷却曲线和特征曲线

表 2-58 钢丝采用可控雾冷索氏体化处理后的力学性能

钢丝直径		抗拉强度(R_m)		伸长率	硬度
mm	in.	MPa	ksi	(A)(%)	HRC
3.9	0.15	1181	171	6.3	36
5.0	0.20	1047	152	7.6	31
6.5	0.25	1011	147	7.4	30

碳钢在高浓度的 CMC 水溶液中的淬火与连续冷却转变类似。在高温范围内，在线材达到浴温之前便能完成珠光体转变。在寻找可替代铅浴的聚合物水溶液介质时，为获得正确的显微组织，在高温范围内（在时间-温度转变图的鼻尖之上）加快初始冷却速率和保持转变始终处于恒定的温度范围内是很重要的。进行喷雾冷却时，小剂量的聚合物添加剂就可以改变喷雾介质的物理性质，并且可以改善雾

化状态，这可以有效地提高 600℃（1110℉）以上动态蒸汽膜阶段的冷却速率。浓度-雾流量效应进一步提高了喷雾冷却的灵活性，使冷却过程变得更加容易控制。高碳钢钢丝的喷雾冷却控制试验证实了冷却过程是稳定的，可以模仿钢丝在铅浴中的索氏体化处理。

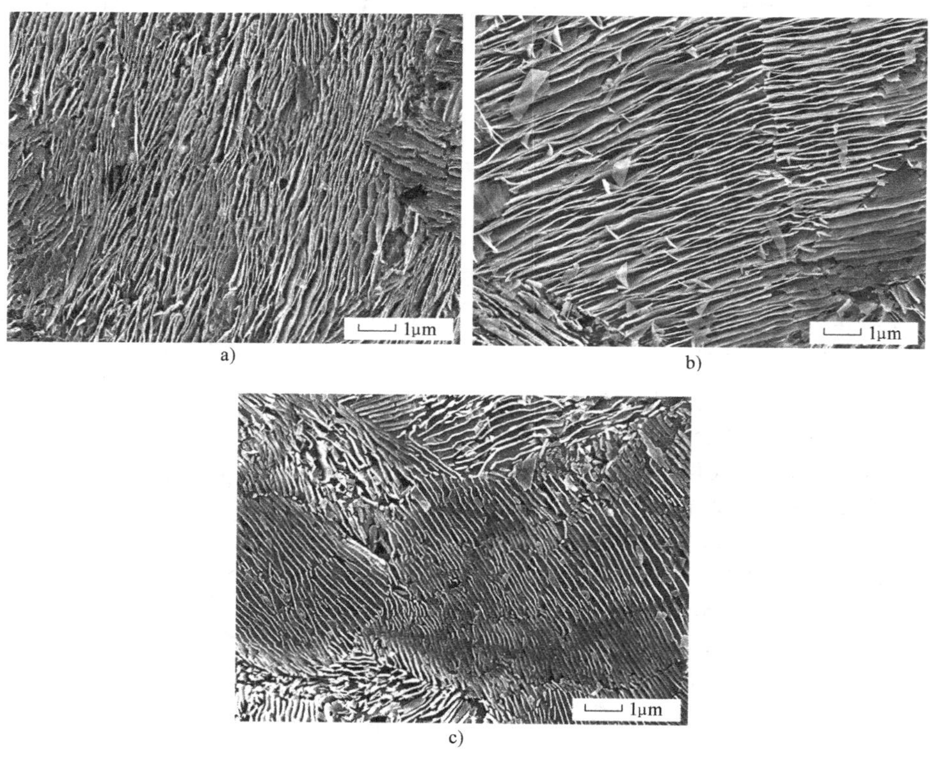

图 2-275 钢丝采用 0.05%的羧甲基纤维素水溶液雾冷索氏体化处理后的显微组织（扫描电子显微镜拍摄）

a）ϕ3.9mm（ϕ0.15in.） b）ϕ5.0mm（ϕ0.20in.） c）ϕ6.5mm（ϕ0.25in.）

P_L=0.35MPa(0.05ksi) P_A = 0.2MPa(0.03 ksi) h=700mm(28in.)

参考文献

1. T. Berntsson, E. Sapcanin, M. Jarl, and S. Segerberg, Alternatives to Lead Bath for Patenting of High Carbon Steel Wire, *Wire J. Int.*, Vol 37 (No. 5), 2004, p 82-86
2. High Tensile Steel Wire Rods Applying Mist Cooling Process, *JFE Tech. Rep.*, No. 15, May 2010, p 41-43
3. W. Weidenhaupt, Patenting in a Water Bath, *Wire*, No. 2, 2010, p 26
4. K. J. Mason and T. Griffin, The Use of Polymer Quenchants for the Patenting of High Carbon Steel Wire and Rod, *Heat Treat. Met.*, No. 3, 1982, p 77-83
5. H. Geipel, E. Forster, and W. Heinemann, Fluidized Bed, U. S. Patent 3, 492, 740, Feb 3, 1970
6. X. Luo and F. Li, Metallurgical Behaviors of High-Carbon Steel Wires in Lead Bath and CMC Aqueous Solutions by Cooling Curve Analysis, *Int. J. Mater. Prod. Technol.*, Vol 24 (No. 1-4), 2005, p 142-154
7. X. Luo and J. Li, Effects of Cooling Rate Fluctuation on Cooling and Transformation Behavior of Steel upon Direct Quenching, *J. ASTM Int.*, Vol 6 (No. 2), 2009, p 935-952
8. M. G. Wirick, Aerobic Biodegradation of Carboxymethylcellulose, *J. Water Pollut. Control Fed.*, Vol 46 (No. 3), 1974, p 512-521
9. C. G. VanGinkel and S. Gayton, The Biodegradability and Nontoxicity of Carboxymethyl Cellulose (DS 0.7) and Intermediates, *Environ. Toxicol. Chem.*, Vol 15 (No. 3), 1996, p 270-274

10. A. S. Turaev, Dependence of the Biodegradability of Carboxymethylcellulose on Its Supermolecular Structure and Molecular Parameters, *Chem. Nat. Compd.*, Vol 31 (No. 2), 1993, p 254-259

11. X. Luo, Feasibility of Fog – Cooling Patenting for High-Carbon Steel Wire, *Iron Steel*, Vol 26 (No. 6), 1993, p 11, 52-56

12. X. Luo, "Controlled Fog-Cooling for Patenting of High-Carbon Steel Wire instead of Lead – Bath," Master's thesis, Jiangsu Institute of Technology, Zhenjiang, China, 1989

13. X. Luo and S. Zhu, Merits of Small Probes in Research on Cooling Behaviour of Steel upon Quenching, *Proceedings of the 21st ASM Heat Treating Society Conference*, ASM International, 2001, p 225-229

14. S. Deda, Transformation of 70 (T7A) Steel Wire when Heated, *Steel Wire Prod.*, Vol 27 (No. 4), 2001, p 46-50

15. X. Luo, H. Liu, and M. Le, Study on the Cooling Behaviour for Steel Wire during Patenting with Wire Probe and the Cooling Curves Measured, *Heat Treat. Met.*, No. 12, 1989, p 9-14, 16

16. Y. Lin, G. Luo, X. Li, et al., Behavior of Fine Pearlite in the Course of Deformation, *J. Mater. Sci. Eng.*, Vol 26 (No. 3), 2008, p 346, 369-371

17. Y. He, "Feasibility of Water-Air Fog-Cooling for Steel Quenching," Master's thesis, Jiangsu Institute of Technology, Zhenjiang, China, 1987

18. H. M. Tensi, Chap. 7, Wetting Kinematics, *Quenching Theory and Technology*, 2nd ed., B. Liščić, H. M. Tensi, L. C. F. Canale, and G. E. Totten, Ed., CRC Press, Boca Raton, FL, 2010, p 179-203

第3章 钢的热处理工艺

3.1 热处理工序中钢的清理

Mohammed Maniruzzaman, Caterpillar Inc.

Xiaolan Wang and Richard D. Sisson, Jr., Worcester Polytechnic Institute

对所有的生产工序而言，表面处理是非常重要的一步，沉积、吸收的各种元素或污染物会改变工件表面特性，同时也会对表面处理工序产生不利影响，如涂层、涂装、黏结、焊接、硬钎焊、软钎焊，以及热处理工序。

相对于其他表面处理工序而言，热处理工序中的工件表面清洗看起来不是特别重要。然而，热处理前和热处理后的清理对保证产品质量很重要，有时对后续流程的影响很大。例如，残留在工件表面的污染物会对渗碳、渗氮、氮碳共渗工艺中元素的扩散产生不利影响。哈泽等人研究了钢的气体渗氮过程中各种污染物的影响，图 3-1 所示为表面被切削液污染和未被污染的两种钢的渗氮结果对比。不管采用何种气体进行预处理，污染的表面都会阻碍氮的吸收，导致工件表面无硬度增加或得到比洁净件更低的表面硬度。表面污染在热处理过程中可能也会导致一些外观缺陷。缺陷件的返工很困难，不仅耗时，而且会增加成本，有时甚至无法返工。有的表面污染层甚至必须采用机械法去除，如采用磨削和喷砂。但是机械法可能会带来其他问题，如工件尺寸变化和表面粗糙。因此，用机械法处理后的工件必须重新热处理，需要花费更多的时间和费用。工件被硬化后，其表面可能又一次被污染，所以还需要额外的清理工艺。需要注意的是，清理后的残留物可能会影响热处理工序。例如，碱性硅酸盐溶液或硅树脂除泡剂残留会引起渗碳或渗氮处理中的斑点质量缺陷。表面清理过程中需考虑到以下问题：硬度、多孔性、热膨胀系数、电导率、熔点、比热容。同时，必须认真对待氢脆，清洗过程中氢会使硬化的钢变脆。图 3-2 所示为工件油淬前后对比，因为淬火油在表面残留，导致工件表面产生斑点。

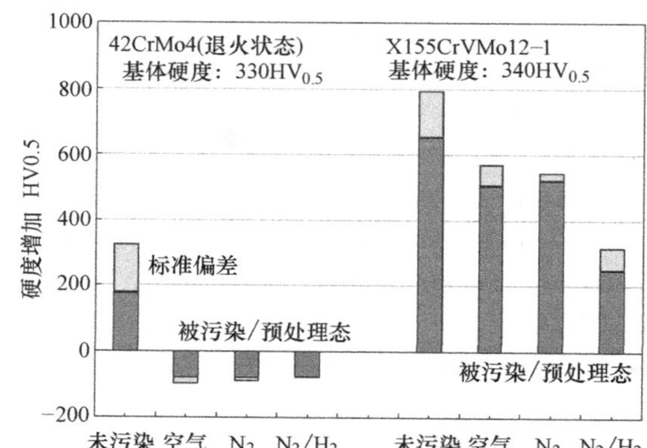

图 3-1 表面被切削液污染和未被污染的两种钢的渗氮结果对比

注：520℃渗氮 4h，氮势为 10。表面污染试样在 300~400℃进行预处理（先在空气中预氧化，然后在氮气或氮氢混合气中进行渗氮处理）。

a)

b)

图 3-2 工件油淬前后对比

a）油淬前和 b）油淬后

热处理工序中的清理系统由以下工步组成：

1）清洗。

2）漂洗。

3）清洗设备中进行油污分离。

4）烘干。

5）废弃污染物处理。

在清洗工步中，钢的表面污染物的去除主要用以下一种或三种方法的组合：机械法、加热法和化学法。机械法包括：表面喷砂研磨、喷淋清洗、超声波清洗、手工毛刷清洗等。加热法包括加热环境或清洗介质。化学法包括溶解反应或表面活化反应。在溶解过程中，表面污染物被吸收或溶解进清洗介质，如有机溶剂溶解油。另一方面，表面活化反应中，在表面活化剂的作用下污物从工件的表面脱附或松散开。

在漂洗工步中，清洗剂和污物被稀释或被不含污染物的液体置换，从而达到一个可接受的水平。如有需要可重复该工步。在烘干工步中，通过汽化或其他非汽化的方法将工件表面稀释的清洗剂或漂洗溶剂去除。

必须分离并定期清理清洗机中的污物，使零件被重复污染的可能性降到最小，同时避免废酸进入漂洗工步。在清洗工序中，废弃污染物的处理很重要。在这一工步中，污染物会从溶液中被分离出来，所以清洁剂或溶剂可重新使用，同时污染物可恢复足够的纯度，便于有效处置或是重新使用。

图 3-3 所示为热处理前后的清洗操作流程。根据后续流程和最终产品清洁度要求，决定是否采用热处理前清洗和热处理后清洗。运用各种技术可衡量清洗程度。本书指出产品表面污染物可能影响热处理工序和最终产品质量，同时也提出和讨论了对工件表面不同污染物所采用的清洗方法和化学试剂。

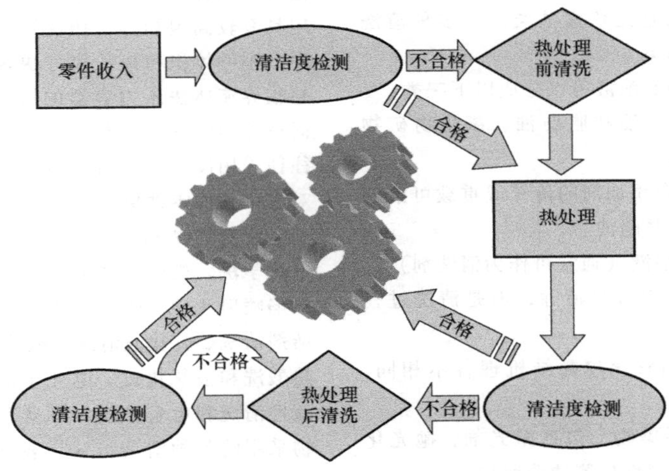

图 3-3　热处理前后的清洗操作流程

3.1.1　热处理零件表面污染物

热处理前的工件经过各种工序，如车削、铸造、成形、连接及其他工序，工件表面经常受影响并产生变化，共有两个方面显著的变化：机械方面，如畸变、压缩、磨损等；化学变化，如产生磷酸膜层、抗腐蚀反应层、冷却液体和油污染层等。图 3-4 所示为典型工件热处理前的表面层构成。

基体材料由四层覆盖：变形层、反应层、吸附层和污染层，越靠近工件表面结合能量越小。变形层在机械加工过程中形成。反应层包括金属氧化物、硫化物或复合磷化物。反应层同样可在磷化时形成，它们虽然很薄但却有很强的附着力，也可以很紧密。吸附层由物理或化学吸附的油脂复合而成。最后一层为污染层——清洗过程中至关重要的一层，这一层主要包括先前各工序的残留物，如油、油脂、切屑、清洗剂残留或水剂清洗剂。

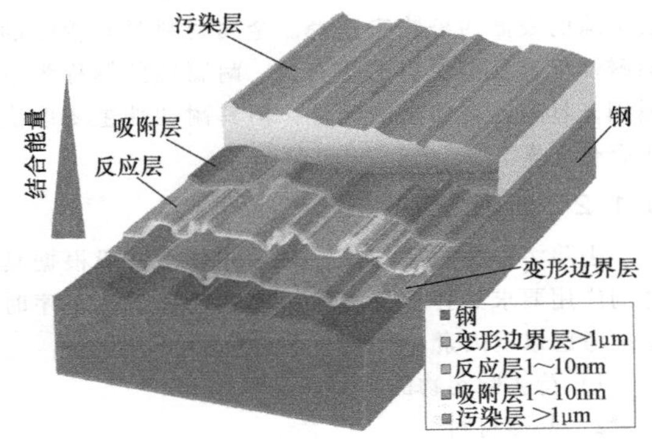

图 3-4　工件热处理前的表面层构成

经过先前工序的工件表面有各种污染物，如来自切削加工的污染物、切削液、切屑、油、防锈剂、水分，以及表面可能出现的锈蚀。如果零件是铸造而成的，污染物可能有氧化物、砂、润滑剂、灰尘等。成形和定型工序会使表面粘上润滑剂、氧化物和灰尘。连接工序会使表面粘上氧化物、石蜡及灰尘。

污染物可宽泛地分为五大类：

1）有色化合物。

2）无色素油及油脂。

3）切屑及切削液。

4）锈蚀及氧化皮。

5）其他各种表面污染物。

有色化合物包括石墨、二硫化钼等，这些污染物常用于润滑剂、热处理和热成形保护层中，经过成形、连接和其他工序后往往残留在工件表面。所有的有色化合物很难去除，因为它们耐酸、耐碱，同时与金属表面黏结牢靠。

普通市面上销售的油和油脂、无色润滑剂、防锈油、淬火油、润滑油是无色素油类。很多种清洗剂可以有效清洗这些油类。

机加工的切削液和磨削液可以分成以下三类：

1）普通或加硫矿物油和脂肪油、氯化物矿物油、加硫氯化物矿物油。

2）加硫或其他复合添加剂的传统或重载可溶性油，加润湿剂的可溶性磨削油。

3）水溶性化学切削液（通常可作为清洗剂）。

这三种类型的液体很容易清除，但是清洗过程中会有碎屑剥落。

工件表面的锈蚀和氧化皮黏结机理各不相同，通常采用物理方法去除。

各种各样的表面污染物，包括抛光剂、抛光化合物、研磨剂以及磁性探伤检测的残留物。

基体材料方面。清洗方法必须根据基体材料和要去除的表面污染物来选择。金属材料具有较强的耐碱性但容易被所有的酸腐蚀。耐腐蚀的钢称为不锈钢，具有较高的耐酸碱性，但其耐蚀性主要取决于合金元素。

3.1.2 清理方法

去除污染物的清洗工序各不相同，一般根据具体的应用要求选择清洗方法。选择金属清洗工序时必须考虑以下因素：

1）待去除污物的类型。

2）基体材料。

3）零件最终表面状态要求及重要性。

4）清洁度要求。

5）设备的现有功能。

6）清洗工艺对环境的影响。

7）成本。

8）需清洗的总表面区域。

9）零件的易碎性、尺寸及复杂性。

10）前道工序的影响。

11）防锈要求。

12）材料处理要素。

13）后续表面处理要求，如气体渗碳、真空渗碳、气体渗氮、常规镀膜的磷化处理、涂装和电镀。

以上这些因素中，仅有几个因素可被量化。在所有的这些因素中，待去除的污染物类型、清洁度要求和成本是最重要的。一个制造厂家在成本允许的前提条件下，倾向于选择具有灵活性和多功能性的设备。最大零件的尺寸确定了清理方法、设备尺寸和处理方法。清洗方法和介质可供选择的有很多，主要取决于清洁度要求和下一道工序。如果零件的形状复杂，一些可视加工方法不再适用。如果零件上有不通孔，通常需要使用某种类型的喷淋剂，并用具有较高饱和蒸汽压的清洗剂来协助完成烘干工序。零件体积和最长尺寸决定了浸液槽的尺寸，或超临界流体法压力容器的尺寸。浸泡清洗适合具有简单外形的零件，横截面尺寸不超过500mm的零件往往采用浸泡加喷淋的方法清洗干净。喷淋清洗法对大尺寸的零件更有效。

清洗方法可以分为三大类：机械法、化学法、电化学法。机械清洗方法包括研磨、擦拭、蒸汽或火焰喷射清理、喷砂和光饰。化学清洗法主要有清洁剂清洗、乳化液清洗、碱性清洗剂清洗、冷酸洗、热酸洗和去氧化皮。电化学法包括电解抛光、电解碱性清洗和电解酸洗。图3-5所示为针对不同污染物采用的各种清洗方法。表3-1概述了各种清洗方法及其效果。常用的清洗方法及其适用范围将在后面介绍。

（1）喷砂　喷砂是用空气流或水流驱动细小磨料高速冲击以清理硬的表面。在冲击力的作用下，表面污染物从工件表面被去除。立方氮化硼、陶瓷、刚玉（氧化铝或铝的氧化物）、干冰、玻璃珠、碳化硅、氧化锆和氧化铝经常作为细小磨料。这种方法广泛用于清理钢铁轧制件、锻件、铸件、焊接件和热处理件上的各种氧化皮和锈蚀。根据要求，可单独采用喷砂工艺，或者采用喷砂与热酸洗组合的工艺清理残留物。特别需要指出的是喷砂工艺对形状复杂、具有曲线的表面，具有深缝隙、螺纹的零件，以及有机加工面的零件有一定的局限性，而且也不能用于尺寸控制严格的零件。玻璃珠喷砂可用于清理螺纹、精密件、高强度钢、钛合金和不锈钢。喷砂工艺经常作为对氢脆敏感钢种进行清理的唯一方法。

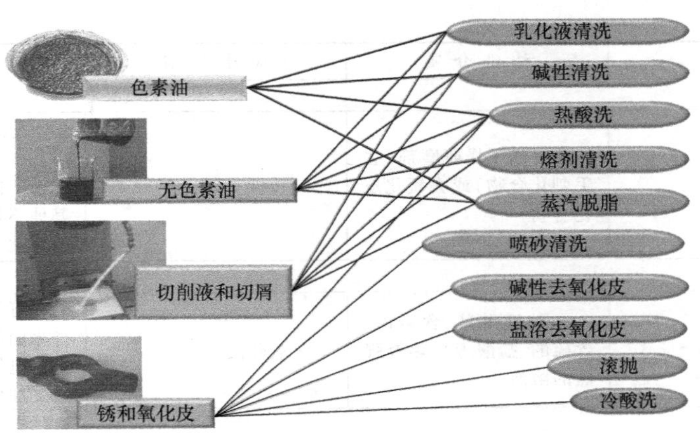

图 3-5 针对不同污染物采用的各种清洗方法

表 3-1 金属清洗工艺

清洗工艺	清洗介质	应用范围	效果
乳化液清洗			
·中间工序或临时清洗 ·工件表面污物悬浮在清洗物质中,然后从表面剥离 ·在磷化和碱性清洗前预清洗	·水或水溶液 ·碳氢溶剂类乳化液,如煤油、含乳化活化剂的水溶液	·有色化合物 ·无色素油和油脂 ·切削液和切屑	·清洗快,但不如碱性清洗剂清洗彻底 ·表面可形成一层薄膜,保护钢铁表面,防止腐蚀 ·针对有色化合物最有效的方法 ·去除三种切削液的有效、经济的方法
碱性清洗剂清洗			
·物理变化和化学变化可能都会被用到 ·碱性浸泡和喷淋循环 ·采用皂化剂和乳化剂去除油和油脂 ·机械搅拌很大程度上决定其清洁度	·混合原料如活化剂、隔离剂、皂化剂、乳化剂和螯合剂 ·使用多种稳定剂和扩张剂	·一些有色化合物 ·无色素油和油脂 ·三类切削液和磨削液 ·锈、少量的氧化皮和炭黑	·清理无色素油和油脂的有效、经济的方法,清洗后表面形成均匀水膜 ·通常是最便宜的去除切削液、抛光剂和光饰剂的工艺 ·对有色化合物略有效,但可能需要手工清洗其残留物
碱性去氧化皮			
·成本较高,比酸洗速度慢。无金属损失,因为锈和氧化皮去除后已无化学反应			
溶剂清洗			
·擦拭,静态浸泡,喷淋,固体粒子流或压缩蒸汽 ·用于初洗或调整时效果好,从而可以缩短终洗时间	·典型的有机溶剂有三氯乙烯、二氯甲烷、甲苯和苯	·无色素普通油和油脂 ·第一类切削液和切屑(频率高)	·针对有色化合物的清洗剂,缺少有效性和快速性 ·可能留有残留,经常需要额外工序 ·比碱性或乳化液法费用高
冷酸洗液			
	·不同的有机酸溶液,如柠檬酸和酸洗氧化物的酸性溶液	·浮锈、红锈(高湿度状态的积锈)	·有效处理浮锈和红锈
喷砂			
·广泛使用空气流或喷水	·采用气流或水流喷射驱动有细小尖角的磨料	·各类表面剥落和锈蚀	·去除表面厚的氧化皮和油漆时优先选用 ·对氢脆敏感的钢材唯一允许的清理方法

（续）

清洗工艺	清洗介质	应用范围	效果
光饰法			
	·可用干燥研磨剂（去毛刺化合物）或去氧化皮化合物	·锈蚀和氧化皮	·去锈和氧化皮最便宜的工艺 ·不能均匀去除具有深孔和其他不规则的复杂零部件表面的氧化皮
强酸洗			
	·胺磺酰基、含磷的、含硫的、盐酸等炽热及强烈的溶液	·氧化皮	·可彻底去除轧钢和成品零件表面的氧化皮 ·电解酸蚀去除表面氧化皮速度加倍
盐浴去氧化皮			
·盐浴操作温度范围为400~525℃	·采用多种盐浴	·氧化皮	·很少单独用于去除氧化皮 ·基体无金属损失 ·无氢脆的危险 ·对复杂的零件进行水淬可能会引起开裂或变形

（2）光饰　光饰是一种对硬物质抛光、平滑化处理的技术。它是去除表面氧化皮、锈蚀最经济的方法，但是产品尺寸和形状受到加工工序的限制。干性光饰（去毛刺）经常用于清理小工件，然而对于有深的凹孔或不规则形状的复杂工件，不能被均匀地去氧化皮，而且可能会需要好几个小时。在溶液中添加除锈化合物比添加去毛刺化合物可以节约75%的时间。

（3）溶剂清洗　溶剂清洗是通过有机溶剂溶解污染物。典型的溶剂有三氯乙烯、二氯甲烷、甲苯和苯。溶剂的使用方法可以是擦拭、槽中浸泡、喷淋或固体流冲洗，或者蒸汽冷凝。将工件浸入溶剂蒸汽中实现蒸汽脱脂；蒸汽在冷却器表面凝结，同时溶解污染物。随后，用液体溶剂进行冲洗，完成清洗。温度的升高可以使溶剂活性增强。

溶剂清洗的一个主要缺点是工件表面可能有残留，往往需要进行额外的清洗；另一个显著的缺点是对环境的影响。实际上，人们正在努力寻找对环境更友好的水基溶剂代替溶剂清洗剂。

溶剂清洗很少被推荐用于清洗有色化合物，除非用于其他清洗方法前的临时预清洗或粗洗。例如为了去除零部件上污染物，有时在拉伸工序后随即将其浸泡在煤油或石油溶剂油中，但是该操作的主要目的是调节工件，通过更适合的方法实现更简单的清洗，如乳化液清洗或碱性清洗剂清洗。

溶剂清洗可用于清理金属件表面的普通油和油脂。清洗方法从静态浸泡到多段清洗而不同。按照溶剂清洗效率排序的八种方法如下：

1）静态浸泡。

2）浸泡，溶液搅拌。

3）浸泡，溶液搅拌，同时工件晃动。

4）浸泡并洗涤。

5）喷淋柜中压力喷淋。

6）浸泡清洗后喷淋清洗。

7）多段清洗。

8）手工刷洗。

工件的外形影响清洗工艺和方法的选择。例如，有凹槽或用于积液的工件应在室温下浸入具有高闪点的石脑油、斯托达德溶剂、含氯碳氢溶剂中5~30s。浸泡时间取决于污染物的类型和数量。易弯曲或易损坏的工件应在室温下喷淋30s~2min，复杂工件应浸泡在室温的溶剂中1~10min。

溶剂清洗在以脱脂为目的的预清洗或调节清洗方面应用最广。工件外形会影响清洗工艺和方法的选择。为便于检查，常在机加工工序之间采用溶剂清洗。通过浸泡（有搅拌或无搅拌）、手工擦拭、喷淋的方法，用溶剂清洗法可清除切屑和切削液。抛光后，通过含氯碳氢溶剂的机械脱脂机，或者通过擦拭或喷淋石油溶剂可快速去除大部分油污。

生物溶剂如大豆甲基酯、乳酸酯、生物衍生化学物质、生物活化剂也能有效去除油、脂、油漆、切削液和黏结剂。大豆甲基酯有优良的溶解能力，它能代替含氯碳氢溶剂和碳氟化合物（石油溶剂油、挥发性漆稀释剂、二甲苯、甲基乙基酮和其他去垢溶剂）。生物溶剂具有不致癌、不消耗臭氧、不易燃和可生物降解的优点。

（4）乳化液清洗　乳化液清洗是去除复合颜料的最有效的方法，它依靠机械润湿和漂浮性从表面去除污染物。然而，当工件表面有石墨、二硫化钼时，这种清洗方法通常作为补充方法使用。浓度为

1%~10%的水基乳化液在强力喷淋清洗机中使用，拥有最好的去除复合颜料的效果。通常喷淋时间为30~60s，喷淋温度为54~77℃，其中喷淋温度取决于清洗剂的闪点。在连续清洗工序中，有两个相邻的喷淋区，或者常规的做法是在两个喷淋区之间有一个60~66℃（140~151℉）的热水漂洗段。

采用乳化液清洗剂或溶剂和乳化液清洗剂的混合液清洗，可以非常有效地去除复合颜料。乳化溶剂可用纯的或稀释的碳氢溶剂，配比为10份中有1~4份乳化溶剂。将表面有严重复合颜料的工件浸入溶液中，或者用溶剂喷射或擦拭工件重污染区域，待表面污染物和溶剂充分接触后，再将工件放进热水漂洗，喷淋清洗效果更好。乳化液使得污染物松散并将其冲去。如需要额外的清洗，通常采用常规乳化液清洗或碱性清洗工艺。

乳化液广泛用于临时清洗或工序间清洗，去除无色素化合物。清洗后的表面形成一层薄膜，可防止工件表面锈蚀。这种清洗方法主要用作磷化、电镀前的清洗或碱性清洗后的清洗。

乳化液清洗是通过浸泡或喷淋来去除三种切削液的一种经济而有效的方法。使用温度最小应低于含碳氢清洗剂的闪点温度8~11℃，则不会发生火灾危险。碱性清洗后，乳化液清洗剂通常配合活化剂使用。较经济的做法是首先使用碱性清洗剂去除表面主要污染物，然后采用乳化液清洗残留物。如果乳化液清洗后的下道工序是油漆或磷化，则乳化液清洗起到清洗碱性溶液残留又防止油漆和磷化系统被污染的作用。

（5）碱性清洗　碱性清洗在工业清洗中占重要的地位，可以结合物理反应和化学反应运用。这些清洗剂是各种清洗剂（活化剂、多价螯合剂、皂化剂、乳化剂、螯合剂，以及各种稳定剂和稀释剂）的组合物。除了皂化剂，这些原料的物理性质活跃，并通过降低表面或界面张力，形成乳化液，同时使不溶颗粒悬浮。表面固体小颗粒通常被认为带电并吸附在表面上，在清洗过程中，这些小颗粒被润湿剂所包围并中和电荷，得以漂浮离开表面，在溶液中无限地悬浮，或最终在清洗槽中沉淀而析出泥浆状物质。

碱性清洗剂能清除热加工过程中工件表面上的石墨和二硫化钼等复合颜料以及热处理过程中的表面保护涂层。对于最难去除的复合颜料，常使用热碱性清洗剂；对于较软的复合颜料，通常采用浸泡加喷淋的整套工艺去除。清洗的效果主要取决于水箱或水桶中机械搅拌是否彻底。如果采用喷淋清洗，则取决于较大的冲击力。碱性清洗剂配合超声波对难除的有色复合颜料具有较好的清洗效果。

用碱性清洗剂浸泡对工件尺寸有一定的限制，要求工件长度不超过508mm，推荐的最小喷淋压力为0.1MPa。对于较大的工件，采用喷淋清洗更有效。节能、低温、萃取的碱性清洗剂可用于浸泡清洗，低温的电解清洗液也同样可有效地应用在工业生产中，使用温度为27~49℃。

用碱性清洗剂清洗是去除无色素油和油脂的较经济有效的手段，同时可获得均匀的水膜层。其原理是皂化作用、乳化作用或两者综合作用。碱性清洗剂能去除难以去除的硅胶树脂、石蜡、硫化物、氯化物、氧化物、已碳化的油。然而，碱性清洗剂会污染涂装和磷化系统，所以进行彻底的漂洗很有必要，推荐冷水漂洗。工件各阶段必须保持浸润状态，与下道工序间的间隔时间必须保持在最低限度。碱性清洗是最经济的清洗方法，它可用于清洗三种污物：切削液和磨削液、防锈油、抛光和打磨后的残留物。

（6）冷酸洗　酸洗液、洗涤剂、液体乙二醇醚、磷酸能有效去除发动机部件上的有色化合物，甚至是干的污物。通过强力喷淋这种酸性溶液，不需要借助于人工，就能清洗这些零件。磷酸清洗剂可能会导致表面斑点，但是不会腐蚀钢铁。酸性清洗剂通常在强烈喷淋中使用，其中一些清洗剂可去除轻微的红锈和暂时形成的保护薄膜。这种清洗方法成本高，经常用于大型钢铁材料零部件，如货车驾驶室。磷酸或含铬酸的清洗剂通过喷雾或浸泡清洗法可去除大多数的切削液。这些方法成本也较高，但偶尔也会获得应用，因为它们能去除轻微锈的锈蚀，如在高湿度储存条件下钢铁材料表面形成的锈。典型的酸洗液喷淋清洗步骤为：将浓度为15~19g/L、温度为74~79℃的磷酸溶液喷淋3~4min，随后在浓度为4~7.5g/L、温度为74~79℃的磷酸溶液中漂洗1~1.5min。各种有机酸溶液，如柠檬酸常用于不锈钢表面除锈，包括400系列钢和沉淀硬化型钢。

（7）蒸汽脱脂　由于使用全氯乙烯和三氯乙烯会造成环境污染，因而现在（2013年）许多地方已禁止使用。因为可能会残留干的更难去除的有色化合物，这种清洗方法在相应方面的应用价值有限。然而，修正后的清洗方法如冲洗、喷淋、超声波清洗等能100%去除那些易清理的有色化合物（如白粉、氧化锌、云母），但不适用于难清理的有色化合物（如石墨或二硫化钼）。清理含水污物时，四氯乙烯是首选。蒸汽脱脂清洗方法通常用于临时清洗和中间清洗。

蒸汽脱脂是一种有效并广泛用于去除各种各样

油和油脂的方法，其被证明是一种清理裂缝（轧压或焊接的接头）中可溶性污物的非常有效方法。蒸汽脱脂特别适合于清理油浸渍零件，如轴承，也适合于清洗储罐内部可溶性污物。

蒸汽脱脂可轻易并彻底地去除第一组切削液，但是不能完全去除第二组和第三组液体。气相不能去除碎屑或其他固体颗粒，但可结合吹气装置去除碎屑。有相同使用效果的蒸汽脱脂机的运行和保养成本可能是乳化清洗机的四倍。

（8）超临界流体（SCF）清洗法　特别是超临界流体 CO_2，它是含氯氟烃清洗剂很好的替代品。由于其具有近似液体的密度和近似气体的特性（扩散系数、黏度、表面零张力），使得超临界流体成为理想的溶剂，令人感兴趣的是其溶解能力与压力有关。超临界流体清洗法能有效去除大量的油、液体、化学复合剂，效率可高达 85%~99%。尽管超临界流体清洗法已经应用于食品、香水、石油行业多年，但其作为其他工业生产中大量清洗剂的经济替代品获得认可的速度很慢。由于超临界流体具有低成本、低临界点温度（31.7℃）、低压力（7.3MPa）的特点，并且可以通过调整温度和压力去除特定的污染物，无毒性，易回收，使其成为清洗工序中一种极好的选择。

（9）超声波清洗　超声波清洗是使用高频率声波（20~200kHz，超过人耳的听觉范围——频率约18kHz），将浸泡在水性介质（可以是水、水加活化剂、碱性清洗剂、酸性清洗剂、有机溶剂）中的零件表面各种污染物有效去除。污染物可以是油脂、切削油、油泥、机加工切屑、软物抛磨和抛光剂、脱模剂、缓蚀剂及其他颗粒物。超声波的通道产生微小的气泡，这些气泡对清洗工件产生很大的刮擦作用。

有两种频率范围可用于清洗金属表面：20~40kHz，用于重污清洗项目，如发动机机体和重金属零件表面的重油污和油脂性油污；40~70kHz，一般用于去除零部件表面细颗粒。清洗系统由安装在辐射隔离膜上的超声波传感器、电子发生器、装清洗液的水槽组成。超声波清洗具有优秀的渗透性和清洗复杂形状零件（有小缝隙和表面之间间隙很小）的能力，其效果比蒸汽脱脂清洗效果好，缺点是电源和变频器的成本较高。

超声波清洗方法的使用很大程度上局限于已经证明其他方法不适合的领域。尽管超声波清洗成本较高，但其已被证明为较经济的应用工艺，否则需要大量的手工操作。虽然未明确定义超声波清洗的零件尺寸限制，但是肯定有一定的限值。超声波清洗的商业应用主要是针对小零件。当绝大多数的油污用其他方法清除后，可将超声波清洗作为最后一道工序。有些情况下，超声波清洗会导致零件产生疲劳失效，此时可采用正确的装夹方法并与槽壁隔离，以解决该问题。

一些昂贵的精密件（如燃油喷射系统）需要高等级的清洗精度，同时要求不能被损坏，理想的清洗流程如下：先喷淋碱液，再浸泡或喷淋漂洗，然后用碱性溶液进行超声波清洗。超声波清洗技术正在迅速取代旧的压力喷淋/搅拌浸泡等局部有效的技术。以往采用溶剂清洗往往需要 1h 或更多的时间，但效率更高的超声波清洗仅仅需要几分钟就可完成。另外，超声波清洗的先天优势是不损坏零件、环保；同时相对于许多溶剂清洗有爆炸危险而言，该清洗方法更安全。和其他方法一样，超声波清洗的主要缺点是需要较高的前期投资。

（10）热酸洗　采用加热的强胺磺酰基、磷酸、硫酸或盐酸可彻底去除机加工品和成品表面的氧化物、氧化皮、污物。热酸洗往往在用喷砂、盐浴除氧化皮法去除大部分污物后作为第二步使用。热酸洗的酸体积分数约为3%，温度约为60℃，或者经常使用更低的温度。

（11）盐浴除氧化皮　盐浴除氧化皮是一种有效去除碳合金、不锈钢、工具钢上氧化皮的方法。各种类型的盐浴既可减少氧化皮，也可使材料氧化。因为其操作温度为 400~525℃，所以通过这种方法处理后的工件需要重新热处理。

一般来说，热酸洗之后就是盐浴除氧化皮和淬火，作为去除剩余的氧化皮的最后一步。补充热酸洗采用比常规热酸洗更低浓度、更低温度的酸，酸洗时间也更短。盐浴除锈后的热酸洗采用体积分数为3%的硫酸，使用最高温度约为60℃。采用类似浓度的其他酸时，金属损失和酸洗氢脆的危险可忽略不计。较高的操作温度和较高的设备成本阻碍了盐浴去氧化皮工艺的广泛使用。

（12）碱性除氧化皮　碱性除氧化皮或碱法除锈工艺用来去除锈蚀、轻微氧化皮，以及碳合金、不锈钢、耐热合金的表面炭黑。对铁基合金采用碱性除锈比热酸洗成本更高，同时也更耗时，但使用碱性清洗法时，金属无损耗，这是因为锈蚀和氧化皮去除后化学反应将停止。碱性除锈可完全避免氢脆的危险。

可采用一系列特定的化合物，它们由氢氧化钠（质量分数 60%或更高）和螯合剂组成。浸泡溶液的温度通常为室温到 71℃，但也可以使用 93~99℃的混合溶液（0.91g 氢氧化钠+4L 水混合）。浸泡时间根据锈蚀和氧化皮厚度确定。

在溶液中通以电流（直流或交流），可大幅提高氧化物去除效率。实例：钢铁件在电解液中只需1min可去除表面锈蚀，而在非电解液中达到相同效果需15min。然而，电解除锈时必须对零部件进行装夹，需要额外的装置，因而会增加成本，增加电力需求，同时降低浴槽的生产能力。

每4L水中加入约0.5kg的氰化钠可提高电解液的效率。但是，使用氰化钠的溶液温度必须保持在54℃以下，防止其过度分解。某制造商在碱性除锈槽中处理热处理后的飞机零部件，使用直流电源和氰化物添加剂；另一个制造商在碱性清洗剂（温度为82~93℃，浓度为60~90g/L，无氰化物）中处理相似零件。后者使用电流密度为2~20A/dm^{2}的交变电流（55s的阳极电流，随后5s的阴极电流）。碱性高锰酸盐也可用于除锈，针对特定的产品使用浓度约为120g/L、温度为82~93℃的溶液，根据锈蚀的厚度和具体状况确定处理时间为30min或更长。

尽管碱性除锈的成本较高，但其仍是较经济的方法。因为碱性除锈剂不仅可用作清洗剂，而且还用作除锈剂、化学清洗剂，同时完成清洗和除锈，可将油漆、树脂、清漆、油、油脂、炭黑等与锈蚀和氧化皮被一并去除。因此，单工序操作是为磷化、涂装、电镀做准备。如果零件需要电镀，电解除锈的成本可能与非电解除锈相差无几，因为这两种情况下零件都需要在进行最后的清洗和电镀前进行装夹处理。电解除锈浴液可作为最后的清洗剂。

碱性除锈可用于关键零件，如喷气发动机的涡轮叶片，以及不允许存在氢脆、金属损失、表面腐蚀的零件。碱性除锈也可用于高碳钢或铸铁零件，因为热酸洗后会在金属表面残留污物。由于时间因素，碱性除锈很少用于去除大锻件表面的严重锈蚀和氧化皮。

（13）电解法碱性清洗　电解法碱性清洗是改良的碱性清洗方法，它是将电流强加于零件，在其表面产生活性气体，从而促进表面污物的释放。电解清洗可以是阳极的也可以是阴极的，阳极清洗称为反向清洗，阴极清洗称为直接清洗。阳极清洗释放氧气泡，阴极清洗释放氢气泡，这种工件表面释放的气泡促进并能去除表面污物。

电解法碱性清洗在接近工件表面提供强烈的搅拌，产生气体，是一种有效去除抛光和磨光残留物的清洗方法。电解清洗液很容易被抛光剂和磨光剂污染，细小的钢质微粒还有可能被吸收到工件表面。因此预清洗很有必要，采用矿物质油作为抛光剂的零件在电解清洗前应该进行预清洗。通常采用重油污碱性浸泡清洗剂和电解清洗剂使工件表面获得均匀的水膜。电解液中大量存在的动物油或植物油、脂肪酸、抛光和磨光的研磨料将与游离碱和肥皂基发生反应，缩短电解清洗液的使用寿命。

（14）电解热酸洗　电解热酸洗虽然比常规热酸洗成本高，但它去除灰垢的速度可以加倍，在有时间限制的场合就经济得多。在自动电镀装置中，采用电解热酸洗可在热酸洗周期允许的时间内去除轻度的污垢和氧化物，同时不需要预先热酸洗操作。为了达到该目的，常用温度为55℃的30%（体积分数）的盐酸溶液，电解电压为3~6V，电解时间为2~3min，使用阴极清洗。

硫酸也可作为电解液，用于消除点焊零件表面轻污垢时，使用10%（体积分数）的硫酸溶液，温度为82℃，电解电压为3~6V，电解时间为5~20s。

电解热酸洗的主要劣势是成本高，另外还需要更多的设备，所有工件必须装夹。

3.1.3 清洁度检测

清洗零件前，表面污染物必须量化。清洗后，还必须进行清洁度测量。测量清洁度有助于保证产品质量。

1. 定性检测

许多简单的方法可以在车间使用。以下这些方法可用于定性检测超过0.1g/in^{2}的污染物。

1）放大目视检测。

2）黑光灯检测。

3）水膜检测。

4）白色/干净毛巾检测。

5）透明胶带检测。

（1）放大目视检测　这种方法是用一个放大镜直接检测零部件，同时观察那些不能用肉眼观察到的污染物。这种检测方法用于非关键清洗工序，只需检测总污染物。放大目视检测由于需要最少的装备因此较有优势，仅需一个与生产线隔开的区域，如小的实验室，同时检测人员必须接受过良好的培训。

（2）黑光灯检测　这种检测方法是在一个暗室中用黑光灯直接目视检查零件，利用所有金属表面污物在黑光灯下发出荧光这种原理进行合格/不合格的检测，同时要求零件本身不发出荧光。操作人员只需将零件放置于黑光灯下即可检测零件。这种方法和放大目视检测法应用于大部分相同的场景。污染物发出荧光，所以很容易观察到，该方法仅对适用于检查小件。

（3）水膜检测　这种简单的检测方法利用的是许多污物具有斥水性的特性。这是一种典型的通过水流经金属工件表面后来检验合格/不合格的方法。如果工件表面水膜均匀，说明其表面已清洗干净。如果水流或水珠集聚在一定区域，说明工件表面被斥水性物质（油/油脂）污染。这种方法可在生产线上用于批量检测，同时也可用于非常大的零件检测，如飞机机翼。为了行之有效，检测所用的水中必须无活化剂或其他污物，工件必须具备一定的几何形状，允许水流经检测部位的表面。

（4）白色/干净毛巾检测　用白布或白纸擦拭工件表面，通过观察布或纸上的污物来明确清洁度。这是一种最简单的检测清洗效果的方法，但使用该方法时会擦掉一些前道清洗工序残留下来的并具有金属防锈作用的薄膜。

（5）透明胶带检测　将一条透明胶带牢固地贴在需要检测的工件表面，然后撕下胶带并将其放置在干净的白纸上。如果是干净的表面，透明胶带将呈现白纸的白色。对于这种方法，可根据透明胶带上的污染物确定工件表面的清洁度。

2. 定量检测

由于需要按清洁度进行分类，因此热处理车间的定量清洁度检测很有必要。这些检测方法应该具有无损、轻便、易评估、划算的优点。其中，重量分析法和污垢捕捉法可用于验证测量总值。热处理车间也可以采用现代先进的技术。

（1）重量分析法　这种方法是用精度为±1mg 或更高的精密天平测量任何材料的小件污染物总量，不需要其他仪器。工件污染前后都必须称重。清洗后将工件用烘箱烘干并再次称重。最初重量和清洗后重量之差可被认为是残留在工件上的污染物重量。如无差值，可认为零件是干净的。在一个小型实验室中就可进行这些工艺操作，大件清洁度不能通过这种方法检测。

（2）污垢捕捉（清洗和过滤）法　这种方法也需要使用与直接重量分析法一样的精密天平。先将过滤纸在污染物被冲刷并聚集前进行称重，之后再进行称重，这样可以就不用直接称重工件了。用一种溶剂冲洗污染物并使其流过过滤纸，然后对滤纸进行称重。

（3）先进技术　建立在多种光谱学基础上的技术可用于热处理工件表面污染物的识别。傅里叶变换红外（红外光谱）和拉曼光谱可提供污染物的光谱，但它们需要一个已知污染物的标准参考库来匹配和识别。金属表面少量的污染物也能够被掠射角反射红外光谱仪探测与测量。激光击穿光谱是一种具有最低限度破坏性的原子发射光谱分析技术，使用纳米激光脉冲烧蚀表面少量的材料，可用于表面污染物元素的分析。使用这种技术的仪器较紧凑且便于携带，因此可用于热处理车间。最有前途和新兴发展起来的技术装置是大型光谱固体探测器配备解吸常压化学离子化装置，光谱固体探测器利用电晕放电指向检测表面，利用载气吸收和电离表面污染物，如石油碳氢化合物，使用质量光谱法来记录处于一定环境下的光谱。这种仪器作为一种便携设备尚未商业化。

3.1.4　如何清理干净

技术要求经常表述为“无油和油脂”和“去除表面切屑、油、污垢等”。热处理工序怎样才能清洗干净呢？不同的工序有不同的清洁度要求。根据相应的清洁度要求，可以采用一些定量检测方法进行表面清洁度测量，将产品性能与污染水平关联起来，从而确定允许的污染程度。热处理零件的清洁度可量化成 1~5 级，1 级最好，5 级最差。例如，退火和正火只需要达到最低的水平（5 级），而低压渗碳中的气体淬火工艺则有严格的要求（2 级）。一旦清洁度要求确定，需要使用定量检测法检测获得的清洁度，确保工件表面达到清洁度要求。

3.1.5　案例分析

热处理零件表面清洁度的要求主要由后续工序决定。以下通过一些案例来讨论清洗方法和清洗效果。

案例 1　钢丝制造过程中，线材改型前必须进行磷化处理，因为磷化层可提供更好的滑动性和短暂的耐蚀性。热处理前必须完全清除磷化层和支持化合物层，否则铁磷酸盐玻璃层将产生裂纹。

格伦（Grün）试验研究了磷化层的清洗。去皂化并将其降至最低水平前，采用漂洗进行反乳化清洗很有必要。预清洗时，淬火油也可去除。为了去除磷化层，高碱性（pH 值>12）产品中应包含络合剂和活化剂。络合剂是一种可生物降解的材料，用在污水处理中可轻松去除金属（锌、铁）化合物。

案例 2　工件表面的冷却润滑剂和保护性材料会恶化热处理结果，表面污染物则会阻碍扩散工序。热处理过程中应清理石墨、二硫化钼、氯化物、硫、硅胶、磷、冷却润滑剂中的硼等，这些物质在加热过程中会形成阻碍性的扩散层。其残留也会恶化表面外观，同时也是表面斑点的成因。

柯南（Cronan）提出一些用于冲洗这类污染物的清洗方法。pH 值小于 2 的酸性清洗剂可以用于去除表面油迹。氢氧化物清洗剂也可以去除油迹。使用最广泛的氢氧化剂是表面拉应力型清洗剂或生成增洁剂（氢氧化物和矿物质盐）。合适的清洗剂与清洗设备的完美结合能获得满意的清洁效果。

案例3 克拉克（Clark）实验中，尝试用酸清洗304L不锈钢。样品制备先后经过抛光、空气中退火、酸洗、钝化等工序。使用两种不同的清洗剂：2%（体积分数）HF+10%（体积分数）HNO_3水溶液；14%（体积分数）Turco Nitradd（汉高公司）+25%（体积分数）HNO_3水溶液。对许多试验后的不锈钢表面观察表面晶间腐蚀，结果显示这是由于正常生产过程中的空气退火和不锈钢酸洗造成的。腐蚀后的空气退火和酸洗后的不锈钢试样比未腐蚀的真空退火或抛光后的试样更耐后续的酸蚀。

案例4 图3-6所示的零件1（齿轮）用8620钢制造，渗碳和淬火后硬度达到56~58HRC。尽管零件采用可控气氛进行加工，但仍需进行去除氧化皮工序。使用精钢丸或冷硬铸铁丸（SAE G40或S170）的喷砂工艺是制造过程中处理大吨位零件（如货车、拖拉机及类似车辆）最经济的方法。热酸洗因为会导致氢脆而被排除不用，溶盐除锈因为高温盐浴会使零件软化而不适用。

常规的喷砂工序对精密齿轮或齿轮轴的尺寸有影响。针对这些特殊情况，需在精确控制的条件下进行碱性除锈或使用细磨料如玻璃珠的湿喷砂。

案例5 正常情况下，喷砂是去除图3-6中的零件2钢铁材料铸造毛坯锈蚀和氧化皮的优选方法。该工序中使用冷硬铸铁丸或钢丸是最经济的。

酸洗很少用于铸件，如铸铁件，因为其表面堆积的煤灰必须通过其他清洗操作去除，酸洗有可能产生严重的点蚀。

盐浴已成功应用于钢铁材料铸件的除锈，但有图3-2中所示的开裂和过度的零件外形结构变形风险。

案例6 滚筒光饰或振动光饰很可能是去除图3-6中的零件3（钢件）表面氧化皮和锈蚀最经济的方法，前提是这些零件尺寸不大于50~75mm（2~3in）。对于类似但尺寸更大的工件，喷砂是更好的选择。

然而，如果工件接近最终尺寸同时这些尺寸要求较严格，应该选用非研磨的清理方法。如果工件用低碳钢制成同时未经过热处理，在受控的盐酸和硫酸中酸洗也可取得满意的效果，成本较低，不需要考虑氢脆；如果工件用高碳钢（或渗碳钢）制成并经过热处理，采用酸洗方法效果不好，最好选择碱性除锈方法。

3.1.6 污染控制和资源回收

清理金属表面过程可能会产生大量的废物。废物处理费用的增加会对工序成本有很大影响，因此选择清理工艺时必须认真考虑这些因素。工厂里的废物处理必须考虑的方面有：降低成本，降低法律责任，增加原材料的重复使用，提高流程控制。蒸汽脱脂溶剂的闭环回收蒸馏净化就是很好的例子。美国环境保护署（EPA）已经建立合规性指南，但各州和地方管理条例往往有更严格的规定。

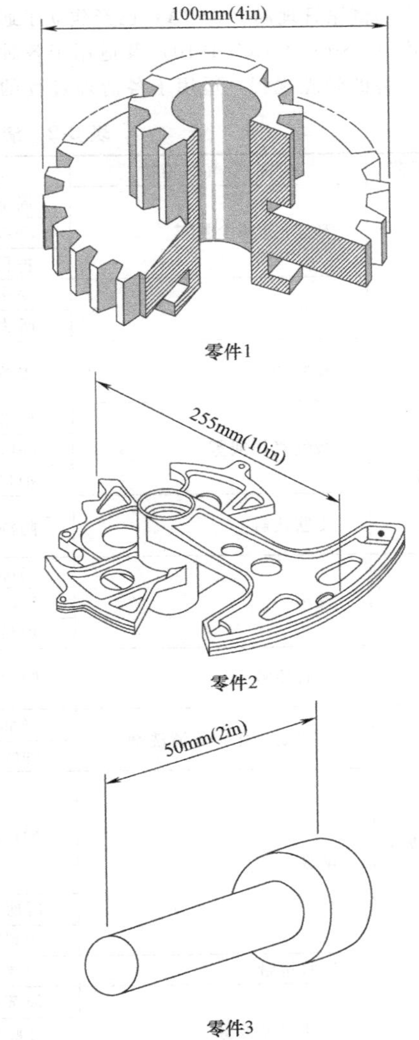

图3-6 使用各种工序清洗的样品部分结构形状

3.1.7 安全性

在金属清理工艺中必须考虑可能的安全问题、健康问题及火灾风险等。风险的大小程度取决于具体涉及的材料和化学品等因素、员工持续暴露时间和具体的操作程序。

表3-2列举了各清理工艺可能存在的相关的各种危害和针对每种危害的通用控制测量方法。美国

职业安全与健康管理局（OSHA）已经建立了通用的工业标准（OSHA 29 CFR 1910）及适用于各种安全和健康危害的管理规程。适用于各清理过程的部分标准见表 3-2。因为存在与盐浴除锈相关的非正常火灾风险，国家防火协会标准中的适用章节也被引用。

表 3-2 清理过程的安全和健康危害

清理工艺	危害/空气污染物	控制测量方法	OSHA/NFPA[①]参考文献
喷砂	矽尘/总粉尘暴露	局部排气通风	(29CFR)
		呼吸防护	1910. 94(a)
		护目镜和面罩	1910. 95
	噪声	噪声暴露	1910. 133
		听力保护装置	1910. 134
	皮肤擦伤	皮革保护外套	1910. 1000 表 Z-3
酸洗	酸性气体或雾	局部排气通风	1910. 94(L)
		呼吸防护	1910. 133
		护目镜和面罩	1910. 134
	皮肤接触	防渗手套和衣服	1910. 1000 表 Z-1
碱洗	碱雾	局部排气通风	1910. 94(d)
		呼吸防护	1910. 133
		护目镜和面罩	1910. 134
	皮肤接触	防渗手套和衣服	1910. 1000 表 Z-1
乳化液清洗	石油或氯化碳氢清洗剂	局部排气通风	1910. 94(d)
		呼吸防护	1910. 132
	碱雾	局部排气通风	1910. 133 1910. 134 1910. 1000 表 Z-1、Z-2
		呼吸防护	—
		护目镜和面罩	—
	皮肤接触	防渗手套和衣服	—
强酸洗	酸性气体或雾	局部排气通风	1910. 94(d)
		呼吸防护	1910. 133
		护目镜和面罩	1910. 134
	皮肤接触	防渗手套和衣服	1910. 1000 表 A
盐浴去氧化皮	灼伤	耐热手套和服装	1910. 132
		面罩	1910. 133
	有毒气体	局部排气通风	1910. 134
		呼吸防护	1910. 1000 表 Z-1
	火灾/爆炸	正确的设备设计、建筑、维护 对盐槽的正确控制 正确的工作流程	美国 NFPA 86C,11 章
溶剂清洗	石油或氯化碳氢化合物暴露释放	局部排气通风	1910. 94(d) 1910. 132 1910. 133
		呼吸防护	1910. 134 1910. 1000
	皮肤接触	防渗手套和衣服	表 Z-1,Z-2
光饰	噪声	设备安装隔音罩 听力保护装置	1910. 95

（续）

清理工艺	危害/空气污染物	控制测量方法	OSHA/NFPA①参考文献
蒸汽去脂	氯化碳氢化合物暴露释放	冷凝冷却系统和合适的恒温控制器 较少的废液带出 局部排气通风	1910.94(d)
	溶液分解产物	表面及邻近区域温度不超过400℃ 消除附近紫外线辐射的来源 正确监控溶剂的酸价，防止放热分解	1910.94(d)

① NFPA：National Fire Prevention Association，国家防火协会。

3.1.8 总结

为正确地评估清理操作，必须分析四个因素：基体材料、清理要求、污物的性质、操作过程中带入的水质（金属清理过程中往往会忽视带入水的状况）。使用水剂清洗剂去除污物和颗粒物一般比溶剂清洗剂效果好。需要特别关注的是漂洗和干燥步骤，特别是那些具有复杂几何形状或容易腐蚀的零件，因为水会残留在零件表面并引起浮锈。对比溶剂清洗，水剂清洗系统需要更高的成本和精心的操作，也需要更严格的过程控制才能获得最佳清洗效果。用过的清洗剂被视为危险废物，处理和处置这些溶剂比其他清洗替代物会涉及更多方面，使用成本也更高。目前有一些精密清洗的新兴技术在技术和经济上都可获得非常好的效果，可用于热处理零件的表面清理，如氩/氮低温气雾剂或冰-空气混合物喷射清洗技术。

参考文献

1. B. Haase, M. Stiles, T. Haasner, and A. Walter, Fomlation of Reaction Layers in Steel Machining: Impact on Surface Treatment Process, *Surf. Eng.*, Vol 5 (No. 3), 1999, p 242-248
2. B. Haase, M. Stiles, and J. Dong, Improvement of Gas Nitriding Process by Prior Surface Quality Control, *Surf. Eng.*, Vol 14 (No. 1), 1998, p 31-36
3. B. Haase, J. Dong, O. Irretier, and K. Bauckhage, Influence of Steel Sntrface Composition on Gas Nitriding Mechanism, *Surf. Eng.*, Vol 13 (No. 3), 1997, p251-256
4. J. B. Durkee Ⅱ, *Management of Industrial Cleaning Technology and Processes*, 1st ed., Elsevier, 2006
5. R. Grün, Cleaning as a Part of the Heat Treatment, *SurTec Tech Lett.*, Vol 13a, 1999
6. D. B. Chalk, Classification and Selection of Cleaning Processes, *Surface Engineering*, Vol 5, *ASM Handbook*, ASM International, 1994, p 3-17
7. K. J. Patel, Quantitative Evaluation of Abrasive Contamination in Ductile Material during Abrasive Water Jet Machining and Minimizing with a Nozzle Head Oscillation Technique, *Int. J. Mach. Tools Manuf.*, Vol 44, 2004, p 1125-1132
8. B. Kanegsberg, *Handbook for Critical Cleaning*, CRC Press, Washington, D. C., 2001, p152
9. "Standard Practice for Cleaning, Descaling, and Passivation of Stainless Steel Parts, Equipment, and Systems," A 380-06, ASTM International, 2006
10. K. E. Pearce, "Use of Emulsion Cleaning to Replace Perchloroethylene and Freon Vapor Degreasing," P 04971, Division of Pollution Prevention and Environmental Assistance
11. A. Bommyr and B. Holmberg, *Handbook for the Pickling and Cleaning of Stainless Steel*, AvestaPolarit Welding, 1995, http://www.stainlesspickling.co.uk/docs/cleaninghandbook.pdf
12. N. Rajagopalan and T. Lindsey, Recycling Aqueous Cleaning Solutions, *Prod. Finish. Mag.*, 1999
13. E. O'Neill and A. Miremadi, Simplifying Aqueous Cleaning, *Prod. Finish. Mag.*, 2000
14. "Ethyl Lactate Solvents: Low-Cost and Environmentally Friendly," Argonne National Laboratory, 1998 Discovery Award Winner, DoE, Energy Efficiency and Renewable Energy, Office of Industrial Technologies
15. T. M. Carole, J. Pellegrino, and M. D. Paster, Opportunities in the Industrial Biobased Products Indnstry, *Appl. Biochem. Biotechnol.*, Vol 113-116, Hmnana Press, 2004, p871-885
16. G. Manivannan and S. P. Sawan, The Supercritical State, *Supercritical Fluid Cleaning—Fundamentals, Technology, and Applications*, William Andrew Publishing, 1998
17. W. D. Spall and K. E. Laintz, A Survey on the Use of Supercritical Carbon Dioxide as a Cleaning Solvent, *Supercritical Fluid Cleaning—Fundamentals, Technology, and Applications*, William Andrew Publishing, 1998
18. S. B. Awad and R. Nagarajan, Ultrasonic Cleaning, *Developments in Surface Contamination and Cleaning*, Elsevier Inc., 2010, p225-280
19. J. B, Durkee Ⅱ, The Fundamentals of No-Chemistry Process Cleaning, *Surface Contamination and Cleaning*, Vol 1, K. L. Mittal, Ed., VSP, 2003, p 129-136
20. "Cleanliness Measurement Review," Pacific Northwest Pollution Prevention Resource Center, 1999, http://www.pprc.org/pubs/techreviews/measure/meintro.html

21. J. Durkee, Using Simple Science to Assay Surface Cleanliness, *Metalfinish.*, Feb 2008, p 49-51, http://www.metalfinishing.com

22. Choices for Cleanliness Verification, *Parts Clean. Web Mag.*, Witter Publishing Corporation, March 2001, p S2-S9, http://infohouse.p2ric.org/ref/13/12911.htm

23. R. A. Wilkie and C. E. Montague, Counting on Cleanliness Measurement Technology, *Precis. Clean.*, Sept 1994

24. R. Kohli, Methods for Monitoring and Measuring Cleanliness of Surfaces, *Developments in Surface Contamination and Cleaning*, Vol 4, *Detection, Characterization, and Analysis of Contaminants*, Elsevier, 2011, p 107-168

25. J. Gross, Ambient Mass Spectrometry, *Mass Spectrometry*, 2nd ed., SpringerVerlag, Berlin, 2011

26. R. Ghosh and Z. Zurecki, Merchant R&D, Air Products, private communications

27. "Portable XRF," Portable Analytical Solutions Ltd., Australia, http://portablexrf.com/HowXRFWorks.html

28. D. A. Cole and L. Zhang, Surface Analysis Methods for Contaminant Identification, *Developments in Surface Contamination and Cleaning*, William Andrew Inc., 2008, p 585-652

29. M. M. Szczesniak, "Surface Inspection for Contamination," The Industrial Protective Coatings Conference and Exhibit, Nov 1999 (Houston, TX)

30. J. Owsik, J. Janucki, K. Jach, R. Swierczynski, V. S. Ivanov, A. F. Kotyuk, and M. V. Ulanovski, LIBS System for Elemental Analysis of Soil Samples, *Proc. SPIE* 5710, *Nonlinear Frequency Generation and Conversion: Materials, Devices, and Applications IV*, 2005, p 138-323

31. Z. Takáts, J. M. Wiseman, and R. G. Cooks, Ambient Mass Spectrometry Using Desorption Electrospray Ionization (DESI): Instrumentation, Mechanisms and Applications in Forensics, Chemistry, and Biology, *J. Mass Spectrom.* Vol 40, 2005, p 1261-1275

32. R. Grün, Dephosphating of Parts before Heat Treatment, *SurTec Tech. Lett.*, Vol 10, 2002

33. T. Cronan, "Parts Cleaning and Its Integration into Heat Treating," International Heat Treating Conference, 1994

34. E. A. Clark, "Type 304L Stainless Steel Surface Microstructure: Performance in Hydride Storage and Acid Cleaning," Westinghouse Savannah River Co., Aiken, SC, 1994

35. W. T. McDermott and J. W. Butterbaugh, Cleaning Using Argon/Nitrogen Cryogenic Aerosols, *Developments in Surface Contamination and Cleaning*, William Andrew Inc., 2008, p 951-986

36. D. V. Shishkin, E. S. Geskin, and B. Goldenberg, Practical Applications of Icejet Technology in Surface Processing, *Surface Contamination and Cleaning*, Vol 1, K. L. Mittal, Ed., VSP, 2003, p 193-212

引用文献

- R. E. Luetje, Surface Cleaning, *Surface Engineering*, Vol 5, *ASM Handbook*, ASM International, 1994
- R. D. Sisson, Y. Rong, M. Maniruzzaman, X. Wang, and W. Liu, "Characterization, Evaluation and Removal of Surface Contamination from Pre and Post Heat Treated Parts," CHTE Project Report, Center for Heat Treating Excellence (CHTE), Worcester Polytechnic Institute, Worcester, MA, 2007 and 2008
- X. Wang, M. Maniruzzaman, Y. Rong, and R. D. Sisson, The Role of Cleaning in Heat Treatment Process, *Proceedings of the 24th ASM Heat Treating Society Conference* (Detroit, MI), 2007, p 425-431

3.2 钢的去应力热处理

去应力退火用于去除一系列制造工艺后残留在组织中的应力。这个定义将去应力热处理和焊后热处理进行了区分，焊后热处理的目标除了释放残余应力，还包括获得更好的冶金结构或性能。例如对大多数铁素体焊件进行焊后热处理，可以提高热影响区的断裂韧度。另外，对奥氏体和非铁合金件进行焊后热处理，通常可提高其耐环境损害性能。

去应力热处理是组织结构或某一部分的一致性热处理，加热到低于相变点（钢的 Ac_1 点）的某一合适温度，在此温度下按预定的时间保持一段时间，然后再均匀冷却。必须注意的是，应确保均匀冷却，特别是对于那些具有可变截面尺寸的零部件。如果冷却速度不恒定或不均匀，新产生的残余应力可能会等于或大于热处理前的残余应力。

去应力热处理可以降低变形量和影响使用特性的焊接应力。零部件的焊缝附近区域和进行冷拔区域存在的残余应力会导致应力腐蚀开裂（SCC）。另外，冷应变本身产生的蠕变强度会随着温度上升而降低。

钢中存在的残余应力会显著降低材料抵抗脆性断裂的能力。那些无脆性断裂倾向的材料如奥氏体不锈钢，即使在看似良性的环境中产生的残余应力也可提供发生应力腐蚀开裂所需的必要应力。

3.2.1 残余应力的来源

残余应力有很多种来源，材料从钢锭到最终产品的工序都会产生残余应力。例如，轧制、铸造或锻造、成形工序（如剪切、弯曲、拉拔和机加工）、制造过程（特别是焊接）中都会产生残余应力。当零部件受到作用力超过其弹性极限并产生塑形变形时，就会产生残余应力。表 3-3 概括了常规制造工序中制造件表面残余压应力和残余拉应力。

表 3-3 经过常规制造工序后零件表面残余压应力和残余拉应力概括

表面残余压应力	表面残余拉应力
表面加工:喷丸强化、表面滚压、研磨等	较深变形棒线材拔制
表面变形①的棒/线材拔制	较深变形的轧制
表面变形①的轧制	较深变形的模锻
表面变形①的模锻	钢管外表面沉管
钢管内表面沉管	压缩侧的塑性弯曲
孔的冲压	磨加工:正常生产和野蛮操作状态
拉伸侧的塑性弯曲	直接淬火钢(全淬硬型)②
精磨	钢材表面脱碳
锤击处理	焊件(最终达到室温状态)
无相变的淬火	机加工:车削、铣削
直接淬火钢(非全淬硬型)	轴的组合表面
表面硬化型钢	电火花加工
感应淬火和火焰淬火	火焰切割
预应力处理	
离子交换法	

① 浅层形变指的是面积或厚度收缩量小于 1%，较深形变指的是收缩量大于 1%。
② 取决于淬火冷却介质的冷却效率。

(1) 压弯　制造过程中在不能发生回复的温度下压弯棒材（如冷成形）将导致某一表面位置产生残余拉应力，反之在其 180°对面出现残余压应力。

(2) 厚壁件淬火　厚壁件淬火导致材料表面有较高的残余压应力。这些高残余压应力与内部的残余拉应力相平衡。

(3) 磨加工　磨加工是另一个残余应力来源。这些残余应力可以是压应力，也可以是拉应力，主要取决于于磨加工操作。虽然这些残余应力所在位置较浅，但它们会引起薄壁件翘曲变形。

(4) 焊接　焊接引起的残余应力在公开文献中受到最多的关注。残余应力与陡峭的焊接热梯度有关，可以在相对长距离的宏观尺度上产生（反应应力）或高度局部化（微观尺度）（图 3-7）。焊接常常会导致局部区域残余应力接近或高于室温下材料的屈服强度。

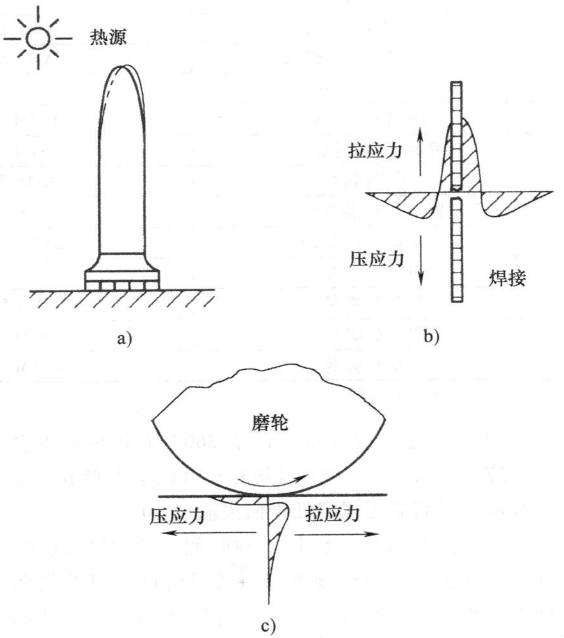

图 3-7　产生残余应力的实例
a) 因为太阳辐射加热导致热变形　b) 焊接导致的残余应力　c) 磨加工导致的残余应力

3.2.2 热处理去应力的方法

消除应力方法的基本前提是原子重排，将原子从瞬时平衡状态（高残余应力状态）重排至势能应力更低的稳定状态。方法可分成三大类：加热法、化学法和机械法——包括最近的机械振动去应力法（特别在共振区域）。这里不讨论化学法和机械法。

热处理去应力方法包括退火、时效和重复热处理（如焊后热处理）。一般来说，去应力退火是指将零件加热到一定的温度，在该温度下保持一定的时间，然后冷却到室温。保温阶段的蠕变和松弛作用会释放大部分残余应力。因此，如果采用计算机模拟应力消除，通常需要分析零件的加热—弹性变形—塑形变形—蠕变。

影响残余应力去除的因素有很多，包括应力水平、去应力允许（或可行）的时间、温度和组织稳定性。加热去应力法在 20 世纪就被广泛使用，目前仍被大量使用。然而，一些设计开发出的先进设备拥有更快的对流加热和去应力能力。快速加热方法被定义为“加快传统设备加热速度的任何方法”。在传统对流加热炉中将热传导率提高至 30 倍是可能的。在过去，快速加热技术主要应用在锻造行业中那些钢材需加热到 1000~1250℃ 的场合，一般很少用于热处理行业，而现在则更多用于应力释放，特别是弹簧钢丝的应力消除。

通常，具体合金的去应力时间可从标准中获得，如表 3-4 列出了线材的去应力退火温度和时间。表中的“时间”为常规对流加热间歇炉处理时间。采用快速去应力技术，16mm 直径的铬-硅丝总的去应力时间可降低至 10min 或更短。

表 3-4 线材去应力退火温度和时间

材料	规范	温度		时间/min
		℃	℉	
铍青铜丝	ASTM B134 或 ASTM	315	600	120
弹簧钢丝	N/A	230	450	30
黄铜丝	ASTM B134	190	375	30
铬-硅丝	ASTM A401 或 SAE J157	370	700	60
铬-硅丝(Lifens)	SAE J157	385	725	60
铬-钒丝	ASTM A231	370	700	60
电镀钢丝试验方法 B,级别 Ⅰ 或 Ⅱ	ASTM A674	230	450	30
哈氏合金丝	—	330	500	30
冷拉钢丝试验方法 B,级别 Ⅰ 或 Ⅱ	ASTM A227	230	450	30
高强度冷拉钢丝	ASTM A679	230	450	30
Inconel 600 合金	—	650	1200	90
Inconel X700 弹簧回火	AMS 5699	650	1200	240
Inconel X750/1 回火	AMS 5699	650	1200	240
蒙乃尔合金 400	—	425	800	60
琴用钢丝(镀锡)	ASTM A288	150	300	30
琴用钢丝(镉锌涂层)	ASTM A288	205	400	30
琴用钢丝	AMS 5112	280	540	60
油回火丝试验方法 B	ASTM A229	230	450	30
磷青铜(级别 A)	ASTM B159	190	375	30
301 不锈钢	—	345	650	30
302 不锈钢	AMS 5688	345	650	30
304 不锈钢	ASTM A313	345	650	30
316 不锈钢	ASTM A313	345	650	30

注：N/A，不适用。

(1) 时间-温度因素 低于 260℃ 时很少或不会发生应力释放，在 540℃ 时约有 90% 的应力释放。应力释放的最高温度规定低于回火温度 30℃。

残余应力的释放也是一种时间-温度对应现象，如将工件在较低的温度下保持较长时间可以获得相同的去残余应力效果。图 3-8 和图 3-9 所示为具体钢种应力释放时间-温度模型。

时间-温度模型对应力释放的影响可通过参数化建模为拉森-米勒（Larson-Miller）方程：

$$\text{热影响} = T(\lg t + 20) \times 10^{-3} \qquad (3\text{-}1)$$

式中，T 为温度（℉）；t 为时间（h）。

例如，将工件在 595℃ 下保持 6h 与在 650℃ 下保持 1h 的去残余应力效果是相同的。残余应力的热影响可描述为屈服强度的百分比，如图 3-10 所示的具体钢种的数据。

钢的应力释放反应也可用图 3-11 中的曲线表示。图 3-11 中的例子来自图 3-9 中 HY-100 钢的数据。

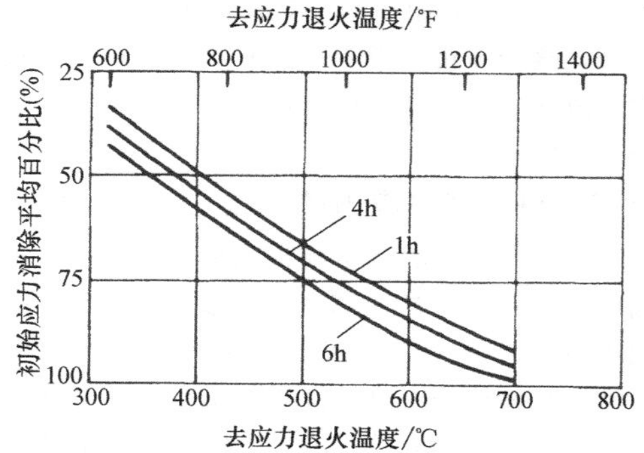

图 3-8 消除钢中残余应力过程中时间和温度的对应关系

从图 3-11 可以看出，在 450℃ 下退火 1h 约释放 50% 的应力（图 3-11a 中点 X）。假如在 400℃ 下退火，要得到相同的应力释放效果，可通过画一条垂直线从 1h/450℃ 点到 400℃ 将斜线进行分割，在图 3-11b

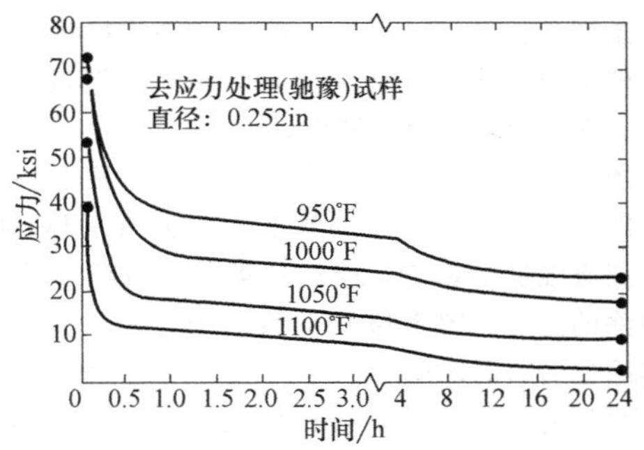

图 3-9 消除 HY-100 钢残余应力过程中去应力退火温度和时间的关系

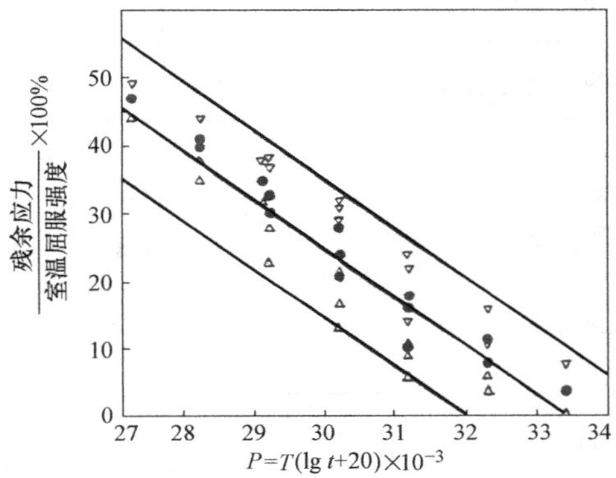

图 3-10 根据拉森-米勒（Larson-Miller）方程获得的钢中应力消除数据

可看到交点 X 对应的时间是 20h。

（2）合金的影响 残余应力的释放是典型的应力松弛现象，在去应力温度下材料经过微观（有时甚至宏观）蠕变。抗蠕变材料如含铬低合金轴承钢和富铬高合金钢，通常要求比常规低合金钢更高的去应力热处理温度。低合金钢典型去应力温度是 595～675℃。对于高合金钢，其温度范围可能是 900～1065℃。

对于高合金钢，如奥氏体不锈钢，去应力温度有时低至 400℃，然而在此温度下去应力，只能去除少量残余应力。将奥氏体材料在 480～925℃ 进行去应力热处理，残余应力可以显著降低。在此范围中的最高温度下进行去应力处理，可以消除近 85% 的残余应力，然而这些材料在该温度范围内会有敏化倾向，这种冶金效应会导致应力腐蚀开裂。通常来说，在约 1065℃ 下进行固溶退火可将残余应力降至可接受的低值范围。

某些铜合金工件可能由于残余应力导致应力腐蚀开裂而报废，这些应力通常使用机械法和加热法进行消除。实际选择时更倾向于加热去应力法，因为这种去应力法具有更容易控制、更低的成本、在一

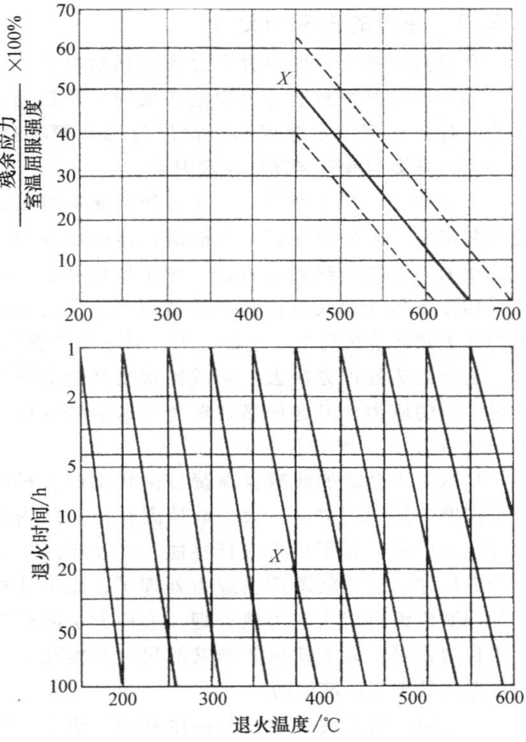

图 3-11 HY-100 钢中残余应力与退火时间、温度之间的关系

a）450℃ 下退火后消除约 50% 的应力（点 X） b）在 400℃ 下退火得到相同的去应力效果需要 20h（点 X）

定程度上的尺寸稳定性优势。铜合金的去应力热处理通常在相当低的温度下进行，温度为 200～400℃。

材料抗加热去应力的能力可利用温度对屈服强度影响的知识进行预测，图 3-12 总结了三种通用级别的钢种屈服强度-温度的关系。这些材料的室温屈服强度很好地印证了结构中存在局部残余应力。为消除应力需将工件加热至某一温度，该温度下的屈服强度值对应可接受的残余应力值。在该温度下保温，由于蠕变减少拉应力，可进一步降低残余应力。为保证残余应力维持在低水平，加热后必须均匀冷却。

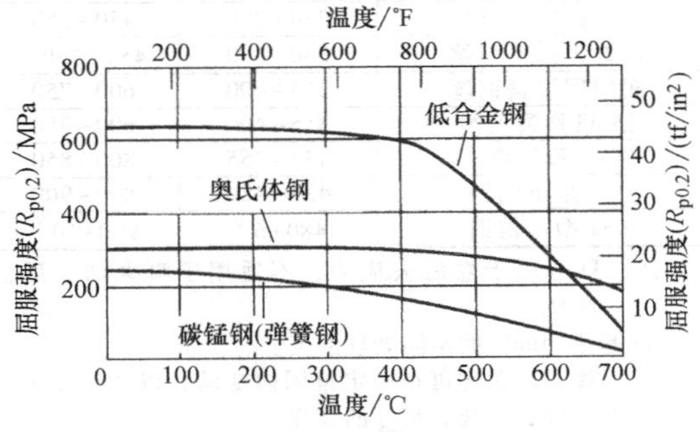

图 3-12 三类通用钢种屈服强度随温度变化曲线

3.2.3 弹簧的去应力处理

在弹簧的制造过程中肯定会产生残余应力，去应力热处理是弹簧制造过程中最常见的一种热处理工艺。对于具有一定强度和表面质量的弹簧材料，残余应力是影响疲劳强度的关键因素。

压缩弹簧、扭力弹簧、板弹簧和挡圈都可以去应力和定型。对每种弹簧，应根据具体的设计和应用需求采用相关的热处理方法。对于压缩弹簧，由于采用预备热处理或冷拔高碳弹簧钢丝，常通过应力释放去除卷绕过程中产生的应力。对于拉伸弹簧，常用去应力热处理方法去除形成钩状或其他最终结构时产生的应力，但这种热处理允许保留诱发应力的初始应力。

加载是否会增加或减少弹簧自由状态的直径决定了挡圈的热处理方法。大多数挡圈在拉紧的内表面有残余应力。为了获得更佳性能，可在应用中缩小挡圈尺寸，这样就不用去应力处理了，而尺寸扩大的挡圈应该进行去应力热处理。这种方法同样适合于扭力弹簧。为了使这些弹簧的尺寸稳定化，进行低温热处理是很常见的。

应力消除的程度影响抗拉强度和弹性极限，尤其是使用琴用钢丝和冷拔硬化的弹簧钢丝。这两种钢丝的性能经过230~260℃（450~500℉）加热后得到提高。只有铬-硅类的油回火钢丝经过低于315℃（600℉）应力消除后，抗拉强度或弹性极限几乎没有变动。因为回火软化后，两种性能都有所降低。铬-硅钢丝只有在高于425℃（800℉）条件下才会发生回火软化。

弹簧钢的性能在去应力温度下保持超过30min并不能得到提高，除非是时效硬化合金如631（17-7PH）不锈钢，其需要约1h保温可达到最大强度。表3-5给出了弹簧钢丝的典型去应力温度。当弹簧

表3-5 弹簧钢丝的典型去应力温度

钢材	温度①	
	℃	℉
琴用钢丝	230~260	450~500
冷拔弹簧钢丝	230~290	450~550
油回火弹簧钢丝	230~400	450~750②
阀门用弹簧钢丝	315~400	600~750
铬-钒弹簧钢丝	315~400	600~750
铬-硅弹簧钢丝	425~455	800~850
302型不锈钢	425~480	800~900
631型不锈钢	480±6③	900±10③

注：只适用于卷后去应力，不适用于喷丸加工后去应力。

① 基于30min的不同处理温度。

② 温度不是关键可在一定范围内变动，以适应变形问题、伸长、线材尺寸的变化。

③ 基于1h的不同处理温度。

在高温度下使用时，去应力的温度必须接近于温度范围的上限，使得弹簧工作时的松弛降至最低。否则，去应力温度选择低温更好。

图3-13~图3-15所示为三种常用弹簧材料应力消除的数据。图3-13中的数据是经过1h加热不同温度对屈服强度的影响，使用这类分析方法可确定应力消除的温度。图3-14中的数据用于进一步确定完全消除应力所需时间。图3-15所示为结合三种不同处理时间的温度影响，快速评估最佳应力消除温度，从而达到理想的力学性能。

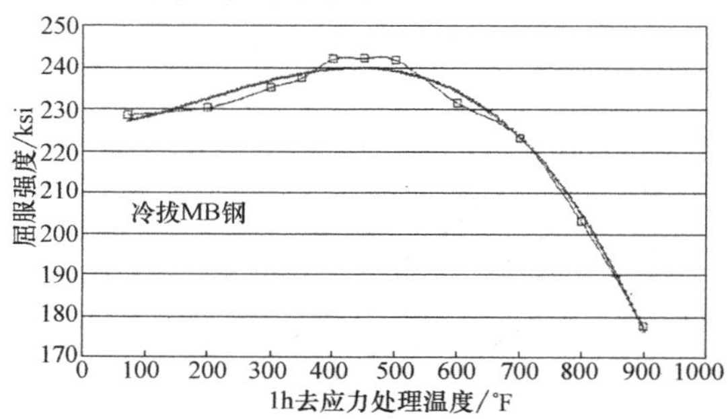

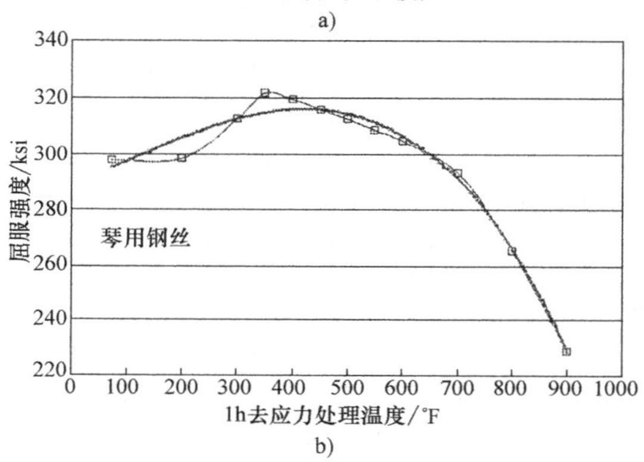

图3-13 ϕ2mm直径的弹簧钢丝经过1h去应力处理，不同温度对屈服强度的影响

a）冷拔MB钢丝 b）琴用钢丝

注：MB—商用高碳弹簧钢丝

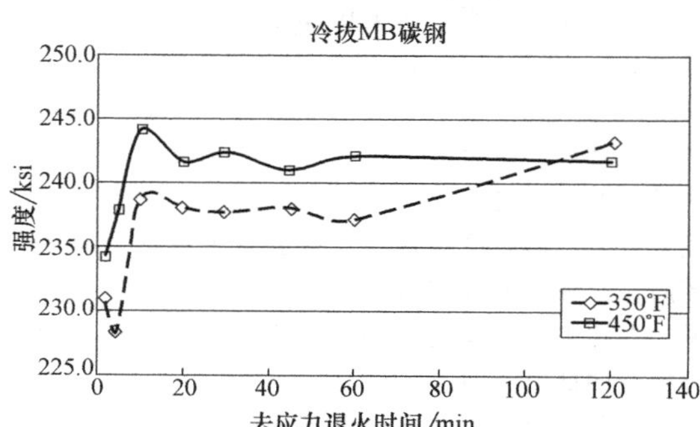

图3-14 ϕ2mm直径的冷拔碳钢丝分别在两不同温度下加热，去应力时间对屈服强度的影响

注：在这些温度下加热，经过20~30min后应力得到大量释放

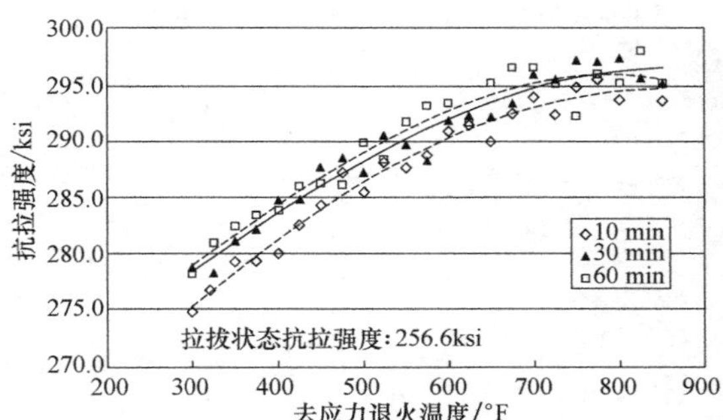

图 3-15　不同去应力温度和时间对 ϕ1.9mm 的 T-302 不锈钢丝抗拉强度的影响

参 考 文 献

1. N. Bailey, The Metallurgical Effects of Residual Stresses, *Residual Stresses*, The Welding Institute, 1981, p 28-33
2. C. E. Jackson et al., *Metallurgy and Weldability of Steels*, Welding Research Council, 1978
3. Fundamentals of Welding, *Welding Handbook*, Vol 1, 7th ed., American Welding Society, 1976
4. H. Thielsch, *Defects and Failures in Pressure Vessels and Piping*, Reinhold, 1965, p 311
5. *Properties and Selection: Nonferrous Alloys and Pure Metals*, Vol 2, *Metals Handbook*, 9th ed., American Society for Metals, 1979, p 255-256
6. G. E. Dieter, *Mechanical Metallurgy*, 2nd ed., McGraw-Hill, 1976
7. J. O. Almen and P. H. Black, *Residual Stresses and Fatigue in Metals*, McGraw-Hill, 1963
8. *Machining*, Vol 3, *Metals Handbook*, 8th ed., American Society for Metals, 1967, p 260
9. R. G. Treuting, J. J. Lynch, H. B. Wishart, and D. G. Richards, *Residual Stress Measurements*, American Society for Metals, 1952, p 134
10. M. Grenier, High Speed High Precision Stress Relieving, *Springs*, Vol 41 (No. 5), Oct 2002, p 68-71
11. N. Fricker, K. F. Pomfrer, and J. D. Waddington, Comm. 1072, Inst. of Gas Engineering, 44th Annual Meeting, Nov 1978
12. G. E. Totten and M. A. H. Howes, Ed., *Steel Heat Treatment Handbook*, Marcel Dekker, Inc., 1997, p 294-481
13. D. Herring, Stress Relief, *Wire Form. Technol. Int.*, Summer 2010
14. M. Grenier and R. Gingras, Rapid Tempering and Stress Relief via High-Speed Convection Heating, *Ind. Heat.*, May 2003
15. M. Grenier, R. Gingras, and G. E. Totten, Rapid Stress Relief and Tempering, *Heat Treat. Prog.*, Vol 7 (No. 4), 2007, p 36
16. A. H. Rosenstein, *J. Mater.*, Vol 6, 1971, p 265
17. C. Brooks, *Heat Treatment of Plain Carbon and Low Alloy Steels*, ASM International, 1996
18. *Properties and Selection: Stainless Steels, Tool Materials, and Special-Purpose Metals*, Vol 3, *Metals Handbook*, 9th ed., American Society for Metals, 1980, p 47-48
19. C. G. Saunders, Thermal Stress Relief and Associated Metallurgical Phenomena, *Weld. Inst. Res. Bull.*, Vol 9 (No. 7), Part 3, 1968
20. L. Godfrey, Steel Springs, *Properties and Selection: Irons, Steels, and High-Performance Alloys*, Vol 1, *ASM Handbook*, ASM International, 1990, p 302-326
21. T. Bartel, Heat Treatment, *Sptings*, Oct 2007, p 13-17

3.3　钢的正火

3.3.1　简介

在热处理过程中，正火被定义为：将钢铁件加热到高于转变范围某一合适温度并保持，然后在空气中冷却至大幅低于转变范围的某一温度。良好的正火需要具有以下几个条件：

· 工件必须均匀加热至某一足够高的温度，能够完全转变（铁素体转变为奥氏体）。

· 在该温度下保持充分长的时间，使得整个工件获得均匀的加热温度。

· 允许工件在静止的空气中或按可控的方式（例如带冷却风扇的坑中）进行冷却，以获得所需的显微组织。

正火通常用来转换多样化的组织，如经高温奥氏体化处理（例如热锻）后空冷，可得到细化和更均匀的组织。图 3-16 所示的显微组织说明了正火的作用。退火显微组织中，粗大奥氏体晶界上形成粗大铁素体晶粒。这种显微组织的钢在低一点的温度范围重新奥氏体化，形成较细的奥氏体晶粒，空冷后可得到更细的组织，如图 3-16b 所示。

除主要细化奥氏体晶粒外，同时也减小了铁素体晶粒的尺寸。这是由于温度影响这些晶体的形核速率。图 3-17a 所示为温度对奥氏体晶界铁素体形核率的影响。在高温范围内，转变温度越低，形核率越高。图 3-17b 冷却速度对从奥氏体析出先共析铁素体尺寸的影响。另外，冷却越快，形成的铁素体越少，珠光体越多（图 3-18）。由于珠光体是在低温范围形成的，因此表现为更加细化，更硬。

由于采用适当的工艺后会产生大量的细片珠光体，因此正火钢明显比同钢种退火钢硬。正火还有其

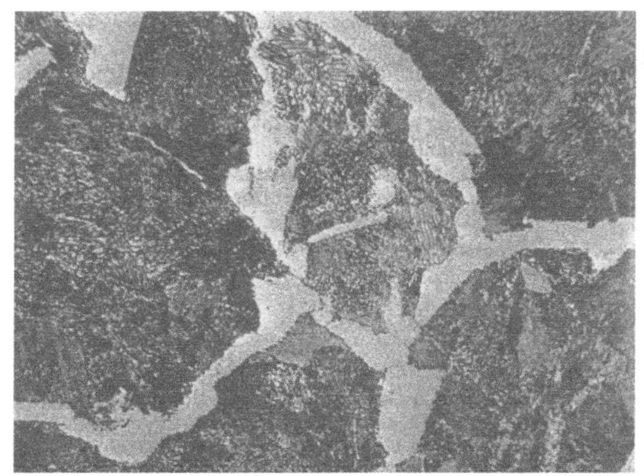

a)

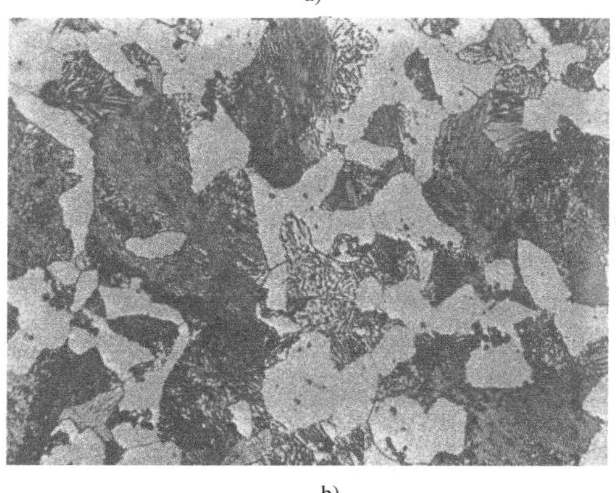

b)

图 3-16 显微组织显示碳的质量分数为 0.5%的碳钢经过正火细化了铁素体颗粒

a）从热加工温度范围空冷（如 1200℃或 2190℉）

b）经过 a）处理后再正火处理

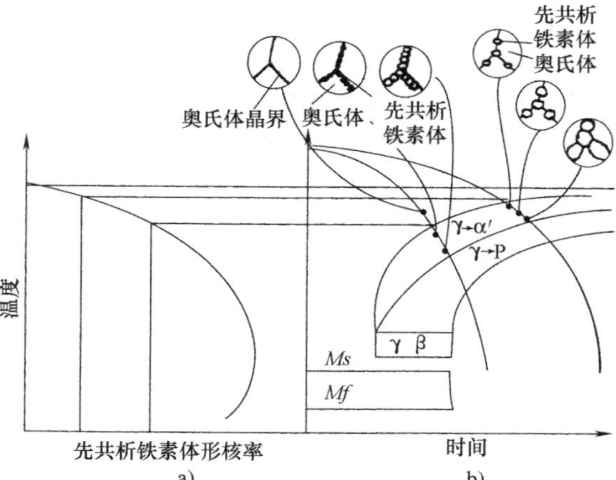

图 3-17 正火过程中先共析铁素体形成的影响

a）温度对奥氏体晶界铁素体形核率的影响

b）冷却速度对从奥氏体析出先共析铁素体尺寸的影响

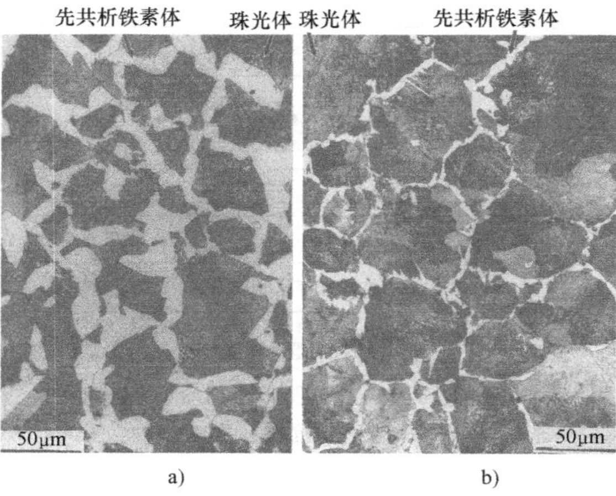

a) b)

图 3-18 碳的质量分数为 0.5%的普通碳钢形成细片状珠光体和珠光体范围

a）随炉冷却（退火） b）空冷（正火）

他的目的。在给定产品生产中，正火可能会增加或降低强度和硬度，这取决于产品的热加工和机械加工过程。正火的功能可能会与退火、淬火、去应力等重复。提高机加工性能、细化晶粒、均匀化组织、改善残余应力都是正火的目的。正火可以完成铸件均匀化，打破或细化枝晶组织，使其更适合后续的淬火。同理，对于锻造产品，正火能减少热轧产生的带状晶粒组织，也能细化锻造产生的大晶粒或混晶组织。

3.3.2 加热和冷却

对于正火，奥氏体化温度稍高于通常的淬火加热温度，以确保充分、均匀奥氏体化。通常，工件加热温度高于铁碳相图上临界点约 55℃，如图 3-19 所示；也就是说，亚共析钢高于 Ac_3 点，过共析钢高于 Ac_{cm}点。正确的正火工序中，冷却前必须加热至产生均匀的奥氏体相。图 3-20 对比了正火与完全退火的时间-温度工艺曲线，表 3-6 列出了一部分普通碳钢和标准合金钢的正火温度。

均匀冷却需要每个工件所在周围的空气能自由流通，没有任何区域的冷却被限制或加速。冷却速度的限制将会使正火处理变成退火处理。

图 3-21 所示的冷却速度曲线论证了直径 100～270mm 的碳钢圆棒在静止的空气中冷却，质量和截面尺寸对冷却速度的影响。图 3-22 所示为图 2-21 中棒料中心冷却速度曲线。图 3-23 所示为不同直径钢棒不同部位的冷却时间对数曲线。

3.3.3 不同钢种的正火工艺运用

大量的钢铁产品可进行正火处理。根据正火前产品的具体状态，正火工序可达到硬化、软化或去应

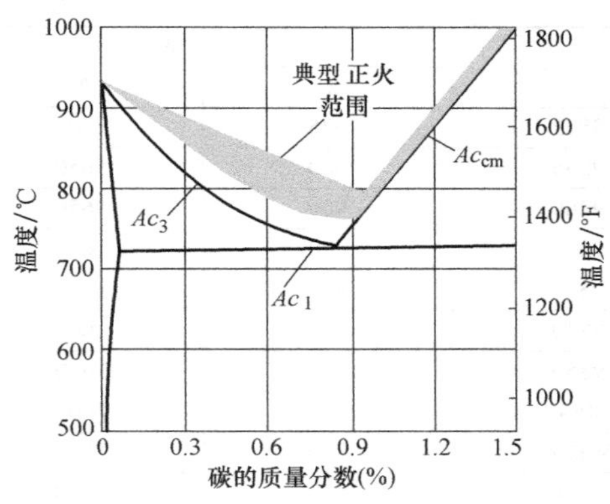

图 3-19 画出了普通碳钢典型正火加热温度范围的部分铁碳相图

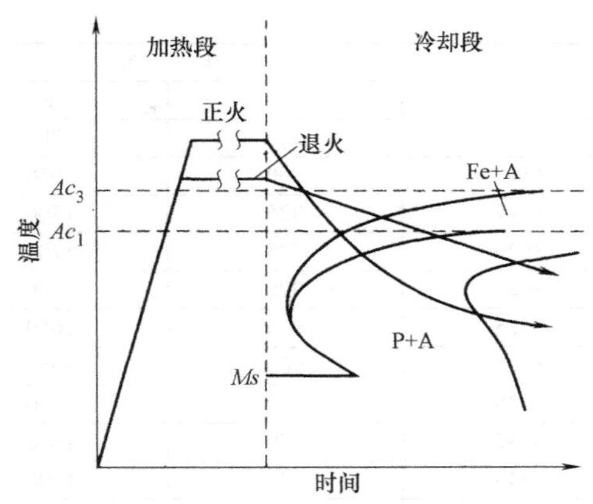

图 3-20 正火与完全退火的时间-温度工艺曲线对比

注：退火的缓慢冷却导致钢在高温条件下转变为铁素体和珠光体，得到的组织比正火组织粗大

表 3-6 普通碳钢和标准合金钢的正火温度

等级	温度		等级	温度	
	℃	℉		℃	℉
普通碳钢			4118	925	1700
1015	915	1675	4130	900	1650
1020	915	1675	4135	870	1600
1022	915	1675	4137	870	1600
1025	900	1650	4140	870	1600
1030	900	1650	4142	870	1600
1035	885	1625	4145	870	1600
1040	860	1575	4147	870	1600
1045	860	1575	4150	870	1600
1050	860	1575	4320	925	1700
1060	830	1525	4337	870	1600
1080	830	1525	4340	870	1600
1090	830	1525	4520	925	1700
1095	845	1550	4620	925	1700
1117	900	1650	4621	925	1700
1137	885	1625	4718	925	1700
1141	860	1575	4720	925	1700
1144	860	1575	4815	925	1700
标准合金钢			4817	925	1700
1330	900	1650	4820	925	1700
1335	870	1600	5046	870	1600
1340	870	1600	5120	925	1700
3135	870	1600	5130	900	1650
3140	870	1600	5132	900	1650
3310	925	1700	5135	870	1600
4027	900	1650	5140	870	1600
4028	900	1650	5145	870	1600
4032	900	1650	5147	870	1600
4037	870	1600	5150	870	1600
4042	870	1600	5155	870	1600
4047	870	1600	5160	870	1600
4063	870	1600	6118	925	1700

（续）

等级	温度		等级	温度	
	℃	℉		℃	℉
6120	925	1700	8822	925	1700
6150	900	1650	9255	900	1650
8617	925	1700	9260	900	1650
8620	925	1700	9262	900	1650
8622	925	1700	9310	925	1700
8625	900	1650	9840	870	1600
8627	900	1650	9850	870	1600
8630	900	1650	50B40	870	1600
8637	870	1600	50B44	870	1600
8640	870	1600	50B46	870	1600
8642	870	1600	50B50	870	1600
8645	870	1600	60B60	870	1600
8650	870	1600	81B45	870	1600
8655	870	1600	86B45	870	1600
8660	870	1600	94B15	925	1700
8720	925	1700	94B17	925	1700
8740	925	1700	94B30	900	1650
8742	870	1600	94B40	900	1650

注：根据生产经验，正火温度可以在低于显示温度27℃（50℉）到高于显示温度55℃（100℉）范围内变化。钢材应该在静止空气中冷却。

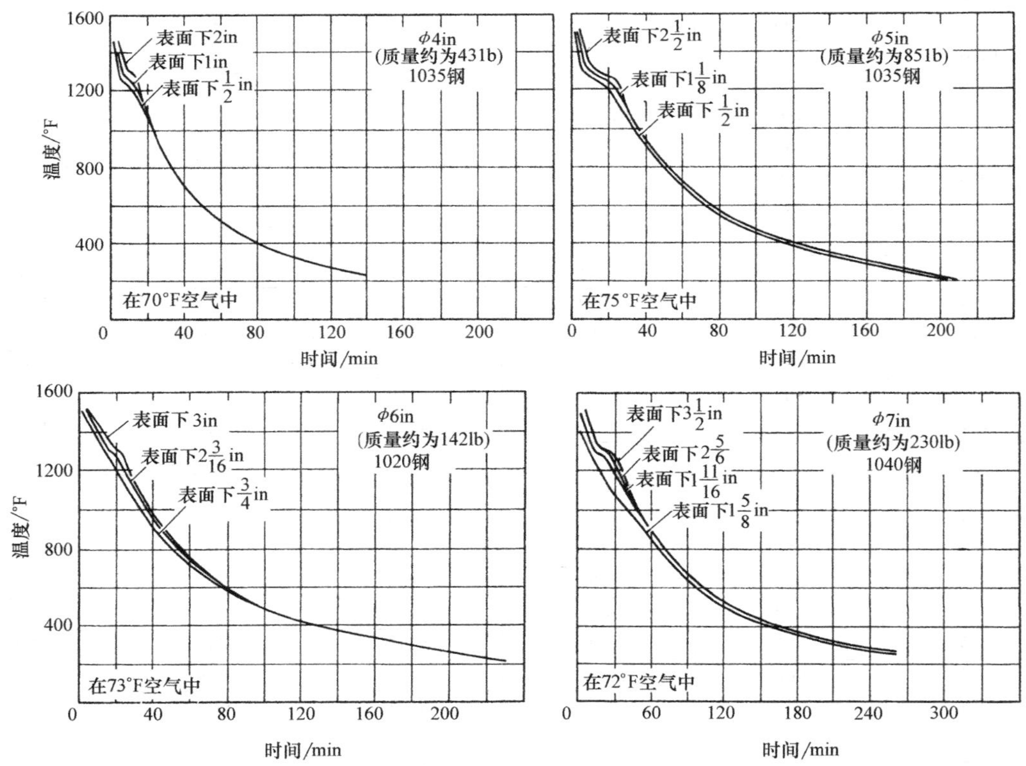

图3-21 工件在静止空气中冷却时质量和截面尺寸对冷却速度曲线的影响
（注意水平方向横坐标刻度的区别）

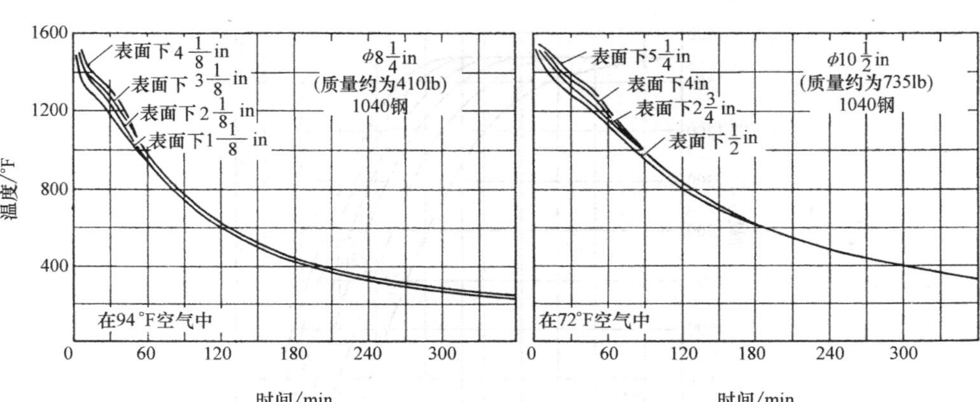

图 3-21　工件在静止空气中冷却时质量和截面尺寸对冷却速度曲线的影响（续）
（注意水平方向横坐标刻度的区别）

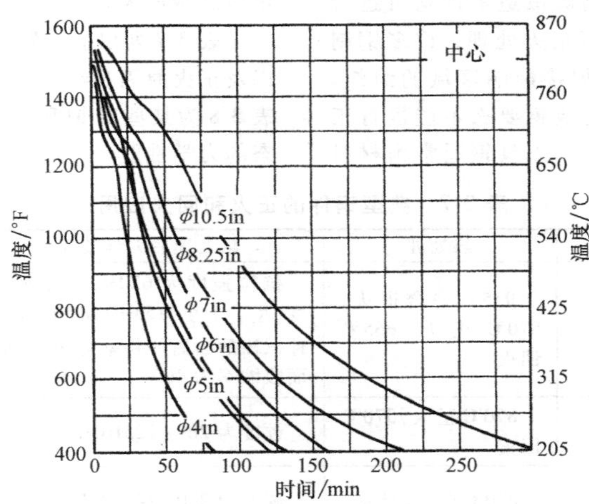

图 3-22　图 3-21 中的棒料心部冷却速度曲线

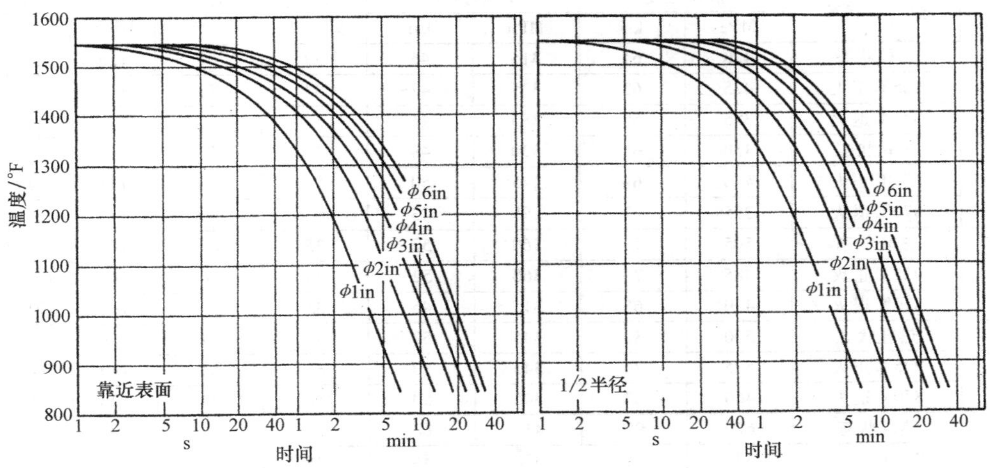

图 3-23　不同直径钢棒各部位的冷却时间对数曲线

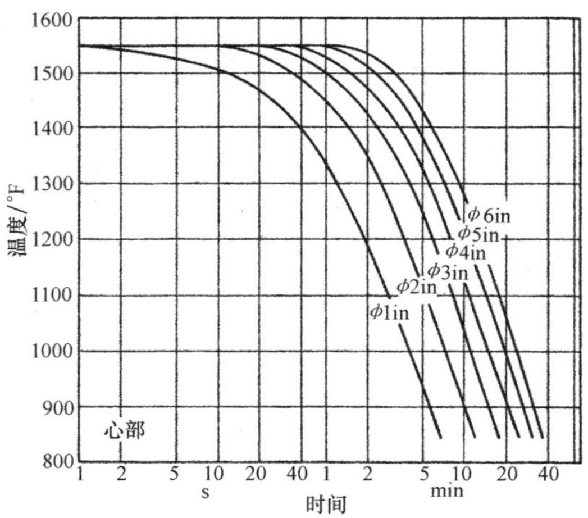

图 3-23 不同直径钢棒各部位的冷却时间对数曲线（续）

力的效果。所有的低、中和高碳锻造钢件均可进行正火处理，许多铸件也可进行正火处理，许多钢制焊接件可采用正火工序细化焊接影响区域的组织。奥氏体钢、不锈钢、马氏体时效钢要么不能进行正火，要么通常不采用正火处理。工具钢通常由材料供应商做退火处理。

表 3-7 列出了三种典型钢件的正火和回火应用，以及正火原因和经过正火+回火后的一些力学性能。表 3-8 为某些碳钢和合金钢在热轧、正火、退火状态的力学性能。

表 3-7 典型钢件的正火和回火应用

零件	钢种	热处理	热处理后力学性能	正火原因
φ50mm 阀体铸件，截面厚度为 19~25mm	Ni-Cr-Mo	955℃ 完全退火，870℃ 正火，665℃ 回火	抗拉强度为 620MPa，屈服强度（$R_{p0.2}$）为 415MPa，φ50mm 拉伸试棒的断后伸长率为 20%，断面收缩率为 40%	达到要求的力学性能
锻造法兰	4137	870℃ 正火，570℃ 回火	硬度为 200~225HBW	细化晶粒，获得所需硬度
锻造阀盖	4140	870℃ 正火，回火	硬度为 220~240HBW	均匀组织，改善机加工性能，获得所需硬度

表 3-8 某些碳钢和合金钢在热轧、正火、退火状态的力学性能

牌号[①]（AISI）	热处理状态	抗拉强度		屈服强度		断后伸长率[②]（%）	断面收缩率（%）	硬度 HBW	冲击吸收能量	
		MPa	ksi	MPa	ksi				J	lbf · ft
1015	热轧状态	420	61	315	46	39	61	126	111	82
	925℃ 正火	425	62	325	47	37	70	121	115	85
	870℃ 退火	385	56	285	41	37	70	111	115	85
1020	热轧状态	450	65	330	48	36	59	143	87	64
	870℃ 正火	440	64	345	50	35.8	68	131	118	87
	870℃ 退火	395	57	295	43	36.5	66	111	123	91
1022	热轧状态	505	73	360	52	35	67	149	81	60
	925℃ 正火	485	70	360	52	34	68	143	117	87
	870℃ 退火	450	65	315	46	35	64	137	121	89
1030	热轧状态	550	80	345	50	32	57	179	75	55
	925℃ 正火	525	76	345	50	32	61	149	94	69
	870℃ 退火	460	67	345	50	31.2	58	126	69	51
1040	热轧状态	620	90	415	60	25	50	201	49	36
	900℃ 正火	595	86	370	54	28	55	170	65	48
	790℃ 退火	520	75	350	51	30.2	57	149	45	33

（续）

牌号[①] (AISI)	热处理状态	抗拉强度		屈服强度		断后伸长率[②]（%）	断面收缩率（%）	硬度 HBW	冲击吸收能量	
		MPa	ksi	MPa	ksi				J	lbf · ft
1050	热轧状态	725	105	415	60	20	40	229	31	23
	900℃正火	750	109	430	62	20	39	217	27	20
	790℃退火	635	92	365	53	23.7	40	187	18	13
1060	热轧状态	815	118	485	70	17	34	241	18	13
	900℃正火	775	113	420	61	18	37	229	14	10
	790℃退火	625	91	370	54	22.5	38	179	11	8
1080	热轧状态	965	140	585	85	12	17	293	7	5
	900℃正火	1015	147	525	76	11	21	293	7	5
	790℃退火	615	89	380	55	24.7	45	174	7	5
1095	热轧状态	965	140	570	83	9	18	293	4	3
	900℃正火	1015	147	505	73	9.5	14	293	5	4
	790℃退火	655	95	380	55	13	21	192	3	2
1117	热轧状态	490	71	305	44	33	63	143	81	60
	900℃正火	470	68	305	44	33.5	54	137	85	63
	860℃退火	430	62	285	41	32.8	58	121	94	69
1118	热轧状态	525	76	315	46	32	70	149	109	80
	925℃正火	475	69	315	46	33.5	66	143	103	76
	790℃退火	450	65	285	41	34.5	67	131	107	79
1137	热轧状态	625	91	380	55	28	61	192	83	61
	900℃正火	670	97	400	58	22.5	49	197	64	47
	790℃退火	585	85	345	50	26.8	54	174	50	37
1141	热轧状态	675	98	360	52	22	38	192	11	8
	900℃正火	710	103	405	59	22.7	56	201	53	39
	815℃退火	600	87	355	51	25.5	49	163	34	25
1144	热轧状态	705	102	420	61	21	41	212	53	39
	900℃正火	670	97	400	58	21	40	197	43	32
	790℃退火	585	85	345	50	24.8	41	167	65	48
1340	870℃正火	835	121	560	81	22	63	248	92	68
	800℃退火	705	102	435	63	25.5	57	207	71	52
3140	870℃正火	890	129	600	87	19.7	57	262	54	40
	815℃退火	690	100	420	61	24.5	51	197	46	34
4130	870℃正火	670	97	435	63	25.5	60	197	87	64
	865℃退火	560	81	360	52	28.2	56	156	62	46
4140	870℃正火	1020	148	655	95	17.7	47	302	23	17
	815℃退火	655	95	420	61	25.7	57	197	54	40
4150	870℃正火	1160	168	740	107	11.7	31	321	12	9
	815℃退火	730	106	380	55	20.2	40	197	24	18
4320	895℃正火	795	115	460	67	20.8	51	235	73	54
	850℃退火	580	84	430	62	29	58	163	110	81
4340	870℃正火	1280	186	860	125	12.2	36	363	16	12
	810℃退火	745	108	475	69	22	50	217	52	38
4620	900℃正火	570	83	365	53	29	67	174	135	98
	860℃退火	510	74	370	54	31.3	60	149	94	69
4820	860℃正火	760	110	485	70	24	59	229	110	81
	815℃退火	685	99	460	67	22.3	59	197	94	69
5140	870℃正火	795	115	475	69	22.7	59	229	38	28
	830℃退火	570	83	295	43	28.6	57	167	41	30
5150	870℃正火	870	126	530	77	20.7	59	25.5	31	23
	825℃退火	675	98	360	52	22	44	197	26	19

（续）

牌号①（AISI）	热处理状态	抗拉强度		屈服强度		断后伸长率②（%）	断面收缩率（%）	硬度 HBW	冲击吸收能量	
		MPa	ksi	MPa	ksi				J	lbf·ft
5160	860℃正火	960	139	530	77	17.5	45	269	11	8
	815℃退火	725	105	275	40	17.2	31	197	10	7
6150	870℃正火	940	136	615	89	21.8	61	269	35	26
	815℃退火	665	97	415	60	23	48	197	27	20
8620	910℃正火	635	92	360	52	26.3	60	183	100	74
	870℃退火	540	78	385	56	31.3	62	149	115	83
8630	870℃正火	650	94	430	62	23.5	54	187	95	70
	845℃退火	565	82	370	54	29	59	156	95	70
8650	870℃正火	1025	149	690	100	14	45	302	14	10
	795℃退火	715	104	385	56	22.5	46	212	30	22
8740	870℃正火	930	135	605	88	16	48	269	18	13
	815℃退火	695	101	415	60	22.2	46	201	41	30
9255	900℃正火	930	135	580	84	19.7	43	269	14	10
	845℃退火	775	112	490	71	21.7	41	229	10	7
9310	890℃正火	910	132	570	83	18.8	58	269	119	88
	845℃退火	820	119	440	64	17.3	42	241	79	58

① 除1100系列钢为粗晶粒钢，其他牌号的钢都为细晶粒钢。

② 试棒直径为50mm。

如图3-24所示，含有大量珠光体的高碳钢其转变温度高，因而在远高于室温的条件下也会发生脆性断裂。另一方面，低碳钢的韧脆转变温度低，在室温下有较高的韧性。

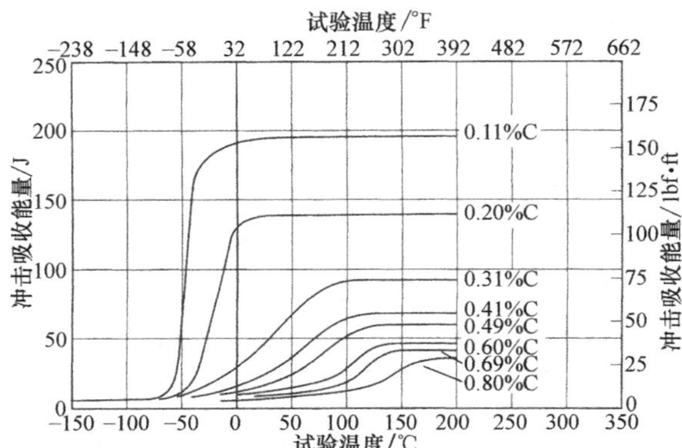

图3-24 冲击过渡曲线随正火碳钢中的珠光体量的增加而发生变化

在符合力学性能要求的前提下，正火可替代常规的淬火处理，特别是在由于工件的尺寸或形状导致在液态淬火冷却介质中淬火时产生开裂、畸变或过量尺寸变形等问题的情况下。因此，假如获得的力学性能可接受，对具有复杂外形或尺寸急剧变化的零件可以进行正火和回火处理。

正火的加热速度通常不是非常关键的从原子的尺度（角度）考虑时并不重要，但是当产品局部截面有很大的尺寸变化时，热应力可能会导致变形。

加热时间较重要，因为要使产品充分加热均匀，必须要有足够的时间使得热动力学稳定的碳化物溶解或成分原子充分扩散。通常，完全奥氏体化需要足够的时间。对于零件的每1in厚度，炉温到温后保温1h，可以认为是标准操作。但是零件往往也可以在更短的时间内充分奥氏体化（节能）。假如采用正火工艺使偏析组织均匀化，则需要更长的保温时间。

冷却速度显著影响珠光体量、尺寸和珠光体片间距。冷却速度越快，形成的珠光体越多，片间距更小，材料的强度和硬度越高。相反，较低的冷却速度可得到较软的零件。

表3-9用数据说明了碳钢和合金钢正火后质量对硬度的影响。工件的部位有厚薄截面之分，且冷却速度也存在差异，因此其强度和硬度都有可能存在差异，这就可能导致工件变形甚至开裂。有时出炉后会使用风扇增加冷却速度，增加强度和硬度或降低所需的时间，获得足够的冷却速度，方便处理。

当工件的整个截面均匀冷却至变黑、低于 Ar_1 点（当工件从炉中取出不再是红色）时，它们可用水或油冷却，以减少总的冷却时间。对于大截面工件，使心部冷至黑色需要大量的时间。热冲击、残余热诱导应力、合成扭曲等都是需要考虑的因素。只要工件的整个截面温度低于下临界点 Ar_1，其显微组织就基本不受冷却速度提高的影响。

（1）碳钢 表3-6列出了多种标准碳钢的正火温度，对于未列出的碳钢的正火温度，可以通过这个表格使用插值法获得。

表 3-9　碳钢和合金钢正火后质量对硬度的影响

牌　号	正火温度		不同直径/mm(in)棒材的硬度　HBW			
	℃	℉	13(1/2)	25(1)	50(2)	100(4)
渗碳用碳钢						
1015	925	1700	126	121	116	116
1020	925	1700	131	131	126	121
1022	925	1700	143	143	137	131
1117	900	1650	143	137	137	126
1118	925	1700	156	143	137	131
直接硬化型碳钢						
1030	925	1700	156	149	137	137
1040	900	1650	183	170	167	167
1050	900	1650	223	217	212	201
1060	900	1650	229	229	223	223
1080	900	1650	293	293	285	269
1095	900	1650	302	293	269	255
1137	900	1650	201	197	197	192
1141	900	1650	207	201	201	201
1144	900	1650	201	197	192	192
合金渗碳钢						
3310	890	1630	269	262	262	248
4118	910	1670	170	156	143	137
4320	895	1640	248	235	212	201
4419	955	1750	149	143	143	143
4620	900	1650	192	174	167	163
4820	860	1580	235	229	223	212
8620	915	1675	197	183	179	163
9310	890	1630	285	269	262	255
直接硬化型合金钢						
1340	870	1600	269	248	235	235
3140	870	1600	302	262	248	241
4027	905	1600	179	179	163	156
4063	870	1600	285	285	285	277
4130	870	1600	217	197	167	163
4140	870	1600	375	321	311	293
4150	870	1600	375	321	311	293
4340	870	1600	388	363	341	321
5140	870	1600	235	229	223	217
5150	870	1600	262	255	248	241
5160	855	1575	285	269	262	255
6150	870	1600	285	269	262	255
8630	870	1600	201	187	187	187
8650	870	1600	363	302	293	285
8740	870	1600	269	269	262	255
9255	900	1650	277	269	269	269

注：所有数据基于一次加热。

w(C) = 0.20%或更低的钢正火后不再做处理。然而，中碳钢或高碳钢正火后常常进行回火，以获得特定的力学性能，如适合校直、冷加工、车削加工的低硬度。是否需要回火取决于特定的力学性能要求，与含碳量和截面尺寸无关。表 3-8 列出了某些碳钢和合金钢在热轧、正火、退火状态下的力学性能。因为珠光体量和片间距的原因，低碳钢或中碳钢正火后薄壁部分的硬度会高于高碳钢正火后厚壁部分硬度。

(2) 合金钢 对于锻造合金钢、热轧产品、铸件，正火通常作为最终热处理前的预备热处理工序。正火也可用于改善那些从高温状态非均匀冷却的锻造、热轧、铸件的组织。表3-6列出了一些标准合金钢的正火温度。合金渗碳钢如3310系列和4320系列的正火温度高于渗碳温度，目的是降低渗碳变形和提高机械加工性能。3300系列的渗碳钢有时要两次正火，目的是减少变形。这些钢采用约650℃长达15h的回火，硬度降低至223HBW，便于机械加工。4300系列和4600系列的渗碳钢通常正火后硬度不超过207HBW，因此不需要通过回火来提高加工性能。

过共析合金钢（如52100系列）通过正火可部分或完全消除碳化物网，从而产生利于在后续球化退火过程中实现100%球化的显微组织。这种球化组织提高了机加工性能且硬度更均匀。

对于一些合金钢，需要注意加热过程中由于热冲击产生的裂纹，它们也需要较长的保温时间，这是因为奥氏体化和溶解速度较慢。对于许多合金钢，需谨慎控制在空气中冷却至室温的冷却速度。某些合金钢需从正火温度开始强制风冷，其目的是提高力学性能。

3.3.4 锻件

对于锻件，渗碳或淬火、回火前的正火处理，往往采用正火温度的上限。然而，当正火是最终热处理时，则使用较低范围内的温度。

(1) 加热炉 任何尺寸合适的加热炉都可以用于正火处理。加热炉的类型和尺寸取决于具体的需要。在连续炉中，锻件一般放置在浅的托盘中进行正火，在加热炉的加载端由推杆装置将托盘推送穿过炉膛。加热炉的烧嘴安装在其两侧，火焰低于炉底，燃烧产物沿工作区域炉壁上升，最后在炉顶排放，不用控制空气成分。燃烧产物穿过整个炉底两侧的炉膛内衬到达工作区域。标准加热炉是18m长，每侧有18个气体烧嘴（或9个油燃烧嘴）。为达到控温目的，加热炉被分为三个3m区，每个区都有垂直安装的热电偶，热电偶通过炉子的炉顶插入安装。

(2) 加工过程 来自锻造车间的小锻件一般进行正火处理。标准电炉每个3m区有5个托盘，调整加热条件使工件在最后一区时达到正火温度。通过最后一区后，托盘被放置于冷却输送带上，托盘中的工件在静止的空气中冷却至480℃以下。然后将工件卸至工具箱中，冷却至室温。在炉中加热的总时间为3.5h，但这过程中工件仅在加热温度下保温1h。

大型开式锻件的正火通常在间歇炉中进行，该设备具有较高的控温精度。锻件在正火温度下保持足够长的时间后完全奥氏体化，同时碳化物溶解（一般截面厚1in，保温1h），然后在静止的空气中冷却。

(3) 车轴锻造 在锻造1049系列细晶粒钢车轴时，只需将锻造棒材的一端加热并锻成轮缘部分。检查工件的法兰端至冷端的横截面，然后讨论并分析冶金组织状态。

车轴热轧法兰区域在锻造温度（近似1095℃）下热轧后呈现细的晶粒组织，但是邻近法兰区域，虽然该区域也加热至锻造温度但未经过热加工，呈现出粗晶粒组织。接近轴的冷却端区域加热至约705℃，呈现出球化组织。经过锻造加工后，轴的冷端保留原始的细晶粒组织。

在后续的加工中，该轴将被机械校直、机加工和感应淬火。因为存在混合晶粒组织，这些操作会出现很多问题。横向接近法兰的粗晶粒区域强度特别低，该区域经过大幅度的校直时可能会产生开裂。球化组织所在区域在感应淬火时不能充分硬化，因为对于感应加热的快速加热而言，合金碳化物的溶解速度非常迟缓。而且，这种混合组织也非常难于机加工。因此，车轮轴校直、机加工、感应淬火前需要正火处理，以获得均匀的细晶粒组织。

(4) 低碳钢锻造 对比上面讨论过的中碳钢车轴可知，对$w(C)=0.25\%$或含碳量更低的锻件很少进行正火处理。只有在奥氏体化温度以上进行强烈淬火才能显著影响锻件的组织和硬度。

(5) 组织（结构）稳定性 为提升高达540℃的情况下低合金耐热钢，如AMS 6304［$w(C)=0.45\%$，$w(Cr)=1\%$，$w(Mo)=0.5\%$，$w(V)=0.3\%$］的组织（结构）稳定性，优先选用正火加回火处理。在寒冷环境下使用的航空涡轮发动机压缩机的轮子和隔圈是使用该工艺的典型零件，经过这种热处理后其组织（结构）稳定性获得提高。

(6) 多次正火处理 第一次采用较高的温度（如925℃）使奥氏体中的低温成分完全溶解；第二次正火温度接近Ac_3点（如815℃），在不损坏第一次正火有益影响的前提下，细化最终珠光体晶粒尺寸。两次正火通常用于处理大尺寸并高温锻造的碳钢和低合金钢锻件。符合美国铁路协会技术规范M126的F级碳钢制火车轴锻件要求，此钢中$w(C)=0.45\%\sim0.59\%$，$w(Mn)=0.60\%\sim0.90\%$。对该车轴进行两次正火处理，可获得均匀的细晶结构和良好的力学性能。为了满足低温冲击性能，对工作在低温状态下碳的质量分数为0.18%、锰的质量分数为1%的低碳钢锻件可进行两次正火处理。

3.3.5 棒材和管材产品

制造棒材和钢管的最后阶段，采用热辗工序可使产品获得近似于正火后的力学性能。此时，正火工序成为多余的甚至是不合理的工序。然而，对棒材和管材进行正火处理要达到的目的同样适用于其他形式的钢。

硬度和显微组织都会影响棒材和管材的机加工性能。对于低碳合金钢而言，进行正火或退火处理后得到粗珠光体组织，机加工性能很好。至于中碳合金钢，可采用正火得到片状珠光体，以此优化机加工性能。对于高碳合金钢，进行正火处理后可获得球化组织，降低硬度并提高机加工性能。当确定退火或正火的必要性时，需认真考虑预处理、零件外形、机加工后的工序。

总的来说，退火比正火能更好地提高工件的机加工性能。正火可用于纠正球化作用的影响，但棒材和管材仍然需要退火处理。多次退火和回火一般仅用于小直径产品，如线规。4340钢就是典型的为数不多的进行正火处理后的供货材料，因为需要符合航空工业中加工性能要求。

相同直径的管材比棒材易于正火处理，因为管材较薄的壁厚允许更快的加热和冷却。管材的这些优势有利于减少脱碳层并能得到更均匀的显微组织。

加热炉（设备）的要求。辊棒型的连续炉广泛用于管材和棒材的正火处理，特别是较长的炉型。间歇炉或其他类型的连续炉用于能快速将产品卸载并将载荷分散，使得每根钢管四周的空气能自由流通。连续炉应该至少有两个区，一个区用于加热，另一个区用于均热。冷却装置应使工件达到均匀冷却直至完成转变。

假如管材从高温进行冷却时是包裹或捆绑状态，则无法达到正火的目的，而是相当于不完全退火或高温回火。

一般来说，用于管材和棒材正火的转底连续炉不使用保护气氛。正火过程中形成的氧化皮可通过酸洗或喷砂来清理。

3.3.6 铸件

在工业生产中，铸钢件可在台车炉、箱式炉、井式炉或者连续炉中正火。各炉型的热处理原理都相同。图3-25和图3-26分别给出了正火对硬度和韧性的影响，并与退火、淬火+回火处理进行了比较。

（1）装炉　铸件应以正确的方式装炉，确保受到充分均匀的加热。将铸件按正确的顺序堆叠或大小铸件交替摆放，确保局部区域的装炉密度不是太大。在正火加热温度下，钢的抗拉强度大幅下降，严重不对称平衡的部分可能会变形，除非产品受到很好的支承。因此，大小铸件可合理摆放，以便相互支撑。

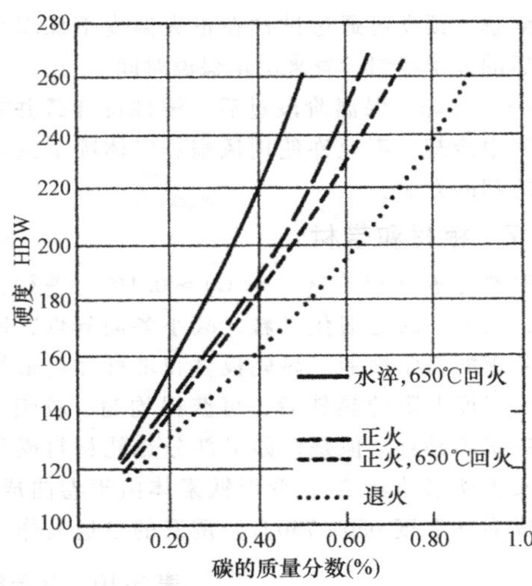

图3-25　碳素铸钢件不同碳质量分数和热处理工艺对应的布氏硬度值

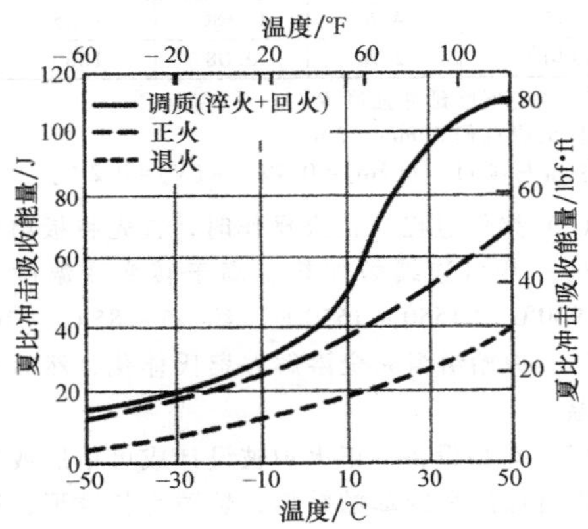

图3-26　$w(C)=0.30\%$的钢的不同热处理工艺对夏比冲击吸收能量的影响

（2）装炉温度　当铸件装炉时，炉温产生的热冲击应不能导致金属失效。对于高合金铸钢，如C5、C12和WC9，安全的装炉温度是315~425℃。

对于低合金铸件，装炉温度可高达650℃；对于低含碳量（低淬硬性）碳钢及低合金钢铸件，可在正火加热的温度下装炉。

（3）加热　装炉后，在炉温升至正火温度前的加热速度近似225℃/h。根据钢的化学成分和铸造方式，加热速度需降至28~55℃/h，以防裂纹产生。超大铸件需更慢的加热速度，以防止产生较大的温度梯度。

（4）保温　达到正火加热温度后，铸件需要在该温度下保温一段时间，以确保完全奥氏体化和碳化物溶解。预先可通过试样在正火温度下保温不同时间后的显微组织检查来决定保温时间。

(5) 冷却　保温阶段过后，铸件可卸载并在静止空气中冷却，不允许使用风扇、气体喷嘴或其他加速冷却的方法。

3.3.7 板材和带材

对热轧板材和带材 [w(C) ≈ 0.1%] 进行正火处理，主要目的是细化晶粒，减小各向异性，同时获得要求的力学性能。热轧板材和带材经过最终高于转变温度上限的热轧后，可获得均匀、较细、等轴状铁素体晶粒。但是，如果部分热轧材料操作过程中发生铁素体转变，变形铁素体由于卷曲成形、冲压成形（温度 650~730℃）诱发的自退火作用产生再结晶退火，会形成不正常粗晶粒碎块状组织。另外，较薄的热轧材料偶尔会在低于转变温度上限完成热轧并卷曲成形、冲压成形，但是由于其温度低而不能发生自退火，可能会呈现各向异性。这些状况都不适合那些强烈压拔的使用条件，可以通过正火校正。

正火也可用于提高板材和带材的强度，前提是这些板材和带材具有较高含量的碳和合金成分，保证其自正火温度在空气中冷却时形成细的珠光体或马氏体。通常来说，硬化的材料需进行回火处理，以保证强度和塑性良好兼容。表 3-10 列出了 4130 正火、改性 4335、改性 4340 板材正火后的标准力学性能。

表 3-10　合金钢钢板正火后标准力学性能

牌号	厚度		抗拉强度		屈服强度①		断后伸长率②(%)	硬度 HRC
	mm	in	MPa	ksi	MPa	ksi		
4130	4.9	0.193	835	121	585	85	14	25
4335③	4.6	0.180	1725	250	1240	180	8	48
4340③	2.0	0.08	1860	270	1345	195	7	50

① 规定塑性延伸强度 $R_{p0.2}$。
② 试棒直径 50mm（2in）。
③ 非标项目：w(Mo) = 0.4%，w(V) = 0.2%。

(1) 操作过程　正火操作时，首先将板材和带材通过一开口连续炉加热至高于转变变温度上限 845~900℃（1550~1650℉）约 55~85℃（100~150℉），原始组织完全溶解并奥氏体化，然后空冷至室温。

(2) 炉型设备　正火炉被设计成可单层或双层叠放板材加热和冷却的结构，炉膛为长矮形，通常包含三部分：预热区（占总长度的 12%~20%），加热区或保温区（约占总长度的 40%），冷却区（占总长度的 40%~50%）。

(3) 加热布局　正火炉通常采用燃气或油加热，不采用保护气氛。因此，板材热处理过程中会产生氧化。烧嘴位于加热区的两侧，一般高于传送带，但偶尔也会有一高一低布置。预热区和保温区的炉顶高于冷却区炉顶，通常分区建造。大多数设备预热区和冷却区由来自加热区的热气流加热。然而，这两区可以安装烧嘴，以达到精确控制温度的目的。通过调整所有区的气流保持微正压，避免空气进入炉膛。

(4) 网带炉　在现代网带炉（仅适合处理短工件的炉型）中，板材由耐热合金钢制成的旋转圆盘托举，传送经过三个区。这些圆盘表面抛光，可以防止划伤板材；其交错分布，可保证均匀加热。圆盘装在水冷却的杆上，杆通过链条和链轮或杆子和齿轮在变速电动机驱动下转动。这些炉子可能有 2.5m 宽、27~61m 长，处理钢时燃料燃烧率为 2.3~5.2×10^{6}kJ/t，产能为 2.7~10.9t/h。

配置高温控制功能的三区网带炉中的正火是一项简单操作。为避免板材擦伤，需一次将单张或多张板材手工放在驱动板或传送带上。如果是重板材，单独正火；如果是轻板材，将两张堆叠后一起正火。为控制加热温度和避免氧化，单张板可以放置在驱动板上，上面再盖一张（覆盖）板。板材由滚棒送至预热区，由于钢板与炉膛内部存在较大的温差和较大的表面积与体积比等，钢板迅速吸热。当钢板变热，温差降低，吸热率将放缓。移动 4.5~6m 后，钢板进入略低于正火温度的保温区域。钢板的加热在保温区完成，并稳定在一恒定的温度，进入冷却区域前，钢板在要求的温度下保持足够的时间，使得显微组织转变成奥氏体。钢板经过冷却区（温度可在 150~540℃之间调整）传送较短距离至输出台。在空气中快速冷却后，将钢板从驱动板上搬走。通过炉子的过程均匀速度为 0.03~0.10m/s，需要在 5~20min 内完成。

(5) 铸链炉　悬链炉或铸链炉用于冷拔未卷制成形钢的连续正火；这种炉型上没有滚棒或其他输送带用来承载材料经过加热区。铸链炉加热区的长度为 6~15m。预热区和冷却区都短于网带炉的对应区。对于一些类型的工件，预热区和冷却区完全可以省略。铸链炉出口端可与酸洗或其他去氧化清理设备合并成线，用于去除钢件表面在正火过程中形成的氧化物。

致谢

本文的部分内容来源于布鲁克斯教授出版的图书《碳钢和低合金钢热处理原理》ASM International，1996。

参考文献

1. C. R. Brooks, *Principles of the Heat Treatment of Plain Carbon and Low-Alloy Steels*, ASM International, 1996
2. G. Krauss, *Steels: Heat Treatment and Processing Principles*, ASM International, 1990
3. *Modern Steels and Their Properties*, 6th ed., Bethlehem Steel Corporation, 1966
4. *Modern Steels and Their Properties*, Handbook 3310, Bethlehem Steel Corporation, Sept 1978
5. A. K. Sinha, *Ferrous Physical Metallurgy*, Butterworths, 1989
6. D. Poweleit, Steel Castings Properties, *Casting*, Vol 15, *ASM Handbook*, ASM International, 2008, p 949-974

3.4 钢的退火

Revised by Satyam S. Sahay, John Deere Asia Technology Innovation Center, Pune, India

退火是一个通用术语，整个过程包括加热和适当温度保温及后续以恰当的冷却速度冷却，主要作用是软化金属材料。一般而言，退火在炉中加热，但有时也用感应加热，特别是需要有效地快速加热产品情况，如钢丝冷拔后的退火。

3.4.1 冶金学原理

一般来说，普通碳钢经退火后形成铁素体-珠光体的显微组织（图 3-27）。对钢件进行退火处理的目的是便于冷加工或车加工，改善力学性能或电气性能，提高尺寸稳定性。

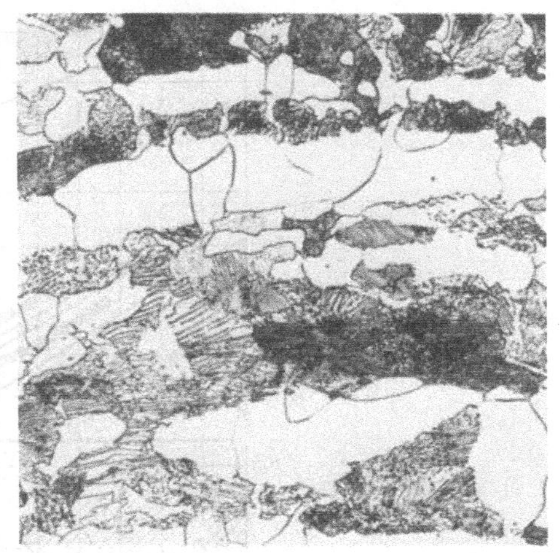

图 3-27 1040 钢完全退火后形成的铁素体-珠光体显微组织

注：4%苦味酸加 2%硝酸乙醇腐蚀，原始放大倍数为 500 倍

虽然没有一种退火工艺能够达到真正的平衡状态，但可近似认为其达到平衡状态，因此通过铁碳相图（图 3-28）可以更好地理解退火工艺。

为定义各种类型的退火，一般按转变温度和临界温度进行区分。

临界温度是开始转变和完全转变成形成奥氏体的温度。铁碳相图（图 3-28）中给出了平衡临界温度，即亚共析钢的 A_1、A_3 点和过共析钢的 A_1、A_{cm} 点。

必须指出的是由于非平衡作用的影响，临界冷却温度 Ar_1、Ar_3 和 Ar_{cm}（用一后缀“r”表示法语单词 refroidissement，意思是冷却）低于相应的平衡温度，而加热温度 Ac_1、Ac_3 和 Ac_{cm}（后缀“c”表示法文单词 *chauffage*）高于相应的平衡温度。各种合金元素显著影响这些临界温度，如铬元素可提高共析温度 A_1，锰元素可降低共析温度 A_1。根据钢实际化学成分可以计算出临界温度上限和临界温度下限。

3.4.2 退火工艺

实际上，退火的分类是按照工艺的具体目的、钢加热的温度、冷却方法来划分的。最高温度可能有几种情况：低于临界温度下限 A_1（亚温退火）；高于亚共析钢的 A_1 但低于临界温度上限 A_3，或低于过共析钢的 A_{cm}（不完全退火）；或者高于 A_3（完全退火）。图 3-28 中已做出相关说明。

因为温度高于 A_1 时会产生奥氏体，转变过程中的冷却是获得期望的显微组织和性能的关键因素。相对应地，将钢件加热至高于 A_1 点，再经过连续缓冷或在稍低于 A_1 下的等温热处理，从而可在合适的时间内转变成期望的显微组织。在适当的条件下，两次或多次退火可组合使用，便于获得期望的结果。是否成功退火取决于正确选择和控制热处理过程，其冶金学原理在后续的章节中讨论。

1. 亚温退火

亚温退火与奥氏体的形成无关。钢件的先前状态因热激活作用而发生改变。热激活工序包括回复、

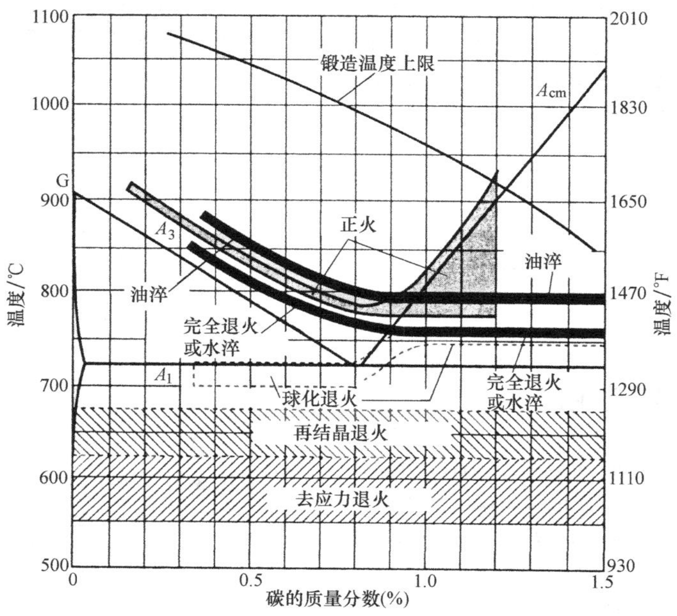

图 3-28 附加完全退火、中间退火、球化退火区域的铁碳相图

再结晶、晶粒长大和碳化物聚集。钢件先前状态是很重要的因素。

在轧制或锻造的亚共析钢中有铁素体和珠光体，通过亚温退火可以调整这两种组分的硬度，但是需要在某一温度下保持较长时间，使基体软化。对于硬化和冷加工钢材，再结晶很容易形成新的铁素体晶粒，而亚温退火是最有效的处理方法。退火的加热温度越接近 A_1，软化速度增加越快。从亚温退火温度开始的冷却基本不影响已经形成的显微组织和最终性能。参考文献 3 提供了更多关于亚温退火中冶金过程的具体讨论。

2. 不完全退火

当钢的温度超过 A_1 时，奥氏体开始形成。接近 A_1 温度时，碳的溶解度突然增大（接近 1%）。对于亚共析钢而言，A_1 和 A_3 温度之间进行不完全退火加热时其平衡组织为铁素体和奥氏体，当退火加热温度高于 A_3 时，组织变成单一的奥氏体。然而，不能在瞬间得到铁素体和奥氏体的混合平衡组织。例如，图 3-29 中所示为普通共析碳钢奥氏体化速度与温度的关系。未溶解碳化物可能存在，特别是奥氏体化温度时间较短或加热温度接近 A_1，导致奥氏体不均匀。在过共析钢中，在 A_1 和 A_{cm} 两相温度区加热，碳化物和奥氏体会共存，奥氏体的均匀性取决于时间和温度。影响组织均匀性的奥氏体化温度是影响退火组织和性能的一个重大因素。更高的奥氏体化温度下可获得更均匀的组织，便于形成冷却时的片状碳化物组织。处于两相区的低奥氏体温度下获得不太均匀的奥氏体，便于形成球状碳化物。

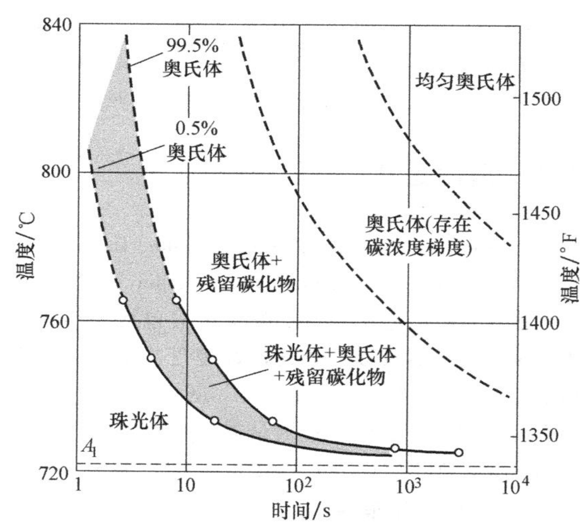

图 3-29 普通共析碳钢奥氏体化速度与温度的关系

注：采用 875℃（1610℉）正火后，原始组织为细片状珠光体。图中左侧第一条线显示珠光体开始消失，第二条线为珠光体最终消失线。第三条线为碳化物最终消失线。第四条线为碳浓度梯度最终消失线。

钢加热至高于 A_1 温度时转变成奥氏体，当缓慢冷却至低于 A_1 温度时重新转变成铁素体和碳化物。奥氏体分解速度和形成碳化物形态（片状或球状）的主要因素是转变温度。如果奥氏体转变略低于 A_1 温度，则分解缓慢。转变产物可能包括相当粗的球状碳化物还是粗片状珠光体，取决于钢的化学成分和奥氏体化温度。该转变产物很软。但是，如果要获得最大限度的柔软度，那么在等温热处理中需要在低于A_1下保持较长时间，以获得低的转变速率，或者是连续冷却时采用非常缓慢的冷却速度。根据在最短时间内获得期望的组织结构和硬度，等温热处理比连续缓慢冷却更有效。有时，合适的退火设备或退火钢件的质量使得连续缓冷成为唯一可行的选择。

当转变温度下降时，奥氏体通常迅速分解，转变产物更硬，也更多地呈片状，相对于在A_1时的转变产物更细。在较低的转变温度下，转变产物变成更硬的铁素体和碳化物的混合物，因此可能会使完成等温转变的时间进一步增加。

目前已发表的很多钢种的奥氏体等温转变或连续转变图。这些等温转变和连续转变图可以有助于特定钢种的退火热处理工艺设计。但是，因为大多数出版的转变图只表达了完全奥氏体化转变，以及相对均匀的状态，而这并不是退火中理想的或能获取的状态，因此其应用受到了限制。

在连续退火过程中，不完全退火是获得两相和三相显微组织的一种调节手段，最终获得的显微组织为铁素体基体上分布着岛状马氏体。根据溶解在奥氏体中的合金成分和冷却条件不同，奥氏体可能不会完全转变，其显微组织为铁素体基体上分布马氏体或残留奥氏体。

（1）转变后的冷却　奥氏体完全转变后，当冷却到室温时会发生一些冶金学结果。特别缓慢的冷却可能会导致碳化物聚集，结果是进一步软化钢材，但其效果不及高温转变。因此，当转变完成后没有特别的原因要求缓慢冷却，可将钢材自转变温度进行快速冷却，便于减少总时间，也便于操作。

如果已经使用缓慢连续冷却，冷却时需要控制的最终温度由钢的转变特点决定。然而，因为钢的质量或需要防止氧化等实际问题，奥氏体转变结束后仍然需要缓慢冷却。

（2）原始组织的影响　原始组织的碳化物越细或分布越均匀，在高于A_1温度下的奥氏体形成速度越快，并接近完全均匀化。因此，原始组织会影响退火反应。当想在退火组织中获得球状碳化物时，有时会在低于A_1温度以下预热，使得碳化物聚集，目的是阻碍（防止）其在后续加热过程中溶解进奥氏体。奥氏体转变时，未溶碳化物的存在或奥氏体中的浓度差促使形成球状碳化物，而不是片状碳化物。预热促进球化的方法主要用在亚共析钢，但对某些过共析低合金钢也有效。

3. 超临界或完全退火

一般的退火工艺是将亚共析钢加热至高于临界温度上限（A_3），以获得完全奥氏体化组织，这种工艺称为完全退火。对于亚共析钢（碳的质量分数小于0.77%），超临界退火（也就是在A_3温度以上）发生在奥氏体区域（在退火温度下加热钢完全奥氏体化）。然而对于过共析钢（碳的质量分数大于0.77%），退火发生在高于A_1温度，这是双相奥氏体-渗碳体区域。图3-28中显示了叠加在铁碳相图上的完全退火温度范围。一般来说，对于亚共析钢而言高于A_3温度50℃（100℉）、对于过共析钢而言高于A_1温度50℃（100℉）的退火温度是恰当的。

奥氏体化时间和完全退火钢。过共析钢在奥氏体化温度下保持较长时间可以变得特别软。虽然在奥氏体化温度下的保温时间可能对实际硬度仅有一点点影响（如从241HBW到229HBW的变化），但主要还是对切削性能和冷成形性能影响大。

对于过共析钢而言，因为奥氏体中残余碳化物是逐渐聚集长大的，所以进行长时间的奥氏体化是有效的。较粗的碳化物有利于获得较软的最终产物。对于低碳钢而言，当温度高于A_1时，碳化物变得不稳定，并可能溶解进入奥氏体，虽然溶解速度可能很慢。

对于近似于共析成分的钢，如果奥氏体化较长时间，通常会形成片状转变产物。在稍高于A_1温度下的长时间保温，其溶解碳化物和消除碳浓度差的效果与高温短时保温效果一致。

3.4.3 退火指南

佩森（Payson）整合先前讨论的冶金学原理总结出以下7条规则，这些规则可以作为制订成功、有效的退火工艺方案的指南：

规则1：退火后完全均匀奥氏体化钢转变为完全片状珠光体组织，但是不均匀奥氏体化钢转变成近球状退火碳化物。

规则2：通常使钢最软的方法是在不高于A_1温度以上55℃（100℉）奥氏体化，并在低于A_1温度以下55℃（100℉）进行转变。

规则3：因为低于A_1温度以下55℃（100℉）完全转变需要非常长的时间，因此允许绝大多数的转变在更高的温度下进行，形成较软的产物，然后在低温下完成转变，这样完全转变的时间会较短。

规则4：钢奥氏体化后，迅速冷至转变温度可以缩短退火周期。

规则5：钢完全转变后，在该转变温度下已形成需要的显微组织和硬度，然后使其迅速冷至室温，可以缩短退火总时间。

规则6：为确保碳的质量分数为0.70%～0.90%的工具钢和其他低合金中碳钢退火后产生较少的片

状珠光体，通常在奥氏体化和转变前低于下临界温度 A_1 约 28℃（50℉）预热几小时。

规则 7：对于过共析合金工具钢，为获得最低退火硬度，在奥氏体化温度加热较长时间（约 10～15h），然后像平常一样进行转变。

在掌握了临界温度和转变特征的同时进行等温转变处理是可行时，可以最有效地运用这些规则。

3.4.4 退火温度

从实践意义上说，大部分退火是根据经验来操作进行的。对于许多退火应用，可以简单地定义为钢在炉内从指定的退火温度（奥氏体化温度）冷却。表 3-11 中给出了小尺寸碳钢锻件完全退火的温度和硬度，表 3-12 中给出了合金钢的推荐退火温度（炉冷）和硬度。

表 3-11 小尺寸碳钢锻件完全退火的温度和硬度

牌号	退火温度		冷却周期				硬度 HBW
			℃		℉		
	℃	℉	从	到	从	到	
1018	855～900	1575～1650	855	705	1575	1300	111～149
1020	855～900	1575～1650	855	700	1575	1290	111～149
1022	855～900	1575～1650	855	700	1575	1290	111～149
1025	855～900	1575～1650	855	700	1575	1290	111～187
1030	845～885	1550～1625	845	650	1550	1200	126～197
1035	845～885	1550～1625	845	650	1550	1200	137～207
1040	790～870	1450～1600	790	650	1450	1200	137～207
1045	790～870	1450～1600	790	650	1450	1200	156～217
1050	790～870	1450～1600	790	650	1450	1200	156～217
1060	790～845	1450～1550	790	650	1450	1200	156～217
1070	790～845	1450～1550	790	650	1450	1200	167～229
1080	790～845	1450～1550	790	650	1450	1200	167～229
1090	790～830	1450～1525	790	650	1450	1200	167～229
1095	790～830	1450～1525	790	655	1450	1215	167～229

注：1. 该数据是针对壁厚达到 75mm 的锻件。壁厚达到 25mm 的锻件在指定温度下保温至少 1h；壁厚每增加 25mm 保温时间增加 0.5h。
2. 炉冷速度为 28℃/h。

表 3-12 合金钢的推荐退火温度（炉冷）和硬度

牌号(AISI/SAE 标准)	退火温度 ℃	退火温度 ℉	能达到的最高硬度 HBW	牌号(AISI/SAE 标准)	退火温度 ℃	退火温度 ℉	能达到的最高硬度 HBW
1330	845～900	1550～1650	179	50B40	815～870	1500～1600	187
1335	845～900	1550～1650	187	50B44	815～870	1500～1600	197
1340	845～900	1550～1650	192	5046	815～870	1500～1600	192
1345	845～900	1550～1650	—	50B46	815～870	1500～1600	192
3140	815～870	1500～1600	187	50B50	815～870	1500～1600	201
4037	815～855	1500～1575	183	50B60	815～870	1500～1600	217
4042	815～855	1500～1575	192	5130	790～845	1450～1550	170
4047	790～845	1450～1550	201	5132	790～845	1450～1550	170
4063	790～845	1450～1550	223	5135	815～870	1500～1600	174
4130	790～845	1450～1550	174	5140	815～870	1500～1600	187
4135	790～845	1450～1550	—	5145	815～870	1500～1600	197
4137	790～845	1450～1550	192	5147	815～870	1500～1600	197
4140	790～845	1450～1550	197	5150	815～870	1500～1600	201
4145	790～845	1450～1550	207	5155	815～870	1500～1600	217
4147	790～845	1450～1550	—	5160	815～870	1500～1600	223
4150	790～845	1450～1550	212	51B60	815～870	1500～1600	223
4161	790～845	1450～1550	—	50100	730～790	1350～1450	197
4337	790～845	1450～1550	—	51100	730～790	1350～1450	197
4340	790～845	1450～1550	223	52100	730～790	1350～1450	207

（续）

牌号(AISI/SAE标准)	退火温度		能达到的最高硬度 HBW	牌号(AISI/SAE标准)	退火温度		能达到的最高硬度 HBW
	℃	℉			℃	℉	
6150	845～900	1550～1650	201	8650	815～870	1500～1600	212
81B45	845～900	1550～1650	192	8655	815～870	1500～1600	223
8627	815～870	1500～1600	174	8660	815～870	1500～1600	229
8630	790～845	1450～1550	179	8740	815～870	1500～1600	202
8637	815～870	1500～1600	192	8742	815～870	1500～1600	—
8640	815～870	1500～1600	197	9260	815～870	1500～1600	229
8642	815～870	1500～1600	201	94B30	790～845	1450～1550	174
8645	815～870	1500～1600	207	94B40	790～845	1450～1550	192
86B45	815～870	1500～1600	207	9840	790～845	1450～1550	207

表 3-12 中给出了加热工艺中形成珠光体组织的奥氏体化温度上限值。当使用较低的温度时，获得的组织主要是球状组织。

当某一合金钢需要通过退火后获得特定的显微组织，则需要更高控温和退火冷却控制精度。表 3-13中提供了合金钢的推荐退火温度和时间。

表 3-13 合金钢的推荐退火温度和时间

牌号	奥氏体化温度		常规冷却①							等温法②			近似达到的硬度 HBW
			温度				冷却速度		时间/h	冷至温度		时间/h	
			℃		℉								
	℃	℉	从	到	从	到	℃/h	℉/h		℃	℉		
主要获得珠光体组织③													
1340	830	1525	735	610	1350	1130	10	20	11	620	1150	4.5	183
2340	800	1475	655	555	1210	1030	8.5	15	12	595	1100	6	201
2345	800	1475	655	550	1210	1020	8.5	15	12.7	595	1100	6	201
3120④	885	1625	—	—	—	—	—	—	—	650	1200	4	179
3140	830	1525	735	650	1350	1200	10	20	7.5	660	1225	6	187
3150	830	1525	705	645	1300	1190	10	20	5.5	660	1225	6	201
3310⑤	870	1600	—	—	—	—	—	—	—	595	1100	14	187
4042	830	1525	745	640	1370	1180	10	20	9.5	660	1225	4.5	197
4047	830	1525	735	630	1350	1170	10	20	9	660	1225	5	207
4062	830	1525	695	630	1280	1170	8.5	15	7.3	660	1225	6	223
4130	855	1575	765	665	1410	1230	20	35	5	675	1250	4	174
4140	845	1550	755	665	1390	1230	15	25	6.4	675	1250	5	197
4150	830	1525	745	670	1370	1240	8.5	15	8.6	675	1250	6	212
4320④	885	1625	—	—	—	—	—	—	—	660	1225	6	197
4340	830	1525	705	565	1300	1050	8.5	15	16.5	650	1200	8	223
4620④	885	1625	—	—	—	—	—	—	—	650	1200	6	187
4640	830	1525	715	600	1320	1110	7.6	14	15	620	1150	8	197
4820④	—	—	—	—	—	—	—	—	—	605	1125	4	192
5045	830	1525	755	665	1390	1230	10	20	8	660	1225	4.5	192
5120④	885	1625	—	—	—	—	—	—	—	690	1275	4	179
5132	845	1550	755	670	1390	1240	10	20	7.5	675	1250	6	183
5140	830	1525	740	670	1360	1240	10	20	6	675	1250	6	187
5150	830	1525	705	650	1300	1200	10	20	5	675	1250	6	201
52100⑥	—	—	—	—	—	—	—	—	—	—	—	—	—
6150	830	1525	760	675	1400	1250	8.5	15	10	675	1250	6	201
8620④	885	1625	—	—	—	—	—	—	—	660	1225	4	187
8630	845	1550	735	640	1350	1180	10	20	8.5	660	1225	6	192
8640	830	1525	725	640	1340	1180	10	20	8	660	1225	6	197
8650	830	1525	710	650	1310	1200	8.5	15	7.2	650	1200	8	212

（续）

牌号	奥氏体化温度		常规冷却①							等温法②			近似达到的硬度HBW
			温度				冷却速度		时间/h	冷至温度		时间/h	
			℃		℉								
	℃	℉	从	到	从	到	℃/h	℉/h		℃	℉		
主要获得珠光体组织③													
8660	830	1525	700	655	1290	1210	8.5	15	8	650	1200	8	229
8720④	885	1625	—	—	—	—	—	—	—	660	1225	4	187
8740	830	1525	725	645	1340	1190	10	20	7.5	660	1225	7	201
8750	830	1525	720	630	1330	1170	8.5	15	10.7	660	1225	7	217
9260	860	1575	760	705	1400	1300	8.5	15	6.7	660	1225	6	229
9310⑤	870	1600	—	—	—	—	—	—	—	595	1100	14	187
9840	830	1525	695	640	1280	1180	8.5	15	6.6	650	1200	6	207
9850	830	1525	700	645	1290	1190	8.5	15	6.7	650	1200	8	223
主要获得铁素体和球状碳化物组织													
1320④	805	1480	—	—	—	—	—	—	—	650	1200	8	170
1340	750	1380	735	610	1350	1130	5	10	22	640	1180	8	174
2340	715	1320	655	555	1210	1030	5	10	18	605	1125	10	192
2345	715	1320	655	550	1210	1020	5	10	19	605	1125	10	192
3120④	790	1450	—	—	—	—	—	—	—	650	1200	8	163
1340	750	1380	735	610	1350	1130	5	10	22	640	1180	8	174
2340	715	1320	655	555	1210	1030	5	10	18	605	1125	10	192
2345	715	1320	655	550	1210	1020	5	10	19	605	1125	10	192
3120④	790	1450	—	—	—	—	—	—	—	650	1200	8	163
3140	745	1370	735	650	1350	1200	5	10	15	660	1225	10	174
3150	750	1380	705	645	1300	1190	5	10	11	660	1225	10	187
9840	745	1370	695	640	1280	1180	5	10	11	650	1200	10	192
9850	745	1370	700	645	1290	1190	5	10	11	650	1200	12	207

① 钢件在炉中按显示的冷却速度冷却通过显示的温度区间。

② 钢件迅速冷却至指定的温度，并在该温度下保持一段（指定）时间。

③ 在获得珠光体组织的等温退火过程中，钢件奥氏体化温度可比列出的温度高70℃（125℉）。

④ 轧制和锻造后很少退火处理，往往通过正火或等温转变可获得更适合车削加工的组织。

⑤ 常规连续缓慢冷却的退火工艺是不切实际的。较低的转变温度很使人头疼，需要一个很长的冷却阶段才能获得并转变成珠光体。

⑥ 这种钢很少要求主要组织为珠光体。

通过等温退火获得珠光体组织时，特别是对于锻件，所选择的奥氏体化温度几乎比表3-13中的数据要高出70℃，其目的就是缩短奥氏体化时间。

对于表3-13中的大多数钢进行退火时，可以将其先加热至奥氏体化温度，然后按控制的冷却速度在炉中冷却，或者迅速冷却并保持在低温下进行等温转变。两种工艺可得到几乎相同的硬度，但是等温转变需要的时间明显更短。

3.4.5 球化退火

进行球化退火的主要目的是提高钢材的冷成形性能，提高过共析钢和工具钢的切削加工性能。冷成形时希望钢的组织为球化组织，因为它可降低材料流动阻力。流动阻力由铁素体和碳化物的比例和分布决定。铁素体强度取决于晶粒尺寸、一些铁素体强化合金添加元素（如硅或锰）、冷却速度。形成碳化物是片状珠光体还是球状珠光体会从根本上影响钢的成形性能。

钢材可以球化，也就是说通过加热和冷却后在铁素体基体上产生球状碳化物。图3-30所示为1040钢在700℃下保温21h后获得的球化组织。可通过以下方法进行球化：

1）延长低于Ae_1温度下的保温时间。

2）在高于Ac_1和低于Ar_1两温度之间交替加热和冷却。

3）加热至稍高于Ac_1温度，然后在炉中缓慢冷却或在稍低于Ar_1温度下保温。

4）在所有碳化物溶解的最低温度以合适的冷却速度冷却，防止形成网状碳化物。然后按第一或第二个方法重新加热（适用于含有碳化物网状的过共析钢）。

应该注意的是，很难建立与临界温度一致的下标。在讨论延长保温加热时，临界温度是平衡温度Ae_1和Ae_3。在讨论未指定速度和未指定保温时间的加

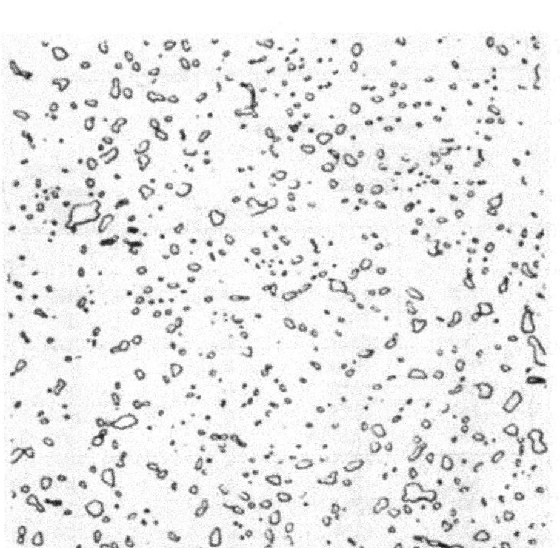

图 3-30 1040 钢在 700℃下保温 21h 后获得的球化组织

注：4%苦味酸乙醇腐蚀，放大倍数为 1000 倍

热冷却时，技术术语变得更随意。

图 3-28 中显示了亚共析钢和过共析钢球化退火的温度范围。采用这些方法的球化率取决于原始组织，而最好的原始组织是碳化物细小弥散的淬火组织。亚温球化处理前的冷加工也会增加球化退火时的反应速度。

图 3-31 所示为图 3-27 中 1040 钢原始组织对球化的影响。其中，图 3-31a 所示为原始组织是马氏体的 1040 钢在 700℃（1290℉）保温 21h 后的球化状态，图 3-31b 所示为原始组织是铁素体-珠光体的 1040 钢在同样的温度下保温相同的时间后的球化状态。原始组织为马氏体的 1040 钢已发生球化时，而原始组织为铁素体-珠光体显微组织的同种钢材才刚开始球化。图 3-32 所示为在 700℃（1290℉）下保温 200h 后，原始组织为铁素体-珠光体的钢已完成球化转变，但仍可看到存在少量的珠光体区域。

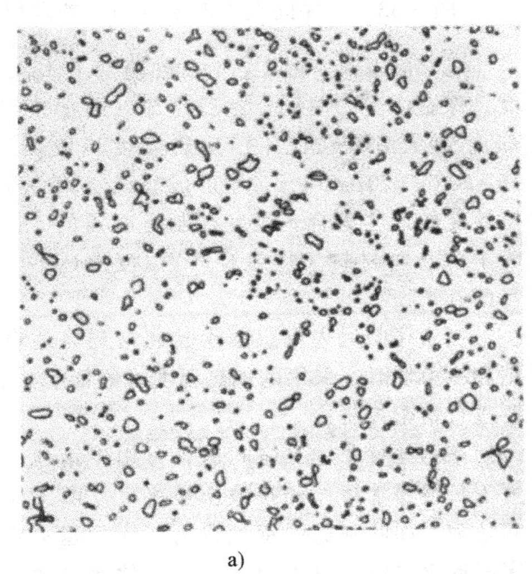

a)

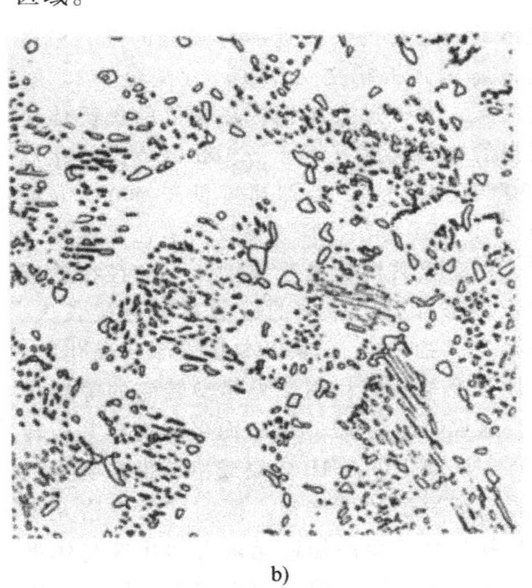

b)

图 3-31 1040 钢原始显微组织对球化的影响

a）原始组织为马氏体（淬火态） b）原始组织为铁素体-珠光体（完全退火态）

注：球化温度 700℃（1290℉）下保温 21h；4%苦味酸乙醇加 2%硝酸乙醇腐蚀；放大倍数为 1000 倍

对于完全球化退火，奥氏体化温度一般采用稍高于 Ac_1 或介于 Ac_1 和 Ac_3 之间的温度。假如采用稍高于 Ac_1 的温度，为得到正确的结果，设备必须有良好的加载特性和准确的温度控制功能；否则，有可能达不到 Ac_1，就不会发生奥氏体化。

低碳钢很少球化处理后用于车削加工，因为球化后的这类钢过于软和黏，切削时会产生长尺寸、高韧性的切屑。当对低碳钢进行球化处理时，其一般是用于大变形量的加工。例如，当 1020 钢管通过两遍或三遍冷拔成形时，将钢材每次冷拔后在 690℃（1275℉）下保温 0.5~1h 退火后可获得球化组织。退火后的产品最终硬度近似为 163HBW。这种状态的管子在后续冷成形工序中，可以承受大变形量。

正如许多其他类型的热处理，球化退火后的硬度取决于钢材中碳和合金的含量。提高碳或合金含量，或同时提高，其结果是球化退火硬度提高，通常为 163~212HBW（表 3-13）。转变后变形不仅显著加速了球化的动力性，而且导致更高的球化等级。

人们注意到，分散在奥氏体相上的细碳化物依靠珠光体反应或离异共析转变（DET）可引起共析转变。虽然这两种方法已经在相当长的一段时间为人们知晓，但是，大多数的工业球化退火工艺仍是

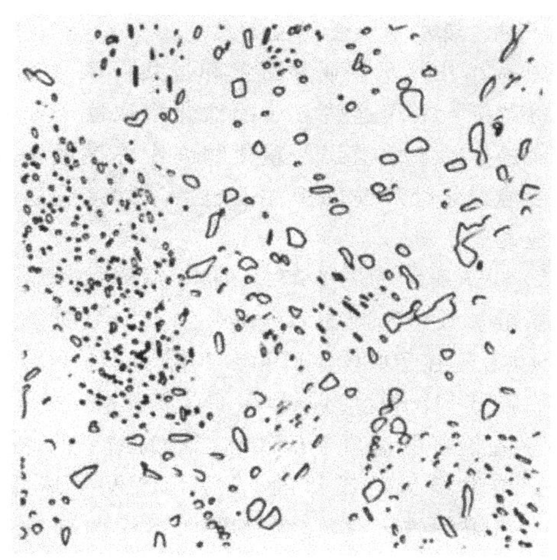

图 3-32 原始组织为铁素体-珠光体的 1040 钢在 700℃（1290℉）下保温 200h 的球化状态

注：4%苦味酸腐蚀，放大倍率为 1000 倍

利用珠光体反应进行的。最近一直强调的是，根据转变时间，离异共析转变（DET）方法更为有效。已经证实的是，对于过共析钢，在较低的奥氏体化温度和缓慢的冷却速度（对于 52100 钢奥氏体化温度低于 830℃或 1525℉，冷却速度低于 500℃/h 或 900℉/h）下，DET 方法比珠光体反应方法更能推进共析转变。在离异共析转变反应中，先前存在的碳化物颗粒依靠来自奥氏体中的碳的扩散直接长大，导致最终转变产物为铁素体基体上的球状碳化物。采用常规连续冷却法或利用珠光体型转变的等温球化退火法，退火时间为 10~16h，而采用离异共析转变（DET）方法球化可在 1h 内完成，结果是明显节能，同时提高了炉子的生产率。同时，添加铬元素可减小碳化物尺寸，而添加锰元素会加快珠光体型转变。最近的研究显示，按照相应的奥氏体化温度和时间，可通过添加铬元素来扩大离异共析转变（DET）。

3.4.6 工序间退火

随着冷加工过程中钢的硬度上升、塑性降低，冷加工变得困难，所以需要对材料进行退火，以恢复塑性。这种处理工艺步骤之间的退火称为工序间退火，或者称为简单的中间退火。它可能包括任何适当的处理过程。然而在大多数情况下，进行亚（临界）温处理就足够了，而且其成本低。术语“工序间退火”通常指工序间的亚（临界）温退火。

图 3-33 所示为工序间退火温度区间的铁碳相图。通常有必要针对冲压、顶冲、挤压等冷成形件制订工序间退火。对于热加工的高碳钢和合金钢也需要进行工序间退火，防止其开裂，使其软化，以适合剪切、车削或校直。

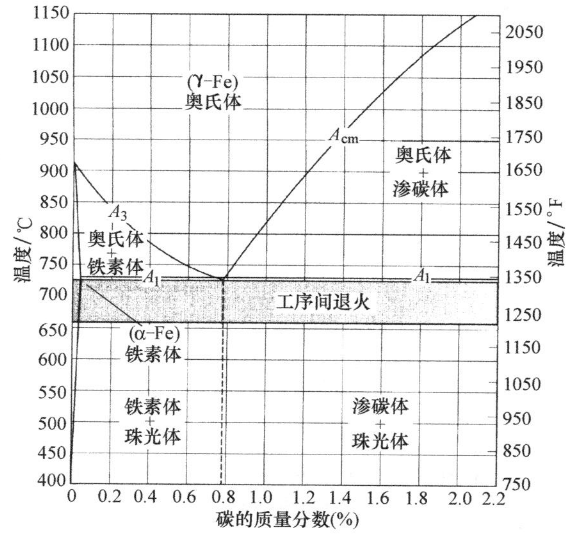

图 3-33 工序间退火温度区间的铁碳相图

工序间退火一般工艺为加热至低于 Ac_1 的某一温度，保温适当的时间，然后冷却（通常在空气中冷却）。在大多数情况下，加热温度一般低于 Ac_1 点 10~20℃（20~40℉），是形成显微组织、硬度和力学性能的最佳组合。温度控制是必需的，但仅仅是为了防止将材料加热超过 Ac_1 温度而达不到退火的目的。

当工序间退火仅仅用于软化材料以适合进行冷锯和冷剪切时，采用的加热温度一般低于 Ac_1，没必要进行精密控制。

在钢丝行业，工序间退火可用作钢丝拉拔至稍大于最终要求尺寸和拉拔至最终尺寸两工序间的中间处理。如此制成的钢丝称为工序间退火钢丝。工序间退火也用于将钢丝制品充分软化以适合于剧烈的镦锻，以及拉拔那些无法直接从热轧棒料拔制而成的小尺寸低碳钢和中碳钢钢丝。某些材料因为它的成分或尺寸（或两者），采用工序间退火比球化退火可获得更令人满意的效果，这是因为球化退火后的材料缺少塑性或不满足物理性能要求而不能拉拔至最终尺寸。对工序间冷剪切的材料进行工序间退火可提高剪切面的塑性，使剪切面适合下一步的加工。

3.4.7 适合机加工的退火组织

根据可加工性，不同显微组织和硬度的组合是非常重要的。如图 3-34 所示，部分球化的 5160 钢轴车削时比退火后的同种钢（珠光体组织，硬度稍高）的刀具磨损量更少、表面质量更好。基于许多观察可得不同碳含量的切削钢的最佳显微组织，见表 3-14。

表 3-14 不同碳含量切削钢的最佳显微组织

碳的质量分数(%)	最佳显微组织
0.06~0.20	热轧态(最经济)
0.20~0.30	直径小于75mm,正火;直径75mm及以上,热轧
0.30~0.40	退火,产生粗片状珠光体,较少的铁素体
0.40~0.60	粗片状珠光体到粗大球状碳化物
0.60~1.00	100%球化碳化物,粗大到细粒状

机加工类型也是一个影响因素。例如，某一齿轮由5160钢管制成，两道机加工包括在自动滚齿机上加工和拉削齿槽。全部球化的材料最适合搓齿操作，但是珠光体组织更适合拉削。因此，半球化组织被证明是折中的选择。

半球化组织可以通过在较低的温度下奥氏体化，然后以高于获得珠光体组织时的冷却速度冷却来获得。获得前面提及的5160钢管半球化组织的工艺是加热至790℃（1450℉），然后以28℃/h（50℉/h）的冷却速度冷至650℃（1200℉）。对于这种钢，在大约775℃（1425℉）温度下奥氏体化的结果是获得更多的球化组织和较少的珠光体。

相对1095和52100等高碳钢而言，中碳钢更难完全球化。如果缺少过量的碳化物形核和促进球化反应，在实际操作中从珠光体获得完全自由的球化组织相当困难。

较低的碳含量，组织由铁素体基体和粗片状珠光体组成的材料是最适合机加工的。对于某些合金钢，可以通过将钢加热至高于Ac_3点，形成一种粗奥氏体晶粒，然后在Ar_1点以下保持，来获得粗片状珠光体。这个过程有时称为循环退火或片状退火。例如，锻造的4620钢齿轮在五区炉中被迅速加热至980℃，然后在一水冷区冷至625~640℃（1160~1180℉），然后在该温度下保持120~150min。最终组织为铁素体基体上分布着粗片状珠光体，硬度可达到140~160HBW。

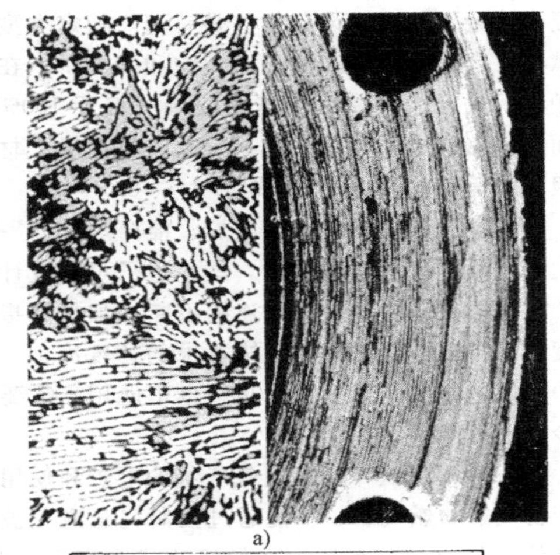

a)

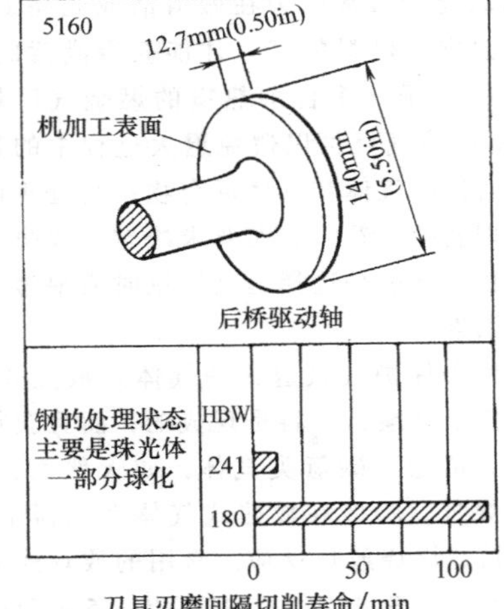

b)

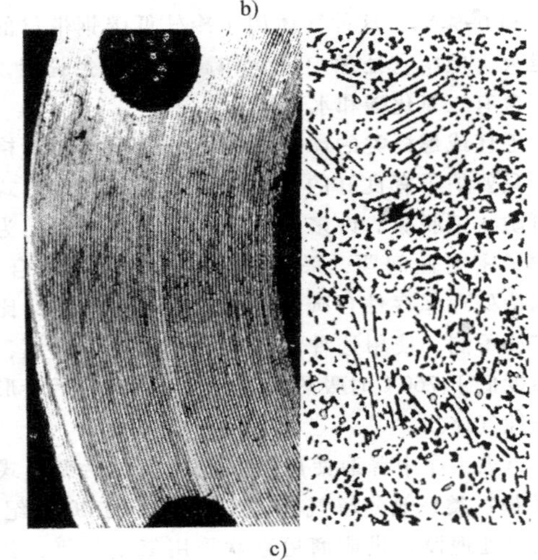

c)

图3-34 部分球化组织对表面质量的影响，以及对后续车削5160钢所用刀具寿命的影响

a）退火（珠光体组织，硬度为241HBW），车制8件后的法兰表面质量 b）磨削刃口间隔时间（刀具寿命，单位为min） c）部分球化显微组织（硬度为180HBW），车制123件后的法兰表面质量

3.4.8 工业生产中的退火

（1）炉型 退火炉主要有两种基本类型：间歇炉和连续炉。对于这两类炉，可根据其配置、使用燃料类型、加热方式、炉内负载通过方式或支撑方式进一步细分。另外选择炉型时需考虑的因素有成本、退火周期类型、需要的气氛、需要退火零件的物理特性。然而，在很多情况下是根据可用的设备选择退火工艺的。

对于大型锻件等间歇炉是必要的，而且对于少量特定零件或某一等级的钢件、需要较长退火周期的较复杂合金钢件，该设备往往是首选。特定类型的间歇炉有台式炉、箱式炉、罩式炉和井式炉。在罩式炉中退火可产生最好的球化效果（接近 100%）。然而，使用罩式炉时退火周期较长，根据退火材料等级和载荷尺寸不同退火周期为 24~48h。

连续炉，如辊棒炉、转底炉、推杆炉是同一钢号大量产品的理想退火设备。这些炉子可以设计成多个独立区域，使得工件被连续不断地加热到指定温度，在指定温度下保温，按要求的速度冷却。连续炉不能达到完全球化的效果，也不能用于需要强烈冷成形的产品。

（2）炉内气氛　使用空气气氛的电炉和使用燃烧产物气氛的燃气炉，不能通过控制完全避免被处理钢件的氧化。通常认为在做清洁或光亮退火时，只有使用独立于燃料的气氛才能获得满意的效果。采用合适的炉子（来自加热室的燃烧气可排除空气），使用可控气氛可以避免退火过程中的过度氧化。可控气氛的气体和气体混合物由待处理的金属材料、处理温度、零件表面要求决定。和防止氧化一样，防止脱碳也是选择退火气氛时需要考虑的非常重要的因素。

广泛用于保护气氛退火的气体是放热式气体，这种气体价格低廉，原料是现成的，而且获得的结果比较令人满意。碳氢类气体，如天然气、丙烷、丁烷和焦煤气，一般在放热式气体发生器中燃烧，产生自维持、燃烧放热反应。常用的放热式混合气（体积分数）包含 15% H_2、10% CO、5% CO_2、1% CH_4 和 69% N_2。这种气体用于冷轧低碳钢带材的光亮退火。但用它处理中碳钢和高碳钢时会脱碳，因为其含有二氧化碳和水蒸气。

毛坯或螺杆类的球化退火中的脱碳量需严格控制。只要炉子有良好的密封性，低露点的放热式气氛可防止钢脱碳。许多商业热处理设备供应商为弥补炉子密封性问题，采用放热式和吸热式混合气。根据待处理库存件含碳量不同，混合气的混合比可以有所不同。使用这种混合气时必须十分谨慎，因为温度低于 760℃ 时吸热式气氛和空气混合后会形成爆炸性气体。

退火工序中普遍使用的其他气氛包括吸热式气氛（基）类、氨分解气和真空气氛。在 20 世纪 80 年代热处理设备供应商更喜欢采用氮基气氛，其中部分原因是公用事业产品如天然气和水成本的上升。氮气可与少量的添加物（如甲烷、丙烷、丙烯和一氧化碳）混合。

（3）温度均匀性　退火失败的一个潜在原因是缺少炉内温度分布的知识。能够一次处理 20t 钢件的退火炉并不罕见，在一些大型锻造车间，有的工件质量超过 300t。炉子越大，保证温度均匀性越难，在钢的加热或冷却过程中改变温度也越难。

炉子的热电偶可用于监测空间内上、下或载荷附近的温度，但这温度可能与钢件本身的温度相差 28℃ 或更多，特别是当钢件在管道或盒中，或棒材、带材在静态气氛中密集装炉的情况下。当这些情况存在时，在加热和冷却过程中应该在棒材、锻件、线圈等载荷中放置热电偶监测温度分布。较好的操作是将热电偶通过点焊焊接到工件上或使用嵌入式热电偶（热电偶放置在工件的钻孔中）。退火过程中调整炉子参数时应该参照这些热电偶的显示值，因为是它们与工件实际接触，而不是炉内热电偶。

（4）负载均匀性　负载的均匀性受装炉方式的影响很大。例如在多区辊棒炉中对成捆棒料进行连续退火时，棒料每捆密度和每捆直径对整捆的温度均匀性和炉子的产能有很大影响。如图 3-35 所示，成捆连续退火时，中间棒料比表面棒料在加热过程中的温度较高些，在冷却过程中温度又偏低一些。此外，较高的每捆密度提高了整捆的热传导率，其结果是相对较低每捆密度而言，较高每捆密度的整捆心部棒料温度更高（图 3-35a）。有趣的是当棒料打包成捆时，由于接触点和接触热阻的增加，固定捆扎直径和体积的条件下随棒料直径降低，心部棒料温度降低。这与我们直觉相反，因为在连续炉中对单根棒料退火时，随着棒料直径增加心部温度会降低。心部温度明显影响心部棒料的退火硬度（图 3-35d）。实际生产中，为使设备产能最大化，可通过调整辊棒速度、每捆体积、每捆直径来优化操作。钢板卷材退火过程中可观察到载荷结构的影响，图 3-36a 阐明了该现象，在钢板卷材直径固定的情况下，板材厚度的减小会导致与较低心部温度的接触点增加，进行周期退火时需要更长的退火周期。

由于非线性相变的影响，通过心部温度控制的常规退火操作具有一定的欺骗性。例如铝脱氧后的冷轧钢板周期退火时，由于沉淀、再结晶和晶粒长大间复杂的相互作用，加热速度对退火动力学影响显著。因此，可以通过降低加热速度来增加退火动力学，从而提高炉子的产能（图 3-36b）。这跟我们的直觉是相反的，因为通常加热段（速度）对炉子而言是有一定限制的，在工业退火操作中有一种倾向是使得加热速度最大化。

负载配置的众多可能性以及工业生产中调整相变动力学的复杂相互作用可以通过对退火操作的数学建模进行有效获取，其结果是显著改善质量和提高炉子产能。

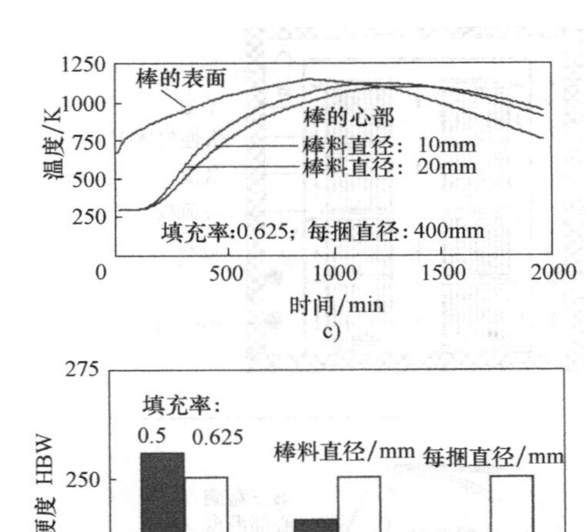

图 3-35　表面和心部温度曲线的影响因素

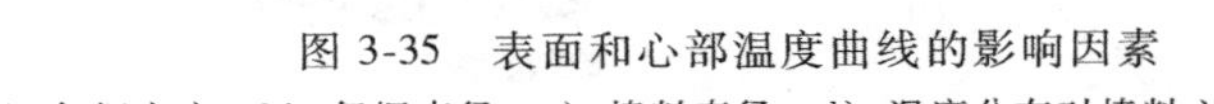
a）每捆密度　b）每捆直径　c）棒料直径　d）温度分布对棒料心部硬度的影响

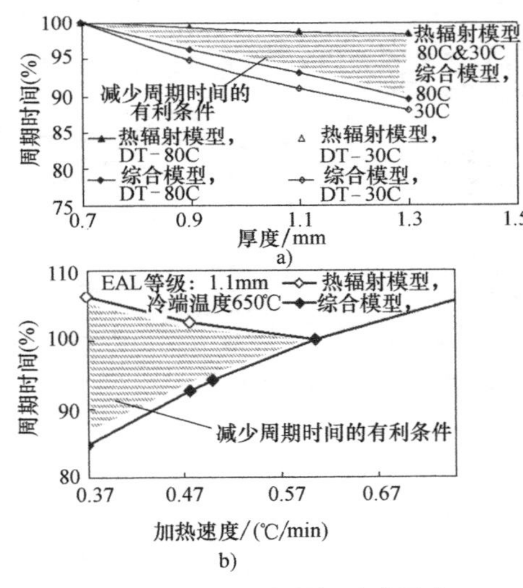

图 3-36　钢板卷材间歇式退火

a）实际卷材直径一定，板材厚度减少会使接触热阻增加，导致退火周期增加　b）由于 AlN 沉淀、再结晶、晶粒长大的相互作用，降低加热速度可强化退火动力学

3.4.9　板材和带材的退火

按照加工材料的总吨数衡量，炼钢厂轧制产品中的板材和带材是退火应用的典型代表。因为这种退火处理使得材料适合后续加工（例如额外的冷轧或制造成零件），并且采用的温度一般低于 A_1 点，这样的操作用更为专业的名词亚温退火和工序间退火描述更恰当，虽然常规做法是使用不做任何限制的退火。

钢板产品的退火一般都是大规模的周期退火或连续退火。在周期退火炉中装载多种（4~5 种）圆柱形冷轧钢卷，每卷外圆直径为 1.5~2.5m（4.9~8.2ft），内孔直径为 0.5~0.7m（1.6~2.3ft），宽度为 1.0~1.4m（3.3~4.6ft），质量为 15~30t，堆放在一个有循环风扇和冷却系统的基础平面上。钢卷用导流板隔开，便于气体循环，放置在圆柱形钢质炉罩内，并在还原性气氛中退火（图 3-37a）。在过去几十年里，将纯氮气或氮气+氢气用纯氢气替代，实现了将退火周期时间缩短了⅔~¾，这是因为氢气的热传导率是被替代气体的 7 倍，氢气的密度是被替代气体的 1/14 倍（图 3-37b）。周期退火中进行缓慢加热和冷却，以确保退火冷却沉淀的过程中所有的碳分解。这将获得良好的塑性，但是因为钢卷的外表面和内孔的加热（冷却）过程存在差异，有时会出现不均匀现象。

相反，对于未卷曲的钢板可在几分钟之内通过两阶段式电炉的快速通道进行连续退火（图 3-38a）。在第一阶段，迅速将钢加热到退火温度，一般为 675~850℃（1250~1550℉），高于 A_1 温度并保温 1min，达到再结晶并限制晶粒长大；在第二阶段，将钢逐渐冷却，固溶碳化物自铁素体相部分沉淀析出，或者以较高的初始冷却速度获得过饱和碳化物的铁素体（图 3-38b）。随后的过时效阶段增加了驱动力并促进了碳沉淀，防止退火钢板的应变时效。连续退火优于传统的周期退火，其优点包括：改进组织的均匀性、表面清洁度和外形，适合生产各种不同等级的钢。

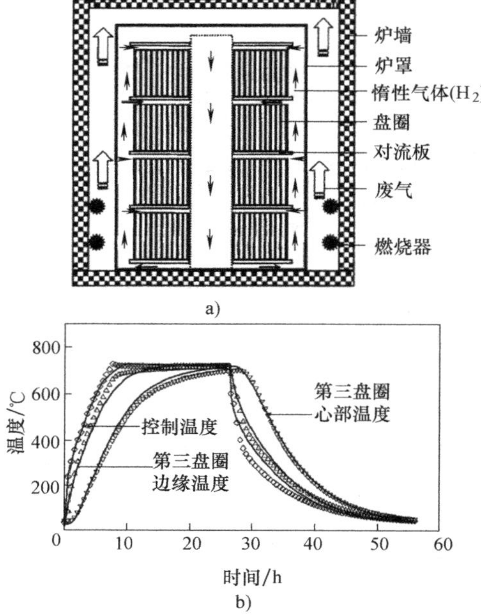

图 3-37 周期退火炉原理和冷轧钢板周期退火温度曲线

a）周期退火炉原理 b）冷轧钢板周期退火温度曲线

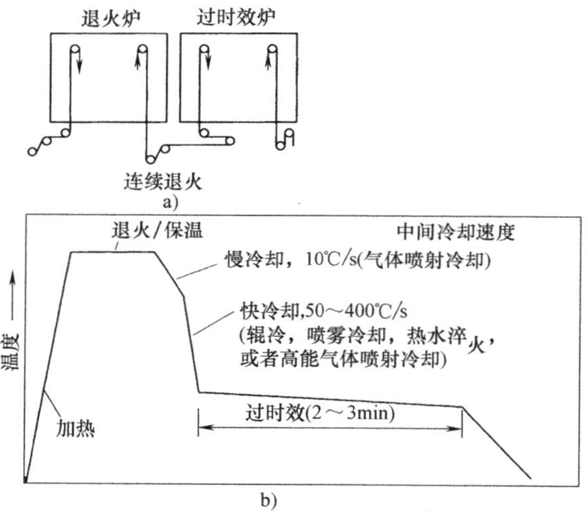

图 3-38 连续退火炉原理和典型的连续退火温度曲线

a）连续退火炉原理 b）典型的连续退火温度曲线

汽车用钢板。汽车用钢需要高成形性能和深冲性能，以及较高的厚向异性系数（$\bar{r}$）和高延展性。$\bar{r}$值为在纵向（L）、横向（T）、两个 45°（A、B）方向测量得到的压延性的平均值，因此，$\bar{r}=0.25(L+T+A_{45°}+B_{45°})$。另外，期望得到低强度和应变时效指数。

用热轧钢卷改制成冷轧板材和带材的常用方法是：酸洗去除氧化层，然后冷轧至要求的尺寸。通过冷轧工序可将热轧板厚度至少减少 90%，并且可以提高钢材的硬度和强度，但同时也大大降低其塑性。如果后续需要进行大量的冷加工，必须恢复钢材的塑性。

冷轧钢的退火一般将大量拉长的、冷加工后受压变形的铁素体转变成再结晶铁素体组织。图 3-39 所示为退火对低碳冷轧钢板显微组织的影响。其中

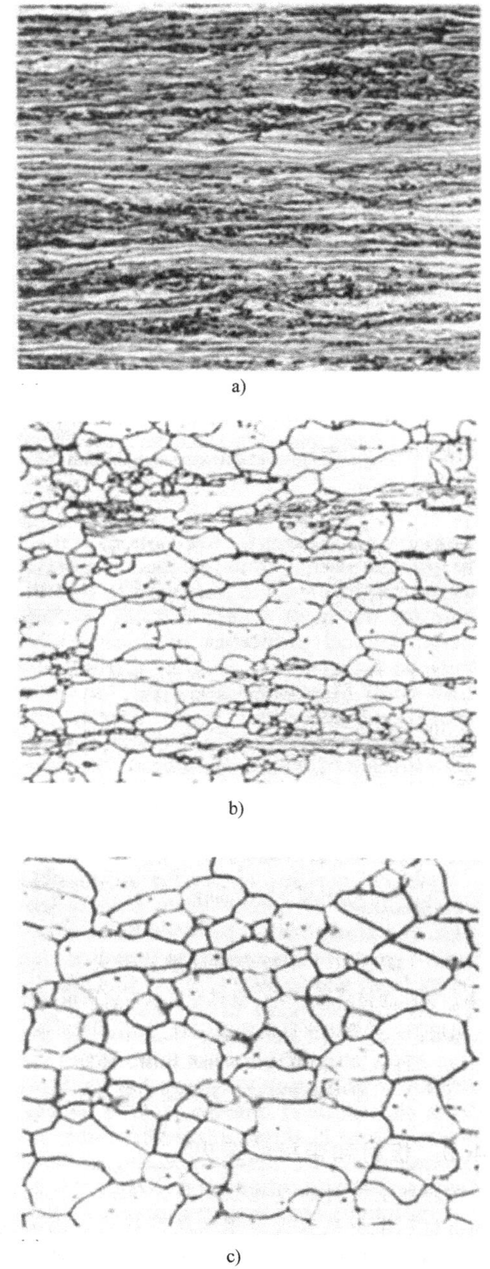

图 3-39 低碳钢板的退火组织

a）冷轧钢的未退火显微组织 b）部分再结晶退火显微组织 c）完全退火显微组织

注：马歇尔（Marshall）腐蚀剂腐蚀，放大倍数为 1000 倍

图3-39a显示冷轧钢的未退火显微组织，与之对比是图3-39b、c的部分再结晶显微组织和完全退火显微组织。在钢的加热期间，在退火周期保温阶段的第一段发生的第一个冶金过程是回复。在这一阶段，内部拉应力得到缓解（尽管显微组织细小的变化是显而易见的），塑性适当增加，强度轻微降低。

当退火继续进行，再结晶现象发生，自拉长的晶粒形成新的、更多的平衡铁素体晶粒。在再结晶期间，强度迅速降低，同时塑性增加。进一步的保温引起新形成晶粒的长大并吞并其他晶粒，这称为晶粒长大，导致强度适当降低，同时塑性少许增加（但常常很有意义）。

大部分普通碳素钢可进行退火处理，但是为了促进完全再结晶，必须注意防止晶粒过分长大，因为这会导致成形件表面缺陷（如橘皮状表面缺陷）。

前面提到的冶金过程再结晶速度受化学成分和先前的退火影响。例如，少量的铝、钛、铌、钒和钼元素会降低再结晶速度，使得退火反应迟钝，从而需要更高的温度或更长的退火时间才能达到相同的效果。尽管有些元素通常是为改变钢板的一些特性而刻意添加的，如铝、钛、铌和钒，但也有一些可能是残余元素（如钼），对退火的影响很大。相反，更多的冷加工（更大的冷收缩）会加快退火反应。因此，不可能针对所有钢材制订单一的退火工艺，以获得一组特定的力学性能，因为同时受到化学成分和冷加工量的影响。

（1）商业品质的、具备冲压性能和深冲性能的钢　商业品质的普通碳钢是生产得最多的钢，其适合小变形量成形。冲压（DQ）钢板可获得更高的力学性能，限于有很大变形量的零件。特殊镇静冲压钢适合于最强烈成形生产。结构钢用于生产有指定的力学性能要求的零件，不同于先前提到的三个等级的钢。

热轧后的卷曲温度和退火过程中的加热速度显著影响$\bar{r}$，有别于周期退火和连续退火。要求的周期退火的卷曲和退火温度分别小于600℃（1100℉）和720℃（1330℉），连续退火的卷曲和退火温度分别大于700℃（1290℉）和850℃（1560℉）。连续退火过程中，较高的卷曲温度可确保AlN完全沉淀，使晶粒粗化并促进｛111｝型结构强化，获得高的$\bar{r}$值。相反，后续的周期退火过程中，较低的卷曲温度会促进AlN沉淀，在缓慢加热的过程中相互作用并阻碍再结晶动力，从而获得理想的具有｛111｝型结构的煎饼形晶粒结构和更好的深冲性能。此外，降低碳和锰的含量将使$\bar{r}$值显著增加。

对于在连续退火过程中有害AlN微粒阻碍晶粒长大的现象可通添加硼来消除。可增加硼的添加量，直至硼：氮达到理论配比水平，从而获得较低的强度，而不必借助于高的热轧卷温度。然而，添加了硼的产品具有很低的$\bar{r}$值。

（2）无间隙原子（IF）钢　在IF钢中，通过添加充分的碳化物/氮化物形成元素（通常是钛或铌），完全束缚碳和氮，从而消除间隙原子，再通过现代化的钢铁制造/铸造手段包括真空脱气，可以将其降至小于5×10^{-5}%的水平。

选择微合金化添加物（钛、铌或钛+铌）和热轧卷生产会影响再结晶温度（即退火线上确保100%再结晶的最低温度）和产品性能。大冷轧量（≈80%）钢板采用偏高的卷曲温度将会降低再结晶温度，获得优良的冲压性能。为了促进晶粒长大和获得较高的$\bar{r}$值，优先使用较高的退火温度。退火后的冷却速度不重要，也不需要过时效处理。因为以上这些原因，IF钢是适合高成形性、连续退火、冷轧、热浸镀的理想钢材。

根据加工条件，IF钢的力学性能范围如下：

1）屈服强度：130~170MPa（19~25ksi）。

2）总伸长率：40%~70%。

3）$\bar{r}$值：1.6~2.2。

4）n值：0.25~0.28。

5）可获得高达300MPa（43ksi）的屈服强度，其方法是通过固溶磷、锰或硅来进行强化。

（3）烘烤硬化钢　烘烤硬化是指在适当的烤漆烘干温度（125~180℃，即260~355℉）下由于碳应变时效导致屈服强度提高。烘烤硬化对抗拉强度基本没有影响。

普通碳钢连续退火过程中，因为主冷却速度的微调作用和过时效温度/时间确保环境应变时效后充分活化，最终碳的固溶度被限制在约少于10ppm。然而，这一水平的碳固溶度足够实现烘烤硬化（175℃或350℉，20min），屈服强度的增幅达50MPa（5ksi）。

在双相钢中，马氏体相（体积分数≤20%~30%）抑制环境应变时效。相应地，更高的碳固溶度和更高烘烤硬化的屈服强度都是可行的（≤90MPa或者13ksi）。

在IF钢中，如果满足以下条件就可产生烘烤硬化，导致强度增加：

1）铌或铌+钛元素，同时铌-碳原子比小于或等于1。

2）连续退火线采用高温退火温度（约为850℃；即1560℉），允许NbC部分脱溶沉淀。

3）退火后以≤20℃/s（35℉/s）的速度快速

冷却。

4）不能过时效，防止碳二次沉淀。

另外，假如在热浸镀锌线加工，在浸镀温度和近似200℃（400℉）间必须快速冷却，避免固溶碳如Fe_3C沉淀。目前已公开报道的烘烤强化增幅是20~40MPa（3~6ksi）。

（4）固溶强化钢和微合金化高强度低合金钢 在固溶强化钢中，锰、磷和/或硅等合金添加是为了通过固溶置换提高强度：每添加0.1%锰，强度近似增加3MPa（0.4ksi）；每添加0.01%磷，强度近似增加7MPa（1ksi）；每添加0.1%硅强度近似增加8.5MP（1.2ksi）。无论钢是周期退火或连续退火，这些元素的作用几乎相同。连续退火时，只需添加较少的合金元素即可达到要求的强度，其原因是存在较细的铁素体晶粒。产生较细晶粒的原因：第一是非常快的加热速度（对比周期退火），导致更多的形核，产生较细的晶粒尺寸；第二是较短的保温时间（<1min），阻碍细的再结晶铁素体晶粒长大。连续退火温度曲线用于生产固溶强化钢，主要是再结晶退火以及随后的过时效，像在DQ钢和/或深冲钢中。

在微合金化的高强度低合金（HSLA）钢中，有微量的铌、钛或钒（一般优先使用铌），通过沉淀强化和晶粒细化可获得更高的强度。在连续退火工序，微合金化的碳氮化合物颗粒能够提供有效的沉淀强化，因为短的退火时间可防止任何颗粒粗化。

相反，周期退火时发生沉淀颗粒粗化，导致沉淀强化的强度显著下降，尽管沉淀颗粒在某种程度上有阻碍晶粒长大的作用。因此，针对相同的化学成分，采用连续退火可获得更高的屈服强度（图3-40）。

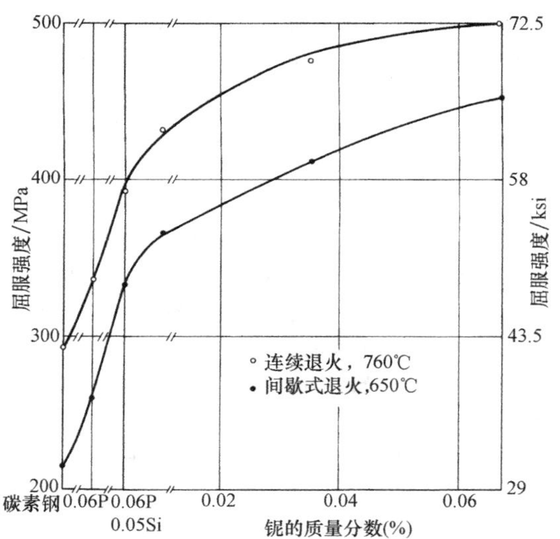

图3-40 高强度低合金钢通过连续退火和周期退火固溶强化后获得的强度等级对比

微合金化高强度低合金（HSLA）钢对热轧卷曲温度比较敏感，应优先选用低的卷曲温度，使沉淀强化达到最大值。HSLA钢连续退火的加热曲线与固溶强化钢相似。但是因为铌、钛、钒组成的碳化物颗粒阻碍再结晶，HSLA钢需要更高的退火温度，以确保完全再结晶。

使用固溶强化和微合金化方法是可行的，实际的屈服强度范围为280~550MPa（40~80ksi）。屈强比，即屈服强度与抗拉强度的比值，近似为0.8。与普通碳钢很像，这些钢也有烘烤硬化的特点。

（5）双相钢 双相钢的非常独特之处在于其连续变形的屈服行为，这是因为在塑性变形过程中马氏体是位错的连续来源。大多数的其他低碳钢变形过程中屈服强度上升，需要平整或温轧提供位错的根源使得连续屈服变形。在许多成形操作中不希望钢有屈服点，因为成形过程中会形成吕德斯（Lüders）带（图3-41），损害表面质量。

图3-41 一系列成形后表面形成拉伸印记，即吕德斯（Lüders）带

双相钢退火包括在亚温区或两相区域（铁素体+奥氏体）加热保温，后续部分奥氏体转变成马氏体。这些钢中的马氏体决定达到的高强度，特别是抗拉强度。为促进奥氏体向马氏体转变，需要控制淬透性的临界水平，其取决于冷却速度。低淬透性钢（降低钢中锰元素和/或钼、铬元素的含量）可以承受较高的冷却速度（图3-42）。这些钢材一般在亚温区进行短期退火（一般少于5min）后续快速冷却，其最终显微组织是铁素体基体上分布着体积分数为10%~20%的马氏体。连续退火工序非常适合生产双相钢板材。

连续退火线的亚温退火温度曲线决定了有很多种类型的双相钢。低淬透性钢最经济的生产方式是自亚温退火温度直接水淬，紧接着进行过时效处理，将马氏体回火。对高淬透性双相钢（高的锰和钼含量），可采用低温气淬生产并使用较低的过时效温度，完全马氏体钢可以通过退火和水淬获得。通常通过添加硼来促进马氏体转变。

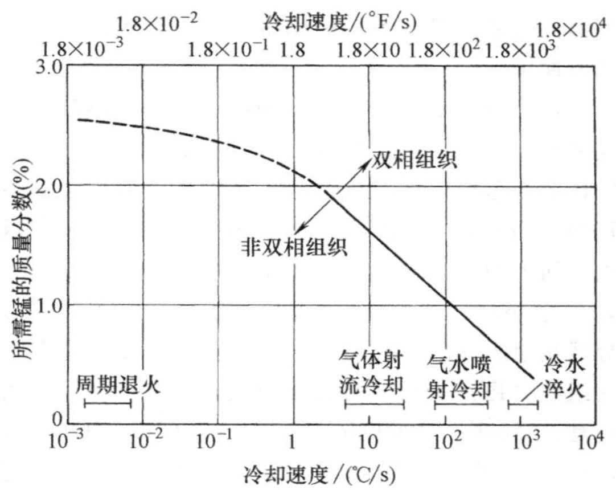

图 3-42 从亚温温度开始的冷却速度对形成双相钢所需锰质量分数的影响

（6）薄片钢 薄片钢与冷轧薄钢板有别，其主要区别是前者更薄，板厚为 0.13～0.38mm 或 0.005～0.015in。另外，为达到耐腐蚀的效果，往往需对薄片钢镀覆锡或铬、氧化铬涂层。用于生产单压延镀锡薄钢板的生产工序流程与冷轧钢板相似，也是包括酸洗、冷变形、退火、热轧卷的表面轧光。二次压延产品额外进行 30%～40%变形量的冷轧再退火（这步代替表面轧光）。有成吨的薄片钢采用周期退火，还有相当大量的薄片钢采用连续退火（当前薄片钢比薄板材更多采用连续退火）。

因为传统的薄片钢生产设备是与板材生设备分开的，同时这些产品的应用也与冷轧板有别，所以薄片钢退火过程中获得改进的力学性能被单独定义。表 3-15 给出了一系列的状态定义。

表 3-15 薄片钢产品状态定义

定 义	目标硬度 HR30T
间歇式(箱式)退火产品	
T1	52(最大值)
T2	50～56
T3	54～60
连续退火产品	
T4CA	58～64
T5CA(TU)	62～68
T6CA	67～73
两次冷轧产品	
DR-8	73
DR-9	76
DR-9M	77
DR-10	80

传统的马口铁（电镀锡薄钢板）连续退火线包括在 650～700℃（1200～1300℉）保温，后续缓慢地喷气冷却（≈10℃/s 或 20℉/s）至环境温度。铝脱氧普通碳钢的 T4（洛氏硬度为 61HR30T±3HR30T）和 T5（洛氏硬度为 65HR30T±3HR30T）在这些线上生产。

在连续退火线上进行 T2（53HR30T±3HR30T）和 T3（57HR30T±3HR30T）回火生产时，有必要控制一些化学元素和进行工艺改造。最佳碳的质量分数是 0.02%～0.07%；总的氮质量分数小于 0.003%；热卷温度低于 630℃（1165℉），防止因为粗大碳化物存在而降低耐蚀性。自 700℃（1300℉）快速冷却（40～70℃/s 或 70～125℉/s），随后在 400～450℃（750～840℉）保温 60s 过时效处理是必需的，可以降低溶解的碳浓度和硬度。此外，还可以借助高速喷气冷却系统达到快速冷却。

增强表面清洁度可以改善硬度分布和耐蚀性，马口铁采用连续退火比周期退火更有优势，可防止表面富含碳和锰导致的表面缺陷。

（7）松卷退火 松卷退火在间歇炉中进行，包括松开冷轧卷，使得连续的层之间存在自由空间，从而允许可控气氛气体进入间隙，获得比紧紧缠绕的卷更快、更均匀的加热速度和冷却速度。另外，控制氢含量和气氛露点，可以建立脱碳退火条件。钢的碳含量可以降低至如搪瓷钢和电工钢的较低水平。

要退火的卷在有一个垂直芯棒的转盘上进行。卷之间有开口，在每层之间插入一个扭曲的隔离垫片。退火过程中保留这些垫片，当从炉内取出钢卷时再取走垫片。然后重新卷紧钢卷，为硬化冷轧做准备。

3.4.10 钢锻件的退火

通常对钢锻件进行退火的目的是利于后续的加工，一般是机加工或冷成形。退火的类型根据所涉及的由机加工和冷成形类型、加工量及材料类型等确定。对于一些工艺，要求必须是球化组织；而对于其他一些工艺，球化组织可能不是必需的甚至是不想要的。

（1）提高锻件切削性能的退火 许多情况下，低碳钢锻件获得适合切削加工的组织可通过如下工艺处理获得：将锻造后的锻件直接移至保持适当转变温度的炉内，并在该温度下保温足够长的时间，使得奥氏体完全转变，然后在空气中冷却。在这一过程中，有效的奥氏体化温度是终锻温度，不是始锻温度。这一过程能使得锻件均匀的截面产生均匀、合理的显微组织。然而，由于锻件某些部位的冷却速度比其他部位快，终锻温度的差异将导致显微组织的不一致。这种热处理工艺通常不会产生球化组织，除非是含有大量碳化物形成元素的高合金钢。然而，如果片状组织适合后续的加工，那么这一热处理工艺因工序和处理时间的减少可使电电耗最小化和降低成本。

许多情况下当产品的后续加工需要更加均匀的硬度时，对锻件可进行亚温退火，加热至低于 Ae_1 点 10~20℃（20~40℉）之间，保温足够长的时间（由需要软化的程度决定），然后在空气（或等同介质）中冷却。需要注意的是温度必须低于 Ae_1 点，防止形成奥氏体，并且还需要较低的冷却速度。

对含有或没有显著合金元素的高碳钢锻件，其适合高速切削加工的组织一般是球化组织。有时可将高碳钢锻件直接转移至炉内进行转变，作为退火的准备步骤，同时这也是防止深度硬化钢零件产生裂纹可能性的一种方法，但很难获得令人满意的性能。绝大多数的高碳钢锻件的退火是在间歇炉或连续推盘炉中进行的。典型的间歇炉中 52100 钢球化热处理工艺如下：

1）在 790℃（1450℉）奥氏体化并保温至少 2h，以 17℃/h（30℉/s）的冷却速度冷至 595℃（1100℉），然后空冷。

2）在 790℃（1450℉）奥氏体化并保温至少 2h，快速冷至 750℃（1380℉），然后以 6℃/h（10℉/s）的冷却速度冷至 675℃（1250℉），然后空冷。

3）在 790℃（1450℉）奥氏体化并保温至少 2h，快速冷至 690℃（1275℉），然后在该温度下保持 16h 进行等温转变，然后空冷。

在所有情况下，工件必须分布式摆放，以提高加热和冷却均匀性；炉膛内必须辅助使用循环风扇，从而获得均匀的硬度和显微组织。

典型的钢质锻件连续退火炉包括 5~6 个区。在下一部分将给出一具体球化退火处理的例子。

（2）进行冷成形和再成形锻件的退火　假如一钢质锻件或毛坯需要进一步的冷成形加工，则需要软化以加强其塑性成形性能。一般而言，使用这种退火工艺仅是成形工序的需要，也就是说为了获得满意的尺寸、力学性能和刀具寿命，以及防止开裂和分层。虽然成功进行了多次中间退火处理，但对那些具有球化显微组织的零件，特别是高碳钢零件，采用冷成形效果最好。

在某工厂，5160 钢和 52100 钢在普通 6 区推盘炉成功进行球化退火。在此热处理工艺中，6 个区的温度分别是 750℃（1380℉）、750℃（1380℉）、705℃（1300℉）、695℃（1280℉）、695℃（1280℉）和 680℃（1260℉）。每区的停留时间是 150min。处理后的 5160 钢锻件的硬度是 170~190HRB，52100 钢锻件的硬度是 175~195HRB，两个都适合冷冲压和温冲压加工。

在另一个冷成形工厂，15B35 钢（图 3-43a）在连续式辊棒炉或罩式炉内的工艺主要取决于冷锻件操作的变形程度。连续炉是 2 区炉型，温度分别为 750℃（1380℉）和 695℃（1280℉），在每区的退火时间为 90~120min，然后零件进入一水冷冷却床并在约 260℃（500℉）出炉，在这炉内只能获得部分球化组织（图 3-43b）。假如需要获得接近完全球化组织（图 3-43c），可使用罩式炉。一典型退火周期是：4500kg（10000lb）的工件在 760℃（1400℉）保温 8h，然后缓冷到 675℃（1250℉）然后快速冷却。

某一热处理供应商在罩式炉上采用改进的工艺过程，即将 14000kg（31000lb）的工件在 765℃ 保温 24h，炉冷至 675℃（1250℉），在该温度保温 16h，然后快速冷却。

低碳钢加热至接近 A_1 然后按控制的速度冷却至 675℃（1250℉），通过处理后通常能成功冷成形。在某工厂，5120 钢在 745℃（1375℉）退火 1~2h 后缓慢冷却，已成功进行冷成形。大量的 1008、1513、1524、8620 和 8720 钢经 720℃（1325℉）保温 1~6h 再缓慢冷却的退火处理工艺后，正在进行冷成形。成形变形程度、钢种和零件的加工史决定了退火类型。间歇炉、连续推盘炉、连续网带炉成功用于低碳钢的这些类型的退火工艺。

任何零件中都有因冷成形或冲压工序而产生的较大的应力，因此应该进行某些去应力的处理。去应力处理一般是控制时间-温度整个过程（周期），并使硬度轻微下降。这些退火过程（周期）一般时间为 1h，温度为 425~675℃（800~1250℉）。

（3）退火获得珠光体组织　对于锻件，特别是普通碳钢锻件和合金高碳钢锻件，为便于后续工序，优先选用等温退火，对钢而言就是感应淬火。例如，细片状珠光体组织中碳化物的分布为局部淬火优化控制提供很好的准备，可获得一种合理的机加工核心结构。

在间歇炉或连续炉中都可以进行等温退火，以获得细片状珠光体。但是，相对常规缓慢冷却的退火而言，等温退火需要更严格的温度控制和均匀性，这是因为需要获得特别的显微组织和硬度等级。在某工厂，连续式网带炉用于 1070 钢锻件的等温退火，锻件在 845℃（1550℉）下均匀加热 30min，冷却到675℃（1250℉）并保持20min，然后快速冷却，产生的显微组织基本上是细片状珠光体，硬度为219~228HBW。硬度和组织可以通过调整转变温度来调整。

3.4.11 线材和棒材的退火

重要的条、棒、线材经过热处理后可以降低硬度，并为后续的冷加工和/或机加工做准备。对于低碳钢（碳的质量分数≤0.20%），短时的亚温退火可为后期的冷加工做好充分的准备。钢材如含较高碳和合金元素时则需要球化处理，以获得最好的塑性。

绝大多数的碳钢和合金钢盘料制品都能成功地球化处理。周期式退火时，采用比常规退火更高的温度（如650℃或1200℉）是有好处的，因为较高的加热温度可降低工件后续加热温度在A_1~A_3之间温度梯度。使用更高的温度也可以提升钢中碳化物的聚集，当工件的温度升高时可阻碍碳化物溶解进奥氏体中。转变完成时这些未溶解的碳化物比片状组织有利于形成球化组织。

炉内及工件的温度分布是获得良好的、一致的球化质量的重要因素。在间歇炉和真空炉中温度的分布和控制更严格，其可以处理的工件质量高达27Mg（27t），而连续炉可以处理的工件质量仅900~1800kg（2000~4000lb），可以从一个区向另一区转移。在退火过程中测试热电偶应该放置在重要的工件上部、中间和底部。在球化处理中，冷却时应尽量减少形成珠光体，非常重要的是确保整个载荷中不能有任何零件温度接近A_3点。相反，假如因为热电偶的乱放使得温度仅仅稍高于A_1并且温控不准确，就有可能出现温度低于A_1点并且不能奥氏体化。

表3-16给出了亚共析普通碳钢球化退火后典型的力学性能，亚共析合金钢片状和球状退火的推荐温度和时间见表3-14。

表3-16 亚共析普通碳钢球化退火后典型的力学性能

钢种	抗拉强度			
	热轧态		球化态	
	MPa	ksi	MPa	ksi
1010	365	53	295	43
1018	450	65	365	53
1022	470	68	385	56
1030	585	85	415	60
1038	600	87	485	70
1045	675	98	515	75
1060	860	125	550	80
1065	910	132	600	87
1524	510	74	450	65
1541	710	103	540	78

a)

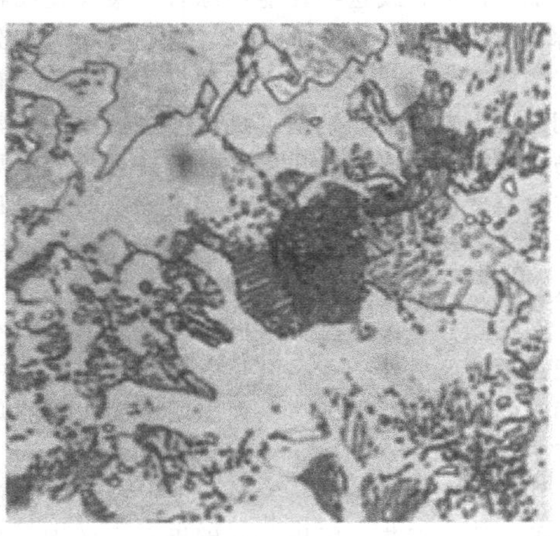

b)

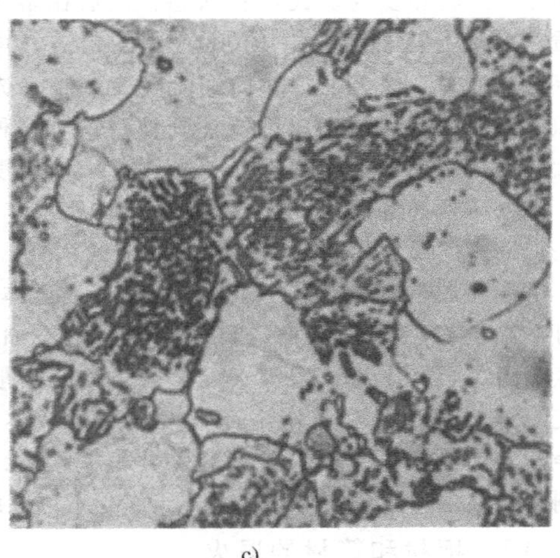

c)

图3-43 15B35钢的显微组织

a）标准热轧态，显微组织是块状珠光体，硬度是87~88HRB b）在连续炉中退火得到部分球化组织，硬度为81~82HRB c）在罩式炉中获得接近完全球化组织，硬度是77~78HRB

之前的冷加工可提高球化程度，并使材料塑性增加。例如，轧制状态的4037钢球化退火后的抗拉强度近似为515MPa（75ksi）。假如先拔制材料（20%变形量），然后进行球化退火（称作工序间球化退火），最终的抗拉强度近似为470MPa（68ksi）。

尽管先前的冷加工促进退火反应，但必须当心的是对碳的质量分数为0.20%或更低的冷加工普通碳钢进行球化退火。除非采用至少20%的收缩变形量，球化处理后会观察到严重粗化的晶粒。这样的晶粒粗化是特定钢种应变和退火温度独特的关键组合作用的结果，可能严重损害后续的性能。

在钢丝行业，各种各样改进的工序间退火用于卷材，可获得适合后续加工的成形性能、拉伸性能、切削加工性能，或这些性能的综合。某大型线材工厂称当前使用42种不同的退火工艺，其中大部分是实际问题和性能优化之间的妥协结果。例如，有时使用的退火温度低于这些温度，使得钢丝恰当软化并防止钢丝卷材产生氧化皮（甚至在可控气氛炉中进行也会发生氧化）。即使轻微氧化也会导致卷材缠绕并粘在一起，这将阻碍在后续操作过程中钢丝的回收卷曲。

在钢丝行业，有些用来描述工序间退火的术语是通用的，而另外一些术语是由一些特定工厂内发展而来的。这里不尝试一一列出或定义所有的具体的工艺名称。

在棒、线材行业，派登脱处理退火方式是独一无二的。这一工艺一般用于中碳钢和高碳钢。未卷曲的棒、线材相变为奥氏体化状态，然后在熔化的介质（一般是近似540℃（1000℉）的铅浴）中自A_3点快速冷却，保温一段时间完全转变成细珠光体组织。使用盐浴和流态床都能达到该目的。这种处理大幅度提高后续冷拔变形量，能够生产高强度钢丝。如果需要可采用连续拔制和派登脱处理步骤，以获得期望的尺寸和强度。

可在油加热炉、燃气炉、电炉中完成奥氏体化，也可在高温铅浴或盐浴中进行，或通过感应加热、直接电阻加热。作为铅浴淬火的替代方案，一般可以使用连续气冷。对比铅浴而言，气冷的成本低，但会产生粗片状珠光体和较多的先共析铁素体，从拔制高强度钢丝的角度考虑，这些组织是不可取的。

3.4.12 板材和管材的退火

对板状产品偶尔进行退火，其目的是便于成形或切削加工。板材一般采用亚温退火，而避免长时间退火。对大板进行退火时保持其足够的平整度是个很大的难题。

被称为机械油管的管状产品广泛应用于各种场合，其加工包含切削和成形加工。对于这些各种等级的钢材产品而言，退火是一种常规处理。绝大多数的退火使用亚温短时退火，从而将硬度降至期望的水平。高碳钢如52100，一般进行球化处理，便于切削加工。钢管厂里的钢管制品很少进行退火，这些产品一般在轧制态、正火态或淬火与回火态使用。

3.4.13 快速循环退火

整个退火过程由三段组成：加热、保温和冷却。根据工件的尺寸和转变的目的，可能有额外的保温段。尽管现代化的可编程序控制器和在线控制系统有重大进步，但是热处理过程中最少段数并没有变。在热处理操作过程中，这些现代化的控制系统使得大量的控制段数得以实施。

现已证明，用可控制的循环段代替传统的等温保温段来加速动力学转变是可能的。在循环热处理过程中，各种固态相变过程中已发现这种加速相变，包括再结晶、晶粒长大、等温淬火和钢的球化。对比传统的等温工序（图3-44a），循环工序的相变在很窄的温度范围内进行，温度在高温和低温之间以可控的方式循环（图3-44b）。循环热处理过程中这种加速转变的动力学已作为一种新颖的方式降低了能源的消耗并增加了这些操作的产能。

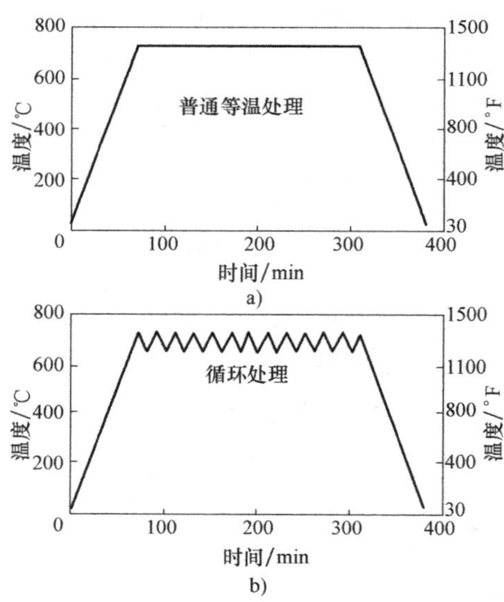

图3-44 常规的退火过程和循环退火过程
a）带等温保温段的常规退火 b）循环退火的保温段在可控的频率和幅度内波动

铝脱氧钢的循环退火过程中，晶粒长大，退火在幅度为75～120℃（250℉）的两温度间进行，温度的变化频率是5～20℃/min（10～35℉/min）。对比最高温度限制，循环退火加快了晶粒的长大，可能减少了15%的退火时间，同时能源消耗降低20%。

需要指出的是，在循环退火过程中，循环频率和振幅都显著影响转变动力学。另外，存在振幅和频率最佳值，使得转变速度达到最高值。冷轧钢循环再结晶退火过程中，也可观察到相似现象。在上述工作中，这些结果可在额外的非等温组元速度方程的基础上建模和解释。

热模拟试验机试验精确地研究了贝氏体转变动力学，与传统的等温淬火相比，循环等温淬火过程加速了转变动力，时间节约高达80%。有人发现对中碳钢采用约Ac_3温度的循环球化退火处理会加快球化速度。

循环处理过程加速的动力归功于加热速度和温度逆转作用产生的非等温转变。可以假设的是在额外的热激发作用下，循环退火过程中额外的非等温激发对晶粒长大是有效的，随着加热速度的提高其量值提高。然而在循环退火中这种加速已被建模，建模的基础是非线性力驱动的亚稳定态下热激活后逃脱的过阻尼布朗粒子。这将引起额外的非等温组元，并按（约翰逊-梅尔-阿弗拉米-柯尔莫戈洛夫(Johnson-Mehl-Avrami-Kolmogorov)动力学模型中的速度常数进行。假设中提到的额外非等温激发在速率方程中是非等温术语。

循环退火过程中加速的转变动力可以被有效地使用，其方法是在等温温度以下用可控的循环波动温度代替恒温保温。循环处理中加速的转变动力将缩短整个退火工艺周期，结果是提高了生产率，因为整个工艺周期的缩短及炉内温度的降低实现了能源消耗的降低。在试验室条件下的循环退火优势被量化为：提高生产率10%~15%，同时能源消耗降低15%~20%。必须指出的是循环退火工艺适合较小厚度和形状的零件。例如，它很容易实现薄板和管材的连续退火。然而，因为壁厚件如钢坯、棒材、周期退火的线材有热惰性，热（波动）周期可能不是十分有效。这项工作强调了非线性转变动力学的重要性。

参考文献

1. G. Krauss, Normalizing, Annealing and Spheroidizing Treatments, *Steels: Processing, Structure, and Performance*, ASM International, 2005, p 251-262
2. K. W. Andrews, Empirical Formulae for the Calculation of Some Transformation Temperatures, *J. Iron Steel. Inst.*, Vol 203, 1965, p 721
3. B. R. Banerjee, Annealing Heat Treatments, *Met. Prog.*, Nov 1980, p 59
4. *Atlas of Isothermal Transformation and Cooling Transformation Diagrams*, American Society for Metals, 1977
5. M. Atkins, *Atlas of Continuous Cooling Transformation Diagrams for Engineering Steels*, American Society for Metals, in cooperation with British Steel Corporation, 1980
6. P. Payson, The Annealing of Steel, series, *Iron Age*, June and July 1943; Technical booklet, Crucible Steel Company of America
7. L. E. Samuels, *Optical Microscopy of Carbon Steels*, American Society for Metals, 1980
8. J. Arruabarrena, P. Uranga, B. López, and J. M. Rodriguez-Ibabe, Carbide Spheroidization Kinetics in a Low Alloy Medium Carbon Steel: Relevance of Deformation after Transformation, *Mater. Sci. Technol.* (*MS&T*), 2011, p 698-705
9. J. D. Verhoeven, The Role of the Divorced Eutectoid Transformation in the Spheroidization of 52100 Steel, *Metall. Mater. Trans. A*, Vol 31, 2000, p 2431-2438
10. N. V. Luzginova, L. Zhao, and J. Sietsma, The Cementite Spheroidization Process in High-Carbon steels, with Different Chromium Contents, *Metall. Mater. Trans. A*, Vol 39, 2008, p 513-521
11. W. Snyder, Annealing and Carburizing Close Tolerance Driving Gears, *Met. Prog.*, Oct 1965, p 121
12. H. E. McGannon, Ed., *The Making, Shaping and Treating of Steel*, 10th ed., Association of Iron and Steel Engineers, 1985
13. S. S. Sahay and K. Krishnan, Model-Based Optimisation of a Continuous Annealing Operation for Bundle of Packed Rods, *Ironmaking Steelmaking*, Vol 34, 2007, p 89-94
14. S. S. Sahay and P. C. Kapur, Model-Based Scheduling of a Continuous Annealing Furnace, *Ironmaking Steelmaking*, Vol 34 (No. 3), 2007, p 262-268
15. S. S. Sahay, A. M. Kumar, and A. Chatterjee, Development of Integrated Model for Batch Annealing of Cold Rolled Steels, *Ironmaking Steelmaking*, Vol 31 (No. 2), 2004, p 144-152
16. S. S. Sahay, K. Krishnan, M. Kulthe, A. Chodha, B. Bhattacharya, and A. K. Das, Model-Based Optimisation of a Highly Automated Industrial Batch Annealing Operation, *Ironmaking Steelmaking*, Vol 33 (No. 4), 2006, p 306-314
17. S. S. Sahay, R. Mehta, S. Raghavan, R. Roshan, and S. J. Dey, BAF Tinplate Process Analytics, Modeling, and Optimization of an Industrial Batch Annealing Operation, *Mater. Manuf. Process.*, Vol 24, 2009, p 1459-1466
18. S. S. Sahay, Modeling of Industrial Heat Treatment Operations, *Handbook of Thermal Process Modelling of Steels*, C. Hakan Gur and J. Pan, Ed., CRC Press, 2009, p 313-339
19. W. B. Hutchinson, Development and Control of Annealing Texture in Low Carbon Steels, *Int. Met. Rev.*, Vol 29, 1984, p 25-42

20. E. Kozeschnik, V. Pletenev, N. Zolotorevsky, and B. Buchmayr, Aluminum Nitride Precipitation and Texture Development in Batch-Annealed Bake-Hardening Steel, *Metall. Mater. Trans.* A, Vol 30, 1999, p 1663-1673
21. N. Takahashi et al., in *Metallurgy of Continuous-Annealed Sheet Steel*, B. L. Bramfitt and P. L. Mangonon, Ed., TMSAIME, 1982, p 133-153
22. R. Pradhan and J. J. Battisti, in *Hot-and Cold-Rolled Sheet Steels*, R. Pradhan and G. Ludkovsky, Ed., TMS-AIME, 1988, p 41-56
23. Y. Tokunaga and H. Kato, in *Metallurgy of Vacuum-Degassed Steel Products*, R. Pradhan, Ed., The Minerals, Metals and Materials Society, 1990, p 91-108
24. K. Yamazaki et al., in *Microalloyed HSLA Steels*, ASM International, 1988, p 327-336
25. K. Nakaoka et al., in *Formable HSLA and Dual-Phase Steels*, A. T. Davenport, Ed., TMS-AIME, 1977, p 126-141
26. M. Kurosawa et al., *Kawasaki Steel Tech. Rep.*, No. 18, 1988, p 61-65
27. R. Pradhan, *J. Heat Treat.*, Vol 2 (No. 1), 1981, p 73-82
28. R. Pradhan, in *Metallurgy of Continuous-Annealed Sheet Steel*, B. L. Bramfitt and P. L. Mangonon, Ed., TMS-AIME, 1982, p 203-227
29. R. Pradhan et al., *Iron Steelmaker*, Feb 1987, p 25-30
30. R. Pradhan, in *HSLA Steels: Technology and Applications*, American Society for Metals, 1984, p 193-201
31. R. Pradhan, in *Technology of Continuously Annealed Cold-Rolled Sheet Steel*, R. Pradhan, Ed., TMS-AIME, 1985, p 297-317
32. I. Gupta and P-H. Chang, in *Technology of Continuously Annealed Cold-Rolled Sheet Steel*, R. Pradhan, Ed., TMS-AIME, 1985, p 263-276
33. P. R. Mould, in *Metallurgy of Continuous-Annealed Sheet Steel*, B. L. Bramfitt and P. L. Mangonon, Ed., TMS-AIME, 1982, p 3-33
34. T. Obara et al., in *Technology of Continuously Annealed Cold-Rolled Sheet Steel*, R. Pradhan, Ed., TMS-AIME, 1985, p 363-383
35. Recent Development in CAPL Technology: CAPL for Tinplate, *Nippon Steel Tech. Rep.*, Oct 1988
36. S. S. Sahay, C. P. Malhotra, and A. M. Kolkhede, Accelerated Grain Growth Behavior during Cyclic Annealing, *Acta Mater.*, Vol 51, 2003, p 339-346
37. V. Sista, P. Nash, and S. S. Sahay, Accelerated Bainitic Transformation during Cyclic Austempering, *J. Mater. Sci.*, Vol 42, 2007, p 9112-9115
38. V. Sista, P. Nash, and S. S. Sahay, Accelerated Bainitic Transformation during Cyclic Austempering, *Heat Treat. Prog.*, July 2008, p 45-48
39. K. Krishnan, S. S. Sahay, S. Singh, and D. Pal, Modeling the Accelerated Cyclic Annealing Kinetics, *J. Appl. Phys.*, Vol 100, 2006, p 093505
40. A. Saha, D. K. Mondal, and J. Maity, An Alternate Approach to Accelerated Spheroidization in Steel by Cyclic Annealing, *J. Mater. Eng. Perform.*, Vol 20, 2011, p 114-119
41. S. S. Sahay, Energy Reduction via Cyclic Heat Treatments, *Heat Treat. Prog.*, Jan 2003, p 44-45

3.5 亚温退火和正火

Roger N. Wright, Rensselaer Polytechnic Institute

在钢铁加工过程中退火工序包含许多类型（见 3.4 节）。但这些类型差别很大，它们通常完成将钢转变成期望的状态，通常这种材料状态的转变改善二次加工的情况。本节提供了组织相变方面的一些细节和亚温退火的过程细节，如亚温退火是低于下临界点（A_1点）的加热保温的，因此亚温退火时不形成奥氏体。其中也包括感应退火的实际应用。

原则上，原始的显微组织可以是铁素体、珠光体、贝氏体、马氏体、回火马氏体和混合组织。通常，原始显微组织是经过冷加工形成的，退火的主要目的是通过回复和再结晶消除冷加工的影响。有些并行或重叠的亚温退火介绍如下：

1）将原始显微组织转变为铁素体和碳化物的混合组织。对典型显微组织的解释对于理解转变反应是非常重要的。可通过正火和退火达到同样的目的（在 3.3 节进行过讨论）。

2）将冷加工组织进行转变，达到应力释放、回复、再结晶成铁素体和碳化物组织。

3）将铁素体和碳化物组织转变成包括球状碳化物在内的组织。

亚温退火的 1）类反应中，如果原始组织是马氏体，经过适当温度和时间退火后，碳化物转变为各种回火组织，结果（若需要）为铁素体基体上分布着过回火的球状碳化物。假如原始组织是铁素体和珠光体，退火将导致珠光体的减少，逐渐向铁素体基体上分布球状碳化物转变。

绝大多数的亚温退火包括 2）类和 3）类反应。发生 2）类反应的退火通常称为中间退火，其目的是消除冷加工的影响，以便在后续的冷加工中减少开裂的风险，或仅仅提供较软、更具韧性和塑性的组织供特定的应用。如需要特别低的强度，退火时可在低于临界温度的某一温度下延续较长时间（比如10h或更长时间），从而获得铁素体和非常粗大的球状碳化物组织。这种退火称为球化退火，显微组织形态为球状碳化物。球化退火可能会引起铁素体组织的粗化；然而，对比奥氏体组织可能的晶粒长大动力学和热加工这一反应，它是适中的。

3.5.1 亚温退火的温度

（1）普通碳钢和低合金钢的名义亚温退火温度 退火最基本的做法可描述为在某一温度下，在线处理过程大概维持很短的几分钟（连续退火），或是1h（周期退火），或是10h或更长时间（球化退火）。如前所述，时间很重要，不过一般工艺过程中往往只指定温度。

图3-45所示的铁碳相图为展示碳钢退火和热处理温度提供了一个有用的模板。临界点温度（或A_1点）为727℃（1341℉），针对全部碳钢退火工序手册中的退火温度推荐值为低于A_1点11～22℃（20～40℉），或者退火温度是705～716℃（1301～1321℉）。这些温度值相当接近临界点，其操作需要能在较小温度范围内进行有效控制。其实，许多随意的中间退火在500～650℃（930～1200℉）的温度范围内保温几小时。

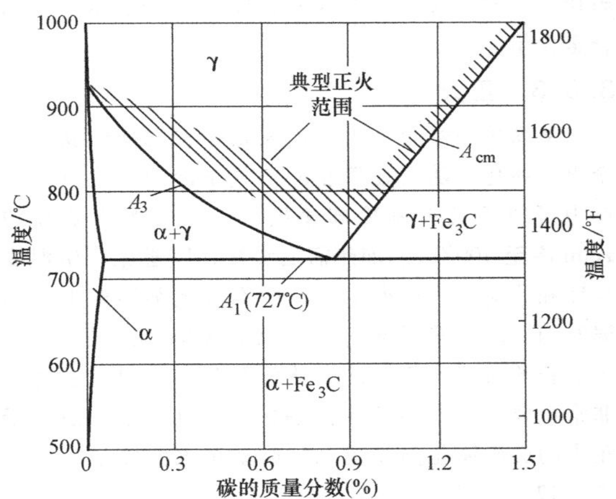

图3-45 铁碳相图表明了共析温度为727℃（1341℉）以及正火处理的温度范围

注：铁素体标为α，奥氏体标为γ，渗碳体标为Fe_3C。

需注意的是亚温退火是在低于A_1点（727℃/1341℉）的退火温度下进行的。在冷加工组织的情况下，铁素体名义再结晶退火温度为500℃（930℉），尽管更低的温度已被认可，尤其是应力释放和回复的门槛值。因此，在700℃（1290℉）保温1h退火时，在这过程中应力释放、回复和再结晶会较早出现，在门槛温度保温一定的时间内碳化物转变是主要反应。一般的做法是空冷，然而改变冷却速度基本不起作用。

应该注意的是：一方面使用的温度和时间一般需要超过再结晶范围，这样厚大件（盘圈、板等）才能加热透或满足一定的保温要求；另一方面，针对快速在线工艺或减少氧化皮的操作，要求使用需要的最低温度和时间。

低合金钢的中间退火应该反映添加的合金元素对临界温度的影响。针对这一项目已经生成了经验公式，粗略地反映了合金元素（和残余元素）对共析点或临界温度的影响。常见合金元素和残余元素代表性的关系如下：

$$A_1=727℃+[25w(\mathrm{Si})+17w(\mathrm{Cr})+81w(\mathrm{Mo})-6.8w(\mathrm{Mn})-12w(\mathrm{Ni})]℃$$

可以看出，在碳钢和低合金钢中普遍存在的锰和硅相互抵消并对A_1点产生影响。另一方面，在41××系列钢中的铬和钼对A_1点的预计影响效果是显著的，在43××系列钢中镍、铬和钼都有影响。例如，中碳钢中的1022普通碳钢基本不会导致A_1变化，然而中碳铬-钼4140钢预计使A_1点增加33℃（59℉）。最后，由于镍会降低A_1点，中碳钢中的Ni-Cr-Mo 4340钢预计仅使得A_1点增加15℃（27℉）。

如前所述，已经发布的碳钢和低合金钢的A_1值变化较为显著，手册中推荐的中间退火温度不能反映低合金碳钢成分对温度的影响。然而，精细的实践及过程分析应该考虑到合金的影响。另外，在没有谨慎评估加工钢材的实际A_1温度的前提下，不应该采用上限温度。

（2）高合金钢的名义亚温退火温度 不锈钢和许多工具钢一般含有添加的合金元素，这些添加的元素极大地改变了图3-45中的奥氏体相区域。图3-46显示了大量添加的铬元素对铁碳相图的影响。考虑到铬的质量分数达到12%，相当于410马氏体不锈钢，相图显示加热至约810℃（1490℉）时仍未形成奥氏体。在这一方面，手册中对410不锈钢中间退火推荐的温度一般为730～800℃（1345～1470℉）。顺便提一下，应该注意的是铬含量越高，钢加热时越不会形成奥氏体。在任何温度下都不会形成奥氏体的不锈钢称为铁素体不锈钢，在实际处理时不会形成铁素体的不锈钢称为奥氏体不锈钢。确定这些钢的退火范围时不需要考虑临界温度的限制。

对于高合金工具钢，被限制的奥氏体区域与马氏体不锈钢有点类似，钼、钒、钨的作用与铬的作用类似。例如，D2工具钢［其化学成分为：w(C)=1.55%，w(Cr)=11.5%，w(Mo)=0.9%，w(V)=0.8%］和M48工具钢［其化学成分为：w(C)=

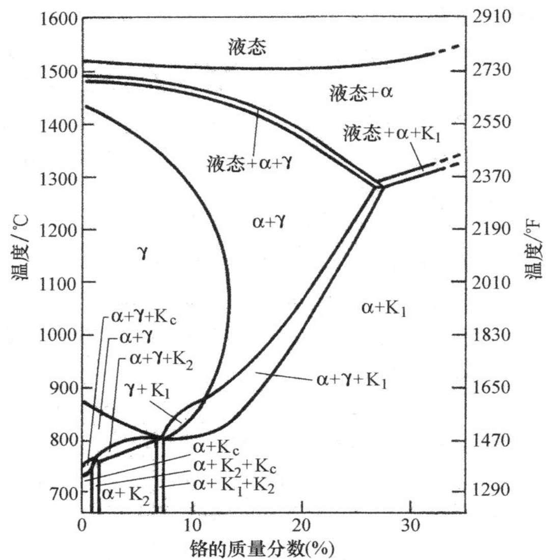

图 3-46　w(C)=0.10%的伪铁碳相图

1.50%，w(Cr)=3.75%，w(Mo)=5.25%，w(V)=3.10%，w(W)=9.75%，w(Co)=8.50%］推荐的最高温度为 870℃（1600℉），保温 2h。

3.5.2　温度和时间的关系

如前所述，手册的说明和规范并不总是指定某一亚温退火温度对应的时间，假如指定了时间，时间必须反映并考虑盘料和大件的热传导。尽管如此，亚温退火绝大多数的实际反应是扩散和因热激活产生的蠕变，温度对加热速度的影响较为敏感。尽管将时间-温度参数运用于所有亚温退火反应的假设是不妥的，但一些权衡使用的粗放的时间-温度参数可使用拉森-密勒参数进行预测：

$$P=T(\lg t+C)$$

式中，T 为热力学温度（°R）；t 为时间（h）；C 为常数（一般为 15～25，为便于名义计算通常设定为 20）。

因此，假如通过在 1100℉保温 6h 来进行应力释放，然后在 $C=20$ 的基础上，应力释放反应的拉森-密勒参数为 32400。假如仅在 1h 内获得相同的应力释放效果，那么有

$$T=\frac{P}{\lg t+C}=\frac{32400}{20}°\mathrm{R}=1620°\mathrm{R}$$

这里 1620°R=1160℉=627℃。

这种分析可以拓展开来，适用于任何亚温退火反应，达到近似的目的。假设通过在 710℃保温 1h 来进行高温亚温退火，后续想降低至 680℃进行退火，相应的拉森-密勒参数为 35400，$C=20$，那么低温退火的时间为 4.26h，计算依据如下

$$\lg t=P/T-C$$

同样，假设通过在 710℃保温 24h 来进行亚温球化退火，后续想在 680℃进行退火，相应的拉森-密勒参数为 37840，$C=20$，那么低温退火的时间为 113h，计算依据同样如下：

$$\lg t=P/T-C$$

如前所述，铁素体名义再结晶退火温度大约只有 500℃，再结晶退火有可能在 500℃、1h 内完成，相应的拉森-密勒参数为 27840，$C=20$。现在，想连续在线 1min 内完成退火，需要估算所需的温度。估算的在 1min 内完成退火的温度为 1528°R（575℃），依据如下：

$$T=P/(\lg t+C)$$

因此，似乎有足够的余地设计这种再结晶退火。

感应退火的实际应用。原则上，采用感应加热能够很容易地完成亚温退火，特别是当整个截面的温度不太接近临界温度时退火时间较长的情况下。更具挑战性的情况是近表面短时间退火温度略低于临界温度时，存在超过临界温度并形成奥氏体的风险。奥氏体能迅速形成，假如近表面退火时间较短，且相对快速地冷却，那么奥氏体将变成未回火马氏体。而即使是少量存在的未回火马氏体，也会导致脆化。当然，这一严重现象和风险取决于钢的碳和合金含量。

3.5.3　正火

从简单的概念来讲，正火是指将钢加热获得完全奥氏体化，随后在静止的空气中冷却（先进的生产中可能涉及控制冷却速度，正火一般需要在约 1min 冷至 400℃）。加热需足够慢，以避免产生温度梯度和热应力。正火工序一般不规定某温度下的保温时间，因为需要迅速转变成奥氏体。但是，保温足够长的时间，使工件内外表面获得均匀的温度是非常重要的。图 3-45 中的阴影部分列举了一般用于正火的奥氏体化温度范围。典型正火温度推荐值见表 3-17。

表 3-17　典型的正火温度推荐值

牌　号	正火温度	
	℃	℉
1022	915	1680
1040	860	1580
4140	870	1600
4340	870	1600

正火处理可将经过不同处理过程的碳钢和合金钢，转变成不均匀、可预测的铁素体与碳化物的显微组织，大部分碳化物溶解在奥氏体中并在冷却过程中沉淀在细珠光体上。即使碳化物不完全溶解，正火后的碳化物组织还是发生大幅度细化（较高温

度的正火可促进碳化物的分解）。这种细碳化物组织因为在后续的热处理工序中更容易溶解而受到人们欢迎。正火一般能达到缓解应力、再结晶、晶粒尺寸细化、均匀化和改善切削性能的目的。

不锈钢通常不进行正火处理，即使是马氏体不锈钢也是如此，因为高淬透性使得空冷条件下很难避免形成马氏体。同样，大多数工具钢通常也不进行正火处理。

感应正火的实际应用。在亚温退火的情况下，一般用感应加热就可以实现正火处理（周期）。尤其是长周期、贯穿工件整个厚度的正火。与传统的正火相比，感应正火的主要挑战应该是与加热或冷却速度的匹配。如前所述，加热速度必须足够慢，以降低温度梯度和热应力。更重要的是，冷却速度应尽量与静止空气冷却一致。此外，最具挑战性的状况似乎是近表面区域的正火，不合适的快速冷却会导致高碳钢和合金钢形成未回火马氏体，而即使是少量存在的未回火马氏体也会导致工件脆性增大。

3.5.4 螺纹的软化感应退火

感应正火和亚温退火的实际应用是螺纹软化。对于渗碳件（如准双曲面齿轮）的螺纹区域，为防止装配过程中螺母拧紧后出现延迟断裂，一般应进行感应软化处理。可通过正火、亚温退火，或两者结合的方法进行感应软化，具体采用哪种方法取决于使用钢材的淬透性。如果淬透性相对较低，可以采用感应正火。

一个典型的螺纹软化过程包括将螺纹区域感应加热至高于临界温度，随后将螺纹区域浸在蛭石床缓慢冷却。有时，如果钢的淬透性非常高或缓慢冷却后渗碳层会再硬化，那就需要感应亚温退火。将螺纹根部的渗碳区域软化至最高45HRC的硬度是很常见的，也可以使用亚温退火进行软化处理。当使用这一方法时，通常希望在某一温度下采用最大化的时间达到所需的软化程度。因此，可用较低的设定功率来延长加热时间。实现这一目的的另一种方法是达到要求的温度后采用脉冲功率加热。此外，还可以采用二次亚温退火。

感应的频率和功率取决于螺纹尺寸和使用的方法。当采用感应正火工序时，典型的做法是将整个螺纹的横截面加热透从而保证较慢的冷却速度，常使用的频率是10kHz或更低。这一工序的一个缺点是零件较多的部位受加热的影响。感应亚温退火采用较低的温度，这样输入零件的热量较低，采用此工艺时，可以是整个螺纹的横截面被加热，或仅仅外壳区域被加热。如果是后者，通常采用更高的频率，包括射频频率。

致谢

作者感谢达纳公司格雷格·费特增加的螺纹软化项目。

参考文献

1. H. E. Boyer and T. L. Gall, Ed., *Metals Handbook Desk Edition*, American Society for Metals, 1985, p 28-11
2. W. T. Lankford, Jr., N. L. Sanways, R. F. Craven, and H. E. McGannon, Ed., *The Making, Shaping and Treating of Steel*, Association of Iron and Steel Engineers, Pittsburgh, PA, 1985, p 1338

3.6 钢的奥氏体化

John G. Speer, Advanced Steel Processing and Products Research Center, Colorado School of Mines
Robert J. Gaster, Deere & Company, Moline Technology Innovation Center

3.6.1 简介

奥氏体是许多钢种相变过程中的中间产物显微组织，它在后续加工过程中发生转变，或者经过热处理后转变成期望的显微组织。奥氏体化指的是加热至奥氏体相区，其间形成奥氏体组织。奥氏体是铁高温下的面心立方结构，在铁碳相图中间温度范围处于稳定态。奥氏体化热处理几乎都包括加热过程，但奥氏体的形成也发生在高温条件下。例如，一些较为新式的工艺过程包括铸造和与固态加工直接相关的凝固，凝固后奥氏体形成并在钢冷却至室温前转变为最终的显微组织。这些工艺不是本节的重点，但在直接铸造过程中许多与奥氏体化热处理相关的原理也适用于奥氏体的行为。

图3-47所示的铁碳相图是考虑钢中奥氏体组成时的一个很好的出发点。虽然Fe-Fe_3C（渗碳体）图线（图3-47中的实线）代表的状态与铁-碳真正的平衡系统（石墨是稳定热力学状态）相比是亚稳态的，但渗碳体是存在于大多数钢中的富碳相。在热力学驱动力的作用下加热钢铁材料，碳转变为奥氏体相并代替原始组织，通常可能包含铁素体、珠光体、铁碳化合物或渗碳体、贝氏体和/或马氏体，在原始显微组织中可能存在一些奥氏体。这样的奥氏体称为残留奥氏体，自先前步骤或序列步骤的冷却过程中不完全转变/分解而来。

3.6.2 奥氏体化的目的及概述

基于不同的目的钢被加热至奥氏体状态，奥氏体的形成改变了显微组织，取代先前形成的组织，并通过在随后较低温度下的转变形成适合最终使用或进一步加工的新组织。对于那些通过轧制或锻造进行热加工的钢，奥氏体化作为再加热过程的一部分，可降低钢的强度，这样可确保在合理的力和能量输入的前提下顺利完成热加工。在奥氏体区域，高温提高了原子迁移率，使得化学成分均匀性得到改善，尽管在固态状态下置换合金再分配动力较弱，由此在实际过程中均匀化受到一定的限制。然而，在钢中间隙固溶的碳能较快地发生，使得钢在热处理过程中组织结构成功转变。

一些钢热处理过程特意采用部分奥氏体化。例如，对亚共析钢在铁素体加奥氏体两相区退火（针对某一钢种在下临界温度和上临界温度之间进行加热，也就是说，图 3-47 中的 A_1 和 A_3 温度之间），可以生产具有铁素体和较硬奥氏体分解产物（例如在双相显微组织中的马氏体）的高强度板材。过共析钢（如 52100 钢）加热后通常为奥氏体和渗碳体两相区域，也就是淬火前残留碳化物的稳定存在和奥氏体中较高的碳浓度，在滚珠轴承的应用中提高了耐磨性。

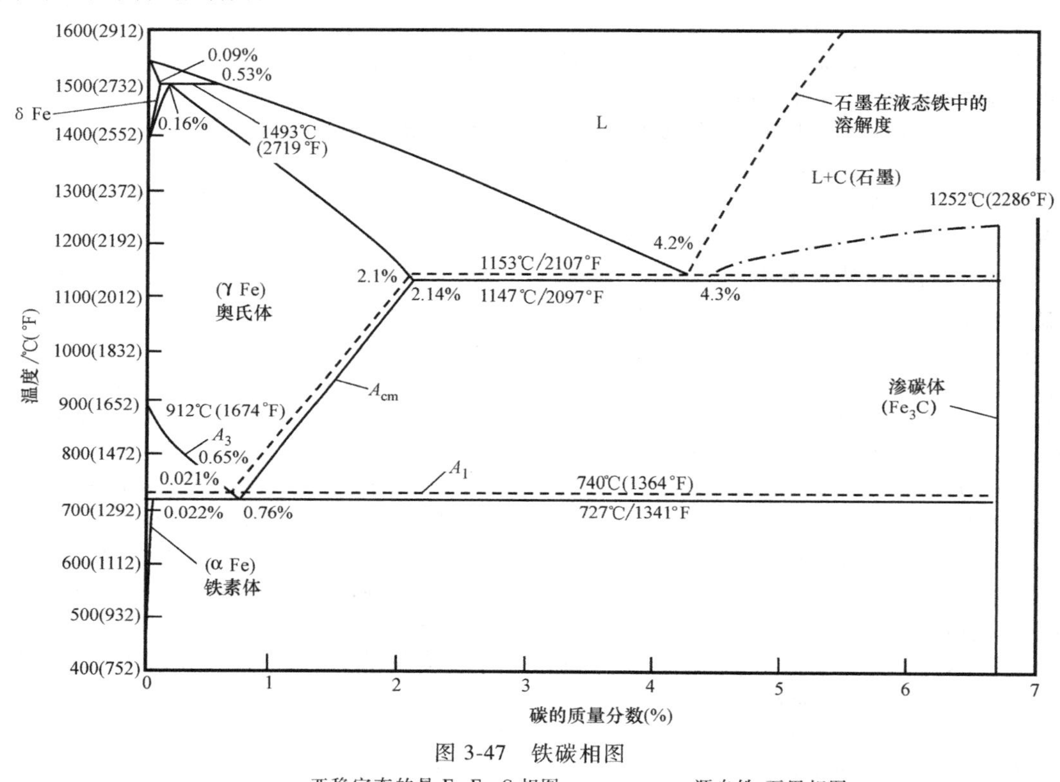

图 3-47 铁碳相图

—— 亚稳定态的是 Fe-Fe_3C 相图 - - - - - - 源自铁-石墨相图

普通碳钢或低合金钢都可以奥氏体化，加热时发生的转变主要涉及铁素体的转变和渗碳体的溶解，而高合金钢全部或部分溶解碳化物或氮化物可能很重要。原始组织也影响奥氏体化转变，因为显微组织的相对比例会影响溶解过程及扩散距离，以及其他工艺，如马氏体的回火或奥氏体化前的冷加工再结晶等。钢的合金含量也影响奥氏体化反应，因为碳化物形成元素将延缓如感应淬火快速加热时溶解碳化物的扩散。此外，与外部环境的反应也需要额外考虑，因为加热过程中会形成结垢和氧化皮，在奥氏体区域也可能发生渗碳或渗氮等。

虽然热传导问题不是本节的重点，但应该意识到奥氏体化过程的机理是扩散，所以温度和时间对奥氏体化反应有深远的影响。加热时间数秒（表面淬火如感应淬火），到数小时（厚壁件保温）。温度梯度会影响显微组织的转变和热加工行为，但在大多数情况下可通过精确的加热和保温控制来减小温度梯度。加热过程中可用商业软件来计算传热特性和热行为。

3.6.3 奥氏体形成的热力学及动力学

（1）奥氏体化温度的选择 使用相图可预测奥氏体的存在，如图 3-48 所示的铁碳相图，或者可针对多组元钢种使用热力学数据库。事实上，在图 3-49中偏离平衡状态条件下的奥氏体化也可以发生。

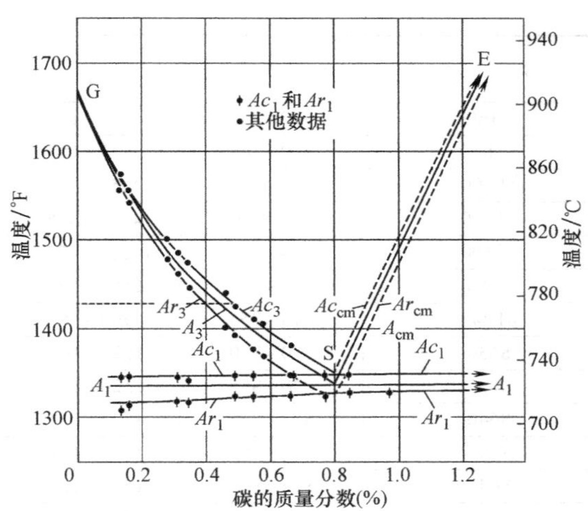

图 3-48　铁碳相图中速度为 0.125℃/min 的加热过程（用下角字母 c 表示）或冷却过程（用下角字母 r 表示）中的临界相变温度

图 3-48 中还包括接近共析区域的铁碳一部分相图，在加热或冷却过程中开始发生相变的额外边界。一些普遍使用的热处理命名法与该图相对应，其中边界（基于热稳定性可被测量）定义了相变的临界温度并被命名为 A_1（共析转变温度）、A_3（主要铁素体转变的临界温度）和 A_{cm}（主要渗碳体转变的临界温度）。下标“c”或“r”分别用于定义加热或冷却状态的临界温度。应该注意的是图 3-48 铁碳相图的加热或冷却适用速度是 0.125℃/min（0.225℉/min），因为临界温度取决于合金成分和加工过程。

了解临界温度并将运用其设计正确的热处理工艺是非常重要的。例如，在热处理过程中第一步经常是完全奥氏体化，因此必须超过特定钢种的 Ac_3 温度从而获得所需的初始状态。针对现代的多元钢材，由于存在其他的合金元素，两相相图可能无法提供准确的临界温度和相稳定性的相关信息。现在的商业软件包使用计算过的热力学数据库可以获得这些信息。膨胀法的试验测量方法也可用于评估动力学的影响。手册中总结的临界温度也是非常有用的，表 3-18 和表 3-19 分别列举了多种碳钢和合金钢的奥氏体化温度和锻造温度。根据合金成分，使用经验公式估算临界温度也是可行的，对于一些低合金钢也可以提供有用的指导。Ac_1（℃）和 Ac_3（℃）（在原始的参考文献提到过的锰、铬、铜、磷、铝、砷、钛对 Ac_3 有影响）的安德鲁斯表达式如下：

表 3-18　一些钢的推荐的奥氏体化温度

牌号	温度		牌号	温度	
	℃	℉		℃	℉
碳钢			1095	790~815[1]	1450~1500[2]
1025	855~900	1575~1650	易切削碳钢		
1030	845~870	1550~1600	1137	830~855	1525~1575
1035	830~855	1525~1575	1138	815~845	1500~1550
1037	830~855	1525~1575	1140	815~845	1500~1550
1038[1]	830~855	1525~1575	1141	800~845	1475~1550
1039[1]	830~855	1525~1575	1144	800~845	1475~1550
1040[1]	830~855	1525~1575	1145	800~845	1475~1550
1042	800~845	1475~1550	1146	800~845	1475~1550
1043[1]	800~845	1475~1550	1151	800~845	1475~1550
1045[1]	800~845	1475~1550	1536	815~845	1500~1550
1046[1]	800~845	1475~1550	1541	815~845	1500~1550
1050[1]	800~845	1475~1550	1548	815~845	1500~1550
1055	800~845	1475~1550	1552	815~845	1500~1550
1060	800~845	1475~1550	1566	855~885	1575~1625
1065	800~845	1475~1550	合金钢		
1070	800~845	1475~1550	1330	830~855	1525~1575
1074	800~845	1475~1550	1335	815~845	1500~1550
1078	790~815	1450~1500	1340	815~845	1500~1550
1080	790~815	1450~1500	1345	815~845	1500~1550
1084	790~815	1450~1500	3140	815~845	1500~1550
1085	790~815	1450~1500	4037	830~855	1525~1575
1086	790~815	1450~1500	4042	830~855	1525~1575
1090	790~815	1450~1500	4047	815~855	1500~1575

（续）

牌　号	温　度		牌　号	温　度	
	℃	℉		℃	℉
4063	800~845	1475~1550	5160	800~845	1475~1550
4130	815~870	1500~1600	51B60	800~845	1475~1550
4135	845~870	1550~1600	50100	775~800③	1425~1475③
4137	845~870	1550~1600	51100	775~800③	1425~1475③
4140	845~870	1550~1600	52100	775~800③	1425~1475③
4142	845~870	1550~1600	6150	845~885	1550~1625
4145	815~845	1500~1550	81B45	815~855	1500~1575
4147	815~845	1500~1550	8630	830~870	1525~1600
4150	815~845	1500~1550	8637	830~855	1525~1575
4161	815~845	1500~1550	8640	830~855	1525~1575
4337	815~845	1500~1550	8642	815~855	1500~1575
4340	815~845	1500~1550	8645	815~855	1500~1575
50B40	815~845	1500~1550	86B45	815~855	1500~1575
50B44	815~845	1500~1550	8650	815~855	1500~1575
5046	815~845	1500~1550	8655	800~845	1475~1550
50B46	815~845	1500~1550	8660	800~845	1475~1550
50B50	800~845	1475~1550	8740	830~855	1525~1575
50B60	800~845	1475~1550	8742	830~855	1525~1575
5130	830~855	1525~1575	9254	815~900	1500~1650
5132	830~855	1525~1575	9255	815~900	1500~1650
5135	815~845	1500~1550	9260	815~900	1500~1650
5140	815~845	1500~1550	94B30	845~885	1550~1625
5145	815~845	1500~1550	94B40	845~885	1550~1625
5147	800~845	1475~1550	9840	830~855	1525~1575
5155	800~845	1475~1550			

① 感应淬火常用于零件生产，从 SAE1030 向上的所有钢种可采用感应淬火。
② 该温度范围可用于 1095 钢水淬、盐水淬火或油淬。油淬 1095 钢的奥氏体化温度范围为 815~870℃。
③ 对于钢，采用水淬时推荐该温度范围；采用油淬时，钢的奥氏体化温度范围为 815~870℃。

$$Ac_3=910-203\sqrt{w(\mathrm{C})}-15.2w(\mathrm{Ni})+44.7w(\mathrm{Si})+104w(\mathrm{V})+31.5w(\mathrm{Mo})+13.1w(\mathrm{W}) \tag{3-2}$$

$$Ac_1=723-10.7w(\mathrm{Mn})-16.9w(\mathrm{Ni})+29.1w(\mathrm{Si})+16.9w(\mathrm{Cr})+290w(\mathrm{As})+6.38w(\mathrm{W}) \tag{3-3}$$

表 3-18 和式（3-2）、式（3-3）都反映了随着添加奥氏体稳定化元素（如碳、镍、锰等）临界温度升高的趋势，且奥氏体稳定化的温度范围增加，而随铁素体稳定化元素（如硅、铬和钼）的添加临界温度降低，且其铁素体稳定化的温度范围增加。

使用表 3-18 推荐的温度范围能达到完全奥氏体化，同时避免奥氏体晶粒过分长大。表 3-19 给出了一些碳钢和合金钢的典型锻造温度。相对于奥氏体化温度，锻造温度较高，应尽量避免过热，并注意可能会遇到的初期晶界熔化或其他脆化问题。图 3-47所示的相图显示对于大多数钢，增加碳含量会导致奥氏体的液相温度降低，表 3-19 具有相同的趋势。热加工前的再加热也可以反映控制高强度低合金钢中析出物的溶解需要；这一应用在后面的章节中讨论。渗碳热处理过程中也应该控制温度，以保证奥氏体中碳的扩散和最大溶解度。最后如前所述，双相钢板和滚珠轴承钢等亚共析钢和过共析钢可采用部分奥氏体化热处理。在这些实例中，临界区温度（例如在 A_1 和 A_3 之间，或 A_1 和 A_{cm} 之间）可同时控制奥氏体成分和奥氏体、铁素体或碳化物的体积分数。

（2）奥氏体形成的机理和动力学　最初的显微组织会影响奥氏体在组织内的位置及其形成机理。奥氏体形核最有可能在界面上发生，尽管不同界面的热力学特征不一定相同。例如，当温度超过共析温度或 Ac_1 点，在珠光体团的界面上就会形核，然而直至达到更高的温度才会促使铁素体-铁素体（缺少渗碳体）界面奥氏体形核。在含有残留奥氏体的显微组织中可能并没有发生奥氏体成核，因为可能只是奥氏体长大。除了形核行为的差异，原始组织也会影响奥氏体长大动力学。

表 3-19 各种碳钢和合金钢的典型锻造温度

牌号	主要合金元素	典型锻造温度	
		℃	℉
碳钢			
1010	—	1315	2400
1015	—	1315	2400
1020	—	1290	2350
1030	—	1290	2350
1040	—	1260	2300
1050	—	1260	2300
1060	—	1180	2160
1070	—	1150	2100
1080	—	1205	2200
1095	—	1175	2150
合金钢			
4130	铬、钼	1205	2200
4140	铬、钼	1230	2250
4320	镍、铬、钼	1230	2250
4340	镍、铬、钼	1290	2350
4615	镍、钼	1205	2200
5160	铬	1205	2200
6150	铬、钒	1215	2220
8620	镍、铬、钼	1230	2250
9310	镍、铬、钼	1230	2250

奥氏体的形成包括晶体结构和成分的变化。晶体结构的变化是通过界面上原子短程重排完成的，所以体心立方的铁素体（或正交的渗碳体）转变成面心立方的奥氏体。这些结构重组的动力学通常不控制整个反应动力学，因为长程的碳和/或置换溶质扩散的前提条件是获得平衡态奥氏体。原始显微组织的比例和碳或溶质分布控制奥氏体化过程长程扩散的距离并严重影响动力学。粗铁素体与粗富合金碳化物结合，拥有较低的奥氏体转变动力学，因为形成均匀的奥氏体需要溶解粗碳化物，包括置换溶质原子的再分配，将碳运输到先前被大量消耗碳化物的铁素体。另一方面，马氏体或完全珠光体开始的组织含有相同的整体溶质含量，所以转变动力学不受长程溶质原子迁移的限制。细的共析珠光体相对简单且便于理解，即高于共析温度时奥氏体是稳定的，同时只有珠光体片间距间的碳重新分配是必需的。

图 3-49 所示为珠光体向奥氏体等温转变的动力原理图。左侧相图表示共析（珠光体）的成分，右侧的时间-温度转变（TTT）相图显示了转变动力学。高于共析温度时，珠光体转变成奥氏体；当低于共析温度时，奥氏体发生分解，在适当的温度范围内形成珠光体。转变开始线和终止线逐渐趋向于共析温度下的水平虚线，下方的奥氏体不稳定，上方的铁素体和渗碳体不稳定。在一个给定温度下，由共析珠光体转变而来的奥氏体已被证明与众所周知的约翰逊-梅尔-阿夫拉米-柯尔莫戈洛夫（Johnson-Mehl-Avrami-Kolmogorov）模型一致，该模型已用于许多扩散过程。从图 3-49 中可以看出，随着温度的升高，奥氏体可在较短的时间内形成（也就是随着温度升高反应速度单调上升），与在低于共析温度下等温转变相图中奥氏体分解的等温转变动力学不同的是其拥有特性曲线形状。这种独有的特征源自后续加热和冷却发生的转变间一个根本的差别。后续冷却过程中发生转变时，在较低的温度下，转变自由能增加（也就是热动力学驱动力），虽然在较高的温度下原子迁移率更大，这两个因素之间的平衡导致形成著名的等温转变图。在加热转变过程中，随着温度的升高，转变自由能增加，同时扩散动力也增加，所以在较高的温度下的反应总是更快。

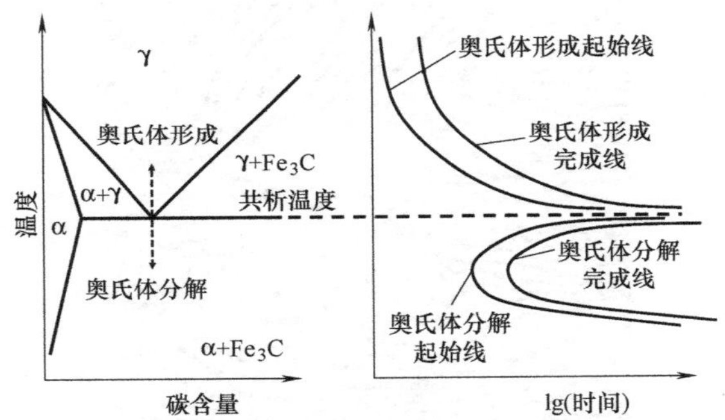

图 3-49 珠光体向奥氏体等温转变的动力原理图

注：奥氏体化时间-温度曲线图阐明了加热过程中的奥氏体等温转变动力学（右上图），时间-温度曲线图表明了共析钢冷却过程（右下图）中奥氏体等温分解。

图 3-50 所示为不同的钢在不同的温度下奥氏体晶粒半径随时间变化而变化。直线的斜率表示界面速率且温度越高斜率越大。线性行为表示恒定的界面速率，在这种特殊的情况下共析反应可以逆转（$\alpha+Fe_3C\rightarrow\gamma$），其产物继承了原始珠光体整个碳和合金浓度。在一般情况下，当原始显微组织不均匀和不同化学成分区域奥氏体的长大（如亚共析钢中的富碳奥氏体）时，随着反应的进行以及溶质浓度梯度的降低，扩散控制下的晶粒长大变缓，导致非线性行为。奥氏体向珠光体的转变也可能发生，其中铁素体和碳化物的转变是分开的，这样不完全溶解的碳化物可以存在于奥氏体中。图 3-51 所示为一个案例，显微照片的中间区域是一个奥氏体晶粒正在转变为珠光体。奥氏体是淡灰色，在室温下转变为马氏体。在已转变的团上可清晰地看到一些未溶碳化物，有时被称为鬼影珠光体。这种现象更可能

出现在如感应淬火的快速加热/短时间的情况。在单相奥氏体区域保持足够的时间和温度，最终碳化物会完全溶解，因为奥氏体含碳量较高。

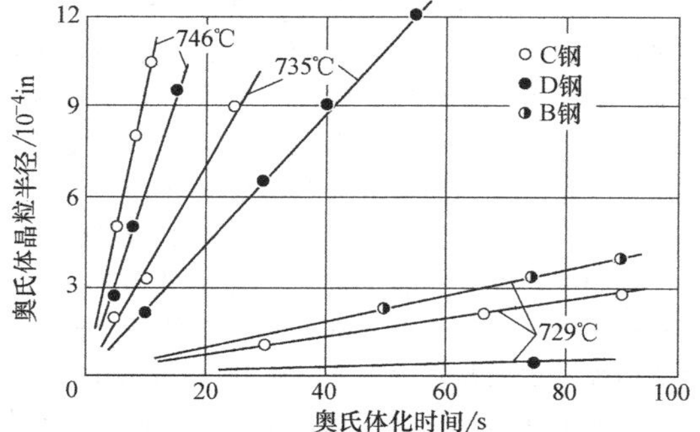

图 3-50 奥氏体晶粒半径与温度及奥氏体化时间的对应关系

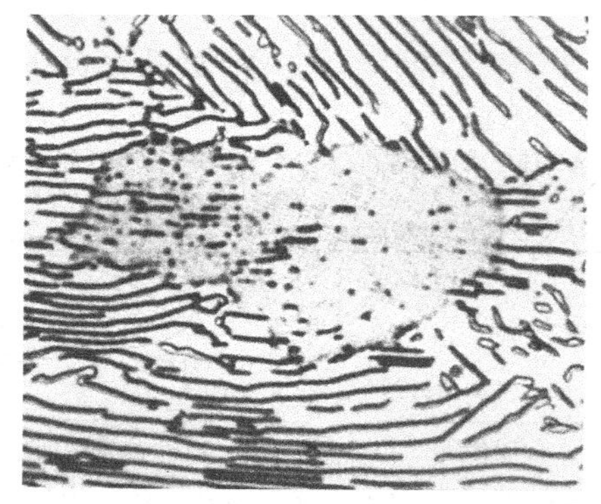

图 3-51 共析钢（0.81C，0.07Si，0.65Mn）在 730℃下保温 26s 后形成奥氏体然后水淬

注：原始放大倍数为 2000 倍

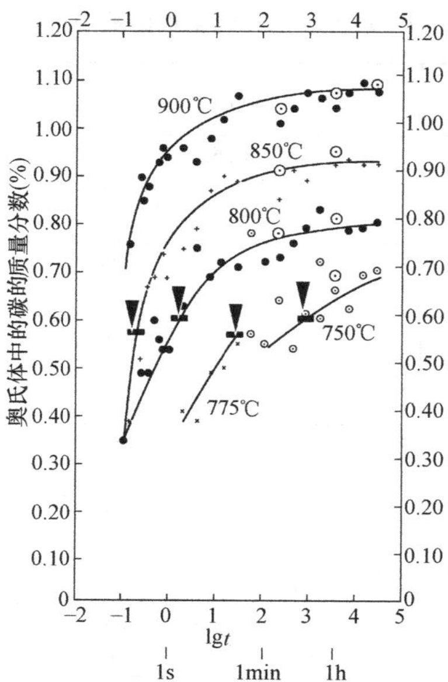

图 3-52 碳的质量分数为 1.27%的钢奥氏体碳含量与奥氏体化时间及温度的函数关系

注：t 表示时间其单位为 s。

图 3-52 所示为过共析合金钢经过不同的时间和不同奥氏体化温度后奥氏体中碳的质量分数。箭头所指表示在各自在一定温度下铁素体完全转变为奥氏体，过了该点后随着碳化物的不断溶解，奥氏体中碳的质量分数持续增加。提高温度，奥氏体的形成和碳化物溶解都会加快，奥氏体中平衡碳的质量分数也会增加，直到 A_{cm}。碳化物溶解后的奥氏体长大是一个需重点考虑的因素，和这种行为相关的方面有时反映在具体钢的等温转变图或时间-温度-奥氏体化（TTA）图中。

图 3-53 所示为 CK45 钢（类似于 AISI 1045 钢）加热的 TTA 图。这个图是根据 Atlas zur Wärmebehandlungder Stähle 一书改编的，对于加热转变这一内容，该书是一本有帮助的参考书。浅灰色的 Ac_2线代表居里温度，低于居里温度下材料是有磁性的。叠加在温度-时间轴线上的曲线反映了升温速率在三个数量级之间变化（加热速率为 0.3~300℃/s）。对于这种中碳钢（亚共析钢），Ac_1 代表开始，Ac_3 代表奥氏体转变完成。奥氏体可能先消耗钢中的珠光体，因为低碳钢中先共析铁素体转变成奥氏体需要较高的温度。因此，碳化物可以在 Ac_3 温度完全溶解，特别是在较低的加热速度下。

碳化物溶解后再保温一段时间，奥氏体中的碳从不均匀分布直至充分扩散至整个原始组织。不均匀的奥氏体成分可能反映了后续奥氏体淬火过程不同的马氏体开始温度（*Ms* 点），其中贫碳区域的存在导致在较高的温度下比均质奥氏体更易形成马氏体。图 3-53 中清楚地说明了时间和温度对奥氏体转变动力学的影响。在缓慢加热的条件下，可在较低的温度下完成奥氏体转变及均匀化。不均匀奥氏体的存在和重要性与奥氏体化过程较快的加热速度和较短保温时间更有关，如感应淬火等许多应用。虽然图 3-53 显示的结果是非常有帮助的，但是需要再次强调的是曲线的位置和斜率取决于先前的工序和显微组织。

奥氏体形核可能发生在不同珠光体区域的界面或铁素体和碳化物的界面，在某些情况下（如纯铁或在更高的温度下）铁素体晶界也可能适当形核。已有研究表明，低碳钢薄板亚温退火过程中，奥氏体长大，经热卷和盘卷冷却（一般得到铁素体+珠光体组织），随后在铁素体+奥氏体两相区域退火，然后冷却，奥氏体转变成马氏体并生成双相的最终组

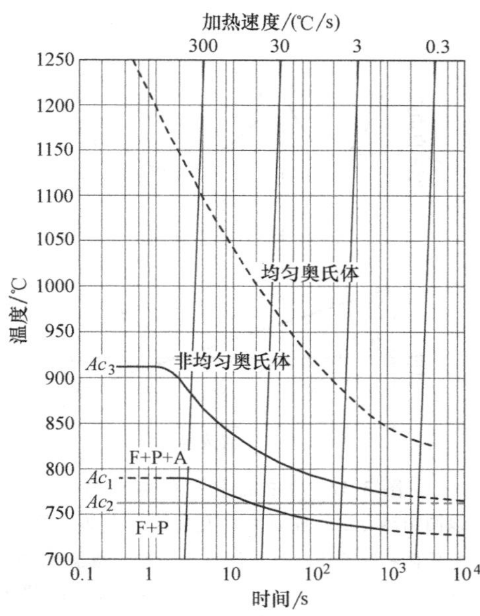

图 3-53 CK45 钢的 TTA 图

织。通常在钢中添加锰，以保证淬透性。

奥氏体形核首先发生在铁素体和珠光体界面并快速向珠光体方向生长，直到珠光体溶解完成。珠光体溶解完成后，发生在铁素体上的奥氏体进一步长大，通常受到奥氏体中碳扩散的控制。因为锰的分离而优先于铁素体形成奥氏体，所以在双相区的跨临界退火期间的最终平衡，涉及低合金钢在高温下完全奥氏体化过程中不适合应用的附加机制。锰分离非常缓慢，最后的锰再分配相数量调整也经历很长时间，这是不适用于工业加工的。

图 3-54 所示为 0.06C-1.5Mn 钢在加热 740℃、保温 1h 后的亚温退火后缓冷至室温的显微组织。该图清晰地显示了残留在原始组织中的铁素体，以及沿铁素体晶界分布的不均匀的奥氏体，该奥氏体从珠光体转变而来。铁素体呈暗灰色，相对而言奥氏体（室温下的显微照片已转变成马氏体）颜色较亮。图 3-54 中右侧插图显示了退火过程中形成的奥氏体岛空冷后组织的分布。这里，马氏体分布在外缘，缓慢冷却过程中奥氏体分解成铁素体和珠光体。这个相的分布反映了锰对外缘奥氏体淬透性的影响。这一例子提供了一个自铁素体+奥氏体的原始组织转变成奥氏体的范例，重要的是可能发生置换再分配。

图 3-55 所示为球化态的 100Cr6 钢（类似于 AISI 52100 钢）的 TTA 图。这种过共析钢含有大量的铬，铬存在于碳化物中。因为加热过程中在临界温度范围内碳化物和奥氏体是稳定的，碳化物溶解和置换（铬）原子扩散，奥氏体均匀化。Ac_{1b}标志着奥氏体形成开始，这里驱动力使铁素体转变，在其他碳化

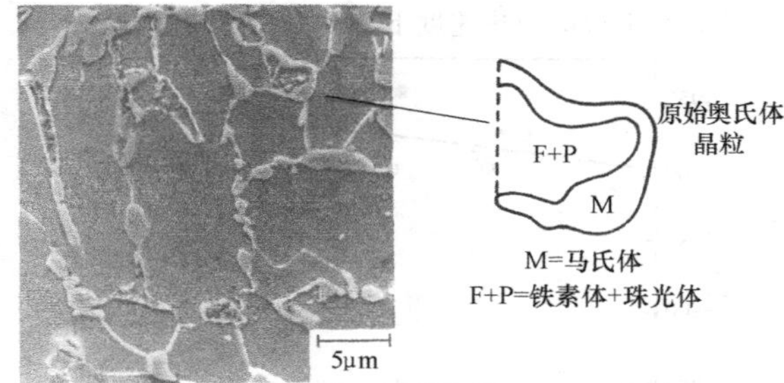

图 3-54 0.06C-1.5Mn 钢在加热至 740℃、保温 1h 后亚温退火再缓冷的显微组织

物粗化的同时，溶解一些碳化物。加热过程中铁素体转变完成用 Ac_{1e}表示，显微组织由奥氏体加碳化物组成。在高达 Ac_c较大温度范围内进一步加热，碳化物继续溶解，奥氏体均匀化过程中溶质碳和铬发生再分配。

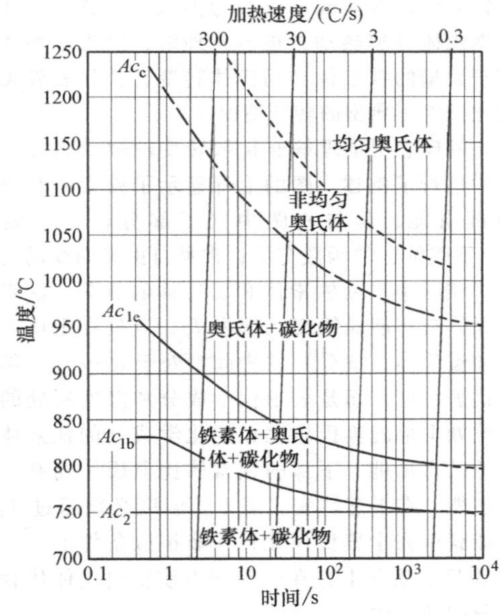

图 3-55 原始组织为铁素体+球状碳化物的 100Cr6 钢的 TTA 图

前面的讨论考虑到了奥氏体化过程中与碳化物行为相关的非平衡效应的影响。奥氏体化过程中快速加热和短时间保温时，如感应淬火，与铁素体行为相关的非平衡效应影响也会发生。在纯铁中的奥氏体组织是不可分割的，转变时没有发生碳或溶质转移，仅需短程原子移动，在界面重建一个不同的晶格结构。图 3-56 所示为转变温度（Ac_3）随着的加热速度的大幅变化而只有少量变化，相比图 3-53 和图 3-55 中的合金要少得多。铁素体在比共析温度更高的温度下是稳定的，一旦温度足够高，驱动力可用于转变成奥氏体，生长是非常快的（假如转变

不快，在更快的加热速度下需要更高的转变温度）。

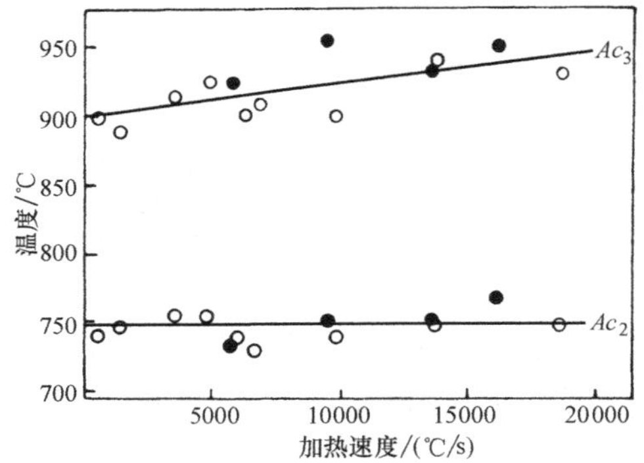

图 3-56 纯铁加热速度对铁素体转变成奥氏体的温度（Ac_3）的影响

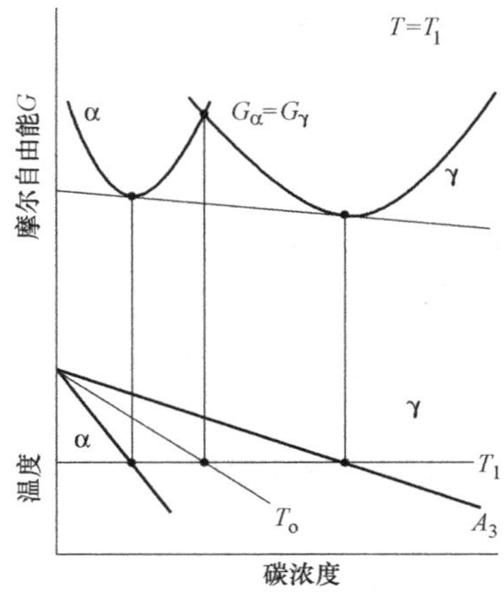

图 3-57 非扩散转变的驱动力

注：该图用热力学原理说明了 T_o曲线（上部）的来源，奥氏体和铁素体的自由能是平衡的，覆盖铁碳相图的一部分（下部）。常见的各自自由能曲线的切线给出了平衡态铁素体和奥氏体（A_3）的成分。

然而工业用钢通常不像纯铁，应该认识到假如它们持续到高温不转变成奥氏体，那么原始组织中大的铁素体晶粒表现出的行为类似于纯铁。冷却过程中奥氏体分解热动力很容易理解，因为这些条件适用于大量的铁素体和马氏体转变，其代表着无成分变化条件下典型的转变情况。

T_o的概念用于理解非扩散转变的驱动力并在图 3-57 中进行了阐述。图的上部显示了铁素体和奥氏体的自由能，其与相图中（下部分）某一温度（T_1）下碳浓度的函数有关；常见自由能曲线的切线定义了相图中平衡铁素体和奥氏体的成分。铁素体和奥氏体自由能曲线交点处为 T_o，其处在平衡态铁素体和奥氏体（成分）的中间，处于 α+γ 区。然而 T_o不代表平衡，而是表示化学成分和温度所处的位置，此处上部的奥氏体比相同化学成分的铁素体拥有更低的自由能，下部的铁素体比奥氏体拥有更低的自由能。在平衡转变状态下，温度必须超过 A_3曲线才能获得完全奥氏体化；在非扩散条件下一旦达到 T_o温度，实际上存在一驱动力使得奥氏体代替相同成分的铁素体。

对于铁素体的低碳钢，T_o温度很高，所以能很快发生非扩散型的奥氏体化。同等重要的是，假如奥氏体化时间短，不允许奥氏体均匀化，冷却过程中也会发生快速的非扩散转变。这个讨论的意义在于快速加热和含粗大铁素体组织短时保温（如沿着粗大珠光体）条件下的奥氏体形成的潜在应用，如在感应淬火过程中可以应用。在非扩散条件下可能会发生铁素体快速转变成奥氏体然后又变成铁素体的反应或逆向反应，最终显微组织包含低碳铁素体而表现为不完全奥氏体化下未转变的铁素体，但实际上是完全奥氏体化后奥氏体中碳未均匀化所致。

3.6.4 奥氏体晶粒的长大

奥氏体化过程中所需的奥氏体晶粒尺寸取决于实际应用。粗大的奥氏体晶粒可增加淬透性，尽管实际操作过程中是使用合金来控制淬透性的。细的奥氏体一般是优化最终显微组织的首选，可以增加强度和韧性。因为晶粒长大或晶粒粗化，所以随着时间的推移或温度的提高，奥氏体晶粒尺寸也会长大，如图 3-58 所示。在合金中，奥氏体晶粒粗化的行为可能有差异，因为以溶解状态或沉淀形式存在的合金元素会阻碍晶粒的长大，其作用方式是溶质阻力或沉淀钉扎作用分别对奥氏体晶界的运动产生影响。在许多钢中的沉淀钉扎物是铝氮化合物，如 AlN，并在热处理过程（如正火、渗碳等）中奥氏体区域提供有效的晶粒细化能力。许多钢在铸造前液体状态下加入铝去除氧，在冷却或重新加热过程中与溶解的氮结合形成铝氮化合物。在很多钢随后的再次奥氏体化过程中，铝细化晶粒的作用可以有效抑制晶粒的长大。

图 3-59 显示了制造过程中采用铝脱氧和未采用铝脱氧的钢（在实际生产中分别称为细晶粒钢与粗晶粒钢）的奥氏体晶粒尺寸所对应的 ASTM 国际晶粒度与加热（奥氏体化）温度对应关系。要注意的是较小的 ASTM 国际晶粒度代表粗晶粒。在无氧的粗晶粒钢中，奥氏体晶粒尺寸随着温度升高持续长大。在加铝细晶粒钢中，奥氏体晶粒受到 AlN 的钉扎作用，即使达到晶粒粗大的温度，晶粒尺寸仍可保持细小（其他沉淀物如氮化钒或碳化铌在重新奥氏体化过程中也可有效地抑制晶粒粗化）。在晶粒粗化的温度下晶粒长大动力会突然增加，这种异常粗化会导致一些晶粒比其他晶粒长得更粗大，如果未

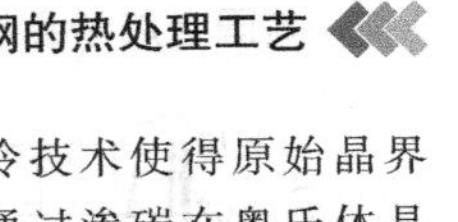

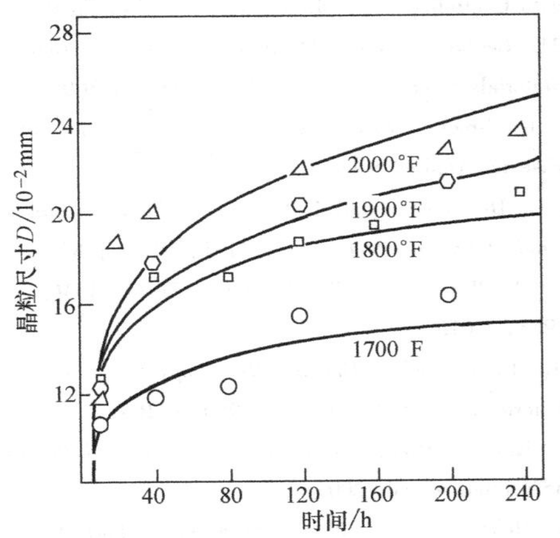

图 3-58　纯铁奥氏体晶粒与奥氏体化时间和温度的对应关系（显示预期的晶粒长大行为）

添加晶粒细化元素，会导致晶粒比观察到的晶粒粗大。在较高的奥氏体化温度下，钉扎的颗粒也会粗化并失去有效性，正常的晶粒重新变大，最终奥氏体晶粒与未添加晶粒细化元素的钢类似。

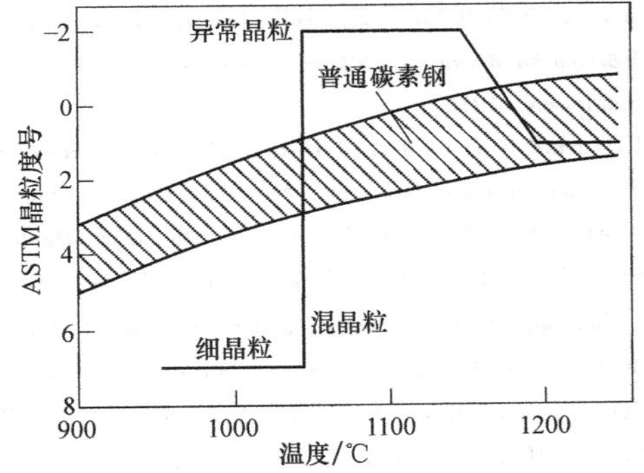

图 3-59　普通粗晶粒碳钢（阴影区）和细晶粒钢（实线区）奥氏体化温度对奥氏体晶粒尺寸的影响

注：ASTM 国际晶粒度级别"N"定义为 $2^{N-1}=n$，此处的 n 为 100 倍放大倍率下 $1in^2$ 内的晶粒数。

因为奥氏体晶粒尺寸会影响最终显微组织和具体应用的力学性能，因此最好先测量一下原始奥氏体的尺寸。使用术语"原始奥氏体"，是因为在高温状态下奥氏体晶粒不再存在，在室温下已转变成各种不同的显微组织。使用精细金相技术（和特殊的腐蚀剂）很容易获得原始奥氏体的晶界，特别是全马氏体组织（因为马氏体只会在一个奥氏体内生长，不会穿过奥氏体晶界）或部分转变的组织，这些特定的转变产物显示了原始奥氏体晶界，转变过程中仅在这些晶界上形核。其他情况下，如低碳铁素体组织，很难分析出原始奥氏体组织。借助于特殊的处理可渲染出原始奥氏体组织，用于描述特定钢的奥氏体化反应。例如，使用控冷技术使得原始晶界上明显产生转变产物，同时可通过渗碳在奥氏体晶界上产生碳化物网，其在冷却转变后仍然保留在组织中。

3.6.5　奥氏体中溶质浓度的控制

虽然在许多热处理过程中，沉淀物对于控制奥氏体晶粒尺寸是有帮助的，但也有其他的具体应用中必须使得某些沉淀物溶解进奥氏体获得预期的效果。具体实例如含硼马氏体钢和微合金化高强度低合金（HSLA）钢。在添加硼的钢中，溶解的硼负责隔离奥氏体晶界并在典型的奥氏体化处理中大幅度地提高淬透性，硼的最佳质量分数为 $1\times10^{-3}\%$ 或 $2\times10^{-3}\%$。硼是很强的氮化物形成元素，所以经常添加钛（超过氮的浓度）来防止 BN 的沉淀，因为溶解状态下存在的硼才是有效的。碳化硼铁相也可形成，不管怎样，对这些钢在选择奥氏体化时间和温度时必须认真考虑沉淀物 $Fe_{23}(C, B)_6$ 的动力学。

微合金化（HSLA）钢通常来说要经过热机械加工，作为在奥氏体区域热加工的一部分，以改变最终组织和性能。例如添加少量的铌，抑制了精轧、锻造等奥氏体热加工区域低温（区）奥氏体再结晶。变形的（"薄烤饼"）未结晶奥氏体增加了奥氏体晶粒边界表面区域，提高了转变过程中的形核，获得更细的显微组织并提高了强度和韧性。其关键机理为奥氏体晶界上微合金碳化物沉淀和热机械加工过程中产生的亚结构组织（亚晶界）；沉淀物钉扎晶界并抑制再结晶。应用该机理时，必须控制微合金碳化物的溶解度，因为热加工前的重新加热过程中碳化物必须溶解进奥氏体中，然后在热加工区域较低温度范围内发生沉淀。假如沉淀物在重新加热过程中未溶解，它们就不会提供对热机械加工过程有利的反应（这一机理不应该与先前讨论的细晶粒实践相混淆，热处理过程中奥氏体化阶段保持沉淀物不溶解，非热加工过程，有助于抑制奥氏体晶粒长大）。

合金元素的溶解度很容易理解，相关碳化物和氮化物的文献可用于确定各种溶解产物关系的变化。例如，图 3-60 所示的奥氏体中碳化铌溶解度的等温线，显示了碳化铌的溶解度主要取决于温度，以及碳和铌的浓度。等温线代表平衡态奥氏体中铌和碳溶解度。式（3-4）很好地表达了溶解度，溶解度用质量分数表示，温度为热力学温度（单位为 K）：

$$\lg[Nb][C]=2.26-6770/T \tag{3-4}$$

对于特地加到钢中的碳和铌，溶解度等温曲线显示再加热过程中所关注的温度下所有的碳化铌是

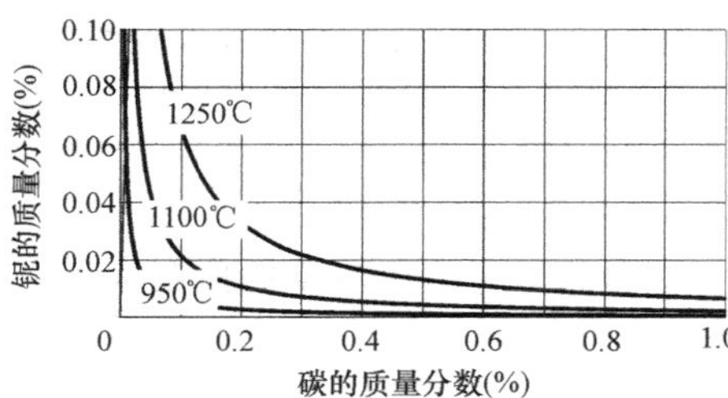

图 3-60 奥氏体中碳化铌溶解度的等温线

否溶解。假如碳和铌的浓度低于给定温度下的溶解度等温曲线上的对应值，那么碳化铌在该温度下可以完全溶解进奥氏体。假如浓度高于溶解度等温曲线上的对应值，那么碳化铌沉淀物会以平衡状态存在；NbC、剩余铌的数量和奥氏体中的碳可从适当的质量平衡角度考虑进行决定。这些溶解度因素对于热机械加工过程中的过程设计和合金化是至关重要的，它们也适用于设计沉淀物的方案，用于热处理过程中增强阻碍奥氏体晶粒粗化，并被证明是切实有效的。例如，在不粗化显微组织的前提下提高渗碳使用的温度，可使得碳扩散加速。

致谢

特别鸣谢科罗拉多州矿业学院先进钢加工和研究中心的赞助商。

参考文献

1. F. C. Campbell, Ed., *Elements of Metallurgy and Engineering Alloys*, ASM International, 2008, p 153
2. T. B. Massalski, H. Okamoto, P. R. Subramanian, and L. Kacprzak, *Binary Alloy Phase Diagrams*, 2nd ed., ASM International, 1990, p 843
3. R. F. Mehl and C. Wells, Constitution of High-Purity Iron-Carbon Alloys, *Met. Technol.*, Vol 4 (No. 4), TP 798, June 1937, p 1-41
4. *Heat Treating*, Vol 4, *ASM Handbook*, ASM International, 1991, p 961
5. C. J. Van Tyne, Forging of Carbon and Alloy Steels, *Metalworking: Bulk Forming*, Vol 14A, *ASM Handbook*, ASM International, 2005, p 241-260; Cites original source: J. T. Winship, Fundamentals of Forging, *Am. Mach.*, July 1978, p 99-122
6. K. W. Andrews, Empirical Formulae for the Calculation of Some Transformation Temperatures, *JISI*, Vol 203, 1965, p 721-727
7. J. J. Coryell, D. K. Matlock, and J. G. Speer, The Effect of Induction Hardening on the Mechanical Properties of Steel with Controlled Prior Microstructures, *Heat Treating for the 21st Century: Vision 2020 and New Materials Development*, Materials Science and Technology (MS&T) 2005, p 3-14
8. C. R. Brooks, *Principles of the Austenitization of Steels*, Elsevier Applied Science, 1992
9. B. C. De Cooman and J. G. Speer, *Fundamentals of Steel Product Physical Metallurgy*, AIST, 2011, p 85-89
10. G. A. Roberts and R. F. Mehl, *Trans. ASM*, Vol 31, 1943, p 615
11. L. E. Samuels, *Optical Microscopy of Carbon Steels*, American Society for Metals, 1980, p 266
12. G. Krauss, *Steels: Processing, Strutcture and Performance*, ASM International, 2005
13. G. Molinder, A Quantitative Study of the Formation of Austenite and the Solution of Cementite at Different Austenitizing Temperatures for a 1. 27% Carbon Steel, *Acta Metall.*, Vol 4, 1956, p 565-571
14. J. Orlich, A. Rose, and P. Wiest, Zeit-Temperatur-Austenitisierung-Schaubilder, *Atlas zur Wärmebehandlung der Stähle*, Band 3 (Vol 3), Verlag Stahleisen, 1973
15. J. Orlich and H. -J. Pietrzeniuk, Zeit Temperatur Austeniti sierung Schaubilder 2, Teil (Part 2), *Atlas zur Wärmebehandlung der Stähle*, Band 4 (Vol 4), Verlag Stahleisen, 1976
16. K. Clarke, "The Effect of Heating Rate and Microstructural Scale on Austenite Formation, Austenite Homogenization, and As-Quenched Microstructure in Three Induction Hardenable Steels," Ph. D. thesis, Colorado School of Mines, 2008
17. G. R. Speich, V. Demarest, and R. L. Miller, Formation of Austenite during Intercritical Annealing of Dual-Phase Steels, *Metall. Trans.* A, Vol 12, Aug 1981, p 1419-1428
18. W. L. Haworth and J. G. Parr, The Effect of Rapid Heating on the Alpha-Gamma Transformation in Iron, *Trans. ASM*, Vol 58, 1965, p 476-488
19. E. D. Schmidt, E. B. Damm, and S. Sridhar, A Study of Diffusion and Interface-Controlled Migration of the Auslenile/Ferrite Front during Austenitization of a Case-Hardenable Alloy Steel, *Metall. Mater. Trans. A*, Vol 38, April 2007, p 698-715
20. H. K. D. H. Bhadeshia, *Bainite in Steels*, 2nd ed., IOM Communications, 2001, p 9
21. H. B. Probst and M. J. Sinnott, *Trans. AIME*, Vol 203, 1955, p 215
22. T. Gladman, *The Physical Metallurgy of Microalloyed Steels*, The Institute of Materials, 1997
23. E. C. Bain, *Functions of the Alloying Elements in Steel*, American Society for Metals, 1939, p 137
24. K. A. Alogab, D. K. Matlock, J. G. Speer, and H. J. Kleebe, The Influence of Niobium Microalloying on Austenite Grain Coarsening Behavior of Ti-Modified SAE 8620 Steel,

ISIJ Int., Vol 47, 2007, p 307-316

25. H. W. McQuaid, The McQuaid-Ehn Test, *Metals Handbook*, American Society for Metals, 1948, p 407-408
26. K. A. Taylor and S. S. Hansen, The Boron Hardenability Effect in Thermomechanically Processed, Direct-Quenched 0.2 Pct. C Steels, *Metall. Trans.* A, Vol 21, June 1990, p 1697-1708
27. J. G. Specr, J. R. Michael, and S. S. Hansen, Carbonitride Precipitation in Niobium/Vanadium Microalloyed Steels, *Metall. Trans.* A, Vol 18, 1987, p 211-222

3.7 钢的淬火-碳分配热处理

Li Wang, Automotive Steel Research Institute and Baoshan Iron & Steel Company, Ltd. John G. Speer, Colorado School of Mines

淬火-碳分配（Q&P）钢是一用于描述最近开发的一系列经过淬火和碳分配热处理工序的 C-Si-Mn 钢、C-Si-Mn-Al 钢或其他钢的术语。在汽车结构中采用 Q&P 钢的目的是获得一种新型的超高强度钢，汽车在具有良好的燃油经济性的同时用这种钢提高乘客的安全性。Q&P 钢的最终显微组织为铁素体（假如采用部分奥氏体化）、马氏体和残留奥氏体，它具有很好的强度和韧性，可用作新一代先进高强度汽车钢板（AHSS）。虽然汽车车身上的应用只是 Q&P 钢在工业范围内应用迈出的第一步，但这种热处理概念也适用于其他领域的潜在应用。

在 2003 年，斯佩尔（Speer）等人首先提出了一种方法——淬火和碳分配方法，使用该方法开发出新型的包含残留奥氏体的马氏体钢（Q&P 钢），基本原理是碳原子可从饱和马氏体扩散至邻近未转变的奥氏体并稳定至室温。Q&P 钢的第一步处理是部分或完全奥氏体化，然后间断淬火至处于马氏体转变开始（*Ms*）和马氏体转变结束（*Mf*）之间某一温度，得到未转变的残留奥氏体，在原始淬火温度或高于该温度下退火或进行所谓的碳分配处理。用增强硅合金阻碍渗碳体沉淀，期望残留奥氏体被来自溶解度很低的过饱和马氏体中的碳所富化。该处理应该产生一细针状贫碳的集合体和潜在的无碳板条马氏体交织富含碳稳定化的残留奥氏体。结果是，$w(C)=0.2\%$、$w(Al)=1\%\sim1.5\%$、$w(Mn)=1\%\sim1.5\%$ 的 Q&P 钢达到了 1000～1400MPa（145～200ksi）的超高强度和 10%～20%的足够的塑性；通过研究这一新兴技术可持续提升钢的力学性能。初始的研究也提出了针对 Q&P 钢和其热处理的相应热力学模型，这就是所谓的限制碳平衡方程。

自 2003 年首次提出，Q&P 钢因其具有强度和塑性增高潜力，以及与形变诱发塑性钢（TRIP 钢）相似的化学成分获得了很大的关注，并成为第三代汽车用钢（图 3-61）。许多学者已经对 Q&P 钢经过各种热处理后力学性能和显微组织之间的关系进行了研究，结果表明 Q&P 钢的超高强度源自板条马氏体，而其良好的塑性归因于残留奥氏体形变过程中的形变诱发塑性辅助行为。德·摩尔（De Moor）等人研究了残留奥氏体的稳定性并展示了 Q&P 钢中形变诱发塑性的发生，从而显著地显现出应变强化行为。桑托菲米亚（Santofimia）等人和高滨（Takahama）等人分析了退火过程中显微组织的演变，使用模型分析马氏体-奥氏体界面碳分配迁移动力的影响，展示了碳分配过程中由于显微组织演变重大的差异导致界面移动的差异。另外，马特洛克（Matlock）等人和托马斯（Thomas）等人讨论了 Q&P 钢的加工因素，将 Q&P 概念用于已生产的汽车制品中的注意事项。后来有许多研究团队出版发布了相关论著。在 2009 年，世界上第一批工业化生产的 Q&P 冷轧钢板由宝钢生产，抗拉强度超过 980MPa（142ksi），同时塑性超过 15%。在 2012 年，抗拉强度为 980MPa 的 Q&P 钢成功地实现商业化，同时 1180MPa（170ksi）强度的钢板正在研发。Q&P 钢热处理的概念有更广泛潜在的应用，并在未来可能会扩展到其他产品和应用上。

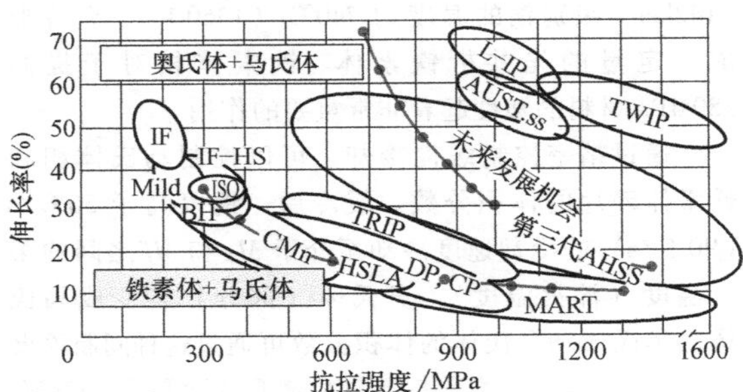

图 3-61 第三代先进高强度钢板的奥氏体/马氏体混合组织的潜在力学性能目标

译注：IF—无间隙原子钢 Mild—低碳铝镇静钢 IF-HS—高强度 IF 钢 BH—烘烤硬化钢 ISO—各向同性钢 CMn—碳锰钢 HSLA—高强度低合金钢 DP—双相钢 CP—复相钢 TRIP—相变诱发塑性钢 MART—马氏体钢 TWIP—孪晶诱发塑性钢 AUST. ss—奥氏体不锈钢 AHSS—先进高强度钢 L-IP—具有诱导塑性的轻量化钢

3.7.1 化学成分与退火工艺

1. 化学成分

表 3-20 列出了典型的 Q&P 钢的化学成分。Q&P 钢为亚共析铁-碳合金，碳的质量分数一般为 0.15%～0.30%，与 TRIP 钢类似。Q&P 钢也含有合

金元素，如硅，可阻碍碳化相（Fe_3C）沉淀，这种现象存在于室温下的典型钢中。这使得奥氏体相保持较高的碳浓度，并在室温下稳定。考虑到焊接性问题，现有的Q&P钢中碳的质量分数限制在0.15%~0.30%。如表3-20所示，Q&P钢中的锰含量较高，目的是增加淬透性和奥氏体稳定化。硅用于稳定在连续退火和室温状态的奥氏体，因为硅可以显著地增强铁素体和奥氏体中碳的活性并降低铁素体中的溶碳量。因此，碳分配阶段硅阻碍渗碳体的形成。因为Q&P钢在超高强度和超塑性之间已经表现出很好的平衡，已没有添加其他合金成分的必要，尽管使用微合金化可能有效或其他概念用于额外强化。

表3-20　典型的Q&P钢的化学成分

化学成分(质量分数,%)					
C	Mn	Si	Al	P	S
0.15~0.30	1.5~3.0	1.0~2.0	0.02~0.06	<0.015	<0.01

2. 温控技术和相变

图3-62所示为Q&P钢连续退火过程和后续相变行为的示意图。为了生产具有超高强度和良好塑性的Q&P钢，通过一独特的退火过程可获得适当的相分布。首先，钢材被加热到高于Ac_3温度（退火温度），此时材料由奥氏体组成，然后缓慢冷却到低于Ar_3温度的某一温度（缓冷温度或缓冷），对于980MPa（142ksi）级别钢的温度约740℃（1360℉），允许形成一定量的先共析铁素体。铁素体相对于提高980MPa材料的塑性起着非常重要的作用。

通过精密控制缓慢冷却，可以控制马氏体相和铁素体碎片的体积分数。缓冷后，钢以高于50℃/s（90℉/s）的冷却速度冷却至介于Ms和Mf之间的某一温度（淬火温度），奥氏体（部分）转变成马氏体。奥氏体和马氏体的体积分数可通过这种间断淬火的方法进行控制。淬火后，钢材一般被重新加热到更高的温度（碳分配温度）并保持几分钟。在一个典型的合金钢中，马氏体中过饱和碳会导致渗碳体沉淀。然而，高浓度的硅将阻碍形成渗碳体。因此，马氏体中多余的碳分配进入残留奥氏体中，因为奥氏体具有面心立方结构，比体心立方结构的马氏体具有更高的溶碳量。最后，当钢冷却至室温，稳定富碳的奥氏体得以保留。通过这种独特的热处理后，获得的最终显微组织是铁素体、马氏体和残留奥氏体。生产Q&P钢的退火关键因素是需要快速冷却，而且淬火温度必须很容易控制在低于Ms温度。

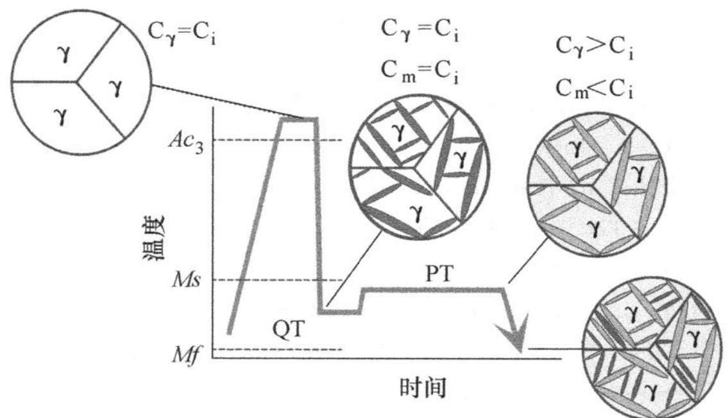

图3-62　Q&P钢连续退火过程和后续相变行为示意图
QT—淬火温度　PT—碳分配温度
译注：C_i、C_γ、C_m分别为合金初始碳含量、奥氏体中碳含量和马氏体中碳含量

3.7.2　显微组织与力学性能

商用Q&P钢主要由淬火过程中形成的马氏体（50%~80%）和在缓冷过程中由奥氏体相形成的铁素体，以及碳分配过程中依靠碳稳定化的分散残留奥氏体（5%~10%）组成。通过降低铁素体的体积分数可生产更高强度的产品。图3-63所示为用扫描

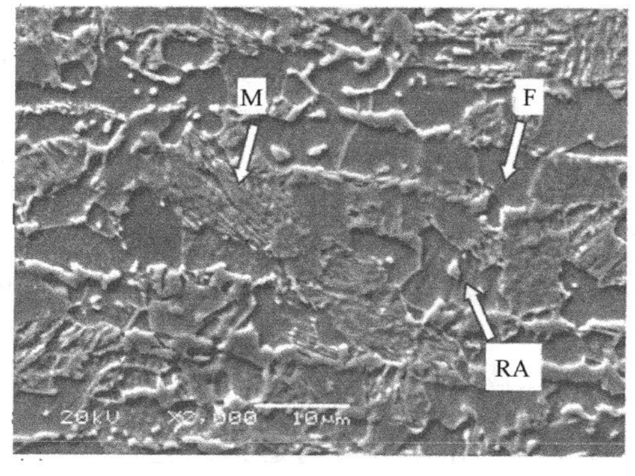

a)

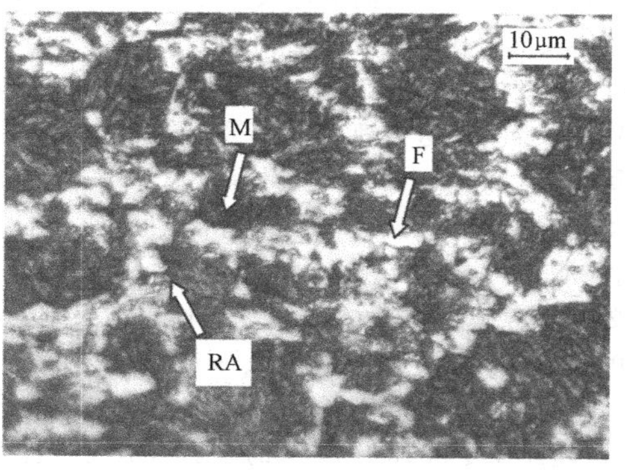

b)

图3-63　用扫描电镜和光学显微镜拍摄的Q&P钢的显微组织
a）用扫描电镜拍的　b）用光学显微镜拍的
M—马氏体　F—铁素体　RA—残留奥氏体

电镜和光学显微镜拍摄的Q&P钢的显微组织照片，可以看到小的团絮状残留奥氏体和在板条马氏体上存在的薄膜状奥氏体。较细的Q&P钢显微组织一般通过光学显微镜不能很好地分辨。一些额外与显微组织相关的方面包含在下面部分。

1. 力学性能

亚稳态的富碳残留奥氏体被认为是有益的，因为变形过程中产生相变诱发塑性，也就是说形变诱发塑性现象有利于加工硬化，从而提高成形性能和断裂韧性。变形过程中，分散分布的残留奥氏体逐渐转变成更硬的马氏体，达到了高的拉应力水平，因此产生了高的加工硬化率。图3-64所示为典型的拉伸曲线，可以看到抗拉强度为980MPa（142ksi）时，Q&P钢的应变近似为20%。表3-21中记录了当今典型的Q&P钢的力学性能，最低抗拉强度分别为980MPa和1180MPa（142ksi和170ksi）。

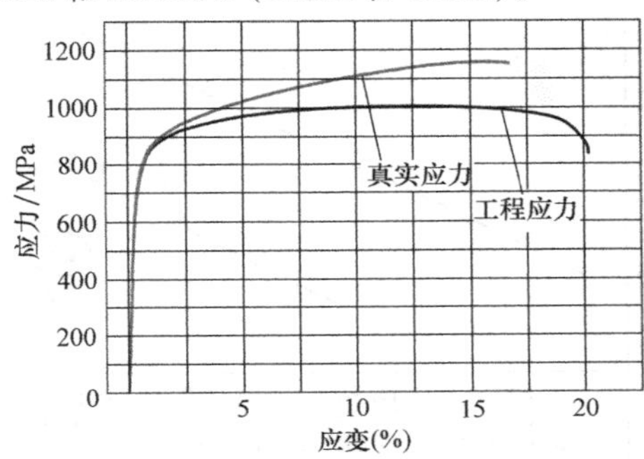

图3-64 工业化生产的980MPa级别Q&P钢的拉伸曲线

表3-21 当今典型的Q&P钢的力学性能

牌号	屈服强度		抗拉强度		伸长率
	MPa	ksi	MPa	ksi	(%)
Q&P 980	650~800	95~115	980~1050	140~150	17~22
Q&P 1180	950~1150	140~170	1180~1300	170~190	8~14

2. 应用

Q&P钢具有超高强度和优良的塑性或成形性，有利于减轻车身重量，并且还可提高乘客的安全性。Q&P钢的加工硬化率比传统的高强度钢（HSS）大幅度提升，有非常重要的拉伸成形性能。相比较其他具有相同抗拉强度的HSS钢，Q&P钢具有更好的成形性能。因此，它特别适用于汽车结构和安全件，如横梁、无腹筋梁、B柱、底盘和保险杠，而采用传统相同强度的HSS钢则无法冷成形。图3-65中列出了典型的采用Q&P钢生产的汽车零部件。这类钢在早期工业化生产中就获得应用，将来也有可能在汽车和其他用途的高强度零件上获得应用。

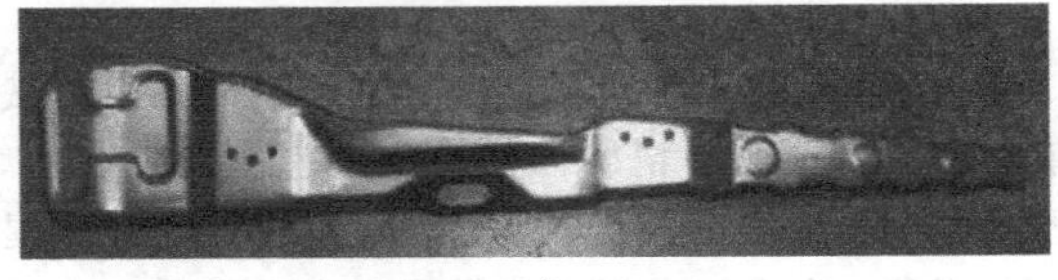

a)

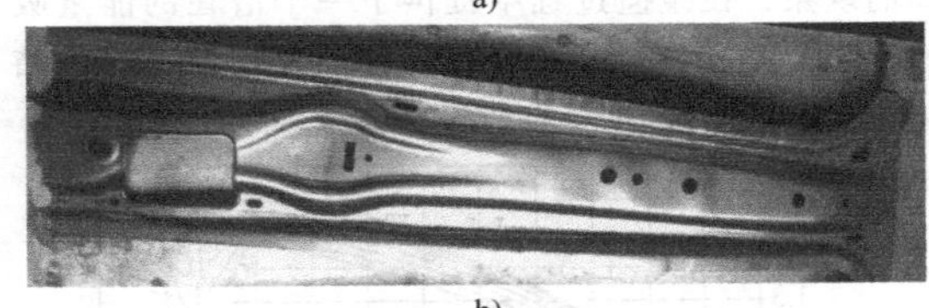

b)

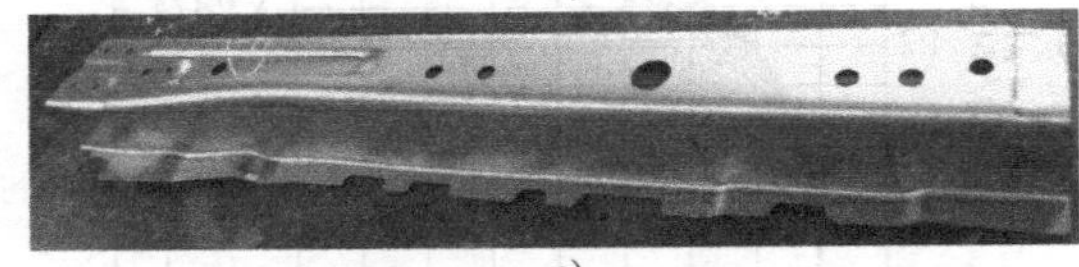

c)

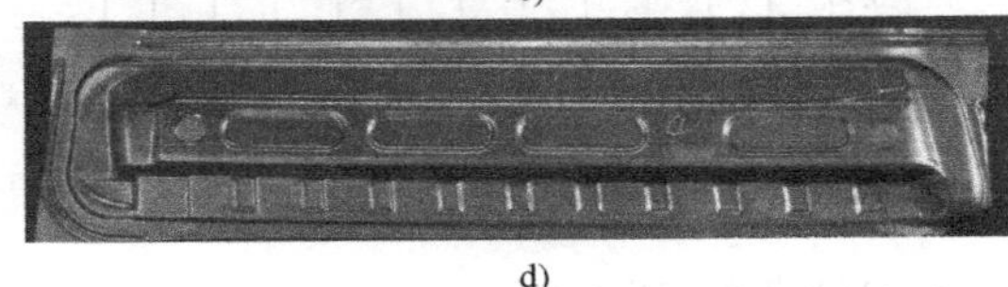

d)

图3-65 典型的采用Q&P钢生产的汽车零部件

a）汽车车身左/右B柱加强筋。材料：Q&P980钢；壁厚：2mm（0.08in） b）B柱内部。材料：Q&P980钢；壁厚：1.2mm（0.05in） c）侧梁前底板（左）。材料：Q&P980钢；壁厚：1.8mm（0.07in） d）左/右门芯板内侧。材料：Q&P980钢；壁厚：1.0mm（0.04in）

3. 成形性

Q&P钢相对抗拉强度而言具有高塑性。例如，冷轧Q&P 980钢最大伸长率近似为20%，冷轧Q&P 1180钢的最大伸长率近似为12%。图3-66所示为冷轧Q&P 980钢、双相（DP）780钢和DP 980钢的典型成形极限曲线。Q&P 980钢的成形性优于DP 980

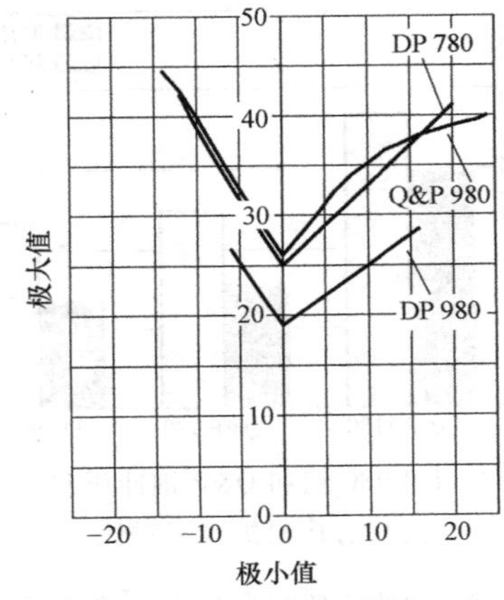

图3-66 Q&P980钢、DP 780钢和DP 980钢的成形极限曲线［板厚：1.2mm（0.05in）］

钢，并可达到 DP 780 钢的水平。

4. 动态力学性能

除了准静态拉伸试验结果，钢板的动态拉伸试验对于汽车工业中精确评估防撞性也是很重要的。积极的应变率敏感性，也就是随应变率提高强度提高的现象，在碰撞过程中提供了一个潜在的能量吸收能力。图 3-67 所示为 Q&P 980 钢动态拉伸试验结果，显示了 Q&P 钢具有积极的应变率敏感性。

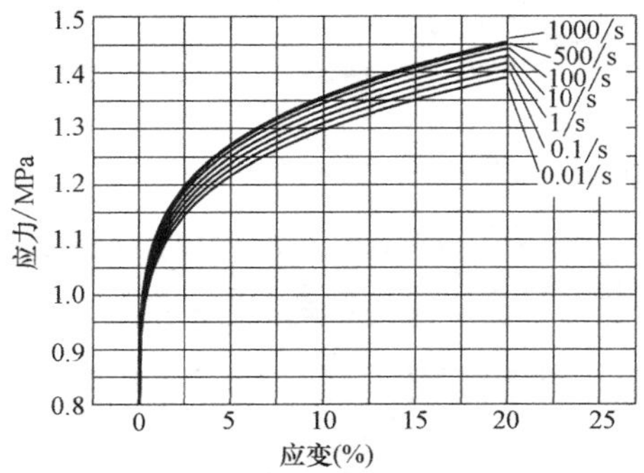

图 3-67 Q&P 980 钢动态拉伸试验结果

5. Q&P 钢的应用性能

(1) Q&P 钢的孔洞扩张率 对于 HSS 钢，冲压过程中关注的焦点是在拉伸模式中剪边的失败。孔洞扩张率（HER）通常用来描述剪边边缘的拉伸性能。图 3-68 所示为 Q&P 1180 钢和 Q&P 980 钢对比 DP 980 钢的 HER 值。对于冲压或车加工边缘，Q&P 1180 钢比 Q&P 980 钢和 DP 980 钢具有更高的 HER 值，虽然 Q&P 980 钢与 DP 980 钢具有相似的 HER 值。Q&P 1180 钢具有高 HER 值的一种可能性是其具有高的屈强比和均匀的显微组织。应该注意的是相比较车加工内孔，冲压孔时的 HER 值显著降低。这可能是由于多相钢的局部伸长率降低，在塑性铁素体和硬化相间产生了界面失效。

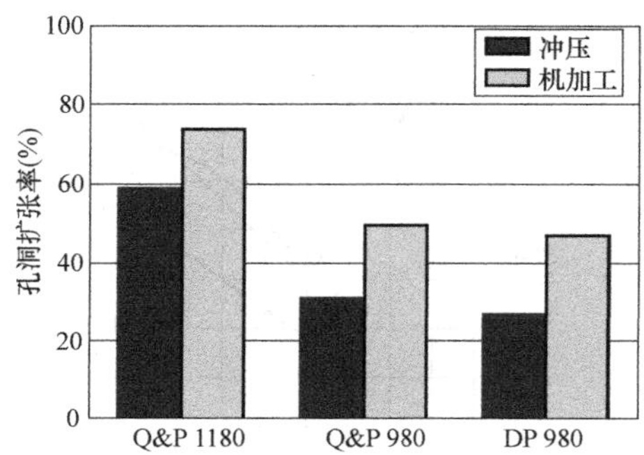

图 3-68 DP 980 钢和 Q&P 钢冲压和机加工孔时的孔洞扩张率对比

(2) Q&P 钢的剪切断裂行为 拉伸过程中，当模具中的拉伸几何半径小于材料的传统成形极限时也会发生剪切断裂，因此，将传统成形极限作为失效标准的前提下用计算机模拟也不能预测这类断裂。对于 AHSS 钢，剪切断裂是另一个需要处理的制造问题。Q&P 钢的剪切断裂性能可以用弯曲下的拉伸试验进行评估，临界 R/t 值可根据郝金斯开发的标准来判断。图 3-69 一并给出了 Q&P 980 钢、DP 980 钢、TRIP 780 钢的临界 R/t 值和郝金斯测试的商业用钢的数据，它们均与抗拉强度成函数关系。结果表明，商业用钢一般随着抗拉强度从 400MPa 增加到 1100MPa（从 60ksi 增加到 160ksi），其临界 R/t 值也上升。有趣的是 Q&P 980 钢拥有比那些具有 780MPa 和 980MPa 强度的其他钢更低的 R/t 值，接近于具有 600MPa（87ksi）强度等级的钢。因此，Q&P 980 钢的剪切断裂性能应该优于 DP 980 钢、DP 780 钢和 TRIP 780 钢。

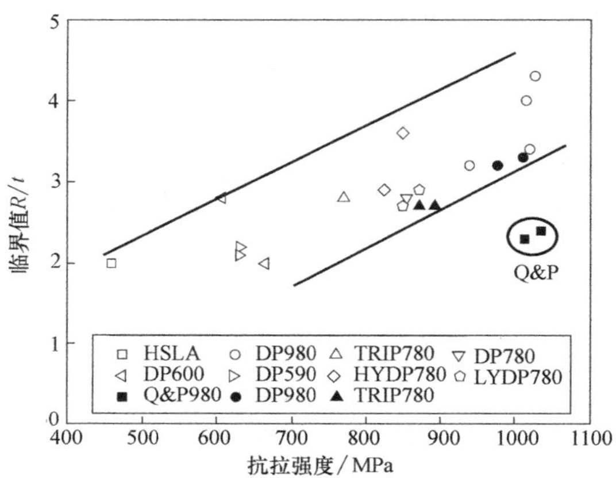

图 3-69 Q&P 980 钢和其他高强度钢临界 R/t 值的对比

注：未填充的空白点数据来自郝斯金（Hudgins）的著作。

(3) Q&P 钢的回弹行为 许多报道指出，AHSS 钢的回弹问题比传统的 HSS 钢更严重。采用弯曲拉伸试验将 1.2mm 厚（0.05in）的 Q&P 980 钢与 1.2mm 厚的 DP 980 钢进行回弹角对比，发现回弹角和标准的回弹力之间有很强的线性关系，如图 3-70 所示。随着回弹力增加，回弹角降低。当使用半径为 5mm 的模具时 Q&P 980 钢和 DP 980 钢之间几乎观察不到差别。当用半径为 12.7mm 的模具时，Q&P 980 钢比 DP 980 钢有更小的回弹角度，意味着在相同的条件下 Q&P 980 钢应该比 DP 980 钢具有更好的回弹性能。

3.7.3 残留奥氏体的力学性能和稳定性

在 Q&P 钢加工过程中的基本原则是通过优化化学成分（合金元素如碳、锰、硅等）、晶粒细化和相形态，保留适当稳定的残留奥氏体。

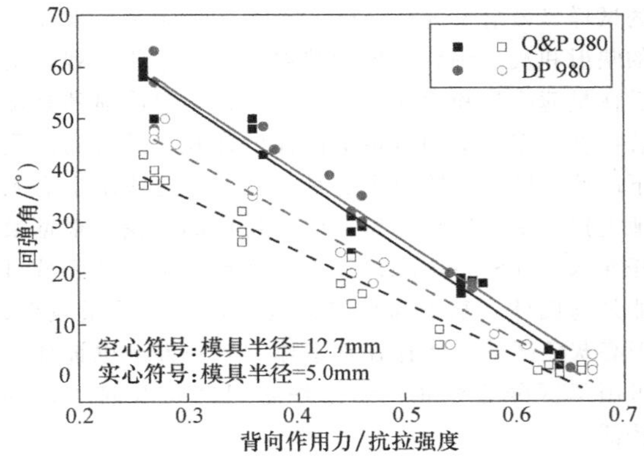

图 3-70 弯曲拉伸试验测得的 Q&P 980 钢和 DP 980 钢的回弹角对比

1. 力学性能

图 3-71 所示为在 6 种温度下通过纵向测量器获得的工程拉伸曲线。试样显示出了连续屈服行为，这可以解释为因马氏体引入的高密度位错的结果。拉伸诱发转变的 Ms^{σ} 温度可用来描述残留奥氏体的稳定性。当拉伸拉伸温度范围为 $Ms \sim Ms^{\sigma}$ 时，在先前的形核点发生奥氏体的塑性变形，包括应力诱发转变，屈服过程中负载下降明显。当温度处于 $Ms^{\sigma} \sim Md$ 之间，残留奥氏体的稳定性将增加，也许会导致从应力诱发转变向拉伸诱发转变的转换。Md 指的是变形过程中无马氏体转变的最低温度。实际生产中，希望在更高的拉应力下获得奥氏体的形变诱发马氏体转变，以提高材料的拉伸塑性。

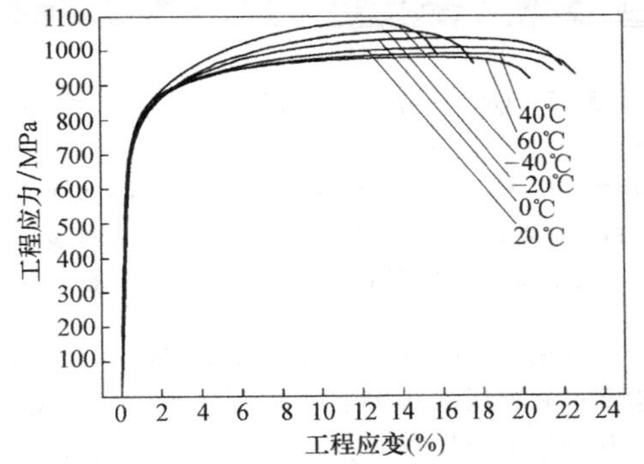

图 3-71 不同温度下通过纵向测量器获得的工程拉伸曲线

绝大多数低合金 TRIP 钢的 Ms^{σ} 温度通常为 -10～+10℃（14～50℉）。然而，根据图 3-71 中屈服行为的解释，检查过的 Q&P 钢的 Ms^{σ} 温度被证实低于-40℃。与 TRIP 钢相比，Q&P 钢中的残留奥氏体更稳定，这意味着更有利于成形加工。

图 3-72 说明了测试温度对 Q&P 980 钢的屈服强度（YS）、极限抗拉强度（UTS）和总伸长率（TEL）的影响，可以观察到在超出测试温度范围的情况下 YS 相对于 UTS 而言更为稳定；测试温度从 -40℃ 提高到 60℃（-40～140℉），UTS 值降低近似 104MPa（15ksi），然而 YS 相对稳定。低温下这种强度的影响归结于两个因素：热激活流量减少和残留奥氏体的转变，这些随后进行说明。TEL 值也随着测试温度发生显著变化。对于这种钢而言，TEL 值的最大值出现在 0～20℃（32～68℉）的温度范围，超过 20℃（68℉）后随着温度上升 TEL 值略微降低。奥氏体的化学成分和晶粒尺寸的分布影响其稳定性，更细颗粒的尺寸和更高碳浓度的残留奥氏体更稳定，变形过程中更抗转变。20℃（68℉）前提高测试温度将进一步提高残留奥氏体的稳定性，钢的塑性明显开始恶化。

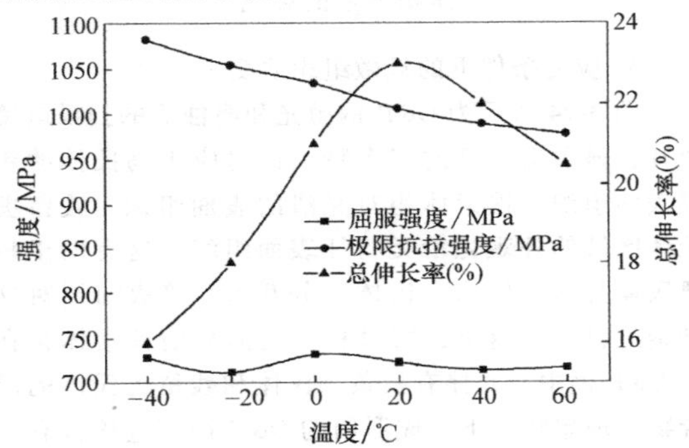

图 3-72 测试温度对 Q&P 980 钢力学性能的影响

2. 残留奥氏体的转变

残留奥氏体的稳定性：使用 X 射线衍射仪、扫描电镜、电子散射衍射仪在不同单向拉伸测试温度下观察奥氏体的变形和转变行为。如图 3-73 所示，残留奥氏体体积分数（$V\gamma$）的变化通过 X 射线衍射仪在不同测试温度和拉应力状态下对 Q&P 钢板测试得出。总的来说，$V\gamma$ 的变化可粗略分为两个阶段：小应变下的快速降低阶段（阶段 Ⅰ）和大应变下更快速的降低阶段（阶段 Ⅱ）。然而在某些情况下，通常在较高的温度下测试，第一阶段的行为并不明显，从变形开始残留奥氏体体积分数的减小速率几乎是恒定的。应该指出的是，在较低测试温度下的转变速度（$dV\gamma/d\varepsilon$）快于高温下的转变速度，这意味着在较低温度下奥氏体的机械稳定性有所降低，因为形变诱发马氏体转变（DIMT）仅需要较小的驱动力。在较小应变下的 DIMT 行为就是典型的应力诱发马氏体转变。例如，在 -40℃（-40℉）下测试发现，几乎所有的残留奥氏体都转变成马氏体，应变 5%后仅保留约 3%的残留奥氏体。在 60℃（140℉）下测试时，即使拉伸应变达到 10%，绝大多数的残留奥氏体仍保持不（转）变。对比测试温度而言，较大的应变率对转变速率和转变的残留奥氏体量的影响不太明显。

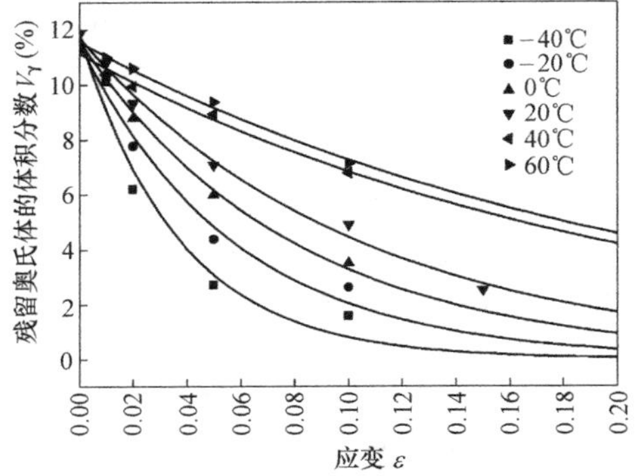

图 3-73　拉伸应变和测试温度对奥氏体体积分数的影响

3. 应变条件下的显微组织演变

图 3-74 所示为 Q&P 钢抛光和腐蚀后的扫描电镜照片，显示出明显的三个特征：对应于马氏体的粗糙表面组织、铁素体相对光滑的表面组织、残留奥氏体区域的外观光滑无特征表面组织，这有助于将奥氏体与铁素体和马氏体区分开来。淬火前要对这种钢进行亚温退火，所以相当大部分的铁素体存在于 Q&P 钢中，并伴有板条马氏体和残留奥氏体的混合物。理想状态下，成形用的 Q&P 钢不应该含有大量的碳合物。此处研究的 Q&P 钢在 400℃ （752℉）下进行碳分配处理几分钟，在这种情况下，马氏体区域也含有碳化物。碳化物的存在是很重要的，因为这意味着碳化物可能没有完全溶解，在使用的工业加工条件下有效的碳成分没有完全对富碳奥氏体的稳定性做出贡献。

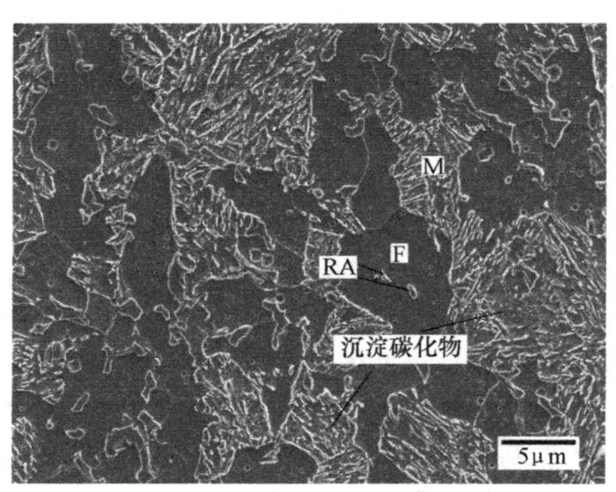

图 3-74　Q&P 钢抛光和腐蚀后的扫描电镜照片
F—临界铁素体　RA—残留奥氏体　M—马氏体

拉伸测试过程中不同应变下的显微组织转变可采用电子背散射衍射仪（EBSD）进行检测。在 0℃（32℉）下分别对经历 0%、1%、5% 和 10% 应变后的试样显微组织进行分析，图 3-75 所示为成像质量的映射和灰色编码阶段的映射结合的结果。残留奥氏体呈薄膜状和大块区域状分布，非常明显的是随着拉伸应变的增加残留奥氏体的体积分数降低，剩下的残留奥氏体颗粒主要是细粒状。这些结果有效地支持了变形后细的奥氏体更稳定的结论。根据桑托菲米亚（Santofimia）等人的观点，灰黑色区域可能是马氏体，基于高位错密度下的成像质量较低，但亮灰色区域可能存在铁素体。另一方法也被证明可用于区分这些相，依据是它们之间取向关系的特征。

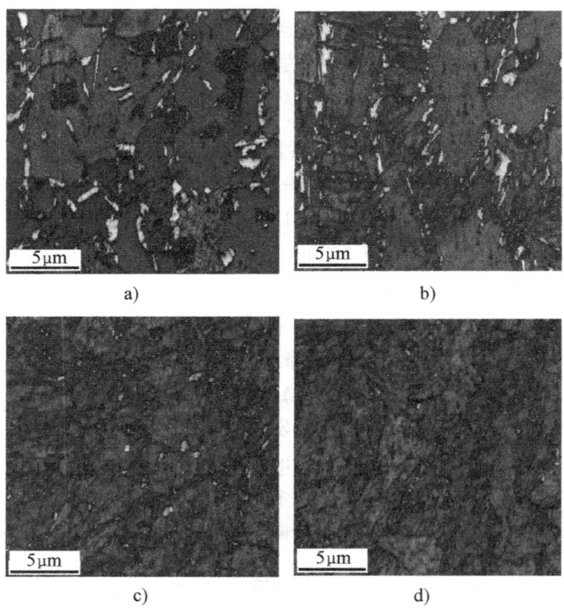

a)　b)　c)　d)

图 3-75　Q&P 钢在 0℃（32℉）下拉伸测试的电子背散射衍射图
a）应变为 0　b）应变为 1%　c）应变为 5%　d）应变为 10%
注：白色对应面心立方晶格（残留奥氏体），灰度表示成像质量，深灰色表明图像质量较低（高位错密度）。

可以用 EBSD 测量残留奥氏体的体积分数，所有检测准确度低于 0.05 的数据都作为可疑数据被排除，其测量值稍低于 X 射线衍射仪测量的数据，见表 3-22。这与其他参考文献是一致的。使用不同方法时会存在一定的差异，两种技术相比而言，样本的准备制作和渗透深度也存在差异。样品制备过程中，不可避免地会发生一些奥氏体转变成马氏体。薄膜状的奥氏体可能低于分辨率而不能被识别。

3.7.4　焊接性能

采用正确的参数时，Q&P 980 钢可被顺利地焊接。电阻点焊、激光焊接、金属活性气焊都可取得良好的效果。

表 3-22 X 射线衍射仪（XRD）和电子背散射衍射仪（EBSD）测量的残留奥氏体

方法	应变(%)				
	0	1	2	5	10
XRD	0.116	0.105	0.088	0.060	0.035
EBSD①	0.112	0.104	0.080	0.053	0.03

① EBSD 检测准确度值高于 0.05。

1. 电阻点焊

电阻点焊时，一方面，与传统钢材相比，Q&P 980 钢焊接时只需要较小的电流，因为它的电阻率较高；另一方面，由于其超高的基础材料强度，与相同厚度的传统钢材相比，Q&P 980 钢需要更高的电极强度。

（1）凸点焊接 采用表 3-23 所列的电阻点焊参数及图 3-76 所示的脉冲电流来完成电阻点焊。供选择的三种类型焊缝决定了相应的焊接电流范围。实际的焊接时间为脉冲 1 = 脉冲 2 = 100ms，脉冲 1 = 脉冲 2 = 120ms，脉冲 1 = 脉冲 2 = 140ms。图 3-77 所示为 1.6mm 厚的 Q&P 980 钢的凸点焊接电流与焊接时间。在凸点焊接中，最小焊接电流定义为剥离测试时获得完整断裂焊缝模式所需的焊接电流，最大焊接电流定义为当飞溅发生时的焊接电流。因此，在图 3-77 中的封闭（阴影）区域中，在剥离测试时，所有电阻点焊的断裂模式是焊缝凸点全部拔出。这些焊接的焊缝尺寸（在阴影区域）为 6.0～7.7mm（0.24～0.30in）。

如图 3-77 所示，焊接电流为 8.0～9.8kA（焊接时间为 200ms），8.0～9.4kA（焊接时间为 240ms），7.6～9.4kA（焊接时间为 280ms）。对于大多数应用来说，凸点焊接应用相当广泛。

表 3-23 电阻点焊参数

母材厚度		电焊机	焊接电极	焊接力		冷却		焊接脉冲
mm	in			kN	lbf	L/min	gal/min	
1.6	0.06	中频直流电	ISO 5821-16×20(B 型;直径 6mm 或 0.24in)	5.8	1305	2	0.5	3

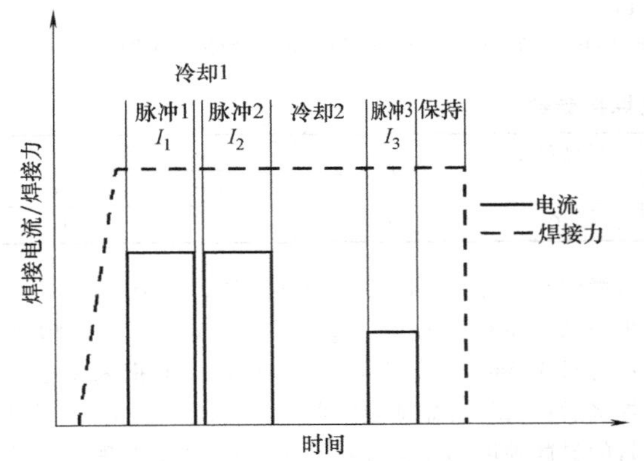

图 3-76 电阻点焊脉冲电流分布曲线

注：脉冲 1 = 脉冲 2，$I_1 = I_2$；冷却 1 = 20ms，冷却 2 = 200ms，脉冲 3 = 100ms，I_3 = 4.3kA；保持时间 100ms。

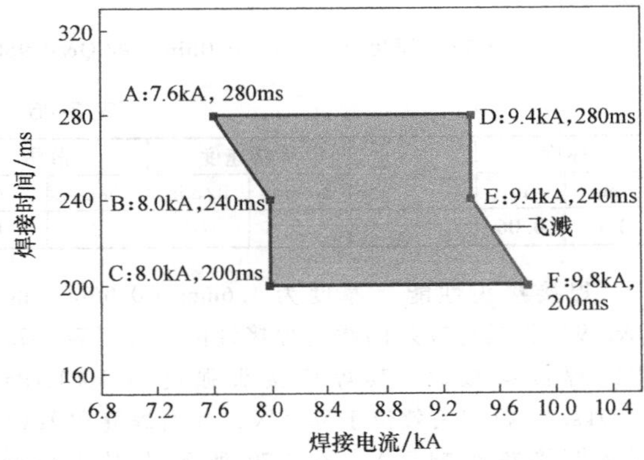

图 3-77 厚度为 1.6mm（0.06in）的 Q&P 980 钢的凸点焊接时间和焊接电流

（2）点焊强度 表 3-24 中列出了点 A、点 B、点 C（图 3-77）的拉伸抗剪强度和横向抗拉强度。点 A、点 B、点 C 为凸点焊接范围的下限，因为排斥发生前随着焊接电流增加焊点强度增加是众所周知的。总的来说，厚度为 1.6mm（0.06in）的 Q&P 980 钢有良好的点焊强度性能。

表 3-24 厚度为 1.6mm（0.06in）的 Q&P 980 钢的点焊强度

点	焊缝尺寸		拉伸抗剪强度		横向抗拉强度	
	mm	in	kN	lbf	kN	lbf
A	6.5	0.256	26.7	6002	12.3	2765
B	6.2	0.244	26.0	5845	11.9	2675
C	6.0	0.236	23.9	5373	11.4	2563

（3）点焊显微组织和显微硬度 图 3-78 所示为厚度 1.6mm（0.06in）的 Q&P 980 钢焊接横截面显微组织照片和显微硬度曲线。需要指出的是，从图中可以看出没有焊接缺陷，如裂纹、缩孔、气孔、未熔化、深凹痕等。焊接熔核生长很好。熔核显微硬度近似为 500HV，其最大硬度为 512HV，最小硬度为 474HV。母材的显微硬度近似为 300HV，在热影响区（HAZ）无明显的软化区域。

2. 激光焊接

按表 3-25 所列的焊接参数可顺利完成激光焊接。

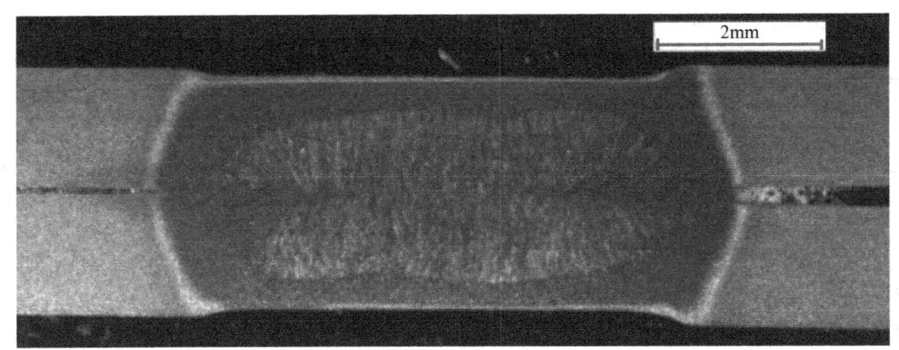

a)

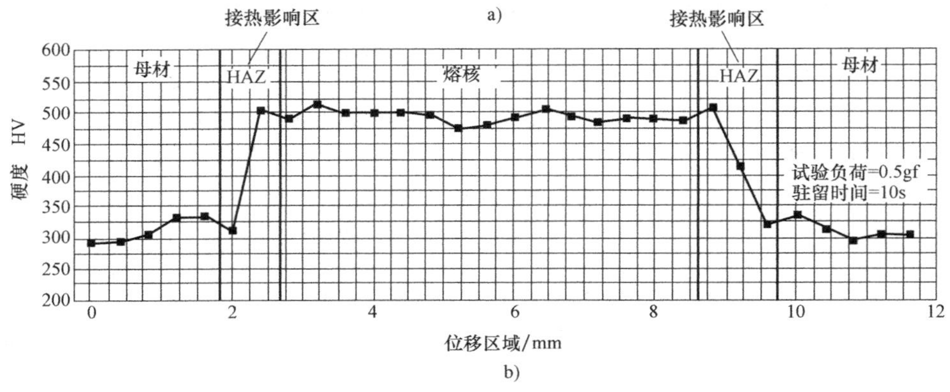

b)

图 3-78 厚度 1.6mm（0.06in）的 Q&P 980 钢点焊横截面的显微组织照片和显微硬度曲线

表 3-25 激光焊接参数

厚度		功率/kW	焊接速度		散焦		焊接角度/(°)	保护气体	保护气流量	
mm	in		m/min	ft/min	mm	in			L/min	gal/min
1.6	0.06	3	5	16	0	0	0	He	15	4.0

焊接接头性能 厚度为 1.6mm（0.06in）的 Q&P 980 钢具有较好的激光焊接性能，采用表 3-25 中的焊接参数时，其焊接接头强度为 1081MPa（157ksi），拉伸失效位于母材区，远离焊缝和 HAZ 区（焊接热影响区）。图 3-79 所示为对 1.6mm（0.06in）厚的 Q&P 980 钢采用激光焊接后接头处的显微组织。焊缝区的组织为马氏体，而 HAZ 区的组织为马氏体和铁素体，未发现焊接缺陷。图 3-80 所示为对 1.6mm（0.06in）厚的 Q&P 980 钢采用激光焊接后接头处的显微硬度曲线。焊缝区和 HAZ 区材料的显微硬度都高于母材，在 HAZ 区未发现明显的软化区域。

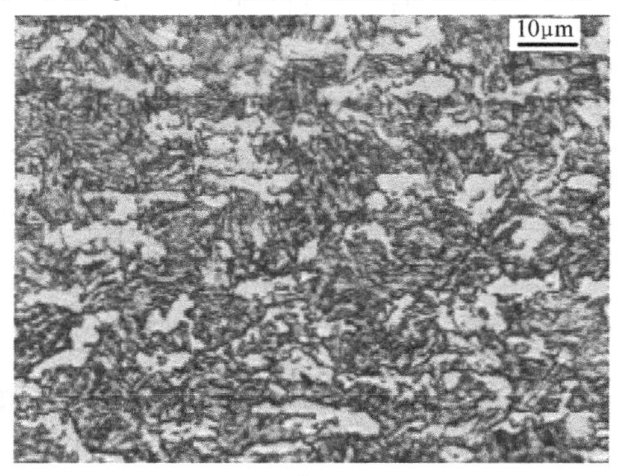

a)

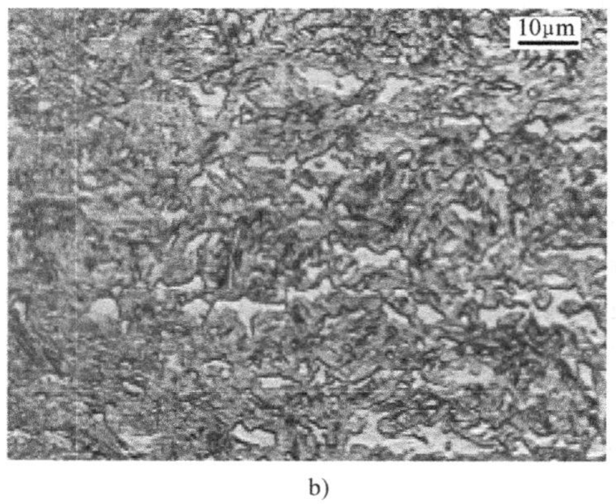

b)

图 3-79 对 1.6mm（0.06in）厚的 Q&P 980 钢采用激光焊接后接头处的显微组织

a）母材 b）细晶热影响区（HAZ）

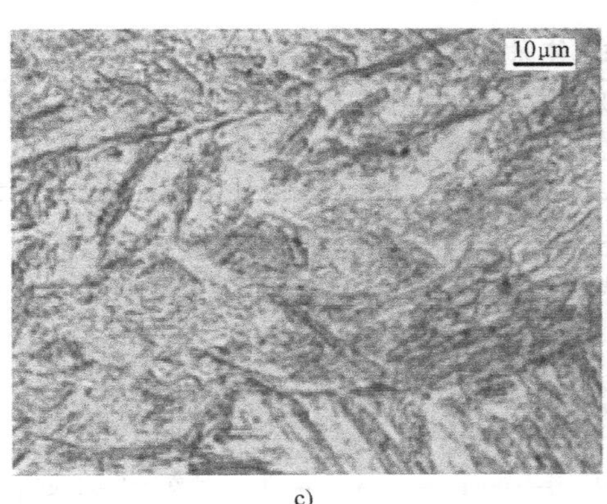

c)

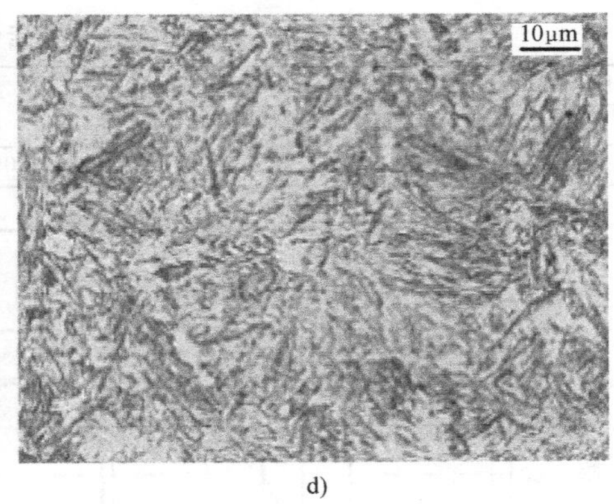

d)

图 3-79 对 1.6mm（0.06in）厚的 Q&P 980 钢采用激光焊接后接头处的显微组织（续）
c）焊缝 d）粗晶 HAZ

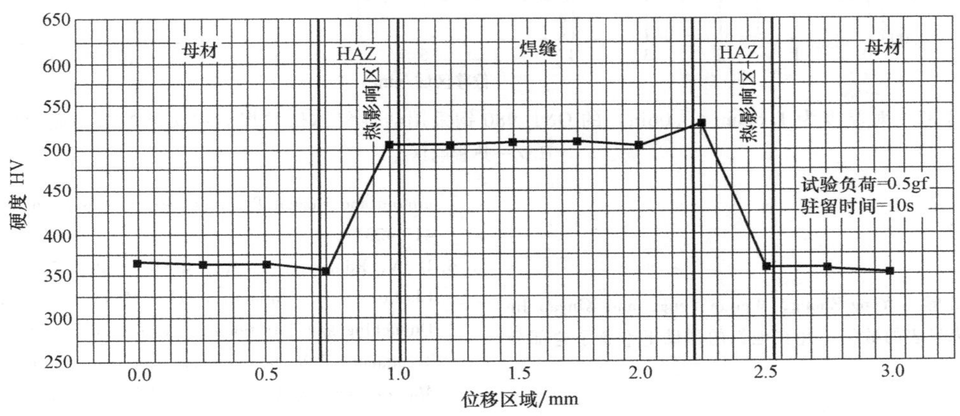

图 3-80 对 1.6mm（0.06in）厚的 Q&P 980 钢采用激光焊接后接头处的显微硬度曲线
HAZ—热影响区

Q&P 980 钢的激光焊缝具有较好的延伸性。图 3-81 所示为杯突试验后 1.6mm（0.06in）厚的 Q&P 980 钢母材和焊缝的形状。杯突试验的数据反映了延伸性能。测试时，激光焊缝的杯突值为 7.34mm（0.29in），约为母材杯突值（10.3mm 或 0.4in）的 70%。杯突试验中断裂的方向垂直于激光焊缝。

3. 活性气体保护焊

采用表 3-26 所列的焊接参数时，可顺利进行金属活性气体保护焊（MAG）。

焊接接头性能 尽管 Q&P 980 钢中合金含量较多，但与低碳钢相比，采用 MAG 焊接后并未产生更多的焊接缺陷。对于表 3-26 中列出的参数，对 1.6mm（0.06in）厚的 Q&P 980 钢采用活性气体保护焊后的强度是 991MPa（144ksi）。图 3-82 所示为对 1.6mm（0.06in）厚的 Q&P 980 钢采用活性气体保护焊后接头处的显微硬度曲线。焊缝区和热影响区（HAZ）的显微硬度低于 500HV，在热影响区（HAZ）没有明显的软化区域。

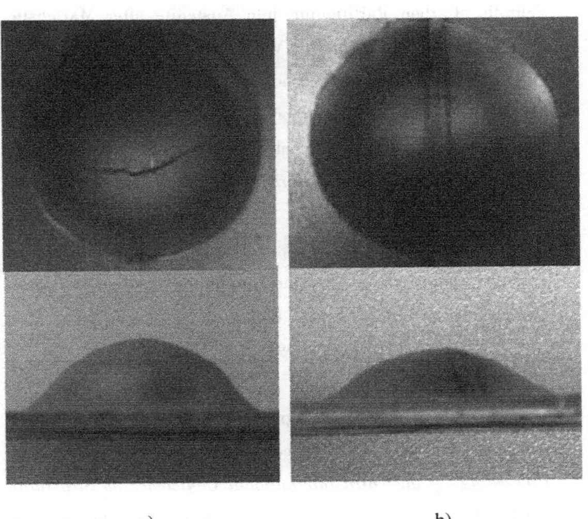

a) b)

图 3-81 杯突试验试样照片
a）母材 b）激光焊接焊缝

表 3-26 金属活性气体保护焊参数

母材厚度		焊接速度		输入能量		保护气体（体积分数）	焊接填充材料	保护气流量		吹管距离	
mm	in	cm/min	in/min	kJ/cm	Btu/in			L/min	gal/min	mm	in
1.6	0.06	35	14	3.6	8.7	80%Ar+20%CO_2	ER110S	14	3.7	12	0.5

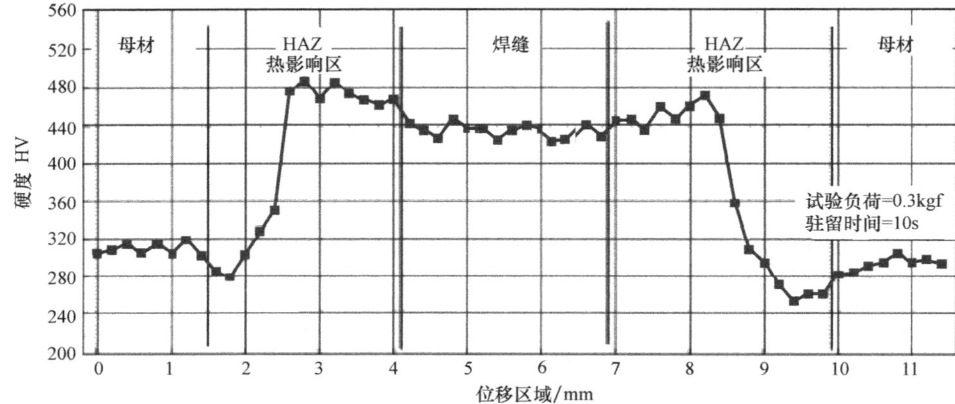

图 3-82 对厚度为 1.6mm（0.06in）的 Q&P 980 钢采用活性气体保护焊后接头处的显微硬度曲线

HAZ—热影响区

致谢

作者要感谢 Yong Zhong，Weijun Feng，and Xinyan Jin 提供以前未发表的数据，并在他们的帮助下准备了这部分内容。

参考文献

1. J. G. Speer, D. K. Matlock, B. C. De Cooman, and J. G. Schroth, Carbon Partitioning into Austenite after Martensite Transformation, *Acta Mater.*, Vol 51, 2003, p 2611-2622
2. J. G. Speer, D. V. Edmonds, F. C. Rizzo, and D. K. Matlock, Partitioning of Carbon from Supersaturated Plates of Ferrite, wilh Application to Steel Processing and Fundamentals of the Bainite Transformation, *Curr. Opin. Solid State Mater Sci.*, Vol 8, 2004, p 219-237
3. J. G. Speer, D. K. Matlock, B. C. DeCooman, and J. G. Schroth, Comments on "On the Definitions of Paraequilibrium and Orthoequilibrium" by M. Hillert and J. Agren, *Scr. Mater.*, Vol 50, 2004, p 697-699; *Scr. Mater.*, Vol 52, 2005, p 83-85
4. D. K. Matlock and J. G. Speer, Design Considerations for the Next Generation of Advanced High Strength Sheet Steels, *Proceedings of the Third International Conference on Structural Steels*, H. C. Lee, Ed. (Seoul, Korea), The Korean Institute of Metals and Materials, 2006, p 774-781
5. J. G. Speer, F. C. Rizzo Assunção, D. K. Matlock, and D. V. Edmonds, The Quenching and Partitioning Process: Background and Recent Progress, *Mater. Res.*, Vol 8, 2005, p 417-423
6. D. V. Edmonds, K. He, M. K. Miller, F. C. Rizzo, A. Clarke, D. K. Matlock, et al., Microstructural Features of Quenching and Partitioning: A New Martensitic Steel Heat Treatment, *Fifth International Conference on Processing and Manufacturing of Advanced Materials*, T. Chandra, K. Tsuzaki, M. Militzer, and C. Ravindran, Ed. (Vancouver, Canada), 2006, p 4819-4825
7. D. V. Edmonds, K. He, F. C. Rizzo, B. C. De Cooman, D. K. Matlock, and J. G. Speer, Quenching and Partitioning Martensite—A Novel Steel Heat Treatment, *Mater. Sci. Eng. A*, Vol 438-440, 2006, p 25-34
8. K. He, D. V. Edmonds, J. G. Speer, D. K. Matlock, and F. C. Rizzo, Microstructural Characterisation of Steel Heat-Treated by the Novel Quenching and Partitioning Process, *EMC 2008 14th European Microscopy Congress*, Sept 1-5, 2008 (Aachen, Germany), Springer Berlin Heidelberg, 2008, p 429-430
9. S. S. Nayak, R. Anumolu, R. D. K. Misra, K. H. Kim, and D. L. Lee, Microstructure-Hardness Relationship in Quenched and Partitioned Medium-Carbon and High-Carbon Steels Containing Silicon, *Mater. Sci. Eng. A*, Vol 498, 2008, p 442-456
10. M. J. Santofimia, L. Zhao, R. Petrov, and J. Sietsma, Characterization of the Microstructure Obtained by the Quenching and Partitioning Process in a Low-Carbon Steel, *Mater. Charact.*, Vol 59, 2008, p 1758-1764
11. C. Y. Wang, J. Shi, W. Q. Cao, and H. Dong, Characterization of Microstructure Obtained by Quenching and Partitio-

ning Process in Low Alloy Martensitic Steel, *Mater. Sci. Eng. A*, Vol 527, 2010, p 3442-3449

12. J. G. Speer, E. De Moor, K. O. Findley, D. K. Matlock, B. C. De Cooman, and D. V. Edmonds, Analysis of Microstructure Evolution in Quenching and Partitioning Automotive Sheet Steel, *Metall. Mater. Trans. A*, Vol 42, 2011, p 3591-3601
13. G. Thomas, J. Speer, D. Matlock, and J. Michael, Application of Electron Backscatter Diffraction Techniques to Quenched and Partitioned Steels, *Microsc. Microanal.*, 2011, p 1-6
14. E. De Moor, S. Lacroix, A. J. Clarke, J. Penning, and J. G. Speer, Effect of Retained Austenite Stabilized via Quench and Partitioning on the Strain Hardening of Martensitic Steels, *Metall. Mater. Trans. A*, Vol 39, 2008, p 2586-2589
15. M. J. Santofimia, L. Zhao, and J. Sietsma, Model for the Interaction between Interface Migration and Carbon Diffusion during Annealing of Martensite-Austenite Microstructures in Steels, *Scr. Mater.*, Vol 59, 2008, p 159-162
16. M. J. Santofimia, J. G. Speer, A. J. Clarke, L. Zhao, and J. Sietsma, Influence of Interface Mobility on the Evolution of Austenite Martensite Grain Assemblies during Annealing, *Acta Mater.*, Vol 57, 2009, p 4548-4557
17. Y. Takahama, M. J. Santofimia, M. G. Mecozzi, L. Zhao, and J. Sietsma, Phase Field Simulation of the Carbon Redistribution during the Quenching and Partitioning Process in a Low-Carbon Steel, *Acta Mater.*, Vol 60, 2012, p 2916-2926
18. D. K. Matlock and J. G. Speer, Processing Opportunities for New Advanced High Strength Sheet Steels, *Mater. Manuf. Process.*, Vol 25, 2010, p 7-13
19. G. A. Thomas, J. G. Speer, and D. K. Matlock, Considerations in the Application of the Quenching and Partitioning Concept to Hot Rolled AHSS Production, *Iron Steel Technol.*, Vol 5, 2008, p 209-217
20. G. A. Thomas, J. G. Speer, and D. K. Matlock, Quenched and Partitioned Microstructures Produced via Gleeble Simulations of Hot-Strip Mill Cooling Practices, *Metall. Mater. Trans. A*, 2011, p 1-8
21. L. Wang, W. Li, and W. Feng, "Industry Trials of C-Si-Mn Steel Treated by Q&P Concept in Baosteel," presented at SAE International Congress, 2010
22. L. Wang, X. Jin, and H. Qian, "Recent Development of Galvanizing Sheet Steels in Baosteel," Proceedings of Galvatech 2011: Eighth International Conference on Zinc and Zinc Alloy Coated Sheet Steel (Genova, Italy), 2011
23. L. Wang and W. Feng, Development and Application of Q&P Sheet Steels, *Advanced Steels: The Recent Scenario in Steel Science and Technology*, W. Yuqing, D. Han, and G. Yong, Ed., 2011, p 255
24. A. W. Hudgins, "Shear Fracture in Bending of Advanced High Strength Steels," Ph. D. thesis, MT-SRC-010-008, Colorado School of Mines, 2010
25. D. K. Matlock and J. G. Speer, in *Third Generation of AHSS: Microstructure Design Concepts*. A. Haldar, S. Suwas, and D. Bhattacharjee, Ed., Springer London, 2009, p 185
26. J. G. Speer, A. M. Streicher, D. K. Matlock, F. Rizzo, and G. Krauss, *Austenite Formation and Decomposition*, E. B. Damm and M. J. Merwin, Ed., TMS, Warrendale, PA, 2003, p 505
27. A. J. Clarke, Ph. D. thesis, Colorado School of Mines, Golden, CO, 2006
28. M. J. Santofimia, L. Zhao, and J. Sietsma, *Metall. Mater. Trans. A*, Vol 40, 2009, p 46-57
29. S. Zaefferer, J. Ohlert, and W. Bleck, *Acta Mater.*, Vol 52, 2004, p 2765
30. T. Bhattacharyya, S. B. Singh, S. Das, A. Haldar, and D. Bhattacharjee, *Mater. Sci. Eng. A*, Vol 528, 2011, p 2394

3.8 钢的回火

Revised by Renata Neves Penha and Lauralice C. F. Canale, Universidade de São Paulo, Jan Vatavuk, Universidade Presbiteriana Mackenzie, and Steven Lampman, ASM International

3.8.1 简介

硬化或正火后的钢的回火工序就是加热到低于临界点（Ac_1），然后以适当的速度冷却，以增加塑性与韧性及晶粒尺寸。回火通常紧接着淬火硬化后进行，并与马氏体的热处理过程相关；然而，回火也可用于释放应力和降低焊接过程导致的硬度，并降低因成形和车加工产生的应力。

本节重点是硬化（淬火）后的回火，以获得具体的力学性能，同时释放淬火应力，保证尺寸稳定性。淬火钢的显微组织主要为马氏体，其铁晶格为高应变间隙固溶碳原子的体心正方组织，因此呈现一种非常硬（和脆）的状态。加热后碳原子更易扩散，同时经过一系列不同反应步骤，最终在铁素体基体上形成 Fe_3C 或合金碳化物，应力值逐渐降低。

回火后钢的性能主要取决于形成碳化物的尺寸、形状、成分和分布，铁素体的固溶硬化作用相对较小。显微组织中的这些变化通常会使硬度、抗拉强度和屈服强度降低但塑性和韧性提高。在一定的条件下，硬度可能不受回火的影响或者甚至提高。例如，在较低温度下回火的硬化（淬火）钢其硬度可能不会变化，但屈服强度可能会提高。而且，那些含有碳化物形成元素（铬、钼、钒和钨）的合金钢能发生二次硬化，也就是说，回火后变得更硬。

3.8.2 主要变量

与回火相关的变量会影响回火钢材的显微组织和力学性能，这些变量包括：

①回火温度。②在某一温度下的保温时间。③自回火温度的冷却速度。④钢的化学成分，如碳含量、合金含量和残留元素。

回火工序主要取决于时间-温度关系。如果工序参数选择不正确，将影响回火脆性、非最佳应力释放、力学性能和残留奥氏体的转变。温度和时间在回火过程中也是相互依赖的变量。在一定的范围内，降低温度和延长时间通常可产生与提高温度和缩短时间相同的效果。然而，在典型的回火操作过程中，微小的温度变化比微小的时间变化产生的影响更大。

和许多热处理过程类似，回火温度比回火时间更重要。碳化物的分布和尺寸取决于回火的状况。例如在较低的回火温度下回火，显微组织仍然是具有针片状组织的马氏体，其由碳化物转变而来。相比之下，高温回火的最终结果是铁素体基体上弥散分布着细的碳化物。最终显微组织通常被称为回火马氏体，但是回火钢的显微组织通常不包含马氏体。

表 3-27 中给出了一些碳钢和合金钢在不同回火温度下的硬度值。和预期的一样，碳钢（图 3-83）和合金钢（图 3-84、图 3-85）回火温度越高，获得的硬度越低。和马氏体（仅碳影响马氏体的硬度）不同，淬火和回火（QT）后的合金钢的硬度高于相同碳含量碳钢经 QT 后的硬度。合金钢回火后可产生合金碳化物，它比碳钢中的铁碳合金（Fe_3C）更硬。在较高的回火温度下，钢的韧性也得到提高，然而对于碳钢和合金钢（图 3-86）而言，在某中间回火温度范围内进行回火后韧性存在公认的下降现象。

表 3-27 一些碳钢和合金钢回火在不同回火温度下的硬度值

牌号	碳质量分数（%）	硬度 HRC，在指定的温度下回火 2h									热处理
		205℃（400℉）	260℃（500℉）	315℃（600℉）	370℃（700℉）	425℃（800℉）	480℃（900℉）	540℃（1000℉）	595℃（1100℉）	650℃（1200℉）	
碳钢，水淬											
1030	0.30	50	45	43	39	31	28	25	22	95①	900℃（1650℉）正火，830～845℃（1525～1550℉）水淬；平均露点 16℃（60℉）
1040	0.40	51	48	46	42	37	30	27	22	94①	
1050	0.50	52	50	46	44	40	37	31	29	22	
1060	0.60	56	55	50	42	38	37	35	33	26	885℃（1625℉）正火，800～815℃（1475～1550℉）水淬；平均露点 7℃（45℉）
1080	0.80	57	55	50	43	41	40	39	38	32	
1095	0.95	58	57	52	47	43	42	41	40	33	
1137	0.40	44	42	40	37	33	30	27	21	91①	900℃（1650℉）正火，830～855℃（1525～1575℉）水淬；平均露点 13℃（55℉）
1141	0.40	49	56	43	41	38	34	28	23	94①	
1144	0.40	55	50	47	45	39	32	29	25	97①	
合金钢，水淬											
1330	0.30	47	44	42	38	35	32	26	22	16	900℃（1650℉）正火，800～815℃（1475～1500℉）水淬；平均露点 16℃（60℉）
2330	0.30	47	44	42	38	35	32	26	22	16	
3130	0.30	47	44	42	38	35	32	26	22	16	
4130	0.30	47	45	43	42	38	34	32	26	22	885℃（1625℉）正火，800～855℃（1475～1575℉）水淬；平均露点 16℃（60℉）
5130	0.30	47	45	43	42	38	34	32	26	22	
8630	0.30	47	45	43	42	38	34	32	26	22	
合金钢，油淬											
1340	0.40	57	53	50	46	44	41	38	35	31	870℃（1600℉）正火，830～845℃（1525～1550℉）油淬；平均露点 16℃（60℉）
3140	0.40	55	52	49	47	41	37	33	30	26	
4140	0.40	57	53	50	47	45	41	36	33	29	
4340	0.40	55	52	50	48	45	42	39	34	31	870℃（1600℉）正火，830～845℃（1525～1575℉）油淬；平均露点 13℃（55℉）
4640	0.40	52	51	50	47	42	40	37	31	27	
8740	0.40	57	53	50	47	44	41	38	35	22	
4150	0.50	56	55	53	51	47	46	43	39	35	870℃（1600℉）正火，830～870℃（1525～1600℉）油淬；平均露点 13℃（55℉）
5150	0.50	57	55	52	49	45	39	34	31	28	
6150	0.50	58	57	53	50	46	42	40	36	31	
8650	0.50	55	54	52	49	45	41	37	32	28	870℃（1600℉）正火，815～845℃（1500～1550℉）油淬；平均露点 13℃（55℉）
8750	0.50	56	55	52	51	46	44	39	34	32	
9850	0.50	54	53	51	48	45	41	36	33	30	

注：数据来源为直径 25mm（1in）棒材充分淬火获得的最高硬度。

① 硬度 HRB。

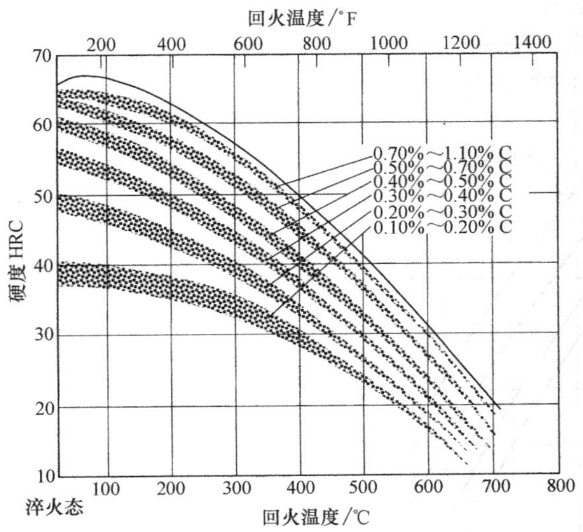

图 3-83　淬火碳钢在各种温度下回火后的硬度

冷却速度　影响回火钢性能的另一个因素是从回火温度开始的冷却速度。虽然拉伸性能不受冷却速度影响，但是如果钢缓慢冷却至 450～600℃（840～1110℉）的温度范围，韧性（通过缺口试棒冲击试验测量）可能会降低，特别是钢中含碳化物形成元素时。伸长率和断面收缩率也会受到影响，这个现象称为回火脆性，将在 3.8.8 下面的“回火脆性”内容中进行讨论。

3.8.3　回火温度和回火阶段

和多年来认同的一样，回火过程中的温度是关键因素，因为随着回火温度的提高显微组织的变化会加速。对于碳钢和低合金钢而言，格罗斯曼（Grossmann）和贝茵（Bain）给出五个实际温度范围，便于讨论回火过程。

① 冷处理，这一过程或多或少但通常将大部分残留奥氏体转变成马氏体。

② 加热范围为 95～205℃（200～400℉）时，在这一过程中（取决于温度）马氏体的正方体结构逐渐变成立方体，发生第一次碳的相变沉淀（非渗碳体）。

③ 加热范围为 230～370℃（450～700℉）时，残留奥氏体发生分解并转变，基本上等温转变成下贝氏体（除非先前进行冷处理，使得残留奥氏体转变成马氏体）。

④ 回火温度为 370～540℃（700～1000℉），形成以渗碳体形态存在的碳化物。

⑤ 回火温度为 540～705℃（1000～1300℉），普通碳钢在这一温度范围内仅发生渗碳体的进一步聚集，但含有碳化物形成元素的合金钢在这一温度范围内回火时会形成非常细小弥散分布的富含合金的碳化物，发生渗碳体的再溶解，同时碳的沉淀物为特殊合金轴承碳化物。这一反应往往导致明显的软化延迟有时会有实质性的硬度增加，即二次硬化。

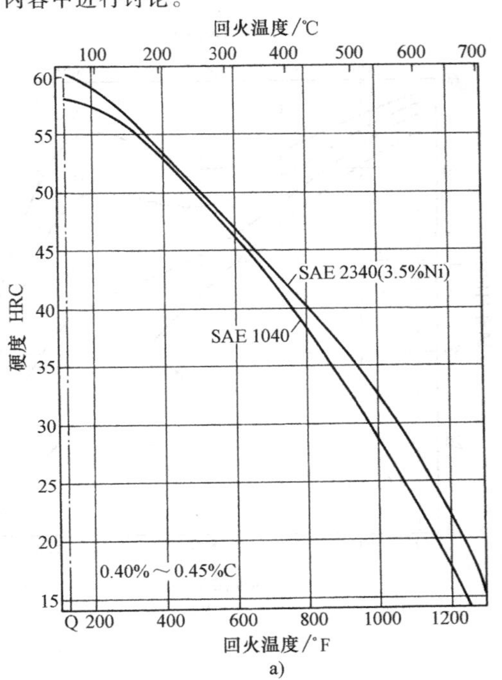

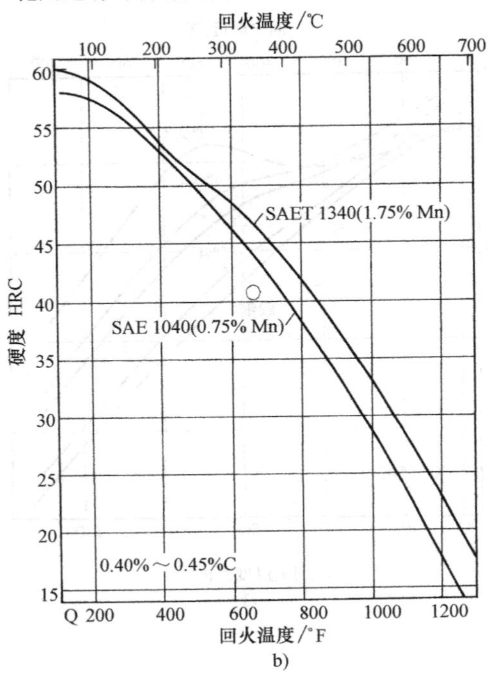

图 3-84　与碳钢相比，合金钢中合金元素对抗回火性的影响

a）镍的影响　b）锰的影响

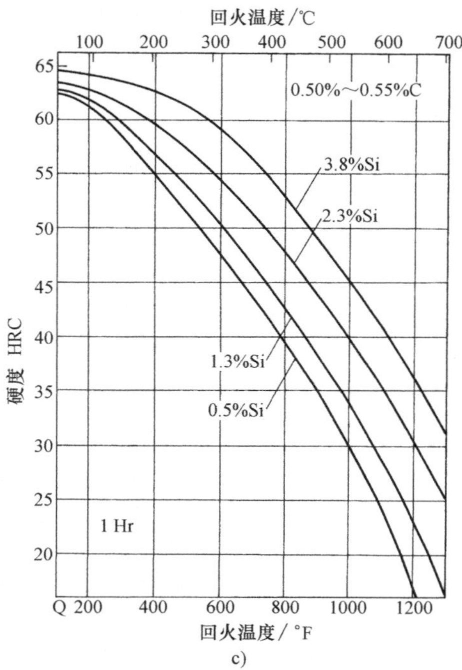

c)

图 3-84　与碳钢相比，合金钢中合金元素对抗回火性的影响（续）

c）硅的影响

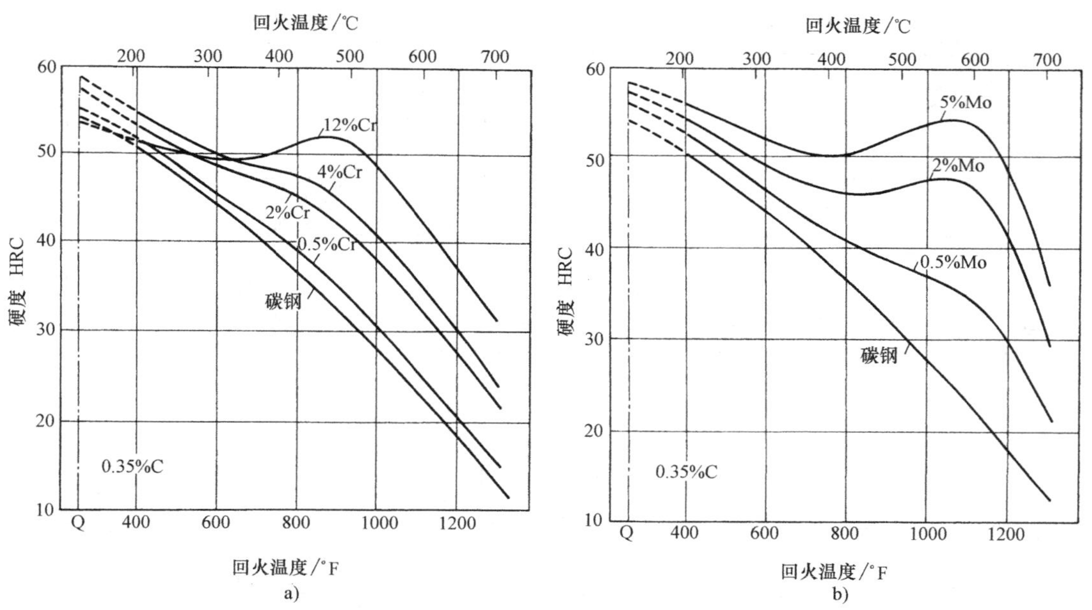

图 3-85　含有大量促进碳化物形成元素的钢回火过程中发生二次硬化

a）含铬　b）含钼

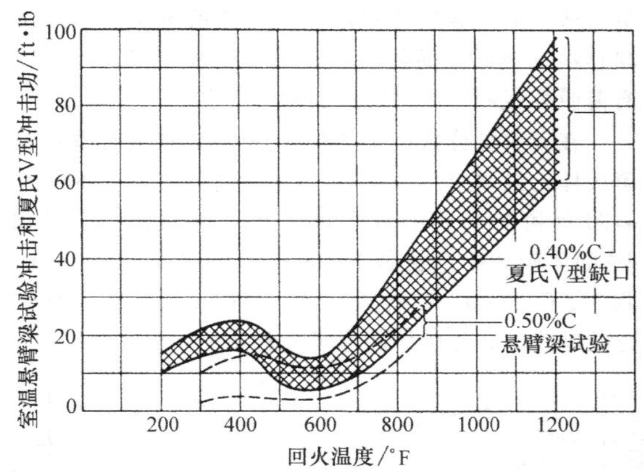

图 3-86　低合金钢（碳质量分数为 0.40%和 0.50%）在不同温度下回火后在室温下的缺口韧性

如在另一篇文章讨论的那样，冷处理仅作为减少残留奥氏体的一种方法。其他四个温度范围将在接下来的章节中进行描述。

通常还会根据所谓的各阶段来描述回火温度，在这些相对不同的温度范围内显微组织发生改变。回火阶段的说法有些武断，各阶段可能有相当多的重叠，这是因为当一个零部件被加热到越来越高的温度时，反应是连续进行的。尽管如此，各阶段还是可以通过各种研究来进行区分。

① 阶段Ⅰ，过渡碳化物形成，马氏体中碳质量分数降低至 0.25%（通常从近似 100℃到 250℃，或 200~480℉）。

② 阶段Ⅱ，残留奥氏体转变成铁素体和渗碳体（200~300℃，或 390~570℉）。

③ 阶段Ⅲ，渗碳体和铁素体替代过渡碳化物和低温马氏体（250~350℃，或 480~660℉）。

④ 阶段Ⅳ，在高合金和二次硬化过程中沉淀弥散细小的合金碳化物（图 3-85）。

在淬火过程中和/或在室温保温过程中（参考文献 7），阶段Ⅰ的回火常常伴有碳原子的重新分布，称为自回火或等温回火。因为阶段Ⅰ中回火前碳原子发生重新排列，从而会导致发生其他结构性变化。

图 3-87 和表 3-28 总结了回火过程中显微结构的变化，许多其他参考文献中对此有更详细的描述。参考文献 2 和参考文献 11~13 包含了最近的评论。

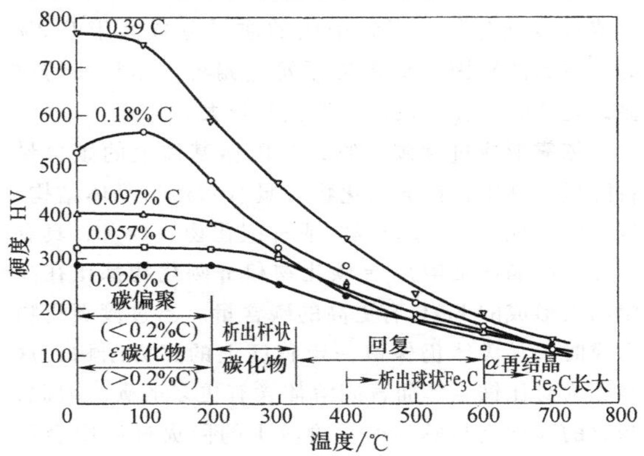

图 3-87　普通碳钢的回火阶段和回火温度对硬度的影响

表 3-28　钢回火的先后次序

温度		反应和标志(在指定的情况下)	说　明
℃	℉		
-400~100	-690~212	聚集 2~4 个碳原子在马氏体的八面体位置,碳原子在位错边界偏聚	在基体马氏体电子衍射点周围有聚集并伴随着扩散峰值
20~100	70~212	调整的碳原子簇在(102)马氏体位向上(A2)	通过电子马氏体周围的卫星斑点进行识别
60~80	140~170	长程有序碳原子排列(A3)而成	通过电子衍射图形中顶层斑点进行识别
100~200	212~390	过渡碳化物沉淀为直径 2nm 排列整齐的颗粒(T1)	最近的著作确定碳化物为 η 碳化物(斜方晶系的 Fe_2C);早期的研究认为碳化物为 ε 碳化物(六边形的 $Fe_{2.4}C$)
200~350	390~660	残留奥氏体转变成铁素体和渗碳体(T2)	低碳和中碳钢会产生回火马氏体脆性
250~700	480~1290	形成铁素体和渗碳体,在平衡态的铁素体晶粒上最终形成球化良好的碳化物(T3)	这一阶段似乎是由高碳 Fe-C 合金中 χ 碳化物的形成而开始的
500~700	930~1290	在含 Cr、Mo、V 和 W 的钢中形成合金碳化物。混合物和碳化物的成分随着时间会发生显著变化(T4)	合金碳化物产生二次硬化,延缓回火过程和在近似 500℃(930℉)温度下长时间工作过程中的软化
350~550	660~1020	杂质和置换合金元素各自偏聚和共同偏聚	产生回火脆性的原因

(1) 在95~200℃ (200~400℉) 回火　需要尽可能保留硬度和强度并适当提高韧性时，应在95~200℃ (200~400℉) 范围内进行回火。在微观结构方面，会发生两个变化（参考文献1）：马氏体由正方体变成立方体，碳以渗碳体（Fe_3C）的形态沉淀或形成过渡碳化物。

温度范围包括阶段Ⅰ回火，该过程甚至在室温下就开始（程度有限），一直到250℃ (480℉)。低碳钢的阶段Ⅰ回火开始时，碳原子重新分布（自己）到低能量点，如位错。马氏体的部分正方体结构可能会消失，因为其碳的质量分数降低至0.25%。由于碳原子通过隔离位错点比形成过渡碳化物更降低自身能量，所以钢中碳的质量分数小于0.2%，不会形成过渡碳化物。当钢中碳的质量分数大于0.2%时，原始的碳因沉淀聚集而发生偏析，非常细的过渡碳化物颗粒在马氏体上形核并长大。

依靠形成过渡碳化物，马氏体基体上的碳含量将降低，其中包括ε碳化物（具有六边形晶体结构，近似的组成是$Fe_{2.4}C$）和/或η碳化物（Fe_2C，具有斜方晶系晶体结构）。ε碳化物和η碳化物都比在高温回火形成的Fe_3C有更高的碳含量。当过渡碳化物形成时，马氏体仍保留一定程度上的正方结构，这是因为对比铁素体而言固溶体含有更多的碳。因此，当总的碳含量足够高时，阶段Ⅰ的回火过程中会产生碳偏析，导致显微组织的多种缺陷，马氏体转变成低碳马氏体和过渡碳化物。

阶段Ⅰ回火过程中也会发生物理性能的变化，如电阻率，它们可用于监测这些变化过程。但是，硬度不会降低太多；而实际上，对于中碳钢和高碳钢，硬度反而稍有提高。

(2) 230~370℃ (450~700℉) 回火　近似230~370℃ (450~700℉) 的回火温度很少用于淬硬钢的回火。这是因为主要考虑高硬度时，在低于205℃ (400℉) 进行回火，韧性为主要目标时采用高于370℃ (700℉) 的回火。不采用这两个温度之间的回火工序，可能出于避免韧性降低的考虑，同时也因为无法获得高强度和高韧性。

230~370℃范围内的回火的主要特征包括两种已知的表现：残留奥氏体（除非之前发生冷处理相变）的显微组织发生变化，或多或少地等温转变成下贝氏体；回火温度提高会降低室温缺口韧性。这两种表现是毫无关联的。

1) 残留奥氏体的减少。合金钢中残留奥氏体含量较高，特别是那些马氏体转变终止温度低于室温的钢。在200~300℃ (400~570℉) 温度范围内回火会诱发残留奥氏体分解成渗碳体和铁素体，或下贝氏体，最终导致体积增加。当残留奥氏体以薄膜状存在（典型在晶粒边缘）时，渗碳体沉淀物以具有薄膜外观的一系列连续的粒子存在。

在碳质量分数小于0.5%的钢中，如果存在残留奥氏体，其体积分数小于2%。例如在图3-88中，4130钢和4340钢中的残留奥氏体（分别约有2%和4%的体积分数）在高于200℃ (400℉) 开始转变，到315℃ (600℉) 转变完成。当残留奥氏体的体积分数减小时，渗碳体的原子分数增加。

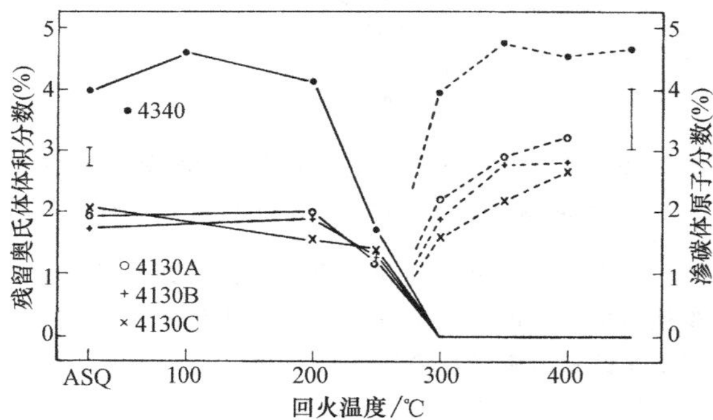

图3-88　4130钢和4340钢中残留奥氏体的转变

2) 韧性降低。和残留奥氏体含量降低一样，众所周知，在230~370℃ (450~700℉) 范围内回火（图3-86）会导致韧性降低。在200℃ (400℉) 下回火时，通常会提高韧性，但在260~315℃ (500~600℉) 范围内回火时会发生韧性下降。这一效应称为回火马氏体脆性，它有别于回火脆性（见3.8.8节）。考虑到韧性的下降，在工业生产中很少使用230~370℃ (450~700℉) 的回火，普通碳钢和合金钢都是这样的。

(3) 在370~540℃ (700~1000℉) 范围内回火　一旦回火温度超过370℃ (700℉)，就进入一个较宽的370~675℃ (700~1250℉) 回火温度范围，大量工业产品都在这温度范围内进行回火，包括那些韧性是首要要求的产品。当在这一范围内的低温阶段进行回火时，也就是说370~540℃ (700~1000℉)，工件具有优异的韧性，同时还有合理的强度值。在这一范围内的高温阶段进行回火，即540~675℃(1000~1250℉)，适用于那些需要有最大韧性的零件，即使可能以牺牲强度为代价。

370~540℃ (700~1000℉) 范围内的回火几乎完全用于普通碳钢和合金结构钢（不包括工具钢、轴承钢和表面硬化钢）。这一温度范围内回火的特征是韧性增加，同时硬度显著降低（强度也随之降低）。力学性能的变化是显微组织变化的结果：稳定碳化物的沉淀和聚集（最初的球化处理）。

当然，硬度的降低范围很大；因为具有相对更高碳含量的钢，淬火后则具有相对更高的硬度，所以回火后它们的硬度也在某一范围内，如图 3-83 说明的那样。图 3-83 可以用于获得预期硬度的粗略向导，但需要强调的是这仅仅是粗略向导，且它仅适用于普通碳钢。

表 3-29 和表 3-30 中列出了温度最高达 650℃（1200℉）回火后 4140 钢、4150 钢、1141 钢、1144 钢和 1045 钢回火后的典型硬度。

表 3-29　4140 钢和 4150 钢回火后的典型硬度

回火/		加热炉淬火+1h 回火的硬度　HRC				感应淬火+2h 回火的硬度　HRC			
℃	℉								
淬火状态		63	60	58	55	63	60	58	55
150	300	62.0	59.0	57.0	55.0	61.5	58.5	57.0	54.0
165	325	60.5	58.2	56.0	54.0	58.5	56.2	55.0	52.5
175	350	59.5	57.4	55.0	53.0	57.5	55.4	54.0	51.0
190	375	58.5	56.6	54.0	52.0	56.5	54.6	53.0	50.0
200	400	57.5	55.8	53.5	51.5	55.5	53.8	52.0	49.5
220	425	57.0	55.0	53.0	51.0	55.0	53.0	51.5	49.0
230	450	56.5	54.0	52.5	50.5	54.5	52.0	51.0	48.5
245	475	56.0	54.5	52.0	50.0	54.0	52.5	50.5	48.0
260	500	55.0	53.8	51.5	49.5	53.0	51.8	50.0	47.5
275	525	54.5	53.0	51.0	49.0	52.5	51.0	49.5	47.0
290	550	54.0	52.2	51.0	49.0	52.0	50.2	49.5	47.0
300	575	53.5	52.0	50.5	48.5	51.5	50.0	49.0	46.5
315	600	53.0	51.5	50.0	48.0	51.0	49.5	48.5	46.0
330	625	52.5	51.0	49.5	47.5	50.5	49.0	48.0	45.5
345	650	52.0	50.5	49.0	47.0	50.0	48.5	47.5	45.0
355	675	51.5	50.0	48.5	46.5	49.5	48.0	47.0	44.5
370	700	51.0	49.0	48.0	46.0	49.0	47.0	46.5	44.0
385	725	50.5	48.5	47.5	45.5	48.5	46.5	46.0	43.5
400	750	50.0	48.0	47.0	45.0	48.0	46.0	45.5	43.0
415	775	49.5	47.5	46.5	44.5	47.5	45.5	45.0	42.5
425	800	48.0	46.0	45.5	43.5	46.0	44.0	44.0	41.5
440	825	47.5	45.2	44.5	42.5	45.5	43.2	43.0	40.5
455	850	46.5	44.5	43.5	41.5	44.5	42.5	42.0	39.5
470	875	45.5	43.7	41.7	39.7	43.5	41.7	40.2	37.7
480	900	44.5	43.0	41.0	39.0	42.5	41.0	39.5	37.0
495	925	43.5	42.0	39.2	37.2	41.5	40.0	37.7	35.2
510	950	42.5	41.0	38.5	36.5	40.5	39.0	37.0	34.5
525	975	41.8	40.0	37.5	35.7	39.8	38.0	36.0	33.7
540	1000	41.0	39.0	36.5	35.0	39.0	37.0	35.0	33.0
565	1050	38.5	37.5	35.0	33.5	—	—	—	—
595	1100	37.0	36.0	33.5	32.0	—	—	—	—
620	1150	35.0	34.0	31.5	30.0	—	—	—	—
650	1200	32.5	31.5	29.0	27.5	—	—	—	—

注：来源：参考文献 14。

表 3-30　1141、1144 和 1045 钢回火后的典型硬度

回火/		加热炉淬火+1h 回火的硬度　HRC				感应淬火+2h 回火的硬度　HRC			
℃	℉								
淬火状态		58	55	52	48	60	58	55	52
150	300	57.0	54.0	51.0	48.0	58.5	56.5	53.0	50.5
165	325	56.0	53.5	50.5	47.5	57.0	54.0	52.0	49.0
175	350	55.0	53.0	50.0	47.5	56.0	53.0	51.5	48.5
190	375	52.5	52.5	49.5	47.0	53.5	50.5	51.0	48.0
200	400	53.5	52.0	49.0	46.5	54.5	51.5	50.5	47.5
220	425	53.5	51.5	48.5	46	54.5	51.5	50.0	47.0
230	450	53.0	51.0	48.0	455	54.0	51.0	49.5	46.5
245	475	52.5	50.5	47.5	45	53.5	50.5	49.0	46.0
260	500	51.5	49.5	47.0	44.5	52.5	49.5	48.0	45.5
275	525	50.5	48.5	46.0	44.0	51.5	48.5	47.0	44.5
290	550	50.0	48.0	45.5	43.0	51.0	48.0	46.5	44.0
300	575	49.0	47.0	45.0	42.0	50.0	47.0	45.5	43.5

（续）

回火/		加热炉淬火+1h 回火的硬度 HRC				感应淬火+2h 回火的硬度 HRC			
℃	℉								
淬火状态		58	55	52	48	60	58	55	52
315	600	48.5	46.5	44.5	41.5	49.5	46.5	45.0	43.0
330	625	48.0	46.0	44.0	41.0	49.0	46.0	44.5	42.5
345	650	47.5	45.5	43.5	40.5	48.5	45.5	44.0	42.0
355	675	47.0	45.0	43.0	40.0	48.0	45.0	43.5	41.5
370	700	46.0	44.0	42.0	39.0	47.0	44.0	42.5	40.5
385	725	44.5	42.5	40.5	37.5	45.5	42.5	41.0	39.0
400	750	43.0	41.0	39.0	36.0	44.0	41.0	39.5	37.5
415	775	41.5	39.5	37.5	34.0	42.5	39.5	38.0	36.0
425	800	39.9	37.5	35.5	32.5	40.9	37.9	36.0	34.0
440	825	38.5	36.7	34.7	31.7	39.5	36.5	35.2	33.2
455	850	38.0	36.0	34.0	31.0	39.0	36.0	34.5	32.5
470	875	37.0	35.0	33.0	30.0	38.0	35.0	33.5	31.5
480	900	36.5	34.0	32.0	29.0	37.5	34.5	32.5	30.5
495	925	35.5	33.5	32.5	28.5	36.5	33.5	32.0	31.0
510	950	34.5	33.0	31.0	28.0	35.5	32.5	31.5	29.5
525	975	33.5	32.0	30.5	27.5	34.5	31.5	30.5	29.0
540	1000	32.5	31.0	30.0	27.0	33.5	30.5	29.5	28.5
565	1050	31.0	29.5	28.5	26.0	—	—	—	—
595	1100	29.5	28.0	27.0	24.5	—	—	—	—
620	1150	26.5	26.0	25.0	22.5	—	—	—	—
650	1200	24.5	23.5	22.5	20.0	—	—	—	—

注：来源：参考文献 14。

（4） 540～700℃ （1000～1300℉） 回火　在540～675℃ （1000～1250℉）高温范围内回火可获得较高的韧性，但失去了淬火获得的大部分强度。尽管如此，淬火和回火工序仍然是合适的，因为与具有相同硬度的珠光体组织相比回火马氏体的韧性高很多。

图 3-86 阐明了一般情况下在一系列回火温度下回火后可以预测的韧性包括含 0.40%和 0.50%碳量分数和多种合金成分的钢淬火+回火后预测的缺口冲击功值，以及在室温下进行 V 型缺口夏比冲击和悬臂梁试验。当夏比试验中用 U 型缺口代替 V 型缺口时，可以预测冲击功值比这些显示值低。

图 3-86 所示的曲线包括各种合金成分。没有任何证据表明特定的合金或合金组合在相同的硬度下表现出优异的韧性。相反，如预测的那样，当对单一（名义上）成分的钢进行大量的加热试验时，在相同碳含量的条件下，重叠相似的（其他）合金成分变化，会引起显著的韧性变化。

对于碳和低合金钢而言（图 3-86），虽然回火温度高于 370℃ （700℉） 会提高韧性，但是延长加热时间或在 450～600℃ （840～1110℉） 范围内缓慢冷却可能降低韧性（图 3-89），冷却速度的影响在图 3-89中的高温阶段更为显著。这一现象被称作回火脆性（见 3.8.8 节）。

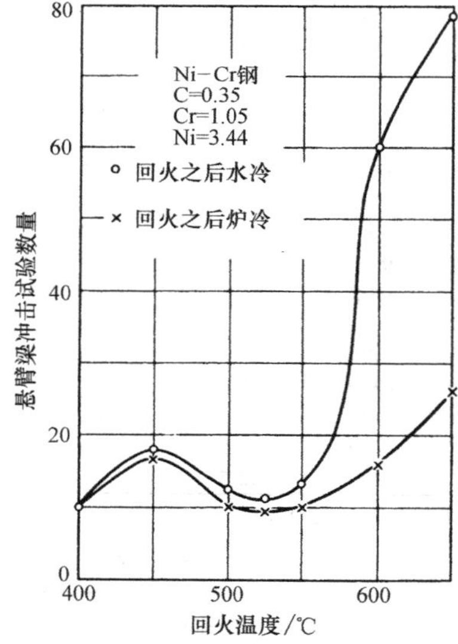

图 3-89　冷却速度对回火脆性的影响

3.8.4　回火时间和回火温度

回火时间和回火温度都会影响碳和合金元素的扩散，因此也会影响碳化物的形成和回火程度。为了保持一致性降低和对时间变化更少的依赖性，零部件一般在气体或电加热炉中回火 1～2h。特尔宁（Thelning）建议的经验公式（参考文献 16）是炉子的载荷达到设定温度后每 25mm （1in） 厚度回火 1h。AMS 2759 标准中也规定了各种碳钢和低合金钢的推荐回火条件。假如采用感应加热回火，则回火周期对温度和该温度下的保温时间非常敏感。

一般来说知道所需的硬度后，可以根据

图3-83~图3-85中曲线规定的温度决定所需的回火温度。无论如何，对考虑等效回火过程中宽范围的时间-温度组合是有用的，通常可采用短时高温完成回火。

图3-90~图3-92所示的硬度与各种回火温度下的回火时间是一种回火数据的总结。除非发生二次硬化，当时间以对数形式存在时在大部分时间范围内硬度的变化接近线性。然而，这种方法是较费时的。因此开发出了参数法，描述回火过程中时间-温度的影响。

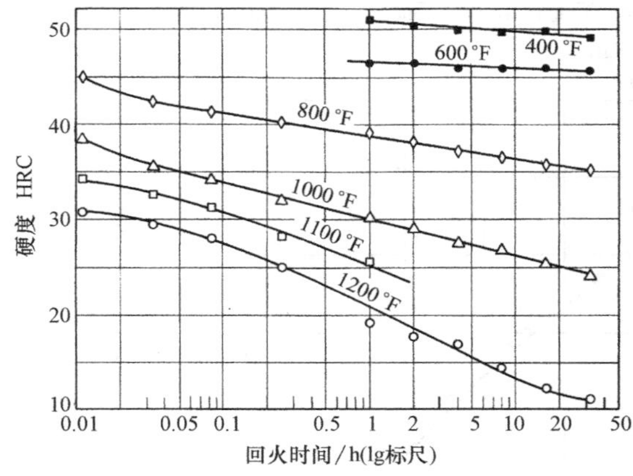

图3-90 1335钢回火数据总结

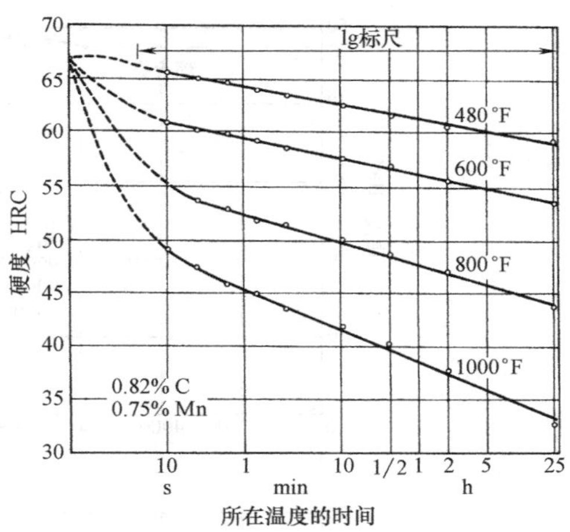

图3-91 回火时间对0.82C-0.75Mn钢回火软化的影响

大多数时间-温度参数模型如下，回火硬度是绝对热力学温度（T）乘以常数（C）、回火时间对数的和

$$硬度=T\times(C+\lg t)$$

式中，T为温度（K）；t为时间（s）；C为一常数，取决于钢中的碳浓度。

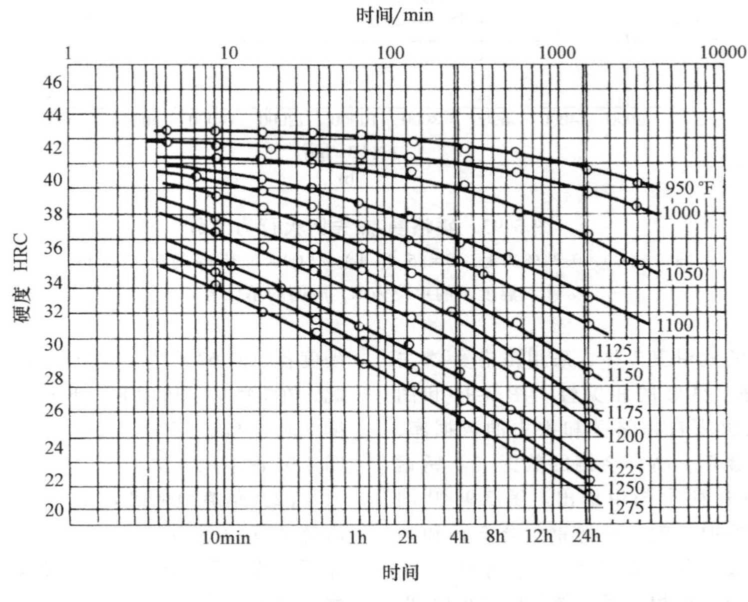

图3-92 各种温度和时间（作函数）下4340钢（0.355C、0.66Mn、0.042P、0.017S、0.28Si）的回火效应

这一关系类似于分析蠕变数据的拉升-米勒参数，首先由霍洛曼-杰夫首先提出，作为低、中合金钢淬火后和在不同时间-温度条件下回火后的近似硬度的经验公式。从他们对各种钢的分析来看，常数C的取值范围为10~15，取决于具体钢种。图3-93所示为两个实例。

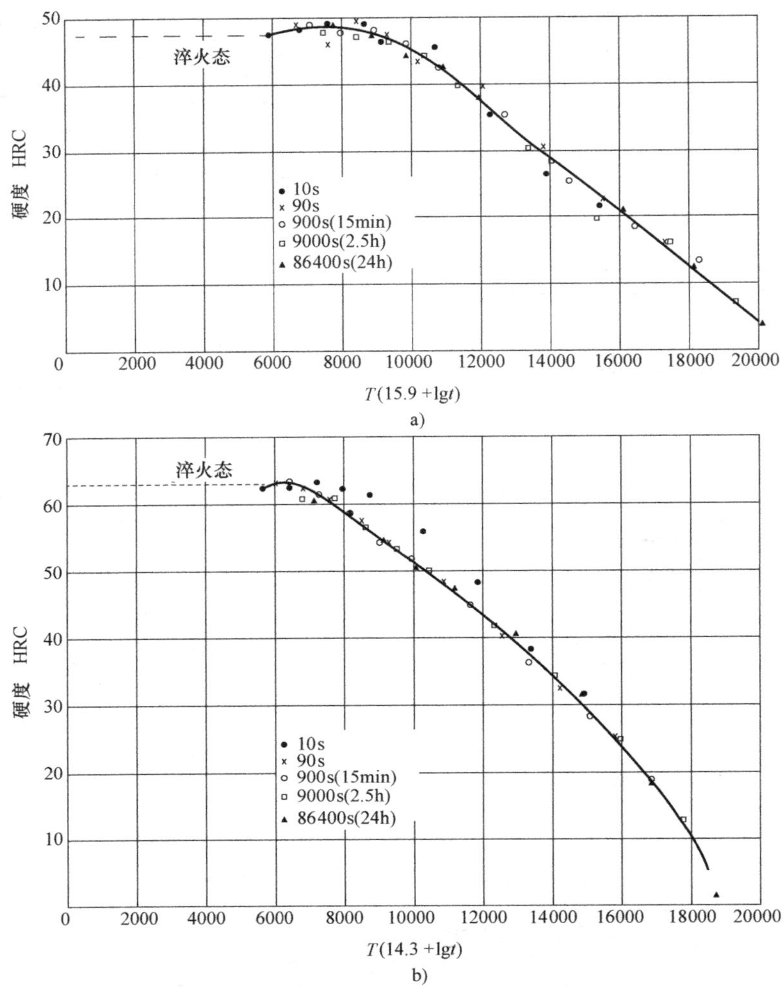

图 3-93 霍洛曼-杰夫回火行为参数

a) w(C) = 0.31%的钢，C = 15.9 b) w(C) = 0.356%的钢，C = 14.3

注：温度 T 的单位为 K，时间的单位为 s。

除了获得大量的残留奥氏体，采用霍洛曼-杰夫方法还可获得合理、良好的相关性。图 3-94 和图 3-95中所示的数据也来自霍洛曼和杰夫的数据库，其包含碳钢和低合金钢。高合金钢的数据（不锈钢和工具钢）没有在这两个图中给出。图 3-94 和图 3-95分别提供了对机加工钢、锻造钢、合金钢和高碳合金钢估算回火过程中时间-温度影响的基础。

（1）估算一个可获得相似回火硬度的等价时间-温度条件 根据钢中的碳含量，采用图 3-94 或图 3-95进行估算。图 3-94 用于碳质量分数为 0.15%～0.40%的钢。例如，假如质量分数为 0.30%的钢在 505℃（940℉）下回火 10h 获得一定的硬度，那么回火 1h 要获得相同硬度温度是多少？在 505℃（940℉）回火 10h 落在图 3-94 中的 A 点，A 点位于硬度各异的 62 线上，此硬度线过 1h 线（B 点），因此，在 545℃（1010℉）下回火 1h 可获得相同的硬度。对于高碳钢（碳质量分数为 0.90%～1.2%），图 3-95 的应用方法相同。

（2）估算两种回火处理方法获得的硬度差 霍洛曼-杰夫（Hollomon-Jaffe）用稍微不同的方法来估计硬度的变化（图 3-94、图 3-95）。对于无大量碳化物形成元素的钢，采用两种回火处理方法后获得的硬度差等于两个图中处理的洛氏硬度差值。当硬度小于 20HRC 或回火前测得洛氏硬度数值少于 3 个的情况时，这个差异是不正确的。

举例：碳质量分数为 0.3%的合金钢（图 3-94）。一含 0.30%C、3%Ni 的钢在 505℃（940℉）下回火 10h 后硬度为 29HRC，结果由试验测得，那么此钢在

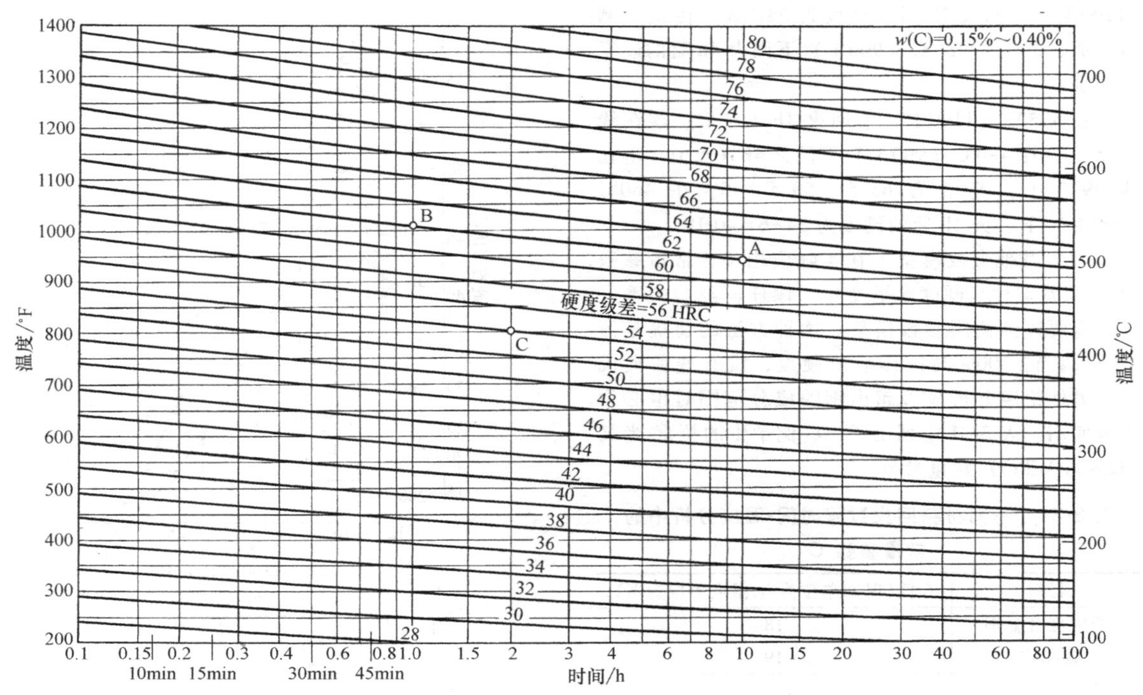

图 3-94 机加工钢、锻造碳钢和合金钢（碳质量分数为 0.15%~0.40%）回火过程中的时间-温度关系

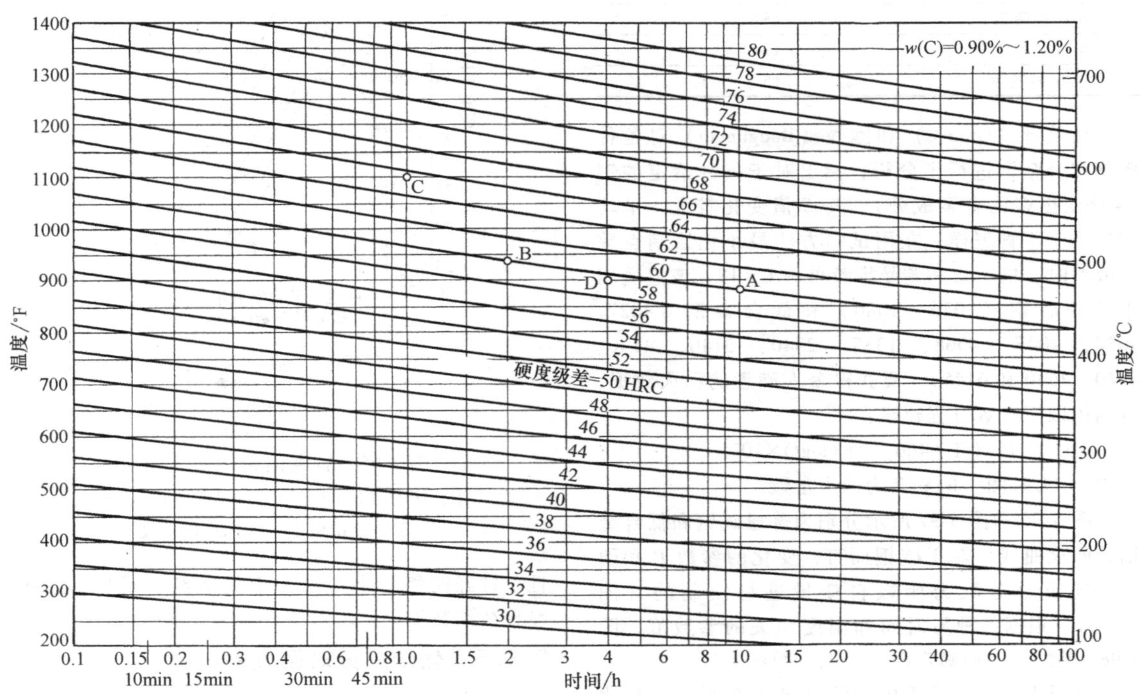

图 3-95 高碳钢（碳质量分数为 0.90%~1.20%）回火过程中的时间-温度关系

425℃（800℉）下回火 2h 后的硬度近似为多少？

在 505℃（940℉）回火 10h（点 A）落在线 62 上，在 425℃（800℉）回火 2h（点 C）落在线 54 上，差为 62−54＝8。在 425℃下回火 2h 后的硬度为 8+29＝37HRC。

举例：高碳钢（图 3-95）。1095 钢在 595℃

(1100℉) 下回火 1h 后的硬度为 34HRC，由试验测得，那么此钢在 480℃ (900℉) 下回火 4h 后的硬度是多少?

在 595℃ (1100℉) 下回火 1h (点 C) 落在线 65.5 上，在 480℃ (900℉) 下回火 4h (点 D) 落在线 59.5 上，差值为 65.5 - 59.5 = 6。在 480℃ (900℉) 下回火 4h 后的硬度为 34+6=40HRC。

(3) 其他参数模型　在实际应用中，常量参数 (*C*) 随着钢种和硬度水平变化。像任何经验关系一样，需要谨慎使用参数模型。这种方法的前提是假设淬火获得 100% 马氏体后的硬度，没有残留奥氏体，另外给定分析显著超出钢的成分范围时也必须谨慎使用。表 3-31 中列出了一些例子中的拉森-米勒 (Larson-Miller) 常量参数。

表 3-31　不同材料回火过程时间-温度分析中的常量参数 *C*

材料	*C* 值(时间单位为 h,温度单位为 K)
低碳低合金钢	18
碳-钼钢	19
$2\frac{1}{4}$Cr 和 1Mo 钢	23
Cr-Mo-Ti-B 钢	22
18-8 不锈钢	18
18-8- Mo 不锈钢	17
25-20 不锈钢	15

格兰奇 (Grange) 和鲍曼 (Baughman) 对各种碳钢和合金钢进行了分析，指出对于一种给定的钢 (4 倍或更多的合金成分)，其 *C* 值变化较大，平均值较小。不管怎样，在用试错方法最小化绘制点数据散差时，格兰奇和鲍曼推荐单一 *C*=18，该值适用于多种碳钢 (1026 ~ 1080) 和低合金钢 (4027、4037、4047、4068、1335、2340、3140、4140、4340、4640 和 6145)。要获得令人满意的回火数据，可利用以下参数方程建模：

$$P=(℉+460)(18+\log t)\times10^{-3}$$

式中，*t* 为时间 (h)；*P* 为回火参数。

图 3-96 和图 3-97 所示分别为普通碳钢和低合金钢的回火曲线。对于碳钢而言，变化的参数 *P* 和硬度以碳质量分数为函数自变量进行绘制的 (图 3-98a)。根据各种与时间和温度相关的参数值，图 3-98b 提供了一种确定回火周期参数的方法。

对回火过程中马氏体钢的时间-温度反应进行建模的方法有多种，近期的一篇相关文章见参考文献 23。特别值得一提的是一种颇有应用前景的方法，即使用人工神经网络 (ANNs)，用非线性回归方法建立物理系统中的输入变量和输出变量之间的相关性。神经网络的出现可用于复杂经验模型的建模，发现数组数据中的基本关系和定量结构。

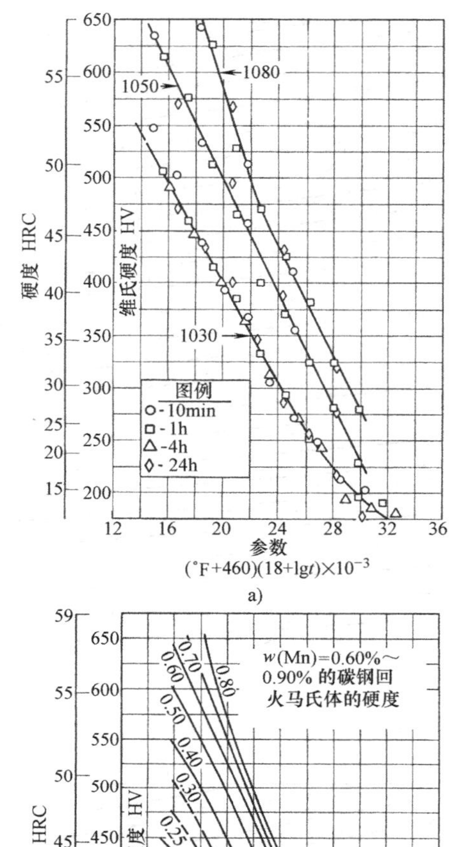

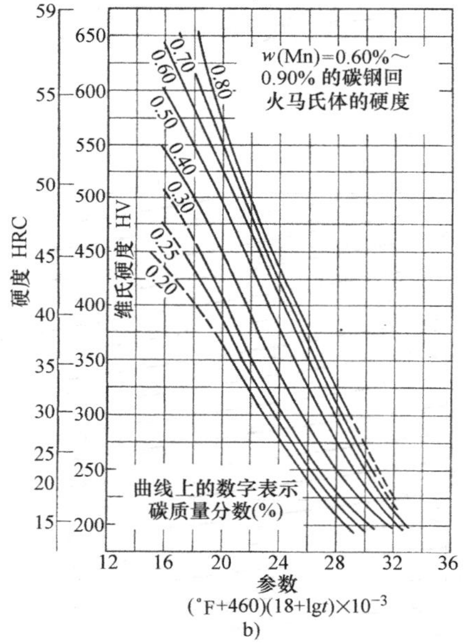

图 3-96　普通碳钢的回火曲线

译注：DPH (Diamond Pyramid Hardness)——金刚石棱锥硬度，也称维氏硬度

3.8.5　化学成分对回火的影响

图 3-99a 所示为碳质量分数对回火钢中 QT 碳力学性能——硬度的影响。该图可作为决定其他元素影响低合金钢调质硬度的基础。所有合金都会增加回火过程中的抗软化能力 (抗回火性) (如图 3-84 和图 3-85 所示，以及如前所述)。在钢中加入合金元

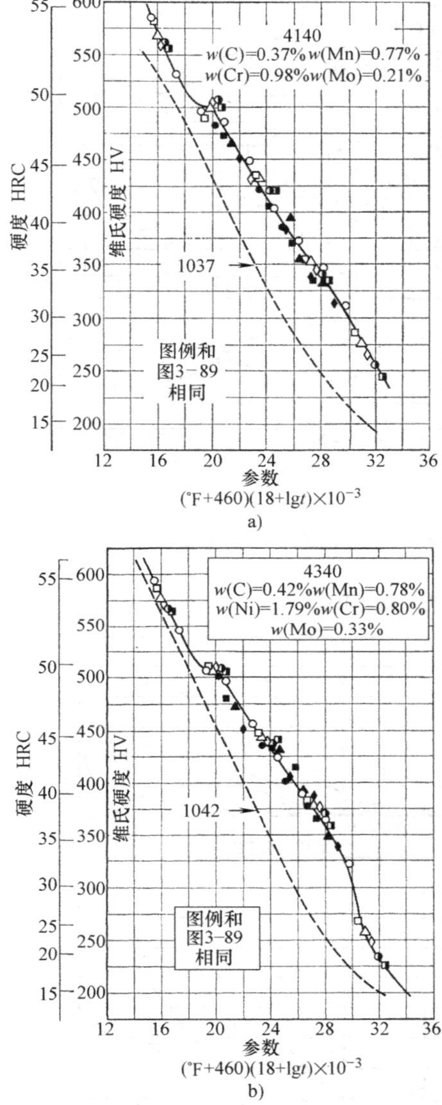

图 3-97　低合金钢的回火曲线

a）4140 钢的回火曲线　b）4340 钢的回火曲线

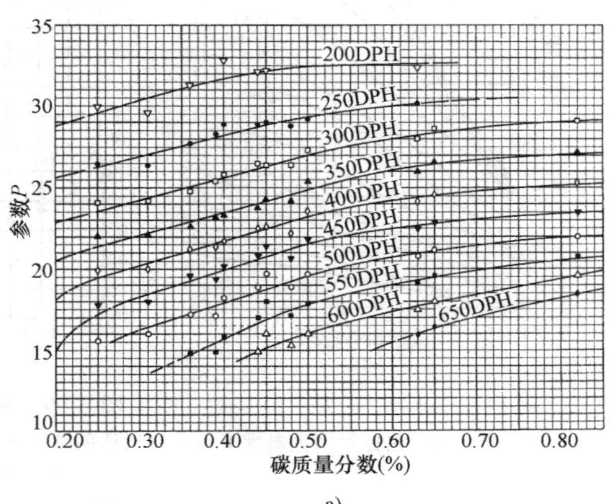

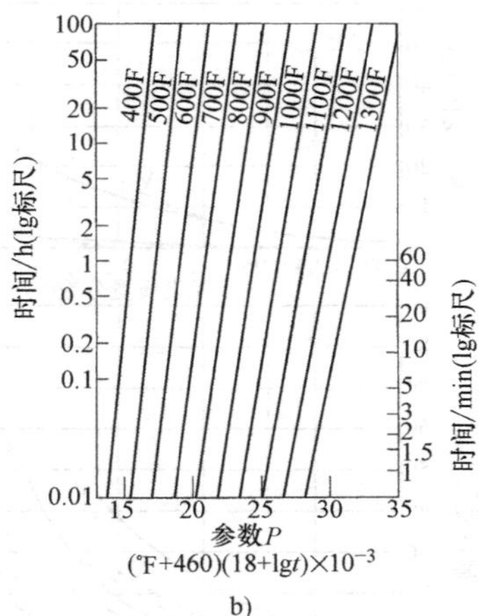

图 3-98　回火参数 P 图，$P=(\text{°F}+460)(18+\log t)\times10^{-3}$

a）P 随着硬度和碳质量分数变化　b）P 与回火时间和回火温度的关系

素的主要目的是增加淬透性，也就是说，淬火过程中增加马氏体形成的深度。合金元素延缓软化的速率，特别是当进行高温回火时。因此，想要在给定的时间内获得给定的硬度，合金钢比碳钢需要更高的回火温度。

合金元素可以分为碳化物形成元素或非碳化物形成元素，如镍、硅、铝和锰，很少甚至不会出现在碳化物相中，而是基本固溶在铁素体中，对回火硬度的影响很小。这些元素在钢中主要是通过铁素体固溶或基体晶粒尺寸控制硬化。碳化物形成元素（铬、钼、钨、钒、钽、铌和钛）形成合金碳化物，延迟软化过程。当以 Fe_3C 形式存在时，碳化物形成元素的作用是最小的；然而在高温回火时，合金碳化物形成，随着回火温度提高，硬度缓慢下降。

图 3-100 和图 3-101 显示了在不同回火温度下合金元素对抗回火软化性能提高的影响。强烈的碳化物形成元素如铬、钼，在超过 205℃（400℉）高温下提高回火温度时，其对抗回火软化性能的提高非常有效。

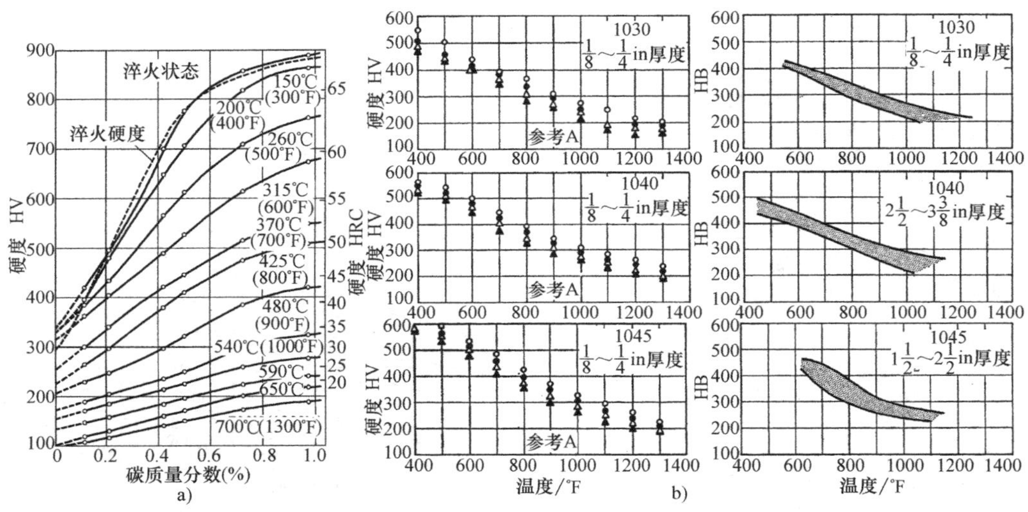

图 3-99 碳钢淬火硬度

a）在各种回火温度下回火马氏体的硬度与碳质量分数的关系 b）碳钢回火硬度的选择

来源：参考文献 25

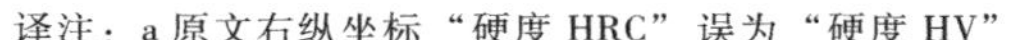
译注：a 原文右纵坐标“硬度 HRC”误为“硬度 HV”

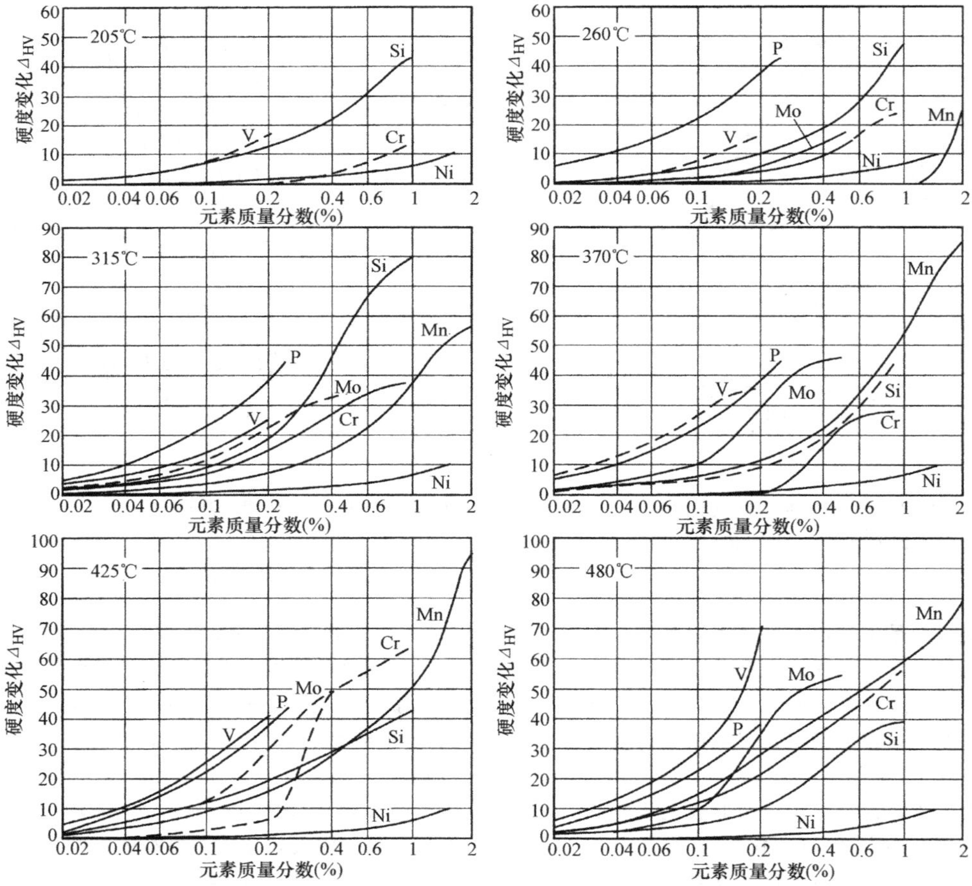

图 3-100 在 205~480℃（400 到 900℉）下回火 1h 后，七种元素（铬、锰、钼、镍、磷、硅和钒）对回火马氏体硬度的影响。请注意锰、钼和磷在 205℃（400℉）时对硬度没影响

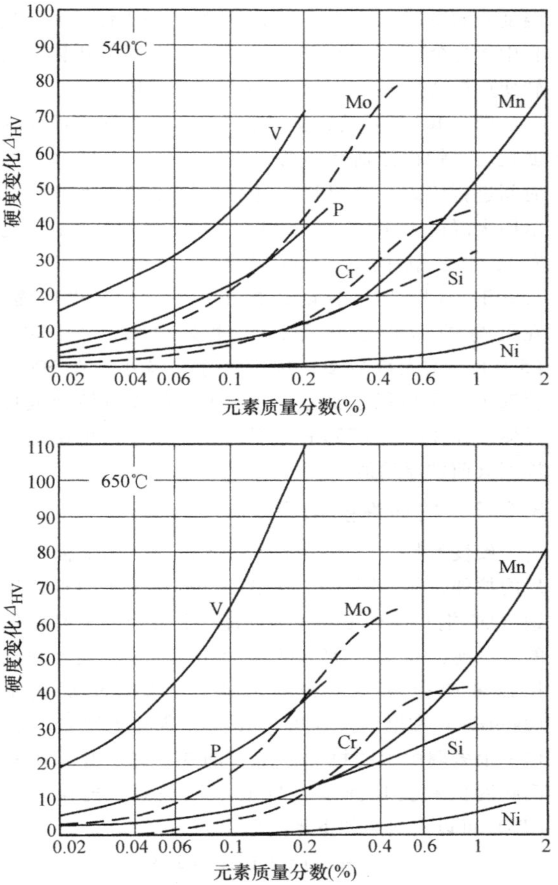

图 3-101　在 540～705℃（1000～1300℉）下回火 1h 后，七种元素（铬、锰、钼、镍、磷、硅和钒）对回火马氏体硬度的影响

硅在 315℃（600℉）下对提高硬度最有效。磷、镍和硅导致的硬度提高可归功于固溶强化。锰在较高温回火下对提高硬度更有效。碳化物形成元素会使渗碳体聚集变慢并形成大量细小的碳化物颗粒。在一定的条件下，如高合金钢，其硬度可以切切实实地得到提高。先前提到的这一作用，被认为是二次硬化。

图 3-86b 显示了碳质量分数为 0.35% 的钢中钼含量对回火的影响。随着合金含量的增加，二次硬化作用的效果增加，可以发生各种合金元素的组合作用：铬在低温段比钼更趋向于导致二次硬化，铬和钼的组合作用产生一个相当平坦的回火曲线，与只有钼存在相比，在一定程度上较低的温度范围会产生峰值硬度。H11 钢和 H13 钢被广泛用作热加工模具钢，其名义含量为：0.35% C、5% Cr、1.5% Mo、0.4% V。图 3-102 所示为 H11 钢的室温硬度与温度的函数对应关系。因为三个碳化物形成元素的特定组合作用产生了一个非常平坦的回火曲线。在不同的回火时间（参数匹配）下，对 H13 工具钢回火后可获得相似的结果，如图 3-103 所示。

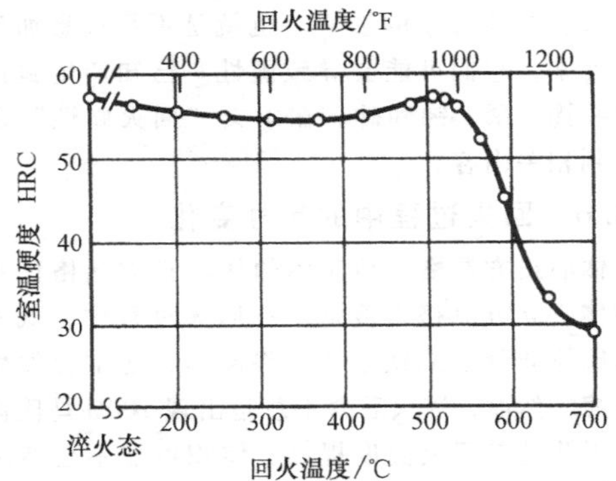

图 3-102　H11 钢的室温硬度与温度的函数对应关系

注：所有试样自 1010℃（1850℉）空冷，在不同温度下两次回火各 2h

（1）其他合金的影响　除缓解硬化和二次硬化

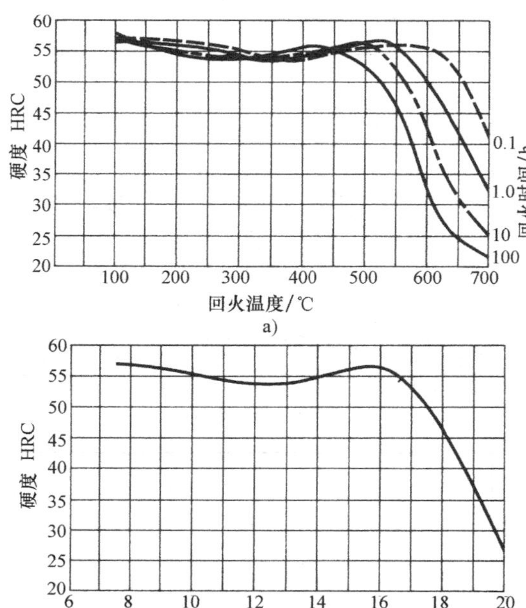

图 3-103 H13 工具钢的回火曲线

a）在不同回火时间下绘制的

b）以参数 $P=T(16.44+\log t)$ 为横坐标绘制的

注：T 的单位为 K；时间的单位为 s

之外，合金元素还会产生许多其他影响。合金钢回火温度越高，释放的残余应力越多，且性能获得改善。而且，合金钢的淬透性要求采用更慢的淬火，所以淬火裂纹减少。然而，假如淬火冷却速度太快，那么较高淬透性的钢容易产生淬火裂纹。较高淬透性的合金钢允许使用较低的碳浓度，可获得指定的强度等级，改善塑性和韧性。

（2）残余元素的影响 也就是不是故意加到钢中的元素，它们可能会导致脆性。已知产生脆性的元素有锡、磷、锑和砷。在本文“回火脆性”部分可找到相关内容。

3.8.6 回火过程中的尺寸变化

体心正方晶格。马氏体的体心正方晶格比铁素体的体心立方晶格密度低。在回火过程中，低密度的马氏体会分解成铁素体和渗碳体，通常会发生体积收缩。然而，淬火后并不总是出现 100%马氏体组织，因此随着回火温度提高，体积可能不会持续收缩，因为残留奥氏体会转变成低密度相。

正如指出的那样，普通碳钢和合金钢中的残留奥氏体在阶段Ⅱ回火会转变成贝氏体或铁素体（见本文 230～370℃（450～700℉）回火内容）。这将导致体积增加，因为奥氏体比铁素体和贝氏体具有更高的密度。当某些合金钢回火后，一些残留奥氏体在从回火温度开始冷却的过程中可能会转变成马氏体。回火过程中当合金碳化物沉淀时，残留奥氏体的马氏体开始转变点提高，一些奥氏体会转变成马氏体。

图 3-104 所示为回火过程中 O1 工具钢板尺寸的变化。对钢板分别采用两个不同的淬火温度和保温时间进行淬火，冷却到室温后，尺寸发生变化，图示回火温度为 400℃（750℉）。40℃和 10min 的变化对尺寸变化的影响可以忽略不计。在 200℃（390℉）回火时会伴随钢板在各方向的轻微收缩。在更高的回火温度下，尺寸会增大，在 300℃（570℉）增大得最多，过后尺寸又减小。在 300℃（570℉）下体积增加这是由于残留奥氏体转变成贝氏体。在 400℃（750℉）下，尺寸恢复，更接近于淬回火前的原始值。

3.8.7 拉伸性能和硬度

硬度测量一般用于评估碳钢和合金钢低温回火后的拉伸性能。图 3-105 和图 3-106 所示为两种调质钢（QT 钢）的硬度和拉伸性能，其反应一般是相似的。目前已开发出 QT 钢和低合金回火钢的硬度和抗拉强度的换算关系经验公式。例如，雅尼茨基（Janitzky）和巴亚茨（Baeyertz）（参考文献 28）评估了很多调质钢的拉伸性能（图 3-107），显示出布氏硬度值和抗拉强度大概成线性关系，抗拉强度（TS）可以表达为如下米制单位公式：

$$\mathrm{TS(MPa)}=3.6\mathrm{HB}-42.3$$

例如，钢的硬度为 363HBW，那么估算的抗拉强度为 1265MPa，转换值为 183ksi（接近于图 3-107 中的绘制数据）。调质钢的抗拉强度与其他拉伸性能也有很强的联系（图 3-108、图 3-109）。这个范围的拉伸性能为结构设计师在选择使用回火碳钢和低合金钢时提供很多选项。

QT 钢的硬度也可以使用格兰奇（Grange）等人发布的方法进行预测。硬度的一般公式是

$$\begin{aligned}\mathrm{HV}=\mathrm{HV}_{\mathrm{C}}&+\Delta\mathrm{HV}_{\mathrm{Mn}}+\Delta\mathrm{HV}_{\mathrm{P}}+\Delta\mathrm{HV}_{\mathrm{Si}}+\Delta\mathrm{HV}_{\mathrm{Ni}}\\&+\Delta\mathrm{HV}_{\mathrm{Cr}}+\Delta\mathrm{HV}_{\mathrm{Mo}}+\Delta\mathrm{HV}_{\mathrm{V}}\end{aligned}$$

式中，HV 是估计的硬度值（维氏）。

为了使用这一公式，必须依据图 3-99a 确定碳的硬度值。例如，首先假设回火温度为 540℃（1000℉），钢的碳质量分数为 0.2%，回火后 HV_{C} 值将为 180HV。其次，必须依据图 3-100 或图 3-101 确定各合金元素的作用。

为了说明怎样使用格兰奇（Grange）等人提出的使用方法，使用图 3-106 所示的相同类型的 4340 钢。钢的化学成分为：0.41% C，0.67% Mn，0.023% P，0.018% S，0.26% Si，1.77% Ni，0.78% Cr 和 0.26% Mo。

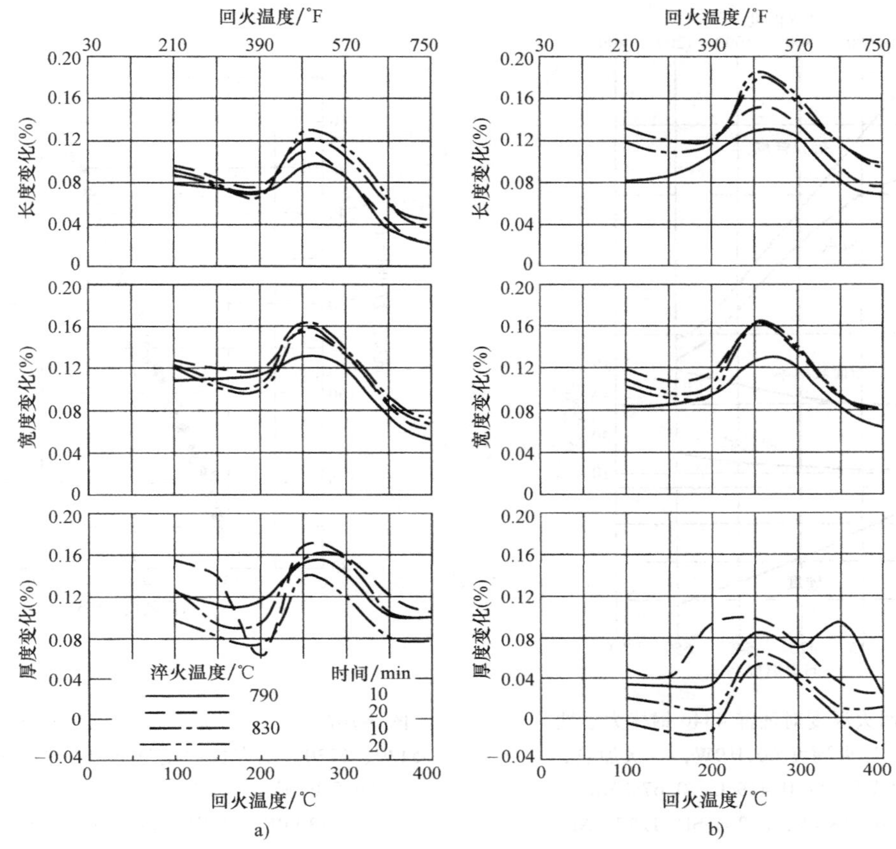

图 3-104　O1 工具钢板尺寸的变化

a）油淬　b）分级淬火后尺寸的变化

注：试样尺寸为 100mm×50mm×18mm（4in×2in×0.7in）。钢材沿长度方向轧制

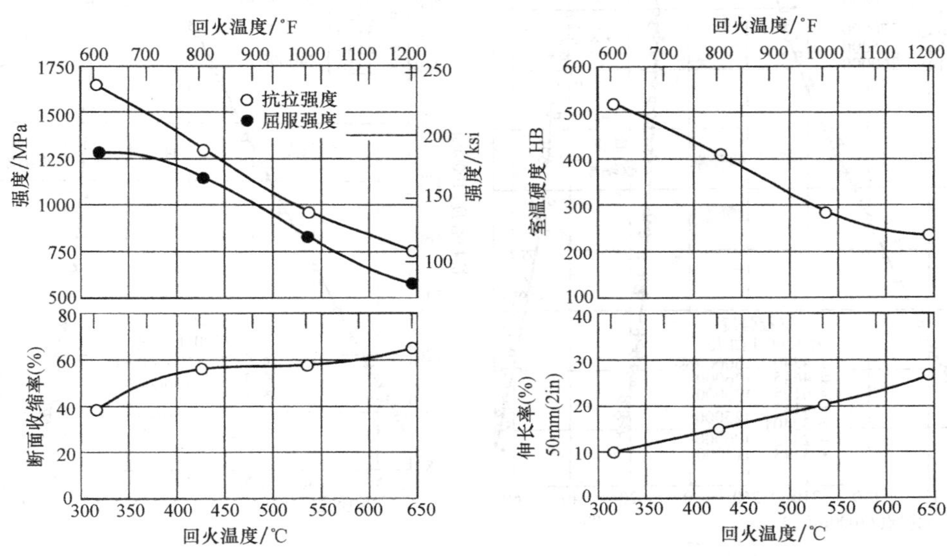

图 3-105　回火温度对室温下 1050 钢力学性能的影响。概括为 1050 钢一次加热并锻造成直径 38mm（1.50in）大小，然后水淬并在各种温度下回火。钢的成分为：0.52%C，0.93%Mn

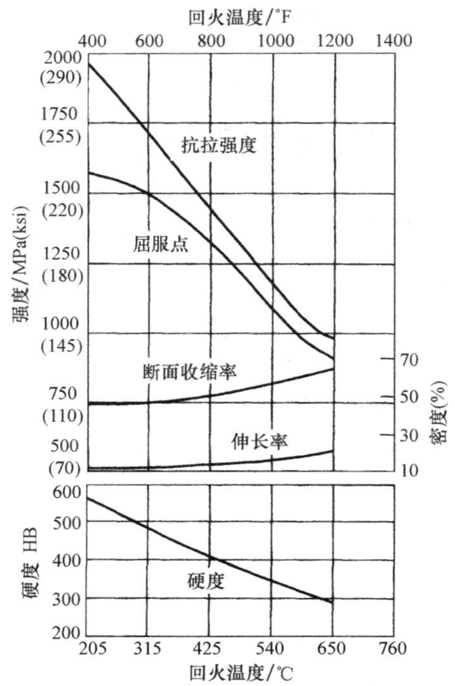

图 3-106 回火温度对油淬 4340 钢棒力学性能的影响。淬火硬度 601HBW，一次加热，钢棒化学成分为：0.41%C，0.67%Mn，0.023%P，0.018%S，0.26%Si，1.77%Ni，0.78%Cr，0.26%Mo

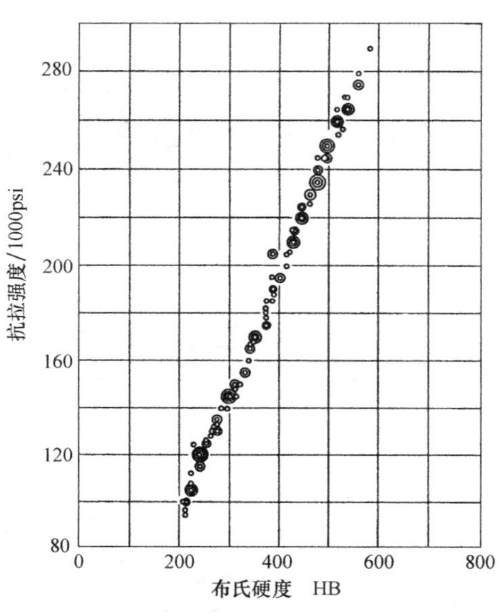

图 3-107 几种 QT 钢（SAE 1330、2330、4130、5130、6130）的布氏硬度与抗拉强度。直径 25mm（1in）的圆棒，水淬，在 200~700℃（400~1300℉）范围内各种温度下回火

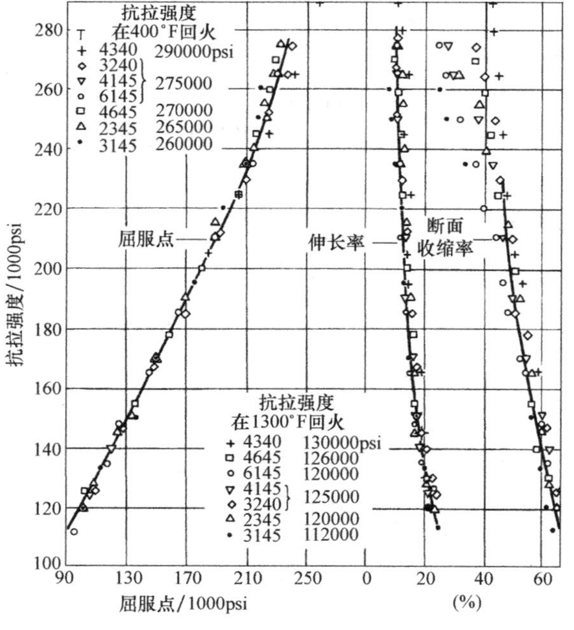

图 3-108 几种油淬火钢（6145，4645，4145，3240，3145，2345，4340）在 200~700℃（400~1300℉）下回火后的拉伸性能。直径 25mm（1in）的圆棒

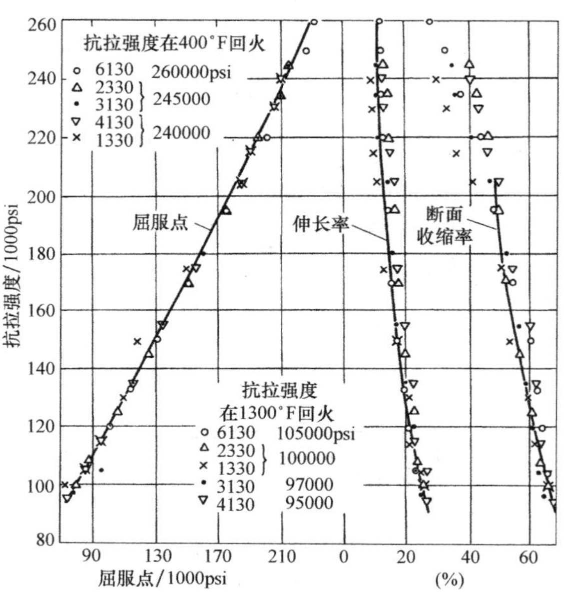

图 3-109 几种水淬火钢（3130、6130、2330、4130、1330）在 200~700℃（400~1300℉）下回火后的拉伸性能。直径 25mm（1in）的圆棒

假设回火温度为 540℃（1000℉），估算的碳硬度值为 210HV。从图 3-99a 看来，各种其他合金元素的硬度值见表 3-32。

表 3-32　各种其他合金元素的硬度值

元素	质量分数(%)	硬度　HV
C	0.41	210
Mn	0.67	38
P	0.023	7
Si	0.26	15
Ni	1.77	12
Cr	0.78	43
Mo	0.26	55
总硬度	—	380

根据图 3-106，在 540℃（1000℉）下回火后硬度值为 363HBW。依据硬度换算表（如 ASTM E48 换算表），布氏硬度 363HBW 等同于维氏硬度 383HV，计算出的 380HV（在前面的表中）非常接近于这个实际测量值。因此，此方法可用于估算低合金钢淬火+回火处理后的硬度值。

回火后硬度的变化。图 3-110 所示为 1046 钢锻造产品回火后获得的室温硬度变化范围。因为原始显微组织结构存在差异，使得回火后硬度的波动非常频繁，在短时和/或更低温度周期原始显微组织对回火硬度的影响更显著，如图 3-111 所示。

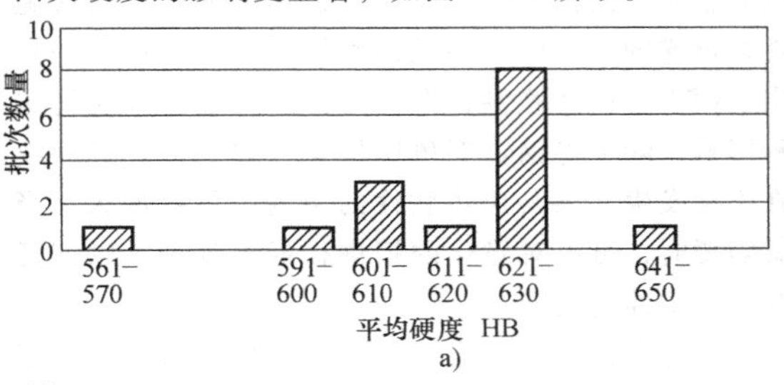

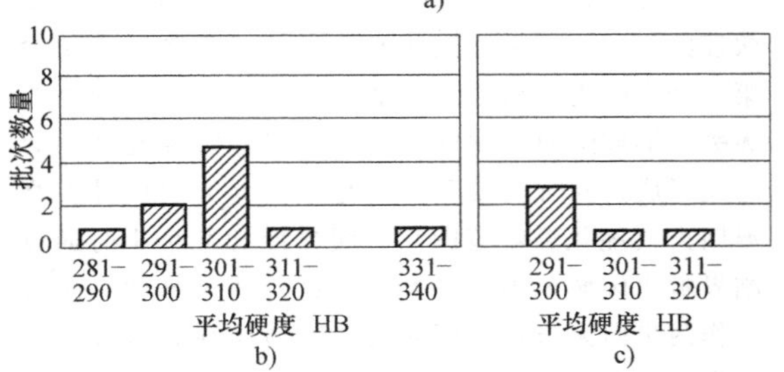

图 3-110　1046 钢锻造产品回火后获得的室温硬度变化

a）淬火态　b）在 510℃（950℉）下回火 1h　c）在 525℃（975℉）下回火 1h

当原始显微组织相同，温度控制是控制回火过程中的最重要的参数。一般情况下，回火温度控制在±13℃范围内就足够了，处于绝大多数炉子和熔盐

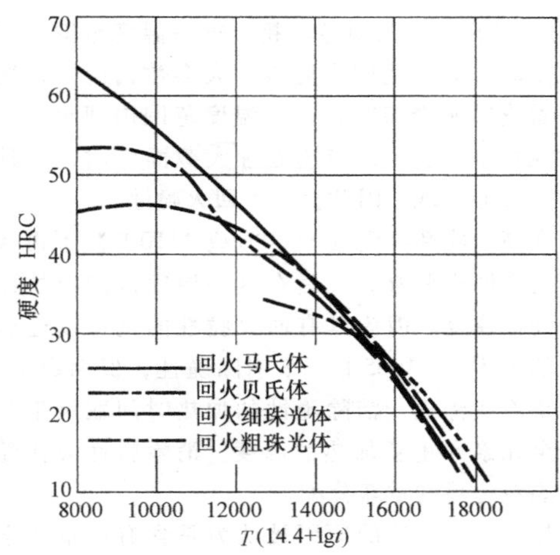

图 3-111　具有各种原始显微组织的碳质量分数为 0.94%钢的硬度与霍洛蒙-杰夫（Hollomon-Jaffe）参数（温度 T 单位为 K，时间 t 单位为 s）

设备的实际控制范围内。除非力学性能要求非常宽泛，温度波动很少允许超过±6℃（±10℉）。

淬火操作如下：将 1046 钢加热到 830℃（1525℉）并在碱液中淬火。锻件在连续网带炉中加热并一个个倾倒在搅拌的碱液中淬火。每个锻件质量为 9~11kg（20~24lb），最厚截面 38mm（1.5in）。

3.8.8　韧性和脆性

QT 钢易于呈现出不同类型的脆性。一些是因为回火过程中结构的变化，如回火马氏体脆性和回火脆性；然而，另外一些是因为环境对淬火+回火显微组织的作用，如氢脆和液态金属脆性。

本节的重点是脆性与回火工序。图 3-112 中给出了淬火钢断裂行为的克劳斯（Krauss）示意图，其中包含回火马氏体区域和回火脆性区域，参考文献 31 中描述了更多的细节。

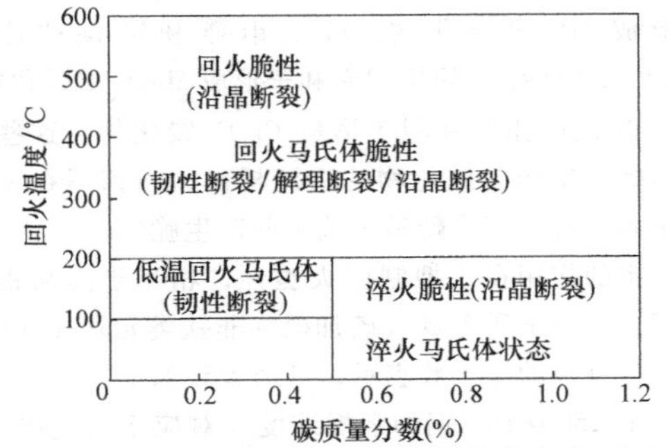

图 3-112　淬火钢和低合金钢在拉伸载荷作用下的断裂反应与回火温度和碳质量分数之间的关系

（1）回火脆性（TE）　当碳钢和低合金钢在 450~600℃（840~1110℉）下延长回火时间时，会发生回火脆性（TE）。高温回火后缓慢冷却（图

3-89)，其作用更为明显。超过这一温度范围暴露后缓慢冷却也会发生回火脆性。大多数情况下，短时的暴露或快速冷却时，这一温度范围内回火后，回火脆性减小。然而，当热处理大截面件时，这种操作不太可能实现，因此会产生回火脆性。

在高于脆性温度（>600℃或1110℉）下再次回火可消除回火脆性，随后在这一温度范围内快速冷却，韧性恢复。因为具有回火脆性的钢可以通过加热到约575℃（1065℉）来消除脆性，保温数分钟，随后快冷或淬火。消除脆性的加热时间取决于存在的合金元素和重新加热的温度。消除脆性会伴随杂质在晶粒边界的重新分配。

导致回火脆性的原因被认为是含有微量元素的化合物的沉淀，如锡、砷、锑和磷，以及铬和/或锰。相对少量（0.01%或更少）的杂质，如磷、锑和砷已经证实与回火脆性有关。回火脆性产生的原因是杂质在晶界的偏析和破坏力。这导致晶间断裂形貌，这种晶间断裂暗示着脆性发生在原始的奥氏体晶界上。

已知锰质量分数小于0.5%的碳钢不会产生回火脆性，但大量添加锰时会易于引起这类问题。其他合金元素，如铬和镍也会促进回火脆性，而且其单独存在比合金化结合时的作用弱。铬-镍钢和铬-锰钢中发现最强的脆化作用，非常纯的合金钢不会产生回火脆性。

与磷诱发回火脆性相比，钼元素可产生有益影响的观点已被认知很多年。添加少量钼（0.2%～0.3%）可显著延迟回火脆性，但更多的钼不会产生额外更好的改善。虽然钼元素是一种有效降低回火敏感性的元素，但必须要解决的是钼金属碳化物的沉淀。为了避免这种沉淀，在钢种加入钒。相对钼和铬而言，钒是一种很强的碳化物形成元素。钒首先形成MC型碳化物，改变钼-碳和铬-碳的比率（例）。增加钼-碳的比例有利于形成Mo_2C型碳化物，增加铬-碳的比例有利于形成Cr_7C_3碳化物。这些变化延缓了钼作为碳化物的沉淀析出。当钼不在铁素体中固溶时，那么磷易于偏析并产生脆性。

钼的作用在于抑制回火脆性，相当于提高钢的纯度。总的杂质含量（硫加磷加非铁类元素加气体）以每百万分的原子数表示，其值大致如下：

① 1500×10^{-6}钢的常规纯度（对应于大气-电弧-熔化钢中一般的数量）。

② 1000×10^{-6}为纯度非常高的钢（对应真空熔炼炉）。

③ 约500×10^{-6}为优等纯净钢（对应真空熔炼炉并使用非常纯的原料）。

当使用相对较纯的钢（杂质超过1500×10^{-6}，而且磷超过0.01%）时，钼元素独一无二的降低回火脆性的作用非常重要。在生产的高纯度钢（杂质低于500×10^{-6}而且磷超过0.001%）中钼不是必要的合金元素，这种钢不容易产生回火脆性。

（2）蓝脆　将普通碳钢和一些合金钢加热到230～370℃（450～700℉）时可能会提高抗拉强度和屈服强度，降低塑性和冲击强度。因为试样表面会产生发蓝的回火色，故这种脆化现象称为蓝脆。

蓝脆是一种加速的应变-时效脆化形式，其产生原因是在临界温度范围内碳化物和/或氮化物沉淀硬化。如果添加占用氮的元素到钢中可排除该问题，如说铝和钛，当钢加热到蓝脆加热温度范围将发生变形，并最终使得冷却到室温后的材料硬度和抗拉强度提高。假如应变率提高，则蓝脆温度范围提高。

（3）回火马氏体脆性（TME）　当高强度合金钢在200～370℃（400～700℉）温度范围内回火时，会产生回火马氏体脆性。回火马氏体脆性也被称作350℃（或500℉）脆性，虽然据报道最大的变化发生在约315℃（600℉）。虽然脆化温度范围是可变的，但为了防止出现回火马氏体脆性，但避免处于这一温度范围内还是非常有必要的。

回火马氏体脆性与回火脆性在除了脆化温度范围外很多方面都有区别。首先，如上所述，回火脆性是可逆的，而回火马氏体脆性是不可逆的。一旦出现回火马氏体脆性，没有一种热处理可以逆转这种影响，除了将钢重新奥氏体化并淬火，并且后续在不会发生回火马氏体脆性的温度范围内回火。当有需要时，可以对脆化的钢进行退火处理，以恢复其最大抗冲击性能。

原理上，回火马氏体脆性是一个比回火脆性更快速的过程。回火马氏体脆性发生在正常回火阶段第一个小时内，和截面尺寸和/或回火后冷却速度等无关。形成鲜明对比的是，回火脆性需要几个小时才能形成，同时比较重要的是主要为大截面件在高温回火（脆化温度范围）并缓慢冷却几个小时通过临界脆化区域范围内才会。因此，回火脆性有时被称作两步回火脆性，而回火马氏体脆性有时被称作一步回火脆性。

回火马氏体脆性发生在回火阶段，ε碳化物变成渗碳体。在钢中发生变化的主要是回火马氏体组织，但钢具有回火下贝氏体组织时也容易产生回火马氏体脆性。其他组织，如上贝氏体和珠光体/铁素体，在这区域内回火不会产生脆化。钢在这一温度区域内回火后的冲击韧度低于在小于马氏体回火脆性（TME）温度区域回火后的冲击韧度。

图 3-113 显示了各种磷和碳含量的铬-钼钢的冲击吸收功与回火温度之间的函数关系。该图还显示了低合金钢中磷和碳对冲击韧度的影响。钢在 250~300℃（480~570℉）范围内回火后冲击韧度会下降。较低磷含量的钢比较高磷含量的钢具有更高的冲击韧度。另外，随着碳含量的增加，冲击韧度降低。

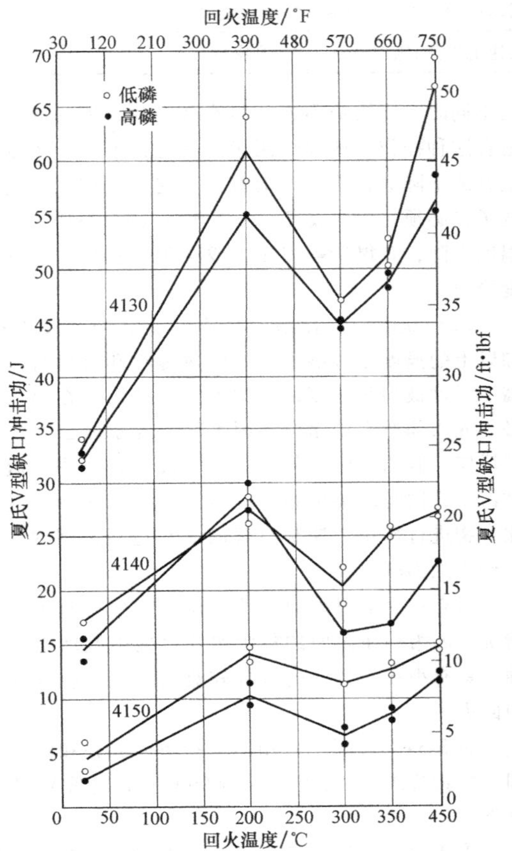

图 3-113　4130 钢、4140 钢和 4150 钢在 900℃（1650℉）奥氏体化并在所示温度回火 1h 后，室温下夏比 V 型缺口冲击功与回火温度

导致回火马氏体脆性（TME）的原因不能被认为是导致回火脆性（TE）的原因。虽然许多研究已经表明断裂是部分或大部分晶间断裂，特别是在约350℃（660℉）下回火，但也有其他的研究发现只有穿晶断裂。这种差异可能会影响人们对回火马氏体脆性（TME）机理的解释。目前，对回火马氏体脆性（TME）的主要解释是基于原始奥氏体晶界上杂质和渗碳体沉淀的影响。

较早时一些研究总结导致产生回火马氏体脆性（TME）的原因是晶界上沉淀出薄片状渗碳体。然而，非常低碳含量的钢也产生回火马氏体脆性（TME），同时残余杂质也被证明是导致 TME 至关重要的因素。使用低杂质（特别是磷）含量的钢，可以防止杂质偏析导致的脆化。钢含有杂质或强烈碳化物形成元素时易于产生回火马氏体脆性（TME）。

在回火马氏体脆性（TME）中可观察到晶间断裂和穿晶断裂模式。TME 晶间断裂较普遍，且与奥氏体化过程中奥氏体晶界上的磷偏析有关。然而，在原先奥氏体晶界上存在的磷不会充分发展而导致 TME。对于 TME 晶间断裂模式而言，磷和渗碳体之间的相互作用是必要的。奥氏体化过程中奥氏体晶界上杂质（如磷）的偏析和回火过程中在原始奥氏体晶界上形成渗碳体是形成 TME 晶间断裂模式的原因（参考文献 43~45、47）。

回火马氏体脆性（TME）穿晶断裂模式可能与薄状碳化物厚度有关；较薄的碳化物导致薄壳断裂，厚的碳化物促进穿晶解理。在中碳钢回火过程中，平行的板条马氏体之间形成渗碳体，导致 TME 穿晶断裂模式发生。回火过程中，淬火中碳钢的板条马氏体之间的残留奥氏体转变成薄片状渗碳体。在 AISI 4340 钢中可观察到另一种类型的 TME 穿晶断裂，它是由于残留奥氏体分解形成渗碳体产生的裂纹诱发而来的晶间解理。在一些低碳钢中，脆化和碳化物的形态提供了大量显微裂纹形成和微孔聚集与长大的位置。发生断裂的同时伴随微小的塑性变形。

在碳钢中添加硅可提高 TME 发生的温度范围，这是因为硅延迟了板条马氏体上的 ε 碳化物转变成渗碳体，同时延迟了更高温度下晶界上渗碳体的粗化。

采用 AISI 4140 钢的调查显示，奥氏体化温度会影响 TME。高的奥氏体化温度倾向于发生脆性破坏模式，即使在试样中显示实际缺少磷偏析。由于回火过程中更密集的碳化物沉淀和长大，高的奥氏体温度也会促进碳化物溶解进奥氏体。

3.8.9　回火设备

回火设备的选择主要取决于需要的温度和数量及类似需要处理的工作。此外，设备的选择还取决于是大批量回火（将整个零件浸在炉内足够长的时间），还是局部加热零件某一部分（见 3.8.10“特殊回火工序”内容）。

需要的温度由预备热处理和回火后获得的性能决定。大批量回火需在对流炉或熔化的盐、热油或熔化的金属中进行。炉型的选择主要取决于零件的数量和尺寸及所需温度。表 3-33 中给出了四种回火设备的温度范围和使用条件。

表 3-33 四种回火设备的温度范围和使用条件

设备类型	温度范围		使用条件
	/℃	/℉	
对流炉	50~750	120~1380	较常见的大体积零件；载荷的变化使温度的控制更困难
盐浴炉	160~750	320~1380	快速、均匀地加热；小到中等体积；不要用于那些具有较难清理结构的零件
油浴设备	≤250	≤480	长时间暴露(使用)更好；需要特殊的通风和消防设备
熔化金属浴设备	>390	>735	非常快速地加热；需要特殊装夹(高密度)

(1) 对流炉　通常用得最多的回火设备是再循环或强制对流炉，包括连续带输送式、滚筒式或步进梁式系统，以及周期式设备如箱式炉或井式炉。

强制循环空气是使用最普遍和较有效的回火方法，因为它适用于多种炉型的设计，以适应各种产品和生产能力。此外，金相结果较好，同时单件（单重）价格非常好。

一般而言，对流炉的设计温度为 150~750℃（300~1380℉）。对于温度高于 550℃（1020℉）的情况，循环的热空气由与工作区域隔开的炉腔提供，并吹向产品，避免了辐射管加热不均匀。对于温度 550~750℃（1020~1380℉）的情况，使用强制对流加热或辐射加热，这取决于产品的金相要求。为了获得更精确的金相性能控制，使用强制对流加热；但如果是为获得更高的效率，使用辐射加热，因为温度接近 750℃（1380℉）时辐射加热的传递效果更好。

对流炉设计中最重要的阶段是确定正确的强制气流的量。鼓风机的目的是提供足够的热空气到所有的工作区域，使用这方法在热物理允许的条件下可以有效地加热产品。产品的类型和加工的材料决定了所需强制气流的量，这些都是在操作温度下测量。与风扇制造商协商有助于获得最大效率的热传递。

对流炉的加热可采用电、气或油来实现。在绝大多数对流炉设计中，可采用双加热源，如气和电。当有缺点存在或比另一种选择有成本优势时，允许超过一个选择。

温度控制是通过将一个热电偶放在循环系统的热风侧并靠近产品来实现的。当采用这一技术时，过热危险可降至最低，而且可处理各种尺寸的产品。这种方法也允许处理时间（保温时间）随热电偶位置的移动而变化，但仅限于炉子尺寸（和/或输送带速度，对于连续性电炉）范围内。温度一般保持在 ±5℃（±9℃）范围内。假如使用现代的控制器，那么应正确安装导流板被同时安装炉帘。

当产品数量较少或当零件尺寸、外形和力学性能不同时，连续炉不能获得有效利用，但间歇炉更适合这种操作。连续炉用于这种应用时，炉子温度上升或下降会损失生产时间。有时，当加工工艺改变了，必须在炉内放置一个假载荷（随炉料），加速温度下降，获得所需温度，或必须停止生产直到温度稳定。

(2) 盐浴炉　盐浴炉必须用于 160℃（320℉）和以上的温度。盐浴中良好的热传导和自然对流提高了零件被加热温度的均匀性。零件浸没在熔盐前必须先去除所有的水分，因为热盐与水分会发生剧烈反应。假如脏的或带油的零件浸在盐浴中，盐会被污染，同时需要更频繁的矫正。采用化学或气态化合物进行矫正，控制溶解的氧在适当范围内。用碳棒去除不溶金属。

所有在盐中回火的零件从盐中取出后必须尽快清洗，因为粘在表面的盐吸湿并可能引起严重的腐蚀。具有小孔或盲孔的零件较难清洗，不应该在盐中回火。

表 3-34 中提供了常用回火盐浴的成分和温度范围，并按军事标准 MIL-S-10699A（军械署）进行分类：

① 1 类和 2 类盐相当稳定，很少需要矫正。假如转移时从高温盐浴带入氯化物，它们将导致回火盐浴黏度的增加。氯化物可以通过细的纱网过滤除掉，或者通过冷却并将不溶性氯化物作为沉淀物处理。偶尔会有碳酸盐过多的情况，它们可通过与稀硝酸发生反应来去除。不能超过温度上限，否则盐氧化非常强烈，甚至对于合金钢。

② 3 类盐很少需要矫正。但是，它们的高熔点（近似 560℃或 1040℉）严格限制了工作温度范围。而且，当温度超过约 705℃（1300℉）时会导致钢脱碳。

③ 4 类盐均为氯化物中性盐，较稳定。它们很少需要矫正，最低工作温度也应高于 595℃（1100℉）。

④ 4A 类盐与 4 类盐类似，但含有氯化钙，使得其最低工作温度降低到 550℃（1025℉）。这些盐的上限使用温度比 4 类盐更严格。

表 3-34 常用回火盐浴的成分和温度范围

分类	盐浴成分	温度范围		蒸发温度	
		℃	℉	℃	℉
1	37%～50% $NaNO_2$ 0～10% $NaNO_3$ 50%～60% Na_2CO_3	165～595	325～1100	635	1175
2	45%～57% $NaNO_3$ 45%～57% KNO_3	290～595	550～1100	650	1200
3	45%～55% Na_2CO_3 45%～55% KCl	620～925	1150～1700	935	1720
4	15%～25% NaCl 20%～32% KCl 50%～60% $BaCl_2$	595～900	1100～1650	940	1725
4A	10%～15% NaCl 25%～30% KCl 40%～45% $BaCl_2$ 15%～20% $CaCl_2$	550～760	1025～1400	790	1450

（3）油浴设备　回火用油浴设备的设计与盐浴炉相似，或者也可将钢槽放在热的平板加热器上，效果更令人满意。此外，也可将电加热元件浸在油池中。油浴设备使用中，搅拌至关重要，可保证温度的均匀性和满意的油浴寿命。简单地，可采用炉型温度控制，但应避免局部超温，防止发生火灾和油的快速老化分解。具有适当量程的标准热电偶可用于检测油的温度。

在热油浴中低温回火是一种简单而且廉价的方法，特别适合将零件在某一温度下保持较长时间。在没有特别的通风和防火装置的前提下，实际工作温度的上限约为 120℃（250℉）；有预防措施的条件下，约为 250℃（480℉），预防措施为特别充分的通风系统或惰性气体覆盖系统。当需要的回火温度超过 205℃（400℉）时，盐浴往往比油浴的效果更好。

回火油必须抗氧化，同时闪点远高于操作温度。通常使用得最多的油是高闪点石蜡基油，并添加抗氧化剂。分级淬火油也能用于回火。

（4）熔化金属浴　回火用熔化金属浴被盐浴广泛代替。使用时，商业用纯铅的熔点约为 327℃（620℉），已被证明是最适合所有金属和合金。对于特殊应用，采用具有更低熔点的铅基合金。

铅很容易氧化。尽管铅本身不黏着在干净的钢表面，但铅的氧化物黏着在钢的表面是个问题，特别是在高温下。在通常使用的温度范围内，熔盐的薄膜层将保护铅浴，零件较易清理。超过 480℃（900℉）时，颗粒状的碳质材料如木炭，可以作为保护覆盖。

由于比气态气氛具有较高的热传导率，铅对局部快速加热和选择性回火较有利。典型应用就是球关节的回火。将零件进行渗碳处理并淬火至表面硬度最低为 59HRC，心部硬度为 30～40HRC，螺纹和锥面在铅浴中回火可获得表面最高 40HRC 的硬度。

因为铅具有很高的密度，零件在熔铅中回火时如果不采用工装将其压住，将会飘浮在表面。浸入到铅浴中前所有的零件和工装必须保持干燥，防止形成水蒸气并使得熔铅快速飞溅。需要注意的是操作人员必须穿戴防护设备，防止铅中毒；此外，还需要风帽和通风装置。

（5）温度控制　对于气体或电加热，通过适当调整开关型电位开关可将热电偶处的回火温度控制在±6℃（±10℉）。采用比例控制方式，利用这些仪器可将热电偶处的温度控制在±1℃（±2℉）。

3.8.10 特殊回火工序

偶尔也需要采用特殊的工艺来获得特定的性能，如蒸汽处理派生出的工艺或使用保护性气氛。依靠循环加热和冷却等，特定钢的回火机理也得到增强，特别重要的工艺是在零下温度和回火温度之间采用循环处理，以增加残留奥氏体的转变。名词术语多次回火也用于过程加工，在实际回火前常采用中间回火用于校直件的软化，其目的是获得期望的韧性和塑性。

1. 局部回火

对零件采用选择性回火或局部回火，可在相邻区域获得非常明显不同的硬度。这种方法用于完全硬化件的局部区域软化或选择性硬化区域的回火，目的是提高机加工性能、韧性或选择区域内抵抗淬火裂纹的性能。

感应回火和火焰回火通常是使用最多的选择性技术，因为它们具有局部加热可控性质。将选择的区域浸在熔化的盐或金属中也可实现，但缺少可控性。錾子、凿子、冷弯成形铆钉加厚端、渗碳件螺纹部分都是典型应用。当焊接热影响区期望得到一个较低的硬度时，也可用局部回火进行焊接区域的预热和焊后加热处理。

选择性回火将选定区域加热到所需的回火温度，而不需要将零件其他部分加热到这一温度。感应加热圈、特殊火焰喷头、浸在铅浴或盐浴中等方法均可实现这种选择性加热。选择性回火可采用散焦激光和电子束等装置。感应加热和火焰加热技术一般用于大批量生产并且最容易控制。对比其他技术，采用低频（3～10kHz）感应加热和盐浸泡能获得更深的透入度。

浸在盐浴或铅浴中能获得快速加热的选择性回火，通常有必要的是浴池温度必须远高于期望的回火温度。因此，浸泡时间成为获得期望结果的控制因素。因为铅有很高的热传导率，其比盐更有效。其他因素，如工装拆解、零件外形、加热频率和成本也会影响回火设备的选择。在感应回火过程中，同样的加热系统可同时用于淬火和回火。

下面用两个例子说明怎样在零件一定区域内使用选择性回火并获得特定的硬度。

例 1：采用批量处理和选择性回火工艺生产冲击头硬度为 50~55HRC 的大头钉锤子。装修工用的大头钉锤子用 1086 钢锻造而成，将所有的表面淬火至 53~60HRC，然后在 190℃（375℉）的盐中回火。这一处理为锤子的马蹄形端提供了期望的硬度、韧性和磁性性能的组合。然而，冲击头必须在 260℃（500℉）的盐中进行选择性回火，才能获得工作硬度 50~55HRC。

例 2：采用批量处理和选择性回火工艺生产管子钳（其钳牙的硬度为 47~52HRC，手柄硬度为 40~48HRC）。管子钳手柄锻造处理，由 4053 钢制成，其完全硬化并在 355℃（675℉）下回火 1h，获得整体 47~52HRC 的硬度。对于钳牙部这是一个理想的硬度，但手柄不具备充足的韧性。因此，对手柄采取选择性回火，感应加热温度 480℃（900℉）下回火 1min，最终硬度为 40~48HRC。

2. 多次回火

多次回火主要用于：

① 缓解不规则形状碳钢和合金钢零件的淬火和校直应力，从而减少变形。

② 消除轴承零件和齿轮块中的残留奥氏体并提高尺寸稳定性。

③ 不降低硬度的前提下提高屈服和冲击强度。

下面用两例子说明多次回火工序的主要应用。

例 3：采用多次回火可缓解 1046 钢制柴油机曲轴的校直应力。六拐七轴承、平衡质量为 80kg（175 lb）的柴油发动机的曲轴在粗加工时产生一定的变形，需要冷校直。校直工序诱发产生了额外的应力，这将导致在最终加工时产生严重变形。解决这一问题的方法是对 1046 钢曲轴在 455℃（850℉）下进行第一次回火，获得硬度约 321HBW，允许热校直。然后在 480~540℃（900~1000℉）下再次回火，其化学成分决定具体温度，获得 269~302HBW 的硬度并缓解残余应力。

例 4：使用多次回火使 W1 钢制成的量块的残留奥氏体最小化并提高其尺寸稳定性。在用 W1 量具钢（最终硬度为 65~66HRC）制成量块的过程中，量块粗加工后淬火硬化。其经过 3 个连续的处理周期，每个处理周期都包括在-100℃（-145℉）下冷处理 1h，随后在 70℃（160℉）下回火 1h。在量块终磨前，使得残留奥氏体最少并增强了尺寸稳定性。

3. 工装的使用

许多高强度钢部件的抗拉强度超过 1720MPa（250ksi），其在最终热处理前需要进行加工。为减小变形并满足严格的尺寸要求，这些零部件如气缸、压力容器和薄件，在淬火和回火过程中或仅在回火过程中采用工装固定。外部环、内芯棒、千斤顶、螺杆、压块、楔形块、模具和其他机械装置可用于帮助尺寸校正。

例 5：使用回火工装减小 4135 钢制焊接压力容器的失圆。一采用 4135 钢制作的焊接压力容器，外径为 380mm（15in），长度为 1.8m（6ft），厚度为 3.18mm（0.125in），在淬火后沿整个长度方向测量时有 1.3~3.8mm（0.050~0.150in）的失圆。经过 455℃（850℉）下回火 2.5h 后，用 125mm（5in）宽的圆环组成的回火工装将最大失圆降至 1.3mm（0.050in）。

4. 加工过程中的裂纹

因为钢中含有碳和合金成分，淬火中或淬火后如果冷却到室温，则容易产生裂纹，可能的原因是淬火过程中产生很高的残余拉应力，最根本的主要原因是热梯度、截面厚度的突变、脱碳或其他淬透性梯度。另一个潜在的开裂原因是淬火介质污染和后续淬火中的剧烈变化。因此，对于碳质量分数超过 0.4%的碳钢和碳质量分数超过 0.35%的合金钢，推荐零件淬火时在冷至 100~150℃（212~300℉）前转至回火炉内。许多热处理操作使用淬火油回火（分级淬火）或避免冷至低于 125℃（255℉）。对这种类型裂纹敏感的钢有 1060 钢、1090 钢、1340 钢、4063 钢、4150 钢、4340 钢、52100 钢、6150 钢、8650 钢和 9850 钢。

其他碳钢和合金钢一般对这种延迟淬火裂纹敏感性低，但会因零件外形或表面缺陷会导致裂纹，这些钢包括 1040 钢、1050 钢、1141 钢、1144 钢、4047 钢、4132 钢、4140 钢、4640 钢、8632 钢、8740 钢和 9840 钢。还有一些钢如 1020 钢、1038 钢、1132 钢、4130 钢、5130 钢和 8630 钢则对此不敏感。

回火前，零件应该淬火至室温，以确保绝大多数的奥氏体转变成马氏体并获得最大淬火硬度。奥氏体残留在低合金钢中，经过加热回火，转变成中间组织，硬度降低。然而，中到高合金钢中含有奥氏体稳定化元素（比如镍），经过回火加热后残留奥氏体可能会转变成马氏体，因此这些钢需要额外的回火（两次回火），以缓解转变应力。

低温及时回火。淬火后在室温下容易产生裂纹的钢淬火后（最终回火前）应立即进行低温回火处

理（及时回火）。

5. 特殊显微组织

（1）渗碳部件 尽管许多渗碳件不回火就可以使用，但表面渗碳硬化零件经回火处理后韧性和弯曲强度可得到提高。表 3-35 中概括了多种渗碳钢回火对力学性能的影响。在 150～200℃（300～400℉）范围内回火确实有利于韧性和弯曲强度。为保留耐磨性渗碳件，一般在 150～200℃（300～400℉）范围内回火。然而，也可以采用更高的回火温度，以获得一定的冲击韧度或高负荷耐久性。例如，已知改装的赛车齿轮回火温度高达 425℃（800℉），以保留较高的载荷状态。

表 3-35 气体渗碳后淬火、回火的无缺口夏氏棒料的冲击值

试样编号	AISI牌号	回火温度		硬度 HRC		硬化层深度				夏氏冲击功		缓慢弯曲试验结果					
						有效		目测				屈服		极限值		挠度	
		℃	℉	表面	心部	mm	in	mm	in	J	ft · lb	kN	lb	kN	lb	mm	in
1	8615	淬火状态		66	36	0.89	0.035	1.02	0.040	16～20	12～15	19.6	4400	30.2	6780	0.86	0.034
2	8615	150	300	63～64	37	0.97	0.038	1.02	0.040	24～26	18～19	27.6	6200	33.2	7460	1.02	0.040
3	8615	205	400	59～61	35～36	0.91	0.036	1.02	0.040	26～30	19～22	27.6	6210	35.1	7900	1.07	0.042
4	8615	260	500	58～29	35～36	0.91	0.036	1.02	0.040	19～31	14～23	34.3	7700	39.2	8820	1.42	0.056
5	8615	315	600	55～56	36	0.84	0.033	1.02	0.040	43～56	32～41	32.0	7200	42.9	9640	1.45	0.057
6	8615	370	700	51～53	34	0.58	0.023	1.02	0.040	53～144	39～106	28.0	6300	42.2	9480	2.39	0.094
7	8615	425	800	48～49	32	0.36	0.013	1.02	0.040	175～231	129～170	—	—	—	—	—	—
8	8615	480	900	45～46	29～30	—	—	1.02	0.040	264～302	195～223	23.6	5300	35.1	7900	5.08	0.200
9	8620	淬火状态		64～66	45	1.17	0.046	1.14	0.045	24～30	18～22	22.2	5000	34.6	7780	1.09	0.043
10	8620	150	300	62～65	45～46	0.91	0.036	1.14	0.045	34～39	25～29	32.9	7400	37.4	8400	1.09	0.043
11	8620	205	400	59～60	45～46	1.09	0.043	1.14	0.045	33～60	24～44	29.8	6700	38.7	8700	1.12	0.044
12	4320	淬火状态		64	46	1.40	0.055	1.52	0.060	26～28	19～21	26.7	6000	34.3	7700	1.17	0.046
13	4320	150	300	61～63	46	1.65	0.065	1.52	0.060	38～41	28～30	27.1	6100	36.9	8290	1.14	0.045
14	4320	205	400	58～59	46～47	1.40	0.055	1.52	0.060	43～47	32～35	30.2	6800	38.4	8640	1.17	0.046
15	8617	150	300	60～61	38	0.99	0.039	0.91	0.036	22～45	16～33	28.9	6500	36.1	8100	1.12	0.044
16	4815	150	300	58	42～43	1.22	0.048	0.91	0.036	63～79	39～58	—	—	—	—	—	—
17	4820	150	300	58	40～41	0.89	0.035	0.86	0.034	58～68	43～50	28.0	6300	37.0	8320	1.40	0.055

注：棒 1～14 为一组渗碳件；棒 15～17 为一组渗碳件。无缺口夏氏棒料模拟不同小齿轮齿的横截面，渗碳并直接在 50℃（120℉）油中淬火，回火 2h。

来源：参考文献 51。

当选择渗碳件的回火温度和回火时间时，必须综合考虑韧性、强度和硬度，以及对残余应力和残留奥氏体的影响。回火降低了硬化层的压应力和心部的拉应力（参考文献 52）。当试图获得最高表面性能时，在牺牲整体韧性的前提下保留良好的残余压应力，心部性能不能通过回火控制。

图 3-114 所示为回火对残余应力的影响。残留奥氏体的转变和硬化层、心部相对体积的变化是残余应力随温度变化而变化的主要原因。残留奥氏体影响性能不同。考虑到耐磨（用）时，减少残留奥氏体显然是合适的，并且提供了尺寸稳定性，但是一些残留奥氏体好像对接触疲劳耐久性较有利。

（2）非马氏体组织 除了马氏体和残留奥氏体外显微组织的回火也是回火的特殊应用。马氏体和贝氏体回火行为的主要差异是少量的碳固溶在贝氏体中。贝氏体组织对回火不敏感，因为大部分碳以粗大碳化物存在，几乎没有对强度的提高作用（参考文献 11）。

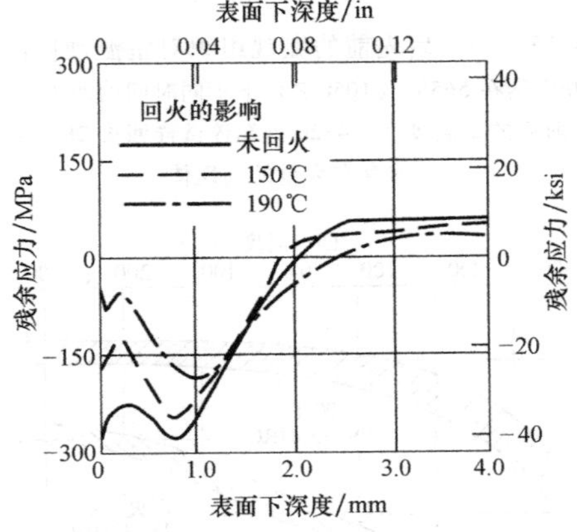

图 3-114 回火对渗碳钢残余应力的影响。8617 钢棒材，直径为 19mm（0.75in），渗碳后直接油淬，在图中所示的温度回火 1h

含有大量下贝氏体组织的反应近似于马氏体的碳化物长大和聚集等现象。通过受控或相对缓慢的冷却可得到上贝氏体和细珠光体，其反应是简单的碳化物长大和最终铁素体再结晶。图 3-115 中显示了在这种情况下的回火软化。图 3-116 中显示了在近似相同硬度的条件下正火和回火、淬火和回火组织的冲击性能。

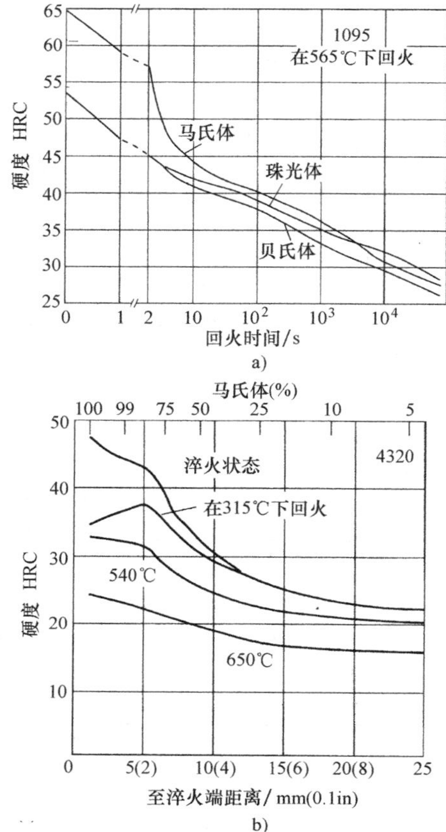

图 3-115 回火后先前的微观组织对室温硬度的影响
a）1095 钢在 565℃（1050℉）下不同时间的回火 b）回火前后的室温硬度，4320 钢端淬试样回火 2h，回火前存在大量的马氏体

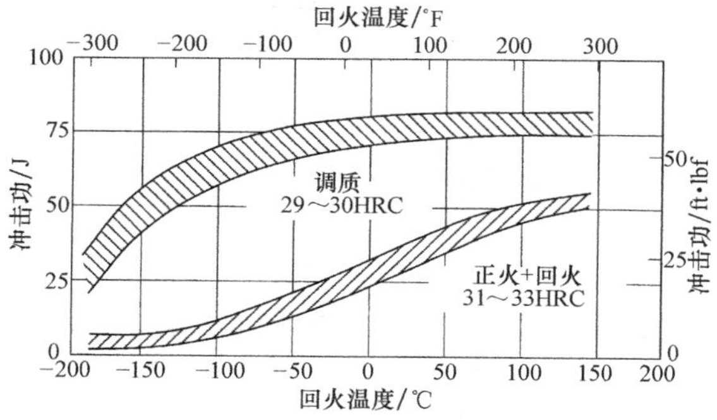

图 3-116 显微组织对缺口韧性的影响。4340 钢调质至 29~30HRC 或正火+回火至 31~33HRC 后夏氏冲击值随温度变化关系

马氏体和贝氏体转变后的残留奥氏体性能也是不一样的。贝氏体组织下的残留奥氏体非常稳定，高温回火会发生分解。但即使高温回火以后，上贝氏体组织钢中仍含有非常明显的奥氏体。

贝氏体钢含有强烈的碳化物形成元素如铬、钒、钼和铌，也拥有二次硬化峰值。对比马氏体组织，反应较缓慢，因为贝氏体中的碳化物较粗大。

3.8.11 感应加热回火

丰富的生产经验已经证明，感应回火在许多商业应用中获得成功。从冶金原理上来说，感应回火成功的根本可能性是用短的回火时间补偿较高的回火温度。从经济性方面考虑，感应回火被证明特别适合生产线自动化。

（1）应用 当前，感应回火主要应用于两个领域：

① 选择性回火，如螺纹的感应回火。

② 扫描淬火棒料的渐进式回火。

由于载荷和耐磨性要求的不同，许多机械零件的截面因此也不同。通常，均匀回火获得单一硬度水平的前提下对性能妥协，从而达到这种要求的变化。然而，采用选择性回火调整各截面力学性能达到特别的要求从而获得优异性能是非常明显的。在一定的限制条件下，感应回火是一种达到这一要求的较经济的方法。这些限制就是零件的形状和尺寸能与感应器匹配，使得关键截面均匀加热，获得希望的温度。虽然对于一些零件这是行不通或不切实际的，但对许多零件来说，可以通过选择性回火使得同一零件获得不同的硬度，由此改善质量。

感应回火的一个关键性的优势就是与设备生产线集成的可能性，从而可以避免过多的处理工作，达到劳动力成本最小化。这可以用车加工成气缸盖螺栓和其他机器零件前获得指定力学性能的棒料准备来证明。通常情况下，回火操作对于淬火操作而言很关键，或者同一设备可用于感应淬火和回火，回火时仅更换工作线圈或降低功率密度和加热时间。

（2）频率和功率密度的选择 因为回火是在低于转变温度 725℃（1335℉）下进行的，故通常使用低频率的感应回火装置，这些装置在大截面件回火，将表面到心部的温度梯度最小化时是很有必要的。频率的选择主要与需要加热的深度有关。需要指出的是线谱频率（60Hz）可用于 25~50mm 或更大一点的（1~2in）零件的回火。感应回火渗碳螺纹时采用低频率和低电流密度特别重要。考虑到较短的周期和较高的频率会使螺纹顶部重新淬火，因此导致螺纹失效。因为通常感应回火的目的是使得整个横截面获得均匀的硬度，而不是加热表面，感应器中的功率密度一般较低，为 0.08～0.8W/mm^2 (0.05～0.5kW/in^2)。可根据经验、试验或表 3-36 中提供的数据来选择功率密度。此外，加热时间相对较长有助于整个零件获得均匀加热。为达到生产要求，可以增加感应器的长度，或同一时间内加工一个以上的棒材。

表 3-36　回火需要的近似功率密度

频率①/Hz	输入功率密度②			
	W/mm^2		kW/in^2	
	150～425℃ (300～800℉)	425～705℃ (800～1300℉)	150～425℃ (300～800℉)	425～705℃ (800～1300℉)
60	0.10	0.24	0.06	0.15
180	0.08	0.22	0.05	0.14
1000	0.06	0.19	0.04	0.12
3000	0.05	0.16	0.03	0.10
10000	0.03	0.13	0.02	0.08

① 表中数据基于使用正确的频率和设备整体操作效率正常。

② 一般来说，这些功率密度值适用于截面尺寸 13～50mm (1/2～2in)。更高的输入密度功率可用于更小的截面尺寸，更大的截面尺寸可能需要更低的输入密度功率。

一般来说，在对回火产品进行硬度测试的基础上，可以通过选择功率密度和调整线圈的进给速度来实现感应回火的控制。通过使用特殊的辐射高温计和高速控制器，实现回火温度超过 425℃ (800℉) 的自动控制。这样的安排可用于改变连续扫描操作的速度或控制功率。

(3) 感应回火的等效加热　从根本上而言，为补偿感应的短时加热，感应回火的温度必须高于常用的电炉回火温度。

图 3-117 显示，1050 钢自 855℃ (1575℉) 在盐水中淬火，回火时间从 1h (电炉回火) 缩短至 60s 和 5s (感应回火)，及为获得给定的硬度值需要提高的回火温度。将小截面的零件加热到回火温度后可立即空冷，但是对更大截面零件在冷却前应缓慢加热或进行短暂的保温 (5～60s)，使得热量渗透传导。功率密度、行进速度和感应器长度决定了回火时间。

霍洛蒙-杰夫 (Hollomon-Jaffe) 方程和传统的回火曲线虽然很有用处，但使用的前提是感应回火马氏体。首先，必须记住的是回火温度是有上限限制的，不应该拼命提高。当然这就是 A_1 温度 (或快速加热工艺时为 Ac_1)，在这一温度下，碳化物开始溶解。第二，必须意识到适用关系使用的前提是在固定温度的短时回火，也就是说等温回火处理。换句话说，当加热时间与实际保温时间是相同数量等级

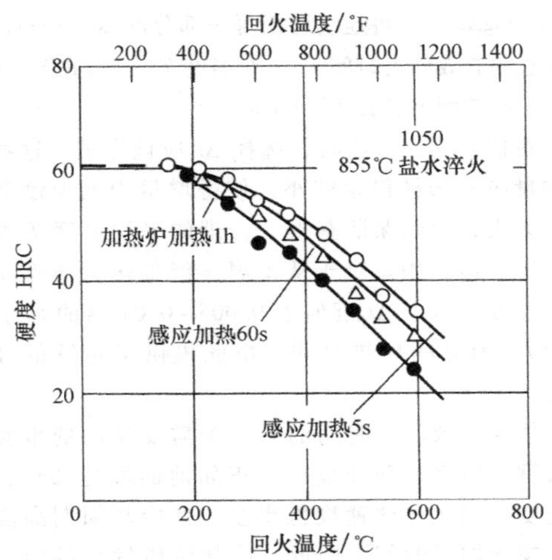

图 3-117　加热炉加热和感应加热时不同回火温度与室温硬度的对应关系

时，必须考虑到工件的温度在一瞬间达到回火温度。

对于快速加热过程 (如感应加热)，可以用霍洛蒙-杰夫概念的一种简易延伸推导出特定的时间-温度历史计算方法。对应于连续阶段的一个恒温加热区间，通过计算等效时间 t^* 来实现。图 3-118 说明了一种做法。这里，感应回火周期 (图 3-118a) 由加热部分和冷却部分组成，后者冷却速度较低。总的连续周期被分解成若干很小的时间增量，每一个时间 Δt_i 以平均温度 T_i 为特征。可以假设近似等温处理的温度为连续周期的峰值温度，或 T^*，然而，等温周期的温度规范是随意的。

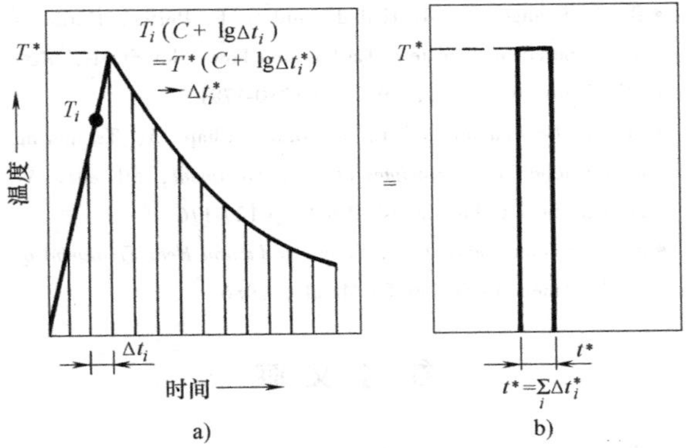

图 3-118　感应加热和等温加热等效降温法

a) 采用感应加热的连续加热周期决定了小时间间隔周期的有效回火时间 (Δt_i^*)　b) 等温周期的有效回火时间为 $t^*=\sum\Delta t_i$

将近似等温周期的温度定义为 T^*，有效回火时间为 t^*，就可估算这一周期，这是通过增量 t^* 或 Δt_i^* 来解决问题。对于连续处理，可使用方程 $T_i(C+\log\Delta t_i)=$

$T^*(C+\log\Delta t_i^*)$。将连续周期每一部分的 Δt_i^* 进行求和得到总的有效回火时间 t^*，在温度 T^*，因此图3-118b显示了有效回火参数 $T^*(C+\log t^*)$。

在使用这一方法时，选择 Δt_i 应该谨慎。这些时间增量应该选择得足够小，使得增量中的温度变化不是太大，因此保证获得一合理的平均温度 T_i 并用于上述表达式中。对于从室温连续加热到典型感应回火温度，每个 Δt_i 近似于 0.005~0.01 倍的 $t_{总}$，这里的 $t_{总}$ 为总的加热时间，由此提供了足够的计算精度。

估算有效回火时间的另一个需要考虑的事实是回火钢一般空冷防止变形。正如前面所述那样，冷却速度一般比加热速度低得多，在冷却周期高温阶段大幅增加了时间。因此，冷却阶段发生的回火也应该包含在有效回火参数中。为了做到这一点，必须测量冷却速度或从热传递分析方面进行估算。有效回火时间增量 Δt_i^* 可以从这一冷却曲线和先前提到的关系进行估算，在据公式 $T^*(C+\log t^*)$ 计算有效回火参数前将它们加到周期的加热部分。

致谢

部分手稿改编自各种参考文献，包括：

- E. C. Bain and H. W. Paxton, *Alloying Elements in Steel*, American Society for Metals, 1966
- R. A. Grange and R. W. Baughman, Hardness of Tempered Martensite in Carbon and Low-Alloy Steels, *Trans. ASM*, Vol 48, 1956, p 165-197
- R. A. Grange, C. R. Hribal, and L. F. Porter, Hardness of Tempered Martensite in Carbon and Low Alloy Steels, *Metall. Trans. A*, Vol 8, 1977, p 1780-1781
- M. A. Grossmann and E. C. Bain, Chap. 5, Tempering after Quenching, *Principles of Heat Treatment*, 5th ed., American Society for Metals, 1964, p 129-176
- S. L. Semiatin and D. E. Stutz, *Induction Heat Treatment of Steel*, American Society for Metals, 1986

参考文献

1. M. A. Grossmann and E. C. Bain, Chap. 5, Tempering after Quenching, *Principles of Heat Treatment*, 5th ed., American Society for Metals, 1964, p 129-176
2. E. C. Bain and H. W. Paxton. *Alloying Elements in Steel*, American Society for Metals, 1966
3. C. S. Roberts, B. L. Auerbach, and M. Cohen, The Mechanism and Kinetics of the First Stage of Tempering, *Trans. ASM*, Vol 45, 1953, p 576-604
4. B. S. Lement, B. L. Auerbach, and M. Cohen, Microstructural Changes on Tempering Iron Carbon Alloys, *Trans. ASM*, Vol 46, 1954, p 851-881
5. F. E. Werner, B. L. Auerbach, and M. Cohen, The Tempering of Iron Carbon Martensitic Crystals, *Trans. ASM*, Vol 49, 1957, p 823-841
6. G. R. Speich, Tempered Ferrous Martensitic Structures, *Metallography. Structures and Phase Diagrams*, Vol 8, *Metals Handbook*, 8th ed., American Society for Metals, 1973, p 202-204
7. G. R. Speich and W. C. Leslie, Tempering of Steel, *Metall. Trans.*, Vol 3, 1972, p 1043-1054
8. S. Nagakura, Y. Hirotsu, M. Kusunoki, T. Suzuki, and Y. Nakamura, Crystallographic Study of the Tempering of Martensitic Carbon Steel by Electron Microscopy and Diffraction, *Metall. Trans.* A, Vol 14, 1983, p 1025-1031
9. G. Krauss, Tempering and Structural Change in Ferrous Martensitic Structures, *Phase Instrumentations in Ferrous Alloys*, A. R. Marder and J. I. Goldstein, Ed., TMS-AIME, 1984, p 101-123
10. G. R. Speich, *Trans. Metall. Society AIME*, Vol 245, 1969, p 2553, in C. R. Brooks, *Principles of the Heat Treatment of Plain and Low-Alloys Steels*, ASM International, 1996
11. R. W. K. Honeycombe and H. K. D. H. Bhadeshia, *Steels Microstruture and Properties*, Edward Arnold, London, 1995
12. A. V. Sverdlin and A. R. Ness, Chap. 2, The Effects of Alloying Elements on Heat Treatment of Steel, *Steel Heat Treatment Handbook*, Marcel Dekker Inc., New York, 1997
13. G. Krauss, *Principles of Heat Treatment of Steel*, ASM International, Materials Park, OH, 1990
14. J. Dossett, private communication
15. K. Nagasawa, Temper Brittleness of Steels, *Honda Anniversary Volume*, Sendai, Oct 1936, p 1078, in M. A. Grossmann and E. C. Bain, *Principles of Heat Treatment*, 5th ed., American Society for Metals, 1964
16. K. -E. Thelning, *Steel and Its Heat Treatment*, 2nd ed., Buttersworth, 1984, p 207-318
17. R. A. Grange and R. W. Baughman, Hardness of Tempered Martensite in Carbon and Low-Alloy Steels, *Trans. ASM*, Vol 48, 1956, p 165-197
18. D. K. Bullens, *Steel and Its Heat Treatment*, Wiley, 1948, in S. L. Semiatin and D. E. Stutz, *Induction Heat Treatment of Steel*, American Society for Metals, 1986
19. H. Holloman and L. D. Jaffe, Time-Temperature Relations in Tempering Steels, *Trans. AIME*, Vol 162, 1945, p 223-249
20. H. Holloman and L. D. Jaffe, Time-Temperature Relations in Tempering Steels, *Trans. AIME*, Vol 162, 1945, p 223-249 in C. R. Brooks, *Principles of Heat Treatment of Plain and Low-Alloys Steels*, ASM International, 1996
21. H. Hollomon and L. D. Jaffe, Datasheet, *Met. Prog.*, 1954

22. F. R. Larson and J. Miller, A Time-Temperature Relationship for Rupture and Creep Stresses, *Trans. ASME*, Vol 74, 1952, p 765-775
23. L. C. F. Canale, X. Yao, J. Gu, and G. E. Totten, A Historical Overview of Steel Tempering Parameters, *Int. J. Microstruc. Mater. Prop.*, Vol 3 (No. 4-5), 2008, p 474-525
24. H. K. D. H. Bhadeshia and H. J. Stone, Neural-Network Modeling, *Fundamentals of Modeling for Metals Processing*, Vol 22A, *ASM Handbook*, ASM International, 2009, p 435-439
25. R. A. Grange, C. R. Hribal, and C. F. Porter, Hardness of Tempered Martensite in Carbon and Low-Alloy Steels, *Metall. Trans. A*, Vol 8, 1977, p 1775, 1780-1781
26. S. L. Semiatin and D. E. Stutz, *Induction Heat Treatment of Steel*, American Society for Metals, 1986, from K. E. Thelning, Steel and Its Heat Treatment, *Bofors Handbook*, Buttersworth, 1974
27. K. E. Thelning, Steel and Its Heat Treatment, *Bofors Handbook*, Buttersworth, 1974
28. E. J. Janitzky and M. Baeyertz, Marked Similarity in Tensile Properties of Several Heat Treated SAE Steels, *Metals Handbook*, American Society for Metals, 1939, p 515
29. G. F. Vander Voort, Embrittlement of Steels, *Properties and Selection: Irons, Steels, and High-Performance Alloys*, Vol 1, *ASM Handbook*, ASM International, 1990, p 689-736
30. G. Krauss, Deformation and Fracture in Martensitic Carbon Steels Tempered at Low Temperatures, *Metall. Mater. Trans. B*, Vol 32, 2001, p 205-221
31. G. Krauss and C. J. McMahon, Jr., Low Toughness and Embrittlement Phenomena in Steels, *Martensite*, G. B. Olsen and W. S. Owen, Ed., ASM International, 1991, p 295-321
32. B. J. Schulz, Ph. D. thesis, University of Pennsylvania, 1972
33. T. Inoue, K. Yamamoto, and S. Sekiguchi, *Trans. Iron Steel Inst. Jpn.*, Vol 14, 1972, p 372
34. I. Olefjord, Temper Embrittement, Review 231, *Int. Metall. Rev.*, Vol 23, 1978, p 149-175
35. G. Krauss, Tempered Martensite Embrittlement in AISI 4340 Steel, *Metall. Trans. A*, Vol 10, 1979, p 1643-1649
36. M. Szczepanski, *The Brittleness of Steels*, John Wiley & Son, New York, 1963
37. D. J. Wulpi, Failures of Shafts, *Failure Analysis and Prevention*, Vol 11, *ASM Handbook*, American Society for Metals, 1986, p 459-482
38. E. O. Hall, The Deformation of Low-Carbon Steel in the Blue-Brittle Range, *J. Iron Steel Inst.*, Vol 170, April 1952, p 331-336
39. R. L. Kenyon and R. S. Burns, Testing Sheets for Blue Brittleness and Stability against Changes due to Aging, *Proc. ASTM*, Vol 34, 1934, p 48-58
40. G. Mima and F. Inoko, A Study of the Blue-Brittle Behavior of a Mild Steel in Torsional Deformation, *Trans. Jpn. Inst. Met.*, Vol 10, May 1969, p 227-231
41. B A. Miller, Overload Failures, *Failure Analysis and Prevention*, Vol 11, *ASM Handbook*, ASM International, 2002, p 671-699
42. F. Zia Ebrahimi and G. Krauss, Mechanisms of Tempered Martensitic Embrittlement in Medium Carbon Steels, *Acta Metall.*, Vol 32 (No. 10), 1984, p 1767-1777
43. J. P. Materkowski and G. Krauss, Tempered Martensite Embrittlement in SAE 4340 Steel, *Metall. Trans.* A, Vol 10, 1979, p 1643-1651
44. S. K. Banerji, C. T. McMahon, Jr., and H. C. Feng, Intergranular Fracture in 4340-Type Steels: Effects of Impurities and Hydrogen, *Metall. Trans. A*, Vol 9, 1978, p 237-247
45. C. L. Briant and S. K. Banerji, Tempered Martensite Embrittlement in Phosphorus Doped Steels, *Metall. Trans. A*, Vol 10, 1979, p 1729-1736
46. G. Thomas, Retained Austenite and Tempered Martensite Embrittlement, *Metall. Trans. A*, Vol 9, 1978, p 439-450
47. H. Ohtani and C. J. McMahon, Jr., Modes of Fracture in Temper Embrittlement Steels, *Acta Metall.*, Vol 23, 1975, p 377-386
48. W. J. Nam and H. C. Choi, Effect of Si on Mechanical Properties of Low Alloy Steels, *Mater. Sci. Technol.*, Vol 15, 1999, p 527-530
49. W. J. Nam and H. C. Choi, Effect of Silicon, Nickel, Vanadium on Impact Toughness in Spring Steels, *Mater. Sci. Technol.*, Vol 13, 1997, p 568-574
50. F. A. Darwish, L. C. Pereira, C. Gattis, and M. L. Graça, On the Tempered Martensite Embrittlement in AISI 4140 Low Alloy Steel, *Mater. Sci. Eng. A*, Vol 131, 1991, p L5-L9
51. G. Fett, Tempering of Carburized Parts, *Met. Prog.*, Sept 1982, p 53-55
52. J. Vatavuk, M. Z. di Monte, and A. A. Couto, The Effect of Core and Carburized Surface Microstructural Stability on Residual Stress Evolution during Tempering, *J. ASTM Int.*, Vol 6 (No. 9), 2009
53. A. S. Shneiderman, Tempering of the Bainitic Structure, *Met. Sci. Heat Treat.*, Vol 20 (No. 12), 1978, p 971-974
54. S. L. Semiatin and D. E. Stutz, Chap. 6, Induction Tempering of Steel, *Induction Heat Treatment of Steel*, American Societyfor Metals, 1986

引用文献

- J. R. Low, Jr., D. F. Stein, A. M. Turkalo, and R. P. LaForce, Alloy and Impurity Effects on Temper Embrittlement of Steel, *Trans. TMSAIME*, Vol 242, 1968, p 14-24

- C. J. McMahon, Jr., Temper Brittleness—An Interpretative Review, *Temper Embrittlement in Steel*, STP 407, American Society for Testing and Materials, 1968, p 127-167
- D. L. Newhouse and H. G. Holtz, Temper Embrittlement of Rotor Steels, *Temper Embrittlement in Steel*, STP 407, American Society for Testing and Materials, 1968, p 106-126
- I. Olefjord, Temper Embrittlement, *Int. Met. Rev.*, Vol 4, 1978, p 149-163
- T. Takeyama and H. Takahashi, Strength and Dislocation Structures of α-Irons Deformed in the Blue-Brittleness Temperature Range, *Trans. Iron Steel Inst. Jpn.*, Vol 13, 1973, p 293-302
- B. C. Woodfine, Some Aspects of Temper Brittleness, *J. Iron Steel Inst.*, Vol 173, 1953, p 240-255
- J. Yu and C. J. McMahon, Jr., The Effects of Composition and Carbide Precipitation on Temper Embrittlement of 2. 25 Cr-Mo Steel: Part I, Effects of P and Sn, *Metall. Trans.* A, Vol 11, 1980, p 277-289
- J. Yu and C. J. McMahon, Jr., The Effects of Composition and Carbide Precipitation on Temper Embrittlement of 2. 25 Cr-Mo Steel: Part Ⅱ, Effects of Mn and Si, *Metall. Trans.* A, Vol 11, 1980, p 291-300

3.9 钢的等温淬火

Edited by John R. Keough, Applied Process Inc.

等温淬火是铁合金低于珠光体形成温度范围高于马氏体形成温度范围的等温转变。钢的等温淬火有如下潜在优势：

① 在指定的硬度条件下提高塑性和韧性（表3-37）。

② 转变过程中减少膨胀，以减小变形并减少后续的加工时间、切削量、分拣和废品率。

③ 排除淬火裂纹。

④ 最短总时间周期内达到完全硬化，硬度范围为35~60HRC，节约能源和资金投入。

⑤ 即使在高硬度状态下，贝氏体组织也没有氢脆敏感性。

表 3-37 1095 钢经三种热处理方法后的力学性能

试样编号	热 处 理	硬度 HRC	冲击强度		25mm(1in)长试棒的伸长率(%)
			J	ft · lbf	
1	水淬+回火	53.0	16	12	—
2	水淬+回火	52.5	19	14	—
3	分级淬火+回火	53.0	38	28	—
4	分级淬火+回火	52.8	33	24	—
5	等温淬火	52.0	61	45	11
6	等温淬火	52.5	54	40	8

钢的等温淬火过程如下：

⑥ 加热到奥氏体化范围内某一温度，一般为790~927℃（1450~1700℉）。

⑦ 在高于 *Ms* 点的温度范围内快速冷却，避免形成珠光体或铁素体。*Ms* 点温度取决于材料，范围为204~400℃（400~750℉）。一般在溶化的亚硝酸盐-硝酸盐浴中完成，但在一些情况下也能在喷液、高压气体、热油或熔化的铅浴中完成。关于盐淬的更多细节见本卷中“2.8 盐浴淬火”的篇章。

⑧ 允许在某一温度下等温转变（数分钟或小时）成贝氏体并获得期望的硬度。一般在溶化的亚硝酸盐-硝酸盐浴中完成，但在一些情况下也能在热油、强制对流环境或熔化的铅中进行。

⑨ 冷却至室温。

美国专利号为 1 924 099 的发明人 E.S. 达文波特（E.S. Davenport）和 E.C. 贝茵（E.C. Bain）对此工艺过程做了详细描述。图 3-119 中显示了等温淬火与传统的淬火+回火之间的基本区别。对于真正的等温淬火，金属必须从奥氏体化温度快速冷却至等温淬火浴的温度，保证冷却过程中不发生奥氏体转变，然后在盐浴温度保持足够长时间，确保奥氏体完全转变成贝氏体。有关这些工艺的修改，偏离真正的等温淬火，将在本节“3.9.5 改良型等温淬火”中进行讨论。

格罗斯曼和贝茵发现等温淬火的共析钢零件比相同硬度的淬火+回火零件明显具有较高的冲击韧度（图 3-120）。请注意，随着硬度提高直至近似52HRC，贝氏体和回火马氏体的冲击韧度会有所不同。超过 52HRC 后，快速压扁的贝氏体曲线与试验试样完全贝氏体转变的等温时间不充分有关。更高硬度的试样（在降低的淬火温度下转变），显微组织中存在越来越多的马氏体（转变自 *Ms* 和 *Mf* 区间）进一步压扁了贝氏体曲线，当组织变为基本上 100%的马氏体时这些曲线将重合。这张图生动地显示了当硬度超过 40HRC 时，对比回火马氏体而言贝氏体韧性增加。低于 40HRC 时，回火马氏体的力学性能通常较好。在工业生产中，可能会选择低于 40HRC 硬度的等温淬火来获得低变形和零淬火裂纹，但在

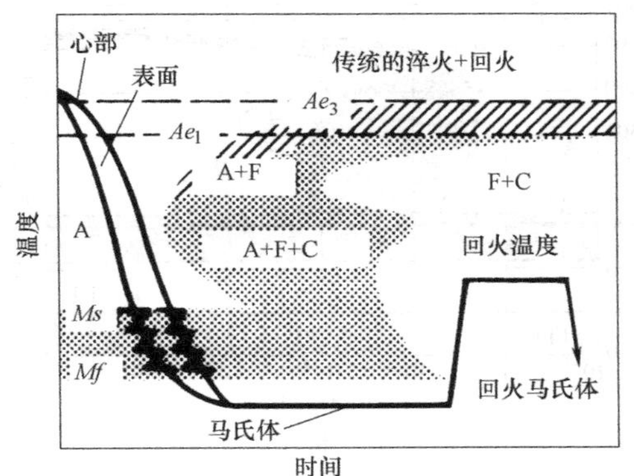

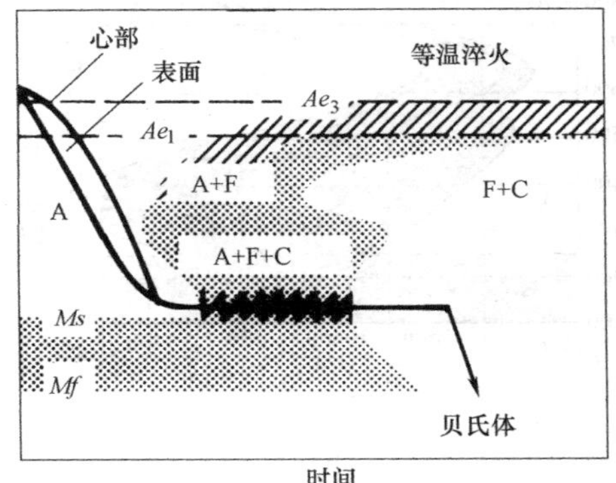

图 3-119　传统的淬火+回火和等温淬火之间的时间-温度-转变周期（曲线）对比

更高的硬度下贝氏体的优势才会体现。

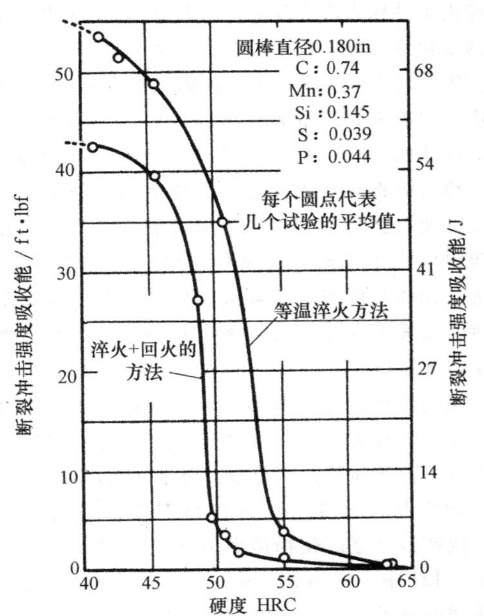

图 3-120　共析钢淬火+回火法（马氏体）和等温淬火法（贝氏体）的冲击韧度与硬度对比

3.9.1　等温淬火的钢种

等温淬火组件钢材的选择必须基于零件的结构、热处理设备的加工特点、淬透性，以及钢铁合金的时间-温度-转变（TTT）图和等温转变（IT）图显示的转变特点。一些重要的注意事项如下：

① TTT 图或 IT 图珠光体“鼻部”的位置表示的钢的淬透性。

② 组件最大的热截面尺寸。

③ 使用的淬火介质的冷却速度。

④ 在某一等温温度下奥氏体完全转变为贝氏体所需的时间。

⑤ 钢的 *Ms* 点温度。

如图 3-121a 所示，1080 钢的转变特点使得其等温淬火应用有一定的局限性。从奥氏体化温度冷却至等温温度必须在 1s 内完成，以免擦过 TTT 曲线的珠光体“鼻子”，从而防止在冷却过程中转变成珠光体。根据等温温度，在盐浴中从几分钟到近似 1h 完成等温转变。因为需要快的冷却速度，1080 钢的等温淬火只能成功应用在最大厚度近似 5mm（0.2in）的薄壁件。

5140 低合金钢较适合等温淬火，如图 3-121b 所示，允许约 2s 的时间绕过曲线的“鼻尖”，在 315～400℃（600～750℉）温度等温 1～10min 内贝氏体转变完成。采用 5140 钢和其他具有相似转变特点的钢制成的大截面零件比用 1080 钢制成的零件更适合等温淬火，因为有多的时间绕开曲线的珠光体“鼻尖”。一些钢如 1034（图 3-121c）不能成功地进行等温淬火，它们的淬透性不足，同时其 *Ms* 点温度较高，使得等温转变温度超过 400℃（750℉），产生 30～35HRC 的硬度以及上贝氏体和珠光体的混合组织，在相同硬度下其性能低于回火马氏体。

一些钢如 9261（图 3-121d）具有高的淬透性和相对较高的碳浓度，适合于更大的截面，同时具有较低的 *Ms* 点温度和较高的贝氏体硬度。一个工艺缺点就是贝氏体完全转变所需的时间较长，为了获得 55HRC 的贝氏体组织，所需的转变时间超过 4h。

除了先前显示的钢（1080 钢、5140 钢和 9261 钢）以外，适合等温淬火的钢还有如下几种：

① 碳质量分数为 0.50%～1.00%，锰质量分数最低为 0.60%的普通碳钢。

② 碳质量分数超过 0.90%的高碳钢，同时锰质量分数低于 0.60%。

③ 某些钢（如 1041 钢）的碳质量分数小于 0.50%但锰质量分数为 1.00%～1.65%。

④ 某些钢（如 5100 系列钢）碳质量分数超过 0.30%；1300～4000 系列的钢碳质量分数超过 0.40%；

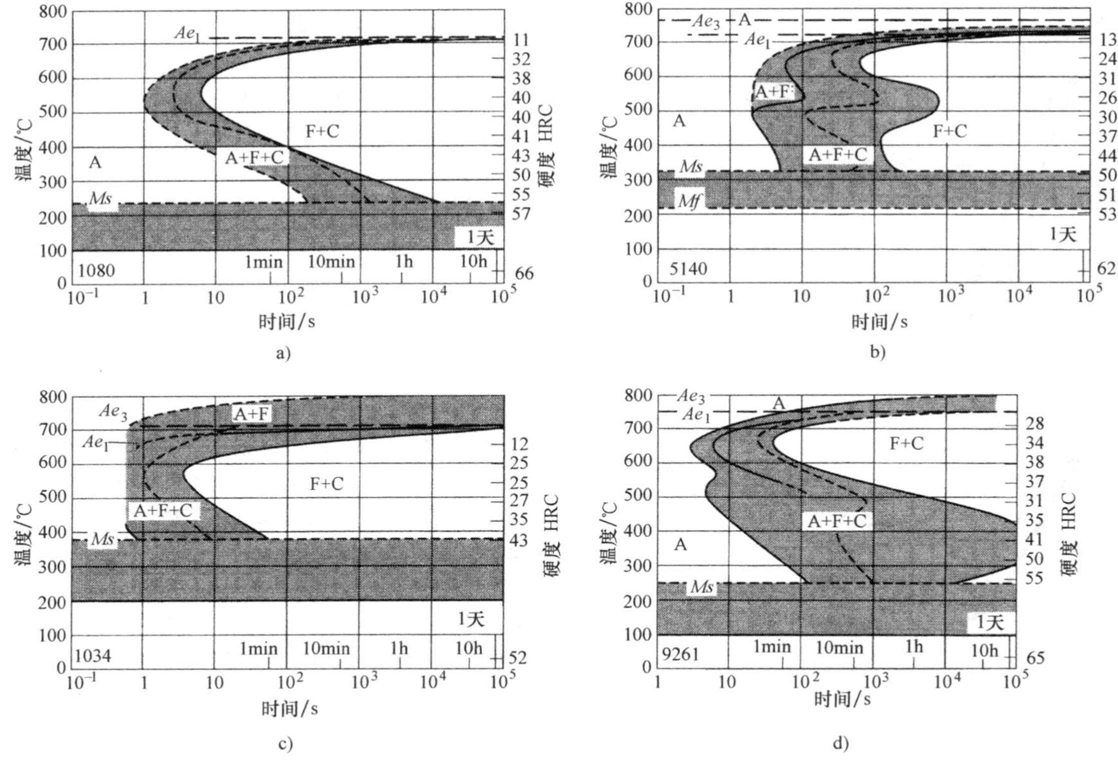

图 3-121 各种钢的转变特点

a）1080 钢 b）5140 钢 c）1034 钢 d）9261 钢

以及其他一些钢如 4140 钢、6145 钢和 9440 钢。

⑤ 某些钢（如 10B38 钢）碳质量分数小于 0.50%，锰质量分数超过 0.60%，加硼微合金化可提高淬透性。

⑥ 铬-镍-钼钢，如 4340 钢和 4350 钢。这些钢的淬透性很好，因此截面即使超过 50mm（2in）也可完全等温淬火，等温转变时间较长。

如果一个人熟悉加工设备的冷却速度，钢的淬透性建模和等温转变的特点用于商用项目（如像 SteCal 这类的计算机程序制作）是可行的。建模等温转变图不仅仅有助于决定材料的淬透性，利用它也能准确预测一系列输入钢的等温转变所需时间。

钢的化学成分也是决定 *Ms* 点温度的主要决定因素。碳是最主要的影响 *Ms* 点温度的因素，其他合金元素对 *Ms* 点温度的直接影响比碳的影响明显更低。然而，碳化物形成元素（如钼和钒）占用碳形成合金碳化物并阻碍碳的完全溶解。完全奥氏体化钢的近似的 *Ms* 点温度（℃）可用如下公式计算：

$$Ms = 538-[361\times w(\mathrm{C})]-[39\times w(\mathrm{Mn})]-[19\times w(\mathrm{Ni})]-[39\times w(\mathrm{Cr})]$$

Ms 点温度以华氏温度（℉）表示时，则公式为

$$Ms = 1000-[650\times w(\mathrm{C})]-[70\times w(\mathrm{Mn})]-[35\times w(\mathrm{Ni})]-[70\times w(\mathrm{Cr})]$$

通过这些化学成分之间的关系创建了另一个等温淬火零件异常冶金现象。淬火+回火工序中微小的碳的变化将会导致淬火马氏体组织略高或略低的硬度。零件轻微脱碳的表面奥氏体化将有更高的 *Ms* 点温度，取决于脱碳量和选择的奥氏体化温度，结果为贝氏体的心部上有薄层的（未回火）马氏体。这种双峰组织将导致表面为残余拉应力，降低零件的强度并使得其易于产生环境敏感脆性。然而，在加工等温淬火零件时，这过程宁可为轻微渗碳环境，因为贝氏体硬度与等温淬火温度的函数有关，基本与碳含量无关（除非充分降低 *Ms* 温度，使得其低于等温淬火温度）。

奥氏体化温度显著影响转变开始的时间。对于某种钢，随着奥氏体化温度升高并超过正常奥氏体化温度，由于晶粒粗化导致 TTT 曲线的珠光体“鼻子”向右移动，或（在过共析钢中）提高碳溶解度，或使得合金碳化物溶解并扩散进奥氏体。例如在图 3-121 中，1080 钢淬火时有近似 0.75s 的时间避免曲线的鼻子。然而，这是基于奥氏体温度为 790℃（1450℉）；更高的奥氏体化温度会使得 TTT 曲线向右移动，转变开始时间更长。

为了加工化学成分和截面尺寸不适合等温淬火的零件，有时在实际加工过程中会利用这种现象。然而，较高的奥氏体化温度会导致晶粒的粗化或合金碳化物溶解，使一些性能（成形性或抗压性能）恶化。因此，等温淬火时更倾向于推荐的标准奥氏体化温度。假如特定成分和特定零件的经验表明使用较高的温度有优势，并且晶粒粗化不会导致有害影响，此时便可以采用较高的奥氏体化温度。

随着高碳钢的奥氏体化温度提高，由于更多碳化物的完全溶解使得 *Ms* 点温度稍微下降。这种对 *Ms* 点温度的影响，不管怎样都小于化学成分的影响。

3.9.2 截面厚度的限制

最大截面厚度非常重要，它决定零件是否能正常等温淬火。最大截面尺寸要能完全硬化，当然也取决于选择的加工设备提供的淬火速度和总的观察。对于1080钢，近似5mm的壁厚（0.2in）是使用完全搅拌盐浴等温淬火获得完全贝氏体组织的最大厚度。具有较低碳含量的碳钢只有在较小厚度的前提下才能等温淬火，对于含硼的低碳钢能，较大的截面尺寸时也可成功地进行等温淬火。对于一些合金钢，截面厚度高达约25mm（1in）时都可以通过等温淬火获得完全贝氏体组织。高合金 Ni-Cr-Mo 钢，如4300钢，截面厚度超过50mm（2in）时也可在高速密封盐浴中成功完成等温淬火。然而，碳钢的截面厚度显著高于5mm（0.2in）时，当显微组织中允许存在一些珠光体时，经常进行等温淬火加工。表3-38中进行了说明，列出了采用各种材料制成的等温淬火零件的截面尺寸。

表3-38 各种钢的硬度和等温淬火零件的截面尺寸

钢材	截面尺寸②		盐浴温度③		*Ms* 点温度①		硬度 HRC
	mm	in	℃	℉	℃	℉	
1050	3	0.125	345	655	320	610	41～47
1065	5	0.187			275	525	53～56
1066	7	0.281			260	500	53～56
1084	6	0.218			200	395	55～58
1086	13	0.516			215	420	55～58
1090	5	0.187			—	—	57～60
1090④	20	0.820	315⑤	600⑤	—	—	44.5(平均值)
1095	4	0.148			210⑥	410⑥	57～60
1350	16	0.625			235	450	53～56
4063	16	0.625			245	475	53～56
4150	13	0.500			285	545	52(最大值)
4365	25	1.000			210	410	54(最大值)
5140	3	0.125	345	655	330	630	43～48
5160④	26	1.035	315⑤	600⑤	255	490	46.7(平均值)
8750	3	0.125	315	600	285	545	47～48
50100	8	0.312			—	—	57～60

① 计算值。
② 除1050钢、5140钢、8750钢的截面尺寸为板厚外，其余截面尺寸均指截面直径。
③ 未给出具体值的盐浴温度指以获得最高硬度和100%贝氏体为条件来调整盐浴温度。
④ 应进行改进型等温淬火：显微组织含有珠光体和贝氏体。
⑤ 所用为盐水。
⑥ 此值为试验值。

图3-122所示为1090钢和5160钢截面厚度对等温淬火硬度的影响。直径17mm（0.680in）的1090钢心部硬度保持合理一致，当直径增加到21mm（0.820in），心部硬度变得不稳定。5160钢当直径从24.6mm增加到26mm（0.967到1.035in），也是类似的差别。

从图中可以看出，1090钢和5160钢表面晶粒细化后得到较低的表面硬度（钢经过冷加工后得到非常细的表面晶粒，显著降低局部的淬透性）。直径24.6mm的5160钢心部高硬度归功于圆棒心部化学元素偏析，同时没有明显的晶粒细化。

3.9.3 应用

由于以下原因等温淬火通常用于代替传统的淬火+回火：

- 为了获得更高的力学性能，特别是在给定的高硬度条件下获得更高的塑性和缺口韧性。图3-123中比较了10B53钢等温淬火和传统的淬火+回火后断口形貌对比。

① 为了降低开裂和变形的可能性。

② 在给定硬度条件下改善耐磨性。

③ 提高随后的抗脆（化）性。

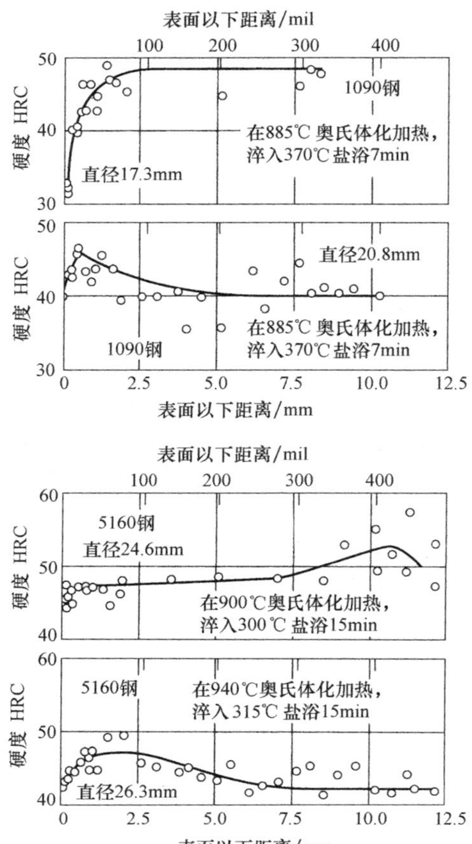

图 3-122 1090 钢和 5160 钢截面厚度对等温淬火硬度的影响。5160 钢淬入搅拌后的盐水中。HRC 硬度值转换至 100g 载荷的维氏硬度。由于表面脱碳导致表面硬度低。直径为 24.6mm（0.967in）的 5160 钢由于偏析导致心部高硬度

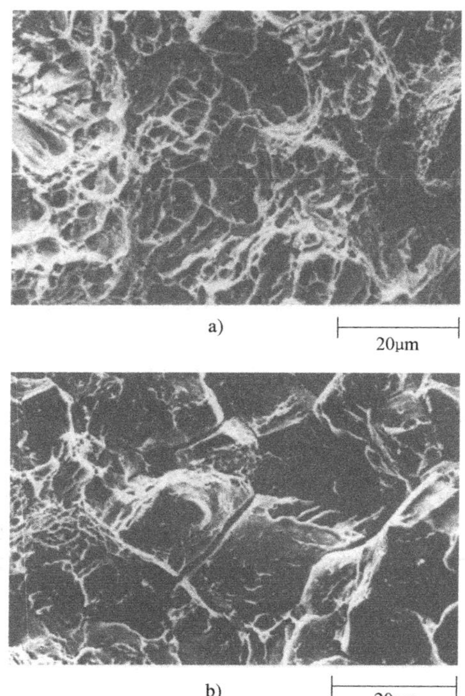

图 3-123 10B53 钢热处理工艺对断裂外观的影响

a）等温淬火到 53HRC 的试样塑性断裂表面

b）淬火+回火到 53HRC 试样的脆性断裂

注：美国佛蒙特州公司提供

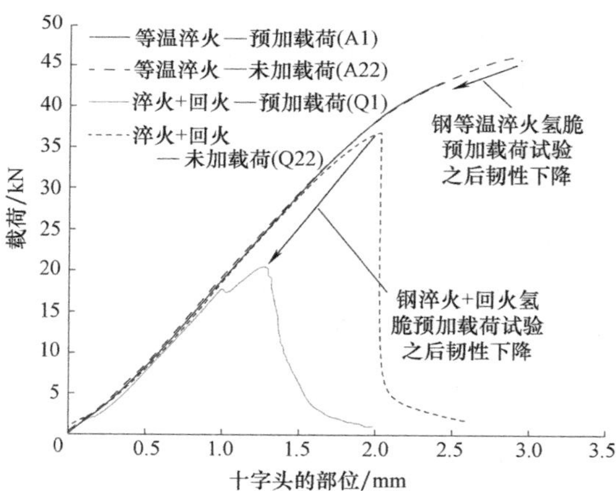

图 3-124 4340 钢试样中马氏体和贝氏体显微组织对氢气加载的影响

从使用历史来看，等温淬火零件电镀后不需要烘烤，这归功于贝氏体显微组织的抗氢脆的能力。如图 3-124 所示，在有氢和无氢的环境下，4340 钢试样中分别有马氏体和贝氏体组织。马氏体试样因为氢的影响塑性急剧下降，然而贝氏体组织所受的影响较小。因为这个原因，可以使用硬度超过 40HRC 的贝氏体紧固件，不必担心脆性。

观察贝氏体与马氏体试样的疲劳行为也能发现这个脆性优势。图 3-125 展示了马氏体组织具有不同的最大硬度，超过这个点后，疲劳极限显著下降。因为这一原因，在疲劳占主导应力载荷的情况下，很少使用淬火+回火紧固件（硬度超过 39HRC）。100%贝氏体零件，不管怎样，即使达到最大贝氏体硬度，也可以安全地承受疲劳载荷。草皮和农作物切割刀片（刀子、割草机刀片、连枷叶片）制造商使用等温淬火钢，以获得硬度大于 40HRC 下较好的冲击韧度。

与马氏体淬火相比，奥氏体等温淬火可减小变形。零件成形过程中诱发的应力释放、在奥氏体温度下的机械蠕变、淬火过程中不同截面的非均匀转变和转变过程中固态长大等都会导致变形（不均匀的形变）的产生。零件在等温淬火加热过程中会发

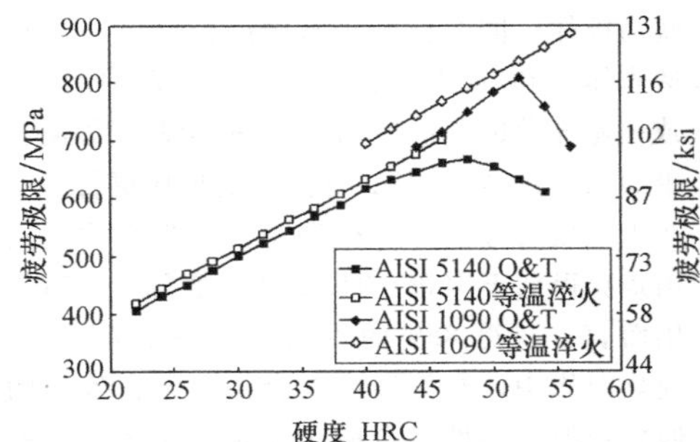

图 3-125 马氏体组织中有明显的最大疲劳值，然而对于贝氏体组织即使达到最大贝氏体硬度后，极限疲劳值也在继续增加

生应力松弛，在奥氏体化过程中强度和刚度较低，但它们不是非均匀转变，而且在贝氏体反应过程中的转变膨胀远小于马氏体反应。

转变为马氏体基本是瞬间完成的，与温度函数有关。因此，将一完全奥氏体化的零件放入温度低于 *Ms* 点温度的液体中，特定截面的温度瞬间零件降低至低于 *Ms* 点温度，其显微组织从面心立方奥氏体（fcc）转变成体心正方马氏体（bct）。零件新转变的部分将变硬，相对较脆，且为未回火马氏体组织。假如零件上相邻截面（如一较厚的截面或没有末端条件的截面）几秒钟后下降至低于 *Ms* 点温度，它也一定会从软、塑性的 fcc 奥氏体转变成 bct 马氏体，但是，假设稍早转变的零件截面其当前尺寸为 *s*，会迫使零件稍后转变的截面长大，这将导致意外的变形甚至开裂。超过几分钟（甚至数小时）后，整个零件均匀完成从 fcc 奥氏体向贝氏体（大量体心立方针状铁素体和纳米碳化物）的均匀转变，这取决于所加工钢的等温淬火温度和化学成分。这一工艺过程使得零件没有多变的残余应力，均匀长大，且不会开裂。

钢的化学成分和等温淬火温度影响贝氏体转变时间。表 3-39 中列出了等温时间和等温淬火温度对硬度的影响。当硬度达到平衡时，意味着贝氏体反应完成。

表 3-39 三种钢的等温时间和等温淬火温度对硬度的影响

钢材	等温淬火温度③		等温淬火处理之后的硬度 HRC①						
	℃	℉							
1095②	230	450	30min	60min	90min	120min	240min	300min	360min
			91	90	90	90	90	90	90
	265	510	90	89	89	89	89	89	89
8735④	260	500	1min	2min	5min	10min	20min	40min	80min
			51	51	49	49	48	48	47
8750⑤	315	600	49	45	46	46	46	46	46
	370	700	40	39	38	38	38	38	37
	260	500	58	56	53	51	52	52	51
	315	600	58	52	48	47	47	47	47
	370	700	54	42	39	39	39	38	39

① 1095 钢为洛氏 15-N 硬度值；8735 钢和 8750 钢为洛氏 C 硬度值。

② 钢中碳的质量分数为 0.90%，试样厚度为 0.25mm（0.010in）；每个硬度值是 12 个试样的平均值；测试值的范围没有超过洛氏 15-N 范围一个点。

③ 1095 钢的 230℃（450℉）等温淬火温度是对 100%转变所需时间为 170min 而言的，265℃（510℉）等温淬火温度是对 100%转变所需时间为 85min 而言的；8735 钢和 8750 钢的等温淬火温度是对完全转变时间为 5~10min 而言的。

④ 钢的碳质量分数为 0.37%；试样尺寸为 16mm×32mm×2mm（0.622in×1.250in×0.087in）。

⑤ 钢的碳质量分数为 0.49%，试样尺寸为 25mm×25mm×3mm（1in×1in×1/8in）。

图 3-126 显示了转变膨胀量和钢碳质量分数之间的关系。随着碳质量分数提高，马氏体转变膨胀量增加。随着碳质量分数增加，贝氏体转变膨胀量实际降低。在淬火+回火和等温淬火的中碳钢零件中可以经常发现这一工业量化差异。

在一些应用中，等温淬火比传统的淬火+回火较便宜一些，最可能的原因是小零件在自动设备中进行，而传统的淬火+回火包括三步操作，即奥氏体化、淬火和回火。等温淬火仅仅需两个加工步骤，即奥氏体化和在等温盐浴中的等温转变，后续不需要回火的再加热。

除了本节“3.9.5 改良型等温淬火”中的一些等温淬火材料和工序组合概述外，等温淬火的应用范围通常包含小直径的棒材或小横截面的板带材。等温淬火特别适合于硬度为 40~50HRC 同时需要特殊韧性的薄截面碳钢零件。

等温淬火后碳钢零件的断面收缩率一般比传统的淬火+回火后的零件高，就像下表中直径 5mm、含碳的

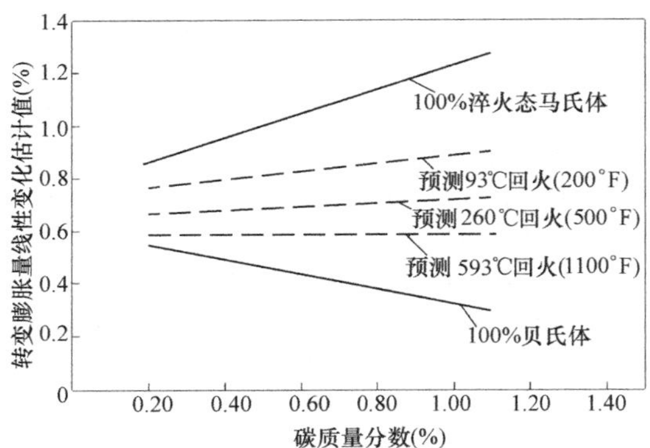

图 3-126 各种碳质量分数下马氏体与贝氏体转变膨胀量比较，适用于商业化的 260~399℃（500~700℉）等温淬火温度

质量分数 0.85%的普通碳钢棒料那样，见表 3-40。

表 3-40 等温淬火与淬火+回火后力学性能对比

等温淬火后的力学性能	
抗拉强度/MPa(ksi)	1780(258)
屈服强度/MPa(ksi)	1450(210)
断面收缩率(%)	45
硬度 HRC	50
淬火+回火后的力学性能	
抗拉强度/MPa(ksi)	1795(260)
屈服强度/MPa(ksi)	1550(225)
断面收缩率(%)	28
硬度 HRC	50

表 3-41 中列出了（也可见表 3-37）1090 钢制成的防倾杆经过这两和工艺后的力学性能。

表 3-41 1090 钢制成的防倾杆在等温淬火和淬火+回火后的典型力学性能比较

性能①	在 400℃(750℉)等温淬火②	淬火和回火③
抗拉强度/MPa(ksi)	1415(205)	1380(200)
屈服强度/MPa(ksi)	1020(148)	895(130)
伸长率(%)	11.5	6.0
断面收缩率(%)	30	10.2
硬度 HBW	415	388
疲劳周期④	105000⑤	58600⑥

① 平均值。
② 6 个测试。
③ 2 个测试。
④ 疲劳试样直径尺寸为 21mm（0.812in）。
⑤ 7 个测试，范围为 69050~137000。
⑥ 8 个测试，范围为 43120~95220。

假设环境脆性不是一个设计因素，那么等温淬火零件拥有期望的力学性能比其拥有 100%贝氏体组织更为重要。从表 3-38 中明显看出，有若干等温淬火钢具有混合组织。高于正常的硬度值时意味着存在一些马氏体，同时低于正常硬度值时意味着存在一些珠光体（和/或上贝氏体）。由于过慢的淬火速度（或钢不充分的淬透性），不能完全避开等温转变曲线中的珠光体“鼻子”，珠光体的形成更普遍。

在工业化的等温淬火生产中，相当大比例的成功应用是获得低于 100%的贝氏体。实际上，对于一些应用而言，获得 85%的贝氏体也是令人满意的。在商业化应用中，对等温淬火会做一定程度上的改进，假如处理的零件符合服役要求，那么获得的冶金性能是否与真正的等温淬火获得的冶金性能一致将被忽略。然而，各炉产品因为钢的淬透性变化会导致波动，其原因是改性等温淬火过程中边界上的珠光体数量发生变化。当希望获得最高的性能（重复）稳定性（最小变化）时，该工艺应目标该设计为零件完全硬化成贝氏体。

表 3-42 中列出了多种普通碳钢、合金钢和渗碳钢制成的特定零件的加工数据，这些数据对应于不同（至少一打）生产设备上等温淬火实践操作。

3.9.4 尺寸控制

如先前描述的那样，因为存在均匀的、依赖于时间的贝氏体转变，零件在等温淬火比在传统的淬火+回火后的尺寸变化更小。等温淬火可能是热处理后不需校直或机加工的最好的选择。表 3-43 中的数据证明了相对水淬、油淬、回火而言，等温淬火的尺寸稳定性较好。

与传统的淬火+回火相比，等温淬火产生的尺寸变化较小。图 3-127 所示为等温淬火和淬火+回火后 1050 滚子链条链板的节距长度变化。图 3-128 所示为 3mm（0.125in）的杠杆在等温淬火和淬火+回火后的高度变化和弯曲变形。尺寸稳定是等温淬火工艺的一个显著特点。

（1）表面等温淬火 奥氏体化过程中采用感应加热表面并引入还原气氛或保护气氛，可使表面等温淬火顺利完成。这一工艺可获得贝氏体表面层和珠光体/铁素体心部。

（2）渗碳和等温淬火 渗碳和等温淬火是一种高性能的热处理方法，获得的显微组织由高碳贝氏体表面层和贝氏体或回火马氏体心部组成，具有超常的强度和韧性。这一工艺有多种学名，最普通的商业名称是渗碳-等温淬火（艾普公司）。

渗碳和等温淬火工艺有很多性能优势。其包括：

① 高载荷条件下大大地提高了疲劳强度，低循环应用（寿命提高）。

② 更高的抗拉强度。

③ 提高伸长率。

④ 大大地提高冲击性能。

表 3-42 等温淬火的典型生产应用（列出的产品按截面尺寸增加的顺序排列）

零件	钢材	最大截面厚度/		每单元零件重量/		盐浴温度/		浸淬时间/min	硬度 HRC
		mm	in	kg	lb	℃	℉		
普通碳钢零件									
吊攀	1050	0.75	0.030	770	350	360	680	15	42
从动臂	1050	0.75	0.030	412	187	355	675	15	42
弹簧	1080	0.79	0.031	220	100	330	625	15	48
金属板	1060	0.81	0.032	88	40	330	630	6	45~50
凸轮杆	1065	1.0	0.040	62	28	370	700	15	42
金属板	1050	1.0	0.040	0.5	1/4	360	675	15	42
打字杆	1065	1.0	0.040	141	64	370	700	15	42
制表止挡器	1065	1.22	0.048	440	200	360	680	15	45
杆	1050	1.25	0.050	—	—	345	650	15	45~50
链节	1050	1.5	0.060	573	260	345	650	15	45
鞋楦钩	1065	1.5	0.060	86	39	290	550	30	52
鞋头	1070	1.5	0.060	18	8	315	600	60	50
割草机刀片	1065	3.18	0.125	1.5	2/3	315	600	15	50
杆	1075	3.18	0.125	24	11	385	725	5	30~35
紧固件	1060	6.35	0.250	110	50	310	590	25	50
稳定杆	1090	19	0.750	22	10	370	700	6~9	40~45
硼钢螺栓	10B20	6.35	0.250	100	45	420	790	5	38~43
合金钢零件									
套筒扳手	6150	—	—	0.3	1/8	365	690	15	45
链节	Cr-Ni-V①	1.60	0.063	110	50	290	550	25	53
大头针	3140	1.60	0.063	5500	2500	325	620	45	48
缸套	4140	2.54	0.100	15	7	260	500	14	40
铁砧	8640	3.18	0.125	1.65	3/4	370	700	30	37
铲刀	4068	3.18	0.125	—	—	370	700	15	45
大头针	3140	6.35	0.250	100	45	370	700	45	40
轴	4140②	9.53	0.375	0.5	1/4	385	725	15	35~40
齿轮	6150	12.7	0.500	4.4	2	305	580	30	45
渗碳钢零件									
杆	1010	3.96	0.156	33	15	385	725	5	30~35③
轴	1117	6.35	0.250	66	30	385	725	5	30~35③
块	8620	11.13	0.438	132	60	290~315	550~600	30	50③

① 碳质量分数为 0.65%~0.75%。
② 加铅等级。
③ 表面硬度。

表 3-43 油淬+回火和等温淬火对平衡杆尺寸的影响

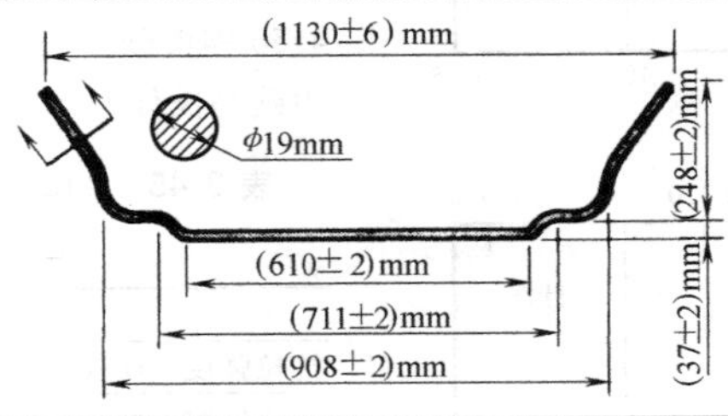

规定尺寸		处理工艺	测量的尺寸①					
			高		低		平均	
mm	in		mm	in	mm	in	mm	in
1130±6	$44\frac{1}{2}\pm\frac{1}{4}$	OQ&T	1133	$44\frac{5}{8}$	1127	$44\frac{3}{8}$	1130	$44\frac{1}{2}$
		等温淬火	1130	$44\frac{1}{2}$	1126	$44\frac{5}{16}$	1127	$44\frac{3}{8}$
908±2	$35\frac{3}{4}\pm\frac{1}{16}$	OQ&T	911②	$35\frac{7}{8}$②	905②	$35\frac{5}{8}$②	910	$35\frac{13}{16}$
		等温淬火	910	$35\frac{13}{16}$	910	$35\frac{13}{16}$	910	$35\frac{13}{16}$

（续）

规定尺寸		处理工艺	测量的尺寸①					
			高		低		平均	
mm	in		mm	in	mm	in	mm	in
711±2	$28\pm\frac{1}{16}$	OQ&T	714②	$28\frac{1}{8}$②	711	28	713	$28\frac{1}{16}$
		等温淬火	713	$28\frac{1}{16}$	711	28	711	28
610±2	$24\pm\frac{1}{16}$	OQ&T	614②	$24\frac{3}{16}$②	611	$24\frac{1}{16}$	613②	$24\frac{1}{8}$②
		等温淬火	611	$24\frac{1}{16}$	610	24	611	$24\frac{1}{16}$
248±2	$9\frac{3}{4}\pm\frac{1}{16}$	OQ&T	249	$9\frac{13}{16}$	246	$9\frac{11}{16}$	248	$9\frac{3}{4}$
		等温淬火	248	$9\frac{3}{4}$	246	$9\frac{11}{16}$	246	$9\frac{11}{16}$
37±2	$1\frac{15}{32}\pm\frac{1}{16}$	OQ&T	38	$1\frac{1}{2}$	36.5	$1\frac{7}{16}$	38	$1\frac{1}{2}$
		等温淬火	38	$1\frac{1}{2}$	38	$1\frac{1}{2}$	38	$1\frac{1}{2}$
2③	$\frac{1}{16}$(0.0625)③	OQ&T	1.3	0.050	0.13	0.005	0.8	0.032
		等温淬火	1.5	0.060	0.25	0.010	0.9	0.036

注：OQ&T——油淬+回火。

① 测量数据代表经过各种工艺处理的 12 个试棒。

② 缺乏规范。

③ 臂与臂平行。

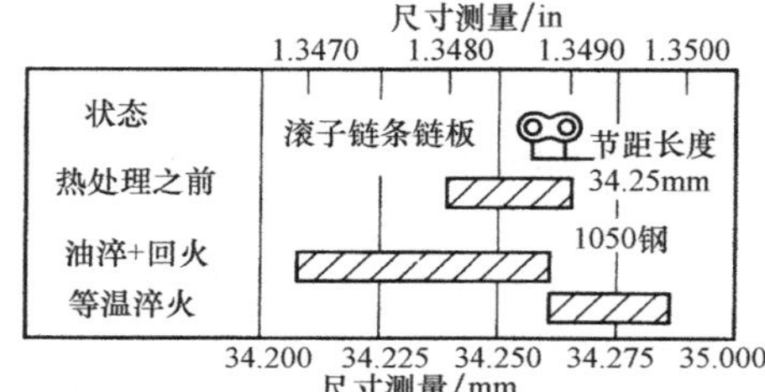

图 3-127 等温淬火和油淬火+回火后 2mm（0.080in）厚滚子链条链板节距长度的变化所有的链板在奥氏体化温度 855℃（1575℉）下保温 11min；等温淬火的链板在盐中 340℃（640℉）下等温近似 1h

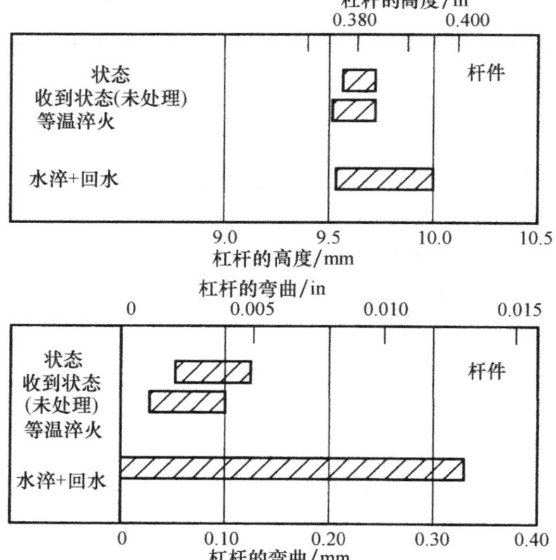

图 3-128 3mm（0.125in）厚的杠杆在等温淬火和水淬+回火后尺寸的变化

注：单杠代表 10 组样本

⑤ 提高耐磨性。

⑥ 低变形。

⑦ 无裂纹。

表 3-44 中列出了 8615 钢渗碳-等温淬火与渗碳+淬火+回火后的力学性能对比。

表 3-44 8615 钢渗碳-等温淬火和渗碳+淬火+回火（Q&T）后的力学性能对比

力 学 性 能	渗碳-等温淬火	渗碳+Q&T
抗拉强度/MPa(ksi)	1162(169)	742(108)
无缺口冲击韧度/[J(ft · lbf)]	407+(300+)	31(23)
伸长率(%)	15.9	0.9
表面硬度 HRC	55	58

注：有效硬化层深度为 0.64mm（0.025in）；拉伸试棒直径为 12.8mm（0.505in）；来源为参考文献 5。

表 3-45 中列出了 4150 钢渗碳-等温淬火与渗碳+淬火+回火后的力学性能对比。4150 钢渗碳-等温淬火后获得高碳贝氏体表面层和中碳贝氏体心部。4150 钢渗碳+淬火+回火后获得高碳马氏体表面层和中碳马氏体心部。

表 3-45 4150 钢渗碳-等温淬火和渗碳+淬火+回火后的力学性能对比

	渗碳-等温淬火	渗碳+Q&T
抗拉强度/MPa(ksi)	2033(295)	1033(150)
无缺口冲击韧度/[J(ft · lbf)]	407+(300+)	16(12)
伸长率(%)	10.7	0.7
表面硬度 HRC	56	56

注：有效硬化层深度为 0.64mm（0.025in）；拉伸试棒直径为 12.8mm（0.505in）；来源为参考文献 5。

图 3-129 所示为 8822 钢渗碳-等温淬火与传统的渗碳+淬火+回火后的性能对比。

图 3-130 所示为 8620 钢制成的齿轮渗碳-等温淬火与传统的渗碳+淬火+回火后的单齿弯曲强度对比。

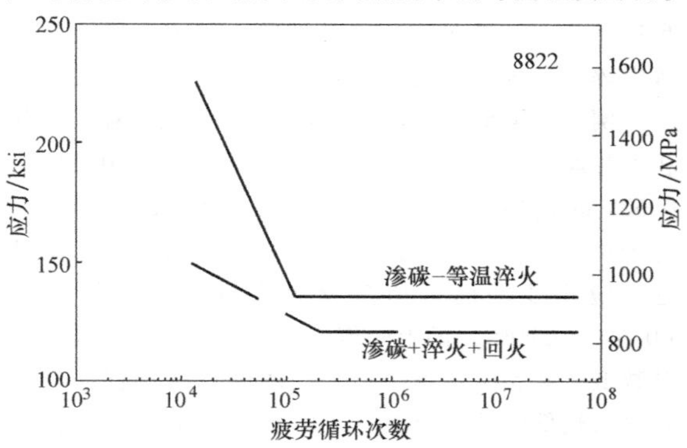

图 3-129 8822 钢渗碳-等温淬火和传统的渗碳+淬火+回火后的疲劳性能对比

注：Q&T——淬火+回火

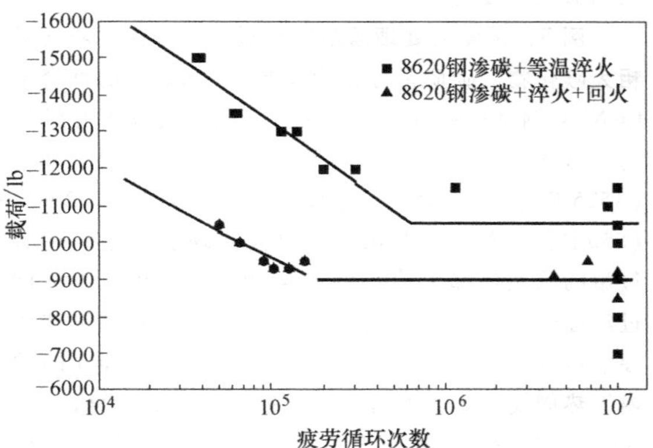

图 3-130 8620 钢制齿轮渗碳+等温淬火与传统渗碳+淬火+回火后的载荷和疲劳循环次数，极限值分别是 9000lb 和 10500lb（在 10^7 周期时试样跳动或未失效）

3.9.5 改良型等温淬火

如前面所说的那样，在工业化生产过程中对等温淬火进行修改，产生珠光体和贝氏体混合组织的现象较为普遍。不同的修改，产生的珠光体和贝氏体的数量不同，且相差很大。

钢丝行业特有的处理工艺是一种重要且有用的改良型等温淬火，奥氏体化的线材和棒料连续淬入温度保持在 510～540℃（950～1000℉）的浴液中并在其中保持 10s（较小线材）到 90s（棒材）。这种特有的处理工艺提供了适当的高强度和高塑性组合。如图 3-131 中的“改良型等温淬火”曲线所示，它与常规的等温淬火过程不同的是淬火速度，其没有那么快而能避免 TTT 曲线的“鼻子”，而是足够缓慢，与“鼻子”相交。这种淬火速度将导致形成细的珠光体。

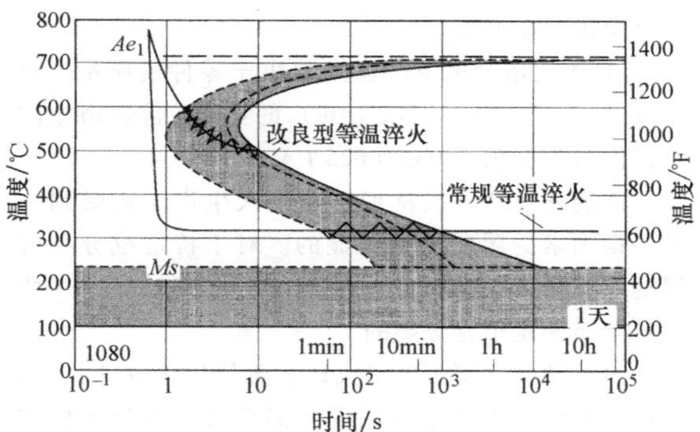

图 3-131 1080 钢的传统等温淬火和改进型等温淬火时间-温度-转变图对比。当应用在钢丝行业时，这种改进型工艺是一项专利技术

当希望或可接受的硬度为 30～42HRC 时，类似的生产工艺可以有效地应用于普通碳钢。普通碳钢淬火时，淬火曲线与 TTT 曲线的“鼻子”相交，钢的硬度随碳含量的变化而变化（图 3-132）。

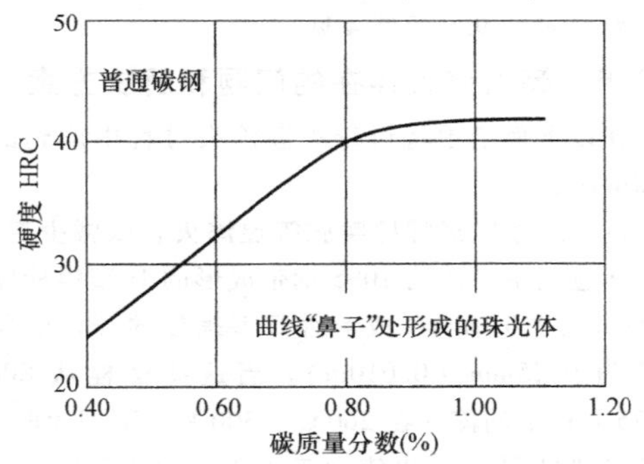

图 3-132 当淬火曲线与等温转变时间-温度-转变曲线的“鼻子”相交时，普通碳钢中的碳含量对形成的细片状珠光体硬度的影响

改良型等温淬火可以用于截面比正常等温淬火件截面厚的零件。然而，这些生产实践也受到一定的冶金限制，适用于 1080 钢改良型等温淬火工艺的情况如下：

① 要淬火的零件必须有足够的质量，使得其冷至淬火盐浴的时间大于避免与 TTT 曲线“鼻子”相切的时间；否则，零件将会经历真正的等温淬火，其硬度也比期望的高。淬火介质的温度不应该高于 370℃（700℉），其目的是延缓冷却速率，否则可能引起的回火脆性。对于小零件，如想获得 30～42HRC 的硬度，则采用在 565℃（1050℉）下等温退火的工艺比常规等温淬火更合适。

② 要淬火的零件有最大和最小质量限制。假如零件的心部需要超过 20s 的时间进行相变，或者假如盐浴温度上升可能会形成上贝组织，导致硬度和

混合组织发生改变。

③ 淬火浴液的下限温度取决于零件的质量。对于每件质量为1~2kg（2~4lb）的零件，淬火浴液的下限温度近似为330℃（625℉）。

由前述可知，改良型等温淬火生产工艺受到一些关键因素的限制是很明显的。对于特定成分和壁厚的零件而言，在开发一种优化的工艺时经历一些尝试和错误是很有必要的。

另一种改良型等温淬火还需要使用特殊的技术，但产生的结果类似于真正的等温淬火。因为零件的尺寸及材料，相变开始前，用这种改良型工艺很难保证淬火时速度足够快而避免与TTT曲线的“鼻子”相交。此时，可先将零件淬入稍高于*Ms*点温度的浴液中，使冷却速度增加。对于1080钢而言，这一温度近似为260℃（500℉）。

如图3-131所示。零件在这一温度下只保持必要的短暂时间，使得整个截面温度平衡，然后转移至更高温度的等温浴槽，通过这种正常的方式进行等温转变（见3.9.6的例4见）。

3.9.6 等温淬火存在的问题和解决方案

在以下例子中将讨论等温淬火过程中碰到的问题和解决方案。

例1：对U形螺栓实施等温淬火，以减少变形。在实际应用中，使用1095钢带成形的U型螺栓厚为0.25mm（0.010in），成形后U型螺栓的开口端尺寸公差为0.25mm（0.010in）。当这些螺栓从800℃（1475℉）下油淬并在260℃（500℉）下回火时，U形开口段的尺寸变化值大于1.3mm（0.050in）。然而，当零件在265℃（510℉）下等温淬火90min时，尺寸散差降低至约0.8mm（0.030in）。

例2：采用等温淬火减少校直工作量。表3-44中对比了平衡杆油淬+回火和等温淬火后的尺寸变化。采用油淬后近20%的平衡杆需要校直；采用等温淬火后，这一比例迅速降低。如果采用一个新的模具，对模具进行修整并精密安装后，第一批3000件中约1%~5%的需要校直。当进行正确的安装和设置后，校直的工作量将降低至小于0.5%。如此继续进行下去，直至模具磨损相当大（对应已校直约40000件），此时需要校直的量开始增加。需要注意的是，校直贝氏体组织比校直马氏体组织有更多的回弹，同时，零件校直所需要的反向载荷远超校直淬+回火的载荷，目的是回到零轴线。

例3：等温淬火前正火，使碳化物溶解并获得足够的塑性。1060钢制成的螺纹紧固件，其设计目的是埋在爆炸物混凝土中，但等温淬火后塑性不足。进行等温淬火时，这些零件被加热到845℃（1550℉）并在290℃（550℉）的盐浴中等温30min。塑性偏低的原因是碳化物未充分溶解，最终奥氏体化。如果在等温淬火前进行正火，那么最终等温淬火后零件可获得可接受的塑性。

例4：具有临界淬透性钢的等温淬火过程。割草机刀片厚约3mm（1/8in），由碳质量分数为0.50%~0.60%的钢制成，等温淬火后硬度偏低。经分析，低于正常锰含量导致的低淬透性是根本原因。针对这一应用要求的锰质量分数应该接近允许范围（0.6%~0.90%）的上限值，但这些刀片钢材锰质量分数低于0.50%。解决这一问题的方法是首先将刀片淬入较低的低温盐浴中（稍高于*Ms*点温度）保持0.5min，然后将其转移到315℃（600℉）的正常盐浴中并保持0.5h。这种等温淬火技术成功地应用于许多具有临界淬透性的碳钢中，因为低淬透性与淬火的截面厚度有关。

例5：预淬火处理溶解球化过程中产生的不正常粗大碳化物。碳质量分数为0.65%~0.70%的低合金Cr-Ni-V钢制成的链锯组件在扭矩测试时发现脆性较高。这些零件的热处理过程是：在震底炉中830℃（1525℉）下加热奥氏体化，然后淬入290℃（550℉）带搅拌的盐浴中。检查发现显微组织中有过量的马氏体和未溶解的碳化物。经分析，淬火前过热球化是产生脆性的决定性原因。这种过热球化导致形成非正常的粗大碳化物，同时在11min的炉内加热周期内不会溶解，因此使基体的碳浓度降低，*Ms*点温度提高，从而无法得到100%下贝氏体，而是部分转变成马氏体。解决这一问题的方法是正常热处理前进行预淬火和回火。

例6：重载停车卡爪的渗碳和等温淬火。装有自动变速器的重载卡车必须通过一个测试——满载卡车以2mile/h减速7%，然后被转移至停车场。由停车卡爪使卡车停止并保持其不遭到破坏。采用传统的渗碳、淬火热处理方法得到的卡爪其结合齿会发生断裂，而采用渗碳和等温淬火后得到55~60HRC的零件能够经受反复冲击而不发生失效。工业生产中，采用熔模铸造、锻造、精冲钢质卡爪，随后进行渗碳和等温淬火。

例7：14级的贝氏体紧固件。因为工作系统（设备）小型化，设计者寻求使用最小直径紧固件的可行性。然而，使用淬火+回火后螺栓硬度超过39HRC时，制造商将需承受环境失效的风险，所以8级螺栓（抗拉强度为800MPa或116ksi）为通用标准等级。由于贝氏体组织达到最大硬度时对环境脆性不敏感，所以设计者可选择安全且直径较小的硬度为45HRC的14.8级贝氏体紧固件（抗拉强度为

1400MPa或203ksi)。特别需要注意的是，这些高硬度贝氏体紧固件有显著的塑性。图3-133所示为一个直径9.5mm（3/8in）无螺纹的8640螺栓等温淬火到44HRC，即使弯曲90°也不会产生裂纹。

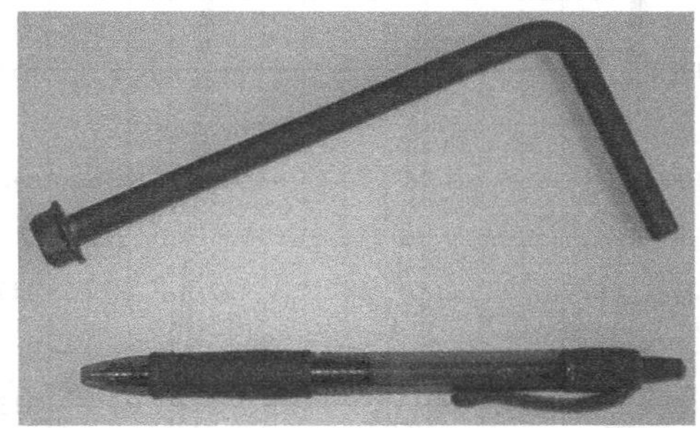

图3-133 直径9.5mm（3/8in）的8640钢无螺纹螺栓等温淬火至44HRC，即使弯曲90°也不会产生裂纹

注：贝氏体组织在高硬度（>40HRC）具优越性，本图由艾普公司提供

参考文献

1. M. A. Grossman and E. C. Bain, Chapt. 6, Anstempering and Ausforming, *Principles of Heat Treatment*, American Society for Metals, 1935/1964

2. J. M. Tartaglia, K. A. Lazzari, G. P. Hui, and K. L. Hayrynen, A Comparison of Mechanical Properties and Hydrogen Resistance of Austempered vs. Quenched and Tempered 4340 Steel, *Metall. Trans. A*, Vol 39, March 2008, p 559-576

3. W. R. Keough, Equipment, Process and Properties of Modern Day Anstempering, *Proceedings of the International Heat Treating Conference: Equipment and Processes*, ASM International, April 1994

4. H. Palmero and R. Flinn, "Dilation due to Austenite Transformation as a Function of Temperature and Composition," University of Michigan, 1973

5. K. L. Hayrynen, K. R. Brandenberg, and J. R. Keough, "Carbo-Austempering, A New Wrinkle?" Paper 2001-01-1478, Society of Automotive Engineers, 2002

引用文献

- H. K. D. H. Bhadeshia, *Solid to Solid Phase Transformations in Inorganic Materials*, Vol 1, TMS, Warrendale, PA, 2005, p 469-484
- K. R. Brandenberg, K. L. Hayrynen, and J. R. Keough, Austempered Gears and Shafts—Tough Solutions, *Gear Technol.*, March/April 2001, p 42-50
- P. J. Cote, R. Farrara, T. Hickey, and S. K. Pan, "Isothermal Bainite Processing of ASTM A723 Components," U. S. ARDEC Report ARCCB-TR-93035
- J. R. Keough, "Austempering—A Small, Niche Heat Treatment with Large Powertrain Implications," American Gear Manufacturers Association Meeting, 2004
- J. R. Keough and V. Popovski, "Large Austempered Parts—Monster Opportunities," American Foundry Society Congress, 2012
- W. R. Keough, Carbo-Austempering, *Proceedings of the Second International Conference on Carburizing and Nitriding with Atmospheres*, Dec 1995, p 135-142
- J. Lefevre and K. L. Hayrynen, Austempered Materials for Powertrain Applications, *Proceedings of the 26th ASM International Heat Treating Society*, 2011
- S. -Z. Li, Problems Related to Salt Bath Quenching, *Jinshu Rechuli* (*Heat Treat. Met.*), No. 5, Qishuyan Institute of Locomotive and Railway-Car Technology, 1991, p 59-61
- *Mechanical Hydrogen Embrittlement Methods for Evaluation and Control of Fasteners*, ASTM International, West Conshohocken, PA, 2001, p 1-25

3.10 钢的分级淬火

Revised by

Lauralice de C. F. Canale, University of São Paulo (Brazil)

Jan Vatavuk, Presbiterian University Mackenzie (Brazil)

George E. Totten, Portland State University

3.10.1 简介

分级淬火是一个淬火硬化过程，也称为间断淬火。这个工艺由D. 刘易斯（D. Lewis）在1929年发现并开发，其目的是避免淬火裂纹和变形。然而，由于人们对使用转变相图的理解有限，分级淬火在那时并未获得应用。

10年之后，这一工艺过程被更好地理解，在1943年，谢泼德（Shepherd）实现其工业化应用，并将其命名为分级淬火（参考文献2）。在这一著作中，谢泼德展示了随淬火类型产生质量变化进而产生的热应力，导致工件表面和心部产生相对温差。为避免裂纹，谢泼德建议选择的淬火介质应使在M_s点温度时表面（外部）和中间（内部）的温差最小。沿着这一思维过程，他写到"假如在盐浴中（保持温度稍高于M_s点温度）获得的冷却速度超过临界冷却速度，那么零件可以完全淬入盐浴中，待温度达到平衡后，将零件移走并允许其在空气中冷却……"为强调不同的M_s点温度会因钢的不同而变化，他建议对于特定的分级淬火过程，可以调整盐浴温度。

谢泼德开发出一些实验，确定 1in（25mm）、2in（50mm）、3in（75mm）直径的圆棒达到温度平衡时所需的时间。他使用的盐浴温度为 200℃（400℉）、260℃（500℉）和 315℃（600℉）。图 3-134 所示为这一结果的示意图。

基于这些结果，谢泼德对若干不同的钢实施了一些淬火工艺。他发现，对 NE 8442（0.40% C、1.43% Mn、0.22% Si、0.23% Ni、0.29% Cr 和 0.32% Mo）进行分级淬火可以提高其力学性能，见表 3-46。

需要指出的是近 50% 的零件油淬火后发生轴向开裂。采用等温淬火工艺（同样的淬火加热温度 843℃（1550℉），淬入 200℃（400℉）盐浴，保持 5min 后移出在空气中冷却）可获得同样的硬度而无裂纹倾向。

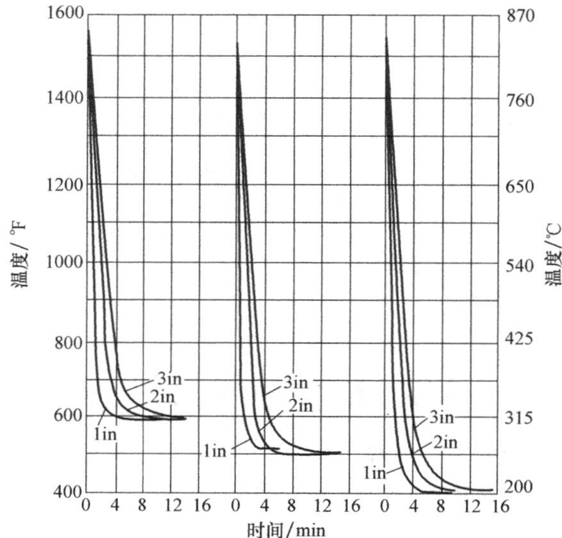

图 3-134 相同的圆棒从 843℃（1550℉）到盐浴温度所需的时间

表 3-46 直径 19mm（3/4in）的 NE8442 钢圆棒力学性能

热处理	屈服强度		抗拉强度		标距 50mm(2in)的伸长率(%)	断面收缩率(%)	布氏硬度 HBW
	MPa	ksi	MPa	ksi			
淬入 27℃(80℉)的可溶性油中	1010	146	1080	156.6	19	57.3	321
淬入 200℃(400℉)的盐中，保持 5in 后空冷	1035	150	1124	163	18	56.4	321

哈维（Harvey）随后出版了《间断淬火硬化的发展、原理及应用》，最早提出尝试间断淬火硬化的时间是 1879 年，当时理查德·阿克曼使用铅浴随后空冷处理奥氏化钢。但是，他认为 D. 刘易斯（D. Lewis）和 O. C. 特劳特曼（O. C. Trautman）也是先驱者。有趣的是谢泼德的著作未被引用。

哈维（Harvey）最初认为分级淬火实质为分段淬火，这一工艺被应用于硬化钢锯条时，相对于使用传统的方法，硬化后的锯片更直、更坚硬。哈维在 1940 年获得一个美国专利。图 3-135 中举例说明了 3 种热处理工艺：传统淬火、等温淬火和分段淬火。

间断淬火硬化处理的目的是在后续缓慢空冷硬化前使工件（淬入熔化的盐浴中）的温度达到平衡。等温淬火中发生贝氏体转变，假如是锯条，硬度近似为 50~55HRC，低于分段淬火获得的硬度。然而，哈维发现相对传统的淬火硬化，分级淬火有显著的优势，包括较小的变形、较小的内应力、较少的裂纹、较高的韧性、较高的疲劳寿命、通过免去不必要的操作如校直或研磨从而节约人工成本、更少的不良品、更高的硬度和抗磨寿命。而对于表面硬化操作，则可获得较小的变形。对于传统淬火件，由

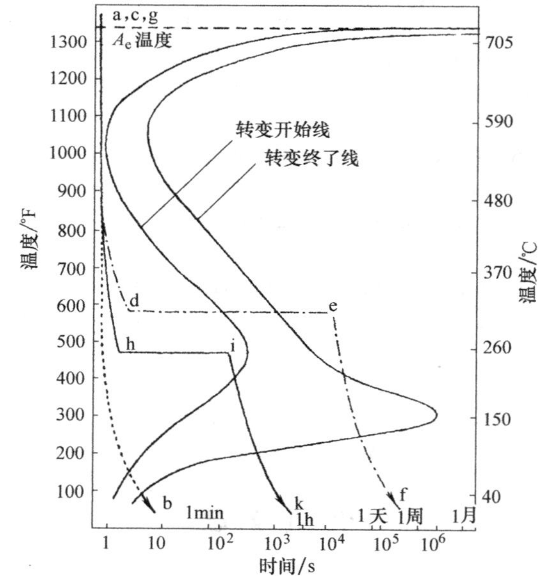

图 3-135 传统淬火、等温淬火和分级淬火（分段淬火）工艺时间-温度-转变图的差别

于磨削操作等原因需要去除工件最硬的表层。这些结论都是基于锯条的操作，但后续也进行了其他应用研究。

分级淬火与等温淬火无关，因为分级淬火不是等温转变过程。术语分级回火有些误导性，将其描述为分级淬火更好，因为分级回火暗示着回火操作，而实际上并未发生回火。然而，学名分级回火比分级淬火使用得更普遍。一般来说，分级淬火后得到的显微组织是脆的未回火马氏体。因此，分级淬火件应该和常规油淬、水淬或其他淬火介质的产品一样，用相同的方式进行后续回火。

图 3-136a、b 对分级淬火、回火的时间-温度关系和常规淬火和回火的相关参数进行了对比。钢（和铸铁）的分级淬火由以下步骤组成：

① 自奥氏体化温度淬入温度高于马氏体转变开始温度（*Ms* 温度）的热油、熔盐、熔化金属、流态床或真空炉中。

② 在淬火介质中保持一段时间，直至钢的整个截面温度均匀化。

③ 后续以中等的速度（通常在空气中）冷却，减小截面内外表面的温度梯度。

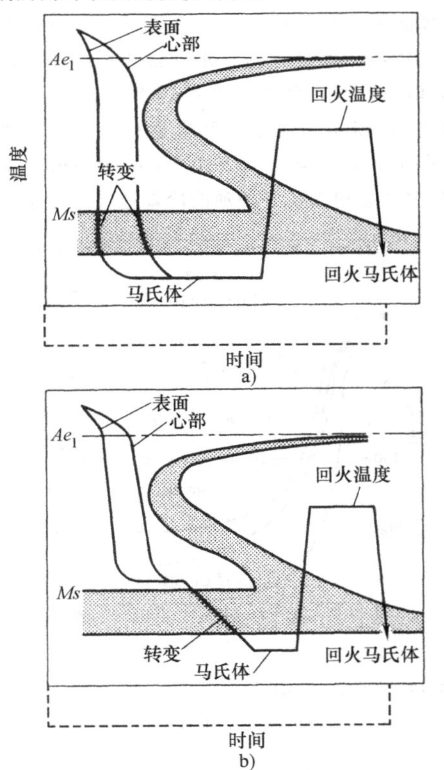

图 3-136 淬火和回火过程的时间-温度-转变图的叠加冷却曲线

a）传统工艺 b）分级淬火

在冷却到室温的过程中，整个零件截面发生相当均匀的马氏体转变，因此避免形成过量的残余应力。将零件从分级浴中取出时还是热的，易于完成校直或成形。将零件在工装中进行后续冷却，或从成形模中取出并在空冷过程中保持其形状。分级淬火可在多种浴液中完成，包括热油、熔盐、熔化金属，或在流态床上。另外，在真空炉中的分级淬火也越来越普遍。分级淬火与传统淬火方式一样。因为应力大大地减少，因此淬火、回火时间间隔并不是特别重要。

改良的分级淬火与标准分级淬火有别。其区别仅是淬火浴液的温度低于 *Ms* 点温度（图 3-137）。这种较低的温度使淬火烈度提高。对于低淬透性钢，为了获得充分的淬火深度或当 *Ms* 点温度较高形成的贝氏体对成品件有害时，较快的冷却速度非常重要。然而，相对标准分级淬火而言，改良的等温淬火适用于更多钢种。

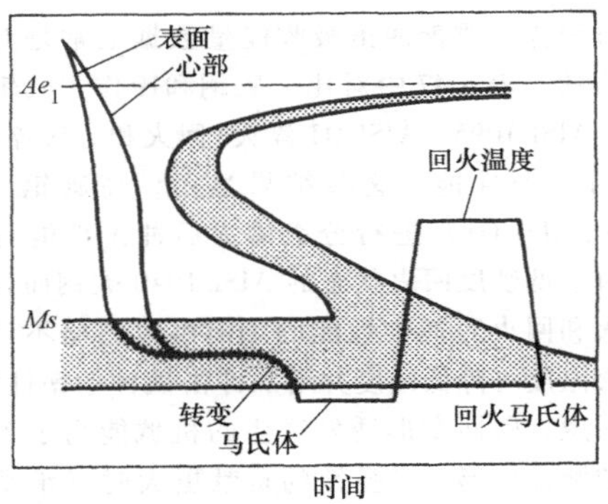

图 3-137 改良型分级淬火和回火的时间-温度-转变曲线叠加冷却曲线

3.10.2 优势

分级淬火的优势在于减小表面和心部的热梯度，这是因为零件淬入等温浴中然后空冷至室温。分级淬火过程中残余应力得到改善并低于传统淬火工艺后的残余应力，这是因为当钢在近似塑性奥氏体状态时发生最大热量变化，同时零件整个截面几乎在同一时间发生最终转变和热量的变化。分级淬火也可减小或消除开裂敏感性。

在熔盐中分级淬火的另一优势就是可以控制表面渗碳或脱碳。当奥氏体浴液是中性盐并通过添加甲烷气进行控制或使用专用的矫正装置保持其中性时，零件被残留的中性盐包裹保护直至浸入分级淬火浴中。

虽然分级淬火主要用于减少变形、消除开裂敏感性和减小残余应力，但它的使用还大大减少了污染；并且只要使用硝酸盐-亚硝酸盐而不是分级淬火油，还可避免火灾，特别是通过一定的系统从清洗液中提取硝酸盐-亚硝酸盐，盐基本不会被排放到下水道中。任何钢件或任何等级的油淬火钢都可以通过分级淬火获得相似的物理性质。通过搅拌和在硝酸盐浴中添加水可以大大地增加淬火烈度。分级淬火和传统淬火这两种方法在处理较低淬透性的碳钢时特别有优势。表3-47中对比了各种钢经过分级淬火和回火、传统淬火和回火后的冲击性能。

表3-47 各种钢经过分级淬火和回火、传统淬火和回火后的冲击性能对比

钢	硬度	淬火和回火（冲击值）	分级淬火和回火（冲击值）
AISI 4140	20~25	111J	126J
AISI 4140	36~37	57J	59J
AISI4140	46~47	9.6J	18.5J
AISI 1095	52.5	19J	33J
AISI 01	51.0	$74kJ/m^2$①	$114.5kJ/m^2$①

① 缩小尺寸的冲击试样。

分级淬火改善冲击吸收能量数据通常是对高碳钢而言的。表3-47中对比了碳钢和冷作工具钢AISI 4140、AISI 1095、AISI O1淬火+回火和分级淬火+回火后的冲击性能。这些结果显示，高碳钢（AISI 1095和AISI O1）进行分级淬火后冲击性能得到提高。对于低硬度回火状态的AISI 1040碳钢而言，分级淬火和回火对冲击性能的影响可以忽略不计。提高回火温度可降低硬度并增加冲击试样的塑性变形。总的来说，塑性变形诱发产生的机械能高于工作时产生的弹性变形。当弹性的贡献更大时（承受冲击载荷时较少的塑性变形），则残余应力的影响更为敏感。对于AISI 4140钢，较低的硬度会增加塑性变形，吸收更多机械能，使得淬火+回火与分级淬火之间的残余应力差异忽略不计。同样地，较高的回火温度会使残余应力大大减少。

许多情况下，传统淬火中为减少变形所用的工装在分级淬火时并不需要，从而减少了工具和热处理成本。然而，当从采用传统淬火改为采用分级淬火时，在预处理尺寸确定前可能需要改变个别零件的尺寸。

另一个好处就是在某些情况下，零件硬化前有可能需要进行校直操作。当零件温度正好高于 *Ms* 点温度（图3-136b）时，校直工作的目的在于平衡温度（心部和表面），但其还没有转变成马氏体。这时，可采用快速的校直操作减小总变形，在这之后零件被放回淬火介质中并发生转变。

3.10.3 分级淬火介质

虽然热油可用于175℃（350℉）和更低温度的改良型分级淬火，但熔化的硝酸盐-亚硝酸盐（添加水并搅拌）在温度低至175℃（350℉）下也是有效的。因为其有较高的导热系数，可达4.5~16.5kW/m^2·K(800~2900Btu/h·ft^2·℉)（参考文献11），所以熔化的金属在金相和操作上具有一定的优势。在盐淬火介质中，热传递主要靠对流进行，熔盐不会发生沸腾。油浴和那些熔盐分级淬火液有很大的区别。

熔盐和热油广泛地用于分级淬火，当选择熔盐和热油时必须考虑好几个因素，操作温度是其中最常用的决定性因素。油广泛用于温度为205℃（400℉）甚至有时高达230℃（450℉）的分级淬火。熔盐可用于160~400℃（320~750℉）的分级淬火。

（1）盐的成分和冷却动力　普遍用于分级淬火的盐由50%~60%的硝酸钾、37%~50%的亚硝酸钠和0%~10%的硝酸钠组成。其大约在140℃（280℉）时熔化，可用工作温度范围为165~540℃（325~1000℉）。更高熔点的盐（成本更低）可用于更高的操作温度。这些盐由40%~50%的硝酸钾、0%~30%的亚硝酸钠和20%~60%的硝酸钠组成。

在205℃（400℉）下搅拌的盐的冷却动力与传统油淬的搅拌油相似。在盐里添加水增加了其冷却动力。1045钢圆柱在盐、水和油中的冷却曲线如图3-138所示，淬火介质和搅拌对1045钢硬度的影响如图3-139所示。硬度的测量是从棒料的末端（表面=最高硬度）至表面下1.5mm（0.06in）处。图3-139中对盐和水及三种油的冷却速度进行了对比。

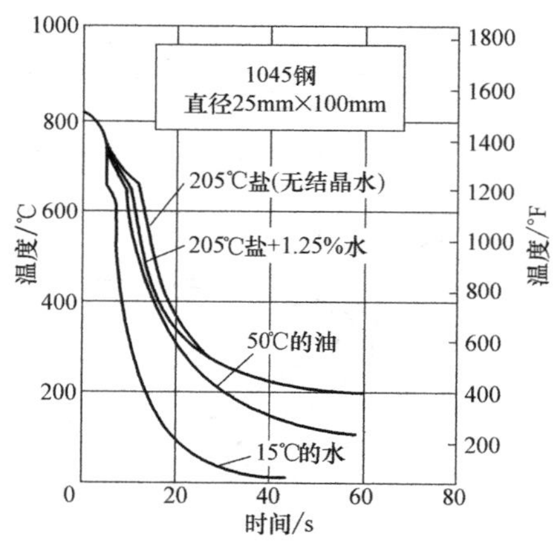

图3-138 1045钢圆柱在盐、水和油中的冷却曲线
注：热电偶位于几何形状的中心

（2）与油相比，盐用于分级淬火的优点

1）在较宽的温度范围内盐的黏度只有很小的变化。

2）盐具有一定的化学稳定性，因此一般仅需补充排放损失。但是，情形并不总是这样。例如在大批量对气缸衬垫分级淬火的装置中，盐会形成碳酸盐。这样淬火就从吸热式气氛淬火转变成在245℃

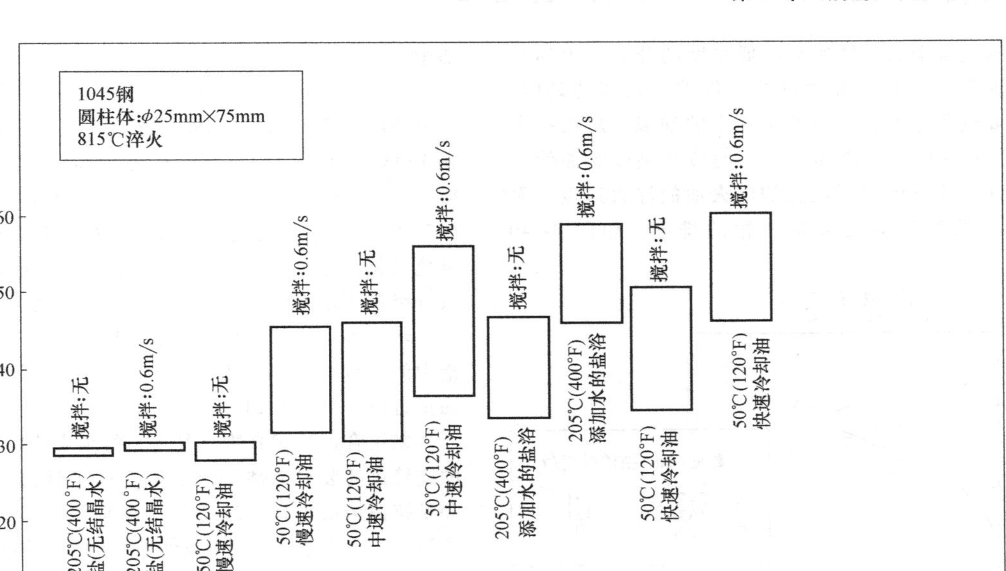

图 3-139　淬火介质和搅拌对 1045 钢硬度的影响

(475℉) 下的敞开式盐淬。同样的操作在加热炉中为氮气气氛时就不会产生这些故障。

3) 盐具有较广的工作温度范围。

4) 采用普通的水易于清洗工件表面的盐。

5) 工件在盐中获得温度平衡的时间较短。

6) 清洗操作过程中没有异常的处理问题。

7) 盐在粉末形态时相对容易处理，同时溢出的话易于清理，但有必要保持盐隔开。

(3) 与油相比，盐用于分级淬火的缺点

1) 盐的最低工作温度为 160℃ (320℉)。

2) 从有毒的氰化物基的渗碳盐取出用于淬火时，有可能发生爆炸。

3) 湿的或含油零件浸入高温盐中有可能发生爆炸和喷溅。

4) 气氛炉采用炭黑气氛并与分级淬火盐相连，有发生爆炸的潜在可能。

5) 淬火盐用于加热时，可能会被高温中性盐污染。需要采用捞渣处理，以保持淬火烈度。

6) 分级淬火油和分级淬火盐浴的黏度差异会导致分级淬火温度下的废液差异。可以预见，盐分级淬火中的损失比油分级淬火中的损失大。

(4) 流态床　尽管流态床有一定的局限性，但它们有在整个淬火温度范围内平衡热传导的优势。这将产生一个可重复的淬火速度，不会随时间降级，也可在较宽的范围内进行调节。另外，流态床没有油或盐类淬火介质的环保缺陷。

(5) 分级淬火油　分级淬火油或热淬火油的工作温度是 95～230℃ (205～450℉)。非加速和加速分级淬火油都是有效的。表 3-48 中列出了普遍用于分级淬火的这两种油的物理性质。这些油是复合油，特别适合于分级淬火，与传统淬火油相比，它们可在淬火初始阶段提供较高的冷却速度。

大部分分级淬火油使用石蜡基础油合成，在高温时提供较好的稳定性。如果加抗氧化添加剂，也可获得期望的淬火速度。

表 3-48　用于钢分级淬火的两种油的物理性能

性能	具体工作温度时油的各项指标值	
	90～150℃ (200～300℉)①	150～230℃ (300～450℉)
闪点(最低)/℃(℉)	210(410)	275(525)
燃点(最低)/℃(℉)	245(470)	310(595)
黏度,SUS,在:		
38℃(100℉)	235～575	—
100℃(210℉)	50.5～51	118～122
150℃(300℉)	36.5～37.5	51～52
175℃(350℉)	—	42～43
205℃(400℉)	—	38～39
230℃(450℉)	—	35～36
黏度指数(最低)	95	95
酸值	0.00	0.00
脂肪油成分	无	无
残碳	0.05	0.05
颜色	随意	随意

① 改良型分级淬火的温度范围。

缺乏合金的零件通常用低黏度的分级淬火油并提高速度。较高合金含量的零件需要较高的黏度，也需要改善速度，允许使用更高的油温，从而控制变形。许多时候，添加添加剂的较高黏度的油使得淬火速度接近中等到快速的淬火油的淬火速度，而黏度很低的油会促进蒸汽相的排出，如图 3-140 所示。

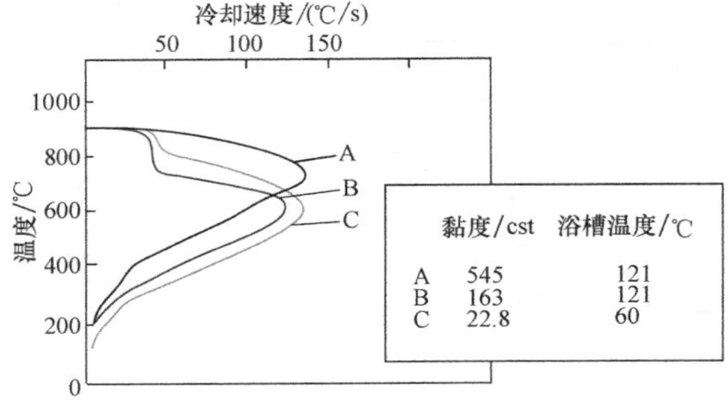

图 3-140 油在不同黏度下的冷却速度曲线

较高的工作温度、与热零件发生接触和加热过程中强制加热冷油都会使得分级淬火油老化。当将分级油从环境温度开始加热时，应该使用低速烧嘴或抗热加热器，使得最大速度控制在 0.016W/mm^2，将油的老化程度降至最低。当使用温度为 95~230℃（200~450℉）时，淬火油需要经过特殊处理。为了延长其寿命，必须使淬火油处于保护性气氛（还原或中性）中。当油暴露在空气中时，温度的升高会导致老化加快。例如超过 60℃后（140℉）每提高 10℃（18℉），氧化速度约为双倍。这将导致形成酸性和油泥，影响硬度和零件颜色。图 3-141 所示为原配方热油和添加抗氧化剂优化后的热油使用寿命对比。

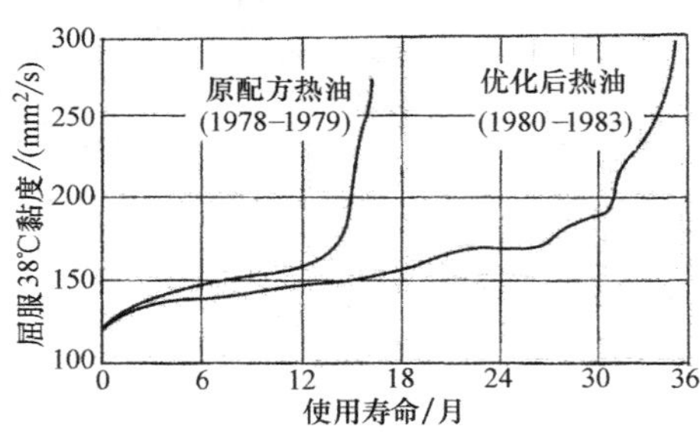

图 3-141 1980 年使用的优化热油寿命与原配方热油寿命的对比

例 1：在油中对渗碳传动部件进行等温淬火。一制造商的传动部件和轴以 115kg/h（250lb/h）的生产速度在一 7550L（2000gal）油槽中分级淬火，油槽完全由前室盖罩住并位于连续渗碳炉卸料门下方。前室含有从炉内散发出的保护性渗碳气氛。前室装备有提升机，用于将装有零件的托盘浸入分级淬火油中。

当炉子的卸料门关闭时，前室高于油面的瞬时环境温度为 89~92℃（193~197℉），油的温度控制在 150℃（300℉）。然而，在进行高生产率的淬火操作时，分级淬火油的温度将升高至 165℃（325℉）。前室中的气氛可保护渗碳件和分级淬火油避免氧化。为避免可能发生的油着火，在零件被浸入分级淬火油之前，炉子的卸料门应关闭。

经过多年连续操作（每天 24h，每周 7 天），油槽中的分级淬火油从未更换；添加到油槽中的补充油量近似为每月 755L（200gal）。

采用合适过滤介质（黏土、纤维素滤料或废布）的连续过滤装置或离心过滤器有助于延长油的寿命和维持清洁的工作。过滤装置是有效的和相当经济实惠的。油的循环速度不应低于 0.9m/s（180ft/min），从而冲散淬火时形成的过量蒸汽。

油在超过 205℃（400℉）连续使用时，可导致过度分解，除非针对特定的运用选择正确的油。每隔 1~6 个月，应该对油进行全面的性能和化学成分检测，确定其状态。这些检测对象通常包括闪点、黏度、氧化程度、淬火效果、污染程度和冷却能力。

（6）与盐相比，油的优点

1）油可用于较低温度。

2）油在室温下更易处理。

3）油的废液较少。

4）油与所有的奥氏体盐兼容。

（7）油的缺点

1）油的最高工作温度为 230℃（450℉）。

2）油随着使用会恶化，因而需要对其进行更密切的控制。

3）当在油中分级淬火时，零件获得温度平衡的时间较长。

4）不论热油或冷油，均有着火的危险。

5）清洗油必须使用肥皂和乳化液。清洗液必须定期排光和注满。油性废物会存在处理问题。

3.10.4 安全措施

在操作分级淬火（盐或油）装置时，需要采取适当的预防措施，这同样适用于其他液体浴液。推荐如下操作安全措施：

① 设备操作人员在尝试操作或维修设备前应该非常熟悉设备制造商的手册和公司制定的安全建议。

② 操作人员需要佩戴手套、面部防护面具和穿防护服。如果安全防护装备被油或硝酸盐-亚硝酸盐污染，应该废弃处理。

③ 在使用盐的地方应该有充分的救护材料，工作人员应该接受培训并能处理碱烧伤。

（1）硝酸盐-亚硝酸盐　操作硝酸盐-亚硝酸盐浴时的安全预防措施如下：

1）所有的架子、工装和清洗工具在重新使用前，必须完全清理掉盐（优先使用热水）并完全干燥。否则存在的盐会污染奥氏体化炉子，残留的水会使得熔盐喷溅。

2）所有的盐浴炉应该贴上标签，以确保使用正确的盐。含氰化物的盐不应该和硝酸盐-亚硝酸盐配合使用，因为这些混合物会导致爆炸反应。良好的日常管理是避免事故的基本条件。分级淬火盐必须保存在密封、标识好的容器内。假如暴露，这些盐会吸湿并吸水。黄色、橙色或红色通常用于辨别硝酸盐-亚硝酸盐。含氰材料可以按白色、蓝色或灰色进行标识。色标未普遍使用，但是强烈推荐。处理这些材料的工作人员应该熟悉混合这些材料时有爆炸风险。对于参与者风险的论述和推荐的实践，详见 3.10.6 中“盐的污染”和“3.10.9 奥氏体化设备的选择”的章节。

3）当将水加硝酸盐-亚硝酸盐来提高其淬火烈度时，应使水细细流下或使其成雾状喷到盐浴表面，不要在低于液面或受到压力的条件下引入水。否则会发生飞溅和喷射。设备制造商应该介绍操作程序和提供硬件。

4）盐浴应该配备高温限制控制器，防止盐浴超过 595℃（1100℉）。在较高的温度下，硝酸盐将分解并可能会导致火灾或爆炸。虽然硝酸盐-亚硝酸盐不会燃烧，但是它们会氧化并助燃。因此，氧化性材料不应该靠近盐储存，同时可燃性材料不应该用到盐浴中，除非有一定的设计目的。如果发生火灾，可使用二氧化碳灭火器或沙子有效扑灭地面的火。为避免熔化介质爆炸蔓延，绝不能使用水灭熔盐（或熔化金属）浴四周的火。

5）煤灰和含碳的材料不允许在熔盐表面聚集。

6）当地消防部门需要把签署令放在盛放盐浴的建筑外面。这些签署令告诉消防部门里面盛放的是什么物质以及灭火的方法。

（2）热油　油也需要采取安全措施。其使用过程中伴随的危险是火灾；加热过程中体积增加导致溢出；当没有气氛覆盖用于淬火槽时会发生爆炸；被水污染时会导致火灾。

通常防范发生这些危险的设备包括：

1）温控报警装置（推荐最高工作温度为 55℃ 或 100℉，低于淬火油的闪点），通常添加额外的系统用于最高温预警。

2）油位指示器。

3）假如油采用燃气加热管加热（这种方法并不推荐使用于加热分级淬火油），当空冷系统关闭后，应采用安全控制系统，以防火灾发生。

4）电加热元件加热时的最大输出密度为 0.016W/mm^2(10W/in^2)。

5）当油从室温加热到工作温度时，应该配置膨胀系统。合适的系统是在主淬火槽上配备一溢流返回的膨胀槽，主淬火槽上配备一小泵，将油从膨胀槽中的油返回。泵的容量通常约为 20L/min（5gal/min）。

6）防止油被加热的安全控制装置，除非其被搅拌。

7）安装在淬火槽上的二氧化碳或泡沫灭火系统，防止火灾。

8）水探测系统，监测油中水的含量，可自动报警。

安装通风系统和其他系统时应该注意可能会导致水进入热油中。当一种气氛用于淬火介质上面时，总的安全预防措施概括在这卷中“6.3　气体渗碳”中。

然而，分级淬火使用最多的介质是油和盐，现在越来越多的分级淬火在真空炉中进行，主要针对高性能零部件。对于高强度钢，这种方法有减小变形的可能性并提高热处理零部件尺寸稳定性的优点。

工具钢和高速钢有开裂、变形和尺寸变化的倾向，采用分级淬火特别有效，一般选择真空炉进行。然而，其显示了另一个优点，即产生压应力。依靠监控测试大块热作钢（AISI H13）获得现有的结果。热作钢块的尺寸是 310mm×305mm×300mm（12.2in×12.0in×11.8in）。表 3-49 中给出了钢的化学成分。热电偶按照图 3-142 所示放置，试验时按美国汽车工业/北美压铸协会规范操作。

表 3-49　热作钢的化学成分

化学成分(质量分数,%)					
C	Si	Mo	Mn	Cr	V
0.39	1.00	1.25	0.35	5.10	0.90

图 3-143 阐明了试验所使用的热处理工艺。工序间的区别在于冷却程序。在其中一个工序，使用 900kPa（9bar）的气淬，当心部获得 60℃（140℉）的温度时冷却停止。其他使用等温工艺（等温淬火），在淬火过程中当表面温度达到 400℃（700℉）时开始。AISI H13 模块的冷却曲线如图 3-144 所示。

在分级淬火工艺中温度分布更均匀，减小的变形同时降低开裂的可能性。在这个试验中，演示了残余应力的计算。图 3-145 所示为两种情况下自心部 *X* 距离处计算的残余应力结果。

对比传统的气淬，分级淬火工艺可获得更高的表面压应力。对工具钢使用分级淬火时，这种结果带

a)

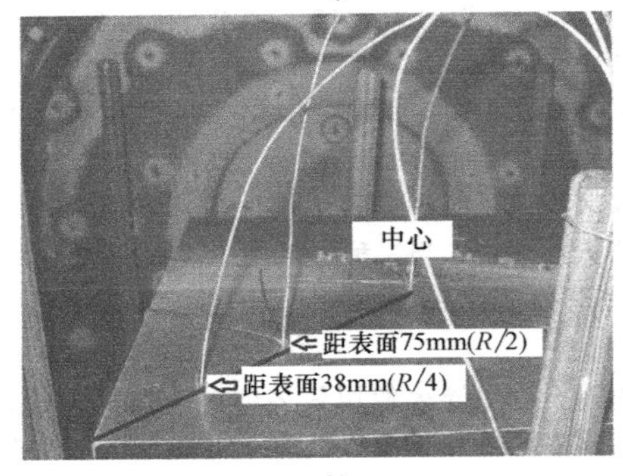

b)

图 3-142 热电偶的位置

a）淬火试验 b）分级淬火试验

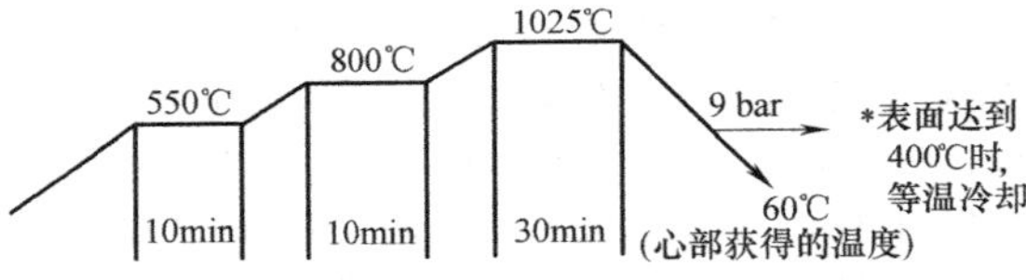

图 3-143 试验所用热处理工艺

a)

b)

图 3-144 AISI H13 模块的冷却曲线

a）传统气淬 b）分级淬火

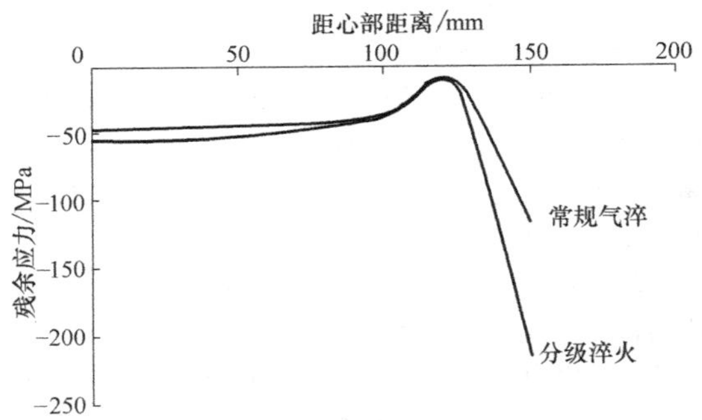

图 3-145 AISI H13 模块传统气淬和分级淬火获得的残余应力

来另一个优势。疲劳性能与表面残余应力的类型和大小有直接关系。更高的压应力一般获得更长的疲劳寿命。

相似的试验显示，使用真空炉对热作钢进行热处理时，只有成功进行分级淬火工艺才能获得一定的优势。

分级淬火工艺也用于渗碳零件气淬系统。在真空炉中进行的改良型分级淬火，被称为气淬中断（StopGQ）（ECM 技术）淬火工艺。它证明除了更小的变形、避免裂纹和更好的冲击性能外，也改善了疲劳抗力。对传动齿轮进行试验，研究包括低压真空气体渗碳（LPC）、高压气淬（HPGQ）和气淬中断（StopGQ）。齿轮由 SAE 5130 钢制成。表 3-50 中给出了钢的化学成分。过 LPC 后，齿轮经过三种不同的热处理工艺，如图 3-146 所示。

表 3-50 SAE 5130 钢化学成分

化学成分(质量分数,%)					
C	Si	Mn	Cr	P	S
0.28～0.33	0.15～0.35	0.7～0.9	0.8～1.1	0.035 最大	0.04 最大

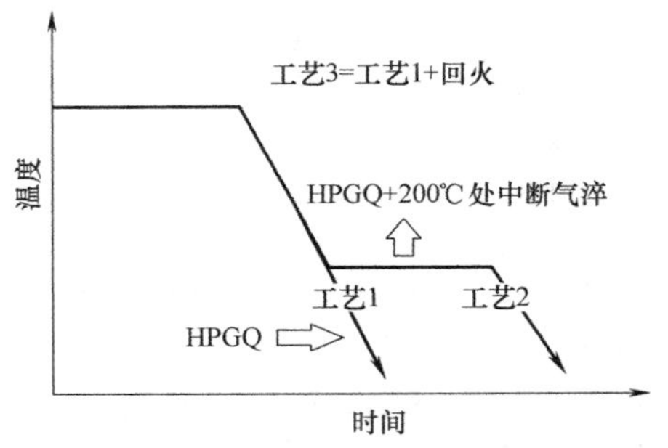

图 3-146 齿轮渗碳（低压真空气体渗碳）后热处理工艺 1、2 和 3

因为工艺 2 在气淬工艺时有 180～200℃（355～390℉）范围的等温段，获得一自动回火的效果。

图 3-147总结了循环弯曲疲劳。对这三个条件进行分析：LPC+HPGQ（工艺 1），LPC+HPGQ+StopGQ（工艺 2）和 LPC+HPGC+回火（工艺 3）。从工艺 2 获得的条件是改良型分级淬火，比工艺 3 几乎有 30%的性能提高，比工艺 1 大约有 10%的提高。在这些试验中，三种工艺获得的硬度值（表面和中心）相似，工艺 3 获得的表面硬度稍低于其他两种工艺获得的硬度。

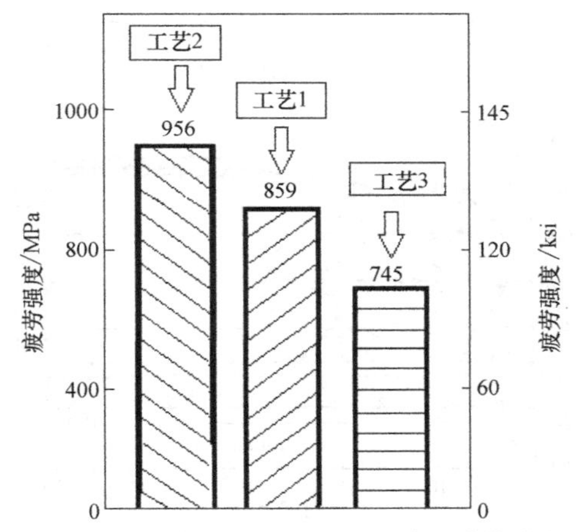

图 3-147 循环弯曲疲劳结果。随着疲劳抗力的增加，传动齿轮的扭矩也可增加

3.10.5 分级淬火的钢种

合金钢一般比碳钢更适用于分级淬火。总的来说，一般可在油中淬火的钢都可以进行分级淬火。可进正常水淬的一些碳钢件在壁厚小于 5mm（3/16in）时可在 205℃（400℉）下分级淬火，使用带有强力搅拌的分级淬火介质。另外，许多灰铸铁零件可进行常规的分级淬火。

一般分级淬火获得全硬度的钢包括 1090、4130、4140、4150、4340、300M（4340 M）、4640、5140、6150、8630、8640、8740、8745、SAE 1141 和 SAE 52100。低淬透性钢如 1045（或 1000 系列的更低碳含量的钢）是很难使用分级油淬。更高碳含量的钢如 1090 钢能在油中成功分级淬火，因为其具有较低的 *Ms* 点温度和高温产物转变前较长的时间（参考文献 14）。渗碳钢如 3312、4620、5120、8620 和 9310 钢渗碳后一般进行分级淬火。较高含量合金钢如 410 型不锈钢偶尔可以进行分级淬火，但这不是普遍的做法。

分级淬火的成功是认真考虑钢转变特点方面的知识（时间-温度转变或 TTT 曲线）。马氏体形成的温度范围特别重要。

图 3-148 所示为 14 种碳钢和低合金钢马氏体形成的温度范围。观察这些数据可以发现两个趋势：随着碳含量增加，马氏体温度范围变大，同时马氏体转变温度降低；三元合金钢（镍-铬-钼）马氏体温度范围一般低于相同碳含量的单合金钢或双合金钢。

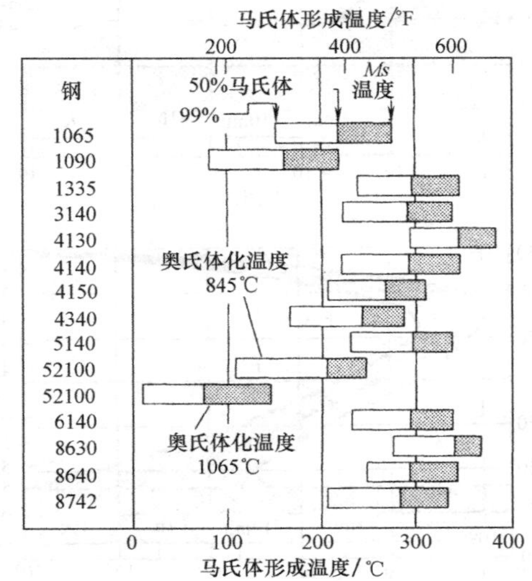

图 3-148 14 种碳钢和低合金钢马氏体形成温度范围

能成功进行分级淬火的所有钢必须含有充分的碳或合金成分，使得 TTT 曲线的“鼻尖”向右移动，从而使淬火零件有充分的时间绕过 TTT 曲线的“鼻尖”。

稍后将讨论亚共析钢（1034 钢）的 TTT 曲线，图 3-149 所示为亚共析钢（1034 钢）和过共析钢（1090）的 TTT 曲线。1090 钢的 TTT 图是最简单转变图，因为当温度高于相对应曲线“鼻尖”温度时，没有先共析成分（自由铁素体或自由碳化物）参与转变。在“鼻尖”处的转变速度与钢的淬透性有关；当 TTT 曲线的“鼻尖”处于图的左侧时，钢具有较低的淬透性；当“鼻尖”处于右侧时，钢具有较高的淬透性。淬火过程中，为获得完全硬化，钢的冷却曲线必须绕过“鼻尖”并最大限度地远离曲线的左侧。在生产过程中，稍微损失一点淬火硬度通常是可以接受的，目的是获得较小的变形。

图 3-150 中给出了适合分级淬火的亚共析低合金钢（5140）的 TTT 曲线。钢中的铬产生特有的 TTT 形状，接近 540℃。图 3-150 中还给出了具有特别高淬透性的钢（4340）的 TTT 曲线，该图也表明了镍、铬、钼对淬透性的影响。这些元素导致 TTT 曲线具有双“鼻尖”。分级淬火时，大约 480℃（900℉）处的“鼻尖”比约 650℃（1200℉）处的“鼻尖”更有意义。具有高淬透性的钢较易分级淬火，获得

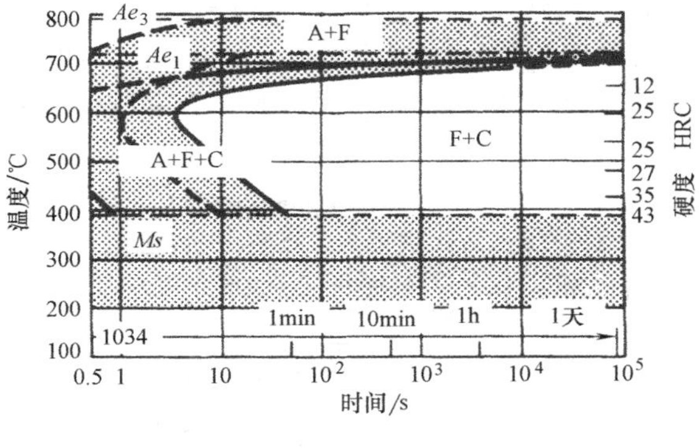

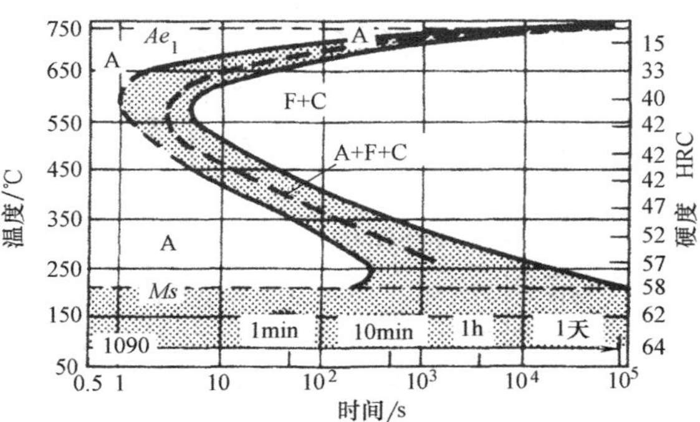

图 3-149 1034 钢和 1090 钢的 TTT 曲线。1090 钢在 885℃（1625℉）奥氏体化，晶粒尺寸为 4~5 级

全马氏体组织。

（1）低碳和中碳钢 低碳钢和中碳钢（1008~1040）因为淬透性太低而不能成功进行分级淬火，除非先进行渗碳处理。图 3-149 显示的 1034 钢的 TTT 曲线说明，这种钢不适合分级淬火；除非截面尺寸为几千分之一英寸厚，否则在热盐或油中淬火不可能不出现高温转变组织。

（2）边界状态的钢种 一些碳钢含较高的锰，如 1041 钢和 1141 钢，较薄截面时能成功进行分级淬火。获得成功分级淬火有一定限制的钢（更低碳含量的钢分级淬火前渗碳）如下：1330~1345、4012~4042、4118~4137、4422、4427、4520、5015、5046、6118、6120、8115。

绝大多数的这些合金钢在截面厚度达到 16~19mm（5/8~3/4in）时是合适的。温度低于 205℃（400℉）的分级淬火将提高淬火硬化的能力，然而与更高温度的分级淬火相比会产生更大的变形。

（3）质量的影响 分级淬火时必须认真考虑壁厚和质量的限制。对于给定的淬火烈度，棒料尺寸超过一定的限制后，棒料的心部不能保证冷得足够快从而完全转变成马氏体。图 3-151 中对比了 1045 钢和具有不同淬透性的 5 种合金钢分级淬火、油淬和水淬的最大棒料直径。

对于一些实际应用，全马氏体组织是没有必要

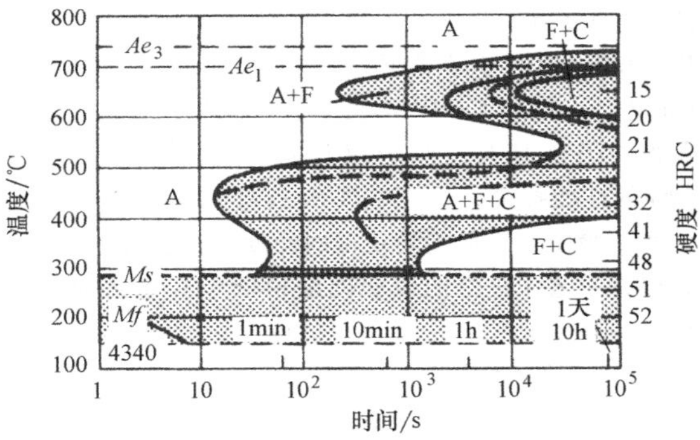

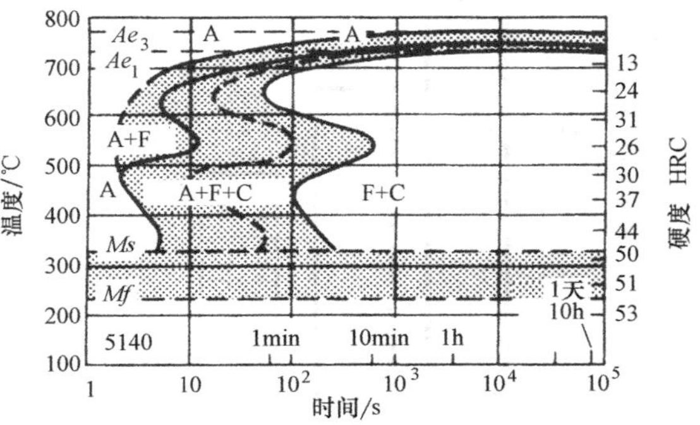

图 3-150 4340 钢和 5140 钢的 TTT 曲线。两种钢的奥氏体化温度为 845℃（1550℉）；4340 钢的晶粒尺寸为 7~8 级，5140 钢的晶粒尺寸为 6~7 级

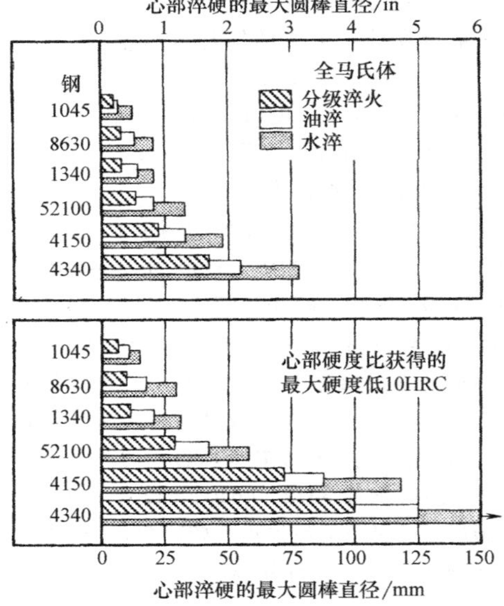

图 3-151 分级淬火、油淬和水淬可硬化棒料近似的最大直径

的。心部硬度比给定含碳量获得的最高硬度低 10HRC 是可以接受的。按照这一标准，最大棒料直径比获得完全马氏体的最大直径（图 3-151 下面的

图）大 25%～300%。与这个产生的硬度值相对应的端淬棒料相应位置处，可观察到非马转变产物（珠光体、铁素体和贝氏体），如下：

钢	转　变
1045	15%珠光体
8630	10%铁素体和贝氏体
1340	20%铁素体和贝氏体
52100	50%珠光体和贝氏体
4150	20%贝氏体
4340	5%贝氏体

对于各自的实际应用，需认真考虑这些混合组织对钢力学性能的影响。

适合分级淬火的钢选择必须结合淬透性和截面尺寸进行判断。对于给定的截面厚度、碳含量、合金含量的钢，为了形成相同量的马氏体，或对比传统淬火（无间断）而言分级淬火的两个要稍高点。

3.10.6 工艺参数的控制

分级淬火的成功取决于整个工艺中对变量参数的严密控制，奥氏体化前的组织是否均匀非常重要。而且，奥氏体化时使用保护性气氛（或盐）也是必需的，因为氧化物或氧化皮在热油或盐中淬火时阻碍均匀淬火。

分级淬火中需控制的工序变量包括奥氏体化温度、分级淬火盐浴的温度、在分级淬火盐浴中的时间、盐中的污染物、添加到盐中的水含量、搅拌和自分级盐中取出后的冷却速度。

（1）奥氏体化温度　奥氏体化温度非常重要，因为其控制奥氏体晶粒尺寸、均匀化程度和碳化物溶解（因为其影响 *Ms* 点温度，建立分级淬火工艺时这一点较重要）。如图 3-152 所示的 52100 钢，提高奥氏体化温度将降低 *Ms* 点温度并加大晶粒尺寸。

和传统淬火相比，分级淬火过程中奥氏体化的温度控制相似：8℃是非常普遍的。表 3-51 显示了几种不同钢一般使用的奥氏体化温度。

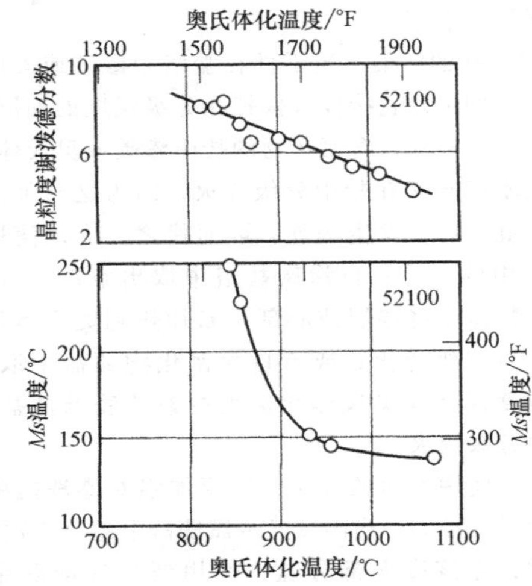

图 3-152　奥氏体化温度对 52100 钢晶粒尺寸和马氏体转变开始（*Ms*）点温度的影响

表 3-51　几种渗碳钢的奥氏体化温度和分级淬火温度

牌号	奥氏体化温度		分级淬火温度			
			油①		盐②	
	℃	℉	℃	℉	℃	℉
整体淬火钢						
1024	870	1600	135	275	—	—
1070	845	1550	175	350	—	—
1146	815	1500	175	350	—	—
1330	845	1550	175	350	—	—
4063	845	1550	175	350	—	—
4130	845	1550	—	—	205～260	400～500
4140	845	1550	150	300	—	—
4140	830	1525	—	—	230～275	450～525
4340,4350	815	1500	—	—	230～275	450～525
52100	855	1575	190	375	—	—
52100	845	1550	—	—	175～245	350～475
8740	830	1525	—	—	230～275	450～525
渗碳钢						
3312	815	1500	—	—	175～190	350～375
4320	830	1525	—	—	175～190	350～375
4615	955	1750	190	375	—	—
4720	845	1550	—	—	175～190	350～375
8617,8620	925	1700	150	300	—	—
8620	855	1575	—	—	175～190	350～375
9310	815	1500	—	—	175～190	350～375

① 在油中的时间为 4～20min，这个时间取决于截面厚度。
② 分级淬火温度由待淬火零件的形状和质量决定；更薄的截面和更复杂的零件分级温度范围更高（有时超过范围）。

在绝大多数实例中，分级淬火的奥氏体化温度和传统油淬的一样，偶尔，中碳钢分级淬火前会在更高的温度下奥氏体化从而提高淬火硬度。

对于渗碳零件，低的奥氏体化温度在分级淬火时可获得更好的尺寸控制。为了获得小的尺寸变化，获得满意的心部力学性能，应该使用最低奥氏体化温度。渗层深度与心部之比，以及钢的先前加工工艺（如锻造、轧制或拉拔）也是控制因素，特别是临界截面形状和尺寸。表 3-51 中给出了几种渗碳钢的奥氏体化温度。

（2）盐的污染　当零件在盐浴中渗碳或奥氏体化时，它们可以直接淬入保持在分级温度的油浴中。然而，假如零件在含氰化物的盐中渗碳或奥氏体化，则它们不能直接在盐中分级淬火，因为这两种盐不相容，混合后会发生爆炸。取而代之，应该使用两个工艺中的一个：自渗碳盐浴中取出空冷、清洗，在氯化物盐中将渗层或心部重新加热到奥氏体化温度，然后分级淬火；或者自含氰化物的盐中取出，放入温度保持在奥氏体化温度的氯化物漂洗盐中，然后再分级淬火。

如果使用后面的方法，需要加强对漂洗盐中氰化物含量的控制。当测试显示漂洗盐中超过 5%的氰化物时，应该废弃部分盐，使用新盐冲淡剩余的部分。

分级淬火后所有的工装应该完全清洗干净，防止将淬火盐带入氰化物盐或中性氯化物盐中。氰化物与硝酸盐-亚硝酸盐混合将导致爆炸。被硝酸盐-亚硝酸盐污染的氯化物盐将会使得浸入的零件产生点状腐蚀和脱碳。

（3）分级淬火盐浴的温度　分级淬火盐浴的温度变化相当大，这取决于零件的化学成分、奥氏体化温度和期望的结果。在新应用发布的工艺中，许多工厂开始应用 95℃（200℉）油淬，或大约 175℃（350℉）盐淬，可以连续提高温度直至获得最佳的硬度和变形组合。表 3-51 中列出了几个工厂提供的分级淬火（油和盐）的使用经验。

（4）分级淬火盐浴中的时间　分级淬火盐浴中的时间取决于截面厚度、盐的种类、温度和淬火介质的搅拌程度。图 3-153 所示为截面大小、盐浴温度和淬火浴的搅拌对浸入时间的影响。

因为分级淬火的目的是获得具有低热应力和转变应力的马氏体组织，所以没有必要将钢在分级浴中保持太长的时间。时间太长将降低最终硬度，因为其转变的产物不只是马氏体。另外，中等合金钢在分级温度下保持过长时间，将会发生稳定化。

在油中温度平衡的分级时间是相同温度下无水

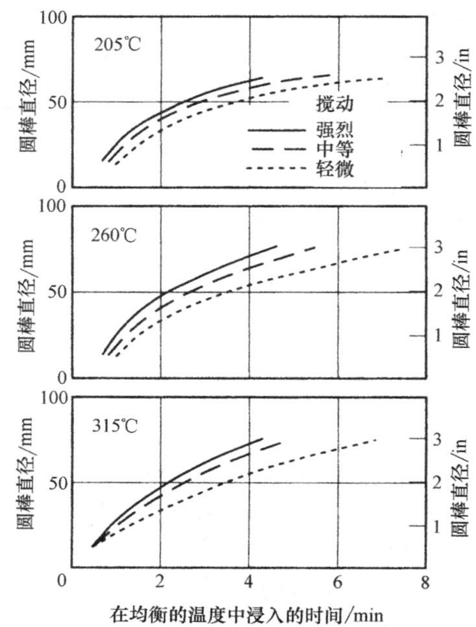

图 3-153　1045 钢棒料分级淬火时间与截面尺寸、淬火浴的搅拌之间的关系。当从 845℃（1550℉）中性氯化物盐中取出淬入温度分别为 205℃（400℉）、260℃（500℉）和 315℃（600℉）的无水硝酸盐-亚硝酸盐中时，棒料直径和淬火浴的搅拌对 1045 钢棒料达到分级淬火温度均衡所需时间的影响

注：每个棒料长度是直径的 3 倍。

盐中的 4～5 倍。例如，对于直径 25mm（1in）的棒料，在温度 205℃（400℉）下等搅拌的盐中分级淬火，通常的浸泡时间为 1.5～2min，然而在 205～220℃（400～425℉）的油中获得温度平衡所需的时间为 8～10min。添加 0.5%到 2%的水到盐中则浸泡所需时间可降低 50%。

（5）盐中添加的水　小心添加水后，硝酸盐-亚硝酸盐的淬火烈度可显著提高。必须对盐进行搅拌，使水分散均匀，并且需要定期添加水并保持所需要的水含量。完全安全地添加水的方法如下：

1）水雾化后以一定的速度进入盐浴强烈搅拌的区域。

2）在设备中盐被泵循环的地方，返回的盐像瀑布一样涌向淬火区域，此时可控的细小水流被注入返回盐瀑布中。

3）等温淬火盐可以通过蒸汽直接进入盐浴，保持湿度饱和。蒸汽流应该受到限制，同时装备排放装置，避免排空冷凝器直接进入盐浴中。

4）盐浴工作温度超过 260℃（500℉）时应将水蒸气喷到其上。

为提高盐的烈度，添加水时通常直接将水流喷到搅拌的漩涡中。使用一个保护性覆盖物绕在喷水口，防止喷溅（见“3.10.4 安全措施”中）。盐的湍流将水带入盐浴中，不会喷溅或危害操作人员。水不应该通过桶或滴头加入到盐中。

水连续从盐的表面汽化，当淬热零件时汽化率升高。因此，有必要定期加水，保持水的浓度和均匀的淬火烈度。添加的水量随着盐的工作温度变化而变化，推荐的浓度如下：

温度		水浓度(%)
℃	℉	
205	400	0.5~2
260	500	0.5~1
315	600	0.25~0.5
370	700	0.25

当前，并没有可自动控制熔化的硝酸盐-亚硝酸盐中水浓度的方法。通常只是任由操作人员判断进行水的控制，需要时就加水。然而，在经验基础上，也有可能预测到需要加水；这里，可以利用计时器简化水的添加量的确定，其方法是调整时间频率和水添加的间隔时间。

当炽热的零件浸入硝酸盐-亚硝酸盐中时，由于盐中释放出水蒸气，操作者可以目测到水分的存在。蒸汽导致淬火区域出现可视的盐堆积，并且有因蒸汽相导致的特有的嘶嘶声。

除了可视的现象，定期的硬度检查工作将显示盐浴的活度。可采用一个更精确的测量方法，取少量的盐，370~425℃（700~800℉）加热前后准确称重。另一个方法是测定小样的凝固点，然后参考已发表的曲线（指定盐凝固点和水含量的关系）进行判断。

采用周期直方图是另一个方法，可以确定分级盐浴的淬火影响。完整的统计工序控制是保证分级淬火过程一致性最好的方法。

（6）搅拌　相比静态淬火而言，分级盐或油的搅拌显著提高了给定壁厚的零件所获得的硬度。图 3-154 证明了这点，其提供了 52100 钢相关壁厚、硬度和搅拌。

在一些实例中，大多数强烈搅拌下的快速冷却会增加变形。因此，通常使用中等搅拌结合加水的方法，在不牺牲硬度的前提下可获得较小的变形。

（7）冷却速度　从分级盐浴出来后通常在静止的空气中冷却，避免钢的内外表面产生较大的温度差。风扇强制风冷偶尔用于截面超过 19mm（3/4in）厚的产品，但需要注意零件截面的厚度不同或某一截面有更多的面暴露，如在螺纹或锯齿上，因为快速冷却经过马氏体区域时会发生令人讨厌的变形。

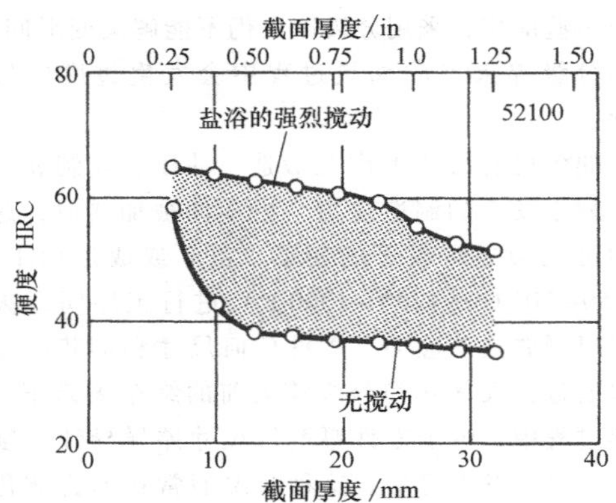

图 3-154　不同截面厚度的 52100 钢在热盐中分级淬火，搅拌对表面硬度的影响

通常，从分级浴中取出后将零件放在油或水中被认为是没必要的，因为冷却会重新产生温度梯度和不平衡的应力，从而增加变形。在高碳钢传统淬火过程中，零部件从温度大约 60℃（140℉）的淬火介质中取出并立即进行回火。采用这方法是为了减少开裂和变形的潜在可能性。

冷却时间随着载荷的质量、密度、零件的最大截面厚度和环境大气温度而变化。通常，连续炉或间歇炉中 365~815kg（800~1800lb）的载荷需要 2.5~5h 到达室温。图 3-155 显示了截面厚度的影响，直径 25mm（1in）的产品的完全冷却时间是直径 75mm（3in）的产品的冷却时间的一半。

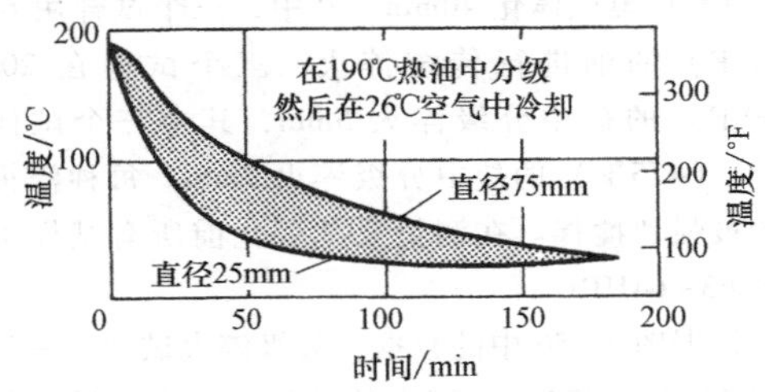

图 3-155　在 190℃（375℉）分级淬火后截面厚度对钢空冷所需时间的影响

注：温度测量点在零件表面。强制风扇冷却可减少约 30%的时间

冷却到室温后，分级淬火的零件可以在室温保持几个小时，有时几天，都没有开裂风险，因为与传统淬火零件相比，其残余应力较低。将零件保持在室温也使得其在缓慢转变过程中允许发生近似的完全转变。

3.10.7　尺寸控制

在许多实例中，分级淬火零件的变形显著小于无间断（传统）淬火。然而，不管使用什么热处理方法，预先的加工工艺都会显著影响变形。因此，对于一些应用，采用分级淬火仍不能解决变形问题，因为分级淬火前的加热过程中会发生过度的尺寸变化。

偶尔也有必要考虑在锻造、冲压、轧制和车加工过程中发生的制造应力。当零件被加热时，这些应力可能会导致显著的变形。粗车或成形加工后，在 650~705℃（1200~1300℉）进行工序间退火通常可以释放这些应力。零件任何尺寸和形状的变化可以通过奥氏体化和分级淬火前的终车来修正。在加热过程中，由于零件厚薄等尺寸差异导致温度不一致，也会发生变形。这种状况通常在奥氏体化前通过 650~705℃（1200~1300℉）的预热得到修正。

有特别高平面度要求的相当大的零件通常必须压淬。例如，一直径 180mm（7in）的齿轮，边缘厚 13mm（0.5in），腹板厚 6.4mm（0.25in），不能通过分级淬火获得可接受的平面度。具有内齿和薄壁的大齿轮采用压淬代替分级淬火，从而获得的可接受的尺寸。

下面的实例描述了所碰到的变形问题的具体情况，列出了一些分级淬火和油淬（同一零件）的数据，便于对比。

例 2：海军用 C 型试样在传统淬火和分级淬火后的变形对比。如图 3-156 所示，高碳合金钢（含 0.95%C，0.30%Si，1.20%Mn，0.50%W，0.50%Cr 和 0.20%V）制成的九个 C 型海军用试样在 845℃（1550℉）奥氏体化 40min。其中，三个试样用 60℃（140℉）的油进行传统淬火，三个试样在 205℃（400℉）的盐中分级淬火 5min，其余三个试样在 245℃（475℉）的盐中分级淬火 2min。每种淬火介质均被强烈搅拌。在测量尺寸变化前所有试样被回火到 63~64HRC。

根据图 3-156 中的数据，分级淬火试样——特别是在 245℃（475℉）淬火的试样——每个尺寸的变形较小，这些测试结果显示，与传统油淬相比，分级淬火的应力更低。

例 3：轴承分级淬火控制变形。轴承套圈由 52100 钢制成，外径为 215mm（8.375in），内径为 190mm（7.5in），宽为 130mm（5.125in），在 850℃（1560℉）氯化物盐中奥氏体化 25min，在 230℃（450℉）盐中分级淬火 2.5min，并空冷到室温，最终的硬度为 63~64HRC。这一热处理工艺产生了平均 0.08mm（0.03in）的胀大和平均 0.25mm（0.010in）的变形（失圆度）。然而，失圆平均增加值仅为 0.08mm（0.003in）。

在这一应用中，分级淬火将磨削时间从 50min 降低到 7min，相对传统油淬零件而言，分级淬火降低了磨削库存量。

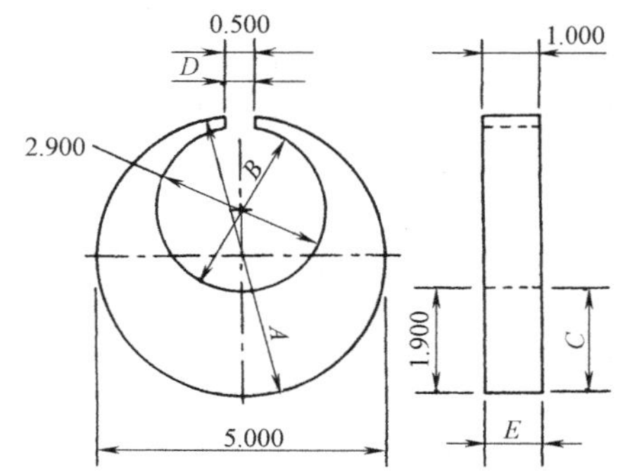

淬火类型	尺寸变化/mm(mil)				
	A	B	C	D	E
常规油淬(油温60℃或140°F)	0.21 (8.3)	0.24 (9.5)	0.20 (8.0)	0.61 (24)	0.075 (3)
在下列温度盐浴中分级淬火					
205℃(400°F)	0.137 (5.2)	0.15 (6)	0.13 (5)	0(0)	0.025 (1)
245℃(475°F)	0.117 (4.5)	0.075 (3)	0.0025 (0.1)	−0.05 (−2)	0.025 (1)

图 3-156 海军用 C 型试样在 845℃（1550℉）奥氏体化并在三种带有搅拌的介质中淬火后尺寸的变化

注：图中的尺寸单位为 in

例 4：油淬棒料的翘曲。直径 6.4mm（0.25in）、长度 255mm（10in）的棒料，在靠近其中一端有一 ϕ3.2mm（ϕ0.125in）的孔，采用油淬带孔棒制成。需要的硬度是 60~62HRC，同时最大翘曲量是 0.25mm（0.010in）（指示器读数处于中间）。

棒料悬浮于 805℃（1480℉）盐浴中加热，然后淬入 55℃（135℉）的油中。这一热处理工艺可获得所需的硬度，但翘曲过量（达到 0.76mm 或 0.030in）。解决这一问题的方法是用 175℃（350℉）不搅拌的盐中分级淬火代替油淬。

例 5：渗碳齿轮分级淬火减少变形。如图 3-157 所示，8625 钢制成的薄壁齿圈一端有法兰，然后渗碳至深度达到 1.3mm（0.050in）并淬火。渗碳并在 190℃（375℉）油中分级淬火，失圆度为 0.43~0.66mm（0.017~0.026in），这是不可接受的。解决这一问题的方法是分级淬火后将齿圈放置在一车削到最终齿轮内孔尺寸的塞子上冷却到室温。这样生产出的零件具有最大 0.09mm（0.0035in）的径向圆跳动是可接受的。图 3-158 中显示了八个齿轮热处理前后测试的径向圆跳动。

图 3-158 中显示了 8625H 钢制成的不同型号和尺寸的齿轮在 925℃（1700℉）渗碳至 1.0~1.5mm

(0.040~0.060in)，然后在 165℃（325℉）或 190℃（375℉）的油中分级淬火后发生的尺寸变化。

图 3-159 中显示了 8620H 钢制成的不同尺寸自动传动齿轮渗碳和分级淬火后的尺寸变化。齿轮在 150℃（300℉）油中分级淬火，具有相当厚截面的最大齿轮心部硬度较低并伴随收缩。

图 3-160 中显示了各种渗碳和淬火方法的组合对 25 齿动力平路机倒挡惰轮尺寸变化的影响。所有的齿轮渗碳深度 0.76~1.0mm（0.030~0.040in）。齿轮在齿轮经液体渗碳，然后在 205℃（400℉）的盐中分级淬火后的尺寸变化最小；在气体渗碳并在搅拌的 45℃（110℉）油中淬火后的尺寸变化最大。

图 3-160 中也显示了应力释放对失圆度的影响。齿轮的内孔尺寸、齿的尺寸、径向圆跳动发生变化也均是由于热处理前应力释放所致。

例 6：8625 钢轴分级淬火变形。图 3-161 和图 3-162 所示为根据所有的指示器读数绘制而成的 8625 钢轴的变形数据的直方图。图 3-161 中的轴是车制而成的，图 3-162 中的轴是锻造而成的。所有轴在 925℃（1700℉）渗碳并在 165℃（325℉）的油中分级淬火。而且，热处理过程中所有的轴处于垂直位置——有些悬浮，有些一面定位——如图 3-161 和图 3-162 所示。

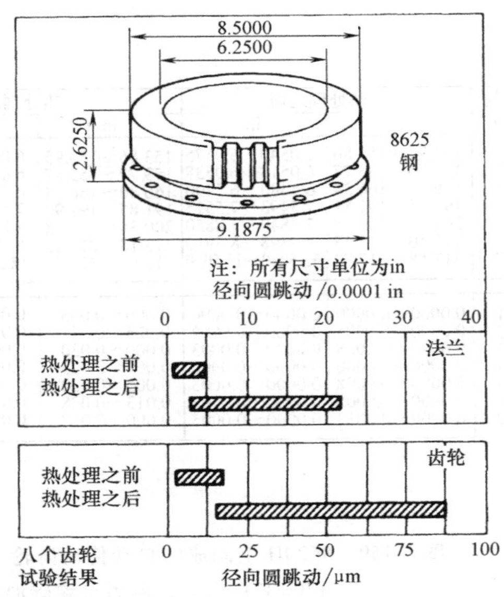

图 3-157　8625 钢齿圈的尺寸控制范围。八个 8625 钢制成的齿圈渗碳至 1.3mm（0.050in）的深度，在 190℃（375℉）的油中分级淬火，然后放置在一个塞子上冷却至室温。尺寸为总读数值

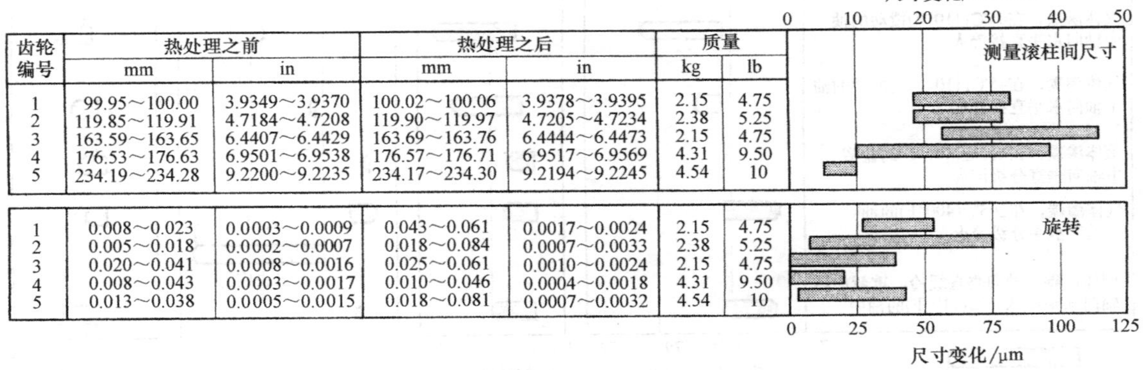

齿轮编号	热处理之前		热处理之后		质量	
	mm	in	mm	in	kg	lb
1	99.95~100.00	3.9349~3.9370	100.02~100.06	3.9378~3.9395	2.15	4.75
2	119.85~119.91	4.7184~4.7208	119.90~119.97	4.7205~4.7234	2.38	5.25
3	163.59~163.65	6.4407~6.4429	163.69~163.76	6.4444~6.4473	2.15	4.75
4	176.53~176.63	6.9501~6.9538	176.57~176.71	6.9517~6.9569	4.31	9.50
5	234.19~234.28	9.2200~9.2235	234.17~234.30	9.2194~9.2245	4.54	10
1	0.008~0.023	0.0003~0.0009	0.043~0.061	0.0017~0.0024	2.15	4.75
2	0.005~0.018	0.0002~0.0007	0.018~0.084	0.0007~0.0033	2.38	5.25
3	0.020~0.041	0.0008~0.0016	0.025~0.061	0.0010~0.0024	2.15	4.75
4	0.008~0.043	0.0003~0.0017	0.010~0.046	0.0004~0.0018	4.31	9.50
5	0.013~0.038	0.0005~0.0015	0.018~0.081	0.0007~0.0032	4.54	10

图 3-158　8625H 钢制成的齿轮渗碳和分级淬火后尺寸的变化。所有的齿轮在 925℃（1700℉）渗碳至 1.0~1.5mm（0.040~0.060in），然后自渗碳温度直接淬入 165℃（325℉）的油中分级淬火。齿轮 1、2 和 5 通过 ϕ7.32mm（ϕ0.288in）的滚柱进行测量，齿轮 3 通过 ϕ3.66mm（ϕ0.144in）的滚柱进行测量；齿轮 4 通过 ϕ8.78mm（ϕ0.3456in）的滚柱进行测量

（1）分级淬火后的稳定处理　零件如杆件、链锯导向、垫片和弹簧热处理后需要校直或修正，有时正常淬火和回火后是行不通的。然而，当这些零件经分级淬火后，通过手工压或模具压可以轻易地完成校直，这时候零件仍然处于奥氏体状态。

当零件被两板夹紧保持在约 150℃（300℉）时，零件会冷却到板的温度。在这个由钢的 *Mf* 点温度决定的温度下，仅有部分组织转变为马氏体，但是当其从夹紧位置移开前，转变通常近似完成。在这一温度，盐膜（熔点约为 145℃或 290℉）黏着在零件上不会凝固，因而可以顺利地将零件从夹具或模具中取出。后续零件空冷到室温的过程中，马氏体转变完成，零件尺寸在公差范围内。

（2）分级淬火后成形　对于较难成形材料，如热

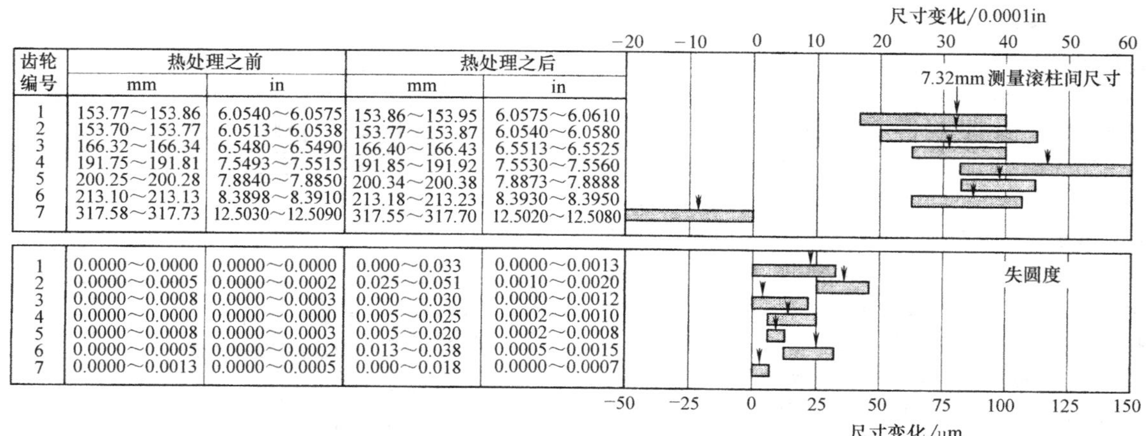

齿轮编号	热处理之前 mm	热处理之前 in	热处理之后 mm	热处理之后 in
1	153.77～153.86	6.0540～6.0575	153.86～153.95	6.0575～6.0610
2	153.70～153.77	6.0513～6.0538	153.77～153.87	6.0540～6.0580
3	166.32～166.34	6.5480～6.5490	166.40～166.43	6.5513～6.5525
4	191.75～191.81	7.5493～7.5515	191.85～191.92	7.5530～7.5560
5	200.25～200.28	7.8840～7.8850	200.34～200.38	7.8873～7.8888
6	213.10～213.13	8.3898～8.3910	213.18～213.23	8.3930～8.3950
7	317.58～317.73	12.5030～12.5090	317.55～317.70	12.5020～12.5080

齿轮编号	热处理之前 mm	热处理之前 in	热处理之后 mm	热处理之后 in
1	0.0000～0.0000	0.0000～0.0000	0.000～0.033	0.0000～0.0013
2	0.0000～0.0005	0.0000～0.0002	0.025～0.051	0.0010～0.0020
3	0.0000～0.0008	0.0000～0.0003	0.000～0.030	0.0000～0.0012
4	0.0000～0.0000	0.0000～0.0000	0.005～0.025	0.0002～0.0010
5	0.0000～0.0008	0.0000～0.0003	0.005～0.020	0.0002～0.0008
6	0.0000～0.0005	0.0000～0.0002	0.013～0.038	0.0005～0.0015
7	0.0000～0.0013	0.0000～0.0005	0.000～0.018	0.0000～0.0007

图 3-159 8620H 钢制成的自动传动齿轮渗碳和分级淬火后的尺寸变化。所有的齿轮在 925℃（1700℉）渗碳，然后自渗碳温度直接淬入 150℃（300℉）油中分级淬火

注：齿轮编号为 7 对应的是 ϕ12.2mm（ϕ0.480in）测量滚柱间尺寸

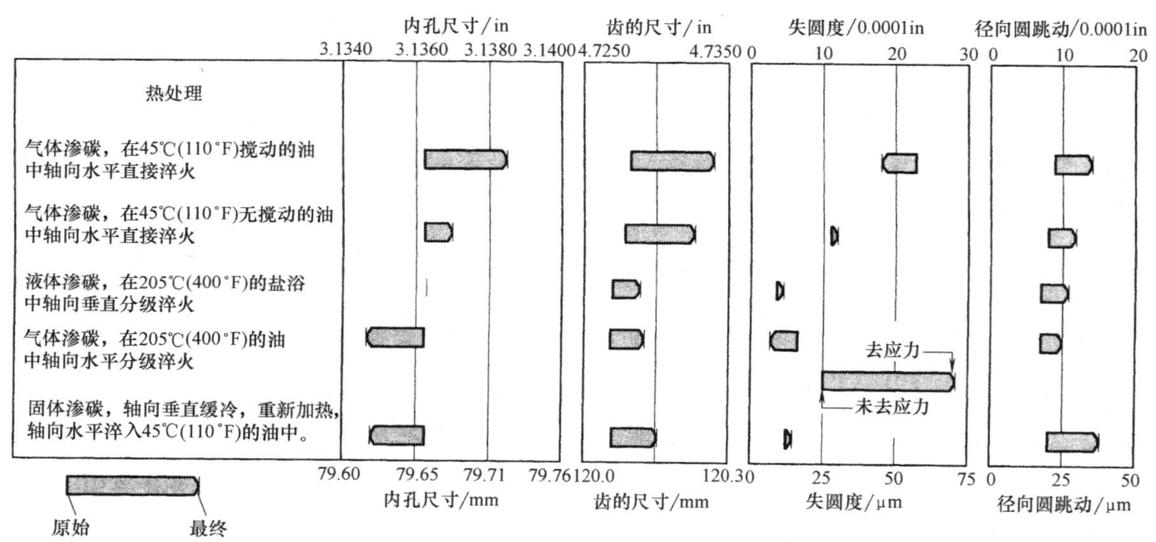

图 3-160 不同渗碳和淬火方法对 4620H 钢制成的动力平路机倒挡惰轮尺寸的影响。齿轮渗碳深度为 0.8～1.0mm（0.030～0.040in），淬火硬度为 58～63HRC

作模具钢（H11）和用于导弹、火箭和高速飞行器的马氏体不锈钢，可以通过奥氏体化、分级淬火来准确成形和硬化处理。如果分级淬火温度高于待处理合金的马氏体转变温度，则零件从淬火槽取出后可立即热成形。在轧制、锻造、拉拔或挤压热成形工序中，金属由亚稳定的奥氏体组成，这些在后续冷却到室温的过程中转变成马氏体。

简单形状和复杂形状的零件可通过这种方式成形：在成形模具中或脱离成形模具后空冷到室温，即使在完全热处理状态，仅需后续的回火处理，零件将精确地保留其成形尺寸。

这种热处理和成形方法已成功应用于那些需要完美平面度的薄板和金属板，以及将 420 型不锈钢板成形为具有精密尺寸公差和硬度值 55～58HRC 的杯子。在 480℃（900℉）温度下工作不稳定的 H11 将会有 58%～94% 的变形和 19%～32% 的抗拉强度增加。

3.10.8　应用

表 3-51 和表 3-52 中显示了在盐和油中分级淬火的典型应用，列出和描述了常规热处理钢件，并给出了分级淬火的细节和硬度要求。从这些表中可以非常清楚地看出，分级淬火适用于形状、重量、截面尺寸和钢成分多变的零件。

在当前工业生产中，整体硬化钢分级淬火件的吨位显著超过渗碳件分级淬火是肯定的，然而在表 3-52 中约 1/3 的应用和表 3-53 中绝大部分的应用是渗碳件。分级淬火特别适合渗碳零件（特别是花键轴、凸轮和齿轮），因为这些零件较难磨削，同时也需要更高的制造成本，比那些整体淬硬钢制成的零件需要更精密的尺寸。

分级淬火的特殊适应性有时可用于获得期望的特性并解决特定的问题。但是，这些改良型技术要求所有条件需要精密控制，以免发生较为严重的问题。已经获得应用的一项特殊技术见下例。

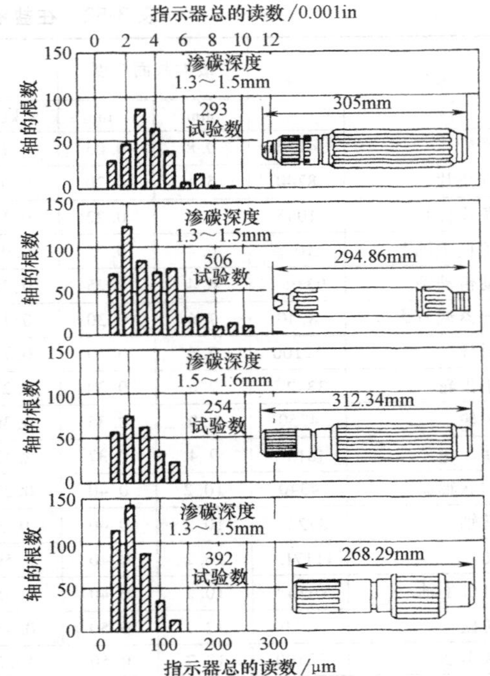

图 3-161　分级淬火后的变形。8625 钢轴（用棒料车制）在 925℃（1700℉）渗碳并在 165℃（325℉）油中分级淬火后的变形直方图。轴处于垂直状态加热，顶部的两根杆自螺纹末端垂直悬浮，下面的两根杆在某端支撑

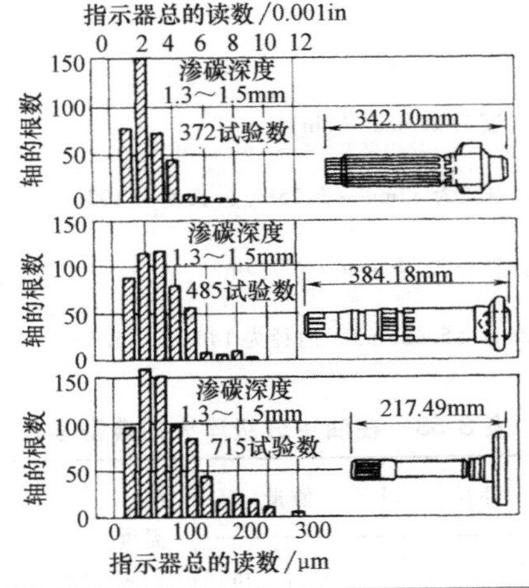

淬火类型	尺寸变化									
	A		B		C		D		E	
	μm	0.001in	μm	0.001in	μm	0.001in	μm	0.001in	μm	0.001in
常规油淬，油温 60℃(140℉)	210	83	240	95	205	80	610	240	75	30
在下列温度的盐浴中分级淬火										
205℃(400℉)	130	52	150	60	125	50	0	0	25	10
245℃(475℉)	115	45	75	30	2.5	1	−50	−20	25	10

图 3-162　分级淬火后的变形。8625 钢轴（锻造而成）在 925℃（1700℉）渗碳和在 165℃（325℉）油中分级淬火后的变形数据直方图。轴在热处理过程中一端支撑垂直放置

表 3-52 在盐浴中分级淬火的典型零件

零件	牌号	最大截面厚度		质量		分级淬火条件			需要的硬度 HRC
						盐的温度		在盐浴中的时间/min	
		mm	in	kg	lb	℃	℉		
柔性管	4130	0.8	0.03	0.11	0.25	160①	320①	5	50②
止推垫片	8740	5.1	0.20	0.05	0.1	230	450	1	最低 52②
链条连接片	1045	5.6	0.22	0.11	0.25	205③	400③	1	45~50②
摘棉机主轴④	410 型	6.4	0.25	0.05	0.12	315	600③	1.5	44~48②
辅助传动轴	9310⑤	6.4	0.25	0.45	1.0	190	375	2.5	90(表面洛氏 15N)
离合器调节螺母	8740	7.6	0.30	0.14	0.3	230	450	2	最低 52②
密封环	52100	7.6	0.30	0.18	0.4	190	375	10	65②
正小齿轮	3312⑤	7.6	0.30	0.23	0.5	175	350	1.5	90(表面洛氏 15N)
内齿轮	4350	8.9	0.35	0.36	0.8	245	475	2	最低 54②
双联齿轮⑥	4815⑤	9.4	0.37	2.13	4.7	260	500	2	62~63②
驱动联轴器	4340	10.2	0.40	0.27	0.6	230	450	2.5	最低 52②
花键轴	8720⑤	10.2	0.40	0.5	1.1	190	375	2.5	90(表面洛氏 15N)
轴套	1117L⑤	10.2	0.40	0.59	1.3	205	400	3	—
制钉机主轴	8620⑤	10.2	0.40	6.35	14.0	205	400	3	—
传动柱	4350	12.7	0.50	0.45	1.0	245	475	3	48~52⑦
轴承座圈⑧	52100	12.7	0.50	13.2	29.2	220	425	2.5	63~64②
松散机叶片	9260	15.2	0.60	8.16	18.0	175⑨	350⑨	15	62②
起落架弹簧	6150	19.1	0.75	14.7	32.5	260	500	2.75	56~57②
内齿轮	1117L⑤	25.4	1.00	1.36	3.0	205	400	3	—
正行星齿轮⑩	4047	25.4	1.00	16.4	36.2	230③	450③	3	50~52⑪
自动车床链轮	8620⑤	38.1	1.50	9.07	20.0	205	400	3	—

注：OD——外径；ID——内径。

① 1.5%含水量的盐浴。

② 淬火态。

③ 含水盐。

④ 直径为 6.4mm（0.25in），长度为 203mm（8in）。

⑤ 渗碳。

⑥ 外径 124mm 为（4.875in），内径为 32mm（1.25in），长度为 102mm（4in）。

⑦ 最终状态。

⑧ 内径为 224mm（8.8125in），外径为 251mm（9.875in）。

⑨ 含水 1%的盐浴。

⑩ 19mm（0.75in），外径为 92mm（5.625in），内径为 140mm（5.5in）。

⑪ 齿的淬火硬度。

表 3-53 在油中分级淬火的典型零件

零件	牌号	最大截面厚度		外径		质量		渗碳温度/℃	有效硬化层厚度		淬火温度/℃	分级淬火油温度①/℃	表面硬度 HRC
		mm	in	mm	in	kg	lb		μm	0.001in			
套筒	52100	3.2	0.125	—	—	0.1	0.25	—	—	—	790	165	58~59
隔板	1065	3.2	0.125	—	—	0.1	0.25	—	—	—	790	165	56~57
轴套	1117	4.8	0.1875	51.0	2.009	0.2	0.5	910	1015~1220	40~48	910	190	58~62
	1117	6.4	0.25	76.3	3.0034	0.6	1.25	910	1015~1220	40~48	910	190	55~60
换档轨道	1018	9.5	0.375	—	—	1.0	2.125	845②	255~455	10~18	845	165	55~60
	1018	9.5	0.375	—	—	1.4	3.125	845②	355~610	14~24	845	165	55~60
正齿轮	8620	12.7	0.5	320.6	12.620	12.7	28	925	1145~1525	45~60	845	150	55~60

（续）

零件	牌号	最大截面厚度		外径		质量		渗碳温度/℃	有效硬化层厚度		淬火温度/℃	分级淬火油温度[①]/℃	表面硬度HRC
		mm	in	mm	in	kg	lb		μm	0.001in			
螺旋齿轮	4620H	19.1	0.75	331.5	13.050	16.9	37.2	925	760~1015	30~40	845	150	58~63
人字齿轮	4820	19.1	0.75	283.2	11.150	16.3	36	925	1145~1525	45~60	845	150	55~61
换档轨道	1141	25.4	1.0	25.4	1.0	0.9	1.875	885[②]	455~660	18~26	885	165	45~50
螺旋伞齿轮	4620	25.4	1.0	210.6	8.29	5.1	11.25	925	1015~1270	40~50	845	150	最小55
螺旋小齿轮	8617H	25.4	1.0	35.8	1.409	0.4	0.9	925	510~710	20~28	845	150	58~63
直齿轮	8625	31.8	1.250	83.8	3.300	4.3	9.375	925	1525~1725	60~68	925	190	58~62
	4817H	34.0	1.340	186.7	7.350	8.6	19	925	1400~1780	55~70	845	150	58~63
	8625	38.1	1.500	165.1	6.500	2.5	5.5	925	1525~1725	60~68	925	190	58~62
花键轴	8625	39.7	1.564	39.7	1.564	2.7	5.875	925	1400~1980	70~78	925	190	58~62
直齿轮	8625	44.4	1.750	108.0	4.250	3.5	7.75	925	1525~1725	60~68	925	165	58~62
花键轴	8625	44.4	1.750	44.4	1.750	2.0	4.5	925	1525~1725	60~68	925	190	58~62
	8620	50.8	2.000	50.8	2.000	5.1	11.25	925	1525~1725	60~68	925	165	58~62
	8625	65.0	2.559	65.0	2.559	6.8	15	925	1525~1725	60~68	925	165	58~62
直齿轮	8625	84.7	3.3343	245.5	9.667	11.9	26.25	925	1525~1725	60~68	925	190	58~62

① 在油中最短时间5min。

② 碳氮共渗温度。

例7：在盐浴中短暂分级淬火的适应性。所碰到的问题是52100钢的锻造钢球需要获得足够的硬化层深度，钢球的直径为25~65mm（1~2.5in）。调查显示采用传统油淬和分级淬火方法时，淬硬层深度浅，同时在显微组织中存在淬火珠光体（中间转变产物）。

这一问题可通过在带搅拌的23℃（74℉）盐浴中短暂、计时分级淬火解决。钢球的热处理包括：

① 钢球在855℃（1575℉）的盐中奥氏体化，直径为25mm（1in）的钢球保温时间为15min，直径为64mm（2.5in）的钢球保温时间为50min。

② 在带搅拌的23℃（74℉）盐浴中淬火，直径为25mm的钢球淬火时间为15s，直径为64mm的钢球淬火时间为40s。当零件还是热的时候（高于100℃或212℉），将其取出，加速表面水分汽化。

③ 在165℃（325℉）的盐中分级淬火8min（所有直径）。

④ 空冷。

⑤ 在140℃（285℉）回火3h（所有直径）。使用这种热处理方法，零件可成功获得期望的硬化层深度。表面硬度值如下：

钢球直径		表面硬度 HRC
mm	in	
27	11/16	64.0~64.5
29	11/8	64.5~65.5
32	11/4	63.5~64.5
33	15/16	64.0~64.5
35	13/8	63.0~64.0
38	11/2	63.0~63.5
41	15/8	63.5~64.5
43	111/16	63.0~64.0
44	13/4	63.5~64.5
48	17/8	63.5~64.0
49	115/16	63.5~64.0
54	21/8	61.5~63.5

3.10.9 奥氏体化设备的选择

分级淬火前钢的奥氏体化几乎可在所有的炉子上完成，包括小到小型简易箱式炉，大到大型完全自动化高生产率的装置。可控气氛炉和熔盐炉均获得广泛应用。流态床也用于分级淬火前的奥氏体化。

奥氏体化设备的选择主要取决于实用性、零件的尺寸和形状、产能需求和允许的变形。

在气态气氛中加热奥氏体化的零件转移到油或盐的分级淬火炉过程中会发生氧化。然而，在盐中分级淬火前不需要特别考虑将盐类介质用于奥氏体化，因为氯化盐与分级淬火浴兼容并能轻易分开。典型氯化盐的成分和特性如下：45%～55%的 NaCl 和45%～55%的 KCl，熔点温度为 650～675℃（1200～1250℉）；工作温度为 705～900℃（1300～1650℉）。

如果有必要在含氰化物的盐中奥氏体化，如液体渗碳，则在盐中分级淬火前，必须先将零件转移到温度为奥氏体化温度的中性盐（氯化物型）中进行漂洗。从不含氰化物的液体渗碳盐中取出直接淬火是允许的（见“6.5 钢的液体渗碳和碳氮共渗”）。

应用最普遍的奥氏体化盐浴炉（还有中性漂洗液，假如使用的话）采用浸没和浸泡型电极，虽然外部加热锅也是令人满意的。

3.10.10 分级淬火设备的选择

用于分级淬火的炉子必须有换热器。其基本功能是吸收零件淬火的热量并使热量扩散到周围环境中，使盐浴保持一恒定温度。

分级淬火炉最简单的构成是，由含有油或硝酸盐-亚硝酸盐的钢锅组成，采用内部或外部加热的方法。这种简易炉可成功用于较少数量的产品。对于连续生产，需要使用更复杂的设备，以保持最优的淬火条件。

燃料加热（一般为气加热）浸泡管、电极或浸泡加热器，穿过后墙，位于炉子的边上，也可用于内加热。偶尔，炉子可采用燃料或电进行外部加热，但其只局限于小型装置，因为其较难控温。

采用内加热时，炉子的尺寸不受限制，而是受产量要求限制。其尺寸可从 0.06m^3（2in^3）到长度超过 18m（60in）和深度超过 14m（45in）。

分级淬火操作温度一般为 165～595℃（325～1100℉），采用一个或几个热电偶测量（取决于炉子的尺寸），它们与控制高温计相连，通过驱动加热或冷却系统自动控制温度。

在连续生产过程中，从零件输入的热量一般超过辐射损失的热量。因此，需要像加热分级淬火介质那样安排冷却。为了补偿盐浴表面辐射的热损失，锅的外表面可以设计有冷却翅片，通过锅和铸造壁间冷却室的强制流通的空气来带走额外的热量。为了加快散热，可在空气气流中加入雾化的水，然后混合物经过盐浴中的热交换器。

熔化盐的搅拌很大程度上可提高零件表面热量的释放率。炉子可提供螺旋桨型的泵，将熔盐传送到放置热零件淬火的冷却头处。通过导向盐浴流向上或向下通过这些淬火冷却头，可以有效控制盐的淬火烈度，特别是当泵的速度可调节变化的时候。盐也可以通过螺旋桨式混合器、离心泵或固定的空气起泡器在淬火区域获得有效的搅拌。不推荐使用空气起泡器，因为其效率不高，同时会导致盐浴中碳酸盐增加。

从奥氏体化盐浴中会带入污染物氯化钡、氯化钠、氯化钾，炉子可以设置有第二室，将污染物从硝酸盐-亚硝酸盐中通过重力法分离。污染的盐连续循环通过分离室，随着盐的温度的下降，更多的氯化物从溶液中沉淀并沉积到分离室的底部。因为净化是连续的，因此可始终保持均匀的淬火条件。当零件在可控气氛炉中奥氏体化时，这一室是不需要的。

用于热油分级淬火的设备基本和盐分级淬火的设备一样。虽然油浴的操作温度偏低（95～230℃或200～450℉），但是保持油浴恒定温度的问题却和盐浴一样。

设备要求的案例。表 3-54～表 3-60 中给出了几个具体的操作中设备要求的实例。每个实例具体细节如下：

（1）表 3-54 中的实例　设备用于 4024 钢和 4028 钢制成的各种渗碳零件（每件 70g～1kg 或每件 0.15～2.2lb）的分级淬火，生产率为 455kg/h（1000lb/h）。在该设备中使用的分级淬火介质是 190℃（375℉）的分级淬火油。

表 3-54　4024 钢和 4028 钢制成的渗碳零件油分级淬火的要求

生 产 要 求	
生产率/(kg/h)或(lb/h)	455 或 1000
每件质量/kg 或 lb	70g～1kg 或 0.15～2.2lb
每小时的产量	变量
设 备 要 求	
淬火槽容量/L 或 gal	18925 或 5000
油的类型	矿物油（在 99℃ 或 210℉,黏度为 110SUS)
油温/℃或℉	190 或 375
搅拌	高速和低速,根据需求

零件在具有自动淬火装置、气体加热辐射管、三排连续推盘的炉中 915～925℃（1680～1700℉）渗碳，渗碳层深度为 0.5～0.75mm（0.020～0.030in）。零件在最终区域 895～905℃（1640～1660℉）淬火。渗碳气氛由吸热式气氛组成，由消耗天然气 4.8m^3/h（170 in^3/h）的气体发生器提供。

（2）表 3-55 中的实例　表 3-55 中详细列出了设备需求的具体细节，150℃的油作为分级淬火介质。在这一操作中，8617 钢制成的 1.5kg（3.3lb）零件总载荷为 455kg（1000lb），在自动多用炉上淬火。

表 3-55 8617 钢制成的渗碳零件油分级淬火的要求

生产要求	
载荷质量/kg(lb)	净重 455(1000)
每件的质量/ kg(lb)	1.5(3.3)
每小时的产量	75
设备要求	
淬火槽容量/ L(gal)	7570(2000)
油的类型	加添加剂的矿物油(在 38℃ 或 100℉, 黏度为 250SUS)
油温/℃(℉)	150(300)
搅拌	直接流通①

① 采用 2 只 3.7kW（5 马力）的电动机驱动 ϕ455mm（ϕ18in）的螺旋桨以 370r/min 的转速搅拌，使得油的流速为 915mm/s（36in/s）。

这些零件在有燃气加热辐射管并带有自动淬火装置的多用炉上渗碳，渗碳层深度为 1.0mm（0.040in）。零件在 925℃（1700℉）渗碳并在炉中冷至淬火温度 845℃（1550℉），渗碳气氛由吸热气氛和天然气组成。

（3）表 3-56 中的实例　表 3-56 列出了对 5040 钢制成的 1.1kg（2.5lb）传动杆分级淬火设备的具体细节要求，生产率为 170kg/h（375lb/h），完整的处理如下：

- 在 845℃（1550℉）的中性氯化盐中奥氏体化 35min。
- 在 260℃（500℉）分级 5min。
- 空冷（30min）至 65 到 95℃（150 到 200℉）。
- 在 425℃（800℉）回火 45min。
- 空冷（5min）至 95 到 120℃（200 到 250℉）。
- 清洗、漂洗和烘干。

回火和冷却到室温后的硬度为 40 到 42HRC（要求的硬度为 38 到 42HRC）。

表 3-56 5040 钢制成的汽车传动杆盐浴分级淬火的要求

生产要求	
每件的质量/kg(lb)	1.1(2.5)
每个工装中的产品件数	14
每小时产量	
装载的工装数量	10.7
件数	150
单件质量/kg(lb)	170(375)
设备要求	
分级淬火炉	钢制盐浴锅装有浸入式加热器(70kW)
炉膛尺寸①	1220mm×510mm×560mm(48in×20in×22in)
氯化物分离炉膛的尺寸,mm(in)	380mm×815mm×940mm(15in×32in×37in)
盐浴锅的容量,kg(lb)	3630(8000)
盐的类型	硝酸盐-亚硝酸盐
操作温度/℃(℉)	260±3(500±5)
搅拌/kW(hp);mm(in)	一台 2.2kW(3 马力),叶片直径为 150mm(6in)的螺旋泵
冷却系统②/kW(hp);m^3/min(in^3/min)	一台 0.25kW(1/3 马力)的鼓风机,风量为 25.5m^3/min(900in^3/min)

① 盐的总深度为 940mm（37in）。
② 冷却系统从 845℃冷至 230℃（从 1550℉冷至 450℉）并不超过 230℃前提下，生产能力为 215kg/h（475lb/h）（总重量）。

（4）表 3-57 中的实例　表 3-57 中列出了 6150 钢制成的 0.9kg（2.0lb）齿轮分级淬火设备的具体细节要求，生产率为 128 件/h。齿轮在 60kV·A 的埋入式电极盐浴锅中奥氏体化，盐浴锅以 180kg/h（400lb/h）的生产率将产品加热到 870℃（1600℉）。锅的尺寸为 455mm×380mm×760mm（18in×15in×30in），在 845℃（1550℉）操作温度下含 180kg（400lb）氯化盐。

表 3-57 6150 钢制成的齿轮盐浴分级淬火的要求

生产要求	
每件的质量/kg(lb)	0.9(2)
每炉的件数	32
每小时的产量①	
件数	128
净载荷/kg(lb)	116(256)
炉的毛载荷/kg(lb)	152(336)

（续）

设 备 要 求	
分级淬火炉②	浸入式加热盐浴锅③
盐浴锅的尺寸/mm(in)	610×380×840(24×15×33)
盐浴锅的容量/kg(lb)	270(600)
盐的种类	硝酸盐-亚硝酸盐(添加2%的水)
盐浴锅的淬火能力/(kg/h)(lb/h)	180(400)
操作温度/℃(℉)	205(400)
搅拌	气动搅拌器

① 周期时间为15min。
② 加工及工装：每个工装净重9.1kg（20lb），并含有8个齿轮。
③ 盐浴锅的额定功率为21kV·A（3相，60Hz，220~440V），加热温度为175~400℃（350~750℉）；0.37kW（0.5hp）鼓风机（3相，60Hz，220V），用于冷却，使得室温空气在炉壁和炉子外壳之间流动。

（5）表3-58中的实例　表3-58中给出了商业热处理工厂用盐浴分级淬火的具体细节，淬火产能高达180kg/h（400lb/h）。这种盐浴可在高达400℃（750℉）的条件下使用，因此也能用于等温淬火。

表3-58　各种钢制零件盐浴分级淬火的要求

分级淬火炉	钢制盐浴锅
加热方法/mm(in)	100(4)浸泡式天然气加热管①
额定热输入/kW	38.4
操作温度范围②/℃(℉)	205~400(400~750)
盐浴锅容量/kg(lb)	1725(3800)
盐的类型	硝酸盐-亚硝酸盐
氯化物分离炉膛的尺寸③	205mm×1070mm(8in×42in)
搅拌方法/kW(hp)	0.19(1/4)螺旋桨式混合器
冷却方法④	空气通过浸没的管中

① 气体量额定39.12MJ/m^3。
② 温度自动控制在±3℃（±5℉）。
③ 盐的深度为760mm（30in）。
④ 冷却能力为180kg/h（400lb/h）（总重）从845℃冷到260℃（从1550℉冷到500℉），不超过260℃。

（6）表3-59中的实例　表3-59中显示了能以210kg/h（465lb/h）的生产率从845℃冷至260℃（从1550℉冷到500℉）分级淬火盐浴的具体细节，这种特定装置专门用于52100钢制成的活塞环热处理。

表3-59　52100钢制成的活塞环盐浴分级淬火要求

生 产 要 求	
产能①	
毛重/kg/h(lb/h)	210(465)
净重/kg/h(lb/h)	68(150)
设 备 要 求	
分级淬火炉	浸没加热钢制盐浴锅②
工作室尺寸③/mm(in)	915×455(36×18)
氯化盐分离室尺寸④/mm(in)	380×785(15×31)
盐浴锅容量/kg(lb)	1950(4300)
盐的类型	硝酸盐-亚硝酸盐
盐浴锅的使用温度⑤/℃(℉)	260(500)
搅拌	一台2.2kW(3马力),直径为150mm(6in)的螺旋泵
冷却系统	一台0.25kW(1/3马力)的鼓风机,风量为25.5m^3/in(900in^3/min)
冷却能力/kg/h(lb/h)	210(465)(总重)从845℃到260℃(从1550℉到500℉)

① 厚心轴作为工装保持活塞环的外形，从净重和毛重区分有很大区别。
② 抗浸没加热器（60kW）。
③ 盐的深度为760mm（30in）。
④ 盐的深度为1.04m（41in）。
⑤ 自动控制到±3℃（±5℉）。

(7) 表 3-60 中的实例 表 3-60 中显示了对4330 钢制成的飞机起落架零件进行分级淬火装置的具体细节。分级淬火后，这些零件在 425℃(800℉) 回火，回火后硬度为 37~42HRC。

表 3-60 4330 钢制成的飞机起落架零件盐浴分级淬火的要求

生产要求	
每小时产能/kg(lb)	每次装载 270(600)
设备要求	
分级淬火炉	浸没加热钢制盐浴锅①
工作室尺寸②/m(in)	1.5×1.9(60×75)
盐浴锅的容量/kg(lb)	21850(48200)
盐的类型	硝酸盐-亚硝酸盐
盐浴锅的使用温度③/℃(℉)	205(400)
搅拌	两只 2.2kW(3 马力),直径为 180mm(7in)的螺旋桨搅拌器
冷却系统	自然通风
冷却能力/kg/h(lb/h)	455(1000)(总重)从 845℃到 205℃(从 1550℉到 400℉)④

注：零件作在 845℃ (1550℉) 奥氏体化 45~60min，在 205℃ (400℉) 分级淬火 5~7min，空冷至室温，然后在 425℃ (800℉) 回火，获得 37~42HRC 的硬度。

① 抗浸没加热器 (120kW)。

② 盐的深度为 4.72m (186in)。

③ 温度自动控制到±3℃ (±5℉)。

④ 最高温度上升到 215℃ (415℉)。

3.10.11 分级淬火盐浴的维护

如果不建立维护计划，可能导致过程失控，设备损坏，或两者都会发生。

1. 盐浴系统的维护

因为分级淬火浴在设计、形状、尺寸和操作方法上变化较大，因此提出标准的维护计划不太容易。应该遵循制造商针对特定设备的推荐。然而，对盐浴的典型维护计划如下：

(1) 每 8h 的班次

1) 按标准检查仪器和热电偶。

2) 检查奥氏体化用的盐是否为中性。假如奥氏体化用的盐中含氰化物，氰化物的量应该少于 2%。

3) 去除分级浴中的沉淀物；用机械 (过滤篮或平底锅) 分离法排除杂物满足这一操作要求。

4) 检查盐的位置。

5) 检查盐的搅拌和调整需要的速度。

(2) 周维护计划

1) 润滑所有的运动部件。

2) 去除浸入式加热器 (辐射管和电极) 和炉壁表面、底部和炉子顶部的烂泥或污染物。

(3) 月度维护计划

1) 检查所有运动部件的运行情况，如鼓风机和泵；调整带子的松紧和杆的直线度。

2) 检查所有接触器和继电器开关，如果需要就进行维修；检查所有电气装置是否正确运行。

3) 从淬火喷头或淬火区域取出掉落件或残片，避免淤塞。

4) 检查加热装置和冷却装置。

(4) 半年或年度维护计划

1) 将炉中的盐取出并检查锅、泵和加热系统的状态。

2) 清洗和修理所有的电气元件，如开关、继电器、马达和马达启动器 (从所有的终端和变压器上去除凝结的盐也是特别重要的)。

3) 如果需要，清洗和修理所有的运动零部件并进行润滑。

2. 油淬系统的维护

典型的维护高温 (175~205℃ 或 350~400℉) 油淬系统的步骤如下：

(1) 每天维护

1) 每小时观察油温指示器；每天用电子电位差计校准显示的温度。

2) 在目测系统上检查油位，确保其正确的油位和自动补充单元的功能。

3) 定期检查封闭系统，使淬火油上方的气帘保持适当的压力；这一气帘的压力必须与炉子中气氛压力平衡。

4) 通过观察孔观察或注意泵轴是否以适当的速度运行，或监控泵的载荷状况，检查油的搅拌。

5) 检查油的位置以及淬火时是否有零件暴露在外。

6) 过度的变色或色泽预示着油的恶化。

7) 目视检查气体加热浸没加热管的性能。

(2) 每周维护

1) 目视检查油的位置和测试黏度；以图表的形式记录结果，注意其变化趋势。

2）采用转速计检查泵轴的转速，确保始终一致的油的流量。

3）通过开关量变化检查控温装置的性能，确保正确的控制。

4）检查热电偶。

5）检查适当的操作，检查淬火机械装置或升降机的升降。

6）检查和清理领航灯光。

7）检查和清理气体燃烧器点火系统上的电极。

8）检查气路上供给加热管的安全控制开关。

9）检查补充油的供给。

10）检查马达驱动排气装置是否正确运行，去除碳的堆积，防止堵塞。

（3）半年维护

1）将淬火槽中的油排光并清理淬火槽。

2）操作和检查机械元件如升降机、油泵的功能，以及油导流板的可调节程度。

3）检查气体加热管。

4）检查泵驱动和搅拌器的V带，需要时进行更换。

5）检查温度测量系统的状态。

6）通过物理和化学方法测试各种性能，确定油的状态。

3.10.12 装料架及其处理

分级淬火处理零件的技术可能与那些传统油淬相似，但是因为变形小，分级淬火应用时的架子和工装可以简化。

例8：使用分级淬火取消重型工装。52100钢制杆形零件传统油淬时需要大量的工装。这些零件约180mm长（7in），同时主直径为25mm（1in），工装重量和零件近似。

从传统淬火变为在245℃（475℉）盐中分级淬火5min，可取消重型、昂贵的工装，并将变形控制在要求的范围内。分级淬火时，零件可垂直摆放在简易的篮子中。这一生产实践也导致获得更大的有效载荷。

在分级淬火时，零件进入盐浴的方式通常没有传统的油淬时要求严格。例如，大的平面零件分级淬火时不能成碟形。然而，每个零件的形状一定要单独考虑，当优化的处理技术开发出来前，一些试运行和错误通常是必然的。

小件的凹孔可能是个问题，通常需要通过实验实现均匀淬火的处理方法。关于这一点，下面的例子是一个成功应用。

例9：分级淬火过程中改善均匀淬火的技术。平面刀片没有适合的工装，线材有变形趋势时，会导致分级淬火过程中的不均匀淬火。可以通过泵使熔盐形成一个强烈的盐流向上打，穿过有孔的金属篮来解决这个问题，零件用金属篮分开。这一技术需要控制盐的流动，使得零件漂浮。

对于零件的安装，可以考虑以下方法：

① 长、细长的零件应该吊挂。

② 对称零件，如轴承圈和圆柱，可以堆叠或用架子或栅格支撑。

③ 平面件，如圆形锯片、割草机刀片和离合器盘，最好在水平带槽的棒上支撑，保证必要的分开。

④ 线材盘条可通过蜘蛛网形的栅格垂直支撑或由支撑棒水平支撑。

⑤ 小零件可以装在开孔的勺子或篮子中，然后倾倒后淬火，获得所有零件一致的淬火。

⑥ 工装的设计应该简化，无焊接（假如可能），并易于维护。例如，垂直支撑堆叠轴承套圈的工装应该可拆除，并可周期磨加工，以保持其平面度。

零件适当的间隔允许淬火介质流经并包围每个零件，这是分级淬火中重点考虑的一点。而且，零件和工装组合的重量必须在一定范围内，包含的热量不足以导致淬火介质的温度快速上升。就这一点而言，盐浴炉的尺寸不仅仅取决于零件的物理尺寸，也取决于设计的要求如盐分离系统、盐搅拌的方法，以及充足的使热量通过侧壁散发的区域。

3.10.13 清洗作业

不管分级淬火使用什么介质，工作载荷在转变完成前（所有的零件应该接近室温）不应该被清洗。

（1）分级盐是完全水溶性的　任何热水浸泡池或喷淋清洗机均可将接触区域的盐完全清洗掉。也可使用冷水，但其清洗速度会慢点。

清洗的速度取决于通过沾盐表面的含不饱和盐的热水流量。因此，搅拌可增强清洗反应，并且一种装置如开式叶轮油底壳泵可用于浸泡池，将热水流直接喷向隐蔽的区域。蒸汽喷头可作为补充装置用于清洗那些传统清洗装置清洗不完全的形状复杂的或难以接触的凹处。

（2）淬火油常常存在清洗问题　分级油因为其高黏度，比传统淬火油具有更强的黏结性，其在38℃（100℉）的塞氏通用黏度高达1200SUS，相比较而言，传统油在38℃的塞氏通用黏度为100SUS。

从根本上说，两种淬火油使用的清洗装置是相同的，但是分级淬火油必须使用重污清洗剂清洗。一些专用的重污硅酸盐-碱性清洗剂对于在热油中分级淬火零件的清洗是有效的。蒸汽脱脂和没有清洁剂的蒸汽清洗可在特殊用途时使用。

参考文献

1. M. A. Grossmann and E. C. Bain, *Principles of Heat Treatment*, 5th ed., American Soci-ety for Metals, 1964
2. B. F. Shepherd, Martempering, *The Iron Age*, Vol 4, Feb 1943, p 45-48
3. R. F. Harvey, Development, Principles and Applications of In-terrupted Quench Harden-ing, *J. Franklin Inst.*, Vol 255, Feb 1953, p 93-99
4. H. E. Boyer, Techniques of Quenching, *Quenching Theory and Technology*, 2nd ed., B. Liscic, H. M. Tensi, L. C. Canale, and G. E. Totten, Ed., CRC Press and IFHTSE cooperation, Boca Raton, FL, 2010, p 485-507
5. *Heat Treating*, Vol 4, *ASM Handbook*, ASM Interantional, 1991
6. B. F. Shepherd, Mechanical and Metallurgi-cal Advantages of Martempering Steel, *Prod. Eng.*, Vol 16, 1945, p 438- 441
7. J. R. Keough, W. J. Laird, and A. D. God-ding, Austempering of Steel, *Heat Treating*, Vol 4, *ASM Handbook*, ASM International, 1991, p 152
8. J. Vatavuk and F. D. Santos, Comporta-mento Quanto à Tenacidade ao Impacto do aço AISI O1 com Microestmturas Bainítica e Martensítica Processado por Difer-entes Ciclos de Tratamento Térmico, *Temas em Tratamentos Térmicos* (*TTT*) (Atibaia, São Paulo, Brazil), 2008
9. F. D. Santos, H. Goldenstein, and J. Vata-vuk, The Modified Martempering and Its Effect on the Impact Toughness of a Cold Work Tool Steel, *SAE Technical Papers Series*, 2011
10. P. V. Krishna, R. R. Srikant, M. Iqbal, and N. Sriram, Effect of Austempering and Martempering on the Properties of AISI 52100 Steel, *ISRN Tribol.*, 2013
11. G. P. Dubal, The Basics of Molten Salt Quenchants, *Heat Treat. Prog.*, Aug 2003, p 81-86
12. G. Wahl, Influence of Salt Quench on Distortion, *Proceedings of the Second International Conference on Quenchingand the Control of Distortion*, G. E. Totten, M. A. Howes, S. J. Sjostrom, and K. Funa-tani, Ed. (Cleveland, OH), ASM Interna-tional, 1996, p 417-422
13. G. E. Totten, C. E. Bates, and N. A. Clinton, *Handbook of Quenchants and Quenchng Technology*, G. E. Totten, C. E. Bates, and N. A. Climon, Ed., ASM International, 1993
14. R. J. Brennan, How to Use Martempering Oils for Control of Part Distortion, *Ind. Heat.*, Jan 1993, p 29-31
15. J. M. Hampshire, User Experience of Hot Oil Quenching, *Heat Treat. Met.*, 1984, p 15-20
16. J. Prichard and S. Rush, "Vacuum Harden-ing High-Strength Steels: Oil vs. Gas Quenching," Vac Aero International Inc., Jan 23, 2013, www.vacaero.com/Education-Training/Magazine-Articles/vacuum-harden-ing-high-strength-steels-oil-vs-gas-quenching.html
17. R. N. Penha, J. C. Vendramim, and L. C. Canale, Tensões Residuais Térmicas Obti-das Após a Martêmpera e a Têmpera a Vácuo do aço Ferramenta AISI H13, *Temas sobre Tratamentos Térrmicos* (Ati-baia, São Paulo, Brazil), 2012
18. B. Zieger, Vacuum Heat Treatment of Hot-Work Steel, *Proceedings of the Sixth Inter-national Tooling Conference* (Kafistad, Sweden), 2002, p 643-655
19. J. J. Since and O. Irretier, Vacuum Heat Treatment and High Pressure Gas Quenching—Aspects in Distortion Control, *Heat Process.*, Vol 8, 2010, p 1-10

3.11 钢的冷处理及深冷处理

Revised by F. Diekman, Controlled Thermal Processing

钢的冷处理被冶金行业广泛接受，其作为一种补充的处理工艺，可增加奥氏体向马氏体转变，同时可促进铸件和车加工零件的应力释放。习惯上认为-84℃（-120℉）是进行冷处理的最佳温度。然而有证据表明，钢的深冷处理（也被为深冷处理或DCT）过程中，材料被降到-184℃（-300℉）的温度，除了可改善冷处理温度下获得的性能外，还可改善某些特定性能。这一节解释了钢的冷处理实践，展示了通过深冷处理可提高钢的性能。

3.11.1 钢的冷处理

钢的冷处理是将含铁材料置于零度以下的环境，由此赋予或增强材料的特殊使用条件和性能。增加强度、尺寸或显微组织的稳定性，提高耐磨性和促进残余应力释放，这些都是对钢进行冷处理的好处。总的来说，每2.54cm（1in）横截面冷处理1h就足可以获得期望的结果。

全硬化钢经过适当的冷处理后，磨削裂纹产生的倾向得到有效遏制，从而在消除残留奥氏体和未回火马氏体后磨削变得更容易。

1. 淬火和残留奥氏体

无论何时，淬火都在热处理过程中进行，回火前通常期望奥氏体完全转变成马氏体。从生产实践的角度来说，状态差异很大，100%的转变很少，在许多情况下，冷处理有助于提高转变比例，从而增强性能。

淬火过程中，马氏体的转变从 *Ms* 点温度开始，直至 *Mf* 点温度完成，是一个连续的过程。除了一些高合金钢，马氏体都是在远高于室温的温度才开始转变的。大部分情况下，在室温温度下转变可基本完成。但是，残留奥氏体的含量不同，当考虑到相对特定的应用而言过多时，必须使其转变成马氏体，然后进行回火处理。

（1）冷处理与回火 淬火时不在室温或其他温度下延时保温而是立即进行冷处理，可提供马氏体转变最大化的机会。在某些情况下，这种处理方法有导致零件开裂的风险。因此，确认钢的级别和产品的设计能够承受立即冷处理而不是立即回火，这一点非常重要。当一些钢摸起来仍是热的时，为了使开裂可能性最小，必须将这些钢转移至回火炉中。一些设计特征，如尖角和截面突变，会产生应力集中并增加开裂风险。

在绝大多数情况，回火前不做冷处理。在一些工业应用中，回火后应立即进行在冷冻并再回火。例如，一些零件如量具、机床导轨、轴、心棒、缸体、活塞和球轴承、滚柱轴承，为了获得尺寸稳定性，可用这种方式处理，多次冷处理工艺用于关键应用。

冷处理也用于提高工具钢、高碳马氏体不锈钢和渗碳合金钢这些材料的耐磨性，这是因为残留奥氏体的存在会影响耐磨性。零件工作时发生的奥氏体转变可能会导致开裂和/或尺寸变化，从而加快零件的失效。在有些情况下，可以观察到超过50%的残留奥氏体，在这种情况下，冷处理后立即进行回火处理是允许的，否则会轻易形成裂纹。

（2）工艺局限性 在有些应用中，奥氏体存在的是有益的，进行冷处理可能反而有害。而且，宁可进行多次回火，也不要交替进行冷冻—回火处理，一般来说这种处理工艺对高速钢和高碳钢/高铬钢中的残留奥氏体转变更为实用。

（3）硬度测量 低于期望的洛氏硬度值（HRC）时，可能是存在过量残留奥氏体的原因。冷处理后硬度值显著上升，说明奥氏体转变成马氏体。如表面硬度读数HR15N，更显示出其显著的变化。

（4）沉淀硬化钢 沉淀硬化钢的技术规范可能包括固溶处理后老化前强制进行深冷处理。

（5）冷缩配合 将复杂零件的内部件冷至低于环境温度是提供过盈配合的有效方法。需要注意的是，当内部件用含有大量残留奥氏体的热处理钢制成时，这些残留奥氏体在零度以下冷却转变成马氏体后，需防止可能会产生的脆性裂纹。

2. 去应力

残余应力通常会导致零件失效，它是温度变化后热膨胀和相变从而发生体积变化的结果。

在正常条件下，温度梯度会产生不均匀的尺寸和体积变化。例如铸件中，在较小体积区域会产生压应力，这部分会先冷却；较大体积区域产生拉应力，这部分会后冷却。因此，两区域之间将会产生剪应力。甚至在大的铸件和具有不均匀厚度的车削零件中，表面先冷却，心部后冷却。在这种情况下，应力的产生是先转变的表层和后转变的心部之间相变（体积变化）的结果。

当在不均匀横截面上发生体积和相变时，因为冷却产生的正常收缩与转变膨胀相反，直到采用释放方法前该残余应力将一直保留。

这种类型的应力绝大多数产生在钢淬火的过程中，表面先于内部转变成马氏体。然而，内部奥氏体将承受拉应力，以配合这表面的变化。当内部奥氏体转变时，后续的内部膨胀使得表面马氏体处于拉应力状态，高碳钢中的裂纹就是源于这种应力。

对具有均匀或不均匀横截面的铸件和车削零件使用冷处理，有助于应力释放，其特点如下：

① 当材料达到-84℃（-120℉）时，整个表层转变完成。

② 外层马氏体的体积增加抵消了冷冻处理时产生的收缩。

③ 复温时间比冷却时间更易控制，使得设备适应性增加。

④ 因为转变使得心部膨胀，平衡了外壳的膨胀。

⑤ 冷冻处理后的零件更易加工。

⑥ 表面不受低温影响。

⑦ 含有不同合金元素和不同尺寸、重量的零件可同时进行冷冻处理。

3. 冷处理的优点

和热处理精确控温防止逆转不一样，冷处理后顺利转变仅取决于获得的最低温度，同时其不受更低温度的影响，只要材料冷却到-84℃（-120℉），转变就会发生；额外的冷冻处理不会产生逆转。

保温时间。经过彻底的冷冻处理后，额外的保温处理没有不利影响。在热处理过程中，保温时间和温度是至关重要的。在冷处理过程中，具有不同化学成分和外形的材料可以同时进行处理，即使每种材料可能具有不同的高温转变点。此外，只要保持温度均匀，同时避免大的温度梯度，冷冻材料的回温速度并不重要。

加热件的冷却速度对成品有决定性的影响。固溶热处理过程中，马氏体形成后应立即淬火，以确保不发生奥氏体分解，产生贝氏体和渗碳体。在同时具有厚和薄截面的大件中，不是所有的区域以相同的速度冷却，结果是表面区域和薄截面可能高度马氏体化，缓慢冷却的心部可能含有30%~50%的残留奥氏体。除了不完全转变，后续的自然时效诱发

应力同时也会导致车削后的额外长大。除转变之外，不会发生其他的冶金变化，材料的表面不需要额外的处理，但必须去除因时常加热导致的氧化皮和其他表面变形。

4. 冷处理所用设备

一个简单的家用冷冻冰箱可用于将奥氏体转变成马氏体，其温度近似于-18℃（0℉）。在许多情况下，可通过硬度测试判断这种冷处理是否有帮助。在一密闭、隔热的容器中将干冰放置在零件的顶部也是常用的冷处理方法，干冰表面温度为-78℃（-109℉），但容器内的温度约为-60℃（-75℉）。

商用温度为-87℃（-125℉）带有空气循环功能的机械冷冻装置也是有效的，典型装置的尺寸和操作特点如下：

① 室内容积高达 $2.7m^3$。

② 温度范围为5~-95℃（40~-140℉）。

③ 处理能力为11.3~163kg/h。

④ 换热能力高达8870kJ/h。

虽然也能使用-195℃（-320℉）的液氮，但与之前的方法相比，因为成本问题，其使用频率小。

3.11.2 钢的深冷处理

深冷处理（DCT），也定义为冷冻加工、深冷加工、冷冻回火和深冷回火，是采用特别低的温度改变材料性能的独特的工艺。使用单词回火有点用词不当，因为这不是回火工序。

该工艺采用更低的温度，有别于冷处理，并且其时间和温度曲线也不同，可应用的材料不只是钢。深冷处理20世纪30年代后才存在，为新兴的工艺。该工艺近几年的发展主要是源于20世纪以来冷冻处理温度在商业应用中的落实。

对淬火钢采用深冷处理比采用冷处理可提高数倍耐磨性。该工艺不局限于淬火钢，也适用于绝大多数的金属、硬质合金和一些塑料。对钢以外的金属使用该工艺可产生与钢相似的影响，工序的结果包括：释放残余应力（参考文献6）；减少（在淬火钢中的）残留奥氏体；在铁基金属上沉淀细的碳化物；增加耐磨性、疲劳寿命、硬度、尺寸稳定性、热导率、电导率和抗腐蚀能力。

深冷处理的温度是多少？科学界通常将深冷处理温度定义为低于-150℃（参考文献10），这是公认的上限温度。现有深冷处理的温度通常是-185℃，使用液氮时可轻松达到，一些零件使用液态氦时深冷温度低至-268℃。

20世纪60年代和70年代，美国路易斯安那州科技大学Randall Barron开创性研发出温度控制微处理器，使得深冷处理更容易实现并获得成功。关于该工艺的这项研究已被加速。美国深冷处理协会运营了一个可供同行互查的研究论文数据库。

1. 深冷处理工艺

深冷处理与冷处理的显著差异是深冷处理需要缓慢降温，以获得工艺所有的益处，降温速度一般为0.25~0.5℃/min。缓慢降温的目的是避免材料中的高温梯度产生有害应力，为晶格结构转变提供足够的时间。

典型的深冷处理包括自环境温度缓慢冷至近似-193℃（-315℉），并保持适当的时间。根据材料的不同，保温时间范围为4~48h。在保温阶段末，材料以近似2.5℃/min的速度回升至环境温度。图3-163所示为深冷工艺中时间-温度曲线。在气态氮中执行冷却工艺，可精确控制温度，避免对材料的热冲击。深冷处理后一般进行单次回火，以提高材料韧性，但是有时也采用两次或三次回火。

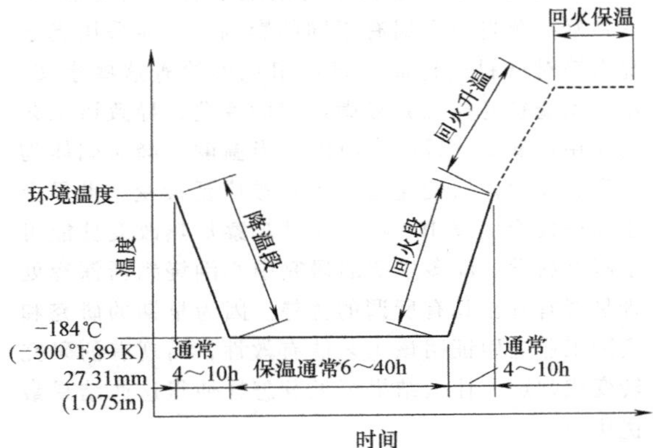

图3-163 深冷工艺中时间-温度曲线。回火可能或不一定是必需的，取决于冷处理的材料。一些材料需要多次回火。一些公司处理材料的温度低至-268℃

值得指出的是大部分时间-温度曲线已根据经验开发出。针对具体的钢正在进行一些研究，优化这些曲线。例如，一些研究表明AISI T42工具钢的保温时间应该大于8h。

相比而言，研究表明AISI D2钢的保温时间应该为36h。这表明还需要做许多研究工作，从而优化所有材料的工艺，包括对最佳降温时间、保温时间和升温时间进行研究，在达到效果最佳的前提下将需要时间降到最低。

深冷处理影响的背后有好几种理论。其中一种理论是残留奥氏体更近于完全转变成马氏体。这一理论已通过X射线衍射测量法证实。另一理论是深冷处理后超细碳化物沉淀强化。当超细碳化物沉淀发生时，马氏体内部的应力降低，内应力的降低导致产生显微裂纹趋势的降低，这也是建议通过深冷处理改善材料性能的一个理由，此外研究表明残余应力也降低了。另一理论假定极冷会降低晶体结构的自由能并生成更加规则的组织。需要考虑的其他领域是冷却对金属晶体结构的基本影响，晶体结构中的点缺陷是随温度改变的，降低晶体结构的温度将导致晶体结构中点缺陷数的改变，其公式为

$$N_d = N\exp(-E_d/kT)$$

式中，N_d为存在的缺陷数；N为原子位置的总数；E_d为形成缺陷所需的激活能；k为玻尔兹曼常数；T为热力学温度。

以适当的慢速降低温度，驱动点缺陷离开原来的结构到达晶界，换句话说，基体中空位的溶解度和其他点缺陷降低。这可以解释在 DCT（深冷处理）中见到的影响。

过去，人们对机理缺乏明确的理解，所以，深冷处理提高性能的事实不为冶金学者广泛地接受。一些疑惑源自对金属有不同的影响，不能采用光学显微镜对材料进行简单显微组织的检查这些事实。由于不能轻易探测到显微组织的变化，导致该工艺的作用被低估。另一个原因是当温度下降时固体物体没有发生任何变化这一观点被广泛接受。世界上上获得极冷仅仅 100 年。通过观察加热改变性能可了解材料学。许多早期的研究中心围绕判断深冷处理是否有真正具有所谓的优势。因为早期的研究和实际工业应用证明该工艺的有效性，而现有的研究转变成判定为什么结果可见及怎样使得这些结果最优化。

2. 超深冷处理的应用

在许多方面使用超深冷处理来减小磨损，控制金属物体的变形，改变金属的振动特性，提高疲劳寿命，降低磨料磨损，降低电阻，可以肯定地说，此工艺的应用非常普遍。

该工艺在商业上应用于高速钢（HSS）和硬质合金刀具、刀、冲裁工具、成形刀具等。早在 1973 年的研究表明，超深冷处理后面铣刀寿命提高 3 倍多，冲压机寿命提高 82 倍，切丝板牙寿命提高 2 倍多，铜电阻电极寿命提高 6 倍，连续冲裁模寿命提高 6 倍，钻头寿命提高 4~5 倍多。研究估计 H13 和 M2 钢超深冷处理后的成本降低 50%。

其他研究已经表明，超深冷处理可提高铸铁的耐磨性。根据 SAE2707 制动功率计测试铸铁制动转子时，发现寿命提高 3~5 倍。这已在客车、赛车、卡车和矿车上应用并被证实是有效的。

对硬质合金进行超深冷处理也被证实会产生相变。美国国家航空航天局（NASA）的一个研究证明，超深冷处理可释放焊接铝的残余应力。其他的研究证实超深冷处理可提高钢制弹簧的疲劳寿命（参考文献 16）和齿轮的载荷。

赛车行业采用超深冷处理提高每个发动机部件的寿命。驱动系组件如传动装置和各种齿轮、悬挂弹簧、扭杆、轴、吊杆、制动当然也进行处理。

乐器制造商也使用超深冷处理。雅马哈（Yamaha）管乐器公司广泛地测试了超深冷处理并将该工艺应用到管乐器上。它在高性能乐器行业也有很多应用，如处理真空管、线材、电源线、变压器、连接头和更多的零件。

3. 深冷处理所用的设备

所有的深冷处理设备都包括保温箱和一些释放载荷潜在热量从而达到要求的低温方法。在大多数情况下，绝热材料是含有固定静止空气密闭小室的固体材料。绝热材料的热传导介质本质上是静止、无对流的空气，假设固体材料被薄横截面和低热传导率的气穴包围，就像是被聚氨酯泡沫、气凝胶和膨胀的玻璃泡沫包围。在 204℃ 的温差下 15cm 厚的气穴进行传导（近似 15Btu/h · ft^2），这温差也存在于内部温度为 -195℃（-320℉）的冰箱和温度为 26℃（80℉）的环境之间。

这些固态绝热材料相对较便宜，聚氨酯在起泡的情况下容易填满不规则形状的气穴。它们都有一个主要的缺点：温度循环在隔热厚板横截面产生温度梯度，导致材料产生不同的收缩，不断重复的温度循环最后导致绝热材料产生疲劳开裂。维持温差上升、冰箱内的温度均匀性将恶化能量消耗状况。

在设计时采用真空隔热容器将避免这些问题。真空隔热容器由两个同心壳体组成，相对它们的直径而言，通常是圆柱体状；两个同心壳体距离较小，其沿着周长方向在壳体端部连接。壳体间的空间有反射绝热功能并被抽到约 533Pa（10^{-6} Torr）的压力。这基本排除了热传导和热对流，因为绝大部分传导和对流气体被排出去了。通过红外辐射获得的热量在位于真空层中的多层反射层作用下最小化，穿过真空绝热空间的热流使得壁两边温差为 204℃（400℉）时，热传导率为 0.008Btu/h · ft^2，绝热性是 15cm 厚的固体隔热材料的 1900 倍。进入真空绝热容器内部的热量主要由内外容器沿圆周方向连接内外壳体的金属传导。

除过固态绝热材料对热流设置了一个障碍之外，真空绝热容器还不受热循环疲劳的影响。另外，真空绝热容器能维持较高的操作温度，远高于聚氨酯泡沫的使用温度，这使得零件的冷处理和回火可在同一装置中进行，不需要单独的回火炉。

载荷的散热受到低沸点流体相变的影响。如果使用机械冷冻机，可使用一种高压流体，在绝热层中的汽化管中膨胀并变成气态。汽化管就是通过室内的自然或强制对流从载荷吸收热量的换热器，它保证了载荷相对缓慢的冷却并避免快速冷却导致的热冲击。快速冷却会导致冷却的部件外部收缩，而相对热的内部不会收缩，由此诱发的拉应力会导致开裂或产生残余应力，特别是在尖角处。采用机械冷冻机将载荷冷至冷处理温度需要多段冷却，而且这些机器的制造和维护都非常昂贵。

幸运的是，液氮是充足的、现成的、相对不贵的，它的沸点是-196℃（-321℉），汽化热近似150Btu/L。其在巨大的工业制气装置中制得，并输送到发生膨胀和相变的设备，不需要像室内机械冷冻机那样的成本和维护费用。

曾经尝试过两个其他方法，但有一定的困难：混合机械冷冻和液氮冷却，将零件浸没在液氮中进行控制。

混合机械冷冻的方法是使用机械冷冻方式对载荷进行初始冷却，使其载荷低于环境温度并高于期望的温度范围，然后喷洒液氮小液滴到载荷上，使温度降低到期望值。除非机械冷冻机有充分的热量排除率，载荷的温度才会大体上高于监测室内温度的热电偶显示值，这导致喷洒液氮的时机过早，结果使得零件快速冷却并增加开裂的可能性。

将零件浸没在液氮中进行控制有两种方法：载荷缓降至液氮槽中，或室内慢慢充入液氮然后液位上升并逐渐覆盖载荷。

基于基础物理学，两种方法都有严重的缺陷。首先，高于液氮槽上方的温度梯度非常大；其二，热的固体和-195℃（-320℉）冷的气体间的热传导率低于同样的热固体和-195℃（-320℉）液体间的传导率。因此，在上述任一个方法中，将零件和液体分开较小的距离时不能保证缓慢冷却，高于液面非常大的温度梯度增加了热冲击的风险，同时与液体接触位置的热传导又会突然增加。

冷处理是改善和提高许多市场化产品寄予厚望的工艺，包括减少磨损和延长许多零件的使用寿命。持续的研究工作正在进行，需要更进一步理解深冷处理的精髓（改善工艺和采用先进的技术）。

致谢

文章改编和更新自E. A. 卡尔森（E. A. Carlson）《钢的冷处理和冷冻处理》。ASM手册第四卷，热处理，ASM国际，1991年，203~206页。

参考文献

1. R. F. Barron, *A Study of the Effects of Cryogenic Treatment on Tool Steel Properties*
2. R. F. Barron, Yes, Cryogenic Treatments Can Save You Money!, *Fall Corrugated Containers Conference* (Denver, CO), Technical Association of the Pulp and Paper Industry, 1973, p 35-40
3. S. Kalia, Cryogenic Processing: A Study of Materials at Low Temperatures, *J. Low Temp. Phys.*, Vol 158 (No. 5-6), March 2010, p 934-945
4. H. A. Stewart, A Study of the Effects of Cryogenic Treatment of Tool Steel Proper-ties, *Forest Prod. J.*, Feb 2004, p 53-56
5. A. Yong, "Cryogenic Treatment of Cutting Tools," doctoral thesis, National University of Singapore, 2006
6. P. Chen, T. Malone, R. Bond, and P. Torres, "Effects of Cryogenic Treatment on the Residual Stress and Mechanical Properties of an Aerospace Aluminum Alloy," NASA, Huntsville, AL, 2002
7. D. N. Collins, Cryogenic Treatment of Tool Steels, *Adv. Mater. Process.*, 1998
8. F. Meng, K. Tagashira, R. Azuma, and H. Sohma, "Role of Eta-Carbide Precipitations in the Wear Resistance Improvements of Fe-12Cr-MO-V-1. 4C Steel," ISIJ International, 1994
9. S. Sendooran and P. Raja, Metallurgical Investigation on Cryogenic Treated HSS Tool
10. R. Radebaugh, About Cryogenics, *The MacMillan Encyclopedia Of Chemistry*, New York, 2002, http: //cryogenics. nist. gov/AboutCryogenics/about% 20cryogenics. htm (accessed July 17, 2013)
11. *Cryogenic Treatment Database*, Cryogenic Society of America, Inc., Oak Park, IL, www. cryogenictreatmentdatabase, org (accessed July 17, 2013)
12. C. L. Gogte, D. R. Peshwe, and R. K. Paretkar, Influence of Cobalt on the Cryogeni-cally Treated W-Mo-V High Speed Steel, *Cryogenic Treatment Database*, Nov 2010, www. cryogenictreatmentdatabase. org/article/influence _ of _ cobalt-on_the_cryogenically_treated_w- mo-v_high_speed_ steel/(accessed July 17, 2013)
13. D. Das, A. K. Dutta, and K. K. Ray, Influ-ence of Varied Cryotreatment on the Wear Behavior of AISI D2 Steel, *Wear*, Vol 266 (No. 1-2), Jan 2009, p 297-309
14. A. Molinari et al., Effect of Deep Cryogenic Treatment on the Mechanical Properties of Tool Steels, *J. Mater. Process. Tech.*, Vol 118 (No. 1-3), Dec 2001, p 350-355
15. SAE2707 Method B, Society of Automotive Engineers, July 2004
16. D. L. Smith, "The Effect of Cryogenic Treatment on the Fa-

tigue Life of Chrome Silicon Steel Compression Springs," Ph. D. thesis, Marquette University, 2001

17. A. Swiglo, "Deep Cryogenic Treatment to Increase Service Life, The Instrumented Factory for Gears, Chicago," INFAC Industry Briefing, 2000

18. Cryogenic Treated YTR-8335RGS Trumpets, *Yamaha Bell and Barrel*, Aug 2010, http://yamahawinds. wordpress. com/tag/cryogenic-treatment/ (accessed July 18, 2013)

19. J. Levine, Cryogenic Equipment, *Heat Treat. Prog.*, 2001, p 42-44

引用文献

- R. F. Barton, Effect of Cryogenic Treatment on Lathe Tool Wear, in *Proceedings of the 8th International Congress of Refrigeration*, Vol 1, 1971
- R. F. Barron, Cryogenic Treatment Produces Cost Savings for Slitter Knives, *TAPPI J.*, Vol 57 (No. 5), May 1974
- R. F. Barron, Cryogenics CRYOTECH, *Heat Treat. Mag.*, June 1974
- R. F. Barton, Cryogenic Treatment of Metals to Improve Wear Resistance, *Cryogenics*, Vol 22 (No. 5), Aug 1982
- R. F. Barron, "How Cryogenic Treatment Controls Wear," presented at 21st Inter-Plant Tool and Gage Conference (Shreveport, LA), Western Electric Company, 1982
- R. F. Barron and C. R. Mulhern, Cryogenic Treatment of AISI-T8 and C1045 Steels, in *Advances in Cryogenic Engineering Materi-als*, Vol 26, Plenmn Press, 1980
- R. F. Barron and R. H. Thompson, Effect of Cryogenic Treatment on Corrosion Resistance, *Advances in Cryogenic Engineering*, Vol 36, Plenum Press, 1990, p 1375-1379
- V. E. Gilmore, Frozen Tools, *Pop. Sci.*, June 1987
- M. Kosmowski, The Promise of Cryogenics, *Carbide Tool J.*, Nov/Dec 1981
- T. P. Sweeney, Jr., Deep Cryogenics: The Great Cold Debate, *Heat Treat.*, Feb 1986

第4章 钢的表面淬火

4.1 钢的表面淬火简介

Revised by Michael J. Schneider, The Timken Company, and Madhu S. Chatterjee, Bodycote

表面硬化有很多种方法（表4-1），它是一种在不影响零件内部组织韧性的情况下改善其耐磨性的工艺。这种表面坚硬和内部抗冲击破坏的组合性能对一些零件而言是非常有用的。例如凸轮、环形齿轮、轴承、轴、涡轮机组和汽车零部件等，要求必须有非常坚硬的耐磨表面和内部柔性，以承受使用过程中的冲击。大多数表面处理会在表面造成残余压应力，减少了裂纹产生的概率并有助于阻止裂纹向内扩展。此外，因为可用便宜的低碳钢、中碳钢通过表面硬化工艺来解决厚大截面淬火变形和开裂的问题，所以与穿透硬化相比，钢的表面硬化具有一定的优势。

表4-1 钢的表面硬化方法

增加涂层	堆焊	①耐磨堆焊(焊接覆盖) ②热喷涂(非扩散结合覆盖)
	涂层	①电镀 ②化学气相沉积(化学镀) ③薄膜(物理气相沉积、溅射、离子镀) ④离子混合
基质处理	扩散方法	①渗碳 ②渗氮 ③碳氮共渗 ④氮碳共渗 ⑤渗硼 ⑥钛-碳扩散 ⑦丰田扩散工艺
	选择性硬化工艺	①火焰淬火 ②感应淬火 ③激光淬火 ④电子束淬火 ⑤离子注入 ⑥选择性渗碳和渗氮 ⑦弧光照射

表面硬化方法明显可以分为两类（表4-1）：

① 第一类，特意强化层或添加一个新层。

② 第二类，包括表层和次表层的改变，没有特意强化或增加零件尺寸。

第一类表面硬化方法包括采用薄膜、涂层或堆焊层（耐磨堆焊）。这些方法通常随着生产数量的增加使得成本增加，因而不具有成本效益，特别是当工件整个表面必须要硬化的时候。薄膜、涂层和堆焊层的疲劳性能可能也是一个限制因素，其取决于基质和添加层之间的结合强度。熔焊的覆盖层与基体有很强的结合力，但是应用在承受疲劳载荷的耐磨性零的表面硬化钢，主要包括深层硬化钢和火焰淬火或感应淬火钢。尽管如此，涂层和堆焊层在某些应用中仍然是有效的。例如，对于工具钢，TiN和Al_2O_3涂层是有效的，不仅因为它们的硬度高，而且还因为它们的化学惰性可以减少凹坑磨损，同时也可以减少刀具的镶嵌焊接。有些覆盖层可以增加耐蚀性。当要求大面积选择性硬化时，堆焊相当有用。

这篇关于表面硬化介绍性的文章只关注第二类方法，可进一步将其分为扩散方法和选择性硬化方法（表4-1）。扩散方法用于改变表面的化学成分与硬化物种类，如碳、氮、硼；扩散方法可以使零件整个表面有效硬化，通常用于需要表面硬化的零件数量很大时。相比之下，选择性表面硬化方法允许局部硬化。局部硬化通常涉及转变硬化（加热和淬火时），但有些选择性硬化方法（局部渗氮、离子注入、离子束混合等）是完全基于成分改变来实现的。这些表面硬化方法的选择影响因素将在本章“4.6.6 工艺选择”中探讨。

4.1.1 表面淬火的扩散方法

如前所述，表面硬化的扩散方法包括表面的化学成分改变。其基本过程是热化学过程，因为需要利用热量来增强硬化元素向零件的表层和次表层区域的扩散。扩散深度、时间、温度的关系为

$$扩散深度 = K\sqrt{时间} \tag{4-1}$$

式中，K为扩散系数，它取决于温度、钢的化学成分，以及实际的硬化元素的浓度梯度。在温度方面，扩散系数与绝对温度成指数关系。浓度梯度取决于具体过程的表面动力学和反应。

扩散硬化方法包括若干硬化元素（如碳、氮或硼）和处理和运输这些硬化元素到零件表面的方法。暴露工艺方法涉及如气体、液体或离子等形式的硬化物的操作。这些工艺过程自然而然地会生成不同厚度和硬度的渗层（表 4-2）。影响某种扩散方法的适用性的因素包括钢的类型（图 4-1）、所需表面硬度（图 4-2）、渗层深度（图 4-3）、所需的硬度梯度和成本。

表 4-2 扩散处理的典型特征

工艺	表面特征	温度/℃(℉)	扩散深度/mm	表面硬度HRC	基体金属	工艺特点
渗碳						
固体式	碳扩散	815~1090(1500~2000)	0.125~1.5(5~60min)	50~63	低碳钢、低碳合金钢	成本低；难以精确控制硬化深度
气体式	碳扩散	815~980(1500~1800)	0.05~1.5(3~60min)	50~63	低碳钢、低碳合金钢	能很好地控制深度；适合连续操作；要求气体供应良好；具有危险性
液体式	碳扩散和氮扩散(可能)	815~980(1500~1800)	0.075~1.5(2~60min)	50~65	低碳钢、低碳合金钢	比固体式和气体式快；具有盐处理问题；浴盐需要经常维护
真空式	碳扩散	815~1090(1500~2000)	0.075~1.5(3~60min)	50~63	低碳钢、低碳合金钢	工艺控制性很好；工件表面漂亮；比气体式快；设备成本高
渗氮						
气体式	氮及氮合物扩散	480~590(900~1000)	0.125~0.75(5~30min)	50~70	合金钢、渗氮钢和不锈钢	渗氮钢最难；无须淬火；低失真；过程慢；通常是批量处理
浴盐式	氮及氮合物扩散	510~565(950~1050)	0.0025~0.75(0.1~30min)	50~70	大部分有色金属，包括铸铁	常用于<25μm 浅深度工件；没有连续白色层，多数是专有工艺
离子式	氮及氮合物扩散	340~565(650~1050)	0.075~0.75(3~30min)	50~70	合金钢、渗氮钢和不锈钢	比气体式快；没有白色层；设备成本高；易控制
碳氮共渗						
气体式	碳氮扩散	760~870(1400~1600)	0.025~1.0(1~40min)	50~65	低碳钢、低合金钢、不锈钢	温度低于渗碳(失真小)；比渗碳层更硬；气体控制是关键
液体式	碳氮扩散	760~870(1400~1600)	0.0025~0.125(0.5~1min)	50~65	低碳钢	用于非关键薄工件；批量处理；有盐处理问题
铁素体碳氮共渗	碳氮扩散	565~675(1050~1250)	0.0025~0.025(0.1~1min)	40~60	低碳钢	用于低碳钢薄工件时失真较小；大多数为专用
其他						
镀铝	铝扩散	870~980(1600~1800)	0.025~1(1~40min)	<20	低碳钢	用于高温下抗氧化涂层扩散
化学气相硅化	硅扩散	825~1040(1700~1900)	0.025~1(1~40min)	30~50	低碳钢	用于耐腐蚀和耐磨工件；气体控制是关键
化学气相铬化	铬扩散	980~1090(1050~1850)	0.025~0.050(1~2min)	低碳钢<30 高碳钢50~60	高碳钢和低碳钢	低碳钢渗铬成本低于不锈钢；高碳钢用于硬度更高的耐腐蚀工件
碳化钛	钛扩散	900~1010(1650~1850)	0.0025~0.0125(0.1~0.5min)	>70	合金钢、工具钢	生成薄碳化层用于耐磨蚀；温度高易失真
渗硼	硼扩散	(400~1150)(750~2100)	0.0025~0.050(0.5~2min)	40~70	合金钢、工具钢、钴镍合金	可生成硬质化合物层；主要用于加工工具钢；工艺温度易失真

对总的硬化层深度和有效硬化层深度进行区分也是重要的。有效硬化层深度通常是总硬化层深度的2/3~3/4（在某些情况下，深度指定为硬度为 50HRC 或低于表面硬度值 5HRC 开始的位置）。所以，必须指定所需的有效硬化层深度和测量方法，热处理人员方能在适当的温度下、正确的时间内加工出零件。

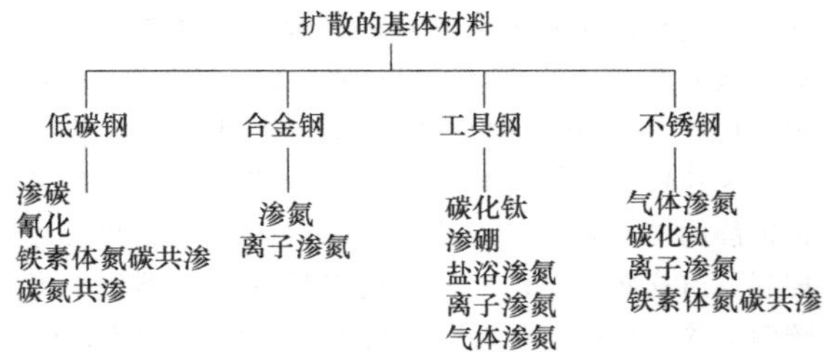

图 4-1　用于各种扩散工艺的钢种

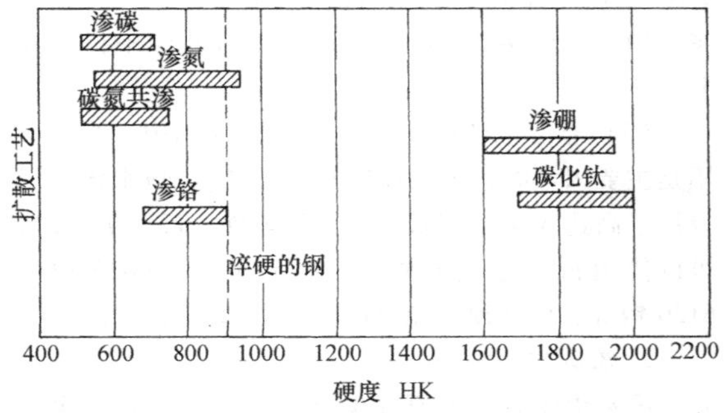

图 4-2　钢的选择性扩散工艺对应的硬度范围

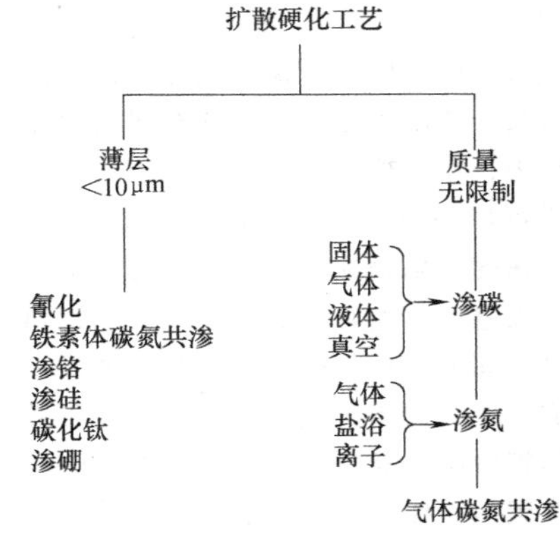

图 4-3　根据硬化深度对扩散工艺进行分类

4.1.2　渗碳和碳氮共渗

渗碳是将碳在高温（一般 850～980℃或 1560～1800℉）下渗入低碳钢的表面的热处理工艺，这种温度下，碳溶解度较高的奥氏体具有稳定的晶体结构。采用高温抗晶粒粗化的钢种和设计良好的真空炉，在 980℃（1800℉）以上渗碳对大幅降低渗碳时间是很实用的。当淬火形成高耐磨性和疲劳强度的马氏体的高含碳量的表层叠加在韧性的低碳钢心部时，硬化就完成了。各种扩散方法（表 4-2）中，气体渗碳是使用最广泛的，其次是气体渗氮和碳氮共渗。

钢渗碳后的表面硬度主要是碳质量分数的函数。当钢的碳质量分数大约超过 0.65%时，其对硬度已经没有影响了，但可提高淬透性。碳质量分数超过 0.65%时可能不再溶解，这将需要加热到更高的温度，以保证奥氏体固溶。钢的含碳量较高，会影响微观结构的属性，提高钢的性能如磨损、滑动接触疲劳强度和滚动接触疲劳强度。但是，碳的质量分数过高会导致过多的碳化物形成，而碳化物网络或大块碳化物会对钢的性能不利。因此，理解需要的碳分布非常重要，如有必要应对其定义。

钢渗碳后的渗层深度是渗碳时间、钢的化学成分和表面可用碳（碳势）的函数。当通过延长渗碳时间来增加硬化层深度时，高碳势下会得到高的表面碳含量，因此可能会导致过多的残余奥氏体或游离渗碳体。这两种显微组织元素会对表层硬化零件的残余应力分布产生不利影响。因此，高碳势可能适合短时渗碳，而不适于长时间渗碳。碳势的选择还取决于具体的钢的渗碳反应。

1. 渗碳钢

表层硬化用渗碳钢基体的碳质量分数通常约为 0.2%，渗碳层的碳质量分数一般被控制在 0.7%～1%之间（图 4-2）。然而，表面碳的质量分数通常限制在 0.9%，因为碳的质量分数过高会导致残留奥氏体和脆性马氏体（由于在晶界形成先共析碳化物）的形成。

大多数渗碳钢为镇静钢（铝脱氧的），在大约 1040℃（1900℉）的温度下可保持细晶粒尺寸。如果采用双淬火工艺来细化晶粒，也可以采用粗晶钢渗碳。双淬火通常包括一个直接淬火工艺和一个较低温度的预淬火工艺。

现在，很多表层硬化的合金钢都要求心部淬透性。虽然同样的考虑因素一般都适用于非渗碳钢的工艺选择，但是在渗碳应用中还有一些独特的特点。

对于表面硬化钢，必须考虑表面及心部的淬透性。由于碳含量的差异，表面和心部淬透性有很大的不同，这种不同对于某些钢来说要比别的钢大得多。此外，这两个部位有不同的使用功能。在讨论低合金钢之前（比如 51××或 86××系列，含硼或不含硼），几乎不需要担心淬透性，因为合金含量结合高碳含量总可以提供足够的淬透性。这在钢渗碳后直接淬火时仍然是对的，碳和合金元素会固溶在表层的奥氏体中。但是在重新加热淬火和大截面零件的情况下，应仔细评估表层和核心淬透性要求。

原料钢的淬透性是心部淬透性。因为这种低碳钢是浅层硬化，而且由于表面硬化零件的截面尺寸变化范围很大，钢的淬透性必须与零件的某些关键截面结合起来考虑，如齿轮的节线或轮齿的根部，或轴承截面的最大内切圆。这时最好制造一个已知钢淬透性的零件，对其进行热处理，然后通过评估与渗碳和非渗碳零件关键截面淬透性相关的硬度或端淬试样上适当位置的硬度的方式来实现。最后，渗碳零件淬火过程中的温度梯度和碳（淬透性）梯度之间的关系会使用硬度法测得的硬化层深度存在区别。也就是说，增加基体淬透性可以提高给定钢材的马氏体比例，从而造成测得的硬化层深度增加。因此，在指定钢中可以用较浅层渗碳和较短时渗碳来达到想要的效果。

（1）心部硬化　一个常见的错误是心部硬度的范围规定得太窄。如果最终淬火温度高得足以使心部完全硬化，那么在任何部位的硬度都会在末端淬火淬透性试样的相应位置钢淬透性带中变化。改变这种状况的一个方法是使用高合金钢。在常用的合金钢中，合金总的质量分数最高达 2%，齿轮轮齿部分的心部硬度范围是 12～15HRC。高合金钢具有较窄的硬度范围；例如，如果使用 4815 钢，硬度范围值为 10HRC；而使用 3310 钢则为 8HRC。这种窄范围钢只有在严苛条件下或特殊应用场合中才使用。

在购买标准钢时要求的是化学成分，而不是淬透性，范围值可能是 20HRC 或更大。例如，在 4/16in 处，8620 钢的硬度可能从 20HRC 变化到 45HRC。25HRC 的范围值显示出按淬透性要求采购（成本）的优势，以免令人无法容忍的（淬透性）变化但可能仍在钢的标准化学成分范围之内。另一种不采用高合金钢材而将心部硬度控制在狭窄范围内的方法是采用较低的最终淬火温度，从而使表层完全硬化，但硬度没有心部硬度高。

（2）齿轮、轴承及低畸变的应用　齿轮和轴承几乎总是油淬或高压气体淬火，因为其变形必须控制在尽可能低的水平。因此，通常优先选择合金钢。低合金钢，如 4023 钢、5120 钢、4118 钢、8620 钢和 4620 钢等，碳质量分数介于 0.15% 和 0.25% 之间，被广泛使用并取得令人满意的结果。在大多数零件中，优先使用 8620 钢或 5120 钢。最后，应基于服役经验或台架试验，该选择满足该项工作的最便宜的钢材。另一种钢 1524 钢也可以考虑，虽然没有被划入合金钢中，但它有足够多的锰，3/16 的端淬相关点能通过油淬达到硬化。

对于要求心部强度的重载或厚大截面零件，如果是基于实际的性能测试，高合金钢种，如 4320 钢、4817 钢、9310 钢是正确的选择。与台架试验相比，服役中通过采用相同的装配来进行的实际寿命测试以验证设计和钢种的选择尤为重要。

通过允许在八个径节和更精细的领域使用油淬火，碳氮共渗工艺使普通碳钢（如 1016 钢、1018 钢、1019 钢、1022 钢）的应用扩展到了轻载传动上。为这样的零件选择钢材时应该指定用硅镇静或铝镇静的细晶粒钢，以确保均匀的表层硬度和尺寸控制。由这些类型的钢制成的齿轮的芯部类似于低碳钢油淬。在小间距齿的薄截面中，可以达 25HRC。由于经济性原因，碳氮共渗工艺通常局限于约 0.6mm（0.025in）的最大硬化层深度。在一些轴承零件中，也可用 52100 钢，通过碳氮共渗来提高黏着性能。

（3）非齿轮/轴承应用　在其他应用中，当变形不是主要因素时，先前描述的碳素结构钢+水淬，可以用于高达 50mm（2in）直径的零件。尺寸更大时，可以使用低合金钢+水淬，如 5120 钢、4023 钢和 6120 钢等，但必须避免可能的变形和淬火开裂。

2. 渗碳方法

虽然渗碳的基本原理保持不变，但自它首次采用后，工艺方法经历了不断演变。在其最早的工艺中，部件仅放置在一个合适的容器中并覆盖着一层厚厚的碳粉（固体渗碳）。虽然使用这种方法可以有效地引入碳，但渗碳速度极其缓慢，而且随着生产需求的增长，使用气体的新方法被研发出来。在气体渗碳炉中，零件被含碳的气体包围着，并不断补充，这样可以保持气体中的高碳。使用该方法时，气体渗碳速度大幅增加，但需要密切控制气氛的组分成分，以避免产生有害的副作用产物，如表面氧化物和晶粒间氧化物。此外，需要通过一个单独的设备生成气氛并控制其成分或液体，如甲醇，必须蒸发。尽管增加了复杂性，但气体渗碳已成为一种在大量渗碳钢零件上应用的最有效和最广泛使用的方法。

为简化所需的气体，在无氧环境中、非常低的压力下渗碳（真空渗碳）已被研究并发展成为一个可行的、重要的替代方法。虽然炉外壳在某些方面变得更加复杂，但是气氛大大简化。可使用只由简单的气态烃组成的单组分气氛，如甲烷和乙炔。此外，因为在无氧的环境中加热部件，渗碳温度可大幅增加而没有表面氧化或晶界氧化的风险。温度越高，不仅奥氏体中的碳的固溶度增加，其扩散速度也增加，缩短了达到所需硬化层深度的时间。当渗碳温度超过 980℃（1800℉）时，推荐采用适当设计的钢的化学成分，以减轻潜在的晶粒粗化风险。

虽然真空渗碳法克服了一些气体渗碳的复杂性缺点，但是它带来了一个严重的必须解决的新问题。因为真空渗碳是在非常低的压力下和很低的气体流速中进行的，气体的碳势在深的凹坑和盲孔处迅速耗尽。除非补充这种气体，否则表面部分渗碳层深度可能出现明显不均匀。如果为了克服这个问题而增加气体压力，那么就会出现另一个问题：游离碳或油烟的形成。因此，在复杂形状的零件获得合理而均匀的深度的情况下，必须定期增加气体，以补充在凹坑处的贫化的气氛气体压力，然后再降低到操作压力。显然，在真空渗碳过程中存在微妙的平衡：工艺条件必须加以调整，以获得最佳的折中方案——脱碳层均匀性、游离碳和渗碳速度之间的妥协。零件的表面面积和合金含量是真空渗碳的两个重要的考虑因素。

等离子或离子渗碳这种方法，克服了气体渗碳的主要局限性，还保留了想要的气氛简单的特点，并允许更高的操作温度。

综上所述，渗碳方法包括气体渗碳、真空渗碳或低压渗碳、等离子渗碳、盐浴渗碳、固体渗碳。

这些方法通过使用气体（常压气体、离子与真空渗碳）、液体（盐浴渗碳）或固体化合物（固体渗碳剂）引入碳。所有这些方法各有其局限性和优势，但气体渗碳是最常用的大批量生产方式，因为它可以精确控制，而且需要最少的特殊处理。

真空渗碳法和等离子渗碳获得应用是因为在炉内缺乏氧气气氛，从而消除了晶间氧化。在今天（2013），盐浴和固体渗碳仍然偶尔使用，但其商业重要性已相当小。

（1）上述渗碳方法的工艺特点

1）常规方法，通过气氛、盐浴或木炭包来引入碳。

2）等离子体方法，撞击钢零件（负极）表面上的正碳离子。

常规方法和辉光（或等离子体）放电方法之间的主要区别是等离子方法可减少渗碳时间，表面迅速达到饱和也导致更快的扩散动力学。此外，等离子渗碳可以产生非常均匀的硬化层深度，甚至在不规则曲面零件上。这种均匀性是由紧密围绕标本表面的等离子体提供的，要求试样表面的凹进或洞不能太小。

在常规方法中，渗碳总是在一氧化碳中进行的；但是，每种方法涉及不同的反应和表面动力学，因此获得不同的表面硬化效果。通常，在常规方法中，一氧化碳在钢表面分解反应式为

$$2CO \rightleftharpoons CO_2 + C \tag{4-2}$$

分解的碳易溶于奥氏体相和扩散到钢的内部。对于一些工艺方法（气体渗碳和固体渗碳），根据式（4-2）的逆反应，产生的二氧化碳可能与碳气氛或木炭发生反应，生成新的一氧化碳。因为反应可以在两个方向进行，组分之间存在一个平衡关系（图 4-4）。如果压力恒定，温度升高，将产生更多的一氧化碳（图 4-4）。反过来，一氧化碳和二氧化碳的平衡百分比也影响钢中的碳浓度（图 4-5）。

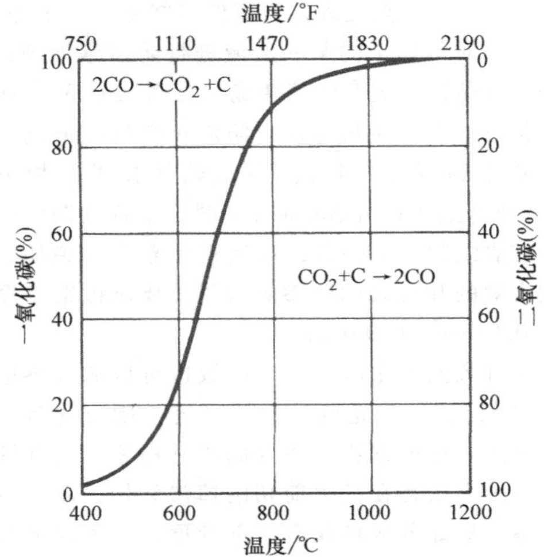

图 4-4 在大气压力下的反应平衡图

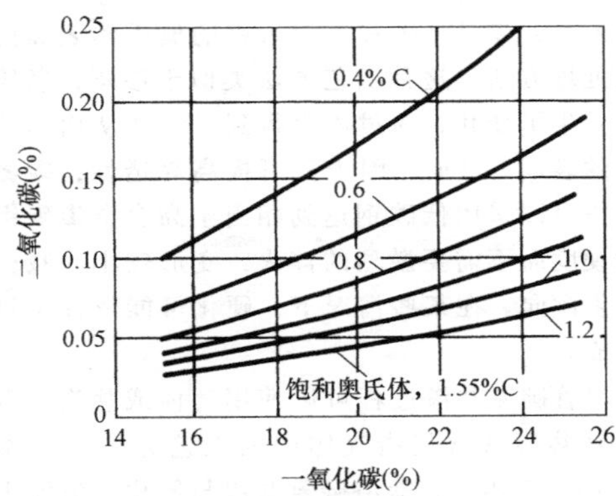

图 4-5 在 975℃（1790°F）下，一氧化碳和二氧化碳与不同碳质量分数的普通碳钢和某些低合金钢基体的平衡百分比，$K=89.67$

渗碳层深度的定量计算通常是使式（4-1）（扩散深度 $=K\sqrt{时间}$）的比例关系明确（K 为扩散系数），仅适用于气体渗碳（参考文献 2、3）。但是，即使在气体渗碳中，碳扩散动力学也只是给了一个不完整的渗碳描绘。气体渗碳的综合数学模型必须包括以下计算：

① 碳扩散。

② 表面反应动力学。

③ 钢铁化学成分的影响。

④ 吸热式气氛和气体浓缩之间的反应动力学。

⑤ 净化（间歇式处理）。

⑥ 气体控制系统。

参考文献 8 中讨论了气体渗碳每个因素可能的建模。在本书的“6.3 气体渗碳”一章中还会讨论过程变量的影响。

(2) 局部渗碳 有时有必要防止零件某些部位渗碳。例如，在热处理之后零件可能要进一步加工，这就需要对待加工的某些区域进行防渗碳处理，或者防止在薄区渗碳而使其变脆（参考文献 3）。防渗碳部位可以采用机械方法、防渗化合物或镀铜来保护（更多细节见“4.2 热处理防渗技术”相关文章）。要特别注意清洁和加工处理，从而使防渗碳材料能够黏结附着。并且，应密切注意应用说明，以达到有效的和良好的防渗碳效果。要求镀铜厚度近似于 0.03mm（0.001in）。

工件表面硬化后，局部区域也可以通过感应回火来“软化”。齿轮或轴的外（齿）螺纹通常应用这个方法。这种方法不适合高淬透性钢。局部淬火的另一种方法是在淬火前切削掉渗碳层，渗碳后切削的零件那部分区域仅有心部硬度，因为淬火前渗碳层已经切削掉了。

3. 碳氮共渗

碳氮共渗是将碳和氮引入钢的奥氏体表面的硬化热处理方法。这种工艺方法类似于渗碳，奥氏体组成发生了变化，通过淬火得到马氏体从而形成硬度高的表面。然而，因为氮可提高淬透性，碳氮共渗使得可以采用低碳钢达到相当于高合金渗碳钢的表面硬度而不需要激烈的淬火，变形较小并减少裂纹发生倾向。在某些情况下，硬化可能依赖于氮化物形成。

尽管碳氮共渗过程可以使用气体或盐浴，但术语碳氮共渗常常仅指气体中的工艺方法（见本书 6.8 节）。基本上，盐浴碳氮共渗与氰化物浴淬火相同。在这两种工艺中，氮提高了工件的淬透性和表层硬度，但抑制了碳的扩散。在许多情况下，由于较低的温度和较短周期，粗晶粒钢用碳氮共渗比渗碳更合适。

氮像碳一样，是一种奥氏体稳定剂。因此，渗碳零件淬火后有不少奥氏体可保留下来。如果残留奥氏体含量很高，以致降低了硬度和耐磨性能，则可以通过减少整个循环或循环后期的碳氮共渗气氛中的氨含量来控制。过量的氮在碳氮共渗层中的另一个结果是产生孔隙（见本书 6.8 节）。

4.1.3 渗氮和氮碳共渗

渗氮是在铁素体状态下将氮引入钢表面的表面淬火热处理，温度范围为 500 ~ 550℃（930 ~ 1020℉）。因为渗氮不涉及加热变成奥氏体相及淬火形成马氏体相，所以零件渗氮后有最小变形和优秀的尺寸控制特点。渗氮的额外优点是改善盐雾测试中耐蚀性。

渗氮的机理通常是已知的，但是不同的钢和相同的渗氮介质中发生的反应始终不得而知。氮能部分溶解于铁中，在铁素体中形成的固溶体高达 6%。氮含量大约为 6%时，会形成一种化合物 $\gamma'(Fe_4N)$。在氮含量大于 8%时，平衡反应产物是 ε 化合物 (Fe_3N)。渗氮层分层。最外层表面可能全是 γ'，如果是这样，它是白色的层（在金相试样上腐蚀后呈白色）。这种表面层是不想要的，很硬，但是很脆，它可能在使用中剥落。通常会将其去除，用特殊的渗氮工艺来减少该层或降低其脆性。表层的 ε 化合物通过形成 Fe_3N 而硬化，在这层之下，存在氮固溶体的固溶强化（图 4-6）。在外层形成的 Fe_3N（ε 化合物）比 Fe_4N 更硬，而后者更有韧性。控制每种化合物层的形成对渗氮的应用和变形程度是极为重要的。

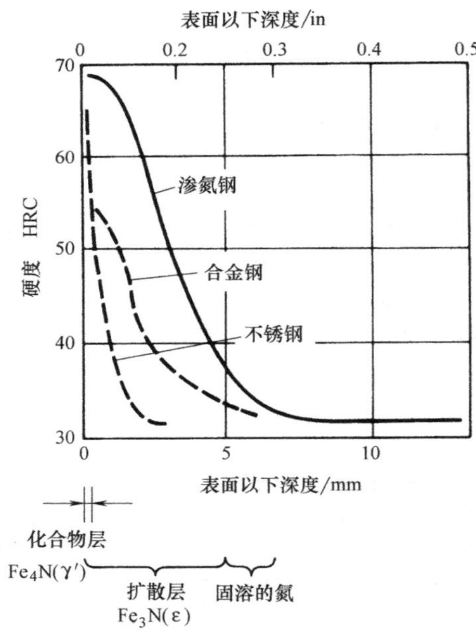

图 4-6 各种钢材形成的氮化物层分布状态

表面硬化层的深度及其属性极大地依赖于氮化物形成元素在钢中的浓度和类型。在一般情况下，合金含量越高，表面硬度越高。然而，高含量合金元素会延缓 N_2 的扩散速率，减缓硬化层深度的扩大。因此，要获得给定的硬化层深度，渗氮比渗碳需要更长的周期时间。图 4-7 所示为一些常用材料的渗氮周期时间和渗层深度关系，如渗氮钢 135M、渗氮钢 N、AISI4140、AISI4330M 及 AISI4340。

(1) 渗氮钢一般是含强氮化物形成元素（如铝、

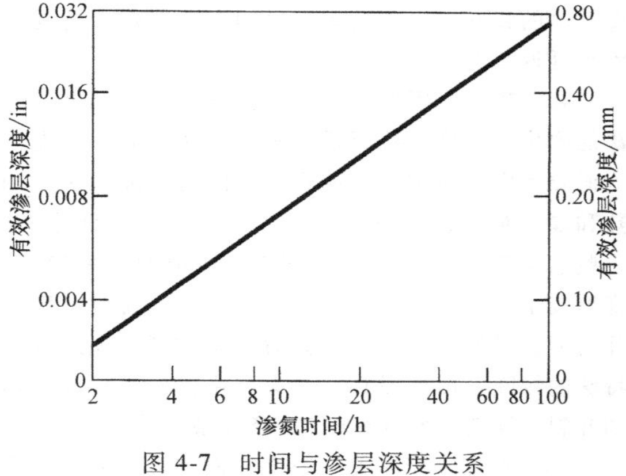

图 4-7 时间与渗层深度关系

铬、钒、钼）的中碳钢（经淬火和回火） 效果最显著的硬化是一类大约含 1%的 Al 的合金钢（渗氮型）（图 4-6），渗氮时，铝形成渗氮铝颗粒，它会造成晶格畸变和产生强化位错。钛和铬也可用于提高渗层硬度（图 4-8a），但渗层深度随合金含量的增加而减小（图 4-8b）。显微组织在渗氮时起着重要的作用，因为氮容易通过铁素体扩散，低碳化物含量有利于氮的扩散和渗层硬度。通常，合金钢在热处理（调质）状态下用于渗氮。

在美国使用的渗氮钢主要是以下两类：含铝渗氮合金钢和 AISI 低合金结构钢或高合金结构钢。然而，这两种钢有着较大的差距。在欧洲，用铬的质量分数为 2.5%~3.5%的 CrMo 和 CrMoV 钢来填补这两组钢之间的空白。与 AISI 低合金钢相比，铬能够提供较好的淬透性和较高的渗氮层硬度。钼抗回火软化，可以在超过渗氮温度回火后保留高强度。它还降低渗氮的脆性敏感性，并增加淬透性和热硬性。钒使热处理控制更容易，并可得到较好的热硬性。

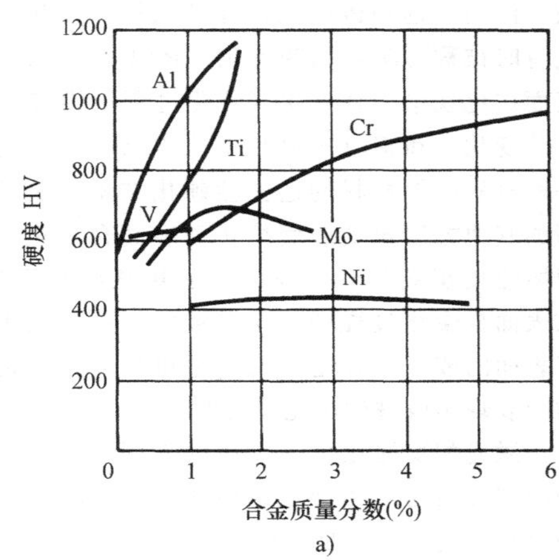

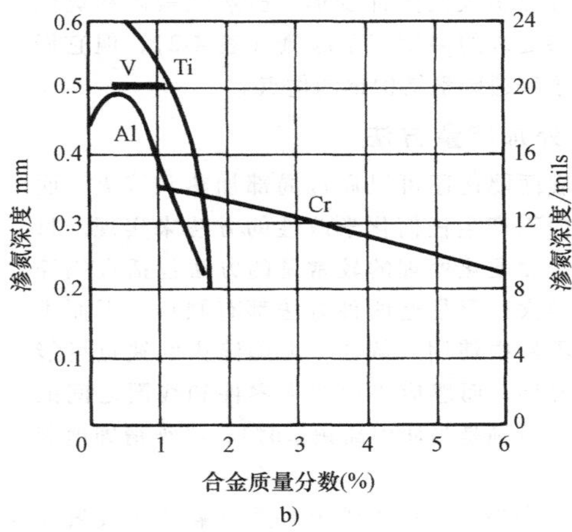

图 4-8 合金元素对渗氮深度的影响曲线［基体为合金（质量分数）：0.35%C，0.3%Si，0.7%Mn］，在 400HV（渗氮 8h，温度是 520℃或 970℉）

在渗氮合金钢 135M 和 AISI 低合金钢之间，渗氮的 CrMo 和 CrMoV 钢在表面硬度和韧性方面占据一席之地。因为渗层硬度较低，这些材料脆性也较小。此外，它们对磨削裂纹不敏感，具有较高的淬透性。而且，它们可以在渗氮前热处理，以得到较高的心部硬度。例如，3.5CrAlMo 钢［英国钢（EN40C）］的 63.5mm（2.5in）截面热处理后可以达到 375~444HB，而渗氮合金钢 135M 同样尺寸热处理后硬度只有 248~302HBW。另外，即使是非真空熔炼，含 2.5%~3.5%Cr 的钢中非金属夹杂物也较低（更高的纯净度）；而含铝钢，如渗氮合金钢 135M，则需要真空熔炼或脱气，以获得类似的纯净度。一般来说，材料越纯净，淬火过程中变形越小。用非真空熔炼的 CrMo 钢制造的渗氮齿轮其产生的变形可以忽略不计。

（2）渗氮的工艺方法包括气体式（箱式炉或流化床）、液体式（盐浴）和等离子体（离子）渗氮

在对美国和加拿大的 800 家商业店铺的调查中，30%的提供渗氮服务，其中：

① 21%提供气体渗氮。

② 7%提供盐浴渗氮。

③ 6%提供流化床渗氮。

④ 5%提供等离子体渗氮。

这些技术的优缺点都类似于渗碳。然而，气体渗氮过程时间会很长，为 10~130h，具体时间取决于零件；并且硬化层深度较浅，通常小于 0.5mm（0.020in）。离子渗氮允许更快扩散，渗氮时间更短，并迅速获得表面饱和的等离子体的结果。离子渗氮时可以通过溅射来清洁表面。

（3）氮碳共渗是结合使用碳、氮的表面硬化过

程，但与碳氮共渗相比（见本书6.8节），氮比碳多

碳氮共渗产生含氮马氏体层比含碳马氏体层少。相比之下，氮碳共渗包含更高含量的氮化合物复合层。有两种类型的氮碳共渗：铁素体类和奥氏体类。铁素体氮碳共渗发生在较低温度下——铁素体的温度范围内，涉及氮扩散进表层。奥氏体氮碳共渗是一种最近开发的工艺，工艺温度在675～775℃（1245～1425℉）的范围，它加入更高的氮量，从而使零件渗层中氮含量较高。这允许形成表面化合物区，是碳氮共渗所没有的特征。奥氏体氮碳共渗与铁素体氮碳共渗的区别在于更深的硬化层深度与更好的承载能力，但较高的加工温度和所需的淬火工艺可能会导致更大的零件变形。虽然铁素体和奥氏体氮碳共渗处理的温度高于渗氮（表4-2），但它们具有适用于普通碳素结构钢的优点。

4.1.4 外加能量方法

钢的表面硬化还可以通过局部加热和淬火，而对零件表面不产生任何化学改性的方法来实现。目前用于钢表面硬化处理的较常见的方法包括火焰淬火和感应淬火。但是这两种方法都有缺点，因而不能在一些零件中使用。例如，火焰淬火的缺点可能导致零件变形，而感应淬火要求零件和线圈之间的紧密耦合（特别是当使用高频率时），必须精确地制造线圈。

（1）火焰淬火　火焰淬火是通过氧乙炔或氢氧的烧嘴加热钢表面使之奥氏体化，然后立即用水或水基聚合物淬火。其结果是表面产生一层坚硬的马氏体，心部则是韧性较好的铁素体-珠光体组织，成分没有改变。因此，进行火焰淬火的钢必须要有足够的碳含量，以得到所需的表面硬度。加热的速率和热量向内部的传导速率对于形成硬化层深度比使用高淬透性钢更重要。

火焰加热设备可以是一个头部特别设计的单个火嘴或一个精心制作的、能自动对零件进行定位、加热和淬火的设备。大型零件，如齿轮和机器工具轨道，其大小或形状会使炉内热处理难以操作，而使用火焰淬火方法容易实现。随着气体混合设备、红外温度测量与控制及燃烧器设计的发展，火焰淬火已作为一种可靠的热处理工艺为人们接受，应用于小批量或中大批量生产需求的全部或局部表面硬化。

（2）感应淬火　感应加热是一种功能极多的加热方法，该方法可以完成全部的表面硬化、局部表面硬化、透淬及淬火件的回火等。它是把钢铁零件放置在高频交变电流通过电感器（通常是水冷铜线圈）所产生的磁场中进行加热。感应加热的深度与交流电的频率、输入功率、时间、零件耦合情况和淬火延迟有关。

频率越高，感应加热层越薄或越浅。因此，较深的硬化层深度，甚至透淬都要使用低频率。电气方面要考虑磁滞和涡流的现象。因为消除了次级加热和辐射加热，所以这种工艺适合于流水线生产。一些感应淬火的好处是过程较快、能源效率较高、变形较小、占地面积较小。当孔、槽或其他特殊的几何形状零件需要感应淬火时必须注意，如果没有特殊的线圈和部件设计，它会集中涡流，导致过热和开裂。详细内容请参阅本书5.2节。

（3）激光表面淬火　激光表面淬火热处理工艺被广泛用于钢和铸铁机器部件的局部硬化。这一工艺有时被称为激光相变硬化（图4-9），以别于激光表面熔化现象。激光相变硬化过程中没有发生化学成分变化，和感应淬火和火焰淬火一样，它提供了一种有效的铁材料的选择性硬化技术。激光表面处理的其他方法包括表面熔化和表面合金化。激光表面熔化使组织细化，原因是从熔化状态迅速淬火。在表面合金化过程中，元素被添加到熔池中，以改变表面的成分。激光表面熔化和合金化得到的新结构会表现出改进的电化学特性。

激光相变硬化可获得薄的表面区域，迅速加热和冷却导致马氏体微观结构非常细，即使在淬透性相对较低的钢中也是如此。这一工艺可产生高硬度、良好的耐磨性和小变形。激光方法与感应淬火和火焰淬火的不同之处在于，激光可以离开工件一段距离。另外，激光由镜子反射聚焦，从而可以控制加热区域的宽度或轨道。

Molian列举了激光相变硬化应用的50个特性。淬硬的材料包括普通碳钢（1040、1050、1070）、合金钢（4340、52100），工具钢和铸铁（灰铸铁、可锻铸铁、球墨铸铁）。因为冷金属对激光辐射的吸收率较低，进行激光表面硬化前往往需要在表面上制作能量吸收涂层。参考文献12列出了一些能量吸收涂层。

钢的典型硬化层深度是250～750μm（0.01～0.03in），铸铁大约为1000μm（0.04in）。激光传输系统的灵活性、小变形和高表面硬度，使激光在用于磨损和疲劳领域的异形机组件（像凸轮轴和曲轴）的局部硬化中变得非常有效。

（4）电子束（EB）硬化　电子束硬化像激光淬火工艺一样，可用于钢的表面硬化。电子束热处理工艺采用一个集中的高速电子束作为能量源来加热黑色所选择的金属零件表面区域。电子由EB枪加速并形成定向光束。离开枪后，光束经过能精确控制工

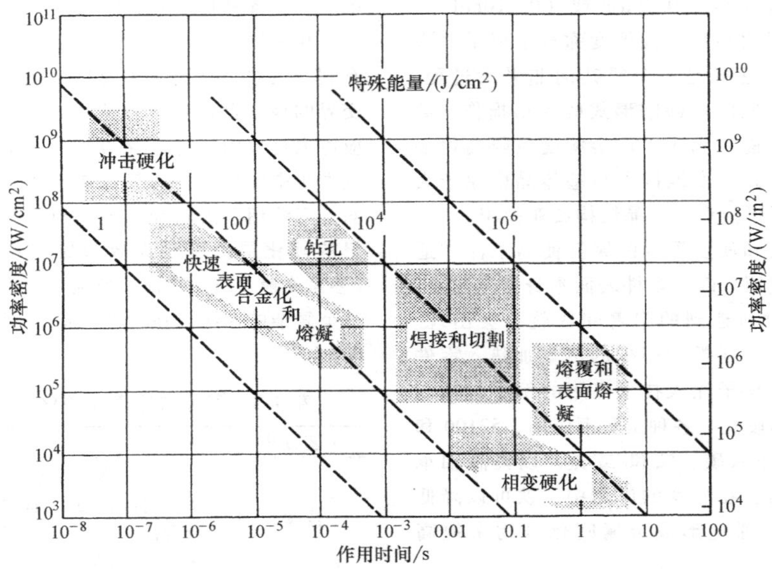

图 4-9　不同激光表面改性工艺的反应时间和必要的功率梯度

件表面的束密度水平（光斑大小）的聚焦线圈，然后通过偏转线圈。要得到电子束，电子发射和加速的环境需要 10^{-5} 真空度（1.3×10^{-3}Pa）。当电子仍然以相对较低的速度运动时，这个真空环境保护发射器免受氧化和避免电子的散射。

像激光淬火工艺一样，电子束热处理过程不需要淬火介质，但需要足够的工件质量使自冷淬火成为可能。电子束硬化需要在加热表面周围和下面具备加热表面 8 倍的体积。电子束硬化不需要激光束淬火工艺那样的能量吸收涂层。电子束硬化相关的加工注意事项和属性改变参见本节参考文献 13、14 和本书 5.3 节。

4.1.5　其他方法

（1）扩散涂层　通过在惰性气体中与粉末涂层材料相接触的情况下加热要处理的零件（固态扩散），或者在挥发性化合物的涂层材料气氛中加热零件来沉积（无接触气相沉积或化学气相沉积）得到。由于涂层的结合是通过扩散造成的，因此结合强度增强。

1）固态扩散方法包括充填胶结，它是使用最广泛的扩散涂层方法，包括铝基（渗铝）、铬基（渗铬处理）和硅基（渗硅）涂层。衬底材料包括镍-钴合金、钢（包括碳钢、合金钢和不锈钢）和难熔金属及合金。扩散涂层耐磨性也基于渗硼（硼化）和对热反应的沉积/扩散过程。其中，硼和钛处理可提供高硬度（图 4-2），而铝、铬、硅处理主要用于提高腐蚀性。

2）渗硼是将硼扩散到金属表面以提高硬度和耐磨性。渗硼最常应用于可以通过热处理硬化的工具钢上。渗硼技术包括真空涂膜、化学气相沉积和充填胶结。更多信息请参阅本书 8.2 节。

3）碳化钛处理。在化学气相沉积中，工艺温度的范围为 900~1010℃（1650~1650℉），钛和碳扩散形成扩散的碳化钛层。这种处理最常见的是用于工具钢和可硬化的不锈钢，因为要在这些钢的奥氏体化温度以上进行处理，心部一定会由淬火硬化。

（2）离子注入　离子注入是将具有高能量的离子打入基体表面的工艺过程。几乎所有的原子种类都可以离子注入，但氮广泛用于提高钢和其他合金的耐蚀性和摩擦性。尽管氮离子注入及离子渗氮都会增加合金表面氮含量，但是这两种工艺及对表面状况的改变还是存在较大的差异的，其主要区别在于离子注入可以在室温下进行。

在非常高的能量（10~500keV）下，离子注入机使特别设计的发射源产生的离子加速。相比之下，离子渗氮中的离子和原子的能量要低得多（<1keV）。基体大约在室温下进行离子注入，从而尽量减少扩散控制的沉淀物的形成和表面微观结构的粗化。因为工艺的温度低且加速器的真空度很好[$\geqslant10^{-5}$Torr（1.3×10^{-3}Pa）]，保证了清洁表面，避免了氧化等不良表面化学反应。离子注入是一个线瞄准的过程（类似于激光），也就是说，只有相对较小的地区直接暴露于离子束。如果零件需覆盖的范围大于离子束截面面积，则需要移动零件或使离子束在试样整个表面光栅化。

因为离子注入过程中形成层不受扩散控制，所以表层的深度很浅［小于 0.25μm 或（0.010mil）］。氮离子注入表面层的高强度或硬度弥补了离子注入层浅的问题。离子注入是一个复杂的非平衡过程，造成严重的空位和间隙点缺陷形式的晶格损伤。离子注入后的零件可能得到比平衡溶解度极限高得多的浓度。事实上，高密度地掺入与基体晶格原子大小明显不同的原子可能产生非晶结构或亚稳相。

离子注入表面和浅层深度的属性使离子注入适用于非常特殊的应用。因为零件表面本身发生改变，高硬度的涂层有时所遇到的附着问题就不会出现。此外，因为离子注入通常用很少的热量加热，零件尺寸稳定性很好。离子注入技术应用的例子包括剃须刀片和刀的表面硬化、各种工具钢应用、52100 和 440C 轴承的离子注入碳、钛和/或氮，以提高轴承滚动接触疲劳抗力。在后者的应用中，钛可以降低摩擦因数，氮可以通过形成金属间化合物来提高硬度。

（3）弧光表面硬化　弧光表面硬化的应用领域包括表面重熔或固相重结晶产生的表面硬化。例如铸铁的表面重熔，氮或甲烷存在时将钛大面积重熔在表层，产生钛的碳化物/氮化物。激光也用于铸铁的表面重熔。此外，弧光灯也用于农业清扫和耕作设备上的刀片边缘局部淬火。

弧光表面硬化处理利用大功率弧光灯提供了几种优势传统方法和光束技术。例如，弧光表面硬化处理可以实现表面辐射强度高于火焰加热，使过程更快，更不容易引起变形。与感应淬火相比，弧光表面硬化处理允许工件和热源之间的距离更大，在处理形状不规则的表面时具有更大的灵活性。与电子束处理不一样的是，这种方法不需要使用真空室，并且一个弧光灯比一束激光可以处理更大的零件表面。

然而，使用弧光表面硬化处理的方法时，如果电弧辐射集中到比电弧本身更小的表面区域，会有显著的功率损耗，辐射照射到零件上的点应该比弧光要大。这需要极高的电弧功率达到热处理所需的表面强度，这种高功率需要在一个非常小的空间并且需要特别设计的弧光灯。

4.1.6 工艺选择

表 4-3 比较了几种最常见的表面硬化工艺的优点。火焰淬火和感应淬火一般仅限于某些特定系列的钢种，如中碳钢、中碳合金钢、某些铸铁和低合金工具钢。没有尺寸限制的零件可以使用火焰淬火；因为只有硬化部位需要被加热，火焰淬火一般用于深层硬化［深度为 1.2~6mm（0.6~2.5in）］。因为加热工艺本身的原因，浅表层硬化很难控制。表 4-2 中给出了各种扩散方法的比较。

相变硬化会产生表面残余压应力，对疲劳强度有利。然而，对于局部硬化，在硬化区与未硬化区交界的地方存在残余拉应力。因此，火焰淬火或感应淬火这样的局部硬化方法应用时应远离几何体上应力集中的地方。渗氮和渗碳提供良好的耐疲劳表面，广泛用于齿轮和凸轮。对于弯曲疲劳抗力，理想的硬化层深度是失效起始点从心部转移到表面（参考文献 21）。然而，所需的硬化层深度的规范是一个复杂的课题，在参考文献 21 中简要地讨论了渗碳钢。

表 4-3　五种常见表面硬化工艺的优点比较

工艺方法	优点
渗碳	表面硬度高和耐磨性好(中等深度的情况下);可批量加工;良好的弯曲疲劳强度;抗咬合性能好;淬裂自由度好;钢材成本中低水平;资金投入高
碳氮共渗	表面硬度高和耐磨性好(浅表层);批量加工较差;良好的弯曲疲劳强度;抗咬合性能好;尺寸控制好;淬裂自由度好;钢材成本低;中等资金投入;提高耐盐腐蚀性
渗氮	表面硬度高和耐磨性好(浅表层);批量加工较差;良好的弯曲疲劳强度;抗咬合性能好;尺寸控制好;淬裂自由度好(预处理);钢材成本中高水平;中等资金投入;提高耐盐腐蚀性
感应淬火	表面硬度高和耐磨性好(深表层);可批量加工;良好的弯曲疲劳强度;抗咬合性能一般;尺寸控制一般;淬裂自由度一般;钢材成本低;中等资金投入
火焰淬火	表面硬度高和耐磨性好(深表层);可批量加工;良好的弯曲疲劳强度;抗咬合性能一般;尺寸控制一般;淬裂自由度一般;钢材成本低;资金投入低

参考文献

1. K. G. Budinski, *Surface Engineering for Wear Resistance*, Prentice-Hall, 1988
2. G. Krauss, *Steels. Heat Treatment and Pro-cessing Principles*, ASM International, 1990, p 286
3. C. Wick and R. F. Vielleux, Ed., *Materials, Finishing and Coating*, Vol 3, *Tool and Manufacturing Engineers Handbook*, Society of Manufacturing Engineers, 1985
4. B. Edenhofer, M. H. Jacobs, and J. N. George, Industrial Processes, Applications and Benefits of Plasma Heat Treatment, *Plasma Heat Treatment, Science and Technology*, PYC Édition, 1987, p 399-415
5. W. L. Grube and J. G. Gay, High-Rate Carburizing in a Glow-

Discharge Methane Plasma, *Metall. Trans.* A, Vol 91, 1987, p 1421-1429

6. K. -E. Thelning, *Steel and Its Heat Treat-ment*, 2nd ed., Butterworths, 1984, p 450
7. ASM Committee on Gas Carburizing, Appli-cation of Equilibrium Data, *Carburizing and Carbonitriding*, American Society for Metals, 1977, p 14-15
8. C. A. Stickels and C. M. Mack, Overview of Carburizing Processes and Modeling, *Carburizing Processing and Performance*, G. Krauss, Ed., ASM International, 1989, p 1-9
9. A. K. Rakhit, Nitriding Gears, Chap. 6, *Heat Treatment of Gears: A Practical Guide for Engineers*, ASM international, p 133-158
10. W. L. Kovacs, Commercial and Economic Trends in Ion Nitriding/Carburizing, *Ion Nitriding and Ion Carburizing*, ASM Inter-national, 1990, p 5-12
11. D. Herring, Comparing Carbonitriding and Nitrocarburizing, *Heat Treat. Prog.*, April/May 2002
12. P. A. Molian, Engineering Applications and Analysis of Hardening Data for Laser Heat Treated Ferrous Alloys, *Surf. Eng.*, Vol 2, 1986, p 19-28
13. R. Zenker and M. Mueller, Electron Beam Hardening, Part 1: Principles, Process Technology and Properties, *Heat Treat. Met.*, Vol 15 (No. 4), 1988, p 79-88
14. R. Zenker, W. John, D. Rathjen, and G. Fritsche, Electron Beam Hardening, Part 2: Influence on Microstructure and Proper-ties, *Heat Treat. Met.*, Vol 16 (No. 2), 1989, p 43-51
15. G. Dearnaley, Ion Implantation and Ion Assisted Coatings for Wear Resistance in Metals, *Surf. Eng.*, Vol 2, 1986, p 213-221
16. J. K. Hirvonen, The Industrial Applications of Ion Beam Processes, *Surface Alloying by Ion, Electron and Laser Beams*, L. E. Rehn, S. T. Picraux, and H. Wiedersich, Ed., ASM International, 1987, p 373-388
17. D. L. Williamson, F. M. Kustas, and D. F. Fobare, Mossbauer Study of Ti-Implanted 52100 Steel, *J. Appl. Phys.*, Vol 60, 1986, p 1493-1500
18. F. M. Kustas, M. S. Misra, and D. L. Wil-liamson, Microstructural Characterization of Nitrogen Implanted 400C Steel, *Nuclear Instruments and Methods in Physics Research B31*, North-Holland, 1988, p 393-401
19. F. M. Kustas, M. S. Misra, and P. Sioshansi, Effects of Ion Implantation on the Rolling Contact Fatigue of 440C Stainless Steel, *Ion Implantation and Ion Beam Processing of Materials*, G. K. Hubler, O. W. Holland, and C. R. Clayton, Ed., MRS Symposia Proceedings, Materials Research Society, Vol 27, 1984, p 675-690
20. A. H. Deutchman et al., *Ind. Heat.*, Vol 42 (No. 1), Jan 1990, p 32-35
21. G. Parrish, *The Influence of Microstructure on the Properties of Case-Carburized Components*, American Society for Metals, 1980, p 159-160, 164-165

4.2 热处理防渗技术

Eckhard H. Burgdorf, Manfred Behnke, and Rainer Braun, Nüssle GmbH & Co. KG

Kevin M. Duffy, The Duffy Company

由于表面硬化限定于所选零件的表面部分，所以较软的部位仍然允许进行二次加工，如钻孔、扩孔、冷成形、矫直和焊接等操作。此外，一些零件有比较薄的部位，如果在此部位进行渗碳或渗氮会使该部位变脆。因此，种类繁多的防渗技术用于选择性地阻止气体渗碳、碳氮共渗、真空渗碳和各种形式的渗氮过程中碳和氮的扩散。此技术也可用于预防无保护气氛的气体加热炉中的氧化。

本文描述的防渗方法包括机械屏蔽、镀铜和施防渗涂料。此外，还有两种选择性表面硬化方法：

① 局部感应回火。

② 淬火之前去除渗层。

局部感应回火是对淬火零件选定区域进行加热和软化。外螺纹的齿轮或轴是应用此工艺的典型的例子。但这种方法并不适合高淬透性钢。

淬火前移除渗层，使需要的部位保持柔软并且留一些机械加工余量，然后对零件进行渗碳循环。渗碳缓慢冷却后，渗碳层仍相对柔软，再去除加工余量，然后重新加热零件并淬火。渗碳后的加工部位只会显示心部硬度，因为表面层的部分区域在淬火前已被去除。

4.2.1 机械屏蔽

对于内螺纹、盲孔和其他太小而不能充分进入的区域，可以尝试通过插入障碍物，如螺栓、黏土和塞子，使这些空间与气氛隔绝，以减少 C 和 N 的扩散。将紧密安装的锥形螺栓插入盲孔，也可以将螺栓头部以下覆盖油漆或者在螺纹增加涂层来完成防渗处理。另一种做法是用黏土堵孔。此外，黏土也可以用来填补螺纹中的间隙。热处理后，需要用一些机械工艺清洗去除黏土或油漆。另一种方法就是使用塞子，但必须采用一些方法排出加热过程中密闭的空气，以缓解压力，确保塞子不被拔出。

对于外螺纹，一种常见的做法是在螺纹外盖上一个密封适合的耐热合金帽。这种方法可以减小碳或氮渗入，但绝不是 100% 有效。随着时间的推移，特别是油淬的时候，合金帽容易变形，因此需要经常更换。

离子渗氮时，用屏蔽方法可以有效地防止氮渗入。然而，因为零件尺寸的原因，屏蔽经常不可能实现。

4.2.2 镀铜

已经证明，镀铜能够在热处理过程中非常有效地防止碳和氮的吸收。当局部表面硬化需要100%阻止表层硬化气体的时候，镀铜是一种非常有效的选择。然而它非常昂贵，费时而且不环保。首先将整个部件镀铜，然后去除需要表面硬化的区域，只需留下防渗镀铜的部位。热处理后，通常用氰化物或酸性溶液去掉铜。

镀铜用于许多热处理操作，熟悉这些电镀设施的用途并进行选择很重要。无论是用电镀来100%保证零脱碳、钎焊操作准备还是选择性表面硬化，质量要求都是相同的。预清洗操作必须适合被清洗的合金，必须系统地检查和维护浴槽化学成分的均匀性和一致性。检查附着力、孔隙度、厚度。这些属性的规定可以见于 MIL-C-14550 标准，已由 AMS 2418 标准和 ASTM B734 标准取代。这些规定说明了硬度范围和大部分的原始设备制造商航空规范要求最低的 0.02 ~ 0.05mm（0.0008 ~ 0.002in），覆盖所需的范围。AMS 2418 标准可以用来定义电镀要求和测试方法，以确保镀铜有效。如果关注重点是附着力，ASTM B571 标准中给出了抛光测试。

选择性电镀有许多不同的方法，应该审查所有方法以确定最具有成本效益的方法。其中，经常采用橡胶软木塞或防护罩来防止电镀液接触要表层硬化的区域。另一种方法是整体镀铜，然后加工所需要的部位。需要注意的是，如果电镀后要加工，应在需要加工的部位做标记，需要适当地控制电镀形成，以便机械加工工具能准确地定位需要加工的部位。如果电流密度维护不适当，会产生不均匀电镀积聚，导致下游质量问题。使用高密度蜡和油漆也可以防止不需要镀层的区域黏附镀铜层。在该区域中，未镀覆的表面需进行仔细的目视检查，通常 10 倍或更高的放大倍数是非常明智的。一个针孔大小的镀铜斑点都会影响硬化的均匀性。这些不均匀可能在之后的腐蚀检查时被发现，从而由于上报 MRB（物料审查委员会）而造成相当大的生产延误，或者更糟的是，造成频繁报废。保证没有微观铜附着的一种方法是进行低压磨料喷砂。压力低，可以防止损坏上面的软铜，这种轻微的粗化表面能促进预期的元素碳、氮或者两者更均匀扩散。

有许多浴液用于镀铜，每一种都有其固有的好处。无氰浴液的好处就是减少污水处理问题和空气清洗问题。当想要均匀地覆盖盲孔时，这些浴液能降低均镀能力的风险。无论哪种浴液类型都有一个固有的风险，在选择电镀服务提供者时必须考虑。事实上，镀铜经常作为底漆来增加镀其他金属的能力，这意味着热处理订单（有时是少见的和小批量的）通常在生产调度时被撇在一边。虽然这不是所有金属抛光供应商存在的问题，但在安排生产进度和周转时间时它会成为一个有争议的话题。

在选择服务供应商时，还有一个问题需要考虑。有些合金钢，根据其化学性质及要采用的浴液，需要在镀铜前镀镍，以提高所需的附着力。附着力是至关重要的，因为即使一个极细微的气泡在室内温度看不见，但它在高温下会扩展。通常这些气泡在接触到保护区域的工艺气体时会自动爆裂。如果这些区域没有打算镀铜，在随后会有一连串的机加工质量延误问题并且可能发生工件报废。

类似于任何金属零件制造工艺，镀铜工艺需要精确的系统控制、独立周期性的浴液化学检测、对零件的整流器和标准作业程序的检查。对制造高精度的齿轮、花键轴和轴承表面而言，这是很有效的工作。因为在决定对每个单独的零件进行镀铜工艺时，有相当多的变量因素需要考虑，如工艺尺寸、所需覆盖的精确区域以及使用此工艺进行批量时需要考虑的成本效益。

4.2.3 防渗涂料

防渗涂料是指在钢件渗碳和渗氮时应用选择性保护涂料。尽管用涂料这个术语，但实际上这个术语具有误导性，因为这些被涂覆的表面必须具有厚度均匀的镀层，符合制造商的规范，以确保一致的结果。涂层厚度范围通常为 0.2 ~ 1.0mm（0.008 ~ 0.04in）。此厚度用薄膜仪很容易检测。薄膜仪不贵，可从工业油漆供应商和工业产品经销商处获得。

防渗涂料通过刷涂、浸渍、喷涂或滴涂，可在零件表面上形成一个气密层。防渗涂料很适于大批量零件以及大规模生产，在汽车行业中都可以找到。

防渗涂料已经从几十年前的几个产品发展到以下每个过程都有专门配方的一系列涂料：渗碳、深层渗碳、碳氮共渗、真空渗碳、渗氮、氮碳共渗和离子渗氮。此外，防渗涂料还可用于退火工艺，以防止空气炉中的氧化皮和脱碳（表 4-4）。

1. 清洁和固化

（1）零件清洁　在正确地选择防渗涂料之前，必须对零件表面进行清洁，确保零件表面无油污、灰尘和氧化物。按照制造商的规范，保证足够的涂料干燥时间是涂料使用的不可忽视的另一个要求。

表 4-4　各种防渗涂料汇总

工　艺	化学基料	液态载体	去除残留	特　征
渗碳	氧化硼	溶剂	热水	可水洗
碳氮共渗	硼酸	水性乳液		水性、可水洗
深层渗碳	硅酸盐和金属氧化物	水	抛丸机、钢刷	无溶剂
固体式渗碳	硅酸盐和金属氧化物	水	抛丸机、钢刷	无溶剂
渗氮	锡	溶剂	抛丸机、钢刷	—
氮碳共渗		水性乳液		导电
离子渗氮	铜、陶瓷	溶剂	擦洗	不导电
退火	硅、硅酸盐	溶剂	擦洗	—

1）用工业清洗设备清洁。用于商业热处理的大多数工业清洗设备和受控热处理部门的工业清洗设备使用单级垫圈。清洗介质通常是加热到 60～80℃（140～180℉）的热水或碱性溶液。在某些情况下，只使用热水与防锈添加剂。这些清洗设备为喷淋式或喷雾/浸泡组合式。一个单级清洗设备在清洗循环操作中用的是相同的乳液。这类清洗设备能去除大多数表面污染物，但会残留有油，可以提供短期防锈。底线是，在单级清洗设备中清洗的零件不是无油的。当需要涂覆防渗涂料的零件表面有油时，使用单级清洗设备会导致硬质斑点。当部件被加热时，油会蒸发，涂料表面失效。经检验，硬度检查失败的区域将显示完全的硬度，证明了油漆保护部分在加热中失去作用。

使用热碱性溶液清洗后，如前所述，应该用足够的干净的水冲洗，确保所有的污染物都被冲洗掉。常见的做法是在工业清洗设备中用干净的水清洗后添加防锈剂，以防止清洗操作后的表面部分氧化。用含有防锈剂的水冲洗，不管任何比例，都将导致在已经涂上涂料的表面产生硬质斑点。

为了确保零件在单级清洗设备里清洗后均无油，公认的做法是将零件加热到 400℃（750℉）以上的温度，以去除这些污染物及清洗操作后表面残余的油。这些零件在涂覆涂料前必须被冷却到室温。

2）喷丸。这是一种常见的在应用防渗涂料前对零件表面进行准备的操作，用钢丸、氧化铝、石榴石或玻璃珠轰击零件表面。对喷丸后的零件应执行清洗操作主要有两个原因。一方面，大多数的喷丸设备利用介质再生系统，喷射介质是可回收和重复使用的，这种再生介质通常含有之前操作带来的油和灰尘，从而沉积在零件表面。理想情况下，这些零件应该使用原始喷射介质，而且即使是原始介质也是有问题的。另一方面喷丸后，零件表面会被喷丸设备中防尘装置污染，这种表面污染会影响涂料的附着性，导致涂层不均匀。注意：市场上有的喷射介质包括回收磨轮磨料和其他前期操作的回收料，这些物质已经处理和清洗干净，并且能够用胶水和黏结剂黏结，而这种黏结剂会留在零件的表面。所以，必须有人确认所使用的介质是原始材料。

3）手工清洗。当要涂层的零件太大，以至于不能清洗的时候，需要涂层的区域必须手工清洗。应特别注意各种清洗剂都要 100%有效，因为很难核实手工清洗后的部位是无油的。手工清洗后可进行热清洗阶段，进一步确保涂料区域无油污。在这个热清洗阶段，应该将零件加热至 400℃（750℉）以上。

（2）涂层固化/干燥　干燥时间不足是防渗涂料失效的另一个主要原因。所有防渗涂料使用溶剂或水稀释剂，这些稀释因子必须在装炉之前完全蒸发。干燥不足将导致稀释剂产生气体，去除一部分加热区域表面的涂层。有一点很最重要，第二层涂层涂覆前必须保证第一层彻底干燥，没有彻底处理将导致硬质斑点。第二层将密封第一层，防止稀释剂消散。加热时，第一层表面部分的稀释剂将产生气体。

2. 防渗涂料的使用

（1）渗碳和碳氮共渗　渗碳和碳氮共渗最常用的防渗涂料的主要成分是含硼的溶剂或水性涂料。硼基涂料的最大优势是经热处理后的残留物在热水或碱水中是可溶的。在不好进行机械清洗时这些涂料是最佳选择，它们广泛应用在汽车行业大规模生产的中小型汽车零部件。它们在渗碳和碳氮共渗时提供保护，并在清洗操作时移除残留物，免去了额外的清洁操作过程。

图 4-10 显示了硼基涂料的一个额外优点：涂料区域的硬度甚至比心部硬度低，因为涂料隔热的特征导致淬火速度降低。

60 多年前开发的原始防渗涂料是氧化硼和溶剂型涂料，现在（2013）这些溶剂型涂料仍然在使用，并在喷涂过程中提供最好的保护作用。水基溶剂产品被开发并且作为更环保的选择，它是溶剂型涂料无法替代的。然而，使用水基硼溶液有一定的局限性，不利于炉内。溶剂和水基硼在热处理时会被分解，这跟时间和温度有关系。这些涂层能提供 2mm（0.08in）深的保护层，超越这一深度，油漆将不再

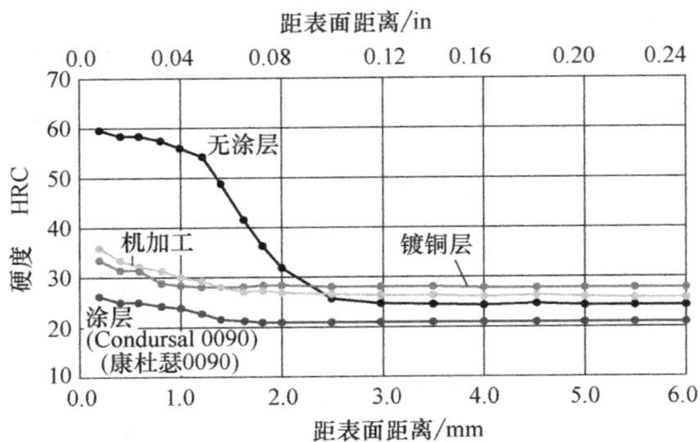

图 4-10 在气体渗碳中不同防渗涂料的性能
[样本钢为 H8620，尺寸为 27mm（1.06in）]

有效。水和硼的组合形式基于硼酸，硼酸基释放的气体会在大气循环中与硅的耐火材料发生反应，导致共晶硅的熔点降低。这可能导致炉腔的玻璃化，玻璃化的程度取决于涂料的用量和炉腔工件的循环次数。腔内的玻璃会随耐火材料中的硅成分的变化而变化。这种玻璃效应可利用炉底的氧探测器观察到。釉能使外电极和衬底的电接触面积增加，提高探针电阻和使读数有误差。为了纠正这种情况，探测器必须及时更新并退回到供应商清洗。电极和衬底之间的区域必须进行机械清洗和测试。由于这些原因，溶剂型的硼防渗涂料应该作为首选，因为此涂料不会导致这一现象。

硼基涂料不同于所有其他备选方案。当加热时，这些涂料呈现半流质的状态。如果涂层太厚，可能会导致涂料流到要求涂覆防渗涂料部位之外的其他裸露部位。为此，应保持涂层厚度为 0.2~1.0mm（0.008~0.04in）。只要这种涂层均匀，一层就可以，太厚时效果并不好。对某些零件，如螺纹，建议涂覆两层，使其在旋转时得到充分的保护。

（2）深层渗碳 许多防渗涂料已被开发出来，作为硼基涂料的替代，用于层深要求超过 2mm（0.08in）的零件。硅酸盐基的涂料可以在层深达 10mm（0.40in）下提供安全保护，如风能行业的大型齿轮零件（图 4-11）和其他能源传输部件。与水性硅酸盐液体载体不同，盐酸基涂料主要成分是含铜的金属/金属氧化物。含铜的涂料并不特别适合碳氮共渗，因为金属可能跟工业气体中的氨发生化学反应。硅酸盐基涂料通常应涂覆 2~3 层，这取决于处理的零件层深。经热处理后，涂料的玻璃状残余物是不溶于水的，也不能用溶剂除去，可通过喷丸去除。与硼基产品不同，这些涂料的优点是即使涂层过厚，也不会产生反应。同样，它们与水基硼涂料不同，不会受炉内玻璃釉的影响。

（3）真空渗碳 真空渗碳中的防渗涂料类似于气体渗碳。需要在热处理后洗掉涂料时，选用硼基涂料。

图 4-11 风电涡轮机齿轮部件在渗碳淬火前喷涂防渗涂料

在真空渗碳炉中使用的唯一硼基涂料，是为这个工艺专门定制的。可以特别关注常规的硼基涂料，尤其是在高压真空气淬炉中。淬火中的氮气或氩气气流会吹起工件表面的污物并且污染炉腔内部。真正令人担忧的是，这些残留物会进入真空泵。如果机械去除（喷丸）防渗涂料是可以接受的，则硅酸盐基的氧化铜涂料应该是第一选择。这种类型的涂料在淬火的气流循环中非常有效，并且不会污染炉腔。

（4）渗氮和氮碳共渗 渗氮和氮碳共渗中的防渗涂料主要是锡基粉末，它分散在一种由溶剂、合成黏结剂或水、合成乳液组成的漆中。防渗效果基于分散在钢表面上的熔锡层，它起到密封隔气的作用，可防止氮的扩散。应该指出的是，空气中预热的镀件温度不能超过 380℃（720℉），否则将损害所需的起安全保护作用的镀锡的均匀性。这些涂料残留物在渗氮工艺后外观呈粉状，可以很容易地擦拭或涂刷去除。必须指出的是在除去粉状残留物后工件表面会有一层微观的锡层，通常情况下，这并不会影响零件的功能。但确实出现问题时，可以用喷丸或机械加工方法将锡层去除。

偶尔，钢铁表面涂层区域留下的锡层在做金相试验时会被误认为渗氮层。如果有疑问，可进行显微硬度测量以确定是软锡还是硬的渗氮层地区。

在渗氮周期结束时可能会有一些粉状的残留物脱落，这是在循环卸载阶段的回流中产生的，这些残留物将在底部沉积。建议在每个循环后抽空炉腔，以确保这种粉末残留物不会在下一次装料时再沉积到零件无涂层区域。如不照此办理，可能导致这些零件未涂层区域出现软点。

典型渗氮零件有曲轴、凸轮轴、凸轮从动轴承、阀门零件、挤出螺杆、压铸工具、锻模、挤压模、喷油器和塑料模具工具（图 4-12）。

（5）离子渗氮 离子渗氮最常用的防渗技术是

图 4-12 在工具零件渗氮前涂上防渗涂料

机械屏蔽。如果零件的几何形状不适合机械屏蔽，可以使用基于铜（导电）或陶瓷原料（绝缘）的防渗涂料。这些涂料的残留物是粉状的，能被轻松擦拭掉或刷掉。

（6）预防氧化皮 防渗涂料可防止在开放燃煤炉内生成氧化皮和氧化物。这些涂料用于退火、去应力退火、正火和淬火。它们用于气体保护不可行或者成本高昂的场合。在零件整个表面涂上硼基涂料，可以使零件在温度高达 850℃（1560℉）的加热中避免产生氧化皮。热处理后，这些涂层残留物是水溶性的，用热水很容易去除。这些涂料不推荐使用在超过 850℃（1560℉）的场合，因为那时涂层不再是水溶性的，甚至用机加工去除方法也极其困难。

陶瓷基涂料可用于处理温度达 1200℃（2190℉）的场合。这些涂料形成玻璃状屏障，以防止水垢形成。在冷却时，由于涂层和钢的不均匀膨胀，涂层开始脱落。虽然很多涂层就会脱落，通常还是需要通过机械加工方法去除其残留物。

3. 一般注意事项

钢质零件在热处理过程中的屏蔽技术已经取得成功并且获得经济化的应用，几乎用在所有的渗碳及气体渗碳，包括最新的真空技术中。新产品和新工艺的应用提供了通用、可靠的技术，和以前的工艺相比，大大降低了成本，提高了工人的健康水平和安全保护力度，而且更环保，如镀铜。

防渗涂料用于比较昂贵的接近使用的零件（近成品）。在每个零件被送至热处理之前已经被增值化。未能妥善清洁零件表面和遵守制造商的说明，将导致昂贵的废料。此外，必须考虑防渗涂料不是标准化的，而是根据其制造商的专利配方制造。因此，此工艺必须强制性严格按照技术文件操作。

根据一般的经验，防渗涂层不得超过炉内装载零件总面积的 30%。超过这个数量时，可能会由于炉内气体暂时的不平衡而推迟炉内循环。当零件被加热时，水蒸气或者涂料中热裂纹黏结剂中所产生的气体会被释放到大气中，过量会导致炉内气体的失衡，使过程停止。随着时间的推移，炉内气体将会恢复，但工艺周期的中断会导致比预期的防渗涂层深度浅。

防渗涂料通常有一年到几年的最低保质期。这些涂料应在室温下储存和分配使用，先进先出。水性涂料不能冻结。当发生冻结时，涂料必须在混合之前彻底解冻至室温。如前文所述，在涂覆涂料前，零件必须彻底清洗和干燥，必须无污物，如石油、油脂、灰尘、氧化物和水垢等。理想的情况是，零件和涂料应在室温下使用（近似于 25℃ 或 77℉）。油漆彻底搅拌后，钢铁表面完全覆盖的涂层应尽可能均匀，必须避免过大的涂层厚度，因为过厚并不能提高涂料的防护性能，而且还可能导致一些涂料流到不必要的部位，同时肯定会延长干燥时间。所需干燥时间取决于各种因素，如涂料组成、黏度、涂层厚度、环境和温度，以及大气湿度。干燥时间范围可以为 3～16h，取决于大气条件下的涂层厚度和涂层数量。与水基涂料相比，由于溶剂的蒸发更快，溶剂型涂料干燥较快。对于所有零件的涂料，在最高温度 180℃（360℉）下空气中预热可以缩短干燥时间。超过此最高温度可能会导致涂料流入裸露区域，其有效性降低。

如果零件预先涂上防渗涂料，并在超过 180℃（360℉）温度下预热，其防护性能可能会受到影响，这取决于涂料配方、炉内气氛和预热温度。因此，考虑各自的制造商所提供的建议是很重要的。

许多这类涂料有吸湿性，如果长时间暴露在高湿度的环境中，会吸收水分。因此建议，在零件热处理后的 24h 内涂覆最后一层涂层。在高湿度地区，建议将需涂覆的零件存储在 80℃（180℉，最高）的烤箱中，直到准备将其放入炉中。

涂覆的区域必须放置好或用夹具固定，以确保这些区域不会接触炉内其他零件裸露区域。如果在炉内循环期间发生接触，保护层可能已损坏，或者使相邻零件发生不想要的与气体的隔绝。

必须采取谨慎的措施，确保防渗涂料没有滴落或误用到不需要的表面。人工清洗这些部位通常不足，即使受污染的表面看起来干净，在这些部位的渗透也可能不均匀。建议所有的涂层经机械加工后，再用喷丸去除，洗净零件并重新涂覆。

建议在热处理后，涂料的残留物不要在工艺周期中停留太多时间，因为一些残留的防渗涂料在潮湿环境中会发生化学反应，导致零件表面产生腐蚀。

多数防渗涂料只在一个气体循环中有效，当然这就是零件的淬火硬化周期。如果需要后续热处理，必须重新清洗和涂刷零件。有一个例外，一种双涂料可用在渗碳周期及空气冷却中同时防止碳渗透。零件可以在空气中进一步冷却到室温。在淬火周期中，这些零件可以在大气中重新加热和油淬火。这些硅酸盐基涂料将提供两个周期的防渗保护，免去了二次涂刷。

在同一炉内装载的零件，不要组合涂覆两种不同的防渗涂料，这会损害一种或两种涂层的有效性。如果溶剂型硼基涂料和水性或者硅酸盐涂料涂覆在同一个零件上，这种情况绝对会发生。在加热期间，水基和硅酸盐涂料散发水蒸气，可以破坏溶剂型涂料，并碰上无涂层区域。

边缘效应。一种常见的不利情况，即发现涂层表面边缘以下有硬度。这不是涂料的失效，而是由碳或氮通过未涂刷区域边缘渗透引起的。渗层扩散到零件表面及包含涂料边缘之下。如果这种情况不能接受，可以通过扩展边缘涂料表面来缓解。

4. 应用方法

少量的零件是可以选择手动用软刷涂覆的。同时，也可以根据客户的需求，对防渗涂料采用多现代半自动及全自动应用技术。

应用这些技术之前，适当地搅拌混合涂料是至关重要的。当今（2013）市场上大多数的防渗涂料是非牛顿流体，即涂层黏度总是取决于时间、温度的变化和其他因素。这些涂料是具有触变性的，打开涂料的容器时，它看起来厚（黏性）并且类似于凝胶，然而随着搅拌机搅拌涂料，由于剪应力引起的混合，流体黏度进一步降低。通常情况下，这些产品不能被振动或摇动，必须是机械混合，通过手或机械搅拌器都可以。大多数防渗涂料第一次打开就可以直接使用。要使涂料变稀，只需要用溶剂或水补充已蒸发到空气中的溶剂。重要的是，涂覆之前彻底混合后再考虑添加稀释剂。过稀的涂料可能会损害涂层保护的有效性。

涂刷。如前所述，涂刷适合单件或小批量的零件，如大型齿轮、轴、工具等。防渗涂料采用软猪鬃刷平，应该是更均匀的薄层厚度。涂刷零件时，不施加任何压力，允许涂料均匀地流下刷子。如果涂料从涂刷表面滚动回刷子上时，应立即停止涂刷。此表面有油或其他污染物，必须去除。当存放刷子时，必须用与涂料一样的溶剂，以确保没有不良化学反应或使涂料污染。

（1）浸渍/浸泡是生产大量的小零件时最简单、最经济的方法　如果涂刷的区域是零件的端部，可用半自动或连续系统执行这个任务（图 4-13）。在一个系统中（图 4-13a），零件装到一个架子上，架子放置在防渗涂料容器上方的固定位置。该容器被提升到浸泡所需的零件，然后撤回，多余的涂料将滴到容器中。然后将架子移走，用另外一个架子取而代之。

在另一个系统（图 4-13b）中，一些零件被放到一个传送器上。传送器牵引到固定的涂料容器的上方。一个浅容器浸没在涂料中，并根据要求用浅容器提升零件。浅容器撤回到固定的涂料容器里重新注满。（零件上）多余的油漆滴入容器。从固定的涂料容器位置牵引走传送器，紧接着对另一个传送器上的零件进行加工。

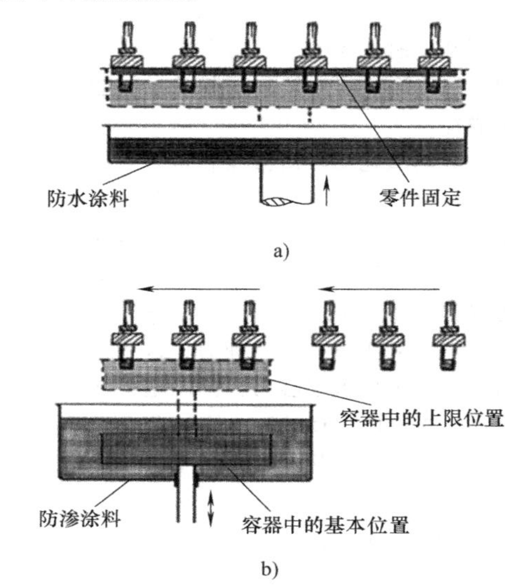

图 4-13　浸渍装置示意图

（2）滴涂　自动滴涂涂料使用的设备类似于自动点胶机。工艺和设备类似于正常的喷漆技术，但涂料不是被喷出，而是像牙膏一样不断从喷嘴流出。许多设备使用这种技术，只需要适度调整涂料特性和零件涂层面积。根据零件的数量和复杂性，有简单的低成本设备（图 4-14）或高端自动化计算机控制系统（图 4-15），包括自动处理系统、干燥区域等，实现机器人和自动化处理，提供可再生的高产应用流程。这些系统可用于汽车行业和量产齿轮的制造，如变速器。

（3）喷涂　类似于滴涂，喷涂也适用于高产涂层，尤其适合要求大面积涂刷的零件。也就是说，喷涂越来越多地取代滴涂，它有很多的优点，如减少浪费（没有过喷）和最小雾化接触工人。此外，喷涂通常需要某种形式的掩蔽，以防止喷漆污染到不需要的区域。

（4）挤压　在大量的零件和复杂形状的区域涂层，可以采用挤压涂料。为此，将涂料与被涂区域

图 4-14 简单的低成本设备

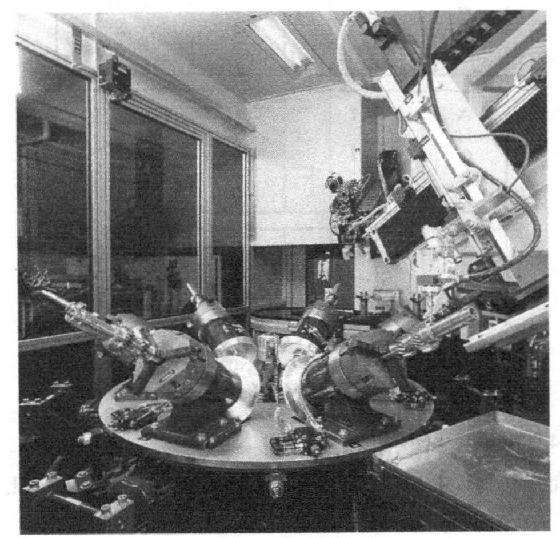

图 4-15 高端自动化计算机控制系统

镜像放置并将其湿润，然后挤压到零件上。这样一个工艺过程在实践中可以用通过采用半自动或全自动设备来使成本合理化。

致谢

作者感谢菲尼克斯热处理公司的 Peter Hushek 为本文所需的镀铜防渗工作提供的帮助。

4.3 钢的硬化层深度测量方法

Revised by William J. Bernard lll, Surface Combustion, lnc.

4.3.1 简介

钢的表面硬化是一种旨在对试样表面进行选择性硬化的方法。硬化的表面称为硬化层，而内部称为心部。硬化层深度大致定义为从钢材表面到心部起始处的直线距离。

本节的目的是讲述硬化层深度的各种测量方法。一些文献中提出了各种模型，通过建模预测不同的表面硬化处理方法、不同钢的硬化层深度。硬化方法主要有两种：扩散法，如渗碳、碳氮共渗、渗氮、氮碳共渗；加热硬化法，如感应淬火、火焰淬火等。在扩散方法中，表面层的化学成分通过引入硬化化学元素而被改性。加热硬化法是材料的表面被迅速加热然后和冷却，形成坚硬的亚稳相（如马氏体），同时心部保留其原始的显微组织。

4.3.2 测量规范

硬化层深度的测量是高度敏感的，硬化的类型、原钢的成分、淬火条件，甚至测试方法都会有影响。例如，图 4-16 所示为 8620H 钢淬火齿轮在淬火后轮齿横截面上各部位典型的硬度曲线，包括节圆、齿根过渡曲面和齿槽底面。这些数据显示了相同的齿轮上的三个区域的不同深度的硬化效果，说明了明确规范的重要性。

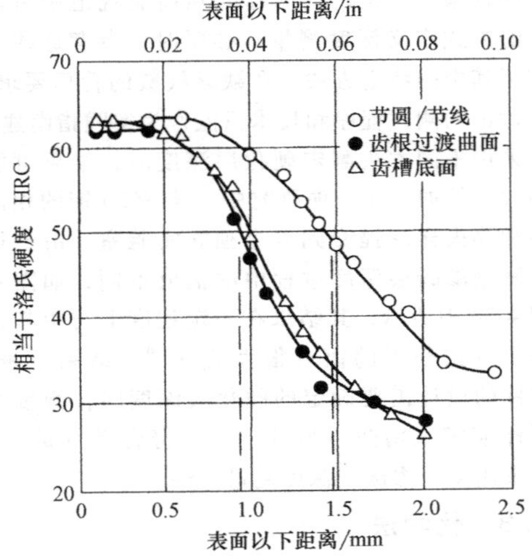

图 4-16 8620H 钢淬火齿轮在渗碳后表面以下距离的硬度变化，有效硬化层硬度为 50HRC，齿根过渡曲面、齿槽底面、节圆处的有效硬化层深度分别为 0.94mm（0.037in）、1.02mm（0.04in）、1.45mm（0.057in）

选用文献当中所列的技术规范通常规定了以下两个术语。

（1）有效硬化层深度　有效硬化层深度是从试样表面到达到一个特定的硬度值或某一特定化学成分的最深点的垂直距离。不同的标准中对硬度值或成分值的定义也不同。例如，渗碳标准中常简称为“有效硬化层深度到 50HRC”“表层硬化深度到 550HV”“深度至 0.40%C”。对于渗氮，规范可能要求为“实际渗氮深度为核心硬度+50HV”。感应淬火或火焰淬火时，标准规定可能为“硬化深度为硬度达到最小的表面硬度的 80%”，也可能允许有效硬化层深度随硬度限制钢的碳含量，见表 4-5。一些规范中甚至可能基于显微组织来定义表面层深度（如深度为50%马氏体的硬化层深度）。通常，有效硬化层深度大约为总硬化层深度的2/3~3/4。

表4-5 感应或火焰淬火钢有效硬化层深度的极限硬度和碳质量分数的对应关系

碳质量分数(%)	极限硬度 HRC
0.28~0.32	35
0.33~0.42	40
0.43~0.52	45
0.53以上	50

（2）总硬化层深度　总硬化层深度是指从试样表面到化学或物理性能无差异心部的垂直距离。总硬化层深度有时被认为是从表面碳含量高于核心碳含量0.04%的距离。

应该指出的是，国际标准和商业规范中可能以不同的方式定义深度测量。必要时，参考这些文献并使用其中的特定方法。在缺乏权威的管理要求时，以下讨论的测试程序和技术只能作为实践指南建议。

采用不同方法测定硬化层深度时，结果可能相差很大。例如，在一项研究中，将8620钢的相同的渗碳和淬火样品提交到五个独立实验室。由于每个人在测量渗碳层深度过程中的估值不同，如图4-17和图4-18中所示，其结果在一定程度上与用其他物理测量方法获得的值有很大的不同。结果还表明，当部件的设计需要确定的硬化层深度时，测量的方法同样应定义清楚。另外，对于符合条件的工艺，必须采用多个渗碳层深度测量方法。

4.3.3 化学法

化学法可以用来确定扩散工艺过程中的总硬化层深度。如果有效硬化层深度用化学成分来定义（如0.40%C），也可以使用化学法测量。其中，两种常见的方法是燃烧分析法和光谱分析法。

（1）燃烧分析法　可用不同的方法来确定钢中碳和氮的含量。确定碳含量时通常是一个样品在纯氧中燃烧，将所有的碳转化成二氧化碳，然后通过红外气体吸收测量二氧化碳及相关的原始样品的重量。同样，可以使用热导率测试方法来测量二氧化碳排放量。使二氧化碳进入氦和氢的气流中，测量气流的热导率，将其和标准相比，即可以确定二氧化碳的含量。

对于氮，可使用惰性气体融合方法。通过把氦气中的样品加热到高温（≥1900℃或3450℉），释放出分子氮（N_2），并使用前面所述的热导率法测定。

这些测试方法是高度准确和精确的，碳和氮的最低测量极限误差通常是0.002%。

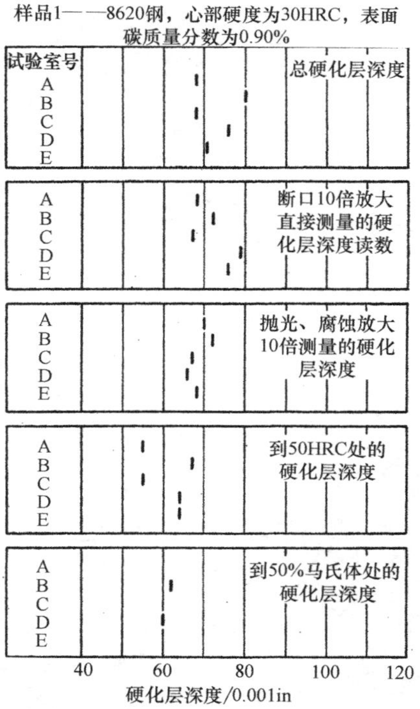

图4-17　8620钢在五个不同实验室测得的30HRC的心部硬度和0.9%表面碳质量分数的硬化层深度比较

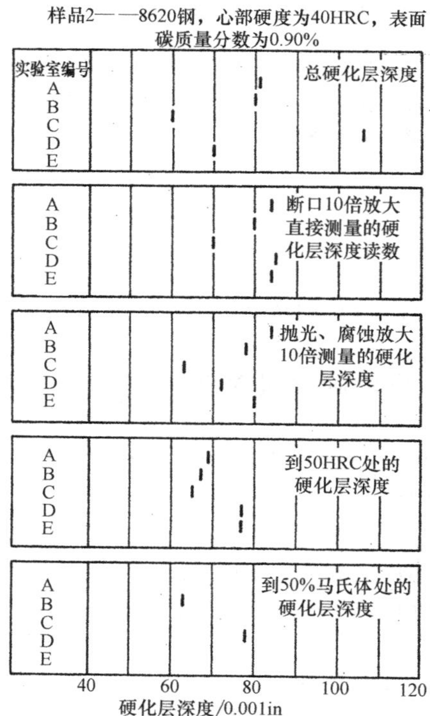

图4-18　8620钢在五个不同实验室测得的40HRC的心部硬度和0.9%表面碳质量分数的硬化层深度比较

（2）光谱分析法　用光学发射光谱可以准确确定碳和氮的含量。在这种方法中，原子受烧蚀激发，从样本表面脱离。典型的能源是电气火花或辉光放电，受激发的原子在失去能量时会发射固定波长的光。通过测量这些光谱波长和强度，可以分析得出每种元素的类型和含量。

燃烧分析法，是将样本机械加工得到的切屑通过燃烧再经过化学测定碳和氮的平均含量来实现的。光谱分析法中，光谱仪可确定样本中深度为 0.03mm（0.001in）处的含量。利用光谱仪对五个样品进行分析和通过燃烧分析法获得的碳含量的比较见表 4-6。

表 4-6　通过光谱分析法和燃烧分析法测得的零件表面和薄片的碳质量分数（薄片和零件在有吸热气体的连续带式炉中进行热处理，等级为 301，露点值为-9～-1℃或 15～30℉）

样本编号	碳质量分数(%)		
	薄片		工件
	光谱分析法	燃烧分析法	工件表面(光谱分析法)
1	0.36	0.36	0.38
2	0.24	0.27	0.25
3	0.22	0.24	0.225
4	0.35	0.35	0.34
5	0.30	0.30	0.305

（3）试样测试流程　为了确保各种类型的炉中进行表层硬化工艺的最大一致性，对于大型热处理设备，经常用试样代替实际零件进行化学分析。为建立不同层深对应的工艺和确保不同炉子的一致性，对这些样本在合金含量和外形方面会进行标准化，然后就可以将实际零件的硬化层深度与试样关联起来了。

试样与生产零件材料相同、在相同的炉内处理是一种很好的做法。在某些情况下，可用模拟工艺的方式来代表实际需要的零件。但是不推荐模拟，因为测试样本的炉装载量应该与实际生产条件下的装载密度、结构和硬化表面积相似。这三个变量会影响气体流动、温度均匀性和碳（或氮）需求。这些实际产品和样本负荷的条件差异，可能会导致硬化深度关联性的误差。此外，即使所有工艺变量是相同的，由于试样与实际零件存在几何形状的不同，其渗碳层深度也会不同。

对典型样品在渗碳后用燃烧分析进行分析，结果的准确性高度依赖于良好的加工工艺和良好的分析设备。

1）准备合适材料的一个圆柱试棒，如图 4-19 所示。以某种形式标记试棒，如在试棒端头打字。

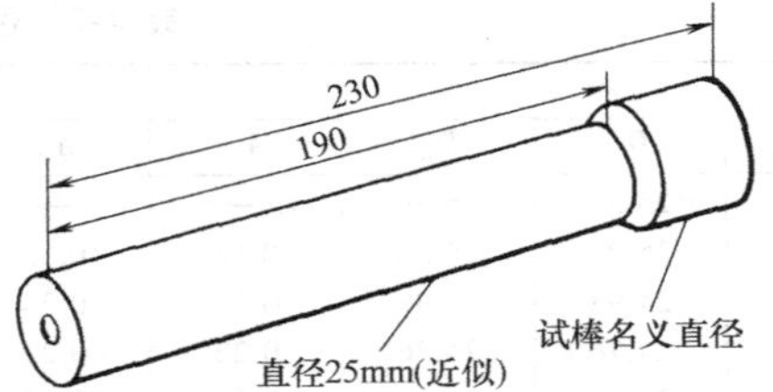

图 4-19　标准结构试棒，外径 25mm，经过 80 目砂纸打磨

2）渗碳，然后淬火或根据需要冷却试棒。如果试棒慢慢冷却，步骤 3）～7）可以省略。小心避免过度脱碳或冷却过程中试样的变形。

3）用肥皂和水清洗试棒，用甲醇洗净，干燥。

4）从试棒的一端切下直径 25mm（1in）的一段，供微观金相检验用。

5）记录淬火状态的大端表面硬度。

6）对试棒按照零件的时间和温度进行回火，记录大端直径的回火硬度。

7）为了便于加工，在 650℃（1200℉）下对试棒进行第一次回火处理，然后轻轻喷砂、清洁中心，拉伸试棒 0.04mm（0.0015in），在三个部位取样读取读数。

8）用肥皂水清洗试棒。用甲醇洗净，干燥。在加工前不应赤手拿取试棒。

9）硬化层深度小于 5.10mm（0.200in），从直径 25mm（1in）的一端机加工大约 3.8mm（0.15in）到深度 5.0（0.20in），以确保在分析结束时试样中的碳不被污染。另一种方法是去掉两个端头，只取试棒的中间部位。

10）干式加工试棒（不使用切削液）。首先，在每个加工操作之前，记录栏的直径用千分尺测量。加工面的最大允许锥度是 0.03mm（0.001in）半径。沿径向加工最多 0.05mm（0.002in）时清洁表面。保存切屑进行分析。其次，根据所需的准确性和预期的硬化层深度，沿径向加工深度从 0.05mm（0.002in）增加到 0.25mm（0.010in）。机加工半径增加到期望的硬化层深度以内 0.25mm 时，从此沿半径处切 3 个 0.25mm（0.010in）的缺口到期望的硬化层深度。保存 3 处的切屑，进行单独的分析。采取预防措施，以确保从每个缺口切削下来的切屑不会发蓝，灼烧，或被污染的泥土、纸，油污染。

11）使用燃烧分析仪分析试片或车削零件。

12）计算和绘制碳梯度曲线。根据曲线确定总的硬化层深度和有效硬化层深度。试样有效硬化层深度的样本数据和碳梯度曲线分别列于表 4-7 及图 4-20 中。

表 4-7 试样的硬化层深度碳梯度[①]

切削次数	尺寸/mm									碳(%)
	D_L	D_R	A_L	A_R	C_L	C_R	X	M	P	
0	25.35	25.36	—	—	—	—	—	—	—	—
1	25.20	25.23	0.15	0.13	0.15	0.13	0.07	0.03	0.03	0.987
2	24.98	24.99	0.22	0.24	0.37	0.37	0.18	0.06	0.13	0.953
3	24.76	24.76	0.22	0.23	0.59	0.60	0.30	0.06	0.24	0.918
4	24.49	24.47	0.27	0.29	0.86	0.89	0.44	0.07	0.37	0.871
5	24.22	24.22	0.27	0.25	1.13	1.14	0.57	0.06	0.50	0.818
6	23.94	23.91	0.28	0.31	1.41	1.45	0.71	0.07	0.64	0.787
7	23.69	23.65	0.25	0.26	1.66	1.71	0.84	0.06	0.77	0.717
8	23.41	23.38	0.28	0.27	1.94	1.98	0.98	0.07	0.91	0.675
9	23.10	23.10	0.31	0.28	2.25	2.26	1.13	0.07	1.05	0.627
10	22.80	22.78	0.30	0.32	2.55	2.58	1.28	0.08	1.21	0.583
11	22.49	22.48	0.31	0.30	2.86	2.88	1.43	0.08	0.36	0.540
12	22.19	22.17	0.30	0.31	3.16	3.19	1.59	0.08	1.51	0.483
13	21.87	21.87	0.32	0.30	3.48	3.49	1.74	0.08	1.67	0.444
14	21.59	21.56	0.28	0.31	3.76	3.80	1.89	0.07	1.81	0.401
15	21.25	21.27	0.34	0.29	4.10	4.09	2.05	0.08	1.97	0.365
16	20.80	20.75	0.45	0.52	4.55	4.61	2.29	0.12	2.17	0.328
17	20.27	20.24	0.53	0.51	5.08	5.12	2.55	0.13	2.42	0.283
18	19.72	19.68	0.55	0.56	5.63	5.68	2.83	0.14	2.69	0.245

注：1. D_L、D_R 分别为试棒的左、右端的直径。$D_{L,0}$，$D_{R,0}$为加工前的左右端直径；$D_{L,n}$，$D_{R,n}$为每次切削加工之后测量的直径。

2. A_L、A_R 分别为在直径上前一次切削下来的材料。$A_{L,n}=D_{R,n-1}-D_{L,n}$，$A_{R,n}=D_{R,n-1}-D_{R,n}$，$n>0$。

3. C_L、C_R 分别为总的直径深度上切削下来的材料，从棒的硬化层表面上进行测量。$C_{L,n}=D_{L,n}-D_{L,0}$，$C_{R,n}=D_{R,n}-D_{R,0}$，$n>0$。

4. X 为从棒的硬化层表面上去掉的平均总的半径深度材料。$X_n=(C_{L,n}+C_{R,n})/4$，$n>0$。

5. M 为当前切削半径深度与前次半径深度差的平均中间值。$M_n=(X_n-X_{n-1})/2$，$n>0$。

6. P 为棒表面的深度分布对应该深度的车加工的化学分析。$P_n=X_{n-1}+M_n$，$n>0$。

① 8620H 钢数据，925℃（1700℉）渗碳，在 19 盘连续式推杆炉 2、3、4 区安装有二氧化碳含量的红外控制。

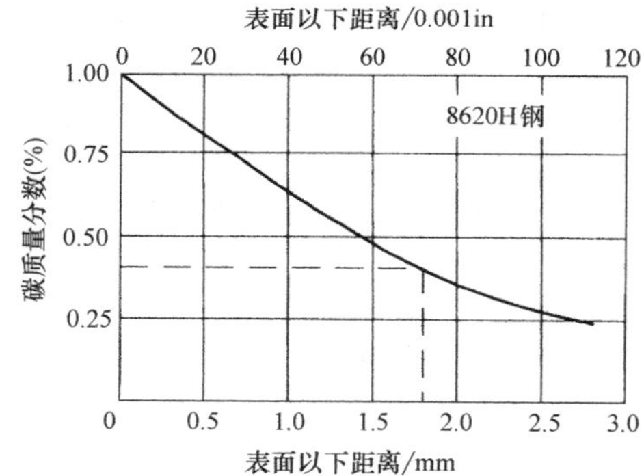

图 4-20 8620H 钢试棒的碳梯度曲线

注：试棒类似于图 4-19 所示的试棒，在 925℃（1700℉）温度下，在 19 托盘连续式推杆炉渗碳 2、3、4 区内二氧化碳红外控制。碳质量分数 0.40%时的有效硬化深度（虚线表示）为 1.82mm（0.0715in）。

碳和氮的测定采用光谱分析法时通常使用平面试样，锥形研磨，梯度研磨，或每次测量后再渐进研磨。很少采用表面研磨（以去除氧化物）。在每次切削后进行研磨并分析。必须特别注意准确测量的深度对应于每个元素的测定。在上述用燃烧分析过程的第 12 步绘制化学梯度曲线的基础上得出总的硬化层深度和/或有效硬化层深度。

如果使用辉光放电发射光谱技术，还可以控制溅射深度。因此，可以不用通过研磨而是直接一层一层地去除表面来分析数据。

4.3.4 机械法

测量有效硬化层深度的首选和最广泛使用的方法是显微硬度测试。这种方法也是测量薄件（≤0.25mm或 0.01in）的总硬化层深度的首选，如用在渗氮中。

显微硬度测试是在准备好的样本上的邻近表面边缘的指定区域内做压痕，如图 4-21 和图 4-22 所示。对硬化层深度的测量，建议选择努普氏硬度仪，可得到密度最高的压痕。

图 4-23 所示为努氏硬度仪球形或圆锥形金刚石压头在零件上的压痕，这在测量薄件的情况下尤其重要。

图 4-24 所示的维氏金刚石棱锥压头可增加压痕和压痕之间及压痕与表面之间的距离。为了避免发生错误，应该在硬化边缘到第一个压痕和压痕之间保持两个压痕的距离。负载的选择是基于获得良好

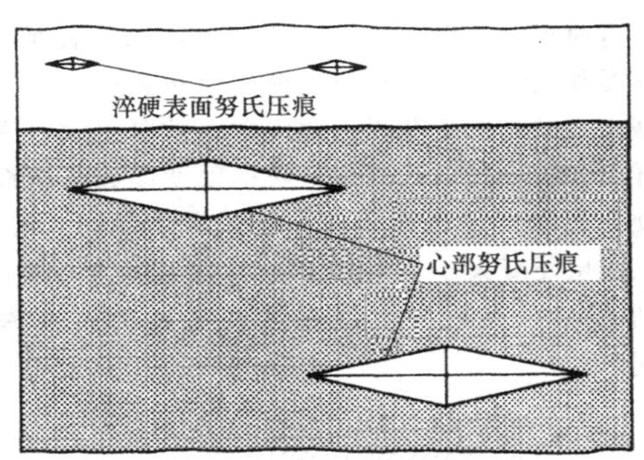

图 4-21 两个硬化情况相同的零件的努普氏压痕比较

图 4-22 努普氏分析渗碳合金钢

注：2%硝酸酒精溶液蚀刻，放大倍数为 40 倍

的有效的数据和足够数量的压痕，以获得准确读数。显微硬度使用负载可为 100~1000g。

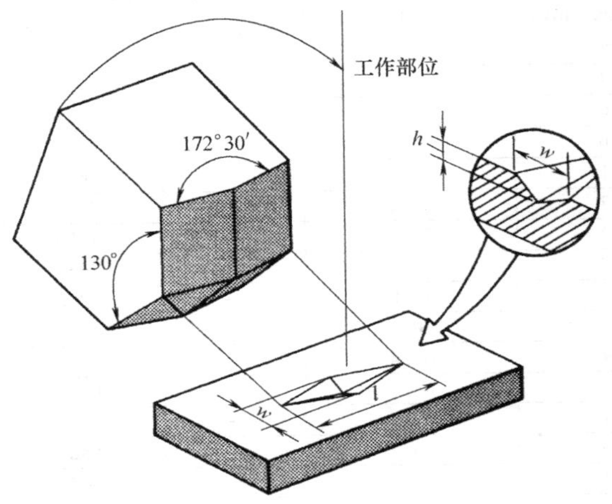

图 4-23 锥形或圆锥形的努普氏硬度仪金刚石压头在零件上的压痕

制样时，通常在指定位置（如试棒长度一半的位置）垂直于表面切割，然后在低收缩热固性树脂中加压镶嵌硬填料，保留边缘，最后对表面进行研磨及抛光，直至可用显微硬度计精确测量。建议至

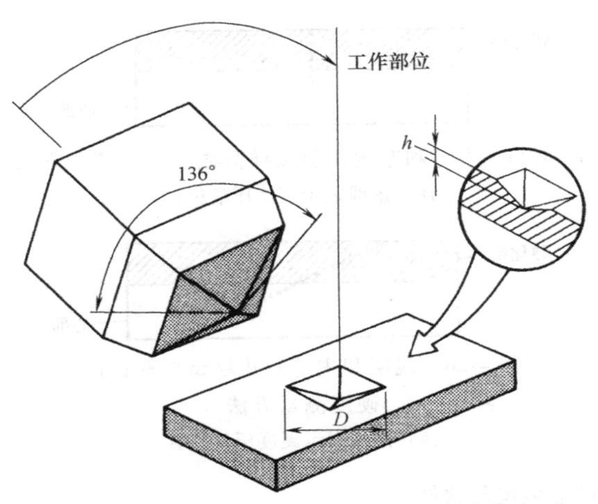

图 4-24 维氏金刚石棱锥压头在零件上用于试验的压痕

注：*D* 是压痕的平均对角线长，单位为 mm

少抛光到 6μm（240μin），使用金刚石磨料或合适的混合悬浮液。在含 0.05μm（2μin）氧化铝的绒布上抛光大约不超过 30s 时间，以避免边缘成圆弧状。

对整个表面和心部的显微硬度测量的准确性取决于测试试样的制备是否正确。一般来说，同样应注意样品的显微结构检查。所有切割和磨削操作期间，必须注意避免过热而使试样发生回火。每一步必须进行彻底充分的润滑，防止显微结构变形。必须注意避免截面附近边缘倒角，这些会影响表面硬度测量的准确性。也就是说，在实践中，应抛光试样的边缘，因为有圆角是很难在靠近边缘小于 0.01mm（0.004in）的地方获得可靠的显微硬度读数的。

有必要对抛光试样本进行腐蚀，以确定表面和心部的界线（见后面的可视法）或确认是否产生回火。然而，腐蚀必须轻度的。颜色过深的腐蚀可能会影响硬度读数，也使视觉测量压痕更加困难。

接下来，将试样移到装有维氏硬度计（金刚石棱锥）或努普氏硬度仪的千分尺台上并加载。显微硬度压痕载荷通常是 0.2~1.0kg。最初是在原始表面以一定的深度压下，周围应有足够的材料支撑，以保证精确的硬度读数。接下来是在截面的中心（图 4-25）。一般来说，压痕重复的间距为 0.5mm（0.020in），每个压痕宽为 0.05mm（0.002in），除非需要更精确的读数或更远的距离。然而，压痕间距应足够远以杜绝硬度值的失真。压痕也可以横向交错，以获得更精确的读数，如图 4-26 所示。最后一个压痕通常是在样品的中心附近可测得芯部硬度。

最后，绘制硬度曲线，并根据曲线确定有效硬化层深度。通常情况下，这整个过程可采用自动化

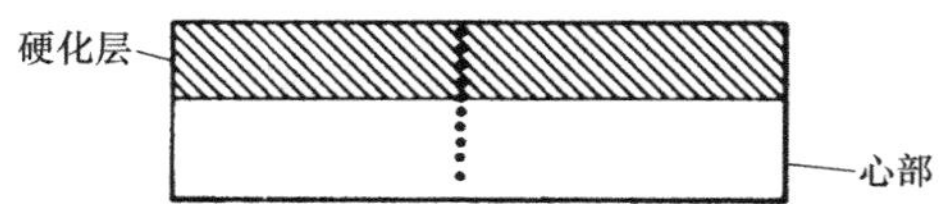

图 4-25 中等和厚硬化层试样横截面硬度测量方法

注：虚线表示硬度压痕位置

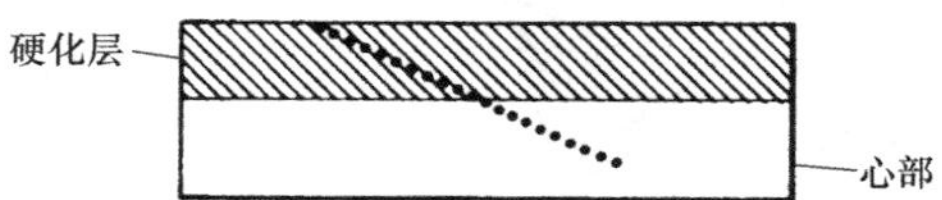

图 4-26 浅层和中等硬化层试样横截面硬度测量方法

注：虚线表示硬度压痕位置

的显微镜与软件。

也可使用其他试样制备方法。在锥形研磨时（图 4-27），表面切削角度应该大于 90°。这种方法能有效地放大表面到心部的距离，从而在相等的垂向距离上获得更多的压痕。利用这种方法，可以测量薄件或硬度曲线变化大的零件。

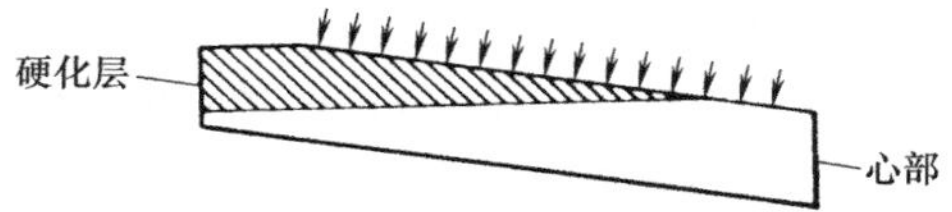

图 4-27 锥形研磨轻薄试样的表面硬度测量方法

注：箭头表示硬度压痕位置

有时也使用步进磨削工艺（图 4-28）。表面硬度和显微硬度读数可以在与之前化学法测量试样类似的截面上抛光态下获得。替代方案是取用截取或磨削样品到最小和最大深度。获得硬度读数并检查有效硬化层深度是否介于两种极限深度之间。例如，如果浅层硬度大于 50HRC 和深层硬度小于 50HRC，则到 50HRC 有效硬化层深度在这两个硬度深度之间。

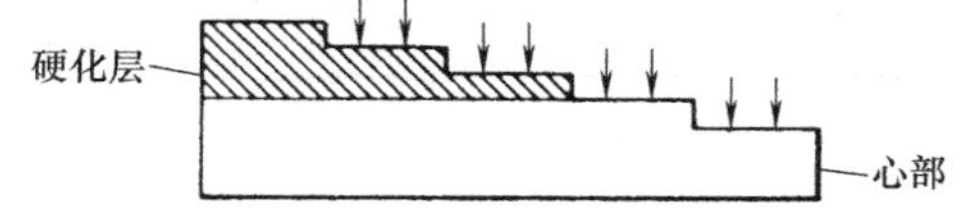

图 4-28 步进磨削中厚试样的表面硬度测量方法

注：箭头表示硬度压痕位置

测量人员应定期使用提供的校准试样检查显微硬度计的测试准确性。必须防止手动转换对压痕测量的实际读数造成误差。一些高级的测试能显示实际硬度数值，则没有必要再转换成目视读数。

用装备更先进的显微硬度计可将努普氏或维氏测量值直接转化为洛氏值，减少了出错的机会。然而，必须记住将任何一个硬度测量系统测得的硬度值换算到另一个系统时，必然会产生一些误差。维氏硬度、布氏硬度和洛氏硬度转换见表 4-8 和图 4-29。

表 4-8 钢的近似等效硬度值

HV	HK，≥500g 载荷	HRC，150kg 载荷，金刚石压头	表面金刚石压头			HBW，3000kg 载荷，10mm 直径球	
			HR15N 刻度，15kg 载荷	HR30N 刻度，30kg 载荷	HR45N 刻度，45kg 载荷	标准钢球	碳化钨钢球
940	920	68.0	93.2	84.4	75.4	—	—
920	908	67.5	93.0	84.0	74.8	—	—
900	895	67.0	92.9	83.6	74.2	—	—
880	882	66.4	92.7	83.1	73.6	—	(767)
860	867	65.9	92.5	82.7	73.1	—	(757)
840	852	65.3	92.3	82.2	72.2	—	(745)
820	837	64.7	92.1	81.7	71.8	—	(733)
800	822	64.0	91.8	81.1	71.0	—	(722)
780	806	63.3	91.5	80.4	70.2	—	(710)
760	788	62.5	91.2	79.7	69.4	—	(698)
740	772	61.8	91.0	79.1	68.6	—	(684)
720	754	61.0	90.7	78.4	67.7	—	(670)
700	735	60.1	90.3	77.6	66.7	—	(656)
690	725	59.7	90.1	77.2	66.2	—	(647)
680	716	59.2	89.9	76.8	65.7	—	(638)
670	706	58.8	89.7	76.4	65.3	—	(630)
660	697	58.3	89.5	75.9	64.7	—	620
650	687	57.8	89.2	75.5	64.1	—	611
640	677	57.3	89.2	75.1	63.5	—	601
630	667	56.8	88.8	74.6	63.0	—	591
620	657	56.3	88.5	74.2	62.4	—	582
610	656	55.7	88.2	73.6	61.7	—	573

（续）

HV	HK，≥500g 载荷	HRC，150kg 载荷，金刚石压头	表面金刚石压头			HBW，3000kg 载荷，10mm 直径球	
			HR15N 刻度，15kg 载荷	HR30N 刻度，30kg 载荷	HR45N 刻度，45kg 载荷	标准钢球	碳化钨钢球
600	636	55.2	88.0	73.2	61.2	—	564
590	625	54.7	87.8	72.7	60.5	—	554
580	615	54.1	87.5	72.1	59.9	—	545
570	604	53.6	87.2	71.7	59.3	—	535
560	594	53.0	86.9	71.2	58.6	—	525
550	583	52.3	86.6	70.5	57.8	(505)	517
540	572	51.7	86.3	70.0	57.0	(496)	507
530	561	51.1	86.0	69.5	56.2	(488)	497
520	550	50.5	85.7	69.0	55.6	(480)	488
510	539	49.8	85.4	68.3	54.7	(473)	479
500	528	49.1	85.0	67.7	53.9	(465)	471
490	517	48.4	84.7	67.1	53.1	(456)	460
480	505	47.7	84.3	66.4	52.2	(448)	452
470	494	46.9	83.9	65.7	51.3	441	442
460	482	46.1	83.6	64.9	50.4	433	433
450	471	45.3	83.2	64.3	49.4	425	425
440	459	44.5	82.8	63.5	48.4	415	415
430	447	43.6	82.3	62.7	47.4	405	405
420	435	42.7	81.8	61.9	46.4	397	397
410	423	41.8	81.4	61.1	45.3	388	388
400	412	40.8	80.8	60.2	44.1	379	379
390	400	39.8	80.3	59.3	42.9	369	369
380	389	38.8	79.8	58.4	41.7	360	360
370	378	37.7	79.2	57.4	40.4	350	350
360	367	36.6	78.6	56.4	39.1	341	341
350	356	35.5	78.0	55.4	37.8	331	331
340	346	34.4	77.4	54.4	36.5	322	322
330	337	33.3	76.8	53.6	35.2	313	313
320	328	32.3	76.2	52.3	33.9	303	303
310	318	31.0	75.6	51.3	32.5	294	294
300	309	29.8	74.9	50.2	31.1	284	284
295	305	29.2	74.6	49.7	30.4	280	280
290	300	28.5	74.2	49.0	29.5	275	275
285	296	27.8	73.8	48.4	28.7	270	270
280	291	27.1	73.4	47.8	27.9	265	265
275	286	26.4	73.0	47.2	27.1	261	261
270	282	25.6	72.6	46.4	26.2	256	256
265	277	24.8	72.1	45.7	25.2	252	252
260	272	24.0	71.6	45.0	24.3	247	247
255	267	23.1	71.1	44.2	23.2	243	243
250	262	22.1	70.6	43.4	22.2	238	238
245	258	21.3	70.1	42.5	21.1	233	233
240	253	20.3	69.6	41.7	19.9	228	228
230	243	(18.0)	—	—	—	219	219
220	234	(15.7)	—	—	—	209	209
210	226	(13.4)	—	—	—	200	200
200	216	(11.0)	—	—	—	190	190
190	206	(8.5)	—	—	—	181	181
180	196	(6.0)	—	—	—	171	171
170	185	(3.0)	—	—	—	162	162
160	175	(0.0)	—	—	—	152	152
150	164	—	—	—	—	143	143
140	154	—	—	—	—	133	133

（续）

HV	HK，≥500g载荷	HRC，150kg载荷，金刚石压头	表面金刚石压头			HBW，3000kg载荷，10mm直径球	
			HR15N刻度，15kg载荷	HR30N刻度，30kg载荷	HR45N刻度，45kg载荷	标准钢球	碳化钨钢球
130	143	—	—	—	—	124	124
120	133	—	—	—	—	114	114
110	123	—	—	—	—	105	105
100	112	—	—	—	—	95	95
95	107	—	—	—	—	80	80
90	102	—	—	—	—	86	86
85	97	—	—	—	—	81	81

注：1. 表中值为碳钢和合金钢在退火、正火、淬火+回火状态下。
2. 奥氏体钢冷加工时准确性不高。
3. 粗体数值对应的是在ASTME140中表1的硬度转换值。
4. 括号内的值为超出正常范围，仅供参考。

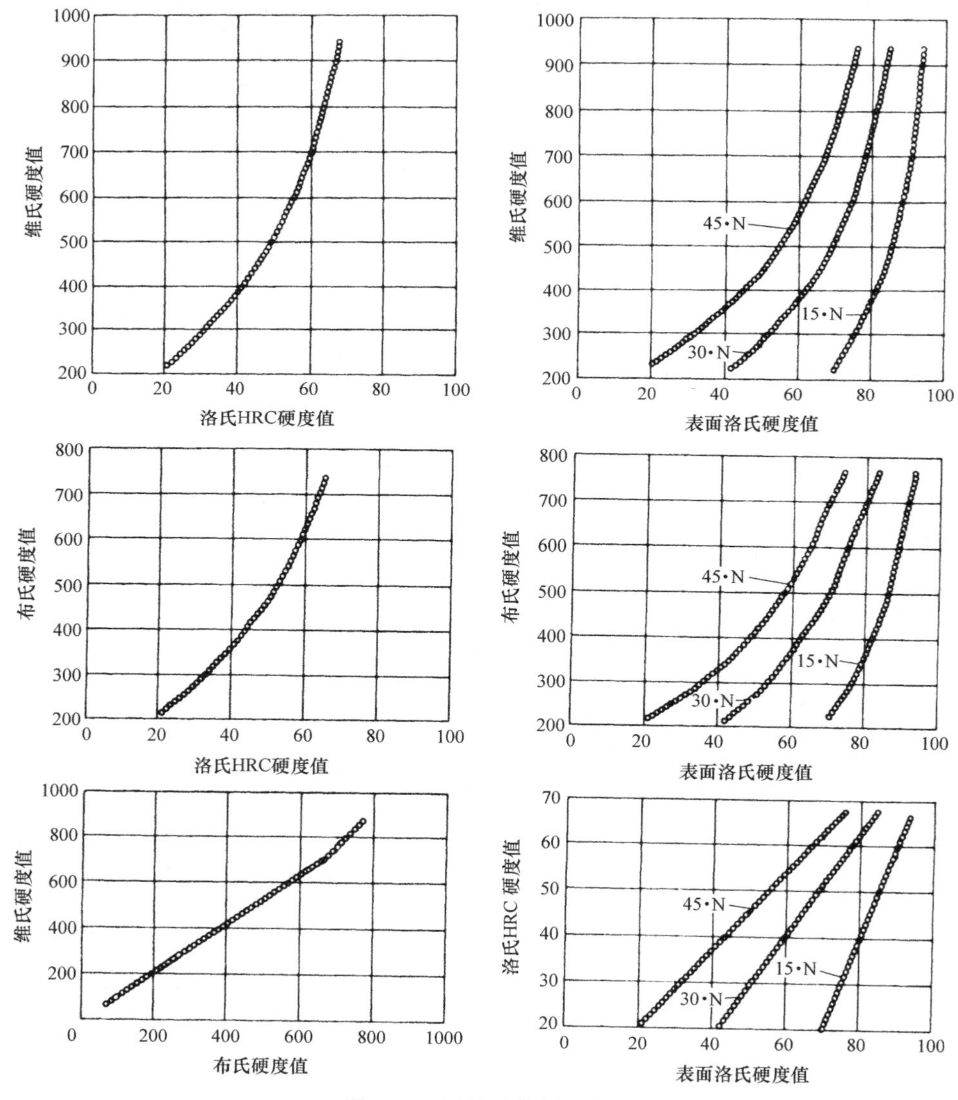

图4-29 钢的近似硬度值

即使采取谨慎措施确保硬化层深度的精确测量值，显微硬度测试的重复性和复现性还是很值得注意的。从图 4-30 中的数据可以看出，在两个不同的实验室对同一齿轮测量的至 50HRC 的有效硬化层深度的曲线相关性。另一个有关重复性和复现性的研究结果如图 4-31 所示。在此研究中，共有九名经过培训的操作员，在三个独立的实验室（配备三个不同的显微硬度计测试）中，每人每天用三台显微硬度计对两个样本集进行相同的操作，持续五天。两个样本达到 50HRC 的名义有效硬化层深度分别是 1.3mm（0.05in）和 3.2mm（0.125in）。不管测量深度如何，显微硬度测量的偏差大约变化近似相同（4HRC），并且不同实验室之间的结果是一致的。

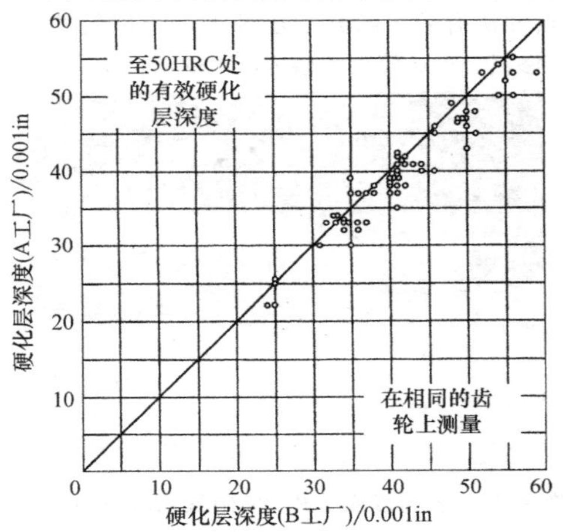

图 4-30 同一齿轮在不同实验室测得的至 50HRC 时的有效硬化层深度比较

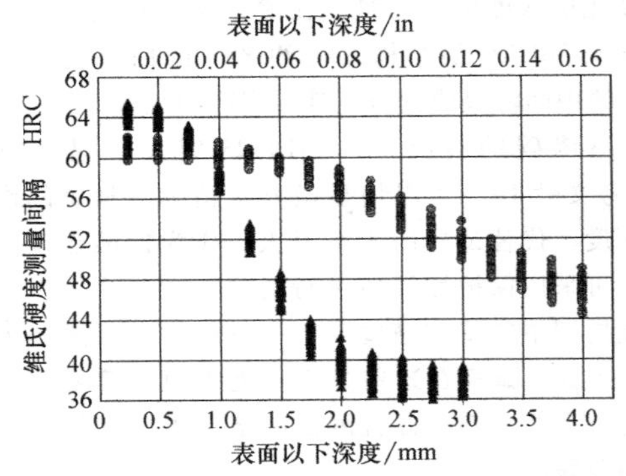

图 4-31 实验室中针对试样用显微硬度计测量的有效硬化层深度 1.3mm（0.05in）和 3.2mm（0.125in）的重复性和多样性的研究数据

这两项研究的数据也显示出，有效硬化层深度的测量误差随深度增加而增加。在最近的研究中，对于表面层较浅的试样，期望的硬化层深度变化约为 0.2mm（0.008in）；而对于较深的表面层样本，期望的硬化层深度变化约为 0.8mm（0.03in）。显微硬度测量的线性插值可用来确定有效硬化层深度。如果任何两个测量值的期望变化是恒定的，那么两次测量之间用线性插值预测的误差带随两个点之间的斜率减小而增加。因此，因为显微硬度测量偏差基本上是恒定的，显微硬度曲线的斜率随硬化层深度增加而减小，有效硬化层深度的测量误差随深度增加而增大。如果指定了一个零件的有效的硬化层深度公差，那么该值应大于显微硬度试验方法的固有测量误差（图 4-32）。

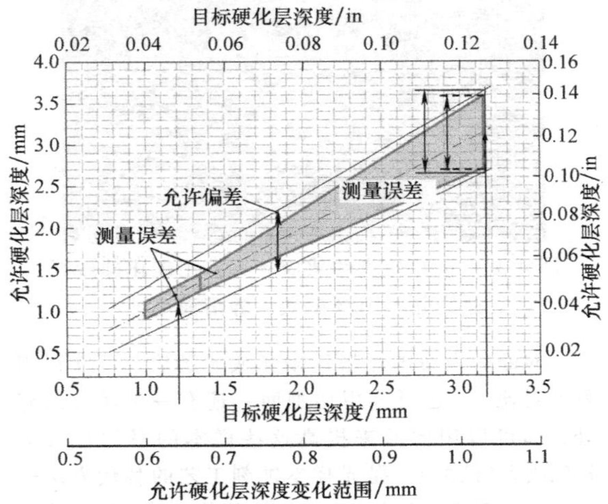

图 4-32 根据实验室的显微硬度计的重复性和多样性对样本的硬度达到 50HRC 的有效硬化层 1.3mm（0.05in）和 3.2mm（0.125in）的研究，预期测量误差及有效硬化层的函数关系数据表，图中也体现了此工艺下的有效硬化层深度变化的允许范围

4.3.5 视觉检测法

视觉检测方法分为两大类：肉眼测量和用显微镜观察。在用肉眼测量过程中，样本通常用不超过 No.000 的金相砂纸（600 粒度的金刚砂纸）打磨，并且放大倍数不超过 20。布氏硬度显微镜，一种手持式光学仪器，其理论标记间隔为 0.1mm（约 0.004in），20 倍放大，是一种用于肉眼测量的方便的工具。在用显微镜进行测量的过程中，试样需经过完整的金相抛光和腐蚀，正常情况下需要放大 100 倍来读取深度数据。

（1）肉眼测量　肉眼测量的特点是能在生产中进行快速和简单的对总的硬化层深度的常规测量。通常情况下，用于肉眼测量的试样与标准试样相比，其目测效果与总的有效硬化层深度有关，此值可通过其他方法比较获得。

最基本的应用是肉眼检查断裂试样和断口，如图 4-33 所示的齿轮轮齿。通常情况下，都具有明显的接近总的硬化层深度的区分边界，特别是如果该钢具有浅层硬化特性。如果需要增加对比，可以将断裂试样在 20%的硝酸水溶液中腐蚀。在实践中，测试试样的直径不能超过 9.5mm（0.375in），否则它们很难断裂。

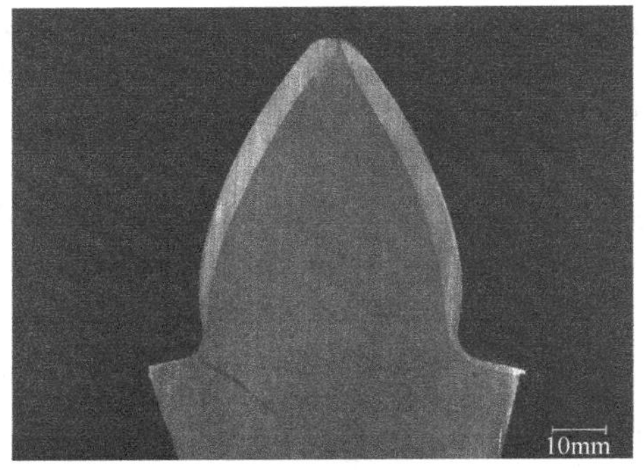

图 4-33 齿轮轮齿的感应淬火，用碳化硅砂纸抛光并用 10%硝酸乙醇溶液腐蚀

对断裂表面进行粗糙抛光或研磨后，可获得很好的对比。（也可采用切割面）还有一个额外的好处，即可以用弱酸来提高这些样本的对比性（如 10%或 5%的酸）。抛光样本蚀刻工艺的替代方法是在 25%的硝酸中磨蚀 30s，在浓的苦味酸酒精溶液中清洗，然后吹干。

充其量，这些方法只能用于近似的总硬化层深度测量。然而，将其与另一种硬层深度测量方法关联之后，就可以通过从试样表面到变暗区选定点测量来成功地测得有效硬化层深度。

硬化层深度测量的另一种方法是质谱法，它利用的是马氏体的温度（*Ms* 点温度）随碳含量变化而变化的关系。淬火并在 *Ms* 点温度保持一段时间，对应会生成一定碳含量的马氏体钢。后续水淬火中，高碳的奥氏体转变为回火马氏体。一旦抛光和蚀刻，回火（暗）和未回火（光）马氏体是具有明确界限的，这条界线通常可用放大 20 倍的布氏硬度显微镜读取，精度为±0.05mm（0.002in）。

硬化层深度对淬火浴槽中较小的温度变化不是很敏感。最终淬火温度的选择通常是通过对已知的碳分布曲线产生的正负分布偏差的统计得出来的。

影响该方法准确性的主要因素是淬火至 *Ms* 点温度的时间和 *Ms* 点温度所形成的珠光体。试样尺寸应足够小，以确保淬火过程中所有低碳奥氏体转变为马氏体，没有任何珠光体的形成。（试样为低淬透性钢）在 *Ms* 点温度的时间应足够短，以避免贝氏体的形成，因为这种组织会干扰清晰的腐蚀分界线的形成。有关 *Ms* 点技术的其他信息请参阅参考文献 2。

（2）用显微镜观察 一般来说，用显微镜观察的试样准备过程类似于显微照相技术或机械硬化层深度测量方法。试样在 2%～5%硝酸溶液中腐蚀，用酒精或水冲洗。测量时用显微镜软件或者使用千分尺附件取代目镜观察镜头。

总硬化层深度是通过对比表面与心部或微观结构点没有进一步变化之间的界限（图 4-34）得出的。对于许多表面硬化的零件，表面和核心之间的微观结构会有明显的过渡（腐蚀线所形成的视觉对比）。然而，有时表面和核心之间的界限并不明显，则必须借助于经验来判断（例如，高温下的渗碳或碳氮共渗合金钢）。渗碳的合金钢，已确认前面介绍的 *Ms* 点方法有效。此方法还可以用于碳氮共渗、氰化、渗氮、火焰淬火和感应淬火的实例中。

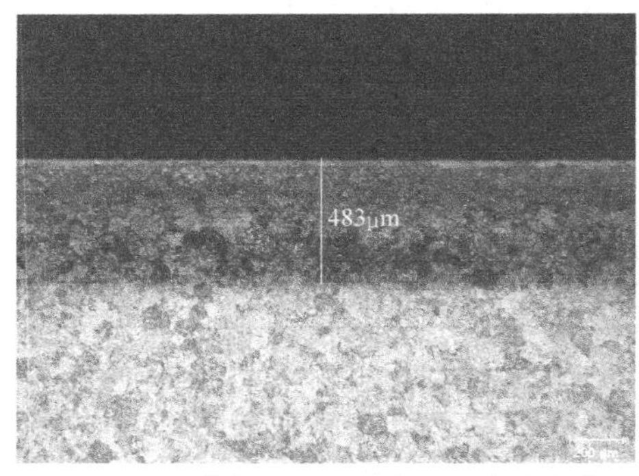

图 4-34 表面渗氮，用 2%硝酸乙醇溶液腐蚀，原始放大倍数 50×

如果微观结构与经验判定的极限硬度一致，有效硬化层深度也可测量。在渗碳层的情况下，几乎等同于 50HRC 的结构是由约 85%的回火马氏体和 15%的中间淬火或混合上部转变产物组成。

在渗碳的情况下，SAEJ423 定义了退火方法（参考文献 1），可以用显微方法精确测量总的硬化层深度。代替试样的木炭退火，作为标准建议的方法，可采用保护性气体进行退火。还要注意生产时渗碳周期中的冷却速度类似于 SAEJ423 所述退火方法。因此，试样在这些条件下处理时不需要在测试前进行重新加热，并且测试的结果可以和标准试样准确关联。

4.3.6 无损检测法

硬化层深度的无损检测是一个活跃的研究领域。与所有的非破坏性方法一样，无损检测的目标是在生产过程中迅速检查 100%的零件，避免破坏可在市场上销售的零件。

无损检测方法是通过穿过零件硬化层深度的电磁场变化来测量深度的。这种方法的测量结果可能由于局部的材料组织、硬度或者化学组成产生变化。

在汽车行业最常用的无损检测方法是涡流检测（参考文献 3）。其宝贵的特点之一是可以控制检测速度，适合高产量的自动检测线。生产上常用于无损检测的零部件有活塞销、轴、传动装置、水泵轴、变速器和传动齿轮等。测量的硬化层深度范围为 0.2~9mm（0.008~0.35in），与破坏性检测方法的测量深度 0.2mm（0.008in）或更小是一致的。这就要求为需要检测的零件专门设计装备。

生产精密测量硬化层深度的系统通常需要使用已知的硬化层深度、标准单位的部件。例如开发检测冷挤压轴的系统，为便于与稍后的未知硬化层深度零件的测量进行比较，应在主轴上测量并存储在计算机中。计算机通常用于控制部分扫描仪和涡流仪器，获取和分析数据，并存储结果。典型的检测包括将工件放置在检测仪器内，然后在目标领域依次增加频率范围从 5 至 10kHz 的涡电流线圈。计算机使用在某些频率的响应来估计硬化层深度，然后根据估计、选择的算法，得出最终的硬化层深度，基于硬化层深度的多元线性回归涡电流响应的频率对比。所使用的特定频率取决于零件上的位置。一般来说，它们由一个或多个低频率（0.1~1.0kHz）与一个或多个更高的频率（5~10kHz）组成。最高的频率（5~10kHz）用于表面硬度测量。图 4-35 所示为破坏性和非破坏性情况下轴的硬化层深度测量相关数据曲线。

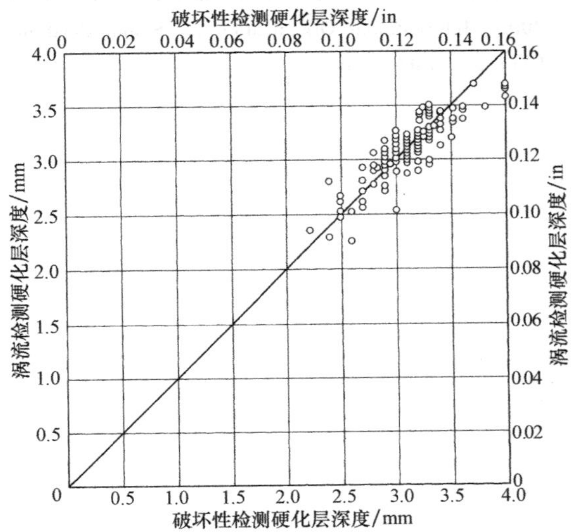

图 4-35 破坏性和非破坏性情况下轴的硬化层深度测量相关数据曲线

涡流检测的准确性受限于检测条件。零件温度的变化、表面粗糙度、残余应力、化学成分、核心微观结构的变化都可能会影响材料的阻抗和硬化层深度的测定。试样品的清洁度、表面粗糙度以及残余应力也会影响测量。在测量渗碳零件时，不同表面碳浓度可能会带来更多的不确定性。重要的是在设计和操作无损检测系统及选择合适的零件时认识到这些变量的存在。

涡流技术的发展日新月异。有一种手持式涡流传感器被称为蜿蜒缠绕磁强计，这些设备采用内置磁感应传感器。

另一种新的测量硬化层深度的方法是利用巴克豪森噪声磁场现象（参考文献 5）。当一个变化的磁场应用到钢铁上时，它不是连续磁化的，相反，是离散跳跃变化的，因为磁化场需要克服路径中的障碍（如碳化物、氮化物、位错和晶界）。在磁化过程中，电磁波和声学信号在这些跳跃中形成。放大、过滤和分析这些信号，结合其他深度测量技术来确定最适合此零件硬化层深度测定的频率范围。

其他方法还有采用电流检测试样，然后测量电阻率（参考文献 6）或电压差（参考文献 7），甚至两端的初始磁导率。分析和对比这些信号，得出硬化层深度的测定结果，甚至可以用作实时传感器。

超声波技术也被用于硬化层深度的测量（参考文献 8），这些技术是通过测量组速度，并将其与之前在不同频率下测得的组速度（与碳含量、残余应力、硬度和晶粒尺寸做好了关联）相比。因为超声波传播的深度与超声波的频率成反比，采用不同频率可得出整个表面的特征。

致谢

感谢材料评价工程公司拉里·汉克（Larry Hanke）提供的实例照片，感谢卡特彼勒的公司奥尔加·罗恩（Olga Rowan）提供的来自多个实验室对重复性和再现性进行研究的结果实例。

参考文献

1. "Methods of Measuring Case Depth," J423, SAE International, Warrendale, PA, Feb 1998
2. E. S. Rowland and S. R. Lyle, The Application of M_s Points to Case Depth Measurement, *Trans. ASM*, Vol 37, 1946, p 26-47
3. Automotive Applications of Eddy Current Testing, *Electromagnetic Testing*, Vol 4, 2nd ed., *Nondestructive Testing Handbook*. American Society of Nondestructive Test-ing, Inc., 1986, p 424-426
4. N. Goldfine and D. Clark, Introduction to the Meandering Winding Magnetometer (MWM) and the Grid Measurement

Approach, *SPIE Proc.*, Vol 2944, 1996, p 186-192

5. M. Dubois and M. Fiset, Evaluation of Case Depth on Steels by Barkhausen Noise Mea-surement, *Mater. Sci. Technoi.*, Vol 11 (No. 3), 1995, p 264-267
6. L. G. Chedid, M. M. Makhlouf, and R. D. Sis-son, Jr., Real-Time Carbon Sensor for Mea-suring Concentration Profiles in Carburized Steel, U. S. Patent 7, 068, 054 B2
7. J. R. Bowler et al., Alternating Current Potential-Drop Measurement of the Depth of Case Hardening in Steel Rods, *Meas. Sci. Technol.*, Vol 19 (No. 7), 1998
8. R. D. Mitra, "Case Depth Evaluation of Car-burized Specimens Using Ultrasonic Methods," M. S. thesis, MIT, 1993

引用文献

- ASM Committee on Gas Carburizing, Measurement of Case Depth, Chap. 4, *Carburizing and Carbonitriding*, American Society for Metals, 1977
- "Carburizing and Heat Treatment of Carburizing Grade Steel Parts," AMS2759/7B, SAE International, Warrendale, PA
- "Chord Method of Evaluating Surface Microstructural Characteristics," ARP1820B, SAE International, Warrendale, PA
- "Gas Nitriding and Heat Treatment of Low-Alloy Steel Parts," AMS2759/6B, SAR International, Warrendale, PA
- "Hardness Depth of Heat-Treated Parts; Determination of the Effective Depth of Hardening after Nitriding," DIN 50190-3: 1979-03, Deutsches Institut für Normung, Berlin
- "Iron and Steel: Determination of the Conventional Depth of Hardening after Surface Heating," EN 10328: 2005, European Committee for Standardization, Brussels
- "Method of Measuring Nitrided Case Depth for Iron and Steel," JIS G 0562: 1993, Japanese Standards Association, Tokyo
- "Methods of Measuring Case Depth," J423, SAE International, Warrendale, PA, Feb 1998
- "Methods of Measuring Case Depth Hardened by Carburizing Treatment for Steel," JIS G 0557: 2006, Japanese Standards Association, Tokyo
- "Standard Test Methods for Determination of Carbon, Sulfur, Nitrogen, and Oxygen in Iron, Nickel, and Cobalt Alloys by Various Combustion and Fusion Techniques," E 1019-11, ASTM International, West Conshohocken, PA
- "Steel—Determination of Case Depth after Flame Hardening or Induction Hardening," JIS G 0559: 2008, Japanese Standards Association, Tokyo
- "Steel—Determination of Effective Depth of Hardening after Flame or Induction Hardening," ISO 3754: 1976, International Organization for Standardization, Geneva, Switzerland
- "Steels—Determination and Verification of the Depth of Carburized and Hardened Cases," ISO 2639: 2002, International Organization for Standardization, Geneva, Switzerland

第5章 钢的外加能量表面淬火

5.1 钢的火焰淬火

Revised by B. Rivolta, Politecnico di Milano (Polytechnic Institute Milan)

火焰淬火是一种热处理工艺，它是将钢件表面薄的外层迅速加热至钢的临界温度以上，使其显微组织转变成奥氏体（奥氏体化），然后将钢件快速冷却，奥氏体转变为马氏体，同时心部保持其原始状态。与此相比，当将零件缓慢冷却时，经过形成珠光体、贝氏体、马氏体的相应温度范围时，产生相变，最终组织就是这三种组织的组合，其结果是获得一种相对较软的塑性好的钢。因此，为了获得一定的硬度，钢件必须迅速冷却，绕过前两个相变，直接从奥氏体转变成马氏体。火焰淬火采用高温火焰或高速燃烧产物的气体直接射流冲击加热零件，然后将该零件冷却，以获得所需的硬度。高温火焰是通过燃料与氧气或空气的混合燃烧获得的，火焰头用来燃烧混合物。

为了获得硬度，这种钢必须具有足够的淬透性，并且必须迅速冷却。表面薄层的冷却速度必须比马氏体临界冷却速度高，即为产生最少完全马氏体组织（或马氏体和残留奥氏体的一种混合物）时的淬火速度。

其他中间临界速度可能非常有用。例如，$V_1(50)$ 是产生50%马氏体和50%贝氏体（或其他较高温度转化产物）的临界冷却速度。

众所周知，马氏体临界冷却速度受合金元素的影响很大。迈尼耶（Maynier）和他的同事开发了一种可根据化学成分预测临界冷却速度的回归方程。马氏体临界冷却速度单位是℃/h，化学成分用质量分数（%）表示，Pa 为奥氏体化参数，包括温度和时间的一个独立方程）马氏体临界冷却速度用下式给出：

$$\lg V_1 = 9.81 - [4.62w(\mathrm{C}) + 1.05w(\mathrm{Mn}) + 0.54w(\mathrm{Ni}) + 0.50w(\mathrm{Cr}) + 0.66w(\mathrm{Mo}) + 0.00183Pa]$$

$$\lg V_1(50) = 8.50 - [4.13w(\mathrm{C}) + 0.86w(\mathrm{Mn}) + 0.57w(\mathrm{Ni}) + 0.41w(\mathrm{Cr}) + 0.94w(\mathrm{Mo}) + 0.0012\mathrm{Pa}]$$

各元素对马氏体临界冷却速度的影响是由相应的系数大小来表示的。

表面薄层的最终硬度主要取决于钢中马氏体和合金元素的总量。

迈尼耶（Maynier）等人运用冷却速度和化学成分建立了预测回火前后硬度的方程。淬火状态马氏体的硬度可表示为

$$\mathrm{HV}_{马氏体} = 127 + 949w(\mathrm{C}) + 27w(\mathrm{Si}) + 11w(\mathrm{Mn}) + 8w(\mathrm{Ni}) + 16w(\mathrm{Cr}) + 21\lg V$$

式中，V 为冷却速度（℃/h）。

碳含量是决定火焰加热可能获得的钢的硬度值的最重要因素。碳含量决定硬度高低，也会决定零件是否有开裂倾向，以及表面残余应力幅值大小。

尽管火焰淬火主要是为了提高耐磨性而开发出来获得高硬度值的方法，但它也可提高弯曲扭转强度和疲劳寿命。

火焰淬火，无论是从热处理的材料还是从其应用方面看，可以认为类似于感应淬火。火焰淬火设备往往比一般的感应淬火设备便宜，但操作成本较高。火焰淬火过程不能容易地、方便地实现自动化，而感应淬火可以，并且更适合不同类型的凸凹不规则的零件淬火。要想成功地执行此工艺，操作者的技能被认为是非常重要的。

由于不同的原因，火焰淬火应用于各种零件和铁基材料。火焰淬火的主要优点如下：

1）在用传统炉子加热及淬火不可行或不经济的大型零件上可以应用，包括大型齿轮、机床导轨、模具、轧辊。

2）零件表面局部淬火，避免整个零件受热。

3）比渗碳和渗氮的速度更快，而且淬硬深度更深。

4）钢材的选择范围更宽。

火焰淬火的主要缺点如下：

1）在工艺过程中测量零件的表面温度难度较大，大部分情况下，表面温度的判断依靠操作者的技能。

2）该工艺的标准化难度较大，并且需要特定的试运行，以优化零件表面温度。

3）与感应淬火相比，淬硬层深度的控制也比较困难。

4）燃料气体是爆炸性的。

关于火焰淬火及其他淬火达到相同效果的适用材料的详细讨论，请参考本章“5.1.16 工艺选择”和“5.1.17 材料选择”。

5.1.1 火焰淬火方法

火焰淬火设备的通用性及燃气烧嘴可获得的加热形状宽度范围，通常是通过各种火焰淬火方法做到的，其中主要的方法是：

① 静止法或固定法。

② 推进法。

③ 转动法。

④ 旋转推进法。

方法的选择取决于零件的形状、大小、材质、淬硬范围、淬硬深度及淬硬零件的数量。在多数情况下，达到淬硬要求的方法有多种，具体选择哪一种则取决于成本。

（1）静止法或固定法　如图 5-1a 所示，静止法或固定法包括选定的局部加热区域、合适的火焰头，以及随后进行的淬火。组件和火焰两者都保持静止。加热头可以是单孔结构，也可以是多孔结构，取决于淬火区域。为了整个选定的零件表面上温度分布均匀，热量输入必须均衡。在加热之后，通常根据材料的化学成分，将零件浸入水中淬火或浸入油中淬火；而在一些机械化操作中，也可以使用喷液淬火。

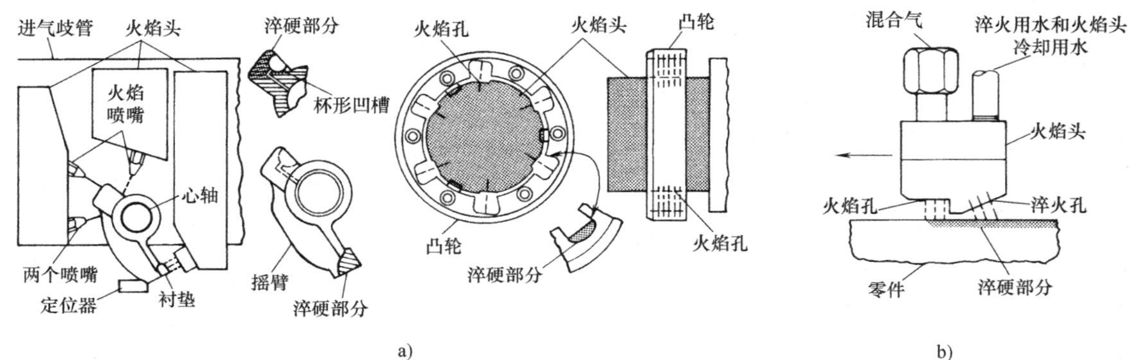

图 5-1　静止法（或固法定）和推进法火焰淬火

a）一个摇臂和凸轮的静止法或固定法火焰淬火　b）推进法火焰淬火

（2）推进法　如图 5-1b）所示，推进法用于超出静止法淬火范围的大面积淬火。零件的形状及大小以及指定加热区域所需氧气和燃料气体的体积，是选择此方法的决定因素。在推进法淬火过程中，火焰头通常是多孔型的，并且淬火设备要么和火焰头集成在一起，要么和火焰头分离。当火焰头和淬火设备横跨零件时，火焰头逐渐前进加热出一个狭窄的带，随后进行淬火。

推进法火焰淬火所需的设备由一个或多个火焰头和淬火装置所组成，它们安装在一个运行速度可调的移动托架（火焰切割机采用的就是这种类型装置）上。零件安装在一个转盘或在机床上，可以通过推进法轻易地淬火。这样，无论是火焰头或零件都可以移动。这种方法对零件的长度没有实际限制，因为火焰头行进的轨道可以加长。单道宽度可达到 1.5m（60in），更宽的区域必须采用多于单道的方式淬火。

当零件表面是平面，或者圆柱状表面，需要多道逐步加热淬火时，因为加热区的重叠或者加热区没有搭接，表面将存在软带。但是，可通过严格控制重叠程度使此软带最小化。在产生加热重叠的地方，应当预见到产生严重的热收缩变化和开裂倾向。可进行通过试验来确定重叠加热是否会导致开裂或其他有害影响。对于简单的曲面，可通过异形火焰头逐步加热淬火；而对于一些不规则表面，可以通过靠模模板法行进加热淬火。

火焰头在零件表面上行进的速度主要受火焰头的加热能力、淬火要求的深度、零件的材质和形状以及采用的冷却类型限制。氧-乙炔加热头速度范围为 0.8~5mm/s（2~12in/min）。通常，环境温度下的水作为淬火剂；当不-需要剧烈淬火时，有时也可以用空气作为淬火剂；在特殊条件下（特别是用于合金钢淬火），也可以使用温水或热水或聚合物合成淬火剂。

（3）转动法　如图 5-2 所示，转动法可用于圆形或半圆形零件如轮毂、凸轮或齿轮的淬火。此方法最为简单，制作一种用于转动或旋转零件的工装，在水平或垂直平面内，使加热头对零件表面加热。

使用一个或多个水冷式加热头均匀加热零件表面。旋转速度不需要很快，以便均匀加热。当零件表面被加热到所需温度的时候，把火焰熄灭或撤回，通过浸渍或喷液将零件冷却，或两者组合起来淬火。

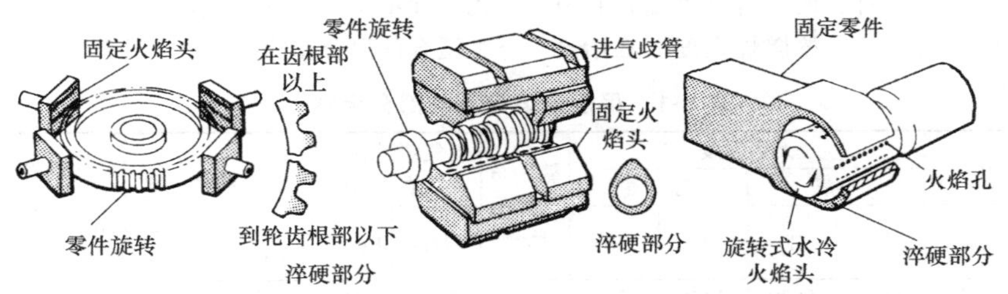

图 5-2　转动法火焰淬火

注：左图及中图为零件旋转，右图为火焰头旋转

转动法特别适合全面机械化和自动化。例如，将凸轮轴上的所有凸轮同时淬火，转动法使其成为可能。

至今（2013 年），全自动火焰加热设备已经被广泛应用，可以加热直径为 1.5m（60in）、质量为达 2Mg（2.2t）的零件。此方法大部分用于各种齿轮部件的淬火。

商用设备已经制造出来并获得应用，可自动控制时间、温度和淬火，以及精确控制燃气流量，以便满足精密冶金技术规范要求。通常，当生产效率充足时，转动法可以设定为要么手动装载零件，要么自动卸载零件，或者装载和卸载均自动化。

转动法已经被扩展应用到不规则横截面和不规则质量分布的零部件上。其中典型的有履带式车辆的大驱动轮、船用柴油发动机的凸轮和凸轮轴、起重机行驶的车轮。速度、淬火深度、可局部淬硬、硬度分布均匀是其主要优点。

有一种工艺，零件本身旋转，且形状不规则，用旋转火焰头对其内部进行淬火处理时比较困难。此时可以用一个简单的处理装置对每个零件定位并固定，而火焰头在零件内转动，问题便可得到解决。

和推进法相比，转动法中通常使用的是乙炔（因其火焰温度较高且加热速度快）。在转动法中使用天然气、丙烷或人工煤气都可以获得满意的效果。选择哪种气体取决于零件的形状、大小、材质及所需的表面淬硬深度。此外，还需考虑的气体的相对成本和可行性。

在转动法中，淬火剂的选择范围很广。因为在零件淬火前会熄灭或移除火焰，所以对于浸没式淬火，任何适当的淬火剂都以可用。在喷液淬火中，淬火剂通常是水、水基液体，如可溶性油，或者是聚合物基的油类淬火剂。此外，空气也已经在喷液淬火中获得应用。

（4）旋转推进法（图 5-3）　顾名思义，旋转推进法结合了推进法和转动法，对长零件实现淬火淬硬，如轴和辊。零件像在转动法中一样旋转，除此之外，加热头从辊或轴一端加热到另一端。当火焰头从工件的一端移动到另一端时，只有一个窄带被逐步加热，紧接着立即进行淬火，淬火装置要么与加热头组合在一起，要么是一个单独的淬火圈。

此方法可实现用相对较少的气压流量对大的表面进行淬火。旋转推进法已经商业化，用于处理各种直径和长度的零件。

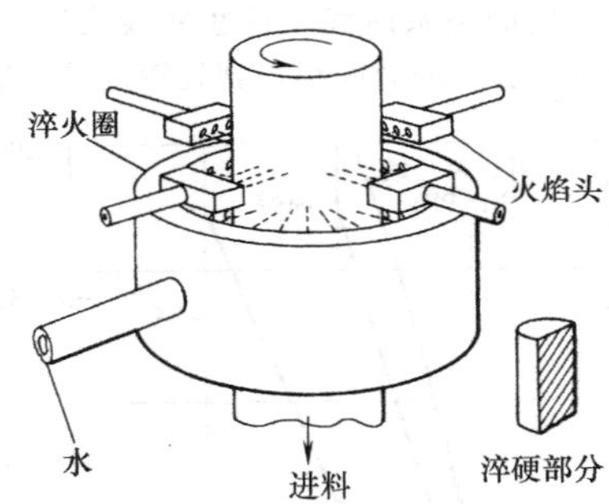

图 5-3　旋转推进法的组合式火焰

5.1.2　燃气

在火焰淬火中可用的燃料有几种。对于给定的应用，选择使用哪一种燃气，除了要考虑设备初始成本和维护成本以外，还必须考虑所需要的加热速度和气体成本。

如果处理得当，那么火焰淬火不会改变材料的成分。渗碳火焰、中性火焰和氧化火焰都可使用。氧化火焰具有高的氧比，可能会产生有害的影响，因为它们温度极高，可能导致脱碳和过热。渗碳火焰可以防止一些脱碳，但也会导致碳进入表面这种不希望发生的情况。为得到最佳结果，可采用中性火焰或者轻微的渗碳火焰。

当知道可用氧气混合物的某些特性时，可对燃气的加热速度进行对比。与实际加热速度密切相关的参数是燃烧强度，或者是特定的火焰输出。它是燃烧速度与氧气-燃气混合物净热值的乘积。淬火速度和淬硬层深度一定时，对这两个特性的知识将有助于选择最合适的燃料气体。按燃烧强度（在冶金学上为与氧气适合的混合比例）排列可获得最大商业利益的燃料依次为：乙炔、丙炔丙二烯（MAPP）、丙烷和甲烷。部分燃气的名义燃烧速度值和冶金学上适合的混合物的热值见表 5-1 中。

表 5-1 用于火焰淬火的部分燃气

气体	发热值		火焰温度				氧气与燃气比例	氧气-燃气混合气的热值		正常燃烧速度		燃烧强度[①]		常见空气和燃气的比例
			与氧		与空气									
	MJ/m^3	Btu/ft^3	℃	℉	℃	℉		MJ/m^3	Btu/ft^3	mm/s	in/s	$mm/s \times MJ/m^3$	$in/s \times Btu/ft^3$	
乙炔	53.4	1433	3105	5620	2325	4215	1.0	26.7	716	535	21	14.284	15.036	12
城市煤气	11.2~33.5	330~900	2540	4600	1985	3605	②	②	②	②	②	②	②	②
天然气（甲烷）	37.3	1000	2705	4900	1875	3405	1.75	13.6	364	280	11	3808	4004	9.0
丙烷	93.9	2520	2635	4775	1925	3495	4.0	18.8	504	305	12	5734	6048	25.0
丙炔丙二烯	90	2406	2927	5301	1760	3200	3.5	20.0	535	381	15	7620	8025	22

① 正常燃烧速度与氧-燃料混合气的发热值的乘积。
② 随发热值和成分的变化。

加热时渗透所需的时间是另一个很好的判断燃料加热质量的标准，条件是所有其他变量保持不变。图 5-4 所示为丙炔丙二烯、乙炔、丙烷的加热时间与淬硬层深度的关系曲线。这些曲线表明，使用丙炔丙二烯可在较短的时间里得到较深的淬硬层深度。

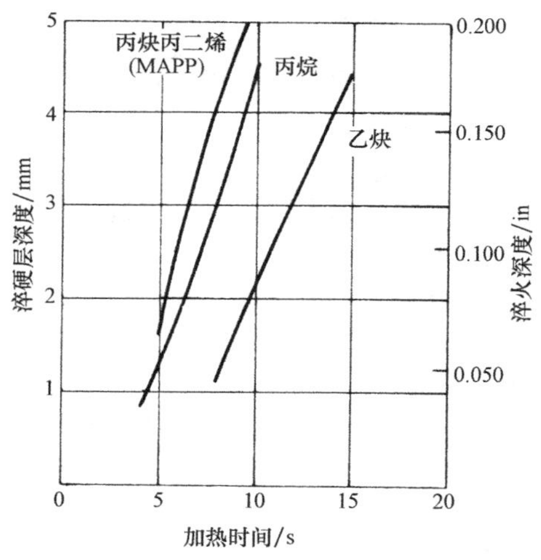

图 5-4 丙炔丙二烯、乙炔和丙烷加热时间与淬硬层深度的关系曲线

注：1. 火焰速度：170m/s（550ft/s）；火焰孔尺寸：69 号孔（ϕ0.74mm 或 ϕ0.0292in）；耦合距离：9.5mm；材料：1036 钢。
2. 氧与燃气的比：与 MAPP 的比值为 5.0；与乙炔的比值为 1.33；与丙烷的比值为 4.5。

从燃料中获得最大加热效率最重要的决定因素是氧气和燃气的比例。然而，氧气和燃气的比例与氧气和燃气的消耗率是不一样的，后者因火焰速度、喷嘴尺寸和加热时间不同而不同。用化学方法计算时，乙炔完全燃烧每摩尔气体需要 2.5mol 氧气，MAPP 需要 4mol 氧气，而丙烷要求 5mol 氧气。但是，仅需直接提供 1~1.5 体积的氧气给乙炔，其余所需的氧气都是从周围空气中吸取的。对于火焰淬火，如果没有较多的氧气供应量。丙炔丙二烯（MAPP）和丙烷都无法提供足够的热值。通常，按照每份燃气供四份氧气的比例供给。MAPP 燃烧需要较大的氧气-燃气比，然而这会使得在必要时仅需较高的热量时热输出较大。使用 MAPP 会增加氧的消耗，而且燃气比氧气价格更贵。

使用大容量的氧气和燃气供应系统可降低成本，而且更重要的是可减少钢瓶处理时里面剩余气体的损失。大容量氧气和燃气系统还可提供更接近恒定供应压力的气体。但是乙炔有一个缺点，它不能以大体积方式储存，从而需要多歧管的钢瓶。

（1）加热深度　浅的淬硬层（深度小于 3.2mm 或 0.125in）只能用氧气-燃气获得。使用氧气-燃气获得的高温火焰给加热有效区域提供了必要的快速热传导。更深的淬硬层要求使用氧-燃气或空气-燃气。使用氧气-燃气可局部加热，但是，在加热时需小心，以避免产生表面过热。使用空气-燃气，热传导速度较慢（火焰温度较低），可最大限度地减少或者消除表面过热，但是，加热深度一般会超出所需的淬硬层深度。因此，空气-燃气火焰淬火通常限用于淬透性差的钢种。在这种方式下，淬硬层深度则由冷却控制而不是由加热控制。空气-燃气火焰产生较深的加热会阻止空气-燃气混合物的使用，这是因为可能会产生大量畸变。考虑到这些因素，使用空气-燃气加热将主要取决于有利于局部加热的零件形状和较低的热传导率。

（2）燃气消耗量、时间和速度　火焰淬火的气体消耗随获得的淬硬层深度变化；增加或者减少淬硬层深度时，使用的燃气量增加或者减少。大型零件会增加燃气的消耗量，因为其内部冷却影响较大。利用氧气-燃气火焰的最高火焰温度加热时，从焰芯的端部到被加热零件的距离应为 1.6mm（1/16in）。

推进法中零件上方火焰头的行进速度，以及固定法和转动法中的加热时间，都随着要求的淬硬层深度和火焰头的能力而变化。在推进法中，淬火喷射到最后一排火焰的距离，在某种程度上会影响速度。通常情况下，推进法和旋转推进法的速度为 0.8~5mm/s（2~12in/min），但是对于非常薄的零件，所需速度为 42mm/s（100in/min）或者更快，以避免过热或烧坏。由于涉及急剧加热，在推进法及旋转推进法中不能过分强调行进速度精确控制的必要性。

静止法（固定法）、转动法及推进法中，各种燃气的时间-温度-深度关系如图 5-5 所示。静止法的时间-温度-深度关系曲线族（图 5-1-5a）是通过分析远离摇臂衬垫表面上受热点的在三维空间内的热量流动而得到的。该计算基于不同强度的热源，而热源的强度随所用燃气（乙炔，丙烷和天然气）的燃烧强度不同而变化。据了解，热源也受到其他因素影响，如喷嘴的大小、喷嘴到零件的距离、气体总流量，以及氧气-燃气比。因此，这些曲线意在表明时间-温度-深度关系上的趋势，而不提供实际应用中的操作参数值。

转动法中使用燃气的时间-温度-深度关系曲线，如图 5-5b 所示，是通过分析均匀地给外圆柱表面提供热量的热源，将热量传导到圆柱体中的热流得到的。据推测，表面加热期间轴向温度不会明显地提高，并且，在转动法表面淬火中，圆柱体足够迅速地旋转，可获得大体上均匀的表面加热效果。因为在这种工艺中，当被加热零件表面温度达到预定值的时候立即淬火，所以在时间在最高值时温度没有下降。

推进法表面淬火的温度-时间-深度曲线如图 5-1-5c 所示，也是通过分析从一个直线热源沿着物体的一个侧面运动时热量传到物体上所获得的。根据热源强度和物体结构布局选择具有代表性的推进法火焰淬火。在这种情况下，如果知道火焰区的宽度，那么时间与行进速度有关。例如，当喷嘴的行进速度为 1.7mm/s（4in/min）时，火焰区宽度 25mm（1in）将在 15s 内通过零件表面上的一个点。这个火焰区宽度表示采用多排喷嘴的可能性，并且，如

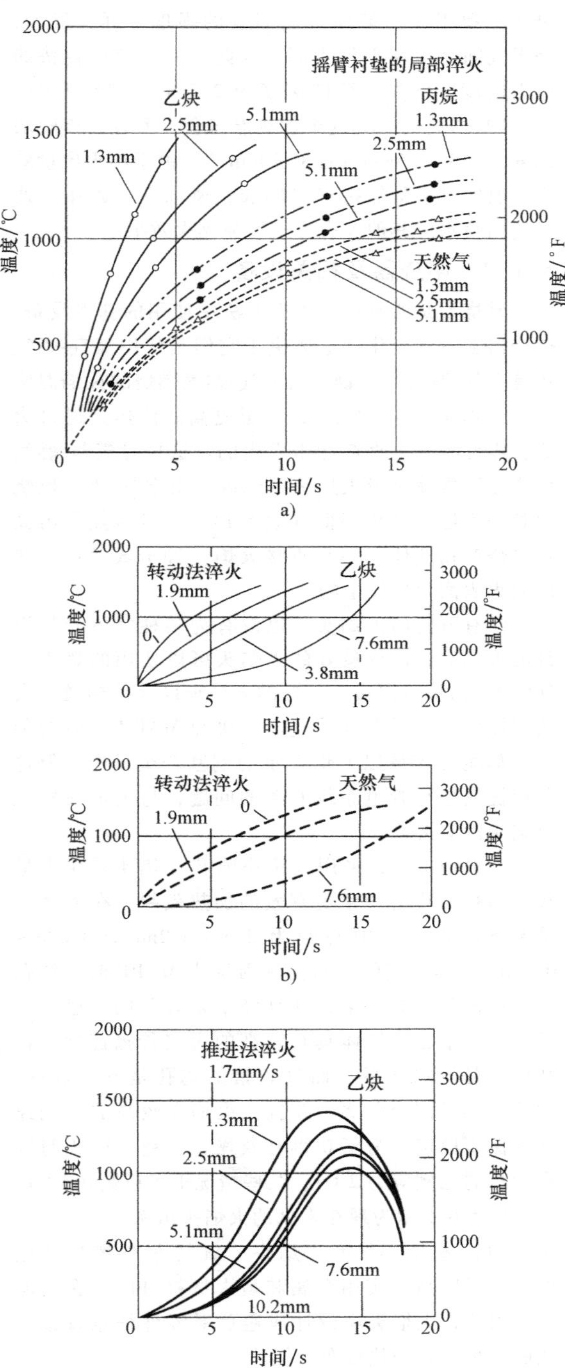

图 5-5　静止法、转动法及推进法中各种燃气的时间-温度-深度关系

果热源和用于计算曲线而假设的强度一样，那么，毫无疑问会损坏零件表面。因此，需要使用较快的行进速度。例如，行进速度为 2.5mm/s（6in/min）时，10s 内将会到达这个加热点将会，而且，淬硬层深度大约为 2.5mm（在 0.100in.）。由于淬火质量效应，温度迅速降低持续时间长，所以在实践中，通过使用喷水或其他淬火方式增强淬火效果。

5.1.3 燃烧器及相关设备

燃烧器是所有火焰淬火方法中使用的基本设备。燃烧器随设计变化，这取决于它们是使用氧气-燃气还是空气-燃气混合物。由氧气-燃气燃烧的火焰温度可达 2540℃（4600℉），甚至更高。传热是通过火焰在零件表面上直接冲击发生的。这也是氧气-燃气燃烧器通常就是指火焰头的原因。由空气-燃气燃烧得到的火焰温度相当低（表 5-1），并且传热是由高速燃烧产物气体（不是直接火焰）冲击或通过炽热的耐火表面辐射发生的。

没有万能的火焰头，也没有为某种气体专门设计的火焰头。设计良好的火焰头可以使用的燃气如 MAPP、乙炔或丙烷。较好的火焰头设计结构通常会改善操作，降低燃气消耗。乙炔和 MAPP 气体两种气体都能与 67% 以上铜含量的铜基合金反应，但这种担忧只是与管道系统有关的问题，与火焰喷枪和火焰头没有关系。

一般情况下，采用大量小喷孔加热比采用少量较大喷孔加热会产生更有效的加热效果。在大多数情况下，喷孔的中心距为 2.3～3.2mm（0.090～0.125in）是适当的。当使用丙烷或 MAPP 时，锪孔使火焰速度提高更多，并且经常是有利的，也是必要的。由于乙炔气体具有较高的火焰传播速度，锪孔通常是不必要的，而且频繁的锪孔是不可取的。锪孔减小了耦合距离，并且使火焰在较高的火焰速度下保持稳定。为了获得有效操作，锪孔面积与喉孔面积的比例应为 2∶1，某些情况下可以高达4∶1。

图 5-6 所示为现在常见的火焰头示例。

（1）氧气-燃气型火焰头　氧气-燃气燃烧产生的火焰温度高于实用金属和耐火材料可以存在的温度。因此，火焰头应设计成避免对零件任意直接加热的一种火焰加热分布结构。

一般地，火焰头是由在管或薄片上钻一个或多个喷孔做成的。喷孔的数量和分布取决于要求的加热覆盖区域。图 5-7 所示为用于氧气-燃气的火焰头。

平面钻孔式火焰头的应用范围受到限制，并且通常设计为满足一种具有相当数量的特定零件火焰淬火的要求。对于其他应用，火焰头可装配螺纹拧入式或者插入式可移动喷嘴。

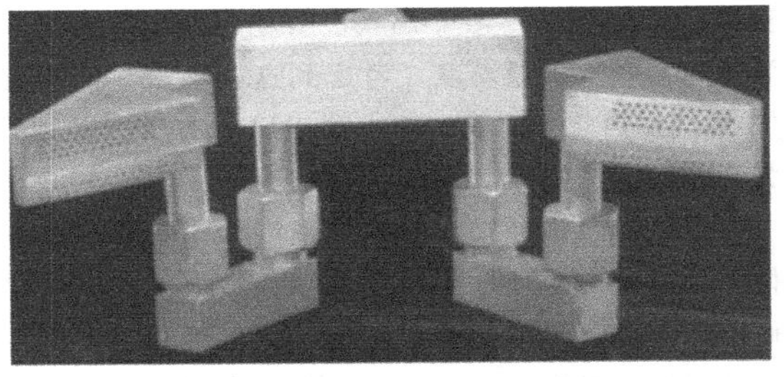

a)

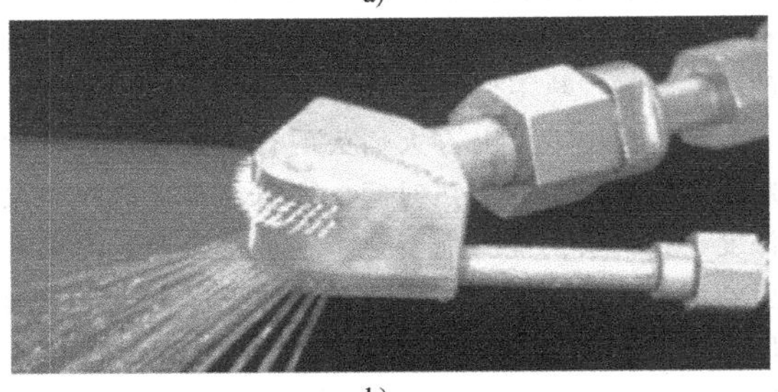

b)

图 5-6　现在常见的火焰头示例

a）齿轮轮齿淬硬用火焰头　b）滑轮淬硬用火焰头

图 5-7 所示的螺纹拧入式可移动喷嘴，其用途广泛，它可在现成的商业火焰头上使用，也是由火焰淬火设备制造商提供的标准产品；其结构非常简单，可以由火焰淬火处理工厂做成标准件。

图 5-7 所示的压入式或者嵌入式喷嘴比螺纹拧入式喷嘴小，因此可使喷嘴与表面的距离更近，接近钻孔火焰头。对于可拆卸和可更换喷嘴的火焰头，

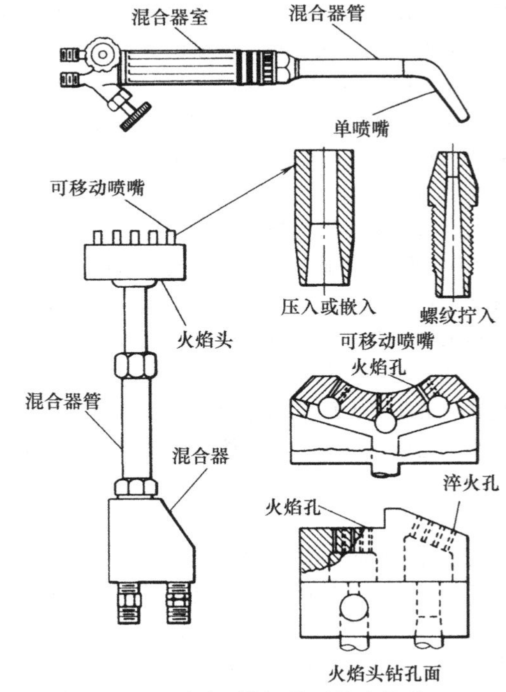

图 5-7　氧气-燃气使用的火焰头

可以移去一个或多个火焰喷嘴，也可用塞子替换它们，从而在更广泛的应用领域获得应用。

火焰锥的特性受到不同钻孔尺寸和锪孔尺寸，以及钻孔的火焰喷孔是否经历锪钻的影响。这些因素同时也会影响加热特性。不同火焰孔钻孔尺寸对应的总气体流量见表 5-2。

表 5-2 不同火焰孔钻孔尺寸对应的总气体流量

火焰孔钻孔尺寸号	火焰孔钻孔直径		总气体流量/L/s(ft^3/h)				推荐耦合同距	
	mm	in	At120m/s (400ft/s)	At140m/s (450ft/s)	At150m/s (500ft/s)	At170m/s (550ft/s)	nn	in
69	0.74	0.029	0.055(7)	0.063(8)	0.069(8.75)	0.076(9.6)	9.5	0.375
64	0.91	0.036	0.079(10)	0.089(11.25)	0.098(12.5)	0.108(13.75)	11.1	0.4375
60	1.01	0.040	0.094(12)	0.106(13.5)	0.118(15)	0.130(16.5)	12.7	0.5
56	1.18	0.0465	0.134(17)	0.150(19)	0.167(21.25)	0.184(23.4)	14.3	0.5625

注：表中数据来源于参考文献 3。

常用的火焰孔钻孔是 69 号钻孔（ϕ0.74mm 或 ϕ0.0292in）与 56 号钻孔（ϕ1.18mm 或 ϕ0.0465in）锪孔。当氧-燃气以中性比、流速为 0.07L/s（8.75ft^3/h）输送时，可产生大约为 8mm（0.3125in）的火焰锥长度。

集成火焰加热系统的部件包括混合器室和混合器管，它们把燃气混合成组合气体，并且通过喷嘴（图 5-7）传送。混合器室和混合器管的性能必须与喷嘴的数量和大小相匹配。如果混合器太小，那么火焰将回火；如果混合器太大，火焰头将不能有效地起作用。

为了确保所有喷孔产生的混合气体速度相同，通常在火焰头上设计有带汇流板的喷孔，在火焰喷嘴处燃气燃烧之前，燃气通过汇流板孔。适用于汇流板孔的设计结构的两个规则是：第一，汇流板孔的总面积必须是火焰喷嘴面积的 1.25～1.50 倍；第二，在单个汇流板内，汇流板孔的数目应该是火焰喷孔总数的$\frac{1}{4}$。

多排喷嘴的火焰头用水冷，否则，火焰头上及其周围的高温会导致早期恶化。在用作推进法淬火的火焰头上，火焰头采用水冷。在旋转推进法和转动法中使用多排喷嘴的火焰头，冷却水通过集成在头部的腔室循环。单一喷嘴火焰头（如焊枪）通常不用水冷。

使用氧气-燃气混合物的典型火焰淬火装置如图 5-8 所示。其中，图 5-8a 所示的装置设计用于处理大量的相似零件。图 5-8b 所示的装置设计为通过变换火焰头和零件心轴来处理各种零件。

目前已设计出新的设备配置，用来处理特定的问题。例如，采用常规的火焰淬火设备很难在齿轮的齿隙表面上获得均匀的温度，甚至在整个齿宽表面上都很难获得深度均匀的淬硬层，这一问题已经通过设计一个两腔室燃烧器，并且能分别控制输入各腔室的能量解决了。该系统可保证均匀地加热，尤其是在齿根，并采用对齿根和齿侧面分别控制淬火喷嘴的方法。

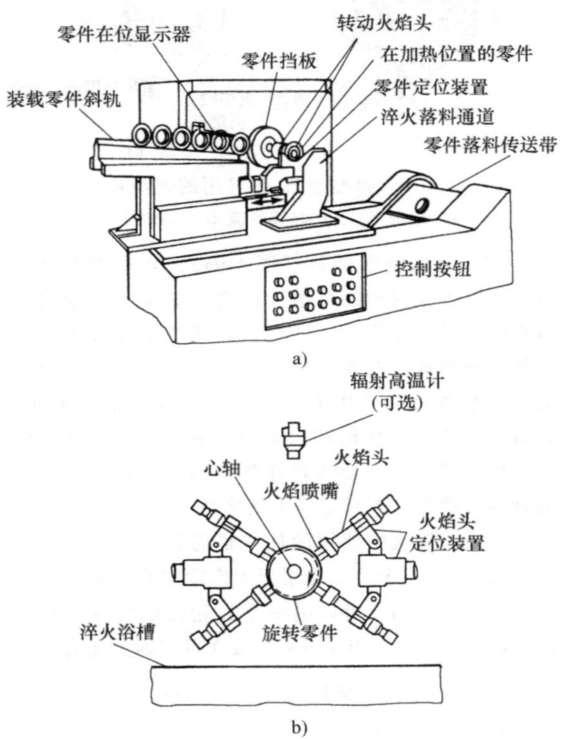

图 5-8 典型的采用氧-燃气的火焰淬火装置

a）用于处理量大且相似的零件：以约 3.2mm（1/8in）的深度的孔淬硬 54mm（约 2⅛in）的零件。整机具有适于与旋转火焰头一个标准的，可伸缩的主轴。主轴由一个变速电动机驱动。搅拌淬火的温度由一个水冷却热交换器保持

b）用于满足产量小的齿轮、链轮和受设备大小限制的法兰。采用辐射高温计来控制加热循环，但许多操作用电动计时器代替

有了这个系统，对复杂的部件也可以通过旋转淬火处理。例如，如果有足够的淬火浴槽浸入深度，一个双齿轮轴的直齿锥齿轮可以同时淬火。通过在

正齿轮和斜齿轮之间来分配加热功率，两个齿轮的齿根可同时达到奥氏体化温度。这要求两组齿轮的燃烧器选择不同的加热时间及不同的速度。

（2）空气-燃气燃烧器　空气-燃气的火焰温度较低，与现有的耐火材料相适应。因此，燃烧器的设计目标是产生的热量能完全利用。这种燃烧器加入了耐热耐火衬里，有两种类型，辐射型和高速对流型（图 5-9）。

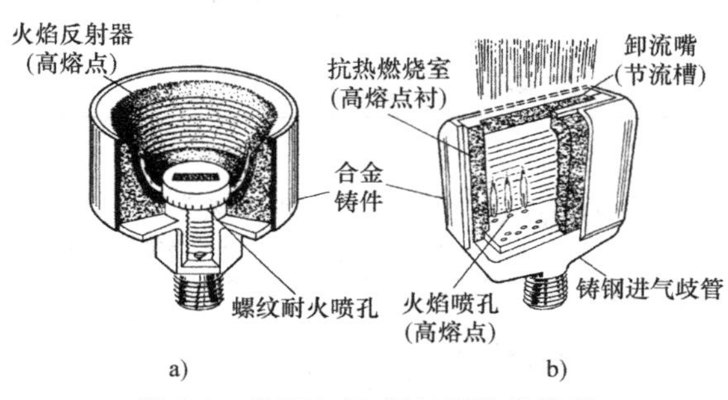

图 5-9　典型空气-燃气用的燃烧器

a）辐射型　b）高速对流型（非水冷）

（3）辐射型燃烧器（图 5-9a），其本质上是一种有金属外壳保护的高熔点杯槽。空气-燃料通过在背面的管道内预混合，通过拧在管子上并置于杯槽底部的精确成形的陶瓷喷嘴。其外围有众多的窄槽，底部的基本功能是作为一个多孔燃烧器的分配头。许多小火苗穿过杯槽的内表面，通过辐射迅速，使其变得炽热。因为燃烧是在杯槽内完成，燃烧器可靠近零件放置，而对零件无火焰冲击。

在火焰淬火中使用的标准辐射燃烧器的杯槽直径约为 75mm（3in）。在用于大齿轮的轮齿旋转淬火时，其效率很高。可以沿一个齿轮圆周布置一种单排燃烧器，如图 5-10a 所示，或者可以通过布置多排燃烧器来完全覆盖其表面，进行淬火。

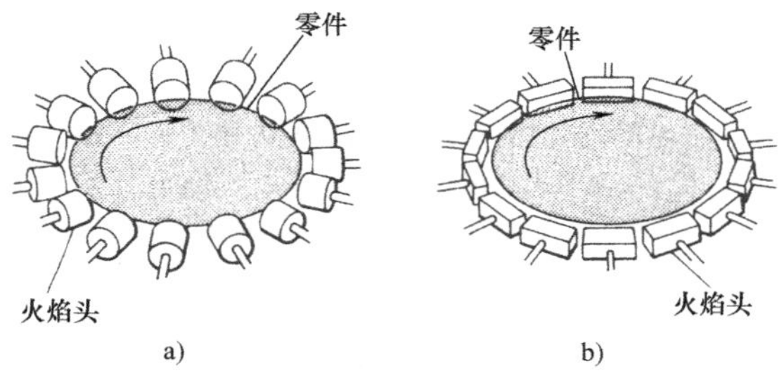

图 5-10　用于齿轮、滚轮和链轮火焰淬火的设备

a）辐射型燃烧器　b）高速对流型燃烧器

注：宽侧面零件可以用双排环形或交错环形排列燃烧器进行加热

（4）高速对流型燃烧器　高速对流型燃烧器本质上是一种有微型耐火材料衬里的炉子，其中热量释放速度高达 $415MJ/m^3 \cdot s$（$4\times10^7 Btu/ft^3 \cdot h$）。空气-燃气的预混合物通过管道连接供给，流经陶瓷喷孔板的喷孔。燃烧器的设计是这样的，燃烧气体加热后的腔室衬里温度接近理论火焰温度，对反应气体进行预热，并加速燃烧。通过这种方式，气体在约 1650℃（3000℉）时通过一个开口限制槽排出，冲击到零件上的速度高达 760m/s（2500ft/s）。高速对流型燃烧器适用于局部加热旋转淬火的操作。图 5-10b 所示为用于薄齿轮轮齿淬火的燃烧器。

（5）相关设备　氧气-燃气和空气-燃气火焰淬火的燃烧器，都是通过调节器、阀门、流量计和保护装置实现压力调节的。对于空气-燃气的燃烧器，可使用一个单独的混合器和压缩机，因为该燃烧器不具备混合功能（图 5-11）。

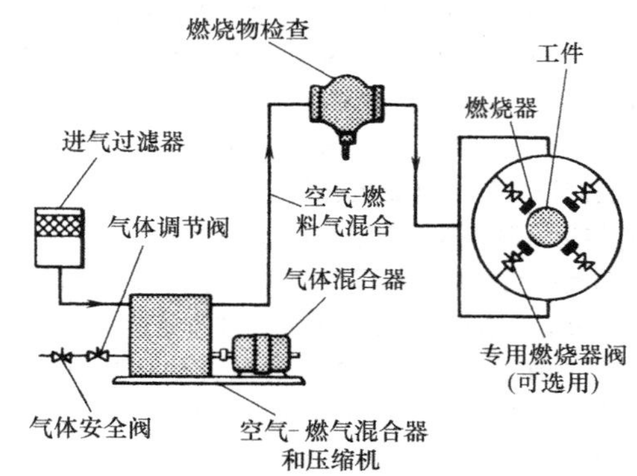

图 5-11　空气-燃气系统中使用的混合器和燃烧器

（6）燃烧器的结构材料　燃烧器的金属部件可采用多种材料，取决于燃烧器的类型及其使条件。几乎在所有情况下，氧气-燃气燃烧器的火焰头是由致密等级的无铅黄铜制成的。这些金属相对便宜，具有优良的导热性，并且容易加工。因为火焰速度相对低，金属火焰头不太可能过热，也不太可能由于热气体的回流而造成损坏。通常情况下，火焰头内的气体流动可提供足够的冷却能力，从而可以保持一个安全的温度。如果需要附加额外冷却，可采用水冷却。在任何情况下都不允许出现火焰头过热，否则会发生燃烧器烧嘴金属、烧嘴钎焊接头或所钻的火焰喷孔损坏。

氧气-燃气型火焰头的使用寿命在很大程度上取决于特定的应用，如，由于被加热零件结构而产生的热量，以及火焰或热气体向燃烧器的回流程度。因此，很难准确地预测其使用寿命。用于推进法淬火的铜制火焰头连续服役的平均寿命为 1000~2000h。

现有材料的熔点和耐热性差别不大（火焰温度和金属熔点之间相比差异大）。因此，在选择特定材料时使用寿命不是特别重要。可用性、成本和易于制作在材料选择上是更为重要的因素。常用火焰头的金属是蒙知（Múntz）金属（60-40 无铅黄铜），但是，当冷却是一个问题时，铜是最好的选材。

螺纹拧入式喷嘴通常用铜成，但是，由于二次火焰的缘故，当需要较高的耐热性时，可以使用含少量铝和钛的镍合金。压入式或者嵌入式喷嘴通常用铜制成，但是当喷嘴孔需要高耐磨性时，则需要采用硬质合金制造。

铸铁、不锈钢和耐热合金可用来制造辐射型空气-燃气燃烧器耐火杯槽周围的壳体。耐热合金可以在高达 1150℃（2100 ℉）的温度下有较长的服役寿命。高速对流型燃烧器壳体通常用不锈钢制成，但是，对于更苛刻的服役条件，也可以使用奥氏体镍-铬基耐高温合金。用于齿轮的旋转法淬火时，任一种类型的燃烧器都可具有连续操作 10~15 周，每周 40h 的使用寿命。在许多应用场合中，操作人员在安装和操作燃烧器时小心操作，可延长壳体的使用寿命。另外，用水冷却燃烧器壳体也可延长其使用寿命，前提是允许适当增加成本，以及在加热装置上有可以增加冷却系统的布置空间。

所有类型的空气-燃气燃烧器的各耐热部件都是由钢模成形，然后在窑炉里预先焙烧处理的，且能承受燃烧嘴产生的极高温度。这些部件通常会因热冲击或机械冲击而失效，因此使用寿命是不可预测的。

5.1.4 操作过程与控制

许多火焰淬火的成功应用很大程度上取决于操作者的技能，特别是当零件体积很小，或者发生变化，以至于自动控制设备的成本不合理时。

主要操作变量如下：

- 从氧气-燃气火焰锥芯到零件表面的距离，或者从空气-燃气燃烧器到零件表面的距离。
- 火焰速度及氧气-燃气比例。
- 火焰头或零件的行进速度。
- 淬火类型、体积及淬火角度。

这些变量必须严密控制，以确保达到所需的表面硬度和淬硬层深度。人们非常希望开发一种具体的工艺步骤，应用于每种零件的火焰淬火。必要时，对工业生产件本身通过初步试验开发该工艺，或者，把大约有相同横截面的大型实物模型作为工业生产件开发该工艺。当所需淬火零件的形状轮廓及淬硬区的深度确定之后，就可确定该零件的处理工艺，并且建立一系列的热处理技术规范。通过一家火焰淬火公司进行的下列实例研究，证明了制定严格的工艺是极其重要的。

例 1：1045 钢棒火焰淬火工艺试验。要求五名熟练的火焰淬火工人中每一个人对尺寸为 25mm×50mm×450mm（1in×2in×18in）的 1045 钢棒进行火焰淬火，仅凭借经验和通过目视来指导加工工艺。预先调整常规的可控变量：耦合距离为 11mm（7/16in）；水压力为 620kPa（90psi）；淬火，水；淬火角度为 30°。流量计读数可读，记录行进速度，并确定火焰速度。在处理完之后，磨削每一根钢棒，检测硬度水平和淬硬层深度。测试结果见表 5-3，表面硬度和淬硬层深度处的硬度几乎没有相同的，表面硬度范围为 50~61HRC，在 3.18mm（⅛in）深度处为 30~52HRC。

表 5-3 测试结果

操作者	火焰速度		氧-燃气之比	行进速度		表面硬度 HRC	在 3.18mm(0.125in)处的硬度 HRC
	m/s	ft/s		mm/s	in/min		
1	95	313	3.6 : 1	3.4	8.0	61	30
2	99	324	3.1 : 1	2.5	6.0	50	41
3	137	451	3.1 : 1	1.7	4.0	57	50
4	124	407	4.2 : 1	1.9	4.5	55	38
5	156	511	3.3 : 1	2.5	6.0	60	52

（1）火焰头行进速度　为了使加热均匀，火焰头行进速度或持续加热时间，应保持不变。在推进法中，火焰头前的零件是被逐渐加热的，而有时为保证这种效果，必须通过逐步增加行进速度或者通过预冷进行补偿。当使用推进法或旋转推进法，在加热轨迹开始时，应该熟练调整单个火焰头或者多个火焰头，或者通过别的调整方式，确保连续淬火开始的区域获得适当的淬硬温度和加热深度。

（2）气体压力　在热量均匀输入时，应对氧气-燃气和空气-燃气的压力进行精密控制。在某种程度上，处理圆形或曲面时氧气-燃气型火焰头的效率并不高，这是因为每个火焰锥到零件表面的距离不同，过热会产生开裂。

（3）氧-燃气之比　氧气和燃气的比例是确定火焰温度的关键因素。例如，比例为 5 : 1 时，丙烷产生的火焰温度高达 2700℃（4900 ℉），4 : 1 时的火焰温度达 2540℃（4600 ℉），3 : 1 时火焰温度达 2370℃（4300 ℉）。

(4) 火焰速度　火焰速度是最重要的变量之一，因为当与其他变量平衡时，它是淬硬层深度的主要决定因素。在1045钢火焰淬火的例1中，需要获得3.2~4.8mm（1/8~3/16in）淬硬层深度时，要求火焰基本速度为152m/s（500ft/s）。

在铸铁件火焰淬火中，不需要过高的表面温度，而较低的火焰速度有明显的优势。基于此点，MAPP和丙烷都易于控制，并且在很宽的速度范围内是有效的。在很宽的速度范围内控制火焰的能力不仅提高了灵活性，而且也使得操作更安全，加热分布控制效果更好。

(5) 耦合距离　耦合距离是火焰淬火中另一个重要参数。耦合距离和三种燃料气体淬硬层深度之间的关系如图5-12所示。一般地，对于MAPP的耦合距离等于或稍高于乙炔。锪孔的效果会缩短耦合距离。出于同样的原因，随着火焰速度增加，耦合距离增加。对于MAPP，有效耦合的距离一般为6.4至9.5mm（1/4至在3/8in.），这取决于气体速度和喷孔大小规格。69号喷孔规格（0.74mm或0.0292in.）在4.8mm（3/16）的耦合距离时，能确保有效地运行。

(6) 淬火温度　淬火温度可由操作者来判断，但对一些没有经验的操作人员，由于燃烧气体的光线照射，使加热后的金属温度看起来比实际温度低；随之而来则可能产生过热，除非操作人员配备了钕镨有色眼镜。辐射或光学高温计经常用来更准确地判断变化的温度。辐射测温快速响应系统广泛用于控制工作温度和加热时间。冶金学检查是确定操作条件的最好方法。个别情况下会产生过热喷嘴，但是，通过设计合适的火焰头和良好的扫描技术，会将这种情况会弱化到最小程度，而且通过显微镜检查也不容易发觉。

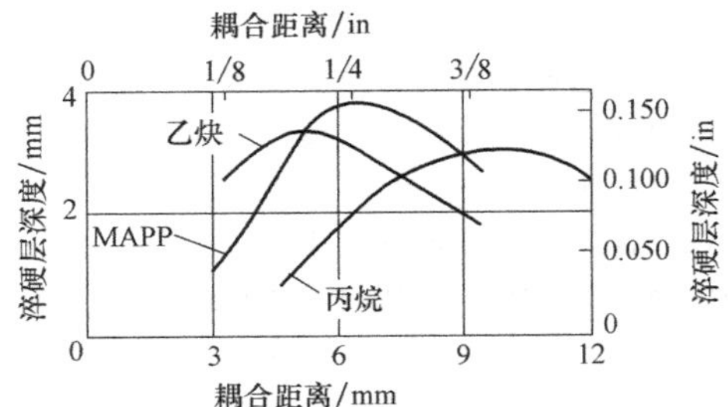

图5-12　耦合距离对丙炔丙二烯（MAPP）、乙炔和丙烷淬硬层深度的影响

注：火焰速度：170m/s（550ft/s）；喷孔规格：69号孔（ϕ0.74mm或ϕ0.0292in）；材料：1052钢材。氧气与燃气比例：MAPP，4.5；乙炔，1.33；丙烷，4.5。加热时间：MAPP，6s；乙炔和丙烷，8s

(7) 火焰淬火过程的实例　各变量之间的相互关系可以通过实际零部件淬火淬硬过程来进行最好的说明。以下给出齿轮、凸轮、轴和平板的表面淬火实例，见表5-4~表5-9。

1) 1052钢小齿轮通过转速为140r/min的转动法火焰淬火（表5-4）。这样做的目的是齿轮齿根以上最凹处0.9mm（0.035in）深度的最小硬度为52HRC。

表5-4　小齿轮转动法火焰淬火工艺流程（图5-17a）

1. 试运行

打开水、空气、氧气、电源和丙烷。线性压力：水，220kPa(32psi)；空气，550kPa(80psi)；氧气，825kPa(120psi)；丙烷，205kPa(30psi)。点火试验

2. 装载零件和定位

主轴上装载齿轮。齿轮的位置用磁铁固定。火焰头距齿轮中心0.4mm(1/64in)内

火焰头与齿轮内齿距离约为7.9mm(5/16in)

3. 开始阶段

主轴带动齿轮沿火焰头同步转动，转速为140r/min

4. 加热阶段

打开丙烷和氧气电磁阀(氧流量稍有延迟)，丙烷和氧气通过混合器点燃火焰头，检查丙烷和氧气的压力。通过调节丙烷流量来调节火焰。按照预定时间用定时器控制加热阶段，以获得规定的淬硬层深度

关闭丙烷和氧气电磁阀(丙烷流量稍有延迟)，主轴停止旋转并缩回。用推板将齿轮从主轴上撤离，准备收回机器。

丙烷调节压力，125kPa(18psi)；氧气调节的压力，550kPa(80psi)，氧气压力上限，400kPa(58psi)；氧气压力下限，140kPa(20psi)。火焰速度(近似)为135m/s(450in/s)。天然气消耗(大约)：丙烷，0.02m^3(0.9ft^3)/每件；氧气，0.05 m^3(1.9 ft^3)/每件。总的加热时间为9.5s

火焰喷孔设计：每段12个喷孔；10段；喷孔尺寸为69号(ϕ0.74mm或ϕ0.0292in.)，沉孔为56号(ϕ1.2mm或ϕ0.0465in)

5. 淬火阶段

将齿轮放入油中急冷，从油槽中用输送带输出。油温为54℃±5.6℃(130℉±10℉)；油中冷却时间(近似值)为30s

6. 硬度和分布

齿根最凹处0.9mm(0.035in)深的硬度最小值为52HRC

2）8742 钢制锥齿轮用推进法火焰淬火。硬度目标是 53~55HRC（表 5-5）。

表 5-5 锥齿轮齿部推进法火焰淬火

1. 零件

8742 锥齿轮，齿数为 90，径节为 1.5；齿面宽度为 200mm（8in）；大径为 1.53m（60.412in）

2. 安装

齿轮安装在夹具上，保证轴向总跳动量在 0.25mm（0.010in）内

3. 火焰头

双排 10 孔，火焰头风冷，分别放在齿的两边。火焰头距轮齿距离为 3.2mm（⅛in）

4. 运行状况

气体压力：乙炔，69 kPa（10psi）；氧气，97 kPa（14psi）

速度：1.9mm/s（4.5in/min）。完整的循环周期（记录每次淬硬一圈到最后的时间，轮回预热每个齿）：2.75min

分度：按照每隔一个齿分度。在浸渍冷却剂之前共 4 次分度

冷却液：13℃（55 ℉）的乳化油和水的混合物

硬度目标：53~55HRC

3）1062 钢制的自由轮凸轮固定法火焰淬火。在凸轮辊的表面宽 8.8mm（0.345in）处，目标硬度为：表面上最小值为 60HRC，1.3mm（0.050in）深度的硬度为 59HRC（表 5-6）。

表 5-6 1062 钢凸轮固定法火焰淬火

1. 试运行

打开水、空气、氧气、电源和丙烷开关。管道压力：水 205kPa（30psi）；空气，550kPa<80psi）；氧气，825kPa（120psi）；丙烷，205kPa（30psi）。点火试验

2. 装料和定位

将凸轮安装在火焰头上方。凸轮固定在一个定位板和两个耐磨垫上，并抵住固定在火焰喷上的三个定位销，火焰头到凸轮表面的距离约为 7.9mm（5/16in）

3. 开始和加热阶段

打开丙烷和氧气电磁阀（氧气流量稍有延迟），用点火器在火焰头点燃丙烷和氧气混合气，检查丙烷和氧气的压力，通过调节丙烷来调节火焰。通过时间继电器控制加热阶段，定好时间，以获得规定的淬硬层深度。关闭丙烷和氧气电磁阀（丙烷流量稍有延迟）。推进推料板（气动），从火焰头上卸下凸轮

丙烷压力调节：125kPa（18psi）；氧气压力调节：585kPa（85psi）；氧气上限压力：425kPa（62psi）；氧气下限压力：110kPa（16psi）。火焰速度（近似）：135m/s（450ft/s）。天然气消耗量（大约）：丙烷，0.01m^3（0.6ft^3）/件；氧气，0.04m^3（1.3ft^3/件。总的加热时间：lis

火焰喷孔设计；每行 9 个喷孔；8 行；喷孔尺寸，69 号（ϕ0.74mm 或 ϕ0.0292in），沉孔，56 号（ϕ1.2mm 或 ϕ0.0465in）

4. 淬火阶段

凸轮落入淬火油中，由传输带从油槽中传送出来。油温：54 ± 5.6℃（130±10℉）：油中冷却时间（近似值）：30s

5. 硬度及其热型分布

凸轮滚子表面最低硬度：60HRC；表面下深 1.3mm（0.050in）处的硬度最小值：59HRC；表面宽：8.8mm（0.345in）。

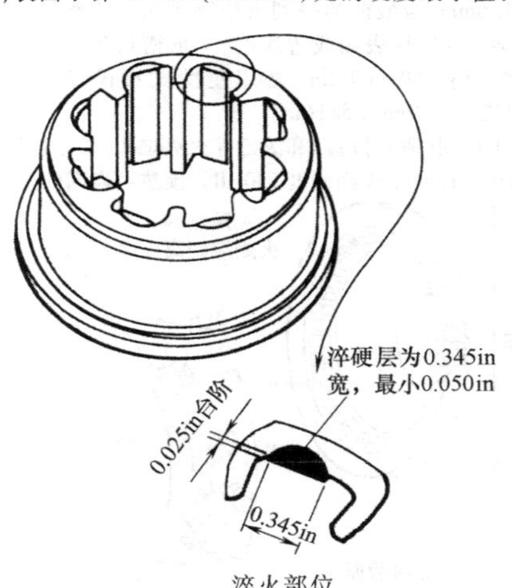

淬火部位

4）52100 钢轴推进法火焰淬火，硬度达 61~63HRC（表 5-7）。

5）表 5-8 说明的是大型铸造合金钢齿轮滚道淬火过程，硬度目标是 515~600HB，用便携式布氏硬度计测量，参照图 5-13。

表 5-7 52100 钢轴推进法火焰淬火

1. 安装

轴垂直安装在顶尖之间，径向圆跳动在 0.1mm(0.005in)内

2. 火焰头

三个水冷火焰头，每个有八个直径 1.3mm(0.052in)的孔。每个火焰头有一个火炬。火喷头在距轴 6.4mm(¼in)处固定

3. 操作条件

气体压力：乙炔，55kPa(8psi)；氧气，76kPa(11psi)

速度：火焰头行进速度，1.3r/min(3in/min)；

轴的转速，20r/min

淬火：在火焰头下方有直接喷水嘴

硬度目标，61~63HRC

表 5-8 大型齿圈滚道的火焰淬火

1. 安装在定位装置上

齿轮应该与定位装置对正中心，且垂直安装，保证齿轮外径（见示意图）总的径向圆跳动量约为 1.7mm(0.065in)

2. 预热

火焰头间隙：在距离火焰淬火表面 190mm(7½in)的间隙处和淬火喷头位置之前大约 610mm(24in)处，安装一个最大宽度为 75mm(3in)的火焰头

气体压力；乙炔，89kPa(13psi)：氧气，185kPa(27psi)

流量计；乙炔，2.1 刻度；氧气，2.65 刻度

管道读数（中性焰）：变动大约±⅛

速度设置，定位装置上的第 9 号喷孔行进速度为 2.7mm/s(6.42in/min)，相当于 5.79m(228in)圆周上火焰淬火 1.84m(72½in)节圆的行进速度(~35½min/r)

预热控制：当火焰朝向待淬火表面上喷射展开，在火焰淬火起始点处产生蓝紫色回火色时，关掉预热（为了达到这个目的，可以安装空气截止调节火焰头）

3. 火焰淬火

加热头间距（与淬火表面必须保持平行）；调整和维持 ϕ125mm(ϕ5in)火焰头与淬火表面间距为 13mm(½in)，并且与半径方向大约成 35°~40°角，在淬火过程中，调整间距与滚道曲面保持一致

气体压力；乙炔，89kPa(13psi)；氧气，185kPa(27psi)

流量：乙炔，2.7 刻度；氧气，3.2 刻度

管道读数（中性焰）：变动大约±⅛，随时注意观察煤气是否有故障迹象

水压力（火焰淬火硬化）；205kPa(30psi)，安装减压阀

速度设置：与预热相同（注：邻近火焰淬火前再复核检查一遍）

加热控制：（淬火不允许重叠；最大软带为 13mm(½in)，使用时要特别小心）当火焰头接近完成连接点时，在齿轮的最后 13mm(½in)行程中，逐渐把喷头后退 1.6mm，当最前的一列火焰刚到达与火焰淬火开始点距离 6.4 mm(1/16in)间距时，突然终止加热火焰，立即把工作台以最快速度移到（表面或边缘的）V 形槽口处

硬度目标（火焰淬火连接处除外）：在内径 50mm(2in)处用便携式布氏硬度计检测的读数为 515~600HB(5.1mm(0.2in)深处的硬度为 50HRC)；总轮廓深度为 7.9mm(5/16in)

通过表格中的步骤概述，用示意图显示了齿圈（垂直位置）和滚道淬火火焰头（位于齿圈侧面）的位置。气体成本大约为总的工艺成本的 25%。淬硬层深度可扩大至 4.8mm(3/16in)，表面硬度 530HB。预热对齿圈硬度梯度的影响见图 5-13 所示。

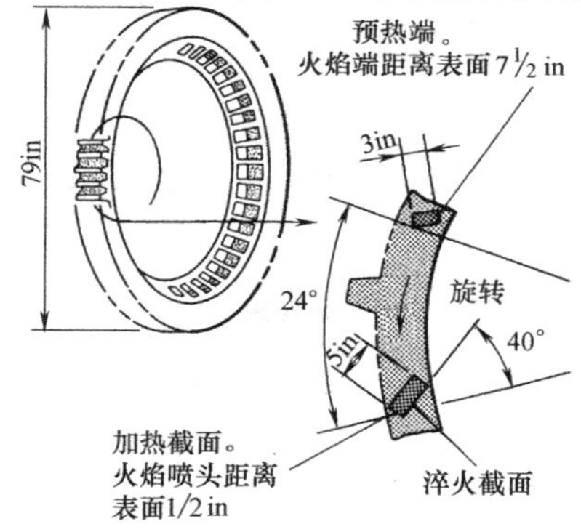

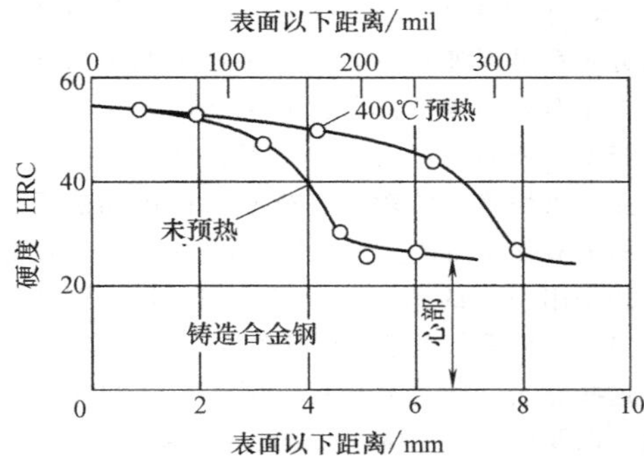

图5-13 预热对齿圈硬度梯度的影响

6）1040钢制成的耐磨块在一条传送带上进行火焰淬火，硬度目标是53~58HRC（表5-9）。

表5-9 1040钢耐磨块的火焰淬火

1. 试运行

清洗耐磨块上的水垢和氧化皮，最好使用喷砂或抛丸清洗

2. 装载

将耐磨块放在输送带的一端

3. 火焰头

火焰头包含2排54号孔（ϕ1.4mm或ϕ0.055in）的火焰喷孔，共49个，其中24个孔是被堵塞的孔，两端孔的中心间距为150mm（6in）。喷头中还含有单列的水淬冷却孔。火焰喷头与耐磨块的总间隙为16mm（0.63in.）；火焰锥尖处与耐磨块的间隙为4.8mm（3/16in）

4. 气体压力

乙炔，83kPa（12psi）；氧气，150kPa（22psi）

5. 速度

输送带速度为2.47mm/s（5.83in/min）；总的火焰淬火时间为1.5min/块

6. 硬度及其分布

硬度53~58HRC；到心部的总淬硬层深度为4mm（5/32in）

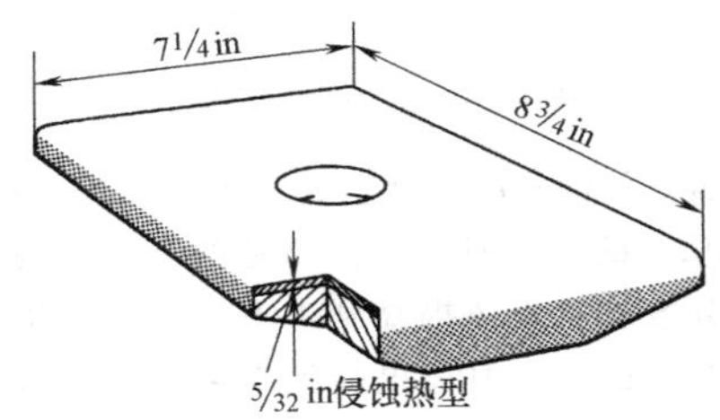

凸轮角加热。铸铁汽车凸轮制造商开发了一种生产方法，采用单个凸轮角火焰直接淬火。每个凸轮使用一个特定火焰头旋转加热，单个凸轮被加热到所需的温度后，放入一淬火冷却介质中淬火。凸轮旋转加热类似于蜗杆轴旋转加热淬火（图5-14）。

在这种情况下，使用火焰加热比用感应加热效果好，因为感应加热伴随有开裂问题。解决许多凸轮加热问题的关键是设计一个火焰头，使其可以加热不规则形状的凸轮，以及使热量均衡，以使用同样的方式加热所有的凸轮角。

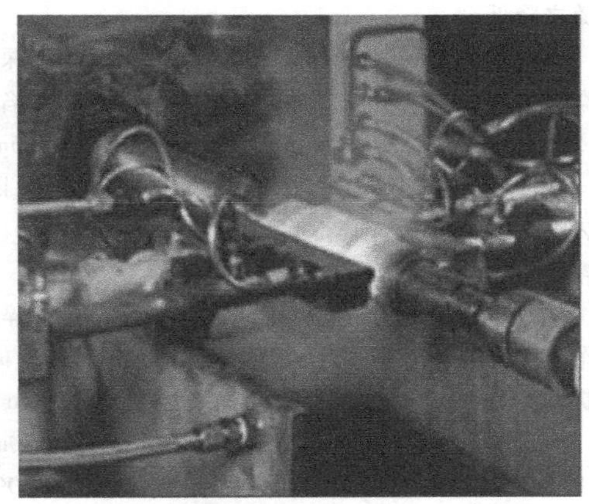
图5-14 蜗杆轴旋转加热
（与凸轮旋转加热工艺类似）

5.1.5 预热

对于大截面的火焰淬火零件，获得所期望的表面硬度和淬硬层深度有困难，这一问题往往可以通过预热来克服。当可用的能量或热输入有限时，预热可提高淬硬层深度。图5-13所示的硬度数据显示出表5-8中所讨论的齿轮滚道淬硬中预热的影响。

对于预淬火和回火钢，尤其是一些合金钢，进行火焰淬火时需要小心控制加热，以免发生开裂。对这类钢制成的零件进行预热，可使开裂风险最小化。可淬火铸铁也容易开裂。例如，铸铁材料做成的起重机轮子必须被预热到480℃（900℉），以防止在旋转加热胎面区过程中的不均匀膨胀造成轮辐断裂。

在另一应用中，用旋转加热法克服了行星齿轮壳体的内齿热处理困难。该零件质量分布不均匀，当使用普通火焰淬火或感应淬火设备时，将会引起大的畸变。轮齿的表面淬硬也不会成功。使用一个特别设计的齿轮旋转淬火设备，可以解决这个问题，该设备能精确控制时间和功率，同时，将最大质量及横截面零件预热到先前确定的精确的温度。

5.1.6 硬化层深度及硬度分布

在某些情况下，火焰淬火会得到比期望值更深的硬化层深度。例如，如图5-5a所示，摇臂衬垫经氧乙炔固定火焰淬火，4s内加热至870℃（1600℉）获得的淬硬层深度是5.1mm（0.200in）。如果过深，可以把钢加热到相同的温度，但缩短加热时间，以降低该淬硬层深度。因此，在870℃时加热时间减少至3.2s，可获得2.5mm（0.100in）淬硬层深度（图5-5a）。因为缩短了加热时间，每个衬垫的淬硬成本

也随之降低。

如图 5-5b 所示，旋转淬火中淬硬层深度过深可用类似方法得到解决。在该操作中，氧乙炔火焰在 13.5s 内加热到 870℃（1600 ℉）可获得 7.6mm（0.300in）深的淬硬层。对于一个 8s 的加热周期，加热到相同温度则可获得大约 3.8mm（0.150in）深的淬硬层。

在行进速度为 1.7mm/s（4in/min）推进法淬火操作中，当在 870℃（1600 ℉）温度上加热 12s 时，将获得 5.1mm（0.200in）深的淬硬层，如图 5-5c 所示。火焰头包含两列火焰孔，它们产生 20mm（0.8in）宽的一个加热区。如果行进速度增加 20%，达到 2mm/s（4.8in/min），那么，加热时间则成比例地减少到 10s，淬硬层深度约为 2.5mm（0.100in）。

（1）淬硬层深度的变化　相同名义化学成分但是不同加热炉次的钢材，其淬硬层深度可能会发生变化。图 5-15 表明，1062 钢轮毂，三个不同炉次，经火焰淬火获得的淬硬层深度不同。这些轮毂的内径经 12s 火焰淬火后，在 1.9mm（0.075in）深度上获得的最小硬度达 59HRC。

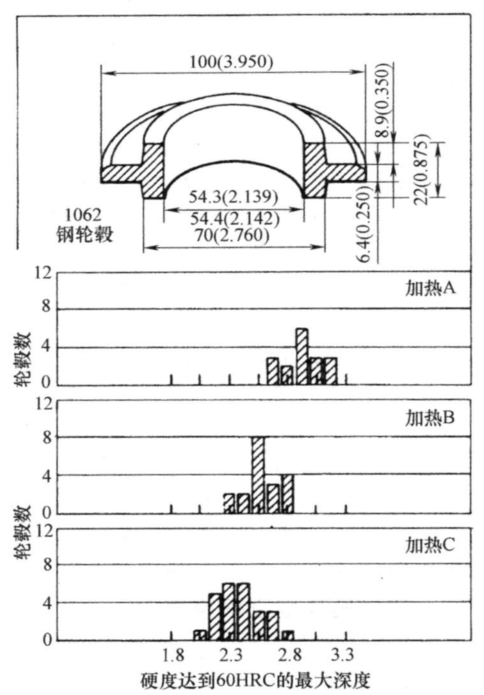

图 5-15　1062 钢轮毂在内径表面 1.9mm（0.075in）以下处最小硬度为 59HRC

注：轮毂三种热处理后淬硬层深度的变化。轮毂加热 12s，并在油中淬火。加热区域的横截面上测量硬度值。尺寸单位为 mm，括号内尺寸的单位为 in

（2）表面硬度分布　火焰淬火表面任何部位的硬度分布都可以通过轻轻喷上细砂来测定。砂子的切削作用对表面淬硬部分比对未加热表面区的影响小。当整个表面经过火焰淬火时，这种方法还可以用来显示火焰淬火的软点（软点可能由加热不均匀或表面上氧化皮而产生）。另一种测定表面硬度分布的方法是用 10% 的硝酸溶液腐蚀该区域，淬硬区域比未淬硬区域看起颜色来更暗些。

这些方法也可用来显示淬硬区域横截面的热穿透性，以及用于初步检查火焰淬火设备的使用性能。

图 5-16 所示的数据表明表面硬度的变化。4063 钢圈表面硬度数据是用了一个月的时间周期获得的。钢圈加热 9s，在表面下 1.3mm（0.050in）处产生的最小硬度为 59HRC。

（3）小结　火焰淬火的表层硬度是钢中碳含量的函数，硬度可达 65HRC。理想的火焰淬火材质是碳质量分数为 0.40%～0.50% 的中碳钢，但是，钢的碳质量分数高达 1.50% 时也可以火焰淬火，只是需要特别小心。通常情况下，淬硬层深度范围为 1.3～6.4mm（0.05～0.25in）。对于较大截面的零件，如大型轧辊和大型轮子，可以获得高达 13mm（0.5in）的淬硬层深度。含锰合金降低了对淬硬层深度有利的临界冷却速度，有助于提高淬硬层深度。因此，锰钢和易切削钢被认为是可用火焰淬火方法最优秀的钢种。

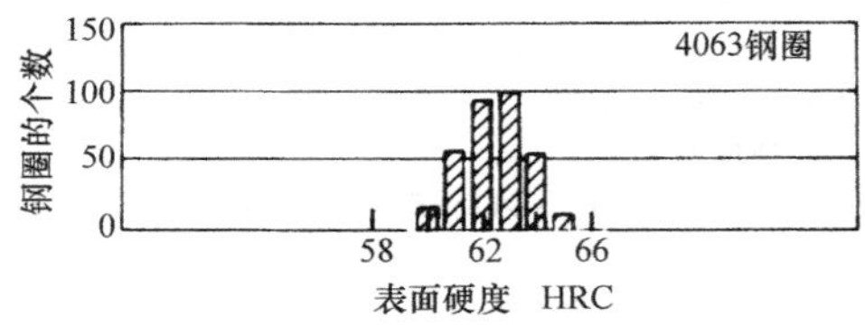

图 5-16　表面硬度分布

当需要的淬硬层深度超过普通碳素钢（0.60%～0.90%Mn）的性能时，可提高锰的含量。例如，将锰质量分数从 0.80% 提高到 1.10%，从 1.00% 提高到 1.30%，或从 1.10% 提高到 1.40% 就有效了。在很多情况下，耐磨性不是唯一重要的设计标准。在高压载荷下，淬硬层必须足够深，不仅可使零件达到所需的耐磨寿命，而且有助于承受重接触载荷。表面淬硬层必须是全马氏体，并且支撑淬硬层的材料必须有足够的强度。但是，增加淬透性可能会引起开裂，至少在水淬时会产生。

5.1.7　设备维护

（1）氧气-燃气型火焰头（非铁基金属）　三种结构类型的非铁基金属火焰头（平面钻孔式、旋入式和压入式）的经验表明，碳沉积、缺乏适当的冷却、烧蚀和侵蚀，是进行维护的主要共同原因。

（2）碳沉积　间歇点火和熄火会引起喷孔侧壁上发生碳沉积。这是因为当火焰熄灭时，燃烧的燃料使喷嘴出口处发生回火，含碳物质在喷嘴边缘少量沉积。虽然每个阶段的沉积很少，但是它会逐渐增加，直到喷孔堵塞，改变气体速度，从而改变加热性能。在必须清理火焰头之前，可能已经使用了几千个周期。

很少的清洗工作可以不需要将火焰头从混合器管上拆下。此时可使用与喷孔适当大小的钢丝穿通，或者用比喷孔小一个规格的钻头钻一下。但是，必须小心操作，以防出现喇叭口，或者使喷孔尺寸增大。利用这些方法清理时，燃料室中会沉积松散的含碳物质，并且这种含碳物质可由氧气和燃气的混合物气流速度吹动，从而可能在其他喷孔中沉积。

批量生产的火焰喷头在运行 40～120h 后，应该从机器上拆下，进行彻底清理。维护时间间隔取决于安装方式、氧气和燃气混合物及加热时间。

当拆下拧入式和压入式火焰头时，可以用一根尺寸合适的钢丝，或者用比喷孔小一个规格的钻头穿入孔中，然后把火焰喷头浸在合适的溶剂中或清洗剂中，将使含碳物质松散。再次提示，必须小心操作，以防出现喇叭口或者扩大喷孔尺寸。另外，也要注意清洗剂或溶剂不要侵蚀火焰头本身。在干净的水中清洗和漂洗之后，所有微量的污垢和污水等从喷孔、燃料室和冷却水路中流出。对拧入式喷嘴和火焰喷头也可用相同的方式进行清理。

（3）侵蚀和腐蚀　所有类型的火焰头上都有燃烧时产生的副产物，它可能侵蚀烧嘴面和喷头，导致腐蚀。已经证明，燃烧器表面镀上一薄层铬可帮助减少侵蚀和腐蚀。经过一段时间之后，平面钻孔式燃烧器表面也会被侵蚀，直到必须通过机械加工和再锪孔修整火焰头。如果钻孔喷头上孔之间有足够的空间，可通过钻出大规格的孔来修理，并且压入塞头，必要时这些塞头可取出或更换。

氧气-燃气型火焰头是水冷式的，如果所在地的水极硬，有必要先进行水质软化，防止在冷却通道中形成水垢；也可以使用商业沸石软水剂或聚磷酸盐。有时还需要安装有换热器的水循环系统。

（4）空气-燃气型燃烧器　空气-燃气型燃烧器衬里故障主是由耐火杯槽、通道和排气孔等的剥落、侵蚀、开裂引起的。确定单个装置的检查时间间隔，根据经验定期检查这些衬里。当条件恶劣时，每班都需要进行一次检查。

燃烧器衬里变坏的原因是重复地快速加热或冷却时的热冲击（或者加热和冷却两者），以及东西撞击燃烧嘴时的机械冲击。燃烧器外壳恶化，主要原因是它长期暴露在逸出的热气体中，外壳局部受热，造成或多或少的进一步氧化、龟裂、扩展以及偶然地烧损。如果安装空间允许使用水或空气冷却，则可以增加燃烧器的预计使用寿命。设计包把热气体从燃烧器和机器的其他部分导出的结构，形成热量屏蔽，也有利于降低维护成本。

（5）机械部件　因为氧气-燃气型和空气-燃气型两种系统都必须采用压力表、气体供给压力调节器、阀门、流量计和安全装置等，所以与这些配件相关联的维护是这两种火焰淬火方法共有的问题。这些机械部件火焰淬火中发生故障的症状和可能的原因列于表 5-10 中。

空气-燃气火焰淬火系统还有压缩机和鼓风机的维护问题。防止回火和爆炸的保护装置应根据制造商的说明书进行检修。

表 5-10　火焰淬火中的设备维护问题

部件	故障现象	可能的原因
压力表	反常行为	机械损伤
气体供给压力调节器	不能保证稳定的压力输出值	隔膜破碎或硬化；隔膜过紧；转柄或阀门零件粘住；阀座损坏或弄脏，或者喷嘴或排气孔堵塞 弹簧断裂和损坏
电磁阀	开关故障	阀门机构和导线有故障
燃料阀	关闭后火焰不能消失	阀座或转柄弄脏；阀座损坏
氧气阀	关闭后火焰有爆裂声	阀座损坏

（6）电气元件　电接触器应定期清洁，当加热阶段是由定时器控制时，定时器要定期检查。通常，如果加热阶段不准确，在零件的检验时就会发现。如果加热阶段是由一个热电堆（一种测量热辐射温度计）来控制，必须进行几个项目的检查。通过管道的过多冷却水将导致透镜上凝结水；在透镜上有任何的沉积将导致错误的结果。在大量生产中，透镜每班至少应该清洗两次，温度记录器应当每班调整一次。

（7）心轴和可移动的夹具　零件定位和火焰头的位置一致是很重要的，因此，应定期清理、检查和润滑固定装置和心轴，任何磨损的零件应在它变得不适合使用之前更换。

（8）管道　从气源到使用站点的燃气管路应该使用承销商（保险公司）推荐的管道及配件类型。

在天然气长管路中，在气体到达混合室或者火焰枪之前，应该提供去除管路中积聚冷凝液的方法。

5.1.8 预防性维护

火焰淬火设备预防性维护典型步骤如下：

（1）每天任务

1）检查所有电磁阀是否泄漏，必要时应清洁、修理或更换。

2）更换损坏的螺纹拧入式火焰头，清理灰尘，或者堵塞喷头或喷孔。

3）清理火焰头表面和可移动机械部件上的异物。

4）检查固定点火器。

5）检查燃料气体、水、氧气和空气是否泄漏。

6）检查淬火油的液面、循环管路和温度。

7）清理辐射高温计的透镜和平衡记录仪。

8）检查油位和流到心轴上的油量。

（2）每周任务

1）检查回火限制器的液面。

2）检查回火限制器上的安全阀。

3）按要求润滑所有的运动部件。

4）检查所有燃气、氧气和空气接口处是否泄漏（用肥皂溶液）。

（3）每两月一次任务 拆下并清理火焰头，清理频率随设备和使用情况而变化。

（4）半年或年度任务

1）拆卸、清理和修理氧气和燃气调节器。

2）拆卸、清理和修理所有电磁阀。

3）检查电路接触器和接线。

4）清理热交换器和淬火浴槽。

5）检查混合吹管喷孔。

6）重装电动机轴承。

5.1.9 安全注意事项

所有的燃气，当其与空气或氧气混合到达可燃极限之内时就会发生爆炸。但是，燃气广泛应用于整个工业领域，并且当遵守规定的安全措施法规，正确作业、储存和运输时，它们是安全的。稳定的MAPP集丙烷的安全性和易仓储性，以及乙炔的高热能于一体。

下面的组织机构已经发表了关于圆柱形储罐、圆柱形管道、乙炔发生器、防护设施和管道系统、设备及操作规程的各方面信息资料：

美国天然气协会：400 North Capitol Street NW, No. 450 Washington, D. C. 20001；

美国保险协会（原全国火灾保险委员会）：（formerly National Board of Fire Underwriters）2101 L Street NW, Suite 400 Washington, D. C. 20037；

压缩气体协会：14501 George Carter Way, Suite 103 Chantilly, VA 20151；

XL集团（原行业风险保险协会）：（formerly Industrial Risk Insurers）100 Washington Boulevard, 6th Floor Stamford, CT 06902；

美国国家消防协会：1 Batterymarch Park Quincy, MA 02169。

大多数州和地方政府按照这些机构的建议，也采取了相关的气体规定，因此应该研究清楚这些地方性法规与标准操作规程的异同。

要告知操作者对设备进行清洁，保证其无油脂和油，并且处于良好状态；使用无油无脂的肥皂水对它们进行定期测试，以避免氧气或燃气泄漏。应该缓慢打开氧气或燃气阀门，并且确保点燃之前管路已经清除干净。应当使用一个空气软管驱散从管道中泄漏的燃气，并在机器上燃气可能聚集的任何空间和机器周围，使用空气软管驱散燃气。不允许任何火焰或火源靠近燃气或氧气释放的空间范围。此外，良好的通风是最重要的。

操作者应该能迅速识别“回火或回燃”，并且关闭气体；必须确定损坏的原因及程度，而且在火炬再次点燃之前进行改正。为了防止大爆炸，必须在燃气管路中安装一个回火限制器。

除了气体容量小的火焰头外，手工摩擦打火机不能用于点燃燃气。应该使用乙炔火炬或其他气体燃烧器的火焰点火。点火的长明火焰灯应非常接近加热喷头，以防止点火前燃气和氧气的聚集。对于自动火焰淬火的机器，点火的长明火焰灯可以永久地安装在上面（在这种情况下，须安装火焰探测器和报警系统，发出警告当长明火焰灯意外熄灭时），或者也可以使用电火花点火。操作时无论停顿多长时间，都应关闭主供应管路阀门。这些阀门不得有任何泄漏，因为即使很小的泄漏都会导致燃气的危险聚集。

油或油脂在承受压力的氧气环境中会发生爆燃，因此必须使其远离气罐、调节器、软管及其他装置。燃气气罐的储存必须遵循职业安全健康管理局和国家消防局制定的标准。室内的燃气储气允许量是受到限制的，气瓶多歧管设计结构必须符合相应的要求。

多歧管设计的气罐应该用夹子和链子系紧固定，防止其倾斜或翻倒。气罐翻倒或者任何猛烈的碰撞都可能引起乙炔的爆燃。丙烷不易爆炸，但是，如果阀门损坏或者气罐敲坏，那么，承受压力的任何燃气都有危险性。在某些情况下，噪声可能是燃气-空气系统中的一个问题。设备设计时应该使其噪声等级保持在通常能接受的限度之内，以免伤害附近的人员。

5.1.10 淬火方法和设备

火焰淬火中，合理的淬火方法，与合理的加热一样重要。淬火时必须以一定的速度除去热量，以获得所需的组织结构，并有助于控制淬硬层深度。

淬火方法和淬火剂的类型随火焰淬火方法不同而不同。在固定法淬火中，通常使用浸没淬火，但是，也可以使用喷液淬火。

（1）推进法加热淬火　推进法加热的零件通常用集成在火焰头上的喷雾器进行淬火，然而对于高淬透性钢，或者当需要改变或调整加热区与淬火工序之间的距离时，可使用独立的喷淋淬火喷头。喷淋淬火应与火焰头成一定的角度，以防止干扰加热，而且必须保证完全覆盖加热带。通常集成型喷液淬火喷头距离最后一行火焰 19～32mm（3/4～1.25in），向工作区喷淋淬火冷却介质。当推进法加热淬火的表面是垂直的或在上面时，通常喷淋淬火后需要进行附加冷却。

（2）旋转法加热淬火　对旋转法加热的零件，有几种不同的淬火规程。其中一种是，将加热的零件从加热区取出，浸没在一个单独的冷却槽中进行淬火。还有一种方法，是使淬火浴槽和火焰淬火机器形成一个整体，零件可以在机床长轴或心轴上加热，然后立即落入位于心轴下面的淬火浴槽中淬火。如果零件要么太重要么太脆，可通过起吊装置将零件降下后再使其落入淬火浴槽中，或者和心轴同时降低，落入淬火浴槽中。零件可以手动从淬火浴槽中取出，或者，用传送带从淬火浴槽中自动送出。有时可将喷液淬火环浸入淬火浴槽中，以增加冷却速度。

转动法加热的零件可以采用与火焰头位于同一平面上的淬火装置来淬火。当加热阶段完成，火焰熄灭时，转入淬火工序。淬火装置应覆盖整个加热带，并提供足够的淬火液，以获得合适而均匀的硬度。淬火剂应围绕并完全包围加热带，以保证足够的淬火点。此类型淬火中常用的是水或聚合物淬火溶液。因为用油容易污染加热喷头，当采用油冷淬火时，油不能接触加热喷头。可以把加热零件转移到一个独立的淬火站点，或者把加热喷头退回到屏蔽区域，就可解决这个问题。

当空气-燃气混合气用于旋转法淬火操作时，大多数情况下，加热分布会扩展到要求的限度以外。此时，采用浸没淬火会导致硬化区域扩大可能会扩展到需要机加工的部位，或者会导致过大的变形。采用淬火环进行局部淬火，可解决这一问题。例如，用此淬火方法淬火质量约 205kg（450lb）的大链轮链齿，整个齿表面，包括齿根的淬硬层深度可达 4.8mm（3/16in），在 10min 的加热阶段中，可把链齿和支撑轮缘完全加热。当对链轮在一个有喷水嘴的圆环内进行旋转淬火时，只限于所要求表面淬硬，支撑轮缘仍然保持软态。大齿圈淬硬也可以采用类似的方法。通过组合的旋转推进法加热零件时，一般用集成为的火焰喷头喷液淬火，或用位于火焰头下方独立的淬火器完成淬火。

5.1.11 淬火介质

喷液淬火，不管是与火焰喷头集成为整体一起使用，还是分开单独使用，都采用水或聚合物溶液作为淬火冷却介质。不要使淬火油接触氧气，或者污染其他设备。和常规淬火一样，钢的合金含量决定了采用的淬火类型。淬火剂可以是水、盐水溶液、乙二醇基聚合物淬火液或空气。

通过降低淬火剂的压力，可使所设计的集成淬火器或独立淬火器的最大喷液淬火冷却速度降低。如果使最后一行火焰孔和淬火剂冲击点之间的距离增加，淬硬面以下的金属基体会吸取热量，从而降低淬火烈度。

操作者必须考虑的另一个因素是淬火距离，因为淬火必须接触被加热的区域，而此时材料仍然处于可以避免产生珠光体或其他不希望的显微组织转变产物的临界温度。如果喷头太接近火焰，不均匀的硬度和熄火现象都可能发生；如果喷头太远，又可能无法充分淬硬。

（1）强制风冷　在推进法淬火中，强制冷风通常用作普通油淬钢的淬火剂。在加热后不采用水立即冷却，因为快速冷却会导致产生表面龟裂。由于这些钢大多数具有相对低的 Ar_3 相变温度，强制风冷可迅速降低表面温度，使其达到水冷却时的温度点，而不会形成表面龟裂。所获得的硬度通常接近于直接油冷所获得的硬度。例如，52100 钢强制风冷淬火，然后用水淬，可获得 60～61HRC 的表面硬度。

强制风冷淬火也经常应用在中等硬度要求方面。例如，铁路铁轨端淬火，可减少由于车轮冲击形成的“端头磨损”。导轨经过四个预热工位燃烧器和一个高温工位燃烧器（高温、高速的燃烧器），加热时间为 95s，使轨道达到 870℃（1600℉）的淬火温度。在第六工位，空气以 690kPa（100psi）压力直接吹向加热表面。此时获得的淬火组织是细珠光体，它能提高耐磨性，有足够的塑性，可承受运行中车轮的撞击。在这种应用中，因为高碳钢轨容易开裂，不适合用水淬火。对于弯道、转道和岔道的铁轨，可采用同样的方法淬火，但是应采用推进法淬火，使用氧气-燃气燃烧器，空气淬火。

（2）浸没淬火 浸没淬火方法可根据金属材料、硬度要求、淬硬层深度要求、质量、零件结构外形和尺寸公差变化采取不同的淬火剂。淬火冷却介质可以是碱、盐水溶液、水、可溶性油乳化液、各种油或类似油的聚合物淬火剂。

（3）自冷淬火 除穿透淬火以外的任何类型的火焰淬火，加热层以下的冷金属基体可以吸取热量，有助于淬冷。因此，与传统淬火相比，冷却速度很高。例如，4140、4150、4340和4640中碳钢制成的齿轮，在采用推进法淬火时，快速加热，齿轮表面和心部之间形成温度梯度，就会形成自冷淬火，与油淬有相同的效果。

为了达到均匀淬火，在与齿轮加热齿部一定距离处使用冷却剂。例如一个实际应用示例，在4~12个齿的间距尺寸范围内，4150钢齿轮的齿部淬火，一次加热一个齿，并通过热传导进行冷却，而冷却剂就是齿轮体本身。采用这个工艺，齿轮在200℃（400℉）温度上完成回火之后，齿部的硬度为50~55HRC。

5.1.12 火焰淬火存在的问题及原因分析

火焰淬火可能存在的问题及其原因如下：

（1）过热的原因

1）控制高温计设定值太高。

2）控制高温计的毫伏补偿器设置不正确。

3）加热周期太长。

4）火焰头距零件太近。

5）火焰喷孔孔径过大。

6）火焰中氧过多。

7）燃气压力过高。

8）火焰喷头布局不合适。

（2）硬度低于要求最小值的原因

1）控制高温计设定值太低。

2）控制高温计的毫伏补偿器设置不正确。

3）加热周期太短（加热不足）。

4）淬火烈度过低。

5）淬火冷却延迟时间太长。

6）零件没有淬透。

7）对于所用的淬火方式，材料的淬透性太低。

8）表面脱碳。

（3）硬度不稳定或不均匀的原因

1）加热不均匀。

2）加热和淬火之间间隔时间太短。

3）淬火冷却介质没有充分搅动。

4）淬火油含水。

5）零件上有氧化皮。

6）淬火冷却介质不合适。

7）表面脱碳。

（4）变形原因

1）零件形状或淬硬部位与其余截面的相互关系不适合进行火焰淬火。

2）冶金学上不合适的预处理组织。

3）加热周期太长。

4）加热不均匀。

5）淬火不均匀。

6）淬火速度过高。

7）材料的淬透性过高。

（5）淬硬层浅的原因

1）材料淬透性低。

2）燃气流量过高；调整为氧化性火焰。

3）火焰喷出速度太高。

4）控制高温计设定值太低。

5）控制高温计的毫伏补偿器设置不正确。

6）加热周期短或扫描速度过快。

7）淬火烈度太低。

8）淬火前延时太长。

（6）淬硬层过深的原因

1）燃气流量低，调整为还原性火焰。

2）火焰中燃气过量。

3）控制高温计设定值太高。

4）控制高温计的毫伏补偿器设置不正确。

5）火焰喷出速度太低。

（7）产生过多氧化皮的原因。

1）加热周期太长；

2）燃气流速太低。

3）火焰速度太低。

4）淬火前延时太长。

5）四围火焰头分布不当，过热或成带状。

5.1.13 火焰淬火零件的回火

通常已经火焰淬火后的零件需要回火；无论使用何种热处理方法生成的马氏体，都同样需要进行马氏体回火。用其他方法淬火到同一等级的淬火钢，也需要进行回火处理，和火焰淬火钢回火处理方法一样。回火时可以使用标准的规程、设备和温度。然而，对于火焰淬火的零件，由于太大而不能在炉中加热，所以采用火焰回火也许是唯一可行的方法。

（1）火焰回火 大零件通常用推进法淬火，之后立即将火焰头放在距淬火后表面很短距离处，对淬火表面重新加热，进行回火处理。再加热或回火火焰头必须使用正确的孔径或火焰喷孔（火焰喷嘴）数量及尺寸规格，产生希望的工作温度，并以火焰淬火行进的速度在火焰淬火区产生所需的温度梯度。

可以通过改变流过火焰头的燃气流量和通过调整火焰头和零件表面之间的距离，进行最终的精确调整。回火火焰头必须比加热火焰头的热量输出小，因为已淬硬区加热太快会引起开裂。回火时，因为所需要的温度较低，所以温度控制通常是很关键的。

（2）自回火　大型零件火焰淬火深度到大约 6.4mm（1/4in）或更深时，淬火后的余热本可使淬火应力完好的释放，不需要以单独操作的方式进行后续回火。空气-燃气加热时，由于热传导速度很低，所以促进了自回火所需的深层余热的利用。

当不能使用余热，并且希望取消单独的回火操作时，如果硬度要求允许，建议使用一种含碳量比较低的钢。重载零件的预热可增加用于回火的余热。为了达到这个目的，要么在炉中加热零件，如果可行的话；要么在一个减少或减慢燃气输入的多喷头烘烤的燃烧器环中，通过旋转零件进行预热。这种选择取决于设备的可行性和所涉及的经济条件。确切的预热温度会根据零件的尺寸和结构、应力消除或回火要求而变化，每个应用中的具体步骤作为初步步骤建立在试验基础之上。

5.1.14　表面状态

锻件和铸件的表面状况不利于成功地进行火焰淬火，在一般情况下，妨碍加热或淬火的表面状况会造成局部过热，引起开裂，或在合适的加热和淬火后产生软的表皮组织。

表 5-11 中总结了一些较为常见的缺陷或状态可能的原因及可以预期的不利影响。这些缺陷的大小程度决定其可导致的困难。

表 5-11　不利于火焰淬火的钢铁件表面状态

缺陷或状态	可能的原因	在火焰淬火区上可预见到的不利影响
搭接、接缝、折叠、飞边（锻件）	轧制或锻造操作	局部过热（或在最坏时表面熔化），随之晶粒长大、脆化，以及存在较大的开裂危险
氧化皮（附着的）①	轧制或锻造；预备热处理；火焰切割	绝热作用，造成欠热区和软点；局部淬火延迟，引起软点
锈斑、污物①	材料或零件的储存和处置	类似于氧化皮状态；严重的铁锈可能导致表面点蚀，淬火之后将会残留下来
脱碳	在接受的钢棒料中出现；零件或棒料的锻造加热或预备热处理	在严重脱碳的零件上，使用锉刀和其他表面方式检测零件时，将会发现没有相应的硬度②
微孔、缩孔（铸件）	铸造缺陷	局部过热（或在最坏时表面熔化），随之晶粒长大、脆化，以及存在较大的开裂危险
粗晶粒浇口区（铸件）	铸造浇口位于火焰淬火的区域（如可能，尽量避免）	与非浇口区相比，淬火时期增加开裂危险；缩孔缺陷可能会在这些区域内产生
焊接不当	零件与基体金属不同的合金焊接	焊接区与基体金属的反应不同，焊接区也许断裂、零件要求重焊或报废③

① 除了对火焰淬火表面有不利的影响外，氧化皮、锈斑或污物在火焰通道上松动后沉积，引起氧-燃气燃烧器的堵塞，或与空气-燃气的燃烧器陶瓷部件发生化学反应（引起快速损耗）。当这种残渣进入封闭的淬火系统时，则可能堵塞过滤器、淬火孔、并引起泵的过度磨损。

② 局部脱碳会降低表面硬度，这与对钢进行适当的加热和冷却后，在坯料表面实际含碳量的损失直接有关。

③ 为避免这些问题，火焰淬火操作者可强烈要求获得零件成分和之前热处理的准确和完整信息资料。例如，以前淬火的零件，除非已经退火，就不能再被火焰淬火，否则，开裂是不可避免的。

5.1.15　尺寸控制

因为火焰淬火能够选择性地加热零件上指定的区域，所以在许多应用中，火焰淬火比炉内加热和淬火可提供更好的尺寸稳定性控制。火焰淬火中产生的尺寸变化的大小受诸如零件尺寸、形状、加热区域、加热深度、淬透性和淬火冷却介质等因素的影响。例如，图 5-17 所示为转炉齿轮轮毂经火焰淬火后的尺寸变化分布。

5.1.16　工艺选择

火焰淬火主要适用于表面淬火和局部区域的穿透淬火。制造规范常常要求对整个零件进行热处理，但在许多情况下，这是没有必要的。起重机车轮、轧辊和齿轮就是应用火焰淬火仅仅对其工作表面淬硬。模具常常要求仅沿接触线或成形区域淬硬。

能达到相同效果的其他淬火工艺包括如下：

① 表面感应淬火或者穿透淬火。

② 渗碳、渗氮或其他炉中处理工艺，在炉中允许改变表面淬硬层成分。

③ 应用表面加硬覆层材料。

④ 通过零件部分浸入熔融铅浴或盐浴中，进行局部截面穿透淬火。

表 5-12 中列出了五种不同的淬火工艺和及其优缺点。

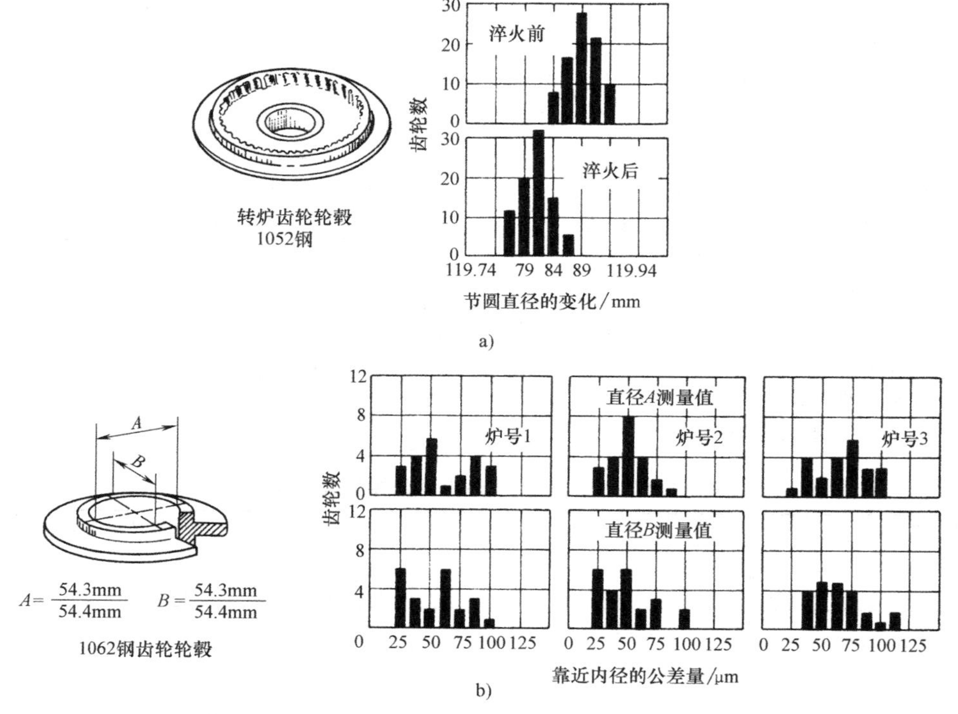

图 5-17 火焰淬火后的尺寸变化分布

a) 1052 钢转炉齿轮轮毂节圆直径变化。齿轮内圈加热 9.5s 后，在油中淬火 0.9mm（0.035in）深度

b) 特制的 1062 钢转炉齿轮轮毂的内径变化。内径加热 12s，然后油淬硬度 59HRC，淬硬层深度为表面以下 1.9mm（0.075in）

表 5-12 五种淬火工艺的优缺点

工艺	优　缺　点
渗碳	表面硬，耐磨性高（中等渗层）；优良的接触载荷能力；良好的弯曲疲劳强度；具有良好的抗咬合性；良好的抗淬裂性；要求低、中等成本的钢，所需投入资金高
氮碳共渗	表面硬，耐磨性高（浅层渗层）；比较好的接触载荷能力；良好的弯曲疲劳强度；良好的抗咬合性；良好的尺寸控制可能性；良好的抗淬裂性；使用低成本的钢通常可满足要求，中等投入资金
渗氮	表面硬，耐磨性高（浅渗层）；相当好的接触载荷能力；良好的弯曲疲劳强度；优良的抗咬合性；优良的尺寸控制可能性；良好的抗淬裂性（预处理时）；使用中、高成本的钢；需中等投入资金
感应淬火	表面硬，耐磨性高（渗层深度深）；良好的接触载荷能力；良好的弯曲疲劳强度；相当好的抗咬合性；相当好的尺寸控制可能性；相当好的抗淬裂性；使用低成本的钢通常可满足要求；要求中等投入资金
火焰淬火	表面硬，耐磨性高（渗层深度深）；良好的接触载荷能力；良好的弯曲疲劳强度；相当好的抗咬合性；相当好的尺寸控制可能；相当好的抗淬裂性；使用低成本的钢通常可满足要求；要求投入资金低

感应淬火和火焰淬火是对零件进行局部（如齿轮的齿）淬火且不影响其他区域的最有效的方法。一根长 760mm（30in）的 4150 钢轴，一端装配有 25mm（1in）的齿轮，经火焰淬火或感应淬火后心部硬度可达 26~32HRC（很适合于进行机加工的硬度值），齿轮硬度可达 55~60HRC。如果采用渗碳或渗氮代替，必须用铜涂覆钢轴，且在淬火之后必须除去。

对于某些可重叠淬火的应用，这三种基本类型的表面淬火工艺之间的差异相当小。例如，用途几乎相同的一个齿圈，四家用户要求采用四种不同的表面加热工艺：4150 钢齿圈要求进行感应淬火，是否进行单独的心部淬火取决于具体的应用；1045 钢齿圈的齿部要求进行火焰淬火；8620 钢或 9310 钢齿圈要求进行渗碳处理，然后精磨；4150 钢齿圈要求心部淬火到 32~34HRC，然后渗氮。

然而，经过详细分析，毫无疑问四种工艺中只有一种是最经济的。伪节约的例子屡见不鲜。例如一个公司可能号称节省 25 美分/kg 的钢材，但是实际上不得不付出双倍加热或冷却消耗，以校正由于较低成本的钢较低的热处理性能造成的变形。

在选择火焰淬火工艺时，必须考虑把火焰施加到零件上的方法，以及燃气混合物的选择。氧气-燃气设备与空气-燃气设备的显著差异在于控制、传输和混合气燃烧系统的设计上。

燃烧混合物的加热特性在很大程度上取决于零件上淬硬区和热影响区的局部性程度。浅淬硬层（小于 3.2mm 或⅛in）可采用氧气-燃气混合物获得，由于较高温度的火焰可提供足够而迅速的热传导，从而更好地控制加热分布。要获得较深的淬硬层，可采用氧气-燃气或空气-燃气混合物。使用氧气-燃气混合物时，加热是局部的，但是要小心控制热量释放速度，以避免在深层加热期间扩展，产生表面过热。

空气-燃气热传导速度较低，虽然可降低表面过热的倾向，但常常会使热影响区扩大，远超出所需要的淬硬层。由于这个原因，空气-燃气火焰淬火通常只适用于淬硬部分可以穿透加热，或淬透性低的材料。在后一种情况下，淬硬深度主要通过淬火烈度而不是加热来控制。因为潜在的过大的变形，空气-燃气火焰加热向零件深层扩大，所以可能不允许使用这种火焰加热介质。

鉴于这些考虑，空气-燃气火焰淬火的成功在很大程度上取决于零件的结构。一方面，由于它的热导率低，在零件外形有助于热量集中的情况下，空气-燃气火焰淬火可用于齿轮、链轮轮齿、法兰、加强筋、棱边以及类似的凸台的处理。另一方面，氧气-燃气火焰设备通常可用于齿轮齿部、轧辊、轴颈、机床导轨、成形模具的耐磨面、轮毂的内外径，以及大截面零件的表面淬火。小件通常需要用氧气-燃气火焰设备，可获得很小的、易于控制的火焰特性。

当火焰淬火可以使用一种以上的火焰模式或者可以使用燃烧气体混合物时，工艺和设备的选择首要考虑的是经济因素。设备的选择取决于预期基本成本，满足当前和后续生产要求即可。

对于一个特定的应用，是否优先于其他淬火工艺而选择火焰淬火工艺，通常取决于火焰淬火工艺是否适合生产所需的结果、变形的控制和成本。选择火焰淬火作为一种淬火方法的一个具体例子如下。

例 2：链轮轮齿的火焰淬火与感应淬火。因为服役失效，为免去设计工作，一个链轮制造商将链轮齿部感应淬火改为火焰淬火（图 5-18）。但是当采用感应淬火时，链轮腹板区域无法淬火。由于失效原因是链轮齿部和轮缘感应淬火时产生高度集中的应力分布，所以如果继续使用感应淬火，则需要对零件结构进行大的重新设计，并且需要重新制造昂贵的锻模。

采用火焰淬火时，链轮可采用一个小的定位装置进行分度移位，借助于火焰切割小推车装置，将标准的火焰头移到正对链轮的齿面。用热水淬火可消除用冷火淬火产生的轻微的表面龟裂。图 5-18 所示为使用标准火焰头淬火形成的硬度分布区域。通过这种方法淬火的链轮轮齿有极好的耐磨性，不仅没有增加淬火成本，而且消除了故障。

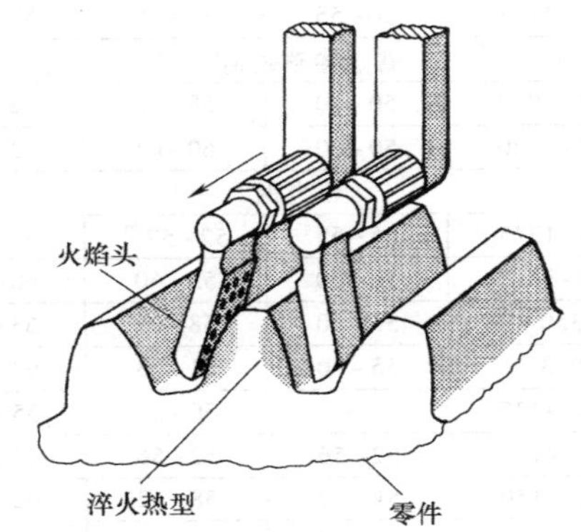

图 5-18　标准火焰头加热链轮轮齿后形成的硬度分布区域。当空间大小允许使用这种工艺时，对每个齿逐一淬火可减少变形

5.1.17　材料选择

火焰淬火的使用仅限于可淬硬钢（锻件或铸件）和铸铁。对于这些材料，通过火焰加热，然后在空气、油或水中淬火得到的典型的硬度见表 5-13。

选择火焰淬火作为热处理工艺，可获得的最大硬度不是唯一的标准。例如，选择正确的材料使变形最小化是至关重要的。如果可能，则用普通碳钢取代那些具有深淬硬层特性的钢材，因为这种特性有可能产生较高的内应力。

有些火焰淬火操作者认为，所有合金钢和含碳量超过 0.40% 的其他钢种在 175~245℃（350~475℉）温度下去应力处理很重要，这取决于客户的技术规范。这种低温回火不仅可降低硬度，而且还可以消除内应力，并恢复材料的韧性和塑性。

局部加热会使表面产生残余拉应力。当加热金属薄片的某个区域，而使其余区域保持冷态，受热金属部位膨胀；如果允许足够大的膨胀，加热的金属本身将变粗；当冷却时，这个变粗的金属变短；当冷却到室温，它常常稳定在拉应力状态下，而这种拉应力可能高到足以使该零件开裂。

当一个零件采用感应淬火或火焰淬火时，材料工程师应与设计工程师密切配合，在满足工程要求

表 5-13 钢和铸铁经火焰淬火后获得的硬度

材料	受淬火剂影响的典型硬度 HRC		
	空气①	油②	水③
普通碳钢			
1025~1035	—	—	33~50
1040~1050	—	52~58	55~60
1055~1075	50~60	58~62	60~63
1080~1095	55~62	58~62	62~65
1125~1137	—	—	45~55
1138~1144	45~55	52~57③	55~62
1146~1151	50~55	55~60	58~64
普通渗碳碳钢②			
1010~1020	50~60	58~62	62~65
1108~1120	50~60	60~63	62~65
合金钢			
1340~1345	45~55	52~57③	55~62
3140~3145	50~60	55~60	60~64
3350	55~60	58~62	63~65
4063	55~60	61~63	63~65
4130~4135	—	50~55	55~60
4140~4145	52~56	52~56	55~60
4147~4150	58~62	58~62	62~65
4337~4340	53~57	53~57	60~63
4347	56~60	56~60	62~65
4640	52~56	52~56	60~63
52100	55~60	55~60	62~64
6150	—	52~60	55~60
8630~8640	48~53	52~57	58~62
8642~8660	55~63	55~63	62~64
渗碳合金钢④			
3310	55~60	58~62	63~65
4615~4620	58~62	62~65	64~66
8615~8620	—	58~62	62~65
马氏体不锈钢			
410、416	41~44	41~44	—
414、431	42~47	42~47	—
420	49~56	49~56	—
440(典型的)	55~59	55~59	—
铸铁(ASTM 类)			
30	—	43~48	43~48
40	—	48~52	48~52
45010	—	35~43	35~45
50007、53004、60003	—	52~56	55~60
80002	52~56	56~59	56~61
64~45~15	—	—	35~45
80~60~03	—	52~56	55~60

① 为了得到表中的硬度值，在加热过程中，非直接加热区的温度必须保持相对冷态。
② 薄截面在水或油中淬火时易开裂。
③ 通过转动法或者旋转推进法结合加热，淬火后的硬度略低于推进法或固定法获得的硬度。
④ 含碳量 0.90%~1.10% 的渗碳层的硬度值。

的情况下，保证硬度水平和所需的含碳量都尽可能低。碳含量是感应淬火或火焰淬火达到钢中硬度水平的最重要的决定因素。它对零件硬度水平、开裂倾向、裂纹大小和表面残余应力的大小有着决定性作用。

水淬后的最小表面硬度与各种含碳量的关系如图 5-19 所示。曲线适用于感应淬火以及火焰淬火，它也适用于合金钢，但不包括那些含有稳定碳化物形成元素，如铬和钒的合金钢。

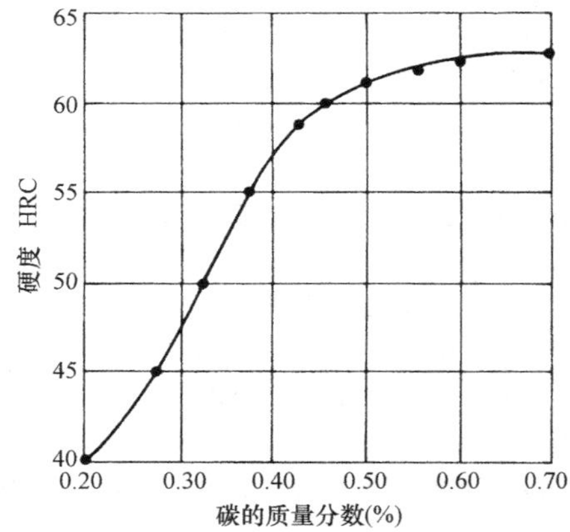

图 5-19 感应或火焰加热及水淬后的最小表面硬度与各种含碳量的关系，实际最小碳含量可从曲线看出

为获得最佳效果，用于感应淬或火焰淬火的钢材，应轧制、正火（特别是高温）、空气鼓风淬火或者淬火+回火（译注：调质）。这些优越的热处理会形成有利于快速和完全奥氏体化并且淬硬的显微组织。对钢材选择使用感应淬火或火焰淬火时，重要的是要采取必要的步骤，以确保淬火区域无脱碳。取决于钢料尺寸、钢材等级、生产轧机和一些其他因素，轧制钢棒的脱碳层厚度为 0~3.2mm（0~0.125in）。不要认为车削和抛光的钢棒是无脱碳的，除非特意按这个要求订货。可轧钢厂获得的各种等级的碳钢和合金钢碳还原和冷加工钢棒。

当需要获得最大的抗疲劳强度时，淬硬表面可能有残余压应力；推荐的压应力水平为 172MPa（25ksi）。因为淬硬层深度小于 1.9mm（0.075in）的表面通常残余应力为拉应力，故建议淬硬层深度至少是 2.7mm（0.105in），以确保残余应力是压应力。这个深度特别适合于没有配备残余应力测量设备的制造商。另外，显微组织应该至少含有 90% 的马氏体，500 倍率下观察无可见铁素体。

（1）碳钢　含碳量 0.37%~0.55% 的普通碳钢是火焰淬火工艺应用最广泛的材料，它们在截面达到13mm（½in）零件上可以进行穿透淬火。因此对碳钢制成的小齿轮、轴和其他小截面的零件可进行局部火焰淬火，在整个截面上可获得均匀的性能。相同的钢材也可用于较大的零件，其淬硬深度要求浅，深度仅为0.8~6.4mm（1/32~1/4in）。

1）1035~1053碳钢适用于火焰淬火，其1042钢和1045钢是使用最广泛的钢种，并且推荐用于所有火焰淬火工艺，除非淬火不能满足技术要求。

2）1045钢可采用一种指定的淬火工艺，硬度没有达到要求，这将需要使用一种较高淬透性的钢。例如，含有较高碳或锰的一种钢，或者两者都高的一种钢，或者可能是一种合金钢。

3）如果需要增加淬硬层深度，那么当采用厚截面逐步加热淬火时，1042钢或1045钢不适用，因此将需要用1541钢、1552钢或一种合金钢取代它们。

4）在实际应用中，最重要的是抗耐磨性，可取的做法是使用0.60%℃以上或者更高含碳量的一种钢，以获得最大的表面硬度。这种高含碳量的钢通常使用油淬或类似油的溶液淬火，以避免因水淬产生的开裂倾向。因此，淬透性越高，可能需要的含碳量越高。

5）当1042钢或1045钢需要在盐水或碱性水溶液中强烈淬火时，会引起开裂。可以选择淬透性较高的钢（碳钢或合金钢，可以用一种低烈度淬火达到硬度要求）。

（2）合金钢　只有在以下几种情况时，合金钢才用火焰淬火：

1）由于心部强度要求比较高（火焰淬火以前进行穿透热处理），并且使用碳钢不能在所指定的截面尺寸上获得这样高的强度。

2）由于零件的大小和形状，以及变形限制或开裂危险，碳钢不能在水中淬火。

3）由于在应用中，某些合金钢可能比碳钢（特别是较高含锰量的钢）更易于取得，在这种情况下，通常不使用较高含锰量的碳钢。易于取得的典型合金钢号有4135H、4140H、6150H、8640H、8642H和4340H。

火焰淬火广泛用于碳钢和合金钢铸件。对于碳钢锻件和合金钢锻件，具体成分或等级的选择是在主要成分相同的基础上操作的。

（3）铸铁　灰铸铁、球墨铸铁和珠光体可锻铸铁，基体含碳量达0.35%~0.80%时可以采用火焰淬火，淬火效果与钢相同。

基体碳含量低于0.35%的铸铁在火焰淬火中不容易淬硬，因为在火焰加热期间，奥氏体在极其迅速加热时不能溶解石墨。这些低碳金属基体在火焰淬火时能达到约40HRC的一个常规硬度值。可锻铸铁中所有的碳都是以石墨形式存在的，由于这个原因，其不适合火焰淬火。

基体含碳量大于0.80%的铸铁用火焰淬火有困难。因为其固有的脆性，迅速加热和急冷时，这种等级的铸铁具有开裂敏感性。铸铁的熔点很低，并且其以石墨形式存在的显微结构使得铸铁容易“燃烧”，甚至火焰淬火期间发生局部熔化。因此，当铸铁件使用专门为火焰淬火钢设计的设备进行火焰淬火时，必须格外小心，要降低加热速度。例如，增加焰心内锥和零件之间的距离，或者降低火焰速度。使用较小喷孔的火焰头也可降低加热速度。

也许影响铸铁火焰淬火最显著的因素是原始显微组织。显微组织中不含铁素体的铸铁火焰或感应加热时反应几乎在瞬间完成，为了完全淬硬，要求在奥氏体化温度下保温时间很短。如含有适量的铁素体，结果可能非常令人满意；但是，全部是铁素体基体时，则具有高塑性，需要在870℃（1600℉）温度下保温几分钟，随后进行冷却，才能完全淬硬。细珠光体的基体组织可通过正火轻易地获得，它能快速获得淬硬的表面，并对淬硬层提供优良的心部支撑。

（4）其他材料　火焰淬火也可以应用于其他可淬硬的铁素体材料，如合金铸铁、马氏体不锈钢和工具钢。然而，火焰淬火的本性，尤其是有相对高的温度梯度和比正常情况高的表面温度，可能会导致许多高合金材料中残留过量奥氏体，导致硬度很低，并在服役当中转变成具有脆性的未回火马氏体。

李（Lee）等人在对火焰淬火进行改良后研究了所获得的硬度、淬硬层深度和12Cr钢的残余应力。根据表面温度不同，通过此工艺可将钢的硬度值提高到420~550HV（基本硬度值250HV）。根据西门子股份公司电站联盟（AG-KWU）和美国通用电气公司（GE）发电工程的验收标准，他们在研究中还优化了工艺参数。

对普通碳钢或合金钢制造的渗碳零件可以进行火焰淬火，获得更高含碳量的淬硬层。渗碳层深度可以从百分之几毫米到1.6mm（1/16in），甚至更深。通过调整火焰淬火工艺可以使整个渗碳层都被加热，从而使整个渗层深度淬硬。因为这样处理，低碳钢的心部基本上没被淬硬。这种方法提供了一种精确控制淬硬层深度的手段。

近年来，利用火焰淬火对低碳钢上进行不同化学成分的合金沉积。铬-镍合金沉积层可从含有三价铬和二价镍离子的电镀槽液中获得。检测沉积层无定形结构，硬度显著增加，在火焰加热3s之后，可从550HV增加至1460HV。对显微结构的进行分析可知，淬硬是由于析出纳米碳颗粒，这些碳颗粒有高的硬度值，并且在其析出位置产生晶格应变场。

5.1.18 火焰退火

火焰切割时，氧气和钢之间的化学反应会产生大量的热，使表面切割边缘的温度达到熔点，并在一定浅层深度达到相变温度以上。如果钢中碳或合金的含量足够高，当加热区域迅速冷却时，就会导致淬硬。

含碳量等于或低于0.30%的碳钢不能充分地淬硬，所以，不能对结构件进行火焰切割或随后的折弯加工。对于含有合金元素的钢和超过0.30%碳含量的钢，在进行火焰切割时，很容易淬硬，为了某些用途，要防止使用火焰切割。

当沿着切割边缘很可能发生淬硬时，可以使用适当的氧乙炔火焰设备来防止淬硬，或对已经淬硬的切割面进行软化。术语“火焰退火”就是用于此种工艺上和对零件淬硬区域进行局部火焰软化。工具钢和某些高合金钢在火焰切割期间会开裂，或者，在切割之后很快就会开裂，除非在切断之前把它们加热到200~425℃（400~800℉）。

参考文献

1. N. J. Fulco, Flame Hardening, *Heat Treat.*, Aug 1974, p 14-17
2. G. M. Corbett, Fuel Gases for Flame Hardening, *Weld. Res. Suppl.*, Oct 1965, p 476-479
3. M. M. Sirrine, Direct Flame Impingement, *Heat Treat. Prog.*, Jan 2006, p 42-45
4. Surface Hardening Gets Better, *Iron Age Metalworking International*, Dec 1969, p 34-35
5. G. D. Orr and G. M. Kampitch, Programmable Flame Hardening Through Flow Control, *Heat Treat.*, Sept 1975, p 37-40
6. R. F. Kern, Selecting Steels for Heat-Treated Parts, Part II—Case Hardenable Grades, *Met. Prog.*, Dec 1968, p 71-81
7. M. K. Lee, G. H. Kim, K. H. Kim, and W. W. Kim, Control of Surface Hardnesses, Hardening Depths, and Residual Stresses of Low Carbon 12Cr Steel by Flame Hardening, *Surf. Coat Technol.*, Vol 184, 2004, p 239-246
8. M. K. Lee, G. H. Kim, K. H. Kim, and W. W. Kim, Effects of the Surface Temperature and Cooling Rate on the Residual Stresses in a Flame Hardening of 12Cr Steel, *J. Mater. Process. Technol.*, Vol 176, 2006, p 140-145
9. C. A. Huang, C. K. Lin, W. Chiou, and F. Hsu, Microstructure Study of the Hardening Mechanism of Cr-Ni Alloy Deposits after Flame Heating for a Few Seconds, *Surf. Coat. Technol.*, Vol 206, 2011, p 325-329

引用文献

- B. Rivolta, Flame Hardening, *Encyclopedia of Tribology*, Q. J. Wang and Y. -W. Chung, Ed., Springer and Verlag

5.2 钢的表面感应淬火

Valery Rudnev, Inductoheat Incorporated Jon Dossett, Consultant

导电材料在交变磁场的作用下产生涡流，就可进行感应加热。因为所有的金属都是电导体，所以感应加热适用于多种类型的金属加工，如冶炼、焊接、钎焊、热处理、去应力退火和局部精炼。

感应热处理可处理各种金属和合金，主要是钢和铸铁，但也可用于其他材料（包括轻金属、航空材料、高温合金和某些复合材料）的加热处理或感应淬火前的预热，以及加热成形工艺。感应热处理的魅力在于速度快、加热能力强、变形小、节约能源和生产率高。

采用感应热处理可在工件内产生热量，优点如下：

① 加热强度。在热处理中，较高的加热速度在设计快速、高产的热处理工艺中起主要作用。钢和铸铁的感应热处理可能只需要炉内处理时间的5%或更少。例如，凸轮轴和曲轴，以及小型和中型齿轮的感应淬火通常只需要几秒钟。

②局部加热。通过选择合适的工艺参数和感应设备，进行表面处理和局部硬化可获得有吸引力的性能（如表面层的高强度、高硬度和在加热时不受影响的韧性心部）。炉内加热工艺是不具有这种能力的，因为其较慢而且必须加热整个零件。

③ 节约能源。消除了空闲时段以外，感应热处理技术仅在需要的时间和地方使用能源，提高了能源和设备的利用率。与炉内热处理相比，感应加热无使用制约和空闲时段。

④ 节约空间。感应热处理设备的占地面积大幅减少。与炉内处理设备相比，感应热处理设备可以很容易地并入在线处理和制造单元。

⑤ 单个零件具有可追溯性。这是一个非常有吸引力的特征，在确保热处理零件的质量上具有重要作用。

⑥ 设备的维护成本低。感应热处理是一种减少人工的精益的绿色工艺。

感应加热可应用于各种钢的热处理工艺中，如钢的淬火和回火、退火、正火和去应力退火。感应热处理中最常见的应用是钢和铸铁的表面硬化。虽然没有表面淬火与回火常见，但是人们已经发现采用感应加热进行透入式淬火和回火适用于许多零件，如管件、结构件、锯片和园林工具。

钢的表面感应淬火与回火可以用于很多零件，包括机床、手工工具、曲轴、凸轮轴、驱动轴、传动轴、花键轴、万向节、齿轮、气门座、砂轮主轴、轴承，转向节和履带结等。本节介绍了感应加热的基本原理，并介绍了钢的表面淬火的一般过程参数。

5.2.1 感应加热原理

将一种导电材料放置在一个变化的磁场中就会发生感应加热。感应加热系统的基本组件是一个感应线圈（电感）、提供交变电流的电源和零件。根据所需的加热分布，线圈可以以不同的方式连接到电源。

基本方法如图5-20所示，交变电流流过一个螺旋线圈时，在线圈中产生交变磁场，磁场的大小取决于电流的强度和线圈的匝数。

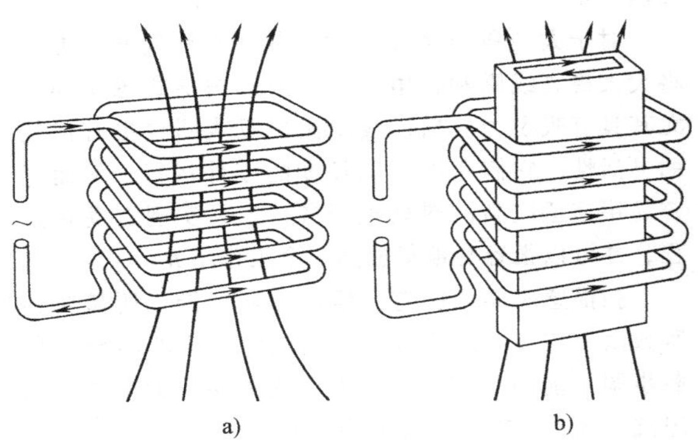

图5-20 电流和磁场的形式
a）螺旋线圈 b）导电材料中的感应涡流（与线圈中的电流方向相反）

根据法拉第电磁感应定律，当材料被放置在线圈内部时，变化磁场产生的感应电动势为

$$e=-N\frac{\mathrm{d}\Phi}{\mathrm{d}t} \tag{5-1}$$

式（5-1）将感应电动势（e）与磁场（Φ）随时间的变化率和线圈匝数（N）联系起来。实际上，线圈与变压器初级线圈相同，而零件可被认为是单匝（或短路）的二次绕组。因此，这个“变压器的行为”有时可用来描述电磁感应的过程。事实上，在19世纪中期，迈克尔·法拉第早期观察到的感应加热是变压器和电机绕组及叠片铁心的不良加热。

当导电材料被放置在线圈中（或附近）时，开始加热。感应电压产生电涡流，与初级线圈电流的频率相同，但方向与线圈中的电流是相反的（图5-20b）。重要的是要注意在线圈附近的任何导电体中都会产生涡流。在任何时候，零件中感应电流的方向都与电感线圈的电流方向相反。并且在一般情况下，其流转形态都会呈现出一种类似于线圈导体的阴影图像。感应电流也生成自己的磁场，与线圈产生的磁场相反，从而防止磁场穿透导体的中心。

热量产生的首要机制是在零件中产生涡流，第二个机制是磁场逆转期间能量耗散时铁磁材料中会产生热量。铁磁材料中的这种效应在进行感应加热计算的时候通常被忽略，因为对于通常的感应淬火磁场强度来说，这种效应是很小的。因此，加热速度（单位为W）是I^2R的函数，或称为焦耳定律。

加热效率和强度以及温度分布取决于若干因素。加热速度受若干变量影响，如：

① 磁场强度（以工作的线圈安匝数表示）。

② 磁场的频率。

③ 靠近零件的线圈导体及其几何形状。

④ 材料的电磁特性，如电阻率（ρ）和磁导率（μ）。

加热速度通常受线圈电压/电流控制，因为磁场强度大致与线圈电压/电流成正比。线圈中的零件与磁场之间耦合的程度也是一个关键因素。耦合是由输入零件的假想磁力线数量决定的。这个磁通的密度与线圈电流成正比，而能量的转移与被零件切割的假想磁力线数量的平方成正比。线圈电流的频率也会影响感应电流的类型，因为随着频率的增加，磁力线趋向于离线圈导体越来越近的位置。

感应加热也不均匀，这是因为涡流的分布（加热）主要集中在零件表面附近。根据众所周知的电磁感应理论，涡流和功率密度（热源）主要集中在表层附近（或“皮肤”）。几乎所有的感应加热应用中，必须清楚了解这种“趋肤效应”。传热和电磁学也是紧密的、非线性相关的，因为被加热材料的物理性质非常依赖于温度、磁场强度、合金化学成分、显微观组织和其他因素。

除了几何形状最简单的零件，其他零件的感应加热过程的数学分析很复杂，这是因为通过零件的非均匀三维（3D）热生成、三维（3D）传热以及大多数材料的电学、热学和冶金性能非常依赖于温度这一事实。出于这个原因，在大多数情况下，只有圆棒或管子和无限大矩形板和薄板的加热有定量的解决方案。然而，如果应用得当，这些知识可以为加热形状不规则零件时的线圈设计和设备加热分布特点提供有用的启发。这些信息，加上数年来在实验室和生产环境中获得的知识，可以作为感应加热过程的实际设计基础。

——感应线圈。感应热处理所用的感应线圈有三种类型：单步匝圈、连续（扫描）线圈和特殊感应器。根据零件硬化表面大小和形状及所需的加热分布类型，感应线圈的形状有很多种。图 5-21 所示为三种基本类型的加热零件外部表面的线圈（图 5-21a）、加热零件内部表面的线圈（图 5-21b）、加热零件前面的线圈（图 5-21c）。线圈的形状也会影响加热分布（请参阅本文中的“感应加热线圈的设计”内容）。

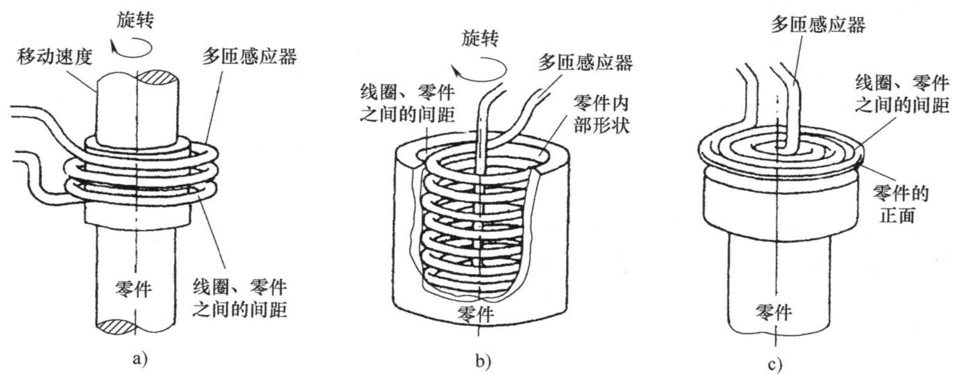

图 5-21　三种常用感应线圈的结构

a）单独安装感应器并浸液淬火　b）感应器和喷液淬火圈淬火　c）单独安装感应器并喷液淬火

（1）单匝线圈　单匝线圈装置是：零件的整个表面用一个线圈热处理的同时，线圈与零件保持相对静止。通常，单匝线圈用于具有复杂几何形状的零件和需要不规则加热分布的零件。单匝线圈感应加热往往同时伴随零件的旋转，以确保更均匀地加热。线圈与零件的距离是非常重要的，因为它决定能量渗透和加热效率。

如果零件旋转不可行，通过使用扁平管、在线圈里装一个歧管等方法来增加线圈的铜截面，从而改善加热不均匀。放置扁平管时，应使其较大的尺寸与零件毗邻。补偿线圈（图 5-22）提供了一种均匀的水平式加热分布。通过在虎钳两块固定的板之之间压紧后对线圈进行退火的办法，很容易实现补偿线。感应线圈的形状可以通过设置不同的匝间距离（在多匝感应线圈中），或者通过铜的机械加工，使零件与铜之间的距离可变的方法（在单匝感应线圈中）来实现。

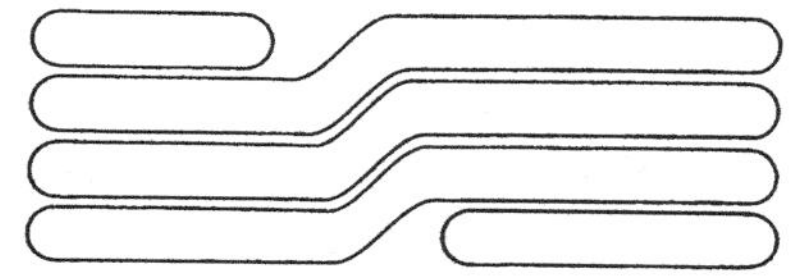

图 5-22　实现均匀加热的补偿感应线圈

（2）连续（扫描）线圈　当零件被扫描式感应时，零件逐步移动通过线圈。因此，在任何给定的时刻，只有一小部分零件在进行热处理。对于高速旋转的零件或轴向对称的零件，往往使用扫描感应加热技术。

对于大型和/或细长零件，使用单匝线圈的方法将大大提高线圈和供电成本，因此扫描式感应淬火尤其具有吸引力。扫描线圈比单匝线圈也更有优越的灵活性。它们允许不同长度的零件运行，从而很容易快速适应新的热处理任务，容易实现自动化过程，并可以很容易地集成到一个工作单元。

扫描感应器可能有一匝或多匝线圈，所需要的匝数由工艺特点或负载与线圈能源供应的匹配（负载步调）能力决定。如果需要最大功率的电源，此阻抗（负载）-匹配过程尤为重要。

具有狭窄加热面的扫描感应器不仅可用于锋利形状的切口热处理，而且可用于获得短的过渡区。有较宽加热面的扫描线圈允许更快的扫描速度，这是基于一个简单的事实：感应器较长。零件在感应器中可停留更长的时间，因此，扫描速度可以更高。大加热面的主要缺点是会产生一个渐进式的跳动，可能无法满足特定的硬度要求。具有狭窄加热面的单匝感应器用于要求剧烈跳动的情况。这样的例子是必须在止动环槽附近终止硬化。

5.2.2　高温电、磁和热性能

感应加热器的性能首先且最主要取决于被加热金属的电磁性能。材料的电磁特性，包括磁导率、电阻率（导电性）、饱和磁通密度、矫顽力等。同时应认识到，所有的电磁特性中，磁导率和电阻率（电导率）是影响感应加热深度的关键属性（见“5.2.3　涡流分布”中的式（5-3）和式（5-4）。因此，零件的相对磁导率与电阻率对感应加热系统、线圈效率和主要设计及工艺参数的选择有显著影响（参考文献 3）。

（1）电阻率 材料是否容易传导电流的能力由电导率 σ 表示。电导率 σ 的倒数是电阻率 ρ。ρ 和 σ 的单位分别为 Ohm·m 和 mho/m。对于一些导电材料，电阻率随温度升高而降低。对于大多数钢和铸铁，电阻率随温度升高而呈非线性增加。晶粒尺寸、塑性变形、预备热处理以及一些其他因素对电阻率也有显著影响。其中，温度和化学成分是两个最显著的影响因素。

金属的电阻率随温度变化。图 5-23 中显示了两种铁基合金的这种表现：电解铁，其含碳量可以忽略，以及一种碳质量分数为 1%的钢。两种合金的电阻率与温度之间的关系相似。这可能是归结于一个事实：在低温下两种合金主要都是由铁素体组成的，而在高温下两种合金主要都是由奥氏体组成的。事实上，在 700℃（1290 ℉）和 800℃（1470 ℉）温度之间曲线的斜率发生变化，这表示对应于铁素体-奥氏体发生相变。

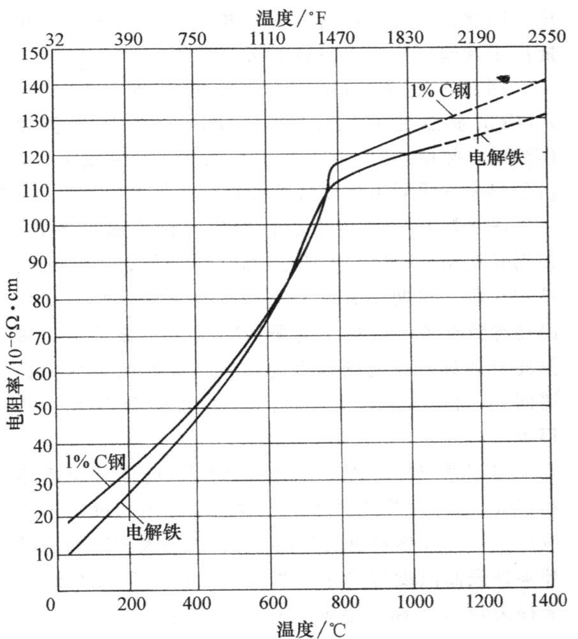

图 5-23 电解铁和碳质量分数为 1%的钢的电阻率与温度的关系

（2）钢的磁特性 相对磁导率 μ_r，表征磁力线通过金属材料的能力比通过真空或空气的能力要好。相对磁导率是一个无量纲参数，对线圈计算、电磁场分布和工艺参数的选择有显著影响，常数 $\mu_0=4\pi\times10^{-7}$H/m［或 Wb/(A×m)］称为自由空间（真空）的磁导率。相对磁导率和自由空间磁导率的乘积称为磁导率，用 μ 表示，对应于磁通量密度（B）与磁场强度（H）的比值。

所有材料，按照其磁化能力，可分为顺磁性材料、抗磁性材料、铁磁性材料。顺磁性材料的相对磁导率略大于 1（$\mu_r>1$）。磁性材料的 μ_r 值略低于 1（$\mu_r<1$）。由于顺磁性材料和抗磁性材料的 μ_r 无显著性差异，在感应加热生产中这些材料被简单地称为非磁性材料。非磁性材料的相对磁导率 μ_r 可以认为与空气的磁导率等效，其值设定为 1。典型的非磁性金属有铝、铜、钛、奥氏体不锈钢、钨等。与顺磁性材料和抗磁材料相比，铁磁性材料包括铁、钴、镍和一些稀土金属，其相对磁导率表现出相当可观的值（$\mu_r\gg1$），简单地称为磁性材料。

碳钢具有磁性，属于磁性合金材料一组。随着温度的升高，钢的相对磁导率减小，直到居里温度，钢在居里温度以上加热时，它们就成为非磁性材料。图 5-24 所示为普通碳钢的居里温度，用 *ABCD* 线代表。

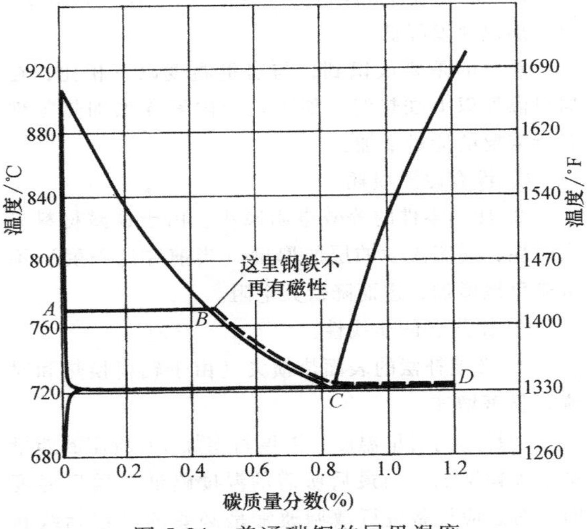

图 5-24 普通碳钢的居里温度

普通碳钢在居里温度以下时，相对磁导率随磁场的强度及在零件中产生的电流变化。碳质量分数小于 0.45%的钢，居里温度是 768℃（1414 ℉）。对于更高含碳量的钢材，居里温度遵循铁碳相图上的 A_3 线共析成分；此后，它与 A_1 线保持一致。通过改变少量合金元素可以改变钢的居里温度。钼和硅使其升高，而锰和镍使其降低。

在物理术语中，碳钢的磁导率随温度降低意味着铁磁特性的损失。

低于居里温度时，由于涡流损耗和磁滞损耗，产生热量。一旦消除钢的铁磁特性，损耗便不再存在。这样的考虑在钢的奥氏体化淬火处理中是非常重要的，因为奥氏体化是在居里温度以上进行的。图 5-25 显示了这种效果（假设涡流仍然存在）。在这里应注意到，低于居里温度时，通过感应加热一定量的钢所需的能量与温度的升高成正比。

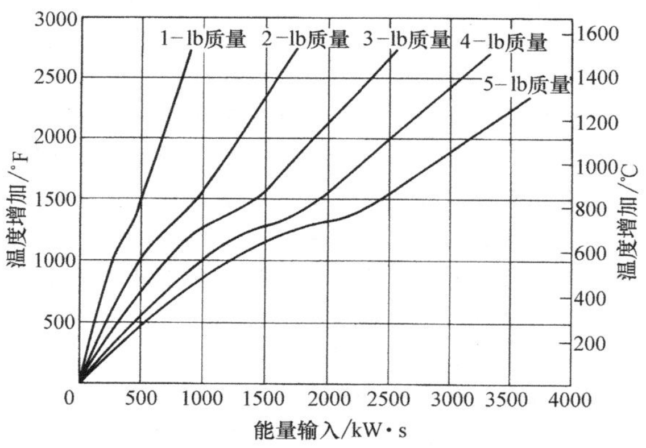

图 5-25　温度升高与碳钢感应加热能量输入的关系

注意：在接近和超过居里温度（770℃或 1420 ℉）时，加热速度降低。

重要的是要认识到，与居里温度以下相比，在居里温度以上加热时，如下几个因素导致加热零件时所需要的能量增加：

① 没有磁滞损耗

② 加热零件的等效电阻减小。由于铁磁材料失去磁性，涡流流动的层的厚度（当前穿透深度）不可避免地增加，进而降低其电阻。

③ 比热容的非线性。

④ 必须补偿的表面热损失（由于辐射换热和对流）显著增加。

一旦达到居里温度，温度每增加 1℃所需的能量都会大幅增加。当最后所需的温度略低于居里温度时，对感应设备进行微调通常是必要的（包括线状和带状加热应用工艺除外）。另一方面，温度必须相当高时，线圈阻抗将会有显著变化，这可能需要特殊考虑负载匹配。

材料的铁磁性能也是一个关于晶粒结构、化学成分、频率、温度和磁场强度的复杂函数。重要的是要认识到，同样的碳钢在相同的温度和频率下可以有不同的 μ_r 值，原因是感应线圈中电能的差异会影响磁场的强度（H）。例如，常用于感应加热的钢的 μ_r 值可能从小到 3 或 4 到高达 300 以上的范围变化，其取决于磁场强度（H）和温度（T）。铁磁体变成非磁性的温度称为居里温度（居里点）。图 5-26 说明了中碳钢的 μ_r、温度和磁场强度之间的复杂关系。在大多数的感应加热应用中，磁导率随温度增加而降低。然而，在一个相对较弱的磁场中，μ_r 也许开始会随温度增加而增加，但在居里温度附近开始大幅下降。参考文献 3 中提供了关于这一现象的讨论。

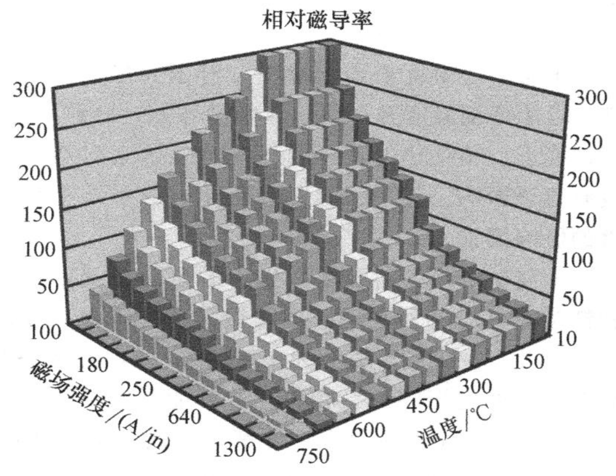

图 5-26　磁导率是温度和磁场强度的函数

化学成分是另一个显著影响居里温度的因素。普通低碳钢的居里温度对应于铁碳相图的 A_2 临界温度。因此，即使是普通碳素结构钢，其居里温度可能由于含碳量不同而明显不同。

例如，碳钢 AISI1008 的居里温度（768℃ 或 1414℉）显然是有别于碳钢 AISI1060 的居里温度（732℃，或 1350 ℉）的，根据热强度（℃/s 或℉/s），由于热滞现象居里温度可能会有一些偏差。

磁滞损耗仅发生于磁性材料。作为磁性零件，如用碳钢制造的零件，从室温感应加热，因为磁畴结构在每个周期中其两极方向改变一次，所以交变磁场导致材料的磁畴结构振荡。图 5-27 显示了磁滞损耗及其对磁通电场强度的影响。这种振荡称为磁滞回线，由于磁畴振荡时产生的摩擦会产生的热很少。

对于感应热处理的绝大多数应用场合（如透淬和正火），磁滞损耗产生的热效应通常不超过由于涡流产生的焦耳热效应的 7%～8%，因为大多数的热循环零件表面温度远高于居里温度。因此假设有效磁滞损失可以忽略。然而，在一些低温应用场合中，在整个加热周期被加热的金属（如感应回火、低温应力消除、热镀锌及铁条和电线的涂覆前加热等）都保留其磁性，相比涡流损耗产生的焦耳热，滞后热源是可观的，忽略磁滞回线的假设可能无效。

（3）热性能　加热材料的热性能（比热容、热导率、热含量等）也依赖于温度。图 5-28 显示了各种材料的热容量（吸收热量的能力）和温度的变化关系。随着温度的增加，钢有能力吸收更多的热量，

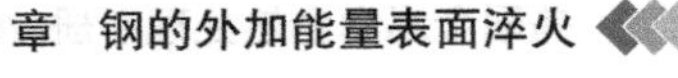

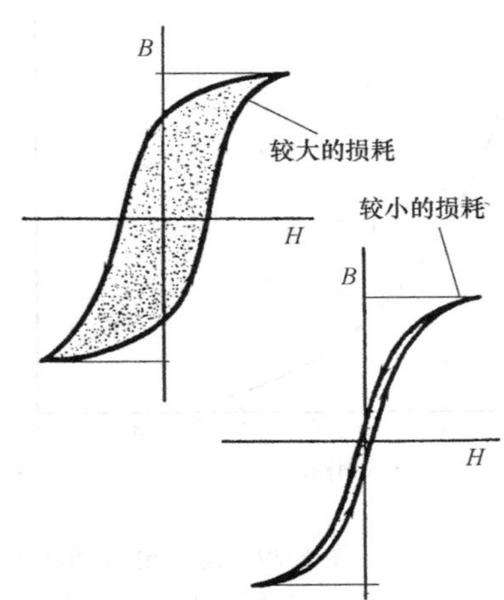

图 5-27　不同磁场下的磁滞损耗

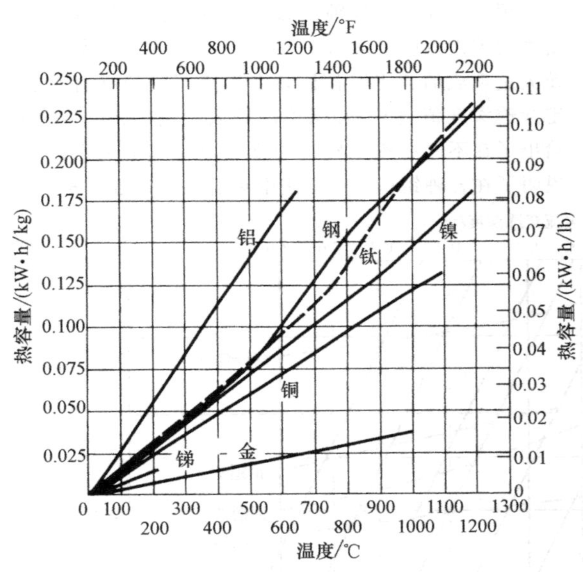

图 5-28　不同金属和钢的比热容随温度的变化

这意味着在高温下比低温下需要更多的能量来加热钢。

热导率 k，表征热量在导热零件中传递的速率。k 值较高的材料导热速度比 k 值较低的材料快。当金属的热导率高时，在零件内更容易获得均匀的温度分布，这在透入式加热应用中十分重要。因此，从获得温度均匀性的角度来看，较高的热导率的金属是更可取的。然而，在表面和局部淬火的应用中，k 值高经常是处于不利地位的，因为它倾向于促进热渗透行为和平衡零件内的温度分布。由于热渗入将导致需要硬化部位及相邻的不需要硬化的部位温度上升，因而导致该区域需要更多的能量加热到所需的最终温度。

5.2.3　涡流分布

如上所述，涡流和功率密度（热源）主要集中在零件（或任何导电材料或在靠近线圈）的表层（或“皮肤”）附近。电磁趋肤效应是感应加热的基本属性，解释趋肤效应的数学公式包括一个有贝塞尔函数形式解的微分方程。这个解表明，在一个大平面物体（也就是说，板比预期的涡流渗透深度厚得多）的感应电流从表面到内部呈指数级减少。因此，涡流的有效深度定义为基准深度或穿透深度，在电流密度比表面减少了 $1/e$（或 37%）处的深度。

（1）趋肤效应的基准深度　在一定距离 x 处的感应电流密度（J_x）比表面处的电流密度（J_s）呈指数下降：

$$J_x = J_s \exp(-x/\delta) \tag{5-2}$$

式中，δ 为基准深度或穿透深度。因此根据定义，在基准深度（$x=\delta$）处的电流密度是表面电流密度的 $1/e$（或 37%）。如图 5-29 所示，至表面距离 $d=1$ 的位置即为基准深度（δ）处。绝大多数的感应功率也集中在基准深度中，因为功率密度（W）是电流密度的平方。因此，在基准深度的功率密度随至表面距离 $(1/e)^2$ 增加而减少（图 5-29）。由此，可以看到，零件中大约 63% 的感应电流和 86% 的感应功率集中在靠近表面的基准深度内。

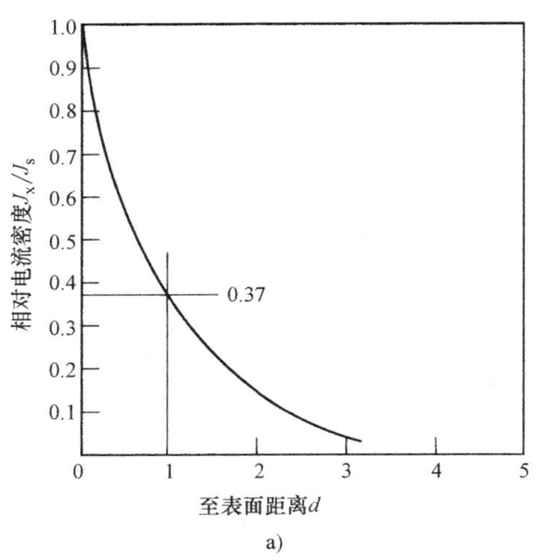

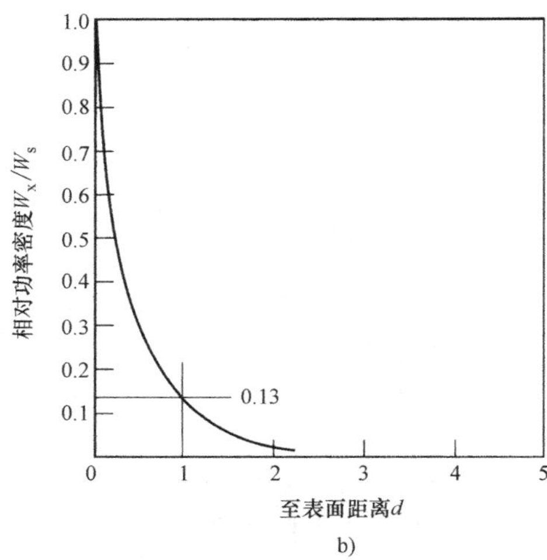

图 5-29 感应电流和功率密度与至表面距离的关系

a）在基准深度（δ，或 $d=1$）时的电流密度为表面电流密度的 $1/e$（37%）

b）在基准深度（δ）处功率密度为表面功率密度的 $1/e^2$）（13%）

穿透深度的公式为

$$\delta=503\sqrt{\frac{\rho}{\mu_r F}} \tag{5-3}$$

式中，ρ 为金属的电阻率（$\Omega\cdot m$）；μ_r 为相对磁导率；F 为交流电的频率（Hz）；δ 为穿透深度（m）。穿透深度也可表示为

$$\delta=3160\sqrt{\frac{\rho}{\mu_r F}} \tag{5-4}$$

式中，穿透深度（δ）以 in 为单位，电阻率（ρ）单位为 $\Omega\cdot in$。

很多时候，工程师用数字计算机仿真计算电流密度沿零件厚度（半径）的分布、贝塞尔函数，以及大量现成的、使用各种频率加热不同的材料时确定穿透深度值（δ）和温度的图表。例如，图 5-30a 给出了在不同频率下穿透深度与电阻率的关系，并说明了在各种钢铁加工方法中对给定的穿透深度不

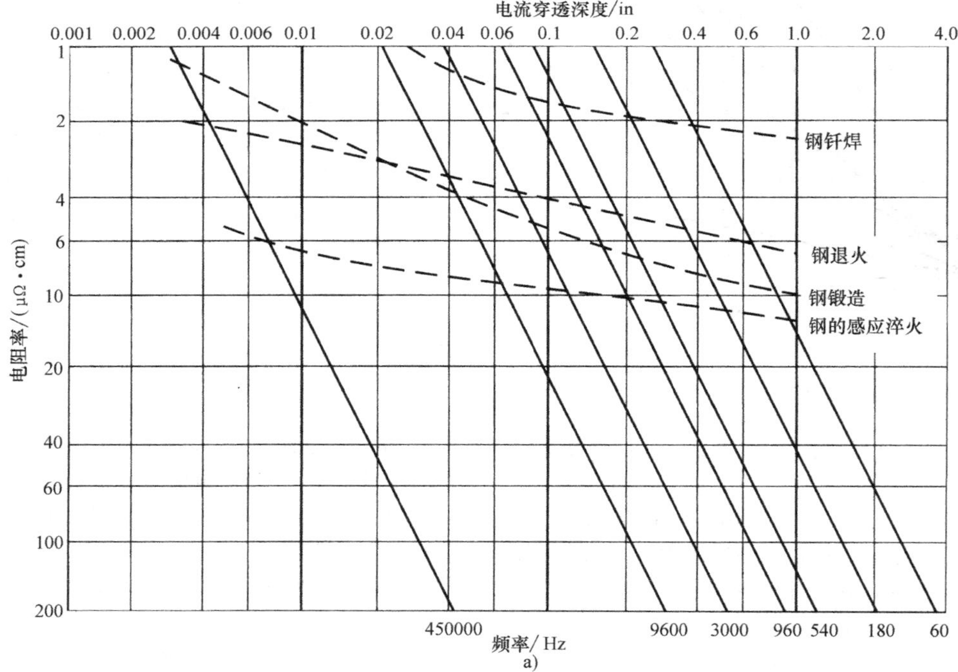

图 5-30 电阻率与不同频率下的穿透深度之间关系的曲线图

a）纵向磁通量感应加热电流穿透深度与频率的关系曲线。粗虚线表示铁磁性钢在居里温度以下各种加热的参考深度

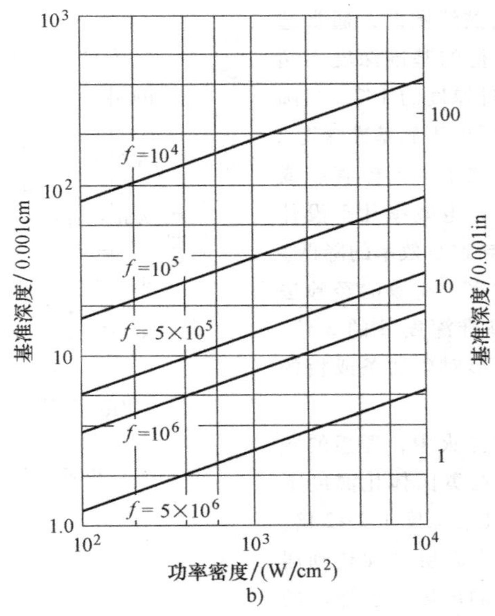

图 5-30　电阻率与不同频率下的穿透深度之间关系的曲线图（续）

b）磁性钢的基准（趋肤）深度与功率密度的关系

同的频率要求。

然而，由于电阻率 ρ 是温度的函数，而相对磁导率 μ_r 是温度和磁场强度的函数，穿透深度则是温度和磁场强度的非线性函数。此外，对铁磁金属，相对穿透率随温度而变化，在所谓居里温度时，降低为 1（相对于自由空间）。同时，随着功率密度的增加，钢可能变得磁饱和，导致穿透率降低，从而使基准深度增加（图 5-30b）。因为这些影响，非磁性材料的基准深度在热处理温度范围可能变化 2 倍或 3 倍，而磁性钢可以相差 20 倍。

重要的是要注意，普遍接受的由于趋肤效应造成的关于电流和功率分布的假设，对绝大多数表面感应硬化是无效的。例如，广泛接受的感应电流和功率呈指数分布的假设只适合电阻率和磁导率为常量的固体（零件）。绝大多数的表面感应硬化中，功率密度（热源）分布不均匀，而且在加热零件内总是存在热梯度。这些热梯度导致电阻率、特别是磁导率的不均匀分布。这种非线性会导致指数曲线形式的电流穿透深度的普通定义不符合其基本假设。

（2）电流抵消　如果零件尺寸足够大，电流密度呈指数下降。例如，实心圆柱体的横截面大小至少必须是加热基准深度的 4 倍，否则可能发生电流抵消。如果截面相对于基准深度较小，那么在一个物体的内部区域的涡流将重叠和相互抵消（假定使用螺旋管型电感线圈）。图 5-31a 显示了各种物体厚度 a 和参考深度 d 的比值的影响。粗虚线显示从两侧进行指数衰减，而实线给出了两条粗虚线之和的净电流。净加热曲线（图 5-31b）是通过对净电流密度求平方计算得到。电流抵消直接导致加热效率的降低。

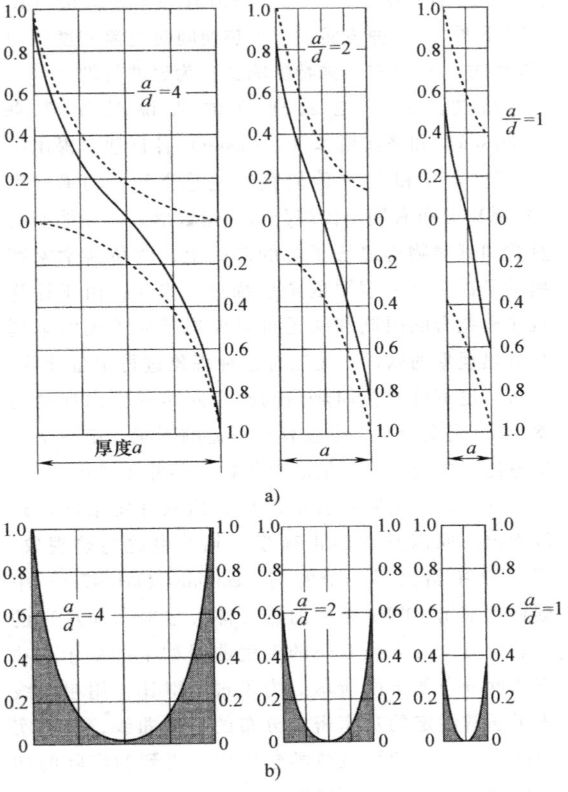

图 5-31　不同厚度试样的电流和加热分布图

a）电流分布图　b）加热分布图

为了避免电流抵消，使用电磁线圈时，通常选择透淬频率，以便最终温度时获得的基准深度不超过圆形零件直径的1/4和板状零件厚度的1/2。当圆棒直径不到基准深度3倍或板坯厚度不到基准深度2倍时，电效率会急剧下降。相比之下，当棒直径或平板厚度超过基准深度很多倍时，电效率几乎没什么增加，但在某些情况下，可能导致总效率的降低。

因为电流抵消降低了加热效率，高效的经验法则是零件的参考尺寸至少大于基准深度 d 的 3 倍。参考尺寸是圆形物体的直径或矩形对象如条或板的厚度。

（3）磁波特性　在表面感应淬火中，理想的频率往往用这样一种方式选择，它在奥氏体化温度下产生的电流穿透深度是所需的硬化层深度1.2~2倍。如果频率已经正确选择，非磁性表面层（加热到居里温度以上以便奥氏体化的层）的厚度，在烧热的钢中应稍低于电流的穿透深度。

由于奥氏体化标准是感应淬火的一部分，导致一个重要的结果，即与普遍认为的指数分布完全不同。在这里，功率密度在表面为最大值，越靠近心部越小。然而，在至表面一定的距离功率密度突然又开始增加，在开始彻底下降前有一个极大值（图5-32下图）。这种表面感应加热期间对电流密度径向（厚度方向）分布的独特影响被称为磁波特性。

最初，关于电磁现象的假说是辛普森（Simpson）和洛津斯基（Lozinskii）各自独立提出的（参考文献7和8）。他们直觉地感觉到，功率密度（热源）分布有别于传统公认的指数形式。在他们的直觉和其对物理过程了解的基础上，两位科学家都提供了针对这一现象的定性描述。当时，由于计算机建模能力的限制和缺乏可以模拟感应淬火的紧耦合电热现象的软件，无法对这种现象进行定量计算。当然，也不可能在加热期间测量固体零件内部的功率/电流密度分布，也没有对涡流的干扰。第一个提供电磁现象的定量评估的出版物是参考文献6。

现在，可用紧耦合电磁热数值软件定量评估磁波现象，原因是它能正确模拟相关电磁与热现象。图5-32中给出了一个实例，ϕ36mm（ϕ1.42in）中碳钢钢轴用10kHz频率加热（淬火之前的加热）的最后阶段，沿半径方向的温度曲线如上图所示，功率密度分布如下图所示。为了进行对比，用粗虚线表示通常假定的功率密度分布的指数曲线，而粗实曲线表示通过计算机数学建模模拟得到的实际的功率密度分布（参考文献9）。

磁波的主要原因和这一现象有关：在表面感应

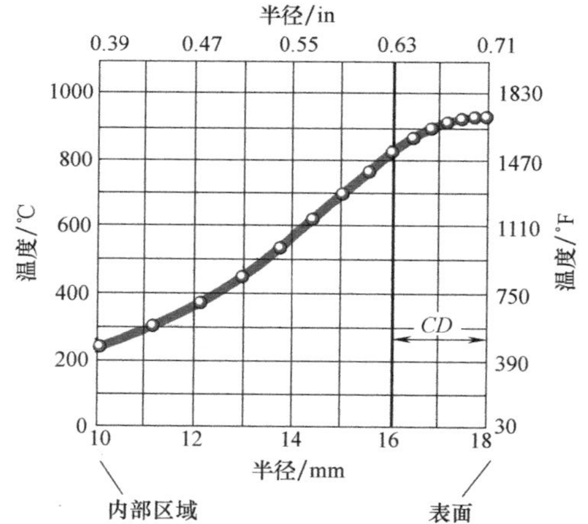

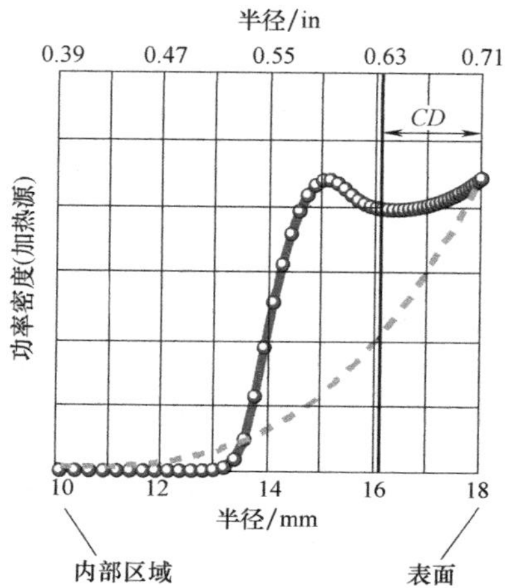

图5-32　钢的表面感应淬火奥氏体化过程中的电磁效应

注：*CD*，硬化层深度

淬火时，碳钢表面下的区域仍保留其磁性能，表面区域是非磁性的（为了奥氏体化，加热温度远高于Ac_2临界温度）。请注意，在某些情况下，这种现象可以自我表征：形成热源的最大值位于零件的内部，而不是在它的表面。

考虑功率密度的波形分布现象的能力对选择要求实现的硬化层深度时应提供的频率有显著的影响。

重要的是要注意，功率密度分布的磁波现象并不只沿零件的半径/厚度方向。当研究轴向功率密度分布时，它也发生，这是因为它发生在零件选定区域的透淬中。

5.2.4　感应淬火和回火

在感应热处理领域，钢的淬火和回火占有最大的市场。与钢件通过炉内热处理淬火一样，钢的感应淬火典型步骤包括奥氏体化和形成马氏体的表面层淬火（表层硬化）或整个截面淬火（穿透淬火）。感应加热和炉子加热热处理温度的区别与感应加热固有的短时加热及其对相变温度的影响有关。由于感应加热时间短，感应热处理温度均高于传统的炉内加热热处理温度。

因为感应淬火过程不会改变钢的碳含量，所以所选用的材料必须有足够量的碳和合金元素（如果需要的话）。碳质量分数为 0.25%～0.65% 的钢通常用于感应淬火。H 钢（即 1050H、4340H）由于其特有的淬透性，是首选的可用于感应淬火的钢，并且可以得到更均匀的淬火结果。马氏体不锈钢（AISI416、420、440C）以及一些铸铁件也可以采用感应加热淬火（参考文献 10）。

1. 奥氏体化

在感应淬火中遇到的首要冶金问题就是与奥氏体化相关的问题。与常规炉内奥氏体化方法一样，时间和温度是必须控制的两个关键参数。完全奥氏体化发生在亚共析钢 A_3 临界温度（W（C）<0.8%）或共析钢 A_{cm} 临界温度（W(C)>0.8%）以上。形成完全奥氏体组织的时间取决于选用的奥氏体化温度和原始显微组织（也称为初始组织或之前组织）。

在所有情况下，奥氏体形成速度受碳扩散控制，可以通过提高温度来大幅加速。例如，在初始组织为珠光体的共析成分的普通碳钢中，完全奥氏体化所需的时间，从 730C（1345 F）的大约 400s 减少到 750（1380）的大约 30s，如图 5-33 所示。

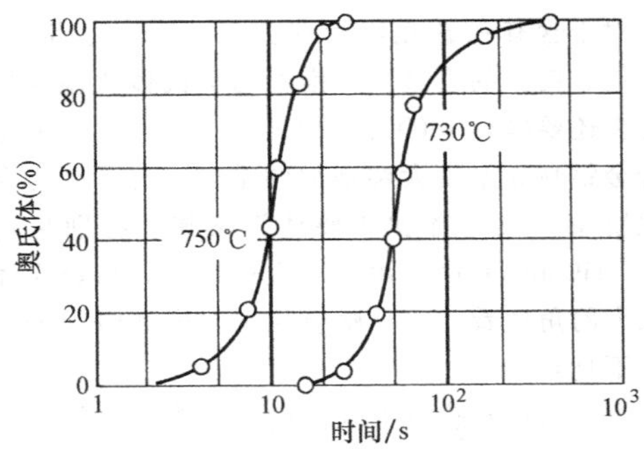

图 5-33　奥氏体化温度对共析钢从珠光体转变成奥氏体的速度的影响

图 5-34 给出了对于不同碳含量的碳钢，加热速度和碳含量对奥氏体化的影响。奥氏体化时间-温度图给出了转变温度 A_3 的变化，特别强调了一些常见普通碳钢（如 1070、1035、1045、1015）和参考给定的加热速度和相应的加热时间（参考文献 11）。图 5-35 展示了不同的加热速度对亚共析钢的奥氏体化温度影响的例子。

如果原始显微组织中的碳以大的球形碳化物形

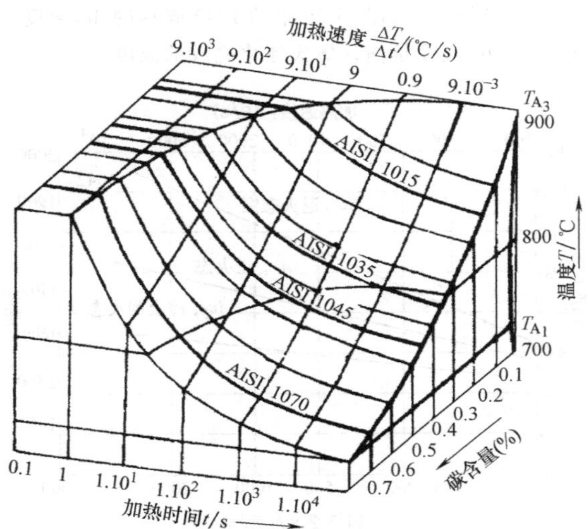

图 5-34　加热速度和碳含量对奥氏体化的影响

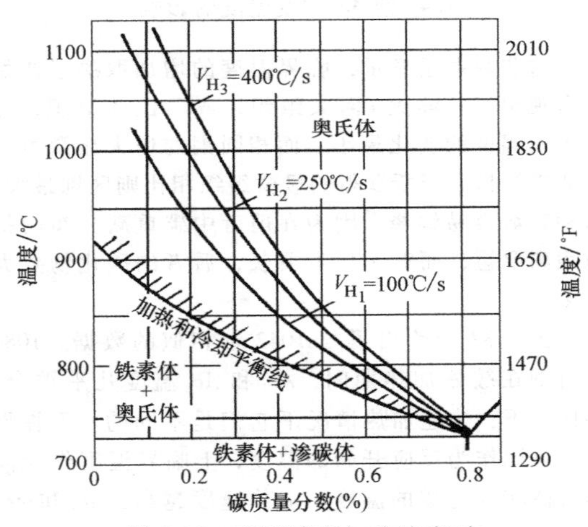

图 5-35　表面感应加热速度对亚共析钢奥氏体化温度的影响

式存在，奥氏体化时间会大大增加。这是因为碳必须从富碳的碳化物转移，扩散距离远远高于珠光体（其中有细小的铁素体和碳化物的薄片）。同理，更细的贝氏体和马氏体显微组织比珠光体更容易。

图 5-33 中的数据表明，当温度足够高时，奥氏体形成只需几分之一秒。这一事实在表面感应淬火（非常快速加热）或透淬（中等快速加热）中是可信的，零件表面或整个截面温度比慢得多的炉内处理更高。

上临界温度（Ac_3）在连续加热周期中，如感应加热中，代表完全奥氏体化的温度，对此人们做了大量的冶金学研究。因为在这些情况下，唯一可用于相变的均热时间是在温度超过平衡临界温度（Ae_3 或 Ae_{cm}）之后的时间，所以上述连续加热临界温度总是高于平衡温度的。这种差异随加热速度而增加，预计的可能影响如图 5-36 中的 1042 碳钢的 Ac_3 温度。这里的 Ac_3 温度是估计奥氏体化完成的温度。

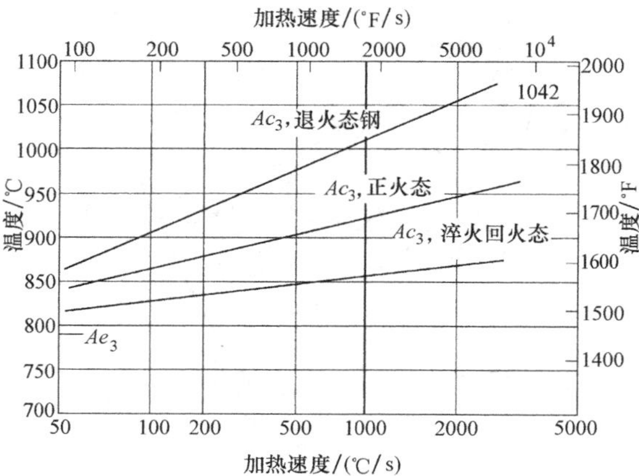

图 5-36 预处理组织和加热速度对 1042 钢 Ac_3 相变温度的影响

这些数据还显示，临界温度的增加取决于初始的微观组织。淬火+回火组织，或马氏体组织，比 A_3 平衡温度的变化最小，而相同钢的退火显微组织与非常缓慢升温所获得的显微组织相比则区别最大。这种趋势容易解释，因为在前者中碳重新分布的扩散距离要短，而对于后者要长，后者的碳化物要大得多。

图 5-37 中给出了与 1042 钢相似的数据。1080 共析钢在缓慢加热期间，Ac_1 和 Ac_3 温度几乎重合。相比之下，快速加热情况下它们是不同的。下临界温度可以作为反应开始的温度，上临界温度作为向奥氏体转变完成的温度。加热速度越高，Ac_1 和 Ac_3 越高，相当于温度对时间进行了补偿。

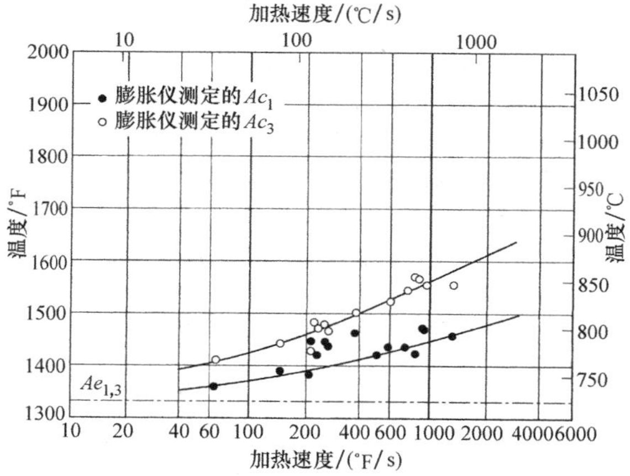

图 5-37 加热速度对退火 1080 钢 Ac_1 和 Ac_3 温度的影响

当只有钢材的表面层要奥氏体化和硬化时，上述的测量是最有用的。在这种情况下，连续快速加热到 Ac_3 温度是必需的。在其他情况下，需要更深层硬化或透淬时，可能需要在某温度下保持一定的时间。

基于图 5-36 和图 5-37 的数据，已经导出种类繁多的钢感应淬火时所需的奥氏体化温度（表 5-14）。一般来说，推荐的温度随 A_3 温度增加而增加，大约高于平衡上临界温度 100℃（180 ℉），主要是为了减少连续感应加热周期期间的奥氏体化时间。然而，它们仍低于快速感应加热过程中的奥氏体晶粒不良长大的温度。

表 5-14 碳钢和合金钢感应加热奥氏体化的近似温度

碳质量分数	炉内热处理加热温度		感应淬火加热温度	
	℃	℉	℃	℉
0.30	845~870	1550~1600	900~925	1650~1700
0.35	830~855	1525~1575	900	1650
0.40	830~855	1525~1575	870~900	1600~1650
0.45	800~845	1475~1550	870~900	1600~1650
0.50	800~845	1475~1550	870	1600
0.60	800~845	1475~1550	845~870	1550~1600
>0.60	790~820	1450~1510	815~845	1500~1550

注：对于特定的应用领域，推荐的奥氏体化温度将取决于加热速度和预处理的组织。易切削合金类容易感应淬火。含有碳化物形成元素（如钛、钒、铌、钼、钨和铬）的合金钢奥氏体化温度应比表中显示的温度至少高 55~100℃（100~180 ℉）。

对于含有强碳化物形成元素（如钛、铬、钼、钒、铌、钨）的合金钢，推荐的奥氏体化温度比碳钢至少还要提高 100℃（180 ℉）或更高。这些增加是合金钢临界温度大幅增加的结果。这是因为合金碳化物溶入奥氏体比渗碳体溶解慢，特别是包含 NbC、TiC 和 VC 时。由于合金的影响，从奥氏体晶粒长大的角度看，这种感应淬火温度和时间的增加通常不是有害的。

上述推荐的感应淬火温度仅供参考，特别是对时下的普通碳素结构钢，其通常是用大量的可能包含微合金化高强度低合金钢的废钢炼成的。因此，虽然仍被认为是名义上的纯碳钢，但可能含有微量铌、钒和/或钛，这些成分可能大大影响热处理效果。由于这个原因，感应淬火处理用的每批钢的完整化学成分或者在实验确定适当的奥氏体化温度是明智的。

2. 淬火

加热过程只是淬火操作的一部分。淬火方法跟设备一样是多种多样的。确定淬火系统时要考虑的关键因素如下：

① 零件的大小和几何形状。

② 奥氏体化类型（表面硬化或穿透硬化）和所需要的热量。

③ 加热类型（单步或扫描）。

④ 钢的淬透性，其脆性或韧性和所需的淬火冷却介质。

各种淬火冷却介质的冷却特性和冷却速度不同。不同材料和几何形状的零件有不同的淬火速度需求，从而得到马氏体组织，且无开裂、变形小。例如，空气淬火或压缩空气淬火通常用于高淬透性钢或要求小硬化层深度的表面硬化钢，由于冷的心部热传导作用，只有相当少的热量需要移除。

使用适当的话，水仍然是一种优秀的淬火冷却介质。早期感应热处理广泛用水淬火，当需要强烈淬火冷却介质时则添加盐。在 20 世纪 50 年代，在由于横截面尺寸小或不规则部位而存在开裂倾向的时候，采用快速淬火油作为中碳钢的淬火冷却介质。后来，开发了各种水溶性油和有机介质，紧接着引进和使用的是今天（2013）最受欢迎的水基聚合物淬火冷却介质。水基聚合物淬火冷却介质消除了在浸入式淬火中蒸汽膜造成的软点，并提供更大的灵活性和可靠性，从而降低了整体成本。

使用油和油基介质显而易见的缺点是火灾隐患和环境限制，这也是感应淬火很少用油的主要原因。

当淬火操作方法不正确时，可能出现一些问题，包括软点、淬火裂纹和/或零件严重变形。当水作为淬火冷却介质时，在静止零件表面形成的蒸汽膜会阻止马氏体形成所需的均匀而快速的冷却，从而使软点可能发生。这个问题在使用其他水基淬火冷却介质时也可能发生。如想象的一样，在低淬透性钢的淬火过程中这个问题最严重。这个问题可以通过改善淬火冷却循环设计或改变淬火设备零件配置来解决。可以从淬火冷却介质制造商获取消泡剂，消除泡沫。

感应淬火过程的淬火裂纹通常可归因于如下五种独立因素的一个或几个：

① 过度淬火（对于高碳和高淬透性钢，这是特别麻烦的）。

② 淬火不均匀。

③ 零件轮廓的急剧变化与过渡区域不足。

④ 表面粗糙度（如机加工痕迹）。

⑤ 存在违反工艺行为（如孔、键槽、凹槽等）。

（1）淬火方法　最常用的两种系统是喷液淬火系统和浸入式淬火系统。浸入（浸没）式淬火可以用于感应热处理，尤其是对于合金钢，要得到完全马氏体组织，必须达到临界冷却速度。将零件从感应线圈中拿出，并放入淬火槽中。有些场合，如齿轮的所有齿部浸没淬火，在整个加热阶段，整个齿轮和感应线圈一起浸入在淬火剂当中。浸没在淬火剂中的齿可以奥氏体化，因为在齿轮加热期间齿上产生一层蒸汽膜，该膜隔热并可以使温度积聚起来。在加热阶段的终了，关闭电源，对零件该部位淬火。

零件感应淬火中，喷液淬火（如使用水或水基聚合物）是最受欢迎的方法。如果零件（如驱动轴、轴、杆和齿轮）在淬火时旋转，为确保冷却均匀性，喷雾淬火效果最佳。零件旋转，基本上受到的是不断的射流冲击，而不是许多小区域的射流冲击。淬火不均匀可能对热处理后的零件显微组织产生不利的影响，并可能导致过度的变形和淬火开裂。应该避免快速旋转，因为淬火冷却介质可能从热处理件的表面被甩下，而未能提供足够的冷却强度。

机床上孔的淬火中，通常使孔面对加热零件 5~6mm（3/16~1/4in）交错排列。孔口尺寸与淬火的具体要求有关，包括线圈零件的几何形状、淬火块与零件表面之间的间隙、淬火液浓度与压力。在某些情况下，淬火系统内置线圈，即所谓加工淬火一体化。在其他情况下，当使用高的扫描速度时，需要用与感应器分离的淬火附加设备（附加淬火环或桶）。淬火附加设备有助于确保热处理零件充分淬火。

喷液淬火可用于静态加热，也可用于单步式、步进式或扫描式淬火。当淬火环用于圆棒时，它们的形状和线圈一样，通常是圆的。环可能与线圈同轴放置，或直接放置在其下面或旁边，如单步感应淬火设置（图 5-38）。

在扫描或步进感应淬火中，淬火加热之后零件立即移动，通过淬火环和线圈淬火（图 5-39）。非对称工件淬火系统，如线圈一样，通常与零件形状相同。感应线圈与喷液的设计可以分开，也可以组合（图 5-39），以便在感应线圈底部有向下定向的淬火喷液口（图 5-39b）。

（2）喷液淬火烈度　喷液淬火的烈度（移除热量的强度）取决于淬火冷却介质的流动速度、淬火冷却介质冲击的角度、淬火冷却介质的温度、纯度和类型、加热的深度和热处理零件的温度。喷液淬火通常比浸入式淬火有更大的淬火烈度，产生更高的硬度和更大的表面残余应力。所用淬火冷却介质包括水、水基聚合物溶液以及较少使用的油、水雾和压缩空气，水和水基聚合物溶液是最受欢迎的选择，油和油性介质不应用于喷雾淬火。

还有一个常见的误解是在感应淬火场合采用适合浸入式淬火的、已广泛发布的典型冷却曲线。经

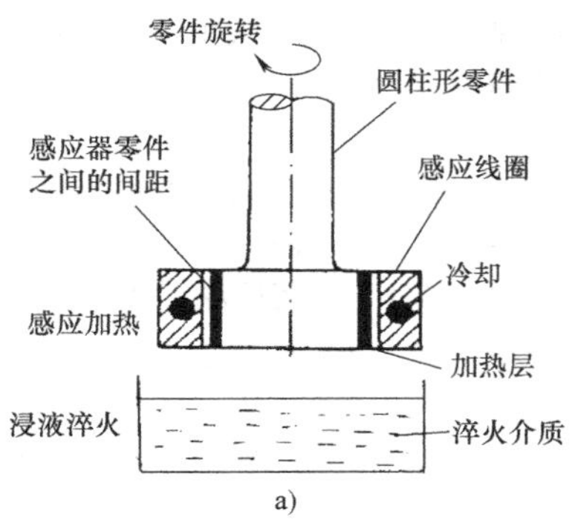

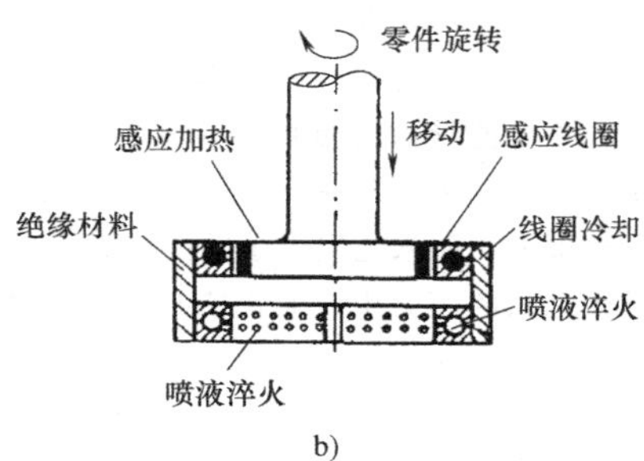

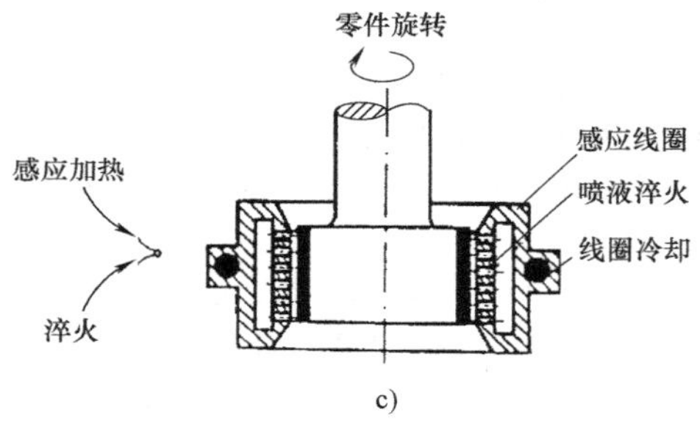

图 5-38 圆柱形工件的单次感应淬火

a）单独安装感应线圈及浸入式淬火

b）感应线圈和喷液淬环淬火

c）单独安装感应线圈和喷液淬火

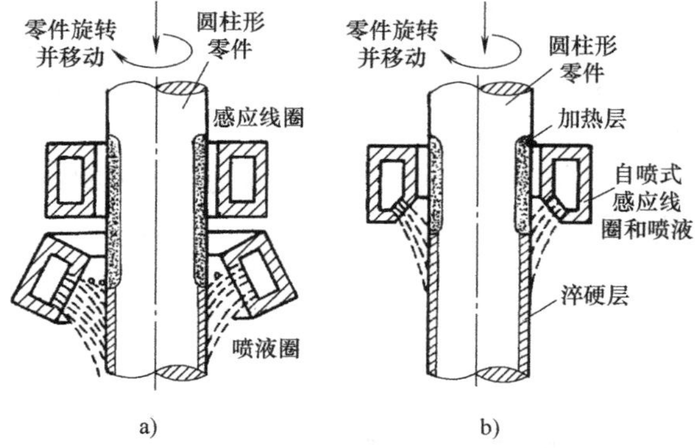

图 5-39 圆柱工件的连续（扫描）淬火

a）单独喷液淬火 b）自喷式加热和喷液线圈

典的淬火冷却曲线有三个阶段：蒸汽膜阶段（*A* 阶段）、核沸腾阶段（*B* 阶段）和对流冷却阶段（阶段 *C*），不能直接用于喷液淬火。在定量和定性上都是有差别的，包括但不限于，在最初的阶段（*A* 阶段），蒸汽膜的形成和膜的传热特性，以及核沸腾（*B* 阶段）加热零件表面气泡的形成、增长和去除的动力学。

由于喷液淬火热处理的性质，相比于经典的浸入式淬火冷却曲线，阶段 *A* 和 *B* 的时间被大大压缩，而在热对流阶段（*C* 阶段）的冷却更加强烈。

同时，喷液淬火中 *A* 阶段蒸汽膜的厚度也通常比浸入式淬火的更薄，它的大小取决于流动速度、冲击角度、零件旋转和淬火系统的其他特点。这种蒸汽膜是不稳定的，会频繁地发生破裂。

此外，比起经典的浸入式淬火，喷液淬火冷却曲线在 *A* 和 *B* 阶段之间的过渡是平滑的。在核沸腾阶段（*B* 阶段），泡沫更小，因为它们没有那么多时间去长大。喷液淬火过程中有更大数量的泡沫形成，它们将热量从零件表面带走的强度与浸入式淬火相比大幅提高。

在局部感应淬火或表面感应淬火时，对淬火烈度有相当大的影响的另一个因素是零件的冷区域（如冷心）提供的“热沉效应”。在大多数零件的感应表面硬化过程中，在加热周期中心部温度都不会大幅上升，主要原因是明显的趋肤效应、热源强度高和加热时间短。因此，在加热阶段从零件表面到其心部的传热不足以显著提高心部温度。由于热传导的原因，冷的心部通过进一步增加奥氏体化区域的冷却强度而对喷液淬火有所补充。

注意，一些要求较浅的硬化层深度（0.5～1.25mm 或 0.02～0.05in）表面感应淬火中，可以使用自淬火工艺。在这里，远离表面的足够冷的心部的热传导效应可以提供足够高的冷却强度，以错过连续冷却转变曲线的“鼻尖”。自淬火技术（也称为质量淬火）允许不使用液体淬火剂来获得浅的硬化层。尽管它简单，但在感应淬火中很少使用自淬火，因为它仅限于很浅的硬化层深度且硬化层深度以下冷的部位的质量应足够大，或高淬透性空淬合金的淬火。

讨论扫描淬火中的喷液淬火时，必须考虑彗尾效应图 5-40 显示了空心轴感应淬火垂直扫描过程中计算机模拟的温度分布结果。彗尾效应表现为轴扫描感应器下次表层区域蓄热，在直径变化的区域尤为明显。一旦淬火，轴表面可以充分冷却到低于 *Ms* 温度，接近淬火冷却介质的温度。同时，轴次表层积蓄的热量可能足以对淬火状态的表面区域进行回火，并可能导致硬化层深度内出现软点。足够的淬火液对防止这种不良现象至关重要。

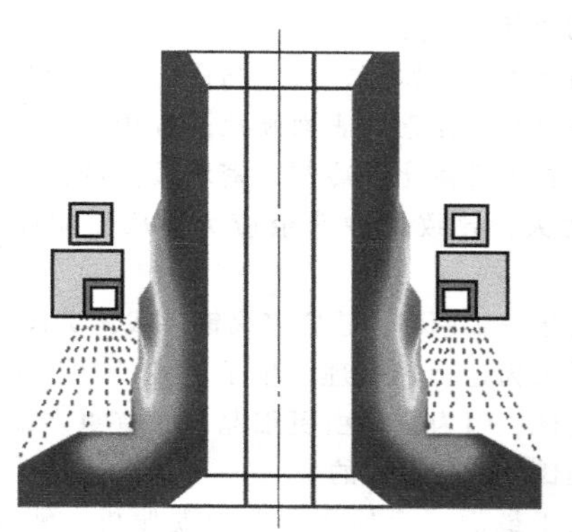

图 5-40　在扫描感应器下方轴的次表层区域热量积累时表现出的彗星尾效应的温度分布计算机模型

除了前面提到的线圈/淬火环，其他的几个系统都已普及使用。图 5-41 所示由斯宾塞（Spencer）和他的同事总结。简单地说，包括以下系统和操作：

① 图 5-41a：线圈加热；从线圈中手动移动零件；零件淹没在搅拌涌动的淬火冷却介质槽中。用于有限的生产，并不保证自动淬火的成本。

② 图 5-41b：在一个位置加热和淬火；在感应淬火室零件整体通过淬火（前面所述的单步法）。

③ 图 5-41c：零件静止在线圈中加热；激冷环移动到位（改进版的单脉冲扫描技术）。

④ 图 5-41d：零件在单脉冲线圈加热后被放入淬火浴槽。淬火冷却介质由喷射环或螺旋桨搅动。

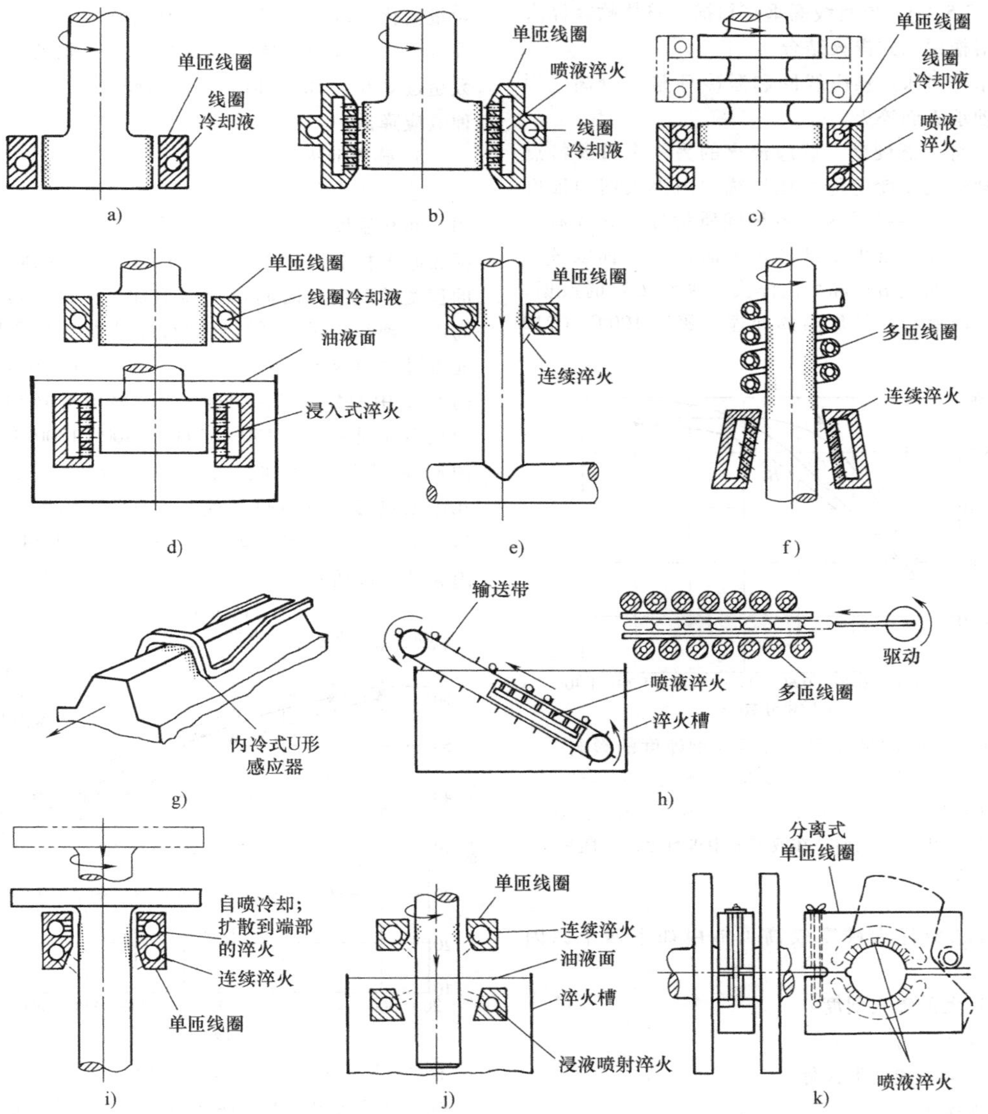

图 5-41　感应淬火与淬火零件的 11 种基本结构布局

⑤ 图 5-41e：垂直或水平扫描与整体喷雾淬火。单匝线圈，用于表面浅层硬化。

⑥ 图 5-41f：水平或垂直扫描多圈线圈与多排单独的激冷环。用于深层硬化或穿透硬化。

⑦ 图 5-41g：线圈扫描和加热零件；自淬火或压缩空气淬火。用于高淬透性钢的特殊应用。

⑧ 图 5-41h：凸轮推动零件水平移动通过线圈，然后输送到介质槽内浸入式淬火。

⑨ 图 5-41i：垂直扫描与单匝线圈相结合整体双重淬火；一个激冷环扫描淬火，第二个为固定淬火时停止扫描。用于零件直径或凸缘部分太大无法通过电感器，其中想要硬化的是零件的凸肩或法兰。

⑩ 图 5-41j：单匝线圈垂直扫描与整体喷雾淬火和淬火浴槽浸入式淬火结合。

⑪ 图 5-41k：感应线圈和激冷环整体分离。用于曲轴轴承表面淬火。

（3）淬火态硬度 感应淬火的另一个重要特点是其得到淬火硬度的能力比传统炉内淬火钢的硬度稍高一些。图 5-42 反映了各种碳质量分数的普通碳钢的这一特性，给出了试样在表面淬火（曲线 *A*）、炉内透淬（曲线 *B*）和炉内淬火（曲线 *C*）的数据，试样再经液氮冷却的低温热处理，随后 100℃（210℉）回火。

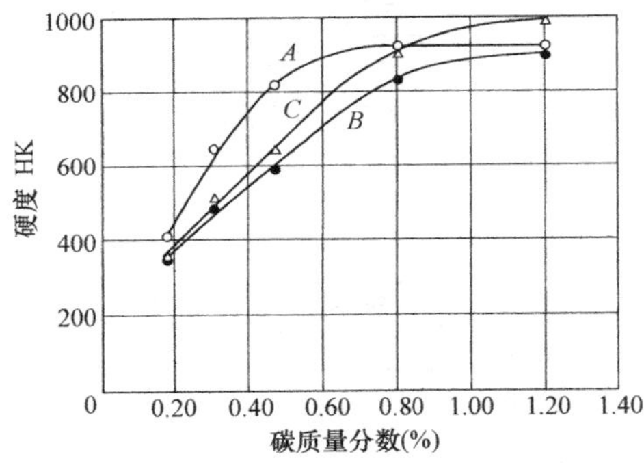

图 5-42 碳质量分数对普通碳钢硬度的影响

曲线 *A*：感应淬火。曲线 *B*：炉内加热和水淬。曲线 *C*：炉内加热，水淬并回火。在 100℃（210℉）保温 2h 回火之前，在液态氮中进行处理，随后水中淬冷。

试样感应淬火硬度较高可能由如下四个原因造成：

① 较大的淬火烈度。

② 残余应力。

③ 少量的残留奥氏体。

④ 碳偏析。

较大的淬火烈度与喷液淬火的冷却强度及冷心附加的冷却效果有关。

对于第二个原因，由于马氏体比贝氏体或珠光体的密度小，在钢的表面硬化过程中产生了残余压应力。在奥氏体化后冷却，密度较高的内层比表面层收缩大，导致这种残余应力，从而使硬度随着增加。

对于三个原因，感应淬火钢件残留奥氏体较少，通常是因为这种热处理产生了更细的马氏体。马氏体也更硬，因为它是由更细晶粒、有更多缺陷的不均匀奥氏体转变而成的。

对于最后一个原因，由于碳偏析，硬度增加，源于这一事实：感应奥氏体化通常加热速度快和需要的保温时间短，可能会导致在奥氏体晶粒内的碳含量变化。因此，淬火时形成高碳和低碳马氏体的混合物。高碳马氏体的硬度更高。当钢的碳质量分数超过 0.6%～0.8%时，马氏体硬度不会改变后，这种效应降低。

3. 感应回火

感应回火和炉内回火之间的主要区别在于所需的时间和温度。钢淬火组织的回火，如马氏体，包括碳原子扩散形成碳化铁（Fe_3C 或渗碳体）。扩散的程度随温度和时间增加而增加。因此，短时间的高温处理和长时间低温处理将提供类似的回火反应。前者过程是典型的感应处理，而后者是炉内处理。图 5-43 中的数据可说明这一点，显示了 1050 钢淬火中在不同回火温度 150～650℃（300～1200℉）之间的回火结果。例如，考虑加工条件，以期获得 40HRC 硬度。感应热处理在 540℃（1000℉）下需 5s，而炉内热处理在 425℃（800℉）下则需要 1h。因为其他调质钢的力学性能，如屈服强度、抗拉强

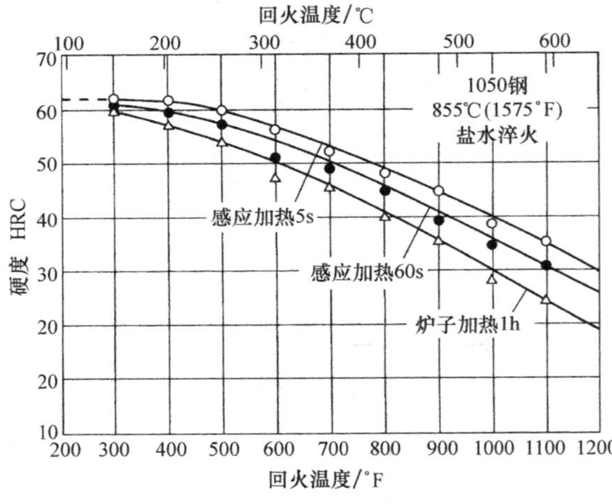

图 5-43 1050 钢在 855℃（1575℉）炉子加热和感应热处理中奥氏体化后再盐水淬火，硬度与回火温度和时间之间的关系

度、伸长率、断面收缩率和断裂韧性等往往与硬度相关，这两种不同的回火处理显然会产生一个非常相似的产品。

回火的等效时间/等温阶段可用几种方法确定。例如，可以在不同的温度下进行一系列回火试验，每个热处理的硬度是确定的，然后绘制图线，建立时间-温度关系，如图 5-43 所示。然而，这种方法需耗费相当多的时间和精力。

更简单的方法是使用被称为回火参数（T. P.）的数学函数。许多研究人员发现，某些零件的回火时间和回火温度对应于相关的回火马氏体（以及回火贝氏体和珠光体）的硬度。使用最广泛的回火参数公式是格兰奇（Grange）和鲍曼（Baughman）制定的公式：

$$\text{T. P.} = T(C+\lg t) \tag{5-5}$$

式中，T 为回火温度（K）；C 为常数，取值 14.44；t 为回火时间（s）。

为了说明回火参数的应用，请考虑图 5-43 中讨论的 40HRC 数据。两种处理方法的回火参数是

炉子加热：$\text{T. P.} = (800+460)\times(14.44+\lg 3600) = 22675$

感应加热：$\text{T. P.} = (1000+460)\times(14.44+\lg 5) = 22105$

因为回火参数几乎相同，两种处理方法得到的硬度等力学性能应该几乎相同。

5.2.5　通用设备和工艺因素

尽管本节重点关注的是表面感应淬火，但还是简要描述一下表面淬火、透淬、回火及一些金属加工中常用的加热操作的感应加热参数。感应加热的关键过程因素如下：

① 零件特征（零件的几何属性和电磁属性）。

② 耦合距离和线圈的设计。

③ 频率选择（趋肤效应影响加热深度）。

④ 功率密度（暴露在电感器单位面积上的功率）。

⑤ 加热时间。

制造工程师还应该考虑零件淬火方法、材料搬运方法和热处理周期与其他生产步骤的集成方法等。

在很大程度上，合适的加热参数的选择取决于所需的温度、加热深度及其分布。零件特征也很重要。感应电流的分布也影响磁场和被加热零件的电特性，因为这些属性随温度而改变（如前一小节中讨论），随着零件被加热，电流分布将发生变化。

给定零件和热处理设备的优化加热，要求对应用和设备有详细了解。设计一个感应淬火系统的第一步是指定所需的硬度分布，包括表面硬度、硬化层深度、硬度的分布，而且，在某些情况下，还要确定过渡区。硬度分布与温度分布直接相关，它由选择的频率、时间、功率、和零件/线圈几何尺寸控制。当只有表面需要硬化时，采用感应加热将表面迅速加热到所需温度。对于透淬，通常使用低得多的功率密度和较低的频率，以允许从表面热传导，从而使温度梯度变小。

最初的指导可以来自图表或特定的条件计算。许多感应加热设备制造商有着广泛的基于实验室检测的计算机程序、生产/操作数据和数学模型，据此推荐适当的设备和建议采用的工艺参数。从类似零件获得的结果或通过细心观察零件本身，当它被热处理时或应用数值分析（包括有限元分析、有限差分法或边界元方法和它们的组合）时，往往可以估计一种新应用的可能需要。最后的操作参数通常是通过实验进行微调的。

大多数感应加热应用的基本过程控制包括一段可测时间段内通过电流、功率或电压控制的电源供应，这已被证明对于很多种操作可获得令人满意的效果。固态逆变器的逻辑电路在整个加热周期中可以提供恒定的电压、恒定的电流或恒定的功率输出，其中每一项都可以通过特殊的方式确保在各种随时不断变化的条件下，有可重复的加热效果。为得到平稳的淬火操作，电子或同步计时器可以用来控制加热时间、需要的载荷匹配任何调整及淬火应用。如果认为输入到产品的能量达到合适的控制度量，千瓦秒或千瓦时的能量监视器可以终止加热周期。

就频率选择而言，随着零件尺寸和硬化层深度增加，较低的频率更适合。然而，功率密度和加热时间对加热部分的深度也有重要的影响。图 5-44 示出了钢的表面硬化层深度与功率密度和加热时间的这种相互关系。在某些情况下，频率选择的决定性

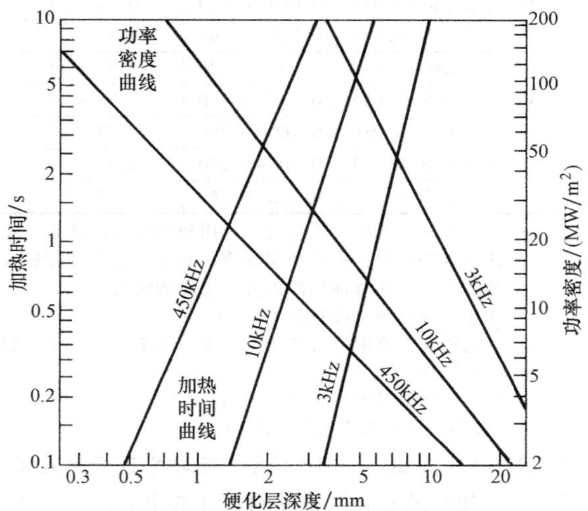

图 5-44　不同感应发生器频率下加热时间、表面功率密度和硬化层深度之间的相互关系

因素是为成功淬火提供足够的功率密度所需的功率，因为低频感应设备可用于更高额定功率。

（1）感应加热频率的选择　频率是感应加热的首要考虑参数。选择频率主要考虑因素包括加热的深度、效率、热处理的类型（如表面淬火和透淬或亚临界退火）及零件的尺寸和几何形状。它也可能取决于合金类型、初始的显微组织、所需的硬度分布和其他工艺因素。

作为原始起点，基准深度（δ）的式（5-3）和式（5-4）可以用来估计钢感应淬火所需的发生器频率。对于表面硬化，选择频率时，想要的硬化层深度通常取奥氏体化温度下基准深度的大约½。然而，与透淬相比，表面淬火的频率选择更为微妙（请参阅上一段）。

相比之下，当需要透淬时，通常选择的频率应使基准深度为圆棒直径（或非圆的零件的一个等价维度）的几分之一。当使用螺线管线圈加热时，这是必要的，目的是保持足够的趋肤效应和使感应加热高效。如果选择基准深度相当于或大于圆棒半径，那么会出现较大的涡流抵消。感应涡流在棒的截然相反的表面往往会彼此沿相反的方向流动，从而抵消。为了避免这种情况，在使用电磁线圈时，选择的透淬频率要使基准深度不超过圆形零件直径的约1/4或板盘形零件厚度的1/2。当试棒直径小于4倍基准深度（特别是，小于3倍基准深度）或者平板厚度小于2倍基准深度时，电效率大幅下降。相比之下，当试棒直径或板厚度是基准深度的许多倍时，效率提高并不多。

（2）功率密度和加热时间　一旦选择好频率，就可以根据不同的功率密度和加热时间大致确定温度范围。这两个参数的选择取决于一个特定应用的加热模式、生产速度、零件表面固有的热损失（由于热辐射和热对流）。

在穿透加热工艺中，所需的功率通常是基于单位时间处理材料的数量、平均温度以及在此温度下材料的热容来确定。其他操作的功率要求，如钢的表面淬火，并不那么简单，归因于原料状态的影响和想要的硬化层深度。

1）表面加热。表面加热主要用于轴和齿轮等钢制零件的表面硬化处理。在这种类型的零件中，期望获得薄的硬化层深度时使用高功率密度和短加热时间。表5-15中给出钢表面硬化的典型的额定功率密度值。这些都基于快速加热到奥氏体化温度的需要（表5-14），并且通过多年的经验已被证明是合适的。使用这些或其他额定功率密度时，必须考虑加热时间对硬化层深度的影响（图5-44）。

表5-15　钢的表面淬火所需功率密度的粗略估算

频率/kHz	硬化层深度①		输入②③					
			低④		最佳⑤		高⑥	
	mm	in	kW/cm^2	kW/in^2	kW/cm^2	kW/in^2	kW/cm^2	kW/in^2
500	0.381~1.143	0.015~0.045	1.08	7	1.55	10	1.86	12
	1.143~2.286	0.045~0.090	0.46	3	0.78	5	1.24	8
10	1.524~2.286	0.060~0.090	1.24	8	1.55	10	2.48	16
	2.286~3.048	0.090~0.120	0.78	5	1.55	10	2.33	15
	3.048~4.064	0.120~0.160	0.78	5	1.55	10	2.17	14
3	2.286~3.048	0.090~0.120	1.55	10	2.33	15	2.64	17
	3.048~4.064	0.120~0.160	0.78	5	2.17	14	2.48	16
	4.064~5.080	0.160~0.200	0.78	5	1.55	10	2.17	14
1	5.080~7.112	0.200~0.280	0.78	5	1.55	10	1.86	12
	7.112~8.890	0.280~0.350	0.78	5	1.55	10	1.86	12

① 对于较深的淬火硬化深度，采用较低的输入功率。

② 这些数值是根据合适频率的使用和设备正常运行总效率。这些值可用于静止加热方法和连续加热方法，但是，对于某些应用，连续加热淬火可用更高的输入。

③ 加热阶段的最大读数是kW·h。

④ 发电机容量有限时可使用低的输入功率。这些千瓦数可用于计算实际发电机淬火的最大零件（单匝方法）。

⑤ 获得最佳冶金效果。

⑥ 发电机容量足够时生产率提高。

注：此表数据来源于参考文献15。

2）透入式加热。钢透淬的额定功率远低于表面淬火，以便热量有时间传导到零件的中心。一会儿之后，由于热传导，表面和中心温度的增加具有可比性，进一步加热时保持固定的温差。允许的温差决定了要选择的发电机额定功率。

额定功率估算的基本步骤如下：

① 选择频率并计算圆棒的直径（或截面尺寸）与基准深度的比D/δ。对于大多数整体加热的零件，

这一比变化范围为 4~8。

② 使用热导率（W/in·℉）和 D/δ 的值，估计感应加热系数 K_T（图 5-45）。

③ 单位长度功率的计算等于零件的表面和中心之间允许温差 T_s-T_c（℉）与 K_T 的乘积，将其与棒的长度相乘得到净功率（kW）。

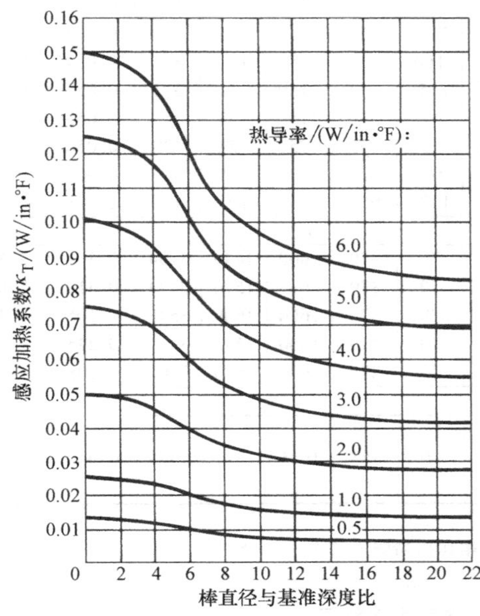

图 5-45 圆棒的感应加热系数与棒直径和基准深度之比及热导率之间的关系

除了这些估算，确定额定功率时还必须考虑辐射热量损失。图 5-46 所示为由黑体的发射特性定义的辐射热量损失上限和温度之间的关系。实际零件材料将表现出比图 5-46 所示更少的辐射热量损失，是因为它们的辐射率值比黑体的辐射率低。

为了避免功率需求的计算，可用钢透入式加热（用于硬化以及其他用途，如锻造）的功率密度表。

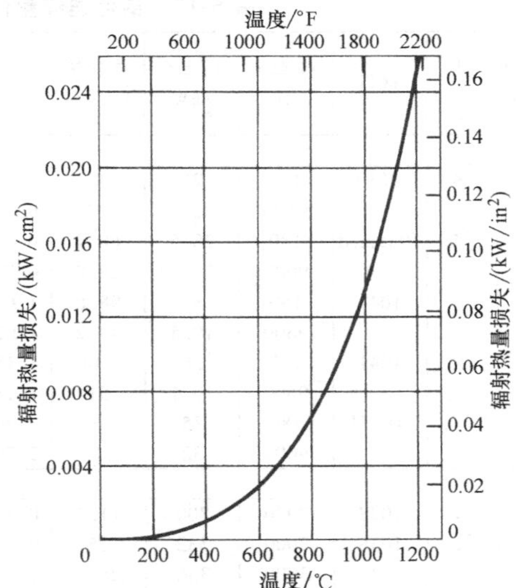

图 5-46 辐射热量损失与表面温度之间的关系

注：辐射热量损失是根据周边 20℃（70 ℉）温度的黑体辐射计算而得

表 5-16 中给出了一个列表。这些功率密度值是基于一般的电效率和选择适当的频率得到的（D/δ 比在 4~6 的范围内）。可能要注意的是对于较大直径的圆棒，低频电源可以高效低成本地加热，通常采用比小直径棒要小的功率密度（表 5-17）。这是由于热量传到大零件中心需要更多的时间。此外，当需要的温度约在 730℃（1350 ℉）以上时，通常不推荐使用如 60Hz 和 180Hz 这样的低频分别对直径小于 140~250mm（5.5~9.8in）的零件进行透入式加热。这是由于高于居里温度时相对磁导率急速下降，增加了基准深度（和减少趋肤效应）。这种做法的一个例外是使用 60Hz 电源感应加热非常大型的零件，如钢厂钢坯。回火处理也可以使用 60Hz 电源（表 5-18）。

表 5-16 钢的淬火、回火或成形作业时的整体加热所需的近似功率密度

频率①/Hz	输入②									
	150~425℃（300~800℉）		425~760℃（800~1400℉）		760~980℃（1400~1800℉）		980~1095℃（1800~2000℉）		1095~1205℃（2000~2200℉）	
	kW/cm²	kW/in²	kW/cm²	kW/in²	kW/cm²	kW/in²	kW/cm²	kW/in²	kW/cm²	kW/in²
60	0.009	0.06	0.023	0.15	③	③	③	③	③	③
180	0.008	0.05	0.022	0.14	③	③	③	③	③	③
1000	0.006	0.04	0.019	0.12	0.08	0.5	0.155	1.0	0.22	1.4
3000	0.005	0.03	0.016	0.10	0.06	0.4	0.085	0.55	0.11	0.7
10000	0.003	0.02	0.012	0.08	0.05	0.3	0.070	0.45	0.085	0.55

① 本表的值是根据合理频率的使用和设备正常运行总效率。

② 在一般情况下，这些功率密度是用于截面尺寸为 13~50mm（½~2in）的零件。较高的功率密度输入可能用于较小的截面尺寸，因此，较大截面尺寸也许要求较低的功率密度输入。

③ 不推荐这些温度。

表 5-17 钢件连续整体感应淬火的典型操作和生产数据

截面尺寸		材料	频率[①] /Hz	功率[②] /kW	总加热时间/s	扫描时间		工作温度				生产率		感应器输入[③]	
								线圈进入时		线圈离开时					
mm	in					s/cm	s/in	℃	℉	℃	℉	kg/h	lb/h	kW/cm²	kW/in²
圆形															
13	½	4130	180	20	38	0.39	1	75	165	510	950	92	202	0.067	0.43
			9600	21	17	0.39	1	510	950	925	1700	92	202	0.122	0.79
19	¾	1035mod	180	28.5	68.4	0.71	1.8	75	165	620	1150	113	250	0.062	0.40
			9600	20.6	28.8	0.71	1.8	620	1150	955	1750	113	250	0.085	0.55
25	1	1041	180	33	98.8	1.02	2.6	70	160	620	1150	141	311	0.054	0.35
			9600	19.5	44.2	1.02	2.6	620	1150	955	1750	141	311	0.057	0.37
29	1⅛	1041	180	36	114	1.18	3.0	75	165	620	1150	153	338	0.053	0.34
			9600	19.1	51	1.18	3.0	620	1150	955	1750	153	338	0.050	0.32
49	1 15/16	14B35H	180	35	260	2.76	7.0	75	165	635	1175	195	429	0.029	0.19
			9600	32	119	2.76	7.0	635	1175	955	1750	195	429	0.048	0.31
板															
16	⅝	1038	3000	300	11.3	0.59	1.5	20	70	870	1600	1449	3194	0.361	2.33
19	¾	1038	3000	332	15	0.79	2.0	20	70	870	1600	1576	3474	0.319	2.06
22	⅞	1043	3000	336	28.5	1.50	3.8	20	70	870	1600	1609	3548	0.206	1.33
25	1	1036	3000	304	26.3	1.38	3.5	20	70	870	1600	1595	3517	0.225	1.45
29	1⅛	1036	3000	344	36.0	1.89	4.8	20	70	870	1600	1678	3701	0.208	1.34
不规则形状															
17.5~33	11/16~1 5/16	1037mod	3000	580	254	0.94	2.4	20	70	885	1625	2211	4875	0.040	0.26

① 圆形截面的双频率使用说明。
② 在标明的工作频率上感应器的功率。由于机器内的损失，此功率比机器输入功率小 25%。
③ 在感应器的工作频率上。

表 5-18 连续式感应回火的操作和生产数据

截面尺寸		材料	频率 /Hz	功率[①] /kW	总加热时间/s	扫描时间		工作温度				生产率		感应器输入[②]	
								线圈进入时		线圈离开时					
mm	in					s/cm	s/in	℃	℉	℃	℉	kg/h	lb/h	kW/cm²	kW/in²
圆形															
13	½	4130	9600	11	17	0.39	1	50	120	565	1050	92	202	0.064	0.41
19	¾	1035mod	9600	12.7	30.6	0.71	1.8	50	120	510	950	113	250	0.050	0.32
25	1	1041	9600	18.7	44.2	1.02	2.6	50	120	565	1050	141	311	0.054	0.35
29	1⅛	1041	9600	20.6	51	1.18	3.0	50	120	565	1050	153	338	0.053	0.34
49	1 15/16	14B35H	180	24	196	2.76	7.0	50	120	565	1050	195	429	0.031	0.20
板															
16	⅝	1038	60	88	123	0.59	1.5	40	100	290	550	1449	3194	0.014	0.089
19	¾	1038	60	100	164	0.79	2.0	40	100	315	600	1576	3474	0.013	0.081
22	⅞	1043	60	98	312	1.50	3.8	40	100	290	550	1609	3548	0.008	0.050
25	1	1043	60	85	254	1.22	3.1	40	100	290	550	1365	3009	0.011	0.068
29	1⅛	1043	60	90	328	1.57	4.0	40	100	290	550	1483	3269	0.009	0.060
非规则形状															
17.5~33	11/16~1 5/16	1037mod	9600	192	64.8	0.94	2.4	65	150	550	1020	2211	4875	0.043	0.28
17.5~29	11/16~1⅛	1037mod	9600	154	46	0.67	1.7	65	150	425	800	2276	5019	0.040	0.26

① 在标明的工作频率上感应器的功率。对于转换频率，由于机器内的损失，此功率比机器输入功率小 25%。
② 在感应器的工作频率上。当奥氏体化需求的功率确立时，在关闭电源和施加淬火之间有时间延迟，必须考虑减轻这个影响。随后的加热中，零件表面的温度比其中心的温度下降得更快。最终，中心温度变高。正因为如此，往往调整加热和冷却阶段，以补偿感应加热处理非均匀的特征。因此，输入功率越大，加热速度越快，有时比加热后立即淬火更容易实现。

在为具体应用估计额定功率时，重要的是要考虑预计的线圈效率和靠近感应线圈的导电体内感应产生的额外的功率损失（如线路、端板、橱柜、磁集中器、分流器等），以及传输损失（如母线、变压器等）。

（3）感应加热线圈的设计　线圈的设计指导原则很大程度上是建立在经验基础及在《ASM 手册卷 4C、感应加热和热处理（2014 年）》中讲述的信息基础之上的。设计一个感应线圈应针对特定的零件，但有几个主要函数是感应线圈必须实现的：

① 负载中的感应电流和用尽可能高的电效率实现正确的加热分布。

② 为发生器提供阻抗匹配，这样有充足的电力可以转移到负载。

③ 具备一定的几何形状，从而可以完成上述的两个主要功能，并使受热部分装卸容易。

低频感应加热通常是透入式加热，尤其是那些有大而相对简单的横截面的零件。低频线圈通常有很多匝数。一般来说，频率越低，线圈匝数越多（除非使用铁心或横向电感）。

中频或高频淬火工艺通常需要专门配置或可调整耦合距离的波形线圈，以保证加热均匀性。在最简单的情况下，线圈弯曲成零件的轮廓形状。不考虑最终的零件轮廓时，效率最高的线圈基本上是标准圆形或通道式电感线圈的改良版。

线圈特性化。在静态/固定式加热应用中，因为磁通量趋向于集中在线圈的中央，该区域的加热速度就大于零件端部的加热速度（假设零件和线圈的长度大约相等）。此外，如果静态加热的零件很长，末端热量传导和辐射的速度更大，要实现沿零件长度方向均匀加热，必须修改线圈，以提供更好的一致性。这种调节线圈匝数、间距、悬置或与零件耦合以实现均匀的加热分布的方法被称为线圈特性化。

有几种方法可以修改通量场。可以在线圈的中心解耦，增加零件与线圈的距离，减少该区域的磁通量。第二种，也是更常用的方法，将一些线圈悬空和/或减少中心匝数（匝密度），可以产生同样的效果。类似的方法——通过增加其中心孔径来改变实心的单匝电感——可以达到相同的结果。这些技术在这一部分内容中会进行描述和举例说明。

在图 5-47a 中，线圈匝数已经被修改。以对锥形轴进行均匀加热。越往末端，匝间距越小，以补偿锥度引起的耦合减小。这种方法还允许穿过线圈进行装载或卸载，以方便装夹。类似要求的锥齿轮热处理如图 5-47b 所示。此处，因为零件锥度更大，采用了螺旋线圈。对于扁平线圈，中心匝数的解耦为达到均匀性提供了类似的方法。

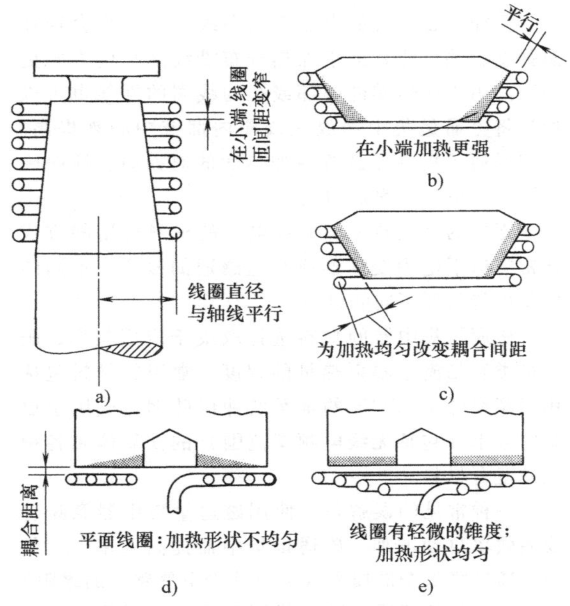

图 5-47　不同耦合距离或匝间距对感应加热类型调整（线圈特性）的影响

（4）磁通量集中器　零件和线圈磁场之间的耦合程度是由假想的进入零件的磁力线数量决定的。这个磁通密度与线圈电流成正比，能量传输量与被零件切割的磁力线数量的平方成正比。线圈电流的频率也会影响感应电流的分布，因为随着频率的增加，磁力线有靠近线圈导体的倾向。

漏磁是指不通过被加热材料的那部分磁通量。漏磁的程度一部分取决于线圈载流表面与零件之间的空隙。这一空隙随着频率增加而更加重要，因为随着频率的增加磁力线倾向于更靠近线圈导体的表面。

漏磁也可以通过磁通量集中器来减少，方法是将磁性材料有目的地放置在线圈组上面或靠近它。这些设备提供了一条低磁阻路径，并促进了在所需区域的磁力线集中。如果一种磁性材料引入到线圈，它将提供一个低磁阻路径流量（最低能量耗散）。这条低磁阻路径减少了杂散磁通，并倾向于收集磁力线，从而集中磁场。磁通量集中器的使用可以提高负载功率因子，还可以减少线圈电流的需求。

磁通量集中器如果正确应用在感应线圈中，在加强感应过程中可以发挥非常重要的作用。磁通量集中器的主要用途是：

① 改善端头线圈的加热效果。

② 改善内部线圈的加热效果。

③ 改善邻近或励磁线圈的加热效果。

④ 提高感应线圈的总体效率。

⑤ 提供屏蔽效应。

例如，磁通量集中器应用在线圈两端将会增加热强度，并可能有助于加热分布沿线圈长度方向更一致。用于加热零件内部或孔的线圈的性能也可以通过将磁通量集中器放入线圈内部或中心来提高。当把磁通量集中器放置在加热面的对面时，横向磁线圈可以更有效率地加热。

现代的高磁导率、低导电率的材料使用的方式通常类似于电力变压器或马达磁通的核心。不同的应用可能需要不同的材料。

磁通量集中器的材料选择取决于应用频率、服役种类和暴露于辐射热量的程度。常用的材料包括用于频率低于 15kHz 的堆叠的冲压硅钢片或用于更高的频率（包括无线电频率范围）的铁氧体和各种铁基复合材料。

一种常见的误解是，使用磁通量集中器意味着线圈效率自动增加。磁通量集中器提高效率，一部分是通过降低杂散损失（通过减少空气路径的磁阻）实现的，另外还通过减少线圈和零件之间等效电磁耦合的距离实现。然而，由于磁通量集中器是一个导电体，并传导高密度磁通，由于焦耳效应和磁滞损失，有一些功率损耗就会以发热的形式在其内部产生。这种现象可能导致电效率降低，需要设计一个特殊的水冷系统将热量从磁通量集中器移除。前两个因素（减少杂散损失和耦合距离）抵消功率损耗，但电效率的变化是所有因素的结果。因此，在某些情况下，在应用磁通量集中器后，效率可能降低。通常，在使用单匝或两匝电感的感应淬火的应用中，磁通量集中器的使用会明显增加线圈效率。

应特别注意，当在多匝线圈中采用磁通量集中器时，由于穿过线圈的电压很大，可能穿过集中器时产生电流短路。在这种情况下，磁通量集中器电绝缘材料在感应线圈设计中就起到了必不可少的作用。

5.2.6 表面感应淬火参数

（1）表面感应淬火的频率选择　表面感应淬火中的频率选择明显比透入式加热更敏感。在表面感应淬火应用中（表层淬火），可能在热处理零件的特定表面（例如，内径、外径、尾部、角等）需要一层坚硬表层。

根据趋肤效应的经典定义（参见前面的讨论中），大约 86%的感应线圈的功率将集中在表层，这一深度称为电流穿透深度。频率和温度对钢和铸铁的电流穿透深度的大小有决定性影响。通过控制电流穿透深度，可以对需要硬化的零件的局部区域进行奥氏体化，而不影响其它区域。根据所需的硬化层深度，表面感应淬火选择的频率应用范围从 60Hz（硬化大型轧机卷）到 450kHz 以上（硬化小针）。

同样重要的是要认识到，在某些情况下，频率选择可能还受经济因素影响。频率等级越高，通常代表了所要的设备成本也越高。

感应热处理从业者通常将频率划分为三类：低频（低于 10kHz）、中频（从 10 ~ 90kHz）和高频（高于 90kHz）。频率增加，加热的深度按式（5-2）和式（5-3）降低。

用相同的感应器而改变加热的频率、功率密度和持续时间，可以得到不同的硬化层深度和硬度分布。图 5-48 所示为一个令人印象深刻的例子——硬化齿轮零件时，可实现的感应淬火分布具有多样性。图 5-48 中左图显示了在相同碳钢制的花键轴上通过改变加热时间、频率和功率密度而得到的各种硬度分布。右图显示了当对直齿轮表面淬火时有类似的效果。一般来说，对于环绕线圈，当只需要硬化齿的尖端时，应用高频率和高功率密度；硬化齿根部时，应用低频率。高的功率密度与相对较短的加热时间的组合通常形成浅的硬度分布，而低功率密度和延长的加热时间则形成宽过渡区的深硬度分布。

图 5-48　通过使用不同频率、加热时间和功率密度得到的感应淬火类型的变化

出于例证目的，图 5-49 显示了实心轴表面硬化时与频率选择有关的三个硬化层的简图。在所有三个硬化层中，可以实现相同的硬化层深度（虚线），而使用三种明显不同的频率，分别标记为频率太高、频率太低和最佳频率。如果频率过高，就会导致电流穿透深度太浅（图 5-49 左），需要额外的加热时间才能让热量传到所需的深度以得到需要的硬化层深度。这不仅增加了不必要的周期时间，而且还可能导致表面明显过热、晶粒过度长大、脱碳、形成氧化皮、初期的熔化、晶粒间熔融和其他不利的冶金现象。

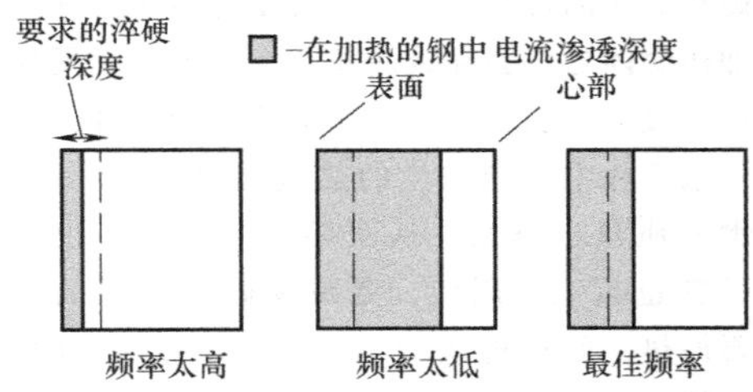

图 5-49 不同频率下钢感应淬火硬化层深度与电流穿透深度之间的比较

相反，如果选择的频率明显低于最佳频率，那么会造成加热深度（即电流穿透深度）明显高于必需的深度（即硬化层深度）。结果是造成热影响区大、热处理零件变形更大和不必要的能源浪费（为了加热多于要求的材料质量），如图 5-49 中图所示。在有些情况下，穿透深度与要求的硬化层深度相比太大，以至于无法满足技术要求，这是因为超出了硬化层深度上限或者分布可重复性发生改变。

一般来说，理想的频率应是在高于居里温度时的电流穿透深度，为所需硬化层深度的 1.2~2.4 倍范围内。在这种情况下，零件的表面不会过热，硬化层深度下生成的额外的热量足以弥补冷却/冷心的吸热影响。

要牢记使用其他非最佳频率的上述缺点。应该说，在许多情况下通过采用适当的功率密度、频率和加热时间就可以获得理想的硬度分布（图 5-49）。最基本的规律是，当需要浅的硬化层深度时，采用比推荐值更低的频率、更高的功率密度和更短的加热时间（更快的扫描速度）可能会达到相同的效果。相反，如果需要更深的硬化层深度，则应采用比最佳频率高的频率、更低的功率密度和更长的加热时间的组合方式。

在大多数情况下，规则形状零件的表面硬化所用的频率会造成明显的趋肤效应，消除了涡流抵消的问题。然而，如果零件有不规则的形状（如 C 形管、异形零件或开槽圆柱），涡流可能会被迫流向零件的外边和里边，有可能彼此抵消。避免这些情况下的电流抵消的基本经验规则是，选择的频率应使电流穿透深度值不超过导电路径厚度的¼。

经验规则。多年来，行业积累了众多的经验规则，用于计算感应表面淬火工艺参数。这些规则大部分是非常主观的，而且只适用于普通碳素结构钢制造的规则圆柱体（即实心轴类）在进行单步或扫描淬火时的频率和功率的选择。一些建议见表 5-15。

根据另一个经验规则，实心圆柱体表面硬化层深度为 1.6~5mm（0.05~0.2in）的所需频率，根据式（5-6）或式（5-7）可以确定：

$$\left(\frac{6.5}{X_{CD}}\right)^2 < F < \left(\frac{16.6}{X_{CD}}\right)^2 \tag{5-6}$$

$$F \cong \left(\frac{9.8}{X_{CD}}\right)^2 \tag{5-7}$$

式中，X_{CD} 为所需的硬化层深度（mm）；F 为频率（kHz）。

实例。如果要求 3mm（0.12in）的硬化层深度，计算频率范围为

$$\left(\frac{6.5}{3}\right)^2 < F < \left(\frac{16.6}{3}\right)^2$$

根据式（5-6），可得一个适当的频率范围 4.7~30.6kHz。相比之下，最理想的是根据式（5-7）得到的 10.7kHz 频率。

用表达式［式（5-6）］计算小尺寸零件（外径较小）的感应淬火频率时会得到较高的频率。相反，对大尺寸零件进行表面感应淬火时，可以采用较低的频率。

（2）功率选择　表 5-15 中给出的典型的额定功率是基于非常迅速加热到温度的需要，并且通过多年的经验证明是合适的。用两个例子说明这些数字只应用于粗略的估计。

第一个例子，考虑小直径轴、500kHz 加热电源的表面感应淬火。为得到 0.75mm（0.03in）的硬化层深度，6.5cm^2（1in^2）的表面需要 0.00064kW·h（2.18Btu）或 2.30kW·s，被加热到 870℃（1600℉）。因此，可以使用 1.55kW/cm^2（10kW/in^2）的加热电源，操作效率 100%，可以在 0.23s 加热表面。而在实践中，将需要明显更长的时间，因为加热电源和线圈的损耗以及一部分功率被用来加热零件的内层（归因于低于转变的热传导）。

第二个例子，考虑大直径轴的表面硬化，硬化层深度为 7.6mm（0.3in），使用 1kHz 加热电源。所需的能量是上一个例子的 10 倍，即 3.55kW·s/cm^2（22.9kW·s/in^2）的表面。同样，将该轴在相同的时间加热到一定的温度，需要额定功率为 15.5kW/cm^2（100kW/in^2）。因为成本和表面过热随着额定功率的增加而增加，因此只有选择 1.55kW/cm^2（10kW/in^2）或稍微大一点的额定功率在这种情况下才是最优的。这个功率条件的理想加热时间仍将只有 2.3s，是实际生产中同等条件下加热时间的 2~3 倍。其他情况下深度和频率，可以从表 5-15 给出，额定功率约为 1.55kW/cm^2（10kW/in^2）是典型的建议。

然而，热处理前钢的显微组织对热处理结果有明显的影响，并且必须记住，大多数经验规则是细晶粒、正火的、均匀的、铁素体-珠光体预处理组织、碳含量 0.4%~0.5%的硬化对象。即使对同一钢

种（AISI 1042），所需感应淬火温度范围也是取决于加热强度以及钢的的预处理显微组织：

① 880～1095℃（1620～2000 ℉）退火的预处理显微组织。

② 840～1000℃（1550～1830 ℉）正火的预处理显微组织。

③ 820～930℃（1510～1710 ℉）淬火+回火的预处理显微组织。

回火马氏体确保快速转变，降低了奥氏体形成所需的温度。这使钢的感应淬火得到了快速而一致的结果：晶粒长大，形状/大小变形和表面氧化都最小，需要的加热能力也最小，以及一个好定义的或"脆"的硬度分布（过渡区狭窄）。这种类型的原始组织相对于其他组织，可以得到更高的硬度和更深的硬化层深度以及降低线圈功率。正火组织，由均匀的细珠光体组成，也对奥氏体化很敏感。相比之下，拥有大量稳定的碳化物的钢（球化组织）对感应淬火不够敏感，因此需要更长的加热时间和更高的温度才能完成奥氏体化。

频率和功率密度选定后，最后一个参数是加热时间。通常，淬火零件在几秒钟内甚至在几分之一秒内被加热到淬火温度（如使用双频硬化齿轮轮廓）。在根据前述标准之一选择了一个适当的频率和功率密度后，通过一些加热实验并对获得的硬度分布进行评估之后，就可以确定加热时间。采用数字计算机建模（如有限元分析）方法可以比基于简化公式、图或表的大概估计技术获得更准确的结果。

（3）奥氏体化加热时间　一方面，前面给出的信息（图5-44）对估计表面淬火和透淬及回火的频率和功率密度是有用的。然而，有一个问题经常出现：应该用多少加热时间。对于穿透加热，应基于零件的热容和重量、输入功率、系统效率和所需的最终温度计算，这种计算相对简单。在透淬中，只需要以这种方式估计一个最短时间。通常可以加热较长的时间，也不会产生坏结果。

而另一方面，时间在表面硬化的操作中是一个关键因素。如果加热时间太长，零件达到奥氏体化温度时获得的硬化层深度可能比期望的要深。如上所述，当使用较短的加热时间时，显微组织对奥氏体化所需的时间有显著的影响，会影响加热时间、功率、在某些情况下频率的选择。

快速加热也会降低热传导的影响，并且往往只有在产生感应涡流的区域（即外表层）才会发生奥氏体化。这将导致过渡区非常短。随着加热时间的增加，热导率开始发挥着越来越显著的作用，使热量从高温的表面区域向较低温度的内部区域传输，导致硬化分布的过渡区模糊并需要更多的能量。

加热时间延长会导致晶粒长大、形成粗马氏体、较大的过渡区、表面氧化，并增加变形。根据物理学，如果零件中感应产生的热量越大，那么将被加热的钢的质量也越大，从而导致零件膨胀也越大，变形常常也越大。因此，要减少硬化零件的变形，就需要加热时间尽可能短。然而，缩短加热时间是有限制的，因为要在需要硬化的深度达到均匀奥氏体化要求的最低转变温度。

以下情况时，短时加热可能是不好的：

① 不合理的高频率和/或表面功率密度的组合导致表面过热，产生不希望的显微组织。

② 高的频率和/或表面功率密度组合在加热期间产生大的温度梯度，导致材料脆性开裂（如高碳钢和灰铸铁）。在这种情况下，采用较长的加热时间和较低的加热功率密度也许是可取的。

③ 不规则几何形状（如尖角、孔、键槽、凹槽边缘等）造成热点和冷点。在这些情况下，也需要不太密集的热量和较长的加热时间，包括在淬火前停顿一下，以允许热传导减少热点的温度而使热量平衡分布。

（4）确定表面淬火加热时间的方法　确定表面淬火的加热时间有三种方法。一种是采用试错的方法，改变功率和加热时间，直到得到需要的硬度和硬化层深度。硬化层深度由通过在截面上腐蚀的金相法确定。如果硬化层太浅，应该增加输入功率和/或加热时间。相反，如果太深，应该减少功率和/或加热时间。金相上还会显示存在的各种显微结构组成，如马氏体或较高温度的转变产物，可以表示奥氏体化适当或不适当。

确定适当的表面硬化参数（包括加热时间）的第二种方法，是通过类似于图5-44和图5-50这样的图来确定。图5-44中给出了钢用单步感应加热方法在850℃（1560 ℉）和900℃（1650 ℉）温度奥氏体化的频率、所用的功率密度、加热时间和硬化层深度之间的关系。如图5-50所示，很明显，对于给定的功率密度和加热时间，浅的硬化层深度要求更高的频率，或者，在频率固定时，浅的硬化层深度需要短时间和高功率密度。

图5-50所示为一个类似于扫描式表面淬火设计的计算图。曲线给出了不同硬化层深度的功率密度和加热时间之间的近似关系。注意曲线仅适用于10kHz电源。一组类似的曲线可用于其他频率。只要有可能，用接近曲线的陡峭部分的操作条件可以获得最大的操作效率。

第三种确定表面淬火最优工艺参数的方法是使

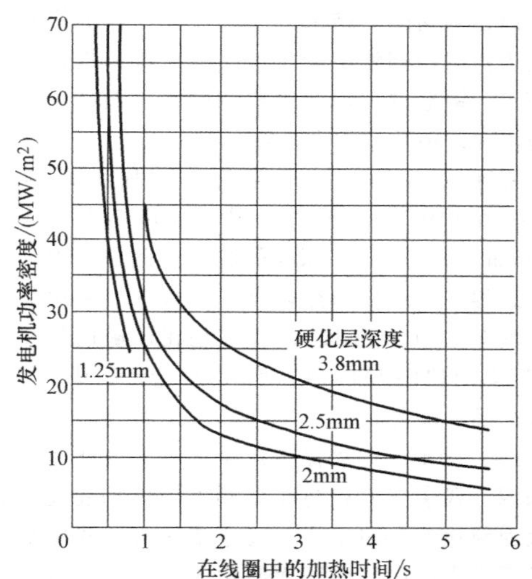

图 5-50 在功率密度、线圈加热时间与硬化层深度之间的关系

注：发电机频率 = 10kHz；最低扫描速度 = 50mm/s；轴最小直径 = 16mm（0.6in）

用数字计算机建模，这在过去的五年里越来越受欢迎。

然而，必须记住经验规则以及大概估计方法的使用条件可能对确定工艺参数的最佳组合产生误导。具体的材料、预处理组织、几何形状和功能都可能影响结果。数字计算机建模有助于获得更好的建议。

5.2.7 应用技巧和故障排除

（1）复杂几何形状的零件 有几何应力增加的复杂形状的零件（如孔、尖角、凹槽、薄板、直径变化等），在避免局部过热和开裂及获得所需的硬度分布方面存在挑战。

尖角、孔和边缘糟糕的斜角或圆角可能导致局部过热，造成过度的热应力和晶粒长大，晶粒长大又可能导致裂纹形成。如果零件截面有的地方厚有的地方薄，厚的地方可能无法像薄的地方一样被快速地加热到所需的温度。感应器轮廓和使用特殊工艺设置可以有助于解决这个问题。

复杂几何形状的零件厚度变化对于获得所需淬火热处理的性能可能会造成一些困难，因为厚薄不同的地方可能存在明显的冷却差。因此，应在感应器设计和淬火块上进行特殊的调整。

适当选择的设计参数（应用频率、功率密度、线圈几何尺寸、钢种等）允许热处理操作者获得所需的热处理分布，即使在电磁末端效应和热边缘效应的组合不好时似乎不适合采用感应淬火的情况下。

（2）粉末冶金零件的表面感应淬火 铁基粉末冶金（PM）零件的表面感应淬火是感应淬火的一个重要应用。PM 零件与硬化锻钢件和铸铁件相比有若干特点，并且在多孔隙（低密度）PM 零件感应淬火时，经常获得不一致的结果。粉末冶金的成分和均匀性也会影响感应淬火。

密度和/或孔隙度可能包括开裂、表面硬度和硬化层深度的变化。低密度 PM 零件是很容易开裂的，因为与锻钢件相比，彼此连通的孔隙有利于降低零件强度和刚度。此外，多孔 PM 材料导热性差，容易出现热点，需要强烈的淬火，也会导致很大的热梯度，同样增加了开裂的倾向。电阻率和磁导率的变化导致零件内部存在感应热量和涡流透入深度的差异，从而导致热量分布的差异。

电阻率、热导率和磁导率非常依赖于烧结时孔隙的数量。这有助于解释为什么 PM 零件比铸铁或锻造零件对材料特性的变化更敏感。密度降低（孔隙度增加）对一些性能和感应淬火参数的影响见表 5-19。

表 5-19 密度降低（孔隙率增加）对某些性能和感应淬火参数的影响

性能	变化	对感应淬火参数的影响
热导率	降低	从高温区域到低温区域的保温作用较小。加热过程中较大的温度梯度和较大的热应力。淬火时冷却较慢
电阻率	增加	电流穿透深度较大
磁导率	降低	更大的穿透深度和较低的线圈加热效率
淬透性	降低	要求提保证相同的淬火深度，淬火更苛刻
组织均匀性	更严重的	淬火不一致性：表面硬度、淬硬层深度、硬度分散和残余应力数据的变化。有淬火开裂倾向

低密度（高孔隙度）对淬透性的影响是负面的。因此，当对 PM 零件进行感应淬火热处理时，要想获得好的效果，需要密度至少 7.0g/cm³（0.25lb/in³），但最好是 7.2g/cm³（0.26lb/in³）或更高，这将有助于确保热处理结果的一致性，特别是对含有越程槽、齿、花键、尖角、槽和其他应力增加点的内表面淬火时。

成分和均匀性。密度和孔隙度并不是影响 PM 零件感应淬火的唯一因素，材料成分也是一种影响因素。铜、镍和钼是最常用的铁基粉末合金元素，零件中这些元素具体成分和合金化方法，决定零件是否可能有较大的裂纹倾向。铜合金 PM 钢开发感应硬化工艺时需要特别注意。

其他影响 PM 零件热处理质量的因素有：显微组织的均匀性（材料偏析）、表面状况和热处理工艺参数，以及具体的预处理操作，如烧结。对于烧结来说，因素包括工艺顺序、所用气氛、压力、温度、烧结程度和石墨偏析等。高温烧结是首选，因为它提高了显微组织的均匀性，并确保扩散良好。然而，表面感应淬火前应该避免脱碳。

用于生产粉末的合金化方法也会显著影响热处理效果。合金化方法有混合、扩散合金化、预合金化、混合合金化和金属注射成型等方法。所使用的方法可能影响材料偏析及化学结构和显微结构的不均匀性，归因于零件不同区域在冷却阶段经历异常的转变。例如，大型夹杂物可能起到压力增加的作用，导致裂纹和/或硬度读数不一致的倾向增加。

PM 零件吸收 2% 重量的油是很常见的。因此，必须采取措施确保淬火冷却介质保持清洁，并提供足够的通风。

其他常用的介质包括水基聚合物介质和水（包含适当的添加剂）。注意油通常比水基聚合物介质和水需要更高的硬化温度。

PM 零件热处理产生的形状/尺寸变形和翘曲通常低于相应的锻钢零件。形状变形程度强烈依赖于线圈外形和硬度分布，通常由实验测得。

粉末冶金钢零件密度通常从表面到心部或从外径到内径存在变化。要硬化的表面的密度通常是 7.5g/cm^3（0.27lb/in^3）或更高，逐渐减小到零件中心的基体密度 7.0g/cm^3（0.25lb/in^3）。

在确定 PM 零件感应淬火的工艺参数时，往往选择比用于相似成分的锻造合金时高的能量和频率。加强过程控制也是必需的。为了避免开裂和有明显的应力增加点的零件获得所需的热处理分布，有时预热也是必要的。

与传统炉热处理一样，如表面脱碳、表面缺陷（如裂纹、折叠等）、变形、开裂、尺寸变化等问题都应该在设计感应淬火过程的时候予以考虑。任何炼钢过程中存在的表面缺陷也可能导致裂纹和/或不良的冶金结构。

（3）表面脱碳　脱碳是在生产过程中没有保护气氛的情况下零件被加热到足够高的温度后碳从钢的表面损失。因为钢的碳含量决定了可以在奥氏体化和淬火的零件中实现的硬度水平，因此表面脱碳会导致低的表面硬度，表面产生拉应力，进而降低强度，可能导致开裂。

因为钢的制造方法，所有中、高碳钢棒表面都有某种程度的脱碳。这种情况以及其他炼钢过程中造成的（如裂纹、折叠等）问题在热处理前必须清除，以达到期望的结果。各种尺寸钢棒的推荐去除余量表由美国钢铁协会出版，用户可从钢铁制造商处获得。锻造过程也会造成钢的表面脱碳，必须在感应淬火之前从锻件上去除。

实际的感应淬火过程只会添加少量的脱碳层——在 960℃（1760 ℉）感应加热 5s 后，大约有 0.02mm（0.0008in）深度的脱碳。此外，因为钢铁生产过程中的熔化和热轧操作带来的显微组织和化学不均匀性（如带状），特别是在加硫的钢中，如 1137 钢，1141 钢和 1144 钢，可能会影响获得均匀热处理产品的能力。

（4）变形　淬火操作产生的尺寸变化有两个主要来源：残余应力和与相变有关的体积变化。对许多表面硬化的应用来说，尺寸变化与这些影响因素的关系很小；在一些表面硬化工作中，如带槽的轴的硬化，则不是最小。同样，透淬应用产生的尺寸变化不能忽略不计。一方面，残余应力（热或相变效应带来）随材料、形状和工艺参数改变。另一方面，相变造成的尺寸变化可以根据表 5-20 中的数据估计。

表 5-20　相变过程中钢的体积变化量

相变	体积变化(%)
球状珠光体→奥氏体	$-4.64+2.21w(C)$
奥氏体→马氏体	$4.64-0.53w(C)$
球状珠光体→马氏体	$1.68w(C)$
奥氏体→下贝氏体	$4.64-1.43w(C)$
球状珠光体→下贝氏体	$0.78w(C)$
奥氏体→上贝氏体	$4.64-2.21w(C)$
球状珠光体→上贝氏体	0

已经发现，原始组织为球化组织的零件得到马氏体组织时产生的体积变化是最大的。如果原始组织为贝氏体或细珠光体类组织，体积变化会小一些。

与淬火相关的尺寸变化则相反，在回火过程中通常造成体积减小。这一趋势发生在碳从马氏体中析出时，得到密度较高的铁素体和碳化物的混合组织。在淬火后钢中奥氏体被保留，但是，从（残留）奥氏体转变成贝氏体或珠光体可能造成回火期间的体积增大。由于这些原因，回火可能造成整体尺寸的增大或减小。

零件变形通常由残余应力释放、加热不均匀、不均匀淬火、不对称零件淬火导致。在许多情况下，可以通过调整感应器、淬火系统或在加热和淬火时零件握持方法来解决这个问题。当零件具有轴对称形状时，感应线圈的放置非常重要，放置得当可以实现对称加热和淬火，从而得到均匀度的硬化层厚度与马氏体显微组织。

奥氏体化过程中的变形通常是由锻造、机加工等或不均匀加热带来的应力释放造成的。当圆柱形零件（如轴）只有表面要奥氏体化和淬火时，零件心部冷的金属会减小变形。浅硬化层感应淬火零件的少量变形往往通过随后的机械整形（如研磨、校直）操作消除。此外，使用扫描式感应处理时，零件只有一小部分同时被加热，有助于防止这类问题。扫描也有助于使透淬应用中的变形较小。在这些情况下，零件旋转提高了加热均匀性和减少了零件最终形状不均匀的可能性。重要的是要注意，零件在旋转时的摆动（可能由于轴承过度磨损）无法由零件旋转补偿。

淬火产生的变形很大程度上受奥氏体化温度、淬火的一致性和淬火浴液影响。奥氏体化温度越高，过渡区越大，残余应力也越高，增加了冷却时的不均匀收缩。强烈的淬火剂，如水或盐水，也往往会产生较高的残余应力，从而导致严重的变形。当合金钢用水淬火时，问题可能特别棘手。然而，这些钢通常有足够的淬透性，通常可以使用油或高浓度聚合物介质。

零件变形也可能是由感应淬火零件不均匀的原始显微组织造成的。例如，在圆柱体表面的脱碳可能会使变形增加，原因是马氏体形成时会导致体积变化的波动。

（5）开裂　在极端的情况下，变形可能导致开裂，开裂与零件设计以及产生的过程应力和残余应力密切相关。因为这个原因，截面很不连续的零件的热处理尤为困难。此外，很多时候都存在一个极限硬化层深度，超过这个深度时就可能发生开裂（图 5-51），在这些情况下，靠近感应淬火零件表面位置的拉应力会抵消产生的残余压应力，这就是造成开裂的原因。

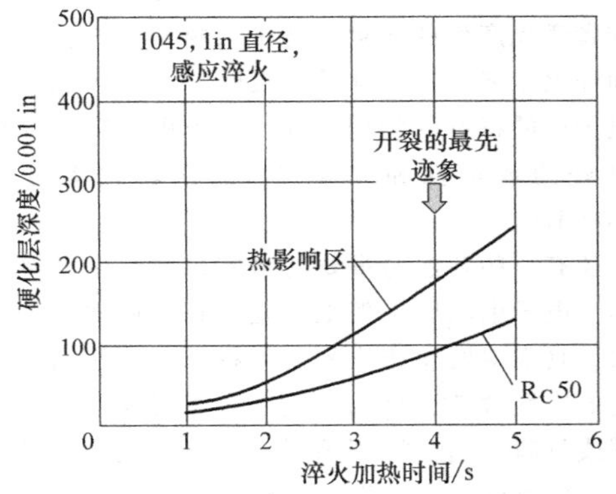

图 5-51　加热时间对机加工并磨削 1045 钢棒感应加热（450kHz，50kW 加热电源）硬化层深度和淬火开裂倾向及水淬表面硬度 62HRC 的影响

钢的成分对感应淬火应用中的开裂倾向也起着重要的作用。这种趋势随着碳和合金含量的增加而增加，在透淬零件中碳含量对淬火开裂倾向是最大的，是因为它对 *Ms* 点温度降低和马氏体硬度有影响。然而，这并不是说可以指定临界水平的成分，因为其他因素也很重要，如渗碳层深度（在表面硬化）、零件设计和淬火冷却介质。

随着碳含量的增加，*Ms* 点温度降低。因为相变发生温度越低，产生表面残余拉应力越大（注意，表面残余应力在本质上是拉伸的，透淬过程中一般会产生，随后的回火可以减少这种残余应力）。这些残余应力在较低温度下的影响更大，低温下延展性比在高温下的低。此外，高碳马氏体的延展性和韧性在给定温度下低于低碳马氏体。因此，高残余拉应力和低延展性/韧性的组合导致了淬火开裂。

然而，因为硬度随碳含量增加而增加，淬火开裂问题通常可以通过采用较慢的冷却速度（使用温和的淬火冷却介质）、降低奥氏体化和淬火温度之间的差异（这两种倾向于降低残余应力），或者通过使用分级淬火来缓解。有时，更高淬硬性的钢的使用必须利用这些方法。同时，在某些情况下，可以通过换成低碳或韧性/延展性更高的钢来减少淬火开裂问题。

除了低韧性和延展性，高碳钢的感应淬火与残留奥氏体的增加有关，除非使用深冷处理。残留奥氏体可能在服役期间发生相变，导致变形和脆性增加。

即使变形和淬火开裂并不是一个问题，但也应该评估感应热处理中出现的尺寸变化，特别是紧公差零件在淬火和回火之后没有或很少有机械磨削加工工序的情况下。

致谢

The contents of thisarticle were adapted with permission of the copyright holder ASM International:

感谢版权持有者 ASM 国际协会授权对下列内容进行改编成为这篇文章：

- Grum, Induction Hardening, *Failure Analysis of Heat Treated Steel Components*, AMS International, 2008
- P. A. Hassell and N. V. Ross, Induction Heat Treating of Steel, *Heat Treating*, Vol 4, *ASM Handbook*, ASM International, 1991, p164-202
- “Induction Heat Treatment,” Lesson 14, ASM

Course on Advanced Heat Treating, ASM International

- V. Rudnev, Simulation of Induction Heat Treating, *Metals Process Simulation*, Vol 22B, *ASM Handbook*, ASM International, 2010, p501-546
- S. L. Semiatin and S. Zinn, *Induction Heat Treating of Steel*, ASM International, 1988

参考文献

1. J. Grum, Induction Hardening, *Materials Science and Technology Series*, Vol 1, Faculty of Mechanical Engineering, Ljubljana, 2001
2. K. E. Thelning, Chap. 6. 6: Induction Hardening, *Stell and Its Heat Treating*, *Bofors Handbook*, *Butterworth*, London and Boston, 1975, p432-451
3. V. Rudnev, D. Loveless, R. Cook, and M. Black, *Handbook of Induction Heating*, Marcel Dekker, New York, 2003
4. S. L. Semiatin and D. E. Stutz, *Induction Heat Treating of Steel*, American Society for Metals, 1986
5. S. L. Semiatin and S. Zinn, *Induction Heat Treating of Steel*, ASM International, 1988
6. V. Rudnev, R. Cook, D. Loveless, and M. Black, Induction Heat Treatment: Basic Principles, Computation, Coil Construction, and Design Condsiderations, *Steel Heat Treatment Handbook*, G. Totten and M. Howes, Ed., Marcel Dekker, New York, 1997, p765-872
7. P. G. Simpson, *Induction Heating Coil and System Design*, McGraw-Hill, New York, 1960
8. M. G. Lozinskii, *Industrial Applications of Induction Heating*, Pergamon Press, London, 1969
9. V. Rudnev, Computer Modeling Helps Identify Induction Heating Missassumptions and Unknowns, *Ind. Heat.*, Oct 2011, p59-64
10. J. Grum, Induction Hardening, *Failure Analysis of Heat Treated Components*, ASM International, 2008, p417-502
11. W. Amende, Transformation Hardening of Steel and Cast Iron with High-Power Lasers, Chap. 3, *Industrial Applications of Lasers*, H. Koebner, Ed., John Wiley & Sons, Chichester, 1984, p79-99
12. V. Rudnev, Metallurgical Insights for Induction Heat Treaters, Part 2: Spray Quenching Subtleties, *Heat Treat. Prog.*, Aug 2007, p19-20
13. V. Rudnev, Spray Quenching in Induction Hardening Application, *J. ASTM Int.*, Vol 6 (No. 2), Jan 2009
14. V. Rudnev, Professor Induction Series: induction Heating, Q&A, *Heat Treat. Prog.*, Sept 2009, p29-32
15. T. H. Spencer et al., *Induction Hardening and Tempering*, American Society for Metals, 1964
16. V. Rudnev, An Objective Assessment of Magnetic Flux Concentrators, *Heat Treat. Prog.*, Nov/Dec 2004, p19-23
17. C. A. Tudbuny, *Basics of Induction Heating*, Rider, N. Y., 1960
18. J. Davies and R. Simpson, *Induction Heating Handbook*, McGraw-Hill, Ltd., 1979
19. P. A. Hassell and N. V. Ross, Induction Heat Treating of Steel, *Heat Treating*, Vol 4, *ASM Handbook*, ASM International, 1991, p164-202
20. "Induction Heat Treatment", Lesson 14, ASM course on Advanced Heat Treating, ASM International
21. F. W. Curtis, *High-Frequency Induction Heating*, McGraw-Hill, New York, 1950

5.3 电子束表面淬火

Rolf Zenker and Anja Buchwalder, Technical University Bergakademie Freiberg Institute of Materials Engineering, Freiberg, Germany

电子束表面淬火（EBH）是最现代的表面淬火技术之一，相比于其他热处理工艺，其具有一些特殊的特征。和其他表面热处理工艺类似，电子束表面淬火也是将材料加热至奥氏体化温度以上，短时保温，然后淬火。与常规条件下的转变相比电子束表面淬火中马氏体的转变具有不同的热力学和动力学特点。和激光表面淬火（LBH）一样，电子束表面淬火也属于短周期热处理工艺。相比于传统的整体热处理工艺和表面热处理工艺，其温度-时间曲线有很明显的特征，即奥氏体化温度 T_A（T_A已经接近于材料的熔化温度 T_M）及加热和冷却速度（10^3 ~ 10^4K/s）高，奥氏体化时间很短（0.1s到3s到5s）。另一个和激光表面淬火（LBH）相似的特征是，与常规热处理工艺相比，电子束表面淬火不需要额外的冷却介质，而是通过自冷淬火，也就是说，电子束或者激光产生的热量迅速进入材料表面。与其他表面淬火工艺相比，电子束表面淬火的优点是表现为电子束的特有的物理特征。电子束最有益的特点是良好的成形性和无缺陷性，偏转频率可以达到100kHz。

还有一些其他的重要的事实，即高生产率和低成本。电子束的热处理工艺是在真空中实现的。在过去，真空中处理被认为是一种缺点。然而，由于真空的惰性效应，可以避免二次负面影响（氧化、脱碳或氢脆）。在现代电子束设施中，工序步骤和设施布局经过优化，疏散期间并不影响机器的生产率。

在过去的30年里，电子束表面技术已经在工业领域内获得各种有趣的和创新的应用。由于高频电子束偏转技术的发现及其进一步的发展，电子束表面淬火越来越高效。人们对电子材料的交互作用及其对结构与性能的影响已做了研究，并在工业应用中做了进一步发展。有关电子束表面淬火与渗氮和/或硬质涂层技术的组合结果已公布，并应用于工业领域。特别是为加强内部应力条件、提高表面硬度和耐磨性，可使用电子束表面处理。电子束表面处理成功与否，除其他事项外，取决于所选择的技术和被处理的材料，以及与组件几何要素（尤其是表面轮廓）有关的合适的射束偏转技术。电子束的能量必须转移到材料，以获得表面层属性及使材料应对相关压力条件。

当今（2013 年），电子束表面淬火在众多领域都有创新的应用解决方案，现代电子束设施和完整的生产系统也很容易获得。电子束表面淬火可作为一次性零件车间作业、小型和中型与组件品种相关的零件的成批生产及大型生产的解决方案。

现在面临的挑战是找到智能解决方案与合适的设施。

与电子束硬化相比，还有其他电子束表层处理技术，材料区获得输入能量后在一定的深度内转变成液态，如重熔（不含添加剂）、合金化、分散、涂覆（含添加剂）。这些处理方法对一些钢尤其有优势，如无法硬化的钢铁材料（奥氏体钢、铁素体钢和铸铁）和轻质合金材料（如镁基、铝基、钛基），以及铜基或镍基合金。然而，这样的处理技术不是本节的重点。

本节主要讨论现代电子束表面淬火技术。

本节旨在说明电子束表面淬火技术的原理，通过与其他表面淬火技术的比较来描述其技术和工艺方面的可能性。此外，本文试图通过当前工业应用的大量实例来阐述现代电子束设施和现状。

5.3.1　电子束的产生及其材料的交互作用

1. 电子束的产生

图 5-52 所示为电子束装置的主要组成元件及示意图。在电子束发生器中，发射出的自由电子（电子束产生）经加速、集中、成形、聚焦和偏转（电子束引导）。当电子束作用于工作室内的材料时，就会发生各种交互作用。

电子束（EB）的生成基于电子的热发射。在工业生产过程中，首选钨作为阴极。该阴极被直接（带状阴极）或间接（螺栓阴极）加热到非常高的温度（>2500℃或 4530 ℉），导致许多电子从阴极表面涌出，并且形成所谓的“电子云”。新的电子不断地射入该电子云，而电子云中的另一些电子则返回到阴极材料的表面（图 5-53）。

在电子束生成系统的阴极和阳极之间通入高电

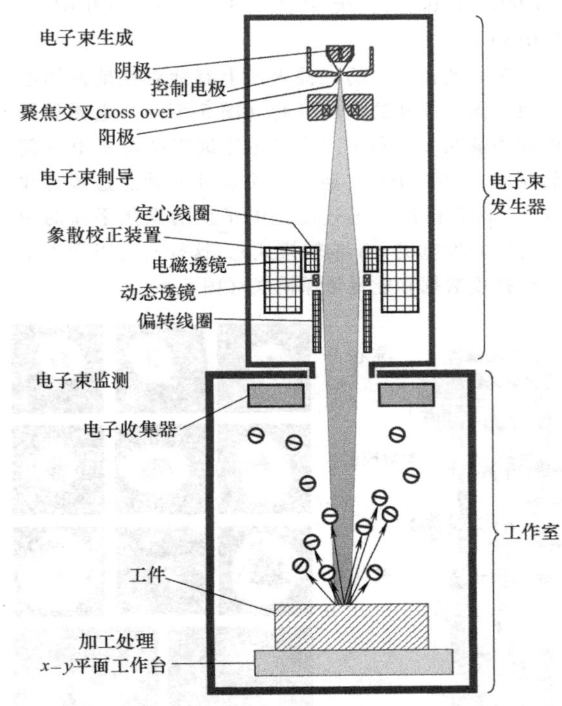

图 5-52　电子束装置的主要组成元件及结构示意图

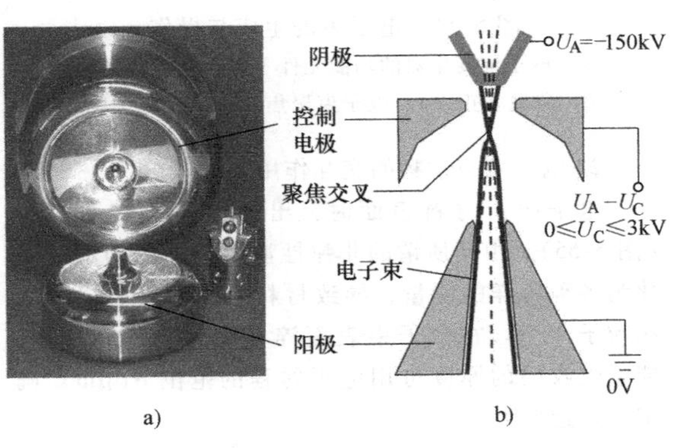

图 5-53　电子束生成系统

a）元件　b）示意图

压（60~150kV）（图 5-53b），电子在阳极方向被加速（速度是光速的 2/3）。被加速的电子继续通过电子束生成器阳极上的孔到达出口（图 5-54a）。位于阴极和阳极之间的控制电极通过控制电压（$0\leq U\leq -3$kV，相对于阴极电位）来调节电子传输方式，从而调节电子束的强度（图 5-53）。

要想获得一束直径尽可能小的与能量分布同心（高斯函数）和发散度低，原始电子束经过阳极后应经由一系列操作，电磁如定心（图 5-54b）、象散校正（图 5-54c）、和聚焦（图 5-54d）。一般的结果是，电子束在焦点上的成形直径为 0.1～1.0mm

(0.004~0.04in)，大多是 0.3~0.4mm (0.012~0.016in)。

为方便在更大的工件表面上有针对性地使用电子束，需要额外的偏转机制（图 5-54e）。电磁偏转线圈能够在 x 向和 y 向非常迅速地阻挡电子束（偏转频率 $f \leqslant 100\text{kHz}$）。通过一个额外的动态透镜可建立 z 向的自由度（通过改变电子束的聚焦平面的距离与同步发电机 x/y 偏转模式），这样它可以产生不同的挠度数据和能量传递模式（图 5-54e）。

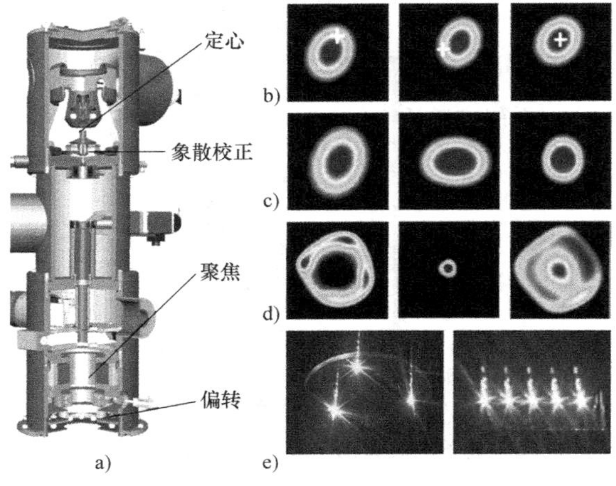

图 5-54 电子束的生成与操作

a）电子束发生器的功能元件 b）电子束定心
c）象散校正 d）电子束聚焦 e）电子束偏转

2. 电子束与材料的交互作用

电子撞击材料表面时，出现不同的交互过程（图 5-55）。由于所谓的非弹性散射，电子的动能转化为各种各样的能量，导致材料表面薄吸收层内二次粒子产生。在电子束表面淬火能量施加范围内，能量吸收层的厚度可用电子射程的范围 $S(\mu\text{m})$ 确定，其近似为

$$S=6.67\times10^{-7}\left(\frac{U_{\text{A}}^{5/3}}{\rho}\right) \qquad (5\text{-}8)$$

式中，U_{A}为电子束的加速电压（V）；ρ 为材料的密度（g/cm^3）。

对于钢铁材料，典型的电子束加速电压为 60~150kV，典型的电子射程范围值>8~36μm。

因为高强度的电子束电子和目标材料的原子之间的交互作用，电子束电子迅速失去能量。大多数电子的能量损失转化为材料吸收的热量（图 5-55）。

由于弹性散射，电子束的某一部分没有被目标材料吸收，而是被反射回真空室。这些被散射的电子束离开工件，但是可以用于过程监测和控制。更

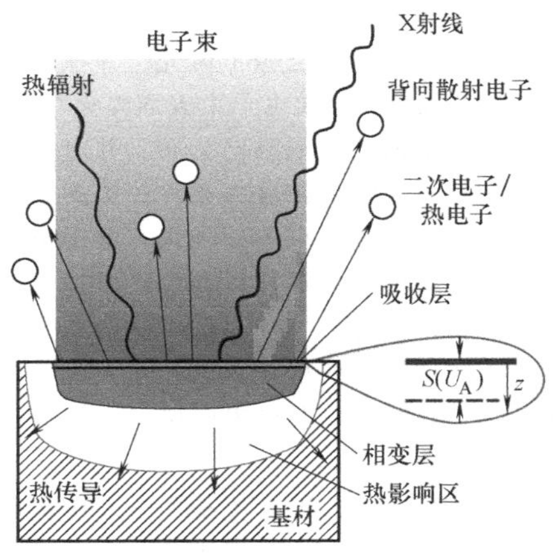

图 5-55 电子与材料的交互作用

多的能量损失是以热辐射、X 射线辐射和热电子的发射（图 5-55）的方式发生的。产生的 X 射线可用于分析目的，虽然到目前为止，这只能在实验室装置中进行。

3. 热传导

当电子束垂直作用于材料表面时，75%~80%到的电子束产生的能量转化为热量，由于能量的转移，吸收能量的材料区域先被加热，这会导致零件内部产生温度梯度。由于热传导的方向梯度，毗邻区域吸收热量而被加热。能量转移的持续时间越长，材料的加热区越超出实际的能量吸收量。温度场 $T(x, y, z, t)$，导热方程所描述的结果是

$$\left(\frac{\partial}{\partial t}-\alpha\frac{\partial^2}{\partial \boldsymbol{r}^2}\right)T(x,y,z,t)=\begin{cases}\dfrac{v(x,y,z,t)}{\rho c} & 0\leqslant t\leqslant t_{\text{H}}\\ 0 & t_{\text{H}}\leqslant t\end{cases}$$

$$\text{其中 }\alpha=\frac{\lambda}{\rho c} \qquad (5\text{-}9)$$

式中，$\boldsymbol{r}$ 为一个空间矢量，$|\boldsymbol{r}|^2=(x^2+y^2+z^2)$；$\alpha$ 为由热导率（λ）、比热容（c）和材料的密度（ρ）决定的温度扩散系数。

$v(x、y、z、t)$用于描述空间热源分布在整个能量传递阶段（t_{H}）的能量吸收量及其随时间的变化。不同来源分布(x, y, z, t)与各种边界条件下的方程(5-9)的解可在涵盖热力学技术文献（参考文献 28）中获得。

方程（5-9）的一般解对电子束表面淬火极为重要。这就是在一个 $t_{\text{H}}\to0$ 的时段内能量的急剧转移。在这种情况下，接收电子束照射的能量吸收层迅速升温，但是由于热量向大块材料内传递而冷却低很多。所以，能量吸收层充当蓄热体，其在一个恒定的弛豫时间（τ）内释放热量：

$$\tau \approx \frac{S^2}{a} \tag{5-10}$$

这意味着即使在电子束停止照射后，能量吸收层仍能在一定时间内将能量转移到工件内部。因此，假设脉冲的周期小于由式（5-10）给出的时间 τ，工件表面下方距离 $z>S$ 的温度场中，特定的能量流密度转移到表面的方式是连续的还是脉冲的方式并不重要，然而，由于式（5-8）和式（5-10）为相互依存的关系，能量吸收层的保温能力和放电时间常数将随着电子束的加速电压大大增加。根据加速电压和材料，这会导致 τ 值在几微秒到数百微秒的范围内。

图 5-56 显示了两种不同情况下的能量转移的条件：

① 在能量传输阶段，功率密度 P 恒定（图 5-56a）。

② 能量转移期间，表面温度 T_S（等温）为常数（图 5-56b）。

在恒定功率密度下，表面温度直接随$\sqrt{t}$（图 5-56a）变化。为了实现恒定的表面温度，功率密度必须与 $1/\sqrt{t}$ 成正比（图 5-56b）。

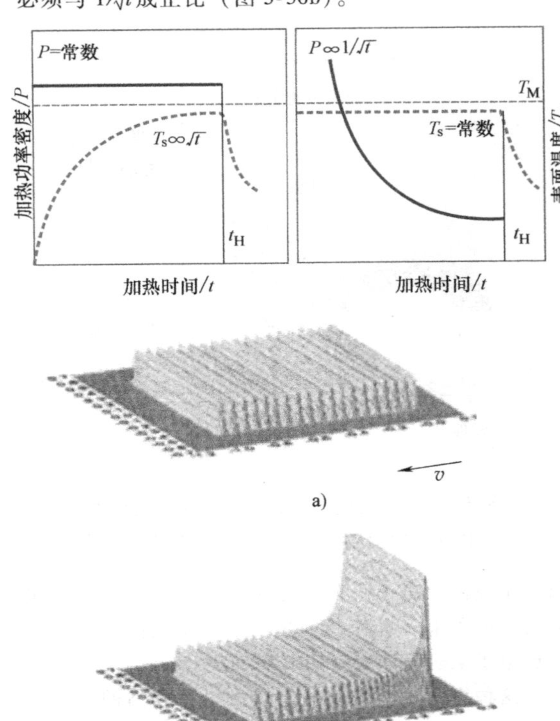

图 5-56　功率密度（P）和表面温度（T_S）之间的关系

a）P=常数时　b）T_S=常数时

5.3.2　工艺技术

1. 电子束偏转技术

电子的密度和电子撞击材料表面的分布是影响电子束有效性的决定性因素。不同于电子束焊接，电子束表面淬火中扩展区域会受到热影响。

二维高速扫描电子束偏转技术的发展始于 1986 年，其标志着一个新时代的开始。特别是和表面处理相关的电子束加热技术，因为这是解决大功率电子束在几何精确方面的成本效益关键所在。自 2000 年以来，三维电子束偏转技术已在电子束处理中获得应用。

没有偏转，电子束只在能量传送点有效。对于不同的电子束处理设施聚焦电子束的直径大小为 0.1~0.4mm（0.004~0.016in），有些还可达到 mm 级。然而，根据工艺规定的偏转角，电子束还可以偏转到使量转移发生在程控作用区域的每个位置，面积最大通常可达 200mm×200mm（0.3in×0.3in）。使用高频电子束偏转技术，几乎可以任意定义全局横向分布能量和局部横向能量：均匀集中（如几个编程点）或随解析方法规定的局部功率密度变化的能量传递（如移动工件表面等温加热所需比例为 $1/\sqrt{x}$）。

可以区分两种基本工艺。第一种，要处理的零件或电子束偏转场（或两者）彼此相对移动时，电子束与材料交互作用。能量转移在一个特定的表面区域内、在很短的时间（取决于相对运动速度和偏转场的维度）时间内，称为连续交互作用（CI）技术，因为电子束功率在过程中保持恒定。第二种，要处理的零件和电子束偏转场是固定的，但电子束功率控制取决于时间，所需的能量传递时间通常较短（通常为 0.1~2s），这种转化称为点式工艺（图 5-57）。

2. 连续交互作用（CI）技术

当使用 CI 技术时，矩形能量传递场宽度达 200mm（8in），长度为 3~20mm（0.12~0.8in）。此参数窗口覆盖了大多数的工艺。零件以进给速度为 5~20mm/s 通过电子束偏转场。通过这种方式，形成材料受热影响（如硬化）的轨迹（图 5-57）。一个能量恒定分布在整个区域的简单的矩形场意味着，沿进给方向，场末尾材料的表面温度低于比场开始区域的材料表面温度（图 5-56a）。

在表面等温能量转移的情况下，沿零件进给方向具有可变能量密度的经过零件，因此场前端的能量密度比场末端的高（图 5-56b）。由此产生的距零件表面某一距离的温度-时间曲线如图 5-58 所示。在零表面之下的材料层达到最高温度所需的时间随着距表面距离的增加而减小。这些过程由场能量密度、曝光时间（场的长度、进给速度）等来决定，其中，首要的是取决于材料的热导率。

3. 电子束点式技术

点式技术（图 5-57）是零件区域硬化所用的电子束表面淬火方法，有时其形状较为复杂，因为能量传递场可被灵活调整至适应零件的几何表面。电子束能量传输过程中，场和组件是固定的。在进行能量传递场的编程时，必须考虑曲面的投影系数、高度的差异和可变入射角。图 5-59a 展示了一个具有平坦表面的零件和一个环形能量传递区，这个环形能量传递区必须按零件形状编程。为了避免过热（熔化）正在处理的零件，必须准确定位电子束偏转场和零件。在电子束曝光过程中，能量输入，即电子束电流 I_B 是不断减小的（图 5-59b）。在整个过程中，表面温度保持不变，与 CI 技术一样，进行表面等温能量转移。不同材料的在表面之下的受热距离 T-t 循环与 CI 技术相当（图 5-58、图 5-59b）。

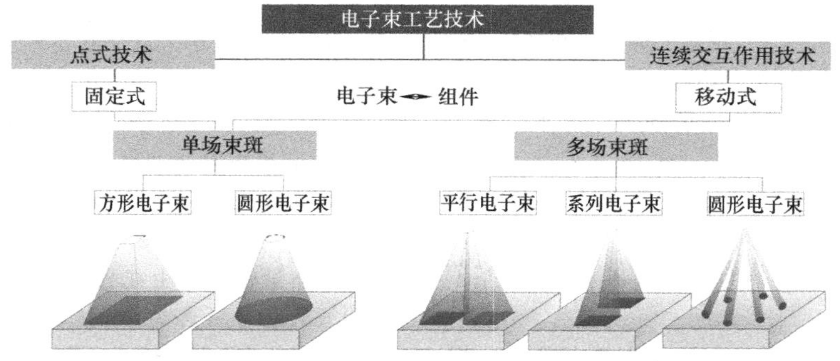

图 5-57　电子束淬火工艺技术示意图

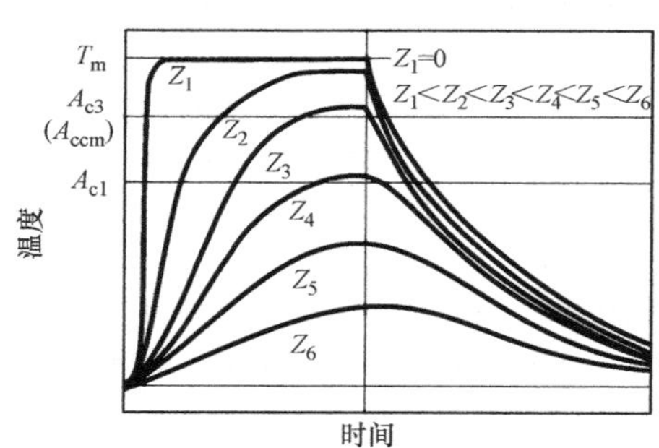

图 5-58　连续交互作用技术中表面热量等温转移时，温度-时间曲线与距表面距离（Z）的关系

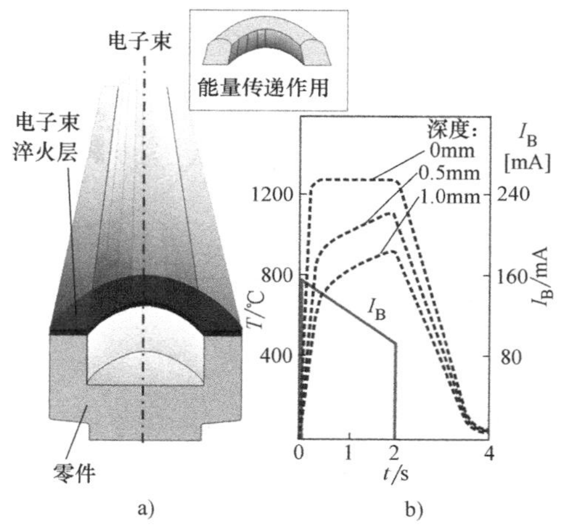

图 5-59　点式技术应用及温度-时间曲线

a）表面热量等温转移点式技术　b）温度-时间曲线

4. 多场电子束偏转技术

电子束偏转技术的另一种高效变体是多场技术（图 5-57）。

当对一个零件的多个区域进行电子束处理时，可以方便地使用这些工艺变量。启用高偏移频率的电子束，能量呈正态分布被转移到不同处理区域，而零件的其他表面区域不受影响。这一工艺变体因高的吞吐量效率和减少处理工作而非常高效。

多场电子束偏转技术可以用于连续交互作用技术或点式技术，关于这些问题的详细讨论参见本书 5.3.5 节。

5. 多进程技术

在多进程技术中，在一个单一的组件上同时进行两个或两个以上不同的能量传递热处理过程。最著名的电子束多进程技术是在一个工艺操作过程中完成电子束表面淬火（EBH）+回火。

这种组合的先决条件包括材料具有高的热导率和足够的淬透性。一个给定的表面区域通过的第一个（电子束表面淬火）场后，在进入第二个（回火）场之前，必须完成自冷淬火过程。这意味着电子束表面淬火场和回火场之间的距离必须足够大。因此，电子束多场变化是应用于碳钢和低合金钢的首选技术。

电子束表面淬火预热是为高合金钢开发的另一种工艺过程，以便调整为更大的转变深度。由于这些材料的热导率低，能量输入必须分几个阶段进行，以避免表面过热（熔化）。这种组合可单独作为一个CI过程。例如，有不同能量的两个或多个能量传递场同时沿着零件上的轨迹推进。确定的定量能源输入的作用可与多脉冲的点式技术相媲美。

多进程技术的优点是高生产率及改变材料结构和属性的可能性（通过很短的加热周期）。

5.3.3　电子束表面淬火技术

1. 特点

在电子束表面淬火在材料中的工艺原理示意图如图 5-60a 所示。对于材料的熔化温度 T_M 而言，能量传递场内的功率密度必须足够低，材料的加热温度不超过材料的熔化温度 T_M；但是，材料上转变温度 T_{UT}，必须足够高，材料的加热温度应高于上转变温度 T_{UT}。合适的曝光时间可确保材料完全转化，直至所需的硬化层深度。在离表面一定距离处，仅仅达到下转变温度（T_{LT}），并且在这个区域会发生不完全的转变。即使在该区域以下，也可以观察到热传导导致的材料性能的进一步变化（热影响区）。

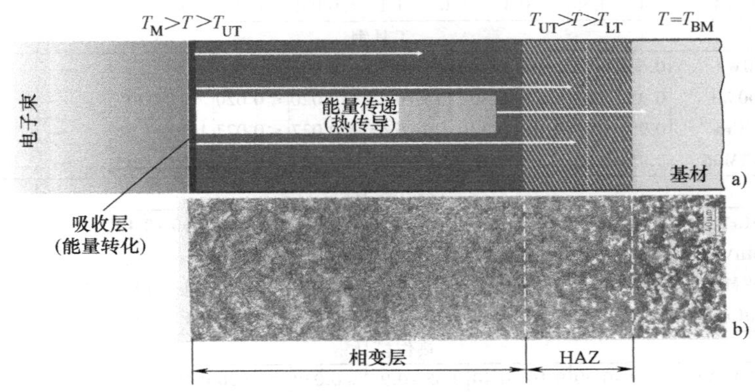

图 5-60　电子束表面淬火作为一种固相处理工艺的原理

a）示意图　b）低合金钢的实例

注：HAZ——热影响区

与传统的整体硬化技术相比，由于电子束表面淬火加热速度快，转变温度更高（Ac_1、Ac_3、Ac_{cm}为100~200K）。电子束表面淬火要在最短的保温时间内达到最大深度，奥氏体化温度必须明显高于常规淬火。通常情况下，温度值选择大约在熔化阶段最低的温度以下10%。

电子束表面淬火技术仅限于碳质量分数≥0.25%的钢和铸铁，这也是传统淬火的要求。在已建立的电子束表面淬火技术经验基础上的钢铁材料选用见表 5-21。

无论是整体硬化还是其他表面淬火加热工艺（如火焰淬火和感应淬火），淬火冷却介质的选择至关重要。而电子束表面淬火淬火速度与自冷淬火速度（10^3~10^4K/s）相关，明显高于这些值，甚至高于水淬速度。

2. 显微组织

在已知最优的辐照条件和足够大的零件尺寸时，电子束表面淬火的深度取决于输入的能量、材料的化学成分和预处理工艺（图 5-61）。一般情况下，由于高碳高合金元素材料的热导率低，使电子束表面淬火能达到的深度也减少。使用相同的工艺参数后，电子束表面淬火表现出一种正火态或软退火态，硬化层深度比调质后的硬化层深度 5%~15%，这主要是前者的碳元素分布不均匀。

与传统的整体硬化相比，电子束表面淬火所生成的微观结构（相）相当细，但其本质上具有相同的转换机制，碳和合金元素的影响也具有可比性。

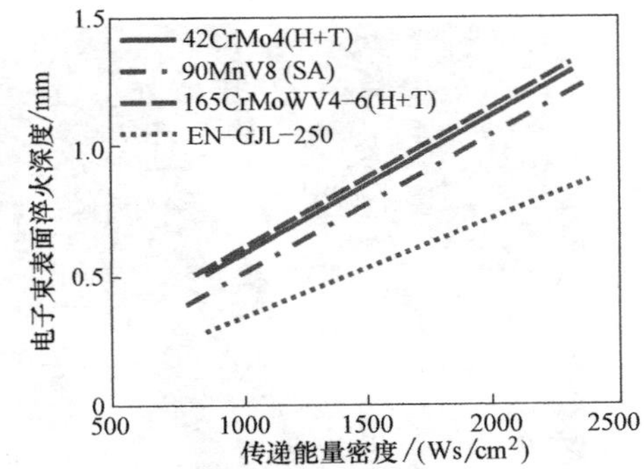

图 5-61　传递能量密度、化学成分和预备热处理对钢和铸铁的电子束表面淬火硬化层深度的影响

注：H + T——淬火+回火；SA——软化退火

表 5-21 基于已建立的电子束表面淬火技术生产经验的钢铁材料选用

材料			化学成分(wt%)								
AISI	UNS No.	DIN①	C	Si	Mn	P	S	Cr	Mo	Ni	V
碳钢和低合金钢											
1030	G10300	C30	0.27~0.34	≤0.4	0.50~0.80	≤0.045	≤0.045	≤0.40	≤0.10	≤0.40	—
1045	G10450	C45	0.42~0.50	0.17~0.37	0.50~0.80	≤0.040	≤0.040	≤0.050	≤0.10	≤0.30	—
—	—	30CrMoV9	0.26~0.34	≤0.4	0.40~0.70	≤0.035	≤0.035	2.3~2.7	0.15~0.25	≤0.6	0.1~0.2
—	—	37MnSi5	0.33~0.41	1.1~1.4	1.1~1.4	≤0.035	≤0.035	—	—	—	—
1039	G10390	40Mn4	0.36~0.34	0.25~0.5	0.8~1.1	≤0.035	≤0.035	—	—	—	—
1340	G13400	42MnV7	0.38~0.45	0.17~0.37	1.60~1.90	≤0.035	≤0.035	≤0.030	≤0.10	≤0.30	0.07~0.12
—	—	55Cr1	0.52~0.60	0.17~0.37	0.5~0.8	≤0.035	—	0.2~0.5	—	≤0.30	—
4140	G41400	42CrMo4	0.38~0.45	0.17~0.37	0.50~0.80	≤0.035	≤0.035	0.90~1.20	0.15~0.25	≤0.30	≤0.06
—	—	50CrV4	0.47~0.55	0.4	0.7~1.1	≤0.035	≤0.030	0.90~1.20	—	—	—
工具钢											
—	—	C70W1	0.65~0.75	0.10~0.30	0.10~0.40	≤0.030	≤0.030	—	—	—	—
W1	T72301	C100W1	0.95~1.04	0.15~0.30	0.15~0.25	≤0.020	≤0.020	≤0.020	—	≤0.20	—
E52100	G52986	100Cr6	0.95~1.05	0.17~0.37	0.20~0.45	≤0.027	≤0.027	1.30~1.65	—	≤0.30	—
—	A485	100CrMn6	0.95~1.05	0.45~0.70	1.0~1.2	≤0.025	≤0.015	1.40~1.65	—	—	—
冷作模具钢											
—	—	75Cr1	0.70~0.80	0.25~0.50	0.50~0.80	≤0.030	≤0.030	0.30~0.40	—	—	—
O2	T31502	90MnV8	0.85~0.95	0.15~0.35	1.80~2.00	≤0.030	≤0.030	—	—	—	0.07~0.12
D2	T30402	X155CrVMo12-1	1.45~1.60	0.10~0.60	0.20~0.60	≤0.030	≤0.030	11~13	0.7~1.0	—	0.70~1.00
D3	T30403	X210Cr12	1.9~2.2	0.10~0.60	0.20~0.60	≤0.030	≤0.030	11~13	—	—	—
热作模具钢											
L6	T61206	55NiCrMoV6	0.50~0.60	0.10~0.40	0.65~0.95	≤0.030	≤0.020	0.60~0.80	0.25~0.35	1.5~1.8	0.07~0.12
H11	T20811	X38CrMoV5-1	0.33~0.41	0.8~1.2	0.25~0.5	≤0.030	≤0.020	4.8~5.5	1.1~1.5	—	0.30~0.50
—	—	X42Cr13	0.36~0.42	≤1.0	≤1.0	≤0.030	≤0.030	12.5~14.5	—	—	—
弹簧钢											
1070	G10700	Ck67	0.65~0.72	0.25~0.50	0.60~0.80	≤0.035	≤0.035	≤0.035	—	≤0.30	—
9255	G92550	55Si7	0.52~0.60	1.6~2.0	0.60~0.90	≤0.025	≤0.025	≤0.4	≤0.1	≤0.4	—

① DIN，德国工业标准。

亚共析钢的马氏体显微组织是小而短的束状组织，近以平行条状（图 5-62a、图 5-63a）。共析钢的特点是片状马氏体中残留奥氏体和其他部分未溶解的碳化物质量分数不同（图 5-62a、图 5-63b）。

随着与表面之间的距离变化的 T-t 曲线影响显微组织结构（图 5-63）。随马氏体形态发生变化的百分比变量，转化产物变得更精细和分布不均匀。从电子束硬化层过渡到基层材料时，材料只部分奥氏体化，新形成的马氏体旁出现未转变的铁素体和珠光体或未溶的碳化物。

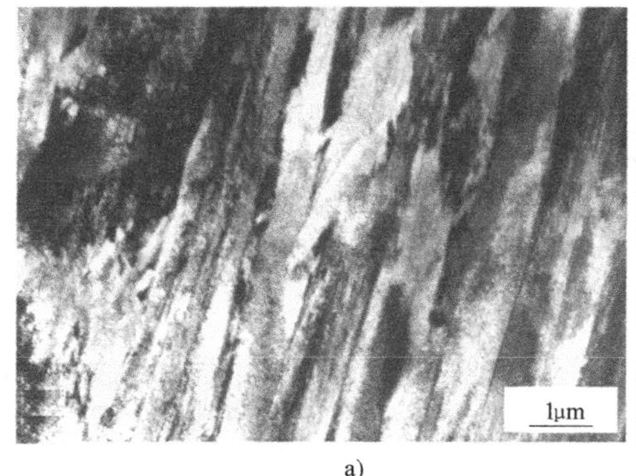

a)

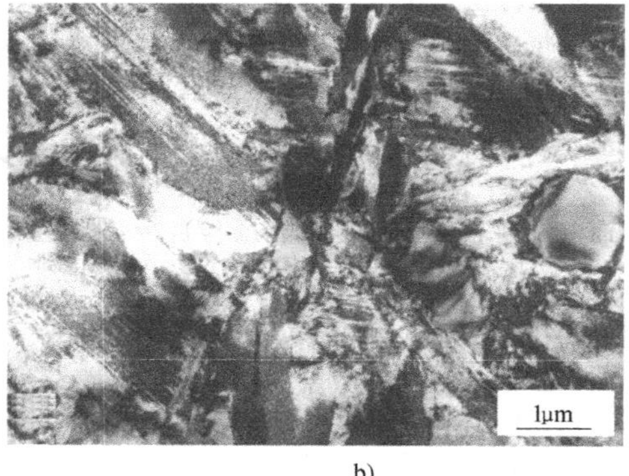

b)

图 5-62 碳含量对电子束表面淬火后显微组织影响的透射电子显微镜图
a）板条状马氏体 b）片状马氏体

含珠光体的铸铁经电子束硬化处理后也会发生马氏体相变（图 5-63c），处理前基体组织为珠光体。石墨不发生相变，但碳原子可从石墨扩散进入石墨粒子边缘的铁基材料中，尽管温度周期非常短。对于之前的铁素体基体区域，马氏体沿石墨和淬火后的铁基材料之间的边界形成。如果处理前的基体组织为珠光体，含有丰富的可扩散的碳，其淬火后将生成马氏体及残留奥氏体。

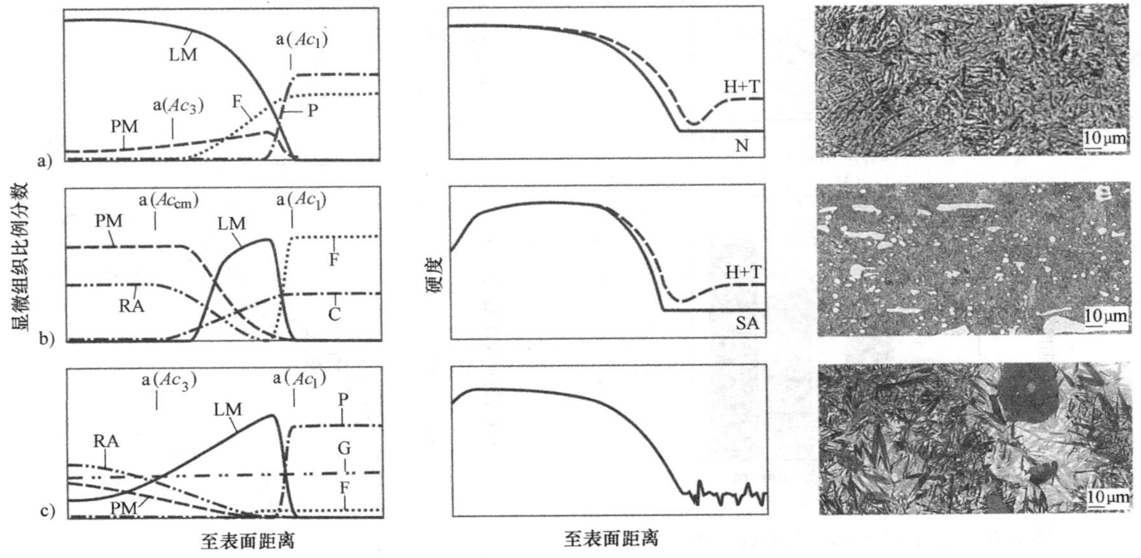

图 5-63　化学成分（碳含量）和预先热处理对相变深度、硬度分布以及显微组织的影响

a）亚共析钢　b）过共析钢　c）铸铁

注：H + T——淬火+回火；N——正火；SA——软化退火；LM——板条状马氏体；PM——片状马氏体；RA——残留奥氏体；F——铁素体；P——珠光体；C——渗碳体；G——石墨

3. 表面性能

最常用于描述电子束表面淬火工艺成功的参数为表面硬度。在绝大多数情况下，与传统的淬火方法相比，经电子束表面淬火后获得的显微组织更细，材料的硬度值较高。电子束表面淬火与回火或硬化和退火状态的硬度存在差异（图 5-64）的原因在于，在绝大多数情况下，电子束表面淬火后回火是不必要的。特别地，当材料（如 90MnCrV8 钢）存在裂纹形成的高风险时例外。图 5-64 中显示了磨粒磨损能量密度 W_R 与表面硬度的相关性。

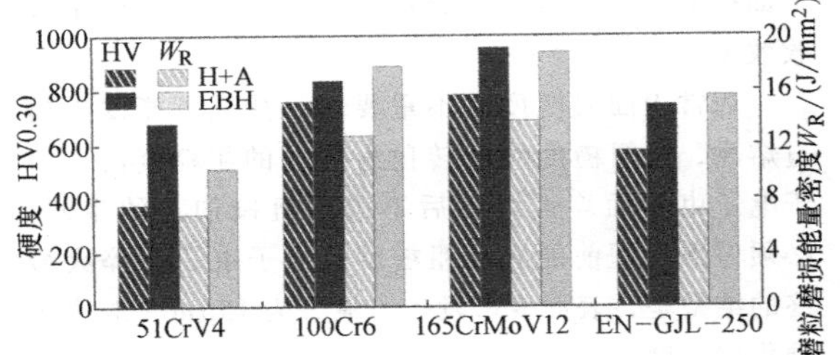

图 5-64　不同铁基合金的硬度和磨粒磨损能量密度

注：W_R——磨粒磨损能量密度（耐磨性）；H+A——淬火+退火；EBH——电子束表面淬火

考虑到一些特殊的应用条件，在许多情况下，硬度不是一个真正有意义的术语。为了更全面地区分处理的结果，可以使用磨损试验，更好地理解摩擦学系统的性能特点。

对于完全不同的磨损机制，可以通过测量接触疲劳强度和抗压强度来解决。在这两种情况下，金属配对零件（如工具钢钢辊或硬质合金盘）沿零件反向移动；也就是说，在里面模拟轴承工况。如图 5-65 所示，与常规处理相比，通过电子束表面淬火可以显著提高两个参数。

迄今为止的考虑只涉及表面性质。然而，这种方法一般不能得出关于整体电子束硬化（EBH）层特性的结论，当然也不能得出关于层状基体化合物的结论。如前所述，由于表面和心部之间的温度梯度，会发生不同的转化过程，从而产生不同的微观结构。这些过程随材料的不同部位而变化，导致不同的性能和不同梯度的结果。当然，在这个过程中，电子束（EB）参数（输入时间和空间能量）的选择是很重要的。

4. 零件的特性

电子束表面层处理是一个工艺过程，与许多其

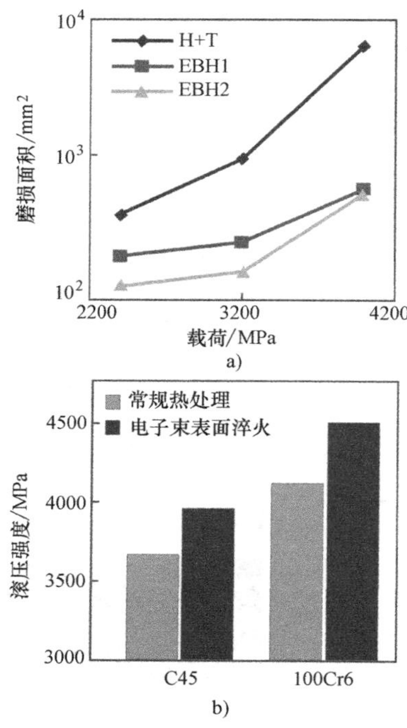

图 5-65 电子束表面淬火中载荷和碳含量对疲劳强度的影响

a) 载荷条件对磨损面积的影响

b) 碳含量对不同预处理钢的滚压强度的影响

注：H+T——淬火+回火；EBH——电子束表面淬火

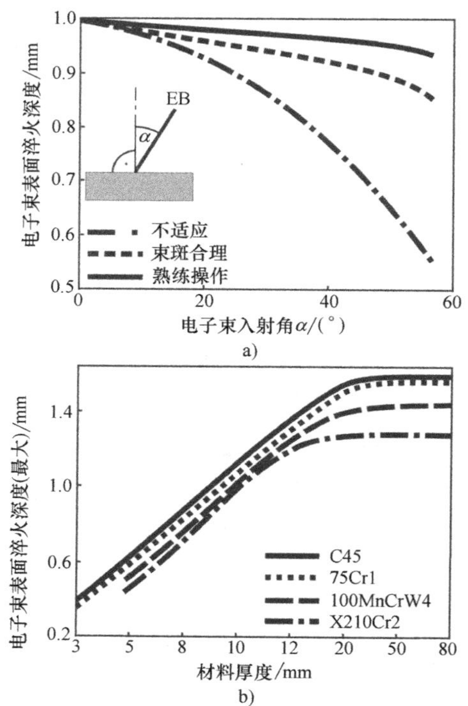

图 5-66 电子束入射角和材料厚度对电子束表面淬火深度的影响

a) 电子束入射角的影响 b) 材料厚度的影响

他工艺过程一样，零部件的特点（如大小、体积、质量、几何形状、表面轮廓、壁厚）必须与工艺条件（如限制的能量转移区、辐照条件）保持协调一致。自冷淬火效应受零件数量和材料的厚度限制。如果冷却不够好或不够快，也就是说，表面与心部的温度梯度变得越来越平缓，达不到形成马氏体的临界冷却速率（图 5-66a）。

电子束的入射角由零件轮廓确定，这个角度又通过投影面积比的角度相关性和电子反向散射来决定电子束表面淬火深度。不采取额外的措施，在电子束与表面法线入射角约为 60°（图 5-66b）处，转变深度大约减小 50%。然而，对电子束表面淬火适用性的限制尤其可从标准获得，电子束必须垂直射入表面。在图 5-67 中，按其适宜性对电子束表面淬火各种表面轮廓进行分类。内部轮廓（如孔）的纵横比（直径与深度之比）必须≥1 才可被倾斜辐射硬化。如切削刃、壁薄或切口这些轮廓会对能量传递场的结构造成挑战性。在这方面的主要问题是避免过热引起的局部熔化。在如此关键的情况下，使用温度控制功率调节器是极有帮助的。

如前所述，电子束擅长精确控制温度-时间情况、局部或全部转移到该零件的能量。因此，电子束表面淬火处理完全受限于处理表面区域、硬化层深度及所需的负载条件。通过这种方式，可以大大减少热效应影响。因此，零件经电子束表面淬火处理后与常规热处理相比产生变形显著减小，通常都在公差范围内。

与激光表面处理技术相比，电子束表面淬火并不要求特殊的表面处理。电子束并不需要额外的吸收层，但能够轻易地穿透作为包覆的明亮金属涂层，即使在不利的入射角和通过薄氧化层或磷化层、化学稳定性层和硬质涂层，如镀锡、钛铝氮和铬氮等。上面提及的低密度层的材料，甚至可以提高电子吸收效率。

通常表面粗糙度是不重要的。甚至可能发生通过熔融，高粗糙度峰值转化为平滑的粗糙度的。对于电子束表面淬火处理后不进行机械加工的零件，必须考虑处理前的表面粗糙度。电子束表面淬火最终的结果是，表面变形发生，最大为 15μm（取决于硬化层深度）。

因此，材料后续加工余量可以省略或保持很小。在这种情况下，对于尺寸公差要求很高的零件，建议加大尺寸 0.1mm（0.004in），同时可以弥补在最

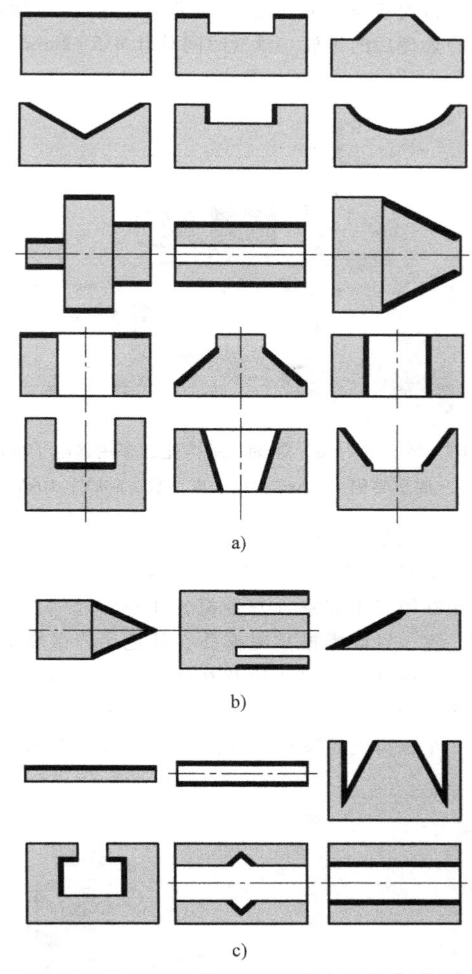
a)
b)
c)

图5-67 用于电子束表面淬火的轮廓分类
a）最适合 b）基本适合 c）不适合

终的电子束表面淬火过程中产生的很小的尺寸和形状偏差。

零件必须除去污垢、溶剂和防腐剂。这种残留物可以通过化学或机械手段清除。

5.3.4 电子束设备和电子束集成制造系统

电子束设备的基本技术设计大体相同，包括以下主要组件和装置（图5-68）：

① 电子束发生器。

② 工作室与操作系统。

③ 高压发生器。

④ 电子束发生器的真空系统及工作室。

⑤ 电子束发生器的冷却系统和真空系统。

⑥ 电子束控制、电源电路、组件操纵和真空系统的计算机数控（CNC）系统。

⑦ 过程观测和控制（电子光学监控）和/或光学系统。

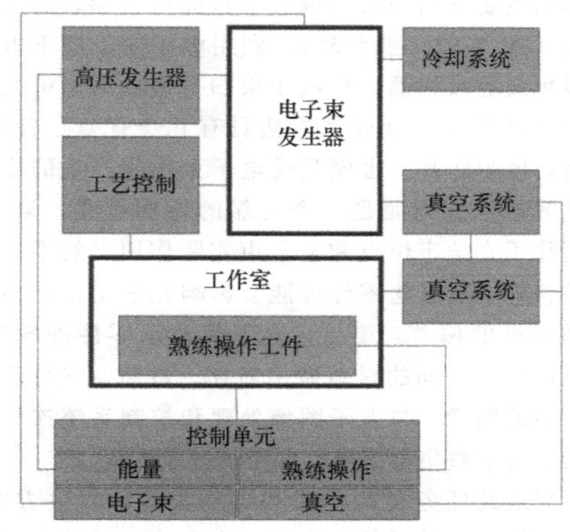

a)

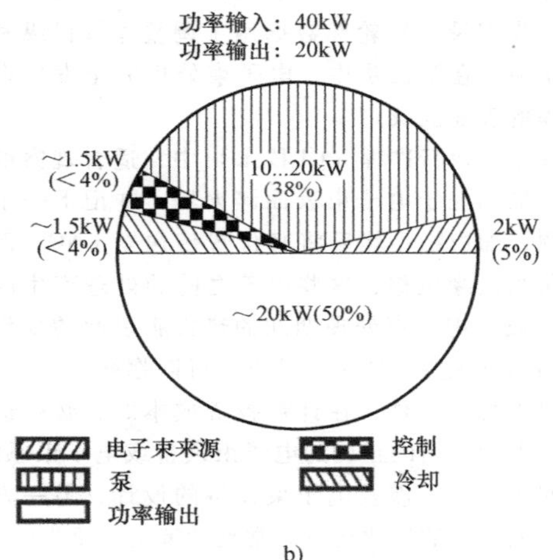

b)

图5-68 电子束设备的组成及能量消耗平衡图
a）基本组成 b）输出功率为20kW的电子束设备能量消耗平衡图

电子束设备和电子束集成制造系统的区别如下：

① 工艺的灵活性：单一或多用途设备。

② 工作室的结构和技术配置：传输设施、锁定式往复装置、制造系统及专门化设计。

③ 发生器数量：单台或多台发生器。

波束发生系统和工作腔抽成真空，通过一个流体电阻器（通常由阳极孔建立）将其隔开，根据不同的压力要求，抽成不同的真空度。电子束发生器必须在高真空条件（10^{-5}~10^{-6}mbar）下运行，以保护热阴极免受侵蚀，并防止高电压故障。根据不同应用，操作处理系统的工作腔被抽成低真空（10^{-2}~10^{-3}mbar）或高真空（10^{-5}~10^{-6}mbar）。为了过程观察和/或控制，电子束装置配备光学和/或电子光学监测系统。

使用电子光学监测系统时，中等和背散射电子转移的主要方向和数目取决于目标材料和表面凹凸情况（图 5-52、图 5-55）。利用电子发生器下方安放或集成的收集器，当电子束扫描表面时，可同步记录这些特征。该成像方法具有几个优点。首先，它是高度耐碎片，也就是受电子束作用产生的冷凝蒸气或散点，因而是一个可靠的长期过程。第二，它消除了光学定位点和电子束实际作用点的不一致误差，电子束磁化零件可能会影响光学定位点与实际作用点的偏差。第三，它不仅显示零件外轮廓，而且还可对不同的材料做出对比。最后，它可产生无反射的图像。与电子图像处理和控制系统连接起来后，电子收集器信号也可用于过程控制。

完成此任务有两步法和单步法两种解决方案。之前，第一步是零件轮廓通过电子光学成像，显示给操作人员或保存到控制系统的第一步。这些（实时或预先记录的）轮廓数据用于调整零件操纵和引导电子束。在第二步中，电子束处理完全发生在所需处理的表面区域。

在单步执行进程（CI 技术）中，适合观察的电子束扫描场先于电子束表面淬火场，并记下一个参考轮廓，如边缘，然后将其位置传送至 CNC。例如磁偏角和边缘位移，这些由于之前的处理产生的失真和（或）电子束处理期间的热膨胀引起的变形所导致的不良现象，使用这种方法可以弥补。

对于每个零件，在计算投资成本时，必须选择与生产力相平衡的正确的电子束设备或电子束系统。这个问题一方面涉及电子束设备的设计，另一方面涉及工艺流程的优化运行。常见的策略主要集中在：

① 消除非生产性的疏散时间（室体积的最小化或多室安排）。

② 保证合适的零件生产量（通过调整零件处理/光束额定功率/偏转技术）。

这些概念在高效大批量生产的情况下尤为重要。例如，设计一种适合某种零件大小和形状零体积腔室，对于在大规模生产中使用的单一用途的机器很有意义。

如果与空闲时间相比处理时间较长，或者如果一大堆各式各样的不同的零件需要处理（如作业车间），较大的单室设施是首选，其成本低于多室系统，并可提供更高程度的灵活性。

1. 电子束设备

电子束设备对操作人员，特别是环境非常友好，因为它们既不需要有害供应媒体，也不产生有毒废物。并且还有出色的高能效。

图 5-69 所示电子束机器有一个小型通用显微加工室，可用于作业车间生产小型单个零件或小系列件。它可以进行电子束表面淬火、焊接、结构化和雕刻。每次更换零时对腔室的操作包括手动加载、取出、处理后的排放。排气时间总计 0.5~2min。

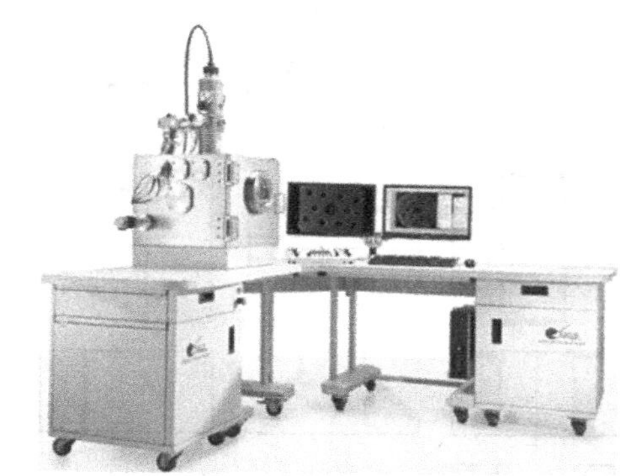

图 5-69 淬火、焊接、雕刻、结构化的多用途电子束设备

注：腔室容积：0.5m^3；电子束参数：60kV，10kW

在大批量生产时，使用有多个真空腔室的单一电子束系统可以提高生产力。在第一个腔室加载，电子束在第二个腔室（双室机）工作，然后再切换回第一室，以此类推重复操作。其他生产效率高的设备有负载互锁往返或负载互锁循环及负载互锁传送设施（图 5-70），并且具有两个以上的腔室（前面是一个预排气腔室），后面是另一个工作腔室。

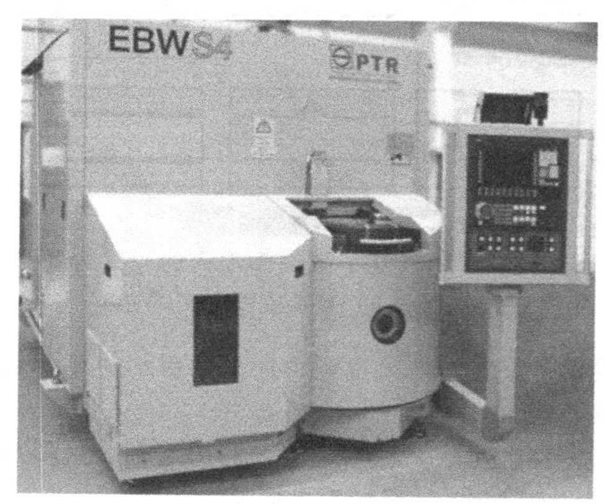

图 5-70 表面淬火用循环负载互锁循环设备

注：腔室容积：0.04m^3；电子束参数：60kV，6kW

虽然它们的操作原理基本相同，但对于两台加载互锁设备（图 5-70、图 5-71）可以根据其腔室尺寸和零件处理方法进行区分。虽然小设备只能手动加载，但是图 5-71 所示的系统也可以自动加载。此类系统的原理是，不同的流程步骤可以在同一个准确的时间段内执行。制备床的托架装载零件，另一个放入预燃腔室进行排空，直至达到工作压力，同时在工作腔室进行零件的电子束表面淬火。完成后，打开工作腔室和预燃腔室之间的门。后室门自动关闭后，电子束立即开始处理零件。预燃腔室排空并

打开，移出装有处理后零件的托架，换上制备床的装载零件的托架。然后，预燃腔室再次排空。根据腔室的大小（0.5~2.5m^3）（18~88ft^3），非生产性时间（期间电子束被切换）为 5~20s，明显少于使用单室机时的时间。

图 5-71 表面淬火和焊接用负载互锁往返设备

注：腔室容积：2m^3（71ft^3）；电子束参数：60kV，10kW

2. 电子束集成制造系统

考虑到要求电子束表面淬火具有更高的经济可行性，将电子束设备集成在完全自动化的制造系统（图 5-72）中。零件处理可以手动或自动进行。然后，零件经过清洗站（预热）、电子束处理（如表面淬火、焊接）、冷却、质量控制和卸载。借助于这种复杂系统，并根据零件的大小、腔室大小和硬化任务，可以实现周期为 10~30s。

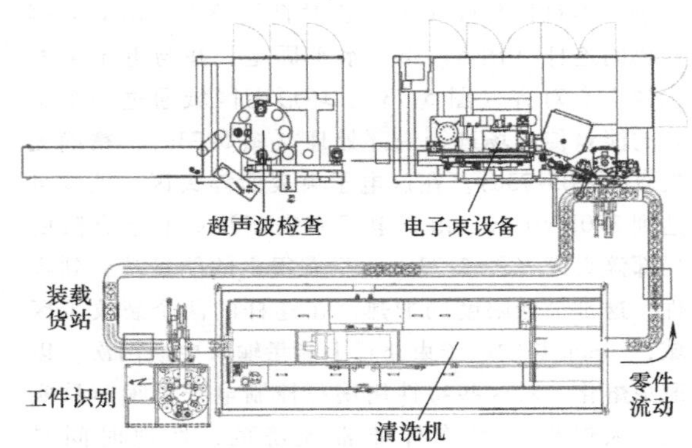

图 5-72 焊接或表面淬火用的电子束集成的 U 形制造系统

注：腔室容积：0.6m^3（21ft^3）；电子束参数：60kV，6kW

虽然电子束技术的发展已经达到较高水平，但其仍然有着巨大的创新潜力。目前已形成大量的可用的电子束表面淬火任务概念，新的应用也正在不断开发。

5.3.5 实际应用

1. 特征

从工程技术角度出发，考虑其经济可行性，迄今为止的经验表明电子束表面淬火完全可以与其他热处理和表面处理方法相提并论。表 5-22 中根据其基本几何特征总结了许多电子束表面淬火应用实例。

表 5-22 电子束表面淬火应用实例

基本几何形状	选用实例
平面形表面	轴承垫、面板、滚动导向元件、床身、各种部件的导槽、抓钩、钳口、导轨、制动杆、固定板、夹持杆、套圈、工作架
圆柱形零件：圆周表面	衬套、轴（图 5-75）、滚轮、导轨、棒、机用锥度、凸轮环、拉丝鼓、支撑环、瓣环、螺套、模具、凸轮、轴套、轴、制动鼓、泵用凸轮（图 5-74）、螺纹环、销、定子轴、驱动轮、（印刷用）折页辊、汽车销、转子、销槽轴（图 5-77）
工作面	承压环、座环、导杆、前牙环、连接杆（图 5-73）、顶料销、弯曲板、衔铁接触面、锁紧螺栓、轨道环、导向环、注射器盒（图 5-76）、正齿圈
空间曲面	凸轮板、传动杆件、捏合块、螺套、螺杆、升降杆、锁具组件、玻璃模具、成形模具配件、回转轴
切削刃（工具）	刀头、钻头、刀片、磨盘、雨刷、定子刀、螺旋刀、切片刀、犁头、活动叶片、粉碎机刀片

对于几何形状简单的零件以及考虑到辐照条件，相对难以进行表面淬火的表面，电子束表面淬火的快速处理相当有吸引力。对于复杂零件的轮廓，相对比较容易且多样化的电子束引导和控制有很大的好处。

对于精密零部件和细长或薄壁零件，形状和/或尺寸偏差小对于电子束表面淬火的应用起决定性作用。

因为电子束表面淬火本身就是基于真空进行的，处理时间短，避免了脱碳和氧化，可满足最高的表面质量要求。

电子束引导额外措施可以扩大电子束表面淬火的应用领域。例如磁束弯曲设备，它可以使电子束不能直接到达表面成功地被表面淬火。甚至在内侧壁上，如空心圆筒，都可以进行电子束表面淬火处理。还有一些选项包括多领域电子束引导技术和多进程技术（图 5-57）。这种技术解决方案使用先进的电子束引导，允许这些现代表面处理技术的高效实现。

2. 连杆

连杆使用 CI 旋转单通道电子束表面淬火技术。

由于其不对称且硬化表面相对直径较大，用C70钢制成的连杆（图5-73b）水平固定，并与电子束发生器中心对齐（图5-73）。环形面区域通过一个旋转的能量传送场进行局部处理（图5-73a），精确无失真（图5-73c）。在这电子束表面淬火区，硬度可达到800HV0.30。由于电子束表面淬火非常有限的局部淬火区（图5-73c），只有很少的能量转移到零件，这是最低限度的加热。在连杆的两个裂纹带区域，20mm长的电子束路径上能量输入中断两次，以避免熔化。对这些特性用编程控制电子束很容易实现。大规模生产连杆非常经济的，处理时间是5s/件。

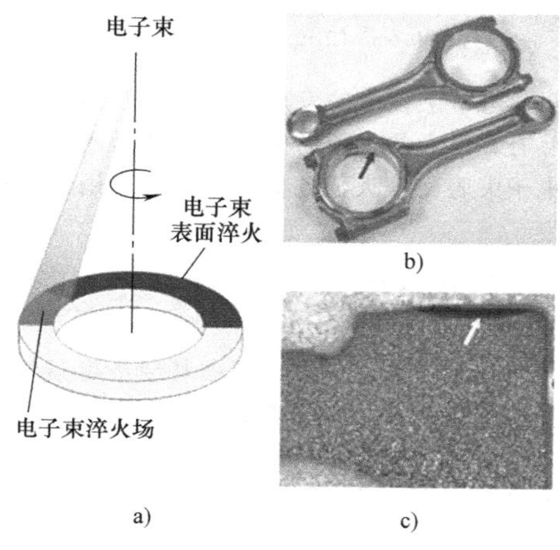

图5-73 连杆的电子束表面淬火

a）有旋转能量传送场的电子束表面淬火（连续交互作用的单场点式技术） b）连杆 c）表面淬火区

3. 泵用凸轮

与连杆的电子束表面淬火相反，对于泵用凸轮（图5-74a），凸轮（而不是CI单通道）在一个矩形的能量传送场中绕其轴转动。用回火钢（51CrMo4）制成的泵用凸轮，首先局部快速加热到奥氏体化温度，然后迅速进行表面淬火（大约800HV0.30），通过自冷淬火至深度0.3mm（0.012in），极限硬度达550HV0.30（图5-74b）。在处理过程中，电子束的入射角和从电子束发生器到零件表面的距离不断变化。要使整个硬化表面的电子束表面淬火层厚度均匀，须不断调整旋转速度和/或沿等高线的电子束电流。表面淬火区域的电子束参数（电子束电流、旋转速度）的设计是一个额外的挑战（图5-74a）。

采用这种处理方法，软化的斜坡带是不可避免的（图5-74d）。然而，这个重叠区域可以位于凸轮的侧面，而不是承受载荷，最高的径向位置。这个狭窄区域（约0.5mm或0.02in）的硬度下降相当于最高50%的表面硬度（图5-74c），对于该零件而言并不太重要。对此可以采用专门的解决方案，如根据载荷曲线优化软化区，从而避免斜坡区的软化。

4. 凸轮轴

对于不同设计理念（实心式、空心式或装配式）的和由不同的材料（钢或铸铁）制成的凸轮轴，在凸轮轴旋转过程中可以使用CI多场电子束表面淬火技术进行能量传递。一般来说，凸轮轴是由非合金或低合金钢材（如C55，51CrV4，42CrMo4）制成的。然而，用球墨铸铁（如EN-GJS-600）制成的凸轮轴，也可用电子束表面淬火处理装配式凸轮轴凸轮是用100Cr6钢制成的。

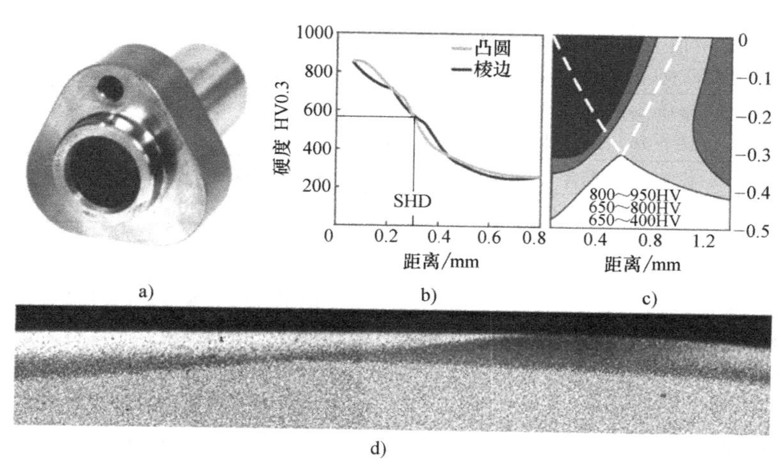

图5-74 泵用凸轮的电子束表面淬火

a）电子束表面泵用凸轮 b）沿剖面深度的硬度

c）斜面区域的硬度分布 d）斜面区域的显微组织

与前面描述的泵用凸轮电子束表面淬火的过程类似，对于凸轮轴，如果配合的凸轮有相似的角定位且凸轮和轴的间隙不是太大，可以应用双能量传递场的 CI 技术。通过这种方式，可以同时处理两种凸轮，工艺生产率提高近一倍。

由于材料的表面变形非常小（4mm 到<10μm），电子束表面淬火处理后没有必要采用磨削工序，虽然在大多数情况下还是进行该工序的。

电子束表面淬火工艺的一个优点是可以根据凸轮轮廓周围不同的载荷条件调整硬化层深度（如凸轮，0.4mm + 0.1mm 或 0.016in + 0.004in；轴承，0.2mm+0.1mm 或 0.008in+0.004in）。在承受较低载荷轮廓段（如侧翼），硬化层深度可以浅一些。在高载荷的半径区域，电子束表面淬火硬化层深度必须较深些。因此，可以减少输入到凸轮轴的热量，这是对于回火效果和可能产生的凸轮轴变形非常重要。应该提及的是，电子束表面淬火不会造成轴扭曲，可以作为最后一个生产步骤。对于特别的精度要求，必须增加一个最终加工步骤（切除 3~4μm）。

5. 轴

例如，对于一根用 51CrV4 钢制成的轴（图 5-75），采用 CI 多场技术的电子束表面淬火。为了防止表面磨损，对所有三个外部接触区域同时进行一个周期的电子束表面淬火处理，在整个圆周上，小面积软斜坡区不可避免地出现在选定点以外。然而，在给定的零件中，这不是一个重要的问题。

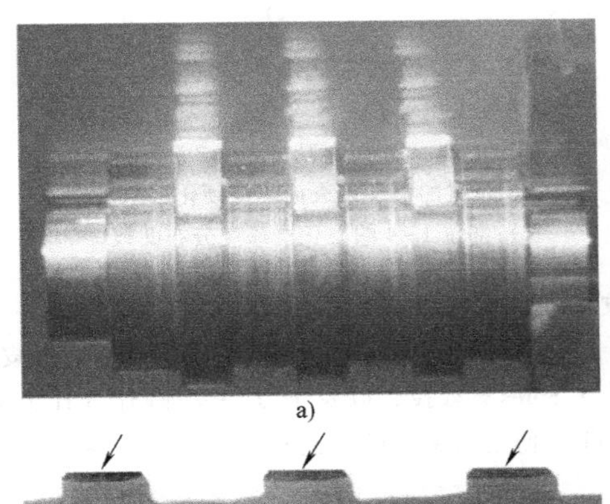

图 5-75 用 51CrV4 钢制成的轴的电子束表面淬火
a）电子束与连续交互作用的多轴淬火技术 b）硬化层的横截面

电子束表面淬火技术比其他任何表面热处理技术可更经济解决这个硬化任务。电子束表面淬火的技术周期为 6s/件。因为轴只会受到低应力，淬硬层深度可以限制为大约 0.3mm（0.012in）。这使得零件的热负荷低，可防止扭曲，因此不需要返工。

6. 气缸座

汽车行业的另一个电子束表面淬火处理球磨铸铁（EN-GJS-600）例子是柴油机气缸座。这项任务的主要挑战是尽量减少气缸座的变形，以避免后续返工（研磨）。可以用具有环形电子束点式能量传递场的电子束点式替代感应淬火，只需用 60s 就可以处理一个四气门六缸的气缸座。由于自冷淬火效应，电子束表面淬火的另一个优点是不需要淬火冷却介质。短周期能量的高密度传递可以在这些接触区域进行，而传递到周围材料的热量最少。为确定气缸盖的硬化区，准确定位环形能量传递场是必要的。这种调整可借助电子光学监测和过程控制系统在初始加热阶段的第一个 0.25s 内实现。在这一时间间隔内，能量传递场的温度仍低于奥氏体转变温度。通过调整光束，对该区域进一步加热，才会有奥氏体形成和随后的淬火，也就是说，进一步加热的区域即为所需的硬化区。

通过启用在阀座上的电子束自动定位装置，这种电子束表面淬火技术在各种几何条件或者不同制造公差的气缸座上的应用更加灵活。

7. 喷油器体

通过引入多脉冲点式技术，可以改变前面描述单点式电子束表面淬火方法。在这里，所需的总能量由一系列的短脉冲进行传递（图 5-76d）。这样做的优点是，尽管单个脉冲的曝光时间短（通常是 0.3s），但由于编程脉冲之间的停顿为热传播提供足够的时间进入材料内，能量传递平缓，从而防止意外的表面熔化（图 5-76d）。

在 42CrMo4 钢制成的喷油器体上使用这种工艺变型进行电子束表面淬火处理。无论零件的体积多么小，采用 0.3s 脉冲和 0.15s 暂停时间（图5-76d），就可以实现相对较厚的 0.8mm（0.03in）的（图 5-76c）硬化层。电子束交互作用时间是 1.35s，由此产生的工艺周期（包括自硬淬火阶段）是 2~3s。借助于测温控制（图 5-76a），可以避免喷油器体淬火表面区域熔化。

8. 销槽轴

采用单点式多场技术电子束表面淬火处理销轴（图 5-77a）。该零件是用 42Mn7 钢制成的。必须保证在插槽的接触面不受磨损（在图 5-77b 所示横截面图上有标记）。通过三个相邻的矩形能量传递场同时进行淬火。调整每个场中的能量密度分布以弥补不同的电子束入射角，与外部场成 60°（图 5-77a）。其结果是，沿整个槽长度（图5-77b）获得恒定电子束硬化层深度 0.5mm（0.02in）。

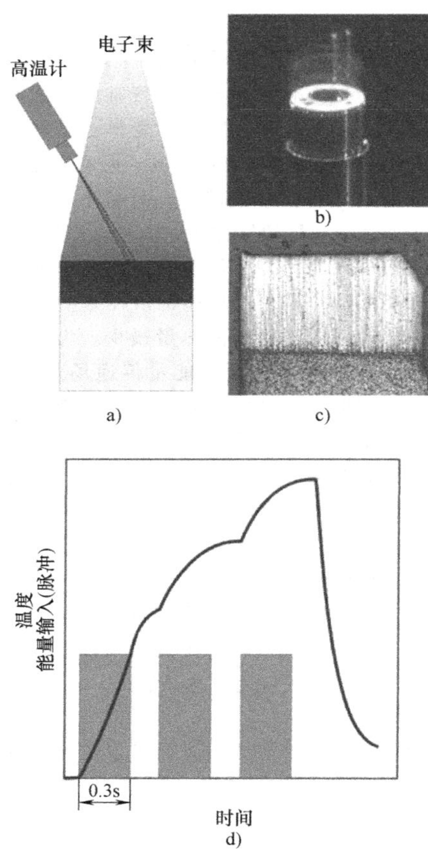

图 5-76 喷油器体的电子束表面淬火
a）多点式单场束斑技术电子束（EB）表面淬火
b）喷油器体 c）硬化层的横截面
d）温度和输入能量与时间变化的对应关系

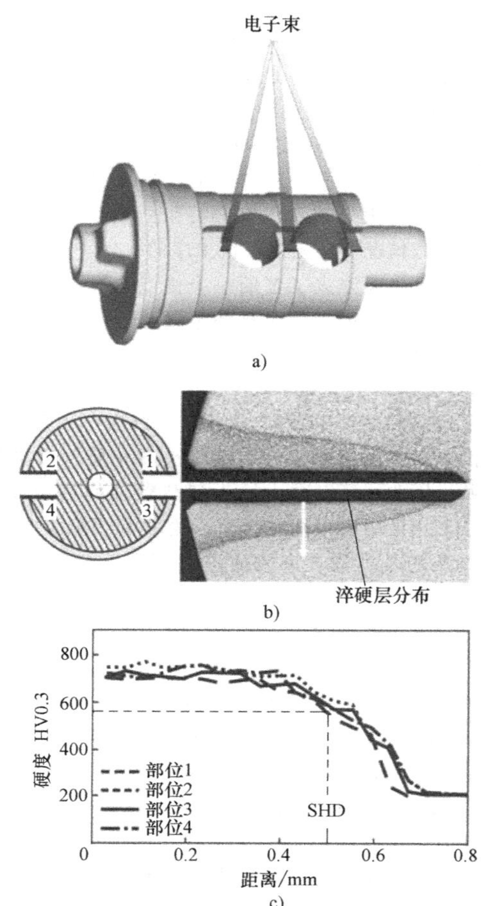

图 5-77 销槽轴的电子束表面淬火
a）销槽轴采用单点式多场电子束表面淬火技术
b）部位 1~4 的淬火位置及部位 2 和 4 横截面位置的电子束表面淬火硬化层
c）部位 1~4 的硬化层深度分布曲线

由于局部的和平衡的热输入及有利的自冷淬火，淬火相关产生的相关形状和尺寸偏差在制造公差范围内；也就是说，事实上并没有变形。虽然每个零件有 8（4×2）接触区，但是总的电子束表面淬火时间，包括定位时间在内，只需要 8s，每个零件的生产（周期）时间大约是 14s。以这种方式，可以设计合适的和专用的电子束系统，每年产量可超过 100 万。

致谢

本书是 25 年多的研究和开发活动结果，集成了基础研究结果以及那些来自工业发展项目的成果。作者要感谢所有在这长时间的科学合作中不知名的朋友和同事的创新贡献。

特别要感谢 Dr. -Ing. habil 教授、H. J. 斯皮斯（H. -J. Spies）教授，以及 H. J. ·马陶什（H. J. Mattausch）博士对文章的评论和提供的有益参考。

参考文献

1. S. Schiller and S. Panzer, Thermische Oberflächenmodifikation Metallischer Bauteile mit Elektronenstrahlen, *Metall*, Vol 39 (No. 3), 1985, P227-232
2. S. Schiller and S. Panzer, Thermal Surface Modification by HF-Deflected Electron Beams, *Proc. Int. Conf. The Lasers Vs. EB—State of the Art*, Part 2 (Reno, NV), 1985, p16-32

3. S. Schiller and S. Panzer, Thermal Surface Modification by Electron Beam HighSpeed Scanning, *Ann. Rev. Mater. Sci.*, Vol 18, 1988, p121-140

4. S. Schiller and S. Panzer, Härten von Oberflächenbahnen mit Elektronenstrahlen, Teill: Verfahrenstechnische Grundlagen, *HTM*, Vol 42 (No. 5), 1987, p293-300

5. A. Reichmann, D. Leffler, and R. Bartel, Entwicklungsstand der FETP-Strahlablen-ksteuerung für Elektronenstrahlanlagen, *Proc. Sixth Int. Conf. Beam Technology*, April 26-28, 2004 (Halle, Germany), p102-107

6. T. Löwer, U. Clauss, and D. V. Dobeneck, Innovations in Electron Beam Welding Stimulate New Application, *Proc. Eighth EBT*, June 5-10, 2006 (Varnam, Bulgaria), p101-104

7. R. Zenker, Elektronenstrahl-Mehrspot-Tech-nik—Neue Möglichkeiten und Perspektiven Für die Randschichtbehandlung, *Stahl Eisen*, No. 2, 2007, p26-28

8. T. Löwer, D. v. Dobeneck, M. Hofner, C. Menhard, T. Ptaszek, and S. Thiemer, Neue Verfahren in der Thermischen Materialbehandlung mit dem Elektronenstrahl durch Quasi Trägheitslose Strahlbewegung, *Proc. Sixth Int. Conf. Beam Technolgy*, April 26-28, 2004 (Halle, Germany), p63-67

9. R. Zenker, Wärembehandlung mit dem Elektronenstrahl, *HTM*, Vol 45 (No. 4), 1990, p230-243

10. R. Zenker, Härten mit dem Elektronenstrahl, *Stahl*, No. 2, 1992, p57-60

11. R. Zenker, Gefüge-und Eigenschaftsgradienten beim Elektronenstrahlhärten, *HTM*, Vol 45 (No. 5), 1990, p307-319

12. R. Zenker, N. Frenkler, and H. Buschbeck, Les Technologies du Traitment Thermique Superficiel par Faisceau d'électrons—État de L'art, *Rev. Fr. Métall.*, No. 4, 1995, p91-94

13. R. Zenker, Electron Beam Surface Modification, Part 1: EB Hardening, *Lasers ENg.*, No. 1, 1991, p121-144

14. R. Franke and I. Haase, Influence of Outer Zone Handling on Rolling Wear Characteristics of Cast Iron Materials for Cam Shafts, *Tribol. Schmier. tech.*, Vol 46 (No. 5), 1999, p33-39

15. R. Zenker, N. Frenkler, and T. Ptaszek, Neuentwicklungen auf dem Gebiet der Elektronenstrahl-Randschichtbehandlung, *HTM*, vol 54 (No. 3), 1999, p143-149

16. R. Zenker, *Elektronenstrahl-Randschicht-behandlung, Innovative Technologie für Höchste Industrielle Ansprüche*, 2nd ed., pro-beam AG & Co. KGaA, 2010

17. R. Zenker, Structure and Properties of Electron Beam Surface Treatment, *Adv. Eng. Mater.*, Vol 6 (No. 7), 2004, p581-588

18. R. Zenker, Electron Beam Surface Treatment; Industrial Application and Prospects, *Surf. Eng.*, Vol 12 (No. 4), 1996, p9-12

19. R. Zenker, A. Buchwalder, N. Frenkler, and S. Thiemer, Modern Electron Beam Technologies for Soldering and Surface Treatment, *Vak. Forsch*, *Praxis*, Vol 17 (No. 2), 2005, p66-72

20. R. Zenker, Modern Thermal Electron Beam Processes—Research Results and Industrial Applications, *Metall. Ital.*, Vol 101 (No. 4), 2009, p55-62

21. R. Zenker, Surface Treatment Using Electron Beam—Development Results and Current State of the Application in an Industrial Scale, *J. Jpn. Soc. Heat Treat.*, Vol 49, 2009, p137-140

22. R. Zenker, H. J. Spies, A. Buchwalder, and G. Sacher, Combination of High Energy Beam Processing with Thermochemical and Hard Protective Coating: State of the Art, *IHTSE*, Vol 1 (No. 4), 2007, p152-155

23. R. Zenker, Electron Meets Nitrogen: Combination of Electron Beam Hardening and Nitriding *IHTSE*, Vol 3 (No. 4), 2009, p141-146

24. H.-J. Spies, R. Zenker, and K. Bernhard, Duplex-Randschichtbehandlung von Metallischen Werkstoffen mit Elektronenstrahltechnologien, *HTM*, Vol 53 (No. 4), 1998, p222-227

25. R. Zenker, G. Sacher, A. Buchwalder, J. Liebich, A. Reiter, and R. Häβler, Hybrid Technology Hard Coating—Electron Beam Surface Hardening, *Surf. Coat. Technol.*, Vol 202, 2007, p804-808

26. S. Schiller, U. Heisig, and S. Panzer, *Electron Beam Technology*, John Wiley & Sons, 1982

27. S. Schiller, U. Heisig, and B. Furchheim, Electron Beam Hardening, *Heat Treating*, Vol 4, *ASM Handbook*, ASM International, 1991, p297-311

28. R. Bird, W. Stewart, and E. Lightfoot, in *Transport Phenomenta*, John Wiley & Sons, 1960, p390

引用文献

· S.-H. Choo, S. Lee, and M. G. Golkovski, Effects of Accelerated Electron Beam Irradiation on Surface Hardening and Fatigue Properties in an AISI 4140 Steel Used for Automotive Crankshaft, *Mater. Sci. Eng. A*, Vol 293, 2000, p56-70

· Á. Csizmazia, T. Réti, M. Horváth, and I. Oláh, Partial Electron Beam Hardening of Cast Iron Camshafts, *Mater. Sci. Forum*, Vol 473-474, 2005, p447-452

· K. P. Friedel, J. Felba, I. Pobol, and A. Wymyslowski, A Systematic Method for Optimizing the Electron Beam Hardening Process, *Vacuum*, Vol 47 (No. 11), 1996, p1317-1324

· T. R. Gonser, Computer Sharpens EB Hardening, *Am.*

Mech., Vol 11, 1981, p139-142
- J. Hick, Rapid Surface Heat Treatments—A Review of Laser and Electron Beam Hardening, *Heat Treat. Met.*, Vol 10 (No. 1), 1983, p3-11
- W. Hiller and R. M. Silva, Second Electron Beam Processing Seminar (Frankfurt, Germany), Universal Technolgy Corporation, Dayton, OH, 1972, p3g1-3g32
- J. -R. Hwang and C. -P. Fung, Effect of Electron Beam Surface Hardening on Fatigue Crack Growth Rate in AISI 4340 Steel, *Surf. Coat. Technol.*, Vol 80, 1996, p271-278
- J. Rödel and H. -J. Spies, Modelling of Austenite Formation during Rapid Heating, *Surf. Eng.*, Vol 12 (No. 4), 1996, p313-318
- R. G. Song, K. Zhang, and G. N. Chen, Electron Beam Surface Treatment, Part Ⅰ: Surface Hardening of AISI D3 Tool Steel, *Vacuum*, Vol 69, 2003, p513-516
- Q. J. Wang and Y. W. Chung, Ed., *Electron Beam Surface Technologies*, Vol 1, *Encyclopedia of Tribology*, Springer, 2013
- C. -C. Wang and J. -R. Hwang, Surface Hardening of AISI 4340 Steel by Electron Beam Treatment, *Surf. Coat. Technol.*, Vol 64, 1994, p29-33
- R. Zenker, Electron Beam Surface Modification State of the Art (Review), *Mater. Sci. Forum*, Vol 102-104, 1992, p459-476
- R. Zenker, W. John, D. Rathjen, G. Fritsche, and B. Kämpfe, Electron Beam Hardening, Part 2: Influence on Microstructure and Properties, *Heat Treat. Met.* No. 2, 1989, p43-51
- R. Zenker and M. Müller, Electron Beam Hardening, Part Ⅰ: Principles, Process Technology and Prospects, *Heat Treat. Met.*, No. 4, 1988, p79-88
- R. Zenker. M. Müller, M. Murawski, and B. Furchheim, Electron Beam Hardening, Part 3: Technological Aspects and Industrial Application, *Heat Treat. Met.*, No. 1, 1990, p15-21

5.4 激光表面淬火

Soundarapandian Santhanakrishnan, Indian Institute of Technology Madras Narendra B. Dahotre, University of North Texas

对于任何行业，零件和工具的制造成本、能源消耗以及使用寿命都是主要的关注问题。在这一努力过程中，激光制造已经成为一项最先进的技术。这项技术提供了一个清洁的生产环境，由此生产出高品质的产品。激光技术发展时间表见表 5-23。今天（2013），激光束的发射范围从紫外波长到红外波长（191~10600nm）。根据所使用的活性介质和它的物理特性，工业激光器可分为：固体激光器、气体激光器和液体激光器等（表 5-24）。激光器可用于多个领域，如测量和质量控制工具，纳米-宏观材料的显示、生物医学等。其中，激光材料处理，如热处理、熔覆、合金化和堆焊，是激光应用中增长最快的领域（图 5-78）。

表 5-23 激光技术发展时间表

年份	事　件
1916	阿尔伯特·爱因斯坦(Albert Einstein)提出受激辐射的概念
1928	鲁道夫·拉登堡(Rudolf Ladenburg)发布受激发射的间接证据
1940	瓦伦丁·法布里坎特(Valentin Fabrikant)提出通过受激辐射放大光
1951	哈佛的爱德华·普塞尔(Edward Purcell)和罗伯特·庞德(Robert Pound)观察到 50kHz 受激辐射光受激辐射
1954	查尔斯·汤斯(Charles Townes)和詹姆斯·戈登(James Gordon)在哥伦比亚大学生产出首台 24GHz 的微波激射器
1957 年夏季	汤斯(Townes)开始研究光学微波激射器
1957 年 10 月	汤斯(Townes)和戈登·古尔德(Gordon Gould)会谈关于光泵浦和光学微波激射器
1957 年 11 月	古尔德(Gould)在笔记本中首次创造了“激光”这个词,并提出法布里-珀罗干涉仪
1958 年 12 月	汤斯(Townes)和阿瑟·肖洛(Arthur Schawlow)在 Physical Review 发布光学微波激射器的详细建议
1959	高级研究计划局(Advanced Research Projects Agency)给了 TRG 公司价值 999000 美元的合同,用于开发基于古尔德(Gould)提出的激光器
1960 年 5 月	西奥多·梅曼(Theodore Maiman)在休斯研究实验室演示了红宝石激光器
1960 年夏季	TRG 公司和贝尔实验室复制了红宝石激光器
1960 年 7 月	头条新闻宣布发现激光,并预测将用于通信和武器
1960 年 11 月	IBM 的彼得·索罗金(Peter Sorokin)和米雷克·史蒂文森(Mirek Stevenson),制造了第一个四级固体激光器,氟化钙(CaF_2)中掺铀

（续）

年份	事　　件
1960 年 12 月	阿里·贾范（Ali Javan）、威廉·班尼特（William Bennett）、唐纳德·赫里奥特（Donald Herriott）和贝尔实验室制造了氦氖激光器，这是第一个连续输出波的激光器和第一个气体激光器
1961	第一台掺钕钨酸钙激光器出自贝尔实验室的里昂·约翰逊（Leo Johnson）和库尔特·纳桑（Kurt Nassau）
1961	第一台钕玻璃激光器由美国光学公司的埃利亚斯·斯尼泽（Elias Snitzer）研制成功
1961	彼得·弗兰肯（Peter Franken）的二次谐波红宝石激光器
1961	在密歇根安娜堡（Ann Arbor，MI）建立特赖恩（Trion）仪器装置，用来制造激光器
1961	梅曼成立 Quantatron 机构，制造激光；后来发展成为考拉德（korad）公司
1961 年 11 月	在纽约哈克尼斯眼科研究所（Harkness Eye Institute），用红宝石激光修复视网膜脱落的第一例病人
1962	贝尔实验室的艾伦·怀特（Alan White）和戴恩·里格登（Dane Rigden）发明了红色氦氖激光器
1962	美国通用电气公司研究和开发实验室的罗伯特·霍尔（Robert Hall）首次研究成功半导体二极管激光器，随后几周其他三个研究小组也报道研究成功
1962	光谱物理（Spectra-Physics）公司和珀金-埃尔默（Perkin-Elmer）公司在 3 月份推出价值 8000 美元的红外线氦氖激光器；当他们推出红光激光器的时候，在秋季销售获得了成功
1962	劳伦斯利弗莫尔国家实验室（Lawrence Livermore National Laboratory）成立小组，研究激光聚变的前景
1962	空军参谋长柯蒂斯·李梅（Curtis LeMay）将军赞扬了激光核防御的前景
1963	赫伯特·克勒默（Herbert Kroemer）提出用异质结构改善二极管激光器。在俄罗斯约飞（Ioffe）研究所，若尔斯·阿尔费罗夫（Zhores Aleferov）和鲁道夫·卡扎林诺夫（Rudolf Kazarinov）提出申请双异质结构激光器专利
1963	在光谱物理公司，厄尔·贝尔（Earl Bell）演示了第一个汞离子激光器
1963	希尔德（H. G. Heard）发明氮分子激光器
1964	斯尼泽（Snitzer）演示第一个光纤放大器
1964	在休斯，威廉·布里奇斯（William Bridges）发现脉冲氩离子激光器；在贝尔实验室，尤金·戈登（Eugene Gordon）开发输出连续振荡氩离子激光器
1964	埃米特·利思（Emmett Leith）和尤里斯·乌帕特尼克斯（Juris Upatnieks）展示了第一个三维激光全息图
1964	库马尔·帕特尔（Kumar Patel）在贝尔实验室制造出 CO_2 激光器
1964	在贝尔实验室，约瑟夫·戈依西克（Joseph Geusic）和罗格朗·范（LeGrand Van Uitert）制造了第一台掺钕钇铝石榴石 YAG 激光器
1965	库马尔·帕特尔（Kumar Patel）的 CO_2 激光器输出达到 200W 连续振荡
1965	建立相干辐射制造 CO_2 激光器
1965	威廉·西尔瓦斯特（William Silfvast）和格兰特·福尔斯（Grant Fowles）制造出氦镉激光器
1965	凯斯帕（J. V. V. Kasper）和乔治·C. 皮蒙特（George C. Pimentel）第一次制造出氯化氢（HCl）化学激光器
1965	福特汽车公司罗伯特·特休恩（Robert Terhune）发现相干反斯托克斯拉曼光谱（Coherent anti-Stokes Raman spectroscopy）
1966	彼得·索罗金（Peter Sorokin）在 IBM 制造了第一台染料激光器；弗里茨·P. 舍费尔（Fritz P. Schaefer）在马克斯普朗克研究所（Max Planck Institute）独立发明了染料
1966	查尔斯·高（Charles Kao）和乔治·霍克汉姆（George Hockham）提出了通过低损耗单模光纤通信
1966	格里（Ed Gerry）和坎特罗威茨·亚瑟（Arthur Kantrowitz）发明了气体动力 CO_2 激光器，其功率最终达到数百千瓦
1967	在柯达（Korad）公司，伯纳德·索弗（Bernard Soffer）和麦克法兰（B. B. McFarland）发明第一台可调染料激光器

（续）

年份	事　件
1967	杰克·戴门特(Jack Dyment)发展了条形半导体激光器
1968	弗兰西·埃斯佩兰斯(Francis L'Esperance)、尤金·戈登(Eugene Gordon)、拉布达(Ed Labuda)使用氩离子激光治疗糖尿病视网膜病变
1969	阿波罗11号太空人在月球上放置了反射镜，利用红宝石激光脉冲回波测量地球和月球之间的距离
1970	列别捷夫研究所(Lebedev Institute)、尼古拉·巴索夫(Nikolai Basov)发布氙准分子激光脉冲紫外激光器
1970	若尔斯·阿尔费罗夫(Zhores Alferov)演示了第一个室温下连续振荡激光二极管
1970	罗伯特·毛瑞尔(Robert Maurer)、唐纳德·柯克(Donald Keck)和彼得·舒尔茨(Peter Schultz)在康宁公司制造出第一根低损耗光纤
1970	在柯达(Kodak)公司，本·斯纳维利(Ben Snavely)演示连续振荡染料激光器
1971	鲁道夫·卡扎林诺夫(Rudolf Kazarinov)和苏里斯(R. A. Suris)提出量子级联激光器的概念
1972	埃里希·伊彭(Erich Ippen)和查尔斯·尚克(Charles Shank)产生1.5ps脉冲
1974	首台激光扫描仪在超市使用
1974	稀有气体卤化物准分子激光器发明；展示了几种类型
1974	斯坦福大学的特奥多·尔哈(Theodor Hänsch)和麻省理工学院的戴维·普里查德(David Pritchard)各自独立研发双光子消多普勒光谱学技术
1976	贝尔实验室对GaAs(砷化镓)激光二极管加速老化试验预测出数百万小时寿命
1976	谢肇金(吉姆·谢，J·Jim Hsieh)研制成功室温发光波长1.25μm的InGaAsP二极管激光器
1977	约翰·马戴(John M. J. Madey)研制成功第一个自由电子激光振荡器
1978	MCA(Music Corporation of America)公司-飞利浦开始试销可播放ϕ12in影碟的氦氖激光播放器
1979	飞利浦演示原型光盘播放器
1980	贝尔宣布首条横跨大西洋的光纤电缆TAT-8计划
1980	超市扫描仪成为常用产品
1982	彼得·莫尔顿(Peter Moulton)开发出钛宝石激光器
1982	音频光盘播放器在日本推出
1983	罗纳德·里根(Ronald Reagan)开展战略防御计划(星球大战)
1984	第一台商用发射100mW连续波的二极管泵浦钕激光器
1985	光谱二极管实验室推出了200mW的十连续振荡镓铝砷(GaAlAs)半导体激光条纹阵列
1985	索尼研制出连续振荡波长在671nm的磷化铝铟镓(AlGaInP)可见红光二极管激光器
1985	伊加健一(Kenichi Iga)发明第一个室温垂直腔面发射激光器
1986	戴维·佩恩(David Payne)制造出波长在1535nm附近可调25nm的掺铒光纤激光器
1987	佩恩(Payne)发布波长1536nm的掺铒光纤放大器，其信号增益26dB
1987	在贝尔实验室，理查德·福克(Richard Fork)将染料激光脉冲压缩得到6fs
1988	第一条横跨大西洋的光纤电缆TAT-8计划完成
1989	光谱二极管实验室从1cm二极管阵列产生76W连续振荡
1989	赤崎勇(Isamu Akasaki)演示GaN(氮化镓)基蓝光发光二极管
1994	日亚(Nichia)公司提供2%电转换效率的450nm氮化物发光二极管
1994	费德里克·卡帕索(Federico Capasso)在贝尔实验室演示量子级联激光器
1995	钛蓝宝石脉冲长度达到8fs
1996	日亚(Nichia)公司中村修二(Shuji Nakamura)发布用InGaN(氮化铟镓)制造的第一台蓝色激光二极管
2000	钛蓝宝石脉冲压缩到5fs

（续）

年份	事　件
2000	科技股泡沫高峰;在 2000 届光纤通信大会和博览会期间,美国证交所纳斯达克(NASDAQ)超过了 5000。TAT-8 海底光缆,因为它的容量太小以至于不能证明修理费用是合理的,所以出现故障之后,于 2002 年三月退役
2004	洛杉矶加利福尼亚大学的奥兹达尔・波伊拉兹(Ozdal Boyraz)和巴赫罗姆・贾拉利(Bahrom Jalali)研制成功第一台硅研基拉曼激光器
2006	约翰・鲍尔斯(John Bowers)研制成功第一台硅激光器
2007	约翰・鲍尔斯(John Bowers)和布莱恩・科赫(Brian Koch),研制成功第一台锁模硅倏逝激光器(mode-locked silicon evanescent laser)
2010	在劳伦斯利弗莫尔国家实验室首次获得 10PW(petawatt)激光器

表 5-24　工业激光器

激光器类型	波长/nm	泵浦源
	固体激光器	
掺钕钇铝石榴石(Nd:YAG)	1064	闪光灯、激光二极管
红宝石激光器	694	闪光灯
钕玻璃激光器	1062	闪光灯、激光二极管
翠绿宝石激光器	700~820	—
掺钛蓝宝石激光器	700~1100	其他激光器
掺铒钇铝石榴石(Er:YAG)	2940	闪光灯、激光二极管
掺钕氟化钇锂(Nd:YLF)	1047	闪光灯、激光二极管
	气体激光器	
氦氖激光器	632.8	—
氩激光器	488、514.5	—
氪激光器	520~676	—
氦镉激光器	441.5、325	—
CO_2 气体激光器	10600	横向(高功率)放电或纵向(低功率)放电
CO 气体激光器	2600~4000 和 4800~8300	横向(高功率)放电或纵向(低功率)放电
氟化氩气体激光器	191	—
氪气体激光器	249	—
氯化氙准分子激光器	308	—
氟化氙激光器	351	—
铜蒸气激光器	510.6、578.2	—
金蒸气激光器	628	—
	半导体激光器	
InGaAs(铟镓砷)	980	—
AlGaInP(磷化铝铟镓)	630~680	—
InGaAsP(磷砷化镓铟)	1150~1650	—
AlGaAs(砷化铝镓)	780~880	—
	液体染料激光器	
罗丹明 6G	570~640	—
香豆素 102	460~515	—
二苯乙烯	403~428	—

注：YAG yttrium-aluminum-garnet（钇铝石榴石）；YLF. yttrium-lithium-fluoride（氟化钇锂）。来源：参考文献 2。

国防、核能、汽车、航空航天和造船工业中高价值零部件的修理或更换，每年花费达数十亿美元。为了节省资金、节约材料、节省人力、减少时间，对高价值的零部件使用激光表面硬化（LSH）修理

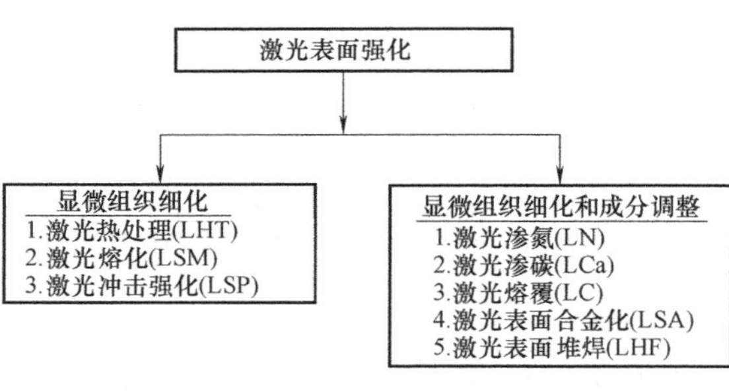

图 5-78 激光表面淬火技术

而不是更换，从而延长其使用寿命。与传统的技术（物理气相沉积法、化学气相沉积法、溅射法、溶胶-凝胶法）相比，激光表面淬火具有许多优点，它可以对局部/大面积表面进行处理，获得具有优异性能（耐磨损、抗疲劳、耐腐蚀、抗断裂、耐侵蚀、耐热）的表面。激光表面硬化是一种非接触的工艺过程，这样反过来又提供了一个具有化学惰性和清洁的环境，以及易于与操作系统集成。大批量生产表面优质的产品和合理的制造成本是最重要的优点。

5.4.1 常规表面淬火技术

几十年来，许多传统的表面硬化技术已经用于提高铁基和非铁基合金的表面和力学性能。以下对各种常规的表面硬化技术（图 5-79）进行了广泛讨论。

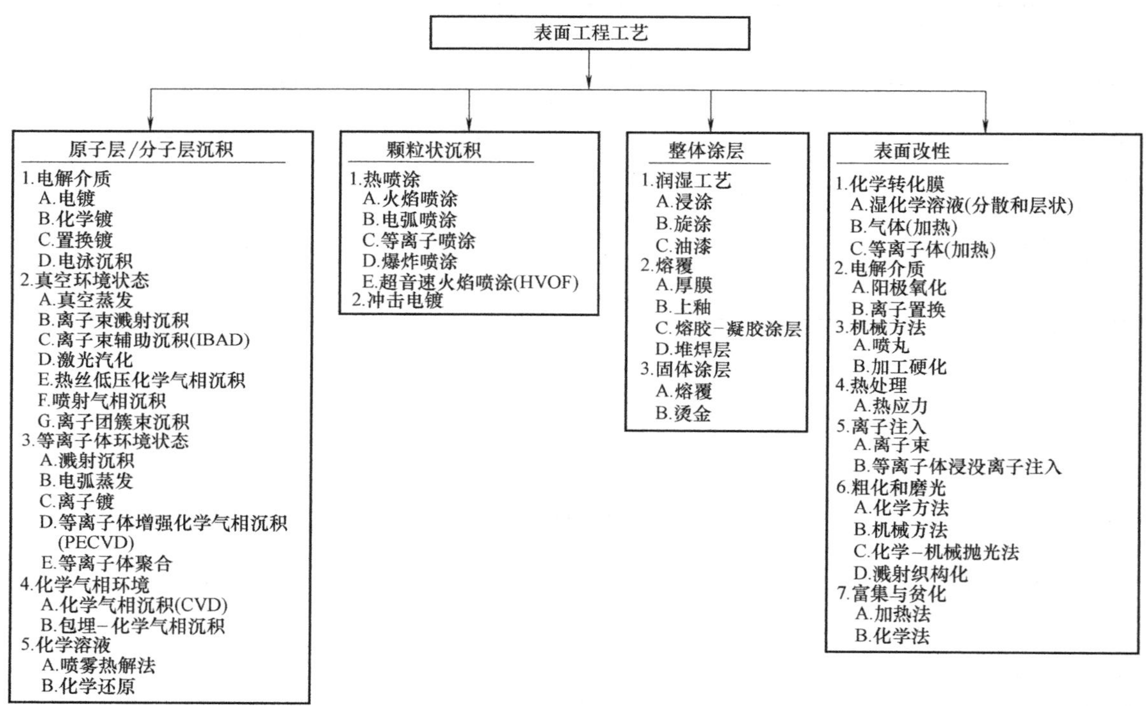

图 5-79 常规的表面硬化技术

1. 物理气相沉积

物理气相沉积（PVD）是一种薄膜雾化沉积工艺。在这个过程中，材料以汽化的等离子态原子或分子形式被喷射入加压室中；等离子态粒子在冷态基体上沉积，形成一层薄膜。通常，薄膜厚度从几纳米到微米不等。然而在某些情况下，也可以得到接近 0.5mm 厚度的多层功能梯度薄膜。由小到大的面积（超过 $10m^2$）和复杂形状的基板（玻璃、金属、刀具）都可以使用不同的元素、合金和化合物（TiN、TiC），以 $1\sim10nm^2/s$ 的沉积速度进行沉积。

2. 化学气相沉积

化学气相沉积（CVD）是将化学气相的初始物质中的原子或分子连续沉积在基底上的过程。这个过程通常是在氢基气氛中高温下完成的。被沉积材料可与工艺系统中的其他气态物质反应，以产生诸如氧化物和氮化物的副产物。化学气相沉积处理一般伴有挥发性反应副产物和未使用的初始物质，沉积速度为 $5\sim100nm^2/min$。PVD 和 CVD 的优点和缺点如图 5-80 所示。

3. 溅射沉积

溅射是通过材料原子或分子喷射（或汽化）来进行表面处理的工艺过程，其本质是由原子尺寸大小的高能轰击粒子撞击靶面的动量转移实现的。这些汽化的粒子凝结并涂覆在基底材料上。通常情况

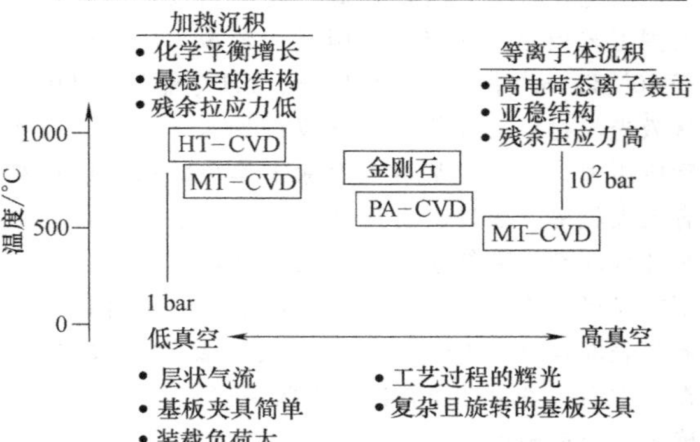

图 5-80　物理气相沉积和化学气相沉积工艺的优缺点

注：HT-CVD，高温化学气相沉积；

MT-CVD，中温化学气相沉积；

PA-CVD，等离子体辅助化学气相沉积

下，溅射使用的是由等离子体产生的气体离子，它们被加速并向运动目标。该系统使用由磁控枪产生和控制的等离子体。一个有用的涂层工艺的溅射，必须满足一些标准。首先，必须产生足够能量的离子，使材料中喷出原子，并指向目标表面。第二，喷出的原子必须能够自由移动，向被涂覆物体移动时几乎没有阻力。在这种情况下，要求工作压力低，以维持高的离子能量，并防止离子喷出之后过多的原子气体在目标表面上碰撞。溅射是一种高速真空镀膜技术，广泛用于多种材料上沉积金属、合金和化合物，涂层厚度约可达 5μm。与其他真空镀膜技术相比，溅射技术表现出几个重要的优点，这使其在许多商业应用上获得应用和发展，应用范围包括从微电子制造到简单的装饰涂层。

4. 离子镀

离子镀是通过原子尺寸大小的高能粒子对基底材料连续或周期性轰击而沉积一层薄涂层的表面强化工艺。用于轰击的高能粒子通常是惰性气体离子或反应气体离子。离子镀们可以在等离子体环境中进行，或者在真空环境中进行。在等离子体中使用反应气体，可以沉积复合材料涂层。在相对高的气体压力状态下，由于气体散射可以提高表面覆盖率，所以通过离子镀可以获得致密的涂层。离子镀用于沉积复合材料硬质涂层、附着金属涂层、高密度的光学涂层和复杂表面上的共形涂层。对于光学元件和电子元器件，耐腐蚀和耐磨的涂层沉积是离子镀的主要应用。

5. 电镀、化学镀及置换电镀

电镀是电解槽电解液中金属离子在阴极上的沉积。水溶液中的铬、镍、锌、锡、铟、银、镉、金、铅和铊元素可以大量地沉积。一些合金成分，如铜-锌、铜-锡、铅-锡、金-钴、锡-镍、镍-铁、镍-磷和钴-磷，也可以大量地沉积。导电氧化物，如 PbO 和 CrO_3，也可以通过电镀沉积。通常，电解槽的阳极是用作沉积的材料，并且在沉积过程中被消耗。在某些情况下，阳极材料不消耗，用作沉积的材料只来自于电解质溶液中。在化学镀或自催化电镀中，不需要外部电压源/外部电流源。电压/电流由在沉积表面上的化学还原反应提供。还原反应是由材料催化的，通常是硼或磷。化学沉积中通常用于沉积的材料有镍、铜、金、钯、铂、银、钴和镍-铁合金。置换电镀是在表面上沉积溶液中的铁离子，它是由表面和离子之间的电负性差异导致的结果。

5.4.2　激光表面淬火

在制造业中，为了增加耐热性、耐磨性、耐蚀性和耐侵蚀性能，使用激光改良金属表面具有显著的发展潜力。在激光表面硬化（LSH）中，通过使用较高的加热和冷却速度（$10^8 \sim 10^{10}$℃/s），可以改善金属零件的表面性能和力学性能。这些较高的加热和冷却速度能够产生优越的微结构和极佳的表面、性能及力学性能。激光表面硬化在调整局部表面的性能以及调整大面积表面的性能，使其满足要求的作用已被证明。

马宗达（Majumdar）和曼纳（Manna）曾经报道，激光的功率密度及其与材料相互作用的时间决定了加热和冷却周期（图 5-81）。加热与冷却频率和占空比决定了最终的激光处理表面的微结构，而最终的微结构决定了零件的力学性能和表面性能。根据相互作用时间内的功率密度，激光材料的工艺过程分为三个：加热（无熔凝/无汽化），熔凝（无汽化）和汽化。表面相变硬化要求采用低功率密度，以避免表面熔化。进行表面熔凝、熔覆、合金化和堆焊处理工艺时，则要求峰值大的功率密度。在短

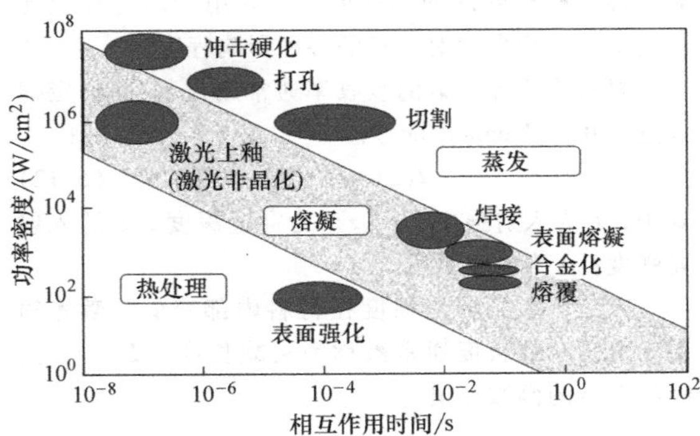

图 5-81　不同激光表面强化应用中的激光功率密度和光束交互作用时间

的交互作用时间内进行激光切割、深钻和其他类似的机加工操作时，要求采用高功率密度。

通常，激光表面改性分为以下五类：激光表面热处理、激光表面熔凝（表面趋肤深度内熔凝或非晶化）、激光直接金属沉积（熔覆、合金化和堆焊）、激光物理气相沉积和激光冲击强化。在激光表面热处理中不发生熔化，而在激光表面熔凝工艺中，零件表面的一薄层被熔化，快速淬火后，可得到更硬和更耐磨的显微组织。在激光沉积中，在表面上施加第二种材料，并且用激光束熔化，其与表面基体材料形成一薄层合金，或者与基体材料发生冶金结合。然而，在激光物理气相沉积中，第二种材料以汽化的形式应用，而且，没有发生熔凝。激光冲击强化产生冲击波，并在材料的表面上形成残余压应力，从而改变其性能。

5.4.3 吸收率

激光辐射可以被描述为电磁波，它包括电（$\boldsymbol{E}$）和磁（$\boldsymbol{H}$）场矢量。光的吸收率主要是由电磁辐射与材料（或自由或束缚）的电子相互作用产生的。当电磁辐射穿过电子时，产生一个力，并通过辐射电场使电子运动。电磁辐射对电子产生的力可以表达为

$$\boldsymbol{F}=e\boldsymbol{E}+e\left(\frac{v}{c}\times\boldsymbol{H}\right) \tag{5-11}$$

式中，v 为电子的速度；c 为光速。

如果假设电场和磁场产生的能量相同，那么，根据式（5-11），可以通过 v/c 比值的大小来判断出磁场对力的贡献比电场对力的贡献小。因此，在式（5-11）中最重要的项是 eE。由此，辐射吸收就会导致带电粒子的总能量增加，如自由电子的动能、束缚电子的激发能等。一旦激发，带电粒子自发地跃迁到较低的能级，从而释放辐射能量，这部分辐射能量至少会转化成部分热量。因此，吸收过程有时被称为材料内部的二次能源，并用于确定在激光材料交互作用期间对材料的各种影响程度。

材料中激光辐射的吸收率通常用比尔-朗伯定律表达（Beer-Lambert law）：

$$I(z)=I_{o}e^{-\mu z} \tag{5-12}$$

式中，I_o为入射强度；I（z）为穿透深度 z 处的入射光强度；μ 为吸收系数。

因此，激光辐射强度在材料内部变弱。激光辐射显著衰减的长度通常被称为衰减长度（L），并由吸收系数的倒数给出：

$$L=\frac{1}{\mu} \tag{5-13}$$

一种强吸收材料，吸收系数的范围为 $10^5\sim10^6$ cm^{-1}，由此可知，衰减长度范围为 $10^{-6}\sim10^{-5}$cm。

激光表面淬火需要较低的功率密度，与焊接和切割工艺相比，其交互作用时间较短。功率密度小于 10^5 W/cm^{2}时，入射红外光的大部分能量（~90%）从激光与材料交互作用区被反射回来。因此，在实际应用中，必须在基材表面涂上黑色涂层，以提高有效吸收率。如果没有这样的一种涂层，则仅有一小部分的激光束能量被导入块状基体材料中，从而不能获得所需的表面温度。吸收率是一种直接影响激光表面淬火（LSH）工艺的最重要的参数之一。在这方面，虽然已经有许多吸收率研究报告，但是，确定一个准确的吸收率是非常困难的，因为它由许多参数决定，如表面粗糙度、照射角和表面涂层。吸收率[$A=(L_A-L_R)/L_A$]是由所施加的激光能量（L_A）和反射能量（L_R）导出的。材料表面辐射能称为发射率（e），表示为激光波长（λ）、温度（T）和时间（t）的一个函数 $e=f(\lambda,T,t)$。不同金属的发射率值见表 5-25。

表 5-25 不同金属在 100℃值（212 ℉）的发射率

材料	表面状态	发射率
铝	接受状态的板	0.09
铝	氧化状态	0.2
铝	抛光状态	0.05
铝	粗糙	0.07
黄铜	氧化状态	0.61
黄铜	抛光状态	0.03
铬	抛光状态	0.1
铜	氧化状态	0.7
铜	抛光状态	0.03
花岗岩	抛光状态	0.85
花岗岩	粗糙	0.88
铁、铸铁	氧化状态	0.64
铁、铸铁	抛光状态	0.21
钢铁	热轧	0.6
钢铁	氧化状态	0.6
钢铁	抛光状态	0.07
钢铁	镀锌	0.07
镁	按受状态的板	0.18
镁	抛光状态	0.07
镍	抛光状态	0.05
镍	氧化状态	0.37
银	抛光状态	0.03
不锈钢	抛光状态	0.18
不锈钢	氧化状态	0.85
钛	抛光状态	0.15
不锈钢	氧化状态	0.40
锌	氧化状态	0.11
锌	抛光状态	0.05

注：来源：参考文献 14。

通过降低设定和局部的初始激发能量，激光与材料交互作用过程中材料吸收的激光能量可转化为热能。对于金属，典型的总能量弛豫时间是 10^{-13}s（对于非金属，则为 $10^{-12}\sim10^{-6}$s）。光能转换成热能，并随后通过在材料中的传导、对流和在周围气氛中辐射的传播，控制材料中的温度分布。根据温度上升的幅度，可以进行加热、熔凝和汽化工艺。此外，在激光照射期间，电离蒸气可能会导致等离子体的产生。除了热效应外，激光与材料之间的交互作用可能与光化学过程，如材料的烧蚀相关。

激光强度在光束内具有不同的空间横向和纵向分布模式。所谓横向电磁模式（TEM_{mn}），可用整数指数 m 和 n 表示，TEM_{00}表示一个高斯模式光束。m 和/或 n 大于零的高阶模式 TEM_{mn}，与高斯模式相比，几乎是不可调焦的。

5.4.4　激光扫描技术

在激光表面硬化（LSH）中，激光束的焦斑几何尺寸及其能量分布对获得期望的加热和冷却速度是非常重要的，相应地，它们又可生成特定的显微组织和表面性能。在一般情况下，高斯型能量分布的圆形激光束焦斑可用来熔化基体材料的显微组织和改变化学成分的硬化工艺（如激光熔覆、激光合金化、激光堆焊）。长方形或正方形能量均匀分布的激光束焦斑（顶帽型强度分布曲线）可用于只发生显微组织改变，而不发生熔化的处理工艺（如激光退火、激光相变硬化、激光冲击强化）。TEM_{mn}的激光束的质量可量化为一个系数 K。例如，在 TEM_{00}（高斯型）的情况下，$K=1$，对于较高的 TEM 模式（对于 TEM_{01}，$K=0.57$），K 值减小。谢赫和李（Sheikh 和 Li）设计了各种非常规的光束几何形状，如圆形（C）、短矩形（RS）、长矩形（RL）、三角形朝前（TF）和三角形朝后（TR），获得最大加热和冷却速度（HR/CR）的顺序是 HR/CR = C>TR>RL>TF>RS。几个定制设计的光学系统（如 peritech、SCANLAB 等）是市售的，其经过调整后适应于激光束焦斑几何尺寸和能量分布。通过使用光束扩展器的一种扫描技术，可以得到任意特定的激光束焦斑几何形状和能量分布扩大了单激光系统的用途（图 5-82）。

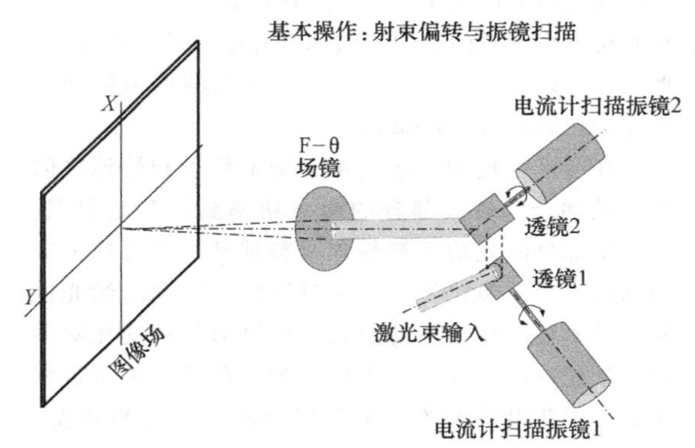

图 5-82　激光扫描技术示意图

5.4.5　激光退火

激光退火是一种非熔化处理工艺，可形成缺陷薄层或非晶层的外延生长。由于激光诱导再结晶，所以，小晶粒多晶或非晶层转变为大晶粒晶体材料。激光退火的优点是：处理时间短；工艺控制较好；激光再结晶材料的表面结晶度好；工作温度在熔点以下。因此，其结果是发生固相转变，并且其速度超过每秒几米。托伊塞尔卡尼（Toyserkani）和卡杰普（Khajepour）提到基板预热有利于在较低的激光强度下获得特定的相变。先前的研究证明，已对大量的材料（铝、铜、镍等）实现激光诱导重结晶。在激光再结晶之后，材料的耐蚀性和耐磨性提高。卡塔锦（katakam）等人证明，在激光加工 Fe-Si-B 非晶态合金当中，特定位置应力诱导局部纳米结晶化。该机制被认为是在激光轨道束宽的边缘，由于扩散激活势垒减少，扩散性增强。可以看到界面上均匀晶化的纳米晶微结构和激光轨道中心上占优势的非晶相。在拉应力区域保留非晶相，在非晶区产生压应力。

5.4.6　激光熔覆

在激光熔覆（LC）工艺中，将复合材料焊接到基体表面。在激光熔覆（LC）期间，高功率激光用于熔化粉末颗粒或在衬底上的送丝。

库克（Cook）等人演示了在高温下致密的显微组织经激光熔覆后与基底产生稳定的结合。零件上的熔覆结构可提高/改善表面性能，如耐磨性、耐蚀性和耐热能力。激光熔覆过程中采用如下方法获得熔覆薄层：

① 喷射到基底材料上的粉末颗粒通过高能密度激光束产生熔池。

② 送丝到激光束的焦点，使其在基底材料上面熔化。

③ 基底材料上预置一层粉末，用于接收高密度的激光束。

采用粉末喷射的激光熔覆工艺已被证明可在基底材料上生成均匀、无缺陷和良好的冶金结合熔覆。赛义德（Syed）等人研究了相对于激光扫描方向的送粉方向（正面和背面）的影响。送粉喷嘴的角度和位置对熔覆的几何形状有很大的影响。粉末进给速度一个小的变化，都会使熔覆的几何特征和显微组织发生较大的变化。人们发现在进给方向的前端，可获得一个光滑的、均匀的和良好冶金结合的熔覆。此外，可以看到致密、无裂纹、无孔的熔覆层和一个小的热影响区（HAZ）。

在激光熔覆中，激光束、粉末粒子和熔池之间发生强耦合。较大部分的激光功率到达基底材料，而一小部分激光功率被粉末颗粒捕获，并将粉末颗粒加热。粉末颗粒使激光能量降低，引发的激光能量波动明显改变熔池的形状。熔池形状的变化对零件对激光束的吸收有显著的影响。在激光熔覆过程中，为了获得要求的熔覆几何形状（高度和宽度）和表面性能，需要涉及许多工艺参数，如激光功率、扫描速度、送粉速度、激光焦点和材料热物理性质等。在熔覆过程中产生的温度是工艺参数，如激光功率、扫描速度、相对于基板的光束角及熔覆材料和基板对激光束的吸收率的函数。熔覆的几何形状、熔覆材料对基底材料的稀释和在熔覆过程中产生的热影响区（HAZ），是熔覆材料和基底材料的热物理性能、温度和时间的函数。在熔覆过程中产生的显微组织的演变和相应的力学和表面性能取决于加热和冷却阶段的速度、温度梯度和随后的凝固速度。

通过激光熔覆获得的表面硬度主要是材料及其微观结构的函数。根据 Hall-Petch 关系，硬度与晶粒尺寸的平方根的倒数成线性比例，它适用于约 ϕ0.1mm（ϕ0.004in）以上的晶粒尺寸，所以适用于激光直接金属沉积（LDMD）。相应地，显微组织是在凝固期间温度梯度和冷却速度的函数，并且根据库尔兹（Kurz）和菲舍尔（Fischer）关系，它还与冷却速度有关，可以概括为显微组织级别上在凝固过程中与冷却速度立方根的倒数近似成正比。因此，硬度随冷却速度的增加而增加。已经发现，表面硬度随着移动速度的增加而增加，但当基体材料和沉积材料相同时，随着粉末粒度和激光功率的增加而降低。硬度经常随表面位置发生变化；接近基体材料的冷却速度更快，那里的热流量大约是三维立体的，往往会趋向于最初的较硬的表面，但通过随后的沉积层，重新加热，最终导致沉积层的上部变硬。有时，所用材料的类型会导致异常的硬度分布。一个例子是，由于增加的后续熔覆层对前一个激光直接金属沉积（LDMD）的马氏体钢的熔覆层进行了回火，表面硬度急剧下降。使用不同的材料或混合的元素粉末进行 LDMD 的研究表明，硬度主要取决于它们的稀释比例或送料比例，因为这些比例因素确定元素组成，影响冷却速度。

激光熔覆（LC）主要应用在高价值零部件的修理和翻新方面，如工具、涡轮叶片和军事上用的零件。传统的方法是通过焊接恢复这些损坏的零部件；但是，由于高温的分布超过维修面积，所以，这些方法通常是具有破坏性的。这会导致机械质量降低、开裂、多孔，而且零部件的寿命非常短。激光熔覆技术可以提供永久性的结构修复，对许多合金（如铝合金）进行翻新，而这些合金通常被认为不能采用传统方法焊接。激光熔覆技术在这方面的成功是由于加热区小、快速凝固、清洁度高、稀释较低，并在整个热影响区（HAZ）的深度方面的可控性高。

钛基合金、镍基合金、钴基合金等都是一些重要合金，它们可在不同的基体材料上沉积，如非合金钢、合金钢、淬火态钢、不锈钢、铝合金、铸铁、镍基合金或钴基合金。激光熔覆的低热输入特性使得它对于喷气发动机部件修理非常有吸引力，因为喷气发动机部件修理中，要求金属沉积适合于高温合金。这些高温合金经过大温度变化时，强度损失和物理变形非常容易发生。

近年来，研究人员一直致力于优化激光熔覆构造模型（试验样机）和生产工具，甚至使用不同的工业合金制造精密金属零件，如使用 H13 工具钢、306 和 304 不锈钢、镍基高温合金（如 Inconel625、690、708、2024）、铝合金、复合材料、钛基材料（如 Ti-6Al-4V）。该技术提供了功能梯度材料沉积能力，适用于许多航空航天零部件，这些零件不但要求重量轻，而且要求有坚硬的外部表面。

激光熔覆、合金化和非晶化的区别。在熔池中加入粉末可能会产生三种不同的产品，这取决于所添加材料的类型和数量。在激光合金化工艺中，只有少量粉末被送入熔池中，因此在整个熔融区域可以得到均匀的混合物。激光熔覆类似于激光合金化，除了被基体材料稀释保持在最低程度外，表面需要添加更多的材料。在激光上釉（非晶化）工艺中，就磨损和腐蚀而言，金属玻璃涂层沉积提供了一个有效的表面环境状态。激光上釉的主要优点是它改变了显微组织而不改变成分。激光熔覆，与其他表面材料处理工艺相比，有以下优点：

① 热量输入低，所以热影响区狭窄，变形减少，具有机加工量要求最小的优点。

② 降低合金材料的损耗。

③ 稀释熔覆的廉价金属量最小（小于 2%），使熔覆材料的特殊性能被保持下来。

④ 灵活和易于自动化。

⑤ 与基体材料的冶金结合彻底，可生成完整性高的涂层。

一般来说，激光熔覆是改变显微的一种有效手段，从而也是改变基体材料薄层力学性能的一种有效手段，要处理的基体材料表面积很大。在激光熔覆中，观察到四个特征冶金区。第一区域代表熔覆材料；第二区域代表稀释区；第三区域是热影响区（HAZ）；最后一个区域是基体材料。每个区域有一种特定的显微组织和冶金性能，其结果取决于材料和采用的沉积工艺参数。激光熔凝、激光熔覆、合金化，以及各种铁基合金堆焊等先前的研究成果总结见表 5-26~表 5-29。

表 5-26　铁合金激光表面熔化

材料体系	结　果
Inconel 600	通过显微组织均匀增强抗氧化性
珠光体钢	凭借均匀的显微组织并形成釉层，抗磨损性能优越
S31603、S30400、S32760	高的抗气蚀和耐蚀性
AK 321	显微组织均匀性和高的局部耐蚀性
UNS S42000	极高的硬度、优异的抗气蚀性、耐蚀性和较高的残留奥氏体
X165CrMoV12-1	硬度增加（较多残留奥氏体组织）
AISI 310、AISI 304，AISI 420、AISI 430	显微组织均匀性（精细枝状组织）和耐蚀性增强
AISI 316	增强抗应力开裂能力
AISI 304	由于 N_2 的溶解和氮化物的形成不锈钢点蚀受到防护
CK60	较高的马氏体相变可改善硬度和耐磨性
P21，440C	通过 Ni_3Al 最大的溶解度和碳化物细化提高耐蚀性
41Cr4	改善耐磨性
AISI 440C	由于 Cr_xC_y 较高的溶解度和残留奥氏体，耐蚀性增强
ASP2060	硬度提高和具有更好的防腐蚀保护
SKD6	较高的力学性能
AISI 304L	改善耐点蚀性能
2Cr13、1Cr18Ni9T	提高抗气蚀性能
ASTM A516	通过马氏体相变提高硬度
AISI 420	较高的耐磨性
3Cr12	增强耐点蚀性能
合金 800H	由于显微组织的均匀性和 Cr_xO_y 层形成，耐蚀性提高
M2、AISI 316L	由于快速熔化和自行淬火，吸收率不均匀
M2、ASP23、ASP30	由于显微组织的细化和较多的碳化物溶解，耐蚀性提高
镍基高温合金	力学性能提高
DF2	马氏体转变改善硬度
M2	改善硬度和耐磨性
SAE 52100	由于显微组织细化和较多的碳化物和氮化物溶解，硬度、耐磨性和耐蚀性增强
42CrMo	硬度改善
UNS S30400、S31603、S32100、S34700、S31803、S32950	由于显微组织均匀和铬碳化物溶解，耐蚀性提高
18Ni-300	力学性能（硬度、抗拉强度、杨氏模量）增强
AISI 304	改善耐蚀性

表 5-27　铁合金的激光熔覆

基体材料（熔覆）	结　果
中碳钢（钨铬钴合金 6）	改善耐磨性
低碳钢（ASTM S31254）	增强耐点蚀性能
马氏体钢（Ni）（Ni）	更高的耐磨性和抗疲劳性
Inconel 600（Inconel 600）	通过控制工艺参数增加硬度
AISI 316L（Ni-Cr_3C_2）	比镍合金涂层的耐磨性更高

（续）

基体材料（熔覆）	结　果
AISI 316L(ZK60/SiC)	更高的耐蚀性
E24(钨铬钴合金 6+WC)	通过显微组织细化增强力学性能
普通碳钢(AISI 316L)	硬度提高
BS 970 080M40 钢(Cr+Ni)	表面硬度增加
SAE 1045(Cu+Al)	改良力学和电学性能
A36 低碳钢(Fe+Al)	优良的硬度
IF 钢(Co-Cr-W-Ni-Si+SiC_p)	由于显微组织细化和 Si_2W、CoWSi、Cr_3Si、$CoSi_2$ 相的大量溶解，耐磨性提高
AISI 316L(NiTi)	更高的硬度和耐蚀性 由于 Fe、Cr 和 N 的大量溶解，增强硬度和提高抗气蚀性能
AISI 316L(Ni、Cr_3C_2、WC)	较高的碳化物的溶解量，产生硬度提高和腐蚀磨损性能提高
AISI 1010(Fe-B-C, Fe-B-Si, Fe-BC-Si-Al-C)	硬度、耐磨性和耐蚀性提高
A36(Co-Ti)	由于大量的 $TiCo_3$ 形成，产生优异的硬度
低碳钢(Fe+Si)	由于组织细化和大量硅的溶解，硬度提高
低碳钢(WC、Co)	粘结强度提高和硬度提高
低碳钢(Fe+SiC)	更高的载荷、磨损和腐蚀防护
AISI 304 钢(CoMoCrSi)	通过显微组织细化，获得优良的硬度和耐磨性
AISI 1045(Fe、Ni、Si、B、V)	非晶态结构的获得导致硬度提高和抗磨损性能提高
AISI 316L(SiC)	硬度和耐磨性增强
AISI 316L(Ni、Co、Fe、钨铬钴合金)	改善承载量和耐磨性
AISI 316L(Co)	硬度提高和力学性能增强
AISI 304(AISI 431)	显微组织的细化作用，硬度和耐磨性更高
Vanadis 4(CPM 10V、Vanadis 4)	通过不同的显微组织（碳化物、马氏体、残留奥氏体），提高硬度
ASTM A283Gr. D 钢(Fe-Al-Si)	控制工艺变量帮助硬度和抗磨性能提高
45 钢(NiCuMoW)	硼化物、氮化物和碳化物的混合溶解导致硬度和耐磨性增加

表 5-28　铁合金的激光表面合金化

基体材料（合金化）	结　果
AISI 304(Mo、Ta)	形成 Mo-基和 Ta-基金属间化合物，耐蚀性和耐磨性增加
低碳钢(Fe、Cr、Si、N)	形成细化的显微组织(Fe-Cr-Si-N)并增加耐蚀性
AISI A7(Ti)	改善表面摩擦磨损性能
Inconel 800H(Al)	富铝表面提高抗氧化性和耐磨性
Cr-Mo 钢(Cr)	形成富 Cr_2O_3 膜层，并且具有抗高温氧化性能
AISI 1040(TiB_2)	富集硼化物相，改善表面摩擦磨损性能
UNS-S31603(Co、Ni、Mn、Cr、Mo)	形成陶瓷/金属间化合物，增强耐蚀性
AISI 1040(NiCoCrB)	改善耐蚀性
碳钢(TiB_2)	较高的硼化物溶解增强抗氧化性和耐磨性
H13(TiC)	耐腐蚀和耐侵蚀防护
S31603(CrB_2、Cr_3C_2、SiC、TiC、WC、Cr_2O_3)	更多的碳化物和硼化物溶解，产生优越的耐磨性
SAE 1045(Cu)	提高摩擦性能
AISI 1040(SiC)	由于较多的 Fe_2Si，Fe_3Si，Fe_7C_3 和 Fe_3C 形成，硬度和抗磨性增加
AISI 316(WC)	高浓度的 W 和碳化物的溶解导致优良的硬度和抗气蚀性提高
X40CrMoV5-1(TiC)	硬度和摩擦性能的改善 细树枝晶显微组织的细化导致耐磨性增加
灰铸铁(NiCr)	由于成分净化和显微组织细化，耐蚀性和耐磨性能得到改善

（续）

基体材料（合金化）	结　果
32CrMoV12-28（TiC、WC）	快速熔化和凝固导致组织均匀，并且提高硬度
AISI 1010（Ni）	提高硬度
17-4PH（C、Ni、Co、WC）	显微组织极端细化和硬质相（Fe_6W_6C、W_2C）形成，导致高的机械强度及优良的耐蚀性和抗疲劳性能
低碳钢（Si）	由于铁的硅化物和氮化物的形成，提高硬度和增强耐磨性
X40CrMoV5-1（TaC-VC）	由于较多的碳化物的溶解，耐摩擦磨损性能改善
70MnV（NiCr-Cr_3C_2）	显微组织细化和硬质相（Cr_7C_3，Fe_3C、马氏体）的存在导致硬度增加和耐磨性增强
40Cr（Mo+Y_2O_3）	硬度提高和耐磨性改善
钢（Al）	铝化物的形成导致抗氧化性提高
X2CrNiMo17-12-2、X6Cr13、X2CrNiMo22-8-2（SiC）	富集 Si、C 和 Fe_xCr_y，导致硬度和耐磨性提高

表 5-29　铁合金的激光堆焊

基体材料（硬质相）	结　果
AISI 1045（TiC，Ni-Cr-B-Si-C）	快速熔化和凝固诱发硬质相（铬酸盐、硼化物、碳化物），导致更高的结构稳定性和较高力学性能
AISI 316L（Colmonoy 5）*	富镍枝晶和共晶硼化物具有很高的力学性能
ANSI C-5、C-2（$AlMgB_{14}$）	较高的粘结强度、硬度和耐磨性
中碳钢（S42000+Si_3N_4）	添加氮化硅导致表面硬度提高
低碳钢（Ni、Co）	改善力学性能
AISI 1045（TiC-VC）	显微组织细化（石墨、FeTi 和 FeV）提供了优异的硬度和良好的耐磨性
AISI 316L（Si_3N_4、Ti）	残留奥氏体+Ti_5Si_3 导致耐磨性和耐蚀性增强
Q235（Ni，CeO_2）	添加 Ni 和 CeO_2 提高承载量和耐磨性
AISI 316L（WC、Si、Ni）	WC 和 Fe_5Si_3 形成增加硬度和耐磨性
60CrMn4（NiCrBSiCFe）	Ni_3（BC）的形成和 Cr 析出的富 Ni 区提供优异的承载量、耐磨性和耐蚀性
AISI 316L（Ni-Mo-Cr-Si）	凝固速度、冷却速度的变化和成分的变化，导致不同组织（富钼的金属间化合物）和更高的硬度
球墨铸铁（E309L）	由于 Fe-Cr-C 的形成，得到优异的硬度和耐磨性
43C 钢（钨铬钴合金 6）	优异的耐磨性

* 译注：Colmonoy，科尔莫诺伊合金（表面喷焊硬化合金，如含铬，硼的镍基或铁基等类合金）。

5.4.7　激光冲击强化

激光冲击强化（LSP）中，高能密度（~10^7 J/m^2）激光等离子体用于向靶材内传播残余压应力，进一步阻碍裂纹的产生和扩展，从而延长金属零部件的使用寿命。在这个工艺中，在金属靶材表面上施加一种热保护涂层或吸收层（黑色油漆或磁带），在吸收层的上部加一层绝缘材料（玻璃/水/石英），高能密度的激光束瞬间使吸收层汽化，并且产生等离子体。由于烧蚀材料的反冲动量，该等离子体迅速膨胀，在界面上产生很高的压力（GPA）。高压导致冲击波穿过整个材料，诱发材料内产生压应力（参考文献 128）。这项技术在航空航天工业的应用已经超过 30 年，用以提高喷气发动机涡轮叶片的疲劳寿命和耐磨损性。最近，张（Zhang，译注：张文武）等人提出微型激光冲击强化（mLSP），这种工艺可提高微小型零件的疲劳寿命，是一种很有发展前景的工艺，如微机电系统的执行器、医疗植入材料、微动开关、继电器和微型叶轮叶片。微型激光冲击强化不需要高能激光系统；连续和具有高重复频率的脉冲模式都可用于诱发微小型零件内产生高的残余压应力（400 MPa 或 58ksi），相应地降低了整体生产成本。据说一种顶帽型能量均匀分布的激光束更适合于激光冲击强化（LSP）工艺，可获得更加均匀的残余应力分布，产生均匀的抗疲劳和抗磨损性能。

5.4.8　激光热处理

钢是许多工业应用（汽车、航空航天、国防、核能）中最常用和最通用的材料。在严重的磨损和载荷作用条件下工作的高价值的钢制零件（齿轮、活塞、环、轮），由于丧失力学性能和表面性能，通常需要换掉。针对这一情况，一些公司每年花费数十亿美元更换这些零件。因此，渗层/表面硬化是很好的选择，它们往往只零件与严重的磨损条件高度相互作用的局部区域，而其他基体材料的心部性能（更加灵活、有韧性、几乎无脆性）应被保留。

在一般的热处理过程中，提高高价值零件的耐磨性、耐热性和耐蚀性的工艺有扩散硬化或者局部硬化。在基于扩散的传统技术（渗碳、渗氮、碳氮共渗）中，基体的低碳钢被加热，外部提供的碳和其他合金元素进一步扩散到表层，然后在空气或水或油中迅速淬火，获得要求的硬度。局部硬化通过快速加热和淬火捕获钢中的游离碳，使该局部组织比常规相变得更硬。感应、火焰和电弧经常用于实现局部硬化。事实上，它们中的每一种方法都有严重的缺陷，如重复性差、附加淬火过程、环境问题、热渗透较深，变形不可控和工艺准备时间长（表5-30）。变形大和工艺准备时间长也是一些传统的热处理工艺的缺点。激光热处理（LH）同时使用激烈的加热（$10^5 W/cm^2$）和快速自行冷却（$>10^3$℃/s），从而局部优越的表面，其耐热，耐磨损，耐疲劳，抗断裂，耐侵蚀和耐腐蚀。在这一工艺路线中，激光热处理（LH）既有效地利用了材料和能量，也延长了高价值零件的使用寿命。

表 5-30 热处理工艺的比较

热源	优点	缺点
感应	处理快 可得到深的硬化层深度 投资成本比激光低 大的覆盖区域	存在更换线圈的停机时间 要求淬火介质 零件变形 电磁力可能干扰表面状态
火焰	便宜，灵活和可移动	重复性差 要求淬火介质 零件变形 环境问题
电弧	相对便宜和灵活	硬化有局限性 大的热渗透能力 难以控制避免熔化
激光	变形最小 可选局部强化 无需淬火剂 硬化层深度可控 后续加工受限	成本高 多道次局部回火

在过去的三十多年间，二氧化碳（波长为10600nm）和掺钕钇铝石榴石（Nd：YAG）（波长为1060nm）激光热处理已发展得相当完善；然而最近，直接二极管激光器（波长为808～940nm）得到越来越多的关注，由于在较短的波长范围内操作所需投资和产生的成本较低，而且它把更高的电光转换效率和较好的金属吸收结合起来，通过工业方式实现局部硬化（表5-31）。

表 5-31 高功率激光系统的比较

因素	CO_2	Nd:YAG	二极管
波长/μm	10.6	1.06	0.808
金属的吸收率(%)	5～10	25～35	30～40
平均电光转化效率/(%)	10	10	30
激光的近似电功率消耗/kW	50	30	10
激光所需的功率/kW	5	8	3
最大功率密度/(W/cm^2)	10^8	10^9	10^6
每小时电量成本(0.09美元/kW·h)/(美元/h)	4.50	2.70	0.90
资金成本/(美元/W)	150～300	200～600	100～300

注：Nd：YAG，钕：钇铝石榴石。来源：参考文献4。

在激光热处理（LH）中，如之前提到的，通过相变获得局部硬化。材料内部发生的冶金相变可改良表面性能（磨损、疲劳、侵蚀、腐蚀）。冶金相变由一个加热过程和冷却过程组成。加热时，狭窄的金属薄层局部被快速加热到Ac_1温度以上，初始母相铁素体/珠光体（α+ FeC）相转变为奥氏体（γ）相，碳在钢中溶解。如果温度高于Ac_3且低于熔点温度，那么，整个母相α+ FeC相完全转化成γ相（图5-83a～c）。随后，热量直接传导到周围材料的基体质量中，诱发自冷淬火效应。在较高冷却速度下的自冷淬火不会允许有任何逆向转变和碳的析出，因为它使加热的表面温度降低到马氏体的起始温度（*Ms*点温度）以下。至此，一种非常坚硬的亚稳马氏体（α′）组织形成，取代混合相组织。在*Ms*点温度以下，奥氏体完全转变为马氏体（图5-83c、d）。这种情况下，碳无法进一步进入到其他相中，而是仍然保留在亚稳态晶体结构（体心四方）中。碳从母相α+ FeC→γ和γ→α的析出方法如图5-84所示。因此，金属零件的热处理渗层深度硬度取决于温度随时间变化的相变和固态相变引起的碳溶解度的变化。

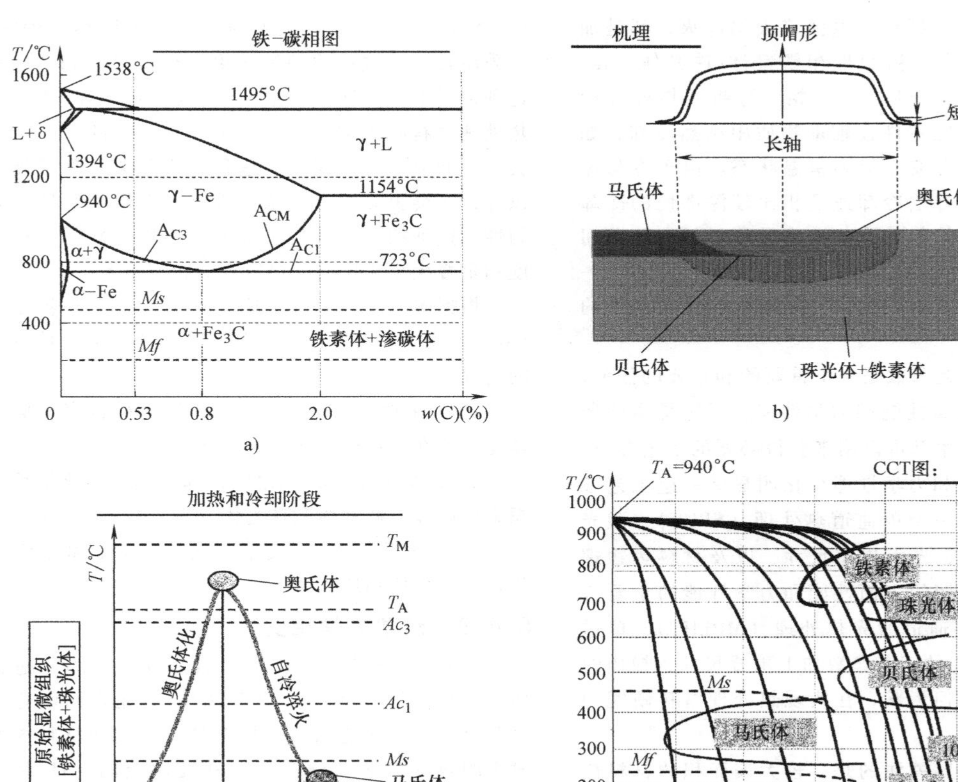

图 5-83　激光热处理的原理

a）铁碳相图　b）材料与激光束的交互作用

c）加热和冷却过程　d）连续冷却转变图（CCT 图）

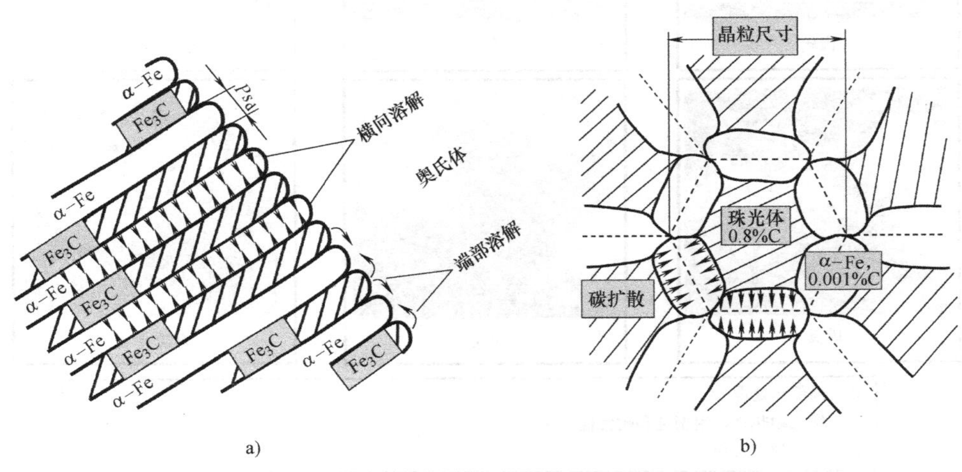

图 5-84　碳从母相的析出方法示意图

a）奥氏体化　b）相变硬化过程中的奥氏体均匀化

金属部件进行感应、电弧或火焰淬火，都是加热到 Ac_1 温度以上，初始母相铁素体/珠光体（α+FeC）相转变成奥氏体（γ）相。与激光热处理相比，这种被加热的零件在辅助物质中突然冷却，如在水、油中，或者被冷却到室温状态。由于冷却速度变化较大，与外层冷却速度相比较深部位的冷却速度快，这种不均匀的冷却速度导致材料在此期间发生逆向转变，在热处理工艺结束的时候，形成一种混合相（马氏体、贝氏体、铁素体），渗层深度的硬度值不均匀。

精心选择工艺参数是一个首要的和重要的任务，以获得希望的表面性能和力学性能。无论是实验研究或数值优化技术都可以用来获得必要的工艺参数。最终的表面性能和力学性能变化明显受一组工艺参数的影响。对于一个单通道热处理（SPHT），激光功率、扫描速度、光束焦斑尺寸，以及材料热物理性能，是获得预期的表面性能和力学性能的主要考虑因素。对于多通道激光热处理（MPLHT），单道热处理（SPHT）的工艺参数加上重叠尺寸、扫描的宽度和零件的几何形状，在实现热处理材料硬度均匀上起重要作用。

此外，工业界关注的是，较大表面积的材料热处理会获得均匀的硬度和一个小的热影响区（HAZ）（图 5-85）。当对一个较大的表面积进行热处理时，可采用具有轻微重叠的激光束进行多道次扫描。在这种情况下，在逐行扫描期间，新的加热段干扰了热处理材料的正常冷却段，正常冷却段的材料可能会产生回火的显微组织。这种回火效果，除了硬化以外，还会影响相变的均匀性、显微组织和硬度均匀性。这种相变、显微组织和硬度均匀性受扫描宽度和重叠大小所决定的热管理的影响很大。

根据奥氏体化开始温度（Ac_1）和结束温度（Ac_3），在 MPLHT 工艺加热期间可能发生三种不同的情况：

① 如果材料加热超过 Ac_3，那么材料完全奥氏体化，并在冷却段转化为马氏体。

② 温度在 Ac_1 和 Ac_3 之间，部分奥氏体化最后组织为贝氏体、铁素体和珠光体。

③ 温度低于 Ac_1，发生回火，所得显微组织碳化物、铁素体和珠光体。

5.4.9 热动力学相变

激光表面硬化（LSH）的热动力学（TK）过程包括加热段和冷却段（图 5-86）。激光表面硬化最终获得的表面性能和力学性能是由热处理材料内部发生的热动力学（TK）冶金相变决定的。TK 相变是温度、时间和材料的热物理性质的函数。

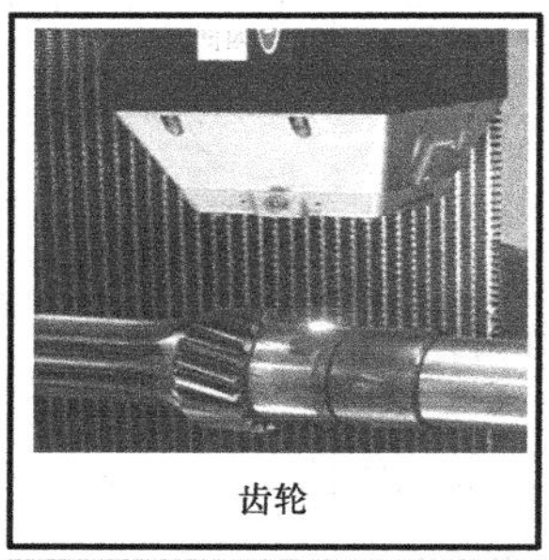
齿轮

轮子

铸造剪切工具

模具

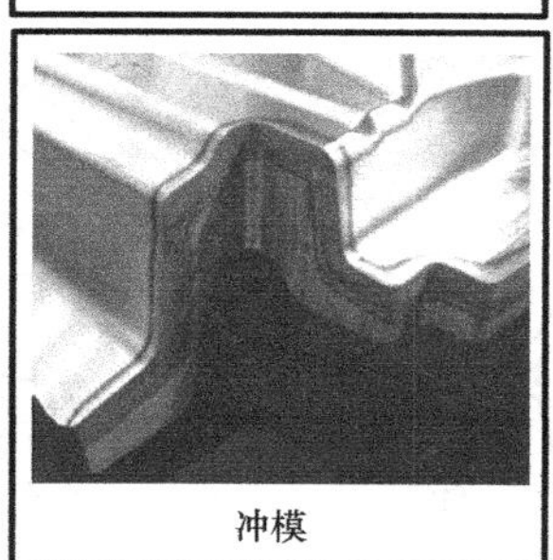
冲模

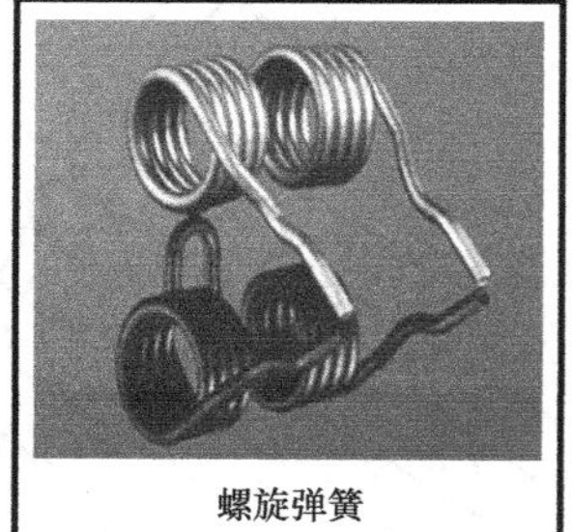
螺旋弹簧

✓ 局部热处理
✓ 增加耐热性、耐磨性和耐蚀性
✓ 提高使用寿命

图 5-85 激光表面局部硬化在工业零件上的应用

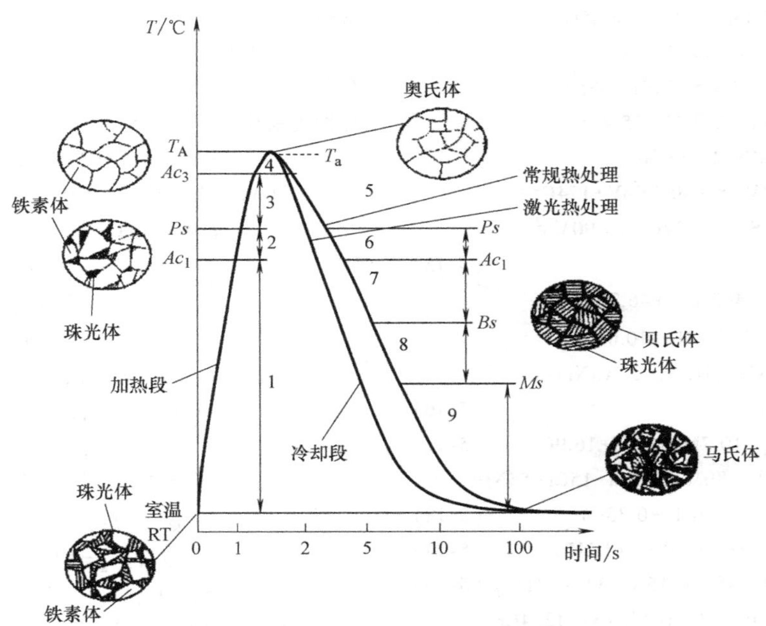

图 5-86　硬化过程中的热动力学相变

碳在钢中扩散，形成一种亚稳态马氏体，与激光硬化相比，常规热处理（CHT）中的这种扩散并生成组织包括几个阶段，而激光硬化只有两个步骤。在室温下，亚共析钢的显微组织为铁素体和珠光体的混合物。当材料暴露于激光束辐射时，金属表面的局部区域快速加热至奥氏体化温度（Ac_3）以上。相比之下，在常规热处理（CHT）中，要达到完全奥氏体化（Ac_3以上），材料必须越过 Ac_1、Ps 和 Ac_3 温度。这里，Ac_1、Ps 和 Ac_3 分别为奥氏体化的开始温度、珠光体形成的开始温度与奥氏体化完成的温度。在加热过程中，如果加热温度足以达到 Ac_1，那么，初始相（铁素体和珠光体）开始转变为奥氏体。材料进一步加热达到 Ps，珠光体瞬间转变为奥氏体。在 Ac_3 以上，铁素体完全转变为奥氏体。在这个温度范围内（Ac_3以上），奥氏体均匀化时间较短。

在各种常规热处理（CHT）中，被加热的材料立即在油或水或空气中淬火，开始了冷却阶段。根据冷却速度，热处理材料会发生不同的相变。当温度达到 Ar_3（奥氏体相变开始温度）时，奥氏体开始恢复形成铁素体。奥氏体-铁素体连续转变，直到温度达到 Ps。在冷却阶段温度达到 Ps 之后，奥氏体迅速转变为珠光体。奥氏体-珠光体连续转变，直到温度达到 Bs（贝氏体开始温度）。在 Bs 温度以下，发生奥氏体-贝氏体相变。随着连续冷却到 Ms（马氏体开始温度），奥氏体开始转变为硬的、亚稳态的马氏体。随着在 Ms 以下进一步的冷却，马氏体转变继续进行，并在 Mf（马氏体完成温度）时完成。

在激光热处理中（LH），当激光束移动到下一个位置时，通过周围材料基体质量的有效传导，提供了一个剧烈的自冷淬火效应（作为热沉）。这种自冷淬火效应立即将加热的表面温度降到 Ms 以下，形成硬的、亚稳态马氏体组织。

冶金相变在几个临界转变温度（Ac_1、Ps、Ac_3、Ar_3、Ar_1、Bs、Ms 和 Mf）上发生［式（5-14）~式 5-22)］。这些转变温度在生成各种比例不同的相的混合物起主要作用。热处理零件最终的表面性能和力学性能纯粹是各相的体积分数、硬度和热物理性能的综合作用结果。

对于钢 Ac_1 和 Ac_3 的温度计算，卡萨特金（kasatkin）等人构思了不可加性要素的经验关系。柯卡尔迪（Kirkaldy）和梵纽可帕兰（Venugopalan）建立了计算了 Ps、Bs 和 Ms 温度之间的经验关系。这些相变温度可用于预测钢的显微组织和硬度。史提芬（Steven）和海恩斯（Haynes）提出钢的成分对预测 Ar_1 和 Ar_3 温度的经验关系。赫耶尔斯莱夫（Hojerslev）设计了计算 Ms 和 Mf 温度的实验估算经验关系：

$$\begin{aligned}Ac_1 = {} & 723-7.08Mn-37.7Si-18.1Cr+44.2Mo+\\ & 8.95Ni+50.1V+21.7Al+3.18W+297S-\\ & 830N-11.5CSi-14.0MnSi-3.10SiCr-\\ & 57.9CMo-15.5MnMo-5.28CNi-\\ & 6.0MnNi+6.77SiNi-0.80CrNi-27.4CV+\\ & 30.8MoV-0.84Cr^2-3.46Mo^2-0.46Ni^2-28V^2\end{aligned} \tag{5-14}$$

$$Ac_3 = 910-370C-27.4Mn+27.3Si-6.35Cr-32.7Ni+95.2V+190Ti+72.0Al+64.5Nb+5.57W+332S+276P+485N-900B+16.2CMn+32.3CSi+15.4CCr+48.0CNi+4.32iCr-17.3SiMo-18.6SiNi+4.80MnNi+40.5MoV+174C^2+2.46Mn^2+6.86Si^2+0.322Cr^2+9.90Mo^2+1.24Ni^2-60.2V^2 \quad (5\text{-}15)$$

$$Ac_m = 244.4+992.4C-465.1C^2+46.7Cr+19.0CCr-6.1Cr^2+7.6Mn+10.0Mo-6.8CrMo-6.9Ni+3.7CrNi-2.7CrNi+0.8Ni^2+16.7Si \quad (5\text{-}16)$$

$$Ps = Ac_1-10.7Mn+29Si+16.9Cr \quad (5\text{-}17)$$

$$Ar_3 = 910-310C-80Mn-20Cu-15Cr-55Ni-80Mo+0.35(h-8) \quad (5\text{-}18)$$

$$Ar_1 = Ps-305.4C-118.2Mn \quad (5\text{-}19)$$

$$Bs = Ps-58C-35Mn-15Ni-34Cr-41Mo \quad (5\text{-}20)$$

$$Ms = 561+474C-33Mn-17.7Ni-12.4Cr-7.5Mo+10Co-705Si \quad (5\text{-}21)$$

$$Mf = Ms-215 \quad (5\text{-}22)$$

式中，C、Mn、Cr、Mo 等均为钢的成分，此处取其质量百分比；h 为材料厚度（m）。

对于较大的表面积激光热处理，应采用多道次扫描，包括反复加热段和冷却段，相应地，这又导致更多生成回火马氏体混合相的机会。在平衡热力学条件下，马氏体的比例可以使用科斯丁-马伯格（Koistinen-Marburger）公式确定：

$$\text{如果}: Ms>T>Mf \quad \text{那么}: X_m = 1-X_a\exp[-0.011(Ms-T)] \quad (5\text{-}23)$$

式中，在 X_m 和 X_a 分别为马氏体和奥氏体的体积分数；Ms 和 Mf 分别为马氏体相变的开始温度和结束温度。当冷却段温度迅速达到 Mf 温度时，可以获得一个完整的马氏体相变。在连续激光扫描中，正常的冷却段受连续加热段的影响，进而影响实际的相变。这样的结果包括通过随后的激光扫描对先前激光扫描形成的马氏体的回火。

回火马氏体分数（X_{tm}）可以用约翰逊-梅尔-阿弗拉密（Johnson-Mehl-Avrami）方程计算：

$$X_{tm} = 1-\exp(-\beta^n) \quad (5\text{-}24)$$

式中，β 和 n 为转变性质和反应常数。在 LSH 中，TK 相变过程与实际的平衡相变相差甚远。因此，在 LSH 的非等温条件下，下面的公式可用于计算相分数：

$$\beta = \int k(T)\,\mathrm{d}t = \int k_0\exp\left(-\frac{Q}{RT}\right)^n \mathrm{d}t \quad (5\text{-}25)$$

式中，Q 为热激活能；R 为摩尔气体常数；k_0 为材料常数。

根据重新加热温度，可以计算回火马氏体的体积分数。最后获得的硬度可以用相分数和硬度的可加性规则计算［式（5-26）~式（5-32）］：

$$HV_{最终} = X_m HV_m + X_{tm} HV_{tm} \quad (5\text{-}26)$$

$$HV_{tm} = X_{\varepsilon C} HV_{\varepsilon C} + X_\alpha HV_\alpha + X_{Fe_3C} HV_{Fe_3C} \quad (5\text{-}27)$$

$$\text{如果}: 250℃ < T < Ac_1 \quad \text{那么}: X_{Fe_3C} = XX_m \frac{C_m - C_\alpha}{C_{Fe_3C} - C_\alpha} \quad (5\text{-}28)$$

$$\text{如果}: 250℃ < T < Ac_1 \quad \text{那么}: X_\alpha = XX_m - X_{Fe_3C} \quad (5\text{-}29)$$

$$\text{如果}: T < 250℃ \quad \text{那么}: X_{\varepsilon C} = XX_m \frac{C_m - C_\alpha}{C_\varepsilon - C_\alpha} \quad (5\text{-}30)$$

$$\text{如果}: T < 250℃ \quad \text{那么}: X_\alpha = XX_m - X_\varepsilon \quad (5\text{-}31)$$

$$C_m = X_{tm} C_m + X_\varepsilon C_\varepsilon + X_\alpha C_\alpha + X_\gamma C_\gamma \quad (5\text{-}32)$$

当材料在 100℃（212 ℉）和 Ac_1 温度之间回火时，会生成一系列的回火组织。在 100~200℃（212~392 ℉）之间回火，在马氏体内形成 ε-碳化物（Fe_2C）沉淀。在 100~200℃ 这个温度范围内回火，马氏体仍然是碳过饱和状态，而马氏体分解发生在较高的温度（参考文献 136）。对在 200~350℃ 之间（392~662 ℉）进行回火，马氏体分解为铁素体和渗碳体。在 350~500℃（662~932 ℉）之间回火，马氏体内发生渗碳体（Fe_3C）沉淀。在 500~700℃ 之间（932~1292 ℉）之间回火，导致在马氏体内更多的碳化物的析出。此外，如果回火温度在 700℃（1292 ℉）以上，由于碳化物的析出，残留奥氏体是不稳定的。在这种处于不稳定状态的过程中，奥氏体能够释放内应力，部分或全部转化为马氏体。这种新的结构称为回火马氏体。前面提到的回火效果可以产生不均匀的渗层深度硬度。由于激光硬化过程中碳以不同等级的激活能扩散和产生不同的冷却速度，在重叠区域的回火效果明显受到影响。此外，在碳钢和合金钢中，由于碳的扩散激活能较低，碳原子的扩散比其他合金元素扩散容易。从这个角度来看，回火是由碳原子扩散控制的一个工艺过程。针对这种情况，由于激光热处理（LH）是取决于时间-温度-材料一种工艺，表面温度必须受控，以获得特定的渗层深度硬度。采用实验边界条件和工艺参数的数值模拟是一个行之有效的成本效益的方法，可以研究工艺参数对温度、相变、显微组织和渗层深度硬度变化的影响。数值模拟可以直观地减少大量的实验阶段，包括大量的材料、金钱和时间。

5.4.10 获得特定硬度的挑战

尽管激光表面热处理有许多优点，包括获得优质的表面（耐热、耐磨、耐蚀）和力学性能（硬度和疲劳应力），工艺速度较快，但是它获得在均匀的硬度方面有一些挑战性。热处理材料的硬度（HV，kgf/mm^2）均匀性可通过控制整个热处理的表面（D，mm）的深度处两个阶段（快速加热和冷却）的相变来实现。冶金相变是由一组热处理工艺参数激发的。工艺参数主要的影响是：

① 激光工艺特点：波长、激光束焦斑直径、功率分布、工作模式（连续式波或脉冲式）、扫描速度、扫描宽度和处理较大表面时的重叠尺寸。

② 材料的热物理性质：比热容、热导率、密度和材料的横截面厚度。

③ 表面状态：粗糙或精细的显微组织和表面吸收率。

④ 边界条件：自然对流或强对流。

工艺参数之间的任何不合理配置都会导致材料热处理的硬度不均匀问题。这个问题可能是由于过热、欠热和热处理材料表面的过冷度，导致部分熔化和部分奥氏体化，相应地，导致不完全和/或不希望的相变，以及意外的和较差的表面材料性能。回火的严重影响以及大面积表面热处理时材料硬度不均匀，是这些不希望的影响之一。

激光束焦斑（d，mm）决定加热斑的宽度（w，mm）。对零件较大的表面进行热处理，采用多道次描时，希望重叠部分最少。在这种情况下，逐行扫描期间，有效加热段在经过重叠区域上面时会干扰先前扫描过的冷却段，因此，被干扰的冷却段可能产生回火显微组织。在逐行扫描期间，这种影响将持续存在，并且其大小取决于后续的扫描次数和工艺参数（能量密度、光束直径、扫描速度）。这种回火显微组织，除了硬化的显微组织以外，会影响材料热处理硬度的均匀性和大小。

相对于扫描宽度 L_s（较短、中等、较长）的变化，对于不同奥氏体化的起始温度（Ac_1）和结束温度（Ac_3），在下列三种情况下硬度会发生变化：

① 过热（$T_{temp}>Ac_3$），其产生原因是扫描束宽较短和交互作用时间较长（由于速度慢扫描）。过热会导致少量奥氏体残留（图5-87a）。残留奥氏体与相变马氏体的混合物，导致重叠区域的硬度减小，它影响材料的硬度均匀性。

② 加热优化（$Ac_1<T_{temp}<Ac_3$），中等扫描束宽，在重叠区域使热积聚均衡并维持冷却，在热处理的材料中产生相当均匀的硬度（图5-87b）。

③ 欠热（$T_{temp}<Ac_1$），其产生原因是扫描束宽较长和相互作用时间较短（由于扫描速度迅速）。欠热仅导致产生一种回火效果（图5-87c），这种回火效果在热处理材料产生非均匀的硬度（图5-87d）。

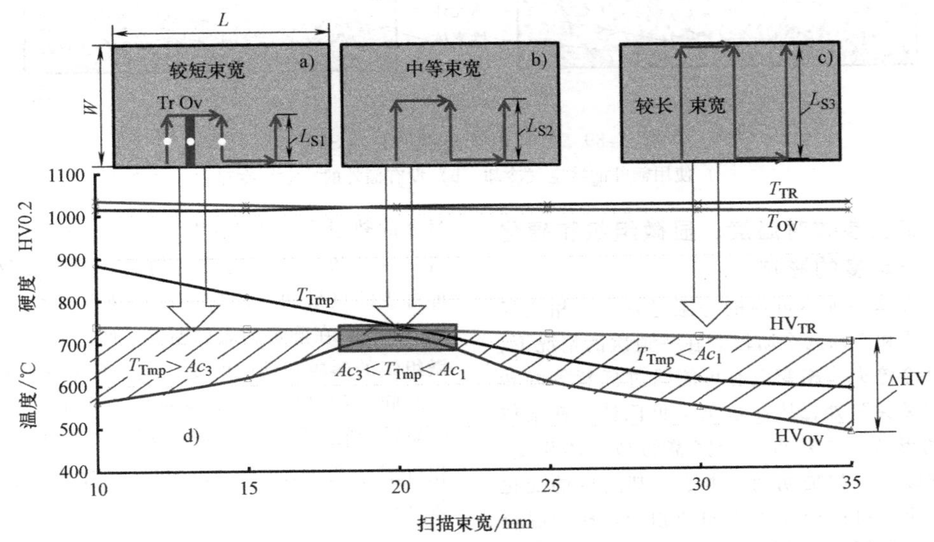

图5-87 连续激光扫描中不同扫描束宽产生硬化层深度硬度变化结果的影响示意图

a）较短扫描束宽 b）中等扫描束宽 c）较长扫描束宽 d）连续激光扫描中硬化层深度的硬度变化

5.4.11 冷却速度的影响

在激光热处理（LH）中，冷却速度对获得希望的显微组织和力学性能对有很大的影响。加热和冷却的速度主要是由激光能量密度和交互作用的时间确定，不包括材料成分和边界条件，而激光能量密度是由激光功率密度产生的。特别地，冷却速度

[式 (5-33)]对特定硬度的影响更为突出：

$$C_R = \frac{\partial T}{dt} = -2\pi k\left(\frac{v}{P_{eff}}\right)(T-T_0)^2 \quad (5\text{-}33)$$

式中，C_R为冷却速度（℃/S）；k为热导率［W/(m·℃)］；v为扫描速度（m/s）；P_{eff}为有效激光功率（W）；T为瞬时温度（℃）；T_0为室温温度（℃）。

下面举一个案例研究，解释冷却速度对显微组织和硬化层深度硬度的影响。在这项研究中，冷空气喷射用于在工艺处理期间为表面热处理提供额外的冷却速度。冷空气压力为 0～2bar（增量为 0.2bar），可用来确定冷空气对热处理表面的冷却效果。采用激光功率为 800W，扫描速度为 100mm/s（4in/s），重叠尺寸为 0.3mm（0.012in），扫描长度为 25mm（1.0in）对试件进行热处理。在冷空气压力达到 1bar 之后，冷却速度明显增加，硬度相应地增加（图 5-88）。扫描电子显微照片清楚地表明，相比无冷空气冷却（图 5-89b），当使用冷空气冷却时（图 5-89a），生成的马氏体相的体积分数（约 36%）更大。用额外的冷空气冷却可以有效地提高冷却速度（18%），在大质量的材料上对流和传导的影响作用本质上占主导地位，这进一步大大地减小了从 Ac_3 达到 Ms 的时间，从而允许更多的奥氏体转变成马氏体，硬度增加（～12%）。因此，最终热处理试件的硬度取决于两个重要因素：所含的材料成分（碳、硅、锰、钼、铬、镍和钒）的每一种相（铁素体、珠光体、贝氏体和马氏体）的体积分数和冷却速度（C_R）。

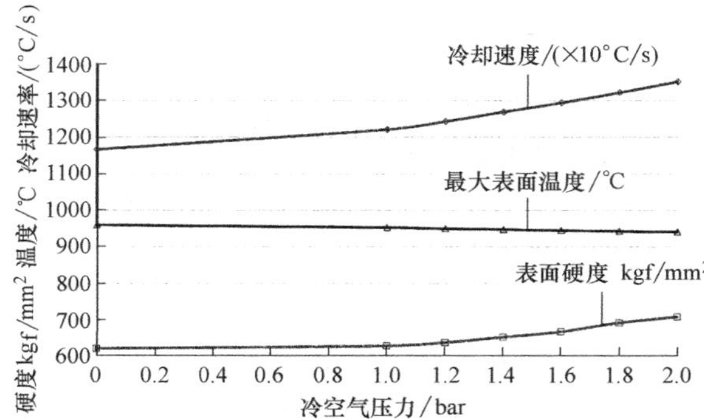

图 5-88 连续激光扫描时额外的冷却对硬度的影响

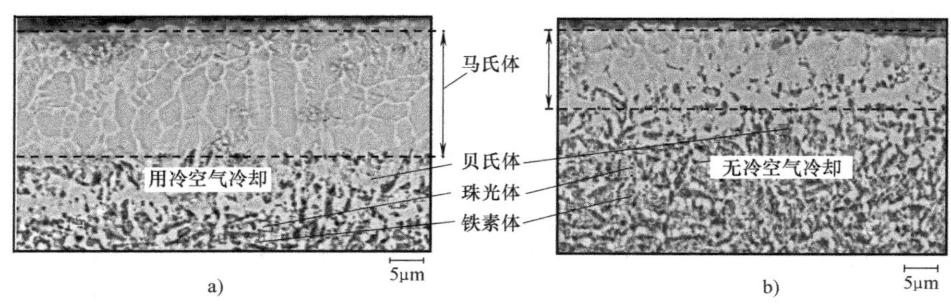

图 5-89 扫描电子显微照片（SEM）
a）使用额外的冷空气冷却 b）没有额外的冷空气冷却

5.4.12 工艺参数对温度、显微组织和硬化层硬度的影响

激光淬火是一种不可逆的等温过程，其相变经历了快速加热和冷却两个阶段。在一道次的情况下，由于快速自冷淬火，相变极有可能跳过任意等温转变曲线的“鼻尖”处，从而避免了贝氏体、铁素体和珠光体的形成，并获得一个完整的马氏体相变。相反，在连续激光扫描期间，由于冷却速度的变化和伴随的回火，可能会发生不同的相变。相的混合影响显微组织和硬度的均匀性。

对于任意一个实际应用，零件都要求热处理硬度均匀，达到希望的硬化层深度。整个热处理硬化层深度上硬度分布的均匀性取决于激光束逐行扫描期间经过先前热处理区域时产生的回火温度。热处理硬化层深度上不均匀的硬度分布可能是由于产生过多的热量和小的/不均匀的冷却速度导致的，或者，热量和冷却速度两者的组合所致，反之亦然，即过少的热量和不均匀的冷却速度所致（表 5-32～表 5-34）。在确定的表面温度、回火温度、相变，显微组织的形成和硬度的变化上，功率密度和相变/交互时间（扫描速度）起着重要的作用（表 5-32～表 5-34）。功率密度是激光功率（P）、激光束焦斑面积（A）、激光效率（β）、和材料对激光束的吸收系数（η）的函数：

$$f(\dot{q}) = f(P, A, \beta, \eta)$$

交互作用时间：

$$t_i = \frac{d}{v}$$

是激光束直径和扫描速度（v，mm/s）之间的比率。

对于连续激光扫描，除了功率密度和作用时间以外，还有一个更重要的因素——热管理，即重叠尺寸和扫描宽度的比，它是确定回火，以及由此产生的相变、显微组织和硬度均匀性（表 5-32）等的重要因素。当激光功率、扫描速度和重叠尺寸固定时，重叠区域的温度和回火温度随重叠尺寸的增加而呈线性增加（表 5-33）。当扫描宽度减小时，也可以预期类似的趋势；回火温度随固定的激光功率、扫描速度和重叠尺寸大小的增加而呈线性增加（表 5-34）。

表 5-32　工艺参数对温度和表面硬度的影响

实例编号	激光功率/W	扫描速度/(mm/s)	重叠尺寸/mm	激光扫描宽度/mm	激光能量密度/(J/mm²)	温度①/℃			深度②/μm		硬度③, kgf/mm²	
						T_{tr}	T_{ov}	T_{tmp}	D_{tr}	D_{ov}	HV_{tr}	HV_{ov}
1	700	50	0.1	25	0.119	917	882	552	125	90	616	590
2	700	100	0.1	25	0.059	869	837	543	110	75	580	561
3	700	150	0.1	25	0.039	824	785	491	105	60	543	497
4	700	50	0.2	25	0.237	928	908	568	135	120	632	603
5	700	100	0.2	25	0.119	912	864	549	125	110	607	576
6	700	150	0.2	25	0.079	831	808	511	115	105	551	509
7	700	50	0.3	25	0.356	984	953	618	155	145	661	638
8	700	100	0.3	25	0.178	948	914	571	140	120	649	608
9	700	150	0.3	25	0.119	910	813	504	130	110	605	536
10	800	50	0.1	25	0.136	1002	952	610	140	105	683	650
11	800	100	0.1	25	0.068	986	924	601	130	95	662	621
12	800	150	0.1	25	0.045	927	901	559	125	80	631	592
13	800	50	0.2	25	0.272	1013	998	734	160	135	696	679
14	800	100	0.2	25	0.136	1007	956	621	145	125	684	651
15	800	150	0.2	25	0.091	941	913	567	135	110	640	606
16	800	50	0.3	25	0.408	1093	1042	795	185	160	765	721
17	800	100	0.3	25	0.204	1029	1018	739	220	215	728	714
18	800	150	0.3	25	0.136	992	917	698	150	130	663	609
19	900	50	0.1	25	0.153	1020	963	628	155	115	709	656
20	900	100	0.1	25	0.076	1015	937	578	140	105	698	639
21	900	150	0.1	25	0.051	998	925	582	130	100	679	621
22	900	50	0.2	25	0.306	1033	1009	728	170	145	717	688
23	900	100	0.2	25	0.153	1016	994	713	155	135	703	663
24	900	150	0.2	25	0.102	1010	929	574	145	130	689	635
25	900	50	0.3	25	0.459	1136	1059	873	195	170	791	732
26	900	100	0.3	25	0.229	1090	1049	812	180	160	765	726
27	900	150	0.3	25	0.153	1024	999	756	160	150	712	699

① T_{tr}，激光束焦斑平均温度；T_{ov}，重叠部分平均温度；T_{tmp}，回火温度。

② D_{tr}，激光束焦斑平均热处理深度；D_{ov}，重叠部分的平均热处理深度。

③ HV_{tr}，激光束焦斑平均硬度；HV_{ov}，重叠部分平均硬度。

表 5-33　重叠尺寸对表面温度、回火温度和硬度的影响

实例编号	重叠尺寸/mm	温度①/℃			$HV^{②}_{0.2}$/(kgf/mm²)		
		T_{tr}	T_{ov}	T_{tmp}	HV_{tv}	HV_{ov}	ΔHV
1	0.1	995	936	617	704	541	163
2	0.2	1012	963	643	713	601	110
3	0.3	1025	1018	746	725	713	12
4	0.4	1022	1034	811	736	624	112
5	0.5	1026	1039	893	741	572	169
6	0.6	1031	1043	934	749	535	214

① T_{tv}，激光光斑平均温度；T_{ov}，重叠部分平均温度；T_{tmp}，回火温度。

② HV_{tr}激光束焦斑平均温度；HV_{ov}，重叠部分平均温度；ΔHV，激光束焦斑和重叠之间的平均硬度差值。

表 5-34 扫描宽度对表面温度、回火温度和硬度的影响

实例编号	扫描宽度/mm	温度①/℃			$HV_{0.2}^{②}$/(kgf/mm²)		
		T_{tr}	T_{ov}	T_{tmp}	HV_{tr}	HV_{ov}	ΔHV
1	10	1018.25	1038.57	893	743	567	176
2	15	1014.79	1027.36	814	739	625	114
3	20	1016.16	1014.62	743	726	711	15
4	25	1024.52	1007.23	659	714	613	101
5	30	1019.61	1001.15	611	704	539	165
6	35	1020.85	998.35	574	687	476	211

① T_{tr}，激光光斑平均温度；T_{ov}，重叠部分平均温度；T_{tmp}，回火温度。

② HV_{tr}激光束焦斑的平均硬度；HV_{ov}，重叠部分的平均硬度；ΔHV，激光束焦斑和重叠部分之间的平均硬度差值。

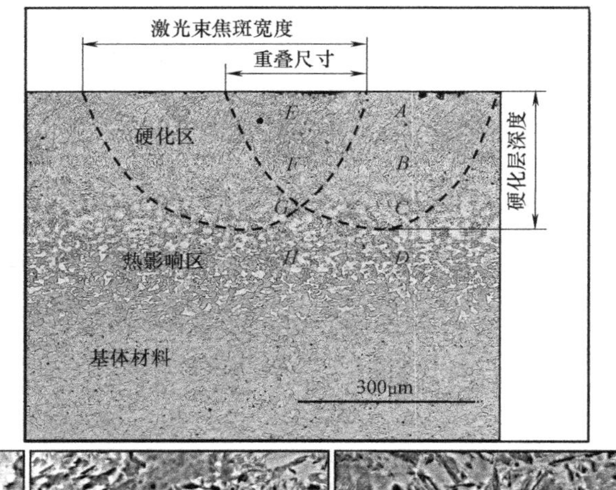

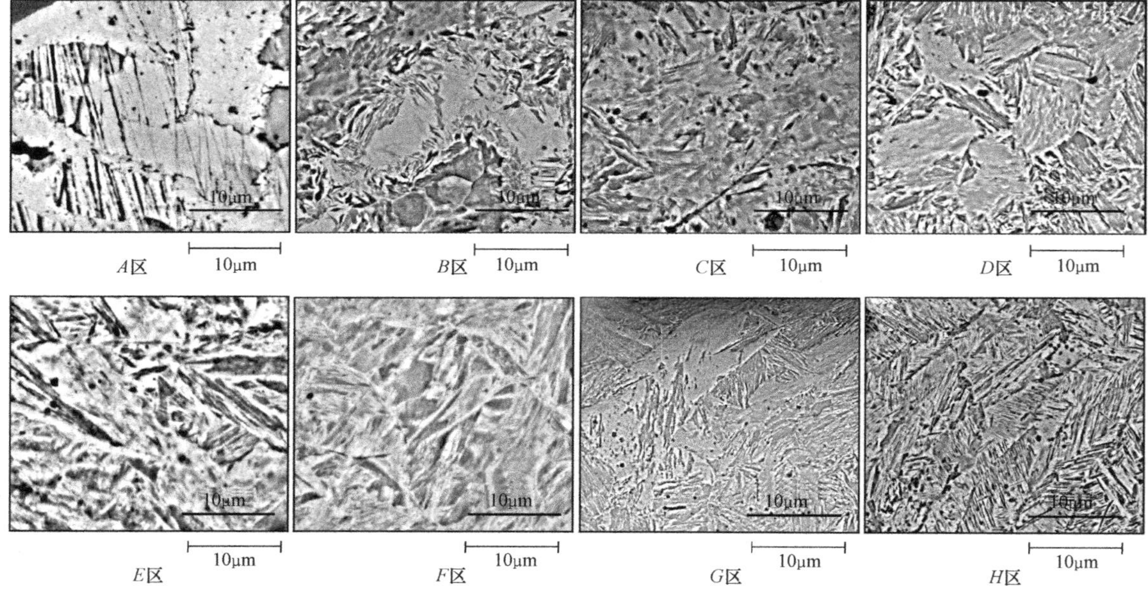

图 5-90 连续激光扫描时全马氏体相变（0.204J/mm²）的扫描电子显微照片

当扫描宽度较小和扫描重叠尺寸较大时，相变温度远高于 Ac_3 温度，并且奥氏体中碳的扩散所需时间不足以使它完全转变为马氏体。因此，残留奥氏体和马氏体的混合相组织导致硬度降低。当扫描宽度较长和重叠尺寸较小时，回火温度维持在 Ac_1 温度以下，以及碳在奥氏体中的扩散时间，这两种因素控制经过等温转变“鼻尖”区域，穿过贝氏体、铁素体和珠光体区域而形成一种相混合物，使硬度降低。因此，可以清楚地认识到，在连续激光扫描期间，硬度下降是由于热管理的回火产生的，相应地，

这又影响相变的均匀性、显微组织和硬度的均匀性（表 5-32～表 5-34）。

硬度均匀性是回火温度的函数 [$f(\mathrm{HV})=f(T_{\mathrm{tmp}})$]，而回火温度是重叠尺寸和扫描宽度的函数 [$f(T_{\mathrm{tmp}})=f(\mathrm{OV},L_s)$]。因此，在连续激光扫描中硬度均匀性是重叠尺寸、扫描宽度、激光功率和扫描速度的函数 [$f(\mathrm{HV}_{均匀性})=f(\mathrm{OV},L_s,P,V)$]。通过改变重叠尺寸的大小、扫描长度、激光功率和扫描速度可以获得三个重要的实例。0.204J/mm^2、多道次激光热处理（MPLHT）完全马氏体转变的扫描电子显微照片如图 5-90 所示。表 5-35 中也详细给出了有关各种铁基合金激光热处理的综述。

表 5-35 铁基合金的激光热处理

材料系	结 果
En31	改善摩擦磨损性能
AISI 15B21H	硬度和疲劳性能增强
AISI W112	耐磨性提高
En18	通过马氏体相变提高硬度和耐磨性
En8 钢	通过马氏体相变提高硬度
AISI 420、AMS 5898	耐磨性增强
中碳钢	通过增强硬度获得组织稳定性
AISI 440C	提高硬度和耐蚀性（马氏体、残留奥氏体、细化碳化物）
2Cr13	高硬度、优良的耐磨性和抗氧化性能
AISI 4140、AISI A2、AISI D2	通过增强马氏体相和压应力提高硬度和抗疲劳性能
C45E	硬度提高
En8	较高的硬度和良好的耐磨性
AISI 1536	改善多通道硬度均匀性
En8、En24T	使用顶帽状激光束能量分布较大面积的硬度提高
SAE 52100	较高硬度和良好的耐磨性
AISI 1045	闭环控制，保证较高的硬度均匀性
塑料模具钢	由于更多 Cr_xC_y 的溶解，硬度提高
S45C	硬度提高
AISI 4140	通过实验和建模方法获得较高硬度
	相变诱导残余应力和硬度提高
AISI H13	通过马氏体相变增加硬度
SM45C	通过控制激光过程变量提高硬度
AISI 420	通过细化显微组织增强硬度和抗点蚀性
AISI 420B	表面硬度提高
C40	优异的耐磨性和高硬度
AISI O1	提高硬化层硬度
AISI S7	多通道硬化层增加硬度均匀性

实例 1：($T_{\mathrm{tmp}}>Ac_3$)。对于较大重叠尺寸和较短的扫描宽度，回火温度在 Ac_3 温度以上。较高的温度导致重新奥氏体化，随后，在自冷淬火之后，形成残留奥氏体和马氏体的混合物。

实例 2：($Ac_1>T_{\mathrm{tmp}}<Ac_3$)。对于中等的重叠尺寸与扫描宽度，回火温度降到 Ac_1 和 Ac_3 温度之间，在热处理材料中发生完全奥氏体化；然后通过快速冷却，可以得到一个完全的马氏体相变。

实例 3：($T_{\mathrm{tmp}}<Ac_1$)。对于较小尺寸的重叠和较长的扫描宽度，回火温度降到 Ac_1 温度以下，奥氏体中碳的扩散时间不足以经过等温转变曲线的“鼻尖”而形成贝氏体、铁素体和珠光体的混合物。在冷却段结束的时候，已经在重叠区域形成的亚稳态马氏体分解为固相转变产物贝氏体相和 ε-碳化物相。因此，可以得到马氏体、贝氏体和 ε-碳化物相的混合相。

5.4.13 非铁基合金激光表面淬火

在许多工业应用中，如交通运输、建筑设备、国防、原子能等，强度-重量比是一个关键因素。对于这些应用，使用低密度的轻金属，即铝、镁、钛（见表 5-36～表 5-39）。除了重量轻、比强度高以外，这些金属，如铝，具有良好的导电性和导热性，镁具有良好的形式，而钛可以提供防腐蚀保护。用非铁基合金（铝、镁、钛）的材料替代铁基合金，在许多工业应用中有巨大潜力。然而，在重载荷状态下要求耐磨和耐蚀的应用中，这些非铁基合金还不够硬。因此，需要对这些合金进行表面改性处理，以提高其耐磨性、耐热性和耐蚀性。针对这种情况，在过去的几十年中，激光表面硬化（LSH）已经用来调整使之适应耐磨、耐蚀、耐热和耐摩擦性能。关于铝、镁和钛合金的激光表面淬火（LSH）的详细调查及其成果报告见表 5-40～表 5-42。对给定的非铁基合金进行激光表面淬火（LSH）时，这些详细资料可以作为参考。

表 5-36　铝、镁、钛与铁的物理力学性能比较

性　　能	铝	镁	钛	铁
密度/(kg/m³)	2700	1740	4500	7870
熔点/℃	660.32	649	1667	1538
沸点/℃	2520	1090	3285	2862
在 0～100℃的热导率/[W/(m·K)]	238	155.5	16	80.4
在 0～100℃比热容/[J/(kg·K)]	917	1038	528	450
在 0～100℃热胀系数/[(10^{-6}·K)]	23.5	26.0	8.9	11.8
抗压强度/MPa	—	80	930	240
断裂韧度/MPa $\sqrt{m^2}$	—	28	85	125
弹性模量/GPa	70	45	115	211
弹性模量/密度	0.026	0.026	0.026	0.027
恒定刚度/(wt%)	50	37	—	100

注来源：参考文献 163。

表 5-37　铝及其合金的物理、力学性能

材料	标称成分(%)	密度/(g/cm³)	在 100℃时的热导率/[W/(m·K)]	弹性模量/GPa
Al	Al99.5	2.70	218	69
	Al99.0	2.70	209	—
Al-Cu	Cu4.5	2.75	180	71
	Cu8	2.83	138	—
	Cu12	2.93	130	—
Al-Mg	Mg3.75	2.66	134	—
	Mg5	2.65	130	—
	Mg10	2.57	88	71
Al-Si	Si5	2.67	159	71
	Si11.5	2.65	142	—
Al-Si-Cu	Si10,Cu1.5	2.74	100	71
	Si4.5,Cu3	2.76	134	71
Al-Si-Cu-Mg	Si17,Cu4.5,Mg0.5	2.73	134	88
Al-Cu-Mg-Ni	Cu4,Mg1.5,Ni2	2.78	126	71
Al-Cu-Fe-Mg	Cu10,Fe1.25,Mg0.25	2.88	138	71
Al-Si-Cu-Mg-Ni	Si12,Cu1,Mg1,Ni2	2.71	121	71
	Si23,Cu1,Mg1,Ni1	2.65	107	88
Al-Li	Li2	2.56	—	77
Al-Mg-Li	Mg3,Li2	2.52	—	79
Al-Li-Mg	Li3,Mg2	2.46	—	84
Al-Zn-Mg	Zn10,Cu1,Mn0.7,Mg0.4	2.91	151	—

表 5-38　镁及其合金的物理、力学性能

材料	标称成分(%)	密度/(g/cm³)	在 100℃时的热导率/[W/(m·K)]	极限抗拉强度/MPa	维氏硬度 VPN
纯 Mg	Mg99.97	1.74	167	185	30～35
Mg-Mn	Mn1.5	1.76	142	232	35～45

（续）

材料	标称成分(%)	密度/(g/cm³)	在 100℃时的热导率/[W/(m·K)]	极限抗拉强度/MPa	维氏硬度 VPN
Mg-Al-Zn	Al3,Zn1,Mn0.3	1.78	84	232	50~60
	Al6,Zn1,Mn0.3	1.81	84	293	60~70
	Al8,Zn1,Mn0.3	1.81	84	293	65~75
Mg-Zn-Mn	Zn2,Mn1	1.78	—	232	—
Mg-Zn-Zr	Zn1,Zr0.6	1.8	134	263	55~70
	Zn3,Zr0.6	1.8	125	270	60~70
	Zn5.5,Zr0.6	1.83	117	270	60~80
Mg-Y-RE-Zr	Y4,RE3.4,Zr0.6	1.84	51	—	—
	Y5.1,RE3,Zr0.6	1.85	52	—	—
Mg-RE-Zn-Zr	RE2.7,Zn2.2,Zr0.7	1.8	100	—	—
	RE1.2,Zn4,Zr0.7	1.84	113	—	—
	RE2.5,Zn6,Zr0.7	1.87	109	—	—
Mg-Th-Zn-Zr	Th0.8,Zn0.5,Zr0.6	1.76	121	—	—
	Th3.0,Zn2.2,Zr0.7	1.83	105	—	—
	Th5.5,Zn1.8,Zr0.6	1.87	113	—	—
Mg-Ag-Re-Zr	Ag2.5,RE2,Zr0.6	1.82	113	—	—
	Ag1.5,RE2.2,Zr0.7	1.81	113	—	—
Mg-Zn-Cu-Mn	Zn6.5,Cu1.3,Mn0.8	1.87	122	340	60~80
Mg-Ag-RE-Th-Zr	Ag2. 5,RE1,Th1,Zr0.7	1.83	113	270	65~80

表 5-39　钛及其合金的物理、力学性能

材料	标称成分(%)	密度/(g/cm³)	在 20~100℃时导热系数/[W/(m·K)]	抗拉强度/MPa	弹性模量/GPa
工业纯钛	工业纯钛	4.51	16	—	—
IMI230	Cu2.5	4.56	13	620	125
IMI260/261	Pd0.2	4.52	16	—	125
IMI315	Al2,Mn2	4.51	8.4	720	120
IMI317	Al5,Sn2.5	4.46	6.3	860	120
IMI318	Al6,V4	4.42	5.8	1160	106
IMI550	Al4,Mo4,Sn2,Si0.5	4.60	—	1200	116
IMI551	Al4,Mo4,Sn4,Si0.5	4.62	5.7	1300	113
IMI679	Al2.25,Sn11,Zr5,Mo1,Si0.2	4.84	7.1	1230	108
IMI680	Al2.25,Sn11,Mo4,Si0.2	4.86	7.5	1350	115
IMI685	Al6,Zr5,Mo0.5,Si0.25	4.45	4.8	1020	124
IMI829	Al5.5,Sn3.5,Zr3,Nb1,Mo0.3,Si0.3	4.53	7.8	965	120
IMI834	Al5.8,Sn4,Zr3.5,Nb0.7,Mo0.5,Si0.35,C0.06	4.55	—	1067	120

表 5-40　铝合金激光表面淬火

材料系	结　果
	激光热处理
Al-Li-Cu	改善抗氧化性能
Al7075-T651	由于显微组织细化,耐蚀性更好
A356	组织均匀导致硬度和拉伸强度增加
AW6016	增加拉伸剪切强度
$AlSi_6Cu_4$、EN-AW 6082	由于细晶粒组织和弥散硬化的结果,硬度和耐磨性提高
AA7449-T7651	组织细化和力学性能增强

（续）

材料系	结　　果
激光表面熔化	
Al2024-T351	组织细化和元素重新分配导致更好的耐点蚀性能
Al-Si 合金	由于 Al 晶粒细化和 Si 富集，耐蚀性增强
LM25	提高耐磨性
Al2014-T6	细化显微组织（柱状、细胞、树枝晶）导致力学性能和耐蚀性增加
Al-Cu	快速显微组织形成导致硬度增加
Al6013	由于 AlN 和 Al_2O_3 形成，抗疲劳性能和耐蚀性增加
AA2050-T8	由于小电流耦合（Al-Cu-Fe-Mn，Al-Zr-Ti），耐蚀性增加
Al-Fe	形成不同组织（亚稳相和稳定相、金属间化合物、氧化物）导致较高承载能力和耐磨性
$AlSi_7Mg_{0.3}$	由于形成 AlN 相，提高承载能力和耐磨性
	激光辅助碳扩散和 AlC 形成导致耐磨性增强
激光冲击强化	
Al2024-T62	弹性性能（泊松比、杨氏模量）改进
Al6061-T6	提高耐磨性和抗疲劳性能
Al-Si-Mg	疲劳强度增加
AA 7075-T7351	由于更深的残余压应力的形成耐疲劳性提高
LY2	晶粒细化、高密度位错引起硬化和弹性模量增加
Al7050-T7451	由更深的残余压应力诱导抗疲劳性能增加
Al2050-T8	由于高阶压应力诱导硬度和耐蚀性增加
Al2050-T8	由于压应力的促进作用产生有益的电化学性能
Al7050-T7451	冲击引起的压应力和由此在晶粒内产生的高密度位错表现出较高的抗疲劳性能
Al6061-T6	增加硬度和表面粗糙度
Al6082-T651	由于 Al_2O_3 富集产生较高耐蚀性
Al7075-T651	增强抗疲劳能力
LY2	由于冲击引起残余应力形成，表面粗糙度和硬度增加
5A06	通过增加硬度和耐磨性，强化表面
激光熔覆	
AA6061（Mo-WC）	由于 WC、Al_5Mo、$Al_{22}Mo_5$、$Al_{17}Mo_4$、(Al_5W)12H、Mo_2C、Al_4C_3 和 WAl_{12} 硬质相形成，有很高的硬度和优良的耐磨性
AlSi10Mg（AlSi10Mg）	增强抗疲劳性能
激光表面合金化	
A359（A359、SiC）	改善力学性能（流变应力）
AA6061（SiC、Si_3N_4）	由于 Al_4C_3、Al_4SiC_4 和 AlN 形成，硬度很高，抗空蚀和耐点蚀性能良好
A5083（TiC，Cu）	不同显微组织（TiC、Al_2Cu、Al_4Cu_9）细化，提高硬度和耐磨性
Al6061（NiCrSiB）	硬质相（NiAl、Ni_3Al、$NiAl_3$、Ni_2Al_3）形成，导致很高的硬度及优异的抗空蚀性和耐蚀性
Al1100（Al-Cu）	显微组织均匀性和孔隙度消除导致弹性模量和耐磨性增加
A5052（Fe-Al）	由于 $FeAl_3$ 和 Fe_2Al_5 形成，硬度和耐磨性提高
Al1100（WC+Co+NiCr）	由于混合碳化物（WC、W_2C、Al_4C_3、Al_9Co_2、Al_3Ni、$Cr_{23}C_6$ 和 Co_6W_6C）形成，硬度和耐磨性提高
Al1100、AlMg1SiCu、AlSi10Mg（Fe_2O_3）	由于 Al_2O_3、$Al_{13}Fe_4$、Al_3FeSi_2 形成，导致硬度很高

表 5-41　镁合金激光淬火

材料系	工艺类型①	结　　果
Mg-ZK60+SiC	LSM	显微组织细化和提高耐蚀性
AZ91	LSM	提高耐蚀性
Mg+SiC（Al-Si）	LC	加入 Al 和 Si 导致较高的耐蚀性

（续）

材料系	工艺类型①	结果
AZ91D,AM60B	LSM	均匀的显微组织细化促进耐蚀性提高
MEZ(SiC)	LHF	表面硬质相(SiC)诱导耐磨性提高
WE43,ZE41(Al)	LC	由于 Al_3Mg_2 和 $Al_{12}Mg_{17}$ 金属间化合物形成和 β-相细化，导致硬度提高，耐蚀性提高
AZ31,AZ61,WE43	LSM	
ZK60/SiC(Al+Zn)	LC	增加耐蚀性
Mg-Al-Zn-Mn-Ce	LSM	富集 $Mg_{17}Al_{12}$ 细枝晶提供良好的耐蚀性
Mg-Zn(Mg-Zn)	LC	由于均匀的显微组织，硬度提高
AZ31,AZ61	LSM	微组织细化产生硬化和耐磨性增强的结果
AZ91D(Al+Si+Al_2O_3)	LC	由于 Si,Al_2O_3 和 $Mg_{17}Al_{12}$ 分散提高，获得很高的硬度
AZ91HP(Al-Si)	LC	多个镁金属间化合物(Mg_2Si、$Mg_{17}Al_{12}$、Mg_2Al_3)导致硬度、耐磨性和耐蚀性提高
AZ91D(CeO_2)	LC	耐蚀性提高
ZM5(Al+Ir)	LC	由于晶粒细化和富集铝的金属间化合物(AlIr、$Mg_{17}Al_{12}$)溶解综合影响，耐蚀性更好
Mg-Al(Ni,Cu,Al)	LSA	富集镍的固态相导致优异的耐蚀性和耐磨性
ACM720	LSM	由于晶粒细化和固溶强化，硬度、耐磨性和耐蚀性提高
ZE41(Al+Si)	LC	由于 $Mg_{17}Al_{12}$ 形成，耐蚀性提高
AZ91D	LSM	均匀的显微组织细化提供耐磨性
MRI 153M(Al+Al_2O_3)	LC	由于 Al_2O_3 相细化，产生很高的硬度
AZ91D(Al+Si)	LC	通过 Mg_2Si 和 $Mg_{17}Al_{12}$ 强化相，产生很高的硬度和耐磨性
AZ91(Ni)	LSA	由于 $MgNi_2$ 相形成，杨氏模量和耐磨性提高
ZE41	LSM	均匀的显微组织细化导致硬度和耐磨性增强
AZ31B	LSM	改善力学性能(抗拉强度)
AZ91D(Al+SiC)	LC	由于 SiC 和 β-$Mg_{17}Al_{12}$ 相复合材料，硬度和耐磨性提高
ZE41(Al+Si)	LC	快速熔凝显微组织细化(Al-Mg、Mg_2Si)导致较高的承载能力
AZ31B(Al)	LSM/LC	较多的 $Mg_{17}Al_{12}$ 相的金属间化合物细化，增强了耐蚀性和耐磨性
AZ91D	LSM	由于 $Mg_{17}Al_{12}$ 形成，摩擦性能提高

① LSM，激光表面熔化；LC，激光熔覆；LHF，激光堆焊；LSA，激光表面合金化。

表 5-42 钛合金激光表面淬火

材料系	结果
	激光热处理
Ti,Ti-6Al-4V	表面织构化和耐磨性增强
Ti6Al-4V	由于溶质分配效应减少和铝偏析，耐点蚀性能提高
CP-Ti 合金	润湿特性改善
ASTM 等级 3Ti	通过相变硬度提高
Ti-6Al-4V	硬度提高
	激光表面熔化
Ti-6Al-4V	耐磨性增强
CP-Ti 合金	提高耐磨料磨损性能
α-Ti	显微组织细化及马氏体转变，改善力学性能
	激光冲击强化
Ti-15-3	改善粘结强度
CP-Ti	改善力学性能(拉伸，弹性模量，硬度)
	更好的硬度和拉伸强度
TC17	由于残余压应力的形成提高承载力
Ti-2.5Cu,Ti-54M,LCB	疲劳性能改善
	激光熔覆
CP-Ti(Ni+Cr)	较高的耐磨性
CP-Ti(Ti+C)	改善摩擦性能
BT9(Ti_5Si_3/$NiTi_2$)	由于复合金属间化合物(Ti_5Si_3/$NiTi_2$)形成，产生优异的承载力和耐磨性
BT20(BT20)	显微组织的均匀性，硬度、耐磨性增强

（续）

材料系	结　　果
激光表面合金化	
IMI 318(SiC)	耐磨性和硬度的提高
Ti-6Al-4V(SiC)	通过显微组织细化，力学性能增强
Ti-6Al-4V($NiAl+ZrO_2$)	由于较高的硬质相($AlZr_3$，Ti_3Al，Al_2O_3)形成，硬度和摩擦性能提高
BT9(Cr-Ni-Si)	由于大量 $Cr_{13}Ni_5Si_2$ 富集，产生优良的耐磨性
CP-Ti(Ni+Pd)	耐蚀性改善
BT9($TiCo/Ti_2Co$)	占优势的耐磨性
CP-Ti(TiN-B-Si-Ni)	更高的硬度、抗氧化性和摩擦性能
Ti(TiB)	由于更多硼化物形成，硬度提高
Ti-6Al-4V(TiB)	增加耐磨性
Ti-6Al-4V(石墨)	显微组织细化(TiC)，耐磨性和耐侵蚀性提高

参考文献

1. J. Hecht, Short History of Laser Development, *Opt. Eng.*, Vol 49, 2010, p1-23
2. N. B. Dahotre and S. Harimkar, *Laser Fabrication and Machining of Materials*, Springer, New York, 2007
3. G. Overton, S. G. Anderson, D. A. Belforte, and T. Hausken, Laser Marketplace 2010: How Wide Is the Chasm? *Laser Focus World*, Jan 2010
4. K. Kincade, Diode Lasers Text Their Mettle in Surface Treatment, *Laser Focus World*, 2006, p95-97
5. M. Hendriks, Repair instead of Replace, *Laser Focus World*, July 2010
6. S. Swann, Magnetron Sputtering, *Phys. Technol.*, Vol 19, 1988, p67-75
7. G. R. B. E. Romer and J. Meijer, Metal Surface Temperature Induced by Moving Laser Beams, *Opt. Quantum Electron.*, Vol 27, 1995, p1397-1406
8. I. R. Pashby, S. Barnes, and B. G. Bryden, Surface Hardening of Steel Using a High Power Diode Laser, *J. Mater. Process. Technol.*, Vol 139, 2003, p585-588
9. J. D. Majumdar and I. Manna, Laser Processing of Materials, *Ssadhana*, Vol 28, 2003, p495-562
10. W. M. Steen, *Laser Material Processing*, Springer, New York, 1998
11. W. W. Duley, *Laser Processing and Analysis of Materials*, Plenum Press New York, 1983
12. H. G. Woo and H. S. Cho, ThreeDimensional Temperature Distribution in Laser Surface Hardening Processes, *Proc. Inst. Mech. Eng. B*, Vol 213, 1999, p695-712
13. F. Meriaudeau, Real Time Multispectral High Temperature Measurement: Application to Control in the Industry, *Image Vision Comput.*, Vol 25, 2007, p1124-1133
14. "FLIR Manual," FLIR Systems, Inc., Jan 2012, http://support.flir.com, accessed June 2012
15. M. A. Sheikh and L. Li, Understanding the Effect of Non-Conventional Laser Beam Geometry on Material Processing by Finite Element Modeling, *Proc. IMechE*, Vol 224, 2009, p1061-1072
16. L. Pawlowski, Thick Laser Coatings: AReview, *J. Therm. Spray Technol.*, Vol 8 (No. 2), June 1999, p279-295
17. A. Laskin and V. Laskin, "Applying of Refractive Beam Shapers of Circular Symmetry to Generate Non-Circular Shapes of Homogenized Laser Beams," Paper 7913 _ 20, SPIE Conference on Laser Resonators and Beam Control XIII, Jan 2011
18. E. Toyserkani and A. Khajepour, *Laser Cladding*, CRC Press, Florida, 2005
19. S. T. Picraux and D. M. Follstaedt, in *Laser-Solid INteractions and Transient Thermal Processing of Materials*, J. Narayan, W. L. Brown, and R. A. Lemons, Ed., North-Holland, New York, 1983, p751
20. L. Buene et al., *Appl Phys. Lett.*, Vol 37, 1981, p583-590
21. S. Katakam, J. Y. Hwang, H. Vora, S. Harimkar, R. Banerjee, and N. B. Dahotre, Laser-Induced Thermal and Spatial Nanocrystallization of Amorphous Fe-Si-B Alloy, *Scr. Mater.*, Vol 66, 2012, p538-554
22. C. M. Cook and J. M. Haake, Monitoring and Controlling the Temperature in a High Power Direct Diode Laser Surface Hardening Application *20th ASM Heat Treating Society Conference Proceedings*, 2000, p 183-191
23. W. H. H. Syed, A. J. Pinkerton, and L. Li, A Comparative Study of Wire Feeding and Powder Feeding in Direct Diode Laser Deposition for Rapid Protoyping, *Appl. Surf. Sci.*, Vol 247, 2005, p268-276
24. C. Y. Liu and J. Lin, Thermal Processes of a Powder Particle in Coaxial Laser Cladding, *Opt. Laser Technol.*, Vol 35, 2003, p81-86
25. K. Takaki et al., Determination of Heat and Ion Fluxes in Plasma Immersion Ion Implantation by In Situ Measurement of Temperature Using Laser Interferometer, *Surf. Coat. Techn-*

ol., Vol 136, 2001, p261-264

26. W. Kurz and D. J. Fisher, *Fundamentals of Solidification*, Trans Tech Publication, 1990
27. J. Jazumder, A. Schifferer, and J. Choi, Direct Materials Deposition: Designed Macro and Microstructure, *Mater. Res. Innov.*, Vol 3, 1999, p118-131
28. M. L. Griffith et al., Understanding the Microstructure and Properties of Components Fabricated by Laser Engineered Net Shaping LENS, *Proc. of the Solid Freeform and Additive Fabrication Conference*, 1999 (San Francisco, CA), 2000, p9-20
29. E. Kennatey-Asibu, *Principles of Laser Materials Processing*, John Wiley & Sons, Inc., Hoboken, NJ, 2009
30. S. Ghosh, G. L. Goswami, A. R. Biswas, R. Venkatramani, and S. P. Garg, Surface Melting Using Laser for Improvement in Oxidation Resistance of Inconel 600, *Trans. Indian Inst. Met.*, Vol 50 (No. 4), 1997, p287-290
31. R. J. DiMelfi, P. G. Sanders, B. Hunter, J. A. Eastman, K. J. Sawley, K. H. Leong, and J. M. Kramer, Mitigation of Subsurface Crack Propagation in Railroad Rails by Laser Surface Modification, *Surf. Coat Technol.*, Vol 106, 1998, p30-43
32. C. T. Kwok, H. C. Man, and F. T. Cheng, Cavitation Erosion and Pitting Corrosion of Laser Surface Melted Stainless Steels, *Surf. Coat. Technol.*, Vol 99, 1998, p295-304
33. Q. Y. Pan, W. D. Huang, R. G. Song, Y. H. Zhou, and G. Zhang, The Improvement of Localized Corrosion Resistance in Sensitized Stainless Steel by Laser Surface Remelting, *Surf. Coat. Technol.*, Vol 102, 1998, p245-255
34. C. T. Kwok, H. C. Man, and F. T. Cheng, Cavitation Erosion and Pitting Corrosion Behaviour of Laser Surface-Melted Martensitic Stainless Steel UNS S42000, *Surf. Coat. Technol.*, Vol 126, 2000, p238-255
35. R. Wu, C. Xie, M. Hu, and W. Cai, Laser-Melted Surface Layer of Steel X165CrMoV12-1 and Its Tempering Characteristics, *Mater. Sci. Eng. A*, Vol 278, 2000, p1-4
36. A. Conde R. Colac, R. Vilar, and J. de Damborenea, Corrosion Behaviour of Steels after Laser Surface Melting. *Mater. Des.*, Vol 21, 2000, p441-445
37. N. Parvathavarthini, S. Saroja, R. K. Dayal, and H. S. Khatak, Studies on Hydrogen Permeability of 2.25%Cr-1%Mo Ferritic Steel: Correlation with Microstructure, *J. Nucl. Mater.*, Vol 288, 2001, p187-196
38. A. Conde, I. Garcia, and J. J. de Damborenea, Pitting Corrosion of 304 Stainless Steel after Laser Surface Melting in Argon and Nitrogen Atmospheres, *Corros. Sci.*, Vol 43, 2001, p817-828
39. D. I. Pantelis, E. Bouyiouri, N. Kouloumbi, P. Vassiliou, and A. Koutsomichalis, Wear and Corrosion Resistance of Laser Surface Hardened Structural Steel, *Surf. Coat. Technol.*, Vol 298, 2002, p125-134
40. C. T. Kwok, K. I. Leong, F. T. Cheng, and H. C. Man, Microstructural and Corrosion Characteristics of Laser Surface-Melted Plastics Mold Steels, *Mater. Sci. Eng. A*, Vol 357, 2003, p94-103
41. M. Kulka and A. Pertek, Microstructure and Properties of Borided 41Cr4 Steel after Laser Surface Modification with Re-Melting, *Appl. Surf. Sci.*, Vol 214, 2003, p278-288
42. S. Kac and J. Kusinski, SEM Structure and Properties of ASP2060 Steel after Laser Melting, *Surf. Coat. Technol.*, Vol 180-181, 2004, p611-615
43. Y. Suna, S. Hanakia, M. Yamashitaa, H. Uchidaa, and H. Tsujii, Fatigue Behavior and Fractography of Laser-Processed Hot Work Tool Steel, *Vacuum*, Vol 73, 2004, p655-660
44. P. H. Chong, Z. Liu, X. Y. Wang, and P. Skeldon, Pitting Corrosion Behaviour of Large Area Laser Surface Treated 304L Stainless Steel, *Thin Solid Films*, Vol 453-454, 2004, p388-393
45. M. Szkodo, and B. G. Girén, Cavitation Erosion of Steels, Processed by CO_2 Laser Beams of Various Parameters, *J. Mater. Process. Technol.*, Vol 157-158, 2004, p446-450
46. K. A. Qureshi, N. Hussain, J. I. Akhter, N. Khan, and A. Hussain, Surface Modification of Low Alloy Steel by Laser Melting, *Mater, Lett.*, Vol 59, 2005, p719-722
47. R. Colac and R. Vilar, On the Influence of Retained Austenite in the Abrasive Wear Behaviour of a Laser Surface Melted Tool Steel, *Wear*, Vol 258, 2005, p255-231
48. P. H. Chong, Z. Liu, P. Skeldon, and P. Crouse, Characterisation and Corrosion Performance of Laser-Melted 3CR12 Steel, *Appl. Surf. Sci.*, Vol 247, 2005, p362-368
49. K. T. Voisey, Z. Kiu, and . H. Stott, Inhibition of Metal Dusting of Alloy 800H by Laser Surface Melting, *Appl. Surf. Sci.*, Vol 252, 2006, p3658-3666
50. M. Badrossamay and T. H. C. Child, Further Studies in Selective Laser Melting of Stainless and Tool Steel Powders, *Int. J. Mach. Tools Manuf.*, Vol 47, 2007, p779-784
51. C. T. Kwok, F. T. Cheng, and H. C. Man, Microstructure and Corrosion Behaviour of Laser Surface Melted Stainless Steels, *Surf. Coat. Technol.*, Vol 202, 2007, p336-348
52. K. A. Mumtaz, P. Erasenthiran, and N. Hopkinson, High Density Selective Laser Melting of Waspaloy, *J. Mater. Process.* Technol., Vol 195, 2008, p77-87
53. S. Dao, M. Hua, T. M. Shao, and H. Y. Tam, Surface Modification of DF-2 Tool Steel under the Scan of a YAG Laser in Continuously Moving Mode, *J. Mater. Process. Technol.*, Vol 209, 2009, p4689-4697
54. B. D. Joo, J. -H. Jang. J. -H. Lee, Y. -M. Son, and Y. -

H. Moon, Selective Laser Melting of Fe-Ni-Cr Layer on AISI H13 Tool Steel, *Trans. Nonferrous Met. Soc. China*, Vol 19, 2009, p921-924

55. J. D. Majumdar, A. K. Nath, and I. Manna, Studies on Laser Surface Melting of Tool Steel, Part Ⅰ: Surface Characterization and Its Electrochemical Behavior, *Surf. Coat Technol.*, Vol 204, 2010, p1321-1325
56. J. D. Majumdar, A. K. Nath, and I. Manna, Studies on Laser Surface Melting of Tool Steel, Part Ⅱ: Mechanical Properties of the Surface, *Surf. Coat Technol*, Vol 204, 2010, p1326-1329
57. C. Li, Y. Wang, and B. Han, Microstructure, Hardness and Stress in Melted Zone of 42CrMo Steel by Wide-Band Laser Surface Melting, *Opt. Lasers Eng.*, Vol 49, 2011, p530-535
58. C. T. Kwok, K. H. Lo, W. K. Chan, F. T. Cheng, and H. C. Man, Effect of Laser Surface Melting on Intergranular Corrosion Behaviour of Aged Austenitic and Duplex Stainless Steels, *Corros. Sci.*, Vol 53, 2011, p1581-1591
59. K. Kempen, E. Yasa, L. Thijs, J.-P. Kruth, and J. Van Humbeeck, Microstructure and Mechanical Properties of Selective Laser Melted 18Ni-300 Steel, *Phys. Proced.*, Vol 12, 2011, p255-263
60. C. Y. Cui, X. G. Cui, Y. K. Zhang, Q. Zhao, J. Z. Lu, J. D. Hu, and Y. M. Wang, Microstructure and Corrosion Behavior of the AISI 304 STainless Steel after Nd: YAG Pulsed Laser Surface Melting, *Surf. Coat. Technol.*, Vol 206, 2011, p1146-1154
61. H. So, C. T. Chen, and Y. A. Chen, Wear Behaviours of Laser-Clad Stellite Alloy 6, *Wear*, Vol 192, 1996, p78-84
62. M. A. Anjos, R. Vilar, and Y. Y. Qiu, Laser Cladding of ASTM S3 1254 Stainless Steel on a Plain Carbon Steel Substrate, *Surf. Coat. Technol.*, Vol 92, 1997, p142-149
63. D. W. Zhang, T. C. Lei, J. G. Zhang, and J. H. Ouyang, The Effects of Heat Treatment on Microstructure and Erosion Properties of Laser Surface-Clad Ni-Base Alloy, *Surf. Coat. Technol*, Vol 115, 1999, p176-183
64. J. Kim and Y. Peng, Plunging Method for Nd: YAG Laser Cladding with Wire Feeding, *Opt. Lasers Eng.*, Vol 33, 2000, p299-309
65. D. W. Zhang, T. C. Lei, and F. J. Li, Laser Cladding of Stainless Steel with $NiCr_3C_2$ for Improved Wear Performance, *Wear*, Vol 251, 2001, p1372-1376
66. T. M. Yue, Q. W. Hu, Z. Mei, and H. C. Man, Laser Cladding of Stainless Steel on Magnesium ZK60rSiC Composite, *Mater. Lett.*, Vol 47, 2001, p165-170
67. M. Zhong, W. Liu, K. Yao, J. Goussain, C. Mayer, and A. Becker, Microstructural Evolution in High Power Laser Cladding of Stellite 6+WC Layers, *Surf. Coat. Technol.*, Vol 157, 2002, p128-137
68. A. J. Pinkerton and L. Li, The Effect of Laser Pulse Width on Multiple-Layer 316L Steel Clad Microstructure and Surface Finish, *Appl. Surf. Sci.*, Vol 208-209, 2003, p411-416
69. S. Barnes, N. Timms, B. Bryden, and I. Pashby, High Power Diode Laser Cladding, *J. Mater. Process. Technol.*, Vol 138, 2003, p411-416
70. D. W. Zeng, C. S. Xie, and M. Q. Wang, In Situ Synthesis and Characterization of Fe_p/Cu Composite Coating on SAE 1045 Carbon Steel by Laser Cladding, *Mater. Sci. Eng. A*, Vol 344, 2003, p357-364
71. S. F. Corbin, E. Toyserkani, and A. Khajepour, Cladding of an Fe-Aluminide Coating on Mild Steel Using Pulsed Laser Assisted Powder Deposition, *Mater. Sci. Eng. A*, Vol 354 (No. 1-4), 2003, p48-57
72. M. Li, Y. He, and G. Sun, Laser Cladding Co-Based Alloy/SiC_p Composite Coatings on IF Steel, *Mater. Des.*, Vol 25, 2004, p355-358
73. F. T. Cheng, K. H. Lo, and H. C. Man, A Preliminary Study of Laser Cladding of AISI 316 Stainless Steel Using Preplaced NiTi Wire, *Mater. Sci. Eng. A*, Vol 380, 2004, p20-29
74. K. Y. Chiu, F. T. Cheng, and H. C. Man, Laser Cladding of Austenitic Stainless Steel Using NiTi Strips for Resisting Cavitation Erosion, *Mater. Sci. Eng. A*, Vol 402, 2005, p126-134
75. D. Zhang and X. Zhang, Laser Cladding of Stainless Steel with Ni-Cr_3C_2 and NiWC for Improving Erosive-Corrosive Wear Performance, *Surf. Coat. Technol.*, Vol 190, 2005, p212-217
76. I. Manna, J. D. Majumdar, B. R. Chandra, S. Nayak, and N. B. Dahotre, Laser Surface Cladding of Fe-B-C, Fe-B-Si and Fe-BC-Si-Al-C on Plain Carbon Steel, *Surf. Coat. Technol.*, Vol 201, 2006, p434-440
77. H. Alemohammad, S. Esmaeili, and E. Toyserkani, Deposition of Co-Ti Alloy on Mild Steel Substrate Using Laser Cladding, *Mater. Sci. Eng. A*, Vol 456, 2007, p156-161
78. D. Dong, C. Liu, B. Zhang, and J. Miao, Pulsed Nd: YAG Laser Cladding of High Silicon Content Coating on Low Silicon Steel, *J. Univ. Sci. Technol. Beijing*, Vol 14 (No. 4), 2007, p321-326
79. C. P. Paul, H. Alemohammad, E. Toyserkani, A. Khajepour, and S. Corbin, Cladding of WC-12Co on Low Carbon Steel Using a Pulsed Nd: YAG Laser, *Mater. Sci. Eng.* A, Vol 464, 2007, p170-176
80. J. D. Majumdar, B. R. Chandraa, A. K. Nath, and I. Manna, Studies on Compositionally Graded Silicon Carbide Dispersed Composite Surface on Mild Steel Developed by Laser Surface Cladding, *J. Mater. Process. Technol.*, Vol 203, 2008, p505-512

81. M. J. Tobar, J. M. Amado, C. Álvarez, A. García, A. Varela, and . Yáñez, Characteristics of Tribaloy T-800 and T-900 Coatings on Steel Substrates by Laser Cladding, *Surf. Coat. Technol.*, Vol 202, 2008, p2297-2301

82. M. Qing-Jun, W. Xin-Hong, Q. Shi-Yao, and Z. Zeng-Da, Amprphous of $Fe_{38}Ni_{30}Si_{16}B_{14}V_2$ Surface Layers by Laser Cladding, *Trans, Nonferrous Met. Soc. China*, Vol 18, 2008, p270-273

83. J. D. Majumdar, A. Kumar, and L. Li, Direct Laser Cladding of SiC Dispersed AISI 316L Stainless Steel, *Tribol. Int.*, Vol 42, 2009, p750-753

84. F. Wang, H. Mao, D. Zhang, and X. Zhao, The Crack Control during Laser Cladding by Adding the Stainless Steel Net in the Coating, *Appl. Surf. Sci.*, Vol 255, 2009, p8846-8854

85. F. Lusquiños, R. Comesaña, A. Riveiro, F. Quintero, and J. Pou, Fibre Laser Micro-Cladding of Co-Based Alloys on Stainless Steel, *Surf. Coat. Technol.*, Vol 203, 2009, p1933-1940

86. I. Hemmati, V. Ocelík, and J. T. M. De Hosson, The Effect of Cladding Speed on Phase Constitution and Properties of AISI 431 Stainless Steel Laser Deposited Coatings, *Surf. Coat. Technol.*, Vol 205, 2011, p5235-5239

87. J. Leunda, C. Soriano, C. Sanz, and V. Garcia Navas, Laser Cladding of Vanadium-Carbide Tool Steels for Die Repair, *Phys. Proced.*, Vol 12, 2011, p345-352

88. L. Zhao, M. Zhao, D. Li, J. Zhang, and G. Xiong, Study on Fe-Al-Si In Situ Composite Coating Fabricated by Laser Cladding. *Appl. Surf. Sci.*, Vol 258, 2012, p3368-3372

89. H. Liu, C. Wang, X. Zhang, Y. Jiang, C. Cai, and S. Tang, Improving the Corrosion Resistance and Mechanical Property of 45 Steel Surface by Laser Cladding with Ni60CuMoW Alloy Powder, *Surf. Coat. Technol.*, June 2012

90. O. V. Akgun and O. T. Inal, Laser Surface Melting and Alloying of Type 304L Stainless Steel, *J. Mater. Sci.*, Vol 30, 1995, p6105-6112

91. H. C. Chong, T. T. Wen, and L. T. Ju, Microstructure and Electrochemical Behaviour of Laser Treated Fe-Cr and Fe-Cr-Si-N Surface Alloyed Layers on Carbon Steel, *Mater. Sci. Eng. A*, Vol 190, 1995, p199-205

92. T. R. Jervis, M. Nastasi, A. J. Griffin, Jr., T. G. Zocco, T. N. Taylor, and S. R. Foltyn, Tribological Effects of Excimer Laser Processing of Tool Steel, *Surf. Coat. Technol.*, Vol 89, 1997, p158-164

93. A. Gutierrez and J. de-Damborenea, High-Temperature Oxidation Behaviour of Laser-Surface-Alloyed Incoly-800H with Al, *Oxid. Met.*, Vol 47 (No. 3-4), 1997, p259-275

94. I. Manna, K. K. Rao, S. K. Roy, and K. G. Watkins, Surface Engineering in Materials Science, *TMS Conference Proceedings*, S. Seal, N. B. Dahotre, J. J. Moore, and B. Mishra, Ed., Warrendale, PA, 2000, p367-376

95. A. Agarwal and N. B. Dahotre, Mechanical Properties of Laser-Deposited Composite Boride Coating Using Nanoindentation, *Metall. Mater. Trans. A*, Vol 31, 2000, p401-408

96. C. T. Kwok, F. T. Cheng, and H. C. Man, Laser Surface Modification of UNS S31603 Stainless Steel, Part Ⅰ: Microstructures and Corrosion Characteristics, *Mater. Sci. Eng. A*, Vol 290, 2000, p55-73

97. A. Agarwal, L. R. Katipelli, and N. B. Dahotre, Elevated Temperature Oxidation of Laser Surface Engineered Composite Boride Coating on Steel, *Metall. Mater. Trans. A*, Vol 31, 2000, p461-473

98. W. Jiang and P. Molian, Nanocrystalline TiC Powder Alloying and Glazing of H13 Steel Using a CO Laser for Improved Life of Die Casting Dies, *Surf. Coat. Technol.*, Vol 135, 2001, p139-149

99. F. T. Cheng, C. T. Kwok, and H. C. Man, Laser Surfacing of S31603 Stainless Steel with Engineering Ceramics for Cavitation Erosion Resistance, *Surf. Coat. Technol.*, Vol 139, 2001, p14-24

100. D. W. Zeng, C. S. Xie, and K. C. Yung, Mesostructured Composite Coating on SAE 1045 Carbon Steel Synthesized In Situ by Laser Surface Alloying, *Mater. Lett.*, Vol 56, 2002, p680-684

101. G. Thawari, G. Sundararajan, and S. V. Joshi, Laser Surface Alloying of Medium Carbon Steel with SiC, *Thin Solid Films*, Vol 423, 2003, p41-53

102. K. H. Lo, F. T. Cheng, C. T. Kwok, and H. C. Man, Improvement of Cavitation Erosion Resistance of AISI 316 Stainless Steel by Laser Surface Alloying Using Fine WC Powder, *Surf. Coat. Technol.*, Vol 165, 2003, p258-267

103. L. A. Dobrzánski, M. Boneka, E. Hajduczek, A. Klimpel, and A. Lisiecki, Application of High Power Diode Laser (HPDL) for Alloying of X40CrMoV5-1 Steel Surface Layer by Tungsten Carbides, *J. Mater. Process. Technol.* Vol 155-156, 2004, p1956-1963

104. L. A. Dobrzánski, M. Bonek, E. Hajduczek, and A. Klimpel, Alloying the X40CrMoV5-1 Steel Surface Layer with Tungsten Carbide by the Use of a High Power Diode Laser, *Appl. Surf. Sci.*, Vol 247, 2005, p328-332

105. M. Zhong, W. Liu, and H. Zhang, Corrosion and Wear Resistance Characteristics of NiCr Coating by Laser Alloying with Powder Feeding on Grey Iron Liner, *Wear*, Vol 260, 2006, p1349-1355

106. L. A. Dobrzánski, K. Labisz, E. Jonda, and A. Klimpel, Comparison of the Surface Alloying of the 32CrMoV12-28, Tool Steel Using TiC and WC Powder, *J. Mater. Process. Technol.*, Vol 191, 2007, p321-325

107. A. Hussain, I. Ahmad, A. H. Hamdani, A. Nussair, and S. Shahdin, Laser Surface Alloying of Ni-Plated Steel with

CO_2 Laser, *Appl. Surf. Sci.*, Vol 253, 2007, p4947-4950

108. J. Yao, L. Wang, Q. Zhang, F. Kong, C. Lou, and Z. Chen, Surface Laser Alloying of 17-4PH Stainless Steel Steam Turbine Blades, *Opt. Laser Technol.*, Vol 40, 2008, p838-843
109. J. D. Majumdar, Development of Wear Resistant Composite Surface on Mild Steel by Laser Surface Alloying with Silicon and Reactive Melting, *Mater, Lett.*, Vol 62, 2008, p4257-4259
110. L. A. Dobrzański, E. Jonda, and A. Klimpel, Laser Surface Treatment of the Hot Work Tool Steel Alloyed with TaC and VC Carbide Powders, *Arch. Mater. Sci. Eng.*, Vol 37, 2009, p53-60
111. G. Sun, Y. Zhang, C. Liu, K. Luo, X. Tao, and P. Li, Microstructure and Wear Resistance Enhancement of Cast Steel Rolls by Laser Surface Alloying NiCr-Cr_3C_2, *Mater. Des.*, Vol 31, 2010, p2737-2744
112. W. U. Anqi, L. Qibin, and Q. Shuijie, Influence of Yttrium on Laser Surface Alloying Organization of 40Cr Steel, *J. Rare Earths*, Vol 29 (No. 10), 2011, p1004-1008
113. S. R. Pillai, P. Shankar, R. V. Subba-Rao, N. B. Sivai, and S. Kumaravel, Diffusion Annealing and Laser Surface Alloying with Aluminium to Enhance Oxidation Resistance of Carbon Steels, *Mater. Sci. Technol.*, Vol 17 (No. 10), 2001, p1249-1252
114. Z. Brytan, L. A. Dobrzanski, and K. Parkiela, Sintered Stainless Steel Surface Alloyed with Si_3N_4 Powder *Arch. Mater. Sci. Eng.*, Vol 50 (No. 1), 2011, p43-55
115. Q. Li, T. C. Lei, and W. Z. Chen, Microstructural Characterization of Laser-Clad TiC_p-Reinforced Ni-Cr-B-Si-C Composite Coatings on Steel, *Surf. Coat. Technol.*, Vol 114, 1999, p278-284
116. T. A. M. Haemers, D. G. Rickerby, F. Lanza, F. Geiger, and E. J. Mittemeijer, Hardfacing of Stainless Steel with Laser Melted Colmonoy, *J. Mater. Sci.*, Vol 35, 2000, p5691-5698
117. R. Cherukuri, M. Womack, P. Molian, A. Russell, and Y. Tian, Pulsed Laser Deposition of AlMgB14 on Carbide Inserts for Metal Cutting, *Surf. Coat. Technol.*, Vol 155, 2002, p112-120
118. C. -K. Sha and H. -L. Tsai, Hardfacing Characteristics of S42000, Stainless Steel Powder with Added Silicon Nitride Using a CO_2 Laser, *Mater. Charact.*, Vol 52, 2004, p341-348
119. M. Toma, Laser Fusing of Alloy Powders for Applying Hard Facing Layers onto a Mild Steel Substrate, *Damascus Univ. J.*, Vol 21 (No. 2), 2005, p95-111
120. W. Xin-hong, Z. Zeng-da, and Q. Shi-yao, Microstructure of Fe-Based Alloy Hardfacing Reinforced by TiC-VC Particles, *J. Iron Steel Res. Int.* Vol 13, 2006, p51-55
121. A. Viswanathan, D. Sastikumara, P. Rajarajana, H. Kumar, and A. K. Nath, Laser Irradiation of AISI 316L Stainless Steel Coated with Si_3N_4 and Ti, *Opt. Laser Technol.*, Vol 39, 2007, p1504-1513
122. S. H. Zhang, M. X. Li, T. Y. Cho, J. H. Yoon, C. G. Lee, and Y. Z. He, Laser Clad Ni-Base Alloy Added Nano-and MicronSize CeO_2 Composites, *Opt. Laser Technol.*, Vol 40, 2008, p716-722
123. A. Viswanathan, D. Sastikumar, H. Kumar, and A. K. Nath, Formation of WC-Iron Silicide (Fe_5Si_3) Composite Clad Layer on AISI 316L Stainless Steel by High Power (CO_2) Laser, *Surf. Coat. Technol.*, Vol 203, 2009, p1618-1623
124. S. Abdi and S. Lebaili, Alternative to Chromium, A Hard Alloy Powder NiCrBCSi (Fe) Coatings Thermally Sprayed on 60CrMn4 Steel: Phase and Comportements, *Phys. Proced.*, Vol 2, 2009, p1005-1014
125. R. Awasth, S. Kumar, D. Srivastava, and G. K. Dey, Solidification and Microstructural Aspects of Laser-Deposited Ni-Mo-Cr-Si Alloy on Stainless Steel, *Indian Acad. Sci.*, Vol 75, 2010, p1259-1266
126. M. Shamanian, S. M. R. Mousavi Abarghouie, and S. R. Mousavi Pour, Effects of Surface Alloying on Microstructure and Wear Behavior of Ductile Iron, *Mater. Des.*, Vol 31, 2010, p2760-2766
127. R. Lupoi, A. Cockburn, C. Bryan, M. Sparkes, F. Luo, and W. O'Neill, Hardfacing Steel with Nanostructured Coatings of Stellite-6 by Supersonic Laser Deposition, *Light: Sci. Appl.*, Vol 1, 2012
128. E. Kannatey-Asibu, Jr., Advantages and Disadvantages of Laser Shock Peening, *Principles of Laser Materials Processing*, Wiley, Hoboken, NJ. 2009, p636
129. W. Zhang et al., Microscale Laser Shock Peening of Thin Films, Part 1: Experiment Modeling and Simulation, *J. Mater. Sci. Eng.*, Vol 126, 2004, p10-17
130. O. G. Kasatkin and B. B. Vinokur, Calculation Models for Determining the Critical Points of Steel, *Met. Sci. Heat Treat.*, Vol 26 (No. 1-2), 1984, p27-31
131. J. S. Kirkaldy and D. Venugopalan, in *Phase Trans formations in Ferrous Alloys*, D. A. R. Marder and J. I. Goldstein, Ed., AIME, New York, 1983, p128-148
132. W. Steven and A. G. Haynes, The Temperature of Formation of Martensite and Bainite in Low Alloy Steels, *J. Iron Steel Inst.*, Vol 183, 1956, p349-359
133. C. Hojerslev, *Tool Steels*, Riso National Laboratory, Roskilde, 2001
134. A. Jablonka, K. Harste, and K. Schwerdtfeger, Thermomechanical Properties of Iron and Iron-Carbon Alloys: Density and Thermal Contraction *Steel Res.*, Vol 62 (No. 1), 1991, p24-33

135. E. Faroozmehr and R. Kovacevic, Thermokinetic Modeling of Phase Transformation in the Laser Powder Deposition Process, *Metall. Mater. Trans. A*, Vol 40, 2009, p1935-1943

136. G. E. Totten, *Steel Heat Treatment Handbook: Metallurgy and Technologies*, CRC Taylor & Francis, Oregon 2006

137. X. M. Zhang. H. C. Man, and H. D. Li, Wear and Friction Properties of Laser Surface Hardened EN31Steel, *J. Mater. Process. Technol.*, Vol 69 (No. 1), 1997, p162-165

138. P. D. la-Cruz, M. Oden, and T. Ericsson, Effect of Laser Hardening on the Fatigue Strength and Fracture of a B-Mn Steel, *Int. J. Fatigue*, Vol 20 (No. 5), 1998, p389-398

139. R. Sagaro, J. S. Ceballos, A. Blanco, and J. Mascarell, Tribological Behaviour of Line Hardening of Steel U13A with Nd: YAG Laser, *Wear*, Vol 225-229, 1999, p575-580

140. J. Senthil Selvan, K. Subramanian, and A. K. Nath, Effect of Laser Surface Hardening on En18 (AISI 5135) Steel, *J. Mater. Process. Technol.*, Vol 91, 1999, p29-36

141. R. Komanduri and Z. B. Hou, Thermal Analysis of the Laser Surface Transformation Hardening Process, *Int. J. Heat Mass Transf.*, Vol 44, 2001, p2845-2862

142. M. Heitkemper, A. Fischer, C. Bohneb, and A. Pyzalla, Wear Mechanisms of Laser-Hardened Martensitic High-Nitrogen Steels under Sliding Wear, *Wear*, Vol 250, 2001, p477-484

143. R. A. Ganeev, Low-Power Laser Hardening of Steels, *J. Mater. Process. Technol.*, Vol 121, 2002, p414-419

144. K. H. Lo, F. T. Cheng, and H. C. Man, Laser Transformation Hardening of AISI 440C Martensitic Stainless Steel for Higher Cavitation Erosion Resistance, *Surf. Coat. Technol.*, Vol 173, 2003, p96-104

145. S. Tianmin, H. Meng, and T. H. Yuen, Impact Wear Behavior of Laser Hardened Hypoeutectoid 2Cr13 Martensite Stainless Steel, *Wear*, Vol 255, 2003, p444-445

146. M. Heidkamp, O. Kessler, F. Hoffmann, and P. Mayr, Laser Beam Surface Hardening of CVD TiN-Coated Steels, *Surf. Coat. Technol.*, Vol 188-189, 2004, p294-298

147. J. Grum and T. Kek, The Influence of Different Conditions of Laser-Beam Interaction in Laser Surface Hardening of Steels, *Thin Solid Films*, Vol 453-454, 2004, p94-99

148. R. Kaul, P. Ganesh, P. Tiwari, R. V. Nandedkar, and A. K. Nath, Characterization of Dry Sliding Wear Resistance of Laser Surface Hardened En8 Steel, *J. Mater. Process. Technol.*, Vol 167, 2005, p83-90

149. S. Skvarenina and Y. C. Shin, Predictive Modelling and Experimental Results for Laser Hardening of AISI 1536 Steel with Complex Geometric Features by a High Power Diode Laser, *Surf. Coat. Technol.*, Vol 201, 2006, p2256-2269

150. A. Basu, J. Chakraborty, S. M. Shariff, G. Padmanabham, S. V. Joshi, G. Sundararajan, J. D. Majumdar, and I. Manna, Laser Surface Hardening of Austempered (Bainitic) Ball Bearing Steel, *Scr. Mater.*, Vol 56, 2007, p887-890

151. F. Lusquiños, J. C. Conde, S. Bonss, A. Riveiro, F. Quintero, R. Comesaña, and J. Pou, Theoretical and Experimental Analysis of High Power Diode Laser (HPDL) Hardening of AISI 1045, Steel, *Appl. Surf. Sci.*, Vol 254, 2007, p948-954

152. H. Pantsar, Relationship between Processing Parameters, Alloy Atom Diffusion Distance and Surface Hardness in Laser Hardening of Tool Steel, *J. Mater. Process. Technol.*, Vol 189, 2007, p435-440

153. H. J. Shin, Y. T. Yoo, D. G. Ahn, and K. Im, Laser Surface hardening of S45C Medium Carbon Steel using ND: YAG Laser with a Continuous Wave, *J. Mater. Process. Technol.*, Vol 187-188, 2007, p467-470

154. R. S. Lakhkar, Y. C. Shin, and M. J. M. Crane, Predictive Modelling of MultiTrack, Laser Hardening of AISI 4140 Steel, *Mater. Sci. Eng. A*, Vol 480, 2008, p209-217

155. N. S. Bailey, W. Tan, and Y. C. Shin, Predictive Modeling and Experimental Results for Residual Stresses in Laser Hardening of AISI 4140 Steel by a High Power Diode Laser, *Surf. Coat. Technol.*, Vol 203, 2009, p2003-2012

156. J. H. Lee, J. H. Jang, B. D. Joo, Y. M. Son, and Y. H. Moon, Laser Surface Hardening of AISI H13 Tool Steel *Trans. Nonferrous Met. Soc. China*, Vol 19, 2009, p917-920

157. J. Kim, M. Lee, S. Lee, and W. Kang, Laser Transformation Hardening on Rod-Shaped Carbon Steel by Gaussian Beam, *Trans. Nonferrous Met. Soc. China*, Vol 19, 2009, p941-945

158. B. Mahmoudi, M. J. Torkamany, A. R. S. R. Aghdam, and J. Sabbaghzade, Laser Surface Hardening of AISI 420 Stainless Steel Treated by Pulsed Nd: YAG Laser, *Mater. Des.*, Vol 31, 2010, p2553-2560

159. G. Tani, L. Orazi, and A. Fortunato, Prediction of Hypoeutectoid Steel Softening due to Tempering Phenomena in Laser Surface Hardening, *CIRP Ann.*, *Manuf. Technol.*, Vol 57, 2008, p209-212

160. M. Pellizzari and M. G. De Flora, Influence of Laser Hardening on the Tribological Properties of Forged Steel for Hot Rolls, *Wear*, Vol 271, 2011, p2402-2411

161. J. Jiang., L. Xue, and S. Wang, Discrete Laser Spot Transformation Hardening of AISI O1 Tool Steel Using Pulsed Nd: YAG Laser, *Surf. Coat. Technol.*, Vol 205, 2011, p5156-5164

162. S. Santhanakrishnan and R. Kovacevic, Hardness Prediction in Multi-Pass Direct Diode Laser Heat Treatment by On-Line Surface Temperature Monitoring, *J. Mater. Process. Technol.*, Val 212, 2012, p2261-2271

163. E. A. Brandes and G. B. Brook, *Smithells Light Metals Handbook*, Butterworth-Heinemann, Oxford, 1998
164. T. Abbott, Why Choose Magnesium? *Fourth International Light Metals Technology Conference* (*LMT 2009*) (Gold Coast, Australia), Trans Tech Publications Ltd., 2009, p3-6
165. K. Funatani, Emerging Technology in Surface Modification of Light Metals, *Surf. Coat. Technol.*, Vol 133-134, 2000, p264-272
166. N. H. Prasad and R. Balasubramaniam, Influence of Laser Surface Treatment on the Oxidation Behaviour of and Al-Li-Cu Alloy, *J. Mater. Process. Technol.*, Vol 68, 1997, p117-120
167. T. M. Yue, C. F. Dong, L. J. Yan, and H. C. Man, The Effect of Laser Surface Treatment on Stress Corrosion Cracking Behaviour of 7075 Aluminium Alloy *Mater. Lett.*, Vol 58, 2004, p630-635
168. R. Akhter, L. Ivanchev, and H. P. Burger, Effect of Pre/Post T6 Heat Treatment on the Mechanical Properties of Laser Welded SSM Cast A356 Aluminium Alloy, *Mater. Sci. Eng. A*, Vol 447, 2007, p192-196
169. R. Rechner, I. Jansen, and E. Beyer, Influence on the Strength and Aging Resistance of Aluminium Joints by Laser Pre-Treatment and Surface Modification *Int. J. Adhes. Adhes.*, Vol 30, 2010, p595-601
170. J. Borowski and K. Bartkowiak, Investigation of the Influence of Laser Treatment Parameters on the Properties of the Surface Layer of Aluminum Alloys, *Phys. Proced.*, Vol 5, 2010, p449-456
171. G. Fribourg, A. Deschamps, Y. Bréchet, G. Mylonas, G. Labeas, U. Heckenberger, and M. Perez, Microstructure Modifications Induced by a Laser Surface Treatment in an AA7449 Aluminium Alloy, *Mater. Sci. Eng. A*, Vol 528, 2011, p2736-2747
172. R. Li, M. G. S. Ferrira, A. Almeida, R. Vilar, K. G. Watkins, M. A. McMahon, and W. M. Steen, Localized Corrosion of Laser Surface Melted 2024-T351 Aluminium Alloy, *Surf. Coat. Technol.*, Vol 81, 1996, p290-296
173. T. T. Wong and G. Y. Liang, Effect of Laser Melting Treatment on the Structure and Corrosion Behaviour of Aluminium and Al-Si Alloys, *J. Mater. Process. Technol.*, Vol 63, 1997, p930-934
174. P. A. Dearnley, J. Gummersbach, H. Weiss, A. A. Ogwu, and T. J. Davies, The Sliding Wear Resistance and Frictional Characteristics of Surface Modified Aluminium Alloys under Extreme Pressure, *Wear*, Vol 225-229, 1999, p127-134
175. P. H. Chong, Z. Liu, P. Skeldon, and G. E. Thompson, Large Area Laser Surface Treatment of Aluminium Alloys for Pitting Corrosion Protection, *Appl. Surf. Sci.*, Vol 208-209, 2003, p399-404
176. M. A. Pinto, N. Cheung, M. C. F. Ierardi, and A. Garcia, Microstructural and Hardness Investigation of an Aluminum-Copper Alloy Processed by Laser Surface Melting, *Mater. Charact.*, Vol 50, 2003, p249-253
177. W. L. Xu, T. M. Yue, H. C. Man, and C. P. Chan, Laser Surface Melting of Aluminium Alloy 6013 for Improving Pitting Corrosion Fatigue Resistance, *Surf. Coat. Technol.*, Vol 200, 2006, p5077-5086
178. F. Viejo, A. E. Coy, F. J. García-García, M. C. Merino, Z. Liu, P. Skeldon, and G. E. Thompson, Enhanced Performance of the AA2050-T8 Aluminium Alloy Following Excimer Laser Surface Melting and Anodising Processes, *Thin Solid Films*, Vol 518, 2010, p2722-2731
179. M. M. Pariona, V. Teleginski, K. D. Santos, S. Machado, A. J. Zara, N. K. Zurba, and R. Riva, Yb-Fiber Laser Beam Effects on the Surface Modification of Al-Fe Aerospace Alloy Obtaining Weld Filet Structures, Low Fine Porosity and Corrosion Resistance, *Surf. Coat. Technol.*, Vol 206, 2012, p2293-2301
180. E. Sicard, C. Boulmer-Leborgne, C. Andreazza-Vignolle, P. Andreazza, C. Langlade, and B. Vannes, Excimer Laser Treatment for Aluminium Alloy Mechanical Property Enhancement, *Surf. Coat. Technol.*, Vol 100-101, 1998, p440-444
181. F. Fariaut, C. Boulmer-Leborgne, E. L. Menn, T. Sauvage, C. Andreazza-Vignolle, P. Andreazza, and C. Landlade, Excimer Laser Induced Plasma for Aluminium Alloys Surface Carburizing, *Appl. Surf. Sci.* Vol 186, 2002, p105-110
182. Y. K. Zhang, X. R. Zhang, X. D. Wang, S. Y. Zhang, C. Y. Gao, J. Z. Zhou, J. C. Yang, and L. Cai, Elastic Properties Modification in Aluminum Alloy Induced by Laser-Shock Processing, *Mater. Sci. Eng. A*, Vol 297, 2001, p138-143
183. U. S. Santana, C. R. Gonzxalez, G. G. Rosas, J. L. Ocana, C. Molpeceres, J. Porro, and M. Morales, Wear and Friction of 6061-T6 Aluminum Alloy Treated by Laser Shock Processing, *Wear*, Vol 260, 2006, p847-854
184. K. Masaki, Y. Ochi, T. Matsumura, and Y. Sano, Effect of Laser Peening Treatment on High Cycle Fatigue Properties of Degassing-Processed Cast Aluminum Alloy, *Mater. Sci. Eng. A*, Vol 468-470, 2007, p171-175
185. O. Hatamleh, J. Lyons, and R. Forman, Laser and Shot Peening Effects on Fatigue Crack Growth iin Friction Stir Welded 7075-T7351 Aluminum Alloy Joints, *Int. J. Fatigue*, Vol 29, 2007, p421-434
186. K. Y. Luo, J. Z. Lu, L. F. Zhang, J. W. Zhong, H. B. Guan, and X. M. Qian, The Microstructural Mechanism for Mechanical Property of LY2 Aluminum Alloy after Laser Shock

Processing, *Mater. Des.*, Vol 31, 2010, p2599-2603

187. Y. K. Gao, Improvement of Fatigue Property in 7050-T7451 Aluminum Alloy by Lser Peening and Shot Peening, *Mater. Sci. Eng. A*, Vol 528, 2011, p3823-3828
188. B. Rouleau, P. Peyre, J. Breuils, H. Pelletier, T. Baudin, and F. Brisset, Characterization at a Local Scale of a Laser-Shock Peened Aluminum Alloy Surface, *Appl. Surf. Sci.*, Vol 257, 2011, p7195-7203
189. H. Krawiec, V. Vignal, H. Amar, and P. Peyre, Local Electrochemical Impedance Spectroscopy Study of the Influence of Aging in Air and Laser Shock Processing on the Micro-Electrochemical Behaviour of AA2050-T8 Aluminium Alloy, *Electrochim. Acta*, Vol 56, 2011, p9581-9587
190. X. D. Ren, Y. K. Zhang, H. F. Yongzhuo, L. Ruan, D. W. Jiang, T. Zhang, and K. M. Chen, Effect of Laser Shock Processing on the Fatigue Crack Initiation and Propagation of 7050-T7451 Aluminum Alloy, *Mater. Sci. Eng. A*, Vol 528, 2011, p2899-2903
191. S. Sathyajith, S. Kalainathan, and S. Swaroop, Laser Peening without Coating on Aluminium Alloy Al-6061-T6 Using Low Energy Nd: YAG Laser, *Opt. Laser Technol.*, Vol 45, 2013, p389-394
192. U. Trdan and J. Grum, Evaluation of Corrosion Resistance of AA6082-T651 Aluminium Alloy after Laser Shock Peening by Means of Cyclic Polarisation and EIS Methods, *Corros. Sci.*, Vol 59, 2012, p324-333
193. J. Vázquez, C. Navarro, and J. Domínguez, Experimental Results in Fretting Fatigue with Shot and Laser Peened Al 7075-T651 Specimens, *Int. J. Fatigue*, Vol 40, 2012, p143-153
194. F. Z. Dai, J. Z. Lu, Y. K. Zhang, K. Y. Luo, Q. W. Wang, L. Zhang, and X. J. Hua, Effect of Initial Surface Topography on the Surface Status of LY2 Aluminum Alloy Treated by Laser Shock Processing, *Vacuum*, Vol 86, 2012, p1482-1487
195. L. Lu, T. Huang, and M. Zhong, WC Nano-Particle Surface Injection via Laser Shock Peening onto 5A06 Aluminum Alloy, *Surf. Coat. Technol.*, Vol 206, 2012, p4525-4530
196. P. H. Chong, H. C. Man, and T. M. Yue, Microstructure and Wear Properties of Laser Surface-Cladded MoWC MMC on AA6061 Aluminum Alloy, *Surf. Coat. Technol.*, Vol 145, 2001, p51-59
197. E. brandl, U. Heckenberger, V. Holzinger, and D. Buchbinder, Additive Manufactured AlSi10Mg Samples Using Selective Laser Melting (SLM): Microsdtructure, High Cycle Fatigue, and Fracture Behaviour, *Mater. Des.*, Vol 34, 2012, p159-169
198. Y. Li, K. T. Ramesh, and E. S. C. Chin, The Compressive Viscoplastic Response of an A359/SiC_p Metal-Matrix Composite and of the A359 Aluminum Alloy Matrix, *Int. J. Solids Struct.*, Vol 37, 2000, p7547-7562
199. H. C. Man, C. T. Kwok, and T. M. Yue, Cavitation Erosion and Corrosion Behaviour of Laser Surface Alloyed MMC of SiC and SiN on Al Alloy AA6061, *Surf. Coat. Technol.*, Vol 132, 2000, p11-20
200. S. Tomida, K. Nakata, S. Saji, and T. Kubo, Formation of Metal Matrix Composite Layer on Aluminium Alloy with TiC-Cu Powder by Laser Surface Alloying Process, *Surf. Coat. Technol.*, Vol 142-144, 2001, p585-589
201. H. C. Man. S. Zhanga, T. M. Yue, and F. T. Cheng, Laser Surface Alloying of NiCr-SiB on Al6061 Aluminium Alloy, *Surf. Coat. Technol.*, Vol 148, 2001, p136-142
202. L. Dubourg, H. Pelletier, D. Vaissiere, F. Hlawka, and A. Cornet, Mechanical Characterisation of Laser Surface Alloyed Aluminium-Copper Systems, *Wear*, Vol 253, 2002, p1077-1085
203. S. Tomida and K. Nakata, Fe-Al Composite Layers on Aluminum Alloy Formed by Laser Surface Alloying with Iron Powder, *Surf. Coat. Technol.*, Vol 174-175, 2003, p559-563
204. S. Nath, S. Pityana, and J. D. Majumdar, Laser Surface Alloying of Aluminum with WC+Co+NiCr for Improved Wear Resistance, *Surf. Coat. Technol.*, Vol 206, 2012, p3333-3341
205. S. Dadbakhsh and L. Hao, Effect of Al Alloys on Selective Laser Melting Behaviour and Microstructure of In Situ Formed Particle Reinforced Composites, *J. Alloy. Compd.*, Vol 541, 2012, p328-334
206. T. M. Yue, A. H. Wang, and H. C. Man, Improvement in the Corrosion Resistance of Magnesium ZK60/Si Composite by Excimer Laser Surface Treatment, *Scr. Mater.*, Vol 38 (No. 2), 1997, p191-198
207. D. Schippman, A. Weisheit, and B. L. Mordike, Short Pulse Irradiation of Magnesium Based Alloys to Improve Surface Properties, *Surf. Eng.*, Vol 15 (No. 1), 1999, p23-26
208. A. H. Wang and T. M. Yue, YAG Laser Cladding of an Al-Si Alloy onto an Mg/SiC Composite for the Improvement of Corrosion Resistance. *Compos. Sci. Technol.*, Vol 61, 2001, p1549-1554
209. D. Dube, M. Fiset, A. Couture, and I. Nakatsugawa, Characterization and Performance of Laser Melted AZ91D and AM60B, *Mater. Sci. Eng. A*, Vol 299 (No. 1), 2001, p38-45
210. J. D. Majumdar, B. R. Chandra, R. Galun, B. L. Mordike, and I. Manna, Laser Composite Surfacing of a Magnesium Alloy with Silicon Carbide *Compos. Sci. Technol.*, Vol 63, 2003, p771-778
211. S. Ignata, P. Sallamand, D. Grevey, and M. Lambertin,

Magnesium Alloys (WE43 and ZE41) Characterisation for Laser Applications, *Appl. Surf. Sci.*, Vol 233, 2004, p382-391

212. G. Abbas, Z. Liu, and P. Skeldon, Corrosion Behaviour of Laser-Melted Magnesium Alloys, *Appl. Surf. Sci.*, Vol 247, 2005, p347

213. Z. Mei, L. F. Guo, and T. M. Yue, The Effect of Laser Cladding on the Corrosion Resitance of Magnesium ZK60/SiC Composite, *J. Mater. Process. Technol.*, Vol 161, 2005, p462-466

214. S. Y. Liu, J. D. Hu, Y. Yang, Z. X. Guo, and H. Y. Wang, Microstructure Analysis of Magnesium Alloy Melted by Laser Irradiation, *Appl. Surf. Sci.*, Vol 252, 2005, p1723-1731

215. A. H. Wang, H. B. Xia, W. Y. Wang, Z. K. Bai, X. C. Zhu, and C. S. Xie, YAG Laser Cladding of Homogenous Coating onto Magnesium Alloy, *Mater. Lett.*, Vol 60, 2006, p850-853

216. G. Abbas, L. Li, U. Ghazanfar, and Z. Liu, Effect of High Power Diode Laser Surface Melting on Wear Resistance of Mangnesium Alloys, *Wear*, Vol 260, 2006, p175-180

217. Y. Jun. G. P. Sun, H. Y. Wang, S. Q. Jia, and S. S. Jia, Laser (Nd : YAG) Cladding of AZ91D Magnesium Alloys with Al + Si + Al_2O_3, *J. Alloy. Compd.*, Vol 407, 2006, p201-207

218. Y. Gao, C. Wang, Q. Lin, H. Liu, and M. Yao, Broad-Beam Laser Cladding of Al-Si Alloy Coating on AZ91HP Magnesium Alloy *Surf. Coat. Technol.*, Vol 201, 2006, p2701-2706

219. X. Yue and L. Sha, Corrosion Resistance of AZ91D Magnesium Alloy Modified by Rare Earths—Laser Surface Treatment, *J. Rare Earths*, Vol 25, 2007, p201-203

220. C. Changjun, W. Maocai, W. Dongsheng, J. Red, and L. Yiming, Laser Cladding of Al+Ir Powders on ZM5 Magnesium Base Alloy, *Rare Met.*, Vol 26 (No. 6), 2007, p420-425

221. T. M. Yue and T. Li, Laser Cladding of Ni/Cu/Al Functionally Graded Coating on Magnesium Substrate, *Surf. Coat. Technol.*, Vol 202, 2008, p3043-3049

222. A. K. Mondal, S. Kumar, C. Blawert, and N. B. Dahotre, Effect of Laser Surface Treatment on Corrosion and Wear Resistance of ACM720 Mg Alloy, *Surf. Coat. Technol.*, Vol 202, 2008, p3187-3198

223. P. Volovitch, J. E. Masse, A. Fabre, L. Barrallier, and W. Saikaly, Microstructure and Corrosion Resistance of Magnesium Alloy ZE41 with Lser Surface Cladding by Al-Si Powder, *Surf. Coat. Technol.*, Vol 202, 2008, p4901-4914

224. Y. Jun, G. P. Sun, and S. S. Jia, Characterization and Wear Resistance of Laser Surface Melting AZ91D Alloy, *J. Alloy. Compd.*, Vol 455, 2008, p142-147

225. M. Hazra, A. K. Mondal, S. Kumar, C. Blwert, and N. B. Dahotre, Laser Surface Cladding of MRI 153M Magnesium Alloy with (Al + Al_2O_3), *Surf. Coat. Technol.*, Vol 203, 2009, p2292-2299

226. Y. Yang and H. Wu, Improving the Wear Resistance of AZ91D Magnesium Alloys by Laser Cladding with Al-Si Powders, *Mater. Lett.*, Vol 63, 2009, p19-21

227. J. D. Majumdar and I. Manna, Mechanical Properties of a Laser-Surface-Alloyed Magnesium-Based Alloy (AZ91) with Nickel, *Scr. Mater.*, Vol 62, 2010, p579-581

228. W. Khalfaoui, E. Valerio, J. E. Masse, and M. Autric, Excimer Laser Treatment of ZE41 Magnesium Alloy for Corrosion Resistance and Microhardness Improvement, *Opt. Lasers Eng.*, Vol 48, 2010, p926-931

229. S. Ha, S. J. Kim, S. Hong, C. D. Yim, D. I. Kim, J. Suh, K. H. Oh, and H. N. Han, Improvement of Ductility in Magnesium Alloy Sheet Using Laser Scanning Treatment, *Mater. Lett.*, Vol 64, 2010, p425-427

230. B. J. Zheng, X. M. Chen, and J. S. Lian, Microstructure and Wear Property of Laser Cladding Al + SiC Powders on AZ91D Magnesium Alloy, *Opt. Lasers Eng.*, Vol 48, 2010, p526-532

231. A. Fabre and J. E. Masse, Friction Behavior of Laser Cladding Magnesium Alloy against AISI 52100 Steel, *Tribol. Int.*, Vol 46, 2012, p247-253

232. R. Paital, A. Bhattacharya, M. Moncayo, Y. H. Ho, K. Mahdak, S. Nag, R. Banerjee, and N. B. Dahotre, Improved Corrosion and Wear Resistance of Mg Alloys via Laser Surface Modification of Al on AZ31B, *Surf. Coat. Technol.*, Vol 206, 2012, p2308-2315

233. C. Taltavull, B. Torres, A. J. Lopez, P. Rodrigo, E. Otero, and J. Rams, Selective Laser Surface Melting of a Magnesium-Aluminium Alloy, *Mater. Lett.*, Vol 85, 2012, p98-101

234. C. Langlade A. B. Vannes, J. M. Krafft, and J. R. Martin, Surface Modification and Tribological Behaviour of Titanium and Titanium Alloys after YAG-Laser Treatments, *Surf. Coat. Technol.*, Vol 100-101, 1998, p383-387

235. T. M. Yue, J. K. Yu, Z. Mei, and H. C. Man, Excimer Laser Surface Treatment of Ti-6Al-4V Alloy for Corrosion Resistance Enhancement, *Mater. Lett.*, Vol 52, 2002, p206-212

236. M. C. M. Lucas, L. Lavisse, and G. Pillon, Microstructural and Tribological Study of Nd: YAG Laser Treated Titanium Plates, *Tribol. Int.*, Vol 41, 2008, p985-991

237. D. S. Badkar, K. S. Pandey, and G. Buvanashekaran, Effects of Laser Phase Transformation Hardening Parameters on Heat Input and Hardened-Bead Profile Quality of Unalloyed Titanium, *Trans. Nonferrous Met. Soc. China*, Vol 20, 2010, p1078-1091

238. Y. Lu, H. B. Tang, Y. L. Fang, D. Liu, and H. M. Wang, Microstructure Evolution of Sub-Critical Annealed Laser Deposited Ti-6Al-4V Alloy, *Mater. Des.*, Vol 37, 2012, p56-63
239. B. S. Yilbas, J. Nickel, A. Coban, M. Sami, S. Z. Shuja, and A. Aleem, Laser Melting of Plasma Nitrided Ti-6Al-4V Alloy, *Wear*, Vol 212, 197, p140-149
240. M. Grenier, D. Dube, A. Adnot, and M. Fiset, Microstructure and Wear Resistance of CP Titanium Laser Alloyed with a Mixture of Reactive Gases, *Wear*, Vol 210, 1997, p127-135
241. G. X. Luo, G. Q. Wu, Z. Huang, and Z. J. Ruan, Microstructure Transformations of Laser-Surface-Melted Near-Alpha Titanium Alloy, *Mater. Charact.*, Vol 60, 2009, p525-529
242. P. Molitor and T. Young, Investigations into the Use of Excimer Laser Irradiation as a Titanium Alloy Surface Treatment in a Metal to Composite Adhesive Bond, *Int. J. Adhes. Adhes.*, Vol 24, 2004, p127-134
243. I. Watanabe, M. McBride, P. Newton, and K. S. Kurtz, Laser Surface Treatment to Improve Mechanical Properties of Cast Titanium, *Dent. Mater.*, Vol 25, 2009, p629-633
244. A. P. Quintina, I. Watanabe, E. Watanabe, and C. Bertrand, Microstructure and Mechanical Properties of Surface Treated Cast Titanium with Nd: YAG Laser, *Dent. Mater.*, Vol 28, 2012, p945-951
245. C. Ziwen, X. Haiying, Z. Shikun, and C. Zhigang, Investigation of Surface Integrity on TC17 Titanium Alloy Treated by Square-Spot Laser Shock Peening, *Chin. J. Aeronaut.*, Vol 25, 2012, p650-656
246. E. Maawada, Y. Sano, L. Wagner, H. G. Brokmeier, and C. Genzel, Investigation of Laser Shock Peening Effects on Residual Stress State and Fatigue Performance of Titanium Alloys, *Mater. Sci. Eng. A*, Vol 535, 2012, p82-91
247. Y. Fu and A. W. Batchelor, Laser Nitriding of Pure Titanium with Ni, Cr for Improved Wear performance, *Wear*, Vol 214, 1998, p83-90
248. B. Courant, J. J. Hantzpergue, and S. Benayoun, Surface Treatment of Titanium by Laser Irradiation to Improve Resistance to Dry-Sliding Friction, *Wear*, Vol 236, 1999, p39-46
249. H. M. Wang and Y. F. Liu, Microstructure and Wear Resistance of Laser Clad $Ti_5Si_3/NiTi_2$ Intermetallic Composite Coating on Titanium Alloy, *Mater. Sci. Eng. A*, Vol 338, 2002, p126-132
250. W. Wang, M. Wang, Z. Jie, F. Sun, and D. Huang, Research on the Microstructure and Wear Resistance of Titanium Alloy Structural Members Repaired by Laser Cladding, *Opt. Lasers Eng.*, Vol 46, 2008, p810-816
251. S. Mridha and T. N. Baker, Metal Matrix Composite Layer Formation with 3 m SiC_p Powder on IMI318 Titanium Alloy Surfaces through Laser Treatment, *J. Mater. Process. Technol.*, Vol 63, 1997, p432-437
252. M. S. Selamat, L. M. Watson, and T. N. Baker, XRD and XPS Studies on Surface MMC Layer of SiC Reinforced Ti-6Al-4V Alloy, *J. Mater. Process. Technol.*, Vol 142, 2003, p725-737
253. C. K. Sha, J. C. Lin, and H. L. Tsai, The Impact Characteristics of Ti-6Al-4V Plates Hardfacing by Laser Alloying NiAl+ZrO_2 Powder, *J. Mater. Process. Technol.*, Vol 140, 2003, p197-202
254. L. N. Jian and H. M. Wang, Microstructure and Wear Behaviours of Laser-Clad Cr_{13} Ni_5Si_2-Based Metal-Silicide Coatings on a Titanium Alloy, *Surf. Coat. Technol.*, Vol 192, 2005, p305-310
255. C. B. Pinzon, Z. Liu, K. Voisey, F. A. Bonilla, P. Skeldon, G. E. Thompson, J. Piekoszewski, and A. G. Chmielewski, Excimer Laser Surface Alloying of Titanium with Nickel and Palladium for Increased Corrosion Resistance, *Corros. Sci.*, Vol 47, 2005, p1251-1269
256. Y. Xue and H. M. Wang, Microstructure and Wear Properties of Laser Clad TiCo/Ti_2Co Intermetallic Coatings on Titanium Alloy, *Appl. Surf. Sci.*, Vol 243, 2005, p278-286
257. Y. S. Tian, C. Z. Chen, D. Y. Wang, and T. Q. Lei, Laser Surface Modification of Titanium Alloys—A Review, *Surf. Rev. Lett.*, Vol 12 (No. 1), 2005, p123-130
258. Y. S. Tian, C. Z. Chen, D. Y. Wang, Q. H. Huo, and T. Q. Lei, Laser Surface Alloying of Pure Titanium with TiN-B-Si-Ni Mixed Powders, *Appl. Surf. Sci.*, Vol 250, 2005, p223-227
259. P. Chandrasekar, V. Balusamy, K. S. Ravi Chandranb, and H. Kumar, Laser Surface Hardening of Titanium-Titanium Boride (Ti-TiB) Metal Matrix Composite, *Scr. Mater.*, Vol 56, 2007, p641-644
260. Y. S. Tian, Growth Mechanism of the Tubular Tib Crystals In Situ Formed in the Coatings Laser-Borided on Ti-6Al-4V Alloy, *Mater. Lett.*, Vol 64, 2010, p2483-2486
261. A. F. Saleh, J. H. Abboud, and K. Y. Benyounis, Surface Carburizing of Ti-6Al-4V Alloy by Laser Melting, *Opt. Lasers Eng.*, Vol 48, 2010, p257-267

引用文献

- M. F. Asby and K. E. Easterling, The Transformation Hardening of Steel Surfaces by Laser Beams, Part Ⅰ: Hypoeutectoid Steels, *Acta Metall.*, Vol 32 (No. 11), 1984, p1935-1948
- K. Y. Benyounis, O. M. Fakron, and J. H. Abboud, Rapid Solidification of M2 High-Speed Steel by Laser Melting,

Mater. Des., Vol 30, 2009, p674-678

- D. Gu. Z. Wang, Y. Shen, Q. Li, and Y. Li, In-Situ TiC Particle Reinforced Ti-Al Matrix Composites: Powder Preparation by Mechanical Alloying and Selective Laser Melting Behavior *Appl. Surf. Sci.*, Vol 255, 2009, p9230-9240
- N. Guermazi, K. Elleuch, H. F. Ayedi, V. Fridrici, and P. Kaps, Tribological Behaviour of Pipe Coating in Dry Sliding Contact with Steel, *Mater. Des.*, Vol 30, 2009, p3094-3104
- Y. V. Ingelgem, I. Vandendael, D. V. Broek, A. Hubin, and J. Vereecken, Influence of Laser Surface Hardening on the Corrosion Resistance of Martensitic Stainless Steel, *Electrochim. Acta*, Vol 52, 2007, p7796-7801
- J. C. Ion, Laser Transformation Hardening, *Surf. Eng.*, Vol 18, 2002, p14-31
- S. Kac and J. Kusínski, SEM and TEM Microstructural Investigation of High-Speed Tool Steel after Laser Melting, *Mater. Chem. Phys.*, Vol 81, 2003, p510-512
- M. Li, Y. Wang, B. Han, W. Zhao, and T. Han, Microstructure and Properties of High Chrome Steel Roller after Laser Surface Melting, *Appl. Surf. Sci.*, Vol 255, 2009, p7574-7579
- Y. Li, J. Yao, and Y. Liu, Synthesis and Cladding of Al_2O_3 Ceramic Coatings on Steel Substrates by a Laser Controlled Thermite Reaction, *Surf. Coat. Technol.*, Vol 172, 2003, p57-64
- C. Lin, Y. Wang, Z. Zhang, B. Han, and T. Han, Influence of Overlapping Ratio on Hardness and Residual Stress Distributions in Multi-Track Laser Surface Melting Roller Steel, *Opt. Lasers Eng.*, Vol 48, 2010, p1224-1230
- J. Majumdar, Laser Heat Treatment: The State of the Art, *J. Met.*, Vol 35, 1983, p18-26
- K. A. Mumtaz and N. Hopkinson, Selective Laser Melting of Thin Wall Parts Using Pulse Shaping, *J. Mater. Process. Technol.*, Vol 210, 2010, p279-287
- H. Pantsar and V. Kujanpaa, Effect of Oxide Layer Growth on Diode Laser Beam Transformation Hardening of Steels, *Surf. Coat. Technol.*, Vol 200, 2006, p2627-2633
- P. S. Peercy et al., *Laser and Electron Beam Interaction with Solids*, North Holland, New York, 1982, p401-406
- P. Peyre, P. Aubry, R. Fabbro, R. Neveu, and A. Longuet, Analytical and Numerical Modeling of the Direct Metal Deposition Laser Process, *J. Phys. D*, *Appl. Phys.*, Vol 41, 2008, p1-10
- R. K. Rao, B. Benkataraman, M. K. Asundi, and G. Sundararajan, The Effect of Laser Surface Melting on the Erosion Behaviour of a Low Alloy Steel, *Surf. Coat. Technol.*, Vol 58, 1993, p85-92
- A. Röttger, S. Weber, and W. Theisen, Supersolidus Liquid-Phase Sintering of Ultrahigh-Boron High-Carbon Steels for Wear-Protection Applications, *Mater. Sci. Eng. A*, Vol 532, 2012, p511-521
- M. J. Tobar, C. Alvarez, J. M. Amado, A. Ramil, E. Saavedra, and A. Yáñez, Laser Transformation Hardening of a Tool Steel: Simulation-Based Parameter Optimization and Experimental Results, *Surf. Coat. Technol.*, Vol 200, 2006, p6362-6367
- J. W. Xie, P. Fox, W. O'Neill, and C. J. Sutcliffe, Effect of Direct Laser Re-Melting Processing Prameters and Scanning Strategies on the Densification of Tool Steels, *J. Mater. Process. Technol.*, Vol 170, 2005, p516-523
- C. Yan, L. Hao, A. Hussein, and D. Raymont, Evaluations of Cellular Lattice Structures Manufactured Using Selective Laser Melting, *Int. J. Mach Tools Manuf.*, Vol 62, 2012, p32-38
- E. Yasa and J. -P. Kruth, Microstructural Investigation of Selective Lsaser Melting 316L Stainless Steel Parts Exposed to Laser Re-Melting, *Proced. Eng.*, Vol 19, 2011, p389-395
- B. S. Yilbas, Theoretical and Experimental Investigation Melting of Steel Samples, *Opt. Lasers Eng.*, Vol 21, 1997, p 297-307
- H. G. Prengel, W. R. Pfouts, and A. T. Santhannam, State of the Art in Hand Coatings for Carbide Cutting Tools, *Surf. Cont. Technol.*, Vol 102, 1998, p183-190

第6章 钢的渗碳和碳氮共渗

6.1 渗碳和碳氮共渗简介

Allen J. Fuller, Jr., Amsted Rail Company, Inc.

6.1.1 简介

在很多场合，要求零件外表面既要有高碳钢的强度和耐磨性，同时心部又拥有低碳钢的韧性和伸长率。几个世纪以前发现，热处理可以提供这样一种复合的解决方法。这个过程的很多方法已经命名，包括渗碳和渗碳后的淬火。渗碳是现代术语，用来描述产生这种复合表层/心部的各种过程。

渗碳的目的是增加钢铁表面的碳含量，以便通过淬火在表面得到高硬度的马氏体。钢被加热到临界温度（Ac_1）以上，碳进入奥氏体相形成固溶体。因为碳在铁素体中的溶解度（也就是扩散系数）比在奥氏体中的低，钢铁奥氏体化是必要的，可以使表面的碳扩散到钢中，在表层以下获得足够碳的分布或浓度梯度，然后钢的高碳表层通过淬火转变（马氏体）而得到硬化。

渗碳后钢的力学性能明显优于那些用其他热处理方法所获得的力学性能。渗碳尤其在增加疲劳强度（特别是弯曲、扭转和滚动接触）方面有优势，这是很重要的。渗碳的主要特点是渗碳零件通过碳的表层分布或梯度硬化后有区别。硬化钢在整个零件的横截面有均匀的碳含量分布，而渗碳表面碳含量较高，由表面到钢基体中心的碳含量呈锥形向下。正是这种零件的碳浓度梯度形成了其有益的特性。

随零件表面不同渗层深度的变化，与材料特性（强度和硬度）结合可形成渗碳零件独有特性。这些特性是碳含量和冷却速度之间复杂的相互作用的结果。渗碳零件在不同深度，形成不同的显微组织和性能，零件表面强度最高。这对疲劳强度而言有着重要的影响，因为疲劳裂纹通常产生于零件靠近受力部位的表面。

碳氮共渗是与渗碳相关的一个热处理工艺。碳氮共渗是把钢加热到临界温度以上（Ac_1）奥氏体化。然而，在碳氮共渗过程中，新生氮原子和碳原子都进入到奥氏体固溶体表面。氮是一种强大的奥氏体稳定剂，从而促进与碳形成奥氏体固溶体。氮也可增加碳的扩散速度。如渗碳，硬化层是通过淬火马氏体转变获得的。因为氮是一种强大的奥氏体稳定剂，任何钢的临界温度均低于含有氮的钢，因此与渗碳相比，允许在较低的转变温度进行碳氮共渗。氮也会增加钢的渗层的淬透性，所以许多普通低碳钢可以进行碳氮共渗并进行油淬，而渗碳之后油淬一般不能淬硬。

本章介绍了渗碳的基本原理、优势和局限性以及渗碳的方法。碳氮共渗与渗碳相似，但有重要的区别。更多细节描述见6.8节钢的碳氮共渗。

6.1.2 历史

渗碳的起源已经淹没在历史长河中了，但是，人们相信第一个渗碳工具是无意中产生的，是由于使用了不均匀的铁锭（bloom iron）制造工具导致的结果。考古学家在土耳其西部已经发现有超过3000年历史的渗碳工具。初看起来渗碳似乎是早期的钢铁工人发现的，当他们在炽热的煤中加热铁时，时间延长一点，铁将变得比平时的强度更高，甚至与当时竞争对手制造的先进的青铜工具也有一拼。由于钢铁工人为锻造做准备时，试图把铁加热得更软，他们不知不觉地把铁加热到高于临界温度（Ac_1）。这导致同时满足了两个重要条件：①从铁素体（α-Fe）转变成奥氏体（γ-Fe）；②碳燃料的燃烧气体在锻造时从CO_2转变为CO。奥氏体中碳的溶解度远高于铁素体，并且一氧化碳气体通过以下反应为扩散过程提供了大量的碳：

$$2CO \rightleftharpoons C_{Fe} + CO_2$$

升高温度将铁素体转变成奥氏体，也增加了扩散速度，这样碳扩散到铁的比率相当高，从而创造了一个新的和非常重要的材料——钢。在一定的条件下，碳含量增加到一定程度，钢变得更硬。钢生产中渗碳的发现和工具的应用被一些历史学家认为帮助推进了铁器时代的发展。

自19世纪发现渗碳后，它已成为一个重要的热处理工艺，得到广泛应用。在此期间，渗碳是由含碳材料，例如烧焦的皮革、动物骨骼或木炭包裹着零部件完成的。然后，这些材料被密封在一个铁盒子内，加热温度高于 Ac_1，保温足够长的时间来获得需要的渗层，通常需要保温 2~6h。这个铁盒子随后冷却，取出零件，进行单独的热处理淬火。这种技术称为固体渗碳。

科学家们后来开始明白，这是含碳材料先分解成一氧化碳再反应，而不是零件直接和固体碳接触，这样使渗碳成为可能。这种认识提出了发展气体渗碳的可能性，它可以完全取代固体碳源。在 20 世纪早期，人们进行了气体渗碳的实验，但是当时加热炉技术不够先进，无法推动商业规模的气体渗碳的使用。因为这些限制，固体渗碳将继续在生产中使用，作为主要渗碳方法一直延续到第二次世界大战。在此期间，热处理工人仍局限于通过反复试验制订工艺，因为几乎没有可用的计算预测。

第二次世界大战期间，毫无疑问为应对武器增加和技术的进步，在加热炉设计制造方面取得了进展，气体渗碳成为制造业中占优势的工艺。

1943 年，F. E. 哈里斯（F. E. Harris）发表了下列方程，彻底改变了这个行业如何理解渗碳工艺的问题。他提供了一个在奥氏体饱和状态时预测渗碳结果的强大定量工具。哈里斯证明了（总）渗层深度可以由以下关系式计算：

$$D = 802.6\frac{\sqrt{t}}{10^{(3720/T)}}$$

式中，D 是总层深（mm）；t 是渗碳温度下持续的时间（h）；T 是热力学温度（K）。

哈里斯的工作建立了定量渗碳工艺中持续进行的理论基础，极大地增加了对这种重要商业化工艺的理解。尽管哈里斯方程适用于奥氏体饱和状态的渗碳（适用于固体渗碳的情况），但它也对低于饱和状态（如气体渗碳）渗碳时掌握的控制理论提供了一个重要的基础概念。

6.1.3 一般渗碳过程的描述

渗碳的主要目的是提供一种坚硬、耐磨的表面，并使表面处于残余压应力状态，以延长零件的使用寿命。钢奥氏体化可使接触表面吸收足够的碳，并通过扩散创建一个从金属表面到心部之间的碳浓度梯度。增加表面碳含量的目标是：将碳的质量分数从表面的基础含量（通常是 0.2%），增加到 0.8%~1.1%。能控制渗碳速度的两个因素是：表面的碳吸收反应和金属中碳的扩散。渗碳温度通常是 850~950℃（1550~1750℉）。然而，也有在低至 790℃（1450℉）和高达 1100℃（2010℉）渗碳的情况。虽然渗碳温度高于大约 950℃（1750℉），渗碳速度可以大大增加，但大多数加热炉在更高的温度下运行会缩短其使用寿命。因此渗碳温度受到限制，以便可以经济地使用该工艺过程。

（1）碳浓度梯度　在表面和心部的碳浓度呈梯度分布，这是渗碳零件的显著特点。众所周知，高碳层在表面，低碳中心称为心部。下面将介绍渗碳层深度的测量方法。代表碳浓度梯度的渗碳零件如图 6-1 所示。注意硬度分布如何随碳浓度分布变化。这个特定的碳浓度分布将取决于具体的工艺参数，包括所需的表面碳含量和硬化层深度。

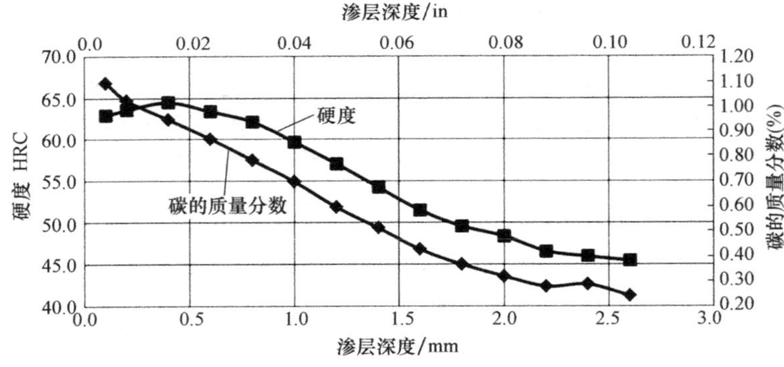

图 6-1　直径大约为 25mm（1in）的 AISI 8620 钢，试棒在 950℃（1750℉）的吸热式富化气氛中渗碳 12h 后的碳浓度分布曲线

注：试棒随后在 850℃（1560℉）的油中淬火，未回火。

（2）马氏体开始转变温度　碳含量对钢的马氏体开始转变温度（*Ms*）影响很大，这是渗碳零件一个重要的独特属性。图 6-2 所示为碳含量对 *Ms* 的影响以及相应的显微组织结构和残留奥氏体的水平。碳含量和 *Ms* 之间的反比关系，导致渗碳零件表面的 *Ms* 降低。

淬硬钢制造的零件在整个截面上的碳含量是均匀分布的。在淬火过程中，马氏体转变从表面开始并向内部随温度下降连续进行，中心最后转变。

渗碳零件中，较高的表面碳含量降低了 *Ms*。在

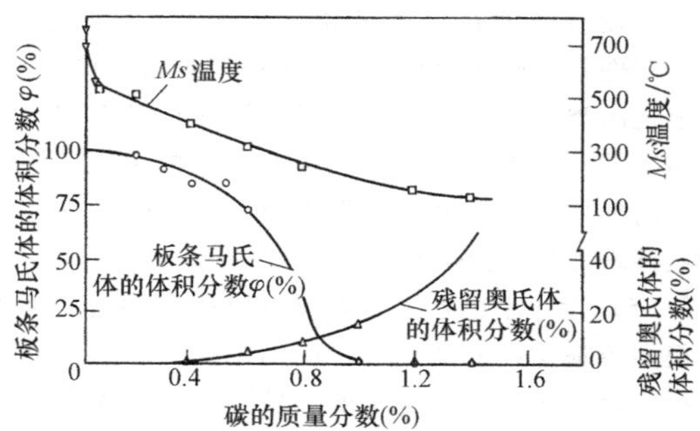

图 6-2 在铁碳合金中，碳含量对马氏体开始转变温度（*Ms*）的影响、马氏体板条与板的相对比例和残留奥氏体的体积分数

淬火过程中，表面首先冷却，但由于 *Ms* 较低，表面不立即开始转换。零件的热量通过传导流出，温度曲线达到表面之下的某点上的 *Ms* 温度时，开始形成马氏体，此时，表面仍是奥氏体。这个结果表示马氏体转变不是从表面开始，正如人们所预料的那样，而是从低于表面的某处开始的。不久之后，表面温度下降到 *Ms*，马氏体转变开始。这种剖面上“由内而外”的淬火残余应力对渗碳零件有着深远的影响。

（3）有益的残余应力分布　正如在 6.1.2 节中所讨论的那样，渗碳零件成功的关键是降低了 *Ms*。由于钢表层之下转变成了马氏体，其晶格变化与奥氏体转变成马氏体有关。马氏体的形成导致硬度和强度增加。片刻之后，当表面（温度低于 *Ms*）开始转换，它同样试图膨胀。然而，由于表面以下存在已经转变的体积，膨胀受到抑制。这将导致表面进入残余压应力状态。因为所有的静态零件必须保持平衡，表面残余压应力与心部拉应力相平衡（图6-3a）。如果将一个弯曲载荷施加于零件，施加的应力将与图 6-3b中的曲线相匹配。注意，当压力在心部降到零时，零件的外加应力在表面达到最大级。如果一个零件的残余压应力由图 6-3a 加载到与图6-3b一样，随后由此产生的应力曲线如图 6-3c 所示。

在表面产生的残余压应力导致部分抵消了对构件上所施加的外力。零件表面的残余压应力可以支承高于其材料本身性能大小的一个负载。这种现象可使零件实际承载力增加（图 6-3c）。采用同样的原理，在预应力混凝土的梁上采用残余压应力克服外来的拉应力。整体淬硬的钢不容易产生这种残余应力分布。如果整体淬硬零件和一个渗碳零件两者都有相同的硬度，都在同一个条件下使用，渗碳零件在发生屈服之前通常会产生一个支承更大载荷的能力。或者，使用渗碳零件可以使用小零件替换更大的、更重的整体淬火硬化零件，使零件更小、更轻，同时可以支承一个相等的载荷。

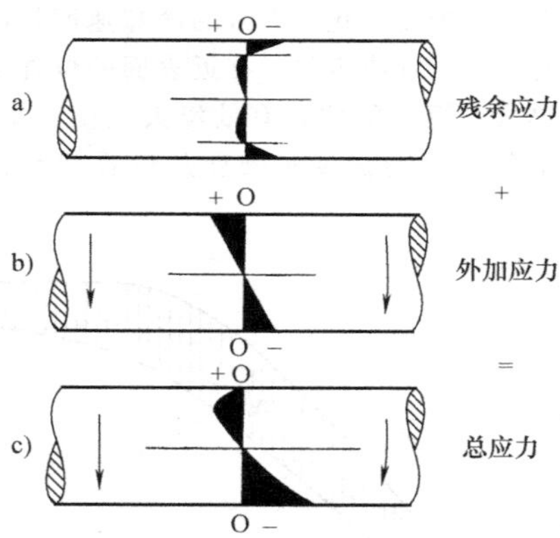

图 6-3 渗碳表面残余应力抵消外加载荷对表面应力的影响

表面的残余压应力不仅适用于静态载荷，也适用于疲劳载荷。可以看到，在图 6-4 中，渗碳钢纯滚动轧辊的疲劳极限远高于交变过程。这是渗碳产生的残余压应力分布的直接结果。

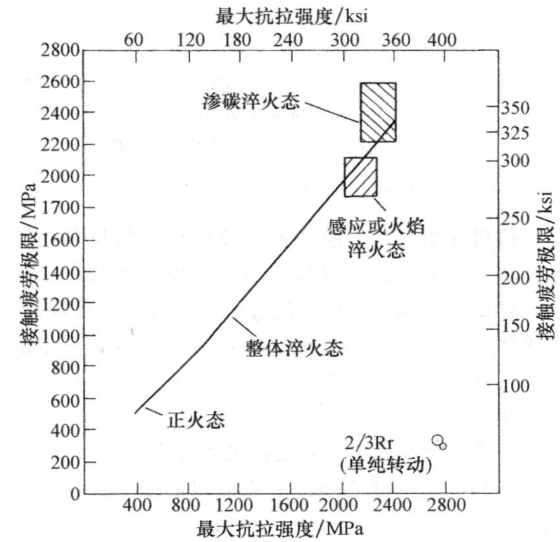

图 6-4 滚动接触疲劳试验的结果

注：1. 测试材料在硬化的表面滚动，深层用于完全表面硬化的盘或辊。

2. 1ksi = 1klb/in^2，1lb = 0.45kg，1in = 0.0254m。

（4）强度和硬度　碳浓度分布有助于创建一个有益的残余应力分布，也有助于基体产生一些力学性能的变化。图 6-5 显示了不同显微组织的碳含量和硬度之间的关系。从图 6-5 中，可以看出马氏体的硬度急剧增加到碳的质量分数大约为 0.7%时，此时硬度开始平缓。在渗碳零件中，表面碳的质量分数通常大于 0.7%，因此硬度在接近表面时达到最高，然后随深度降低。硬度梯度随淬火冷却速度降低和碳含量减少而变化。有效的冷却速度是由其表面距离的每个位置决定的，接近表面的位置得到更快速的淬火，更深的位置有效淬火速度逐步减慢。在曲线上每个点的强度和硬度是位置和碳含量的函数。

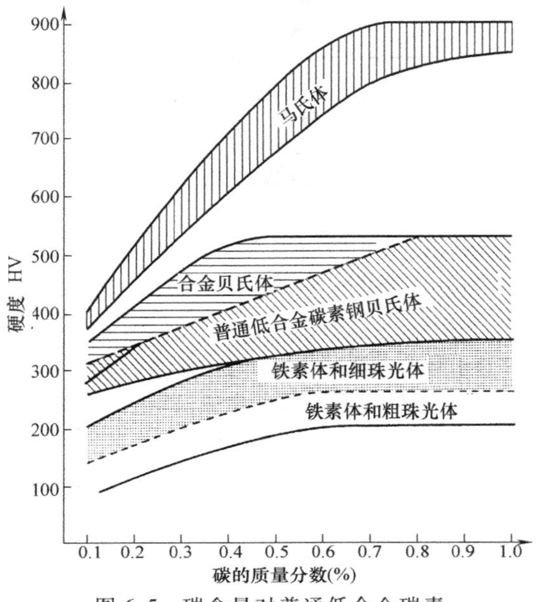

图 6-5 碳含量对普通低合金碳素钢中获得不同组织硬度的影响

值得注意的是，渗碳零件硬度最高的位置通常是在表面以下。这个看似矛盾的现象通常是由于较高碳含量的影响，所以导致表面残留奥氏体量较高。奥氏体比马氏体的硬度低，当它的含量达到一定的比例，就会产生降低整体硬度的效果。但这种效果往往相当小。

抗拉强度和弯曲疲劳之间的关系如图 6-6 所示。由硬度和抗拉强度之间的关系可以看出，渗碳零件

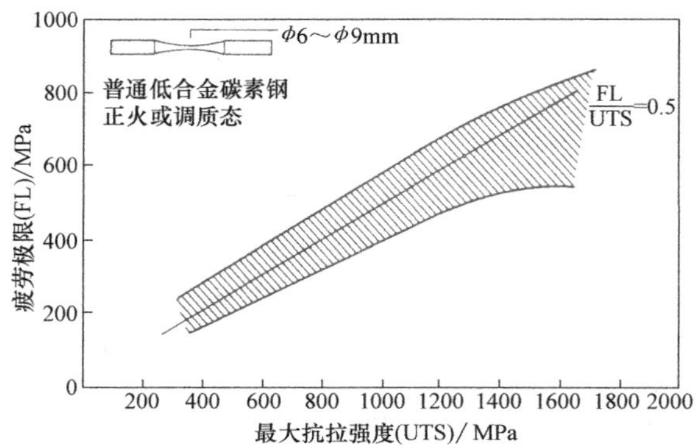

图 6-6 整体淬火钢材的旋转弯曲疲劳极限和抗拉强度之间的关系

的弯曲疲劳强度在表面最高，裂纹通常发源于此。渗碳零件整体硬化钢的强度和硬度相当，所以它们会表现出类似的疲劳寿命。然而，尽管渗碳和全硬化钢零件受益于硬度和抗拉强度之间的关系，渗碳零件的独特之处是由于表面残余压应力的存在而得到额外增加的疲劳强度。

（5）设计注意事项 在设计渗碳零件时，可以有很多控制参数来满足特定应用的要求。这些参数包括表面碳含量、表面硬度、显微组织、渗碳层深度（有效层深或总层深）、心部强度和硬度。一些应用要求甚至可以规定表面残留奥氏体量和残余应力。

最重要的考虑因素是硬化层深度。硬化层深度会影响零件的成本（由于能源消耗和处理时间）和最终零件的承载力。硬化层深度的选取往往是基于类似的应用要求的经验。然而，这样的方法会导致错误，因为它可以错误地指定一个比必要条件更深的硬化层，从而浪费资源和增加成本，也可能没有考虑到不同的操作条件和载荷，导致硬化层太浅无法充分支承所需的载荷。全面设计方法必须考虑预期的运行负载，然后根据这些负载去匹配相应的硬化层。表 6-1 提供了一个通用的不同应用条件下硬化层深度的对比。

重要的是要记住，渗碳层的极限抗拉强度会随碳分布曲线上的硬度而变化。这给设计师一个特定的机会来根据应用定制零件的强度。

表 6-1 在普通应用领域渗碳零件硬化层深度典型范围

应用范围	渗层深度	
	μm	in
高耐磨性，低、中等载荷。承受磨损的小型精密机械零件	≤500	≤0.020
高耐磨性，中等到重载载荷。轻型工业传动装置	500～1000	0.020～0.040
重载、破碎载荷或高幅度交变弯曲应力。重型工业齿轮	1000～1500	0.040～0.060
轴承表面，轧机齿轮和轧辊	1500～6350	0.060～0.250

举例说明如何为一个特定应用场所设计一种零件，如考虑零件用于和齿轮或滚柱轴承等相接触的应用场合。对于相接触的应用场合，有人提出主要失效模式发生在零件表面以下某个深度上，那里零件所承受的剪切应力超过剪切疲劳极限，如图 6-7 所示。

首先要确定剪切应力曲线，零件将在预期的工

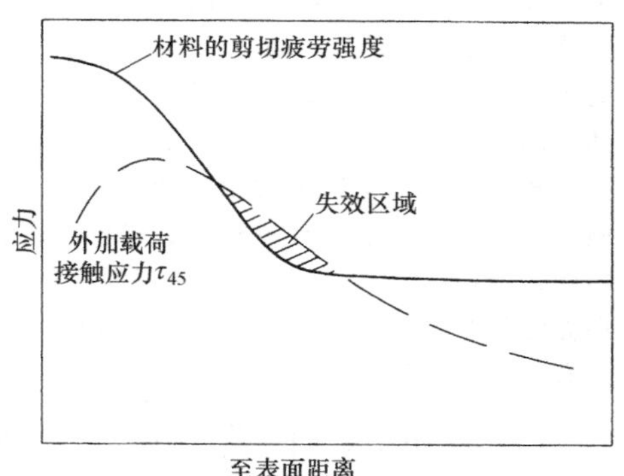

图 6-7　渗碳层破碎的抗拉应力强度

注：基于夏尔马（Sharma）等人的解释。

作载荷下试验。这可以用赫兹（Hertz）和斯特里贝克（Stribeck）提出的数学模型进行计算。对某些应用，计算模型如有限元分析也被用来估算最大剪切应力。一旦得到剪切应力曲线，就可以利用这个外加剪切应力的应力曲线，确定所需的剪切疲劳强度，通过剪切疲劳强度可以得到所需的硬度曲线。然后，通过利用剪切疲劳强度、极限抗拉强度（剪切疲劳强度≈0.31×极限抗拉强度）和硬度之间的关系，可以把剪切应力转化为与应力相当的一个硬度值。通过采用一个适当的安全系数，就可以确定足以支持外加剪切应力所需的硬度分布曲线（从而可以确定硬化层深度）。

6.1.4　如何渗碳

通过各种各样的方法和不同类型的设备可以为渗碳创造所需的条件，但所有渗碳过程都有以下共同的特征。

（1）低碳钢　通常渗碳钢中碳的质量分数为 0.15%～0.30%。最常见的碳质量分数约为 0.2%，不过偶尔也有钢中碳的质量分数高达 0.50% 的特殊情况。渗碳钢可以是碳钢或低合金钢。它们将提供渗碳工艺的基材，即能提供核心性质的材料。

（2）富化碳源　这将促进碳扩散到表面的低碳钢基体中。各种各样的含碳材料可以作为富化碳源。碳可以以固态、液态或气态方式传递。从历史上看，人类已经使用的富化碳源有烧焦的动物骨骼、天然气和甲醇。尽管固态和液态介质仍在特殊情况下使用，但是，气态介质是最可行的商业模式，它构成了世界上绝大部分的渗碳碳源。

（3）加热　钢渗碳要求能够接受碳进入晶体结构。事实上奥氏体晶胞的可用间隙比铁素体晶胞大。这些较大的间隙使碳在奥氏体中比铁素体中更容易溶入。实现渗碳这个过程必须将温度加热到 Ac_1 以上。渗碳是一个以扩散为基础的过程，所以零件转变成奥氏体所需的温度也提供了必要的驱动力，在有用的工艺时间内促进碳由介质扩散到钢中。碳扩散到钢表面的速度与温度成正比，所以经常从经济角度出发，渗碳过程一般在最高可用温度下进行，有利于缩短处理时间、增加扩散率。但是，必须要权衡的是较高的处理温度会导致设备维护费用的增加，这点是很重要的。

（4）容器　在大多数情况下，容器是带有燃烧器或加热元件的炉子，并且有含碳介质的入口，以及它能够覆盖工件。容器（或器皿）必须包括一些处置方法，可以使工件和介质在加热过程中紧密接触。这个容器具有多方面的作用：防止介质的损失，防止过度的能量损失。容器还能分离工件表面的可以阻止渗碳逆反应的物质，如氧气等不良物质。如果它执行这些功能可以对任何容器起作用。表 6-2 中提供了常见的渗碳容器的类型。

表 6-2　渗碳容器的类型

渗碳方法	容器
固体渗碳	金属箱
液体(熔融盐浴)渗碳	液态盐浴本身传递碳，并使工件和氧隔离
气体/气氛渗碳	炉体，正压
真空渗碳	炉体，低压

（5）时间　渗碳是一个以扩散为基础的过程，所以达到所必需的碳浓度需要一定的时间，来获得期望的特性。所需时间的长短将取决于许多因素，包括期望达到的高碳渗层深度（称为硬化层）和可用的最高温度（基于容器的局限性和能源）。由于经济原因，理想的处理时间应尽可能短。这个过程可以通过增加温度实现，但是这种方法需要考虑可能降低设备的使用寿命、增加维护成本，以及可能对工件产生的不良影响，如增加了表面氧化和促进了晶粒生长。通常，应考虑合适的渗碳温度、合理的处理时间和其他因素之间的平衡。

6.1.5　渗碳基本反应

有一些化学反应是所有渗碳方法中常见的。渗碳是一个复杂的过程，其中多个反应同时发生。这些反应控制着碳从表面进入（渗碳）或移除（脱碳）以及钢的氧化或还原。渗碳过程的成功或失败，取决于是否达到期望的表面平衡和硬化层深度的反应是否在预期的方向上进行。反应和质量传递发生在四个不同的区域：介质、边界层、表面和工件内部，如图 6-8 所示。

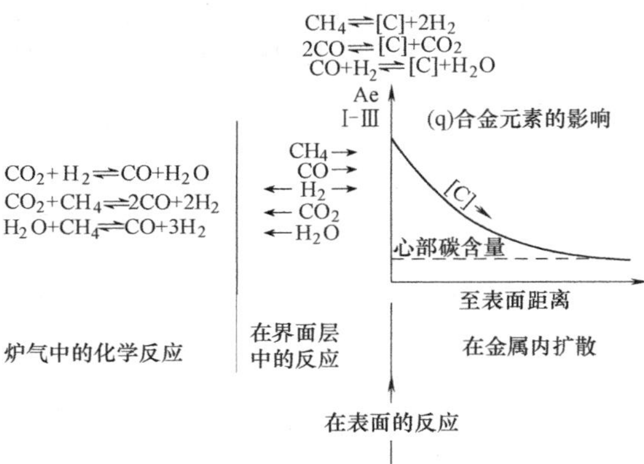

图 6-8 各个步骤的气体渗碳过程
（此图是指气体渗碳）

当考虑一般渗碳时，涉及以下反应：

$$2CO \rightleftharpoons C_{Fe}+CO_2$$

$$CO+H_2O \rightleftharpoons CO_2+H_2$$

$$CO+H_2 \rightleftharpoons C_{Fe}+H_2O$$

（1）扩散与时间和温度的影响　因为渗碳是一个扩散过程，接受这种基本概念，即描述碳在钢中的扩散行为是具有特殊意义的。1855 年，阿道夫 · 菲克（Adolf Fick）推导出一个公式，用来描述气体从高浓度区域流向低浓度区域的“流量”，使扩散的量化理论成为可能。这个公式被称为“菲克第一定律”，在单一维度，这个方程书写如下：

$$J=-D\left(\frac{dc}{dx}\right)$$

式中，J 是扩散通量或单位面积上的扩散速率；D 是钢中碳的扩散系数；（dc/dx）是浓度梯度（碳对应距离）。这个方程假设转移的速度与浓度梯度成正比，测量垂直于表面。

在有浓度梯度的地方就会发生基本扩散。在渗碳的情况下，关注的是碳的浓度梯度。在渗碳中，通过使用低碳钢和高碳介质创建期望的浓度梯度。通过将这两者放置在一个合适的温度下，使其紧密接触，这是渗碳的必要条件，可使碳从介质（液体、固体、气体）转移到工件中。钢中碳的扩散速度显著地受到温度和浓度梯度高低的影响。

给予足够的时间，碳将继续从介质转移到钢的表面直到达到平衡，并且钢和渗碳介质整体浓度相等。尽管渗碳不常用在普通的商业化零件中，但是这种技术却应用在定碳片分析中，这个方法稍后讨论。

通过使碳浓度梯度最大化，增加扩散速度，是“强渗-扩散”技术，此工艺初期使用的碳势较高（强渗阶段），工艺一半的后期降低到一个较低的碳势（扩散阶段）。已经证明：与整个过程中碳势保持不变的一段渗碳相比，“强渗-扩散”能减少达到某一特定渗层深度所需的总时间。

为了预测渗碳的影响，人们必须首先确定碳在奥氏体中的扩散系数值。对于这个数值，已经建立了许多公式。对于一个特定的工艺和材料，该公式与实验结果最匹配。主要有两种方法来计算碳在奥氏体中的扩散系数：一种方法是只考虑温度的影响；另一种方法是考虑温度和碳含量的综合影响。首先，与温度有关的扩散系数计算公式为

$$D_T=0.162\exp\left(\frac{-137800}{RT}\right) \tag{6-1}$$

式中，D_T是碳在奥氏体中的扩散系数（cm^2/s）；R 是摩尔气体常数，取 8.31J/(mol · K)；T 是热力学温度（K）。

利用式（6-1）计算的数值绘制成图 6-9。在图 6-9 中，很明显，碳在奥氏体的扩散系数随温度的增加而增加。这就是为什么在尽可能高的渗碳温度下渗碳是有好处的原因。

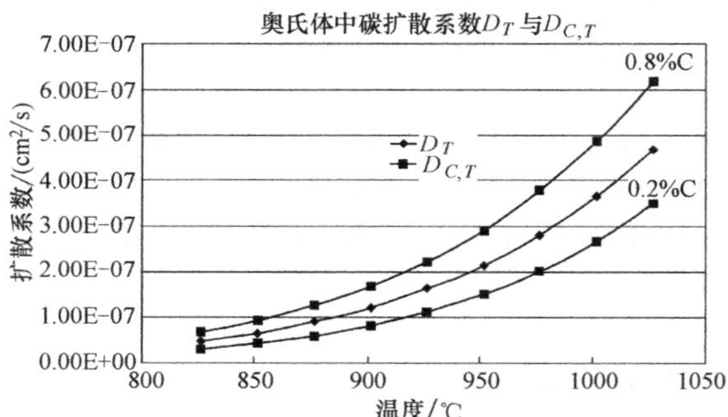

图 6-9 碳的质量分数为 0.2%和 0.8%时的 D_T 和 $D_{(T,X)}$

注：因为 D_T 与碳含量无关，所以碳的质量分数为 0.2%和 0.8%时结果是相同的。

D_T对估算是有用的，但据悉，碳在奥氏体中扩散率也是很大程度上受钢中碳浓度的影响。这导致使用温度-碳含量扩散系数 $D_{(C,T)}$，是一个更实际的方法。

和 D_T 一样，有许多 $D_{(C,T)}$ 公式可供选择。$D_{(C,T)}$ 常用的公式为

$$D_{(C,T)}=0.47\exp\left(-1.6C-\frac{37000-6600C}{RT}\right) \tag{6-2}$$

式中，$D_{(C,T)}$是碳在奥氏体中随碳含量-温度而变化的扩散系数（cm^2/ s）；C 是碳的质量分数（%）；R 是摩尔气体常数，取 8.31J/(mol · K)；T 是热力学温度（K）。

因为式（6-2）的数值是温度和碳含量两者的一个函数，在两种不同的碳的质量分数（0.2% 和

0.8%）图线上比较 D_T和 $D_{(C,T)}$，以图形的方式进行说明，如图 6-9 所示。注意，在较低碳浓度（译注：碳质量分数为 0.2%）时，D_T大于 $D_{(C,T)}$，但随着碳含量的增加（译注：碳质量分数为 0.8%），这种关系颠倒，碳在奥氏体中的扩散系数 $D_{(C,T)}$ 较高。在强渗-扩散渗碳期间，正是利用了这种原理。

一旦选择了计算扩散系数的方法，可以由菲克第二定律估算渗碳过程的碳分布曲线，其公式为

$$C_{(x,t)}=C_s\left[1-\left(1-\frac{C_i}{C_s}\right)\operatorname{erf}\left(\frac{x}{2\sqrt{Dt}}\right)\right]$$

式中，$C_{(x,t)}$ 是在深度为 x 和时间为 t 时碳的质量分数；C_s是在表面碳的质量分数；C_i是基材中碳的质量分数；x 是深度（m）；t 是时间（s）；D 是碳在奥氏体中的扩散系数（cm^2/s）；erf 是误差函数。

这个公式被用来预测几个关键工艺变量的影响，包括温度、时间和表面碳含量，并且认为对所谓的一段渗碳是有效的。一段渗碳是在一个恒定的温度和表面碳含量下进行的。一些生产工艺使用一种所谓的强渗-扩散渗碳技术。这样做是为了利用增高的扩散系数的优势，也就是在前期渗碳阶段产生更高的碳浓度，目的是缩短整个工艺所需时间。

使用 $D_{(x,t)}$ 可以预测在不同工艺时间的碳分布曲线，绘制成图 6-10 所示的图线。这样的绘图很容易使用常见的电子表格应用程序来完成。在图 6-11 中可以看出这种估计的实用性，合金钢 8620 在温度为 963℃（1765℉）和表面碳质量分数为 1.30%的环境下进行一段渗碳。预测结果与实验数据完全匹配，但使用 $D_{(C,T)}$ 进行曲线计算时，比使用 D_T计算更适合于实际的碳曲线，尤其是 x 值较大时，对于判定渗碳层深度是最重要的。

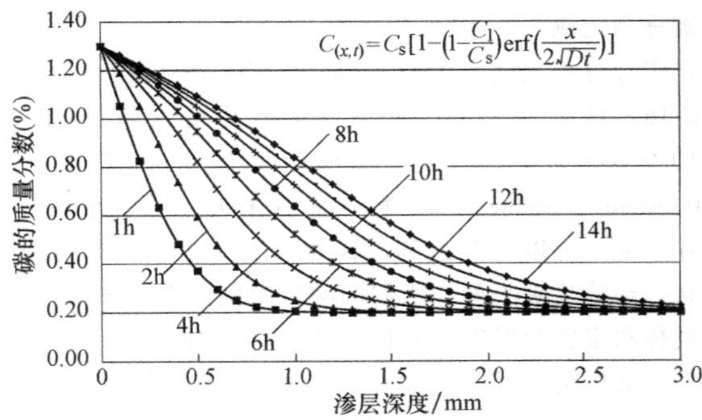

图 6-10 一段渗碳碳分布曲线随不同的扩散系数 $D_{(x,t)}$ 在不同的渗碳时间下的变化估算

许多控制公司现在基于这里提出的概念的变化，提供使用专利技术的扩散方程的仪器和计算机仿真软件。

（2）氧化 在渗碳过程中，钢表面发生的反应

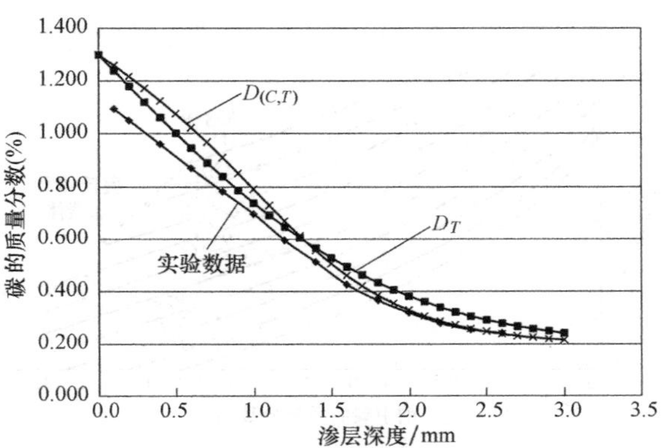

图 6-11 实际碳曲线、预测曲线与使用替代方法来确定扩散系数 D_T和 $D_{(C、T)}$ 的实验数据的对比

发生是复杂和多样的。除了前面描述的一氧化碳和二氧化碳反应，许多渗碳过程还必须防止氧化反应发生。氧化可以用以下反应描述：

$$2Fe+O_2 \rightarrow 2FeO$$

$$4Fe+3O_2 \rightarrow 2Fe_2O_3$$

$$3Fe+2O_2 \rightarrow Fe_3O_4$$

氧气与 CO/CO_2的反应：

$$2CO+O_2 \rightleftharpoons 2CO_2$$

在描述晶粒间形成的氧化，以及在帮助通过使用氧化锆氧探头控制渗碳过程时，这个反应是很重要的。氧化锆氧探头的工作原理将在下一节中描述。

（3）气氛测量和控制 为达到渗碳过程的预期效果，热处理设备必须能够在渗碳介质中产生所需的碳势。为了达到这个目的，可以利用许多同时发生的化学反应。已经发现了一个特别的化学反应，这是气体渗碳气氛的控制中最重要的反应，即水煤气反应：

$$CO+H_2O \rightleftharpoons CO_2+H_2$$

以上反应可以用来表明气氛的碳势和它的含水量之间的关系。已经证明水和二氧化碳之间的关系是特别有用的。这种关系以图形的方式显示了从丙烷和天然气（甲烷）中生产吸热气体渗碳气氛，如图 6-12 和图 6-13 所示。

这种关系已经使用多年，作为碳势测量的主要方法。多年来，通过利用绝热膨胀测量渗碳气氛露点的仪器是确定渗碳气氛的主要手段。

露点测量在渗碳技术上取得了巨大的进步，但是，其局限性是绝热膨胀工具不能用于连续监测。

在 20 世纪 80 年代，氧化锆氧探头开始取代露点仪成为测量渗碳气氛的主要仪器。氧化锆氧探头的优势超越了露点测量，氧化锆氧探头以不断校准炉内、外空气中的氧气来连续监测渗碳气氛，这打开了仪表控制渗碳过程的巨大进步的大门。氧化锆

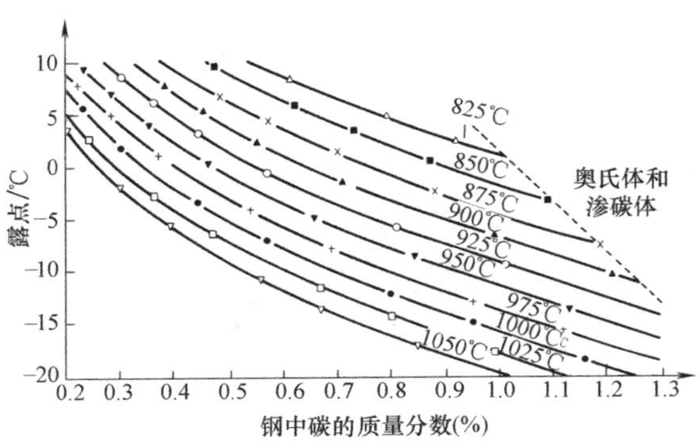

图 6-12 在丙烷吸热式气氛中理论露点对应的碳势

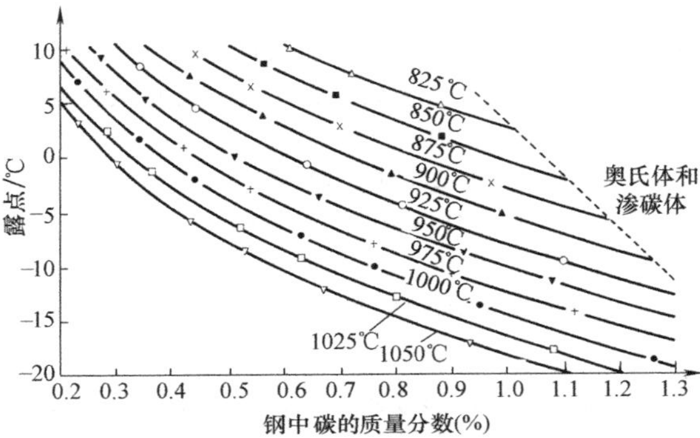

图 6-13 在天然气吸热式气氛中理论露点对应的碳势

氧探头的工作原理是假设以下反应达到平衡：

$$2CO+O_2 \rightleftharpoons 2CO_2$$

从以上方程式可以看出，气氛中的氧含量和 CO 与 CO_2比率之间的关系。

已经发现某些材料表现出电导率变化的可测量性，这个电导率变化几乎完全归因于氧离子通过基体材料的转移。像这样的一个材料，如氧化锆，当通过添加少量其他氧化物如 Y_2O_3使其稳定化时，已发现该材料在这一点上是特别有用的。添加氧化物的目的是在氧化锆基体中产生氧空位，大大促进氧离子通过基体的流动性。将铂电极放置在氧化锆基体两侧，允许穿过材料测量电导率，如图 6-14 所示。

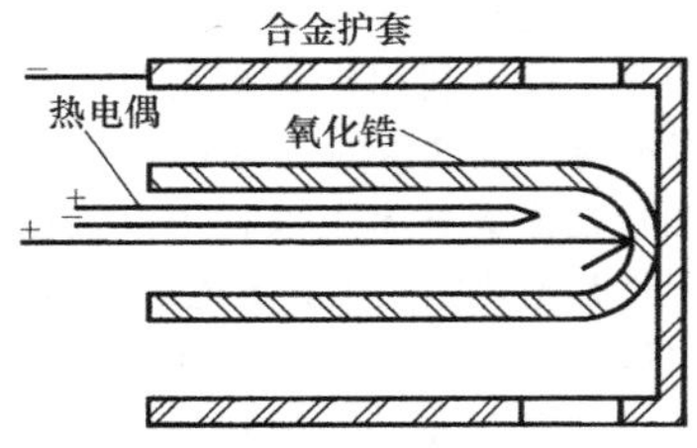

图 6-14 氧化锆氧探头示意图

这个属性是非常有用的，因为它相对简单，可以精确测量氧化锆材料电导率的变化。以下描述的是氧化锆探头的氧势随氧气含量变化的关系：

$$\nu = 0.0496T\lg\frac{p_0}{p_1}$$

式中，ν是氧化锆探头氧势（mV），T是热力学温度（K）；p_0是在内侧电极上的（参考气体）的氧气分压；p_1是外侧电极上（炉气气氛）的氧气分压。

通过测量传感器的电压和已知参考气体的氧含量（通常是室内空气），可以很容易地确定渗碳气氛中的氧含量。通过使用氧气和水分含量之间的关系，可以参考空气的含氧量来计算气氛的露点。通常每个制造商都有专有的具体公式用于计算这些值。允许通过很小的“微调”进行调整，这些算法通常包括一个调整系数。调整系数旨在通过将探头输出值与炉子的实际工作条件相结合来提高测量精度。一个典型的氧化锆氧探头安装在渗碳炉中的示例如图 6-15 所示。

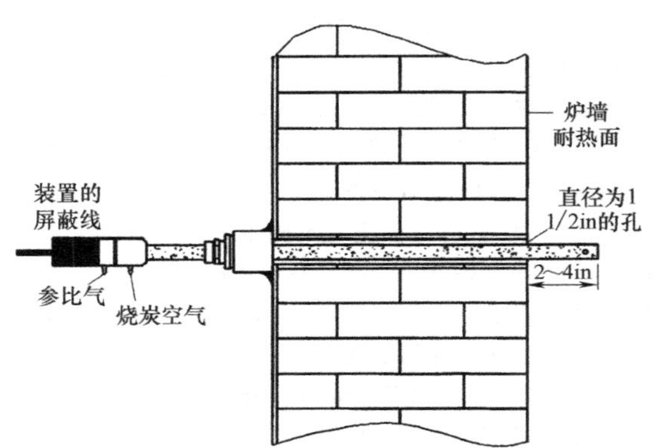

图 6-15 一个典型的氧化锆氧探头安装在渗碳炉中的示例

热处理者如何知道炉内实际气氛的状态？一个被称为定碳片分析的简单技术通常可用于此目的。定碳片分析是通过气氛炉墙中一个特定的端口（图 6-16）将低钢箔插入炉内。定碳片通常是用 AISI 1010 钢制造的，厚度为 0.025～0.075mm（0.001～0.003in）。通常做一个特殊夹具来夹持。由于定碳片很薄，可以迅速达到渗碳温度，并假设与炉内气氛的碳势达到平衡。所需的实际时间将取决于炉温、碳势和定碳片厚度，但是，通常不到 1h。

从历史上看，定碳片中的碳含量是通过精确称量定碳片渗碳前、后的重量，计算重量差得到的。然而，用当今（2013 年）流行的燃烧式碳分析仪，分析钢薄片的实际碳含量更简单。

如果定碳片分析进行得当，将测得的炉内气氛的碳势结果提供给热处理者。热处理者可以利用这些信息选择合理的调整系数来调整氧化锆氧探头，以便利用氧化锆氧探头读取炉内的实际碳势。

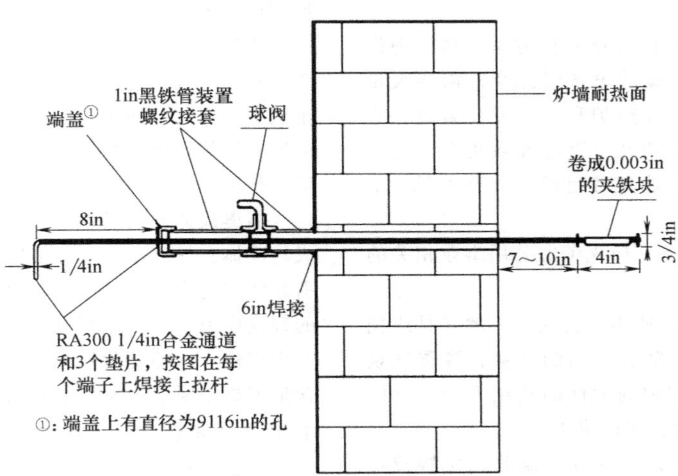

图 6-16　在一个气氛炉中进行定碳片分析所需的硬件

当进行定碳片分析时，有以下一些预防措施需要考虑：

1）定碳片应在入炉前、出炉后用乙醇等溶剂清洗和清除任何残留物或污染物。

2）如果炉内气氛稳定，定碳片的测试结果具有唯一性。

3）必须防止定碳片的氧化，因为它会影响测试结果。防止氧化一种很好的做法是，在打开取样孔使定碳片暴露在空气中之前，拉出长棒让定碳片进入一个取样孔中冷却。

4）定碳片只代表特定区域或位置的测试结果。为达到最佳效果，应该接近氧化锆氧探头。幸运的是，大多数炉制造商已经在设备上提供了一个接近氧探头的取样孔。

5）根据炉子中碳含量不同，正常精制的定碳片将呈现光洁或亚光灰色。如果变色（蓝色或棕色）表明定碳片已经氧化。热定碳片与氧的交互作用将导致定碳片脱碳，且影响碳含量的准确性。

6.1.6　渗碳的优点和局限性

当确定渗碳是否是制造零件的一个最佳工艺时，与其他竞争方法相比，考虑它的优缺点是很有帮助的。

1. 优点

（1）降低材料成本　渗碳钢的特点是具有低的碳含量。低碳含量为钢铁企业提供了一些利益，这个利益可以传递给零件制造商。大多数渗碳钢的淬硬性低，可以避免钢厂轧制和精加工过程的硬化。这意味着钢通常在轧制状态或热轧条件下，而不需要进入退火状态就可以进入到生产工序。这可以节省大量成本，避免在钢铁厂进行退火。钢中碳质量分数大于 0.30%时，可能硬度太高以至于不易加工。在钢铁厂出货前，这些等级的钢通常需要某种形式的退火，这就增加了较多的成本。使用低碳渗碳钢可以免除这些额外的成本。

（2）更好的加工性　与高碳淬硬钢相比，渗碳钢通常更容易加工。这是由于碳含量直接影响力学性能，如强度和硬度。

如前所述，碳的质量分数在 0.15%～0.30%范围内的钢，通常在热成形之后可以直接加工，而不需要像通常的高碳钢一样进行退火。这种灵活性对零件制造商而言在能源消耗和循环周期两方面都有显著的经济效益。

加工低碳钢所需的能耗较少，使生产率提高，消耗材料（如切削刀片）成本降低。加工工作量降低可以使用强度较低的机床，这样，固定设备成本可以减少。

（3）在成形时有更高的自由度　渗碳钢与中、高碳钢相比，具有较低的屈服强度和加工硬化率，有利于促进冷成形，允许直接转送到加工工序，无须后续退火操作。

（4）定制的力学性能　渗碳工艺的采用带给了设计人员极大的灵活性。通过控制渗碳工艺参数，工程师可以选择表面硬度、承载力、表面显微组织来满足各种需求。

（5）表面残余压应力的研究　产生残余压应力是零件表面渗碳的自然倾向，这是一个很大的优点，但是常被忽视。残余压应力有助于提升更高的承载能力和更大的抗破坏能力。残余压应力也可以提供更长的疲劳寿命。

（6）应用广泛　渗碳工艺应用广泛，有许多成熟的、技术先进的热处理设备生产商可以为渗碳热处理提供设备服务。

2. 局限性

（1）投资成本　无论选择何种方法，热处理设备都是昂贵的。采购渗碳的设备组件经常需要大量的支出。原始成本包括加热炉和气氛发生装置。小批量生产型渗碳炉要花费几十万美元或更多。大型连续式加热炉生产线可能花费超过一百万美元。下列额外费用应该考虑：

1）由于安装新设备，应先考虑公用事业相关的额外费用。

2）在热处理过程中使用的装载工件的夹具或托盘也必须购买或制作。随着时间的推移，渗碳气氛会逐渐降低合金夹具和炉内配件的使用寿命，所以更换它们将是一个持续存在的成本。

（2）能源消耗　渗碳要求在高温状态保持较长的时间，来获得所需的表面碳含量和硬化层深度。这需要能量来加热并保持设备及工件维持在指定的渗碳温度。计算过程不要求这一步。

（3）畸变　渗碳过程会使零件的几何形状发生变化。设计人员必须考虑化学成分、热力学和显微组织的影响。为了补偿畸变，设计人员不得不对热处理零件采用辅助手段，即对零件进行磨削加工以达到最终的尺寸要求。这样就增加了购买额外材料和加工的成本，并增加了最终的磨削加工成本。

根据零件的复杂性和几何形状，还有一些附带的影响，可能需要对不符合要求的尺寸定制计划。一些零件可能有几何尺寸要求，对这些零件进行所谓的压力淬火。压淬机使用特殊的工具来夹持和束缚住零件，使之同时浸入淬火冷却介质。压淬机的使用可以大大提高渗碳零件的尺寸稳定性。

零件滞后的尺寸变化可能是由于残留奥氏体转变引发的。残留奥氏体在低于临界温度时处于亚稳定状态。因此，如果以热量的形式或者以切变应力的形式提供足够的能量，那么，残留奥氏体在热力学上是可以转变的。

当奥氏体发生转换时，部分奥氏体晶粒将转变成马氏体，导致面心立方结构转换为体心四方结构，引起体积的变化。这个体积变化可以显著影响零件的残余应力水平，进而导致可测量的部分几何形状发生变化。这种变化可通过确保零件的残留奥氏体含量不高于要求的含量来避免。

6.1.7 渗碳钢

渗碳钢的显著特点是碳含量低。一般渗碳钢中碳的质量分数为 0.10%～0.30%，但有时也有碳含量较高的特殊应用的钢。渗碳钢可以是碳钢或者包含少量合金元素的低合金钢，合金元素通常有锰、铬、镍、钼。有许多种等级的渗碳钢可供选择。常用的渗碳钢见表 6-3。添加这些合金的目的在于提高淬透性或增强其他力学性能，如冲击韧性。

表 6-3 中列出的钢种是在北美洲地区常用的钢种样本。在世界各地不同地区使用着各种各样化学成分的钢铁，其中许多是类似于美国钢铁学会（AISI）或 SAE 的钢种。钢种的选择应该基于当地的供应情况和满足表层和心部要求的能力情况决定。通常有一个可以满足大多数应用需求的标准钢种，但是，在极少数情况下，也有特殊应用的要求，这取决于客户使用定制钢种而增加的额外成本。

表 6-3　常用的渗碳钢

AISI 钢号	参考成本	名义化学成分(质量分数,%)					内　容
		C	Mn	Ni	Cr	Mo	
1020	很低	0.2	0.45	—	—	—	普通碳钢,心部淬透性低
4023	低	0.23	0.80	—	—	0.25	在汽车中常用的低淬透性等级钢
4320	中等/高	0.2	0.55	1.82	0.50	0.25	提高较厚截面心部的淬透性。比 8620 钢的热处理时间有所加长
4620	中等	0.2	0.55	1.85	—	0.25	镍/钼钢。仅在对心部淬透性有要求的零件上使用
4820	高	0.2	0.60	3.5	—	0.25	增加镍含量,改善心部韧性。在较长的处理时间内反应结果较慢
5120	低	0.2	0.80	—	0.80	—	常用于汽车应用领域。如果渗碳太接近饱和碳浓度,有形成碳化物的倾向
8620	低/中等	0.2	0.85	0.55	0.50	0.20	最常用的渗碳钢。具有极好渗碳特性,对于大部分截面尺寸,具有良好的淬透性
8720	中等	0.2	0.85	0.55	0.5	0.25	类似于 8620,但是添加钼能提高心部淬透性
9310	很高	0.1	0.50	3.25	1.2	0.12	为了使心部韧性最大,增加镍含量。在较长的处理时间内反应结果较慢

渗碳钢应当进行细化晶粒处理，因为通过升高温度和延长渗碳时间来进行渗碳处理，可能会引发零件处理后的晶粒长大，造成潜在的不良影响。

随着真空渗碳的发展，更令人关注的是高于980℃（1800℉）的渗碳。当在995℃（1825℉）以上渗碳时，必须考虑炉子的结构、采用的工艺（真空和/或气氛炉）、合金夹具的寿命和工件材料。在高温下渗碳，可能会加速晶粒长大和在表面上出现不希望发生的晶间氧化。钢铁制造商使用各种组合的合金元素来阻止这些不良影响。必须注意到，用于制造零件的钢材将会在高温状态下渗碳，在真空高温渗碳时，需要弥补合金元素的挥发。添加某些合金化元素（如铌等）可以防止晶粒长大。

6.1.8 质量保证

由于在渗碳时必须控制许多变量，管理过程的变化是一个不断挑战的过程。现代化仪器和设备能够确保结果的再现性。然而，渗碳设备的正确操作和维护对渗碳结果至关重要。由于高温和渗碳活性化学气体的影响，使用的渗碳设备会随着时间的推移而性能降低，所以应对渗碳设备进行不断的维护。

已经研究出许多测试方法，来验证渗碳后是否获得期望的结果。因为渗碳的显著特点是具有高碳马氏体层，所以大多数规范包括测试均通过确定表面硬度、碳浓度、硬度曲线和显微组织来验证是否获得期望的结果。

对于渗碳过程的成功操作，使用统计过程控制（SPC）监控关键工序变量，也已经证明是很有价值的。在工序变量对产品质量带来负面影响之前，应用 SPC 是一个有效的工序控制方法，可以检测出炉子维护和操作上的问题。

（1）表面硬度　表面硬度测试是最基本和最简单的测试，它可以验证已进行过的渗碳过程。自 20 世纪初以来，已经使用如洛氏、维氏和努氏硬度的测试方法，而且，今天（2013 年）仍然采用这些相关的方法。

渗碳的硬度范围和硬化层将会根据预期的用途而有所不同，但通常渗碳硬度范围为 55~65HRC。

心部硬度为零件中心的硬度，通常在非渗碳区。心部硬度和表面硬度用相同的方法来衡量。心部硬度取决于零件的热处理方法和尺寸，硬度范围可以在 25~45HRC。与表面硬度测试不同，心部硬度的测试是一种破坏性试验，因为它通常需要切割零件进行心部硬度测试。零件的心部硬度由于截面厚度的作用，其在零件上是变化的。根据零件的几何形状，它需要确定评估心部硬度的确切位置。

（2）碳浓度梯度　碳浓度梯度是渗碳零件的重要特征。虽然可以通过表面硬度及显微组织的影响估计表面的碳含量，但是，这并不能揭示在表面和心部之间渗层中碳浓度梯度的深度及斜率。可以用来确认该过程已产生预期结果的一种方法，就是从表面到定义的深度上测量实际的碳含量。

进行碳含量测试需要的这项技术很大程度上取决于零件的几何形状。这种方法是用夹盘把轴向对称的零件夹在机床上，将外圆表面车削到指定深度，然后一层层向内车削并收集铁屑进行分析。这样做可以确保测量的精度，收集不同深度的铁屑并用燃烧分析仪来分析。

（3）硬化层深度　设计者期望零件的渗碳层延伸到一定深度，以满足零件所需的力学性能和承载力要求。这需要确定硬化层深度。有以下几种方法可以定义硬化层深度：

1）总硬化层深度的定义是渗层从渗碳零件表面到该点的化学成分或物理性能与心部无明显差异的垂直距离。总硬化层深度有时定义为距离表面的最深点，该点碳的质量分数高于心部 0.04%。一般认为，总硬化层深度这个术语用于渗碳技术规范时有些含糊不清，因为在渗层和心部之间确定碳分布曲线变化的精确点存在实际困难。

2）有效硬化层深度或硬化深度被定义为从表面到指定的硬度对应点的垂直距离。这个方法用于确定硬化层深度是最实用和最广泛的。行业标准硬度规范是 50HRC。在特殊情况下，偶尔也用其他硬度值定义为硬化层深度，但是，并不常见。当使用其他判定标准的时候，硬化层深度应该进行正确的定义。

3）渗碳层深度的定义是从渗碳层表面到获得规定的某一碳含量深度的垂直距离。这是一个总渗层和有效硬化层方法的结合。规定碳含量的选择大约与指定的某一深度有关，如接近表面或者有效硬化层深度。对于中低碳合金渗碳钢，硬度为 50HRC 的深度对应的碳的质量分数为 0.3%~0.4%，通常 0.35%指定用作渗碳硬化层深度的碳含量。

渗碳层深度最容易通过碳对钢的淬透性和硬度的作用间接测量。因为它是最简单的测量和量化的方法，有效硬化层深度是主要的测量方法。显微硬度计可用于这一测量方法。将试样表面垂直于部件表面切割试样，测量表面有效硬化层深度。维氏硬度计、努氏硬度计或显微硬度计，用于在离试样表面一定距离的位置压出小的压痕，直到硬度低于特定的硬度。通过确认规定的硬度（即 50HRC）梯度，很容易确定有效硬化层深度，如图 6-17 所示。检查硬度的仪器可由各种制造商提供。

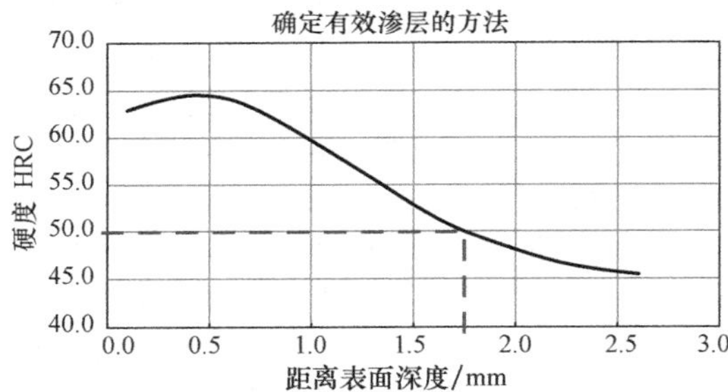

图 6-17 有效硬化层深度通过在 50HRC 的显微硬度曲线上确定（转换为 HRC）

注：在这个例子中，有效硬化层深度为 1.75mm（0.069in）。

（4）硬化层显微组织 利用渗碳过程达到所需的力学性能，渗碳零件必须淬火形成马氏体。马氏体以两种主要形式存在：板条状马氏体和片状马氏体。这两种形式的晶体结构相同，而形态和力学性能不同。

1）低碳板条马氏体。板条马氏体是碳的质量分数低于 0.6%的马氏体的主要形式，当碳的质量分数超过 1.0%时它就消失。因此，通常可以在渗碳零件的心部看到板条马氏体的形式。板条马氏体的强度低于片状马氏体，但与片状马氏体相比有更强的冲击韧性，如图 6-18 所示。

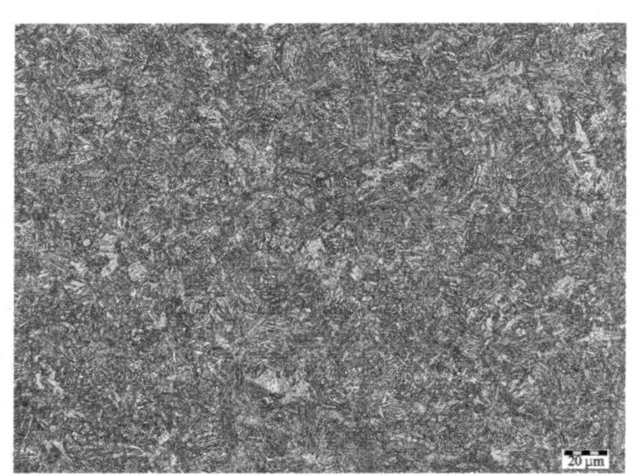

图 6-18 典型低碳（板条）马氏体与一些针状铁素体显微组织

注：8620 -合金钢，用硝酸乙醇溶液腐蚀。

2）高碳（片状）马氏体。当碳的质量分数大于 0.6%时，开始形成片状马氏体。随着碳的质量分数增加到 0.6%以上，片状马氏体的比例也增加，直到碳的质量分数达到 1.0%，板条马氏体完全消失，显微组织中片状马氏体形态占主导地位。典型的片状马氏体以大型“针”状形式存在，常常伴随着不同数量的残留奥氏体。片状马氏体的冲击韧性比板条马氏体差。

3）残留奥氏体。根据碳含量和所选用的特殊的热处理工艺方法，零件可能包含大量的残留奥氏体。之所以命名为残留奥氏体，是因为它是一种在高温阶段淬火及回火后冷却到室温时遗留下来的。通常情况下，奥氏体在较低的临界温度（Ac_3）以下是不稳定的，通常普通合金钢在室温下是不存在奥氏体的。然而，在许多渗碳层中，由于 *Ms* 降低、非平衡冷却以及 *Mf* 低于室温，导致残留奥氏体存在。残留奥氏体在较低的临界温度以下处于亚稳态，因此，环境提供了足够的条件它就可能发生热力学转变。奥氏体转变为马氏体的转变驱动力，可能来自服役中的切变应力，或者热处理后受温度升高的影响。

残留奥氏体可以是有害的，也可能是有益的，这取决于应用条件。例如，在某种情况下，许多齿轮和滚子轴承是有意保留了一定级别的残留奥氏体，因为它已被证明可以延长滚动或滑动接触疲劳的使用寿命。

残留奥氏体几乎完全是显微组织特征的个案，在板条马氏体（表现为针状）之间的空间中呈现出模糊不清、颜色较浅的区域。图 6-19 和图 6-20 所示为两个不同级别的残留奥氏体显微组织。

图 6-19 板条马氏体和 30%的残留奥氏体显微组织（通过 X 射线衍射）

注：用硝酸乙醇溶液腐蚀。

图 6-20 板条马氏体和 15%残留奥氏体显微组织（通过 X 射线衍射）

注：8620 级，用硝酸乙醇溶液腐蚀。

6.1.9 可能出现的复杂情况

尽管渗碳有很多益处，但也是一个非常敏感的工艺。有这么多变量需要控制，通常遇到某些特定类型的条件，可能在某种程度上是有害的，这取决于应用条件。

（1）脱碳 渗碳工艺的目的是在钢的零件表面产生从表面往内的碳浓度梯度，以获得一定的力学性能。然而，工艺过程的暂停和设备故障问题可能导致碳梯度发生逆转。通过扩散，碳从高浓度区迁移到低浓度区。在热处理过程中，如果气氛的碳势降低到钢的表面以下，碳会反向扩散，零件将发生脱碳。这明显是不希望发生的，因为如果它迁移进程很快，脱碳会降低热处理工作者和设计人员设计的工件的性能。

气体渗碳时常见的脱碳原因一般是炉子的故障造成的，也就是说是泄漏、辐射管破损、打开炉门、气氛发生器故障的问题。如果脱碳程度是轻微的，它表现为一个马氏体显微组织本身带有较低含量的残留奥氏体。这可能不是一个问题，但是，轻微的脱碳降低了临近表层的残余压应力。如果表面脱碳严重形成铁素体，就需要有纠正措施。过度的表面脱碳会导致表面硬度降低和疲劳强度下降。

如果脱碳深度很浅或低于热处理后金属磨削切削加工的深度，它的影响可能微不足道。在要求的渗层深度上，存在表面脱碳，这就需要重新渗碳。在大多数情况下，要求重新渗碳处理将促使表面硬化层深度加深，有时会带来不良后果。

（2）碳化物 碳化物与渗碳钢相比较硬和脆，所以它们在渗碳零件中通常被认为是不理想的渗碳组织。在滚动或滑动接触的应用中，碳化物会引起特别的麻烦，因为它们可能成为疲劳裂纹萌生的起始点。碳化物会在晶界沉淀，从而降低材料的冲击韧性。

无论何种原因，碳化物通常可以在渗碳零件表面附近碳含量最高的地方看到。碳化物通常由以下两个条件之一引发：

1）过多的碳含量。如果渗碳介质表面的碳是高于钢中碳浓度的饱和碳，如图 6-21 所示，它将开始形成渗碳体。高于饱和渗碳浓度对渗碳没有益处。渗碳的碳浓度略低于饱和碳浓度通常被认为是良好的渗碳实践，它可以使扩散率增加，获得较高的碳浓度。通过使用现代气氛控制设备和仪表，可以很容易地控制达到合适的碳势。一些常见的典型渗碳钢在渗碳和淬火温度下，碳在奥氏体中的最大溶解度极限见表 6-4。

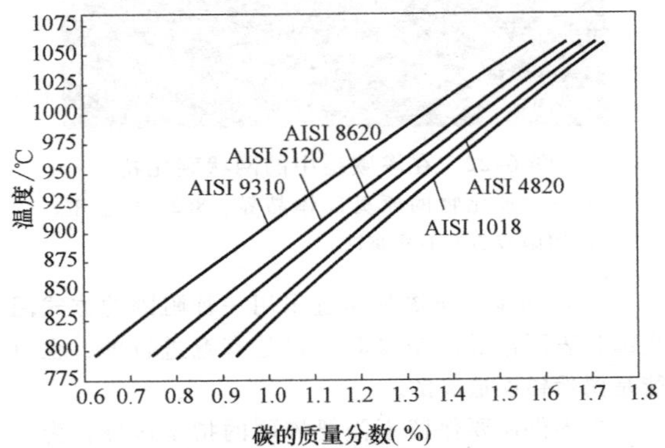

	计算饱和极限的成分(质量分数，%)					
	1018	4118	4820	5120	8620	9310
C	0.18	0.2	0.2	0.2	0.2	0.1
Mn	0.75	0.8	0.6	0.8	0.8	0.55
Cr		0.5	—	0.8	0.5	1.2
Ni			3.5		0.55	3.25
Mo			0.25		0.2	0.1

图 6-21 用 Thermo-Calc 计算的普通 AISI 等级钢材在奥氏体中的极限饱和碳浓度

表 6-4 典型渗碳和淬火温度下碳在奥氏体中的溶解度极限

牌号	奥氏体(来自图 6-21)在下列温度中,碳的最大溶解度(质量分数,%)		
	925℃(1700℉)	845℃(1550℉)	800℃(1475℉)①
1018	1.3	1.07	—
4820	1.27	1.03	—
5120	1.17	0.91	—
8620	1.21	0.96	—
9310	1.06	0.79	0.64

① 9310 钢可在 800℃（1475℉）淬火。

2）从渗碳温度缓慢冷却。渗碳时，表面碳含量超过共析钢的成分是正常的。然而钢仍然保持在渗碳温度，碳仍处在溶解状态，但是，随着零件冷却后，它必须通过奥氏体-Fe_3C 相区。如果冷却速度足够快，碳不析出。然而，如果冷却速度太慢，碳化物将以平衡组织形态开始在奥氏体晶界沉淀。这种趋势可以让通过奥氏体-Fe_3C 相区快速冷却变成最小化，来限制零件通过奥氏体-碳化物相区的时间。

碳化物通过显微组织腐蚀后，呈现明显的、浅色的、圆的、有角的特征，可以出现各种各样的光学形态，从不连续的、单个的碳化物到围绕在原奥氏体晶界上的网状（图 6-22），也称为连续的网状碳化物。

图 6-22 在渗碳层中的网状碳化物

注：注意碳化物的原奥氏体晶界。8620-合金钢，用硝酸乙醇溶液腐蚀。

（3）防渗 防渗是通过采用一种阻隔的方式阻止部分表面渗碳。防渗既可以是有意进行的，也可能是偶然错误造成的。

当零件需要保留不需要淬硬的指定区域，为以后处理（加工、钻孔等）预留下来的时候，或者当零件表面的某一部分不需要淬硬的时候，可有意进行局部防渗处理。这可以通过涂镀能阻碍渗碳的金属镀层，如铜镀层来实现，或者通过使用商用防渗涂料，形成一种阻止渗碳的障碍层。

当意外防渗屏蔽了碳扩散到钢铁表面的时候，产生了无意的结果，这样导致了表面碳含量或者渗碳层深度比预期减少了。这可能影响零件或大或小的区域。在处理过程中，部件和其他零件之间，或者部件和夹具之间表面有偶然的接触、表面的化学污染或者表面的物理阻塞都可能造成意外的防渗。这通常是由于先前的操作有残余液体留在干燥的表面上，或表面已经腐蚀造成的。通常选择能与渗碳剂相容的金属加工液可以防止意外防渗，或者在渗碳之前清洗零件去掉残留物。这种情况很难识别，但是，一般情况下可以表面硬度低来发觉。低渗层深度只能通过零件截面的金相组织来发现。

防渗直接影响到表面碳化物（从而影响显微组织），所以，它可以在磨削表面上通过使用合适的腐蚀剂腐蚀后检测。意外防渗将会在表面上出现杂色或者斑点。

（4）晶间氧化 气体渗碳后，零件表面包裹着一层晶间氧化层，发现这个问题已经达 50 年甚至更长的时间。高温转变产物可能是形成晶间氧化的直接后果，随后发现这些高温转变产物对零件的某些力学性能有不良的影响。因此，这些产物都是一些冶金学家和工程师所关注的。

使用无氧渗碳气氛或在真空中渗碳是可以消除氧化过程的，据说氮基气氛也可以减少氧化。然而，使用吸热式渗碳载气的传统气体渗碳仍然是最受欢迎的表面硬化方法，并且，这种方法将会持续许多年。因此，晶间氧化问题还将在常规工艺过程中存在。

晶间氧化（图 6-23）在气体渗碳钢中是不可避免的，但是它是可预测的。在通常的渗碳炉中，晶间氧化通常的速度发生率为每 0.25mm（0.010in）渗层深度对应 0.0025mm（0.0001in）晶间氧化的深度，最大深度约在 0.013mm（0.0005in）。晶间氧化深度远远超出 0.013mm（0.0005in）时，通常表明气氛炉中有明显的泄漏。

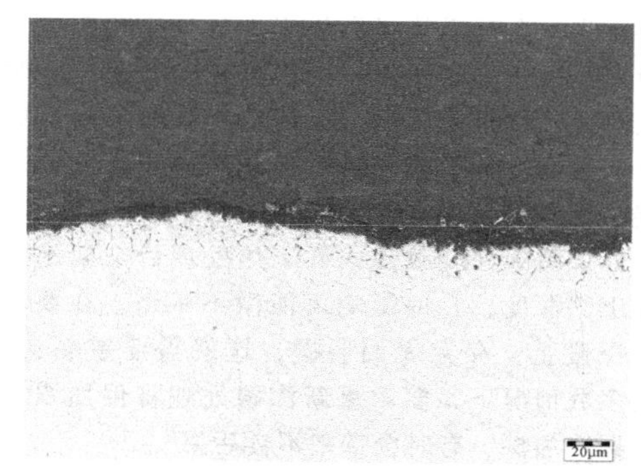

图 6-23 渗碳零件表面的晶间氧化（未侵蚀）

6.1.10 渗碳和碳氮共渗方法

表 6-5 总结了不同渗碳方法的优点和缺点。每个方法在相关章节中有更详细的描述。在本节中有关碳氮共渗做一个简要的对比，更多的细节见 6.8 节钢的碳氮共渗。

（1）固体渗碳 固体渗碳是原始的渗碳技术，它可以追溯到几千年前。取而代之的是天然气和真空渗碳，因此，固体渗碳不再是常用的一种重要的工艺了。虽然它基本上是过时的，但是，那些缺乏现代渗碳设施的教育机构和小型工具车间仍然采用固体渗碳。

固体渗碳是将零件放置在一个金属容器内，它周围填充合适的炭质材料，密封在容器中，加热到渗碳温度，并在合适的时间内保温。

在固体渗碳期间，在箱子中含碳材料分解，容器内充满一氧化碳。在这一点上，实际上固体渗碳的行为很像气体渗碳。多年来，已经使用了不同的

表 6-5　渗碳方法的优点和缺点

优点	缺点
固体渗碳	
资本要求较低 不需要气体发生器	劳动密集型 渗碳层深度和碳是很难控制的 不容易实现直接淬火 由于额外加热容器的质量，能源和时间消耗更多 一些固体化合物（如碳酸钡）是危险的 工艺过程非常脏，要求零件在淬火之前得到清理
液体渗碳	
相对于其他方法用更少的时间能进行快速加热 选择性渗碳只有把零件的某一部分浸泡在盐中	熔盐存在安全和环境的挑战 盐残渣可以影响下道工序 不宜大批量生产或连续操作
气体渗碳	
容易大规模生产和连续操作 气氛很容易检测和控制 部分可以直接淬火或进行单独的二次硬化操作	较大的设备成本投资高 围绕着废气排放和燃烧产物的安全和环境问题 表面晶间氧化可以控制，但是不可避免
低压真空渗碳	
消除晶间氧化 与气体渗碳相比，减少了能源消耗 仅加载时，需要电力 低的环境影响 零件处理后非常干净	所有方法中成本最高的方法 不宜大批量生产或连续操作 用高压气体淬火由于冷却速度有限，很难完全得到与传统液体淬火相似的显微组织

碳源。生物碳源从一开始就使用了，并且在某种程度上今天（2013 年）仍在继续使用。例如，固体渗碳材料有碎的动物骨骼、烧焦的皮革、木炭或焦炭。现代固体渗碳化合物通常是基于木炭或焦炭外加各种碱性金属碳酸盐作为活化剂或催化剂。

这个箱子是一个关键设备。它充当保存化合物反应产生气氛的容器或者炉子。理想情况下，一个箱子应该尽可能小且轻，以减少加热整个组件所需的时间和能量。箱子可能是由各种各样的材料制造出来的，包括普通碳钢、不锈钢或耐高温合金。并且，如果打算重复使用的话，材料选择受箱子尺寸的影响。

固体渗碳箱的重量和截面决定了渗碳后直接淬火是不切实际的，所以必须硬化的固体渗碳零件，应该单独进行淬火操作。

（2）液体渗碳或盐浴渗碳　传统的液体渗碳，也称为盐浴渗碳，是指零件浸到含有氰化物的熔盐浴中的渗碳。这个不应与一个相对较新的称为液相感应渗碳的工艺相混淆，这个工艺稍后将在本节中讨论。

液体渗碳是一种在很大程度上被气体渗碳和真空渗碳所取代了的工艺。尽管一些车间还在使用这种遗留的设备，但是，从商业上来讲它已经过时了。

传统的液体渗碳是指零件在含有氰化物的盐浴中加热。盐浴给零件提供了一个高效的传热介质，并且，氰化物提供了扩散渗入的碳。

在传统的液体渗碳中，零件是通过起重机或其他起重设备浸入盐浴中进行渗碳。零件这种装料方法提供了一个独特的机会：零件可以通过优先选择浸入多少到盐浴中渗碳。可以使用其他屏蔽或防渗方法，但是，防渗与盐浴的兼容性必须在使用前确定下来。

液相感应渗碳是一种相对较新的、非传统的渗碳方法。与传统液体渗碳使用盐浴不同，液相感应渗碳采用室温液态烃浴。当零件浸入液态烃浴中的时候，使用感应线圈把零件加热到渗碳温度。由于液态烃在加热的工件表面上分解，发生渗碳。除了作为碳源，液态烃浴还作为淬火冷却介质并且保护零件免受氧化。液相感应渗碳工艺的布局允许零件在相同的夹具中渗碳、淬火、回火。因为零件加热不受传统炉子结构的限制，液相感应渗碳可以利用高温渗碳（1200~1200℃，或 2190~2280℉），结果是处理时间相对较短。液相感应渗碳已经被用在各种难熔金属上，如钛、钒、铬、锆、铌、钼、钽、钨，开发出了具有显著厚度的碳化物渗层。虽然实际上仍然在试验阶段，但是，液相感应渗碳已经开始应用于医学和航空航天上了。

（3）气体渗碳　气体渗碳是最具有商业意义的渗碳技术。气体渗碳的显著特点是把工件放入碳氢化合物，如甲烷、丙烷、丁烷、甲醇生成气氛中。

在考虑天然气（甲烷）的情况下，关键的反应是：

$$CH_4+CO_2 \rightarrow 2CO+2H_2$$

$$CH_4+H_2O \rightarrow CO+3H_2$$

气氛通常是在载气中添加一种足够量的碳氢化合物气体产生所需的碳势。最常见的载气是一种吸热式气体，是在 980~1000℃（1800~1830℉）的温度下，在镍催化剂作用下产生的碳氢化合物。用于产生吸热式气体最常见的碳氢化合物是天然气或甲烷（CH_4）。一个典型的甲烷基吸热气体构成为：约 40%的 H_2、40%的 N_2 和 20%的 CO，及少量的水蒸气、二氧化碳和未反应的甲烷。吸热式气体必须小心处理，因为它含有 H_2、CO（一氧化碳）是易燃的。

在高温状态，吸热气体作为保护气氛。它含有的 H_2 和 CO 可保护零件不被氧化。然而，就其本身而言，它的碳势太低以至于不能用来渗碳。为了产生所需的碳势，在吸热式气氛中按适当的比例添加直生式碳氢化合物来产生所需的结果。这个过程称为气氛富化。

通常是先在直生式吸热气氛保护下加热工件，然后进行气体渗碳。吸热式气氛保护工件加热不被氧化（尽管某种程度的晶间氧化是不可避免的），同时，工件在渗碳温度上透热并稳定保温。一旦工件均温，就开始碳势控制，为了达到所需的碳势，需添加碳氢化合物富化气。工件通过在工作温度保温一段足够的时间来达到要求的渗层深度，在达到渗层深度时，停止添加富化天然气，工件要么冷却到一个合适的淬火温度并且淬火（直接淬火），要么冷却至室温，然后进行一个单独的硬化操作（重新淬火）。有时，零件热处理之后需要更细晶粒度的时候，需采用重新加热淬火的方法。

渗碳工序主要有两种方法：一种称为一段渗碳；另一种称为强渗-扩散渗碳。在一段渗碳中，整个渗碳过程碳含量保持不变。

在强渗-扩散渗碳中，渗碳的步骤分为两个阶段：第一阶段是强渗阶段，气氛的碳势接近饱和状态，并且保持足够时间使最大碳量扩散到表面；第二阶段是扩散阶段，碳降低到表面最终所需的含量，而且，在表面上的高碳含量扩散到钢内部，产生所要求的碳和硬度的分布梯度。强渗-扩散渗碳已经证实能在更短的时间内生成相当于一段渗碳得到的有效渗碳层深度。强渗-扩散过程最适合间歇式渗碳炉，整个渗碳步骤在相同的炉膛或区域内进行。

在间歇式（周期式）和连续式处理中，采用气体渗碳工艺。全世界使用着各种各样的炉型、不同的布局和多种规格尺寸。

（4）低压真空渗碳　根据渗碳量，低压真空渗碳量远低于气体渗碳量，但是，它越来越受欢迎，并且和气体渗碳相比有一些独特的优点。在某些应用上，低压真空渗碳已成为几近完美的工艺。

在真空渗碳中，真空实际上是由一组真空泵建立的非常低的低压气氛。以适当的时间，循环充入烃类分压气体，如丙烷、乙炔或一些其他合适的碳氢混合物，打破真空，可实现渗碳。载气，如氮气，有时被用作中性的分压气体，以稀释碳氢化合物。在真空炉中的渗碳是在碳氢化合物气体和钢接触的表面发生的。不像气体渗碳，真空渗碳很少使用甲烷，因为在常规的渗碳温度上它不能裂解。丙烷和乙炔是真空渗碳时常用的渗碳气体。

进行渗碳处理时，零件表面必须没有氧化物产生。因此，在零件表面达到足够高的温度（大约 550℃，或 1020℉）形成氧化物之前，加热室建立了真空，这一点很重要。保持足够的真空度降低了在零件表面产生晶间氧化的可用氧气量，所以可以基本上消除晶间氧化。

许多真空炉被设计为，一旦渗碳完成，允许通入具有相对较高压力的惰性气体，进行加压淬火。这使得真空炉可以进行渗碳、淬火处理，甚至在同一室内回火。这种技术在负载较轻、截面较小的零件以及高淬透性的钢中使用效果最好。但有一些应用场合，如需要重复再现在传统的液体淬火中得到的精确的显微组织情况，高压气体淬火做不到。如果需要获得规定的一种显微组织，要求淬火速度更快，需要淬火的零件，可进行单独作业，或者使用多室真空炉，这样可以有一个单独的真空室用于液体淬火，如图 6-24 所示。

（5）碳氮共渗　碳氮共渗是一种改性的渗碳而不是渗氮的一种形式。为了在渗碳层中添加氮元素，可将氨气通入到渗碳气氛。气氛中的氨气在零件表面裂解，生成活性氮。氮与碳同时扩散到钢中。碳的质量分数达到 0.2%的钢是普通的碳氮共渗钢。通常情况下，碳氮共渗与气体渗碳相比，可在较低的温度和较短时间内进行，通常形成一个 0.075~0.75mm（0.003~0.030in）渗层深度。

碳氮共渗不同于渗碳和渗氮，在渗碳层中，通常没有明显的氮，渗氮层主要由氮组成，而碳氮共渗的渗层包括碳和氮。碳氮共渗的一个主要优点是，在处理过程中氮的渗入降低了钢的临界冷却速度。因此，渗层的淬透性由于碳氮共渗中氮的渗入明显高于同一钢材渗碳的淬透性。碳氮共渗也增加了表面硬度（图 6-25）。用油淬火可以获得较小的畸变量，或者在某些情况下，使用保护气氛作为淬火冷却介质可以进行气淬，获得较小的畸变量。

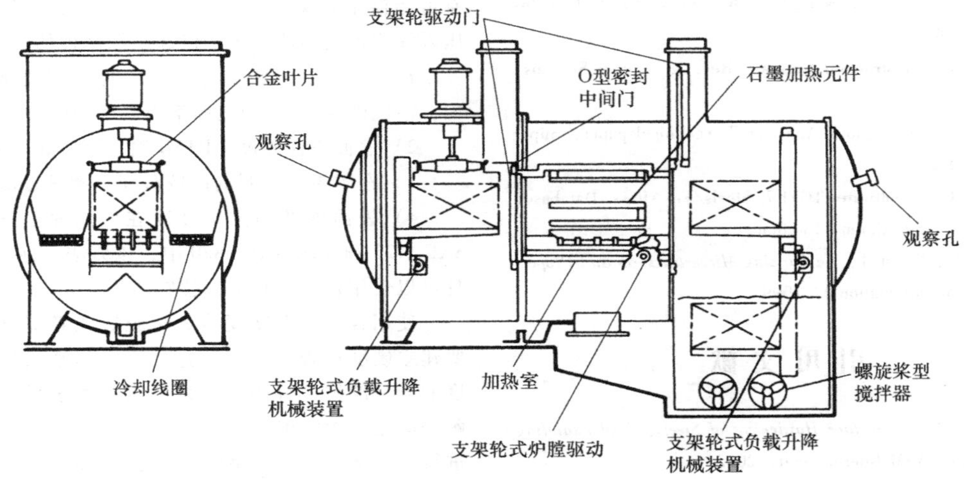

图 6-24　带油淬火室的三室真空炉

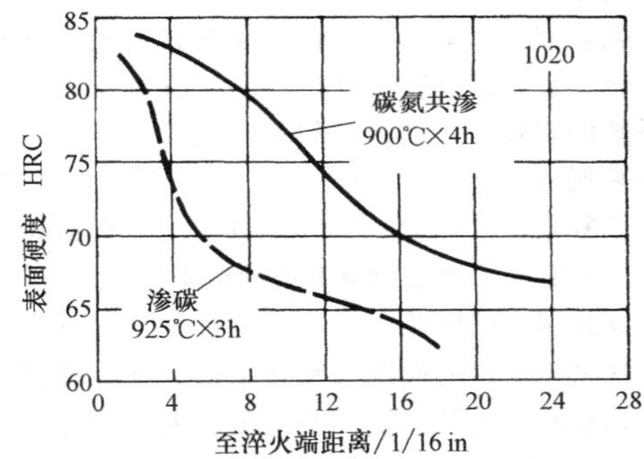

图 6-25　1020 钢在 900℃（1650℉）渗碳与在 925℃（1700℉）渗碳的端淬淬透性曲线的比较

注：硬度是在淬透性试样的表面淬火状态下测量的。入口处，碳氮共渗气氛中氨和甲烷的体积分数为 5%，平衡气是载气。

通常情况下，为了获得比单独采用碳氮共渗工艺更深的渗层深度，或者，获得更好的力学性能，渗碳和碳氮共渗可复合使用。在 900～955℃（1650～1750℉）渗碳处理得到要求的总硬化层深度（达到 2.5mm 或 0.10in），其次，在 815～900℃（1500～1650℉），碳氮共渗 2～6h 得到额外的碳氮化物层。零件油淬能获得比单独渗碳更深的有效硬化层深度。额外的表面碳氮化物增加了表面残余压应力，从而提高接触疲劳强度，以及增加了渗层的强度梯度。当渗碳与碳氮共渗工艺复合使用时，总硬化层深度比在 50HRC 处的有效硬化层深度有 9～19mm（0.35～0.75in）的变化，这个值取决于渗层淬透性、心部淬透性、截面尺寸和所使用的淬火冷却介质。

致谢

作者感谢以下人员的支持：

克里斯·邓克利（Chris Dunkley），奥林巴斯美国公司，提供了金相照片。

莉斯尔·迪芬德弗（Liesl Diefenderfer），安施德·瑞奥·布朗科（Amsted Rail Brenco），协助绘制碳和硬度曲线，金相制样。

迈克·施耐德（Mike Schneider），铁姆肯公司，建议作者写这篇文章，并提供了技术支持。

加里·凯尔（Gary Keil）和奥尔加·罗文（Olga Rowan），卡特彼勒，提供了技术支持。

奥尔加·罗文（Olga Rowan），卡特彼勒，使用 Thermo-Calc（图 6-21）计算碳饱和界限。

赛威尼·古赫尔（Saveliy Gugel），沙辽发 LLC（Sanova LLC），关于液体感应渗碳部分提供了的帮助。

莱因哈德·里德尔（Reinhard Rieder），安施德·瑞奥·布朗科（Amsted Rail Brenco），关于真空渗碳部分提供了技术支持。

索利·德奥·格洛丽亚（Soli Deo gloria）。

参考文献

1. G. Parrish and G. S. Harper, *Production Gas Carburising*, Pergamon Press, 1985
2. W. F. Gale and T. C. Totemeier, Ed., Chapt. 29, Heat Treatment, *Smithells Metals Reference Book*, Butterworth-Heinemann, 2003
3. O. Karabelchtchikova, "Fundamentals of Mass Transfer in

Gas Carburizing," Dissertation, Worchester Polytechnic Institute, 2007

4. "Gold Probe Instruction Manual, Rev. C," Super Systems, Inc.
5. T. Loetze, "Shim Stock Analysis," Technical paper, Super Systems Inc.
6. Thermo-Calc Software TCFE7 Steels/Fe-Alloys Database, Version 7, Stockholm, Sweden
7. G. Parrish, Chapt. 1, *Carburizing Microstructures and Properties*, ASM International, 1999

引 用 文 献

· J. Davis, Ed., *Surface Hardening of Steels: Understanding the Basics*, ASM International, 2002
· S. Gugel, Liquid Induction Carburizing/LINCARB/The First Induction Technology in Thermochemical Processing of Various Steels and Alloys, *21st Heat Treating Society Conference Proceedings*, ASM International, 2001
· G. Krauss, *Steels: Processing, Structure, and Performance*, ASM International, 2005
· T. Loetze, "Shim Stock Analysis (Technical Data)," Super Systems Inc.
· T. Loetze, "Zirconia Sensor Theory (Technical Data)," Super Systems Inc.
· *Metals Handbook Desk Edition*, 2nd ed., ASM International, 1998
· G. Parrish, *Carburizing: Microstructures and Properties*, ASM International, 1999
· M. Schneider, personal correspondence, Dec 2013
· V. K. Sharma, G. H. Walter, and D. H. Breen, An Analytical Approach for Establishing Case Depth Requirements in Carburised Gears, *J. Heat Treat.*, Vol 1, 1980
· W. Smith, *Structure and Properties of Engineering Alloys*, 2nd ed., McGraw-Hill, 1993
· J. Verhoeven, *Fundamentals of Physical Metallurgy*, Wiley, 1975

6.2 渗碳零件碳浓度控制评估

Gary D. Keil and Olga K. Rowan, Caterpillar Inc.

钢制零件在一种气氛中加热时，在表面要么形成渗碳，要么脱碳。希望有一种方法评估气氛控制系统的准确性、气氛对表面碳浓度的影响以及零件次表面的浓度梯度。本节讨论的一些方法类似于渗碳或碳氮共渗得到的渗层深度测量方法。

6.2.1 硬度测试

下面是使用不同的硬度试验方法测量表面碳含量控制有效性的实例。在采用指定的方法之前，所有可能存在的误差源都应该考虑，包括硬度计压头压入深度评估与所期望的渗碳层深度评估的关系：

1）表面硬度测量至少满足两个加载条件，例如，洛氏硬度 HRC 和表面洛氏硬度 HR15N。

2）表面洛氏硬度 HR15N 测试有明显的压痕。

3）在碳渗入控制的区域截面上测量显微硬度。

4）表面硬度和显微硬度在斜切面上进行。在 SAE J423 和 SAE ARP 1820 中，该方法已标准化，并且可以使用台阶试验法代替斜切面法。

使用各种洛氏硬度检测全脱碳或者部分脱碳需要建立硬度检查的程序，并且建立起来已知脱碳程度的样品的硬度界限。如果要求最大表面硬度，如耐磨应用或者要求高的接触疲劳强度的应用，那么，进行表面洛氏硬度测量时，小于 0.08mm（0.003in）的脱碳层深度可能不易测量。脱碳层很浅时需要进行显微硬度测试、金相观察，或者进行适当的锉刀硬度检查。

在表面以下采用台阶试验法测试有效硬化层深度，测试表面洛氏硬度 HR15N 提供了碳曲线和碳控制系统的有效性。例如，如果进行了复碳处理，那么原来脱碳比预期的加深，在复碳区和心部之间，不完全复碳区的碳含量低，可以用硬度台阶试验法检测，而它不能通过检测表面硬度来检测。

碳控制区域横截面上维氏硬度试验是碳控制评估方法之一。影响硬度的碳含量的变化在任何深度都可以检测。这种方法的缺点是需要准备好显微横截面试样，以及特殊的硬度测试设备，这些不是在所有的实验室中都很容易做到的。

当硬度测试用来评估碳控制时，我们应该记住，在普通的碳钢和低合金钢中碳的质量分数大约为 0.80%时，淬火硬度达到最高，这取决于合金钢中存在的不同类型和比例的合金元素。如果碳含量高于要求达到最高硬度的含量等级，那么，硬度测量不能评估碳控制。淬硬零件或者试样的硬度低的情况可能是由于多个不同的工艺问题引起的，如没有充分淬火、残留奥氏体过量或碳含量低。因此，硬度测量应辅以金相观察或者其他测试方法，大概确定硬度低的性质，并采用适当的纠正措施。

6.2.2 显微镜检查

显微检查揭示了表面碳含量变化所体现的显微组织的变化。碳含量对显微组织的影响因钢种不同而不同。对于给定的钢也各不相同，这取决于样品的热处理。当根据铁素体与珠光体的比例或碳化物与珠光体的比例，来估计非马氏体显微组织中碳含量的时候，应该注意的是，冷却速度强烈影响这些比率。快速冷却速度抑制先共析相的形成，导致更高的珠光体比率。最好是用已经获得了对应的显微组织的钢样品对碳含量进行微观估算，这个钢样品上通过碳的量化测量确定的碳浓度梯度与冷却速度类似。

如果使用退火样品，必须在适当的气氛中进行退火，否则，在退火期间，可能导致渗碳或脱碳。最好使用惰性保护气氛，或者样品镀铜。显微镜法能够比硬度测试法检测出更微小的碳含量变化，但是，不能提供碳含量微小变化的定量数据。因为金相组织评估需要破坏性制样，当涉及较贵重的部件时，可使用适当的测试试样。显微检查可用于确定显微组织状态，讨论如下：

（1）铁素体　铁素体的存在通常表示表面部分或全部脱碳。在钢铁表面全脱碳，通常伴随着表面以下的部分脱碳。

（2）珠光体　当钢为退火状态，显微组织由100%珠光体组成时，表明碳含量为共析成分。通过亚共析钢游离铁素体和珠光体的比例，或者过共析钢珠光体和渗碳体的比例可以用来估计碳含量。

（3）奥氏体　渗碳可能导致一些钢淬火之后在临近表面的区域保留过多的奥氏体。因为奥氏体和铁素体都是软的，应该用显微组织检查来区分是样品中的过量残留奥氏体还是样品脱碳生成的奥氏体。

（4）马氏体　侵蚀对应的变化可以表示碳含量的变化。为了正确解释侵蚀变化情况，熟悉指定的钢和对应显微组织与已知碳含量变化是很重要的。

6.2.3 连续剥层分析

连续剥层分析可以用来准确地评估渗碳零件的碳浓度曲线。这种方法需要非常精确的样品加工以获得可靠的信息。这种类型的评估通常是在与工件一同热处理的圆柱试棒上进行（通常称为碳剥层试棒）的。在轴承行业，往往直接从渗碳的轴承圈上切屑获得，该样品称为切割圈。

渗碳零件定量测量碳浓度梯度和评估规定碳浓度的渗层深度（即渗碳硬化层深度），连续剥层方法是最常用的方法。该方法特别适用于理解碳浓度梯度的形状，因为它与渗碳工艺参数有关，如在渗碳周期的各阶段选择强渗与扩散时间比率和碳势。

碳剥层试棒应当选用与工件相同牌号的钢制作，以中心为加工基准，精确地加工至最小圆柱形状。尽管可以调整试棒的直径来反映工件评估的判定区域，但是，典型的碳剥层试棒尺寸如图6-26所示。测试试棒的长度时，只需要能提供足够分析碳含量的切削铁屑，按照ASTM E1019-11检查分析，使用燃烧碳分析方法进行测试即可。

在加工之前，碳剥层试棒应该使用脱脂清洗剂

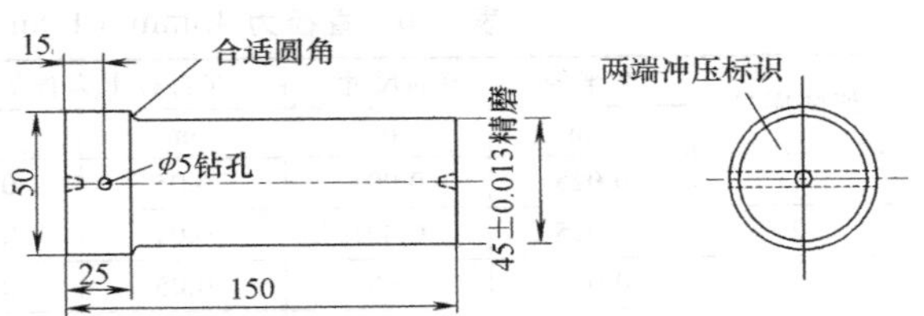

图6-26　典型的碳剥层试棒

彻底清洗除去任何烟尘残留物或者淬火油。在清洗后、加工处理前，不应该徒手接触试棒。在试棒的全长上，用于加工试样的车床，必须能加工在试验长度上小于0.015mm（0.0006in）的锥度。碳剥层试棒干式切削速度非常缓慢，以避免燃烧，燃烧会使试样碳含量变得更低，并使样品作废。切削碎片收集在干净的纸上或干净的托盘上，必须完全避免油或者油脂的污染。车床在车削新试样之前应清洗去除工具、夹盘之间剩余的碎片和油脂，防止车削之前混入碎片。通常，用陶瓷镶嵌刀具，避免使用硬质合金镶嵌刀具引起的污染。切削碎片时建议使用切削器，保证铁屑细小。

做样品之前，加工去除材料末端所有渗碳材料，从先前的切割处开始切割，每段做一个标识，如图6-27所示。最终气氛的检测结果显示临近表面的碳浓度梯度，初始3~4个切割深度为0.025mm（0.001in）。此后，可以进行更深层的剥层。表6-6推荐的是一个典型的直径为45mm（1.8in）的碳剥层试棒。碳剥层试棒在每一次切割前后应该仔细测量，将实际直径记录在样品碎片试样袋上。与碳含量相关的剥层平均深度$D_{平均}$计算如下：

$$D_{平均}=(0.5D_i-0.25D_b-0.25D_a)$$

式中，D_i是试棒原始直径；D_b是剥层前的直径；D_a是剥层后的直径。

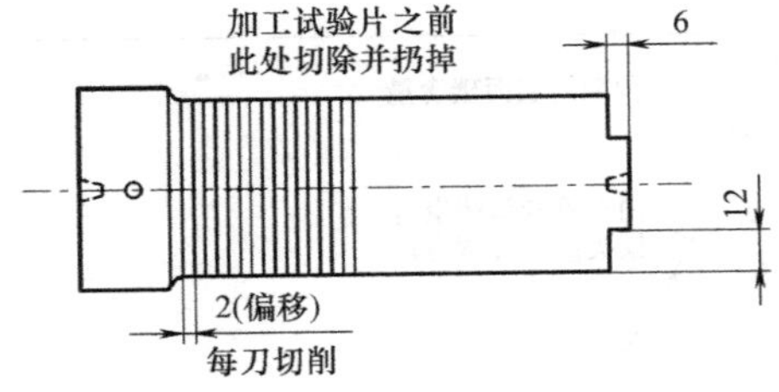

图6-27　加工一个碳剥层试棒

用连续剥层方法得到的数据进行表面碳含量的评价。一般来说，碳剥层试样不是用来测量表面碳含量的。然而，所得数据用于测定特定的渗碳处理之后的表面碳含量是相当准确的。具体来说，在一个设定温度点上，而且低于奥氏体的饱和碳极限的气氛碳势下，进行渗碳（即稳态渗碳），随后是快

表 6-6 直径为 45mm（1.8in）的碳剥层试棒的传统加工数据

切削序号	在半径上去掉的尺寸		在直径上去掉的尺寸		切割后的直径		最小切割深度	
	mm	in	mm	in	mm	in	mm	in
1	0.025	0.001	0.05	0.002	44.95	1.771	0.012	0.0005
2	0.025	0.001	0.05	0.002	44.90	1.769	0.037	0.0015
3	0.025	0.001	0.05	0.002	44.85	1.767	0.062	0.0024
4	0.025	0.001	0.05	0.002	44.80	1.765	0.087	0.0034
5	0.050	0.002	0.10	0.004	44.70	1.761	0.125	0.005
6	0.050	0.002	0.10	0.004	44.60	1.757	0.175	0.007
7	0.125	0.050	0.25	0.01	44.35	1.747	0.262	0.010
8	0.125	0.050	0.25	0.01	44.10	1.738	0.387	0.015
9	0.125	0.050	0.25	0.01	43.85	1.728	0.512	0.020
10	0.125	0.050	0.25	0.01	43.60	1.718	0.637	0.025
11	0.125	0.050	0.25	0.01	43.35	1.708	0.762	0.030
12	0.125	0.050	0.25	0.01	43.10	1.698	0.887	0.035
13	0.250	0.010	0.50	0.02	42.60	1.678	1.075	0.042
14	0.250	0.010	0.50	0.02	42.10	1.659	1.325	0.052
15	0.250	0.010	0.50	0.02	41.60	1.639	1.575	0.062
16	0.500	0.020	1.00	0.04	40.60	1.600	1.950	0.077
17	0.500	0.020	1.00	0.04	39.60	1.560	2.450	0.097
18	0.500	0.020	1.00	0.04	38.60	1.521	2.950	0.116
19	0.500	0.020	1.00	0.04	37.60	1.481	3.450	0.136

速冷却或淬火，从表面到到大约 1/2 总影响区处建立的碳浓度梯度呈线性关系。通过在碳浓度梯度曲线上外延直线到纵轴上对应的渗层深度，可以估计稳态渗碳试棒的表面碳浓度，如图 6-28 所示。然而，在强渗-扩散阶段，台阶试棒的表面碳浓度要么更高，要么更低，或者和扩散阶段的气氛碳势相等，这个根据强渗-扩散时间比率和扩散持续时间而定。此外，碳浓度梯度曲线在强渗-扩散之后通常不是线性的，因此，线性外推法不准确。尽管临近表面测量的趋势可以用来估计表面碳含量，我们必须明白，这不是准确的。

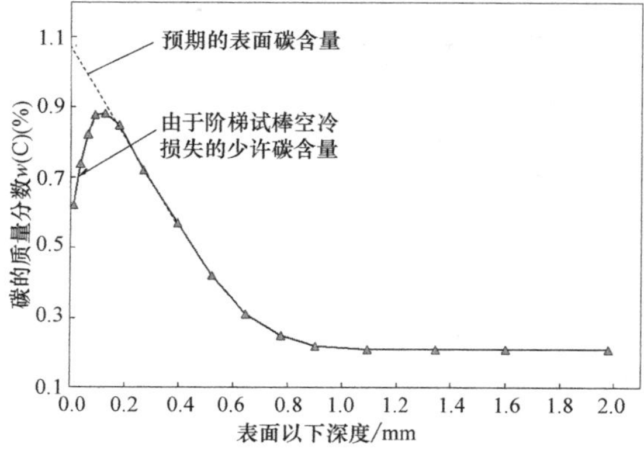

图 6-28 用台阶试棒上的碳梯度来推算零件在稳态渗碳后得到的相应碳分布的方法

冷却台阶碳剥层试棒的方法可以改变临近表面的碳浓度梯度。当碳剥层试棒与渗碳零件在相同的冷却条件下冷却时，从碳剥层试棒获得的碳浓度曲线最能代表实际渗碳零件。碳剥层试棒与零件一同硬化的状态，通常很难精确加工成铁屑，尤其是在表面很浅的切削加工。试棒在 600℃（1110℉）的惰性保护气氛中退火可以软化，满足把试棒加工成铁屑的目的，但退火过程往往会使试棒发生畸变，导致失圆，使第一次的浅切削剥层分析不准确。保持试棒圆度和把加工问题最小化，最好使碳剥层试棒在空气中或在有炉内气氛的冷却室冷却。在空气中冷却时，会导致脱碳层深度达 0.15mm（0.006in）。例如，对压淬的零件碳梯度进行评估，试棒装在料盘上，和零件一起渗碳。当零件从压淬室移出淬火，碳剥层试棒也取出，并允许在空气中冷却。碳剥层试棒足够软到可以精确加工时，在表面会产生一些碳的损失。虽然表面碳测量值并不代表零件，但是，对渗层深度大于 0.15mm（0.006in）的碳浓度梯度准确地代表了零件碳浓度分布。

在渗碳气氛中和零件一起冷却的碳剥层试棒可能会经历碳含量损失，或者在冷却期间接触到空气。有些炉子设计成将负载从渗碳室转移到一个单独的充满氮气的冷却室，并配备循环风扇。氮通常被认为是一种惰性气体，不与表面物质反应以去除碳。然而，当钢表面暴露于大气中时，渗碳气氛中 CO 的体积分数由 20%~23%CO 变化到 0%，CO 含量快速下降导致碳势迅速下降，随后钢表面发生碳损失。因为大多数冷却室有相对高的冷却速度，在低碳气氛的时间短，脱碳量取决于零件的质量。冷却速度较慢的大零件比较小的零件的碳损失更大。然而，在几乎所有情况下，这个碳损失在一个合适的气氛中重新加热很容易复碳淬硬。和零件一起冷却的碳剥层试棒将变软，以便于精确加工试样铁屑，由此产生的碳分布轮廓代表零件的碳分布，如果试棒的质量和零件几乎相同，那么还包括表面的碳损失。为了精确测量大零件在冷却室的气氛中表面的碳损失，类似尺寸的大碳剥层试棒要求确保具有类似的冷却速度和碳损失。

那些在奥氏体饱和碳含量极限以上渗碳的零件，或者靠近奥氏体饱和碳含量极限渗碳的零件缓慢冷却（例如，在井式渗碳炉内的大型工件），在靠近表面的区域碳化物可能会成核并长大。和这些大型工件一起处理的碳剥层试棒足够软，可以精确加工试样铁屑。如果试棒和零件是由相同的合金材料制造的，那么在试棒中测量的碳分布将代表零件的碳分布，包括表面区域。如果表面存在大量的碳化物，那么在整个碳分布上会有两种截然不同的梯度，如图 6-29 所示。一条碳浓度梯度曲线表示碳从表面到心部的正常扩散分布，另一条则表示靠近表面的碳化物区域的碳浓度梯度。

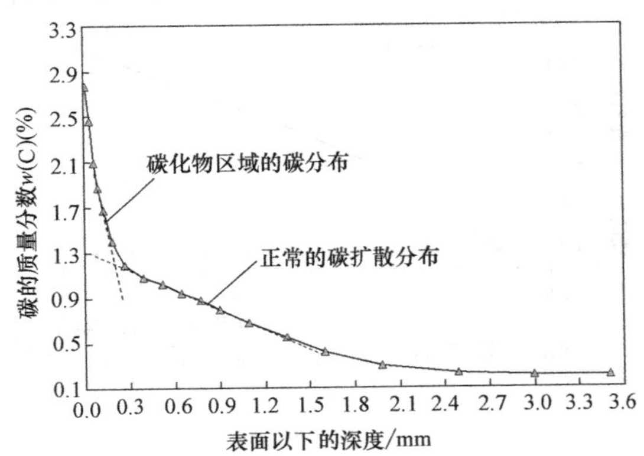

图 6-29 近碳化物区的碳浓度分布

6.2.4 定碳片分析

使用定碳片分析进行气氛碳势测量是最准确的，按照 ASTM E1019-11，要么通过重量的增加来做定碳片分析，要么通过燃烧碳量分析来做定碳片分析。

将厚度为 0.1~0.15mm（0.004~0.006in）的 SAE 1010 纯碳试片（约 25mm×100mm，或者 1.0in×4.0in）固定在一个合金杆上，把这个金属杆通过炉墙上的端口插入到炉内。定碳片在渗碳气氛放置充足的时间，让试片渗透，并且和气氛中的碳含量达到平衡。所需的最短放置时间取决于渗碳温度和薄片的厚度。表 6-7 给出了厚度为 0.13mm（0.005in）的定碳片在不同渗碳温度下渗碳的最短时间。放置时间太短可能达不到定碳片中的碳含量与气氛的碳含量平衡，读数将减小，不能代表实际的炉内碳势。只要炉内气氛稳定，控制在碳饱和极限以下，定碳片的放置时间超过要求渗穿的最低时间，这样不会影响定碳片测试的准确性。

表 6-7 在不同的渗碳温度下要求渗透 0.13mm（0.005in）厚的定碳片的最短渗碳时间

温度		薄片渗碳时间/min
℃	℉	
840	1545	45
860	1580	38
880	1620	32
900	1650	27
920	1690	22
940	1725	18
960	1760	16

如果使用增重法，那么定碳片放置在炉内前、后都要称重。使用精度在小数点以后 4 位（万分之一）的分析天平来确定增加的重量，计算的炉内气氛的碳势为

$$C_P=\left(\frac{增加的重量\times100}{总重量}\right)+C_0$$

式中，C_P是气氛的碳势（质量分数,%）；C_0是薄片中基本的碳含量（质量分数,%）。

图 6-30a~c 所示为用定碳片分析炉内气氛碳势的布置安排。应遵循以下程序，以确保得到准确的测试结果：

1）组装合金棒和定碳片，如图 6-30a 所示。插入之前定碳片应清理好，表面必须无矿物油和指纹。

2）首先确保定碳片端口阀门关闭，把杆插到定碳片外端口，如图 6-30b 所示。

3）打开定碳片端口阀门，定碳片插入炉内工作高度以上的气氛中，距离工作高度至少 150mm（6.0in）。当炉内气氛在稳定状态时，并且炉内气氛没有受到炉门开启或者其他事件引起的气氛大幅度变化的影响时，进行测试试验。

4）在推荐的放置时间结束的时候，定碳片应迅速撤回到外管部分，并且冷却，如图 6-30c 所示。定碳片要么在吸热气氛中迅速冷却（少于 5s），要么在空气中迅速冷却，如果采用燃烧法分析碳含量，那么结果将相同。

5）定碳片应清洗和准确称重，或者做好燃烧分

析的准备。分析之前不应该徒手触摸定碳片，因为，这样可能会留下指纹，影响碳含量分析读数的准确性。

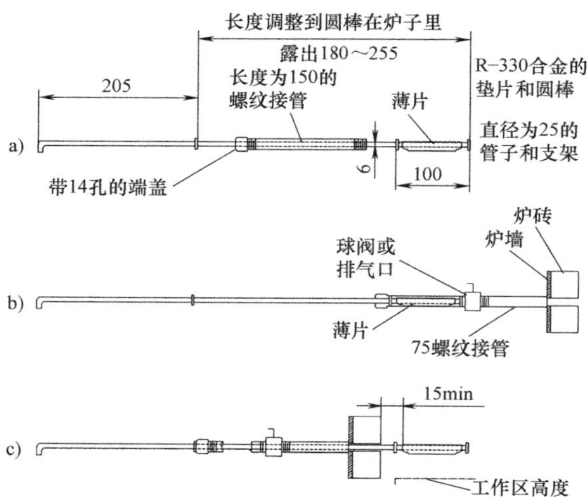

图 6-30 用定碳片分析炉内气氛碳势的布置安排
a）在合金上装配定碳片 b）准备插入炉内的组装件（相同位置用于冷却的定碳片）
c）定碳片插入炉内工作区高度以上的气氛中

规定的预防措施包括以下几方面：

1）定碳片不应紧紧地压在碳势杆上或者紧紧绑在碳势杆上。否则，这样只有部分定碳片接触到渗碳气氛，导致碳含量读数变小，并且拆开使定碳片进行再次称量的操作复杂化。定碳片在杆上应适当锚定，可以通过在杆上简单地卷曲垫片的几个角来完成固定，或者，把定碳片的几个边绕在杆上，并且放在通入渗碳气氛的中心区域。

2）碳势杆不应缓慢或逐步撤回，因为定碳片的成分可能由于暴露在炉墙内的中温阶段的气氛中而改变，因为在炉墙中的这种气氛和炉内气氛的碳势不同。

3）对于燃烧法分析定碳片，轻微的氧化变色通常不是一个问题。如果采用增重法分析，那么获得氧化物的重量，可能引起碳含量读数偏高。

4）如果定碳片的表面存在烟尘，那么定碳片分析之前，应该清理掉烟尘。

如果炉内气氛碳势是在奥氏体碳饱和极限以下，那么，定碳片的碳含量分析只代表碳势。气氛碳势的计算数值大于碳饱和极限，这种情况是可能的，此时，它们不代表气氛的实际碳势，定碳片没有达到稳定而且没有与计算饱和值实现平衡。这种现象如图 6-31 中所示，图中显示了放置时间对定碳片试验测量碳势数值的影响，在 925℃ （1700℉） 时，炉内气氛计算碳势在饱和碳浓度极限值（碳的质量分数为 1.25%）以下 0.15%和以上 0.15%，定碳片就放置在该种气氛中。当在奥氏体饱和碳浓度极限以下的碳势控制气氛中使用定碳片时，定碳片中的碳含量迅速增长，直到和气氛中的碳势达到平衡为止。定碳片渗碳超过要求的最短渗透时间之后，渗碳时间将不影响定碳片获得的碳含量，如图 6-31a 所示。然而，如果定碳片在奥氏体饱和含量极限以上的碳势气氛中渗碳时，那么，渗碳体将在定碳片中析出并且长大。在这种情况下，定碳片中总碳含量将随时间继续增加（并且与计算碳势不相平衡），大量的碳化物体积分数增加，如图 6-31b 所示。

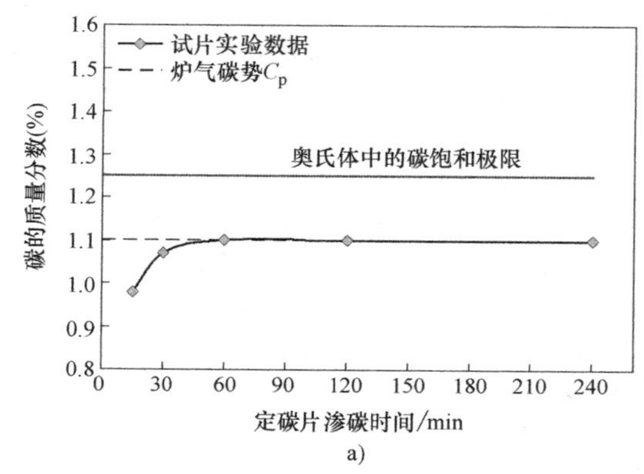

a)

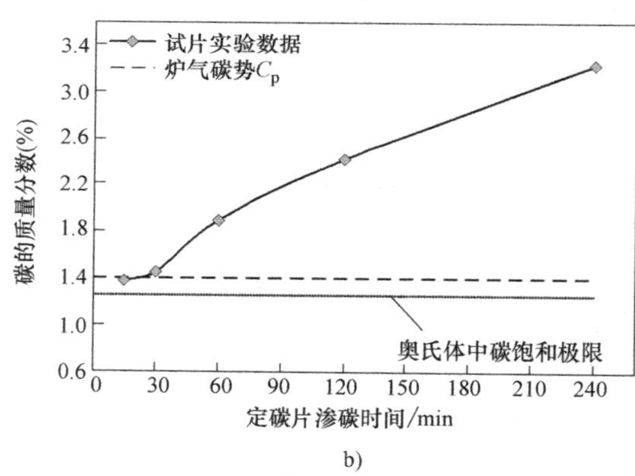

b)

图 6-31 定碳片碳燃烧方法数据分析对比与气氛碳势［在 925℃ （1700℉）］
a）气氛碳势为 1.1% b）气氛碳势为 1.4%

通过分析得到的值与给定渗碳温度上的奥氏体饱和碳浓度极限值比较，可以确定定碳片结果的正确性，见表 6-8。定碳片分析值比饱和碳浓度大，这种情况只会在气氛碳势在碳饱和值以上定碳才能形成。过饱和的定碳片中的绝对碳含量值不代表炉内实际气氛的碳势，也不应该用作气氛控制系统中的调整校正系数。

表 6-8 不同的渗碳温度下普通碳素钢中奥氏体饱和碳浓度极限

温度		碳势(质量分数,%)
℃	℉	
810	1490	0.88
820	1510	0.91
830	1525	0.94
840	1545	0.97
850	1560	1.01
860	1580	1.04
870	1600	1.07
880	1620	1.10
890	1635	1.13
900	1650	1.17
910	1670	1.20
920	1690	1.23
930	1705	1.27
940	1725	1.30
950	1740	1.33
960	1760	1.37
970	1780	1.40
980	1800	1.44
990	1815	1.47
1000	1830	1.50

定碳片给出了插入点上气氛碳势的精确测定。定碳片中达到的碳含量可以通过定碳片的温度和定碳片周围存在的气相成分来决定。因此，如果定碳片和渗碳零件在相同的温度下处于相同的气氛中，那么，定碳片测量的碳含量，只代表零件生产使用气氛的碳势。

重要的是要意识到，定碳片分析的目的是测量气氛碳势，而不是渗碳零件表面的碳含量。除非零件薄到足以渗透，否则，钢铁零件表面的碳含量与气氛中的碳含量达不到热力学平衡。通过渗碳，碳排放水平在钢表面部分不与大气中的碳达到热力学平衡。对于渗碳后直接淬火的零件，通常，其表面碳含量将比定碳片碳含量读数低。渗碳后再重新加热淬火的零件，零件表面碳含量要么比定碳片的低，要么比定碳片的高，要么等于定碳片的读数，这取决于在冷却或者重新加热工序期间碳化物是否已经在零件中析出。实际零件表面碳含量的测量应该采用后面叙述的光谱分析法直接在零件上进行。

6.2.5 定碳轧丝分析

轧制钢丝是把钢丝轧制成厚度小于 0.13mm (0.005in) 的扁平条状，这个厚度也可以用来测量炉内气氛的碳势，除了在放置轧制钢丝的夹具设计上有小的差异外，其他方面与使用定碳片测试基本相同。

6.2.6 光谱分析

零件表面的碳含量分布采用光谱分析能精确确定。光谱分析利用电弧火花源真空光谱仪，使用紫外区域谱线测量，在此区域空气通常会吸收大部分辐射。光谱分析通常在平面试样上进行，试样可以加工成斜面、台阶面或者在每一次确定碳含量之后再重新逐步磨削加工。必须特别注意，确保每一个深度对应该次精确确定的碳含量。通常情况下，切削加工的深度比光谱分析测试的灼伤深度小些，样品应该有一个足够大的平面区域，保证在每个切削深度上可以有多个光谱测试灼伤点。

测量表面碳含量以及测量靠近表面到 100μm (4000μin) 深度范围内的碳含量梯度，再加上连续定量深度分布，可以使用辉光放电光谱（GDOES）仪器进行。这种方法可以连续测量化学成分梯度(包括氮和其他元素)，具有纳米级分辨率，而传统电弧光谱测试是在微米尺度上检测材料的平均成分。这个分析只能在平面上进行。因此，平面试样应该包括齿轮、轴承或其他有一个可接受的测试表面的圆形零件。

6.2.7 电磁测试

有两种类型的电磁无损检测方法可用来评估表面硬化零件的硬化层深度。一种检测方法是将测得的零件的磁力与试验标准磁力比较；另一种检测方法是测量矫顽力，然后通过使用标定图将矫顽力转换为硬化深度。

(1) 磁力比较器测试　电磁测试是将被测零件放到测试感应线圈中进行测试。将一个已知电磁特性曲线的基准零件放进第二个线圈中。两个零件同时都经受完全相同的电磁场作用，通过电子平衡电流比较它们对这个电磁场的反应，反应之间的任何一个不平衡（通过仪表显示）都是下列测试对象性能的一个函数：化学成分、显微组织、硬化层深度、表面缺陷、残余应力、加工硬化。

许多电磁仪器能够将电磁特性分解成电感分量、电阻分量、三次谐波振幅和相位差。用户必须将这些变量与要评估的特性或性能关联起来。

(2) 标准和测试程序　电磁（涡流）测试硬化层深度，只是一个比较测试。因此，这种测试的准确性和有效性取决于合适的标准和测试程序。对每一个需要评估的零件设计需要有接受和拒绝的标准。一旦开发了标准，并且选定了仪器参数，那么可以通过与标准比较测试生产件。此测试必须进行足够的破坏性试验，通过仪表读数，产生绘制图表或曲线所需的数据，可以把这些仪表读数转换为合理可信的硬化层深度。应定期进行破坏性测试，以重新确认这种相关性。

在包括许多零件，而且规定的硬化深度差异很大的生产情况下，对所有的零件建立标准比较困难，而且成本较高。为了克服这个问题，已经开发了一个工序，在这个工序中，每次加热都会带一个标准试样。试样的渗碳硬化层深度通过磁性比较确定。对于试样的渗碳标准，是采用先前描述的工序开发的，这些标准与定期做破坏性试验的实际零件相关。标准试样的一个实例是截面边长为 11mm 的正方形，长度为 75mm，由粗粒度的冷轧棒制造，材料为硅镇静改性 SAE 1018 钢，其残余元素的含量低。标准试样的测试结果可能不同于实际零件测试的结果，但是，一旦使用标准试样而不是实际零件建立相关标准，使用的试件应具有足够的可靠性。

（3）有效性和局限性　表 6-9 列出了电磁试验确定渗碳层深度的可靠性。

磁力比较器测试将表明是否可以接受这个生产批次或者这个生产批次是否有质量问题。然后，对有问题的批次必须进行破坏性测试，以确定哪些变量超出技术规范，协助制订纠正措施。磁力比较器可以测量的渗层深度达 5mm（0.2in）。已经发现，采用这种方法进行感应淬火硬化层测试比渗碳硬化层测试更可靠。能对测量产生不利影响的主要变量是渗层到心部的过渡区，在渗碳硬化层中这个过渡区比感应淬火硬化层中的过渡区宽得多。

表 6-9　电磁试验确定渗碳层深度的可靠性

误差	渗碳层深度读数误差	
	mm	in
平均误差	0.1	0.004
最大误差(本次的 3%)	0.44	0.017
最小误差(本次的 18%)	0	0

6.3　气体渗碳

Olga K. Rowan and Gary D. Keil，Caterpillar Inc.

渗碳是将钢铁零件（通常是低碳钢）加热到奥氏体化温度并置于富碳气氛中进行表面渗层硬化的工艺。零件表面吸收碳，并且按化学势梯度向内扩散来创建一个富碳表面和随低碳钢心部递减的碳浓度分布。渗碳件的后续淬火硬化形成一个硬度曲线，这个曲线取决于碳浓度梯度、钢淬透性、淬火操作的淬冷烈度。渗碳硬化层能提高耐磨性和疲劳强度，而且表面产生残余压应力。气体渗碳法是最常见的工艺。气态碳氢化合物，如甲烷（CH_4）、丙烷（C_3H_3）、丁烷（C_4H_{10}）或汽化的液态烃是气体渗碳中常用的碳源。

6.3.1　热力学和动力学

（1）气体渗碳反应　从热力学的角度看，渗碳气氛的产生是一个相当复杂的过程，涉及多种气体之间的相互反应和与钢铁表面的反应。渗碳气氛内发生的各种化学反应中，只有以下三个反应是重要的，它们决定了气体渗碳气氛到钢表面的碳传递速度：

$$2CO \rightleftharpoons C_{(\gamma\text{-}Fe)} + CO_2 \tag{6-3}$$

$$CH_4 \rightleftharpoons C_{(\gamma\text{-}Fe)} + 2H_2 \tag{6-4}$$

$$CO + H_2 \rightleftharpoons C_{(\gamma\text{-}Fe)} + H_2O \tag{6-5}$$

虽然反应方程式（6-3）通常用于计算渗碳气氛的碳势，但是，式（6-4）中的反应占主导地位，控制渗碳速度。反应方程式（6-4）中的反应对于气体渗碳来讲比式（6-3）和式（6-5）的反应作用少。渗碳反应的副产品 CO_2 和 H_2O 起脱碳介质作用。这些反应是可逆的，通过精心维持气氛中存在的大量 CO-CO_2 和 H_2O-H_2 之间的平衡，使炉内的气氛碳势控制在一个特定的水平上。其热力学的含义是：CO 和 H_2 的浓度必须不断补充，以维持后续的渗碳气氛按照渗碳要求继续进行。

气体渗碳气氛通常由吸热载气添加甲烷进行富化产生。吸热载气的碳势没有碳氢化合物富化物质，在典型渗碳温度下不足以通过 CO 裂解单独进行渗碳。碳氢化合物富化气体提高了吸热载气的碳势，提供了一种控制渗碳气氛的方法。富化气体的主要目的是通过减少脱碳介质 CO_2 和 H_2O，使气氛再生，以及产生 H_2 气体组分，从而使渗碳气体反应［式（6-3）和式（6-5）］向右进行：

$$CH_4 + CO_2 \rightleftharpoons 2CO + 2H_2 \tag{6-6}$$

$$CH_4 + H_2O \rightleftharpoons CO + 3H_2 \tag{6-7}$$

式（6-3）和式（6-6）中或式（6-5）和式（6-7）中化学反应的最终结果表明，对于钢铁表面吸收的每个碳原子，需要消耗一个分子甲烷维持 CO 的浓度，并且额外产生的两个氢分子进入气氛当中。在气体渗碳炉中必须建立足够的载气流量，以减轻 H_2 对气氛的稀释，并且维持所期望的 CO 浓度。在连续炉中，载气通常会产生 H_2 的体积分数为 2%～3%的气氛，比载气中 H_2 的名义含量高，一般认为这种载气流量是足够的，能够使 CO 保持在良好的水平上，整个工艺过程可控。H_2 含量比名义载气成分高 3%，表明载气流量足够。氢稀释气氛的特点是 CO 水平在名义载气水平以下，并且含有较多的游离甲烷。在间歇式炉中，在加载载荷之后，加热升温期间，渗碳气氛在相对较短的一段时间常常表现出高浓度的氢气和甲烷，然后浓度衰减的水平类似于对连续渗碳炉的描述。虽然添加甲烷的预期的目的是重新生成渗碳的CO种类，但是，它也可以起以下作用：①在气氛中作为未反应的游离甲烷存在；②根据式(6-4)或式(6-5)中的反应，在钢铁表面直接反应；③分解形成烟尘。

通过碳氢化合物富化物质形成的渗碳气氛，无法达到真正的热力学平衡，于是导致渗碳室中的甲烷残留下来。在所有类型的渗碳气氛中都可以观察到残留甲烷，因此，限制添加量（达到1.5%）是正常的。含量更高的残余甲烷（体积分数>1.5%）对于形成积炭有很大的促进作用。气氛中含有2%以上的剩余甲烷气体往往被视为“失控”，因为进一步添加富化气不能提高式(6-6)和式(6-7)还原反应的有效性，反而促进形成气氛积炭，使气氛中未反应的游离甲烷含量更高。

(2) 平衡气体成分计算　在确定炉内气氛的碳势时，尽管在传统的工业过程中，偶然碰到过非平衡条件，但是，气体平衡热力学数据是有用的。气氛化学反应［式(6-5)］足够快地趋于平衡，允许计算平衡气氛成分。当下面的因素保持不变时，同样可以预测不同的气氛在流量不同时各炉次的渗碳反应：

1) 钢的化学成分。

2) 碳势，用CO/CO_2计算，或者用CO/O_2分压测量。

3) 渗碳时间。

4) 渗碳温度。

下列方法可以用来计算烃类气体富化之后炉中的平衡气体组分：

1) 在恒定温度下，空气和天然气以固定比例混合生成一种由7种气体组成的气氛：CO、CO_2、H_2、H_2O、C_xH_y、O_2、N_2。在大气压力下，所有气体组分分压的总和是1。因此，如果已知6种气体的分压，可以确定第7种气体的分压。

2) 通过烃类气体的化学计量法，确定C与H原子的比例，并且把CO、CO_2、C_xH_y、H_2和H_2O的分压联系起来。

3) 通过烃类气体化学计量法，确定O与N原子的比例，并且把N_2、CO、CO_2、H_2O、O_2的分压联系起来。

4) 通过空气-燃料气比例确定C与O原子的比例，并且把C_xH_y、CO、CO_2、H_2O、O_2的分压联系起来。

5) 进一步情况，考虑H_2O/H_2、CO/CO_2和CH_4/CO_2平衡气体的反应和它们的吉布斯自由能，得到与未知分压相联系的三个额外方程。

6) 前面描述的7个反应式中含有4个未知数（H_2、CO、CO_2和H_2O的分压），可以使用非线性最小二乘法同时求解。

(3) 气体渗碳反应的动力学　弗吕汉(Fruehan)和格拉布克(Grabke)对各种不同气氛-钢相互作用的动力学以及在$CO-H_2-CO_2-H_2O$系统中的反应机制进行了研究，他们使用了重量分析法、应力释放法和同位素交换反应法。更具体的工业气体渗碳应用是，卡斯帕司马(Kaspersma)和谢伊(Shay)对在氮基渗碳气氛中使用低碳钢定碳片通过实验方法确定渗碳和脱碳化学反应速率常数的研究。利用单个反应速率常数和典型的炉内气体组分的分压结合起来，可以计算整个反应速率常数，见表6-10。

表6-10　渗碳(+)和脱碳(-)化学反应速率常数(k)

化学反应	反应速率常数/[mol/(cm^2·min)]
$2CO \xrightarrow{k_1} C_{(\gamma\text{-Fe})} + CO_2$	$+5.6\times10^{-7}$
$CO_2 + C_{(\gamma\text{-Fe})} \xrightarrow{k_2} 2CO$	-1.3×10^{-6}
$H_2 + CO \xrightarrow{k_3} C_{(\gamma\text{-Fe})} + H_2O$	$+1.8\times10^{-5}$
$H_2O + C_{(\gamma\text{-Fe})} \xrightarrow{k_4} H_2 + CO$	-1.5×10^{-5}
$CH_4 \xrightarrow{k_5} C_{(\gamma\text{-Fe})} + 2H_2$	$+3\times10^{-7}$
$2H_2 + C_{(\gamma\text{-Fe})} \xrightarrow{k_6} CH_4$	-2.7×10^{-8}

注：温度为927℃(1701℉)；按照下列吸热式气体成分计算：20%(体积分数)CO、40%H_2、3%CH_4、0.18%H_2O和0.18%CO_2。

用$CO+H_2$渗碳，渗碳反应见式(6-5)，在钢表面渗碳，比CO直接分解渗碳大约快31倍，比甲烷直接分解渗碳快59倍。水的脱碳比二氧化碳的脱碳大约快16倍。数据还显示，作为一种渗碳剂，甲烷比相对分子质量高的碳氢化合物要差得多。

格拉布克(Grabke)和科兰(Collin)等人已研究出表达式来描述$CO+CH_4$分解反应［式(6-3)和式(6-4)］和$CO+H_2$反应［式(6-5)］的反应速率常数，它们分别为

$$k_1 = 184\left(\frac{p_{CO_2}}{p_{CO}}\right)^{-0.3} p_{CO_2}\exp\left(\frac{-22400}{T}\right) \qquad (6\text{-}8)$$

$$k_2 = 1.96\times10^{-2} p_{H_2}^{1.5}\exp\left(\frac{-17600}{T}\right) \qquad (6\text{-}9)$$

$$k_3=\frac{4.75\times10^5\exp\left(\frac{-27150}{T}\right)\frac{p_{H_2O}}{\sqrt{p_{H_2}}}}{1+5.6\times10^6\exp\left(\frac{-12900}{T}\right)\frac{p_{H_2O}}{\sqrt{p_{H_2}}}} \tag{6-10}$$

式中，k_i是化学反应的反应速率常数（cm/s）；p_i是炉中第 i 个气体组分的分压；T 是热力学温度（K）。

（4）碳势计算和测量　给定温度上的气氛碳势是在气体成分平衡和相应的碳活度下计算出来的。从气体化学反应热力学角度看，气氛中碳的活度可以用以下三种渗碳反应来计算：

$$a^g_{C_1}=\frac{p^2_{CO}}{p_{CO_2}}K_1\text{，这里 }K_1=\exp\left(\frac{20530.65}{T}-20.98\right) \tag{6-11}$$

$$a^g_{C_2}=\frac{p_{CH_4}}{p^2_{H_2}}K_2\text{，这里 }K_2=\exp\left(\frac{10949.68}{T}-13.31\right) \tag{6-12}$$

$$a^g_{C_3}=\frac{p_{CO}p_{H_2}}{p_{H_2O}}\cdot K_3\text{，这里 }K_3=\exp\left(\frac{16333.11}{T}-17.26\right) \tag{6-13}$$

式中，a^g_C是在气相中碳的活度；p_i是气体组分的分压；K_1、K_2、K_3是用相应的气体化学反应的吉布斯自由能计算出的反应平衡常数。

碳活度与奥氏体的碳含量表达式：

$$\ln a^g_C=\ln y_C+\frac{9167y_C+5093}{T}-1.867 \tag{6-14}$$

其中

$$y_C=\frac{4.65w}{100-w} \tag{6-15}$$

式中，T 是热力学温度（K）；y_C 是碳与铁的原子比；w 是碳在奥氏体中的质量分数。图 6-32 和表 6-11所示为气氛中计算的碳势与不同温度下碳活度的函数关系。

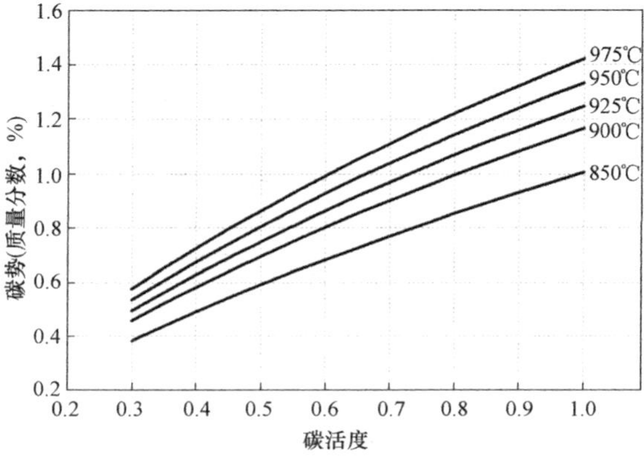

图 6-32　不同渗碳温度时碳势与碳活度之间的关系

表 6-11　不同渗碳温度时碳势与碳活度之间的关系

碳活度	碳势（质量分数，%）				
	850℃（1560℉）	900℃（1650℉）	925℃（1700℉）	950℃（1740℉）	975℃（1790℉）
0.3	0.39	0.46	0.50	0.54	0.58
0.4	0.49	0.58	0.63	0.68	0.73
0.5	0.59	0.70	0.75	0.81	0.87
0.6	0.68	0.80	0.86	0.93	0.99
0.7	0.77	0.90	0.97	1.04	1.11
0.8	0.85	1.00	1.07	1.14	1.22
0.9	0.93	1.08	1.16	1.24	1.32
1	1.01	1.17	1.25	1.33	1.42

在饱和碳势之下控制碳势的渗碳气氛中，由式（6-11）和式（6-13）定义的碳活度计算的碳势值通常相同，并将与气氛定碳片精确分析的碳含量结果匹配。然而，当同一气氛中实际测量的甲烷和 H_2 分压使用式（6-12）来计算碳活度时，计算出的碳活度通常很高（远高于碳饱和极限），并与气氛定碳片分析结果不匹配。在工业渗碳炉中，没有达到热力学平衡，而且残余甲烷浓度超过 CH_4 平衡水平时，这种观察所得的结果是正常的。例如，使用天然气和 20%CO 吸热气体混合的气体渗碳炉，在 925℃（1700℉）温度控制碳的质量分数在 1.1%，反应平衡时计算出 CH_4 的体积分数为 0.22%时的含量。通常测量的甲烷的体积分数小于 1.0%。渗碳反应［式（6-5）］的动力学渗碳速度大约比 CH_4［式（6-4）］的渗碳速度高 2 个数量级，它控制了气氛到钢铁表面的整个碳通量。因此，实验测得的定碳片读数通常与反应方程式（6-3）和式（6-5），使用式（6-11）和式（6-13）计算的碳势相吻合。

使用反应方程式（6-5）计算气氛碳势需要输入测量的 CO、H_2和水蒸气的浓度。实际上，高精度连续测量渗碳气氛的水蒸气是很困难的。然而，水煤气反应为

$$CO+H_2O \rightleftharpoons CO_2+H_2 \tag{6-16}$$

上式有相对较高的反应速率，用于在 CO、CO_2、H_2和 H_2O 之间有效地建立一种平衡，确保根据式（6-3）和式（6-5）计算的碳势是相等的。用非色散红外（NDIR）分析仪能够精确地测量 CO 和 CO_2的浓度；因此，根据反应方程式（6-3）和式（6-11），依据 CO 与 CO_2的比例计算气氛碳势，这是使反应方程式（6-5）具有主导碳势特点的一种有效方法，而不需要直接测量水蒸气。

氧化锆氧探头的成本远远低于非色散红外（NDIR）分析仪，在工业气体渗碳上应用更普遍。用氧化锆探头计算和碳势控制都是基于下列的平衡反应：

$$CO \rightleftharpoons C_{(\gamma\text{-}Fe)}+\frac{1}{2}O_2 \qquad (6\text{-}17)$$

氧化锆氧传感器输出电压为毫伏级，用空气作为参比气体，是热力学温度（T）（开尔文）和氧分压（p_{O_2}）的函数，根据表达式：

$$\text{emf}=0.04953T\lg\left(\frac{p_{O_2}}{0.2095}\right) \qquad (6\text{-}18)$$

碳活度可以在给定渗碳温度时用 CO 和 O_2 的分压计算：

$$a_C^g=\frac{(p_{CO})}{\sqrt{p_{O_2}}}K\text{，这里 }K=\exp\left(-\frac{13434.52}{T}-10.54\right) \qquad (6\text{-}19)$$

为了保持炉内气氛具有稳定的 CO 浓度，比如那些使用独立的吸热式气氛发生器产生的载气，当 CO 水平在整个过程中稳定，而且与载气名义值相等时，许多控制系统提供合适的控制精度。气氛的 CO 浓度不稳定时，比如那些直生式氢化合物气氛和空气混合物，或者蒸发液态烃-氮混合物，需要使用非色散红外（NDIR）分析仪测量实际的 CO 浓度，以获得最好的炉气控制精度。

因为在炉门开启期间，会进入大量空气，导致气氛平衡突然失调，燃烧管泄露造成燃烧产物进入、水泄露等，所以使用 CO_2 比使用 O_2 测量碳势通常更准确。CO_2 与 CO、H_2 和 H_2O 通过水煤气反应［式(6-16)］保持平衡，而氧分压达到平衡较慢，而且也许不能准确地表示碳势。

（5）用定碳片测定碳势　经气氛碳势测量和根据气体分析计算的碳势验证，用定碳片测量碳势最准确。定碳片根据 ASTM E1019-11 采用燃烧分析。将厚度为 0.1~0.15mm（0.004~0.006in）的碳素钢定碳片（大约 25mm×100mm 或 1.0in×4.0in）绑在一个合金棒上，然后通过一个端口插入到炉墙内部的炉膛中。定碳片在渗碳气氛中放置一段时间，与气氛中的碳含量达到平衡（例如，定碳片渗穿）。所需的最小放置时间取决于渗碳温度和定碳片厚度。表 6-12 表示在不同渗碳温度下，厚度为 0.13mm（0.005in）的定碳片渗碳所需的最短渗碳时间。放置时间太短，薄片中碳含量和气氛中碳含量可能达不到平衡，并可能产生不能代表实际炉内碳势的低碳读数。只要在碳饱和极限以下炉内气氛成分稳定且受控，定碳片的放置时间超过穿透渗碳的最低要求时间将不会影响定碳片测试的准确性。

表 6-12　不同渗碳温度时厚度为 0.13mm（0.005in）的定碳片渗透所需的最短渗碳时间

温度		试片渗碳时间/min
℃	℉	
840	1545	45
860	1580	38
880	1620	32
900	1650	27
920	1690	22
940	1725	18
960	1760	16

重要的是要认识到，定碳片分析的目的是提供一种气氛碳势测量方法，而不是确定渗碳零件表面的碳含量。除非渗碳零件足够薄，通过渗碳，在钢零件表面的碳含量不能达到碳在气氛中的热力学平衡，而且气氛中的碳含量总是低于定碳片的读数。应当通过使用本章中渗碳零件碳控制评估中描述的方法之一，直接测量实际零件表面的碳含量。

定碳片给出了插入点处气氛碳势的准确测量值。定碳片达到的碳含量是由定碳片的温度和它周围存在的气相成分决定的。因此，如果定碳片和渗碳零件在同一温度和置于相同的气氛中，那么，定碳片中测量的碳含量仅代表生产件接触到的气氛碳势。

定碳片放置位置应该至少进入炉内工作区域 150mm（6.0in），避免冷态炉墙壁的影响。必须注意，定碳片插入炉内期间，定碳片杆不能干扰会移动的零件（例如，在推杆式炉中）。在插入之前定碳片应清洗干净，必须避免油污和指纹。插入后在给定的渗碳温度上保持加热时间，然后，迅速把定碳片撤到定碳片的冷却腔里（里面充满炉内气氛），或者取出在空气中快速冷却。定碳片在吸热式气氛或空气中迅速冷却（少于 5s），如果用燃烧分析法分析，将产生相同的结果。定碳片对气氛状态变化反应迅速，在炉子工作期间或者炉门打开会引起紊乱。出于这个原因，定碳片测试应该在炉气稳定、放置时间最短、定碳片足以渗穿期间进行。

通过碳势计算描述一种气氛的特征，只对低于饱和碳浓度的气氛碳势适用。虽然气氛碳势计算值可能比饱和浓度大，但是，它们不代表实际的气氛碳势，定碳片读数将不稳定，而且不会与计算的过饱和值实现平衡。这个概念如图 6-33 和图 6-34 所示，它显示了在气氛中放置时间对被测量定碳片读数的影响和 925℃（1700℉）在饱和碳浓度极限值（1.25%）以下 0.15%和以上 0.15%的计算碳势。当在奥氏体饱和碳浓度极限以下的可控气氛中使用定碳片测量碳势时，定碳片中的碳含量迅速增加，直到它与气相中的碳势达到平衡为止。定碳片放置时间超过渗穿所需的最短时间时，不会影响定碳片达到的碳含量，如图 6-33a 所示。然而，如果定碳片放置在一个碳势超过奥氏体碳饱和极限的气氛中，碳化物将会在定碳片内沉淀和长大，如图 6-34 所示。在这种情况下，定碳片总的碳含量随时间将继续增加（而与计算碳势不平衡），同样地，碳化物的体积分数也增加，如图 6-33b 所示。

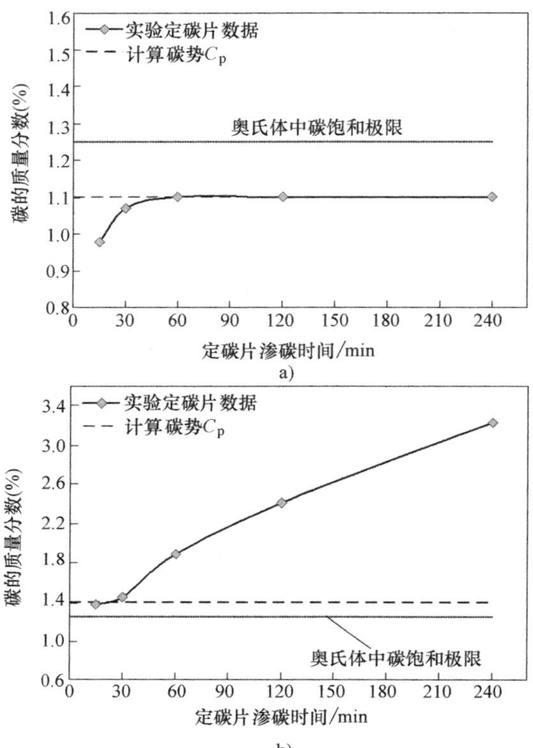

图 6-33 在 925℃（1700℉）气氛碳势使用 LECO 燃烧法分析和定碳片读数比较

a）气氛碳势为 1.1%　b）气氛碳势为 1.4%

通过与一个给定的渗碳温度下奥氏体饱和碳浓度极限比较，证实定碳片读数的正确性，这是非常重要的，见表 6-13。定碳片分析值大于饱和碳浓度，仅用于只告知热处理工程师气氛超过饱和碳浓度。过饱和碳浓度定碳片的绝对碳含量并不代表炉内气氛的实际碳势，不应该用作气氛控制系统中的“校正”系数。

（6）钢合金成分的影响　钢的合金成分会对奥氏体的碳活度和碳扩散系数产生影响。合金元素会影响合金奥氏体晶粒中碳原子的分布特征。图 6-35a～c 所示为各种合金元素对奥氏体中碳原子间隙的分布和碳活度的影响。一般来说，碳化物形成元素（钼、铬、钒、钨等）能积极诱发原子相互作用，往往能吸引碳原子（图 6-35c）间隙扩散。这种随机性的偏差阻碍碳在基体中长程扩散，降低碳扩散的整体速度。奥氏体稳定化元素（镍、铜等）表现出消极的原子相互作用，倾向于排斥碳原子（图 6-35b）。由于它们的结合能降低，将会在局部范围增加碳扩散系数。对低合金钢，这种影响可能微不足道，而对于中、高合金钢，合金元素的影响可能是明显的，应该考虑。

a)

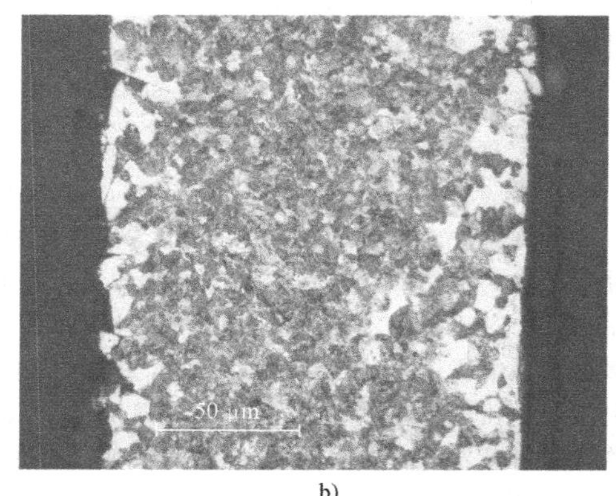

b)

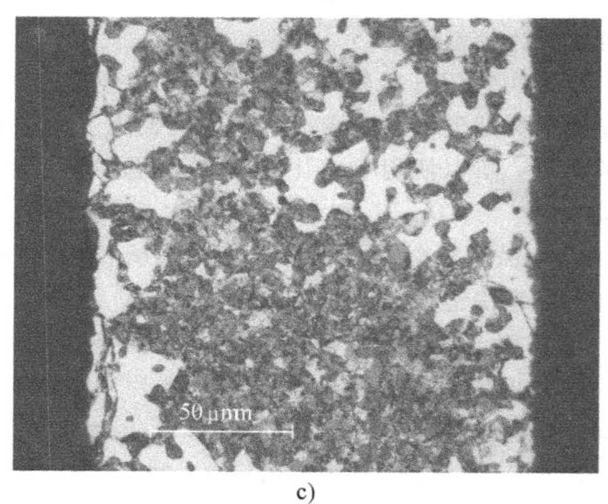

c)

图 6-34 SAE 1020 钢试块在 925℃（1700℉）、气氛碳势为 1.4%（超饱和）不同处理时间的横截面显微组织

a）30min　b）2h　c）4h

表 6-13　不同渗碳温度时，按照式(6-14)和式(6-15)计算的奥氏体饱和碳浓度极限（例如 $a_C=1$）

温度		碳势(质量分数,%)
℃	℉	
810	1490	0.88
820	1510	0.91
830	1530	0.94
840	1545	0.97
850	1560	1.01
860	1580	1.04
870	1600	1.07
880	1620	1.10
890	1635	1.13
900	1650	1.17
910	1670	1.20
920	1690	1.23
930	1710	1.27
940	1725	1.30
950	1740	1.33
960	1760	1.37
970	1780	1.40
980	1800	1.44
990	1815	1.47
1000	1830	1.50

碳在奥氏体中的活度（a_C^s）定义为

$$(a_C^s)=\gamma w(C) \qquad (6\text{-}20)$$

式中，γ 是碳在奥氏体的活度系数。按照科兰（Collin）等人基于埃利斯（Ellis）等人和纽曼·珀森（Newmann Person）的工作推导出的式（6-21）和式（6-22），用淬透性系数 q 修正合金奥氏体中的碳活度系数：

$$\gamma_C=q\frac{1.07}{1-19.6w(C)}\exp\left(\frac{4798.6}{T}\right) \qquad (6\text{-}21)$$

这里

$$\begin{aligned}q=&1+[\%Si](0.15+0.033[\%Si])-0.0365[\%Mn]\\&-[\%Cr](0.13-0.0055[\%Cr])\\&+[\%Ni](0.03+0.00365[\%Ni])-[\%Mo]\\&(0.025+0.01[\%Mo])-[\%Al]\\&(0.03+0.002[\%Al])-[\%Cu]\\&(0.016+0.0014[\%Cu])-[\%V]\\&(0.22-0.01[\%V])\end{aligned} \qquad (6\text{-}22)$$

式中，[%Si] 等表示硅等的质量分数（%）。

虽然钢中硅、镍的存在增加了碳活度和碳在奥氏体中的扩散系数，但是，它们在钢铁的存在会阻碍渗碳过程。这种现象可以通过从气氛到钢表面的质量传递系数显著减少，以及进入钢铁表面的总碳通量较低来解释。类似地，当在钢中存在碳化物形成元素，如铬、锰、钒时，碳在奥氏体中的扩散系较低，它增加了从气氛到钢铁表的碳转移速率，并且加了渗碳的总速度。随着合金钢成分的日益复杂，这些现象变得更加复杂。

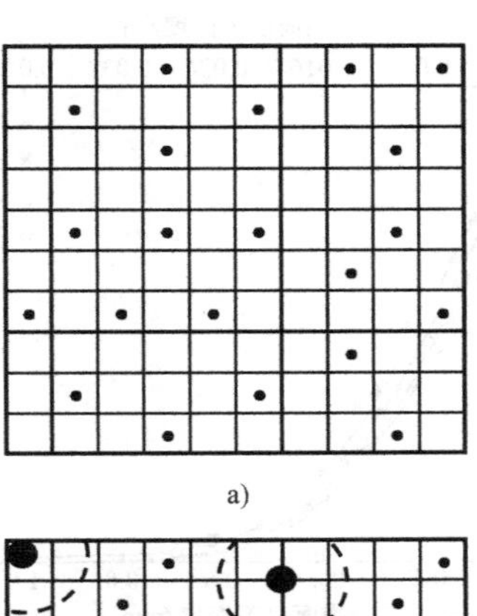
a)

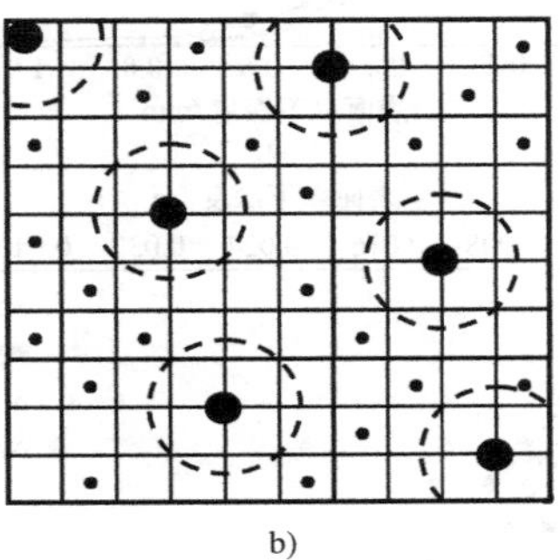
b)

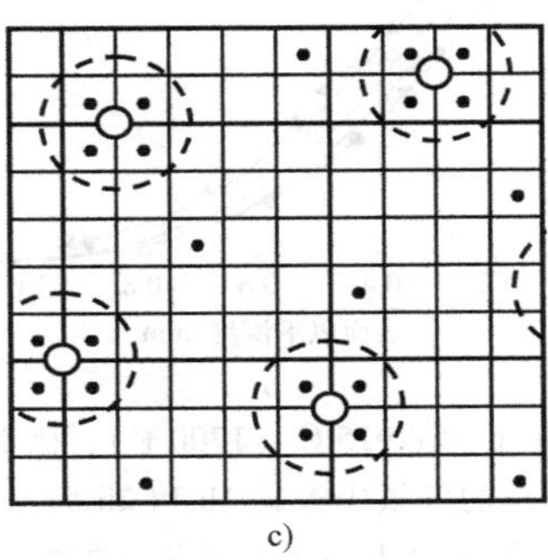
c)

图 6-35　合金元素对奥氏体中碳原子间隙的分布和碳活度的影响
a）纯粹 Fe-C 合金　b）Fe-C-X（X 增加碳活度）　c）Fe-C-Y（Y 降低碳活度）

图 6-36 显示了不同种类的钢经过相同的渗碳周期处理 1h 和 2h，实验测量的碳含量分布。在处理 1h 后，在靠近表层处观察到了碳含量分布的主要差异，通过合金元素对碳活度的影响和对进入钢表面瞬时碳通量的影响解释这个差异。随着渗碳过程的继续，由于合金成分对碳活度和奥氏体中碳的扩散系数联合作用的结果，碳浓度梯度的差异更为明显。

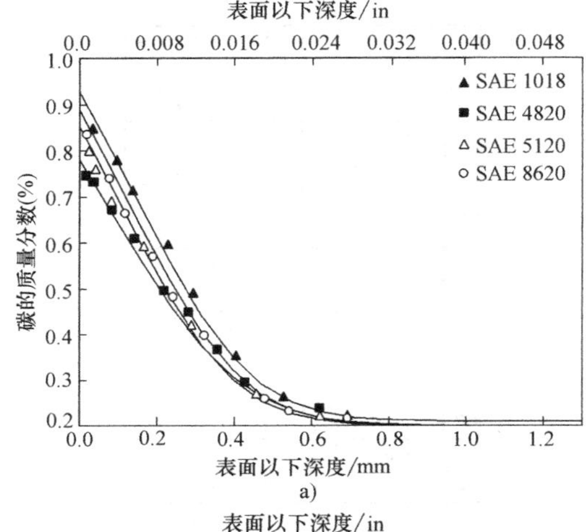

a)

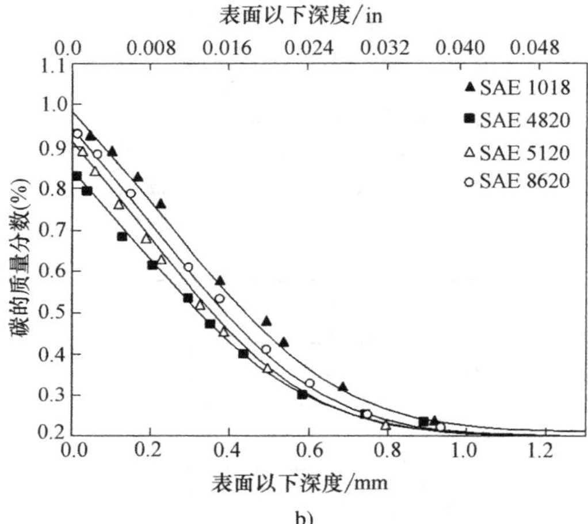

b)

图 6-36 在 925℃（1700℉），碳势为1.1%的气氛中渗碳 1h 和 2h 后不同等级钢中的碳含量分布曲线
a）1h b）2h

碳化物形成元素的存在降低了奥氏体中最大溶解度极限，使 Ac_m 线向较低碳含量移动。因此，在中、高碳钢渗碳期间，会形成表面碳化物，甚至定碳片读数在普通碳钢的碳饱和极限以下（表 6-13）时，也会形成表面碳化物。因此，碳势工艺设定值应当考虑实际渗碳零件中合金元素的影响。当设定一个新的渗碳工艺或者定期审核现有渗碳工艺性能时，应该对含有类似合金成分的样品进行显微组织分析，验证渗碳零件质量。

零件合金成分也会影响表面碳含量和表面硬度之间的关系。因为，碳能促进奥氏体稳定化，当使用含有其他促进奥氏体稳定化元素的合金时，要限制残留奥氏体的水平，达到表面硬度最优化，必须调整表面碳含量使其适应。例如，对于非合金钢，表面碳的质量分数控制范围为 0.6%～1.0%，可以实现最大的表面硬度，而含有 2% Ni-Cr 合金的钢，碳的质量分数的控制极限为 0.55%～0.7%。

6.3.2 碳源和气氛类型

气氛可以通过几种方法产生，每种方法产生的气氛的内在可控性水平都不同。气氛类型的选择通常是由成本、碳源的可用性和碳控制的精度要求等方面决定的。

早期的气体渗碳，零件直接在碳氢化合物气体中渗碳，如直生式天然气、天然气与氮混合气或者不受控的蒸发液态烃。这样的气氛碳源如此丰富，以至于钢表面的碳含量能达到奥氏体溶解度的极限，如果不使用适当的扩散技术，那么可能会生成一些碳化物（在《金属手册》的早期版本中，在钢的表面通过保持奥氏体饱和碳浓度渗碳产生的碳分布梯度称为正常碳梯度）。气体渗碳的这种模式在某些应用领域仍然沿用，包括在较高渗碳温度上装炉非常密集（如旋转式渗碳炉中的小零件）的情况，并且，用评估零件的方法仔细监测工艺过程控制。现代热处理设施更普遍的做法是使用 CO 的体积分数超过 15%的气氛，控制残余气体如 CO_2、H_2O 或 O_2，调整炉内气氛中碳势，以便做到：

1）为满足硬度和硬化层深度要求，零件表面最终的碳含量应低于奥氏体中的溶解度极限并且在规定的范围内。

2）炉内气氛积炭最小化。

炉内气氛的可控性取决于以下几个因素：

1）气氛中 CO 浓度水平的内在稳定性。

2）气氛中碳势与残余气氛（CO_2、H_2O、O_2）控制相关曲线的斜率。

3）减少 CO_2和 H_2O，增加 CO 和 H_2，提高富化气效果。

1. 选择 CO 浓度水平

大多数气体渗碳气氛中 CO 的体积分数为 15%～30%，此范围形成炭黑最少和晶间内氧化最小，该气氛提供了最佳的渗碳速度。对于通过空气与不同碳氢化合物气体反应产生的气氛，其典型的 CO 浓度水平见表 6-14，碳氢化合物气体有天然气、纯甲烷、丙烷、丁烷。

表 6-14 空气与各种碳氢化合物产生的吸热式渗碳气氛中名义 CO 浓度（体积分数）以及空气与碳氢化合物的体积比

烃类气体类型	空气与碳氢化合物的体积比	φ(CO)(%)
甲烷	2.47	20.3
天然气	2.47	20.3
丙烷	7.74	23.4
丁烷	9.55	23.9

一般来说，CO含量较高的气氛能提供较大的表面反应速率，当CO与H_2体积比为50/50时，产生最大表面反应速度理论值。在浅层渗碳时，较高的CO含量能有一些优势，其渗碳动力学主要是由表面化学反应控制。在渗层深度大于1.0mm（0.04in）时，这种优势降低，因为总的碳通量是由碳的扩散速度控制的。

较高的CO气氛也相应要求有较高的$CO_2/H_2O/O_2$平衡，来获得相同的碳势。如图6-37所示，在CO含量较高时，与CO_2对应的碳势的斜率减少。这样降低了二氧化碳浓度中碳势微小变化的灵敏度，并且气氛的可控性得到改善。但是，对于任意一个给定的碳势，CO含量较高的气氛表现出总体氧含量较高，这个氧含量增加了形成晶间氧化（IGO）的速率。CO含量较高的气氛也更容易产生积炭，尤其是当CO的体积分数超过30%的时候，更是如此。

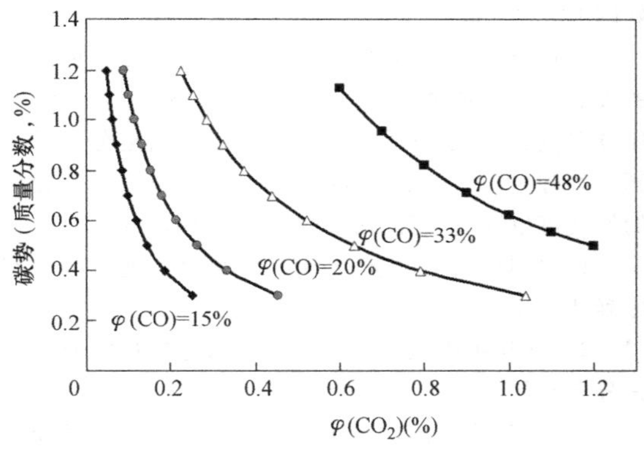

图6-37 在925℃（1700℉）不同的渗碳气氛中，CO_2的体积分数和碳势之间的关系

由于一种气氛的碳势与$(CO)^2/(CO_2)$比率成正比，本身具有稳定的CO浓度水平的气氛比浓度水平动态变化的气氛更容易控制。CO在特殊气氛中的稳定性主要受生产载气的方法和系统控制。某些载气是由燃料（传统上是碳氢化合物气体，或者蒸发液态碳氢化合物，这种蒸发液态碳氢化合物的碳/氧比率等于或者大于所要求的气氛的碳/氧比率）与空气在吸热气体型发生器中反应产生的。通过一个单一变量的调整可以获得所需产出气体的成分：输入燃料/空气比率能保持规定的二氧化碳含量或者露点水平。通过这种方式产生的气氛中CO的浓度水平具备内在的稳定性，也就是通过空气中氧氮比和使用的碳氢化合物气体的碳氢比固定气氛中CO的浓度水平。可以通过将多种气体直接注入进入炉膛内产生其他载气，或者在炉膛内通入气体和液态烃的混合物产生其他载气。这些系统具有允许用户制造不同浓度水平的CO的优点，但是，较多的输入变量驱使用户需要更复杂的控制系统。

气氛系统类型的选择和CO的工作浓度，应考虑由于气体和空气的化学反应本身产生的CO分压结果。由于预期的富化气和空气的化学反应，会产生内在的CO分压。空气通常是通过炉门打开、工件转移进入，或者，为了控制碳势添加调节空气。由天然气产生的吸热式载气或者以氮-甲醇产生的直生式载气，其CO的体积分数水平调整到20%，以及富化气与进入的空气反应产生相同的含20% CO的富化天然气作为载气。如果以20%CO含量工作的相同氮-甲醇的气氛用丙烷作富化气，那么丙烷与空气反应会产生23%的CO，当添加丙烷时，整体的CO含量有增加的趋势。CO浓度水平变化相对较小，而且，变化量通常在使用CO分析仪的控制系统的能力范围之内以及在其控制系统的响应时间之内。不然，当用丙烷作为富化气时，通过调整载气氮-甲醇比率使CO的体积分数达到23%，可以避免这个问题。如CO/H_2为50/50的气氛，当空气进入时，较大、更快速地扰乱CO含量是可能的，或者炉门打开，火帘燃烧产物带进炉膛时，会扰乱CO的含量；将N_2引入气氛中也会引起CO含量的波动。

2. 吸热式渗碳气氛

吸热式载气是包括由碳氢化合物气体与空气反应产生的一氧化碳（CO）、氢气（H_2）、氮（N_2）和少量的二氧化碳（CO_2）、甲烷（CH_4）、水蒸气（H_2O）和氧气（O_2）在内的一种混合物，碳氢化合物气体如天然气（主要是甲烷）、丙烷、丁烷。通常是在一个单独燃烧的反应炉罐（吸热式发生器）中，采用空气-烃类气体进料比产生略大于1.0的氧碳比，产生吸热式气氛。然后，经过能加速化学反应速率的加热催化剂混合气体。通常，吸热式气体发生器工作温度在1050~1070℃（1920~1960℉）时反应速度最高。在一个设计有良好催化能力的发生器和加热系统中，催化炉床内达到的最高温度下，吸热气体将达到真正的计算平衡的一个成分状态，催化炉床温度通常比发生器名义工作温度大约低50℃（90℉）。气氛发生器配备了热交换器，以快速冷却气体，并在经过管道系统输送到炉中之前“冻结”成分。

由于碳势是由炉中零件表面温度和零件表面接触的气体成分决定的，术语“碳势”不应该用来描述所产生吸热式载气的成分。单个气体发生器可以给在不同温度工作的多台炉子供应气氛，在每一种情况下，产生不同的炉内气氛碳势。当吸热式载气在炉内被重新加热时，载气的成分将从发生器输出的成分到由炉子温度产生的成分之间改变。表 6-15 显示了在给定炉温上能够达到的大碳势，这个碳势是由天然气和空气在工作温度为 1050℃（1920℉）的发生器中反应产生的吸热式载气在炉子内获得的碳势，二氧化碳的体积分数控制在 0.2%。表 6-15 中的数据是假设没有明显的炭黑、漏气或者其他来源的氧气得出的，炭黑存在会增加碳势，氧气将减少炉内重新加热载气的碳势。注意，天然气-空气吸热气体在发生器内将二氧化碳的体积分数控制在 0.2%，在 925℃（1700℉）工作炉内，最大只能产生 0.53%的碳势，因此，需要富化气提高碳势达到气体渗碳通常采用的浓度水平。在炉内较丰富的载气需要较少的富化气；然而，控制产生体积分数少于 0.15%二氧化碳的吸热式发生器会减少发生器产气能力，并且在催化床内增加积炭形成。

表 6-15 不同温度下，使用 φ（CO）= 20%的吸热式载气，φ（CO_2）控制在 0.2%，炉内没有进一步添加碳氢化合物，可得到的最大碳势

炉子温度		碳势（质量分数，%）
℃	℉	
850	1560	0.75
875	1610	0.68
900	1650	0.6
925	1700	0.53
950	1740	0.46

（1）直生式氮-甲醇气氛 近年来氮-甲醇已成为最常用的直生式载气。使用直生式气氛时，不再需要独立燃烧的吸热式发生器，气氛可以相对轻松地开启与关闭。氮-甲醇系统也可以进行调整，以提供不同的 CO 浓度，从 0（纯氮）到 33%CO（直接使用甲醇）。当甲醇进入炉膛时，甲醇裂解形成一氧化碳和氢气。氮与甲醇的比例通常选择能产生一个规定含量的气氛的值。为了得到 φ（CO）= 20%的名义含量，氮与甲醇以 2∶1 的摩尔比混合：

$$CH_3OH+2N_2 \rightarrow CO+2H_2+2N_2 \qquad (6\text{-}23)$$

纯甲醇的碳氧比为 1.0，需要添加氧气源形成一个碳氧比略低于 1.0 的气氛，这是典型的渗碳控制气氛。如果正常渗入炉内的空气太少，和/或甲醇含微量水（甲醇吸潮）太少，那么，空炉运行、炉内没有负载时，都可能产生炭黑。通入大量可控制的空气可以用来减少炭黑。汽化甲醇需要加热时，因为甲醇裂解成 CO 和 H_2是吸热的。甲醇裂解效率随温度的降低而降低。因此，在较高的温度有利于完全裂解，载气使用比率较低。在甲醇的喷射点上，通常安装有一个靶子或喷射板，用来破碎乙醇液流，将破碎液流分散到气氛中进行完全裂解。喷射板损坏或者或丢失可能导致甲醇直接冲击零件，形成冷点。炉气中存在低于预期的 CO 含量，这是不完全裂解引起的，尽管 CO 浓度水平变化更常见的是由氮与甲醇输入比率的波动引起的。

精确的碳势控制要求 CO 和 CO_2（或者来自氧探头的氧气）两者含量水平都是已知的，而且气氛中 CO 的浓度必须控制在一个稳定值。将一个固定的 CO 浓度输入到控制器中，控制系统通常编成程序。维持稳定的 CO 浓度可能是一个挑战，因为液体甲醇很难仅靠流量输入用仪表计量和精确控制，特别是在载气流速<3000L/h 时。使用固定 CO 值的碳控制系统通常允许手动输入基于定碳片分析的修正系数，但是，随着时间的推移通常不能提供足够的精度，因为通常 CO 波动发生的频率比定碳片检查的频率高些。高精度碳势控制系统用非色散红外（NDIR）分析仪测量 CO 含量和控制甲醇流量，以保持事先调整好的 CO 含量值。

液化空气，然后利用影响氮气分离的各种组分的沸点差异制造高纯氮（大约残余 10×10^{-6}的 CO_2和 H_2O 蒸气）。在大多数情况下，液态氮由空分厂发运到热处理工厂，并且存储在真空容器中。纯度较低的氮气可以通过多种方式在生产现场制得：

1）燃烧工艺：空气与天然气燃烧，通过吸收和冷凝从气氛中脱去二氧化碳和水。

2）变压吸附或真空吸附式：通过使用沸石分子筛分离空气。

3）空气膜分离：利用毛细纤维管分子渗透速率的差异来分离氧和氮。

低纯度、比较便宜的氮也可以和甲醇形成满意的炉气。然而，由于氮气中氧的含量应该保持相对稳定，所以，氮的生成过程必须考虑到这一要求设计。

氮-甲醇气氛系统需要特殊的设备和安全操作程序，以确保安全。对于烘炉和加热炉，在 NFPA 86 标准中有详细说明。

（2）其他直生式气氛 一些炉子使用直生式气氛，它们是由碳氢化合物气体和空气在炉内直接反应产生的。与氮-甲醇气氛一样，这种气氛的优点是不需要单独的吸热气体发生器，接通与断开相对容易。然而，渗碳炉的工作温度通常比吸热式气体发生器低些，它具有的有限的催化表面可以促进气体反应完成。渗碳炉必须设计成在非常低的正压力下安全地操作，并安装锁紧炉门和有较低的流出物流量，以提供完成气体反应所需足够长的停留时间。由于 CO 浓度低、残留甲烷浓度较高和炭黑等固有问题，这些系统没有得到广泛的应用。

6.3.3 碳传递机制

气体渗碳过程中质量传递机制是一个复杂的现象，包括几个不同的阶段：

1）在气相发生化学反应。

2）渗碳产物通过边界层向钢铁表面扩散。

3）在钢铁表面上吸收反应产物，在气氛-钢铁界面发生化学反应。

4）钢中吸收的碳原子沿着化学势梯度发生扩散。

根据热力学不可逆过程，渗碳期间质量传递的驱动力是碳的化学势梯度。化学势由渗碳温度和热力学碳活动决定：

$$\mu_C = \mu_C^0 + RT\ln a_C \tag{6-24}$$

式中，μ_C是碳在奥氏体中的化学势；R是摩尔气体常数；T是热力学温度（K）；a_C是碳在奥氏体中的活度。

从气氛到钢转移的总的碳量由限速过程和渗碳速度控制决定的。图6-38所示为碳传递机制和主要控制参数：质量传递系数（β），它定义了从气氛到钢铁表面的碳原子通量（$J_{气氛}$）；钢中碳扩散系数（D_C），它结合菲克第一定律定义了钢中的碳原子通量（$J_{钢}$）。

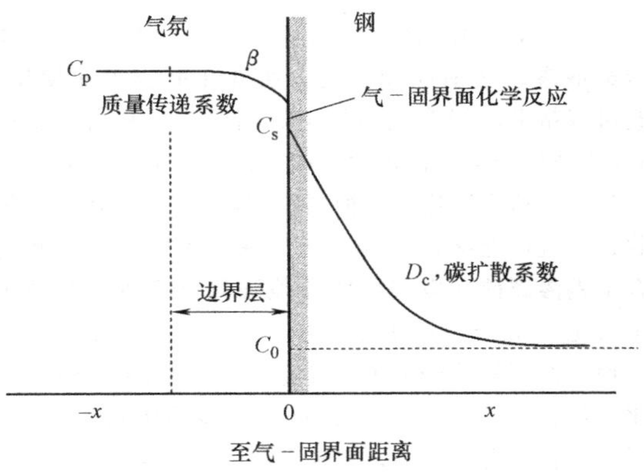

图6-38 渗碳过程中碳传递示意图

理论上，当碳从气氛中传递到钢表面的速度等于或大于钢中碳的扩散速度时，可获得最大的渗碳速度。这样的扩散控制过程给钢表面提供的碳（这些碳要在钢中进一步吸收和扩散）就不会不足。然而，在实际中从气氛到钢铁表面的非平衡碳传递，包括表面反应，经常被认为是限制渗碳速度的因素，尤其在渗碳过程开始时。在之后的渗碳过程中，整体渗碳速度受扩散控制。因此，模拟气体渗碳时，渗碳过程可以认为是混合控制，并且定义为在钢界面的气氛碳通量平衡。

（1）质量传递系数（β） 质量传递系数包含在气氛与钢表面之间的气体边界上所有气体的影响，包括反应气体通过边界层的扩散和在钢表面渗碳产物的吸收。如图6-38所示，质量传递系数在气氛-钢界面的边界层上具备厚度的特征，决定了通过钢表面的最大碳原子通量，可用于在钢中进一步扩散。如果β值增加，那么将导致渗碳层深度增加。

虽然人们普遍认为β是气氛成分的一个函数，但是，在渗碳温度对β的影响的报道中有一些矛盾。蕴宁（Wünning）和里默（Rimmer）等人报道β大约在10^{-5}，而且，与渗碳温度无关。许多研究发现，β直接与渗碳温度成正比。蒙茨（Munts）等人在800℃、900℃和1000℃（1470℉、1650℉和1470℉）的温度下使用导线电阻的方法，测量的β范围为$2\times10^{-5}\sim2\times10^{-4}$cm/s。在最近的工作中，有人在根据直接通量积分法得到的碳浓度曲线上直接计算出β，并且报道了对于典型工业渗碳状态（碳势为0.9%和1.1%，温度为900~950℃，或1650~1740℉），β的范围为$1.2\sim2\times10^{-5}$cm/s。已经有报道，质量传递系数随钢的合金成分而变化。

（2）碳在奥氏体中的扩散 一旦CO分子到达钢的表面，并且分解成可以被吸收的碳原子和CO_2，碳进一步的传送速度受到碳在钢中扩散速度的限制。时间、温度和碳在奥氏体中的扩散浓度的综合影响，可由菲克扩散定律表达。菲克第一定律指出，垂直于单位横截面的平面上的碳原子扩散通量（J）与垂直于这个平面的碳浓度梯度正比，可以表示为

$$J = -D_C \frac{\partial C}{\partial x} \tag{6-25}$$

式中，D_C是碳在奥氏体中的扩散系数；C是钢中的碳浓度；x是与表面的距离。菲克第二定律建立了钢的单元体积之内的质量平衡，并且表明：在碳原子进入单元体积的通量和超出单元体积的碳原子通量之间，碳积累的速率是不同的。结合这两个定律导出二阶抛物线型偏微分方程，这个方程描述了碳在奥氏体中的扩散过程：

$$\frac{\partial C}{\partial t} = \frac{\partial}{\partial x}\left(D_C \frac{\partial C}{\partial x}\right) \tag{6-26}$$

式中，D_C是碳在奥氏体中的扩散系数；C是钢中的碳浓度；t是时间；x是与表面的距离。

碳在奥氏体中的扩散系数是渗碳温度、碳浓度、合金成分的一个函数。碳扩散受热活化，并且随着渗碳温度上升呈指数增加。碳扩散也随着碳浓度增加而增加，是由于奥氏体晶格的畸变和热力学碳活度的增加。研究人员已经发表了几种碳扩散系数模型，其在渗碳温度的范围内吻合较好。根据其中一个模型，碳扩散系数（cm^2/s）可以按照下列公式

计算：

$$D_C = 0.47\exp\left[-1.6C - \frac{37000-6600C}{RT}\right] \quad (6\text{-}27)$$

式中，C 是碳的质量分数（%）；T 是热力学温度（K），R 是摩尔气体常数，取 8.3145J/(mol·K)。

（3）表面粗糙度的影响　渗碳通常作为钢铁零件的最终加工工序，或者是渗碳前接近最终加工形状的工序。根据零件表面粗糙度要求、加工作业的类型和选择的加工工艺参数，钢铁零件表面粗糙度可能出现较大的范围，这样，它们可能会影响气体渗碳的动力学。

图 6-39 所示的是渗碳期间接近钢铁表面同时发生的化学反应。CO 分子的分解使气体渗碳迅速进行，CO 分子的尺寸范围为 1.58～2.8nm，具体尺寸取决于分子的方向。因此，界面表面区域（即零件在微观层表面）定义了它们之间相互作用的强度，以及穿越气氛-钢界面总碳通量的大小。

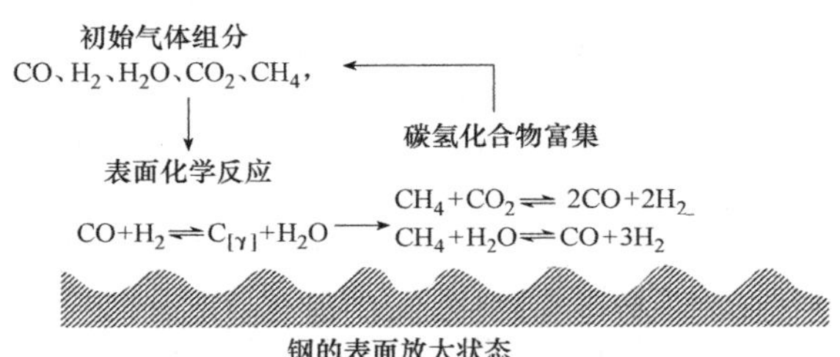

图 6-39　气体渗碳过程中气氛-钢界面相互作用示意图

研究人员针对表面粗糙度对气体渗碳质量传递动力学的影响已经进行了研究。较粗糙的表面给 CO 分子分解提供了更多的可以利用的位置，从而导致碳原子吸收密度增大，总体说来，表面能获取更多碳。图 6-40 显示了总碳通量和质量传递系数（β）

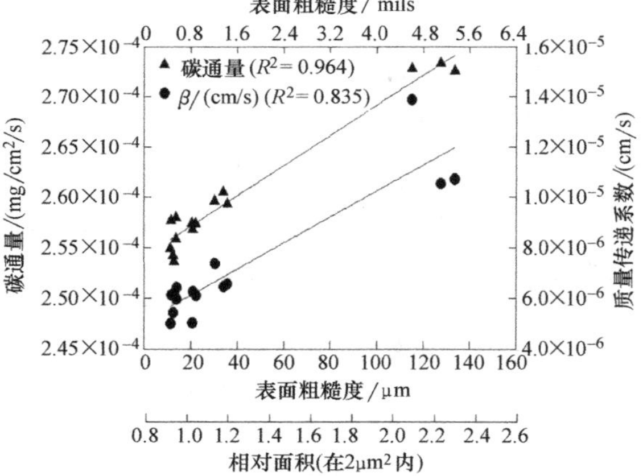

图 6-40　总碳通量（三角标志）和质量传递系数（圆标志）是表面粗糙度和零件相对面积的函数

是表面粗糙度和零件相对面积的函数。零件的界面表面积（即表面粗糙度）增大，可提高气氛-钢界面的瞬时碳通量。从动力学的角度来看，更大的质量传递速度在靠近表面处建立的碳浓度梯度较陡，促进钢中碳扩散速度变得更大。因此，具有较大表面积的零件获得了更高的碳含量分布，如图 6-41 所示。

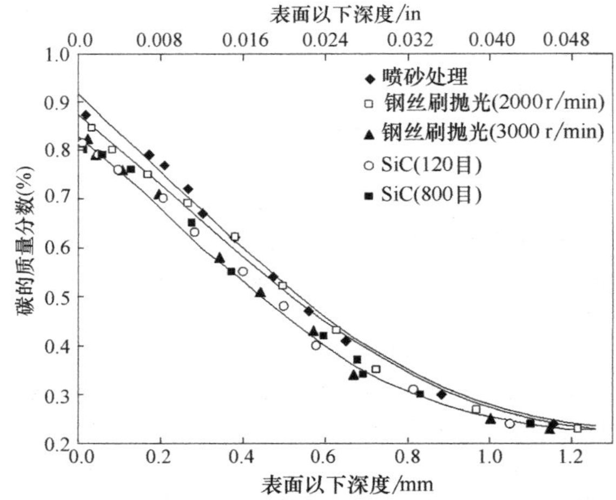

图 6-41　不同表现状态的零件，在 925℃（1700℉）、碳势为 0.95%的气氛中渗碳 3h 的碳含量分布曲线

（4）预氧化的影响　铬的质量分数大于 2%的高合金钢渗碳之前应预氧化，通常在航空工业使用，它可以帮助减轻渗碳不均匀的问题。含有高浓度铬和/或硅的合金钢在正常渗碳条件下，形成表面氧化钝化层。这个钝化层会抑制在气氛-钢界面处碳的吸收，并且可能导致渗碳硬化层深度不均匀。这些高合金钢渗碳前在空气中或其他强氧化环境中有利于预氧化。在空气中的氧化生成了一种多孔隙铁基氧化物，而不是致密的 Cr_2O_3 钝化氧化物层或 SiO_2 钝化氧化物层，从而允许表面上更多的碳均匀进入。因此，将获得更加均匀和较深的渗碳层深度。

总合金元素的质量分数低于 2%的低、中合金钢系列的预氧化处理，在加速气体渗碳方面，似乎并没有提供任何优势。图 6-42 所示为 SAE 4122 样品在 425℃（800℉）进行 30min 预氧化和没有预氧化，之后，在 930℃（1710℉）渗碳 2h 和 15h 获得的碳含量曲线。在这两种情况下获得显微结构或碳含量曲线没有观察到差异。

6.3.4　渗碳建模和渗碳层深度预测

工艺建模与仿真是降低成本、提高效益的工具，可用这种工具来评估渗碳工艺设计和工艺优化中各种材料和工艺的重要因素的影响。在 20 世纪 40 年代，F·E·哈里斯（F. E. Harris）以总渗碳时间和

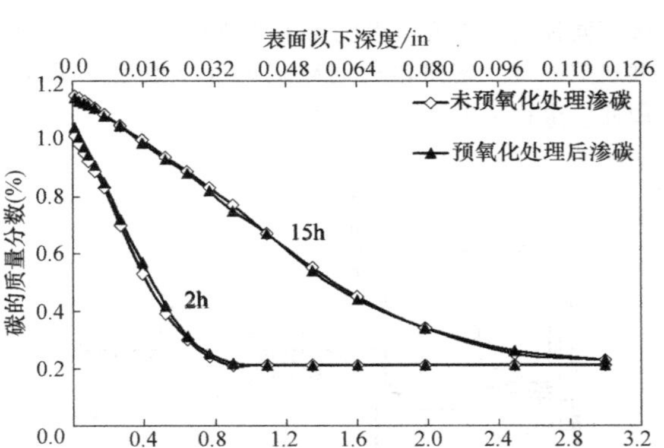

图 6-42　SAE 4122 钢渗碳碳含量分布曲线

渗碳温度为基础开发了确定总硬化层深度的经验技术。从历史上看，这种技术已经在工业上得到应用，并在普通碳钢的一段渗碳（或在恒定工艺温度强渗-扩散渗碳）中获得了良好的效果。哈里斯方程假设了在钢的表面上奥氏体是饱和状态。但实际上，钢中表面碳含量随渗碳时间变化，而且，其含量通常比气氛中的碳势低。当气氛碳势控制在奥氏体碳饱和状态以下时，由此产生的渗碳层深度将比在工业渗碳工艺中由哈里斯方程预测的渗层浅些。最重要的是，应该认识到，哈里斯的深度预测是用来估计总硬化层深度，不是有效硬化层深度，它很少用于工业过程设计和技术规范。

（1）扩散模型　气体渗碳工艺建模，使用碳在钢中扩散的抛物线二阶偏微分方程式，钢表面的质量传递系数与气体渗碳反应动力学的一组边界条件：

$$\frac{\partial C}{\partial t}=\frac{\partial}{\partial x}\left(D_{\mathrm{C}}\frac{\partial C}{\partial x}\right)+u\frac{D_{\mathrm{C}}}{r+ux}\frac{\partial C}{\partial x} \tag{6-28}$$

式中，$u=-1$ 是指凸形表面，$u=0$ 是指平面，$u=1$ 是指凹形表面；D_{C}是钢的碳扩散系数；C 是钢中的碳含量随时间变化的位置；r 是曲率半径；x 是与表面的距离；t 是时间。

在一个没有炭黑积累的控制过程中，表面化学反应［式（6-3）、式（6-4）、式（6-5）］产生的碳通量等于钢中的碳通量，在气氛-钢界面产生一个通量平衡条件：

$$\sum_{i}^{n}\frac{k_i}{a^{s_i}}(a_{\mathrm{C}}^{\mathrm{g}}-a_{\mathrm{C}}^{\mathrm{s}})=-D_{\mathrm{C}}\frac{\mathrm{d}a_{\mathrm{C}}^{\mathrm{s}}}{\mathrm{d}x} \tag{6-29}$$

式中，k_i是气氛化学反应速度系数（cm/s）；$a_{\mathrm{C}}^{\mathrm{g}}$和$a_{\mathrm{C}}^{\mathrm{s}}$分别是在气氛和钢表面碳的活度；$D_{\mathrm{C}}$是钢的碳扩散系数（$\mathrm{cm}^2/\mathrm{s}$）；$x$ 是与表面的距离（cm）。对于碳含量 w（C）小于 1% 的分布，质量传递系数（β）可以表示为化学反应速度和相应的钢表面碳活度之间的比例：

$$\beta=\sum_{i}^{n}\frac{k_i}{a^{s_i}}$$

在表面的交换速度直接与表面碳含量和气氛的碳势之间的差成正比。因此，表面流量平衡边界条件可以表示为

$$\beta(C_{\mathrm{p}}-C_{\mathrm{s}})=-D_{\mathrm{C}}\frac{\partial C}{\partial x} \tag{6-30}$$

式中，β 为质量传递系数（cm/s）；C_{p}是气氛的碳势（%）；C_{s}是在钢铁表面的碳含量（质量分数,%）；D_{C}是碳扩散系数（cm^2/s）；C 是钢的碳含量（质量分数,%）；x 是与表面的距离（cm）。

（2）分析解决方案　对于各种不同的边界条件和零件，克兰克（Crank）提供了扩散方程的数学解决方案。这些解析解可以用来预测对于任意时间、温度和表面碳含量组合下的碳浓度梯度和渗碳层深度。当考虑钢表面的化学反应时，扩散微分方程没有简单的解析解。瞬态扩散解析解仅限于碳扩散系数的模型，不受局部的碳浓度支配，局部碳浓度在工业渗碳过程中不具有代表性。与浓度相关的碳扩散系数的扩散方程的解析解可用于稳态扩散时，随时间变化的（瞬态）扩散必须使用数值法求解。

（3）数值法　数值法是把相应的边界条件代入一组有限差分方程，连续转换相关偏微分方程［式（6-28）］。狄森伯莉（Dusinberre）数值法提供了带有边界条件的扩散方程的解，对于一个初始均匀碳浓度下的半无限大几何尺寸零件，该边界条件由式（6-30）表示。该方法精确到了二阶，并提供了一个稳定的收敛解。一维扩散问题的解通过以下方式获得：

$$C_i^{t+\Delta t}=\frac{\Delta t}{(\Delta x)^2}\left[D_i^t\left(C_{i-1}^t-2C_i^t\left(\frac{(\Delta x)^2}{D_i^t\Delta t}-2\right)+C_{i+1}^t\right)+\frac{(D_{i+1}^t-D_{i-1}^t)(C_{i+1}^t-C_{i-1}^t)}{4}\right] \tag{6-31}$$

式中，C 是碳含量；D 是对应于一个特定位置（节点 i）和时间的碳扩散系数；Δx 是节点间距；Δt 是时间增量。给出在钢铁表面上的质量传递系数，根据下列公式可以计算边界节点处的碳含量：

$$C_{\mathrm{s}}^{t+1}=\frac{1}{M}[2NC_{\mathrm{p}}+[M-(2N+2)]C_{\mathrm{s}}^t+2C_{x_1}^t] \tag{6-32}$$

这里
$$M=\frac{D_{\mathrm{C}}\Delta t}{(\Delta x)^2}\text{和 }N=\frac{\beta}{D_{\mathrm{C}}}\Delta x \tag{6-33}$$

两个稳定性判据必须同时满足：$M>2$ 和 $M>2N+2$。根据所选择的节点间距（Δx）、D 和 β，最大稳定时间增量由以下表达式决定：

$$\Delta t<\frac{(\Delta x)^2}{2\beta\Delta x+2D} \tag{6-34}$$

气体渗碳期间，采用奥氏体中碳扩散数值法建模，此法已经得到了很好的验证并在众多出版物中可查阅。然而，值得注意的是，这些模型并没有考虑第二相组织的形成，当对不锈钢或其他含有高浓度合金碳化物形成元素的合金钢进行渗碳时，渗碳模型也许不能导出精确的结果。多组分气体渗碳的模拟需要输入热力学和动力学数据，并可以使用计算机代码或使用适用的商业软件进行数值模拟。

6.3.5 渗碳设备

气体渗碳炉在外形结构上差别很大，但是它们一般可以分为两大类：间歇式炉和连续式炉。在一台间歇式炉中，工作负载作为一个单元或者一个批次装载或卸载。在连续式炉中，作业从进炉到出炉是一个连续的过程。对于总硬化层深度要求小于2mm（0.08in）的零件的大批量生产，适合采用连续式炉。

（1）间歇式炉 最常见的间歇式炉类型是井式炉和卧式间歇式炉。井式炉通常放在一个地坑内使用，也可放在室内地面上（图6-43）。井式炉通常用于需要较长处理时间的大件上。如果工件直接淬火，淬火前的零件必须通过空气中。因此，零件表面将被附着的黑色氧化皮覆盖，淬火前可能需要经过抛丸或酸洗处理以去掉氧化皮。

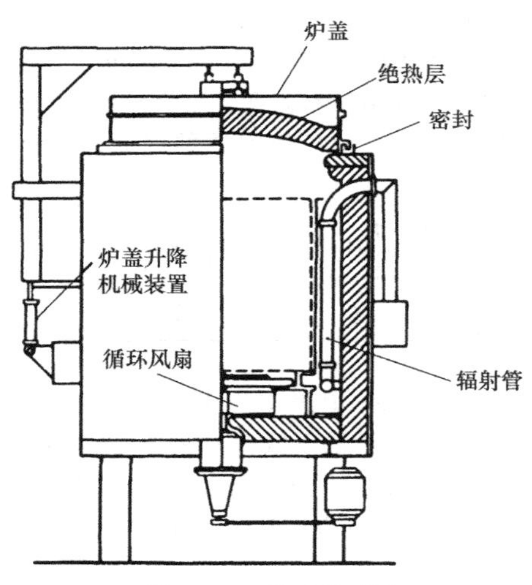

图6-43 井式渗碳炉

注：虚线表示工作区。

卧式间歇式炉经常用于渗碳和直接淬火。许多这类炉子称为密封淬火炉，或者称为组合式淬火炉，渗碳零件从炉膛进入一个密封的淬火油槽的前室（图6-44）。由于炉内气氛也流经前室，零件在淬火前可以保持无氧化。密封淬火间歇式炉能够处理许多不同种类、渗碳层深度要求变化很大的零件。和井式炉一样，密封淬火间歇式炉可以做到不漏气，因此，很容易实现炉内正压。

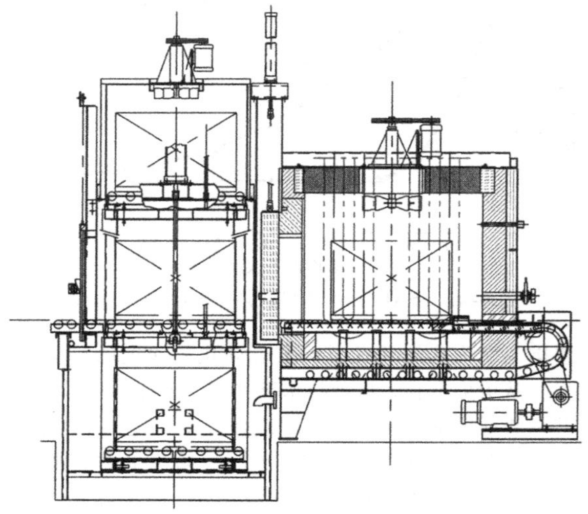

图6-44 典型的燃气密封箱式淬火炉

（2）连续炉 用于渗碳的连续炉类型包括网带炉、振底炉、旋转炉、转底炉、辊底炉和推杆炉。这些加热炉有许多类型可以在内置密封状态下的油中淬火，所以零件可以进行无氧化生产。其中一些加热炉密封性很好，能够保持足够的正压，但是，网带炉的两端是开放到空气中的，不能肯定排除空气了，在这类炉子中渗碳通常是难以控制的。

使用富碳的渗碳气氛，会迅速降低炉内最常用的Fe-Ni-Cr合金配件的寿命。由高合金钢制成的炉内结构件，如炉胆、滚子导轨、辊道辊、网带，要求定期更换，增加了炉子运行的成本和停炉时间。最常应用的连续式加热炉结构是推杆炉（图6-45）。推杆炉的优点是固有的密封设计结构，炉内合金配件使用较少，通常用陶瓷耐火材料支柱和导轨支承料盘。推杆炉可设计成包括多个渗碳室和/或扩散室的炉子，这些炉膛在各自独立的温度和碳势下作业。其结构还可以包括一个气氛和温度控制冷却室、密封的浸入淬火室和/或压淬室。推杆炉也可以设计带有预热室，使零件能够在低碳势（接近零件基体碳含量）的气氛中加热到渗碳温度。当零件进入第一渗碳区时，通过防止渗碳气氛接触冷态零件，减少在第一区形成的炭黑，这可以防止零件渗碳不均匀。零件也可以在空气中预热，但是，这种做法被限制在最高大约420℃（790℉）的温度预热，避免在零件表面形成疏松的氧化皮。为了获得更好的循环气氛，推杆炉还可以使用侧壁风扇后。安装侧壁风扇后，气氛的风流可以直接进入炉膛底部，并且通过零件向上流动，比顶部径向风扇结构获得的流速大些，均匀性好些。这对渗碳零件密集装载，特别是内、外表面上硬化层深度两者都要求精确控制（如各种轴承、衬套、活塞销）的情况很重要。

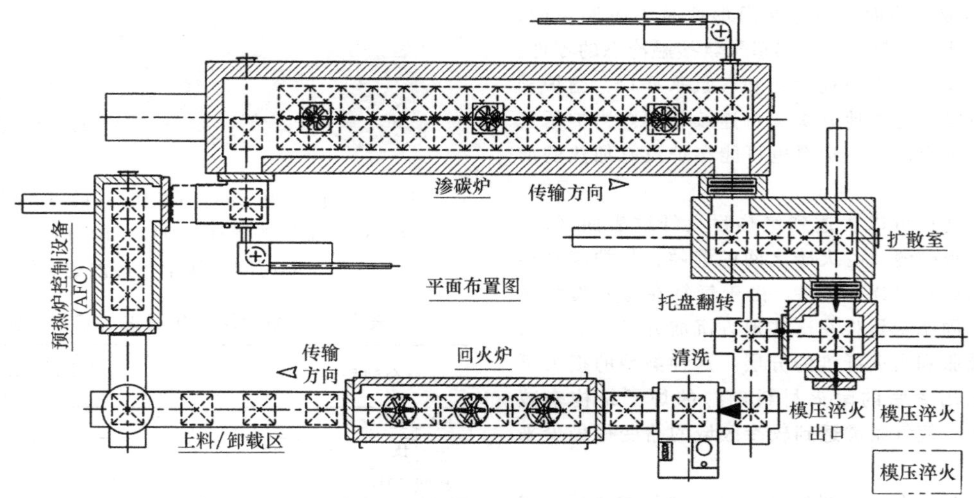

图 6-45　典型的多室连续式推杆炉

（3）炉内压力　加热炉应该在正压状态下运行，以至于如果加热炉有小的泄漏，空气不能进入炉膛。对于渗碳炉，炉内压力为 12 ~ 37Pa（0.09 ~ 0.28Torr，或水柱高度为 0.05~0.15in）通常是符合要求的。通过调整气氛排气口的节流孔尺寸、调整载气流量，可以控制炉内压力。

因为炉内的热气体密度低，在炉内的最低点上，压差（炉内压力减去环境压力，在相同高度上测量的压力）将最小。在所有高度上，最小炉压（在任何高度上）需要保持一个正压差（p_{min}），其值可以从以下关系计算出：

$$p_{min}=H(D_A-D_F) \qquad (6\text{-}35)$$

式中，H 是炉膛的内部高度；D_A 是炉外环境空气的密度；D_F 是炉内气氛的密度。一般来说，$D_A \gg D_F$，合适的炉内压力最小值是：

$$p_{min}=(0.117)H \qquad (6\text{-}36)$$

式中，H 的单位是 cm，假定环境是空气，压力为 1kPa（atm）压力，温度为 20℃（70℉）。即使炉压是名义上的正压力，如果环境压力有局部波动，空气仍然可以通过小的开口进入炉膛。应该注意的是，一个大型冷却风扇在炉中鼓风可以提高局部环境压力，使之高达 25Pa（0.19Torr 或 0.1in 水柱）。

最后，炉内气氛对进气气体成分变化的响应速度，取决于炉内气氛气体的平均停留时间。平均停留时间（t_{res}）大约为

$$t_{res}=\frac{VT_A}{FT_F} \qquad (6\text{-}37)$$

式中，V 是炉膛体积；F 是在 T_A 温度上测量的载气流速；T_A 是环境热力学温度；T_F 是炉膛热力学温度。在渗碳炉中停留时间在 2~15min 内变化。如果进气流量改变，会影响 95% 的气氛变化，大约需要 3 倍的停留时间。因此，间歇式炉的气氛成分必须在工艺处理过程期间改变，通常气氛停留时间比使用连续炉的停留时间短些。这通常被认为是一个优势，当零件装炉时，使用高流量载气获得较快的气氛恢复。然而，使用自动控制系统调节碳氢富化气的流量，相同的结果可以取得更多的经济效益。

（4）炭黑和烧炭　气体渗碳炉正常运行期间，随着渗碳的进行，炭黑将在炉内的各个区域形成，特别是在允许气氛冷却的地方，或者气氛与冷态零件接触的区域。随着炉内炭黑的形成，炉内气氛的碳势变得难以控制或者不可控。添加富化气不再起化学反应，不能有效减少二氧化碳和水分，并且，游离态甲烷浓度会增加，导致额外的炭黑形成。炉内气氛工作碳势越高，形成炭黑的速度越快。如果达到碳势不能有效控制的这一结点，那么唯一可行的解决方案是排空炉气，通入空气，燃烧积炭。在燃烧积炭过程中，必须细心处理，防止炉内局部过热。通常，为烧炭炉温设置在大约 815℃（1500℉），通过打开炉门或者通入一定流量的空气使空气进入炉膛。由于炭黑燃烧引起的温度上升应该监控，如果温度上升超过 5℃，应该减少空气供给量。为合理地控制炉中的炭黑，要求每 3~4 个星期将进行一次烧炭操作。炉子在较高碳势下工作或者表面区域炭黑非常多时，可能需要更频繁地烧炭。

现代自动气氛控制系统通过在奥氏体饱和碳浓

度极限以下，保持一个恒定的气氛，或者，通过气氛提供的碳势与钢的表面要求的碳含量相匹配，减少炭黑形成。然而，一些炭黑形成是不可避免的，特别是在连续炉第一区，那里气氛接触冷态的零件。也有一些地方，比如观察孔和气氛采样口，当炉子使用的时候，这些地方炭黑将连续积累。当炉子气氛进入前室冷却时，炭黑也可能在炉没有加热的前室形成。

渗碳气氛可以渗透到绝热耐火纤维表面区域、耐火砖膨胀砌缝、耐火砖之间的缝隙，从炉膛高热面延伸到炉壳的合金组件。由于气氛在这些裂缝区域冷却，固态炭黑将在这些地方沉淀并且膨胀，引起砖的鼓胀和耐火纤维的分层。这种类型的损失可以通过采用紧密的耐火材料砌缝的炉子结构来减少，或者，使气氛渗透到较冷区域的路变得最少来减少。

(5) 炉子调试　当经过长时间的停炉之后，或者已经大修并且重新更换了新的耐火砖之后，首次投入使用时，在渗碳生产使用之前，炉子需要烘干和调试。砌炉之后干燥，使炉子在100~150℃(210~300℉) 加热一段时间（通常是几个小时或者是几天)，直到不再有可见的蒸汽出现。然后炉子非常缓慢地（通常最大速度是10℃/h）升温到工作温度，以避免砖和合金由于膨胀造成的损坏。在调试炉子期间，可以通入干燥氮气加速炉子烘干。渗碳用耐火材料的调试是由认可的渗碳载气与炉内反应过程组成，在富化气充入炉内之前，让载气与炉内组件进行几个小时至几天的化学反应。炉子调试的目的是确保炉内组件与渗碳气氛平衡，以使气氛和工件之间的化学反应将不会由于气氛和炉衬之间的反应而减慢。渗碳气氛通入到已经闲置一段时间的一个空炉当中或者刚刚烧炭除去炭黑的一个空炉当中时，结果发现维持在给定的碳势上需要大量的富化气，比炉子调试之后所预期的富化气量高很多。一旦调试好一台炉子，维持一个给定碳势所需的富化气体的含量保持相对恒定。使用一段时间后，炭黑开始增加，这就表明需要烧炭了。

(6) 炉中合金的金属尘化腐蚀　气体渗碳炉停机检修的主要原因是从炉膛的高热面通过耐火材料延伸到壳体或其他冷态区域的合金组件。受影响的组件包括链条导轨、推杆头和链条总成（剩余在炉墙中的部分)、风机轴、燃烧器管支承棒和合金托架。在430~650℃ (810~1200℉) 的温度范围内，合金表面暴露于富碳气氛的区域通常会发生腐蚀或形成点蚀凹坑，类似于图6-46所示的推杆轴销。腐蚀损伤可导致金属每年12mm (0.5in) 的厚度损失。金属尘化腐蚀几乎可以通过使用含百分之几的钴、钨、钼的高镍合金消除，见表6-16。

图6-46　直径为25mm (1.0in) 的RA 330合金钢推杆轴销放置在550℃ (1020℉) 渗碳气氛一年时间金属尘化腐蚀的实例

表6-16　耐金属尘化腐蚀的炉用合金

合金牌号	合金化学成分(质量分数,%)						
	Cr	Ni	Si	Mn	Mo	W	Co
RA 333	28	36	1.5	—	3	3	3
超耐热合金	22	48	1	1	—	5	15
超级22H	28	48	1	1	—	5	3

6.3.6 炉温和气氛控制

气体渗碳过程控制包括精确测量，温度、时间和气氛碳势的调节。在历史上，根据气体渗碳的时间周期、温度、气体输入的观点，出版了大量与气体渗碳相关的出版物，提供了大量实验数据。虽然这类信息有一定价值，但是，渗碳炉中取得的实际碳势是由气氛流速、空气渗透、炉子的调试水平和大量存在的炭黑所决定的。它也可能受到严重的维修事件的影响，如燃烧器管道故障，它会导致燃烧产物（例如，大量的二氧化碳和水）进入炉内气氛中。对于这些原因和普遍采用的优良的炉气测量系统，本节中提出的炉气控制方法，是以测量实际气氛参数为依据的，而不是以气氛输入流量为依据。

(1) 温度控制和均匀性　渗碳炉温度均匀性是实现良好的碳含量分布和均匀的硬化层深度的重要因素。在结构完善的渗碳炉中，良好的气氛循环能确保整个炉内气氛成分均匀。因为钢表面上的碳势是由接触到零件表面的气氛成分和零件的温度决定的，均匀的气体成分再加上非均匀的温度导致在零件工作区之内的碳势发生变化。处于较高温度的零件表面有较高扩散率，增加渗碳层深度形成的速度，但是，有效碳势较低。这导致进入钢表面的瞬时碳通量较低，并且，表层碳含量也较低。对于接触较低温度的零件表面产生相反的情况。在这两种情况下，碳扩散系数和碳势的变化对整个渗碳层深度生成的速度综合影响几乎抵消。如图6-47所示，温度变化对表面碳含量有很大程度的影响，但是，对渗碳层深度的影响相对较小。对于恒定控制的二氧化碳或者氧浓度水平的气氛，在930℃ (1706℉)±10℃ (18℉) 的温度范围内变化，将产生±0.08%的碳势改变。因此，只有当温度均匀性良好，检测零件温度的热电偶定位正确，才能精确控制碳势。渗碳炉容许的温度变化极限可以根据渗碳层深度和表面碳含量变化的产品技术要求极限计算。一些用户利用 AMS 2750 标准定义炉子等级、温度均匀性要求以及其他方面的温度测量、控制和相关的热电偶维护等。在美国，大多数用户指定渗碳炉的温度均匀性为±5℃（9℉）。

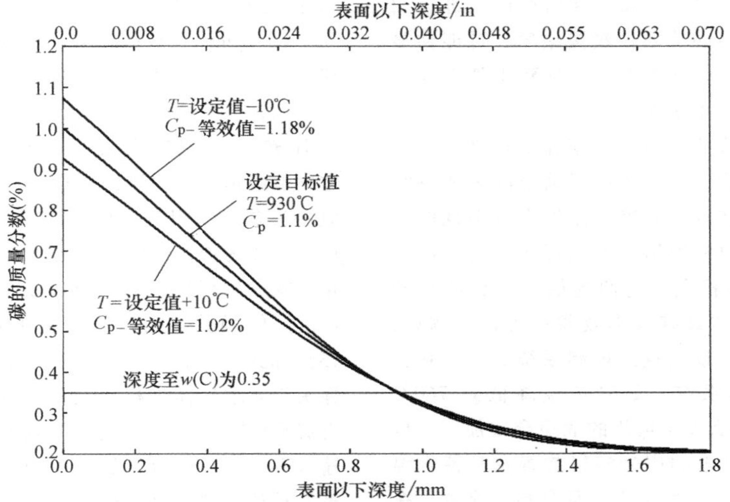

图 6-47　名义设定温度 930℃（1710℉），碳势为 1.1%，由±10℃（18℉）的温度误差引起的碳含量分布的变化

在载气（或近中性气氛）中加热零件，可以减少因加热速度变化引起的零件之间温度变化，而不添加富化气体，直到零件达到渗碳温度。一个结构设计良好的推盘炉，在炉内都安装了辐射炉管，温度均匀性能够达到±3℃（5.4℉）。应该在渗碳炉每个炉区尽可能接近工件的位置配备两支热电偶。一支热电偶用作温度控制仪，而另一支热电偶用作超温控制仪。如果热电偶保护管产生一个孔洞或裂缝，那么热电偶将接触到炉内气氛，造成局部渗碳，产生错误的读数。在这种情况下，保护管和热电偶都必须更换。由于接触到渗碳气氛，热电偶发生故障，通常表现为输出信号损失的特征，将导致温度控制系统要求加热，导致炉膛趋向一个超温状态。如果超温热电偶已经经历了相同的损坏和信号输出损失，那么它就不能测量到实际的上升温度，导致重大的超温和潜在的炉子损坏。因此，温度控制热电偶和超温热电偶不应放置在相同的保护管中。

（2）气氛通入和均匀性　气氛载气和富化气通常并联在一起，通过每个区域靠近循环风扇的进气管通入炉内。连续渗碳炉的第一个区域通常不通入富化气，此处炭黑形成最少。为了控制碳势而添加的空气，应该通过一个单独的进气口通入，以避免气氛在进气管中回火。气氛进气管道应该装在进入的气氛对热电偶或零件不会直接冲击的地方。在连续炉中，载气通常是以等量的方式在各区域之间平分通入。载气流量通常保持恒定（炉门打开时或有负压时，经常实行同步的高流量载气通入），并根据需要由每个区域的气氛控制器制造富化气（调整气体）和调整空气。富化气流量应该足以满足每个区气氛控制器的需求，但是，不应该超过载气流量的10%～15%。通入炉内的气氛体积流量和方向主要是由流出端口的尺寸和方向决定的。安装在流出口末端的挡板或套管可以调整，来改变流出管的流量。如果安装甲烷红外分析仪，那么用游离甲烷浓度作为示踪剂，可以很容易地检测到整个炉子的富化气流动模式并进行调节。

考虑到炉中良好的温度均匀性，获得良好的渗层均匀性的唯一最大因素，就是经过工件的气氛风速达到 1～2m/s（3.3～6.6ft/s）。炉子必须安装内部风扇，并且与耐火材料构件联合，以确保气氛进行良好的循环。对于密装的零件，侧壁风扇和炉床底部的导风耐火砖在整个工作区中提供了最佳的气氛流动。在工件内部，各个工件应当留有良好的间隙，允许气氛通过。应当注意，当在料筐中的筛网上装载工件时，只有使用的筛网数量最小，并且筛孔不被炭黑堵塞，才不会阻挠气氛的流动。

（3）淬火均匀性　当工件直接淬火时，极重要的零件如齿轮通常放置在夹具上，来控制它们进入淬火冷却介质的间距和方向。当调试一个新的炉和淬火系统时，用螺旋桨式流量测量装置依附在料盘的不同位置和高度上，测量淬火冷却介质的速度，这是一个很好的做法。这个信息可以用来优化设计淬火冷却介质传送系统，得到最大的淬火均匀性。当通过整个工件区域的流速最小为0.6m/s（2.0ft/s）时，通常可以获得良好的质量。在料筐的底部使用过多的筛网或者使用的筛网被炭黑堵塞，可能会显著减少流经工件的淬火冷却介质，导致工件表面的非马氏体转变产物含量很高。

（4）控制系统特征　不管是正在被控制的变量还是正在使用的仪器，每一个控制系统的主要特征应该是有一组信号装置，能警告操作人员出现的主要故障。几乎所有的新炉均由可编程序逻辑控制器（PLCs）与人机界面控制，它们提供了一种收集和显示报警信息状态的具有成本效益的方法。例如，一个断电故障通常导致气氛的控制系统失效。它也会关闭炉子的加热系统。如果炉温降低到760℃（1400℉）以下，那么发生爆炸的危险会增加。一台由温度触发、电池供电的声光警报装置及时警告温度降低，应把炉门打开烧尽可燃混合物，或者，在温度降低到危险点以下之前，通入惰性气体。如果炉内压力降到预定最低点以下，因为气体流量损失、空气渗入，有爆炸的危险。这种情况应该立即启动报警系统，使用直接操作应答功能开始炉子烧气，或者触发一个惰性气体驱气系统。操作人员应该在处置紧急程序方面训练有素，并且懂得如何应对炉子的问题，特别是那些涉及气氛损失的情况。如果使用惰性气体驱气，惰性气体的储备供应应该受到监控，并安装报警系统，如果气氛供应低于预定的危险水平将发出信号。许多现代惰性气体存储系统包括储箱液位与惰性气体供应商的自动通信。应该有储备充足的惰性气体，以清除所有连接加热炉中的可燃物。炉子的设计、控制系统和操作规程应符合美国消防协会（NFPA）第86项的建议和其他法定要求。

当炉门打开和关闭时，炉内压力发生重大变化，特别是热室和冷却室之间的内部隔热门。当内部隔热门打开时，压力通常在冷室空间升高，在这个区域的气氛受热膨胀。这里的气体膨胀造成炉膛压力上升，通常打开废气排放口上的活动盖板释放压力。当内部隔热门关闭时，门从冷室区下落，导致冷室气氛迅速冷却、体积缩小。这可能产生一个很强的负压，负压让气氛进入冷室，并且引发爆裂声或者爆炸。为了防止这种情况，许多加热炉在负压期间通入大流量载气或者大流量惰性气体，来减轻空气渗透到在760℃（1400℉）以下工作的热室中形成的风险。像这种压力变化的幅度和持续时间很大限度上取决于炉门开启和关闭的速度，较高的炉门动作速度会造成较大的压力波动。因为许多炉门使用气缸操作，这样使内部密封磨损速度有增加的倾向，PLC常被用来监控炉门打开和关闭的时间，并且，当这个操作时间太短时，PLC将发出警报。

（5）可控气氛系统类型的选择　气体渗碳炉可控气氛系统通常使用氧探头、非色散红外（NDIR）分析仪，或者两者的组合。高精度的系统也可能加入H_2热导分析仪和顺磁氧分析仪来检测取样系统的空气泄漏情况。如果已知CO的浓度并且稳定，那么氧探头系统以相对低的成本提供合理的控制精度。用空气作为参比气体，氧化锆氧传感器的电压输出，是按式（6-18）计算，热力学温度（T）和氧分压（p_{O_2}）的函数。氧气分压是用式（6-14）、式（6-15）和式（6-19）计算的，然后用于计算碳势。氧探头不要求气体采样系统，并且，提供一个连续的直流毫伏输出，对于数字气氛控制器，这个毫伏数输入方便。许多商业氧探头控制器带有热电偶，并将显示和控制直接读取的碳势达到设定点。应该注意确保氧探头安装位置，以便内部热电偶读数与工作区的温度和零件的温度匹配。氧探头无法校准，由于积炭和/或电极退化，输出可能随时间而变化。在渗碳炉中使用的氧探头传感器内，炭黑积累是一种常见的问题。许多氧探头系统包含一个烧炭系统，该系统能够暂停控制动作，向氧探头尖端通入少量空气烧炭。然后，探头与气氛重新平衡，并且恢复工作。在间歇式炉中，烧炭通常在工作周期的非关键时间进行，如工件离开加热室转移时。在CO浓度不稳定的系统中，氧探头控制系统不能提供良好的控制精度。如果不加上一个非色散红外（NDIR）分析仪系统来测量CO，那么随着时间的推移，由于电极恶化，氧探头信号的漂移只有通过间接检查来发现，如定碳片。

可控气氛系统，包括非色散红外（NDIR）分析仪，尤其是那些测量CO、CO_2和CH_4的仪器，将提供最好的精度分析。尽管非色散红外（NDIR）分析仪比氧探头系统更昂贵，并要求有气体采样系统和相关的维护，但是高精度非色散红外（NDIR）分析仪是可用于认证的标准气体校准仪器。二氧化碳分析仪应该根据它能达到的精度及其在预期的工作范围内重复检测的二氧化碳浓度水平进行选择。在不同渗碳温度上，对于天然气-空气产生的吸热式气氛（φ(CO)名义值为20%），其碳势与二氧化碳浓度的关系见表6-17。随着工作温度和碳势的增加，碳势的敏感性随二氧化碳的增加产生微小的变化。

表 6-17 不同渗碳温度，天然气（φ(CO) 名义值为 20%）制取的吸热型气体中碳势和 CO_2 含量之间的关系

碳势（质量分数，%）	$\varphi(CO_2)$(%)		
	980℃（1800℉）	960℃（1760℉）	930℃（1710℉）
1.25	0.0495	0.0597	0.0796
1.2	0.0525	0.0631	0.0845
1.1	0.0592	0.0714	0.0955
1	0.0673	0.0811	0.1087
0.9	0.0775	0.0934	0.1244
0.8	0.0901	0.1082	0.1451

从实用的角度，选择的高精度测量的碳势分析仪应该能够用于测量 5×10^{-6} 的精度和 30×10^{-6} 一样低浓度的二氧化碳含量。经过较高的检测范围，低水平分辨率减少，但是，通常对于 6000×10^{-6}（0.6%）满刻度范围，二氧化碳分析仪是最佳的，具有 2%的读数精度（相对的），可提供良好的分析结果。绝对读数精度依赖于标准气体的精度，对于气氛中的其他气体种类，依赖于软件干扰校正系数。氢没有红外吸收带，但可以影响二氧化碳在 4.4μm（173μin）的红外线区域吸收。这种影响称为光谱展宽或背景展宽，会导致二氧化碳名义浓度为 0.1%（体积分数）的吸热式气氛中，二氧化碳含量的测量读数增加 10%。可以使用含有类似于炉子载气的氢气浓度的校准气减少这种影响。在校准气体浓度水平附近的氢气浓度的变化仍然可以产生一些误差，但是，通常这些误差是微不足道的。在氢气变化很大的情况下（如±20%），通过热导率测量氢气浓度，对二氧化碳测量采用交叉补偿，能完全消除这个影响。为了良好地控制碳势，没有必要追求绝对正确的值，只要气氛控制系统能够控制由定碳片分析确定的值，从而在一致基础上提供所需的碳浓度值即可。然而，当用定碳片读数修正热力学平衡计算确定的炉内碳势时，气氛中二氧化碳绝对的正确值是需要的。

气氛的碳势可以使用 CO+H_2 反应［式（6-5）］通过测量水蒸气含量确定。它通常是通过确定水珠的露点进行的，露点被定义为在恒定的气压下一个体积气氛中，低于水蒸气将凝结成液态水的温度。气氛中水的露点和分压之间的关系由下列公式给出：

$$D_{露点}=\frac{5422.18}{14.7316-\ln p_{H_2O}}-273.16 \qquad (6\text{-}38)$$

露点测量的速度、精度、成本和局限性依赖于使用露点测量仪器的类型。露点测量的速度和准确性在非常低的水蒸气含量下是下降的。在工业气体渗碳中，在较高温度和高碳势下，水蒸气平衡含量非常低（露点在-20～-5℃或-4～23℉），其工艺通常需要较高的精度水平。大多数露点分析仪依赖于某种类型的蒸汽冷凝临界值测量水蒸气。渗碳气氛采样气流，即使高度过滤，在冷却后也将析出少量的炭黑，在传感器表面形成沉积。露点分析仪对误差也是敏感的，这个误差是由污染的样本系统中的冷凝水引起的。用精确的已知含水量的样本气体校准气体露点分析仪的设备很复杂，并且不适合大多数渗碳生产车间的环境。渗碳时需要高精度和控制器快速响应时间，因此，露点测量不常用。

（6）气氛碳势控制的实现　大多数现代气体渗碳炉都带有一些气氛自动控制的装置系统。有各种类型的系统，包括使用单因素气氛的测量系统控制碳势到那些测量炉内所有气氛的主要组分、碳势控制以及 CO 浓度水平的系统，包括交叉核对计算的准确性。图 6-48 给出了表示一个简单控制系统的示意图，该系统使用单残差因素作为气氛控制器的主要输入。当使用稳定的 CO 气氛时，这些系统最有效。这种类型最常用的系统是一支氧探头；然而，图 6-48所示的控制方案可以使用一个二氧化碳分析仪或者一台露点仪。控制器将输入值与所需的设定值进行比较，并给富化气或空气调节阀提供输出信号。虽然可使用电磁阀，但是系统安装有连接到可调配流阀的位置比例执行器，它们能提供平稳的控制气体，并且对炉子特定工作区的需求有能力调整到最大的平衡气体的流量。

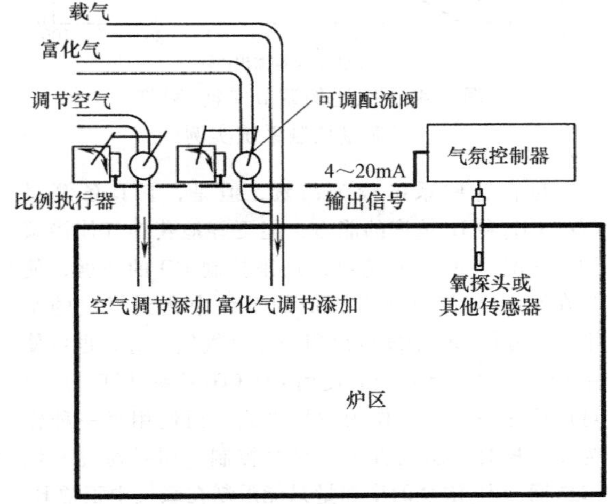

图 6-48　单残差因素传感器气氛控制系统实例

建立一个关于气氛控制器输出的规则是有益处的，这样增加输出百分比的目的是增加气氛的富化程度，也就是说，增加富化气流量和/或减少控制空

气的流量。两个比例阀可以连接到相同的气氛控制器 4~20mA 的输出回路上，并且调整比例阀，这样对较低的控制器输出范围调节空气流量，对上限输出范围调节富化气流量。图 6-49 所示为对气体渗碳炉（区）气氛取样控制器输出图，通常需要添加富化气维持设定的碳势，但是，偶尔也需要少量的空气来优化控制。在这种情况下，0%的输出是把最大的空气流量送到了工作区。当控制器的输出信号按百分比增加时，空气流量减少，直到达到 20%的输出，就不再有空气流量。当输出信号从 20%增加到 100%时，富化气比例阀打开，朝着最大富化气流量方向发展。根据工作区的需求，没有调整气体流量的零点可以在任何百分比输出值上设置，或者整个输出比例范围可以用来控制单个富化气或者调节空气阀。这种系统的优点是在单值 0~100%的输出范围，可以把在 0 输出点上最大空气流量的气氛变化到 100%输出点上最大富化气流量的气氛。当耦合比例执行器调节配流阀时，针对几乎所有炉子工作区的要求，该系统可以进行调整，以优化平衡气体流量。

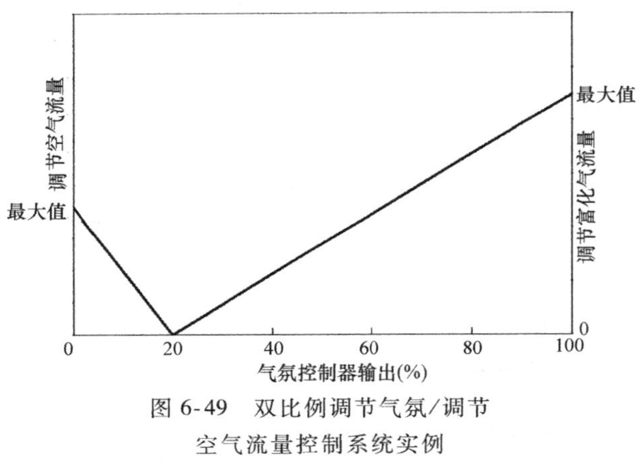

图 6-49 双比例调节气氛/调节空气流量控制系统实例

尽管这些系统较为昂贵，但是，它具备测量 CO、CH_4和 H_2浓度的能力，能更好地获知气体渗碳炉的状况。CO 的测量可以用来控制 CO 的浓度，使其在氮-甲醇气氛或者类似的系统中达到恒定的水平。实际的 CO 浓度可以用来计算气氛碳势，也可使用 CO-O_2关系计算或者使用 CO-CO_2关系计算。用户可以选择一种方法作为主控方式，而使用另一种作为交叉核对控制或者系统报警控制。如果通过确保渗碳期间 H_2浓度的增加量只能限制在载气中正常 H_2浓度水平以上 2%~3%（体积分数），在指定的一个工作区使用适当的载气流量，就需要用户对 H_2浓度测量进行评估。在气氛初始建立期间，残余甲烷浓度也是使载气流量合理的象征，但是，从长期运行看，作为炉膛驱气需要的指标，残余甲烷浓度更有价值。一些系统安装有顺磁型氧气分析仪，对这种氧气分析仪在低的 O_2含量范围上进行校准，以便用来检测泄漏到样品气体中的空气。因为炉气中 O_2含量分压范围通常在 10^{-18}上，所以在外部气体分析仪系统分析取样中检测到的百分比范围的氧气量是泄露到取样气体中产生的。这很重要，因为取样样本中 O_2体积分数达 1%意味着取样样本被 5%的空气稀释了，因此，在二氧化碳测量值和碳势计算中造成 5%的相对误差。

气氛中 CO 含量不稳定的炉子，比如使用氮-甲醇气氛，或者具有较高甲烷残留和氢气浓度的气氛，可以采用多因素测量系统精确地控制。这些系统可以使用非色散红外（NDIR）分析仪，或者非色散红外（NDIR）分析仪、热导分析仪（用于氢的测量）与 O_2探头系统组合在一起控制，如图 6-50 所示。

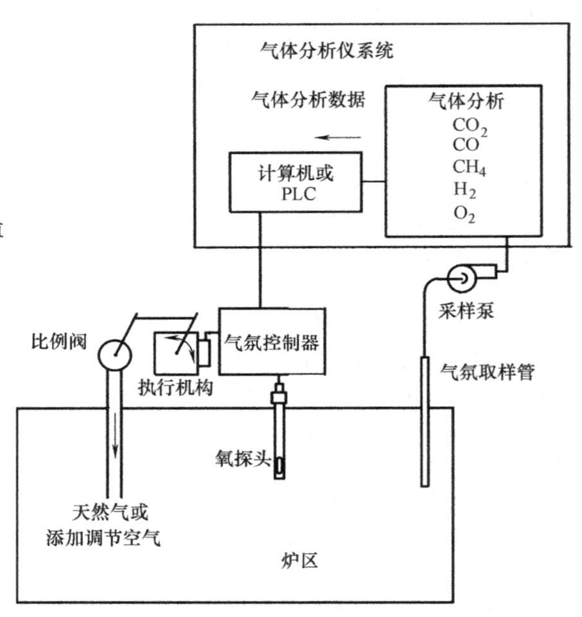

图 6-50 多因素控制传感器（PLC，可编程控制器）控制系统实例

（7）气体取样 进行成分分析的气体样品应该在炉膛里尽可能接近热处理工件的位置点上进行取样。这样将采样获得炉墙附近的不活跃气体的可能性变得较低。取样点也应尽可能远离气氛进入端口和喷烧管。

1）样品气体流量的速度。经验数据表明，当测量二氧化碳或者水蒸气时，通过取样管气体流量的速度至少应为 1.2m/s(3.9ft/s)。这个速度缩短了气体在中温范围存在的时间，中温阶段主要在气体经过炉墙的那一部分管路，这样几乎完全可以阻止气体成分之间发生化学反应。在较低的速度上，水煤气反应将在较低的温度下发生，导致较高的二氧化碳浓度和较低的水蒸气浓度。如果炉内气氛的碳势高，那么，CO可分解为二氧化碳和炭黑。这将进一步增加二氧化碳的浓度，并且会通过水煤气反应影响水蒸气的含量。当在取样管中产生炭黑时，传送给分析器的气体样品分析出的二氧化碳含量比炉内实际存在的含量高些。根据样本分析，控制器将增加富化气流量，这将使炉子失控，并且加重探头上炭黑的问题。因为取样管要求的气体样品最低取样速度比分析仪所需速度高些，所以使用旁路系统来保持在分析仪中样本取样的流速高而且气体新鲜。

当气氛碳势在一段时间内保持不变的时候，通过把样品气体的流量变得较低，可以研究最低流速。二氧化碳浓度将保持不变，直到样品气体的流量达到一个最小流量为止，在这个最小流量点上，测量到的二氧化碳浓度会随流量的进一步减少而迅速增加。气体样品取样系统不应该和在室温或者接近室温的气氛露点测量一起操作，避免在取样系统中水汽凝结，水汽凝结可能会损坏分析仪。如果气氛分析仪系统再加上一个控制氧探头，氧探头是在一定毫伏水平工作，那么取样系统能够关闭，防止潮湿的气氛进入到取样系统中。

一些炉子控制系统结合了自动充氮清洗，清洗时暂时禁止气体流向非色散红外（NDIR）分析仪，通过取样管脉冲式地驱动氮气进入炉膛，保证取样管没有炭黑。如果使用充氮清洗，其阀门应该安装有止回装置系统，防止氮气泄漏进入到气体样本中，因为氮气在非色散红外（NDIR）分析仪内不会被检测到。样品取样管内壁上应该衬有高纯石英玻璃衬套，减少催化效应，探头本体合金材料可能对取样气体产生催化效应，从而改变被测量气氛的成分。

2）程序和准备工作。从没有装料前室的间歇式炉中取气之前，或者从启动期间的连续式加热炉中取气之前，允许有足够的时间清洗炉膛和多孔耐火材料，这一点很重要。否则，在工作周期的开始阶段，可能产生高的气氛露点，这些将影响之后的测量结果。对于间歇式炉，当炉门或者炉盖密封损坏时，为了达到合理的清洗时间，设置延时继电器，这种延迟可以用电气限位操作开关自动完成。在连续炉中，样本取样泵应该关闭，或者取样管路应该用手动阀关闭。

在推杆式连续炉中，定期打开炉门可能会导致气氛成分大的变化。当使用手动仪器时，为了比较结果应该在每一次推进循环周期中相同的时间点取样（最好就在推进之前）。使用一台连续监视气氛的自动分析仪，将帮助观察排气的影响、炉门重新密封的影响以及改变前室清洗气体流量的影响。

6.3.7 渗碳周期进展

（1）渗碳工艺参数（温度、碳势和时间） 气体渗碳过程的成功操作取决于三个主要变量的控制：温度、气氛成分或者碳势、时间。其他变量会影响零件表面的碳含量。这些变量包括气氛循环程度、钢合金成分和零件的表面准备工作。

1）温度。渗碳温度在整个工作区必须均匀，形成均匀的渗碳层深度和均匀的表面碳含量。碳钢中最大的渗碳速度受到碳在奥氏体中的扩散速度限制。较高的温度允许使用较高的碳势气氛，促进渗碳层深度加深的速度更快。渗碳温度一般为925~930℃。这个温度是合理的渗碳速度，奥氏体晶粒没有过多生长，或者加热炉设备损坏不大，特别是合金料盘和夹具损耗不大。为了使渗碳层深度大于2mm（0.08in），渗碳温度通常提高到955~980℃（1750~1800℉），缩短渗碳时间，限制了内氧化形成的深度。虽然温度升高缩短了渗碳时间，但是在较高的工作温度上碳势控制系统的相对灵敏度和精确性将降低。

浅层渗碳通常在较低的温度下进行，以利用较低的渗碳速度提供更好的渗碳层深度控制。当零件在气体渗碳过程中直接淬火时，零件通常要降低温度，并且淬火前其淬火温度应一致。

2）碳势。碳势定义为在一个指定的温度上，与溶解在非合金奥氏体化的碳钢中碳的质量分数，达到热力学平衡的炉内气氛中的碳含量。碳从气氛到钢零件的传递速度与炉内气氛中的碳势和实际碳势，即零件表面的瞬间碳含量之间的差成正比。碳势越高，渗碳速度越高，并且，当接近碳饱和极限时，必须仔细控制，避免零件表面形成碳化物，以及炉内形成过量的炭黑。所有吸热型气氛中，其中CO是主要渗碳成分，低的碳势气氛中二氧化碳含量较高，它提高了氧的分压，而且在含有铬、锰和硅的合金钢中，增加了内氧化的形成速度。

3）时间。时间对渗碳层深度的影响是与渗碳温度和气氛碳势相互依存的。高的渗碳温度和高的气氛碳势会促进从气相到零件表面产生较大的碳通量和较大的碳扩散速度，因此，达到目标深度将需要较短的时间。

时间和温度对总硬化层深度的影响如图6-51所示。图中给出的数据最初是由哈里斯于1944年发表的，是假设在工件表面奥氏体饱和状态下计算出来的。在工业实践中，气氛碳势，以及相应的表面碳含量都控制在奥氏体中的碳饱和极限以下，碳的总透深度将比哈里斯方程预测的深度小一些。因此，实际达到的渗层深度，可能与图 6-51 给出的值有显著不同。考虑到温度变化，随着时间的推移气氛碳势的变化，能够建立更复杂的数学模型，对渗碳层深度做一个更好的预测，如前面章节中讨论的内容。

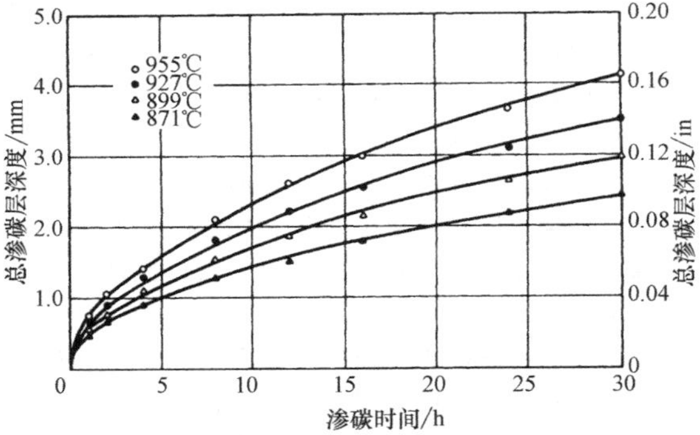

图 6-51 在饱和碳势气氛中选择 4 种不同温度根据哈里斯（Harris）公式计算，总的渗碳深度与渗碳时间的曲线关系

除了渗碳保温时间，还需要几个小时才能把大型工件或者装炉量大的较小零件加热到渗碳温度。为了在渗碳炉中使工件直接淬火，淬火之前，工件从渗碳温度冷却到 840～850℃（1540～1540℉）温度需要一段时间，生产周期可能会进一步延长。如果加热期间将工件直接置于渗碳气氛中，那么在名义渗碳开始之前将会产生一些渗碳。类似地，在淬火之前的冷却过程中，额外的扩散以及钢中的碳与气氛的相互交换也将会产生。这些必须在设计渗碳周期时考虑到，尤其是在井式渗碳炉和推杆式渗碳炉中。

（2）渗碳周期的设计　通常制订的渗碳工艺周期能够得到一种指定碳含量的渗层曲线（即表面碳含量和渗碳深度），这样当对于特殊合金渗碳时，最终要求的硬度曲线通过淬火工艺来建立。可以使用各种碳浓度梯度预测程序，或者利用试验期间的经验和试验数据，通过工艺建模决定温度、时间、碳势的设定点。本质上，渗碳是一个缓慢的工艺。零件升温通常需要几个小时，并且，温度或碳势的周期性波动通常带来的影响很小。只要保持均匀性，在设定点附近没有大的或者长时间的偏移，渗碳深度不太可能会受到负面影响。同样地，炉子中设定时间的几分钟差别对于渗碳零件带来的后果很小。只有渗碳时间和扩散时间，应该计算在生成指定渗层深度所要求的时间之中，而不是炉内总时间。预热时间通常不考虑，因为在这个周期，几乎没有渗碳发生。

气体渗碳可以在稳态或者强渗-扩散模式下进行。稳态渗碳是指在整个工艺周期中设定的温度和碳势恒定。在稳态渗碳下，表面碳含量不断增加，趋向于气氛碳势，但是，从未达到气氛碳势。碳原子向前运动进入表面是通过瞬时碳通量来表达的，其瞬时碳通量定义为通过临近表面边界层的质量传递系数 β 和在气氛碳势与钢表面瞬时碳浓度之差的乘积。图 6-52 说明了钢基体碳的质量分数为 0.2%，在 925℃（1700℉）温度和碳势为 1% 时稳态渗碳，渗碳时间对碳含量分布的影响。当在一些实践中使用饱和碳势确保最大的渗碳速度时，对于零件可接受的渗碳性能，最常见的稳态碳势受零件表面容许的最大碳含量的限制。

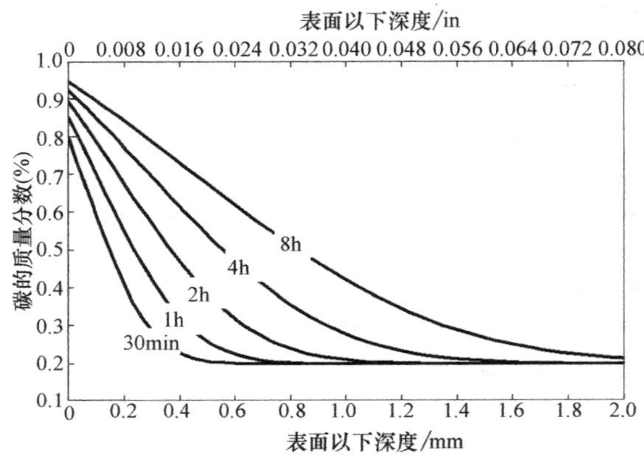

图 6-52 在 925℃（1700℉）温度，碳势为 1% 的稳态渗碳期间碳含量分布变化过程

通过强渗-扩散型工艺循环可以显著加快渗碳速度。在渗层深度为 0.6～0.8mm（0.02～0.03in）时，强渗-扩散循环使渗碳速度最大化，采用适当的强渗时间与扩散时间比率，在临近表面形成一个具有明显平衡状态的碳浓度梯度。对于任何指定的渗碳温度，每个渗碳深度都有一个最佳的强渗时间与扩散时间比率，对于较深的渗层深度，扩散时间较长。碳浓度梯度模拟程序可以用来模拟碳的分布，这个分布将通过任意一套时间、温度和碳势状态参数来产生，允许用户决定最佳的强渗-扩散碳势设定值和时间比率。这些模拟程序为用户提供了一个相对快速和简单的方法来评估作业参数的影响，但是，模拟程序的输出参数必须与加热炉和控制系统的实际作业范围相符。

强渗步骤是在相对较高的温度和高碳势的情况下进行的，确保从气氛到钢铁表面有较大的碳通量，并快速扩散到钢中。在扩散阶段，气氛碳势降低到略高于零件表面最终需要的碳浓度。虽然称为扩散周期，但是，表面碳的减少既通过表面扩散到心部，又通过表面渗碳反应的逆反应回到气氛中。重要的是要在强渗时间和扩散时间之间建立正确的比率，在临近表面获得具有平衡状态的碳含量分布，并且产生理想的残余压应力以获得更好的疲劳性能。

图 6-53 显示了扩散时间对碳浓度分布的影响。扩散时间不充足可能会导致无法获得一种平衡状态的碳含量分布，或者可能对表面残余压应力的大小产生负面影响。扩散时间过长，减少了强渗-扩散渗碳的时间优势，并且将导致碳含量分布从钢表面向心部单调下降，它可能降低临近表面的残余压应力。应该避免次表层碳含量分布高峰，因为它们可产生表面残余拉应力。在先前章节中描述的钢中碳扩散的数学模型，在确定温度、碳势和用最短周期及最低作业成本达到理想碳含量分布要求的时间上，可能是非常有用的。

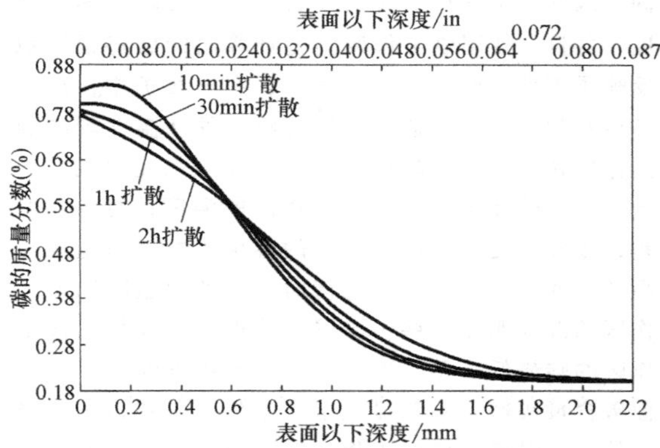

图 6-53 扩散时间对碳含量分布的影响

注：在 925℃（1700℉）、碳势为 1.15%时，强渗 4h；在 925℃（1700℉）、碳势为 0.8%时扩散。

渗碳工艺周期中的扩散部分可以在和强渗周期阶段相同的温度上进行（对深渗层渗碳更常见），或者，如果零件直接淬火，那么扩散部分可以与淬火之前降温到淬火温度的过程结合进行（对浅层渗层更常见）。除了使处理时间最短以外，其他几个因素会影响工艺参数的选择。在连续式炉中，并不总是借助于内部的隔热门分离成不同的强渗-扩散区，在整个炉子的长度上，可以维持的温度和碳势的差异是有限度的。同样地，在间歇式炉中，温度可能降低，扩散速度取决于炉子的热惯性、渗碳载荷的特征、热损失的大小。在缺乏详细的引入炉子作业特征的数学模型时，可能需要一些不断摸索的试验找到产生所需结果的作业参数设定值。

（3）气氛控制设定的选择　一旦工艺温度和碳势确定，可以从图 6-54～图 6-56 选择残留气氛（CO_2、O_2或露点）合理控制的碳含量。如果使用间歇式炉，大多数强渗时间与扩散时间的比率可以很容易通过周期分段定时器编程来实现。对于连续式炉，在炉中不同区域实现强渗和扩散状态，炉设计时固定强渗时间与扩散时间的比率，并与强渗和扩散区料盘的数量有关。连续式炉强渗和扩散区通常在固定的温度和气氛碳势下进行，渗碳层深度的变化是通过改变整个周期时间获得的。根据零件允许的渗碳层范围和不同零件重叠的渗碳层深度，当渗碳层深度发生变化时，在不同批次的零件之间，可能有必要推进空料盘实现渗碳层深度变化的调整。推杆式连续炉适合大批量的最小渗碳层深度相近的渗碳零件生产转换。连续炉生产的工件质量高和均匀性好，因为随着时间的推移关键工艺条件保持恒定相对容易。在不同的渗碳时间、温度和气氛条件下，间歇式炉给每一个生产运行阶段提供了灵活性。各批次之间的渗碳层深度均匀性受加热炉对编程输入条件响应能力的影响。根据在间歇式炉中的调节水平和出现炭黑的数量，获得的实际气氛的碳势水平可能达不到设定值，或者，在指定的生产周期阶段，其碳势水平可能远远滞后于温度的变化。当温度和气氛都达到设定值时，如果周期阶段定时器开始计时，那么，从一个批次到另一个批次，整个工艺周期和渗碳层深度将会不同。

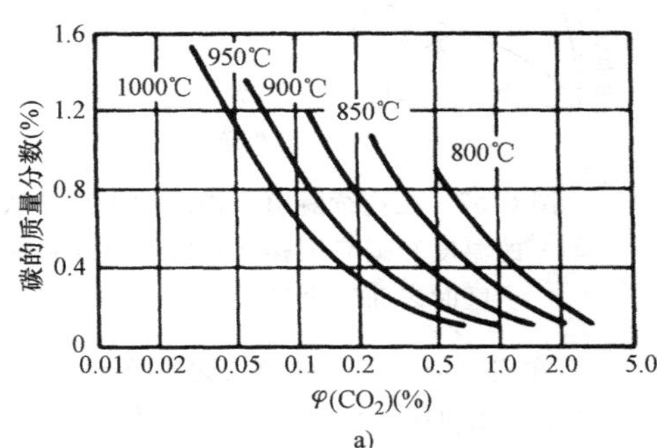

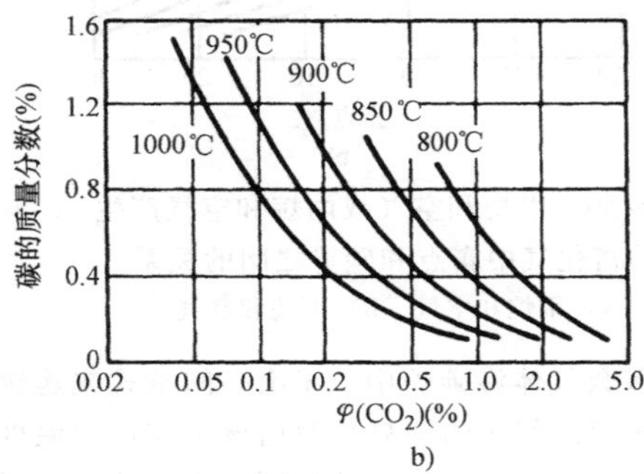

图 6-54 甲烷和空气或丙烷和空气产生的富化气中 CO_2和碳势之间的关系

a）甲烷和空气 b）丙烷和空气

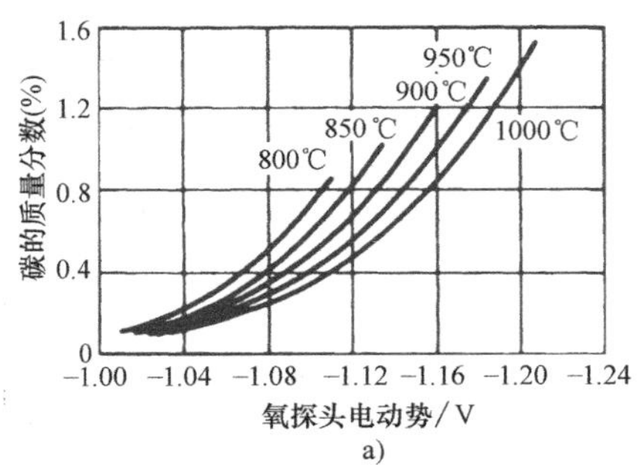

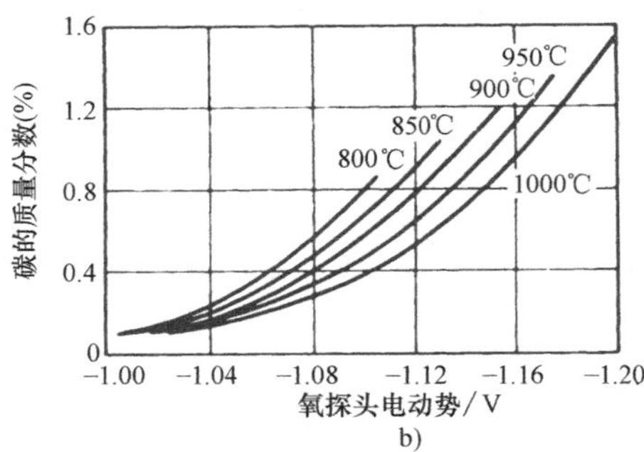

图 6-55 甲烷和空气或丙烷和空气产生的富化气中氧探头电动势（EMF）测定的和碳势之间的关系
a）甲烷和空气 b）丙烷和空气

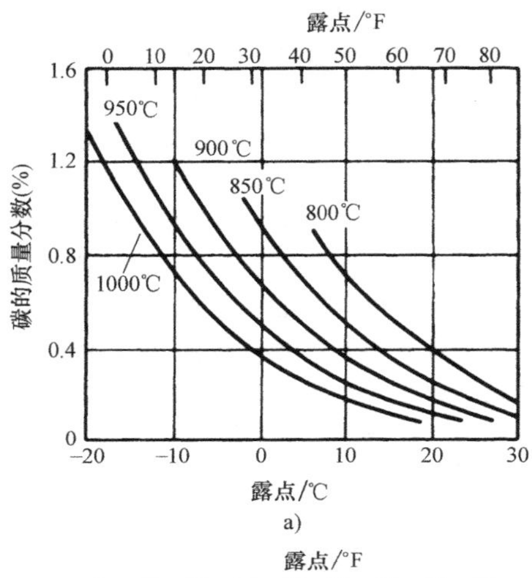

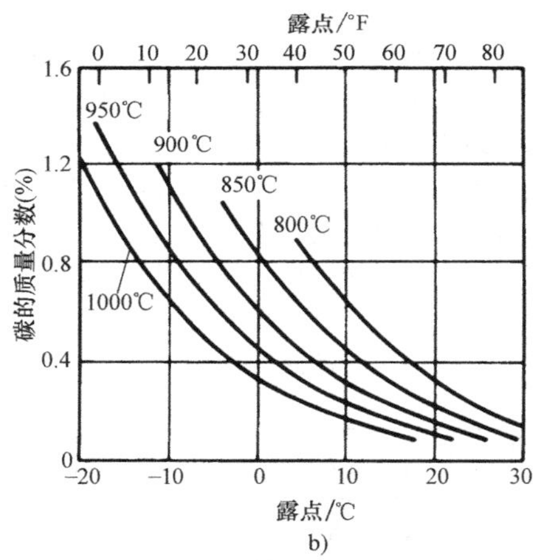

图 6-56 甲烷和空气或丙烷和空气产生的富化气中露点和碳势之间的关系
a）甲烷和空气 b）丙烷和空气

在大多数气体渗碳炉中，无论是间歇式或连续式，一个规定工作区的碳势是使用该工作区的温度计算出来的。如果在工作周期期间，工件从渗碳温度降温冷却到较低的温度直接淬火硬化，那么就降温冷却过程期间工件表面碳势（受零件温度支配）的反应来说，间歇式炉和连续炉是不同的。在间歇式炉中，当炉温降低时，炉和工件冷却速度大致相同。因此，炉子热电偶的读数很好地反映了零件温度，并且，使用该工作区温度计算出的碳势很好地反映了工件表面的碳势。然而，在连续炉中，把工件冷却到淬火温度通常是通过将工件从温度较高的工作区转移到温度较低的一个工作区来完成的。炉子工作区的碳势是使用该工作区的温度计算的，但是，零件表面的碳势受零件的温度支配。当温度较高的工件一开始进入低温区时，工件的温度比该工作区的温度明显高些，造成工件表面的碳势比该工作区的碳势低一些。工件表面的碳势下降会引起表面碳含量快速降到明显低于该工作区碳势以下。当工件经过温度较低的工作区转移时，工件开始降温冷却，并且与该工作区的温度达到平衡，而且工件表面的碳势开始上升，趋向于该工作区的碳势水平。隧道式渗碳炉中，在工作区碳势和零件表面碳含量之间的关系，如图 6-57 所示。

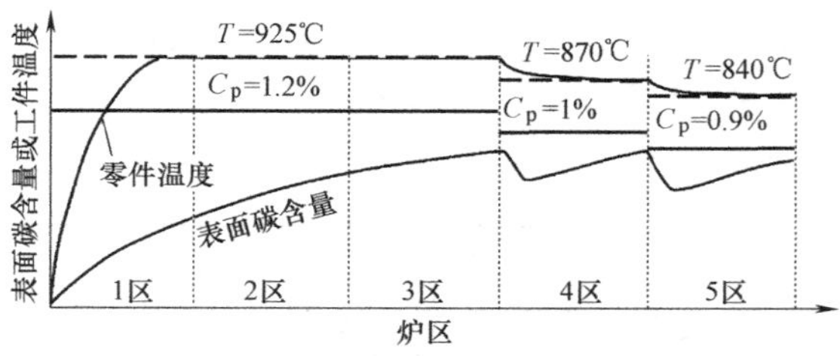

图 6-57 在连续隧道式渗碳炉中工件从较高的温度和碳势区移动到较低温度和碳势区时表面碳含量和工件温度的变化

在连续炉中，工件淬火之前在该炉中冷却，工件最终表面的碳含量可以通过软件模拟建模，并在实践中验证。通常情况下，对于给定的整体推进速度，调整位于较后面的工作区的碳势，达到正确的最终表面碳含量。对于渗碳周期较短的浅层零件，最终工作区的碳势必须设置得比渗碳周期较长的深层零件表面碳含量高些，而且，在最终工作区中的停留时间更长。一旦周期时间与工作区的碳势关系建立，连续式气体渗碳炉将产生非常一致的表面碳含量和渗碳层深度。当在隧道式连续炉中冷却时，为了获得一致的表面碳含量，渗层深度定期变更必须包括定期推动时间和位于较后工作区的碳势设定值这两者的改变。如果只改变定期推动时间，那么浅层渗碳工件表面碳含量通常将低于较深渗层工件的表面碳含量。

6.3.8　工艺设计

渗碳工艺设计通常是指设计表面硬度、心部硬度、有效硬化层深度和/或渗碳深度，以及零件要求承受指定应用环境中的服役负荷和应力状态的显微组织的技术规范等。开发能生产出达到要求性能的渗碳工艺是工艺工程师的任务。渗碳工艺设计的一些注意事项包括：

1）渗碳零件的准备。

2）可用的渗碳设备。

3）渗层显微组织［指残留奥氏体、晶间氧化（IGO）、非马氏体转变产物和脱碳方面］。

4）残余应力。

5）合金钢选择。

6）作业安排。

7）直接淬火与重新加热淬火。

8）淬火冷却介质。

9）回火。

10）局部渗碳。

（1）理解渗层深度/硬化层深度的关系　大部分图样明确提出了以一个具体硬度值为界的渗层深度，这个深度通常称为有效硬化层深度或者硬化深度。在指定的深度上，获得一个要求的硬度值（通常是50HRC），这个渗层要求达到合理的碳含量分布，因此，在这个指定的深度上碳含量也要达到要求。当各种建模工具可以用来准确预测钢的渗碳对气氛组成、渗碳温度和时间的响应时，工艺设计人员必须了解各种碳含量分布曲线是如何清楚表示的，如各种合金钢中的硬度分布，以及淬火期间经受特定淬冷烈度的零件截面尺寸中的硬度分布。

对于比较重的零件的截面尺寸或者较低的淬冷烈度，再加上低合金基体材料，在指定的有效硬化层深度要达到50HRC，碳的质量分数要求接近0.4%。为达到同样的50HRC的硬度，较小的截面尺寸、较高淬透性等级的钢和使用较高的淬冷烈度，能够减少在指定有效硬化层深度上需要的碳含量，其碳的质量分数接近0.30%～0.32%。许多公司都选择合金钢，合金钢确保了使用特定的淬火条件在碳的质量分数为0.35%（或者稍微低一些的碳含量）情况下有效硬化层深度的硬度为50HRC。然后，对于不同渗层深度，渗碳循环周期是围绕碳的质量分数为0.35%界限的渗层深度进行设计。当对具体应用的零件选择用钢的级别时，设计工程师应该考虑钢的合金淬透性、渗层深度和与热处理成本相关的渗碳时间之间的成本折中问题。

（2）零件渗碳的准备　零件、料盘和夹具在装入渗碳炉之前应该彻底清洗。通常，它们在热碱性溶液中清洗。在渗碳之前，一些用户把清洗后的零件、料盘和夹具放在温度为400℃（750℉）的氧化性气氛中加热进行预氧化，以去除有机污染物的痕迹。在500℃（930℉）以下的预氧化期间，在零件表面形成一层很薄的氧化膜，随后，它可以通过渗碳气氛还原。在500℃（930℉）以上对零件进行预氧化处理，形成一个厚的氧化物层，它可能成为薄片状和疏松状。当零件在渗碳气氛中加热时，厚氧化物被还原后在零件表面形成一层铁。这种一薄层的铁层或者局部的薄层可能在淬火之后保留下来，需要喷丸清理或者在服役中剥落。

零件在渗碳之前，在其钢表面有上可能有各种各样的污染物层，它们将影响表面对气体渗碳的响应。为了可控和预测渗碳响应，渗碳之前零件应该无锈、无氧化皮、无油污、无切削液污染。表6-18汇总了对钢的表面上各种污染类型常用的清洗方法。

表 6-18　金属表面不同类型的污物清洗方法

污染类型	清洗方法
重柴油	碱洗、酸洗、乳化液清洗、蒸汽脱脂
轻油	碱洗、酸洗、乳化液清洗、溶剂清洗、蒸汽脱脂
切削液	碱洗、酸洗、乳化液清洗、蒸汽脱脂
锈和氧化皮	酸洗、喷砂清洗、碱性清洗、盐浴除鳞、普通机械喷砂清理、滚抛、酸浸除锈

在过去的20年里，机械加工和化学加工都已经发生了变化，它们已经影响了金属清洗行业。最突出的是，这些变化已经表明使用铬酸处理和蒸汽脱脂处理将污染降低到最小化程度。今天（2013年），金属清洗通常采用化学和机械组合方法进行清洗。这可以通过改变下列的一个或多个因素来完成：时

间、温度、压力和化学浓度。当压力、温度、时间或化学浓度增加时，清洗效果改善。通常，增加这些因素之一，就会减少其他因素中的一个或多个因素的有效作用。在大多数情况下，进行清洗工艺编制的选择是优化总成本，或者处理其他专用设备问题，这个问题与安全、环境、能源等事项相关。

碱性清洁剂通常用来去除油脂，而酸性清洁剂用来去除铁锈。然而，这两种类型的清洁剂均可以有效地除油与除锈。除了调整清洗参数，许多化学清洗制造商可以提供含有表面活性剂和其他添加剂的清洗液，这些清洗液已经被证明，加入酸性产品能提高除油效率，加入碱性产品能提高除锈效率。高强度钢酸洗可能引起氢脆。为了减少氢脆出现的可能性，钢铁在酸中的浸入时间应该减少到最少。

碱性清洗剂清洗沉积在零件表面的残留物，特别是硅酸盐时，会导致渗碳花斑，以及零件产生泡状斑点。在清洗剂中使用有机硅消泡剂可能产生渗碳花斑。另外，碱性残留物可能严重地影响炉子耐热合金的寿命。在料盘和夹具上的淬火盐残留物也可以损坏炉内硬件（例如推杆式炉碳化硅导轨）。在零件上的氯或含硫残留物会释放出能与砖砌、耐热合金夹具上的氧化物保护膜或者工作负载发生化学反应的气体。零件应及时清洗，因为在金属表面上残留的污染物可能时间越长越难以去除。

今天（2013年），喷淋和浸泡清洗是最常用的金属清洗工艺，因为许多公司已经放弃了传统的蒸汽脱脂处理工艺。加入二氧化碳和氮气的新的清洗工艺极有可能更受欢迎。这些类型的材料通常用于精密清洗工艺，因为它们留下的残留物微乎其微，所以它们将在一般金属清洗行业中应用越来越广泛。此外，大多数的这些操作通常是更环保的。

（3）残留奥氏体　对于在渗碳状态直接淬火的零件，渗碳硬化层通常由马氏体基体和残留奥氏体组成。对于重新加热淬火的零件，渗层显微组织由马氏体、残留奥氏体和可能会出现的（取决于总渗层碳含量和淬火温度）精细分布的碳化物混合物组成。在传统的气体渗碳中，其碳势被控制在奥氏体中的饱和碳浓度极限以下，显微组织成分，如先共析碳化物、贝氏体和珠光体通常可避免形成。残留奥氏体的数量与表面的转变温度（*Ms*～*Mf*）的范围有关，它强烈受到淬火冷却速度、表面碳含量和淬火之前其他奥氏体稳定化元素的固溶状态的控制。对于重新加热淬火的零件，当已经渗碳的零件表面总碳含量大于共析成分时，表面碳含量的溶解状态取决于淬火温度。实际上在所有情况下，马氏体最终转变温度（*Mf*）低于淬火冷却介质的温度，并且淬火之后有一定数量的奥氏体将被保留下来。图6-58所示的显微组织证明了直接淬火之前碳含量的强烈影响。通过X射线衍射（XRD）测量显示，残

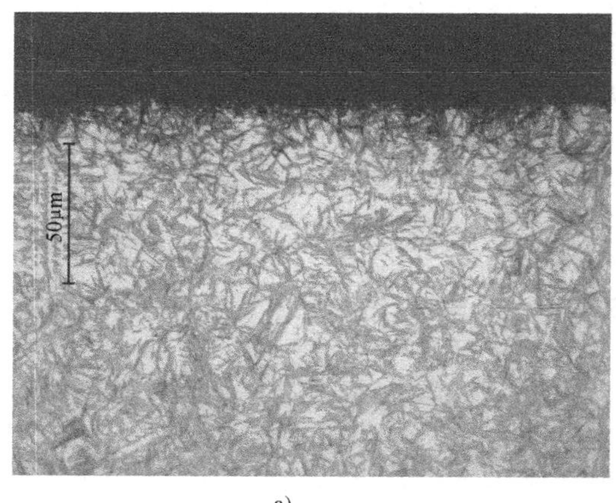

a)

b)

c)

图6-58　SAE 4122钢在油中直接淬火时碳含量对残留奥氏体的影响

a）*w*（C）为1.2%（65%残留奥氏体）

b）*w*（C）为1%（50%残留奥氏体）

c）*w*（C）为0.75%（30%残留奥氏体）

留奥氏体量（体积分数）的测量结果为 65%、50% 和 30%，分别对应钢表面碳的质量分数为 1.2%、1%、0.75%。当近表层的碳含量相等时，在直接淬火操作期间，淬火之前的零件温度对残留奥氏体量几乎没有影响。图 6-59 显示了表面碳的质量分数为 0.85%~0.9%，渗碳层深度（w（C）为 0.35%）为 1mm(0.04in)，在 900℃(1650℉)、925℃(1700℉) 和 950℃(1740℉) 直接油淬的三个渗碳零件的渗层淬火显微组织。针对所有零件残留奥氏体的测量结果，X 射线衍射显示为 43%~46%。

a)

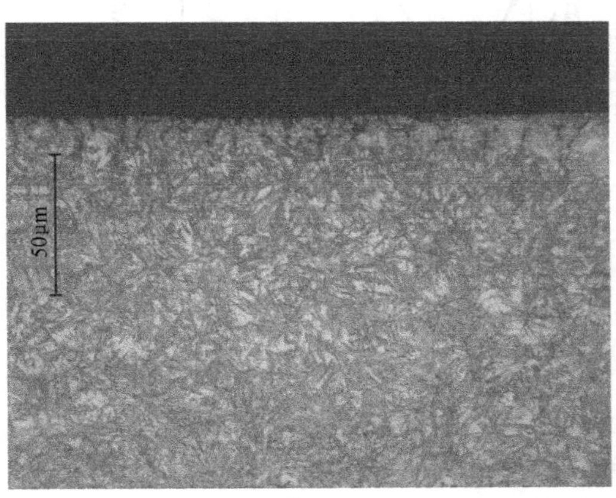

b)

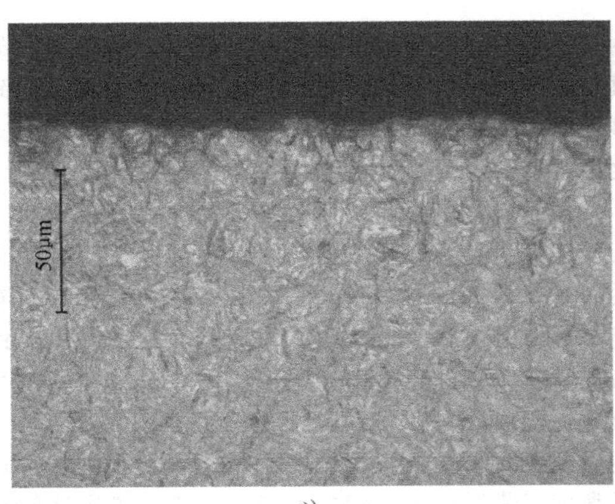

c)

图 6-59　SAE 4122 钢直接淬火前的温度对残留奥氏体的影响

a）950℃（1740℉）　b）925℃（1700℉）
c）900℃（1650℉）

注：所有试样碳的质量分数为 0.9%，残留奥氏体体积分数为 43%~46%。

在许多常见的渗碳钢中加入镍来增加韧性。然而，由于镍是一个强烈的奥氏体稳定化元素，它也有增加残留奥氏体含量的倾向。镍含量较高的钢，如 SAE 9310 和 SAE 3311，通常在小于 0.9%的碳势上进行渗碳，来限制残留奥氏体的含量。氮也会影响奥氏体的稳定性。当气体渗碳周期即将结束时，把氨气添加到气氛中去强化表面的淬透性，必须谨慎使用来限制表面吸收的氮含量。氮浓度过高可能会导致残留奥氏体的含量升高，并且降低表面硬度。

淬火冷却速度也会影响残留奥氏体的含量。图 6-60 显示了表面碳的质量分数为 0.85%的 SAE 4122 钢在 850℃（1560℉）进行油淬和水淬的显微组织。

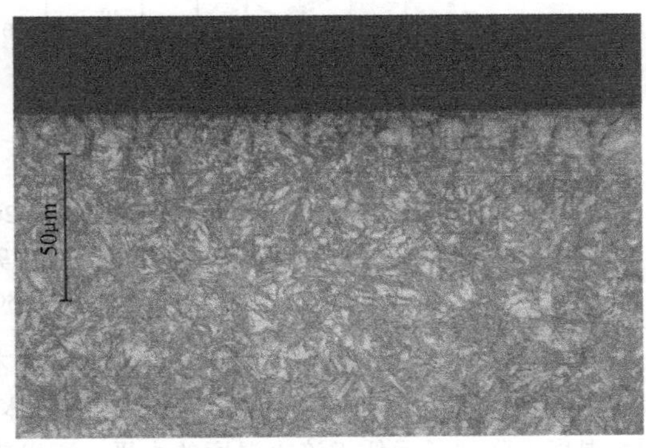

a)

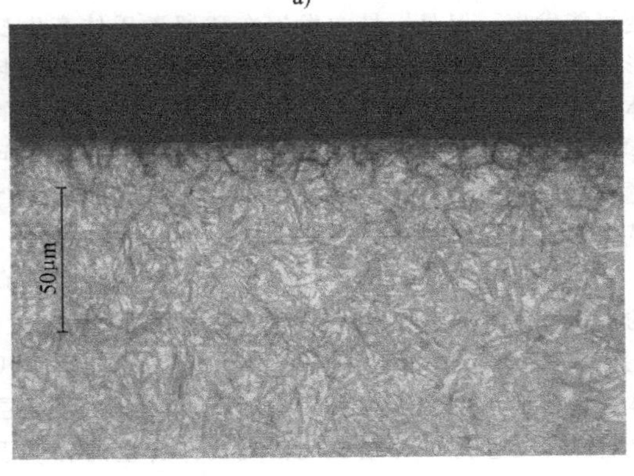

b)

图 6-60　SAE 4122 钢渗碳之后不同的淬火冷却速度对残留奥氏体含量的影响

a）水淬（29%残留奥氏体）　b）油淬（35%残留奥氏体）

对应的 X 射线衍射（XRD）测量结果显示油淬零件有体积分数为 35%的残留奥氏体，水淬零件有体积分数为 29%的残留奥氏体。较慢的冷却速度，尽管是连续的，但是会导致稳定性增加，其中在 *Ms* 以下的温度下增加较长的时间使得奥氏体趋向稳定。因此，较慢的油淬试样的冷却速度会导致在最终显微组织中残留奥氏体的含量较高。

1）残留奥氏体对残余应力的影响。在渗碳和淬火硬化零件的显微组织中，未转变奥氏体的含量会影响残余应力。一般来说，残留奥氏体由于碳含量高，降低了残余压应力。残余应力的分布和大小是由奥氏体转变为马氏体的程度和顺序决定的，如图 6-61 所示。增加残留奥氏体，通过减少转变到马氏体的程度降低硬度和残余应力（及其马氏体转变伴随着导致形成残余压应力的膨胀），最大残余压应力在距表面有一些距离的位置产生，该处马氏体和奥氏体的体积比非常高。较低的残余压应力值出现在渗碳层表面，该处在马氏体与奥氏体的体积比较低。

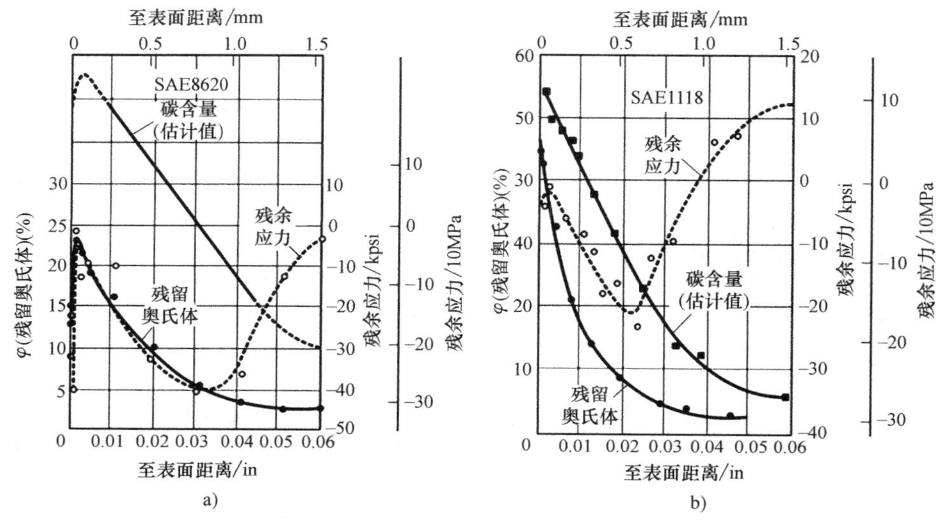

图 6-61 在钢 SAE 8620 和 SAE 1118 钢中渗碳淬火后的碳浓度梯度、残留奥氏体和残余应力之间的关系
a）SAE 8620 b）SAE 1118

2）残留奥氏体和尺寸稳定性。残留奥氏体是不稳定的，在零件服役期间，它可能转变为马氏体。因为温度下降到了远低于淬火温度的水平，所以转变可能发生，但是，最常发生在残留奥氏体产生变形和应力诱导产生相变时。晶体结构的变化会引起体积膨胀，对于必须保持规定装配尺寸或者公差的零件，可能出现零件性能问题。零件尺寸稳定性问题可导致磨损失效、润滑损失或拉毛，那时，零件就失去了运行间隙和配合尺寸。

通常，有些渗碳零件如高温轴承，它们在较高的回火温度下回火，以确保服役期间的尺寸稳定性。在 260℃（500℉）以上回火，有助于减少残留奥氏体含量，但是也会导致表面硬度降低。表面硬化层之后深冷处理是一种减少残留奥氏体含量的有效手段。通过把已淬火的零件冷却到-40～-100℃（-40～-148℉），残留奥氏体含量能显著减少。通常，工艺设计成在淬火之后将零件进行深冷处理几小时，因为随着时间的推移，奥氏体变得稳定，将更难转变为马氏体。当处理最终研磨的零件时，这种深冷处理应该在最终研磨之前进行，因为深冷处理会导致体积胀大。待处理零件的深冷处理应该在最终回火之前进行。

3）残留奥氏体对性能的影响。残留奥氏体对表面硬度有强烈的影响。当残留奥氏体的体积分数大约超过 25%时，通常发现表面硬度下降。因此，对于在磨料磨损中应用的零件，高表面硬度是主要的性能要求，残留奥氏体含量应该最小化，使硬度和抗磨损寿命最大化。

高表面残压余应力是有利的，可以抵消拉应力，提高抗疲劳裂纹萌生和扩展能力。残留奥氏体的存在降低了强度和残余压应力，导致疲劳极限降低。疲劳极限的降低程度取决于马氏体和残留奥氏体的相对含量和奥氏体晶粒尺寸，如图 6-62 所示。同样，残留奥氏体含量增加降低了可测塑性应变的屈服强度，如图 6-63 所示。

另一方面，含有奥氏体的硬化层表面比全马氏

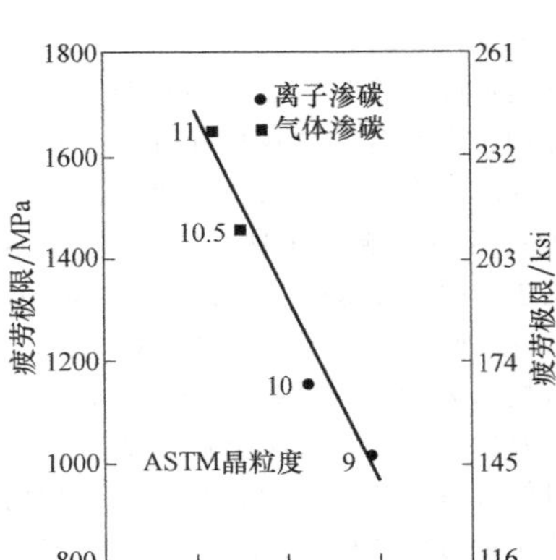

图6-62　离子渗碳和气体渗碳的疲劳极限和残留奥氏体含量的关系

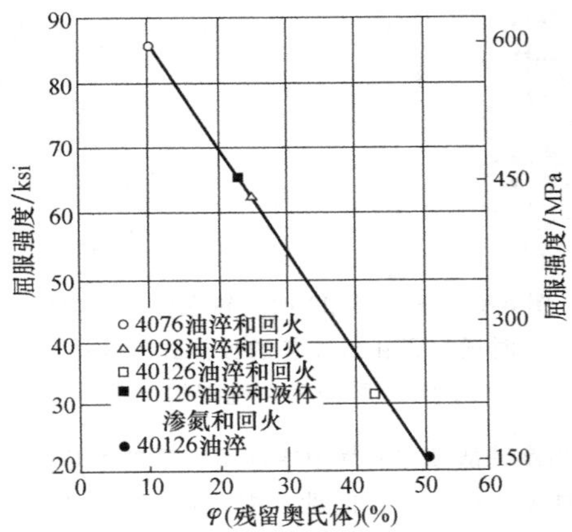

图6-63　首次出现可测塑性应变的屈服强度与残留奥氏体含量的关系

体表面或者比马氏体/贝氏体表面更容易变形。在高应力状态，奥氏体可改善耐久性。当奥氏体含量很高，如其体积分数在30%~40%范围内或者当进一步增加氮浓度时，可以提高接触疲劳寿命。

（4）晶间氧化。在气体渗碳中，主要的渗碳剂是CO，而且，渗碳炉在900~1000℃（1650~1830℉）范围内正常的碳势状态下运行，氧气的分压总是足够高，容易形成铬、硅和锰氧化物。氧气扩散到钢的表面，形成一薄层精细晶间氧化（IGO）颗粒和在更深区域沿先前奥氏体晶界分布的颗粒。氧化层的厚度取决于时间、温度和炉内气氛中氧的分压。晶间氧化可能导致非马氏体转换产物的形成，而且，据报道会降低弯曲疲劳强度。尽管产品技术规范可能千差万别，但是，晶间氧化在10~20μm（400~790μin）深度范围内通常是可以接受的，而在20~25μm（790~985μin）的深度范围被认为是边界附近，深度大于30μm（1180μin）通常被视为晶间氧化过多。

对于具有晶间氧化（IGO）界限的深渗层零件，必须使用较高的渗碳温度来满足氧化深度规范的界限值。在较高的温度下，晶间氧化形成速率和渗碳层深度两者都增加。然而，渗碳层深度形成的速度比晶间氧化形成的速度快些，和实际结果一致，也就是对于相同的渗碳层深度，较浅的晶间氧化层是在较高的渗碳温度下获得的。晶间氧化深度也受气氛中CO含量和碳势的影响。形成晶间氧化的驱动力随着炉内氧气分压的增加而增加。对于任意给定的碳势，CO含量较高的载气中相应的O_2平衡含量将比较低CO气氛中相应的O_2平衡含量高。给定温度和CO含量，在较低的碳势气氛中，O_2平衡含量比高碳势气氛中的含量高。因此，零件在较高碳势的强渗阶段，晶间氧化的形成速度比碳扩散阶段晶间氧化的形成速度慢些。总的来说，通过使用较高的渗碳温度、CO含量较低的载气、尽可能高的强渗时间/扩散时间比率（碳势最高不超过奥氏体中的饱和碳浓度极限），把晶间氧化的深度减小到最小。

晶间氧化物最好是在未侵蚀或非常浅的侵蚀条件下观察显微组织。图6-64显示SAE 4122钢在不同温度和气氛碳势下，渗碳层深度为2.0mm（0.08in）时，其气体渗碳工艺参数对晶间氧化深度的影响。零件在较高的温度和较高的碳势下渗碳，其晶间氧化（IGO）深度最浅（图6-64a），零件在低温稳态和较低碳势下渗碳，其晶间氧化深度最深（图6-64c）。由图6-64和参考文献［64］的记录，低温晶界氧化物有球状外形特征，而在较高的渗碳温度下，细长和较厚的晶界氧化物占主导地位。

（5）表面非马氏体转变产物（NMTP）　其他非马氏体转变产物通常与氧化物有关，该氧化物形成耗尽了附近基体中的铬、锰、硅元素，从而降低了该处的淬透性。氧化物还提供了产生不均匀成核的非马氏体产物的自由表面。非马氏体形成的范围可能是从勉强可见的增厚氧化物脉状排列到晶间氧化区域中的全珠光体层，这些取决于淬冷烈度和氧化物周围基体的淬透性。表面非马氏体转变产物（NMTP）也是淬冷烈度的一个很好的指标，其表示在淬火的初始阶段蒸汽膜未能充分破裂。有些工厂在淬火之前，通过在气氛中添加少量的氨气（载气流量的1%~3%），使表面短时间内渗入氮，阻止表面非马氏体转变产物（NMTP）层产生。添加氨的持续时间和流量必须很好控制，因为氮是一种强的奥氏体稳定化元素，所以流量过大将导致残留奥氏体含量升高，而且降低表面硬度。氨的加入并没有解决淬冷烈度低的根本原因，它还可能导致次表层非

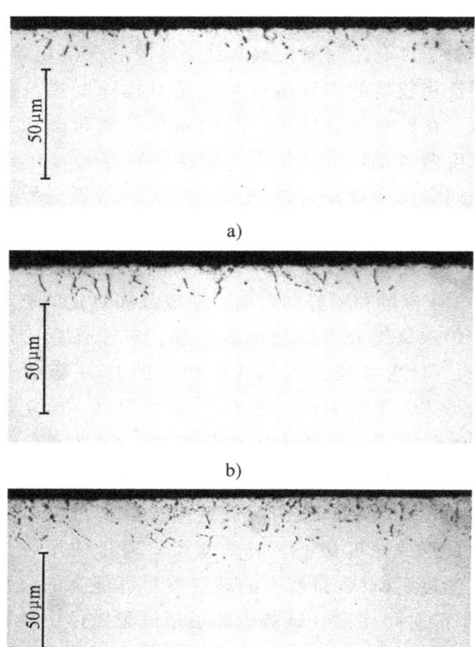

图 6-64 SAE 4122 钢在不同的渗碳和直接淬火工艺下生成 2.0mm（0.08in）硬化层深度时的晶间氧化

a）在 980℃（1800℉）渗碳，强渗碳势为 1.3%，时间 6.25h；扩散碳势为 0.9%，时间 45min；在 850℃（1560℉），碳势为 0.9%状态下恒温 1h

b）在 925℃（1700℉）渗碳，强渗碳势为 1.2%，时间 12h；扩散碳势为 0.9%，时间 45min；在 850℃（1560℉），碳势为 0.9%状态下恒温 1h

c）在 925℃（1700℉）平衡状态下渗碳，碳势为 0.95%，17h；在 850℃（1560℉），碳势为 0.9%状态下恒温 1h

马氏体转变产物含量高以及心部硬度低。如果应用得当，氨的加入能有效地弥补晶间氧化（IGO）区域基体淬透性的降低。

（6）脱碳　尽管在适当的渗碳温度、时间、碳势下，能形成所需的渗层深度和近表面的碳含量，但是，置于气体渗碳周期结束时的低碳气氛中（即使是很短的时间），可能形成低碳马氏体、贝氏体、珠光体或者铁素体的表面层。一些连续炉有多个压淬室，它们安装了狭窄的通道门，这些门能多次打开，拉出单个零件淬火。当零件经过空气转移到淬火压床时，表面经受降温冷却并脱碳，这两个方面使表面朝着形成铁素体的方向发展。尽管转移时间取决于零件截面尺寸，但是，经过空气转移的时间应该限制在 45s，避免在表面形成游离铁素体。在炉门多次打开期间，可能由于空气渗入使压淬室被污染，这样迅速降低了压淬室气氛的碳势。在低碳吸热式气体中，表面脱碳的速度比在空气中的脱碳速度快。零件暴露在碳势非常低的吸热式气氛中的时间小到 15s，可能导致形成珠光体、贝氏体或者铁游离素体的表面层。在低碳势的吸热式气氛中放置 60s 导致表面局部脱碳的例子，如图 6-65 所示。薄层脱碳很难直接用表面压痕硬度检查，但是，可以用硬度锉刀有效地检测。这种类型的脱碳可以用压淬炉门打开时的火帘良好地密封，再加上与炉门打开时同步的大流量的载气和/或富化气来减少或消除。

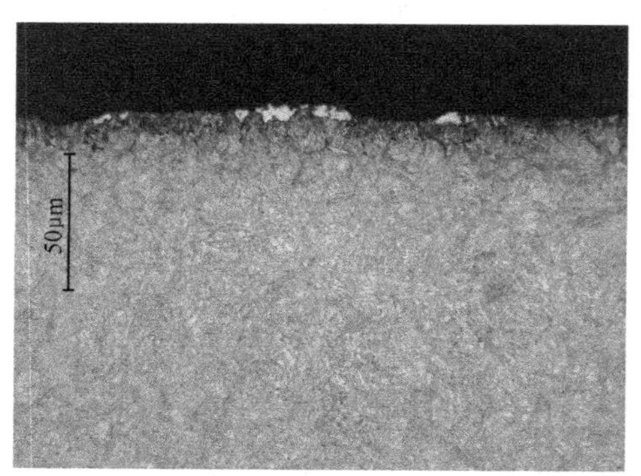

图 6-65 SAE 4122 钢齿轮在渗碳结束的时候放置在低碳势的吸热式气氛中约 1min 时间表面脱碳的情况

当渗碳部分在氮气中冷却后，重新加热淬火时，也可能发生脱碳。在间歇式多用淬火炉中装配有顶部冷却室，当从热室转移到缓冷室时，吸热气体与负载一起移动。随着氮流入缓冷室，在冷却进行过程中，CO 的名义体积分数从 20%～23%水平下降到 0。因为碳势与 $(p_{CO})^2/(p_{CO_2})$ 成正比，碳势在冷却周期开始时急剧下降，而零件表面仍然是热的，形成一薄层的脱碳层。对在空气（如感应淬火）中重新加热淬火的零件，已渗碳零件的脱碳可能是一个问题。然而，在适当的碳势控制气氛炉内，通过淬火表面碳含量很容易恢复。

（7）残余应力　渗碳零件淬火后通常表现出高的表面残余压应力。渗层升高的碳含量使表层 *Ms* 点温度降低到心部的 *Ms* 点温度以下。因此，渗碳表面经过一段时间之后转变成马氏体，比渗碳层以下的心部材料转变成马氏体的时间晚些。淬火之后渗碳层和心部之间的转变时间性差异促进渗层残余压应力的形成，通过心部残余拉应力使应力达到平衡。

像这种残余应力分布的存在为各种应用提供了一个显著的优势，包括在高表面拉应力应用场合，像这类的应力是通过加载弯曲或扭转载荷产生的。表面残余压应力的大小取决于表面渗层与心部的厚度比以及渗碳深度。对于心部与表面渗层厚度比大的零件，其表面残余压应力高。当心部与表面渗层厚度比小时，残余应力分布模式将是表面残余压应力低，而心部拉应力高。图 6-66 所示为有效硬化层深度对残余压应力的影响。考虑到相同零件几何形状和相近的工艺参数，邻近表面的残余压应力随渗层的增加而减少。

（8）渗碳钢的选择　在表 6-19 中列出了常用的渗碳钢。渗碳钢通常根据表层和心部的基本淬透性进行选择。这些渗碳钢的淬透性数据比较可以在 SAE 规范 J1268 和 J1868 中找到。在一般情况下，锰的质量分数小于 1%的渗碳普通碳素结构钢应该水淬形成马氏体渗层。锰的质量分数为 0.6%～1%的普通碳素结构钢，如果通过碳氮共渗中添加的氮增强了表层淬透性，那么可以采用油淬。

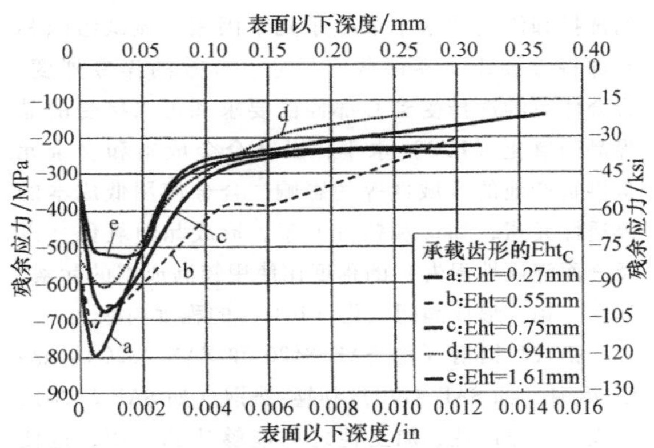

图 6-66　以 550 HV1 维氏硬度为界，不同渗碳层深度的齿轮残余应力分布

表 6-19　常用渗碳钢的化学成分

牌号	化学成分（质量分数，%）					
	C	Mn	Ni	Cr	Mo	其他
1010	0.08～0.13	0.30～0.60	—	—	—	P≤0.04 S≤0.05 Si 0.15～0.35
1018	0.15～0.20	0.60～0.90	—	—	—	
1019	0.15～0.20	0.70～1.00	—	—	—	
1020	0.18～0.23	0.30～0.60	—	—	—	
1021	0.18～0.23	0.60～0.90	—	—	—	
1022	0.18～0.23	0.70～1.00	—	—	—	
1524	0.19～0.25	1.35～1.65	—	—	—	
1527	0.22～0.29	1.20～1.50	—	—	—	
1117	0.14～0.20	1.00～1.30	—	—	—	S 0.08～0.13
3310	0.08～0.13	0.45～0.60	3.25～3.75	1.40～1.75	—	P≤0.035 S≤0.04 Si 0.15～0.35
4023	0.20～0.25	0.70～0.90	—	—	0.20～0.30	
4027	0.25～0.30	0.70～0.90	—	—	0.20～0.30	
4118	0.18～0.23	0.70～0.90	—	0.40～0.60	0.08～0.15	
4320	0.17～0.22	0.45～0.65	1.65～2.00	0.40～0.60	0.20～0.30	
4620	0.17～0.22	0.45～0.65	1.65～2.00	—	0.20～0.30	
4815	0.13～0.18	0.40～0.60	3.25～3.75	—	0.20～0.30	
4820	0.18～0.23	0.50～0.70	3.25～3.75	—	0.20～0.30	
5120	0.17～0.22	0.70～0.90	—	0.70～0.90	—	
5130	0.28～0.33	0.70～0.90	—	0.80～1.10	—	
8617	0.15～0.20	0.70～0.90	0.40～0.70	0.40～0.60	0.15～0.25	
8620	0.18～0.23	0.70～0.90	0.40～0.70	0.40～0.60	0.15～0.25	
8720	0.18～0.23	0.70～0.90	0.40～0.70	0.40～0.60	0.20～0.30	
8822	0.20～0.25	0.75～1.00	0.40～0.70	0.40～0.60	0.30～0.40	
9310	0.08～0.13	0.45～0.65	3.00～3.50	1.00～1.40	0.08～0.15	
CBS-600	0.16～0.22	0.40～0.70	—	1.25～1.65	0.90～1.10	Si 0.90～1.25
CBS-1000M	0.10～0.16	0.40～0.60	2.75～3.25	0.90～1.20	4.00～5.00	Si 0.40～0.60 V 0.15～0.25
Alloy53	0.1	0.35	2	1	3.25	Si 1.00，Cu 2.00，V 0.10

合金钢用于承受较重负载的零件上。合金体系的选择和淬透性水平取决于几个因素：显微组织和心部特性要求、零件截面尺寸、有效的淬冷烈度。合金体系的选择受到心部性能要求和可以接受的晶界晶间氧化（IGO）水平，以及合金成本和合金元素供货产地的区域性等的影响。合金使用低成本的淬透性元素，如锰和铬等元素，形成晶间氧化（以及表面淬硬性损失）的程度比使用较高成本的元素，如镍、钼，形成晶间氧化（IGO）的程度高些。

铬-镍-钼钢（如 SAE 8620 和 SAE 4320）、锰-铬-钼钢（如 SAE 4120）和锰-铬钢（如 SAE 5120），在成本、淬透性、加工性之间能够达到均衡，这使它们在许多零件上得到了应用。比较昂贵的钢，如 SAE 9310 和 3310，用于关键传动装置和轴承的应用领域。一些特殊的渗碳钢，例如 CBS100M，有二次硬化的特点，其抗软化温度大约能达到 550℃（1020℉）。

（9）直接淬火和重新加热淬火　渗碳零件的淬火硬化是通过足够的冷却速度获得的。渗碳工艺结束时直接淬火是使渗碳零件硬化最经济的方法。另外，渗碳零件可以缓慢冷却，然后重新加热到高于 Ac_3温度以上随后淬火。这种淬火方法可能是首选的方法，或者在下列情况下要求该种工艺方法：

1）要求控制晶粒度和残留奥氏体。

2）当材料级别不允许出现直接淬火的显微组织时。

3）当要求一个中间亚临界热处理，或者为了控制尺寸要求机械加工，或者要求局部渗碳时。

4）当由于生产安排或设备的限制不可能直接淬火时。

气体渗碳炉的类型常常与零件是否应该直接淬火或者缓慢冷却，再重新加热淬火有关系。例如，推杆式连续炉非常适合于直接淬火，因为它们可以满足任意要求的温度改变，并且可以采用各种淬火方式。

重新加热淬火涉及额外的加热周期，它通常成本更高，导致更大的变形。为了调整炉内气氛，已经使用了更好的控制系统，也就像细晶粒钢的使用已经成为规范一样，在一些行业内需要重新加热淬火的工艺已经有所减少。

直接淬火和重新加热淬火可能产生明显不同的显微组织（特别是残留奥氏体的含量），这取决于表面碳含量和淬火温度。当表面碳含量等于或者低于共析成分时，直接淬火和重新加热淬火的零件表面显微组织通常难以区分，如图 6-67a 和 b 所示为碳的质量分数为 0.75%的两个样品。当表面碳含量比共析成分高时，显微组织受淬火之前溶解在奥氏体相中的碳含量支配。对于重新加热淬火的零件，当零件重新加热到低于临界温度（A_1）时，超过共析成分的碳将析出成为细小碳化物。当零件加热到 A_1 以上时，表面奥氏体中的碳含量通过气体渗碳和细小碳化物的溶解两个方面来增加。通常，零件不用加热到足够的温度使细小碳化物完全溶解。表面的碳含量是处在奥氏体中含碳含量和碳化物相之间的，表面总碳含量常常比淬火炉保护气氛的碳势高。这种较高的碳含量是在加热期间奥氏体从炉内气氛吸收所需碳的结果，而不是碳化物溶解达到要求奥氏体与碳化物平衡的结果。因此，对于表面过共析碳含量相同的零件，它们直接淬火后的显微组织是马氏体和残留奥氏体，而它们重新加热淬火后的显微组织由马氏体、残留奥氏体和精细碳化物组成，如图 6-67c 和 d 所示。图 6-67d 所示为表面轻腐蚀区域的显微组织，是在表面缓慢冷却时有轻微脱碳的结果。当重新加热时，表面轻微脱碳区域不能形成细小碳化物。

（10）淬火冷却介质　渗碳零件可以在盐水或碱性溶液、水、水溶性聚合物介质、油或熔盐中淬火。淬火冷却速度越快，钢淬透性要求越低，但是，变形的可能性就越大。如果一个零件是在热处理状态中使用（即热处理之后没有安排磨削加工控制零件尺寸），那么零件可以采用浸入盐浴或热油中进行分级淬火。环类和轴类零件通常在夹具中加热，通过夹紧淬火，并喷油淬火，以减少变形。合金钢、淬火冷却介质和制造工艺设计的选择是相互关联的，而且必须是相互兼容的。

（11）回火　对于服役时具有良好的耐磨性，而且已经渗碳和淬火的部件，通常淬火后会形成马氏体层，含有微量的残留奥氏体。高碳马氏体呈体心正方晶格，在淬火状态下处于亚稳态，相对较脆。未回火的马氏体随时间变化，在某种程度上甚至在室温下也会继续变化。渗碳淬火之后的回火有助于将不稳定的处于淬火状态的马氏体转变为回火马氏体，提高尺寸稳定性，并显著降低部件的脆性。

当高碳马氏体回火时，碳化物析出，密度增加（体积收缩），硬度降低，残余应力减小。因此，表面渗层硬度受回火的影响可能是复杂的，并且受到最初存在的残留奥氏体含量的影响。图 6-68 所示为回火温度（回火保温 1h）对去除残余应力的影响。由于在奥氏体中溶解的碳量增加，在较低的回火温度下就会发生应力释放。尽管在残留奥氏体含量高的钢中，可以预测更复杂的行为，但是，渗碳件中去应力与回火温度的关系与这些结果定性相似。

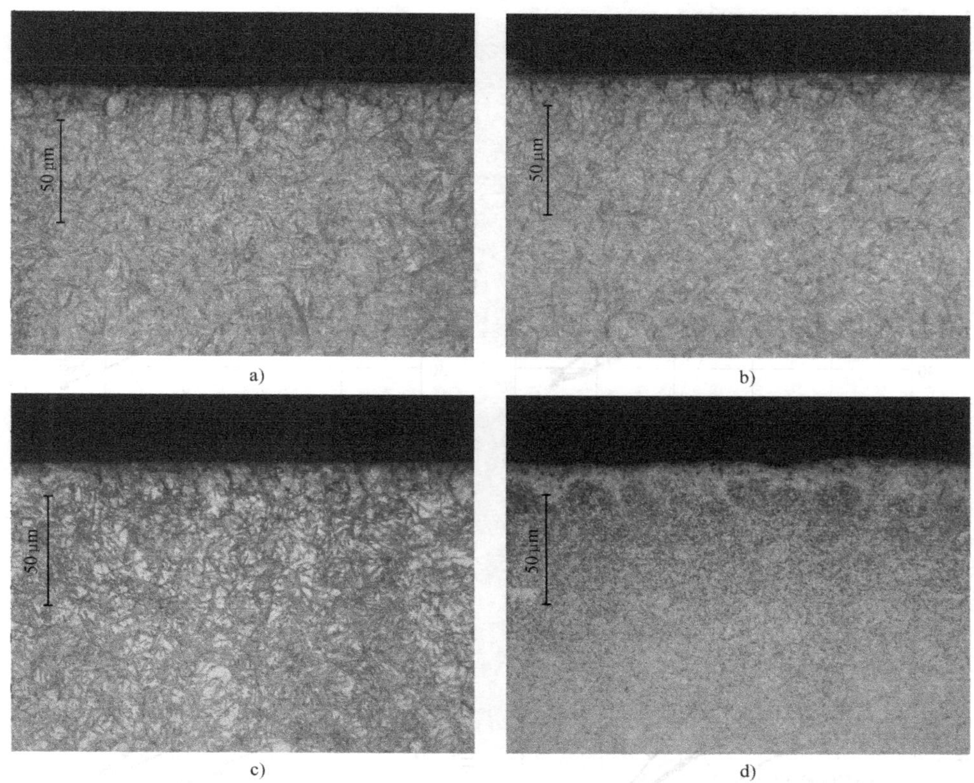

图 6-67　SAE 4122 气体渗碳之后不同的表面碳含量直接淬火和重新加热淬火后的组织
a）表面碳含量 w（C）= 0.75%，直接淬火　b）表面碳含量 w（C）= 0.75%，重新加热淬火
c）表面碳含量 w（C）= 1%，直接淬火　d）表面碳含量 w（C）= 1%，重新加热淬火

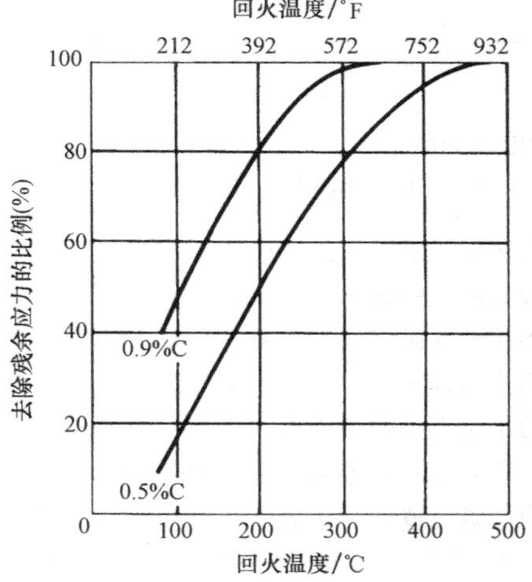

图 6-68　回火温度（回火保温 1h）对去除残余应力的影响

回火对渗碳层硬度的影响，如图 6-69 所示。图中给出的是四种牌号钢的试样渗碳后在 925℃（1700℉）直接淬火的数据。图中显示的 HRC 值是从表面的 HRA 值和次表面的 HV 值转换而来的。应该指出的是，回火温度达到 205℃（400℉）时硬度几乎没有变化。然而，可去除一定程度上的残余应力，如图 6-68 所示。

回火温度应该根据所需的力学性能和服役应用的特性选择。一般来说，较高的回火温度使塑性和韧性提高，但是，使硬度和强度降低，反之亦然。选择回火温度的同时应满足以下条件：

1）考虑硬度和韧性等相匹配方面，回火温度应该尽可能高。

2）回火温度至少应该和零件最高服役温度一样。

通常，渗碳和淬火件的回火温度为 150～205℃（300～400℉），可改善后续的尺寸稳定性。如果要求具有较好的稳定性，如某些仪器轴承，回火之前可进行深冷处理，以减少残留奥氏体。

对于关键应用领域，渗碳齿轮等总是要回火的。例如，飞机上应用的渗碳零件总是要回火的。在渗碳和淬火之后需要进行表面喷丸处理来改善表面压应力的齿轮，喷丸之前应先在 150℃（300℉）回火，

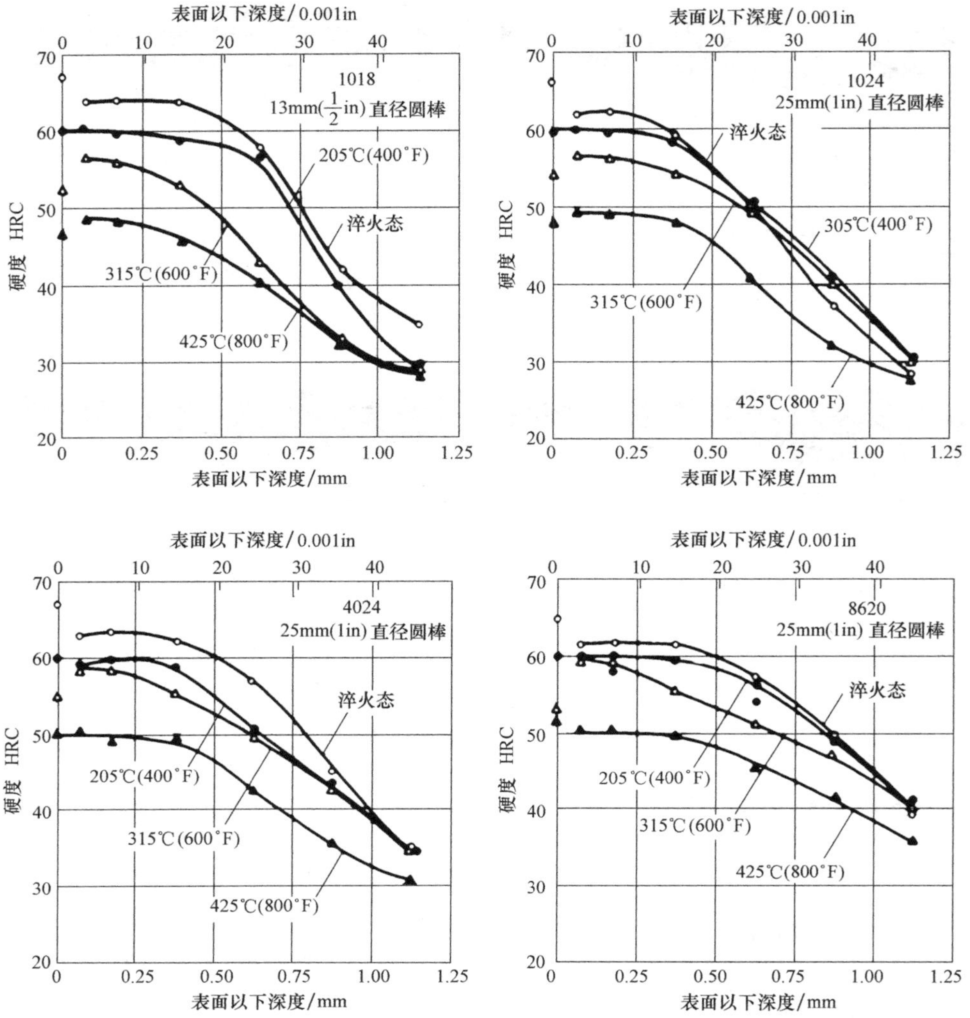

图 6-69 回火对渗碳层硬度的影响

注：渗碳工艺是在 925℃（1700℉）保温 4.5h，然后油淬回火。

防止在喷丸操作期间齿部碎裂剥落。根据淬火状态的硬度，零件可以在渗碳和淬火之后回火，使表面硬度调整到一个最佳硬度的水平。

重要的是要记住，回火减少渗层内的残余压应力，在紧邻的心部以内与拉应力达到平衡。应力峰值的位置也会向靠近渗层与心部交界处偏移。因此，如果零件根本不回火，那么抗弯强度和扭转疲劳强度可能是最好的。热处理之后不需要进行磨削的许多薄渗层零件［渗碳层深度为 0.5mm（0.02in），或更少］，可省去回火工序。

（12）局部渗碳　为了正常工作，一些零件必须进行局部渗碳，即只在某些表面渗碳。一些齿轮只在轮齿、花键、支承表面渗碳。除了满足零件性能要求外，在淬火状态下，局部渗碳还便于机械加工，或者非渗碳表面可以进行焊接。

没有渗碳的表面必须使用涂层保护，或者屏蔽使它不接触渗碳气氛。采用各种方法保护局部表面，或者阻止局部表面接触渗碳气氛。

为了实现局部渗碳这一目的，广泛采用镀铜的方法，因为它相对容易实现，具有可加工性，不污染炉内气氛。镀铜层的最小厚度为 13μm（515μin）。例如，大直径［915mm（36in）］的 4620 钢齿圈渗碳之前，仅在内径法兰区域镀铜，齿圈淬火之后，允许对位于法兰上的孔和螺栓孔进行精加工。没有镀铜的表面可以涂上一种化学防腐漆，这个化学涂层在渗碳之前去除。渗碳之后，铜镀层可以使用化学法从零件上剥离，或者在后续的机加工中去除。

陶瓷涂层也可以保护局部表面不渗碳。陶瓷涂料应用之前工件表面必须彻底清洗，在涂第二层涂料之前，第一涂层必须已经干燥。为了使表面不受渗碳气氛影响，陶瓷涂料涂层必须紧密地附着在工件表面。陶瓷涂层已应用于牙轮钻头铣刀的套管和按钮凹槽，在生产中也得到了应用。

不通孔可以通过插入铜塞子填塞，或者用黏土填满。如果空气被塞子堵在孔中，那么必须提供一种排气方法，以减轻加热过程中形成的压力。把孔的两端塞住，限制气氛进入，从而将渗碳量降到最低。内螺纹可以通过旋入一个铜螺钉保护，而外螺纹通过拧上一个铜螺母盖住。如果使用一件钢螺钉或一件螺母，那么螺纹应该涂上容易去除的防渗（堵塞）材料。所有堵塞方法的成功在很大限度上取决于在它们的应用过程中所使用的护理。在生产中，完全有效的手工操作的堵塞是很少的。

如果零件渗碳之后缓冷，那么零件将足够软，允许通过机加工去除局部区域的渗层。随后重新加热和淬火之后，这些区域仍然保留较低的碳含量，它们相对较软。淬火零件的硬化层可以通过磨削局部去除。这种做法通常限制在小的区域范围，一般情况下在小于1.3mm（0.05in）的渗层深度上使用。

已经渗碳的零件可以通过感应加热进行局部软化。加热可能只是对零件进行回火，或者对低淬硬性的钢，实际上可以对被软化的区域进行正火。在汽车行业中，这种做法可用来对渗碳轴上的螺纹进行软化。

6.3.9 尺寸控制

在气体渗碳和随后的淬火操作期间，良好的畸变控制方法可以确保淬火零件的尺寸满足图样要求，或者确保后续的最终加工操作以及生产总成本降到最低。尽管如此，所有渗碳的零件中，都将会遇到一些长大和畸变。在热加工的各个阶段，当零件本身应力超过材料的屈服强度时，零件就会发生畸变。

渗碳零件的畸变通常表现为两种形式：通过零件的净体积变化，证明尺寸变化；无几何形状的变化，通过非对称的尺寸变化揭示形状畸变。一般来说，通过调整待加工零件的尺寸来补偿热处理引起的尺寸变化和形状畸变。尽管未加工尺寸调整通常是有效的，但是，有许多因素影响畸变。其中一些因素可能无法充分预测，以提供一致的预期尺寸变化。

1. 影响畸变的因素

渗碳之后影响畸变的因素包括：

1）零件尺寸、形状和断面尺寸的变化。

2）在热处理之前零件中存在的残余应力。

3）加热过快引起的形状变化。

4）多次热加热循环。

5）加热和冷却期间单个零件内部和零件之间缺乏温度均匀性。

6）渗碳和淬火期间零件堆放方法或装夹方法。

7）对零件渗碳层深度增长的影响。

8）淬冷烈度和均匀性。

9）淬火冷却介质和温度。

10）材料淬透性。

（1）残余应力　在零件渗碳之前，零件当中可能存在很多潜在的残余应力源，它们在后续渗碳过程中可以被消除掉，但是，它们可能会导致渗碳畸变。尽管它会增加额外的热处理成本，但畸变敏感的零件在机加工之前常常需要进行等温退火。然而，机加工操作可能引起额外的残余应力，这将要求后续进行消除应力处理。

（2）零件装载和炉子合金工装　气体渗碳期间零件支承不当以及支承结构不合理，或者炉子合金工装扭曲，都可能引起支承点之间的零件中间下凹变形或者蠕变变形，导致淬火之前产生形状畸变。普通碳素钢和低合金钢在典型的渗碳温度上屈服强度非常低，在它的自重条件下，它们可能会发生扭曲。因此，应特别注意，以确保渗碳期间零件在炉内得到足够的支承。例如，大型或者长形并且形状复杂的零件应该在关键位置支承，或者在某些情况下应该垂直吊挂。

（3）加热速度　由于加热速度高，会引起温度梯度和热应力，可能产生畸变。通常，可以通过使用较低的加热速度，或者在400～750℃（750～1380℉）温度范围内，利用程序控制分段加热保温，把畸变降低到最低。

（4）淬火硬化　由于渗碳设备的限制，渗碳之后需要细化晶粒，或者需要中间机加工工序，这可能需要重新加热淬火硬化。通常情况下，渗碳再加上直接淬火会使畸变较小。渗碳和直接淬火，仅仅通过一个热加工周期促成相变，使畸变降低到最低。每增加一个加热-冷却周期就会产生额外的体积变化和内部应力，它们可能会导致更多的零件畸变。

（5）淬火　淬火冷却介质的选择取决于渗碳部件的淬透性、大小和形状。为获得要求的渗层硬度、心部硬度以及显微组织，淬火速度应该足够快。在许多整炉式或者成管式淬火类型中，淬火流速可能很不均匀。因此，当购买新设备时，应该规定淬火速度的均匀性，并且，当设备投入使用的时候，应该测量淬火速度的均匀性。通常，一个设计良好的淬火工艺将表现出在整个工作空间为0.15m/s（0.5ft/s）的均匀性速度。

2. 畸变控制方法

以上所描述的多种方法是用来将畸变降低到最低程度。所有这些方法都增加了热处理成本，但是，当考虑总生产成本时，它们可能是更具成本效益的。大批量生产的精密部件，如汽车变速器齿轮，一个总目标是保持影响增长和畸变的所有的工艺变量不变，以及在待机加工（未硬化）的零件中，对热处理尺寸变化进行机加工补偿。例如，斜齿轮渗碳和淬火硬化之后，如果齿轮发生长度变化，那么斜齿轮的导程角将会变化。应该实施严格的批次测试过程，包括采用预期的热处理生产工艺，来评估热处理前后的尺寸。用生产工具、指定的生产载荷模式对测试批次进行畸变评估是很重要的。测试批次中的许多零件，应该足以建立健全的尺寸数据。一旦零件置于生产中，它们应该定期检查，以确保影响畸变的工艺状态没有改变。

（1）夹具　夹具可用于分开零件，使零件达到渗碳温度的加热过程更均匀，在渗碳期间，使气氛均匀性更好，并且使淬火冷却介质的流速更好。装夹工件增加了劳动力成本（夹具通常是手工装载和卸载的）以及作业成本，因为工装可能与工作负载重量差不多，或者超过工作负载的重量。然而，适当的装夹操作在减少零件畸变上通常是有效的，可对未淬火零件的形状变化可以进行补偿。

（2）分级淬火　分级淬火或马氏体等温淬火，包括在熔融盐浴淬火或者在热油中淬火，它们的淬火冷却介质温度是在渗碳层的 *Ms* 温度以上，但是，在心部的 *Ms* 温度以下。因此，当零件在淬火冷却介质中冷却时，心部转换为马氏体、贝氏体、铁素体的混合组织。当零件离开淬火冷却介质之后在空气中冷却时，渗层转变为马氏体。在相变期间由于渗层和心部之间温度梯度较低，畸变减少。

（3）压淬　压淬和在夹具中的其他方式的淬火，如芯棒或者冷作模具，可以有效减少畸变。压淬畸变控制可以通过两种方法实现：在淬火冷却介质流动之前，通过压淬模具使零件发生塑性变形，和/或者在淬火冷却介质流动之后，在马氏体转变开始之前，各个层次的压淬模具与零件接触，或者零件受压，使零件发生塑性变形。通常当使用压淬模具对大型零件淬火时，模具压力可使脉冲压力调整到低能级水平，让零件可以热收缩，避免压淬模具在零件上有损伤的压痕或者压淬引起的畸变。

当淬火过程可以使用自动装载系统时，常常需要人工装筐，每次装一个零件。在夹具中淬火明显增加了热处理成本，但是，对于限制某些零件的畸变，不使用夹具可能没有其他实际可行的替代办法，例如，薄壁圆环和细长轴。

（4）校直　校直经常被用来减少热处理轴类零件的畸变。当校直渗碳的零件时，总是存在开裂的风险，所以通常的做法是在回火之后进行零件校直。一些制造商发现，当零件从回火炉中出来仍然是热态的时候进行校直最好。例如，回火后一校直就开裂的轴，如果在刚刚淬火完成后就校直，则可能不会开裂。很多校直机配有声发射传感器来检测开裂情况。局部喷丸已经被用作零件校直的一种方法。

6.3.10　渗碳层深度的评估

在一个控制良好的渗碳过程中，零件可以放在碳势发生±0.05%变化和温度发生±8℃（14℉）变化的气氛中渗碳，包括热电偶读数精度为±3℃（5℉）和渗碳炉内典型的温度变化为±5℃（9℉）。此外，大多数牌号的钢种规范在化学成分上允许钢中碳的质量分数的偏差为0.05%。假设工艺参数和基体材料的碳浓度的变化都是最坏的情况，渗碳深度的相应变化如图6-70所示。

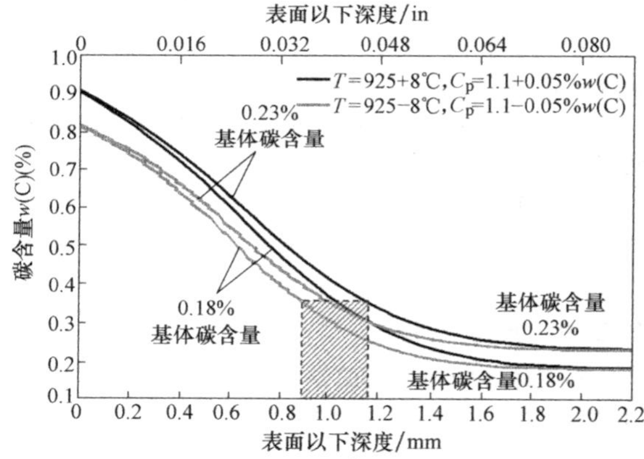

a）

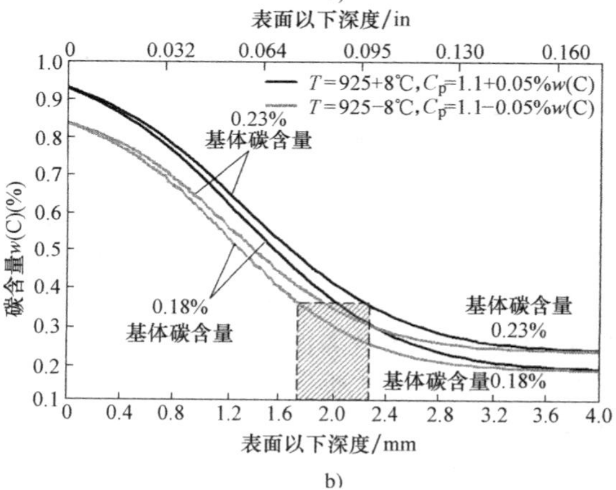

b）

图6-70　碳的质量分数为0.2%的钢渗碳层深度随温度和碳势的变化曲线

a）渗碳层深度为1mm（0.04in）

b）渗碳层深度为2mm（0.08in）

对于在 925℃（1700℉）进行的强渗-扩散渗碳，强渗段和扩散段的碳势设定值分别为 1.1% 和 0.9%，在渗碳零件达到 1mm（0.04in）的目标渗层深度（图 6-70a）时，可能观察到总硬化层深度（碳的质量分数为 0.35%）0.24mm（0.010in）的变化量。因为渗层碳含量曲线的斜率随深度增加而降低，是由于热处理工艺导致渗碳层深度变化，基体碳含量随深度的增加而增加，并且在 2mm（0.08in）的渗层深度（图 6-70b）上可能达到 0.5mm（0.02in）的变化量。值得注意的是，虽然在基体碳含量上，基体碳浓度的变化量可以忽略不计，但是，表面碳浓度的不同对总渗层深度有显著的影响，特别是在较深的渗层深度上。

渗碳硬化层深度通常被定义为从渗碳层表面到渗层上达到规定碳含量处的深度。通常，指定的碳含量的选择大致与有效硬化层深度（或硬化层深度）相关，并且取决于钢的淬透性、淬冷烈度和截面尺寸。对中低碳合金钢渗碳等级，硬度达到 50HRC 的深度对应碳的质量分数为 0.3%～0.4%。通常，0.35% 用作划分渗碳渗层深度规定的碳含量。它也作为总硬化层深度，即它被定义为从表面到渗层和心部的化学物理性能差异不再能区分那一点深度上。总硬化层深度有时被认为是从表面到碳含量比心部碳含量高 0.04% 的最深的点上。一般来说，总硬化层深度这个词用于渗碳规范被认为表达太含糊，因为在表面和心部之间的碳含量变化平缓。然而，一些碳氮共渗零件和表面感应淬火零件在显微组织上将有明显的过渡变化把表面和心部分开。仅在这些实例中，总硬化层深度可以足够明确地确定，作为技术规范来说才是有用的。在 SAE 推荐的操作规程（工业标准）J423 中详细描述了渗层深度的测量方法。

许多零件，如齿轮，是由一些凸状面、一些相对较平的面和一些凹形面组成的。通常发现，齿轮在凹形面（齿根）上的渗碳硬化层深度较低，在凸形面（齿顶）上渗碳硬化层深度较深。表面曲率对有效硬化层深度的影响如图 6-71 所示。对于一个特定的渗层，使用以下数据计：

1）表面碳的质量分数为 1%。

2）心部碳的质量分数为 0.2%。

3）扩散时间/温度应该达到在无限大平板的平面之下产生 1mm（0.04in）的表面渗碳层深度（碳的质量分数为 0.4%）。

根据图 6-71 说明如下：热处理工艺相同，它们将形成的有效硬化层深度是：在一块半厚 3mm（0.12in）的平板中将形成 1mm（0.04in）；在一根半径为 3mm（0.12in）的圆棒中，将形成 1.13mm（0.045in）；在一个半径为 3mm（0.12in）的球体中，将形成 1.28mm（0.05in）；在一个半径 3mm（0.12in）的圆孔中，将形成 0.93mm（0.037in）。如果表面的曲率半径比平面之下的有效硬化层深度约小 5 倍，那么，表面曲率的影响非常明显。当表面的曲率半径比有效硬化层深度大 10 倍以上时，曲率的影响小。表面曲率也会影响冷却。当渗碳层深度用指定的硬度定义，而不是用指定的碳含量定义时，在凸形面和凹形面之间，具有很小淬透性的零件可能展现较大的差异。当比较零件上不同位置的渗碳层时，和比较零件与试样上测量的硬化层深度时，必须记在心里。

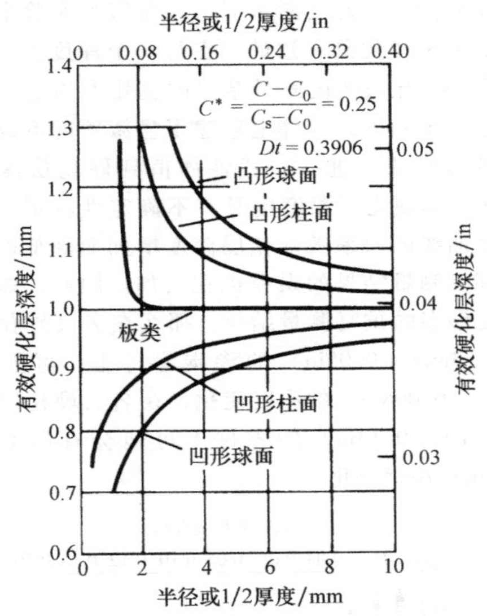

图 6-71　表面曲率对有效硬化层深度的影响

C^*—正常碳含量　C—扩散到基体中的碳含量

C_0—合金钢基体碳含量　C_s—表面碳含量

（通常是指在渗碳温度下在奥氏体中溶解的最大碳含量）

D—扩散系数　t—时间

（1）有效硬化层深度（硬化深度）　规定硬度值的有效硬化层深度，按照 ASTM E384-11，在垂直于表面切割的抛光金相截面上，通过显微硬度法测量是最好的方法。维氏硬度计和努氏硬度计可以使用 1～1000gf 的载荷。根据一个显微硬度值或者 HRC 硬度值，可以编写技术规范，据了解，那里的显微硬度（HV、HK）按照 ASTM E140-07 转换为 HRC。硬度测量通常是渗碳技术规范的一部分，通常要求直接在表面上进行测量，在零件图样上有硬度标尺标示。对于许多零件，几何形状上不允许测量硬度，表面硬度是通过次表层显微硬度值外推到表层获得的。或者，在表面以下 0.1mm（0.004in）深度上的显微硬度被定义为表面硬度。接近抛光截面的边缘小于0.1mm（0.004in）的距离，很难获得可靠的显微硬度读数，因为边缘不能充分支持硬度计压头，或者在抛光期间边缘可能被磨圆。

在测量硬化层深度之前，应该了解清楚任何显微硬度测量设备的精度极限，及它们被用来评估统计过程的能力或者过程性能参数。图6-72给出了测量量具的重复性和再现性研究结果，其结果表明从名义渗碳深度为1.3~3.2mm（0.05~0.13in）的零件上测得的硬度深度的典型变化。一组中相同的两个样本在三个独立的实验室使用不同的显微硬度横向移动检测仪和载荷进行测量。在每一个实验室，由三个经过培训的操作人员每人每天测量三个显微硬度横向分布，连续测量五天。在每个实验室所观察到的测量变化是一致的。在每一个深度上，不论深度大小，显微硬度测量结果的变化大约是4HRC。在任意给出的渗碳零件上创建了显微硬度不确定性分布的特性带。进一步线性插值到硬化层深度值50HRC，其硬化层深度度具有不确定性特征。当显微硬度曲线的斜率随硬化层深度增加而降低时，硬化层深度测量结果的误差也在增加。因此，如果得到了足够多的重复测量结果，那么在名义硬化层深度为1.3mm（0.05in）的渗碳零件上，可能会有0.2mm（0.008in）的深度变化，在名义硬化层深度为3.2mm（0.13in）的零件上可能会有的0.8mm（0.03in）深度变化。

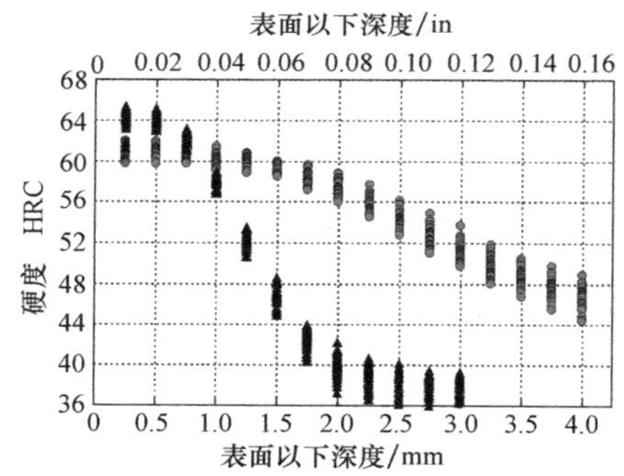

图6-72 测量量具的重复性和再现性研究结果

图6-73所示为典型的允许硬化层深度变化与目标层硬化深度值及其测量偏差。由于硬化层深度测量结果的误差随渗碳层深度增加而增加，它可完全覆盖硬化层深度变化允许的公差带。此外，一些热处理工艺参数（即温度、碳势或来自预先设定点参数的时间变化或者任何给定的工件内部的时间变化）变化是不可避免的，并将导致超过允许深度公差的更大的可能性。因此，在硬化层深度测量结果用于统计过程控制之前，对于任何给定的规范，按照ASTM F1503必须对测量系统精度进行验证，且测量系统精度为可接受。如果精度要求要大于正常过程控制，那么最好是通过连续测量和控制关键的热处理工艺参数，如时间、温度、碳势和淬冷烈度来完成。

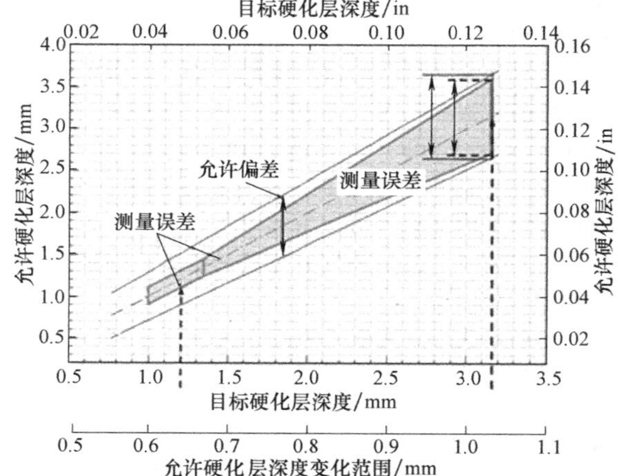

图6-73 典型的允许硬化层深度变化与目标硬化层深度值及其测量偏差

注：假设完美的处理结果是处在允许硬硬化深度公差中心。

（2）渗碳硬化层深度 渗碳硬化层深度测量是对和工件同时热处理的相同合金成分的试样采用的最常见的测量方法。渗碳硬化层深度可以通过使用光谱法在一个小平面样品上测量，或者通过使用碳剥层试棒。用连续切割步骤进行碳剥层分析。

测试硬化层深度的另一个试验原理是*Ms*温度主要取决于溶解在奥氏体中的碳含量。渗碳试样或者渗碳零件被加热奥氏体化，在精确控温的浴槽中淬火，并保持几分钟时间，让已形成的马氏体进行回火，然后再快冷到室温。截面抛光、腐蚀后，在盐浴中被回火的马氏体（黑色）和最后快冷形成的未经回火的马氏体（白色）之间将显示一条分界线。分界线的位置对应于规定的碳含量。可以发现在*Ms*温度（华氏度）和钢的合金成分之间与合适的淬火浴槽温度的相互关系：

$$Ms=930-600w(\mathrm{C})-60w(\mathrm{Mn})-50w(\mathrm{Cr})-30w(\mathrm{Ni})-20[w(\mathrm{Si})+w(\mathrm{Mo})+w(\mathrm{W})] \quad (6\text{-}39)$$

如果淬火槽的温度选择为一个碳的质量分数为0.4%的合金的*Ms*温度，那么，奥氏体化温度必须足够高使奥氏体中至少溶解这么多的碳量，这个温度通常是830℃（1530℉）。

常常采用表面硬度试验在试样的平面上测试表面硬度，如洛氏硬度HR15N。因为载荷相当小，需要很好地精确支承，而且一个光滑的表面非常重要，否则所测的数值往往是不可靠的。然而，这样的硬度检查往往只能探测浅的硬化层，例如，当从渗碳炉转移到淬火槽时，如果零件遇到一个耽搁过程，那么可能产生脱碳层。

致谢

作者感谢蒂姆·奈特（Tim Knight）、鲍勃·哈特赛尔（Bob Hartseil）、杰夫·约翰逊（Jeff Johnson）的帮助，也感谢卡特彼勒公司金相分析室工作人员的试验和金相分析工作。作者也要感谢卡特彼勒公司（Caterpillar Inc .）的斯科特·约翰斯顿（Scott Johnston）和福斯塔·里昂（Fausta Lyons），感谢密苏里科技大学大卫·范·阿肯（David van Aken）教授他们的帮助和有价值的讨论。

参考文献

1. R. Collin, S. Gunnarson, and D. Thulin, A Mathematical Model for Predicting Carbon Concentration Profiles of Gas-Carburized Steel *J. Iron Steel Inst.*, Vol 210 (No. 10), 1972, p785-789
2. O. Boudouard, *Ann. Chim. Phys.*, Vol 24 (No. 5), 1901, p85
3. M. L. Schmidt, Pre-Oxidation Prior to Gas Carburizing: Theory and Its Effect on Pyrowear 53 Alloy, *Carburizing Processing and Performance*, G. Krauss, Ed., ASM International, 1989, p83-100
4. J. Wunning, Weiterentwicklung der Gasaufkohlungstechnik (Advances in Gas Carburizing Technique), *Härt.-Tech. Mitt.*, Vol 23 (No. 3), 1968, p101-109
5. U. Wyss, R. Hoffmann, and F. Neumann, Basic Requirements for Reducing the Consumption of Carburizing Gases, *J. Heat Treat.*, Vol 1 (No. 3), 1980, p14-23
6. D. W. McCurdy and S. J. Midea, Benefits of Improved Carburizing Accuracy Using 3-Gas IR Compensation of Oxygen Probes, *International Automotive Heat Treating Conference*, 1998, p29-31
7. O. Karabelchtchikova, "Fundamentals of Mass Transfer in Gas Carburizing," Ph. D. dissertation, Worcester Polytechnic Institute, 2007
8. R. J. Fruehan, Rate of Carburization of Iron in CO-H_2 Atmospheres, Part 1: Effect of Temperature and CO and H_2 Pressures, *Mach. Des.*, Vol 4 (No. 9), Sept 1973, p2123-2127
9. R. J. Fruehan, Rate of Carburization of Iron in CO-H_2 Atmospheres, Part 2: The Effect of H_2O and H_2S, *Mach. Des.*, Vol 4 (No. 9), Sept 1973, p2129-2132
10. H. J. Grabke and G. Hoerz, Kinetics and Mechanisms of Gas-Metal Interactions, *Ann. Rev. Mater. Sci.*, Vol 7, 1977, p155-178
11. J. H. Kaspersma and R. H. Shay, Mechanism for Carburization of Iron by CO-Based Mixtures in Nitrogen at 925 C, *Metall. Trans.*, Vol 1213, 1981, p77-83
12. J. H. Kaspersma and R. H. Shay, A Model for Carbon Transfer in Gas Phase Carburization of Steel, *J. Heat Treat.*, Vol 1 (No. 4), 1980, p21-28
13. D. C. Miller, Accelerated Carburizing through Special Control of Furnace Atmosphere and Reactions *Ind. Heat.*, Aug 1982, p37-40
14. D. J. Bradley, J. M. Leitnaker and F. H. Horne, *High Temp. Sci.*, Vol 12, 1980, p1-10
15. S. S. Babu and H. K. D. H. Bhadeshia, Diffusion of Carbon in Substitutionally Alloyed Austenite, *J. Mater. Sci. Lett.*, Vol 14 (No. 5), 1995, p314-316
16. K. E. Blazek and P. R. Cost, Carbon Diffusivity in Iron-Chromium Alloys, *Trans. Jpn. Inst. Met.*, Vol 17 (No. 10), 1976, p630-636
17. A. A. Zhukov and M. A. Krishtal, Thermodynamic Activity of Alloy Components, *Met. Sci. Heat Treat.*, Vol 17 (No. 7-8), 1975, p626-633
18. T. Ellis, I. M. Davidson, and C. Bodsworth, Some Thermodynamic Properties of Carbon in Austenite, *J. Iron Steel Inst.*, Vol 201, 1963, p582-587
19. F. Neumann and B. Person, Beitrag zur Metallurgie der Gasaufkohlung, *Härt.-Tech. Mitt.*, Vol 23, 1968, p296-310
20. O. K. Rowan and R. D. Sisson, Jr., Effect of Alloy Composition on Carburizing Performance of Steel, *J. Phase Equilibria Diffus.*, Vol 30 (No. 3), June 2009, p235-241
21. C. Dawes and D. F. Tranter, Production Gas Carburizing Control, *Heat Treat. Met.*, Vol 31 (No. 4), 2004, p99-108
22. L. Lefevre and D. Domergue, High Efficiency Carburizing Process, *Heat Treat. Met.*, Vol 3, 2001, p59-62
23. A. Cook, Nitrogen-Based Carbon Controlled Atmosphere—An Alternative to Endothermic Gas, *Heat Treat Met.*, Vol 3 (No. 1), 1976, p15-18
24. J. Slyke and L. Sproge, Assessment of Nitrogen-Based Atmospheres for Industrial Heat Treating, *J. Heat Treat.*, Vol 5 (No. 2), 1988, p97-114
25. C. A. Stickels and C. M. Mack, Gas Carburizing of Steel with Furnace Atmospheres Formed in-Situ from Propane and Air, Part Ⅱ: Analysis of the Characteristics of Gas Flow in a Batch-Type sealed Quench Furnace, *Metall, Trans. B.* Vol 11 (No. 3), 1980, p481-484
26. C. A. Stickels, C. M. Mack, and M. Brachaczek, Gas Car-

burizing of Steel with Furnace Atmospheres Formed in-Situ from Propane and Air, Part Ⅰ: The Effect of Air-Propane Ratio on Furnace Atmosphere Composition and the Amount of Carburizing, *Metall. Trans. B*, Vol 11 (No. 3), 1980, p471-479

27. C. A. Stickels, C. M. Mack, and J. A. Piepzak, Gas Carburizing of Steel with Furnace Atmospheres Formed in-Situ from Air and Hydrocarbon Gases, *Ind. Heat.*, Vol 49 (No. 6), 1982, p12-14
28. P. Stolar and B. Prenosil, Kinetics of Transfer of Carbon from Carburizing and Carbonitriding Atmospheres, *Met. Mater.*, Vol 22 (No. 5), 1984, p348-353
29. R. Collin, Mass Transfer Characteristics of Carburizing Atmospheres, *Met. Soc.*, 1975, p121-124
30. H. W. Walton, Mathematical Modelling of the Carburising Process for Microprocessor Control, *Heat Treat. Met.*, Vol 10 (No. 1), 1983, p23-26
31. T. Turpin, J. Dulcy, and M. Gantois, Carbon Diffusion and Phase Transformations during Gas Carburizing of High-Alloyed Stainless Steels: Experimental Study and Theoretical Modeling, *Metall. Trans. A*, Vol 36 (No. 10), 2005, p2751-2760
32. A. Ruck, D. Monceau, and H. J. Grabke, Effects of Tramp Elements Cu, P, Pb, Sb and Sn on the Kinetics of Carburization of Case Hardening Steels, *Steel Res.*, Vol 67 (No. 6), 1996, p240-246
33. O. Karabelchthcikova and R. D. Sisson, Jr., Carbon Diffusion in Steel—A Numerical Analysis Based on Direct Flux Integration, *J. Phase Equilibria Diffus.*, Vol 26 (No. 6), Dec 2006, p598-604
34. K. Rimmer, E. Schwarz-Bergkampf, and J. Wunning, Geschwindigkeit der Oberflaechenreaktion Bei der Gasaufkohlung (Surface Reaction Rate in Gas Carburizing), *Härt.-Tech. Mitt.*, Vol 30 (No. 3), 1975, p152-160
35. B. A. Moiseev, Y. M. Brunzel, and L. A. Shvartsman, Kinetics of Carburizing in an Endothermal Atmosphere, *Met. Sci. Heat Treat.*, Vol 21 (No. 5-6), May-June 1979, p437-442
36. T. Sobusiak, Influence of Carburizing Parameters on Carbon Transfer Coefficient, *Trans. Mater, Heat Treat.*, Vol 25 (No. 5), 2004, p390-394
37. V. A. Munts and A. P. Baskatov, Rate of Carburizing of Steel, *Met. Sci. Heat Treat.*, Vol 22 (No. 5-6), May-June 1980, p358-360
38. O. Karabelchtchikova and R. D. Sisson, Jr., Calculation of Gas Carburizing Kinetics from Carbon Concentration Profiles based on Direct Flux Integration, *Defect Diffus. Forum*, Vol 266, 2007, p171-180
39. G. G. Tibbetts, Diffusivity of Carbon in Iron and Steels at High Temperatures, *J. Appl. Phys.*, Vol 51 (No. 9), 1980, p4813-4816
40. J. I. Goldstein and A. E. Moren, Diffusion Modeling of the Carburization Process, *Metall. Trans. A*, Vol 9 (No. 11), 1978, p1515-1525
41. J. Agren, Revised Expression for the Diffusivity of Carbon in Binary Fe-C Austenite, *Scr. Metall.*, Vol 20 (No. 11), 1986, p1507-1510
42. O. Karabelchtchikova, C. A. Brown, and R. D. Sisson, Jr., Effect of Surface Roughness on the Kinetics of Mass Transfer during Gas Carburizing, *Härt.-Tech. Mitt.*, Vol 63 (No. 5), 2008, p257-264
43. C. A. Stickels, Gas Carburizing of Highly Alloyed Steels. *International Automotive Heat Treating Conference*, 1998, p32-36
44. F. E. Harris, Case Depth—An Attempt at a Practical Definition, *Met. Prog.*, Vol 44, 1943, p265-272
45. R. Collin, S. Gunnarson, and D. Thulin, Influence of Reaction Rate on Gas Carburizing of Steel in a $CO-H_2-CO_2-H_2O-CH_4-N_2$ Atmosphere, *J. Iron Steel Inst.*, Oct 1972, p777-784
46. J. Crank, *The Mathematics of Diffusion*, Oxford University Press, Oxford, U. K., 1975, p8-9, 42-62
47. R. Collin. M. Brachaczek, and D. Thulin, Influence of Reaction Rate on Gas Carburizing of Steel in a $CH_4-H_2-N_2$ Atmosphere, *J. Iron Steel Inst.*, Vol 207 (No. 8), 1969, p1122-1128
48. J. Agren, Numerical Calculations of Diffusion in Single-Phase Alloys, *Scand. J. Metall.*, Vol 11 (No. 1), 1982, p3-8
49. O. Karabelchtchikova and R. D. Sisson, Jr., Carburizing Process Modeling and Sensitivity Analysis Using Numerical Simulation, *Proc. MS&T 2006* (Cincinnati, OH), p375-386
50. J. Agren, Numerical Treatment of Diffusional Reactions in Multicomponent Alloys, *J. Phys. Chem. Solids*, Vol 43 (No. 4), 1982, p385-391
51. K. Bongartz, D. F. Lupton, and H. Schuster, Model to Predict Carburization Profiles in High Temperature Alloys, *Metall. Trans. A*, Vol 11 (No. 11), 1980, p1883-1893
52. A. Borgenstam, A. Engstrom, L. Hoglund, and J. Agren, Dictra, A Tool for Simulation of Diffusional Transformations in Alloys, *J. Phase Equilibria*, Vol 21 (No. 3), 2000, p269-280
53. E. Kozeschnik, Multicomponent Diffusion Simulation Based on Finite Elements, *Metall. Trans. A*, Vol 30 (No. 10), 1999, p2575-2582
54. A. Engstrom, L. Hoglund, and J. Agren, Computer Simulation of Carburization in Multiphase Systems, *Mater. Sci. Forum*, Vol 163-166 (No. 2), 1994, p725-730
55. J. Kelley, "Rolled Alloys Bulletin 401," Sept 2002, p26
56. W. P. Houben, Background Broadening Effects in Nondisper-

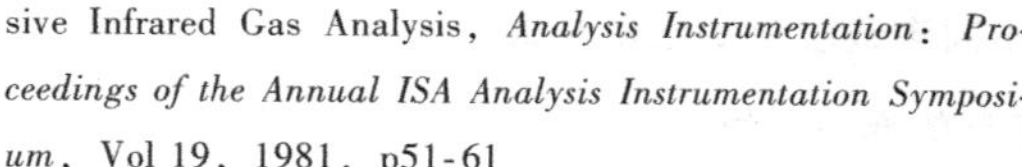

sive Infrared Gas Analysis, *Analysis Instrumentation: Proceedings of the Annual ISA Analysis Instrumentation Symposium*, Vol 19, 1981, p51-61

57. M. Okumiya, Y. Tsunekawa, K. Kurahashi, J. Takebe, and A. Maeda, Hybrid Carbon Potential Control in Gas Carburizing Using Natural Gas as the Enriched Gas, *International Surface Engineering Congress—Proceedings of the First Congress*, 2003, p63-67
58. D. P. Koistinen, The Distribution of Residual Stresses in Carburised Cases and Their Origin, *Trans. ASM*, Vol 50, 1958, p227-241
59. J. L. Pacheco and G. Krauss, Microstructure and High Bending Fatigue Strength of Carburized Steel, *J. Heat Treat.*, Vol 7 (No. 2), 1989, p77-86
60. R. H. Richman and R. W. Landgraf, Some Effects of Retained Austenite on the Fatigue Resistance of Carburized Steel, *Metall. Trans. A*, Vol 6, 1975, p955-964
61. R. Chatterjee-Fischer, Internal Oxidation during Carburizing and Heat Treatment, *Metall. Trans. A*, Vol 9, 1978, p 1553-1560
62. W. E. Dowling, W. T. Donlon, W. B. Copple, and C. V. Darragh Fatigue Behavior of Two Carburized Low Alloy Steels, *Carburizing and Nitriding with Atmospheres*, *Proceedings of the Second Conference*, Dec 1995, p55-60
63. K. C. Evanson, G. Krauss, and D. K. Matlock, Surface Oxides and Bending Fatigue in Gas Carburized SAE 4320 Steels, *Heat Treating*, *Proceedings of the 20th Conference*, Oct 2000, p9-12
64. M. Bykowski, G. Krauss, and J. G. Speer, Effect of Carburizing Temperature on Near-Surface Characteristics That Influence Rolling Contact Fatigue Performance, *Fourth VHCF-4 Conference*, TMS, 2007, p195-201
65. T. Tobie, P. Oster, and B. R. Hohn, Systematic Investigations on the Influence of Case Depth on the Pitting and Bending Strength of Case Carburized Gears, *Gear Technol.*, Vol 22 (No. 4), 2005, p40-48
66. *SAE Handbook*, Vol 1, Society of Automotive Engineers
67. Hardenability Curves, *Properties and Selection: Irons, Steels, and High-Performance Alloys*, Vol 1, *ASM Handbook*, ASM International, 1990
68. R. L. Brown, H. J. Rack, and M. Cohen, Stress Relaxation during the Tempering of Hardened Steel, *Mater. Sci. Eng.*, Vol 21 (No. 1), Oct 1975, p25-34
69. O. K. Rowan, G. D. Keil, T. E. Clements, Analysis of Hardened Depth Variability Process Potential and Measurement Error in Case Carburized Components, JMEP (to be published 2014)
70. E. S. Rowland and S. R. Lyle, *Trans. ASM*, Vol 37, 1946, p27-47

6.4 固体渗碳

6.4.1 介绍

固体渗碳过程中所需的一氧化碳是由金属表面的固体复合物分解生成的初生的碳和二氧化碳反应得到的。最基本的反应是：

$$2C+O_2=2CO \tag{6-40}$$

$$2CO+Fe=[C]+CO_2 \tag{6-41}$$

$$CO_2+C=2CO \tag{6-42}$$

金属吸收初生的碳，并且二氧化碳立即与固体渗碳复合物中的碳质材料进行反应生成新鲜的一氧化碳。

催渗剂或催化剂复合物常常用于增加化学反应动力，使反应向有利于形成一氧化碳的方向进行。催渗剂复合物包括碳酸钡（$BaCO_3$）、碳酸钙（$CaCO_3$）、碳酸钾（K_2CO_3）和碳酸钠（Na_2CO_3）。催渗剂促进碳将二氧化碳还原为一氧化碳，在一个封闭的系统内催渗剂的数量并没有改变。只要有足够的碳与多余的二氧化碳反应，渗碳就会继续进行。固体渗碳通常在920~940℃（1690~1720℉）持续2~36h，但可以使用较高的工艺温度（见6.4.4节过程控制）。

固体渗碳作为另一种渗碳工艺，获得的碳浓度梯度是碳势、渗碳温度、时间及钢的化学成分的函数。渗碳过程中特有的两种工艺控制属性是：

1）对于渗碳容器内一个给定的装炉负载量，由于受热经历不同，渗碳层深度可能有变化。

2）渗碳过程中，因为复合物可用于支承零件，所以零件的畸变可能会减少。

（1）钢的成分　碳钢或合金钢中的任何渗碳钢等级都适合采用固体渗碳。人们普遍认为，钢中碳的扩散速度明显没有受到钢的化学成分的影响。化学成分在某一特定温度下会影响碳的活度和饱和碳浓度。

（2）渗碳层深度　即使有良好的过程控制，假定渗碳温度为925℃（1700℉），从最大装炉量到最小装炉量，零件获得总渗碳层深度的变化小于0.25mm（0.010in）的渗层也是很难的。固体渗碳层深度商业化生产的公差起始值为±0.25mm（0.010in），更深的深度，增加到±0.8mm（0.03in）。较低的渗碳温度提供了减少渗碳层深度变化的前提，因为所有工件达到渗碳温度所需时间的变化占总的处理时间的百分比变得更小。由于渗碳层深度和包埋材料成本的固有变化，固体渗碳通常不用于渗碳层深度小于0.8mm（0.03in）的场合。

典型的固体渗碳温度选择在各种生产零件中形成的不同渗碳层深度见表 6-20。

表 6-20 固体渗碳工艺的典型应用

零件	尺寸				重量		牌号	渗碳			
	外径		外形(轴向)尺寸					至 50HRC 处的渗层深度		温度	
	mm	in	mm	in	kg	lb		mm	in	℃	℉
矿用装载机锥齿轮	102	4.0	76	3.0	1.4	3.1	2317	0.6	0.024	925	1700
飞剪定时齿轮	216	8.5	92	3.6	23.6	52.0	2317	0.9	0.036	900	1650
起重机电缆卷筒	603	23.7	2565	101.0	1792	3950	1020	1.2	0.048	955	1750
高非线性耦合齿轮	305	12.0	152	6.0	38.5	84.9	4617	1.2	0.048	925	1700
连续采煤机驱动齿轮	127	5.0	127	5.0	5.4	11.9	2317	1.8	0.072	925	1700
重载工业齿轮	618	24.3	102	4.0	150	331	1022	1.8	0.072	940	1725
电动机制动轮	457	18.0	225	8.9	104	229	1020	3.0	0.120	925	1700
高性能起重机车轮	660	26.0	152	6.0	335	739	1035	3.8	0.150	940	1725
压延机大齿轮	2159	85.0	610	24.0	5885	12975	1025	4.0	0.160	955	1750
回转窑托轮	762	30.0	406	16.0	1035	2280	1030	4.0	0.160	940	1725
矫直辊	95	3.7	794	31.3	36.7	80.9	3115	4.0	0.160	925	1700
初轧机螺钉	381	15.0	3327	131.0	2950	6505	3115	5.0	0.200	925	1700
重型轧机齿轮	914	36.0	4038	159.0	11800	26015	2325	5.6	0.220	955	1750
处理器的夹送辊	229	9.0	5385	212.0	1700	3750	8620	6.9	0.270	1050	1925

（3）畸变　畸变通常随着处理温度的增加变得越来越明显。在某些情况下，根据容许的最大畸变量选择渗碳温度，在任何情况下，遵循容器中合理的装炉步骤将助于减少畸变。

（4）局部渗碳　前面介绍的气体渗碳防渗技术适用于包埋后的局部固体渗碳。此外，固体渗碳可允许任何零件不渗碳的部分伸出容器。另外，在这些零件不渗碳的区域的四周包埋惰性或轻度氧化材料。

6.4.2 优缺点

目前固体渗碳工艺不再是一个主要的渗碳工艺。这主要是由于发展了更可控的和更少的劳动密集型的气体和液体渗碳工艺。然而，如果工件需要额外的步骤，如清洗和防护涂料的使用等防渗操作，任何气体渗碳或液体渗碳的劳动成本优势在固体渗碳中可以不考虑。环境问题限制了固体渗碳的应用空间。

（1）优势　固体渗碳的主要优点是：

1）其设备和操作成本较低。

2）它可以利用各种各样的加热炉，因为它能形成自己生产环境。

3）它适合从渗碳温度缓慢冷却的工件，这是一种对渗碳后和淬火前需精加工零件有利的工序。

4）与气体渗碳相比，它提供了一个更广泛的局部渗碳的防渗技术。

（2）缺点　就其性质而言，固体渗碳没有其他渗碳过程清洁和便捷。通常固体渗碳的其他缺点包括：

1）不适合浅层渗碳及需要严格的渗碳层深度公差的生产。

2）它不能提供灵活性，以及不能像气体渗碳一样获得精确控制的表面碳含量和碳浓度梯度。

3）需要长时间才能达到工艺温度。固体渗碳比气体或液体渗碳需要更长的处理时间，因为需要加热和冷却工件，及需要加热额外的复合物和容器。

4）不适合直接淬火或用淬火模具淬火，（但可能）很难直接从渗碳容器中拿出淬火。需要额外的处理和加工才能冷却或加热到奥氏体化温度。

5）如果允许在没有保护气氛的空气冷却，零件可能发生脱碳。

6）需要磨削去除表面孔隙。

7）它是劳动密集型的工艺。

6.4.3 渗碳介质和复合物

渗碳介质的基本组分是磨碎的木炭（颗粒尺寸为 3～5mm 或 0.12～0.20in）或焦炭，与钡、钠、钙、锂或钾的碳酸盐混合。常用的渗碳复合物可重复使用，是把硬木木炭或石油焦、焦油或者糖蜜与含有 10%～20%的碱或者碱土金属碳酸盐结合起来。碳酸钡是主要的催渗剂，通常为总碳酸盐含量的 50%～70%。尽管碳酸钠和碳酸钾也可以使用，但是，廉价出售的催渗剂通常由碳酸钙组成。应当指出，由于碳酸钡的毒性和处置存在的问题，现在政府规定为其危害健康的催渗剂，作为在固体渗碳作业中的催化剂，它正在被美国制造商逐步淘汰。

硬木木炭作为固体渗碳的碳源比焦炭更有活性。然而，焦炭也有某些优势，如收缩量最小、热强度好和良好的热导率。因此，更具有活性的渗碳复合物同时包含木炭和焦炭，其典型复合物含有的焦炭比例更大。

（1）调整添加量　因为与固体渗碳复合物的使用有关的损失，新的复合物通常添加到使用过的复合物中以便再次使用。催渗剂的损失通常略高于其他复合物的损失。因此，更高的新的复合物的比例用来确保催渗剂的质量分数不低于 5%～8%。当使用直接淬火或机械处理方法处理时，新的复合物添加量可能等于两份使用过的复合物。使用炉冷等方法时，添加量可以是一份新的复合物和 3～5 份使用过的复合物。

用过的复合物通常通过筛选来移除细粉。然后与新的复合物完全混合组成复合材料。因为许多复合物，特别是覆盖木炭的类型，非常松散，它们需要小心处理以减少由于灰尘或细粉形成的损耗。

（2）渗碳复合物的评价　可以按照一系列标准化的渗碳周期通过对规定的复合物重量进行评定，每次使用一种新的钢样品直到渗碳复合物的碳势耗尽（显示浅渗层）。超过 6 个月的时间，对收到的不同制造商的 4 个批次未使用的渗碳复合物（表 6-21）试样进行评估，以确定它们是否适合添加到料斗中，并向连续炉中用于齿轮、销、轴、和特殊垫圈的固体渗碳盒子内提供补充，这些零件要求渗碳层深度达到 1.5mm（0.060in）。将收到的复合物进行称重、筛子分拣和化学分析，见表 6-21。

表 6-21　固体渗碳复合物的评定

项　目	批　次			
	1	2	3	4
物理数据				
重量/(lb/ft^3)	28.0	32.6	38.6	41.0
细度，百分比通过：				
0.371in 筛子	99.9	99.9	99.3	99.4
0.131in 筛子	0.1	1.0	1.0	0.4
0.100in 筛子	0.03	0.5	0.2	0.2
化学分析(质量分数，%)				
水分	0.2	0.2	0.2	0.2
硫	1.05	0.4	0.6	0.7
碳酸钠	—	—	—	—
碳酸钡	12.2	9.2	11.5	11.1
碳酸钙	—	—	—	—
木炭	—	—	0.2	—
焦炭	87.8	90.8	88.3	88.9
灰	9.0	7.4	8.1	8.2
渗碳使用 20 次后总重量损失(%)(见图 6-75、第一和第三批次累计记录)				
收缩	47.2	38.5	34.2	35.8
吹掉灰尘	10.9	8.3	12.7	14.2
总重量损失	58.1	46.8	46.9	50.0

对 4 种复合物进行了渗碳试验：一根长 50mm（2in）和直径为 16mm（5/8in）的 1020 钢样品在实验室渗碳箱中被质量约 600g（21OZ）未使用过的复合物填满，在 925℃（1700℉）接受标准周期为 9h 的处理，并且在炉内冷却。对于每个周期用新的钢样品，不添加新的复合物，重复试验 19 次。

每 20 个周期后在显微镜下检测确定渗碳层深度。渗碳层深度的变化，以及产生富碳、可接受的、不稳定的渗层时间周期，如图 6-74 所示。此外，通过每个周期之后的失重和第 20 个周期之后吹扫灰尘后的失重确定渗碳复合物收缩率。将在 925℃（1700℉）连续 20 次 9h 的渗碳周期内，两个批次固体渗碳复合物的累积收缩率绘制在图 6-75 中。

6.4.4　过程控制

固体渗碳和在其他渗碳工艺一样，获得的碳浓度梯度是碳势、渗碳温度、时间和钢中化学成分的

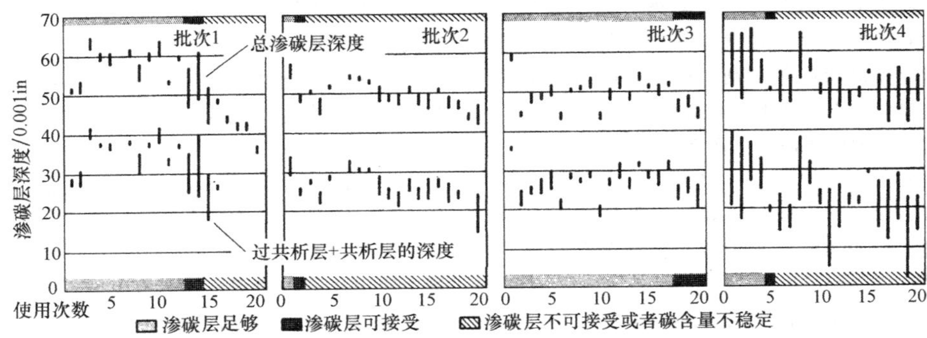

图 6-74 4个不同批次的复合物连续进行20次的固体渗碳后产生的渗碳层深度变化（见表6-21）

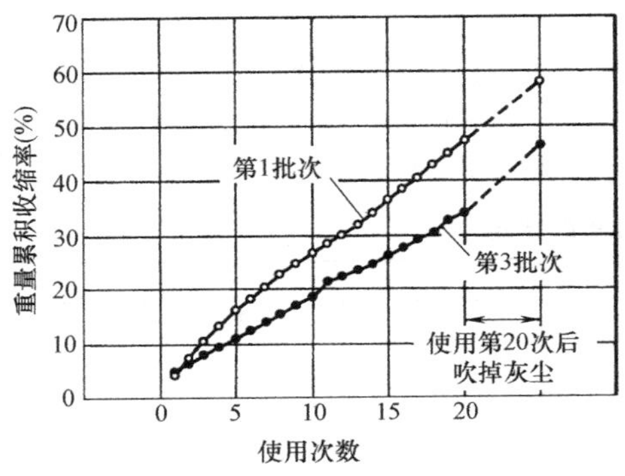

图 6-75 在925℃（1700℉）连续20次9h的渗碳周期，两个批次固体渗碳复合物累计收缩率

注：在第20次使用之后，吹掉固体渗碳复合物中的灰尘。第2批次和第4批次（见表6-21）的收缩率是第1批次和第3批次显示数据的中间值。

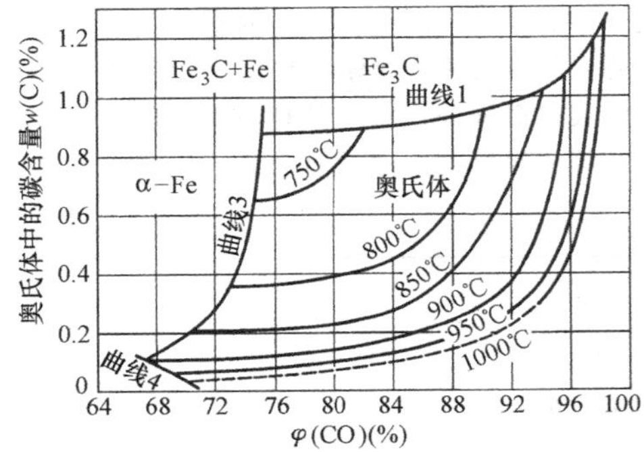

图 6-76 在一氧化碳高浓度状态下奥氏体中碳含量的等温曲线

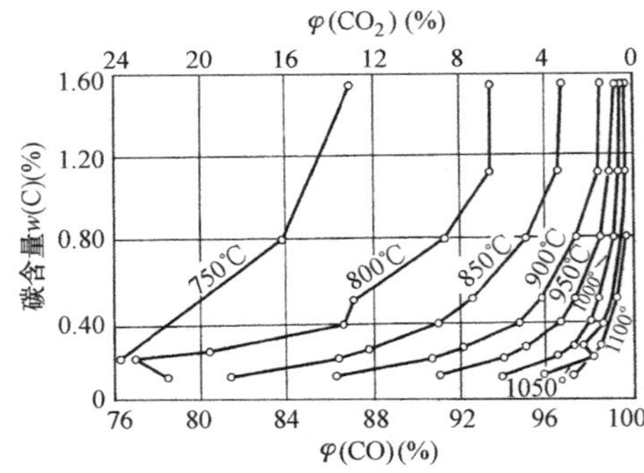

图 6-77 在一系列温度下各种 $CO-CO_2$ 复合物和不同碳含量的等温线

一个函数。固体渗碳通常是在815~955℃（1500~1750℉）的温度范围内进行的。近年来，上限温度已经稳步提高了，并且渗碳温度已经高达1095℃（2000℉）。

因为大多数固体渗碳零件在进行渗碳和缓慢冷却之后，需重新加热，并在较低的温度淬火，当使用高温渗碳时，晶粒长大并不需要考虑。因为在较高的渗碳温度下，表面碳饱和程度较高，主要关心的问题将是表面碳化物的出现。

（1）表面碳含量 在平衡状态下，在工件表面获得的碳含量随CO和 CO_2 比率的增加而直接增加。对于给定的气体混合物，在较低的温度下可用的碳量是较高的（图6-76、图6-77）。虽然从这两个实验得到的图6-76和图6-77并不完全相同，但是，它们表现出了CO和 CO_2 混合物与在铁中碳含量的平衡等温线的基本趋势。因此，通过使用催渗剂和促进形成一氧化碳的渗碳材料，为渗碳工件表面提供更多的碳。

在固体渗碳中，富含碳质的气体逸出速度是固定的，并且几乎总是超过表面层达到碳饱和供应需求的速度。表面碳含量大约是碳在奥氏体中饱和极限的含量（图6-76）。整个渗层要求的平均碳含量直接取决于渗碳温度。当渗层要求是共析［w(C)=0.8%］成分时，渗碳温度通常大约是815℃（1500℉）。当渗层中要求更多的碳含量时，可增加渗碳温度。为了限制表面碳含量，尽管可以通过改变复合物的碳势实现，但是，温度的控制作用是相同的，而且更容易实现。碳势（对于一个实际的混合气体）在低温时较高，但是，在表面上随着较高的 CO 浓度水平和较低的温度变化，形成渗碳体（而不是在奥氏体中饱和的碳）（图 6-76）。

（2）渗碳速度和渗层深度　碳势仅指在表面上可用的碳，而不是渗碳速度和碳扩散到渗层的深度。在表面上渗碳层形成的速度随温度升高迅速增加。如果 1.0 因子代表 815℃（1500℉），那么在 870℃（1600℉）上因子增加到 1.5，在 925℃（1700℉）上因子超过 2.0。通过改善渗碳箱、使用细晶粒钢和其他方面的改进，现在允许使用各种渗碳温度。

在一个特定的渗碳温度上渗碳层深度的变化速度与时间的平方根成正比。因此，在渗碳周期开始段渗碳速度最高，随渗碳周期的延长渗碳速度逐渐降低（图 6-78），更高的温度也促进了碳的扩散，增加了渗碳层深度（图 6-79）。

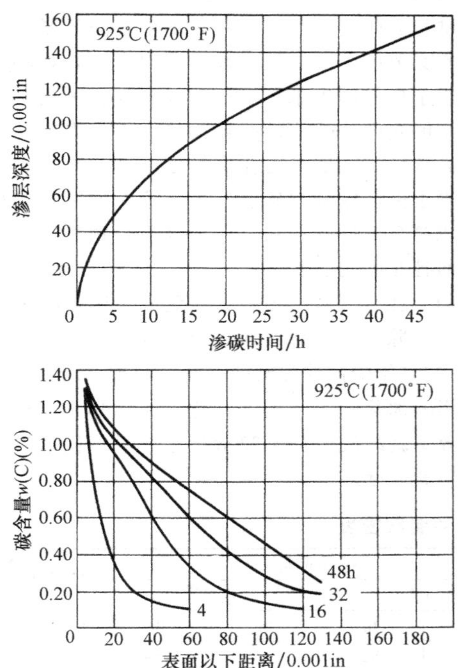

图 6-78　3115 钢在硬木木炭、焦炭和碳酸钠的复合物中进行固体渗碳时的渗层深度和碳含量

（3）例子　由 4815 钢制造的牙轮钻头部件采用木炭（16~30 目或者更细）与含 8%~15% 碳酸钾催渗剂的复合物进行固体渗碳。在 925℃（1700℉），进行约 9h 渗碳形成 1.65mm（0.065in）渗层深度，表面碳的质量分数约为 1.0%。

6.4.5　固体渗碳炉

固体渗碳炉的适用性取决于其能力，以合理的成本，提供足够的热量和温度均匀性（炉子温度必

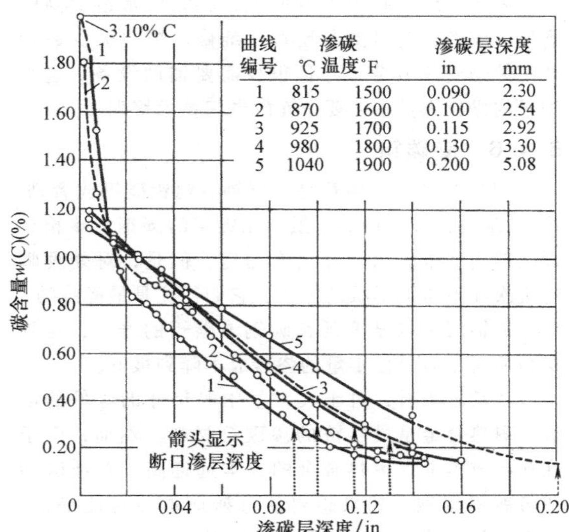

图 6-79　渗碳温度对渗碳后碳含量的影响

须控制在±5℃或±9℉，均匀透热的能力必须在±8~±14℃或±14~±25℉），在要求的温度上，对渗碳箱和工件提供足够的支承。

现代加热系统和炉子构造在很大的温度范围内都能够提供充足的供热能力和温度均匀性。在一个大型炉子的整个工作区域内，±8℃（±14℉）的温度变化能够很容易地保持。许多炉子安装有对炉门或其他连接点热损失的自动补偿装置。燃烧系统保持稳定的压力或者稳定的流量，就能够实现变负荷的精密温度控制。在变量加载时保持恒压或恒流。零件分区也是控制的主要因素。为了保持良好的均匀性，装炉尽可能均匀，并且渗碳箱与渗碳箱之间应该保证足够的空间，如 50~100mm（2~4in），或者加热气体可以进行循环。

固体渗碳最常用的三种炉型是箱式炉、台车式炉、井式炉。箱式炉通过机械装置装炉，或者使用厂内运输设备装炉。台车式炉为重型件装炉提供了方便。台车式炉在每一端带有一个小车，当炉子在使用的时候，可以在这个小车上装载第二炉工件，这样使热量损失和在两个批次之间的停机时间减少到最小。井式炉是通用的加热炉，它可以用于渗碳和占地面积要求极小的其他热处理作业。

渗碳箱和工件有足够的支承可以最大限度地减少畸变。它还有助于保持渗碳箱的形状和延长其寿命。在台车式炉中应该使用三个或者更多的支承点。渗碳箱放置在炉床上应适当垫起，以使其周围气体可良好地循环。在箱式炉中，碳化硅和某些其他炉膛材料提供了优良的耐磨性，保证了炉膛的形状。它们的高热导率有助于提高温度均匀性。

固体渗碳炉有极少量的配件，它们常遭受高的磨损，或者，它们要求频繁地维修。炉内极少数合金配件经受热疲劳，并且很少需要辅助设备。这些炉子的操作人员不需要全面的专门技术培训。

6.4.6 渗碳箱

（1）材料 渗碳箱是用碳钢、镀铝碳钢或者铁-镍-铬耐热合金制造的。虽然无镀层的碳钢渗碳箱在渗碳期间严重剥落，并且寿命短，但是，对处理临时批次和不常见形状的零件，它们往往是最经济的。

镀铝层可以显著延长碳钢渗碳箱的寿命，这种材料使每小时单位重量的渗碳成本降到最低。

从长远来看，对于大批量中等尺寸的零件的渗碳，耐热合金是最经济的渗碳箱材料。然而，由于在初始成本上，耐热合金的成本远远高于普通碳钢或者镀铝碳钢，如果想要使分摊成本尽可能最低，那么必须连续使用耐热合金的渗碳箱。

（2）设计和结构 对于上述三种材料的渗碳箱，倾向于使用金属薄板和板材，现在已经朝着更轻的结构趋势发展，而不是较重的铸造结构。这些较轻的容器需要配置肋板、压制波纹或其他支承的方法，使其在高温下具有足够的刚性，能长时间工作。渗碳箱通常配有吊耳或者钩子、盖子和测试销（试样）孔。

一件渗碳箱不应该比需要的尺寸大。它应该至少在一个尺寸方向是狭窄的，以促进箱内加热均匀。一个结构设计适当的箱子将提供一个足够高的冷却速度，使渗层中网状碳化物的形成降到最低程度，但是，冷却速度足够低可以避免畸变或者避免硬度过高。

1）盖子结构。渗碳箱的盖子从简单的薄金属板到金属和耐火材料组合而成的盖子变化。盖子可以增加渗碳箱的刚性。它必须盖得足够紧，以防止空气进入燃烧掉箱内的复合物，但也不必那么紧，以防止箱内产生的多余气体喷出。箱子的盖子必须能够排气，排放装置必须能够耐可燃气体燃烧释放的巨大热量。配合过松的盖子在某种程度上可以用以黏土为主的耐火泥进行密封。

2）调节。在新的合金渗碳箱投入使用之前，工作人员可能会通过不装一个工件的预渗碳处理进行调整。这种预渗碳处理排除了在第一次渗碳生产周期内箱子进行渗碳的可能性，而不是排除了工件渗碳的可能性。

6.4.7 装渗碳箱

组件放置在一个钢制的箱子中，组件之间的间距大约为25mm（1.0in）。这个箱子能用黏土密封，以容纳释放的气体。复合物和工件之间的紧密接触是没有必要的。当工件包埋适当时，复合物将为工件提供了良好的支承。工件周围的复合物层必须量大，足够允许其收缩，而且在整个周期内能够维持一个高碳势，但是，复合物量也不用那么大，否则会减慢工件加热到渗碳温度的速度。如果箱子可以设计成符合工件的形状，那么该复合物将不仅厚度均匀而且厚度最小。

（1）工件装载密度 工件装载密度是净重（单件重量）除以总重量（渗碳箱、复合物和工件的重量），它是影响固体渗碳效率的一个重要因素，因为它会影响加热和冷却时间。这个比值越小，相对的工艺效率就越低。表6-22表明了三种不同的渗碳零件的装载密度。

表6-22 固体渗碳中的工件装载密度

零件	尺寸				每件重量				净重占毛重比例(%)
	外径		外形(轴向)尺寸		净重		总重①		
	mm	in	mm	in	kg	lb	kg	lb	
轧辊	75	3	1220	48	37	82	72	159	51
起重机车轮	560	22	125	5	130	287	150	331	87
齿轮	660	26	205	8	285	628	440	970	65

① 工件+包装材料+箱子的总重量，除以渗碳箱中的件数。

（2）步骤 在复合物中包埋工件是一个充满灰尘和令人讨厌的操作（这限制该工艺在行业中应用的原因之一）。出于这个原因，为了把触摸复合物的次数减少到最少，渗碳箱、工件和复合物的分组应该仔细考虑。如果有可能，那么工件应放到已经码放和分类的封装机上，最好放在敞开的托盘或者浅的盘子上。

首先，将一个厚度为13~50mm（½~2in）的复合物层放置在空的渗碳箱中。将单件和多件零件然后堆放在箱子中，而且如果有必要，应用金属或者陶瓷支承或者间隔放置垫片，箱子内部嵌入支承。

只要有可能，零件应该按最长方向垂直于箱子底部的方向包埋。在处理长零件如轴、轧辊时，这是非常重要的，因为它使这些零件弯曲凹陷的倾向降低到最低。在渗碳箱内或者在炉内，使相对较薄和较细的零件畸变减少到最少，工件悬挂是十分有用的。对于在小齿或小孔的地方要求均匀渗碳，应该使用6目或者8目筛孔的材料，确保使用良好的填充材料。

在复合物充分夯实之后，最后一层放在零件的顶部。顶部一层的厚度根据工件的类型、渗层深度、箱子的类型和复合物的收缩速度而变化，但是它的量应该确保其收缩之后以及产生的其他运动影响之后复合物能够覆盖住工件。推荐的复合物最小深度为50mm（2in）。最后一步，把盖子放在适当的位置盖好。

（3）过程控制标本　控制和评估渗碳过程，测试销或者定碳片通常都包含在装载的工件当中。为了提供有效的结果，试验试样的截面尺寸和放置位置必须基本接近工件的截面尺寸和放置位置。把测试销放置在接近工件的位置通常会产生一个与工件相同的受热过程。

为了管理控制过程，许多箱子有一个安装测试销的地方，它们在渗碳期间可以取出。在销子淬火之后，折断销子，在它们上面得到渗碳层深度读数，帮助评估获得的渗碳结果是否满意，这些读数能帮助确定规定的硬化层深度什么时候已经达到。

参考文献

1. A. Hultgren, *J. Iron Steel Inst.*, July 1951, p245-257
2. W. F. Gale and T. C. Totemeier, Ed., Chap. 29, Heat Treatment, *Smithells Metals Reference Book*, 8th ed., Elsevier Butterworth-Heinemann, 2004
3. M. A. Grossman, A Review of Some Fundamentals of Carburizing, *Carburizing*, American Society for Metals, 1938

6.5 钢的液体渗碳和碳氮共渗

Revised by Jon Dossett, Consultant

液体渗碳是一种用于渗碳钢或铁零件的工艺。零件在温度高于 Ac_1 的熔盐中保温，熔盐能往金属中引入C和N或仅引入C。大多数液体渗碳盐浴中都包含有氰化物，它同时向金属表面渗入C和N。本节介绍的包含氰化物的盐浴工艺在以前用于渗碳和碳氮共渗，也用于渗氮及铁素体氮碳共渗。自20世纪70年代开始，氰化物盐浴由于其操作和环境问题而削减。另一类液体渗碳盐浴，采用一种特别等级的碳，而不是氰化物，作为C的供应源。这种盐浴作为硬化剂得到的表层只含有C（没有N）。

液体渗碳所产生的表层的特性和成分与碳氮共渗（在含有较高比例的氰化物的盐浴中进行）是不同的。前者与后者相比，具有较低含量的N和较高含量的C。碳氮共渗处理层很少应用于深度超过0.25mm（0.010in）的情况，而液体渗碳可以得到深达6.35mm（0.250in）的处理层。对于很薄的处理层，可以用低温浴的液体渗碳来代替碳氮共渗处理。

碳从表面向里扩散产生了一个可以被硬化的层，通常从盐浴中取出后快速淬火。碳从盐浴中扩散到金属里并产生一个可以与由含氨的气体渗碳相当的处理层。两种过程的主要区别是液体渗碳升温更快（原因是盐电解液具有出色的传热特性）。因此，液体渗碳的循环时间要比气体渗碳短。

然而，如果与人体上的划痕或伤口（比如手上的）接触，含有氰化物的盐浴过程会导致剧烈的中毒反应，而如果烟气被吸入人体内部，则能致命。日益严格的国家及地方性废液处理和排放要求减少了氰化物盐浴的应用。

碳氮共渗过程中和处理零件清洗液中的氰化物含量是主要关心的问题。虽然在废物处理和处置方面做了很多工作，但是在很多情况下这些额外增加的成本会导致氰化过程不再具有经济性。而转换成相应的气体渗碳，则要环保得多。氰化物废料无论是溶于淬火水溶液中，还是在自盐浴炉中以固态盐的形式存在，都会造成严重的处理问题。

液体渗碳和碳氮共渗是在盐浴炉中完成的，可以在外部加热，也可以在内部加热。在外部加热的炉型中，热量被带入到盐浴炉和周围绝缘层中间的空腔中，通常是用耐火砖制造。在内部加热炉型中，热量被直接带入盐中。外部和内部加热的炉型通常有用于隔热的盖子，可以滑动来打开盐浴炉，并容许放置工件和夹具，通常有一个桥式起重机或相似的机械起重设备。

6.5.1 氰化物液体渗碳盐浴

浅层或深层渗碳利用含氰化物液体都可以做到。对这两种表层的盐浴成分肯定有一些重叠的地方。一般来说，相比于盐浴成分，这两种类型更多的是通过操作温度和周期时间来区别。因此，用低温和高温来区别更合适些。

对于不同的氰化物成分，都可以采用低温和高温盐浴，以满足通常带出和补给的限制下渗碳活性（碳势）的个性化需求。在许多情况下，兼容性的伴随成分对开始盐浴或盐浴组成和碳势的再生或维持是有用的。

（1）低温氰化物型盐浴（薄层盐浴）　通常在845~900℃（1550~1650℉）范围内操作。虽然对某些特殊效应来说，这个范围有时候会扩展到790~925℃（1450~1750℉）。低温盐浴最适合薄层的形成。低温盐浴通常属于加速氰一类，包含多种组合和大量的表6-23列出的成分，与主要包含C的低温的氰化物盐浴不同。低温盐浴通常会有一个碳保护层，但是，当低温盐浴中碳层很薄的情况下，渗碳层里的 N 含量会相当高。氰化物盐浴得到的渗层深度为 0.13~0.25mm（0.005~0.010in），并且含有数量可观的 N。

表 6-23 液体渗碳盐浴的成分

组成	盐浴成分（质量分数，%）	
	浅层，低温 845~900℃（1550~1650℉）	深层，高温 900~955℃（1650~1750℉）
氰化钠	10~23	6~16
氯化钡	—	30~55[①]
其他碱土金属盐[②]	0~10	0~10
氯化钾	0~25	0~20
氯化钠	20~40	0~20
碳酸钠	30max	30max
碱土金属化合物以外的加速剂[③]	0~5	0~2
氰酸钠	1.0max	0.5max
熔盐密度	$1.76g/cm^3$，900℃ （$0.0636lb/in^3$，1650℉）	$2.00g/cm^3$，925℃ （$0.0723lb/in^3$，1700℉）

① 深渗层盐浴专用氯化钡。

② 采用氯化钡和氯化锶，氯化钡效果更好，但是其吸湿特性限制了其使用。

③ 这些加速剂含有二氧化锰、氧化硼、氟化钠和焦磷酸钠。

在低温氰化物类型的盐浴中，几个反应同时发生，根据盐浴成分，得到不同的最终产物和中间产物。反应产物包括：碳（C）、碱金属碳酸盐（Na_2CO_3 或 K_2CO_3）、氮（N_2 或 2N）、一氧化碳（CO）、二氧化碳（CO_2）、氰胺化物（Na_2CN_2 或 $BaCN_2$）以及氰酸盐（NaNCO）等。

在盐浴中发生的主要的反应（氰胺转移和氰酸盐的形成）：

$$2NaCN \rightleftharpoons Na_2CN_2+C \quad (6\text{-}43)$$

和

$$2NaCN+O_2 \rightarrow 2NaNCO \quad (6\text{-}44)$$

或

$$NaCN+CO_2 \rightleftharpoons NaNCO+CO \quad (6\text{-}45)$$

影响氰酸盐含量的反应如下：

$$NaNCO+C \rightarrow NaCN+CO \quad (6\text{-}46)$$

$$4NaNCO+2O_2 \rightarrow 2Na_2CO_3+2CO+4N \quad (6\text{-}47)$$

$$4NaNCO+4CO_2 \rightarrow 2Na_2CO_3+6CO+4N \quad (6\text{-}48)$$

式（6-47）和式（6-48）消耗了盐浴的活性，会导致最终渗碳效果的下降，除非在其之后采取合适的补偿措施。式（6-43）和式（6-45）至少在一定程度上是可逆的。产生一氧化碳或碳的反应对于制造期望的渗碳层是有利的，比如：

$$Fe+2CO \rightarrow Fe[C]+CO_2 \quad (6\text{-}49)$$

$$Fe+C \rightarrow Fe[C] \quad (6\text{-}50)$$

低温（薄层）盐浴通常比高温（厚层）盐浴所采用的氰化物含量要高。首选氰化物含量见表 6-24，得到的渗层基本上是共析的成分（碳的质量分数 >0.80%）。如果想得到亚共析渗层，那么盐浴采用温度/氰化物建议范围的下限。相反，采用建议范围的上限有助于碳过共析表层的形成。

表 6-24 液体渗碳浴的成分

温度		NaCN（质量分数，%）		
℃	℉	最低	优选值	最高[①]
815	1500	14	18	23
845	1550	12	16	20
870	1600	11	14	18
900	1650	10	12	16
925	1700	8	10	14
955	1750	6	8	12

① 最高限是基于经济性考虑的。如果 NaCN 的含量超过 30%，会存在危险，NaCN 会分解，产生碳渣及气泡。要改善这种情况，需要把浴温降低，并且把 NaCN 含量调整到优选值上。

（2）高温氰化物型盐浴（厚层盐浴） 通常在 900~955℃（1650~1750℉）范围内操作。这个范围可能会有些许扩展，但是在低温时碳的渗入速度下降，而温度高于 955℃（1750℉）时，会明显加速盐浴和设备的恶化。不管怎样，碳的快速渗入可以在 980~1040℃（1800~1900℉）操作来实现。

高温盐浴用于得到深度为 0.5~3.0mm（0.020~0.120in）的渗层。在某些情况下，可以得到更深的渗层（深度约 6.35mm 或 0.250in），但是这些盐浴最重要的用途还是深度在 1~2mm（0.040~0.080in）

的渗层的快速形成。这类盐浴由氰化物和占主要部分的氯化钡组成（表 6-23），也可以添加或不添加其他碱土金属盐类来作为补充加速剂。虽然低温液体渗碳盐提到的反应在某种程度上适用，但是主要的反应是所谓的氰胺转移。

这个反应是可逆的：

$$Ba(CN)_2 \rightleftharpoons BaCN_2+C \qquad (6\text{-}51)$$

有 Fe 存在时，反应为

$$Ba(CN)_2+Fe \rightarrow BaCN_2+Fe[C] \qquad (6\text{-}52)$$

低温液体渗碳浴得到的渗层主要由含铁的渗碳层组成。然而，反应中充足的氮会用来形成一个浅表的含氮层，它有助于抗磨损，也能在回火和其他高于正常操作温度下热处理时起到抵抗软化的作用。

（3）组合处理　渗碳循环中，先在高温渗碳盐浴中处理，然后将工件转移到低温渗碳盐浴中处理，这屡见不鲜。这种操作不仅提供了最大的渗碳速度，而且工件从低温盐浴淬火可以减少零件变形，得到最少的残留奥氏体。

6.5.2 氰化处理（液体碳氮共渗）

氰化处理又称液体碳氮共渗，是能在钢铁零件上得到一层高硬度、耐磨损表面的热处理方法。当钢在含有碱性氰化物和氰酸盐的适当的盐浴中加热到 Ac_1 温度以上时，钢表面会从熔盐浴中同时吸收 C 和 N。当在矿物油、石蜡基油、水或盐水中淬火时，钢表面会产生一个硬化层，它与活性液体渗碳盐浴中得到的渗层相比，碳含量较少，而氮含量更多。

由于碳氮共渗效率较高，而成本较低，氰化钠被用来代替更昂贵的氰化钾。氰化盐浴中的活性硬化剂——一氧化碳和氮并不直接从氰化钠中得到。熔融氰化物在盐浴表面有空气存在的情况下分解生成氰酸钠，氰酸钠按下列化学方程式分解：

$$2NaCN+O_2 \rightarrow 2NaNCO \qquad (6\text{-}53)$$

$$4NaNCO \rightarrow Na_2CO_3+2NaCN+CO+2N \qquad (6\text{-}54)$$

$$2CO \rightarrow CO_2+C \qquad (6\text{-}55)$$

$$NaCN+CO_2 \rightarrow NaNCO+CO \qquad (6\text{-}56)$$

氰酸盐形成、分解、在钢表面释放碳和氮的速度，决定了盐浴碳氮共渗的速度。

在操作温度下，氰酸盐浓度越高，分解速度越快。因为氰酸盐分解速度也随温度而增加，所以在操作温度较高时盐浴活性也高。新的氰化盐浴必须在超过熔点以上温度下陈化约 12h，从而为保持有效的碳氮共渗活性度提供足够浓度的氰酸盐。为了使陈化过程有效果，表面形成的任何碳浮渣都要被清除掉。要清除浮渣，盐浴的氰化物浓度必须通过加入惰性盐（氯化钠和碳酸钠）的方法降低到 25%～30%。在盐浴陈化温度通常约为 700℃，其分解速度是比较低的。

（1）盐浴成分　例如表 6-25 中等级为 30 的氰化钠混合物，含有 30%的 NaCN、40% 的 Na_2CO_3 以及 30%的 NaCl，通常用于大量生产的氰化处理。这种混合物比表 6-25 中给出的其他组成都要好。氰化物中加入惰性的氯化钠和碳酸钠可以提高流动性并控制混合物的熔点。30%的氰化钠混合物，以及分别含 45%、75%、97%的氰化钠混合物一样，可以加入到操作盐浴中，以维持具体应用中所期望的氰化物浓度。

表 6-25　氰化钠混合物的成分及性能

混合物命名等级	成分（质量分数，%）			熔点		相对密度	
	NaCN	$NaCO_3$	NaCl	℃	℉	25℃（75℉）	860℃（1580℉）
96～98[①]	97	2.3	痕迹	560	1040	1.50	1.10
75[②]	75	3.5	21.5	590	1095	1.60	1.25
45[②]	45.3	37.0	17.7	570	1060	1.80	1.40
30[②]	30.0	40.0	30.0	625	1155	2.09	1.54

① 外观：白色结晶固体。这个品种还包含 0.5%的氰酸钠（NaNCO）和 0.2%的氢氧化钠（NaOH），硫化钠（Na_2S）含量为 0。

② 外观：白色颗粒状混合物。

氰化盐浴得到的渗层里的碳含量随着盐浴中氰化物浓度的增加而增加，因此，用途相当广泛。操作温度为 815～850℃（1500～1560℉）、氰化物的质量分数为 2%～4%的盐浴，可以对心部碳的质量分数为 0.30%～0.40%的钢表面脱碳层进行复碳，而氰化物的质量分数为 30%的盐浴在相同温度下可以在 45min 内在工件表面形成厚 0.13mm，碳的质量分数为 0.65%的渗层。氰化钠含量对渗层深度还有一些影响，见表 6-26 中对 1020 钢的影响。

表 6-26 氰化钠含量对 1020 钢棒渗层深度的影响

氰化钠含量（质量分数，%）	渗层深度	
	mm	in
94.3	0.15	0.0060
76.0	0.18	0.0070
50.8	0.15	0.0060
43.0	0.15	0.0060
30.2	0.15	0.0060
20.8	0.14	0.0055
15.1	0.13	0.0050
10.8	0.10	0.0040
5.2	0.05	0.0020

注：试样是用直径为 25.4mm（1.0in）的钢棒在 815℃（1500℉）碳氮共渗 30min 得到的。

6.5.3 无氰化物液体渗碳

液体渗碳可以在含有特殊等级的碳的盐浴槽完成，而不是以氰化物作为碳源。在这种盐浴中，用占据整个盐浴槽体积比例很小的一个或多个简单的螺旋桨搅拌器进行机械搅拌，将碳粒子分散在熔盐中。搅拌器相信还可以增加盐浴接触和吸收空气中的氧气。

其中涉及的化学反应还没有完全弄清楚，但是普遍认为含有碳粒子对一氧化碳的吸附。一氧化碳由碳与熔盐中的主要材料碳酸盐之间的反应产生。推测吸附的一氧化碳与钢表面发生反应，就像气体渗碳或固体渗碳那样。

这类盐浴的操作温度通常比氰化物类盐浴要高得多。最常用的温度范围为 900～955℃（1650～1750℉）。低于 870℃（1600℉）的温度不推荐采用，甚至有可能导致钢的脱碳。得到的渗层深度和碳浓度梯度与高温氰化物类盐浴在相同范围（碳钢和低合金钢的数据如图 6-80～图 6-82 所示），但是渗层中没有氮。此种盐浴的碳含量比标准氰化物渗碳盐浴的碳含量稍微低一点。

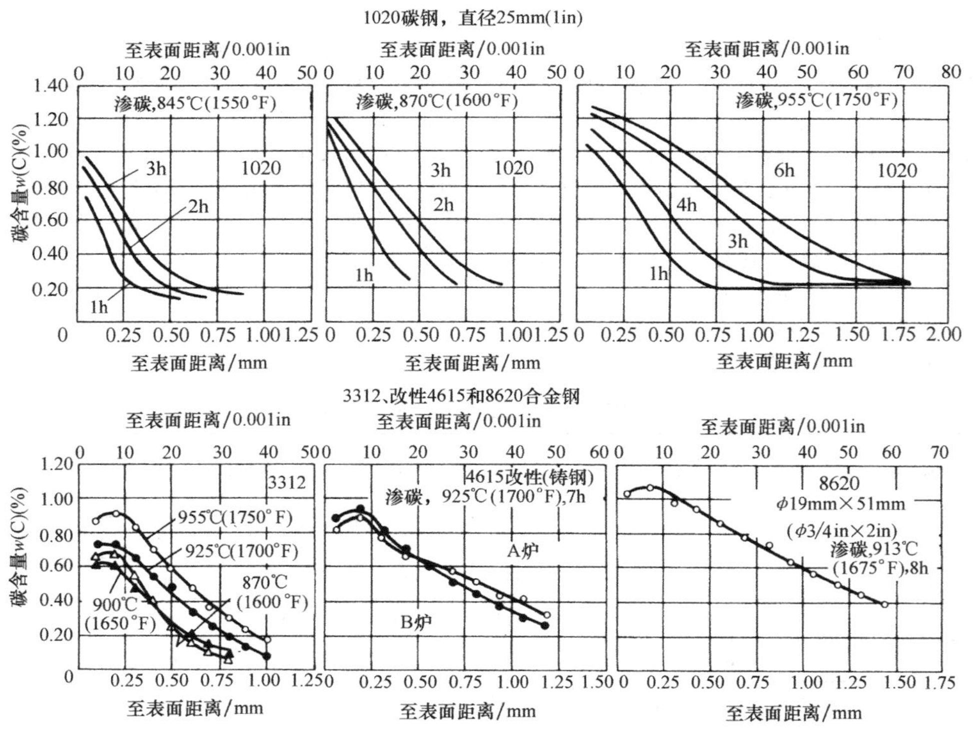

图 6-80 碳钢和合金钢在低温和高温下液体渗碳所产生的碳浓度梯度

注：1020 钢棒在 845℃、870℃和 955℃（1550℉、1600℉和 1750℉）渗碳不同的时间。3312 合金钢的数据显示了四种不同渗碳温度对碳浓度梯度的影响（时间为 2h）。改性 4615 钢渗碳数据表明，铸件在两炉采用相同的渗碳条件得到的梯度差异（7h，925℃或 1700℉）。这些数据和 8620 钢零件的数据显示，在重新加热到奥氏体化温度时，碳扩散引起碳含量降低。

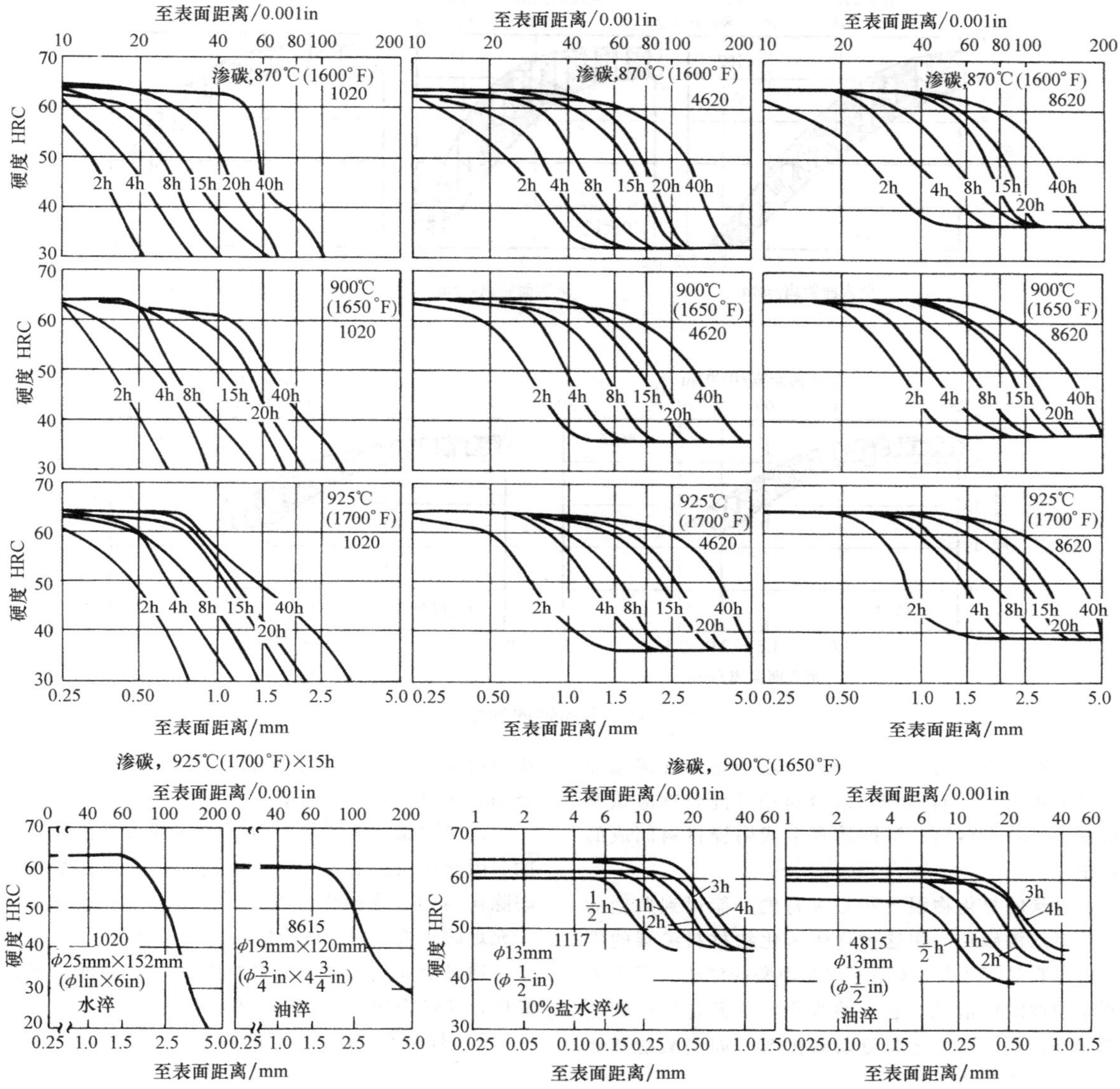

图 6-81 两种碳钢和四种低合金钢的表面硬度梯度受渗碳温度和时间的影响

注：测量试样直径为 19mm，长 51mm（直径 3/4in，长 2in）的钢棒进行渗碳、空气冷却、在 845℃（1550℉）的中性盐中加热，在 180℃（360℉）的硝酸盐/亚硝酸盐中淬火。

在高于 955℃（1750℉）的温度下渗碳速度更快，不会对无氰盐浴造成不利影响，因为没有氰化物会分解以及导致碳的浮渣或泡沫。设备恶化是限制操作温度升高的主要原因。

经过无氰渗碳后缓慢冷却的零件要比氰化物渗碳后缓慢冷却的零件更容易加工，因为无氰渗碳的渗层里不含氮。由于相同的原因，无氰渗碳后淬火得到的零件也比氰化物渗碳后的零件具有更少的残留奥氏体。

（1）无氰渗碳盐的安全和清理　无氰渗碳盐如果先稀释到溶解性固体可接受的级别，直接用城市用水或自然水处理是安全的。这些盐如果合理使用就没有明显的化学危害。它们有点碱性，如果皮肤或眼睛接触到的话，应该直接清洗干净。当用作熔盐时，通常的防范措施要求是：避免水分引入到盐浴中，防止热盐接触到身体。更多的信息可以参看职业安全与健康管理局（OSHA）和环保局（EPA）相关文件及出版物。

（2）无氰渗碳工艺　钢的无氰液体渗碳工艺所用渗碳剂由一种含有少量的特别挑选的含碳的氯化

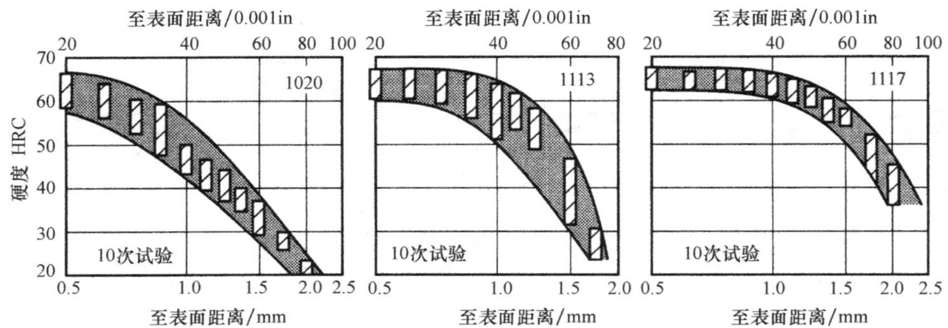

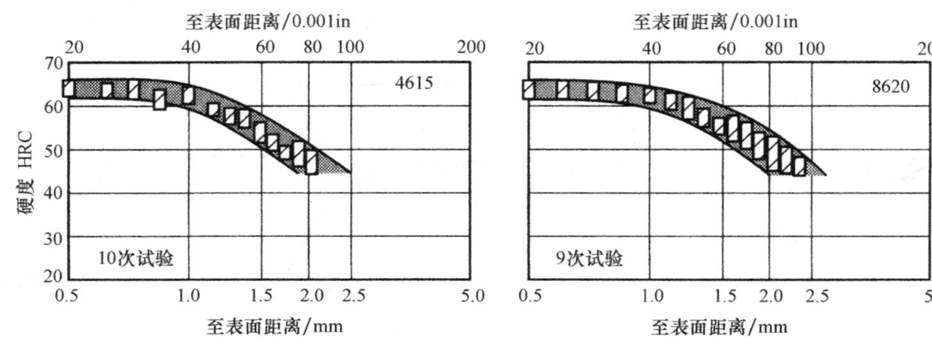

图 6-82 不同钢的硬度梯度

物混合物组成，已经面向商业市场。这种含碳添加剂是一种精粹的石墨材料混合材质。混合物应该存放在由 300 不锈钢、铬镍铁合金或陶瓷材料制成的罐中。

含碳的氯化物混合物是无毒的，能得到典型的不含氮的渗碳层。用这种含碳氯化物材料渗碳的零件可以直接淬入任何硝酸盐/亚硝酸盐浴中，而不需要用中性液体清洗。这样的步骤对于氰化物渗碳盐来说不推荐，因为它们与强氧化剂（如硝酸盐和亚硝酸盐）不相容。

这种含碳的氯化物混合物有如下性能：

熔点/℃（℉）		663(1225)
工作温度范围/℃（℉）		954~982 (1750~1800)
比热容/[J/(kg·K)] [cal/(g·℃)]	固态	960(0.23)
	液态	1050(0.23)
熔化热/(kJ/kg)(Btu/lb)		414(178)
954℃（1750℉）时的密度/(g/cm³) (lb/in³)		1.44(0.0520)

1）初期起动。新盐浴的准备是将氯化物盐混合物熔化并加热到操作温度 954℃（1750℉）。当盐被熔化并稳定在操作温度上时，往熔盐混合物里加入少量的碳添加剂，直到表面维持一个厚度为 13~25mm（0.5~1.0in）的覆盖层。

由于碳添加进盐浴对得到渗碳碳势来说是必要的，因此在用盐浴处理工件之前应让盐浴在加热状态陈化约 2h。在操作温度下，盐浴上应一直保持一个充足的碳覆盖层，以确保结果的一致性。

通过添加氯化物盐混合物来保持盐浴的水平面高度；通过添加石墨添加剂来保持碳覆盖层。

2）有效硬化层深度的控制。图 6-83 给出了

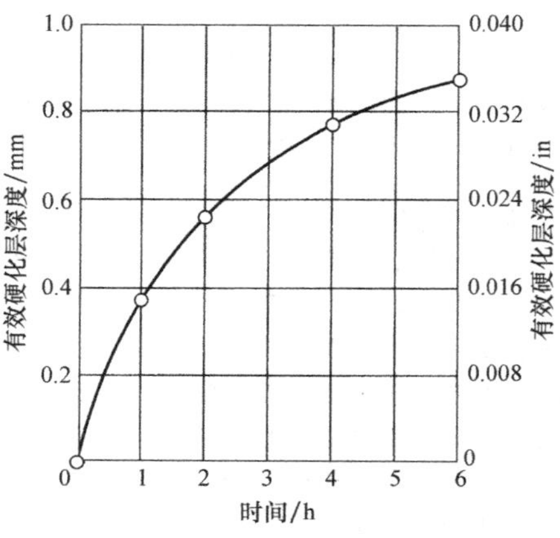

图 6-83 AISI 1117 碳钢能得到的典型的有效硬化层深度（渗碳温度为 955℃）

AISI 1117 碳钢能得到的典型的有效硬化层深度（到 50HRC）。因为表面状况和合金成分等因素会影响渗碳表面的质量和有效硬化层深度，所以应准备和检查试样以确保最佳的操作参数。

如果零件在清洁表层无氰渗碳前做好了清洗和除锈工作，那么将能达到最大的碳渗透力。大多数泥土和油污都可以被碱性清洗剂去除。在无氰混合物中渗碳之前，氧化层和严重的氧化物可能需要机械手段清理（比如喷砂）或酸洗。至关重要的是，零件浸入熔融盐浴之前必须完全干燥。

（3）低毒和可再生盐浴处理　近些年采取了广泛的开发工作来使盐浴处理在环保上具有吸引力。低毒碳氮共渗处理 TF1，采用了一种无毒再生剂来生成工作盐浴中所需要的成分，在 20 世纪 70 年代中期被成功开发出来。因此，很明显，研究渗碳和碳氮共渗的目的应该是开发一款无氰再生剂来补充处理盐浴中所需的 CN^-。采用无氰的基础盐和再生剂，这样的技术将避免了触摸、储存和运输问题，不需要将盐浴中的盐取出，清理起来也容易。

早期为建立生态环保可接受的研究显示，为了维持盐浴渗碳相关的高品质，保持 CN^- 作为渗碳的活性成分是有必要的。现有的用于开发新的生态安全渗碳工艺的替代方法表明，只有在渗碳盐浴中用氰化物才能维持盐浴的品质。

替代的活性成分（比如碳化硅和悬浮石墨）的实验工作显示，这些方法是行不通的。含有碳化硅的熔融物具有黏性，产生大量的沉淀，而悬浮石墨则难以控制和难以在熔融浴中均匀分布。关于渗碳层深度和碳含量的精确控制，没有哪个 CN^- 的替代物能实现期望的再现性。盐浴在大约 930℃ 时发生的基本渗碳反应包括氰化物的有氧分解：

$$2CN^- + 2O_2 \rightarrow CO_3^{2-} + 2N + CO \qquad (6\text{-}57)$$

紧随其后的是碳在零件表面的扩散：

$$2CO \rightarrow C_{Fe} + CO_2 \qquad (6\text{-}58)$$

少量的氮也会扩散进表面，这取决于盐浴的温度和成分。经验表明，完全无氰的盐浴在一个产品的表层不会产生重复性的结果。不论是在控制表面碳含量还是零件整个表面的碳扩散一致性上，都是这样的。

因此，开发的无氰再生剂不得不在盐浴中制造生成所需要的氰化物。这一目的已经实现，方法是采用有机高分子材料将盐浴中的部分碳酸盐转化成了 CN^-。这种再生剂称为碳当量控制再生剂（Ce-Control），过程被称为杜罗费尔（Durofer）过程。杜罗费尔过程与常规盐浴渗碳的对比如图 6-84 所示。

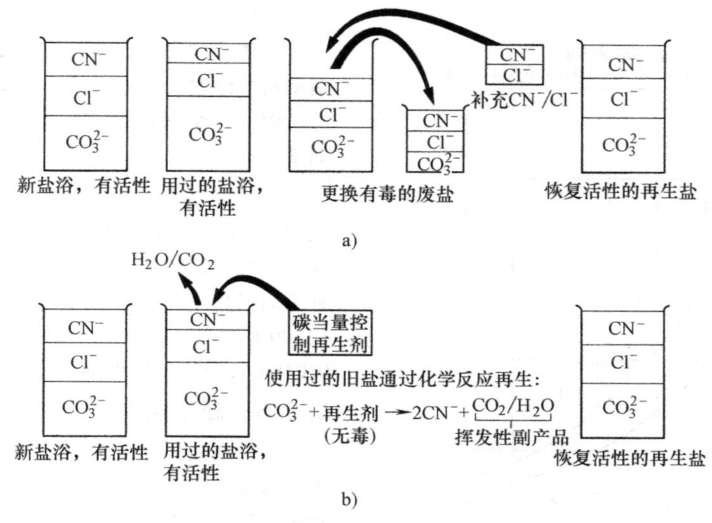

图 6-84　两盐浴渗碳工艺操作顺序

a）常规方法，要求具有高浓度 CN^- 的盐液日常补充

b）杜罗费尔（Durofer），其中 CN^- 的水平是通过添加有机高分子材料（碳当量控制再生剂）来维持的，它将熔融盐浴中的碳酸盐转换成 CN^-

1）过程控制。再生剂和渗碳熔融物质之间的化学反应不会造成熔盐体积的增加，因此，也就没必要将非活性盐分离出。因此，杜罗费尔过程不会产生有毒废盐。再生剂以颗粒形式制作，并通过一个自动振动给料机加入熔融盐浴中。无论盐浴中有工件时还是在停产阶段，这个装置均可在预设的时间间隔内向熔盐投入一定数量的颗粒。任何超出控制范围的偏差都会被 CN^- 含量分析探测出来，并对自

体再生系统做出调整以弥补偏差。如图 6-85 所示，自动再生剂的优点是可以在盐浴中维持非常一致的 CN^-水平，从而确保渗碳结果的一致性和重现性。

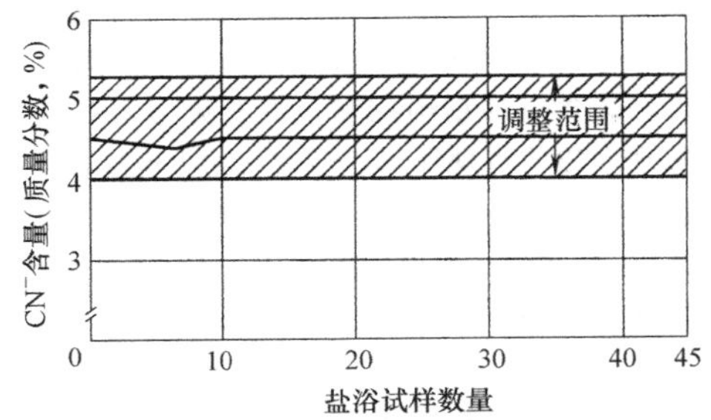

图 6-85 保持在杜罗费尔过程中 CN^-水平的一致性

注：测试数据超过 10 个工作日（3 班/天），在渗碳浴 930℃（1705℉）使用 CeControl 80 再生剂。

经验已经表明，对合金钢而言最佳的碳质量分数是 0.8%，而对非合金钢而言，普遍认为质量分数为 1.1%是最佳表面碳含量。对这两种渗碳条件，对新的再生剂可以选择适用的基础盐，分别称为 CeControl 80B 和 CeControl 110B。图 6-86 所示为采用这两种基础盐的情况下，通过杜罗费尔过程经 930℃（1705℉）渗碳 60min 后 SAE1015 钢的碳含量分布情况。

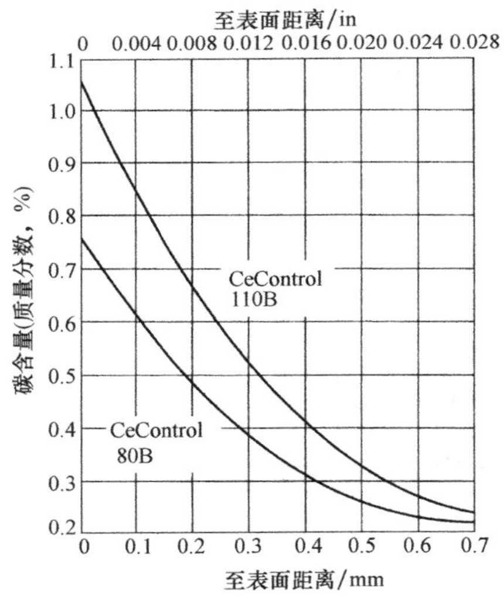

图 6-86 1015 钢在 930℃（1705℉）用两种基盐渗碳 1h 的碳含量分布情况

2）处理盐浴准备。杜罗费尔过程处理盐浴首先要熔化基础盐，基础盐可能是 CeControl 80B 或 CeControl 110B 中的一种，取决于应用需求。

渗碳活性度的提高是通过自动进料器添加可控再生剂来完成的，CN^-的含量增加到大约 4.5%。当添加速度调整到维持控制所需的速度时，大约 5h 内即可达到控制水平。对于含石墨节约器的 950℃工作盐浴而言，维持控制所需要的再生剂数量为每小时 0.08～100kg（0.18～220lb）盐浴重量。工件带出所造成的熔盐液面的降低可通过适量添加无氰基础盐的方式来弥补。

3）淬火。如同传统盐浴渗碳一样，杜罗费尔过程处理的渗碳零件可以淬入水或油中。但是，杜罗费尔过程盐浴的成分也允许直接淬入熔融的硝酸盐或亚硝酸盐中以使变形最小化。除了这个技术优势之外，盐淬火的化学特性将把从杜罗费尔过程盐浴中带出的零件上的 CN^-分解成无毒的碳酸盐。因此，就没有必要对淬火冷却介质和清洗废液中存在的固体消毒了。

6.5.4 碳浓度梯度

图 6-80 所示为 1020 钢棒在 845℃、870℃和 955℃（1500℉、1600℉和 1750℉）采取多种时长液体渗碳所得到的碳浓度梯度。两种锻造合金钢（3312 和 8620）及一种铸造合金钢（4615）的碳浓度梯度数据也显示出来了。在渗碳之后，8620 钢零件在 840℃（1540℉）奥氏体化，然后在 55℃（130℉）的油中淬火。4615 钢零件在 790℃（1450℉）奥氏体化，在 190℃（375℉）盐中淬火 3min，然后在空气中冷却。

液体渗碳的渗碳层深度主要由渗碳温度和渗碳周期的持续时间决定。一个估计液体渗碳能得到的总层深（测量到基础碳含量水平）的简单经验公式如下：

$$d=k\sqrt{t} \tag{6-59}$$

式中，d 是渗碳层深度；k 是表征在该温度下前 1h 渗透能力的常数；t 是该温度下的持续时间（h）。三种不同温度下 k 的典型值分别是：815℃时 0.30mm（1500℉时 0.012in），870℃时 0.46mm（1600℉时 0.018in），925℃时 0.64mm（1700℉时 0.025in）。

6.5.5 硬度梯度

零件在液体渗碳后接着淬火，就会产生表面下不同深度的硬度梯度或硬度变化。图 6-81 中的数据示出了碳钢和合金钢会出现的典型的硬度梯度，数据也说明了渗碳温度、渗碳持续时间、淬火温度和淬火冷却介质的影响。将 1020、4620、8620 钢的数据根据 2h、4h、8h、15h、20h 和 40h 的渗碳周期绘制成图。这些试样从 870℃、900℃和 925℃的渗碳温度空冷下来，然后重新在 845℃的中性盐中加热，在 180℃的熔盐中淬火。虽然合金钢中最大硬度处的硬化层深度随着时间和温度的增加而逐渐扩张，但是渗碳温度的增加会造成图中 1020 钢曲线缩短。1020

钢和 8615 钢在 925℃ 渗碳 15h 后淬火差异并不明显，直接从渗碳温度淬火。最后的一组曲线给出了 1117 钢和 4815 钢在 900℃ 渗碳 1/2～4h 的结果。4815 钢在油中淬火，而 1117 钢在 10%（质量分数）盐水溶液中淬火。

图 6-82 中给出的 5 种不同钢的硬度说明了实际操作中的正常变化对硬度梯度的影响。阴影部分是每种钢经过多次试验得到的结果的分布情况。虽然 5 种钢得到的表明硬度相近，但是硬化层深度随着钢中合金含量的增加而增加。这 5 种钢在 1mm 深度处的硬度对比说明了这一区别。虽然 1020 钢［w(Mn) = 0.30～0.60%］在 1mm 深度处不能达到最小表面硬度 60HRC，但是对于 1113［w(Mn) = 0.70%～1.00%］钢有时可以达到，而 1117 钢［w(Mn) = 1.00%～1.30%］、4615 钢、8620 钢几乎总是可以达到。

6.5.6　工艺过程控制

（1）碳氮共渗时间和温度　碳氮共渗硬化的盐浴操作温度的变化范围为 760～870℃。在接近这个范围的下限时，对减小从盐浴温度直接淬火过程中的变形有利。选择超过钢 Ac_3 温度的上限温度，可以实现更快的渗透，渗透时间取决于合金含量，淬火后可以得到完全淬硬的心部。

用低碳钢和合金钢碳氮共渗来得到耐高接触载荷的表面时，通常要求有一个细晶粒、韧性好的心部。这要求盐浴操作温度在大约为 870℃。

盐浴碳氮共渗钢件表面的高硬度是吸收碳氮渗层中的碳和氮的综合效果。通常，浸入时间为 30min～1h，得到的渗层深度和表面碳、氮含量见表 6-27。更低温度得到的结果也比表 6-27 中的相应要低。

表 6-27　碳氮共渗温度和时间对渗层深度和表面碳、氮含量的影响

钢	碳氮共渗处理后渗层深度				在不同温度下碳氮共渗处理100min 后分析①	
	15min		100min			
	mm	in	mm	in	碳含量（质量分数,%）	氮含量（质量分数,%）
760℃（1400℉）碳氮共渗						
1008	0.038	0.0015	0.152	0.006	0.68	0.51
1010	0.038	0.0015	0.152	0.006	0.70	0.50
1022	0.051	0.0020	0.203	0.008	0.72	0.51
845℃（1550℉）碳氮共渗						
1008	0.076	0.0030	0.203	0.008	0.75	0.26
1010	0.076	0.0030	0.203	0.008	0.77	0.28
1022	0.089	0.0035	0.254	0.010	0.79	0.27

注：材料厚度为 2.03mm（0.080in）；盐浴氰化物的质量分数为 20%～30%。

① 在碳氮共渗层上最外层 0.076mm（0.003in）测得碳和氮的质量分数。

（2）外部加热的盐浴　采用电子仪器按比例调节系统时，可以控制在更小的温度范围内（±8℃或者±14℉）。阀门控制的方式（开关式或高低位控制）需要机械仪器，不需要太精确，对大多数应用场合也足够了。

（3）内部加热盐浴（浸入式或沉没式电极）用机械式或电子式的开关控制器可以把温度控制在±5℃。不管是哪种，温度控制仪器都控制着一个继电器，继电器驱动一个大的断路器，从而使 440V 的电源与降压器连接或断开。焊接热电偶可以用于采用电极加热的设备中。为安全起见，推荐采用两个热电偶：一个控温，另一个超温切断。

（4）盐浴成分的控制　氰化钠含量的控制是保持液体渗碳盐浴效果的最重要因素。

无氰液体渗碳盐浴的分析由一个快速特性试验完成：将一根直径为 1.6mm 的 1008 钢丝浸入盐浴 3min，然后水淬、机械弯曲 90°。如果钢丝在完全弯曲到 90°之前断掉，说明盐浴活性很好。更可靠的活性测试方法是：将一根 1012 硅镇静试棒浸入盐浴 1h，水淬，然后检查硬度值。硬度值高于 58HRC，说明活性较好。

（5）石墨覆盖层　考虑到 870～955℃时和空载期间逐渐减少的热量损失及氰化物损耗，在氰化物盐浴表面必须保持一个石墨覆盖层。自然石墨片或者人工制造的石墨粉都可以使用。前者的覆盖层流动性较好，紧紧附着在工件上的倾向性小。但是，因为自然石墨片灰分含量更高些，会给盐浴带来更多的杂质，这会是个问题，尤其是在低温操作时。而且，为了避免零件腐蚀，不应使用含硫的自然石墨片。

无氰液体渗碳盐浴也需要一个石墨覆盖层。相比于氰化物盐浴，其特点是石墨消耗速度更快。频繁地补给（通常每小时一次）石墨片对于维持合适的盐浴活性度是有必要的。

（6）液体渗碳设备的日常维修维护　无论是燃料燃烧式的还是电极加热式的设备，仅仅是一些细节上的差别。除了特殊说明，下列项目含有所有类型盐浴设备的典型日常维护计划：

1）用一个辅助高温计和热电偶检查温控系统检测。可以将带一根长补偿导线的指示电压计安装在靠近炉的位置，将会比实验室型的仪器更快地得到准确的温度检查结果。

2）检查燃料炉燃烧室排烟的颜色。如果是青白色或白色的烟，说明有盐泄露。

3）当炉子在空载温度时，通常为705～730℃，将罐体底部的沉淀物清除。内部加热炉的电极应该刮干净，清除沉淀物和清洗的过程中应切断电源。

4）加入新盐以补偿带出损失。如果需要，用排液的方式为新盐的添加腾出空间。为了有利于维持盐浴成分和减少表面热量损失，添加石墨覆盖材料以提供一个薄而连续的覆盖层。

5）测试氰化物含量或通过淬火检查断面渗层深度的方法来检查盐浴活性。如有可能，旋转燃料加热炉的罐体应至少一周检查一次，以减少火焰冲刷的影响，延长罐体寿命。

6）如果盐罐泄露，盐依然有活性，那么将盐移出并防止进入牢固的钢容器中。这些盐可以分离和重新用于另一个罐体的开始阶段（但是，并不推荐将这些盐作为之后的补给来用）。

7）在电阻加热或燃料加热炉罐体更换之前，如果燃烧室受盐污染，应该重建，以避免罐体迅速失效。

8）查阅炉子制造商和盐供应商提供的操作和维护保养说明书。

（7）关停和重启　对于两天及以上的关停，外部加热炉没有必要空转，热量可以完全切断。但是在冷却和重新加热期间，罐体应被覆盖，以防盐剧烈溅出。盖子应该用供应商推荐的。

对于电极加热炉，即使是停工一两周，明智的做法通常是将其在705～730℃（1300～1350℉）空转。这样使重启简单，也能消除水汽凝结在线圈上对变压器可能带来的损害。对于有钢衬的无氰渗碳炉，推荐在845℃（1550℉）以上空转。在空转期间，盐浴应该用一层厚的碳覆盖层保护。在空转温度下，盐浴冒烟并不明显，因此，应该减少通风。应该避免过多的通风，因为它会加速碳覆盖层的烧损。在空转期间，变压器分接开关应该设置成低压或空转。这将防止设备无人看守时在控制回路出现故障所带来的过热。在这样的应用场合下，推荐使用一个额外的热电偶和带有报警系统的检测装置。

6.5.7 渗层深度控制

图6-87给出了1020、1117、8620三个钢种液体渗碳随炉试样获得的渗层深度和表面渗层硬度的比较。图6-87a～c是基于过程控制试样所得的信息得到的，以50HRC或更高的硬度处至表面的距离表示渗层深度。这些数据说明，当采用可控渗碳程序时，渗层深度可以被控制在窄的区间里。在900℃的渗碳温度下，1117钢比1020钢和8620钢在855℃渗碳得到渗层深度（50HRC）更深。然而，这些钢中的任何一种情况下的渗层深度 z 总散差都没有超过

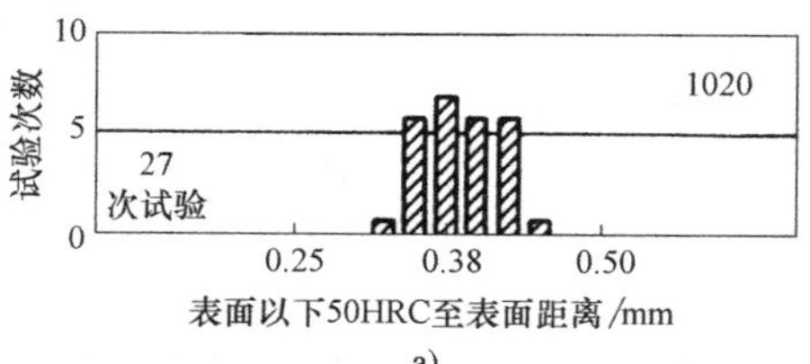

a)

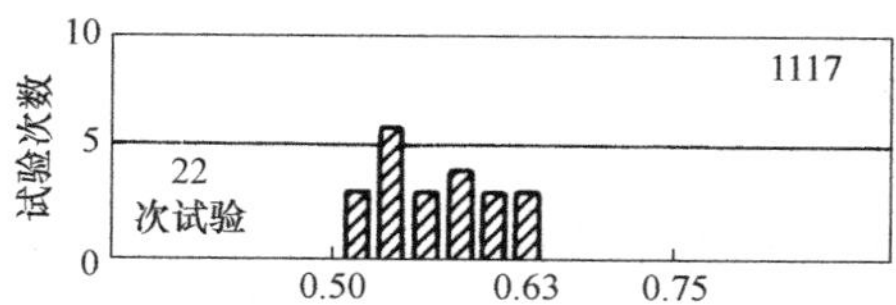

b)

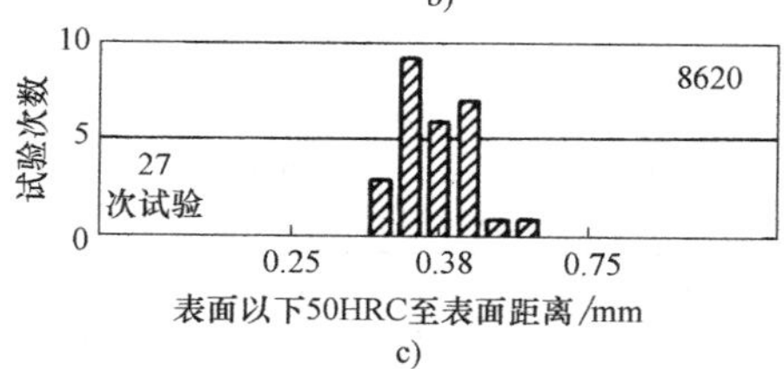

c)

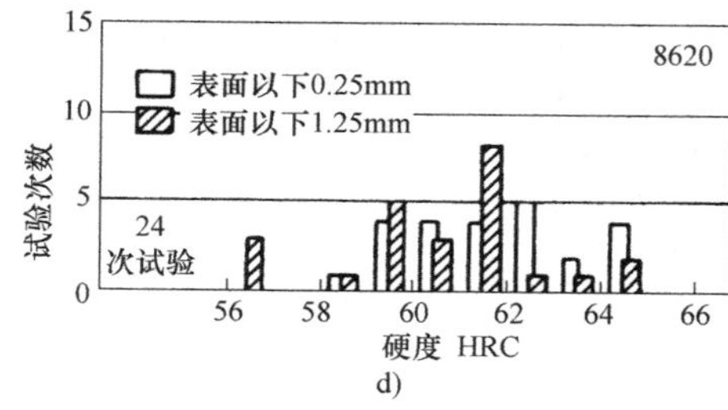

d)

图6-87　三个钢种液体渗碳随炉试样获得的渗层深度和表面渗层硬度的比较

a）ϕ11mm×6.4mm（ϕ0.4375in×0.25in）的试样在855℃（1575℉）渗碳2h，盐水淬火，在150℃（300℉）回火　b）ϕ15.9mm（0.625in）的试样在900℃（1650℉）渗碳2h，盐水淬火　c）ϕ12.7mm×6.4mm（0.5in×0.25in）的试样在855℃（1575℉）渗碳2h，油淬火，在-85℃（-120℉）冷处理　d）ϕ19mm×51mm（ϕ3/4in×2in）试样在915℃（1675℉）渗碳2.5h，水淬

0.13mm（0.005in）。图 6-87d 中的数据说明了 8620 钢在液体渗碳表面下 0.25～1.25mm 深的硬度范围。这些数据是基于 24 组测试得到的，说明在表面下 0.25mm（0.010in）处的硬度散差比 1.25mm（0.05in）处的略微偏大。

图 6-87 中的信息涉及的渗碳周期为 2～2.5h，渗碳温度在 855～915℃，而图 6-82 中的数据是在 925℃ 渗碳更长时间（9.5h）得到的，硬度为 50HRC 的渗层深度散差比图 6-87 所对应的浅层作业要大得多。

图 6-88 中给出了 10 种钢渗层深度的附加数据

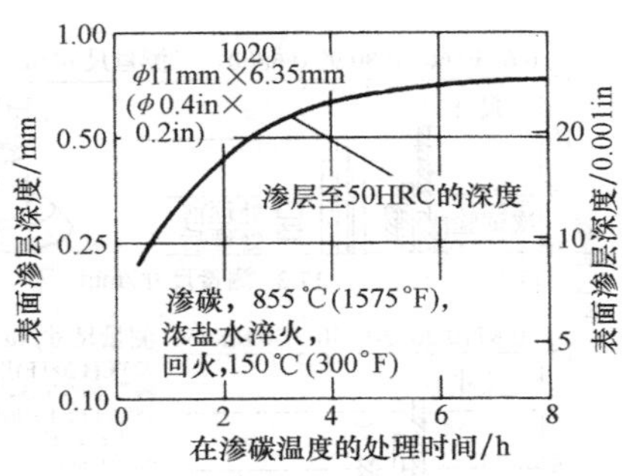

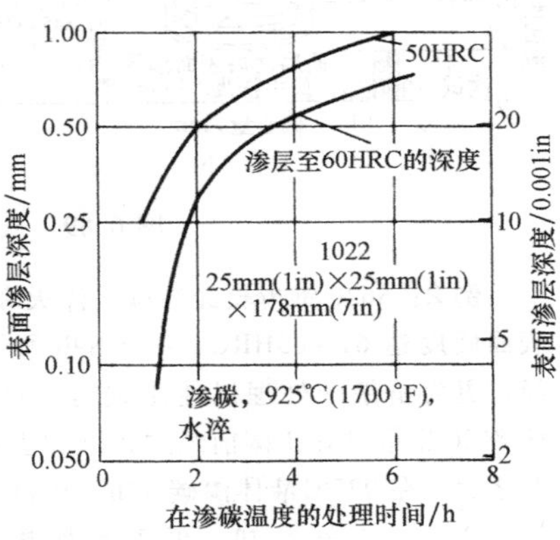

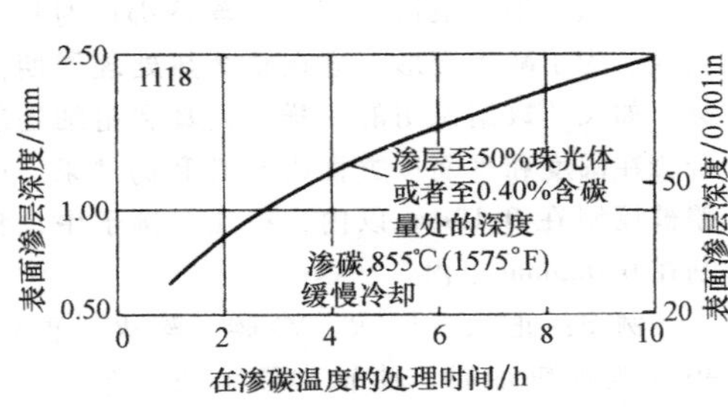

图 6-88 时间和温度对液体渗碳钢渗层深度的影响

与时间和温度的关系。这些数据也反映了用来评价渗层深度的不同标准，例如，与渗层深度有关的数据有最低硬度、碳含量以及珠光体含量等。

6.5.8 尺寸变化

所有零件在渗碳和淬火后都发生尺寸改变。从产品的观点出发，非常重要的是，要知道尺寸改变及可以预料的变形的性质和量，以及将尺寸变形保持在一个极小值所能采取的纠正措施。下面是复杂程度不同的几种零件的尺寸变化的相关例子。

例 1：8615H 钢齿轮在渗碳、淬火和回火后表面硬度为 60~62HRC。图 6-89a 所示的小齿轮沿内孔的最小尺寸从热处理前的 17.22mm 变成热处理后的 17.14mm。相比之下，轴承外圈表面只发生轻微收缩。8615H 钢制的这些齿轮，是在 915℃下渗碳，渗碳层深度为 0.51~0.64mm，再重新加热到 840℃，在 55℃油中淬火，然后在 190℃回火至表面硬度为 60~ 62HRC。

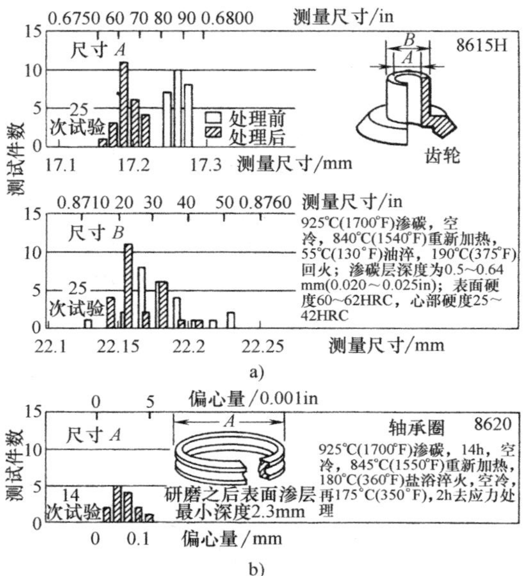

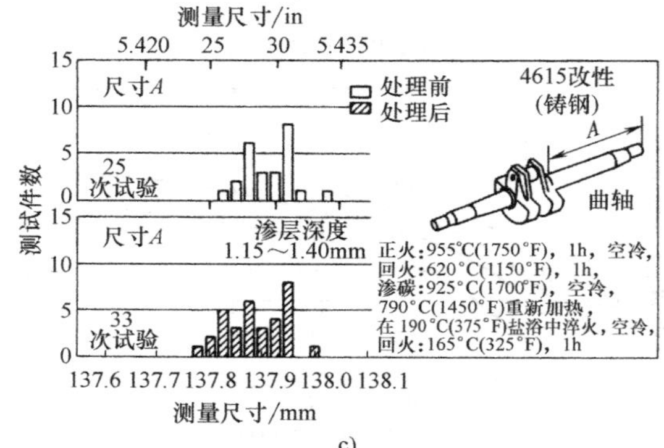

图 6-89 低合金钢零件液体渗碳淬火之前和之后的尺寸

例 2：8620 钢齿轮经渗碳、淬火和去应力处理，表面硬度达 61~63HRC。图 6-89b 所示的轴承滚道经过更为精细的处理以使渗碳前后尺寸变化最小。该 8620 钢锻件在渗碳前经过正火和去应力处理。粗磨之后，在 925℃液体渗碳 14h，获得最小渗碳层深为 2.3mm。空气冷却，再重新加热到 845℃，在 180℃盐浴淬火。在冷却到室温之后，在 175℃回火 2h。最终表面硬度为 61~63HRC，心部硬度为 40~43HRC。

当这些轴承滚道是用金属丝捆绑的时候，变形太大。为了减小变形，应在整个热处理周期使用夹具。如尺寸数据说明的一样，夹具和精细处理的组合会在圆度和平面度方面得到有利的结果。尺寸偏差被控制在 0.10mm 以内，在几个例子中，变形控制在 0.025mm 以内。

例 3：正火、回火、渗碳、淬火、再回火的 4615 改性钢曲轴。曲轴如图 6-89c 所示，硼改性 4615 钢壳型铸件，首先在 955℃正火 1h，然后在 620℃回火 1h。加工之后，在 925℃进行液体渗碳（渗碳层深为 1.14~1.40mm），空冷，重新加热至 790℃，在 190℃盐浴中淬火 5min，空冷至 165℃回火 1h。仅在曲轴一端进行的长度测量的尺寸数据表明：具有高度的尺寸稳定性，仅有轻微的收缩倾向。

6.5.9 淬火冷却介质

大多数常用的淬火冷却介质包括水、盐水、苛性碱溶液、油及熔盐等，都适合液体渗碳零件的淬火。但是，每种介质的适用性必须结合具体零件并主要取决于钢的淬透性、表面和心部硬度要求以及允许的变形量。

（1）水和盐水淬火　水和盐水是碳钢最常用的淬火冷却介质。水淬火通常在 20~30℃，并搅拌。水有助于溶解渗碳盐，因此产生局部能抑制蒸汽相的盐水。随着盐水的持续使用，盐浓度（氯化物、碳酸盐、氰化物）增加，必须定期添加新水来控制污染物浓度并保持期望的温度。氯化钠盐水（质量分数为 5%~10%）及氢氧化钠（质量分数为 3%~5%）溶液被用来得到更激烈的淬火。当通过添加水维持质量分数为 10%左右时，无氰液体渗碳盐提供了盐水类淬火。随着污染物的过度累积，盐水和氢氧化钠的效果会被严重削弱。当用氢氧化钠溶液淬火时，必须仔细确保货架、料筐及夹具等在返回渗碳浴之前被清洗干净，不再带有氢氧化钠。少量氢氧化钠带回到盐浴中，也将显著减弱氰化物的含量。

水溶性聚合物有时用来调整水淬的速度。但是，这些添加物应避免用于液体渗碳生产线的淬火冷却介质中，除非频繁更换或采用超滤持续除盐。聚合物可能会随着带进淬火液中的盐一起沉淀，或者淬火液中积累的盐可能会使其效果改变。哪一种情况都是不希望看到的。

(2) 油淬　油淬没有水淬剧烈，变形也比水淬小。通常用非皂化添加剂来加强矿物油是令人满意的，可以增加其淬火效果并延长其使用寿命。为减小变形，可以用使用温度高达175℃的特殊油。一般来说，液体渗碳零件会直接淬入温度维持在25~75℃的带搅拌的油中。

淬火油应该隔绝水分，应该用螺旋桨或叶轮式泵搅拌。压缩空气不应用于搅拌。因为有些盐不可避免地会沉淀在油池中，定期清除泥渣是很有必要的。应该在通向泵的油路之前放置过滤网，以防止污泥进入。

(3) 盐浴中淬火　在硝酸盐-亚硝酸盐的盐浴中淬火可以进一步减小变形。淬火盐浴适用于氰化物或无氰化物液体渗碳。但是，零件禁止直接从氰化物的质量分数高于5%的渗碳盐浴中转移到硝酸盐-亚硝酸盐的盐浴中，因为这会造成剧烈的反应，可能导致爆炸。为避免这样的反应，在淬入硝酸盐-亚硝酸盐的盐浴之前，应先将零件浸入一个保持在期望温度的中性盐浴（45%~55% NaCl+45%~55% KCl）中。中性盐浴应定期测试氰化钠含量，一般的做法是限制氰化物的质量分数在5%以下的水平。一般来说，这个水平绝不能达到，因为氰化物会被空气中的氧气氧化。如果氰化物没有完全氧化，中性稳定盐浴可以替代用来进行碳钢和合金钢的淬透。

许多液体渗碳设备对零件表层硬化的温度为925~955℃，工件然后直接转移到845℃的中性氯化物盐中稳定化，最终直接淬入175~260℃的分级淬火油中，取决于合金成分和硬度要求。零件在渗碳后再重新加热，在空气中淬火变形最小。

淬火夹具在重新浸入渗碳盐浴中之前，应清理掉所有硝酸盐的痕迹。这可以通过在热水中冲洗来完成。

硝酸盐-亚硝酸盐盐浴中累计高温氯化物会削弱其淬冷烈度。因此，希望尽快除去氯化物。有各种清除氯化物的方法可供使用，方法的选择取决于炉子实际情况。在有的情况下，允许氯化物堆积在淬火区域的底部，或者有一块区域用作重力分离，这时候氯化物可以收集在污泥盘中，然后定期搬走盘或定期对盘底进行人工清淤。有些炉子设计采用了氯化物连续过滤装置，使氯化物晶体不能通过滤筛，然后操作人员定期搬走滤筛，倾倒收集的氯化物，然后将滤筛重新放回炉子上。

(4) 淬火盐浴的维护保养　虽然少量的溶盐能增加水浴淬火的效果，但是加入量超过10%（质量分数）则会降低淬火速度。可控性地向池中添加新水，同时持续地溢流，用来保持盐浓度在可接受的低水平下。在特殊的蓄水池中，在排放之前可能需要对溢流进行化学处理，以消除氰化物污染（见6.5.13氰化物废液处置）。为此，每隔一段时间将池水换掉，对小型加工来说可能更为方便。由于水槽是大力搅拌的，因此建议用活底（多孔板的形式）以允许较重的固体沉淀，在停工期可以清除掉。

液体渗碳盐被带入到盐水淬火槽中实际上有助于维持盐水的浓度。但是，盐水的质量分数不应超过10%。盐含量的控制同样适用于氢氧化钠槽。氢氧化钠的浓度必须通过添加氢氧化钠来保持，以控制溶液的淬火速度。

油浴淬火所必须采取的一些预防措施前面已经讨论了。应该认识到，液体渗碳盐不溶于矿物淬火油，也不与其结合。盐泥必须通过机械方式或者滤筛方式定期清理。

盐浴淬火池的适当维护，同样需要清理污染物。用分离室来收集这些污染物已经讨论过。另一种方法是通过泵使污染的淬火通过一个维持在较低温度的过滤器，将较高熔点的盐连续过滤。污染物被沉积到一个金属网筛里，可用的盐返回到淬火槽中。

(5) 碳氮共渗件的淬火　碳氮共渗件在快速淬火油、水或盐水溶液中淬火。淬火冷却介质的选择取决于钢的成分、需要达到的淬火硬度以及工件的形状。

水或盐水溶液，应该尽可能不含溶解气体，后者可能会造成软点。为此，应当用泵或螺旋桨搅拌淬火水或盐水。不应用压缩空气作为搅拌的基本方式，采用机械搅拌更适合些。

为了得到最高的硬度，淬火冷却介质的温度应在可用范围内尽可能低，搅拌要好。对于淡水，典型的淬火冷却介质温度范围从室温到大约25℃变化；对于质量分数为5%~10%的盐水溶液（包括氯化钠、氢氧化钠或含防锈功能的特殊盐混合物溶液），温度范围可到50℃。水基淬火冷却介质在更高温度下使用，会导致硬度不足或软点。

淬火油通常使用温度为 50~85℃。仅石油基淬火油可用于碳氮共渗件的淬火。

6.5.10 残盐的清除（清洗）

将盐从液体渗碳零件上清除的难易程度主要取决于零件的形状是简单还是复杂，以及是水淬还是油淬。在某种程度上，盐的去除可能因不溶性残渣的存在而变得复杂化。形状简单且没有不通孔或深孔的水淬零件通常容易清理。它们可以在约 80℃的水里彻底清洗，然后涂上一层防锈液或防锈油。通过将零件浸入氯化物中然后在硝酸盐-亚硝酸盐中等温淬火的方法，使其摆脱了氰化物，这样的零件在带搅拌的热水中容易清洗和清理。清洗水中的硝酸盐-亚硝酸盐也可以回收再利用。

油淬零件更难清洗一些，因为在盐溶解之前必须先去油。有些盐可能是不溶的。用热水或含乳化清洗剂的清洗机效果较好。一种经济的清洗过程，开始是将零件浸在热水中使油浮起，并清除掉可溶性盐。然后可能将零件转移到带搅拌的热碱性清洗剂（具有高分离能力）中。硅酸盐化的清洗剂和那些含有碳酸盐或磷酸盐的并不推荐，因为当钡盐存在时会形成不溶的钡化合物。如果零件表面覆盖了一层白色粉末状的碳酸钡，可以在所有氰化物去除之后，通过浸入稀醋酸或带缓蚀剂的盐酸中的方式来去除。

带不通孔、凹槽和螺纹的复杂零件难以清洗，尤其是油淬的情况下。对于带有深度超过两倍直径的不通孔的零件，不建议采用液体渗碳，除非这些孔可以堵住。对于凹槽、缝隙和不通孔中的残盐，搅拌热水或蒸汽喷嘴可能是最好的解决方法了。一般来说，它可以清除所有可溶性盐类并软化不溶性残渣。在零件形状和公差允许的情况下，在弱碱和少量沙子中滚动 10~30min 是最有效的清除表面不溶残渣的方法。

碳氮共渗淬火工件比较容易清洗，甚至在油淬之后，也容易清洗，一方面因为氰化物和碳酸钠都是良好的洗涤剂，另一方面因为所有这种盐浴的成分都是溶于水的。可以将工件在搅拌的沸水槽中浸透，并在干净热水中清洗，然后进行防锈处理（如果需要）。带两阶段热水系统的喷射式清洗机，也能得到满意效果。

6.5.11 典型应用实例

表 6-28、表 6-29 列出的各种零件，代表了液体渗碳的适用范围，这些零件都是大批量进行热处理的。为便于参考，表 6-28 中的零件已经按钢的品种（碳钢、加硫钢或合金钢）分开。表 6-28 和表 6-29 还提供了关于渗碳层深度、渗碳温度和周期时间、淬火方式、后续处理以及表面硬度等细节。

表 6-28 氰化物盐浴液体渗碳的典型应用

零件	质量 /kg	钢种	渗碳层深度 /mm	温度 /℃	时间 /h	淬火	后处理	硬度 HRC
碳钢								
接头	0.9	CR	1	940	4	空冷	①	62~63
锥形轴	0.5	1020	1.5	940	6.5	空冷	①	62~63
衬套	0.7	CR	1.5	940	6.5	空冷	①	62~63
模块	3.5	1020	1.3	940	5	空冷	①	62~63
模块	1.1	CR	1.3	940	5	空冷	①	59~61
圆盘	1.4	1020	1.3	940	5	②	②	56~57
法兰	0.03	1020	0.4~0.5	845	4	油冷	③	≥55
滚花环规	0.09	1020	1.5	940	6.5	空冷	①	62~63
压紧块	0.9	CR	1	940	4	空冷	①	62~63
锥形镶块	4.75	1020	1.3	940	5	空冷	①	62~63
杆	0.05	1020	0.13~0.25	845	1	油冷	③	⑤
铰链	0.007	1018	0.13~0.25	845	1	空冷	—	—
板	0.007	1010	0.25~0.4	845	2	油冷	③	⑤
塞子	0.7	CR	1.5	940	6.5	空冷	①	62~63
塞规	0.45	1020	1.5	940	6.5	空冷	①	62~63
半径切断辊	7.7	CR	1.5	940	6.5	空冷	①	62~63
扭力杆帽	0.05	1022	0.02~0.05	900	0.12	NaOH	⑥	45~47

（续）

零件	质量 /kg	钢种	渗碳层深度 /mm	温度 /℃	时间 /h	淬火	后处理	硬度 HRC
				加硫钢				
衬套	0.04	1118	0.25~0.4	845	2	油冷	③	⑤
缓冲轴套	3.6	1117	1.1	915	7	空冷	⑦	58~63
圆盘	0.0009	1118	0.13~0.25	845	1	盐水	③	⑤
驱动轴	3.6	1117	1.1	915	7	空冷	⑧	58~63
导向轴套	0.2	1117	0.75	915	5	⑧	—	58~63
螺母	0.04	1113	0.13~0.25	845	1	油冷	③	⑤
销钉	0.003	1119	0.13~0.25	845	1	油冷	③	⑤
塞子	0.007	1113	0.075~0.13	845	0.5	油冷	③	⑤
齿条	0.34	1113	0.13~0.25	845	1	油冷	③	⑤
滚柱	0.01	1118	0.25~0.4	845	2	油冷	③	⑤
螺钉	0.003	1113	0.075~0.13	845	0.5	油冷	③	⑤
轴	0.08	1118	0.25~0.4	845	2	油冷	③	⑤
弹簧座	0.009	1118	0.25~0.4	845	2	油冷	③	⑤
挡圈	0.9	1117	1.1	925	6.5	空冷	⑦	60~63
螺栓	0.007	1118	0.13~0.25	845	1	油冷	③	⑤
阀套	0.02	1117	1.3	915	8	空冷	⑦	58~63
阀门护圈	0.45	1117	1.1	915	7	⑧	—	58~63
垫圈	0.007	1118	0.25~0.4	845	2	油冷	③	⑤
				合金钢				
轴承套圈	0.9~36	8620	2.3	925	14	空冷	⑦	61~64
轴承滚动体	0.2	8620	2.3	925	14	空冷	⑦	61~64
联轴器	0.03	8620	0.25~0.4	845	2	油冷	③	⑤
曲轴	0.9	8620	1	915	6.5	空冷	⑧	60~63
齿轮	0.34	8620	1	915	6	空冷	⑥	60~63
	0.03	8620	0.075~0.13	845	0.5	油冷	③	⑤
从动轴	0.45	8620	0.75	915	5	⑨	—	58~63
枢轴	4.5~86	8620	1.5	925	12	⑨	—	58~63
活塞	0.2	8620	1.3	915	8	空冷	⑦	60~63
柱塞	0.45~82	8620	1.3	915	8	⑨	—	58~63
撞锤	2.3~23	8620	1.1	915	7	⑨	—	58~63
保持架	0.0009	9317	0.1~0.2	845	0.33	油冷	⑨	⑤
卷轴	0.45~54	8620	1.3	925	7	⑨	—	58~63
推压盖	0.2	8620	1.1	915	7	⑨	—	58~63
止动板	5.4	8620	2.3	925	14	空冷	⑦	60~64
万向节座	1.8	8620	1.5	915	10	空冷	⑦	58~63
阀	0.01	8620	0.4~0.5	845	4	油冷	⑩	60min④
阀座	0.2	8620	1.1	915	7	空冷	⑦	60~63
耐磨板	0.45~3.6	8620	1.3	915	7	空冷	⑦	60~63

注：CR 表示冷轧。

① 重新加热，在790℃淬入150℃的氢氧化钠。

② 转移到790℃的中性盐中，在氢氧化钠中淬火，175℃回火。

③ 在165℃回火。

④ 或等于。

⑤ 锉刀硬度。

⑥ 205℃回火。

⑦ 重新加热到845℃，淬入175℃的盐中。

⑧ 重新加热到775℃，在195℃的盐中淬火。

⑨ 直接在175℃的盐中淬火。

⑩ 在165℃回火，在-85℃冷处理。

表 6-29 无氰盐浴液体渗碳的典型应用

零件	质量		钢材	渗碳层深度		温度	
	kg	lb		mm	in	℃	℉
生产工具	0.5~2.0	1.1~4.4	1018	0.375	0.015	925	1700
自行车叉	1.4	3.1	1017①	0.05~0.08	0.002~0.003	925	1700
变速杆和球头	~1.5	~3.3	1040,1017②	0.25	0.010	925	1700
螺钉机轴	0.8	1.8	4620,8620	0.89	0.035	③	③
钟表螺钉和螺柱	0.005	0.011	1006,1113	0.08~0.10	0.003~0.004	955	1750
平头螺钉	0.015	0.033	1122	0.15	0.006	925	1700

零件	时间/h	淬火	后续处理	硬度 HRC
生产工具	0.5~1.0	盐水	—	50~60
自行车叉	0.085	盐水	425℃(795℉)回火	60
变速杆和球头	0.67	空冷 30s 淬入盐水中	—	锉刀硬度
螺钉机轴	6.0	205℃(400℉)的熔盐	—	60~63
钟表螺钉和螺柱	0.2	盐水	—	62~64
平头螺钉	0.33	290℃(550℉)的熔盐	—	56

① 部分浸入。

② 渗碳铜焊。

③ 840℃ (1545℉) 预热，920℃ (1690℉) 渗碳。

表 6-28 中所列的零件是在氰化类盐浴中渗碳的。无氰渗碳浴做一些操作条件方面的轻微调整，可以用于表 6-29 描述的大多数渗碳。无氰渗碳尤其适用于在 900℃以上温度处理的零件。产品零件的一些无氰液体渗碳专门应用列于表 6-28。

一般来说，液体渗碳最适合中小尺寸的零件。尺寸很大的零件，如长 6m 的牙轮钻头钻杆、直径为 2m 的套圈，由于尺寸太大了不方便在盐浴中处理，通常用包裹方式渗碳。由于与盐清除相关的问题，盐浴中渗碳不推荐用于含小孔、螺纹和凹陷区域等难以清理的零件。

1. 堵塞物和选择性渗碳

在液体渗碳盐浴中可以通过用镀铜或使用铜基涂料阻止碳渗入的方法来实现选择性渗碳。因为基于氰化物的盐可以溶解铜，所以盐浴的氰化物含量必须相对较低。一个成功的配方（质量分数）是 8%~10%的 NaCN 加大约 45%的 $BaCl_2$。无氰渗碳不会溶解铜。

当使用镀铜来防止渗碳的时候，铜层应该是细晶粒的、密实的，无气孔或其他孔隙。光滑表面比粗糙表面需要的镀层厚度薄。各种情况下液体渗碳推荐用的防渗碳镀铜层的厚度如下：

时间/h		镀铜层厚度	
		mm	in
低温盐	<1	0.013	0.0005
	1~5	0.020	0.0008
高温盐	<7	0.025	0.0010
	7~15	0.040	0.0015
	15~30	0.050	0.0020

液体渗碳盐浴中另一种选择性渗碳方法就是将工件部分浸入盐浴中，从而只有浸入区域渗碳。在这种方法中，除非要求渗碳区和非渗碳区之间有明确的分界，否则没必要用镀铜或铜基涂料。

如果零件在开始的时候比要求的多浸入 1~2in，为零件覆盖了一层盐，然后退到要求的深度，可以减少工件在盐浴表面的氧化。如果有必要精确控制盐浴水平面，可以用一截底部焊死的普通碳钢管插入到浴池的一个角落取代盐。适合于用部分浸入方式进行渗碳的典型零件如图 6-90 所示。

2. 渗碳与铜焊结合

在氰化物或无氰化物液体渗碳盐浴中对钢零件同时进行铜焊和渗碳是可能的，条件是盐浴的工作温度足够高能让铜焊合金流动。首先，对零件清洗和去油污；然后将组件装配好，铜焊合金封闭在结合点处。一种合适的铜焊合金呈线状或薄带状，含有质量分数为 55%的 Cu 和 45%的 Zn，在 880℃熔化并在 900~925℃形成牢固连接，不需要助焊剂。将装配件浸入液体渗碳浴中的时间足够长，以得到期望的渗碳层深度；温度足够高，从而使铜焊合金流动。然后淬火使钢硬化，完成铜焊。对于这种应用理想的是压配合及精心设计的搭接焊缝。

6.5.12 氰化物盐使用中的注意事项

如果氰化物接触到伤痕或伤口（比如手上的）会导致剧烈的中毒反应；如果带入体内，则是致命的。另外，当氰化物与酸接触时，会逐步形成致命性有毒气体。机罩以及冷却炉的零件上形成的白色沉积物，主要由升华的碳酸钠组成，还有少量的钠、

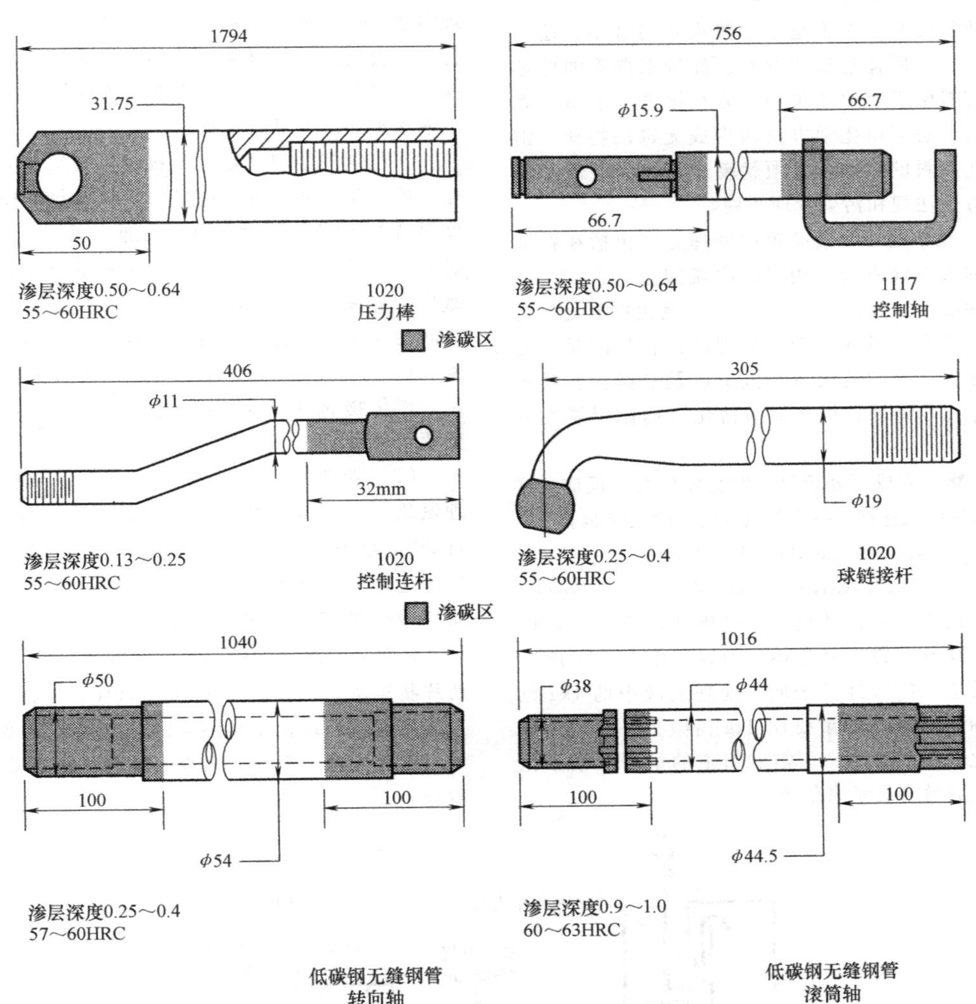

图 6-90 选择局部浸没渗碳的典型零件

注：仅仅只有渗碳部分浸入盐浴中。阴影处为渗碳的面积。

钾和钡盐组成，但也可能由于喷溅的原因而包含一些氰化物。

当氰化物盐从储存容器中转移出的时候，容器应该在使用氰化物的房间内打开。应该用金属勺或戴手套的手从容器中转移氯化物盐，如果需要，也可以用倾倒的方式。当不用的时候，容器应该用其原始封盖或用合适的金属封盖盖起来。

操作氰化物类渗碳盐所应遵守的注意事项与任何其他氰化物混合物的注意事项相同。加工材料必须干净干燥，盐浴必须封闭并通风良好。即使空气湿度带来的微量的水分也可能沉积在零件和夹具上，在接触熔盐的时候导致飞溅。因此，操作者应装备长的防护手套、防护围裙以及防护眼镜或防护面罩。更多信息可以从职业安全与卫生条例（OSHA）和美国环保署（EPA）出版物中获得。当有足够的预防措施时，渗碳盐不会对健康和安全有严重的危害。

外部加热炉中凝固的氰化物盐浴重新加热时，由于盐和气体的膨胀可能会造成潜在的危害。在浸入式电极加热炉中不会遇到这种危害，因为盐的熔化是从顶部往下的。但是，如果是在外部加热炉中进行重熔，应遵循以下注意事项：在盐浴熔化之前，应在其中心插入一根钢或铸铁的楔子。楔子的一端应该与罐底相接触，另一端应至少高出池面 10cm。在盐浴重熔之前，应该用锤子敲打楔子，使其松动，然后再撤走。楔子之前占据的这部分空间，在重熔的时候会给膨胀的盐和气体一个释放空间。不要尝试将楔子从不完全凝固的浴池中移出，因为熔盐可能会从创建的开口处强力吹出。

6.5.13 氰化物废料处置

氰化物废料，无论是溶于淬火水溶液中，还是来自罐子中以固体盐形式存在，都带来严重的处理问题。废料中所含的氰化物成分在排进下水道或者河流之前，必须用化学方法转变成无毒的物质。由于氰化物废料的毒性，必须就废料的适当处理方法咨询地方性法规和污染管理当局。

（1）化学处理 最简单的处理方法包括在碱性溶液中加入氯气或与其相当的次氯酸盐化合物，如次氯酸钠或次氯酸钙（漂白粉），将氰化物氧化。选择氯气还是漂白粉取决于要处理的氰化物的量、是否具有操作氧化剂的设备和人员以及经济性。对于少量的氰化物溶液，用次氯酸盐化合物比用氯气更为实际。

氰化物转变成可处理物质时会发生几个反应，这取决于所用的氧化剂。一个与氯气发生的反应如下：

$$2NaCN+4NaOH+2Cl_2+2H_2O \rightarrow (NH_4)_2CO_3+Na_2CO_3+4NaCl \quad (6\text{-}60)$$

以上反应表明，处理 1kg 氰化钠需要用 1.42kg 的氯气和 1.6kg 的氢氧化钠。但是，由于很可能会发生副反应，实践经验表明，处理废液中的 1kg 氰化钠实际需求氯气的量要比 2kg 稍微多一点。用次氯酸盐化合物处理时，所需的粉末的量可以根据化合物中的有效含氯量来估算。

固体氰化物肥料必须溶解在水中才能处理。处理需要一个合适容量的槽，在远离底部设置一个粗孔筛，会促进固体材料的溶解。槽内还应有一个搅拌器，对于氯气而言，还需要一个多孔管，放置在溶液水平面以下很深的地方。

当用氯气处理氰化物废料时，必须首先测定氰化物的含量，并且加入适量的氢氧化钠。待溶液温度保持在 50℃ 以下时，再缓缓通入氯气。如果用次氯酸钠溶液处理废料，应加入足够的氢氧化钠，使氰化物溶液的 pH 值在 8.5 以上。氰化物和氧化剂之间的反应应该持续进行，直到溶液中的氯轻微过量。这可以用碘淀粉试纸或碘化钾与淀粉溶液来测定。碘化物试纸和淀粉溶液在游离氯存在时会变蓝。

（2）处理设备 图 6-91 所示的设备可用于处理氰化物和钡盐。氰化物化学处理方法没有更新，自 20 世纪 30 年代用于批次性或连续性处理工艺时就已经让人满意了。它用的是钠或钙的次氯酸盐。从当地化学品供应商处可获得质量分数为 10%～15%有效氯的次氯酸钠溶液。次氯酸钙以颗粒状或药片状售卖，含有质量分数为 70%以上的有效氯。这也可以从当地化学品供应商处获得。氰化物也可以用氯气处理，但是许多废水处理厂更喜欢用次氯酸盐。

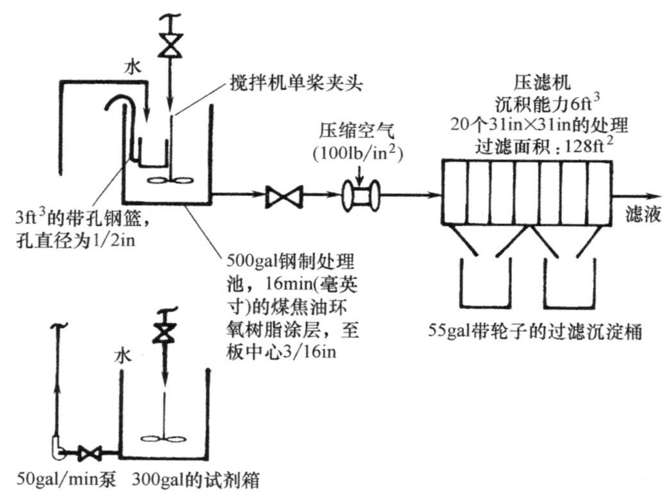

图 6-91 含氰化物或钡盐废水批处理基本系统

注：1gal = 4.546dm²；1lb = 0.453kg；1ft = 0.3048m；1in = 0.0254m。

理论上讲，将 0.5kg 的氰化物（按 CN^-）氧化成氰酸盐形式需要用 1.24kg 的有效氯。换个说法，每 0.5kg 的氰化钠需要 0.66kg 的有效氯。当其他可被氧化的物质存在时，会增加有效氯的需求量。反应实际上是瞬间发生的，因此，给反应完成 10min 的时间已足够。亚铁或铁氰化物在这个反应中不会被移除。

处理应该在 pH>10 时进行，以确保反应产物是氰酸盐，并使氯化氰生成量最少。没有已知的例子要求反应在氰酸盐阶段之后使用。这个反应的结果是生成二氧化碳和氮气。每 0.5kg 的氰化物（按 CN^-）需要 3.2kg 以上的有效氯，并需要调整两次 pH 值，对第一个反应要调整到 10 以上，另一个反应要调整到 6.5。

前面提到的氰酸盐阶段的处理，经氯化之后所得的废水中 CN^- 含量应低于 0.2 mg/L。

图 6-91 中所示的设备可以用于清洗液、水淬及使用后的盐的分批处理。后者必须先放在多孔篮中浸入水或富氰化物清洗液中溶解，同时搅拌。溶液中氰化钠的质量分数不允许超过 5%，因为反应发热会造成热量演变。

消除浓度更高的氰化物的另一种方法，是利用电镀槽中的热量和电解作用，之后再用次氯酸钠消除残余的氰化物。消除残余氰化物需要次氯酸化是因为随着氰化物浓度的降低，电解作用效果也在减少。

氰化物溶液的处理应该在机罩下或带通风管道的槽中进行。

图 6-92 所示为一个连续处理操作，有通过冷却旋管再循环的第一次冲洗，以及一个支流在处理。第二次冲洗（静止的）也被处理。由一个氧化还原反应电位电极装置通过控制器控制次氯酸钠的添加。pH 值由一个 pH 值电极装置通过控制器来维持，控制器激活连接到硫酸和苛性钠溶液的计量泵。这两种溶液只有一种会用到。

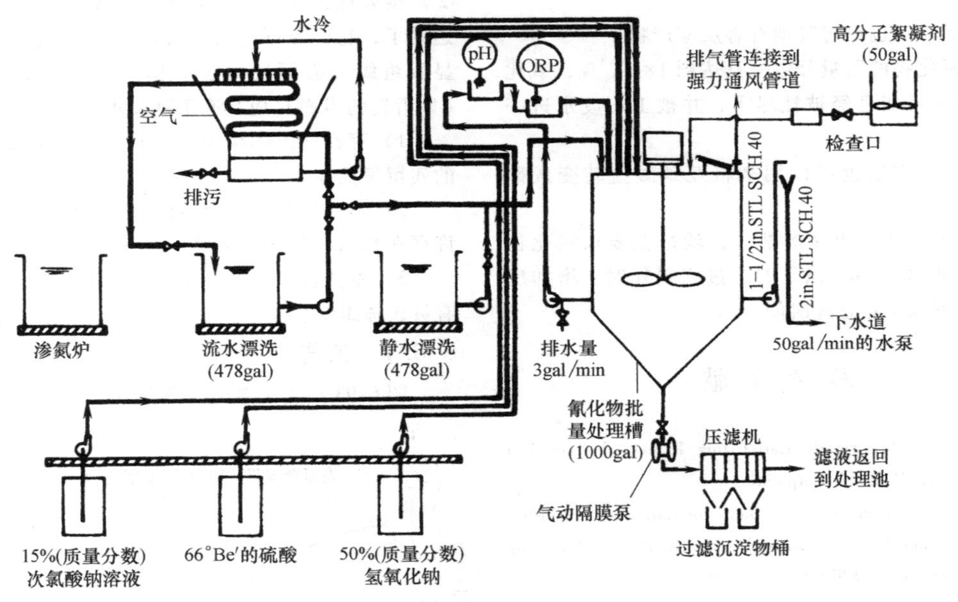

图 6-92　渗氮冲洗液的处理

注：ORP 为氧化还原电位。°Be′为波美度，浓度计量单位。

一个间接检查氯化处理后氰化物消除情况的方法是通过浸入一条碘化钾淀粉指示剂的试纸来检查残氯，当氯含量超过 10mg/L 时试纸会变成紫色。

处理的最终结果是处理过的液体和污泥。后者用过滤装置脱水后装载到合适的废物倾倒场所。按照美国环保署（EPA）规定的测试，滤渣应该没有危害。污泥的量相对较少，可以储存起来定期过滤。

由于室温下氯化物不能破坏亚铁或铁氰化物，它们的存在使得处理的废水可能通不过氰化物总量测试。如果处理后的废水总氰含量任一天超过 1.2mg/L 或月平均值超过 0.65mg/L，可以向管理当局申请批准接受氰化物检验，限制指标分别为 0.86mg/L 和 0.32mg/L。不受氯化作用的铁氰化物不会出现在这个检测中，因此，即使氰化物浓度的限制指标更低一些，它们比更大的指标限制性更少些，因为它们不包括室温下不会被氯化处理消除的亚铁或铁氰化物。

（3）电化学处理　虽然化学处理可能完全满足当地法规，但是电化学方法也已经被用来破坏游离氰化物。在电化学过程中，水溶液中的氰化物废料流入一个电化学反应器。在这个反应器中，应用直流电按下面的反应将游离氰化物和氰酸盐氧化：

$$2CN^- + 8OH^- \rightarrow 2CO_2 + N_2 + 4H_2O + 10e^- \quad (6\text{-}61)$$

$$2CNO^- + 4OH^- \rightarrow 2CO_2 + N_2 + 2H_2O + 6e^- \quad (6\text{-}62)$$

游离氰化物和氰酸盐被转变成无毒的二氧化碳气体和氮气，这两种气体允许从反应溶液流经的开口储存槽中自由排放出去。

对于高浓度的氰根离子来说，电化学处理是最有效的。随着在储存槽和反应器中持续不断的再循环，在100~150h内氰化物的质量分数被减少到1×10^{-6}甚至更少。通过将电化学处理和化学处理结合起来，可以用最低的成本实现有效的处理。电化学清除用来将氰化物的质量分数降低到$(200\sim500)\times10^{-6}$，然后化学处理的方法用来完成之后浓度的降低。

电化学处理具有以下优点：

1）过程只需要用电，不需要用化学品。

2）单位质量氰化物的处理成本很低，仅取决于耗电成本（每千克CN^-耗电6.6kW·h）。

3）基建投资比碱性氯化法高。

4）过程简单易控，仅需要定期测定氰化物浓度。

5）无毒，也没有其他有害反应产物。

6）氰化物的质量分数一旦达到$1\times10^{-4}\%$，氧化的废液通常可能已经被耗尽了，并被工厂废水进一步稀释。

7）这个方法也可以用来将亚硝酸盐转变成硝酸盐。

这个方法唯一明显的缺点，就是在要求氰化物水平降低到200×10^{-6}以下时，过程很耗时。增加反应器数量可以缩短处理时间。

参考文献

1. "Pure Case Noncyanide Carburizing Process," Technical Data Sheet, Heatbath Corporation
2. F. W. Eysell, Regenerable Salt Baths for Carburizing, Carbonitriding, and Nitrocarburizing: A Contribution to Protecting the Environment, *FWP J.*, Oct 1989
3. L. S. Burrows, Durofer—A Low-Toxicity Salt-Bath Carburizing Process, *Heat Treat. Met.*, Vol 4, 1987
4. P. Astley, Liquid Nitriding: Development and Present Applications, *Heat Treatment '73*, Book 163, The Metals Society, 1975, p93-97
5. P. Astley, Tufftride—A New Development Reduces Treatment Costs and Process Toxicity, *Heat Treat. Met.*, Vol 2, 1975, p51-54
6. H. Kunst and B. Beckett, Cyanide-Free Regenerator for Salt Bath Carburizing, *Heat Treatment '84*, Book 312, The Metals Society, 1984, p16.1-16.5
7. R. Engelmann, Paper presented at the 39th Heat Treatment Colloquium, Oct 5-7, 1983 (Wiesbaden, West Germany)
8. C. Skidmore, Salt Bath Quenching—A Review, *Heat Treat. Met.*, Vol 13, 1986, p34-38
9. W. Zabban, Technical Note: Environmental Regulations and Treatment for Salt Baths, *J. Heat Treat.*, Vol 6 (No.2), 1988, p117

6.6 低压渗碳

Volker Heuer, ALD Vacuum Technologies GmbH

在过去的几年内，低压渗碳（LPC）作为最受欢迎的表面硬化工艺之一已经建立起来了。低压渗碳工艺常常称为真空渗碳。和所有的表面硬化工艺一样，低压渗碳的目的是获得坚固且有韧性的心部和硬而耐磨的表面。它被用于增加零件动载荷下的疲劳极限。传统的应用包括：齿轮零件、机械零件、轴承零件，以及发动机的喷射系统的零件。表面硬化处理基本上由三个步骤组成：①零件奥氏体化；②渗碳处理；③淬火。而且一旦要求的碳浓度分布达到了，它们即可淬火。表面硬化淬火零件的表层显微组织（表面硬化层）作为有实用功能的表面（如齿轮的齿面）应具有下列要求：

1）存在马氏体组织，含有最大量为20%~30%的残留奥氏体。

2）不允许存在骨状碳化物或者网状碳化物；允许存在精细分散的碳化物。

3）零件表面淬火的渗碳层达到70%深度之内没有贝氏体组织。

6.6.1 工艺

图6-93描述了典型的碳含量分布，而图6-94所

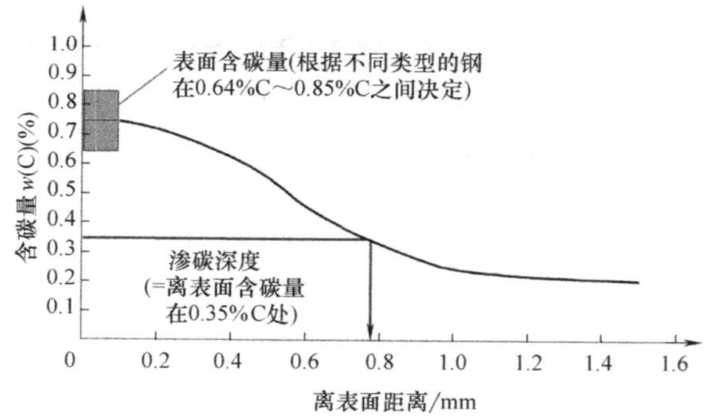

图6-93 表面硬化之后碳含量分布的实例

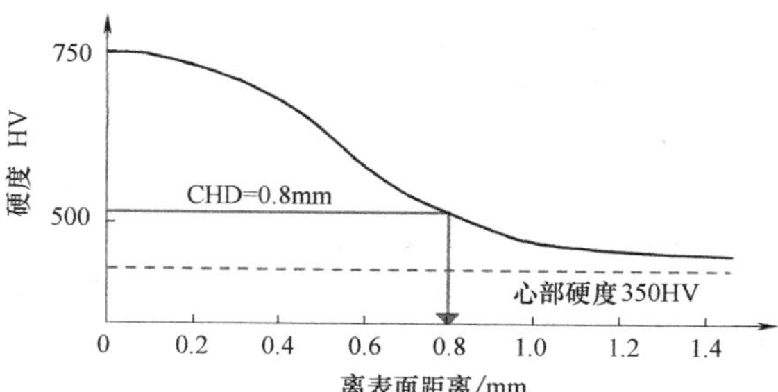

图6-94 表面硬化之后硬度分布的实例

注：CHD是表面硬化层的深度。

示的是渗层淬火之后的典型的硬度分布轮廓。在这个实例中，表面硬度是 750HV，心部硬度是 350HV，表面硬化深度（CHD）是 0.8mm（0.03in）。通常表面硬化深度的定义是硬度保持在 513HV（50HRC）以上离表面的距离。

低压渗碳工艺是压力在 5～15mbar（4～11Torr）范围内和温度在 870～1050℃（1600～1920℉）之间进行的渗碳。在大部分情况下，渗碳温度是在 920～980℃（1690～1800℉）之间。在整个处理期间，被处理的零件不和氧气接触。使用低压渗碳工艺处理零件的典型 CHD 在 0.3～3mm（0.012～0.12in）之间，这取决于零件的尺寸和零件的应用。

图 6-95 所示是低压渗碳工艺原理图。首先，在真空状态下零件装入炉子的炉膛，接着在炉子内充入氮气，使压力接近于 1bar（750Torr），在此状态下进行对流加热。对零件负载进行对流加热的速度比采用单独真空加热快，加热均匀性更好。接下来，在真空状态下进行其他阶段的加热。在全部零件已经达到指定的渗碳温度时，开始实际的渗碳和扩散。通过变换脉冲和扩散步骤的应用程序进行渗碳。

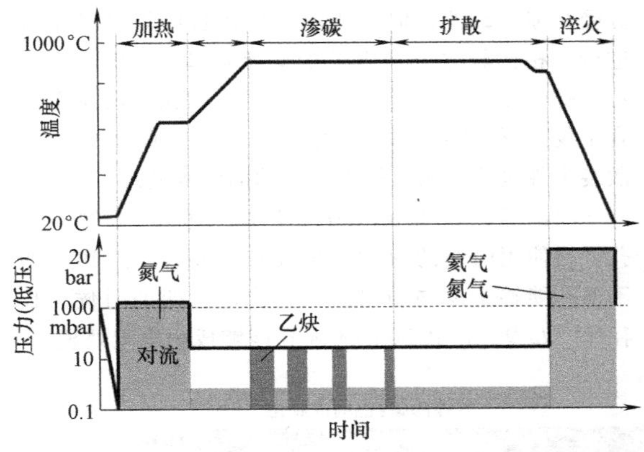

图 6-95　低压渗碳和高压气淬工艺的原理图

不含氧的碳氢化合物，如电石气 C_2H_2（乙炔）用作碳源。碳氢化合物喷射到炉膛内，产生数毫巴的压力。在待处理零件的表面上，碳氢化合物热分解。随后，在一个很短时间内，表面的碳浓度上升到饱和点，这导致高的碳量进入到钢中。在形成碳化物之前，停止供应渗碳气体，并且，碳向材料内部扩散。一旦表面的含碳量减少得足够多，那么，渗碳气氛再喷射到炉膛内。这些所谓的脉冲步骤重复，直到零件表面吸收足够数量的碳。在渗碳脉冲完成之后，进行较长的时间的扩散。最终的扩散步骤是用于获得要求的表面碳含量。碳含量取决于钢种和希望的残留奥氏体数量，传统的表面碳质量分数的需求为 0.64%～0.85%（图 6-93）。

除了乙炔以外，也可以其使用他的碳源，如丙烷（C_3H_8）或者环已烷（C_6H_{12}）。对于低压渗碳，到目前为止，乙炔是最常用的碳源。

渗碳负载的表面积由炉膛的尺寸和所处理工件的几何形状决定，其表面积可以在 0.5～21m^2（5～225ft^2）之间。

零件一旦获得预计的渗碳层分布后就立即淬火。淬火要么在渗碳温度下进行，要么降低到淬火的温度下开始。大部分情况下，在低压渗碳之后要么使用氮气进行高压气体淬火（HPGQ），要么使用氦气高压气体淬火。在其他一些应用当中，在低压渗碳之后使用油淬。关于高压气体淬火（HPGQ）在本书 2.7.10 节中有详细的叙述。

气体渗碳的渗碳层深度可以通过控制气氛中的碳势实现，和气体渗碳相反，低压渗碳是一种配方控制（recipe-controlled）工艺，其温度、渗碳气体流量比率、时间和压力等工艺参数在热处理工艺配方中进行了定义，并且进行全过程控制，实现规定的碳浓度分布。

在低压渗碳期间，高的碳质量传递到零件内部，导致处理时间和传统的气体渗碳相比明显变短（表 6-30）。

表 6-30　低压渗碳和气氛渗碳的处理时间的对比

应用	材　　料	处理温度		渗层硬化深度		处理时间①/h	
		℃	℉	mm	in	低压渗碳	气体渗碳
内齿轮	28Cr4(ASTM 5130)	900	1650	0.3	0.012	0.75	1.5
齿轮	16MnCr5	930	1705	0.6	0.024	2	2.75
轴	16MnCr5	1930	1705	0.8	0.032	2.75	4
齿轮	18CrNiMo7-6	960	1760	1.6	0.063	7.5	9.5

① 处理时间=渗碳时间+扩散时间+降至淬火温度时间。

当低压渗碳（LPC）和高压气体淬火（HPGQ）结合起来时，与传统的气体渗碳油淬工艺相比，其优点如下：

1）对于复杂形状的零件，也有良好的渗碳均匀性。

2）避免了内氧化（IGO）和表面氧化。

3）处理周期短。

4）当采用高温低压渗碳时，具有进一步缩短处理时间周期的潜力（见本书6.6.8节）。

5）热处理可以集成为生产线。

6）不需要设备调整。

7）热处理之后的零件是干净的，零件不需要清洗。

8）工艺环境友好（气源消耗小，没有油、盐浴槽残留物，没有清洗剂残留物）。

9）具有减少热处理畸变的潜力（在热处理期间，零件的形状和大小不希望变化）。

缺点包括：设备成本较高；和油淬相比，高压气体淬火（HPGQ）的淬冷烈度略显有限。

6.6.2 物理基础

当乙炔和870℃（1600℉）以上的钢铁接触的时候，乙炔发生热分解，乙炔分子分解为碳和氢气。

$$C_2H_2 \rightarrow 2C + H_2 \quad (6\text{-}63)$$

然而，发生的真实化学反应要复杂得多，它可以减少为九个主要反应，如图6-96所示的说明。

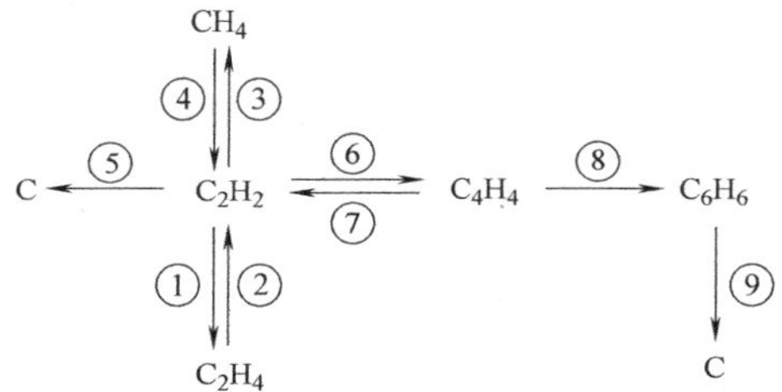

图6-96 乙炔裂解期间的分解反应

关于乙炔裂解和低压渗碳时的表面反应的详细内容可以阅读本节参考文献[2]~[5]。借助于特定的热平衡，对低压渗碳工艺的动力学分析进行了广泛的研究。碳量传递到材料中提高的高度是钢种、工艺温度、渗碳脉冲的数量、长度和时间等的函数。当压力范围在5~15mbar（4~11Torr）之间进行工作时，工艺压力对碳量传递没有影响。

当使用乙炔时，负载的碳吸收率大约是65%。该数值是工业应用中的经验数据。负载吸收的碳量与喷射到炉膛内的总碳量的比率定义为碳吸收率。

一旦碳被材料吸收，和传统的气体渗碳一样，利用相同的扩散定律，也就是碳在奥氏体中的扩散服从菲克定律。

在低压渗碳处理之后，低压渗碳表面没有氧化。这些工艺气体和炉内气氛不含氧气。所以，零件的内氧化和表面氧化得到了可靠的预防。图6-97所示为低压渗碳和气氛气体渗碳之后的比较。

图6-98所示为低压渗碳和气氛气体渗碳之后靠近表面的合金元素的分布。在实际使用低压渗碳时，由于锰的蒸发，表面锰含量减少。在气体渗碳时，内氧化不可避免，因为内氧化，表面上会形成金属氧化物。金属氧化物的形成导致在5~15μm（0.0002~0.0006in）之间深度上的铬、锰和钼的消耗。

在最近几年的工艺实践中，尽管丙烷是过去十分受欢迎的碳源，但是使用乙炔代替丙烷已经稳步进行。相比较之下，丙烷的碳吸收率大约是25%，乙炔的碳吸收率约是65%。与丙烷相比，乙炔更适合于复杂形状零件的均匀化渗碳，如喷油嘴。甚至，散装零件也能使用乙炔进行成功的渗碳处理。

喷油嘴零件有长径比（L/D）达到15的不通孔。当使用丙烷的时候，长径比（L/D）达到2的不通孔能够实现均匀渗碳；当使用乙炔的时候，长径比（L/D）达到20的不通孔能够成功渗碳处理。

低压渗碳：无晶间内氧化

气体渗碳：晶间内氧化

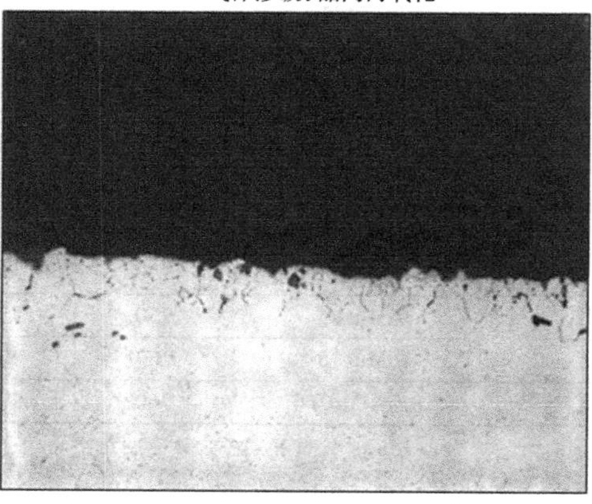

图6-97 渗层深度0.7mm（0.03in）的表面渗碳层

注：材料是SAE 5115；放大倍数1000×（标尺为1000：1）。

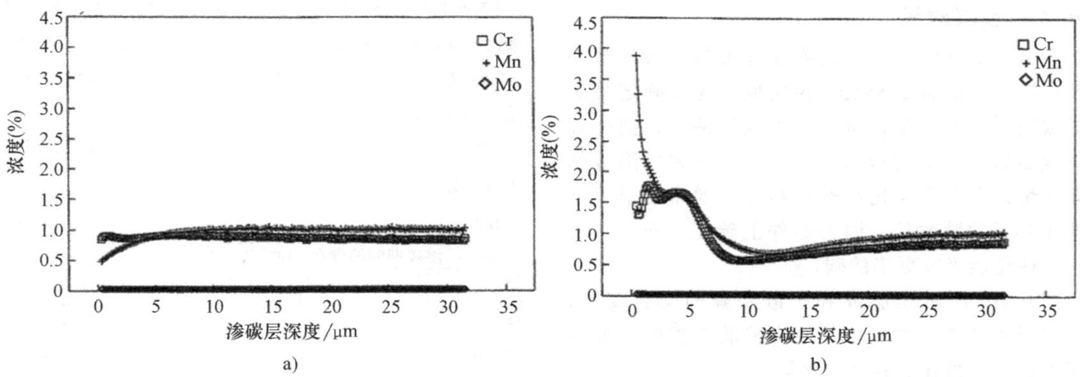

图 6-98　靠近表面合金元素的分布（材料是 SAE5115）

a）在低压渗碳之后　b）在气氛渗碳之后

6.6.3　低压渗碳设备

低压渗碳可以在两种不同类型的设备中运行。在单室炉中，低压渗碳和高压气体淬火工艺是在同一个室内完成。或者说，多室炉仅仅专用作低压渗碳。这些多处理室是多室系统的一部分，高压气体淬火是在规定的冷室中完成的。对这两种设备类型，所应用的渗碳策略是相同的。

对于这两种类型的设备，真空壳体是水冷却的。在单室炉中，内胆保温层通常由石墨制成的硬毡组成。在多室炉内，内胆保温层常常是由陶瓷纤维模块层（如 Al_2O_3+SiO_2）和石墨制成的硬毡内层组成的。由于陶瓷纤维的吸湿性，所以，它不能用在单室炉中，因为在每一个处理炉次后，炉膛敞开会接触到空气。

在多室真空系统中，多室总是有一定温度并处在真空下，而单室炉被冷却下来，并在每炉次结束的时候吸入空气通风。因此，多室炉系统更节能，使用寿命更长。

有效区通常采用石墨元件加热。渗碳气体通过陶瓷或者镍基合金（如因康合金）制成的细小管子通入有效区。渗碳气体的流速通过质量流量控制器精确控制。常用的管径范围为 5～10mm（0.2～0.4in）。管子在炉膛内部左右对称排列，实现渗碳气体的均匀分布。一套真空泵装置和炉膛连接控制工艺压力，工艺压力通常选在 5～15mbar（4～11Torr）之间。

如果工艺压力太高，那么在炉膛中会形成烟灰和焦油。这同样适用于渗碳气体的流量比率控制，如果渗碳气体流量比率明显高于负载渗碳面积所需的比率，也会发生形成烟尘和焦油的现象。然而，当选择正确的工艺参数，并且进行定期维护时，烟尘和焦油不是在大批量生产中采用低压渗碳工艺的威胁。

负载放置在炉膛内由石墨和碳化硅制成的炉床上。低压渗碳的负载夹具不是用高镍合金就是由碳纤维增强炭材料制造。关于低压渗碳和高压气体淬火使用的夹具已在本书 2.7.9 节中详细论述。

图 6-99 和图 6-100 所示为低压渗碳工艺使用的真空系统实例。图 6-99 所示为描述单室炉膛、炉膛内石墨加热元件、炉床、渗碳气体喷嘴的视图。

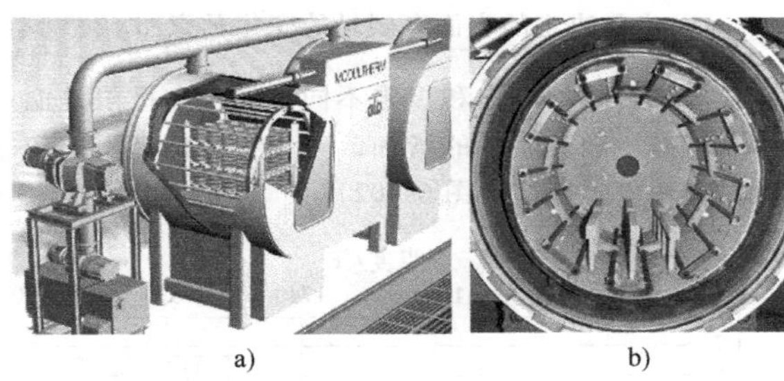

图 6-99　低压渗碳工艺的真空系统

a）多室系统中一部分的处理室　b）单室炉膛视图

图 6-100　在大批量生产中低压渗碳工艺的多室系统（10 个处理室的往复式模块化真空炉，ALD 真空技术）

6.6.4 渗碳对策

在低压渗碳的时候，碳浓度分布是由渗碳脉冲以及扩散步骤的数量和长度决定的。为了确定最短的渗碳周期，目的是在每一个渗碳脉冲上，把处理零件表面的碳富集到饱和极限。这个饱和极限被称为碳含量，在那里碳化物开始析出。通常，第一个脉冲比其后的脉冲长，因为零件上碳还不充足，所以，零件还能吸收更多的碳。

图6-101所示是脉冲和扩散步骤的交替变换，对表面碳浓度产生的影响。最终扩散步骤的长度取决于淬火之前预计的表面碳含量。

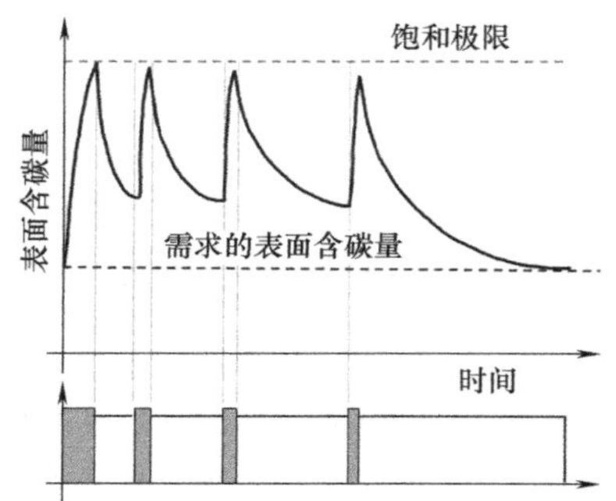

图6-101 低压渗碳期间，由渗碳脉冲和扩散步骤决定的表面含碳量的变化示意图

不同的钢种其饱和极限不同，且饱和极限是温度的函数。随着温度的增加，碳化物析出极限向较高的碳浓度上偏移（图6-102）。

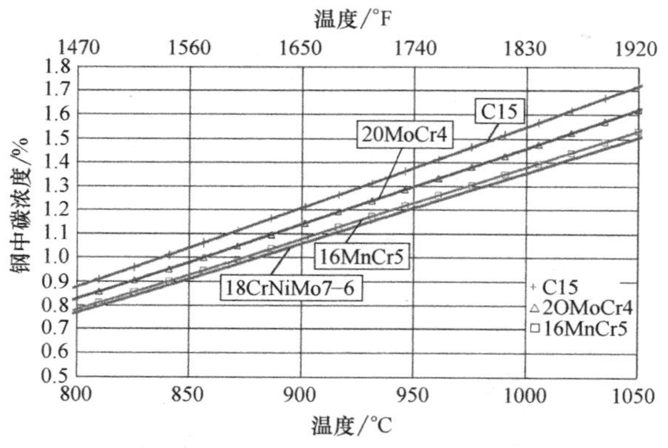

图6-102 不同渗层硬化钢种碳化物析出极限

由渗碳脉冲的数量、长度和时间决定碳分布的发展过程，为了调整脉冲期间的渗碳气体流量比率，应该计算负载的表面积。

在低压渗碳之后，为了得到希望的零件显微组织，应检查靠近零件表面的碳含量是否改善。

图6-103所示为渗碳脉冲和扩散步骤的顺序不正确的实例。这个实例说明了18CrNi8材料在940℃（1725℉）低压渗碳工艺。在脉冲之间的扩散步骤太短，因此导致在处理过程中碳质量分数超过1.18%。结果是零件表面碳过饱和，导致大量碳化物析出。最终的扩散步骤的长度选择正确，结果在表面产生了0.69%的含碳量，因此，避免了过量的残留奥氏体形成。

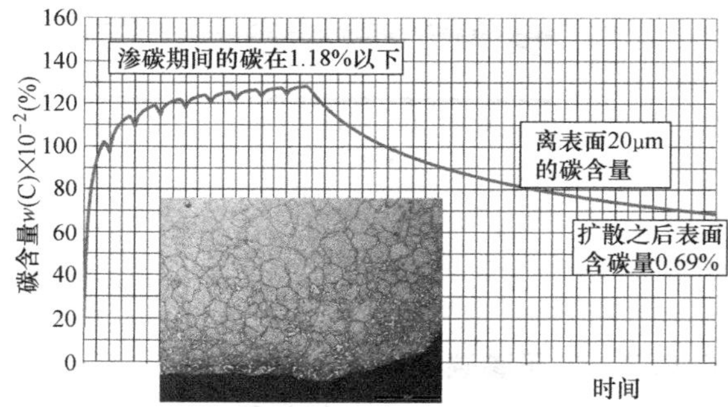

图6-103 不希望碳化物形成的渗碳对策

注：渗碳温度为940℃（1725℉）；材料是18CrNi8。

图6-104描述了一个实例，那里在脉冲之间的扩散步骤选择正确，因此在渗碳处理过程中碳质量分数在1.17%以下，从而避免了碳化物析出。但是，最终的扩散步骤太短；所以，淬火之前的最终表面碳浓度太高。这样导致了大量残留奥氏体形成。

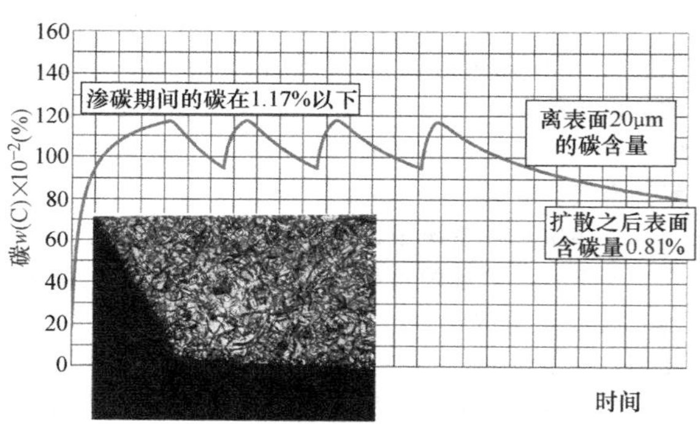

图6-104 不希望残留奥氏体形成的渗碳对策

注：渗碳温度为940℃（1725℉）；材料是18CrNi8。

图6-105所示为一种优化的渗碳对策，脉冲和扩散步骤的顺序合理，最终扩散步骤的长度正确。其结果是显微组织中无任何碳化物，且无大量的残留奥氏体。

脉冲和扩散步骤的合理顺序使用预测碳浓度分布的模拟软件很容易确定，见本书6.6.5节。

表6-31列出了对于材料8630渗碳对策的一个实例，使用乙炔进行低压渗碳处理，渗碳温度为960℃（1760℉），要求渗层深度达0.6mm（0.02in）。在第一个渗碳脉冲之前，加热渗碳阶段的长度（对流和真空加热）取决于处理工件的大小和负载的大小。

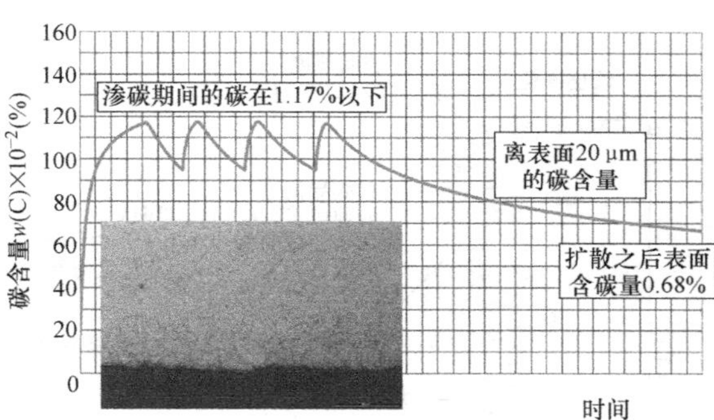

图 6-105　为了实现优化的显微组织，优化的渗碳对策

注：渗碳温度为 940℃ （1725℉）；材料是 18CrNi8。

在脉冲期间乙炔流量比率根据负载表面积调整。

表 6-31　一个渗碳对策的实例

顺序	温度		时间
	℃	℉	
对流加热	960	1760	80min
真空加热	960	1760	30min
脉冲渗碳(乙炔)	960	1760	90s
扩散步骤(氮气)	960	1760	9min
脉冲渗碳(乙炔)	960	1760	60s
扩散步骤(氮气)	960	1760	11min
脉冲渗碳(乙炔)	960	1760	60s
最终扩散(氮气)	960	1760	25min
淬火	—	—	—

6.6.5　碳浓度分布预测

在低压渗碳期间，碳量的传递和在材料中的扩散过程，可以借助于商用软件进行模拟。像这种软件的程序是基于碳的分解和在零件表面上碳的吸收的数学描述，以及描述碳扩散到材料中的方程式。在低压渗碳中碳传递到表面与气氛渗碳的传递明显不同，但是，在材料内部碳传递的扩散定律相同。在本节参考文献［10］中用示例描述了模拟软件的功能和结果：

1）零件钢种的化学成分。

2）钢种的碳含量饱和极限。

3）渗碳温度。

4）预计的渗碳深度。

5）预计的表面含碳量。

6）负载的表面积。

这种程序能计算出渗碳脉冲的数量和持续时间、扩散步骤，以及每一个渗碳脉冲要求的渗碳气体的流量比率。此外，逆向计算也是可能的，可以对一个给定温度、给定渗碳脉冲和扩散步骤的具体工艺，确定期望的渗碳层深度。在大多数情况下，这些计算是一维的，而没有考虑到可能出现的边缘效应。

另外，在低压渗碳之后为了获得预计的显微组织，可以利用模拟软件实现，这是一款强大的工具。这个软件给出了碳浓度分布形态，这个形态作为离表面不同的距离的时间的函数。因此，为了满足显微组织的技术要求，也就是说，不存在大量的碳化物，或者没有过量的残留奥氏体存在，所以，可以对渗碳对策进行优化。

借助于更复杂的有限元法模拟软件，不仅可以模拟碳浓度分布，而且可以预测显微组织，以及淬火之后产生的心部硬度。在特殊情况下，畸变也可以进行数值模拟。然而，由于在建立模型和定义边界条件上要做大量的工作，并且需要大量的计算时间，所以在工业实践中，热处理畸变的模拟还没有成为一个公认的工具。

6.6.6　应用

（1）汽车领域的应用　图 6-106 和图 6-107 所示为典型的使用低压渗碳处理的汽车齿轮零件装载的例子。

图 6-106　太阳轮低压渗碳的装载状态

注：20MnCr5HH 齿轮；每一炉 576 件零件；周期为 215min；渗碳温度为 945℃ （1735℉）；氮气，压力为 8bar （6000Torr）；渗碳层硬化深度为 0.65～0.75mm （0.026～0.030in）；心部硬度为 35～38HRC。

低压渗碳在其他领域应用有燃油喷射系统，如喷油器体。图 6-108 所示是由 18CrNi8 材料制造的喷油嘴的热处理技术条件。在这个零件渗碳层硬化时候，其特殊挑战是尽管喷油嘴形状复杂，但是要保证渗碳均匀性。要求零件渗层严格控制，很显然在不通孔内，与此同时，在相同的时间上，必须防止局部过渗碳，例如，在油轨道出口内侧。

喷油嘴利用乙炔进行低压渗碳处理，用氮气淬火。不要求渗碳的区域使用防护罩盖住。零件经过两次奥氏体化而且两次淬火，以增加疲劳强度。接下来在-100℃ （-148℉）进行深冷处理，把一些残留奥氏体转变成马氏体，然后进行回火处理。图 6-109

图 6-107 环形齿轮低压渗碳的装载状态

注：16MnCr5 齿轮；每一炉 44 件零件；周期为 450min；渗碳温度为 930℃（1705℉）；氮气，压力为 18bar（13500Torr）；渗碳层硬化深度为 0.85～0.95mm（0.034～0.037in）；心部硬度为 27～30HRC。

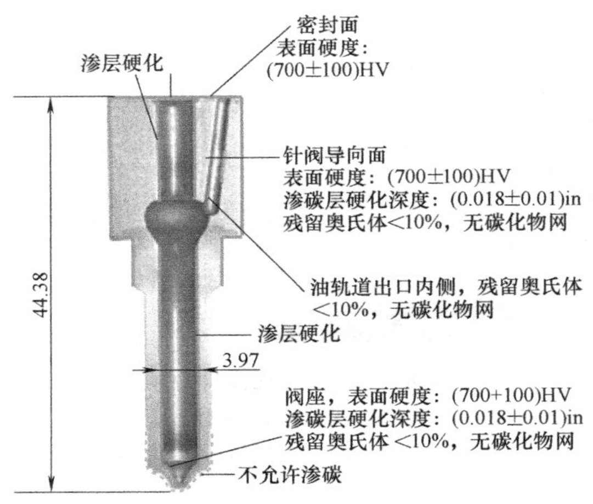

图 6-108 柴油喷射系统的喷油器体技术条件

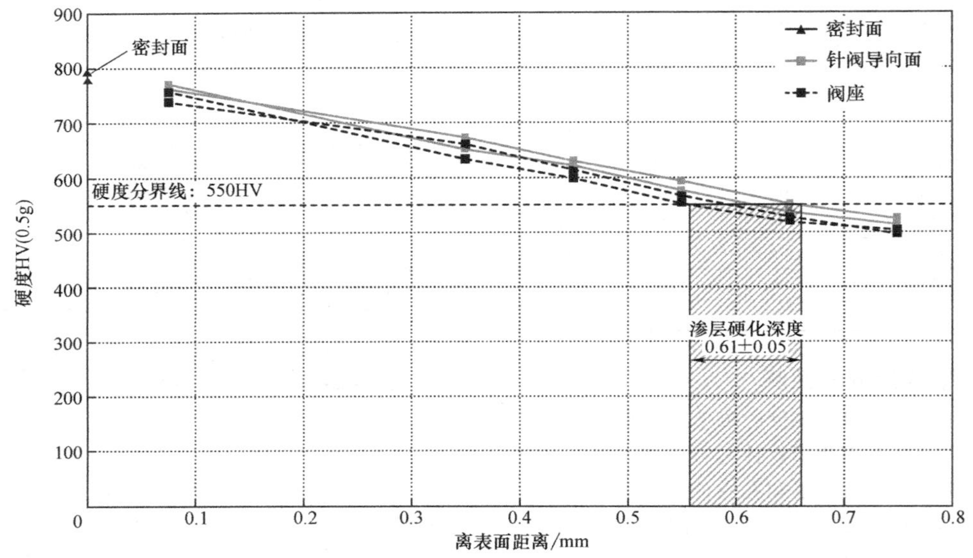

图 6-109 喷油嘴上各个测量点的硬度分布

所示是渗碳处理之后，各测量点上的所测硬度分布。

（2）航空领域的应用 图 6-110 和图 6-111 描述的是航空零件低压渗碳的典型应用。

对于航空产品，最关键的要求之一是应用期间零件具有良好的几何尺寸的稳定性。众所周知的是，当承受一定程度的应力或者一定程度的负载（应力导致相变）时，残留奥氏体将转变为马氏体。此外，当经受冷处理时，残留奥氏体将转变为马氏体。这个显微组织的变化将导致零件的尺寸长大，所以，零件淬硬的渗层中残留奥氏体的数量必须控制，这就是为什么在许多情况下零件淬火之后，回火之前必须经受冷处理的道理。这样在-73℃（-99℉）[建议在-85℃或者-100℃（-121℉或者-148℉）]以下的冷处理，残留奥氏体的数量显著降低。在这样的低温处理而变化的温度上规定的处理时间取决于零件的横截面的厚度，但是，通常规定最低为 2h。

例如，由材料 M50NIL 制造的精密轴承首先进行低压渗碳，接着油淬，然后经过多次冷处理/回火循环。距离表面 0.05mm（0.002in）的深度上，使用 X 射线检测确定残留奥氏体的含量小于 0.2%。

正如本章“渗碳对策”一节中所描述的，低压渗碳工艺提供了一个灵活性高的渗碳对策。对于航空领域的应用，这是一个优势。例如，当材料 SAE9310 进行热处理的时候，为了防止产生过量的残留奥氏体，对于气体渗碳，其渗碳温度限定在

图 6-110　在分层组合料盘中传动齿轮低压渗碳的装载状态

注：SAE9310；每炉有 12 个零件；渗碳温度为 960℃（1760℉）；氮气，压力为 6bar（4500Torr）；渗碳层硬化深度为 1.4～1.65mm（0.055～0.065in）。

图 6-111　滚珠丝杠低压渗碳的装载状态

注：SAE8620；渗碳温度为 960℃（1760℉）；氮气，压力为 20bar（15000Torr）；渗碳层硬化深度为 1.4～1.65 mm（0.055～0.065in）。

930℃（1705℉）。然而，使用低压渗碳时，可以调整渗碳对策使残留奥氏体在一个低量水平的目标上。所以，对于这种材料，低压渗碳能够使用较高的渗碳温度。

在一些特殊的航空应用领域，零件使用多阶段渗碳处理，是用于实现在同样的零件上具有不同的碳浓度分布。为了做到这些，首先零件应局部防渗（如镀铜层）；然后，零件先完成低压渗碳处理，在冷却之后，也可选择退火冷却的方式冷却，去掉零件上的铜镀层。还有其他可能性就是补充加工齿轮的齿部或者补充加工花键槽。然后，完成下一次的低压渗碳处理。在完成最后一次低压渗碳步骤之后，对零件淬火。通过这些多阶段渗碳的应用，它可以提供非渗碳区域和两个不同碳浓度分布的区域，这样，在同样的零件上产生两个不同的渗碳硬化层深度。

（3）其他领域的应用　除了应用于汽车领域和航空领域以外，低压渗碳也成功地用在其他零件上。例如，液压元件、耐磨板、工业链条、工业传动部件、车轴、冲裁模、农业机械零件、电动工具行业的零件，它们通常是采用低压渗碳处理。

6.6.7　大批量生产中的低压渗碳工艺的质量控制

为了允许在大批量生产中使用低压渗碳工艺，最近几年已经开发和实施了可靠的质量控制方法。在零件开始生产之前，对称为生产件批准程序（PPAP）的零件样件进行处理并作质量上的深入分析。仔细检查 PPAP 样件装炉中的中部和拐角处的零件的表面硬度、硬度分布、心部硬度和显微组织。在某些情况下，碳浓度分布和畸变也要分析并建档备查。

一旦 PPAP 样件进行了验证确认，并且已经开始生产，就可减少质量控制检查的频率。

现代低压渗碳系统安装了工艺监测装置，如果主要工艺参数偏离输入的配方值，那么这个装置就对其进行控制。如果这样的话，负载零件就被用“红旗”进行标记。根据红旗的严重程度，负载零件要么立即报废，要么非常仔细地进行质量检查，确认它们是否可以放行用于装配。

在工业中经常使用其他的方法，即使用吸碳块。有一些圆盘，具有标准尺寸，由标准材料制造，它们和负载零件一起经历整个工艺过程。如果在低压渗碳处理期间，圆盘负载确实吸收了预计的碳量，那么，这些圆盘的质量增加就是一个指标。

表 6-32 给出了工业行业中通常采用的质量检查方式、手段和频率。

表 6-32　低压渗碳工艺的典型质量控制

质量控制步骤	频　率
表面硬度检查	每一个装载料筐有 3 个零件
从装载料筐中切割一个零件做常规金相、硬度分布、心部硬度检查	在批量生产装载料筐中，每一个批次的第 2 个到第 10 个抽样
工艺监测	每一个产品装载料筐
吸碳块（carbon buttons）	可选项；测量标准盘的重量增加，以评估标准盘的碳吸收

（续）

质量控制步骤	频　率
无损检测	可选择；涡流检测
畸变检查（处理前后零件的几何尺寸）	根据零件和应用，可能需要检查畸变；当检查畸变的时候，通常是对每一个批次的每一装载料筐一直到每一批次的第10筐为止，检查1~3个零件的畸变

6.6.8 高温低压渗碳

表6-30给出了低压渗碳与气体渗碳的比较结果，低压渗碳处理中碳的高质量传递到零件内，导致低压渗碳处理时间显著缩短。通过增加渗碳温度，能进一步增加低压渗碳的优点。随着渗碳温度的增加，碳的扩散速率急剧上升，因此渗碳时间显著减少（图6-112）。

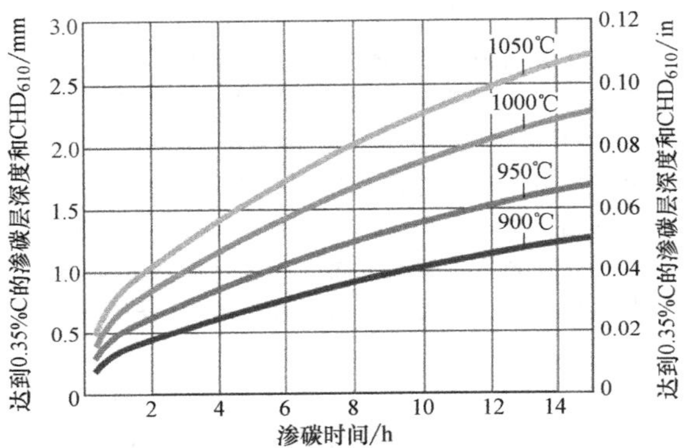

图6-112　渗碳层深度是渗碳温度和持续时间（没有加热）的函数

注：CHD是渗碳层硬化深度。

此外，温度升高，碳化物析出极限偏移到较高的值上，按照铁碳相图，在非合金钢中，碳析出极限从930℃（1705℉）的1.3%增加到1030℃（1885℉）的1.65%（图6-102）。

这样的话，高温渗碳允许在每一个渗碳脉冲中表面含碳量达到较高的目标。新的较高的浓度梯度导致处理时间进一步减少（这个额外减少的渗碳时间没有在图6-112中反映出来）。

表6-33说明了18CrNiMo7-6钢渗碳层深度达到1.5mm（0.06in）时，低压渗碳不同温度的处理时间。例如，当渗碳温度从950℃增加到1030℃（1740℉增加到1920℉）时，证实总的工艺时间减少了55%。

然而，在980℃（1795℉）以上的高温渗碳会导致晶粒长大。含有粗晶和混晶组织的零件有下列缺点：

1）宏观组织有较高的不均匀性。

2）韧性较差，尤其是在渗碳区。

表6-33　材料18CrNiMo7-6钢在不同温度的低压渗碳处理时间

（渗层深度=1.5mm或者0.06in）

工艺步骤	热处理时间/h		
	930℃（1705℉）	980℃（1795℉）	1030℃（1885℉）
装炉	0.25	0.25	0.25
加热	1.5	1.75	2
渗碳和扩散	8.5	5	3
降低淬火温度	0.75	1	1.25
淬火和出炉	0.5	0.5	0.5
进炉到出炉	11.5	8.5	7
处理总时间减少	—	25%	40%

3）较低的缺口承载能力。

特别是对于动态载荷的零件，粗晶的形成能够相当多地减少使用寿命。针对这一现状，研发了微合金化材料，它们没有形成粗晶粒的趋势，甚至在1050℃（1920℉）温度以上高温渗碳也不会形成粗晶粒。这些微合金化的钢材，除了限定的氮和铝的含量外，还含有元素钛、铌的确定含量。氮、铝、铌和钛之间的比率应该按照预计的渗碳温度选定。在许多情况下，为了在材料中形成碳氮化合物。铌的含量被限定在（300~400）$\times10^{-6}$。另外，定义了炼钢工艺链，并以后面的方式调整炼钢工艺链，即以实现氮化铝和铌的碳氮化合物的优化分布的方式调整工艺链。已经研发了几种微合金化钢，并由零件的制造商进行了成功的测试。借助于低压渗碳工艺，使用这些微合金化材料需要挖掘通过高温渗碳缩短工艺时间的巨大潜力。

低压高温渗碳实现了新的生产理念，如一件流（one-piece flow）生产方式。随着低压渗碳工艺的加快，把渗层硬化全部整合（集成）为生产线是可能的。通过在每一个生产线内安装紧凑的低压渗碳单元，把所有热处理加工整合到生产流程当中，而不用把所有的热处理加工集中在一个中心淬火车间（图6-113）。

在这个新的概念中，零件不是在传统的多层装料的大料筐中进行热处理，而是它们仅仅在单层组成的小料筐中处理。单层处理加热、渗碳均匀，并

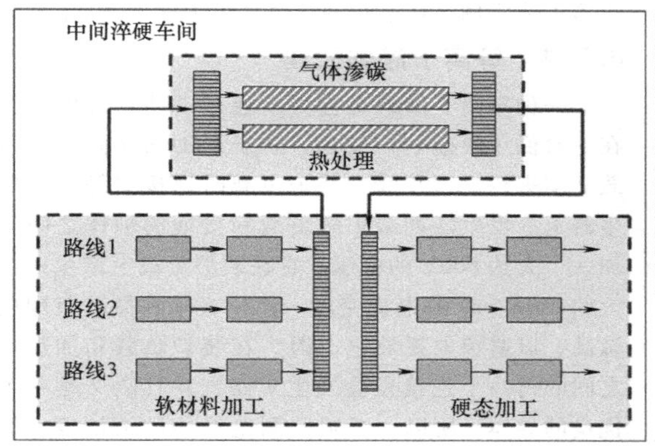

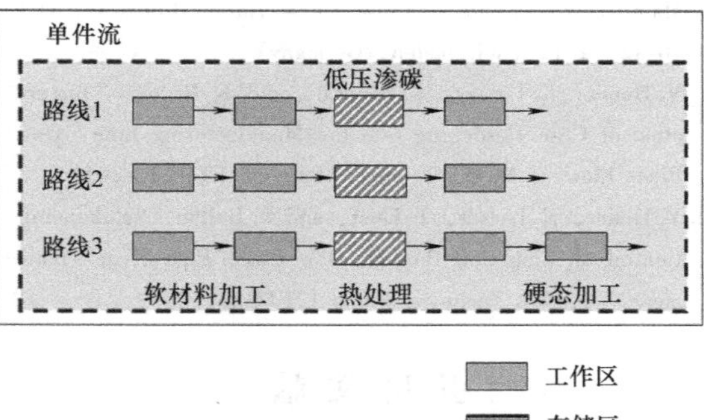

图 6-113 中心淬火车间的零件生产和一件流的零件生产（采用低压高温渗碳的集成生产线）

且提供了可以精确控制的气淬的条件。层与层之间所有的变化都被消除了，这减少了装炉负载内的零件尺寸畸变的差异。

此外，这种生产理念使物流成本能有较大的节约。与此同时，生产线可以完全自动化，因为可以一个接一个从软态机械加工单元取出零件，在软态加工循环周期内及时进行热处理，并且，一个接一个地向下传递到硬态机械加工单元。只有应用高温渗碳才能使所需的处理时间减少，以便渗碳的周期与机械加工的周期相匹配。

参考文献

1. D. H. Herring, *Vacuum Heat Treatment*, BNP Media Ⅱ, 2012
2. D. Buchholz et al. , Modellierung des Pyrolyseverhaltens von Ethin unter den Bedingungen des Niederdruckaufkohlens von Stahl, *HTM*, Vol 62 (No. 1), 2007, p5-12
3. D. Buchholz et al. , Simulation der Pyrolyse-und der Oberflächenreaktionen von Ethin beim Niederdruckaufkohlen von Stahl, *HTM*, Vol 63 (No. 2), 2008, p75-83
4. F. Graf, "Pyrolyse und Aufkohlungsverhalten von C2H2 bei der Vakuumaufkohlung von Stahl," Dissertation, Universität Karlsruhe, 2007
5. W. Gräfen and K. Seehafer, "Einsatzhärten in Theorie und Praxis," Fachtagung Härterei 2009, Münchener Werkstoff-technikSeminar, March 19-20, 2009
6. M. Steinbacher, B. Clausen, F. Hoffmann, and H. -W. Zoch, Steigerung der Vorhersagegenauigkeit bei der Berechnung des Kohlenstoffprofils von Niederdruckaufkohlungsprozessen, *HTM*, Vol 6, 2007
7. M. Steinbacher, "Thermogravimetrische Messungen beim Niederdruckaufkohlenals Grundlage für Simulationen," Dissertation, Fachbereich Produktionstechnik, Univ. Bremen, Germany, 2012
8. W. Gräfen and B. Edenhofer, Acetylen-Unterdruckaufkohlung—Eine Neue und überlegene Aufkohlungstechnologie, *HTM*, Vol 56 (No. 3), 2001, p185-190
9. D. Liedtke, "Einsatzhärten," Stahl Merkblatt 452, Ausgabe, 2008
10. B. Reinhold, "Simulation der Aufkohlung von Einsatzstählen bei der Vakuumaufkohlung," presented at the European Congress on Total Quality in Heat Treatment, April 14-15, 2005 (Maastricht, Netherlands)
11. J. Kleff, S. Hock, and D. Wiedmann, Wärmebehandlungs-Simulation bei ZFAnwendungsentwicklung und Vorhersage der Kernhärte an Bauteilen, *HTM*, Vol 6, 2008, p351
12. K. Heeβ, *Maβ-und Formänderungen infolge Wärmebehandlung von Stählen*, Vol 3, neu bearbeitete Auflage, Expert Verlag, 2007
13. B. Reinhold, "Processing Diesel Injection Components." presented at the Vacuum Carburizing Symposium, Sept 23, 2008 (Dearborn, MI)
14. D. Herring. personal correspondence, March 2013
15. S. Carey and D. H. Herring, Low-Pressure Carburizing Process Development of M50NIL, *Heat Treat. Prog.* May/June 2007, p43
16. *Die Prozeβregelung beim Gasaufkohlen und Einsatzhärten*, Autorenkollektiv AWT-FA 5; AK4, Expert Verlag 1997
17. A. Koch, H. Steinke, F. Brinkbäumer, and G. Schmitt, Hochtemperatur-Vakuumaufkohlung für groβe Aufkohlungstiefen an hoch belasteten Rundstahlketten, *Der Wärmebehandlungsmarkt*, Apr 2008, p5-7
18. F. Hippenstiel et al. , Innovative Einsatzstähle als maβgeschneiderte Werkstofflösung zur Hochtemperaturaufkohlung von Getriebekomponenten, *HTM*, Vol 57, 2002, p290
19. F. Hippenstiel, Tailored Solutions in Microalloyed Engineering Steels for the Power Transmission Industry, *Mater. Sci. Forum*, Vol 539-543, 2007, p4131-4136
20. M. Frotey, T. Sourmail, C. Mendibe, F. Marchal, M. A. Razzak, and M. Perez, "Grain Stability during High Temperature Carburizing: Influence of Composition and

Manufacturing Route," Presented at HärtereiKongress, Oct 10-12, 2012 (Wiesbaden, Germany)

21. V. Heuer, K. Loeser, G. Schmitt, and K. Ritter, "Integration of Case Hardening into the Manufacturing Line: One Piece Flow," AGMA Technical Paper 11FTM23, 2011

22. V. Heuer, K. Loeser, T. Leist, and D. Bolton, "Enhancing Control of Distortion through One Piece Flow-Heat Treatment," AGMA Technical Paper 12FTM23, 2012

引用文献

· M. Steinbacher, B. Clausen, F. Hoffmann, et al., Thermogravimetrische Messungen zur Charakterisierung der Reaktionskinetik beim Niederdruck-Aufkohlen, *HTM*, Vol 4, 2006

6.7 等离子渗碳

Brigitte Clausen, Stiftung Institut für Werkstofftechnik, Bremen, Germany

Winfried Gräfen, Hanomag Härtol Gommern Lohnhärterei GmbH, Gommern, Germany

等离子渗碳也称为离子渗碳，本质上是一种低压渗碳工艺，它是将高压电场施加在待处理的负载和炉壁之间，产生出负责把碳传递到工件表面上的活化和离子化的气体种类。这个工艺拥有一些特色，如渗碳钝化能力、烧结金属能力、重复性高，不能渗碳的部分可以机械覆盖。在1990~2000年，这个工艺达到了它工业应用的高峰，但是，在20世纪90年代后期，越来越多地使用乙炔气体的低压渗碳技术，等离子渗碳已经失去了它的重要性。

第一个试验是埃登霍费尔（Edenhofe）做的，这时才注意到：当在样品（阴极）和炉壁（阳极）之间发生辉光放电时，扩散到样品表面上的气体中存在大量的碳。定量测试的结果显示高达90%的甲烷转变为可扩散的碳。更多的优势包括：

- 高的碳传递速度。
- 没有烟尘形成。
- 表面没有内氧化。
- 渗碳深度均匀（例如：在不通孔内）。
- 于屏蔽局部处理。

这些结果导致对等离子渗碳炉提出了更高的要求。在参考文献[3]~[7]中有几个实例。与等离子渗氮相反，等离子渗碳的重要性正在减弱，因为，大部分的优势在低压渗碳工艺中更容易实现（见本卷的“低压渗碳”一节），它没有在等离子发生器和电绝缘上额外投资。为了写这篇文章，在调查过程中发现工业测量系统上仅有的一个仍在工作的等离子体工艺实例。在文章的结尾介绍了这个例子。

6.7.1 等离子渗碳原理

一种等离子渗碳工艺可以通过一些额外的工作在一台低压渗碳炉内使用。炉子从加热体到装炉负载必须进行电器绝缘，装炉负载时连接到等离子发生器上。发生器在装炉载负载和接地的炉体之间施加一个大约600V的电压。它在装炉负载上产生一个大约$1mA/cm^2$的电流密度。电压必须在微秒范围内脉动，以避免电弧放电。因为在装炉负载和加热室之间的每一个连接点会发生短路，并且碳又是一个优良的导体，所以，必须监测绝缘体的清洁度。等离子渗碳工艺要求目视观察，除了计算有关的最佳压力、设计装炉方式，这个观察还提供了以下方面的确定性，即该装炉批次渗碳处理均匀、无空心阴极发生。图6-114所示是等离子渗碳炉示意图。

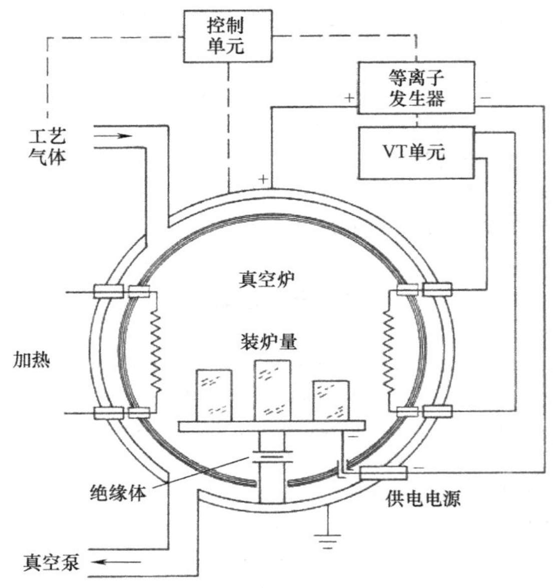

图6-114 一台等离子渗碳炉的示意图

对于等离子处理，应该提供甲烷气体、氢气和氩气。如果计划进行碳氮共渗处理，那么，氮气应该保持可用。随着丙烷和乙炔的添加，使等离子驱动的低压渗碳工艺成为可能。因为碳以等离子体方式传递，这个工艺必须分成渗碳和扩散两个阶段，渗碳处理阶段乙炔的用量和低压渗碳工艺中的工艺气体乙炔的量一样大。这些阶段的长度是由碳的传递决定的。图6-115所示的是等离子渗碳工艺过程示意图。这个工艺是从炉内排空气氛开始的。装炉负载升温到工艺温度，在升温的最后加热阶段，开始溅射处理，它是从注入惰性气体或者氢气开始进行的，而且等离子体是用来清理负载表面的。在此之后，借助于渗碳气体开始等离子处理。依据平均碳传递系数计算持续时间，在此持续时间之后，炉子内气氛再次排空，并维持在低压状态，直到表面碳因扩散到基体中，质量分数下降到大约 0.6% 为止。在扩散之后，下一个渗碳阶段才能开始。这些阶段的持续时间是根据经验数值计算得出的。添加的氮气在处理过程中形成了含氮的活性物质。因此，氮气可以被表面吸收，把渗碳变成了碳氮共渗工艺。

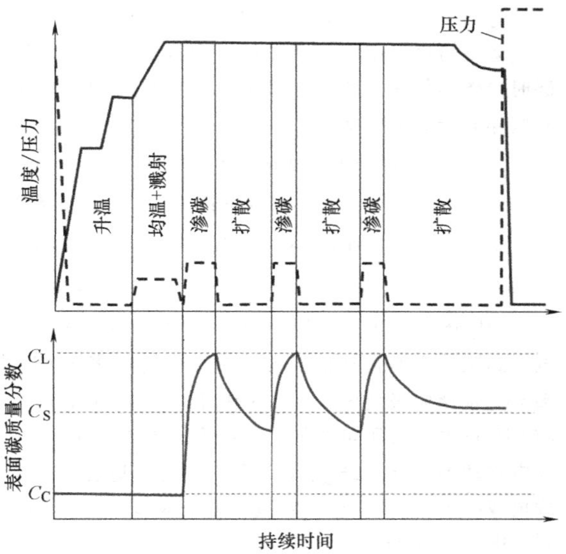

图 6-115 等离子渗碳工艺过程示意图

（1）辉光放电等离子体理论背景 等离子体是利用外电场产生的气体混合物，它是由正电荷的粒子与负电荷的粒子以及中性粒子和电子组成的。但是，本质上它是气态，它具有结合力和稳定的状态（宏观上，等离子体呈电中性），净电荷为零。在整个宇宙的许多空间产生等离子体，但是在地球上它不能稳定存在，这是由于它要求的初始条件相当特殊。尽管如此，必要条件很容易实现，所以，可以产生稳定的人造等离子体。这样的等离子体已经广泛用于各种重要的工业应用中，如焊接、催化化学反应、激光泵浦、聚合物稳定化和覆层工艺，如物理和化学气相沉积。

用作渗碳层的等离子是辉光放电体。这种辉光放电等离子体含有密度很高的电子（$1\times10^{12}/cm^3$），其平均能量为 1~10eV，在电离和离解双原子分子上这是一个很有效的能量范围。辉光放电更进一步的特征是特有的数值为 10^{-4} 的电离度，与大约 $1mA/cm^2$ 的电流密度。因此，现成和丰富的等离子体为化学活性原子提供了来源，在等离子（离子）渗碳中，这是它的主要功能。

通过在一个密封的玻璃罩相对的两端安置两个电极，并把玻璃罩抽空到压力为几百帕斯卡（Pa），可以建立并维持辉光放电等离子体。当施加一个几百伏的直流电压的时候，就可以观察到有各种区域组成的可见辉光条纹（如图 6-116 所示的示意图）。在等离子（离子）体渗碳中，只有阴极和负电极附近的负辉区是重要的。最高磁场强度（阴极位降区）正是在这一区域，在这里，管中的残余气体发生电离。事实上，离子渗碳所具有的大部分优点，可能是由于在这一地区发生的物理过程。在这里，电子和离子的速度足够高，使得低压气体分子电离，从而提供所需的活性物质。因为该区域极有可能非常接近阴极，即这些活性物质在它们存在期间将到达阴极，从而与阴极表面反应或者被阴极吸收。关于电子和离子在阴极位降区产生的过程更详细信息可阅读相关参考文献。

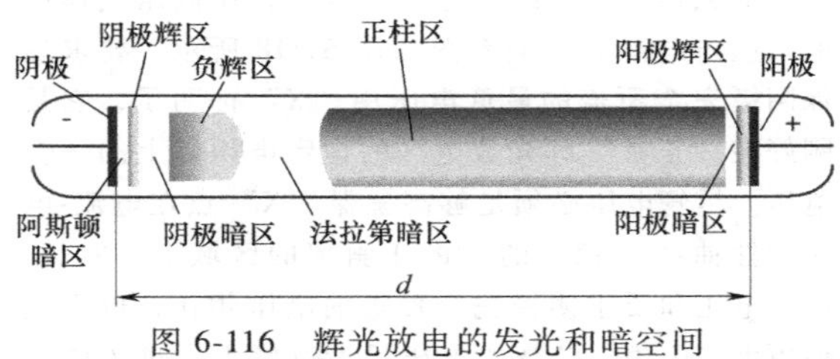

图 6-116 辉光放电的发光和暗空间

（2）辉光放电等离子体的范围和极限 虽然辉光放电可以在相当宽的条件范围内产生，但还是有一些限制条件，它必须能够观察到，确保其稳定性，以及能够恒定地提供活性碳。参照图 6-116，仅仅在正柱区构成了“真正的”等离子体，即没有净空间电荷的离子化气体。但是，对于放电的稳定性，这个正柱区并不是必需的，使两个电极靠得更近些，可能会消除这个正柱区。事实上，如果压力和电压维持恒定，并且在阳极和阴极之间的距离（d）如图 6-116 所示的减少，那么在长度上仅仅缩短，直到阳极进入法拉第暗区时这个正柱区消失为止。直到阳极靠近负辉区为止，放电参数变化不明显。即使阳极十分靠近负辉区，放电仍然稳定，但是，电压稍微会变高。

然而，随着 d 的进一步减小，维持稳定操作的电压会增加，除非压力增加是维持当 d 较大时的电极之间的气体量大约相同。如图 6-117 所示的巴型曲线（Paschen curves），在低压气体中要求维持稳定放电的电压是压力 p 和两个电极之间距离 d 两者的函数，事实上，是 p 和 d 的乘积。所以，当 d 减小的时候，压力必须增加，达到在最低电压下工作。

（3）等离子渗碳中的电压值 虽然在离子渗碳

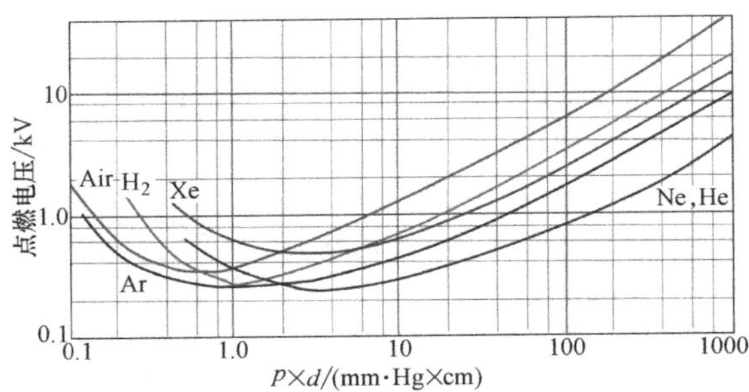

图 6-117 在两个平行的板状电极之间各种气体直流辉光放电的巴型曲线

注：给出了雪崩电压对应气体压力 p 与电极间距 d 的乘积的关系。

中它有能够在最低的电压状态操作的优点，但是，还有其他更重要的条件要满足，例如最基本的是：等离子体要完全覆盖阴极，以至于在整个工件（阴极）表面覆盖层的深度将是一致的，在低压气体中的电压与电流对应关系图如图 6-118 所示。要求确保阴极完全覆盖的最低电压用“X”标明了，它是刚好在“正常”辉光放电区的恒定电压以上的一个电压。尽管电压必须足够高确保“X”点在电流-电压特性曲线（稳定的）的正斜率的区域上，但是，这个电压和要求阴极完全覆盖的电压相比，也不应该更大，因为，较高的电压只不过增大了进入电弧模式放电的倾向性（图 6-118）。因此，在具体实践中，电压是几微秒脉冲的长度断续输入，使突然进入电弧模式和损坏零件的放电倾向降到最低程度。

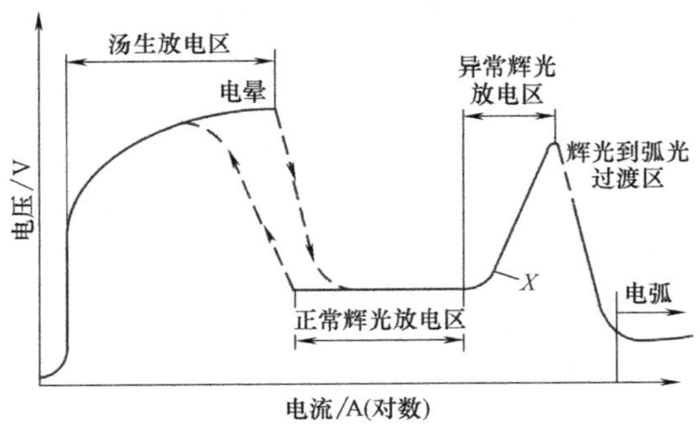

图 6-118 低压气体中电子放电的电流-电压特性示意图

X—要求确保阴极完全覆盖的最低电压

（4）覆盖及环绕效应 当需要调整操作条件确保辉光鞘层完全覆盖工件时，这看起来似乎是一个讨厌的约束，但事实上，这个要求是一个重要的优点。因为在那里只有辉光放电接触到的金属零件上，其表面才会发生反应。在那里完全覆盖的条件下操作能够确保零件上的覆盖层深度相当均匀，即使在不直接相对（面对）的反电极（阳极）的这些区域。

深凹槽和不通孔渗碳，规定其深度和直径比率不能太大（<12：1）。为了让辉光放电渗透进入深凹槽和不通孔内，孔的直径应该至少是等离子鞘层厚度的两倍。等离子渗透的深度，也就是向孔内渗碳沉入的程度将取决于压力和电极间的距离 d。这与炉体设计和负载装炉有重要的因果关系，也对操作参数有影响。

6.7.2 等离子渗碳反应

等离子渗碳工艺采用甲烷工艺气体或者丙烷工艺气体。通过甲烷气体渗碳进一步说明在等离子渗碳时候碳的传递过程。在纯甲烷辉光放电中的电子和气体分子的重要反应过程如下：

$$e^- + CH_4 \rightarrow CH_3^+ + H + 2e^- \quad (6\text{-}64)$$

$$e^- + CH_4 \rightarrow CH_4^+ + 2e^- \quad (6\text{-}65)$$

$$e^- + CH_4 \rightarrow CH_3 + H + e^- \quad (6\text{-}66)$$

$$e^- + H_2 \rightarrow H_2^+ + 2e^- \quad (6\text{-}67)$$

CH_3 分子、CH_3^+ 离子与 CH_4^+ 的产生是碳从辉光放电区到工件表面传递的需要。带正电荷的离子 CH_3^+ 和 CH_4^+ 加速阴极放电。因为 CH_3^+ 和 CH_4^+ 的质量几乎和 CH_3 自由基的质量相同，这些分子也是通过碰撞反应移动到阴极。CH_3^+、CH_4^+ 和 CH_3 自由基吸附在装载负载的表面（阴极），断裂成原子碳和氢，并扩散到钢中（图 6-119）。

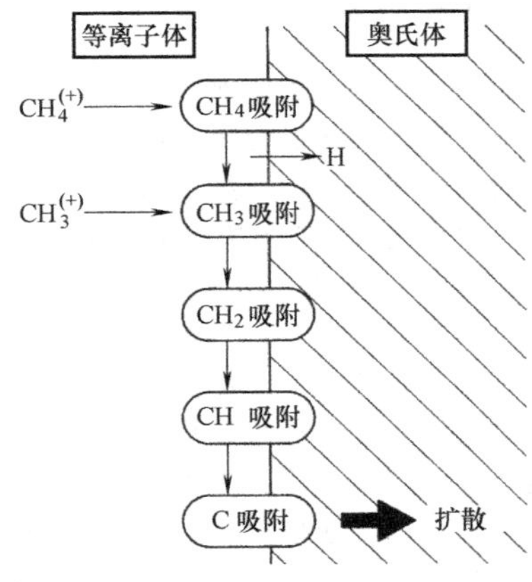

图 6-119 等离子渗碳时的表面反应

原子碳溶解到奥氏体面心立方晶格中，而氢原子通过晶格扩散，并在渗碳期间的扩散阶段从钢中离开。辉光放电的碳传递取决于电流密度、电压、频率、气体类型、气体混合物、工艺气体压力和温度。作为不同参数之间关系的一个实例，图 6-120 所示是在压力为 5mbar、温度为 950℃（1740℉）下电流密度对碳传递的影响。

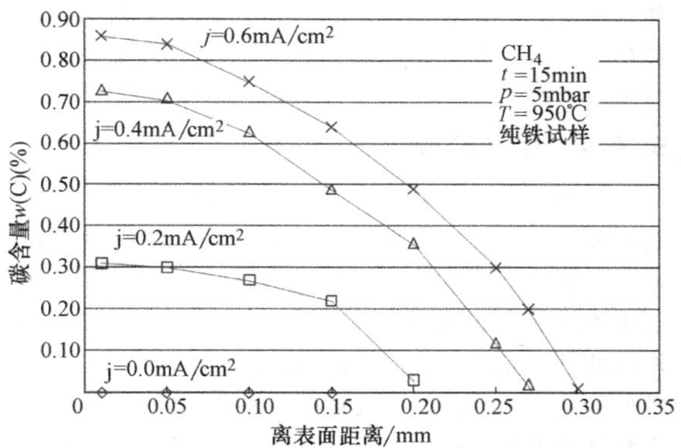

图 6-120 作为电流密度函数的碳传递

扩散定律没有因为在渗碳工艺中使用等离子体受到影响：

$$\dot{m}=-D\frac{\partial C}{\partial x} \quad (6\text{-}68)$$

碳通量（$\dot{m}$）是表面碳浓度梯度（$\partial C/\partial x$）与扩散系数（D）的比例。从图 6-121 中可以看到碳传递、温度、扩散之间的来龙去脉。通过覆盖在表面上可供扩散到钢中的碳增加碳浓度梯度。表面的碳含量将增加到由温度和合金决定的溶解度极限（图 6-122）上，并且，如果碳源不减少的话，就开始形成碳化物。在表面和心部浓度之间增加的浓度梯度主要促进碳在渗碳的第一时间扩散到金属当中。像真空渗碳、等离子渗碳是在没有氧气的环境中完成的，允许更高的渗碳温度，所以，扩散速率也更高。较高的扩散速率和碳吸收速率两方面导致渗碳速度增加。最佳效果是获得较高的渗碳温度和较高的碳吸收的组合（图 6-121）。

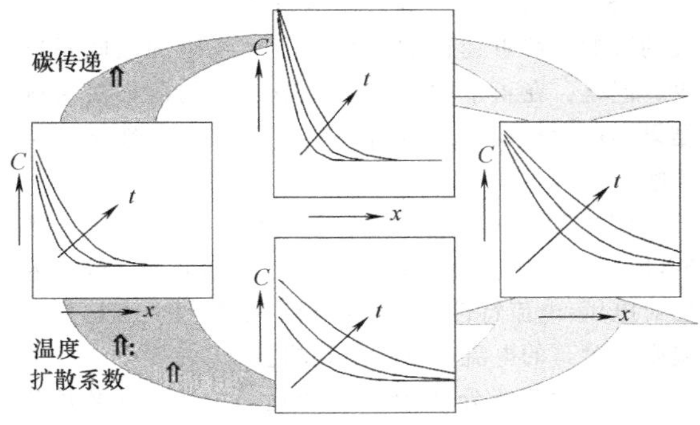

图 6-121 表面碳吸收量、温度与碳源之间的关系

换句话说，必须记住，渗碳温度增加会导致普通渗碳钢的晶粒长大（图 6-123）。如果被处理零件的力学特征是重要的，那么，在淬火之前必须细化组织，或者必须使用晶粒稳定的特殊合金钢。另外一点必须考虑到的是炉子和装炉料架的寿命，它们

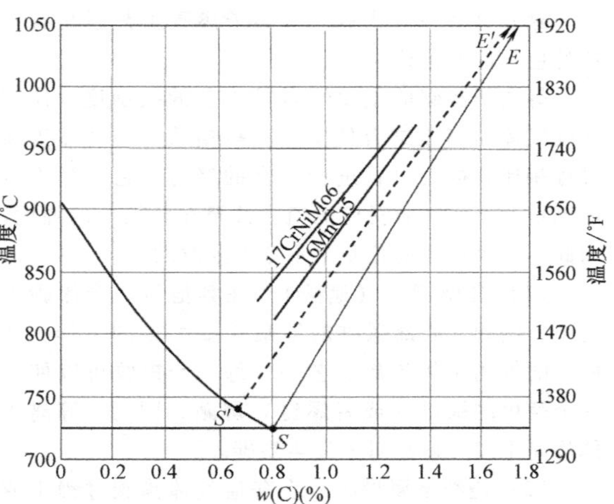

图 6-122 补充 16MnCr5 和 17CrNiMo6 钢计算溶解度极限的低碳区铁碳相图

寿命的降低与温度增加不成比例。在较高的温度下渗碳的重型零件，由于自身重量，面临蠕变变形的危险。

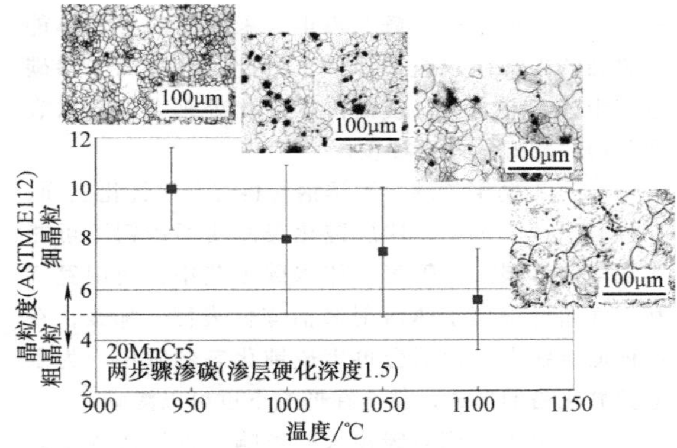

图 6-123 随着渗碳温度的增加，普通渗碳钢的晶粒长大

6.7.3 优缺点

等离子渗碳的大部分优点都是建立在低压处理的基础上的，因此，其优点与低压渗碳工艺相同：

- 渗碳速率高。
- 表面没有晶界内氧化。
- 具有复杂几何形状零件渗碳的可能性。
- 没有热的和危险气体排放到环境中。
- 容易整合（集成）为生产线。
- 不需要加热炉。
- 重现性好。
- 更高温渗碳应用的可行性。
- 周期持续时间较短。
- 输入能量低且渗碳气体少。

除了这些一般优点，等离子渗碳工艺还是有一些特色，简要讨论如下：

等离子渗碳的主要缺点是工艺的灵敏度。使用配碳气体与高压结合使工艺变得精致。与气体渗碳过程相比，据说尽管进行所有的努力，它仍然不可能测量一个碳吸收对应的值，甚至在料架中的温度。因此，这个过程的控制是不令人满意的。

(1) 机械遮挡（遮蔽） 在其他每一个渗碳工艺中，例如，心部螺纹的屏蔽需要大量的工作。在甲烷的等离子体渗碳工艺中，每一个螺纹可以使用一个简单的螺母（或者螺钉）屏蔽，因为，等离子体辉光不发光就绝对不发生渗碳。

(2) 烧结金属渗碳 在普通气体渗碳过程中或者在低压渗碳过程中，烧结金属渗碳会导致整体零件含碳量的增加。气体可以渗透到烧结金属的多孔材料微观空隙的结构中，所以，普通气体渗碳过程中，表面以及较深的内层也会渗碳。但是，在甲烷气氛的等离子体渗碳工艺中，渗碳处理将仅限于表面，因为在1130℃（2065℉）以下，在多孔材料中的空隙中气体不产生辉光放电，未激活的甲烷不能使烧结的内部微观组织渗碳。因此，在等离子渗碳过程中，有可能只对表面渗碳硬化处理，形成从表面到内层较好的硬度梯度。

(3) 不锈钢渗碳 不锈钢材料有一层钝化表面，在普通渗碳工艺中，这层钝化表面使不锈钢不可能实现均匀渗碳。在等离子体渗碳工艺中，使用氩气和氢气通过等离子体溅射激活零件表面，那么，在这种低压状态，就不会再生成钝化态的膜层。为了避免氮化铬的形成，甚至在低温下也可以渗碳。

(4) 脉冲长度对碳输入的影响 低压渗碳工艺过程中高的碳输入并不总是一个优点，按照技术基础理论来说，渗碳阶段会持续到碳达到溶解极限（图6-115），并且接着进行扩散。渗碳扩散整个过程中，在表面形成碳浓度分布轮廓。在扩散这个过程中，达到溶解极限的碳数量连续降低。伴随着恒定的高碳输入，这样就使渗碳一个周期极其短。碳输入不能通过渗碳气体的稀释或者低于最小值电流进行减少，不必担心在批处理中碳吸收均匀性的缺乏。在低压渗碳过程中，没有等离子体和这个因素的支持，要求渗碳深度在1mm（0.04in）以上，可能会使渗碳周期低于1min（如果要避免碳化物形成的话）。

等离子渗碳工艺提供了新的可能性，因为碳的输入量另外受电流脉冲长度的影响。与等离子渗氮相反，脉冲暂停间隔比率可以自由选择，因为装炉负载在等离子渗碳过程中独立加热。这样就有可能使开始时的一些脉冲较长，然后，减少工艺中的脉冲长度，以至于渗碳周期内总是时间长度最佳、碳供给量最好。

6.7.4 生产设备

等离子体渗碳炉与低压渗碳炉没有太大的差别。它们都是由真空密封装置、双层炉壁、水冷外壳组成，配备真空泵系统，对于内加热区，其主要是由石墨绝缘板和石墨加热元件组成。在低压（真空）渗碳处理之后，能够以同样的方式进行淬火处理。重要的是，炉膛装炉负载料盘托座由电绝缘体组成。高频脉冲电源通过炉膛装炉负载料盘托座连接到装炉负载料盘上。

(1) 负载要求和局限性 零件不能胡乱铲入散装，因为这种装炉方式，等离子体包围层将会被机械遮蔽。在渗碳时，等离子体包围层必须包围在零部件周围。因此，零件必须装夹或者定位，这样，它们就不能相互接触。此外，零件之间的距离必须调整，在某种程度上排除空心阴极。为了达到这个目标，这种距离必须超过双倍的可见辉光厚度。

阴极可见辉光的厚度或者阴极（电子）激发光的厚度是压力、气体成分和温度的函数。由于动力学活性，当温度增加时发光体厚度变厚，随着压力的增加，它的厚度变薄。目视观察有助于避免空心阴极，也可以看到辉光对装炉负载的包围层状态。

(2) 工艺参数 试验已经表明，在等离子渗碳设备中得到的结果并不总是适用于其他设备上。炉子的工艺参数基本上受加热室的形状和等离子体发生器功率特性的影响。所以，在一个新炉上，进行具体试验是不可避免的。

(3) 表面状态 等离子渗碳工艺不易受表面污染的影响。严重锈蚀的样品可能导致碳的吸收量减少，但是，在正常的工业生活中产生的污染对渗碳结果不产生影响，或者对渗碳结果的一致性不产生影响。

(4) 温度 温度通过钢中碳溶解度极限（图6-115）以及碳扩散系数对结果产生影响。此外，温度对电压-电流特性也产生影响，在类似电压且较高温度下对高的电流密度产生影响。

(5) 气氛成分/气体流量流速 为了确保装炉负载渗碳的均匀性，必须采用最小的炉子、最小的电流密度和取决于甲烷量的装炉大小。工艺气体甲烷可以使用氮气稀释，但是，并不是一定需要。甲烷的一个合理流量值大约在100SL（标准升）$CH_4/(h \cdot m^2)$。

(6) 压力 用作等离子渗碳工艺的压力范围为100~800Pa（0.015~0.116lb/in^2）。如果等离子体辉光稳定，压力对平面渗碳无影响。较高的压力一定对不通孔和通孔的渗碳产生影响。等离子的渗透深度，也就是深入孔内渗碳的程度将取决于压力和电极间距离 d 两个因素，等离子体辉光的宽度应该比孔的半径还要小。为了确保均匀渗碳，必须观察等离子体发光或可见辉光的形成，以覆盖整个装炉负载的表面。目视检查也可以验证没有观察到空心阴极效应。

（7）电压、电流、脉冲——能量密度 电压和电流密度与其他参数联系起来，如温度、气体成分和压力相关的电压电流特性（图 6-118）。在最小电流密度和最大电流密度之间调整电流，这个最小电流密度是指在整个装炉负载表面上能够产生一个等离子体发光的辉光，而最大电流密度是指在导致电弧放电的电流之下的最大电流密度。图 6-120 所示是一个电流密度对碳传递影响的一个实例。

碳传递比率（$\dot{P}$）随着能量强度而增加，电压（U）与每单位面积（A）的电流（I）的乘积表达式如下：

$$\dot{P}=\frac{UI}{A}\frac{t_{脉冲}}{t_{脉冲}+t_{脉冲}} \tag{6-69}$$

该方程式表明，具有稳定的电压、电流和压力工艺参数以及在渗碳过程中的碳吸收等，可以通过减少或增加两个脉冲之间的暂停长度来控制。

6.7.5 应用实例

今天（2013 年），在工业基础件上，仅有一个用户仍然在采用等离子渗碳。这个工艺用接下来的实例来进行描述。

柴油机的喷油部件不仅形状非常复杂，而且是工作应力高的零件。通常，它们使用净化气体渗碳淬火，或者使用可以热处理的钢种制造，并且热处理必须对变形和清洁度有严格的要求。这是因为零件是从软态加工到一个接近净尺寸的几何形状，热处理后的清洗是不可取的。DIN 1.5920 钢制造的喷油器有一个中孔和底端面的一个密封面，这两个地方要求渗碳层淬火硬化（图 6-124）。四个不同尺寸的螺纹不允许渗碳。外表面允许渗碳但对渗碳并无要求。

为了达到这些要求，允许等离子体只覆盖需要渗碳的表面，有必要采用一种方法来遮蔽零件。通过在石墨盒内完全封闭一定数量的零件，而且在每个零件的中孔的上下端用金属套屏蔽螺纹来实现这个遮蔽（图 6-125）。

为了准备负载，8 个石墨盒中装上预先清洗的零件，然后把石墨盒放在两个水平的铸造合金支架上。负载大小约是 100 个喷油器体，而且装炉仅限于炉子的可以利用的体积内。

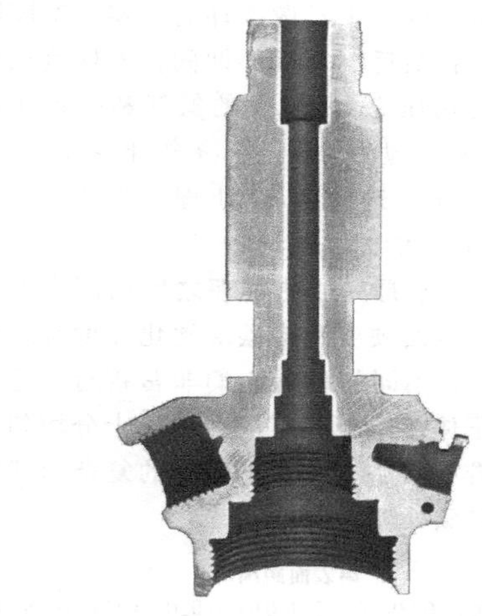

图 6-124 所研究的喷油器体的形状

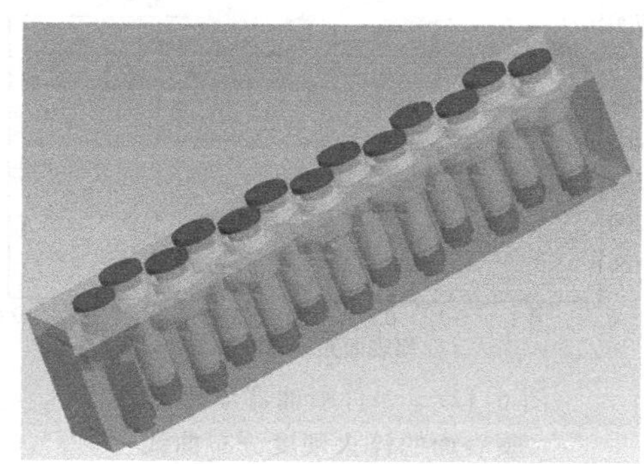

图 6-125 喷油器体热处理用石墨夹具的三维模型

使用等离子渗碳热处理工艺的装备是一个八室在线真空炉，由 ALD 制造，尤其适用于渗碳零件的尺寸（图 6-126）。

图 6-126 VMKQ8 PC 40/40/40 的热处理工厂

等离子渗碳处理是在 900℃（1650℉），采用 CH_4-Ar-H_2混合气体，压力大约为 7mbar，电压大约为 600V，电流密度大约是 4.0mA/cm^2 等工艺参数下进行的。在最后的一个扩散循环后，零件温度降低到淬火温度。在最后一个循环期间，零件负载停留在淬火室，使用压力为 10bar 的氮气和一台功率为 125kW 的风扇电动机将零件冷却下来。继续在 -100℃（-150℉）进行深冷处理，接着在 180℃（355℉）进行 2h 的回火。

图 6-127 所示是完成热处理之后的两个维氏硬度分布曲线。表面硬度和渗碳层硬化深度符合技术要求，而且，在不同的位置它们非常接近，这种现象表明等离子体渗碳处理有能力产生十分均匀的渗层，甚至于带有细小通孔和不通孔的复杂形状零件的等离子体渗碳处理也是如此。

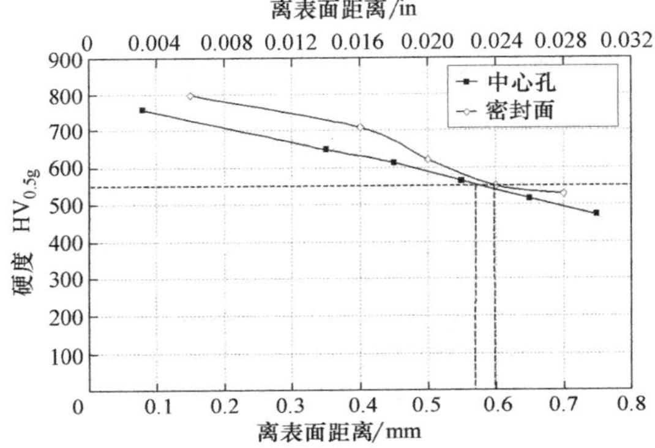

图 6-127 一件喷油器体两个渗碳表面的淬火硬度分布曲线

这个实例充分利用了等离子渗碳处理独特功能的优点：

· 在不需要渗碳的表面上，对零件进行机械式遮蔽。

· 处理工艺可以整合（集成）为一条生产线。

· 使用没有改变的工艺参数时工艺过程具有重现性。

由于最近几年使用低压渗碳获得的结果和等离子渗碳炉出现的设计相关问题，预计该技术将在未来几年内就会过时。

参考文献

1. B. Edenhofer, Carbonitrieren im Plasmader Glimmentladung, *Härt, -Tech. Mitt.*, Vol 28 (No. 3), 1973, p165-172
2. W. L. Grube, Progress in Plasma Carburising, *J. Heat Treat.*, Vol 1, 1980, p40-49
3. Y. Yoneda and S. Takami, Ion Carburizing Process for Industrial Applications, *Proc, of Vacuum Metallurgy*, Science Press, Princeton, 1977, p135-156
4. F. Hombeck and W. Rembges, User Experience with an Integral Quench Plasma (Ion)-Carburizing Furnace, *Proc. of Heat Treatment '84*, May 2-4, 1984 (London), The Metals Society, London, 1984, p51. 1-51. 9
5. B. Edenhofer, M. H. Jacobs, and J. N. Georges, Industrial Processes, Applications and Benefits of Plasma Heat Treatment, *Proc. of International Seminar on Plasma Heat Treatment*, Sept 21-23, 1987, PYC édition Paris, 1987, p399-415
6. F. Schnatbaum, Plasmadiffusionsbehandlung von Sinterwerkstoffen, *HTM*, Vol 48 (No. 3), 1993, p172-181
7. W. Gräfen Die Plasmaaufkohlung in der industriellen Anwendung, *HTM*, Vol 53 (No. 6), 1998, p390-394
8. A. von Engel, *Ionized Gases*, Oxford and the Clarendon Press, 1955
9. B. Chapman, *Glow Discharge Processes*, Wiley-Interscience, John Wiley and Sons, 1980
10. J. Reece Roth, *Principles*, Vol 1, *Industrial Plasma Engineering*, IOP Publishing Ltd., 1995
11. T. Rose, "Messungen und Modellbetrachtungen zur Spezies und Energieverteilung von Ionen und Neutralteilchen an der Kathode von Glimmentladungen," Berichtedes Forschungszentrum Jülich, 2662, Institut für Plasmaphysik Jül-2662, Assoziation EUROATOM KFA D 62, Dissertation Universität Düsseldorf, 1992
12. J. W. Bouwman and W. Gräfen, Anwendungen von thermischen Hochtemperaturprozessen in Vakuumanlagen, *BHM* (No. 3), 2001, p68-76
13. B. Edenhofer, J. G. Conybear, and G. T. Legge, Opportunities and Limitations of Plasma Carburizing, *Heat Treat. Met.*, Vol 1, 1991, p6-12
14. H. J. Grabke, D. Grassl, F. Hoffmann, D. Liedtke, F. Neumann, H. Schachinger, K.-H. Weissohn, J. A. Wünning, U. Wyss, and H.-W. Zoch, *Die Prozessregelung beim Gasaufkohlen und Einsatzhärten*, Expert Verlag, Renningen-Malsheim, 1997
15. E. P. Degarmo, J. T. Black, and R. A. Kohser, Materials and Processes in Manufacturing Update, *Materials and Processes in Manufacturing*, 9th ed., Wiley, 2003, p116
16. K. T. Rie, F. Schnatbaum, and A. Melber, Process for Hardening of Work Pieces in a Pulse-Plasma Discharge, European Patent 0 552 460, Dec 11, 1992
17. B. Clausen, "Neue Verfahrensansätze auf dem Gebiet der Einsatzhärtung von Stähle nund deren Auswirkungen auf Bauteileigenschaften," Forschungsberichte aus der Stiftung Institut für Werkstofftechnik, Bremen, Band 43, Shaker Verlag Aachen, 2009
18. B. Reinhold, Plasma Carburizing: Exotic with Potential, *Int. Heat Treat. Surf. Eng.*, Vol 3 (No. 4), 2009, p136-140

6.8 钢的碳氮共渗

Jon Dossett, Consultant

碳氮共渗是一种改进型的渗碳工艺，渗碳过程中将原子氮带入和扩散进钢的表面。其在渗碳过程中引入氨气。因此氮原子能有效进入并扩散到表面。在表面的氮有一些优点。少量的氮能促进碳扩散和溶解进钢中，并能提高钢的硬度（图 6-128）。氮的质量分数超过约 0.20%将对淬透性有显著影响。这使得需要采用水淬的普通碳钢和低合金钢采用油淬也能淬硬。通过油淬或者在一些情况下甚至可以用气淬获得完全高硬度和较小的变形，气体淬火时可运用保护性气氛作为淬火冷却介质。对比普通的表面硬化，碳氮共渗也能提高表面的耐磨性。

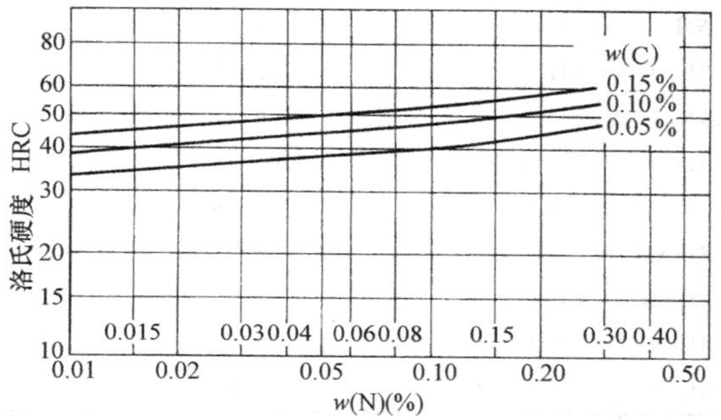

图 6-128　氮含量对碳含量（质量分数）分别为 0.05%、0.10%和 0.15%的马氏体钢硬度的影响

注：淬火得到完全马氏体组织，无残留碳化物和残留氮化物。

和渗碳一样，碳氮共渗的加工温度高于上临界点。但典型的碳氮共渗温度低于渗碳温度，碳氮共渗的温度为 775～900℃，与之对比的是短时渗碳的温度为 870～1065℃。在更高的碳氮共渗温度，添加的氨气作为表面氮原子的来源就显得效果不大，因为在更高的温度下提高了氨气自然分解成分子氮气的分解率，同时氢气含量增加。分子氮不容易扩散，也不会提高表面淬透性。因此，必须使用较低的加工温度保持活性氮原子的来源。

因为典型的气体碳氮共渗温度比气体渗碳温度低，同时时间也更短，渗层深度也比渗碳层浅。碳氮共渗深度通常为 0.075～0.75mm。然而，尽管碳氮共渗使用较低的加工温度，但少量的氮促进了扩散。较低的浓度下，氮提高了碳在奥氏体中的扩散系数，同时提高了碳在奥氏体中的活性，结果初生层在炉内气氛作用下在表面形成一定的碳浓度。因此，对于给定的渗层深度，碳氮共渗可比渗碳温度低约 50℃并获得相同的渗层深度。

通常碳氮共渗的钢有 1000、1100、1200、1300、1500、4000、4100、4600、5100、6100、8600 和 8700 系列钢，碳浓度（质量分数）一直达到约 0.25%。而且，相同系列中许多钢的碳浓度范围为 0.30%～0.50%，碳氮共渗后渗层深度高达 0.30mm。结合合理的韧性，完全淬硬后的心部硬度高，表面需要能耐较长时间的磨损（轴和传动齿轮就是典型例子）。实际应用的钢材如 4140、5130、5140、8640 和 4340，作为重载齿轮时就是通过这种方法在 845℃加工处理。当心部性能不重要时，碳氮共渗可允许采用低碳钢，其成本较低同时有更好的可加工性和可成形性。

碳氮共渗早在 20 世纪初就被知晓，但直到 1935 年前很少被应用。其使用在战后迅速增加。多年以来，碳氮共渗工序被赋予很多名称，例如干式氰化法、气体氰化、渗碳氮化等。软氮化工序中的氮化工序也被错误地认为是碳氮共渗。这种混乱是由于术语碳氮共渗好像隐含着氮化工序。然而碳氮共渗是渗碳的改进方式，然而软氮化是在这种状况下同时表面复合层具有更高氮浓度的氮化工序。

碳氮共渗产生的马氏体中氮的含量少于碳，如图 6-129 中显示的典型碳氮共渗层表面碳浓度近似为 0.80%，氮浓度近似为 0.30%。与之对比，软氮化后表面复合层具有更高的氮浓度（图 6-130）。有两种形式的软氮化：铁素体和奥氏体态。铁素体软氮化在较低的温度下进行，其在铁素体温度范围并使得氮扩散进表面（图 6-130a）。奥氏体软氮化（图 6-130b）是最近开发的加工方法，加工温度范围为 675～775℃。其添加的氨气含量更高，因此表面的氮浓度更高。这使得表面形成复合层，这不是

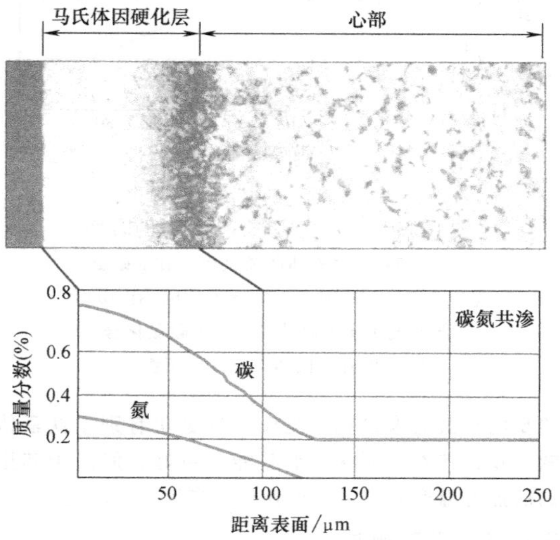

图 6-129　典型碳氮化合物表面，在马氏体渗层中碳占主导

注：碳氮共渗温度为 850℃。

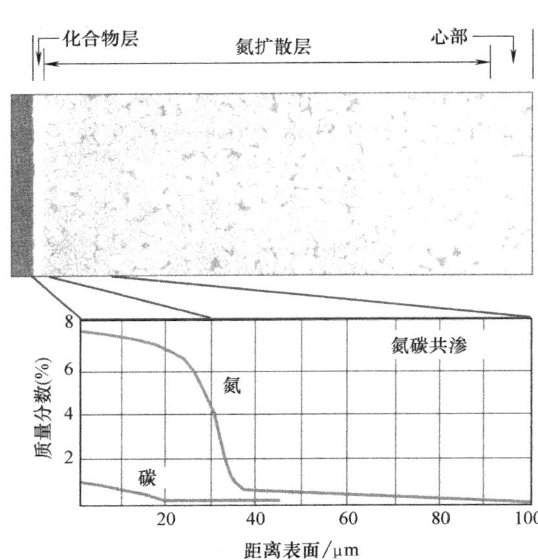

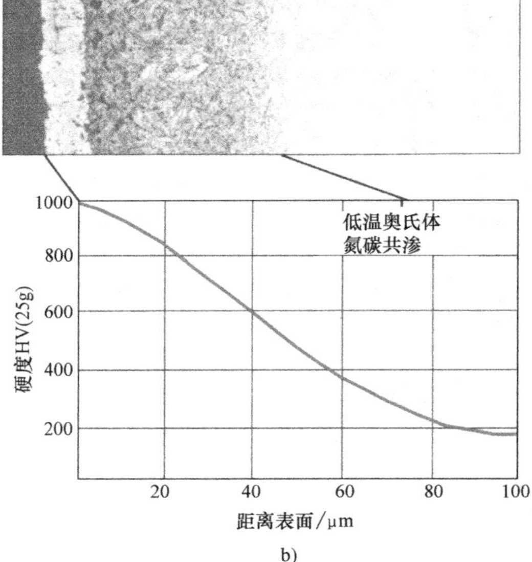

图 6-130 碳氮共渗处理后钢的表面

a）在 570℃ 铁素体碳氮共渗，在 ξ 碳氮化合物复合层中氮为主要元素 b）在 700℃ 低温奥氏体碳氮共渗，在 ξ 碳氮化合物往里有马氏体或贝氏体组织。

典型的碳氮共渗过程。奥氏体软氮化有别于铁素体软氮化，其深度更深、承载能力更好。但由于其更高的加工温度和需要淬火处理会产生更大的变形。

6.8.1 工艺概述

碳氮共渗可以在盐浴（即类似于液体氰化）中进行，或者在气体氰化气氛炉中进行。因为氰化物废物处理较困难等问题，相对液体氰化处理而言，优先选用气体碳氮共渗处理。

碳氮共渗工艺关键是控制碳氮共渗过程，通过控制表面碳和氮从而获得优化的表面性能。氮的获得率取决于炉内气氛中自由氨气的含量（不是通入氨气的百分比）。非常不幸，尚未开发出用于监控炉内自由氨含量的先进传感器。

在气体碳氮共渗过程中，主要的反应产生了碳和氮：

$C+CO_2 \rightleftharpoons 2CO$	（6-70）	（a）供碳源
$CH_4 \rightleftharpoons C+2H_2$	（6-70）	（b）供碳源
$C+H_2O \rightleftharpoons CO+H_2$	（6-71）	
$2NH_3 \rightleftharpoons N_2+3H_2$	（6-72）	
$NH_3 \rightleftharpoons N+\frac{3}{2}H_2$	（6-73）	
$\frac{1}{2}N_2 \rightleftharpoons N$	（6-74）	
$HCN \rightleftharpoons C+N+\frac{1}{2}H_2$	（6-75）	
$CO+2NH_3 \rightleftharpoons CH_4+H_2O+N_2$	（6-76）	
$CO+NH_3 \rightleftharpoons HCN+H_2O$	（6-77）	
$CO_2+H_2 \rightleftharpoons CO+H_2O$	（6-78）	
$CH_4+H_2O \rightleftharpoons CO+3H_2$	（6-79）	
$CH_4+CO_2 \rightleftharpoons 2CO+2H_2$	（6-80）	

反应式（6-70）到式（6-71）产生了直接和积极的作用，产生扩散用的原子碳和氮。式（6-73）到式（6-75）产生适合钢中与碳一起扩散的氮原子。分子态的氮分解成原子氮［式（6-74）］反应对于碳氮共渗的工艺温度而言是关键反应。

更高的碳氮共渗温度不利于添加到气氛中的氨气产生氮原子。因为随着温度的升高，氨气自发分解成分子氮（N_2）的速率提高，同时氢含量也增加。图 6-131 给出了氮势和温度之间的关系。图 6-132也显示了更低的温度有利于增加表面氮浓度，同时也显示氨的添加会影响碳势。在给定的温度下，

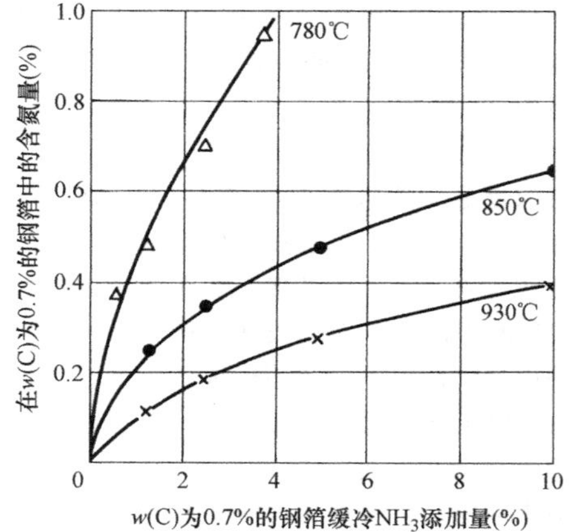

图 6-131 在炉气中温度和氨气添加量等参数对氮势的影响

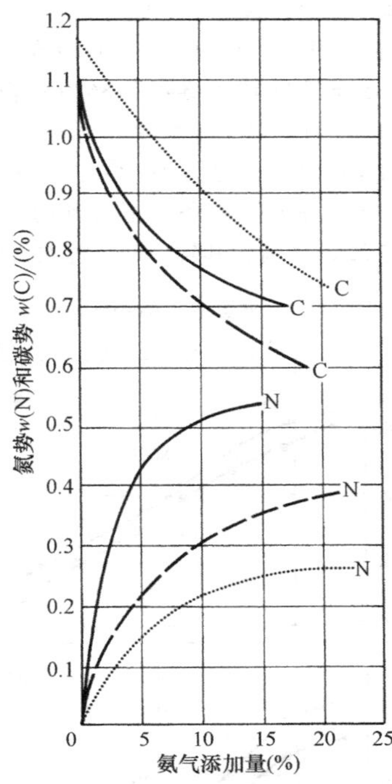

图 6-132　采用低碳钢箔定碳时氨气的添加量对氮势和碳势的影响

注：实线，在 850℃ 处理 3h，φ（CO_2）为 0.29%；
虚线，在 925℃ 处理 1h，φ（CO_2）为 0.13%；
点画线，在 950℃ 处理 1h，φ（CO_2）为 0.10%。

自然分解的氨气量取决于气氛在炉内的停留时间：气氛总流量越高，分解成氮和氢的氨气量越少。

添加氨的量对炉内二氧化碳含量有一定的影响，归因于添加氨气对炉内气氛的稀释。反应式（6-72）列出了其分解产物：

$$NH_3 \rightarrow N_2 + 3H_2$$

减少炉气中二氧化碳的量预计可降低炉内碳势。然而，即使炉内二氧化碳是常量，随着氨气添加量的增加，实际碳势也会降低（图 6-132）。在渗碳气氛且固定的二氧化碳值条件下，碳势值可能要高于碳氮共渗气氛下的碳势。在类似方式下由于氮和氢的稀释会影响氧势的测量；渗碳气氛给定氧势下，可能的碳势要高于碳氮共渗气氛下的碳势。气态水（露点）受到这种稀释影响要小得多。因此，稀释气体的量和它对气氛成分的影响取决于加工温度、通入氨气的量、总气体流量与炉膛体积之比。

可以选择不同的工艺使得渗层获得不同的碳和氮含量。像记录的那样，可用氮含量受到处理温度的限制，当采用更高的温度进行碳氮共渗时，必须考虑这点。图 6-133 中 925℃（1695℉）加工处理的例子，通过选择加工条件使得渗层获得任意碳和氮的组合。图 6-133 也表明对于给定的氨添加量（0~20%），获得的含氮量不受炉内碳势的影响。

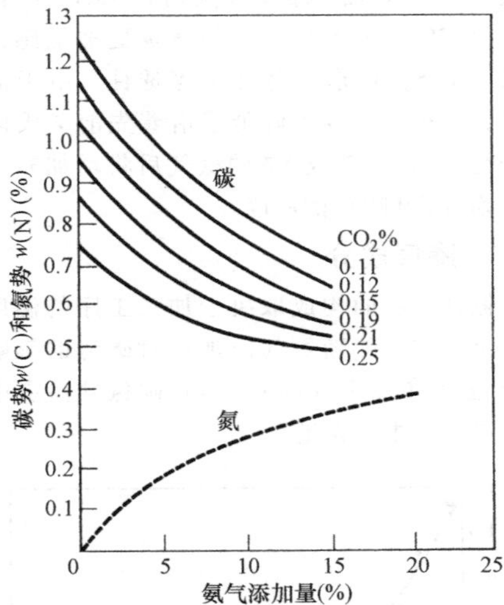

图 6-133　氨的添加量对 925℃ 下平衡碳和氮浓度的影响

通常对于碳氮共渗加工而言，渗碳和碳氮共渗一起使用能获得更深的渗层和更好的工程使用性能。这一工序特别适用于较低（渗层）淬透性的钢。

对于 1000、1100、1200 系列钢，加工过程通常在 900~955℃ 渗碳获得希望的总渗层深度（达到 2.5mm 或 0.1in），接下来在 815~900℃ 温度范围内碳氮共渗 2~6h 获得期望的碳氮共渗层。零件然后经过油淬，相对于单独的渗碳处理，能获得更深和更硬的渗层。添加碳氮共渗层可以增加渗层残余压应力和接触疲劳强度，同时增加渗层强度梯度。

当渗碳/碳氮共渗工序同时使用时，有效硬化层深度（50HRC）与总渗层的比率由于渗层淬透性、心部淬透性、截面尺寸、使用的淬火冷却介质的不同在 0.35~0.75 范围内变化。对于给定的碳氮共渗工序，使用铝或钛含量更高的细晶粒钢能获得更浅的有效或总渗层深度。加工过程中带入的氮与铝或钛形成氮化物。这种组合氮不会提高渗层的淬透性。

有时对于特定的零件，仅在渗碳工艺降温段添加氨气，增加表面耐点蚀疲劳性能（见本文中“传动齿轮抗点蚀疲劳”的部分），这种改良工艺也有增加表面淬透性的效果，一定程度上避免了渗碳层中表面合金消耗和非马氏体转变（NMTP）等缺陷。

非马氏体转变产物是由于渗碳过程中表面淬透性下降引起的，渗碳过程中提高表面淬透性的一个方法就是添加氨气。然而，添加的氨气对 NMTP 的影响取决于钢的成分。比如，8620 合金钢和 5120 合金钢对氮含量有不同的反应，由于氮化物形成元素量的不同影响淬透性。在 8620 合金钢中，在整个工艺和渗碳工艺的结尾添加不同含量的氨气，使得表面附近（接近表面 20μm 范围内）NMTP 产物降低至 8%。5120 合金钢对添加的氨量更加敏感，由于硫化锰（MnS）的形成降低了淬透性。由于消耗了溶解锰，在很大程度上降低了沿着先前奥氏体晶界的淬透性，添加 3%或 5%的氨气后将增加非马氏体转变产物（NMTP）的深度。

6.8.2 渗层成分

碳氮共渗层的构成取决于加工工序的温度、时间和气氛组成。伴随氨气添加量对碳势的影响，相同时间-温度条件下（图 6-134）碳氮共渗层中碳含量少于渗碳层中碳含量。

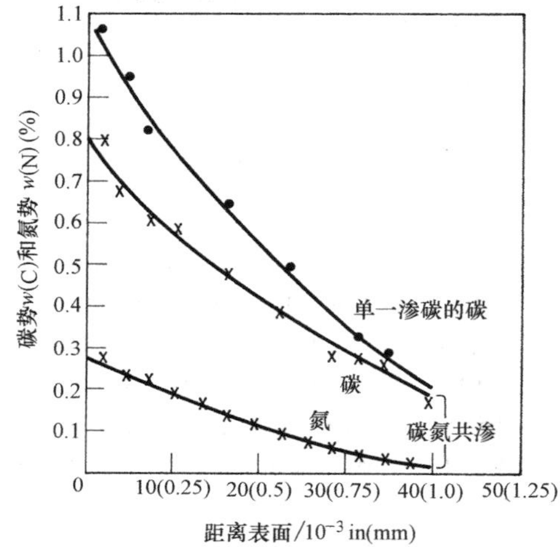

图 6-134 低碳钢渗碳和碳氮共渗处理后渗层成分分析

注：圆点，在 925℃ 渗碳 4h，φ（CO_2）为 0.12%；×，在 925℃碳氮共渗 4h，φ（CO_2）为 0.12%，φ（NH_3）为 10%。

钢的种类也会影响碳氮共渗层的构成。根据钢的种类，对于给定的碳氮共渗工序获得的渗层深度要稍微低于含更高强烈氮化物形成元素如铝和钛的钢获得的渗层深度。钢表面少量的氢氰酸也会使碳和氮的渗透速度加快。

在低温进行碳氮共渗可产生一种化合物层，因为在表面形成 Fe-C-N 化合物。在某些磨损应用环境，这种渗层组织是适合的。为了生成这种化合物层，需要更高比例的氨气。以这种方式进行碳氮共渗的零件通常没必要使用淬火冷却介质。然而，因为温度低于 705℃时，氮的扩散率和化合物形成率太低，这样的应用只适用于浅渗层，以及零件在更高的温度下处理时较难保持尺寸公差等情况。当温度低于奥氏体范围时，这一工序称为铁素体氮碳共渗。

例 1：碳氮共渗过程中气氛露点对渗层成分的影响。图 6-135 所示为 1018 碳钢和 8620 低合金钢在热辐射管式炉内，在 845℃ 碳氮共渗处理 4h 后碳和氮浓度梯度和渗层硬度。这些测试数据是采用标准的碳氮共渗工艺在正常生产条件下得到的。所有的测试试样是与 23kg 的齿轮和轴一起碳氮共渗的。

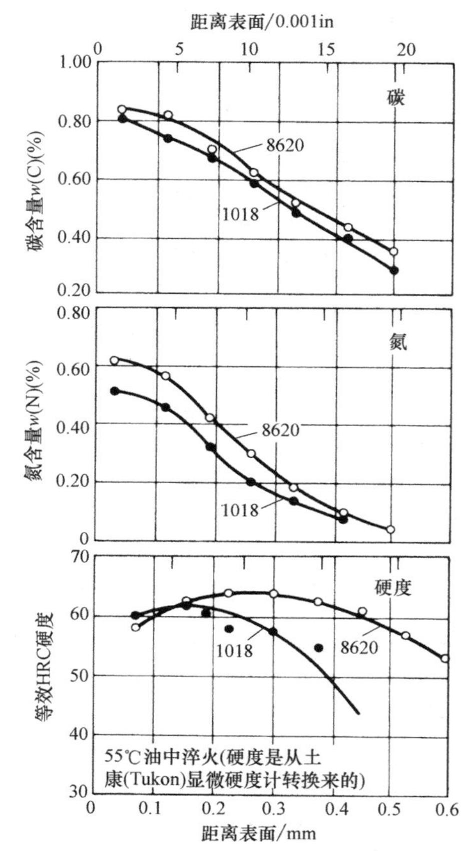

图 6-135 1018 碳钢和 8620 低合金钢渗碳后碳、氮、硬度梯度

碳氮共渗气氛用红外线控制单元进行控制，由 14.2m^3/h 的吸热式气体、0.7m^3/h 的氨气、0.007～0.021m^3/h 的丙烷、0.32%～0.34% 的二氧化碳组成。整个碳氮共渗过程中气氛的露点保持在 -7～-6℃。所有试样在碳氮共渗温度（845℃）下淬入 55℃的热油；所有试样不进行回火和冷处理。

随着碳氮共渗气氛露点的增加，碳浓度降低，氮浓度相对恒定。图 6-136 中 1020 钢在 845℃ 碳氮共渗 4h 的数据证明了这一特征。这表明，碳氮共渗气氛将氨含量设定在高水平（5%）和低水平（1%）时，随着通入气体中水蒸气浓度的增加（降低气氛中碳势），碳浓度会降低，但对氮浓度不会产生显著

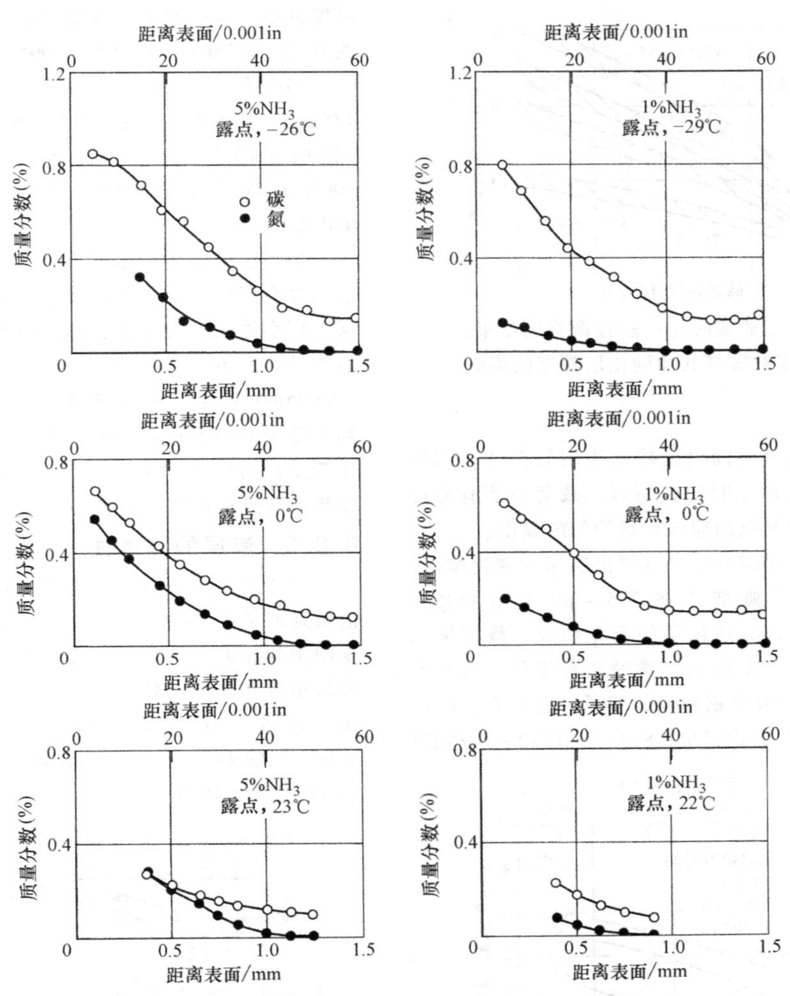

图 6-136 1020 钢在 845℃碳氮共渗 4h 后空冷，氨气浓度和通入气体的露点对渗层碳和氮浓度梯度的影响

注：通入的气体也含有 5%的甲烷、平衡空气和载气。

影响（虽然碳氮共渗炉内气氛中露点不是通入气体的露点，这是一个重要的控制参数，通入气体露点的数据证明其会升高或降低渗层成分的露点）。

6.8.3 渗层深度

首选的渗层深度由使用条件和心部硬度决定。渗层深度为 0.025～0.075mm 时，通常适用于在轻载条件下有耐磨性要求的薄零件。渗层深度达到 0.75mm 时，通常适用于在抗压负荷下的零件（如凸轮或小齿轮）。渗层深度达 0.63～0.75mm 时，可用于承受高抗拉或抗压负荷下产生变形、弯曲或接触载荷的轴和齿轮。

心部硬度为 40～45HRC 的中碳钢比心部硬度为 20HRC 或更低的钢需要更浅的渗层深度。

就像渗碳件报告的渗层深度那样，碳氮共渗件渗层深度的测量值可能是指有效硬化层深度或总渗层深度。对于特别薄的渗层或加工低碳钢时，通常仅仅指定总硬化层深度，碳氮共渗件很容易区分渗层和心部显微组织，特别是低温碳氮共渗产生薄渗层的条件下；当遇到中碳钢或高碳钢在高温下产生深渗层时，较难区分渗层和心部。心部是否有马氏体组织会影响视觉判断渗层深度。

时间和温度的影响。基于一项工业生产的调查，图 6-137 显示不同炉内处理时间和温度组合下的渗层深度（注意：所有给出的渗层值为有效硬化层深度，除非另外说明）。

6.8.4 渗层深度均匀性

碳氮共渗时渗层深度均匀性取决于炉膛温度的均匀性、足够的循环和气氛的补充、均匀暴露在气

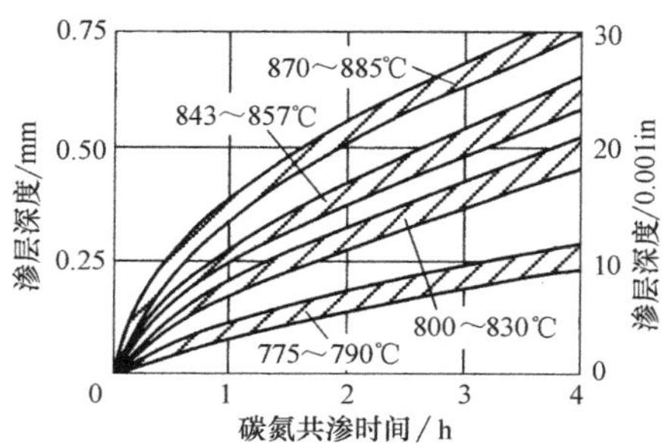

图 6-137 工业实际生产过程调查的结果，时间和温度对碳氮共渗硬化层深度的影响

氛中分布的炉料。

准确控制处理时间也是控制渗碳层深度均匀性的重要因素。当加工时间较短时，载荷中所有零件暴露在碳氮共渗气氛前应该获得均匀的温度。

例 2：1010 钢碳氮共渗时硬化层深度变化情况。图 6-138 显示了典型的在 775～800℃（1425～1475℉）碳氮共渗时硬化层的变化情况。数据来源于与大批量零件一起碳氮共渗的两种零件。这些零件中的一种是由 1010 钢制成的架子，在配有封闭淬火槽的水平多用炉内 790～800℃（1450～1475℉）碳氮共渗。这些架子可接受的碳氮共渗硬化层深度为 0.05～0.13mm（0.002～0.005in）。

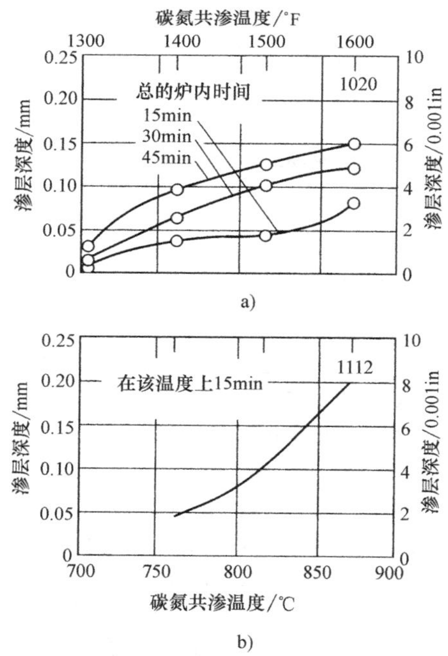

图 6-138 碳氮共渗温度和时间对有效硬化层的影响

注：两组数据来自于同一工厂。请注意图 6-138a（对于 1020 钢）为在炉内的总时间，然而图 6-138b（对于 1112 钢）为在所示的温度下保温 15min。

另一种零件是用 5140 钢制成的齿轮轴，在 775℃（1425℉）碳氮共渗 8h，然后在约 75℃（170℉）的油中淬火。在 25 次试验中硬化层深度 100%达到了可接受的 0.20～0.30mm（0.008～0.012in）。

虽然在例子中的数据可能被认为是代表性的，它们没有完全反映硬化层深度均匀性的程度。例如，某工厂小件在总装载量 455kg（1000lb）的多用炉中碳氮共渗，在 100 多次硬化层深度低至 0.125mm（0.005in）的生产中最终报告中总有效硬化层深度均匀性为±0.025mm（±0.001in）。时间、温度和工序变量自动控制。零件在实际开始碳氮共渗前先在吸热式气氛中预热到均匀的温度。

6.8.5 渗层的淬透性

碳氮共渗的一个主要优势就是加工过程中吸收的氮降低了钢的临界冷却速度，这个可以在等温转变图中的鼻尖变化看出该规律（图 6-139）。氮质量分数超过 0.20%，对转变行为产生显著影响，而氮质量分数在 0.2% 以下几乎没有任何影响（图 6-140）。更高的氮含量显著降低了马氏体转变点（*Ms*）和奥氏体转变温度（A_1）（表 6-34）。

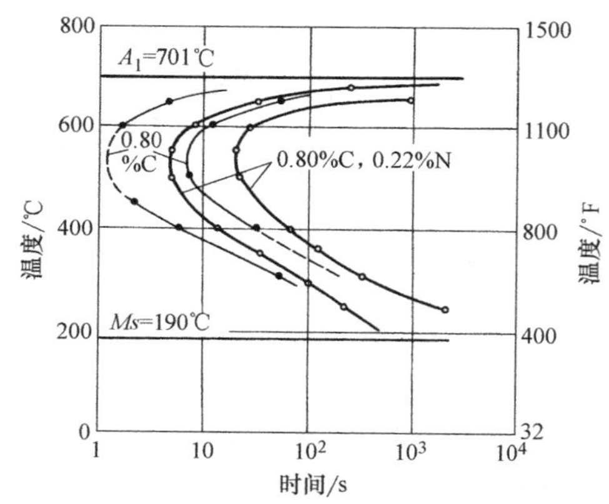

图 6-139 氮对碳质量分数为 0.8%的钢等温转变的影响

注：与之对比的是碳质量分数为 0.8%的钢转变曲线。

表 6-34 氮含量对含碳量 0.8%（质量分数）钢的奥氏体化温度（A_1）和马氏体开始转变温度（*Ms*）的影响

氮(质量分数,%)	A_1		*Ms*	
	℃	℉	℃	℉
0.0	720	1330	205	400
0.39	682	1260	154	309
0.66	670	1240	108	226

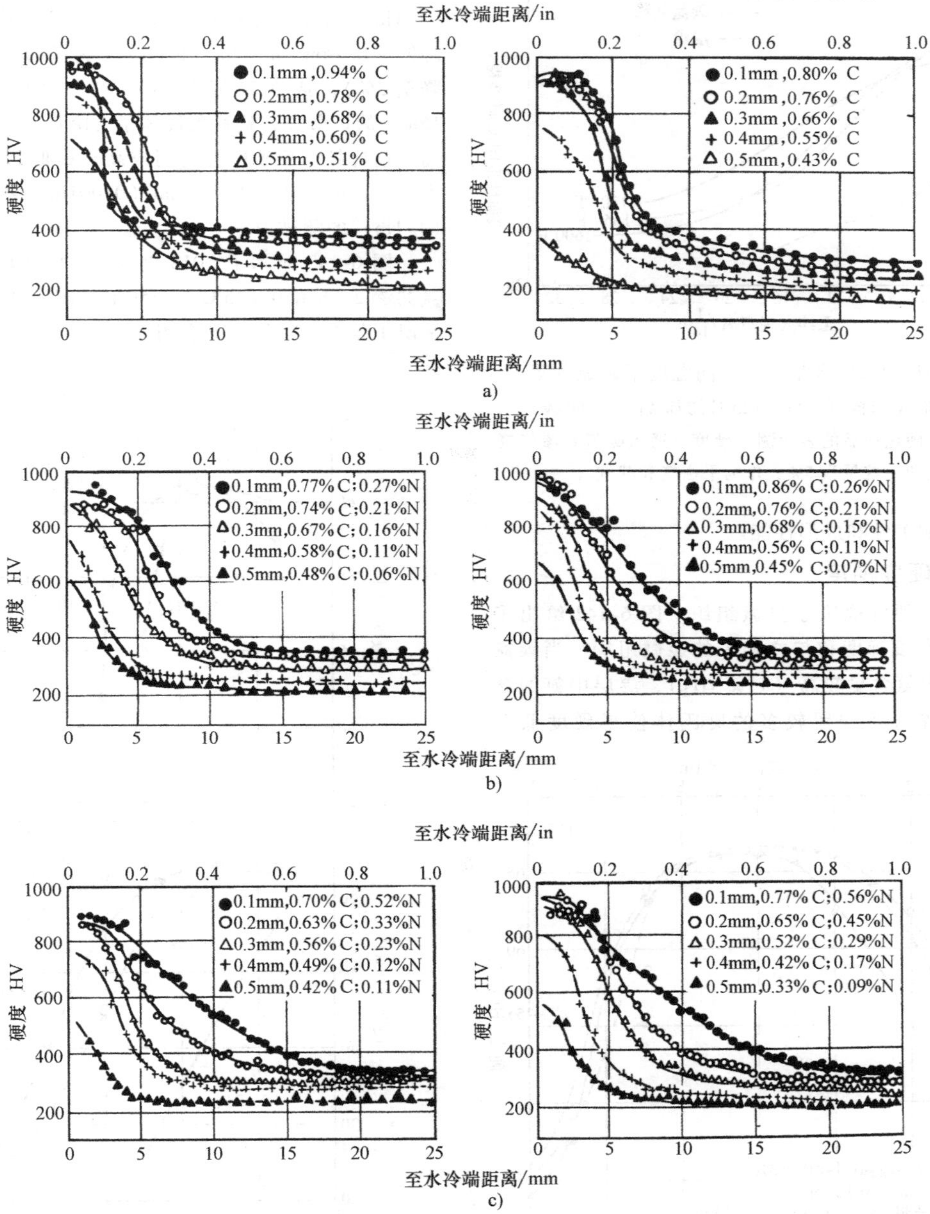

图 6-140　渗碳和碳氮共渗钢淬透性对比

a）渗碳状态　b）w（N）为 0.06%～0.27%　c）w（N）为 0.09%～0.56%

注：端淬试样（普通质量钢含 0.08%碳、0.19%硅、0.40%锰）在 820℃奥氏体化 30min。

碳氮共渗层的淬透性显著高于同种钢的渗碳层（图 6-141）。因为更高的加工温度降低了来自氨气分解而成的氮原子影响。在更高的温度下，碳氮共渗会影响其淬透性。合金元素也可能干扰氮对淬透性的影响。相反，氮会影响硼对淬透性的影响。

对于通常只渗碳淬火的钢无法获得均匀硬化层硬度的情况，可以通过碳氮共渗改善其淬透性（例如普通碳钢水淬容易产生软点）。

氮也使得 1010、1020 和 1113 钢油淬成为可能，表面获得马氏体结构。因为较低的加工温度和／或使用更缓的淬火，相比渗碳而言，碳氮共渗可能产生更少的变形，能更好地控制尺寸。因此可能不需要校直或终磨处理。对于心部力学性能不重要的情况，碳氮共渗允许使用低碳钢，其成本低的同时有

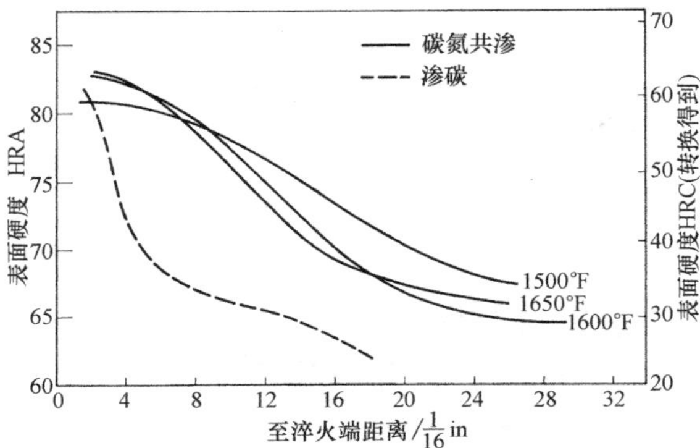

图 6-141 1020 钢在三种不同温度下碳氮共渗端淬曲线与同种钢在 925℃ 渗碳后端淬曲线

注：在淬火硬化样品的表面测量硬度。通入碳氮共渗气氛的氨气和甲烷量为 5%，作为平衡气和载气。

更好的可加工性和成形性能。

6.8.6 硬度梯度

渗层的硬度取决于显微组织。图 6-142 给出了 1117 钢的硬度梯度和与之相关的显微组织。当碳氮共渗气氛中氨含量较高（11% NH_3），渗层中氮的含量较高，淬火后残留较多的奥氏体使得硬度低至 48HRC，在距离表面 0.025mm（0.001in）处用 500g（1.1lb）载荷测试深度。通过将氨气流量从 0.57m^3/h 降低至 0.14m^3/h（20～5ft^3/h）（氨气的比例从 11% 降至 3%），或在碳氮共渗工艺的最后阶段加上 15min 的扩散段，残留奥氏体量会降低，随之硬度提高。这样处理后硬度会达到或高于最低 55HRC 的技术要求，距离表面 0.025mm（0.001in）处采用 500g（1.1lb）的测试力。

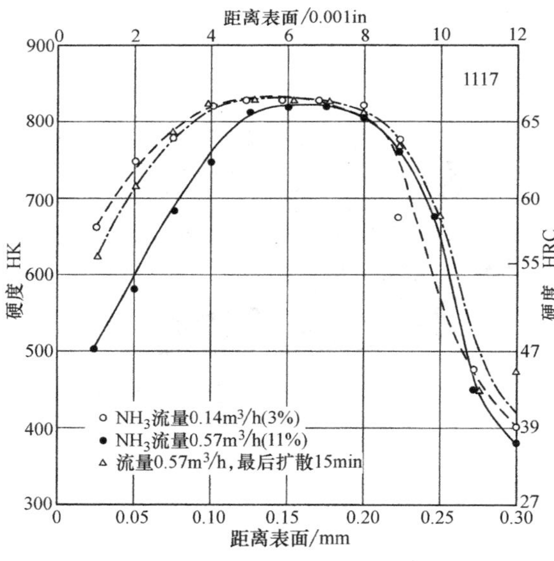

图 6-142 1117 钢在 815℃ 碳氮共渗 1.5h，油淬以后的硬度梯度

注：表面以下 0.025mm 处的最低硬度要求为 630HK（55HRC），为达到该要求可以减少氨气的流量和比例或碳氮共渗后加上扩散阶段。气氛为流量达 4.25m^3/h 的吸热式载气（露点为 -1℃ 或 30℉）和流量为 0.17m^3/h 的天然气，以及如图所示的氨气流量。

图 6-143 显示了 1018 钢在 790℃（1455℉）碳氮共渗 2.5h 和在 845℃（1550℉）碳氮共渗 2.5h 的情况下氨含量对硬度具有相似影响。

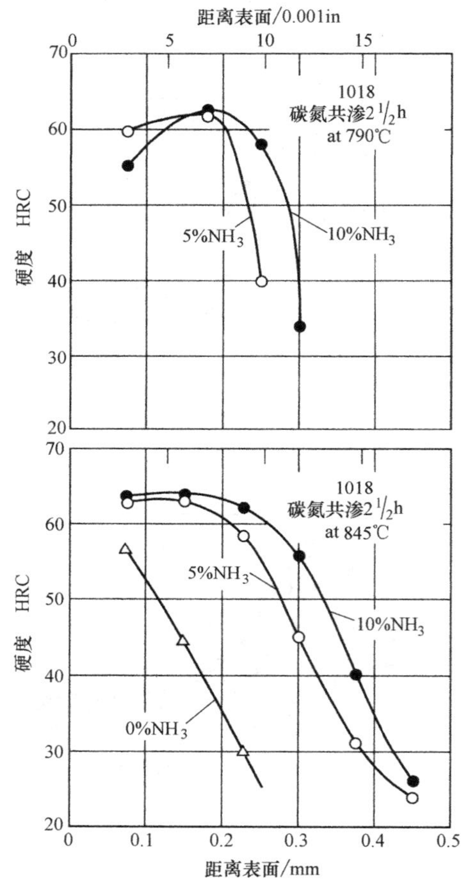

图 6-143 碳氮共渗气氛中氨气比例对硬度梯度的影响

6.8.7 空洞的形成

假如加工条件调整得不正确，碳氮共渗件的渗层中会出现次表面孔洞或多孔缺陷。渗层中出现多孔缺陷将导致零件无法使用。然而孔洞形成的具体原理还没有完全理解，这个问题与过多的氨添加量有关（图 6-144）。表 6-35 概述了导致孔洞形成单独

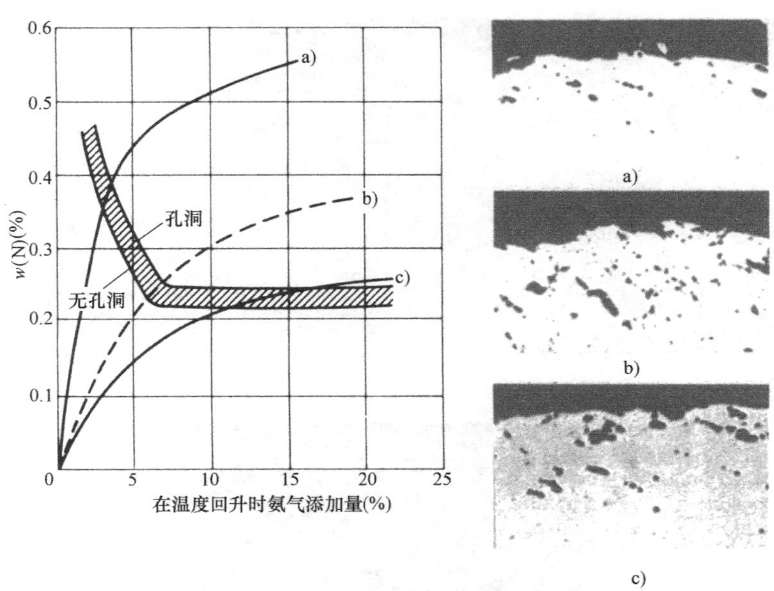

图 6-144　氨气的添加量对钢箔次表面氮浓度和孔洞的影响

a）850℃（1560℉），0.29%CO_2　b）925℃（1695℉），0.13%CO_2　c）950℃（1740℉），0.10%CO_2

或组合因素。表 6-35 给出的数据没有尝试量化材料的相互作用和过程变量。这信息应该用于指导避免或排除多孔的质量问题。还应该注意的是碳氮共渗件再加工处理时，在许多情况下会导致孔洞缺陷。

使用不合适的氨（含水量高）也会导致表面多孔缺陷。

表 6-35　材料和变量对碳氮共渗层中可能形成孔洞的影响

材料/加工变量①	孔洞形成的可能性
温度增加	增加
更长的工艺周期	增加
渗层更高的氮含量	增加
渗层更高的碳含量	增加
铝脱氧钢	增加
钢中合金成分增加	增加
材料预先经过较重的冷加工	增加
升温阶段添加氨	增加

① 其他变量保持恒定。来源：根据图 6-144 中的数据。

6.8.8　残留奥氏体的控制

氮降低了奥氏体的转变温度和马氏体开始转变温度（*Ms*）（见表 6-34）。因此，碳氮共渗层的残留奥氏体量比具有相同碳浓度渗碳层的残留奥氏体量多。因为在较低的加工温度下有效使用的氮量更高（在给定的氮含量条件下），在较低的加工温度下渗层的残留奥氏体量会增加（图 6-145，表 6-36）。当使用合金钢碳氮共渗时，残留奥氏体量也会增加。

残留奥氏体的压痕硬度较低，因此在许多应用中不希望有过多的残留奥氏体。对于紧密配合件而言残留奥氏体过多是特别有害的，比如，轴和套筒的配合，轴在套筒中做旋转或往复运动。在环境温度下奥氏体向马氏体转变的量增加将导致运动件咬死或停止工作。

因为接近钢的表面残留奥氏体量通常较大，通过磨削可以从对称轮廓的表面去除。然而，在磨削高残留奥氏体量的表面时需要特别注意，因为其增加了磨削烧伤和龟裂的风险。如果除了消除残留奥氏体以外，不需要磨削，那么，这被认为是一项较昂贵的加工工序。

使得残留奥氏体量最少的最经济方法是采用优选钢材并控制碳氮共渗工艺。需对几个加工因素的修正才能使得碳氮共渗层的残留奥氏体最少化。

· 炉温：提高炉温将降低渗层外表面的氮含量，因此使得残留奥氏体量最小化。然而，最好的方法是降低氨气的流量，而不是依靠提高温度降低氮含量。

· 碳势：降低碳势也有助于减少残留奥氏体量。

· 氨气含量：碳氮共渗气氛中氨气的含量应该在满足最低淬透性的前提下限制在最低范围。通常一个适中的起点是氨气含量为 1%~5%；较低的氮含量降低了扩散速度，但是对降低残留奥氏体量同时避免渗层多孔性是有效的。

通过深冷处理获得低温马氏体转变，从而使得残留奥氏体量显著减少。将淬火零件冷至-40~

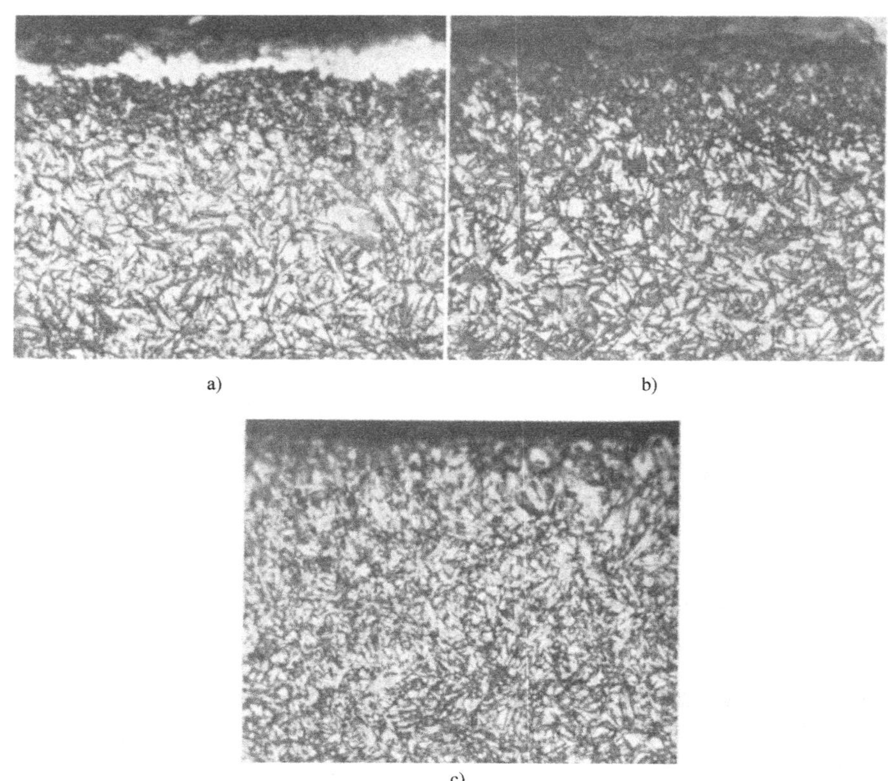

a)　　b)

c)

图 6-145　1018 钢在三种不同温度下进行碳氮共渗后的残留奥氏体

a) 785℃（1450℉）　b) 845℉（1550℉）　c) 900℃（1650℉）

注：直径为 28.5mm 的圆棒淬入 55℃（130℉）的油中，数据参见表 6-36。

表 6-36　1018 钢碳氮共渗后的硬度和磨损

$\varphi(NH_3)$ (%)	$\varphi(CO_2)$ (%)	露点		工艺时间 /h	温度		硬度①HRC		w(C) (%)	w(N) (%)	磨损 /g
		℃	℉		℃	℉	表面	0.075mm (0.003in)②			
2.5	0.22	-9	16	3	900	1650	63	62	0.80	0.281	0.00027
2.5	0.31	-7	20	4	845	1550	60	58	0.88	0.397	0.00029
2.5	0.40	-5	23	5	785	1450	60	55	0.98	0.402	0.00038
5	0.22	-9	16	3	900	1650	63.5	61	0.78	0.380	0.00028
5	0.31	-7	20	4	845	1550	62.5	58	0.82	0.382	0.00035
5	0.40	-5	23	5	785	1450	61	58	0.85	0.590	0.00039

① 在 55℃ 的油中淬火。

② 距离表面的距离。

-100℃（-40 ~ -150℉）。如图 6-146 所示的一个实例，在最终回火前深冷处理件的处理必须缓和。回火零件的冷处理，应该在最终回火之前；当精密公差的研磨零件冷处理时，应该在终磨之前进行。在这种情况下，冷处理会导致微裂纹产生，特别是粗晶粒钢。

6.8.9　炉子气氛

几乎所有适合气体渗碳的炉子都适合于气体碳氮共渗。不管炉内载荷是密集或疏松，炉子必须配备风扇，使气氛良好循环。淬火后为获得清洁和光亮的外观，通向淬火区域的通道必须通入保护性气氛。

用在碳氮共渗工序中的气氛通常由载气、富化气（甲烷、丙烷等）和氨气组成。基本上，碳氮共渗使用的气氛是在标准气体渗碳气氛中加入 2% ~ 5% 的氨气组成的。当可能需要较低的奥氏体化温度时

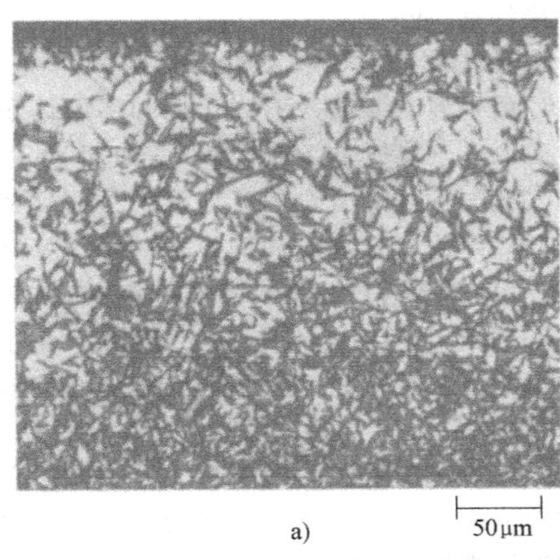

a)

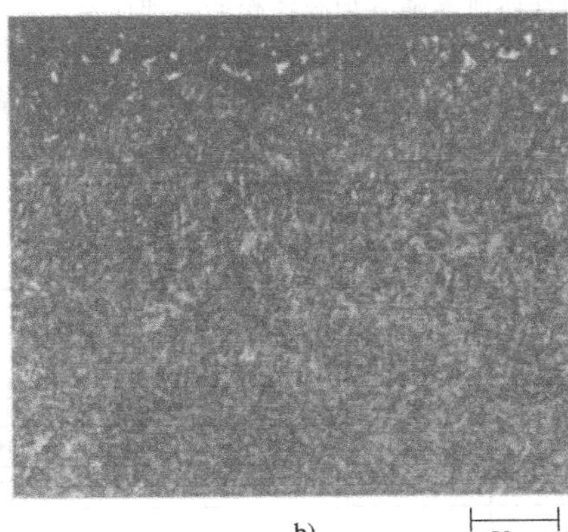

b)

图 6-146 低冷处理对 8617 钢棒碳氮共渗处理后残留奥氏体的影响

a）在 845℃碳氮共渗 4h；气氛为 8%氨气、8%丙烷，余量为吸热式气体；油淬并在 150℃回火 1.5h；组织为回火马氏体（深色）和残留奥氏体

b）和图6-146a一样的碳氮共渗和回火的 8617 钢棒，另外在淬火和回火中间增加在-75℃保温 2h 的处理；组织为回火马氏体的基体上分散着碳化物；冷处理过程中绝大多数的残留奥氏体发生转变

注：两个试验都采用 3%的硝酸乙醇腐蚀。原始放大倍数为 200×。

（见文中“温度的选择”的部分），控制炉内气氛显得更为关键。特别是较低的加工温度下残留奥氏体变成一个控制要素。对于后续没有磨削加工或深冷处理的碳氮共渗实际应用，建议碳浓度接近 0.70%的同时氮浓度接近 0.30%。然而，碳氮共渗时热处理工作者必须考虑放弃传统直接渗碳的 0.85～0.90%碳势，并至少降低 10 个点。

米兰（Milano）做了一系列测试，使得表面碳浓度尽可能接近 0.70%，通过使表面碳浓度降低至 0.70%，氮浓度降低至 0.30%，证实了表面以下各深度处可以获得最大硬度值和耐磨性。图 6-147 显示随着碳浓度的增加硬度降低，然而，氮浓度的变化有别于碳。

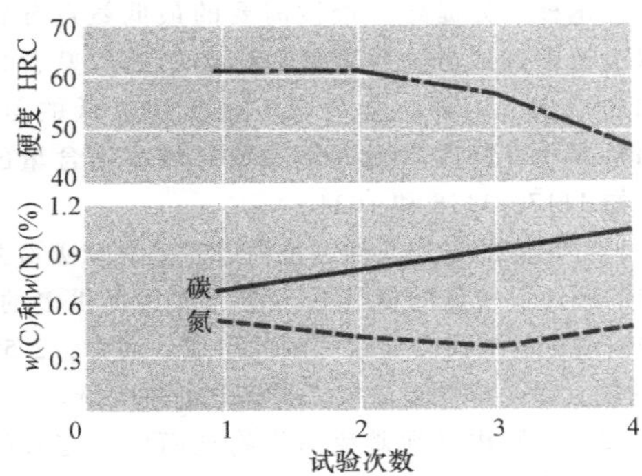

图 6-147 C1018 钢碳氮共渗处理，氮保持在稳定量后表面硬度随碳含量的变化情况

注：四个试样在 845℃含氨量 2.5%（体积分数）的气氛中加工，在 55℃的油中淬火。

1. 气氛的控制

组成碳氮共渗气氛的三种气体通常通过流量计测量，通入炉膛前可能是混合的。大型连续炉需要在几个点增加气体混合物，从而使得炉膛内获得所需的气体成分。气氛的控制通常通过化学成分恒定的载气和实际控制的露点（碳势）及一固定的氨添加量，利用手动或自动控制富化气，从而使得碳氮共渗层获得所需的碳和氮浓度。当使用不同的富化气时，必须要注意的是不能带入过量的碳氢化合物进入炉内，否则将引起积炭。大量的炭黑沉积，使得工件难于清洗，对炉内合金部件也产生不良影响，同时会降低碳氮共渗的速度。

（1）氨含量 以下是确定流入气体——氨气含量时需要考虑的因素：

·换气率：通常对于具体的炉子和载荷而言，高的换气率（就是总气体流量除以炉膛体积）必须使用低的氨气比例，从而获得特定的显微组织

·循环率：通常增加循环率增加了气氛的均匀性，允许使用较低的氨浓度。

·炉内工艺（周期）时间：通常奥氏体吸收氮的量随着时间增加是降低的。因此，较短的炉内生产周期和低的渗层深度下，需要更高的氨气比例。

·炉内温度：炉温越高，通常需要的氨气百分比更高。

·载荷尺寸、密度、表面积：随着载荷尺寸、密度、表面积的增加，为了配合更高的氮需求量则需要更高的氨气流量。

·碳势/碳氢化合物添加量：较高的碳势通常使用更低的氨气比例。然而，随着载荷或表面积的增

加，碳氢化合物体积比高达25%时需要在加工过程的前期充分控制碳势或适用于浅渗层的热处理工艺。

·钢种：为提高淬透性需要的最低氨百分比主要取决于钢的成分。残留奥氏体的量随着氮含量的增加而增加。因而，合金钢应该使用较低的氨量，特别是那些含镍或高锰的钢和具有较高锰含量的碳钢，如1117、1118和1024。

只有足够的氨加入到气氛中，才能维持碳氮共渗反应的进行；过量的氨气并不能为渗层提供多的氮，如先前讨论的那样会导致孔洞的形成。通常，2.5%~5%的氨含量足够使得渗层获得满意的氮含量。

（2）炉膛内必须避免污染物从而保持有效的气氛　空气的渗透和辐射管的渗漏会产生燃烧产物，这对气氛是有害的，即使装载工件本身也是污染物来源。当工件表面有大量的油脂、油、清洗剂、水分或淬火盐时，这些材料会显著污染气氛。装载前可以采用合适的清洗剂或使用净化工艺避免这种污染物污染气氛。

2. 炉型的影响

不同的炉型需要通入不同比例和不同体积的气体，主要取决于换气率（每小时的换气量）。主要变量包括气体与炉砖和合金的反应、炉子的气密性和炉子的开口门数（震底炉和网带炉的炉门始终是敞开的）、气体循环的程度、装载密度和工件的表面积等。表6-37给出了气体流量、炉膛体积、每小时的换气率、炉型之间的相互关系。从表中的数据可以看出：

·对于炉砖作内衬的多用炉，当炉膛体积增加时仅需较少的换气率（从表面来看，因为炉门开度较小的气体泄漏随着炉膛体积的增加而发生）。

·震底（或网带型）炉单位体积需要更高的气体流量，因为炉子后区固定门打开时会有大量的气氛损失。

表6-37　炉型对碳氮共渗混合气和流量的影响

炉型	气体的成分(体积分数 φ)(%)			总气体流量		炉膛体积		换气时间/h
	氨气	天然气	载气	m^3/h	ft^3/h	m^3	ft^3	
间歇式，砖内衬	10.4	20.8	68.8	6.8	240	0.29	10	23.5
间歇式，砖内衬	4	6	90	14.5	510	1.42	50	10.2
间歇式，砖内衬	8.3	8.3	83.3	10.2	360	2.55	90	4.0
间歇式，砖内衬	5	20	75	11.3	400	8.50	300	1.3
连续式，砖内衬	3.4	2.3①	94.3	42.0	1480	8.07	285	5.2
连续式，砖内衬	7	7	86	28.3	1000	25.5	900	1.1
连续式，砖内衬	5	4	91	31.1	1100	25.5	900	1.2
震底炉，金属内衬	2.5	2.5	95	6.2	220	0.06	2	110.0

① C_3H_8。

（1）间歇式炉的气氛　为了获得非常均匀的渗层成分和渗层深度，载荷必须被均匀加热到碳氮共渗温度。供应的气氛成分必须稳定，同时必须循环穿过载荷。在加入富化气和氨气前（实际的碳氮共渗周期），可以在吸热式气氛中预热15~60min，能显著提高加工的均匀性。

和气体渗碳一样，碳氮共渗的气氛需要仔细控制才能获得重复一致的结果。当确定氨气的流量和温度后，氨气流量的变化必须保持在预先确定的流量读数的±10%。假如加工类似的零件需要相同的氨气添加量，在氨气供气线上可以安装一个不锈钢孔板。这可保证一个恒定并可重复的氨气流量，同时防止发生意外，防止过量有害的氨气添加。与相同钢使用渗碳工艺相比，碳氮共渗层通常碳含量较低、加工温度较低（允许更高的露点和更多的二氧化碳）、碳氮共渗层淬透性的更高，从而使得参数控制的严格程度（氧势、水蒸气、二氧化碳和/或甲烷成分）有更大的伸缩性。

例如，在925℃（1700℉）渗碳使得渗层碳浓度达到0.90%±0.05%或0.80%±0.05%，可行的方法是将露点控制在控制值±0.5℃（±1℉）范围内，同时二氧化碳控制在控制值±0.005%范围内；当在815℃（1500℉）碳氮共渗使得渗层碳浓度达到0.80%±0.05%，可行的方法是将露点控制在控制值±1.5℃（±1℉）范围内，同时二氧化碳控制在控制值±0.003%范围内。二氧化碳的量对应一定的碳势，如先前讨论的那样渗碳和碳氮共渗的不一样。

那种有氯化锂电池的露点仪不推荐用于碳氮共渗气氛，因为氨气将会使氯化锂变质。假如使用二氧化碳红外仪，推荐使用不锈钢管代替铜管从而避免氨气的腐蚀。如果小心的话可成功使用铝管，从而避免试样线上产生冷凝水。一般来说，在碳氮共渗气氛中使用这些装置前需听取仪器制造商的建议。

相对较浅的碳氮共渗层深度，一般不使用试样表面的铁屑测定碳含量。金相检测和渗层显微硬度梯度的控制是通用的工序控制方法。然而，最常用的过程控制方法是装入一调节器控制氨气流量。

当料筐和待碳氮共渗的零件表面无污物和油时能获得更好的炉气控制。烧结粉末冶金零件在碳氮共渗前必须在回火炉中烧尽所含的油。

（2）连续炉气氛　在连续炉中设定的程序（高效、可靠的控制碳氮共渗气氛），其与间歇式炉相似。良好的炉气循环和良好的控温是最重要的。当零件的温度与碳氮共渗操作温度平衡时，再导入氨气是非常有利的。假如炉子可测的内部长度约 3m（9.8ft）或更长，在炉子长度方向保温区域一定间隔和接近工艺周期末期因为冶金原因导致温度可能会降低的区域通入渗碳气体和氨气的混合气，做到这点是非常重要的。

6.8.10　温度的选择

碳氮共渗温度的选择需要考虑很多因素，包括钢的成分、尺寸控制、疲劳和耐磨性、硬度、显微组织、成本和设备。假如需要较低的温度，炉内气氛的控制变得更重要。

例如，图 6-148 显示的硬度和渗层成分的测试结果是基于三个加工温度在两个不同氨含量的条件下获得的。试样在更高的温度下（900℃或 1650℉）加工有最统一和一致的马氏体渗层（图 6-149）和最好的耐磨性（表 6-36）。

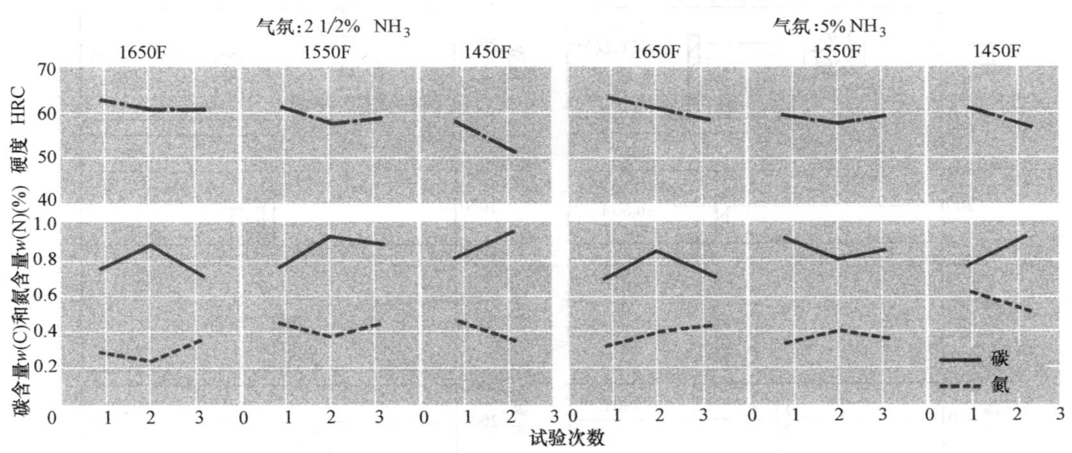

图 6-148　1018 钢在显示的温度和氨含量（所有样都是在 55℃的油中淬火）下，次表面硬度（低于表面 0.075mm）与表面碳和氮含量的相关关系

注：通常硬度会随温度的降低而稍降低，一部分是由于在更低的加工温度下残留的奥氏体更多。参见表 6-36 中的加工气氛。

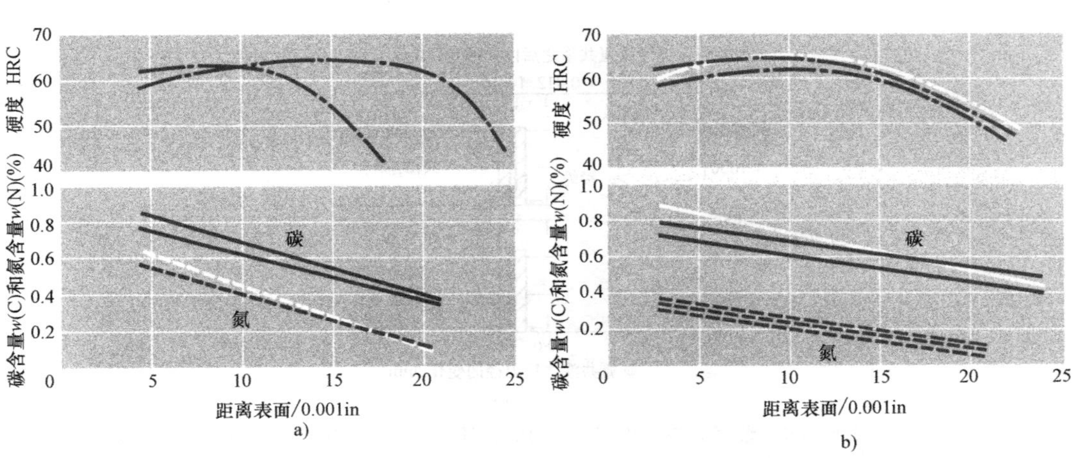

图 6-149　1018 钢碳氮共渗（氨气含量 5%，在 55℃的油中淬火）试样渗层硬度和成分

a）785℃（1450℉）　b）900℃（1650℉）

注：每根线代表不同的样品在不同的加工温度。更高的加工温度可获得更一致的结果和均匀的渗层。

虽然更高的温度允许使用更高的氨气浓度，但随着合金成分的增加，氨气浓度必须降低，从而减少残留奥氏体。在这种情形下，温度、气氛和合金成分是相互关联的。

选择温度时也需仔细考虑变形和淬火温度。选择碳氮共渗温度时最需要考虑的是尺寸的控制。以下的两个例子说明了碳氮共渗温度和尺寸稳定之间的关系。

例 3：碳氮共渗温度对 1010 钢齿条尺寸稳定性的影响。一种 1010 钢齿条长 11.75cm、厚 1mm（长 4.63in，厚 0.040in），自 845℃（1550℉）的碳氮共渗温度淬入 65～70℃（150～160℉）的热油中，不能控制在直线公差范围内（而且，由于脆性问题，不能被校直）。该零件硬化层深度要求为 0.075mm（0.003in），总长度方向平面度要求为 0.05mm（0.002in）。将温度降低至 790～800℃（1450～1475℉），将显著降低变形，同时提高韧性至可接受的范围内。虽然低于 790℃（1450℉）的温度能减少变形并提高韧性，但一般更低的温度不被采用，因为想得到期望的渗层深度所需的时间要增加。

例 4：碳氮共渗温度对 1010 钢制件尺寸稳定性的影响。图 6-150 提供的数据是关于碳氮共渗温度对三种生产件尺寸稳定性的影响。所有三种 1010 商业用钢板制成的零件在间歇式炉中在 790～845℃

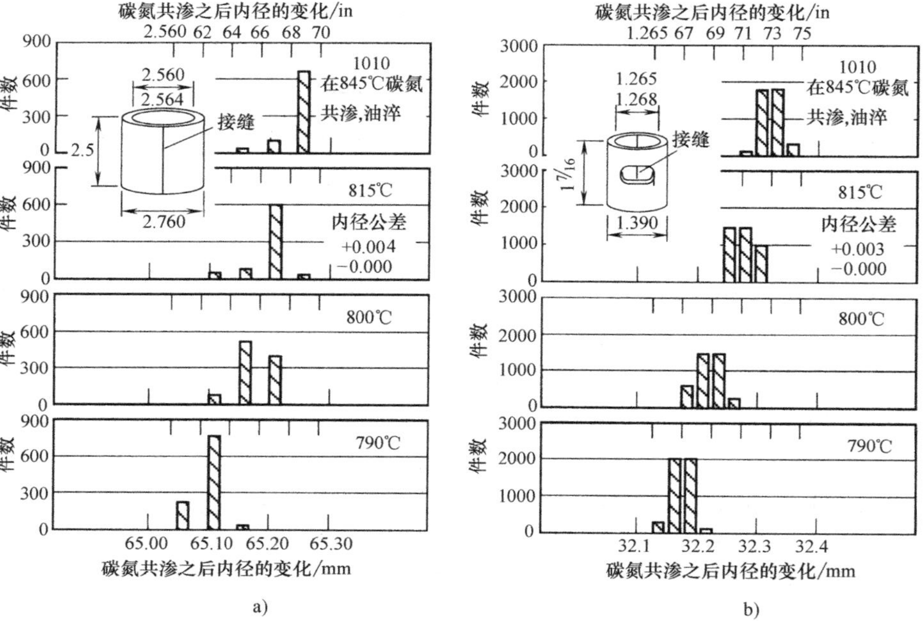

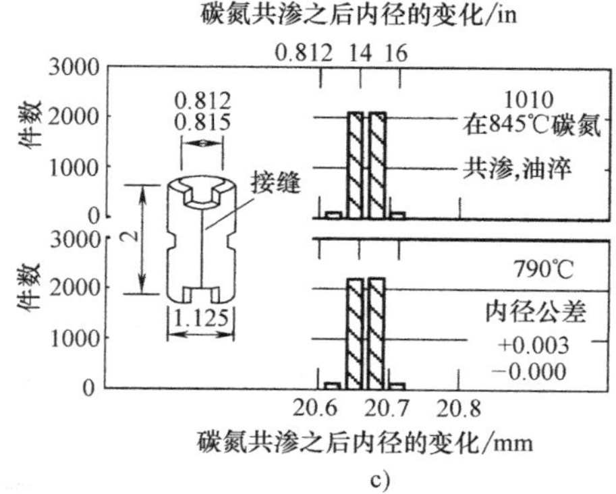

图 6-150 碳氮共渗温度对三件 1010 钢制件尺寸稳定性的影响

注：零件经过碳氮共渗后渗层深度为 0.13～0.20mm（0.005～0.008in），表面最低硬度为 89HR15N。所有温度下的气体比值和露点基本相同。保温时间为 15～45min，主要取决于温度。零件尺寸和公差值用 in 表示。

（1450～1550℉）的温度范围内热处理加工。气氛由 $7m^3/h$（$250ft^3/h$）的吸热式气体、$0.8m^3/h$（$30ft^3/h$）的富化气体和 $0.14m^3/h$（$5ft^3/h$）的氨气组成。露点保持在-1～-4℃（25～30℉）。依赖于温度，通过不同的炉内保温时间从而获得指定的 0.13～0.20mm（0.005～0.008in）的渗层深度。

将相同数量的零件手工装入料筐内并在间歇式炉内加工。如图 6-150a 和 b 所示的零件利用其轴线竖直装载。图 6-150c 中的零件随意摆放。料筐和零件淬入轻微搅拌、温度为 60～70℃的油中。

图 6-150 中的数据代表图 6-150a 中的零件经过八次加热，其余两种产品各自经过三次加热。碳氮共渗前所有零件均在直径公差范围内。

零件在四种温度下碳氮共渗，最低的温度能获得最小的变形。在较低的温度下变形较小的原因是在较低的温度下存在更多的铁素体，因此减少了淬火后的体积膨胀。然而，对于具有最小内径尺寸的零件（图 6-150c），尺寸的变化不受温度降低的影响。

温度也会直接影响心部硬度。钢在更高的温度下处理并自上临界温度淬火会产生更高的心部硬度，包括高的表面载荷应用时通常希望得到高的心部硬度，因为需要强的心部支承硬化层。

具有特殊制造和服役要求的特殊零件可能会限制碳氮共渗温度的选择。例如，在一个实际应用中，用于门扣机构的冷销轴同时需要铆合，具有耐磨性。790℃（1450℉）的碳氮共渗温度满足了适合铆合的软心部和耐磨的薄硬化层。

6.8.11　淬火冷却介质和实践

碳氮共渗件是在水、油处理，还是在气体中处理，主要取决于允许的变形、金相要求（如渗层和心部硬度）和使用的炉型。

（1）水淬　水淬随之产生的变形在允许范围内，低碳钢制的零件或许能在水中淬火。如，B1212 钢制成的变速杆销轴采用水淬。

对于淬火前工件需从炉内转移到空气中的炉型而言，水淬通常受到一定的限制，因此可避免水蒸气污染炉膛气氛的可能性。然而，滚筒炉水淬是可行的，提供的淬火落料口配备了气体喷射器和供水系统，从而可使水蒸气冷凝。

应该注意的是氨气非常容易溶于水从而形成一种化合物（NH_4OH），其对铜基材料具有很大的腐蚀性。在连续操作时当水暴露于含氨的气氛时，避免使用黄铜搅拌器、热交换器中的铜管束和相似的铜合金部件。

（2）气淬　具有较小质量的零件（如薄的冲压件）可以在大量的冷空气或氮气中淬火。气体或空气淬火的主要目的是减少变形，从而避免较高的校直费用。

气淬时，零件必须被仔细地装进炉内托盘，从而使得零件的表面迅速冷却并获得期望的硬度。加载和堆叠托盘的总质量不能超过一定的量，目的是获得令人满意的淬火效果。

6.8.12　回火

许多浅渗层碳氮共渗件不经过回火即可使用。碳氮共渗层中存在的氮提高了其耐回火性能（图 6-151），其耐回火性能随着渗层中氮含量的增加而增加。当工作温度异常高或需要进行热校直时，希望耐回火性较高。

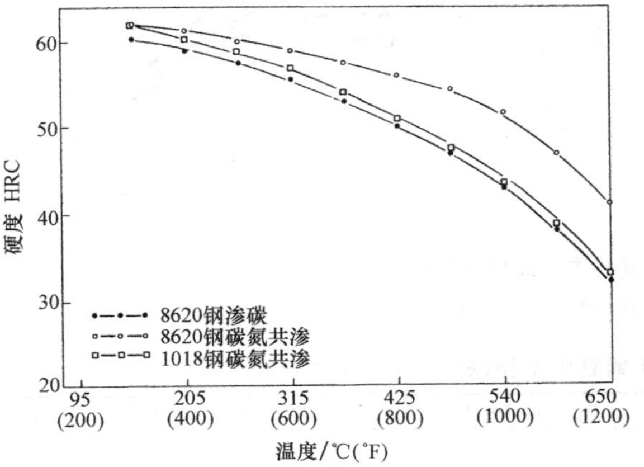

8620钢渗碳			8620钢碳氮共渗			1018钢碳氮共渗		
℃	°F	HRC	℃	°F	HRC	℃	°F	HRC
150	300	60.5	150	300	62.0	150	300	62.0
205	400	59.0	205	400	61.5	205	400	60.5
260	500	57.5	260	500	60.0	260	500	59.0
315	600	55.5	315	600	59.0	315	600	57.0
370	700	53.0	370	700	57.5	370	700	54.0
425	800	50.0	425	800	56.0	425	800	51.0
480	900	47.0	480	900	54.0	480	900	47.0
540	1000	43.0	540	1000	51.5	540	1000	43.5
595	1100	38.0	595	1100	47.0	595	1100	38.5
650	1200	32.0	650	1200	41.0	650	1200	32.5

图 6-151　渗碳和碳氮共渗钢的回火曲线（所有均油淬）

图 6-152 给出了 1018 钢碳氮共渗层的回火数据。数据说明了耐回火性与碳氮共渗温度和气氛中氨含量的关系。图 6-153 总结了碳氮共渗温度和气氛中氨含量对耐回火性的影响，结论源自图 6-152 中提及的相同试样。

因为在 425℃将碳氮共渗层进行回火处理，经过上述处理后显著提高了缺口冲击韧性（表 6-38）。经受载荷反复冲击的零件经过回火处理避免了冲击和冲击疲劳失效。大部分的碳氮共渗齿轮在 190～205℃回火，从而降低了表面脆性，并保持渗层最低硬度为 58HRC。

表面需要磨削的合金钢零件经过回火处理后减少了磨削裂纹。低碳钢碳氮共渗件通常在 135～175℃回火稳定奥氏体并减小尺寸变化。1020 钢制成的自攻螺钉在 260～425℃回火，减少在金属板上攻螺纹时发生的破损。与之对比的是，渗层主要针对具有耐磨性的零件，如合销、支架和垫圈，不需要回火处理。

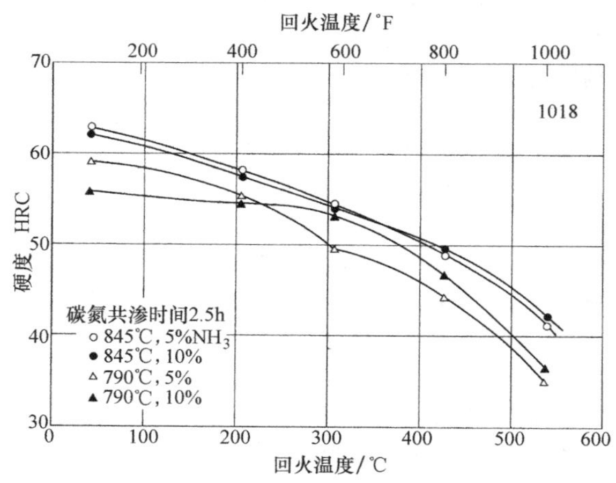

图 6-152 1018 钢试样经碳氮共渗处理，随着碳氮共渗温度提高表面硬度降低

注：自表面硬度 30N 转换成洛氏硬度 HRC，参见图 6-153。

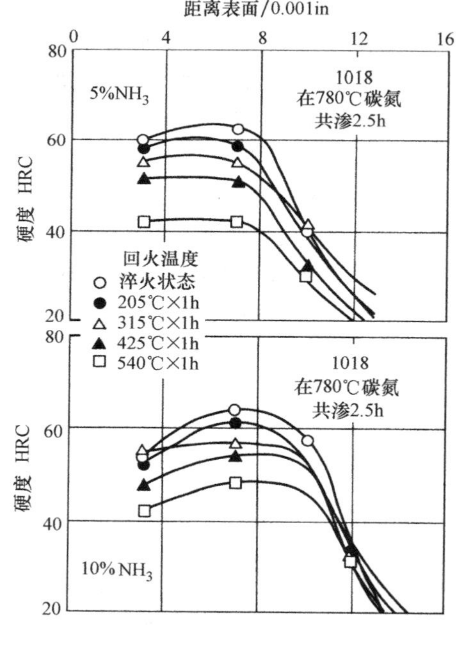

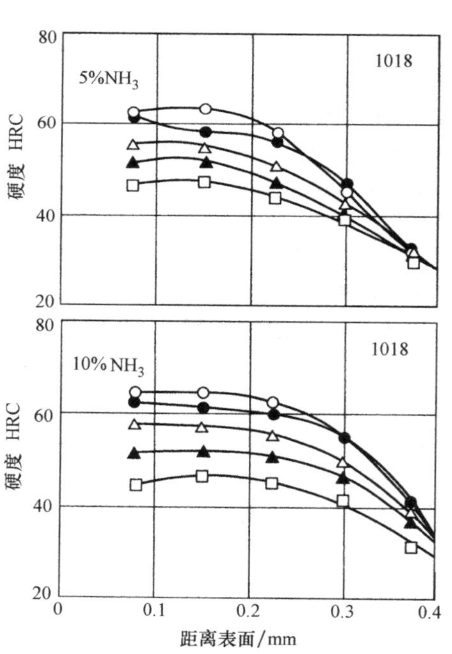

图 6-153 回火温度对碳氮共渗层硬度梯度的影响

注：维氏硬度换算成洛氏 C 硬度。试样与图 6-152 中的一样，回火如图 6-153 所示。

表 6-38 回火对碳氮共渗的 1041 钢夏比 V 型缺口冲击强度的影响

试验号	回火温度		冲击强度		硬度[①]HRC 距离表面/mm(in)	
	℃	℉	J	ft · lb	表面[②]	心部
1	As-quenched	As-quenched	1.4	1	60	53
2	370	700	2,2	1.5,1.5	47	46
3	425	800	29,29	21.5,21.5	42.5	43

（续）

试验号	回火温度		冲击强度		硬度①HRC 距离表面/mm(in)	
	℃	℉	J	ft·lb	表面②	心部
4	480	900	69,60	51,44	38	38
5③	480	900	47,52	35,38	—	—
6	540	1000	78,81	57.5,60	35	32

试验号	硬度①HRC 距离表面/mm(in)						
	0.075(0.003)	0.15(0.006)	0.25(0.01)	0.38(0.015)	0.64(0.025)	1.0(0.04)	1.4(0.055)
1	63	64	64	63	61	61	58
2	57	57	55	54	49	50	50
3	57	57	56	55	49	47	47
4	54	54	52	50	42	38	38
5③	—	—	—	—	—	—	—
6	49	50	50	47	36	33	32

① 由维氏硬度转换。

② 由于残留奥氏体的影响，表面硬度低于次表面 0.075mm（0.003in）处的硬度。

③ 该项在-18℃温度下试验，所有的其他试验在室温下进行。

注：试样在含氨 7%的气氛中在 845℃碳氮共渗 3h，并自碳氮共渗温度油淬。试样在加工 V 型缺口前进行镀铜处理，允许缺口暴露在碳氮共渗气氛中。

6.8.13 硬度测试

测量碳氮共渗钢表面硬度的方法主要取决于测试件的有效硬化层深度。对于厚度大于等于 0.65mm 的有效硬化层，使用洛氏硬度 HRC 可以获得准确的读数。随着有效硬化层深度的降低，需要采用更低的测试载荷从而获得准确的表面硬度值。大多数情况下，对于 0.25~0.40mm 的渗层深度可采用表面洛氏 15N。当渗层深度小于 0.25mm 时，所有的洛氏硬度值都是不可靠的，需使用锉刀或显微硬度计进行测试。

在锉刀硬度试验中，被测零件表面硬度应该低于最大锉刀硬度（64~68HRC），并且，锉刀已经按要求的硬度范围进行了回火，所以，零件表面硬度可以采用锉刀测试。这些零件的表面硬度可以指定为 Mfh60，表明零件表面硬度必须使用回火后硬度为 60HRC 的扁锉测试。然而，压痕硬度仅为 52HRC 并具有较高奥氏体量的试样仍然能抵抗硬度高达 66HRC 的锉刀。

6.8.14 应用

尽管碳氮共渗工艺是改进的渗碳工艺，但是其实际应用与渗碳工艺相比还是受到很多的限制。就像前所述那样，碳氮共渗工艺只限应用在硬化层深度近似等于 0.75mm 或更低的条件下，然而这些限制不适用于渗碳工艺。两个原因使得碳氮共渗的温度通常低于 870℃，然而由于包括时间因素，为了获得更深的渗层深度则在更高的温度下加工；同时氮添加量相对于碳添加量而言不易控制，这一状况会导致过量的氮，因此残留奥氏体量会较高。同时加工时间太长会导致渗层多孔。

碳氮共渗层耐回火性能显著优于渗碳层，如图 6-151 所示。其他值得注意的显著差异是残余应力模式、金相组织、特定硬度水平下的疲劳和冲击强度、合金元素对渗层和心部特性的影响。

1. 钢材的选择

对于许多应用，碳氮共渗能使便宜的钢获得与合金钢气体渗碳相同的性能。下面的例子阐明了具体应用中通常需要合金钢的情况下改用碳钢碳氮共渗也能满足要求。

例 5： 使用铝脱氧的 1010 钢碳氮共渗。偏心凸轮采用厚 4mm 的 1010 钢（铝脱氧）冲压而成，碳氮共渗后渗层深度为 0.25~0.50mm，同时表面硬度最低相当于 58HRC。该应用中所需的冶金性能也可通过 1011 或 1016 钢碳氮共渗或气体渗碳获得。然而，1010 钢具有更低的碳和锰含量以及较细的晶粒，同时有适合冲压加工的优势。

例 6： 使用 1117 钢碳氮共渗。机电伺服机构中的小齿轮从直径 6.3mm，长度为 12.7mm，到直径为 51mm，厚度为 6.3mm 变化，由 1117 钢棒料车削而成。零件在周期整体淬火气氛炉中碳氮共渗，零件装在网格篮中。更小的齿轮单层摆放，每篮最多三层，每层间用隔离网隔开。更大直径的齿轮采用螺旋弹簧隔离器垂直固定。

齿轮在 855℃ 碳氮共渗 1.5h，得到 0.20~0.38mm 的有效硬化层和最低 89HR15N 的表面硬度。自动碳势控制系统（氧探头和一定比例的添加气-天然气）的碳势设定在 0.80%，同时 3%（体积分数）的氨气添加到吸热式气氛（自动控制生成）中。

2. 传动齿轮的耐点蚀性能

回火时的耐回火性是减少传动齿轮表面点蚀剥落的重要因素。传动齿轮工作时在高应力的作用下接触面的温度差不多能达到 300℃。耐点蚀性能不仅与表面硬度有关，也与回火时耐回火性有关。图 6-154显示了各种表面硬化性钢的点蚀寿命和 300℃回火后表面硬度之间成正比的关系。

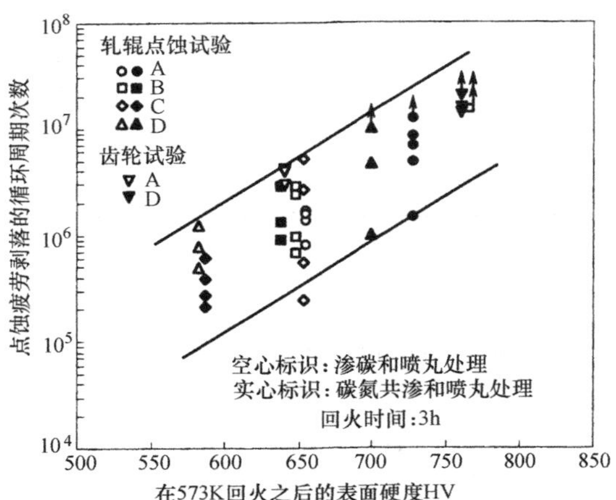

基体化学成分(质量分数，%)

钢	C	Si	Mn	P	S	Cr	Mo
A	0.22	0.67	0.30	0.009	0.024	1.50	0.44
B	0.21	0.68	0.30	0.009	0.023	2.52	微量
C	0.22	0.68	0.30	0.009	0.025	1.52	微量
D	0.19	0.06	0.78	0.006	0.016	1.09	0.45

经过热处理的样品表面碳氮含量

钢	热处理	表面含量(质量分数,%)	
		碳	氮
A	渗碳	0.69	0.05
	碳氮共渗	0.85	1.14
B	渗碳	0.77	0.05
	碳氮共渗	0.77	1.32
C	渗碳	0.72	0.05
	碳氮共渗	0.80	1.10
D	渗碳	0.77	0.04
	碳氮共渗	0.74	0.82

图 6-154　渗碳和碳氮共渗钢回火后表面硬度对耐点蚀性的影响

注：点蚀试样切割自正火钢棒，先在 900℃ 碳氮共渗 4h，然后在 840℃ 的吸热式气氛+丁烷富化气+7%（体积比）氨气的混合气氛中处理 4h，扩散的碳和氮同时进入钢中，随后在 50℃ 的油中淬火。渗碳试样的化学成分如图 6-154 中所示。

现已证明碳氮共渗引入氮比常规渗碳钢中增加硅、铬和钼含量来提高耐回火性能更有效。钢材碳氮共渗后渗层获得了高氮浓度（如需一定接触疲劳强度的汽车齿轮），其化学成分建议为 0.70% Si、1.5%Cr 和 0.45%Mo。

例 7：排除行星齿轮的点蚀疲劳。另一个例子是自动传动的行星齿轮从渗碳变为碳氮共渗从而避免点蚀疲劳。螺旋齿轮采用 8620 钢棒料并滚齿、剃齿而成。

规定的碳氮共渗热处理工序需要在节距线处得到 0.46~0.58mm 的有效硬化层，油淬并在 175℃ 回火后得到最低 80HRA 的硬度。零件直径约为 30.5mm，长度为 51mm，内孔直径为 15.9mm。

零件垂直装在槽杆工装上，两件之间用隔离块隔开。然后在双列四区推盘炉（三区控制）中碳氮共渗。该炉在长度方向有 18 个托盘。每个控制区有单独使用的氧探头（碳势设定值为 0.78%）控制并自动补碳。炉子每个区有风机循环和控制吸热式气体添加量的流量计。在三个控制区的氨气进口加上不锈钢的限流喷嘴，从而保证 4% 体积的氨气添加量。炉膛加热到 845℃（所有区）。每列的推盘周期是 20min（总的碳氮共渗时间约为 6h）。零件在搅拌的 100 SUS 油（60℃）中快速淬火，然后清洗并在 175℃ 回火。齿轮热处理后由机器完成卸料，该零件使用前不需要磨齿。这解决了点蚀疲劳问题。

6.8.15　粉末冶金零件的碳氮共渗

碳氮共渗工艺广泛用于铁基粉末制成表面需硬化的零件。烧结密度从约 6.5g/cm^3 到接近锻钢的水平。零件碳氮共渗前有可能需要渗铜。

碳氮共渗对于由电解铁粉制成并需表面硬化的零件是有效的。这些烧结品的四个特性使得渗碳表面硬化较困难：较高的马氏体转变温度（*Ms*）、非常低的淬透性、较少的表面氧化和固有的多孔性，结果使得碳渗入速度很快。

在 790~815℃ 碳氮共渗解决了这些问题；在这个温度下，较低的扩散速度使得硬化层的控制和渗层中充足碳的建立成为可能。氮推迟了珠光体转变并提高了淬透性，使得油淬成为可能，可获得一致、标准、占主导地位的马氏体组织硬化层（显微硬度等于 60HRC）；可获得浅的硬化层，虽然允许的硬化层与锻钢相比范围要增加。典型的硬化层范围是 0.08~0.20mm 和 0.15~0.30mm。

图 6-155 证明了符合 ASTM B310 A 级的铁基粉末由于多孔性导致了较高的碳和氮的渗入速度。然而随着密度的增加渗入速度降低。密度更大（7.20~7.30g/cm^3）的粉末冶金件获得的硬化层要比锻钢（7.87g/cm^3）获得的硬化层深。大部分商业化的铁基粉末冶金对碳氮共渗都有这种规律，然而，渗铜件对碳和氮的渗入具有更强的抵抗力。

回火。碳氮共渗处理的粉末冶金件通常需回火处理，尽管不回火件很少有开裂的风险。回火完成后有利于光饰和去毛刺处理。虽然回火有可能去除零件孔隙中的油，但在高温下有火灾危险所以油淬

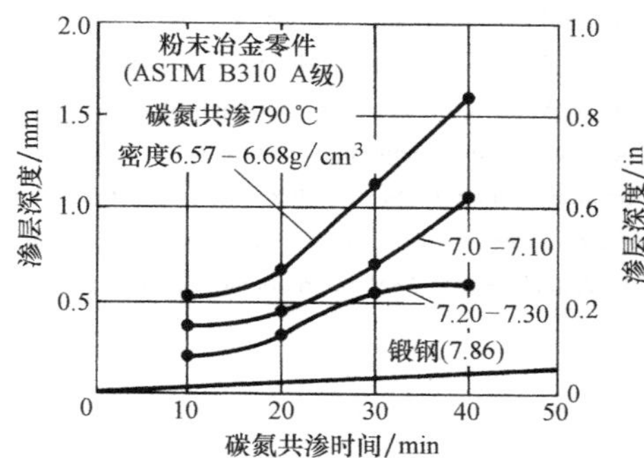

图 6-155 在 790℃碳氮共渗不同的时间，随着粉末冶金件密度的降低渗层深度增加

注：曲线是基于炉内总时间并代表着图 6-137 中的 775～790℃平均温度带。

粉末冶金件空气回火的温度通常限制在 205℃以内。碳氮共渗粉末冶金件的回火温度通常稍高于碳氮共渗的锻钢件。当回火温度超过 205℃时，在工序中加入特殊的清洗工序除油，从而排除火灾风险。

6.8.16 氨气指南

碳氮共渗使用的氨气系统由许多相互连接且备份的液氮罐组成。通常使用的氨气只是其中一部分，剩余的氨气作储备。从每个液氮罐流出的气体流量必须足够低，以防止阀门结冰。只推荐使用不锈钢阀门和不锈钢管。一般优先采用大容量的储存器和汽化系统，以获得能保证产品质量均匀一致的恒定、连续的气源。一般来说，当使用大容量储存器时，使用两段式压力调节从而保证恒定和均匀的氨气流量。第一阶段调节输送到炉内氨气的压力，炉内最终的压力调节控制加工过程中的压力。

碳氮共渗使用的氨气必须是纯度超过 99.9%的无水氨。要求的等级是优等品，冷冻处理，同时处理适当的金属材料。已知的商业和农业用氨气含较多量的二氧化碳、水和油，这些成分阻碍了氨气在炉内的使用。

大部分氨气产自天然气，所以成本和有效性与提供的天然气原料有关。

6.8.17 安全事项

气态的碳氮共渗介质具有高毒性、可燃性、爆炸性。安全保护装备和人员基本与气体渗碳工序中的相同。

氨气瓶不应该放置在炉旁、太阳直晒或接近可燃性气体或其他可燃物。氨气瓶应放置在通风良好并有天花板的房间内，房间采用防火墙与工作区域隔开。

因为氨气比空气轻，同时也是弱的易燃和有毒材料，推荐使用一套自动喷雾系统。气体面罩应该是现成的且不应该与氨气放在同一区域。硫磺棒（sulfur stick）可用于氨气检漏。关于氨气系统安全的额外推荐可从火灾保险公司处获得。

当炉内温度低于 760℃时，任何情况下不要将可燃气体引入炉内。当需要更低的生产处理温度时，炉子应该加热到 760℃，同时温度降低前使用发生炉煤气排气洗炉。这种类型的操作可能十分危险，同时需由有资质的人员完成。

参考文献

1. W. F. Gale and T. C. Totemeier, Ed., Chap. 29, Heat Treatment, *Smithells Metals Reference Book*, 8th ed., Butterworth-Heinemann, 2004
2. A. E. Nehrenberg et al., Effects of Carbon and Nitrogen on the Attainable Hardness of Martensitic Steels, *Trans. ASM*, Vol 47, 1955, p785-793
3. G. Rengstorff, M. Bever, and C. F. Floe, The Carbonitriding Process of Case Hardening Steel, *Met. Prog.*, Nov 1949, p651
4. Carbonitriding, *Heat Treating, Cleaning and Finishing*, Vol 2, *Metals Handbook*, 8th ed., American Society for Metals, 1964, p119
5. D. Herring, Comparing Carbonitriding and Nitrocarburizing, *Heat Treat. Prog.*, April/May 2002, p17
6. C. Dawes, Nitrocarburizing and Its Influence in the Automotive Sector, *Heat Treat. Met.*, Vol 18 (No. 1), 1991. 1, p19-30
7. T. Bell, M. Kinali, and G. Munstermann, Physical Metallurgy Aspects of the Austenitic Nitrocarburizing Process, *Heat Treat. Met.*, Vol 2, 1987, p47-51
8. F. K. Cherry, Austenitic Nitrocarburizing, *Heat Treat. Met.*, Vol 1, 1987, p1-5
9. K. -E. Thelning, *Steel and Its Heat Treatment*, Butterworths, 1975
10. F. A. Clarkin and M. B. Bever, The Role of Water Vapor and Ammonia in Case Hardening Atmospheres, *Trans. ASM*, Vol 47, 1955, p794-806
11. R. Davies and C. G. Smith, A Practical Study of the Carbonitriding Process, *Met. Prog.*, Vol 114 (No. 4), Sept 1978, p40-53
12. E. R. Mantel and M. M. Shea, Hardening Response of Carbonitrided Rimmed and Aluminum-Killed SAE 1010 Steels, *J. Heat Treat.*, Vol 4 (No. 3), 1986, p237-246
13. W. E. Dowling, W. T. Donlon, and J. P. Wise, *Proc. of 18th Heat Treating Conference*, Oct 12-15, 1998 (Chicago), ASM International, 1998, p 387-397
14. B. Prěnosil, Properties of Carbonitriding Layers Forming as a Result of Carbon Diffusion in Austenite, *Härt. -Tech. Mitt.*,

Vol 21 (No. 1), 1996, p24-66 (in German)

15. G. W. Powell, M. B. Bever, and C. F. Floe, Carbonitriding of Plain Carbon and Boron Steels, *Trans. ASM*, Vol 46, 1954, p1359-1371
16. N. P. Milano, Getting the Most from Carbonitrided Surfaces, *Met. Prog.*, July 1965, p80
17. J. L. Dossett and H. E. Boyer, *Practical Heat Treating*, 2nd ed., ASM International 2006, p154
18. Y. Watanabe, N. Narita, Y. Matsushima, and K. Iwasaki, Effect of Alloying Elements and Carbonitriding on Resistance to Softening during Tempering and Contact Fatigue Strength of Chromium-Containing Steels, *Heat Treating: Proceedings of the 20th Conference*, Vol 1 and 2, K. Funatani and G. E. Totten, Ed., ASM International, 2000, p52-61

第7章 钢的渗氮和氮碳共渗

7.1 渗氮和氮碳共渗的基本原理

E. J. Mittemeijer, Max Planck Institute for Intelligent Systems (formerly Max Planck Institute for Metals Research) and Institute for Materials Science, University of Stuttgart

7.1.1 简介

渗氮过程中，氮原子渗入零件表面，此工艺在数十年里已经成为一种适用范围广并且有效的铁基材料（经常是）表面处理手段。渗氮这种工艺是在20世纪初由美国的阿道夫·马赫勒特（Adolph Machlet）（美国气体公司）和德国的阿道夫·弗赖伊（Adolph Fry）[克虏伯（Krupp）工厂] 共同发明的。渗氮工艺已经成为一种越来越重要的技术，即使在当今其应用范围也不断在扩大。一段时间以来，大量的衍生工艺不断被开发出来，主要进展之一就是氮碳共渗工艺，碳原子随氮原子一起渗入工件表面。

有多种不同的方法可以往钢中引入氮原子或同时引入氮、碳原子。有多种渗氮/氮碳共渗的气氛，表述如下：

1）混合气（NH_3-H_2）（见本书7.2节）。

2）盐浴（氰化物）（见本书7.3节）。

3）等离子（离子化的气氛，比如N_2-H_2的混合物）（见本书7.4节）。

粉末介质（以氰化钙$CaCN_2$为基础，在催化剂的作用下可以和水发生反应产生NH_3）渗氮已经在实验室成功应用，但还未进行技术应用。

本章就当今对铁基材料渗氮和氮碳共渗的热力学和动力学机理一些重要方面的理解进行阐述。气体渗氮/氮碳共渗工艺的科学背景是本章关注的焦点。原因是只有气体渗氮处理工艺可以精确控制热力学条件，即使仅在实验室中。因此，在需要渗氮、氮碳共渗零件的表面，氮和碳原子的化学势（渗氮和渗碳的能力）可以根据控制需要在一定范围内进行调节，而在其他渗氮工艺不可能实现。这使得盐浴和等离子渗氮/氮碳共渗工艺的结果再现变为可能，但是由于这些工艺的热力学条件定义得不佳，因此无法进行上述的通过工艺参数调节进行工艺控制。

文章首先对工艺生成的显微组织及性能的历史和基础进行了概述，然后对“正常”的铁氮相图和莱勒（Lehrer）图进行了解释和讨论。接下来，重点讨论了实现可控渗氮和可控氮碳共渗的关键因素。对局部平衡和稳态的发生进行了格外的关注。提出了“扩散路径”的概念，来理解氮碳共渗工艺过程中铁碳氮化合物层产生的复杂的显微组织。最新的扩散试验演示了著名的“交互过程”——碳和氮原子在同一个亚晶格的间隙位置上消解。在化合物层和扩散层的微观组织形成过程中，通过对强烈的、中等的和较弱的Me-N反应的研究，合金元素（Me）的作用被刻画出来。强调了渗氮动力学里的过饱和氮的重要性。最后总结了渗氮和氮碳工艺随时间（和温度）变化的各种可能性。

7.1.2 渗氮技术的出现

1906年5月25日，一项专利申请被记录在案，阿道夫·马赫勒特（A. Machlet）提议在炉膛中用氨气取代空气来避免钢件表面氧化。这项申请在1913年6月24日被授予专利（专利号1065679）。很明显，在1906年递交了专利申请后不久，Machelet发现加热的零件在氨气气氛中被处理以后会形成表面坚硬的“壳”或“涂层”，这种“壳”或“涂层”非常耐磨、耐腐蚀、防锈并且不容易被氧化。这个发现在1908年3月19日被申请专利，于1913年6月24日被授予专利（专利号1065379）。这项专利代表美国发明了渗氮工艺！随后于1907年7月12日记录在案的专利申请，Machlet事实上介绍了（气体的）氮碳共渗技术，其采用了烃类气体和氨气作为工艺气氛，并包含了纯氨气的后续处理，这项申请于1914年4月14日被授予（专利号1092925）。

在德国，用于表面强化的渗氮工艺是由阿道夫·弗赖伊（A. Fry）开发的。特别是Fry使得渗氮工艺成为一种表面工程技术得以应用，以及他开发了专用于渗氮的钢种（含铝，作为合金元素）。

自这些早期的开发起，不断涌现了大量的工艺变种，渗氮和氮碳共渗处理后，零件表面呈现出明显的性能变化（见本书7.2节）。

7.1.3 渗氮/氮碳共渗后的显微组织；热力学和动力学

渗氮过程主要是指在500~580℃（773~853K）氮原子渗入到零件表面的过程。根据零件周围渗氮气氛中的渗氮“能力”不同，尤其对于铁基的铁素体合金或者铁素体钢在低于590℃（863K）的温度进行渗氮时（图7-1），渗氮区域会呈现出以下形貌：

化合物层（厚度大约为几十微米），主要由氮化物构成，包括γ'-Fe_4N_{1-x}和ε-FeN_{1-z}（图7-2及表7-1）。

扩散层（厚度大约为几百微米）中，渗氮以后，随着缓慢冷却或者淬火后时效，对于纯铁或者碳钢材料，溶解的氮原子会在扩散层中以铁氮化物的形式析出，而如钢中含有亲氮合金元素，如铝或铬，氮则以合金元素氮化物的形式析出。

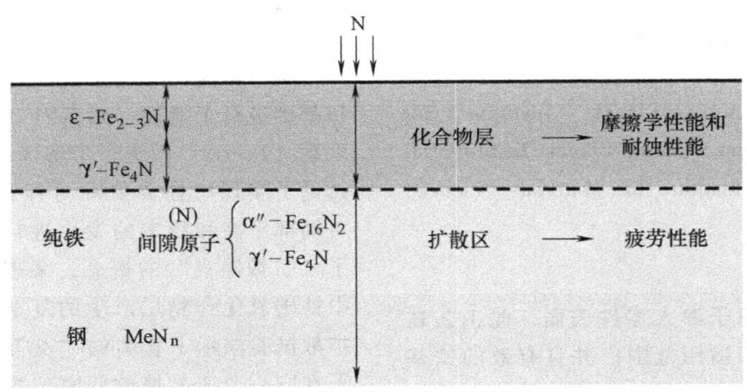

图7-1 铁基铁素体试样/零件渗氮区域横截面化合物层和扩散层及它们（可能的）组成的示意图

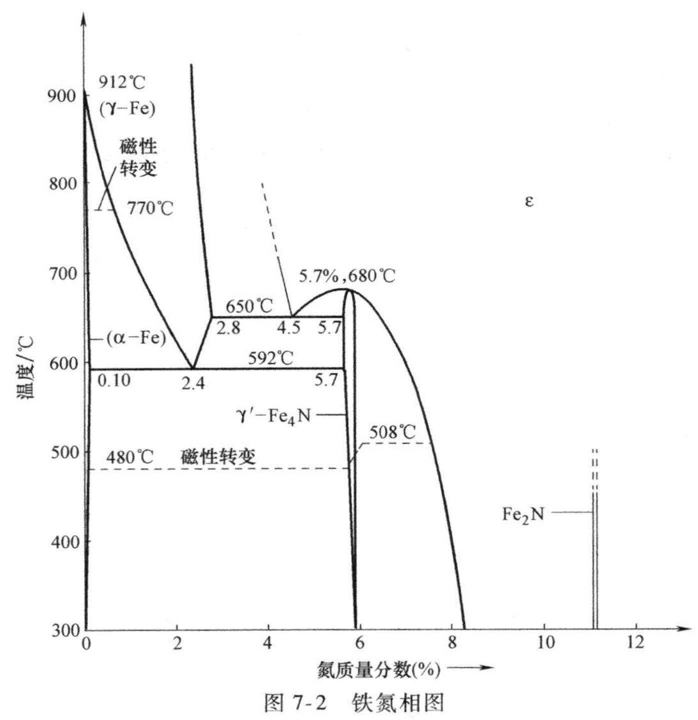

图7-2 铁氮相图

表7-1 Fe-N-C相晶体结构和成分的范围

相	晶体结构	氮含量（摩尔分数，%）	碳含量（摩尔分数，%）	晶格常数参考文献
α-Fe[N,C]	体心立方Fe，C和N无序分布在八面体间隙中	<0.4	<0.1	本节参考文献[5-8]

（续）

相	晶体结构	氮含量（摩尔分数,%）	碳含量（摩尔分数,%）	晶格常数参考文献
γ-Fe[N,C]	面心立方 Fe,C 和 N 无序分布在八面体间隙中	<10.3	<9.1	本节参考文献[5-8]
α''-$Fe_{16}N_2$	体心四方亚晶格 Fe,N 规则分布在八面体间隙中	≈12.5（可能发生 N 原子空缺）	—	本节参考文献[10]
γ'-Fe_4N_{1-x}	面心立方亚晶格 Fe,N 规则分布在八面体间隙中	19.4~20	<0.7	本节参考文献[11]
ε-$Fe_3(N,C)_{1+y}$	密排六方亚晶格 Fe,N 和 C 或多或少地规则分布在八面体间隙中	15~33	<8	本节参考文献[12]（仅指 ε-$Fe_3(N,C)_{1+y}$）
θ-Fe_3C	正交亚晶格 Fe,C 位于三棱柱	≈0	25	本节参考文献[13]

渗氮技术的重要性是通过合适的渗氮工艺，可以显著提高零件的耐疲劳性、耐磨损性和耐蚀性。一般而言，显著的性能提升是因为零件表面的高硬度、内应力以及渗氮层中被优化的化学成分。粗略来说，有利的耐磨性和耐蚀性是因为特殊的化合物层，而有利的耐疲劳性和耐磨性（如果化合物层被去除了或者防止了化合物层的形成）则是由于扩散层（图 7-1）。

氮碳共渗工艺与渗氮工艺相比，很大程度影响了化合物层的化学成分和组成，因此会提高耐磨（及耐蚀性）性。

为了更好地理解渗氮/氮碳共渗工艺的过程以及如何优化工艺以获得所需性能，理解工艺过程中的热力学和动力学是非常有必要的。对这些基础内容的理解并不像人们想象得那么容易，渗氮产生的一个世纪以来，很多东西都被忽略了。因此，今天对渗氮和氮碳共渗的研究也是非常及时的。从科学的角度，以间隙原子的方式溶解在铁基矩阵中的氮原子和碳原子的性能研究是非常有趣的，这不仅是因为在间隙位置上它们有很大的活动范围，并且产生很大的互动，而且它们和间隙位置的尺寸不同会给周围带来应变场。

仅理解了渗氮/氮碳共渗过程中的热力学原理还不够，每个步骤（伴随着从渗氮/氮碳共渗气氛到基体，到扩散层，从而析出而发生的质量转移）的动力学原理也有着相同重要的地位，尽管意识到热力学可能会限制动力学。

材料物理学只有在热力学原理建立起来以后才可以对动力学原理进行描述。即便是初始和终了状态的吉布斯自由能已知，也很难获得描述动力学的定量方程式（比如，很少能通过一个常量或者定值或者变量描述的方程来预测能量场中的路径）。

这也表明，在渗氮/氮碳共渗领域，即使假设我们对热力学的理解已经全部清楚（现实不是这样），复杂的动力学现象仍然阻碍了对结合了动力学和热力学的渗氮/氮碳共渗工艺进行理论描述。

以上的言论并不代表忽视科学的背景知识，而且近年来也确实做了大量的研究，积累了渗氮和氮碳共渗领域的基础知识。下面将尝试对我们目前所理解的现状和研究结果进行阐述。

本节参考文献［15］和［16］是非常著名的，虽然有一定的局限性。

7.1.4　铁氮相图——多孔性的产生和解释

一些热处理从业者以及参考文献的作者，对铁基材料中氮化物和碳化物相（碳氮化物和氮碳化物）的稳态、亚稳态和不稳态的解释，都存在着误区。通过讨论铁氮相图可以证明这一点。在一个“正常”的铁氮相图中一般存在着相稳定区：温度和氮含量为坐标［图 7-2 中温度低于 300℃(573K)］。“正常”的铁碳相图，在标准大气压下，存在随着温度和成分变化的稳定区域。如果如图 7-2 所示的铁氮相图那样，所有的相如固溶体 α-Fe［N］（氮固溶铁素体）、γ-Fe［N］（氮固溶奥氏体）、氮化物 γ'-Fe_4N_{1-x} 和 ε-FeN_{1-z}，就是不稳定的。事实上，如果动力学允许（比如温度足够高而且时间足够长），这些相就会分解成正常温度和气压状态下的 Fe（固态）和 N_2（气态）。这就是众所周知的化合物层中为何产生多孔性的原因。多孔性在渗氮过程中已经产生，因为氮化物无法接触外部的气氛，而非常容易分解成 Fe 和 N_2（图 7-3；也可参见图 7-8 和图 7-9 以及本书 7.1.10 节的讨论）。甚至在时间足够长的渗氮处理过程中，生成的溶解了过饱和氮的铁素体也可以分解成少氮的铁和氮气，从而呈现出疏松状态，虽然经常被忽视，但已经通过精确的试验得到了验证。

在正常的温度和压力下，真正的平衡只可能在与稳定的氮势气氛接触的零件表面实现。因此，常

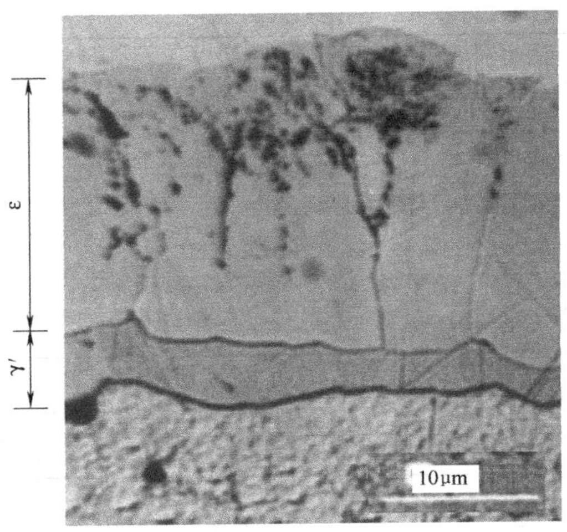

图 7-3 ε 次层的孔隙

注：α-Fe 基体在 570℃（843K）渗氮 7h，$r_N = 1.93$ $atm^{-1/2}$（1atm = 101.325kPa），固溶的氮结合形成氮气分子，分布在次层的晶界和晶内。孔隙在次层近表面的区域最明显，因为这里是次层中最早生成的部分，次层的这部分有最大的固溶氮含量，意味着靠近表面的地方比更深的区域拥有更大的氮气形成驱动力。气孔内的压力如此之大，以至于表面的局部变形引起渗氮材料局部凸起。晶界气孔可以在渗氮前期就发展，导致开放的晶界，与外部渗氮气氛接触（也可见图 7-9b 和第 7.1.10 节相关论述）。横截面的光学显微照片，用体积分数为 1%的硝酸酒精溶液腐蚀。倾斜照明，绿光。M. A. J. Somers 提供。

见的铁氮相图代表着一种、两种或三种（最多三种）铁氮相与氮势变化很大的媒介之间的平衡。这种媒介是 NH_3 和 H_2 的混合物，可以通过配比进行成分调整。很明显，在某一温度下，在铁氮相图的单相区，可以表征与在一个范围内变化的氮化学势的气氛之间的平衡；而在某一温度的两相区，只能表征和某一特定的氮化学势的气氛之间的平衡。这对下节中理解莱勒（Lehrer）图非常有帮助。

前段中的讨论同时暗示了，零件的整个渗氮区域（即使零件被彻底渗氮）和离表面较远处也无法达到热力学平衡。

此外还应意识到，在 NH_3 和 H_2 的混合物中进行的渗氮是缓慢的氨气分解动力学作用的结果：在常见的渗氮温度和压力下，氨气会全部分解成氮气和氢气。然而，氨气分解是一个缓慢的过程，因此，可以通过维持流经渗氮炉内的气体在足够高的流速而或多或少地避免这种分解（见本书 7.1.6 节和 7.1.9 节）。只有通过这种方法，才可以在要渗氮的零件的表面施加高的化学势。

前面两段表明，材料科学的大部分工作是处理远离平衡态的系统的问题。

可以对铁碳相图进行类似于铁氮相图一样的讨论。的确，渗碳体是一个在正常温度和压力下不稳定的相，倾向于分解成铁和碳（石墨），当温度提高并保持足够长的时间时，这种现象的确会发生（动力学上是可能的）。观察发现，铁氮和铁碳相图存在相似点。这表明石墨和分子态的氮气在铁碳或者铁氮系统中扮演了类似的角色。因而，一个德国研究者提出名词"Molnit"（英语为 molnite，分子氮）用于表征这种氮气分子，和用"Graphit"来表示石墨（graphite）是一个含义。

7.1.5 氮势和莱勒（Lehrer）图

固体金属 M 在 NH_3-H_2 混合气中渗氮，可以从形式上想象成一定压力下氮气 N_2 与金属 M 接触的结果。这种叙述的前提条件是吉布斯自由能（以及随之确定的化学势）是一个状态量。因此，达到某一（最终）状态的过程和那个（最终）状态的自由能大小无关。所以，在 NH_3-H_2 混合气中渗氮可以看成以下假设反应（后面的以及本书 7.1.7 节中的处理方法，主要是通过本节参考文献［20］中给出的处理方法所推导而来的）之和：

$$\frac{1}{2}N_2 \leftrightarrow [N] \tag{7-1a}$$

$$NH_3 \leftrightarrow \frac{1}{2}N_2 + \frac{3}{2}H_2 \tag{7-1b}$$

得到

$$NH_3 \leftrightarrow [N] + \frac{3}{2}H_2 \tag{7-2}$$

这里［N］表示溶解在固体基体 M 中的氮。式（7-2）平衡的建立表示在（仅在）基体 M 的表面处发生局部平衡。

等式（7-1a）导出：

$$\frac{1}{2}\mu_{N_2,g} = \mu_{N,s} \tag{7-3}$$

式中，$\mu_{N_2,g}$ 和 $\mu_{N,s}$ 分别表示气氛中和固体基体中氮的化学势。假设理想气体情况下，或者至少逸度系数不变㊀，从式（7-3）可以导出：

$$\frac{1}{2}\mu^0_{N_2,g} + \frac{1}{2}RT\ln\left[\frac{p_{N_2}}{p^0}\right] = \mu^0_{N,s} + RT\ln[a_{N,s}] \tag{7-4}$$

㊀ 对于后一种情况，逸度系数被认为和参考的化学势无关［参考式（7-4）］。

式中，μ_i^0是某个组分 i（$i=N_{2,g}$或者 N_S）在参考状态下（参考状态下在选定的压力下，只取决于温度）的化学势；R 是气体常数；T 是热力学温度；p_{N_2}是式（7-1a）和式（7-1b）中氮气的分压；p^0是参考状态下 N_2的压力㊀；$a_{N,s}$是基体中氮的活度。现在，选定化学势 $\mu_{N,s}^0$满足：

$$\frac{1}{2}\mu_{N_2,g}^0=\mu_{N,s}^0$$

就得到

$$a_{N,s}=\sqrt{\frac{p_{N_2}}{p^0}} \tag{7-5a}$$

式（7-1b）和式（7-2）的平衡常数 K 为

$$K_{(7\text{-}1b)}=\frac{p_{N_2}^{\frac{1}{2}}p_{H_2}^{\frac{3}{2}}}{p_{NH_3}p^0}$$

$$K_{(7\text{-}2)}=\frac{a_{N,s}p_{H_2}^{\frac{3}{2}}}{p_{NH_3}\sqrt{p^0}}$$

得出

$$a_{N,s}=K_{(1b)}\sqrt{p^0}\,r_N=K_{(2)}\sqrt{p^0}\,r_N \tag{7-5b}$$

其中的 r_N即是所定义的氮势，有

$$r_N=\frac{p_{NH_3}}{p_{H_2}^{\frac{3}{2}}} \tag{7-6}$$

这里 p_{NH_3}和 p_{H_2}表示 NH_3和 H_2的分压。

将标准状态下气氛中组分的气压选为一个压力单位（一般是 1atm），因此所有等式中的气体组分的分压都必须和标准状态的压力单位相同。据此，氮气活度的绝对数值 $a_{N,s}$可以表征为式（7-1a）和式（7-1b）中氮气压力的平方根。

铁氮系统中的相稳定区域，可以显而易见地在气氛中氮化学势-温度的图中呈现出来，前提是工件的表面已经达到了局部平衡。这个“势图”不要与铁氮合金正常的氮含量-温度相图混淆。

由以上讨论可以看出，氮的化学势 $\mu_{N,s}$和氮的活度 $a_{N,s}$［式 7-3）、式（7-4）］以及氮势 r_N［式（7-5b）］是一一对应的。因此，参考之前的化学势-温度曲线，可以描绘出氮活度-温度的曲线（活度曲线）和氮势-温度的曲线。首次由莱勒（Lehrer）进行氮势-温度图的描绘，被称为“莱勒（Lehrer）图”。活度曲线和莱勒（Lehrer）曲线分别由图 7-4a 和图 7-4b 表示。

应该认识到，像常规铁-氮相图中的两相区在化学势图、活度图或莱勒（Lehrer）图中不会出现，这是因为在任一温度，氮的化学势（氮活度、氮势）对彼此平衡的铁氮两相和周围氮化气氛来说是相同的。也就是说，在莱勒（Lehrer）图中两相稳定“区”其实是一条线。类似地，共析——三种固相（α-FeN、γ-FeN 和 γ′-Fe_4N_{1-x}）及周围渗氮气氛相互平衡的区域——在莱勒（Lehrer）图上表现为一个点。

令人钦佩的是，莱勒（Lehrer）在 1930 年做的试验质量是那么的高，直到现在，莱勒（Lehrer）图中的试验数据只需进行必要的细微的改动。然而，如本书 7.1.9 节所说，基于试验的莱勒（Lehrer）图中 580℃（853K）以上的 α/γ 和 α/γ′相界线实际上可能代表了稳态，而非平衡态（局部）。在温度持续下降而氮势持续增加时，发生局部平衡态（在较低温度）向稳态（在较高温度）的转变，因此，在试样表面有铁氮化合物存在的情况下，局部平衡态向稳态转变可以在一个明显低于含氮铁素体的温度下发生（见本书 7.1.9 节）。

最新的 α/γ 和 α/γ′的相界，连同原始的莱勒（Lehrer）相界线一起，如图 7-4c 所示。试验测定的 α/γ/γ′三相点坐标（此处发生共析反应：γ→γ′+α）。此时，$T=593$℃（866K）、$r_N=0.139\text{atm}^{-1/2}$。但是，这些数据本质上指的是在表面上实际发生的稳态，莱勒（Lehrer）图中 α/γ/γ′三相点坐标（假设在大约 580℃或 853K 以上），适用于（局部）平衡（在试样或零件的表面），此时，$T=593$℃（866K）、$r_N=0.135\text{atm}^{-1/2}$。此点氮在 α-Fe 中的固溶度是 0.441%（摩尔分数，见图 7-2），这是 N 在铁素体中的最大平衡溶解度。这最后的结果是从铁素体吸收函数中的 r_N（将铁素体的平衡溶解度描述成 r_N和 T 的函数）置换推断而来。

7.1.6 可控渗氮

为了控制渗氮处理的结果，渗氮气氛中氮的化学势必须控制。也就是说，应该将其设置并维持在一个选定的值，或者使其按规定的方式变化。在本书 7.1.5 节处理的论述中，这必须控制 NH_3-H_2混合气的氮势。这可以通过在固定组分的 NH_3-H_2混合气流（与想要的氮势一致）中渗氮来实现。

固定的气氛并不适合，因为 NH_3容易分解（被铁基零件的表面或炉壁催化激活）以实现气氛中相应的热解平衡，这应该避免（如果想要可控渗氮的话）。这意味着要有一个最低气流速度（线性的）。

要核实这一点，一个简单的办法是测定炉子入口和出口处的气体组分，这两个地方的成分应该是

㊀ 参照状态的压力对所有气体成分是相等的，因此，用 p^0 取代 p_{N_2}。通常，p^0 取 1atm。

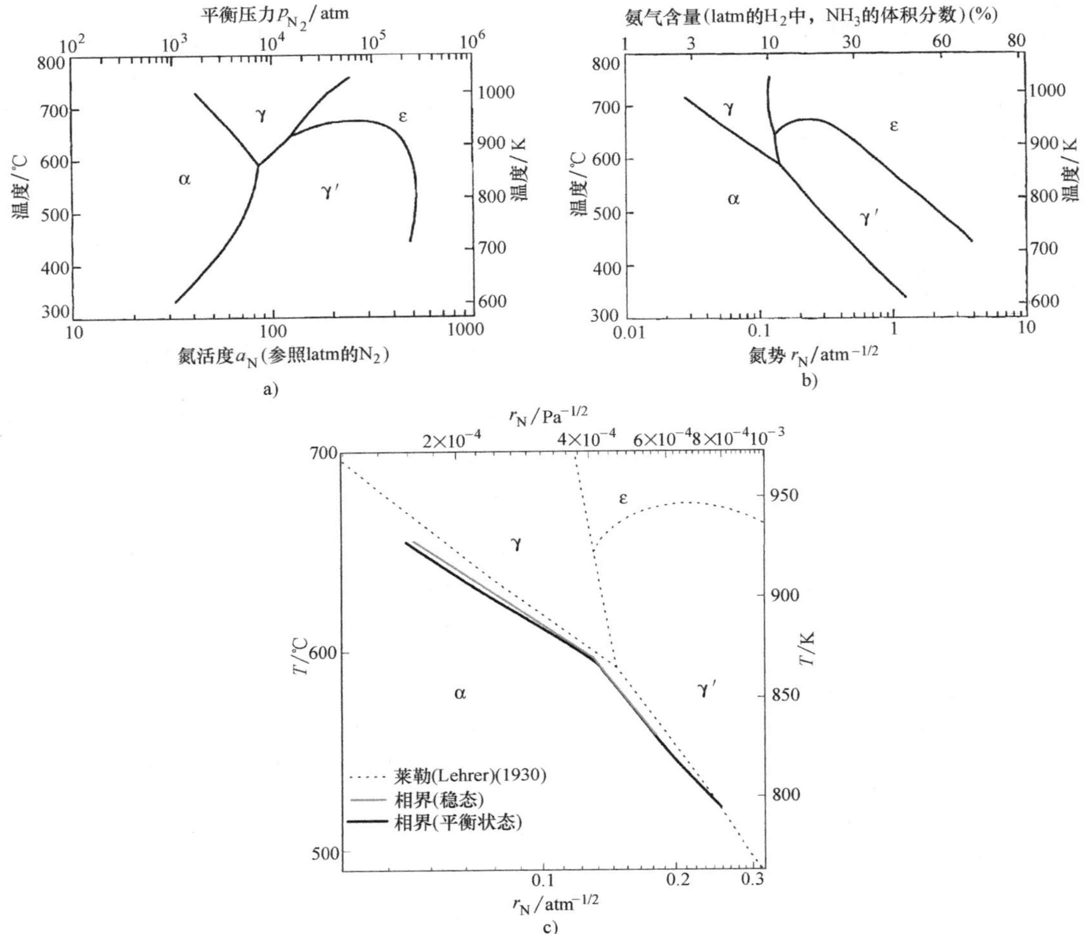

图7-4 a）温度与氮活度的关系［式（7-5b）］。式（7-1a）和式（7-1b）中假设为氮气平衡压力，如式（7-5a）计算采用的参考压力 p^0，选择为1atm，已经用横坐标标明了，在图顶部。这时（非常高）的平衡压力，实际上一定会变化［见式（7-3）的论述］ b）温度-氮势莱勒（Lehrer）图［参看等式（7-6）］。NH_3-H_2混合气中氨含量在1atm总压力下，与给定氮势相应的，已标在图顶部的横坐标上 c）莱勒（Lehrer）图的一部分，显示原始 α/γ′和 α/γ 相界，如莱勒（Lehrer）所给定，相应的更新的数据，接近于实验上的稳态，达到假设的局部平衡，如7.1.9节

相同的。可以设想将出口处出来的气体重复利用成为入口的进气。要应用上述方法，还必须满足附加的动态条件：

1）平衡［等式（7-2）］瞬间建立（在任何情况下，与渗氮时间相比足够快）。条件不止如此，在渗氮开始的时候，固体表面需要一些时间来达到与气氛实现局部平衡相一致的氮的活度/浓度［也就是说，与等式（7-5b）中确定的氮势相一致］。可以参看第7.1.9节的讨论。

2）炉子中可能存在的其他气体组分应相当于惰性气体。例如，对于可能加入的氮气可当作惰性气体，可以认为等式（7-1a）的平衡没有建立。

3）渗氮层（不是最表面）中产生的Fe-N相未达到热力学平衡，因此，Fe-N相（表面下）原则上可以分解形成氮气，从而形成气孔。理想情况下，这个过程的动力在渗氮温度下是无限缓慢的。可惜事实并非如此，因此，渗氮期间可以形成数量可观的气孔。尤其是接近表面那些渗氮层最早形成的部位，是渗氮层中氮浓度/活性最大的地方，因此也是分解的热力学驱动力最大的地方。尤其是在近表面，ε-Fe_2N_{1-z}相众所周知地表现出多孔性。因此，氮通过渗氮层的运输（气孔的形成引起溶解氮的减少）是不可忽略的，并且表面也不能建立局部平衡。然而，情况本来可能更糟：如果自然界在固态Fe-N相

中为这些分解过程提供了更大的分解驱动力，那么铁基零件将不可能有渗氮工艺了。

总之，形成严重孔隙的现象不仅仅局限于 ε-Fe_2N_{1-z} 相。含氮奥氏体（γ-Fe）可以容纳的氮比含氮铁素体（α-Fe）多得多，前者氮的质量分数高达约 10.3%，而后者约 0.4 %（表 7-1），与含氮铁素体的情况相比，其分解驱动力也大。另外，因为渗氮时奥氏体化所需的温度更高（与图 7-2 相比），其分解动力可能相当大。因此，纯铁薄片在奥氏体相区内连续渗氮时即使经过全部转变成含氮奥氏体所需要的时间后，也只能在表面得到一个薄层的奥氏体（图 7-2）。此处讨论的试验，是将一个厚度为 1mm 的纯铁薄片放在温度为 810℃ 的 5%NH_3-95%H_2 混合气流中渗氮 93h（整块薄片在大约 24h 后全部转变成含氮奥氏体）。在表面含氮奥氏体层（被从渗氮气氛中吸收的氮稳定化）之下，最开始形成的含氮奥氏体已经分解成 α-Fe 和 N_2 了，导致严重气孔的产生。这些气孔在含氮奥氏体薄层的晶界优先产生，这里的晶界近似垂直于表面。随着之后气孔的聚合，在这些晶界上形成了与外面气氛接触的通道。之后的持续渗氮意味着只是通过这个系统“泵送”氮，而试样并没有实现氮含量的增加。氮通过试样表面（有一薄层的含氮奥氏体）进入试样，并且在通道处试样内部的铁素体区域离开试样，反应式为 $2[N]_{\alpha\text{-Fe}} \rightarrow N_2\uparrow$。

7.1.7 碳势和可控渗碳

钢的渗碳已经实现，比如在 CO-CO_2 气氛中渗碳。只要没有其他能与 CO 和 CO_2 反应的气体组分存在，按照 CO 和 CO_2 气体组分来定义碳势是合理的。但是，在氮碳共渗气氛中想要的渗氮气氛会含有 H_2（见本书 7.1.5 节），H_2 会带来与 CO 和 CO_2 相关的附加反应，妨碍了氮碳共渗情况下对碳势的唯一定义（见 7.1.8 节）。为讨论氮碳共渗做准备，首先要对 CO-CO_2 混合气中渗碳的情况做出与本书 7.1.5 节渗氮相似的处理。

在 CO-CO_2 混合气中渗碳可以设想成以下反应的总和：

$$C_{Gr} \leftrightarrow [C] \tag{7-7a}$$

$$2CO \leftrightarrow C_{Gr} + CO_2 \tag{7-7b}$$

得出

$$2CO \leftrightarrow [C] + CO_2 \tag{7-8a}$$

渗碳的其他反应（后面会讨论的）还包括：

$$CO + H_2 \leftrightarrow [C] + H_2O \tag{7-8b}$$

和

$$CH_4 \leftrightarrow [C] + 2H_2 \tag{7-8c}$$

在式（7-7a）和式（7-7b）中，C_{Gr} 表示假设的石墨，与式（7-1a）和式（7-1b）中 N_2 的作用相同。[C] 代表溶入固态基体 M 中的碳。式（7-8a）即所谓的“波多反应”，其平衡的建立，意味着（仅）在基体 M 的表面达成了局部平衡（与本书 7.1.5 节和 7.1.9 节相对照）。

式（7-7a）意味着：

$$\mu_{C_{Gr},s} = \mu_{C,s} \tag{7-9}$$

$\mu_{C_{Gr},s}$ 和 $\mu_{C,s}$ 分别代表假想的石墨和固体基体的 C 的化学势。由式（7-9）得

$$\mu^0_{C_{Gr},s} + RT\ln(a_{C_{Gr},s}) = \mu^0_{C,s} + RT\ln(a_{C,s}) \tag{7-10}$$

式中，μ_i^0 是组分 i（$i = C_{Gr,s}$ 或 C_s）在参考状态的化学势（在参考状态选定的压力下，化学势取决于温度）；R 是气体常数；T 是基体温度；$a_{C_{Gr},s}$ 是式（7-7a）和式（7-7b）中假想石墨的活度；$a_{C,s}$ 是基体中碳的活度。现在选择 $\mu^0_{C,s}$，使 $\mu^0_{C_{Gr},s} = \mu^0_{C,s}$。

然后可以得

$$a_{C_{Gr},s} = a_{C,s} \tag{7-11a}$$

用式（7-7b）和式（7-8a）的平衡常数 K 表示

$$K_{(7\text{-}7b)} = \frac{(a_{C_{Gr},s} p_{CO_2}) p^0}{p^2_{CO}}$$

$$K_{(7\text{-}8a)} = \frac{(a_{C,s} p_{CO_2}) p^0}{p^2_{CO}}$$

于是

$$a_{C,s} = \frac{K_{(7\text{-}7b)} \cdot r_C}{p^0} \tag{7-11b}$$

这里所谓的碳势 $r_{C,a}$ 被定义为

$$r_{C,a} \equiv \frac{p^2_{CO}}{p_{CO_2}} \tag{7-12a}$$

p_{CO} 和 p_{CO_2} 是真实存在的气体组分 CO 和 CO_2 的分压力。

溶入 M 中的碳参考状态被选定为 1atm 下的石墨。据此，式（7-7a）和式（7-7b）中假想石墨的碳活度 $a_{C_{Gr},s}$ 的数值，会与 1 有相当大的偏离。

上面给出的处理说明，在碳的化学势、碳活度［式（7-9），式（7-10）］和碳势［式（7-11b）］之间有一一对应关系。所以，如果局部平衡占优势的话（见本书 7.1.9 节），碳势可以用作固体表面碳的化学势的直接量度。因此，如果只考虑纯粹的渗碳，那么碳势与式（7-12a）为 CO-CO_2 混合气体渗碳气氛中定义的一样，可以用作渗碳控制参数，与渗氮情况下的氮势类似。

对于上述基础上的渗碳，必须满足动力学约束条件，这些条件或多或少地可以参照前一节阐述的渗氮的要求。

1）稳态的气氛是不合适的。下面根据 1atm 下

平衡［式（7-7b）］的热力学条件，石墨（炭黑）原则上很大限度地可以在压力为1atm且温度低于700℃（973 K）的条件下形成。对于$CO-CO_2$混合气，这样的炭黑可以采用足够高的气体流速来从动力学上避免其形成［形成是因为式（7-7b）的平衡的动力相对慢］。

2）式（7-8a）的平衡应瞬间达到（参看本书7.1.9节）。事实上并非如此，这种效应如今在可控渗碳的程序中会考虑进去。

3）在固体的渗碳层（不是最表面）中形成的Fe-C相并没有达到热力学平衡。因此，这些Fe-C相（表面下）原则上可以分解，生成石墨。如此形成石墨会导致金属灰化。例如，渗碳过程中形成的渗碳体会分解成铁和石墨。

有趣的是，有人指出，如果在渗碳混合气中加入NH_3，也就是碳氮共渗，这些炭黑和金属灰化现象貌似被抑制了。另外，如本节参考文献［26］和［27］中所述，选择适当的$CO-H_2-N_2-NH_3$混合气体组分，可以使铁素体（α-Fe）上的渗碳层大量增长。

7.1.8 可控氮碳共渗

渗碳也可以通过将试样/零件放在$CO-H_2-H_2O$的气氛中按式（7-8b）反应实现，式（7-8b）中的反应被称为非均匀水煤气反应。通过与纯$CO-CO_2$混合气中波多反应［式（7-8a）］类似的处理，如果在表面局部平衡占优势（见本书7.1.9节），碳势可以被定义成可以直接测量的固体表面碳的化学势。这种用于纯粹的$CO-H_2-H_2O$混合气的碳势，由下式给出（与前一节所述的处理类似）：

$$r_{C,b} \equiv \frac{p_{CO}p_{H_2}}{p_{H_2O}} \tag{7-12b}$$

渗碳也可以通过将试样/零件放在CH_4-H_2的气氛中按式（7-8c）实现。再一次，像纯$CO-CO_2$混合气中的波多反应［式（7-8a）］和非均匀水煤气反应［式（7-8b）］一样，如果在表面局部平衡占优势，碳势可以被定义成可以直接测量的固体表面碳的化学势。这种用于纯CH_4-H_2混合气的碳势为

$$r_{C,c} \equiv \frac{p_{CH_4}}{p_{H_2}^2} \tag{7-12c}$$

显然，在气氛中实现相同碳的化学势的碳势，对于不同渗碳气氛而言可以有完全不同的值和单位［式（7-12a）~式（7-12c）］，但是这不重要。前面讨论的意义在于，证明了在渗碳气氛［包含组分CO、CO_2、H_2、H_2O和CH_4，见式（7-8a）~式（7-8c）存在的情况下，通常不可能用$r_{C,a}$、$r_{C,b}$或$r_{C,c}$来表征气氛中碳的化学势［式（7-12a）~式（7-12c）］。这种认识对于气体氮碳共渗来说有下面让人讨厌的推论。

一种气氛，（最初）包含要建立渗氮反应的NH_3与H_2气体组分，和要建立渗碳反应的CO与CO_2气体组分，在这些气体组分之间发生副反应：

$$CO+H_2 \leftrightarrow C+H_2O \tag{7-13}$$

以式即所谓的均匀水煤气反应，副反应还有：

$$CO+3H_2 \leftrightarrow CH_4+H_2O \tag{7-14}$$

因此，必须考虑到在一种氮碳共渗气氛中CO、CO_2、H_2、H_2O和CH_4会同时存在。人们可能希望在各种渗碳平衡［式（7-8a）~式（7-8c）］中，只有一种能快速建立。实践证明，在纯铁渗碳（铁素体或奥氏体状态）的情况下，平衡［式（7-8b）］——非均匀水煤气反应——要比其他平衡［式（7-8a）、式（7-8c）］建立快得多。但是，氮化物、碳化物、氮碳化物或碳氮化物在试样表面存在时（在处理期间得到的），这个论述是否成立是未知的。而且，副反应［式（7-13），式（7-14）］同时发生，会使每种计算/预测和氮碳共渗反应的控制复杂化，基于进口气体组分的氮势和碳势的应用变得毫无意义。

下面有一种方法有可能避免碳根据式（7-8a）~式（7-8c）平衡定义的碳化学势的分歧，同时考虑了副反应［式（7-13）和式（7-14）］。可以证明，如果选择了气体组分而且可控，从而建立了平衡［式（7-13）、式（7-14）］，那么，其结果是气相中碳的化学势根据三种平衡［式（7-8a）~式（7-8c）］中的任何一种都是相等的。因此，关于这三种平衡的任何一个是否是首先建立的、和气体组分由于反应［式（7-13）、式（7-14）］而发生改变的后果，都是没有必要考虑的。因此，氮碳共渗时分别在气氛中选择碳和氮的化学势是可能的。这在本节参考文献［29］中已经被证明了，可以看作本节参考文献［30-32］发展出来的结果。既然如此，氮势仍然可以按式（7-6）定义及相应地赋值，在考虑的气氛中，式（7-2）的平衡是唯一的渗氮路径。使用碳势这个概念是没有意义的。

仅当可能的渗碳反应其中之一是渗碳的实际途径时，我们才可以用相应的公式去定义碳势［式（7-12a）~式（7-12c）］。这种情况在现实中是不确定的［见式（7-14）后面的讨论］。

如这里讨论的和建立式（7-13）和式（7-14）的平衡有一个恒定的成分，这部分讨论的逻辑结论是将氮碳共渗气氛简单表述成具有特定的N和C的化学势的气氛。目前，对于可控氮碳共渗而言，这种方法似乎是唯一可行的办法。直到2013年，也仅

在实验室实现。

应该意识到，为气氛设置的 N 和 C 的化学势，仅当试样表面建立起了局部平衡时才等于其表面 N 和 C 的化学势。这可能需要花相当长的时间，尤其是在氮碳共渗处理中，并且会在含有大量铁的碳氮化物层中形成复杂的显微组织（见本书 7.1.10 节）[⊖]。

当然，在氮碳共渗气氛中要考虑的副反应比之前提到的还要多。因此，对于可能得到的气体组分，尤其是 O_2、C_2H_2（乙炔）、C_2H_4（乙烯）、C_2H_6（乙烷）以及 HCN 等。可以证明，它们的分压太低，以至于它们的形成以及因此带来对气体组分和 C 和 N 的化学势选定值的影响都可以忽略不计。

7.1.9　局部平衡和稳态

1. 气-固界面

渗氮时要求在试样/零件表面有固定的氮的化学势，在氮碳共渗的情况下还要求有固定的碳的化学势，这意味着炉内组分与期望的进气口组分相比不该有所改变。因此，在渗氮的时候，氨在炉内的任何热分解都必须避免（或者在试样/零件表面的热分解程度应精确获知并且可控）。如果气氛在压力为 1atm 和温度高于约 350℃（623K）情况下平衡，氨几乎完全分解。所以，对于可控渗氮来说，稳态的气氛是不适合的。因为这种分解的过程相当慢，只在铁存在的时候（试样，也可能是炉壁）被催化激活，在铁基试样/零件渗氮的时候，炉子里采用足够大的（线形）气流速度可以使这种热分解忽略不计。不管怎样，如果氮势要求非常大（也就是说，对于 NH_3-H_2混合气体意味着 NH_3占比接近 100%），即使氨微量的热分解也会导致真实氮势明显偏离按炉子进口气体组分计算出的氮势。对于铁基材料的渗氮来说，这种情况并不希望出现，但可能会发生。举个例子，对镍渗氮时要得到一个含 Ni_3N 的化合物层需要相当大的氮势［也就是说，在进气口用纯氨的气体进行渗氮，相当于进气口处 $r_N=\infty$，见式（7-6）］。

现在，更仔细地看一下等式（7-2）平衡的建立。在试样表面，氨分子被吸附并随着氢原子逐步脱离而分解。得到吸附在表面的游离的氮原子 N_{ads}：

$$NH_3 \leftrightarrow N_{ads}+\frac{3}{2}H_2 \tag{7-15}$$

之后，吸附的氮原子有两条路可走。它们可以溶入固体基体，这也是期望的效果：

$$N_{ads} \leftrightarrow [N] \tag{7-16}$$

或者氮原子在表面再结合并解吸，也就是渗氮的反作用（图 7-5）：

$$N_{ads}+[N] \leftrightarrow N_2\uparrow \tag{7-17}$$

气-固界面的局部平衡（图 7-5）在以下条件下会建立：

1）仅按式（7-16）进行氮的溶解。

2）溶解的氮向更深处的扩散可以忽略。

3）式（7-16）的平衡建立了，可以看作是必然的，因为与式（7-15）和式（7-17）的反应速率相比，按式（7-16）计算的氮吸收的速率是非常快的。

4）式（7-15）的平衡建立［也就是说，式（7-15）向前向后的反应是相等的］。

在这些条件下，气氛中氮的化学势［与氮势一一对应，式（7-4）、式（7-5b）、式（7-6）］，如果与根据气氛中 NH_3和 H_2的含量确定的一样，则与固体表面基体的氮的化学势相等。

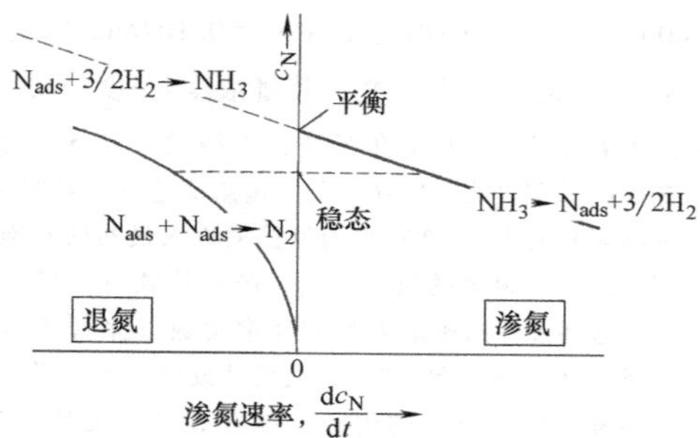

图 7-5　固体（表面）溶解氮的浓度 c_N 和氮吸收速率 dc_N/dt 的关系

注：如果按式（7-16）得到的氮吸收速率是很快的，则按式（7-17）进行的解吸可以忽略，然后固体表面建立了平衡，如果按式（7-15）正向和逆向的反应是等量的，则式（7-15）给出的动态平衡在固体表面建立了。然而，如果氮解吸速率按式（7-17）不能忽略，就不能实现这种局部平衡。取而代之，稳态发生，也就是氨气净分解带来的净渗氮速度等于氮从表面解吸所带来的退氮速率。

应该认识到，原则上只要发生氮从试样表面向内部的转移，虽然可以非常接近平衡，但在表面上就不可能达到真实的平衡，从这个意义上说，术语“局部平衡”多少会让人产生误解。在一个无氮试样进行渗氮的开始阶段，与氮按式（7-15）和式（7-16）的吸收速率相比，溶解氮从表面向内部的扩散是很明显的，这归因于固体表面出现了溶解氮含量的巨大梯度（参看菲克第一定律）。然后，随着基体逐渐饱和，表面溶解氮含量逐渐增加，直到表面溶解氮含量等于平衡值（图 7-6）。

⊖ 铁素体纯铁基体中溶解度很低（碳摩尔分数<0.1%，见表 7-1），以至于氮碳共渗中的碳吸收实际上仅限于化合物层。

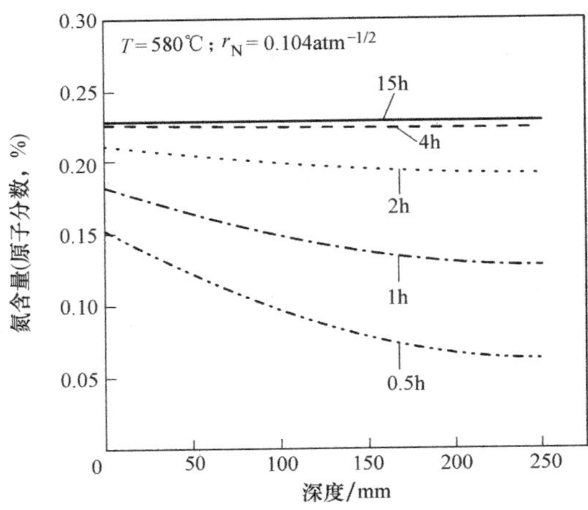

图 7-6 厚度为 500μm 的 α-Fe 薄片在 500℃（853K）的温度下在 $r_N=0.104atm^{-1/2}$ 的 NH_3-H_2 混合气中渗氮，其氮浓度-深度分布

注：这里需要考虑三种竞争反应：①按式（7-15）的渗氮反应［假设式（7-16）的平衡瞬间建立，见图 7-5 的标题和说明］；②吸收的氮扩散进入最初的不饱和固体；③吸附氮的重新结合，随后按式（7-17）解吸。这些计算的速率方程和速率常数（来源于本节参考文献［35］和［36］，或据其数据得到）详见本节参考文献［23］的附录，与本节参考文献［28, 34-36］的正常处理不同。鉴于此处研究渗层的温度和氮势，表面溶解氮的浓度值按局部平衡 $c_{N,eq}$ 和这个浓度更低的固定值，$c_{N,st}$ 如果是在固体实现均质化之后观察到的，其区别是临界的（图 7-7）。

但是，如果与按式（7-15）发生的氮的吸附速率相比，吸附的氮按式（7-17）以不可忽略的速率发生再结合和解吸[⊖]［假设式（7-16）的平衡始终成立］，那么，试样表面溶解氮的化学势要小于按气氛中 NH_3 和 H_2 含量确定的值［参看式（7-2）］，这就要考虑两种不同的情况：

1）如果溶解的氮没有明显地向内部扩散，那么由于氮吸附的速率［式（7-15）、式（7-16）的平衡始终成立］和氮解吸的速率［按式（7-17）］相等，在表面将会建立一种与时间无关的状态（在恒温、恒压下）。如此一来，虽然没有按仅有的式(7-2)在固体表面建立平衡，但是在气-固相界实现了所谓的稳态，特点是固体表面基体溶解氮的含量比气-固界面按照仅有的等式（7-2）建立的平衡时要少。图 7-5 阐明了这种状态。

2）如果像无氮试样渗氮的开始阶段一样，溶解的氮明显地向试样内部扩散，会出现之前关于吸附氮不存在明显的再结合与解吸时所述的类似情形。溶解氮的浓度会逐渐增加。但是，与之前描述的情形相比，固体表面溶解氮的最终浓度并不等于平衡值，而是小于平衡值。将本节参考文献［34-36］中的动力学数据用于此处所考虑的反应，对于一个厚 500μm 的薄铁片，在 580℃（853K）、$r_N=0.104atm^{-1/2}$ 条件下渗氮，表面溶解氮浓度的这种评价，如图 7-6 所示［第一次这样计算出现在本节参考文献［37］，忽略式（7-17）中的吸附氮原子的再结合和解吸的作用；这种作用在之后的工作中被考虑进来，对于所研究的情况，仅引起边际差异，与图 7-7 所示的结果一致］。详细的计算步骤和可用的动力学数据概要可参见本节参考文献［23］的附录（这是第一次在英文参考文献中介绍这些速率常数，这些数据原来是由本节参考文献［28, 34, 35］提供的，用的是德语；本节参考文献［28］提供的速率常数在那里也做了大幅改正）。

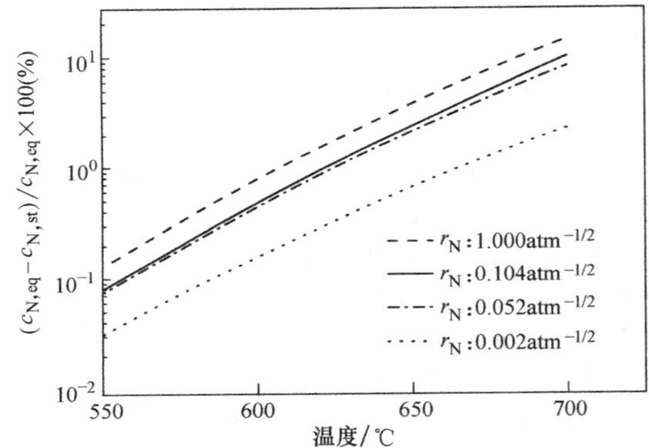

图 7-7 表面溶解氮在局部平衡时的浓度 $c_{N,eq}$ 和该浓度下的稳态值 $c_{N,st}$（如图 7-5 说明的）之间差，与不同氮势的温度之间的关系

注：很明显，这些结果适用于均质化固体（这里，指含氮铁素体），所有深度下的氮浓度都等于固体表面的氮浓度。这些计算的结果与按式（7-15）渗氮［假设式（7-16）的平衡瞬间达到，见正文和图 7-5 的说明］和按式（7-17）进行的吸附氮的再结合及随后的解吸有关（参看图 7-6 的说明）。如本节参考文献［23］附录所示，可以给出 $c_{N,eq}$ 和 $c_{N,st}$ 相关的解析方程。

对于纯铁（铁素体）基体来说，N 原子再结合与解吸的倾向在高于约 580℃（853K）时变得显著。渗氮零件表面平衡浓度 $c_{N,eq}$ 和较低的稳态浓度 $c_{N,st}$

⊖ 按式（7-17）的渗氮反应可以被忽略，原因是其速率相当低（见本节参考文献［35］）以及通常气氛中氮气分压 p_{N_2} 较低（通常<1atm）。

的差值随着温度和氮势的增加而增加（图 7-7）。那么，固体表面得到的溶解氮浓度的结果，也就是 $c_{N,st}$，与气氛中的化学势不一致。后者根据气氛中 NH_3和 H_2的含量计算，以氮势表示［式（7-4）~式（7-6）］。显然，鉴于图 7-7 所示的结果，在通常的渗氮温度（500~580℃或 773~853K）下，假如吸收氮向内部的扩散速率与 N 吸附速率相比可以忽略，也就是说，仅在渗氮后期（图 7-6），至少可以设想纯铁表面的局部平衡已建立了。在更高温度和/或相当高的氮势下，式（7-17）的再结合与解吸的作用不能再忽略。例如，在 580℃（853K，实际应用的渗氮温度）渗氮，为了使 $c_{N,eq}$和 $c_{N,st}$的差值小于 1%，氮势不应大于 6.1$atm^{-1/2}$（对于常规的 75%NH_3-25%H_2混合气）。对于后者的情况，在试样/零件的表面，含氮铁素体很可能不是平衡相，但是假设对于试样/零件表面的铁氮化物来说，式（7-15）~式（7-17）的速率常数与纯铁之间差异并不大（对于氮化铁来说没有这样的数据），上文意味着，这种条件下的渗氮，尤其是在试样/零件表面形成了 ε-铁氮化物的时候，可能与之前明显低于 580℃（853K，见本节参考文献［24］图 3 给出的试验结果）在表面出现的稳态有关。

根据前面提到的考虑结果，莱勒（Lehrer）势图（图 7-4b）中的相界高于约 580℃（853K）（高于较低的温度在符合氮化铁形成的高氮势）是错误的，因为试验测得的氮势对应于稳态的相界（在一定温度下），而不是（局部）平衡态。真实氮势，表征与固体平衡（在相界）的假设气氛的化学势，并由假设气氛中 NH_3和 H_2含量来给出，将小于试验测得的结果（见图 7-4c 中 α/γ 相界的结果和本书 7.1.5 节末尾的讨论）。如前面的段落所讨论的，对 γ′/ε 相界影响可能是相当大的。

2. 固-固界面

铁基体经渗氮后，在渗氮表面毗邻区域可能形成多种 Fe-N 相。尤其是纯铁的情况下，这些相可能以层状结构出现。按照 Fe-N 相图（图 7-2）、活度和氮势图（莱勒图）（图 7-4）（见本书 7.1.10 节），随着表面下深度的增加，固体中氮的局部化学势降低，Fe-N 相按化学势的顺序层状排列。在两个这样的 Fe-N 相（层）之间的界面处，如果界面上两个相的成分符合亚稳平衡态（注意：要在表面下的固体中实现真正的热力学平衡，需要这些相分解成 Fe 和 N_2，如本书第 7.1.4 节所述），那么它们之间的界面可能出现所谓的局部平衡（参考前面的论述）。固-固界面任何一边氮的积聚或消耗都意味着如果界面可移动性无限大，那么只能维持局部平衡。所以，为了恢复界面的局部平衡状态，氮的配送是瞬间完成的。在这种情况下，如果界面上氮的积聚/消耗是由于氮在（层状）系统中扩散转移，那么相界发生的相变是一种扩散控制型相变。显然，在渗氮层增长期间，意味着氮穿过界面向内部的净转移，并且要意识到真正的界面迁移速度是有限的，在界面并不能建立真正的平衡，但是可以非常接近平衡。

在氮碳共渗的情况下，固-固界面发生局部平衡，意味着界面两边的氮浓度和碳浓度一定与（三元）亚稳态相图一致。要用两种扩散元素来表示一种可能的复杂情况，可以想象，对于其中一种元素，固-固界面的局部平衡可能实现，然而对另一种元素也许不可能实现。迄今为止，实践证明，在铁基试样/零件的渗氮/氮碳共渗区域的固-固界面上，非常接近局部平衡㊀。

7.1.10　化合物层显微组织的发展

1. 渗氮时化合物层显微组织的发展

α-Fe 渗氮的化合物层发展的示意图如图 7-8 所示；少孔隙（低温，短时间）和多孔隙（高温，长时间）两种情况的两相化合物层的金相照片如图 7-9 所示。在渗氮过程开始的时候，氮溶解到铁素体基体中。当（表面）铁素体中的氮溶解度达到 α/γ′平衡匹配的量并变得更大时，从热力学上讲必然形成 γ′铁氮化物。这不需要在渗氮开始的时候发生，就出现了氮化物形成的一个表观上的孕育期。作为以下竞争的结果，在一定时间之后，表面固体的氮浓度已经增加到允许 γ′铁氮化物进一步发展：

1）气体分解产生的氮供应到表面。

2）溶解氮通过扩散进入试样/零件的内部而离开表面。

3）表面吸附氮通过再结合和解吸的方式从表面离开。

在表面形核的 γ′氮化物颗粒起初并不形成封闭的层（图 7-8a）。它们的生长主要是由于周围铁素体中提供的氮，而不是通过颗粒的氮扩散，因为氮经由铁素体扩散要比经由氮化物扩散快得多。但是，在一段时间之后，表面的氮化物颗粒的横向生长造成了一个封闭的层。根据使用的氮势，在封闭层形成之前，ε 铁氮化物可能已经在 γ′颗粒顶部形核了。在氮化物表面封闭之后，ε/γ′化合物层进一步的生长需要氮从层的顶部扩散到底部。

㊀ 扩散层中固-固界面产生局部平衡的这种假设经常被认为是理所当然的，而且界面处两相的成分也被拿来定义对应相图的相界。但是，这不可能是普遍正确的，因此，以这种方式测定的相界并拿来作为相图刊出是有缺陷的。

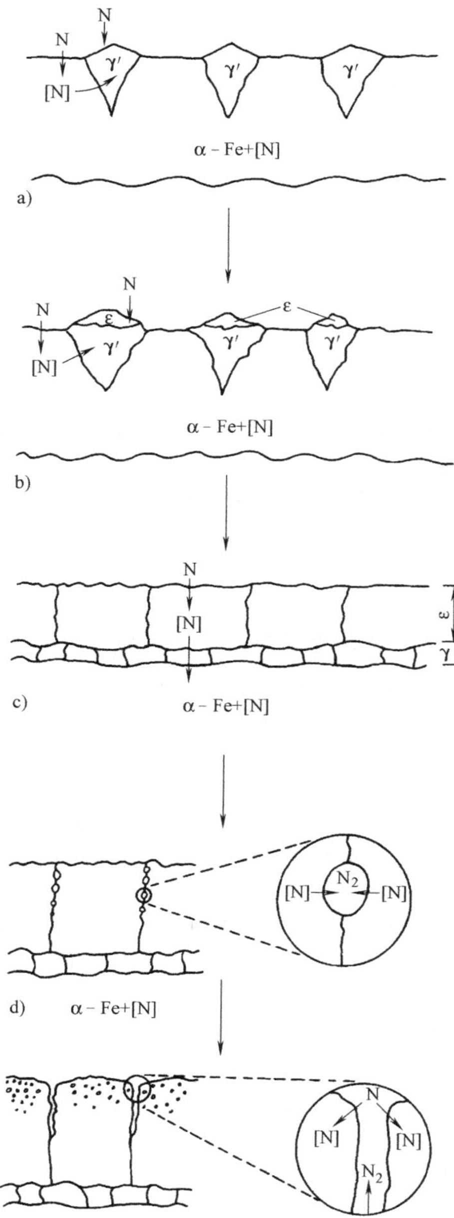

图 7-8 α-Fe 渗氮时化合物层形成和发展的显微组织示意图

a) γ′氮化物在表面的形核及长大，N 通过形成的 γ′核心供应，但是个别的 N 也由包围核心的铁素体供应，因为 N 在铁素体里的扩散比在氮化物里更快，所以这样迂回也是可能的有效途径 b) ε 相可能在 γ′氮化物横向长大形成封闭层之前开始在 γ′粒子顶部产生 c) ε/γ′双层已经形成，进一步的长大只能通过两个层的氮运输才行 d) 随着渗氮的继续进行，化合物层次表面的铁氮化物发生分解（尤其是 ε 相），导致在晶界甚至晶内充满氮气的气孔产生 e) 晶界处微孔的聚集（通常或多或少地垂直于表面的方向）导致在晶界上形成与外面渗氮气氛接触的通道

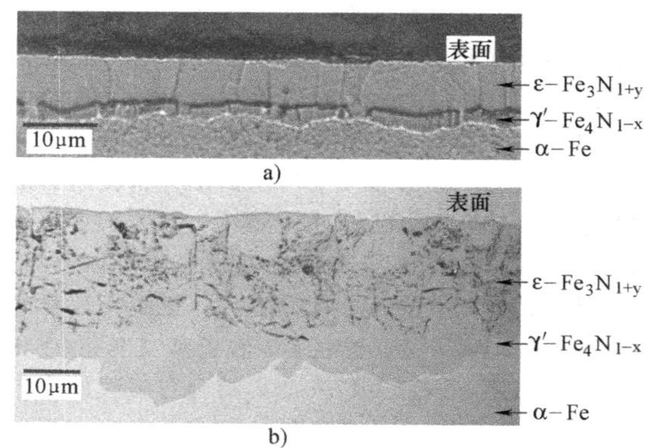

图 7-9 纯 α-Fe 渗氮后的横截面

（白亮层金相，用体积分数为 1.0%的硝酸和 0.1%盐酸的溶液腐蚀）

a）在 550℃（823K）渗氮 5h，$r_N = 2.37atm^{-1/2}$

b）在 560℃（833K）渗氮 20h，$r_N = 2.37atm^{-1/2}$

注：对应于图 7-9b 的试样，ε 次层观察到的暗色的斑点和条纹是由渗氮过程中在铁氮化物次表层中产生的气孔形成的，气孔则是由于氮化物的亚稳性形成的。可以形成晶内的或沿晶的气孔。

如本书 7.1.4 节所述，在表面下（次表面）铁氮化合物并不处于热力学平衡状态。它们趋向于分解成 Fe 和 N_2。这导致长时间渗氮时产生气孔，特别是在最先形成化合物层的部位，也是化合物层中富氮的部位和与表面毗邻的部位（图 7-8d、e，也可以参看图 7-3 和图 7-9b）。仅在表面毗邻区（ε 相产生的地方）可以用光学显微镜观察到气孔。在 ε 铁氮化物之下的 γ′铁氮化物，与渗氮气氛不接触，同样有分解并产生气孔的趋势，通常不能用光学显微镜观察到，但是在更高倍的电子显微镜下可以观察到。构成 γ′铁氮化物下面的扩散层的含氮铁素体也有这种情况。

2. 氮碳共渗期间化合物层显微组织的发展

铁素体氮碳共渗时，产生的化合物层显微组织演变比渗氮时要复杂得多。当然，这与两种组分（C 和 N）同时向内部扩散和更复杂的 Fe-C-N 三元系统的亚稳（见本书 7.1.4 节）相平衡有关。直到现在，参考文献中只有几篇论文或多或少地给出了对氮碳共渗期间伴随的显微组织改变的系统研究。下面主要根据本节参考文献［31］和［45］，对理解的共同基础进行概述，但是内容仍然有限。

在化合物层相界上似乎建立了局部平衡，然而同时，局部平衡（或一种稳态）不能在气-固界面占主导，至少不能在氮碳共渗一开始的时候占主导。实际上，这个结论也适用于渗氮的情况。氮碳共渗区域发生局部平衡意味着 N 和 C（和 Fe）的化学势从表面到未受影响的心部以一种连续的方式通过氮碳共渗区域变化。这可能与按顺序形成的相及形成（亚稳态）相图中所谓的“扩散路径”的组成物质有关。因此，渗氮的时候与二元亚稳铁氮相图相适应，相的顺序（从渗氮层的顶部到底部）会是 ε/γ′/α，如图 7-8 和图 7-9 所示（假设渗氮气氛的氮势足够高允许 ε 氮化物形成）。在图 7-2 所示的渗氮温度下画一条水平线，水平线从右边（对应于相对高的氮化学势）到左边（对应于相对低的氮化学势），也可参看本书 7.1.4 节和 7.1.5 节的论述。

在此基础上，为了测定氮碳共渗产生的化合物层中碳氮化物相的顺序和组成，应该在 Fe-C-N 氮碳共渗发生的温度的等温截面中画一条扩散路径。扩散路径由与感兴趣的扩散对的原始界面垂直方向上平均组成的走向（横向，也就是在相同深度）来定义，在这里，垂直于试样/零件的表面。不仅热力学控制扩散路径的过程，而且动力学也能起到决定性作用。

根据吉布斯相律，在恒温恒压下，在 Fe-N 二元系统中，只有一个相存在于一定深度范围内，覆盖一定的成分变化存在。有接触的两相存在代表一种固定的情况：这两相只在一个特定的深度接触，换言之，在 Fe 和 N 的化学势特定的值集（值的集合、范围），并且在接触两相成分的特定值集。注意到这样的结果是，ε 和 γ′相出现在铁渗氮产生的化合物层从顶部到底部顺序中的次层。

同样可以推断，在恒温恒压下的化合物层中，Fe-C-N 三元系统的情况下，超过一定深度范围（横向的平均成分有一定变化范围，如果局部平衡占优势的话），只有一种或最多两种相可以存在。相接触的三种相的存在代表了一种固定的情况：这三相只在一个特定的深度接触，换言之，在 Fe、C 和 N 的化学势特定的值集，并且在接触三相成分的特定值集。因此，在氮碳共渗的时候，只有系统的热力学（已经）能引起化合物层复杂的显微组织的产生。请注意，在铁的氮碳共渗时预计不会出现一系列的次层（每种相都有一个次层代表，如铁的渗氮一样）。这是因为超过一定深度范围两相可以接触，代表局部平衡的情况。举个例子，α-Fe 在 580℃（853K）氮碳共渗获得的化合物层显微组织发展（特别是相组成）的示意图，如图 7-10 所示。

这些试验所用的氮碳共渗的条件是：混合气由 15.44% NH_3、57.59% H_2、20% CO 和 6.61% N_2 组成[㊀]；气流速度为 13.5mm/s，按室温计算。如果气氛中没有副反应发生（但是从下文看，还是会发生的），混合气体的氮势可以认为是 $r_N = 0.35\text{atm}^{-1/2}$［式（7-6）］，混合气体的碳势会是无穷大。但是，由于气氛中的副反应，起作用的是有效碳势和碳的化学势。

在下面对显微组织发展的论述中，相组成以一系列次层（包含一种或两种相）的形式存在，用其符号表示并用斜线“/”分隔开。因此，记号 ε/ε+γ′代表在表面有一个 ε 次层出现，它下面某个深度有一个 ε+γ′的双相次层（见图 7-10 的第 6 阶段），最后一个次层下面是基体，但没有单独标示出来。

在氮碳共渗开始的时候，渗碳体（θ）的单相层在表面形成（1 阶段）。随后 ε 碳氮化物相在这层/基体的界面上产生，结果形成 θ/ε 双层（2a 阶段）或 θ/θ+ε 双层（2b 阶段）。之后，通过化合物层中 ε 相向基体内生长以及另一方面 θ 相转变成 ε 相的方式（3 和 4 阶段，能发生 θ 向 ε 的这种转变），ε 相的量强烈增加。这个生长期最终形成一个单相 ε 化合物层（5 阶段）。持续的氮碳共渗诱发在靠近基体的界面处产生贫碳的 γ′相，因此形成 ε/ε+γ′双层（6a 和 6b 阶段），之后转变成 ε/γ′双层（7 阶段）。此后，化合物层中 γ′相的量增加，直到最终形成单相化合物层（8 阶段）。

这里给出的这些结果，是在 580℃（853K）下得到的，此温度是实践常用的氮碳共渗温度。的确，在相关温度（580℃或 853K）处理一段时间之后，如 2~4h，图 7-10 中 5 和 6 阶段所给出的显微组织在实践中经常遇到。在处理 24h 之后，这比实际使用的处理时间长得多，已经观察到了 8 阶段。对于所有种类的氮碳共渗气氛（包括盐浴和离子），不能说在化合物层中会出现与图 7-10 给出的完全相同的显微组织序列，但是，和前面论述的一样，观察获得的一般性结论是，氮碳共渗的时候产生的化合物层中显微组织是从富碳相（渗碳体 θ）向愈发贫碳和富氮相的方向演变（ε 和 γ′）。

根据化合物层表面的成分及相组成的改变（随处理时间），立刻弄清楚了在气-固界面上发生的既不是局部平衡也不是稳态（见本书 7.1.9 节），至少对于与图 7-10 相关的氮碳共渗试验的大部分时间里不是，这意味着氮碳共渗处理一定适用于生产实际。渗碳体的初步发展（并未得到普遍认可，因为这种与基体界面上的渗碳体在随后处理阶段消失了）首次报道见本节参考文献［43］（对于盐浴氮碳共渗）以及参考文献［39］（对于气体氮碳共渗）。这种渗碳体的出现将在下文讨论。

㊀ 组分中的百分数为体积分数。

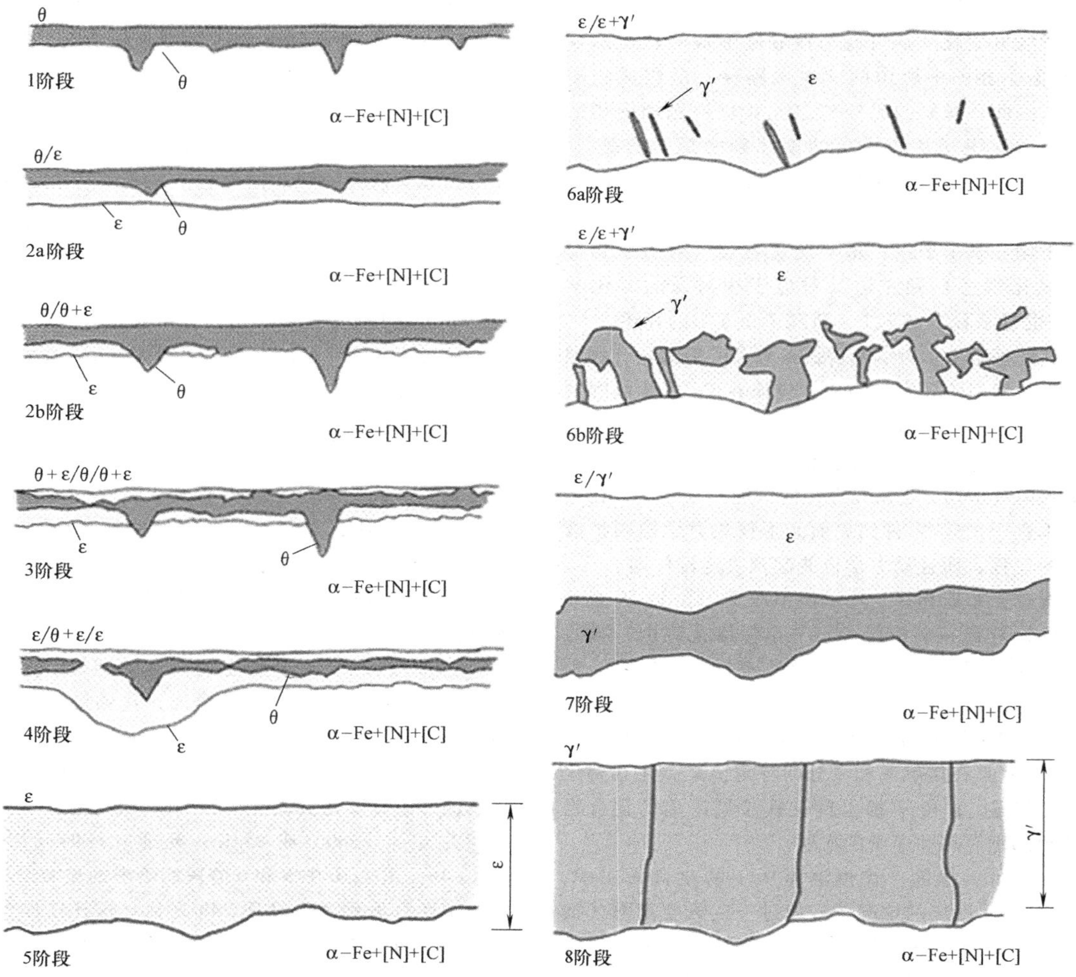

图 7-10 α-Fe 氮碳共渗时化合物层形成和发展阶段的显微组织示意图

注：结果特别适用于大约 580℃（853K）的处理温度。过程开始时，形成富碳相（渗碳体），继续进行时，沿着扩散路径形成富氮相，如图 7-11 描绘的随渗氮时间而依次形成的。随后的阶段按顺序说明如下：1 阶段单相渗碳体层（θ）；2a 阶段 θ/ε 双层；2b 阶段 θ/θ+ε 层；3 阶段 θ+ε/θ/θ+ε 层；4 阶段 ε/θ+ε/ε 层；5 阶段单相 ε 层；6a 阶段 ε 层，在靠近与基体交界的区域产生了一些 γ′相；6b 阶段 ε/ε+γ′相；7 阶段 ε/γ′双层；8 阶段单相 γ′层。

碳从氮碳共渗介质中（这里是从 CO）转移的速率，要比 N 转移的速率大得多（从 NH_3）。进一步地，碳在基体（铁素体）中的溶解度很小，并且在任何情况下都比 N 的溶解度小得多（表 7-1）。此外，我们知道 C 和 N 在铁素体中的扩散系数区别并不大。于是可以断定，碳在表面的铁素体基体达成饱和要比 N 的饱和快得多，导致在基体表面最初形成渗碳体（N 在其中溶解度可以忽略），而不是形成（较）富氮的碳氮化物（似乎遵守表面的局部平衡或稳态，参看图 7-10 所示的长时间处理的结果）。经持续处理后，在基体/化合物层界面上的铁素体基体变得逐渐富氮（通过氮经由渗碳体颗粒边界的扩散），之后 ε 相可以在那里形核（图 7-10 阶段 2）。

然而表面的成分及相组成受到动力学控制，可以表明，由于这方面的限制，化合物层中的显微组织取决于表面成分及相组成，受热力学控制：化合物层中固-固界面处局部平衡占优势。使这成为可能的方法是在处理温度的亚稳 Fe-C-N 三元相图上绘制扩散路径（图 7-11）。对于图 7-10 所示的各阶段，用图 7-11 所示的方式对扩散路径给出了建议，代表了横向平均成分和相组成随深度的变化情况。这样是可行的，说明横向平均成分对深度的依赖性和 Fe-C-N 系统的热力学（完全）支配了化合物层中的显微组织。

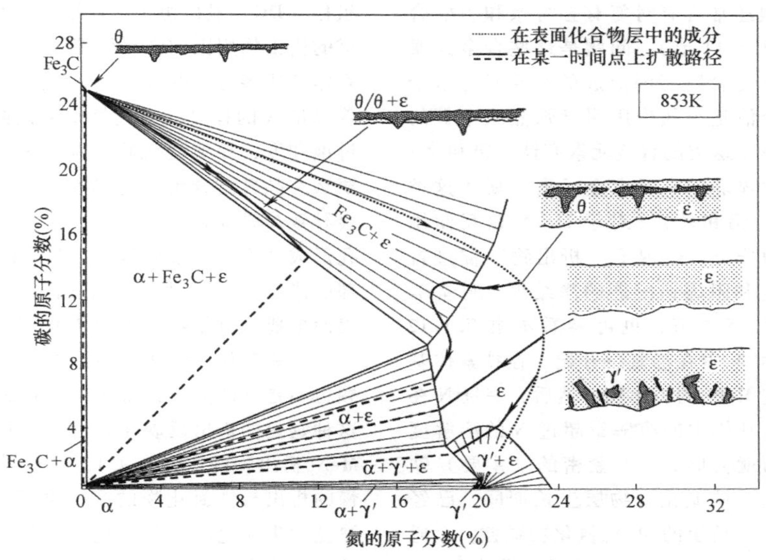

图 7-11　Fe-C-N 相图在 580℃（853K）等温截面的扩散路径，对于 α-Fe 在 580℃（853K）氮碳共渗时化合物层发展的不同阶段，也如图 7-10 所示

注：在此基础上，可以说明在固/固界面发生局部平衡的情况下，化合物层显微结构随温度的变化，看上去是氮碳共渗（和渗氮）的情况。在某一给定的时间，扩散路径代表了从化合物顶部到底部横向总的成分和相组成前进路线。带箭头的实线代表扩散路径的那些部分（总的成分随深度的变化关系），而虚线指总成分发生突变时的深度。化合物层表面总的成分随时间的变化关系用箭头所指的虚线表示。应当注意到，这里的 Fe-C-N 相图等温截面是本节参考文献［52］基于试验数据给出的，与按照 CALPHAD 数据库（2008）计算得到的等温界面是有冲突的。

本节最后的段落是关于可以观察到的特别显微组织特征的，尤其是气氛中采用了更大的氨比例。如果那样，会在化合物层产生明显的气孔（见本书 7.1.4 节），尤其是在 ε（碳）氮化物相/(子）层。之前的论述和图 7-10 中没有考虑这样的情况。在这些优先在晶界形核的气孔合并并沿这些晶界形成通道之后，它们可以与外界氮碳共渗气氛直接接触。然后，在表面下某个深度经由这些通道壁观察到发生了碳的优先吸收（图 7-12a），最后导致渗碳体在通道壁形成（图 7-12b），甚至已经观察到了随后形成的渗碳体次层。我们可以推测这种现象的起源，可以认为，外部气氛可以渗入通道，这些已经在外表面建立了一个开口，在新鲜的通道壁碳吸收的动力可能要比氮吸收快得多，如之前对氮碳共渗初期基体表面渗碳体的形成时所讨论的。ε 相分解（引起气孔/通道的形成）的驱动力，在接近于外表面的地方是最大的，因为那里 ε 相中的氮含量最大。因此，大量原子氮最初存在于新鲜通道壁，在接近外表面的通道壁是最显著的，因此能有效阻碍接近外表面的通道壁在这些深度处气-固反应的发生（图 7-8a）。

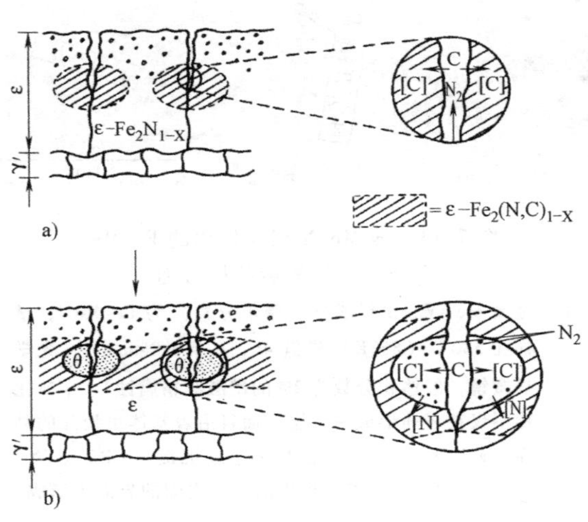

图 7-12　C 通过与外面氮碳共渗气氛接触的开放的晶界/通道吸收

a）可以观察到，优先的碳吸收是通过离外表面一定距离的通道壁发生的［试验条件：氮碳共渗发生在含 CO 的气氛（体积分数为 3% CO、53% NH_3 和 44% H_2），温度为 570℃（843K）］　b）在这些深度处，ε 相中 C 的富集明显导致了渗碳体的形成。通道壁紧邻区域，原来的 ε 相联合转变成渗碳体（θ）导致了细小的孔隙（充满了 N_2），因为 N 在渗碳体中溶解度很小

3. 合金元素存在时化合物层显微组织的发展

渗氮处理的钢经常含有对氮有独特亲和力的合金元素（见本书 7.1.11 节）。问题是这些合金元素的存在是如何影响化合物层的形成的？要回答这个问题，我们必须分清楚与氮作用明显强烈或中等的一类合金元素（属于这类的合金元素有钛、钒和铬）和与氮相互作用明显弱的一类合金元素（属于这类的合金元素有铝、钼和硅）（对于 Me-N 相互作用强、中、弱的这种分类，表现了“析出物”促进吉布斯自由能的改变和阻碍错配能的净结果，见本节参考文献［53］的 5.4 节，也可参看本书 7.1.12 节）。强相互作用意味着在渗氮一开始，在铁素体基体中就会立刻形成 MeN_n的析出物。然后，一旦 N 在试样表面的铁素体基体中的溶解量超过 N 的溶解度极限，在试样表面就会形成一个紧密的（主要）铁氮化合物层。在这个铁氮化合物层生长期间，已经在基体上（扩散层）析出的 MeN_n氮化物颗粒，会通过化合物层蔓延过氮化物颗粒的方式并入化合物层。在铁氮化合物层下面，经常可以观察到铁氮化物沿着基体晶界产生（图 7-13）。这一现象可解释如下：

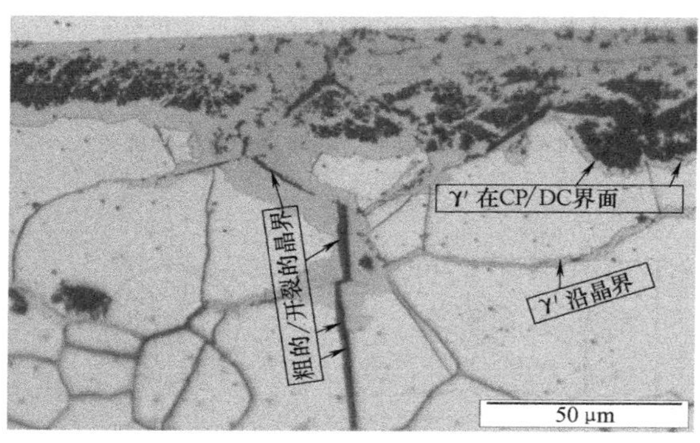

图 7-13 强 Me-N 相互作用的 Fe-Me 合金试样渗氮后的横截面

注：金属 Me=V，试样成分（摩尔分数）为 Fe-4%V，试样在 580℃（853K）渗氮 4h，$r_N=0.8atm^{-1/2}$（光学显微镜，经体积分数为 2%的硝酸酒精腐蚀）。γ'氮化物不仅在表面形成一个层，而且沿着基体里裂开的晶界（g.b.）形成，也沿着在连续沉淀（CP）（VN）与不连续粗化（DC）析出的区域之间的界面上形成。

1）未渗氮之前，合金元素 Me 已经在晶界偏聚，会导致化合物层以下扩散层中 Me 氮化物优先在晶界析出。因此，毗邻这些晶界会出现 Me 贫化的区域。在 Me 缺失的情况下，这些区域的 N 普遍过饱和，然后在这些晶界的毗邻区域形成铁氮化物。

2）在所谓的连续析出（CP）区域最初形成的纳米级、大部分连贯的 MeN 沉淀物，可能通过间断的粗化反应变粗，结果形成一种薄片状、不连续的粗化（DC）显微组织。连续的、纳米级、大部分连贯的析出物周围的铁素体基体可能含有比 DC 区域铁素体基体多得多的过量 N。因此，DC 的产生会伴随着过量 N 的释放，这些氮要么提高了局部铁素体的过饱和度，导致氮化物沿晶界和 CP/DC 相界析出，要么在晶界结合形成充满氮气的气孔，氮气的聚集会导致晶界或裂纹的产生（关于铁氮化合物层中气孔形成的论述，参见本书 7.1.4 节和 7.1.10 节）。外部的渗氮气氛通过裂纹向表面渗入，导致沿着裂纹表面形成铁氮化物（见图 7-12 的论述）。

弱相互作用意味着在渗氮开始后，MeN_n氮化物颗粒不是立即生成，而是以（非常）慢的速度生成。这种延迟的析出反映出存在显著的错配应力场（与 MeN_n析出物的产生有关）。在这种情况下，MeN_n缓慢的析出与铁氮化物的产生之间发生了竞争。假设渗氮发生在允许 γ'铁氮化物产生的条件下。Me 在 γ'铁氮化物中的溶解度可能很小，例如，Al 和 Mo 就是这样。那么，γ'铁氮化物的产生，要么在 Me 从铁素体基体中分离之后，如 Me 先生成 MeN_n，已经使无 Me 的 γ'铁氮化物的形成成为可能；要么 γ'铁氮化物被迫形核和长大，且有 Me 溶解在其中。MeN_n和 γ'铁氮化物的析出困难点使得吸收的氮往试样深处扩散，导致铁素体基体中（异常的）高的氮过饱和度。最终，这些过饱和氮导致 γ'铁氮化物（溶解有 Me）穿过高氮过饱和度的深度范围中形成。结果是，得到了深入试样的特殊的板状 γ'（例子可见图 7-14）。

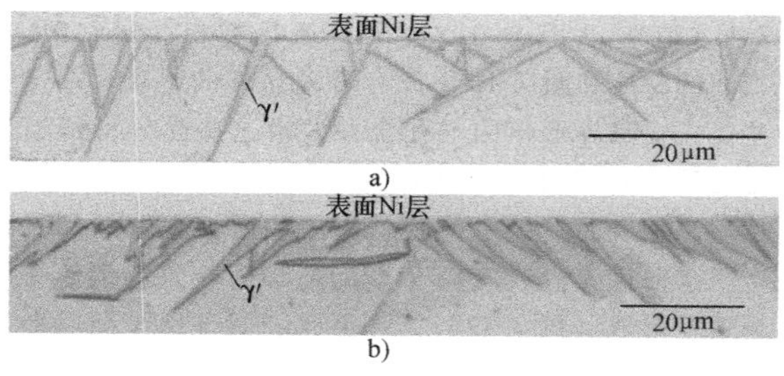

图 7-14 弱 Me-N 相互作用的 Fe-Me 合金试样渗氮后的横截面

a）成分（摩尔分数）为 Fe-4.7% Al 的试样在 500℃（773K）渗氮 10min，$r_N=1.73atm^{-1/2}$

b）成分（摩尔分数）为 Fe-1% Mo 的合金试样在 480℃（753K）渗氮 2h，$r_N=0.7atm^{-1/2}$

注：出现了不寻常的 γ'氮化物片状形态（光学显微镜，横截面经体积分数为 2%的硝酸酒精腐蚀）。

前面一段讨论的结果与铁基合金有关，在再结晶条件下，Me 作为与氮发生弱相互作用的合金元素。如果这些材料经过变形（比如冷轧），那么在渗

氮初期就可能出现 MeN_n 的立刻析出（缺陷/位错促进形核），（主要）铁氮化物的致密化合物层在表面产生，化合物层吞并已经析出的 MeN_n 颗粒（通过蔓延的方式）。这跟 Me 作为与 N 发生强相互作用元素所经历的一样。

由此得出结论是，化合物层不仅可以避免（通过选择合适的氮势，使之不超过临界值），而且可以通过并入铁素体基体中在显微组织上和形态上被改性。在溶入状态，与 N 发生弱相互作用的合金元素 Me（Me=Al、Mo 和 Si），仅次于与 N 发生强相互作用的 Me（Me=Ti、V 和 Cr）。

7.1.11 化合物层增长的动力学

通常理所当然地认为，渗氮时铁氮化合物层或氮碳共渗时铁碳氮化合物层的生长在动力学上受间隙原子向内扩散控制。当然，这不适用于层生长的初始阶段（见本书 7.1.9 节），只有在层表面没有实现局部平衡或稳态时才适用。这对（碳）氮化物在试样/零件的表面的形核有一个重要的推论，在下一节会就纯铁渗氮的情况及表面上铁氮化物层的生长进行首次论述。N 吸收速率是以下过程竞争的结果：

1）分解过程［式（7-2）］。

2）气-固界面上的再结合与解吸过程［式（7-17）］。

3）固体基体内的扩散过程（见本书 7.1.9 节和 7.1.10 节）。

如果可以获得速率常数和扩散系数的数据，以上过程联合作用的结果可以计算出吸收速率（见本节参考文献［23］的附录）。因此，我们知道渗氮时局部平衡或稳态在表面不会瞬间建立，氮浓度-深度的分布不能仅根据菲克第二定律的（解析或数值）解直接计算出来。

纯铁渗氮的情况下，氮浓度-深度的分布在恒温下随时间演变的一个例子如图 7-6 所示。的确，只有在明显渗氮后，表面氮浓度才逐渐达到一个恒定值。在常规渗氮条件下，这种行为由 NH_3 在表面的分解和氮的向内扩散两方面的竞争决定。吸附氮在表面上的再结合及之后以氮气形式解吸的影响，在温度低于 580℃（853K）和氮势不算很高的情况下是可以忽略的（图 7-7）。

图 7-6 所示的效应有一个推论，即使氮势和温度预测会产生（比如）γ′铁氮化物，但这种氮化物在表面的形核也仅仅可以在不同的渗氮时间之后才出现。γ′形核可以出现（最早）在表面氮浓度超过与 α/γ′平衡匹配的值的时候。因此，铁氮化物的形成会有一个孕育期。这种效应是在本节参考文献［37］中第一次被认识到、定量预测和试验验证的。在本节参考文献［37］的计算中，表面再结合与解吸过程的影响被忽略了。在之后的工作中，这种影响被考虑进去，作为计算结果的铁氮化物在表面形核的孕育期至多仅有几个百分比的差别，与之前的论述一致。

只有当表面形成了一个封闭的（碳）氮化物层，在层的表面形成稳态或局部平衡状态之后，（碳）氮化物层中的间隙扩散过程才可能控制层的生长速率。相关文献中关于铁素体上（生长中的）铁氮化物层中的间隙扩散较少。对于铁素体上（生长中的）铁碳化物层而言更是如此。特别是在铁-碳氮化物层的情况下，显微组织可能非常复杂，例如在一定深度的范围存在两种相（如果局部平衡占优势，至多两相，见本书 7.1.10 节），以至于对扩散过程的简单分析一点都没有。因此，研究人员在表征层生长动力学的基础上，以扩散系数这样的参数作为基础，寻找横向不变的几何结构。原则上，对于二元铁-氮系统这是有保证的。α-Fe 基体渗氮后如果化合物层中有 ε 和 γ′两种氮化物，那么 ε 相次层在 γ′相次层顶部，而 γ′相次层在 α-Fe 基体的顶部（见图 7-8、图7-9）。这种二维平行的 ε 和 γ′次层的显微结构，是研究最频繁的一种（除 α-Fe 基体顶部只有单独的 γ′相的情况外）。对于三元 Fe-N-C 系统，这样的双重次层显微结构只有对氮碳共渗气氛中 N 和 C 的化学势都在限制范围内并且温度和时间（及压力）也在有限范围内变化才是可能的。例如，图 7-10 的 7 阶段。迄今为止，能做的唯一工作就是在这个策略下对 α-Fe 氮碳共渗后氮和碳的扩散分析。

生长在铁素体上的铁氮化合物层中仅有 N 的扩散流可以用一个单独的扩散系数表征：N 的本征扩散系数 D_N（注意，在常规的渗氮和氮碳共渗温度下，系统中的铁被认为是固定不动的）。因此，N 的通量 J_N 和渗氮层中的氮浓度梯度 dc_N/dx，被 D_N 按照菲克第一定律联系起来：

$$J_N = -D_N \frac{dc_N}{dx} \tag{7-18}$$

如果必须考虑的扩散组分不止一种，物质扩散转移采用这种描述方法会变得更复杂。因此，对于铁-碳氮化物层中 N 和 C 的同时扩散的情况，菲克第一定律必须是：

$$J_k = J_{kk} + J_{kj} = -\left(D_{kk}\frac{dc_k}{dx}\right) - \left(D_{kj}\frac{dc_j}{dx}\right) \tag{7-19}$$

式中，k=N、j=C 或者 k=C、j=N。所以，本征扩散系数不是唯一的了，现在需要用 4 个本征扩散系数来描述 N 和 C 的流量：D_{NN}、D_{NC}、D_{CC} 和 D_{CN}。系数 D_{NC} 表示 C 浓度梯度对 N 扩散转移的贡献，而

D_{CN}则表示 N 浓度梯度对 C 扩散转移的贡献。每一个本征扩散系数由所研究的扩散组分的自扩散系数 D_k^* 乘以所谓的热力学因子 θ_{kj}得出：

$$D_{kj}=D_k^*\theta_{kj} \tag{7-20}$$

原则上，自扩散系数和热力学因子都取决于浓度。这些热力学因子表达了 N 和 C 的热力学相互作用，导致了扩散的交叉效应，如式（7-19）所述。在铁-碳氮化物中 N 和 C 同时扩散的情况下，D_{NC}和 D_{CN}代表的这些贡献可能非常明显。

氮碳共渗期间铁素体基体顶部 ε/γ′双层的生长，可以考虑用（质量）平衡来描述，由于扩散流到达和离开界面，ε/γ′界面和 γ′/α 界面发生迁移，分别用无穷小的距离 dξ 和 dζ 表示（图 7-15）：

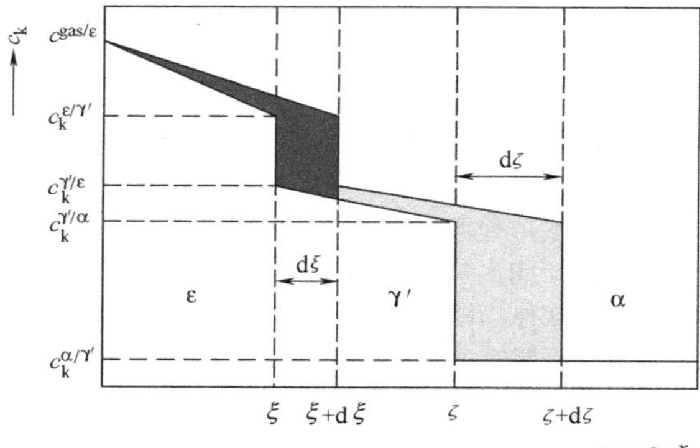

图 7-15 图示间隙组分 k 在Ⅰ/Ⅱ（这里是 ε/γ′）双层形态的化合物层中的浓度-深度分布

注：在两个次层里的浓度分布都已用直线画出。深灰色区域代表横截面（垂直于试样表面）在次层Ⅰ中每单位面积中组分 k 要积累的量，从而使Ⅰ/Ⅱ界面通过一个距离 dξ 转变进入次层Ⅱ。浅灰色区域代表横截面（垂直于试样表面）在次层Ⅱ中每单位面积中组分 k 要积累的量，从而使Ⅱ/α 界面通过一个距离 dζ 转变进入次层 α。

ε 次层的生长：

$$(c_k^{\varepsilon/\gamma'}-c_k^{\gamma'/\varepsilon})\,d\xi+W_{k,\varepsilon}=(J_k^{\varepsilon/gas}-J_k^{\gamma'/\varepsilon})\,dt \tag{7-21a}$$

γ′次层的生长：

$$(c_k^{\gamma'/\alpha}-c_k^{\alpha/\gamma'})\,d(\zeta-\xi)+W_{k,\gamma'}=(J_k^{\gamma'/\varepsilon}-J_k^{\alpha/\gamma'})\,dt \tag{7-21b}$$

$c_k^{Ⅰ/Ⅱ}$ 是组分 k 在Ⅰ/Ⅱ界面上相/次层Ⅰ中的浓度，$J_k^{Ⅰ/Ⅱ}$ 是组分 k 在Ⅰ/Ⅱ界面上相/次层Ⅰ中的流量，$W_{k,Ⅰ}$ 是组分 k 维持在次层Ⅰ中的浓度-深度分布所必需的量。这一组等式（N 和 C 同时扩散的情况下，4 个等式），如果考虑 γ′铁氮化物层的生长时，减少为 1 个。

根据式（7-21），通过测量层生长速率（$v^{\varepsilon/\gamma'}=d\xi/dt$ 和 $v^{\gamma'/\alpha}=d(\zeta-\xi)/dt$）和浓度-深度分布来测定扩散系数。相关文献中给出了关于试验的结果，试验时，对单独的 γ′层或 ε/γ′双层，在恒温下，假设（子）层厚度呈抛物线形生长。这种抛物线形的生长预计适用于恒定的表面浓度和恒定的界面浓度并且基体初始完全饱和或无限厚基体初始不饱和的情况。在这样的分析中做了附加假设，例如，假设浓度-深度的分布是线性的，本征或自扩散系数是常数（也就是，不随浓度改变）。

铁素体渗氮时只有 γ′铁氮化物层生长的情况下，将 N 的自扩散系数视为不随浓度改变，实验中，观察到在近表面处厚的 γ′层的 N 浓度-深度分布曲线上的反弧段，可以归因于浓度受热力学因子的影响［式（7-20）］。如果在 γ′铁氮化物层的近表面处出现气孔，外部气氛沿开放性晶界的渗入（由于气孔在晶界发生合并，见本书 7.1.4 节和 7.1.10 节）可能对氮浓度-深度分布的这种反弧段有明显贡献）。典型渗氮温度下，γ′和 ε 铁氮化物相中，N 的扩散系数的可用数据的总结由本节参考文献［24］给出。相对低温［360～400℃（633～673K）］的数据由本节参考文献［66］给出。

至今，关于铁素体氮碳共渗时 ε 铁碳氮化物中 N 和 C 同时扩散的运动分析工作仅由参考文献［67］给出。实验参数的设置（见本节引言段）使 ε/γ′双层发生在氮碳共渗铁素体的表面。γ′相可能只吸收一点碳（图 7-11）；在分析中，γ′次层作为符合化学计算配比 Fe_4N，在 ε 次层中 N 和 C 浓度分布被认为是线性的（经过试验验证），ε 相中四个本征扩散系数［见式（7-19）后面的文字］认为与浓度无关。在 550℃（823K）得到的结果 D_{NN}、D_{NC}、D_{CC}和 D_{CN}证实，D_{NC}大约与 D_{NN}一样大，而 D_{CN}约等于1/4 D_{CC}。因此，“非对角线”扩散系数 D_{NC}和 D_{CN}，和“对角线”系数 D_{NN}、D_{CC}一样有意义。这意味着，溶解在八面体间隙位置相同亚晶格的 C 和 N 在热力学上有强相互作用（表 7-1），间隙位置是铁原子的密排六方晶格提供的。举个例子，在气体/ε 界面上，N 流量对 J_{NN}及 J_{NC}的贡献和 C 流量对 J_{CC}及 J_{CN}的贡献［式（7-19）］如图 7-16 所示。J_{NC}可能与 J_{NN}一样大，而 J_{CN}可能与 J_{CC}一样大。

7.1.12 扩散层显微组织的发展

对于扩散区的发展，不需要区别渗氮和碳氮共渗。与氮相比，碳在铁素体基体中的溶解的量不大（表 7-1）。碳作为一种为碳氮共渗这样的热化学过程中提供的原料，只在化合物层的发展中起显著作用（见本书 7.1.10 节）。换句话说，碳氮共渗的优

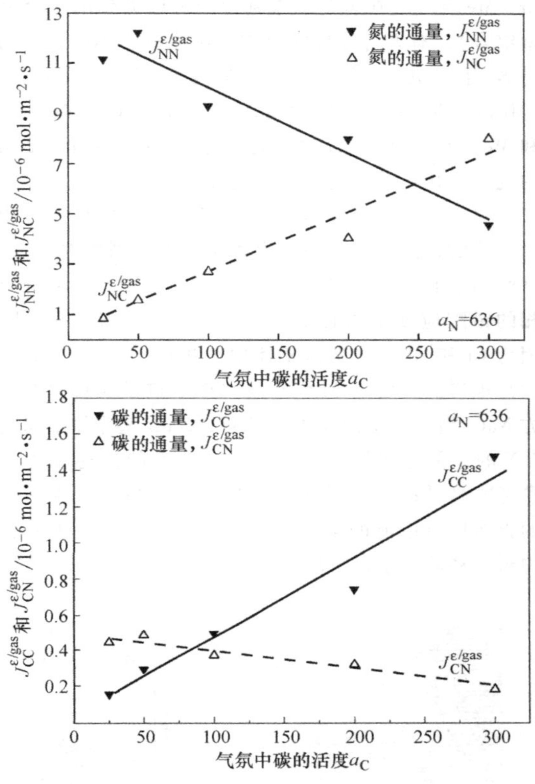

图 7-16　在 550℃（823K）氮碳共渗时间 4h，气体氮碳共渗气氛中（这里用 N 活度代表，见本书 7.1.5 和 7.1.8 节）N 的化学势固定，在 ε/γ′化合物层表面 N 和 C 的扩散通量，与气体氮碳共渗气氛中 C 的化学势（这里用 C 活度代表，见本书 7.1.7 和 7.1.8 节）的关系

注：N 和 C 的化学势按本书 7.1.8 节描述的方法控制。流量 J_{NN} 和 J_{NC} 分别代表通过 N 浓度梯度和 C 浓度梯度运送的 N 流量。类似地，流量 J_{CC} 和 J_{CN} 分别代表通过 C 浓度梯度和 N 浓度梯度运送到 C 流量［式（7-19）］。

点仅限于对其试样或零件表面（大部分）碳氮化物的化合物层发展的影响。

1. 纯铁和碳钢中的铁氮化物

没有亲氮合金元素时，在渗氮温度下，扩散区不会出现氮化物沉淀，因此，被吸收的氮留在固溶体中，氮原子随机分布在体心立方 α-Fe 母晶格的八面体缝隙里。在较高温度的渗氮后经过缓慢冷却，会析出 γ′ 铁氮化物 Fe_4N_{1-x}，因为面心立方铁亚晶格的氮在八面体缝隙里有序分布，这会造成简单立方的平移晶格。如果允许过度饱和，则继续冷却会使中间氮化物 α″-$Fe_{16}N_2$沉淀。α″-$Fe_{16}N_2$具有体心四方铁亚晶格，其中的氮在八面体缝隙中有序分布，造成体心四方的平移晶格（表 7-1 和图 7-17）。或者，如果试样经过淬火而使得所有氮留在固溶体中（实际上，只有对于箔那样较薄的试样才可能有效果），在室温或在 150～160℃（423～433K）进行时效处理，会导致具有 $Fe_{16}N_2$ 晶体结构的区域发展，在更高的温度下会出现 γ′-Fe_4N_{1-x}（需要注意的是，氮原子的局部富集加上排序，对满足 α″不重新排列铁原子是必不可少的。

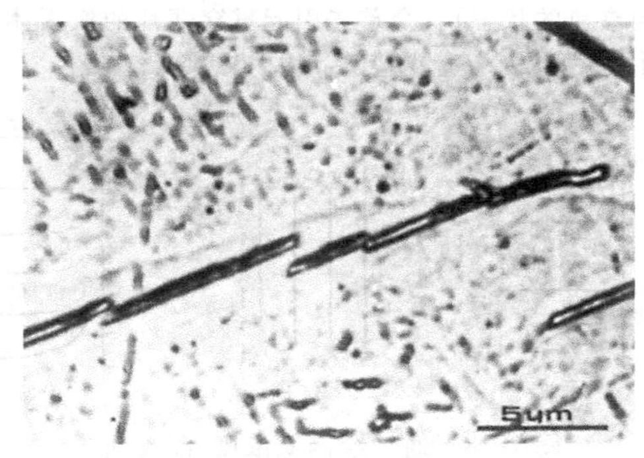

图 7-17　α-Fe 试样渗氮后扩散区域横截面

注：试样在一个箱子［545℃（818K），8h］内进行粉末渗氮，之后缓慢地冷却，从而形成相当粗的 γ′和 α″铁氮化物（显微照片上可以见到的小的和大的析出物）。（通常，α″铁氮化物析出物只能在更高倍数下可见，如扫描电镜）光学显微照片、倾斜照明、油浸，用体积分数为 0.5% 的硝酸酒精腐蚀。

2. 铁基合金中结晶质和非晶质合金元素氮化物

将对氮有亲和力的合金元素 Me 引入基体是为了在扩散区引起 Me 氮化物微小的、可能是（半）连贯的析出，这种析出显著提高了扩散区的力学性能（比如，表现为大幅提高抗疲劳强度）。下述二元 Fe-Me 系统，与渗氮时 Me 氮化物的发展有关，在相关文献中已有记载的二元系有：Fe-Cr、Fe-Al、Fe-V、Fe-Ti、Fe-Mo、Fe-Si（80～82）。列举出的系统并非全部，给出的相关文献主要限于那些关于在 Me 氮化物析出后微观组织的发展的报告。更多的相关文献可以在这里列出的出版物中找到，具体参考文献也会在本节后面给出。

Me 和 N 之间相互作用的“强”和“弱”的概念，在本书 7.1.10 节中已经涉及，可以做如下讨论。

铁素体中 Me 和 N 为溶质，Me-N 的相互作用被定义为：MeN_n 氮化物颗粒从过饱和的铁素体 Fe-Me-N 基体中析出时，带来的能量增益（吉布斯化学自由能）与能量需求（错配应力能、界面能、吉布斯自由能）之比。根据合金元素这个相互作用参数的值，可以对这些合金元素的相互作用强度进行排名。这个相互作用参数有助于描述 Me-氮化物析出的两种极端行为（图 7-18）：

1）弱相互作用。在表面下每个深度（对于有限厚度的薄片），氮化物以相同的速度析出的过程，几乎没有氮梯度。这可以阐述如下：对有限厚度的薄片渗氮，在氮化物析出开始之前（试样中氮消耗的速度明显低于氮吸收的速度，从而可以有效地维持均匀渗氮的状态），会首先引起贯穿薄片的铁素体基体中氮的饱和（也就是说，均匀渗氮）。

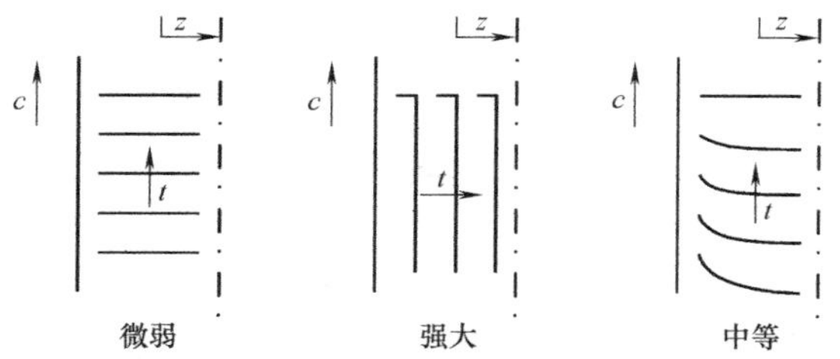

图 7-18　通过绘制氮浓度-深度曲线来显示 Me-N 相互作用的类型

注：c、t 和 z 分别表示氮浓度、渗氮时间和表面下深度。

2）强相互作用。在毗邻表面的区域（层），所有 Me 原子都析出为氮化物。产生陡峭的表层/心部边界，心部几乎不存在氮。最常遇到的 Me 氮化物晶体结构类型是 NaCl 型晶体结构，以面心立方平移点阵为基础；这种情况的氮化物有 TiN、VN、CrN 和立方 AlN（岩盐，可能是纤锌矿六方氮化铝的改性，有助于平衡）。立方 Mo_2N 晶体结构可以设想成一种在氮亚点阵中含 50%空位的 NaCl 型晶体结构。这些 MeN 的 NaCl 型晶体结构晶胞的点阵常数接近等于：

$$a_{\alpha\text{-Fe}}\sqrt{2}$$

这里 $a_{\alpha\text{-Fe}}$ 表示体心立方 α-Fe 的点阵常数。因此由 {100} 惯习面和下面类型的位向关系可以预计：

$$(001)_{\alpha\text{-Fe}}//(001)_{MN};[001]_{\alpha\text{-Fe}}//[001]_{MN}$$

很明显，这种位向关系［所谓的 Bain 关系，也叫贝克-纳丁（Baker-Nutting）关系］可以有三种变体（其中一种是对于点阵的任一立方平面）。这些预测与实验观察到的是一致的。于是，可以预测沿 α-Fe {100} 面的共格界面大约有几个百分比的线型错配。在垂直于惯习面方向的线型错配则要大得多，大约 40%或更多。

因此，氮化物以微小的薄片形式产生，如长 10nm、厚 1nm，这取决于精密的渗氮条件。与这种论述一致，高分辨率电子显微镜图片显示薄片是连贯的，然而在薄片的边缘可以检测到位错（错配）（图 7-19）。如果存在不止一种合金元素，如 Me_1 = Cr，Me_2 = Al（在著名的渗氮钢中可以见到的合金元素组合），有人可能想知道 Me_1 氮化物和 Me_2 氮化物是各自析出还是会析出混合氮化物 $(Me_1)_x(Me_2)_{1-x}N$。最近研究表明，对于 Me_1 = Cr、Me_2 = Al 和 Me_1 = Cr、Me_2 = Ti 的情况，具有 NaCl 型晶体结构的混合氮化物会优先析出。这可以理解如下：

对于 $Cr_xAl_{1-x}N$，NaCl 型平衡相 CrN 的析出是相对较快的，然而六方平衡相 AlN 的产生则相对很慢，这归因于它与铁素体基体大体积的错配。CrN 析出相的错配应变能可能通过铝的吸收而降低。另外，因为 Cr 和 Al 在铁素体基体中的扩散与 N 的扩散相比是很慢的，所以 Al 原子被“拖”进了成长中的立方 NaCl 型 CrN 析出相中（注意，NaCl 型晶体结构是 AlN 的一种可能的晶体结构，见前面的论述和本节参考文献［84］）。系统因此接受了比最大量少一些的吉布斯自由能的增加，作为一种中间解，由氮化物析出释放，于是析出了 $Cr_xAl_{1-x}N$。

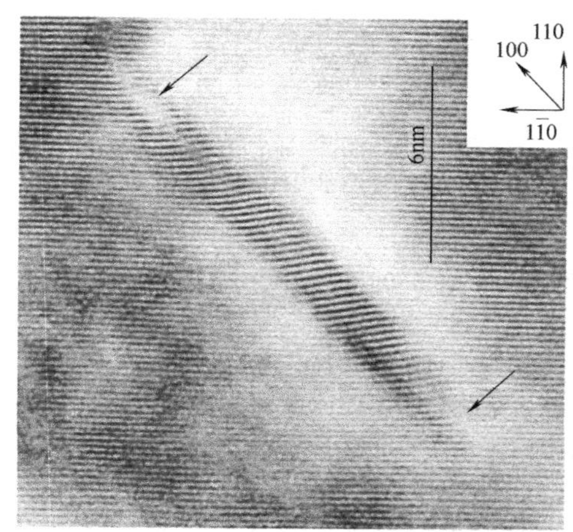

图 7-19　α-Fe 基体（体心立方或面心立方）中氮化钒析出物（岩盐类晶体结构）的高分辨率扫描电镜显微照片

注：在右上角，给出了参照 α-Fe 基体 bcc 晶格的晶体方向图解。选取 α-Fe 基体的（110）晶格平面作为 VN 片的（111）平面，如显微照片中形成对比的黑白线所指示的，黑白线以连续的路径通过基体和颗粒（薄片）。基体和氮化物片之间的界面很清晰。晶格边缘的弯曲是由于基体和片之间的错配带来的弹性调节所致。发生在片边缘的错配位错已经由箭头指出，这些可以设想为垂直于片的面方向的错配的结果，如在片的圆周，垂直于面的方向的错配要比平行于面的方向要大得多［成分（摩尔分数）为 Fe-2.2%V 的合金在 640℃（913K）渗氮 25h］。

对于 $Cr_xTi_{1-x}N$，平衡析出相 CrN 和 TiN 具有相同的 NaCl 型晶体结构。Ti-N 的相互作用参数明显大于 Cr-N 的作用参数。所以，TiN 沉淀的驱动力比 CrN 沉淀要大得多。TiN 沉淀的错位应变能可以通过 Cr 的吸收而降低。另外，因为 Cr 和 Ti 在铁素体基体中的扩散与 N 扩散相比非常慢，所以 Cr 原子被"拖"进了成长中的立方 NaCl 型 TiN 沉淀中。系统因此接受了比最大量少一些的吉布斯自由能的增加，作为一种中间解，由氮化物析出释放，于是析出了 $Cr_xTi_{1-x}N$。

要注意上述两种系统中促进混合氮化物 $(Me_1)_x(Me_2)_{1-x}N$析出的影响因素的细微差别。

混合氮化物的形成释放了相当多的吉布斯自由能。但是，在热力学上析出各自的平衡氮化物是有利的。确实，结果表明，经 580℃（853K）渗氮和 700℃（973K）退火后，扩散层亚稳的 $Cr_xAl_{1-x}N$ 析出物中的 Al 耗尽了，随后释放的 Al 以六方 AlN 的形式在扩散层铁素体内部和晶界上相析出。

在铁基 Fe-Si 固溶体中观察到一种独特的、有趣的现象。从过饱和 Fe-Si-N 固溶体中析出 Si_3N_4存在明显的化学驱动力。然而，这个析出过程非常缓慢，导致几乎理想的弱渗氮动力学（图 7-18）。这种非常缓慢的氮化物析出速度，无疑要归因于氮化物析出物与铁素体基体之间非常大体积的错配，已超过 100%。观察到最终产生的氮化物析出物不是晶体性质的而是非晶体的（虽然成分是 Si_3N_4），这是一个很大的惊喜。对于固态析出过程中的析出物来说，大自然偏爱非晶形态超过晶体形态，这是非常罕见的。对于具有相对大的界面/体积比的小尺寸析出物来说，与晶体形态析出物情况下的界面能相比，其在非晶形态析出物和晶态的铁素体基体之间的界面能的值相对低，可以使非晶形态稳定，从而优于晶体形态。在 580℃（853K）形成的非晶形态析出物最初以带的形式沿着铁素体晶界出现。在生长后期，立方形的非晶氮化物颗粒在铁素体晶粒内部产生。立方形非晶析出物的面（图 7-20）平行于 α-Fe 的 {100} 面，说明非晶态 Si_3N_4和 α-Fe 之间的界面更适宜沿着 α-Fe 的 {100} 形成。在更高温度［650℃（923K）］下，非晶形态的 Si_3N_4析出物出现了奇怪的八爪形态（八爪鱼形）（图 7-20a，图 7-20b）；最初是立方体形的非晶颗粒，具有对界面能有利的外观形态，归因于非常大体积的错配和铁素体基体可大可小的各向异性（特别是在高温时），特别是沿铁素体点阵的<111>方向，经过长大就成了八爪形态。

Fe-Al 合金在没有化合物层（Fe-N）形成的条件下渗氮时，观察到弱 Me-N 相互作用的另一种独

a)

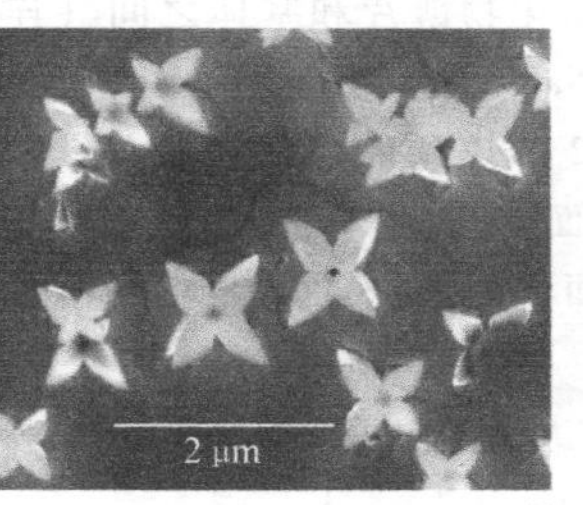

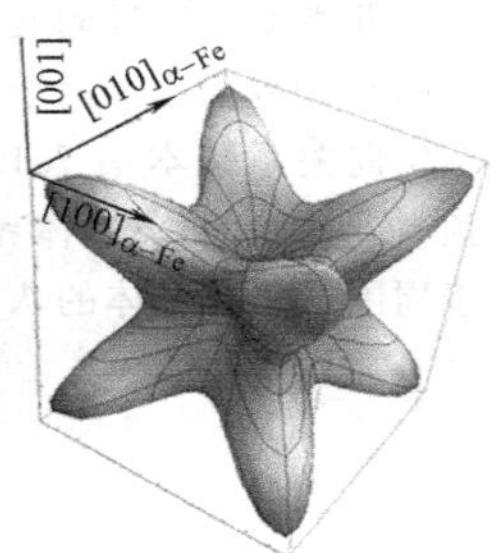

b)

图 7-20　在 Fe-Si 合金渗氮时形成的非晶态 Si_3N_4析出物

a）在比较低的渗氮温度，形成立方体形的硅氮化物析出物；立方体形，其面平行于 α-Fe 基体的 {100} 平面，由有利的界面能决定［成分（摩尔分数）为 Fe-4.5% Si 的合金试样，在 600℃（873K），$r_N = 0.02atm^{-1/2}$，渗氮 40h；扫描电镜显微照片摄自经二氧化硅胶体溶液抛光的试样横截面，OPS］　b）在较高的温度，析出八爪鱼形非晶态硅氮化物，是 α-Fe 基体<111>方向择优生长的结果，原因是很大的体积错配和 α-Fe 基体的各向异弹性［成分（摩尔分数）为 Fe-4.5% Si 的合金试样，在 650℃（923K），$r_N = 0.02atm^{-1/2}$，渗氮 48h；扫描电镜显微照片摄自经电解抛光的截面］

特的显微结构（对于长大中的显微组织在铁氮化物层可以产生，见本书 7.1.10 节对弱相互作用的描述）。［成分（摩尔分数）为 Fe-4.65% Al 的试样渗氮时，高密度的显微裂纹沿着铁素体基体的原始晶界产生。这些显微裂纹是因为基体中原来溶解的氮的再结合而产生的。这个过程的发生，是因为六方纤锌矿结构的 AlN 析出速度慢，是溶解氮向结晶的扩散（随后再结合并形成气孔，气孔联合之后，引起了开放的、开裂的晶界）与 AlN 的缓慢析出相竞争的结果。因此，AlN 沉淀发生在晶内，而沿着开放的、开裂的晶界是无析出区域。经过连续渗氮，氮向内扩散使最初仅部分渗氮的晶粒发生完全渗氮。之后，显微裂纹闭合，归因于在渗氮区域产生的压应力——一种非凡的自我修复过程。

3. 吸收氮的类型和过量氮

在基本连贯的合金元素氮化物已经析出的渗氮区域吸收氮的量，可能显著超过预期的量——假设所有 Me 都已经以预计的 MeN_n氮化物形式析出，并且其余的铁素体基体包含有平衡量的溶解氮。实际

观察到的氮含量与这个期望值之间的差被称为过量氮。

详细的研究显示，吸收的氮（至少）可以区分为三类（图7-21）：

Ⅰ类氮。氮强烈地与氮化物沉淀物结合在一起（图7-21）。这种氮基本不容易通过在还原性气氛中（如纯氢气）退氮的方法转移走。

Ⅱ类氮。氮吸附在氮化物薄片和基体之间（连贯的）的界面上。对于NaCl型晶体结构的MeN，结合定向关系和本书7.1.2节提到的薄片形态，可以预料到，在薄片/基体界面上这些吸附的氮原子存在于周围铁素体基体的八面体间隙位置，与MeN薄片中Me原子的位置相反（图7-21a）。对于单层的MeN，这将意味着氮化物薄片位置的真实成分应该以MeN_3表示。吸附的氮原子没有Ⅰ类氮原子的结合力那么强，因此一般可以通过退氮的方式移除。

Ⅲ类氮。氮溶解在铁素体基体的八面体间隙位置（并贯穿基体）（图7-21b）。NaCl型晶体结构的氮化物薄片周围的错配应变区，按上一节的论述是四方的，意味着氮化物薄片周围的铁素体严重地呈四方扭曲（图7-22）。周围铁素体基体的弹性应变与拉伸特性（引起氮的溶解度热力学诱发增大）的静压力分量有关。

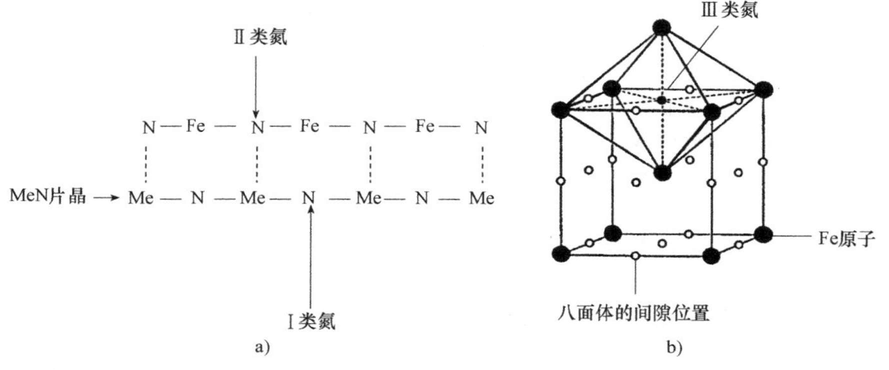

图7-21　三种吸收氮的示意图描述

a) Ⅰ类氮与Me结合在MeN片晶里（NaCl型晶体结构；释出了单层与铁素体基体的Bain或Baker-Nutting位向关系）；Ⅱ类氮吸附在铁素体基体和MeN片晶的界面上，在铁素体基体中的八面体间隙里，与MeN片晶中的Me原子直接接触　b) Ⅲ类氮溶解在铁素体基体八面体间隙位置

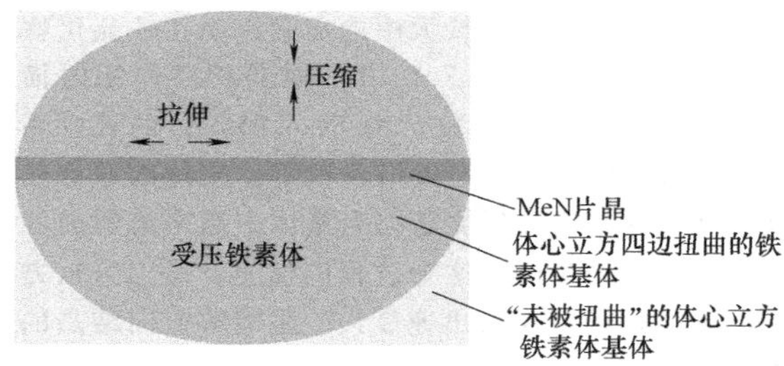

图7-22　MeN片晶（NaCl型晶体结构，与铁素体基体呈Bain或Baker-Nutting位向关系）及其周围铁素体基体中的错配应力场示意图

注：析出相/基体错配的弹性调节使与片晶/基体界面平行的方向被拉伸，而与其垂直的方向被压缩。因此，片晶周围的铁素体基体呈四角形扭曲。

因此，过量氮是吸附氮（Ⅱ类氮）和过剩的溶解氮（也就是，实际溶解氮的量减去错配应变不存在时的溶解氮的量）之和。试样/零件吸收的过量氮的总量绝不是临界的。吸附在氮化物/基体界面上的Ⅱ类过量氮，在实际情况中可能是以NaCl型晶体结构的MeN形式析出所有Me所必需的氮的50%，而溶解在铁素体基体中的过量氮的量可能大约是溶解氮的平衡量。过量氮的出现对渗氮动力学有很大的影响（见本书7.1.13节）。

4. 渗氮合金钢

在物理冶金学中，以下的经验法则适用：氧化物比氮化物更稳定，后者又比碳化物更稳定。因此，对经过淬火和回火的钢渗氮时（钢中的合金元素既与碳亲和，又与氮亲和），在渗氮之前由淬回火处理形成的合金元素碳化物颗粒，可能被氮化物颗粒所取代。在碳化物颗粒与扩散层中的氮反应时，对已有碳化物颗粒进行改造，从而取代它。这个过程相当缓慢，因此不仅发生在试样表面，而且在随后的渗氮前推进到试样/零件内部。释放的碳原子可以沿着化合物层的方向向外扩散，在扩散区域以碳化物形式（渗碳体）沿晶界析出以及向里扩散到未渗氮的心部，那里可以发生碳化物的明显长大。这三种效应都已经被观察到。图7-23a所示的显微照片展示了这种沿晶界析出的碳化物，多少都与表面平行。这些碳化物的这种择优取向是由扩散区域存在的平行于表面的残余压应力引起的。氮和碳的浓度-深度分布如图 7-23b 所示，突出了扩散区中碳化物（在晶界）的存在（图中用箭头和虚线指示）和氮扩散区下面的富碳区的发展。

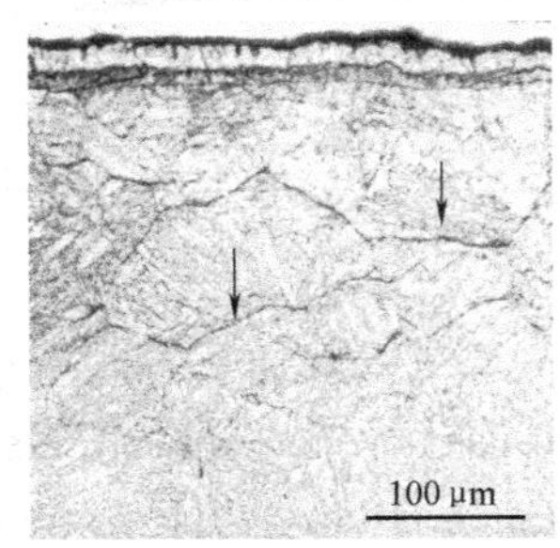

a)

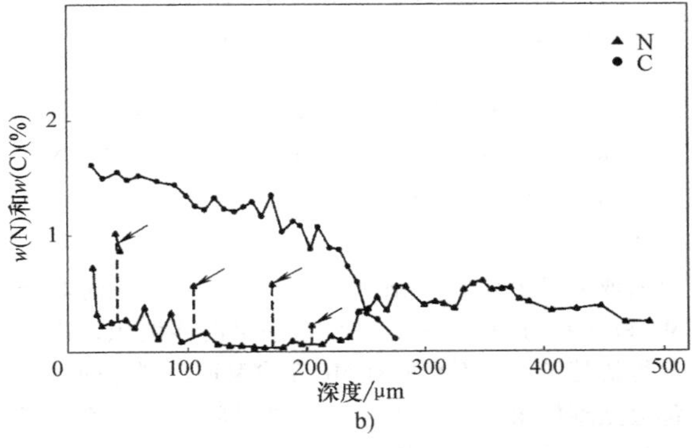

b)

图　7-23

a）淬火、回火钢渗氮时渗碳体多少都沿与表面平行的原奥氏体晶界析出［见显微照片中的箭头；淬火、回火态的 24CrMo13 或 En14B 钢在 580℃（853K）盐浴渗氮 2h 后，横截面光镜显微照片，经过村上（Murakami）试剂腐蚀，可以将碳化物染黑］　b）淬火回火态的 24CrMo13 或 En14B 钢在 580℃（853K）盐浴渗氮 4h 后，氮和碳浓度-深度曲线，电子探针显微分析测得。晶界碳化物（渗碳体）的存在显示为碳含量的突然升高（见图中箭头和虚线）。同样，出现在氮扩散区下面的富碳区也暴露无遗

7.1.13　扩散层长大动力学

在试样/零件表面如果没有化合物层形成，如在纯铁（α-Fe）和不含亲氮合金元素的碳钢中具有的氮浓度-深度分布，是以下过程竞争的结果：

1）分解过程［式（7-2）］。

2）气-固界面上的再结合与解析过程［式（7-17）］。

3）固体基体内的扩散过程（见 7.1.9 节和 7.1.11 节）。

氮浓度-深度分布通常不能仅根据菲克第二定律的解（解析或数值）直接计算出来。必须结合上述过程的数值计算（图 7-6）。在下文中，假设在表面基本达到了稳态/局部平衡（如果渗氮/氮碳共渗进行的条件不允许形成化合物层）或者在化合物层和基体的扩散层的界面实现了局部平衡。而且，理所当然地认为在扩散区域碳的任何扩散和吸收都可以被忽略，认为碳在铁素体中的溶解度非常小（表 7-1）。

如果以上所说的条件能够成立，那么纯铁和碳钢中扩散层的生长速率只受氮在铁素体中向内的扩散控制。这对于含有亲氮合金元素的铁基合金中扩散层的生长是不同的。在那种情况下，MeN_n 氮化物的析出过程动力学对渗氮动力学有巨大的影响，从而影响到氮浓度-深度分布。这些析出动力学可以通过形核（形核活化能）、长大（长大活化能，长大可能是界面或扩散控制，或混合控制模式）和碰撞机制来控制。因此，氮向铁素体基体内的扩散是那些共同控制渗氮动力学中仅有的一个。现有知识还不足以提供一个能考虑合金化铁素体基体渗氮过程全部复杂性的包容模型。仅对强 Me-N 相互作用（对于强和弱 Me-N 相互作用的定义见本书 7.1.12 节）的情况，能给出一个渗氮区域厚度与恒温下渗氮时间之间的简单关系。为此，当不存在生长中的化合物层的时候，做如下假设：

1）铁素体基体中溶解的氮表现出亨利（Henrian）行为。这意味着氮在铁素体基体中的扩散系数 D_N 与溶解的氮含量无关。

2）溶解氮与溶解 Me 形成 MeN_n［或混合氮化物 $(Me_1)_x(Me_2)_{1-x}N_n$］的反应，仅仅并完全在渗氮区域和未渗氮心部之间的明显界面上发生。

3）与反应界面上消耗的氮量相比，在渗氮层铁素体基体中建立浓度分布所需的氮量可忽略不计。

4）Me 的扩散可以忽略，并且不影响渗氮速率。

5）在渗氮剂和试样的界面，局部平衡占优势，从而表面溶解氮的浓度等于氮的晶格溶解度 c_N^s，如渗氮气氛中氮的化学势给出的一样。

有了这些假设和近似的溶解氮浓度梯度 $-c_N^s/z$，这里 z 是反应前沿的深度坐标，在时间 dt 内达到反应前沿的氮量（横截面每单位面积的量，横截面垂直于扩散方向/试样表面法线方向）等于 $-c_N^s D_N/z dt$。这个氮量必须等于将反应前沿推进 dz 距离所需要的氮量，也就是 $nc_{Me}dz$，其中 c_{Me} 是 Me 的浓度。在恒定温度下整合得到的微分方程，就得到了下面 z 和 t 的抛物线关系：

$$z^2 = t\left(\frac{2c_N^s D_N}{nc_{Me}}\right) \tag{7-22}$$

这种形式的方程众所周知，并且在之前内氧化的情况下应用过。

如果同时产生化合物层，这里的处理在以下条件的基础上可能也是适用的：化合物层与基体相比较薄，并且化合物层生长覆盖的速度要比基体氮浓度-深度分布的深度范围要慢得多，那么，化合物层长大对基体部分的消耗可以忽略。然后，在生长中的化合物层的存在下，如果发生 Me-N 的强相互作用，将 $z=0$ 作为化合物层与扩散层的界面位置，也可以应用式（7-22）。

式（7-22）的正确性可以用两个例子验证。按照式（7-5b），假设在表面局部平衡占优势，固体表面的氮活度与氮势是成比例的。在铁素体基体中，亨利定律对于溶解氮适用。因此，c_N^s 与 r_N 成比例。然后，根据式（7-22）所代表的粗糙模型，渗氮前沿的深度 z 一定近似与 $(r_N)^{1/2}$ 成比例，如试验观察到的一样（图 7-24）。同样根据式（7-22），渗氮前沿深度的平方与 t/c_{Me} 成比例。图 7-25 所示的浓度-深度分布曲线对应于 Fe-7%Cr 合金试样和 Fe-20%Cr 合金试样在相同条件下分别渗氮 7h 和 15h。根据与 t/c_{Me} 成比例的原则，这些试样渗氮深度的平方的比应该是 4/3，与试验结果并不是很吻合。这种不符归因于表面溶解氮浓度的区别，受过量溶解的氮（取决于合金元素氮化物沉淀的量）的影响（见图 7-25 的说明）。

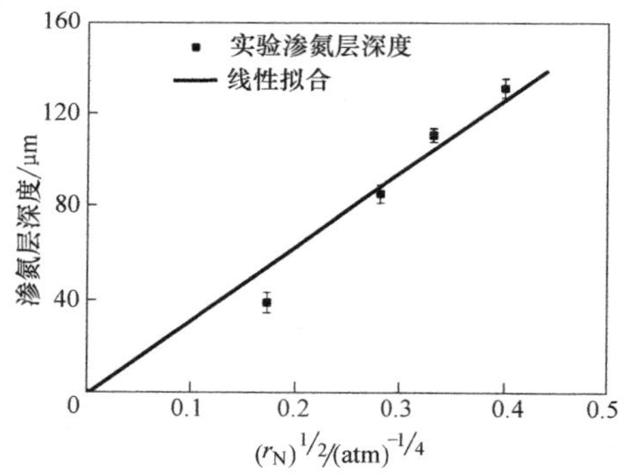

图 7-24 Fe-7%Cr 合金试样在 580℃（853K）渗氮 4h 的渗氮层深度（扩散区范围）z 与氮势平方根 $r_N^{1/2}$ 的关系

我们仍然局限于 Me-N 强相互作用的理想情况，对上面提到的高度简化模型进行两个明显的修正还是有必要的。

第一，假设所有 Me 在 N 达到极限时就立刻析出似乎不切实际，溶解氮的浓度并不会从某一深度的饱和水平突然降低到 0。反而，可以看到在渗氮前沿有一个深度范围，在这个深度范围，溶解氮实际

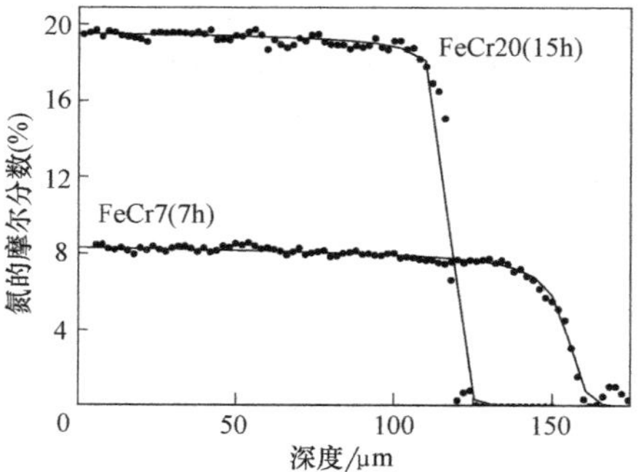

图 7-25 Fe-7%Cr 和 Fe-20%Cr 合金在 580℃（853K）、$r_N=0.1\text{atm}^{-1/2}$ 条件下分别渗氮 7h 和 15h 后的氮浓度-深度曲线

注：试验数据（图 7-25 中的点）是由电子探针显微分析得到的。这些数据的完整曲线是根据本书 7.1.13 节描述的模型与试验数据拟合的结果，有以下拟合参数：

对 Fe-7%Cr 试样，$c_{sN}=0.35\%\text{N}$，$b=1.18$，$K_{CrN}=0.02\text{nm}^{-6}$；对 Fe-20%Cr 试样，$c_{sN}=0.26\%\text{N}$，$b=1.176$，$K_{CrN}=0.02\text{nm}^{-6}$。

上从或多或少存在逐渐变到 0。然后，意识到对于 Me 和 N 在与 MeN_n 平衡时存在一定的溶度积，这就变得清楚了，并不是所有 Me 在渗氮前沿到达的时候都会立刻析出。只有在过了一段时间之后，溶解氮达到了其溶解度水平的时候，Me 析出的量也达到最大值。与此同时，渗氮前沿进一步向试样/零件内部推进。

第二，试样中各种 N 对渗氮动力学有不同的影响。我们必须分清本书 7.1.12 节所论述的Ⅰ、Ⅱ、Ⅲ类氮（也可参看图 7-21）。氮化物层吸收的氮（明显地）以及氮化物层表面吸附的过量氮对氮扩散过程并没有贡献，Ⅰ、Ⅱ类氮是固定不动的氮。铁素体基体中溶解的氮可以扩散，Ⅲ类氮是可迁移的氮（注意，溶解氮的量可能是纯铁中溶解氮平衡量的多倍；氮的过量溶解归因于氮化物层周围的错配应力场）。这些考量导致了下面的渗氮模型，只能用数值法求解。

氮在铁素体基体中向内扩散可以用菲克第二定律描述：

$$\frac{\mathrm{d}c_N(z,t)}{\mathrm{d}t}=D_N\frac{\mathrm{d}^2c_N(z,t)}{\mathrm{d}z} \qquad (7\text{-}23)$$

式中，$c_N(z,t)$ 是铁素体基体在深度为 z、时间为 t、温度为 T 时溶解氮的浓度。MeN_n 的形成将铁素体基体中溶解的可迁移氮迁移了。之后这部分氮被捕获

变成了固定不动的氮。MeN_n 的形成可以描述为

$$Me+nN\leftrightarrow MeN_n \tag{7-24}$$

式中，Me 是合金元素；N 是 α-Fe 基体中溶解的氮。这个反应的平衡常数 $K=1/K_{MeN_n}$，溶度积 K_{MeN_n} 由下式给出：

$$K_{MeN_n}=[Me][N]^n \tag{7-25}$$

式中，[Me] 和 [N] 分别表示在 α-Fe 基体中溶解的 Me 和溶解 N 的浓度。如果满足以下条件 MeN_n 会在一定位置析出：

$$[Me][N]^n>K_{MeN_n} \tag{7-26}$$

在求解菲克第二定律［式（7-23）］的时候，必须在每个位置（深度 z）、每个时间（步）测试溶度积 K_{MeN_n} 是否被超过。如果遇到这种情况，在研究的位置应当允许 MeN_n（强相互作用）瞬时析出，直到 $[Me][N]^n=K_{MeN_n}$。在此基础上，可以在相应的边界条件约束下用数值有限差分法来求解菲克第二定律。固定不动的过量 N（Ⅱ类氮）的量可以通过改变氮化物颗粒的化学计量方法来计算：MeN_n 变成 MeN_b，这里 $b=n+x$，其中 x 表示固定不动的过量 N 的贡献。注意，x 取决于化合物层的厚度［对于单层 MeN($n=1$)，$x=2$，见本书 7.1.12 节］。可迁移的过量氮的存在，即超过纯 α-Fe 平衡量的溶解氮的量，可以采用本节参考文献［53］给出的模型来解释。

鉴于图 7-26a 所示的模拟结果，可以对可迁移氮和不可迁移氮的影响进行评估。如果仅存在可迁移的过量氮，用较高的值 c_N^s 表示，与不存在可迁移过量 N 的情况相比，氮化层（深度）范围明显更大（见图 7-26a 中虚线和实线的对比）。如果仅存在不可迁移的过量氮，用一个比 n 大的值 b 表示（对于 CrN 沉淀的情况，$n=1$），氮的渗入深度更小（见图 7-26a 中虚线和实线的对比）。c_N^s 和 b 用的值是真实值，是从本节参考文献［58，92-96，101，103］的试验结果推导出的。鉴于不可迁移和可迁移过量氮对渗氮动力学的显著影响，在任何渗氮动力学模型中都势必要体现过量氮的存在。

图 7-26b 说明了溶度积 K_{MeN_n} 的作用。随着溶度积的增加，渗氮区向未渗氮区的过渡（也就是反应前沿）变得不那么陡峭。相对大的 K_{MeN_n} 值意味着（在渗氮前沿）不是所有溶解氮瞬间与 Me 反应生成 MeN_n，因此，K_{MeN_n} 越大，渗氮层的范围也越大，虽然连带着试样/零件的渗氮区向未渗氮区的过渡更加平缓。注意，不可迁移和可迁移的过量氮的量可能取决于恒温下的渗氮时间，因为它们取决于 MeN_n 沉淀的范围和 MeN_n 沉淀颗粒时效的阶段（和尺寸）；溶度积 K_{MeN_n}，不取决于恒温下渗氮的时间。

对于铬含量不同的二元 Fe-Cr 合金，在相同的条件下渗氮不同时间，之前描述的模型与实验测得的氮浓度-深度分布曲线的匹配结果如图 7-25 所示，图 7-27 所示曲线则是一种 Fe-V 合金在不同温度下渗氮的匹配结果。该模型做了相应的改进后，还可以用于 Fe-Me_1-Me_2 三元合金试样的渗氮中。在所有这些情况下，模型对试验数据表现出令人满意的符合度。为了解释拟合参数获得的值，例如 b 的值，作为温度的函数，见本节参考文献［53，101，103］。

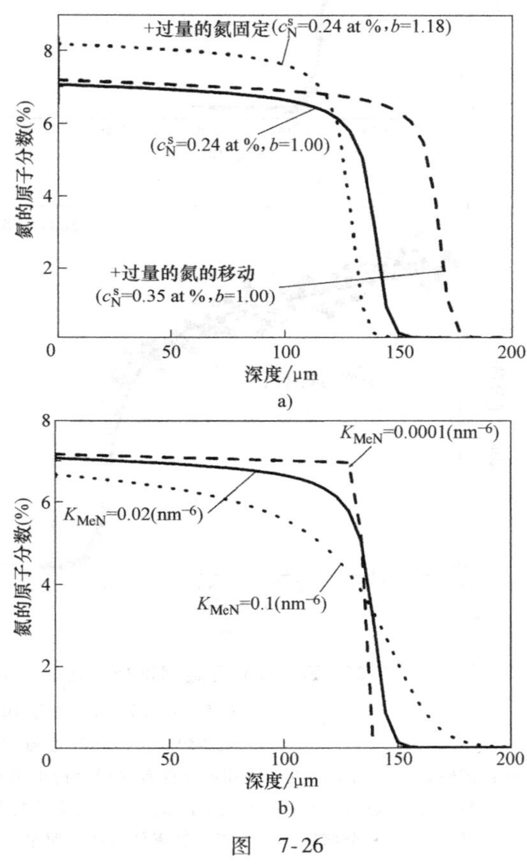

图 7-26

a）可移动和不可移动的过量氮对氮浓度-深度曲线的影响

b）溶解度乘积 K_{CrN} 对氮浓度-深度曲线的影响

注：图 7-26a 和图 7-26b 中所示的例子，是 Fe-7%Cr 合金薄片在 580℃（853K）、$r_N=0.1atm^{-1/2}$ 的条件下渗氮 7h 得到的。

考虑弱 Me-N 相互作用的情况，与上面强 Me-N 相互作用给出的模型相比，渗氮动力学模型描述复杂程度要增加。在这种情况下，MeN_n 的析出并不在溶度积局部被超过就立刻发生。热激活的形核和长大、过饱和度随时间（和位置）不断变化的过程以及受碰撞机制（软）控制的 MeN_n 沉淀过程，都必须

考虑。对于过饱和均质试样来说，这就是一个材料科学难题了。渗氮过程要求，渗氮动力学的综合模型必须能同时解释氮在恒温下，氮向内扩散导致的过饱和度与时间及位置的相关性和沉淀过程动力学

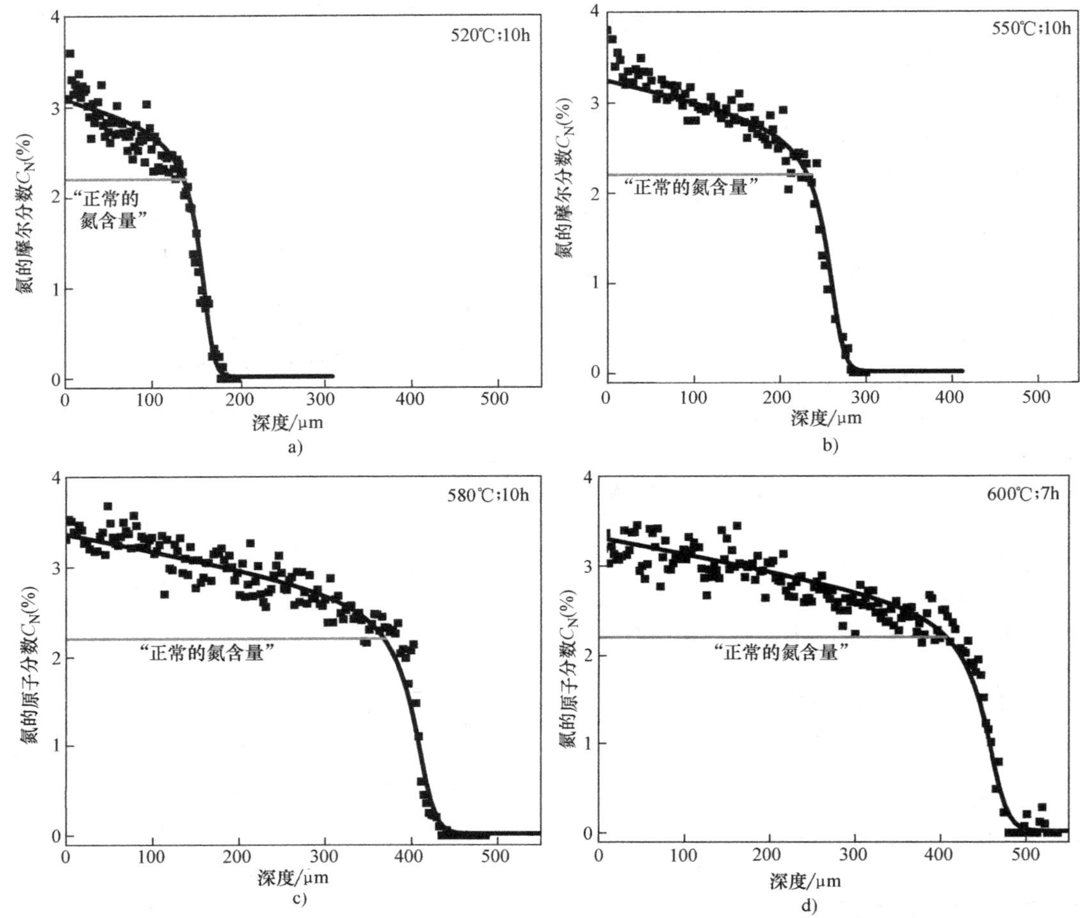

图 7-27 Fe-2%V 合金钢试样，在 $r_N=0.103\text{atm}^{-1/2}$ 条件下渗氮后的氮浓度-深度曲线

a）在 520℃（793K）渗氮 10h b）在 550℃（823K）渗氮 10h

c）在 580℃（853K）渗氮 10h d）在 600℃（873K）渗氮 7h

注：试验数据（图中的点）是用电子探针显微分析得到的。利用这些数据绘制的完整曲线是根据 7.1.13 节描述的模型与实验数据拟合的结果。图中标注为"正常氮的含量"的水平线表示，如果仅仅按结合在 MeN 析出物里（这里是 VN、V 全部析出）的氮和铁素体基体按照平衡状态（无应力）溶解的氮计算所需要吸收的氮。真实的吸收氮的量要明显更大，表明有相当多的过量氮的存在。

在局部强烈不同的时间相关性。一个可行的方法是，采用一个相对简单的沉淀动力学模型［约翰逊-梅尔-阿弗拉米-柯尔莫戈洛夫（Johnson-Mehl-Avrami-Kolmogorov）模型较受欢迎，但是描述实际情况的能力有限］，并将这样的模型与氮向内扩散过程的数值解结合起来。这个研究领域，还没有取得具有实际意义的结果。

7.1.14 结束语

渗氮过程及其变体给材料科学家和材料工程师带来了巨大的挑战。作者这里不是给出一系列结论，而是举出实例，引用一些对自然的科学理解具有根本重要性的重大主题，在这里强调以下几点：

1）平衡的解释在某种意义已经明确了，对于 Fe-N 系统来说，平衡是基于周围气氛中 NH_3 与 H_2 含量和明确定义的反应正向、逆向达到稳定状态来定义的。自莱勒（Lehrer）之后的 80 多年我们逐渐认识到，所谓的稳态的出现是参与渗氮的介质与渗氮对象交换的进一步反应的结果。这种稳态也可以认为是（动态）平衡。不管怎样，参考平衡的选择［此处指式（7-2）平衡的建立，见本书 7.1.5 节］，

或者可以描述为式（7-15）和式（7-16）平衡的（极快）建立（本书 7.1.9 节），实际上引入稳态的概念是有必要的，因此，试验确定的莱勒（Lehrer）图不能代表真正的“参考”平衡。

2）对固体内多组分扩散的研究相当少。而这些组分在铁基试样/零件的氮碳共渗中扮演着重要角色。直到 2013 年，致力于氮和碳在 Fe-C-N 相中同时向内扩散的严谨研究才第一次发表（见本书 7.1.11 节）。用所谓的热力学因子表达 Fe-N-C 相中氮碳强烈的相互作用。对以上这些认识，最终会有助于对 Fe-C-N 三元系热力学基于试验的描述，因此，相关文献中很多关于三元 Fe-C-N 相图的争论最终将会被去除。

3）合金元素氮化物/基体错配应力会严重影响氮的吸收能力（即过量氮的发生），在近几年已经成为一种普遍共识（见本书 7.1.12 节）。固定的和非固定的过量氮都会极大地影响渗氮动力学的观点尚未得到广泛认可（见本书 7.1.13 节）。未来任何为了实际应用的成功的渗氮动力学模型都将包含固定的和非固定的过量氮的情况。

4）为渗氮目的而开发的钢化学成分在很大限度上是以经验法确定的。关于根本性质的研究始于解决（置换溶解的）合金元素的影响和相互作用，特别是对渗氮动力学。对潜在显著的实践结果进行这种研究取得的研究成果的一个例子，就是近来已经提出将强 Me-N 相互作用的合金元素（特别是当前被认为对渗氮有用的这些合金元素）与弱 Me-N 相互作用的合金元素相结合，会引起化合物层可控的、大显微结构的、形态学的改变（见本书 7.1.10 节）。

表面上看，这篇文章中的一些研究结果和见解可能没有实用性，这可能是一种误解。材料工程师需要具备可以发展模型和设备的基础知识，以便控制和调整渗氮/氮碳共渗过程。重新考虑 1997 年发表的一篇综述论文中描述的研究动态，必然可以得出这样的结论：我们的科学认识在其后的 15 年或更多年里已得到了明显的发展。然而，我们仍然与能调整渗氮/氮碳共渗过程的应用程序相距甚远，尽管在过去几年的实践中取得了很多进展，包括研究出了具有改良可控性/再现性的新的工艺变体。但是，除了基于经验主义/经验，要在实践中预测（即了解）渗氮/氮碳共渗过程的结果是不可能的。不幸的是，这种情况与 1997 年并没有多少不同。一个显著的例子是，与本节参考文献［24］中的描述相比，渗氮传感器的发展尚没有多大进步，工艺实践中控制和确定渗氮时零件表面的氮的化学势仍不容易。此外，氮碳共渗目前的情况是，对氮的化学势和碳的化学势都可以同时控制和知道的方法（对可控、可调的氮碳共渗来说是绝对需要的）在最近才发表，并且只能在实验室应用（见本书 7.1.8 节）。毫无疑问的是，即使渗氮/氮碳共渗技术已应用了 100 多年，但是材料科学与工程的未来发展与配套工程概念的出现相结合，将有助于对渗氮和氮碳共渗动力学和热力学进行更深入的了解。

致谢

本节的完成离不开 Marcel Somers 教授（丹麦技术大学，Lyngby）和 Jan Slycke 博士（原斯凯孚工程研究中心，荷兰 Nieuwegein，现已退休）的长期合作，以及同事们的密切配合。他们是：Andreas Leineweber 博士，Sai Ramudu（Sairam）Meka 博士，Ralf Schacherl 博士。

Sairam Meka 博士和 Dipl.-Ing Bastian Rheingans 阅读了本节第一稿（一部分）后，与作者进行了讨论并给出了有价值的建议。Ralf Schacherl 博士对所有图片的准备给予了帮助；图 7-4c、图 7-6 和图 7-7 基本上是建立在 Minsu Jung 博士的计算上的。作者之前的博士研究生对于本文的产生做出了本质贡献。他们有 Herman Rozendaal、Marcel Somers 和 Mohammad Biglari 等，都是在 Delft 渗氮课题组；以及 Ralf Schacherl、Tatiana Liapina、Santosh Hosmani、Nicolas Vives Diaz、Thomas Gressmann、Marc Nikolussi、Arno Clauss、Sai Ramudu Meka、Kyung Sub Jung、Thomas Woehrle、Holger Selg、Benjamin Schwarz、Matei Fonovic、Holger Goering、Maryam Akhlaghi 和 Tobias Steiner 等人，他们之前或现在都在 Stuttgart 渗氮课题组。

参考文献

1. A. Machlet, Treatment of Steel, Iron, etc., U. S. Patent 1, 065, 379, 1913
2. A. Fry Stickstoff in Eisen, Stahl und Sonderstahl, Ein neues Oberflaechenhaertungsverfahren, *Stahl Eisen*, Vol 43, 1923, p1271-1279 (in German)
3. E. J. Mittemeijer, A. B. P. Vogels, and P. J. van der Schaaf, Morphology and Lattice Distortions of Nitrided Iron, IronChromium Alloys and Steels, *J. Mater. Sci.*, Vol 15, 1980, p3129-3140
4. T. B. Massalski, Ed. in Chief, *Binary Alloy Phase Diagrams*, 2nd ed., ASM International, 1996
5. H. A. Wriedt and L. Zwell, Lattice Dilatation of Alpha-Iron by Nitrogen, *Trans. AIME*, Vol 224, 1962, p1242-1246

6. P. Ferguson and K. H. Jack, Quench-Aging and Strain-Aging of Nitrogen-Ferrite, in *Proc. Heat Treatment' 81*, The Metals Society, London, p158-163

7. L. Cheng, A. Böttger, T. H. de Keijser, and E. J. Mittermeijer, Lattice Parameters of Iron-Nitrogen Martensites and Austenities, *Scr. Metall. Mater.*, Vol 24, 1990, p509-514

8. M. Onink, C. M. Brakman, F. D. Tichelaar, E. J. Mittemeijer, and S. van der Zwaag, The Lattice Parameters of Austenite and Ferrite in Fe-C Alloys as Functions of Carbon Concentration and Temperature. *Scr. Metall. Mater.*, Vol 29, 1993, p1011-1016 (including thermal expansion data)

9. M. J. van Genderen, A. Böttger and E. J. Mittemeijer, Formation of α″ Iron Nitride in FeN Martensite: Nitrogen Vacancies, Iron-Atom Displacements and Misfit-Strain Energy, *Metall. Mater. Trans. A*, Vol 28, 1997, p63-77

10. M. J. van Genderen, A. Böttger, R. J. Cernik, and E. J. Mittemeijer, Early Stages of Decomposition in Iron-Carbon and Iron-Nitrogen Martensites: Diffraction Analysis Using Synchrotron Radiation, *Metall, Trans. A*, Vol 24, 1993, p1965-1973

11. M. A. J. Somers, N. M. van der Pers, D. Schalkoord, and E. J. Mittermeijer, Dependence of the Lattice Parameter of γ′ Iron Nitride, Fe_4N_{1-x}, on Nitrogen Content; Accuracy of Nitrogen Absorption Data, *Metall. Trans. A*, Vol 20, 1989, p1533-1539 (including thermal expansion data)

12. T. Liapina, A. Leineweber, E. J. Mittemeijer, and W. Kockelmann, The Lattice Parameters of ε-Iron Nitrides: Lattice Strains Due to a Varying Degree of Nitrogen Ordering, *Acta Mater.*, Vol 52, 2004, p173-180

13. P. Villars and L. D. Calvert, in *Pearson's Handbook of Crystallographic Data for Intermetallic Phases*, American Society for Metals, 1985, p1520, 2162

14. E. J. Mittemeijer, *Fundamentals of Materials Science*, Springer-Verlag, Berlin Heidelberg, 2010

15. K. H. Jack, Nitriding, *Proc. Heat Treatment' 73*, The Metals Society, London, p39-50

16. T. Bell, Ferritic Nitrocarburizing, *Heat Treat. Met.*, Vol 2, 1975, p39-49

17. S. Malinov, A. J. Böttger, E. J. Mittemeijer, M. I. Pekelharing, and M. A. J. Somers, Phase Transformations and Phase Equilibria in the Fe-N System at Temperatures below 573K, *Metall. Mater. Trans. A*, Vol 32, 2001, p59-73

18. B. Prenosil, Einige neue Erkenntnisse ueber das Gefuege von um 600℃ in der Gasatmosphaere carbonitrierten Schichten, *Härt.-Tech. Mitt.*, Vol 28, 1973, p157-164 (in German)

19. M. A. J. Somers and E. J. Mittemeijer, Porenbildung und Kohlenstoffaufnahme beim Nitrocarburieren, *Härt.-Tech. Mitt.*, Vol 42, 1987, p321-331 (in German)

20. E. J. Mittermeijer and J. Slycke, Chemical Potentials and Activities of Nitrogen and Carbon Imposed by Gaseous Nitriding and Carburising Atmospheres, *Surf. Eng.*, Vol 12, 1996, p152-162; see also (for a German version) E. J. Mittemeijer and J. T. Slycke, Die thermodynamischen Aktivitäten von Stickstoff und Kohlenstoff verursacht von Nitrier-und Carburier-gasatmosphären, *Härt.-Tech. Mitt.*, Vol 50, 1995, p114-125

21. W. Schroeter, Zu einigen Beziehungen zwischen den Systemen Fe-C und Fe-N, Diskussion ueber ein stabiles Zustandssytem Fe-N, *Wiss. Z. Tech. Hochsch. Karl-Marx-Stadt*, Vol 24, 1982, p795-809 (in German)

22. E. Lehrer, Ueber das Eisen-Wasserstoff-Ammoniak-GlEichgewicht, *Z. Elektrochem.*, Vol 36, 1930, p383-392 (in German)

23. J. Stein, R. E. Schacherl, M. Jung, S. R. Meka, B. Rheingans, and E. J. Mittemeijer, Solubility of Nitrogen in Ferrite; The Fe-N Phase Diagram, *Int. J. Mat. Res.*, DOI 10.3139/146.110968

24. E. J. Mittemeijer and M. A. J. Somers, Thermodynamics, Kinetics and Process Control of Nitriding, *Surf. Eng.*, Vol 13, 1997, p483-497

25. E. J. Mittemeijer, P. F. Colijn, M. van Rooijen, P. J. van der Schaaf, and I. Wierszyllowski, in *Proc. Heat Treatment 81, Discussion: Surface Heat Treatments—Austenitic*, The Metals Society, London, p220-221

26. T. Gressmann. M. Nikolussi, A. Leineweber, and E. J. Mittemeijer, Formation of Massive Cementite Layers on Iron by Ferritic Carburising in the Additional Presence of Ammonia, *Scr. Mater.*, Vol 55, 2006, p723-726

27. A. Leineweber and E. J. Mittemeijer, Cementite-Layer Formation by Ferritic Nitrocarburising. *HTM J. Heat Treat. Mater.*, Vol 63, 2008, p305-314

28. H. J. Grabke, Kinetik und Mechanismen der Oberflaechenreaktionen bei der Auf-und Entkohlung und Auf-und Entstickung von Eisen in Gasen, *Arch. Eisenhuettenwes.*, Vol 46, 1975, p75-81 (in German)

29. A. Leineweber, T. Gressmann, and E. J. Mittemeijer, Simultaneous Control of the Nitrogen and Carbon Activities during Nitrocarburising of Iron, *Surf. Coat. Technol.*, Vol 206, 2012, p2780-2791

30. A. T. W. Kempen and J. C. Wortel, The Influence of Metal Dusting on Gas Reactions, *Mater. Corros.*, Vol 55, 2004, p249-258

31. H. Du, M. A. J. Somers, and J. Ågren, Microstructural and Compositional Evolution of Compound Layers during Gaseous Nitrocarburizing, *Metall. Mater. Trans. A*, Vol 31, 2000, p195-211

32. S. Hoja, H. Kluemper-Westkamp, F. Hoffmann, and H.-W. Zoch, Mit Nitrierund Kohlungskennzahl geregeltes Nitrocarburieren, *HTM J. Heat Treat. Mater.*, Vol 65, 2010, p22-29 (in German)

33. M. Fonovic, A. Leineweber, and E. J. Mittemeijer, Nitrogen Uptake by Nickel in NH3-H2 Atmospheres, *Surf. Eng.*, in press. DOI 10.1179/1743294413Y.00000000173

34. H. J. Grabke, Reaktionen von Ammoniak, Stickstoff und Wasserstoff an der Oberflaeche von Eisen; I. Zur Kinetik der Nitrierung von Eien mit NH_3-H_2-Gemischen und der Denitrierung, *Ber. Bunsenges. Phys. Chem.*, Vol 72, 1968, p533-541 (in German)

35. H. J. Grabke, Reaktionen von Ammoniak, Stickstoff und Wasserstoff an der Oberflaeche von Eisen; Ⅱ. Zur Kinetik der Nitrierung von Eisen mit N_2 under Desorption von N_2, *Ber. Bunsenges. Phys. Chem.*, Vol72, 1968, p541-548 (in German)

36. H. J. Grabke, Conclusions on the Mechanism of Ammonia-Synthesis from the Kinetics of Nitrogenation and Denitrogenation of Iron, *Z. Phys. Chem. Neue Folge*, Vol 100, 1976, p185-200

37. H. C. F. Rozendaal, E. J. Mittemeijer, P. F. Colijn, and P. J. van der Schaaf, The Development of Nitrogen Concentration Profiles on Nitriding Iron, *Metall. Trans. A*, Vol 14, 1983, p395-399

38. P. B. Friehling, F. B. Poulsen, and M. A. J. Somers, Nucleation of Iron Nitrides during Gaseous Nitriding of Iron; Effect of a Preoxidation Treatment, *Z. Metallkd.*, Vol 92, 2001, p589-595

39. M. A. J. Somers and E. J. Mittemeijer, Verbindungsschichtbildung während des Gasnitrierens und des Gas-und Salzbadnitrocarburierens, *Härt.-Tech. Mitt.*, Vol 47, 1992, p5-12 (in German)

40. R. Hoffmann, E. J. Mittemeijer, and M. A. J. Somers, Verbindungsschichtbildung berm Nitrieren und Nitrocarburieren, *Härt.-Tech. Mitt.*, Vol 51, 1996, p162-169 (in German)

41. S. S. Hosmani, R. E. Schacherl, and E. J. Mittemeijer, Compound Layer Formation on Iron-Based Alloys upon Nitriding; Phase Constitution and Pore Formation, *HTM Z. Werkst. Wärmebeh. Fertigung*, Vol 63, 2008, p139-146

42. M. A. J. Somers and E. J. Mittemeijer, Formation and Growth of Compound Layer on Nitrocarburizing Iron: Kinetics and Microstructural Evolution. *Surf. Eng.*, Vol 3, 1987, p123-137

43. M. A. J. Somers, P. F. Colijn, W. G. Sloof, and E. J. Mittemeijer Microstructural and Compositional Evolution of Iron-Carbonitride Compound Layers during Salt-Bath Nitrocarburizing, *Z. Metallkd.*, Vol 81, 1990, p33-43

44. T. Woehrle, A. Leineweber, and E. J. Mittemeijer, Influence of the Chemical Potential of Carbon on the Microstructural and Compositional Evolution of the Compound Layer Developing upon Nitrocarburizing of α-Iron, *HTM J. Heat Treat. Mater.*, Vol 65 2010, p243-248

45. T. Woehrle, A. Leineweber, and E. J. Mittemeijer, Microstructural and Phase Evolution of Compound Layers Growing on α-Iron during Gaseous Nitrocarburizing, *Metall. Mater. Trans. A*, Vol 43, 2012, p2401-2413

46. J. S. Kirkaldy and D. J. Yound. *Diffusion in the Condensed State*, The Institute of Metals, London, 1978

47. F. J. J. van Loo, Multiphase Diffusion in Binary and Ternary Solid-State Systems, *Prog. Solid State Chem.*, Vol 20, 1990, p47-99

48. M. Nikolussi, A. Leineweber, and E. J. Mittemeijer, Growth of Massive Cementite Layers; Thermodynamic Parameters and Kinetics, *J. Mater. Sci.*, Vol 44, 2009, p770-777

49. E. J. Mittemeijer, W. T. M. Straver, P. F. Colijn, P. J. van der Schaaf, and J. A. van der Hoeven, The Conversion Cementite → ε-Nitride during the Nitriding of FeC Alloys, *Scr. Metall.*, Vol 14, 1980, p1189-1192

50. M. Weller, Point Defect Relaxations, *Mater. Sci. Forum*, Vol 366-368, 2001, p95-140

51. M. Nikolussi, A. Leineweber, and E. J. Mittemeijer, Nitrogen Diffusion through Cementite Layer, *Philos. Mag.*, Vol 90, 2010, p1105-1122

52. M. Nikolussi, A. Leineweber, E. Bischoff, and E. J. Mittemeijer, Examination of Phase Transformations in the System Fe-N-C by Means of Nitrocarburising Reactions and Secondary Annealing Experiments; The α + ε Two-Phase Equilibrium, *Int. J. Mater. Res.*, Vol 98, 2007, p1086-1092

53. M. A. J. Somers, R. M. Lankreijer, and E. J. Mittemeijer, Excess Nitrogen in the Ferrite Matrix of Nitrided Binary Iron-Based Alloys, *Philos. Mag. A*, Vol 59, 1989, p353-378

54. S. S. Hosmani, R. E. Schacherl, and E. J. Mittemeijer, Microstructure of the "White Layer" Formed on Nitrided Fe-7wt.% Cr Alloys, *Int. J. Mater. Res.*, Vol 97, 2006, p1545-1549

55. S. S. Hosmani, R. E. Schacherl, and E. J. Mittemeijer, Morphology and Constitution of the Compound Layer Formed on Nitrided Fe-4wt.% V Alloy, *J. Mater. Sci.* Vol 44, 2009, p520-527

56. S. R. Meka and E. J. Mittemeijer, Abnormal Nitride Morphologies upon Nitriding Iron-Based Substrates, Vol 65, 2013, *JOM*, p769-775

57. D. B. Williams and E. P. Butler, Grain Boundary Discontinuous Precipitation Reactions, *Int. Met. Rev.*, Vol 26, 1981, p153-183

58. P. M. Hekker, H. C. F. Rozendaal, and E. J. Mittermeijer, Excesss Nitrogen and Discontinuous Precipitation in Nitrided Iron-Chromium Alloys, *J. Mater. Sci.*, Vol 20, 1985, p718-729

59. R. E. Schacherl, P. C. J. Graat, and E. J. Mittemeijer, Gaseous Nitriding of Iron-Chromium Alloys, *Z. Metallkd.*, Vol 93, 2002, p468-477

60. S. S. Hosmani, R. E. Schacherl, and E. J. Mittemeijer, Ni-

triding Behavior of Fe-4wt% V and Fe-2wt% V Alloys, *Acta Mater.*, Vol 53, 2005, p2069-2079

61. S. R. Meka, E. Bischoff, R. E. Schacherl, and E. J. Mittemeijer, Unusual Nucleation and Growth of γ' Iron Nitride upon Nitriding Fe-4. 75 at. % Al Alloy, *Philos. Mag.*, Vol 92, 2012, p1083-1105
62. H. Selg, E. Bischoff, I. Bernstein, T. Woehrle, S. R. Meka, R. E. Schacherl, T. Waldenmaier, and E. J. Mittemeijer, Defect-Dependent Nitride Surface-Layer Development upon Nitriding of Fe-1at. % Mo Alloy, Vol 93, 2013, *Philos. Mag.*, p2133-2160
63. M. A. J. Somers and E. J. Mittemeijer, Layer-Growth Kinetics on Gaseous Nitriding of Pure Iron; Evaluation of Diffusion Coefficients for Nitrogen in Iron Nitrides, *Metall. Mater. Trans. A*, Vol 26, 1995, p57-74
64. H. Du and J. Ågren, Gaseous Nitriding Iron—Evaluation of Diffusion Data of N in Gamma-Phase and Epsilon-Phase, *Z. Metallkd.*, Vol 86, 1995, p522-529
65. L. Torchane, P. Bilger, J. Dulcy, and M. Gantois, Control of Iron Nitride Layers Growth Kinetics in the Binary Fe-N System, *Metall. Mater. Trans. A*, Vol 27, 1996, p1823-1835
66. T. Liapina, A. Leineweber, and E. J. Mittemeijer, Phase Transformations in Iron-Nitride Compound Layers upon Low-Temperature Annealing: Diffusion Kinetics of Nitrogen in ε- and γ'-Iron Nitrides, *Metall. Mater. Trans. A*, Vol 37, 2006, p319-330
67. T. Woerhle, A. Leineweber, and E. J. Mittemeijer, Multi-component Interstitial Diffusion in and Thermodynamic Characteristics of the Interstitial Solid Solution ε-$Fe_3(N,C)_{1+x}$; Nitriding and Nitrocarburizing of Pure α-Iron, Vol 44A, 2013, *Metall. Mater. Trans. A*, p2548-2562
68. T. Woehrle, A. Leineweber, and E. J. Mittemeijer, The Shape of Nitrogen Concentration-Depth Profiles in γ'-Fe_4N_{1-z}, *Metall. Mater. Trans. A*, Vol 43, 2012, p610-618
69. M. A. J. Somers and E. J. Mittermeijer, Development and Relaxation of Stress in Surface Layers; Composition and Residual Stress Profiles in γ'-Fe_4N_{1-x} Layers on α-Fe Substrates, *Metall. Trans. A*, Vol 21, 1990, p189-204
70. E. J. Mittemeijer, A. B. P. Vogels, and P. J. van der Schaaf, Aging at Room Temperature of Nitrided α-Iron, *Scr. Metall.*, Vol 14, 1980, p411-416
71. E. J. Mittemeijer, Fatigue of Case-Handened Steels; Role of Residual Macro-and Microstresses, *J. Heat Treat.*, Vol 3, 1983, p114-119
72. B. Mortimer, P. Grieveson, and K. H. Jack, Precipitation of Nitrides in Ferritic Iron Alloys Containing Chromium, *Scand. J. Metall.*, Vol 1, 1972, p203-209
73. H. H. Podgurski and H. E. Knechtel, Nitrogenation of Fe-Al Alloys, Part Ⅰ: Nucleation and Growth of Aluminum Nitride, *Trans. Metall. Soc. AIME*, vol 245, 1969, p1595-1602
74. M. H. Biglari, C. M. Brakman, and E. J. Mittemeijer, Crystal Structure and Morphology of AlN Precipitating on Nitriding of an Fe-2 at. % Al Alloy, *Philos. Mag. A*, Vol 72, 1995, p1281-1299
75. N. E. Vives Diaz, S. S. Hosmani, R. -E. Schacherl, and E. J. Mittemeijer, Nitride Precipitation and Coarsening in Fe. 2. 23 at. % V Alloys: XRD and (HR) TEM Study of Coherent and Incoherent Diffraction Effects Casued by Misfitting Nitride Precipitates in a Ferrite Matrix, *Acta Mater.*, Vol 56, 2008, p4137-4149
76. D. H. Jack, The Structure of Nitrided Iron-Titanium Alloys, *Acta Metall.*, Vol 24, 1976, p137-146
77. D. S. Rickerby, S. Henderson, A. Hendry, and K. H. Jack, Structure and Thermochemistry of Nitrided Iron-Titanium Alloys, *Acta Metall.*, Vol 34, 1986, p1687-1699
78. J. H. Driver and J. M. Papazian, The Electron and Field Ion Metallography of Zones in Nitrided Fe-Mo Alloys, *Acta Metall.*, Vol 21, 1973, p1139-1149
79. H. Selg, E. Bischoff, R. E. Schacherl, T. Waldenmaier, and E. J. Mittemeijer, Molybdenum-Nitride Precipitation in Recrystallized and Cold-Rolled Fe-1at% Mo Alloy, *Metall. Mater. Trans. A*, DOI: 10. 1007/s11661-013-1762-3
80. E. J. Mittemeijer, M. H. Biglari, A. J. Böttger, N. M. van der Pers, W. G. Sloof, and F. D. Tichelaar, Amorphous Precipitates in a Crystalline Matrix; Precipitation of Amorphous Si_3N_4 in α-Fe, *Scr. Mater.*, Vol 41, 1999, p625-630
81. S. R. Meka, K. S. Jung, E. Bischoff, and E. J. Mittemeijer, Unusual Precipitation of Amorphous Silicon Nitride upon Nitriding Fe-2at. % Si Alloy, *Philos. Mag.*, Vol 92, 2012, p1435-1455
82. S. R. Meka, E. Bischoff, B. Rheingans, and E. J. Mittemeijer, Octapod-Shaped, Nanosized, Amorphous Precipitates in a Crystalline Ferrite Matrix, Vol 93, *Philos. Mag. Lett.*, 2013, p238-245
83. M. H. Biglari, C. M. Brakman, M. A. J. Somers, W. G. Sloof, and E. J. Mittemeijer, On the Intermal Nitriding of Deformed and Recrystallized Foils of Fe-2 at. % Al, *Z. Metallkd.*, Vol 84, 1993, p124-131
84. M. H. Biglari, C. M. Brakman, E. J. Mittemeijer, and S. van der Zwaag, The Kinetics of the Intermal Nitriding of Fe-2 at. % Al Alloy, *Metall. Mater. Trans. A*, Vol 26, 1995, p765-776
85. T. C. Bor, A. T. W. Kempen, F. D. Tichelaar, E. J. Mittemeijer, and E. van der Giessen, Diffraction-Contrast Analysis of Misfit Strains around Inclusions in a Matrix: VN Particles in α-Fe, *Philos. Mag. A*, Vol 82, 2002, p971-1001
86. A. R. Clauss, E. Bischoff, S. S. Hosmani, R. E. Schacherl, and E. J. Mittemeijer, Crystal Structure and Morphology of

Mixed $Cr_{1-x}Al_xN$ Nitride Precipitates: Gaseous Nitriding of a Fe-1.5 wt pct Cr-1.5 wt pct Al Alloy, *Metall. Mater. Trans. A*, Vol 40, 2009, p1923-1934

87. A. R. Clauss. E. Bischoff, R. E. Schacherl, and E. J. Mittemeijer, Phase Transormation of Mixed $Cr_{1-x}Al_xN$ Nitride Precipitates in Ferrite, *Philos. Mag.*, Vol 89, 2009, p565-582
88. K. S. Jung, R. E. Schacherl, E. Bischoff, and E. J. Mittemeijer, Nitriding of Ferritic Fe-Cr-Al Alloys, *Surf. Coat. Technol.*, Vol 204, 2010, p1942-1946
89. K. S. Jung, R. E. Schacherl, E. Bischoff, and E. J. Mittemeijer, Normal and Excess Nitrogen Uptake by Iron-Based Fe-Cr-Al Alloys: The Role of the Cr/Al Atomic Ratio, *Philos. Mag.*, Vol 91, 2011, p2382-2403
90. S. Meka, S. S. Hosmani, A. R. Clauss, and E. J. Mittemeijer, *Int. J. Mater. Res.*, Vol 99, 2008, p808-814
91. H. H. Podgurski and F. N. Davis Thermochemistry and Nature of Nitrogen Absorption in Nitrogenated Fe-Ti Alloys, *Acta Metall.*, Vol 29, 1981, p1-9
92. M. H. Biglari, C. M. Brakman, E. J. Mittemeijer, and S. van der Zwaag, Analysis of the Nitrogen-Absorption Isotherms of Cold-Rolled Fe-2at% Al Specimens With Different AlN-Precipitate Dimensions, *Philos. Mag. A*, Vol 72, 1995, p931-947
93. S. S. Hosmani, R. E. Schacherl, and E. J. Mittemeijer, Nitrogen Uptake by an Fe-V Alloy: Quantitative Analysis of Excess Nitrogen, *Acta Mater.*, Vol 54, 2006, p2783-2792
94. S. S. Hosmani, R. E. Schacherl, L. Litynska-Dobrzynska, and E. J. Mittemeijer, The Nitrogen-Absorption Isotherm for Fe-21.5 at.% Cr Alloy: Dependence of Excess Nitrogen Uptake on Precipitation Morphology, *Philos. Mag.*, Vol 88, 2008, p2411-2426
95. S. S. Hosmani, R. E. Schacherl, and E. J. Mittemeijer, Nitrogen Absorption by Fe-1.04 at.% Cr Alloy: Uptake of Excess Nitrogen, *J. Mater. Sci.*, Vol 43, 2008, p2618-2624
96. K. S. Jung, S. R. Meka, R. E. Schacherl, E. Bischoff, and E. J. Mittemeijer, Nitride Formation and Excess Nitrogen Uptake after Nitriding Ferritic Fe-Ti-Cr Alloys, *Metall. Mater. Trans. A*, Vol 43, 2012, p934-944
97. P. C. van Wiggen, H. C. F. Rozendaal, and E. J. Mittemeijer, The Nitriding Behaviour of Iron-Chromium-Carbon Alloys, *J. Mater. Sci.*, Vol 20, 1985, p4561-4582
98. P. F. Colijn, E. J. Mittemeijer, and H. C. F. Rozendaal, Light-Microscopical Analysis of Nitrided or Nitrocarburized Iron and Steels, *Z. Metallkd.*, Vol 74, 1983, p620-627
99. J. L. Meijering, Internal Oxidation in Alloys, *Advances in Materials Research*, Vol 5, H. Herman. Ed., Wiley Interscience, New York, 1971, p1-81
100. S. S. Hosmani, R. E. Schacherl, and E. J. Mittemeijer, The Kinetics of the Nitriding of Fe-7Cr Alloys; The Role of the Nitriding Potential, *Mater. Sci. Technol.*, Vol 21, 2005, p113-124
101. R. E. Schacherl, P. C. J. Graat, and E. J. Mittemeijer, The Nitriding Kinetics of Iron-Chromium Alloys; The Role of Excess Nitrogen; Experiments and Modelling, *Metall. Mater. Trans. A*, Vol 35, 2004, p3387-3398
102. Y. Sun and T. Bell, A Numerical Model of Plasma Nitriding of Low Alloy Steels, *Mater. Sci. Eng. A*, Vol 224, 1997, p33-47
103. S. S. Hosmani, R. E. Schacherl, and E. J. Mittemeijer, Kinetics of Nitriding Fe-2 wt% V Alloy: Mobile and Immobile Excess Nitrogen, *Metall. Mater. Trans. A*, Vol 38, 2007, p7-16
104. K. S. Jung, R. E Schacherl, E. Bischoff, and E. J. Mittemeijer, The Kinetics of the Nitriding of Ternary Fe-2 at pct Cr-2 at pct Ti Alloy, *Metall. Mater. Trans. A*, Vol 43, 2012, p763-773
105. J. S. Steenaert, M. H. Biglari, C. M. Brakman, E. J. Mittemeijer, and S. Van der Zwaag, Mechanisms for the Precipitation of AlN on Nitriding of Fe-2 at% Al, *Z. Metallkd.*, Vol 86, 1995, p700-705

7.2 钢的气体渗氮和氮碳共渗

K.-M. Winter, Process-Electronic GmbH, a member of United Process Controls J. Kalucki, Nitrex Metal Inc.

7.2.1 简介

气体渗氮是热化学表面硬化工艺的一种，方法是分别向固态铁基合金表面渗入N（渗氮）、N与C（氮碳共渗）或N与S（硫氮共渗），典型的但不是唯一的是在材料铁素体状态渗氮，不支持离子渗氮。离子渗氮的详细内容可以参阅本书7.4节。

处理时生成的氮化层是由氮化铁和铁氮碳化物组成的表面层，称为化合物层（由于其酸蚀后显微照片的外观，又被称为“白亮层”）。白亮层之下是一个扩散区，是含有合金元素的碳氮化物（图7-28）或过饱和的金属基体（膨胀的奥氏体或膨胀的马氏体，或两者的混合物，取决于材料原始状态）。这种组织之前被称为S-相（见本书7.2.3节）。

渗氮和氮碳共渗的主要目的是：

1）提高耐磨性：

① 高硬度（化合物层、扩散区域、膨胀的奥氏体）。

② 提高耐点蚀性（扩散区域、膨胀的奥氏体）。

③ 耐化学腐蚀（化合物层）。

④ 低摩擦因数（化合物层）。

2）提高强度性能。疲劳寿命提高（扩散层，膨胀的奥氏体）。

3）提高对以下物质的耐蚀性：

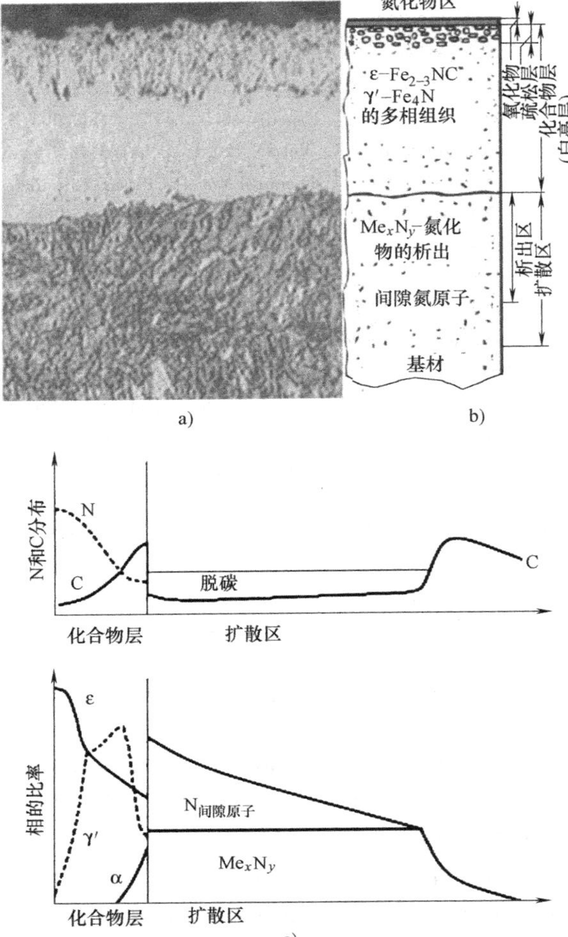

图 7-28 C45 氮碳共渗的显微照片（德国不来梅 IWT 提供）与按照本节参考文献［1］的渗氮层原理图，和按本节参考文献［2］含碳和氮化物形成元素的渗氮钢中，氮和碳的分布以及化合物层中不同相的比例

① 中性盐溶液（化合物层）。

② 大气腐蚀（化合物层）。

③ 氯离子——点蚀（化合物层）。

④ 液态金属（化合物层）。

⑤ 点状（缝隙）腐蚀（膨胀的奥氏体）。

4）将耐热温度提高到渗氮/氮碳共渗温度（扩散区域）。

渗氮典型的目的是得到一个抗负荷层（通过 N 扩散进入合金晶格和形成带有氮化物沉淀的扩散区域来得到）。此区域的高硬度归因于氮化物的晶格畸变。另一方面，氮碳共渗旨在在零件表面形成一个铁-碳氮化物层，以得到更高的耐蚀性和耐磨性。

氮碳共渗之后，通过氧化处理在化合物层顶部增加一个 1~3mm 的致密、封闭的 Fe_3O_4 磁铁层，显著地增加了耐蚀性。硫氮共渗和氧硫氮共渗在化合物层的表面形成了铁的硫化物，增强了无润滑运转性能。与渗碳或常规硬化方法相比，渗氮和氮碳共渗的变形较小。渗氮会造成一些胀大，但体积变化相当小。典型的渗氮温度范围是 495~565℃（925~1050℉）。铁素体的氮碳共渗温度稍高一些，为 550~585℃（1020~1085℉），但是对铁素体钢来说此温度仍然在 Fe-N 系统的 Ac_1 以下。

虽然形成硬化层不需要淬火，但是在某些情况下淬火对形成硬化层是有利的。因为渗氮和氮碳共渗在低于 Fe-N 系统 Ac_1 的温度进行，心部材料没有发生相变，所以心部强度并不增加。因此，所有可硬化钢必须在渗氮之前淬火、回火，氮碳共渗还可以用于退火状态的合金钢或低合金钢。回火温度必须足够高，以保证渗氮/氮碳共渗温度下组织稳定。最低的回火或时效温度至少应高于渗氮/氮碳共渗最高温度 30℃（55℉）。在淬火和回火之后、渗氮之前，零件必须彻底清洗干净（见本章 7.2.7 节中的“清洗”部分）。

此外，对于不锈钢的渗氮有特殊工艺，要么采用低温渗氮（450℃ 或 840℉ 以下）得到高硬度薄层，要么采用高于 1000℃（1830℉）的高温渗氮（也被称为“溶液渗氮”）得到比较厚的奥氏体扩散区。这两种工艺都不形成化合物层，也没有氮化铬沉淀，保留了耐蚀性。另一种形式的高温渗氮，用来加强低碳低合金钢氮化物扩散层的硬度，是在700~800℃（1290~1470℉）操作的。高温渗氮需要淬火，以得到最终的硬度和避免冷却过程中铬的沉淀，否则会损害耐蚀性。还有一种在 595~720℃（1100~1330℉）之间进行的奥氏体氮碳共渗工艺。除了高温时扩散速度更快带来的化合物层和渗层深度更快生长之外，奥氏体氮碳共渗还在化合物层之下形成了一个奥氏体层。经过回火，这个奥氏体层可以转变为高硬度的精细组织。这种高温工艺使（部分）心部材料发生相变的时候，与低于 Fe-N 系统 Ac_1 温度的变体相比，造成的变形更大。在本节概述的各种工艺中，表 7-2 给出了待处理零件期望的性能和零件的制造材料的概览。

表 7-2 渗氮和氮碳共渗的工艺

工艺类型	温度范围	扩散元素	工艺气体/介质	压力范围	目　的
不锈钢低温渗氮/氮碳共渗	低于 450℃（840℉）	N,(C)	NH_3、N_2、H_2、dNH_3、N_2、CO、C_xH_y、$C_xH_yN_zO$	大气压力	高硬度的 S 相扩散区;不损失耐蚀性。显著提高耐点蚀和缝隙腐蚀的能力

（续）

工艺类型	温度范围	扩散元素	工艺气体/介质	压力范围	目 的
渗氮（氧氮共渗,1）（硫氮共渗,2）（氧硫氮共渗,3）	500 ~ 550℃（930~1020℉）有时达到 580℃（1075℉）	N,(S)	NH_3、N_2、H_2、dNH_3（1:空气、N_2O、H_2O）（2:S、H_2S）（3:SO_2）	通常为大气压力，氮有时也用 200mbar~1bar 的低压和达到 12bar 的高压	高硬度的、深的耐磨扩散区，化合物层厚度很有限
不锈钢渗氮					与传统渗氮类似，只是在渗氮之前有一个去钝化阶段，以除去合金元素（如 Cr、Ni 等）的氧化物。否则这类氧化物会明显阻碍渗氮。渗氮过程会让表面的 Cr 全部转化成含 Cr 的氮化物，造成耐蚀性有一定程度的下降
铁素体氮碳共渗（FNC）	550 ~ 580℃（1020~1075℉）	N,C	NH_3、N_2、H_2、dNH_3、CO、CO_2、C_xH_y	通常是大气压，也可能用低压或高压（见渗氮）	高硬度的 ε-铁氮化合物和 γ′-铁氮化合物层，下面只有一薄层扩散区。化合物层也增加了基体材料的耐蚀性，除了不锈钢之外
奥氏体氮碳共渗（ANC）	595 ~ 720℃（1100~1330℉）	N,C			温度越高，ANC 得到的化合物层越厚，与 FNC 相比，相同的工艺时间得到的扩散区更深。另外，会在化合物层下面产生一个奥氏体层。如 FNC 一样，化合物层增加了基体材料耐蚀性，除了不锈钢之外
低碳低合金钢的高温渗氮	700 ~ 800℃（1290~1490℉）	N	NH_3、N_2	大气	在淬火后得到高硬度的扩散区

7.2.2 气体反应术语

渗氮和碳氮共渗是热化学过程，受温度和化学反应的影响。这种化学反应不仅发生在工艺气氛中，气体分子在里面通过分解和/或组合成新分子的方式彼此发生反应，还发生在气氛与金属表面以及金属组织内部。此处本章中使用的反应术语进行总结。

这些反应受反应物的化学势驱动，化学势可以看成是反应释放或造成反应发生所需要的势能。因为混合气中每一个分子和固体中每一个原子都有特定的化学势，所以一种反应物的总化学势共计为物种 i 的数量 x 乘以它们的特定化学势，这适用于理想条件（也就是理想气体）。分子和/或原子会相互影响，为了使化学势适合实际情况，将数量 x 替换成化学活度（a），这里 a_i 是其浓度 x_i 和活度系数 γ_i 的函数，即

$$a_i = x_i \gamma_i$$

化学势还取决于温度，温度越高，原子和分子移动越快，从而使动能越大。因此，活度系数和活度自身是温度的函数。从这个意义上讲，可以将活度看成是实际工艺条件下物种的化学有效浓度。在混合气中，浓度通常用分压来测量（p），所有分压的和构成了混合物总压力（p_0），在这里代表炉压。混合物中任一气体的活度是：

$$a_i = x_i \left(\frac{p_i}{p_0} \right)$$

由于自然喜欢势能低的状态，倾向于在混合物中每个物种化学势与它们的反应产物之间建立平衡。氨在技术上是由氮气和氢气在高温（400~500℃或750~930℉）、高压（150~250bar）、有催化剂的条件下按这个反应结合而制得的：

$$N_2 + 3H_2 \rightarrow 2NH_3$$

因此，消耗的能量被贮存在氨分子中，使氨分子不稳定，并且迫使它发生反应，分解成其原始组分：

$$NH_3 \rightarrow \frac{1}{2}N_2 + \frac{3}{2}H_2$$

在给定温度（T）和压力的时候，当两个反应的驱动力相等时，就建立了平衡。平衡系数（K_{eq}）可以由活度推导出来，并以氨气（NH_3）、氮气（N_2）、氢气（H_2）的分压的函数形式写成：

$$K_{eq} = f(T) = \frac{p_{NH_3}}{[(p_{N_2})^{1/2}(p_{H_2})^{3/2}]}$$

氮碳共渗气氛中发生的典型反应是所谓的水煤气转换反应（或称为均匀水煤气反应），其中 CO、CO_2、H_2和水蒸气通过将氧从碳移给氢而趋向于建立平衡：

$$CO + H_2O \leftrightarrow CO_2 + H_2$$

$$K_w = f(T) = \frac{p_{CO_2}p_{H_2}}{[(p_{CO})(p_{H_2O})]}$$

式中，K_w是水煤气反应的平衡系数。如果反应发生在铁零件的表面，N 或 C 可能会被送进金属晶格中，因此不与气体中其他分子接触。这个反应写作

$$NH_3 \rightarrow N_{ad} + \frac{3}{2}H_2 \text{(渗氮反应)}$$

式中，N_{ad}是吸附的氮原子。气相与最初溶解的 N 原子之间的平衡系数是

$$K_1 = f(T) = \frac{a_N (p_{H_2})^{3/2}}{p_{NH_3}}$$

N 在铁中的活度可以表示为

$$a_N = \frac{K_1 p_{NH_3}}{(p_{H_2})^{3/2}}$$

氨与氢气的分压比被称为氮势（K_n）：

$$K_n = \frac{p_{NH_3}}{(p_{H_2})^{3/2}}$$

与渗氮反应相似，渗碳反应也可以用碳原子与铁在表面的反应来表达：

$$CO + H_2 \rightarrow C_{ad} + H_2O \text{(不均匀水煤气反应)}$$

平衡系数（K_2）和碳活度（a_C）为

$$K_2 = f(T) = \frac{a_C p_{H_2O}}{p_{CO}p_{H_2}}$$

$$a_C = \frac{K_2 p_{CO} p_{H_2}}{p_{H_2O}}$$

CO_2、H_2和水蒸气之间的分压比表示这个反应的碳势：

$$K_C\text{(不均匀水煤气反应)} = \frac{p_{CO}p_{H_2}}{p_{H_2O}}$$

氮势和碳势都不应误解为氮的势或碳的势，因为这些数字被定义来表示平衡时溶解在铁近表面的氮和碳的质量分数。在奥氏体状态铁的渗碳时，例如，碳势可以通过将碳活度向后变换成溶解碳原子的数量来推导，或者向后变换成质量分数。因为渗氮和氮碳共渗过程通常发生在铁还是铁素体相的温度（氮和碳的溶解度很低，处理的目的是使相变产生化合物层），这些过程使用氮势和碳势来控制气氛。平衡条件下金属表面与气氛的反应，也可能牵涉到氮和碳原子通过与周围工艺气氛的反应而从铁表面被除去。例如，渗碳时，当水与铁中的碳发生反应时，就会发生脱碳：

$$CO + H_2 \rightleftharpoons C_{ad} + H_2O$$

同样地，类似的反应也能发生在渗氮反应过程中，从而可能在零件表面形成氨气：

$$NH_3 \rightleftharpoons N_{ad} + \frac{3}{2}H_2$$

不管怎样，因为氮气的形成是明显更有利的反应，所以主导的脱氮反应是：

$$N_{ad} \rightarrow \frac{1}{2}N_2$$

采用活度也能将氨驱动的渗氮反应转化成用氮气驱动的渗氮反应：

$$N_2 \rightarrow 2N_{ad}$$

这个反应用在常规渗氮条件下以形成化合物层为目的的高温渗氮中；氮诱导的氮活度不够高，而且需要极高的压力。

7.2.3 低温渗氮和氮碳共渗

低温渗氮和氮碳共渗的目的是得到 20~40μm 厚的高硬度（高达 1800HV）扩散层，同时避免形成含铬氮化物和含铬碳化物，以维持甚至提高不锈钢的耐蚀性。

这个过程并不形成化合物层，而是形成扩散层，含有过饱和的碳和氮，被称作膨胀奥氏体（前面所说的 S 相）。对于马氏体和铁素体钢，可以形成膨胀马氏体。这个层可以设计成一个双层，外面的部分含氮，而里面的部分含碳（图 7-29），或者设计成仅含氮的均衡渗氮层（或者形成仅含碳的渗碳层）。双层的优点是渗层逐渐过渡到心部，其硬度和残余应力的改变比较平滑。

（1）应用 不锈钢具有优秀的耐蚀性是因为铬含量（质量分数为 12%）比较高，它能在零件表面形成非常稳定的三氧化二铬的钝化膜，使钢不被腐蚀。不幸的是，不锈钢是一种不能经受大量磨损的软质材料，因此限制了这种材料的应用。在钢表面增加一个高硬度薄层而同时仍然保持其耐蚀性，并且提高点蚀和缝隙腐蚀，为它打开了广阔的应用空间，特别是在食品和医疗行业。适用的钢是所有的

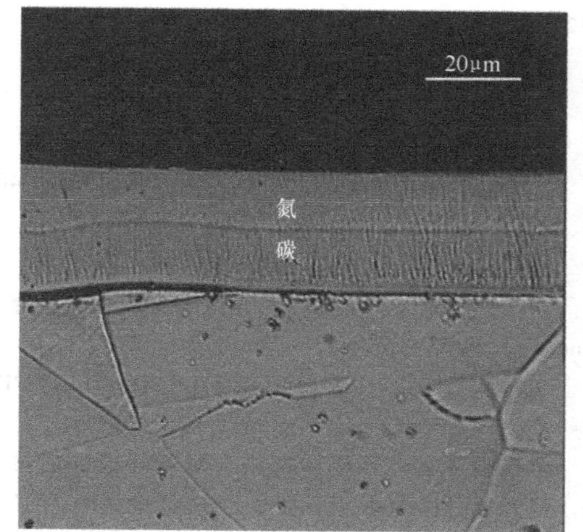

a)

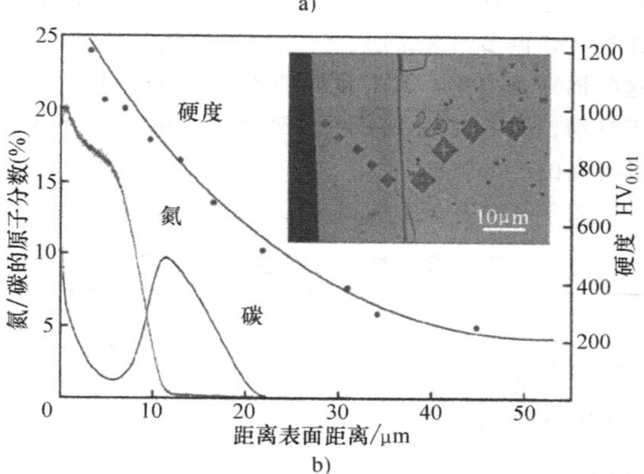

b)

图 7-29 显微照片显示了氮扩大的和碳扩大的两层奥氏体；表面层氮和碳的分布，从硬化表面到柔软合金基体产生了平滑过渡的压应力

奥氏体不锈钢和马氏体不锈钢，A286、465、双相不锈钢、沉淀硬化不锈钢，哈氏合金 C22 和 C276，英科镍合金 625 和 718，钛（合金）。

（2）热力学背景　在低温时，不锈钢能够结合大量的氮和/或碳，是因为铬原子对氮和碳具有很强的亲和力。由于铬的扩散系数与间隙原子碳和氮相比很低，铬的氮化物沉淀需要的时间比形成高硬度的饱和固溶体组成的表面扩散层要长。克里斯琴森（Christiansen）和萨默斯（Somers）给出的一张图表明了，如果暴露于气温下，几种钢从氮膨胀奥氏体转变成含铬的氮化物所需的时间，并以这种方式失去了它们的耐蚀性。

图 7-30 给出了当前数据的回归图，清楚地说明 1h 的短工艺时间需要的工艺温度比 500℃（930℉）低得多。因为如果温度太高，在热处理期间，形成的膨胀奥氏体有一半要析出变成铬的氮化物。铬的碳化物形成温度大约要高 100℃（180℉）。不锈钢渗氮和氮碳共渗的典型工艺温度低于 440℃（825℉）。

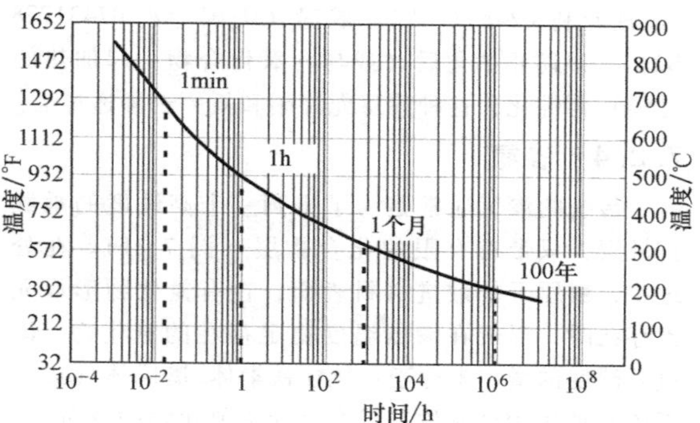

图 7-30　AISI316 钢中氮膨胀奥氏体的稳定性时间-温度曲线

注：曲线基于（Christiansen）和萨默斯（Somers）提供的数据。曲线显示了析出 50%原始得到的 S 相组织所需要的时间。

（3）工艺描述　不锈钢渗氮和氮碳共渗的主要问题是自发形成的氧化铬（Cr_2O_3）对表面的自我修复，从而禁止碳和氮的渗入。为此，设计高铬含量的钢渗氮工艺的时候必须从去钝化或活化阶段开始。

典型的活化阶段的开始，是在室温经过氮气、氩气或真空净化之后，活化剂在处理之前被放入炉子里，或者在炉子升温的时候注入。活化也可能是一系列在不同温度用一种或多种活化剂的过程。活化过程之后是渗氮/氮碳共渗阶段，氮和碳源是注入炉内的。（渗氮/氮碳共渗）时间取决于温度和膨胀奥氏体的目标厚度。

渗氮之后是冷却阶段，典型地是用一种惰性气体如氮气或氩气净化炉子。有几种工业生产过程采用不同的介质作为活化剂或碳源和氮源。例如，Expanite（丹麦 Expanite 公司）已经将采用 C-N 化合物例如尿素（CH_4N_2O）或甲酰胺（CH_3NO）作为活化剂和碳、氮载体（源）申请为专利（国际专利号 WO2011/009463A1），使加热的时候活化与渗氮/氮碳共渗可以并行，从而使热处理循环总周期比较短；层厚和组成，比如是单相还是双相，受热力学控制。这个专利给出了一个例子：在 45min 内加热到 440℃（825℉），AISI 316 的试样氮碳共渗到总层厚 10μm，然后在 10min 内冷却到室温。

Nano-S[㊀]（加拿大尼萃斯金属公司）或 NV-Nitriding[㊁]［日本爱沃特（Air Water）公司］开始采用

㊀ Nano-S（纳米-S），指不锈钢氮势控制气体渗氮。——译者注

㊁ NV-Nitriding（NV-渗氮），是一种变化很大的全新的气体渗氮处理工艺，它包括气体活化处理（氟化）和气体渗氮两个阶段。——译者注

炉内去钝化然后接着渗氮或氮碳共渗，用氨气作为氮源，烃类（C_xH_y）或一氧化碳（CO）作为碳源。

其他工艺需要在已活化零件外表覆盖一层铁（欧洲专利 0248431 A2）或镍（美国专利 07431778 B2）等以防止活化后（或与含氧化合物一起加热的时候）再钝化；这种涂层允许碳和氮原子渗透过去。

7.2.4 渗氮

传统的渗氮通常是为了得到一个高硬度的承载扩散层，只带有有限的化合物层（图 7-31）。在处理中，氮原子扩散进材料表面，在有氮化物形成元素存在时，形成在渗氮温度稳定存在的氮化物。渗氮后硬度的增加来源于：氮在铁素体/奥氏体（或马氏体）的固溶体和铁基或合金元素氮化物的分布。

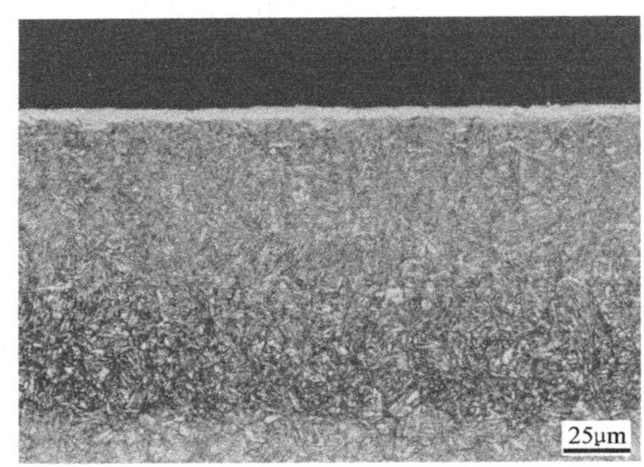

图 7-31 X40CrMoV5-1 的渗氮显微照片

（1）应用 工业用钢常用的合金元素中，铝、铬、钒、钨和钼在渗氮的时候是有利的，因为它们能形成在渗氮温度下稳定的氮化物。钼除了能形成氮化物之外，还能减少渗氮温度下的脆性。其他合金元素如镍、钢、硅和锰，对渗氮性能只有一点点作用（如果有的话）。

含铝（0.85%～1.50%，质量分数）钢按照其总的合金含量，可以获得最佳的渗氮效果（如果还有铬的话）。尽管铬是强氮化物形成元素，但是氮化铝（AlN）在铁素体基体中的形核并不容易，并且不能带来高的硬度，也不能明显增加扩散区。但是当固溶体中还存在铬时就可以了。最近已经证实，会形成混合氮化物（Cr，Al）N[5]。如果溶解在基体中而不是形成碳化物的铬量足够高的话，含铬钢也可获得相似的效果。非合金化的碳钢在扩散区硬度提高有限，因此不适合于渗氮。

下列钢种在一定应用下适于气体渗氮处理：

· 含铝低合金钢，同时含铬更好。

· 中碳含铬低合金钢 4100、4300、5100、6100、8600、8700 和 9800 系列。

· 铬质量分数为 5% 的热作模具钢，如 H11、H12、H13。

· 低碳含铬低合金钢 3300、8600、9300 系列。

· 空淬工具钢，如 A-2、A-6、D-2、D-3、S-7。

· 高速工具钢，如 M-2、M-4。

· 含氮（Nitronic）不锈钢，比如 30、40、50、60。

· 400 和 500 系列铁素体和马氏体不锈钢。

· 200 和 300 系列奥氏体不锈钢及某些镍铁合金（Inconel）和因康合金（Incolloy）。

· 沉淀硬化不锈钢，比如 13-8 PH、15-5 PH、17-4 PH、17-7 PH、A-286、AM350、AM355。

含铝钢可获得硬度非常高、耐磨性很好的渗氮层。但是这种渗氮层塑性低，在选择含铝钢时必须充分考虑这种限制。相反，低合金含铬钢可得到塑性相对好得多的渗氮层，但是硬度较低。虽然如此，这些钢（含铬钢）具有良好的耐磨性和抗划伤性能。工具钢，如 H11 和 H12 可得到相当高的渗层硬度并具有高的心部强度。

表 7-3 给出了所选钢材的平均的硬度增加值。

表 7-3 渗氮通常增加的硬度

材　　料	渗氮前硬度 HV	渗氮得到的硬度 HV
纯铁	≈120	≈250
低合金碳钢 AISI 1045	≈180	≈350
中碳含铬低合金钢		
1.1% Cr(AISI 4140)	≈240	≈600
2.5% Cr(AISI 4340)	≈240	≈750
渗氮钢(含 Cr 和 Al)	≈240	≈1000
工具钢(12%Cr)	≈600	>1000

（2）热力学背景 改良的莱勒（Lehrer）铁氮图（图 7-32）给出了铁素体（α）、F_4N（γ′氮化物）、$Fe_{2\text{-}3}N$（ε 氮化物）和奥氏体之间的相界。根据渗氮气氛的氮势

$$K_N = \frac{p_{NH_3}}{(p_{H_2})^{3/2}}$$

和工艺温度，渗氮要么产生一个 N 原子处于面心立方 Fe 晶格间隙位置的表面层，要么形成一个氮化铁的化合物层（一旦超过氮的最大溶解度）。在典型渗氮温度范围（495～565℃ 或 925～1050℉），不可能产生铁的奥氏体相。要形成面心立方 γ-Fe，温度必须升高到 595℃（1100℉）以上，并且 K_N 必须进行相应的设置，使氮质量分数达到 2.35%。K_N 通常的单位是 $bar^{-1/2}$。

仅用氨和游离氨的时候，氮势可以很容易地转化为不同的参数（可参看 7.2.8 节）。

炉气中的游离氨（有时指氨分解率）、残留氨

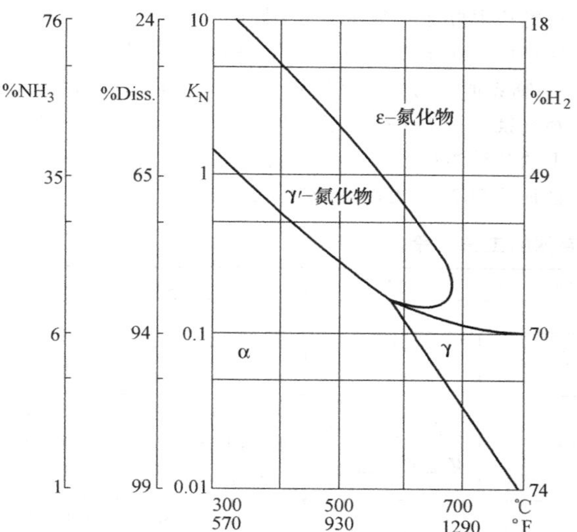

图 7-32 修改的莱勒（Lehrer）铁氮图显示了 γ'-氮化物和 ε-氮化物的相界随温度和氮势（K_N）、氨气和氨分解气中分解率、残留氨、氢的变化

（R_{NH3}）和氢气（H_2）可以用适当的实验方法测得（见本章“氮势测量”一节）。因为氨按下面的反应热分解成氢气和氮气：

$$2NH_3 \rightarrow N_2 + 3H_2$$

所以氮势可以通过测量气氛炉的废气来测得：

$$K_N = \frac{R_{NH_3}/100\%}{\left[\frac{3}{4} \times \left(1 - \frac{R_{NH_3}}{100\%}\right)\right]^{3/2}}$$

$$K_N = \frac{\left[\frac{\left(100\% - \frac{4}{3}H_2\right)}{100\%}\right]}{\left[\frac{H_2}{100\%}\right]^{3/2}}$$

$$K_N = \frac{\left[\frac{(100\% - \text{Diss.})}{100\%}\right]}{\left[\frac{\frac{3}{4}\text{Diss.}}{100\%}\right]^{3/2}}$$

其中，氨分解率（Diss）是：

$$\text{Diss.} = 100\% - R_{NH_3}$$

$$\text{Diss.} = \frac{4}{3}H_2$$

当存在碳和其他合金元素时，氮的溶解度和相界会受其影响。可以清楚地观察到，当氮势保持在形成氮化铁的临界值之上时，渗氮层不仅会得到扩散层，还会产生一个明显厚度的化合物层。表 7-4 解释了渗氮条件和材料对渗氮结果的影响。

表 7-4 渗氮条件和材料对渗氮结果的影响

	化合物层厚度	表面层硬度	表面层硬度增加	有效层深	硬化层深度	（有效层深-硬化层深度）/有效层深
渗氮条件						
较高的温度	↑↑	=↓	=↓	↑	↑	=↓
较长的持续时间	↑	=↓	=↓	↑	↑	=↓
较高的 KN	↑↑	=	=	=	=	=
材料成分						
含铬量高	=↓	↑	↑	↓↓	↑	↓
含铝量高	↑	↑↑	↑↑	=↓	↓	↑
含碳量高	=↑	↓	↓	=↓	↓	↑
材料组织						
正火态	=	=↑	↑	=	↑	↓
调质态	=	↓	↓	=	↓	↑

（3）工艺描述 零件以哪种方式处理取决于要求的渗氮技术条件。SAE AMS 2759/6 详细说明了低合金钢和工具钢采用氨和游离氨气体进行气体渗氮的过程。该规范将化合物层最大厚度限制在 12.5μm（1 类）或 25μm（2 类）：

· 第 1 类需要两个渗氮阶段：第一阶段在 940~1050℉（505~565℃），氨分解率保持在 15%~35%；第二阶段温度在 975~1050℉（525~565℃），氨分解率在 65%~88%。第一阶段的持续时间大约为总渗氮时间的 20%。

· 第 2 类只需要一个阶段，温度在 940~1050℉（505~565℃），氨分解率保持在 15%~35%。

第二阶段在较高温度的两段渗氮工艺，也被称为双重渗氮法（美国专利号 2437249）。两个阶段中的一个阶段是在较低温度，一个优点是，在第一阶段氨热分解率较低，氮势比第二阶段更高，第二阶段的较高温度会自动造成较高的热分解率，因此在恒定流速下自然而然地降低了氮势。另一个优点是，与仅在高温下渗氮相比，在较低温度下形成精细的、弥散的细小氮化物沉淀，具有更高的硬度和疲劳强度。

较新的 SAE AMS 2759/10A 规定了要采用的氮势，而不是氨分解率。该标准如上版 AMS 2759/6 的方法一样限制了化合物层的厚度，但是增加了 0 类——不允许有化合物层。

对于所有类别和所有钢种，在渗氮第一阶段都将氮势很好地保持在 ε-范围内；根据允许的化合物层厚度，在第二阶段再将氮势降低到 γ′ 范围或 α-γ′-临界值。用氮势取代氨分解率，则允许采用氮稀释气氛。表 7-5 给出了应用在中低合金钢及不锈钢上的几种渗氮变体的工艺阶段。装载后，炉子通常被加热到 300~350℃（570~660℉）。

表 7-5 几种渗氮变体的工艺阶段

步骤	典型的低 Cr	典型的高 Cr	变体 1	变体 2	变体 3
装载	X				
N_2驱气	—	X	(X)	X	—
NH_3驱气	—	—	X	—	—
加热到预氧化/活化温度	空气	N_2或活化介质，避免进一步氧化	NH_3	dNH_3或H_2流量去除氧化物	最高 150℃（300℉）氨气流量。NH_3+空气氧化≥$NH_3+H_2O+H_2+N_2$
预氧化/活化温度保持	空气氧化	水或活性气体氧化	—	（活性气体）	在最高 150℃（300℉）保持，直到炉子被氨气完全净化
N_2 驱气	X	X	—	X	—
加热到渗氮第一阶段	加热，带有NH_3或N_2流量	加热，带有NH_3或N_2流量	加热，带有NH_3流量	加热，带有NH_3或N_2流量	加热，带有NH_3流量
第一阶段保持	NH_3+dNH_3/N_2渗氮				
加热到渗氮第二阶段	(NH_3+dNH_3/N_2)				
第二阶段保持	(NH_3+dNH_3/N_2)				
用工艺气体冷却	（可选，以得到低的孔隙率）				
用N_2驱气直到炉子完全净化	X				
卸载	X				

根据待处理材料的含铬量，加热在空气中进行，或者炉子需要是真空的，或者在加热前要用氮气吹扫，以避免进一步氧化并允许可燃气体注入。变体 3 开始加热的时候通以高流量的氨气，但是需要在温度达到 150℃（300℉）之前停止加热，直到炉子被氨气完全净化（炉子容积的 5 倍）。

在第一个温度保温，污染物会被蒸发掉，零件表面被活化以利于进一步的渗氮。根据含铬量(3%~5%)，这可以在预氧化阶段完成以除去零件表面的任何有机残留物，或在活化阶段完成以除去铬的氧化物。如果不采用活化的话，高合金钢应该在 400~500℃（750~930℉）的温度范围进行预氧化处理。在预氧化之后，有时也在活化之前，炉子要用氮气或真空除气，然后再重新充入氮气或氨气。充入氮气或氨气之后，将炉子加热到工艺温度。在多数情况下，在加热的同时就开始通入氨气流，以生成一层极薄的氮化铁，从而使整个过程中的氮吸收一致。按照规范并根据允许的化合物层厚度，渗氮可以用一段渗氮或两段渗氮法进行。两段渗氮的主要优点是在较低温度下能达到较高的氮势，促进表面层的高饱和度，通过在第二阶段应用较高的温度来加速扩散前沿的移动。第二阶段较低的氮势减少了渗氮层表面化合物层的形成。另一方面，第二阶段采用较高温度没有技术原因，除了事先指定，否则，如果在高温下不能采用高氮势（低分解率），因为氨供应不足；或如果在较低温度不能采用低氮势（高分解率），因为缺少氨分解产物或氢气。

在第二阶段应用较高的温度：

· 可以降低渗层硬度，但是提高了应力分布，使塑性更高。

·相对于处理时间而言，增加了渗层厚度。

·可能降低心部硬度，取决于之前回火温度和总的渗氮周期时间。

·可能降低表面上的有效渗层厚度（因为心部硬度减少），取决于有效渗层厚度是怎么定义的。

渗氮后，炉子被冷却到100~150℃（212~300℉）及以下温度出炉。典型的做法是用高速氮气流将可燃气体和/或有毒气体吹扫出炉子。在出炉之前，总氮气流必须至少是炉子容积的5倍。在某些情况下，在两段法中炉子的冷却可能是有利的。当冷却到300~400℃（570~750℉）时，保持最后渗氮阶段的工艺气流，减少化合物层的分解和气孔的形成。对于不锈钢渗氮，有几种工艺过程可用，如Nitreg-S（和前述的Nano-S工艺相同——译者注）（加拿大尼萃斯金属公司）、LintrideSS（英国鲍迪克，前身为公认的不锈钢表面渗氮处理，大不列颠联合王国）或NV-Nitriding［日本爱沃特（Air Water）公司］，仅举几例，主要区别是采用的活化工艺不同。

（4）控制渗层深度 渗层深度和渗层硬度是渗层性能中常被关注的两个指标，不仅会随着渗氮持续时间和其他条件发生变化，还会随钢材成分、原始组织及心部硬度发生变化（图7-33~图7-36）。

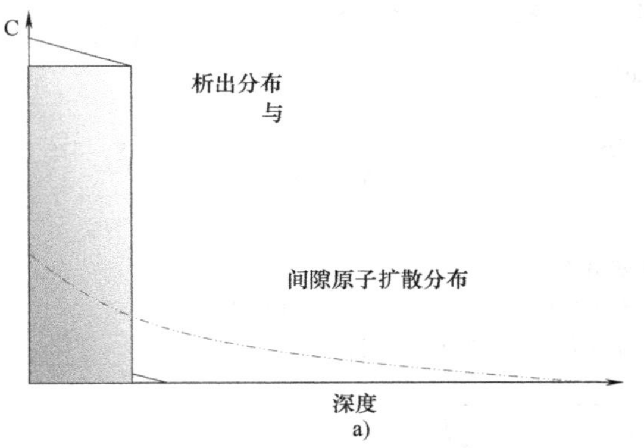

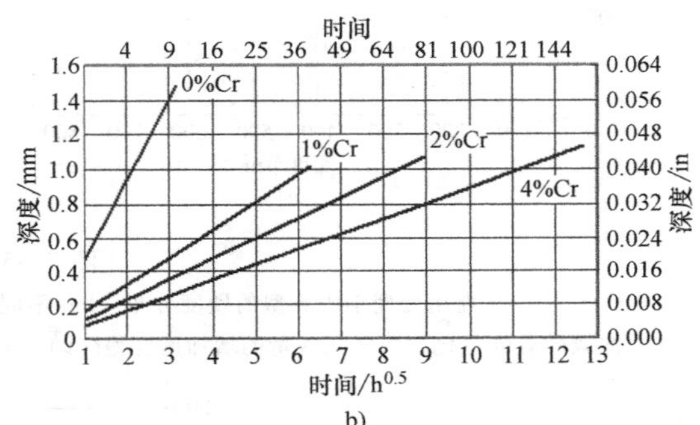

图7-33 随着氮化物形成元素含量的增加，越来越多的氮通过表面扩散，将被绑定在氮化物中，减慢了析出前沿的推进速度

注：这种影响通常解释为在合金钢中氮的扩散速度较慢。扩散区域的发展计算的结果遵循t定律（时间定律）。

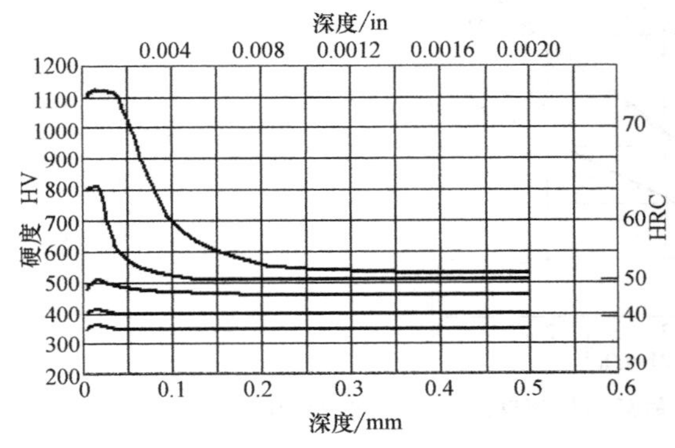

图7-34 预热处理温度对X210CrW12在580℃（1075℉）渗氮10h后硬度的影响

注：除了心部硬度随着回火温度升高而有意料之中的下降外，铬转变到稳定的铬的碳化物中的量也会增加。这些碳化物不会在渗氮时转变成氮化物。

随着氮化物形成元素含量的增加，合金氮化物的硬度也增加，但是在另一方面，降低了渗层深度的增加速度。碳对渗层深度和硬度也有影响。随着含碳量的增加，表面硬度会降低，有效硬化层深度可能也会减少。特别是当合金钢按照建议在高于渗氮温度回火的时候，碳和铬将形成铬的碳化物；因此结合的铬不能通过形成铬的氮化物来参与形成高硬度的析出层。

要想进一步获得调整工艺参数的信息，可参看7.2.7节中的“控制扩散区域和化合物层”。

（5）高压和低压渗氮 当保持恒定氮势的时候，随着炉压的增加，氨和氢气的分压也随之增加。因为这种增加不是线性的（由于氮势的定义是非线性的），所以氨与氢气的比例下降（表7-6）。据Jung所说，这还会增加氮的传输速度，导致中低合金中化合物层更快的生长（假如氮势设置以得到ε-氮化物或γ′-氮化物），但也会导致扩散区域的更快推进（如果氮势设置在仅生成有限化合物层的范围的话）。因此，当将表7-6给出的计算推广到低压的时候，可以估计相应的氮传输速度，见表7-7。

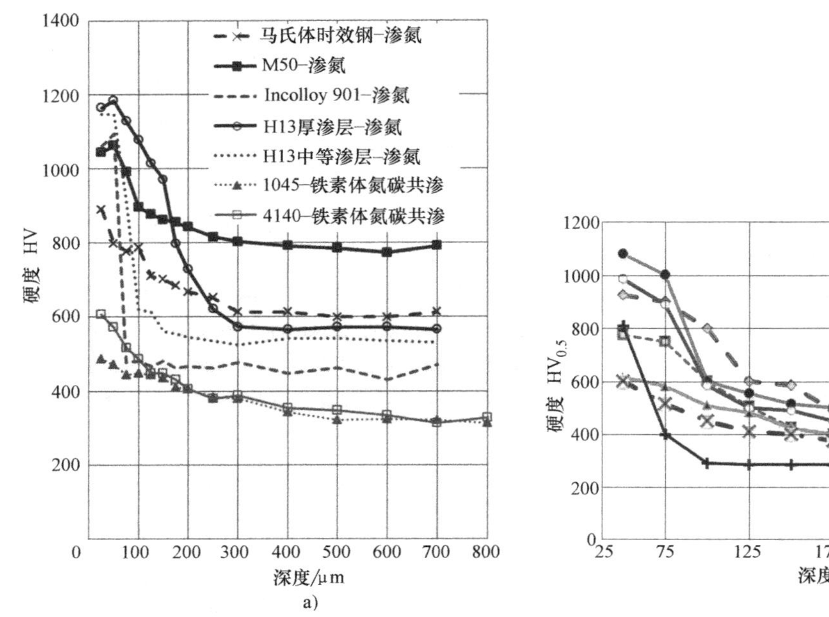

图 7-35 硬度分布

a）商用处理钢中典型的硬度分布 b）不同钢在 530℃（985℉）渗氮 5h 后得到的硬度分布

注：曲线随着强氮化物形成元素量的增加而变得陡峭。来源：加拿大尼萃斯金属公司提供。

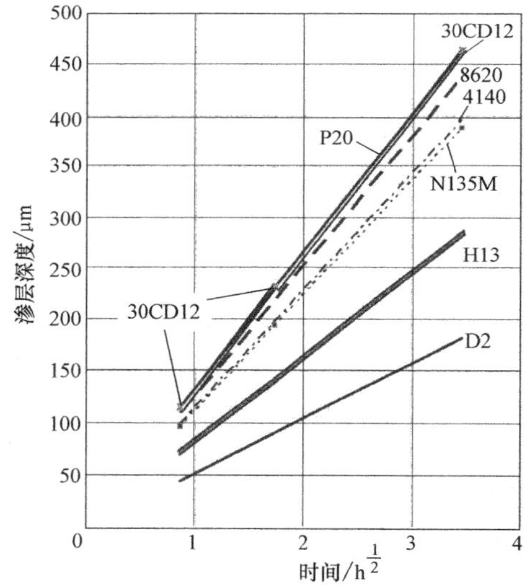

图 7-36 不同钢在 530℃（985℉）渗氮后渗层深度随渗氮时间的变化

表 7-6 炉压持续增加，570℃（1060℉），氨气/氨分解气氛，恒定氮势 $K_N=3bar^{-1/2}$，氢气和氨气分压与相应的氮传输速度

变　　量	数　　值			
$K_N=p_{NH_3}/p^{1.5}(H_2)=3/bar(Torr)$	1(750)	4(3000)	8(6000)	12(9000)
p_{H_2}/bar(Torr)	0.33(248)	0.94(705)	1.57(1178)	2.11(1583)
p_{NH_3}/bar(Torr)	0.56(420)	2.75(2060)	5.92(4440)	9.19(6890)
相应的氮传输速度	1.0	3.33	5.57	7.47

表 7-7　炉压持续降低，570℃（1060℉），氨气/氨分解气氛，恒定氮势 $K_N=3\text{bar}^{-1/2}$，氢气和氨气分压与相应的氮传输速度

变　量	数　值			
$K_N=p_{NH_3}/p_{H_2}^{1.5}=3$/bar(Torr)	1(750)	0.8(600)	0.5(375)	0.2(150)
p_{H_2}/bar(Torr)	0.33(248)	0.28(210)	0.19(143)	0.09(68)
p_{NH_3}/bar(Torr)	0.56(420)	0.43(323)	0.25(188)	0.08(60)
相应的氮传输速度	1.0	0.77	0.43	0.13

计算较低压力下的预期渗氮速度表明，如果压力逐渐降低，在某个点，氮有效性（或者氨分子碰撞零件表面的数量）将太低，以至于不能提供足够的通过表面的流量。这个最小压力和相应的最小氮流量取决于材料的成分。Jordan 等人做的试验显示，当 AISI 4140 试样在绝对压力为 128Torr 和 812Torr（170mbar 和 1093mbar）、温度为 524～538℃（975～1000℉）的条件下渗氮时，渗氮结果仍然与常压渗氮所知的热力学密切相关。在 α-γ′边界的氮势，通过调整测得的废气中氨和氢气的体积分数以匹配炉内压力的分压，拟合莱勒（Lehrer）图。

高压渗氮有更高的氮流量，因此带来更快的扩散和/或碳化物层形成速度，而低压渗氮则给负载各处都提供了完美的气体分布，即使炉室内没有对流风扇。这两个过程都需要专门的设备。所谓加压渗氮（美国专利 2596981 和 2779697）是指在一个密闭的反应罐充入氨气直到预定的压力，然后加热到工艺温度。氨气在渗氮阶段将逐渐分解，同时，反应罐内压力增加，这个过程不受控。但是。氮势在工艺时间内将减小，因此，自然而然地限制了化合物层的厚度和渗层深度。

法国 BMI 公司的 ALLNIT 工艺是一种低压气体渗氮工艺，所用的工艺气氛是由氨气、氮气和一氧化二氮（N_2O）制得的，作为氨分解和吸附催化剂。低的工艺压力对于小截面、有型腔及几何形状复杂的零件有优势，与常规气体渗氮相比，耗气量较少。加入含碳气体可以用于低压氮碳共渗。ALLNIT 工艺之后可以进行氧化处理。这种工艺需要真空设备，可能需要更长的循环时间。

（6）氮气稀释气氛　当用氮气稀释氨气或氨分解气氛时，活性氮的可得性降低。因为分子形式的氮在常规渗氮温度下不会显著参与渗氮反应，氮气稀释对氮传输速度的影响可与低压渗氮相提并论。

为得到均匀的渗氮结果，气氛不允许稀释超过一定的百分比，会使氮流量太低而不能支持向零件表面的扩散。Zimdars 做的试验表明，20MnCr5N 试样在恒定氮势 $K_N=3$、温度分别为 550℃、570℃、590℃（1020℉、1060℉、1094℉）下氮碳共渗，同时逐渐增加稀释气体，首先白亮层厚度减少，然后渗层深度开始减少。温度增加，这种影响也增加，原因是温度越高氮吸收更快。

然而，在某些情况下，可以用氮气来控制氨分解或氮势；然而，这种控制变量需要考虑之前所述的对氮可得性的影响（气氛控制）。

（7）氧氮共渗　氧氮共渗是一种加入氧化气体的渗氮工艺，通常是空气和水，加强了渗氮反应，尤其是对于含铬的钢。按照 Spies 和 Vogt 所说，应用高氮势和氧势：

$$K_O=p_{H_2O}/p_{H_2}$$

氮势和氧势仅高于铁的氧化极限（图 7-37），当对高合金钢渗氮时，导致形成了 Fe_3O_4 铁磁体，并且，一旦铬析出形成铬的氮化物之后，铁氧化物就会转换为氮化铁，形成一个化合物层。在低氮势的时候，将会在工艺开始时同时形成铁氧化物和铬氮化物。铁氧化物层（氮可以渗过），形成一个析出层，不带或只带一个有限厚度的化合物层。此外，含铬合金钢的氧氮共渗通过可控脱碳可以使扩散区的碳化物沉淀最少化。

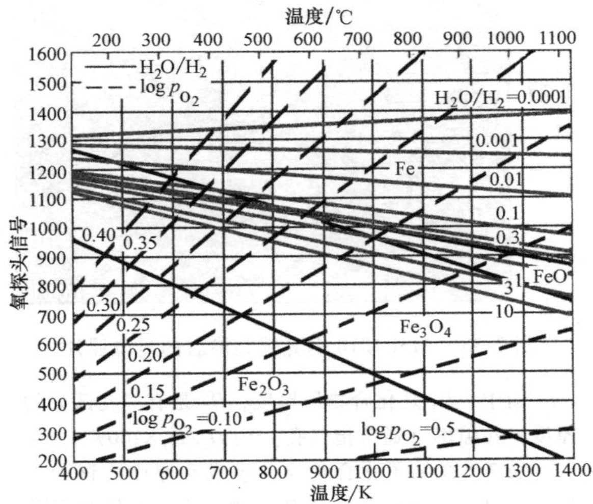

图 7-37　Fe-O 相图

加入空气、氧气或其他高氧化性气体，例如一氧化二氮，即笑气（N_2O），会产生爆炸事故。因此，最好注入水蒸气，也可以用二氧化碳（CO_2）来制造氧势，因为 CO_2 会与 H_2 反应成 CO 和 H_2O，

从而减少。由于这样同时会产生碳势，从技术上类似于氮碳共渗工艺。

（8）硫氮共渗和氧硫氮共渗　硫氮共渗的目的是得到一个低摩擦因数的硫化物层，阻止配合件的咬合。这个层可以通过在渗氮气氛中加入硫化氢气体（H_2S）来实现，或者第一步将低比例的硫化氢气体加到氨气流里形成一个氮化物层，然后第二步，用高比例的硫化氢气体加入一种惰性载气中对氮化物层进行硫化来得到（日本专利 JP 02-270958）。氧硫氮共渗是用二氧化硫（SO_2）作为硫化气，由于气体中含氧，导致化合物层形成更快。硫氮共渗和氧硫氮共渗可以用在碳钢上，也可以用在合金钢和铸铁上。

7.2.5　铁素体和奥氏体氮碳共渗

氮碳共渗通常是为了得到一个高硬度的化合物层，适宜的组成是 $Fe_{2-3}NC$ ε-碳氮化物，与能够支持稳定的脆性化合物层渗氮相比，其渗层深度很浅。

（1）应用　氮碳共渗通常用于碳钢、低合金钢，也可用于工具钢和铸铁，以提高其耐蚀性，以及通过降低摩擦因数来提高黏着和磨损抗性。化合物层的上部通常还有一个多孔结构，如图 7-38 所示。在某些情况下，这种气孔可能是个优点，但是在大多数情况下，孔隙率越低越好。氮碳共渗之后可以进行氧化处理，得到更高的耐蚀性，并产生一个深蓝色至黑色的表面。

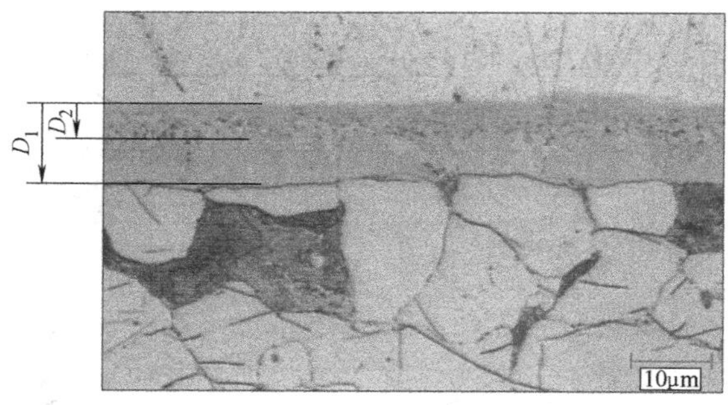

图 7-38　AISI 1018 钢氮碳共渗后的显微照片

图中，D_1 是化合物层厚度，D_2 是有气孔部分的厚度。孔隙率（通常指气孔）为 $D_2/D_1 \times 100\%$。

表 7-8 总结了化合物层的组成和厚度应该如何建立，以经得起特定的工作条件。表 7-9 给出了几类钢及其化合物层硬度。

（2）热力学背景　修正的 Fe-N-C 相图（图 7-39）给出了 Fe_4N γ′-氮化物、$Fe_{2-3}NC$ ε-碳氮化物和 Fe_3C 渗碳体的相边界。表面层由不同含量的氮和碳组成，取决于温度、氮势和碳势。氮势为

表 7-8　可能的应力和最合适的化合物层性能

工作条件	组成	厚度/μm
磨损	ε(γ′)后氧化	>10
黏着	ε(γ′)	>10
液态金属冲击	ε(γ′)后氧化	>10
摩擦氧化	ε 或 γ′,后氧化或者有高孔隙率吸附润滑剂	>10
接触疲劳	ε(γ′)	>0~<10
腐蚀	ε(γ′)后氧化	>20

表 7-9　不同类型钢的化合物层硬度

钢类	举例	化合物层硬度 HV0.2
非合金碳钢	Ck15~Ck60	700~900
合金渗碳钢	16MnCr5	800~1000
合金淬火钢	34Cr4、42CrMo4	800~1000
渗氮钢	31CrMoV9、34CrAlMo5	1200~1600
合金冷作钢	X165CrMoV12	1200~1600
热作工具钢	X40CrMoV5-1	1200~1600
高速钢	S6-5-2	1300~1700
球墨铸铁	GGG60	500~900

$$K_N = \frac{p_{NH_3}}{(p_{H_2})^{3/2}}$$

式中，K_N 是氮势$\left(\frac{1}{\sqrt{bar}}\right)$。

而气氛的碳势是：

按波多反应：

$$K_{CB} = \frac{p_{CO}^2}{p_{CO_2}}$$

式中，K_{CB}是碳势（bar）。

按不均匀水煤气反应：

$$K_C = \frac{p_{CO} \times p_{H_2}}{p_{H_2O}}$$

式中，K_C 是碳势（bar）。

注意，图 7-39 应用的是碳活度而不是碳势，相图适用温度为 575℃（1065℉）。

（3）工艺描述　可用的较老的工业生产工艺有几种，主要是加入氨气中的渗碳气体不同（表 7-10）。因为这些工艺不按势控制，因此氮碳共渗零件的典型规范是要求一定深度的化合物层，如 15~20μm，主要组成是 ε-碳氮化物，孔隙率小于 30%。随着势可控氮碳共渗的应用，这些相当模糊的要求更经常被详细的规范所代替。SAE AMS 2759/12 规范了高强度碳钢、低合金钢、工具钢和铸铁的 K_N-

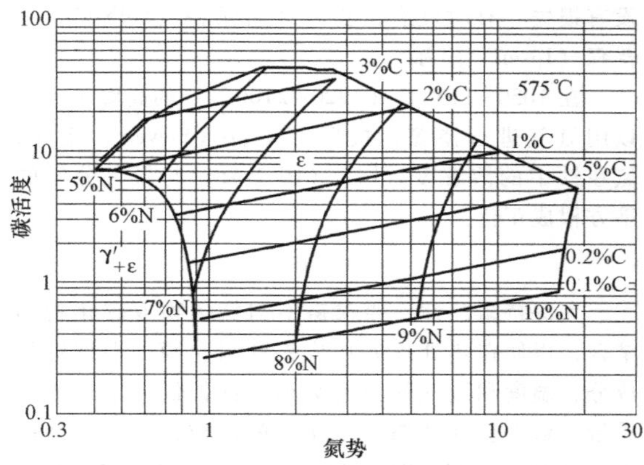

图 7-39 显示氮和碳等浓度线的氮碳共渗图，按照 Kunze 的研究算得

注：这个图给出了期望的化合物层组成，取决于 575℃（1065℉）下的氮势和碳活度。

K_C可控气体氮碳共渗的程序。该程序的目的是得到定义厚度并限制孔隙率的化合物层。第 1 类不准超过总化合物层厚度的 15%，第 2 类在总化合物层厚度的 10%~40%。

氮碳共渗时通常不需要活化，因为氮碳共渗主要用在碳钢和低合金钢上，加入碳氧化物气体如 CO_2，会自然而然地得到与氧氮共渗相当的中等程度的活化。这个过程进行的方式类似于渗氮过程，但是比渗氮温度稍微高一点。典型的氮碳共渗温度范围是 550~580℃（1020~1075℉），在所处理钢的 Ac_1 温度以下。分解率总的来说要比渗氮低，会形成高氮势（与碳势一起），将导致化合物层的快速增长。工艺参数对化合物层发展的影响见表 7-4。在氮碳共渗的末尾，为了提高耐蚀性零件经常被冷却到 530℃（985℉）以下，以进行一个附加的氧化处理阶段。

零件还可能通过淬火（气淬或水淬）而不是随炉冷却以减少孔隙，并避免针状氮化物的形成。氮过饱和晶格在慢冷时，氮溶解度降低，迫使过饱和状态的氮离开溶解状态而进入晶界。显微照片上观察，这种晶间氮化物呈针状。因为这些氮化物比周围材料硬得多，它们像楔子一样，降低了对裂纹扩展的抵抗能力。有些零件，如球形接头或同步齿轮，工作条件下经常有冲击作用，要求不含晶间氮化物。

表 7-10 商用氮碳共渗工艺

工艺	工艺气体	化合物层氮含量（质量分数,%）	化合物层碳含量（质量分数,%）
Nitemper(美国易普森)	50% NH_3,50%放热型气体	8~10	1.7~10.5
Nitrotec[麻梅斯塔(Mamesta)]	NH_3+放热型气体+空气	未说明	未说明
Nitroc[爱协林(Aichelin)]	NH_3+50%放热型气体或 10%CO_2	~9	~1
Deganit[德固赛(Degussa)]	50%NH_3+50%放热型气体(第 1 阶段) 50%NH_3+50%吸热型气体(第 1 阶段)	未说明	1~1.7
Nitroflex(AGA①)	NH_3+CO/CO_2	8.5~10.5	未说明
典型工艺	NH_3+3%~10% CO_2	<10.5	0.5~1.2

① AGA 指美国煤气协会。——译者注

（4）化合物层的控制　化合物层的厚度、组成以及孔隙，是常规性能指标（表 7-8）。据埃伯斯巴赫（Ebersbach）所说，如果氮碳共渗后的化合物层由 ε-碳化物组成，其中氮加碳的总含量至少 8.6%（图 7-40）并 C/[N + C] 的比值在 0.02~0.2 时，零件的耐蚀性会有显著的增加。关于如何影响氮碳共渗的结果的信息，见本章 7.2.4 节“渗氮”中扩散区域和化合物层的控制。

（5）奥氏体氮碳共渗　因为普通碳钢不会形成高硬度的扩散区域，这个区域硬度不够高，以致不能支持化合物层。因此，奥氏体氮碳共渗的一般用途是在化合物层创建一个硬度足够高的扩散区域，以支持化合物层来抵挡循环应力。通过增加（氮和碳饱和的扩散区域的）Ac_1 以上的氮碳共渗温度，扩散区由铁素体转变为奥氏体。化合物层和基体材料都不会受影响。处理温度范围在 595~720℃（1100~1330℉）。

当缓慢冷却时，低合金钢的奥氏体结构将转变成 Fe-Fe_4N 共析组织——所谓的布氏体（相当于 Fe-C 系统中珠光体）。快冷或淬火会形成残留的 Fe-N-C 奥氏体，通过冷处理及随后在大约 300℃（570℉）的回火处理后可能转变成硬度为 750~900HV 的马氏体和贝氏体。

7.2.6 其他高温工艺

（1）N-淬火　N-淬火是日本（Nihon）技术公司开发的工艺，用于低合金、低碳钢的表面硬化。在 700~800℃（1290~1490℉）温度范围，零件暴露于氨气或氨气-氮气混合物组成的气氛中。在这些温度下，表面层被转变成含氮量高于 α 相的 γ 相。渗

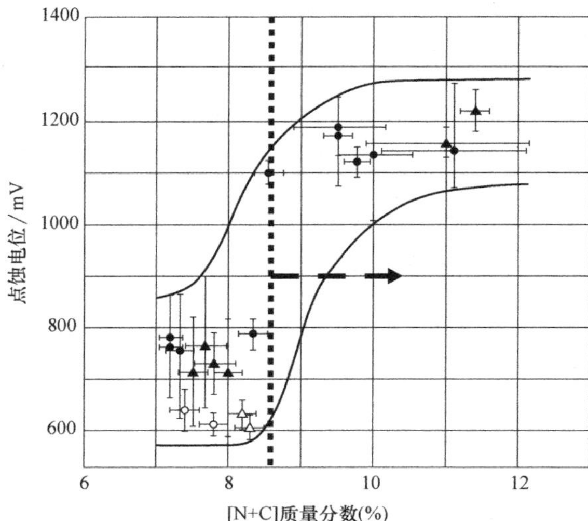

图 7-40 如果化合物层由 ε-碳氮化合物组成并且化合物层中［N+C］含量至少达到 8.6%（质量分数），氮碳共渗零件的耐蚀性显著增加

注：上图显示了超过推荐的最低成分之后点状腐蚀电势是如何暴增 200mV 的。图中的○—气体氮碳共渗；●—气体氮碳共渗加氧化；△—盐浴氮碳共渗；▲—盐浴氮碳共渗加氧化。

氮后，将零件淬火以得到含氮马氏体。

氮化物层下面的材料没有硬化。一般表面硬度高于 800HV。而变形仍然与气体渗氮相当，温度越高，循环时间越短，气体消耗量也越少。可以在 40min 内得到 20μm 的硬化层。

典型的应用包括离合器片、线轴、轴承保持器、止动垫圈、针织机配件。

（2）固溶渗氮 固溶渗氮的目的是在不锈钢上得到一层高硬度的扩散层，而对基体材料的耐蚀性没有损失，有时候有所提高［希沃特（SolNit），易普森（Ipsen）国际］。

在 1050~1150℃（1920~2100℉）的高温下，可以用氮气进行渗氮。按照西韦特（Sievert）定律，氮在铁中的溶解度（c_N）（图 7-41）与氮气分压的平方根成正比：

$$c_N = \sqrt{p_{N_2}}$$

为保持耐蚀性，要求铬不与氮化物或碳化物相结合，以便在热处理后形成铬的氧化膜。根据钢的成分，温度和氮气的压力必须如此控制：溶解氮的质量分数不会促使铬的氮化物的形成，但是仍然能提供最大的硬度。图 7-42 示出了 1100℃（2010℉）时氮和碳的溶解度与含铬量的关系。典型的炉压范围是 0.1~2bar（75~1500Torr）。高工艺温度和工艺时间（15~240min）会形成 0.2~2.5mm（0.01~0.1in）的渗层深度。渗层深度的发展服从扩散规律，与时间的平方根成正比，即

$$x \sim \sqrt{t}$$

在扩散处理之后，负载必须要淬火以防止铬的氧化物析出，从而保持耐蚀性。根据钢的成分，零件会以不同的方式处理。在奥氏体不锈钢中，表面由固溶含氮量高达 0.9%的奥氏体组成，表面硬度与心部相比稍微高一点。在马氏体不锈钢中，氮饱和表面将包含大量的残留奥氏体，在随后的冷处理和高于 450~480℃（840~895℉）回火时，会转变成马氏体。这种工艺需要集成有气淬或油淬的真空炉，并且能承受高达 2bar（1500Torr）的高压。

渗氮的典型应用是奥氏体或马氏体不锈钢零件，如塑料成型加工工具、齿轮箱组件、喷气涡轮轴承、流体机械的泵和阀、手术器械、餐具、植入器、卫生用品、过滤膜。

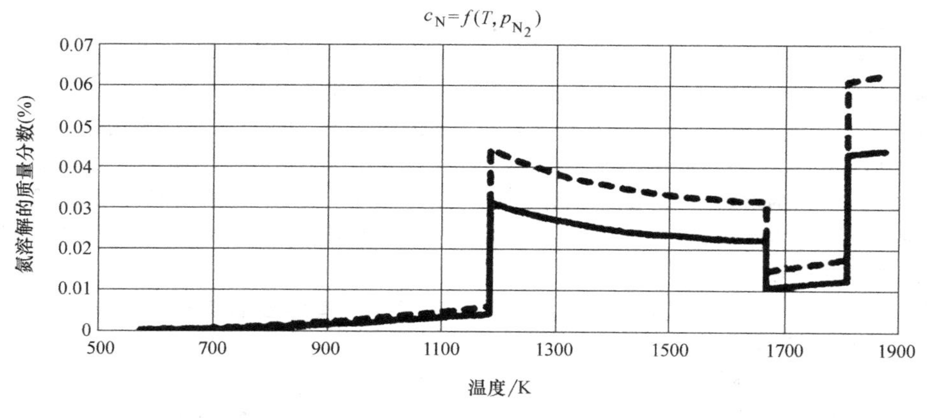

图 7-41 氮在铁中的溶解度随温度和氮压力的变化

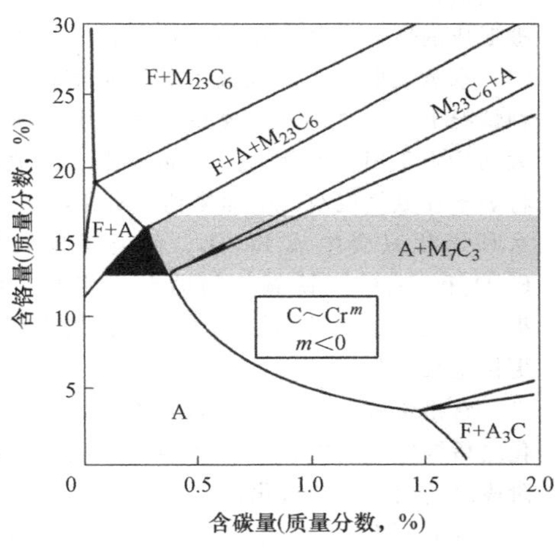

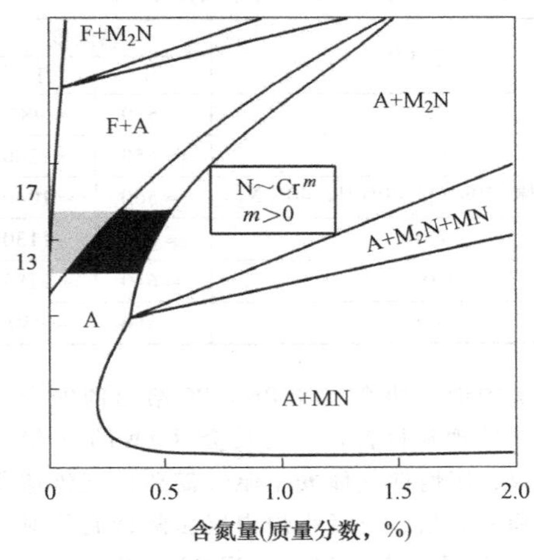

图 7-42　含铬量对 1100℃（2010℉）下碳和氮在奥氏体中溶解度的影响

7.2.7　渗氮过程

（1）清洗　因为氮传输会被零件表面上的污染物阻碍，所以在渗氮处理之前应彻底清洗零件表面以清除有机残留物。零件上会沾有切削液中的各种合成添加剂、防锈添加剂以及氧化铝砂轮的剩余物等。这些都会造成渗氮不均匀、剥落层以及其他表面缺陷。据 Haase 所言，机加工零件的典型表面状况会呈现为一个含有灰尘及残留物（比如油脂和加工屑）的污染物层。在这个污染物层下面，是一个水和憎水剂（如碳氢化合物）的吸附层。在这层之下，可以看到金属氧化物和有缺陷的基体材料（表 7-11）。

表 7-11　机械加工后的典型表面状况

厚度	组成	性能
环境	—	—
污染物层>1μm	机械加工残留	黏附，聚集
吸附层 1～10nm	含大量的 C、O、H_2O	界面能，表面张力
反应层 1～10nm	金属氧化物	形貌，钝化
变形边界层 >1μm	基体材料	形貌，显微组织，残余应力
基体材料	—	—

多数工件在蒸汽脱脂或在添加有特殊清洗剂的水中清洗之后可以成功地进行渗氮，但是有些机械精加工工艺，如磨光、精磨、精研和抛光，造成的表面会阻碍渗氮，并使层深不均匀以及产生变形。这可能需要用氧化铝颗粒或其他研磨剂，如石榴石或碳化硅等来清理，之后立刻渗氮。在零件进入渗氮炉之前，必须刷掉所有的研磨剂残留物。从实用的观点看，除非有钝化层和表面变形、精密冲裁特征的问题，否则这些方法不会使用。然而，湿玻璃珠喷砂对于某些特定零件来说是一种微妙而又有效的方法。作为一般规律，蒸汽脱脂并不会移除合成添加剂和水溶性污染物。水和特殊的工业清洗剂（表面活性剂）被用来清除矿物和非矿物污染物。有些清洗剂的 pH 值较高，而超声波清洗通常用特别设计的中性 pH 值清洗剂。搬运零件时应当戴上干净的手套。

（2）安全驱气　渗氮和氮碳共渗处理通常是在低于 750℃（1380℉）安全温度（从气体渗碳）下进行。在这个温度以上停留将确保炉气中的所有可燃物会立刻被燃烧掉，不会形成爆炸混合气。

除了固溶渗氮，由于渗氮和氮碳共渗都是在所用可燃气体的自燃温度以下进行的，所以可以形成一种有爆炸性的混合物。表 7-12 和表 7-13 给出了各种气体在空气和一氧化二氮中的爆炸上下限，以及各种气体的自燃温度。因此，每当炉内气体要从氧气/空气转换成可燃气体，炉子都必须用惰性气体（通常是氮气）驱气或者将压力降低到一定值，反之亦然，这个时候无论氧气的量还是可燃气的量都足够低，不会发生爆炸事故。

表 7-12　各种气体与空气混合的爆炸极限

工艺气体	爆炸下限(%)	爆炸上限(%)
H_2在空气中	3.75	75.1
H_2+40%N_2在空气中	3.65	37.3
NH_3在空气中	13.3	32.9
NH_3+20%N_2在空气中	14.1	20.9
H_2在 N_2O 中	3～6	84
CH_4在 N_2O 中	5	50

表 7-13 各种工艺气体自燃温度

工艺气体	自燃温度	
	℃	℉
H_2	≈530	≈985
NH_3	≈650	≈1200
吸热式气体（20%CO，40%H_2，40%N_2）	≈560	≈1040
CO	≈610	≈1130
CH_4	≈640	≈1185
C_3H_8	≈510	≈950

根据美国消防协会（NFPA）86 给出的安全法规和德国热处理和材料科学协员会（AWT）8 给出的安全建议，用惰性气体安全驱气需要的气体体积是炉子容积的 5 倍，或者将炉内气压降低到绝对压力 45mbar（AWT）或 0.1Torr（NFPA）以下。

（3）预氧化处理 渗氮和氮碳共渗通常以预氧化阶段作为初始阶段，预氧化可以作为渗氮过程的一部分，也可以在预氧化炉子里单独进行。注意：水预氧化不会燃烧任何带碳氢化合物的污染物。

预氧化可以看成是一种附加的清洗。预氧化温度大约在 300℃（570℉）左右，高于碳氢化合物和清洗剂的汽化温度。因此，炉子连同空气一起加热到预氧化温度并保持 30~45min。其他污染物层可能被形成的铁氧化物瓦解掉。预氧化还可以采用水蒸气，水蒸气里可以添加或不添加水溶性弱酸。在这种情况下，预氧化时间要短得多。用水预氧化 3min 大约相当于用空气预氧化 30min。因此，在注水之前将炉子在氮气或空气中加热到预氧化温度比较有利。水预氧化只会生成 Fe_3O_4，而空气预氧化则生成 Fe_3O_4和 Fe_2O_3。铁氧化物的形成将有一些活化效果，并促进渗氮/氮碳共渗的初始阶段表面的氮化铁更快生长。

含铬量较高的钢，尤其是不锈钢，不能在预氧化之后渗氮。这类钢需要特别的活化步骤以在渗氮阶段之前消除铬的氧化物。

（4）活化/去钝化 当对铬含量较高的钢进行渗氮或氮碳共渗时，零件必须进行去钝化处理，也称为活化。为了从零件表面移除钝化的铬的氧化物，氧气分压必须保持在很低的水平。修正的埃林厄姆（Ellingham）图（图 7-43）显示，在 400℃（750℉）时，氧气分压必须控制在 1050bar 之下。内置氧探头的相应信号应该高于 1650mV。图 7-43 也显示了 p_{H_2}/p_{H_2O}的分压比≈10^8、p_{CO}/p_{CO_2}≈10^7。

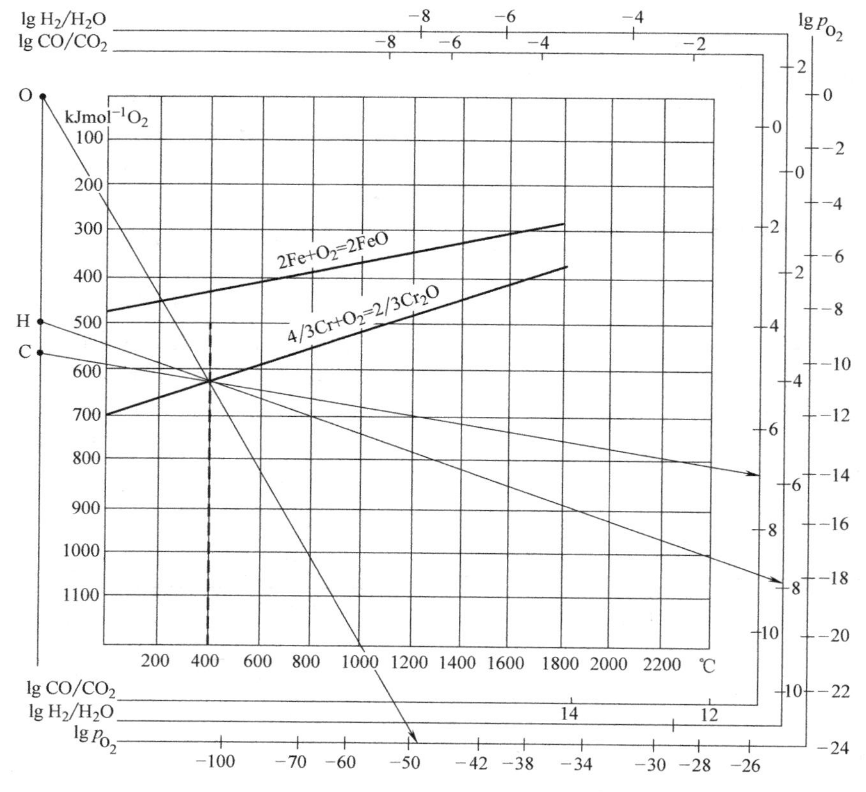

图 7-43 修改的埃林厄姆（Ellingham）图

已经有采用纯 CO 或极其干燥的氢气的成功尝试，但是在多数情况下，应添加酸形成剂进行活化。大多数活化剂需要特别的清理或进行废气过滤。活化方法的实例包括：

1）美国专利 5340412 描述了采用氟或含氟气体来活化（首选的试剂是含有 $30000 \sim 50000 \times 10^{-6}$ NF_3 的混合气）的方法。氟气的量的选择要能达到好的活化效果，但又要避免炉子材料暴露于过于活跃的气体之中。

2）EP1707646B1 描述了采用 CO 和氨气的混合物加热到至少 300℃（570℉）以形成 HCN 和水来活化。HCN 破坏了铬氧化物。

3）DE19730372B4 描述了采用柠檬酸（$C_6H_8O_7$）来预氧化/活化和后氧化的方法。柠檬酸活跃性较低，对设备更适合。

其他可用于活化的试剂是含 Cl 的化合物，如聚氯乙烯或氯化铵，还含有硫和磷。

EXPANITE 工艺（国际专利 WO 2011/009463 A1）采用相同的试剂来活化和渗氮/氮碳共渗，所以活化和渗氮之间没有明显的界限。

（5）形核　为确保得到均匀的渗氮层，在渗氮过程一开始，零件表面就应覆盖一层薄而封闭的氮化铁。这个氮化铁层之后对氮的扩散起到“蓄水池”的作用。据萨默斯（Somers）等人所言，形核开始于 $Fe_4N\gamma'$-氮化物或 $Fe_4N\gamma'$-氮化物和 $Fe_{2-3}N$ ε-氮化物核的形成。这种核会增长并最终形成一个封闭的层。快速而完美的形核需要在渗氮/氮碳共渗一开始就有大量氨。这可以通过在较低的温度下往炉内通氨气来实现，或通过高流量的氨气在高温时尽快改变气氛。图 7-44 显示了在 575℃（1065℉）最初的 3min 内氮化铁核的形成。根据零件几何形状，形核前在惰性气体中将零件加热到渗氮温度，然后等待温度到相等可能有用。如果零件截面厚薄不均，例如鳍状零件等，由于它们加热时间不同，低温下的氨气流会让壁薄的地方过渗氮，而壁厚的地方欠渗氮。

a)

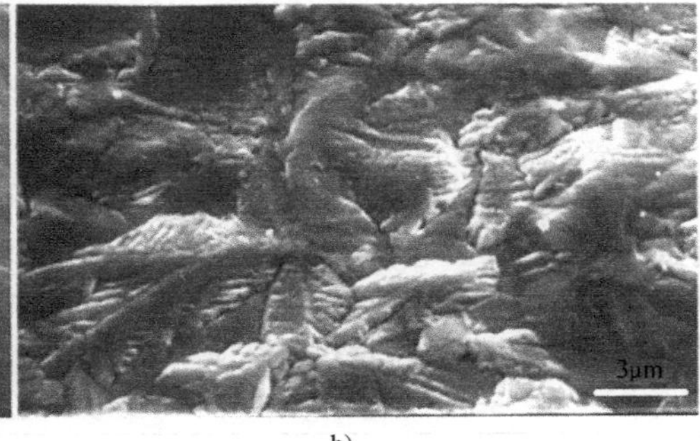

b)

图 7-44　575℃（1065℉）温度下渗氮 1min 和 3min 后，零件表面氮化铁形核情况的扫描电镜显微照片

（6）后氧化　在化合物层上增加一层厚度为 1～3mm 的 Fe_3O_4，可以增加耐蚀性并进一步减小摩擦因数。厚 12μm 的 ε 化合物层的耐蚀性已相当于 40μm 镀铬层，后氧化的采用使盐雾试验的时间将近达到以前的 4 倍。图 7-45 给出了 C15 的渗氮和后氧化的表面层，铁氧化物闭合了氮化铁结构中的部分气孔。后氧化通常在 450～520℃（840～970℉）的温度范围内进行。炉子冷却到这个温度，通常用氮气驱气，然后注入氧化剂，持续 30～45min。温度越低，得到的磁铁层越致密。氧化剂是水（蒸汽）或一氧化二氮。一氧化二氮可以用一个现场氧探头来控制，维持氧分压以与期望的铁-氧相匹配（图 7-37）。

图 7-45　渗氮和后氧化的 C15

注：氧化刚开始；铁氧化物部分覆盖在有孔的化合物层上。

（7）扩散区域和化合物层的控制　像 C 和 N 这样的间隙原子的扩散用菲克定律表述为

$$J = -D\frac{dc}{dx}（菲克第一定律）$$

式中，J 是间隙原子的扩散通量，由扩散系数 D 和浓度梯度 dc/dx 确定。一小段时间（dt）内浓度的微分变量（dc）可以计算出：

$$\frac{dc}{dt} = D\frac{d^2c}{dx^2}（菲克第二定律）$$

保持表面浓度 c_0 不变，在时间 t 后位置 x 处的间隙原子浓度，可以用下式计算：

$$c(x,t)=c_0\mathrm{erfc}\left[\frac{x}{\sqrt{4Dt}}\right]$$

式中，erfc［ ］是补充的高斯误差函数；$\sqrt{4Dt}$ 被称为扩散长度；扩散系数 D 和最大溶解度 c_S，随温度增加：

$$D=D_0\exp[-Q/(RT)]$$

式中，Q 是活化能；R 是摩尔气体常数；T 是温度（K）。

扩散区域的形成从而导致析出前沿的推进，因此，总的/有效层深的形成由时间、温度和 N 在该温度下的固溶度（受合金元素影响）确定。氮化物形成元素，例如 Al、Cr、Ti 和 V，将迅速消耗掉扩散中的 N，并因此减慢 N 的向内扩散。据坤泽（Kunze）所言，析出前沿的深度可以用下式估计：

$$s=\sqrt{\frac{c_S}{c_{NF}+\frac{1}{2}c_S}2Dt}$$

式中，c_S 是 N 在 α 晶格中的溶解度；c_{NF} 是 N 化合在氮化物形成元素氮化物中的总含量。非氮化物形成元素，例如 Ni，将降低 N 在铁晶格中的溶解度 c_S，并因此减慢间隙原子扩散速度。

如果需要两倍的层深，维持相同温度和氮势的情况下，渗氮阶段的持续时间必须延长至 4 倍。另一方面，如果停留相同时间，温度必须增加大约 83℃（150℉），必须调整氮势以达到相应的表面浓度（与莱勒图匹配）。

温度和时间对化合物层有类似的影响（图 7-46），但是，相比于上述的析出前沿，有相当的氮流量进入扩散层，因为铁只是一种弱氮化物形成元素。因为流量受扩散控制，化合物层厚度与时间的关系可以由下式估算：

$$s=\sqrt{t}$$

要形成化合物层，氮的活度必须足够高，以迫使分别形成氮化铁和铁碳氮化物。氮化物形成元素将降低氮的活性，除没有转化成氮化物的 N 之外。因此，高合金钢表面形成白亮层通常要求更高的氮势和更长的渗氮时间。另一方面，Al 将促进化合物层的形成，可以如此解释，相比于其他氮化物形成元素，例如 Cr，Al 在铁中的扩散系数要高得多，会在很短的时间内形成氮化物。表 7-14 给出了在渗氮温度一些元素在铁中的扩散系数。C 能增加氮活度，并在低氮势时促进铁碳氮化物的形成。要得到两倍的化合物层厚度，在相同的温度和氮势下需要大约 4 倍的渗氮时间。温度增加 10℃（18℉），并调整氮势，将使化合物层厚度大约增加 10%。表 7-15 给出了调整时间和温度对层深和化合物层厚度影响因子的影响。注意，根据资料，能达到的化合物层厚度有最大值。

温度/		$K_N,\sqrt{\mathrm{bar}}$	时间/min	化合物层厚度/μm*	
°C	°F			Min	Max
480	896	5.06	2400	9	14
550	1022	2.64	240	8	12
600	1112	214	30	10	12
640	1184	1.44	15	10	13

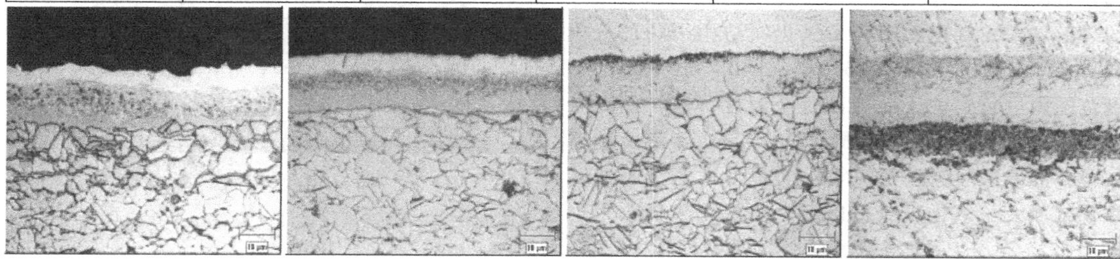

图 7-46　不同温度下在微合金化的 1006 钢（高强度低合金钢）上大约 10μm 化合物层所需要的氮碳共渗时间

注：应调整氮势与温度匹配，氮势控制是通过采用 NH_3 和 NH_3 分解气并加入体积分数为 10% 的 CO_2。最右边的显微照片显示了高温导致的化物层下典型的褐色的奥氏体组织。

表 7-14　计算得到的渗氮温度下元素在铁中的扩散系数

元素	铁　相	$D/(cm^2/s)$	D_E/D_N	$D/(cm^2/s)$	D_E/D_N
		500℃(930℉)		595℃(1105℉)	
H	α	3.03×10^{-4}	5084	3.72×10^{-4}	1603
	Γ	—	—	1.31×10^{-5}	76 036
C	A	4.14×10^{-8}	0.695	1.73×10^{-7}	0.75
	Γ	—	—	9.78×10^{-10}	5.696
N	A	5.95×10^{-8}	1	2.32×10^{-7}	1
	Γ	3.03×10^{-4}	—	1.72×10^{-10}	1
	Fe_4N-γ′	3.98×10^{-10}	0.0067	—	—
	$Fe_{2-3}NC$-ε	9.96×10^{-11}	0.0017	—	—
Al	Γ	—	—	8.30×10^{-13}	4.8×10^{-3}
Si	A	1.62×10^{-18}	2.73×10^{-11}	1.30×10^{-16}	5.59×10^{-10}
	Γ	—	—	4.94×10^{-16}	2.88×10^{-6}
Ti	A	5.71×10^{-17}	9.60×10^{-10}	3.88×10^{-15}	1.67×10^{-8}
	Γ	—	—	1.16×10^{-16}	6.77×10^{-7}
Cr	A	3.06×10^{-17}	5.14×10^{-10}	2.05×10^{-15}	8.82×10^{-9}
	Γ	3.61×10^{-14}	—	4.23×10^{-15}	2.46×10^{-5}
Co	A	4.54×10^{-18}	7.63×10^{-11}	3.05×10^{-16}	1.31×10^{-9}
	Γ	—	—	3.69×10^{-20}	2.15×10^{-10}
Mo	A	1.67×10^{-16}	2.81×10^{-9}	1.02×10^{-14}	4.39×10^{-8}
	Γ	—	—	9.41×10^{-17}	5.48×10^{-7}
W	A	2.09×10^{-23}	3.51×10^{-16}	3.29×10^{-21}	1.42×10^{-14}
	Γ	—	—	1.83×10^{-24}	1.07×10^{-14}
Fe	A	3.33×10^{-17}	5.60×10^{-10}	1.97×10^{-15}	8.46×10^{-9}
	γ	1.04×10^{-19}	—	1.03×10^{-17}	5.98×10^{-8}

注：表中数据的计算是基于埃克斯坦（Eckstein）提供的数据。D_E/D_N 代表该元素相对于 N 在相应组织中的相对扩散系数。

表 7-15　调整渗氮时间和温度对层深和化合物层厚度影响因子的影响

阶段时间变化因子	层深和化合物层厚度影响因子	温度差 (ΔT)/K	α-Fe 中 K_N 的因子	Fe_4N 中 K_N 的因子	$F_{e2-3}N$ 中 K_N 的因子	层深的因子	化合物层厚度的因子
0.05	0.22	-50	1.45	1.81	1.86	0.66	0.6
0.1	0.32	-40	1.34	1.6	1.63	0.72	0.66
0.2	0.45	-30	1.24	1.41	1.44	0.78	0.74
0.5	0.71	-20	1.15	1.26	1.27	0.85	0.81
0.75	0.87	-10	1.07	1.12	1.13	0.92	0.9
1	1	0	1	1	1	1	1
1.1	1.05	+10	0.93	0.9	0.89	1.09	1.11
1.2	1.1	+20	0.87	0.81	0.8	1.18	1.23
1.5	1.22	+30	0.82	0.73	0.71	1.28	1.36
2	1.41	+40	0.77	0.66	0.64	1.39	1.51
3	1.73	+50	0.72	0.6	0.58	1.51	1.67
4	2	—	—	—	—	—	—
5	2.24	—	—	—	—	—	—

注：表中给出的关于渗氮时间变化的因子需要恒定的温度；给出的关于温度变化的因子需要恒定的渗氮时间，并调整氮势以匹配到莱勒图给出的相界的相同位置（见对 K_N 的影响因子）。因子代表温度范围为 500~580℃（930~1075℉）影响因子的平均值。

因为上述所有机制都高度取决于温度，因此温度一致性和准确性控制是强制性的。NFPA 86 和 AMS 2750 D 中用温度控制的精度和一致性定义了炉子的类别。

第二个先决条件是维持完美的气氛循环和一致性，以便所有零件都处于相同的气氛势（氮势）。气氛循环对温度一致性也有支持作用。

7.2.8 气氛控制

（1）分解率和氮势　在渗氮时，分解率、残留氨和氮势主要由氨的热接触反应分解和通入的氨流量决定。反应的热力学平衡如下：

$$2NH_3 \leftrightarrow N_2+3H_2$$

在正常渗氮条件下，上式反应的热力学平衡几乎完全是在分解氨一边。在大气压和 525℃（975℉）的渗氮温度下，残留氨的体积分数在平衡时低于 2%。而平衡只取决于温度，氨分解的速度取决于炉内温度和接触表面。在工业用的井式炉［容积约 2.5m^3（96.5ft^3）］中的试验显示，氨在 500℃（930℉）的半衰期大约是 80min。温度升高到 575℃（1055℉），将使半衰期缩短到 8min（图 7-47）。

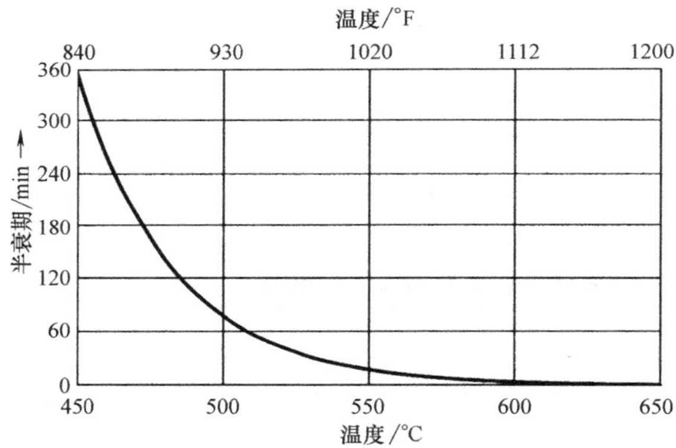

图 7-47　氨在体积为 2.5m^3（96.5ft^3）的典型的马弗炉里在不同温度时的半衰期

所以，增加氮势（降低分解率）需要增加氨流量，反之亦然。当通过降低氨流量来降低氮势时，可能有个极限，工艺气体的最小流量仍然太高以致不能支持低氮势。为了克服这种情况，首选的步骤是将氨气与预分解氨混合，维持恒定的流量，仅比保持炉子安全操作的轻微正压所需要的流量最小值高一点。建议采用预分解氨的原因是，炉内混合气仍然遵循莱勒图给出的边界条件。

如果氨分解气不易获得，也可以用氢气来降低氮势。另一方面，氮气作用方式并不同，因为氮气稀释的作用主要改变催化剂的动力学。只要炉子内氨分子的量高到足以完全覆盖接触反应（催化反应）的表面，那么氮势就会被轻微降低。一旦氨气稀薄，接触表面的部分不再被新鲜分子覆盖，那么氮势重新开始升高，但不是渗氮效果。脱离这一点，控制不再有效。

小炉子的氨气流量与炉容积之比通常需要更高，最大的可能流量必须相应调整。大炉子的接触表面积与容积的比相当小，如果用来对大零件渗氮的话（需要限制化合物层），应该供应预分解氨。

（2）碳势　在氮碳共渗的时候，碳势应该与氮势同时控制。在典型设备中，虽然有些应用中采用烃类，如甲烷或丙烷，但，CO_2和吸热式气氛是最常用的碳源。与渗碳类似，工艺气体的渗碳效果可以受不同反应驱动，取决于供应的工艺气体：

$$2CO \rightleftharpoons C_{ad}+CO_2\text{（波多反应）}$$

$$CO+H_2 \rightleftharpoons C_{ad}+H_2O\text{（不均匀水煤气反应）}$$

和

$$CH_4 \rightleftharpoons C_{ad}+2H_2\text{（甲烷反应）}$$

式中，C_{ad}表示铁表面吸附的 C。这三个反应中，不均匀水煤气反应是至今最高效的一个。这些反应中每一个都能建立其自己的平衡，平衡常数取决于温度：

$$K_1=f(T)=\frac{a_C \times p_{CO_2}}{p_{CO}^2}$$

$$K_2=f(T)=\frac{a_C \times p_{H_2O}}{p_{CO} \times p_{H_2}}$$

$$K_3=f(T)=\frac{a_C \times p_{H_2}^2}{p_{CH_4}}$$

碳活度（a_C）可以看作是 C 在铁碳混合物中的化学有效浓度的一种量度。将等式整理可得

$$a_C=\frac{K_1 \times p_{CO}^2}{p_{CO_2}}$$

$$a_C=\frac{K_2 \times p_{CO} \times p_{H_2}}{p_{H_2O}}$$

$$a_C=\frac{K_3 \times p_{CH_4}}{p_{H_2}^2}$$

上述等式中的分压比被称为碳势，用 K_C表示，对于各种反应有：

$$K_{CB}=\frac{p_{CO}^2}{p_{CO_2}}\text{（波多反应）}$$

$$K_{CW}=\frac{p_{CO} \times p_{H_2}}{p_{H_2O}}\text{（水煤气反应）}$$

$$K_{CW}=\frac{p_{CH_4}}{p_{H_2}^2}\text{（甲烷反应）}$$

注意，没有一个碳势与渗碳时的碳势是匹配的。不幸的是，碳势在数值上不匹配，如果将碳势控制在相同的数值，在零件表面产生的改变也不相同。要实现相同的条件，碳势必须根据它们的活度调整。给出的数据可以直接从热力学数据表中获得。下列等式直接取自于 DIN 1998：

$$\lg(a_C)=\lg(K_{CB})+8817/T-9.071$$

$$\lg(a_C)=\lg(K_{CW})+7100/T-7.496$$

$$\lg(a_C)=\lg(K_{C-O_2})+5927/T-4.545$$

$$\lg(a_C)=\lg(K_{C-CH_4})+4791/T-5.789$$

碳势控制，是根据不均匀水煤气反应和波多反应的碳势讨论的。图 7-48 给出了不同渗碳气体的 K_N-K_{CB}控制范围，通过调整氨与分解氨的比例来控制 K_N。

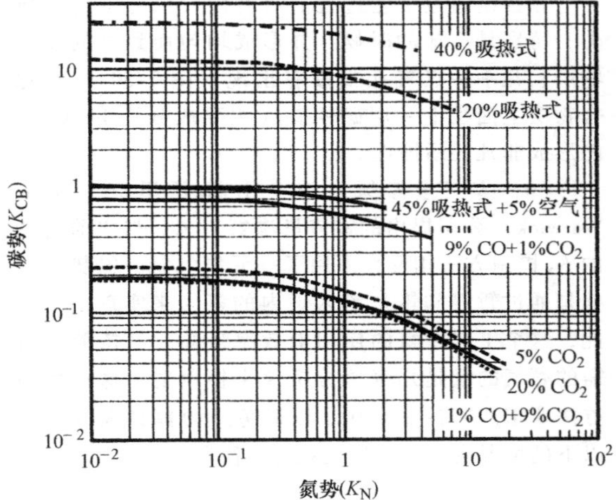

图 7-48　在氨气/氨分解气气氛中加入含碳气体，在 580℃（1075℉）K_N-K_{CB}的控制范围

注：CO_2的加入显示了相反的控制行为；随着 CO_2在工艺气体中比例的增加，会得到更低的碳势。吸热型气氛，含有 20%CO，必须与空气混合（CO_2或 H_2O），以免形成渗碳体。采用 CO 和 CO_2混合气，可以得到 K_{CB}较宽的控制范围。

K_{CW}和 K_{CB}是由 CO 和水分别作为驱动力确定。另一方面，CO_2多少也起到“刹车”的作用。显而易见的是，CO 在工艺气体中的体积分数必须增加以在零件表面层得到更高的碳含量。不过，最典型的氮碳共渗过程采用 CO_2作为碳源。

这要归因于水合反应，通过与氨分解气中得到的氢气反应生成水，CO_2被转化为 CO。然而，这并不是很有效，因为通过几乎关闭 CO_2供应，理论上会达到最大碳势，可同时会降低可用碳并从而降低渗碳效果。不来梅的 IWT（德国热处理和材料科学协会的研究机构）做的测试显示，对于碳钢来说，在氨/氨分解气中体积分数为 10%的 CO_2将允许 ε-化合物层中的碳质量分数为 1%～1.2%。对于特定的应用，达到更高的质量分数是有利的。

据诺曼（Naumann）和朗根沙伊德（Langenscheid）所言，ε 相的首先形成，取决于温度、氮和碳的质量分数。那样的话，在一定范围内 C 与 N 可能交换。高碳化合物层的优点是高温稳定性，同时形成气孔的倾向较低。这个效应被用在 SAE AMS 2759/12 氮碳共渗要求中，目标是在化合物层中得到的气孔在定义的百分比之内。

要增加化合物层中的碳含量，必须通过增加 CO 来提高碳势。典型的 CO 源是吸热式气氛，CO 的含量（体积分数）为 20%（天然气/空气）或 23%（丙烷/空气）。因为 CO 不会把另外的氧原子带入到（p_{CO}^2/p_{CO_2}）和（$p_{CO}\times p_{H_2}/p_{H_2O}$）的计算中，所以碳势理论上趋向于无穷大。在实际过程中，气氛会开始形成炭黑。因此控制碳势需要含氧量较高的第二种气体。可以采用空气，但是因为很明显的安全问题，更好的办法是加入 CO_2或水蒸气。用吸热式气氛要忍受另一个缺点是：由于氢含量高（体积分数为 40%的天然气/空气，31%的丙烷/空气），氮势会随着富化气添加量的增加而降低，需要更高的氨流量。

控制碳势最有效而又稳定的方案是采用 CO 和 CO_2的混合物。总工艺气流中渗碳气体［CO +CO_2］的体积分数被设置成常数，如 10%，修改 CO 与 CO_2的比例以调整碳势。氮势不会被明显影响，允许平缓的 K_N-K_{CB}或 K_N-K_{CW}控制。当然，同样也可能用水蒸气替代 CO_2，但是这要么要求增加设备供蒸汽，要么需要更精密的控制以注入非常少量的液态水。

（3）氧势　有些过程，如氧氮共渗或氧氮碳共渗和增加的工艺阶段（如后氧化）一样，要求控制氧势 K_O

$$K_O=\frac{p_{H_2O}}{p_{H_2}}$$

在渗氮气氛中，这需要添加含氧气体。从过去到今天（2013）仍然是这样，将可控百分比的空气加入到工艺气体中，从而将氨分解得到的氢气氧化成水蒸气。其他应用采用一氧化二氮（也就是所谓的笑气，N_2O）来实现相同的效果。O_2和 N_2O 这两种气体，都是高度活泼的气体，理论上能造成可以爆炸的混合物（见本章安全排气和安全注意事项一节）。因此，较新的尝试已经从注入空气或一氧化二氮转为注入水或二氧化碳了。水是首选的方案，添加 CO_2基本上把原本的渗氮过程转变成氮碳共渗过程。在氮碳共渗气氛中添加 CO 和/或 CO_2，自动地将增加氧势。只加入烃的氮碳共渗气氛需要增加含氧气体，最好是水。

在氮碳共渗过程中保持太高的氧势，可能会造成氧化层，它在之后的过程中可能会被减少和氮化。得到的化合物层是很脆的，高孔隙率，并且零件一使用将会立即破碎。在后氧化阶段，通常水是注入炉内的唯一工艺气体，K_O可能达到一个无法控制的势。因此，同时注入少量的氨气或氨分解气是有用的，其中的氢气用来平衡水蒸气。

预氧化或活化通常不控制，设置一个控制设备对将来的应用可能是有用的。预氧化或活化阶段中的温度较低，需要采用加热的氧探头。不采用氧势K_O，可以采用氧分压（p_{O_2}）或 $\lg p_{O_2}$作为受控的过程变量。图 7-37 所示的 Fe-O 相图给出了 K_O、$\lg p_{O_2}$和随温度变化的原位氧探头（mV）信号之间的关系。

（4）质量分数控制　不同时控制 K_N和 K_C，将势自动设置在化合物层中得到给定质量分数的 N 和 C 也是可能的（图 7-39，图 7-49），因此定义热工作能力和氮碳共渗得到的孔隙率。温度、氮势、碳势和期望的铁上面的化合物层成分之间的关系已经由坤泽（Kunze）估算了，给出了必要的计算方法。这种目标指向控制变体的优点是能够用想要的化合物层成分作为 K_N-K_C控制器的设置值。

（5）相控制　另一个目标指向的控制变量是考虑尽可能消除化合物层中的疏松孔。将氮势控制在与相边界平行的状态上，使其与随温度变化的氮化铁的分解压相匹配（图 7-49）。

考虑到在工艺温度作用下采用足够高的氮气压力时也有可能形成氮化铁，而氮化铁往往会分解成铁和分子氮，在其附近产生相同的压力。

Fe_4N γ′-氮化物在 500℃（930℉）时被高于 6000atm 的局部压力控制保持形状；幸运的是，氮势仅在 0.3bar $^{-1/2}$时为氨的分解提供了相同的压力。要维持 Fe_2N ε-氮化物结构的完整性，相同温度的氮势必须增加到 2 bar $^{-1/2}$，与超过 300000atm 的氮气压力相匹配。

所以，在渗氮过程中，每当氮势不再提供维持化合物层表面成分所需的压力时，这个层就会分解成较低级的氮化铁或铁碳氮化物。释放的氮原子将很容易地彼此接触从而形成氮气分子，逐步在化合物层中撕裂成洞，造成气孔。这种氮气的形成倾向于在组织中积极有利的位置发生，如晶界、位错等。

相控制通过工艺过程的所有阶段保持合适的压力，特别是冷却的时候，并形成均匀而致密的化合物层，几乎一点气孔都没有出现（图 7-50）。在化合物层上面敷上一层磁铁矿（主要成分为 Fe_3O_4），能形成非凡的耐蚀性。

（6）零流量渗氮　波兰山高/沃里克（Seco/Warwick）公司提出的零流量渗氮工艺，与之前讨论的 K_N控制方法相反，采用了一元氨气氛。氮势的调整是通过暂停和恢复流入炉内的氨气来实现的。因此，这个工艺在氨的使用上效率最高。维持氮势所需的氨气的量是用气体分析仪来控制的。这种控制方法要求严密控制炉压，以避免压力掉到大气压力以下的情况发生，特别是在冷却阶段。

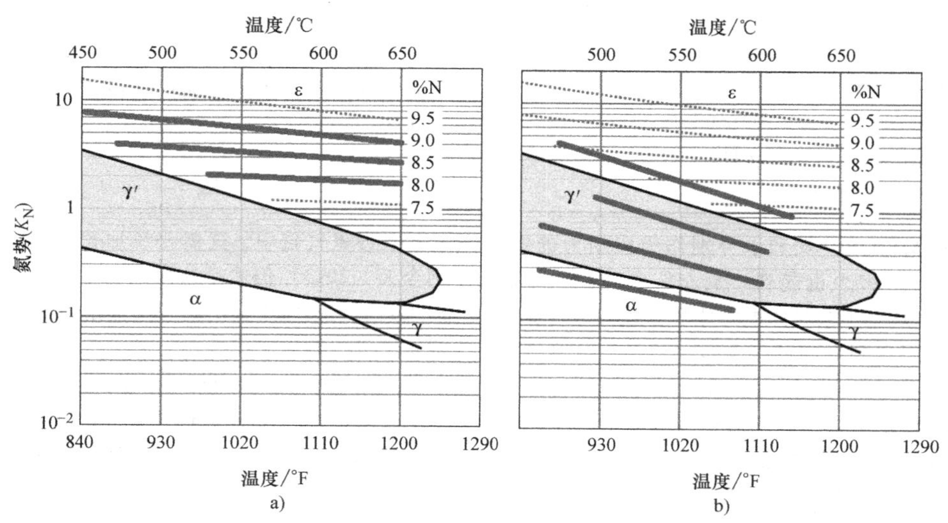

图 7-49　莱勒图

a）沿着等浓度线用质量百分比控制氮势　b）用与相边界平行的氮势进行相控制

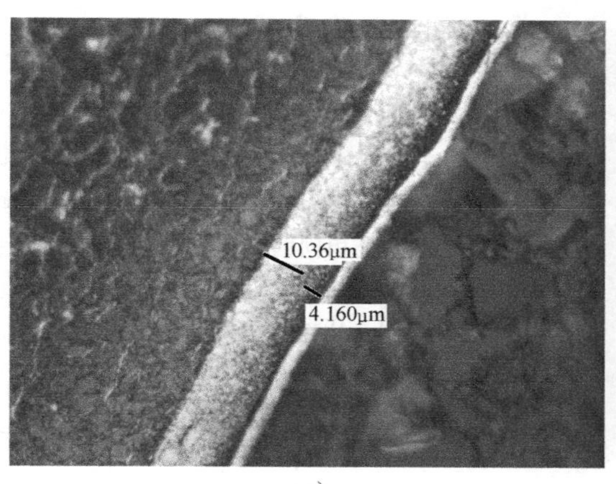

a)

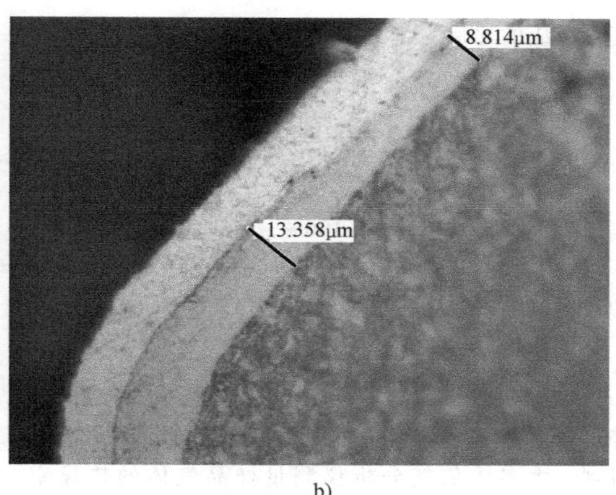

b)

图 7-50 传统的和相控制的化合物层

a）传统的化合物层 b）相控制的化合物层

注：这两种零件都是在商业热处理零件中处理。德国 Linde 材料操作系统提供。

（7）催化渗氮 催化渗氮是基于俄国技术并被 JSC Nakal 工业炉公司发展起来的（美国专利 7931854B2）。Nakal 系统只使用氨气。将气体通过一个炉内装在氧化铝和碳化硅块中的催化剂，以使氨离子化产生反应气体（NH_3^+）和促进 N 扩散进基体金属。按照 Nakal 的技术，这种活性氮原子的增加加速了扩散层的生长速度而又不影响化合物层的形成。像在所有其他势控制的渗氮过程一样，控制氮势可以使渗氮达到零化合物层，只有 γ'-Fe_4N 化合物层或者只有 ε-$Fe_{2-3}N$ 化合物层。

与其他渗氮过程不同的是，催化渗氮（催渗）是通过氧探头测量方法和计算机系统计算来完成氮势控制的。

7.2.9 氮势测量

渗氮和氮碳共渗过程中的势列于表 7-16。有各种测量方法，取决于必须遵照的规定和要求。

表 7-16 渗氮和氮碳共渗过程中的各种势的总结

反应的势及单位	公式
用残留氨表示的氨分解率	分解率 = 100% $-R_{NH_3}$
氮势/bar $^{-1/2}$	$K_N=\dfrac{p_{NH_3}}{(p_{H_2})^{3/2}}$
碳势（波多反应）/bar	$K_{CB}=\dfrac{p_{CO}^2}{p_{CO_2}}$
碳势（不均匀水煤气反应）/bar	$K_{CW}=\dfrac{p_{CO}\times p_{H_2}}{p_{H_2O}}$
碳势（甲烷反应）/bar$^{-1/2}$	$K_{CW}=\dfrac{p_{CH_4}}{p_{H_2}^2}$
氧势	$K_O=\dfrac{p_{H_2O}}{p_{H_2}}$

（1）水滴管（移液管） 只要没有要求自动测量和控制，工艺气氛中只含有氨和氨分解气，用水滴管可以很容易验证氨分解率（图 7-51）。

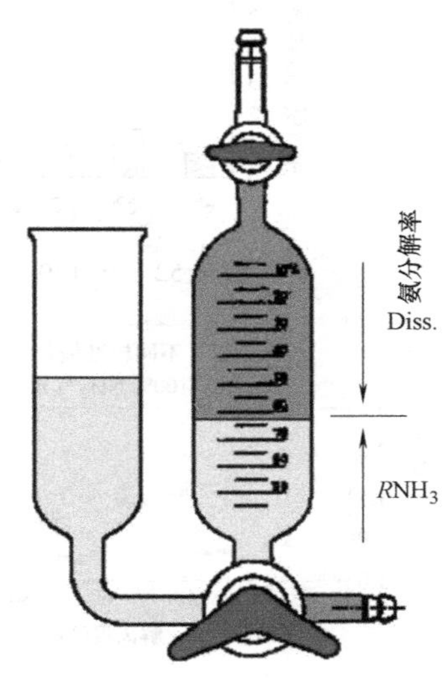

图 7-51 水滴管

这种装置由一个储水池和一个用来测量炉气中氨含量的带刻度的圆柱形滴定管组成。采用一个三通阀来允许水或炉气流过装置。还有一个阀用于打开或关闭气瓶中的废气。测量时，水池充满了水，三通阀打开到进气口，废气阀打开。下一步，用炉气净化气瓶，然后关闭废气阀，三通阀打开到水那边。水与炉气接触，并与氨气（亲水的）反应生成氢氧化铵（氨水）。这时水进入气瓶。水平面的高度代表了炉气中残留氨的体积分数。分解率等于 100% 减去残留氨的体积分数。

氮势可以由分解剩余的氨计算得到，假设氨分解气组成的比例为75%的氢气和25%的氮气：

$$K_N=\frac{\left[\frac{(R_{NH_3})}{100\%}\right]}{\left[\frac{\frac{3}{4}\times Diss.}{100\%}\right]^{3/2}}$$

在非大气压的情况下，必须根据下列公式调整炉压控制氮势：

$$K_{N_{eff}}=K_N\times 1/\sqrt{炉压}$$

（2）氢分析仪　在氨/分解氨气氛中，分解和氮势可以通过测量炉气中的氢气体积分数或氢气分压得到。大多数氢气分析仪测量样品气体的热导率。在所有用在渗氮或氮碳共渗的气体中，据目前所知，氢气是热导率最高的（图7-52）。

假设氮气的热导率（TC）是1，氢气的热导率是6.67，氢气在氢气-氮气混合物中的比例变成（简单地说，实际上黏度使曲线轻微弯曲了）：

$$H_2:N_2=\frac{100\%[测得的\ TC-1]}{6.67-1}$$

注意，这不是真的渗氮或氮碳共渗气氛中氢气的体积分数，因为当氨气、水蒸气和二氧化碳这些与氮气热导率不完全相同的气体存在时，这个测量值会被改变。

分解率（Diss）：$Diss=H_2/0.75$

$$氮势是：K_N=\frac{\left[\frac{(1-H_2)}{75\%}\right]}{\left[\frac{H_2}{100\%}\right]^{3/2}}$$

渗氮气氛中氨气存在和氮碳共渗气氛中氨气、水蒸气和二氧化碳存在时对测得的氢气体积分数的影响如图7-53所示。

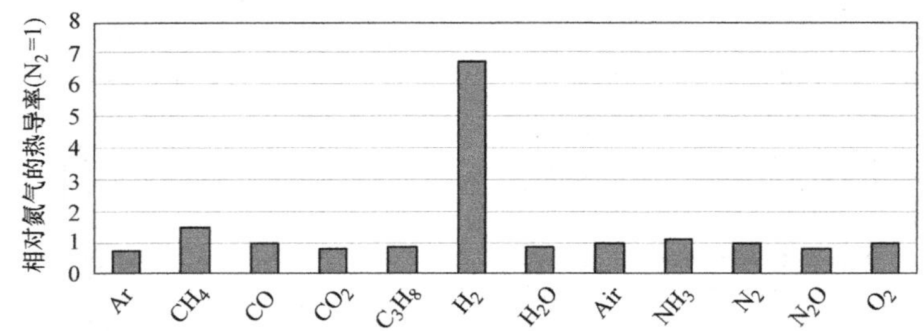

图7-52　在150℃（300℉），其他气体相对于氮气的热导率

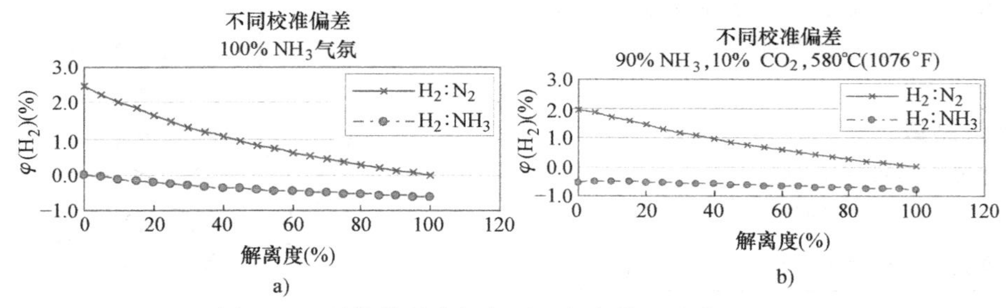

图7-53　用热传导分析仪测量氢气体积分数的误差

a）在渗氮气氛中　b）在典型的氮碳共渗气氛中

注：氨气的存在使读数偏大；水蒸气和二氧化碳的存在使读数偏小。上面的线显示 $H_2:N_2$ 标准分析仪的误差；下面的线显示 $H_2:NH_3$ 标准分析仪的误差。

译注：解离度是指电解质达到解离平衡时，已解离的分子数和原有分子数之比。

另一种方式测量炉子中氢气含量的方法是使用钯或相似金属（氢气能透过）测量。例如，赫尔纳（HydroNit）传感器（伊普森公司），将一根含钯这种金属的管子伸入炉子里测量，与氧探头类似。氢气扩散进入测量管直到氢气含量在过程气体中达到平衡。通过一个安装在测量管开口端的普通压力计测量出氢气分压。

（3）压力增加　Ivanit（德国IVA公司）控制法是利用氨气分解成氢气和氮气时体积翻倍的原理进行测量的。炉子周期性地关闭进气口和废气口，测量出压力增加。压力增加与测量期间氨分解成正比。如果进气口气体的成分是已知的，这就能被转换成所谓的分解度，进一步转换成氮势。

注意，分解度确定了分解氨气在进气口的体积分数，与废气中分解氨的体积分数并不吻合。

(4) 红外分析仪　红外分析仪可以用来测量不对称气体分子。如果受到与其共振频率匹配的信号刺激，这样的分子像弹簧一样。将样品气体注入测量室，测量室通常有宽屏红外信号发出，信号会通过样品气体。这个信号被测量通道的末端获取，相应共振频率信号强度（振幅）的损失与不对称分子的数量成正比。

红外分析仪通常用来测量氨气、二氧化碳或烃类。测量氨气的问题是与水蒸气交叉敏感。大多数氨气红外分析仪要求气体在进入分析仪之前已干燥。CO-CO_2红外分析仪通常是不耐氨气的。测得的氨气体积分数可以用来计算分解率和氮势。已知一氧化碳和二氧化碳的体积比，可以根据波多反应计算碳势。

(5) 氧探头　二氧化锆对氧原子来说是可渗透的。如果测量元件的一边暴露在炉气中，另一边暴露在已知氧气体积分数的参考气体中，氧气体积分数高的一边的氧分子就会电离成氧离子。这种离子将扩散到另一边，直到离子移动产生的电势与扩散驱动力平衡。根据炉气和参考气体中两种体积分数的氧气的温度和分压比，电势可以作为电压来测量。这个电压被称为能斯特电压 emf：

$$\mathrm{emf}=\frac{RT}{4F\times\ln\dfrac{p_{O_2}}{p'_{O_2}}}$$

式中，R 是摩尔气体常数；T 是温度（K）；F 是法拉第常量；p_{O_2}是炉气中的氧气分压；p'_{O_2}是参考气体中的氧气分压。注意，氧探头的信号通常测量为正电压。

因为氢气和水蒸气的分压与氧气分压相平衡，空气作为参照的氧探头的毫伏信号可以用来导出氧势。

$$\lg(K_O)=\lg\left[\frac{p_{H_2O}}{p_{H_2}}\right]$$

$$\lg(K_O)=\frac{\left[\text{氧探头信号(mV)}-\dfrac{1292.2784}{T}+0.3264\right]}{0.0992}$$

假设二氧化碳和一氧化碳的分压与氢气和水蒸气的分压相平衡，按照水煤气反应：

$$H_2+CO_2\leftrightarrow H_2O+CO$$

有

$$\lg(K_O)=\lg\left[\frac{p_{H_2O}\times p_{CO}}{p_{H_2}\times p_{CO_2}}\right]=-\frac{1717}{T}+1.575$$

已知进气口 CO_x 总的体积分数，可以根据波多反应和不均匀水煤气反应来估计碳势。因为水煤气平衡不是瞬间建立的，而是取决于温度和接触表面，另外再测量一氧化碳可以得到更为精确的结果。

(6) Lambda 探头　Lambda 探头是一种特殊形式的氧探头，最初设计用来控制汽车发动机中的燃烧反应。发动机中的废气在一个合适的低温测量，二氧化锆元件被加热。Lambda 探头也用空气作为参考气体，在 560℃（1040℉）信号与原位氧探头的信号相近。因此，信号必须被转换以匹配炉温。

(7) 典型的污染物　许多商用的测量系统将氢气分析仪与原位氧探头组合起来（图 7-54）。要直接测量势，气体流量必须已知。结合势控制（通常采用流量控制器或质量流量控制器），实际的流量计可以自动地读取和输入到计算中。这种设置可以测量 K_N、K_C和 K_O。

图 7-54　渗氮和氮碳共渗气氛 H_2-O_2测量系统，安装在卧式马弗炉的背面。氢气分析仪安装在平台顶部，有一根氧探头从背面伸进炉罐

组合两个氧探头、一个测量炉气的毫伏信号和另一个测量残留氨完全催化分解后的炉气的毫伏信号，给出残留氨的百分比：

$$\mathrm{emf}_Q=\frac{p_{H_2O}}{p_{H_2}}\text{(炉气)}$$

$$\mathrm{emf}_E=\frac{p'_{H_2O}}{p'_{H_2}}\text{(完全分解)}$$

其中

$$p'_{H_2O}=\frac{p_{H_2O}}{[1+p_{NH_3}]}$$

$$p'_{H_2}=\frac{p_{H_2}+\frac{3}{2}p_{NH_3}}{[1+p_{NH_3}]}$$

信号与分解程度 α 和炉子中氮势 K_N 的关系是：

$$\Delta U=\mathrm{emf_E}-\mathrm{emf_Q}=0.0992\times T\times\lg\left[1+\frac{3}{2}\left(\frac{p_{NH_3}}{p_{H_2}}\right)\right]$$

其中

$$\frac{1}{\alpha}=\left[1+\frac{3}{2}\left(\frac{p_{NH_3}}{p_{H_2}}\right)\right]$$

从而

$$K_N=\frac{(1-\alpha)\sqrt{1+\alpha}}{\frac{3}{2}\alpha^{3/2}}$$

假设气氛的湿度是一个定值。附加气体要求根据质量平衡修正。

所谓的 QE 传感器是将两个测量结合在一个具有集成催化剂的一个传感器中，用完全分解的炉气作为参照气体，测量毫伏信号的变化，其他产品要用两个独立的传感器测量这种改变。

Datanit 传感器（瑞士 SCR 公司）是一种测量系统，由一个压力计、两个氢气分析仪和加热的氧探头组成。首先，它测量炉压、炉气中的氢气体积分数和氧气分压；然后，用一个内部催化剂将残留氨完全分解，如此得到的氮势将与工艺气体中添加的氮气无关。如果气体流量已知，氧气分压可以被用来推导氧势和碳势。

7.2.10 温度控制

渗氮温度的精确控制对避免不均匀加热和零件变形来说是必不可少的。渗氮炉通常会配备级联式温度控制器。这种控制策略采用两个控制回路（控制器和热电偶）：主回路控制靠近负载的过程温度，区域回路控制热源。热源温度定位点应该被限制，以使它不超过最高温度，通常是渗氮温度以上 5~15℃（10~25℉）。这两个控制回路，与风扇循环一起，通常会让炉温控制在±3~±6℃（±5~±10℉）以内。级联式控制还减少了过热的可能性，如果控制关联失效的话。较大的炉子可能采用不止 1 个加热区，在这种情况下每个加热区都有一套独立的回路控制。

7.2.11 测量误差的影响

每个测量装置都有一个特定的准确度和最大允许测量误差，换句话说，有一定的不确定度。通常，测量装置的准确度被误解为用在分析仪电子线路中的模拟输入的分辨率。另一方面，指定的不确定度也考虑到了其他影响，如漂移、压力偏差、温度偏差等的影响。

这些在测量气氛和温度时的内置误差，要求势的控制如此控制：想要的结果将稳定地停留在目标要求中。图 7-55 展示了一个具有模糊边界的莱勒图，允许作为 K_N 控制用的氢气测量绝对误差在 1%，整个负载的温度偏差在 5℃（±9℉）以内。

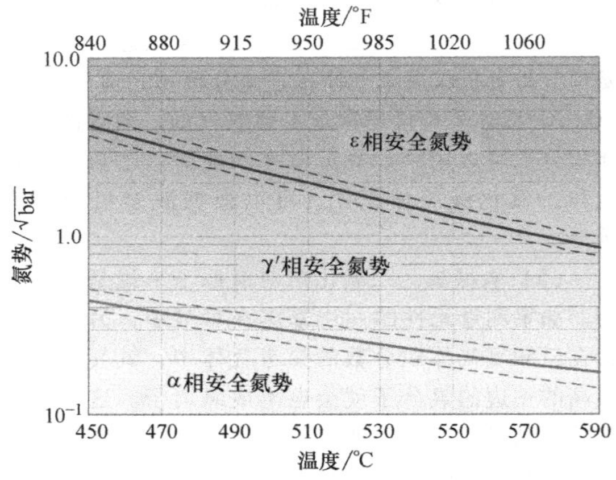

图 7-55 测量误差对 Fe-N 莱勒图中相边界的影响（允许 5℃（9℉）和 1%H_2）

7.2.12 渗氮工艺的模拟

有许多人尝试通过使用数学模型的方法来预测渗氮和氮碳共渗结果，并且做的大多数科学工作是为了将热力学应用在纯铁和含有氮化物形成元素（例如钛、铬、铝和或碳）的铁的二元或三元合金渗氮上。在纯铁中，在化合物层 E 和 γ′氮化物相之间的明显界限和扩散层中氮的最大溶解度可以从铁氮相图中得出，渗氮条件可以从莱勒图中确定。同样地，对于纯铁的氮碳共渗，氮和碳的溶解度以及氮化物、碳化物和渗碳体的相界可以从三元 Fe-N-C 相图中得出，以及化合物层生长动力学。

在钢中，在合金元素和碳存在的情况下，扩散层和化合物层的生长同样受影响。特别是，γ′-氮化物和 ε-氮化物纯单相层将被多相混合物取代，并且由于碳的存在，ε 相会显著地出现。

早期模型仅仅基于热力学和考虑了合金元素（包括碳）对最大溶解度的影响，对低合金和碳钢，氮的扩散系数表现出好的相关性，但是未能够设想多元化合物层。另一个主要问题是采用平衡条件的理念，然而实际过程主要取决于动力学。最近开发的模型采用先进的数学和数值方法，例如神经网络或相区计算。

更务实的方法是用经验模型，基于实际钢件的试验结果和使用参数来描述钢件在不同的渗氮和氮碳共渗条件下的行为，某些已经商业化了。

伍斯特（Worcester）理工学院开发了一类混合系统，提出了一个渗氮模型。其原理是，首先计算具体钢材的相图，然后给氮势匹配不同的氮含量。氮在多相化合物层和扩散层中的扩散系数已经由试运行试验得出。这个模型的结果显示了模拟不同钢材具有很好的关联性。

7.2.13 检查和质量控制

渗氮零件通常必须满足以下要求：

1）心部硬度。

2）表面硬度。

3）渗层深度（总的或有效的）。

4）化合物层厚度，通常有限制。

5）显微组织。

氮碳共渗零件必须满足以下要求：

1）心部硬度。

2）表面硬度。

3）渗层深度（总的或有效的）。

4）化合物层厚度、成分和孔隙率。

5）氧化层厚度，如果后氧化处理。

6）显微组织。

7）耐蚀性。

质量控制通常通过测试每炉装载的随炉试样来进行。随炉试样必须与相应的零件具有相同的材料，热处理后得到相同的心部硬度，应该放置在能代表炉内渗氮条件的位置。

这种检测可能包括：

1）目视检查，渗氮零件会显示出均衡的暗灰色的外观。后氧化零件会表现出从深蓝色到黑色的抛光效果。

2）心部和表面硬度的测试应按照 ASTM A370、E92 或 E384 进行。对于不同标尺之间的转换见 ASTM E140，与强度的关联性见 ASTM A370。

3）化合物层硬度的检测只能用显微硬度方法完成。

4）对于显微组织，渗层应表现出一致的、从表面到心部氮化物逐渐减少的分布状况。应看不到沿晶界的连续氮化物网。金相检验应在不低于 400 倍的显微镜下进行。

5）在非奥氏体钢和铸铁中化合物层的存在应采用化学滴定的方法测试。试验进行时，应滴一滴硫酸铜溶液或氯化铜铵溶液到干净的氮碳共渗表面。如果 15s 之后，滴点变成红色，说明产生了铜沉淀，化合物层不存在。

6）化合物层的厚度通常用金相法检测。

7）在渗氮表面的横截面，用一种能使渗氮层变暗而铁氮化合物层不变的腐蚀剂腐蚀，这样，化合物层呈现白色，可以通过显微镜测量。化合物层厚度的测量按照 SAE J423 或 ARP1820 进行，最少在 500 倍的显微镜下进行。

8）化合物层的成分可以通过特殊的腐蚀（能反映出 γ′和 E 相的区别）来评估。例如，用 2%硝酸溶液和村上（Murakami）试剂［100mL 水中含 20mg KOH 和 20mg $K_3Fe(CN)_6$］在 80℃（175℉）腐蚀时，ε 碳氮化合物呈棕色，而 γ′氮化物呈白色。

9）化合物层中孔隙的程度应测量为表面到疏松层底部的距离占化合物层总厚度的百分比，总厚度可以用 2%硝酸酒精溶液腐蚀获知。观察的时候，较深的钉扎的沿晶界的和朝心部突出方向的孔隙不应计算在内。

10）总的层深应该是表面下腐蚀发黑区域的深度，用金相法测量。对于有些变暗腐蚀没有反应的合金，渗层深度应该是到表面下显微硬度比心部高 10%的位置，测量采用努氏硬度或维氏硬度转换，根据 ASTM E284 进行。

11）气体渗氮的有效硬化层深度定义为硬度等于心部硬度加 4HRC（50HV）的地方离表面的距离，如果没有另外的规定，硬度值的获得按 ASTM E384 进行。

如果深度标尺在外部校准的话，化合物层厚度和成分也可以通过辉光放电光谱分析的方法检测。Fe_4N γ′-氮化物层将显示氮质量分数为 5.9%～6.1%，而 $Fe_{2-3}N$ ε 氮化物质量分数从 7.5%开始，能达到 11.1%。在渗氮过程中，碳趋向于从基体材料中扩散出去。因为化合物层对碳来说扩散系数较低，碳将在化合物层和扩散层的界面上积聚，化合物层厚度可以根据碳含量峰值的位置来估计（图 7-56）。

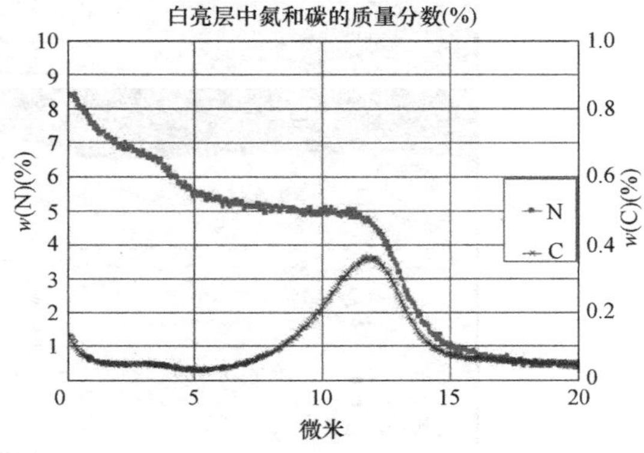

图 7-56 C15 渗氮后辉光放电光谱分析

注：碳的峰值表示化合物层和扩散层的边界。这个峰值的位置可以用来测定化合物层的厚度。德国不来梅 IWT 提供。

假如碳含量足够高从而能支持碳氮化物形成的话，$Fe_{2-3}NC$ ε-碳氮化物可以在氮含量很低的地方形成。C 和 N 的总质量分数高于 7.5%对于 ε 的估计和氮含量降低到大约 5%以下对于化合物层总厚度的估计可以更好（图 7-57）。碳质量分数超过大约 3%，可能导致渗碳体的形成（图 7-58）。表 7-17 给出了宏观和微观检查的适当的腐蚀剂。

从质量检测得到的数据应记录下来，并含有过程中炉子的记录和数据，如温度、势或分解率和气体流量。

7.2.14 实验室设备和样品制备

需要最少的设备能够测得化合物层的厚度、渗层深度、得出硬度曲线。可用的设备包含从最基本的和主要人工操作的设备到非常复杂的系统。基本设备成本低，氮势经常需要更多的技术培训，限制

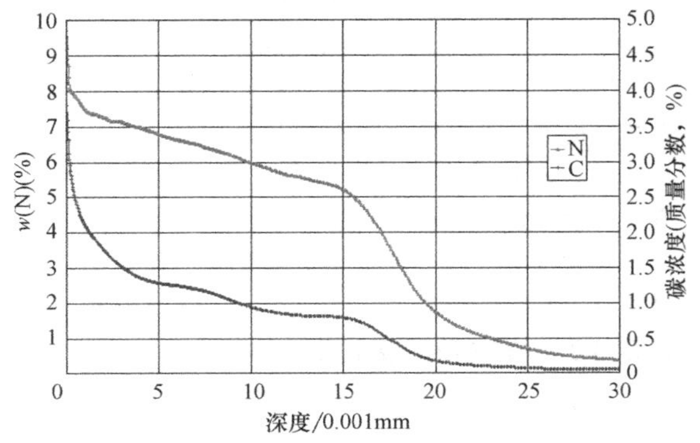

图 7-57 以化合层的碳浓度为标准，辉光放电发射光谱法分析了氮碳共渗 AISI 1010

注：碳和氮的总质量分数下降到约 6%以下的点表示化合物层的厚度。

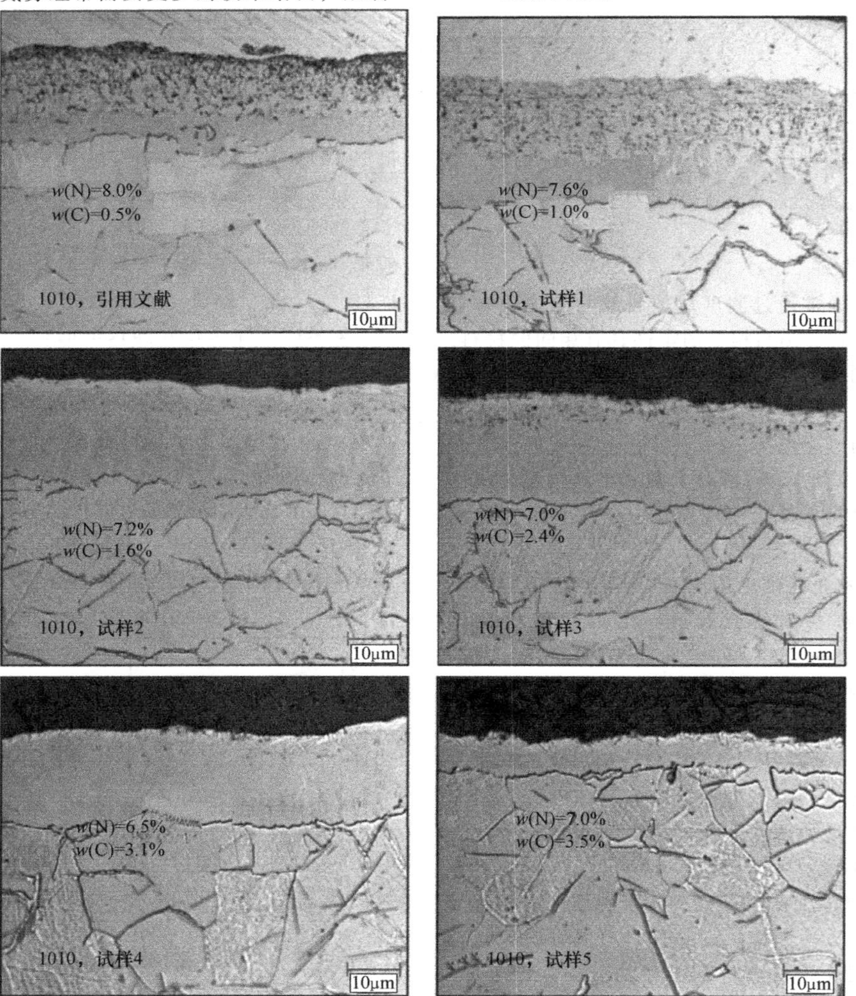

图 7-58 AISI 1010 钢氮碳共渗后化合物层组成的变化，目的是研究 ε 相随着碳含量增加的变化

注：在 580℃（1075℉）氮碳共渗 2.5h，充入氮气炉冷。随着碳含量的增加，冷却时产生的孔隙数量降低。碳质量分数大于 3%，则减慢化合物层的形成，可能会导致含大量渗碳体的层（试样 5）。

了评估、数量及其数据记录和传输（例如硬度曲线和数字照片）的速度。复杂的设备通常含有一台带有专业软件的计算机和与硬度计相连的驱动程序。实验室技术员可以在计算机显示器上选择测试的区域，步进电动机会移动试样、带不同放大倍数的转塔以及硬度压头。这种设备能够记录数据，它的易操作性节省了时间，特别是对生产件批准或目前产品质量控制时，试样必须处理大量的数据的时候。不管复杂性如何，以下是工具和设备需要的：

1）横截锯。包括一个带防护的圆锯，连同夹持试样的台虎钳、光照和冷却系统。这通常是人工操作的。

2）镶嵌机。由带集成压力计的液压机和加热冷却系统组成。可能是手工的或自动的。

3）打磨抛光。自动或半自动抛光系统，具有可换的轮子、水喷嘴和允许对待抛光试样加载合适压力的塔楼。塔楼被设计成可以装载多个试样的装置。手工的抛光台有不同的砂纸，实验室技术员通过在砂纸上摩擦来手工地磨抛镶嵌好的试样，同时加水冷却。

4）带显微镜的硬度计。

由于要用到腐蚀剂（表7-17）和常用热硬化的酚醛树脂来镶嵌试样，流水洗涤槽和废气排风通道是必需的。

表7-17 实验室选用的腐蚀剂

腐蚀剂	组成	浓度	条件	说明
Nital(奈塔尔)	酒精 硝酸	100mL 1~10mL	浸蚀几分钟	是纯铁、碳钢、合金钢和铸铁最常用的腐蚀剂。浸蚀试样几秒到几分钟
Murakami's(村上)	$K_3Fe(CN)_6$ KOH 水	10g 10g 100mL	在加入 $K_3Fe(CN)_6$ 之前将KOH和水混合	Cr及其合金(用新鲜的试剂,浸蚀)；显示纯铁和钢中的碳化物
改良的Murakami's(村上)	$K_3Fe(CN)_6$ KOH 水	30g 30g 150mL	浸入或擦拭1s到几分钟	在加入 $K_3Fe(CN)_6$ 之前将KOH和水混合
—	盐酸 硒酸 酒精	20~30mL 1~3mL 100mL	在室温下浸蚀1~4min	彩色腐蚀：耐热钢中的碳化物和γ′染色
—	氟氢化铵 焦亚硫酸钾 水	20g 0.5g 100mL	在室温下浸蚀1~2min	彩色腐蚀：腐蚀奥氏体不锈钢和焊接件

1. 建议

（1）试样的选择　除非客户指定或者提供，应有一个能代表零件的试样。试样与零件的钢种、热处理方法和表面粗糙度应相同。试样还应该与所代表的零件用相同的方式清理，触摸时应戴干净的手套。

（2）试样位置　有些规程和客户可能要求零件指定位置或随机测试。如果已知炉子的温度和气体循环是均匀的，那么比较好的做法是用一根干净的金属丝将试样系在负载中（或者采样口，有些炉子有个采样口专门为试样设计）。

（3）锯切割　在将试样放进锯中之前计划好切口。切口必须与表面垂直，如果不垂直的话，在显微镜检查时会看到更厚或更薄的层深。在评估曲面或半径时尤其如此。锯切割会“吃掉”大约3.2mm的材料。切割小的圆形套管时千万当心。沿着直径切割将留下有角度的表面、错误的层深和化合物层外观。这也适用于以一个角度切割圆棒产生椭圆的情况（图7-59）。因此，试样在台虎钳中的位置至关重要，按照计划，要避免太多次切割。

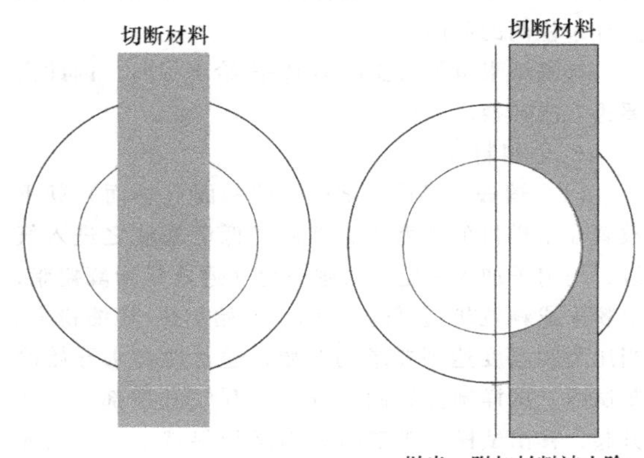

图7-59 实验室检查试样切割方法

第二个注意事项是切割速度。尽管有冷却措施，但锯片产生的热量还是可能烧伤表面，特别是比较硬的材料。尽管有冷却措施，如果能看到火花，将减少施加于锯片的压力。它会摧毁试样和锯片。

2. 表面硬度测量

表面硬度的测量不要求试样被镶嵌。渗氮表面必须与硬度计工作台平行，用细砂纸轻抛一下（600目）以提供好的视觉对比。注意：如果压痕对角线长度有差别，意味着试样与硬度计工作台不平行，或者表面是倾斜的。用硬度计之后分析清晰的压痕。对于手动的或半自动的机型，技术员调整细线以适应菱形压痕的对角线。得到的读数用计算机或人工地与对比（在每个载荷下有对应的预先计算好的维氏硬度数值）。每个参考图都是针对硬度计机型的。

表面硬度可以用不同载荷得到。任何超过1N（1kgf）的载荷可能造成渗氮层硬度和心部硬度的复合读数。图样、标准和其他文件通常指定了要求的载荷。例如，规定在150N（15kgf）的载荷下，硬度要求将给出明确的概念，渗氮层厚度产生正确的齿轮表面硬度连同规定的心部硬度。这将是为什么结合最小渗层深度（请注意，不是最大值）和最小表面硬度用150N提供一个浮动的技术要求，渗氮工艺必须根据更高（或更低）的心部硬度调整。

最后，有些技术规定提到洛氏HRC硬度。HRC通常不用来检测渗氮或氮碳共渗试样的表面硬度。它用一个高载荷以及一个二次载荷，会压碎表面，事实上是透过表面了，读数多少有些复合的意味。热处理状态的H13材料经常会得到46~48HRC的硬度。当渗氮之后，硬度会达到1100~1200HV，转换过来会超过70HRC。但是，如果用实际的洛氏压头检测相同的层，得到的结果是49~52HRC。这也是为什么技术要求必须用表转换成HV，必须用维氏硬度计来检测的原因。

检测结果可能需要以HRC值给出报告，因此需要再一次转换。

3. 金相制备

（1）镶嵌　必须将试样平的一面（切面）朝下放置在镶样机的活塞上，然后降低活塞使之进入气缸，用勺子加入一定量的镶嵌粉（通常是酚醛树脂，呈粉末或颗粒状）。气缸封闭，开始加热/压缩粉末。当压力和温度达到要求的时候，通常冷却水开始冷却试样。试样制备好的时候，打开气缸顶部，活塞升起，移出试样。活塞的表面必须保持清洁，以便放入下一个试样。在镶嵌好的试样背面用刻刀做标记以作区分。

（2）抛光　零件的处理需要采用正确的磨抛顺序、砂轮或砂纸与试样正确对准以及采用正确的压力。如果采用手工磨抛，基本要保持试样表面与抛光表面始终是平行的，否则，试样表面将会变圆，而且在试验机上需要不断地调整焦距。

根据试样需要的质量，对磨抛的步骤进行调整。如果需要快速评估层深和硬度是否满足需要，略粗糙的试样会节省时间，但是要得到拍照完美的试样需要更多的工作，没有从切割锯到磨抛盘上的步骤可循。

通常按如下步骤进行抛光：180目砂纸→320目砂纸→600目砂纸→特殊表面用9mm抛光液→3mm抛光液→0.05mm抛光液。

在每一步的最后，确认表面没有之前的较粗糙的磨痕或凹槽。

注意：在软材料上（碳钢、铸铁），会很容易剥离白亮层，从而无法评估。

要避免白亮层剥离，试样应该用弹簧一样的金属板固定（实验室供应品公司有售，也能用来使试样在装配压力下保持竖直）或在通电和加热的硫酸镍、氯化镍和硼酸溶液中镀镍。这种微型的镀镍系统成本很低，只需要添加新镍来替换阳极即可。注意，镍可能侵入气孔中，因此会使检测气孔变得更困难。试样在镶嵌之前应加固，抛光的时候压力不要太大。

4. 硬度分布

不同的硬度计在结构和复杂性上有所区别。一般的经验法则是将试样对齐，如果钢截面是矩形的，那么尽可能与 *x-z* 轴对齐。这有助于沿着边缘移动，也就是说从左到右连续观察表面。硬度可以用0.5~500N（0.05~50kgf）的加载力来测量。当分析试样横截面时，需要用较轻的载荷，通常是1N（0.1kgf）。具体的图样、标准或客户要求可能指定不同的载荷。超过10N（1kgf）的载荷通常用于表面硬度检测。

硬度分布是从试样表面到心部的正规空间间隔中得到的读数的汇集。压痕相互隔开，以防影响彼此。要是不管为绘制硬度分布图选择的图案，与表面保持垂直是很重要的。所有硬度计都有十字交叉的细线来引导压痕的取点过程和保持垂直。

在采集硬度分布数据的时候，最靠边缘的硬度值可能要舍弃。经常发现，测试硬度的压痕不完整或者载荷会让毗邻边缘的表面劈开。另外，评价铸铁这样的材料可能需要更多的压痕，以便舍去一些结果，比如在石墨片上打到的硬度。其他软的夹杂物（包含相）也有类似的影响。硬度分布中意外的峰值通常意味着需要验证或重做。在读取的硬度较高时，误差是很常见的，细线的细微调整（视觉上只是触摸或调整对角线的末端）就可能会造成很大的区别。但是，尽管修正之后，如果硬度分布显示硬度往心部先增加再降低（产生一个驼峰），可能代表了离表面一定距离形成了沿晶网状氮化物。要正确检测试样需要一定的培训和练习。

7.2.15　局部渗氮

特定的制造工艺或图样要求在某些一定不能渗氮的地方进行掩盖。对于离子渗氮来说机械掩盖效果较好，但是气体渗氮（和铁素体氮碳共渗）需要采用防渗涂料或涂层。市场上可以购买到几种涂料，它们要么是锡/氧化铬打底，要么用经过精细研磨的专用陶瓷混合物。

为了支持水基配方，油基漆已经逐渐被淘汰了；但是，前者需要表面除油。油基漆对油污表面兼容性更好。因为防渗涂料通常很厚，在应用前需要频繁混合，而且每一层在涂下一层之前都需要彻底晾干。未干的油漆涂层可能会产生气泡，污染毗邻区域的同时降低需要防渗区域自身的涂层厚度。

嵌入式区域、内径、洞可以用螺钉、插入物和防护涂料或膏剂来保护。大多数防渗涂层可以用钢丝刷去除。推荐按照材料安全数据表和供应商的安全注意说明进行去除。通常，推荐使用防尘口罩和工业吸尘器。在某些应用场合，主要是在航空和航天行业中，需要用镀铜的方法来防渗。这种防渗在渗氮后也需要将特别的铜镀层去除。

7.2.16　常见问题

（1）渗层硬度低、渗层浅或渗层不均匀　影响渗层硬度和深度的钢的特点是：

1）化学成分不适合渗氮。

2）显微组织不当。

3）零件在渗氮前不是调质处理。

4）心部硬度低。

5）经过机械加工（烧伤、拉长的晶粒组织）。

6）精冲、拉削或其他切削工具造成的塑性变形和油渍。

7）电腐蚀造成的熔融层残留。

8）表面钝化，清洗不充分/表面污染，抛光剂或其他外来杂质。

影响渗层硬度和深度的渗氮/氮碳共渗条件有：

1）温度太低，减慢了扩散速度。

2）温度太高，超过了预热处理的温度从而导致心部硬度降低。

3）不足的氨流量导致的氮势太低和分解率太高。

4）炉的构件和装料筐在渗氮条件下长期暴露，可能造成更大的接触反应表面，在某时刻，最大的氨流量也不能够支持需要的氮势。

5）循环不充分可能导致装载各处温度和气体不均匀分布。

6）在工艺温度的时间不足。

（2）工件污染　污点可能是由于：

1）不正确或不适当的表面预处理，包括酸洗、清洗、除油和磷化。

2）炉罐中有油，可能由于：零件清洗不充分，特别是深孔和凹槽处；密封处压力降低或密封过热；在炉子的底座或其他部分泄漏。

3）炉罐中有空气是由于：密封不良；在管子和热电偶出口密封不良而漏气；过量的空气引入。

4）炉罐中有水汽，是由于：由冷却室漏入；在快速冷却时气流不足由盛水泡瓶吸入水汽；

（3）尺寸变化过大　可能是由于：

1）渗氮前应力消除不充分。

2）工件是由心部硬度不同的原材料制得。

3）回火温度低于工艺温度。

4）渗氮时工件支撑不当。

5）用渗氮阻止漆或涂层防渗不对称。

6）表面污染物均匀积累（例如，干燥砂轮用的氧化铝的干燥冷却剂）。

7）工件设计不妥，例如截面厚度变化太大。

8）不均匀条件（炉子设计或零件装料导致）或表面吸收能力不同（防渗操作或表面切削加工不均，工件表面精加工工艺或清洗程度不同导致）造成的工件表面渗层不一致。

（4）出现裂纹和剥落　渗氮表面可能因氨分解率超过 85%而导致生成裂纹和剥落，也可能是因为（特别是含铝钢）：

1）设计不良，特别是有尖角出现。

2）白亮层过厚。

3）热处理前表面脱碳。

4）不正确的预备热处理。

5）提供防锈保护的水基冷却液造成的污染。

（5）化合物层超过允许深度　白亮层超过允许深度可能是因为：

1）渗氮温度太高。

2）第一阶段分解率低于规定最小值（15%）。

3）第一阶段持续时间太长。

4）第二阶段分解率太低。

5）在缓冷时于 480℃ 以上用冷氨取代裂解氨快速驱气。

7.2.17　经验法则

经验法则包括：

1）将零件适当地清洗和去钝化。

2）假如气氛可以形成化合物层的话，增加温度会增加扩散层和化合物层的厚度，但是也可能降低心部硬度和有效硬化层深度。

3）氮势必须与零件表面想要的相相匹配。碳会从 ε 相的边界向氮势较低的方向移动，而增加氮化物形成元素的量会从边界向氮势较高的方向移动。

4）氮化物形成元素对组织饱和所需的氮流量影响较大，因此，对于高合金钢来说，用太多氮气来稀释渗氮气氛或在太低压力下处理工件会让合适的渗氮比低合金钢或碳钢更早停止。

5）增加炉压会加快白亮层的生长，但是这种效果在含更多氮化物形成元素的钢中会被削弱。

6）由于表面变形的原因，冲压的零件可能表现出类似于含碳量较高而非冲压的零件的性质。

7）热处理之前大量的表面变形可能导致润滑油（如切削油或其他物质）烧进表面而形成钝化层，因此降低氮通过表面的能力。

7.2.18 安全注意事项

在北美，针对烘箱和炉子的设计、操作和分类以及配套设备的安装（例如氨分解气、管道等）规范，包含在 NFPA 86 号——烘箱和加热炉标准中。这份文件包含设备的各个方面，包括安全、定位、结构、气体使用及储存、控制系统、防火等。在欧洲，关于热处理设备的主要规范是 EN746——“工业热加工设备”。

之前提到的安全规范并不排斥当地其他的标准和法规，如电工规程和机械安全守则。所有规范都会随着新工程方案和技术而发展。所以热处理设备每次修改或升级，都应了解这些规范的最新版本，以确保按照最新要求编码。下面的段落挑选了一些潜在的危险进行概述。

渗氮和氮碳共渗过程需要使用可燃的、有毒的和令人窒息的气体。运输、储存和管道输送都必须按照国家安全标准和地方标准和法规进行。所有贮存容器、阀和管道都应定期检查。虽然氨被归类于不可燃的压缩或液化气体，但是氨气是一种可燃的并能与空气制造爆炸混合物的气体。潮湿的氨气与空气接触具有腐蚀性，禁止漏入系统的任何部分。

吸热式气氛、氨分解气以及在渗氮温度部分分解的氨气，含有大量的氢气，具有高的着火和爆炸风险。

一氧化碳也是吸热式气氛的一部分，可燃，而且能与空气形成爆炸混合物。一氧化碳无色、无臭、无味，但是毒性很高。

二氧化碳和氮气能导致窒息，用来活化的氯气或其他令人窒息的气体会强烈刺激支气管和肺，导致肺水肿。

由于废气中这些种类气体的浓度较高，这些气体必须排放到外部大气中并且不能进入封闭区域。对于所有气体供应装置，应采取充分的通风和防护措施来避免积聚。

不管通风系统，还是所有密闭空间，都有潜在的危险。除了炉子之外，这还包括凹坑和其他结构。

渗氮和氮碳共渗炉通常在低于所谓的安全温度下（从渗碳炉得知）操作，高于所有可燃气体接触氧气时立刻燃烧或氧化的温度（表 7-13）。为此，必须保证在任何时候都不会形成爆炸性混合气（表 7-12）。在将炉子向空气打开之前，必须进行安全驱气，以确保没有可燃气体接触到氧气。同样的原因，每当入口处工艺气体在可燃气体和高含氧气体（如空气、氧气或笑气）之间切换的时候，都要进行安全驱气。另外，当炉子包含可燃性工艺气体的时候，通过维持和固定给定过压的方法，必须确保没有空气可以进入炉子。

7.2.19 设备

所有渗氮和氮碳共渗设备必须依照本章安全注意事项一节中给出的安全标准。

1. 炉子

气体渗氮设备中有几种炉子设计是常用的。所有这些设备都包括以下基本特征：

当炉子包含可控气氛的时候，能使炉子密封，以排除空气和其他污染物。

用输入管道导入气体，用排放管道排出用过的气体。

能加热并很好地控制温度。

能够使炉气循环的装置，如风扇，使炉气通过装载达到温度均匀。

（1）立式马弗炉（图 7-60） 通常置于一个坑里，要渗氮的工件装载在料筐内或在机架上，可以降到加热室或加热罐里。多数现代化炉子的加热元件是在环境大气中，而负载和渗氮气氛被封闭在炉罐里。在没有罐体的设计中，辐射管或电加热元件旨在限制热辐射和减少不期望的氨分解。多数炉型的盖子集成了气体循环风扇或反应罐风扇。反应罐和盖子之间的垫圈通常由耐高温的硅胶材料制成。但是，更老的炉子采用油封或沙封。有些炉子采用特别的膨胀式密封。

进气与炉气混合并由反应罐风扇循环通过炉子各处。用过的气体即是废气。为了提高温度均匀性和适当的气体循环，炉子通常采用双层墙或挡板。

冷却可以通过用鼓风机使冷空气在加热元件和反应罐之间流动来实现。在其他设计中，反应罐被

图7-60 立式马弗炉（加拿大尼萃斯金属公司提供）

转移到配有鼓风机的冷却站。冷却速度可以通过采用装置来提高，例如热交换器，气氛从装载区域内部被引导通过带快速流量水冷或冷却剂的散热片。与其成本和在工厂中所占空间相比，井式炉提供的装载很高。

（2）卧式马弗炉（图7-61） 卧式马弗炉与井式马弗炉非常相似，但它是水平放置的。这种工作区放置可让炉子设计师将进气和出气口安装在炉子的后面。井式炉的盖子，在这里是一个门，打开时可以用铰链连接，或采用升降式门。这种设计允许炉子安装在不适宜挖坑或采用起重机的地方。负载被水平地装进炉子里，与箱式炉相似，并允许采用装料车自动装料。负载的重量不直接施加于炉膛的马弗罐上，尽管看起来是这样，但是转移到了支承架上。因为炉门/盖子是固定的，所以允许马弗罐朝炉子的后部热膨胀。

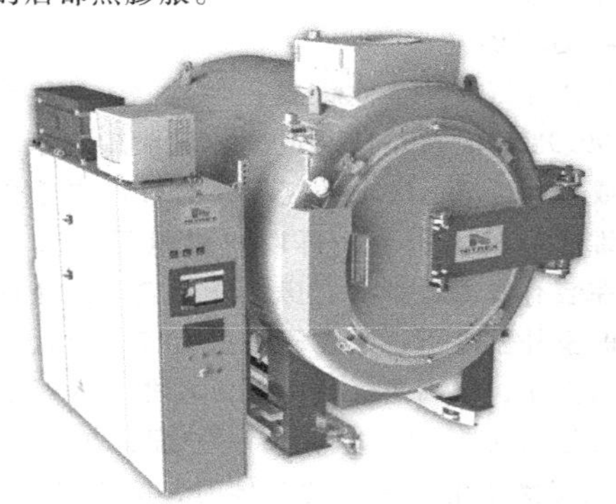

图7-61 卧式马弗炉（加拿大尼萃斯金属公司提供）

卧式炉比井式炉更复杂，装载量与其尺寸的比值更小。装载的形状是矩形的，必须适应圆柱形的马弗罐。然而，对于大量生产来说，很可能是一台自动装料车同时服务几台卧式炉。再增加一个卧式预热炉，就可以进行预氧化了，将缩短循环时间。再加上一个水平装载的清洗机就使整条线完整了。这样，卧式炉对于大容量制造和成套装置自动化（包括所谓的lights-out工厂）来说是个极好的选择。

冷却、气体循环、温度分布等，是卧式马弗炉的关键。

（3）可移动罩式炉 可移动罩式炉可以看作是一个上下颠倒的井式炉。在这种设计中，马弗罐被抬升了，而原来的盖子现在变成了底子。这个底子可以承受超过大多数马弗罐装载能力的重量。这让大工件的装载、处理和卸载变得容易。固定基座配有气氛进口和出口、控制热电偶、循环风扇和电力及控制装置的引出线。待渗氮的零件被装进料筐中，后者被放置在炉底的工作区，大工件直接放在底部。装载之后，马弗罐被降到底部。可移动罩式炉的封闭系统与井式炉所采用的类似。炉子的重量不直接作用在密封上，而是施加于支承面上。热量由加热罩提供，加热罩被降到马弗罐上面，置于马弗罐底座的平台部分。热量随着气氛循环以对流和辐射的形式通过罐壁传递到负载。冷却时将加热罩换成冷却罩，将罐子四周空气向上吸并由罩顶排出以实现冷却，冷却罩顶部的风扇可使空气流动。

通常设有比加热罩和冷却罩数量多的底座，以更有效地利用罩子。在不要求以快速冷却作为提高生产率的方法时，冷却罩并不是必不可少的。冷却罩是否使用不影响渗氮质量，但是由炉罐的热辐射会造成在附近区域工作的人员不舒适。

（4）可移动箱式炉 可移动箱式炉有两个固定料筐的位置，也可以用于渗氮。每个位置上都装有进气和排气口、控温热电偶、循环风扇并且分开进行控制。渗氮工件装入料筐，放在每个位置的厚金属板上。有个盖子被安放在炉料上方并沉入充有铬砂粉的底板的槽内，以实现密封。盖子上的凸缘与U形定位架吻合，并穿以销钉，使盖子牢固地固定在地板上。

之后，炉子在轨道上被移到炉料的上方位置，然后，炉子两端的炉门降下。热量穿过盖子以辐射和循环炉气对流方式传到炉料。当箱式炉滑到装载第二个平板位置料筐工件上时，通过自然风或强制空气循环的方式带走热量，第一个平板上的工件被冷却。

通常，自然空气循环已经足以满足冷却要求，并且在箱式炉下次使用之前，有充分时间再次装料。

也可以使用类似的设计使箱式炉固定，而工件装料位置也可以移动。炉料上方的密封炉盖与罩式炉所用的炉罐相相似。

(5) 管式炉罐　管子内表面渗氮时，管子两端都封闭（一般是焊上盖板），管子本身就成为炉罐。将根据计算所需容量的氨封闭在管子内（管子先进行驱气），管子在适当的炉内加热。加热完成之后，管子在静止或循环流动空气中冷却，再拆去两端的盖子。单个的零件也可以封闭在管子内按同样的方式进行渗氮，见本章压力渗氮一节。

(6) 批处理/整体淬火炉　与卧式马弗炉的使用方式相同。这类炉子没有内部马弗罐，大多数用于氮碳共渗。气体分布和温度均匀性通常不如马弗炉。内部淬火的采用抑制了针状氮化物的析出。

(7) 推杆式炉　与渗碳的炉子类似，可用于渗氮或铁素体氮碳共渗。由于安全方面的因素，这类炉子必须配有封闭的装载和卸载室，每当有新的工件被推入炉子中或处理过的工件被推出炉子的时候可以用氮气驱气，以防外部空气与工艺气体接触。气体分布和温度均匀性通常不如马弗炉。推杆式炉专门用于大批量生产而又要求同样处理的产品，采用连续式。

(8) 网带炉　可用于小零件的氮碳共渗。因为这类炉子两端都是与大气相通的，炉压必须稳定在大气压力之上，以防止空气与工艺气氛接触。通常，这类炉子有一个长的冷却段，附属于加热段。气体分布和温度均匀性通常不如马弗炉。网带炉专门用于大批量生产而又要求同样处理的产品，采用连续式。

(9) 连续室式炉（图 7-62）　多数用于大批量生产而保温时间短的工艺。由相互独立的室组成，中间用密封的门隔开，并用传送机构相连接。每个室由其独自的加热系统和气体循环风扇控制。设计这些室可以用来预热、渗氮、铁素体（或奥氏体）氮碳共渗、气体或液体淬火或单件快冷。控制系统管理所有室，依次执行工艺中的不同步骤，协调装料车带来新的料筐。这让连续式炉适用于完全自动化的远程控制车间。

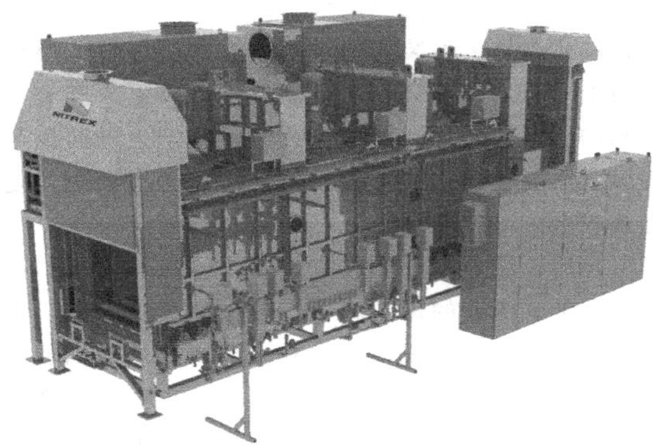

图 7-62　多室连续炉示意图（加拿大尼萃斯金属公司提供）

2. 夹具

渗氮用的夹具在设计上与气体渗碳用的夹具类似。在渗氮条件下，氨及其分解产物可与炉罐内的材料，如风扇、料筐和夹具发生化学反应。这种反应促使氨进一步分解，夺取原子氮并产生过量的氢。为将这种反应减至最少，炉子构件和夹具一般都是由镍和铬含量高的合金制成的。在一定条件下，或在长期使用之后，这些合金甚至可产生妨碍正常工艺的表面。但是可以将它们在空气气氛中加热并在高温下保持一定时间，随后喷砂，除掉其氧化皮，通过这样的方式恢复其正常功能。搪瓷碳钢容器只要表面保持无损伤，还是令人满意的。有些合金采用高温玻璃涂层可以延长其使用寿命。

由于低碳钢吸收氮，使渗氮容器内表面变脆，不能用作容器材料。除去使容器脆化之外，渗氮的表面在与氨接触下也起催化氨分解的作用，因而妨碍了工件渗氮的进行。

3. 炉子控制系统

炉子控制系统通常包含过程控制单元。基本的单元可能依托简单的可编程序逻辑控制器和基本的带预置流量计和电磁阀的气体控制。更高级的控制器会有用户友好界面。它们包括工艺编制、工艺执行、数据记录及加密（为某些质量系统和规范要求）和硬件操作。因为高级的控制通常能够将气氛自动调整到要求的控制参数（例如分解率或氮势），因此它们依托气体分析仪和更复杂的气体分布系统。不是采用开关电磁阀，这些系统会直接向流量计或质量流量控制器传达信息，去控制、监测和记录真实的气体流量。

4. 氨气供应

气体渗氮使用无水液氨（制冷级，NH_3 质量分数为 99.98%），可用瓶装或大容量槽罐汽车、运输拖车或铁路罐车运送。供氨装置的布置和适合于操作和维修的技术资料，可以向供氨厂家索取。通常，在装有渗氮设备的厂房之外设立一个储罐，在适当的室外温度下，液态氨可由大气中吸收足够的热量而汽化，以满足气体需要。在非常的时节，气体压力足以推开泄压阀。另一方面，在温度低到 -7℃ 或需要使用容量大的气体时，应附设加热源。这种热源可使用一个由气体自动驱动的浸入式电加热器。

（1）特别的防护措施　为避免漏气，特别是管子连接处必须密封良好，必须使用专门的管路连接材料。一类是细铅粉与一种既不溶解又不沉淀的溶剂相混合的材料；另一类是氯氧化物与石墨的混合物，由于沉淀和膨胀，可形成非常硬的密封。如果应用得当，使用某些高强度、耐腐蚀的胶布，也可满意地作为焊接的连接件。

用于阀门、管线、量仪、控制器和流量计装置的材料，与所有装置一样，只能用铁、钢、不锈钢和铝。因为氨腐蚀锌、黄铜和青铜。管道必须用超厚镀锌黑铁管（除去排气管可以用标准黑铁或用镀锌铁管）。接头必须采用超强可锻铸铁或锻钢，阀门必须用钢制造，且应为高压背底座形式。

（2）压力调节　由储罐和瓶装供应氨气，因气体温度不同，压力可高达1380kPa。可用压力调节阀减压至14~105kPa使用。

在送入每台炉子或氨分解器之前，氨气再减压到255~1015mm水柱，或在小炉子里以高于$1m^3/h$的速度以充足的压力供应，或在大炉子里以$40m^3/h$的速度供应。这种供氨管道，是用从一个共用管道向运行压力不超过10kPa的多管道供氨。氨分解器和炉子都装有这种减压装置。

气体通入炉子或分解器的流量用适当的针阀控制，用流量计测量。这种装置也用目测监测气体是否流过管道。流量和压力可以用触点监视，在达到预先给定值时停止输送并发出警报。在非常大的炉子上，需要用高的气体流量，应该在流量计的下游将气流分流，从几个位置进入炉内，以免单点进入时造成局部冷点。

（3）废气　根据工艺过程的阶段不同，废气可能包含空气、空气+氨气或氨气+氢气+氮气。由于废气组成的变化，以及习惯上只用一个排气管，废气必须被排放到外部大气中，并在尽可能高的位置排放。

当可能遇到所有以下情况的时候，可以考虑把排放管线的终端放在建筑里：加热和冷却的时候，氮气用作驱气气体；在渗氮终端废气被点燃了；建筑物符合热处理行业法规通风要求。

注意，考虑环保和法规要求（例如环保组织或EPA），排放气体的途径可能是比较复杂的。

为使炉内有轻微的背压，可在排气管道上装一个盛油的气泡瓶或在排气管道上安装一个水泡器。作为替代，也可以在排气管道上安装一个节流阀，可以用来限制排气流量并保持炉子轻微背压。此压力由一个压力计（水压式）指示，并保持在20~50mm水柱。

致谢

笔者对不来梅IWT允许采用他们令人震撼的表面渗氮的照片表示感谢。同样要感谢Dr. HansJoachim 教授、Spies of TU Freiberg 和Dr. Ulrike Ebersbach of HTWK Leipzig 教授，感谢他们允许采用他们的研究材料和提供了详细的背景信息。同样，作者也要感谢Ipsen的Edenhofer博士，他提供了溶液渗氮的信息。还要感谢Expanite A/S，Denmark提供了低温工艺的材料以及加拿大尼萃斯金属公司提供的材料。

作者要特别感谢以下审核者对于本文的帮助：

Dr. Franz Hoffmann 教授，不来梅IWT；

Dr. Richard D. Sisson 教授，Worcester Polytechnic Institute；

Dr. Marcel A. J. Somers 教授，丹麦技术大学。

特别感谢Somers教授给予的巨大支持，并与作者通过email就本文许多章节进行了讨论。

最后，作者同样要感谢加拿大尼萃斯金属公司的Paulo Abrantes和Paul Gofas，他们提供和帮助创建了大多数的插图。

参考文献

1. K. H. Weissohn and K. -M. Winter, Nitrieren—Nitrocarburiereern, *Gaswärme Int.*, Vol 8, 2002, p328-336
2. H. -J. Spies and D. Bergner, Innere Nitrierung von Eisenwerkstoffen, *HTM J. Heat. Treat. Mater.*, Vol 47 (No. 6), 1992, p346-356
3. T. L. Christiansen and M. A. J. Somers, Low Temperature Gaseous Surface Hardening of Stainless Steel: The Current Status, *Int. J. Mater. Res.*, Vol 100, 2009, p1361-1377
4. T. Christiansen and M. A. J. Somers, Randschichthärtung von rostfreiem Stahl durch Gasnitrierung und Gascarburierung bei niedrigen Temperaturen, *HTM J. Heat. Treat. Mater.*, Vol 60 (No. 4), 2005, p207-214
5. M. A. J. Somers, private conversation
6. J. H. Kerspe et al., *Aufgaben und Verfahren in der Oberflächenbehandlung*, modified, Expert Verlag, Renningen, Germany, 2000, p167
7. E. Lehrer, Über das Eisen-Wasserstoff-Ammoniak-Gleichgewicht, *Z. Elektrochem.*, Vol 36, 1930, p383-392
8. K. -M. Winter, Gaseous Nitriding: In Theory and in Real Life, *Proc. of the ASM Conference and Exposition*, 2009, p55-62

9. K.-E. Thelning, *Steel and Its Heat Treatment*, 2nd ed., Butterworths, 1984

10. M. Jung, *Entwicklung eines geregelten Drucknitrierprozesses*, Mensch & Buch Verlag, 1999

11. D. Jordan, H. Antes, V. Osterman, and T. Jones, Low Torr-Range Vacuum Nitriding of 4140 Steel, *Heat Treat. Prog.*, March/April 2008, p33-38

12. H. Zimdars, "Technologische Grundlagen für die Erzeugung nitridhaltiger Schichten in stickstoffangereicherten Nitrieratmosphären," Dissertation, Freiberg, 1987

13. H.-J. Spies and F. Vogt, Gasoxinitrieren hochlegierter Stähle, *HTM J. Heat. Treat. Mater.*, Vol 52 (No.6), 1997, p342-349

14. K.-M. Winter, Atmosphere Sensors and Controls, *Proc. of the ASM Conference and Exposition*, 2005, p95-105

15. H.-J. Spies, Stand und Entwicklung des kontrollierten Gasnitrierens, *Neue Hütte*, Vol 36 (No.7), July 1991, p255-262

16. F. Hoffmann, Presentation at the 2012 Nitriding and Nitrocarburizing Seminar, IWT (Bremen, Germany)

17. H. Klümper-Westkamp, Presentation given at the 2012 Nitriding Seminar, IWT (Bremen, Germany)

18. J. Kunze, Thermodynamische Gleichgewichte im System Eisen-Stickstoff-Kohlenstoff, *HTM J. Heat. Treat. Mater.*, Vol 51 (No.6), 1996, p348-354

19. U. Ebersbach, Korrosionsverhalten von nitriertem/nitrocarburiertem und oxidiertem Stahl, *HTM J. Heat. Treat. Mater.*, Vol 62 (No.2), 2007, p62-70

20. U. Ebersbach, F. Vogt, J. Naumann, and H. Zimdars, Lochfraβbeständigkeit von oxidierten Verbindungsschichten in Abhängigkeit vom (N+C)-Gehalt der ∊-Phase, *HTM J. Heat. Treat. Mater.*, Vol 54 (No.4), 1999, p241-248

21. N. Sato, M. Ojima, Y. Tomota, and K. Inaba, Surface Modification by Nitriding-Quenching for Steels, *Proc. of the 17th International Federation on Heat Treatment and Surface Engineering Congress 2008* (Kobe), p220

22. H. Berns and S. Siebert, Randaufsticken nichtrostender Stähle, *HTM J. Heat. Treat. Mater.*, Vol 49 (No.2), 1994, p123-128

23. R. Zaugg, B. Edenhofer, W. Gräfen, J. W. Bouwman, and H. Berns, Fortschritte beim Stickstoff-Einsatzhärten von nichtrostenden Stählen nach dem SolNit-Verfahren, *HTM J. Heat. Treat. Mater.*, Vol 60 (No.1), 2005, p7; published in English in B. Edenhofer, M. Heninger, and J. Zhou, A Cost-Effective Case-Hardening Process for Stainless Steels, *Ind. Heat.*, June 2008

24. B. Haase, Bauteilreinigung vor/nach der Wärmebehandlung, *HTM J. Heat. Treat. Mater.*, Vol 63 (No.2), 2008, p104-114

25. U. Pfahl and J. E. Shepherd, "Nitrous Oxide Consumption and Flammability Limits of H_2-N_2O Air and CH_4-N_2O-O_2-N_2 Mixtures," Explosion Dynamics Laboratory Report FM97-16, Graduate Aeronautical Laboratories, California Institute of Technology, Pasadena, CA

26. P. B. Friehling and M. A. J. Somers, On the Effect of Pre-Oxidation on the Nitriding Kinetics, *Surf. Eng.*, Vol 16, 2000, p103-106

27. H. J. T. Ellingham, *J. Soc. Chem. Ind. (London)*, Vol 63, 1944, p125

28. M. A. J. Somers and E. J. Mittemeijer, Model Description of Iron-Carbonitride Compound-Layer Formation during Gaseous and Salt-Bath Nitrocarburizing, *Mater. Sci. Forum*, Vol 102-104, 1992, p223-228

29. H. J. Spies, Einfluss des Gasnitrierens auf die Eigenschaften der Randschicht von Eisenwerkstoffen, *Sonderband Nitrieren und Nitrocarburieren*, 30 Jahre Studieneinrichtung und Institut für Werkstofftechnik, Bergakademie Freiberg, 2004, p190-203

30. J. Kunze, Nitrogen and Carbon in Iron and Steel Thermodynamics, *Phys. Res.*, Vol 16, Akademie-Verlag, Berlin, 1990

31. H.-J. Eckstein, *Wärmebehandlung von Stahl*, VEB Deutscher Verlag für Grund-stoffindustrie, Leipzig, 1969, p92-93

32. K.-M. Winter, S. Hoja, and H. Klümper-Westkamp, Controlled Nitriding and Nitrocarburizing—State of the Art, *HTM J. Heat. Treat. Mater.*, Vol 66 (No.2), 2011, p68-75

33. I. Barin and O. Knacke, *Thermochemical Properties of Inorganic Substances*, Springer-Verlag, Berlin, Heidelberg, New York, Verlag Stahleisen m. b. H., Düsseldorf, 1973

34. E. J. Mittemeijer and T. J. Slycke, Potentials and Activities in Gaseous Nitriding and Carburizing, *Surf. Eng.*, Vol 12 (No.2), 1996, p154

35. DIN 17022 Part 3, in *DIN Taschenbuch 218*, *Werkstofftechnologie 1*, *Wärmebehandlungstechnik*, Beuth Verlag, 1998, p21-22

36. F. K. Naumann and G. Langenscheid, Beitrag zum System Eisen-Stickstoff-Kohlenstoff, *Arch. Eisenhüttenwes.*, Vol 36 (No.9), 1965, p122-126

37. K.-M. Winter, Phase Controlled Gaseous Nitriding and Nitrocarburizing, *Proc. of the ASM Conference and Exposition*, 2007

38. H.-J. Spies, H.-J. Berg, and H. Zimdars, Fortschritte beim sensorkontrollierten Gasnitrieren und—nitrocarburieren, *HTM J. Heat. Treat. Mater.*, Vol 58 (No.4), 2003, p189-197

39. K.-M. Winter, "New Measurement and Control Techniques for Predictable Results in Ferritic Nitrocarburizing," presented at the FNA Conference and Exposition, 2010

40. L. Maldzinski, M. Bazel, M. Korecki, A. Miliszewski, and T. Przygonski, Industrial Experiences with Controlled

Nitriding Using a Zeroflow Method, *Heat Treat Prog.*, July/Aug 2009

41. HydroNit Sensor brochure, Ipsen International
42. R. Hoffmann, I. Kleffmann, and H. Steinmann, Erfahrungen mit der Ivanit-Sonde, Teil 2: Überlegungen zum Ammoniakzerfall, *HTM J. Heat. Treat. Mater.*, Vol 60 (No. 4), 2005, p216-222
43. *Die Prozessregelung beim Gasaufkohlen und Einsatzhärten*, AWT Committee 5, Expert Verlag, 1997, p65
44. R. Hoffmann, E. J. Mittemeijer, and M. A. J. Somers, Die Steuerung von Nitrierund Nitrocarburierprozessen, *HTM J. Heat. Treat. Mater.*, Vol 49 (No. 3), 1994
45. O. Crevoiserat and C. Béguin, Contrôle des processus de nitruration et de nitrocarburation gazeuses avec la sonde Datanit, *Berichtsband der ATTT-AWT-SVW-VWT Nitriertagung 2002* (Aachen), p331-339
46. K. -M. Winter, Auswirkungen von Messfehlern auf das Behandlungsergebnis beim Nitrieren und Nitrocarburieren, *Gaswärme Int.*, Vol 60 (No. 3), 2011, p133-140
47. W. -D. Jentzsch, F. Esser, and S. Böhmer, Mathematisches Modell für die Nitrierung von Weicheisen in Ammoniak/Wasserstoff-Gemischen, *Neue Hütte*, Vol 26 (No. 1), Jan 1981
48. R. E. Schacherl, "Growth Kinetics and Microstructures of Gaseous Nitrided Iron Chromium Alloys," Dissert ation, 2004
49. P. C. Van Wiggen, H. C. F. Rozendaal, and E. J. Mittemeijer, The Nitriding Behaviour of Iron-Chromium-Carbon Alloys, *J. Mater. Sci.*, Vol 20, 1985, p4561-4582
50. B. -J. Kooi, M. A. J. Somers, and E. J. Mittemeijer, An Evaluation of the Fe-N Phase Diagram Considering Long-Range Order of N Atoms in γ'-Fe_4N_{1-x} and ε-Fe_2N_{1-z}, *Metall. Mater. Trans. A*, Vol 27, April 1996, p1063-1071
51. M. A. J. Somers, Thermodynamics, Kinetics and Microstructural Evolution of the Compound Layer; A Comparison of the States of Knowledge of Nitriding and Nitrocarburizing, *Heat Treat. Met.*, Vol 27 (No. 4), 2000, p92-102
52. D. Heger and D. Berger, Berechnung der Stickstoffverteilung in gasnitrierten Eisenlegierungen, *HTM*, Vol 46 (No. 6), 1991
53. T. Malinova, S. Malinov, and N. Pantev, Simulation of Microhardness Profiles for Nitrocarburized Surface Layers by Artificial Neural Network, *Surf. Coat. Technol.* Vol 135, 2001, p258-267
54. Y. A. Tijani, "Modeling and Simulation of Thermochemical Heat Treatment Processes: A Phase Field Calculation of Nitriding in Steel," Dissertation, Bremen, 2008
55. L. Maldzinski, W. Liliental, G. Tymowski, and J. Tacikowski, New Possibilities for Controlling Gas Nitriding Process by Simulation of Growth Kinetics of Nitride Layers, *Surf. Eng.*, Vol 15 (No. 5), 1999, p377-348
56. "Compound Layer Module ECS CLT-NHD," Stange-Elektronik GmbH
57. M. Yang, R. D. Sisson, Jr., B. Yao, and Y. H. Sohn, Simulation of the Ferritic Nitriding Process, *Int. Heat Treat. Surf. Eng.*, Vol 5 (No. 3), 2011, p122-126
58. M. Yang, "Nitriding—Fundamentals, Modeling and Process Optimization," Dissertation, Worcester Polytechnic Institute, 2012
59. J. B. Mane, R. C. Prasad, and B. Radhakrishnan, The Influence of Nitrocarburizing on Wear Behaviour of Forging Dies, *Proc. of the 26th Heat Treating Society Conference*, 2011, p230
60. Pace Technologies, Tucson, AZ, www.metallographic.com

7.3 钢的液体渗氮

Reviewed and Corrected by George Pantazopoulos, ELKEME Hellenic Research Centre for Metals S. A.

液体渗氮（在熔融的盐浴里渗氮）的温度范围和气体渗氮一样，为 510～580℃（950～1075℉）。表面硬化的介质是含氮的熔融态，是包含氰酸盐和氰化盐的熔盐。和使用类似成分的液体渗碳和液体氰化工艺不同，液体渗氮是一种亚临界表面硬化工艺（在临界转变温度以下），这样就有可能将其作为最终的处理工序，因为处理后的尺寸稳定性能够得到保持。另外，液体渗氮与在更高温度下进行的扩散工艺相比，也能在铁素体材料表面渗入更多的氮和更少的碳。

液体渗氮工艺可以对材料进行多种表面特性的改善，并被广泛应用于碳钢、低合金钢、工具钢、不锈钢和铸铁材料上。

7.3.1 液体渗氮的应用

液体渗氮工艺主要用于改善表面的耐磨性和增加疲劳寿命，对很多钢而言，耐蚀性也得到了提高。这些工艺不适合于在需要很深的硬化层和淬硬的心部的场合下应用，但是它们因为性能和经济性方面的优势，已经成功地替代了很多其他类似的处理方法。总的来说，液体渗氮和气体渗氮的应用很相似，有时是完全一样的。气体渗氮可能更适合在需要较深的硬化层或者是需要做局部防渗的场合。然而，两种工艺都具有同样的优势，改善耐磨性和抗擦伤性能，增加抗疲劳性能，与其他需要加热到更高温度进行的表面硬化工艺相比，变形量更小。表 7-18 中列举了四种零件用液体渗氮来替代其他表面硬化工艺的实例。

表 7-18 为满足零件的应用要求采用液体渗氮替代其他表面硬化工艺的实例

零件	要求	原用材料及工艺	存在问题	解决办法
止动垫圈	承受推力载荷，不磨损，不变形	青铜，1010 钢渗碳	青铜磨损、钢变形产生翘曲	1010 钢在 570℃（1060℉）的氰化物-氰酸盐浴中渗氮 90min，水淬①
轴	花键和支承面抗磨损	表面感应加热淬火	需要昂贵的检验	在 570℃（1060℉）的氰化物-氰酸盐浴中渗氮 90min
座椅托架	表面耐磨损	1020 钢，碳、氮处理	变形，校直时损耗大②	1020 钢在 570℃（1060℉）的氰化物-氰酸盐浴中渗氮 90min，水淬③
摇臂轴	表面抗磨损，保持几何形态	SAE 1045 钢粗加工后感应加热淬火、校直、精磨、磷化	昂贵的工序及材料费用	1010 钢在 570～580℃（1060～1075℉）的非氰化物盐浴中渗氮 90min④

① 不提高生产费用的情况下，改善了产品性能，延长了零件寿命。

② 脆性也大。

③ 减小了变形及脆性，消除了废品损失。

④ 不必再进行最终研磨、磷化及校直处理。

液体渗氮工艺对钢的特性的影响程度可能会受到工艺和盐浴化学成分控制、维护的影响。因而，需要基于试验的结果和书面文件信息制定严格的工艺标准。

7.3.2 液体渗氮系统

液体渗氮这一名称已经变成一系列不同的熔盐工艺的统称，所有这些工艺都是在临界温度以下进行的。在这样的温度下操作，主要通过表面吸收和与氮的反应，以及少量的碳吸收来实现基于化学扩散的冶金组织影响。不同的工艺方法被冠以不同的商业名称，在表 7-19 中列出了基本的液体渗氮工艺分类。

表 7-19 液体渗氮工艺

工艺	成 分	化学本质	推荐的后续工序	操作温度		美国专利号
				℃	℉	
通气氰化物-氰酸盐	NaCN+KCN+KCNO+NaCNO	强还原	水淬或油淬、通氮冷却	570	1060	3208885
装箱盐	KCN、NaCN+NaCNO、KCNO 或其混合物	强还原	水淬或油淬	510～650	950～1200	—
加压渗氮	NaCN+NaCNO	强还原	空冷	525～565	975～1050	—
再生氰酸盐-碳酸盐	A 型：KCNO+K_2CO_3	弱氧化	水、油或盐浴淬火	580	1075	4019928
	B 型：KCNO+K_2CO_3+S（1～10ppm）			540～575	1000～1070	4006043

一种典型的液体渗氮商业用盐的成分是包含钠盐和钾盐的混合物。钠盐占混合物的 60%～70%（质量分数），由 96.5%的 NaCN、2.5%的 Na_2CO_3 和 0.5%的 NaCNO 组成。钾盐占混合物的 30%～40%（质量分数），由 96%的 KCN、0.6%的 K_2CO_3、0.75%的 KCNO 和 0.5%的 KCl 组成。这一盐浴的使用温度是 565℃（1050℉）。在老化（工艺描述见 7.3.6 节）的条件下，盐浴中氰化物的含量下降，氰酸盐的含量上升（在所有盐浴里，氰酸盐的含量都代表了渗氮能力，氰化盐和氰酸盐的比例非常关键）。这种盐浴被广泛应用到工具钢渗氮，包括高速工具钢；还有一系列的低合金钢，包括含铝的渗氮钢。

另外一种用于工具钢渗氮的盐浴成分如下：

成分	质量分数(%)
NaCN	≤30
Na_2CO_3 或 K_2CO_3	≤25
其他活性物质	≤4
水分	≤2
KCl	余量

另有一种专有的渗氮盐配方是：60%～61%的

NaCN、15%~15.5%的 K_2CO_3 和 23%~24%的 KCl。

一些特殊的液体渗氮工艺使用专有的添加介质，既可以是气态的，也可以是固态的，可以达到一些特殊的目的，比如增加盐浴的化学活性、增加可适用的钢种范围以及改善渗氮得到的改性结果。

无氰化物的液体渗氮用盐浴也已得到应用。然而，在这种活性盐浴中，还是会有少量的氰化盐，质量分数不超过5%，以反应产物的方式存在。这是相对很低的浓度，这种成分的盐浴被热处理工业所广泛接受，因为它们在缓解和减轻潜在的污染源方面做出了不少贡献。

以下小节会描述三个工艺：液体压力渗氮、敞开式盐浴渗氮和低氰化物敞开式盐浴渗氮。

7.3.3 液体压力渗氮

液体加压渗氮是将脱水的氨气通入氰酸钠-氰化钠盐浴槽中的一种特殊的渗氮方法。盐浴槽是密闭的，压力保持在7~205kPa（1~30psi），氨气通到容器底部并使之垂直流动。通过控制氨的流速在0.6~$1m^3/h$（$20~40ft^3/h$）的范围内，以控制盐槽中新生氮的含量，使氨分解率为15%~30%。

盐浴中含有氰化钠和其他盐，工作温度在525~560℃（975~1050℉）。由于熔盐被脱水氨水搅动，新的盐浴不需时效可立即使用，推荐的氰化物与氰酸盐比例为30%~35%：15%~20%。除去溢出损失，通过脱水氨气不断阻止盐浴衰竭作用，可维持盐浴在原有配比范围内。

盐浴槽的盖可以打开，而不致完全中断渗氮过程，容器内压力降低，使渗氮速度减慢，当容器再次密封并通入氨气流后，压力恢复，渗氮又以正常的速度进行。

在某一温度下的渗层深度取决于渗氮时间，总的渗氮工艺时间为4~72h，平均渗氮时间为24h。为了稳定心部硬度，零件放入盐浴槽之前，在至少高于渗氮温度28℃（50℉）的情况下进行回火。AISI D2和SAE4140钢经加压液体渗氮后的硬度梯度和渗层硬度如图7-63~图7-65所示。

7.3.4 通气液体渗氮

通气液体渗氮是一种专利工艺（美国专利30222041902）。渗氮时用泵将定量空气通过熔盐送进，以达到搅拌和促进化学反应的目的。关于盐浴内氰化物的含量，氰化钠可保持在总盐量的50%~60%（质量分数），而氰酸盐占32%~38%。熔盐中钾的质量分数为10%~30%，适中含量约为18%。钾可存在于氰化物、氰酸盐或两者之中。盐浴中的残留物是碳酸钾。

普通碳钢或低合金钢按此工艺渗氮1.5h后，表

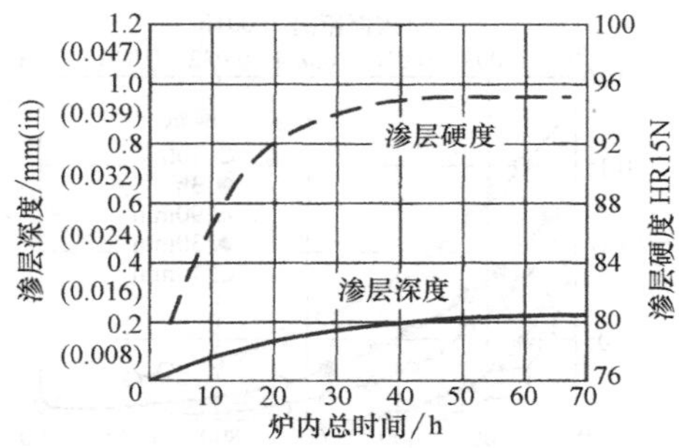

图7-63 SAE 4140不锈钢液体加压渗氮的结果

SAE 410不锈钢的成分：0.12C、0.45Mn、0.41Ni、11.90Cr；心部硬度为24HRC。

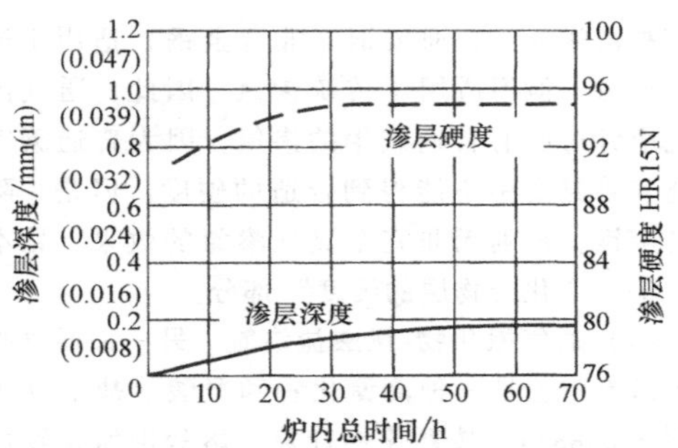

图7-64 AISI D2工具钢液体加压渗氮的结果

D2工具钢的成分：1.55C、0.35Mn、11.50Cr、0.80Mo、0.90V；心部硬度为52HRC。

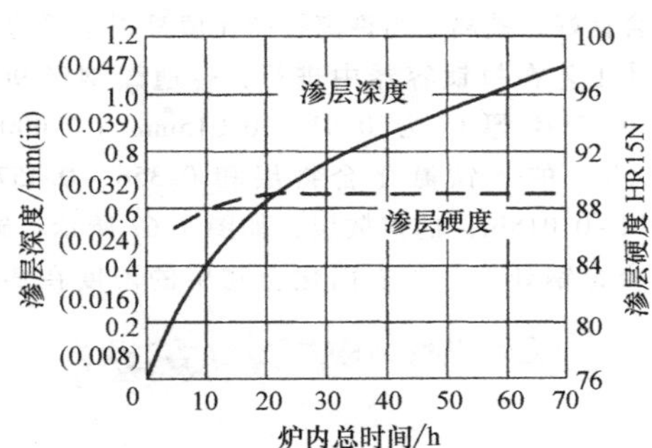

图7-65 SAE 4140钢液体加压渗氮的结果

SAE 4140钢成分：0.38C、0.89Mn、1.03Cr、0.18Mo；心部硬度为35HRC。

面产生0.3mm（0.012in）深的渗氮层，深度为0.005~0.01mm（0.0002~0.0005in）的表层是由ε-Fe_3N 和含氮 Fe_3C 组成的，渗氮层不含脆性 Fe_2N 组分。

在表层下延伸到钢基体的扩散层形成 Fe_3N，图7-66给出了1015钢在565℃（1050℉）渗氮时的扩散层深度和渗氮时间的关系。表面化合物层提供了磨损抗力，过渡层改善了疲劳强度。

应当注意，只有含Cr、Ti和Al的合金钢适合于

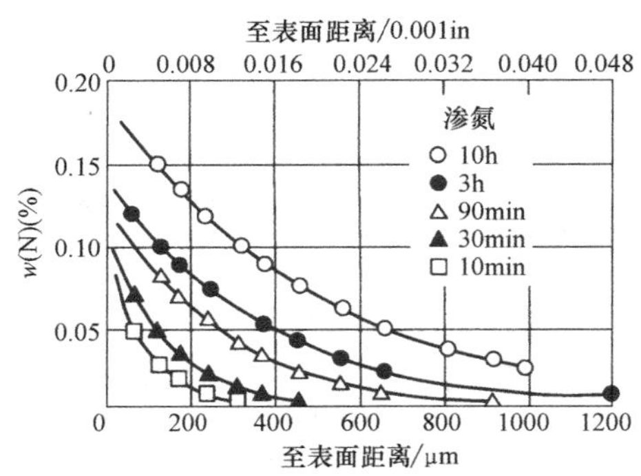

图 7-66 1015 钢在 565℃（1050℉）通气盐浴渗氮，氮的浓度梯度与渗氮时间的关系

传统盐浴渗氮。普通碳钢（非合金钢）适用于通气液体渗氮，但不适用于传统渗氮。因此，通气渗氮工艺应针对所有普通碳钢的渗氮，因为普通碳钢在非通气渗氮浴中不能得到合适的硬度。但是，除非用合金钢，否则无非完全显现渗氮的效果。见本节附录 1 中“化合物层的硬度”部分。

（1）通气氰化物-氰酸盐渗氮 另一种通气盐浴液体渗氮工艺是一种高氰化物和氰酸盐盐浴（美国专利 3208885）。按氰化钾计算，熔盐中氰化物质量分数为 45%～50%，按氰酸钾计算，氰酸盐占 42%～50%。配制好的氰化钠和氰化钾的精细混合物，经通空气，氧化为混合氰酸盐。为使化合物层和扩散层结合良好，钠离子与钾离子的比值是很重要的。

此工艺在衬钛容器中进行，普通碳钢经 90min 渗氮可产生厚度为 0.01～0.015mm（0.0004～0.0006in）的 ε 铁氮化合物层和 0.356～0.457mm（0.014～0.018in）的扩散层，如图 7-67 所示。碳钢或低合金钢处理后，表面化合物层的硬度在 300～450HK 之间；不锈钢处理后，据 AMS2755B，硬度可达 900HK，其中部分引用于本文附录中。

图 7-67 采用氰化物-氰酸盐液体渗氮产生的渗氮层及扩散层特有的针状组织

注：只有经 300℃（570℉）时效处理才能看到。化合物区域厚度约为 0.01mm。

（2）低氰通气渗氮 环境污染问题导致无氰化物液体渗氮的发展。在这些特种工艺中，基础盐浴是无氰化物的混合物，是由氰酸钾和碳酸钠及碳酸钾或由氰酸钾和氰化钠及氯化钾组成的。当处理大批量工件时，在此组成物中可能出现少量氰化物，这个问题已得到解决（美国专利 4019928）。通过在氧化性盐浴中淬火的方法，破坏氰化物和氰酸盐化合物（具有污染能力），淬火变形比水淬的变形要小。美国专利 4066643 提出了另一种方法，在原始基盐中加入适量的硫（1～10ppm），可将氰化物的质量分数控制在 1%以下。

试验表明，低氰渗氮工艺与前述液体渗氮工艺可获得同样的结果。扩散曲线和渗层深度与图 7-63～图 7-65 所示相近。由于氰酸盐含量高（KCNO 质量分数为 65%～70%），又没有氰化物，因而预期可产生低含碳量、高含氮量的氮化铁化合物层。当从某种工艺换用到另一种工艺时，开展新的实验并取得的实用数据是切合实际的。由 AMS 2753 报告所发展的低氰盐浴液体渗氮见本节附录 1。

（3）渗层硬度 根据 AMS 2755，渗层硬度因渗氮不同差异很大。硬度及该规范的其他必要条件摘录在本节附录 2 中。

（4）钢成分的影响 尽管合金钢的性能因化合物层和扩散层得以改善，普通低碳钢和中碳钢性能的改进更为显著。例如，1050 钢无缺口试棒用该工艺经 565℃（1050℉）、90min 渗氮、水淬（进一步提高疲劳强度）处理后，疲劳强度约提高 100%。1060 钢经同样的处理，疲劳强度可提高 45%～50%。

如图 7-68 所示，碳钢中氮的扩散直接受含碳量的影响，氮化物形成元素也会阻止氮的扩散。例如，图 7-69 给出了低碳钢（1015）和含铬低合金钢（5115）的渗氮对比，可以看出铬对扩散起阻碍作用。

如图 7-67 所示，虽然在显微镜下可以测到 Fe_4N

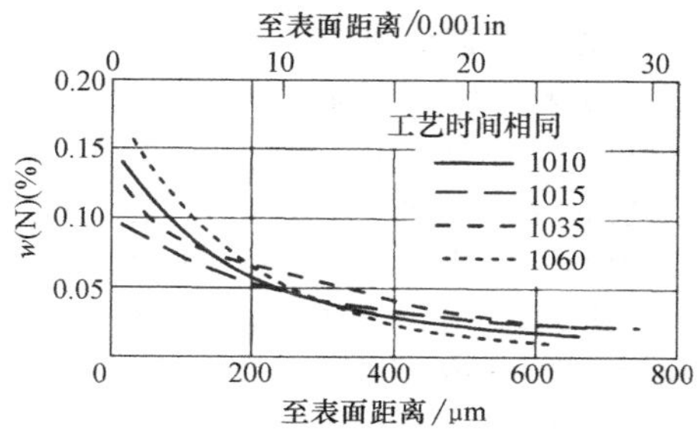

图 7-68 碳钢通气盐浴渗氮时含碳量对所获得的氮梯度的影响

针状组织所显示的氮的扩散带深度约为 0.41mm (0.016in)，而实际氮的渗入深度能达到 1.02mm (0.040in)，如图 7-70 所示。固溶的氮在应力下沉淀为 Fe_4N，这对液体渗氮改善疲劳特性起主要作用。普通碳钢的这种改进更为明显，在许多应用中可取代高碳低合金钢（见表 7-20）。

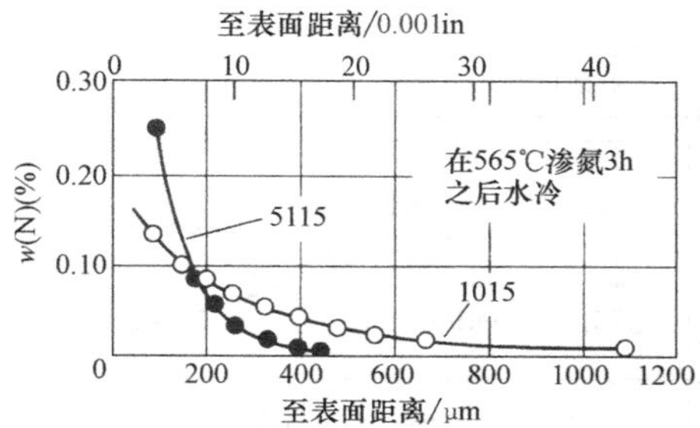

图 7-69 低碳钢与含铬低合金钢在通气盐浴渗氮后氮梯度的比较

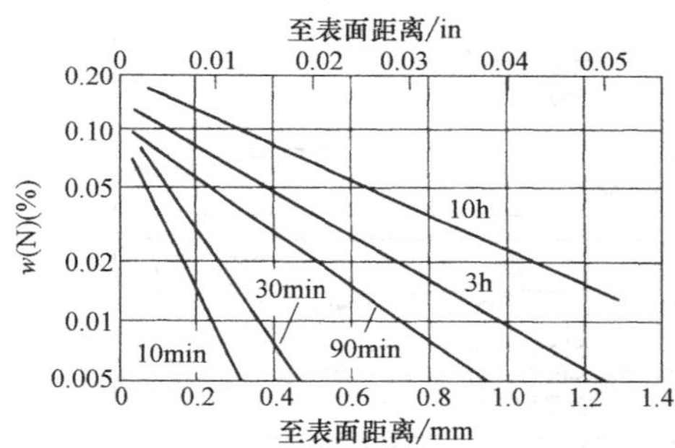

图 7-70 氮在 AISI 1015 钢中的扩散

表 7-20 铁基材料低温液体渗氮对疲劳性能的改进

钢种	性能改进(%)
低碳钢	80~100
中碳钢	60~80
不锈钢	25~35
低碳铬锰钢	25~35
铬合金中碳钢	20~30
铸铁	20~80

7.3.5 渗层深度和渗层硬度

图 7-71 列出了几种钢在普通盐浴中经 525℃ (975℉)、70h 渗氮后获得的表面渗层深度数据。其中包括三种低合金含铬钢（4140、4340、6150）、两种含铝渗氮钢（SAE7140 和 AMS 6475）和四种工具钢（H11、H12、M50、D2）。这些钢均采用盐浴渗氮，盐浴有效氰化物质量分数为 30%~35%，氰酸盐质量分数为 15%~20%，用金相试样测渗层深度，试样经 3%硝酸酒精侵蚀，试样渗氮前回火到预定的心部硬度。

图 7-72 表明了合金钢及工具钢 SAE7140、AMS 6475、4140、4340，中碳钢 H11，低碳钢 H12、H15 和 M50 钢经加压液体渗氮所获得的渗层硬度数据。图 7-72 注明了不同的心部硬度、渗氮温度和工艺时间。其渗层深度和硬度可与经一般气体渗氮所获得的数值相对比。

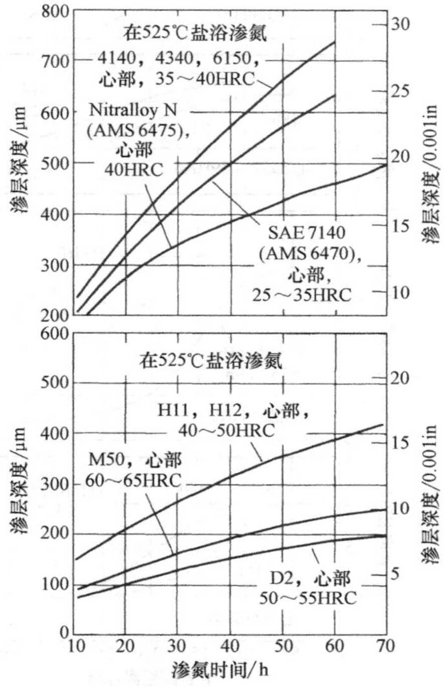

图 7-71 几种含铬低合金钢、含铝钢和工具钢经 525℃（975℉）液体渗氮 70h 后的渗层深度

与高速工具钢刀具气体渗氮相比，液体渗氮可得到含氮量较低、韧性较高的表层。

7.3.6 操作程序

液体渗氮的重要工艺程序是盐浴的配制和加热、熔盐的时效（如果需要）、盐浴成分的分析和维持。实际上，为了获得心部性能，在渗氮前所有钢件都必须进行淬火、回火或者需要消除应力以控制变形。因此，预备热处理可以看成是工艺过程的一个重要工序。

（1）预备热处理 合金钢通常采用与气体渗氮相似的预备热处理工艺。零件在渗氮前经硬化可以提高液体渗氮时维持尺寸和几何形状的稳定性。回火温度不能低于渗氮温度，最好高于渗氮温度，经高温应变硬化的钢除外。

与气体渗氮相同，心部硬度的影响取决于钢的成分。

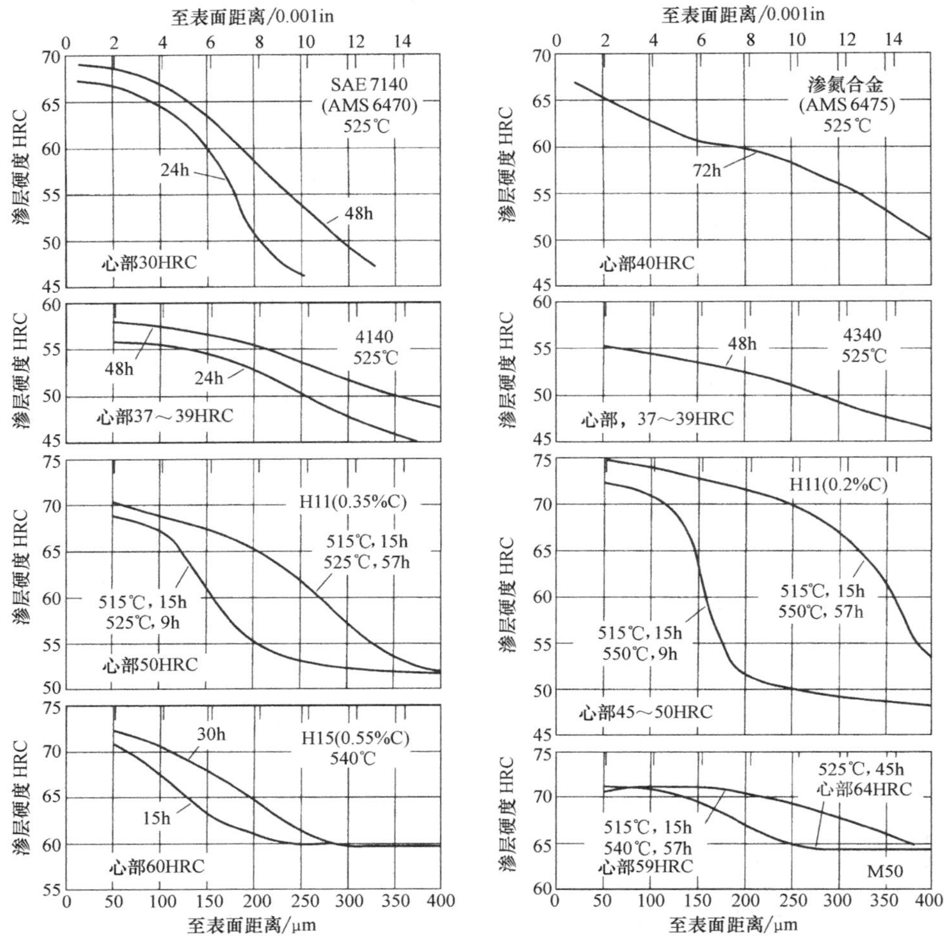

图 7-72 采用加压液体渗氮工艺的几种合金钢及工具钢的硬度梯度

注：洛氏硬度 HRC 是用 500g 载荷测得的努氏显微硬度转换而来的，温度指渗氮温度。

（2）启动浴槽 生产中表面处理盐浴的成分有所不同。然而，其组分基本上是氰化钠和氰化钾。氰化物作为一种活性组分，当按下述方式进行时效处理时，氧化成氰酸盐。商品混合盐（60%～70%钠盐、30%～40%钾盐）于 540～595℃（1000～1100℉）熔化。当混合盐熔化时，除非设备完全加罩并且排气，在浴槽上面要加一个盖子，以防盐液飞溅及爆炸。严格遵循盐放入浴槽之前必须干燥的规定，若带有水汽，则混合盐加热时可导致喷溅。

外部加热与内部加热盐浴的对比。盐浴可以采用外部加热也可以采用内部加热。对于外部加热的盐浴，启动电源应当限制在总量的 37%，直到盐浴各边都出现熔化的迹象。对于内部加热盐浴，温和的中性气体火焰在熔池中用于电极之间的导电路径是有效的。

（3）盐浴时效 在熔化初期，不含相当数量氰酸盐的液体渗氮组分，在生产应用之前必须进行时效处理。时效被定义为氰化物到氰酸盐的氧化。时效不仅取决于温度，还取决于熔盐浴的表面积与体积比。与盐表面接触的空气（氧气）将氰化物氧化成氰酸盐。

熔盐在普通浴槽中经 565～595℃（1050～1100℉）保温至少 12h，时效处理时不能放入工件。时效降低了浴槽中氰化物的含量，增加了氰酸盐和碳酸盐的含量。开始渗氮前应细心检查氰酸盐的含量，只要氰酸盐的含量没达到工艺规定的最低含量水平，就不能开始渗氮。

（4）盐浴维护 为防止浴槽污染，并获得满意的渗氮效果，所有入炉工件都应仔细清洗，并去除表面的氧化皮。当在无氰化物的盐浴中渗氮时，清除氧化物特别重要。这些化合物不是强还原剂，因而不能使任何已氧化的工件上产生理想的表面。渗氮前可用酸浸或喷砂清理，清理好的零件在入炉前应预热，以去除表面的湿气。

氰酸盐含量高（约达25%），可以得到良好的渗氮效果，然而碳酸盐的含量不能超过25%。将浴槽冷却到455℃（850℉），使沉淀盐凝聚在浴槽底部，则可使碳酸盐含量降低，然后用勺子把底部沉盐舀出。

为了减少空气与盐浴界面反应产生的腐蚀，每三个月或四个月必须换一次新盐（换盐通常远比换坩埚经济）。当盐槽不用时，应该用盖子盖起来，长时间暴露于空气中，可使氰化盐分解为碳酸盐，并且影响坩埚寿命。

氰化物与氰酸盐含量之比，随盐浴渗氮工艺及盐浴成分而改变。工业上用NaCN-KCN盐浴时效一周后的比例为：氰化物21%~26%，氰酸盐14%~18%。加压液体渗氮使用的盐浴，氰化物含量为30%~35%，氰酸盐含量为15%~20%。通气液体渗氮盐浴，控制氰化盐为50%~60%和氰酸盐为32%~38%。通气无氰化物渗氮工艺，控制成分氰酸盐为36%~38%和碳酸盐为17%~19%。

所有的浴槽都必须定期去除氧化产物，这些氧化物可导致不利的温度梯度。在正常操作中，应避免任何一种盐浴的过热（高于595℃或1100℉）。

（5）安全防护　液体渗氮工艺，采用氰化钠、氰化钾或两者同时使用。这些化合物可以用专用设备保管运送，排放前应用化学方法中和。这些化合物有剧毒，应该特别注意避免进入口中或通过擦伤的皮肤进入身体。这些化合物与无机酸接触能产生一种危险的剧毒产物氰化氢气体，人若暴露于氰化氢气体中会有致命的危险。

氰化物废物的中和。用氯气来处理氰化物被认为按三个步骤进行，反应式如下：

$$NaCN+Cl_2 \rightarrow CNCl+NaCl \quad (7\text{-}27)$$

$$CNCl+2NaOH \rightarrow NaCNO+NaCl+H_2O \quad (7\text{-}28)$$

$$2NaCNO+4NaOH+3Cl_2 \rightarrow 6NaCl+2CO_2+2H_2O+N_2 \quad (7\text{-}29)$$

第一个反应［式（7-27）］是氧化成氯化氰的反应，几乎是瞬间完成的，发生在所有pH值水平。第二个反应［式（7-28）］是氯化氰在苛性钠存在的条件下形成氰酸盐的过程。形成速度主要取决于pH值，在pH值为11或以上时，反应基本上在几分钟内就能结束。而pH值低于10.5时，水解速度明显减慢，应避免低于这个pH值，因为氯化氰是有毒的。

式（7-29）中，氰酸盐分解成无害的氮气和二氧化碳，此反应也取决于pH值，并随pH值的降低而加速，在pH值为7.5~8.0时，反应完成需要10~15min；pH值为9.0~9.5时，反应大约需要30min。

实际上，每份氰化物需要用8份氯气和7.3份的氢氧化钠来完成以上反应。偶尔只氯化到氰酸盐就够了，因为氰酸根离子的毒性仅仅为氰化物的1/1000。将氰化物氧化成氰酸盐，每份CN大约需要3.2份的氯气和3.8份的氢氧化钠。

除了氰化钠或氰化钾之外，废物中还会包含少量的重金属氰化物。这些会被分解，金属盐会在类似于处理氰化钠的反应中沉淀。氯气作为氧化剂时，有些金属络合物反应要慢得多。如氰化银，可能至少需要1h的停留时间才能反应彻底。

7.3.7 设备

用于渗氮的盐浴炉可以用天然气、油或电加热，在设计上与用于其他工艺的盐浴炉基本一致。虽然周期炉最为普遍，但半连续性和连续性操作更为合适。通常只要改变所用的盐，就可以用同一个盐浴炉进行其他的热处理操作。

可以采用多种材料制造盐浴渗氮用的坩埚、电极、热电偶保护管以及家具，材料的选用主要取决于混合盐以及热处理工艺。例如，虽然有人建议用钛板作炉衬（美国专利3208885），但也可以用低碳钢。目前美国专利4019928提出的无氰化物处理工艺，使用英科镍600合金。美国专利4006643建议在无氰化物处理工艺中使用430型不锈钢。HT铸造合金是一种令人满意的夹具材料，而446型不锈钢已用于制造夹具及热电偶保护管。某工厂在加压液体渗氮工艺中成功地使用了英科镍合金坩埚。该厂也报道过加压液体渗氮熔盐槽用电镀镍作为补充也取得了满意的成果。然而一般来说，渗氮熔盐槽最好不用含镍的材料。

7.3.8 维护计划

某些维护程序必须按照每天和每周的原则进行，确保渗氮盐浴的最佳操作。

（1）每日维护　下列程序应该每天进行：

1）检验温度测量仪器。

2）如果需使用空气或脱水氨气时，应检验流量计。

3）检查工件表面状态，其颜色应为钢灰色，以及检查可能的点蚀。

4）检验表层深度及表面硬度，以决定盐浴的操作条件。

（2）每周维护　下列程序应该每周进行：

1）每周至少分析一次盐浴成分，最好半周分析一次，予以必要的补充。

2）检查坩埚上空气与盐浴界面是否有凹蚀，发现有凹蚀应立即将盐倒出，再重新加盐。

3）检查盐的含镍量，为除去微量的镍，电解分离钢板应整夜放在盐浴中。

4）应消除 $Na_4Fe(CN)_6$ 形式的污染（在氰化物型盐浴中形成的一种复杂的铁氰化合物），可保持盐浴温度在 650℃（1200℉）约 2h，使化合物沉淀为炉渣。

7.3.9 安全预防措施

对钢进行渗氮处理操作盐浴炉时应注意下列安全防护措施：

1）操作人员必须精心使用有毒的氰盐。

2）所有化学容器必须标明盛放的物质。

3）为防止沾染含氰盐类，应给操作人员提供彻底洗手的装置。

4）操作人员必须佩戴防护罩、手套、围裙以及眼镜等。

5）工件放入熔融盐浴之前，都必须预热，以去除可能存在的水分。

6）为了安全，防止烟气或飞溅物的伤害，减少工作区的腐蚀，建议炉子和清洗槽装设专用通风装置，并通到户外。

7）硝酸盐和亚硝酸盐绝不能与熔融的渗氮盐类相接触，否则将引起爆炸。

7.3.10 液体氮碳共渗

液体氮碳共渗处理，碳和氮同时被吸入表层。自 20 世纪 40 年代末期，高浓度氰化物的氮碳共渗盐浴一直在使用。最初使用的是含硫盐浴，以形成耐磨损的硫化铁表层（工艺 2），在 20 世纪 50 年代中期，研制了不含硫的高浓度氰化盐，称为“通气液体渗氮”（工艺 1）。这种工艺以及一种低浓度氰化盐（工艺 4），已在全世界的工业部门得到广泛的应用。

工艺 1 与工艺 2 的成分相近，常预热到 350～380℃（660～900℉），然后装入 570℃（1060℉）氮碳共渗盐槽。在两种工艺中，盐浴的主要成分通常是碱金属氰化物和氰酸盐，盐浴以钾盐为主，并含有钠盐。

（1）工艺 1　无硫高浓度氰盐法。在 570℃（1060℉）的处理温度下，这种工艺大致由两种反应控制，一种是氧化反应，另一种是催化反应。氧化反应包括氰化物转变成氰酸盐：

$$4NaCN+2O_2 \rightarrow 4NaCNO \quad (7\text{-}30)$$

$$2KCN+O_2 \rightarrow 2KCNO \quad (7\text{-}31)$$

虽然这种反应可以通过氰化盐浴的自然氧化而进行，最终达到所需要的氰酸盐浓度，氮这种方式是不能控制的。为了提供搅拌和促进化学活性，可将干燥的空气通入熔化盐槽。

催化反应包括钢件在处理时分解氰酸盐的反应，而向钢件表面提供碳与氮：

$$8NaCNO \rightarrow 2Na_2CO_3+4NaCN+CO_2+(C)_{Fe}+4(N)_{Fe} \quad (7\text{-}32a)$$

$$8KCNO \rightarrow 2K_2CO_3+4KCN+CO_2+(C)_{Fe}+4(N)_{Fe} \quad (7\text{-}32b)$$

这种处理结果，在零件表面形成一层含氮和碳的耐磨损化合物区（图 7-73）。

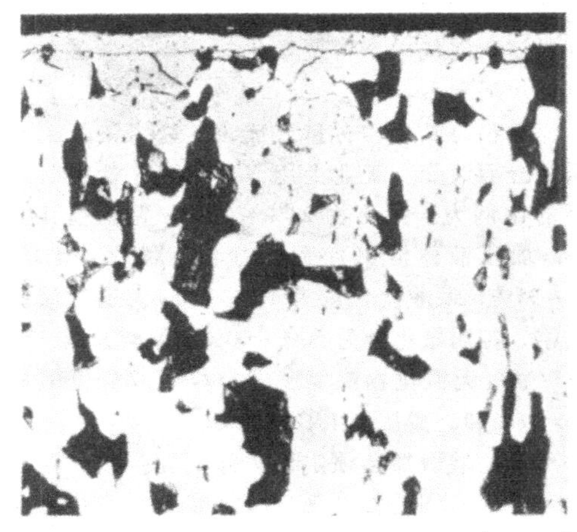

图 7-73　低碳钢经 570℃（1060℉）、1.5h 盐浴氮碳共渗，水淬后的金相形貌

（2）工艺 2　含硫高浓度氰盐法。与工艺 1 一样，这种工艺同样会发生基本的氧化及催化反应。此外，由于熔盐中有亚硫酸盐，还会发生进一步的反应。这些亚硫酸盐被还原为硫化物，同时，氰化物按下式氧化生成氰酸盐：

$$Na_2SO_3+3NaCN \rightarrow Na_2S+3NaCNO \quad (7\text{-}33a)$$

$$K_2SO_3+3KCN \rightarrow K_2S+3KCNO \quad (7\text{-}33b)$$

这样，熔盐中的硫起加速剂的作用，其结果比不含硫化物的盐更易于产生氰酸盐。因此，在这种工艺中，一般不用外部通气。根据式（7-27）和式（7-29），经催化反应所产生的氰酸钾和氰酸钠在钢铁材料表面分解，并释放出一氧化碳及新生氮气，一氧化碳分解放出活性炭。活性炭与初生氮一起扩散进入被处理材料形成化合物层。硫渗入材料中的确切机制还不清楚。各种硫化物能与被处理的工件发生反应，形成硫化铁，这就是处理后在工件表面所看到的黑色沉积物。

图 7-74 显示了低碳钢经 90min 处理并淬火后表面形成的化合物层。由于进行了盐浴氮碳共渗处理，特别是经含硫高浓度氰化盐工艺处理，而形成的化

合物层含有微型多孔外层，这些孔隙很容易吸收油，有助于改进处理零件在润滑条件下的抗划伤性能。

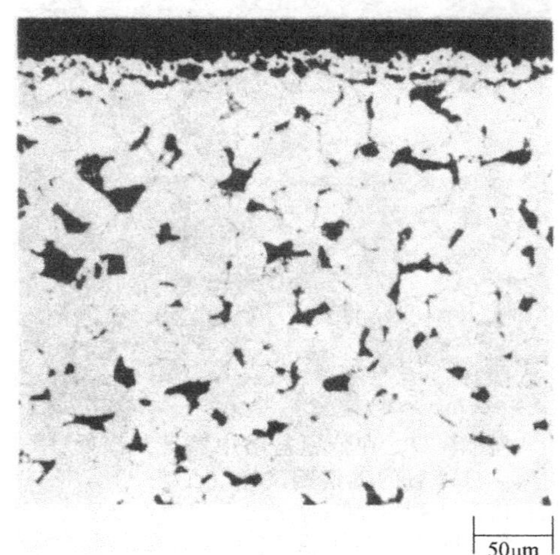

图 7-74　采用与图 7-73 所示类似方法处理的低碳钢金相形貌

注：处理后在化合物外层显示有硫化铁夹杂物，硫起了催化剂的作用。

虽然关于保证最大程度改善抗磨损性能的这种化合物层的最佳厚度，几乎很少进行过系统的研究，然而可以相信，层厚达 10~20μm 时可得到比较满意的结果。

（3）化合物层的组成及结构分析　用 X 射线衍射研究经两种高浓度氰化盐浴氮碳共渗处理所形成的化合物层。分析表明，有各种各样以碳和以氮为基的相。

一项氰化盐氮碳共渗处理的研究表明，当化合物层主要含有不同氮、碳浓度的六角密排相组成时，可得到最好的抗磨损性能。研究 Fe-C-N 三元系统相应的等温截面相图（图 7-75）可以看出，这个相为 ε 氮碳化合物相。还可确信，只要在化合物层中 ε 相占优势，则少量其他相，特别是 Fe_4N 和 Fe_3C 的存在，对于抗划伤性能并无不利影响。工艺 1 证明，含碳量在 2%（质量分数以下及含氮量在 6%以下的化合物层中，含有 ε 氮碳化铁和 Fe_4N 的混合物，如果处理时间超过 3h，则 Fe_4N 的比例减少。当化合物层中含碳量高于 2%时，可以发现具有渗碳体结构的 Fe_3（CN）化合物。

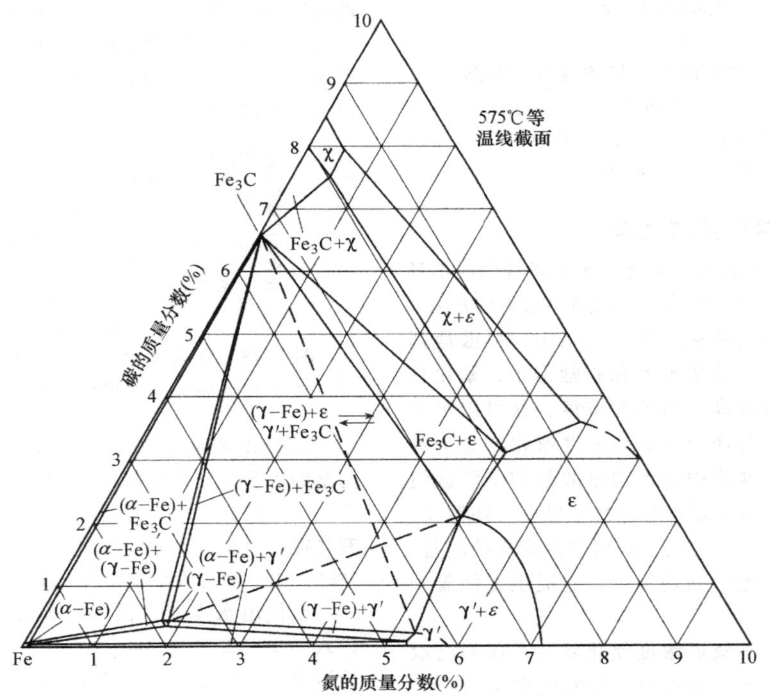

图 7-75　Fe-C-N 三元系统在 575℃（1065℉）的相图

经工艺 1 处理过的试样中，在化合物层中含有大量的氧。氧的存在可以促进氰化物转变为氰酸盐的氧化反应，这对于改善摩擦性能是很重要的，但是还没有有力的证明。

同样，工艺 2 中存在的硫是否对增强抗磨损性能有重大影响仍然是个问题，为提高抗磨损性能，需要 ε 碳氮化合物相占优势。图 7-76 中给出了经两种处理方法形成的化合物层的电子探针显微分析结果。

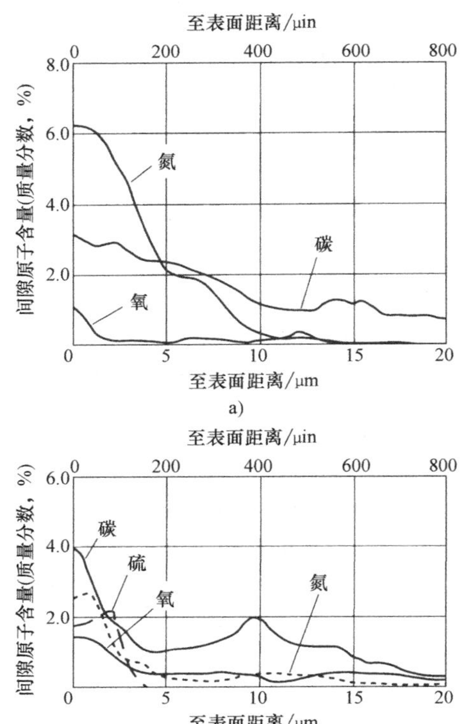

图 7-76 化合物层的电子显微探针示踪图

a）工艺 1 所形成化合物层中的 N、C、O

b）工艺 2 所形成化合物中的 N、C、O 和 S

注：两种工艺处理时间都是 90min。

7.3.11 无毒盐浴氮碳共渗

考虑到环境以及解决含氰化盐废液毒性的成本日益增加，已经开发了低浓度氰盐浴氮碳共渗处理方法。

高浓度及低浓度氰氮碳共渗盐浴中，氰酸盐都是活性的渗氮组分。低浓度氰化物盐浴中，氰化物含量减少，允许有较高的氰酸盐浓度，这可以极大地增强渗氮能力。与还原性的高浓度氰化物盐浴不同，低浓度氰化物盐浴中规定的氰酸盐和碳酸盐组分是氧化性的。盐浴主要含有钾盐，也有一些钠盐。在渗氮中，氰酸盐产生的氮进入钢中并形成碳酸盐。用有机再生剂维持氰酸盐的浓度，它提供氮使碳酸盐变为氰酸盐。

（1）工艺 3 含硫低浓度氰化物法。这种已取得专利权的工艺将硫、氮以及可能有的碳和氧渗入钢铁材料的表面。此工艺是唯一的用含锂盐的盐浴，氰化物质量分数保持在很低的水平：0.1%～0.5%。硫在盐浴中的浓度为 2～10ppm，在渗氮的同时渗硫。硫含量接近 10ppm，可形成很明显的多孔化合物层（图 7-77）。暗区实际上是硫化铁小颗粒，而非孔隙。这种化合物层与高浓度氰化盐硫氮碳共渗工艺所形成的类似，后者是柱状硫化铁颗粒。

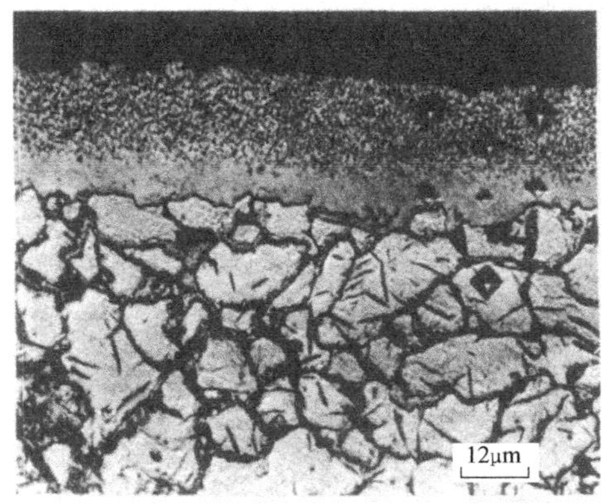

图 7-77 在低氰盐浴中氮碳共渗处理后的碳素钢试样（工艺 3）

注：化合物区呈现明显的疏松，表明含硫量高，黑色区域实际上是硫化铁瘤，不是孔隙。

盐浴组分可以调节成低含硫量（2ppm），以形成硫化铁含量较低、含孔隙较少的化合物层。

与高浓度氰化盐含硫氮碳共渗工艺处理所形成的厚度为 8～10μm 的化合物层相比，在 90min 同样的时间内，AISI 1010 钢的表层经 570℃（1060℉）渗氮，可形成 20～25μm 厚的化合物层。图 7-78 表示无毒的以及以氰化物为基础的两种处理工艺所获得化合物层厚度与处理时间的关系。

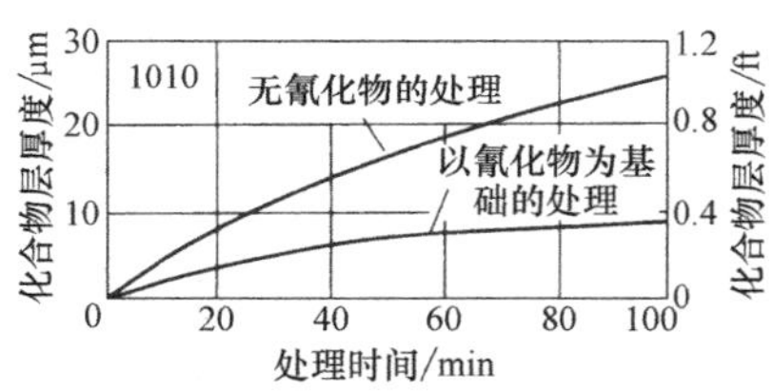

图 7-78 低浓度氰盐浴及以氰化物为基础的含硫盐浴处理所形成的化合物层厚度的比较

（2）工艺 4 不含硫低浓度氰盐处理。以氰化物为基的工艺 2 发展出来的一种低浓度氰盐浴工艺，与工艺 3 一样，这种工艺也是一种氰酸盐浴，但其中没有含锂或硫的化合物，氰化物的含量也很低（2%～3%），用一种有机聚合物 Melon 可使盐浴再生。

当使用水淬时，低浓度氰化物易于去除毒性。淬入 260～425℃（500～795℉）的氢氧化物硝酸盐盐浴中，可清除氰化盐及氰酸盐。

工艺 4 的处理温度为 570～580℃（1060～1080℉），化合物层形成速率可与工艺 3 相比。金相检验结果实际上与以氰化物为基的工艺 2 相同。

7.3.12 在盐浴中形成化合物层的耐磨损与抗划伤特性

经盐浴氮碳共渗处理后工件的抗划伤特性，经常用法列克斯（Falex）润滑剂耐磨耐压试验机进行检验（如图 7-79～图 7-81）。一个 32mm×64mm 的试件用一个剪切销固定在驱动轴上，将两个砧座或有 90°V 形缺口的夹头装入杆臂的孔中，在试验过程中，夹头紧紧夹住试件，以 290r/min 的转速旋转，施加于夹头的载荷逐渐增加，试件和夹头都可以完全浸入一个装有润滑剂或其他液体的罐中，或者在干燥状态下进行试验。

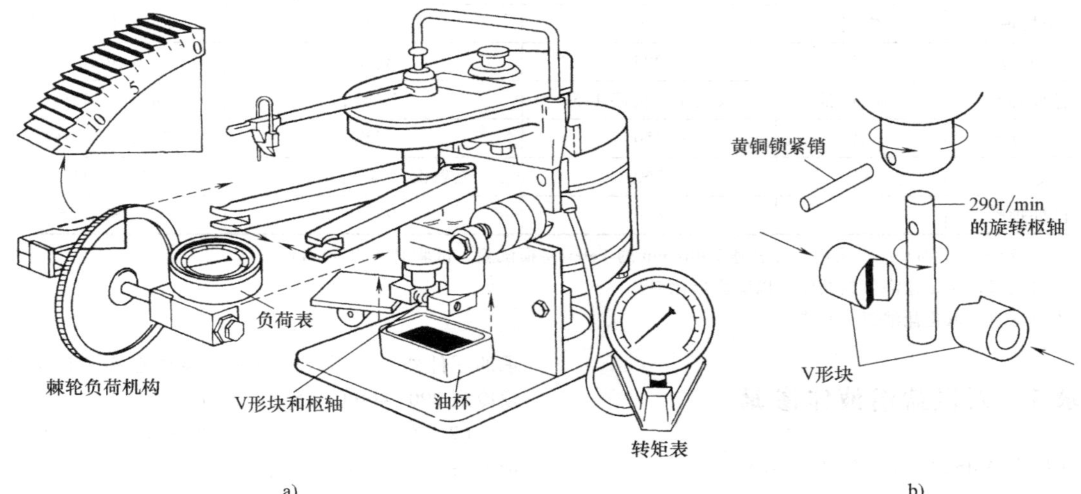

图 7-79　润滑试验机

a）仪器的关键组件　b）分解视角（显示准备好的 V 形块和旋转枢轴）

注：用来测量耐久（耐磨）寿命和承载能力，干燥固体薄膜润滑剂或湿度润滑剂，应用于钢-钢滑动的场合。

图 7-80　带有记录仪的润滑试验机，用来检测试棒耐磨寿命的转矩数据

注：仪器通过数字显示屏提供转矩的瞬时读数，也可以在带状记录纸上连续记录转矩的值。工件失效通过转矩上升至 1.1N · m（10lbf · in）超过稳态值或剪切削破断显示，不管哪种失效条件首先达到（按 ASTMD 2625-83）。由 Falex 公司提供。

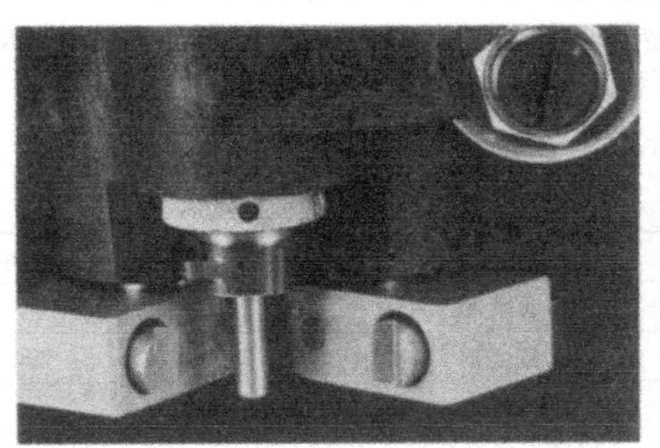

图 7-81　润滑测试装置中准备好的试棒和 V 形块

注：耐磨性通过试棒的直径的减少或变形来衡量，也能通过 V 形块中刻痕的变形来衡量。由 Falex 公司提供。

表 7-21 列出了普通低碳钢经氰化盐浴氮碳共渗处理前后，进行润滑剂耐磨试验的一些有代表性的结果。在使用润滑油进行试验的情况下，未经处理的低碳钢试样表现不出任何抗划伤性能；但经处理后，即使是干性试验，抗划伤性能也有显著提高。经盐浴氮碳共渗后，在干燥状态下进行试验的试样，可能产生大量的热量，变成红热，并被所加载荷挤压。未经处理的试件，在变成红热之前处在相当低的载荷下，而经过处理的试样，即使被挤压之后，都没有划伤的迹象。在油中进行试验的过程中，检测样品变得高度抛光。据报道，低浓度氰化盐浴氮碳共渗，也有与法列克斯（Falex）试验类似的结果。

表 7-21 磨损试验结果

试件与夹头状态	试验介质①	施加载荷/kgf	试样状态	材料
未处理	SAE 30 油	320	划伤	En32(0~15%C)
未处理	水	270	严重划伤	En32(0~15%C)
未处理	空气	320	划伤	En32(0~15%C)
未处理	空气	205	划伤	AISI 1045
已处理②	SAE 30 油	仪表 7-3-极限 1150	无划伤	En32(0~15%C)
已处理②	水	450	划伤	En32(0~15%C)
已处理②	空气	760	无划伤,变热并被挤压	En32(0~15%C)
已处理③	空气	660	被挤压	AISI 1045

① 在 En8（0.4%C）夹头内，经转速 290r/min 的 Felex 磨损试验，试验时间为 90min。

② 工艺 2，氰化盐浴氮碳共渗，以硫为催化剂。

③ 工艺 1，氰化盐浴氮碳共渗。

附录 1 无氰盐浴液体渗氮

（摘自 AMS2753A 1985 年 1 月）

（1）硬化 对心部硬度有要求的零件，应在渗氮前进行热处理以达到所需要的心部硬度。除非回火与渗氮同时合并进行，否则为达到某一特定的心部硬度，回火温度不应低于 590℃（1090℉）。

（2）消除应力 某些零件残余应力可因热振造成断裂或过度变形，也可由于渗氮中组织变化而造成尺寸的变化，应在最后机械加工前进行应力消除，消除应力的温度应不低于 590℃（1090℉）。

（3）清洗 在进行渗氮处理时，零件应清洗干净，除去氧化皮或氧化物、落上去的砂子、型芯材料、金属颗粒、油和油脂，并且要完全干燥。

（4）预热 为维持盐浴温度和避免浸入渗氮盐浴中时引起热振动，工件应在空气中于 260~345℃（500~650℉）预热。

（5）渗氮 工件应浸入表 7-22 列出的通气氰酸盐浴内。

表 7-22 在无氰盐浴中液体渗氮推荐的工艺

材料	推荐时间/h		温度	
	最少	最多	℃	℉
普通碳钢和低合金钢	1	2	580±5	1075±10
工模具钢(结构)	1/2	3	540-580	1000-1075
工模具钢(切削)	1/2	1	540-580	1000-1075
不锈钢和耐热钢	1	2	580±5	1075±10
软铸铁、可锻铸铁、灰铸铁	2	4	580±5	1075±10
粉末冶金产品(铁素体)	1/2	2	580±5	1075±10

（6）淬火 处理后的工件应淬入熔盐、水、油、乳化油水溶液或空气中冷却。除空冷硬化工具钢支承的零件外，在用户同意时，零件在实际淬火前可预冷到 290~400℃（550~750℉）。

（7）化合物层的深度 按 SAE J423 显微镜测量方法，放大 500 倍，结果见表 7-23。

表 7-23 在无氰盐浴中液体渗氮后得到的层深测量结果

材料	层深	
	mm	in
普通碳钢和低合金钢	0.0038~0.02	0.00015~0.001
工模具钢(结构)	0.003~0.012	0.0001~0.0005
工模具钢(切削)	<0.003	<0.0001
不锈钢和耐热钢	0.0038~0.02	0.00015~0.001
软铸铁、可锻铸铁、灰铸铁	0.0038~0.02	0.00015~0.001
粉末冶金产品(铁素体)	0.0038~0.02	0.00015~0.001

（8）化合物层的质量 任何连续的表面疏松不得超过由检测试样用金相法放大 500 倍所测定化合物层厚度的 1/2。

（9）化合物层的硬度 采用 ASTM E384 显微硬度测量法，测定渗氮表面或金相试样渗氮层横截面，可使用努氏硬度仪或购销双方同意的其他硬度测定仪。硬度值见表 7-24。

表 7-24 在无氰盐浴中液体渗氮后得到的化合物层的硬度

材料	最小硬度 HK(载荷 100gf)
普通碳钢	300
低合金钢	450
工模具钢	700
不锈钢和耐热钢	900
软铸铁、可锻铸铁、灰铸铁	600
粉末冶金产品(铁素体)	600

附录 2 液体盐浴渗氮

（摘自 AMS 2755C 1985 年 4 月）

（1）液体盐浴渗氮 渗氮盐应由氰化钾和氰化钠及其他盐类混合组成。

（2）盐浴 盐浴中所含氰酸盐、氰化盐及铁的含量应控制在下述百分数之内：

（3）渗氮 工件应浸入通气的氰化物-氰酸盐盐浴，见表 7-25。

表 7-25 在氰化物-氰酸盐盐浴中液体渗氮推荐的工艺

材料	推荐时间/h		温度	
	最少	最多	℃	℉
普通碳钢和低合金钢	1	2	570±5	1060±10
工模具钢(结构)	1/2	3	540-570	1000-1060
工模具钢(切削)	1/2	1	540-570	1000-1060
不锈钢和耐热钢	1	2	570±5	1060±10
软铸铁、可锻铸铁、灰铸铁	2	4	570±5	1060±10
粉末冶金产品(铁素体)	1/2	2	570±5	1060±10

（4）淬火 处理后，工件应淬入水、油、乳化油水溶液或空气中。除空冷硬化工具钢制造的零件外，如果用户允许，零件淬火前可预冷到 285～400℃（550～750℉）。

（5）表面层深度 表层深度可根据 SAE J423（显微镜方法）放大 500 倍测定，其结果见表 7-26。

表 7-26 在氰化物-氰酸盐盐浴中液体渗氮后得到的层深测量结果

材料	层深	
	mm	in
普通碳钢和低合金钢	0.004～0.03	0.00015～0.001
工模具钢(结构)	0.003～0.015	0.0001～0.0005
工模具钢(切削)	<0.003	<0.0001
不锈钢和耐热钢	0.004～0.03	0.00015～0.001
软铸铁、可锻铸铁、灰铸铁	0.004～0.03	0.00015～0.001
粉末冶金产品(铁素体)	0.004～0.03	0.00015～0.001

（6）表面质量 用金相法放大 500 倍观测试样，表面任何疏松不超过化合物层厚度的 1/2。

（7）表面硬度 按 ASTM E384 采用显微硬度法测定表面硬度，测定渗氮表面或金相试样渗氮层横截面，可使用努氏硬度仪或购销双方同意的其他硬度测定仪，见表 7-27。

表 7-27 在氰化物-氰酸盐盐浴中液体渗氮后得到的化合物层的硬度

材料	最小硬度 HK(载荷 200gf)
普通碳钢	300
低合金钢	450
工模具钢	700
不锈钢和耐热钢	900
软铸铁、可锻铸铁、灰铸铁	600
粉末冶金产品(铁素体)	600

7.4 钢的等离子体渗氮和氮碳共渗

Jan Elwart and Ralph Hunger, Bodycote

7.4.1 引言

等离子体渗氮（又被称为离子渗氮、等离子渗氮或者辉光放电渗氮）是使用辉光放电技术把新生（元素）氮引导到金属零件表面并在金属基体中扩散从而获得表面硬化的一种方法。气体渗氮和离子渗氮的主要区别是新生元素氮传递到零件表面的机制不同。高压电能用来产生一种含有氮离子的低压电离气体（或者等离子体），它们被加速撞击工件，清理工件表面，并且为工件表面提供氮原子。作为钢渗氮的变异，钢的氮碳共渗也通过离子方式进行。

当和普通（气体）渗氮比较时，离子渗氮给工件表面提供更精确的氮气供应控制。离子渗氮的优点是：

1）改进了对渗层厚度的控制。

2）更好地控制氮势和消除氮化物网。

3）温度较低（由于等离子体活化，温度低至 375℃或 700℉）。

4）产生较小的畸变。

5）无环境危害（不使用氨气）。

6）设备的成本比气体渗氮的设备高，但是这可以通过更好的设备利用来补偿，即工艺周期更短和金相重复次数更多。

7）能源消耗减少。

8）有能力形成自动化的渗氮工艺生产线，并且集成为制造单元。

9）可以实现用简单的机械罩或保护涂料对不需要渗氮的区域进行屏蔽。

离子渗氮局限性包括：

1）等离子体分布不均匀。

2）温度控制受限制。

3）设备昂贵。

局部过热和潜在的电弧也限制了普通离子渗氮

的应用，那里工件表面要承受很高的电压产生的离子体加热。这个问题是通过带有辅助（外部）加热炉的脉冲直流等离子体发生器来减缓的。活性等离子体渗氮的最新相关发展是，在零件周围加上一个屏罩，以产生等离子体，它同时改善了温度的控制，以及对更复杂的零件或不同的工作负载的离子渗氮更有用。

7.4.2 工艺历史及其发展

20世纪初期，随着气体渗氮独立研究的发展，开始系统地研究氮对钢表面性能的影响。阿道夫·麦琪莱特（Adolph Machlet）[美国气体公司，伊丽莎白，新泽西（Elizabeth，NJ）] 在1913年被授予了在480℃（900℉）以上的氨中渗氮钢和铸铁渗氮的美国专利。然而，阿道夫·弗赖伊（Adolph Fry）博士（德国埃森，克房伯工厂）的不朽工作主要是开发用于渗层硬化的特殊钢（含有特定的铝）。称为渗氮钢的特殊钢源于弗赖伊的工作和1921年的专利。

用于渗氮的等离子体技术起初由德国物理学家威海尔特（Wehnheldt）博士（1871～1944）作为处理冶金加工工具进行研究的，他假定微弱的辉光放电能够开发出工业用途的高电流密度的辉光放电。然而，由于辉光放电不稳定，用作渗氮处理时不受控制，称为流明风暴（lumina storm），这样，放电远离高压阴极。伯恩哈德·伯格豪斯（Bernhard Berghaus）博士（1896～1966）挖掘出威海尔特（Wehnheldt）博士的理念，并且借助于柏林研发实验室中的四十名科学家、工程师、技术人员的一个团队，成功开发出了这个工艺。

伯恩哈德·伯格豪斯（Bernhard Berghaus）研发的工艺在德国获得专利，并且作为德国1934～1943年期间气体渗氮的替代工艺使用。这个工艺的首次实际应用是传动齿轮和几米长的枪管。伯格豪斯（Berghaus）（图7-82）为了逃避纳粹迫害后来在苏黎世定居。在1957～1967期间，德国公司Gesellschaft zur Förderung der Glimmentledungforschung（德语），通过北莱茵-威斯特法伦州政府资助，对辉光放电等离子体的物理、化学和冶金进行了研究。

通用电气公司认识到等离子体技术在各种各样的材料加工中有用，在20世纪50年代作为第一家美国公司的通用电气公司把等离子体技术带到美国。

朗能是伯格豪斯（Berghaus）在科隆（Köln）拥有的一家私有公司，负责新技术的工业开发利用。伯格豪斯（Berghaus）去世后，这家公司程由克洛克纳尔钢铁集团于1967年收购，并于1970年以克洛克纳尔朗能（Klöckner Ionon）公司的名字进行商业化运作。这个技术奠定了国际商业化技术的基

图7-82 伯恩哈德·伯格豪斯（Bernhard Berghaus）1947年在他的研究所使用开发的井式炉对枪管进行离子渗氮处理

础。因此，常用的首选名字是离子渗氮（ion nitriding），也就是术语离子渗氮（ionitriding）。在德国工业标准中是规范化名称，后来成为等离子体渗氮（plasma nitriding）。

（1）直流离子渗氮（1970～1980） 克洛克纳尔朗能（Klöckner Ionon）公司设计的第一台工业电炉是使用水冷却炉墙的冷壁炉。和其他渗氮技术比较，离子渗氮方法重要的优势是操作成本较低（减少了能源和气体的消耗）、白亮的化合物层深度控制精确，以及可以对不锈钢进行渗氮处理。离子渗氮还提供了安全、无有害气体排放的环境效益。

然而，在1970年，炉子建设的初期阶段，现代电器装置以及计算机系统还不能用于工程控制。所以，早期的离子渗氮系统要求操作者控制一些困难的因素，包括对被处理零件直接加载等离子体、产生打弧的风险、所谓的空心阴极效应以及温度不均匀等。这些问题要求操作者受到过良好的训练和具有高超的操作技能。

直流（dc）离子渗氮系统有一个真空室，零件在真空室中进行处理，被处理的工件放在作为系统阳极的金属室内部的导电金属平台上（阴极）（图7-83）。这个金属室被抽成合适的低压状态，接着充入一些受控的气体（典型的气体是 N_2 和 H_2 的混合物），直到获得合适的处理压力。在阴极和金属零件上施加高电压。辉光放电电压约为1000V或更高，这取决于气体的压力和混合状态。通常添加氢来促进清洗过程。

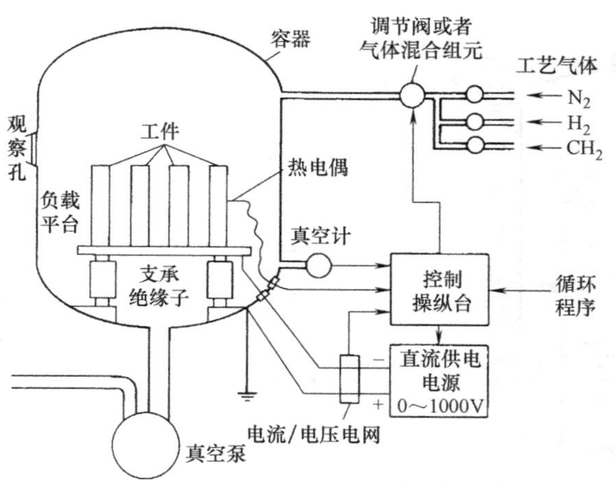

图 7-83　冷壁离子渗氮炉和控制方法

在这种电压的影响下，氮气发生分解、离子化，并且朝向工件（阴极）加速。带正电荷的氮离子然后从阴极（工件）获取电子并发射光子。在氮原子的形成过程中，这种光子发射导致可见辉光放电（图 7-84），这是等离子体技术的特点。当与工件碰撞时，氮原子的动能转化为热能，可以完全（或与辅助热源相结合）将负载加热到渗氮温度。

图 7-84　离子渗氮时的辉光放电

由于压力较低，几乎没有什么热量通过从工件到容器的对流传热产生损失。如果辉光完全覆盖工件，那么，每单位面积的电流是恒定的，其渗层很均匀，如图 7-85 所示。然而，冷壁炉（恒定的直流供应电源）有以下局限性：

1）由于对工件施加大偏置电压导致过热、打弧，产生尖角效应。

2）具有不同的质量和复杂形状的工件负载或者零件，在其上维持均匀的温度是困难的。

3）紧密相邻的表面渗氮困难（由于空心阴极效应），此处工作负载的密度和零件的深孔、小直径内孔的渗氮都受到限制。

4）仅仅采用等离子体加热零件，能耗高。

图 7-85　离子渗氮的均匀渗层

（2）脉冲电流离子渗氮　尝试解决直流等离子体系统缺点的方法包括已经使用辅助加热和使用脉冲偏置功率。20 世纪 70 年代期中间，德国亚琛大学（the University of Aachen in Germany）的科学家们致力于更好地控制辉光放电和其他相关现象如电弧放电方法的研究工作。亚琛大学的科学家们开发的程序是脉冲直流技术，这仅仅意味着把电源变成一个通断的暂停点。这种技术提供了许多优势，工艺工程师根据渗氮步骤进行控制。

20 世纪 80 年代初期，德国和奥地利市场上出现了新的脉冲等离子体渗氮技术。带有辅助加热系统的炉子设计中的变化与从直流电源到脉冲电源的变化，提高了温度的均匀性，节约了能量。新技术也更容易被操作者掌握。

此外，新的电子设备和自动气体流量控制，加上新开发的计算机系统，帮助了设计新的炉型和工艺的改进，和旧的技术相比，现在新的技术具有一些优势，特别是电能消耗。在接下来的 15 年中，这种新型炉子和工艺将成为工业标准。

脉冲电流离子渗氮系统如图 7-86 所示。将待渗氮处理的零件进行清洗，通常是使用蒸气脱脂，然后装入真空容器中，并且固定。后续的离子渗氮过程可以分为四个步骤：容器排空；带或者不带等离子体的状态加热到渗氮温度；在渗氮温度下进行渗氮；进行冷却。

脉冲电流离子渗氮系统已经成功地改善了装炉质量不同时的温度控制。然而，仍然局限于相对均匀的负载上的应用，因为仍然是对被处理零件直接施加高电压。

（3）活性屏离子渗氮　活性屏是在 1999 年发明的，是近年来开发并商业化使用的一种技术。这种技术部分解决了传统离子渗氮在温度控制、边缘效应、空心阴极效应（见这篇文章中“辉光放电过程”一节）方面的困难。这使得对深孔、小孔或者炉内密集散装的小工件的渗氮能力更强。

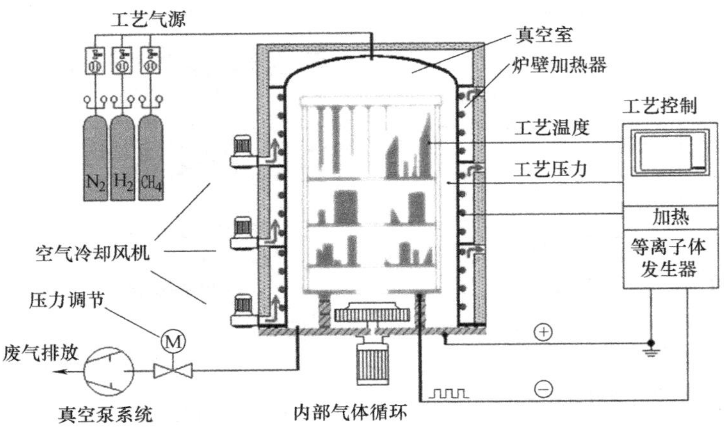

图 7-86 热壁离子渗氮炉的热室内不同负载布置方式图
[由德国锡根等离子体技术(Plateg)股份有限公司提供]

借助于活性屏,等离子体不再施加到工件上,而是施加到零件周围的一个金属屏上,如图 7-87 所示。将待渗氮的零件都放置在一个悬浮电位或光的偏压上。在这些条件下,等离子体在活性屏上形成,而不是在零件上形成。因此,可以通过调节活动屏上的等离子体功率来实现温度控制。等离子体加热活性屏,从活动屏上的辐射提供的热量,使组件达到所需的处理温度。这样,整个工作温度达到正确的渗氮温度。

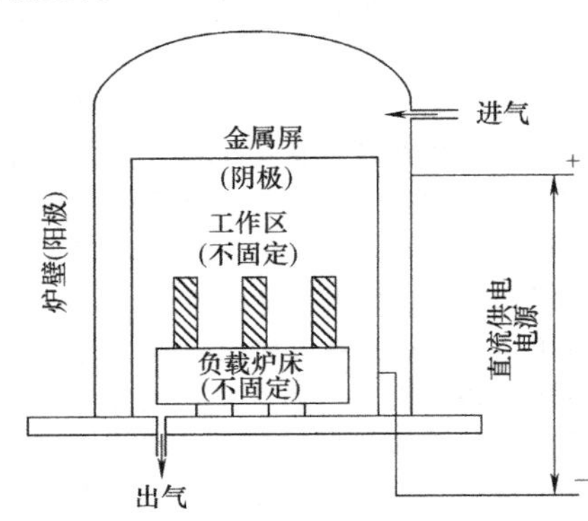

图 7-87 活性屏离子渗氮炉子配置示意图

活性屏还提供活性物质。活性屏上的等离子体含有离子、电子和其他活性氮化物的混合物,然后通过特殊设计的气流流过活性屏,并且覆盖在工件负载上。活性屏离子渗氮的方法有能力处理在一个批次内具有大范围的几何形状的零件。因此,可以处理形状非常复杂的组件。由于等离子体不是在组件表面上形成,可以排除了电弧损伤和边缘效应。活性物质甚至可以进入不通孔,对于一次装载量大的不同形状和尺寸的所有零件产生均匀的改性层。此外,活性屏离子技术也提供了处理非导电体材料如表面氧化的钢铁和聚合物材料的可能性,这些状态的材料是无法使用传统的直流等离子体系统处理的。

7.4.3 辉光放电过程

氮原子从介质到部件表面的产生和转移机理是等离子体渗氮和气体渗氮及盐浴渗氮的主要区别之一。与常规的气体渗氮不同,低压气氛的渗氮电位与电荷温度基本无关。新生的(原子)氮被高电压电离,使得电子从氮原子中剥离出来。然后,当阴离子(带正电的氮离子)向阴极(或者是工件在传统的和脉冲的直流系统的情况下)加速的同时,电子向阳极(炉壁)加速。此过程中,发生各种物质传递,而氮原子进入表面,并且在扩散到材料的时候与铁和合金元素结合。

(1)等离子体辉光放电的电压-电流条件 气体原子在高电压下发生电离。气体的击穿电压(V_B)取决于气体的压力、成分和两平行板(作为阳极和阴极)之间的距离(d)。击穿电压的行为是由帕邢曲线(Paschen curves)描述的,如图 7-88 所示,由于帕邢(Paschen)描述了这一现象,该曲线以他的名字命名。在恒压下,当阳极和阴极之间的间隙减小时,击穿电压变小,直到达到最低限度。在达到最小值后,进一步减小阳极和阴极的间隙,导致击穿电压增大。另外,如果间隙(d)保持恒定,而压力(p)增加(从真空状态),然后随着气体压力的增加,击穿电压首先急剧下降,直到达到最小。达到最小值后,压力进一步增加导致击穿电压的持续增加。

气体的电离产生电流,电离气体的一般电压-电流行为如图 7-89 所示。击穿电压(V_B)是在电晕放电区,那里是辉光放电开始的地方,在接下来的章

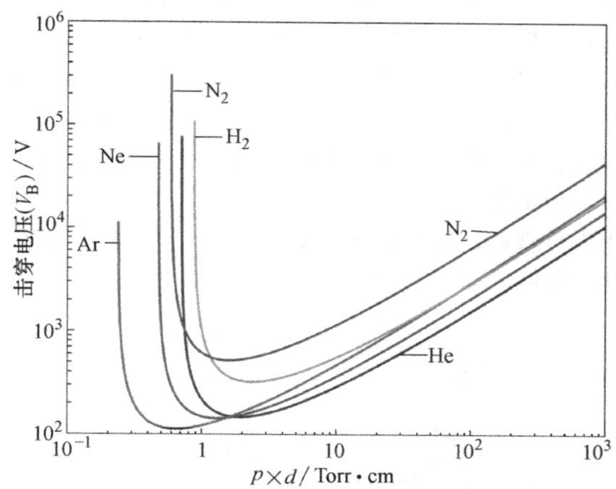

图 7-88 对于各种等离子体气体压力（p）和两电极间距（d），点燃电压（V_B）的帕邢曲线

节中对等离子体放电的不同区域进一步进行叙述。图 7-89 所示的每个区域代表了气体电离产生电流的不同条件或机制。

1）本底电离区。当第一次对气体施加电压，并且增加其大小，在加载到气体点火的电压上时，在气体的内部将产生电子。这可以比喻为汽车火花塞高压充电时发生的火花。火花塞间隙中的空气被充电到产生火花。在这个处理空间中，电子向阳极加速，而正离子（阴离子）向阴极加速。当这个过程的电压增大时，电流密度也增加。

2）自持区（汤生放电）。随着电压的增加，气体电离进入下一阶段的汤生放电过程。曲线上的这个区域是通过进一步的气体电离释放更多电子的区域，气体进一步产生电离。这个区域可以被认为是一个链式反应，因此被称为自持区。

3）电晕放电（过渡到辉光放电）区。电晕放电区是一个不稳定的区域，表明辉光放电的开始。放电是不稳定的，具有高的局部放电电流，等离子体电阻下降。电流密度随电压的下降而增加，在电离曲线的这个区域内，不能维持电压稳定性。

4）亚辉光放电。在该区域，在阴极的表面上产生一个更加一致和稳定的模糊辉光。

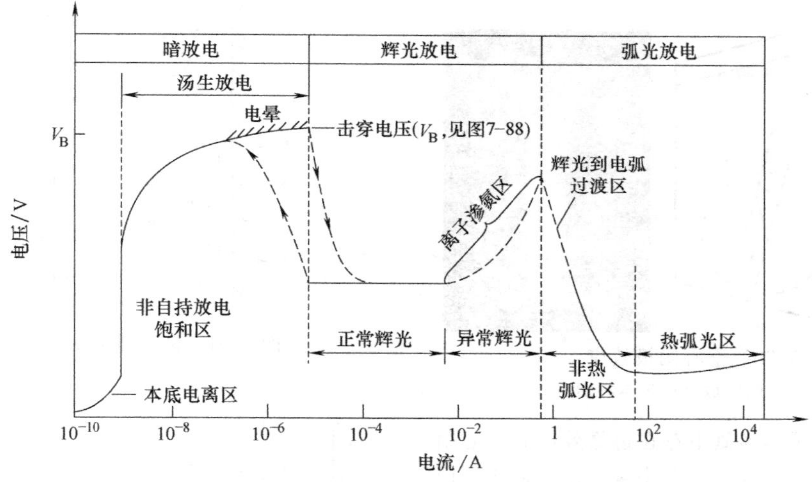

图 7-89 不同等离子体放电的电压-电流特性曲线

5）正常辉光区。这是一个完全覆盖工作区域边界的辉光放电区。辉光放电区的厚度将取决于真空炉膛的压力和工艺电压。

6）异常辉光区（渗氮）。在该区域，随工件的几何轮廓变化，辉光完全均匀覆盖钢的工作表面。这个区域中，调整工艺压力，以确保对不通孔和型腔渗氮时有足够的渗透电流和辉光层的厚度。

7）电弧放电区。由于电流密度的增加，产生另一个不稳定的电压降区域，导致电流和电弧放电急剧增加。可能发生严重过热、局部熔化和点蚀。弧光放电类似于雷击，可以通过加热炉膛的观察玻璃看见。

（2）压力和气体成分 根据帕邢曲线（见图 7-88），击穿电压（点燃电压）和辉光放电的条件取决于气体的成分和压力。例如，如果混合气体（N_2 和 H_2）中的 N_2 的浓度减少（当保持炉膛压力不变时，控制电压设定也不变），那么，就会发生偏置电压减少。由于 N_2 对 H_2 的比率降低，等离子体电阻减少。对于恒定电流，偏置电压减少可以通过等离子体电阻减少来解释。

除了适当的电压以外，在维持一个稳定的辉光放电层上，气体压力也是一个关键变量。虽然没有理想的压力值，但有一个可以调整的压力范围，以适应特定的材料和几何形状的操作参数。具有较低压力的气体在阴极周围产生模糊的辉光层，而具有较高压力的气体在表面凹槽内产生辉光层。典型的离子渗氮绝对压力一般为 50～1000Pa（0.007～0.14psi）的水平。

（3）空心阴极和边缘效应　当零件是阴极并且等离子体直接在零件表面上产生（如在传统和脉冲直流系统中）时，两个重要的影响是边缘效应和空心阴极效应。边缘效应是由于电场在零件的角落和边缘周围扭曲，导致表面辉光层不均匀。

空心阴极效应是传统和脉冲直流系统的另一个局限性。当零件彼此相互靠近，或者它们相邻的表面（如深孔、小孔）靠得很近的时候，就会发生空心阴极效应。当阴极位降区变得与两个接近的表面之间彼此分离的间距一样大小时候，相邻的表面可能会导致两个表面的放电区域重叠（见图 7-90）。在这种情况下，电子来回反弹、振荡，提高了等离子体的密度和零件的温度，使零件局部过热甚至熔化。

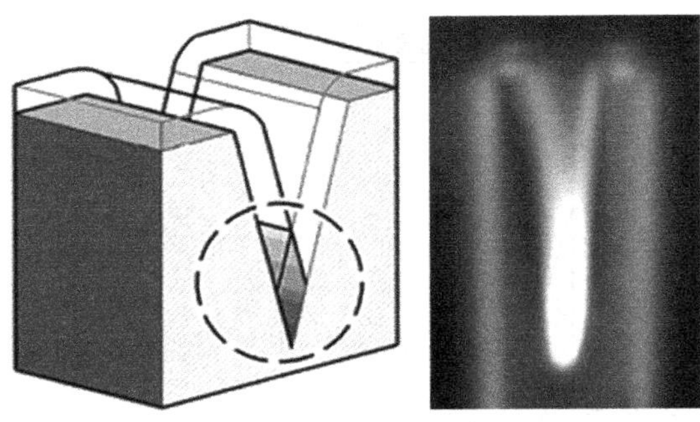

图 7-90　空心阴极效应

注：照片中圈出的区域会产生空心阴极效应。

活性屏等离子体渗氮不存在边缘效应和空心阴极效应。由于活性屏离子渗氮中零件不是阴极，因此降低了过热和边缘效应的问题。活性屏等离子体渗氮还允许零件更接近装炉放置，或者零件具有更复杂的几何形状（与邻近的表面更接近）。

（4）传质机制　辉光放电过程中，扩散到材料表面的氮原子与不同的合金或铁原子相结合，形成表面硬化层和渗氮层。过去已经提出了几种模型来解释等离子体渗氮时的传质过程。该模型包括溅射、冷凝、注氮、低能量 $N_mH_n^+$ 离子轰击、氮吸附、中性和离子吸附。根据李（Li）和贝尔（T. Bell）的观点，在直流和活性屏离子渗氮时，溅射和凝结模型似乎是最有可能的氮传质机制。

在直流等离子体渗氮的溅射-凝结模型中，被加速的离子物质撞击工件（阴极），铁原子溅射（分离）出来。然后分离的铁原子进入阴极电势位降区，随后与等离子体中的活性氮反应形成氮化铁（见图 7-91）。氮化铁（FeN）颗粒可以在阴极上散射和沉积，从而进一步分解，导致在铁素体晶格上释放氮原子，形成渗层。参考文献［15］进一步提出了一个类似工艺的活性屏等离子体渗氮，除了在活性屏上发生溅射，背散射导致氮化铁在工件表面上的沉积和分解，如图 7-92 所示。

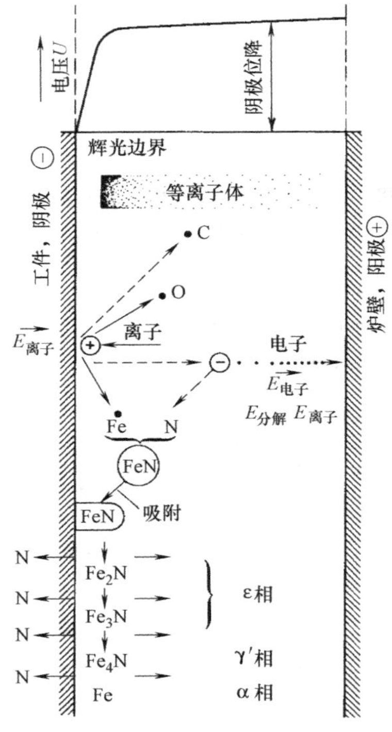

图 7-91　离子渗氮时的传质机制

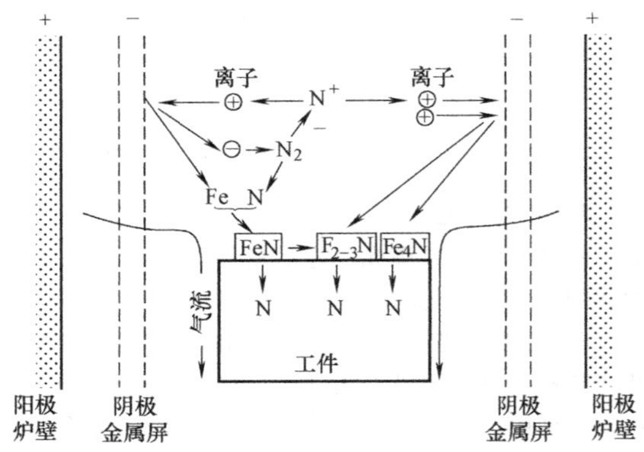

图 7-92　活性屏离子渗氮时的传质机制

7.4.4　离子渗氮炉

离子渗氮炉要求有一个绝缘的加热室（或者支承工件的夹具绝缘），确保在阳极的炉壁容器和施加在工件或者作为阴极表面的活性屏上的高压之间电气绝缘。绝缘加热室的布置分为三个基本部分：

1）高压馈通装置，它穿过容器壁输送电压，而保持良好的真空密封。

2）负载支承绝缘子，它支承负载的重量，同时提供良好的介电性能。

3）装料平板和夹具，在它上面放置工件，如果需要的话，可以提供机械屏蔽。

在传统的等离子渗氮中，在容器周围布置观察窗，观察离子渗氮过程，检测负载状态，确保参数选择精确，并且确保没有有害的空心阴极干扰（辉光放电包裹层重叠）。

旋片泵和罗茨泵组合完成容器排空，使压力降低到低于 10Pa（0.0015psi）的水平。这就需要排除大部分的初始空气和任意污染物。可以实现更高的真空水平，但对于大多数材料是没有必要的。

如上所述，负载加热至渗氮温度的方法这些年一直在发展。在冷壁炉中，热量仅由零件周围的等离子体能量产生。炉壁加热器和平缓的等离子加热相结合是加热工作负载最常用的方法。今天（2013年），在热壁炉中的外部电阻加热器通常用于把负载加热到渗氮温度（375～650℃或 700～1200℉），有无辉光放电的辅助均可。冷壁和热壁（脉冲直流）炉之间的一般特征差异列于表 7-28。

表 7-28　冷壁和热壁等离子渗氮炉的一般特征

特　　征	冷壁，恒定直流	热壁，脉冲直流
辉光放电的起始温度	室温	在适宜的温度上，通常约在 200℃（400℉）
工件加热的等离子体电流要求	加热电流密度大约 $5mA/cm^2$ 即足够	带有辅助加热器，电流密度大约为 $0.2mA/cm^2$
加热负载电压	较高的电流需要高的电压，这增加了电弧或局部过热的风险。冷壁炉恒定直流系统的一般电压为 600～800V。在 700kV 存在电弧风险	输入电压不高于 400～500V，远离电弧放电区域。热壁炉也为热传导气体的氢或氮气调节分压
加热时间	通常比热壁炉加热时间更长	通常比冷壁炉快约 15 倍
辉光放电时控制电压	外加电压恒定。这使得温度控制更加困难（见图 7-96）。电压改变降低了温度，引起电流密度和阴极电压位降距离（辉光层）改变	借助脉冲电压，可以使用高电压，而无过热或电弧放电的风险。对适当的辉光层状态其灵敏变化更容易控制
加热炉壁（阳极）	散射电子加热炉壁（阳极），炉壁需要水冷	炉壁面温度可以上升到约 650℃（1200℉）而没有热量积累。外部鼓风机控制炉壁温度
深不通孔辉光层	深孔的辉光层需要较高的压力，但增加工作压力会导致电流密度相应增加，其次是零件表面温度的增加	借助相同压力-温度组合为一个恒定的直流系统，这个热壁/脉冲系统通过改变占空比（脉冲变化），甚至改变电压和电流密度，来保持足够的等离子源

离子渗氮时，容器内的温度可能会从 350～580℃（660～1080℉）变化。辉光放电过程之后，电压和工艺气体流量终止，负载冷却。通过回充氮气或其他惰性气体完成冷却，气体冷却从负载到冷壁进行循环。为了缩短循环时间，可以使用一个快速冷却系统。

（1）冷壁离子炉　一个冷壁炉通常没有加热元件。在某些情况下，炉子生产商将设计一个协助等离子体加热而添加辅助加热元件的炉子。这些元件有可能在炉膛之内布置，通常是电绝缘以防止渗氮。

冷壁炉的主要部件与传统的真空炉一样，由内、外两部分组成。内胆或真空容器通常由不锈钢制成，外水套通常由碳钢制造。两容器之间的水冷区从内真空容器到冷却水进行热传导造成一些热损失，以及从内真空容器到热交换器进行热传导造成一些热损失。容器侧壁通常装有观察孔，用于观察工作区的等离子体状况。电气线路通过基座为阴极供电。

在冷壁炉中，热量是由离子轰击所产生的动能来提供的，加热仅通过调节电压和电流密度进行控制。依靠辉光放电对负载加热可能存在一些困难，因为水分和工作表面上的其他杂质在加热初始阶段，往往会导致零件打弧。灭弧或防止打弧过程也显著地延长了加热时间。

（2）热壁离子脉冲直流电炉　热壁炉子中的电阻加热元件通常用于把负载加热到渗氮温度［375～650℃（700～1200℉）］，是否有辉光放电的辅助加热无区别。容器的真空室通常会设计一个热壁（见图 7-93），但有时使用双壁水冷结构设计。该容器可以水平或垂直放置在底座上，呈井式或罩式布置。通常情况下，由于温度较低［小于 650℃（1200℉）］，不需要内部绝热，而且希望有足够的散热效果保持稳定的直流电源对工作负载的加热输出。

图 7-93 热壁离子渗氮炉［由等离子体技术（Plateg）股份有限公司提供］

注：箭头指示用来冷却容器的外壁的空气鼓风机。

在热壁炉渗氮前需要进行溅射清洗。将加热室抽到适当的真空度，回充氢气，外部加热元件通电加热工作负载，通过对流进行加热。一旦温度达到约 230℃（450℉），氢离子自动冲击工件表面，溅射清洗程序开始，这个清洗方法比水清洗更深入、有效。在溅射清洗温度上的持续时间是由初始表面的清洁程度决定的，但一般不超过 20~30min。如果工件表面被严重污染，就使用 10%氩气和 90%氢气的混合物。为了避免表面腐蚀，混合物中的氩气含量不要超过 10%。

7.4.5 工艺控制

现代离子渗氮系统使用微处理器控制或监测工艺参数，如工作温度、容器壁温度、真空（绝对压力）水平、等离子体参数、辅助热源和气体混合组分。活性离子的供给主要取决于电压和电流的放电参数。这种能力具有一些独特优势，例如，在传统的渗氮处理中，如果渗氮温度在回火温度以下，那些会降低心部强度的材料仍然能维持心部的强度。这也大大减少了畸变。根据所需的渗层成分和渗层深度，工艺温度可以在 530~570℃（990 到 1060℉）的范围内变化，渗氮时间从 3~40h。

可以通过压力、温度、气体组分混合物、直流电压和电流来改变辉光层的厚度。通常情况下，较高的温度、较低的压力、气体组合物氢浓度高、更高的直流电压和电流将产生一个大或厚的辉光包裹层。正常情况下，除非存在小孔或缝隙状态以外，辉光放电层的厚度是 6μm（0.25in）；在小孔或缝隙存在的情况下，采用薄的辉光包裹层以防止局部过热。为了获得均匀合理的渗层也需要均匀的辉光放电包裹层，特别是当零件几何形状复杂时更是如此。

渗层深度取决于渗氮电流（与氮离子通量成正比）、温度和工艺时间。采用相同的处理时间，离子渗氮的渗层深度高于气体渗氮。例如，图 7-94 显示 AISI 4140 钢在 510℃（950℉）进行离子渗氮和在 525℃（975℉）进行气体渗氮的深度与时间的结果，渗氮钢 135M 也获得了类似的结果。AISI 4140 钢进行气体渗氮获得的渗氮层深度比渗氮钢 135M 获得的深度大些。然而，渗氮钢 135M 的表面硬度更高。与气体渗氮类似，离子渗氮的时间随渗层深度和材料的不同而不同。图 7-95 描述了不同的渗层深度和两种齿轮材料所需的时间。

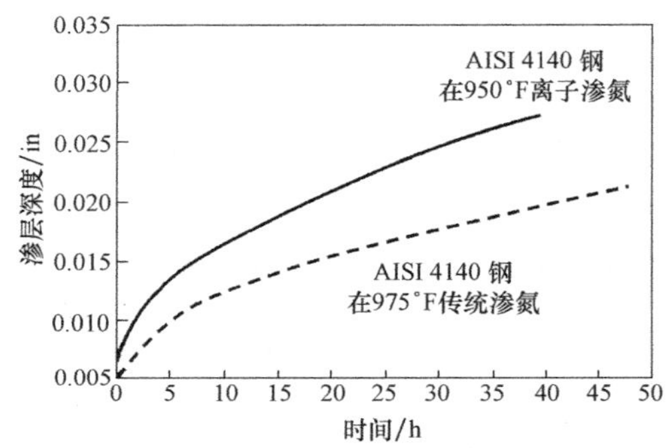

图 7-94 AISI 4140 钢离子渗氮和气体渗氮的渗氮层与渗氮时间的比较

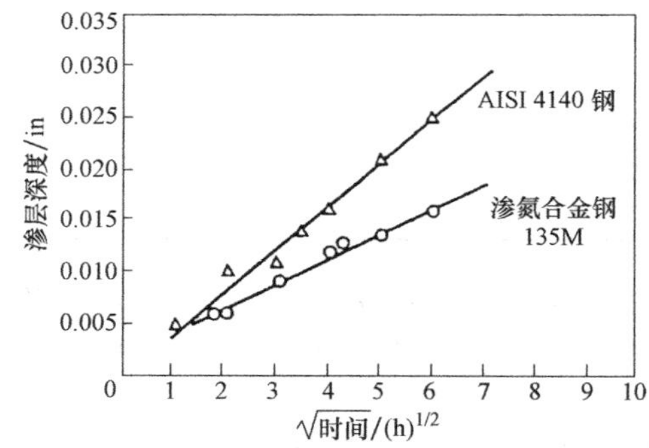

图 7-95 渗氮钢 135M 和 AISI 4140 钢离子渗氮的渗层与时间的平方根的关系

（1）气氛和压力控制 在将工作负载加热到所需的温度后，根据容器的尺寸和负载的表面积确定工艺气体的流量。气体混合控制板用于混合气体。该工艺气体通常是氮、氢，有时是少量的甲烷或氩气的混合物。在这个工艺气体出现的情况下，负载（或活性屏渗氮的金属屏）保持在高的负直流电位。氮氢比决定化合物层的组成：

1）$H_2<N_2$（按 1∶3 或 1∶4 的比例），化合物

层是 ε-($Fe_{2-3}N$)。

2) H_2>N_2(按 3∶1 的比例),化合物层是 γ'-(Fe_4N)。

3) H_2≫N_2(按 8∶1 的比例),无化合物层。

γ'-(Fe_4N) 化合物层的一个典型的气体组成将是 75%H_2 和 25% N_2。仅仅指 ε-($Fe_{2-3}N$) 化合物层,典型的混合气体为 70% N_2、27%H_2 和 3%的甲烷。气体混合通常是由质量流量控制器自动完成的。

控制分两个阶段完成。首先,进气量由质量流量控制器控制,并提供恒定的气体流量。蝶阀安装在容器和真空泵之间的抽空管路上,控制排空气体,直到满足所需的压力设定值。

如上所述,除了合理的电压产生等离子体放电以外,压力也是控制的主要参数之一。一旦达到足够的辉光放电的条件,工艺压力就可以确保辉光层穿透不通孔和型腔(见图 7-96)。如果压力太低,则辉光太宽不能随表面轮廓变化。如果压力太高,那么阴极上的辉光就会变成间歇性状态,因此需要较高的电压才能保持足够的辉光放电。然而,在传统的直流和脉冲直流系统两者当中,更高的电压都会增加出现电弧放电的风险。

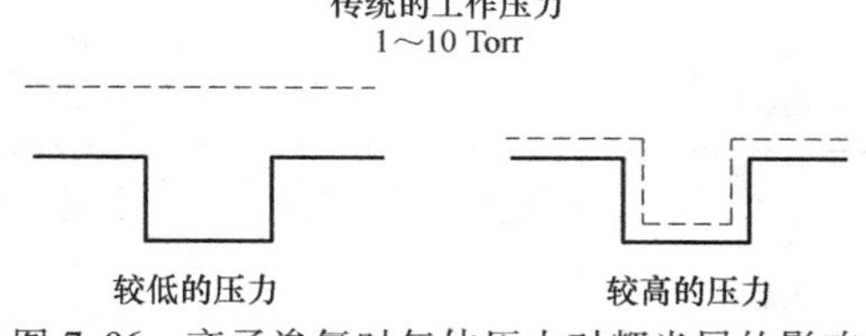

图 7-96 离子渗氮时气体压力对辉光层的影响

(2) 零件温度 也许比控制工艺温度更重要的是控制零件的温度。炉膛内的许多因素会影响温度的均匀性,因此,必须监测零件的温度。通过考虑热处理炉膛中最薄的零件和最厚的零件,测量零件的工艺温度。零件的温度通常在一个±5℃ (10℉) 范围内变化。如果热电偶不能贴在工件上,则应将其连接到代表工件横截面积和被处理材料的仿制品试样上。甚至在活性屏离子渗氮这种情况下,辐射温度计也可以用来监测零件的温度(见图 7-97)。

(3) 电源控制 等离子渗氮需要一个输出电压为 0~1000V 的供电电源。典型的电流额定范围为 25~500A(直流),根据容器的大小和工作负载量决定。恒定直流和脉冲直流系统电源的四个主要功能是:

1) 产生辉光放电的条件,如图 7-89 所示。

2) 确保工作区域内良好的温度均匀性。

3) 加热负荷。

4) 防止电弧放电。

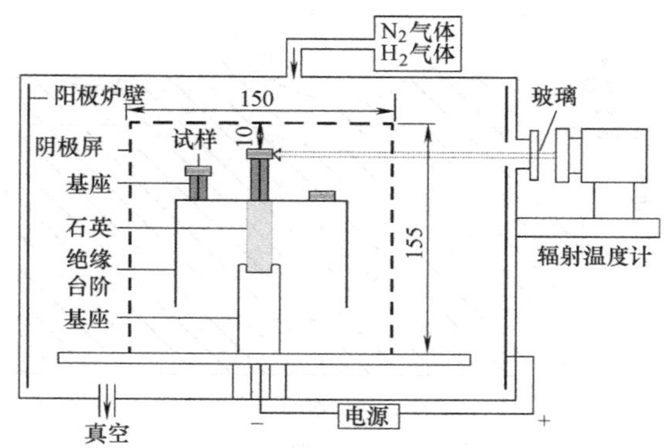

图 7-97 活性屏离子渗氮时监测温度的辐射计

对于传统的直流电源,实现上述条件的能力是有限的,因为前三个条件是互相关联的。图 7-98a 所示为等离子体渗氮工艺连续直流电源的功率特性。渗氮辉光放电的区间在 P_{min} 和 P_{max} 线之间,并且等离子体的功率 $P_{离子}$ 必须在这些值之间。$P_{温度}$ 线以下的面积等于要平衡系统能量损失所需要的能量与保持工作负载正常温度所要的能量之和。因此,不同几何形状和大小的零件混装,控制等离子体功率,以保持足够的温度是困难的。

脉冲直流等离子体系统提供了一种较好的温度控制方法。在脉冲系统中,脉冲之间的时间是随能量损失的平衡和提供足够的电力来控制温度($P_{温度}$)变化的。通过该方法,将温度调节与其他工艺参数调节分离。典型的脉冲时间在 5~100ms 之间,而脉冲暂停的时间可以在 5~200ms 之间变化。每个脉冲的面积之和等于 $P_{温度}$ 线以下面积(见图 7-98b)。脉冲与暂停的比率可在很宽的范围内变化,通过工作负载中的等离子体,以控制功率输入,因此,它将有可能使用一个辅助加热系统(如外部加热),以便更好地控制热处理炉膛内的温度。

(4) 电弧检测和抑制 带有快速电弧检测和抑制功能的现代等离子体发生器能够处理工艺开始时的不稳定状态。如上所述,因为辉光放电过程会去除表面杂质,而这些杂质总是存在的,所以,会发生电弧放电。以电弧的形式除去杂质,其中电压突然下降,电流增加。正因为如此,最小与最大电流水平、电压变化率(dV/dt)和电压/电流关系(坡)必须经常监测。当检测到电弧时,立即暂时关闭输出功率,以避免微秒时间之内可能造成的一些损害。

7.4.6 渗层结构及形成

渗氮钢的渗层包括一个扩散层和一个化合物层,或者只有扩散层而没有化合物层(图 7-99)。化合物层是由金属间化合物 γ'-(Fe_4N) 和 ε-($Fe_{2-3}N$) 形成的。因为材料中碳促进 ε 形成,当希望得到 ε

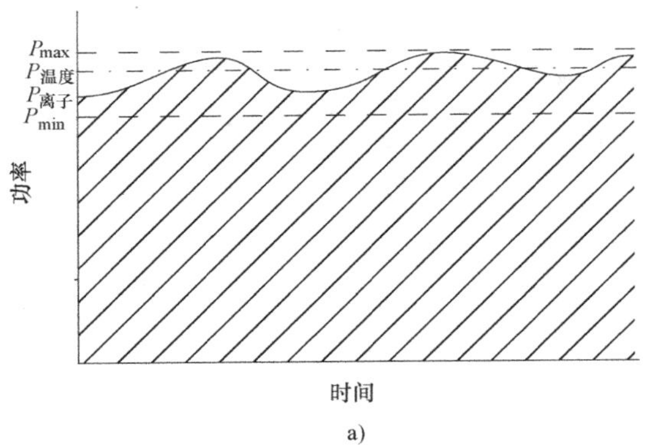

a)

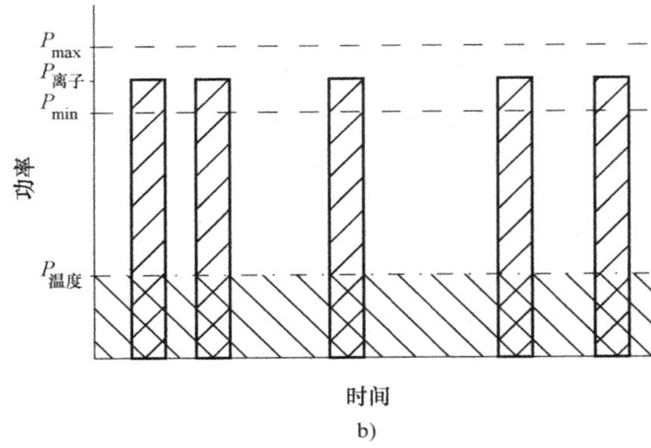

b)

图 7-98 不同电源的特性

a）连续直流（dc）离子渗氮 b）脉冲直流等离子体渗氮

注：在 P_{min} 和 P_{max} 之间产生异常辉光放电（图 7-89）。在这个区域要求离子渗氮电源（$P_{离子}$）在所需的温度上，维持工作的时间-平均电压是 $P_{温度}$。在脉冲直流等离子体渗氮操作期间，脉冲宽度恒定且足够短，防止弧光放电。脉冲之间的持续时间变化是随温度控制而变化的，这样，脉冲的面积与时间-平均功率（$P_{温度}$）面积相等，保持负载在所需的温度上。

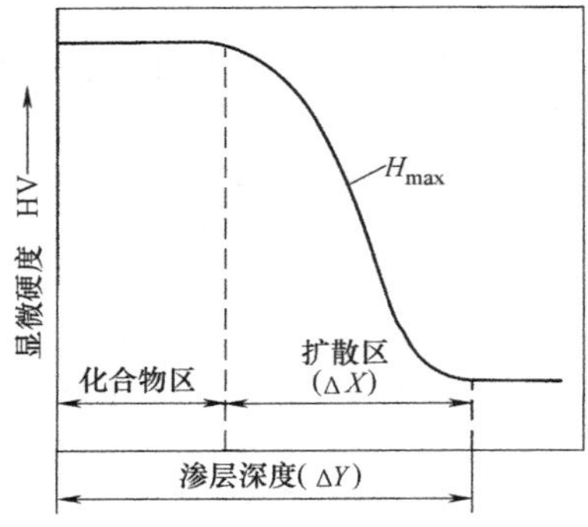

图 7-99 影响渗氮钢显微硬度分布的因素

注：化合物区的硬度不受合金含量的影响，而扩散区的硬度取决于氮化物的形成元素（Al、Cr、Mo、Ti、V、Mn）。ΔX 受合金元素的种类和浓度的影响；ΔY 随着温度的增加而增加，随合金含量的增加而减小。

层时工艺气体中添加甲烷气体。化合物层被称为白亮层，这是因为进行抛光、腐蚀的横截面在金相显微镜下观察呈现白色。白层的硬度基本上与合金含量无关，因为它的组成仅仅是铁和氮的化合物。

渗层组织取决于合金元素的类型和浓度，以及特定的渗氮处理的时间与温度。由于形成的化合物层和/或扩散层取决于氮的浓度，在工件表面产生新生氮的机制明显能影响渗层的组织结构。

在传统的气体渗氮工艺中，把氨（NH_3）传递到工件表面产生新生的氮，工件表面至少要加热到480℃（900℉）。在这些条件下，通过金属表面催化，氨分解释放出新生的氮渗入工件内，而氢气进炉子的气氛当中。渗氮的氮势决定了氮进入工件表面的速率，它是通过 NH_3 在工件表面富集及其分解率决定的。

相反，离子渗氮可以使用氮气（N_2）代替氨气，因为在辉光放电的影响下气体分解形成新生氮。因此，可以调节工艺气体中的 N_2 含量来精确地控制渗氮的氮势。这使得整个渗氮层成分的测定更精确。离子渗氮可选择没有 ε 相或没有 γ′相的一个单相层组织，或全面预防白亮层形成（见图 7-100）。

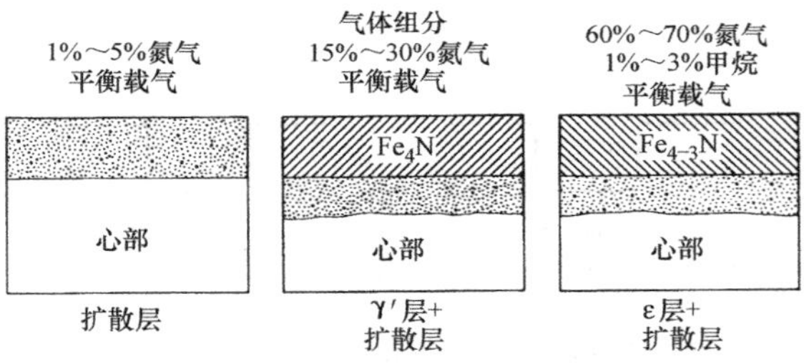

图 7-100 典型的气体组合物和离子渗氮钢由此产生的冶金组织结构

渗氮层中的扩散层，可以描述成是原始的心部组织加上一些固溶体和析出强化物。在铁基材料中，在晶格间隙位置或者间隙位置存在氮，直到达到氮在铁中的溶解度极限（氮的摩尔分数约为 0.4%）。固溶强化区比心部稍硬。扩散区的深度取决于氮浓度梯度、渗氮处理时间和工件的化学性质。

随着氮浓度向表面方向增加，当氮的溶解度超出极限时，析出非常精细的共格沉淀。析出物既存在于晶粒内部，也存在于晶粒内部的晶格结构中。这些析出物包括铁或其他金属的氮化物，能够扭曲晶格和钉扎晶体位错，从而大幅度提高材料的硬度。

在大多数铁基合金中，渗氮形成的扩散层采用标准的腐蚀方法后在金相显微镜中看不到，因为扩散层中的共格沉淀物一般不足以确定。例如，在图

7-101中，扩散层中的马氏体不能直观地与心部的马氏体区别开来。然而，在某些材料中，沉淀氮化物如此之多，以至于它可以很容易地在腐蚀横截面看到（见图7-102）。对于不锈钢和标准渗氮工艺来说，铬的析出区域由于与不锈钢基材相比耐蚀性差，可以在腐蚀的金相试样上看到（见图7-103）。

7.4.7 工件因素

通常，材料的渗氮反应取决于强氮化物形成元素。普通碳素钢可以渗氮，但是，扩散层的硬度与心部硬度相比不高。强氮化物形成元素是铝、铬、钼、钒、钨。

渗氮处理的主要钢种是渗氮合金钢系列，是含有约1%（质量分数，下同）的Al和1.0%~1.5%铬的合金，形成良好的扩散层的其他合金钢是含铬合金，如SAE 4100、4300、5100、6100、8600、8700、9300和9800系列。其他优良的渗氮材料包括大多数工具钢、模具钢、不锈钢、沉淀硬化合金、镍基合金和钛。

粉末冶金零件（PM）也可以进行离子渗氮，但是，预清洗比锻造合金更为关键。焙烧操作应该在粉末冶金零件（PM）离子渗氮之前进行，让零件分解或释放和/或蒸发一些清洗溶剂。

（1）预处理组织的影响　与其他扩散方法一样，预处理组织也会影响材料渗氮。在采用合金钢的情况下，淬火和回火（调质）显微组织被认为是产生最佳的渗氮效果的预处理组织。淬火后的回火温度应高于预期渗氮温度15~25℃（30~50℉），在渗氮工艺中使心部回火变化程度最小化。

如果希望非马氏体基体材料进行渗氮处理，那么，重要的是预备热处理后应该快速冷却，使得奥氏体在相对低的温度下转变，并且在固溶体中保留含量较高的氮化物形成元素，在后续处理中沉淀析出。

（2）典型的离子渗氮合金硬度分布（见图7-104）　一个离子渗氮层的硬度增加趋势与相同氮浓度分布的任何一个渗氮工艺几乎是一样的。如前所述，扩散层的硬度取决于沉淀硬化，而白亮层的硬度取决于形成的化合物的类型和厚度。因为白亮层仅仅是铁和氮的化合物，这些层的硬度基本上与合金含量无关。

（3）白亮层的性能　通常，渗氮层深度和白亮层的组成应根据渗氮件的预期使用条件来选择。ε渗氮层最好用于相对来说无振动负载的零件上，以提高耐磨性和抗疲劳性能，或者用在无局部应力的地方，提高耐磨性和抗疲劳性能。γ′渗氮层稍微软些，而且不耐磨，但是在苛刻的负载情况下韧性较

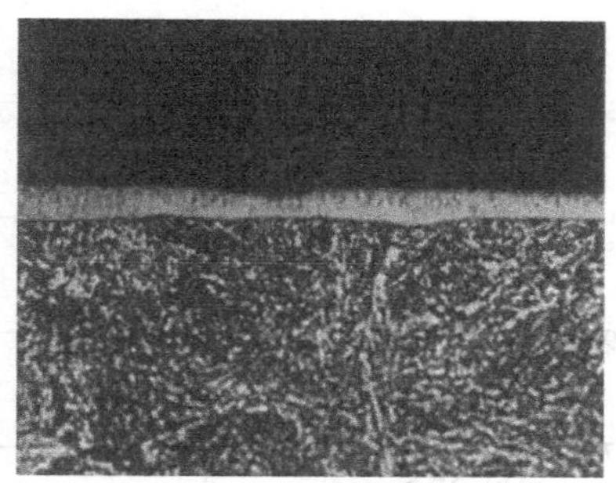

图7-101　淬火和回火4140钢离子渗氮表面化合物层

注：化合物层由扩散层支承，在这个显微照片中扩散层不可观察。硝酸酒精溶液腐蚀。原始放大倍数：500×。

图7-102　离子渗氮416不锈钢在未腐蚀的（白色）的部分可见扩散区

注：硝酸酒精溶液腐蚀。原始放大倍数：500×。

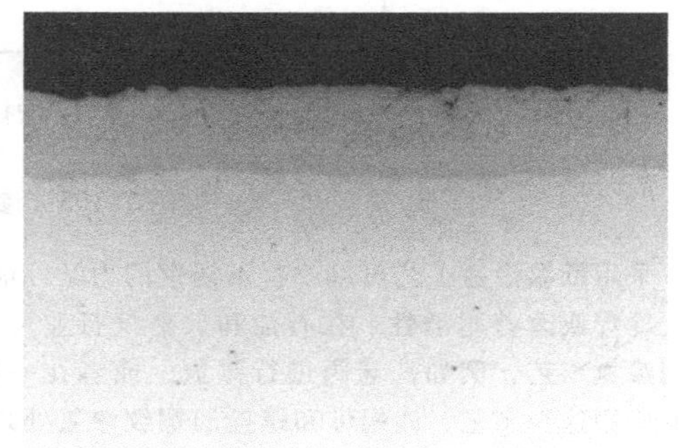

图7-103　奥氏体不锈钢AISI 304渗氮［570℃（1060℉），58h］

注：硝酸酒精溶液腐蚀。原始放大倍数：500×。

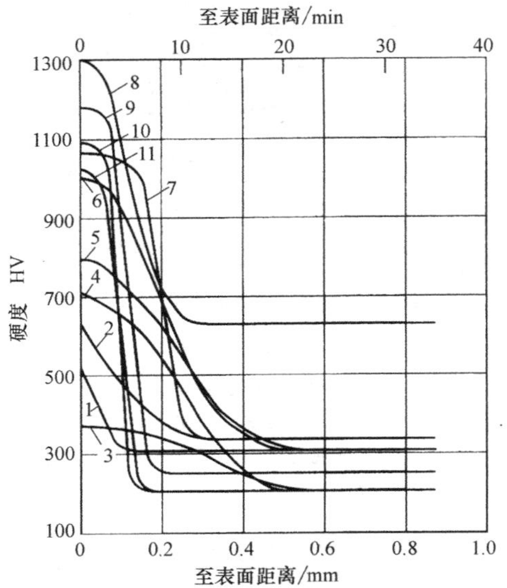

图 7-104 各种材料离子渗氮硬度分布

1—灰铸铁 2—球墨铸铁 3—AISI 1040
4—渗碳钢 5—低合金钢 6—渗氮钢
7—5%铬热作模具钢 8—冷作模具钢
9—铁素体不锈钢 10—AISI 420 不锈钢
11—18-8 不锈钢

好，更适用。白亮层还增加了工件的润滑性。除了力学性能，白亮色层的性能相对不活泼，呈惰性，这个性能保证了在各种环境中其耐蚀性增加。

（4）疲劳强度 除了硬度以外，渗氮工艺能显著改善耐磨性（见图 7-105）。扩散层中形成的析出物会导致晶格膨胀，心部材料则试图保持其原始尺寸，使得渗氮层受到压缩。渗层上受到的这种压应力基本上降低了施加在材料上的拉伸应力，从而有效地提高了零件的疲劳极限。

7.4.8 离子渗氮的应用

各种合金钢和铸铁制造的耐磨部件，包括齿轮、曲轴、缸套、活塞采用等离子体渗氮处理，是优秀的应选方案。通常，渗层深度和白亮层的组成应根据渗氮件的预期使用条件来选择。

用在燃料喷射系统中的组件受燃料的腐蚀磨损和快速循环的燃料压力的疲劳载荷作用。离子渗氮后大大提高了抵抗这两种作用的能力。

白亮层与硬度和疲劳强度相结合增加了润滑性，在工模具行业上，离子渗氮的应用已显著增长。热作模具通常由于热疲劳和黏着而失效，尤其是淬火和回火后的热作模具进行离子渗氮获得了效果。此外，铸铁冲压模渗氮将取代危害环境的硬铬电镀工艺。

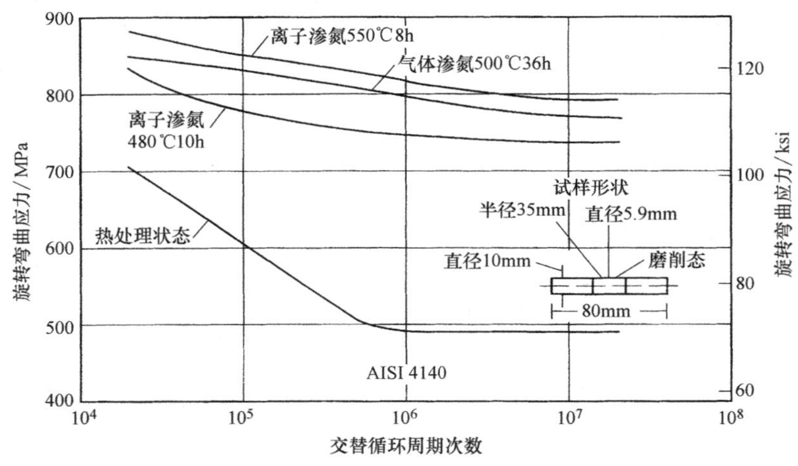

图 7-105 渗氮对疲劳强度的影响

采用低温渗氮工艺可以改善不锈钢的力学性能，如抗冷焊或改善耐磨性。在石油和天然气行业可以应用渗氮工艺，例如，球阀进行渗氮，或者在一般工业应用这个工艺，如螺母和螺栓的螺纹渗氮处理，以防止其产生冷焊效应。

由于离子渗氮本质上是离子能够直接从发射点到接受点的“瞄准线”（line-of-sight）过程，有可能使用简单的物理屏蔽来阻止氮离子流。例如，可以在一根轴的一端上面简单地放置一块稍大一点的金属薄板，把它掩盖住，阻止渗氮。因此，为进一步机械加工或者便于焊接，需要保持软态的区域可以很容易地维持在非渗氮状态。

（1）不锈钢的溅射和离子渗氮 就不锈钢来说，特别是奥氏体或 300 系列不锈钢材料，离子渗氮是具有很强的竞争优势的工艺。这些材料的表面上存在氧化铬钝化层，能阻碍渗氮，必须在渗氮之前除去。对于不锈钢的气体渗氮，必须进行几个工序，如液体喷砂、酸洗和化学还原，以除去氧化物。然而，采用离子渗氮时，在容器中预先充入合适的工艺气体，通过工艺气体中的氢气和氩气对零件表面进行溅射去除钝化层。但是，溅射处理对医疗零件的表面质量是有害的。

当零件需要有良好的耐蚀性时，铬的氮化物沉淀和耐腐蚀的损失可以通过选择合适的工艺参数来避免，尤其是温度较低和处理时间较长的工艺情况。

(2) 为了控制尺寸代替碳氮共渗　在某些情况下，使用离子渗氮代替碳氮共渗。在热处理之后，对于控制尺寸、减少或者取消机械加工的工业需求不断增加，这是强化离子渗氮的推动力。

在三个方面会引起碳氮共渗零件的畸变：

1）加热到奥氏体区间残余应力释放。

2）油淬引起高的热应力和局部塑性变形。

3）马氏体形成时渗层的膨胀会产生某些部位畸变。

离子渗氮温度可以比碳氮共渗温度低得多，从而最大限度地降低残余应力。因为负载是由气体冷却的，它们不会经历温度梯度或马氏体形成的变形。

(3) 复合工艺　当与物理气相沉积（PVD）涂层，如 TiN、TiAlN 或 CrN 结合使用的时候，已经发现渗氮有助于基体材料为涂层提供更好的附着能力，通过复合工艺，显著地提高 PVD 涂层的附着力，以及显著地提高 PVD 涂层的摩擦学性能。

渗氮和涂层可以在一个装备中进行，但也经常在不同的装备中分两个步骤进行。很好地控制离子渗氮工艺以防止形成化合物层是非常重要的，化合物层将对 PVD 涂层附着力产生负面影响。

7.4.9 离子氮碳共渗

离子氮碳共渗在本质上是等离子渗氮方法的一个变种。氢、氮和诸如甲烷或二氧化碳的含碳气体的混合物，用于氮碳共渗工艺，处理温度为 570℃（1060℉），产生一个大于 5mm 的化合物层，表面硬度不小于 350HV。微处理器控制单元确保热处理步骤一按正确的顺序进行。氮碳共渗后，工件在真空控制条件下冷却。

根据金相学，对于钢氮碳共渗的摩擦学性能，首选组织是单相 ε 结构。不同于天然气和盐浴氮碳共渗，等离子氮碳共渗对实现规则的单相 ε-碳氮化合物层的质量控制和化合物层结构特征的控制存在问题。因此，在低碳的气氛中，离子氮碳共渗化合物层通常由 ε 相和 γ′相组成。

气体氮碳共渗平衡条件下，增加气氛中的碳含量应产生单相 ε 结构。然而，非平衡态热力学条件下，辉光放电等离子体占有优势，二氧化碳含量的增加并不会自动产生一个 100% 的 ε 结构，而且，碳含量超过某一限值后会出现渗碳体。以甲烷为碳源进行等离子体气体实验室研究表明，一些稳定的 ε 相是可能的，但超过一定限度（取决于基体材料），出现渗碳体和形成烟尘是很难避免的。使用添加可控的含氧气体减少碳的活性，在稳定 ε 相和增加化合物层的动力学生长上已经有望成功。

采用 90% 氮/氢气氛添加可控的二氧化碳（体积分数达到 2.5%）已在 570℃（1060℉）进行了 2h 工艺实验。结果发现：

1）对于纯铁，增加二氧化碳会使 ε 相稳定，而且，在二氧化碳含量为 1% 时，基本上形成单相 ε 结构（见图 7-106a、b）。进一步增加二氧化碳浓度，体积分数达到 2% 会导致表面形成氧化物。

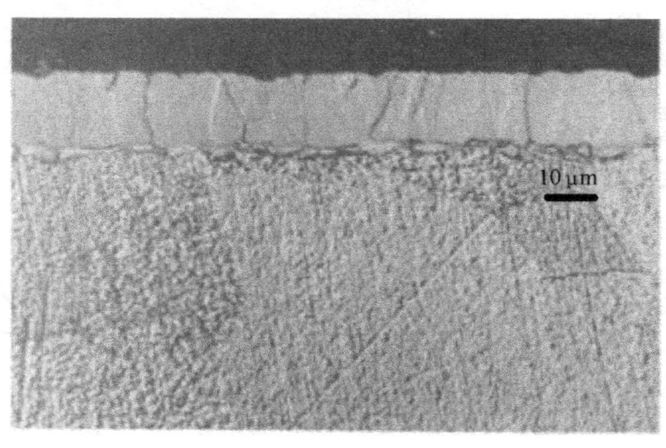

a)

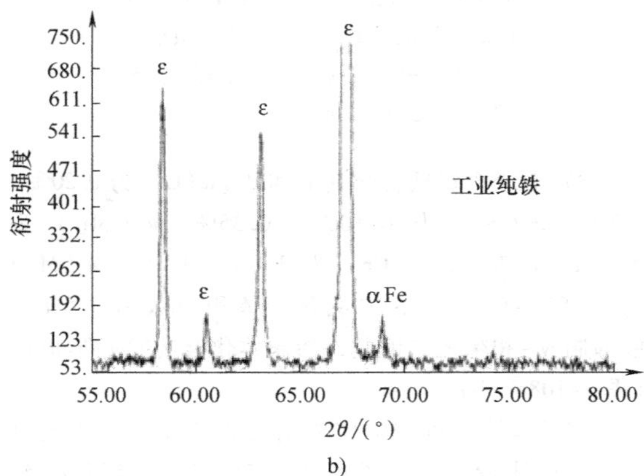

b)

图 7-106　工业纯铁离子氮碳共渗后的微结构和样品化合物层的 X-射线衍射图

a）工业纯铁在 570℃（1060℉）离子氮碳共渗 3h 的微结构，气体压力为 3.5mbar［混合气体体积分数：90% 的 N_2、1% 的 CO_2、9% 的 H_2。盐酸（HCl）和乙醇（1 份浓盐酸+ 10 份乙醇）混合物 1mL 加 99mL5% 硝酸酒精溶液腐蚀］　b）样品化合物层的 X-射线衍射图

2）对于普通碳钢，增加二氧化碳含量也会使 ε 相稳定，但是，总是存在 ε-相和 γ'-相混合组织（见图 7-107a、b）。

a)

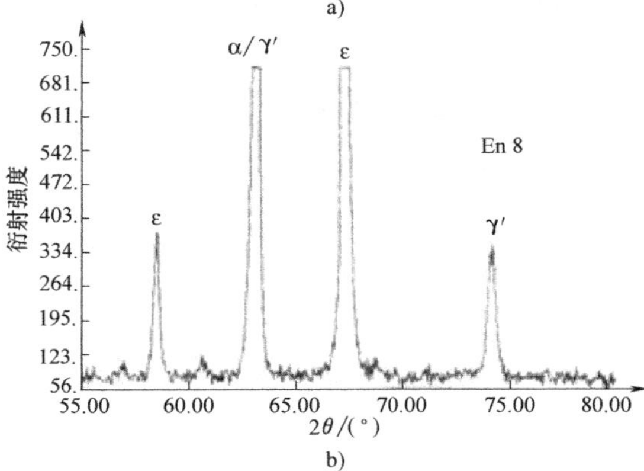

b)

图 7-107 EN8 钢试样离子氮碳共渗显微组织和相应的 X-射线衍射图

a）EN8 钢试样离子氮碳共渗显微组织

b）相应的 X-射线衍射图

注：详细工艺参见图 7-106。

3）对于含铬低合金钢 En40B［w(C) 为 0.20%～0.28%，w(Si) 为 0.10%～0.35%，w(Mn) 为 0.45%～0.70%，w(Cr) 为 3.0%～3.5%，w(Mo) 为 0.45%～0.65%)，二氧化碳体积分数为 0.5%时能抑制 γ'-相生成，但是，渗碳体化合物总是形成的（图 7-108a、b）。

实验室这些可控的实验清楚地表明，对于气氛状态的微小变化，离子氮碳共渗工艺也难以接受。因此，当前工业离子氮碳共渗实践，尽管满足了工程力学性能规范的要求，但可以预期在微观结构特征上的变化。

虽然如此，离子氮碳共渗仍然有许多应用。一种是烧结粉末冶金零件氮碳共渗。传统上，粉末冶金零件已经采用盐浴氮碳共渗技术。这种技术通常会导致在金属结构的孔隙内吸附盐。通常，这些盐

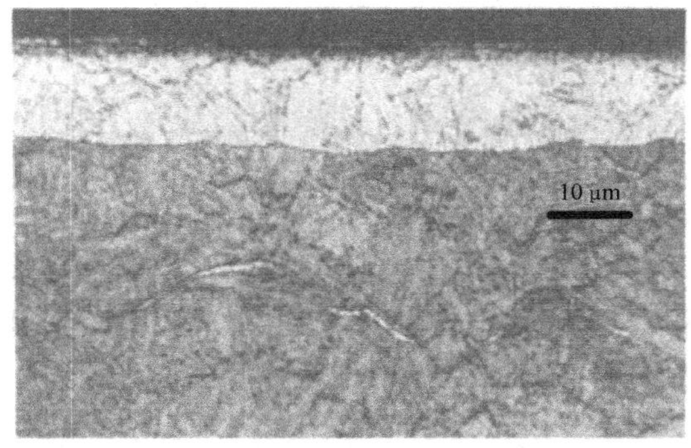

a)

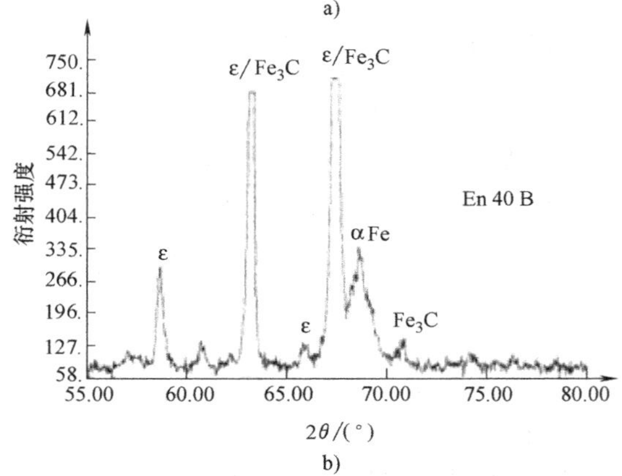

b)

图 7-108 EN40B 钢试样离子氮碳共渗显微组织和相应的 X-射线衍射图

a）EN40B 钢试样离子氮碳共渗显微组织

b）相应的 X-射线衍射图

注：详细工艺参见图 7-106。

有剧毒，因此存在处理有问题，并且必须采用安全的工作程序。在粉末冶金零件进入等离子体单元的真空室之前，必须去除粉末冶金加工过程中添加的润滑剂。参考文献［21］中描述了去除润滑剂的一种方法。使用这种方法，现在对粉末冶金零件进行离子氮碳共渗是可能的。

现代的离子渗氮和氮碳共渗系统也很灵活。在一个典型的离子氮碳共渗设备中，可以存储许多不同应用的程序，而且设备可以集成一个制造生产线。在图 7-109 所示的设备中，一次有 3000 件汽车座椅导轨自动进行氮碳共渗，超过 5 年没有任何重大的技术或冶金问题。

7.4.10 致谢

作者引用了下列出版物中的材料，在此致谢：

1）T. Bell，钢的气体和离子氮碳共渗，热处理，第 4 卷，ASM 手册，ASM 国际学会，1991，425-436。

2）D. Pye，渗氮和铁素体氮碳共渗实践，ASM

图 7-109　一次热处理 3000 件汽车座椅导轨的离子渗氮装置（由克洛克纳尔朗能（Klöckner Ionon）股份有限公司提供）

国际学会。

3）A. K. Rrakhit，齿轮的热处理：工程师实践指南，ASM 国际学会，2000，159-169。

参 考 文 献

1. T. Bell, Gaseous and Plasma Nitrocarburizing of Steels, *Heat Treating*, Vol 4, *ASM Handbook*, ASM International, 1991, p425-436
2. J. Georges, U. S. Patent, 5, 989, 363, No. 23, 1999
3. T. Bell and C. X. Li, Active Screen Plasma Nitriding of Materials, *Int. Heat Treat. Surf. Eng.*, Vol 1 (No. 1), 2007
4. C. X. Li, Active Screen Plasma Nitriding—An Overview, *Surf. Eng.*, Vol 26 (No. 1-2), Feb 2010, p135-141
5. F. Hombeck, Forward View of Ion Nitriding Applications, *Ion Nitriding*, T. Spalvins, Ed., ASM International, 1987, p169-178
6. B. Berghaus, German Patents, DPR 668, 639, 1932; DPR 851, 560, 1939
7. C. K. Jones, D. J. Sturges, and S. W. Martin, Glow Discharge Nitriding in Production, *Met. Prog.*, Dec 1973, reprinted in *Source Book on Nitriding*, P. M. Unterweiser and A. G. Gray, Ed., American Society for Metals, 1977, p186-187
8. F. Hombeck, The Environmentally Harmless Plasma Thermochemical Process, *Proceedings of Surface Engineering and Heat Treatment*, *Past*, *Present and Future*, Institute of Metals, London, Dec 1990
9. B. Edenhofer, Production Ionitriding, *Met. Prog.*, Vol 109, March 1976, p38
10. K. Jones and S. W. Martin, *Met. Prog.*, Vol 85, Feb 1964, p95
11. P. Collignon, J. Georges, and C. Kunz, "Active Screen Plasma Nitriding—An Efficient New Plasma Nitriding Technology," Industrial Heating, BNP Media, http://www.industrialheating.com/articles/90179-active-screen-plasma-nitriding-an-efficient-new-plasma-nitriding-technology (accessed June 3, 2013)
12. J. Georges, TC Plasma Nitriding, *Proceedings of the 12th International Federation of Heat Treatment and Surface Engineering Congress*, Vol 3 (Melbourne, Australia), 2000, p229-235
13. J. Georges and D. Cleugh, Active Screen Plasma Nitriding, *Stainless Steel 2000—Thermochemical Surface Engineering of Stainless Steel*, T. Bell and K. Akamatsu, Ed., The Institute of Materials, U. K., 2001, p377-387
14. M. Axinte, C. Nejneru, A. Stroe, and M. Agop, Experimental Investigations on the Plasma Nitriding Process Control Using Ionic Triode *Metal. Int.*, Vol 18 (No. 1), Jan 2013, p26
15. C. X. Li and T. Bell, Principles, Mechanisms and Applications of Active Screen Plasma Nitriding, *Heat Treat. Met.*, Vol 1, 2003, p1-7
16. B. Edenhofer, Physical and Metallurgical Aspects of Ion Nitriding, *Heat Treat. Met.*, Vol 1, 1974, p23-28, 59-67
17. D. Pye, *Practical Nitriding and Ferritic Nitrocarburizing*, ASM International, 2003
18. A. K. Rakhit, *Heat Treatment of Gears*: *A Practical Guide for Engineers*, ASM International, 2000, p159-169
19. A. Nishimoto et al., Effect of Gas Pressure on Active Screen Plasma Nitriding Response, *J. ASTM Int.*, Vol 8 (No. 3), 2011
20. R. Gruen, Pulse Plasma Treatment: The Innovation for Ion Nitriding, *Ion Nitriding Proceedings*, ASM International, 1987, p143-147
21. W. Rembges, Ion Nitriding Applications Grow for Automotive Components, *Heat Treat.*, March 1990
22. K.-T. Rie and T. H. Lampe, *Proc. Heat Treatment' 84*, The Metals Society, London, 1984, p 33.1-33.6
23. J. Hadfield, "An Investigation of the Layers Produced by Plasma Nitrocarburising," M. Sc. thesis, University of Birmingham, 1986
24. E. Haruman, "Plasma Nitrocarburizing," Ph. D. thesis, University of Birmingham, 1991

引 用 文 献

J. Reece Roth, *Industrial Plasma Engineering*, Department of Electrical and Computer Engineering, University of Tennessee, Knoxville, Published by Institute of Physics Publishing, 2001

第8章

扩散覆层

8.1 固体装箱渗金属工艺

包埋渗工艺是广泛使用的扩散覆层方法。通常，包埋要么在一种惰性气氛中，与粉末覆层材料接触的零部件被加热（固态扩散），要么在涂层材料的挥发性化合物的气氛中加热零件［非接触式气相扩散或化学气相沉积（CVD）］。这种装箱渗金属工艺是一种改良的化学气相沉积（CVD）周期处理工艺，包括把一个密闭/不密封的箱体加热到高温［如1050℃（1920℉）］，保温一定时间（如16h），在加热期间，产生扩散覆层。

大部分广泛使用的扩散覆层方法（表8-1）是基于铝（渗铝）、铬（渗铬）和硅（渗硅）。基材包括镍基高温合金、钴基高温合金、铁（包括碳、合金和不锈钢）、难熔金属和合金。铬/铝和铬/硅处理的耐高温腐蚀的多组分包埋渗工艺已经开发出来。

表8-1 包埋渗工艺的典型特征

工艺	渗层性质	工艺温度		渗层典型深度	渗层硬度HRC	典型基材	工艺特性
		℃	℉				
渗铝（包埋）	铝扩散	870~980	1600~1800	25μm~1mm（1~40mil①）	<20	低碳钢，镍基高温合金和钴基高温合金	高温抗氧化扩散覆层
化学气相沉积渗硅	硅扩散	925~1040	1700~1900	25μm~1mm（1~40mil）	30~50	低碳钢	对于耐蚀和抗磨损，气氛控制是至关重要的
化学气相沉积渗铬	铬扩散	980~1090	1800~2000	25~50μm（1~2mil）	低碳钢，<30 高碳钢，50~60	高碳-和低碳钢，镍基高温合金和钴基高温合金	渗铬低碳钢代替廉价不锈钢；高碳钢生成坚硬的耐蚀层
碳化钛	碳和钛扩散，TiC化合物	900~1010	1650~1850	2.5~12.5μm（0.1~0.5mil）	>70②	合金钢，工具钢	产生一薄层高抗磨损的碳化物（TiC）层；温度可能引起畸变
渗硼	硼扩散，硼化合物	400~1150	750~2100	12.5~50μm（0.5~2mil）	40~70	合金钢，工具钢	产生坚硬的化合物层，大部分在淬火硬化后的工具钢中使用，高的工艺温度可能引起畸变

① 1mil=0.025mm。

② 要求从奥氏体化温度淬火。

通常，简单二元合金，如铁-铬合金和镍-铝合金，不是有效的有抗氧化作用的一种双组分合金。已经使用铬/铝涂层的大量合金（低碳钢和合金钢；如410、304型不锈钢；316不锈钢；镍基耐高温合金）和铬/硅涂层的大量合金（低碳低合金钢；304型和409型不锈钢；Incoloy800）。每一种合金要求一个特定的包埋化学组分获得最佳的耐氧化的覆层组合物成分。

这里简单地回顾了包埋渗铝、渗铬和渗硅工艺。在本书8.2节和8.3节中也描述了包埋渗工艺。传统的包埋渗工艺由四个部分组成：基材或者需要覆层的零件、涂层合金［母（中间）合金］（如元素粉末或者在零件表面沉积的元素）、卤化物盐活化剂和相对具有惰性的填充粉。母材、填充粉和卤化物盐活化剂是充分混合在一起的，并且需要涂层处理的零件在一个容器中被包埋在这个混合物中间。当混合物加热时，活化剂反应产生一种卤族元素气源，在炉罐子中扩散，并且传递到基材上，在基材上形成覆层。

8.1.1 渗铝

包埋渗铝工艺是一种适用于多种合金商业的加工工艺，基材包括镍基高温合金、钴基高温合金、钢和不锈钢。简单的铝化合物覆层通过形成的铝保护层抗高温氧化，并且能在大约1150℃（1200℉）的温度下使用，但是在加热期间，通过氧化物的剥落，会降低覆层的性能。对于超过1000℃（1830℉）的长时间周期，涂层的扩散将导致性能进一步的降低，所以，保证实际覆层寿命的操作温度是870~980℃（1600~1800℉）。

包埋成分、工艺温度和工艺时间取决于渗铝基材的类型。基材的一般分类如下：

类别Ⅰ：碳和低合金钢；铜。

类别Ⅱ：铁素体和马氏体不锈钢，少于20%Ni的奥氏体不锈钢。

类别Ⅲ：镍质量分数为21%~40%的奥氏体不锈钢，铁基高温合金。

类别Ⅳ：镍基高温合金和钴基高温合金。

按照一般规则，随着镍、铬和钴含量的增加，整体铝的扩散是变慢的。因此，对于类别Ⅰ~Ⅳ的基材，要求较高的温度、较长的工艺时间，以生成较厚的铝扩散层厚度。

正如本节参考文献［1］所描述，包埋渗铝覆层工艺是在有下列混合物的密闭箱体中完成的：

1）纯铝粉末或者合金铝粉末。

2）填充剂是一种陶瓷粉末，防止在高温阶段化合物烧结，通常使用氧化铝。

3）活性剂是一种挥发性的卤化物，通常是铵或钠的卤化物，作为铝的化学传输介质。

预先清洗的零件用铝覆盖，和包埋混合物一起放在一个炉罐或者反应容器中。用卤化铵（NH_4X，这里的X是指氟、氯、溴或碘）作为活性剂。当铝在铁基合金表面沉积时，发生一系列高温反应。

包埋渗铝法用来改善在高温腐蚀环境中铁的性能。在这个工艺中形成的复杂的铝金属间化合物涂层具有优异的耐氧化、抗渗碳和抗硫化性能。表8-2列出了部分商业用的包埋渗铝工艺。典型的应用包括用在硫酸装置中的碳钢换热器管、低合金钢管和石油精炼炉用配件、燃气脱硫系统中的304型不锈钢容器和乙烯裂解装置中的HK或者HP铸管。

表8-2 部分商业用的包埋渗铝工艺

工业应用	配件名称	典型渗铝材料
烃加工	精炼加热器管	2%Cr-1%Mo钢
	乙烯裂解炉管	Incoloy802
	加氢脱硫炉管	2%Cr-1%Mo钢
	焦化装置加热炉炉管	9%Cr-1%Mo钢
	催化剂反应器的屏风	347不锈钢
	催化剂反应器炉排	碳钢
硫酸	燃气换热器管	碳钢
工业炉部件	铝加工炉配件	碳钢
	热处理炉罐	碳钢
	结构构件	高镍合金钢
	热电偶套管	碳钢和不锈钢
蒸汽动力和热电联产	水冷壁管	2%Cr-1%Mo钢
	流化床燃烧管	2%Cr-1%Mo钢
	余热锅炉炉管	碳钢
	省煤器和空气预热器管	2%Cr-1%Mo钢
	过热器管	2%Cr-1%Mo钢
烟气洗涤器	NO_x/SO_x(氮氧化物)/脱硫装置	304不锈钢
化学处理	反应堆容器和管道	304/316不锈钢
水泥	冷却器的炉排	不锈钢、HP、HK

8.1.2 渗硅

渗硅就是硅扩散到铁中，类似于渗铝，方法有包埋渗硅法和炉罐渗硅法。炉罐渗硅法就是被加热的零件表面和气氛接触并发生反应，产生初生硅扩散到基材中形成覆层。NH_4Cl活性剂的纯铝包埋渗硅法中，形成四氯化硅（$SiCl_4$）和三氯氢硅（$SiHCl_3$）气体，通过氢气和它们反应，形成硅元素在零件表面的沉积。另一个过程涉及在炉罐中使用碳化硅（SiC）处理的透平零件。当温度达到1010℃（1850℉）时，通入四氯化硅气体，和零件以及碳化硅（SiC）颗粒反应，当硅扩散到零件基体时，在零件表面产生硅浓度梯度。通常在低碳钢中进行这些工艺，这些钢的渗层深度达到1mm（0.040in），硅质量分数为13%。这些渗硅钢的表面渗层硬度大约为50HRC，因此可以用在耐磨件上。在零件表面存在的硅在氧化环境中是一个稳定的二氧化硅相（SiO_2），并且有极佳的耐蚀能力。

8.1.3 渗铬

渗铬和渗铝、渗硅的方式相同，生成渗铬覆层，许多包埋渗铝相同的原理也可用在包埋渗铬上。零件埋在铬粉中，用惰性填充料，如氧化铝。添加卤素盐活性剂，在工艺温度下改变蒸发相，作为载气把各元素带到零件表面。以氯化铵为铬-铝活化剂，通过包埋工艺，在镍基高温合金上可以形成扩散覆层。在外表面这些覆层通常含有质量分数为20%~25%的Cr，并且，镍和铬的扩散速率近似相等。铝和钛在合金表面大量消耗，从而，在残留的镍基高温合金中产生一个覆层，即铬的固溶体。沉积覆层通常覆盖一层薄的α-铬层，必须使用化学的方法把它清除。

参考文献

1. D. M. Mattox, Diffusion Coatings, *Surface Engineering*, Vol 5, *ASM Handbook*, ASM International, 1994, p611-620

8.2 金属渗硼

Craig Zimmerman, Bluewater, Thermal Solutions

渗硼又称为硼化，是一种以热化学扩散为基础的表面硬化处理方法，可以在大量的铁基、非铁基和陶瓷材料上应用。在有些场合零件磨损太快，作为延长耐磨金属零件寿命的一种方法，渗硼是金属零件典型的工艺。和许多常规热处理和电镀相比较，渗硼已经有能力增加耐磨金属部件服役的寿命，耐磨寿命提高2~10倍。这个工艺通常将零件加热到700~1000℃（1300~1830℉），加热1~12h，零件和硼质固体粉末、膏剂、液体或者气体介质接触。这让硼扩散到金属表面，形成坚硬、耐磨的金属硼化物层。包埋渗硼在工业中是最常用的技术，然而，其他渗硼技术也已开发，如气体渗硼、等离子渗硼、化学盐浴渗硼、电解盐浴渗硼和流态床渗硼。多元渗硼的应用探索工作也已经完成。

本节提出了各种渗硼的方法、使用的介质、其优点和局限性和各种应用。物理气相沉积（PVD）、化学气相沉积（CVD）、等离子喷涂、离子注入法，能够代替非化学热表面涂层工艺，在合适的金属或非金属基材上，沉积硼或者硼和其他金属元素共同沉积。本文简单地描述了CVD工艺，该工艺已经表现出在金属硼化物的沉积过程中起主导作用。

8.2.1 渗硼层的特征

在渗硼期间，硼原子被金属基材的晶格间隙吸收。随着时间的推移，硼原子扩散到金属表面以下更深的深度，与基体材料反应形成金属硼化物。这些化合物最终在工件的原始表面以下形成一个连续的固体金属硼化物复合层，延伸的深度取决于发生的硼扩散的数量。由此产生的硼化物层可以为一个单相或多相硼化物层。形态（图8-1）、增长率、渗层相组成受基材的合金元素的影响。硼化物渗层的显微硬度很大程度上也取决于渗层的成分和结构以及基体材料的成分（表8-3）。

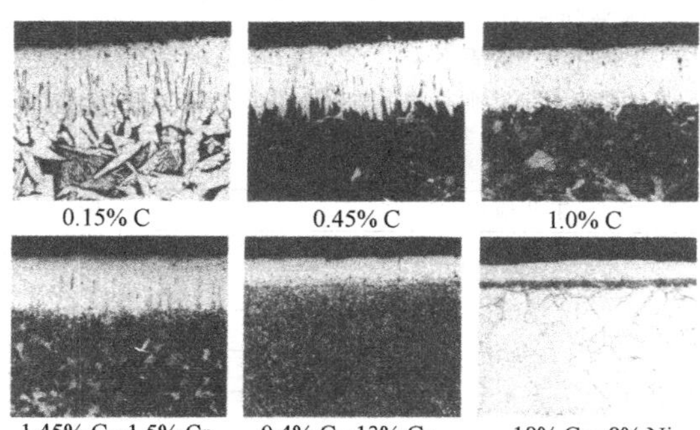

图8-1 钢的成分对渗硼层的形态和厚度的影响

1. 渗硼处理的优点

渗硼层具有许多特殊的特性，超过了普通硬化层，如渗碳、碳氮共渗、渗氮和氮碳共渗工艺。渗硼的主要优点是渗硼层具有极其高的硬度（700~3370HV）、高熔点的组成相见表8-3。渗硼后钢表面的硬度值和其他处理方法、其他硬的材料比较情况列在表8-4，如图8-2所示。表8-4清楚地表明了碳钢渗硼层的硬度比其他任何一种常规表面（硬化）处理产生的硬度值高得多；它的硬度也超出了淬硬工具钢、硬铬电镀层的硬度，与碳化钨和许多PVD涂层的硬度值相当。

表8-3 各种底材不同渗硼的相维氏硬度和熔点

底材	渗硼层中的组成相	渗层显微硬度HV或kgf/mm^2	熔点	
			℃	℉
Fe	FeB	1900~2100	1390	2535
	Fe_2B	1800~2000	—	—

（续）

底材	渗硼层中的组成相	渗层显微硬度 HV 或 kgf/mm^2	熔点	
			℃	℉
Co	CoB	1850	—	—
	Co_2B	1500~1600	—	—
	Co_3B	700~800	—	—
Co-27.5 Cr	CoB	2200(100g)①	—	—
	Co_2B	≈1550(100g)①	—	—
	Co_3B(?)	700~800	—	—
Ni	Ni_4B_3	1600	—	—
	Ni_2B	1500	—	—
	Ni_3B	900	—	—
Inco 100	—	1700(200g)②	—	—
Mo	Mo_2B	1660	2000	3630
	MoB_2	2330	≈2100	~3810
	Mo_2B_5	2400~2700	2100	3810
W	W_2B_5	2600	2300	4170
Ti	TiB	2500	≈1900	3450
	TiB_2	3370	2980	5395
Ti-6Al-4V	TiB	—	—	—
	TiB_2	3000(100g)①	—	—
Nb	NbB_2	2200	3050	5520
	NbB_4	—	—	—
Ta	Ta_2B	—	3200~3500	5790~6330
	TaB_2	2500	3200	5790
Hf	HfB_2	2900	3250	5880
Zr	ZrB_2	2250	3040	5500
Re	ReB	2700~2900	2100	3810

① 100g 载荷。

② 200g 载荷。

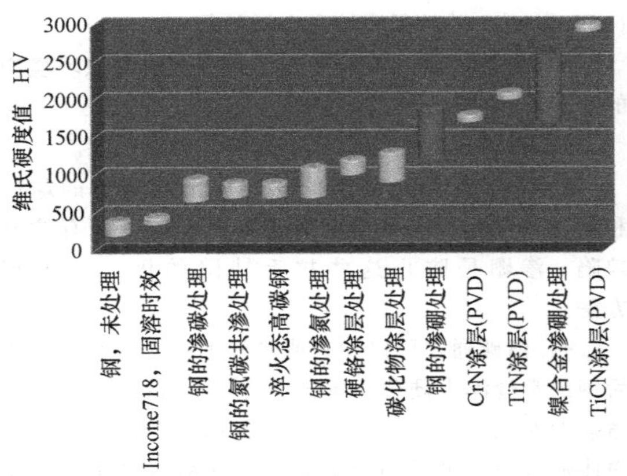

图 8-2　各种热处理和覆层的表面硬度对比

注：PVD 为物理气相沉积。

渗硼层具有低的表面摩擦因数、高的表面硬度，这两者相结合在对抗黏着、摩擦氧化、磨损、表面疲劳等磨损方面也做出了重大贡献。这使模具制造商和零件设计工程师用简易的加工、低成本的廉价金属钢材来替代，仍然能够获得耐磨性、抗咬合性

表 8-4　渗硼钢的渗层与其他处理方式和硬质材料的表面硬度比较

材料	维氏硬度 kgf/mm^2 或 HV
低碳钢渗硼	1600
AISI H13 模具钢渗硼	1800
AISI A2 钢渗硼	1900
淬火态的钢	900
H13 模具钢淬火回火	540~600
A2 模具钢淬火回火	630~700
BM42 高速工具钢	900~910
钢的渗氮	650~1700
低合金钢渗碳	650~950
硬铬涂层	1000~1200
硬质合金，WC+Co	1160~1820(30kg)
$Al_2O_3+ZrO_2$ 陶瓷	1483(30kg)
$Al_2O_3+TiC+ZrO_2$ 陶瓷	1738(30kg)
Sialon 陶瓷	1569(30kg)
TiN	2000
TiC	3500
SiC	4000
B_4C	5000
金刚石	>10000

能，优于用常规方法处理的原材料。图 8-3 显示了渗硼对 AISI1045 钢（C45）、钛、钽的磨料磨损的影响，基于法维叶试验，作为旋转次数（或者受力周期）的函数。图 8-4 显示了钢的成分对耐磨性的影响。图 8-5 显示未处理、渗碳和表面渗硼的 1018 钢销盘式磨损试验的磨损率的比较。

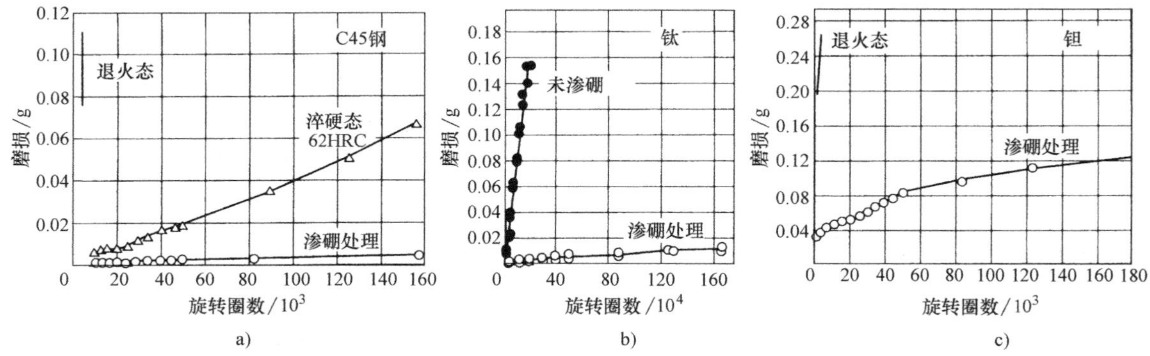

图 8-3 渗硼对耐磨性的影响（法维叶试验）

a）900℃（1650℉），0.45%C（C45）钢渗硼处理 3h b）1000℃（1830℉），钛渗硼处理 24h c）1000℃（1830℉），钽渗硼处理 8h

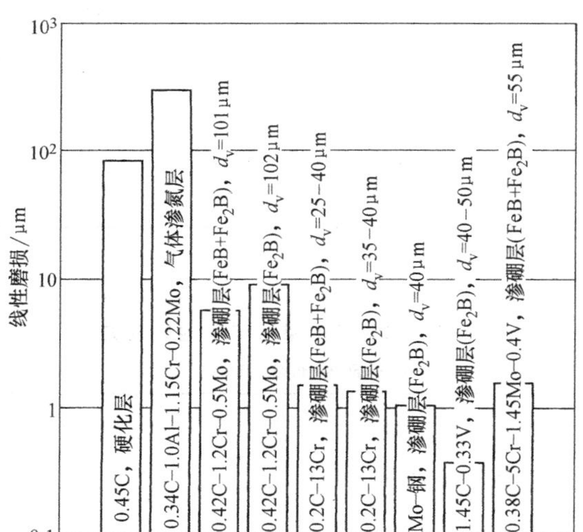

图 8-4 钢的成分（质量分数，标称值）对磨粒磨损耐磨性的影响（d_v = 渗硼层的厚度）

试验条件：DP-U 研磨仪，SiC 砂纸 220，试验时间 6min。

渗硼层除了有极其高的硬度和耐磨性外，渗硼层的其他优点还包括：

1）渗硼层可以明显提高非氧化性稀酸和碱性介质中铁基材料的耐磨蚀性（图 8-6），在许多工业应用中，越来越多地使用渗硼层这种优势。铁基材料的渗硼层大大改善了抵抗盐酸、氢氟酸、磷酸、硫酸的腐蚀能力。

2）和常规热处理形成的硬化相比，在较高的温度下渗硼层的硬度可以保持。渗硼层已经应用在温度达 650℃（1200℉）的地方，在此温度下使用渗氮、氮碳共渗、渗碳和碳氮共渗形成的渗层将会在很短时间里通过回火或者扩散形成软化，如图 8-7 所示。

3）各种钢材，包括整体淬火的钢材，它们都适合于这类工艺。

4）各种非铁基材料，如镍基高温合金、钴基合金、钛合金和其他材料，可成功渗硼。

5）渗硼表面有适度的抗氧化性能［达到 850℃（1550℉）］，并且很耐熔融金属的侵害。

6）渗硼表面能增加在氧化条件下和腐蚀环境中的疲劳寿命和服役性能。

7）渗硼层大大地改善了抗咬合磨损性能。

8）在高接触压力下的球阀中形成密封的球体和其配合阀座，如果没有渗硼处理，就可能有拉毛缺陷。渗硼是防止这些拉毛缺陷的极好的处理方法。

9）渗硼通常可以和其他热处理结合。在渗硼之后钢的常规淬火硬化可能改善零件的心部硬度和整体强度性能。渗碳也可以和渗硼相结合，在渗硼以内伴随着一个更深的渗碳层，充分利用渗硼层的超硬度性能。在镍基高温合金上渗硼处理之后进行固溶和时效处理。

2. 渗硼处理的缺点

1）渗硼技术要求将零件浸入一个含硼的介质中处理，介质在处理过程中会消耗，这是典型的消耗成本，与其他化学表面热处理，如渗碳和渗氮相比，是劳动密集型工艺。渗碳和渗氮表面硬化工艺与渗

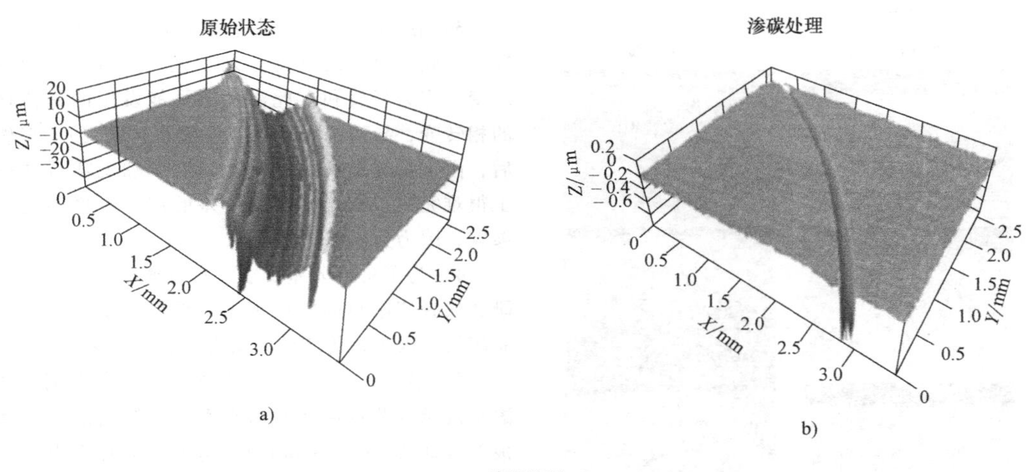

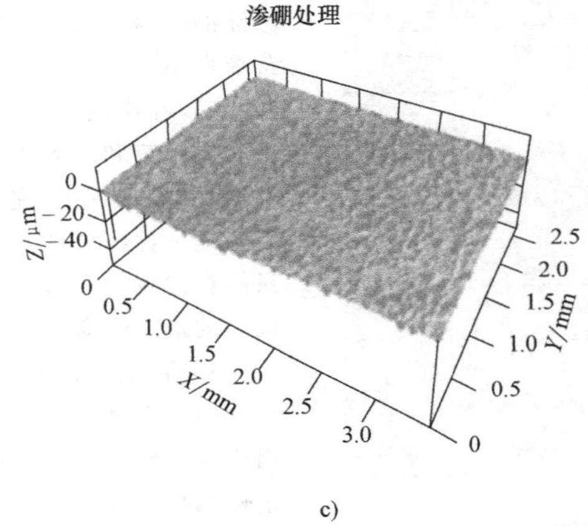

图 8-5 在销盘式摩擦磨损试验机上耐磨性的比较

a）未处理 b）渗碳 c）1018 钢渗硼处理

注：承蒙阿贡（Argonne）国家实验室，A·埃代米尔（Erdemir）提供。

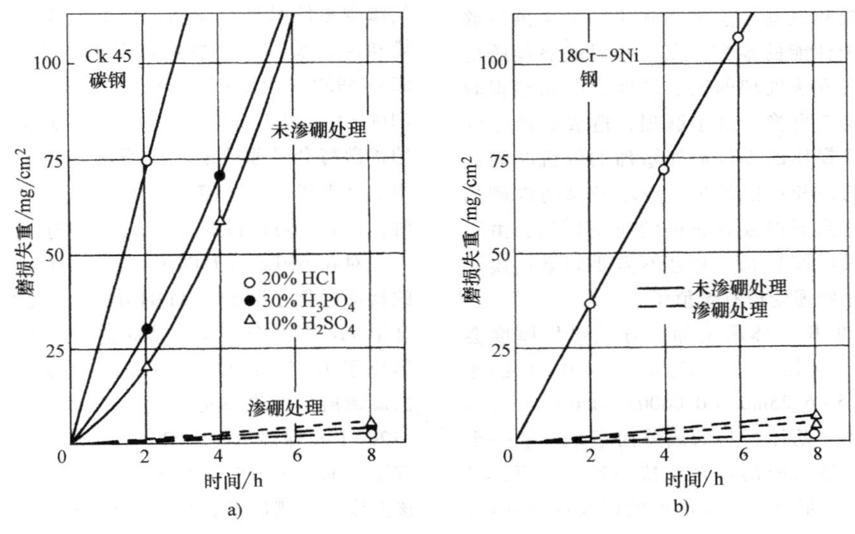

图 8-6 矿物酸对渗硼和未渗硼的腐蚀影响

a）0.45%C（Ck45）钢 b）56℃（130℉）下的 18Cr-9Ni（X10CrNiTi18-9）钢

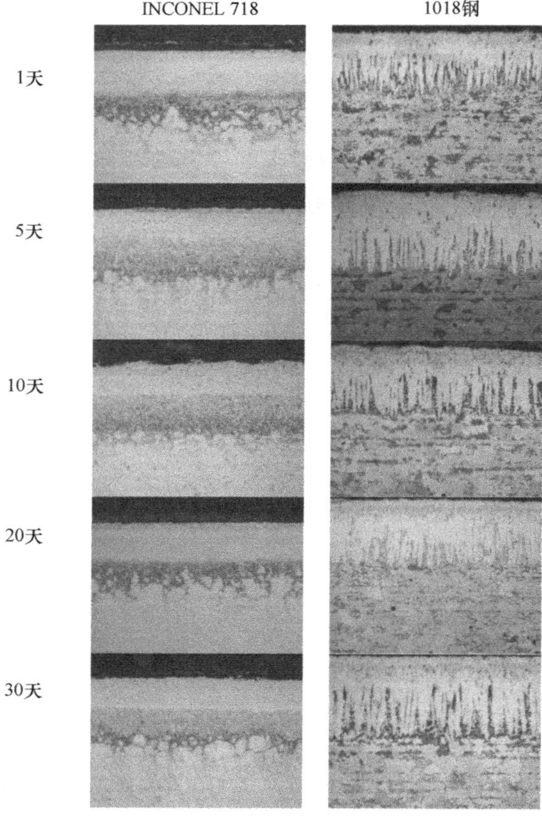

图 8-7 在 650℃ (1200℉) 服役后的渗硼层显微组织

硼相比在成本上有优势，主要是由于碳、氮的来源更容易，并且可以在气体状态下更安全地使用。渗硼通常用在常规碳氮基渗层表面硬化不能提供足够的耐磨性和耐蚀性能的地方。在一些耐磨服役的应用中，那些常规方法处理的表层硬度磨损仍然很频繁，并且要求定期更换。由于磨损，造成更换零件的高成本，更换损坏的零件额外增加的停机时间成本，这些成本的总和可能超过了成本较高的渗硼热处理。对于这些高磨损或者腐蚀的应用领域，由于渗硼零件的服役时间较长，并且不需要频繁更换零件和停机，渗硼处理变得有价值了。

2）渗硼的生长（体积增加）导致渗层厚度会增加 5%~25% [例如，一个 25μm (0.001in) 的渗层，将增加 1.25~6.25mm (0.00005~0.00025in)]；增加的大小取决于基体材料的成分而不是对于一个给定的材料和处理时间的组合保持一致。然而，对于一个给定的零件形状可以预测厚度以及渗硼处理。对于精密零件的处理，那里几乎没有什么要去除，必须保证最终体积增加允许公差在 20%~25%。

3）在渗硼期间，铁基零件尺寸控制可能有问题。渗硼是典型的高温处理工艺，并且，由于高温蠕变、应力释放和在此温度下可能发生的基体材料的相转变，导致临界尺寸公差超差（畸变）。渗硼之后，由于渗硼层极硬且性脆，后续加工或者磨削加工很难完成。有严格尺寸公差的许多零件不适合于渗硼，因为无法保证其公差。

4）为了接近公差要求，只有通过随后的金刚石研磨或者使用硬的介质很细心地慢慢研磨去掉部分渗硼层，因为，传统的研磨会引起渗层裂纹。

5）通常，在高接触载荷时，渗硼合金钢零件的滚动接触疲劳特性能和渗碳钢、渗氮钢的特性相比很差（2000N 或者 450lbf）。这就是为什么限制齿轮渗硼的原因，因为设计螺纹的地方在齿轮齿的横向载荷最小。

6）在渗硼之后，零件常常有必要进行淬火和回火或者固溶和时效处理，使用真空、盐浴或者惰性气体保持渗硼层的完整性。渗硼之后的这些后续热处理是一种额外的尺寸畸变的来源，而且这些工艺只能在渗硼之后进行，那时零件可能很难完成成品尺寸的最终磨削。

3. 在高温环境下工作的渗硼层的热力学稳定性

通常渗硼适合一些在高温环境下工作的零件，因为在操作温度较高时，渗硼层能保证热力学的稳定性和高的硬度。许多渗碳零件是在低的回火温度下回火的，如果它们在最终回火温度以上的工作温度下工作，通常是在 570~750℃ (300~400℉)，它们将会软化和丧失力学性能。渗氮通常是零件在高的温度下工作时选择的一种渗层硬化工艺，高温会使渗碳零件回火和变软，例如锻模、挤压模、压铸模和阀、泵零件。然而，渗氮工艺的典型温度是 524~593℃ (975~1100℉)，如果使用温度在 540℃ (1000℉) 以上，那么渗氮层由于氮从表面渗层向内的扩散将会迅速分解。渗硼处理的优点是在高的使用温度上渗硼层稳定，在温度高达 650℃ (1200℉) 时，渗硼层可以没有分解或没有硬度损失。

对在 650℃ (1200℉) 的渗硼层长期热稳定性的特征进行了研究。AISI1018 碳素结构钢和铬镍铁合金 718 钢多个样品，共同进行了渗硼处理，分别形成了 0.18mm 和 0.076mm (0.007in 和 0.003in) 的渗硼层。在渗硼处理之后，每一个样品在 650℃ (1200℉) 保温不同时间。这项研究的目的是确定渗硼层能够在 650℃ (1200℉) 的保持时间。由于在该温度下，硼原子扩散到基体或者离开表面，那么将会观察到渗层的退化。在 650℃ (1200℉) 的每一段保温时间完成之后，试样沿着横截面切片，然后进行镶嵌、研磨、抛光、酸性溶液腐蚀，来显示渗层和基体金属的显微组织。低碳钢和铬镍铁合金 718 钢渗硼层在 650℃（1200℉）保持不同时间之后，其光学组织如图 8-7 所示。结果表明，在 650℃（1200℉）保持 30 天后，渗层深度没有损失或显微组织没有变化。

8.2.2 铁基材料渗硼

渗硼工艺由两种反应类型组成。第一种反应在硼生成的物质和零件表面之间发生。颗粒在表面的成核速率是渗硼时间和温度的函数。这将产生一个薄的、致密的硼化物层。随后的第二个反应是受扩散控制的，在某一个特定的温度下，渗硼层生长的总厚度可以通过简单的公式计算：

$$d=k\sqrt{t} \tag{8-1}$$

式中，d 是渗硼层厚度（cm）；k 是一个常数，取决于温度；t 是一个给定温度下的时间（s）。在 950℃（1740℉）硼的扩散系数：渗硼层为 $1.82\times10^{-8}\text{cm}^2/\text{s}$，扩散区为 $1.53\times10^{-7}\text{cm}^2/\text{s}$。因此，含硼的扩散区能延伸到渗硼层厚度的 7 倍以上。它表明了浓度梯度是受扩散控制的硼化物层生长的驱动力。

铁基合金渗硼之后最希望出现的显微组织是一种仅含 Fe_2B 的单相硼层。在有些情况下，可能会形成含有一个腐蚀为黑色 FeB 相的外层和腐蚀为白亮 Fe_2B 相的内层双相渗层。钢中的渗硼层要么为单相，要么为双相，其形成取决于不同的因素。

1. 双相 FeB 层和 Fe_2B 层的特征

渗硼后更希望形成一个单相 Fe_2B [由于优先扩散方向伴随一个锯齿形态（梳齿状）]，而不是形成一个包含 FeB 和 Fe_2B 的双相层。在某种程度上，硼-富 FeB 相被认为是不希望出现的，因为 FeB 比 Fe_2B 层脆性大。FeB 也是不希望形成的，因为 FeB 和 Fe_2B 是在分别拉伸和压缩残余应力下形成的。在从渗硼温度冷却的过程中，它们有不同的热膨胀系数，膨胀/收缩率不同。经常在 FeB/Fe_2B 双相层界面或靠近界面处观察到裂纹形成。当机械拉伸时，这些裂纹会导致压碎和剥落，当零件承受一个热冲击和/或者承受机械冲击时，这些裂纹甚至剥离（图 8-8）。

在某些情况下，对存在双相渗硼层的地方，在热处理之后对渗硼层表面简单的加工可能产生诱发剥落的足够应力。在其他情况下，从渗硼温度冷却到环境温度，由于渗硼层的热膨胀系数不同，会诱发应力，直接发生剥落。因此，应该避免硼-富 FeB 相产生，或者使 FeB 相在硼化物层中的量减至最低。

曾有报道：摩擦学性能取决于渗硼层的显微组织。如果靠近表面下方的多孔区表面被移除，双相 FeB-Fe_2B 层并不比单相 Fe_2B 层差。另外，厚度较

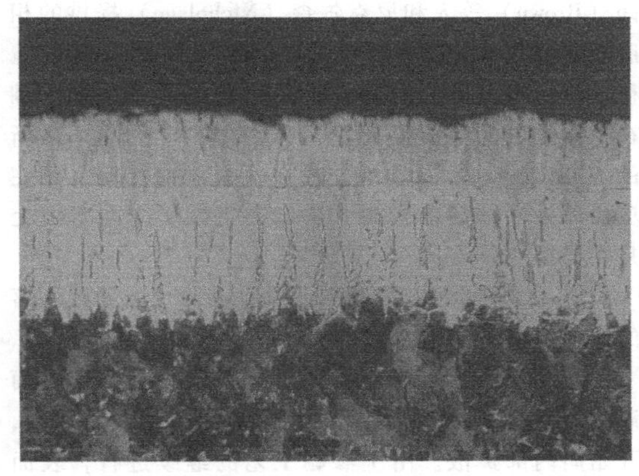

图 8-8 AISI1045 钢 [927℃（1700℉），渗硼处理 6h] 渗硼层双相组织 FeB（黑色齿状）和 Fe_2B（白色齿状）分离（原始放大数为 200×）

薄的渗层收到青睐，这是因为脆性和多孔表面区的形成和剥落不发达。

1）FeB 渗层的性能如下：

① 维氏硬度为 19~21GPa（$2.7\sim3.0\times10^6$psi）。

② 弹性模量为 590GPa（85×10^6psi）。

③ 密度为 6.75g/cm³（0.244lb/in³）。

④ 热膨胀系数在 200~600℃（400~1100℉）为 23×10^{-6}℃$^{-1}$。

⑤ 化学成分，硼的质量分数为 16.23%。

⑥ 斜方晶系的晶体结构，每单位晶胞含有 4 个铁原子和 4 个硼原子。

⑦ 晶格参数：$a=4.053$Å（1Å = 0.1nm），$b=5.495$Å，$c=2.946$Å。

Fe_2B 渗层的性能是：在铁基材料中的渗硼处理中，希望具有一个梳齿状的单相 Fe_2B 层的结构。通过后续在 800℃（1470℉）以上的真空或者盐浴处理几个小时，可以从一个双相的 FeB-Fe_2B 中获得一个单相 Fe_2B 层，然后可以通过油淬增加基体性能。

2）Fe_2B 的典型性能如下：

① 维氏硬度为 18~20GPa（$2.6\sim2.9\times10^6$psi）。

② 弹性模量为 285~295GPa（$41\sim43\times10^6$psi）。

③ 热膨胀系数在 200~600℃（400~1100℉）和 100~800℃（200~1500℉）分别为 7.65×10^6m/m·℃$^{-1}$ 和 9.2×10^{-6}℃$^{-1}$。

④ 密度为 7.43g/cm³（0.268lb/in³）。

⑤ 化学成分，硼的质量分数为 8.83%。

⑥ 体心四方晶体结构，每单位晶胞含有 12 个原子。

⑦ 晶格参数：$a=5.078$Å，$c=4.249$Å。

按照铁-硼相图，在铁素体和奥氏体中硼的溶解度很小 [在 900℃（1650℉）时小于 0.008%]。布

朗（Brown）等人和尼克尔森（Nicholson）提供的相图展示出了一个在912℃（1674℉）$\alpha/\gamma/Fe_2B$的包析反应，根据他们的研究结果，在此反应温度下硼在铁素体中的溶解度比奥氏体中的高。然而，最新的研究工作揭示了摩尔分数在铁素体中相比，硼在奥氏体中的溶解度较高，从而表明该反应在本质上是共析反应。

2. 在包埋渗硼过程中，预防/消除可能导致剥落的双相FeB/Fe_2B层的方法

当使用最常用的粉末包埋渗硼方法对钢件表面渗硼时，大量的硼原子就在钢件表面下聚集，并且，开始向内部扩散。由于渗硼工艺的继续进行，表面聚集的硼浓度继续升高，而且硼继续向基体内部加深扩散。当钢件表面硼的摩尔分数达到大约33%时，有足够的硼存在，将生成铁硼化合物Fe_2B。开始渗硼后，在很短的时间内将形成连续固态表层Fe_2B化合物。最希望渗硼层是单相的Fe_2B层。延长渗硼时间，将导致较深的铁硼化合物Fe_2B层，因为在钢件表面以下较深的深度上有较高的硼的浓度。

然而，如果通过较长时间的表面连续渗硼来增加渗层深度，那么由于更多的硼不断进入钢件表面，表面硼的摩尔分数将继续上升。表面硼的摩尔分数将接近50%，而且，在表面硼含量最高的区域，不同的铁硼化合物将在表面形成。具有最高硼含量的第二类铁硼化合物是FeB。这一层刚好在钢的表面形成，而且这个深度是在硼浓度保持在50%以上的地方。当硼的摩尔分数跌落到50%以下时，在这个深度将出现Fe_2B层。在较深的深度上，硼的摩尔分数将会跌落到33%以下时，在这个深度上将没有铁硼化合物存在。

当采用时间很长或者渗硼温度高的渗硼工艺来产生很深的渗硼层厚度的时候，会导致大量的硼在表面扩散。在某些点上，在较深的渗硼工艺期间，可能发生一个转变，即在硼化物层将从单相铁硼化物Fe_2B变成一个在表面含有FeB和在表面以下较深的深度上含有Fe_2B的两相复合物层。这个单相Fe_2B是所希望的，原因是从渗硼温度上冷却下来，Fe_2B层会比钢基体的收缩更迅速，冷却到室温后，它将产生压应力。不希望生成两相渗硼层，因为当零件从渗硼工艺温度上冷却下来时，FeB层不如Fe_2B或者钢的基体收缩迅速，而且FeB层将是处于拉应力状态。因为Fe_2B和FeB的热膨胀系数不同，而且在冷却期间，不同冷却速率的收缩不同，在两个层之间观察到裂纹是很常见的，外层的FeB层常常剥落，或者从表面脱落（图8-8）。有时，这些裂纹在零件冷却之后立即发生，而且，可以观察到闪亮的、干净的、银色的斑点剥落，在渗硼之后，硼化合物层从零件表面上脱开。其他时间，不会马上开裂或剥落，但是当零件上施加力或者在加工或使用过程中受到力作用时，FeB层很容易产生裂纹从表面剥离。

影响双相层创建的难易程度的另一个因素是合金的选择。合金含量较高的钢上硼的扩散速率较低，通常会使硼向心部的扩散变慢，导致更多的硼保持在表面。这就意味着合金含量较高的钢将在早期形成FeB，由于硼原子保持在表面附近，并且在FeB开始形成的地方会有较浅的总深度渗层。许多碳素结构钢在FeB开始在表面形成之前，可以渗到表面下0.10~0.15mm（0.004~0.006in）。有时，低、中合金钢在FeB开始在表面形成之前，仅仅能渗到0.05~0.10mm（0.002~0.004in）。工具钢为了避免FeB的形成，通常渗硼只能达到0.025~0.05mm（0.001~0.002in）渗层深度。高合金材料，如不锈钢，渗硼极其困难，因为在表面几乎立即形成FeB，硼保持在表面附近，并且向基体材料内部扩散更慢。这些合金含量较高的材料在渗硼之后很容易出现剥落问题。在合金含量较高的材料上，仅仅推荐很薄的渗硼层，来降低剥落的可能性。一些渗硼处理的最具代表性的材料是碳钢或低合金钢，因为这些材料也是典型的低成本钢，所以这种处理是有益的。

粉末包埋渗硼工艺的一个问题就是在处理过程中，零件是埋在渗硼粉末内，并且硼到表面的流量速率和粉末包埋中的硼的活性不能调节，或者在渗硼工艺的后半部分变慢。一种补救方法是：在渗硼之后，可以使用真空或盐浴对零件进行退火，允许硼原子进一步向材料心部扩散，而不在表面额外增加硼原子。渗硼之后，对钢件进行退火可以允许更多的硼原子向心部扩散，降低表面硼的浓度。可以使用这种实践方法消除任何形式的FeB化合物，允许它转回到单相Fe_2B渗层。然而，这也可能引起其他的问题，因为在两个铁硼化合物之间有一个体积差，并且当FeB转变成Fe_2B时，由于体积收缩，它会在渗层中留下空隙。另一个问题的补救方法是：在从渗硼工艺冷却之后，在进行渗后退火处理之前，以防止立即产生裂纹和剥落。渗硼钢件的淬火硬化也允许在后续的奥氏体过程中发生更多的硼的扩散。

这个问题可以使用改善的渗硼工艺，代替包埋渗硼来缓解，如电解盐浴渗硼、化学盐浴渗硼、气体渗硼和流态床渗硼，被处理的零件可以渗硼，然后在奥氏体化温度下保温，允许表面硼原子进一步发生扩散，在强渗和扩散步骤之间，不需要冷却零件。电解盐浴渗硼已经研发了脉冲强渗和扩散的方法，来控制和限制表面开始处理时的硼原子浓度，

防止 FeB 的形成。

最后的补救方法是：通过使用硼活性较低的渗硼粉末可以降低生成双相渗硼层的可能性，在给定的渗硼温度下，它将影响硼向钢表面的流速，而不降低硼通过奥氏体的扩散速率。由于已经研发了许多变异的渗硼粉末，使得设计更慢的渗硼粉末渗硼成为可能。在一种渗硼粉末中，硼原子来源的浓度变得更低，如 B_4C，将导致较慢的渗硼速率，减少形成 FeB 相的潜力。

影响渗硼层发展的其他因素之一是被处理零件的几何形状。带有锋利棱边或尖角的零件，由于硼的流量从多角度进入基体，可能提高表面的硼的浓度。在有尖角的地方，提高了硼浓度可能导致在这些点上形成双相 FeB/Fe_2B 层，在带锋利棱边或尖角的地方将变得更容易剥落如图 8-9 和图 8-10 所示。在处理带有尖角和锐边的零件（如切削工具）时，必须细心，避免生成较深的渗硼层，因为如果双相存在，切削锐边可能发生剥离。在渗硼之前，建议预先对任何锋利的边缘或方角进行倒角或倒圆处理，以防止在这些锐边发生剥落。对尖角的一个边进行遮挡可以在一个面上停止渗硼，或者仅仅在一个面上选择性地用膏剂渗硼，也可以防止易于剥落的双相渗层的形成。

图 8-9 AISI1045 钢的棱角处的 FeB 和 Fe_2B 双相渗硼层的剥落

注：渗硼层的外侧部分从棱角的表面裂开［927℃（1700℉），渗硼 6h，100×］。

最终，确保单相 Fe_2B 渗层产生的最好的实践方法是限制每一种材料的渗硼层的厚度，在那个深度上，已经知道可以产生单相渗硼层。薄的渗硼层已被证明极大地改善了许多零件的耐磨性和服役寿命。在很多情况下，不需要尝试生成较厚的渗硼层，实际上，那里可能降低渗层的耐磨性。由于双相渗层的形成和 FeB 剥落的问题，较厚的渗硼层性能不可

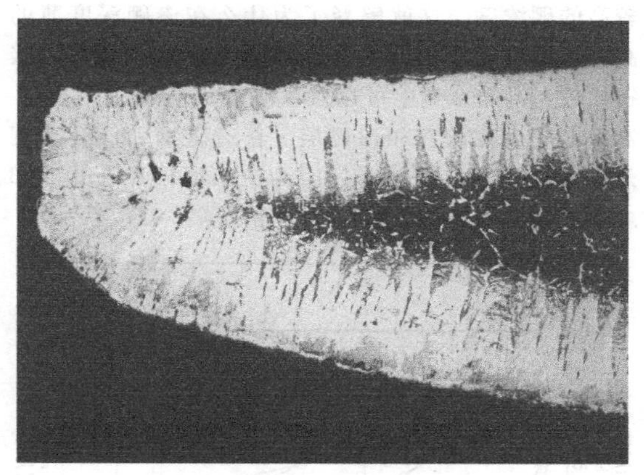

图 8-10 在 AISI4130 钢刀片尖角存在含有 FeB 渗硼层的过饱和的现象

注：在零件的表面和显微组织上可以观察到尖部裂纹。

能总是和较薄的渗硼层一样良好。

3. 铁基材料渗硼

除了铝轴承钢和硅轴承钢以外，可以在大部分铁基材料上渗硼，如普通碳素钢、合金钢、结构钢、工具钢、不锈钢和铸钢；商业上的纯铁；灰铸铁和球墨铸铁；铁基粉末冶金材料等。由于渗硼是在奥氏体温度范围内进行的，所以空冷淬硬钢同时进行渗硼和在渗硼之后空气冷却淬硬。水淬等级的钢通常不进行渗硼处理，因为渗硼层对渗硼之后淬火操作期间的热冲击敏感。许多普通碳钢和低合金钢在渗硼之后，已经成功使用了油淬和盐浴淬火工艺，而且渗硼层没有开裂。类似地，含铅硫化易切削钢不应该进行渗硼处理，因为它们的渗层有剥落、开裂的倾向。渗氮钢也不应该进行渗硼处理，因为它们有开裂敏感性。不锈钢也不建议进行渗硼处理，除了渗硼工艺可控，仅仅产生单相 Fe_2B 渗硼层可能比较困难，并且通常只允许有很薄的渗硼层产生。

4. 合金元素的影响

硼合金的力学性能很大程度上取决于渗硼层的成分和结构。硼化物层的梳齿结构以纯铁、无合金低碳钢和低合金钢占主导地位。由于基体材料中的合金元素和/或者碳增加，锯齿状硼化物/基体材料界面的扩展被抑制了，而且对于高合金钢，硼化物/基体材料能形成光滑的界面（图 8-1）。合金元素主要通过限制硼原子在基体材料中扩散延缓渗硼层厚度的增长（或者生长），因为合金元素可作为扩散屏障。图 8-11 所示为钢中添加的合金元素对渗硼层厚度的影响。在高合金钢中，合金元素将使奥氏体中硼的扩散变慢，阻止硼很容易地向内进行扩散。硼向内扩散速度变慢，在靠近高合金钢的表面产生了

较高的硼浓度。这就解释了为什么在渗硼深度薄的高合金钢渗硼较短时间后，与低合金钢或者普通碳钢比较，高合金钢上可以观察到表面析出了带有硼-富 FeB 化合物的双相渗硼层。普通碳钢和低合金钢是一些最好的渗硼材料，因为在表面开始析出 FeB 之前，它们能够形成较深的渗硼层。

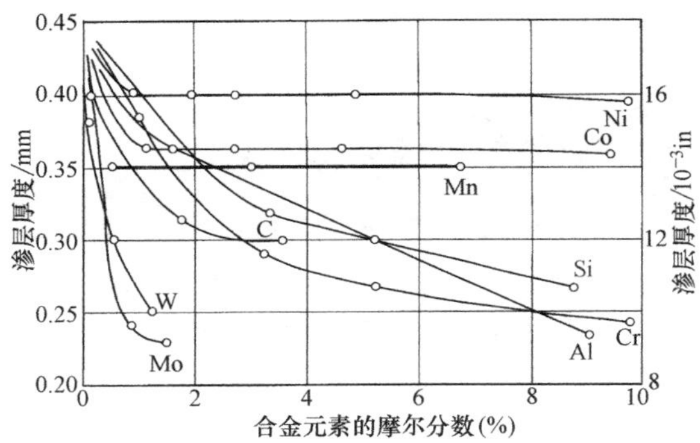

图 8-11 钢的合金元素对渗硼层厚度的影响

在渗硼层中碳溶解不明显，而且不能通过渗硼层扩散。在渗硼期间，碳被渗硼层驱赶到基体中，与硼一起形成含硼渗碳体 Fe_3（B，C）[或者在基体为 Fe-0.08%C 钢的情况下，更恰当的是形成 $Fe_3(B_{0.67}C_{0.33})$]，在 Fe_2B 和基体之间有一个独立层。

像碳、硅和铝在渗硼层中是不溶解的，而且这些元素被硼从表面向内推进，在渗硼层前端向基体转移，在 Fe_2B 层下面形成铁硅硼化物 $FeSi_{0.4}B_{0.6}$ 和 Fe_5SiB_2。含铁素体形成元素的钢不适于渗硼，因为它们降低了常规渗硼层的耐磨性；实质上，它们在渗硼层下面会产生一个比心部还软的铁素体区域。在较高的表面压力下，这种渗硼层堆积的结果，称为“蛋壳”效应；也就是，在较厚的渗层上，一个极其硬而脆的渗硼层渗透到较软的中间过渡层，因此摧毁了中间过渡层。

在高镍钢中可以发生交错梳齿结构的程度和渗硼层的深度两者都减少的现象。已经发现在渗硼层下面镍可以聚集，它进入到 Fe_2B 层，而且在某种程度上，促进从 FeB 层中析出 Ni_3B。从对应 Fe_2B 层的表面下层区域，它也强烈偏聚。在 Fe-14Ni 和奥氏体不锈钢中这相当明显。因此，奥氏体不锈钢气体渗硼看上去可能是更合适的处理工艺，由于气体混合物的硼活度较低，会产生低孔隙度、均匀的单相 Fe_2B 层。

铬能明显地改变铁硼化物的结构与性能。由于在基材中铬含量增加，可以看到后面的影响逐步得到改善：富硼反应产物的形成、渗硼深度减少、覆层/基体的界面变平整和光滑。在三元 Fe-12Cr-C 合金钢中，随着碳含量的增加也已经注意到了硼化物厚度的减少。锰、钨、钼和钒也减少了渗硼层厚度，在碳钢中齿形变平直。在渗硼层中钛、钴、硫和磷的分布仍未完善。

5. 渗硼之后的热处理

渗硼的零件可以在空气、油、盐浴或者聚合物淬火剂中淬火硬化，随后回火。奥氏体化应该在一个无氧保护的气氛或者中性盐浴中进行。任何含有氨气的气氛应该严格避免，因为氮进入到渗硼层会形成硼氮化合物，可以使渗硼层极脆。

8.2.3 非铁基材料渗硼

非铁基材料如镍基合金、钴基合金和钼基合金以及难熔金属和它们的合金、硬质合金等可以进行渗硼处理。铜不能进行渗硼处理，因此，对于渗硼来说铜是一种良好的掩蔽剂。应该注意到，当非铁基材料完成渗硼时，将形成不同的金属硼化物代替 FeB 和 Fe_2B。据报道，镍基合金渗硼形成 Ni_2B、Ni_3B 和 Ni_4B_3 硼化合物层；钛合金渗硼将形成 TiB 和 Ti_2B 硼化合物层；钴渗硼将形成 CoB、Co_2B 和 Co_3B，见表 8-3；对一些特殊应用已经实现镍、钛和钴合金工业化渗硼。

镍渗硼可以使用气体渗硼、粉末包埋渗硼、盐浴渗硼和流态床渗硼。它已经在温度为 500~1000℃（930~1830℉）的混合气体 BCl_3-H_2-Ar 中完成了，然而，坡莫合金采用 85%B_4C 和 15%Na_2CO_3，或者 95%B_4C 和 5%$Na_2B_4O_7$ 粉末包埋渗硼，温度为 1000℃（1830℉），保温 6h 后通入 H_2 气氛。镍硼渗层比铁硼渗层硬度大得多，显微硬度值通常为1700~2000HV。镍硼渗层比铁硼渗层更脆，而且容易剥落。镍基高温合金渗硼层通常很薄（5~15mm），因为较厚的渗硼层更容易剥落。

钛和钛合金渗硼利用气体渗硼、粉末包埋渗硼、盐浴渗硼和流态床渗硼实现。由于钛与氧气的反应更敏感，渗硼必须在超纯、无氧环境中进行，形成高质量的 TiB 和 Ti_2B 渗硼层。在无氧气氛中包埋渗硼，高真空 [0.0013Pa（$10\times^{-5}$ Torr）] 中的硼和高纯度的氩气组合起来，或者与 H_2-BCl_3-Ar 气氛混合完成气体渗硼。在流态床中，使用氩气作为流态气体和流态床中的 B_4C 及含卤素的渗硼粉，已经成功实现了钛合金渗硼处理。在钛合金中，电解盐浴渗硼也成功实现，盐浴是无氧状态。在钛合金和难熔金属上，形成的渗硼层的显微硬度值的读数与镍和钴上形成的这些渗层的硬度相比较很高（表 8-3）。钽、铌、钨、钼和镍上形成的渗硼层不出现和钛金属渗层上的梳齿状形态。

8.2.4 热力学渗硼技术

由于对铁基材料的渗硼层已经做了广泛的研究，下列的技术主要集中在铁基材料的渗硼工艺上。

1. 包埋渗硼工艺

包埋渗硼是工业生产中使用最广泛的渗硼工艺，因为它的操作相对容易、安全，能够改变粉末的浓度，需要有限的设备，以及由此节约了费用支出。工艺涉及把零件埋在耐热钢箱子里厚度为 3~5mm（0.1~0.2in）的混合渗硼粉末中，所以待渗硼的表面覆盖了厚度为 10~20mm（0.4~0.8in）的渗硼粉末层。包埋渗硼工艺中已经使用了许多不同的渗硼化合物，它们包括生成固态硼的物质、稀释剂和活性剂。

普通的生成固态硼的物质是硼碳化物（B_4C）、硼铁和非晶硼，最后面的两种物质有较高硼势，能提供较厚的渗硼层，并且比 B_4C 更便宜。碳化硅（SiC）和氧化铝（Al_2O_3）作为稀释剂，它们不发生反应。然而，SiC 控制了硼的数量，能阻止渗硼剂的黏结。化合物 $NaBF_4$、KBF_4、$(NH_4)_3BF_4$、NH_4Cl、Na_2CO_3、BaF_2 和 $Na_2B_4O_7$ 是渗硼活性剂。

商品固体渗硼粉末混合物的典型成分如下：

① 5%B_4C+90%SiC+5%KBF_4。

② 50%B_4C+45%SiC+5%KBF_4。

③ 85%B_4C+15%Na_2CO_3。

④ 95%B_4C+5%$Na_2B_4O_7$。

⑤ 84%B_4C+16%$Na_2B_4O_7$。

⑥ 非晶硼（含 95%~97%的 B）。

符合容器形状的零件放在容器中（图 8-12），并且盖上盖子，容器内有剩余的空间，用铁弹或石头的重量确保在渗硼处理过程中渗硼剂更加缓慢地流出。然后在电加热炉中，或在开式或包覆加热盘管式加热炉中，或者在马弗炉中，渗硼处理一定的时间。容器不应该超过炉膛体积的 60%。通常，渗硼应该以消除内应力的方式完成，从而消除裂纹或剥落。在包埋工艺中，粉末通过与质量分数为20%~50%的新鲜粉末混合物混合重复使用。在这种情况下，使用五次或六次以后，粉末应该丢弃掉。

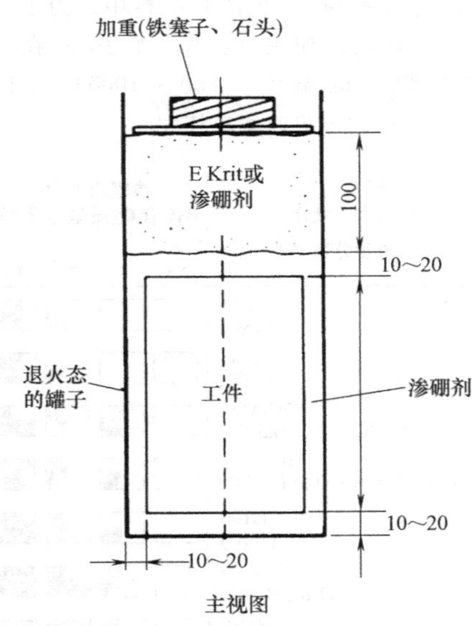

图 8-12 在固体渗硼箱中一个单一形状的零件装箱图

（1）包埋渗硼的环境问题　许多渗硼粉末是与含卤化物的活化剂混合的。包埋粉末渗硼的问题之一是这些含卤化物的活化剂在渗硼温度下会熔化和/或者蒸发。当包埋粉末被加热到渗硼工艺温度时，氟和氯化合物会变为蒸气释放。加热渗硼粉末的典型副产品是 BF_3、BCl_3、氟（F_2）和/或氯（Cl_2），它们可能有剧毒和/或者可以致癌；然而，它们在渗硼工艺中也可以起一个重要作用，因为它们和金属表面发生反应，把硼原子传递到基体上。另外，在蒸气离开包埋箱之后，这些所排放的气体与气氛，如氢气、吸热气体、放热气体或空气发生反应时，可以形成氢氟酸（HF）和盐酸（HCl）蒸气。如果使用大量的渗硼粉末，那么室内外的空气应该进行测试，以确保所有的渗硼气体排放不能威胁工人的安全，或者没有超过环境排放的法定限制。推荐安装一种湿式或干式洗涤器的气体收集系统，在废气排放之前，用于处理和中和所有的酸性和有毒气体。

1）副产品氟（F_2）的问题及其极限值如下：

① 职业安全与健康管理局（OSHA）允许接触极限值（PEL）的时间加权平均（TWA）值是 0.1×10^{-6}。

② 立即危及生命和健康的极限值是 25×10^{-6}。

2）副产品氢氟酸（HF）的问题及其极限值如下：

① 高腐蚀性和毒性。

② 职业安全与健康管理局（OSHA）允许接触极限值（PEL）的时间加权平均（TWA）值是 3×10^{-6}。

③ 国家职业安全与健康研究所允许短期接触极限值是 6×10^{-6}。

另外，从渗硼工艺中排放的废气可能侵蚀炉内的耐火砖或者降低耐火砖的性能，沿着管道可能接触到烟雾。如果炉内存在任何空气、水蒸气或者氧气，那么，据了解渗硼工艺中的烟雾在炉内的金属件上，如渗硼炉罐、炉底导轨、辐射管和其他金属附件上会形成玻璃状沉积。

（2）渗层深度　渗硼层的厚度取决于被处理的基体材料和渗硼化合物的硼势（图 8-13）、渗硼温度和时间（图 8-14）。在铁基材料中，为了使 FeB 的形成最小化，加热速率，尤其是在 700℃（1300℉）和渗硼温度［800～1000℃（1470～1830℉）］之间的加热速率应该大。

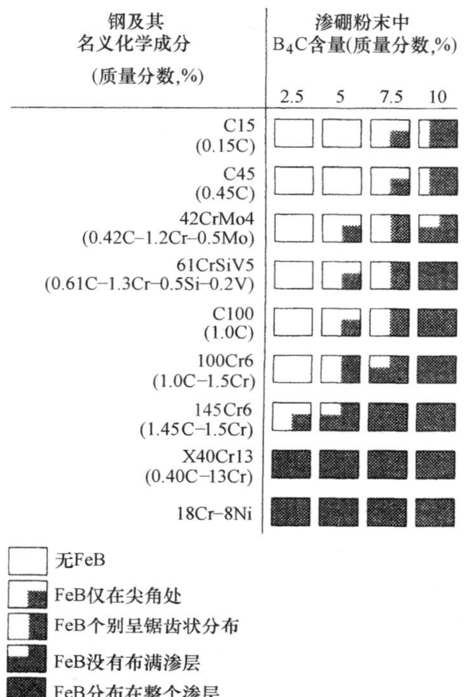

图 8-13 渗硼粉末中 B_4C 含量对各种钢在 900℃（1650℉）固体渗硼 5h 的渗硼层内 FeB 相的比例的影响

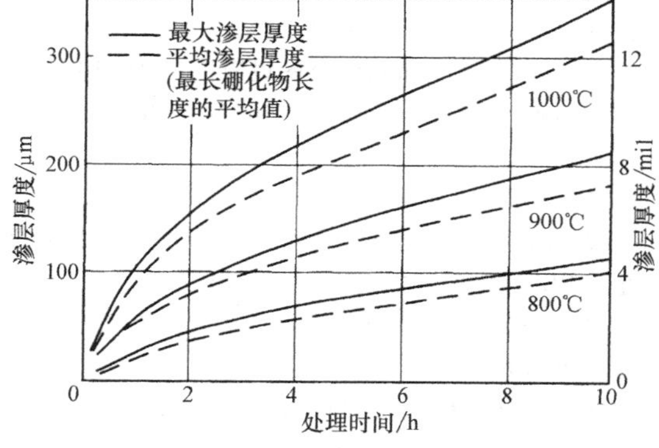

图 8-14 固体渗硼温度和时间对低碳钢（Ck45）渗硼厚度的影响

通常的做法是将预期应用的渗层深度和基体材料匹配。按照规则，薄的渗层（如 15～20mm）用在抗黏着磨损（如无切屑成形、金属冲压模具和工具），然而，厚的渗层推荐用于防止冲蚀磨损（如研磨填料塑料的挤出模具及陶瓷工业用压制工具）。通常低合金和低碳合金钢的渗层深度是 0.05～0.25mm（0.002～0.010in），高合金钢的渗层深度是 0.025～0.076mm（0.001～0.003in）。然而，渗层深度大于 0.089mm（0.0035in）是不经济的，而且在高合金钢，例如不锈钢和一些工具钢中，会产生双相渗硼层。

2. 其他渗硼工艺

（1）膏剂渗硼 当包埋渗硼困难、昂贵或者仅仅选择零件的某个表面渗硼，同时，零件的另一边无须处理时，商业上应用膏剂渗硼。在这个工艺中，45%的 B_4C（粒度为 200～240μm）和 55%的冰晶石（Na_3AlF_6，熔剂添加剂）混合形成一个膏剂，或者，普通渗硼粉末与优质黏结剂（例如，溶解在乙酸丁酯中的硝酸纤维素、甲基纤维素水溶液或硅酸乙酯水解液）混合物（B_4C-SiC-KBF_4）可以反复使用（刷涂或者喷涂），在整个零件上间隔一段距离或选定的零件部位喷涂，直到干燥之后得到一个厚 1～2mm（0.04～0.08in）的涂层。随后，铁基材料用感应加热、电阻通电加热或者在普通炉子内加热到 800～1000℃（1470～1830℉），保温几个小时。在这个工艺中，需要保护气氛（如氩气、分解氨气或者氮气）。吸热式气氛不应该在膏剂渗硼中使用，因为在吸热式气体与渗硼膏剂形成的渗硼蒸气之间的反应，会打乱渗硼过程。感应加热、电阻通电加热到 1000℃（1830℉），保温 20min（图 8-15）后可以获得一个厚度超过 50μm（0.002in）的渗层。这个工艺对大的零件或者要求局部（或者选择性）渗硼的零件具有重要意义。

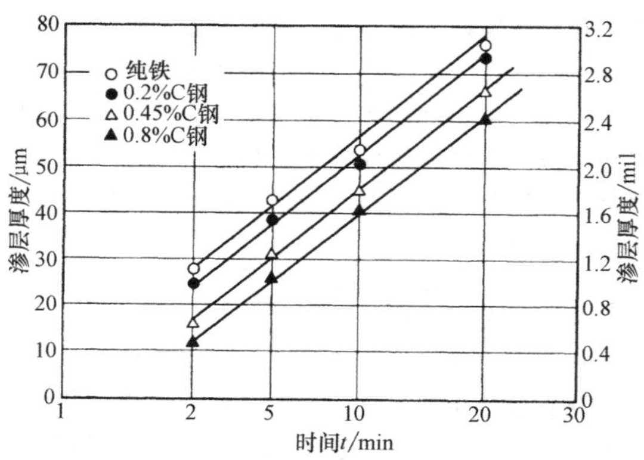

图 8-15 铁和钢使用 B_4C-$Na_2B_4O_7$-Na_3AlF_6 为基础的膏剂在 1000℃（1830℉）渗硼，其渗硼厚度与时间平方根（$\sqrt{t}$）之间的线性关系

（2）液体渗硼 液体渗硼分为化学盐浴工艺和电解盐浴工艺。

1）液体渗硼的优点如下：

① 化学盐浴渗硼和电解盐浴渗硼两者都不使用含卤素的化学物质，能够实现渗硼处理，意味着工艺过程将不排放粉末包埋渗硼常见的有害烟雾，如 F_2、HF、BF_3、Cl_2、HCl 和 BCl_3等。

② 单相 Fe_2B 层更容易形成，因为电解盐浴渗硼的硼势可以脉冲式开和关，以允许补充的硼原子向基体扩散，在这个扩散的时间周期内，不再有补充的硼添加到零件的表面。

③ 可以从渗硼盐浴直接淬火，对于心部要求更高硬度的零件，粉末包埋固体渗硼不能这样淬火。粉末包埋渗硼要求被处理的零件慢速冷却，进行清理，然后在淬火之前，使用保护气氛重新奥氏体化加热。

④ 电解盐浴渗硼可以在很短的处理时间内形成厚的渗硼层，尽管必须小心防止在高的渗硼速率下出现 FeB 结构。

2）液体渗硼的缺点如下：

① 在处理之后，去除过量的盐和未反应的硼是必不可少的。这一步可以证明是昂贵和费时的，并且，由于零件暴露在盐浴中的原因，可能导致在盐浴处理后零件永久生锈。

② 随着时间的推移，维持渗硼盐浴恒定的物质化学组成是困难的，因为测试不是一个简单的过程，并且由于渗硼剂的消耗，要求对盐浴经常定期调整。

③ 实现渗硼的重现性，不允许增加盐浴的黏度，通过重新加盐来做到，这就包括高的维护成本。

④ 在某些情况下，可能需要防止腐蚀性气体。

⑤ 在电解盐浴渗硼中，夹具设计必须包含有良好的电气连接头，随着时间的推移，必须对连接头进行维护。

⑥ 在电解盐浴渗硼过程中，为了计算每个负载需要的电流，像希望产生的电流密度，阳极和阴极（零件）的表面积必须已知。由于处理的负载尺寸和零件几何形状不同，为了对每一个负载装载的情况选择不同的电流参数，负载的表面积必须计算或者已知，这样就可以选择合理的电流密度参数处理每一个负载。

⑦ 必须制造特殊的盐浴炉，炉子熔融硼砂的耐火材料能够承受高的熔化温度和腐蚀侵蚀。

3）化学盐浴渗硼。铁基材料在 900～950℃（1650～1750℉）的硼砂基础熔化盐浴的化学盐浴渗硼已经使用，其中，基础盐中添加质量分数为 30% 的 B_4C。通过用铝铁代替质量分数达 20% 的 B_4C，渗硼行为能进一步得到改善，因为它是一个更有效的还原剂。通过使用含有 55%硼砂、40%～50%铁硼和 4%～5%铁铝盐浴混合物，已经发现了更优异的结果。结果表明，在 670℃（1240℉）以下，能够使用 $75KBF_4$-25KF 的盐浴对镍基合金渗硼，并且在更高的温度下对铁基合金渗硼，获得希望的渗硼层厚度。

4）电解盐浴渗硼。在这个工艺中，铁基材料零件作为阴极和一个石墨阳极，都被浸入到 900～1010℃（1650～1850℉）的电解熔融硼砂中，采用从 5min～4h 的通用处理时间，并且使用大约 0.15A/cm^2（1.0A/in^2）电流密度。然后，零件空冷。通常，在处理期间，为了获得均匀的渗层，将零件旋转。对于低合金钢，一个较高的电流密度在一个短时间内产生薄的渗层。对于要求较厚渗层的高合金钢，要求用低电流密度处理较长的时间。根据卡尔塔尔（Kartal）等人的研究，无论是电化学渗硼，还是热力学渗硼（例如，膏剂、液体、固体、火花等离子烧结），它们的渗硼层的形成本质上是相同的。这两个渗硼技术的主要差异是硼还原的方式不同。在电化学渗硼中，阴极（基材）上的硼原子的形成建议采取一系列反应方程式（8-2）～式（8-5）；然而，在热力学渗硼中，基材上的硼原子是硼源（B_4C 或者硼砂等）和还原剂（SiC 或者铁硅）之间化学反应的结果。接下来的步骤是原子硼的吸收和随后扩散到间隙位置，按照渗入硼的数量是工艺时间和温度以及基体材料成分的函数，生长成铁硼化合物（Fe_2B 和 FeB）。

$$2Na_2B_4O_7 = 2Na_2B_2O_4 + 2B_2O_3 \quad (8\text{-}2a)$$

$$Na_2B_2O_4 = 2Na^+ + B_2O_4^{2-}(\text{电离反应}) \quad (8\text{-}2b)$$

$$B_2O_4^{2-} = B_2O_3 + 1/2O_2 + 2e^-(\text{阳极反应}) \quad (8\text{-}3)$$

$$2Na^+ + 2e^- = NaO(\text{阴极反应}) \quad (8\text{-}4)$$

$$6Na + 2B_2O_3 = 3Na_2O_2 + 4B(\text{在阴极表面}) \quad (8\text{-}5)$$

尽管阴极表面吸收的硼原子饱和是电化学渗硼施加电流的直接函数，但是，在样品表面被硼原子充分占据的时候，在某些临界电流密度值（CCD）以外，渗硼层的厚度与电流密度的增加无关。已经发现 CCD（或者极限电流密度）为 0.2A/cm^2（1.3A/in^2）。

其他令人满意的电解盐浴成分如下：

① KBF_4-LiF-NaF-KF 混合物，在 600～900℃（1100～1650℉）处理零件。

② 20KF-30NaF-50LiF-0.$7BF_2$ 混合物（摩尔分数，%），在 800～900℃（1470～1650℉），$90N_2$-$10H_2$气氛中处理。

③ 在氩气气氛条件下，9∶1 的（KF-LiF）-KBF_4混合物。

④ 在 650℃（1200℉）温度，KBF_4-NaCl 的混合物。

⑤ 在 700～850℃（1300～1560℉），90（30LiF+

70KF) - $10KBF_4$混合物。

⑥ 在 800～900℃ (1470～1650℉), $80Na_2B_4O_7$-20NaCl 混合物。

(3) 气体渗硼　气体渗硼可以使用下列物质完成:

① 乙硼烷 (B_2H_6)-氢混合物。

② 卤化硼-H_2 或卤化硼-($75N_2$-$25H_2$) 混合气体。

③ 有机硼化合物, 如 $(CH_3)_3B$ 和 $(C_2H_5)_3B$。

B_2H_6-H_2混合物渗硼不是商业上可行的, 因为会生成有剧毒和有爆炸性质的乙硼烷。当使用有机硼化合物时, 碳化物和硼化物层同时形成。因为 BBr_3昂贵且处理困难 (与水起爆炸反应), 而 BF_3还原要求高温 (由于它的稳定性较高), 而且产生 HF 烟雾, 为了使用气体渗硼, 仍然强烈选择 BCl_3。

当零件在 BCl_3-$15H_2$气体混合物中气体渗硼时, 在 700～950℃ (1300～1740℉), 压力达到 67kPa (0.67bar), 据报道在 920℃ (1690℉) 处理 2h, 渗硼层厚度将达到 125～150μm。最近的工作已经建议: 使用 $75N_2$-$25H_2$的混合气体取代 H_2, 能达到最好的效果, 因为渗硼层产物中使 FeB 含量最小化。在淬火之前, FeB 相在随后的扩散处理期间, 可以很容易地消除。这个工艺可以用在金属钛以及钛合金上。

(4) 等离子渗硼　B_2H_6-H_2和 BCl_3-H_2-Ar 两种混合物可以被成功地用在等离子渗硼上。然而, 前者气体混合物可以应用于各种钢在相对低的温度下的渗硼, 如 600℃ (1100℉) 上产生一个渗硼层, 在这个温度上, 固体或液体渗硼是不可能进行的。据称在 BCl_3-H_2-Ar 气体混合物中等离子渗硼处理表现出一些好的特征, 如 BCl_3的浓度控制较好、放电电压降低, 而且硼化物膜层显微硬度较高。图 8-16 所示为一个等离子渗硼设备示意图。

这个工艺的优点如下:

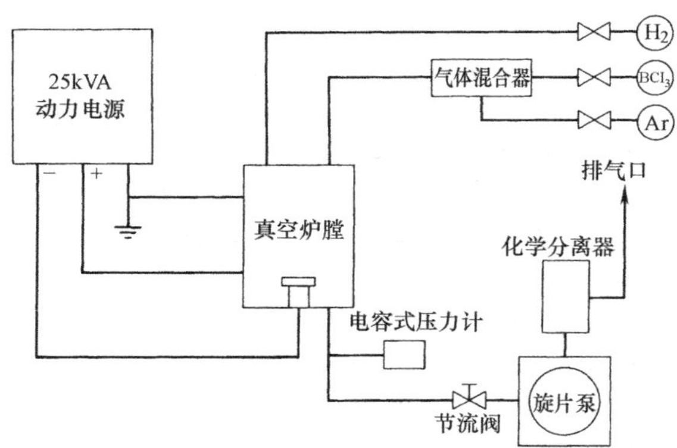

图 8-16　等离子渗硼装置布置图

① 渗硼层的成分和深度可控。

② 和普通固体渗硼比较增加了硼势。

③ 精细的等离子处理的硼化物层。

④ 降低了处理的温度和减少渗硼持续时间。

⑤ 取消了高温炉及其附件。

⑥ 节约能源和天然气。

这个工艺仅有的缺点是使用的气氛有剧毒。作为一个规则, 这个工艺还没有被商业应用所接受。为了避免上述缺点, 最近已经研发了在饱和温度上的辉光放电膏剂渗硼 (含有 60% 非晶硼和 40% 的硼砂液的混合物), 这个工艺大大增加了表面渗硼层的形成。

(5) 流态床渗硼　最近的发明是流态床渗硼 (见图 8-17), 它涉及粗硅碳化物颗粒的流态床材料, 是一种特定的渗硼粉末 (如 Ekabor WB) 和无氧的 N_2-H_2混合物。当用电作为加热源时, 流态床起到传热介质的作用, 传热较快。这个工艺通常配备淬火炉和回火炉。

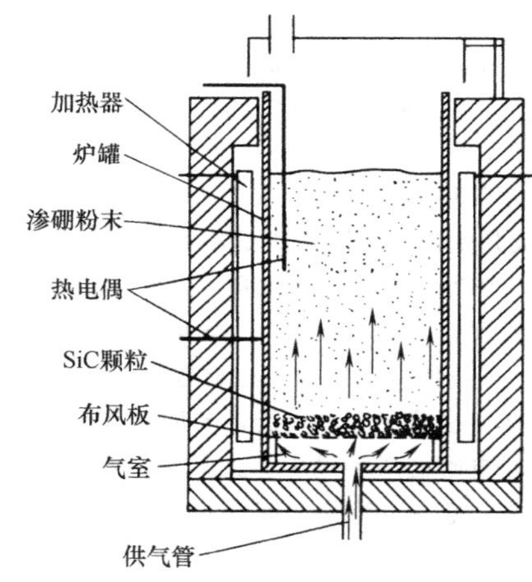

图 8-17　流态床渗硼示意图

这个工艺的优点如下:

① 加热和流动速率高, 可以直接取出零件, 具有较短的处理周期 (即快速渗硼)。

② 投资费用低且具有灵活性, 确保温度均匀性。

③ 因为向上气体的压力, 流态床炉是密闭的。

④ 工艺再现性好, 接近公差要求, 而且, 能均匀地完成批量零件的生产。

⑤ 可以适应连续生产, 并适合于自动化, 因为可以间歇性地装料和取出零件。

⑥ 零件的淬火 (以及之后的回火) 在渗硼处理之后立即进行。

⑦ 对渗硼零件的批量生产操作成本低 (由于减

少了工艺时间和能量消耗）。

⑧ 与粉末包埋处理相关的清理问题，如粉末烧结、零件表面黏结或者盐浴渗硼的相关问题被淘汰，如去除盐残渣。

该工艺的一个重要不足之处在于炉罐之内由惰性气体连续冲洗渗硼剂。含富氟化合物的废气必须彻底清除，例如，在吸收器填充干燥的碳酸钙碎片，避免环境问题。另外，脉冲式流态床工艺可以大大减少排气量。

（6）多元渗硼　多元渗硼是热化学处理，涉及硼和一种或多种金属元素连续或同时扩散，如铝、硅、铬、钒、钛等进入零件表面。这个过程在 850～1050℃（1560～1920℉）进行，并且包括以下两个步骤：

1）普通方法渗硼。可采用包埋、膏剂、电解盐浴的方法。在这里，FeB 的存在是不能容忍的，虽然在某些情况下，这可能会被证明是有益的。在这些方法当中，包埋方法已经做了许多工作（表 8-5），在包埋方法中产生了厚度至少为 30μm 的致密层。

2）通过粉末混合物或者熔融的硼砂基础盐，金属元素扩散到渗硼的表面。如果使用固体渗硼，则反应室内通入氩气或者氢气，可以避免颗粒的烧结。

表 8-5　多元渗硼处理

多元渗硼处理技术	介质类型	介质成分(质量分数)	工艺步骤的研究①	待处理材料	温度/℃(℉)
硼铝共渗	电解盐浴	硼砂中添加 3%～20% Al_2O_3	S	普通碳钢	900(1650)
硼铝共渗	固体	84% B_4C+16%硼砂	S	普通碳钢	1050(1920)
		97%铝铁+3% NH_4Cl	B-Al		
		5% B_4C+5% KBF_4+90% SiC(Ekabor Ⅱ)	Al-B		
硼铬共渗	固体	78%铬铁+20% Al_2O_3+2% NH_4Cl	S	普通碳钢	900(1650)渗硼
		5% B_4C+5% KBF_4+90% SiC(Ekabor Ⅱ)	B-Cr		1000(1830)渗铬
			Cr-B		
		100% Si	B-Si	0.4%碳钢	900～1000 (1650～1830)
		5% B_4C+5% KBF_4+90% SiC(Ekabor Ⅱ)	Si-B		
硼钒共渗	固体	60%钒铁+37% Al_2O_3+3% NH_4Cl	B-V	1.0%碳钢	900(1650)渗硼
					1000(1830)渗钒

① S 为同时渗硼和渗金属；B-Si 为渗硼和渗硅；Al-B 为渗铝和渗硼；B-Cr 为渗硼和渗铬；B-V 为渗硼和渗钒。

多元渗硼方法有六种：硼铝共渗、硼硅共渗、硼铬共渗、硼铬钛共渗、硼铬钒共渗和硼钒共渗。

① 硼铝共渗。当硼铝共渗包含渗硼和紧接着的渗铝时，在钢制零件表面形成致密的渗层，提供了良好的耐磨性和耐蚀性，尤其在潮湿环境当中。

② 硼硅共渗的结果是在表面层形成 FeSi 组织，它能强化零件的耐腐蚀疲劳强度。

③ 硼铬共渗（包括渗硼之后的渗铬）提供了比硼铝共渗更好的抗氧化性能，渗层很均匀（可能由含有铁和铬的硼化物固溶体组成）。和传统的渗过硼的钢相比，改善了耐磨性，而且提高了耐腐蚀疲劳强度。在这种情况下，后续热处理操作不用保护气氛，可以安全地完成。

④ 硼铝钛共渗的合金结构钢提供了高的耐磨粒磨损性、耐蚀性以及极其高的表面硬度，表面硬度达 5000HV（150gf 负载）。图 8-18 所示为硼铝钛共渗合金结构钢零件渗层显微组织，在外层存在钛硼化物，在该层之下是铁铬硼化物。

⑤ 硼钒共渗和硼铬钒共渗层韧性十分好，而且它们的硬度超过 3000HV（15gf 负载）。这强烈地减少了冲击载荷条件下剥落的危险。

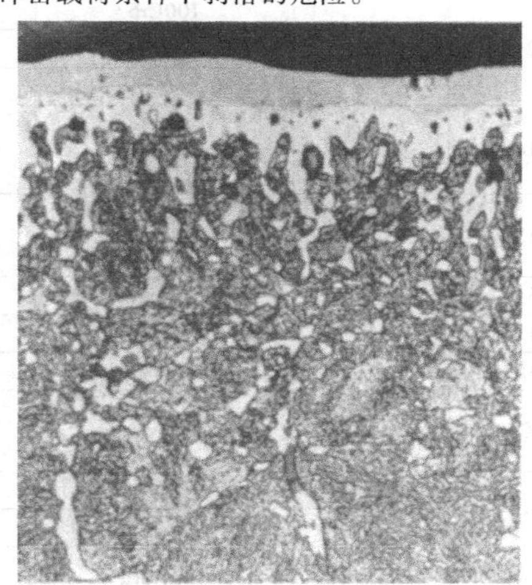

图 8-18　硼铝钛共渗合金结构钢零件渗层显微组织

8.2.5　热力学渗硼的应用

目前，由于渗硼层有优异的性能，在大量工业中已经广泛使用渗硼零件（表 8-6）。在滑动和黏着磨损的情况下，渗硼工艺应用在以下方面：

① 旋转的钢环、钢丝绳、钢线导套（由 DIN St37 钢制造的）。

② 纺织机械用灰铸铁槽筒（导纱）。

③ 四孔给水调节阀（由 DIN1.4571 或者 AISI316 钛钢制造）

④ 燃烧器喷嘴、涡流元件，在化学工业中钢制油燃烧器喷嘴顶部。

⑤ 各种高性能的车辆和固定发动机上驱动装置、蜗杆、螺旋钢制齿轮。

⑥ 球阀和阀座。

表 8-6 铁基材料渗硼的成功应用

基体材料			应　　用
AISI	BSI	DIN	
—	—	St37	衬套、螺栓、喷嘴、输送管、底座板、转轮、叶片、导纱
1020	—	C15(Ck15)	齿轮传动、泵轴
1043	—	C45	销、导环、研磨盘、螺栓
		St50-1	铸造插件、喷嘴、手柄
1138	—	45S20	轴保护套、心轴
1042	—	Ck45	涡流元件、喷嘴(油燃烧器)、轧辊、螺栓、门板
		C45W3	栅板
W1	—	C60W3	夹头、导杆
D3	—	X210Cr12	(金属)衬套、冲压模具、板、杆、冲头、模具
C2	—	115CrV3	拉丝模、喷射器、导轮、插销
		40CrMnMo7	门板、折弯模具
H11	BH11	X38CrMoV51	活塞、注射液压缸、浇口
H13	—	X40CrMoV51	节流孔板、钢锭模，上、下模具和热成形模，圆盘
H10	—	X32CrMoV33	注塑模具、填料，上、下模具和热成形模
D2	—	X155CrVMo121	螺纹辊、成形压辊、压铸模和铸模
		105WCr6	雕刻辊
D6	—	X210CrW12	校直辊
S1	~BS1	60WCrV7	挤压和拉拔铸模、心轴、衬垫、模具、缩颈环
D2	—	X165CrVMo12	拉丝模、冷轧辊
L6	BS224	56NiCrMoV7	挤压模具、螺栓、铸造插件、锻模、落锤锻造
		X45NiCrMo4	模压模具、压力垫及模具
O2	~BO2	90MnCrV8	模具、折弯模具、冲压工具、雕刻辊、衬套、拉丝模、导杆、盘、冲孔机
E52100	—	100Cr6	球、滚子、导杆、导轮
		Ni36	有色金属铸造设备用零件
		X50CrMnNiV229	非磁性工具配件(热处理)
4140	708A42 (En19C)	42CrMo4	冲压工具和模具、挤出机螺杆、轧辊、挤出料筒、单向阀
4150	~708A42 (CDS-15)	50CrMo4	喷嘴底座板
4317	—	17CrNiMo6	锥齿轮、螺旋齿轮和齿轮、轴、链条部件
5115	—	16MnCr5	斜齿轮、导杆、导柱
6152	—	50CrV4	止推板、夹紧装置、阀弹簧、弹簧触点
302	302S25 (EN58A)	XI2CrNi188	螺杆箱、衬套
316	~316S16	X5CrNiMo1810	穿孔或开槽板筛，用于纺织和橡胶工业零件
	(EN58J)	G-X10CrNiMo189	阀门插头，纺织和化学工业的零件
410	410S21 (En56A)	X10Cr13	阀门组件、配件
420	~420S45	X40Cr13	阀门组件、柱塞杆、配件、导轮、化工厂配件
	(EN56D)	X35CrMo17	轴、主轴、阀门
灰铸铁和球墨铸铁件			纺织机械配件、芯棒、模具、套筒

作为耐磨材料，渗硼不锈钢用于制作零件，如螺杆箱、衬套、穿孔或开槽板筛、轧辊、阀门组件、配件、导轮、轴和主轴。经渗硼的 Ti-6Al-4V 可在一些零件上使用，如用于直升机转子叶片前缘熔覆层。在这个类别中的其他应用如下：

① 农业机械零件。

② 运土工具（斗齿）。

③ 袋式灌装设备的喷嘴。

④ 挤压螺钉、气缸、喷嘴，塑料生产机械反流阻断块（挤出机、注塑机）。

⑤ 塑料工业中矿物填充塑料颗粒输送设备用弯折流板。

⑥ 冲压模具（在汽车配件制造冲孔）、挤压和拉拔模具、缩颈环模（由 S1 工具钢）。

⑦ 冲压模具、切割模板、冲孔板筛（用 DINST37 钢）。

⑧ 螺杆、齿轮、锥齿轮（AISI4317 钢）。

⑨ 钢模（在陶瓷行业的陶瓷砖、坩埚）、挤出料筒、活塞环（4140 钢）。

⑩ 挤出（机）嘴、止回阀和气缸（磨料矿物或玻璃纤维填充塑料的挤出，由 4150 钢制造）。

⑪ 加工有色金属的铸造嘴（AISIH11 钢制造）。

⑫ 褐煤型煤的运输带。

渗硼钢制零件也可用于以下方面：压铸模具、折弯块；拉丝块；管夹；压制成形辊、校直辊、雕刻辊和冷轧辊；心轴；冲压模具；套管；导向杆；圆盘；铸造刀片；各类模具，如冷镦、弯曲、挤出、冲压、挤压、冲裁、螺纹滚轧、热成型、注射成型、热锻、拉丝、压花等，选用 A2、A6、D2、D6、H10、H11、O2 和其他工具钢制作。

渗硼钢制零件已经用于熔融有色金属的运输管道［如铝、锌和锡合金（由 DINSt37 制造）］、用于氯乙烯单体的耐腐蚀输送管道弯头、研磨盘（由 DIN45CK 制造）、压铸零件、空气耐蚀包层（熔覆层）、数据打印组件（例如，磁锤、针式打印机）和发动机挺杆。

经渗硼的坡莫合金可用于磁头。渗硼硬质合金作为拉伸模，生产导向零件、尺寸测量零件。一些多元渗硼例子包括提高奥氏体钢（硼铬共渗）的耐磨性、塑料加工机器的零件（硼铬钛共渗）的耐磨性，在陶瓷工业中使用的（硼铬共渗）模具的耐磨性。

8.2.6 化学气相沉积

在钢、难熔金属和合金上，已经采用以下氯化物反应制成了 TiB_2、ZrB_2、稀土硼化物等的金属硼化物覆层或者通过化学气相沉积（CVD）工艺生成的沉积层：

$$MCl_4(g)+2BCL_3(g)+5H_2(g)=MB_2(s)+10HCl(g) \tag{8-6}$$

某些硼化物的优质沉积层是在表 8-7 所列的条件下获得的。在这些硼化物覆层当中，大量的研究工作已经直接朝向 TiB_2 的沉积。

表 8-7 一些硼化物化学气相沉积条件

硼化物	初期形式	温度		压力		参考
		℃	℉	kPa	Torr	
HfB_2	$HfCl_4$-BCl_3-H_2	1400	2550	0.4	3	Gebhardt and Cree(1965)
NbB_2	$NbBr_5$-BBr_3	850~1750	1560~3180	0.003~0.025	0.025~0.2	Armas et al. (1976)
Ni-B	$Ni(CO)_4$-B_2H_6-CO	150	300	87	650	Mullendore and Pope(1987)
SiB_4	SiH_4-BCl_3-H_2	800~1400	1470~2500	6.5~80	50~600	Dirkx and Spear(1984)
SiBx	$SiBr_4$-BBr_3	975~1375	1790~2500	0.007	0.05	Armas and Combescure(1977)
TaB_2	$TaBr_5$-BBr_3	850~1750	1560~318	00.003~0.025	0.025~0.2	Armas et al. (1976)
	$TaCl_5$-B_2H_6	500~1025	930~1875	100	760	Randich(1980)
TiB_2	$TiCl_4$-BCl_3-H_2	1200~1415	2200~2580	0.4~2	3~15	Gebhardt and Cree(1965)
	$TiCl_4$-B_2H_6	600~900	1100~1650	100	760	Pierson and Mullendore(1980)
	$TiCl_4$-BCl_3-H_2	750~1050	1380~1920	100	760	Caputo et al. (1985)
	$TiCl_4$-BCl_3-H_2	1200	2200	6.5	50	Desmaison et al. (1987)
ZrB_2	$ZrCl_4$-BCl_3-H_2	1400	2550	0.4~0.8	3~6	Gebhardt and Cree(1965)

化学气相沉积（CVD）工艺可在各种基体材料上覆涂 TiB_2 或者 ZrB_2 沉积层，将 $TiCl_4$（或者 $ZrCl_4$）和 BCl_3 混合物与 H_2 混合，在真空炉膛中加热的零件上面进行，那里气体分解成原子硼或钛（或者锆），随后，当保持适当的沉积温度和气体压力时，在零件表面出现 TiB_2（或 ZrB_2）沉积（表 8-7）。有必要调整气体流量，所以原子比率如下：

1）对于 TiB_2，B : Ti = 1~2、H : Cl = 6~10。

2）对于 ZrB_2，B : Zr = 1.0、H : Cl = 20.0。

进一步注意到，当 B :（B+Cl）≈ 0.4 时，TiB_2

沉积物择优取向｛1010｝或｛1120｝晶面族致密，它通常与柱状外观联系在一起，而且显微硬度值是3300~4500HV（50gf负载）。对于钢和硬质合金表面上一个好的黏附沉积物 TiB_2，合适的方法是使用钴和 TiC 耐蚀层分别预涂基材。

化学气相沉积工艺的优点：沉积物纯度高；相对高的沉积速率；严密的化学成分控制；在高温状态抗热冲击性好，抗侵蚀性和/或者耐蚀性好；小件批量生产大量经济节约。结果在硬质合金切削刀片、铝电解槽上的石墨电极和煤转化反应器减压阀上广泛使用 TiB_2覆层。石墨上覆涂 $ZrBr_2$层，有时在高温下，作为一种光谱选择的表面。

参考文献

1. A. Graf von Matuschka, *Boronizing*, Hanser, 1980
2. R. Chatterjee-Fischer, *Härt.-Tech. Mitt.*, Vol 36 (No. 5), 1981, p248-254
3. P. Dearnley and T. Bell, *Surf. Eng.*, Vol 1 (No. 3), 1985, p203-217
4. W. J. G. Fichtl, "Saving Energy and Money by Boronizing," Paper presented at the meeting of the Japan Heat Treating Association, Nov, 25, 1988 (Tokyo)
5. W. J. G. Fichtl, "Boronizing and Its Practical Applications," Paper presented at the 33rd Harterei-Kolloquium, Oct 5-7, 1977 (Wiesbaden); *Heat Treat. Met.*, 1983, p79-80
6. A. Galibois, O. Boutenko, and B. Voyzelle, *Acta Metall.*, Vol 28, 1980, p1753-1763, 1765-1771
7. R. Chatterjee-Fischer, *Powder Metall.*, Vol 20 (No. 2), 1977, p96-99
8. R. Chatterjee-Fischer, Chap. 8, in *Surface Modification Technologies*, T. S. Sudarshan, Ed., Marcel Dekker, Inc., 1989, p567-609
9. S. Motojima, K. Maeda, and K. Sugiyama, *J. Less-Common Met.*, Vol 81, 1981, p267-272
10. O. Knotek, E. Lugscheider, and K. Leuschen, *Thin Solid Films*, Vol 45, 1977, p331-339
11. K. H. Habig and R. Chatterjee-Fischer, *Tribol. Int.*, Vol 14 (No. 4), 1981, p209-215
12. D. J. Bak, *New Design News*, Feb 16, 1981, p78
13. R. Chatterjee-Fischer and O. Schaaber, *Proceedings of Heat Treatment'76*, The Metals Society, 1976, p27-30
14. W. J. G. Fichtl, *Härt.-Tech. Mitt.*, Vol 29 (No. 2), 1974, p113-119
15. *Mater, Eng.*, Aug 1970, p42
16. R. S. Petrova, N. Suwattananont, and V. Samardzic, *J. Mater. Eng. Perform.*, Vol 17 (No. 3), 2008, p340-345
17. B. Venkataraman and G. Sundararajan, The High Speed Sliding Wear Behaviour of Boronized Medium Carbon, Steel, *Surf. Coat. Technol.*, Vol 73 (No. 3), 1995, p177-184
18. Y. A. Alimov, *Pham. Chem. J.*, Vol 9 (No. 4), May 1975, p324-336
19. H. C. Child, *Metall. Mater. Technol*, Vol 13 (No. 6), 1981, p303-309
20. H. Kunst and O. Schaaber, *Härt.-Tech. Mitt.*, Vol 22 (No. 1), Translations HB 7122-Ⅰ and HB 7122-Ⅱ, 1967, p1-25
21. M. J. Lu, *Härt.-Tech. Mitt.*, Vol 38 (No. 4), 1983, p156-159
22. W. Liluental, J. Tacikowski, and J. Senatorski, *Proceedings of Heat Treatment' 81*, The Metals Society, 1983, p193-197
23. H. Kunst and O. Schaaber, *Härt.-Tech. Mitt.*, Vol 22, Translation HB 7122-Ⅲ, 1967, p275-292
24. D. N. Tsipas, J. Rus, and H. Noguerra, *Proceedings of Heat Treatment'88*, The Metals Society, 1988, p203-210
25. P. A. Deamley, T. Farrell, and T. Bell, *J. Mater. Energy Sys.*, Vol 8 (No. 2), 1986, p128-131
26. G. Kartal, S. Timur, V. Sista, O. L. Eryilmaz, and A. Erdemir, *Surf. Coat. Technol.*, Vol 206 (No. 7), Dec 2011, p2005-2011
27. T. B. Massalski, *Binary Alloy Phase Diagrams*, American Society for Metals, 1986
28. A. Brown et al., *Metall. Sci.*, Vol 8, 1974, p317-324
29. M. E. Nicholson, *J. Met.*, 1954, p185-190
30. T. B. Cameron and J. E. Morral, *Met. Trans. A*, Vol 17, 1986, p1481-1483
31. W. Fichtl, N. Trausner, and A. G. Matuschka, Boronizing with Ekabor, *Elektroschmeltz Kempten*, GmbH
32. W. Fichtl, *Oberflaechentech. Metallpraxis*, Vol 11, 1972, p434
33. "Boroalloy Process," Process Data Sheet 4, Lindberg Heat Treating Company
34. A. J. Ninham and I. M. Hutchings, *Wear of Materials*, Vol 1, ASME, New York, 1989, p121-127
35. M. E. Blanter and N. P. Bosedin, *Metalloved. Term. Obra. Met.*, Vol 6, 1955, p3-9
36. G. V. Samsonov and A. P. Epik, in *Coatings on High Temperature Materials*, Part Ⅰ, H. H. Hausner, Ed., Plenum Press, 1966, p7-111
37. J. J. Smit, Deift University of Technology, Laboratory of Metals, unpublished research, 1984
38. C. M. Brakman, A. W. J. Gommers, and E. J. Mittemeijer, *Proceedings of Heat Treatment' 88*, The Institute of Metals, 1988, p211-217
39. H. C. Fiedler and W. J. Hayes, *Met Trans. A*, Vol 1, 1970, p1070-1073
40. W. J. G. Fichtl, *Jahr. Oberflachen Tech.*, Vol 45, Metall-Verlag, 1989, p420-427
41. G. Palombarini, M. Carbucicchio, and L. Cento, *J. Mater. Sci.*, Vol 19, 1984, p3732

42. V. I. Pokmurskii, V. G. Protsik, and A. M. Mokrava, *Sov. Mater. Sci.*, Vol 10, 1980, p185
43. P. Goeurist, R. Fillitt, F. Thevenol, J. H. Driver, and H. Bruyas, *Mater. Sci. Eng.*, Vol 55, 1982, p9-19
44. M. Carbucicchio and G. Sambogna, *Thin Solid Films*, Vol 126, 1985, p299-305
45. K. G. Anthymidis and D. N. Tsipas, *J. Mater. Sci. Lett.*, Vol 20, 2001, p2067-2069
46. V. A. Volkov and A. A. Aliev, *Steel USSR*, Vol 5 (No. 3), 1975, p180-181
47. I. N. Kiolin, V. A. Volkov, A. A. Aliev, and A. G. Kucznetsov, *Steel USSR*, Vol 7 (No. 1), p53-54
48. N. Komutsu, M. Oboyashi, and J. Endo, *J. Jpn. Inst. Met.*, Vol 38, 1974, p481-486
49. L. S. Lyakhovich, *Improving the Life of Forming Tools by Chemico-Thermal Treatment*, NIINTI, Minsk, 1971 (in Russian)
50. K. Hosokawa, T. Yamashita, M. Veda, and T. Seki, *Kinzoku Hyomen Gitjutsu*, Vol 23 (No. 4), 1972, p211-216, Translation RTS 7945
51. H. Orning and O. Schaaber, *Härt.-Tech. Mitt.*, Vol 17 (No. 3), Translation BISI 3953, 1962, p131-140
52. H. C. Fiedler and R. J. Sieraksi, *Met. Prog.*, Vol 99 (No. 2), 1971, p101-107
53. G. Kartal, O. L. Eryilmaz, G. Krumdick, A. Erdemir, and S. Timur, Kinetics of Electrochemical Boriding of Low Carbon Steel, *Appl. Surf. Sci.*, Vol 257, 2011, p6928-6934
54. A. Bonomi, R. Habersaat, and G. Bienvenu, *Surf. Technol.*, Vol 6, 1978, p313-319
55. V. Danek and K. Matiasovsky, *Surf. Technol*, Vol 5, 1977, p65-72
56. K. Matiasovsky, M. C. Paucirova, P. Felner, and M. Makyta, *Surf. Coat. Technol*, Vol 35, 1988, p133-149
57. L. P. Skugorawa, V. I. Shylkov, and A. I. Netschaev, *Metalloved. Term. Obra. Met.*, No. 5, 1972, p61-62
58. F. Hegewaldt, L. Singheaser, and M. Turk, *Härt.-Tech. Mitt.*, Vol 39 (No. 1), 1984, p7-15
59. E. Filep, Sz. Farkas, and G. Kolozsvary, *Surf. Eng.*, Vol 4, 1988, p155-158
60. A. M. Staines, *Met. Mater.*, Vol 1, 1985, p739-745
61. P. Casadesus, C. Frantz, and M. Gantois, *Met. Trans. A*, Vol 10, 1979, p1739-1743
62. A. Raveh, A. Inspektor, U. Carmi, and R. Avni, *Thin Solid Films*, Vol 108, 1983, p39-45
63. T. Wierzchon, J. Bogacki, and T. Karpinski, *Heat Treatment of Metals*, 1980. 3, p65
64. S. A. Isakov and S. A. Al'tshuler, *Transl. Metalloved. Term. Obra. Met.*, No. 3, March, 1987, p25-27
65. A. V. Matuschka, N. Trausner, and J. Zeise, *Härt.-Tech. Mitt.*, Vol 43 (No. 1), 1988, p21-25
66. R. Chatterjee-Fischer, *Met. Prog.*, Vol 129 (No. 5), 1986, p24, 25, 37
67. S. Y. Pasechnik et al., in *Protective Coatings on Metals*, Vol 4, G. V. Samsonov, Ed., Consultants Bureau, 1972, p37-40
68. N. G. Kaidash et al., in *Protective Coatings on Metals*, Vol 4, G. V. Samsonov, Ed., Consultants Bureau, 1972, p149-155
69. G. V. Zemskov et al. *Izv. V. U. Z. Chernaya Metall.*, Vol 10, Translation BISI 15286, 1976, p130-133
70. R. L. Kogan et al., *Zashch. Pokrytiya Met*, Vol 10, Translation VR/1103/77, 1976, p100-102
71. D. G. Bhat, Chap. 2, in *Surface Modification Technologies*, T. S. Sudarshan, Ed., Marcel Dekker, 1989, p141-208
72. T. Takahachi and R. Kamiya, *J. Cryst. Growth*, Vol 26, 1974, p203-209
73. H. O. Pierson and A. W. Mullendore, *Thin Solid Films*, Vol 95, 1982, p99-104
74. K. Voigt and R. Westphal, *Proceedings of the Tenth Plansee Seminar*, Vol 2, Risley Translation 4877, 1981, p611-622
75. D. G. Bhat, *Surface Modification Technologies*, T. S. Sudarshan and D. G. Bhat, Ed., The Metallurgical Society, 1988, p1-21
76. H. O. Pierson, in *Chemically Vapor Deposited Coatings*. H. O. Pierson, Ed., The American Ceramics Society, 1981, p27-45
77. E. Randich, *Thin Solid Films*, Vol 83, 1981, p393-398

8.3 钢的表面反应沉积/扩散硬化工艺

Toru (Tohru) Arai, Consultant

8.3.1 引言

热反应沉积和扩散（TRD）工艺是在一些碳/氮材料，包括钢表面上形成碳化物、氮化物或者碳氮化物致密覆层的一个热处理基本方法。这些覆层与化学气相沉积（CVD），尤其是物理气相沉积（PVD）形成的覆层相比，可能有较大厚度和基材有较高的黏结强度。

由于碳化物形成元素（CEFs）和氮化物形成元素（NFEs）的强碳亲和力，在被涂零件的基体上，涂料渗剂中的碳/氮原子形成了反应沉积和扩散（TRD）覆层。

较厚的覆层的生长是通过不断提供能热扩散到零件基体表面的碳/氮，形成浓度梯度来实现的。碳/氮化合物的形态的自由能变化能够判断碳/氮与基体亲和力的程度。

碳化物形成元素包括钛、锆、铪、钒、铌、钽、铬、钨、钼和锰。所以这些元素都是氮化物形成元素。已经证实：如果选择更好的涂料渗剂、基体材料，采用更好的工艺参数，那么，在铁基、镍基、钴基材料上能够形成这些元素的碳化物/氮化物覆层。

图 8-19 和图 8-20 所示为钢表面形成的碳化物/氮化物覆层上，主要元素随深度的 X 射线强度变化。这些覆层几乎完全由碳化物/氮化物和 CFEs/NFEs 组成。基体材料中的主要组成元素，如铁，在覆层中不能被观察到。此外，图 8-21 清楚地显示这样一个事实：碳化物覆层开始在基体材料的外表面上生长。如图 8-22 所示，在覆涂温度上，基体相中含有大量的碳，通过选择基体材料能很容易形成很厚的覆层，厚度达 20μm。例如，在高的覆涂温度上已处理的灰铸铁和低合金高碳钢基体材料在实际应用中能够很好地实现高结合强度。

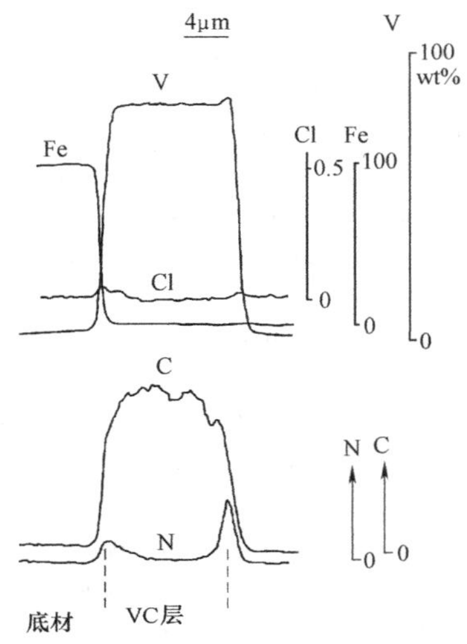

图 8-19 高温流态床上，加上质量分数为 10%的钒铁粉末，覆层温度为 1000℃（1830℉），时间为 2h，在 W1 材料上形成的碳化钒覆层中，钒、碳、铁和其他元素 X 射线强度随深度的变化

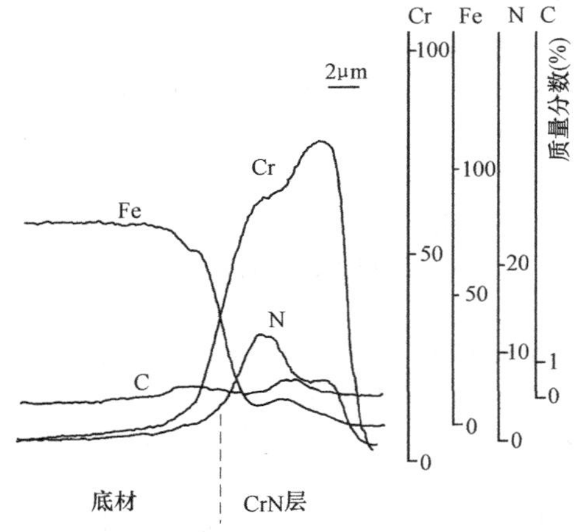

图 8-20 在添加质量分数为 20% Cr 的粉末在低温氯化物电解液中，初步渗氮后的 H13 上形成的铬氮化物覆层中的铬、铁、氮和碳的 X 射线强度随深度变化

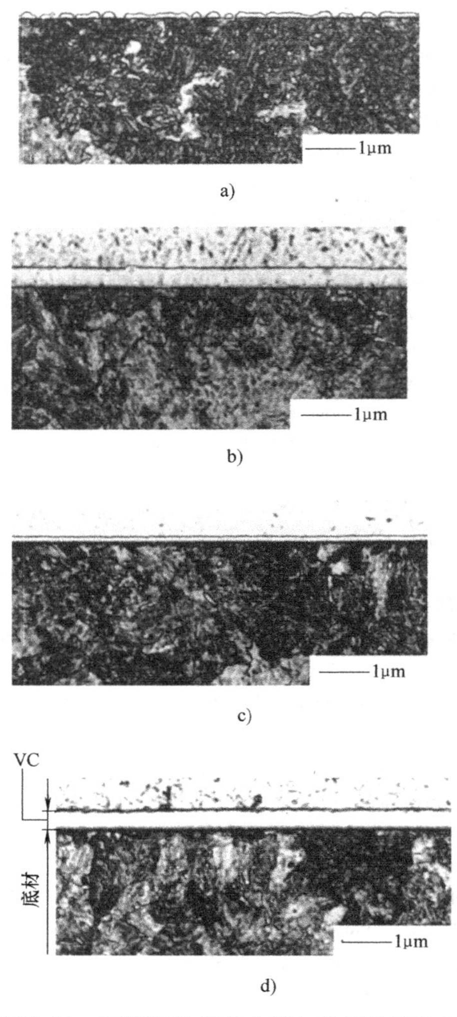

图 8-21 高温硼砂熔盐中添加质量分数为 20%的五氧化二钒薄片和 5%的硼碳化物粉末，不同的温度和时间，在 W1 上形成的碳化钒覆层的横截面光学组织观察

a）900℃（1650℉），3min b）900℃，30min c）1000℃（1830℉），1min d）1000℃（1830℉），30min

对覆层形成能够起作用的活性碳化物形成元素（CEFs）和氮化物形成元素（NFEs），是从添加的 CFE/NFE 渗剂混合到其他渗剂中形成的。把碳/氮

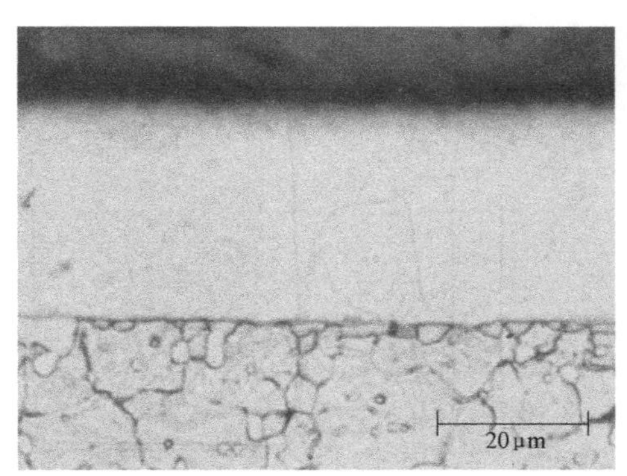

图 8-22　D3 高温硼砂熔盐，覆涂温度为 1000℃（1830℉），时间为 24h，10% Fe-Nb 粉末，形成具有明显厚度的碳化镍覆层，横截面光学组织观察

添加到覆层渗剂中的方法不建议采用，因为把碳/氮添加到覆层渗剂中会恶化与渗剂中的活性 CFEs/NFEs 之间的化学反应。而且，碳/氮添加到覆层渗剂中会迫使投入更多的努力去维持质量，如厚度、晶体结构、特性（如抗弯强度等）。只有通过涂料渗剂中的 CFEs/NFEs 和被涂零件的基体材料中碳/氮之间的化学反应形成的覆层，才能称为冶金结合。因此，基体材料通过 TRD 处理的覆层的结合强度比 PVD 和 CVD 形成的覆层大，甚至厚度也较大，如 5~20μm（0.0002~0.0008in）。

通常不推荐把碳或者氮添加到被覆涂的零件中，因为许多类型的工业用钢铁已经含有足够的数量的碳。此外，如果在覆层之前需要添加碳或氮，那么，渗碳和渗氮很容易把更多的碳/氮添加到铁基材料中。

根据覆层的性质及其应用领域，TRD 工艺应该与 CVD 和 PVD 分为一类，生成薄而硬的覆层，而不是典型的热扩散过程，如渗碳、渗氮、渗硼等。尽管为了 TRD 处理工艺，需要对传统的热处理设备做小的改进，TRD 覆涂设备基本上类似于传统的热处理设备。所以，和 CVD、PVD 生成碳化物/氮化物覆层的设备相比，TRD 覆层设备还是便宜的。TRD 工艺的覆层有优异的黏结强度，甚至厚度更大，覆层厚度均匀一致，即使在狭窄的、凹陷的区域，也同时可以进行心部淬火等，成为超过 CVD 和 PVD 的优势。

TRD 工艺可以使用熔融的盐浴、流态床以及使用固体粉末渗剂的包埋渗方法实现。丰田中央研究和开发实验室公司（Toyota Central Research and Development Labs, Inc.）使用硼砂熔盐浸入方法，开发了第一个碳化物覆层工艺，而 1969 年在日本工业领域开始实践应用。该工艺因此被称为丰田扩散工艺、TD 工艺或热扩散工艺。然而，作者提出的 TRD，应用得越来越普遍，因为通过大量的研究，已经阐明了覆层机理，而它描述了覆层的生长机理。该工艺已经被丰田进一步扩大到了流态床处理的碳化物覆层和碳化物/氮化物覆层，以及氯化物基础盐的低温盐浴处理。流态床碳化物覆层和低温盐浴氮化物覆层分别从 1990 年和 1996 年开始研究，已经得到了实际应用。

在丰田的研究成果发布之前发表的一些论文，报道了使用盐浴和粉末包埋渗的碳化物层的形成，但是，对于当前的工业要求，覆层的质量显得不足。它们中的大部分应该属于 TRD 类别。

8.3.2　覆层机理和类型

如果覆层渗剂中的 CFEs 和 NFEs 与零件基体在升高的温度下保持接触，那么，由于大的亲和力，即碳化物/氮化物形成的小的自由能变化，在裸露的表面上即刻就与碳/氮结合，在接触面上生成碳化物/氮化物颗粒。

通过覆层渗剂中的 CFEs/NFEs 和覆层表面上的碳/氮原子之间的连续反应，由于热扩散，向更深层次的基材依次提供碳/氮原子，形成的碳化物/氮化物颗粒在基体材料的表面上生长成厚的覆层。因此，在基材上的碳/氮原子的扩散速率是覆层生长速率的最重要的因素之一。产生厚的覆层所需的碳的大扩散速率是在钢的淬火温度范围获得的，而不是钢的回火温度。然而，氮在低温更容易扩散，这样，在钢的高温回火温度下，可以生成足够厚度的氮化物层。因此，TRD 在奥氏体化/淬火温度下可以生成碳化物覆层，并且，钢在亚相变点以下的回火温度上能够生成氮化物覆层。

在已渗氮的低碳钢上的 TRD 覆层，能够以较大的生长速率产生碳氮化合物层，因为它使用了碳和氮。此外，它还能减少碳化物覆层下面由于含碳量减少所致的硬度下降的可能性。以这种方式，在低温下形成的氮化物覆层应该严格地称为碳氮化物，因为除了氮，它们也包括碳。

在基体材料上，如铁基材料、镍基材料和钴基合金，TRD 覆涂会产生碳化物覆层、氮化物覆层和碳氮化物覆层。只要在覆层渗剂中 CFEs/NFEs 和碳/氮的亲和力比在基体材料中的 CFEs/NFEs 和碳/氮亲和力大些，也能在固体碳化物和氮化物，如碳化硅（SiC）和硅氮化物（Si_3N_4）上生成 TRD 覆层。固体碳，如石墨，也能生成碳化物覆层。

可形成覆层 CFEs/NFEs（活性 CFE/NFE）可在熔盐和含有粉末材料和活性剂的 CFEs/NFEs 混合物

中使用，活性剂通常是卤化物，粉末材料和活性剂在密闭容器中加热（粉末包埋工艺）使用，也可在流态床（流态床工艺）中使用。

形成覆层的类型。在含有碳/氮的金属材料（如铁、钴合金和镍合金）上形成碳化物和氮化物的报道的示例见表 8-8。列举如下：

表 8-8 覆层类型示例

高温硼砂熔盐浴	单一碳化物或 V、Nb、Ta、Cr、W、Mo 的合金碳化物
	单一氮化物或 V、Nb 的合金氮化物
高温卤化物盐浴	单一碳化物或 Ti、Zr、V、Nb、Ta、Cr、Mo、W 的合金碳化物
	单一氮化物或 Ti、Zr、V、Nb、Ta、Cr、Mo、W、Mn 的合金氮化物
高温流态床和固体渗	单一碳化物或 Ti、Zr、V、Nb、Ta、Cr、Mo、W、Mn 的合金碳化物
	单一氮化物或 Ti、Zr、Nb、Cr、Mo、W 的合金氮化物
低温卤化物盐浴	单一氮化物或 V、Cr 的合金氮化物
低温流态床和固体渗	单一氮化物或 Cr、V 的合金氮化物

一些碳化物/氮化物覆层可以是不同类型的晶格，取决于覆层中 CFE/NFE 和碳/氮原子数量比率，例如，V_2C 和 VC、$Cr_{23}C_6$ 和 Cr_7C_3、V_2N 和 VN、Cr_2N 和 CrN。然而，实际应用中这些差异通常对它们的性能没有显著影响。

合金碳化物/氮化物覆层（例如，由钒和镍、钒和铬、镍和铬组成的）在任何覆涂工艺中都能形成。然而，已经证实合金 TRD 碳化物/氮化物覆层的成分，即每个覆层中 CFE/NFE 的含量，在它们的生长期间是变化的，如图 8-23 所示，取决于覆层的温度和 CFE/NFE 渗剂的混合比率。也就是，通过对碳/氮不同程度的亲和力，CFE/NFE 对每一个碳化物/氮化物晶格的不同类型有最大的影响。

相同和/或不同类型的碳化物的复合覆层是可能出现的，至少是碳化钒、碳化铌和碳化铬的任何一种组合。在第二次覆层过程中，没有观察到第一个覆层 CFEs/NFEs 和第二个覆层 CFEs/NFEs 的显著混合。

覆层可以在 CVD TiC 层和 PVD TiN 层上生长，但是由于 CVD 和 PVD 覆层没有好的黏结强度导致高的剥落的风险。电镀铜可以阻止 TRD 碳化物/氮化物覆层的形成，因为零件基体上的碳/氮原子不能通过铜镀层扩散到表面，而与 CFE/NFE 反应。因此，

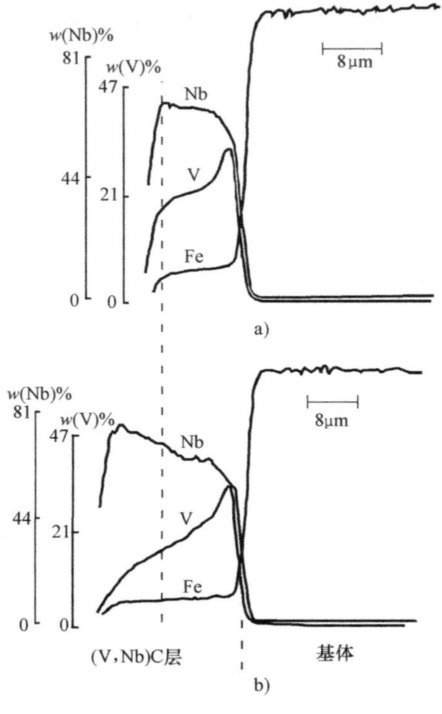

图 8-23 合金 W1 在高温硼砂熔盐中添加质量分数为 10% 的钒铁和铁镍粉末，覆涂温度为 1000℃（1830℉），处理 1h 和 8h，形成的钒-镍-合金碳化物中钒、镍、和铁的 X-射线强度随深度的变化

a）1h b）8h

对于局部 TRD 覆层采用镀铜层，换句话说 TRD 碳化物覆层可以在镀镍和镀铬的钢上生长。零件基体材料中的碳原子通过热力学扩散，改变碳化铬或者富碳镍的结构，很容易迁移到镀层表面。

在这种情况下，CFE 和碳的亲和力相对弱，在基体材料中，有一个大的扩散速率和大的溶解度极限，如在低中碳钢上的碳化铬覆层是由碳化铬（外层）和铬铁固溶体层（内层）两者组成的，就像普通的镀铬处理一样。

某些情况下，在 CFE 和基体材料中主要元素之间，TRD 也可以形成化合物层。典型的例子是在含碳量相对较低的镍-钴基合金上，可以形成 $NbNi_3$、VNi_3、$NbCo_3$ 和 VCo 化合物层。在这些合金上的初步渗碳可以形成致密的碳化物层。基体材料中的碳和元素的数量上的平衡应该是覆层类型的一个主要决定因素。

8.3.3 碳化物覆层的形核和生长

1. 在基体材料中的金属相组织上生长

在碳化物覆涂温度上，普通碳钢和低碳钢的结构是由大部分奥氏体和含量几乎接近零的铁基碳化物 M_3C (Fe_3C) 组成的。另一方面，高碳、高合金钢是由合金碳化物，如 $M_{23}C_6$、M_7C_3和 MC，以及奥氏体组成的。这就意味着在碳化物颗粒上存在的碳原子不能和金属相组织中碳原子一样，很容易地形成碳化物。

在碳化物覆层形成的早期，如在盐浴处理过程中，几秒钟内就已经观察到了碳化物覆层的生长。对很薄的钢片表面的扫描电子显微镜观察显示，碳化钒、碳化镍和碳化铬覆层在很短的时间内在 820℃ (1510℉) 的熔融硼砂浴中开始生长，例如 5s。碳化物颗粒经过三个步骤长成厚层：首先，小于 0.1μm (0.004mil) 的颗粒形核生长（此后被称为第一步）；在第一步层上生成精细碳化物颗粒，形成一个光滑的表面（第二步）；生长成厚的碳化物层，它具有强烈择优取向的柱状晶或者随机取向的等轴颗粒（第三步）。碳化钒覆层的一个类似生长行为已经在粉末包埋工艺中进行了介绍。

就第三步覆层的表面质量而言，碳化钒覆层的表面质量优于碳化镍和碳化铬覆层。碳化镍和碳化铬覆层的表面在低温下形成，例如 900℃ (1650℉)，不如碳化钒的表面光滑。然而，在这三种覆层之间，就覆涂温度来说，直到较高的温度为止，表面质量相差不多。碳化物的种类、基体材料的类型和覆涂条件不同，对所有的三步过程的行为而言，上一步转换到下一步的时间，有显著影响。图 8-24 展现了 W1 在覆涂温度上形成的碳化钒覆层的断口形貌。已经清楚地认识到了碳化物颗粒尺寸和形状在生长成厚的覆层期间发生了变化。由于碳钢的覆涂温度太高，扩大了厚度的变化范围，导致覆层太厚，如 30μm (1.2mil)。图 8-25 所示为在碳化钒生长期间，盐浴温度对于择优取向的变化的影响。对碳化铬覆层，已经观察到了一个类似的现象，即较高的覆涂温度倾向于产生等轴颗粒而不是具有强烈的择优取向颗粒。

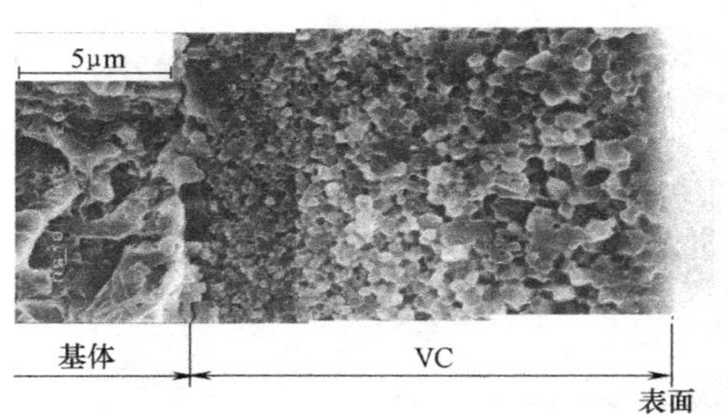

图 8-24 在 W1 上碳化钒覆层的断口形貌

注：碳化钒覆层形成工艺：高温硼砂熔盐中添加质量分数为 20% 的五氧化二钒薄片和 5% 的碳化硼粉末，处理温度是为 1000℃ (1830℉)，处理时间为 4h。

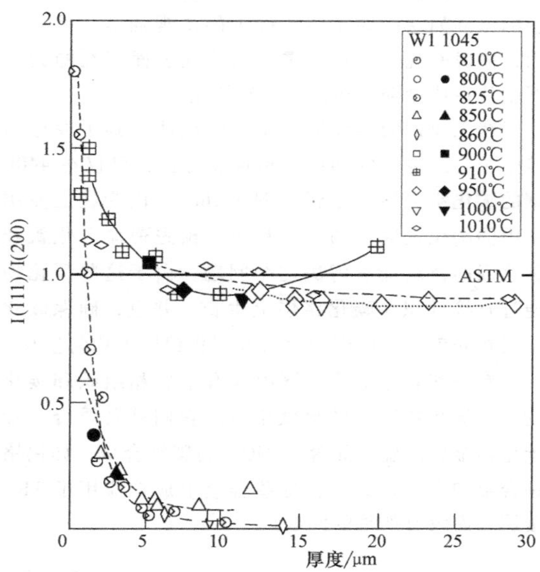

图 8-25 在各种覆涂温度下，通过延长覆涂时间，碳化钒覆层 I (111)/I (200) 在生长期间 X-射线强度比率的变化

通过实验室试验和实际使用，已经认识到硬质材料（如碳化物和氮化钢）覆层的表面磨削加工，与其他工业材料比较，对摩擦学性能有极大的影响。也已经注意到具有等轴颗粒结构的覆层与柱状晶的覆层应该有更好的机械强度。覆涂条件的选择应该考虑到这样的信息。

2. 在零件表面裸露的碳和碳化物颗粒的生长

在基材表面裸露的碳化物颗粒对碳化物覆层的生长行为和被涂零件的各种性能应该有一些影响。目前已经证实，仅在覆层渗剂中和碳有较大亲和力的 CFEs，能够把碳化物颗粒中的碳原子驱赶出去，而有助于 TRD 碳化物的生长，并且它们的生长速度几乎和在奥氏体中（直接沉积）相同。在亲和力弱的情况下，观察到了初次生成的碳化物颗粒没有沉积或者沉积大大延迟。然而，碳化物颗粒的表面能够通过覆涂碳化物之后在奥氏体（间接沉积）上已经生长的碳化物长大来覆盖。通过含有极其粗大的碳化物颗粒的实验室铸造合金的使用，弄清楚了这个现象。

间接沉积的碳化物颗粒的覆涂生长速率比在奥氏体上的小，因此，在基体材料上形成的具有间接沉积的大颗粒碳化物的覆涂表面上，往往有小的或大的凹痕。在灰铸铁的表面覆层上可以很容易地观察到这个现象，如图 8-26a 和图 8-26b 所示。在铸铁的石墨上面通过间接沉积产生钒、镍和铬覆层。

在覆涂表面上的小凹坑可能会产生一个积极的影响，例如在一些摩擦条件下的微观油池。另一方面，横截面观察显示，靠近灰铸铁表面存在的大的石墨片在覆涂期间和使用中破坏覆层。

在工业钢的实际应用中，已经认识到了通过间接生长会产生小的凹坑，到目前为止，仅仅在 440C 钢的碳化铬覆层上见到（图 8-26c)，因为在工业用钢中的碳化物颗粒通常不粗大。预先覆涂碳化钒和碳化镍的覆层能够解决这个问题，由于这些碳化物通过直接沉积在碳化铬层上生长，并且，确保碳化铬层在先前覆涂的碳化钒层和碳化镍层上均匀生长。

有一些其他工业用钢中含有金属相组织和碳化物或者氮化物颗粒的显微组织。它们是硬质合金和碳化物金属陶瓷，如含铁 TiC、高碳钴合金，如钨铬钴合金和合金铸铁。在这些合金上成功应用了 TRD 覆层，而没有严重的问题。

TRD 碳化物/氮化物能够在碳化物/氮化物渗碳体上生长，如碳化硅和碳化钛，以类似于在钢中的生长速率长大。然而，长大行为的细节还没有仔细研究。

8.3.4 氮化物覆层的形核和生长

在低合金钢上形成的渗氮层由铁氮化合物表层和化合物层下面的扩散层组成。高碳钢、高合金钢上形成的渗氮化合物层中的碳化物晶粒暴露在表面，这些晶粒中可能含有一些在渗氮过程中引入的氮原子。TRD 氮化物覆层可利用氮化合物层中的氮原子生长。TRD 碳化物覆层在碳化物晶粒上的生长行为目前没有详细报道，然而，在工业用钢中存在的一些小碳化物颗粒不会严重阻碍 TRD 氮化物层的形成。这一工艺可成功应用于高速工具钢。

TRD 覆层由双层或单层组成，双层包括 Cr_2N（外层）和 CrN（内层）或 V_2N（外层）和 VN（内层)，单层为 CrN 层或 VN 层。整个覆层是由新生的氮化物层、残留的原铁-氮化合物层和扩散层组成，如图 8-27a 所示。

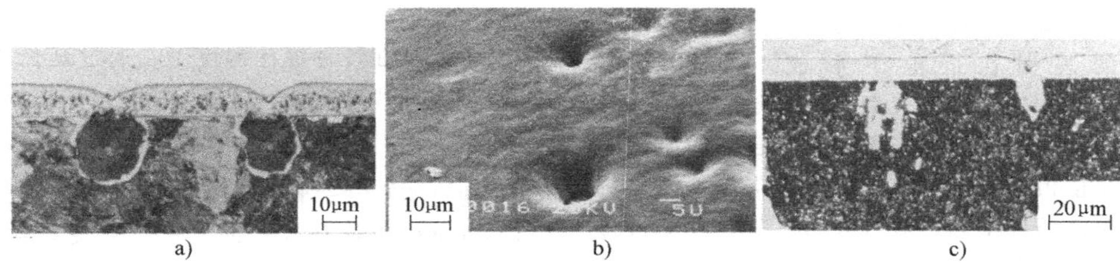

a) b) c)

图 8-26 高温硼砂熔盐形成的碳化物覆层的表面及横截面的观察视图

a）石墨和碳化物颗粒上的覆层 b）球墨铸铁上碳化钒覆层，处理温度为 900℃（1650℉），时间为 4h
c）在 440C 钢上的碳化铬覆层，处理温度为 1000℃（1830℉），处理 2h

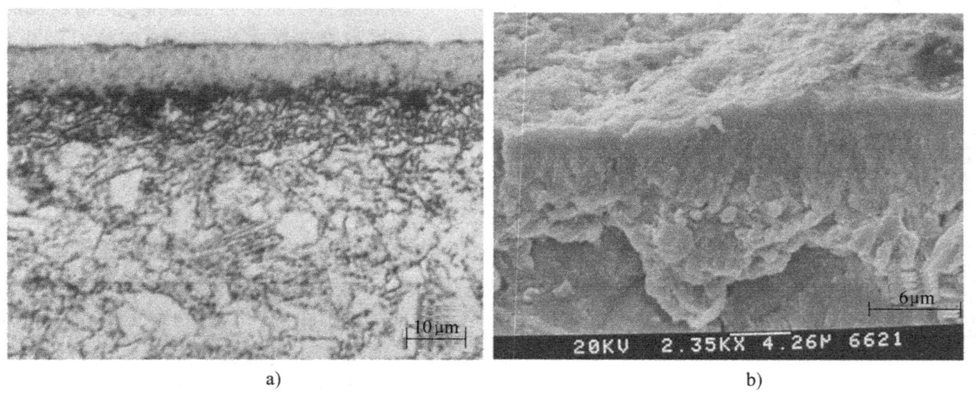

a) b)

图 8-27 在 1045 钢上低温卤化物盐浴，添加质量分数为 20%的 Cr 粉末处理，形成的氮化铬覆层的横截面观察视图

a）横截面抛光，光学显微镜观察，覆涂温度为 570℃（1060℉），时间为 8h，在 570℃的盐浴中预先渗氮处理 1.5h
b）H13 断面的电子显微镜观察，覆涂温度为 580℃（1075℉），时间为 3h；在 570℃盐浴中预先渗氮处理 8h

但是，与碳化物涂层生长行为研究相比，目前鲜有对 TRD 新生氮化物层的精细生长行为研究报道。由于 TRD 氮化物涂层在较低温度下生长，涂层中晶粒非常细小，这给详细观察带来了不小的困难。图 8-27b 所示为在 570℃（1060℉）的卤化物中处理 3h，H13 钢上覆层的断口形貌，处理 8h 后，覆层厚度可达 7μm（0.28mil），覆层的内层是由 5μm（0.2mil）的柱状晶组成的，而覆层的外层是由 2μm（0.08mil）的球状颗粒组成的。需要指出的是，透射电镜观察结果显示，所形成的 TRD CrN 化合物层是均匀分布的纳米级晶粒。

目前，低温 RTD 氮化物覆层在盐浴处理工艺和流态床工艺下的生长行为已有较多研究。这些研究有助于深入理解 TRD 氮化物涂层的生长行为。例如，曹辉亮等详细观察了 TRD 氮化铬涂层生长过程中的相变行为，发现氮化铬晶粒主要在原铁氮化合物层表面形核生长，但也有部分铬原子扩散到铁氮化合物的浅表层，与氮形成化合物。另一方面，原铁氮化合物层的结构也会变化，这取决于 TRD 的处理温度、渗氮温度和基底材料的化学组分。

8.3.5 覆层生长速率的控制因素

1. 活性 CFE/NFE 的数量

如图 8-28～图 8-31 所示，仅仅添加少量的 CFE/NFE 渗剂，覆层厚度就可以达到它们的最大水平，这意味着 CFE/NFE 渗剂的质量分数即使为 5%～10%，不管何种覆涂方法的类型和碳化物的种类，都能获得有足够活性的 CFE/NFE 和基体中可用的所有的碳/氮结合。添加生成饱和厚度覆层的渗剂数量可以称为最小化 CFE/NFE 数量要求（MRA-CFE/NFE 渗剂），饱和厚度需要的活性的 CFE/NFE 的数量，是要求最小化活性的 CFE/NFE（MRA-A CFE/NFE）数量。

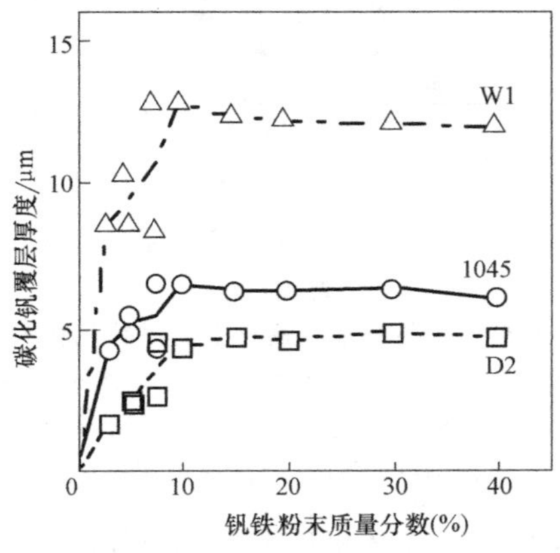

图 8-28 硼砂熔盐中钒铁粉末的数量对高温硼砂熔盐中形成的碳化钒覆层厚度的影响

注：覆涂温度为 1000℃（1830℉），时间为 2h。

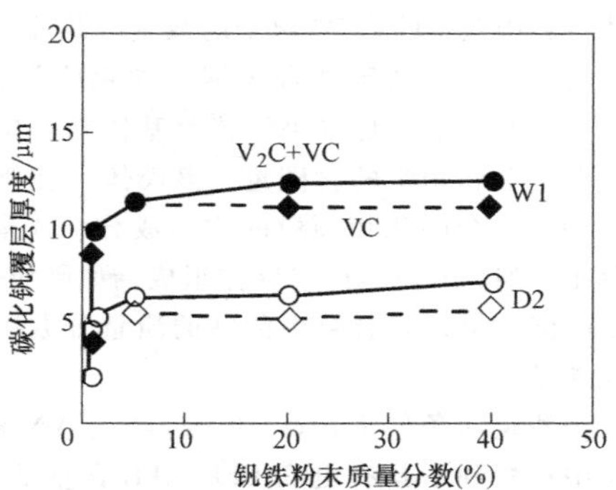

图 8-29 流态床中钒铁粉末的数量对高温流态床中形成的碳化钒覆层厚度的影响

注：覆涂温度为 1000℃（1830℉），时间为 2h。

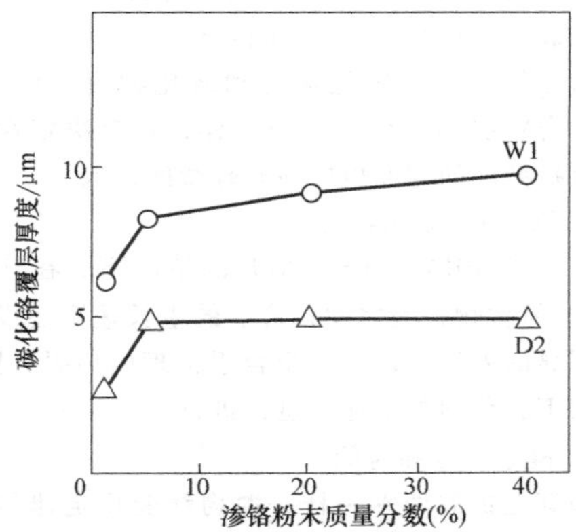

图 8-30 流态床中铬粉末的数量对高温流态床中形成的碳化铬覆层厚度的影响

注：覆涂温度为 1000℃（1830℉），时间为 2h。

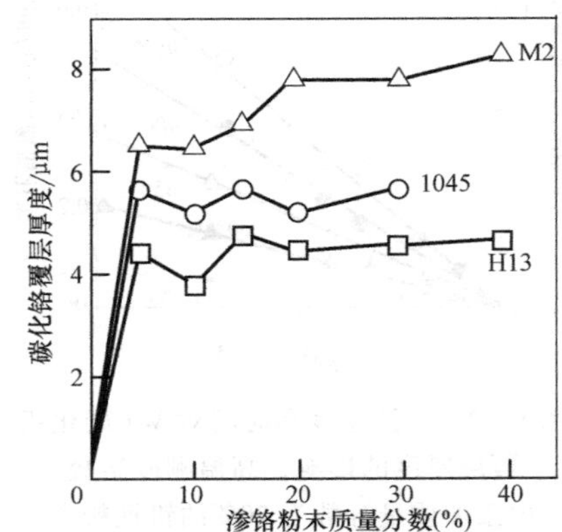

图 8-31 在氯化物电解液中铬粉末的数量对低温氯化物电解液中氮化铬厚度的影响

注：覆涂温度为 570℃（1060℉），时间为 8h；盐浴渗氮处理温度为 570℃，时间为 3.5h。

在超过 MRA-A CFE/ NFE 的情况下，决定碳化物/氮化物层生长速率的唯一因素是随着时间的推移从基体材料中获得的碳/氮原子的数量。此外，在高碳钢、高合金钢和高碳钴合金钢（如钨铬钴合金）中，可用碳的数量不是取决于整个基体材料中的碳含量，而是金属相中的含碳量：奥氏体（在钢的情况下）中，合金碳化物颗粒的化学成分、数量、尺寸和分布。如果基体是由渗碳体组成，如硬质合金，钴相中的碳含量以及合金中的钴的质量分数决定可用的碳含量。

在一些覆涂条件下，在 VC、Cr_7C_3、VN 和 CrN 的覆层中观察到了具有更高 CFE/NFE 含量的覆层，如用 V_2C、$Cr_{23}C_6$、V_2N、Cr_2N 等建立的覆层。大家相信活性 CFE/NFE 的活性超过了形成 V_2C、$Cr_{23}C_6$、V_2N 和 Cr_2N 覆层所需的活性，覆涂渗剂正在等待从基体材料内部到达表面的碳/氮，这表明基体材料中可用的碳/氮数量是一个决定因素。

对渗氮钢上的碳氮化物和氮化物覆层的情况，铁氮化合物层和它们的成分一样，具有决定性的影响。氮扩散层的深度也应该有轻微的影响。

2. 碳化物/氮化物种类

在大于 MRA-A CFE/NFE 的情况下，在任何的碳化物/氮化物种类之间，覆层的生长速率还没有观察到明显的差异。这是一个合乎情理的后果，因为，在高温下，化学黏结通常迅速进行。

3. 覆涂温度和时间

和其他扩散处理一样，抛物线变化定律能够用在 TRD 的所有覆层的覆涂时间，如图 8-32 所示。

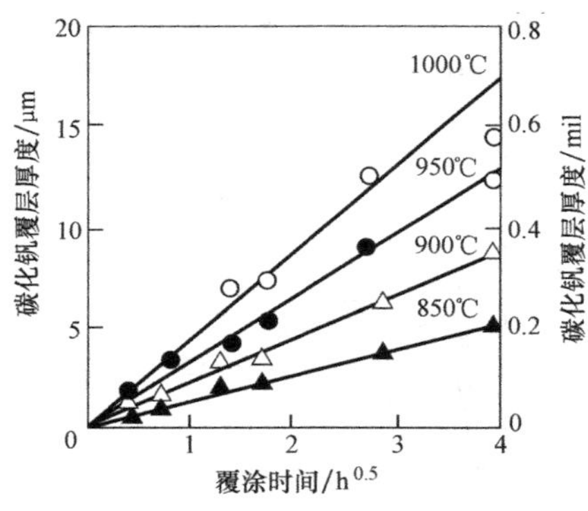

图 8-32 覆涂温度和时间对 W1 碳化钒覆层厚度的影响，高温硼砂熔盐中添加质量分数为 20% 的钒铁粉末

较高的覆涂温度可以增加基体中的碳/氮的扩散速度，导致覆层变厚，如其他扩散处理一样。然而，在高碳、高合金钢的情况下，覆涂温度的影响是很显著的，由于基体相中的较高的碳含量导致的结果是高温加速碳化物颗粒向奥氏体中进行更大的扩散，如图 8-33 所示。图 8-34 所示为在各种工业用钢上，为了获得 4μm（0.16mil）和 7μm（0.28mil）厚度的覆层需要的时间。在温度高达 1050℃（1920℉）时覆涂，能够大大地缩短时间。然而，实际覆涂操作几乎不可能使用传统的外热式熔盐盐浴炉，而且，高于 1100℃（2010℉）的覆涂是浸入到一个小的耐热合金坩埚熔化的盐浴中进行的，坩埚炉是传统的内热式盐浴炉。

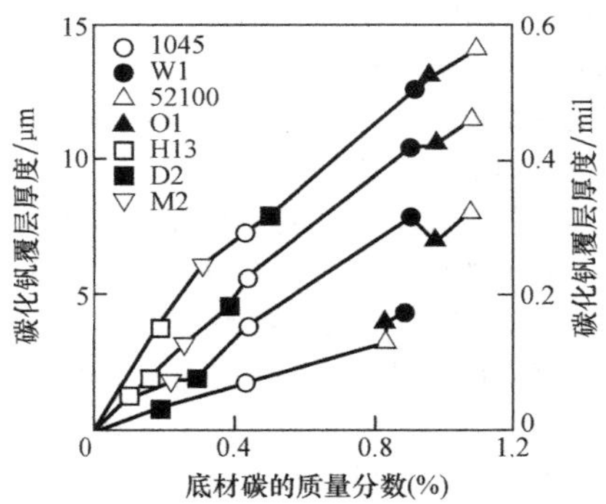

图 8-33 不同覆涂温度基体相（奥氏体）含碳量对碳化钒覆层厚度的影响

注：高温硼砂熔盐中添加质量分数为 20% 的钒铁粉末，覆涂时间为 4h。

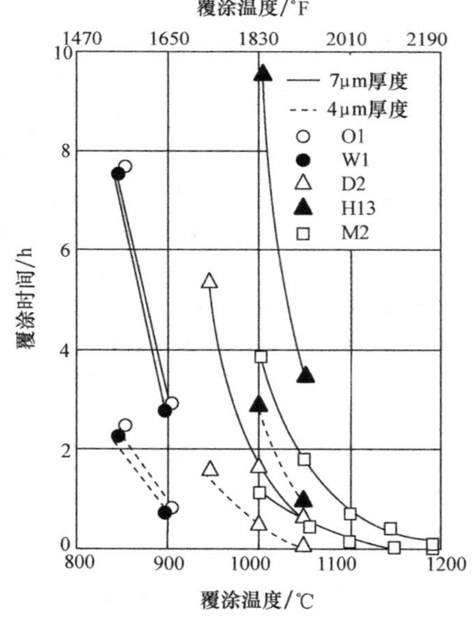

图 8-34 在各种基底钢材上高温碳化物覆涂工艺，要求形成厚度为 4μm（0.16mil）和 7μm（0.28mil）碳化物覆层的覆涂时间（碳化物为盐浴和覆涂方法为流态床）

基体材料、基体相和碳化物颗粒的化学成分对碳化物颗粒的溶解、成分和尺寸产生影响。此外，固溶体层和化合物层的结构应该对基体相中的碳的扩散速率产生一定程度的影响，尽管这个影响可能

没有那么大，但只要涉及工业材料就会存在。

4. 基体的厚度

TRD 覆层的碳/氮原子仅仅是由基体材料中提供的，能够形成的覆层的最大厚度受到基体材料的厚度和基体材料中的碳/氮含量的限制。然而，如果基体材料使用高碳钢，即使在厚度为 0.1mm（0.004in）的基体材料上，TRD 覆层也能够产生类似于 PVD 生成的厚度的覆层。TRD 覆层已经成功用到剪切橡胶产品、纺织纤维等的锋利的刀片上。

8.3.6　覆涂工艺

1. 一般用途的覆涂工艺

活性 CFEs/NFEs 要么在熔融的盐浴中产生，要么通过生成含有 CFE/NFE 的气体产生，这种气体通过在固体卤化物和含有 CFE/NFE 固体颗粒之间在反应罐，如粉末包埋箱和流态床中发生反应而产生。

下列进行 TRD 覆涂的方法是考虑很多因素之后推荐的，诸如易于制造高品质覆层、渗剂易于在市场中采购、生产成本、覆层的性能和市场对覆涂产品的需求等。无论在过去还是现在，下列工艺已经成功应用了，在不久的将来，将投入实际生产。

1）高温硼砂熔盐浸没，在硼砂中使用 CFE：碳化钒、碳化镍、碳化铬和它们的合金，如（V、Nb）C、（V、Nb、Cr）C 等，以及这些碳化物的多层涂层。

2）高温流态床浸没，使用含有 CFE/NFE 的金属粉末、氧化铝粉末作为流态床材料，卤化物化合物颗粒或者气态卤化物活化剂：碳化钒。

3）高温粉末包埋方法，使用含有 CFE/NFE 的金属粉末、氧化铝粉末作为中性化合物，卤化物复合粉末用作活性剂：碳化钒和碳化铬。

4）预渗氮钢低温盐浴浸没，在氯化物盐浴中使用含有 NFE 金属粉末：预渗氮层上的氮化铬。

5）预渗氮钢低温流态床浸没，使用含有 NFE 的金属粉末、气态卤化物用作活化剂，用作流态床材料的氧化铝粉末：预渗氮层上的氮化铬。

硼砂熔盐高温碳化物覆层已在世界各地的各个领域得到广泛认可。流态床高温碳化物覆层也已经被接受，用来替代盐浴处理，其中可能遇到的问题是清理盐残留物、除去零件上的深孔中难以除去的大量的盐。氯化物盐浴低温氮化物覆层正在铸造、热锻和金属冲压行业逐步渗透应用。流态床低温氮化物覆层开始在同样的领域中得到更多的应用，如挤压模具。

各种类型的钢正在用来作为零件基体材料，然而，硬质合金、钨铬钴合金和铸铁也有特殊应用。

2. 选择覆涂工艺

表 8-9 和表 8-10 中列出了覆涂工艺的优点和缺点以及各种工艺的特性。盐浴处理工艺最重要的优点是通过各种淬火方法实现钢基体同时淬硬。这个工艺具有大的灵活性，不仅对于淬火方法的选择，而且对于基体材料、零件尺寸和形状以及处理时间也具有较大的灵活性。因此，对于小的生产工具，如模具、在大量产品中使用的各种夹具和磨损零件，它具有大的通用性。

表 8-9　各种覆涂工艺的优缺点

覆涂工艺	优　点	缺　点
高温盐浴处理	设备较便宜	要求维护盐浴
	覆层质量稳定	盐浴附着物必须清除掉
	可以采用不同的淬硬方法	畸变问题
	广泛适用于不同基材、形状和尺寸	温度不均匀
高温流态床处理	不需要清理渗剂	工作环境温度高
	覆层质量稳定	设备较昂贵
	较好的工件均匀分散能力	为了便于基体钢淬火硬化，要求设备设计良好
	覆涂温度均匀	
	尺寸控制严格	
	形状畸变较小	
高温粉末包埋处理	设备较便宜	涂层不稳定
		可能产生粉末试剂黏结
		畸变大
		温度不均匀性大
		需要获得高硬度的后续淬火处理
低温盐浴处理	设备最便宜	要求预渗氮处理
	无畸变	要求维护盐浴
		必须清除掉盐浴附着渗剂（比高温盐浴处理后的容易些）

（续）

覆涂工艺	优点	缺点
低温流态床处理	不需要清除盐浴附着渗剂	需要预渗氮处理
	覆涂温度均匀	覆层质量不稳定
	无畸变	设备昂贵
低温粉末包埋处理	设备较便宜	需要预渗氮处理
	无畸变	温度偏差大

表 8-10 各种覆涂工艺的特征

覆涂工艺	底材淬硬	冷却/淬火方法	需要后续处理	质量问题
高温盐浴处理	覆涂后冷却期间	在油、盐、空气或非氧化性气氛中冷却	在热水中清洗，抛去表面覆盖的残盐	可保证高的基体硬度
				可能导致畸变的工件形状（薄的、长的、复杂的几何形状）
				要求极限偏差在±20μm 内的对策
				除去深不通孔中残盐需要漫长时间
高温流态床处理	覆涂后冷却期间	在冷却室中气冷	用刷子除去附着的试剂粉末	底材淬火硬化不比盐浴处理的更容易
				尺寸控制比盐浴处理得更容易
				能够更容易地从深孔中排出渗剂粉末
高温粉末包埋处理	未淬火或预硬化	通常不可能	用清理滚筒除去附着的试剂粉末	很容易处理大量的小尺寸工件
				覆层形成不稳定
				需要从覆涂粉末中取出工件
				试剂粉末撞击可能造成损伤
低温盐浴处理	预先淬火，然后渗氮	不需要	在热水中清洗，抛去表面覆盖的残盐	要求高质量的预渗氮处理
低温流态床处理	预先淬火，然后渗氮	不需要	用清理滚筒除去附着的试剂粉末	要求高质量的预渗氮处理
				试剂粉末撞击可能造成损伤
低温粉末包埋处理	预先淬火，然后渗氮	不需要	用清理滚筒除去附着的试剂粉末	很容易处理大量的小尺寸工件
				要求高质量的预渗氮处理
				覆层形成不稳定
				需要从覆涂粉末中取出工件

在盐浴处理工艺中，需要很长时间来除去在零件上长而细的孔内凝固的盐浴渗剂。流态床处理工艺与盐浴处理工艺相比具有一些优势，例如，由于优异的加热均匀性，易于控制得到十分精确的尺寸，如小于 10μm（0.4mil）。然而，这些工艺要求的覆涂设备很昂贵。

低温处理的最大优点是畸变最小化，然而，低温 TRD 工艺处理制得的氮化物覆层就覆层硬度和耐磨性而言不如碳化物覆层。

3. 选择基体材料和畸变控制

碳化物和氮化物覆层能在大量的工业材料上生长，只要这些工业材料含有碳/氮，即使含量很小，如质量分数为 0.05%。因此，在选择基体材料时具有很大的灵活性。然而，为了实际应用，应选择合理基体材料，下列两个项目必须牢记在心：在高温 TRD 覆层的应用中，基体的承载能力和易于畸变控制。

由于使用期间施加到基体上的负载使基体发生变形，TRD 碳化物/氮化物覆层可能会产生微裂纹，因此，基体必须具有高的强度。较大的负载要求有一个较高的基体硬度，所以，在基体材料为钢的情况下，通常的选择是：低合金工具钢和冷作模具钢（D 系列）的硬度达到 60HRC；高合金工具钢的硬度达到 64HRC，超高速钢的硬度达到 68HRC，硬质合金的硬度超过 68HRC。如果摩擦引起了磨损问题，如纺织纤维的缠绕导轮，很小的压力施加到基体材料和覆层上，那么，具有良好耐磨性的覆层就能够解决这个问题，而不需要基体淬硬。使用未淬硬的钢，如 1045 钢，可以采用降低合金含量和不要求基体材料淬硬来降低成本。

易于控制畸变是另一个重要的因素，在选择合适的基材上，结合承载能力，应该考虑这个因素。高淬透性的钢，如空冷淬硬工具钢，能够降低形状畸变。高合金工具钢和 D 系列、H 系列和高速工具钢是强烈推荐的钢材来最大限度地控制尺寸，通过高温回火，获得最小的尺寸变化，保持极限偏差为 ±0.05mm（0.002in）。这些钢材制造的零件尺寸通过二次硬化行为即残留奥氏体的分解、马氏体的回火等，可以很精确地调节。

对于用作切削工具、高速钢应该在大约 1200℃（2190℉）奥氏体化获得极其高的硬度和优越的抗高温热负荷软化能力，然而，在成形应用上，不要求高温软化抗力，粉末冶金高速钢也是强烈推荐的，因为它们在 1025℃（1875℉）的覆涂温度能够淬硬到 65~68HRC，在 TRD 覆层中这是最普遍使用的。与此同时，一些在 1025℃（1875℉）TRD 的覆涂温度可以淬硬到 64~66HRC 的高速工具钢正在逐步被引入到实际应用中了。取消需要重新加热奥氏体化来完成淬火硬化，大大地减少了畸变问题的可能性。

高温 TRD 覆层要么可以用在淬硬的钢基体，要么可以用在没有淬硬的钢基体材料上，而在它们的厚度上没有差异。然而，在覆层中接近这些条件的情况下，已经淬硬的一种零件，通过精磨加工达到目标尺寸，使它更容易实现尺寸紧密控制。已经证实，只要覆涂温度保持在 1050℃（1920℉）以下，在预备淬火和覆涂之间使用退火通常是不必要的。

应该牢记的是，可能出现的畸变问题应实现良好控制，无论是尺寸变化还是形状变化，是确保高温 TRD 覆层的成功关键，而且，在各种各样的应用上，包括各种工具（模具）和机械部件，这些问题已经被圆满地解决了。为了完善变形控制，不仅要充分利用热处理的专家知识，而且还要充分利用工业生产中的工程技能。

4. 覆层厚度的控制

对于覆层厚度，只要覆涂渗剂中保持大量的活性 CFEs/NFEs，覆涂温度就是最大的决定因素。因此，控制覆涂温度是有必要的。无论如何，和使用内热式普通盐浴淬火硬化不一样，硼砂熔盐应该使用外热式加热盐浴。但是，这可能使插在坩埚外面的热电偶获得的指示温度与盐浴实际温度有较大的差距。在冷工件装炉期间，盐浴温度下降，而且需要时间恢复，达到预定的覆涂温度。这个恢复时间也许会随着许多因素而变化，如装炉之前的盐浴温度、装炉的零件尺寸、零件的预热温度、炉子的结构和坩埚尺寸等。注意：不同于普通的氯化物盐浴加热淬火，TRD 硼砂熔盐有很高的黏度，导致低的流动性，甚至在高的 TRD 温度上，坩埚壁区域到盐浴的心部可能妨碍热量的快速流动传递。在使用大尺寸坩埚（达到几百毫米）的情况下，将需要 10h 以上的时间把盐浴加热到预定的覆涂温度。

在每个覆涂周期中，好的料筐结构、零件放到料筐中的位置和排列方向，还有在盐浴中料筐的几种移动方式（向上和向下或者旋转）能帮助减少恢复时间和确保整个浴槽良好的温度均匀性。通过炉盖上的小孔插入的热电偶测量靠近料筐/零件的温度，应该包含很多有用的信息，而且考虑更好的工艺控制，但是对工程师而言，不是简单的事情，因为炉盖的结构和需要移开炉盖情况下进行操作。

如果恢复盐浴温度需要的时间没有包括在覆涂的时间内，那么从装炉到出炉，在预定的温度上覆层生长的实际有效的工作时间可能比预期的时间更短，同时，覆层将会比希望的更薄。

在预期的厚度和实际获得厚度之间，不会带来严重的问题，因为已经证实了 TRD 覆层的厚度对使用 TRD 覆层产品的各种性质和性能没有严重的影响。与此同时，由于抛物线规律，覆涂时间的长短对覆层厚度没有大的影响。更为关键的问题是，在预定的覆涂温度上，较短的覆涂时间导致覆涂零件的基体材料硬度较低。低于预期的基体硬度表明基底具有较小的承载能力，由于残留奥氏体的含量、马氏体中的碳含量等变化，结构变化会引起大的尺寸变动。

8.3.7 覆层渗剂状态的控制

1. 活性 CFE/NFE 与 MRA-A CFE/NFE 的重要性

超过 MRA-A CFE/NFE 的活性 CFE/NFE 的存在可以确保形成相同厚度的覆层，只要覆涂温度和时间保持不变。因此，保持更多的 MRA-A CFE/NFE 对实现一个成功的覆涂操作应该是首要关注的问题。

在覆涂渗剂中没有其他东西，为了保持更多的 MRA-A CFE/NFE，新的活性 CFEs/NFE 的诞生是至关重要的。活性 CFEs/NFEs 是连续消耗的，不仅通过覆层形成，而且也改变了非活性的 CFEs/NFEs，由于在盐浴处理情况下 CFEs/NFEs 和空气中的氧反应，在流态床处理情况下通过流态化气体驱赶 CFEs/NFEs。具体而言，在 CFE/NFE 渗剂粉末和盐浴渗剂（盐浴处理）或者气体（流态床和固体处理）之间，保持密切接触是绝对必要的。

需要注意的是，在很多情况下，劣质覆层的产生不是由于消耗了到目前为止添加的 CFE/NFE 渗剂的量引起的，而是由于减少了 CFE/NFE 渗剂量引起的，或者由于维护不当所致的活性 CFEs/NFEs 成分不足引起的。添加过多的 CFE/NFE 渗剂会严重恶化覆涂渗剂的状况，在日常的覆涂过程中常常引起严重的困难。添加过多的 CFE/NFE 渗剂不仅没有用，而且有害。

2. 确保稳定产生活性 CFEs/NFEs 的方法

每一个 CFE/NFE 颗粒的整个表面与熔盐紧密接触，或者与气体活化剂反应产生活性 CFE/NFE。无论如何，在熔盐中和流态床中的 CFE/NFE 渗剂，由于它们的密度比熔盐或流态化反应物的密度都大，它们有可能沉积到炉子的底部区域。它们可能凝聚并变成泥状，或者变成硬饼状沉积物，也减少了与盐或活化剂气体接触的机会，这样就能够减少新的活性 CFEs/NFEs 的产生。频繁地搅拌（搅动）浴槽，而且适当地选择流态化反应物和 CFE/NFE 渗剂的颗粒尺寸，应该是消除这些问题的关键。在熔盐处理过程中，选择 CFE/NFE 颗粒的尺寸也很重要。大的颗粒会快速下沉，太小的颗粒会在浴槽表面停留较长的时间，并且被空气氧化。

3. 覆涂能力的诊断

大家希望识别留在系统中的活性 CFEs/NFEs 的数量。然而，适合生产现场完成量化测量的试验或装置还没有发明。因此，为了确定和维持在处理介质中要求的活性 CFEs/NFEs 比 MRA-A CFE/NFE 多，丰田公司推荐了钢棒试验方法。

实践证明，即使是刚刚配置之后，覆涂浴槽有两个不同的区域：零件能被覆涂的区域（有效区）和覆层不能形成的区域（非有效区）。非有效区首先在处理浴槽的表面和流态床的表面处形成，但是，逐渐或迅速地向底部范围生长，通过降低比 MRA-A CFE/NFE 少的活性 CFEs/NFEs，直到它最后到达底部。对于分别多于和少于 MRA-A CFE/NFE 的区段，有效区和非有效区被认为是相等的。

基于这一发现，丰田采用的一个简单方法是按时测量非有效区和有效区高度，这被称为“钢棒试验”。将一根长的碳钢棒浸入槽内 10~30min，之后水淬或者空冷，然后清洗钢棒表面的盐或者粉末，观察钢棒表面的颜色，以及一些残留的粉末。细心监测浴槽搅拌之前和之后的有效区或非有效区的日常变化是值得做的，以做出必要的判断，确定是否有必要添加还原剂或者搅动槽底范围，使泥状的 CFE/NFE 渗剂上浮起来。

覆涂了碳化物和氮化物的表面有它自己的色泽。因此，通过单独的视觉观察就能够识别覆层的存在。表面硫酸铜试验和腐蚀试验也能够帮助说明覆层的存在。便携式 X-射线荧光分析仪也可以瞬间显示覆层的厚度。

8.3.8 高温盐浴碳化物覆层

耐热合金坩埚的外热式盐炉如图 8-35a 所示，是通常采用的形式。建议炉子的坩埚尺寸大于 150~200mm（6~8in），炉子有一个搅动器（搅拌器），如图 8-35c 所示。搅动器应该专门设计，以便它可以在坩埚中不同的位置很容易地在水平和垂直方向移动，实现两种类型的任务：使熔盐表面向下流动形成一个漩涡，而且使靠近底部的熔盐向上流动，如图 8-35b 所示。前者是为了很容易地把 CFE/NFE 渗剂添加到浴槽内；后者是把底部累积的泥状盐混合到主盐当中去。在炉顶上的大炉盖使熔盐上部热损失减小到了最小化程度。

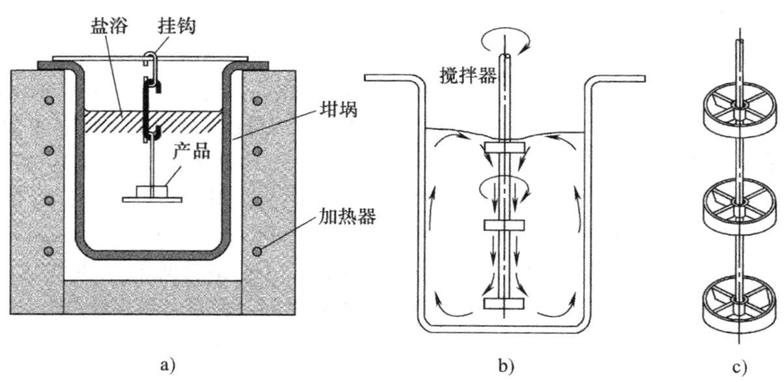

图 8-35 高温硼砂盐浴工艺法使用设备示意图

1. 覆涂熔盐的制备及其维护

（1）渗剂 主盐渗剂应该采用无水硼砂。与钢淬火的氯化物盐相比，硼砂有较高的黏度和水中清洗困难的缺点。然而，在覆层形成的稳定性上，找到能和硼砂相媲美的其他渗剂是相当困难的。一些研究人员研究过了使用氯化物盐完全或者部分取代，但以失败结束，因为形成的覆层不稳定。

铁合金或纯金属粉末（粒度为 200~300 目），如钒铁、铁镍、铁铬和铬作为硼砂中的 CFE/NFE 渗剂添加，在工艺开发的早期阶段，添加质量分数为 10%~20%。相对而言，200~300 目的粉末被认为是最理想的，易于混合到熔盐中，而且达到盐浴底部需要时间。

已经证明了在大部分金属处理中，空气气氛中的氧对熔盐寿命有害。此外，硼砂熔盐中的活性和非活性的 CFEs/NFEs 被定义为较低等的 CFE/NFE 氧化物，分别是 V_2O_5、Nb_2O_5。这个发现导致了盐浴中还原剂的使用，如添加金属粉末，而且最终还原剂和 CFE/NFE 氧化物两者复合添加。

氧化物和还原剂复合添加带来了一些优点，如中等黏度、附着的盐较容易清洗，而且减少了槽底部的沉积物。

有许多不同的材料可以用作还原剂，但是每一种都有各种优点和缺点，因此要做出最好的选择是十分困难的。

碳化硼粉末、铝铁（粒度为 200 目）和一些小的铝碎块目前正在考虑在各个方面使用。然而，必须记住有两个可能出现的问题。添加太多的还原剂可能通过减少硼砂中的氧化硼（B_2O_3）形成渗硼层，这就意味着可以使用相同的设备渗硼。如图 8-36所示，碳化物覆层是在还原剂和 CFE/NFE 渗剂按限定的比例形成的。废旧铝块最便宜，但是必须慎重使用。对于熔融铝，如果当铝熔体的滴剂在浴槽中残留下来，甚至在搅动之后，熔融铝它还能强烈地侵袭零件。

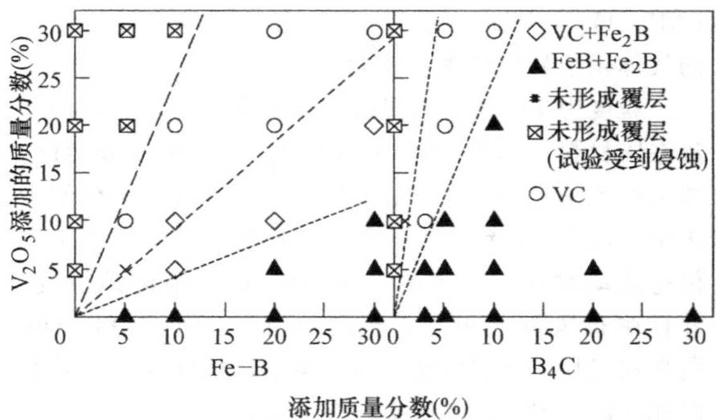

图 8-36 添加在高温硼砂盐浴中形成碳化物所需的氧化物和还原剂与形成的覆层类型之间的关系

注：覆涂温度为 950℃（1740℉），处理时间为 1h，底材为 W1。

（2）覆涂熔盐的制备及其维护 当正在搅拌的时候，一点一点地把 CFE/NFE 渗剂和还原剂 CFE/NFE 添加到硼砂熔盐中，仔细监测盐浴液面气泡的产生。由此形成的熔盐浴可以在半天之内，获得形成覆层的能力。然而，CFE/NFE 渗剂迟早会沉向底部，这是由于它们有较大的密度。盐浴应该连续搅拌几个小时，保持添加的渗剂漂浮在盐浴中，确保足够的活性 CFEs/NFEs 产生。图 8-37 所示为通过搅动恢复的有效区高度，以及因不搅动而减少的情况（经过的时为 2~8h）。

通过钢棒试验日常监测有效区和非有效区的深度变化是最便宜的，是维护良好的熔盐状态劳动强度最小的方法。图 8-38 所示为记录的大约一个月时间内盐浴状态的变化，可以看出有效区的日常变化，以及针对问题采取的措施。几乎每个早上都观察到

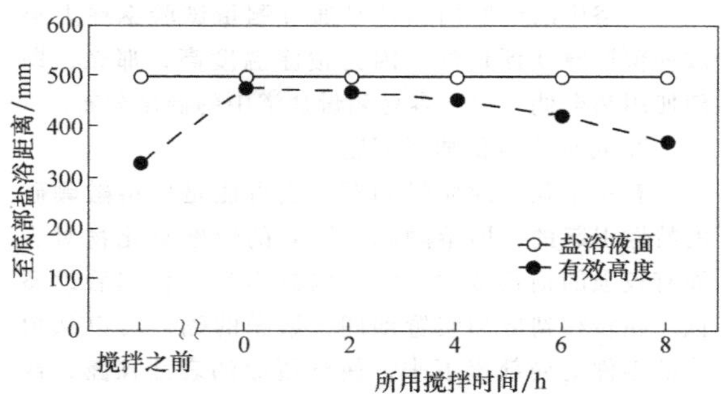

图 8-37 盐浴搅动对有效区高度影响的例子（硼砂熔盐中添加 V_2O_5 碎片和碳化硼粉末）

了有效区的降低，但是，通过对熔盐的槽底区域的搅拌，有效区就被恢复，而不是熔盐的表面处搅拌。仅仅经过搅拌有效区深度就会增加，这意味着在熔盐中留有足够的 CFE/NFE 渗剂，确保超过 MRA-A CFE/NFE。如果有效区没有首先恢复，那么必须对熔盐底部进行充分的搅拌。如果没有获得明显的恢复，那么，即使对槽底区域反复搅动，也可能意味着熔盐中 CFE/NFE 渗剂存在短缺。良好的熔盐维护能够确保稳定的操作。有些熔盐多年来运行良好，而没有全部更换整槽熔盐。

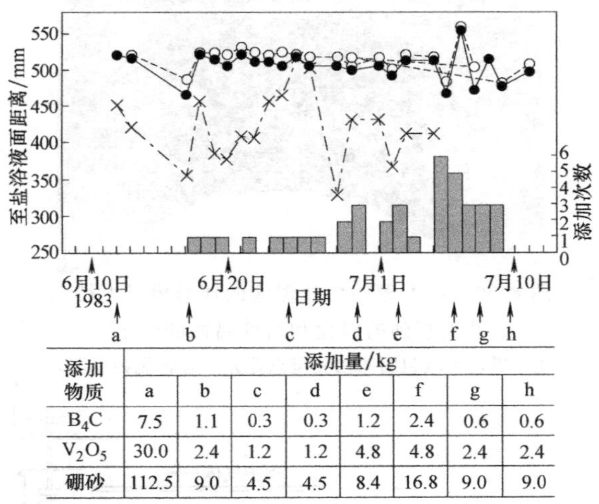

添加物质	添加量/kg							
	a	b	c	d	e	f	g	h
B_4C	7.5	1.1	0.3	0.3	1.2	2.4	0.6	0.6
V_2O_5	30.0	2.4	1.2	1.2	4.8	4.8	2.4	2.4
硼砂	112.5	9.0	4.5	4.5	8.4	16.8	9.0	9.0

图 8-38 硼砂熔盐添加 V_2O_5 碎片和碳化硼粉末连续生产运行，形成碳化钒覆层以及有效区高度变化实例

注：工作温度为 1025℃（1875℉），坩埚直径为 400mm（16in）和深度为 650mm（26in）。

在清洗掉附着盐之后，仔细观察试验棒的表面，得出关于熔盐内部有用的信息，如底部污泥富集区的高度、出现的硬物、饼状沉淀物等。如果在底部区域存在大量的重的污泥状沉积物，则强烈建议改善搅拌条件。

盐浴中的温度均匀性是通过测量试验钢棒上形成的覆层厚度评估的。因为覆涂温度高，那么，即使使用热电偶，也不容易测量盐浴中的温度分布。

2. 可能出现的质量问题

有一个独特的质量问题，它可能是由熔融硼砂的特性引起的，即熔融硼砂固有的熔融氧化物对表面有较强的损伤能力。它可以被称为氧化和后续腐蚀。在转移到冷却装置期间，熔融的硼砂可以从覆涂的零件上局部流下来，使已覆涂的表面裸露，或者形成一层很薄的盐浴覆盖层。这些熔融盐在那些表面上迅速遗留下来，如在几秒钟内，可以氧化和溶解暴露的表面。这个问题经常在一些表面上可以观察到，熔融硼砂盐很容易从这些表面上流淌下来，使形成的碳化物覆层裸露在空气气氛中，如零件顶部表面的棱角部分。图 8-39 所示为在环形模具的上面棱角处的斑点损伤的例子。这种类型的伤害通过观察表面的色泽就能很容易地识别出来。

通过在液体介质中淬火，而不是在气体介质中

图 8-39 高温硼砂熔盐覆涂的环形模具上棱角处观察到的氧化和后续腐蚀的例子

注：黑色区域包围的白亮斑点地方没有碳化物覆层。

淬火，能够消除这个问题，如盐浴淬火。把钢垫块放在靠近出现问题的部位以阻止盐浴向下流淌；把钢垫块放在出现问题的部位的上面，以便于从钢垫块上滴下的熔盐能够为出现问题的部位提供更多的盐。

在大部分情况下，损伤的零件在抛光损伤的区域，消除在损伤和没有损伤之间的不均匀性之后，可以通过重新覆涂操作很容易地修复。

8.3.9 高温流态床碳化物覆层

流态床在碳化物/氮化物覆层上的应用是由丰田开始的，开始用在碳化铬和其他一些碳化物上，以及在碳化钛上尝试成功。

图 8-40 显示为 TRD 覆涂设备，在日本，它用在小的金属冲压机上，它主要是由外部电元件加热的传统流态床反应器、一个固体活性剂进料器、一个冷却淬火室和一个废气处理装置组成。如果使用气体活性剂（如 HCl）代替固体活性剂［如氯化铵 (NH_4Cl)］，那么，可以采用一种能够精确控制流量的气体供应站代替颗粒进料器。

粒度为 100~200 目的高纯度氧化铝粉末，可用作流态床材料。作为 CFE/NFE 渗剂，将 100~200 目的粉末按 5 %~ 20%（质量分数）的量混合到氧化铝粉末中。钒铁、铝铁、铁钛和铬是典型的例子。当正在保持流动时候，较重的 CFE/NFE 粉末渐渐地沉淀，并且在布风板上积累，导致结块。此外，CFE/NFE 粉末和铝粉末能够烧结在一起形成硬的饼块，尤其在底部区域。因此，应该选择合理的粉末尺寸。

用作肥料的工业氯化铵的盘状颗粒非常令人满意。然而，由于从肥料颗粒可得到的东西，用氯化氢气体代替了它们，并且氯化氢消除了可能是由氮的存在引起的问题，即氮化钒在钒铁粉末和氧化铝粉末上沉积。

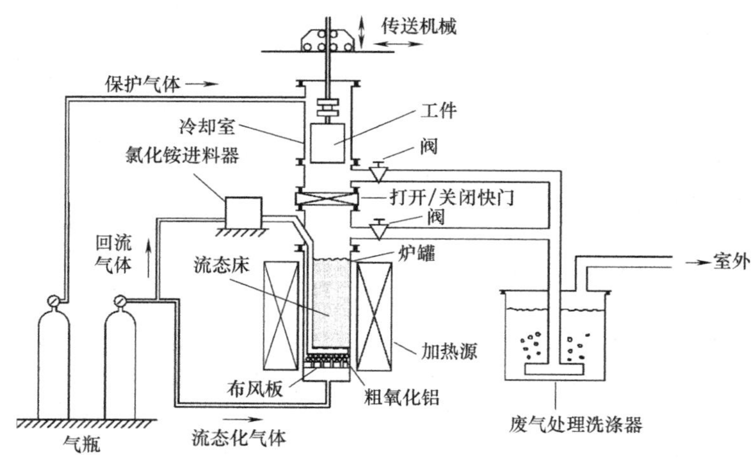

图 8-40 高温流态床处理设备示意图

覆涂流态床的制备及其维护。在流态床中，活性 CFEs/NFEs 可能是 VCl_2、$CrCl_2$ 等，是通过反应产生的。这个反应是在流化状态的 CFE/NFE 渗剂和在流态化气体中混合的气态卤化物之间进行的。

与粉末包埋箱中不同，活性 CFEs/NFEs 被流态床中的流态化的气体快速净化。因此，大量的 CFE/NFE 渗剂粉末和活性剂气体应该添加到流态床中，以确保有一个良好的流态化状态。在这种状态下，每一种粉末可以在流态床中随意移动，没有因金属与金属和/或者金属与氧化剂的黏结引起的结块。应该记住的是添加大量的 CFE/NFE 渗剂和活性剂，由此在两者之间产生反应产物，为不良的流态化提供了更多的机会。卤化物的使用使得铝氧化物黏性更大。此外，通过反应形成的覆盖铝粉末和 CFE/NFE 渗剂粉末的碳化物或氮化物，可能有助于这个问题。

因此，优化与活性 CFEs/NFEs 结构以及流态床的流化状态相关的所有因素应该是覆涂工艺成功的关键。常常需要通过筛选渗剂消除结块和添加新的 CFEs/NFEs 粉末。

流态化状态的监测可以通过观察布风板下方的流化气体压力波动，以及从多余的 2 支热电偶处获得的指示温度值实现，这些热电偶放在炉罐外层的不同位置。在流态床处于良好的状态下，气压没有波动，并且可以观察到温度没有波动。恶劣的流态化状态会引起气压和温度两者大的波动。

钢棒试样对这个工艺也很有用。表面外观变化，如色泽、渗剂粉末的黏结等，提供了一些关于流态床状态的信息。

下列是流态床状态的一个实例，它在实际生产中的使用是成功的：

1）流态化渗剂：氧化铝，粒度为 80~120 目。

2）CFE/NFE 渗剂：钒铁，粒度为 100~200 目，质量分数为 5%~20%。

3）活性剂：氯化铵颗粒或者氯化氢，体积分数为 0.03%~0.08%。

4）流态化气体：氩气，对于流态床炉罐的横截面尺寸 $1cm^2$（$0.16in^2$），流量为 0.1~0.2L/min（0.03~0.05gal/min）。

只要良好的流态床的流态保持稳定，那么，流态床就能够保证几个月或者更长时间的覆层质量。如图 8-41 所示，很容易维持相同的覆层厚度。

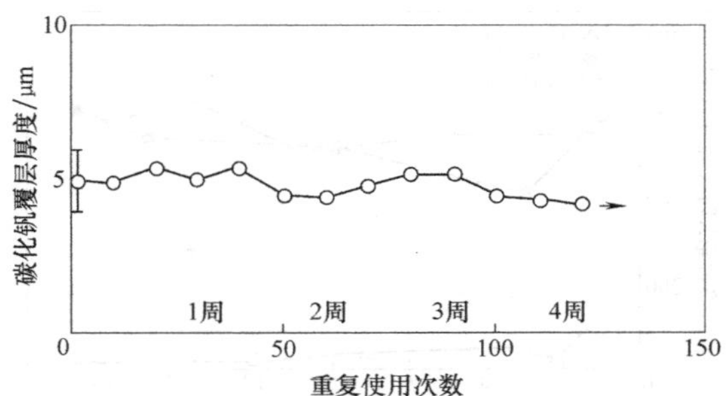

图 8-41 在高温流态床中连续操作形成的稳定均匀的碳化钒覆层

注：流态床中添加质量分数为 10%的钒铁，活性剂为氯化铵颗粒；处理钢材为 D2；温度为 1025℃（1875℉）；处理时间为 0.5h。

8.3.10 低温盐浴氮化物覆层

钢可以使用盐浴淬火和高温回火，而没有任何大的改变。在炉子中附加一台简单的搅动器，直径为 400~500 mm（16~20in），把底部的泥状沉积物搅动起来。因此，如果不考虑渗氮的设备费用，对于覆层处理需要的设备，和其他一些碳化物/氮化物覆涂处理相比，应该是便宜的。

该工艺可以生成多种氮化物，如氮化镍、氮化钛、氮化锆、氮化锰等，使用纯金属粉末或者使用铁合金作为 NFE 渗剂。然而，获得氮化钒和氮化铬的覆层比其他的氮化物更容易些。

低温盐浴工艺中的活性 NFEs 似乎是 NFEs 卤化物，如 $CrCl_3$、VCl_3和 CrF，它们是在浴槽中卤素元素和 NFEs 反应产生的。因此，可以列出各种各样的这些材料。然而，NFE 粉末和在热处理中已经广泛使用的氯化物基盐混合物目前正在使用。一些实例包括粒度为-200 目、质量分数为 15%~20%的金属粉末和 NFE 合金，如铬、铬铁、钒铁等，和钢的高温回火的商业化中性盐，共同添加少量的氯化铬（$CrCl_2$）。

然而，在研究的早期阶段，发现有效区的高度很快朝着底部降低。很容易想象氯化盐黏度太低是个问题。氯化盐不像硼砂具有大的流动性，于是添加的 NFE 粉末很快向槽底部沉积，使得浴槽的上部区间变成缺乏 NFE 的区域。通过添加能够增加盐浴黏性的物质已经克服了这个问题。

它证实许多物质可以用于这个目的，于是，很精细的石墨粉（粒度为-1200 目）已经被成功使用，添加量为 0.5%~1%（质量分数），如图 8-42 所示。然而，仅仅使用适当大小的增稠剂就能够增加黏度。例如，200~300 目的石墨粉将不能正常地工作。据报道，硼铁、碳化硼、氧化硅等可以以适当的尺寸工作。在这些增稠剂和其他物质之间，可能有化学反应的作用，然而，还没有进一步的讨论。

（1）覆层盐浴的制备及其维护 搅拌氯化物熔盐的同时，添加增稠剂粉末到熔融盐浴中，直到明确地感觉到熔融盐浴的黏度增加。然后，添加 NFE

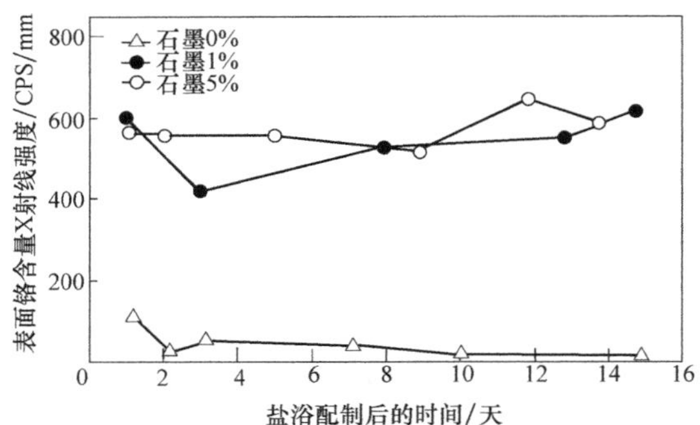

图 8-42 石墨粉对低温盐浴氮化铬覆层稳定性的影响

注：CPS 为每秒钟计数。

粉末，当搅动到黏度更大的时候，一点一点地添加到盐浴中，以至于使 NFE 粉末能在盐浴中均匀散开。在几个小时之后，盐浴将会有一个优秀的覆层能力，而且非有效区的深度将减少到最小化程度。

当在高温熔盐处理的时候，为了保持大的有效区，强烈推荐钢棒试验。

只要盐浴重复进行良好的搅拌，不用全部更新盐浴，可以确保很长的盐浴寿命。在加热干燥以后，吸收了空气中水分的盐浴会重新用在覆涂生产上。

（2）可能出现的质量问题　对 TRD 氮化物覆层，渗氮层必须要有混合物层，厚度达到 5～20μm（0.2～0.8mil），因为较厚的混合物层生成较厚的氮化物覆层。一些化合物类型如 ε-$Fe_{2-3}N$（N 质量分数达到大约 11%）、γ'-Fe_4N（N 质量分数大约为 6%）和 ζ-Fe_2N（N 质量分数大约为 11%）是可以接受的。扩散层的深度不那样重要，因为含氮量很低（N 质量分数大约为 0.1%）。最值得关注的是传统渗氮处理初期产生的渗氮层的质量问题。它们常常更容易产生各种缺陷，以获得厚度不寻常的复合层。有一些微观缺陷，如在表面和内部的孔洞、微观裂纹，甚至在化合物层的深度上出现，而且，渗氮零件具有很低的韧性且表面粗糙。零件的 TRD 覆层，是以改善了摩擦学性能为目标的，零件的表面应该比普通渗氮的光滑。TRD 覆层不能修复由渗氮造成的任何类型的质量问题。

8.3.11　覆层零件的性能

TRD 覆层是由很细的碳化物/氮化物晶粒组织的渗层组成的。结果是 TRD 覆层不仅对于传统表面扩散处理，而且对于 PVD 和 CVD 都是优越的。

TRD 覆层改善了各种类型的一般摩擦性能以及过程摩擦性能，这些性能包括在材料加工状态下的摩擦学，如金属板材成形、整体锻造、压铸等。至于磨粒磨损，由于其极高的硬度，所以 TRD 覆层很出色。因为它们对金属仅金属的亲和力较低，所以也降低了磨粒磨损，从而使微动磨损更少，在微动磨损那里发生磨料磨损和黏着磨损这两种磨损。图 8-43 所示为对钢的一般摩擦磨损行为的评估。

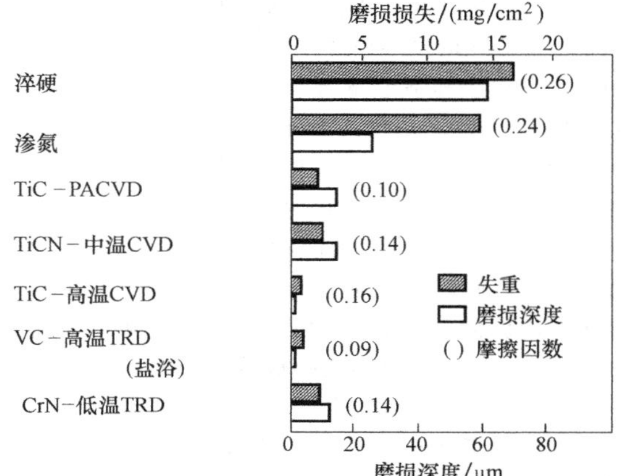

图 8-43　使用销盘磨损试验机试验获得的各种覆层的磨损深度和摩擦因数的比较

PACAD—等离子体辅助化学气相沉积　CVD—化学气相沉积　TRD—热反应沉积/扩散

注：对磨材料为 Cr-Mo 结构钢；基体材料为 M2；滑动速度为 0.1m/s（0.33ft/s）；施加载荷为 400kgf（4000N）；试验周期为 4min；无润滑剂。

材料处理操作中 TRD 覆层的优势通过使用各种模拟试验已经得到广泛的评价，如图 8-44 和图 8-45 所示。优越的过程摩擦性能是针对碳化物和氮化物本身的。

然而，值得注意的是，TRD 覆层强烈地黏附在基体上，因为它们是利用了冶金结合而不是机械结合，如图 8-46 和图 8-47 所示。本节参考文献［22，36-38］提供了在一些条件下结合强度的评价，也就是和划痕试验比较更紧密地模拟对覆层零件的实际使用中的那些评价。

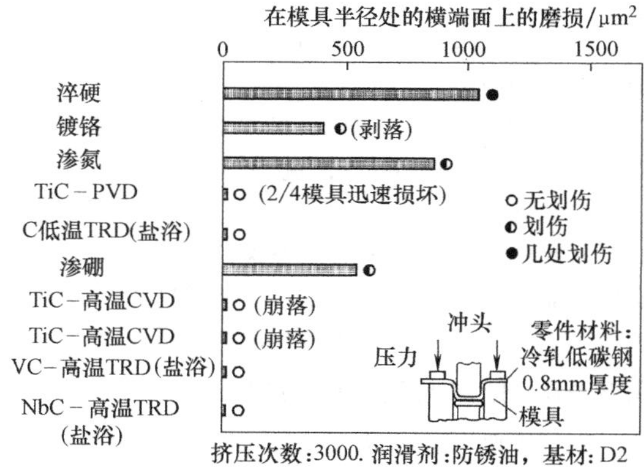

图 8-44　在薄板弯曲试验中观察磨损、划伤和崩裂

PVD—物理气相沉积　TRD—热反应沉积/扩散　CVD—化学气相沉积

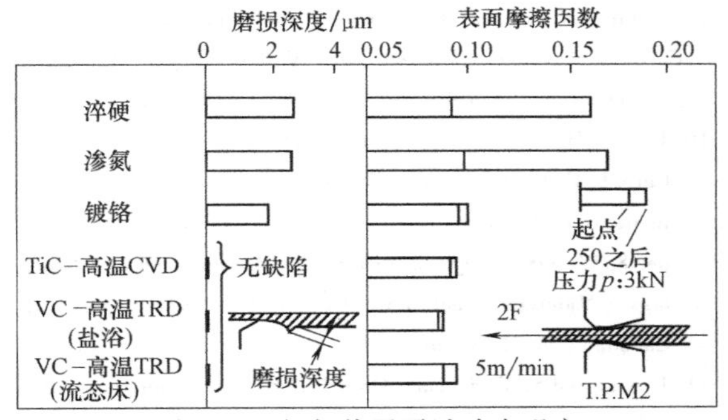

图 8-45 钢板热展平试验中观察到的磨损和摩擦因数比较
CVD—化学气相沉积 TRD—热反应沉积/扩散

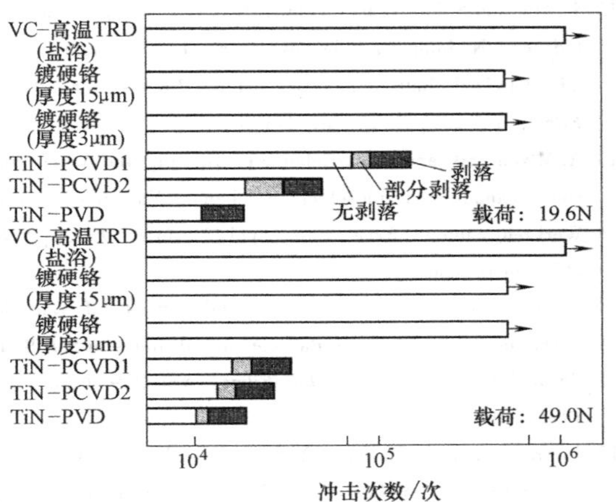

图 8-46 使用硬质合金钢球 6.35mm（0.25in）直径重复锤击覆层导致覆层剥落的冲击次数的比较
TRD—热反应沉积/扩散 PCVD—等离子体化学气相沉积 PVD—物理气相沉积

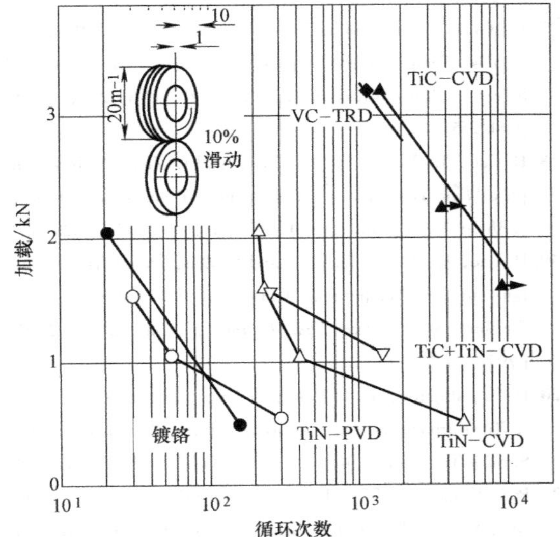

图 8-47 一个 10%滑动的滚动试验引起覆层剥落的周期比较
CVD—化学气相沉积 TRD—热反应沉积/扩散 PVD—物理气相沉积

大部分碳化物/氮化物覆层也有显著的耐蚀性。碳化铬/氮化铬覆层有极好的抗氧化性能。至于在实际压铸条件下铸造工具上积累起来的铝，在许多类型的表面处理之间，碳化钒、碳化镍和氮化铬等的TRD覆层已经获得最高评价等级。

钢的TRD碳化物覆层的应用不会引起力学性能的明显恶化。即使覆层厚度达 20μm（0.8mil），在静、动抗弯强度和疲劳强度上，大量的实验室试验验证了没有严重的恶化发生。此外，在某些情况下，覆层可以改善疲劳强度。覆层表面大的残余压应力能够延迟裂纹的萌生。通过碳化物覆层也能够改善耐热裂性能。

大部分人都有可能产生毫无根据的假设：裂纹首先在硬而脆的覆层表面产生，然后渗透到基体中诱发已覆涂零件灾难性故障。然而，仔细观察高强度钢的冲裁损伤行为，弹簧钢的温锻冲头和用于坚硬木材的非常锋利的切削刃表明，对基体施加负载会导致裂纹和变形，引起覆层损坏。由此得出结论是，TRD碳化物覆层、也许是氮化物覆层，它们都具有很好的强韧性。

8.3.12 实践应用

在日本和其他地方，覆层已经得到了实际应用，包括高温处理盐浴的碳化钒（V_2C、VC）、钒镍合金碳化物［（V，Nb）C］、钒镍铬合金碳化物［（V，Nb，Cr）C］、碳化铬（Cr_7C_3、$Cr_{23}C_6$）；流态床处理的碳化钒；低温盐浴处理的氮化铬（Cr_2N、CrN）；低温流态床处理的（Cr_2N、CrN）不久将投入实际应用。粉末包埋处理的碳化铬和碳化钒覆层和它们改进的工艺正在用于一些类型的机械组件。这些碳化物/氮化物具有极好的摩擦性能。碳化铬和氮化铬具有良好的抗氧化特征。

自20世纪70年代初以来，TRD工艺已经在日本得到了实际应用。熔融硼砂盐浴工艺发展之后，可以使用简单和不昂贵的设备，来获得覆层零件的优良性能。

它们现在已经在世界各地的各种工业领域里得到了广泛的认可，主要的应用如下：

1）生产工具，如材料加工中使用的模具和磨损件，如金属锻造、金属板材冲压和金属铸造等。

2）加工非金属材料，包括橡胶、塑料、黏土、陶瓷、纸张、木材、玻璃、合成纤维等的磨损件。

3）在处理金属和非金属材料中使用的各种生产机械的磨损件。

4）一些消费设备，如汽车、摩托车和自行车的零件。

工具钢和硬质合金用于在冷锻中使用的生产设

备的工具和磨损零件上。对于消费设备零件，常用的是结构钢，包括轴承钢，铸铁需求很少。

在热处理的各种表面处理方法中，仅 TRD 覆层能形成紧密的碳化物层和氮化物层。此外，通过冶金结合产生较大的黏结强度，较高的覆层厚度已经增强了 TRD 覆层的多样性用途。它们适合在磨料磨损和严重擦伤的位置处使用，那里由于高的机械载荷，磨料磨损和严重擦伤可能会引起其他方式的损害，例如，高强度金属板材冲压。至于世界汽车工业面临的高强度钢冲压问题，已经发表了非常翔实的报告。

致谢

作者向在丰田中央研究和开发实验室公司工作的前同事表示感谢，他们致力于开发和改进那些工艺，并且在世界工业界关于这个工艺的实际应用方面，贡献了有价值的信息和建议。

参考文献

1. T. Arai, Carbide Coating Process by Use of Molten Borax Bath in Japan, *J. Heat Treatment*, Vol 18 (No. 2), 1979, p15-22
2. T. Arai, H. Fujita, M. Mizutani, and N. Komatsu, Formation of Carbide Layers on Steels Immersed in Fused Borax Bath, *J. Jpn. Inst. Met.*, Vol 40 (No. 9), 1976, p925-932
3. T. Arai, J. Endo, and H. Takeda, Chromizing and Boriding by Use of a Fluidized Bed, *Proc. Fifth International Congress on Heat Treatment of Materials Conference*, Oct 20-24, 1986, p1335-1341
4. L. E. Campbell, V. D. Barth, R. F. Hoeckelman, and B. W. Gonser, Salt Bath Chromizing. *J. Electrochem. Soc.*, Vol 96 (No. 4), 1949, p262-273
5. T. Arai and H. Oikawa, Nitride and Carbide Formation onto Ceramics by Molten Salt Dipping Method, *Proceedings of Sintering' 87*, Vol 2, Elsevier Applied Science, Nov 4-7, 1987, p1385-1390
6. H. Fujita and T. Arai, Complex Carbide Layers Formed on the Steels in Molten Borax Baths Containing V and Cr, Nb and Cr, *J. Surf. Finish. Soc. Jpn.*, Vol 42 (No. 10), 1991, p1019-1025
7. T. Arai. H. Fujita, and N. Komatsu, Complex Carbide V-Nb-C Later on Steel Immersed in Fused Borax Baths, *J. Jpn. Inst. Met.*, Vol 41 (No. 5), 1977, p438-444
8. H. Fujita and T. Arai, Two Carbide Layers Formed on the Steels Immersed Twice in Molten Borax Baths Containing, V. Nb or Cr, *J. Surf. Finish. Soc. Jpn.*, Vol 42 (No. 1), 1991, p116-121
9. T. Arai, H. Fujita, Y. Sugimoto, and Y. Ohta, Diffusion Carbide Coatings Formed in Molten Borax Systems, *J. Mater. Eng.*, Vol 9 (No. 2), 1987, p183-189
10. T. Arai. H. Fujita, Y. Sugimoto, and Y. Ohta, "Diffusion Carbide Coating Formed in Molten Borax Systems (Reaction in Borax Bath and Properties of Carbide Coated Steels)," Paper 8512-008, *Conference on Surface Modification and Coatings* (Materials Week' 85) Oct 14-16, 1985 (Toronto, Canada), ASM International
11. T. Arai and S. Moriyama, Growth Behavior of Vanadium Carbide Coatings on Steel Substrates by a Salt Bath Immersion Coating Process, *Thin Solid Films*, Vol 249, 1994, p56-61
12. T. Arai and S. Moriyama, Growth Behavior of Chromium Carbide and Niobium Carbide Layers on Steel Substrates, Obtained by Salt Bath Immersion Coating Process, *Thin Solid Films*, Vol 259, 1995, p174-180
13. A. Mlynarezak and K. Jastrebowski, Bildung und Wachstum von Vanadiumkar-bidschichten beim Vanadieren von Werkzeugstahlen, *Neue Hütte*, Vol 7, July 1990, p259-263 (in German)
14. T. Arai, Behavior of Nucleation and Growth of Carbide Layers on Alloyed Carbide Particles in Substrates in Salt Bath Carbide Coating, *Thin Solid Films*, Vol 229 (No. 1), 1993, p171-179
15. T. Arai, S. Moriyama, and Y. Sugimoto, Vanadium Carbide Layers Formed on Cast Irons Immersed in Molten Borax Baths, *Jpn. Foundryman Soc.*, Vol 60 (No. 2), 1988, p104
16. Y. Sugimoto, Y. Ohta, and T. Arai, Low Temperature Salt Bath Chromium Carbonitride Coating Method, *J. Surf. Finish. Soc. Jpn.*, Vol 46 (No. 12), 1995, p1119-1124
17. C. Wu, C. Luo, and G. Zou, Microstructure and Properties of Low Temperature Composite Chromized Layer on H13 Steel, *J. Mater. Sci. Technol.*, Vol 21 (No. 2), 2005, p251-255
18. H. Cao, C. Wu, J. Liu, C. Luo, and G. Zou, A Novel Duplex Low-Temperature Chromizing Process at 500℃, *J. Mater. Sci. Technol.*, Vol 23 (No. 6), 2007, p823-827
19. H. Cao, C. P. Luo, J. Liu, and G. Zou, Phase Transformations in Low-Temperature Chromized 0.45 wt.% C Plain Carbon Steel, *Surf. Coat. Technol.*, Vol 201, 2007, p7970-7977
20. D. M. Fabijanic, G. L. Kelly, J. Long, and P. D. Hodgson, A Nitrocarburizing and Low-Temperature Chromising Duplex Surface Treatment, *Mater. Forum*, Vol 29, 2005, p77-82
21. P. C. King. R. W. Reynoldson, A. Brownrigg, and J. M. Long, Cr (N, C) Diffusion Coating Formation on Pre-Nitrocarburized H13 Tool Steel, *Surf. Coat. Technol.*, Vol 179, 2004, p18-26
22. T. Arai and S. Harper, Thermoreactive Deposition/Diffusion

Process for Surface Hardening of Steels, *Heat Treating*, Vol 4, *ASM Handbook*, ASM International, 1991, p448-453

23. H. C. Child, S. A. Plumb, and J. J. McDermott, Carbide Layer Formation on Steels in Fused Borax Baths, *Proc. International Conference Organized by the Metals Society, Heat Treatment'84* (London), 1984, p5. 1-5. 7
24. S. B. Fazluddin, A. Koursaris, C. Ringas, and K. Cowie, Formation of VC Coating on Steel Substrates in Molten Borax, *Surface Modification Technologies VI*, Minerals, Metals, and Materials Society, 1993, p45-59
25. K. Nakanishi, H. Takeda, H. Tachikawa, and T. Arai, Fluidized Beds Carbide Coating Process—Development and Its Application, *Congress Book of Heat & Surface' 92, The Eighth International Congress on Heat Treatment of Materials*, Nov 17-20, 1992 (Kyoto Japan), p507-510
26. S. Kinkel, G. N. Angelopoulos, and W. Dahl, Formation of TiC Coatings on Steels by a Fluidized Bed Chemical Vapor Deposition Process, *Surf. Coat. Technol.*, Vol 64, 1994, p119-125
27. T. Arai, H. Fujita, Y. Sugimoto, and Y. Ohta, "Vanadium Carbonitride Coatings by Immersing into Low Temperature Salt Baths," Paper 8820-0001, Heat Treatment and Surface Engineering, New Technology and Practical Applications, Proc. Sixth International Conference on Heat Treatment of Metals, Sept 28-30, 1988 (Chicago, IL)
28. T. Arai, H. Fujita, Y. Sugimoto, and Y. Ohta, Vanadium Carbonitride Coating by Immersing into Low Temperature Slat Bath, *Heat Treatment and Surface Engineering*, G. Krauss, Ed., ASM International, 1988, p49-53
29. Y. Ohta, Y. Sugimoto, and T. Arai, Low Temperature Salt Bath Coating of Chromium Carbonitride, *Congress Book of Heat & Surface' 92, The Eighth International Congress on Heat Treatment of Materials*, Nov 17-20, 1992 (Kyoto Japan), p503-506
30. T. Arai and Y. Tsuchiya, Evaluation of Wear and Galling Resistance of Surface Treated Die Steels, *Proc. First International Conference, Advanced Technology of Plasticity*, Vol 1, 1984, p225-230
31. K. Dohda, S. Kashiwaya, Y. Tsuchiya, and T. Arai, Compatibility between Tool Materials and Aluminum in Sheet Metal Ironing, *Trans. North Am. Manuf. Res. Instit. SME*, Vol XXI, 1993, p127-132
32. J. L. Anderson, K. Krebs, G. Kann, and N. Bay, Quantitative Evaluation of Lubricants and Tool Surfaces for Ironing of Stainless Steel, *Proc. First International Conference on Technology in Manufacturing Processes' 97* (Gifu, Japan), 1997, p358-364
33. Y. Tsuchiya, H. Kawaura, K. Hashimoto, H. Inagaki, and T. Arai, Core Pin Failure in Aluminum Die Casting and the Effect of Surface Treatment. *Trans. 19th International Die Casting Congress and Exposition*, Nov 3-6, 1997 (Minneapolis, MN), North American Die Casting Association, p315-323
34. R. Shivpuri, S. I. Chang, Y. -L. Chu, and M. Kuthirakulathu, An Evaluation of H-13 Die Steel, Surface Treatments and Coatings for Wear in Die Casting Dies, T-91-OC3, *Proc. Noth American Die Casting Association* (Detroit, MI), 1993, p391-397
35. T. Arai and Y. Tsuchiya, Role of Carbide and Nitride in Antigalling Property of Die Materials and Surface Coatings, Metal Transfer and Galling in Metallic Systems, *Proc. Symposium Sponsored by the Non-Ferrous Metals Committee of Metallurgical Society and the Erosion and Wear G2 Committee of ASTM*, Oct 8-9, 1986 (Orlando, FL), p197-216
36. S. Hotta, K. Saruki, and T. Arai, Endurance Limit of Thin Hard Coated Steels in Bending Fatigue, *Surf. Coat. Technol.*, Vol 70, 1994, p121-129
37. Y. Tsuchiya, T. Arai, and S. Shima, Damage Behavior of Hard Coatings under Reciprocating Impact, *J. Jpn. Soc. Technol. Plast.*, Vol 37 (No. 429), 1996, p1065-1070
38. T. Arai, H. Fujita, and M. Watanabe, Evaluation of Adhesion Strength of Thin Hard Coatings, *Thin Solid Films*, Vol 154, 1987, p387-401
39. T. Arai and N. Komatsu, Carbide Coating Process by Use of Salt Bath and Its Application to MetalForming Dies, *Proc. 18th International Machine Tool Design and Research Conference*, Sept 14-16, 1977, p225-231
40. T. Arai and T. Iwama, Carbide Surface Treatment of Die Cast Dies and Die Components, Paper G-T81-092, Proc. 11th International Die Casting Congress/Exposition, *Society of Die Casting Engineers*, June 1981
41. P. Hairy and M. Richard, Reduction of Sticking in Pressure Die Casting by Surface Treatment, Paper T97-102, *Proc. 19th International Die Casting Congress/Exposition*, Nov 3-7, 1997 (Minneapolis, MN), p307-314
42. T. Tsuchiya, H. Kawaura, K. Hashimoto, H. Inagaki, and T. Arai, Paper, T97-103, *Trans. 19th International Congress and Exposition*, Nov 3-6, 1997 (Minneapolis, MN), p315-323
43. T. Arai, Carbide Coating Process by Use of Molten Borax, Part Ⅰ: Process and Application to Cold Forging Dies in Japan, *Wire*, Vol 30 (No. 3), 1981, p102-104
44. S. Hotta, K. Saruki, and T. Arai, Fatigue Strength at a Number of Cycles of Thin Hard Coated Steels with Quench-Hardened Substrates, *Surf. Coat. Technol.*, Vol 73, 1995, p5-13
45. T. Arai, Tool Materials and Surface Treatments, *J. Mater. Process. Technol.*, Vol 35, 1992, p515-528
46. C. Kato, J. A. Bailey, J. S. Stewart, T. Arai, and Y. Sugi-

moto, The Wear Characteristics of a Woodworking Knife with a Vanadium Carbide Coating only on the Back, Face, Part Ⅱ: The Influences of Tool Materials on the Self-Sharpening Characteristics, *Mokuzai Gakkaishi*, Vol 40 (No. 12), 1994, p1317-1326

47. T. Arai, Carbide Coating Process by Use of Molten Borax, Part Ⅱ: Process and Application to Cold Forging Dies in Japan, *Wire*, Vol 31 (No. 5), 1981, p208-210
48. T. Arai, Substrate Selection for Tools Used with Hard Thin Film Coatings, *Metalforming*, June 1998, p31-39
49. T. Katagiri, Y. Yamasaki, and A. Yoshitake, Efect of Tool Coatings on Galling Prevention in Forming of Hiyh Strength Steel, *Proc. Third International Conference on Tribology in Manufacturing Process* (Yokohama, Japan), 2007, p41-46

引用文献

· T. Arai, H. Fujita, Y. Sugimoto, and Y. Ohta, Vanadium Carbonitride Coating by Immersing into Low Temperature Salt Bath, *Heat Treatment and Surface Engineering*, G. Krauss, Ed., ASM International, 1988, p49-53
· T. Arai and S. Harper, Thermoreactive Deposition/Diffusion Process for Surface Hardening of Steels, *Heat Treating*, Vol 4, *ASM Handbook*, ASM International, 1991, p448-453
· T. Arai and N. Komatsu, Carbide Coating Process by Use of Salt Bath and Its Application to Metal Forming Dies, *Proc. 18th International Machine Tool Design and Research Conference*, Sept 14-16, 1977, p225-231
· T. Arai and Y. Tsuchiya, Role of Carbide and Nitride in Anti-galling Property of Die Materials and Surface Coatings, Metal Transfer and Galling in Metallic Systems, *Proc. Symposium Sponsored by the Non-Ferrous Metals Committee of Metallurgical Society and the Erosion and Wear G2 Committee of ASTM*, Oct 8-9, 1986 (Orlando, FL), p197-216
· S. Hotta, K. Sanuki, and T. Arai, Fatigue Strength at a Number of Cycles of Thin Hard Coated Steels with Quench-Hardened Substrates, *Surf. Coat. Technol*, Vol 73, 1995, p5-13
· T. Katagiri, Y. Yamasaki, and A. Yoshitake, Effect of Tool Coatings on Galling Prevention in Forming of High Strength Steel, *Proc. Third International Conference on Tribology in Manufacturing Process* (Yokohama, Japan), 2007, p41-46
· K. Nakanishi, H. Takeda, H. Tachikawa, and T. Arai, Fluidized Beds Carbide Coating Process-Development and Its Application, *Congress Book of Heat & Surface' 92, The Eighth International Congress on Heat Treatment of Materials*, Nov 17-20, 1992 (Kyoto, Japan), p507-510
· Y. Ohta, Y. Sugimoto, and T. Arai, Low Temperature Salt Bath Coating of Chromium Carbonitride, *Congress Book of Heat & Surface' 92, The Eighth International Congress on Heat Treatment of Materials*, Nov 17-20, 1992 (Kyoto, Japan), p503-506

8.4 超饱和渗碳

J. Y. Shi, Taiyuan University of Technology

超饱和渗碳始于 20 世纪 70 年代，作为一种新的渗碳机理上的尝试（内氧化型渗碳），在渗碳层上，有获得比传统渗碳更好的显微组织和力学性能的潜力，又称为高浓度渗碳、碳化物析出型渗碳（CD 渗碳）和弥散碳化物渗碳。这种渗碳方法对渗碳设备无特殊要求，适合于大批量生产。大量弥散分布的颗粒碳化物，可使工件表层的碳质量分数高达 2%~3%。在渗碳处理、淬火和低温回火之后，表面具有高硬度和良好的耐磨性，它可以改善齿轮、工具和模具工件等的抗磨损性能和服役寿命。由于机械设备日趋小型化和高性能化，通过传统渗碳获得的强度、硬度、耐磨性等力学性能已经不能满足要求了，相反，它已经促进了机械设备行业实现较高的力学性能、更长的服役寿命和良好的可靠性。如何进一步改善机械零件的质量与寿命，一直是材料热处理工作者研究一个课题。随着对马氏体形态，以及残留奥氏体的影响和碳化物对钢的强韧性影响的深入研究，关于渗碳层碳含量的本质已经有了更清晰的认识。既然渗碳层中碳的作用是通过马氏体和残留奥氏体清楚表现出来——特别是碳化物的数量、形状、尺寸和分布——能够通过适当调整这些显微组织以更加能动地运用渗层中的碳。

通过渗碳和淬火使零件表面硬化的目的是获得一个马氏体显微组织的渗层，也许还有一些残留奥氏体（取决于应用）。马氏体转变量的多少主要取决于钢的淬透性、淬火期间的冷却速度和零件的几何尺寸。淬火钢的硬度首先取决于马氏体的数量以及固溶体中的超饱和碳含量。由此可见，如果使之生成 99.9%的马氏体，则马氏体获得最高硬度的碳质量分数约为 0.8%。为此，通常在常规渗碳的扩散期，把炉气的碳势（C_p）调整到 0.8%~0.9%。

较高浓度碳势的渗碳，可以用来改善零件的力学性能、增加碳化物的含量。碳化物的分布、形貌、尺寸和数量对工件表面的硬度、强度和耐磨性起着至关重要的作用。尤其合金碳化物的存在会导致基体材料在零件的力学性能上得到改善。在较高碳势条件下渗碳时，往往会沿奥氏体晶界析出网状碳化物。碳化物形态的恶化将导致其力学性能的显著下降。因此，超饱和渗碳的目标是获得含有大量弥散碳化物的多相渗碳层。已经使用普通渗碳钢和专用的超饱和渗碳钢对超饱和渗碳工艺进行了研究，在下文中做一个简洁的回顾。

8.4.1　普通渗碳钢的超饱和渗碳

利用热循环渗碳法成功获得了超饱和渗碳层组织，其表面碳质量分数达到了 3.0%。先把 A 成分的钢加热到温度 T，如图 8-48 所示。如果渗碳期间碳势 C_p 是在 C 点，（C 点与 A_{cm} 线相交），则表面的碳浓度就达成饱和奥氏体的碳浓度。如果钢从 C 点冷却到 D 点，则奥氏体中碳的固溶度沿着 A_{cm} 线降低，碳以渗碳体（Fe_3C）的形式析出。D 点奥氏体的溶解碳浓度用 E 点表示。

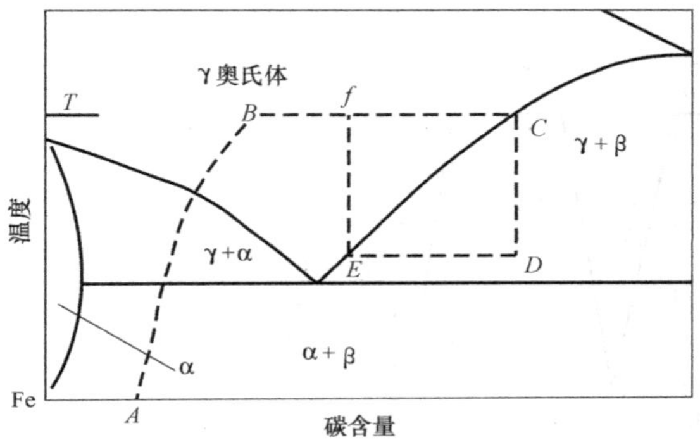

图 8-48　碳化物形成机理图

然后再把该钢加热到温度 T 时，所析出的渗碳体 Fe_3C 又溶解到奥氏体中，但未完全溶解，仍有部分 Fe_3C 残留。因此，再加热到温度 T 时，奥氏体中的碳浓度应在 f 点与 C 点之间。由于炉气的 C_p 是 C 点，奥氏体的碳浓度向 C 点移动。也就是说残余的未溶解碳化物仍保持不变，而奥氏体的碳浓度随着时间的延长达到 C 点。这样一部分碳化物溶解，另一部分碳化物同时长大。温度再次冷却到 D 点时又使碳化物析出、长大。如果重复以上操作，那么，就能使碳化物不断形成和长大。

1970 年，有人进行了研究：钢先在 920℃ 渗碳 4h（C_p=0.9%），再进行油淬；然后，将钢再渗碳处理 3h（C_p=1.2%），接着进行油淬。也就是说，开始是在靠近共析成分的碳势 C_p 条件下进行渗碳淬火，然后通过升温加热渗碳，就会以未溶碳化物和杂质元素等作为核心形成碳化物。

日本研究人员做了进一步的改进。用 A_{cm} 以下的碳势 C_p，在使表面含碳量超过共析成分的的条件下进行渗碳，然后空冷或淬火。随后在超过 A_{cm} 的碳势条件下，以低于 20℃/min（35℉/min）的加热速度加热到高于 Ac_1，低于 950℃（1740℉）的温度范围保温，使碳化物生成、长大。

美国国内许多材料热处理工作者对普通渗碳钢的渗碳工艺进行了研究。在 20CrMnTi、12Cr2Ni4A、18Cr2Ni4WA 钢上获得了大量圆形、细小、均匀的颗粒状碳化物渗层。对 20CrMnTi 钢采用循环渗碳法，得到了弥散分布的碳化物层，表面碳质量分数高达 1.25%。对 35CrMo 钢采用高碳势渗剂及预处理渗碳法渗碳处理，其结果是，获得粒状碳化物弥撒分布的渗碳层和高达 2.7% 的表面碳浓度。在 20Cr 钢上使用循环超饱和渗碳获得了高碳含量的超饱和渗碳层。含有弥散颗粒碳化物的超饱和渗碳层表面硬度达到 912 HV（0.1gf），经超饱和渗碳处理的钢的耐磨性比普通渗处理的钢的耐磨性高 20%。因此，对于普通渗碳钢，通过在渗碳过程中控制碳化物的形成、长大，使得碳化物弥散析出，就能够实现超饱和渗碳和强化工件。

随后，以普通渗碳钢 20CrMnTi 为例，介绍超饱和渗碳工艺、力学性能和显微组织。表 8-11 中给出了 20CrMnTi 钢的化学成分和临界点。在 880~890℃（1615~1635℉）正火之后，20CrMnTi 钢加工成 ML-10 型磨料磨损试验机，标准试样为圆柱状金相试样，尺寸为 ϕ8mm×10mm（0.31in×0.39in）。

表 8-11　20CrMnTi 钢的化学成分及临界点

化学成分(质量分数,%)							临界点/℃(℉)				
C	Mn	Cr	Si	Ti	S	P	Ac_1	Ac_3	Ar_3	Ar_1	Ms
0.19	0.96	1.22	0.29	0.087	≤0.04	≤0.04	760(1400)	840(1544)	775(1427)	665(1229)	374(705)

渗碳设备是一台双室结构气体渗碳炉，前室有冷却装置。在热循环阶段，试样由加热室拉出到前室。在油冷至室温之后，再进入加热室加热，如此完成一个循环。煤油被用作渗碳剂，使用甲醇作稀释剂。碳势 C_p 采用氧探头测定。炉中的碳势 C_p 通过自动控制电磁阀调整渗碳剂滴量从而控制炉内碳势。采用定碳片分析试验炉中的碳势 C_p 气氛进行校核，其曲线如图 8-49 所示。

Fe-Cr-C 在 850℃（1560℉）的等温截面如图 8-50所示。从中可以看出，采用 C_p=1.1%，温度为 (830±5)℃温度时，钢将处于 γ+M_3C 两相区。在这个状态下，奥氏体成分极不均匀，晶粒十分细小，碳在奥氏体中的溶解度较低，碳势 C_p 相对较高。而奥氏体中 Cr、Ti 等置换型原子也只能作短程扩散，有利于获得众多细小的碳化物颗粒。在随后的渗碳中，为 $(Fe, Me)_3C$ 型碳化物的弥散形成提供了有利的条件。

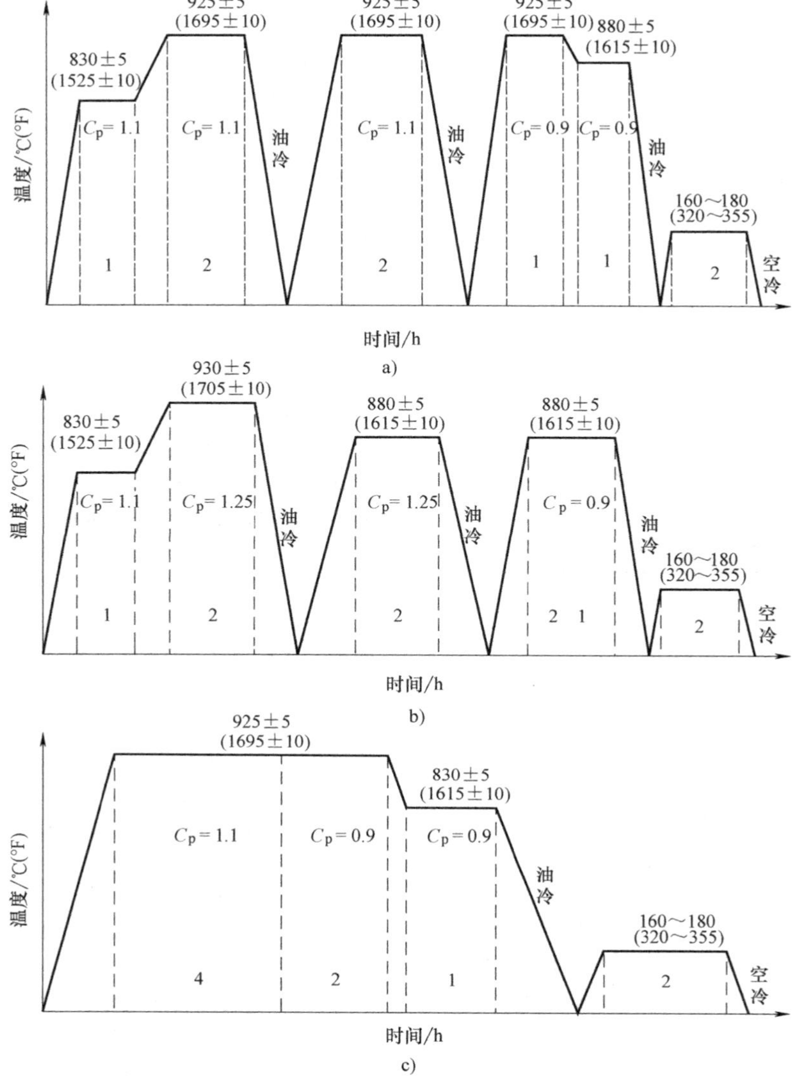

图 8-49 超饱和渗碳工艺曲线和常规渗碳工艺曲线

a)、b) 超饱和渗碳工艺曲线 c) 常规渗碳工艺曲线

C_p—碳势

在碳势 C_p = 1.1%时，采用下面两次循环渗碳方式：(925±5)℃→室温→(925±5)℃[(1695±10)℉]→室温→(925±5)℃[(1695±10℉)]。在油冷过程中[(925±5℃)→室温]，奥氏体中过饱和的碳原子来不及扩散，转变成过饱和碳的 α 固溶体(马氏体)。在加热过程[室温→(925±5)℃]中，马氏体分解析出碳化物，基体碳浓度逐步下降。当升温到 Ar_1 以上时，奥氏体开始形成并逐步增碳。已存在的碳化物发生溶解，但不会全部溶解。特别是由 Cr、Ti 等元素形成的合金碳化物难以溶解，而外形不规则的碳化物趋于球化。同时伴随着新碳化物不断地形核、长大。

如果重复以上工艺过程，则会在渗碳层中得到数量众多的细小颗粒状碳化物。尽管重复热循环渗碳处理能够细化晶粒，有效地形成大量弥散分布的颗粒状碳化物，但太多的循环次数不利于提高渗碳效率。在生产过程中，考虑到实际经济效益和技术要求，采用预渗碳加两次循环渗碳处理，可以在渗碳层中形成弥散颗粒状碳化物（图 8-49a 中的工艺 A)。在最后的渗碳阶段，碳势 C_p 从 1.1% 降低到 0.9%。在扩散渗碳 1h 之后，碳浓度的扩散变慢而且渗碳深度进一步加深。

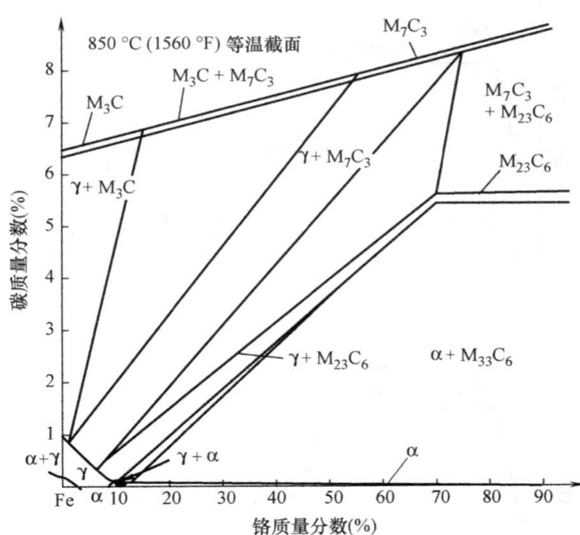

图 8-50 Fe-Cr-C 在 850℃的等温截面图

与普通渗碳层相比，超饱和渗碳层在隐晶马氏体基体上弥散分布着大量的颗粒状合金碳化物，从而使超饱和渗碳层具有高的硬度。工艺 A 形成的超饱和渗碳层（见图 8-49a）比工艺 B 形成的渗碳层更细，分布更均匀。工艺 A 形成的显微组织能提高硬度（见图 8-51）。图 8-52 表明了磨损质量损失和磨损时间之间的关系。超饱和渗碳层的显微硬度高达 958 HV（0.1gf 载荷），是常规渗碳层表面硬度的 1.1 倍，如图 8-51 所示）。

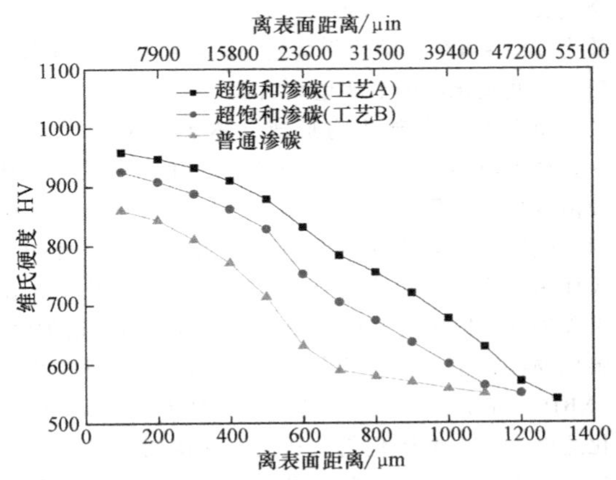

图 8-51 渗层显微硬度分布曲线

如图 8-52 所示，超饱和渗碳层的耐磨损性能高于常规渗碳层。在相同的磨损条件下，超饱和渗碳层的磨损失重量仅仅是常规渗碳层的 80%。从试验结果可以得出在 20CrMnTi 钢上，在预渗碳+两次循环渗碳淬火+低温回火处理之后，显微硬度和耐磨性比常规渗碳层分布提高了 10%和 20%。

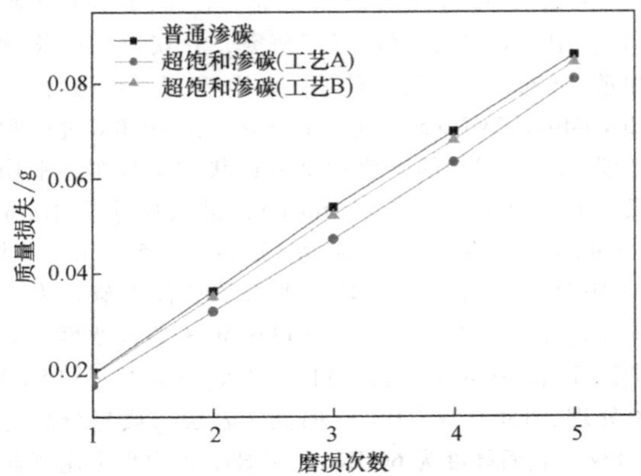

图 8-52 试样的磨损特性曲线

8.4.2 多种钢的超饱和渗碳

为了产生碳化物，超饱和渗碳工艺需要一个较高的炉内碳势 C_p。但是，一个太高的碳势 C_p 很容易在生产过程中形成炭黑，所以，适合于超饱和渗碳的钢应该满足下列条件：

1）在给定的碳势 C_p 上能够形成大量的碳化物。

2）在给定的深度上短时间内可以形成碳化物。

3）碳化物的形状、大小和分布可以调整。

如果使用没有合金元素的碳钢，就很难获得超饱和渗碳。不过，使用含有碳化物形成元素，如铬、钼和钒的钢，能够很容易地实现超饱和渗碳。

适合于超饱和渗碳的钢的成分（质量分数）：0.1%～0.4% C、0.7%～0.9% Si、2.7%～3.2% Cr、1.1%～1.4% Mn、0.4%～0.6% Mo 和 0.3%～0.5% V。合金元素，如铬、钼、钒与碳的亲和力很强，渗碳时一旦碳的浓度超过奥氏体的饱和浓度，大量的合金碳化物将析出。在这个工艺过程中，碳从钢的表面扩散到内部十分困难，所以奥氏体中的碳浓度低于平衡浓度。

渗碳时铬、钼合金碳化物的析出可有效阻止奥氏体晶粒的粗化，与碳素钢相比，在渗碳温度下含铬、钼的钢晶粒细小得多。更加细小的晶粒会产生大量的晶界，这给碳原子向内部扩散提供了更多的通道。因此，铬、钼合金碳化物的存在有利于提高渗碳层的碳浓度，增加渗碳层的深度。

此外，铬、钼合金元素阻碍了奥氏体成分的均匀化，增大了晶内成分的不均匀性，有利于碳化物的弥散形核。如果适当提高碳势 C_p，使用相同的技术，在这个合金钢中就能成功生成弥散分布的碳化物。使用简单的渗碳技术，很容易实现这种钢的超饱和渗碳。

近年来，有许多学者对现有的适合超饱和渗碳的钢种做了超饱和渗碳的研究。在本节参考文献［19］中，对Cr12钢进行了研究，并获得了碳化物弥散分布的渗层。使用超饱和渗碳技术对25W3Mo4Cr2V7Co5钢进行了研究，在1050℃过饱和渗碳8h，渗层中的碳化物呈颗粒状均匀分布，平均尺寸为4~6μm（157~236μin），最大尺寸为10μm（394μin）。在本节参考文献［25］中，对W6Mo5Cr4V2Al高速工具钢进行了三段渗碳，表层碳质量分数高达3.2%。对Cr3MoMnSi钢高浓度渗碳进行研究，在800℃（1470℉）淬火、-70℃（-95℉）冷处理、150℃（300℉）回火。表层碳质量分数达1.8%，表面硬度为66HRC。在H13钢中也采用了超饱和渗碳，渗层弥散分布的碳化物以Cr_7C_3为主，颗粒尺寸为200~300nm（8~12 min）。另外，研究了适合用于超饱和渗碳的合金钢。Fe-0.48%V及Fe-1.49%V合金在$C_p=1.4\%$，且950℃（1740℉）条件下渗碳5h，之后水淬，其表层硬度超过1000HV。这些钢种的共同特征是它们都含有强碳化物形成元素，如铬、钼、钒等，不过，使用的渗碳技术是非常简单的。

基于矩阵理论的固态电子理论与程序设计，建立了多元中碳中低合金钢成分设计经验公式。基于那些研究成果，对一种新的超饱和渗碳钢35Cr3SiMnMoV进行了研究。这个类型的超饱和渗碳钢已经在冷拔钢管模具上使用了。接下来的章节将对超饱和渗碳钢35Cr3SiMnMoV的化学成分、渗碳特征、力学性能试验和显微组织分析进行讨论。

使用中频无芯感应炉熔炼35Cr3SiMnMoV钢。化学成分见表8-12。在880℃（1615℉）正火之后，35Cr3SiMnMoV钢加工成一个金相试样和一个耐磨试验试样。

表8-12 试验用钢的化学成分

化学成分(质量分数,%)								
C	Mn	Si	Mo	Cr	P	S	V	Fe
0.35	1.37	0.90	0.40	3.20	0.020	0.025	0.50	bal

在滴注式气体渗碳炉中进行渗碳，渗碳剂为丙酮，稀释剂为甲醇，使用氧探头控制碳势。淬火冷却介质使用5%的PAG水溶性淬火液。图8-53所示为35Cr3SiMnMoV钢超饱和渗碳工艺及20CrMnMo、20Cr2Ni4钢常规渗碳工艺曲线。

选取35Cr3SiMnMoV钢超饱和渗碳试样，进行超声波表面清洗，然后在SE1扫描电子显微镜（SEM）上进行观察，如图8-54所示。

使用X-射线衍射（XRD）分析仪对超饱和渗碳层进行物相分析。35Cr3SiMnMoV钢渗碳层的XRD结果如图8-55所示。

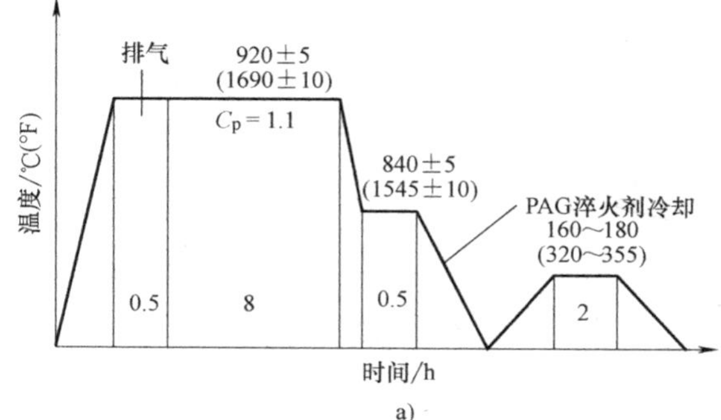

a)

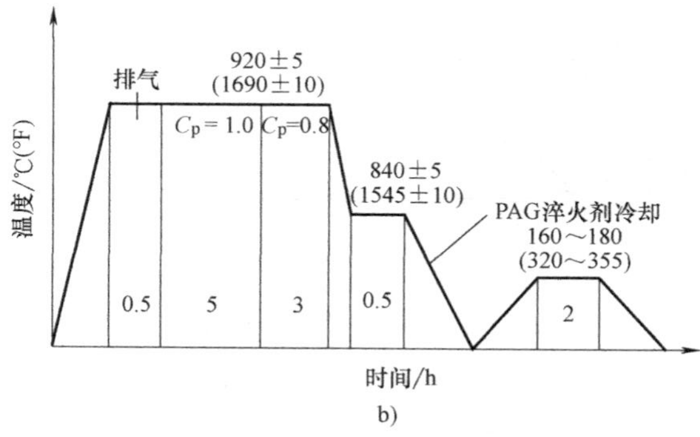

b)

图8-53 钢的渗碳工艺曲线

a）35Cr3SiMnMoV钢超饱和渗碳工艺曲线
b）20CrMnMo、20Cr2Ni4钢常规渗碳工艺曲线
C_p—碳势 PAG—聚亚烷基二醇

超饱和渗碳层的组织为回火马氏体+碳化物+残余奥氏体，如图8-54所示。组织中碳化物的质量分数为30%~40%，碳化物呈细小的颗粒状，且分布均匀。一些碳化物的形状呈蠕虫状。

由于钢中强碳化物形成元素Cr、Mo、V的存在，严重阻碍了奥氏体成分的均匀化，在成分起伏峰值区域的奥氏体，当其碳浓度超过渗碳温度下的饱和碳浓度时处于超饱和状态，此峰值区域处的奥氏体因点阵畸变过大会处于非稳态。当碳化物析出引起局部点阵畸变能的降低大于其自由焓的增加时，碳化物将弥散析出。由图8-55所示的X-射线衍射（XRD）可知：形成的是M_7C_3和M_2C型Ostwald熟化速度小的合金碳化物，从而在渗碳时可获得分布均匀的大量细小颗粒状碳化物。毋庸置疑，奥氏体晶界仍是碳化物优先析出的位置。从图8-54看到，在原奥氏体晶界处分布着一些长度为3~6μm（118~236μin）的杆状碳化物，这便是该位置众多细小碳化物颗粒合并长大的结果。Si是非碳化物形成元素，有晶界偏析倾向。偏聚在晶界处的Si可有效抑制碳化物在晶界处的析出，大大降低了网状碳化物形成

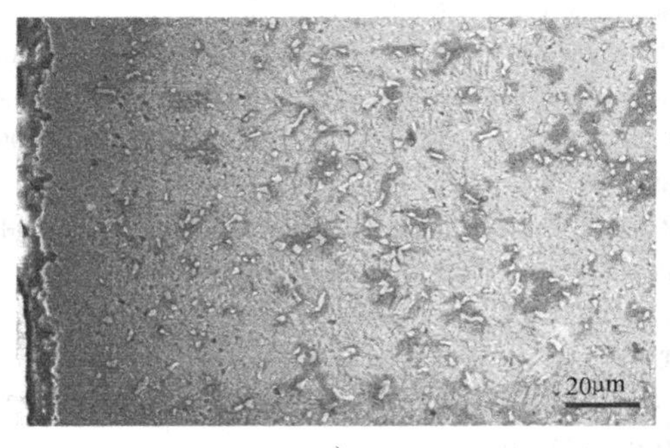

a)

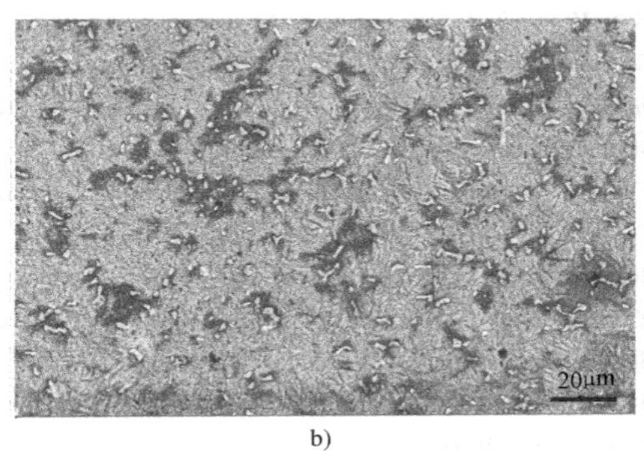

b)

图 8-54 35Cr3SiMnMoV 钢超饱和渗碳层淬火+低温回火组织的 SEM 照片
a）渗碳层表面 b）渗碳层中部

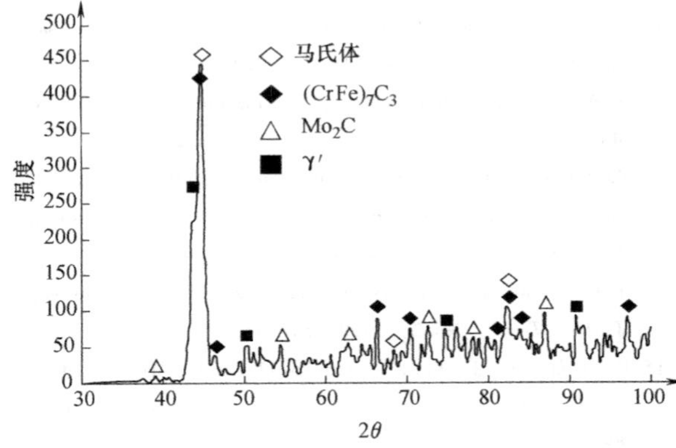

图 8-55 35Cr3SiMnMoV 钢渗碳层 XRD

的可能性。此外，Si 阻碍碳的扩散，降低了碳化物的聚集长大速率。35Cr3SiMnMoV 钢中含有强碳化物形成元素（Cr、Mo、V）和非碳化物形成元素（Si），是仅用简单的渗碳工艺就可以得到碳化物弥散分布的超饱和渗碳层的主要原因。

渗碳工件均要求具有一定的硬度和渗层深度，如图 8-56 所示是 35Cr3SiMnMoV 钢超饱和渗碳处理的硬度分布和 20CrMnMo、20Cr2Ni4 钢常规渗碳钢渗碳层硬度分布。

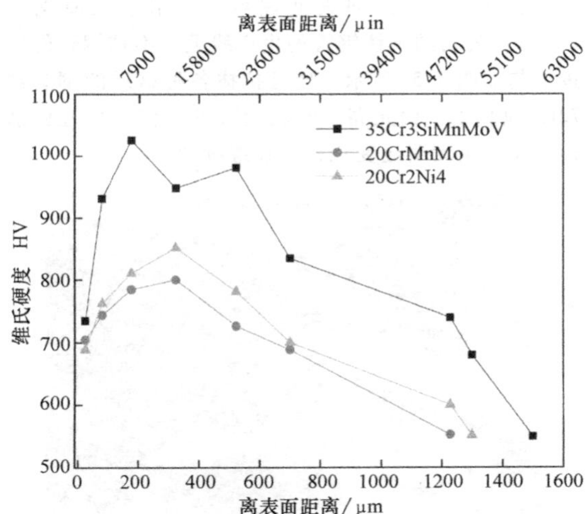

图 8-56 35Cr3SiMnMoV 钢超饱和渗碳层的硬度和 20CrMnMo、20Cr2Ni4 钢常规渗碳钢渗碳层硬度分布曲线

35Cr3SiMnMoV 钢的超饱和渗碳层的显微硬度明显高于常规渗碳层。在距离表面 175μm 处，超饱和渗碳层的显微硬度高达 1025HV（0.1gf 载荷），比 20CrMnMo、20Cr2Ni4 常规渗碳层的显微硬度高约 20%。

图 8-57 所示为渗碳层磨损特性曲线。它表明超饱和渗碳层的抗磨损性能明显高于常规渗碳层。在相同的试验条件下，超饱和渗碳层的磨损失重量约为常规渗碳层的 60%。这表明在隐晶马氏体基体分布的颗粒碳化物不仅改善了渗层的显微硬度而且也增加了抗磨损性能。

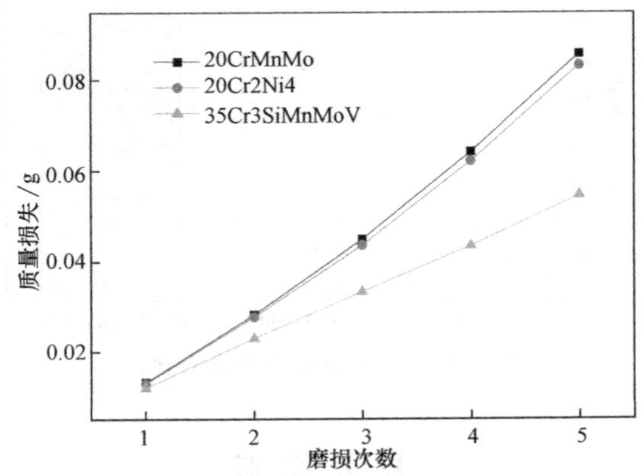

图 8-57 渗碳层磨损特性曲线

起初，冷拔钢管模具采用调质处理和碳氮共渗处理。然后，它们换成 Cr12MoV 钢经淬火、回火热处理，但是仍达不到它的力学性能和服役寿命要求，所以，成本始终较高。35Cr3SiMnMoV 钢经过超饱和

渗碳、淬火、低温回火处理后，应用于太原钢铁（集团）公司的不锈钢管的生产线上。不锈钢管的冷拔工艺如图 8-58 所示。现已拉拔各种材质的钢管约 72t，模具工作面光亮，宏观检验发现仅发生轻微磨损，尺寸也无明显变化，仍在继续使用。

图 8-58 钢管冷拔过程

35Cr3SiMnMoV 钢在超饱和渗碳、淬火和低温回火之后，其表面的显微硬度高和耐磨性好，强韧性也高。与 Cr12MoV（经过淬火回火处理）和 45 钢（经调质和碳氮共渗处理）相比，35Cr3SiMnMoV 钢（经过超饱和渗碳、淬火和低温回火处理）不仅力学性能突出，生产成本降低，并且克服了热处理中的氰化物污染等致命缺陷。在工程实际应用的工艺改善期间，超饱和渗碳处理的钢的服役寿命已经得到大幅度改善，如图 8-59 所示。因此，超饱和渗碳钢的应用产生了良好的经济效益和社会效益。

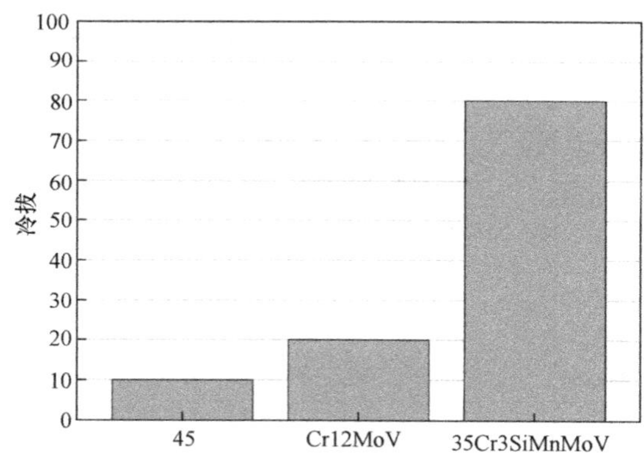

图 8-59 三种钢使用寿命对比图

参考文献

1. L. -D. Liu and F. -S. Chen. Super-Carburization of Low Alloy Steel in a Vacuum Furnace, *Surf. Coat. Tech.*, Vol 183 (No. 2-3), May 2004, p233-238

2. T. Kimura and K. Namiki, Plasma Carburizing Characteristics and Fatigue Properties of Super Carburizing Steel, Denki Seiko Jan. Vol 63 (No. 1), 1992, p4-14

3. T. Kimura and K. Namiki, Plasma Super Carburizing Characteristics and Fatigue Properties of Chromium Bearing Steels, *Conf. Proc. Heat and Surface' 92* (Kyoto, Japan), 1992, p519-522

4. Z. S. Hou and H. F. Zhou. Carbide Extreme Value and Carbon Potential Threshold, *Trans. Met. Heat Treat.*, Vol 13 (No. 1), 1992, p1-6

5. T. Naito, Y. Kibayashi, and K. Nakamura, High-Carbon Cementation Technique, *J. Heat Treat.*, Vol 26 (No. 2), 1986, p157-161

6. H. S. Ming, T. Takayama, and T. Nishizawa, in Japanese, Carbide Dispersion Carburizing of a 12% Chromium Steel, *J. Japan Inst. Metals*, Vol 45, (No. 11), 1981, pp1195-120

7. M. Tsujikawa, S. Noguchi, N. Yamauchi, N. Ueda. and T. Sone, Effect of Molybdenum on Hardness of Low-Temperature Plasma Carburized Austenitic Stainless Steel, *Surf. Coat. Tech.*, Vol 201 (No. 9-11), Feb 2007, p5102-5107

8. Y. Sarikaya and M. Önal, High Temperature Carburizing of a Stainless Steel with Uranium Carbide, *J. Alloy Compd.*, Vol 542, Nov 2012, p253-256

9. H. Jiménez, M. H. Staia, and E. S. Puchi, Mathematical Modeling of a Carburizing Process of a SAE 8620H, Steel, *Surf. Coat. Tech.*, Vol 120-121, Nov 1999, p358-365

10. S. M. Hao, Application of Carbide-Dispersion Carburizing and Its Mechanism, *J. Northeast Inst. Tech.*, No. 3, 1983, p21-30

11. T. Naito, Practical Cementation Quenching, Japan, Asakura Shoten, in Japanese, 1970, p225

12. Y. Abe, High Carbon Cementation Kinzoku Zairyo (Metallic Material) in Japanese, (No. 6), 1977, p32-35

13. Z. Qin and Q. Zhu, Performance of Granular Carburized Layer and Its Formation Process, *Aviat. Tech.*, Nanjing Aeronautical Institute. (No. 4), 1988, p8-10

14. Y. Qi, Carbide Dispersion Carburization in Solidity, *Working Tech.*, No. 2, 1999, p16-18

15. B. -J. Zhang, J. -Y. Shi, and S. -J. Teng, Microstructure and Wear Resistance of Supersaturation Carburized Layer on 20Cr Steel. *Heat Treat. Met.*, Vol 32 (No. 8), 2007, p84-86

16. J. -Y. Shi, J. Yu, and X. Tian, Study on Supersaturated Carburization Process for 20CrMnTi Steel, *Working Tech.*, Vol 39 (No. 12), 2010, p147-149

17. K. Hua, Athermal Thermochemical Treatment, *Heat Treat. Met.*, (No. 1), 1986, p17-22

18. K. Zhao, X. Deng, and Z. Peng, Study on Thermocycling Carburizing of 20 and 20CrMnTi Steels, *Heat Treat. Met.*, (No. 12), 1991, p3-8

19. K. Tamamoto, Plasma Cementation Method, Netsushori (Heat Treatment) 2005, p128-132

20. J. Shi, X. Tia, B. Zhang, W. Liang, and Z. Hou, Super-

carburizing Steel, China National Invention Patent 200710062035.8

21. X. Lifang, *Technology of Metal Heat Treament*, Harbin Institute of Technology Press, 1985, p111

22. T. Liu and T. Qu, The Carburization with High Concentration and Its Applications, *J. Benxi College of Metallurgy*, Vol 2 (No. 2), 2000, p1-4

23. J. Shi, B. Zhang, G. Xie, J. Yu, and W. Liang, Study on Supersaturation Carburization of 35Cr3SiMnMoV Steel, *Trans. Mater. Heat*, Vol 31 (No. 4), 2010, p133-136

24. C. Wang, Z. Shi, and Z. Qi, Carbides and Properties of Overcarburized Steel 25W3Mo4Cr2V7Co, *Special Steel*, Vol 15 (No. 3), 1994, p13-16

25. X. Gong, W. Ye, Y. Z. Zhou, and X. Li, Study on the Structures and Properties of High Concentration Carburized Layer, *Hot Work. Tech.*, (No. 3), p11-13

26. D. Xu, Study on High Carbon Concentration Carburization, *Heat. Treat Met.* (No. 2), 1994, p27-31

27. Z. -J. Yu, D. -I. Wang, Y. Liu, S. -M. Hao, and G. Zhao, Carbide Dispersion Carburizing of Steel H13, *J. Mater. Metall.*, Vol 1 (No. 4), 2002, p311-316

28. D. Wang, Y. Liu, S. Hao, and G. Zhao, Carbide Dispersion Carburization of Fe-0.48% V and Fe-1.69% V, *J. Northeastern U.* Vol 23 (No. 9), 2002, p854-857

29. J. Shi and G. Xie, Application of Empirical Electron Theory of Solids and Molecules to Composition Design of Multi-Component Medium-Low-Alloy Steels, *J. Wuhan U. Tech.—Mater. Sci. Ed.*, Vol 27 (No. 1), 2012, p9-17